Taking you to the next level

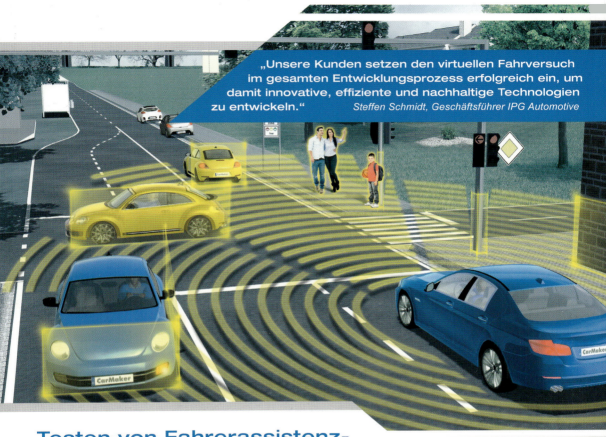

„Unsere Kunden setzen den virtuellen Fahrversuch im gesamten Entwicklungsprozess erfolgreich ein, um damit innovative, effiziente und nachhaltige Technologien zu entwickeln."
Steffen Schmidt, Geschäftsführer IPG Automotive

Testen von Fahrerassistenzsystemen in der virtuellen Welt

Als Innovationstreiber für den virtuellen Fahrversuch ist IPG Automotive ein weltweit führender Anbieter von Software- und Hardwareprodukten für die Automobil- und Zulieferindustrie. Mit der CarMaker-Produktfamilie und eigenen Hardwarelösungen unterstützen wir unsere Kunden dabei, die technologischen Herausforderungen hinsichtlich Sicherheit, Komfort, Agilität und Verbrauch zu meistern - mit zukunftsweisenden Lösungen für den virtuellen Fahrversuch.

Wir stehen für:

- Den virtuellen Fahrversuch
- Durchgängige Lösungen im gesamten Entwicklungsprozess
- Über 30 Jahre fachliche Kompetenz im Bereich der Simulation und Hardware
- Individuelle Lösungen aus einer Hand
- Ein innovatives, zukunftsorientiertes Umfeld

IPG Automotive ist ein innovatives Unternehmen mit Platz für kluge Köpfe, die heute helfen, zukünftige Fahrerassistenzsysteme auf die Straße zu bringen.

www.ipg.de

Schneller ans Ziel – mit Automotive-T&M-Lösungen von Rohde & Schwarz.

Signalanalyse und Zielsimulation beschleunigen die Entwicklung von Automotive-Radar-Sensoren. Mit dem R&S®FSW und dem ARTS ITS-9510 bietet Rohde & Schwarz das perfekte Lösungspaket.

www.rohde-schwarz.com/ad/automotive

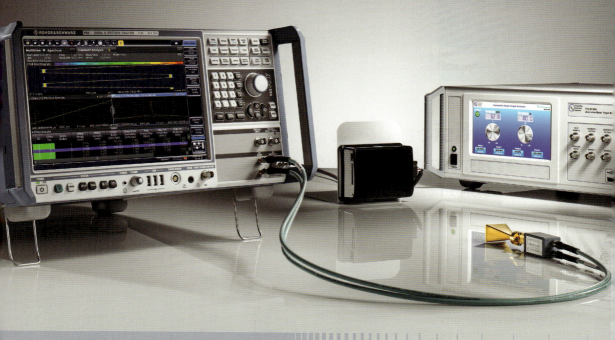

ROHDE & SCHWARZ

Automatisierte Bewertung von Fahrerassistenzsystemen

AVL FAHRZEUG UND TRIEBSTRANG ENTWICKLUNG

Mit der neuen Generation von AVL-DRIVE können Sie Fahrerassistenzsysteme toolgestützt etwickeln und optimieren. Virtuell wie in Echtzeit. Kostensparend und sicher.

- Automatische Erkennung unterschiedlicher ADAS Fahrsituationen in Echtzeit
- Effiziente Schwachstellenanalyse durch objektivierte Bewertung des ADAS-Fahrverhaltens unter Berücksichtigung der relevanten physikalischen Größen
- Durchgängige und vergleichbare Ergebnisse von der Simulation bis ins reale Fahrzeug durch HIL/SIL-Kompatibilität

AVL - Your Engineering Partner for Integrated Solutions.
www.avl.com, info@avl.com

AVL Powertrain World App

DU BIST EDAG, WENN DU HIER AN EINE **HERAUSFORDERUNG DER GEGENWART** DENKST.

Sich von einem Auto ohne Fahrer zum gewünschten Ziel fahren zu lassen, ist für die meisten von uns noch Zukunftsmusik. Das autonome Fahren so zu gestalten, dass es bereits heute zu einer kinderleichten Angelegenheit wird, das ist EDAG.
Nimm die Herausforderung an – damit automatisiertes Fahren Realität wird!
Dein Weg zu uns:

www.edag.de/karriere

Wir suchen für unseren Fachbereich **Elektrik/Elektronik** an 12 nationalen Standorten

Ingenieure und Techniker (m/w)

Fahrzeugelektronik, Elektro- und Informationstechnik, Mechatronik, Informatik, Wirtschaftsingenieurwesen und Maschinenbau

Durch unsere hohe Erfahrung im Bereich von Fahrerassistenz- und Sicherheitssystemen sind wir u. a. in der Lage, neben der Entwicklung und Validierung von innovativen Softwarefunktionen, auch die gesamte Sensorik über die Datenverarbeitung bis hin zur Aktorik ins Fahrzeug zu integrieren. Somit gestalten wir aktiv den Megatrend der Zukunft: Vom assistierten zum automatisierten Fahren.

Dein Kontakt:
EDAG Engineering AG
Lena Füser
Reesbergstraße 1 · 36039 Fulda
Tel.: +49 661 6000-8969
www.edag.de/karriere

ATZ/MTZ-Fachbuch

Die komplexe Technik heutiger Kraftfahrzeuge und Motoren macht einen immer größer werdenden Fundus an Informationen notwendig, um die Funktion und die Arbeitsweise von Komponenten oder Systemen zu verstehen. Den raschen und sicheren Zugriff auf diese Informationen bietet die regelmäßig aktualisierte Reihe ATZ/MTZ-Fachbuch, welche die zum Verständnis erforderlichen Grundlagen, Daten und Erklärungen anschaulich, systematisch und anwendungsorientiert zusammenstellt.

Die Reihe wendet sich an Fahrzeug- und Motoreningenieure sowie Studierende, die Nachschlagebedarf haben und im Zusammenhang Fragestellungen ihres Arbeitsfeldes verstehen müssen und an Professoren und Dozenten an Universitäten und Hochschulen mit Schwerpunkt Kraftfahrzeug- und Motorentechnik. Sie liefert gleichzeitig das theoretische Rüstzeug für das Verständnis wie auch die Anwendungen, wie sie für Gutachter, Forscher und Entwicklungsingenieure in der Automobil- und Zulieferindustrie sowie bei Dienstleistern benötigt werden.

Hermann Winner
Stephan Hakuli
Felix Lotz
Christina Singer
(Hrsg.)

Handbuch Fahrerassistenzsysteme

Grundlagen, Komponenten und Systeme für aktive Sicherheit und Komfort

3., überarbeitete und ergänzte Auflage

Herausgeber
Prof. Dr. rer. nat. Hermann Winner
Technische Universität Darmstadt
Fachgebiet Fahrzeugtechnik
Darmstadt, Deutschland

Dipl.-Ing. Felix Lotz
Technische Universität Darmstadt
Fachgebiet Fahrzeugtechnik
Darmstadt, Deutschland

Dipl.-Ing. Stephan Hakuli
IPG Automotive GmbH
Karlsruhe, Deutschland

Christina Singer, M.Sc.
Technische Universität Darmstadt
Fachgebiet Fahrzeugtechnik
Darmstadt, Deutschland

ISBN 978-3-658-05733-6   ISBN 978-3-658-05734-3 (eBook)
DOI 10.1007/978-3-658-05734-3

Die Deutsche Nationalbibliothek verzeichnet diese Publikation in der Deutschen Nationalbibliografie; detaillierte bibliografische Daten sind im Internet über http://dnb.d-nb.de abrufbar.

Springer Vieweg
© Springer Fachmedien Wiesbaden 2009, 2012, 2015
Dieses Werk ist urheberrechtlich geschützt. Die dadurch begründeten Rechte, insbesondere die der Übersetzung, des Nachdrucks, des Vortrags, der Entnahme von Abbildungen und Tabellen, der Funksendung, der Mikroverfilmung oder der Vervielfältigung auf anderen Wegen und der Speicherung in Datenverarbeitungsanlagen, bleiben, auch bei nur auszugsweiser Verwertung, vorbehalten. Eine Vervielfältigung dieses Werkes oder von Teilen dieses Werkes ist auch im Einzelfall nur in den Grenzen der gesetzlichen Bestimmungen des Urheberrechtsgesetzes der Bundesrepublik Deutschland vom 9. September 1965 in der jeweils geltenden Fassung zulässig. Sie ist grundsätzlich vergütungspflichtig. Zuwiderhandlungen unterliegen den Strafbestimmungen des Urheberrechtsgesetzes.
Die Wiedergabe von Gebrauchsnamen, Warenbezeichnungen usw. in diesem Werk berechtigt auch ohne besondere Kennzeichnung nicht zu der Annahme, dass solche Namen im Sinne der Warenzeichen- und Markenschutzgesetzgebung als frei zu betrachten wären und daher von jedermann benutzt werden dürfen.

Dieses Werk entstand mit freundlicher Unterstützung der Continental AG

Gedruckt auf säurefreiem und chlorfrei gebleichtem Papier.

Springer Vieweg ist eine Marke von Springer DE. Springer DE ist Teil der Fachverlagsgruppe
Springer Science+Business Media
www.springer-vieweg.de

Einleitung

Ein Handbuch Fahrerassistenzsysteme soll selbstverständlich alle relevanten Aspekte adressieren, die mit Fahrerassistenzsystemen verbunden sind. Doch welche sind das und wie lassen sich diese ordnen? Diese Frage stellt sich für das Herausgeberteam mit jeder Auflage. Da ist zum einen die Wahl, welche Assistenzfunktionalitäten vorkommen und mit welcher Detailliertheit sie beschrieben werden sollen. Der mit der ersten Auflage begonnene Weg einer Aufteilung der Funktionen in Stabilisierungs-, Bahnführungs- und Navigationsassistenz gemäß dem 3-Ebenen-Modell von Donges aus dem Jahr 1982 und die Beschränkung auf Funktionen, die die primäre Fahraufgabe unterstützen, konnte auch in der dritten Auflage fortgesetzt werden. Allerdings zeigen sich auch erste Probleme mit der Aufteilung, wenn die Funktionen mit einem hohen Automatisierungsgrad, die heute noch unter Zukunft der Fahrerassistenzsysteme geführt werden, Realität werden. In jedem Fall lassen sich aber auch dann weiterhin funktionsübergreifende technische Grundlagen wie Sensorik, Sensordatenfusion, Aktorik und Mensch-Maschine-Schnittstelle jeweils in einer eigenen Kategorie behandeln. Mindestens genauso wichtig wie die Darstellung der technischen Lösungen ist eine Einordnung über die Grundlagen zur Assistenzsystementwicklung. Aufgrund der gewachsenen Bedeutung der Entwicklungs- und Testmethodik wird diesen ab der dritten Auflage jeweils ein eigener Bereich gewidmet. Somit ergibt sich folgende Gliederung der Kapitel:

Ausgangspunkt der Betrachtungen ist der Fahrer, der durch die Assistenzsysteme unterstützt werden soll. In **Teil I: Grundlagen der Fahrerassistenzsystem-Entwicklung** wird daher die Leistungsfähigkeit des Menschen und sein Verhalten bei der Fahrzeugführung beschrieben sowie dargelegt, welche Auswirkungen auf die Entwicklung von Fahrerassistenzsystemen sich daraus ergeben. Weitere Grundlagen, die im ersten Teil behandelt werden, sind rechtliche Rahmenbedingungen sowie verkehrssicherheitstechnische und verhaltenswissenschaftliche Aspekte von FAS sowie die Themen funktionale Sicherheit und AUTOSAR.

Teile II und **III** betrachten virtuelle **Entwicklungs- und Testumgebungen für FAS** sowie **Testverfahren**, die bei der Entwicklung und Bewertung von FAS zum Einsatz kommen.

Teil IV des Buches behandelt **Sensorik für FAS** und beschreibt die Herausforderungen, die sich auf dem Gebiet des maschinellen Sehens stellen, während **Teil V** Konzepte für **Datenfusion und Umfeldrepräsentation** vorstellt.

Brems- und Lenkstellsysteme bilden wesentliche Teile der **Aktorik für Fahrerassistenzsysteme**. Sie werden in **Teil VI** beschrieben.

Aufbauend auf Teil I beschäftigt sich **Teil VII: Mensch-Maschine-Schnittstelle für Fahrerassistenzsysteme** mit den Anforderungen an eine nutzergerechte Gestaltung der Mensch-Maschine-Schnittstelle sowie der Anzeigetechnologien, die dabei zum Einsatz kommen.

Die **Teile VIII** und **IX: Fahrerassistenz auf Stabilisierungsebene** bzw. **Fahrerassistenz auf Bahnführungs- und Navigationsebene** enthalten eine detaillierte Darstellung von Systemen, wie sie derzeit im Pkw- und Lkw-Bereich sowie bei Motorrädern und in der Landtechnik zum Einsatz kommen.

Teil X: Zukunft der Fahrerassistenzsysteme schildert aktuelle Herausforderungen, denen sich Forschung und Entwicklung im Bereich Fahrerassistenzsysteme stellen müssen, stellt Forschungskonzepte vor und wagt mit einem abschließenden „Quo vadis, FAS?" einen Blick auf die zukünftigen Entwicklungen.

Wir wünschen allen Lesern viel Freude mit diesem Handbuch und hoffen, dass es sich für all jene als nützlich erweisen wird, die es als Nachschlagewerk nutzen oder sich mit seiner Hilfe in das spannende Thema der Fahrerassistenzsysteme einarbeiten wollen.

Darmstadt im März 2015

Prof. Dr. rer. nat. Hermann Winner
Dipl.-Ing. Stephan Hakuli
Dipl.-Ing. Felix Lotz
Christina Singer M. Sc.

www.ams.com

Advanced Safety – Time of Flight Sensing

High Speed Multi-Channel LIDAR

Key applications:
- Crash prevention
- Collision avoidance
- Road obstacle detection
- Pedestrian detection
- Light barriers for industrial applications

Benefits:
- Scalable solution: photodiode inputs and channels
- Sampling rate per channel up to 100 Ms/s
- Photoemitter control
- Customization of the digital signal processing unit

ams - enabling mobility through smarter, safer and more eco-friendly sensing solutions.

For more information go to:
www.ams.com

Vorwort zur dritten Auflage

Zwischen dieser dritten Auflage und der ersten liegen gerade erst etwas mehr als fünf Jahre. Trotzdem wurde in der ersten Besprechung im umgebildeten Herausgeberteam schnell deutlich, dass die dritte Auflage weitaus mehr als eine inkrementelle Weiterentwicklung ist. Die hohe Dynamik der Fahrerassistenzentwicklung lässt vormals wichtig erscheinende Aspekte in den Hintergrund treten, während sich viele neue Themen aufdrängen. So haben wir viele der bisherigen Autoren gebeten, dieser Entwicklung Rechnung zu tragen und zum Teil größere Änderungen durchzuführen. Dies reichte aber noch nicht aus: Es gab schlichtweg zu viele Fortschritte in diesem Bereich, die in die neue Auflage ebenfalls einfließen mussten. Daher freute es uns, noch weitere Autoren gewinnen zu können, die die Gebiete genauso hervorragend vertreten können wie die bisherigen im Fall der beibehaltenen Themen. Leider standen wir aber auch vor der Herausforderung, die neue Auflage nicht im gleichen Umfang wachsen zu lassen, wie neue Themen hinzukamen. Wir mussten uns daher entschließen, Kapitel herauszunehmen oder erheblich zu kürzen, wenn wir den Eindruck hatten, dass die Inhalte nach Jahren der dynamischen Entwicklung nicht mehr im Fokus stehen. Wir danken den Autoren dieser Kapitel für das Verständnis hierfür, ebenso wie für die Beiträge in den beiden ersten Auflagen, die auch weiterhin ihren eigenständigen Wert behalten.

Auch das Herausgeberteam wurde umgebildet und erweitert, um die vielfältigen administrativen und qualitätssichernden Arbeiten zu schultern. Gabriele Wolf ist seit Längerem nicht mehr im Themengebiet tätig und schied folglich auf eigenen Wunsch aus dem Team aus. Ich danke ihr sehr für die große Unterstützung bei den ersten Auflagen und insbesondere für die Initiative, das Wagnis des Handbuchs anzugehen. Stephan Hakuli hat trotz starker Einbindung in seine aktuelle berufliche Tätigkeit die Kontinuität gehalten. Christina Singer und Felix Lotz danke ich im Besonderen für die oft in den Abend- und Wochenendstunden durchgeführten, unglaublich umfangreichen Arbeiten zur Koordination und Qualitätssicherung, um auch die dritte Auflage mit dem gleichen Anspruch wie zuvor herauszugeben. Dabei konnten sich beide auf die Zuverlässigkeit und Tatkraft von Herrn Yannick Ryma verlassen, der als studentische Hilfskraft sowohl die Autoren als auch die Herausgeber in erheblichem Maße unterstützt hat.

Ganz besonders zu Dank verpflichtet bin ich den vielen Autoren, die bei der Erstellung dieser Auflage mitgewirkt haben.

Dem Verlag Springer Vieweg danke ich für die Bereitschaft, dieses Handbuch herauszugeben und den gewachsenen Umfang mitzutragen. Für die angenehme Zusammenarbeit und kompetente Betreuung in allen organisatorischen Fragen seien insbesondere Frau Elisabeth Lange, Frau Gabriele McLemore und Herrn Ewald Schmitt gedankt. Das Lektorat für dieses Buch wurde von Susanne Mitteldorf durchgeführt. Ihre sorgfältige und aufmerksame Prüfung hat die hohe sprachliche Qualität der Texte ermöglicht, dafür sowie für die angenehme Zusammenarbeit bedanke ich mich sehr herzlich bei Ihnen.

Abschließend möchte ich mich bei allen FZD-Mitarbeitern bedanken, die durch Korrekturlesen, fachliche Diskussionen oder sonstige hilfreiche Beiträge an der Entstehung dieses Buchs mitgewirkt haben.

Darmstadt im August 2014

Prof. Dr. rer. nat. Hermann Winner

Vorwort zur zweiten Auflage

Die erste Auflage des Handbuchs Fahrerassistenzsysteme erschien im Juli 2009 und aufgrund des großen Erfolges, den das Buch erzielte, konnten bereits im September 2010 die Arbeiten an der nun vorliegenden zweiten Auflage beginnen. Hierfür wurden die Inhalte der ersten Auflage überprüft, einige kleinere Fehler korrigiert und notwendige Aktualisierungen vorgenommen.

Ich danke allen Autoren für die kritische Durchsicht ihrer Texte und meinen Mit-Herausgebern Herrn Stephan Hakuli und Frau Dr.-Ing. Gabriele Wolf, in deren Händen auch dieses Mal die organisatorischen und operativen Aufgaben lagen.

Darmstadt im März 2011

Prof. Dr. rer. nat. Hermann Winner

Vorwort zur ersten Auflage

Fahrerassistenzsysteme haben sich in den letzten Jahren rasant entwickelt und sind fester Bestandteil in vielen heutigen Fahrzeugmodellen aller Fahrzeugklassen. Forschung und Entwicklung in Unternehmen und Universitäten beschäftigen sich mit der Optimierung der bestehenden Systeme und mit Weiterentwicklungen, die dem Fahrer ein noch höheres Maß an Assistenz und Unterstützung bieten sollen. Zeugnis dieser Arbeiten legen die vielen wissenschaftlichen Veröffentlichungen und Tagungsbeiträge ab, doch eine umfassende Darstellung des heutigen Stands der Technik sowie der Grundlagen für die Entwicklung solcher Systeme suchte man bisher im deutschsprachigen Raum vergeblich. Zwar existieren einige Fachbücher, die sich mit Fahrerassistenzsystemen beschäftigen, doch sind diese stark auf einzelne Aspekte wie z. B. die Regelung solcher Systeme fokussiert. Aufbauend auf den Inhalten der Vorlesung *Fahrerassistenzsysteme*, die ich seit 2002 am Fachgebiet Fahrzeugtechnik der Technischen Universität Darmstadt (FZD) halte (seit dem Sommersemester 2008 mit erweitertem Umfang unter dem Titel *Mechatronik und Assistenzsysteme im Automobil*), wurde die Gliederung des vorliegenden Handbuchs Fahrerassistenzsysteme entwickelt.

Der Umfang der Thematik machte es erforderlich, die inhaltliche Arbeit auf viele Schultern zu verteilen, und so halten Sie nun ein Werk in Händen, dessen 44 Kapitel von insgesamt 96 Experten aus Industrie und Wissenschaft geschrieben wurden. Diese Autoren sind es, denen ich in erster Linie zu Dank verpflichtet bin, denn ohne ihre Bereitschaft, Zeit und Mühen in die Erstellung der Manuskripte zu investieren, hätte dieses Buch nicht entstehen können.

Vorwort zur ersten Auflage

An einem solchen Projekt sind jedoch noch mehr Menschen beteiligt, und ich möchte es nicht versäumen, allen in diesem Vorwort für ihren Beitrag zu danken.

Ganz besonders zu Dank verpflichtet bin ich meinen beiden Mit-Herausgebern Herrn Stephan Hakuli und Frau Gabriele Wolf, in deren Händen die Organisation und alle operativen Aufgaben dieses Projekts von der Autorenbetreuung über die Zusammenarbeit mit dem Verlag bis zur Erstellung des Gesamtmanuskripts lagen. Für ihr ausgezeichnetes Projektmanagement und ihre Bereitschaft, diese zusätzlichen Aufgaben neben ihrer Arbeit als wissenschaftliche Mitarbeiter am Fachgebiet Fahrzeugtechnik auf sich zu nehmen, danke ich ihnen sehr herzlich. Frau Wolf danke ich darüber hinaus, dass sie den Anstoß dazu gab, dieses von mir in Gedanken schon länger gehegte Projekt in die Tat umzusetzen.

Dem Verlag Vieweg+Teubner danke ich für die Bereitschaft, dieses Handbuch herauszugeben. Für die angenehme Zusammenarbeit und kompetente Betreuung in allen organisatorischen Fragen sei insbesondere sei Frau Elisabeth Lange gedankt.

Das Lektorat für dieses Buch wurde von Susanne und Katharina Mitteldorf durchgeführt. Ihre sorgfältige und aufmerksame Prüfung hat die hohe sprachliche Qualität der Texte ermöglicht, und dafür sowie die angenehme Zusammenarbeit bedanke ich mich sehr herzlich bei ihnen.

Herrn Danijel Pusic danke ich für seine Mitarbeit bei der Konzeption des Buches und der Erarbeitung der Gliederung. Unterstützt wurden die Arbeiten an diesem Handbuch in vielfältiger Weise durch die studentischen Hilfskräfte Herrn Johannes Götzelmann, Herrn Richard Hurst, Frau Hyuliya Rashidova und Herrn Philip Weickgenannt. Auch ihnen sei gedankt.

Ich bedanke mich außerdem bei allen FZD-Mitarbeitern, die durch Korrekturlesen, fachliche Diskussionen oder sonstige hilfreiche Beiträge an der Entstehung dieses Buchs mitgewirkt haben.

Darmstadt im August 2008

Prof. Dr. rer. nat. Hermann Winner

intelligent. modular. sicher

TEDRIVE iHSA®
AKTIVIERT LENKSYSTEME

tedrive Steering hat speziell für den Nutzfahrzeugsektor die preisgekrönte und patentierte iHSA® Technologie (intelligent Hydraulic Steering Assist) weiterentwickelt. Mit dem innovativen iHSA® System lässt sich eine Vielzahl von Fahrerassistenzfunktionen wie aktive Spurhaltung, Seitenwindkompensation, City Mode, Anhängerstabilisierung, Radunwuchtenausgleich und Rangierhilfe via Joystick zuschalten. In tedrive Zahnstangen- und tedrive Kugelumlauflenkungen modular integrierbar, bietet die iHSA® Technologie Nutzfahrzeug- und Busherstellern bei allen hydraulischen Lenksystemen eine hohe Design- und Funktionsflexibilität.

iHSA® – DAS INTELLIGENTE PLUS AN SICHERHEIT FÜR ALLE FAHRZEUGKLASSEN

tedrive Steering Systems GmbH I Henry-Ford II-Straße 15 I 42489 Wülfrath, Deutschland
Fon: +49 (0) 2058 905-0 I sales@td-steering.com I www.td-steering.com

Die Herausgeber

Herausgeber, vlnr.: Stephan Hakuli, Hermann Winner, Christina Singer, Felix Lotz

Prof. Dr. rer. nat. Hermann Winner wurde 1955 in Bersenbrück, Niedersachsen, geboren. Von 1976 bis 1981 studierte er Physik an der Westfälischen-Wilhelms-Universität (WWU) in Münster/Westfalen. Anschließend arbeitete er als wissenschaftlicher Assistent am Institut für Angewandte Physik der WWU Münster, wo er 1987 zum Thema Dynamik der Domänenwände in metallischen Ferromagnetika promovierte.

Von 1987 bis 1994 arbeitete Hermann Winner bei der Robert Bosch GmbH in Karlsruhe, Ettlingen und Schwieberdingen in der Vorentwicklung von Mess- und Informationstechnik und dabei u. a. verantwortlich für die Projekte PROMETHEUS-Drive-by-Wire, die Elektrohydraulische Bremse und Adaptive Cruise Control. In seiner Funktion als Leiter der Serienentwicklung von Adaptive Cruise Control lag sein Schwerpunkt auf Systementwicklung und Applikation und er führte das System schließlich zur Serienreife. In den Jahren 1993 bis 2001 war Hermann Winner außerdem Experte bei der ISO/TC204/WG14 – Vehicle/Roadway Warning and Control Systems – davon fünf Jahre als Leiter der deutschen Spiegelgruppe AK I.14 des FAKRA.

Seit 2002 ist Hermann Winner Inhaber des Lehrstuhls für Fahrzeugtechnik an der Technischen Universität Darmstadt und Leiter des gleichnamigen Fachgebiets (FZD). Er baute dort die Forschung auf dem Gebiet der Fahrerassistenzsysteme aus, das heute eine der Kernkompetenzen von FZD darstellt. In zahlreichen Forschungsprojekten mit der Automobil- und Zulieferindustrie zu den Themen Sensorik, Funktionsbewertungen von Notbrems-, Notausweich- und Einbiege-/Kreuzen-Assistenz sowie zur Systemarchitektur von FAS konnte diese Expertise unter Beweis gestellt werden. 2012 erhielt er von der IEEE ITS den Award for Institutional Leadership für seine Leistungen im Bereich der Fahrerassistenzsystementwicklung und aktiver Sicherheit.

Stephan Hakuli studierte Physik an der TU Darmstadt und schloss 2005 als Diplomingenieur der Physik ab. In seiner Diplomarbeit konzipierte und realisierte er ein Verfahren zur gescannten Belichtung und Vermessung holographischer Head-up-Displays. Seit Dezember 2005 arbeitet er als wissenschaftlicher Mitarbeiter am Fachgebiet Fahrzeugtechnik und koordinierte zwei Jahre lang die Lehraktivitäten des Fachgebiets. Im Rahmen seiner Forschungstätigkeit beschäftigt er sich mit Conduct-by-Wire, einem integrierten Fahrerassistenzkonzept für manöverbasierte Fahrzeugführung. Seit 2011 ist er als Produktmanager für Engineering Services bei der IPG Automotive GmbH tätig und befasst sich neben seiner Funktion als Fachreferent für Fahrerassistenzthemen mit Verbesserungspotenzialen im Fahrzeugentwicklungsprozess, die aus der Nutzung virtueller Prototypen und des virtuellen Fahrversuchs resultieren.

Felix Lotz studierte Maschinenbau an der TU Darmstadt sowie an der Virginia Polytechnic Institute and State University. Seit 2007 war er bei FZD als Student in verschiedenen Projekten im Bereich von Fahr- und Probandenversuchen eingebunden. Nach seinem Abschluss als Diplomingenieur ist er seit Januar 2011 als wissenschaftlicher Mitarbeiter für das Kooperationsprojekt PRORETA 3 tätig. Seine Forschungsschwerpunkte liegen dabei auf der Entwicklung einer Systemarchitektur sowie der Verhaltensplanung und Test von automatisierten Fahrzeugen.

Christina Singer studierte Maschinenbau an der FH Südwestfalen, der TU Darmstadt sowie an der Virginia Polytechnic Institute and State University. In ihrer Masterarbeit entwickelte und bewertete sie Konzepte zur Verletzungsschwereprognose. Seit März 2011 arbeitet sie am Fachgebiet Fahrzeugtechnik. Im Rahmen ihrer Forschungstätigkeit beschäftigt sie sich mit aufwandsreduzierten Applikations- und Freigabekonzepten von Bremsregelsystemen.

Weg weisend.

Das neue Audi TTS Coupé mit Audi virtual cockpit und optionalem Audi connect*. Fordert heraus.
Mehr erfahren unter www.audi.de/tts

*Nähere rechtliche Informationen und Nutzungshinweise zu Audi connect finden Sie unter www.audi.de/connect
Kraftstoffverbrauch in l/100 km: kombiniert 7,2–6,9;
CO_2-Emissionen in g/km: kombiniert 166–159.

Audi
Vorsprung durch Technik

Number One & Only One JTEKT

Anyone who's ever set their heart on achieving something has at some point aspired to be Number One, and has worked hard to become the Only One. That's because everyone recognizes the prestige of being Number One and the value of Only One.

At JTEKT, we already have many Number Ones and Only Ones under our belt. In our automotive components business, we were the first ever company to develop and mass-produce electric power steering (EPS) systems. With JTEKT systems installed in one in three cars worldwide, we hold the Number One global EPS market share.

In our bearings business, we have contributed to the development of many industries. We were the first manufacturer in Japan to produce bearings used in steel rolling mills, which have to be durable enough to work reliably in demanding environments of over 1200°C.

In our machine tool and mechatronics business, our unique liquid bearing technology made possible a cylindrical grinder that remains within precise tolerances after more than 20 years of use.

Now, through our new Group Vision, we renew our commitment to achieving further Number Ones and Only Ones—by building value that exceeds customer expectations, products that have a global reputation for quality, and professionals who think and act on their own initiative.

At JTEKT, we know better than anyone that it's the Number Ones and Only Ones who can change the world.

JTEKT: Shaping a Better Future through the Spirit of "No.1 & Only One"

No.1 & Only One
JTEKT

Automotive Components • Bearings • Machine Tools and Mechatronics

JTEKT Automotive components brand   Koyo Bearings brand   TOYODA Machine tools and mechatronics brand   JTEKT CORPORATION

Inhaltsverzeichnis

Firmen- und Hochschulverzeichnis XL

Autorenverzeichnis XLIV

I Grundlagen der Fahrerassistenzsystementwicklung

1 Die Leistungsfähigkeit des Menschen für die Fahrzeugführung 3
Bettina Abendroth, Ralph Bruder
1.1 **Menschlicher Informationsverarbeitungsprozess** 4
1.1.1 Informationsaufnahme 5
1.1.2 Informationsverarbeitung 7
1.1.3 Informationsabgabe 8
1.2 **Fahrercharakteristik und die Grenzen menschlicher Leistungsfähigkeit** ... 8
1.3 **Anforderungen an den Fahrzeugführer im System Fahrer-Fahrzeug-Umgebung** ... 11
1.4 **Bewertung der Anforderungen aus der Fahrzeugführungsaufgabe im Hinblick auf die menschliche Leistungsfähigkeit** 13
Literatur 14

2 Fahrerverhaltensmodelle 17
Edmund Donges
2.1 **Drei-Ebenen-Modell für zielgerichtete Tätigkeiten des Menschen nach Rasmussen, 1983** 18
2.2 **Drei-Ebenen-Hierarchie der Fahraufgabe nach Donges, 1982** 19
2.3 **Beispiel eines regelungstechnischen Modellansatzes für die Führungs- und Stabilisierungsebene der Fahraufgabe** 20
2.4 **Zeitkriterien** 22
2.5 **Neuer Ansatz zur Quantifizierung von fertigkeits-, regel- und wissensbasiertem Verhalten im Straßenverkehr** 23
2.6 **Folgerungen für Fahrerassistenzsysteme** 25
Literatur 25

3 Rahmenbedingungen für die Fahrerassistenzentwicklung 27
Tom Michael Gasser, Andre Seeck, Bryant Walker Smith
3.1 **Kategorisierung und Nomenklatur der Systeme** 28
3.2 **Rechtliche Rahmenbedingungen und Bewertung** 31
3.2.1 Informierende Systeme (Kategorie A) 32
3.2.2 Kontinuierlich wirkende automatisierende Systeme (Kategorie B) 34
3.2.3 Eingreifende Notfallsysteme (Kategorie C) 41
3.3 **Gesetzgebung in den USA** 43
3.4 **Anforderungen an Fahrerassistenzsysteme vor dem Hintergrund von „Ratings" und gesetzlichen Vorschriften** 47
3.4.1 Typgenehmigungsbestimmungen 47
3.4.2 Anforderungen durch Euro NCAP 48

3.4.3	Herstellerinterne Anforderungen	49
3.4.4	Beyond NCAP – Berücksichtigung von neuen Sicherheitsfunktionen im Verbraucherschutz	49
3.5	**Fazit**	51
3.5.1	Forschungsbedarf zur Mensch-Maschine-Interaktion	52
3.5.2	Forschungsbedarf zu Absicherungsstrategien	52
3.5.3	Forschungsbedarf bei der Identifizierung notwendiger Maßnahmen in der Straßenverkehrsinfrastruktur	52
3.5.4	Forschungsbedarf zur gesellschaftlichen Akzeptanz automatisierter Systeme im Straßenverkehr	52
	Literatur	53
4	**Verkehrssicherheit und Potenziale von Fahrerassistenzsystemen**	**55**
	Matthias Kühn, Lars Hannawald	
4.1	**Unfallstatistik**	56
4.1.1	Unfallgeschehen in Deutschland	56
4.1.2	Weltweites Unfallgeschehen	60
4.1.3	Unfallgeschehen nach Fahrzeugart	60
4.2	**Sicherheitspotenzial von Fahrerassistenzsystemen**	65
4.2.1	Methoden zur Bewertung des Sicherheitspotenzials von FAS	67
4.2.2	Pkw	68
4.2.3	Lkw	68
4.2.4	Busse	68
4.2.5	Ausblick	69
	Literatur	70
5	**Verhaltenswissenschaftliche Aspekte von Fahrerassistenzsystemen**	**71**
	Bernhard Schlag, Gert Weller	
5.1	**Visuelle und kognitive Beanspruchung**	72
5.2	**Situationsbewusstsein**	74
5.3	**Mentale Modelle**	76
5.4	**Verhaltensadaptation**	77
5.5	**Übernahmeproblematik**	80
	Literatur	81
6	**Funktionale Sicherheit und ISO 26262**	**85**
	Ulf Wilhelm, Susanne Ebel, Alexander Weitzel	
6.1	**Aufgaben der funktionalen Sicherheit**	86
6.1.1	Überblick	86
6.1.2	Ziele und Aufbau der ISO 26262	86
6.1.3	Abgrenzung zu anderen Normen und Richtlinien	86
6.1.4	Abgrenzung zur Behandlung von anderen Fehlerquellen	87
6.2	**Sicherheitsanforderungen an Fahrerassistenzsysteme**	88
6.2.1	Spezifikation von Sicherheitszielen	89
6.2.2	Spezifikation von Sicherheitsanforderungen	92
6.3	**Erfüllung der Sicherheitsanforderungen**	94
6.3.1	Rückverfolgbarkeit der Anforderungsebenen („Traceability")	94
6.3.2	Verifikation	97
6.3.3	Validierung	98

6.4	**Grenzen der ISO 26262**	99
6.4.1	Lücken in der Rückverfolgbarkeit	100
6.4.2	Umgang mit Unwissen im Designprozess	100
6.4.3	Validierung von Systemen mit funktionaler Unzulänglichkeit	101
6.5	**Zusammenfassung und Ausblick**	102
	Literatur	102
7	**AUTOSAR**	**105**
	Simon Fürst, Stefan Bunzel	
7.1	**Motivation für AUTOSAR**	106
7.2	**Organisation der Partnerschaft AUTOSAR**	106
7.3	**Die neun Projektziele von AUTOSAR**	107
7.4	**Die drei Bereiche der Standardisierung**	109
7.4.1	Softwarearchitektur	109
7.4.2	Entwurfsmethodik	110
7.4.3	Anwendungsschnittstellen	111
7.5	**Systemarchitektur – der virtuelle Funktionsbus (VFB)**	112
7.6	**Softwarearchitektur**	112
7.6.1	Anwendungssoftware	112
7.6.2	Laufzeitumgebung (RTE)	114
7.6.3	Basissoftware (BSW)	114
7.6.4	Systemkonfiguration	115
7.7	**Auswirkungen und Besonderheiten bei der FAS-Entwicklung**	116
7.7.1	Entwicklung verteilter Echtzeitsysteme	116
7.7.2	AUTOSAR-Mechanismen für funktionale Sicherheit (ISO 26262)	117
7.7.3	Virtualisierung in der Funktionsabsicherung	120
7.7.4	Beherrschung von Komplexität und Entwicklungszeitverkürzung	121
7.7.5	Flexibilisierung von kooperativer und verteilter Entwicklung	121
7.8	**Zusammenfassung**	122
	Literatur	122

II Simulation für Entwicklung und Test von FAS / Virtuelle Entwicklungs- und Testumgebung für FAS

8	**Virtuelle Integration**	**125**
	Stephan Hakuli, Markus Krug	
8.1	**Durchgängiges Testen und Bewerten im virtuellen Fahrversuch**	126
8.2	**Effiziente Zusammenarbeit zwischen Hersteller und Zulieferer mittels einer Integrations- und Testplattform**	127
8.3	**In-the-Loop-Methoden und virtuelle Integration im V-Modell**	128
8.4	**Virtuelle Integration im Entwicklungsprozess**	132
8.4.1	Spezifizieren mit Hilfe der virtuellen Integration	132
8.4.2	Integrieren mit Hilfe der virtuellen Integration	135
8.5	**Grenzen der virtuellen Integration**	136
8.5.1	Simulation von Umfeldsensorik	137
8.5.2	Simulation der Umwelt	137

8.6	**Fazit**	137
	Literatur	138

9	**Dynamische Fahrsimulatoren**	139
	Hans-Peter Schöner, Bernhard Morys	
9.1	**Allgemeiner Überblick über Fahrsimulatoren**	140
9.1.1	Einsatz von Fahrsimulatoren	140
9.1.2	Beispiele für dynamische Fahrsimulatoren	140
9.2	**Aufbau eines dynamischen Fahrsimulators am Beispiel des Daimler-Fahrsimulators**	143
9.2.1	Bewegungssystem	143
9.2.2	Fahrer-Umfeld	143
9.2.3	Bildsystem	144
9.2.4	Soundsystem	144
9.2.5	Modelle der Fahrdynamik und der Umgebung	145
9.2.6	Abbildung der Bewegung in den beschränkten Bewegungsraum	145
9.2.7	Kinetose (Simulatorkrankheit)	146
9.2.8	Vorbereitungssimulatoren	146
9.3	**Versuchskonzeption**	146
9.3.1	Zielstellung von Probandenuntersuchungen	146
9.3.2	Versuchsdesign	147
9.3.3	Versuchsvorbereitung	149
9.3.4	Ablenkungen	150
9.3.5	Lerneffekte	151
9.3.6	Probandenauswahl	151
9.3.7	Auswertung von Probandenversuchen	152
9.4	**Problematik der Übertragbarkeit, der Realitätsnähe und des Gefahrenempfindens**	152
9.4.1	Verfahren zur Validierung von Fahrsimulatoren	152
9.4.2	Realitätsnähe und Gefahrenempfinden	152
9.5	**Zusammenfassung und Ausblick**	153
	Literatur	154

10	**Vehicle in the Loop**	155
	Guy Berg, Berthold Färber	
10.1	**Motivation**	156
10.2	**Das Vehicle in the Loop**	156
10.2.1	Anforderungen	156
10.2.2	Funktionsprinzip	157
10.3	**Meilensteine der VIL-Entwicklung**	159
10.4	**Fazit und Ausblick**	161
	Literatur	163

III Testverfahren

11 Testverfahren für Verbraucherschutz und Gesetzgebung ... 167
Patrick Seiniger, Alexander Weitzel

- 11.1 **Systematik von Testverfahren** ... 168
- 11.1.1 Testverfahren im Produktentwicklungsprozess ... 168
- 11.1.2 Unterscheidung anhand charakteristischer Eigenschaften ... 169
- 11.2 **Testverfahren für Gesetzgebung und Verbraucherschutz** ... 170
- 11.2.1 Anforderungen der Gesetzgebung ... 171
- 11.2.2 Anforderungen aus dem Verbraucherschutz ... 172
- 11.3 **Eigenschaften der Testwerkzeuge** ... 174
- 11.3.1 Pkw-repräsentierende Zielobjekte und Bewegungsvorrichtungen ... 174
- 11.3.2 Fußgänger-repräsentierende Zielobjekte und Bewegungsvorrichtungen ... 176
- 11.4 **Realitätsnähe und Testaufwand** ... 180
- 11.5 **Ausblick – was ist in EuroNCAP an Testverfahren zu erwarten?** ... 181
- Literatur ... 181

12 Nutzerorientierte Bewertungsverfahren von Fahrerassistenzsystemen ... 183
Jörg Breuer, Christoph von Hugo, Stephan Mücke, Simon Tattersall

- 12.1 **Zielsetzung der nutzerorientierten Bewertung** ... 184
- 12.2 **Versuchsdesign** ... 184
- 12.2.1 Probanden- vs. Expertenversuche ... 185
- 12.2.2 Versuchspersonenauswahl und -anzahl ... 185
- 12.2.3 Prüfszenarien ... 186
- 12.2.4 Bewertungsparameter und -kriterien ... 186
- 12.3 **Versuchsumgebung** ... 187
- 12.4 **Durchführung und Auswertung von Feldabsicherungen** ... 189
- 12.5 **Exemplarische Anwendungen** ... 190
- 12.5.1 Bewertung der Wirksamkeit von Sicherheitssystemen am Fahrsimulator ... 190
- 12.5.2 Bewertung der Beherrschbarkeit fehlerhafter Bremsungen gemäß ISO 26262 ... 191
- 12.5.3 Bewertung der Wirksamkeit einer Sicherheitsfunktion auf dem Testgelände ... 192
- 12.5.4 Bewertung und Optimierung eines Sicherheitssystems zur Fahrerzustandsüberwachung in begleiteten Feldversuchen ... 193
- 12.5.5 Feldabsicherung radarbasierter Sicherheits- und Komfortsysteme ... 193
- Literatur ... 195

13 EVITA – Das Prüfverfahren zur Beurteilung von Antikollisionssystemen ... 197
Norbert Fecher, Jens Hoffmann, Hermann Winner

- 13.1 **Das Dummy Target EVITA** ... 198
- 13.1.1 Ziele ... 198
- 13.1.2 Konzept ... 198
- 13.1.3 Aufbau ... 198
- 13.1.4 Versuchsablauf ... 198
- 13.1.5 Leistungsdaten ... 200
- 13.2 **Messkonzept im Versuchsfahrzeug** ... 200
- 13.3 **Gefährdungen von Versuchsteilnehmern** ... 200

13.4	**Bewertungsmethode**	201
13.4.1	Wirksamkeit eines Antikollisionssystems	201
13.4.2	Probandenversuch	201
13.4.3	Bewertungskriterien für warnende Frontkollisionsgegenmaßnahmen	202
13.4.4	Vergleiche von Antikollisionssystemen	203
13.4.5	Ergebnisse	203
13.5	**Einsatz in weiteren Studien**	206
	Literatur	206

14 Testen mit koordinierten automatisierten Fahrzeugen 207
Hans-Peter Schöner, Wolfgang Hurich

14.1	**Motivation für den Einsatz koordinierter automatisierter Fahrzeuge**	208
14.2	**Anforderungen an Präzision und Reproduzierbarkeit**	209
14.3	**Technische Umsetzung**	210
14.3.1	Im Fahrzeug: Lenk- und Pedalroboter, Positionsmessung, Safety-Controller, Notbremseinrichtung	210
14.3.2	Im Leitstand: Steuerzentrale, Visualisierung, Koordination, Sicherheit	211
14.3.3	Sonstige Systeme: Daten- und Bildübertragung, Datensynchronisation, Luft-Bilder	212
14.4	**Planung von Manövern**	212
14.4.1	Planung einzelner Trajektorien	212
14.4.2	Planung und Überprüfung koordinierter Trajektorien	212
14.4.3	Genauigkeit und Wiederholbarkeit	213
14.4.4	Virtuelle Leitplanken	213
14.5	**Selbstfahrende Targets**	213
14.5.1	Soft-Crash-Target	214
14.5.2	Überfahrbarer Target-Träger	215
14.6	**Beispiele für automatisierte Fahrmanöver**	216
14.6.1	Fahrerlose Manöver einzelner Fahrzeuge	216
14.6.2	Koordinierte Manöver mit mehreren fahrerlosen Fahrzeugen	216
14.6.3	Manöver mit Fahrer, mit getriggerten beziehungsweise synchronisierten Targets	217
14.7	**Zukünftige Entwicklungen**	218
	Literatur	218

IV Sensorik für Fahrerassistenzsysteme

15 Fahrdynamiksensoren für FAS 223
Matthias Mörbe

15.1	**Einleitung**	224
15.2	**Allgemeine Auswahlkriterien**	224
15.2.1	Anforderungen Technikebene	224
15.2.2	Kommerzielle Ebene	228
15.3	**Technische Sensorkenndaten für Fahrerassistenzsysteme**	228
15.3.1	Sensoren und Einbauorte	228
15.3.2	Raddrehzahlsensor DF	229
15.3.3	Lenkradwinkelsensoren	232
15.3.4	Drehraten- und Beschleunigungssensoren	234

15.3.5	Bremsdrucksensoren	237
15.3.6	Bremspedalwegsensoren	239
	Literatur	240

16 Ultraschallsensorik 243
Martin Noll, Peter Rapps

16.1	**Einleitung**	244
16.2	**Grundlagen der Ultraschallwandlung**	244
16.2.1	Piezoelektrischer Effekt	244
16.2.2	Piezoelektrische Keramiken	244
16.3	**Ultraschallwandler**	246
16.3.1	Ersatzschaltbild	247
16.4	**Ultraschallsensoren für das Kfz**	248
16.4.1	Sensorbaugruppen	248
16.5	**Antennen und Strahlgestaltung**	250
16.5.1	Simulation	250
16.6	**Entfernungsmessung**	252
16.6.1	Trilateration und Objektlokalisierung	252
16.7	**Halter- und Befestigungskonzepte**	255
16.8	**Leistungsfähigkeit und Zuverlässigkeit**	256
16.9	**Zusammenfassung und Ausblick**	257
	Literatur	258

17 Radarsensorik 259
Hermann Winner

17.1	**Ausbreitung und Reflektion**	260
17.2	**Abstands- und Geschwindigkeitsmessung**	263
17.2.1	Grundprinzip Modulation und Demodulation	264
17.2.2	Doppler-Effekt	264
17.2.3	Mischen von Signalen	265
17.2.4	Pulsmodulation	267
17.2.5	Frequenzmodulation	270
17.3	**Winkelmessung**	279
17.3.1	Antennen-theoretische Vorbetrachtungen	279
17.3.2	Scanning	280
17.3.3	Monopuls	281
17.3.4	Mehrstrahler	283
17.3.5	Dual-Sensor-Konzept	285
17.3.6	Planar-Antennen-Arrays:	286
17.4	**Hauptparameter der Leistungsfähigkeit**	288
17.4.1	Abstand	288
17.4.2	Relativgeschwindigkeit	288
17.4.3	Azimutwinkel	288
17.4.4	Leistungsfähigkeit und Mehrzielfähigkeit	289
17.4.5	24 GHz vs. 77 GHz	290
17.5	**Signalverarbeitung und Tracking**	291
17.6	**Einbau und Justage**	294
17.7	**Elektromagnetische Verträglichkeit**	296

17.8	**Ausführungsbeispiele**	297
17.8.1	Bosch LRR3	297
17.8.2	Bosch Radarsensoren der vierten Generation	299
17.8.3	Continental ARS 300	303
17.8.4	Continental SRR 200	306
17.8.5	Hella 24 GHz Mid-Range-Radar	306
17.8.6	TRW AC1000	310
17.8.7	Valeo MBH	312
17.9	**Zusammenfassung und Ausblick**	313
	Literatur	315
18	**LIDAR-Sensorik**	317
	Heinrich Gotzig, Georg Geduld	
18.1	**Funktion, Prinzip**	318
18.1.1	Begrifflichkeit	318
18.1.2	Messverfahren Distanzsensor	318
18.1.3	Weitere Funktionalität	320
18.1.4	Aufbau	320
18.1.5	Transmissions- und Reflexionseigenschaften	323
18.1.6	Geschwindigkeitsbewegungsermittlung	324
18.1.7	Tracking-Verfahren und Auswahl relevanter Ziele	325
18.2	**Applikation im Fahrzeug**	328
18.2.1	Laserschutz	328
18.2.2	Integration für nach vorne gerichtete Sensoren (zum Beispiel für ACC)	329
18.3	**Zusatzfunktionen**	329
18.3.1	Sichtweitenmessung	329
18.3.2	Tag/Nacht-Erkennung	329
18.3.3	Verschmutzungserkennung	329
18.3.4	Geschwindigkeitsermittlung	329
18.3.5	Fahrerverhalten/-zustand	329
18.3.6	Objektausdehnung/-erkennung	329
18.4	**Aktuelle Serienbeispiele:**	330
18.5	**Ausblick**	333
	Literatur	334
19	**3D Time-of-Flight (ToF)**	335
	Bernd Buxbaum, Robert Lange, Thorsten Ringbeck	
19.1	**Einordnung und Erläuterung des Grundkonzeptes**	336
19.2	**Vorteile und Applikationen**	336
19.3	**Grundsätzliche Lösungen zur 3D-Erfassung**	337
19.3.1	Formerfassung mit optisch inkohärenter Modulationslaufzeitmessung	338
19.3.2	Das PMD-Prinzip	340
19.4	**Module eines PMD-Systems**	340
19.4.1	PMD-Imager: 2D-Mischer und Integrator	341
19.4.2	Beleuchtung	343
19.4.3	Weiterverarbeitung (Merkmalsextraktion, Objekttracking)	343
19.5	**Leistungsfähigkeit und Leistungsgrenzen des Gesamtsystems**	344
	Literatur	346

Inhaltsverzeichnis

20 Kamera-Hardware 347
Martin Punke, Stefan Menzel, Boris Werthessen, Nicolaj Stache, Maximilian Höpfl
20.1 **Einsatzgebiete und Beispielanwendungen** 348
20.1.1 Fahrer- und Innenraumüberwachung 348
20.1.2 Umfelderfassung 349
20.2 **Kameras für Fahrerassistenzsysteme** 352
20.2.1 Kriterien für die Auslegung 352
20.3 **Kameramodul** 355
20.3.1 Aufbau eines Kameramoduls 355
20.3.2 Optik 356
20.3.3 Bildsensor 358
20.4 **Systemarchitektur** 362
20.4.1 Systemübersicht 362
20.4.2 Monokamera-Architektur 363
20.4.3 Stereokamera-Architektur 364
20.5 **Kalibrierung** 365
20.5.1 Kalibrierparameter 366
20.5.2 Orte der Kalibrierung und Kalibrierverfahren 366
20.6 **Ausblick** 367
Literatur 367

21 Maschinelles Sehen 369
Christoph Stiller, Alexander Bachmann, Andreas Geiger
21.1 **Bildentstehung** 370
21.1.1 Projektive Abbildung 370
21.1.2 Bildrepräsentation 371
21.2 **Bildverarbeitung** 372
21.2.1 Bildverbesserung 373
21.2.2 Merkmalsextraktion 374
21.3 **3d Rekonstruktion der Szenengeometrie** 378
21.3.1 Stereoskopie 378
21.3.2 Motion-Stereo 381
21.3.3 Trifokal-Tensor 382
21.4 **Zeitliche Verfolgung** 383
21.4.1 Bayes-Filter 383
21.4.2 Partikelfilter 384
21.4.3 Zeitliche Verfolgung mit dem Kalman-Filter 384
21.5 **Anwendungsbeispiele** 385
21.5.1 Objektdetektion 387
21.5.2 Kreuzungserkennung 388
21.6 **Zusammenfassung und Ausblick** 391
Literatur 392

22 Stereosehen 395
Uwe Franke, Stefan Gehrig
22.1 **Lokale und globale Verfahren der Disparitätsschätzung** 398
22.1.1 Lokale Korrelationsverfahren 398
22.1.2 Globale Stereoverfahren 401

22.2	**Genauigkeit der Stereoanalyse**	403
22.2.1	Subpixelgenaue Schätzung	404
22.2.2	Effekte einer Dekalibrierung	405
22.3	**6D-Vision**	407
22.3.1	Das Prinzip	408
22.3.2	Dense6D	410
22.4	**Stixel-Welt**	412
22.4.1	Optimale Berechnung	412
22.4.2	Bildverstehen in der Stixel-Welt	415
22.5	**Zusammenfassung**	418
	Literatur	419
23	**Kamerabasierte Fußgängerdetektion**	421
	Bernt Schiele, Christian Wojek	
23.1	**Anforderungen**	422
23.2	**Mögliche Ansätze**	423
23.3	**Beschreibung des Funktionsprinzips**	424
23.3.1	Sliding-Window-Ansätze	424
23.3.2	Merkmalspunkt- und körperteilbasierte Ansätze	427
23.3.3	Systemorientierte Ansätze	431
23.4	**Beschreibungen der Anforderungen an Hardware und Software**	432
23.5	**Ausblick**	433
	Literatur	434

V   Datenfusion und Umfeldpräsentation

24	**Fusion umfelderfassender Sensoren**	439
	Michael Darms	
24.1	**Definition Sensordatenfusion**	440
24.1.1	Ziele der Datenfusion	441
24.2	**Hauptkomponenten der Sensordatenverarbeitung**	442
24.2.1	Signalverarbeitung und Merkmalsextraktion	442
24.2.2	Datenassoziation	443
24.2.3	Datenfilterung	445
24.2.4	Klassifikation	446
24.2.5	Situationsanalyse	446
24.3	**Architekturmuster zur Sensordatenfusion von Umfeldsensoren**	446
24.3.1	Dezentral – Zentral – Hybrid	446
24.3.2	Rohdatenebene – Merkmalsebene – Entscheidungsebene	448
24.3.3	Synchronisiert – Unsynchronisiert	448
24.3.4	Neue Daten – Datenkonstellation – Externes Ereignis	448
24.3.5	Originaldaten – Gefilterte Daten – Prädizierte Daten	450
24.3.6	Parallel – Sequenziell	450
24.4	**Abschließende Bemerkung**	450
	Literatur	450

Inhaltsverzeichnis

25 Repräsentation fusionierter Umfelddaten 453
Klaus Dietmayer, Dominik Nuß, Stephan Reuter
25.1 **Anforderungen an Fahrzeugumgebungsrepräsentationen** 454
25.2 **Objektbasierte Darstellungen** 456
25.2.1 Sensorspezifische Objektmodelle und Koordinatensysteme 456
25.2.2 Zustands- und Existenzunsicherheiten 457
25.2.3 Grundlegende Verfahren des Multi-Objekt-Trackings 458
25.2.4 Eigenlokalisierung und Einbeziehung von digitalen Karten 466
25.2.5 Zeitliche Aspekte 467
25.3 **Rasterbasierte Verfahren** 467
25.3.1 Konzept der Rasterkarten 467
25.3.2 Eigenbewegungsschätzung 468
25.3.3 Algorithmen zur Erzeugung von Belegungskarten 469
25.3.4 Behandlung von bewegten Objekten 474
25.3.5 Effiziente Speicherverwaltung 475
25.4 **Architekturen und hybride Darstellungsformen** 475
25.5 **Zusammenfassung** 477
Literatur 478

26 Datenfusion für die präzise Lokalisierung 481
Nico Steinhardt, Stefan Leinen
26.1 **Anforderungen an eine Datenfusion** 482
26.2 **Grundlagen** 483
26.2.1 Koordinatensysteme 483
26.2.2 Lokalisierungssensoren und deren Eigenschaften 484
26.3 **Klassifizierung und Ontologien für Filter zur Sensordatenfusion** 485
26.3.1 Klassifizierung der Anbindung von Sensoren an das Filter 486
26.3.2 Klassifizierung der Schätzgrößen des Filters 487
26.3.3 Klassifizierung verschiedener Filtertypen 489
26.4 **Erweiterungen für Fusionsfilter** 489
26.4.1 Einbindung von Odometriemessungen 489
26.4.2 Kompensation von verzögerter Messwertverfügbarkeit 490
26.4.3 Plausibilisierung 491
26.5 **Datenqualitätsbeschreibung** 494
26.5.1 Integrität 494
26.5.2 Genauigkeit 497
26.6 **Beispiel einer Umsetzung** 499
26.6.1 Architektur 499
26.6.2 Bewegte Referenzsysteme/„Trägerplattform" 501
26.6.3 Umsetzung Integritätsmaß 503
26.6.4 Genauigkeitsmaß 505
26.6.5 Exemplarische Ergebnisse 507
26.7 **Ausblick und Fazit** 508
Literatur 510

| 27 | **Digitale Karten im Navigation Data Standard Format** | 513 |

Ralph Behrens, Thomas Kleine-Besten, Werner Pöchmüller, Andreas Engelsberg

27.1	**Ziele der Standardisierung**	514
27.2	**Merkmale des NDS-Standards**	515
27.3	**Wachstum der Datenmenge durch neue Merkmale**	516
27.4	**Struktur der Daten innerhalb einer NDS-Datenbank**	516
27.5	**NDS Building Blocks**	516
27.5.1	Overall Building Block	516
27.5.2	Routing Building Block	516
27.5.3	SQLite Index (SLI)	517
27.5.4	POI Building Block	518
27.5.5	Naming Building Block	518
27.5.6	Free Text Search Building Block	518
27.5.7	Phonetic/Speech Building Block	519
27.5.8	Traffic Information Building Block	519
27.5.9	Basic Map Display Building Block	519
27.5.10	Advanced Map Display	519
27.5.11	Digital Terrain Model Building Block	520
27.5.12	Orthoimages Building Block	520
27.5.13	3D Objects Building Block	520
27.5.14	Junction View Building Block	520
27.6	**NDS-Datenbankstruktur/Generalisierung**	520
27.7	**Aufbau der NDS-Datenbank**	521
27.7.1	DataScript und RDS	522
27.7.2	NDS-Format-Erweiterung	522
27.7.3	NDS-Datenbank-Werkzeuge	522
27.8	**Zukunft des NDS-Standard**	522
	Literatur	523

| 28 | **Car-2-X** | 525 |

Hendrik Fuchs, Frank Hofmann, Hans Löhr, Gunther Schaaf

28.1	**Motivation und Einführung**	526
28.2	**Datenkommunikation**	526
28.2.1	Funkkanal und Übertragungssystem	526
28.2.2	Frequenzallokation	527
28.2.3	Standardisierung	528
28.3	**Systemübersicht**	528
28.3.1	ITS Station	528
28.4	**Datensicherheit und Schutz der Privatsphäre**	529
28.4.1	Sicherheitsprobleme	529
28.4.2	Aspekte der Privatsphäre	529
28.4.3	Schutzziele und Herausforderungen	530
28.4.4	Lösungsansätze und -mechanismen	530
28.4.5	Stand von Technik und Umsetzung	532
28.5	**Car-2-X Anwendungen**	532
28.5.1	Anforderungen und grundsätzliche Funktionsweise	532
28.5.2	Anwendungsbeispiele	534
28.5.3	Umsetzung und Erprobung im Projekt sim^{TD}	535

28.6	Ökonomische Bewertung und Einführungsszenarien	537
28.6.1	Wirkung und Nutzen	537
28.6.2	Ökonomische Bewertung	538
28.6.3	Einführungsszenarien und Ausblick	538
	Literatur	539

29	**Backendsysteme zur Erweiterung der Wahrnehmungsreichweite von Fahrerassistenzsystemen**	**541**
	Felix Klanner, Christian Ruhhammer	
29.1	**Aktuelle backendbasierte Fahrerassistenzsysteme**	542
29.2	**Was sind Backendsysteme?**	542
29.2.1	Digitale Karten	542
29.2.2	Servertechnologien	542
29.2.3	Sendeeinheit im Fahrzeug	547
29.3	**Eigenschaften der Datenübertragung**	547
29.4	**Nächste Generation backendbasierter Assistenzsysteme**	549
29.5	**Extraktion von fahrerassistenzsystemrelevanten Informationen aus Flottendaten im Backend**	550
29.6	**Zusammenfassung**	551
	Literatur	552

VI Aktorik für Fahrerassistenzsysteme

30	**Hydraulische Pkw-Bremssysteme**	**555**
	James Remfrey, Steffen Gruber, Norbert Ocvirk	
30.1	**Standardarchitektur**	556
30.1.1	Betätigung	556
30.1.2	Modulation	561
30.1.3	Radbremsen	563
30.2	**Erweiterte Architekturen**	564
30.2.1	Regeneratives Bremssystem RBS-SBA	565
30.2.2	Elektrohydraulische Bremse EHB	566
30.2.3	Integrale Bremssysteme	572
30.3	**Dynamik hydraulischer Bremssysteme**	573
	Literatur	576

31	**Elektromechanische Bremssysteme**	**579**
	Bernward Bayer, Axel Büse, Paul Linhoff, Bernd Piller, Peter Rieth, Stefan Schmitt, Bernhard Schmittner, Jürgen Völkel	
31.1	**Das EHCB–System (Electric Hydraulic Combined Brake, Hybrid-Bremssystem)**	580
31.1.1	Motivation	580
31.1.2	Systemarchitektur und Komponenten	580
31.1.3	Regelfunktionen	580
31.1.4	Hinterachs-Aktor	582
31.2	**Die Elektrische Parkbremse (EPB)**	582
31.2.1	Motivation	582
31.2.2	System und Komponenten	582

31.2.3	Systemarchitektur	583
31.2.4	Aktorik	585
31.2.5	Schnittstellen des Steuergeräts	586
31.2.6	Funktionen	587
31.3	**Fazit**	589
	Literatur	589

32 Lenkstellsysteme ... 591
Gerd Reimann, Peter Brenner, Hendrik Büring

32.1	**Allgemeine Anforderungen an Lenksysteme**	592
32.2	**Basislösungen der Lenkunterstützung**	592
32.2.1	Die hydraulische Hilfskraftlenkung (HPS)	592
32.2.2	Die parametrierbare hydraulische Hilfskraftlenkung	593
32.2.3	Die elektrohydraulische Hilfskraftlenkung (EHPS)	593
32.2.4	Die elektromechanische Hilfskraftlenkung (EPS)	594
32.2.5	Elektrische Komponenten	598
32.3	**Lösungen zur Überlagerung von Momenten**	599
32.3.1	Zusatzaktor für hydraulische Lenksysteme	599
32.3.2	Elektrische Lenksysteme	600
32.4	**Lösungen zur Überlagerung von Winkeln**	603
32.4.1	Einleitung	603
32.4.2	Funktionalität	603
32.4.3	Stellervarianten	604
32.4.4	Einsatzbeispiel BMW E60 – ZFLS-Aktor am Lenkgetriebe	605
32.4.5	Einsatzbeispiel Audi A4 – ZFLS-Aktor in der Lenksäule	607
32.4.6	Einsatzbeispiel Lexus – koaxialer Lenksäulenaktor lenkwellenfest	610
32.5	**Steer-by-Wire-Lenksystem und Einzelradlenkung**	611
32.5.1	Systemkonzept und Bauteile	612
32.5.2	Technik, Vorteile und Chancen	613
32.6	**Hinterachslenksysteme**	614
32.6.1	Grundfunktionen und Kundennutzen	614
32.6.2	Funktionsprinzip	615
32.6.3	Systemgestaltung / Aufbau des Systems	615
32.6.4	Vernetzung / erweiterte Funktionalität	616
	Literatur	617

VII Mensch-Maschine-Schnittstelle für Fahrerassistenzsysteme

33 Nutzergerechte Entwicklung der Mensch-Maschine-Interaktion von Fahrerassistenzsystemen ... 621
Winfried König

33.1	**Übersicht**	622
33.2	**Fragestellungen bei der Entwicklung der Mensch-Maschine-Interaktion (HMI) von FAS**	622
33.2.1	Unterstützung durch FAS	622
33.2.2	Leistungen und Grenzen der FAS	622

33.2.3	Benötigte Kompetenzen und Fachbereiche	623
33.2.4	Einflussfaktoren bei der Entwicklung von FAS	623
33.2.5	Interaktionskanäle zwischen Fahrer, FAS und Fahrzeug	623
33.2.6	Änderung der Beziehung Fahrer-Fahrzeug durch FAS	624
33.2.7	Situationsbewusstsein und Absicht des Fahrers	624
33.2.8	Inneres Modell	625
33.2.9	Entlastung oder Belastung durch FIS und FAS?	626
33.2.10	Verantwortung des Fahrers	626
33.2.11	Stärken von Mensch und Maschine	626
33.3	**Systematische Entwicklung des HMI von FAS**	627
33.3.1	Die Entwicklung des HMI im FAS-Entwicklungsprozess	627
33.3.2	Unterstützungsbedarf des Fahrers	627
33.3.3	Leitlinien zur Entwicklung von FIS und FAS	627
33.3.4	Richtlinien für FIS – „European Statements of Principles on HMI" (ESoP)	628
33.3.5	Normen zur Gestaltung von FIS und FAS	629
33.3.6	Entwicklung von Normen	629
33.3.7	ISO-Normen zu HMI im Kfz	629
33.4	**Bewertung von FAS-Gestaltungen**	630
33.4.1	Bewertungsverfahren	630
33.4.2	Instrumente zur Beurteilung des Fahrerverhaltens	630
33.4.3	Bewertungsumgebung	630
33.4.4	Anwendung der Verfahren und Fehlermöglichkeiten	631
33.5	**Zusammenfassung**	632
	Literatur	632
34	**Gestaltung von Mensch-Maschine-Schnittstellen**	**633**
	Ralph Bruder, Muriel Didier	
34.1	**Ein Arbeitsmodell von Mensch-Maschine-Schnittstellen**	634
34.2	**Grundeinteilung der Schnittstellen**	634
34.2.1	Bedienelemente	635
34.2.2	Anzeige	637
34.3	**Gestaltungsleitsätze und -prinzipien**	638
34.3.1	Gestaltungsleitsätze	638
34.3.2	Gestaltungsprinzipien	640
34.4	**Gestaltungsprozess**	641
34.5	**Praxis und Gestaltungsprozess**	643
	Literatur	645
35	**Bedienelemente**	**647**
	Klaus Bengler, Matthias Pfromm, Ralph Bruder	
35.1	**Anforderungen an Bedienelemente für Fahrerassistenzsysteme**	648
35.2	**Bestimmung des Handlungsorgans, der Körperhaltung und der Greifart**	649
35.3	**Festlegung der Bedienteilart**	649
35.4	**Vermeiden von unbeabsichtigtem und unbefugtem Stellen**	651
35.5	**Festlegung der räumlichen Anordnung und geometrische Integration**	652
35.6	**Festlegung von Rückmeldung, Bedienrichtung, -weg und -widerstand**	652
35.7	**Kennzeichnung der Stellteile**	654

35.8	**Alternative Bedienkonzepte**	654
35.8.1	Gestenbedienung	654
35.8.2	Blicksteuerung	655
35.8.3	Brain Computer Interface	656
35.8.4	Sprachsteuerung	656
	Literatur	656
36	**Anzeigen für Fahrerassistenzsysteme**	659
	Peter Knoll	
36.1	**Heutige Displaykonzepte im Kraftfahrzeug**	660
36.1.1	Kommunikationsbereiche im Fahrzeug	660
36.1.2	Displays für das Kombiinstrument	661
36.1.3	Head-up-Display (HUD)	663
36.1.4	Zentrale Anzeige- und Bedieneinheit in der Mittelkonsole	664
36.1.5	Displays für Nachtsichtsysteme	665
36.1.6	Zusatzdisplays	665
36.2	**Anzeigen für das Kraftfahrzeug**	667
36.2.1	Elektromechanische Messwerke	667
36.2.2	Aktive und passive Segmentdisplays	668
36.2.3	Grafikanzeigen für Kombiinstrument und Mittelkonsole	671
36.3	**Zukünftige Displaykonzepte im Kraftfahrzeug**	672
36.3.1	Kontaktanaloges Head-up-Display	672
36.3.2	Laserprojektion	672
	Literatur	673
37	**Fahrerwarnelemente**	675
	Norbert Fecher, Jens Hoffmann	
37.1	**Einleitung**	676
37.2	**Menschliche Informationsverarbeitung**	676
37.3	**Schnittstellen zwischen Mensch und Maschine**	677
37.4	**Anforderungen an Warnelemente**	678
37.5	**Beispiele für Warnelemente**	679
37.5.1	Warnelemente für die Längsführung	679
37.5.2	Warnelemente der Querführung	680
37.6	**Voreinteilung von Warnelementen**	681
	Literatur	684
38	**Fahrerzustandserkennung**	687
	Ingmar Langer, Bettina Abendroth, Ralph Bruder	
38.1	**Einleitung und Motivation**	688
38.1.1	Definition des Begriffs „Fahrerzustand"	688
38.1.2	Einfluss eines kritischen Fahrerzustands auf das Unfallrisiko	688
38.1.3	Potenziale und Herausforderungen einer Fahrerzustandserkennung	688
38.2	**Unaufmerksamkeitserkennung**	689
38.2.1	Definition von Aufmerksamkeit	689
38.2.2	Messgrößen und Messverfahren zur Unaufmerksamkeitserkennung	690
38.2.3	Anwendungsfälle einer Unaufmerksamkeitserkennung	691

38.3	**Müdigkeitserkennung**	691
38.3.1	Definition von Müdigkeit bzw. Ermüdung	691
38.3.2	Messgrößen und Messverfahren zur Müdigkeitserkennung	692
38.4	**Erkennung medizinischer Notfälle**	694
38.4.1	Messgrößen und Messverfahren zur Erkennung medizinischer Notfälle	694
38.4.2	Anwendungsfall „Nothalteassistent"	696
38.5	**Marktverfügbare Systeme zur Fahrerzustandsüberwachung**	696
38.6	**Falsch- und Fehlalarmierung bei der Zustandserkennung**	698
	Literatur	698

39 Fahrerabsichtserkennung und Risikobewertung 701
Martin Liebner, Felix Klanner

39.1	**Problemstellung**	702
39.1.1	Fahrerabsichtserkennung	703
39.1.2	Berücksichtigung des Situationsbewusstseins	704
39.2	**Einordnung bestehender Arbeiten**	704
39.3	**Rein prädiktive Verfahren**	705
39.3.1	Bewegungsmodelle	705
39.3.2	Kollisionserkennung	705
39.3.3	Umgang mit Unsicherheiten	706
39.4	**Wissensbasierte Verfahren**	706
39.5	**Risikobewertung auf Basis der Fahrerabsicht**	708
39.5.1	Fahrerabsichtserkennung mit diskriminativen Methoden	708
39.5.2	Fahrerabsichtserkennung mit generativen Methoden	710
39.5.3	Risikobewertung auf Basis der Fahrerabsicht	712
39.6	**Berücksichtigung des Situationsbewusstseins**	713
39.6.1	Vermeidung unnötiger Warnungen	713
39.6.2	Detektion nicht sichtbarer Verkehrsteilnehmer	714
39.6.3	Verbesserung der Fahrerabsichtserkennung	715
39.6.4	Vorhersage des weiteren Verkehrsgeschehens	715
39.7	**Zusammenfassung und Ausblick**	716
	Literatur	717

VIII Fahrerassistenz auf Stabilisierungsebene

40 Bremsenbasierte Assistenzfunktionen 723
Anton van Zanten, Friedrich Kost

40.1	**Einleitung**	724
40.2	**Grundlagen der Fahrdynamik**	724
40.2.1	Stationäres und instationäres Reifen- und Fahrverhalten	724
40.2.2	Kenngrößen der Fahrdynamik	726
40.3	**ABS, ASR und MSR**	727
40.3.1	Regelkonzepte	727
40.4	**ESP**	730
40.4.1	Anforderungen	730
40.4.2	Eingesetzte Sensoren	730

40.4.3	Regelkonzept des ESP	730
40.4.4	Sollwertbildung und Schätzung fahrdynamischer Größen	735
40.4.5	Sicherheitskonzept	737
40.5	**Mehrwertfunktionen**	740
40.5.1	Special Stability Support	740
40.5.2	Special Torque Control	744
40.5.3	Brake & Boost Assist	745
40.5.4	Standstill & Speed Control	749
40.5.5	Advanced Driver Assistance System Support	751
40.5.6	Monitoring & Information	752
40.6	**Ausblick**	753
	Literatur	753

41	**Fahrdynamikregelung mit Brems- und Lenkeingriff**	755
	Thomas Raste	
41.1	**Einleitung**	756
41.2	**Anforderungen an die Zusatzfunktion Stabilisierung mit Bremse und Lenkung**	756
41.3	**Konzept und Wirkprinzip der Brems- und Lenkregelung**	758
41.4	**Funktionsmodule zum Lenkwinkeleingriff**	760
41.5	**Funktionsmodule zur Fahrerlenkempfehlung**	761
41.6	**Spezifische Entwicklungsherausforderungen und zukünftige Entwicklungen**	763
	Literatur	765

42	**Fahrdynamikregelsysteme für Motorräder**	767
	Kai Schröter, Raphael Pleß, Patrick Seiniger	
42.1	**Fahrstabilität**	768
42.2	**Bremsstabilität**	771
42.3	**Für Fahrdynamikregelungen relevantes Unfallgeschehen von Motorrädern**	773
42.4	**Stand der Technik der Bremsregelsysteme**	774
42.4.1	Hydraulische ABS-Bremsanlagen	775
42.4.2	Elektrohydraulische Integralbremsanlagen	776
42.4.3	Zusatzfunktionen	779
42.5	**Stand der Technik der Antriebsschlupfregelungssysteme**	782
42.6	**Stand der Technik der Fahrwerkregelsysteme**	785
42.7	**Zukünftige Fahrdynamikregelungen**	786
42.7.1	Einflussmöglichkeiten auf gebremste Kurvenunfälle	786
42.7.2	Einflussmöglichkeiten auf ungebremste Kurvenunfälle	790
	Literatur	793

43	**Stabilisierungsassistenzfunktionen im Nutzfahrzeug**	795
	Falk Hecker	
43.1	**Einleitung**	796
43.2	**Spezifika von ABS, ASR und MSR für Nutzfahrzeuge im Vergleich zum Pkw**	796
43.2.1	Nkw-spezifische Besonderheiten	796
43.2.2	Regelungsziele und -prioritäten	798
43.2.3	Systemaufbau, Steller	801
43.2.4	Sonderfunktionen für Nkw	803

43.3	**Spezifika der Fahrdynamikregelung für Nutzfahrzeuge im Vergleich zum Pkw**	805
43.3.1	Nkw-spezifische Besonderheiten	805
43.3.2	Regelungsziele und -prioritäten	805
43.3.3	Fahrdynamikregelung für Gliederzüge	808
43.3.4	Systemarchitektur	809
43.3.5	Sonderfunktionen für Nkw	810
43.4	**Ausblick**	811
43.4.1	Fahrdynamikregelung für Allradfahrzeuge	811
43.4.2	Weitergehende Adaptionsalgorithmen in der Fahrdynamikregelung	811
43.4.3	Nutzung weiterer Steller	812
	Literatur	812

IX Fahrerassistenz auf Bahnführungs- und Navigationsebene

44	**Sichtverbesserungssysteme**	815
	Tran Quoc Khanh, Wolfgang Huhn	
44.1	Häufigkeit von Verkehrsunfällen bei Nacht oder ungünstigen Witterungsverhältnissen	816
44.2	Lichttechnische und fahrzeugtechnische Konsequenzen für Sichtverbesserungssysteme	819
44.3	Derzeitige und zukünftige Scheinwerfersysteme zur Sichtverbesserung	822
44.3.1	Sichtverbesserungssysteme auf der Basis der Lichtquellenentwicklung	822
44.3.2	Sichtverbesserungssysteme auf der Basis der adaptiven Lichtverteilung	824
44.3.3.	Sichtverbesserungssysteme auf der Basis der assistierenden Lichtverteilung	829
44.4	**Nachtsichtsysteme**	832
44.4.1	Sensorik für Nachtsichtsysteme im Kraftfahrzeug	833
44.4.2	Anzeigen für Nachtsichtsysteme im Kraftfahrzeug	835
44.4.3	Bildverarbeitung	837
44.4.4	Vergleich der Systemansätze	838
	Literatur	838
45	**Einparkassistenz**	841
	Reiner Katzwinkel, Stefan Brosig, Frank Schroven, Richard Auer,	
	Michael Rohlfs, Gerald Eckert, Ulrich Wuttke, Frank Schwitters	
45.1	**Abstufungen der Einparkassistenz**	842
45.2	**Anforderungen an Einparkassistenzsysteme**	842
45.3	**Technische Realisierungen**	843
45.3.1	Informierende Einparkassistenzsysteme	843
45.3.2	Geführte Einparkassistenz	844
45.3.3	Semiautomatisches Einparken	847
45.4	**Ausblick**	849
	Literatur	849

46 Adaptive Cruise Control 851
Hermann Winner, Michael Schopper

- 46.1 Einleitung 852
- 46.2 Rückblick auf die Entwicklung von ACC 852
- 46.3 Anforderungen 854
  - 46.3.1 Funktionsanforderungen für Standard-ACC nach ISO 15622 854
  - 46.3.2 Zusätzliche Funktionsanforderungen für FSR-ACC nach ISO 22179 855
- 46.4 Systemstruktur 855
  - 46.4.1 Beispiel Mercedes-Benz Distronic 856
  - 46.4.2 Funktionsabstufungen 856
- 46.5 ACC-Zustandsmanagement und Mensch-Maschine-Schnittstelle 857
  - 46.5.1 Systemzustände und Zustandsübergänge 857
  - 46.5.2 Bedienelemente mit Ausführungsbeispielen 858
  - 46.5.3 Anzeigeelemente mit Ausführungsbeispielen 860
- 46.6 Zielobjekterkennung für ACC 861
  - 46.6.1 Anforderungen an die Umfeldsensorik 861
  - 46.6.2 Messbereiche und Messgenauigkeit 862
- 46.7 Zielauswahl 867
  - 46.7.1 Bestimmung der Kurskrümmung 867
  - 46.7.2 Kursprädiktion 868
  - 46.7.3 Fahrschlauch 869
  - 46.7.4 Weitere Kriterien für die Zielauswahl 871
  - 46.7.5 Grenzen der Zielauswahl 872
- 46.8 Folgeregelung 872
- 46.9 Zielverluststrategien und Kurvenregelung 875
  - 46.9.1 Annäherungsstrategien 876
  - 46.9.2 Überholunterstützung 877
  - 46.9.3 Reaktion auf stehende Ziele 877
  - 46.9.4 Anhalteregelung, Spezifika der Low-Speed-Regelung 878
- 46.10 Längsregelung und Aktorik 878
  - 46.10.1 Grundstruktur und Koordination Aktorik 878
  - 46.10.2 Bremse 879
  - 46.10.3 Antrieb 881
- 46.11 Nutzungs- und Sicherheitsphilosophie 883
  - 46.11.1 Nachvollziehbarkeit der Funktion 883
  - 46.11.2 Systemgrenzen 884
- 46.12 Sicherheitskonzept 884
- 46.13 Nutzer- und Akzeptanzstudien 885
  - 46.13.1 Akzeptanz 885
  - 46.13.2 Nutzung 886
  - 46.13.3 Kompensationsverhalten 886
  - 46.13.4 Habituationseffekte 887
  - 46.13.5 Übernahmesituationen 888
  - 46.13.6 Komfortbeurteilung 888
  - 46.13.7 Wirksamkeitsanalysen 889
- 46.14 Ausblick 889
  - 46.14.1 Aktuelle Entwicklungen 889
  - 46.14.2 Funktionserweiterungen 889
- Literatur 890

47 Grundlagen von Frontkollisionsschutzsystemen 893
Hermann Winner
- 47.1 **Problemstellung** 894
- 47.2 **Unfallschutz durch präventive Assistenz** 894
- 47.3 **Reaktionsunterstützung** 895
- 47.4 **Notmanöver** 896
- 47.5 **Bremsassistenz** 896
  - 47.5.1 Basisfunktion 896
  - 47.5.2 Weiterentwicklungen 897
- 47.6 **Warn- und Eingriffszeitpunkte** 898
  - 47.6.1 Fahrdynamische Betrachtungen 899
  - 47.6.2 Frontkollisionsgegenmaßnahmen 906
  - 47.6.3 Nutzenpotenzial für Kollisionsgegenmaßnahmen 908
  - 47.6.4 Anforderungen an die Umfelderfassung 910
- 47.7 **Ausblick** 911
- Literatur 912

48 Entwicklungsprozess von Kollisionsschutzsystemen für Frontkollisionen: Systeme zur Warnung, zur Unfallschwereminderung und zur Verhinderung[1] 913
Andreas Reschka, Jens Rieken, Markus Maurer
- 48.1 **Einführung** 914
  - 48.1.1 Bedeutung und frühe Forschungsansätze 914
  - 48.1.2 Definitionen und Abkürzungen 914
- 48.2 **Maschinelle Wahrnehmung der Umgebung für Frontkollisionswarnung und -verhinderung** 915
- 48.3 **Thematische Eingrenzung und Abgrenzung zu anderen Systemen und Kapiteln** 917
- 48.4 **Aktuelle Systemausprägungen** 918
  - 48.4.1 Das CU-Kriterium 919
  - 48.4.2 Grundsätze der Fahrerwarnung 920
  - 48.4.3 Abgestufte Unterstützung im Gefahrenfall 921
- 48.5 **Abstufung am Beispiel einer aktuellen Realisierung** 923
- 48.6 **Systemarchitektur** 924
  - 48.6.1 Funktionale Systemarchitektur 925
- 48.7 **Entwicklungsprozess** 926
  - 48.7.1 Systematische Entwicklung von Fahrerassistenzsystemen 926
  - 48.7.2 Beispiel: Systematische Entwicklung einer automatischen Notbremsfunktion 928
- 48.8 **Zusammenfassung** 933
- Literatur 933

49 Querführungsassistenz 937
Arne Bartels, Michael Rohlfs, Sebastian Hamel, Falko Saust, Lars Kristian Klauske
- 49.1 **Motivation** 938
- 49.2 **Anforderungen** 938
- 49.3 **Klassifikation** 939
- 49.4 **Vorschriften, Normen und Prüfungen** 939
- 49.5 **Systemkomponenten** 941
  - 49.5.1 Umfeldsensorik 941
  - 49.5.2 Signalverarbeitung 942

49.5.3	Funktionsmodul LDW/LKA	943
49.5.4	Fahrerinformation	947
49.5.5	Aktoren	949
49.5.6	Statusanzeige und Bedienelemente	950
49.6	**Beispielhafte Umsetzungen**	950
49.6.1	„Lane Departure Warning" von Volvo	951
49.6.2	„AFIL" von Citroën	952
49.6.3	„Aktiver Spurhalte-Assistent" von Mercedes-Benz	952
49.6.4	„Lane Assist" von VW	953
49.7	**Systembewertung**	954
49.8	**Erreichte Leistungsfähigkeit**	955
49.9	**Ausblick**	955
	Literatur	956

50 Fahrstreifenwechselassistenz ... 959
Arne Bartels, Marc-Michael Meinecke, Simon Steinmeyer

50.1	**Motivation**	960
50.2	**Anforderungen**	960
50.3	**Klassifikation der Systemfunktionalität**	962
50.3.1	Klassifikation nach Leistung der Umfelderfassung	962
50.3.2	Systemzustandsdiagramm	963
50.4	**Beispielhafte Umsetzungen**	963
50.4.1	„Toter Winkel Assistent" von Citroën	965
50.4.2	„Blind Spot Information System" (BLIS) von Volvo	965
50.4.3	„Blind Spot Information System" von Ford	966
50.4.4	„Aktiver Totwinkel-Assistent" von Mercedes Benz	967
50.4.5	„Audi Side Assist"/„Side Assist"von VW	968
50.4.6	„Side Assist Plus" von VW	969
50.4.7	Nutzfahrzeuge	969
50.5	**Systembewertung**	971
50.6	**Erreichte Leistungsfähigkeit**	972
50.7	**Weiterentwicklungen**	973
	Literatur	973

51 Kreuzungsassistenz ... 975
Mark Mages, Alexander Stoff, Felix Klanner

51.1	**Unfallgeschehen an Kreuzungen**	976
51.2	**Kreuzungsassistenzsysteme**	976
51.2.1	STOP-Schild-Assistenz	976
51.2.2	Ampelassistenz	978
51.2.3	Einbiege-/Kreuzenassistenz	980
51.2.4	Linksabbiegeassistenz	981
51.2.5	Kreuzungsassistenz für vorfahrtberechtigte Verkehrsteilnehmer	983
51.3	**Situationsbewertung**	984
51.4	**Geeignete Warn- und Eingriffsstrategien**	986
51.4.1	Assistenzmaßnahmen für den wartepflichtigen Verkehrsteilnehmer	986
51.4.2	Kreuzungsassistenz für vorfahrtberechtigten Verkehrsteilnehmer	988

Inhaltsverzeichnis

51.5	Herausforderungen bei der Umsetzung	990
	Literatur	993

52 Stauassistenz und -automation ... 995
Stefan Lüke, Oliver Fochler, Thomas Schaller, Uwe Regensburger

52.1	Einleitung	996
52.1.1	Motivation	996
52.1.2	Nutzerakzeptanz	996
52.1.3	Begriffsdefinitionen	996
52.2	Umfeldinformationen	997
52.3	Ausprägungsstufen	998
52.3.1	Stop-and-go-Assistent mit reiner Längsregelung	998
52.3.2	Stauassistent (Fahrzeugfolge- und Fahrstreifenhalteassistent)	999
52.3.3	Fahrstreifenfolgeautomat bis Grenzgeschwindigkeit	1001
52.4	Interaktion von Fahrer und System	1003
52.4.1	Mensch-Maschine-Schnittstelle (HMI)	1003
52.4.2	Übergabe und Kontrollierbarkeit	1004
52.4.3	Aspekte der marktfähigen Realisierbarkeit	1005
52.5	Schlussbemerkungen	1007
	Literatur	1007

53 Bahnführungsassistenz für Nutzfahrzeuge ... 1009
Karlheinz Dörner, Walter Schwertberger, Eberhard Hipp

53.1	Anforderungen an die Fahrer von Nutzfahrzeugen	1010
53.2	Wesentliche Unterschiede zwischen Lkw und Pkw	1012
53.3	Unfallszenarien	1014
53.4	Adaptive Cruise Control (ACC) für Nutzfahrzeuge	1017
53.5	Spurverlassenswarner für Nutzfahrzeuge	1020
53.6	Notbremssysteme	1024
53.7	Vorausschauendes Fahren	1025
53.8	Entwicklung für die Zukunft	1026
	Literatur	1027

54 Fahrerassistenzsysteme bei Traktoren ... 1029
Marco Reinards, Georg Kormann, Udo Scheff

54.1	Fahrdynamische Assistenzsysteme	1030
54.2	Prozess-Assistenzsysteme	1034
54.2.1	Traktor-Anbaugerät-Systemautomatisierung	1034
54.2.2	Systemarchitektur	1035
54.2.3	Traktor-Rundballenpresse-Automatisierung	1035
54.3	Automatisierung von Lenkfunktionen	1037
54.3.1	Lenkassistenten für landwirtschaftliche Fahrzeuge	1038
54.3.2	Lenkassistenten für Anbaugeräte	1040
54.3.3	Automatische Wendemanöver und Werkzeuganpassung	1041
54.4	Kollaborierende Fahrzeuge	1042
54.5	Ausblick auf vollautomatisierte Fahrzeuge in der Landwirtschaft	1043
	Literatur	1044

55	**Navigation und Verkehrstelematik**	1047

Thomas Kleine-Besten, Ulrich Kersken, Werner Pöchmüller,
Heiner Schepers, Torsten Mlasko, Ralph Behrens, Andreas Engelsberg

55.1	Historie	1048
55.2	Navigation im Fahrzeug	1049
55.2.1	Ortung	1050
55.2.2	Zieleingabe	1053
55.2.3	Routensuche	1054
55.2.4	Algorithmen der Routensuche	1054
55.2.5	Zielführung	1057
55.2.6	Kartendarstellung	1058
55.2.7	Dynamisierung	1059
55.2.8	Korridor und Datenabstraktion (Datenträger)	1060
55.3	Offboard-Navigation	1061
55.4	Hybrid-Navigation	1061
55.4.1	Kartendaten – aktuell und individuell	1062
55.5	Assistenzfunktionen	1063
55.6	Elektronischer Horizont	1065
55.7	Verkehrstelematik	1066
55.7.1	Rundfunk-basierte Technologien	1067
55.7.2	Mobilfunk-basierte Technologien	1068
55.7.3	Telematik – Basisdienste	1069
55.7.4	Car-to-Car-Kommunikation, Car-to-Infrastructure-Kommunikation	1070
55.7.5	Mautsysteme	1071
55.7.6	Moderne Verkehrssteuerung	1072
55.7.7	Zukünftige Entwicklung von Telematikdiensten	1073
55.8	Smartphone-Anbindung im Automobil	1073
55.8.1	Motivation der Smartphone-Integration im Automobil	1073
55.8.2	Möglichkeiten der Smartphone-Integration	1074
55.8.3	Semi-integrierter Ansatz	1074
55.8.4	Vollintegrierter Ansatz	1074
55.9	Aspekte des Mobilfunks für Navigation und Telematik	1075
55.9.1	Consumer-Elektronik (CE) versus Automobil-Elektronik (AE)	1076
55.9.2	Aufbau des Navigationssystems	1076
55.9.3	Entwicklungsprozess	1078
	Literatur	1079

X Zukunft der Fahrerassistenzsysteme

56	**Integrationskonzepte der Zukunft**	1083

Peter E. Rieth, Thomas Raste

56.1	Einleitung	1084
56.2	Bauliche Integration	1084
56.3	Funktionale Integration	1086

56.4	**Domänenarchitektur**	1087
56.4.1	Konzepte zur Standardisierung der Architektur	1087
56.4.2	Konzepte zur Standardisierung der Schnittstellen	1089
56.4.3	Konzepte zur Standardisierung der Integration	1089
56.5	**Regelung der Fahrzeugbewegung (Motion Control)**	1090
	Literatur	1092

57 Antikollisionssystem PRORETA – Integrierte Lösung zur Vermeidung von Überholunfällen ... 1093

Rolf Isermann, Andree Hohm, Roman Mannale, Bernt Schiele, Ken Schmitt, Hermann Winner, Christian Wojek

57.1	**Einleitung**	1094
57.2	**Videobasierte Gesamtszenensegmentierung zur Bestimmung des Manöverraums**	1094
57.3	**Sensorfusion von Radar und Videosignalen**	1095
57.4	**Situationsanalyse für Überholvorgänge**	1097
57.5	**Realisierung von Warnungen und aktiven Eingriffen**	1098
57.6	**Ergebnisse von Fahrversuchen**	1099
57.7	**Zusammenfassung**	1099
57.8	**Schlussbemerkung**	1100
	Literatur	1100

58 Kooperative Fahrzeugführung ... 1103

Frank Flemisch, Hermann Winner, Ralph Bruder, Klaus Bengler

58.1	**Einführung**	1104
58.2	**Kooperation und Fahrzeugführung**	1105
58.3	**Kooperative Führung als Komplexbegriff bzw. Cluster-Konzept**	1106
58.4	**Gestaltungsraum der kooperativen Fahrzeugführung**	1106
58.5	**Parallele und serielle Aspekte der kooperativen Fahrzeugführung**	1107
58.6	**Zusammenhänge von Fähigkeiten, Autorität, Autonomie, Kontrolle und Verantwortung in der kooperativen Fahrzeugführung**	1108
58.7	**Ausblick: Vertikale und horizontale, zentrale und dezentrale Aspekte der kooperativen Fahrzeugführung**	1109
	Literatur	1109

59 Conduct-by-Wire ... 1111

Benjamin Franz, Michaela Kauer, Sebastian Geyer, Stephan Hakuli

59.1	**Einleitung**	1112
59.2	**Aufgabenteilung zwischen Fahrer und Fahrzeug**	1112
59.3	**Manöver und Fahrfunktionen**	1113
59.3.1	Entwicklung und Evaluation der Fahrfunktionen	1114
59.3.2	Entwicklung und Evaluation der Manöverschnittstelle	1117
59.4	**Fazit und Ausblick**	1120
	Literatur	1121

60	**H-Mode 2D**	1123
	Eugen Altendorf, Marcel Baltzer, Martin Kienle, Sonja Meier, Thomas Weißgerber, Matthias Heesen, Frank Flemisch	
60.1	**Einleitung**	1124
60.2	**Von der H-Metapher zum H-Mode**	1124
60.3	**Kooperative Fahrzeugführung mit dem H-Mode**	1125
60.3.1	Exemplarische Anwendungsfälle für den H-Mode	1126
60.4	**Systemarchitektur und Funktionsweise**	1129
60.4.1	Kognitive Automation im H-Mode	1130
60.4.2	Interaktionsmediation und Arbitrierung	1131
60.4.3	Zusammenwirken der Interaktionsmodalitäten	1133
60.5	**Fallbeispiele und Untersuchungsergebnisse**	1134
60.6	**Fazit und Ausblick**	1136
	Literatur	1136
61	**Autonomes Fahren**	1139
	Richard Matthaei, Andreas Reschka, Jens Rieken, Frank Dierkes, Simon Ulbrich, Thomas Winkle, Markus Maurer	
61.1	**Einleitung**	1140
61.1.1	Motivation	1140
61.1.2	Historie	1140
61.1.3	Anforderungen an autonomes Fahren im öffentlichen Straßenverkehr	1142
61.1.4	Einordnung relevanter Forschungsprojekte	1143
61.1.5	Schwerpunkt der Untersuchungen	1144
61.2	**Stand der Forschung**	1145
61.2.1	Wahrnehmung	1145
61.2.2	Einsatz von Kartendaten	1148
61.2.3	Kooperation	1150
61.2.4	Lokalisierung	1152
61.2.5	Missionsumsetzung	1153
61.2.6	Funktionale Sicherheit	1156
61.3	**Ausblick und Herausforderungen**	1159
61.4	**Anhang – Fragebogen zum Thema „Automatische Fahrzeuge"**	1160
61.4.1	Organisation und Zielsetzung des Projekts	1160
61.4.2	Umfeldwahrnehmung und -repräsentation, Lokalisierung	1160
61.4.3	Funktionsumsetzung und Aktionsausführung	1161
61.4.4	Sicherheitskonzepte	1161
61.4.5	Systemarchitekturen	1162
61.4.6	Besonderheiten	1162
	Literatur	1162
62	**Quo vadis, FAS?**	1167
	Hermann Winner	
62.1	**Stimuli der zukünftigen Entwicklung**	1168
62.1.1	Datenkommunikation	1168
62.1.2	Elektromobilität	1169
62.1.3	Gesellschaftliche Einflüsse und Marktentwicklungen	1169
62.1.4	Kulturelle und mediale Einflüsse	1171

62.2	**Herausforderungen und Auswirkungen**	1171
62.3	**Problemfeld Absicherung des autonomen Fahrens**	1173
62.3.1	Anforderungen an die Absicherung von autonomem Fahren im breiten Einsatz	1173
62.3.2	Ausweg aus dem Testdilemma	1178
62.3.3	Möglicher Weg zu einer Metrik	1180
62.4	**Evolution zum autonomen Fahren**	1180
62.5	**Zukünftige Forschungsschwerpunkte**	1182
62.5.1	Individualisierung	1182
62.5.2	Maschinelle Perzeption und Kognition	1183
62.5.3	Bewertungsmethoden	1184
62.5.4	Vernetzung	1184
62.5.5	Gesellschaftliche Forschungsaspekte	1185
	Literatur	1185
	Serviceteil	1187
	Glossar	1188
	Stichwortverzeichnis	1201

Firmen- und Hochschulverzeichnis

Firmen

Audi AG	Dr. Wolfgang Huhn
Bosch Engineering GmbH	Dipl.-Ing. Matthias Mörbe
Bosch SoftTec GmbH	Dipl.-Ing. Torsten Mlasko
Bundesanstalt für Straßenwesen	Ass. jur. Tom Michael Gasser
	DirProf. Andre Seeck
	Dr.-Ing. Patrick Seiniger
BMW Group	Dr.-Ing. Guy Berg
	Dr.-Ing. Edmund Donges (vormals)
	Dipl.-Ing. Simon Fürst
	Dr.-Ing. Felix Klanner
	Dipl.-Ing. Martin Liebner
	M.Sc. Christian Ruhhammer
	Dr.-Ing. Thomas Schaller
Carmeq GmbH	Dr.-Ing. Lars Kristian Klauske
Continental AG	Dr.-Ing. Alexander Bachmann
	Dr.-Ing. Bernward Bayer
	Dr.-Ing. Stefan Bunzel
	Dipl.-Ing. Axel Büse
	Dr.-Ing. Michael Darms
	Dr. phil. nat. Oliver Fochler
	Dipl.-Ing. Steffen Gruber
	Dr.-Ing. Jens Hoffmann
	Dr.-Ing. Andree Hohm
	Dipl.-Ing. Maximilian Höpfl
	Dipl.-Ing. Paul Linhoff
	Dr.-Ing. Stefan Lüke
	Dr.-Ing. Mark Mages
	Dipl.-Ing. Roman Mannale
	Dr. rer. nat. Stefan Menzel
	Dipl.-Ing. Norbert Ocvirk
	Dipl.-Ing. Bernd Piller
	Dr.-Ing. Martin Punke
	Dr.-Ing. Thomas Raste
	Dipl.-Ing. James Remfrey
	Dr.-Ing. Peter E. Rieth
	Dipl.-Wirtsch.-Ing. Ken Schmitt
	Dipl.-Ing. Stefan Schmitt
	Dipl.-Ing. Bernhard Schmittner
	Dr.-Ing. Nicolaj Stache
	Dipl.-Ing. Jürgen Völkel
	Dipl.-Ing. Boris Werthessen
Daimler AG	Dr.-Ing. Jörg Breuer
	Dr.-Ing. Uwe Franke
	Dr. Stefan Gehrig
	Dr.-Ing. Sebastian Geyer
	Dipl.-Ing. Wolfgang Hurich
	Dr. Bernhard Morys

Firmen- und Hochschulverzeichnis

	Dr. Stephan Mücke
	Dr.-Ing. Uwe Regensburger
	Dr. Hans-Peter Schöner
	Dipl.-Ing. Michael Schopper
	Dr. Simon Tattersall
	Dipl.-Ing. Christoph von Hugo
Daimler und Benz Stiftung	Dipl.-Ing. MBA Thomas Winkle
Fraunhofer-Institut für Kommunikation, Informationsverarbeitung und Ergonomie FKIE	Dipl. Psych. Matthias Heesen
IF+F Ingenieurbüro für Fahrerassistenz und Fahrerinformation	Prof. Dr.-Ing. Peter Knoll
IPG Automotive GmbH	Dipl.-Ing. Stephan Hakuli
John Deere GmbH & Co. KG	Dr.-Ing. Georg Kormann
	Dipl-Ing.(FH) MBA Marco Reinhards
	Dr.-Ing. Udo Scheff
Knorr-Bremse SfN GmbH	Dr. Falk Hecker
MAN Truck & Bus AG	Dipl.-Ing. Karlheinz Dörner
	Dipl.-Ing. Eberhard Hipp (vormals)
	Dipl.-Ing. (FH) Walter Schwertberger
Max-Planck-Institut für Intelligente Systeme	Dr.-Ing. Andreas Geiger
Max-Planck-Institut für Informatik	Prof. Dr. Bernt Schiele
	Dr.-Ing. Christian Wojek
Novartis Pharma AG	Dr. Muriel Didier
Omron Electronics GmbH	Georg Otto Geduld (vormals)
PMD Technologies GmbH	Dr. Bernd Buxbaum
	Dr.-Ing. Robert Lange
	Dr.-Ing. Thorsten Ringbeck (vormals)
Robert Bosch GmbH	Dipl.-Ing.(FH) Peter Brenner
	Dipl.-Ing.(TH) Hendrik Büring
	Dr.-Ing. Susanne Ebel
	Dr.-Ing. Hendrik Fuchs
	Dr.-Ing. Frank Hofmann
	Dipl.-Ing. Ulrich Kersken
	Dr.-Ing. Winfried König (vormals)
	Dipl.-Ing. Friedrich Kost
	Dr.-Ing. Hans Löhr
	Dr. Martin Noll
	Dipl.-Phys. Peter Rapps (vormals)
	Dipl.-Ing. Gerd Reimann
	Dr. rer. nat. Ulf Wilhelm
	Dr. rer. nat. Gunther Schaaf
	Dr. Anton van Zanten (vormals)
Robert Bosch Car Multimedia GmbH	Dipl.-Ing. Ralph Behrens
	Dr.-Ing. Andreas Engelsberg
	Dr.-Ing. Thomas Kleine-Besten
	Dr.-Ing. Werner Pöchmüller
	Dipl.-Ing. (BA) Heiner Schepers
Unfallforschung der Versicherer	Dr. Matthias Kühn
Valeo Schalter und Sensoren GmbH	Dr. rer. nat. Heinrich Gotzig
Volkswagen AG	Dr. rer. nat Richard Auer
	Dr.-Ing. Arne Bartels

Dr.-Ing. Stefan Brosig
Dr. Gerald Eckert
Dipl.-Ing. Sebastian Hamel
Dipl.-Ing. Reiner Katzwinkel
Dr.-Ing. Marc-Michael Meinecke
Dr.-Ing. Michael Rohlfs
Dipl.-Ing. Falko Saust
Dr.-Ing. Frank Schroven
Dipl.-Ing. Frank Schwitters
Dr.-Ing. Simon Steinmeyer
Dipl.-Ing. Ulrich Wuttke

Hochschulen

Hochschule München	Prof. Dr. rer. nat. Markus Krug
Karlsruher Institut für Technologie (KIT)	Prof. Dr.-Ing. Peter Knoll
	Prof. Dr.-Ing. Christoph Stiller
RWTH Aachen	Dipl.-Ing. Eugen Altendorf
	Dipl.-Wirt.-Ing. Marcel Baltzer
	Prof. Dr.-Ing. Frank Flemisch
	M.A. Sonja Meier
Technische Universität Braunschweig	Dipl.-Ing. Frank Dierkes
	Dipl.-Ing. Richard Matthaei
	Prof. Dr.-Ing. Markus Maurer
	M.Sc. Andreas Reschka
	M.Sc. Jens Rieken
	Dipl.-Wirtsch.-Ing., MSIE (Georgia Tech) Simon Ulbrich
Technische Universität Darmstadt	Dr.-Ing. Bettina Abendroth
	Prof. Dr.-Ing. Ralph Bruder
	Dr.-Ing. Norbert Fecher
	Dr.-Ing. Benjamin Franz
	Prof. Dr.-Ing. Dr. h.c. Rolf Isermann
	Dr. phil. Michaela Kauer
	Prof. Dr.-Ing. Tran Quoc Khanh
	M.Sc. Ingmar Langer
	Dr.-Ing. Stefan Leinen
	Dipl.-Ing. Matthias Pfromm
	M.Sc. Raphael Pleß
	Dipl.-Ing. Kai Schröter (vormals)
	Dipl.-Ing. Nico Steinhardt (vormals)
	Dipl.-Wirtsch.-Ing. Alexander Stoff (vormals)
	Dr.-Ing. Alexander Weitzel (vormals)
	Prof. Dr. rer. nat. Hermann Winner
Technische Universität Dresden	Dr.-Ing. Lars Hannawald
	Prof. Dr. Bernhard Schlag
	Dr. rer. nat. Gert Weller
Technische Universität München	Prof. Dr. phil Klaus Bengler
	Dipl.-Ing. Martin Kienle
	Dipl.-Ing. Thomas Weißgerber

Firmen- und Hochschulverzeichnis

Universität der Bundeswehr München	Prof. Dr. Berthold Färber
Universität Ulm	Prof. Dr.-Ing. Klaus Dietmayer
	Dipl.-Ing. Dominik Nuß
	Dr.-Ing. Stephan Reuter
University of South Carolina	Prof. Bryant Walker Smith, J.D., LL.M.

Autorenverzeichnis

Abendroth, Bettina, Dr.-Ing.
Technische Universität Darmstadt

Altendorf, Eugen, Dipl.-Ing.
RWTH Aachen

Auer, Richard, Dr. rer. nat
Volkswagen AG

Bachmann, Alexander, Dr.-Ing.
Continental AG

Baltzer, Marcel, Dipl.-Wirt.-Ing.
RWTH Aachen

Bartels, Arne, Dr.-Ing.
Volkswagen AG

Bayer, Bernward, Dr.-Ing.
Continental AG

Behrens, Ralph, Dipl.-Ing.
Robert Bosch Car Multimedia GmbH

Bengler, Klaus, Prof. Dr. phil
Technische Universität München

Berg, Guy, Dr.-Ing.
BMW Group

Brenner, Peter, Dipl.-Ing.(FH)
Robert Bosch GmbH

Breuer, Jörg, Dr.-Ing.
Daimler AG

Brosig, Stefan, Dr.-Ing.
Volkswagen AG

Bruder, Ralph, Prof. Dr.-Ing.
Technische Universität Darmstadt

Bunzel, Stefan, Dr.-Ing.
Continental AG

Büring, Hendrik, Dipl.-Ing.
Robert Bosch GmbH

Büse, Axel, Dipl.-Ing.
Continental AG

Buxbaum, Bernd, Dr.
PMD Technologies GmbH

Darms, Michael, Dr.-Ing.
Continental AG

Didier, Muriel, Dr.
Novartis Pharma AG

Dierkes, Frank, Dipl.-Ing.
Technische Universität Braunschweig

Dietmayer, Klaus, Prof. Dr.-Ing.
Universität Ulm

Donges, Edmund, Dr.-Ing.
vormals BMW Group

Dörner, Karlheinz, Dipl.-Ing.
MAN Truck & Bus AG

Ebel, Susanne, Dr.-Ing.
Robert Bosch GmbH

Eckert, Gerald, Dr.
Volkswagen AG

Engelsberg, Andreas, Dr.-Ing.
Robert Bosch Car Multimedia GmbH

Färber, Berthold, Prof. Dr.
Universität der Bundeswehr München

Fecher, Norbert, Dr.-Ing.
Technische Universität Darmstadt

Flemisch, Frank, Prof. Dr.-Ing.
RWTH Aachen

Autorenverzeichnis

Fochler, Oliver, Dr. phil. nat.
Continental AG

Franke, Uwe, Dr.-Ing.
Daimler AG

Franz, Benjamin, Dr.-Ing.
Technische Universität Darmstadt

Fuchs, Hendrik, Dr.-Ing.
Robert Bosch GmbH

Fürst, Simon, Dipl.-Ing.
BMW Group

Gasser, Tom Michael, Ass. jur.
Bundesanstalt für Straßenwesen

Geduld, Georg Otto
vormals Omron Electronics GmbH

Gehrig, Stefan, Dr.
Daimler AG

Geiger, Andreas, Dr.-Ing.
Max-Planck-Institut für Intelligente Systeme

Geyer, Sebastian, Dr.-Ing.
Daimler AG

Gotzig, Heinrich, Dr. rer. nat.
Valeo Schalter und Sensoren GmbH

Gruber, Steffen, Dipl.-Ing.
Continental AG

Hakuli, Stephan, Dipl.-Ing.
IPG Automotive GmbH

Hamel, Sebastian, Dipl.-Ing.
Volkswagen AG

Hannawald, Lars, Dr.-Ing.
Technische Universität Dresden

Hecker, Falk, Dr.
Knorr-Bremse SfN GmbH

Heesen, Matthias, Dipl. Psych.
Fraunhofer-Institut für Kommunikation, Informationsverarbeitung und Ergonomie

Hipp, Eberhard, Dipl.-Ing.
vormals MAN Truck & Bus AG

Hoffmann, Jens, Dr.-Ing.
Continental AG

Hofmann, Frank, Dr.-Ing.
Robert Bosch GmbH

Hohm, Andree, Dr.-Ing.
Continental AG

Höpfl, Maximilian, Dipl.-Ing.
Continental AG

Huhn, Wolfgang, Dr.
Audi AG

Hurich, Wolfgang, Dipl.-Ing.
Daimler AG

Isermann, Rolf, Prof. Dr.-Ing. Dr. h.c.
Technische Universität Darmstadt

Katzwinkel, Reiner, Dipl.-Ing.
Volkswagen AG

Kauer, Michaela, Dr. phil.
Technische Universität Darmstadt

Kersken, Ulrich, Dipl.-Ing.
Robert Bosch GmbH

Khanh, Tran Quoc, Prof. Dr.-Ing.
Technische Universität Darmstadt

Kienle, Martin, Dipl.-Ing.
Technische Universität München

Klanner, Felix, Dr.-Ing.
BMW Group

Klauske, Lars Kristian, Dr.-Ing.
Carmeq GmbH

Kleine-Besten, Thomas, Dr.-Ing.
Robert Bosch Car Multimedia GmbH

Knoll, Peter, Prof. Dr.-Ing.
1) Karlsruher Institut für Technologie
2) IF+F Ingenieurbüro für Fahrerassistenz und Fahrerinformation

König, Winfried, Dr.-Ing.
vormals Robert Bosch GmbH

Kormann, Georg, Dr.-Ing.
John Deere GmbH & Co. KG

Kost, Friedrich, Dipl.-Ing.
Robert Bosch GmbH

Krug, Markus, Prof. Dr. rer. nat.
Hochschule München

Kühn, Matthias, Dr.
Unfallforschung der Versicherer

Lange, Robert, Dr.-Ing.
PMD Technologies GmbH

Langer, Ingmar, M.Sc.
Technische Universität Darmstadt

Leinen, Stefan, Dr.-Ing.
Technische Universität Darmstadt

Liebner, Martin, Dipl.-Ing.
BMW Group

Linhoff, Paul, Dipl.-Ing.
Continental AG

Löhr, Hans, Dr.-Ing.
Robert Bosch GmbH

Lüke, Stefan, Dr.-Ing.
Continental AG

Mages, Mark, Dr.-Ing.
Continental AG

Mannale, Roman, Dipl.-Ing.
Continental AG

Matthaei, Richard, Dipl.-Ing.
Technische Universität Braunschweig

Maurer, Markus, Prof. Dr.-Ing.
Technische Universität Braunschweig

Meier, Sonja, M.A.
RWTH Aachen

Meinecke, Marc-Michael, Dr.-Ing.
Volkswagen AG

Menzel, Stefan, Dr. rer. nat.
Continental AG

Mlasko, Torsten, Dipl.-Ing.
Bosch SoftTec GmbH

Mörbe, Matthias, Dipl.-Ing.
Bosch Engineering GmbH

Morys, Bernhard, Dr.
Daimler AG

Mücke, Stephan, Dr.
Daimler AG

Noll, Martin, Dr.
Robert Bosch GmbH

Nuß, Dominik, Dipl.-Ing.
Universität Ulm

Ocvirk, Norbert, Dipl.-Ing.
Continental AG

Pfromm, Matthias, Dipl.-Ing.
Technische Universität Darmstadt

Piller, Bernd, Dipl.-Ing.
Continental AG

Pleß, Raphael, M.Sc.
Technische Universität Darmstadt

Autorenverzeichnis

Pöchmüller, Werner, Dr.-Ing.
Robert Bosch Car Multimedia GmbH

Punke, Martin, Dr.-Ing.
Continental AG

Rapps, Peter, Dipl.-Phys.
vormals Robert Bosch GmbH

Raste, Thomas, Dr.-Ing.
Continental AG

Regensburger, Uwe, Dr.-Ing.
Daimler AG

Reimann, Gerd, Dipl.-Ing.
Robert Bosch GmbH

Reinhards, Marco, Dipl-Ing.(FH), MBA
John Deere GmbH & Co. KG

Remfrey, James, Dipl.-Ing.
Continental AG

Reschka, Andreas, M.Sc.
Technische Universität Braunschweig

Reuter, Stephan, Dr.-Ing.
Universität Ulm

Rieken, Jens, M.Sc.
Technische Universität Braunschweig

Rieth, Peter E., Dr.-Ing.
Continental AG

Ringbeck, Thorsten, Dr.-Ing.
Vormals PMD Technologies GmbH

Rohlfs, Michael, Dr.-Ing.
Volkswagen AG

Ruhhammer, Christian, M.Sc.
BMW Group

Saust, Falko, Dipl.-Ing.
Volkswagen AG

Schaaf, Gunther, Dr. rer. nat.
Robert Bosch GmbH

Schaller, Thomas, Dr.-Ing.
BMW Group

Scheff, Udo, Dr.-Ing.
John Deere GmbH & Co. KG

Schepers, Heiner, Dipl.-Ing. (BA)
Robert Bosch Car Multimedia GmbH

Schiele, Bernt, Prof. Dr.
Max-Planck-Institut für Informatik

Schlag, Bernhard, Prof. Dr.
Technische Universität Dresden

Schmitt, Ken, Dipl.-Wirtsch.-Ing.
Continental AG

Schmitt, Stefan, Dipl.-Ing.
Continental AG

Schmittner, Bernhard, Dipl.-Ing.
Continental AG

Schöner, Hans-Peter, Dr.
Daimler AG

Schopper, Michael, Dipl.-Ing.
Daimler AG

Schröter, Kai, Dipl.-Ing.
vormals Technische Universität Darmstadt

Schroven, Frank, Dr.-Ing.
Volkswagen AG

Schwertberger, Walter, Dipl.-Ing. (FH)
MAN Truck & Bus AG

Schwitters, Frank, Dipl.-Ing.
Volkswagen AG

Seeck, Andre, DirProf.
Bundesanstalt für Straßenwesen

Seiniger, Patrick, Dr.-Ing.
Bundesanstalt für Straßenwesen

Smith, Bryant Walker, J.D., LL.M.
University of South Carolina

Stache, Nicolaj, Dr.-Ing.
Continental AG

Steinhardt, Nico, Dipl.-Ing.
vormals Technische Universität Darmstadt

Steinmeyer, Simon, Dr.-Ing.
Volkswagen AG

Stiller, Christoph, Prof. Dr.-Ing.
Karlsruher Institut für Technologie (KIT)

Stoff, Alexander, Dipl.-Wirtsch.-Ing.
vormals Technische Universität Darmstadt

Tattersall, Simon, Dr.
Daimler AG

Ulbrich, Simon, Dipl.-Wirtsch.-Ing., MSIE (Georgia Tech)
Technische Universität Braunschweig

van Zanten, Anton, Dr.
vormals Robert Bosch GmbH

Völkel, Jürgen, Dipl.-Ing.
Continental AG

von Hugo, Christoph, Dipl.-Ing.
Daimler AG

Weißgerber, Thomas, Dipl.-Ing.
Technische Universität München

Weitzel, Alexander, Dr.-Ing.
vormals Technische Universität Darmstadt

Weller, Gert, Dr. rer. nat.
Technische Universität Dresden

Werthessen, Boris, Dipl.-Ing.
Continental AG

Wilhelm, Ulf, Dr. rer. nat.
Robert Bosch GmbH

Winkle, Thomas, Dipl.-Ing., MBA
Daimler und Benz Stiftung

Winner, Hermann, Prof. Dr. rer. nat.
Technische Universität Darmstadt

Wojek, Christian, Dr.-Ing.
Max-Planck-Institut für Informatik

Wuttke, Ulrich, Dipl.-Ing.
Volkswagen AG

Fahren auf Nr. Sicher:
Advanced Driver Assistance

Renesas R-Car

So fahren wir in Zukunft Auto: ganz sicher. Und mit R-Car, dem Prozessor für 3D-Rundumsicht. Multi-Kamera-Systeme, leistungsfähige 3D-Grafik, exzellente Bilderkennung – alles möglich durch R-Car von Renesas.

R-Car V2H: die Lösung für Ihre ADAS-Applikation

■ **Hohe Rechenleistung & geringe Stromaufnahme**
- Neueste ARM CA15 Plattform mit 7000 DMIPS
- 28 nm Prozess für kleinsten Stromverbrauch

■ **Sicherheit & Flexibilität**
- Von Anfang an Functional Safety im Fokus
- Eine komplette R-Car Familie bietet Zukunftssicherheit

■ **Leistungsfähige Grafikbearbeitung**
- Vierte Generation Echtzeit-Bilderkenner IMP-X4
- 3D OpenGL Grafik für augmented reality
- Latenzfreies H.264 Kamera-Video-Decoding
- Gigabit Ethernet AVB für Multi-Kameranetzwerk

www.renesas.eu/adas

Funktion und Sicherheit im Automobilbau

Prüftechnik in Umweltsimulationsanlagen von Weiss Umwelttechnik für alles im und am Auto.

Weiss Umwelttechnik GmbH
Greizer Straße 41 - 49
35447 Reiskirchen-Lindenstruth
Germany
Tel +49 6408 84 - 0
info@wut.com

- ✓ Prüfung elektrischer und elektronischer Komponenten
- ✓ Prüfung mechanischer Komponenten
- ✓ Motoren- und Emissionstests
- ✓ Korrosions-Prüfungen
- ✓ Kombinierte Temperatur-, Klima-Vibrationsprüfungen

www.weiss.info

Grundlagen der Fahrerassistenzsystementwicklung

Kapitel 1	Die Leistungsfähigkeit des Menschen für die Fahrzeugführung – 3 *Bettina Abendroth, Ralph Bruder*
Kapitel 2	Fahrerverhaltensmodelle – 17 *Edmund Donges*
Kapitel 3	Rahmenbedingungen für die Fahrerassistenzentwicklung – 27 *Tom Michael Gasser, Andre Seeck, Bryant Walker Smith*
Kapitel 4	Verkehrssicherheit und Potenziale von Fahrerassistenzsystemen – 55 *Matthias Kühn, Lars Hannawald*
Kapitel 5	Verhaltenswissenschaftliche Aspekte von Fahrerassistenzsystemen – 71 *Bernhard Schlag, Gert Weller*
Kapitel 6	Funktionale Sicherheit und ISO 26262 – 85 *Ulf Wilhelm, Susanne Ebel, Alexander Weitzel*
Kapitel 7	AUTOSAR – 105 *Simon Fürst, Stefan Bunzel*

Die Leistungsfähigkeit des Menschen für die Fahrzeugführung

Bettina Abendroth, Ralph Bruder

1.1 Menschlicher Informationsverarbeitungsprozess – 4

1.2 Fahrercharakteristik und die Grenzen menschlicher Leistungsfähigkeit – 8

1.3 Anforderungen an den Fahrzeugführer im System Fahrer-Fahrzeug-Umgebung – 11

1.4 Bewertung der Anforderungen aus der Fahrzeugführungsaufgabe im Hinblick auf die menschliche Leistungsfähigkeit – 13

Literatur – 14

Die Arbeitsaufgabe Kraftfahrzeugführen zählt zu den vorwiegend informatorischen Tätigkeiten mit dem Arbeitsinhalt, Informationen in Reaktionen umzusetzen. Der Fahrer führt hierbei in der Regel eine Steuerungstätigkeit mit kontinuierlicher Informationsverarbeitung aus.

Dementsprechend sind für die Fahrzeugführung vor allem der Prozess der Informationsverarbeitung sowie mit diesem in Wechselwirkung stehende Faktoren der individuellen Charakteristik des Fahrers von Bedeutung.

Zur Beschreibung der Zusammenhänge zwischen Fahrer, Fahrzeug und Umgebung dient das im Folgenden dargestellte einfache Systemmodell (vgl. [1]). Dieses besteht aus den Elementen Fahrer und Fahrzeug. Die Eingangsgröße Fahrzeugführungsaufgabe, die auch von den Umgebungsfaktoren beeinflusst wird, wirkt auf diese zwei Systemelemente. Darüber hinaus können Störgrößen wie z. B. Ablenkungen durch den Beifahrer auftreten. Die Ausgangsgröße aus diesem System kann durch die Systemleistungen Mobilität, Sicherheit und Komfort beschrieben werden.

1.1 Menschlicher Informationsverarbeitungsprozess

Zur Erklärung der menschlichen Informationsverarbeitung gibt es eine Vielzahl von Modellen, diese spezifizieren die allgemeine Annahme, dass das in einem Rezeptor eintreffende Signal (Stimulus) in eine kognitive Repräsentation und in eine Reaktion des Menschen (Response) umgesetzt wird. Zu den bekanntesten Modellen im Ingenieurbereich zählen die sequenziellen sowie die Ressourcenmodelle. Sequenzielle Modelle unterstellen, dass die Transformation von Stimulus in Response streng sequenziell abläuft, d. h. die nächste Stufe kann erst durchlaufen werden, wenn die vorige abgeschlossen ist. Ressourcenmodelle stützen sich auf die Annahme, dass die Kapazität, die für verschiedene Aktivitäten zur Verfügung steht, beschränkt ist und zwischen allen gleichzeitig ausgeführten Aufgaben aufgeteilt werden muss. Die Theorie der multiplen Ressourcen erweitert diese Sichtweise; gemäß dieser hängt das Ausmaß an Interferenz zweier Aufgaben davon ab, ob diese die gleichen Ressourcen beanspruchen [2].

Frei von Interferenz wäre demnach die gleichzeitige Verarbeitung visueller, räumlicher Bildinformationen (z. B. Zielführungsanzeige) und auditiver, verbaler Informationen (Telefongespräch, Nachrichten im Radio), da diese unterschiedliche Sinneskanäle und unterschiedliche Bereiche im Arbeitsgedächtnis nutzen. Experimentelle Untersuchungen haben jedoch gezeigt, dass diese Freiheit von Interferenz nicht uneingeschränkt gilt.

Die menschliche Informationsverarbeitung wird hier anhand eines kombinierten Stufen- und Ressourcenmodells erklärt (siehe ◘ Abb. 1.1). Dieses basiert auf den Verarbeitungsstufen Informationsaufnahme (Perzeption), Informationsverarbeitung i. e. S. (Kognition) und Informationsabgabe (Motorik) [3]. Darüber hinaus wird berücksichtigt, dass die zur Verfügung stehende Ressourcenkapazität beschränkt ist.

Die Effizienz der drei Verarbeitungsstufen des Informationsverarbeitungsprozesses wird durch die zur Verfügung stehenden Verarbeitungsressourcen beeinflusst und benötigt die Zuwendung von Aufmerksamkeit. Diese bewirkt die gezielte Selektion von Informationen, die zu Inhalten der bewussten Verarbeitung werden sollen. Denn das ständige Überangebot an Informationen übersteigt die menschliche Verarbeitungskapazität, sodass der Mensch bei Weitem nicht alles bewusst wahrnehmen kann, was ihn auf der Ebene der Sinnesrezeptoren erreicht.

Der Mensch kann seine gesamte Aufmerksamkeit unterschiedlich auf die drei Stufen des Informationsverarbeitungsprozesses verteilen, um relevante Informationsquellen auszuwählen und diese Informationen weiter zu verarbeiten. Für jede Arbeitstätigkeit kann eine günstige Aufmerksamkeitsverteilung vom Menschen erlernt werden, im Extremfall kann eine schlechte Aufmerksamkeitsverteilung menschliche Fehlhandlungen verursachen.

Auf theoretischer Ebene können verschiedene Formen der Aufmerksamkeit in den Dimensionen Selektivität und Intensität unterschieden werden. Mit der selektiven Aufmerksamkeitszuwendung wird die Tatsache beschrieben, dass der Mensch sich zwischen verschiedenen, miteinander konkurrierenden Informationsquellen entscheiden muss. Im Rahmen der geteilten Aufmerksamkeit muss der Mensch verschiedene Reize simultan wahrnehmen,

1.1 • Menschlicher Informationsverarbeitungsprozess

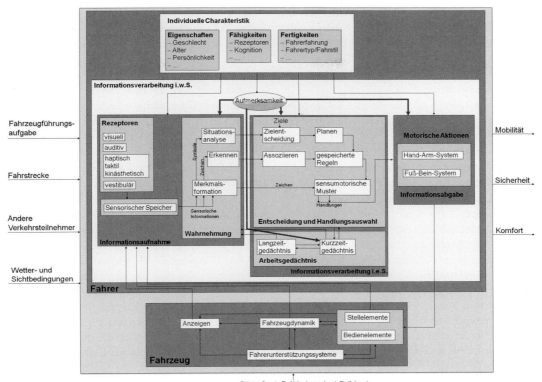

Abb. 1.1 Systemmodell Fahrer-Fahrzeug-Umgebung (vgl. [1])

während er sich bei einem Aufmerksamkeitswechsel von einem Reiz abwendet, um sich anschließend einem anderen zuzuwenden. Die Intensität der Aufmerksamkeit betrifft das Aktivierungsniveau, hierbei sind die herabgesetzte Vigilanz (niedriger Anteil relevanter Stimuli) und die Daueraufmerksamkeit (hoher Anteil relevanter Stimuli) von Bedeutung.

1.1.1 Informationsaufnahme

Der Informationsaufnahme werden alle Prozesse zugeordnet, die das Entdecken und Erkennen von Informationen betreffen. Dabei wird der Vorgang der internen Repräsentation der Umwelt als Wahrnehmung bezeichnet. Dieses innere Abbild der Umwelt wird beeinflusst von der aktuellen Situation, in der sich der Mensch befindet, und den Erfahrungen, über die dieser verfügt. Die Informationsaufnahme erfolgt über die Sinnesorgane. Der Mensch kann eine Vielzahl gleichzeitig übermittelter Informationen parallel über alle Sinneskanäle aufnehmen, allerdings kann die gleichzeitige Verarbeitung verschiedener Informationen die Leistung verschlechtern. Die spezifischen Leistungsbereiche der Sinnesorgane beeinflussen Quantität und Qualität der aufgenommenen Informationen und somit auch alle folgenden Informationsverarbeitungsschritte. Für die Fahrzeugführung sind vor allem visuelle, akustische, haptische und vestibulare Wahrnehmungen von Bedeutung. Auch der sensorische Speicher (auch Ultrakurzzeitgedächtnis genannt) wird dem Bereich der Informationsaufnahme zugeordnet. Im sensorischen Speicher werden ausschließlich physikalisch kodierte Informationen gespeichert. Visuelle Informationen werden im ikonischen, akustische im echoischen Speicher für einen Zeitraum zwischen 0,2 s (ikonisch) und 1,5 s (echoisch) abgelegt [3].

Bei der visuellen Informationsaufnahme hat das Auge folgende drei Grundaufgaben: Adaptation (Anpassung der Empfindlichkeit des Auges an die jeweils herrschende Leuchtdichte), Akkommodation (Einstellung unterschiedlicher Sehentfernungen) und Fixation (Ausrichtung der Augen auf den Sehgegenstand, sodass die beiden Sehachsen konvergent sind). Das Auge dient der Farb-, Objekt- und Bewegungswahrnehmung sowie der Wahrnehmung von räumlicher Tiefe und Größe.

Das Ohr erfüllt bei der Aufnahme auditiver Informationen drei Grundfunktionen: Adaptation (Anstieg der Hörschwelle, der zur Differenzierung des Hörvorgangs erforderlich ist), auditorische Mustererkennung (notwendig für Sprach- und Geräuschidentifizierung) und akustische Raumorientierung, die durch binaurales (beidohriges) Hören realisiert wird.

Bei haptischer Informationsaufnahme werden der taktile und/oder der kinästhetische Wahrnehmungskanal genutzt. Über das taktile Wahrnehmungssystem werden Verformungen der Haut wahrgenommen. Rezeptoren (Vater-Pacinsche Lamellen und Meißnersche Tastkörperchen) vermitteln in und unter der Haut Druck-, Berührungs- und Vibrationsempfinden. Das kinästhetische Wahrnehmungssystem nimmt die Dehnung von Muskeln und die Bewegung der Gelenke wahr. Verschiedene Arten von Rezeptoren, die sich an den Muskelspindeln, im Bereich der Gelenke und der Bänder befinden, ermöglichen die Empfindung von Körperbewegungen und von Stellungen der Körperteile zueinander.

Die Orientierung im Raum wird dem Menschen über das vestibuläre Wahrnehmungssystem ermöglicht. Als Rezeptor wird der sich im Innenohr befindende Vestibularapparat genutzt. Dieser hat darüber hinaus die Aufgaben, Informationen zur Erhaltung des Gleichgewichts und die Auslösung der Stellreflexe zur Normalhaltung des Kopfes und der Augen zu geben. Beim Autofahren trägt der vestibuläre Sinneskanal zur Wahrnehmung von Geschwindigkeit und Beschleunigung des eigenen Fahrzeugs bei.

Die meisten verkehrsrelevanten Informationen werden beim Autofahren visuell aufgenommen (ca. 80–90 %, z. B. [4]). Grundlage für richtige Handlungsentscheidungen des Fahrers ist eine möglichst vollständige interne Repräsentation des relevanten Verkehrsraums. Ebenso ist es für den Fahrer wichtig, relevante Informationen zur Führung des Fahrzeugs schon aus großer Entfernung aufzunehmen, sodass ausreichend Zeit bleibt, um entsprechend dieser Informationen zu handeln. Dies ist nur über das Auge gewährleistet, da das Auge das einzige weitreichende Rezeptorsystem des Menschen ist, welches gezielt ausrichtbar ist [5].

Bei Aufgaben, die menschliches Verhalten im Verkehr umfassen, wird die Informationsaufnahme durch die Grenzen der Augenbewegungen stark dominiert. Der Bereich, aus dem der Fahrer Informationen visuell aufnehmen kann, wird durch das Gesichts-, das Blick- und das Umblickfeld bestimmt. In Abhängigkeit vom Abbildungsort des Objekts auf der Netzhaut wird foveales Sehen und peripheres Sehen unterschieden: Beim fovealen Sehen wird das Objekt in der Netzhautgrube (Fovea) abgebildet, nur in diesem Bereich bis zu einem Öffnungswinkel von 2° können Objekte scharf gesehen werden. Je entfernter das Bild von der Fovea ist, desto unschärfer erscheint ein Gegenstand. Im peripheren Sehbereich können Bewegungen und Helligkeitsänderungen wahrgenommen werden. In der Literatur sind unterschiedliche Ansichten zur Rolle und zum Beitrag des fovealen und des peripheren Sehens zur Informationsaufnahme beim Kraftfahrzeugführen zu finden. [5] nehmen an, dass die foveale Informationsaufnahme beim Fahrzeugführen unter hohen Belastungen, d. h. bei hoher Informationsdichte und somit hohen Anforderungen an die Informationsverarbeitung, starkes Gewicht hat.

Die Größe des nutzbaren Sehfeldes ist bei guten und schlechten Kraftfahrern unterschiedlich. Während gute Fahrer ein nutzbares Sehfeld von 9–10° besitzen, umfasst es bei schlechten Autofahrern nur 6–7° [6]. Unter dem nutzbaren Sehfeld wird eine variable räumliche Ausdehnung um die Netzhautgrube herum verstanden, die den Bereich beschreibt, innerhalb dessen eine Person die für eine bestimmte definierte Aufgabe erforderlichen Informationen entdecken kann.

Die Güte der visuellen Informationsaufnahme des Menschen wird durch die Art des Signals und die Darbietungshäufigkeit beeinflusst. So unterscheidet [7] kritische, neutrale und nicht-kritische Signale sowie nicht kritische und kritische Zusatzsignale. Bezüglich der Häufigkeit der Informationsdarbietung haben die Untersuchungen mehrerer Autoren (eine Übersicht gibt [7]) ergeben, dass die Beobachtungsleistung um so besser ist, je mehr reaktionsfordernde Signale pro Zeiteinheit dargeboten werden. Diese Regel gilt bis zu einer optimalen Signalhäufigkeit von ca. 120 bis 300 Signalen pro Stunde. Bei einer wesentlichen Überschreitung dieser Signalhäufigkeit gerät der Beobachter in eine Überforderungssituation mit dem Ergebnis, dass immer mehr Signale unbeantwortet bleiben. [8] gehen mit ihrer „Theory of Pathway Inhibition" davon aus, dass sich gleichartige Reize behindern und somit durch heterogene Reize eine bessere Aufmerksamkeitsleistung erreicht wird.

1.1.2 Informationsverarbeitung

Signale aus der Umgebung (z. B. Charakteristik der Fahrstrecke, andere Verkehrsteilnehmer, Wetter- und Sichtbedingungen) sowie vom Fahrzeug (z. B. Anzeigen, Stell- und Bedienelemente und die Fahrzeugdynamik) werden von den menschlichen Rezeptoren aufgenommen, aufbereitet und auf der Stufe der Informationsverarbeitung i. e. S. (Kognition) weiterverarbeitet. Hier wird entschieden, ob eine Information zu einer Handlung führt (aktiver Fall) oder erduldet wird (passiver Fall). Diese Entscheidung wird maßgeblich von der individuellen Charakteristik des Fahrers beeinflusst. Die Entscheidungs- und Handlungsauswahl kann durch die drei aufeinander aufbauenden Verhaltensebenen, die gemäß [9] als fertigkeitsbasiert, regelbasiert und wissensbasiert bezeichnet werden, erklärt werden (siehe ▶ Abschn. 2.1). Auf welcher Verhaltensebene die Informationsverarbeitung abläuft, ist von der Art der auszuführenden Aufgabe sowie der individuellen Charakteristik des Fahrers, insbesondere seinen Erfahrungen im Bereich der gegebenen Anforderungen, abhängig.

Bei der kognitiven Verarbeitung von Informationen spielt das Gedächtnis eine zentrale Rolle. Mit dessen Hilfe werden die Sinneseindrücke mit erlernten und gespeicherten Strukturen des Denkens und Urteilens verglichen. Nach dem klassischen Drei-Speicher-Modell besteht das Gedächtnis aus sensorischem Speicher (Ultrakurzzeitspeicher), Kurzzeitspeicher und Langzeitspeicher. Im Kurz- und Langzeitgedächtnis werden die Informationen aktiv bearbeitet. Während eines kontinuierlichen Prozesses werden die abgespeicherten Informationen aus Lang- und Kurzzeitgedächtnis abgerufen und mit den sensorisch aufgenommenen Merkmalsträgern verglichen.

Die Unfallgefahr eines Autofahrers wird sowohl von der individuellen Akzeptanz als auch von Fehlwahrnehmungen bezüglich Risiken im Straßenverkehr beeinflusst. Ein wesentlicher Aspekt des Entscheidungsvorgangs innerhalb des Informationsverarbeitungsprozesses ist die Tatsache, dass die Handlung ausgewählt wird, die unter Variation der äußeren Umstände den größten Nutzen unter Beachtung des damit verbundenen Risikos verspricht. Der Begriff Risiko wird unterschiedlich definiert. Oftmals wird er als Wahrscheinlichkeit, dass ein nicht gewünschtes Ereignis eintritt, interpretiert. So definieren z. B. [10] Risiko als das Verhältnis zwischen Größen, die negative Konsequenzen von Ereignissen beschreiben, und Größen, die die Wahrscheinlichkeit eines Eintreffens der Bedingungen charakterisieren, unter denen diese Konsequenzen möglich sind. Diese Sichtweise schließt jedoch das Risikobewusstsein nicht mit ein. [11] sieht das Risiko deshalb als eine multidimensionale Charakterisierung einer negativen Erwartung an, die sich aus einem probabilistischen Entscheidungsprozess ergibt.

Zur Erklärung der Risikowahrnehmung von Autofahrern wurden zahlreiche Modelle entwickelt. Zu den bekanntesten zählen das ‚Zero Risk'-Modell [12] und das Modell der ‚Risikohomöostase' [13]. Gemäß dem ‚Zero Risk'-Modell handeln Menschen so, dass ihr subjektives Risiko null beträgt; dieses Modell basiert auf der individuellen Motivation, die das Fahrerverhalten beeinflusst, und der Adaptation an das im Straßenverkehr wahrgenommene Risiko. Die Theorie der ‚Risikohomöostase' geht davon aus, dass der Mensch bei einer Reduzierung des objektiven Risikos (z. B. durch technische Maßnahmen) sein Verhalten soweit in Richtung „gefährlicher" verändert, dass die subjektive Schätzung des Risikos wieder die gleiche Distanz zum persönlich akzeptierten Risiko erhält wie vor der Einführung der Maßnahme [13].

Das ‚Modell der subjektiven und objektiven Sicherheit' stellt der subjektiv erlebten Sicherheit solche Formen der Sicherheit gegenüber, die physikalisch messbar sind [14]. Das Gefahren-Vermeidungs-Modell (Threat-Avoidance Model) [15] geht davon aus, dass die Handlungen eines Fahrers bei Wahrnehmung eines potenziell gefährlichen Ereignisses vorrangig durch Abwägung des Nutzens und der Kosten aller Alternativen ausgewählt werden.

Als Hauptkomponenten bei der Risikowahrnehmung sehen [10] einerseits Informationen über potenzielle Gefahren in der Verkehrsumgebung und andererseits Informationen über die Fähigkeiten des Systems Fahrer-Fahrzeug, die verhindern, dass das Gefahrenpotenzial zu einem Unfall führt.

1.1.3 Informationsabgabe

In der dritten Stufe des Informationsverarbeitungsprozesses werden die auf der Stufe der Informationsverarbeitung i. e. S. getroffenen Entscheidungen in Handlungen umgesetzt. Diese Handlungen umfassen beim Fahrzeugführen motorische Bewegungen des Hand-Arm-Systems sowie des Fuß-Bein-Systems. Die physische Belastung im Sinne einer arbeitsphysiologisch zu leistenden Arbeit ist im Vergleich zu den sich aus der Informationsaufnahme und -verarbeitung ergebenden Belastungen gering und wird durch technische Unterstützungssysteme im Fahrzeug (z. B. Servolenkung) immer weiter reduziert.

1.2 Fahrercharakteristik und die Grenzen menschlicher Leistungsfähigkeit

Die menschliche Leistung ist allgemein charakterisiert durch die Arbeitsergebnisse und die Beanspruchung des arbeitsausführenden Individuums. Sowohl die Arbeitsergebnisse als auch die Beanspruchungen unterliegen inter- und intraindividuellen Streuungen: Nicht alle Personen erfüllen dieselbe Aufgabe gleich gut, aber auch eine einzelne Person kann Leistungsvariabilitäten aufweisen, wenn die Leistungserfüllung derselben Aufgabe zu unterschiedlichen Zeitpunkten gemessen wird. Zurückzuführen sind diese Variabilitäten auf die individuelle Charakteristik des Menschen und somit auf die unterschiedlichen Leistungsvoraussetzungen. Im Folgenden werden für das Autofahren relevante menschliche Leistungsvoraussetzungen und ihre Auswirkungen auf die Fahrleistung und -sicherheit erläutert. Es erfolgt eine Systematisierung in Eigenschaften, Fähigkeiten und Fertigkeiten.

Eigenschaften Als Eigenschaften werden intraindividuell weitgehend zeitunabhängige (oder sich nur innerhalb sehr großer Zeiträume ändernde) Einflussgrößen verstanden. Als wichtigste für das Autofahren relevante Eigenschaften werden häufig Geschlecht, Alter und Persönlichkeitsmerkmale genannt.

Während in einigen Untersuchungen geschlechtsspezifische Unterschiede im Fahrerverhalten festgestellt wurden, konnten in anderen Untersuchungen keine Unterschiede im Hinblick auf das Risikoverhalten sowie das Geschwindigkeitsverhalten bestätigt werden. Unterschiede sind aber in der Wahrnehmung des Unfallrisikos bei Männern und Frauen festzustellen: Männer schätzen ihr Fahrkönnen besser ein als Frauen, dabei neigen Frauen eher zu einer Unterschätzung ihrer Leistungsfähigkeit, während Männer eher zu einer Überschätzung tendieren. Außerdem beurteilten männliche Fahrer bestimmte Verhaltensweisen als weniger gefährlich und weniger unfallträchtig als weibliche.

Die Fähigkeiten des Menschen, sich sensorisch zu orientieren, aufgenommene Informationen zu verarbeiten und motorische Handlungen auszuführen, wandeln sich im Zuge des Alterungsprozesses, innerhalb dessen die menschlichen Organe einer Veränderung unterliegen. Die zunehmenden funktionalen Defizite können aufgrund der bei älteren Fahrern in der Regel vorhandenen großen Fahrerfahrung zumindest teilweise kompensiert werden. Für die Definition des Begriffs „Ältere" existieren verschiedene Ansätze. Oftmals orientiert man sich am kalendarischen bzw. chronologischen Alter; demnach werden Menschen ab dem 60. oder 65. Lebensjahr zu den Älteren gezählt, obwohl die mit dem Alterungsprozess verbundenen funktionalen Veränderungen mit erheblichen interindividuellen Varianzen behaftet sind.

Auch verschiedene Persönlichkeitsmerkmale des Fahrers beeinflussen sein Verhalten. So wurden Zusammenhänge zwischen der Risikobereitschaft von Fahrern und der von ihnen gefahrenen Geschwindigkeit sowie der Kraftschlussnutzung festgestellt. Fahrer, die emotional instabil, impulsiv und nicht

Tab. 1.1 Mit dem Alter eintretende Veränderungen des visuellen Systems (↑ Zunahme; ↓ Abnahme)

Wirkung		Ursache bzw. Einflussgrößen	
↓	Akkommodationsbreite	↓	Flüssigkeit im Gewebe
↓	Statische Sehschärfe		Beleuchtungsverhältnisse
↓	Dynamische Sehschärfe	↓	Akkommodationsgeschwindigkeit
		↑	Trägheit der Sinneszellen
↑	Blendungsempfindlichkeit	↑	Funktionale Störungen der Netzhaut
		↑	Adaptationszeit
↓	Kontrastsehen		
↑	Erforderliche Leuchtdichte	↑	Eintrübung von Hornhaut, Linse und Glaskörper
↑	Einschränkung des Gesichtsfeldes		

teamfähig sind, unterliegen einem höheren Unfallrisiko als Menschen, die anpassungsfähig und emotional stabil sind. Außerdem werden die selektive Aufmerksamkeit, der Wahrnehmungsstil und die Reaktionszeit als individuelle Merkmale genannt, die als Indikatoren für die Unfallbeteiligung gelten.

Fähigkeiten Als Fähigkeiten werden die verfügbaren intraindividuell zeitabhängig kurz- bzw. langfristigen Änderungen verstanden; sie betreffen physiologische Organ- oder so genannte Grundfunktionen des Menschen.

Durch die als Intelligenz bezeichneten geistigen Fähigkeiten werden die Handlungen eines Fahrers insbesondere auf der wissensbasierten Ebene beeinflusst. Der Begriff Intelligenz ist in der Literatur umstritten und wird dementsprechend auch nicht einheitlich definiert. Nach einer weit gefassten Definition wird unter Intelligenz die hierarchisch strukturierte Gesamtheit jener allgemeinen geistigen Fähigkeiten verstanden, die das Niveau und die Qualität der Denkprozesse einer Persönlichkeit bestimmen. Mit Hilfe dieser Fähigkeiten können die für das Handeln wesentlichen Eigenschaften einer Problemsituation in ihren Zusammenhängen erkannt werden, so dass die Situation entsprechend bestimmter Zielvorstellungen verändert werden kann.

Aber auch die kognitiven und sensumotorischen Fähigkeiten des Menschen sowie das Reaktionsvermögen beeinflussen das Autofahren indirekt über die Auswirkungen dieser Merkmale auf den Informationsverarbeitungsprozess.

Mit zunehmendem Alter verschlechtern sich die Fähigkeiten der Rezeptoren, was insgesamt zu Einschränkungen im Bereich der Informationsaufnahme führt.

So verändern sich die Augenbestandteile aufgrund eines Flüssigkeitsentzugs im Gewebe durch den Alterungsprozess. Die sich daraus ergebenden Wirkungen auf die visuellen Fähigkeiten sind in ◘ Tab. 1.1 zusammengefasst.

Die mit dem Alter fortschreitende Einschränkung des Gesichtsfeldes verschärft die Problematik des Bewegungssehens beim Autofahren, da die Bewegung relevanter Objekte zunächst im peripheren Gesichtsfeld beobachtbar ist.

Altersveränderungen des Hörvermögens bestehen in einer Abnahme der Hörschwelle, vor allem im Bereich hoher Frequenzen. Schwierigkeiten bei der Frequenz- und auch der Intensitätsdiskrimination von Tönen sowie bei der Erkennung komplexer Geräusche wie z. B. Sprache unter schwierigen Wahrnehmungsbedingungen (z. B. Störgeräusche, Verzerrungen) und teilweise erschwertes Richtungshören sind weitere Altersveränderungen des Hörvermögens.

Mit zunehmendem Alter nimmt auch die taktile Wahrnehmungsempfindlichkeit ab.

Der Gleichgewichtssinn ist bei 20- bis 30-Jährigen am besten ausgebildet und nimmt ab dem 40. Lebensjahr stark ab, sodass sich dieser im Alter von 60 bis 70 Jahren auf die Hälfte reduziert hat.

Der sensorische Speicher arbeitet mit zunehmendem Alter weniger effizient. Akustische Signale weisen im echoischen Speicher eine höhere Zerfallsgeschwindigkeit auf, während visuelle Signale länger im ikonischen Speicher verbleiben. Dies führt bei der Bereitstellung verkehrsrelevanter Informationen dazu, dass akustische Informationen nur in zeitlich verkürztem Umfang zur Bearbeitung zur Verfügung stehen und visuelle Reize wegen der Blockierung des ikonischen Speichers nur in beschränktem Umfang aufgenommen werden können.

In den einzelnen Bereichen der Aufmerksamkeit gibt es bei älteren Menschen Leistungsreduktionen, diese ergeben in ihrer additiven Wirkung eine insgesamt schlechtere Aufmerksamkeitsleistung. Dies führt dazu, dass Ältere ihre Handlungsentscheidung auf einer relativ kleineren Basis von Umgebungsinformationen treffen müssen als jüngere Verkehrsteilnehmer, da sie nicht über alle potenziell wichtigen Informationen verfügen.

Insgesamt zeigt sich, dass für ältere Fahrer vor allem in komplexen und neuartigen Situationen, die schnelles Handeln erfordern, Schwierigkeiten auftreten können. Zusätzlich erschwerend wirken die Einschränkungen bei der Informationsaufnahme, die zu einer teilweise verzögerten sensorischen Bereitstellung relevanter Informationen führen, womit für ältere Fahrer eine geringere Zeit für die Verarbeitung verkehrsrelevanter Informationen und entsprechender Handlungen bleibt.

Fertigkeiten Unter Fertigkeiten werden Arbeitsfunktionen des Menschen verstanden, die sowohl durch menschliche Grundfunktionen als auch durch den konkreten Gestaltungszustand der Arbeitsaufgabe und der Arbeitsumgebung bedingt sind. In Zusammenhang mit dem Autofahren haben die Fahrerfahrung und der Fahrstil (Klassifizierung anhand der vom Fahrer gewählten Fahrzeuggrößen) bzw. Fahrertyp (Klassifizierung anhand der beobachteten Verhaltensweisen des Fahrers) eine große Bedeutung.

Die Fahrerfahrung kann unterschiedliche Auswirkungen auf das Unfallrisiko haben. Mit wachsender Fahrerfahrung verbessern sich die Fahrfertigkeiten und das Erkennen sowie die Einschätzung von Risiken. Eine Verbesserung der Fahrfertigkeit ist darauf zurückzuführen, dass mit zunehmender Kilometerzahl die Anzahl erlebter unterschiedlicher Fahrsituationen wächst und dadurch die Ausbildung von Handlungsroutinen ermöglicht wird. Während die Kontrolle über das Fahrzeug mit zunehmender Fahrerfahrung besser wird, führt die Erfahrung in anderen Bereichen zur Ausbildung von Fehlern und schlechten Gewohnheiten, wie z. B. dem Nichtbeachten der Spiegel, spätem Bremsen und dichtem Auffahren. Bei Fertigkeiten, die die Kontrolle über das Fahrzeug widerspiegeln, haben sich Anfänger als schlechter erwiesen als erfahrene Fahrer. Dies zeigt sich durch spätes Beschleunigen, schlechte und inkonsistente Lenkbewegungen und langsame Gangwechsel. Auch haben die Lenkbewegungen unerfahrener Fahrer eine höhere Frequenz als die erfahrener Fahrer. Das Blickverhalten unerfahrener Fahrer wird häufig als ineffizienter bezeichnet, da sie zu häufig Punkte im Nahbereich fixieren. So werden entfernte Unfallgefahren von jungen, unerfahrenen Fahrern im Vergleich zu erfahrenen Fahrern relativ schlecht erkannt, bei der Erkennung naher Gefahren bestehen jedoch keine Unterschiede zwischen diesen beiden Gruppen. Mit zunehmender Erfahrung lernen Fahrer, gefährliche Objekte und Ereignisse anhand bestimmter Teile des Verkehrssystems zu erkennen. Dies entspricht auch der Tatsache, dass sich die visuellen Fixations- und Suchmuster von unerfahrenen und erfahrenen Fahrern unterscheiden. Unterschiedliches Geschwindigkeitsverhalten ergibt sich bei Kurvenfahrten in Abhängigkeit von der Fahrerfahrung. Erfahrene Fahrer fahren schneller in Kurven ein und verzögern in der Kurve stärker als unerfahrene.

Der Fahrstil wird sowohl durch die Fahrerfahrung als auch durch die Persönlichkeit des Fahrers geprägt. Unterschiedliche Formen des Fahrstils wurden festgestellt. So kann dieser bei Führern von Nutzfahrzeugen als „lahm-lasch", „eckig-abrupt" oder „zügig-flott" bezeichnet werden. Bei Pkw-Fahrern wurden anhand von Kenngrößen für Geschwindigkeit, Längsbeschleunigung, Abstand zum Vorausfahrenden die Fahrstile „eher langsam und komfortbewusst", „durchschnittlich mit hohem Sicherheitsbewusstsein" und „schnell und sportlich" identifiziert. Auf Basis von Verhaltensbeobachtungen wurden ähnliche Fahrertypen gefunden, die als „unauffällige Durchschnittsfahrer", „wenig routinierte-unentschlossene Fahrer", „sportlich-ambitionierte Fahrer" und „risikofreudig-aggressive Fahrer" bezeichnet wurden.

1.3 Anforderungen an den Fahrzeugführer im System Fahrer-Fahrzeug-Umgebung

Die Anforderungen an den Fahrer ergeben sich aus der Fahrzeugführungsaufgabe, die von Faktoren aus der Umgebung mitbestimmt werden. Hier steht die Komplexität der vom Fahrer zu bewältigenden Situation im Vordergrund. Diese ergibt sich aus der Charakteristik der Fahrstrecke und dem dynamischen Verhalten der anderen Verkehrsteilnehmer. Wie der Fahrer diese Anforderungen bewältigt, ist einerseits von seiner individuellen Charakteristik und andererseits von der durch das Fahrzeug angebotenen Fahrerunterstützung (Assistenzsysteme) abhängig. In Abhängigkeit von Belastungshöhe und -dauer treten Engpässe im Informationsverarbeitungsprozess des Fahrers auf, die entsprechend des Kontinuums des Verkehrsverhaltens nach [14] zu einer Abweichung vom so genannten „Normalverhalten" bis hin zu kritischen Verkehrssituationen und auch zu Unfällen führen können. Um diese Engpässe zu identifizieren, werden im Folgenden die Teilaufgaben der Fahrzeugführung und die sich aus diesen ergebenden Anforderungen zusammengestellt.

Teilaufgaben der Fahrzeugführung Ansätze zur Beschreibung der Fahrzeugführungsaufgabe durch Teilaufgaben existieren auf unterschiedlicher Detaillierungsebene, zum Teil wurden sie für spezielle Erklärungszwecke oder einzelne Aspekte der Fahrzeugführungsaufgabe abgeleitet. Im Folgenden werden nur zwei häufig genannte Klassifizierungen aufgeführt.

Eine Einteilung der Fahreraufgaben nach ihrer Bedeutung für die Erfüllung des Fahrtzwecks wird von [16] vorgeschlagen. Primäre Tätigkeiten umfassen für die Durchführung der Fahrt unbedingt notwendige Tätigkeiten wie z. B. Lenken und Gas Geben und werden maßgeblich durch den Straßenverlauf, andere Verkehrsteilnehmer und die Umgebungsbedingungen bestimmt. Sekundäre Tätigkeiten sind durch die Informationsabgabe an die Umgebung – hierzu gehören beispielsweise Blinken oder Hupen – sowie durch eine Reaktion auf die aktuelle Situation, wie z. B. Einschalten des Scheibenwischers oder Einschalten des Fernlichts, charakterisiert. Tertiäre Handlungen stehen nicht in direktem Zusammenhang mit der eigentlichen Fahrzeugführung, sie dienen eher dem Fahrkomfort und umfassen z. B. die Regelung der Lüftung sowie der Klimaanlage oder die Bedienung des Radios.

Das 3-Ebenen-Modell von [17] (siehe ▶ Abschn. 2.2) beschreibt eine Hierarchie der primären Fahraufgaben auf oberster Ebene mit den Tätigkeiten Navigieren (Auswahl der Fahrtroute), Bahnführen (Festlegung von Sollspur und Sollgeschwindigkeit) und Stabilisieren (Anpassung der Fahrzeugbewegung an die festgelegten Führungsgrößen).

Diese Hierarchie spiegelt auch den zeitlichen Spielraum, der zur Erledigung der jeweiligen Aufgaben zur Verfügung steht, sowie die Fehlertoleranz wider. Während eine verspätete Entscheidung oder ein Fehler auf der Navigationsebene in der Regel zu keiner kritischen Situation führt, können auf der Stabilisierungsebene durchaus kritische Fahrsituationen oder sogar Unfälle entstehen.

Anforderungen aus der Fahrzeugführungsaufgabe
Generell ergeben sich für den Menschen die Anforderungen einer Tätigkeit aus den Arbeitsaufgaben. Unter Berücksichtigung der aufgabenunspezifischen, situativen Arbeitsbedingungen entstehen objektiv beschreibbare Belastungen. Zu diesen situativen Faktoren zählen Dauer und zeitliche Zusammensetzung der Anforderungen einerseits sowie Einflüsse aus der Arbeitsumgebung andererseits.

Um Anforderungen aus der Arbeitsaufgabe zu ermitteln, wurden verschiedene Tätigkeitsanalyseverfahren entwickelt. Zur Analyse der Anforderungen aus der Fahrzeugführungsaufgabe wurde von [18] für den Straßenverkehr eine modifizierte Version des Fragebogens zur Arbeitsanalyse (FAA, [19]) erstellt. Diese modifizierte Version berücksichtigt die Bereiche Informationsverarbeitung und Fahrzeugbedienung, ersterer wird weiter unterteilt in Quellen der Information, Sinnes- und Wahrnehmungsprozesse, Beurteilungsleistungen sowie Denk- und Entscheidungsprozesse. Insgesamt werden 32 Arbeitselemente für den Bereich Informationsverarbeitung und 7 Arbeitselemente für den Bereich der Fahrzeugbedienung angegeben.

Auf Grundlage des von [18] modifizierten FAA sowie anhand des Teils erforderliche kognitive Leistungen des Tätigkeitsbewertungssystem (TBS, [20]) werden die sich aus der Fahrzeugführungsaufgabe ergebenden Anforderungen abgeleitet.

Bei der im Folgenden aufgeführten Liste von Anforderungen umfasst der Bereich Informationsquellen, Sinnes- und Wahrnehmungsprozesse die Orientierungsleistungen im Umgebungsbereich. Dazu werden wahrgenommene Sachverhalte als Signale erfasst und aufbereitet. Signale sind Reize, die unterschieden und identifiziert werden, bei einer bestimmten Ausprägung eine bestimmte Bedeutung für die Arbeitstätigkeit haben und ein spezifisches Handeln als notwendig anzeigen. Die Beurteilungsleistungen werden durch das Ableiten von Diagnosen über Zustände erbracht, um geeignete Maßnahmen zu finden. Dazu werden Reize ausgesondert, verglichen und Signalausprägungen kombiniert. Die Entscheidungs- und Denkanforderungen können einerseits aus diagnostischen Leistungen, die die Ermittlung möglicher Varianten umfassen, und andererseits aus prognostischen Leistungen, die zur Auswahl zweckmäßiger Varianten dienen, bestehen. Die Fahrzeugbedienung geschieht im Rahmen von Verarbeitungsleistungen.

I Informationsquellen, Sinnes- und Wahrnehmungsprozesse

- Optische Anzeigen im Fahrzeug
  - z. B. Instrumente (z. B. Geschwindigkeitsanzeige), Stellung von Bedienelementen (z. B. heizbare Heckscheibe), Informationen des Bordcomputers (z. B. Außentemperatur)
- Akustische Informationen
  - z. B. Sprachausgabe des Navigationssystems, Martinshorn von Einsatz- und Rettungsfahrzeugen
- Akustische Nebeninformationen
  - z. B. Radio, Gespräche mit Beifahrer oder über Telefon
- Andere Verkehrsteilnehmer
  - z. B. Fahrzeuge, Fußgänger
- Charakteristik der Fahrstrecke
  - z. B. Quer- und Längsverlauf der Strecke, Knotenpunkte, Fahrbahnbreite, Anzahl der Fahrstreifen
- Verkehrsschilder
  - z. B. Geschwindigkeitsbeschränkungen, Vorfahrtsregelungen, Wegweiser
- Beschaffenheit der Fahrbahnoberfläche, Wetter und Sichtbedingungen
  - z. B. Nässe, Verschmutzung, Schnee, Glatteis; Gegenlicht, Regen- bzw. Schneefall, Nebel

B Beurteilungsleistungen

- Längsabstände zu oder zwischen anderen Verkehrsteilnehmern bzw. Objekten
  - z. B. zum vorausfahrenden Fahrzeug, zwischen zwei Fahrzeugen auf dem Nebenfahrstreifen, zu Fußgängern, Radfahrern und Hindernissen auf dem eigenen Fahrstreifen
- Querabstände zu oder zwischen anderen Verkehrsteilnehmern bzw. Objekten
  - z. B. zu Fahrzeugen auf „gleicher Höhe", zu Fahrzeugen am Fahrbahnrand
- Geschwindigkeit des eigenen Fahrzeugs und anderer Fahrzeuge bzw. Verkehrsteilnehmer
- Antizipation kritischer Verkehrssituationen
  - Knappes Einscheren eines Fahrzeugs, Missachtung der Vorfahrtsregelungen durch andere, Kind läuft auf die Straße

E Entscheidungs- und Denkprozesse

- Auswahl geeigneter Handlungen zur Navigation des Fahrzeugs
  - z. B. Entscheidung, welche Fahrtroute gewählt wird, Richtungsentscheidung an Knotenpunkten
- Auswahl geeigneter Handlungen zur Bahnführung des Fahrzeugs
  - z. B. Entscheidung über zu fahrende Geschwindigkeit und einzuhaltenden Längsabstand, Überholmanöver, Wahl des Fahrstreifens und der Querposition auf diesem

F Fahrzeugbedienung

- Regelung der Fahrzeug-Längsbewegung zur Stabilisierung des Fahrzeugs
  - z. B. Gas Geben, Bremsen, Schalten
- Regelung der Fahrzeug-Querbewegung zur Stabilisierung des Fahrzeugs
  - z. B. Lenken
- Bedienung weiterer Funktionen
  - z. B. Licht, Scheibenwischer, Radio

1.4 Bewertung der Anforderungen aus der Fahrzeugführungsaufgabe im Hinblick auf die menschliche Leistungsfähigkeit

Abschließend werden die oben aufgeführten Anforderungsbereiche im Hinblick auf die Leistungsfähigkeit des Menschen mit dem Ziel bewertet, sinnvolle Bereiche für eine technische Unterstützung des Fahrers aufzuzeigen.

Informationsquellen, Sinnes- und Wahrnehmungsprozesse Die Wahrnehmung der für die Erfüllung der Fahrzeugführungsaufgabe relevanten Informationsquellen ist für den Fahrer von großer Wichtigkeit: Er erstellt anhand dieser Informationen ein internes Bild des aktuellen Zustands der Umgebung sowie seines Fahrzeugs, das Grundlage für seine Entscheidungen und Handlungen ist.

Daraus ergibt sich die Anforderung, dass die situationsabhängig relevanten Informationen im Fahrzeug sowie in der Umgebung auch vom Fahrer wahrnehmbar sein müssen. Dies betrifft zum einen die durch den Einsatz von Fahrerunterstützungssystemen neu hinzukommenden Informationen für den Fahrer und zum anderen den Bedarf für Systeme, die versuchen, Informationsdefizite des Fahrers aus der Umgebung zu kompensieren.

Menschliche Wahrnehmungsprozesse werden durch Wahrnehmungsschwellen sowie die notwendige Zuwendung von Aufmerksamkeit begrenzt. Wahrnehmungsschwellen sind zum einen individuell unterschiedlich, so ist z. B. das Alter auch ein maßgeblicher Einflussfaktor, zum anderen sind sie von der Umgebung abhängig. Da Autofahren in sehr unterschiedlichen Umgebungen erfolgt, ist darauf zu achten, dass im Fahrzeug dargebotene Informationen oberhalb der Wahrnehmungsschwellen liegen bzw. relevante Informationen aus der Umgebung, falls diese unter bestimmten Umständen nicht wahrgenommen werden können, technisch unterstützt werden (z. B. Nachtsichtsystem mit Markierung relevanter Informationen wie Fußgänger). Insbesondere die visuellen, akustischen und haptischen Informationen spielen bei der Fahrzeugführung eine große Rolle und sind ihrer Umgebung entsprechend zu gestalten. Die Lichtverhältnisse am Tag und in der Nacht können von großer Helligkeit, starker Blendung bis hin zu starker Dunkelheit variieren, ebenso groß können die Unterschiede in der akustischen Umgebung sein: So gibt es Situationen im Fahrzeug ohne Nebengeräusche über Außengeräusche, die in das Fahrzeug dringen, bis hin zu Unterhaltungen oder lauter Musik im Fahrzeug. Auch haptische Informationen im Fahrzeug sind an mögliche Vibrationen, die vom Fahrzeug oder der Fahrbahn übertragen werden können, anzupassen. Insbesondere bei der Gestaltung von visuellen Informationen im Fahrzeug ist zu beachten, dass der Mensch Objekte nur bei Abbildung in der Netzhautgrube (Fovea) bis zu einem Öffnungswinkel von 2° scharf sehen kann. Somit muss er für die Aufnahme komplexer Informationen im Fahrzeug, die über sehr einfach kodierte Signale hinausgehen, den Blick von der äußeren Fahrzeugumgebung weg bewegen, was mit einer visuellen Ablenkung des Fahrers von der eigentlichen Fahrzeugführungsaufgabe einhergeht.

Ob relevante Informationen vom Fahrer wahrgenommen werden oder nicht, hängt auch maßgeblich davon ab, ob er diesen Informationen Aufmerksamkeit schenkt. Diese Zuwendung von Aufmerksamkeit wird stark von der Gesamtsituation Fahrer-Fahrzeug-Umgebung geprägt. Hier spielen z. B. die Anzahl und Art der miteinander konkurrierenden Informationen im Fahrzeug und in der Umgebung, die mentale und/oder emotionale Beschäftigung des Fahrers mit nicht fahrtrelevanten Belangen sowie persönliche Erfahrungen des Fahrers eine Rolle. Generell hat sich gezeigt, dass Fahrer eine bessere Aufmerksamkeitsleistung in Bezug auf nähere Objekte zeigen und dass Wechsel in der Aufmerksamkeitszuwendung sich rascher und effizienter in „von fern nach nah" als umgekehrt vollziehen.

Beurteilungsleistungen Beurteilungsleistungen werden vom Fahrer zur Einschätzung von Abständen, Geschwindigkeiten sowie potenziell kritischer Situationen gefordert.

Da die Beurteilung absoluter Abstände für den Menschen schwierig ist, nutzt der Fahrer unterschiedliche Informationen als Beurteilungsgröße für Längsabstände. Die Blickwinkelgeschwindigkeit, die sich aus der Größe des vorausfahrenden Fahrzeugs sowie der Geschwindigkeitsdifferenz und dem absoluten Abstand zu diesem Fahrzeug berechnet, liefert dem Fahrer eine Aussage darüber, wie sich der Abstand zu einem vorausfahrenden Fahrzeug verändert. Ebenso wird die Zeit bis zum Auftreten einer Kollision, Time to Collision (TTC), in die der absolute Abstand zum vorausfahrenden Fahrzeug sowie die Geschwindigkeitsdifferenz eingeht, häufig als für den Fahrer relevante Beurteilungsgröße genannt. Es wird davon ausgegangen, dass die TTC die Aktionen des Fahrers bestimmt [21].

Für die Blickwinkelgeschwindigkeit wird die menschliche Wahrnehmungsschwelle für Bewegungen beim Fahren unter idealen Sichtbedingungen zwischen 3 und $10 \cdot 10^{-4}$ rad/s angegeben. Aber auch die Beobachtungsdauer hat einen Einfluss auf die Wahrnehmungsschwelle von Abständen sowie Geschwindigkeitsdifferenzen bei Folgefahrten [22]. Mit abnehmender Geschwindigkeitsdifferenz und abnehmender Beobachtungsdauer sinkt die Distanz, ab der eine Geschwindigkeitsdifferenz erkannt wird. Generell zeigt sich, dass Fahrer bei geringeren Geschwindigkeiten tendenziell einen größeren als den notwendigen Sicherheitsabstand lassen, bei höheren Geschwindigkeiten diesen allerdings unterschreiten.

Auch akustische Informationen können zur Beurteilung der Entfernung anderer Fahrzeuge beitragen; allerdings kann es hier zu subjektiven Fehleinschätzungen kommen, wenn beispielsweise die Entfernung eines sehr leisen Lkw überschätzt, oder die eines sehr lauten Pkw unterschätzt wird.

Die Antizipation kritischer Situationen wird durch die Erfahrungen des Fahrers mit den jeweiligen potenziell kritischen Situationen geprägt. Je nachdem welche Situationen der Fahrer bereits erlebt und zum Inhalt seines Langzeitgedächtnisses hinzugefügt hat, wird er eine kritische Situation auch anhand für diese Situation relevanter Merkmale als kritisch einstufen und entsprechend reagieren.

Entscheidungs- und Denkprozesse Bei der Erfüllung der Navigations- sowie der Bahnführungsaufgabe muss der Fahrer auf Basis von Entscheidungs- und Denkprozessen die für die jeweilige Situation geeignete Handlung auswählen. Unter der Voraussetzung, dass dem Menschen ausreichend Zeit für eine aufgrund der äußeren Verkehrssituation notwendigen Entscheidung gegeben ist, gelingt ihm diese besser als einem technischen System. Dies liegt daran, dass dem Fahrer eine vollständigere, wenn auch in einzelnen Aspekten unpräzisere Repräsentation der Fahrumgebung zugänglich ist und er mit zunehmender Fahrleistung auf immer mehr Erfahrungen mit solchen und ähnlichen Situationen zurückgreifen kann.

Fahrer-Reaktionszeiten liegen im Bereich von 0,7 s bei erwarteten Situationen wie z. B. einer Annäherungsfahrt, 1,25 s bei unerwarteten, aber gewöhnlichen Situationen (z. B. Bremsen des Vorausfahrenden) und bis zu 1,5 s bei überraschenden Situationen [23]. Je kritischer die Situation ist, desto schneller erfolgt die Fahrerreaktion. Trägheit und Reaktionsdauer des Menschen variieren in Abhängigkeit von Fahrsituation und Aufmerksamkeit. Der Fahrer reagiert bei Kolonnenfahrt schneller und wählt kleinerer Abstände.

Fahrzeugbedienung Die Bedienung des Fahrzeugs zur Erfüllung der primären und sekundären Fahraufgaben stellt für den Fahrer gewöhnlich kein Problem dar. Die Regelung der Längs- und Querbewegung läuft für den Fahrer auf der fertigkeitsbasierten Ebene ab, d. h. es handelt sich um automatische Prozesse, die kaum Aufmerksamkeit beanspruchen. Somit kann der Fahrer rasch und flexibel auf situative Veränderungen reagieren. Ebenso verhält es sich mit den sekundären Tätigkeiten, sofern diese häufig vorkommen und vom Fahrer entsprechend gut geübt sind.

Allerdings kann möglicherweise eine Überforderung des Fahrers im Bereich der tertiären Fahraufgaben auftreten, insbesondere dann, wenn Funktionen nur selten genutzt werden, komplexe Menüstrukturen für die Bedienung durchlaufen werden müssen oder der Fahrer mit selten auftretenden Warnhinweisen konfrontiert wird.

Literatur

[1] Abendroth, B.: Gestaltungspotentiale für ein PKW-Abstandsregelsystem unter Berücksichtigung verschiedener Fahrertypen. Ergonomia, Stuttgart (2001)

Literatur

[2] Wickens, C.D.: Engeneering Psychology and Human Performance. HarperCollins Publishers Inc., New York (1992)

[3] Schlick, C., Bruder, R., Luczak, H.: Arbeitswissenschaft. Springer, Berlin u. a. (2010)

[4] Rockwell, T.: Skills, Judgment and Information Acquisition in Driving. In: Forbes, T.W. (Hrsg.) Human Factors in Highway Traffic Safety Research. John Wiley & Sons, New York (1972)

[5] Cohen, A.S., Hirsig, R., et al.: The Role of Foveal Vision in the Process of Information Input. In: Gale, A.G. (Hrsg.) Vision in Vehicles – III. Elsevier, Amsterdam u.a. (1991)

[6] Färber, B.: Geteilte Aufmerksamkeit: Grundlagen und Anwendung im motorisierten Straßenverkehr. TÜV Rheinland, Köln (1987)

[7] Schmidtke, H.: Wachsamkeitsprobleme. In: Schmidtke, H. (Hrsg.) Ergonomie. Hanser, München, Wien (1993)

[8] Galinsky, T., Warm, J., Dember, W., Weiler, E., Scerbo, M.: Sensory Alternation and Vigilance Performance: The Role of Pathway Inhibition. Human Factors **32**(6), 717–728 (1990)

[9] Rasmussen, J.: Skills, Rules, and Knowledge: Signals, Signs, and Symbols, and Other Distinctions in Human Performance Models. IEE Transactions on Systems, Man, and Cybernetics, SMC-13 (1983) 3, 257–266

[10] Brown, I.D., Groeger, J.A.: Risk Perception and Decision Taking during the Transition between Novice and Experienced Driver Status. Ergonomics **31**(4), 585–597 (1988)

[11] Wagenaar, W.A.: Risk Taking and Accident Causation. In: Yates, J.F. (Hrsg.) Risk-Taking Behaviour. John Wiley & Sons, Chichester (1992)

[12] Näätänen, R., Summala, H.: Road-user behaviour and traffic accidents. North-Holland Publishing, Amsterdam, Oxford (1976)

[13] Wilde, G.J.S.: The Theory of Risk Homeostasis: Implications for Safety and Health. Risk Analysis **2**, 209–225 (1982)

[14] von Klebelsberg, D.: Verkehrspsychologie. Springer, Berlin u. a. (1982)

[15] Fuller, R.: A Conceptualization of Driving Behaviour as Threat Avoidance. Ergonomics **27**(11), 1139–1155 (1984)

[16] Bubb, H.: Fahrerassistenz primär ein Beitrag zum Komfort oder für die Sicherheit? VDI-Bericht, Bd. 1768. VDI, Düsseldorf, S. 257–268 (2003)

[17] Donges, E.: Aspekte der Aktiven Sicherheit bei der Führung von Personenkraftwagen. Automobil-Industrie (1982), 183–190

[18] Fastenmeier, W.: Die Verkehrssituation als Analyseeinheit im Verkehrssystem. In: Fastenmeier, (Hrsg.) Autofahrer und Verkehrssituation. Neue Wege zur Bewertung von Sicherheit und Zuverlässigkeit moderner Straßenverkehrssysteme. TÜV Rheinland, Köln (1995)

[19] Frieling, E., Graf Hoyos, C.: Fragebogen zur Arbeitsanalyse – FAA. Huber, Bern u. a. (1978)

[20] Hacker, W., Iwanowa, A., Richter, P.: Tätigkeitsbewertungssystem – TBS. Handanweisung. Psychodiagnostisches Zentrum, Berlin (1983)

[21] Färber, B.: Abstandswahrnehmung und Bremsverhalten von Kraftfahrern im fließenden Verkehr. Zeitschrift für Verkehrssicherheit **32**(1), 9–13 (1986)

[22] Todosiev, E.P.: The Action Point Model of the Driver-Vehicle-System. Ph. D. Dissertation. Ohio State University (1963)

[23] Green, M.: "How Long Does It Take to Stop?" Methodological Analysis of Driver Perception-Brake Times. Transportation Human Factors **2**(3), 195–216 (2000)

Fahrerverhaltensmodelle

Edmund Donges

2.1 Drei-Ebenen-Modell für zielgerichtete Tätigkeiten des Menschen nach Rasmussen, 1983 – 18

2.2 Drei-Ebenen-Hierarchie der Fahraufgabe nach Donges, 1982 – 19

2.3 Beispiel eines regelungstechnischen Modellansatzes für die Führungs- und Stabilisierungsebene der Fahraufgabe – 20

2.4 Zeitkriterien – 22

2.5 Neuer Ansatz zur Quantifizierung von fertigkeits-, regel- und wissensbasiertem Verhalten im Straßenverkehr – 23

2.6 Folgerungen für Fahrerassistenzsysteme – 25

Literatur – 25

Die aktive Teilnahme am Straßenverkehr als Fahrer eines Kraftfahrzeugs ist eine komplexe Überwachungs- und Regelungsaufgabe, für deren Gelingen der Fahrer bei heutiger Rechtslage und heutigem Stand der Technik voll verantwortlich ist. Um ihm für diese Aufgabenstellung die bestmöglichen Arbeitsbedingungen zu verschaffen, muss die Auslegung der technisch gestaltbaren Komponenten des Straßenverkehrssystems die Anpassung an die besondere Leistungsfähigkeit des Menschen, aber auch an seine inhärenten Leistungsgrenzen zum Ziel haben. Dies gilt in vollem Umfang auch für Fahrerassistenzsysteme.

Um für eine derartige Anpassung geeignete Grundlagen zu schaffen, begann man in der zweiten Hälfte des 20. Jahrhunderts [1] damit, Erkenntnisse über das Verhalten von Fahrern während der Fahraufgabe in Form von Fahrermodellen zusammenzufassen. Wegbereiter entsprechender Forschungen im deutschsprachigen Raum war Fiala [2]. Fundierte Übersichten über derartige Ansätze sind beispielsweise in [3] und [4] zu finden. Im Folgenden werden zwei Ansätze aus unterschiedlichen Disziplinen beschrieben, die in den letzten drei Jahrzehnten Beachtung gefunden und eine Reihe von Folgeentwicklungen angestoßen haben.

2.1 Drei-Ebenen-Modell für zielgerichtete Tätigkeiten des Menschen nach Rasmussen, 1983

Zunächst soll an dieser Stelle ein aus der Ingenieurpsychologie stammendes qualitatives, sehr allgemein auf menschliche Arbeit anwendbares Modell für zielgerichtete Tätigkeiten behandelt werden. Es wurde 1983 von Rasmussen vorgestellt [5]. Das Modell unterscheidet drei Kategorien unterschiedlich starker kognitiver Inanspruchnahme des Menschen im Arbeitsprozess, deren Spannweite sich von alltäglichen Routinesituationen über unerwartete Herausforderungen bis hin zu seltenen kritischen Störfällen erstreckt. Diese Drei-Ebenen-Struktur ist in ◘ Abb. 2.1 links dargestellt. Zunächst für erfahrenes Personal im ausgelernten Zustand konzipiert, erwies es sich in der Folge auch als für die Beschreibung unterschiedlicher Phasen des menschlichen Lernverhaltens geeignet.

Die Führung von Kraftfahrzeugen im Straßenverkehr gehört – im wahrsten Sinne des Wortes – zu den zielgerichteten sensumotorischen Tätigkeiten des Menschen: Es gilt, das Fahrzeug mit seinen Passagieren oder seinem Transportgut unter Nutzung der verfügbaren sensorischen Informationen mit Hilfe motorischer Eingriffe über die Betätigungseinrichtungen des Fahrzeugs von einem Ausgangsort zu einem Zielort zu bringen.

Komplexe Anforderungssituationen, die den Menschen unvorbereitet treffen und ihm bisher untrainierte Handlungsweisen abverlangen, führen den Menschen auf eine Ebene des „wissensbasierten Verhaltens" (knowledge-based behaviour). Diese Verhaltensform ist im Kern dadurch gekennzeichnet, dass auf der Basis bereits vorhandenen oder noch zu erwerbenden Wissens in einem mentalen Prozess verschiedene Handlungsalternativen durchgespielt und auf ihre Brauchbarkeit für das angestrebte Ziel geprüft werden, bevor die besteingeschätzte Alternative eventuell als Regel für zukünftige Fälle gespeichert und über motorische Reaktionen umgesetzt wird.

Die nächste Ebene des „regelbasierten Verhaltens" (rule-based behaviour) unterscheidet sich dadurch von der zuvor beschriebenen, dass die zugehörigen situativen Gegebenheiten bei früheren Gelegenheiten schon häufiger aufgetreten sind und der betreffende Mensch bereits über ein Repertoire von gespeicherten Verhaltensmustern (Regeln) verfügt, dessen nach subjektiver Erfahrung effektivste Variante abgerufen wird.

Die dritte Ebene wird als „fertigkeitsbasiertes Verhalten" (skill-based behaviour) bezeichnet. Sie ist durch reflexartige Reiz-Reaktions-Mechanismen charakterisiert, die in einem mehr oder weniger lang dauernden Lernprozess eintrainiert werden und dann in einem selbsttätigen, nicht mehr bewusste Kontrolle erfordernden stetigen Fluss ablaufen. Derartige eingespielte Fertigkeiten sind die zeitlich effektivsten Formen menschlichen Verhaltens. Sie sind typisch für routinemäßig wiederkehrende Handlungsabläufe, und sie lassen im Allgemeinen sogar einen gewissen Spielraum für nicht unbedingt aufgabenbezogene Nebenbeschäftigungen.

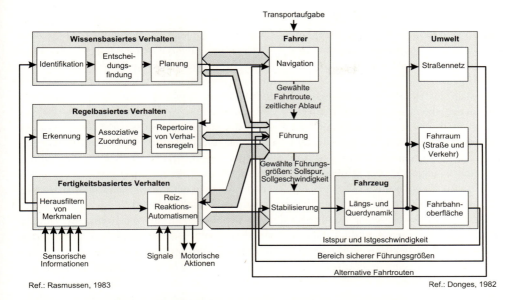

Abb. 2.1 Drei-Ebenen-Modell für zielgerichtete Tätigkeiten des Menschen nach Rasmussen und Drei-Ebenen-Hierarchie der Fahraufgabe nach Donges

2.2 Drei-Ebenen-Hierarchie der Fahraufgabe nach Donges, 1982

In ◘ Abb. 2.1 ist dieses aus einer psychologischen Herangehensweise entstandene allgemeine Klassifikationsschema für die Arbeitsprozesse des Menschen einer aus Ingenieursicht abgeleiteten Drei-Ebenen-Hierarchie der Fahraufgabe gegenübergestellt [6], ◘ Abb. 2.1 rechts.

Die Navigationsaufgabe umfasst die Auswahl einer geeigneten Fahrtroute aus dem zur Verfügung stehenden Straßennetz sowie eine Abschätzung des voraussichtlichen Zeitbedarfs. Wenn Informationen über aktuelle Störeinflüsse wie z. B. Unfälle, Baustellen oder Verkehrsstauungen vorliegen, kann eine veränderte Routenplanung erforderlich werden. In einem bisher unbekannten Verkehrsraum verlangt die Navigationsaufgabe einen Prozess der bewussten Planung und ist deshalb der Ebene des wissensbasierten Verhaltens zuzuordnen. In einem vertrauten Verkehrsraum hingegen kann die Navigationsaufgabe als bereits erfüllt angesehen werden. Typisch für die Navigationsebene ist die örtlich punktuelle bzw. zeitlich diskrete Aufgabenerfüllung durch den Fahrer, der die Einhaltung der Fahrtroute anhand markanter Streckenmerkmale überwacht.

Der eigentliche dynamische Prozess des Fahrens spielt sich auf den Aufgabenebenen Führung und Stabilisierung ab. Die Eigenbewegung sowie bewegte fremde Objekte im Fahrraum verursachen eine kontinuierliche Veränderung der Konstellation von sensorischen, insbesondere optischen Eingangsinformationen für den Fahrer. In dieser visuellen Szenerie und ihrer kontinuierlichen Veränderung sind sowohl die Führungsgrößen als auch die Istgrößen der Fahrzeugbewegung enthalten. Die Führungsaufgabe besteht im Wesentlichen darin, aus der vorausliegenden Verkehrssituation sowie aufgrund des geplanten Fahrtablaufs die als sinnvoll erachteten Führungsgrößen wie Sollspur und Sollgeschwindigkeit abzuleiten und antizipatorisch im Sinn einer Steuerung (open loop control) einzugreifen, um günstige Vorbedingungen für möglichst geringe Abweichungen zwischen Führungs- und Istgrößen zu schaffen.

Auf der Stabilisierungsebene hat der Fahrer durch entsprechende korrigierende Stelleingriffe dafür zu sorgen, dass im geschlossenen Regelkreis (closed loop control) die Regelabweichungen stabilisiert und auf ein für den Fahrer annehmbares Maß kompensiert werden.

Für diese beiden Ebenen der Fahraufgabe hat sich die Abbildung in Form kontinuierlicher quantitativer Modelle auf regelungstechnischer bzw. systemtheoretischer Basis bewährt. Ein Beispiel hierfür folgt im nächsten Abschnitt.

Inwieweit sich die Teilaufgaben Führung und Stabilisierung in den unterschiedlichen Verhaltenskategorien aus [5] abspielen, hängt entscheidend von der individuellen Erfahrung des betreffenden Fahrers und von der bereits erlebten Häufigkeit der jeweiligen Verkehrssituation ab. Ein Fahrerneuling wird seine Fahraktivität anfänglich sehr stark auf der Ebene des wissensbasierten Verhaltens ausüben und erst nach und nach mit wachsender Routine ein Repertoire für Verhaltensregeln und die Fähigkeit unbewusst ablaufender Fertigkeiten entwickeln.

Sobald sich die entsprechende Erfahrung herausgebildet hat, wird die Teilnahme am Straßenverkehr zur alltäglichen Routine, die sich praktisch vollständig auf der Ebene des fertigkeitsbasierten Verhaltens abwickeln lässt. Ein Eindruck über die Dauer dieses Lernvorgangs lässt sich aus der Unfallbeteiligung von Fahranfängern ableiten: Demnach vergehen etwa 7 Jahre bzw. 100 000 km Fahrleistung [7, 8], bis ein Fahrer den ausgelernten Zustand erreicht hat.

Erst das unerwartete Eintreten kritischer Bedingungen zwingt den Fahrer aus dem störungsfreien, subkortikal abarbeitbaren Verkehrsgeschehen heraus in die anspruchsvolleren Ebenen des regel- oder sogar wissensbasierten Verhaltens hinein. Die Ebene des wissensbasierten Verhaltens ist im Straßenverkehr immer dann als kritisch und unfallträchtig einzustufen, wenn die Fahrgeschwindigkeit und der Abstand zur Gefahrenstelle für das mentale Durchspielen von Handlungsalternativen nicht mehr genügend Zeit lassen. Entsprechend wird in [9] gefordert: „Im Straßenverkehr ist der Bedarf für bewusstes Handeln zu minimieren!"

Wie die vorangehenden Überlegungen zeigen, kommt der Führungsebene der Fahraufgabe im Hinblick auf die Sicherheit des Fahrtablaufs eine enorme Bedeutung zu, weil sich in ihr entscheidet, ob die vom Fahrer ausgewählten Führungsgrößen im objektiv sicheren oder unsicheren Bereich liegen, und ob der Fahrer aus den sensorischen Eingangsinformationen rechtzeitig die notwendigen Schlüsse ableiten kann. Für diese Ebene der Aufgabenhierarchie bringt der Mensch die hervorragende Fähigkeit der vorausschauenden (antizipatorischen) Wahrnehmung des Verkehrsraums mit, die ihn – wie in [10] experimentell nachgewiesen wurde – in die Lage versetzt, auch antizipatorisch zu handeln und damit systemimmanente Verzögerungszeiten zu kompensieren.

In der Stabilisierungsebene bilden der Fahrer als Regler und das Fahrzeug als Regelstrecke das bekannte, eng miteinander gekoppelte dynamische System, dessen Stabilisierungsfunktion vom erfahrenen Fahrer auf der Ebene des fertigkeitsbasierten Verhaltens abgearbeitet wird.

In ◘ Abb. 2.1 sind die vorangehenden Überlegungen andeutungsweise durch die Dicke der grau unterlegten Verbindungspfeile zwischen den drei Ebenen der beiden Modellansätze dargestellt.

Die Aussagekraft der Kombination der beiden Modellansätze in ◘ Abb. 2.1 geht deutlich über ingenieurmäßige Ansätze zur Anpassung von Fahrzeug- und Verkehrstechnik an die Bedürfnisse des Menschen hinaus. Beispielsweise befruchten sie aktuell in der Verkehrspsychologie die Entwicklung neuer Methoden für die Fahrschulausbildung [11, 12].

2.3 Beispiel eines regelungstechnischen Modellansatzes für die Führungs- und Stabilisierungsebene der Fahraufgabe

Zur Nachbildung des Fahrerverhaltens im dynamischen Kernprozess der Fahrzeugführung werden vor allem regelungstechnische Modelle entwickelt, z. B. [1, 2, 13, 14]. Das besondere Leistungsvermögen dieses Ansatzes ermöglicht, ohne Kenntnis der inneren Struktur der menschlichen Informationsaufnahme, -verarbeitung und -ausgabe kausale Zusammenhänge zwischen den Eingangs- und Ausgangsgrößen des Menschen zu identifizieren. Eine derart vereinfachende Beschreibung ist von vornherein mit der Einschränkung verbunden, dass sie nur die mit diesen Größen beobachtbaren Phänomene erfassen kann und somit zwangsläufig unvollständig ist. Sie hat dennoch wichtige, vor allem quantitative Erkenntnisse hervorgebracht, die das menschliche

2.3 · Beispiel eines regelungstechnischen Modellansatzes

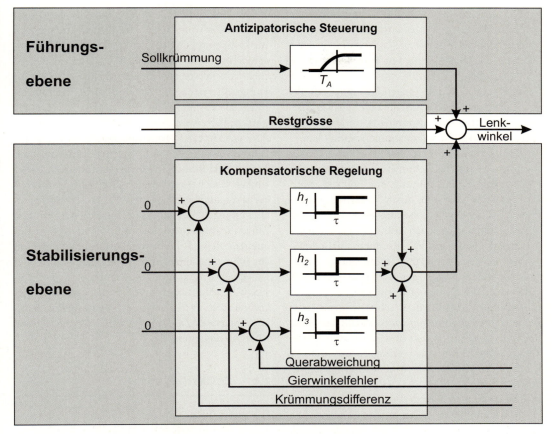

◘ **Abb. 2.2** Blockschaltbild des Zwei-Ebenen-Modells für das Fahrerlenkverhalten

Übertragungsverhalten in den Dimensionen von Amplitude und Zeit beschreiben und klare Hinweise auf die Adaptationsfähigkeit des Menschen, aber auch seine Leistungsgrenzen liefern.

Der früheste Ansatz eines Fahrermodells stammt aus Japan [1] (zitiert nach [3]) und beschreibt das Lenkverhalten bei Seitenwindstörungen. Er beinhaltet bereits ein Prinzip zur Nachbildung der menschlichen Fähigkeit zur vorausschauenden Wahrnehmung des Fahrraums in Form einer Vorausschaulänge (preview distance). In Höhe dieser Vorausschaulänge versucht der Fahrer die Querabweichung zwischen Sollkurs und Fahrzeuglängsachse zu kompensieren. Im deutschsprachigen Raum wurde später für diesen Ansatz der Begriff „Deichselmodell" gebräuchlich.

Im Unterschied dazu separiert das Fahrermodell in [10] (Kurzfassung in [15]) die beiden Ebenen Führung und Stabilisierung der Fahraufgabe in zwei Teilmodelle: Die Führungsebene wird in Form einer „Antizipatorischen Steuerung" (open loop control) und die Stabilisierungsebene als „Kompensatorische Regelung" (closed loop control) abgebildet, ◘ Abb. 2.2. Daneben gibt es einen Beitrag „Restgröße", der die von den beiden Teilmodellen nicht reproduzierten Anteile der Fahrerreaktion beinhaltet.

Dieses Fahrermodell beschreibt zunächst nur den querdynamischen Anteil der Fahraufgabe, ist jedoch in seiner Grundstruktur auch für die Nachbildung der Längsdynamik geeignet. Die experimentelle Datenbasis für dieses Modell stammt aus Simulatorversuchen auf einem kurvenreichen Rundkurs ohne sonstigen Verkehr. Es umgeht die Ableitung einer Solltrajektorie und einer Sollgeschwindigkeit, indem es die Testfahrer in der Versuchsanweisung auffordert, genau der Straßenmittellinie und einem vorgegebenen Geschwindigkeitsprofil zu folgen. Erst spätere Arbeiten wie z. B. [16] schufen die Grundlagen für die Modellierung von Solltrajektorie und Sollgeschwindigkeit mithilfe von Optimierungskriterien, die die Zielvorstellungen des Fahrers für den jeweiligen Fahrtzweck gewichten und das Verlassen des einzuhaltenden Fahrstreifens durch entsprechende Grenzkriterien (constraints) vermeiden.

Eingangsgröße für das Teilmodell „Antizipatorische Steuerung" ist die um eine Antizipationszeit vorgezogene Sollkrümmung der Sollspur (Straßenmittellinie), die über einen Verstärkungsfaktor und ein glättendes Verzögerungsglied den entsprechenden antizipatorischen Anteil der Lenkreaktion produziert. Im Teilmodell „Kompensatorische Regelung" werden parallel drei an der Fahrerposition gemessene Zustandsgrößen Krümmungsdifferenz (Differenz der Krümmungen von Soll- und Istspur), Gierwinkelfehler (Winkel zwischen Tangente an die Sollspur und Fahrzeuglängsachse) und Querabweichung zur Sollspur jeweils über einen zugehörigen Verstärkungsfaktor und verzögert um dieselbe Fahrertotzeit (Reaktionszeit im geschlossenen Regelkreis) zurückgeführt.

Die genannten Eingangsgrößen für beide Teilmodelle können vom Fahrer aus statischen und bewegten Mustern in der perspektivischen Außensicht des vorausliegenden Fahrraums wahrgenommen werden [10].

Die aus den Messergebnissen ermittelten Modellparameter zeigen folgende Eigenschaften [15]:

Im Teilmodell „Antizipatorische Steuerung" entspricht der Verstärkungsfaktor praktisch dem Kehrwert der Fahrzeugverstärkung (auch als Lenkempfindlichkeit des Fahrzeugs bezeichnet), weil Soll- und Istkrümmung der Fahrspur im stationären Zustand nah beieinander liegen müssen. Die Antizipationszeiten der Lenkreaktion liegen weitgehend unabhängig von den Versuchsbedingungen in der Größenordnung von 1 s. Das bedeutet bezogen auf den oben erwähnten frühesten Fahrermodellansatz [1] eine proportional mit der Fahrgeschwindigkeit wachsende Vorausschaulänge. Die Zeitkonstante des Verzögerungsglieds sinkt signifikant mit wachsender Fahrgeschwindigkeit, d. h. der Anstieg der antizipatorischen Lenkreaktion erfolgt umso schneller, je höher die Fahrgeschwindigkeit ist.

Im Teilmodell „Kompensatorische Regelung" trägt der Gierwinkelfehler mit Abstand am stärksten zur kompensatorischen Lenkreaktion bei, d. h. von den drei rückgekoppelten Zustandsgrößen kann der Gierwinkelfehler als Hauptregelgröße, die Krümmungsdifferenz als D-Anteil und die Querabweichung als I-Anteil eines PID-Reglers interpretiert werden. Beim Verstärkungsfaktor der Krümmungsdifferenz zeigt sich ein signifikanter Anstieg mit der Fahrgeschwindigkeit, d. h. entsprechend wächst der vorhaltende Beitrag im kompensatorischen Lenkwinkel. Gleichzeitig verkürzt sich die Fahrertotzeit ebenfalls signifikant. Höhere Fahrgeschwindigkeiten verlangen also schnellere Reaktionszeiten vom Fahrer. Das lässt sich auch mithilfe des Schnittfrequenzmodells [17] erklären: Die Stabilitätsreserven der Fahrzeugquerdynamik nehmen mit wachsender Fahrgeschwindigkeit ab und müssen im geschlossenen Regelkreis durch verkürzte Fahrertotzeiten kompensiert werden, um eine ausreichende Stabilitätsreserve des Gesamtsystems Fahrer-Fahrzeug aufrechtzuerhalten.

2.4 Zeitkriterien

Die gerade beschriebenen Korrelationen zwischen dem Zeitverhalten des Fahrers und der Fahrgeschwindigkeit sind ein Beispiel für die Adaptationsfähigkeit des Menschen an die jeweiligen Randbedingungen. Die identifizierten Mittelwerte der Antizipationszeit von 1 s und der Totzeit des Fahrers von 0,5 s sind Anhaltspunkte für die folgenden Betrachtungen zum Zeitverhalten.

◘ Abbildung 2.3 vermittelt einen Überblick über die Zeithorizonte, die die drei Ebenen der Fahraufgabe charakterisieren.

Der typische Zeithorizont der Navigationsebene erstreckt sich von der möglichen Gesamtdauer einer Fahrt im Bereich einiger Stunden bis in die Region der Ankündigung bevorstehender Streckenänderungen im Minutenbereich, z. B. durch Beschilderung. Auch heutige Navigationssysteme beginnen entsprechend früh mit ersten Vorankündigungen, die dann während der Annäherung an den entscheidenden Ort wiederholt und konkretisiert werden.

Dann setzt als wesentlicher Teil der Führungsaufgabe unter günstigen Sichtverhältnissen bereits die

2.5 · Neuer Ansatz zur Quantifizierung

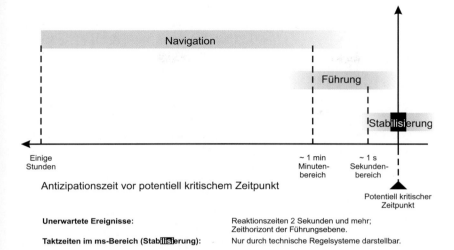

Abb. 2.3 Typische Zeithorizonte der Navigations-, Führungs- und Stabilisierungsaufgabe

optische Wahrnehmung der Straßengeometrie und der Verkehrssituation mit der Ableitung der Führungsgrößen und der antizipatorischen Einleitung von Stelleingriffen ein. Geschwindigkeitskorrekturen durch Lastwechsel oder Bremsbetätigung haben üblicherweise einen größeren Vorlauf als Lenkaktionen. Wenn typische Antizipationszeiten für Stelleingriffe am Lenkrad im Bereich von 1 s liegen, muss die Wahrnehmung der entsprechenden Gegebenheiten bereits deutlich früher beginnen, insbesondere bei unerwarteten Ereignissen. D. h.: Informationssysteme oder Warnsysteme, die eine kognitive Verarbeitung erfordern, sollten eine Antizipationszeit von 2 bis 3 s möglichst überschreiten. Einer Arbeit neueren Datums entsprechend müssen beispielsweise Warnsignale für Spurwechselentscheidungen spätestens 2 Sekunden zuvor gegeben werden [18]. Wenn dies nicht realisierbar ist (z. B. aufgrund der begrenzten Reichweite von Umfeldsensoren), kann nur eine spontan angeregte Reaktion durch eine intuitiv wirkende Handlungsempfehlung, beispielsweise in Form einer haptischen Anzeige wie beim Aktiven Fahrpedal oder Lenkrad, helfen.

Typische Stelleingriffe zur Kompensation von Regelabweichungen auf der Stabilisierungsebene erfolgen wie beschrieben mit einer Nacheilung von einigen 100 ms, wobei Fahrertotzeiten im geschlossenen Regelkreis als Kennzahl für fertigkeitsbasiertes Handeln eher eine Untergrenze darstellen. Taktzeiten im ms-Bereich (schwarze Zone in **Abb. 2.3**)

können deshalb nur durch technische Regelsysteme dargestellt werden, wie dies z. B. im ABS, ASR und ESP realisiert ist. Reaktionszeiten auf unerwartete Ereignisse liegen im Bereich von etwa 2 bis 3 s, je nach Komplexität der Situation möglicherweise deutlich darüber. Wie wichtig frühzeitige Aktionen/Reaktionen des Fahrers für die Unfallvermeidung sind, schätzt Enke ab [19]: Etwa die Hälfte aller Kollisionsunfälle könnte durch Vorverlegung der Fahrerreaktion um eine halbe Sekunde vermieden werden. Eine Beschleunigung der Fahrerreaktion um einen Zeitvorhalt in dieser Größenordnung scheint nur durch eine Stärkung von antizipatorischen Reaktionen erreichbar, also auf der Führungsebene der Fahraufgabe.

2.5 Neuer Ansatz zur Quantifizierung von fertigkeits-, regel- und wissensbasiertem Verhalten im Straßenverkehr

Die Drei-Ebenen-Hierarchie des menschlichen Reaktionsverhaltens von Rasmussen, wie in Abschnitt 2.1 beschrieben, ist zunächst ein qualitatives Modell. In [20] wird ein neuer, zugegebenermaßen gewagter Ansatz zur Annäherung an eine Quantifizierung der Begriffe fertigkeits-, regel- und wissensbasiertes Verhalten im Straßenverkehr eingeführt. Angeregt

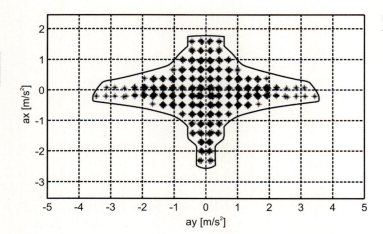

Abb. 2.4 g-g-Diagramm des Fahrertyps „normal" aus [23]

wurde dieser Vorschlag durch die messtechnische Erfassung von Fahrverhaltenskollektiven, die bisher in der deutschsprachigen Fachliteratur eher selten dokumentiert worden sind [21, 22, 23].

Zur Erläuterung dieses Ansatzes soll als Beispiel ◘ Abb. 2.4 aus [23] dienen.

Dieses Diagramm zeigt den Bereich von Quer- und Längsbeschleunigungen, die zwölf Fahrer vom Fahrertyp „normal" während jeweils ca. zweieinhalbstündiger Fahrten im öffentlichen Verkehr auf einer Versuchsstrecke mit kurvigen Landstraßen und Autobahnen genutzt haben. Die einhüllende Linie stellt dabei eine 85-Perzentil-Linie dar, d. h. alle Fahrer bleiben in 85 % der Fahrzeit unterhalb dieser Hüllkurve. Die Hüllkurve selbst weist eine etwas ausgerundete Kreuzform auf. Dies besagt, dass das untersuchte Fahrerkollektiv nur bedingt in der Lage ist, kombinierte Lenk-Brems- oder Lenk-Beschleunigungsmanöver auszuführen, sondern bevorzugt entweder lenkt oder bremst oder beschleunigt. Diese Beobachtung wird durch andere Messergebnisse von Fahrverhaltenskollektiven erhärtet.

Man stelle sich nun vor, dass in analoger Weise die Häufigkeitsverteilung und die Hüllkurve des Verhaltenskollektivs für einen individuellen Fahrer registriert werden, und zwar nicht nur für Längs- und Querbeschleunigung, sondern auch für andere relevante, das Fahrerverhalten charakterisierende Messgrößen, wie z. B. inverser Abstand und Differenzgeschwindigkeit gegenüber einem vorausfahrenden Fahrzeug. Auf diese Weise lässt sich ein mehr oder weniger umfangreiches Abbild des personalisierten Erfahrungshorizonts und somit der Verkehrskompetenz des betreffenden Fahrers ermitteln.

Dieses Bild soll dazu dienen, in einem pragmatischen Ansatz zu definieren:
- Der fertigkeitsbasierte Bereich umfasst die 80-Perzentil-Einhüllende des Längs- und Querbeschleunigungskollektivs eines individuellen Fahrers,
- der regelbasierte Bereich reicht bis zum 95. Perzentil, und
- die darüber hinausgehenden Fahrzustände als seltene Ereignisse sind vor allem dem wissensbasierten Bereich zuzuordnen.

(Die Zahlenwerte 80. und 95. Perzentil, die nicht im Bild gezeigt werden, sind als willkürlich gewählte Anhaltswerte zu verstehen, die gegebenenfalls experimentell genauer abzusichern sind.)

Für unterschiedliche Fahrertypen wird der jeweils individuelle Erfahrungshorizont vom eher kleinen Umfang beim zurückhaltenden, vorsichtigen Fahrer bis zum sehr ausgedehnten Fahrverhaltensrepertoire beim sportlich ambitionierten, dynamischen Fahrer reichen, ◘ Abb. 2.5. Auch intraindividuell kann der Fahrstil des Fahrers je nach Gemütslage in einer Spannweite von defensiv (innerhalb der 80-Perzentil-Einhüllenden) über offensiv (innerhalb der 95-Perzentil-Einhüllenden) bis hin zu aggressiv (die 95-Perzentil-Einhüllende überschreitend) variieren.

Die bisher bekannten Messungen zeigen durchgängig, dass auf trockener Fahrbahn die entspre-

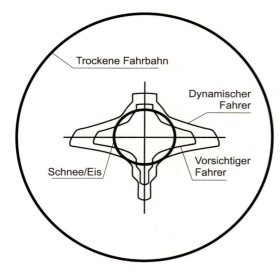

Abb. 2.5 Fahrverhaltenskollektive und Kraftschlussgrenze (unterschiedliche Fahrertypen, veränderte Kraftschlussgrenzen)

chenden Fahrverhaltenskollektive im Verkehr auf öffentlichen Straßen deutlich unterhalb der Kraftschlussgrenze (Kammscher Kreis) bleiben. Wenn allerdings Witterungsverhältnisse wie Fahrbahnnässe, Schnee oder Eis das Kraftschlusspotenzial erheblich vermindern, kann es dazu kommen, dass selbst das schmale Fahrverhaltenskollektiv des vorsichtigen Fahrers die Grenze des Kammschen Kreises überschreitet und das Unfallrisiko unter diesen Umständen erheblich ansteigen kann, ◘ Abb. 2.5.

Anhand dieses Bildes soll Folgendes hervorgehoben werden: Neben der physikalischen Grenze des Kraftschlusspotenzials charakterisiert durch den Kammschen Kreis gibt es eine zweite wesentliche Einflussgröße auf die Verkehrssicherheit, die bisher wenig Beachtung gefunden hat: die Grenze der Verkehrskompetenz des individuellen Fahrers, die durch die Einhüllende des Fahrerverhaltenskollektivs und seiner Perzentile als jeweiliger Erfahrungshorizont quantifiziert und für Fahrerassistenzsysteme genutzt werden kann. Derartigen Grenzen des Erfahrungshorizonts könnte aus statistischer Sicht bezüglich der Unfallrelevanz sogar eine stärkere Bedeutung zukommen als der Kraftschlussgrenze, weil ihre Überschreitung ganzjährig in Gefahr ist.

2.6 Folgerungen für Fahrerassistenzsysteme

Die Anwendung des Drei-Ebenen-Modells von Rasmussen und der oben beschriebene Versuch seiner Quantifizierung fördern zwei wesentliche Erkenntnisse zutage:

- Fahrerassistenzsysteme sollten mithelfen, eine Sicherheitsreserve einerseits gegenüber der Kraftschlussgrenze, andererseits aber insbesondere gegenüber dem Erfahrungshorizont der Fahrer aufrechtzuerhalten.
- In kritischen dynamischen Situationen spannt sich zwischen dem individuellen Erfahrungshorizont des Fahrers und der Kraftschlussgrenze ein potenzieller Eingriffsbereich für Fahrerassistenzsysteme auf. Dort kann die überwiegend einkanalige Reaktionsweise des Fahrers (Lenken oder Bremsen bzw. Lenken oder Beschleunigen) vor allem durch kombinierte Lenk-Brems- oder Lenk-Beschleunigungsmanöver ergänzt werden.

Das Drei-Ebenen-Modell der Fahraufgabe mit den quantitativen Ergebnissen der entsprechenden Fahrermodelle weist vor allem die Führungsebene als vielversprechendes Feld für zukünftige Fahrerassistenzsysteme aus. Auch hier treten zwei Auslegungskriterien hervor:

- Für Fahrerassistenzsysteme mit informierender, warnender oder handlungsempfehlender Funktion sollte bei unerwarteten Ereignissen eine Antizipationszeit von mindestens zwei Sekunden eingehalten werden.
- Reaktionsanforderungen, die im Zeitraum von weniger als ein bis zwei Zehntelsekunden beantwortet werden müssen, können nur durch automatisch eingreifende Technologien erfüllt werden, wie z. B. heute bereits durch ABS, ASR und ESP.

Literatur

[1] Kondo, M.: Richtungsstabilität (wenn Steuerbewegungen hinzukommen). Journal of the Society of Automotive Engineers of Japan (JSAE), Jidoshagiutsu, Vol. **7**(5,6), 104–106, 109, 123, 136–140. Tokyo (1953), (in japanisch, zitiert nach [3])

[2] Fiala, E.: Lenken von Kraftfahrzeugen als kybernetische Aufgabe. Automobiltechnische Zeitschrift **68**, 156–162 (1966)

[3] Jürgensohn, T.: Hybride Fahrermodelle. Pro Universitate Verlag, Sinzheim (1997)

[4] Johannsen, G.: Fahrzeugführung und Assistenzsysteme. In: Zimolong, B., Konradt, U. (Hrsg.) Ingenieurpsychologie, Bd. 2, Hogrefe, Göttingen (2006)

[5] Rasmussen, J.: Skills, Rules and Knowledge; Signals, Signs and Symbols and other Distinctions in Human Performance Models. IEEE Trans. on Systems, Man and Cybernetics, Vol. **SMC 13**(3), 257–266 (1983)

[6] Donges, E.: Aspekte der Aktiven Sicherheit bei der Führung von Personenkraftwagen. Automobil-Industrie **27**, 183–190 (1982)

[7] Anonym: Unfalldisposition und Fahrpraxis. Automobiltechnische Zeitschrift **78**, 129 (1976)

[8] Willmes-Lenz, G.: Internationale Erfahrungen mit neuen Ansätzen zur Absenkung des Unfallrisikos junger Fahrer und Fahranfänger. Berichte der Bundesanstalt für Straßenwesen, Heft M 144 (2003)

[9] Förster, H.J.: Menschliches Verhalten, eine vergessene Ingenieur-Wissenschaft? Abschiedsvorlesung U. Karlsruhe, Januar (1987)

[10] Donges, E.: Experimentelle Untersuchung und regelungstechnische Modellierung des Lenkverhaltens von Kraftfahrern bei simulierter Straßenfahrt. Diss. TH Darmstadt (1977)

[11] Bahr, M., Sturzbecher, D.: Bewertungsgrundlagen zur Beurteilung der Fahrbefähigung bei der praktischen Fahrerlaubnisprüfung. In: Winner, H., Bruder, R. (Hrsg.) Maßstäbe des sicheren Fahrens/Darmstädter Kolloquium „Mensch + Fahrzeug", Technische Universität Darmstadt, 6./7. März 2013. Ergonomia Verlag, Stuttgart (2013)

[12] TÜV DEKRA arge tp 21: Innovationsbericht zur Optimierung der Theoretischen Fahrerlaubnisprüfung – Berichtszeitraum 2009/2010, Dresden, 1. Auflage (2011)

[13] Weir, D.H., McRuer, D.T.: Dynamics of Driver Steering Control. Automatica **6**, 87–98 (1970)

[14] Mitschke, M., Niemann, K.: Regelkreis Fahrer-Fahrzeug bei Störung durch schiefziehende Bremsen. Automobiltechnische Zeitschrift **76**, 67–72 (1974)

[15] Donges, E.: Ein regelungstechnisches Zwei-Ebenen-Modell des menschlichen Lenkverhaltens im Kraftfahrzeug. Zeitschrift für Verkehrssicherheit **24**, 98–112 (1978)

[16] Prokop, G.: Modeling Human Vehicle Driving by Model Predictive Online Optimization. Vehicle System Dynamics **11**(1), 1–35 (2001)

[17] McRuer, D.T.; Krendel, E.S.: The Man-Machine System Concept. Proc. IRE 50 (1962), 1117–1123

[18] Wakasugi, T.: A study on warning timing for lane change decision and systems based on driver's lane change maneuver. ESV-Konferenz 2005, Paper 05-0290

[19] Enke, K.: Possibilities for improving safety within the driver-vehicle-environment control loop. ESV-Konferenz 1979, Berichtsband, 789–802

[20] Braess, H.-H., Donges, E.: Technologien zur aktiven Sicherheit von Personenkraftwagen – „Konsumierbare" oder echte Verbesserungen? 2. Tagung „Aktive Sicherheit durch Fahrerassistenz", TU München, Garching bei München, 4.–5. April 2006. (2006)

[21] Burckhardt, M.: Fahrer, Fahrzeug, Verkehrsfluß und Verkehrssicherheit – Folgerungen aus den Bewegungsgesetzen für Fahrzeug, Straße und Fahrer. In: Interfakultative Zusammenarbeit bei der Aufklärung von Verkehrsunfällen, Bd. XXX, AFO, Köln (1977)

[22] Hackenberg, U., Heißing, B.: Die fahrdynamischen Leistungen des Fahrer-Fahrzeug-Systems im Straßenverkehr. Automobiltechnische Zeitschrift **84**, 341–345 (1982)

[23] Wegscheider, M.; Prokop, G.: Modellbasierte Komfortbewertung von Fahrer-Assistenzsystemen. VDI-Ber. Nr. 1900, 17–36 (2005)

Rahmenbedingungen für die Fahrerassistenzentwicklung

Tom Michael Gasser, Andre Seeck, Bryant Walker Smith

3.1 Kategorisierung und Nomenklatur der Systeme – 28

3.2 Rechtliche Rahmenbedingungen und Bewertung – 31

3.3 Gesetzgebung in den USA – 43

3.4 Anforderungen an Fahrerassistenzsysteme vor dem Hintergrund von „Ratings" und gesetzlichen Vorschriften – 47

3.5 Fazit – 51

Literatur – 53

Der Begriff der Fahrerassistenzsysteme im Sinn der Kapitelbezeichnung wie auch des vorliegenden Handbuches insgesamt soll hier die Fahrzeugautomatisierung mit erfassen. Für ein einheitliches Verständnis wird im vorliegenden Kapitel zunächst eine Kategorisierung von Systemen unter dem Gesichtspunkt ihrer Wirkung auf die Fahrzeugführung vorgeschlagen. Die von der BASt-Projektgruppe „Rechtsfolgen zunehmender Fahrzeugautomatisierung" [1] entwickelte Nomenklatur von Automatisierungsgraden wird darunter eingeordnet und dargestellt. Auf dieser Basis werden im Anschluss wichtige rechtliche Rahmenbedingungen, vor allem das Verhaltensrecht und das Haftungsrecht nach deutschem Recht dargestellt und die Bedeutung für die unterschiedlichen Kategorien erläutert. In einem weiteren Abschnitt wird ein Überblick über den aktuellen Stand der Gesetzgebung in bestimmten Bundesstaaten der USA (Stand: Anfang 2014) gegeben, der zumeist den Einsatz von automatisierten Fahrzeugen mindestens zu Forschungs-, Entwicklungs- und Erprobungszwecken erlaubt. Das vorliegende Kapitel wendet sich sodann den übergreifenden Rahmenbedingungen des Verbraucherschutzes in Europa zu. Das im Rahmen von Euro NCAP geschaffene Bewertungssystem berücksichtigt zunehmend auch Fahrerassistenzsysteme bei der Bewertung von Fahrzeugsicherheit und entwickelt die Anforderungen beständig weiter.

3.1 Kategorisierung und Nomenklatur der Systeme

Bereits von der Wortbedeutung ausgehend ist bei einem „Fahrerassistenzsystem" auf das Zusammenwirken des Systems mit dem menschlichen Fahrer zu schließen. Allgemeingültiger und spezifischer ist es, grundlegend auf verschiedene Formen der Arbeitsteilung zwischen Mensch und Automatik abzustellen, vgl. [2]. Weitergehend wird häufig etwa die Abgrenzung von „autonomer Assistenz" gegenüber der „Telematik" beschrieben [3] oder es erfolgt eine weitere Unterscheidung von konventionellen Fahrerassistenzsystemen und solchen mit maschineller Wahrnehmung [4]. Solche weitergehenden Unterscheidungen können für das technische Systemverständnis wie auch für die rechtliche Bewertung im Einzelfall von Bedeutung sein, [3] sie richten den Blick aber bereits auf weitere oder andere Elemente als die Fahrzeugsteuerung. Hier soll vorgeschlagen werden, für ein umfassendes Verständnis von Fahrerassistenzsystemen und Fahrzeugautomatisierung die Aufgabenteilung zwischen Mensch und Maschine bei der Fahrzeugführung als einzigen, zentralen Gesichtspunkt in den Fokus zu nehmen.

Unter dem Aspekt der Fahrzeugführung lässt sich die unterschiedliche Wirkweise von Systemen nämlich in einer für die rechtliche Kategorisierung relevanten Hinsicht beschreiben und unterscheiden:

Kategorie A: Informierende Funktionen
Informierende Funktionen wirken „mittelbar", nämlich über den Fahrer auf die Fahrzeugführung ein und nehmen regelmäßig die gleichen Aufgaben bei der Informationsaufnahme im Rahmen der Fahrzeugführung wahr, die auch der Fahrer wahrnehmen kann. Die Information wird dem Fahrer über die sog. Mensch-Maschine-Schnittstelle verfügbar gemacht.

Kategorie B: Kontinuierlich wirkende automatisierende Funktionen
Kontinuierlich wirkende automatisierende Funktionen lassen sich als unmittelbar eingreifend charakterisieren: Sie nehmen über längere Zeiträume bzw. Fahrtabschnitte unmittelbaren Einfluss auf die Fahrzeugsteuerung; in ihrer Ausprägung als Assistenz werden sie als „redundant-parallele" Form der Arbeitsteilung zwischen Mensch und Maschine beschrieben [4]. Sowohl der Status des Systems als auch Eingriffe in die Fahrzeugführung werden regelmäßig zugleich über eine Mensch-Maschine-Schnittstelle als Information bereitgestellt, um das arbeitsteilige Zusammenwirken von Mensch und Maschine zu verbessern. Die Fahrzeugsteuerung und jede Veränderung in der Fahrzeugsteuerung ist für den Fahrer aber zugleich unmittelbar wahrnehmbar, teilweise über eine Rückkoppelung der Bedienelemente (bspw. am Lenkrad), regelmäßig aber zugleich durch die für den Fahrer spürbare Fahrdynamik.

3.1 · Kategorisierung und Nomenklatur der Systeme

Kategorie A: Informierende und warnende Funktionen	Kategorie B: Kontinuierlich automatisierende Funktionen	Kategorie C: Eingreifende Notfallfunktionen (unfallgeneigte Situation)
Wirken ausschließlich „mittelbar" über den Fahrer auf die Fahrzeugführung	Haben unmittelbaren Einfluss auf die Fahrzeugsteuerung (bewusste Übertragung durch den Fahrer – arbeitsteilige Ausführung). Immer übersteuerbar, i.d.R. Komfortfunktionen	Haben unmittelbaren Einfluss auf die Fahrzeugsteuerung in unfallgeneigten Situationen, die der Fahrer faktisch nicht mehr kontrollieren kann (i.d.R: Sicherheitsfunktionen)
Gestaltungsbeispiele: • Verkehrszeichenassistenz (bspw. Anzeige der Geschwindigkeitsbegrenzung) • Spurverlassenswarnung (bspw. Vibration am Lenkrad)	Gestaltungsbeispiele: • Adaptive Geschwindigkeitsregelung (ACC) • Spurhalteassistenz (über Lenkeingriffe)	Gestaltungsbeispiele: • Automatisches Notbremssystem (systeminitiiert) • Ausweichsystem • Nothaltesystem (Fahrer handlungsunfähig)

Abb. 3.1 Zusammenfassende Darstellung von drei übergeordneten Kategorien (nach Wirkweise)

Kategorie C: Eingreifende Notfallsysteme

Unter dem Gesichtspunkt der hier vorgeschlagenen Kategorisierung darf der Grundgedanke paralleler Aufgabenwahrnehmung durch Fahrer und Maschine im Fall der eingreifenden Systeme nicht außer Acht gelassen werden: Bei eingreifenden Notfallsystemen ist diese zeitgleiche Aufgabenwahrnehmung tatsächlich nicht oder nicht mehr vollständig gegeben. Dem kommt für die Kategorisierung entscheidende Bedeutung zu: In plötzlich auftretenden Notsituationen, die als kollisionsnah zu beschreiben sind, kann der Mensch nur zeitverzögert auf den Reaktionsanlass hin handeln (sog. Reaktionszeit). In diesen Zeiträumen sind die eingreifenden Systeme – hier spezieller als Notfallsysteme bezeichnet – dem Fahrer überlegen und ihre Wirkung unterliegt vorübergehend nicht der menschlichen Kontrolle. Diese besondere Qualität der eingreifenden Notfallsysteme rechtfertigt ihre Berücksichtigung als eine eigenständige Systemklasse im Rahmen der vorliegenden Kategorisierung. Als charakteristisches Beispiel sind insoweit Notbremsassistenten anzuführen.

Die plötzlich auftretende bspw. krankhafte Handlungsunfähigkeit des Fahrers führt gleichermaßen zur Abwesenheit menschlicher Kontrolle und rechtfertigt die Einordnung dann wirksamer Systeme (bspw. die sog. Nothalteassistenz) ebenfalls in diese Kategorie (C) – auch wenn die Situation noch nicht in vergleichbarer Weise als kollisionsnah, sondern allenfalls als abstrakt unfallgeneigt zu beschreiben ist. Charakteristisch ist dann jedoch, dass in diesen Fällen vom Fahrer keine (wesentliche) Reaktion mehr zu erwarten ist.

Diese drei übergeordneten Systemkategorien sind in Tabelle (Abb. 3.1) zusammenfassend dargestellt:

Einer vertieften Betrachtung und Klassifizierung wurde bislang die hier dargestellte (zweite)

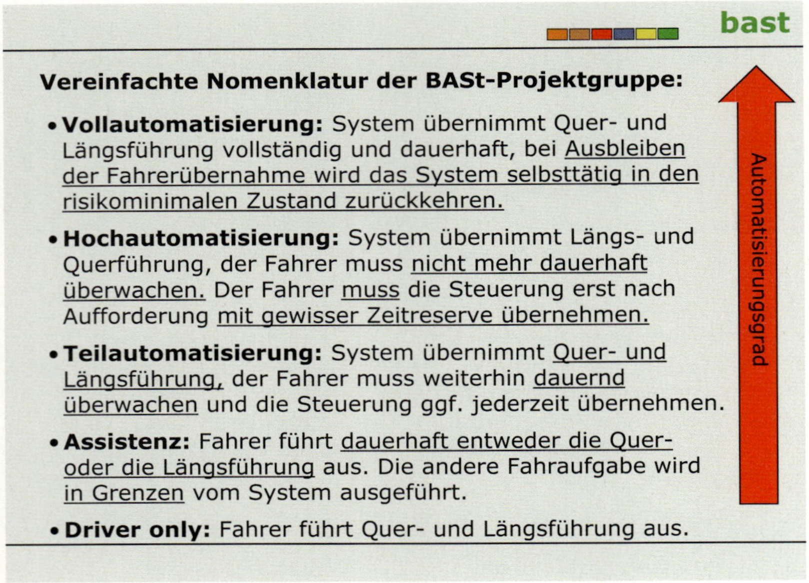

> **Vereinfachte Nomenklatur der BASt-Projektgruppe:**
>
> - **Vollautomatisierung:** System übernimmt Quer- und Längsführung vollständig und dauerhaft, bei Ausbleiben der Fahrerübernahme wird das System selbsttätig in den risikominimalen Zustand zurückkehren.
> - **Hochautomatisierung:** System übernimmt Längs- und Querführung, der Fahrer muss nicht mehr dauerhaft überwachen. Der Fahrer muss die Steuerung erst nach Aufforderung mit gewisser Zeitreserve übernehmen.
> - **Teilautomatisierung:** System übernimmt Quer- und Längsführung, der Fahrer muss weiterhin dauernd überwachen und die Steuerung ggf. jederzeit übernehmen.
> - **Assistenz:** Fahrer führt dauerhaft entweder die Quer- oder die Längsführung aus. Die andere Fahraufgabe wird in Grenzen vom System ausgeführt.
> - **Driver only:** Fahrer führt Quer- und Längsführung aus.

Abb. 3.2 Vereinfachte Nomenklatur kontinuierlicher Fahrzeugautomatisierung der BASt-Projektgruppe

Kategorie B der kontinuierlich automatisierenden Systeme unterzogen. Im Rahmen und zum Zweck der Durchführung einer BASt-Projektgruppe „Rechtsfolgen zunehmender Fahrzeugautomatisierung" [1] wurden vier verschiedene Automatisierungsgrade (zuzüglich Stufe „0" bei Abwesenheit von Automatisierung) beschrieben. Diese Einteilung betrifft ausschließlich die zuvor dargestellte Kategorie B der kontinuierlich wirkenden automatisierten Systeme. Die Darstellung, Abb. 3.2, gibt die in der Projektgruppe gemeinsam entwickelte Nomenklatur vereinfacht wieder.

Der kontinuierliche Anstieg des Automatisierungsgrades wurde im Rahmen der BASt-Projektgruppe unter Berücksichtigung der jeweils eintretenden Veränderung in der Fahraufgabe des Fahrers beschrieben. Die Klassifizierung erfolgte damit zugleich unter dem Gesichtspunkt der Aufgabenteilung zwischen Fahrer und System bei der Fahrzeugsteuerung und legt damit das bereits zur Einteilung in die vorgeschlagenen drei (übergeordneten) Automatisierungskategorien angewandte Verständnis nachfolgend zugrunde. Dieses wird für die kontinuierlich wirkenden automatisierenden Systeme in verschiedenen Stufen oder Level wie nachfolgend dargestellt weiter unterschieden:

Stufe 0 In dieser untersten Stufe des „driver only" fehlt jedwede Automatisierung – hier steuert alleine der Fahrer die Längs- und Querführung des Fahrzeugs.

Stufe 1 Unter Fahrerassistenz als niedrigstem Automatisierungsgrad werden Systeme verstanden, die kontinuierlich eine Fahraufgabe automatisieren. Der Fahrer führt dabei entweder die Längs- oder Querführung des Fahrzeugs selbst aus, während die jeweils andere Fahraufgabe in Grenzen automatisiert wird.

Stufe 2 Der niedrigste der drei ausdrücklich schon nach der Nomenklatur als „Automatisierung" bezeichneten Automatisierungsgrade ist die Teilautomatisierung, wobei das System sowohl die Längs- als auch die Querführung des Fahrzeugs für bestimmte Zeiträume oder Situationen übernimmt. Dem Fahrer kommt die Aufgabe zu, den umgebenden Verkehr und sein Fahrzeug unverändert und fortlaufend weiter zu überwachen, um jederzeit zur sofortigen Übernahme der Fahrzeugsteuerung – bspw. in Form korrigierender Eingriffe oder vollständiger Übernahme – bereit zu sein. Die höchste Ausbaustufe einer Teilautomatisierung fordert vom Fahrer daher keinerlei aktive Fahrzeugsteuerung mehr, sondern nur Beobachtung, mentale Kontrolle und unmittelbare bedarfsabhängige Korrektur bzw. Übernahme der Fahrzeugsteuerung an den Systemgrenzen sowie im Fehlerfall.

Stufe 3 Im Fall des höheren Automatisierungsgrades der Hochautomatisierung muss der Fahrer erstmals auch den umgebenden Verkehr und sein Fahrzeug nicht mehr fortlaufend beobachten, sondern braucht erst im Falle einer Übernahmeaufforderung durch das System zur Übernahme der Fahrzeugsteuerung nach einer noch zu bestimmenden, relativ kurzen Vorlaufzeit bereit sein. Systemgrenzen werden in Stufe 3 alle vom System erkannt, jedoch ist dieses nicht in der Lage, aus jeder Ausgangssituation selbsttätig in den risikominimalen Zustand zurückzukehren. Insoweit ist die Rückübernahme der Fahrzeugsteuerung durch den Fahrer erforderlich. Dem Fahrer ist es jederzeit möglich, die Fahrzeugsteuerung unmittelbar wieder selbst zu übernehmen.

Stufe 4 Die Vollautomatisierung stellt den letzten durch die BASt-Projektgruppe beschriebenen Automatisierungsgrad dar: Auch bei diesem Automatisierungsgrad muss der Fahrer die Ausführung der Fahraufgabe nicht mehr überwachen. Charakteristisch ist hier, dass im Unterschied zur Hochautomatisierung auch bei Ausbleiben der Fahrerübernahme das System aus jeder Ausgangssituation heraus in der Lage ist, selbsttätig wieder in den risikominimalen Zustand zurückzukehren. Auch im Fall der Vollautomatisierung ist dem Fahrer die Übernahme der Fahrzeugsteuerung unmittelbar und jederzeit möglich.

Nach oben – hinsichtlich eines nochmals höheren Automatisierungsgrades – wurde die Nomenklatur zum Zeitpunkt ihrer Erstellung bewusst offen gelassen. Hintergrund war das Ziel, nur Automatisierungsgrade zu beschreiben, die in der beschriebenen Ausprägung noch realistisch abzusehen sind. Der andauernden Diskussion ist zu entnehmen, dass voraussichtlich in einer weiteren Stufe (dann: Stufe 5) ein nochmals höherer Grad an technischer Eigenständigkeit anzunehmen ist, der auch in Abwesenheit eines Fahrers zum Ausdruck kommen kann.

Es ist weiterhin festzustellen, dass die internationale Entwicklung im Bereich der Klassifizierung ein gemeinsames Verständnis derzeit im Großen und Ganzen erwarten lässt. Zu nennen sind insbesondere das von der amerikanischen „National Highway Safety Administration" (NHTSA) veröffentlichte „Preliminary Statement of Policy Concerning Automated Vehicles" [5] sowie der von der SAE-International durch das „On-Road Automated Vehicle Standards Committee" (einem Normierungsgremium) im Januar 2014 veröffentlichte Standard J3016 „Taxonomy and Definitions for Terms Related to On-Road Motor Vehicle Automated Driving Systems" [6]. Die Abstufung der Automatisierungsgrade in die genannten Stufen bzw. Level wird darin verwendet, jedoch ist einschränkend darauf hinzuweisen, dass die Begriffsverwendung in den Stufen bzw. Level 3 und 4 abweicht und eine fünfte Stufe (bzw. Level) beschrieben wird. Zur Orientierung auf internationaler Ebene wird deshalb empfohlen, die zuvor beschriebene Nummerierung der Stufen besonders zu berücksichtigen, da diese im Unterschied zu der Begriffsverwendung deckungsgleich ist und Missverständnisse vermeidet.

3.2 Rechtliche Rahmenbedingungen und Bewertung

Hinsichtlich der rechtlichen Rahmenbedingungen hat sich bislang vor allem die BASt-Projektgruppe „Rechtsfolgen zunehmender Fahrzeugautomatisierung" [1] mit Systemen der Kategorie B in rechtlicher Hinsicht nach deutschem Recht auseinandergesetzt und einige wichtige rechtliche Konsequenzen aufgezeigt, ohne damit einen Anspruch auf Vollständigkeit erheben zu wollen. Darin wurde zugleich auf Systeme der eingreifenden Notfallassistenz eingegangen – jedoch teilweise in Widerspruch zu dem hier vorgeschlagenen Verständnis, wonach diese Systeme der Kategorie C zuzuordnen sind. Nachfolgend wird der Versuch einer umfassenden Beschreibung des aktuellen Wissenstandes über alle Kategorien unternommen; die rechtliche Bewertung erfolgt dabei unter Konzentration auf Aspekte des Verhaltens- und Haftungsrechts. Auf die Darstellung weiterer Aspekte wird aufgrund der hier gebotenen Kürze und Übersichtlichkeit der Darstellung weitgehend verzichtet; so wird bspw. nicht auf Aspekte des Strafrechts, des Grundgesetzes etc. eingegangen.

Das hier behandelte Verhaltensrecht umfasst Vorschriften, die ein menschliches Verhalten (der Verkehrsteilnehmer) anordnen. Verhaltensrechtliche Vorschriften im Bereich des Straßenverkehrs bestimmen das verkehrsgerechte Verhalten auch von Fahrern; Haftungsrecht wird hier im weiteren Sinn verstanden als die Pflicht zum Schadensersatz aufgrund verschiedener Tatbestände. Nachfolgend werden vor allem Tatbestände der Schadensersatzpflicht im Straßenverkehr und speziell im Fall von Produktfehlern betrachtet: Dieser Fokus auf das Verhaltens- und Haftungsrecht erscheint sinnvoll, da Fahrerassistenzsysteme im hier zugrunde gelegten weiteren Sinn mit unterschiedlicher Arbeitsteilung indirekt oder direkt auf den Regelkreis des Fahrer-Fahrzeugs einwirken. Die auf die Fahrzeugsteuerung bezogenen Vorschriften sind von besonderem Interesse, weil sich in einigen Fällen grundlegende Veränderungen und Widersprüche – abhängig von der Wirkweise des Systems – aus rechtlicher Sicht aufzeigen lassen.

3.2.1 Informierende Systeme (Kategorie A)

Für die rechtliche Würdigung ist zunächst die charakteristische Funktionsweise informierender Systeme zu rekapitulieren: Wie dargelegt, wirken die Systeme – da sie fahrerinformierend sind – ausschließlich mittelbar auf die Fahrzeugsteuerung ein, indem sie den Fahrer informieren und warnen; dem Fahrer bleibt die geeignete Handlung überlassen. Ergänzend ist die Redundanz der Informationsbereitstellung zu berücksichtigen: Damit soll umschrieben werden, inwieweit das System dem Fahrer Informationen bereitstellt, die er ohne das System ebenso selbst hätte wahrnehmen können (was den Regelfall darstellen wird) oder ob die Information den Wahrnehmungshorizont des Fahrers in einem Bereich erweitert, der sich seiner unmittelbaren Wahrnehmung entzieht.

Hier wird nicht darauf eingegangen, wo Informationen oder Warnungen erzeugt werden, ob sie also fahrzeugautonom sind (bspw. auf fahrzeugeigener Sensorik basieren) oder ob die Information über eine Kommunikation mit anderen Einrichtungen (in dritten Fahrzeugen oder in hierfür ausgerüsteten Verkehrseinrichtungen) den Weg in das Fahrzeug findet. In rechtlicher Hinsicht kann eine solche Vernetzung des Fahrzeugs den Kreis der haftungsrechtlich Verantwortlichen potenziell erweitern. Auch dann behält das nachfolgend beschriebene Wirkprinzip informierender Systeme aber Gültigkeit.

3.2.1.1 Verhaltensrechtliche Betrachtung

Verhaltensrechtliche Gesichtspunkte sind für informierende Systeme von vergleichsweise untergeordneter Bedeutung; da die bereitgestellte Information für eine kausale Wirkung auf den Geschehensablauf stets ein Eingreifen des Fahrers erfordert, entspricht dies uneingeschränkt dem Leitgedanken der Straßenverkehrsordnung. Dieser besagt, dass die zentrale Rolle der Fahrzeugsteuerung beim Fahrer liegt, der in dieser Aufgabe durch die Information, die das System bereitstellt, unterstützt wird. Dem Fahrer obliegt aber stets weiterhin die Entscheidung, ob er überhaupt und in welcher Weise auf eine Information oder Warnung reagiert.

Unter dem Blickwinkel des Verhaltensrechts sind die Ausgestaltung der sog. Mensch-Maschine-Schnittstelle des Systems sowie ihre Verwendung durch den Fahrer von Bedeutung, womit ein Bezug zu Vorschriften der Straßenverkehrsordnung (StVO) besteht. So beschreibt etwa § 23 Abs. 1 StVO die Pflicht der Fahrzeugführenden, Sicht und Gehör unter anderem nicht durch „Geräte" zu beeinträchtigen. Die sich hieraus ergebenden Anforderungen sind aber im Wesentlichen auf Fälle beschränkt, die deutlich erkennbar nachteiligen Einfluss nehmen. Eine sichtbehindernde Anbringung von nachträglich in das Fahrzeug eingebrachten Systemen – wie sie beispielsweise im Fall von mobilen Navigationsgeräten vorkommen kann – wird (im Rahmen des fallspezifischen Beurteilungsspielraums) in diesen Regelungsbereich fallen. Grundsätzlich lässt die StVO nach aktuellem Stand die Verwendung informierender Systeme in Eigenverantwortung des Fahrers jedoch weitgehend zu – jedenfalls solange diese nicht dazu bestimmt sind, Verkehrsüberwachungsmaßnahmen anzuzeigen oder zu stören (§ 23 Abs. 1b StVO) oder die Geräte eine Telekommunikationsfunktion aufweisen und diese zur Benutzung in der Hand gehalten werden (§ 23 Abs. 1a StVO).

Hinsichtlich einer Ausgestaltung der Mensch-Maschine-Schnittstelle existieren Vorschriften nur in Form einer rechtlich unverbindlichen EU-Empfehlung, dem Europäischen Grundsatzkatalog zur Mensch-Maschine-Schnittstelle (bzw. „European Statement of Principles" (ESoP)) [7]. Die Empfehlungen darin sind allgemein gehalten und lassen den Herstellern von informierenden Systemen die notwendigen Freiheiten bei der Gestaltung (i. S. einer Berücksichtigung wirtschaftlich notwendiger Differenzierungsmerkmale gegenüber anderen Herstellern). Die Empfehlungen formulieren abstrakt, welche Gestaltungsziele unter dem Gesichtspunkt der Verkehrssicherheit zu berücksichtigen sind. Wie im Grundsatzkatalog zur Mensch-Maschine-Schnittstelle einleitend formuliert, handelt es sich um Mindestanforderungen, die ergänzend der Berücksichtigung von – dort zumeist zitierten – Normen sowie der nationalen Gesetzgebung bedürfen. Zu den wenigen darin enthaltenen Gesichtspunkten, die eine verbindliche Regelung möglich erscheinen lassen, und den damit verbundenen Herausforderungen, vgl. [8].

Hinsichtlich der Bußgeldbewehrung einzelner Vorschriften der StVO ist auf eine Besonderheit hinzuweisen, die sich letztlich aus der Redundanz der Informationsbereitstellung ergibt; beispielsweise bei einer Geschwindigkeitsübertretung im Fall von informierenden Systemen – wenngleich eher theoretisch. Wird der Fahrer auf eine aktuelle Übertretung verhaltensrechtlicher Vorgaben (etwa der geltenden Höchstgeschwindigkeit) durch ein informierendes System aufmerksam gemacht (zusätzlich zu der für ihn bereits wahrnehmbaren oder gesetzlich vorgeschriebenen Anordnung), sprechen die Indizien zunächst dafür, dass eine vorsätzliche Übertretung vorliegt (jedenfalls, wenn die Übertretung nach der Warnung fortdauert). Da die Bußgeldkatalogverordnung (BKatV) in vielen Fällen von fahrlässiger Begehungsweise ausgeht, wären die Regelsätze gemäß § 1 BKatV i. V. m. der Anlage, Abschnitt I gemäß § 3 Abs. 4a BKatV wegen vorsätzlicher Begehungsweise grundsätzlich zu verdoppeln. Dies entspricht insoweit auch der Vorgabe aus § 17 Abs. 2 des Gesetzes über Ordnungswidrigkeiten (OWiG). Hierfür könnte ausreichen, dass die Existenz eines solchen Systems im Fahrzeug bekannt ist, die Funktion so ausgestaltet ist, dass die Information vom gewöhnlichen Fahrer in einer solchen Situation nicht unbemerkt geblieben sein kann, und keine Anhaltspunkte dafür vorliegen, dass die Funktion im Einzelfall gestört war.

3.2.1.2 Haftungsrechtliche Betrachtung

In haftungsrechtlicher Hinsicht ist die Mittelbarkeit der Wirkung informierender und warnender Assistenzsysteme ebenso von zentraler Bedeutung wie schon für die verhaltensrechtlichen Aspekte. Haftungsrechtlich ist sowohl unter dem Gesichtspunkt der Produzentenhaftung nach § 823 Abs. 1 BGB als auch nach dem Produkthaftungsgesetz zunächst entscheidend, ob ein Produkt als fehlerhaft einzuordnen ist. Heranzuziehen ist dabei die (objektiv zu ermittelnde) Darbietung des Produkts, die die berechtigte produktbezogene Erwartung bestimmt (vgl. § 3 Abs. 1 lit. a) Produkthaftungsgesetz). Hierzu gehört unter anderem die Bedienungsanleitung, die das System beschreibt (ebenso wie Werbeaussagen etc.). Wird – wie regelmäßig zu erwarten – im Fall informierender und warnender Systeme beschrieben, dass dem Fahrer die Aufgabe zukommt, bei Systemausfall, im Fehlerfall etc. geeignet zu reagieren, ist sehr fraglich, inwieweit ausbleibende und fehlerhafte Warnungen und Informationen überhaupt einen produkthaftungsrechtlich relevanten Anspruch begründen können. Die Instruktion bestimmt dann nämlich in hohem Maße, welche Sicherheitserwartungen berechtigt sind. Im Fall von Redundanz durch parallele Informationsaufnahme durch Fahrer und Assistenzsystem ist nicht erkennbar, weshalb es dem Fahrer nicht möglich sein sollte, aufgrund eigener Informationen Fehler des Assistenzsystems auszugleichen.

Dies ist jedenfalls im Fall redundant-parallel wirkender Assistenzsysteme plausibel, also dann, wenn dem Fahrer nur Informationen bereitgestellt werden, die er ebenso selbst wahrnehmen kann. Anders könnten insoweit Systeme zu bewerten sein, die die Informationslage des Fahrers in Bereichen erweitern, die sich im relevanten Zeitpunkt der Informationsaufnahme und Handlungsausführung der Wahrnehmung entziehen. In diesem Fall ist nicht mehr in gleicher Weise von redundant-paralleler Aufgabenausführung auszugehen, vielmehr bekommt die Information oder Warnung als Grundlage für eine Steuerungshandlung eine andere Qualität. Die zuvor beschriebenen berechtigten

Erwartungen eines Fahrers lassen sich möglicherweise nicht in entsprechender Weise einschränken, so dass den Umständen des Einzelfalls hier insoweit entscheidende Bedeutung zu kommt.

Für die sog. kooperativen Systeme ist die beschriebene Wirkung mittelbarer Informationsbereitstellung gleich, solange kein Fall der genannten fehlenden Redundanz vorliegt; auch hier wirkt sich die Mittelbarkeit von Informationen und Warnungen aus [9]. Die Frage einer möglichen Ausweitung des Kreises potenziell zur Haftung Verpflichteter ist davon unabhängig und einzelfallbezogen zu berücksichtigen, ohne dass hierauf im vorliegenden Zusammenhang eingegangen werden kann.

3.2.2 Kontinuierlich wirkende automatisierende Systeme (Kategorie B)

Die kontinuierlich wirkenden automatisierenden Systeme der Kategorie B wurden in rechtlicher Hinsicht durch die BASt-Projektgruppe unter Zugrundelegung der beschriebenen Automatisierungsstufen (vgl. ▶ Abschn. 3.1) bewertet [1]. Hinsichtlich der nachfolgend dargestellten Ergebnisse ist einleitend darauf hinzuweisen, dass die rechtliche Bewertung von Funktionen, die – wenngleich nur vorübergehend – unabhängig von menschlicher Kontrolle steuern, nach geltendem Recht nur dann widerspruchsfrei möglich ist, wenn sie mit der geltenden Rechtsordnung insgesamt vereinbar sind. Die nachfolgend dargestellten Ergebnisse zeigen, dass ab Stufe 3, der Hochautomatisierung, dies unter einigen Aspekten nicht der Fall ist. Die nachfolgende Einzelbetrachtung hat dennoch ihren Wert darin, Widersprüche aufzudecken und darzustellen, welche Gesichtspunkte in rechtlicher Hinsicht mindestens lösungsbedürftig sind.

Die gemeinsame Bewertung der Projektgruppe konzentrierte sich bislang auf die rechtlichen Aspekte des Verhaltensrechts sowie des Haftungsrechts, ohne damit Anspruch auf Vollständigkeit zu erheben. Vielmehr war bei Abfassung des Berichts bekannt, dass weitere Aspekte – wie etwa die ausdrücklich genannten Aspekte des Fahrerlaubnisrechts – hinzu treten. Diese Beschränkung war aufgrund des bei Ausschreibung absehbaren Standes der Technik sachgerecht.

3.2.2.1 Verhaltensrechtliche Bewertung

Aus verhaltensrechtlicher Sicht sind grundlegend zwei Gesichtspunkte zu unterscheiden: Einerseits die Pflichten des Fahrzeugführers, das Fahrzeug jederzeit zu beherrschen, andererseits die (sehr konkrete) Frage nach der Pflicht eines Fahrzeugführers zu beidhändiger Lenkung.

Pflicht des Fahrzeugführers zur Fahrzeugbeherrschung

Die Pflicht des Fahrzeugführers zur Fahrzeugbeherrschung findet sich ausdrücklich nur in § 3 der Straßenverkehrsordnung (StVO): Dort wird der Fahrer verpflichtet, nur so schnell zu fahren, dass er sein Fahrzeug „ständig beherrscht" (§ 3 Abs. 1 Satz 1 StVO). Fahrer müssen demnach ihr Fahrzeug stets „*in der Hand haben*" und die Geschwindigkeit ist deshalb so zu wählen, dass subjektive (Fahrfertigkeit, Fahrerfahrung etc.) und objektive Gesichtspunkte (Fahrbahnzustand, Witterung, Streckenverlauf etc.) erwarten lassen, dass sie allen auftretenden, nicht völlig unwahrscheinlichen „*Verkehrslagen […] gerecht […] werden*" [10]. Das der Straßenverkehrsordnung zugrunde liegende Leitbild wird u. a. auch durch die Grundregel für jegliches Verkehrsverhalten, dem Vorsichts- und Rücksichtnahmegebot des § 1 Abs. 1 StVO geprägt, welches bei der Interpretation aller speziellen an den Fahrzeugführer gerichteten Verhaltensgebote und -verbote zu beachten ist [11]. Es erfasst auch grundlegend jede nicht spezieller geregelte Vernachlässigung von Fahraufgaben durch den Fahrzeugführer. Solche Verhaltensgebote finden sich in den nachfolgenden, spezielleren Vorschriften der Straßenverkehrsordnung (Abstandsverhalten, § 4 StVO; Überholen, § 5 StVO usw.). Den Vorschriften ist gemeinsam, dass sie sich an die Verkehrsteilnehmer richten, soweit hier von Bedeutung also insbesondere an Fahrer von Kraftfahrzeugen im öffentlichen Straßenverkehr. Diese Vorschriften dienen zur Erhaltung der öffentlichen Sicherheit und Ordnung (vgl. § 6 Abs. 1 Ziff. 3 StVG).

Der Begriff der Fahrzeugbeherrschung findet sich auch im Wiener Übereinkommen über den Straßenverkehr [12], welches die Zulassung von Fahrern und Fahrzeugen zum grenzüberschreitenden Verkehr näher regelt (grenzüberschreitender

Bezug wird in nationalen Gesetzen bspw. in der Anerkennung internationaler Führerscheine nach Art. 41 und Anhang 7 des Wiener Übereinkommens durch § 29 Abs. 2 Fahrerlaubnisverordnung (FeV) deutlich). In Artikel 13 Abs. 1 des Wiener Übereinkommens wird gefordert, dass der Fahrer „unter allen Umständen sein Fahrzeug beherrschen" können soll, „um den Sorgfaltspflichten genügen zu können und um ständig in der Lage zu sein, alle ihm obliegenden Fahrbewegungen auszuführen". Die hier gewählte Formulierung erfasst – insoweit § 3 StVO vergleichbar – das Geschwindigkeits- und Abstandsverhalten des Fahrers als eine an ihn gerichtete Verpflichtung. Im Anwendungsbereich weiter ist folglich Art. 8 des Wiener Übereinkommens relevant, der in Absatz 1 bestimmt, dass jedes Fahrzeug einen „Führer" haben muss und in Absatz 5 vorgibt, dass „jeder Führer (…) dauernd sein Fahrzeug beherrschen (…) können [muss]". Der „Führer" wird in Art. 1 lit. v) des Wiener Übereinkommens definiert, als „(…) jede Person, die ein Kraftfahrzeug oder ein anderes Fahrzeug (Fahrräder eingeschlossen) lenkt (…)". Sowohl Art. 8 als auch Art. 13 des Wiener Übereinkommens befinden sich im „Kapitel II Verkehrsregeln" und richten sich somit an diejenigen, die Fahrzeuge führen.

Bereits zu einem sehr frühen Zeitpunkt in der Entwicklung von Fahrerassistenzsystemen wurde auf Folgendes hingewiesen: Wenn nicht übersteuerbare Systeme zugelassen würden, die es dem Fahrer unmöglich machen, sich pflichtgemäß zu verhalten [3, 13] würde dies einen Widerspruch zur Fahrzeugbeherrschung darstellen. Die hier betrachteten Systeme der kontinuierlich automatisierenden Systeme (Kategorie B) werden und können jederzeit übersteuerbar ausgelegt werden, so dass unter diesem Gesichtspunkt kein Widerspruch zur Fahrzeugbeherrschung durch den Fahrzeugführer entsteht.

Zunächst ist auch grundlegend zu hinterfragen, inwieweit diese Vorschriften der Straßenverkehrsordnung und des Wiener Übereinkommens überhaupt Wirkung für Fahrerassistenzsysteme und die Fahrzeugautomatisierung ausüben können. Geht man vom Anwendungsbereich der Systeme aus, wird man feststellen, dass die vorliegenden Systeme der kontinuierlichen Fahrzeugautomatisierung „eingreifend" ausgelegt sind und unmittelbaren Einfluss auf die Fahrzeugsteuerung nehmen. Insoweit werden Aufgaben von technischen Systemen ausgeführt, die nach zugrunde liegenden Annahmen sowohl der deutschen Straßenverkehrsordnung wie auch des Wiener Übereinkommens (ohne dies allerdings ausdrücklich festzustellen) allein dem Fahrer zugeordnet sind. Die Systeme übernehmen folglich – mit sehr unterschiedlicher Reichweite und abhängig vom Automatisierungsgrad – Aufgaben bei der Fahrzeugsteuerung, die nach den Vorstellungen des Gesetzgebers bzw. der Vertragsparteien allein dem Fahrer obliegen. Insoweit ist nach dem hier vertretenen Standpunkt zu untersuchen, inwieweit Systeme, welche solche steuerungsrelevanten Aufgaben des Fahrers übernehmen, dem gesetzlichen bzw. vertraglichen Leitbild noch entsprechen. Dieses Vorgehen erscheint sinnvoll, weil die technischen Vorschriften sich (bislang mit sehr wenigen, eng umgrenzten und nur vereinzelt geregelten Ausnahmen im Bereich elektronischer Brems- und Lenksysteme) nicht auf steuerungsrelevante Vorgänge beziehen.

Fahrerassistenzsysteme (Stufe 1)

Nach den zuvor dargestellten Begriffsbestimmungen übernehmen Fahrerassistenzsysteme der Kategorie B entweder nur Längs- oder Querführung des Fahrzeuges, während der Fahrer den jeweils anderen Teil der Fahraufgabe ausführt. Es ist wichtig zu verstehen, dass hier selbst die automatisierte Fahraufgabe nur eingeschränkt durch das Fahrerassistenzsystem ausgeführt wird („in Grenzen"). Als Beispiel zur Veranschaulichung mag insoweit die eingeschränkte maximale Beschleunigungs- oder Verzögerungsleistung einer adaptiven Geschwindigkeitsregelung (ACC; vgl. ▶ Kap. 46) dienen oder die aufgebrachten Lenkmomente eines Spurhalteassistenten (vgl. ▶ Kap. 49), die begrenzt sind.

Systeme der ersten Stufe, Fahrerassistenz, überlassen die Fahrzeugführung somit sehr weitgehend dem Fahrzeugführer und sind zudem jederzeit übersteuerbar. Macht ein Fahrer von diesen Systemen, die zumeist seinen Komfort erhöhen, bestimmungsgemäß Gebrauch, muss er einerseits die jeweils nicht automatisierte Fahraufgabe weiter ausführen. Andererseits obliegt ihm die Aufgabe, das System ständig in seinem Steuerungsverhalten bezogen auf die automatisierte Fahraufgabe (Längs- oder Querführung) zu überwachen und zu korrigieren. Fahrerassistenzsysteme weisen Systemgrenzen auf, die erst im Zusammenwirken mit dem Fahrer eine sichere Fahrzeugsteuerung erlauben. Hinzu kommt, dass der Fahrer nach der heute gewählten Auslegung von Fahrerassistenzsystemen als Rückfallebene im Fall eines Systemfehlers dient. Die konkret erforderliche Aufgabenausführung des Fahrers bei der Fahrzeugsteuerung verändert sich bei der Nutzung von Fahrerassistenzsystemen hinsichtlich der aktiven Ausführung der vom System übernommenen Aufgabe. Unverändert bleibt die Pflicht des Fahrers, alle steuerungsrelevanten Informationen parallel zum System aufzunehmen: Dem Fahrer ist es dadurch jederzeit möglich, die Steuerung des Fahrzeugs zu übernehmen, da er im Übrigen auch technisch eine übergeordnete Rolle gegenüber dem System einnimmt. Steuerungsvorgänge durch den Fahrer „übersteuern" stets das System, was sich widerspruchsfrei mit den Pflichten des Fahrers aus der Straßenverkehrsordnung vereinbaren lässt.

Teilautomatisierung (Stufe 2)

Der Begriff der Teilautomatisierung bezeichnet nach den zuvor dargestellten Begriffsbestimmungen Systeme, die sowohl Längs- als auch Querführung des Fahrzeugs übernehmen, während der Fahrer das Steuerungsverhalten des Systems fortlaufend überwacht. Soweit die Steuerung durch das System nicht mehr dem Fahrerwillen entspricht, korrigiert oder übernimmt der Fahrer.

Die Veränderung der Fahraufgabe des Fahrers ist insoweit erheblich, als der Fahrer in der höchsten Ausbaustufe von Systemen dieses Automatisierungsgrades bereits nicht mehr aktiv die Fahrzeugsteuerung ausführen muss. Das System ist aber – insofern den Fahrerassistenzsystemen gut vergleichbar – noch so ausgelegt, dass dem Fahrer die Aufgabe zukommt, das Steuerungsverhalten des Systems an Systemgrenzen und als Rückfallebene im Fehlerfall zu ergänzen. Dazu muss der Fahrer – wie im Fall von Fahrerassistenz, Stufe 1 – alle für die Steuerung des Systems relevanten Informationen parallel aufnehmen. Nur dadurch ist es ihm möglich, bestimmungsgemäß vom System Gebrauch zu machen und die Steuerung zu übernehmen oder zu korrigieren, wenn dies erforderlich wird. Wie im Fall von Fahrerassistenz ist ihm dies technisch jederzeit möglich. Dass im Fall der Teilautomatisierung die Steuerung des Fahrzeugs nur im Fall der Korrektur oder Übernahme durch ein aktives Tun erfolgt und im Übrigen durch ein Unterlassen, schadet nicht: Letztlich handelt es sich bei aktivem Tun wie bei einem Unterlassen nur *„um unterschiedliche Erscheinungsformen willensgetragenen Verhaltens"* [15]. Da der Fahrer aufgrund fortlaufender Überwachung die Kontrolle über das Fahrzeug nicht verliert, lässt sich der bestimmungsgemäße Gebrauch von Systemen der Teilautomatisierung ebenfalls widerspruchsfrei mit seinen Fahrerpflichten gemäß der Straßenverkehrsordnung vereinbaren.

Hochautomatisierung (Stufe 3)

Im Fall der Hochautomatisierung könnte der Fahrer nach den getroffenen Begriffsbestimmungen auch ohne fortlaufende Überwachung des Steuerungsverhaltens das System bestimmungsgemäß verwenden. Der Fahrer ist allerdings gefordert, die Fahrzeugsteuerung nach Übernahmeaufforderung durch das System innerhalb einer bestimmten Vorlaufzeit zu übernehmen, weil das Fahrzeug zwar die Systemgrenze erkennt und den Fahrer dann zur Übernahme auffordert, jedoch nicht in der Lage ist, aus **jeder** Ausgangssituation selbsttätig in den risikominimalen Zustand zurückzukehren.

Der technische Aufwand für die Realisierung einer Hochautomatisierung ist groß. Ein Nutzen für den Fahrzeugführer (als Komfortgewinn) resultiert nur dann, wenn es dem Fahrer möglich ist, die für die Bewertung des Steuerungsverhaltens des Systems notwendige Informationsaufnahme einzustellen. Die Straßenverkehrsordnung sieht keinen Fall vor, der einem Fahrer erlaubt, sich während der Fahrt von der Fahrzeugführung abzuwenden. Erfolgt dies dennoch, entfällt die Fahrzeugbeherrschung durch den Fahrer mindestens vorübergehend: Es ist nicht davon auszugehen, dass der Fahrer dann weiterhin unmittelbar in der Lage ist, die Fahrzeugsteuerung zu übernehmen; erste Untersuchungen belegen dies [15]. Es ist daher unter tatsächlichen Gesichtspunkten nicht mehr von einer Fahrzeugbeherrschung durch den Fahrer auszugehen, wenn dieser sich abwendet (und diese Abwendung sich zeitlich nicht als völlig untergeordnet darstellt und gegebenenfalls ausdrücklich vorgesehen ist – wie bspw. im Fall der Rückschau zum nachfolgenden Verkehr im Rahmen des Abbiegens gemäß § 9 Abs. 1 Satz 4 StVO).

Aus rechtlicher Sicht liegt bei relevanter Abwendungszeit des Fahrers keine willensgetragene Handlung mehr in der Fahrzeugsteuerung. Im Unterschied zur Teilautomatisierung handelt es sich hier nicht mehr ausschließlich um ein Unterlassen aktiven Handelns, sondern um ein Verhalten des Fahrers, welches keinen Bezug mehr zu der Fahrzeugsteuerung aufweist und sich somit nicht mehr als menschliches Steuerungsverhalten einordnen lässt. Vielmehr handelt es sich während einer hochautomatisierten Fahrt um eine ausschließlich maschinelle Fahrzeugführung: Sobald der Fahrzeugführer seine Aufmerksamkeit von der Fahrbahn- und Verkehrsbeobachtung abwendet, kann er das Steuerungsverhalten des Systems (das möglicherweise durch andere Sinne teilweise wahrnehmbar bleibt) nicht mehr mit der konkreten Weiterentwicklung der Verkehrssituation auf der Straße abgleichen. Der menschliche Wille ist gerade nicht mehr mit konkretem Bezug zur Fahrzeugsteuerung auf der Straße versehen: Dies spricht sehr klar für ein vollständiges Fehlen der menschlichen Handlung in der konkreten Steuerungssituation (jedenfalls bei bestimmungsgemäßem Gebrauch der Hochautomatisierung durch den Fahrer ohne fortlaufende Überwachung der Steuerung durch das System). Bei einer derartigen Nutzung des Systems ist auch nicht mehr von einer „redundant-parallelen" Form der Arbeitsteilung auszugehen. Der Fahrer beobachtet das Steuerungsverhalten des Systems nicht mehr, es fehlt an der Ausführung einer auf die Fahrzeugführung bezogenen Aufgabe. Die Fahrzeugführung ist dann nicht mehr – durch den Fahrer – redundant oder in der konkreten Situation als parallel zu beschreiben, da der Fahrer als Regler entfällt.

Bei Betrachtung unter verhaltensrechtlichen Aspekten ergibt sich deshalb eine grundlegende Unvereinbarkeit in rechtlicher Hinsicht; dies betrifft auch die Pflichten des Fahrers gemäß der Straßenverkehrsordnung.

Vollautomatisierung (Stufe 4)

Im Fall der Vollautomatisierung kommt gegenüber der Hochautomatisierung hinzu, dass der Fahrer selbst nach einer Übernahmeaufforderung nicht mehr für eine Übernahme der Fahrzeugsteuerung zur Verfügung zu stehen braucht, da das System von sich aus in der Lage ist, in den risikominimalen Zustand zurückzukehren. Wie bei der Hochautomatisierung kann sich der Fahrer anderen Tätigkeiten zuwenden, die noch nicht näher bestimmt worden sind. Dem Fahrer ist jedoch weiterhin möglich, die Fahrzeugsteuerung jederzeit zu übernehmen.

Aus rechtlicher Sicht entfällt – wie schon im Fall der Hochautomatisierung – die Fahrzeugbeherrschung durch den Fahrer, soweit sich der Fahrer bei bestimmungsgemäßer Verwendung des Systems von der Fahrzeugsteuerung abwendet. Auch im Fall der Hochautomatisierung liegt dann in der Fahrzeugsteuerung keinerlei willensgetragene Handlung des Fahrers mehr, sondern eine ausschließlich maschinelle Fahrzeugsteuerung, die ebenfalls nicht mehr als (menschlich) „redundant-parallele" Form der Arbeitsteilung eingeordnet werden kann. Gemäß der Straßenverkehrsordnung ergibt sich auch hier eine grundlegende Unvereinbarkeit mit den Pflichten des Fahrzeugführers.

Pflicht des Fahrers zu beidhändiger Lenkung

Ausdrücklich geregelt ist in der Straßenverkehrsordnung nur, dass Fahrer einspuriger Fahrzeuge – Fahrradfahrer und Kraftradfahrer – nicht freihändig fahren dürfen, vgl. § 23 Abs. 3 S. 2 Straßenverkehrsordnung. Eine vergleichbare Anordnung erfolgte für Fahrer zweispuriger Fahrzeuge nicht, so dass es für die analoge Anwendung dieses Verbots an der Planwidrigkeit der Regelungslücke fehlt (§ 23 Straßenverkehrsordnung regelt die sonstigen Pflichten, u. a. auch die von Fahrern mehrspuriger Fahrzeuge, während das Verbot freihändigen Fahrens ausdrücklich auf die genannten Fahrer einspuriger Fahrzeuge beschränkt ist).

Eine Pflichtwidrigkeit freihändigen Fahrens im Fall eines mehrspurigen Fahrzeugs ergibt sich vielmehr aus § 1 Abs. 1 StVO: Dem liegt die Annahme zugrunde, dass ein Verstoß gegen das Gebot ständiger Vorsicht und Rücksichtnahme auch darin liegen kann, nicht beidhändig zu lenken. Diese Pflichtwidrigkeit ist allerdings – ohne Hinzutreten einer konkreten Gefährdung gemäß § 1 Abs. 2 StVO – nicht verboten (und auch nicht ordnungswidrig i. S. v. § 24 StVG) [11].

Hier eine Pflichtwidrigkeit anzunehmen, ist folgerichtig, wenn man Fahrzeuge zugrunde legt, die heutzutage im Straßenverkehr verwendet werden: Es handelt sich in aller Regel um Fahrzeuge, die Lenksysteme der Stufen 0 und 1 („driver only" und assistiert) aufweisen. Bereits aufgrund der zuvor getroffenen Begriffsbestimmung wird deutlich, dass selbst im Fall eines Fahrerassistenzsystems die Automatisierung nur „in Grenzen" erfolgt, so dass der Fahrer an Systemgrenzen und bei Systemausfall korrigierend eingreifen muss. Somit liegt die Annahme einer Pflichtwidrigkeit im Fall freihändigen Fahrens nahe, soweit Systeme Verwendung finden, die zur Bewältigung von Systemgrenzen und bei Systemausfall ein Eingreifen des Fahrers ohne jeden zeitlichen Verzug erfordern. Finden solche Systeme Verwendung, ist das Fahren „Hands-off" voraussichtlich ebenso pflichtwidrig wie das freihändige Fahren ohne Verwendung eines automatisierenden Lenksystems der Kategorie B.

Fraglich bleibt jedoch, inwieweit eine Pflichtwidrigkeit des Fahrens „Hands-off" dann anzunehmen ist, wenn ein Lenksystem alle sehr kurzfristig wirkenden Störungen selbsttätig bewältigen kann oder die Auswirkungen in der konkreten Situation geringfügig bleiben.

Wenn sich daher im Einzelfall eines höher automatisierten Lenksystems im Zusammenwirken mit einem Fahrer, der „Hands-off" fährt, ergibt, dass alle Situationen ebenso gut beherrscht werden, wie dies im Fall des Fahrens „Hands-on" der Fall ist, wäre nicht erkennbar, worin dann eine Pflichtwidrigkeit liegt. Eine vergleichbare Situation kann dann eintreten, wenn die konkrete Fahrsituation durch den Fahrer an Systemgrenzen und im Fehlerfall „Hands-off" noch ebenso gut bewältigt wird, wie dies „Hands-on" möglich wäre – bspw. bei sehr niedriger Geschwindigkeit (wie dies heute bei Gebrauch von Systemen der Parklenkassistenz der Fall ist) oder erheblicher Fahrstreifenbreite und der Abwesenheit anderer Verkehrsteilnehmer, die durch eine Systemgrenze oder den Systemausfall gefährdet werden könnten.

3.2.2.2 Haftungsrechtliche Bewertung

In haftungsrechtlicher Hinsicht sind im Fall kontinuierlich automatisierender Systeme vor allem zwei Aspekte zu berücksichtigen: die Haftung (vor allem) nach dem Straßenverkehrsgesetz (StVG) und die Haftung des Herstellers für fehlerhafte Produkte.

Haftung nach dem StVG

Die zivilrechtliche Haftung des Fahrzeughalters nach § 7 Abs. 1 StVG ordnet die haftungsrechtliche Verantwortung für die Betriebsgefahr eines Kraftfahrzeugs dem Halter zu; die Betriebsgefahr umfasst dabei sowohl Fahrfehler des Fahrzeugführers als auch technische Defekte. Es ist anzunehmen, dass auch der technische Defekt einer automatischen Steuerung des Fahrzeugs – unabhängig vom Automatisierungsgrad – ohne weiteres zur Betriebsgefahr zu rechnen ist, denn § 7 Abs. 1 StVG fasst den „Fahrzeugbetrieb" weit [3]. Letztlich sind die Anforderungen an den vom Geschädigten zu führenden Beweis im Rahmen der Halterhaftung am niedrigsten, weil nur der Betrieb des Fahrzeugs und die kausale Schadensverursachung durch den Geschädigten bewiesen werden muss.

Neben dem Fahrzeughalter haftet in Fällen des § 7 Abs. 1 StVG auch der Fahrzeugführer nach § 18 StVG – wie im Übrigen auch gemäß § 823 Abs. 1 BGB oder § 823 Abs. 2 BGB zumeist i. V. m. der StVO als Schutzgesetz, was hier nicht weiter vertieft wird. Nach § 18 Abs. 1 S. 2 StVG wird dabei gegen den Fahrzeugführer gesetzlich vermutet, schuldhaft bei der Fahrzeugführung gehandelt zu haben. Das lässt sich bis einschließlich Automatisierungsgrad der Stufe 2 (Teilautomatisierung) widerspruchsfrei anwenden. Bezüglich höherer Automatisierungsgrade der Stufen 3 oder höher (ab Hochautomatisierung) erscheint die Verschuldensvermutung gegen den Fahrzeugführer jedoch nicht mehr in allen Fällen sachgerecht: Bei einem allein unfallursächlichen Fehlverhalten Dritter kann dem Fahrzeugführer bei konventioneller Fahrzeugführung der Stufe 0 („driver only") bis einschließlich teilautomatisierter Fahrzeugführung der Stufe 2 („teilautomatisiert") zugemutet werden, sich von der Verschuldensvermutung durch den Nachweis des Fehlverhaltens zu entlasten. Diese Automatisierungsgrade erfordern seitens des Fahrzeugführers laufende Verkehrsbeobachtung und (in den Stufen 1 und 2) eine Überwachung der Systemregelung und gegebenenfalls eine sofortige Fehlerkorrektur bzw. Übersteuerung. Damit kann vom Fahrer aber jederzeit erwartet werden, ein unfallsächliches Fehlverhalten eines Dritten zu beobachten und er wird hierzu Angaben machen können.

Grundlegend anders ist die Situation bei den höheren Automatisierungsgraden ab der Hochautomatisierung (Stufen 3 und höher), da der Fahrer – unter der Annahme, diese Nutzung wäre überhaupt verhaltensrechtlich zulässig, vgl. zuvor ▶ Abschn. 3.2.2.1 – nicht in allen Fahrabschnitten zu aufmerksamer Verkehrsbeobachtung verpflichtet ist. Die Aufgaben des Fahrers beschränken sich bei Nutzung einer Hochautomatisierung (Stufe 3) auf die Bereitschaft zur Rückübernahme der Fahrzeugsteuerung nach einer angemessenen Vorlaufzeit. Der Fahrer ist somit von jeder aktiven Fahrzeugsteuerung befreit und kann – solange er nicht aktiv das System übersteuert oder die Rückübernahme unterlässt – von vornherein während automatisierter Phasen nicht schuldhaft handeln. Hinzu kommt, dass der Fahrer, der sich bei bestimmungsgemäßer Verwendung des hochautomatisierten Systems (Stufe 3) abwendet, das Fehlverhalten eines Dritten nicht beobachten kann und somit mit dem Nachweis belastet ist, dass zum Zeitpunkt des Zustandekommens des Unfalls eine automatische Steuerung aktiviert war.

Diese Situation ist aufgrund der nicht mehr gerechtfertigten gesetzlichen Vermutung widersprüchlich, aber nicht untragbar, weil dem Fahrer der Entlastungsbeweis – gegebenenfalls unter Zuhilfenahme technischer Mittel – zivilrechtlich gelingen kann. Zudem ist die Situation nicht grundlegend anders zu bewerten als bei konventioneller Fahrzeugführung („driver only", Stufe 0), wenn ein unfallsächliches Verschulden eines Dritten zivilrechtlich nicht beweisbar ist. Durch die Mitversicherung des Fahrzeugführers in der Kraftfahrzeug-Haftpflichtversicherung (§ 2 Abs. 2 Ziff. 2 der Verordnung über den Versicherungsschutz in der Kraftfahrzeug-Haftpflichtversicherung (KfzPflVV)) kommt es letztlich nicht zu einer wirtschaftlich untragbaren Situation.

Die Kraftfahrzeug-Haftpflichtversicherung umfasst heute vor allem solche Systeme, die von der Fahrzeug-Typgenehmigung erfasst werden. Insoweit dürften – unter Beibehaltung der heutigen Reichweite von Fahrzeug-Haftpflichtversicherungsverträgen – auch zukünftige automatische Systeme, die von der Fahrzeug-Typgenehmigung (sodann) erfasst werden, mitversichert sein. Auch hierfür wäre Grundvoraussetzung, dass die Rahmenbedingungen für den intendierten Gebrauch von Systemen ab dem Automatisierungsgrad der Hochautomatisierung (Stufe 3 und höher) geschaffen werden.

Haftung des Herstellers für fehlerhafte Produkte

Abgesehen von Ansprüchen gegen den Hersteller aufgrund von vertraglicher Haftung, die hier nicht näher behandelt werden sollen, existiert eine Haftung des Herstellers auch gegenüber jedem Dritten für Schäden, die kausal auf einem Produktfehler beruhen. Als relevante Anspruchsgrundlagen kommen hier entweder die (verschuldensunabhängige) Gefährdungshaftung nach dem Produkthaftungsgesetz oder die Produzentenhaftung nach § 823 Abs. 1 BGB (bzw. § 823 Abs. 2 BGB i. V. m. einem Schutzgesetz) in Betracht. Letztere löst eine Haftung wegen schuldhafter Verletzung einer Verkehrssicherungspflicht bei In-Verkehr-Bringen des fehlerhaften Produkts aus, wenn der Schaden kausal auf der Fehlerhaftigkeit beruht. Beide Anspruchsgrundlagen haben sich inzwischen – auch aufgrund einer Beweislastumkehr im Rahmen des Verschuldenserfordernisses der Produzentenhaftung – weitgehend angenähert, so dass es sich erübrigt, hier auf die Besonderheiten im Detail einzugehen.

Die Fehlerhaftigkeit ist der zentrale Begriff der Produkthaftung und muss vom Geschädigten nachgewiesen werden. Automatisierende Systeme setzen ab Stufe 1, assistiert, bis zu Stufe 3, hochautomatisiert, ein Zusammenwirken mit dem Fahrer voraus, damit es zu einer sicheren Fahrzeugführung kommt. Dies ist notwendige Folge der Arbeitsteilung in der Fahrzeugführung bei den kontinuierlich automatisierenden Systemen dieser Automatisierungsstufen. Seitens des Fahrers ist dafür Kenntnis und Bewusstsein hinsichtlich der Leistungsfähigkeit des jeweiligen Systems (vor allem hinsichtlich der Systemgrenzen) unabdingbar, um die notwendige Überwachung des Systems, korrigierende Eingriffe oder die Übernahme von Fahrzeugsteuerung zu erkennen und in die jeweils geforderte Bedienhandlung umzusetzen. In diesem Bereich ist die Instruktion des Fahrers entscheidend, um auf die

Nutzererwartung sachgerecht Einfluss zu nehmen und den produkthaftungsrechtlichen Fehlertyp des „Instruktionsfehlers" zu vermeiden.

Der weitere in diesem Zusammenhang produkthaftungsrechtlich relevante Fehlertyp ist der Konstruktionsfehler und hier insbesondere die Frage nach dem anzulegenden Fehlermaßstab. Der BGH hat hierzu im Zusammenhang mit Systemen der passiven Sicherheit entschieden, dass ein Hersteller „(…) bereits im Rahmen der Konzeption und Planung des Produktes diejenigen Maßnahmen zu treffen [hat], die zur Vermeidung einer Gefahr objektiv erforderlich und nach objektiven Maßstäben zumutbar sind (…)" [16]. Zur Gefahrvermeidung muss das angewandt werden, was nach Kenntnissen in Fachkreisen als einsatzfähige Serienlösung zur Verfügung steht. Diese weite Anforderung findet ihre Begrenzung in der Zumutbarkeit solcher Maßnahmen, die sich nach dem vom Produkt ausgehenden Gefahrengrad und wirtschaftlichen Auswirkungen der Sicherungsmaßnahme richtet [17].

Lassen sich Gefahren nach dem Stand von Wissenschaft und Technik nicht vermeiden, „(…) so ist der Hersteller grundsätzlich verpflichtet, die Verwender des Produkts vor denjenigen Gefahren zu warnen, die bei bestimmungsmäßem Gebrauch oder nahe liegendem Fehlgebrauch drohen und die nicht zum allgemeinen Gefahrenwissen des Benutzerkreises gehören (…)" [16]. Zu den sich hieraus ergebenden Unsicherheiten, welche Maßnahmen für eine Gefahrvermeidung im Einzelfall zu ergreifen sind, kommt noch hinzu, dass die vorliegenden Aussagen sich direkt nur auf ein passives Sicherheitssystem in Kraftfahrzeugen beziehen. Die Aussagen werden sich daher nur eingeschränkt auf automatisierte Steuerungen übertragen lassen, die ein unmittelbares Zusammenwirken mit dem Fahrer voraussetzen. Soweit man jedoch davon ausgeht, dass für kontinuierlich automatisierende Systeme, wie solche der Assistenz und Teilautomatisierung (Stufe 1 und 2), die eine permanente Überwachung durch den Fahrer voraussetzen, keine einsatzfähige (technische) Serienlösung zur (technischen) Gefahrvermeidung zur Verfügung steht, ist zu unterstellen, dass die Bedeutung und Reichweite der Instruktion des Fahrers bei der Bedienung des Systems weiterhin eine sehr hohe Relevanz hat. Dasselbe gilt für Systeme der Hochautomatisierung (Stufe 3), soweit die Rückübertragung der Fahrzeugsteuerung auf den Fahrer betroffen ist.

Für kontinuierlich wirkende automatisierende Systeme bis einschließlich der Hochautomatisierung (Stufe 3), die somit nicht in der Lage sind, von sich aus in den risikominimalen Zustand zurückzukehren, ist daher bei der Bestimmung von Fehlerhaftigkeit die Instruktion untrennbar mit den Anforderungen im Rahmen der Konstruktion verbunden und stets in der Gesamtschau zu lösen.

Im Fall einer bestimmungsgemäßen Nutzung hoch- und vollautomatisierter Systeme (Stufen 3 und 4), die den getroffenen Begriffsbestimmungen zufolge dem Fahrer erlauben würden, sich von der Verkehrsbeobachtung abzuwenden (und unter der Voraussetzung, dass die sonstigen Rahmenbedingungen für eine solche Nutzung geschaffen würden, vgl. zuvor ▶ Abschn. 3.2.2.1), sind die Konsequenzen zu betrachten, die sich daraus ergeben, dass der Fahrer sich (vorübergehend) nicht mehr im Fahrer-Fahrzeug-Regelkreis befindet. Die getroffene Begriffsbestimmung wirkt hier auf die Anforderungen an eine solche Systemkonstruktion zurück: Systeme dieser hohen Automatisierungsgrade müssen – angesichts des Gefahrengrades, der von einem solchen autark regelnden System im Straßenverkehr ausgeht – so konstruiert sein, dass sie selbsttätig in der Lage sind, alle Situationen zu bewältigen, die während einer automatisierten Phase auftreten können.

Diese Feststellung führt notwendigerweise zu der Annahme, dass jeder während hoch- oder vollautomatisierter Phasen gleichwohl auftretende Schaden auf einen kausal zugrunde liegenden Produktfehler schließen lässt. Allerdings gilt diese Annahme nur, sofern dieser Schaden nicht ausschließlich durch andere Verkehrsteilnehmer verursacht oder durch eine Übersteuerungshandlung des Fahrers verursacht wird oder (speziell für den Fall einer Hochautomatisierung gemäß Stufe 3) die Ursache nicht im Ausbleiben einer Rückübernahme von Fahrzeugsteuerung durch den Fahrer nach „ausreichender Zeitreserve" und sachgerechter Instruktion liegt. Diese Annahme gilt naturgemäß nur unter Berücksichtigung prozessualer Gesichtspunkte, wie insbesondere die Darlegungs- und Beweislast im Zivilverfahren [1]. Funktionieren daher Systeme ab dem Automatisierungsgrad der Hochautomatisierung (Stufe 3) mit dem Ergebnis eines Unfalls nicht einwandfrei in Phasen bestimmungsgemäßer Fahrerabwendung, wäre dies stets – soweit prozessual beweisbar – geeignet, Schadensersatzansprüche gegen den Hersteller auszulösen.

Ab dem Automatisierungsgrad der Hochautomatisierung (Stufe 3) ergibt sich die weitere wichtige Fragestellung daraus, inwieweit solche Systeme noch Systemgrenzen aufweisen können. Auch hier lässt die getroffene Begriffsbestimmung den Rückschluss zu, dass Systemgrenzen in Form der beschriebenen Rückübernahme „nach ausreichender Zeitreserve" möglich sind. Jedoch sind Systemgrenzen, die eine unmittelbare Abschaltung, Fehlerkorrektur oder Rückübernahme durch den Fahrer bedingen, nicht denkbar oder jedenfalls nur sehr eingeschränkt möglich.

3.2.3 Eingreifende Notfallsysteme (Kategorie C)

Eingreifende Notfallsysteme der Kategorie C werden zumeist ebenfalls als „Fahrerassistenzsysteme" bezeichnet. Dem Wortsinn nach besteht hier kein Widerspruch, da diese Systeme den Fahrer ebenfalls unterstützen. Tatsächlich erfolgt die Unterstützung aber in Situationen, die eine besondere Qualität aufweisen, da der Fahrer in bestimmten Situationen nur zeitverzögert (oder bei krankhaft bedingter Handlungsunfähigkeit gegebenenfalls überhaupt nicht) auf einen konkreten Handlungsanlass im Straßenverkehr hin reagieren kann. Es ist deshalb gerade nicht von einem arbeitsteilig wirkenden System auszugehen.

3.2.3.1 Bedeutung der Übersteuerbarkeit

Die rechtliche Diskussion um diese Systeme wurde bislang vor allem in Bezug auf die Anforderung von Übersteuerbarkeit geführt, die aus Art. 8 Abs. 1 und Abs. 5 sowie Art. 13 Abs. 1 des Wiener Übereinkommens über den Straßenverkehr (WÜ) hergeleitet wurde. Die in diesen Vorschriften formulierte Anforderung ständiger Kontrolle (Art. 8 Abs. 5 WÜ) und Fahrzeugbeherrschung (Art. 13 Abs. 1 WÜ) des Fahrers (Art. 8 Abs. 1 WÜ) wurde so ausgelegt, dass die getroffenen Vorschriften in technischer Hinsicht die Verwendung nicht übersteuerbarer Systeme im Straßenverkehr verbieten, weil diese den Fahrer im Einzelfall in unzulässiger Weise an der Erfüllung seiner Pflichten im Straßenverkehr hindern können [3, 13]. Die andere Auffassung bezweifelt von vornherein die Anwendbarkeit dieser Verhaltensvorschriften auf Fahrerassistenzsysteme, da sie sich im zweiten Kapitel des Wiener Übereinkommens über den Straßenverkehr befinden und demzufolge allein an den Fahrer richten, ohne eine Bedeutung für Fahrerassistenzsysteme zu entfalten. Weiterhin findet sich – unbestritten – keine vergleichbare Anordnung im dritten Kapitel des Wiener Übereinkommens, das (technische) Fragen der Zulassung zum grenzüberschreitenden Verkehr beschreibt, vgl. [18].

Eine Entscheidung für eine dieser streitigen Rechtsansichten wird aus heutiger Sicht für eingreifende Notfallsysteme wohl dahinstehen, da ein relevanter Anwendungsbereich derzeit nicht erkennbar ist: Die im vorliegenden Abschnitt behandelten Systeme, auch solche der eingreifenden Notfallsysteme, werden heute alle übersteuerbar ausgelegt. Und soweit bislang unklar war, ob Eingriffe von Notfallsystemen in zeitkritischen Situationen möglich sind, in denen ein Fahrer nur zeitverzögert zu einer Übersteuerungshandlung in der Lage ist, wurde durch die sog. „General Safety Regulation" (EG-Verordnung 661/2009 v. 13. Juli 2009) ein wichtiges Indiz hinzugefügt: Vorgeschrieben werden darin u. a. Systeme der Notbremsassistenz für Busse und Nutzfahrzeuge der Klassen M2, M3, N2 und N3, vgl. Art. 10 Abs. 1 EG-VO 661/2009. Zwar wird nicht danach unterschieden, ob diese Eingriffe systeminitiiert oder fahrerinitiiert erfolgen, doch spricht seither vieles dafür, dass auch die weiterreichenden systeminitiierten Eingriffe jedenfalls nicht in Widerspruch zu den zitierten Vorschriften des Wiener Übereinkommens über den Straßenverkehr stehen.

Es ließe sich hieraus verallgemeinernd ableiten, dass es auch in anderen Fällen fehlender fahrerischer Handlungsfähigkeit möglich sein müsste, zur Vermeidung eines Unfalls oder zur Minderung der Unfallfolgen einzugreifen. Ein Widerspruch zu verhaltensrechtlichen Vorgaben in diesen Sondersituationen wäre dann nicht zu erkennen, sofern der Fahrer – wenn auch nur theoretisch – die Möglichkeit zur Übersteuerung hätte.

3.2.3.2 Sonderfall: Nothalteassistenzsysteme

Im Unterschied zu sonstigen Notfallsystemen greift eine Nothalteassistenz in Situationen ein, die vor allem durch die medizinisch bedingte Handlungsunfähigkeit des Fahrers gekennzeichnet sind. Die Eingriffsdauer dieser Systeme ist im Unterschied zu sonstigen Notfallsystemen (bspw. automatische Notbremsfunktionen, künftig möglicherweise auch Ausweichsysteme etc.) nicht notwendigerweise als kurz und auch nicht zwingend als kollisionsnah zu beschreiben.

Der Projektgruppenbericht hatte Nothalteassistenzsysteme fälschlicherweise der Kategorie B zugeordnet (ohne diese Unterscheidung explizit vorzunehmen), aber unter ausdrücklicher Zuordnung zur Vollautomatisierung (Stufe 4) behandelt, vgl. [1]. Den Charakteristika dieser Systeme wird dies nicht gerecht, da es sich gerade nicht um eine bewusst durch den Fahrer verwendete, kontinuierlich wirkende Automatisierung im Sinne einer bewussten (teilweisen) Übergabe der Fahraufgabe an das System handelt, sondern vielmehr um einen automatisierten Eingriff des Systems bei erkannter Handlungsunfähigkeit des Fahrers. Diese Umstände sowie die Unfähigkeit des Fahrers, in dieser Situation die geeignete Steuerungshandlung selbst vorzunehmen, lassen es angezeigt erscheinen, diese Systeme den eingreifenden Notfallsystemen (Kategorie C) zuzuordnen.

Systeme der Nothalteassistenz sind zum Zeitpunkt der Abfassung dieses Kapitels nicht marktverfügbar. Szenarien, die diese Systemkategorie bislang beschreiben, gehen davon aus, dass Nothalteassistenten bei physiologisch bedingtem Kontrollverlust des Fahrzeugführers ein vollautomatisches Abbremsen des Fahrzeugs in einen möglichst sicheren, den sog. risikominimalen Zustand vornehmen, um Unfälle zu vermeiden. Unter einem risikominimalen Zustand wird beispielsweise auf Autobahnen mit mehreren Richtungsfahrbahnen ein moderates Verzögern verstanden, das – wenn dies aufgrund von Verkehrslage und Systemzustand mit geringerem Risiko möglich ist – einen Fahrstreifenwechsel bis zum Seitenstreifen mit einschließt. Dort wird das Fahrzeug dann bis zum Stillstand verzögert. Ist ein Fahrstreifenwechsel nicht möglich, kommt das Fahrzeug auf dem aktuell befahrenen Fahrstreifen zum Stehen. Voraussetzung für den Eingriff des Systems ist der Kontrollverlust des Fahrers aufgrund medizinisch bedingter Insuffizienz und könnte aufgrund verschiedener Indikatoren erkannt werden. Ein Abbruch des Steuerungsvorgangs wäre jederzeit möglich, indem das Nothaltemanöver vom Fahrer abgeschaltet, respektive übersteuert wird [19].

Unter dem Gesichtspunkt des Verhaltensrechts wäre für ein solches System zu berücksichtigen, dass es an einem handlungsfähigen Adressaten der Verhaltenspflichten – bspw. aus der StVO – fehlt. Dem Fahrer ist dieser Mangel an Fahrzeugbeherrschung auch nicht vorwerfbar, solange zuvor keine eindeutigen Anzeichen bestehen, die dem Fahrer an seiner Fahrtüchtigkeit Zweifel aufkommen lässt.

Unter dem haftungsrechtlichen Gesichtspunkt der Halterhaftung nach § 7 Abs. 1 StVG ist anzunehmen, dass auch die Systemregelung eines Nothalteassistenten zum „Betrieb" des Kraftfahrzeugs gehört, sofern das System – im Rahmen der Fahrzeug-Typgenehmigung – für den Gebrauch im Straßenverkehr zugelassen ist. Nach der Vorschrift der Halterhaftung würde daher eine Haftungsverpflichtung ausgelöst. Im Rahmen des Fahrzeugbetriebs ist zu berücksichtigen, dass zum Haftungsumfang auch die fortdauernde Betriebsgefahr eines stehenden Kraftfahrzeugs auf Schnellstraßen – wie der Autobahn – gehört. Soweit daher das anhaltende oder stehende Fahrzeug aufgrund seiner geringen Fahrgeschwindigkeit (oder Stillstands) einen Schaden kausal verursacht, wäre auch dies dem Fahrzeugbetrieb im Sinne der Vorschrift zuzurechnen.

Anders verhält es sich im Fall der Haftung des Fahrers: Sofern für den Fahrer nicht mindestens absehbar war, dass eine Bewusstlosigkeit oder Handlungsunfähigkeit während der Fahrt eintreten könnte, ist seitens des Fahrers kein Verschulden erkennbar. Dieser Nachweis müsste allerdings nach geltendem Haftungsrecht vom Fahrzeugführer gemäß § 18 Abs. 1 S. 2 StVG erbracht werden und unterliegt damit den prozessualen Unsicherheiten im Rahmen der Darlegungs- und Beweislast eines Zivilverfahrens.

Im Rahmen der Kraftfahrzeug-Haftpflichtversicherung ist davon auszugehen, dass auch Steuerungsvorgänge eines Nothalteassistenten mitversichert wären, sofern diese zu einer Schädigung Dritter führen (bei erneuter Unterstellung, dass das System bspw. im Rahmen der Fahrzeug-Typgenehmigung des Fahrzeugs für den Straßenverkehr zugelassen wäre). Versichert wird im Rahmen der Kraftfahrzeug-Haftpflichtversicherung allerdings der „Fahrzeuggebrauch". Ein bewusster Gebrauch liegt in der Regelung des zuvor beschriebenen Nothalteassistenten sicherlich nicht vor. Gleichwohl ist der Fahrzustand, der durch das System in den risikominimalen Zustand zurückgeführt werden soll, offensichtlich durch den vorangegangenen Fahrzeuggebrauch unmittelbar ausgelöst. Der Zustand wäre insoweit dem völlig unkontrollierten Schleudern eines Fahrzeugs aufgrund zu hoher Fahrgeschwindigkeit vergleichbar, wobei das Schleudern für den Fahrer ebenso unkontrollierbar sein kann und gleichfalls auf den vorangegangenen Fahrzeuggebrauch (Fahren mit höherer Geschwindigkeit) zurückgeht. Somit ist davon auszugehen, dass Steuerungsvorgänge von Nothalteassistenzen vom heutigen Versicherungsumfang umfasst sein würden.

In produkthaftungsrechtlicher Hinsicht wirkt sich aus, dass Nothalteassistenten jenseits der fahrerischen Kontrolle bei physiologisch bedingter Handlungsunfähigkeit des Fahrers wirken. Die Steuerung des Fahrzeugs muss sich deshalb in haftungsrechtlicher Hinsicht voraussichtlich nicht – wie aber bei kontinuierlich wirkender Automatisierung – dem Gefahrvermeidungsmaßstab unterwerfen, der für eine Hoch- oder Vollautomatisierung (Stufen 3 und 4) anzuwenden ist (vgl. ▶ Abschn. 3.2.2.2). Vielmehr ist anzunehmen, dass ein solches Produkt, sofern es zum Zeitpunkt des In-Verkehr-Bringens eine einsatzfähige Lösung nach dem Stand von Wissenschaft und Technik darstellt, dem anzulegenden Gefahrvermeidungsmaßstab entspricht – auch wenn es in Einzelfällen aufgrund von fortbestehenden Systemgrenzen zu Unfallschäden während eines Nothaltevorgangs kommt. Dieses Ergebnis ist auch sachgerecht, da aus heutiger Sicht selbst lediglich noch ausreichend wirkende Nothalteassistenten zu einer Verbesserung der Verkehrssicherheit beitragen können, um nicht die andernfalls zwangsläufig in diesen Fällen eintretende, stark risikobehaftete, völlige Steuerungslosigkeit in Kauf nehmen zu müssen.

3.2.3.3 Übrige Notfallsysteme

Abschließend bleibt anzumerken, dass die zuvor gemachten Ausführungen zu Nothalteassistenten in rechtlicher Hinsicht zugleich auf die rechtliche Situation anderer Systeme der Kategorie C übertragbar sind: Die Ausgangslage, fehlende Handlungsfähigkeit des Fahrers und der daraus folgende Charakter als nicht arbeitsteilig wirkende Systeme, ist in beiden Fällen gleich. Eine wichtige Differenzierung ist jedoch im Fall anderer Notfallsysteme (als Nothalteassistenzsysteme) zu machen: Der Fahrer ist in diesen Fällen an sich noch verfügbar, kann aufgrund der Randbedingungen aber nicht mehr geeignet reagieren. Im Anwendungsfall der Notfallsysteme hat der Fahrer die Situation entweder verkannt oder der Handlungsanlass wird sehr plötzlich erkennbar, so dass der Fahrer aufgrund der im Vergleich zum System geringeren menschlichen Leistungsfähigkeit nur verzögert auf die Situation reagieren kann. Dies führt daher zu einem weiteren wichtigen Gesichtspunkt: Die Fahrzeugsteuerung muss im Anschluss an den Eingriff des Notfallsystems, möglicherweise bereits nach Ablauf der Reaktionszeit, wieder auf den Fahrer rückübertragen werden. Diese Rückübertragung stellt eine weitere Herausforderung der Mensch-Maschine-Interaktion dar: Zudem bedarf der Gesichtspunkt der Übersteuerbarkeit in den Fällen fehlerhafter Eingriffe durch das System besonderer Aufmerksamkeit, da eine Übersteuerung des Fahrers sehr risikobehaftet sein kann und seitens des Systemherstellers die Aufrechterhaltung der Letztentscheidungsbefugnis des verantwortlichen Fahrzeugführers regelmäßig beabsichtigt ist.

3.3 Gesetzgebung in den USA

Während die Automatisierung von Fahrzeugen überall auf der Welt diskutiert wird, wurden bislang nur in einigen Bundesstaaten der USA die rechtlichen Rahmenbedingungen hierfür teilweise angepasst. Im vorliegenden Abschnitt wird das grundlegende Verständnis dieser Entwicklung hinsichtlich organisatorischer Zuständigkeiten und inhaltlicher Wirkung der entsprechenden Rechtsakte beschrieben.

Die Gesetzgebung in Bezug auf das automatisierte Fahren in den USA lässt sich nicht ohne Einordnung in die rechtliche Gesamtsituation beschreiben. Das Rechtssystem hat die Aufgabe, ei-

● Abb. 3.3 Taxonomie einer Regulierung

nerseits Schäden durch präventive Maßnahmen, die der Verkehrssicherheit dienen, zu vermeiden, andererseits entstandene Schäden, soweit möglich zu ersetzen. Die Verantwortlichkeit im juristischen Sinn befasst sich mit Pflichten – unter anderem den Vertrags- und Sorgfaltspflichten – sowie mit Folgen, unter anderem der Schuldfähigkeit und der zivilrechtlichen Haftung. Die Verantwortlichkeit in diesem Sinn ist auf der anderen Seite jedoch weder mit technischem Bedarf noch mit moralischer Pflicht gleichzusetzen.

● Abbildung 3.3 veranschaulicht dieses Verständnis von „Regeln" im Rahmen des Fahrzeugbaus in den USA und ordnet sie vier verschiedenen Sektoren zu [20]. Regeln können öffentlich (von den Behörden) oder privat (von einer natürlichen oder juristischen Person) aufgestellt werden und prospektiv (vor einem Unfall) oder retrospektiv (nach einem Unfall) wirken. Öffentliche und prospektive Maßnahmen schließen etwa gesetzliche Leistungs-, Verfahrens- und Markteintrittsstandards ein. Öffentliche und retrospektive Maßnahmen hingegen umfassen Strafen, gesetzlich angeordnete Rückrufmaßnahmen und eventuelle Anhörungen (bspw. „Congressional hearings", „NHTSA investigations" usw.). Private und prospektive Maßnahmen beinhalten Verträge, Industrienormen und vom Versicherer vorgegebene Vertragspflichten. Private und retrospektive Maßnahmen umfassen Zivilprozesse im Fall von Produktfehlern oder fahrlässiger Au-

ßerachtlassung von Sorgfaltspflichten sowie Imageschäden beim Hersteller, seinen Zulieferern und anderen Firmen. Diese Maßnahmen stehen selbst wiederum in Wechselwirkung zu den anderen Sektoren: So können bspw. gesetzliche Versicherungsanforderungen die Stellung der Versicherungsgesellschaft gegenüber den Versicherungsnehmern stärken, Industrienormen Einfluss auf den Ausgang von Zivilprozessen nehmen und Anhörungen die Konsumnachfrage schwächen.

Die formellen Parlamentsgesetze auf US-Bundesebene sowie in den einzelnen Bundesstaaten sind nur ein – wenngleich bedeutender – Teil dieser Regeln. ● Abbildung 3.4 gibt eine Stufenordnung rechtlicher Normen in den USA wieder [21]. Die Bundesverfassung, die das Staatsorganisationsrecht sowie Grundrechte von Einzelnen gegenüber dem Staat enthält, stellt dabei die höchste Ebene dar. Auf zweithöchster Ebene stehen die vom US-Kongress verabschiedeten Parlamentsgesetze, wie etwa das Verkehrs- und Kraftfahrzeugsicherheitsgesetz von 1966, und bestimmte vom Senat bestätigte Staatsverträge, darunter wohl auch die Genfer Konvention für Straßenverkehr von 1949. Aufgrund solcher Parlamentsgesetze wurden Bundesbehörden gegründet, unter anderem die für Kraftfahrzeugsicherheit zuständige National Highway Traffic Safety Administration (NHTSA). Diese Bundesbehörden führen ihre parlamentsgesetzlichen Aufgaben aus, indem sie Verordnungen

3.3 · Gesetzgebung in den USA

Bundesverfassung	• Rechtsstaatsprinzip
Formelle Bundesgesetze und bestimmte internationale Übereinkommen	• Verkehrs- und Kraftfahrzeugsicherheitsgesetz von 1966 • Genfer Straßenverkehrsabkommen von 1949
Verordnungen von Bundesbehörden	• Bundessicherheitsstandards für Kraftfahrzeuge (FMVSSs)
Verwaltungsakte der Bundesbehörden	• NHTSA Untersuchungen
Verfassungen der Bundesstaaten	• Unterschiedlicher Regelungsgehalt
Parlamentsgesetze des Bundesstaates	• Verkehrsregeln und Parlamentsgesetze über autom. Fahren
Verordnungen der bundesstaatlichen Behörden	• Verordnungen über autom. Fahren in Nevada und demnächst in Kalifornien
Verwaltungsakte der bundesstaatlichen Behörden	• Fahrerlaubniserteilung und Zulassung eines Fahrzeugs
Gewohnheitsrecht	• Allgemeines Deliktsrecht
(Industrienormen und private Standards)	• (ISO / SAE / ANSI Standards)

Abb. 3.4 Stufenordnung gesetzlicher Normen in den USA

und Verwaltungsakte erlassen, die die nächsten zwei Gesetzebenen darstellen. Die NHTSA erlässt bspw. die Bundessicherheitsstandards für Kraftfahrzeuge (FMVSSs), nach denen Fahrzeughersteller ihre neu verkauften Produkte selbst zertifizieren (anstatt die Genehmigung der Behörde zu erhalten, vgl. ▶ Abschn. 3.4.1), und leitet Untersuchungen möglicher Defekte ein, die in gesetzlich verpflichtend durchzuführende Rückrufaktionen münden könnten. Diese Regeln werden allesamt von den Bundesgerichten als auch den bundesstaatlichen Gerichten unter Berücksichtigung ihres Stellenwertes angewendet und ausgelegt.

Gegenüber den Bundesgesetzen nachrangig sind die jeweiligen Gesetze des Bundesstaates: Die dort typischerweise umfassendere Verfassung, die Parlamentsgesetze und die Verordnungen und Verwaltungsakte seiner Behörden sind auf dieser Ebene von Bedeutung. Die Genehmigung, die Versicherung sowie das Verhalten des nichtgewerblichen Fahrers und seines Fahrzeugs sind üblicherweise Fragen, die von den Bundesstaaten geregelt werden. Diese Gesetze werden verbindlich von den Gerichten des jeweiligen Bundesstaates, aber auch vorläufig von anderen Gerichten ausgelegt und angewandt.

Fast in jedem Bundesstaat existiert zudem eine noch niedrigere Ebene des Gesetzes: ein bundesstaatsspezifisches, nicht kodifiziertes und durch die Gerichte weiterentwickeltes Gewohnheitsrecht, welches für Fragen der zivilrechtlichen Haftung sehr wichtig ist [22]. So war die eindeutige Urteilsfindung durch das Oberste Bundesgericht dahingehend bedeutungsvoll, wie das Zusammenwirken von Bundessicherheitsstandards und Gewohnheitsrecht hinsichtlich der Feststellung eines Produktfehlers in einer Produkthaftungsverhandlung im Einzelnen zu bewerten ist [23, 24]. Weiterhin kommt hinzu, dass die Gemeinschaftsnormen und privaten Standards dieses Gewohnheitsrecht beeinflussen können. Zuletzt muss ein wichtiger Grundsatz genannt werden, der sich durch das gesamte Rechtssystem (in den USA sowie in Deutschland) zieht: Alles, was nicht untersagt ist, bleibt erlaubt [25].

Die aktuelle Regulierung des automatisierten Fahrens erfolgt vor diesem Hintergrund. Im Februar 2014 kündigte die NHTSA zurückhaltend an, sie „werde damit beginnen, Schritte zu unternehmen, um die Fahrzeug-Fahrzeug-Kommunikationstechnologie für Personenkraftwagen zu ermöglichen" [26], die eventuell von Bedeutung für

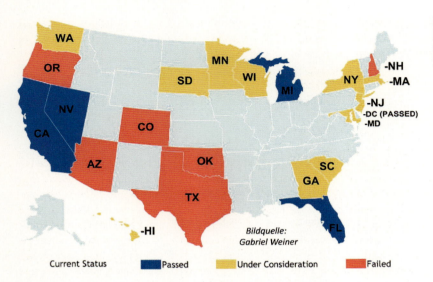

Abb. 3.5 Stand der bundesstaatlichen Gesetzgebung zum automatisierten Fahren

automatisiertes Fahren sein wird. Die im Mai 2013 von der NHTSA veröffentlichte und dem gesamten US-Bundesverkehrsministerium zugeschriebene „Preliminary Statement of Policy Concerning Automated Vehicles" (vorläufige Erklärung der Strategie automatisierte Fahrzeuge betreffend), die auch unverbindlich ist, äußert Hoffnung auf langfristigen Nutzen aus der Fahrzeugautomatisierung für die Verkehrssicherheit; diese beschreibt Automatisierungsgrade im narrativen Stil und nennt einige von der NHTSA veranlasste Forschungsprojekte [5]. Allerdings sei „ausführliche Regulierung" der „selbstfahrenden Technologien" nicht machbar angesichts ihrer „schnellen Evolution und großen Unterschiede" und den Bundesstaaten werde im Moment nicht empfohlen, „den Betrieb der selbstfahrenden Fahrzeuge zu anderen Zwecken als der Erprobung zuzulassen" [5].

Abbildung 3.5 zeigt die Bundesstaaten, in denen es (Stand: April 2014) Gesetzesvorlagen über automatisierte Fahrzeuge gibt beziehungsweise gab [27]: Die Bundesstaaten Nevada, Florida, Kalifornien und Michigan sowie das Territorium der US-Hauptstadt Washington (District of Columbia) erließen solche Parlamentsgesetze und ihre Regulierungsansätze stimmen nur teilweise überein. Alle sehen einen menschlichen Fahrer solcher Fahrzeuge vor und stellen klar, dass nur Fahrzeuge, die ohne die „Kontrolle oder Überwachung" dieser Person auskommen, als automatisiert oder „autonom" gelten. Im Vergleich zu den Stufen der BASt, SAE und NHTSA unterscheiden also diese Parlamentsgesetze nur zwischen automatisierten und nichtautomatisierten Fahrzeugen – wobei der Begriff der Automatisierung in Abweichung von den Definitionen der BASt-Projektgruppe wohl wesentlich enger gefasst ist und erst ab Stufe 3 (Teilautomatisierung) verwendet wird. Diese Gesetze stellen auch Anforderungen an automatisierte Fahrzeuge und ihre Fahrer, und einige kodifizieren eine gewohnheitsrechtliche Regel über die begrenzte Herstellerhaftung des ursprünglichen Herstellers eines später modifizierten Fahrzeugs oder Fahrzeugteils: Nevada und Kalifornien verpflichteten ihre Straßenverkehrsbehörden, zusätzliche Verordnungen zu schaffen; Florida und Michigan fordern dabei nur Berichte ihrer Behörden bezüglich der Fahrzeugautomatisierung. Erst nach Veröffentlichung des NHTSA-Schreibens schränkte Michigan die Betriebserlaubnis zu Erprobungszwecken ein; Kaliforniens Straßenverkehrsbehörde dagegen führt Verordnungen ein (dem bundesstaatlichen Parlamentsgesetz entsprechend), die auch dem allgemeinen Betrieb solcher Fahrzeuge vorausgreifen.

Obwohl diese Parlamentsgesetze von erheblicher symbolischer Bedeutung und auch praxisrelevant sind, sollten sie nicht überbewertet werden. In den Bundesstaaten, die solchen Parlamentsgesetzen nicht unterliegen, ist der Betrieb bestimmter automatisierter Fahrzeuge deshalb nicht zwangsläufig verboten und kontextabhängig wohl erlaubt [25]. Die entsprechenden Behörden in diesen Bundesstaaten haben wahrscheinlich bereits die Berechtigung, ähnliche Regeln ohne eine fahrzeugautomatisierungsspezifische parlamentsgesetzliche Basis zu schaffen und einige bemühen sich um eine Zusammenarbeit mit Schlüsselfirmen. Außerdem bleiben wichtige Fragen in den jüngsten Gesetzen offen, insbesondere das erforderliche Verhalten des menschlichen Fahrers während des automatisierten Betriebs. Denn rechtliche Unklarheiten bestehen überall fort, so dass die Grundprinzipien der Vernunft und Vorsicht, die dem Gewohnheitsrecht sowie den bundesstaatlichen Verkehrsregeln zugrunde liegen, sich in diesen Bereichen mit den Technologien allmählich weiterentwickeln. Zudem werden sicherlich Gesetzgeber, Behörden und Gerichte sowohl auf Bundesebene als auch in den Bundesstaaten an der fortdauernden Klarstellung von rechtlicher Verantwortlichkeit im weiteren Sinn mitwirken.

3.4 Anforderungen an Fahrerassistenzsysteme vor dem Hintergrund von „Ratings" und gesetzlichen Vorschriften

Die Anforderungen an die Sicherheit von Fahrzeugen, die sich in den Lastenheften für die Entwicklung neuer Fahrzeuge widerspiegeln, lassen sich in folgende drei Gruppen einteilen:
- Anforderungen aufgrund von Typgenehmigungsbestimmungen,
- Anforderungen der Verbraucherorganisationen (z. B. Euro NCAP) und
- herstellerinterne Anforderungen.

3.4.1 Typgenehmigungsbestimmungen

Die Genehmigung von Fahrzeugtypen und -bauteilen erfolgt heute nahezu ausschließlich auf internationaler Ebene über EU-Richtlinien oder EU-Verordnungen, entworfen von der Europäischen Kommission in Brüssel [28] oder über UN-Regelungen (z. B. UN R 13-H), erstellt von der UN-Wirtschaftskommission für Europa (UNECE) in Genf [29].

Welche Rolle die Typgenehmigungsbestimmungen bei der Einführung von neuen Fahrerassistenzsystemen spielen, hängt davon ab, ob die Funktionen eines Fahrerassistenzsystems in einen von der Typgenehmigung geregelten Bereich fallen oder nicht. Beispielsweise gibt es im Bereich der Lichttechnik eine Vielzahl von Anforderungen, die bei der Typgenehmigung einzuhalten ist, so dass innovative Lichtsysteme meist erst dann (ohne Ausnahmegenehmigung) genehmigt werden können, wenn die jeweiligen genehmigungsrechtlichen Randbedingungen entsprechend angepasst wurden. Andere Fahrerassistenzsysteme (z. B. aus dem Bereich der informierenden oder warnenden Systeme, wie die Anzeige der zulässigen Höchstgeschwindigkeit im Fahrzeug oder ein Totwinkel-Assistent) können ohne weiteres eingeführt werden, weil deren Funktionen nicht oder nur zu einem geringen Teil in den von Typgenehmigungsbestimmungen geregelten Bereich fallen.

Damit elektronisch gesteuerte Assistenzsysteme, die in sicherheitsrelevante und durch die Typgenehmigungsbestimmungen geregelten Fahrzeugkomponenten und -funktionen eingreifen, genehmigt werden können, wurde u. a. bei den Vorschriften zur Fahrzeugbremse und zur Lenkanlage ein neuer Weg eingeschlagen. In Anhang 8 der UNECE-Regelung 13-H (Bremse) und in Anhang 6 der UNECE-Regelung 79 (Lenkanlage) wurden eher generische Anforderungen statt reiner Performance-Anforderungen zu Sicherheitsaspekten definiert, die von komplexen elektronischen Fahrzeugsteuerungssystemen im Rahmen der Typgenehmigung einzuhalten sind. Hierüber wird es beispielsweise ermöglicht, das Fahrzeugbremssystem für Funktionen der Fahrerassistenzsysteme ESC, ACC oder Brems- und Notbremsassistent zu nutzen.

Das Vorschreiben von neuen sicherheitsfördernden Fahrzeugsystemen und Ausstattungsmerkmalen auf dem Weg der Typgenehmigung ist häufig aufgrund der notwendigen nationalen und internationalen Abstimmungsprozesse – insbesondere im Vergleich zu der schnell voranschreitenden technischen Entwicklung neuer Fahrerassistenzsysteme – oft langwierig. Nach der Einführung entsprechender Vorschriften kann aber über die Typgenehmigungsbestimmungen das Sicherheitsniveau nahezu aller neuen Fahrzeuge beeinflusst werden.

3.4.2 Anforderungen durch Euro NCAP

Der Gesetzgeber definiert mit den Anforderungen der Typgenehmigung lediglich Mindeststandards, die erfüllt werden müssen, um mit einem neuen Fahrzeugmodell den Zugang zum Markt zu erhalten. Entsprechend müssen alle in den Markt gebrachten Neufahrzeuge die gesetzlichen Anforderungen erfüllen. Diese Tests für die Typprüfung sagen jedoch zunächst nichts über die Unterschiede im Sicherheitsniveau der verschiedenen typgenehmigten Fahrzeugmodelle aus, die den Zugang zum Markt durch Erfüllung der gesetzlichen Anforderungen erlangt haben. An diesem Punkt setzt die Aufgabe der Verbraucherorganisationen an: Durch eigene (Crash-)Tests soll das unterschiedliche Sicherheitsniveau bereits genehmigter Fahrzeugmodelle ermittelt und als Verbraucherinformation differenziert publiziert werden. Aufgrund dieser Zielsetzung der Verbraucherorganisationen wird deutlich, dass es wenig Sinn ergeben würde, wenn bei einem Verbraucherschutztest lediglich die Typgenehmigungstests mit ihren Anforderungen wiederholt würden, da das wenig differenzierende Ergebnis eines solchen Ansatzes für die Testfahrzeuge die Bewertung „Test bestanden" wäre. Eine brauchbare Differenzierung der Produkte hinsichtlich ihrer Sicherheit wird häufig dadurch ermöglicht, dass sowohl die Testbedingungen als auch die Bewertungskriterien verglichen mit dem Genehmigungstest verschärft werden. Ferner muss ein Verbrauchertest eine graduelle Differenzierung der Produkte ermöglichen, während der Test in der Gesetzgebung lediglich eine binäre Differenzierung in „bestanden" oder „nicht bestanden" erlaubt.

Beim European New Car Assessment Programme (Euro NCAP) [30] wird die graduelle Differenzierung der Testergebnisse dadurch erreicht, dass eine obere und untere Performance-Grenze festgelegt wird und in diesen Grenzen mittels einer linearen Interpolation („sliding scale") die Bewertung auf Basis des Testergebnisses errechnet wird. Siehe hierzu auch ▶ Kap. 11.

Strategisches Ziel von Verbraucherorganisationen ist, die herstellerinternen Anforderungen um weitere aus Sicht der Verbraucher für sinnvoll erachtete Anforderungen zu ergänzen: Hierzu dient die Vergabe von Bewertungen, die den Wert eines Fahrzeugs in den Augen der Verbraucher steigern können. Eine schlechte Bewertung oder sogar das Nichtvorhandensein einer Bewertung kann dazu führen, dass das Fahrzeug bspw. für Flottenkunden aufgrund interner Standards gar nicht beschafft werden kann. Damit verleihen diese Bewertungen dem abstrakten Gut „Verkehrssicherheit" einen realen Marktwert, der Investitionen seitens des Fahrzeugherstellers rechtfertigt. Da dieser Prozess eine starke wirtschaftliche Bedeutung hat, ist ein transparentes Bewertungsverfahren zwingend erforderlich.

Die Anforderungen an die Sicherheit von Fahrzeugen, die vom Gesetzgeber und von Verbraucherorganisationen aufgestellt werden, waren und sind damit eine treibende Kraft für viele Innovationen in der Fahrzeugtechnik. Beispielsweise sind in der Vergangenheit viele technische Innovationen zum passiven Fußgängerschutz auf die entsprechenden neuen Anforderungen in der europäischen Gesetzgebung zurückzuführen. Dieses Beispiel zeigt jedoch auch, dass die Anforderungen des Gesetzgebers und der Verbraucherorganisationen in der Vergangenheit maßgeblich auf den Bereich der passiven Fahrzeugsicherheit bezogen waren. Innovationen im Bereich der aktiven Sicherheit und der Fahrerassistenzsysteme, wie beispielsweise ESC, das nachweislich einen sehr großen Sicherheitsgewinn im realen Unfallgeschehen hat, sind aufgrund der Kreativität und Leistungsfähigkeit der Automobil- und Zulieferindustrie entstanden. Obwohl in diesem Beispiel auch sichtbar wird, dass die Verbraucherinformation zu einer sehr schnellen Verbreitung des ESC-Systems in fast allen Fahrzeugklassen geführt hat.

Im vergangenen Jahrzehnt gewannen Notbremssysteme, die bestimmte Unfalltypen durch automatisches Abbremsen beeinflussen oder den Fahrer durch geeignete Warnungen zum Bremsen animieren, stark an Bedeutung. Diese Dynamik nahm Euro NCAP auf und verabschiedete im Jahr 2014 ein Testverfahren für erste Notbremssysteme, die auf die Beeinflussung von Auffahrunfällen im Längsverkehr ausgelegt sind. Zudem wurde angekündigt, ab dem Jahr 2016 auch Notbremssysteme für den Fußgängerschutz zu bewerten, siehe z. B. ▶ Kap. 11.

Ein transparentes Bewertungsverfahren mit einem daraus resultierenden Marktwert der Sicherheitswirkung erlaubt den Vergleich verschiedener Maßnahmen, die dem gleichen Ziel dienen. Beispielsweise kann der Schutz von Fahrzeuginsassen durch Rückhaltesysteme grundsätzlich dem Schutz von Fahrzeuginsassen durch Notbremssysteme gegenübergestellt werden, womit dem Hersteller die Wahl der Mittel in der Fahrzeugsicherheit prinzipiell freigestellt werden kann.

Auch weiterhin werden viele bedeutsame Innovationen zur Steigerung der Sicherheit im Straßenverkehr in den Bereichen der aktiven und integrierten Sicherheit und im Bereich der Fahrerassistenzsysteme entwickelt werden, die häufig nur sehr eingeschränkt gesetzlich geregelt sind und die in Verbraucherschutztests bisher auch nur rudimentär getestet und bewertet werden können. Diese Erkenntnis stellt sowohl den Gesetzgeber als auch die Verbraucherschutzorganisationen vor stets neue Herausforderungen.

3.4.3 Herstellerinterne Anforderungen

Herstellerinterne Anforderungen an die Sicherheit eines Fahrzeugs beinhalten immer die gesetzlichen Anforderungen der entsprechenden Region, in der das Fahrzeug verkauft werden soll und häufig auch ausgewählte Anforderungen, die aus dem Bereich der Verbrauchertests bekannt sind. Darüber hinaus haben aber viele Automobilhersteller auch eigene hausinterne Sicherheitsstandards, die über die Anforderungen des Gesetzgebers und der Verbrauchertests hinausgehen und zum Teil auch weitergehende oder andere Aspekte der Fahrzeugsicherheit betreffen. Diese zusätzlichen herstellerinternen Anforderungen beruhen unter anderem auf der eigenen Einschätzung hinsichtlich der Produkthaftung, der vermuteten Kundenwünsche und somit der Marktstrategie oder auch auf Erkenntnissen aus eigener Unfallforschung.

3.4.4 Beyond NCAP – Berücksichtigung von neuen Sicherheitsfunktionen im Verbraucherschutz

Viele maßgebliche Innovationen im Bereich der passiven Sicherheit sind deshalb in den Markt gekommen, weil entsprechende Prüfverfahren und Bewertungskriterien, die als Basis für gesetzliche Vorschriften oder für die Bewertung bei Verbraucherschutztests dienen, die Entwicklung begünstigt oder sogar vorangetrieben haben. Im Gegensatz dazu werden viele Sicherheitssysteme im Bereich der aktiven und integrierten Sicherheit und im Bereich der FAS allein durch die Kreativität der Ingenieure in der Automobil- und Zulieferindustrie – auch mit der Hoffnung, diese vermarkten zu können – entwickelt. Viele Experten schätzen, dass gerade in diesen Bereichen die größten Potenziale zur weiteren Hebung der Verkehrssicherheit liegen und dass sich dieser Bereich weiterhin sehr dynamisch entwickeln wird.

Vor diesem Hintergrund – und weil Euro NCAP auch zukünftig eine maßgebliche Kraft bei der Bewertung von sicherheitsrelevanten Fahrzeugsystemen sein möchte – leitete Euro NCAP die Entwicklung einer generischen Vorgehensweise bei der Erstellung neuer Testverfahren und Bewertungskriterien für Systeme, die im Bereich der aktiven und integrierten Sicherheit und im Bereich der Fahrerassistenz anzusiedeln sind, ein [31]. Diese Aktivität wird bei Euro NCAP mit dem Begriff „Beyond NCAP" bezeichnet. Ein mögliches Bewertungsverfahren gemäß dem Beyond NCAP-Gedanken könnte die bekannten Crashtest-Bewertungsverfahren ergänzen und somit zusätzlich genutzt werden. Ziel der Entwicklung einer Beyond NCAP-Bewertungsmethode ist es, ein flexibles, transparentes und berechenbares Verfahren zu definieren, das in der Lage ist, Innovationen der Fahrzeugsicherheit möglichst schon kurz nach der Markteinführung mit einer Sicherheitsbeurteilung auszuzeichnen. Diese Sicherheitsbeurteilung verleiht der durch die neue Funktion erhöhten Sicherheit des Fahrzeugs, wie die klassische Bewertung, auch einen Marktwert.

Bei dem bisherigen Vorgehen zur Erstellung neuer Bewertungsbereiche spezifizierte Euro

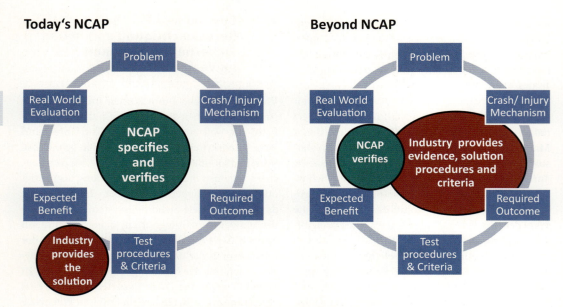

☐ **Abb. 3.6** Vergleich der heutigen Bewertungsmethode mit der Beyond NCAP-Methode

NCAP sowohl das Bewertungsverfahren und führte auch die Bewertung selbst durch (siehe ☐ Abb. 3.6, linke Seite). Der Fahrzeughersteller bot „lediglich" eine technische Lösung an, die dann – wenn sie bei Euro NCAP positiv bewertet wurde und das Bewertungsverfahren korrekt entwickelt war – auch einen Nutzen im realen Unfallgeschehen zeigte.

Gemäß dem Beyond NCAP-Gedanken soll nun der Fahrzeughersteller nicht nur ein neues Sicherheitssystem entwickeln und auf den Markt bringen. Der Hersteller soll vielmehr auch wissenschaftlich abgesicherte Daten liefern, mit denen er den zu erwartenden Nutzen im realen Unfallgeschehen aufzeigt sowie ein Testverfahren vorschlagen, mit dem das neue Sicherheitssystem geprüft und bewertet werden kann. Euro NCAP übernimmt in diesem Fall lediglich die Rolle, alle gelieferten Informationen zu verifizieren (siehe ☐ Abb. 3.6, rechte Seite), um auf dieser Basis eine Bewertung durchzuführen.

Durch eine robuste Beyond NCAP-Bewertungsmethode, die das existierende Euro NCAP-Bewertungsverfahren ergänzt, können neue Sicherheitssysteme schneller bewertet und durch ein unabhängiges Qualitätssiegel besser vermarktet werden. Für eine funktionierende Beyond NCAP-Methode ist ein vertrauensvoller und partnerschaftlicher Umgang von Euro NCAP und Industrie grundlegende Voraussetzung.

Einführung neuer Testverfahren Ziel von Euro NCAP im Beyond NCAP-Prozess ist neben der Vergabe von Anreizen für die Einführung neuer Sicherheitsfunktionen im Wesentlichen die kontinuierliche Verbesserung des klassischen Bewertungsverfahrens. Dies wird durch Sammlung und Bewertung der eingereichten Informationen und Bewertungsvorschläge erreicht, die dann bei entsprechender Reife eines Sicherheitssystems auch für die Entwicklung von neuen eigenen Testverfahren und der Identifikation dessen Stellenwerts innerhalb der Bewertung genutzt werden. Ein erstes Beispiel für den Erfolg des Beyond NCAP-Prozesses ist eben jene 2014 erfolgte Einführung von Tests für Notbremssysteme, nachdem das erste Notbremssystem im Jahr 2010 erfolgreich im Beyond NCAP-Prozess berücksichtigt wurde. Diese Berücksichtigung in der Fahrzeugsicherheitsbewertung verleiht den Notbremssystemen dann auch einen – im Vergleich zur Beyond NCAP-Auszeichnung – deutlich höheren Marktwert, weil dieser neue Bewertungsbereich einen direkten Beitrag zur sogenannten „Sterne"-Bewertung liefert. Hiermit werden ferner die Anforderungen für eine sehr gute Bewertung weiter erhöht. So fällt ein Fahrzeughersteller, der zukünftig nicht in die neue Sicherheitstechnik investiert, im Sterne-Rating hinter die Konkurrenz zurück.

Da die Einführung von neuen Sicherheitsfunktionen in der Regel vom Premium-Segment hinunter zu den Fahrzeugen des Massenmarktes verläuft und dafür einige Jahre benötigt, kann eine für die Bewertung verpflichtende Einführung Hersteller des Massenmarktes systematisch benachteiligen. Zur Abfederung dieser Benachteiligung hat Euro NCAP das Konzept der „Fitment Rates" eingeführt: Für neu in die Bewertung eingeführte Funktionen wird innerhalb der ersten Jahre kein serienmäßiger Einsatz gefordert, sondern eine Ausstattungsrate, die sich in der Größenordnung zwischen 50 % und 70 % bewegt. Ab 2016 wird das Prinzip der „Fitment Rate" durch ein „Dual Rating" abgelöst: Beim Dual Rating werden in der Basis-Bewertung nur die Sicherheitssysteme eines Fahrzeugmodells berücksichtigt, die serienmäßig zu 100 % in Europa (EU-28) angeboten werden. Zusätzlich hat jedoch der Hersteller die Möglichkeit, eine zweite Bewertung für sein Fahrzeugmodell inklusive der Sicherheitssysteme zu erhalten, die lediglich über die Mehrausstattung und damit aufpreispflichtig angeboten werden. Hiermit eröffnet Euro NCAP der Fahrzeugindustrie die Möglichkeit für preissensitive Modelle und/oder Märkte neue und teure Sicherheitsausstattung gegen einen Mehrpreis zu vermarkten und dafür das zweite, sogenannte Euro NCAP „Safety-Pack"-Rating zu verwenden. Die Verwendung des „Safety-Pack"-Ratings unterliegt jedoch folgenden Anforderungen, die ein Fahrzeughersteller einzuhalten hat:

1. Die möglichen Sicherheitssysteme, die beim einem „Safety-Pack"-Rating Berücksichtigung finden, legt Euro NCAP fest.
2. Der Fahrzeughersteller verpflichtet sich, beide Bewertungen (Basis-Rating und „Safety-Pack"-Rating) immer in der Werbung zu verwenden.
3. Auch für das Sicherheitspaket wird von Euro NCAP eine Mindestausstattungsrate gefordert, die der Fahrzeughersteller durch geeignete Marketingmaßnahmen über die Produktionszeit des Fahrzeugmodells erreichen muss.

Mit den Instrumenten Beyond NCAP, „Fitment Rates" und ab 2016 „Dual Rating" hat Euro NCAP eine Lösung gefunden, mit der die Bewertung dem technischen Fortschritt kontinuierlich angepasst werden kann. Hierdurch soll das Ziel einer größeren und schnelleren Marktdurchdringung von neuartigen Sicherheitssystemen (durch stimulierte Nachfrage und damit höheren Produktionszahlen und einhergehend geringeren Fertigungskosten) erreicht werden.

3.5 Fazit

Zusammenfassend bleibt festzuhalten, dass mit der systematischen Unterscheidung von Fahrerassistenzsystemen nach ihrer Wirkweise hier eine umfassende Gliederung vorgeschlagen wird, die sowohl technische, rechtliche und verhaltenswissenschaftliche Aspekte der Systemwirkung berücksichtigt. Nach diesem Verständnis zeigt sich bei der im vorliegenden Kapitel vertieft betrachteten rechtlichen Sicht auf kontinuierlich wirkende Systeme (Kategorie B), dass es zu Unstimmigkeiten kommt, sobald ein Automatisierungsgrad erreicht ist, der vorsieht, den Fahrer auch aus der mental überwachenden Funktion im Fahrer-Fahrzeug-Regelkreis – ggf. auch nur zeitweise – zu entlassen. Für die entsprechenden Automatisierungsgrade (ab Stufe 3, Hochautomatisierung) ergeben sich Widersprüche mit geltendem Recht. Bislang wurden – soweit erkennbar – ausschließlich in einigen Bundesstaaten der USA Gesetze erlassen, die den Betrieb solcher Fahrzeuge mit jeweils spezifischen Einschränkungen und Unterschieden erlauben.

Fahrzeugsysteme, die sich positiv auf die Fahrzeugsicherheit auswirken, können aufgrund von Typgenehmigungsbestimmungen im Bereich der UNECE als verpflichtend erklärt werden und finden so Eingang in nahezu alle Neufahrzeuge. Allerdings ist das Instrument der Typgenehmigung vergleichsweise unflexibel und die Verabschiedung neuer oder geänderter Vorschriften ein langwieriger Prozess, so dass nur unzureichend auf den schnellen technischen Fortschritt im Bereich von Fahrerassistenzsystemen reagiert werden kann. Hier weisen Bewertungssysteme unter dem Gesichtspunkt des Verbraucherschutzes – wie Euro NCAP – Stärken auf, indem sie das Sicherheitsniveau von Fahrzeugen für den Verbraucher transparent machen. Die aktive und integrierte Fahrzeugsicherheit ist dabei Gegenstand des sich laufend fortentwickelnden Bereiches, der als „Beyond NCAP" bezeichnet wird und sich bereits heute durch Anreize auf die Gestaltung von Fahrerassistenzsystemen wie auch auf die Ausstattung von Fahrzeugen maßgeblich auswirkt. „Beyond NCAP" kommt damit eine wichtige Sonderrolle bei der Betrachtung von Rahmenbedingungen der Fahrerassistenzsystem-Entwicklung zu.

Unter dem Aspekt einer zunehmenden Automatisierung von Fahrzeugen lässt sich aus Sicht der Forschung gegenwärtig in vier wichtigen Bereichen Forschungsbedarf erkennen. Es geht dabei zunächst um die Leistungsfähigkeit des Fahrers im arbeitsteiligen Zusammenwirken mit Fahrerassistenzsystemen, technisch um fahrzeugseitige und infrastrukturseitige Anforderungen für eine sichere Funktion und übergreifend um die gesellschaftliche Akzeptanz dieser Entwicklung als solcher.

3.5.1 Forschungsbedarf zur Mensch-Maschine-Interaktion

Von überragender Wichtigkeit ist der Forschungsbedarf zur Mensch-Maschine-Interaktion. Diese Feststellung überrascht angesichts der einleitend beschriebenen Arbeitsteilung zwischen Mensch und Automatik nicht, die den Systemen so lange eigen ist, bis sehr hohe Automatisierungsgrade erreicht sein werden. Die Beantwortung hat zugleich erhebliche Rückwirkung auf den Bereich der Systementwicklung: So lässt sich bspw. die Frage nach produkthaftungsrechtlich notwendigen Gefahrabwendungsmaßnahmen, auch gegenüber naheliegendem Fehlgebrauch der Systeme, aufgrund von Erkenntnissen im Bereich der Mensch-Maschine-Interaktion beantworten. Damit ergibt sich zugleich eine größere Rechtssicherheit angesichts des produkthaftungsrechtlichen Risikos einer Markteinführung dieser Systeme. Zudem kann die Beantwortung von Fragen der Mensch-Maschine-Interaktion Grundlagen dafür schaffen, die Sicherheitswirkung von Systemen abzuschätzen – ein Gesichtspunkt, der vor dem Hintergrund einer gesellschaftlichen Akzeptanz dieser Entwicklung eine besondere Rolle spielt.

3.5.2 Forschungsbedarf zu Absicherungsstrategien

Von ebenfalls überragender Wichtigkeit ist Forschungsbedarf zu Absicherungsstrategien, um Technologien der Automatisierung mit einer möglichst hohen Systemsicherheit verfügbar zu machen. Es stellt sich hierfür die Frage, wie Systeme abgesichert werden können, die ohne den Fahrer als laufend verfügbare Rückfallebene auskommen. Dies ist bei kontinuierlich wirkendenden automatisierten Systemen ab dem Automatisierungsgrad der Hochautomatisierung (Stufe 3) und höheren Automatisierungsgraden der Fall. Konkret geht es dabei um die Frage, wie zukünftig zu schaffende Prüfverfahren ausgestaltet sein können, um den Nachweis der technischen Sicherheit und Verfügbarkeit zu erbringen.

3.5.3 Forschungsbedarf bei der Identifizierung notwendiger Maßnahmen in der Straßenverkehrsinfrastruktur

Ebenfalls zu identifizieren ist, ob und welche Maßnahmen in der Straßenverkehrsinfrastruktur tatsächlich erforderlich wären, um bestimmte automatisierte Systeme zu ermöglichen. Dabei ist zu berücksichtigen, dass die heute in Betracht gezogenen automatisierten Systeme sehr stark fahrzeugbasiert sind und – wenn überhaupt und im Vergleich mit dem heutigen Verkehrssystem – wenige weitergehende Anforderungen an die Infrastruktur stellen. Welche Maßnahmen aber im Einzelnen sicherheitsrelevant sein können, bedarf erst noch der Untersuchung.

3.5.4 Forschungsbedarf zur gesellschaftlichen Akzeptanz automatisierter Systeme im Straßenverkehr

Bereits heute ist absehbar, dass automatisierte Systeme die Verkehrssicherheit deutlich steigern können. Genauso ist aber absehbar, dass diese Systeme ein bislang unbekanntes maschinelles Steuerungsrisiko in den Straßenverkehr tragen. Dieses maschinelle Steuerungsrisiko mag zwar deutlich geringer sein als der Nutzen für die Verkehrssicherheit, allerdings stellt sich diesbezüglich die Frage, ob dieses neuartige Risiko von der Gesellschaft akzeptiert wird. Die Analyse der heute bestehenden rechtlichen Situation nach deutschem Recht zeigt, dass das bisherige Rechtssystem in einigen konkreten Fällen nicht dafür ausgelegt ist, diese neuartige Form der maschinellen Fahrzeugsteuerung sachgerecht zu erfassen (vgl. zuvor ▶ Abschn. 3.2.2.1 und ▶ Abschn. 3.2.2.2). Auch die in einigen Bundesstaaten der Vereinigten Staaten derzeit vorgenommenen rechtlichen Änderungen schaffen – wenngleich teilweise deutlich eingeschränkt – einen rechtlichen Rahmen für solche Systeme. Sie vertrauen dabei aber zugleich möglicherweise zu Unrecht auf eine unerreichbare technische Perfektion, also die Abwesenheit eines maschinellen Steuerungsrisikos. Die Frage nach der Akzeptanz dieses maschinellen Steuerungsrisikos ist deshalb von Bedeutung und bedarf parallel der Aufarbeitung.

Literatur

Verwendete Literatur

1. Gasser, T., Arzt, C., Ayoubi, M., Bartels, A., Bürkle, L., Eier, J., Flemisch, F., Häcker, D., Hesse, T., Huber, W., Lotz, C., Maurer, M., Ruth-Schumacher, S., Schwarz, J., Vogt, W.: Rechtsfolgen zunehmender Fahrzeugautomatisierung. Gemeinsamer Schlussbericht der BASt-Projektgruppe „Rechtsfolgen zunehmender Fahrzeugautomatisierung" Dokumentteil 1 Bd. F 83. Wirtschaftsverlag NW, Bergisch Gladbach (2012)
2. Kraiss, K.-F.: Benutzergerechte Automatisierung – Grundlagen und Realisierungskonzepte. In: at – Automatisierungstechnik 46, Bd. 10, S. 457–467. Oldenbourg Verlag, München (1998)
3. Albrecht, F.: Fahrerassistenzsysteme zur Geschwindigkeitsbeeinflussung. Deutsches Autorecht (DAR) Heft 4, 186–198 (2005)
4. Maurer, M.: Entwurf und Test von Fahrerassistenzsystemen. In: Handbuch Fahrerassistenzsysteme, 1. Aufl. Vieweg+Teubner, Wiesbaden (2009). Kapitel 5
5. National Highway Traffic Administration (NHTSA): Preliminary Statement of Policy Concerning Automated Vehicles (2013). http://www.nhtsa.gov/About+NHTSA/Press+Releases/U.S.+Department+of+Transportation+Releases+Policy+on+Automated+Vehicle+Development (Erstellt: 30. Mai 2013), (Abgerufen: 21.01.2014)
6. SAE International,„On-Road Automated Vehicles Standards Committee": „Taxonomy and Definitions for Terms Related to On-Road Motor Vehicle Automated Driving Systems" Dokument Nr. J3016_201401 in Erarbeitung seit 16.07.2012, Kurzdarstellung im Internet veröffentlicht unter: http://www.sae.org/works/documentHome.do?comtID=TEVAVS&docID=J3016_201401&inputPage=wIpSdOcDeTallS (abgerufen am 21.01.2014) und Bryant Walker Smith: SAE Levels of Driving Automation. Im Internet verfügbar unter: http://cyberlaw.stanford.edu/loda (abgerufen am 21.01.2014)
7. Empfehlung der Kommission vom 22. Dezember 2006 über sichere und effiziente bordeigene Informations- und Kommunikationssysteme: Neufassung des europäischen Grundsatzkatalogs zur Mensch-Maschine-Schnittstelle, Amtsblatt der Europäischen Union, 2007, L 32/200 (2007/78/EG)
8. Gasser, T.: Die Belastbarkeit des Fahrzeugführers – Rechtslage und Lösungsvorschlag angesichts zunehmender elektronischer Möglichkeiten. Straßenverkehrsrecht (SVR) Heft **6**, 201–206 (2008)
9. Kanz, C., Marth, C., von Coelln, C.: Haftung bei kooperativen Verkehrs- und Fahrerassistenzsystemen, Forschungsbericht zum Projekt FE 89.0251/2010. BASt (2013). http://www.bast.de/cln_032/nn_42642/DE/Publikationen/Download-Berichte/downloads/haftung-assistenzsysteme.html, (Abgerufen 29.01.2014)
10. Bouska, W., Leue, A.: Straßenverkehrs-Ordnung Textausgabe mit Erläuterungen, Allgemeiner Verwaltungsvorschrift zur Straßenverkehrs-Ordnung sowie verkehrsrechtlichen Bestimmungen des Bundes-Immissionsschutzgesetzes, 23. Aufl. Jehle Verlag, Heidelberg (2009)
11. König, P.: In: Hentschel, König, Dauer, (Hrsg.) Straßenverkehrsrecht-Kommentar, 42. Aufl. C. H. Beck-Verlag, München (2013)
12. Deutsches Zustimmungsgesetz zum Wiener Übereinkommen über den Straßenverkehr findet sich in BGBl II, 1977, S. 810 ff. Dort ist der Vertragstext in den Sprachen Englisch, Französisch und Deutsch abgedruckt. Der Vertragstext ist in der ursprünglichen Fassung in allen authentischen Sprachen (Chinesisch, Französisch, Russisch, Spanisch) in der United Nations Treaty Collection „B Road Traffic" unter Ziffer 19 abrufbar: https://treaties.un.org/pages/CTCTreaties.aspx?id=11&subid=B&lang=en (abgerufen am 01.02.2014)
13. Gasser, T.: Rechtliche Aspekte bei der Einführung von Fahrerassistenz- und Fahrerinformationssystemen. Verkehrsunfall und Fahrzeugtechnik (VKU) Heft **4**, 224–231 (2009)
14. Wessels, J., Beulke, W.: Strafrecht Allgemeiner Teil (Rn. 93), 42. Aufl. C. F. Müller Verlag, Heidelberg (2012)
15. Gold, C., Damböck, D., Lorenz, L., Bengler, K.: "Take over!" How long does it take to get the driver back into the loop? Proceedings of the Human Factors and Ergonomics Society Annual Meeting **57**(1), 1938–1942 (2013)
16. BGH Urteil v. 16.06.2009, AZ: VI ZR 107/08. „Zur Haftung eines Fahrzeugherstellers für die Fehlauslösung von Airbags". Abrufbar unter der Entscheidungsdatenbank des

    Bundesgerichtshofes unter Verwendung von Aktenzeichen oder Entscheidungsdatum: http://juris.bundesgerichtshof.de/cgi-bin/rechtsprechung/list.py?Gericht=bgh&Art=en&Datum=Aktuell&Sort=12288 (abgerufen am 01.02.2014)
17. Lenz, T.: Zur Herstellerhaftung für die Fehlauslösung von Airbags. Zeitschrift: Produkthaftung International (PHi) **198**, 196 (2009)
18. Bewersdorf, C.: Zulassung und Haftung bei Fahrerassistenzsystemen im Straßenverkehr. Duncker & Humblot, Berlin (2005)
19. Bartels, A.: Grundlagen, technische Ausgestaltung und Anforderungen. BASt-Forschungsbericht: FE 88.0006/2009. Veröffentlicht im Bericht der BASt-Projektgruppe, Dokumentteil 2 (Projekt 1). Rechtsfolgen zunehmender Fahrzeugautomatisierung Bd. F 83. Wirtschaftsverlag NW, Bergisch Gladbach, S. 27–44 (2012)
20. Smith, B.W.: Regulatory Approaches. Transportation Research Board Workshop on Road Vehicle Automation (2013). http://bit.ly/1dUIvvn, (Abgerufen: 07.04.2014)
21. Smith, B.W.: Autolaw 3.0, Transportation Research Board Workshop on Road Vehicle Automation (2012). http://onlinepubs.trb.org/onlinepubs/conferences/2012/Automation/presentations/WalkerSmith.pdf, (Abgerufen: 07.04.2014)
22. Smith, B.W.: Proximity-Driven Liability, November 2013, 102 Geo. L. Rev. (2014). http://ssrn.com/abstract=2336234, (Abgerufen: 07.04.2014)
23. Geier v. American Honda Motor Co, 529 U.S. 861, 120 S. Ct. 1913, 2000
24. Williamson v. Mazda Motor of America, Inc., 131 S. Ct. 1131, 2011
25. Smith, B.W.: Automated Vehicles Are Probably Legal in the United States, November 2012. 1 Tex. A&M L. Rev. (2014). http://cyberlaw.stanford.edu/publications/automated-vehicles-are-probably-legal-united-states, (Abgerufen: 07.04.2014)
26. Pressemitteilung: U.S. Department of Transportation Announces Decision to Move Forward with Vehicle-to-Vehicle Communication Technology for Light Vehicles, Februar 2014. Im Internet veröffentlicht unter: http://www.nhtsa.gov/About+NHTSA/Press+Releases/2014/US-DOT+to+Move+Forward+with+Vehicle-to-Vehicle+Communication+Technology+for+Light+Vehicles (abgerufen am 07.04.2014)
27. Weiner, G., Smith, B.W.: Automated Driving: Legislative and Regulatory Action (2014). https://cyberlaw.stanford.edu/wiki/index.php/Automated_Driving:_Legislative_and_Regulatory_Action, (Abgerufen: 07.04.2014)
28. EG-Richtlinien und Verordnungen abrufbar unter: http://ec.europa.eu/enterprise/sectors/automotive/documents/directives/motor-vehicles/index_en.htm (abgerufen am 01.02.2014)
29. ECE-Regelungen abrufbar unter: http://www.unece.org/trans/main/welcwp29.htm (abgerufen am 01.02.2014)
30. Euro NCAP abrufbar unter: http://www.euroncap.com/home.aspx (zuletzt abgerufen am 01.02.2014)
31. Seeck, A.: Die Zukunft der Fahrzeugsicherheitsbewertung für Typzulassung und Euro NCAP 6. Internationale VDI-Tagung Fahrzeugsicherheit – Innovativer Kfz-Insassen- und Partnerschutz, Berlin, 18.-19. Oktober 2007. (2007)

Verkehrssicherheit und Potenziale von Fahrerassistenzsystemen

Matthias Kühn, Lars Hannawald

4.1 Unfallstatistik – 56

4.2 Sicherheitspotenzial von Fahrerassistenzsystemen – 65

Literatur – 70

4.1 Unfallstatistik

Für eine in die Zukunft gerichtete Aussage zur Wirkung von Fahrerassistenzsystemen (FAS) auf die Verkehrssicherheit, ist es unbedingt notwendig, das Unfallgeschehen zu kennen und zu verstehen. Die dabei erkannten Unfallmuster sollten dann von dem FAS durch seine spezielle Funktionalität adressiert werden. Dazu ist es nötig, sich vom allgemeinen, mit geringer Detailtiefe versehenen, aber repräsentativen Blick auf das Unfallgeschehen eines Landes ins Detail der Unfälle vorzuarbeiten. Dies wiederum bedarf verschiedener Qualitäten von Unfalldatenerhebungen, die in spezielle Unfallstatistiken münden. Dieses Feld wird gesäumt durch die repräsentativen Erhebungen des Statistischen Bundesamtes auf Basis der Verkehrsunfallanzeigen an einem Ende und den „In-DEPTH"-Analysen verschiedener Unfallforschungen im Umfeld ihrer Verkehrssicherheitsarbeit am anderen Ende. Das sind in Deutschland vor allem die German In-Depth Accident Study (GIDAS) und die Unfalldatenbank der Deutschen Versicherer (UDB). Aber auch Fahrzeughersteller, der ADAC und der DEKRA sind hier aktiv. Mit Ausnahme der amtlichen Verkehrsunfallstatistik sind die Erhebungen der genannten Organisationen nicht frei zugänglich. Dabei unterscheiden sich die einzelnen Erhebungen im Ergebnis durch die unterschiedlichen zur Verfügung stehenden Datengrundlagen und dem verfolgten Einsatzzweck innerhalb und außerhalb der Organisationen.

In ihrer Detailtiefe und Aussagekraft steht hier GIDAS an erster Stelle: Die Datenerhebungen am Unfallort für eine repräsentative Auswahl von Verkehrsunfällen in einer definierten Region sind einmalig. Das gemeinschaftliche Forschungsprojekt der Bundesanstalt für Straßenwesen (BASt) und der Forschungsgemeinschaft Automobiltechnik (FAT) ist somit sehr gut für die Zwecke der Unfallforschung geeignet. Demgegenüber steht die UDB, die Schadendaten der Versicherer zur Grundlage hat: Die Daten basieren auf einer repräsentativen Auswahl von Kraftfahrt-Haftpflicht-Schäden mit einem Schadenaufwand von mindestens 15.000 Euro und mindestens einem Personenschaden; diese werden allerdings nicht vor Ort durch die Unfallforschung der Versicherer begutachtet. Das hat zur Folge, dass bestimmte Aussagen zum Fahrzeug etc. nicht oder nur eingeschränkt getroffen werden können. Damit beschreibt diese Datenbasis eher schwere Schadenfälle und ist nicht für alle Fragestellungen mit der amtlichen Verkehrsunfallstatistik oder GIDAS vergleichbar.

Der Fokus der Fahrzeughersteller hingegen liegt vornehmlich auf Unfällen mit Beteiligung von Fahrzeugen der eigenen Marke. Bei der Datenerhebung allerdings wird dann eine große, GIDAS-ähnliche Detailtiefe erreicht. Die Basis der Unfallerhebungen des ADAC bilden hauptsächlich die Einsätze der Luftrettung; die Unfalldaten werden anschließend um weitere Angaben von Polizei, Krankenhaus und Feuerwehr angereichert. Unfallanalysen des DEKRA basieren auf den durch Dritte beauftragten technischen Gutachten, die jedoch wiederum noch um medizinische Daten ergänzt werden müssen, um ein umfassenderes Bild vom Unfall zu geben. Beiden Datenerhebungen gemein ist, dass hierbei leichte Unfälle unterrepräsentiert sind.

4.1.1 Unfallgeschehen in Deutschland

Betrachtet man nun das Unfallgeschehen in Deutschland über die letzten Jahrzehnte, zeigt sich eine nahezu kontinuierliche Abnahme der Anzahl der Getöteten (s. Abb. 4.1).

Wurden im Jahr 1970 noch 21.332 Personen auf deutschen Straßen (alte Bundesrepublik und DDR) getötet, so waren es im Jahr 2012 nur noch 3600. Für das Jahr 2013 sind 3338 getötete Verkehrsteilnehmer dokumentiert. Hierbei sank die Zahl der Unfälle mit Personenschäden von 377.610 im Jahr 1970 auf 291.037 im Jahr 2013 [1]. All diese Zahlen sind vor dem Hintergrund der steigenden Verkehrsleistung zu betrachten und umso positiver zu bewerten: So stieg der Bestand aller Kraftfahrzeuge in Deutschland von 16,8 Mio. im Jahr 1970 auf 53,8 Mio. im Jahr 2012. Die von den Kraftfahrzeugen zurückgelegten Fahrleistungen verdreifachten sich nahezu von 251 Mrd. km im Jahr 1970 auf 719,3 Mrd. km im Jahr 2012. Dabei ist der Pkw das dominierende Verkehrsmittel mit ca. 43 Mio. zugelassenen Fahrzeugen im Jahr 2012, die 610,1 Mrd. km zurücklegten, mithin etwa 85 % der Gesamtfahrleistungen aller Kraftfahrzeuge.

Ensuring Reliable Networks

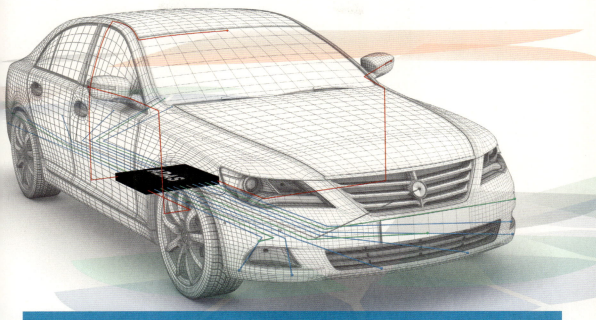

Mit Sicherheit auf die Überholspur

Zentrales Plattform-Steuergerät für Fahrerassistenz

- Hochintegration verschiedener Assistenzsysteme auf einer Plattform
- Ethernet-basierte On-board-Vernetzung sicherheitsrelevanter Fahrfunktionen
- Bestmögliche Objekterkennung dank sensorübergreifender Datenfusion
- Skalierbare Architektur
- Zentrale Diagnose aller Systeme

Advanced Driver Assistance System (ADAS)

www.tttech-automotive.com

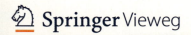 springer-vieweg.d

Kfz-Wissen aus erster Hand von über 100 Autoren

H.-H. Braess, U. Seiffert (Hrsg.)
Vieweg Handbuch Kraftfahrzeugtechnik
7., aktual. Aufl. 2013. LII, 1264 S.
1283 Abb. (ATZ/MTZ-Fachbuch) Geb.
€ (D) 119,99 | € (A) 123,35 | * sFr 149,50
ISBN 978-3-658-01690-6 (Print)

Fahrzeugingenieure in Praxis und Ausbildung benötigen den raschen und sicheren Zugriff auf Grundlagen und Details der Fahrzeugtechnik sowie wesentliche zugehörige industrielle Prozesse. Diese Informationen sind in der aktuellen Auflage systematisch und bewertend zusammengeführt. Neben der Berücksichtigung der aktuellen Fortschritte „klassischer" Automobile wird ganz besonders auf die rasanten Entwicklungen für Elektro- und Hybridantriebe eingegangen. Die neuen Konzepte beeinflussen einen Großteil aller Subsysteme von Fahrzeugen und damit fast alle Teilkapitel vom Fahrzeugpackage über die Bordnetze und die Sicherheit bis hin zu den Anforderungen an das Werkstattpersonal.

Prof. Dr.-Ing. Dr.-Ing. E.h. Hans-Hermann Braess, ehemaliger Forschungsleiter von BMW, ist Honorarprofessor an der TU München, TU Dresden und HTW Dresden.

Prof. Dr.-Ing. Ulrich Seiffert, ehemaliger Forschungs- und Entwicklungsvorstand der Volkswagen AG inklusive Einkaufsstrategie, ist geschäftsführender Gesellschafter der WiTech Engineering GmbH, Honorarprofessor der TU Braunschweig und u. a. Mitglied im wissenschaftlichen Beirat der MTZ.

€ (D) sind gebundene Ladenpreise in Deutschland und enthalten 7% MwSt. € (A) sind gebundene Ladenpreise in Österreich und enthalten 10% MwSt. Die mit * gekennzeichneten Preise sind unverbindliche Preisempfehlungen und enthalten die landesübliche MwSt. Preisänderungen und Irrtümer vorbehalten.

Bestellen Sie jetzt: springer-vieweg.de

4.1 · Unfallstatistik

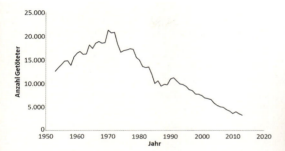

Abb. 4.1 Entwicklung der Verkehrssicherheit anhand der Zahl Getöteter im Straßenverkehr in Deutschland [1]

Erste Hinweise auf Handlungsfelder zur weiteren Erhöhung der Verkehrssicherheit in Deutschland zeigt die Getötetenverteilung für das Jahr 2012 (s. Abb. 4.2).

Es wird deutlich, dass 60 % der Getöteten auf Landstraßen verunglücken. Bei mehr als einem Viertel dieser Getöteten liegt ein Baumunfall zugrunde. Im Innerortsbereich werden etwas mehr als 1000 Personen im Straßenverkehr getötet, bei denen es sich hauptsächlich um ungeschützte Verkehrsteilnehmer wie Fußgänger und Radfahrer handelt. Die verbleibenden 387 Getöteten versterben auf Autobahnen. Eine Betrachtung der Getöteten nach der Art der Verkehrsteilnahme zeigt auf, dass im Jahr 2012 in etwa die Hälfte der 3600 getöteten (1791) Pkw-Insassen waren, etwa 20 % Motorradaufsassen (679) und etwa 25 % nichtmotorisierte, ungeschützte Verkehrsteilnehmer (520 Fußgänger sowie 406 Radfahrer).

Ebenfalls anhand der Getötetenverteilung im Jahr 2012 ist die Verteilung der Unfalltypen in Abb. 4.3 dargestellt. Man erkennt den größten Anteil an der Zahl der Getöteten beim Fahrunfall, gefolgt vom Unfall im Längsverkehr und dem Einbiegen/Kreuzen-Unfall.

Gerade beim Fahrunfall, der definitionsgemäß klassifiziert wird, wenn ein Kontrollverlust über das Fahrzeug vorliegt, da die Geschwindigkeit nicht entsprechend dem Verlauf, dem Querschnitt, der Neigung oder dem Zustand der Straße angepasst wird, erkennt man bereits den gewichtigen Anteil der Fahrgeschwindigkeit am Unfallgeschehen.

Betrachtet man die Situation für die schwerverletzten Verkehrsteilnehmer im Straßenverkehr im Jahr 2012, so ergibt sich ein anderes Bild (s. Abb. 4.4). Mehr als die Hälfte aller schwerver-

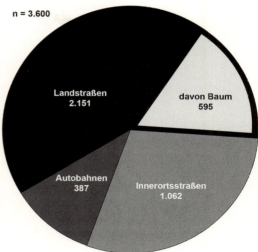

Abb. 4.2 Verkehrstote in Deutschland nach Ortslage im Jahr 2012 [2]

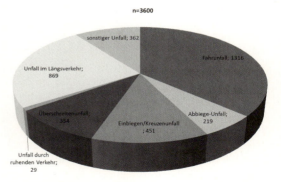

Abb. 4.3 Verkehrstote in Deutschland nach Unfalltyp im Jahr 2012 [2]

letzten Verkehrsteilnehmer verunglückten innerorts, etwa zwei Fünftel verunglückten auf Landstraßen und weniger als 10 % auf Autobahnen.

Neben der Ortslage als unfallspezifischem Parameter lassen sich verschiedene beteiligtenspezifische Parameter auswerten: Einen wichtigen Parameter stellt dabei das Alter des Unfallverursachers dar. Bezogen auf alle Unfälle mit Personenschaden im Jahr 2012 ergibt sich folgende Verteilung der Hauptverursacher nach Altersgruppen (s. Abb. 4.5):

Man erkennt, dass im Alter von 18 bis 25 Jahren ein deutlich höherer Anteil an Unfallverursachern im Vergleich zu anderen Altersgruppen zu verzeichnen ist. Der geringe Anteil an älteren Hauptverur-

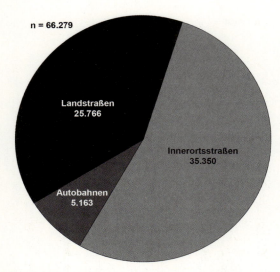

◘ **Abb. 4.4** Schwerverletzte Unfallopfer in Deutschland nach Ortslage im Jahr 2012 [2]

sachern lässt sich teilweise auch mit der sinkenden Fahrleistung im Alter begründen. Somit können tatsächliche Altersrisikogruppen bei der Verursachung von Verkehrsunfällen nur fahrleistungsbereinigt angegeben werden. Stellt man beispielsweise die Zahl der Unfallverursacher je Altersgruppe in Verhältnis zur Zahl der Nichtunfallverursacher je Altersgruppe, erhält man ein relatives Risiko je Altersgruppe in einen Unfall als Verursacher involviert zu sein. Mit der Annahme, dass sich die Fahrleistung innerhalb einer Altersgruppe zwischen Unfallverursacher und Nichtunfallverursacher nicht unterscheidet – wohl aber zwischen den Altersgruppen verschieden ist – lassen sich damit die Altersrisikogruppen wie in (s. ◘ Abb. 4.6) darstellen, bei denen der Einfluss der Fahrleistung bereits eliminiert ist.

Zukünftig wird die Gestaltung der Megatrends motorisierter Individualverkehr, autonomes Fahren, Elektromobilität und demografischer Wandel die Entwicklung der Verkehrssicherheit stark beeinflussen. Prognosen für die Unfallzahlen der Jahre 2015 und 2020 gehen von einer Reduktion der Unfälle mit Personenschaden auf 279.000 Unfälle bzw. 234.000 Unfälle aus [4]. Nach dieser Prognose wird im Jahr 2015 mit 3212 bzw. 2497 Getöteten im Jahr 2020 gerechnet, für die Jahre 2015 und 2020 wird demnach ein deutlicher Rückgang bei der Zahl verunglückter Pkw-Insassen und der verunglück-

ten Fußgänger erwartet. Dies gilt auch für die Zahl der Getöteten und Schwerverletzten. Bezogen auf alle schweren Personenschäden verzeichnen die Anteile der Fußgänger sowie Pkw-Insassen starke Rückgänge. Jedoch gewinnen vor allem die Kradnutzer sowie Radfahrer anteilsmäßig an Bedeutung. Dies ergibt sich nicht aus einer Zunahme der Absolutzahlen, vielmehr resultiert dies aus den unterschiedlichen Rückgängen an Verunglücktenzahlen der verschiedenen Arten der Verkehrsbeteiligung.

Um zukünftig Unfälle noch besser zu verstehen und Maßnahmen noch gezielter ergreifen zu können, ist es notwendig, neben den Getöteten auch die Gruppe der schwerstverletzten Verkehrsteilnehmer zu betrachten. Verbesserte Fahrzeugtechnik und ein besseres Rettungswesen führen u. a. zu einer Reduzierung der Zahl an Getöteten, allerdings zu einem möglichen Anstieg der Zahl an Überlebenden mit schwersten Verletzungen. Die Qualität der Verkehrssicherheitsarbeit darf sich also nicht nur an der Reduktion der Getöteten messen lassen. Studienergebnisse legen nahe, dass etwa 10 % der amtlich schwerverletzten Verkehrsteilnehmer lebensbedrohliche Verletzungen erleiden. Dies entspricht für das Jahr 2012 etwa 6000 bis 7000 polytraumatisierten Personen [5]. Die heutige Kategorie der Schwerverletzten nach amtlicher Statistik basiert nur auf dem Kriterium der stationären Krankenhausbehandlung von mindestens 24 Stunden. Diese große Gruppe ist folglich sehr heterogen und lässt keine Aussage über die lebensbedrohlich Verletzten zu. Deshalb wird in Deutschland an der Einführung einer Untergruppe für Schwerstverletzte auf Basis der Maximum Abbreviated Injury Scale (MAIS) gearbeitet, die dann u. a. eine zielgerichtete Unfallanalyse, die Entwicklung subgruppenspezifischer präventiver Maßnahmen und eine exaktere Schätzung der volkswirtschaftlichen Kosten schwerer Verkehrsunfälle ermöglichen würde. In die gleiche Richtung zielt die für 2015 erwartete europaweite Harmonisierung der Definition von schwerverletzten Straßenverkehrsunfallopfern auch auf Basis des MAIS [6].

4.1 · Unfallstatistik

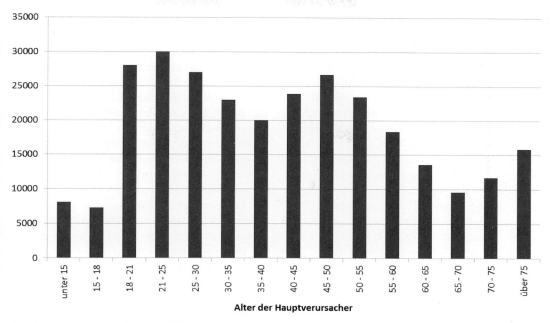

Abb. 4.5 Hauptverursacher von Unfällen mit Personenschaden nach Altersgruppen im Jahr 2012 [2]

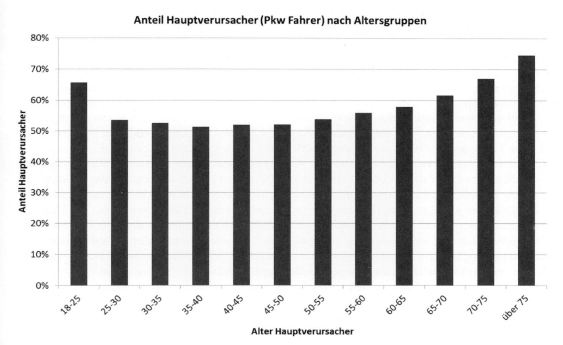

Abb. 4.6 Anteil Hauptverursacher (Pkw-Fahrer) von Unfällen mit Personenschaden nach Altersgruppen [3]

4.1.2 Weltweites Unfallgeschehen

Der Rückgang bei der Zahl schwerverletzter und getöteter Verkehrsteilnehmer der vergangenen Jahrzehnte in Deutschland lässt sich weltweit nicht überall bestätigen. In 88 Ländern konnte die Zahl der Getöteten von 2007 bis 2010 reduziert werden. In 87 Ländern dagegen stieg die Zahl der Getöteten im gleichen Zeitraum. 2010 gab es ca. 1,24 Mio. Verkehrstote weltweit [7]. Der Report der World Health Organisation (WHO) stützt seine Auswertungen dabei auf Angaben, die von jedem Land geliefert werden. Da nicht alle Ergebnisse und Zahlen vergleichbar sind, existieren noch eine Reihe von Umrechnungsmethoden. Im aktuellen WHO-Report konnten so 175 Länder weltweit in die Analyse einbezogen werden [7].

Schwierig dabei gestaltet sich zunächst die weltweit einheitliche Anwendung der 30-Tage-Definition: Diese besagt, dass als Getöteter klassifiziert wird, wer innerhalb der ersten 30 Tage an den Folgen des Verkehrsunfalls verstirbt. Nur als Verletzter wird statistisch erfasst, wer nach diesen 30 Tagen verstirbt. Nur 51 % aller Länder nutzen dieses Kriterium bisher, andere Länder liefern teilweise nur Zahlen von Getöteten, die direkt an der Unfallstelle verstorben sind. Für diese Länder wird die vereinheitlichte Zahl an Getöteten, die innerhalb von 30 Tagen an den Folgen des Unfalls verstorben sind, durch Umrechnungsmethoden prognostiziert.

Der Tod durch Verkehrsunfälle rangiert derzeit an achter Stelle der Todesursachen und in der Gruppe der 15- bis 29-Jährigen sogar an erster Stelle; rund drei von vier Getöteten sind dabei Männer [7]. Obwohl nur die Hälfte aller Fahrzeuge weltweit in Ländern mit mittleren Einkommen zugelassen ist, beläuft sich der Anteil an Getöteten hingegen auf 80 % [7]. Nahezu 23 % aller getöteten Verkehrsteilnehmer weltweit sind Motorradfahrer, 22 % Fußgänger und ca. 5 % Radfahrer. Diese ungeschützten Verkehrsteilnehmer machen somit insgesamt die Hälfte aller weltweit Getöteten im Straßenverkehr aus [7]. In Ländern mit durchschnittlich niedrigeren Einkommen ist das Risiko, an einem Verkehrsunfall zu sterben, mehr als doppelt so hoch wie in Ländern mit starker wirtschaftlicher Leistung. Auch in Ländern mit hohen Durchschnittseinkommen sind sozial schwächer gestellte Menschen stärker gefährdet, im Straßenverkehr ums Leben zu kommen [7].

Zu jedem Getöteten weltweit kommen noch einmal ca. 20–50 verletzte Verkehrsteilnehmer, deren Verletzungsschweren von sehr leicht bis hinzu massiven Einschränkungen und Langzeitfolgen reichen [7].

Die WHO schlägt dabei folgende Maßnahmen zur Verringerung der Zahl an Unfällen und Getöteten weltweit vor [7]:

- Sicherheitsgurt – Die Benutzung des Sicherheitsgurtes würde das Risiko tödlicher Verletzungen von Frontinsassen um 50 % und von Fondinsassen sogar um 75 % reduzieren.
- Geschwindigkeit – Eine Reduzierung der Durchschnittsgeschwindigkeit um 5 % hätte eine Reduzierung der Zahl Getöteter von über 30 % zur Folge.
- Alkoholkonsum – Eine strikte Einführung einer Grenze von maximal 0,5 Promille Blutalkoholkonzentration könnte bei strikter Kontrolle die Zahl der Getöteten um 20 % reduzieren.
- Motorradhelm – Eine verbindliche Vorschrift zur Nutzung von Motorradhelmen reduziert das Risiko, bei einem Unfall zu versterben, um 40 %, das Risiko schwerer Kopfverletzungen um 70 %.
- Kinderrückhaltesysteme – Die Wahrscheinlichkeit tödlicher Verletzungen kann bei Nutzung von Kinderrückhaltesystemen um rund 70 % bei Babys und zwischen 54 und 80 % bei Kindern reduziert werden.

Diese Maßnahmen sollen in der aktuellen „Decade for Action on Road Safety" forciert werden. Bei gleichbleibender und nicht steigender Verkehrssicherheit prognostiziert man für das Jahr 2020 aufgrund des zunehmenden Verkehrs – insbesondere in den Entwicklungsländern – einen Anstieg um mehr als 50 % auf dann weltweit 1,9 Mio. Verkehrstote jährlich.

4.1.3 Unfallgeschehen nach Fahrzeugart

Zum weiteren Verständnis des Unfallgeschehens der einzelnen Fahrzeugarten trägt ein Wechsel der Betrachtungsebene und das Heranziehen von

4.1 · Unfallstatistik

Tab. 4.1 Verteilung der Unfallarten in Abhängigkeit der Fahrzeugart auf Basis einer GIDAS-Auswertung [3]

Unfälle unter Beteiligung von:	Pkw	Lkw	Bus Tram	Motorrad	Fahrrad
Zusammenstoß mit anderem Fahrzeug, das anfährt, anhält oder im ruhenden Verkehr steht	4,1 %	5,0 %	3,7 %	3,7 %	5,0 %
Zusammenstoß mit anderem Fahrzeug, das vorausfährt oder wartet	16,1 %	27,4 %	5,7 %	11,7 %	2,9 %
Zusammenstoß mit anderem Fahrzeug, das seitlich in gleicher Richtung fährt	4,7 %	10,6 %	7,6 %	7,4 %	5,3 %
Zusammenstoß mit anderem Fahrzeug, das entgegenkommt	7,5 %	9,4 %	5,1 %	6,8 %	5,5 %
Zusammenstoß mit anderem Fahrzeug, das einbiegt oder kreuzt	39,3 %	27,2 %	34,2 %	38,4 %	62,2 %
Zusammenstoß zwischen Fahrzeug und Fußgänger	11,0 %	6,9 %	23,1 %	2,6 %	4,3 %
Aufprall auf ein Hindernis auf der Fahrbahn	0,2 %	0,3 %	0,2 %	1,2 %	1,0 %
Abkommen von der Fahrbahn nach rechts	7,9 %	6,1 %	0,8 %	8,2 %	1,6 %
Abkommen von der Fahrbahn nach links	6,4 %	3,9 %	0,3 %	4,0 %	1,0 %
Unfall anderer Art	2,9 %	3,1 %	19,1 %	15,9 %	11,2 %

In-DEPTH-Unfalldaten bei. ◘ Tabelle 4.1 zeigt eine Übersicht der Unfallarten für verschiedene Fahrzeuge entsprechend einer GIDAS-Analyse [3]. Diese verdeutlicht, dass bereits diese einfache Unterscheidung spezielle Unfallmuster für die einzelnen Fahrzeugarten hervortreten lässt. So ist der Anteil von Zusammenstößen mit anderen Fahrzeugen, die vorausfahren oder warten, beim Lkw mit 27,4 % deutlich höher – verglichen mit den anderen Fahrzeugarten. Für den Bus und die Tram kristallisiert sich der Zusammenstoß mit einem Fußgänger im Vergleich zu den anderen Fahrzeugarten als häufigeres Ereignis heraus. Beim Fahrrad dominiert der Zusammenstoß mit anderen Fahrzeugen, die einbiegen oder kreuzen, über alle anderen Unfallarten innerhalb des Fahrrads, aber auch über alle anderen Fahrzeugarten hinweg.

Für die weiterführenden vertieften Analysen für das Unfallgeschehen verschiedener Fahrzeugarten wurde die Unfalldatenbank der Versicherer (UDB) herangezogen. Die UDB basiert auf Schadenfällen der Kraftfahrt-Haftpflicht-Versicherung und übersteigt in ihrer Informationstiefe die der Bundesstatistik deutlich. Sie ist vergleichbar mit GIDAS, allerdings ist ihre Aussagefähigkeit an einigen Stellen eingeschränkt, da keine Analyse des Unfalls vor Ort durchgeführt wird.

4.1.3.1 Pkw

Basierend auf 1641 Schadenfällen in der UDB kann das Pkw-Unfallgeschehen anhand der Unfallart charakterisiert werden (s. ◘ Abb. 4.7).

Dabei werden mehr als 50 % der Unfälle mit Pkw-Beteiligung durch den Zusammenstoß mit einem anderen Fahrzeug, das einbiegt oder kreuzt, und dem Zusammenstoß mit einem anderen Fahrzeug, das vorausfährt oder wartet bzw. anfährt, anhält oder im ruhenden Verkehr steht, beschrieben.

Die häufigsten zu Unfällen führenden Fehler bei den Pkw-Führern sind ◘ Abb. 4.8 zu entnehmen. Es ist zu erkennen, dass das Abbiegen, Wenden etc. mit dem Nichtbeachten der Vorfahrt in etwa gleichauf liegt, dicht gefolgt von nicht angepasster Geschwindigkeit und ungenügendem Sicherheitsabstand. Allen Fahrzeugarten gemein ist, dass nicht näher spezifizierbare „andere Fehler" deutlich hervortreten. Dies zeigt zum einen, dass bei Kenntnis dieser Ursachen ein anderes Lagebild abzuleiten wäre und zum anderen die nationale Verkehrsunfallstatistik bei der Beantwortung der Frage nach der Unfallursache an ihre Grenzen stößt – denn auch die Angaben zur z. B. nicht angepassten Geschwindigkeit sind hier kritisch zu hinterfragen.

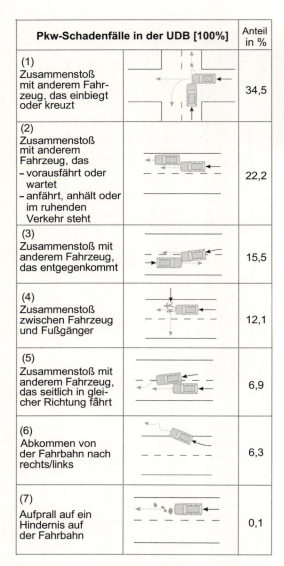

◘ Abb. 4.7 Die häufigsten Pkw-Unfallszenarien entsprechend der Unfalldatenbank der Versicherer [8]

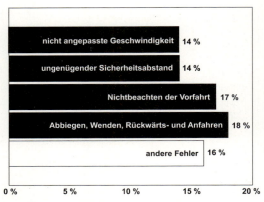

◘ Abb. 4.8 Die häufigsten Unfallursachen bei Pkw-Unfällen mit Personenschaden im Jahr 2012 [2]

bilden das zweite typische Unfallmuster. Für diese Analyse wurden 443 Schadenfälle mit Lkw-Beteiligung detailliert untersucht [8]. Bei den Ursachen der Unfälle dominieren der ungenügende Sicherheitsabstand und Fehler beim Abbiegen etc. (s. ◘ Abb. 4.10).

4.1.3.3 Busse

Die Analyse der Unfälle mit Beteiligung von Kraftomnibussen ergab, dass es sich in etwa 30 % um Unfälle im Längsverkehr handelte, in 18 % um einen Abbiegeunfall und in 17 % um einen Fahrunfall, bei dem der Fahrer die Kontrolle über sein Fahrzeug verlor. Bezieht man den Einbiegen/Kreuzen-Unfall mit einem Anteil von etwa 15 % in die Betrachtungen mit ein, so dominiert der Unfall an Einmündungen und Kreuzungen mit etwa 33 %.

Die häufigsten Unfallursachen sind in Abbildung ◘ Abb. 4.11 dargestellt. Wie bereits erwähnt, kann die Kenntnis der Ursachen in der dominierenden Gruppe der „anderen Fehler" das Bild und damit die Maßnahmenfindung erheblich beeinflussen.

4.1.3.4 Motorisierte Zweiräder (MZR)

Motorradfahrer zählen zu den stark gefährdeten Verkehrsteilnehmern: Beschleunigung, Geschwindigkeit, schmale Silhouette, Fehleinschätzungen beim Führen eines Einspurfahrzeuges, aber auch andere Verkehrsteilnehmer verursachen Motorradunfälle, die häufig für den Fahrer mit schweren oder tödlichen Verletzungen enden. Unter anderem ist es auch deshalb sinnvoll, die Unfalldaten nach

4.1.3.2 Lkw

Für Unfälle mit Lkw-Beteiligung ergibt sich das in Abbildung ◘ Abb. 4.9 dargestellte Bild der häufigsten Unfallszenarien.

Die Analysen zeigen, dass der Zusammenstoß mit einem anderen Fahrzeug, das sich in gleicher Richtung bewegt, entweder seitlich oder vorausfahrend, etwa 50 % der Unfälle beschreibt. Unfälle mit einbiegenden oder kreuzenden Fahrzeugen

4.1 · Unfallstatistik

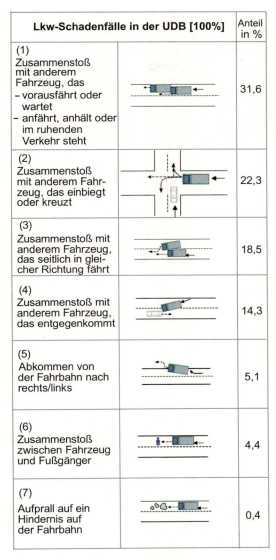

Abb. 4.9 Die häufigsten Lkw-Unfallszenarien entsprechend der Unfalldatenbank der Versicherer [8]

Abb. 4.10 Die häufigsten Unfallursachen bei Lkw-Unfällen mit Personenschaden im Jahr 2012 [2]

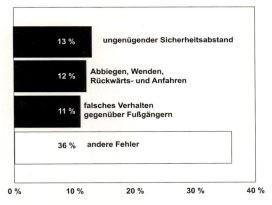

Abb. 4.11 Die häufigsten Unfallursachen bei Bus-Unfällen mit Personenschaden im Jahr 2012 [2]

Hauptverursacher und Beteiligte zu unterscheiden (s. ◘ Abb. 4.12). Addiert man die Alleinunfälle und die Unfälle mit zwei Beteiligten, die durch den MZR-Fahrer verursacht wurden, so lässt sich die Aussage ableiten, dass 51 % aller Unfälle durch MZR-Fahrer verursacht wurden.

Um die typischen Unfallszenarien zu erkennen, wurden im Folgenden die Alleinunfälle sowie die Unfälle mit zwei Beteiligten nach Hauptverursachung unterteilt und mit Auswertungen der Unfalldatenbank der Versicherer (UDB) angereichert [8]. Das dafür zugrunde liegende Unfallmaterial umfasst 880 Unfälle mit MZR.

Die Analysen der Alleinunfälle (siehe ◘ Abb. 4.13) zeigen, dass 56 % aller Alleinunfälle durch einen Sturz aus Geradeausfahrt entstehen, an zweiter und dritter Stelle folgen das Abkommen von der Fahrbahn nach rechts mit 26 % und das Abkommen von der Fahrbahn nach links mit 12 %. Diese beiden Szenarien werden geprägt durch nicht angepasste Geschwindigkeit in Kurven und ungünstige Witterungsbedingungen.

Bei den Unfällen mit zwei Beteiligten, bei denen der MZR-Fahrer als Hauptverursacher einzustufen war (siehe ◘ Abb. 4.14), ist das Szenario des

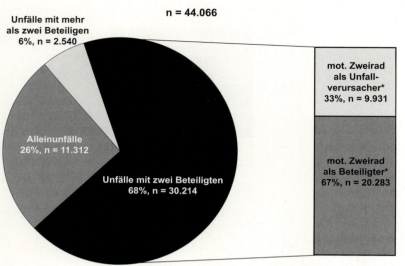

Abb. 4.12 Unfallbeteiligung bei Unfällen mit motorisierten Zweirädern in Deutschland im Jahr 2012 [2]

*: ohne Mehrfachnennungen

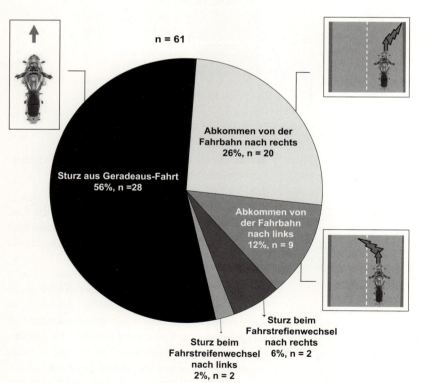

Abb. 4.13 Unfallszenarien bei Alleinunfällen von motorisierten Zweirädern [8]

4.2 · Sicherheitspotenzial von Fahrerassistenzsystemen

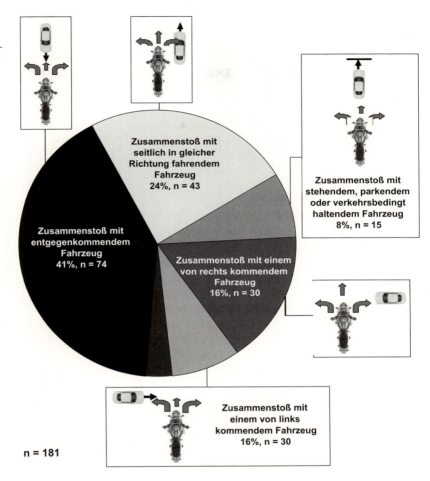

Abb. 4.14 Unfallszenarien bei Unfällen mit zwei Beteiligten und dem motorisierten Zweiradfahrer als Hauptverursacher [8]

Zusammenstoßes mit einem entgegenkommenden Fahrzeug mit 41 % am häufigsten vertreten, gefolgt vom Zusammenstoß mit einem in gleicher Richtung fahrenden Fahrzeug mit 24 % und vom Zusammenstoß mit einem von rechts kommenden Fahrzeug mit 16 %. Weitere Szenarien sind der Zusammenstoß mit einem stehenden, parkenden oder verkehrsbedingt haltenden Fahrzeug mit 8 % sowie der Zusammenstoß mit einem von links kommenden Fahrzeug mit ebenfalls 8 %.

Die Auswertung der Unfälle mit zwei Beteiligten, bei denen der MZR-Fahrer als Unfallbeteiligter hervorging (siehe Abb. 4.15), zeigen den Zusammenstoß mit einem von links kommenden MZR mit 32 % und den Zusammenstoß mit einem entgegenkommenden MZR mit 29 % als die dominierenden Unfallszenarien. Sie werden gefolgt vom Zusammenstoß mit einem in gleicher Richtung fahrenden MZR mit 20 % und dem Zusammenstoß mit einem von rechts kommenden MZR mit 17 %.

4.2 Sicherheitspotenzial von Fahrerassistenzsystemen

Fahrerassistenzsysteme sind elektronische Systeme im Fahrzeug, die den Fahrer bei seiner Fahraufgabe unterstützen sollen. Diese enthalten häufig die Prämissen einer Steigerung des Fahrkomforts, der Sicherheit oder der Ökonomie des Fahrens. In diesem Kapitel wird ausschließlich auf den Aspekt der Sicherheit von Fahrerassistenzsystemen eingegangen.

In engem Zusammenhang mit der Sicherheit von Fahrzeugen stehen Unfallsituationen. In

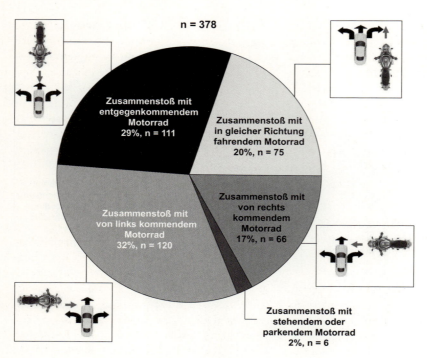

Abb. 4.15 Unfallszenarien bei Unfällen mit zwei Beteiligten und dem motorisierten Zweiradfahrer als Beteiligten [8]

Abb. 4.16 Unfallablaufphasen nach dem ACEA-Modell und Einordnung der Bereiche aktiver, passiver und tertiärer Sicherheit und Fahrerassistenz

der folgenden Abbildung ist ein Unfallablauf mit seinen einzelnen Phasen schematisch dargestellt (s. Abb. 4.16). Diese Darstellung wurde vom europäischen Dachverband der Automobilindustrie entwickelt (Association des Constructeurs Européens d'Automobiles – ACEA). Demgemäß durchläuft jeder Unfall verschiedene Phasen, beginnend mit der Phase „Normalfahrt", in der der Unfall für den Fahrer zwar noch nicht absehbar ist, jedoch bereits konditionelle Aspekte wie beispielsweise die bisherige Fahrtdauer schon auf den Fahrer einwirken. Diese Phase endet mit der unfallauslösenden kritischen Situation, die jedem Unfall voransteht. Diese kritische Situation kann das zu späte Erkennen eines Bremsmanövers des vorausfahrenden Fahrzeugs oder auch ein auf die Straße rennendes Kind sein. Nach Eintreten dieser Situation folgt die Phase der Gefahr. Diese zwei Phasen treten im täglichen Verkehrsgeschehen relativ häufig auf, ohne dass dies jedes Mal zwingend zu einem Unfall führt. Die kritische Schwelle eines Unfalls wird erst mit dem Erreichen des Zeitpunkts der Unvermeidbarkeit, besser bekannt als „point of no return", überschritten. Im Anschluss folgt die Phase vor der Kollision die je nach Unfall relativ kurz ist. Nach dem Anprall folgt die Phase während der Kollision und endet mit dem Stillstand aller Beteiligten in Unfallendlage – in dieser Phase entstehen üblicherweise die höchsten Belastungen und damit auch die Verletzungen der Beteiligten. Die Phase nach der Kollision betrifft dann eventuelle Rettungsmaßnahmen, beispielsweise mit der Absetzung eines Notrufs.

Man erkennt, dass sich der Bereich von aktiven Sicherheits- und Fahrerassistenzsystemen in den vorkollisionären Phasen 1 bis 3 befindet und mit dem ersten Anprall endet. Je nach Wirkbereich des Systems kann erreicht werden, dass keine kritische Situation mehr entsteht (z. B. das Navigationssystem, das die Ablenkung des Fahrers von der Fahraufgabe minimiert; Adaptive Cruise Control, die für die Einhaltung eines ausreichenden Abstands sorgt) oder die bereits eingetretene kritische Situation entschärft (z. B. ESC) oder aber zumindest die Aufprallenergie reduziert wird, wenn der Zeitpunkt der Unvermeidbarkeit bereits überschritten ist (z. B. Bremsassistent). Durch diese Vielfalt und das breite Wirkspektrum von Fahrerassistenzsystemen bedarf es spezieller Methoden bei der Bestimmung des Sicherheitspotenzials.

4.2.1 Methoden zur Bewertung des Sicherheitspotenzials von FAS

Das Sicherheitspotenzial von Fahrerassistenzsystemen (FAS) kann auf unterschiedliche Art und Weise bestimmt werden. So kann beispielsweise ein retrospektiver Vergleich zwischen zwei Unfallgruppen durchgeführt werden: „Fahrzeuge mit FAS" vs. „Fahrzeuge ohne FAS". Lie et al. haben diesen Ansatz für den Wirksamkeitsnachweis der „Electronic Stability Control" (ESC) auf Basis von schwedischen Unfalldaten angewendet [9].

Für die im Folgenden dargestellten Ergebnisse wurde die alternative Methode „Was wäre wenn…" verwendet [8]. Hierbei wird der Unfallablauf betrachtet – so wie er in der Realität stattfand – und dem errechneten Unfallablauf ein generisches Fahrerassistenzsystem gegenübergestellt. Generisch bedeutet in diesem Zusammenhang ein System, das frei zusammengestellte Systemeigenschaften besitzt und damit kein Produkt auf dem Markt abbildet. Auf diese Weise kann ermittelt werden, welchen Einfluss ein bestimmtes Fahrerassistenzsystem auf das Unfallgeschehen hätte, wenn alle Fahrzeuge mit dem betrachteten System ausgestattet wären. Zur Umsetzung dieser Methode müssen sowohl die Unfallumstände als auch die Eigenschaften (Funktionalitäten) des zu untersuchenden Systems bekannt sein bzw. für ein generisches System festgelegt werden. Das angewendete Mehrstufenverfahren im Rahmen dieser Methode unterschied hierbei nach zwei Aspekten: ob der Unfall vermeidbar oder nur positiv beeinflussbar gewesen wäre. Ein Unfall gilt als theoretisch vermeidbar, wenn dieser durch den Einfluss eines FAS nicht mehr stattgefunden hätte. Zeigt die Analyse aber, dass er dennoch passiert wäre, jedoch möglicherweise mit leichteren Unfallfolgen, so gilt dieser als positiv beeinflussbar.

Wesentlich genauer kann die Darstellung mittels Simulation durchgeführt werden: Auch hierbei werden die Unfälle in einer prospektiven Betrachtungsweise nach der Methode „Was wäre wenn …" untersucht. Durch die mittlerweile sehr detailgetreu abbildbare Unfallsituation in der Simulationsumgebung können auch Systeme in Hinblick auf Ihren Nutzen bewertet werden, die in Ihrer Funktionalität deutlich komplexer agieren. In Hinblick auf warnende und informierende Systeme ist zudem noch die menschliche Reaktion in Form eines Fahrermodells abzubilden. Die Definition dieses Fahrermodells stellt dabei eine große Herausforderung dar, da nicht immer von einer adäquaten Reaktion des Fahrers ausgegangen werden kann. In der Studie „Equal Effectivness for Pedestrian Safety" [10] wurde beispielsweise der Nutzen eines Bremsassistenten in Bezug auf alle Fußgängerunfälle in GIDAS untersucht. Dabei wurden in allen Unfallszenarien mit Pkws untersucht, welche positiven Auswirkungen ein Notbremsassistent durch die zu erwartende geringere Anprallgeschwindigkeit des Fahrzeugs am Fußgänger hat. Im Anschluss an diese Einzelfallbetrachtung von über 700 realen Fußgängerunfallszenarien wurden die Reduzierungen der Zahl schwerverletzter und getöteter Fußgänger mit den bekannten Reduktionspotenzialen anderer Fußgängerschutzmaßnahmen verglichen [10].

Alternativ kann auch der Field Operational Test (FOT) zur Analyse des Sicherheitspotenzials zum Einsatz kommen. Dieser wird hauptsächlich zur Evaluierung von neuen Technologien, z. B. auch FAS, eingesetzt [11]. Dazu wird das Fahrzeug mit umfangreicher Messtechnik ausgestattet, der Fahrer wird dann instruiert, beispielsweise einen Zeitraum mit eingeschaltetem bzw. ausgeschaltetem FAS zu fahren. Möglich wurde diese Art der Verhaltensbeobachtung durch den rasanten technischen Fortschritt in Bezug auf die Sammlung, Speicherung und Analyse von großen Datenmengen und den immer kleiner werdenden Messinstrumenten. Aufgezeichnet wird all das, was notwendig ist, um das Fahrverhalten und die Funktionalität des FAS zu erklären und zu beschreiben: beginnend beim Umfeld über

Tab. 4.2 Sicherheitspotenzial von FAS für Pkws bezogen auf alle Pkw-Unfälle [8]

Theoretisches Sicherheitspotenzial FAS	
Notbremsassistent (v)	17,8 %
Fahrstreifenverlassenswarner (v)	4,4 %
Totwinkelwarner (v)	1,7 %
v = vermeidbar	

Tab. 4.3 Sicherheitspotenzial von FAS für Lkws bezogen auf alle Lkw-Unfälle [8]

Theoretisches Sicherheitspotenzial FAS	
Notbremsassistent (v)	6,1 %
Notbremsassistent (reagiert auf stehende Fahrzeuge) (v)	12,0 %
Abbiegeassistent für Fußgänger (v)	0,9 %
Abbiegeassistent für Radfahrer (v)	3,5 %
Fahrstreifenverlassenswarner (v)	1,8 %
Totwinkelwarner (a)	7,9 %
v = vermeidbar, a = adressierbar	

die Fahrzeugbewegung (z. B. Beschleunigungen, Geschwindigkeiten, Richtung, Fahrzeugstatus etc.) bis hin zu Augen-, Kopf- und Handbewegungen sowie Pedalbetätigungen. Diese Daten beinhalten Informationen über die Wechselwirkungen zwischen Fahrer, Fahrzeug, Straße, Wetter und Verkehr – nicht nur unter Normalbedingungen sondern auch in kritischen Situationen und sogar im Falle eines Unfalls. Die größte Herausforderung hierbei ist das Auswerten der umfangreichen Datenmengen.

4.2.2 Pkw

Für den Pkw zeigt sich ein Notbremsassistent als das vielversprechendste Fahrerassistenzsystem, gefolgt vom Fahrstreifenverlassenswarner bzw. Spurhalteassistent und dem Totwinkelwarner (s. Tab. 4.2). Der Notbremsassistent gewinnt noch an Bedeutung, wenn er in der Lage ist, auch Unfälle mit Fußgängern und Radfahrern zu adressieren. Dann sind bis zu 43,5 % aller Pkw-Unfälle der Datenbasis vermeidbar [8].

4.2.3 Lkw

Auf Basis der oben beschriebenen Methode konnte für den Lkw ebenfalls ein Notbremsassistent als das Fahrerassistenzsystem mit dem größten Sicherheitspotenzial ermittelt werden [8]. Es zeigte sich, dass sich dessen Potenzial verdoppelt, wenn er in der Lage ist, auch stehende Fahrzeuge vor dem Lkw zu erkennen. Gefolgt wird er vom Totwinkelwarner und dem Abbiegeassistenten mit Radfahrererkennung, vorausgesetzt man bezieht die Wirkung auf alle Lkw-Unfälle (s. Tab. 4.3). Betrachtet man nur die Unfälle zwischen Lkw und ungeschütztem Verkehrsteilnehmer, so zeigt sich ein sehr großes Sicherheitspotenzial für einen Abbiegeassistenten mit Radfahrer- und Fußgängererkennung. Für die Fallanalyse wurde ein System angenommen, das die Bereiche vor und rechts neben dem Lkw überwacht und den Lkw-Fahrer warnt, falls sich beim Anfahren oder während eines Abbiegevorgangs ein Fußgänger oder Radfahrer im kritischen Bereich befindet. Es wurde unterstellt, dass der Fahrer „optimal" auf die Warnung reagiert. Für diesen Abbiegeassistenten zeigte sich, dass rund 43 % aller Lkw-Unfälle mit Radfahrern und Fußgängern vermieden werden könnten und dass ca. 31 % der bei Kollisionen mit Lkw getöteten Radfahrer und Fußgänger vor dem Tode bewahrt werden könnten.

Es zeigt sich in diesem Zusammenhang weiterhin eine deutliche Abhängigkeit der Lkw-Aufbauart und somit des Einsatzzweckes vom ermittelten Sicherheitspotenzial der einzelnen Fahrerassistenzsysteme (s. Tab. 4.4).

4.2.4 Busse

Für Kraftomnibusse erweist sich wiederum der Notbremsassistent als das System mit dem höchsten Sicherheitspotenzial (s. Tab. 4.5). Er wird gefolgt vom Totwinkelwarner und dem Abbiegeassistenten, der Fußgänger und Radfahrer erkennt. Auch beim Bus zeigt sich eine deutliche Potenzialerhöhung,

4.2 · Sicherheitspotenzial von Fahrerassistenzsystemen

Tab. 4.4 Sicherheitspotenzial von FAS für Lkws in Abhängigkeit der Aufbauart [8]

FAS	Theoretisches Sicherheitspotenzial für		
	Solo-Lkw	Lkw mit Anhänger	Sattelzug
Notbremsassistent (v)	2,2 %	6,1 %	5,1 %
Notbremsassistent (reagiert auf stehende Fahrzeuge) (v)	7,9 %	10,7 %	9,5 %
Abbiegeassistent für Radfahrer (v)	4,2 %	0,6 %	2,9 %
Abbiegeassistent für Fußgänger (v)	0,5 %	0,9 %	0,8 %
Totwinkelwarner (a)	6,8 %	5,2 %	6,4 %
Fahrstreifenverlassenswarner (v)	1,6 %	1,8 %	1,3 %
v = vermeidbar, a = adressierbar			

Tab. 4.5 Sicherheitspotenzial von FAS für Busse bezogen auf alle Bus-Unfälle [8]

Theoretisches Sicherheitspotenzial	FAS
Notbremsassistent (a)	8,9 %
Notbremsassistent (reagiert auf stehende Fahrzeuge) (a)	15,1 %
Abbiegeassistent für Radfahrer und Fußgänger (v)	2,3 %
Fahrstreifenverlassenswarner (v)	0,5 %
Totwinkelwarner (a)	3,8 %
v = vermeidbar, a = adressierbar	

Tab. 4.6 Sicherheitspotenzial von FAS für Busse in Abhängigkeit vom Einsatzzweck [8]

FAS	Theoretisches Sicherheitspotenzial	
	Linienbus	Reisebus
Notbremsassistent (a)	11,9 %	4,5 %
Notbremsassistent (reagiert auf stehende Fahrzeuge) (a)	16,6 %	17,3 %
Abbiegeassistent (v)	3,4 %	–
Fahrstreifenverlassenswarner (v)	0,3 %	1,5 %
Totwinkelwarner (a)	0,2 %	14,6 %
v = vermeidbar, a = adressierbar		

wenn der Notbremsassistent stehende Fahrzeuge erkennen kann.

Auch hier ist das FAS-Potenzial abhängig vom Einsatzzweck bzw. der Kraftomnibusart (◘ Tab. 4.6). So profitiert der Reisebus beispielsweise deutlich stärker vom Totwinkelwarner, wohingegen der Abbiegeassistent einen erhöhten Nutzen beim Linienbus aufweist.

4.2.5 Ausblick

Über die analysierten Fahrzeugarten hinweg kristallisiert sich die Notbremse als das vielversprechendste FAS heraus. Es wird in verschiedenen Ausprägungen und Funktionalitäten zukünftig in allen Fahrzeugklassen zu finden sein und, wie die Zahlen zeigen, auch seine Berechtigung haben. Zukünftig wird die Erweiterung der Funktionalität von Notbremssystemen mit der Erfassung von Radfahrern und Fußgängern das Sicherheitspotenzial ansteigen lassen. Vor allem beim Lkw zeigt der Abbiegeassistent seine besondere Wirksamkeit zum Schutz von Radfahrern und Fußgängern. Vor dem Hintergrund der Zunahme des Radverkehrsanteils steigt seine Bedeutung nochmals. Einen nächsten Entwicklungsschritt kann das automatische Ausweichen in Notsituationen darstellen. Damit könnte die Effektivität von reinen Notbremssystemen in bestimmten unfallkritischen Situationen erhöht werden, da rein fahrdynamisch betrachtet ein Ausweichen noch zu einem späteren Zeitpunkt im Vergleich zum Bremsen erfolgen kann. Die Bewertung solcher Funktionalitäten vor dem Hintergrund ihres Einflusses auf die Erhöhung der Verkehrssicherheit steht noch aus, muss aber unbedingt erfolgen. Diese Aufgabe stellt allerdings noch höhere Anforderungen an die Qualität von Analysemethoden und die Unfalldaten.

Allgemein wird die Entwicklung der FAS vom Megatrend des hochautomatisierten Fahrens profitieren: Wir werden zukünftig Systeme in den Fahrzeugen finden, die die Grenze zwischen Komfort- und reinem Sicherheitssystem auf der einen und der Unterscheidung zwischen einzelnen FAS-Funktionalitäten auf der anderen Seite verschwimmen lassen. Die Verkehrssicherheit wird davon profitieren, wenn es nicht mehr nötig sein wird, als Fahrer ein Verständnis der einzelnen FAS-Funktionalitäten zu entwickeln, um Warnungen etc. richtig interpretieren zu können. Vielmehr ist eine fließende Schutzzone um das Fahrzeug sinnvoll, die das natürliche Verhalten des Fahrers in kritischen Situationen unterstützt. Dies alles muss mit der Weiterentwicklung der Mensch-Maschine-Schnittstelle einhergehen, um Warnungen oder Eingriffe so an den Fahrer anzupassen, dass eine Fehlinterpretation ausgeschlossen ist. Die Unfallanalysen zeigen, dass heutige Systeme noch über deutliche Schwachstellen verfügen.

Literatur

1. DESTATIS: Fachserie 8, Reihe 7. Statistisches Bundesamt, Wiesbaden (2013)
2. DESTATIS: Fachserie 8, Reihe 7. Statistisches Bundesamt, Wiesbaden (2012)
3. Hannawald, L.: Verkehrsunfallforschung an der TU Dresden GmbH, Analyse GIDAS Stand 31.12.2013, unveröffentlicht, Dresden, 2014
4. Meyer, R., Ahrens, G.-A., Aurich, A.P., Bartz, C., Schiller, C., Winkler, C., Wittwer, R.: Entwicklung der Verkehrssicherheit und ihrer Rahmenbedingungen bis 2015/2022 Berichte der Bundesanstalt für Straßenwesen, Bd. 224. Wirtschaftsverlag NW, Bergisch Gladbach (2012)
5. Malczyk, A.: Schwerstverletzungen bei Verkehrsunfällen Fortschritt-Berichte VDI-Reihe 12, Bd. 722. VDI-Verlag, Düsseldorf (2010)
6. Auerbach, K.: Schwer- und schwerstverletzte Straßenverkehrsunfallopfer BASt-Newsletter, Bd. 2. Bergisch Gladbach, Bergisch Gladbach (2014)
7. Global status report on road safety 2013 supporting a decade of action, © world health organization, 2013
8. Hummel, T., Kühn, M., Bende, J., Lang, A.: Fahrerassistenzsysteme – Ermittlung des Sicherheitspotentials auf Basis des Schadengeschehens der Deutschen Versicherer Forschungsbericht FS, Bd. 03. Gesamtverband der Deutschen Versicherungswirtschaft e. V., Berlin (2011)
9. Lie, A., Tingvall, C., Krafft, M., Kullgren, A.: The effectiveness of ESC (Electronic Stability Control) in reducing real life crashes and injuries 19th International technical Conference on the Enhanced Safety of Vehicles Conference (ESV). International, Washington D. C. (2005)
10. Hannawald, L., Kauer, F.: Equal Effectivness Study on Pedestrian Protection. TU Dresden, Dresden (2003)
11. Benmimoun, M., Kessler, C., Zlocki, A., Etemad, A.: euroFOT: Feldversuch und Wirkungsanalyse von Fahrerassistenzsystemen – erste Ergebnisse 20. Aachener Kolloqium „Fahrzeug- und Motorentechnik", Aachen. (2011)

Verhaltenswissenschaftliche Aspekte von Fahrerassistenzsystemen

Bernhard Schlag, Gert Weller

5.1 Visuelle und kognitive Beanspruchung – 72

5.2 Situationsbewusstsein – 74

5.3 Mentale Modelle – 76

5.4 Verhaltensadaptation – 77

5.5 Übernahmeproblematik – 80

Literatur – 81

Um verhaltenswissenschaftliche Aspekte von Fahrerassistenzsystemen beurteilen zu können, muss der Begriff Fahrerassistenzsystem verhaltenswissenschaftlich relevant definiert werden: Moderne Fahrerassistenzsysteme sind solche Systeme, bei denen entscheidende Komponenten der menschlichen Kognition von den Systemen übernommen werden. Für Engeln und Wittig (2005, zitiert in [1]) sind diese entscheidenden Komponenten die Wahrnehmung und die Evaluation – also die Bewertung des Wahrgenommenen. Die reine Ausführung einer Handlung zählt somit nicht zum Begriff der Fahrerassistenz.

Die Übernahme oder Automatisierung dieser zentralen Komponenten der menschlichen Informationsverarbeitung durch ein technisches System verändert zwangsläufig die Fahraufgabe des Fahrers. Im Folgenden sollen positive und negative Aspekte dieser Veränderung dargestellt werden. Hierzu werden folgende Faktoren als relevant erachtet und im Folgenden näher definiert:
- visuelle und kognitive Beanspruchung,
- Situationsbewusstsein,
- mentale Modelle.

Veränderungen dieser Faktoren sind die Grundlage für messbare Veränderungen des Fahrer- und Fahrverhaltens; diese Veränderungen werden als Verhaltensadaptation bezeichnet.

Eine Besonderheit ergibt sich aufgrund von Automatisierung durch den Wechsel zwischen verschiedenen Stufen der Automatisierung. In diesem Zusammenhang spricht man von der Übernahmeproblematik.

Das Kapitel gibt einen Überblick über die zuvor genannten Punkte und stellt sie im Kontext der Unterstützung des Fahrers durch Fahrerassistenzsysteme (FAS) dar.

5.1 Visuelle und kognitive Beanspruchung

Die Beanspruchung ist möglicherweise dasjenige verhaltenswissenschaftliche Konstrukt in Zusammenhang mit Fahrerassistenzsystemen, welches sich auch einem Laien am ehesten erschließt. Vereinfacht gesagt, gibt die Beanspruchung den Grad an Anstrengung wieder, den es erfordert, eine Aufgabe auszuführen. Der Schweregrad dieser Aufgabe bildet die Belastung durch diese Aufgabe ab: Die Gesamtbelastung ist die Summe der Belastungen durch alle Aufgaben und Umgebungsbedingungen. Belastung und Beanspruchung können nicht gleichgesetzt werden – auch wenn es zunächst den Anschein hat. Dies liegt daran, dass die gleiche Belastung zu unterschiedlichen Beanspruchungen führen kann – je nachdem, über welche Ressourcen die betroffene Person aktuell verfügt. Das Ausmaß bzw. die Verfügbarkeit der Ressourcen variiert innerhalb eines Menschen und unterscheidet sich auch zwischen Menschen untereinander. So kann die gleiche Aufgabe, zu unterschiedlichen Tageszeiten ausgeführt, zu unterschiedlicher Beanspruchung führen. Dies gilt ebenso, wenn sich die Anzahl der gleichzeitig ausgeführten Aufgaben ändert.

Eine formale Definition psychischer Belastung und Beanspruchung findet sich in der DIN Norm EN ISO 10075-1 [2]:
- Psychische Belastung: die Gesamtheit aller erfassbaren Einflüsse, die von außen auf den Menschen zukommen und psychisch auf ihn einwirken.
- Psychische Beanspruchung: die unmittelbare (nicht die langfristige) Auswirkung der psychischen Belastung im Individuum in Abhängigkeit von seinen jeweiligen überdauernden und augenblicklichen Voraussetzungen, einschließlich der individuellen Bewältigungsstrategien.

Mit Blick auf Fahrerassistenzsysteme ist entscheidend, dass der Zusammenhang zwischen Belastung, Beanspruchung und Leistung nicht linear, sondern U-förmig (Belastung – Beanspruchung) bzw. umgekehrt U-förmig (Belastung – Leistung) ist (siehe ◘ Abb. 5.1).

Dies bedeutet, dass sowohl Unterforderung als auch Überforderung zu einer Leistungsabnahme führen und der Mensch nur bei einem mittleren Belastungsniveau seine optimale Leistung erreicht. Die Leistung allein ist jedoch kein valider Indikator für ungünstige Belastungen: Eine solche liegt bereits dann vor, wenn zusätzlicher Aufwand (englisch: effort) investiert werden muss, um ein hohes Leistungsniveau aufrechtzuerhalten. Dies ist in den Bereichen A1 und A3 in ◘ Abb. 5.1 ver-

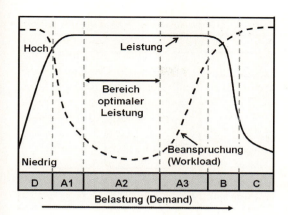

Abb. 5.1 Zusammenhang zwischen Belastung, Beanspruchung und Leistung [3]

anschaulicht. Nach de Waard [3] muss im Bereich A1 „state-related effort" aufgebracht werden, im Bereich A3 „task-related effort". Mit „state-related effort" soll zum Ausdruck gebracht werden, dass sich der Mensch selber aktivieren muss, um einem drohenden Zustand der Unterforderung entgegenzuwirken (Überforderung durch Unterforderung). „Task-related effort" meint dagegen, dass Anstrengung investiert werden muss, um den zusätzlichen Anforderungen der Aufgabe gerecht zu werden. Muss diese Anstrengung über einen längeren Zeitraum aufrechterhalten werden, führt dies in beiden Fällen zu einer Abnahme der Leistung, wie in den Bereichen B und D gezeigt. In allen Fällen ist die Begrenztheit der zur Verfügung stehenden Ressourcen für die Abnahme der Leistung verantwortlich.

Wie eingangs dargestellt, kann der Einsatz von Fahrerassistenzsystemen die Belastung durch die Fahraufgabe verändern. Ob und in welchem Ausmaß dies geschieht, ist von den Charakteristika der Systeme abhängig. Da Assistenzsysteme per definitionem den Fahrer entlasten sollen, ist bei deren Einsatz eher mit möglicher Unterforderung zu rechnen [4]. Während Unterforderung bei vollständiger Automatisierung kein Problem darstellt, weil sich der Fahrer anderen Aufgaben widmen kann, wird Unterforderung bei Teilautomatisierung zum Sicherheitsproblem. Dies trifft insbesondere dann zu, wenn der Fahrer unvorhergesehen die Kontrolle übernehmen soll. Unterforderung ist eine typische Folge der Automatisierung, die oft einen hohen Anteil an Überwachungstätigkeiten zur Folge hat [5].

Eine Gefahr durch Überforderung beim Einsatz von Fahrerassistenzsystemen kann aus zwei Gründen entstehen: Zum einen kann das Modell, das sich der Nutzer von den Eigenschaften des Systems macht, fehlerhaft oder falsch sein (siehe ▶ Abschn. 5.3 unter mentale Modelle). Zum anderen entstehen durch die Assistenzsysteme neue und andere Anforderungen. An erster Stelle ist hier die Gestaltung der Mensch-Maschine-Schnittstelle (HMI) zu nennen. Abgesehen von der Aktivierung und Einstellung des Systems muss dieses Interface dem Fahrer mindestens den aktuellen Systemzustand mitteilen. Bei normaler Fahrt geschieht dies im Regelfall visuell, da auditive Signale eher für Warnungen vorgesehen sind (DIN EN ISO 15006 [6]; ISO 15623 [7]). Möglicherweise ist die Darstellung zusätzlicher visueller Informationen im Kraftfahrzeug problematisch, da der visuelle Kanal ohnehin der am stärksten beanspruchte Kanal ist [8]. Neben der Erhöhung der visuellen Beanspruchung durch die optische Darstellung von Informationen ergeben sich die bekannten Probleme durch Ablenkung und Abwendung, weswegen bei der Gestaltung derartiger Informationen mindestens auf die Einhaltung der entsprechenden Normen zu achten ist (DIN EN ISO 15005 [9]).

Bei Abschätzung der Auswirkung des Einsatzes von Fahrerassistenzsystemen auf die Beanspruchung ist die Unterteilung in unterschiedliche Arten der Beanspruchung zu berücksichtigen [10]: Diese Unterteilung geht zurück auf das sogenannte multiple Ressourcenmodell von Wickens (2002, zitiert in [11]). Nach diesem Modell gibt es nicht eine einzige Ressource, sondern viele verschiedene Ressourcen, die weitestgehend unabhängig voneinander sind. Wickens unterscheidet die Ressourcen je nachdem, wie die Informationen kodiert sind („codes"), wie sie dargestellt/ausgegeben werden („modalities"), wie sie verarbeitet werden („stages") und wie die Antwort darauf erfolgt („responses"). [11].

Geht es um die Gestaltung von Fahrerassistenzsystemen, liegt das Ziel eines beanspruchungsgerechten Einsatzes von Fahrerassistenzsystemen in der Optimierung der Beanspruchung, nicht notwendigerweise in deren Verminderung. Ansätze zur Beanspruchungsoptimierung sind z. B. bei [12, 13] oder im Flugbereich, bei [14], dargestellt.

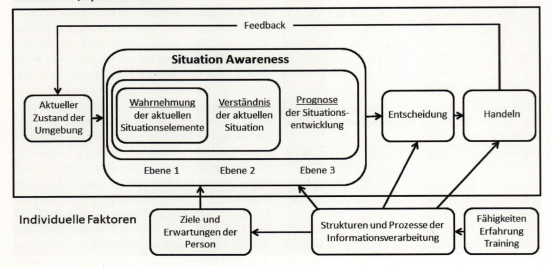

Abb. 5.2 Rahmenmodell von Situation Awareness [18] nach [17]

Unabhängig von der Art der Beanspruchung können die Maße zu deren Erhebung in drei Kategorien unterteilt werden [3]:
- Leistungsmaße,
- physiologische Maße,
- subjektive Maße.

Ein Überblick über einzelne Verfahren findet sich bei [15]. In der DIN EN ISO 17287 [16] findet sich ebenfalls eine Übersicht über einzelne Erhebungsmethoden. Maße zur Erhebung der visuellen Aufmerksamkeit werden dort als eigene Kategorie aufgeführt.

5.2 Situationsbewusstsein

Situationsbewusstsein im Sinne von „man muss wissen, was um einen herum passiert" ist unzweifelhaft zum sicheren Fahren eines Autos notwendig. Obwohl der Begriff Situationsbewusstsein (englisch: Situation Awareness) zunächst selbsterklärend scheint, offenbaren gängige Definitionen doch eine Vielschichtigkeit des Konstruktes, die über die Alltagsbedeutung hinausgeht. So definiert Mica Endsley Situation Awareness wie folgt (1988, zitiert aus [17]):

> „Situational Awareness is the perception of the elements in the environment within a volume of time and space, the comprehension of their meaning, and the projection of their status in the near future."

Nach dieser Definition gibt es drei hierarchische Ebenen des Situationsbewusstseins: die Wahrnehmung der Situation (Ebene 1), deren Verständnis (Ebene 2) und die Vorhersage der zukünftigen Situation (Ebene 3). Diese drei Ebenen sind im Kontext der Handlungsregulation im von Endsley [17] entwickelten Rahmenmodell des Situationsbewusstseins in ◘ Abb. 5.2 dargestellt.

Der hierarchische Aufbau von Situationsbewusstsein bedeutet, dass eine höhere Ebene von Situationsbewusstsein nicht erreicht werden kann, ohne dass Situationsbewusstsein auf den niedrigeren Ebenen vorliegt. Ausgegangen wird bei dieser hierarchischen Definition davon, dass alle Stufen des Situationsbewusstseins beim Menschen vorliegen müssen.

Fahrerassistenzsysteme können den Fahrer auf allen drei Ebenen des Situationsbewusstseins unterstützen, sie können jedoch auch dazu führen, dass Situationsbewusstsein verringert wird. Dies ist der Fall, wenn fehlerhafte, ungenaue oder zu wenig bzw. zu viele Informationen dargeboten werden oder wenn die Informationen zum falschen Zeitpunkt oder am falschen Ort dargestellt werden.

In diesen Fällen wirken Fahrerassistenzsysteme zunächst unmittelbar auf die Aufmerksamkeit und in der Folge mittelbar auf das Situationsbewusstsein. Nach einem Modell von Wickens [19] ist Aufmerksamkeit sowohl Filter als auch Ressource: Als Filter wirkt die selektive Aufmerksamkeit, welche man sich am ehesten als Lichtkegel eines Scheinwerfers vorstellen könnte, der eben nicht gleichzeitig alle notwendigen Objekte beleuchten kann. Wird Aufmerksamkeit auf irrelevante Informationen gelenkt, werden andere relevante Informationen nicht wahrgenommen (weitere Konzepte der Aufmerksamkeit werden in Strayer und Drews [20] und Müller und Krummenacher [21] vorgestellt). Selektive Aufmerksamkeit hat also insbesondere einen Einfluss auf die Ebene 1 des Situationsbewusstseins. Derjenige Teil von Aufmerksamkeit, der als begrenzte Ressource zu verstehen ist, wirkt dagegen gleichermaßen auf alle drei Ebenen des Situationsbewusstseins (zur Veranschaulichung von Aufmerksamkeit als Ressource siehe auch den Beitrag von Abendroth und Bruder in ▶ Kap. 1). Sind die Ressourcen verbraucht oder werden sie durch andere Handlungsanforderungen gebunden, stehen entsprechend weniger Ressourcen zur Entwicklung eines guten Situationsbewusstseins zur Verfügung. Obwohl Aufmerksamkeit als Ressource ebenso mit Beanspruchung in Verbindung steht, sind Situationsbewusstsein und Beanspruchung unabhängig voneinander [22, 23].

Neben spezifischen Effekten durch Fahrerassistenzsysteme werden auch generelle Effekte der Automatisierung auf das Situationsbewusstsein diskutiert. Hierbei nennen Endsley und Kiris [22] folgende Gründe, welche zu mangelndem Situationsbewusstsein führen können:
- Annahme eines falschen Rollenverständnisses (weg vom aktiven Bediener hin zum Überwacher),
- Wechsel von aktiver Informationsverarbeitung hin zu passivem Informationsempfangen,
- fehlendes Feedback oder veränderte Qualität des Feedbacks über den Systemzustand.

Bei der Gestaltung von Automatisierung im Allgemeinen und Fahrerassistenz im Speziellen muss also auf die Auswirkungen auf die Situation Awareness geachtet werden. Wichtig ist, dass der Fahrer Rückmeldung zum Systemzustand erhält und – sofern keine vollständige Automatisierung vorliegt – aktiv im Regelkreis gehalten wird.

Die Messung von Situation Awareness kann über drei Arten erfolgen [24]:
- subjektive Maße,
- situationsspezifische Fragen,
- Leistungsmaße.

In der Regel erfolgt die Erhebung über eine situationsspezifische Befragung der Probanden. Wird die Erhebung in der Simulation durchgeführt, wird die Simulation angehalten (sogenanntes „Freezing") und anschließend werden die Fragen gestellt. Eine Methode dieser Art ist SAGAT („Situation Awareness Global Assessment Technique"), die von Endsley entwickelt wurde [25]. Eine Voraussetzung bei der Verwendung dieser Methode ist, dass Fragen vorab für die spezifische Situation definiert werden müssen.

Eine Methode, die der ersten Kategorie zuzuordnen ist und somit weitgehend unabhängig von der spezifischen Situation ist, stellt die SART („Situation Awareness Rating Technique") (Taylor, 1990, zitiert in [26]) dar. Diese Skala setzt sich aus zehn Items zusammen, welche drei übergeordneten Kategorien zugeordnet sind und jeweils auf einer siebenstufigen Rating-Skala beurteilt werden. Zu beachten ist, dass sowohl subjektive Maße als auch situationsspezifische Fragen ein gewisses Maß an Bewusstheit voraussetzen. Dies ist jedoch nicht immer gegeben, ohne dass deswegen geringe Situation Awareness vorliegen müsste.

Gugerty [27] unterscheidet deshalb zwischen direkten Methoden – zu denen die oben genannten gehören – und indirekten Methoden. Zu den indirekten Methoden gehören Leistungsmaße, aus denen dann das Ausmaß an Situation Awareness erschlossen werden muss. Als Leistungsmaße können Reaktionszeiten, aber auch alle anderen Fahr- und Fahrerverhaltensmaße verwendet werden, sofern diese eine Relevanz für Situation Awareness haben. Ein Beispiel für die Verwendung von Reaktionszeiten ist die SPAM (Situation-Presence Awareness Method) von Durso und Dattel [28], bei der den Probanden Fragen gestellt werden und die Zeit bis zur (richtigen) Antwort als Maß für die Situation Awareness verwendet wird. Für die Verwendung von Blickmaßen in Zusammenhang mit Situation Awareness raten Durso et al. [24] allerdings zur Vorsicht.

Insgesamt betrachtet kann das Ausmaß an Situation Awareness des Fahrers eine erhebliche Auswirkung auf die Leistung des Gesamtsystems haben. Es stellt eine wichtige Voraussetzung bei der Interpretation von Situationen und für die Auswahl von Handlungen dar. Fahrerassistenzsysteme können zu einer positiven aber auch negativen Veränderung der Situation Awareness beitragen.

5.3 Mentale Modelle

Im vorangegangenen Kapitel zu Situation Awareness wurde bereits geschildert, dass Fahrerassistenzsysteme durch auffällige Warnsignale Aufmerksamkeit auf sich ziehen können. In diesem Fall erfolgt die Lenkung der Aufmerksamkeit reizbasiert, also „bottom-up". Aufmerksamkeit wird jedoch auch „top-down" durch Erwartungen gelenkt. Erwartungen bilden sich aus der Vorstellung, die wir von der Funktionsweise von Systemen haben. Die Gesamtheit dieser Vorstellungen wird als mentales Modell bezeichnet.

Brewer [29] definiert mentale Modelle wie folgt:

> „A mental model is a form of mental representation for mechanical-causal domains that affords explanations for these domains. (…) The information in the mental model has an analogical relation with the external world: the structure of the mental representation corresponds to the structure of the world. This analogical relation allows the mental model to make successful predictions about events in the world." (S. 5/6)

Eine Definition, die explizit die Auswirkungen auf das Verhalten von mentalen Modellen einbezieht, stammt von Wilson und Rutherford [30]:

> „(…) a mental model is a representation formed by a user of a system and/or task, based on previous experience as well as current observation, which provides most (if not all) of their subsequent system understanding and consequently dictates the level of task performance." (S. 619)

Mentale Modelle sind wichtig, weil sie Erwartungen steuern und diese Erwartungen wiederum das Verhalten der Fahrer beeinflussen [31]. Sie haben zusammen mit anderen Formen interner Repräsentationen wie Schemata und Skripten verschiedene Vorteile, die die Effektivität und Effizienz im Umgang mit Systemen positiv beeinflussen können [32]:

- Sie sind im Regelfall einfacher aufgebaut als die Realität.
- Ihr Gebrauch findet eher automatisch als bewusst statt und erfolgt somit schneller bei gleichzeitig geringerem Verbrauch an mentalen Ressourcen.
- Sie lenken die Aufmerksamkeit automatisch zu relevanten Stimuli und helfen so, Aufmerksamkeitsressourcen effizient zu nutzen.

Aus diesen Gründen können mentale Modelle allerdings ebenso die Ursache von Fehlern sein [33]: Sind diese unvollständig oder falsch, können auch die darauf aufbauenden Handlungen fehlerhaft sein. Da mentale Modelle über Signale aus der Umwelt aktiviert werden, kann es bei der fehlerhaften Interpretation von Signalen zur Aktivierung falscher mentaler Modelle kommen.

Gerade im Bereich der Fahrerassistenzsysteme zeigt sich, dass die mentalen Modelle der Nutzer von der Funktionsweise der Systeme falsch sein können (Jenness et al., 2008, zitiert aus [34]). Durch zunehmende Erfahrung mit dem System können sie richtig kalibriert werden [34].

Die Erhebung von mentalen Modellen ist aus verschiedenen Gründen schwierig. Die mentalen Modelle unterscheiden sich untereinander ebenso wie die zu untersuchenden Systeme. Sie müssen verschiedene funktionale Zusammenhänge abbilden, da sie nicht eindimensional sind, und auch weitgehend standardisierte Verfahren müssen angepasst werden. Dennoch gibt es verschiedene Ansätze und Erfahrungen mit der Erhebung von mentalen Modellen; diese sind in [35] beschrieben. Im Regelfall erfolgt die Erhebung demnach über Interviews oder vorgegebene Fragebögen, weitere Methoden sind in [36] beschrieben.

Abhängig vom mentalen Modell des Nutzers eines Assistenzsystems ist, wie hoch das Vertrauen ist, das der Nutzer dem System entgegenbringt. Das Vertrauen sollte so kalibriert sein, dass es den

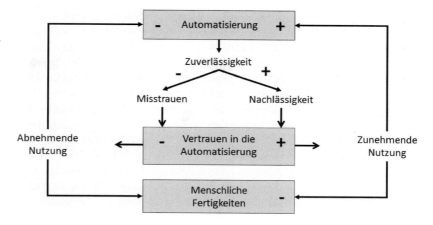

◻ Abb. 5.3 Zusammenhang zwischen Zuverlässigkeit (reliability), Nachlässigkeit (complacency), Vertrauen (trust) und Fertigkeit (human skill) (nach [38]).

tatsächlichen Systemeigenschaften entspricht [37]. Ist dies nicht der Fall und das Vertrauen zu hoch oder zu niedrig, kommt es zu negativen Verhaltensfolgen, die Wickens et al. [38] als „mistrust" (zu niedriges Vertrauen) und „complacency" (bei zu hohem Vertrauen) beschrieben haben (siehe ◻ Abb. 5.3).

Mentale Modelle bestimmen durch ihre Rolle bei der Lenkung von Aufmerksamkeit ebenso das Ausmaß an Situation Awareness. Sie wirken demnach als Heuristik bei der Suche nach Informationen [39]. Da sich nur durch Erfahrung und Feedback mentale Modelle anpassen lassen, ist es wichtig, den Fahrer über den Systemzustand und über Systemgrenzen zu informieren.

5.4 Verhaltensadaptation

Eine Anpassung des Verhaltens an geänderte Bedingungen ist eine natürliche Reaktion des Menschen und Voraussetzung für dessen Entwicklung. Diese Eigenschaft kann jedoch zum Problem werden, wenn sie bei der Planung von Veränderungen nicht berücksichtigt wird oder in einem unerwarteten Umfang auftritt. Bevor einzelne Aspekte zur Erklärung von Verhaltensadaptation dargestellt werden, soll Verhaltensadaptation definiert werden. Als allgemein anerkannte Definition hat sich die folgende der OECD [40] durchgesetzt:

> „Behavioural adaptations are those behaviours which may occur following the introduction of changes to the road-vehicle-user system and which were not intended by the initiators of the change; Behavioural adaptations occur as road users respond to changes in the road transport system such that their personal needs are achieved as a result, they create a continuum of effects ranging from a positive increase in safety to a decrease in safety." (S. 23)

Im Bereich des Straßenverkehrs gibt es zahlreiche Beispiele für Verhaltensadaptation. Frühe Studien zeigten unerwartete Verhaltensanpassungen auf ABS [41] oder ACC [42, 43], auch für die Straßenbreite konnten Effekte gezeigt werden [44]. Eine Zusammenfassung verschiedener Studien findet sich im Bericht der OECD [40].

Während es unstrittig ist, dass es zu Verhaltensadaptation kommen kann, stellen sich zwei weiterführende Fragen:
- Welche Faktoren beeinflussen das Auftreten und den Umfang der Verhaltensadaptation?
- Wie sind die Auswirkungen von Verhaltensadaptation auf die Sicherheit zu bewerten?

Für die Bewertung der Verhaltensadaptation auf die Sicherheit ist das Verhältnis der intendierten Verhaltensänderung (z. B. Entlastung des Fahrers) zu den nicht intendierten Verhaltensänderungen relevant (siehe [45]): Nur wenn die Auswirkungen der intendierten Verhaltensadaptation absolut größer sind als die Auswirkungen der nicht intendierten Verhaltensänderungen, ist die Maßnahme erfolgreich. Rothengatter [46] geht davon aus, dass diese nicht intendierten Effekte normalerweise nicht ausreichen, um die positiven Effekte aufzuheben. Zu beachten ist aber auch, dass der Einfluss nicht intendierter Verhaltensadaptation eher unterschätzt wird [47]. Methodisch betrachtet ist es nicht nur schwierig, die jeweiligen Anteile aufzuschlüsseln, es ist ebenso schwierig, die Wirkung einzelner Maßnahmen von anderen Einflüssen zu trennen. Ansätze hierzu finden sich bei Noland [48].

Gerade weil es schwierig ist, Änderungen des Verhaltens in eine intendierte versus eine nicht-intendierte Komponente zu trennen, ist es notwendig zu verstehen, welche Faktoren zu Verhaltensadaptation führen und wie diese beeinflusst werden können. Fahrerassistenzsysteme können einen Einfluss auf die Beanspruchung und das Situationsbewusstsein haben und diese Veränderungen können ihre Ursache in falschen mentalen Modellen zur Funktionsweise oder den Einsatzgrenzen von Fahrerassistenzsystemen haben. Erreichen diese Veränderungen eine kritische Grenze, resultiert daraus eine Veränderung – oder Anpassung – des Verhaltens. Diese Art der Anpassung wurde in den vorangegangenen Kapiteln beschrieben.

Neben der Verhaltensanpassung nach vorigem Muster kann es auch zur Verhaltensanpassung aufgrund einer Veränderung motivationaler Größen kommen. Hier werden in erster Linie das erlebte Risiko als relevante Variable genannt und das Streben danach, die Beanspruchung auf einem optimalen Niveau zu halten. Folgende drei Theorien werden dabei als besonders einflussreich angesehen:
- Risikohomöostasetheorie (RHT) nach Wilde [49, 50],
- Zero-Risk-Theorie von Näätänen und Summala [51, 52],
- Task-Difficulty-Homöostase nach Fuller [53, 54].

Im Folgenden werden die grundsätzlichen Annahmen der einzelnen Modelle kurz geschildert; eine ausführliche Diskussion zu diesen Modellen findet sich in Weller [31].

Als einflussreichste, aber auch umstrittenste Theorie gilt sicherlich Wildes Risikohomöostasetheorie. Diese postuliert, dass es in einer Gesellschaft ein angestrebtes Ausmaß an Risiko („target risk") gibt. Ziel gesellschaftlichen Verhaltens ist es nicht, Risiko zu minimieren, sondern das angestrebte Ausmaß an Risiko zu erreichen. Während die Theorie ursprünglich auf aggregierter Ebene für eine ganze Gesellschaft entwickelt wurde, wandte man sie bald auf individueller Ebene an. Demnach vergleicht ein Fahrer sein momentan empfundenes Risiko mit seinem individuellen Zielrisiko. Durch Anpassung des eigenen Verhaltens (z. B. Erhöhung oder Verringerung der Geschwindigkeit), versucht der Fahrer Diskrepanzen zwischen diesen beiden Größen zu minimieren. Da das Zielrisiko als stabil angesehen wird, bedeutet eine Verringerung des subjektiven Risikos – beispielsweise durch den Einsatz von Fahrerassistenzsystemen – dass der Fahrer diesen vermeintlichen Sicherheitsgewinn durch riskanteres Verhalten ausgleicht, um sich wieder seinem Zielrisiko anzunähern.

Eine zweite einflussreiche Theorie, die das subjektive Risiko als eine der relevanten Verhaltensdeterminanten annimmt, ist die Zero-Risk-Theorie von Näätänen und Summala. Entgegen Wildes Theorie postulieren die Autoren, dass der Fahrer keineswegs ein bestimmtes Risikoniveau aufsucht. Vielmehr erfolgt eine Steuerung und Regelung des Verhaltens über Sicherheitsspielräume („safety margins", siehe [55]), während das subjektive Risiko normalerweise bei null liegt. Wie bei Wilde wird das subjektive Risiko als Produkt der subjektiven Wahrscheinlichkeit und des subjektiven Wertes (SEU, „subjective expected utility") eines unangenehmen Ereignisses bestimmt. Im Gegensatz zu Wildes Annahmen ist der Fahrer bestrebt, das Risiko gering zu halten. Unfälle entstehen gemäß der Theorie aufgrund von Wahrnehmungs- und Interpretationsfehlern bei der Bestimmung des Risikos.

Anders als die vorangegangenen Theorien sieht Fuller anfangs nicht das Risiko, sondern die Aufgabenschwierigkeit als Verhaltensdeterminante. Fuller nimmt zunächst an, dass der Fahrer – hauptsächlich über die Anpassung der Geschwindigkeit und damit der Aufgabenschwierigkeit – versucht, ein bestimmtes, festes Niveau der Aufgabenschwierigkeit zu erreichen. Dieses Bestreben könnte im Modell von de Waard [3] (siehe ◘ Abb. 5.1) in Bereich A2 angesiedelt sein. Später bewegt Fuller das Konzept weg von der Homöostase hin zur Allostase: Diese Änderung bezieht mit ein, dass sich die angestrebte Zielschwierigkeit einer Aufgabe auch ändern kann.

5.4 · Verhaltensadaptation

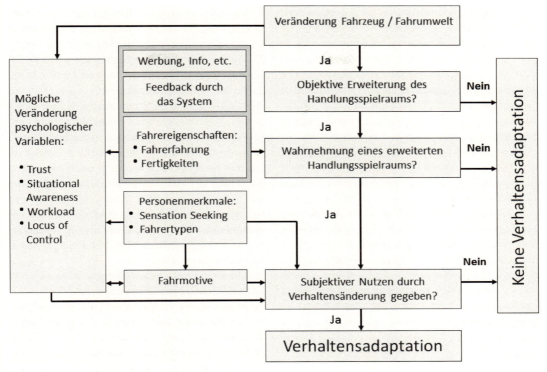

Abb. 5.4 Prozessmodell der Verhaltensadaptation [56]

Fuller [54] nennt als Beispiel das Fahren mit Blaulicht, währenddessen die Fahrer bereit sind, ein von der normalerweise akzeptierten Aufgabenschwierigkeit abweichendes Niveau anzustreben. Im Modell von de Waard (siehe Abb. 5.1) würde dies etwa dem Bereich A3 entsprechen, d. h. kurzzeitig wird bewusst eine gegenüber der optimalen Aufgabenschwierigkeit höhere Aufgabenschwierigkeit angestrebt. Dies ist kurzfristig ohne negative Auswirkungen möglich, führt aber langfristig zu negativen Folgen. Auch wenn Fuller [54] wie die beiden vorangegangenen Autoren schließlich ebenfalls zum Risiko als Verhaltensdeterminante zurückkehrt („risk allostasis theory", RAT), stellt sein anfängliches Konzept der Verhaltensanpassung über die Aufgabenschwierigkeit einen wichtigen Beitrag zur Erklärung der Verhaltensadaptation nach Einführung von Fahrerassistenzsystemen dar.

Weller und Schlag [56] haben die zuvor dargestellten Ansätze zur Erklärung von Verhaltensadaptation in einem Prozessmodell zusammengefasst (siehe Abb. 5.4). Dieses Modell erklärt Verhaltensadaptation auf motivationaler Basis über den subjektiven Nutzen, der sich aus einer Verhaltensänderung ergibt. Ausgangspunkt ist eine Veränderung der Fahrzeug- oder Fahrumwelt. Nur wenn diese Veränderung eine objektive Erweiterung des Handlungsspielraums erlaubt, kann es zu einer Verhaltensanpassung kommen. Bei der Bewertung, ob eine objektive Erweiterung des Handlungsspielraums vorliegt, wird die Wahrscheinlichkeit eines Unfalls als Grundlage gewählt. Hintergrund ist die Annahme, dass Fahrer bestrebt sind, in erster Linie bereits Kollisionen zu vermeiden, nicht nur die Verletzungsschwere zu verringern. Mit dieser Annahme lässt sich erklären, warum passive Sicherheitssysteme im Regelfall zu weniger Verhaltensadaptation führen.

Diese objektive Erweiterung des Handlungsspielraums muss wahrgenommen werden. Denkbar ist, dass Systeme, die nur sehr selten im tatsächlichen Notfall eingreifen, zu weniger Verhaltensadaptation führen, weil sie dem Fahrer weniger bewusst sind. Extern beeinflusst wird diese Wahrnehmung durch Werbung, Systemeigenschaften wie Art und Umfang der Rückmeldungen durch das System und von denjenigen Fahrereigenschaften, die bestimmen, ob der Fahrer den Spielraum wahrnimmt. Schließlich muss der Fahrer auch einen Nutzen aus einer Verhaltensanpassung antizipieren, was beispielsweise dann der Fall ist, wenn der Fahrer bei gleichen Ausgangsbedingungen schneller fahren kann. Keinen Nutzen erlebt der Fahrer möglicherweise, wenn er zwar schneller fahren kann, dies aber mit abnehmendem Komfort verbunden ist. Welche Maßstäbe der Fahrer hier anlegt, ist abhängig von Personenmerkmalen (zum Einfluss von Sensation Seeking auf Verhaltensadaptation, siehe [57]), Fahrmotive (z. B. Zeitdruck, siehe [58]) und den Auswirkungen der Fahrerassistenzsysteme auf psychologische Merkmale, wie sie zuvor dargestellt wurden (siehe hierzu auch [59]). Der subjektive Nutzen ist definiert als Möglichkeit zur Erreichung von Zielen, wie sie sich aus den vorangegangen geschilderten motivationalen Theorien zur Erklärung von Verhaltensadaptation ergeben.

5.5 Übernahmeproblematik

Von Übernahmeproblematik spricht man, wenn der Mensch die Kontrolle über ein automatisiertes System übernimmt oder übernehmen muss. Dieser Übergang ist aus verschiedenen Gründen problematisch, die eng mit den bisher besprochenen Themen verknüpft sind:

- Die Unterstützung durch Fahrerassistenzsysteme als auch Automatisierung sollen die Belastung des Fahrers reduzieren. Diese Entlastung kann jedoch zu Unterforderung und Deaktivierung führen (vgl. Abb. 5.1). Soll der Fahrer unerwartet die Kontrolle übernehmen, kann es einige Zeit in Anspruch nehmen, bis er hierfür ausreichend aktiviert ist.
- Je mehr die Fahraufgabe oder Teile der Fahraufgabe automatisiert werden, desto weniger muss sich der Fahrer selbst über die Fahrsituation informieren, da das Wissen über die gegenwärtige Fahrsituation extern abgebildet oder gespeichert wird. Als Beispiel kann hier ein Überholassistent dienen, der den Fahrer bei angedachtem Fahrstreifenwechsel vor Fahrzeugen im toten Winkel warnt: Verlässt sich der Fahrer auf die Assistenz, wird er seine aktive Suche nach Informationen verringern. Bei Ausfall der Assistenz oder in Situationen, die nicht vom Funktionsumfang abgedeckt sind, führt dies zu Problemen aufgrund mangelnder Situation Awareness.
- Längerfristig kann es bei ständigem Gebrauch der Automatisierung zu einem Verlust von Fertigkeiten, also zur Dequalifizierung kommen (siehe Abb. 5.3). Ist dies der Fall und stehen notwendige Fertigkeiten nicht mehr zur Verfügung, führt dies bei Übernahme zu Problemen.

Die zuvor genannten Punkte sind eng mit den sogenannten Ironien der Automatisierung verknüpft, wie sie Bainbridge [60] definiert hat. Diese lassen sich wie folgt zusammenfassen:

- Der Zweck der Automatisierung ist es, den fehlerhaften Menschen zu ersetzen, doch ist genau dieser fehlerhafte Mensch für die Entwicklung, Gestaltung und Umsetzung der Automatisierung zuständig.
- Obwohl der Mensch als fehlerhaft gilt, soll er die Automatisierung überwachen.
- Gerade dann, wenn die Automatisierung versagt – also wahrscheinlich in hochkomplexen Situationen – soll der Mensch die Kontrolle übernehmen.

Lösen lassen sich diese Ironien nur durch eine menschzentrierte Automation, wie sie etwa von Billings [61] beschrieben wird. Auch Bainbridge [60] selbst schlägt Maßnahmen zur Vermeidung negativer Effekte von Automatisierung vor, obschon er darauf hinweist, dass es keine einfachen Lösungen geben kann.

Notwendig ist es, den Nutzer über den Systemzustand zu informieren und insbesondere Ausfälle zu kommunizieren („automatic systems should fail obviously", [60], S. 777). Des Weiteren muss Automatisierung konsistent und vorhersagbar sein: Neben der Information kann auch durch aktive Teilhabe des Menschen sichergestellt werden, dass der Fahrer „in the loop" gehalten wird, einer zentralen Forderung von Endsley und Kiris [22] an eine fehlervermeidende Automatisierung. Verschiedentlich wird auch der Einsatz adaptiver und adaptierbarer Automation gefordert [62].

Aus vorigen Ausführungen wird ersichtlich, dass das Auftreten der Übernahmeproblematik stark vom Ausmaß und der Gestaltung der Automatisierung abhängt.

Zu niedrige Beanspruchung und niedrige Situation Awareness führen gerade bei Überwachungstätigkeiten zu Schwierigkeiten, wenn der Mensch wieder die Kontrolle übernehmen soll. Besonders problematisch ist dies, wenn die Automatisierung in verschiedenen Stufen ausgelegt ist: In diesem Fall kommt zu der Schwierigkeit der einfachen Übernahme das Problem der sogenannten Mode Awareness [63, 64] hinzu. Fehlende Mode Awareness oder Mode Errors liegen vor, wenn eine Automatisierungsstufe angenommen wurde, die nicht vorliegt. Kritisch wird die Übernahme dann, wenn sich der Fahrer in hoch automatisiertem Zustand einer anderen Aufgabe zuwendet und dann im Notfall die Kontrolle übernehmen muss [65].

Um Probleme bei der Übernahme zu vermindern und den Fahrer „in the loop" zu halten, schlagen Parasuraman, Sheridan und Wickens [66] und Parasuraman [67] eine differenzierte Automatisierung vor. Nach diesem Konzept soll der Grad der Automatisierung variieren, je nachdem, welche Auswirkungen auf die Beanspruchung, die Situation Awareness, die Nachlässigkeit („complacency") und die Dequalifizierung zu erwarten sind. Diese Auswirkungen werden für jede zu automatisierende Tätigkeit und getrennt für die einzelnen Stufen der Handlungsausführung („information acquisition", „information analysis", „decision and action selection", „action implementation") betrachtet. Als Entscheidungshilfen können sogenannte MABA-MABA-Listen („Men Are Better At – Machines Are Better At") oder Fitts-Listen dienen (Fitts, 1951, zitiert in [68]). So kann verhindert werden, dass Automatisierung undifferenziert erfolgt und nur diejenigen Teile einer Tätigkeit nicht automatisiert werden, für die es noch keine technischen Möglichkeiten gibt (siehe Ironien der Automatisierung).

Gerade mit der Entwicklung hin zum hochautomatisierten Fahren – bei dem der Fahrer sich in Grenzen anderen Aufgaben widmen kann und der Übergang in den manuellen Modus mit einer Zeitreserve erfolgt – wird der Gestaltung der Übernahmeaufforderung eine entscheidende Rolle bei der Akzeptanz und damit dem Erfolg dieser Technik zukommen. Hierbei ist es notwendig, die zuvor dargestellten Sachverhalte zu berücksichtigen und den Nutzer frühzeitig in den Entwicklungsprozess mit einzubeziehen.

Literatur

1. Engeln, A., Vratil, B.: Fahrkomfort und Fahrgenuss durch den Einsatz von Fahrerassistenzsystemen. In: Schade, J., Engeln, A. (Hrsg.) Fortschritte der Verkehrspsychologie, S. 275–288. VS Research, Wiesbaden (2008)
2. DIN EN ISO 10075-1: Ergonomische Grundlagen bezüglich psychischer Arbeitsbelastung. Teil 1: Allgemeines und Begriffe. Beuth Verlag, Berlin (2000)
3. de Waard, D.: The Measurement of Drivers' Mental Workload. The Traffic Research Centre VSC, University of Groningen, The Netherlands (1996). http://home.zonnet.nl/waard2/dewaard1996.pdf [April, 2012]
4. Young, M.S., Stanton, N.A.: Attention and automation: New perspectives on mental underload and performance. Theoretical Issues in Ergonomics Science **3**(2), 178–194 (2002)
5. Wickens, C.D., Hollands, J.G., Banbury, S., Parasuraman, R.: Engineering psychology and human performance, 4. Aufl. Pearson, Boston (2013)
6. DIN EN ISO 15006: Straßenfahrzeuge – Ergonomische Aspekte von Verkehrsinformations- und Assistenzsystemen – Anforderungen und Konformitätsverfahren für die Ausgabe auditiver Informationen im Fahrzeug (ISO 15006:2011); Deutsche Fassung EN ISO 15006:2011. Beuth Verlag, Berlin (2002)
7. ISO 15623: Intelligent transport systems – Forward vehicle collision warning systems – Performance requirements and test procedures (ISO 15623:2013(E)). International Organization for Standardization, Geneve (2013)
8. Sivak, M.: The information that drivers use: Is it indeed 90 % visual? Perception **25**(9), 1081–1089 (1996)
9. DIN EN ISO 15005: Ergonomische Aspekte von Fahrerinformations- und -assistenzsystemen. Grundsätze und Prüfverfahren des Dialogmanagements. Beuth Verlag, Berlin (2003)
10. Taylor, G.S., Reinerman-Jones, L.E., Szalma, J.L., Mouloua, M., Hancock, P.A.: What to automate: Addressing the multidimensionality of cognitive resources through system design. Journal of Cognitive Engineering and Decision Making **7**(4), 311–329 (2013)
11. Wickens, C.D., McCarley, J.S.: Applied Attention Theory. CRC Press, Boca Raton, FL (2008)
12. Piechulla, W., Mayser Gehrke, C.H., König, W.: Reducing drivers' mental workload by means of an adaptive man-machine interface. Transportation Research Part F **6**(4), 233–248 (2003)
13. Hajek, W., Gaponova, I., Fleischer, K.-H., Krems, J.: Workload-adaptive cruise control – A new generation of advanced driver assistance systems. Transportation Research Part F **20**, 108–120 (2013)

14. Liu, D., Guarino, S.L., Roth, E., Harper, K., Vincenzi, D.: Effect of novel adaptive displays on pilot performance and workload. The International Journal of Aviation Psychology 22(3), 242–265 (2012)
15. Gawron, V.J.: Human performance, workload, and situational awareness measures handbook, 2. Aufl. CRC Press, Boca Raton (2008)
16. DIN EN ISO 17287: Ergonomische Aspekte von Fahrerinformations- und Assistenzsystemen, Verfahren zur Bewertung der Gebrauchstauglichkeit beim Führen eines Kraftfahrzeugs. Beuth Verlag, Berlin (2003)
17. Endsley, M.R.: Toward a theory of situation awareness in dynamic systems. Human Factors 37(1), 32–64 (1995)
18. Kluwe, R.H.: Informationsaufnahme und Informationsverarbeitung. In: Zimolong, B., Konradt, U. (Hrsg.) Ingenieurpsychologie. Enzyklopädie der Psychologie, Themenbereich D, Serie 3, Bd. 2, S. 35–70. Hogrefe Verlag, Göttingen (2006)
19. Wickens, C.D.: Attention to Attention and Its Applications: A Concluding View. In: Kramer, A.F., Wiegmann, D., Kirlik, A. (Hrsg.) Attention. From Theory to Practice, S. 239–249. Oxford University Press, New York (NY) (2007)
20. Strayer, D.L., Drews, F.A.: Attention. In: Durso, F.T., Nickerson, R.S., Dumais, S.T., Lewandowsky, S., Perfect, T.J. (Hrsg.) Handbook of Applied Cognition, S. 29–54. John Wiley & Sons, Chichester, West Sussex (2007)
21. Müller, H.J., Krummenacher, J.: Aufmerksamkeit. In: Müsseler, J. (Hrsg.) Allgemeine Psychologie, 2. Aufl., S. 103–154. Spektrum Verlag, Heidelberg (2008)
22. Endsley, M.R., Kiris, E.O.: The out-of-the-loop performance problem and level of control in automation. Human Factors 37(2), 381–394 (1995)
23. Wickens, C.D.: Situation Awareness: Review of Mica Endsley's 1995 Articles on Situation Awareness Theory and Measurement. Human Factors 50(3), 397–403 (2008)
24. Durso, F.T., Rawson, K.A., Girotto, S.: Comprehension and situation awareness. In: Durso, F.T., Nickerson, R.S., Dumais, S.T., Lewandowsky, S., Perfect, T.J. (Hrsg.) Handbook of Applied Cognition, S. 164–193. John Wiley & Sons, Chichester, West Sussex (2007)
25. Endsley, M.R.: Direct Measurement of Situation Awareness: Validity and Use of SAGAT. In: Endsley, M.R., Garland, D.J. (Hrsg.) Situation awareness analysis and measurement, S. 147–173. Lawrence Erlbaum, Mahwah, NJ (2000)
26. Salmon, P.M., Stanton, N.A., Walker, G.H., Jenkins, D., Ladva, D., Rafferty, L., et al.: Measuring Situation Awareness in complex systems: Comparison of measures study. International Journal of Industrial Ergonomics 39(3), 490–500 (2009)
27. Gugerty, L.J.: Situation awareness during driving: Explicit and implicit knowledge in dynamic spatial memory. Journal of Experimental Psychology: Applied 3(1), 42–66 (1997)
28. Durso, F.T., Dattel, A.R.: SPAM: The Real-Time Assessment of SA. In Banbury S., Tremblay S. (Hrsg.), A Cognitive Approach to Situation Awareness: Theory and Application, S. 137–154. Ashgate, Aldershot, UK (2004)
29. Brewer, F.W.: Mental Models. In: Nadel, L. (Hrsg.) Encyclopedia of cognitive science, Bd. 3, S. 1–6. Wiley, London (2002)
30. Wilson, J.R., Rutherford, A.: Mental models: Theory and application in human factors. Human Factors 31(6), 617–634 (1989)
31. Weller, G.: The Psychology of Driving on Rural Roads. Development and Testing of a Model. VS-Verlag, Wiesbaden (2010)
32. Weller, G., Schlag, B., Gatti, G., Jorna, R., van de Leur, M.: Internal report D8.1. Human factors in road design. State of the art and empirical evidence (EC: Contract no.: 50 61 84, 6th Framework Programme) (2006). http://ripcord.bast.de/pdf/RI-TUD-WP8-R1-Human_Factors.pdf, Zugegriffen: Juli, 2008
33. Hacker, W.: Allgemeine Arbeitspsychologie. Psychische Regulation von Wissens-, Denk- und körperlicher Arbeit, 2. Aufl. Hans Huber Verlag, Bern (2005)
34. Beggiato, M., Krems, J.F.: The evolution of mental model, trust and acceptance of adaptive cruise control in relation to initial information. Transportation Research Part F 18, 47–57 (2013)
35. Cherri, C., Nodari Toffetti, E.A.: AIDE Deliverable 2.1.1: Review of existing Tools and Methods (EU Contract No.: IST-1-507674-IP) (2004). http://www.aide-eu.org/pdf/sp2_deliv/aide_d2-1-1.pdf, Zugegriffen: März, 2007
36. Mohammed, S.F., Lori Hamilton, K.: Metaphor no more: A 15-year review of the team mental model construct. Journal of Management 36(4), 876–910 (2010)
37. Lee, J.D., See, K.A.: Trust in Automation: Designing for Appropriate Reliance. Human Factors 46(1), 50–80 (2004)
38. Wickens, C.D., Lee, J.D., Liu, Y., Becker, S.E.G.: An Introduction to Human Factors Engineering, 2. Aufl. Pearson Education, Upper Saddle River (NJ) (2004)
39. Stanton, N.A., Young, M.S.: Driver behaviour with adaptive cruise control. Ergonomics 48(10), 1294–1313 (2005)
40. OECD: Behavioural adaptations to changes in the road transport system. OECD, Paris (1990)
41. Sagberg, F., Fosser, S., Saetermo, I.-A.F.: An Investigation of Behavioural Adaption to Airbags and Antilock Brakes among Taxi Drivers. Accident Analysis & Prevention 29(3), 293–302 (1997)
42. Hoedemaeker, M., Brookhuis, K.A.: Behavioural adaptation to driving with an adaptive cruise control (ACC). Transportation Research Part F 1(2), 95–106 (1998)
43. Weinberger, M.: Der Einfluss von Adaptive Cruise Control Systemen auf das Fahrverhalten. Dissertation TU München, Berichte aus der Ergonomie. Shaker-Verlag, Aachen (2001)
44. Lewis-Evans, B., Charlton, S.G.: Explicit and implicit processes in behavioural adaptation to road width. Accident Analysis & Prevention 38(3), 610–617 (2006)
45. Elvik, R., Vaa, T.: The handbook of road safety measures. Elsevier Verlag, Amsterdam (2004)
46. Rothengatter, T.: Drivers' illusions – No more risk. Transportation Research Part F 5(4), 249–258 (2002)
47. Dulisse, B.: Methodological issues in testing the hypothesis of risk compensation. Accident Analysis & Prevention 29(3), 285–292 (1997)

Literatur

48. Noland, R.B.: Traffic fatalities and injuries: The effect of changes in infrastructure and other trends. Accident Analysis & Prevention **35**(4), 599–611 (2003)
49. Wilde, G.J.S.: Risk homeostasis theory and traffic accidents: Propositions, deductions and discussions of dissension in recent reactions. Ergonomics **31**(4), 441–468 (1988)
50. Wilde, G.J.S.: Target risk 2. A new psychology of safety and health; what works? What doesn't? And why ... PDE, Toronto (2001)
51. Näätänen, R., Summala, H.: Road-user behavior and traffic accidents. North-Holland Publishing, Amsterdam (1976)
52. Summala, H.: Risk control is not adjustment: The zero-risk theory of driver behaviour and its implications. Ergonomics **31**(4), 491–506 (1988)
53. Fuller, R.: Towards a general theory of driver behaviour. Accident Analysis & Prevention **37**(3), 461–472 (2005)
54. Fuller, R.: Driver Control Theory. From Task Difficulty Homeostasis to Risk Allostasis. In: Porter, B.E. (Hrsg.) Handbook of Traffic Psychology, S. 13–26. Academic Press, London (2011)
55. Lu, G., Cheng, B., Lin, Q., Wang, Y.: Quantitative indicator of homeostatic risk perception in car following. Safety Science **50**(9), 1898–1905 (2012)
56. Weller, G., Schlag, B.: Verhaltensadaptation nach Einführung von Fahrerassistenzsystemen. In: Schlag, B. (Hrsg.) Verkehrspsychologie. Mobilität – Verkehrssicherheit – Fahrerassistenz, S. 351–370. Pabst Verlag, Lengerich (2004)
57. Jonah, B.A.: Sensation seeking and risky driving: A review and synthesis of the literature. Accident Analysis & Prevention **29**(5), 651–665 (1997)
58. Adams-Guppy, J.R., Guppy, A.: Speeding in relation to perception of risk, utility and driving style by British company car drivers. Ergonomics **38**(12), 2525–2535 (1995)
59. Stanton, N.A., Young, M.S.: Vehicle automation and driving performance. Ergonomics **41**(7), 1014–1028 (1998)
60. Bainbridge, L.: Ironies of Automation. Automatica **19**(6), 775–779 (1983)
61. Billings, C.E.: Aviation automation: The search for a human-centered approach. Erlbaum, Mahwah (NJ) (1997)
62. Kaber, D.B., Endsley, M.R.: The effects of level of automation and adaptive automation on human performance, situation awareness and workload in a dynamic control task. Theoretical Issues in Ergonomics Science **5**(2), 113–153 (2004)
63. Sarter, N.B.: Investigating mode errors on automated flight decks: Illustrating the problem-driven, cumulative, and interdisciplinary nature of human factors research. Human Factors **50**(3), 506–510 (2008)
64. Sarter, N.B., Woods, D.D.: How in the world did we ever get into that mode? Mode error and awareness in supervisory control. Human Factors Special Issue **37**, 5–19 (1995)
65. Merat, N., Jamson, A.H., Lai, F.C.H., Carsten, O.: Highly Automated Driving, Secondary Task Performance, and Driver State. Human Factors **54**(5), 762–771 (2012)
66. Parasuraman Sheridan, R.T.B., Wickens, C.D.: A model for types and levels of human interaction with automation. IEEE Transactions on Systems, Man and Cybernetics, Part A: Systems and Humans **30**(3), 286–297 (2000)
67. Parasuraman, R.: Designing automation of human use: empirical studies and quantitative models. Ergonomics **43**(7), 931–951 (2000)
68. Lee, J.D.: Human Factors and Ergonomics in Automation Design. In: Salvendy, G. (Hrsg.) Handbook of human factors and ergonomics, 3. Aufl., S. 1570–1596. Wiley, Hoboken, NJ (2006)

Funktionale Sicherheit und ISO 26262

Ulf Wilhelm, Susanne Ebel, Alexander Weitzel

6.1 Aufgaben der funktionalen Sicherheit – 86

6.2 Sicherheitsanforderungen an Fahrerassistenzsysteme – 88

6.3 Erfüllung der Sicherheitsanforderungen – 94

6.4 Grenzen der ISO 26262 – 99

6.5 Zusammenfassung und Ausblick – 102

Literatur – 102

6.1 Aufgaben der funktionalen Sicherheit

6.1.1 Überblick

Bevor ein technisches Produkt für Verkauf und Gebrauch freigegeben werden kann, ist immer der Nachweis zu führen, dass dieses ausreichend sicher ist. In dieser allgemeinen Sicherheitsbetrachtung wird das Teilgebiet der korrekten und sicheren Funktion des Produkts als funktionale Sicherheit bezeichnet [1].

Als Referenzgröße für die Bewertung, ob ein Produkt sicher ist, dient das tolerierbare Grenzrisiko. Liegt das Risiko, das von einem Produkt ausgeht, unterhalb des Grenzrisikos, kann es als ausreichend sicher betrachtet werden. Das Risiko wiederum wird in der Ingenieurwissenschaft als das Produkt aus Eintretenswahrscheinlichkeit und Schwere eines Schadens definiert [2]. Haben in den Ablauf eingebundene Personen – wie beispielsweise Bediener einer Maschine – durch gezielte Handlungen die Möglichkeit, den Schaden bei Auftreten eines Fehlers abzuwenden, wird als zusätzlicher Faktor die Kontrollierbarkeit (zur Begrifflichkeit vgl. [3]) herangezogen.

Das tolerierbare Grenzrisiko wird durch den aktuellen Stand der Technik definiert. Der Hersteller ist verpflichtet, im Schadensfall nachweisen zu können, dass sein Produkt zum Zeitpunkt des Inverkehrbringens dem Stand von Wissenschaft und Technik unter Sicherheitsgesichtspunkten genügte [4]. Die Definition des verbindlichen Standes der Technik wird häufig in Normen vorgenommen, die die von Produkt und Hersteller zu erfüllenden Anforderungen sowohl bezüglich der Produkteigenschaften als auch an Entwicklungsmethodik und Dokumentation zusammenfassen.

Anforderungen an die funktionale Sicherheit von elektrischen, elektronischen und programmierbaren elektronischen Systemen im Allgemeinen fasst die technische Norm IEC/EN 61508 [5] zusammen. Für den automobilen Bereich ist die daraus abgeleitete ISO 26262 [6] die relevante Norm: Sie enthält Definitionen, Richtlinien sowie Entwicklungs- und Kontrollmethoden zur funktionalen Sicherheit von elektrischen und elektronischen (E/E)-Komponenten.

6.1.2 Ziele und Aufbau der ISO 26262

Die ISO 26262 definiert Anforderungen an die Entwicklung sicherheitskritischer Komponenten und Systeme von Straßenkraftfahrzeugen. Dabei werden zurzeit nur Pkws bis 3,5 t eingeschlossen, allerdings sind angepasste Varianten für Nutzfahrzeuge [7, 8] und motorisierte Zweiräder [9, 10] in der Entwicklung.

Das in der ISO 26262 beschriebene Vorgehen orientiert sich am allgemeinen V-Modell der Produktentwicklung [11]. Bereits zu Beginn des Produktlebenszyklus, in der Konzeptphase des jeweiligen Systems, sind die Gefahren, die durch eine Funktion entstehen können, zu bestimmen und daraus die resultierenden Risiken zu quantifizieren. Abhängig von dieser Risikobestimmung werden die Sicherheitsziele festgelegt und damit die Anforderungen an Entwicklungsmethoden, Qualitätssicherung und Überwachung über den gesamten Produktlebenszyklus definiert. Der vereinfachte Ablauf des Sicherheitsentwicklungsprozesses nach ISO 26262 mit den dazugehörigen originalen Kapitelüberschriften ist in ◻ Abb. 6.1 dargestellt.

Die durch die ISO 26262 vorgegebene Methodik gewährleistet damit die Integration von Sicherheitsanforderungen bereits zu Beginn des Entwicklungsprozesses. Hierdurch werden die anzuwendenden Entwicklungsmethoden anhand von sicherheitstechnischen Kriterien festgelegt. Insbesondere müssen die Anforderungen an die Qualität des Sicherheitskonzeptes bereits definiert werden, bevor die Produkteigenschaften detailliert spezifiziert werden.

6.1.3 Abgrenzung zu anderen Normen und Richtlinien

Um eine breite Anwendbarkeit auch auf unterschiedlichste Systeme zu ermöglichen, adressiert die ISO 26262 die Problemstellungen der funktionalen Sicherheit auf abstrakter Ebene. Dadurch bietet sie zwangsläufig wenig konkrete Informationen zu den bei der Anwendung benötigten Methoden und Vorgehensweisen, beispielsweise der Umsetzung von Kontrollierbarkeitsabschätzungen und -prüfungen

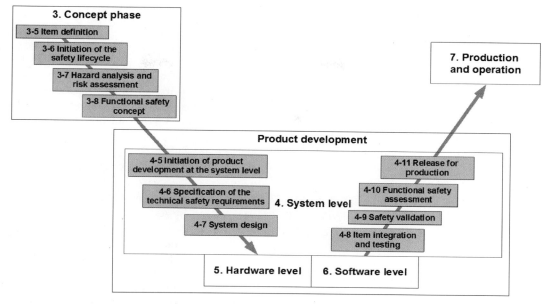

Abb. 6.1 Entwicklungsprozess nach ISO 26262 mit Originalüberschriften und mit Fokus auf die Systementwicklung

für die Risikoermittlung. Die Quantifizierung der einzelnen Einflussfaktoren des Risikos bestimmt jedoch direkt die Gefährdungsbewertung und damit die an das System bzw. die Funktion anzulegenden Sicherheitsmaßstäbe. Folglich ist auch der jeweilige Stand der Technik zu objektiven, allgemein anerkannten Bewertungsmethoden und -metriken zur Beurteilung von Fahrsituationshäufigkeit, Kontrollierbarkeit und Schadensschwere für eine Risikobeurteilung zu beachten. Im Bereich von Fahrerassistenzsystemen mit Umfeldwahrnehmung liefert hier beispielsweise der „Code of Practice" [12] aus dem Projekt PReVENT einen Anhaltspunkt, der den Stand der Technik zu Bewertungsmethoden und -metriken für diese Kategorie zusammenfasst und dabei auch Vorgehensweisen zu Betrachtungen an der Mensch-Maschine-Schnittstelle liefert. In diesem Code of Practice sind beispielsweise umfangreiche Fragebögen enthalten, nach denen das Zusammenwirken von Assistenzsystem und Fahrer situationsabhängig und in 18 Kategorien (bspw. Vorhersehbarkeit, Vertrauen, Nachvollziehbarkeit) unterteilt, bewertet werden kann. Der darin dokumentierte Stand der Technik, sei er auch schon einige Jahre alt, bietet durch die Konkretisierung einen Bezugspunkt und Beispiele für die praktische Umsetzung der Gefährdungsanalyse und Risikobewertung.

Durch die funktionsübergreifende Formulierung ist die ISO 26262 auch zu funktionsspezifischen Normen zu Fahrerassistenzsystemen abgegrenzt. Diese Normen, wie beispielsweise die ISO 15622 für Adaptive Cruise Control (ACC), definieren die Funktionsbereiche, -umfänge und Mindestanforderungen bezogen auf die jeweilige Fahrerassistenzfunktion. Dabei werden auch Testmethoden beschrieben, mit denen die Anforderungserfüllung überprüft werden kann.

6.1.4 Abgrenzung zur Behandlung von anderen Fehlerquellen

Bei der Betrachtung der funktionalen Sicherheit von Systemen nach den Vorgaben der ISO 26262 ist eine Abgrenzung zu anders gearteten Fehlern vorzunehmen. Eine Grenze ist die Beschränkung auf elektrische/elektronische und programmierbare Systeme (E/E-Systeme), so dass beispielsweise mechanische Fehler als Ursache für Risiken nicht berücksichtigt werden.

Ebenso betrachtet die Norm nur die funktionalen Fehler (im Sinne einer Abweichung von einer expliziten Spezifikation) eines Fahrerassistenzsystems. Dies setzt voraus, dass eindeutig zwischen einem spezifikationsgerechten Zustand, der korrekten Funktion, und einem nichtspezifikationsgerechten Zustand, einem Fehler/Ausfall oder einem Versagen, differenziert werden kann. Diese Fehler sind als solche identifizierbar und können z. B. durch eine Fehlererkennung mit sehr hoher Diagnoseabdeckung und Abschalt- und Degradationsmaßnahmen auf ein Minimum reduziert werden.

Als fehlerhaft empfundene Eingriffe von Fahrerassistenzsystemen mit Umfeldwahrnehmung entstehen jedoch nicht nur durch Versagen von E/E-Bauteilen oder eine fehlerhafte Software. Eine andere Art von Fehler tritt auf, obwohl alle Bauteile sowie die Software innerhalb der Spezifikation funktionieren: Dabei reagiert das System in einer der Situation nicht angemessenen Weise, weil die Systemspezifikation nicht alle theoretisch möglichen Fälle abdeckt, die im Fahrzeugbetrieb auftreten können. Die der Fahrsituation nicht angemessene Reaktion des Systems resultiert dabei beispielsweise aus einer unvollständigen Situationswahrnehmung oder aus nicht eintretenden Prädiktions- bzw. Modellannahmen. Aufgrund der großen Anzahl möglicher Fahrsituationen können umfeldsensorbasierte Fahrerassistenzsysteme nach aktuellem Wissensstand aber weder so eindeutig spezifiziert noch so getestet werden, dass fehlerhafte Eingriffe nur außerhalb der Spezifikation auftreten [13]. Eine abstraktere Formulierung der Systemspezifikation verschiebt diese Problematik nur, da spätestens bei der technischen Umsetzung konkrete Systemreaktionen auf Basis vorliegender Umfeldinformationen festgelegt werden müssen. Die weiterführende Diskussion dieser Problematik findet sich in ▶ Abschn. 6.4 dieses Kapitels.

Auch wenn sich die technischen Ursachen für die beiden Fehlerarten unterscheiden, sind die für den Fahrer wahrnehmbaren Effekte auf das Fahrzeug gegebenenfalls ähnlich (bspw. eine Fahrzeugverzögerung ohne ersichtlichen Grund).

Das in der ISO 26262 definierte Vorgehen der Festlegung von Sicherheitsanforderungen anhand einer objektiven Risikobewertung kann für beide Fehlerarten angewendet werden. Aus Sicht des Fahrers und weiterer beteiligter Personen ist es in der jeweiligen Situation unerheblich, ob die Ursache einer Gefährdung in funktionalen Fehlern oder in Unzulänglichkeiten des Systems begründet ist, solange die Auswirkungen auf die Situation gleich oder zumindest ähnlich sind. In [14] wird dies als ganzheitlicher Ansatz bezeichnet, der eine vergleichende Bewertung der Auswirkungen sowohl von technischen Fehlern als auch von funktionalen Unzulänglichkeiten zulässt. Inwiefern allerdings das zugrunde liegende akzeptierte Grenzrisiko und damit die nach ISO 26262 anzuwendende Bewertungsmetrik der resultierenden erlaubten Fehlerraten in beiden Fällen gleichgesetzt werden darf, wird aktuell noch diskutiert. So wird in [15] ein akzeptiertes Grenzrisiko auf Systemebene für beide Fehlerarten gefordert, während [16] die funktionalen Unzulänglichkeiten eindeutig der Gebrauchssicherheit zuordnet.

6.2 Sicherheitsanforderungen an Fahrerassistenzsysteme

ISO 26262 fordert während der Konzeptionsphase die Identifikation der von einem E/E-System ausgehenden Risiken und die Bewertung des Risikopotenzials. Dies erfolgt auf Basis der Gefährdungsanalyse und Risikobewertung (G&R), einer Methode, deren Anwendung in Teil 3 der ISO 26262 normativ vorgeschrieben ist (3–7 in ◘ Abb. 6.1). Im Rahmen der G&R werden auf Fahrzeugebene potenzielle Gefährdungen ohne Berücksichtigung der Ursachen analysiert und die erkannten Risiken klassifiziert. Dabei bedeutet Fahrzeugebene nach [16] die Realisierung ein oder mehrerer Systeme, auf die die ISO 26262 angewendet wird, und bezeichnet somit die oberste Abstraktionsebene im Gesamtsystem „Fahrzeug". Zur Vermeidung der im Rahmen der G&R bestimmten Gefährdungen fordert die ISO 26262 die Spezifikation von Sicherheitszielen (3–5 in ◘ Abb. 6.1). Diese geben den Rahmen für die Entwicklung des Sicherheitskonzepts vor. Die daraus abgeleitete hierarchische Struktur von Sicherheitsanforderungen ist in ◘ Abb. 6.2 dargestellt. Die Sicherheitsziele werden auf Fahrzeugebene unter Berücksichtigung der Einflüsse und Situationen aus der Umwelt bestimmt und anschließend im Fahrzeugsystem an die an der Gefährdung beteiligten Funktionen als funktionale Sicherheitsanforderungen (3–8 in ◘ Abb. 6.1) abgeleitet. Diese Ableitung ist noch „lösungsfrei" und somit unabhängig von der konkreten Implemen-

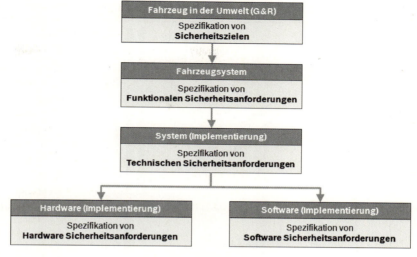

Abb. 6.2 Hierarchische Struktur von Sicherheitsanforderungen

tierung. Erst auf der konkreten Systemebene erfolgt die Realisierung einer oder mehrerer Funktionen, adressiert über technische Sicherheitsanforderungen (4–6 in ◘ Abb. 6.1). Im Gegensatz zu funktionalen Sicherheitsanforderungen beschreiben technische Sicherheitsanforderungen die Implementierung des Systems und werden im nächsten Ableitungsschritt zur Implementierung der Hardware (HW) und der Software (SW) entsprechend zu HW- und SW-Sicherheitsanforderungen (Teil von 5 und 6 in ◘ Abb. 6.1) detailliert.

Im Folgenden wird am Beispiel der Fahrerassistenzfunktion „Automatische Notbremse (ANB)" (engl. „Autonomous Emergency Braking – AEB") die hierarchische Struktur von Sicherheitsanforderungen genauer vorgestellt. Die ANB soll im Falle einer drohenden Kollision mit dem vorausfahrenden Fahrzeug eine automatische Notbremsung durchführen; je nach Stärke des Eingriffs wird die Funktion zur Schadensverminderung oder zur Schadensvermeidung ausgelegt (siehe ▶ Kap. 47).

6.2.1 Spezifikation von Sicherheitszielen

6.2.1.1 Grundlagen

Die ISO 26262 gibt die Methodik zur Analyse und Klassifikation von Gefährdungen normativ vor. Dies erfolgt auf Basis von folgenden drei Risikoparametern:

- Häufigkeit der Fahrsituation (ausgesetzt sein, engl. „exposure"): Wie häufig sind die Fahrsituationen, in denen eine Gefährdung vom Fahrer oder anderen Verkehrsteilnehmern auftreten kann?
- Kontrollierbarkeit (engl. „controllability"): Wie gut ist die Gefährdung vom Fahrer oder anderen Verkehrsteilnehmern in der jeweiligen Fahrsituation kontrollierbar, damit der Schaden vermieden werden kann?
- Schadensschwere (engl. „severity"): Wenn der Schaden eintritt, wie groß ist dann die Schwere der Auswirkung?

Die Darstellung in ◘ Abb. 6.3 zeigt die Zusammenhänge der drei Risikoparameter in einem Risikodiagramm. Anhand dieses Diagramms lässt sich darstellen, wie eine Risikobewertung durchgeführt wird. Dabei setzt sich das Produkt Risiko aus den Faktoren Schadensschwere (x-Achse) und Häufigkeit (y-Achse) zusammen. Bezogen auf die zuvor erwähnten Risikoparameter wird die *Schadensschwere* mit dem gleichnamigen Parameter bewertet. Die Häufigkeit resultiert aus der Häufigkeit der Fahrsituation und der Kontrollierbarkeit: Je höher die *Häufigkeit der Fahrsituation* ist, umso größer ist auch das resultierende Risikopotenzial. Nur durch eine hohe *Kontrollierbarkeit* kann das Risiko noch gesenkt werden, was dann gegeben ist, wenn die an der kritischen Situation beteiligten Verkehrsteilnehmer die Möglichkeit haben, den Schaden zu vermeiden.

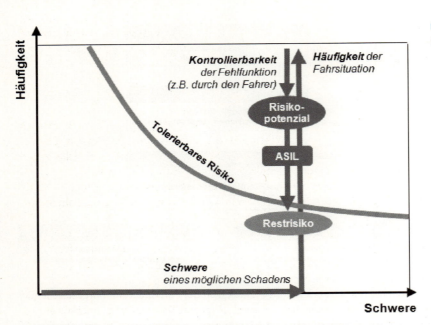

Abb. 6.3 Risikodiagramm

Tab. 6.1 ASIL-Bestimmungsmatrix

		Kontrollierbarkeit (engl. „controllability")		
Schadensschwere (engl. „severity")	Häufigkeit Fahrsituation (engl. „exposure")	C1 (einfach)	C2 (normal)	C3 (schwierig)
S1 (leicht/mittel)	E1 (sehr niedrig)	QM	QM	QM
	E2 (niedrig)	QM	QM	QM
	E3 (mittel)	QM	QM	A
	E4 (hoch)	QM	A	B
S2 (schwer, Überleben wahrscheinlich)	E1 (sehr niedrig)	QM	QM	QM
	E2 (niedrig)	QM	QM	A
	E3 (mittel)	QM	A	B
	E4 (hoch)	A	B	C
S3 (lebensgefährlich, Überleben unwahrscheinlich)	E1 (sehr niedrig)	QM	QM	A
	E2 (niedrig)	QM	A	B
	E3 (mittel)	A	B	C
	E4 (hoch)	B	C	D

Ergebnis der Risikobewertung ist das Risikopotenzial, das mit einem ASIL (Sicherheitsintegritätslevel, engl. „Automotive Safety Integrity Level") in den Klassen QM, ASIL A, ASIL B, ASIL C und ASIL D bewertet wird. Dabei entspricht ASIL A dem niedrigsten und ASIL D dem höchsten Risikopotenzial. Ausgehend vom ASIL werden normativ die Maßnahmen zur Vermeidung und Beherrschung von systematischen und zufälligen Fehlern festgelegt, um das Risikopotenzial so weit zu reduzieren, dass das verbleibende Risiko unterhalb des tolerierbaren Risikos liegt. Bei ASIL D sind mehr Methoden und Maßnahmen anzuwenden, um die Sicherheit zu gewährleisten, als bei einem ASIL A. Wird eine Gefährdung jedoch nur mit QM (Qualitätsmanagement) eingestuft, dann reicht die Anwendung eines zertifizierten Qualitätsmanagementsystems aus und die Anwendung der ISO 26262 auf den weiteren Entwicklungsprozess ist nicht erforderlich.

Die ASIL-Einstufung wird konkret anhand der Bewertung der einzelnen Risikoparameter nach ◘ Tab. 6.1 bestimmt. Dabei ist jeder Risikoparameter in drei bis vier Klassen eingeteilt, wobei jede Klasse einer anderen Bedeutung entspricht. Im Anhang von Teil 3 der ISO 26262 gibt es informative Tabellen mit Hinweisen und Beispielen, mit welchen Risikoparametern die Schadensschwere von Unfällen, Fahrsituationen und Kontrollierbarkeit vom Fahrer zu bewerten sind. So werden Fahrsituationen, die bei fast jeder Autofahrt auftreten (z. B. Fahrt auf Landstraße), mit E4 eingestuft und Fahrsituationen, die mindestens einmal im Monat auftreten (z. B. Fahren mit Anhänger, Stau), mit E3 – noch seltenere Fahrsituationen dann entsprechend mit E2 (z. B. Fahren auf Eis und Schnee) bzw. mit E1 bei sehr seltenen Situationen (Fahrzeug auf Rollenprüfstand). Allein schon dieses Beispiel zeigt, dass eine objektive Bewertung nicht immer möglich ist, da Fahrsituationen je nach betrachteter Umwelt auch unterschiedlich bewertet werden können. So wird beispielsweise eine Fahrt auf Eis und Schnee in den nördlichen Regionen Europas sicherlich mit einer höheren Aufenthaltsdauer bewertet werden als in den südlichen Regionen.

6.2.1.2 Sicherheitsziele am Beispiel ANB

Die ANB-Funktion steuert den Aktor „Bremse" an. Ausgehend von der Aktorfunktion „Bremsen" können folgende Fehlfunktionen als potenzielle Gefährdungen bestimmt werden:
a) ungewollte automatische Bremsung,
b) ungewollte Bremsverstärkung bei Fahrerbremsung,
c) keine Bremsung trotz Bremsanforderung,
d) zu geringe Bremsung trotz Bremsanforderung,
e) Fahrzeug im Stillstand festgebremst.

Im ersten Schritt wird das Risikopotenzial der Gefährdungen der „Bremsfunktion" unabhängig von der Fahrerassistenzfunktion bestimmt. Dies erfolgt auf Basis der G&R mit den Risikoparametern Schadensschwere (S), Häufigkeit Fahrsituation (E) und Kontrollierbarkeit (C) nach ◘ Tab. 6.2. Dort werden für die Gefährdungen a) und b) ein ASIL C bestimmt, die Bewertung erfolgt ohne Berücksichtigung von Sicherheitsmaßnahmen (z. B. Deaktivierung Bremsung durch Fahrer oder Begrenzung des Bremseingriffs).

Der ermittelte ASIL dient für die weitere Entwicklung des Produkts als Maßstab für die Risikoreduktion, wobei zur Vermeidung der Gefährdung

◘ Tab. 6.2 G&R am Beispiel der Aktorfunktion „Bremsen"

Nr.	Fehlfunktion	Situation	Gefährdung	S	Begründung S	E	Begründung E	C	Begründung C	ASIL
a)	ungewollte automatische Bremsung (Annahme: Fahrzeug bleibt stabil)	Stadtfahrt/ Landstraße/ Autobahn, dichter Verkehr mit zu geringem Sicherheitsabstand	Auffahrunfall durch nachfolgendes Fahrzeug	2	Unfallstatistik zeigt leichte bis schwere Verletzungen	4	Dichter Verkehr in fast allen Fahrsituationen	3	Kontrollierbarkeit durch zu geringen Sicherheitsabstand schwierig für nachfolgenden Fahrer	C
b)	ungewollte Bremsverstärkung bei Fahrerbremsung (Annahme: Fahrzeug bleibt stabil)									

Tab. 6.3 Sicherheitsziele am Beispiel der Aktorfunktion „Bremsen"

Nr.	Sicherheitsziel (engl. „safety goal")	Sicherer Zustand (engl. „safe state")	ASIL
a)	Vermeide ungewollte Bremsung, die zu einer Gefährdung führt.	automatische Bremsung zurücknehmen	C
b)	Vermeide ungewollte Bremsung, die zu einer Gefährdung führt.	Bremsverstärkung zurücknehmen	C

„Auffahrunfall" Sicherheitsziele spezifiziert werden. Diese sind als Sicherheitsanforderung auf höchster Abstraktionsebene („top-level safety requirements") der Ausgangspunkt für die Entwicklung des Sicherheitskonzepts. Zusätzlich muss zu jedem Sicherheitsziel der „sichere Zustand" („safe state") spezifiziert werden. Im Falle des Beispiels aus ■ Tab. 6.2 sind die Sicherheitsziele und der sichere Zustand in ■ Tab. 6.3 beschrieben.

Sicherheitsziele adressieren alle Systeme, die direkt oder indirekt auf den betrachteten Aktor zugreifen können und somit das Potenzial haben, die Gefährdungen a) bis e) zu verursachen. Die hierarchische Struktur von Sicherheitsanforderungen aus ■ Abb. 6.2 erfordert die Detaillierung der Sicherheitsanforderungen von Fahrzeugebene bis auf HW- und SW-Ebene mit dem Ziel, die Sicherheitsziele zu erfüllen und somit die identifizierten Gefährdungen zu vermeiden.

6.2.2 Spezifikation von Sicherheitsanforderungen

6.2.2.1 Grundlagen

Sicherheitsanforderungen werden ausgehend von den Sicherheitszielen auf jeder Ebene der Fahrzeug- und Systemarchitektur spezifiziert, s. ■ Abb. 6.2. Auf Fahrzeugebene wird das sichere Verhalten der Funktion, welche potenziell das Sicherheitsziel verletzen kann, in Form von funktionalen Sicherheitsanforderungen spezifiziert. Dies erfolgt für alle beteiligten Systeme und ist Bestandteil der Lastenhefte an die einzelnen Systemanbieter. Das funktionale Sicherheitskonzept (3–8 in ■ Abb. 6.1) beschreibt die Annahmen und Lösungen, anhand derer die Ableitung der Sicherheitsziele in funktionale Sicherheitsanforderungen vorgenommen wurde.

Die Lastenhefte mit den funktionalen Sicherheitsanforderungen werden vom Fahrzeugsystem-Verantwortlichen erstellt, dies ist in der Regel der OEM. Die Systemanbieter sind dann in der Pflicht, das Sicherheitskonzept so zu spezifizieren und umzusetzen, dass die funktionalen Sicherheitsanforderungen an das System nicht verletzt werden. Das technische Sicherheitskonzept enthält die Dokumentation der Ableitung der funktionalen Sicherheitsanforderungen zu technischen Sicherheitsanforderungen. Dieses beinhaltet die konkrete Lösung auf Systemebene zur Vermeidung der Verletzung der funktionalen Sicherheitsanforderungen und damit implizit zur Vermeidung einer Verletzung des übergeordneten Sicherheitsziels.

6.2.2.2 Sicherheitsanforderungen am Beispiel ANB

Ein Beispiel von Sicherheitsanforderungen der ANB-Funktion auf Fahrzeug- und auf Systemebene ist in ■ Abb. 6.4 enthalten. Bestandteile der Aktorfunktion Bremsen sind das „System Fahrerassistenz (FAS)" und das „System Elektronische Stabilitätsregelung" (engl. „Electronic Stability Control – ESC"). Das Sicherheitsziel „Vermeide ungewollte Bremsung, die zu einer Gefährdung führt" muss nun so auf die beiden Systeme vererbt werden, dass dieses nicht verletzt wird. Dies bedeutet für das System FAS, dass eine unberechtigte ANB-Anforderung, die zu einer Gefährdung führen kann, vermieden werden muss. Durch die Limitierung der ANB-Funktion in der Dauer und z. T. auch in der Stärke kann das Risikopotenzial reduziert werden, da eine kürzere oder eine schwächere Bremsung positiven Einfluss sowohl auf das Schadensausmaß als auch auf die Kontrollierbarkeit hat. Die in der ISO 26262 beschriebene G&R stößt an ihre Grenzen, wenn es darum geht, diese Risikoreduktion konkret zu bestimmen. In der Regel fällt es aufgrund der groben Einteilung der Risikoparameter und der damit verbundenen subjektiven Einschätzung schwer, Bremseingriffe mit unterschiedlichen Bremsprofilen entsprechend ihrem Risikopotenzial

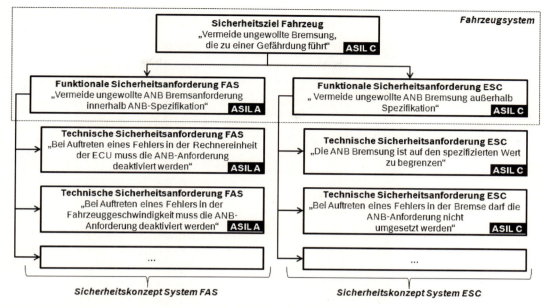

◻ **Abb. 6.4** Hierarchische Struktur von Sicherheitsanforderungen am Beispiel ANB

zu bewerten. In diesem Fall können objektivierte Methoden wie beispielsweise Simulationen auf Basis der Bewegungsgleichungen oder Nutzung von Dauerlaufdaten und Unfallstatistiken weiterhelfen, um die ASIL-Einstufung unterschiedlicher Bremsprofile genauer zu bestimmen.

Angenommen der ANB-Eingriff ist so begrenzt, dass das Risikopotenzial auf ein ASIL A reduziert werden kann: In diesem Fall wird diese ASIL-Einstufung zusammen mit der funktionalen Sicherheitsanforderung „Vermeide ungewollte Bremsanforderung innerhalb der ANB-Spezifikation" an das System FAS vererbt. Um jedoch zu vermeiden, dass aufgrund eines Fehlers eine ANB-Bremsung außerhalb der spezifizierten Grenzen durchgeführt wird, müssen diese Grenzen ebenfalls abgesichert werden. In der Regel erfolgt die Begrenzung der ANB-Anforderung im System ESC mit einem ASIL C, abgeleitet von der ursprünglichen Einstufung des entsprechenden Sicherheitsziels.

6.2.2.3 Dekompositionsmethoden

Neben der Vererbung von Sicherheitsanforderungen, bei denen der ASIL mindestens einer abgeleiteten Sicherheitsanforderung zugeordnet wird, bietet die ISO 26262 auch die Möglichkeit der Dekomposition. Dabei kann der ASIL der abgeleiteten Sicherheitsanforderungen reduziert werden, was allerdings nur bei vorliegender Redundanz möglich ist. Nach ISO 26262-9, Kapitel 5.4 kann eine Dekomposition und somit die Reduktion des ASIL nur durchgeführt werden, wenn die Sicherheitsanforderung „vor Dekomposition" (initiale Sicherheitsanforderung) durch mindestens zwei *ausreichend unabhängige* Elemente oder Subsysteme realisiert werden kann. Jede abgeleitete Sicherheitsanforderung muss somit in der Lage sein, die initiale Sicherheitsanforderung „alleine" zu erfüllen. Dabei gelten Elemente oder Subsysteme als „ausreichend unabhängig", wenn auf Basis der Analyse von abhängigen Fehlern (s. ISO 26262-9, Kapitel 7) kein *Common Cause* (CCF, s. ISO 26262-1, 1.14) oder *kaskadierender Fehler* (Cascading Failure, s. ISO 26262-1, 1.13) ermittelt wird, der zu einer Verletzung der initialen Sicherheitsanforderung führen kann. Common Cause bezeichnet dabei den Ausfall aufgrund einer gemeinsamen Ursache, während ein kaskadierender Fehler in seiner Folge weitere Fehler verursacht [16].

In ◻ Abb. 6.4 wird der ASIL an die beteiligten Systeme vererbt, wobei das System ESC den ASIL des übergeordneten Sicherheitsziels bekommt. Die Reduktion des ASIL beim FAS-System erfolgt nicht durch Dekomposition (hier liegt keine Redundanz

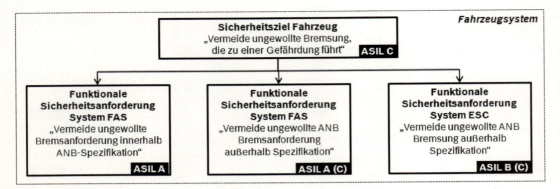

■ Abb. 6.5 Anwendung Dekomposition am Beispiel ANB

vor), sondern durch eine Neubewertung des Risikopotenzials mit eingeschränkter Bremsfunktion. Aufgrund der Tatsache, dass der Sicherheitsmechanismus zur Absicherung der spezifizierten Grenzen in einem unabhängigen Steuergerät umgesetzt wird, ist es nach ISO 26262 durchaus zulässig, den ASIL im System FAS auf das eigentliche Risikopotenzial zu reduzieren. Sollte aber rein hypothetisch im System ESC kein ASIL C umgesetzt werden können, so ist es denkbar, das ASIL C auf beide Systeme zu verteilen, indem auch im System FAS die spezifizierten Grenzen abgesichert werden. Die ISO 26262 bietet in Teil 9, Kapitel 5 verschiedene Möglichkeiten der Reduktion der ASIL-Einstufung an. Dabei soll aber immer der initiale ASIL noch in Klammern mit angegeben werden. So kann beispielsweise ein ASIL C dekomponiert werden in ein ASIL A (C) und ein ASIL B (C). Für die Sicherheitsanforderungen an die ANB-Funktion würde sich dann die Änderung in ■ Abb. 6.5 ergeben.

6.3 Erfüllung der Sicherheitsanforderungen

Nachdem die von einem Produkt ausgehenden Risiken mithilfe einer G&R (3–7 in ■ Abb. 6.1) systematisch erarbeitet und aus den Sicherheitszielen Sicherheitsanforderungen abgeleitet wurden, muss der ISO 26262 folgend die Produktentwicklung sicherstellen, dass diese auch umgesetzt werden.

Dem zugrunde liegenden V-Modell [11] nach muss dazu zunächst ein vollständiger Anforderungsbaum die Produkteigenschaften spezifizieren. Diese Spezifikation auf allen Detaillierungsebenen dient als Basis für den rechten Ast des V-Modells, der Verifikation und Validierung der Produkteigenschaften.

6.3.1 Rückverfolgbarkeit der Anforderungsebenen („Traceability")

Geht man davon aus, dass die Sicherheitsziele validiert wurden, ist laut ISO 26262 ein Produkt genau dann sicher, wenn nachgewiesen werden kann, dass die Lösung in Form der Spezifikation auf Implementierungsebene die Sicherheitsziele erfüllt. Dementsprechend reicht es also nicht, genau zu beschreiben, welche Algorithmen implementiert werden oder welche Hardware verwendet wird und wie diese beschaffen ist. Diese Lösung muss zu Validierungszwecken mit den abstrakter spezifizierten Eigenschaften, insbesondere den Sicherheitszielen, eindeutig verknüpft werden. Eine solche lückenlose Dokumentation zu erstellen, ist für komplexe Systeme durchaus herausfordernd.

Bei einem ersten Versuch, ein radarbasiertes ANB-System zu spezifizieren, könnten beispielsweise folgende Anforderungen in ein Pflichtenheft eingehen:

a) Der Innenwiderstand des Heizdrahtes der Linsenheizung soll xx Ohm betragen.
b) Der Radarsensor muss über eine "Fixed-beam-Antenne" Reflexpunkte detektieren.
c) ANB darf in Situationen ohne Unfallgefahr nicht verzögern.

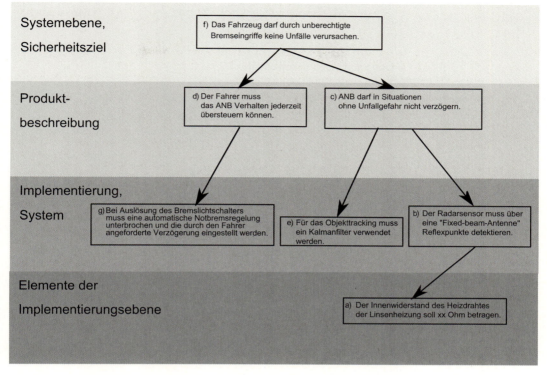

Abb. 6.6 Die Anforderungen lassen sich in einem Anforderungsbaum strukturieren: Dies ist die Basis der Rückverfolgbarkeit

d) Der Fahrer muss das ANB Verhalten jederzeit übersteuern können.
e) Für das Objekttracking muss ein Kalmanfilter verwendet werden.
f) Das Fahrzeug darf durch unberechtigte Bremseingriffe keine Unfälle verursachen.
g) Bei Auslösung des Bremslichtschalters (BLS) muss eine automatische Notbremsregelung unterbrochen und die durch den Fahrer angeforderte Verzögerung eingestellt werden.
h) …

Alle Beispielanforderungen sind valide Produktanforderungen, die sich aber auf sehr unterschiedlichen Abstraktionsebenen befinden. Anforderung f) entspricht einem generellen Sicherheitsziel. Anforderungen c) und d) sind abstrakte Verhaltensbeschreibungen, die die konkreten HW- und SW-Lösungen noch nicht vorwegnehmen. Anforderung b) und e) beschreiben HW-Komponenten und SW-Algorithmen, ohne Implementierungsdetails vorwegzunehmen. Anforderung a) ist in diesem Beispiel die konkreteste Anforderung, die sich direkt auf eine HW-Implementierung bezieht.

Nach Ableitung des funktionalen Sicherheitskonzepts (3–8 in ◘ Abb. 6.1) wurde beispielsweise Anforderung d) als Sicherheitsanforderung eingeführt. Die sich stellende Kernfrage lautet hier, ob Einhaltung des Innwiderstands nach Anforderung a) sicherheitsrelevant ist oder „nur" durch Qualitätsaspekte motiviert ist. Hierzu ist es hilfreich, die Anforderungen in einem hierarchischen Anforderungsbaum rückverfolgbar zu sortieren.

Die Knoten des Baumes verbinden dabei allgemeine Anforderungen mit Anforderungen, die diese konkretisieren: ◘ Abb. 6.6.

Mit jeder Konkretisierung wird der Lösungsraum weiter eingeschränkt. Der Baum kann auch als Darstellung ineinander verschachtelter Lösungsräume verstanden werden: ◘ Abb. 6.7.

In dieser Darstellung wird der Nutzen der Traceability besonders deutlich: Alle Methoden der ISO 26262 sind darauf ausgerichtet nachzuweisen, dass die Konkretisierung und ihre Implementierung

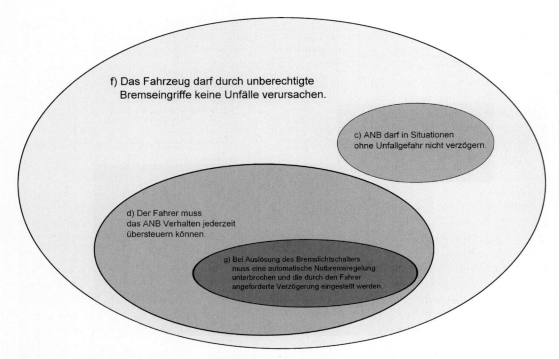

◘ **Abb. 6.7** Der Anforderungsbaum als ineinander verschachtelte Lösungsräume. Die Anforderung „Das System darf keine Unfälle verursachen" definiert einen Lösungsraum, der durch die konkrete Lösung „Der Fahrer muss das System jederzeit übersteuern können" eingeschränkt wird.

Teilmenge der abstrakteren Spezifikationen sind. Im Bild der Teilmenge ist eine Lösung genau dann nicht erlaubt, wenn sie den durch die abstrakte Anforderung aufgespannten Lösungsraum verlässt.

In der Praxis kommt es sehr oft vor, dass Hierarchieebenen versehentlich vermischt werden: Beispielsweise fordert der Entwickler auf der Ebene der Verhaltensbeschreibung des FAS-Systems schon einen konkreten Algorithmus an. Dies führt zu frühen, unnötigen Einschränkungen im Systemdesign und macht es auch schwerer, die Rückverfolgbarkeit sicherzustellen, ist aber für die Einhaltung der ISO 26262 unerheblich. Die ISO 26262 konzentriert sich auf die lückenlose Durchgängigkeit des Anforderungsbaums bezüglich der Sicherheitsanforderungen.

Es bietet sich an, alle zu einem Lösungsraum gehörenden Anforderungen zu einer System- oder Subsystembeschreibung zusammenzufassen. Beispielsweise befinden sich die Anforderungen c) und d) auf der gleichen Beschreibungsebene und beschreiben beide das Verhalten des „Features" ANB.

Ein vollständiger Satz solcher Anforderungen wird auch als Modell bezeichnet: Es ordnet jeweils einem „Eingang" (engl. „input") (Fahreraktivität, Umgebungssituation) einen „Ausgang" (engl. „output") (Systemreaktion) zu.

In der ISO 26262 sind grob vier Hierarchieebenen mit den entsprechenden Modellen definiert:
1. abstrakte Systemebene spezifiziert über die Sicherheitsziele (Anforderung f)),
2. lösungsfreie Produktbeschreibung bestehend aus funktionalen Sicherheitsanforderungen (Anforderung c), d)),
3. Anforderungen auf Implementierungsebene, die noch mehrere Module betreffen können, sich also noch nicht auf das kleinste architektonische Element beziehen: technische Sicherheitsanforderungen (Anforderungen b), e), g)),
4. eine das kleinste Strukturelement betreffende Implementierungsanforderung: HW-/SW-Sicherheitsanforderungen (Anforderung a) in diesem Beispiel nur auf HW-Ebene).

Der hier beispielhaft skizzierte Anforderungsbaum ist natürlich insofern unvollständig, als sich mithilfe dieser einfachen „Spezifikation" kein System entwickeln lässt. Darüber hinaus sind aber auch die Ableitungssprünge zu groß: Ist die Eigenschaft des Heizdrahtes wirklich nicht mit Anforderung f) (keine unberechtigten Bremseingriffe) verlinkt? Das lässt sich aus den wenigen Textzeilen nicht *eindeutig* beantworten.

Dieses Beispiel zeigt, wie groß die Herausforderung eines vollständigen, eindeutig nachvollziehbaren Anforderungsbaumes gerade für komplexe Fahrerassistenzsysteme ist. Daher muss bei der Erarbeitung des Anforderungsbaumes grundsätzlich großer Wert auf die strukturierende Systemarchitektur gelegt werden. Bis auf die in der ISO 26262 geforderten Hierarchieebenen ist es generell dem Systementwickler überlassen, wie viele Ableitungsschritte auf dem Weg zum kleinsten Strukturelement seiner Architektur vorzusehen sind. Kleine Schritte machen den Einzelschritt leichter nachvollziehbar, lassen aber den Umfang der Spezifikation sehr schnell anwachsen.

Die ISO 26262 verlangt die lückenlose Rückverfolgbarkeit nur bezüglich der in der G&R abgeleiteten Sicherheitsziele. Da ein gut dokumentierter Anforderungsbaum aber nicht nur die Einhaltung der Sicherheitsziele nachvollziehbar macht, sondern auch generell der Produktqualität hilft, ist die Forderung nach Rückverfolgbarkeit im Automobilbereich auch ohne Sicherheitsbezug üblich.

Im hier dargestellten Beispiel entsteht ein funktionaler Anforderungsbaum über die Performanzanforderungen der ANB-Funktion und ein getrennter Anforderungsbaum aus der Sicherheitsanforderung. Die ISO 26262 nimmt an vielen Stellen implizit an, dass eine Fehlfunktion (engl. „malfunction") auf Systemebene grundsätzlich immer durch einen Fehler (engl. „fault"), also eine Abweichung von Implementierungsanforderungen verursacht wird. In diesem Fall lässt sich die Trennung zwischen Sicherheitsarchitektur und funktionaler Architektur besonders gut darstellen, da sich die Sicherheitsanforderungen im Kern auf die Überwachung der spezifizierten Implementierung und Reaktionen auf diese Überwachungen beschränkt. Die Sicherheitsarchitektur schützt den funktionalen Teil des Systems vor Implementierungsfehlern.

Nicht mehr durchhalten lässt sich diese Trennung, falls das Sicherheitskonzept auch Systemgrenzen berücksichtigt, die sich beispielsweise auf Anforderung c) (ANB darf in Situationen ohne Unfallgefahr nicht verzögern) auswirken. Eine Falschdetektion könnte trotz korrekter Implementierung in HW und SW zu einem Fehlverhalten mit Sicherheitsrelevanz führen. In diesem Fall sind alle sich aus dem Sicherheitsziel ergebenden Anforderungen sicherheitsrelevant – explizit eben auch solche, die die Funktion der Teilsysteme spezifizieren.

In der aktuellen Version der ISO 26262 sind solche Systemgrenzen explizit aus dem Scope der Norm ausgenommen: „*ISO 26262 does not address the nominal performance of E/E Systems, even if dedicated functional performance standards exist for these systems.*" Die Herausforderungen, die sich daraus an die Anwendung der ISO 26262 für Fahrerassistenzsysteme ergeben, sind in [15] ausführlich beschrieben. In dieser Veröffentlichung wird darauf hingewiesen, dass trotz einer vollständigen Einhaltung der ISO 26262 das verbleibende Restrisiko von Fahrerassistenzsystemen immer noch oberhalb des tolerierbaren Risikos (vgl. ◘ Abb. 6.3) liegen kann. Dies resultiert aus der funktionalen Unzulänglichkeit und noch heute wird bei jedem Projekt für die Absicherung von Fahrerassistenzsystemen die gleiche Gretchenfrage gestellt: „Wie sicher ist sicher genug?" [17].

6.3.2 Verifikation

Voraussetzung für eine belastbare Verifikation ist die im vorangegangenen Abschnitt beschriebene vollständige Systemspezifikation auf den definierten Abstraktionsebenen.

Die Verifikation hat zum Ziel, die in den Modellen spezifizierte Input/Output-Relation an den korrespondierenden Elementen des Produkts nachzuweisen. Dies ist die Domäne des anforderungsbasierten Tests.

Ein abgeleitetes Modell, beispielsweise die Konkretisierung von Anforderungen auf Implementierungsebene, ist äquivalent zu der abstrakteren Systemspezifikation. Dementsprechend würde es eigentlich ausreichen, nur das Modell auf Systemebene am Produkt zu verifizieren. In der Praxis

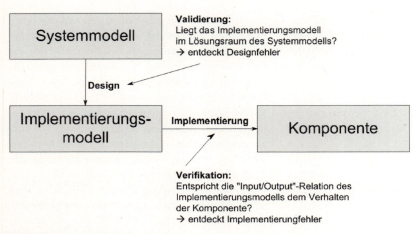

Abb. 6.8 Darstellung der hier gewählten Begriffsdefinition Validierung und Verifikation. Die Validierung fokussiert auf die Korrektheit des Designschritts: im V-Modell vertikal. Die Verifikation stellt die Äquivalenz von Implementierung und Implementierungsmodell sicher: im V-Modell horizontal.

ist eine vollständige Verifikation bei komplexeren Modellen jedoch nicht möglich. Je abstrakter die Spezifikation, desto mehr Input/Output-Relationen müssen überprüft werden; außerdem wird die Spezifikation auch erst auf der Implementierungsebene wirklich eindeutig, nur hier kann ein gewisser Grad von Vollständigkeit praktisch erreicht werden.

Die ISO 26262 versucht diese Problematik auf zweierlei Arten zu entschärfen: Zum einen stützt sich die Verifikation nicht nur auf einfache Testmethoden oder Reviews, sondern empfiehlt je nach ASIL-Einstufung weiterführende, stärker formalisierte Methoden, die nach Stand der Technik bekannt sind (z. B. Verifikation von Softwarecode durch Anwendung der „abstrakten Interpretation"). Eine Vertiefung der unterschiedlichen Methoden würde den Rahmen dieser Übersicht bei Weitem sprengen. Auch die ISO 26262 selbst verweist hier auf etablierte Methodenbeschreibungen. Zum anderen wird die Verifikation auf allen Abstraktionsebenen wiederholt. Ein einfaches SW-Modul kann weitaus vollständiger getestet werden als ein komplexes, interagierendes System. Zu der Verifikation auf allen Abstraktionsebenen kommen auch spezifische Integrationstests zu jedem im Design identifizierten Integrationsschritt.

6.3.3 Validierung

Die Verifikation beschäftigt sich im Kern mit dem Nachweis, dass zwei äquivalente Modelle auf der gleichen Abstraktionsebene – die Spezifikation und eine Implementierung dieser Spezifikation – sich wirklich entsprechen.

Das aus der G&R abgeleitete Sicherheitsziel ist jedoch bewusst so abstrakt und allgemein formuliert, dass auch Designfehler, also fehlerhaft abgeleitete Modelle, zu einer Verletzung dieser Top-Level-Anforderungen führen können, vgl. ◘ Abb. 6.8.

Die Phase 4–9 Sicherheitsvalidierung (engl. „Safety Validation") ist speziell der Aufgabe gewidmet, die Gültigkeit der Ableitungen aus abstrakteren Anforderungen sicherzustellen. Zusätzlich soll die Vollständigkeit und Korrektheit der eigentlichen Sicherheitsziele validiert werden. Dies umfasst beispielsweise auch die Überprüfung, ob das System im „sicheren Zustand" vom Fahrer beherrscht werden kann. Die geforderten Methoden konzentrieren sich auf Systemtests am Produkt und fokussieren insbesondere die Robustheit des Systems gegenüber „faults", d. h. Implementierungselementen, die fehlerhaft ihre Spezifikation nicht erfüllen.

In der Praxis entstehen nach [18] bereits 55 % aller Fehler in der Anforderungs- und Entwurfsphase bei der Konkretisierung der abstrakten Anforderungen auf detaillierte technische Modelle. Diese Feh-

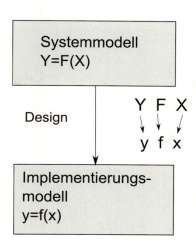

Abb. 6.9 Das Design verbindet abstraktes mit dem konkreten Modell. Der Abbildung zugrunde liegt ein „Ableitungsmodell".

ler sind besonders schwer auszumachen, weil alle folgenden Designschritte und die generell vollständigeren Tests der Implementierungsebenen einen solchen Fehler nicht aufdecken können.

Die ISO 26262 stützt sich zur Entdeckung solcher Fehler besonders auf Reviews durch Experten. Ein nach Stand der Technik 100%iges Verständnis des Designschritts durch die Experten ist dabei Voraussetzung. Dementsprechend betont die ISO 26262 auch den Wert einfacher Designs als Grundlage sicherer Systeme.

Einem Designschritt, der ein abstraktes Systemmodell in ein konkretes technisches Modell überführt, liegt immer ein Ableitungsmodell zugrunde. Nur mithilfe eines solchen Ableitungsmodells ist es möglich zu begründen, dass das konkrete Modell im Lösungsraum des abstrakten Modells liegt. Diese Begründung ist die Basis der Validierung des konkreten Modells, s. Abb. 6.9.

Wählt der Designer beispielsweise zur Erfüllung der Anforderung d) (Übersteuern) einen elektromechanischen Bremslichtschalter, der über einen A/D-Wandler in ein Steuergerät eingelesen wird, liegen dieser Entscheidung physikalische Modelle des Wirkprinzips des Schalters und des A/D-Wandlers zugrunde. Diese Komponenten sind mithilfe der zugrunde liegenden Ableitungsmodelle so ausgelegt, dass diese, solange die zugrunde liegenden Hardwarebestandteile ihre Spezifikationen erfüllen, ihre Aufgabe per Design immer erfüllen.

Die ISO 26262 nimmt implizit an, dass den das System entwerfenden und den reviewenden Experten ein solches Ableitungsmodell im Rahmen des Stands der Technik zugänglich ist. Auch wenn dieses nicht explizit in Form von Dokumenten gefordert ist, kann nur mit der Referenz auf ein solches Ableitungsmodell ein vollständiger Anforderungsbaum entstehen.

6.4 Grenzen der ISO 26262

Im vorangegangenen Beispiel konnte das Sicherheitsziel „Der Fahrer soll die ANB-Regelung jederzeit übersteuern können" mit einer vergleichsweise einfachen Lösung mithilfe des Bremslichtschalters erreicht werden.

Wie verhält es sich aber, falls ein Notbremssystem mit dem Ziel, Fußgänger zu schützen, das Sicherheitsziel „Nie in einer Situation ohne Unfallgefahr auszulösen" hat? In diesem Fall ist das Sicherheitsziel gleich einer Systemanforderung, die die eigentliche Funktion des Systems beschreibt. Eine von der Kernfunktion getrennte „Sicherheitsarchitektur" ist deutlich schwieriger, wenn nicht unmöglich. Die Rückverfolgbarkeit muss dementsprechend entlang des funktionalen Pfades sichergestellt werden, was in komplexen, interpretierenden und prädizierenden Systemen zu intrinsischen Lücken führen kann.

6.4.1 Lücken in der Rückverfolgbarkeit

Ein Teil der Systemaufgabe besteht darin, das Verhalten von Fußgängern in unterschiedlichen Situationen vorherzusagen: Das Systemmodell bildet demnach alle Situationen, in denen das Verhalten des Fußgängers zusammen mit dem Verhalten des Fahrers des eigenen Fahrzeugs nicht zu einem Unfall führen wird, auf die Systemreaktion „Nicht reagieren" ab.

Hier stellt sich die Frage, ob es ein Ableitungsmodell geben könnte, das es ermöglicht, einen Algorithmus abzuleiten, der den gemessenen Anfangszustand der Situation auf den prädizierten Unfall abbildet. Dieses Modell müsste somit das Verhalten aller möglichen Fußgänger in allen denkbaren Situationen vorhersagen können. Dies ist so allgemein nicht möglich.

Die Lücke in diesem Modell liegt in der Unkenntnis der Absicht der relevanten Verkehrsteilnehmer.

Damit sind die Voraussetzungen für die herkömmlichen Validierungsmethoden, ein nach Stand der Technik vollständiges Ableitungsmodell, nicht gegeben.

6.4.2 Umgang mit Unwissen im Designprozess

In diesem Kontext stellt sich die Frage nach vergleichbaren „Lücken" in herkömmlichen Systemen, die auf komplexe Interpretationen oder Prädiktionen verzichten. Charakteristisch für diese Lücke ist die Unkenntnis des Zustands eines Systemelements oder einer Umfeldeigenschaft.

Die im vorigen Kapitel besprochene Validierung stützt sich auf ein vollständiges Verständnis des Ableitungsmodells unter der Voraussetzung, dass die dem Design zugrunde liegenden Hardwareanforderungen eingehalten werden. Die Hardwareeigenschaften nach der Herstellung lassen sich vor Freigabe des Produkts grob überprüfen. Schwieriger ist es jedoch, die Eigenschaften über einen längeren Zeitraum und unter nicht genau bekannten Umwelteinwirkungen zu modellieren.

Das Versagen eines spezifischen Bauelements nach einer bekannten Belastung führt zu einem prinzipiell vorhersagbaren, systematischen Fehler: Nach Auftreten des Fehlers lassen sich die Ursache und der Fehlervorgang erklären. Allerdings müssen für eine exakte Vorhersage die genaue Beschaffenheit des Bauelements, gegebenenfalls sogar auf atomarer Ebene, sowie das genaue Belastungsschema über die Lebenszeit bekannt sein.

Da diese Informationen nach heutigem Stand der Technik nicht für alle ausgelieferten Produkte bekannt sein können, erscheint das individuelle Versagen zufällig. Um die Bauelemente sicher auszulegen, wird in der Entwicklung auf statistische Modelle zurückgegriffen. Die Unwissenheit über die individuelle Beschaffenheit des Bauteils wird demgemäß über eine große Menge von Bauteilen gemittelt.

Ähnlich wie das statistische Materialmodell kann auch in unserem Beispiel das individuelle Verhalten des Fußgängers in einer spezifischen Situation statistisch modelliert werden. Resultat ist ein Algorithmus, der über eine größere Menge ähnlicher Situationen häufig richtig („true positive") mit einer bestimmten Wahrscheinlichkeit die Situation falsch einschätzt („false positive"). Eine falsche Einschätzung, die zu einem unerwünschten, der Spezifikation auf der abstrakten Systemebene widersprechenden Verhalten führt, wird im Folgenden als Fehler bezeichnet. Die Wahrscheinlichkeit eines solchen Fehlverhaltens wird als „Restfehlerwahrscheinlichkeit" bezeichnet.

Diese Restfehlerwahrscheinlichkeit ist bei Fahrerassistenzsystemen typischerweise über Modellparameter einstellbar, s. ◘ Abb. 6.10. Im Gegensatz zu Freigaben von Designs basierend auf vollständigen Ableitungsmodellen sind zum Zeitpunkt der Freigabe „designbedingte" Fehlermodi bekannt. Die Auftretenswahrscheinlichkeit und damit die Relevanz werden mithilfe von Systemtests abgeschätzt.

Für die Auslegung eines solchen Systems während der Entwicklungszeit müssen Restfehlerwahrscheinlichkeiten vorgegeben werden, was auch für die Auslegung von HW-Bauteilen üblich ist. Die gängigen Methoden zur Modellierung der Fehlerhäufigkeit auf Gesamtsystemebene definieren diese entweder über grobe Schätzungen quantitativ (Fault

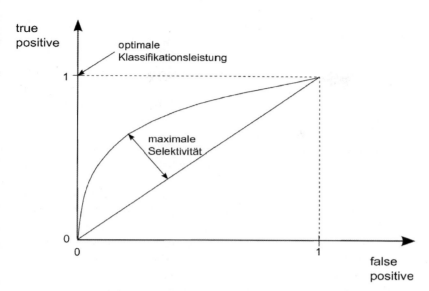

Abb. 6.10 Erkennungsleistung eines Klassifikators, durch Parameter einstellbar. Bei Reduktion der Fehlklassifikationen, d. h. „false positive"-Wahrscheinlichkeit, reduziert sich die Erkennungsleistung, d. h. die „true positive"-Wahrscheinlichkeit. Umgekehrt geht eine erhöhte Erkennungsleistung immer mit einer erhöhten Fehlklassifikationswahrscheinlichkeit einher. Der Abstand zur Ursprungsgeraden entspricht der Selektivität und damit der Leistung des Klassifikators. Die maximale Selektivität stellt einen Kompromiss zwischen Erkennungsleistung und Fehlklassifikationswahrscheinlichkeit dar

Tree Analysis, FTA) oder qualitativ (Failure Mode and Effect Analysis, FMEA).

Die hier beschriebene Lücke in der Rückverfolgbarkeit des Designs bezeichnet man häufig auch als „funktionale Unzulänglichkeit".

6.4.3 Validierung von Systemen mit funktionaler Unzulänglichkeit

Für Systeme mit funktionaler Unzulänglichkeit muss die Einhaltung einer Obergrenze [17] für das systemimmanente Restrisiko nachgewiesen werden. Im einfachsten Fall kann hier ein statistischer „Black-Box-Test" auf Systemebene durchgeführt werden, welcher die Fehlerwahrscheinlichkeit ohne Wissen über Implementierungsdetails durch Versuche auf einer statistischen repräsentativen Stichprobe misst. Für Fahrerassistenzsysteme bedeutet dies sehr viele Absicherungsstunden unter für die Funktion repräsentativen Fahrbedingungen.

Bereits für vergleichsweise „unkritische" Funktionen müssen, je nach Herleitung des akzeptablen Restrisikos, schon Restfehlerraten von $< 10^{-5}/h$ nachgewiesen werden. Leider gibt die ISO 26262 hier keine konkreten Hinweise zur Ableitung solcher Restfehlerraten. Für kritischere Funktionen kann der „Black-Box-Test" schnell teurer als die gesamte Entwicklung werden oder im Zeitrahmen einer Produktentwicklung nicht realistisch durchführbar sein. Eine besondere Herausforderung ist es auch nachzuweisen, dass die gefahrenen Testkilometer ausreichend repräsentativ für die im Feld zu erwartenden Situationen sind: Welche Fahrprofile, unter welchen Witterungsbedingungen, in welchen Ländern, mit welchen Fahrern sind durchzuführen [13]? Nicht immer sind statistische Modelle über das Fahrerverhalten verfügbar, so dass hier häufig auf plausible Experteneinschätzungen zurückgegriffen werden muss.

Die statistischen Systemtests sind dementsprechend kein Ersatz für ein gut verstandenes und möglichst aus belastbaren Modellen abgeleitetes Design. Während der Entwicklung muss darauf geachtet werden, Elemente, die sich vollständig ableiten lassen, von Elementen zu trennen, bei denen Lücken im Ableitungsmodell nicht zu vermeiden sind. Im Fußgängerschutzbeispiel müssen Abbildungseigenschaften einer Kamera, die den Fußgänger erkennen soll, nicht statistisch modelliert werden. Eindeutige physikalische Modelle berechnen aus der Pixelzuordnung einen Winkel zum Fahrzeug. Anders sieht es aus, wenn das Verhalten des individuellen Fußgängers prädiziert werden muss: Hier ist es notwendig, das Unwissen über die Absicht des Fußgängers statistisch zu modellieren. Der resultierende Algorithmus wird die Absicht nicht in jeder Situation korrekt einschätzen, so dass Restfehlerwahrscheinlichkeiten die unvermeidbare Konsequenz sind.

6.5 Zusammenfassung und Ausblick

Im ersten Teil dieses Kapitels wurde dargestellt, wie die ISO 26262 wichtige Vorgehensweisen zur Erreichung der funktionalen Sicherheit im Automobilbereich standardisiert. Dabei liegt der Fokus auf der Vermeidung von unerwünschtem oder gefährlichem Systemverhalten durch Hardware- und Softwarefehler.

Bei den immer komplexer werdenden Fahrerassistenzsystemen gewinnen „funktionale Unzulänglichkeiten" als Ursache für das Fehlverhalten von Systemen jedoch immer mehr an Bedeutung. In diesem Fall liegt die Ursache in den Beschränkungen des Systemdesigns, den verwendeten Konzepten selbst.

Eine der Voraussetzungen für die Validierung von solchen Systemen mit funktionaler Unzulänglichkeit ist die Vorgabe von Freigabezielen – in Form von akzeptierten Restwahrscheinlichkeiten für fehlerhafte Einschätzungen des Systems. Dies erfordert eine breite Unterstützung der akzeptierten Werte in der Gesellschaft.

Für die Hardware haben sich hier entweder erprobte Auslegungen oder akzeptierte Ziele etabliert. Im Bereich der Auslegung der relativ neuen prädizierenden Systeme im Bereich der Fahrerassistenz muss sich ein solcher Standard noch herausbilden.

Es ist schwer vorauszusagen, ob dies durch eine Erweiterung der ISO 26262 oder gar in Form einer separaten Initiative erreicht wird.

Nach aktueller Einschätzung wird selbst die Anwendung der ISO 26262 in den einzelnen Unternehmen noch unterschiedlich interpretiert: Dies liegt am hohen Interpretationsspielraum, den

die Norm zulässt. Diese Einschätzung bestätigen auch die Beiträge auf den speziell auf das Thema „Funktionale Sicherheit" ausgerichteten Tagungen in Deutschland, Nordamerika und Asien. So wird beispielsweise das Risikopotenzial gleicher Gefährdungen noch verschieden eingestuft. Des Weiteren ist bis heute nicht klar, wie manche Anforderungen und Methoden konkret umzusetzen bzw. anzuwenden sind (z. B. Durchführung einer SW-Sicherheitsanalyse). Es bleibt eine Herausforderung für die 2nd Edition der ISO 26262, deren Bearbeitung Anfang 2015 begonnen hat, diesen Interpretationsspielraum ein Stück weit einzugrenzen.

Für die Absicherung von Fahrerassistenzsystemen sollte in jedem Fall darauf geachtet werden, dass ein neuer Standard – sei es im Rahmen der 2nd Edition der ISO 26262 oder separat – Entwicklungsziele und nicht Lösungen standardisiert. Die Fahrerassistenz steht erst am Anfang einer Entwicklung, die notwendig ist, um das volle Potenzial der Möglichkeiten auszuschöpfen. Eine von Sicherheitsbedenken motivierte frühe Erstarrung in definierten „betriebsbewährten" Lösungen hätte zur Folge, dass sich auch der Nutzen des betroffenen Systems nicht weiterentwickeln kann. Dieser Versuch, mehr Sicherheit zu gewährleisten, hätte das Gegenteil zur Folge: Weniger Unfallschutz und Sicherheit im Straßenverkehr.

Literatur

1 Börcsök, J.: Funktionale Sicherheit, 3. Aufl. VDE-Verlag, Offenbach (2011)
2 DIN ISO 31000: Richtlinien und Prinzipien zur Implementierung des Risikomanagements, 2009
3 Weitzel, A. (2013): Objektive Bewertung der Kontrollierbarkeit nicht situationsgerechter Reaktionen umfeldsensorbasierter Fahrerassistenzsysteme. Dissertation, TU Darmstadt
4 ProdHaftG § 3 Abs. 3 Gesetz über die Haftung für fehlerhafte Produkte; Ausfertigungsdatum: 15.12.1989, zuletzt geändert durch Art. 9 Abs. 3 G v. 19.07.2002 I 2674; vgl. auch BGH Urteil 16. Juni 2009 – VI ZR 107/08
5 IEC/EN 61508: Functional Safety of Electrical/Electronic/Programmable Electronic Safety-Related Systems (E/E/PES), 2nd edition, 2010
6 ISO 26262: International Standard Road vehicles – Functional safety, 2011
7 Dardar, R., Gallina, B., Johnsen, A., et al.: Industrial Experiences of Building a Safety Case in Compliance with ISO 26262 IEEE 23rd International Symposium on Software Reliability

Literatur

Engineering Workshops (ISSREW), Dallas, USA, 27.–30. November 2012., S. 349–354 (2012)

8. Teuchert, S.: ISO 26262 – Fluch oder Segen? ATZelektronik 7(6), 410–415 (2012)
9. Bachmann, V.; Zauchner, H.: Erste Erfahrungen mit dem Automotive-Standard ISO 26262 und Ausblick auf die Adaptierung für Motorräder, Vortrag TU Darmstadt, 23.05.2013
10. Werkmeister, K., Englisch, H.: Die ISO 26262 für Motorrad Erfahrungen bei der Umsetzung bei BMW Motorrad 9. Internationale Motorradkonferenz Institut für Zweiradsicherheit e. V., Köln, 1.-2. Oktober 2012. (2012)
11. V-Modell: Verfügbar unter: http://www.cio.bund.de/DE/Architekturen-und-Standards/V-Modell-XT/vmodell_xt_node.html, Abruf am 16.06.2013
12. PReVENT: Code of Practice for the Design and Evaluation of ADAS, 13.08.2009
13. Weitzel, A., Winner, H., Cao, P., Geyer, S., Lotz, F., Sefati, M.: Absicherungsstrategien für Fahrerassistenzsysteme mit Umfeldwahrnehmung. Forschungsbericht der Bundesanstalt für Straßenwesen, Bereich Fahrzeugtechnik. Verlag neue Wissenschaft, Bremerhaven (2014). in Druck
14. Ebel, S., Wilhelm, U., Grimm, A., et al.: Ganzheitliche Absicherung von Fahrerassistenzsystemen in Anlehnung an ISO 26262, Integrierte Sicherheit und Fahrerassistenzsysteme 26. VDI/VW-Gemeinschaftstagung, Wolfsburg, 06.-07.10.2010., S. 393–405 (2010)
15. Spanfelner, B., Richter, D., Ebel, S., et al.: Challenges in applying the ISO 26262 for driver assistance systems, 5. Tagung Fahrerassistenz, München, 15.-16. Mai 2012. (2012)
16. Ross, H.-L.: Funktionale Sicherheit im Automobil. Carl-Hanser Verlag, München Wien (2014)
17. Ebel, S., Wilhelm, U., Grimm, A., et al.: Wie sicher ist sicher genug? Anforderungen an die funktionale Unzulänglichkeit von Fahrerassistenzsystemen in Anlehnung an das gesellschaftlich akzeptierte Risiko 6. Workshop Fahrerassistenzsysteme, Löwenstein, 28.–30. September 2009. (2009)
18. Balzert, H.: Lehrbuch der Softwaretechnik – Softwaremanagement, 2. Aufl. Spektrum Verlag, Heidelberg, S. 487 (2008)

AUTOSAR

Simon Fürst, Stefan Bunzel

7.1 Motivation für AUTOSAR – 106

7.2 Organisation der Partnerschaft AUTOSAR – 106

7.3 Die neun Projektziele von AUTOSAR – 107

7.4 Die drei Bereiche der Standardisierung – 109

7.5 Systemarchitektur – der virtuelle Funktionsbus (VFB) – 112

7.6 Softwarearchitektur – 112

7.7 Auswirkungen und Besonderheiten bei der FAS-Entwicklung – 116

7.8 Zusammenfassung – 122

Literatur – 122

7.1 Motivation für AUTOSAR

Softwareentwicklung im Fahrzeugbau gewann in den letzten Jahrzehnten mehr und mehr an Bedeutung. Immer anspruchsvollere Anforderungen an Sicherheit, Umweltschutz und Komfort führten zu einem massiven Anstieg der Anzahl elektronischer Systeme im Fahrzeug. Neben immer strikteren gesetzlichen Auflagen, z. B. zu Emissionen und Sicherheit, untermauert die rasante Zunahme von Fahrerassistenzsystemen den Trend zu immer komplexeren elektronischen Systemen. Die Funktionen von Fahrerassistenzsystemen setzen verlässliche simultane Interaktionen zwischen den vielfältigen Sensoren, Aktoren und Kontrollsystemen voraus. Kaum verwunderlich ist, dass mittlerweile für mehr als 90 % aller Innovationen im Fahrzeug Elektronik und Software verantwortlich sind (vgl. [1]).

Diese rasante Entwicklung und die zunehmende Integration von Funktionen und Regelsystemen stellen eine Herausforderung für alle Fahrzeughersteller dar. Um die wachsende Komplexität und die steigende Anzahl der Abhängigkeiten auf der einen Seite zu beherrschen, die Kosten auf der anderen Seite aber im akzeptablen Rahmen zu halten, müssen die Schnittstellen zwischen Hardware und Basissoftware sowie zwischen Anwendungssoftware und Systemdiensten standardisiert werden.

AUTOSAR (AUTomotive Open System ARchitecture) arbeitet genau an dieser Standardisierung und hat mittlerweile mehrere Versionen des AUTOSAR Standards veröffentlicht, die in Serienprojekten zum Einsatz kommen. Im Vordergrund steht das Beherrschen der Komplexität durch Austauschbarkeit und Wiederverwendung von Softwarekomponenten – wie beispielsweise bei Fahrerassistenzsystemen.

7.2 Organisation der Partnerschaft AUTOSAR

Im Juli 2003 wurde AUTOSAR von führenden Automobilherstellern und Zulieferern gegründet. Heute sind BMW, Bosch, Continental, Daimler, Ford, General Motors, PSA, Toyota und Volkswagen die Core Partner von AUTOSAR. Sie sind verantwortlich für die Steuerung von AUTOSAR sowie für seine Verwaltung und Organisation. Darüber hinaus lädt AUTOSAR andere Firmen ein, sich zu beteiligen, ihre Erfahrung und ihr Wissen einzubringen und im Gegenzug von AUTOSAR und damit vom Wissen und der Erfahrung aller Beteiligten zu profitieren. Es gibt verschiedene Partnertypen: Core-Partner als auch Premium-, Development- und Associate-Partner sowie Attendees wie in Abb. 7.1 dargestellt.

Premium- und Development-Partner tragen durch Wissen und aktive Teilnahme zur Entwicklung von Konzepten und Spezifikationen bei und bestimmen dadurch den technischen Standard mit. Associate-Partner profitieren, wie Premium- und Development-Partner auch, von der kommerziellen Nutzung des Standards. Forschungsinstitute und Firmen, die als Dienstleister von AUTOSAR beauftragt werden, können sich als Attendee engagieren. Attendees beteiligen sich an der Entwicklung von AUTOSAR, haben aber keine Rechte an der kommerziellen Nutzung der AUTOSAR-Spezifikationen.

Zwei Gremien der Core-Partner steuern die Organisation: das Executive Board und das Steering Committee. Das Executive Board ist das höchste Entscheidungsgremium von AUTOSAR und legt die Strategie und den übergeordneten Zeitplan fest. Das Steering Committee koordiniert die täglichen, nicht-technischen Unternehmungen und ist für die langfristigen Ziele verantwortlich.

Für technische Angelegenheiten und für die Koordination der technischen Work Packages ist das Project Leader Team verantwortlich. Ebenso wie das Executive Board und das Steering Committee ist das Project Leader Team ein Core-Partner-Gremium.

Die Arbeit an den AUTOSAR-Spezifikationen findet in Work Packages statt, die je nach Bedarf in Untergruppen aufgeteilt sind. Hieran nehmen Core-, Premium- und Development-Partner sowie Attendees teil. Abbildung 7.2 verdeutlicht die Einordnung der verschiedenen Gremien und Arbeitsgruppen zueinander.

Die AUTOSAR Support Functions unterstützen die Partner bei der Administration, dem Projekt- und Qualitätsmanagement, dem Spezifikationsmanagement und bei der technischen Entwicklung des Standards.

7.3 Die neun Projektziele von AUTOSAR

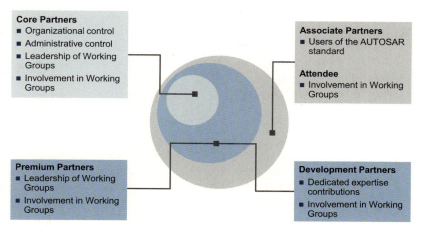

Abb. 7.1 Struktur der AUTOSAR-Partnerschaft [2]

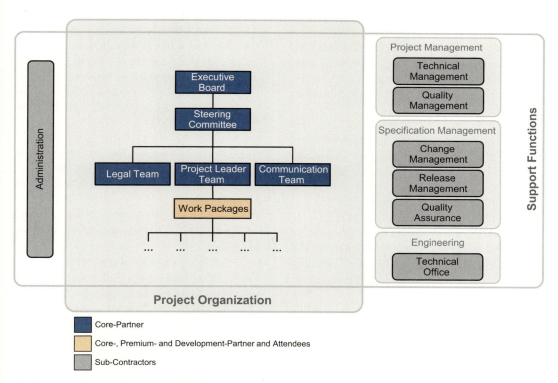

Abb. 7.2 Struktur der AUTOSAR-Organisation [2]

Die technische Arbeit war zunächst zeitlich begrenzt und in Phasen untergliedert. Durch den großen Erfolg und das weitere zukünftige Potenzial arbeitet die AUTOSAR Partnerschaft seit 2013 – nach AUTOSAR Phase I, II und III – bis auf Widerruf zeitlich unbegrenzt.

7.3 Die neun Projektziele von AUTOSAR

Inhaltlich leitet sich die Arbeit der Partnerschaft aus dem übergeordneten Ziel ab, die Komplexität durch Wiederverwendung und Austauschbarkeit von Softwarekomponenten, wie beispielsweise Fahrerassistenzsystemen, zwischen Fahrzeugherstellern und Zulieferern zu beherrschen.

Dies führt zur Definition von neun Top-Zielen, die als „Project Objectives" bezeichnet werden:

1. Übertragbarkeit von Software.
   OEM und Zulieferer sollen Software innerhalb der Fahrzeugnetzwerke wiederverwenden können. Dadurch ist es z. B. möglich, die gleiche Software auf unterschiedlichen Fahrzeugplattformen und bei unterschiedlichen Automobilherstellern zu verwenden.
2. Skalierbarkeit für unterschiedliche Fahrzeuge und Plattformvarianten.
   AUTOSAR soll Mechanismen bereitstellen, damit Softwaresysteme entwickelt werden können, die auf unterschiedliche Fahrzeuge, Fahrzeugplattformen und Hardware angepasst werden können. Das heißt, AUTOSAR soll konfigurierbar sein, so dass AUTOSAR-Systeme in unterschiedliche Fahrzeuge integriert werden können.
3. Unterstützung einer Vielzahl von Funktionsdomänen.
   AUTOSAR soll die Verwendung von Softwarekomponenten in möglichst vielen Funktionsdomänen im Fahrzeug ermöglichen. Dies schließt den Datenaustausch zu Nicht-AUTOSAR-Systemen mit ein, wie z. B. die Kommunikation mit dem Infotainmentsystem eines Fahrzeugs.
4. Definition einer offenen Architektur.
   Die AUTOSAR-Architektur soll gewartet, angepasst und erweitert werden können. So können Fehler kontinuierlich behoben, zukünftige Anforderungen und individuelle Erweiterungen realisiert werden.
5. Unterstützung der Entwicklung von zuverlässigen Systemen.
   Verfügbarkeit, Verlässlichkeit, Betriebssicherheit, Integrität, Wartbarkeit und Security sollen durch AUTOSAR umsetzbar sein. So werden beispielsweise Anforderungen an die funktionale Sicherheit berücksichtigt.
6. Nachhaltige Nutzung natürlicher Ressourcen.
   Technologien zum effizienten Umgang mit natürlichen Ressourcen sowie der Einsatz erneuerbarer Energien sollen unterstützt werden.
7. Zusammenarbeit zwischen zahlreichen Partnern.
   Die Automobilindustrie ist geprägt von der weitreichenden Zusammenarbeit zwischen Partnern. Durch die Definition von Datenaustauschformaten und einer Architektur, die die Integration von Basis- und Anwendungssoftware von verschiedenen Partnern erlaubt, soll AUTOSAR dies unterstützen.
8. Standardisierung von Basissoftwarefunktionalität von Steuergeräten (ECU) im Automobilbereich.
   Die Basissoftware soll für unterschiedliche Funktionsdomänen, Fahrzeughersteller und Zulieferer wiederverwendbar sein. So kann die Basissoftware als Produkt am Markt angeboten werden.
9. Unterstützung von relevanten internationalen Automobilstandards und etablierten technischen Lösungen.
   AUTOSAR soll mit existierenden und relevanten internationalen Standards kompatibel sein. Dies ermöglicht den Einsatz von AUTOSAR in heutigen und zukünftigen Fahrzeugsystemen. Ein Beispiel ist die Unterstützung existierender und zukünftiger Bussysteme wie FlexRay, CAN, Ethernet etc.

Diese Projektziele werden in der „AUTOSAR Main Requirements Specification" in übergeordnete Anforderungen an das System detailliert. Ein Beispiel verdeutlicht das:

Das Projektziel „Übertragbarkeit von Software" wird auf die folgenden Hauptanforderungen heruntergebrochen:

- Die Softwarearchitektur von AUTOSAR soll in funktionale Schichten gegliedert werden.
- AUTOSAR soll eine Entkopplungsschicht von der Hardware bereitstellen, um möglichst große Teile der Software hardwareunabhängig zu gestalten.
- AUTOSAR soll die freie Verteilung von Anwendungssoftware im Bordnetz erlauben.

Von den übergeordneten Anforderungen werden die Haupteigenschaften und Kernfunktionen des Systems abgeleitet, die sogenannten „Features". Aus diesen folgen wiederum die „Software Requirements Specifications" (SRS). Die Detaillierung dieser Anforderungen an die Software findet sich dann in den „Software Specifications" (SWS). Diese Zusammenhänge sind in ◘ Abb. 7.3 dargestellt. Die „Software Specifications"

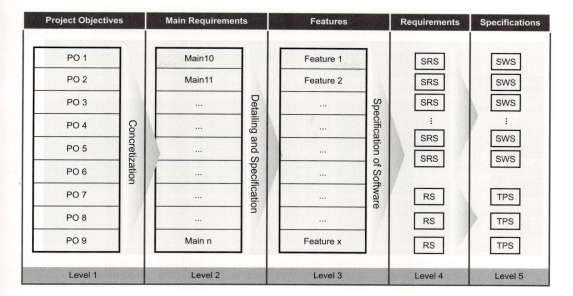

Abb. 7.3 Beziehung zwischen den AUTOSAR-Spezifikationen [2]

bilden schließlich die Grundlage für die Implementierung des AUTOSAR-Standards in Software.

7.4 Die drei Bereiche der Standardisierung

Die Standardisierung von AUTOSAR unterteilt sich in die drei Bereiche Softwarearchitektur, Entwurfsmethodik und Anwendungsschnittstellen.

7.4.1 Softwarearchitektur

Das Hauptkonzept der standardisierten ECU-Softwarearchitektur, siehe ◘ Abb. 7.4, besteht aus der Trennung von hardwareunabhängiger Anwendungssoftware und hardwareorientierter Basic Software (BSW). Dies wird erreicht durch die Software-Abstraktionsschicht Runtime Environment (RTE).

Auf der einen Seite ermöglicht diese Abstraktionsschicht die Entwicklung von OEM-spezifischen und wettbewerbsrelevanten Software-Anwendungen wie Fahrerassistenzsystemen. Auf der anderen Seite erlaubt sie die Standardisierung von OEM-unabhängiger BSW. Sie ist ferner die Voraussetzung für die Skalierbarkeit der ECU-Software für verschiedene Fahrzeugproduktlinien und -varianten, die Möglichkeit, Anwendungen auf mehrere ECUs zu verteilen und Softwarekomponenten aus unterschiedlichen Quellen zu integrieren, wie in ▶ Abschn. 7.6.4 dargelegt.

Die BSW innerhalb der AUTOSAR-Softwarearchitektur ist weiter unterteilt in die Schichten „Services", „ECU Abstraction" und „Microcontroller Abstraction", die in ▶ Abschn. 7.6.3 ausführlich beschrieben werden. Die Separation der Anwendungsschicht von der BSW ist durch die RTE realisiert, die Kontrollmechanismen zum Datenaustausch zwischen diesen Schichten enthält. Dies bildet die Grundlage für eine komponentenorientierte, hardwareunabhängige Softwarestruktur auf Anwendungsebene mit Softwarekomponenten als eigenständigen Einheiten.

Beispielsweise wird die Funktion eines Fahrerassistenzsystems durch Softwarekomponenten umgesetzt, welche die Anwendung bilden. Die einzelnen Softwarekomponenten kommunizieren direkt nur mit der RTE. Damit gestaltet sich die Kommunikation transparent, unabhängig davon, ob sie innerhalb eines Steuergerätes oder über Steuergerätegrenzen hinweg stattfindet.

Durch diese Unabhängigkeit wird es ermöglicht, Softwarekomponenten ohne spezifisches

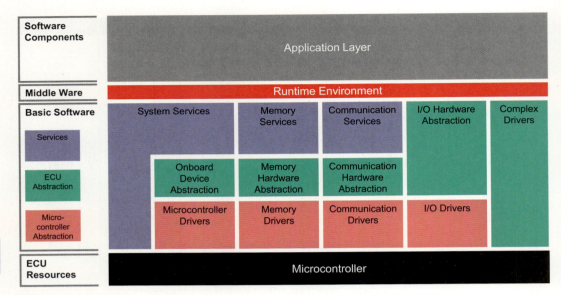

• Abb. 7.4 AUTOSAR-Softwarearchitektur [2]

Wissen über die verwendete oder geplante Hardware zu entwickeln bzw. die bestehenden Softwarekomponenten flexibel zwischen den ECUs zu verteilen.

7.4.2 Entwurfsmethodik

Neben der Softwarearchitektur standardisiert AUTOSAR auch die Methodik der Softwareentwicklung im Automobilbereich, vor allem, um die Zusammenarbeit der beteiligten Partner zu erleichtern.

Die AUTOSAR-Entwurfsmethodik adressiert besonders Aspekte, die notwendig sind, um Softwarekomponenten in eine ECU und verschiedene ECUs in die gesamte Netzwerkskommunikation mit unterschiedlichsten Bussystemen zu integrieren. Sie definiert die Abhängigkeiten von Aktivitäten für Arbeitsprodukte und unterstützt Aktivitäten, Beschreibungen und Nutzung von Werkzeugen in AUTOSAR. Die Methodik wird in der Entwicklung der Anwendungssoftware, siehe ▶ Abschn. 7.6.1, der Laufzeitumgebung, siehe ▶ Abschn. 7.6.2, sowie in der Systemkonfiguration, siehe ▶ Abschn. 7.6.4, angewandt.

Für Informationen, die in der AUTOSAR-Entwurfsmethodik entstehen oder verwendet werden, hat AUTOSAR ein formales Datenaustauschformat (AUTOSAR-Schema) mit entsprechenden semantischen Randbedingungen definiert. Die Informationen werden dann als formale Beschreibungen in AUTOSAR XML (.arxml)-Dateien gespeichert. Zahlreiche Tools verwenden diese Beschreibungen für die Konfiguration und Generierung von RTE und BSW. Beispielsweise bietet die Softwarekomponentenbeschreibung ein standardisiertes Komponentenmodell für Anwendungssoftware. Ein anderes Beispiel ist die Systembeschreibung. Sie definiert die Beziehung zwischen der reinen Softwaresicht auf das System und der physikalischen Systemarchitektur mit vernetzten ECU-Instanzen. Sie beschreibt die Netzwerktopologie, die Kommunikation für jeden Kanal und die Zuteilung der Softwarekomponenten auf die verschiedenen ECUs.

Das Prinzip der AUTOSAR-Entwurfsmethodik ist in • Abb. 7.5 dargestellt.

Neben der Grundfähigkeit, E/E-Systeme im Automobilbereich zu beschreiben, gibt es viele Aspekte, die durch praktische Austauschformate unterstützt werden müssen, wie Dokumentation, Anforderungsverfolgung und Lebenszyklen verschiedener Artefakte.

Das integrierte Variantenmanagement erlaubt OEMs und Zulieferern darüber hinaus, grundlegende AUTOSAR-Produktlinien zu formulieren

7.4 • Die drei Bereiche der Standardisierung

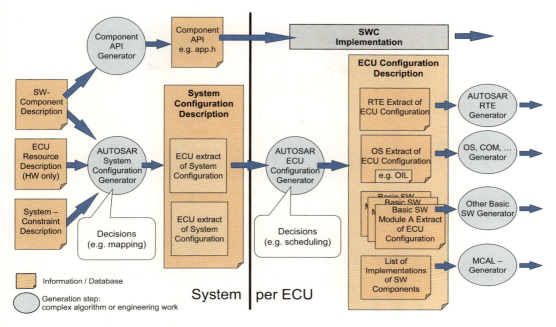

Abb. 7.5 Prinzip der AUTOSAR Entwurfsmethodik [2]

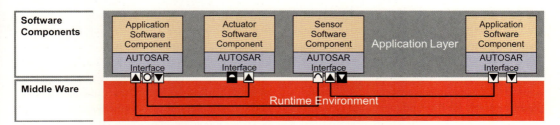

Abb. 7.6 AUTOSAR-Anwendungsschnittstellen – die dargestellten Schnittstellensymbole sind in ▪ Abb. 7.9 beschrieben. [2]

und diese Informationen, wann immer notwendig, mit ihren Partnern auszutauschen. Denn das gemeinsame Verständnis und die abgestimmte Interpretation über diese Varianten sind ein Schlüsselelement für die erfolgreiche Zusammenarbeit in gemeinsamen Projekten.

7.4.3 Anwendungsschnittstellen

Die Anbindung der Anwendungskomponenten an die RTE wird durch Anwendungsschnittstellen sichergestellt, wie in ▪ Abb. 7.6 dargestellt. AUTOSAR standardisiert zum einen den grundsätzlichen Schnittstellenmechanismus mit der Syntax und zum anderen auch die Semantik der Anwendungsschnittstellen in den Fahrzeugbereichen Karosserie, Innenraum und Komfort, Antriebsstrang, Fahrwerk, sowie Insassen- und Fußgängerschutz. Dabei liegt der Fokus auf den Schnittstellenspezifikationen für allgemein eingeführte Applikationen, um die Wiederverwendung und den Austausch von Softwarekomponenten zu ermöglichen. Schließlich ist der Einsatz von standardisierten Anwendungsschnittstellen für die Wiederverwendung von Anwendungen von entscheidender Bedeutung.

Die Schnittstellenspezifikationen werden von Experten aller AUTOSAR-Partner standardisiert. Dies umfasst beispielsweise verwendete Datentypen, Einheiten und Skalierungsfaktoren. Sie ermöglichen Software-Architekten und -Entwicklern, sie im Falle von Erweiterungen oder Wiederverwen-

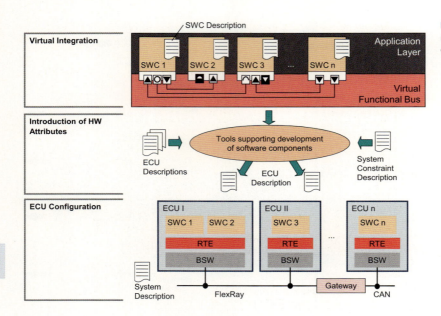

◘ Abb. 7.7 Überblick über die AUTOSAR-Entwurfsmethodik [2]

dungen von Softwarekomponenten unabhängig von einer spezifischen Hardware bzw. ECU zu nutzen.

Anwendungen wie Fahrerassistenzsysteme enthalten wettbewerbsdifferenzierende Merkmale. Daher standardisiert AUTOSAR nicht das interne funktionale Verhalten einer Anwendung, wie z. B. Algorithmen, sondern die Informationen, die zwischen den Anwendungen ausgetauscht werden. Typische Beispiele für Anwendungen sind Fahrerassistenzsysteme, wie sie in ▶ Teil I beschrieben werden.

7.5 Systemarchitektur – der virtuelle Funktionsbus (VFB)

Zur Entwicklung der funktionalen Systemarchitektur hat AUTOSAR das Konzept des virtuellen Funktionsbusses, des VFB, eingeführt. Der VFB erlaubt es, die funktionale Interaktion von Anwendungskomponenten systemweit – also bis hin zu einem Gesamtfahrzeug – zu beschreiben. Diese Beschreibung ist unabhängig von der tatsächlichen Steuergerätearchitektur sowie dem realisierten Netzwerk. Damit abstrahiert der VFB die Anwendungen von der Hardware. Einzelne Anwendungen werden bei AUTOSAR als Softwarekomponenten (SWC) beschrieben. Der VFB stellt den Softwarekomponen-

ten sowohl die Mechanismen für die Kommunikation untereinander als auch die Mechanismen für die Nutzung der Dienste der Basissoftware zur Verfügung, siehe ◘ Abb. 7.7, oberer Teil. Die verschiedenen Mechanismen werden durch sogenannte Ports dargestellt (vgl. ▶ Abschn. 7.6.1).

Die funktionale Systemarchitektur wird im weiteren Verlauf der Entwicklung auf eine physikalische Architektur, d. h. auf eine Steuergeräte- und Netzwerktopologie, abgebildet. Hierbei werden die Softwarekomponenten den Steuergeräten zugewiesen; auf jedem Steuergerät wird die Funktion des VFB durch die RTE und die darunterliegende Basissoftware realisiert, siehe ◘ Abb. 7.7, unterer Teil.

Zur Vermeidung von Missverständnissen sei explizit darauf hingewiesen: AUTOSAR hat das VFB-Konzept spezifiziert. Für Entwickler anwendbar umgesetzt ist dieses Konzept in diversen auf dem Markt verfügbaren Werkzeugen zur Systemarchitekturentwicklung.

7.6 Softwarearchitektur

7.6.1 Anwendungssoftware

Das Schichtenmodell der AUTOSAR-Softwarearchitektur platziert Anwendungssoftware in Form

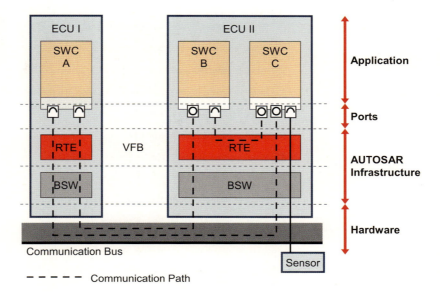

Abb. 7.8 Kommunikationspfade innerhalb eines Steuergerätes und zwischen mehreren Steuergeräten [2]

von Softwarekomponenten in der Anwendungsschicht, siehe ◘ Abb. 7.6. Softwarekomponenten können zu Kompositionen gruppiert werden, die sich wiederum nach außen wie eine Softwarekomponente verhalten. Durch dieses generische Komponentenkonzept lassen sich beliebig verschachtelte Hierarchien von Softwarekomponenten als System realisieren. Die Anwendungssoftware kann somit sowohl hardwareunabhängig als auch hierarchisch ausgelegt und entwickelt werden.

Softwarekomponenten kommunizieren über Ports, die jeweils einen bestimmten Kommunikationsmechanismus abbilden. Die wichtigsten Mechanismen in der Kommunikation zwischen Anwendungen sind „Sender-Receiver" für vom Sender der Daten initiierte Kommunikation sowie „Client-Server" für vom Empfänger initiierte Kommunikation. Darüber hinaus gibt es weitere Ports zur Ablaufsteuerung (External trigger events) oder zum Zugriff auf bestimmte Parameter (Kalibrierung, Betriebsmodi, Non-Volatile-Memory). Jeder Port besitzt ein Interface, in dem die zu kommunizierenden Datentypen festgelegt sind. AUTOSAR hat eine präzise Abbildung der Ports auf die Programmiersprache C definiert. ◘ Abbildung 7.8 zeigt den Kommunikationspfad innerhalb eines Steuergerätes und zwischen Anwendungen in unterschiedlichen Steuergeräten auf.

Eine Softwarekomponente wird formal durch eine spezielle AUTOSAR-Beschreibung, durch das „Software Component Template", beschrieben, siehe ◘ Abb. 7.9. Darin wird neben den Ports und den Interfaces auch das sogenannte „Internal Behavior" beschrieben. Dieser Begriff ist bei AUTOSAR historisch gewachsen, führt aber leider immer wieder zu Missverständnissen. „Internal Behavior" beschreibt die Komponente hinsichtlich zeitlicher oder ereignisbezogener Ablaufsteuerung (Events und Scheduling). Dazu gehört auch die Definition der „Runnable Entities", d. h. der kleinsten über das unterlagerte Betriebssystem auf Ereignisse oder Zeiten hin einplanbaren Softwareeinheiten. Zum „Internal Behavior" gehören ausdrücklich nicht die in der Komponente zu implementierenden Algorithmen.

In der Praxis gibt es mehrere typische Wege, die Softwarekomponentenbeschreibung auszufüllen oder zu editieren: Viele Entwurfswerkzeuge für die modellbasierte Entwicklung können direkt die zu einem grafischen Modell gehörige Softwarekomponentenbeschreibung generieren bzw. erlauben die Bearbeitung der entsprechenden Einträge darin. Auch der RTE-Generator (vgl. ▶ Abschn. 7.6.2) erlaubt in der Regel eine Bearbeitung der Softwarekomponentenbeschreibung.

Für Anwendungen mit spezifischen Hardwareanforderungen wie beispielsweise Software, die auf bestimmte Sensoren oder Aktoren angewiesen ist, hat AUTOSAR sogenannte Sensor-/Aktor-Soft-

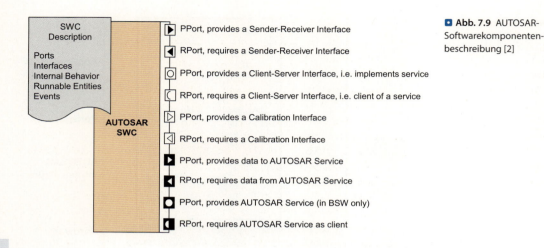

Abb. 7.9 AUTOSAR-Softwarekomponentenbeschreibung [2]

ware-Komponenten vorgesehen, bei denen derartige Randbedingungen in der Softwarekomponentenbeschreibung vermerkt werden können.

7.6.2 Laufzeitumgebung (RTE)

Die AUTOSAR-Laufzeitumgebung (Runtime Environment, RTE) abstrahiert die Anwendungen von jeglichen Implementierungsdetails der Basissoftware und von der Hardware eines Steuergerätes. Es stellt die Laufzeitimplementierung des VFB (vgl. ▶ Abschn. 7.5) auf einer spezifischen ECU dar. Die RTE bietet allen Anwendungen eines Steuergerätes die Mechanismen für die Kommunikation untereinander sowie die Mechanismen für den Zugriff auf Dienste der Basissoftware. Dazu gehört auch die Bereitstellung von Datenpuffern und Warteschlangen für die Kommunikation.

Der tatsächliche Programmcode der RTE ist von den Anwendungen, deren Kommunikation, den verwendeten Basissoftwarediensten und dem Scheduling abhängig. Der Code wird in der Praxis vom RTE-Generator entsprechend den Informationen aus den Softwarekomponentenbeschreibungen erzeugt.

Genau genommen ist die RTE eine „Middleware"-Schichttechnologie, die die Verschiebbarkeit von Komponenten der Anwendungsschicht über ein dezentralisiertes Netzwerk ermöglicht.

7.6.3 Basissoftware (BSW)

Die Basissoftware stellt den Anwendungen über die RTE alle Systemdienste und -funktionen zur Verfügung. Die Funktionen der Basissoftware sind für die Anwendungen zwar essenziell, werden aber typischerweise von einem Fahrzeugnutzer nicht wahrgenommen. Die Basissoftware gliedert sich weiter in Schichten mit zunehmender Abhängigkeit von der Hardware: Service- bzw. Diensteschicht, ECU-Abstraktionsschicht, Mikrocontroller-Abstraktionsschicht. Jede dieser Schichten enthält wiederum einzelne Module, die jeweils einen von AUTOSAR genau spezifizierten Funktionsumfang abbilden. Insgesamt enthält die AUTOSAR-Basissoftware rund 80 verschiedene Module, für die der Standard jeweils eine Anforderungs- und eine Softwarespezifikation enthält. Darin sind das funktionale Verhalten des Moduls und seine Schnittstellen in C definiert. Somit sind zwei verschiedene, aber standardkonforme Implementierungen eines Moduls direkt austauschbar. Die Parametrierung des funktionalen Verhaltens eines Basissoftwaremoduls bzw. seine Konfiguration verwendet den gleichen formalen Beschreibungsmechanismus wie Anwendungskomponenten. Die Konfigurationsbeschreibungen der Basissoftwaremodule eines Steuergerätes werden in der ECU-Konfigurationsbeschreibung zusammengefasst.

7.6.3.1 Services

Die Schicht der Services umfasst Systemdienste wie Kommunikationsdienste, Diagnoseprotokolle, Speicherdienste, Management der ECU-Betriebsmodi, aber auch das AUTOSAR-Betriebssystem (OS) als ein eigenständiges Modul. Das AUTOSAR OS basiert auf dem Echtzeitbetriebssystemstandard OSEK/VDX und wurde in einigen Bereichen erweitert, in anderen auch eingeschränkt. Es wird statisch konfiguriert und skaliert und bietet prioritätsbasiertes Echtzeitverhalten sowie die Behandlung von Interrupts. Zur Laufzeit sind diverse Schutzmechanismen für Speicherzugriffe bzw. für das Zeitverhalten verfügbar. Das AUTOSAR OS eignet sich auch für kleine, leistungsschwächere Mikrocontroller, unterstützt aber inzwischen auch den Multicore-Einsatz und die Verwendung mehrerer Speicherpartitionen sowohl für Code als auch für Daten.

Die Module der Services sind – abgesehen vom Betriebssystem – hardwareunabhängig. Diese Systemdienste stehen den Anwendungen über die RTE zur Verfügung. Auf darunterliegende Basissoftwaremodule können Anwendungen nicht direkt zugreifen. Dies ist den Services vorbehalten, um im Rahmen ihrer Funktion auf ECU- oder Mikrocontroller-Ressourcen zuzugreifen. Ein Servicemodul und seine darunterliegenden Module werden auch als funktionale Stacks bezeichnet, beispielsweise der Kommunikationsstack für FlexRay. Solche Stacks werden oft als Einheit implementiert und integriert. Dies unterläuft zwar das Abstraktionsprinzip und reduziert die Flexibilität, ermöglicht aber eine höhere Effizienz und Leistung einer Implementierung.

7.6.3.2 Hardwareabstraktion

Die Schichten unterhalb der Services dienen der Hardwareabstraktion. Zunächst trennt die ECU-Abstraktionsschicht das ECU-Layout (d. h. wie die Peripheriemodule mit dem Mikrocontroller verbunden sind) von den oberen Schichten. Obwohl diese Schicht ECU-spezifisch ist, ist sie unabhängig vom Mikrocontroller. Die nächste Abstraktionsstufe wird durch die Mikrocontroller-Abstraktionsschicht erreicht, die mikrocontrollerspezifische Treiber umfasst. Diese Treiber sind beispielsweise I/O-Treiber für digitale Ein- und Ausgänge oder ADC-Treiber zur Wandlung analoger Signale in digitale Werte. Damit wird standardisierte Hardware direkt vom AUTOSAR-Standard unterstützt.

Die Schicht der komplexen Treiber dient zur Behandlung von Spezialfällen, z. B. zur Ansteuerung von komplexen Sensoren oder Aktoren mit besonderen Echtzeitanforderungen oder mit spezifischen elektromechanischen Hardwareanforderungen. Solche Module werden von AUTOSAR nicht als Basissoftwaremodule standardisiert, da hierzu spezifisches Fachwissen und geistiges Eigentum der Automobilhersteller oder der Zulieferer erforderlich wäre. Allerdings müssen die komplexen Treiber ebenso wie die standardisierten Module den Anforderungen für Schnittstellenmechanismen in der AUTOSAR-Basissoftware genügen.

7.6.4 Systemkonfiguration

Im AUTOSAR-Kontext bezieht sich „System" auf einen Verbund vernetzter Steuergeräte, der auch sämtliche Steuergeräte eines Fahrzeugs umfassen kann. Die Systemkonfiguration schließt sich an die Entwicklung der funktionalen Systemarchitektur auf der VFB-Ebene an, siehe ◘ Abb. 7.10. Mit der Systemkonfiguration werden Designentscheidungen zur tatsächlichen, physikalischen Architektur des Systems getroffen. Diese Entscheidungen betreffen vor allem die Systemtopologie, d. h. welche Steuergeräte vorhanden und wie diese vernetzt sind. Zu den einzelnen Steuergeräten kommt eine Beschreibung der verfügbaren Ressourcen bezüglich Prozessorarchitektur, Prozessorkapazitäten, Speicher, Schnittstellen, Peripherien oder Signalisierungsmethoden hinzu. Die Beschreibung der Netzwerktopologie reicht von den Bussystemen bis zur Kommunikationsmatrix einzelner Kanäle. Hinzu kommt auch die Festlegung, welche Anwendungssoftwarekomponenten auf welchem Steuergerät laufen sollen. All diese Informationen werden in der Systembeschreibung eingetragen: In der Praxis erfolgt dies entweder mittels Systemarchitekturdesigntools wie auch für das VFB-Design – dann spricht man auch vom Systemgenerator – oder aber mittels der Konfigurationstools für die Basissoftwaremodule.

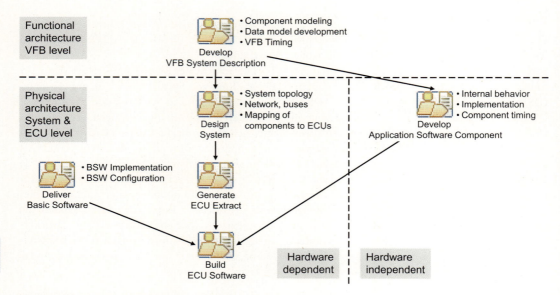

◘ **Abb. 7.10** Von der funktionalen Architektur zur ausführbaren Software [2]

Nach der Systemkonfiguration erfolgt die weitere Konfiguration der einzelnen Steuergeräte und schließlich auch die Softwareintegration unabhängig voneinander, d. h. nach Bedarf parallel. Hierzu werden aus der Systemkonfiguration alle für ein bestimmtes Steuergerät relevanten Informationen in die ECU-Beschreibung kopiert, was als ECU-Extrakt der Systembeschreibung bezeichnet wird. In der ECU-Beschreibung werden auch die Konfigurationsbeschreibungen der einzelnen Basissoftwaremodule aggregiert. Viele Parameter der Basissoftwarekonfiguration ergeben sich direkt aus der Systembeschreibung oder den Softwarekomponentenbeschreibungen. Die verbleibenden freien Parameter werden mithilfe des Basissoftwarekonfigurationstools eingestellt. Bei den meisten Basissoftwaremodulen wird nach der Konfiguration – wie bei der RTE – der zur Konfiguration gehörige Code von einem Generator erzeugt.

Die Implementierung der Anwendungssoftwarekomponenten – also die Erstellung der Algorithmen und deren Codierung – kann völlig parallel zur Systemkonfiguration erfolgen, da dieser Schritt hardwareunabhängig ist. Letztlich wird für jedes Steuergerät der gesamte Code der Basissoftware mit dem RTE-Code und dem Code aller Anwendungssoftwarekomponenten zur ECU-Software integriert.

7.7 Auswirkungen und Besonderheiten bei der FAS-Entwicklung

Der AUTOSAR-Standard wurde für die Entwicklung der Software des gesamten elektrischen/elektronischen Systems im Fahrzeug entworfen. Die einzige Ausnahme bilden Infotainmentsysteme, da deren Softwaregestaltung sehr nahe an der „Consumer Electronic" liegt, wodurch viele von deren grundsätzlichen Mechanismen wie beispielsweise dynamische Speicherverwaltung verwendet werden.

Fahrerassistenzsysteme liegen damit im Anwendungsbereich des AUTOSAR-Standards. Auf einige der speziellen Mechanismen, die der AUTOSAR-Standard für die Fahrerassistenzsysteme bereithält, wird im Nachfolgenden eingegangen.

7.7.1 Entwicklung verteilter Echtzeitsysteme

Fahrerassistenzsysteme sind häufig durch komplexe Algorithmen, hohe Sicherheitsanforderungen und vielfältige Sensorik charakterisiert. Sie eignen sich besonders für eine Realisierung als verteiltes Echtzeitsystem, weil z. B. Sensordaten auf einem Steuergerät vorverarbeitet werden und der eigentliche

Regelalgorithmus auf einem anderen Steuergerät abgearbeitet wird oder weil Überwachungs- oder Diagnosefunktionen auf einem separaten Steuergerät implementiert sind. AUTOSAR vereinfacht die Entwicklung verteilter Echtzeitsysteme hinsichtlich verschiedener Aspekte:

- Die Implementierung von Anwendungssoftware – die Codierung – ist entkoppelt vom Entwurf der funktionalen und physikalischen Architektur bzw. von der Systemkonfiguration.
- Die AUTOSAR-Entwurfsmethodik erlaubt eine flexible Verteilung von Anwendungssoftware auf mehrere Steuergeräte. Obwohl die Systemkonfiguration und damit auch die Verteilung der Softwarekomponenten auf Steuergeräte statisch ist, kann die Verteilung zwar nicht zur Laufzeit, aber vergleichsweise einfach während des Entwurfsprozesses geändert werden.
- Für Softwarekomponenten können Anforderungen an Lauf- und Ausführungszeiten berücksichtigt werden. So können Voraussetzungen für einzelne Steuergeräte oder für das Gesamtsystem definiert werden, aber auch für andere verfügbaren Ressourcen. Diese Informationen sind während des gesamten Entwicklungsprozesses verfügbar und werden durch geeignete Softwareentwicklungswerkzeuge berücksichtigt. Beispielsweise kann für einen Spurhalteassistenten nun eine maximale Laufzeitverzögerung von 200 ms vorgegeben und auf einzelne Ressourcen heruntergebrochen werden.
- Die standardisierten Austauschformate für Beschreibungen vereinfachen die Entwicklung eines verteilten Systems durch mehrere Entwicklungspartner.

7.7.2 AUTOSAR-Mechanismen für funktionale Sicherheit (ISO 26262)

Die grundlegende Herangehensweise bezüglich der funktionalen Sicherheit für Kraftfahrzeuge wird in der im November 2011 veröffentlichten Norm ISO 26262 [3] beschrieben. Bei der ISO 26262 handelt es sich um eine Systemnorm, die – ausgehend von einer Systembeschreibung und einer daraus abgeleiteten Gefahrenanalyse und Risikobewertung – prozessorale und technische Anforderungen an die Entwicklung und die technischen Maßnahmen eines elektrischen/elektronischen Systems im Fahrzeug stellt (siehe ▶ Kap. 6). Diese werden in einem funktionalen und daraus abgeleiteten, technischen Sicherheitskonzept im Rahmen der Entwicklung des Systems spezifiziert. Aus dem technischen Sicherheitskonzept leiten sich weiterhin auch Anforderungen an die Software des Systems ab. Band 6 der ISO 26262 enthält die entsprechenden Anforderungen an die Entwicklung sicherheitsrelevanter Software. Da der AUTOSAR-Standard eine Entwicklungsmethodik und eine Softwareinfrastruktur definiert, können durch ihn immer nur Teilaspekte eines technischen Sicherheitskonzeptes umgesetzt werden. Deswegen kann AUTOSAR gemäß der Nomenklatur der ISO 26262 auch als „Safety Element out of Context" (SEooC) bezeichnet werden (siehe [3], Part 10, Chapter 9). Dies bedeutet, dass die konkreten Sicherheitsanforderungen in einem Entwicklungsprojekt mit den im AUTOSAR-Standard getroffenen Annahmen zum technischen Sicherheitskonzept zur Deckung gebracht werden müssen.

Bei der Entwicklung von AUTOSAR wurden typische technische Sicherheitskonzepte sowie die technischen Anforderungen aus der ISO 26262 analysiert und daraus abgeleitet eine Reihe von Mechanismen für die funktionale Sicherheit in den AUTOSAR-Standard integriert. Besonders hervorzuheben sind hierbei:

- Speicherpartitionierung,
- Absicherung der Kommunikation von End- zu Endpunkt,
- Überwachung der Ablaufprogramme,
- defensives Verhalten.

In der Entwicklung sicherheitsrelevanter Fahrerassistenzsysteme sollte beim Entwurf des technischen Sicherheitskonzeptes darauf geachtet werden, die von AUTOSAR bereitgestellten Sicherheitsmechanismen einzusetzen, um einen zusätzlichen Entwicklungs- und Absicherungsaufwand zu vermeiden.

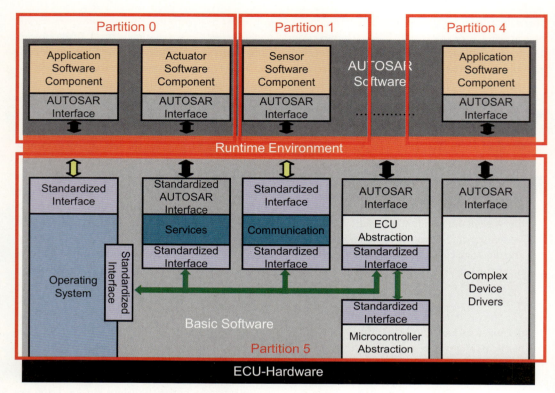

◘ Abb. 7.11 AUTOSAR-Speicherpartitionierung [2]

7.7.2.1 Speicherpartitionierung

Die Speicherpartitionierung ermöglicht die Schaffung von Schutzgrenzen um eine Gruppe von Softwarekomponenten. Gruppen von Softwarekomponenten werden hierbei in logische Anwendungspartitionen organisiert, wie in ◘ Abb. 7.11 dargestellt. Sie haben begrenzten Schreibzugriff auf Speicher – einschließlich des Hauptspeichers und nichtflüchtigen Speichers – und speicherbezogene Hardware. Darüber hinaus laufen Anwendungen in der Anwendungspartition im Anwendungsmodus der CPU, was bedeutet, dass sie begrenzten Zugriff auf spezielle Funktionsregister der CPU und auf Befehle im Überwachungsmodus haben.

Wenn eine Softwarekomponente, die in einer Anwendungspartition läuft, versucht, unberechtigt auf Speicher zu schreiben, entdeckt dies die Hardware-Speicherschutzeinheit (Memory Protection Unit, MPU) und verhindert den Zugriff. Dies führt zu einer Unterbrechung der Ausführung und die Anwendungspartition, die diesen Fehler verursacht hat, wird durch das Betriebssystem und die RTE kontrolliert beendet. Falls entsprechend konfiguriert, werden alle Softwarekomponenten in dieser Partition neu gestartet. Dieselben Mechanismen treten auch in Kraft, falls eine Softwarekomponente in einer Anwendungspartition versucht, auf CPU-Register zuzugreifen, die nur im Überwachungsmodus verändert werden dürfen.

7.7.2.2 Absicherung der Kommunikation von End- zu Endpunkt

Das Konzept der Absicherung der Kommunikation von End- zu Endpunkt geht davon aus, dass sicherheitsrelevanter Datenaustausch während der Laufzeit gegen Auswirkungen von Fehlern im Kommunikationspfad zwischen zwei Softwarekomponenten, die über einen physischen Bus kommunizieren, abgesichert werden soll. Dies sind beispielsweise zufällige Hardwarefehler wie beschädigte Register im sendenden oder empfangenden

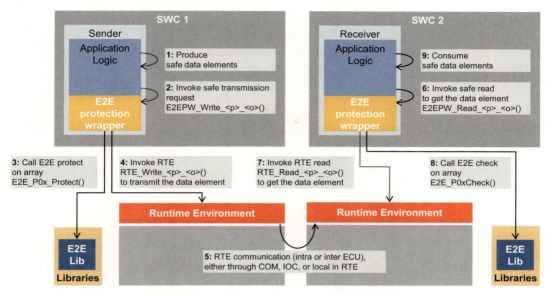

Abb. 7.12 Funktionsweise der End- zu-Endpunkt-Absicherung [2]

Netzwerkcontroller, Interferenzen durch elektromagnetische Wellen und systematische Fehler in der Softwareimplementierung der Kommunikation des virtuellen Funktionsbusses, z. B. in der RTE, im Kommunikationssystem oder im Netzwerkstack.

Die Absicherung der Kommunikation von End- zu Endpunkt kann diese Fehler im Kommunikationspfad entdecken und sie während der Laufzeit handhaben: Die End- zu-Endpunkt-Bibliothek von AUTOSAR stellt hierbei die Mechanismen zur Verfügung, welche die Anforderungen an eine sicherheitsrelevante Kommunikation bis zur Automotive-Sicherheitsintegritätsstufe D (ASIL) erfüllen können. Dazu werden Mechanismen wie Prüfsummen (CRC), Nachrichten-IDs und Alive-Counter verwendet.

Diese Algorithmen der Absicherungsmechanismen sind in der Spezifikation der sogenannten End- zu-Endpunkt-Bibliothek von AUTOSAR definiert und werden von den Softwarekomponenten bei Bedarf aufgerufen. ◘ Abbildung 7.12 stellt die Funktionsweise in der Kommunikation zwischen zwei Anwendungssoftwarekomponenten vor.

7.7.2.3 Überwachung des Programmablaufs

Die Überwachung des Programmablaufs zielt auf die Entdeckung von Fehlern in den Kontrollabläufen der Anwendungssoftware ab. Ein fehlerhafter Programmablauf findet statt, wenn ein oder mehrere Programmbefehle entweder in der falschen Reihenfolge, nicht zeitgerecht oder überhaupt nicht ausgeführt werden. Fehler in den Kontrollabläufen können aus systematischen Softwarefehlern oder aus zufälligen bzw. systematischen Hardwarefehlern entstehen. Sie können zu Datenverfälschung, Programmabbrüchen und in letzter Konsequenz zu Verletzungen von Sicherheitszielen führen.

Die Überwachung des Programmablaufs beinhaltet grundsätzlich zwei Arten des Überwachens: erstens die Überwachung des zeitlichen Verhaltens und zweitens die Überwachung der logischen Ausführungsreihenfolge von Programmblöcken.

Die Kernfunktion zur Überwachung des Programmablaufs wird durch das AUTOSAR-Basissoftwaremodul Watchdog-Manager zur Verfügung gestellt. Abhängig von der Sicherheitsrelevanz der Softwareeinheiten und den Sicherheitsanforderungen des Gesamtsystems kann eine überwachte Einheit eine Gruppe von Softwarekomponenten oder nur eine ausführbare Softwareeinheit innerhalb einer Komponente sein. Die überwachten Softwareeinheiten rufen an zuvor festgelegten Stellen den Watchdog-Manager mit einem Kontrollcode auf. Daraus kann dieser ermitteln, ob die überwachten Softwareeinheiten in der richtigen Reihenfolge und in den zulässigen Zeitfenstern ausgeführt wurden. Kommt es dabei zu einer Verletzung der Vorgaben, werden zuvor festgelegte Sicherheitsmechanismen ausgeführt, was bis zu einem sofortigen Reset des Steuergerätes gehen kann.

7.7.2.4 Defensives Verhalten

Defensives Verhalten von Software zielt darauf ab, Fehlerübertragung bzw. Fehlerausbreitung in der Software zu verhindern. Es handelt sich dabei um eine nicht-funktionale Eigenschaft der Software und wird im Allgemeinen durch entsprechende Programmierrichtlinien und Code-Muster erreicht. Damit ist defensives Verhalten der Basissoftware von AUTOSAR eine Eigenschaft, die nicht der Standard selbst festlegt, sondern die vom Implementierer des Standards sichergestellt wird. Eine typische Maßnahme ist beispielsweise die Absicherung gegen Verfälschung von sicherheitsrelevanten Daten eines Moduls der Basissoftware. Hierbei werden die entsprechenden Daten direkt vor dem Verlassen des entsprechenden Softwaremoduls mit einem Sicherheitscode versehen. Beim erneuten Aufruf dieses Softwaremoduls wird der Sicherheitscode zu den Daten erneut ermittelt. Ist er nicht identisch zu dem zuvor abgespeicherten, wurden die Daten in der Zwischenzeit unberechtigt verändert und das Softwaremodul kann eine entsprechende Fehlerbehandlung auslösen.

7.7.3 Virtualisierung in der Funktionsabsicherung

Der Aufwand für Tests zur Absicherung der Funktionsweise aller Komponenten steigt rapide an: Verteilte Entwicklung der Softwarekomponenten durch Zulieferer und durch den Automobilhersteller, das Parallelisieren der Entwicklung von Basissoftware und Softwarekomponenten sowie die anschließende Integration auf mehrere Steuergeräte durch den Automobilhersteller oder durch einen anderen Zulieferer erfordert neue Wege in der Absicherung. Die Funktion der Softwarekomponente an sich, ihr Zusammenspiel mit der RTE und der Basissoftware, die Wirksamkeit von Sicherheitsmechanismen, wie in ▶ Abschn. 7.7.2 beschrieben, oder die Einhaltung von Anforderungen an die Laufzeit von Fahrerassistenzsystemen, vgl. ▶ Abschn. 7.7.1, sind einige Beispiele von Mechanismen und Funktionen, die zum frühestmöglichen Zeitpunkt validiert werden müssen. Je später Fehler gefunden werden, desto aufwendiger wird ihre Behebung, und desto größer das Risiko für das Entwicklungsprojekt. Es geht im Kern um die Fragestellung: Wie können Funktionen, beispielsweise die eines Spurhalteassistenten, in der verwendeten Umgebung frühzeitig abgesichert werden?

Eine wirksame Möglichkeit bietet die virtuelle Absicherung. In einer PC-Umgebung wird die AUTOSAR-Basissoftware integriert. Hierbei können die Implementierungen verschiedener Hersteller inklusive kundenspezifischer Anpassungen integriert werden. Mithilfe von speziellen Anpassungen in der Hardwareabstraktion ist das Verhalten der Basis- und Anwendungssoftware vergleichbar mit dem im Steuergerät und dessen integrierten Mikroprozessor.

Die gesamte virtuelle Absicherungsplattform kann entweder rein durch Software oder mit verbundenen Hardwarekomponenten realisiert werden. Im letzteren Fall werden am PC Schnittstellenkonverter angeschlossen, die die Verbindung mit den Fahrzeugschnittstellen sicherstellen. Des Weiteren enthält die Basissoftware die für die Hardware kompatible „Microcontroller Abstraction"-Schicht mit den entsprechenden Hardwaretreibern.

Während der Entwicklung von Softwarekomponenten können auf der einen Seite deren Funktionen noch vor der Integration in das Steuergerät getestet und abgesichert werden. Auf der anderen Seite können die direkt auf dem PC-Betriebssystem verfügbaren Entwicklungswerkzeuge, wie z. B. Debugger, benutzt werden, wodurch die Arbeitsabläufe effizienter gestaltet werden. Die standardisierte Basissoftware ermöglicht die Verwendung der Werkzeuge für die AUTOSAR-Entwurfsmethodik, wie unter ▶ Abschn. 7.4.2 beschrieben.

Dieses System sichert die Funktionen von Softwarekomponenten in einer frühen Entwicklungsphase ab und kann dabei bestehende Software bzw. Steuergeräte aus Serienfahrzeugen und neue Technologien von beispielsweise Sensoren mit einbeziehen. Die vorgesehene Steuergerätehardware muss dabei noch gar nicht verfügbar sein.

Sicherlich ist dies auch mit fahrzeugherstellerspezifischer Software möglich. Doch nur AUTOSAR ermöglicht die durchgängige Portierung und somit Wiederverwendung der Testfälle herstellerübergreifend für andere Projekte. Durch die standardisierten Anwendungsschnittstellen, vgl. ▶ Abschn. 7.4.3, ist die Implementierung einer virtuellen Absicherungsplattform zudem modular und strukturiert, so dass sie effizient realisierbar ist.

Essenzielle Vorteile bietet die virtuelle Absicherung bei der Einführung agiler Softwareentwicklungsmethoden (vgl. [4]): Hierbei werden Funktionen in relativ kurzen Iterationen entwickelt und im Idealfall wird nach jeder Iteration eine getestete und funktionsfähige Software geliefert. Für komplexe Systeme, die mit verschiedenen Partnern entwickelt werden, ist dies mit vertretbarem Aufwand nur durch eine virtuelle Absicherung zu erreichen. Auch die im Rahmen agiler Entwicklung fast immer eingesetzte kontinuierliche Integration, verbunden mit kontinuierlicher Validierung und Softwarelieferung zwischen den Partnern, lässt sich mittels einer virtuellen Absicherungsplattform wesentlich effizienter realisieren.

7.7.4 Beherrschung von Komplexität und Entwicklungszeitverkürzung

Aus technischer Sicht stehen wir durch die steigende Zahl von Fahrerassistenzsystemen und dem steigenden Grad der Vernetzung immer komplexeren Systemen gegenüber. Dies birgt nicht nur Risiken in der Entwicklung, sondern auch in der Absicherung von Softwaresystemen. Der beschriebene modulare Aufbau von AUTOSAR ermöglicht es, wesentliche Teile der Software wiederzuverwenden. Des Weiteren bieten die in ▶ Abschn. 7.7.1 beschriebenen strukturierten Entwicklungsmechanismen die Möglichkeit, eine hohe Anzahl von Anwendungen zu integrieren. Ein Steuergerät wird für neue Anwendungen nicht neu entwickelt, sondern durch Generierung und Konfiguration können vielmehr neue Anwendungen in eine bestehende Architektur integriert werden. Dies hat positive Auswirkungen auf Qualität und Entwicklungszeit.

Aus organisatorischer Sicht entsteht nun eine neue Komplexität. Entwicklungsprojekte beziehen eine Vielzahl von Lieferanten ein und adressieren eine große Anzahl an Schnittstellen zwischen den Funktionsbereichen. In der Entwicklung spezifischer Softwarearchitekturen sind extensive multilaterale Diskussionen und Verhandlungen nötig, um die technischen Schnittstellen zwischen den Liefergegenständen und den projektspezifischen Schnittstellen zwischen den Lieferanten zu klären.

Die AUTOSAR-Entwurfsmethodik hilft, dies zu vereinfachen. Aufgrund der standardisierten Austauschformate auf XML-Basis sowie der standardisierten Anwendungsschnittstellen sind Inhalte und Zusammenspiel definiert.

Darüber hinaus ergibt sich die Möglichkeit, durchgängige Toolketten zu nutzen. Die Elemente der Entwurfsmethodik und die AUTOSAR-Spezifikationen an sich werden von Toolherstellern aufgegriffen. Zurzeit sind diverse Entwicklungstools auf dem Markt, die es ermöglichen, eine durchgängige Entwicklungslandschaft zu schaffen (vgl. [5]).

7.7.5 Flexibilisierung von kooperativer und verteilter Entwicklung

Mit der Einführung einer standardisierten Basissoftware geht auch ein fundamentaler Wandel in den Geschäfts- und Arbeitsmodellen einher: Automobilhersteller verwenden nicht länger ihre eigene, meist proprietäre ECU-Basissoftware, sondern Mikroprozessorhersteller, Zulieferer bzw. Softwarelieferanten entwickeln und testen die AUTOSAR-Basissoftware.

Die Anwendungen kommunizieren mit der Basissoftware über standardisierte Schnittstellen. Auf diese Art und Weise werden viele Anwendungen gemeinsam von vielen Automobilherstellern verwendet. Als Beispiel seien an dieser Stelle Anwendungen für Fensterheber oder Zentralverriegelungen erwähnt. Dies bedeutet, dass der Lieferant für eine dieser Anwendungen nicht mehr kundenspezifische Produkte entwickelt, sondern mehrere Kunden mit dem gleichen Produkt anspricht. Diese Softwareanwendungen sind somit wiederverwendbar und durch ihre weitere Verbreitung auch stabiler.

Wettbewerbsrelevante Anwendungen werden weiterhin herstellerspezifisch sein. Sie können durch die Nutzung der bereits erwähnten standardisierten Schnittstellen für verschiedene Modelle eines Herstellers verwendet werden.

Die Entwicklung dieser wettbewerbsrelevanten Anwendungen kann sowohl beim Automobilhersteller selbst, bei Lieferanten oder zusammen mit Lieferanten erfolgen. Erleichtert wird dies durch die formalen Beschreibungen der Softwarekomponenten, der Steuergeräte und des Gesamtsystems. Sie liegen in standardisierten Austauschformaten vor und ermöglichen so eine werkzeugunterstützte Integration der Software.

Die Integrationsarbeit verlagert sich hierbei auf die Softwareebene und somit zum Automobilhersteller, da er, um eine optimale Wiederverwendung zu gewährleisten, die Architektur bzw. die Konfiguration des Steuergerätes und des Gesamtnetzwerks entwerfen muss.

Betrachtet man nicht nur die Fahrerassistenzsysteme allein, sondern auch deren jetzige und zukünftige Vernetzung miteinander – fahrzeugübergreifend, Fahrzeug mit Fahrzeug, Fahrzeug mit Verkehrssystemen oder internetbasierten Diensten – wird deutlich, dass Innovationsgeschwindigkeit ein entscheidender Faktor für die erfolgreiche Einführung solcher Systeme in Fahrzeugen ist. Die Innovationsgeschwindigkeit wird maßgeblich durch Softwarewiederverwendung und gemeinschaftliche Entwicklungen bestimmt.

7.8 Zusammenfassung

In den zehn Jahren seit Beginn seiner Entwicklung hat sich AUTOSAR in der Fahrzeugindustrie als der weltweite Standard für Softwareinfrastruktur, Systembeschreibung mit einem durchgängigen Entwurfsprozess und standardisierten Austauschformaten zwischen allen beteiligten Entwicklungspartnern (Stand Oktober 2014: über 180 Firmen) etabliert. Damit sind seit der Einführung von AUTOSAR-Release 4.0 im Jahr 2009 in den nicht-differenzierenden Softwareanteilen der Steuergeräte im Fahrzeug die proprietären Lösungen weitgehend abgelöst. Ein entscheidender Grund für diesen Erfolg von AUTOSAR dürfte in dem Grundprinzip der Partnerschaft liegen:

» **Cooperate on standardization, compete on implementation.**

Das Kernergebnis der AUTOSAR-Partnerschaft liegt somit in der Spezifikation des AUTOSAR-Standards. Bereits dessen Implementierung unterliegt dem freien Wettbewerb.

Eine weitere grundlegende Änderung, die mit AUTOSAR eingeführt wurde, ist der Paradigmenwechsel für den Anwender: weg vom Implementieren der Software hin zum Konfigurieren und Generieren der Software. Damit können mit den geeigneten Werkzeugen aus den Systembeschreibungen von AUTOSAR sehr schnell Umsetzungen in Software erzeugt und somit ein bisher unerreichter Abstraktionsgrad in der Entwicklung der Software für Steuergeräte erreicht werden. Dieser Abstraktionsgrad zusammen mit der Unabhängigkeit von spezifischer Hardware erlaubt eine neue Stufe der Wiederverwendbarkeit von Software. AUTOSAR ermöglicht damit eine Konzentration auf die Entwicklung neuer, innovativer Kundenfunktionen, die heute vor allem im Bereich der Fahrerassistenzsysteme entstehen.

Literatur

1   Von der Beek, M.: Development of logical and technical architectures for automotive systems. In: Software & Systems Modeling **6**(2), Springer Verlag, Berlin Heidelberg, 205–219 (2006)
2   AUTOSAR Webseite: Verfügbar unter: http://www.autosar.org
3   ISO, ISO 26262 Road vehicles – Functional safety, Parts 1 – 10, First edition, 2011
4   Sims, C., Johnson, H.L.: Scrum: A Breathtakingly Brief and Agile Introduction. Dymaxicon, Foster City, Calif. (2012)
5   ATZ Extra: 10 Years AUTOSAR, The Worldwide Automotive Standard for E/E Systems, Springer Verlag, October 2013

Simulation für Entwicklung und Test von FAS / Virtuelle Entwicklungs- und Testumgebung für FAS

Kapitel 8	**Virtuelle Integration – 125**	
	Stephan Hakuli, Markus Krug	
Kapitel 9	**Dynamische Fahrsimulatoren – 139**	
	Hans-Peter Schöner, Bernhard Morys	
Kapitel 10	**Vehicle in the Loop – 155**	
	Guy Berg, Berthold Färber	

Virtuelle Integration

Stephan Hakuli, Markus Krug

8.1 Durchgängiges Testen und Bewerten im virtuellen Fahrversuch – 126

8.2 Effiziente Zusammenarbeit zwischen Hersteller und Zulieferer mittels einer Integrations- und Testplattform – 127

8.3 In-the-Loop-Methoden und virtuelle Integration im V-Modell – 128

8.4 Virtuelle Integration im Entwicklungsprozess – 132

8.5 Grenzen der virtuellen Integration – 136

8.6 Fazit – 137

Literatur – 138

Während Fahrdynamikregelsysteme trotz aller Komplexität und Variantenvielfalt mit großem Aufwand noch im realen Fahrversuch abgesichert werden können, ist dies bei Fahrerassistenzsystemen mit Umfeldwahrnehmung bereits heute bedingt durch die Systemkomplexität, die Komplexität der Testfälle und durch den nötigen Testumfang nicht mehr wirtschaftlich möglich. Auch bei vermeintlich gleicher Durchführung ist die Wiederholbarkeit von Tests unter exakt gleichen Rahmenbedingungen aufgrund zahlreicher potentieller und mitunter unbekannter oder nicht beachteter Einflüsse in der Praxis unmöglich. Damit ist die Reproduzierbarkeit von Ergebnissen nicht gegeben, weil zum einen funktionsrelevante Merkmale die nötige Interaktion mehrerer Verkehrsteilnehmer beinhalten können, zum anderen weil sie einem komplexen Zusammenspiel von Rahmenbedingungen wie der Blendung durch eine tiefstehende Sonne bei gleichzeitiger Reflexion auf nasser Fahrbahn unter einem bestimmten Winkel unterliegen können. Die Funktionen aktueller FAS greifen auf Umfeldinformationen zu, die mitunter von mehreren Sensoren unterschiedlicher Funktionsweisen gesammelt und in einer Umfeldrepräsentation verarbeitet wurden. Zur Erfüllung ihrer Funktionsziele bedienen sich diese Funktionen unterschiedlicher Aktoren und Bestandteile der Mensch-Maschine-Schnittstelle. Aus dieser architektonischen Verteilung von Assistenzfunktionen auf unterschiedliche Steuergeräte und Fahrzeugkomponenten resultiert eine starke Vernetzung, die beim Testen zu berücksichtigen ist und die den Aufwand nach oben treibt. Dieses Kapitel wird aufzeigen, welche Vorteile sich aus der virtuellen Integration ergeben, wie sie funktioniert und wo ihre Grenzen liegen.

8.1 Durchgängiges Testen und Bewerten im virtuellen Fahrversuch

Die Leitidee des virtuellen Fahrversuchs ist die möglichst realitätsgetreue Übertragung des realen Fahrversuchs in die virtuelle Welt mit dem Ziel, von den charakteristischen Stärken der Simulation in Sachen Reproduzierbarkeit, Flexibilität und Aufwandsreduktion zu profitieren und früh im Fahrzeugentwicklungsprozess eine Test- und Bewertungsmöglichkeit für Spezifikationen und daraus abgeleitete Lösungen herzustellen. Die Nutzung geeigneter Simulationsverfahren ermöglicht eine effizientere Konzeption, Entwicklung und Applikation von Fahrzeugen und Fahrzeugkomponenten. Sie überbrücken und verkürzen die Zeit bis zur Verfügbarkeit von realen Fahrzeugprototypen. Mit dem realen Fahrversuch und der Verlässlichkeit realer Versuchsergebnisse als Vorlage ist der Einsatz von Simulationstechniken eine Optimierungsaufgabe, in der es den Modellierungs-, Parametrierungs- und Simulationsaufwand ins Verhältnis zur gewonnenen Effizienz zu setzen gilt.

Der virtuelle Fahrversuch besteht wie sein reales Gegenstück aus mehreren Komponenten. Die zentrale Rolle spielt ein virtueller Fahrzeugprototyp, dessen Bestandteile je nach Fortschritt im Entwicklungsprozess als Modelle, Software-Code oder als Hardware integriert sind. Durch definierte Schnittstellen zwischen den Teilkomponenten des virtuellen Fahrzeugs ist es für jede Komponente unerheblich, in welchem Integrationsstadium sich die jeweils anderen Komponenten befinden.

Das virtuelle Fahrzeug samt dessen Funktionen wird von einem virtuellen Fahrer bedient, der über ein Verhaltensmodell parametriert wird, sowohl Open-Loop- als auch Closed-Loop-Manöver ausführen kann und der wie im realen Fahrversuch über Manöverschrittbeschreibungen instruiert wird, die er während des Fahrversuchs strecken-, zeit- oder ereignisbasiert abarbeitet. Als konsequente Weiterentwicklung des signalbasierten Testens ist eine solche manöverschrittbasierte Ausführung des Testauftrags mit einem konfigurierbaren Fahrerverhalten eine Voraussetzung für die Übertragbarkeit der Simulationsergebnisse auf die Ergebnisse des als Vorlage verwendeten realen Fahrversuchs.

Der virtuelle Fahrer bewegt das virtuelle Testfahrzeug auf einer virtuellen Fahrbahn in einem virtuellen Umfeld, das beispielsweise reale Streckenverläufe und deren Eigenschaften abbildet und in dem er mit virtuellen Verkehrsteilnehmern interagiert.

Während in der frühen Konzeptphase noch alle Bestandteile des Fahrversuchs virtuell sind, erfolgt im Laufe der Entwicklung durch die verschiedenen Integrationsstadien, wie in ◘ Tab. 8.1 dargestellt,

Tab. 8.1 Schrittweiser Übergang von der virtuellen in die reale Welt

	MiL	SiL	ECU-HIL	System-HIL	Rollenprüfstand	ViL	Fahrversuch
Funktions-Code	V	R	R	R	R	R	R
Steuergerät	V	V	R	R	R	R	R
System	V	V	V	R	R	R	R
Fahrzeug	V	V	V	V	R	R	R
Fahrer	V	V	V	V	V/R	V/R	R
Fahrdynamik	V	V	V	V	V	R	R
Erlebbarkeit	V	V	V	V	V	R	R
Fahrbahn	V	V	V	V	V	R	R
Verkehr/Umfeld	V	V	V	V	V	V	R

V: virtuell, R: real

ein schrittweiser Austausch von virtuellen gegen die zugehörigen realen Versuchsbestandteile, bis im vollständig realen Fahrversuch auf der Straße mit realem Fahrer und echten Verkehrsteilnehmern die Simulationsanteile komplett der Realität gewichen sind.

Der virtuelle Fahrversuch umfasst jedoch nicht nur die Abbildung einer Versuchskonfiguration in die virtuelle Welt, sondern auch die Übertragung der Auswertungs- und Bewertungsmethodik aus dem realen Fahrversuch in die Simulation. Die kontinuierliche Erfüllung von Spezifikationen auf Systemebene und darunter garantiert nicht für das erwünschte Verhalten des Gesamtfahrzeugs und damit nicht für die Validität eines Produkts im Sinne von Tauglichkeit gemäß den Produktzielen, deren Erreichung erst im Freigabeversuch überprüft wird. Ziel muss daher sein, entwicklungsbegleitend Teillösungen sowohl gegen die zugehörigen Spezifikationen zu testen als auch im gleichen Kontext im Gesamtfahrzeugkonzept auf die Erfüllung der gewünschten Eigenschaften für die Gesamtlösung überprüfen zu können. Der wirkliche Mehrwert des virtuellen Fahrversuchs besteht deshalb darin, die im realen Fahrzeug bei der Freigabe gefahrenen Manöver und die zugehörigen Bewertungskriterien durchgängig durch die in ▶ Abschn. 8.3 am Beispiel des V-Modells diskutierten Integrationsschritte bis zum Beginn der Konzeptphase zu überführen und schon dort verfügbar zu machen. Im Idealfall können so bereits früh Designentscheidungen im rein virtuellen Versuch auf ihre Eignung zur Erfüllung der Gesamtfahrzeugeigenschaftsziele überprüft werden. Im weiteren Verlauf der Entwicklung trägt diese Vorgehensweise dazu bei, dass zwischen den Integrationsstufen kein unnötiger Bruch in der Test- und Bewertungskette entsteht und Testergebnisse stufenübergreifend vergleichbar bleiben.

Die Nutzung von virtuellen Fahrzeugprototypen im virtuellen Fahrversuch macht somit bereits früh im Entwicklungsprozess Designentscheidungen im Gesamtfahrzeugkontext bewertbar und trägt dazu bei, dass Spezifikationen für Systeme und Komponenten wie im folgenden ▶ Abschn. 8.2 beschrieben schon vor der Entstehung des ersten realen Prototypen auf ihre Eignung zur Erreichung der Gesamtfahrzeugziele überprüft werden können. ▶ Abschn. 8.4 beleuchtet diesen Aspekt am Beispiel einer Funktionsentwicklung entlang des V-Modells durch alle Integrationsschritte.

8.2 Effiziente Zusammenarbeit zwischen Hersteller und Zulieferer mittels einer Integrations- und Testplattform

Der virtuelle Fahrversuch auf Basis von virtuellen Fahrzeugprototypen sowie in der Simulation abgebildeten Freigabemanöverkatalogen samt zugehöriger Bewertungskriterien kann auch zum Effizienzgewinn in der Zusammenarbeit von Fahrzeugherstellern und Systemzulieferern beitragen. Der Zulieferer profitiert bei der Entwicklung und Applikation einer Komponente von der Anwesenheit eines virtuellen Fahrzeugprototyps, da er für die Bewertung der Zielerreichung im Gesamtfahrzeugkontext unabhängiger von realen und üblicherweise raren Prototypfahrzeugen wird. Während sich auf der Seite des Zulieferers die Freigabemanöverkataloge auf die Überprüfung und Absicherung von zugesicherten Systemeigenschaften konzentrieren, können mittels vom Hersteller übermittelter Manöverkataloge und Bewertungskriterien Entwicklungsstände auf ihre wahrscheinliche Zielerreichung im Gesamtfahrzeugkontext überprüft werden, noch bevor diese Komponente in einen realen Prototyp integriert und damit verifizierbar sind.

Für eine derartige Zusammenarbeit setzen Hersteller und Zulieferer die gleiche Integrations- und Testumgebung ein. Ausgetauscht werden sowohl Fahrzeug- und Komponentenmodelle als auch in der Simulation implementierte Freigabemanöverkataloge mit integrierter Auswertung nach festgelegten Bewertungskriterien sowohl auf Gesamtfahrzeug- als auch auf Komponentenebene. Der Hersteller kann Fahrzeugdatensätze in verschlüsselter Form als „Black Box" übergeben, die sich beim Zulieferer zwar in der Simulation verwenden, nicht aber im Detail einsehen und verändern und mit einem Ablaufdatum versehen lassen. Die Baugruppe, die der Zulieferer entwickelt, ist dabei von der Verschlüsselung ausgenommen und kann von ihm integriert und getestet werden. Im Gegenzug kann ein Zulieferer Komponentenmodelle und Steuergerätesoftware in geschützter Form und beispielsweise über den FMI/FMU-Mechanismus [1, 2] unabhängig von dem verwendeten Autorenwerkzeug mit dem Hersteller austauschen. Das ermöglicht dem Fahrzeughersteller mit der früheren Bereitstellung reiferer und frühzeitig im Gesamtfahrzeugkontext validierter Komponenten zu planen, deren Übergabe mit weniger teuren und mitunter zeitraubenden Iterationsschritten bis zur Finalisierung verbunden ist.

8.3 In-the-Loop-Methoden und virtuelle Integration im V-Modell

Fahrerassistenzfunktionen werden funktional weitestgehend in Software abgebildet. Daher ist es sinnvoll, das aus dem Software Engineering bekannte V-Modell [3] oder seine Weiterentwicklung „V-Modell XT" [4] als Entwicklungsprozess für Fahrerassistenzfunktionen zu verwenden. Das V-Modell stellt grundsätzlich einen chronologischen Entwicklungsprozess dar. Der Ablauf ist dabei nicht linear über der Zeitachse aufgetragen, sondern über die Form des Buchstabens V. Es wird dabei von einem absteigenden und einem aufsteigenden Ast gesprochen. Der absteigende Ast enthält die Arbeitsschritte der Analyse der Aufgabenstellung. Aus der Analyse resultieren schrittweise Spezifikationen für die zu entwickelnden Komponenten. Dabei ist wesentlich, dass zunächst die Gesamtproduktanforderungen (oft auch Kundenanforderungen genannt) analysiert und danach in eine logische Architektur überführt werden. Im Anschluss daran folgt die Entwicklung einer technischen Architektur, die im weiteren Verlauf in Systeme und in Komponenten zerlegt und spezifiziert wird. Parallel zu jedem dieser Schritte entstehen Testfallspezifikationen, die später zur Überprüfung der Entwicklung verwendet werden. Der letzte Schritt des absteigenden Astes markiert gleichzeitig den ersten Schritt im aufsteigenden Ast. Auf ihm erfolgt die eigentliche Implementierung beziehungsweise Entwicklung der spezifizierten Komponenten. Der aufsteigende Ast beinhaltet alle Test- und Integrationsschritte von der einzelnen Komponente über das Gesamtsystem bis hin zum Akzeptanztest beim Kunden. Er stellt also das Integrieren und Testen im Entwicklungsprozess dar. Jeder Schritt auf dem absteigenden Ast hat eine Beziehung zu einem Schritt im aufsteigenden Ast. Dabei entspricht die Beziehung dem Verifizieren des im entsprechenden Prozessschritt erstellten Teilsystems gegenüber der zugehörigen Spezifikation. Die jeweils verwendeten Testfälle sind diejenigen, die während der Spezifikationsphase im absteigenden Ast entwickelt wurden. Im letzten Schritt erfolgt die Validierung, d. h. die Überprüfung der Erfüllung aller Kundenanforderungen sowie der Akzeptanztest. ◘ Abbildung 8.1 zeigt den generellen Entwicklungsprozess nach dem V-Modell.

8.3 • In-the-Loop-Methoden und virtuelle Integration im V-Modell

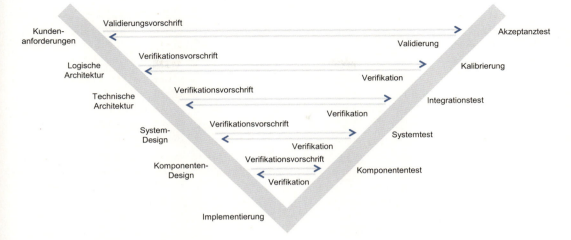

◼ **Abb. 8.1** Entwicklungsprozess nach dem V-Modell

Das V-Modell zeichnet sich durch eine leichte Verständlichkeit und die Verbindung von Entwicklung und Qualitätsmanagement aus. Diese Verbindung wird durch die Verwendung der Testfälle aus der Spezifikationsphase in der Integrationsphase erreicht. Ein nicht unerheblicher Nachteil des V-Modells ist allerdings, dass sich erst beim entsprechenden Schritt der Integration feststellen lässt, ob die zugehörige Spezifikation korrekt ist. Am markantesten wird dies in Bezug auf Fahrerassistenzfunktionen bei der Validierung der Gesamtfunktionalität, die aus der initialen Kundenanforderung entwickelt wurde. Erst im letzten Schritt des Entwicklungsprozesses ist hierzu eine Validierung möglich. Sollte die Spezifikation der Kundenanforderung unvollständig oder gar fehlerhaft sein, sind alle nachfolgenden Spezifikationen und deren Realisierung davon betroffen. Dies kann formal erst im letzten Entwicklungsschritt nach dem V-Modell festgestellt werden. Dazwischen liegen in der Automobilindustrie typischerweise drei Jahre Entwicklungszeit und nicht selten Entwicklungskosten in Höhe von mehreren Millionen Euro. Eine notwendige Änderung bedeutet sehr wahrscheinlich eine Erhöhung der Entwicklungskosten und eine Verlängerung der Entwicklungszeit.

Um dieses Risiko zu verringern, müssen entsprechende methodische Ergänzungen im Entwicklungsprozess vorgenommen werden mit dem Ziel, zu einem frühen Zeitpunkt eine ausreichend sichere Aussage über die Qualität der Entwicklung treffen zu können [5, 6]. Diese Aussage muss begleitend zur Entwicklung immer weiter konkretisiert werden, um zunehmend zu einer stabilen Bewertung zu gelangen. Um ausreichend Flexibilität zu erhalten, sollte ferner eine kontinuierliche Anpassung der Spezifikationen möglich sein, ohne die zuvor erstellten Inhalte maßgeblich zu verändern. Die für dieses Vorgehen verwendeten Methoden stammen überwiegend aus dem Repertoire der Entwicklung von eingebetteten mechatronischen Systemen. In Frage kommen hier SiL, MiL- und HiL-Methoden [7].

Der systematische Ansatz dieser Methoden entspricht der Ankopplung der zum jeweiligen Entwicklungsschritt vorhandenen Modelle oder realen Komponenten an eine Nachbildung deren realer Umgebung mit dem Ziel, ein bewertbares Gesamtsystem zu erhalten. Diese Nachbildung wird durch eine Simulationsumgebung in virtueller Form zur Verfügung gestellt, in welche die real verfügbaren Modelle oder mechatronischen Systeme eingebettet sind. Da es bis zum Prozessschritt der Implementierung keine realen Komponenten gibt, muss die Simulationsumgebung in der Lage sein, eine virtuelle Integration anzubieten. ◼ Abbildung 8.2 zeigt die Verortung der jeweiligen Methode im V-Modell.

Mit der Model-in-the-Loop-Methode (MiL) lässt sich die Spezifikation der Kundenanforderung bis zum Schritt der logischen Architektur

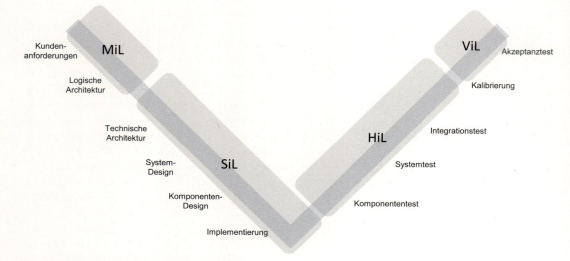

Abb. 8.2 In-the-Loop-Methoden im V-Modell

bestätigen. In dieser Methodik werden Algorithmen erstellt, die funktional dem Entwicklungsziel entsprechen. Sie haben allerdings noch keinen Bezug zur Hardware im Zielsystem. Diese Algorithmen werden meist in Form von modellbasierter Software erstellt. Um diese Modelle zu validieren, werden sie in eine entsprechende Simulationsumgebung integriert und im virtuellen Fahrversuch getestet. Das bedeutet, dass alle dafür notwendigen Komponenten (Umwelt, Fahrstrecke, Fahrdynamik, Antriebsstrang, Sensoren, Fahrermodell etc.) modular zur Verfügung stehen. Das erstellte Modell wird zur Simulationsumgebung hinzugefügt, um die neue Funktion erlebbar zu machen. Aus der Einbindung von Modellen in einen virtuellen Prototyp und damit in den Gesamtfahrzeugkontext resultieren konkretere Anforderungsspezifikationen und damit konkretere Testvorschriften, was mögliche Überraschungen bei der Validierung vermeiden kann. Idealerweise ist die Simulationsumgebung mit einem Fahrsimulator gekoppelt, in dem die neu zu entwickelnde Fahrerassistenzfunktion bereits von Probanden bewertet werden kann. Abhängig vom Grad der Detaillierung dieser Methode ist bereits eine weitreichende Aussage in Bezug auf die Kundenakzeptanz möglich. Zeitlich liegt dieser Schritt deutlich vor dem entsprechenden Schritt im klassischen V-Modell und ermöglicht damit eine deutliche Senkung des Entwicklungsrisikos.

Die Software-in-the-Loop-Methode (SiL) erlaubt eine Absicherung bis auf die Ebenen der einzelnen Komponenten. Erreicht wird dies durch Übertragung der bereits erstellten Modelle in eine Simulationsumgebung, die den technischen Gegebenheiten des Zielsystems in Bezug auf Rechenleistung, Echtzeitverhalten oder Auflösungsgenauigkeit sehr nahe kommt, aber noch zielhardwareunabhängig ist [8]. Somit stellt die SiL-Methode eine Möglichkeit dar, die Spezifikationen der Einzelkomponenten eines Systems vor deren Implementierung zu prüfen und gegebenenfalls anzupassen.

Wird der Entwicklungsprozess nach dem V-Modell durch die MiL- und SiL-Methoden in einer leistungsfähigen Simulationsumgebung ergänzt, entsteht im absteigenden Ast eine virtuelle Integration des Gesamtsystems. Es liegt zum Abschluss des absteigenden Astes ein virtueller Prototyp vor, bei dem sowohl jede einzelne Komponente als auch die Gesamtfunktionalität in ihrer Wirkung und bezüglich ihrer Schnittstellen vollständig getestet und verifiziert werden können. Mit diesem virtuellen Prototyp ist auch ein virtueller Fahrversuch wie in ▶ Abschn. 8.1 möglich. Daraus ergibt sich wiederum die Möglichkeit, die Auswirkungen von Toleranzen jeder einzelnen Komponente auf die Kundenfunktion zu testen. Da dies automatisiert und oftmals schneller als in der tatsächlichen Zeit durchgeführt werden kann, ist dieser virtuelle Prototyp ein sehr leistungsfähiges Werkzeug zur Überprüfung der einzelnen Spezifikationen und des Gesamtsystems. Zudem lassen sich bei entsprechender Konfiguration des virtuellen Prototyps der Ausfall oder der Missbrauch einzelner Komponenten im Hinblick auf das Gesamtsystem und dessen Funktionalität testen. Diese Möglichkeit macht ähnliche Tests an den später zur Verfügung stehenden realen Komponenten nicht überflüssig. Allerdings ist diese Möglichkeit wesentlich flexibler, schneller und günstiger. Zudem lassen sich daraus gewonnene Erkenntnisse in die Spezifikation der Einzelkomponenten integrieren.

Das beschriebene Vorgehen ist nicht auf den Funktionsbereich der Fahrerassistenz beschränkt. Allerdings ist diese Domäne für ein solches Vorgehen aus folgenden Gründen prädestiniert:

- hohe Interaktion mit den Domänen Mensch-Maschine-Schnittstelle, Antriebsstrang, Fahrdynamik,
- hohe Anforderungen an die funktionale Sicherheit und deren Nachweis mit zunehmendem Automatisierungsgrad,
- hohes Entwicklungsrisiko aufgrund neuartiger Sensorkonzepte und Algorithmen,
- hohes Entwicklungsrisiko aufgrund von wenig Erfahrung zur Kundenakzeptanz.

Mit der dritten in-the-Loop-Methode werden die entwickelten Modelle aus der SiL-Umgebung auf die realen Komponenten übertragen beziehungsweise durch sie ersetzt. Die Methode wird daher als Hardware-in-the-Loop (HiL) bezeichnet. Dieser Schritt findet bei verteilten Systemen typischerweise in mehreren Stufen statt. Zunächst werden die einzelnen Komponenten unabhängig gegen ihre jeweilige Spezifikation getestet. Auch hier wird eine Simulationsumgebung verwendet, die die Schnittstellen der zu testenden Komponente zur Verfügung stellt. Sind alle Komponenten mit dieser Methode verifiziert, werden sie abschnittsweise mit derselben Methode integriert, um deren Zusammenwirken zu verifizieren. Am Ende dieser Phase existiert das vollständige System in realen Komponenten und ist bis auf die Ebene der logischen Architektur gegenüber seiner Spezifikation getestet.

Dabei ist wichtig, dass die bereits während der Erstellung des virtuellen Prototyps genutzten Testszenarien erneut angewendet werden können. Zum einen senkt das die Kosten, zum anderen können die Ergebnisse zwischen den realen und virtuellen Komponenten direkt verglichen werden. Im Falle von Abweichungen wird die Fehlersuche erleichtert. Falls die Fehlersuche eine Änderung an einem Modell des virtuellen Prototyps notwendig macht, können die Auswirkungen zunächst erneut durch einen virtuellen Fahrversuch beurteilt werden.

Vehicle-in-the-Loop (ViL) steht für eine neuere Methode zur sinnvollen Ergänzung und Verbesserung der Entwicklung im V-Modell für Fahrerassistenzsysteme. Sie adressiert den Bedarf vieler Fahrerassistenzfunktionen an einen aufwendigen Fahrversuch und einen hohen Anspruch an die funktionale Sicherheit. Diese Gruppe von Fahrerassistenzfunktionen wird zunehmend an Bedeutung und Umfang gewinnen. Ein wesentlicher Grund dafür ist die ständig wachsende Anzahl von Fahrzeugderivaten, in denen Fahrerassistenzfunktionen angeboten werden und damit auch bei immer weiter zunehmendem Automatisierungs- und Vernetzungsgrad abzusichern bleiben müssen. Die ViL-Methode erlaubt den Betrieb des realen Versuchsfahrzeuges in einer virtuellen Umwelt. Die Kopplung zwischen Fahrzeug und virtueller Umwelt kann in zweierlei Weise geschehen. Entweder wird dazu eine Schnittstelle zu der verwendeten Umfeldsensorik geschaffen und die reale Sensorik ersetzt. An dieser Schnittstelle speist die Simulationsumgebung simulierte Sensorsignale ein, die der Sensorantwort aus einer realen Umgebung entsprechen, was immer dann von Vorteil ist, wenn reale Sensorik nicht mit vernünftigem Aufwand durch künstliche Signale stimuliert werden kann. Andernfalls kann die reale Sensorik beibehalten und künstlich stimuliert werden, wie es beispielsweise mit Ultraschallsensorik realisierbar ist, die über Ultraschallwandler künstlich generierten Antwortsignalen ausgesetzt wird [9]. In beiden Varianten reagiert das reale Versuchsfahrzeug auf Merkmale und Ereignisse in der virtuellen Umgebung. Kritische Fahrmanöver zu Hindernissen oder Objekten auf Kollisionskurs können so sicher und reproduzierbar getestet werden. Die geschaffene Schnittstelle kann auch dazu genutzt werden, die Sensorsignale in einer Art zu erzeugen, wie sie aufgrund einer geänderten Position in einem Fahrzeugderivat oder durch verschiedene Toleranzen entstehen würden. Dadurch ergibt sich mit dieser Methode die Möglichkeit, mit einem Versuchsträger entsprechende Derivate oder Toleranzen zu testen. Neben dem wesentlich sicheren Versuchsbetrieb erlaubt dies ein effektives Testen und Applizieren von Fahrerassistenzfunktionen. Daraus leitet sich ein erhebliches wirtschaftliches Potential für den Fahrversuch im Bereich der Fahrerassistenz ab.

Selten werden Fahrerassistenzfunktionen völlig neu entwickelt. Typischerweise existiert bereits eine Funktionalität, die verschiedene Komponenten nutzt. Auf dieser Basis wird eine neue Funktion hinzugefügt. In derartigen Fällen ist es sehr hilfreich, wenn die bestehende Basis bereits in der beschriebenen Form als virtueller Prototyp vorliegt. Die Spezifikation der neuen Funktionalität kann darauf basierend effizient in die vorhandene Struktur des virtuellen Prototyps aus MiL- und SiL-Komponenten integriert und getestet werden. Auch kann die neue reale Komponente die bestehende HiL-Infrastruktur nutzen. Dieses Vorgehen stellt eine sehr hilfreiche Qualitätsmaßnahme dar, da die Änderungen zum bereits getesteten System leicht nachvollziehbar und überprüfbar sind. Die existierenden Testfälle können bei entsprechender Interaktion der neuen Funktion mit der existierenden Basis weiter verwendet werden. Darüber hinaus erschließt sich daraus ein wirtschaftliches Potential, da mit der vorhandenen Infrastruktur einige Entwicklungsumfänge übernommen werden können. Die Wiederverwendung dieser Infrastruktur ist zudem ein Investitionsschutz.

Für komplexe Fahrerassistenzfunktionen kann der zugehörige Entwicklungsprozess nach dem V-Modell nicht als alleiniger Prozess betrachtet werden. Fahrerassistenzfunktionen haben eine erhebliche Interaktion mit Funktionen aus anderen Domänen im Fahrzeug. Diese Interaktion erfordert ein Domänen-übergreifendes Konzept bezüglich Integration und Test. Typischerweise wird dies heutzutage damit erreicht, dass im aufsteigenden Ast des V-Modells sogenannte Synchronisationspunkte zwischen den Entwicklern aus den verschiedenen Domänen vereinbart werden. Diese Synchronisationspunkte stellen die Integration aller Funktionen im Fahrzeug mit einer vereinbarten Teilfunktionalität dar. Typische Teilfunktionalitäten sind dabei die Verfügbarkeit aller System- oder Kundenfunktionen beziehungsweise deren Applikation. Die Entwicklungsprozesse der einzelnen Domänen im Fahrzeug können sich durchaus unterscheiden, was den Ablauf bis zu einem Synchronisationspunkt betrifft. Auch die Menge der realisierten Teilfunktionalität kann sich durchaus von Domäne zu Domäne unterscheiden. In Zukunft ist dieses Prinzip auch für den Entwicklungsprozess im absteigenden Ast des V-Modells zu erwarten. Gerade die gezeigte virtuelle Integration ermöglicht die Verfügbarkeit eines virtuellen Prototyps zu jedem Zeitpunkt im Entwicklungsprozess. Nur die Detaillierung unterscheidet sich zu den verschiedenen Zeitpunkten. Daher ist eine Koordination der Integration von Funktionen auch schon im absteigenden Ast des V-Modells sinnvoll.

Die großen Potentiale der virtuellen Entwicklung und Integration bei Fahrerassistenzfunktionen wird den realen Fahrversuch nicht vollständig ersetzen können. Das liegt zum einen daran, dass einige Testszenarien erstmals im realen Fahrversuch entdeckt werden, da hier beliebige Situationen entstehen können. Bei entsprechender Relevanz können diese Testszenarien dann in den virtuellen Fahrversuch übernommen werden, sofern die Abbildung der relevanten Ereignisse und Mechanismen aufwandsmäßig sinnvoll ist. Zum anderen ist die subjektive Beurteilung von Fahrerassistenzfunktionen ein Aspekt, der nicht vollständig im virtuellen Fahrversuch übernommen werden kann.

8.4 Virtuelle Integration im Entwicklungsprozess

Im Folgenden wird ein Beispiel angeführt, das zeigen soll, wie die virtuelle Integration Teil des Entwicklungsprozesses nach dem V-Modell ist. Die Betrachtung wird unterteilt in die Spezifikations- und die Integrationsphase. Dies entspricht einer Aufteilung in den absteigenden und aufsteigenden Ast des V-Modells.

8.4.1 Spezifizieren mit Hilfe der virtuellen Integration

Das folgende Beispiel zu einer Kundenanforderung im Funktionsbereich Parken/Rangieren zeigt die

Erweiterung des Entwicklungsprozesses nach dem V-Modell durch die virtuelle Integration auf. Es wird zunächst für jeden Schritt im Entwicklungsprozess nach dem V-Modell eine entsprechende Beschreibung angegeben. Die Beschreibung ist stark verkürzt und dient ausschließlich dem Verständnis der Methode. Als Ergänzung wird zu jedem Schritt die jeweilige Aktivität zur virtuellen Integration und deren Ergebnis als Mehrwert im Vergleich zum klassischen Prozess nach dem V-Modell in jeweils drei getrennten Abschnitten angeführt.

8.4.1.1 Kundenanforderung

V-Modell Die Kundenanforderung wird formuliert als: Vermeidung von Beschädigungen an den Fahrzeugseiten durch Kollision mit einem feststehenden Objekt während eines Parkmanövers. Die maximale Fahrgeschwindigkeit liegt bei 10 km/h. Darüber ist die Funktion inaktiv. Typische Fahrmanöver werden verbal formuliert und als Testfälle für die weitere Entwicklung festgelegt.

Virtuelle Integration Es werden in der Simulationsumgebung die zuvor als Testfälle definierten Fahrmanöver im virtuellen Fahrversuch konfiguriert, um die Kundenanforderung transparenter zu gestalten. Die Sensoren des virtuellen Testfahrzeugs haben ein ideales Verhalten in Bezug auf die Umwelterfassung. Die Simulation der Fahrmanöver gibt den Entwicklern einen wichtigen Hinweis auf die Vollständigkeit der Kundenanforderungen und auf beachtenswerte Details der Funktion. Steht ein Fahrsimulator zur Verfügung, hat der Kunde die Möglichkeit, seine zunächst nur verbal formulierte Anforderung zu erleben und gegebenenfalls zu detaillieren. Steht kein Fahrsimulator zur Verfügung, gibt dennoch die übliche idealerweise fotorealistische Animation der Simulation dem Kunden einen ersten Eindruck und die Möglichkeit, seine Anforderungen auf dieser Basis anzupassen.

Ergebnis Die virtuelle Integration ermöglicht in diesem Schritt eine wesentlich transparentere Diskussion über die Formulierung der Anforderungen des Kunden. Die Entwickler bekommen dadurch einen ersten Eindruck von den Funktionsumfängen, die eine besondere Beachtung benötigen. Dies erlaubt auch eine erste Abschätzung über die Spezifikation der benötigten Teilkomponenten und deren Realisierbarkeit. Am wesentlichsten in diesem Schritt ist, dass die Kundenfunktion mindestens visualisiert werden kann und so der Kunde und der Entwickler über eine gemeinsame Diskussionsbasis verfügen. Dies reduziert die Gefahr von Missverständnissen und daraus resultierenden Versäumnissen im Entwicklungsprozess erheblich.

8.4.1.2 Logische Architektur

V-Modell Die logische Architektur könnte folgendermaßen formuliert werden: Erfassung von feststehenden Objekten mit Hilfe der im vorderen und hinteren Stoßfänger angebrachten Ultraschallsensoren. Nach der Erfassung werden die Objekte beim Verlassen des seitlichen Sichtbereichs der jeweils äußeren Sensoren über eine Objektverfolgung weiter lokalisiert, die auf der Fahrzeugbewegung basiert. Ergibt die Lokalisierung bezogen auf die aktuelle Fahrgeschwindigkeit und den aktuellen Lenkwinkel eine zu große Annäherung eines Objekts an der Fahrzeugseite, so erfolgt die Ausgabe eines Warnhinweises. Dieser Warnhinweis wird über ein akustisches Signal realisiert. Entsprechende Testfälle werden formuliert, die dieses Ereignis stimulieren.

Virtuelle Integration In der virtuellen Integration werden in diesem Schritt die zuvor simulierten Szenarien konkretisiert und erweitert. Dies betrifft zum Beispiel die Anpassung der simulierten Sensoren entsprechend der Charakteristik eines Ultraschallsensors und die Integration eines Algorithmus zur Objektverfolgung inklusive Ausgabe des Warnhinweises in die Simulation. Die zu diesem Schritt im V-Modell entwickelten Testfälle werden simuliert.

Ergebnis Zum Abschluss dieses Entwicklungsschritts liegt durch die Verwendung der virtuellen Integration eine getestete logische Architektur der Kundenanforderung vor. Dies ermöglicht eine Aussage, ob die Kundenanforderung in Bezug auf den Datenfluss und die Funktionslogik im Rahmen der vorhandenen Möglichkeiten realisierbar ist.

8.4.1.3 Technische Architektur

V-Modell Die technische Architektur besteht grundsätzlich aus den Funktionsteilen *Erfassen*, *Verarbeiten* und *Ausgeben*. Der Umfang des Erfassens bezieht sich auf die Detektion von Objekten. Hier soll auf die vorhandenen Ultraschallsensoren und deren Schnittstelle zum Fahrzeugbus zurückgegriffen werden. Für die Verarbeitung wird ein zusätzliches Steuergerät in ein vorhandenes Steuergerätenetzwerk integriert. Der Umfang der Ausgabe der Information wird über eine entsprechende Nachricht auf dem gleichen Fahrzeugbus realisiert, auf dem auch die Sensorinformationen empfangen werden. Die Verarbeitung der Nachricht erfolgt als akustische Warnmeldung über das Infotainment-System des Fahrzeuges. Die hierfür genutzten und im Folgenden nicht veränderbaren Schnittstellen werden in ihren technischen Details beschrieben. Auch in diesem Entwicklungsschritt werden Testfälle formuliert, die im Wesentlichen die Schnittstellen zwischen den festgelegten Funktionsteilen prüfen.

Virtuelle Integration Basierend auf den zuvor erstellten Simulationsmodellen resultiert aus der Aufteilung der bisher modellierten Kundenfunktion in die beschriebenen Funktionsteile eine weitere Detaillierung der Spezifikationen. Die Schnittstellen zwischen den Funktionsteilen werden den tatsächlichen technischen Gegebenheiten in Bezug auf zeitliches Verhalten und verfügbare Bandbreite angepasst und die zu diesem Schritt formulierten Testfälle erneut in der Simulation durchgeführt.

Ergebnis Als Ergebnis aus diesem Schritt ist durch die virtuelle Integration die Beurteilung der Auswirkungen auf die Kundenfunktion möglich geworden, die sich durch deren Integration in ein vorhandenes Steuergerätenetzwerk ergeben.

8.4.1.4 System-Design

V-Modell Das System-Design konzentriert sich in diesem Beispiel auf die Festlegung der Softwarearchitektur zur Realisierung der Kundenfunktion. Hierbei wird die erforderliche Funktionalität in verschiedene Tasks aufgeteilt und deren Schnittstellen festgelegt. Es erfolgt eine Partitionierung der Tasks auf die beteiligten Steuergeräte. Die Beschreibung der Tasks wird als Blackbox-Beschreibung formuliert. Benötigte Sensoren oder Aktoren werden in ähnlicher Form spezifiziert. Die in diesem Schritt festgelegten Testfälle beziehen sich im Wesentlichen auf den Test der Schnittstelle der einzelnen Komponenten. Die Schnittstellen können sowohl Steuergeräte-intern, über einen Fahrzeugbus oder über eine direkte Hardware-Anbindung gestaltet sein.

Virtuelle Integration In der virtuellen Integration wird in diesem Schritt die bereits in der Simulation vorhandene Gesamtfunktionalität in Teilumfänge gegliedert. Die Teilumfänge entsprechen den im System-Design festgelegten Tasks beziehungsweise der Modellverfeinerung von Sensoren und Aktoren von einem idealen in Richtung eines realen Verhaltens. Dies geschieht durch eine entsprechende Modellierung in der Simulationsumgebung. Ist im Weiteren eine automatische Codegenerierung geplant, richtet sich diese für die Tasks nach den Vorgaben, die sich aus dem verwendeten Programm ergeben. In der Simulation werden die zuvor formulierten Tests der Schnittstellen durchgeführt.

Ergebnis Das System-Design ist auf der Ebene der Komponentenschnittstelle mit Hilfe der virtuellen Integration verifiziert. Dies ist ein wesentlicher Vorteil gegenüber dem klassischen Vorgehen im V-Modell, in dem dies zu diesem Zeitpunkt noch nicht möglich ist. Eine spätere Änderung der Komponentenschnittstelle bringt eine erhebliche Änderung in ihrem Design mit sich. Diese Änderung kann zusätzlich zu Änderungen im System-Design führen.

8.4.1.5 Komponenten-Design

V-Modell In diesem Schritt werden die Blackbox-Beschreibungen aus dem System-Design in eine detaillierte Komponentenspezifikation überführt. In dieser Spezifikation ist der interne Daten- und Kontrollfluss der jeweiligen Tasks beschrieben. Es liegt zum Abschluss eine Whitebox-Beschreibung für jeden Task vor. Die dazu formulierten Testfälle konzentrieren sich auf den Test der zu den jeweiligen Tasks gehörenden Algorithmen.

Virtuelle Integration Gegebenenfalls wird in der virtuellen Integration eine Anpassung der zuvor bereits auf Systemebene erstellten Funktionalität durchgeführt. Oftmals ist hier keine wesentliche Anpassung mehr notwendig, da das Komponenten-Design das Resultat aus den vorherigen Entwicklungsschritten ist, die alle bereits in der virtuellen Integration umgesetzt wurden. Die formulierten Testfälle werden auch hier in der Simulation durchgeführt.

Ergebnis Durch die virtuelle Integration liegen als Ergebnis der Funktionsspezifikation nun getestete virtuelle Komponenten vor. Für die folgende Implementierung ergibt sich daraus der Vorteil, dass schon eine hinreichende Sicherheit über die Korrektheit der Spezifikation zur Implementierung vorliegt.

Zwischenfazit Die im Beispiel verwendete Kundenfunktion wurde vom Autor mit Hilfe der beschriebenen virtuellen Integration entwickelt. Zum Einsatz kam dabei eine Integrations- und Testplattform [10] und ein Autorenwerkzeug [11] zur eigentlichen Funktionsentwicklung. Tatsächlich wurden dadurch eine Vielzahl von kleineren und größeren Spezifikationsfehlern entdeckt und damit frühzeitig behoben. Die Fehler betrafen überwiegend fehlende Festlegungen oder fehlerhafte Annahmen. So wurde zum Beispiel die geometrische Ausdehnung der verfolgten Objekte, das erforderliche zeitliche Verhalten zwischen der Objekterkennung und Objektverfolgung oder das Verhalten bei zeitgleicher Mehrfachwarnung zunächst nicht festgelegt beziehungsweise nicht korrekt angenommen. Diese Fehler dürfen als durchaus typisch gelten und können im klassischen Entwicklungsprozess nach dem V-Modell erst in den letzten beiden Schritten festgestellt werden. Die Vorteile der virtuellen Integration konnten hier deutlich im realen Projekt gezeigt werden.

8.4.1.6 Implementierung

V-Modell Abhängig von der Komponente erfolgt deren Implementierung.

Virtuelle Integration Da alle Komponenten bereits vorliegen, ist in der virtuellen Integration zu diesem Entwicklungsschritt keine explizite Aktivität notwendig. Für den Fall, dass eine automatische Codegenerierung zum Einsatz kommt, wird sie hier angewendet.

Ergebnis Wird eine automatische Codegenerierung eingesetzt, können die bisher erstellten virtuellen Komponenten direkt verwendet werden. Dadurch ergeben sich erhebliche Vorteile in Bezug auf die Qualität und Wirtschaftlichkeit dieses Prozessschritts.

8.4.2 Integrieren mit Hilfe der virtuellen Integration

Es folgt nun die Beschreibung, wie die betrachtete Kundenfunktion schrittweise nach dem V-Modell integriert wird. Die Integration profitiert von der entsprechenden Vorarbeit in Form der Vereinfachung des Ablaufs bei erhöhter Qualität.

8.4.2.1 Komponententest

V-Modell Die einzelne Komponente wird mit Hilfe der HiL-Methode in einem Whitebox-Ansatz auf ihr Verhalten gemäß der Spezifikation verifiziert.

Virtuelle Integration Es werden die identischen Testfälle wie im Schritt des Komponenten-Designs verwendet. Dazu ist es notwendig, dass die Simulationsumgebung entsprechende I/O-Messtechnik ansprechen kann. Im Unterschied zum Testen des Komponenten-Designs wird die Schnittstelle zur Komponente in diesem Schritt mit realen Signalen stimuliert beziehungsweise ausgelesen. Dieses Vorgehen führt zu einer direkten Vergleichbarkeit der Ergebnisse des Komponententests aus dem ab- und aufsteigenden Ast des V-Modells.

Ergebnis Die Wiederverwendbarkeit der Testfälle und die Vergleichbarkeit der Testergebnisse zwischen der virtuellen und realen Implementierung der einzelnen Komponenten ermöglicht die effiziente Untersuchung und Bewertung von beobachteten Abweichungen auf deren Ursache.

8.4.2.2 Systemtest

V-Modell Die Anzahl der gemeinsam getesteten Komponenten wird schrittweise erhöht, bis alle Komponenten des getesteten Systems real eingebunden sind. Auch kommen die HiL-Methode und die Testfälle aus dem System-Design zur Anwendung.

Virtuelle Integration Ähnlich wie im vorherigen Schritt kann die Simulationsumgebung zur Durchführung der Testfälle genutzt werden. Aufgrund der modularen Gesamtstruktur, die sich aus dem V-Modell ergibt, kann schrittweise die Anzahl der realen Komponenten erhöht und in der Simulationsumgebung entsprechend reduziert werden.

Ergebnis Die modulare Gesamtstruktur und deren Abbildung als virtuelle Integration ermöglichen einen gezielten und reproduzierbaren Systemtest. Zudem ist es möglich, Variationen in der Reihenfolge des Systemtests durchzuführen.

8.4.2.3 Integrationstest

V-Modell Im Integrationstest kommt erstmalig die neue Kundenfunktionalität mit dem Gesamtsystem in Verbindung. Der simulierte Umfang reduziert sich unter Umständen bis auf die Versuchsbestandteile Fahrer und Umfeld. Für die im Beispiel verwendete Kundenfunktion werden hier die Integration mit dem Infotainment-System durchgeführt und die im Prozessschritt der technischen Architektur genutzten Testfälle angewandt. Auch hier findet die HiL-Methode ihre Anwendung. Bei entsprechend hoher Interaktion mit mehreren Funktionsdomänen im Fahrzeug kann es auch sinnvoll sein, bereits in diesem Schritt die Vehicle-in-the-Loop-Methode einzuführen.

Virtuelle Integration Für die Simulationsumgebung, in der die virtuelle Integration durchgeführt wurde, ist dieser Schritt lediglich eine weitere Reduzierung der zur Verfügung gestellten Simulation. Die Reduzierung betrifft vor allem die Funktionsbereiche des Fahrzeugs, die mit der neuen Kundenfunktion interagieren. Die verwendete in-the-Loop-Methode ist für die virtuelle Integration hier weitestgehend unbedeutend, da die virtuelle Integration grundsätzlich nicht an einen Prüfstand beziehungsweise ein Versuchsfahrzeug gebunden ist. Dies gilt auch für die verwendeten Testfälle, die sich zwischen den in-the-Loop-Methoden nicht unterscheiden.

Ergebnis Die Kundenfunktion ist im Gesamtfahrzeug verifiziert. Wird die ViL-Methode verwendet, ist die Funktion bereits erlebbar. Die virtuelle Integration erlaubt einen gezielten und schrittweisen Integrationstest.

8.4.2.4 Applikation

V-Modell Die Kundenfunktion wird im realen Gesamtsystem appliziert. Im verwendeten Beispiel betrifft dies unter anderem den Warnabstand zwischen Objekt und eigenem Fahrzeug. Idealerweise kommt für diesen Schritt die ViL-Methode zum Einsatz.

Virtuelle Integration In Verbindung mit der ViL-Methode kann das reale Fahrzeug in diesem Prozessschritt in eine virtuelle Umwelt integriert werden. Dadurch lassen sich Testvarianten, die sich aus dem Fahrzeug und den Testfällen ergeben, sehr viel effizienter applizieren.

Ergebnis Die Verwendung der virtuellen Integration in Verbindung mit der ViL-Methode erlaubt ein effizientes Applizieren der Kundenfunktion. Die Effizienz und Reproduzierbarkeit der dafür benötigten Testfälle kann damit erheblich gesteigert werden.

8.4.2.5 Akzeptanztest

V-Modell Im letzten Entwicklungsschritt nach dem V-Modell wird die Akzeptanz des Kunden für die neue Funktion getestet. Dies geschieht idealerweise mit einem realen Fahrzeug in einer realen Umgebung. Die ViL-Methode kann durchaus noch installiert sein, um dem Kunden Varianten oder Alternativen vorzustellen, die ansonsten eine physikalische Änderung am Zielfahrzeug bedeuten würden.

Virtuelle Integration Die Virtuelle Integration spielt bei diesem Schritt nur noch eine untergeordnete Rolle und kann durchaus auch komplett entfallen.

Ergebnis Da die in diesem Entwicklungsschritt verwendeten Testfälle bereits zu Beginn der Entwicklung mit Hilfe der Virtuellen Integration getestet wurden, ist der größte Nachteil des V-Modells, nämlich die formal späte Validierung der Kundenanforderung, weitestgehend beseitigt.

8.5 Grenzen der virtuellen Integration

Die beschriebene virtuelle Integration wird trotz der ausgewiesenen Vorteile heute noch nicht in jedem

Entwicklungsprojekt angewendet. Der hauptsächliche Grund dafür ist die benötigte Realitätsnähe und Echtzeitfähigkeit der verwendeten Simulationsmodelle. Dies betrifft vor allem die Simulation der Umfeldsensorik und das eigentliche Umfeld.

8.5.1 Simulation von Umfeldsensorik

Eine Voraussetzung zum sinnvollen Einsatz der virtuellen Integration ist die valide Abbildung des Umfelds und der Umfeldsensorik in der Simulation. Zu starke Vereinfachungen verletzen die Validitätsanforderung, was dazu führt, dass sich die Ergebnisse vom absteigenden nicht auf den aufsteigenden Ast des V-Modells übertragen lassen. Dies entspricht der einleitend in ▶ Abschn. 8.1 erwähnten Optimierungsaufgabe. Ist die Abbildung von für die Funktion benötigten komplexen physikalischen Effekten in der Simulationsumgebung zu aufwändig oder im Echtzeitkontext nicht möglich, kann das ein Ausschlusskriterium für die Anwendung der virtuellen Integration sein. Ansätze zur Verbesserung befinden sich in Diskussion und Entwicklung [12, 13, 14]. Bisher hat sich jedoch noch kein Ansatz als vollständig zielführend in Bezug auf die Validität des Umfeldmodells herausgestellt, da entweder die Detaillierung oder der Rechenzeitbedarf nicht auf die Anforderungen passen.

8.5.2 Simulation der Umwelt

Parallel mit der Anforderung, die Umfeldsensorik valide zu simulieren, entsteht die Anforderung, die Umwelt gleichermaßen realistisch in der Simulation abzubilden. Dies ist notwendig, um überhaupt das Zusammenspiel aus Sensoren und Umwelt in der virtuellen Integration entsprechend abdecken zu können. Im Gegensatz zur Simulation von Umfeldsensorik ist die Simulation der Umwelt auch für andere Industriebereiche von Interesse. Daher existieren hier schon seit längerem Ideen und Initiativen, die sich dem Ziel verschrieben haben, eine einheitliche und ausreichende Spezifikation zu erstellen [15, 16]. Ein einheitlicher Standard oder ein de-facto Standard hat sich bisher noch nicht herauskristallisiert, da den derzeitigen Aktivitäten entweder noch die nötige Vollständigkeit oder eine anwenderübergreifende Akzeptanz fehlt.

Die Komplexität der simulierten Umwelt wird durch die Anzahl der darin enthaltenen Merkmale und der Anforderung an deren Abbildungsgüte getrieben. Statische und dynamische Objekte im simulierten Umfeld können in nahezu beliebiger Kombination und in beliebiger Interaktion auftreten. Die daraus entstehende Menge an Szenarien ist genauso unendlich wie die Anzahl von alltäglichen Szenen im Straßenverkehr. Für die Entwicklung einer Kundenfunktion und für die dazu verwendete Simulation gibt es allerdings ressourcenbedingte Grenzen, die zu einer Reduktion auf eine endliche Anzahl von Szenarien hinausläuft. Daher wird es unter Umständen notwendig sein, zu einer standardisierten und den Anforderungen genügenden Beschreibung der Umwelt für eine Simulation einen Katalog von Szenarien zu definieren, die für typische Fahrerassistenzfunktionen relevant sind. Die Auswahl der Szenarien für den Katalog muss so gewählt werden, dass mit ihnen möglichst viele ähnliche Szenarien abgedeckt werden. Die Reduktion auf eine endliche Anzahl von Szenarien erscheint zunächst als sehr starke Einschränkung und ist bedenklich im Hinblick auf die funktionale Sicherheit. Allerdings haben andere Industriebereiche oder Domänen im Fahrzeug bereits gezeigt, dass dieses Vorgehen zu einer Effizienzsteigerung führen kann.

8.6 Fazit

Die virtuelle Integration ist grundsätzlich kein vollständig neuer Prozess in der Entwicklung von Funktionen im Fahrzeug. Sie nutzt etablierte Prozessmodelle und Methoden und erweitert sie unter Verwendung der Metapher des in ▶ Abschn. 8.1 beschriebenen virtuellen Fahrversuchs. Damit bietet die virtuelle Integration ein Instrument, um komplexe, sicherheitskritische und hoch vernetzte Funktionalitäten für das Fahrzeug zu entwickeln. Fahrerassistenzsysteme besitzen zumeist diese Eigenschaften und profitieren damit in hohem Maße von der virtuellen Integration.

Um die virtuelle Integration anwenden zu können, ist eine leistungsfähige und flexible Simulationsumgebung notwendig. Die nötigen Eigenschaften dieser Simulationsumgebung gehen deutlich über die Simulation eines physikalischen Verhaltens hinaus und umfassen auch die Anbindung an verschiedene reale Komponenten. Daher ist es sinnvoller, wie in ▶ Abschn. 8.1 ausgeführt, von einer Integrationsumgebung oder einer Integrationsplattform für den virtuellen Fahrversuch zu sprechen. Die Simulation von physikalischem Verhalten ist ein Aufgabenteil der Integrationsplattform, sie umfasst aber auch die Art des Testens und die Möglichkeiten der effizienteren Zusammenarbeit von Fahrzeugherstellern und Systemzulieferern (▶ Abschn. 8.2).

Grenzen der virtuellen Integration sind im Wesentlichen bei der Simulation der Umfeldsensorik und der Umwelt zu finden. Hier existiert derzeit eine Detaillierung, die vor allem wegen aktueller Grenzen in der zur Verfügung stehenden Rechenleistung noch nicht für alle Anwendungen ausreichend die reale Welt und die verwendeten Sensoren abbildet. Trotz dieser Beschränkungen können Fahrerassistenzsysteme mittels der virtuellen Integration und unter Verwendung der in ▶ Abschn. 8.3 dargestellten in-the-Loop-Methoden wesentlich effizienter und risikoärmer entwickelt werden, wie es beispielhaft für die in ▶ Abschn. 8.4 entwickelte Funktion dargestellt wurde.

Eine vollständige Virtualisierung der Funktionsentwicklung in der Domäne der Fahrerassistenz ist trotz aller Vorteile der virtuellen Integration auf Basis des virtuellen Fahrversuchs jedoch auch in ferner Zukunft nicht zu erwarten. Die notwendige ständige Erweiterung von Testfällen, die im realen Testbetrieb für relevant klassifiziert werden, und der subjektive Eindruck von Probanden bleiben mindestens zwei Gründe dafür, den realen Fahrversuch neben dem virtuellen Fahrversuch als festen Prozessbestandteil beizubehalten.

Literatur

Verwendete Literatur

1. FMI Development Group: FMI – The Functional Mock-up Interface (2014)
2. Schneider, S.-A., Frimberger, J., Folie, M.: Reduced validation effort for dynamic light functions. ATZ Elektronik **9**(2), 16–20 (2014)
3. V-Modell: http://de.wikipedia.org/wiki/V-Modell (09/2014)
4. V-Modell XT: http://www.cio.bund.de/Web/DE/Architekturen-und-Standards/V-Modell-XT/vmodell_xt_node.html (09/2014)
5. Winner, H.: Challenges of Automotive Systems Engineering for Industry and Academia. In: Maurer, M., Winner, H. (Hrsg.) Automotive Systems Engineering. Springer, Heidelberg (2013)
6. Palm, H., Holzmann, J., Schneider, S.-A., Koegeler, H.-M.: The future of car design – Systems engineering based optimisation. ATZ Automobiltechnische Zeitschrift **115**(06), 42–47 (2013)
7. Schäuffele, J., Zurawka, T.: Automotive Software Engineering, 5. Aufl. Springer Vieweg, Wiesbaden (2013)
8. Martinus, M., Deicke, M., Folie, M.: Virtual test driving – Hardware independant integration of series software. ATZ Elektronik **8**(05), 16–21 (2013)
9. Miquet, C., et al.: New test method for reproducible real-time tests of ADAS ECUs: "Vehicle-in-the-Loop" connects real-world vehicles with the virtual world. In: Pfeffer, P.: "5th International Munich Chassis Symposium 2014". Springer, Wiesbaden (2014)
10. IPG Automotive GmbH: CarMaker. (2014). 05/2014
11. MathWorks: MATLAB (2014). 05/2014
12. Schick, B., Schmidt, S.: Evaluation of video-based driver assistance systems with sensor data fusion by using virtual test driving FISITA World Automotive Congress, Beijing, China. (2012)
13. Roth, E., et al.: ADAS Testing using OptiX NVIDIA GTC, San Jose, USA. (2012)
14. Roth, E., Dirndorfer, T., Knoll, A., et al.: Analysis and validation of perception sensor models in an integrated vehicle and environment simulation. TUM Paper, 11–0301, 11–31. http://www6.in.tum.de/Main/Publications/Roth2011a.pdf
15. OpenDrive: http://www.opendrive.org/ (07/2014)
16. Infrastructure for Spatial Information in Europe: http://inspire.ec.europa.eu (08/2014)

Dynamische Fahrsimulatoren

Hans-Peter Schöner, Bernhard Morys

9.1 Allgemeiner Überblick über Fahrsimulatoren – 140

9.2 Aufbau eines dynamischen Fahrsimulators am Beispiel des Daimler-Fahrsimulators – 143

9.3 Versuchskonzeption – 146

9.4 Problematik der Übertragbarkeit, der Realitätsnähe und des Gefahrenempfindens – 152

9.5 Zusammenfassung und Ausblick – 153

Literatur – 154

9.1 Allgemeiner Überblick über Fahrsimulatoren

9.1.1 Einsatz von Fahrsimulatoren

Fahrsimulatoren werden in der Automobilindustrie und in automobilen Forschungseinrichtungen für verschiedenste Einsatzzwecke genutzt; insbesondere sind dabei die folgenden Schwerpunkte zu nennen (mit steigenden Anforderungen an die Realitätsnähe der Bewegungssimulation):

- funktionale Fahrzeugdemonstrationen, Werbemaßnahmen mit Erlebnischarakter;
- Untersuchung von Kabinen-, Anzeige- und Bedienkonzepten (Erreichbarkeit, Übersichtlichkeit, Verständlichkeit, …);
- Training für Fahrzeugführer (verbrauchsarme Fahrweisen, Einsatzfahrzeuge, Formel 1, …);
- Untersuchungen zur Unfallforschung (Unfallrekonstruktionen, Verhaltensanalyse, …);
- Erforschung des Fahrerverhaltens und Erstellung von Fahrermodellen (Müdigkeit, Aufmerksamkeit, Reaktionsvermögen, …) als Basis für Offline-Simulationen;
- Erprobung und Absicherung von Fahrerassistenzsystemen (Wirksamkeit, Beherrschbarkeit, statistische Nutzenanalyse, …);
- Entwicklung von Fahrwerken und Fahrdynamik-Regelsystemen (Variantenanalyse, Parameter-Abstimmung, …).

Der Fokus aller dieser Anwendungen liegt auf der Wechselwirkung des *Menschen in der Aufgabe als Fahrer* mit dem technischen System „Fahrzeug", insbesondere in schwierigen Verkehrsszenarien (Fremdverkehr, Hindernisse, Gefährdungen, …) und unter Einbeziehung von variablen Umfeldsituationen (Fahrbahn, Wetter, Licht, …). Je nach Anwendung gibt es eine Vielzahl von technischen Realisierungen der Fahrsimulatoren, angefangen bei einer statischen Bildschirm-Lenkrad-Pedalerie-Kombination auf PC-Basis bis hin zu dynamischen Großsimulatoren mit perfektionierten Immersionstechnologien zur Vorspiegelung einer virtuellen Welt, sowohl bezüglich Bewegungssystem als auch bezüglich der auditiven, haptischen und visuellen Umgebungssimulation.

Bezogen auf den hier näher zu betrachtenden Einsatz zur Erprobung und Absicherung von Fahrerassistenzsystemen erlauben Fahrsimulationen eine genaue Einstellbarkeit und hohe Reproduzierbarkeit der zu untersuchenden Fahrsituationen, eine gefahrlose Darstellung kritischer Situationen sowie eine einfache und schnelle Variation von Fahrzeug- und Umgebungsparametern. Ergänzend werden auf Prüfgeländen und im Straßenverkehr vielfältige Verkehrssituationen auf Basis der realen Fahrzeuge statt der modellhaft angenäherten im Fahrsimulator getestet. Gemeinsam mit solch realen Erprobungen stellen Fahrsimulatoren inzwischen ein unverzichtbares Hilfsmittel für die effiziente und umfassende Absicherung von Assistenzsystemen dar.

9.1.2 Beispiele für dynamische Fahrsimulatoren

Einen Überblick über die historische Entwicklung von Fahrsimulatoren findet man in [1]. Ein erster automobiler Fahrsimulator wurde in den 70er Jahren von Volkswagen mit den drei Bewegungsfreiheitsgraden für Gieren, Wanken und Nicken realisiert. Das VTI (Swedish National Road and Transport Research Institute) in Linköping [2] beschränkte sich ebenfalls auf ein Bewegungssystem mit drei Freiheitsgraden, allerdings für Wanken, Nicken und Querbewegung (s. ◘ Abb. 9.1a), ergänzt um Vibrationen in Wank-, Nick-, Längs- und Hubrichtung. Daimler-Benz nahm 1985 in Berlin [3] ein in Anlehnung an Flugsimulatoren konzipiertes System in Betrieb; es war mit einem hydraulischen Hexapod (Stewart-Plattform mit allen sechs Freiheitsgraden) ausgestattet, das seinerzeit den weltweit größten Bewegungsraum ermöglichte (s. ◘ Abb. 9.1b). Inzwischen besitzt fast jeder große Automobilhersteller, ebenso wie einige große Forschungsinstitute, einen eigenen dynamischen Fahrsimulator. Je nach Anwendungsschwerpunkt und Budgetrahmen wurden unterschiedliche Systemkonzepte ausgewählt, jedoch ist ein Hexapod, ergänzt um Linearachsen, die häufigste Bauform.

Für eine Anwendung des Fahrsimulators als Entwicklungshilfsmittel für fahrdynamische Untersuchungen ist die genaue Beurteilung der Querdynamikeigenschaften von größter Bedeu-

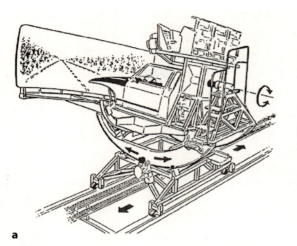 

Abb. 9.1 Erste dynamische Fahrsimulator-Konzepte: **a** VTI in Linköping (mit freundlicher Genehmigung von VTI), **b** Daimler-Benz in Berlin (Quelle: **a** VTI Linköping, **b** Daimler AG)

tung. Aus diesem Grunde wurde bei einer Überarbeitung des Daimler-Fahrsimulators in Berlin im Jahre 1993 eine Querachse von 6 m Länge ergänzt, welche die Fahrzeugquerdynamik bei einem Spurwechselmanöver exakt abbilden kann [4]. Bei Untersuchungen mit Probanden ist die Vermeidung der Kinetose (Simulatorkrankheit) wichtig; eine möglichst exakte Koordination von visuellem Erleben und Bewegungseindruck sind dafür entscheidend. Neue, reibungsarme Hexapod-Aktoren, die Einführung digitaler Regelungen und ein vergrößertes Ausleuchtungsfeld des Projektionssystems boten ab 2004 im Daimler-Simulator die Voraussetzung dafür. Durch die Abstimmung des Bild- und Bewegungssystems konnte die Ausfallrate durch Kinetose bei den zahlreichen Probandenuntersuchungen auf unter 2 % reduziert werden [5].

Eine der größten Herausforderungen an das Bild- und das Bewegungssystem von Fahrsimulatoren ist die realistische Darstellung von Abbiegemanövern in Kreuzungen, die im Allgemeinen beim Fahren in Innenstadtszenarien auftreten. Dabei muss zunächst für ein exaktes Bewegungsempfinden ein großer Bewegungsraum bereitgestellt werden, der in etwa die Größe des bei einer realen Kreuzung überfahrenen Bereiches besitzt. Aus diesem Grund wurde 2006 bei Toyota (Hexapod auf x-y-Schlitten, etwa baugleich mit dem NADS in Iowa von 2000, [6]) der bisher größte Fahrsimulator mit einem Bewegungsraum von 20 m × 35 m realisiert (s. Abb. 9.2). Das Bildsystem muss zudem die schnellen Gierbewegungen ruckelfrei und vor allem verzögerungsfrei darstellen können, um bei den Probanden ein insgesamt konsistentes Bewegungsempfinden hervorzurufen.

Die notwendige Größe zur Abbildung der Abbiegemanöver geht auf Kosten der Dynamik, wodurch ein so großes System für die Untersuchung schneller fahrdynamischer Manöver weniger geeignet ist. Aufwand, Kosten und technische Beherrschbarkeit solch großer mechanischer Systeme sind zudem für viele Anwender nicht akzeptabel, so dass es eine Vielzahl von Lösungsansätzen gibt, mit einem alternativen Bewegungssystem ähnliche Simulatoreigenschaften zu erzeugen. Folgende gänzlich unterschiedliche Ansätze seien hier beispielhaft genannt (s. Abb. 9.3):

- System „Desdemona" der Fa. AMST mit einer Realisierung bei TNO [7], welches auf der Basis einer großen Zentrifuge und mehrerer ineinander verschachtelter Drehachsen die notwendigen Beschleunigungskräfte in sechs Achsen bereitstellt;
- Roboter-Arm-System der Fa. Kuka, mit einer Realisierung beim Max-Planck-Institut in Tübingen [8]; hier wird ein aus der Produktionstechnik verfügbares Bewegungssystem

Abb. 9.2 Toyotas Fahrsimulator in Higashi-Fuji [6]

Abb. 9.3 Fahrsimulatoren mit alternativen Bewegungskonzepten: **a** Desdemona [7], **b** MPI Tübingen [8, Cora Kürner, Max-Planck-Institut für biologische Kybernetik], **c** FZD TU-Darmstadt [9]

eingesetzt, um die benötigten Beschleunigungskräfte bereitzustellen; eine zusätzliche lange Bewegungsachse wird durch ein Schienensystem bereitgestellt;
- das Konzept des „Wheeled Mobile Driving Simulator" wird im Forschungsstadium an der TU Darmstadt [9] verfolgt; das freifahrende System verfügt auf einem ausreichend großen freien Gelände über den notwendigen Bewegungsraum bei relativ geringen Kosten.

9.2 Aufbau eines dynamischen Fahrsimulators am Beispiel des Daimler-Fahrsimulators

Im Jahre 2010 wurde bei Daimler in Sindelfingen ein Fahrsimulator in Betrieb genommen [10] (s. ◘ Abb. 9.4), der aufbauend auf einer 30-jährigen Erfahrung mit dem Vorgängersimulator in Berlin konzipiert wurde. Die Detailauslegung erfolgte bezüglich Dynamik für die Untersuchung von Fahrwerkseigenschaften und bezüglich Variabilität und Realitätsnähe mit Blick auf Probandenuntersuchungen für Fahrerassistenzsysteme.

9.2.1 Bewegungssystem

Der Fahrsimulator basiert auf einem Bewegungssystem mit einer 12,5 m langen elektrisch angetriebenen Linearachse und einem elektromechanischen Hexapod. Mithilfe eines Drehtellers kann die Fahrzeugkabine im Inneren des Leichtbau-CFK-Doms um 90° gedreht werden, so dass die Linearachse zur Darstellung von Fahrzeuglängs- und -querbewegungen mit maximalen Beschleunigungen bis zu $10\,m/s^2$ genutzt werden kann. Das Bewegungssystem ist damit in der Lage, über Beschleunigungen in allen sechs Raum-Freiheitsgraden dem Gleichgewichtsorgan (Vestibularorgan) des Probanden einen präzisen Bewegungseindruck zu vermitteln.

Die Auslegung der Dynamik des Bewegungssystems beruht im Wesentlichen auf den Anforderungen für Fahrdynamikuntersuchungen bis in den Grenzbereich hinein. Auf eine zweite lange Achse zur verbesserten Realisierung von Abbiegemanö-

◘ **Abb. 9.4** Der Daimler-Fahrsimulator in Sindelfingen: Bewegungssystem (Quelle: Daimler AG)

vern für Stadtfahrten wurde aufgrund der damit einhergehenden Einschränkungen in der Dynamik verzichtet; dies wird bei der Konzeption von Versuchen durch Vermeidung von Abbiege-Szenarien berücksichtigt und bedeutet für die in der Praxis auftretenden Fragestellungen nur eine untergeordnete Einschränkung.

Das gesamte Bewegungssystem wurde mit der Zielsetzung einer möglichst geringen Reibung realisiert. Die Lagerung des auf der Linearachse bewegten Schlittens geschieht auf Luftlagern; dies erfordert eine hochpräzise Fertigung und Installation der Führungsschienen. Auch bei der Auslegung und Regelung der elektromechanischen Hexapod-Aktoren wurde auf die Reibungskompensation große Sorgfalt gelegt.

9.2.2 Fahrer-Umfeld

Probandenuntersuchungen, wie sie zur Konzeptfindung und Absicherung von Assistenzsystemen benötigt werden, erfordern im Besonderen, dass die Probanden sich ganz und gar wie in einer realen Fahrsituation fühlen. Deswegen ist der Zugang zum Dom des Fahrsimulators so gestaltet, dass der Proband die Fahrsimulator-Technik nicht einsehen kann; er findet im Dom ein auf der Straße stehendes

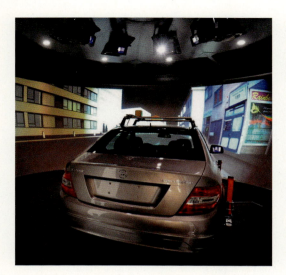

Abb. 9.5 Der Daimler-Fahrsimulator in Sindelfingen: Fahrzeug im Dom (Quelle: Daimler AG)

reales Fahrzeug vor, das sich von einem Serienfahrzeug für ihn nicht unterscheidet (s. Abb. 9.5). Dies gilt damit auch für die Bedienelemente des Fahrzeugs und für alle sonstigen sichtbaren und erlebbaren Objekte. Der Proband setzt das Fahrzeug wie in der Realität auf der Straße in Bewegung; auch bei den Instruktionen an den Probanden wird darauf geachtet, dass die Wortwahl das Fahren eines echten Fahrzeugs impliziert.

Tatsächlich sitzt der Fahrer in einer Kabine, die aus einem Fahrzeug durch Ausbau aller nicht benötigten Komponenten entstanden ist. In der Kabine sind andererseits Aktoren eingebaut, die das Pedalgefühl und das Lenkgefühl fahrgeschwindigkeitsabhängig realistisch nachbilden. Je nach Untersuchung werden verschiedene Pkw- und Lkw-Kabinen eingesetzt; durch ein standardisiertes Anschlusssystem sind die Kabinen schnell austauschbar.

9.2.3 Bildsystem

Während der Proband über das Bewegungssystem die Beschleunigungskräfte spürt, ist das Bildsystem für den Eindruck der kontinuierlichen Bewegung zuständig. Acht LCOS-Projektoren mit QXGA-Auflösung (2048 × 1536 Pixel) erzeugen auf der Innenfläche des Doms eine 360°-Rundumsicht für den Fahrer. Zusätzlich sind die beiden Außenspiegel der Fahrzeugkabine durch LCD-Displays ersetzt, in denen für den Fahrerplatz richtige Sichten auf die Umgebung dargestellt werden. In Kombination mit der verwendeten Bild- und Verkehrssimulationssoftware ist eine ganzheitlich realitätsnahe Darstellung von Fahrsituationen und Fahrmanövern bei Tag- und bei Nachtszenarien durch die folgend genannten Kernelemente gewährleistet.

Für den realistischen Eindruck spielen Auflösung, Schatten und Spiegelungen eine große Rolle; hier hat es in den letzten Jahren erhebliche Fortschritte in der Darstellung von virtuellen Welten gegeben. Die Darstellung von Lichtern sowie die daraus resultierende Beleuchtung in der Szene haben insbesondere bei Fahrten in der Dunkelheit Bedeutung. Für Fahrten auf Autobahnen und Landstraßen ist meist der Fremdverkehr in Form von bewegten, aber starren Fahrzeugen mit einfachen Modellen für das Fahrerverhalten ausreichend. In städtischen Szenarien wird dagegen die Belebung von Straßen mit naturgetreu bewegten Verkehrsteilnehmern, wie z. B. Fußgängern oder Radfahrern, durch Ampeln mit Lichtwechseln und vom Wind bewegten Objekten immer wichtiger. Die Beeinflussbarkeit des orts- und zeitgenauen Verhaltens von Verkehrsteilnehmern ist für die Gestaltung von Probandenversuchen mit kritischen Verkehrsszenarien von entscheidender Bedeutung.

9.2.4 Soundsystem

Für den Probanden spielen die Fahrgeräusche eine wesentliche Rolle, um die Fahrsituation realitätsnah zu erleben. Motor- und Fahrgeräusche werden deshalb über ein Soundsystem abhängig von Motorleistung, Drehzahl und Fahrgeschwindigkeit richtig dargestellt; auch Straßenunebenheiten sollten sich im Geräusch widerspiegeln. Dazu werden speziell aufgenommene Geräusch-Samples aus Fahr- und Prüfstandsversuchen je nach Fahrzustand adaptiert und passend zusammengemischt [11]. Ohne solche Geräuscheindrücke ist die Geschwindigkeitsregelaufgabe für Probanden deutlich schwieriger. Geräusche von vorbeifahrenden Fahrzeugen mit ihren vom Dopplereffekt erzeugten Spektralverschiebungen müssen ebenfalls richtig nachgebildet werden,

Tab. 9.1 Wahrnehmungsschwellen (Näherungswerte) [13]

Bewegung	Richtung bzw. Achse	Beschleunigung	Geschwindigkeit	Frequenzbereich höchster Empfindlichkeit
translatorisch	Longitudinal	0,17 m/s²	–	ca. 1 Hz
	Lateral	0,17 m/s²	–	ca. 1 Hz
	Vertikal	0,28 m/s²	–	ca. 1 Hz
rotatorisch	Wanken	4–5°/s²	ca. 3,0°/s	ca. 1–10 Hz
	Nicken	4–5°/s²	ca. 3,6°/s	ca. 1–10 Hz
	Gieren	4–5°/s²	ca. 2,6°/s	ca. 1–10 Hz

um den Probanden die Verkehrssituationen realitätsnah zu vermitteln.

9.2.5 Modelle der Fahrdynamik und der Umgebung

Das gesamte Fahrzeugbewegungsverhalten wird im Fahrsimulator in Echtzeit simuliert, da der Fahrer als wesentliches Glied in den Regelkreis eingebunden ist. Der Bewegungseindruck muss zum Fahrzeug passen. Deswegen sind je nach Fahrzeug unterschiedliche Parametrierungen notwendig. Da bei Simulationen von Nutzfahrzeugen auch ganz andere Fahrzeugmodelle zum Einsatz kommen, ist bei Daimler ein flexibles Interface des Fahrsimulators für verschiedene Echtzeit-Simulationsmodelle realisiert. Fahrdynamik-Regelsysteme werden über das gleiche Interface angebunden. Für die Bereitstellung und Einbindung von Straßenmodellen sowie statischen Umgebungsmodellen (Straßenszenen) wird ebenfalls vorzugsweise auf offene Standards (z. B. „Open Drive", [12]) zurückgegriffen.

Die Simulation von Assistenzsystemen erfordert ein erweitertes Interface, da es hier meist auch um die Berücksichtigung anderer Verkehrsteilnehmer geht: Zunächst muss der Umgebungsverkehr in geeigneter Form simuliert werden. Dies erfordert Verhaltensmodelle der Verkehrsteilnehmer für alle relevanten Situationen. Zudem müssen die Ausgangsgrößen von Umfeldsensoren simuliert werden, welche aus der augenblicklichen Umgebungssituation abgeleitet werden müssen. Hierzu sind passende Modelle der Umgebungssensorik notwendig.

9.2.6 Abbildung der Bewegung in den beschränkten Bewegungsraum

Aufgrund der physikalischen Zusammenhänge (der Weg ist das doppelte Integral der Beschleunigung und damit der gefühlten Kräfte) kann eine Längsbewegung, die für ein reales Fahrzeug sehr lang sein kann, in einem Simulator nicht perfekt nachgebildet werden. An dieser Stelle hilft es, dass der Mensch für Beschleunigungskräfte im Vestibularorgan Wahrnehmungsschwellen besitzt, unterhalb derer er diese nicht mehr wahrnimmt ([13], s. Tab. 9.1). Dies erlaubt es, im Fahrsimulator eine langandauernde Längsbeschleunigung oder -verzögerung durch ein Verkippen des Domes mit einer Drehbeschleunigung unterhalb der Wahrnehmungsschwelle nachzubilden. Danach wirkt die Erdanziehungskraft mit einer Komponente in Längsrichtung des Fahrzeugs und simuliert die Längsbeschleunigung. Wenn das Bildsystem die dazu passende Bewegungsdarstellung liefert, gelingt gegenüber dem Probanden die Sinnestäuschung. Dieser Vorgang wird „Tilt Coordination" genannt.

Auch kann der Mensch die absolute Größe von Beschleunigungen nicht exakt bestimmen. Aus diesem Grund können die Beschleunigungskräfte in gewissem Maße (je nach Anwendung zwischen 0,6 und 1) skaliert werden, ohne den Bewegungseindruck zu sehr zu verfälschen. Insgesamt erlauben Tilt Coordination und Skalierung, die zu simulierende Bewegung in den Bewegungsraum des Fahrsimulators so abzubilden, dass nach einem dynamischen Manöver der Fahrsimulator wieder in der Mitte seines Bewegungsraumes ankommt. Das

Filter, das eine solche Bewegungsumsetzung regelt, wird als „Wash-Out"-Filter [13] bezeichnet.

Zu beachten ist, dass die Wahrnehmungsschwellen gemäß ◘ Tab. 9.1 davon stark abhängig sind, ob der Proband sich auf das Bewegungsempfinden konzentriert, abgelenkt ist oder sogar die Bewegung bewusst beeinflusst [14]. Für Bewertungen von Fahrwerkssystemen, die immer von sehr sensiblen und aufmerksamen Testfahrern durchgeführt werden, wird im Daimler-Fahrsimulator Tilt Coordination und Skalierung möglichst vermieden; insbesondere wird die Querbewegung bei Spurwechsel- und Slalommanövern realitätsgetreu nachgestellt. Bei Probandenversuchen für die Untersuchung von Fahrerassistenzsystemen hat sich eine Skalierung von 0,8 bewährt.

9.2.7 Kinetose (Simulatorkrankheit)

Die Simulatorkrankheit ist verwandt mit der Reise- und Seekrankheit und vor allem durch visuelle Symptome sowie Desorientierung, kalten Schweiß und im Extremfall auch durch Übelkeit gekennzeichnet [15]. In der Sensory-conflict-Theorie wird davon ausgegangen, dass die Symptome vor allem dann entstehen, wenn vestibuläre und visuelle Sinnesreize nicht miteinander kompatibel sind [16]. Etwa 5–10 % aller Menschen sind sehr empfindlich und 5–15 % unempfindlich gegenüber Kinetose. Erfahrungsgemäß leiden Frauen häufiger als Männer [17], erfahrene Piloten häufiger als unerfahrene oder junge Erwachse häufiger als ältere [18] an der Simulatorkrankheit. Zur Analyse und Prophylaxe der Kinetose siehe [25]. Dabei scheinen psychische Faktoren und die aktive Vorbereitung auf die Bewegung eine gewisse Rolle zu spielen; die Placebo-Wirksamkeit ist bei Menschen mit Kinetose relativ hoch (45 %) [19].

Die Kinetose kann nur effektiv vermieden werden, wenn die Sinneseindrücke, insbesondere die Beschleunigungskräfte und die visuell erlebten Bewegungen, präzise aufeinander abgestimmt sind. Bei den meisten Personen ist im Laufe der Zeit eine gewisse Toleranz für falsch koordinierte Bewegungsreize zu verzeichnen. Im Daimler-Fahrsimulator werden gerade bei Versuchen mit Fahrsimulator-unerfahrenen Probanden per Versuchsdesign Situationen vermieden, die durch das Bewegungssystem nicht mit hoher Realitätsnähe nachgestellt werden können.

9.2.8 Vorbereitungssimulatoren

Zur effizienten Vorbereitung neuer Versuche – auch parallel zu laufenden Untersuchungen im dynamischen Simulator – werden bei Daimler zwei statische Vorbereitungssimulatoren genutzt. Sie basieren auf identischer Hard- und Software, verfügen jedoch über kein Bewegungssystem. Das Umgebungsbild wird hier mit bis zu sechs Kanälen rund um die Fahrzeugkabine projiziert. In diesen Simulatoren können Szenarien optimiert und in einen geeigneten Ablauf gebracht werden. Sie sind auch für Untersuchungen geeignet, bei denen die Bewegungsdarstellung nur eine geringe Bedeutung hat, z. B. in bestimmten Bewertungen von Bedien- und Anzeigekonzepten.

9.3 Versuchskonzeption

9.3.1 Zielstellung von Probandenuntersuchungen

Während des Entwicklungsprozesses von Fahrerassistenzsystemen testen die Entwicklungsingenieure (als „Experten") regelmäßig neue Funktionen und Systeme. Ergänzend werden Versuche mit möglichst unvoreingenommenen „Normalfahrern" (Probanden) zu unterschiedlichen Zeitpunkten im Prozess durchgeführt, um Aussagen über Wirksamkeit und Akzeptanz dieser Funktionen bzw. Systeme und deren Bedienkonzepten aus Sicht späterer Kunden und Nutzer zu gewinnen. Hieraus ergeben sich folgende Untersuchungszielstellungen von Probandenversuchen in Fahrsimulatoren:
- Fahrerverhalten bei Nutzung neuer Fahrzeugsysteme, u. a. Fahrerassistenzsysteme, vor allem in kritischen Verkehrssituationen;
- Beherrschbarkeit von Systemgrenzen sowie Ausfallsszenarien;
- Optimierung innovativer Bedienkonzepte;
- Bewertung des Systemnutzens für den Kunden;

- Analyse der Akzeptanz und des Nutzungsverhaltens neuer Systeme.

Im Vergleich zur Erprobung auf Prüfgeländen bzw. im Straßenverkehr weisen Fahrsimulatorversuche folgende Vorteile auf:
- kein reales Risiko für Fahrer und Umgebung;
- hohe Reproduzierbarkeit der zu untersuchenden Situation;
- Nutzung des Überraschungsmoments;
- schnelle Variation von Fahrsituationen sowie Fahrzeug- und Umgebungsparametern.

Dem stehen als Nachteile das nur näherungsweise reale Fahrerlebnis, ein geringeres Gefährdungsbewusstsein und der zum Teil hohe Aufwand dieser Versuche gegenüber. Bedingt durch die geographische Lage des Simulators ist die Zusammensetzung des Probandenkollektivs in der Regel auf Probanden aus der näheren Umgebung beschränkt, so dass kulturell bedingte abweichende Verhaltensweisen von Probanden aus anderen Regionen nicht erfasst werden. Ferner steht im Fahrsimulator die Analyse einer definierten und reproduzierbaren Situation im Vordergrund, während bei Erprobung im Straßenverkehr das Auftreten einer großen Zahl unterschiedlicher Nutzungssituationen hoher Varianz beabsichtigt ist.

9.3.2 Versuchsdesign

Am Anfang eines jeden Versuchs steht die präzise Definition und ggf. Priorisierung der Versuchsziele, ein in der Praxis häufig unterschätzter Arbeitsschritt. Hierbei sind folgende Aspekte zu beschreiben:
- Welchem Ziel dient der Versuch? Welche der oben genannten Untersuchungszielstellung liegt vor?
- Welches System bzw. welche ggf. interagierenden Systeme werden untersucht?
- Welcher Teilaspekt des Systems soll untersucht werden (tägliche Nutzung, kritische Verkehrssituation, Systemgrenzen, Systemausfall, ...)?
- Wie viele und welche Systeme, Systemausprägungen oder Systemparametrierungen werden untersucht?
- Auf welche Vergleichsbasis bezieht sich die Untersuchung (z. B. Vorgängersystem)?
- Welche Messwerte sind zu ermitteln (Reaktionszeit, Brems-/Lenkverhalten, Fahrzeugabstand, ...)?
- Wie sieht die Strecke aus (Stadt, Landstraße, Autobahn, ...)?
- Welches Probandenkollektiv soll untersucht werden?

Aus den Versuchszielen sind Hypothesen abzuleiten und zu operationalisieren, die das erwartete Versuchsergebnis widerspiegeln und durch den Versuch zu bestätigen oder zu widerlegen sind.

Eine typische Probandenfahrt dauert je nach Fragestellung 30 bis 45 Min. und besteht aus drei Phasen:

Die *Eingewöhnungsphase* von etwa 5 Min., in der sich der Proband auf das neue Fahrzeug und das Fahren im Simulator einstellt.

Die *Routine-Fahrt* von etwa 20–40 Min., in der der Proband Vertrauen in die virtuelle Umgebung aufbaut, das zu untersuchende System in seiner regulären Funktionsweise kennen lernt und sich seine Aufmerksamkeit von der einer Prüfungssituation zu Beginn auf ein normales Maß einer regulären Autofahrt reduziert.

Abschließend folgt die im Versuchsbetrieb als *kritische Situation* bezeichnete Situation, in der die Reaktion des Probanden analysiert wird. Vor, während und nach der Fahrt finden je nach Zielstellung Befragungen des Probanden statt.

Besonderes Augenmerk wird auf die Gestaltung der kritischen Situation gelegt, die – gemeinsam mit den Ergebnissen der Befragung – der Überprüfung der Versuchshypothesen dient. Sie muss im realen Straßenverkehr vorstellbar sein und sich – je nach Versuchsziel – am Einsatzbereich des zu testenden Systems, dessen Grenzen bzw. dessen Ausfallszenarien orientieren. Ferner ist die Kritikalität im Spannungsfeld zwischen *zu einfach beherrschbaren* und *völlig unbeherrschbaren Situationen* so zu wählen, dass ein Erkenntnisgewinn durch den Versuch erzielt werden kann. Das unvorbereitete Verhalten in kritischen Situationen lässt sich bei Probanden grundsätzlich nur einmal im Versuch bewerten. Danach ergibt sich durch Antizipation weiterer, ähnlich aufgebauter Situationen eine erhöhte Auf-

◘ Abb. 9.6 Kritische Situation 1 „Fußgänger rennt auf die Fahrbahn" (Quelle: Daimler AG)

merksamkeit sowie ein Lerneffekt beim Probanden, so dass in weiteren Situationen nicht mit repräsentativen, auf das Verhalten im realen Straßenverkehr übertragbaren Ergebnissen gerechnet werden kann.

Über eine geeignete Information zum zu untersuchenden System vor der Fahrt sowie ein Erleben und Erlernen des Systems während der Routine-Fahrt (Funktion, Bedienung, Grenzen) wird der Proband vor der kritischen Situation hinreichend mit dem System vertraut gemacht, ohne das Überraschungsmoment in der kritischen Situation zu reduzieren.

In den ◘ Abb. 9.6 und ◘ Abb. 9.7 sind beispielhaft zwei typische kritische Situationen dargestellt: Die in ◘ Abb. 9.6 dargestellte kritische Situation 1 wurde im Rahmen von Untersuchungen zum System PRE-SAFE® Bremse mit Fußgängererkennung verwendet. Der Proband wird während einer Stadtfahrt durch heftig gestikulierende Personen am linken Fahrbahnrand (im Bild nicht erkennbar) abgelenkt. In diesem Moment rennt ein Fußgänger, der zuvor vom Transporter am rechten Fahrbahnrand verdeckt war, unerwartet auf die Fahrbahn und bleibt dort direkt vor dem eigenen Fahrzeug stehen. Der Fahrer bremst mit einem gewissen zeitlichen Versatz aufgrund der natürlichen Reaktionszeit und der Ablenkung durch die gestikulierenden Perso-

nen. Das Assistenzsystem erkennt die Situation in der Regel früher als der Fahrer und leitet den Bremsvorgang selbstständig ein. Es wurden die Unfallhäufigkeit und -schwere einer Probandengruppe mit und einer ohne Assistenzsystem miteinander verglichen.

Die kritische Situation 2 in ◘ Abb. 9.7 diente der Untersuchung des Bremsassistenten BAS PLUS mit Kreuzungsassistent. Der Fahrer fährt auf einer Vorfahrtstraße in der Stadt. Auch hier wird er durch ein Ereignis auf der linken Fahrbahnseite (im Bild nicht erkennbar) abgelenkt. Das von rechts kreuzende Fahrzeug missachtet die Vorfahrt des Probanden und fährt in die Kreuzung ein. Auch hier wurden die Unfallhäufigkeit und -schwere einer Probandengruppe mit und einer ohne Assistenzsystem miteinander verglichen.

Anschließend sind folgende technischen Aspekte vor dem Hintergrund der Untersuchungszielstellung zu definieren:

— Wird ein bewegter oder ein stehender Fahrsimulator benötigt?
— Wird beim Einsatz eines bewegten Fahrsimulators die Fahrzeugkabine in Längs- oder Querausrichtung zur langen Achse des Bewegungssystems orientiert?
— Welche Kabine (Fahrzeugtyp) wird eingesetzt?

9.3 · Versuchskonzeption

Abb. 9.7 Kritische Situation 2 „Kreuzendes Fahrzeug von rechts" (Quelle: Daimler AG)

- Bildet das Fahrdynamikmodell die zu untersuchenden Situationen in ausreichender Güte ab oder sind Verfeinerungen nötig?
- Sind besondere Einbauten in die Kabine notwendig (Regelsysteme, Displays, Bedienelemente, …)?
- Kann die Strecke aus bestehenden Streckenelementen erstellt werden oder sind neue Elemente zu entwickeln?
- Wie sieht der Verkehr (Fahrzeuge, Fußgänger, …) im Umfeld aus?
- Ist die Verkehrssimulation mit bestehenden Manövern realisierbar oder sind neue zu entwickeln?
- Welche Messwerte und Videoaufzeichnungen sind zu erfassen?

9.3.3 Versuchsvorbereitung

Grundlage eines jeden Versuchs ist ein stringentes Projektmanagement inkl. Festlegung der Verantwortlichkeiten, des Zieltermins für die Untersuchung, der verfügbaren Simulatornutzungszeiträume und die Festlegung eines klaren Zeitplans für die Vorbereitungs- und Durchführungsphasen.

Die operative Versuchsvorbereitung beginnt mit der Beauftragung zeitintensiver Entwicklungen von Versuchskomponenten wie neuen Streckenelementen und Verkehrsmanövern, die nicht in der Toolbox aus Standardversuchselementen vorhanden sind. Liegen diese Komponenten getestet vor, findet am Vorbereitungssimulator die Integration aller Versuchskomponenten inkl. möglicher Einbauten in die Kabine (Regelsysteme, Displays, Bedienelemente, Kameras, Strecke, Verkehrsmanöver, …) statt. Anschließend wird der Versuchsablauf optimiert, zunächst hinsichtlich eines technisch einwandfreien Ablaufs, anschließend hinsichtlich eines geeigneten Ablaufs zur Beantwortung der Versuchsfragestellung. Hierbei sind v. a. die Lernphasen und die kritische Situation während der Routine-Fahrt zu optimieren. Dann wird der Versuchsablauf für die unterschiedlichen zu testenden Systeme, Systemausprägungen oder Systemparametrierungen sowie für die Vergleichsbasis dupliziert.

Nun findet ein Wechsel der Kabine in den dynamischen Simulator statt. In einem Vorversuch mit einer kleineren Probandenanzahl wird final verifiziert, dass die Feinabstimmung des Versuchsablaufs zur Klärung der Untersuchungsziele geeignet ist, ggf. können noch Detailoptimierungen vorgenom-

Abb. 9.8 Ablenkung des Probanden durch unerwartete Tiere am linken Fahrbahnrand (Quelle: Daimler AG)

Abb. 9.9 Ablenkung des Probanden durch einen tieffliegenden Heißluftballon (Quelle: Daimler AG)

men werden. Abschließend wird der Versuch durch den beauftragenden Bereich abgenommen.

Parallel hierzu wird das Befragungskonzept erstellt, geeignete Probanden werden ausgewählt und eingeladen sowie die an der Versuchsdurchführung Beteiligten festgelegt und eingewiesen.

9.3.4 Ablenkungen

Unfälle entstehen häufig durch Unaufmerksamkeit bzw. Abgelenktheit in einer unerwartet auftretenden kritischen Verkehrssituation. Um die Reaktion eines Fahrers in einer solchen Situation zu bewerten bzw. den Nutzen eines Assistenzsystems zu quantifizieren, ist die Situation im Simulator reproduzierbar nachzubilden; Teil davon ist der Einsatz reproduzierbarer Ablenkungen. Hierzu kommen u. a. animierte Grafikelemente zum Einsatz, die im realen Straßenverkehr vorstellbar sind und die Aufmerksamkeit des Fahrers auf sich ziehen, z. B. unerwartete Tiere wie Kühe am Fahrbahnrand (s. Abb. 9.8) oder ein Heißluftballon direkt über den Häusern auf der linken Fahrbahnseite (s. Abb. 9.9). Die Grafikelemente müssen überraschend auftreten und der Zeitpunkt des Auftretens

Tab. 9.2 Fiktives Beispiel von Auswahlkriterien für Probanden

interne/externe Probanden	firmeninterne Probanden aber keine Entwicklungsmitarbeiter
Altersverteilung	30 % unter 40 Jahren / 40 % zwischen 40 bis 60 Jahren / 30 % ab 60 Jahren
Geschlechterverteilung	möglichst 60 % männlich / 40 % weiblich
gefahrene Fahrzeugmodelle / -klassen / -hersteller	keine Einschränkungen
Sehhilfe	kein Ausschluss
…	…
Besonderes	Fahrer mit geringer bis mittlerer Fahrerfahrung, d. h. Fahrleistung ≤ 15 Tkm/Jahr oder Führerscheinbesitz unter 15 Jahren

mit einer nahezu zeitgleichen kritischen Verkehrssituation – z. B. einem von rechts kommenden, ohne Vorfahrtsrecht auf die Kreuzung fahrenden Fahrzeug (s. ◘ Abb. 9.7) – präzise aufeinander abgestimmt werden. Neben Grafikelementen außerhalb des Fahrzeugs kommen auch realitätsnahe Bedienaufgaben im Fahrzeug (Telefonnummer aus Verzeichnis heraussuchen, E-Mail schreiben, …) sowie künstliche Ablenkungen (Taste-Drücken bei Aufleuchten eines Grafikelements im Sichtbereich, …) zum Einsatz.

9.3.5 Lerneffekte

In aller Regel haben sich Fahrer mit den Assistenzsystemen ihres Fahrzeugs gut vertraut gemacht, bevor sie in eine (selten auftretende) kritische Verkehrssituation geraten. Bei der Bewertung der Bedienung eines Systems und dessen Nutzen ist dies folglich zu berücksichtigen. In Fahrsimulatorversuchen hingegen werden die Probanden mit zukünftigen, ihnen unbekannten Systemen konfrontiert. Ein wesentlicher Aspekt des Versuchsdesigns besteht darin, das Kennenlernen des Systems, seiner Funktion, Bedienung und Grenzen in dem zur Verfügung stehenden kurzen Versuchszeitraum nachzubilden. Hierzu werden Systembeschreibungen und Einweisungen durch den Versuchsleiter vor der Simulatorfahrt sowie das Erleben des Systems während der Routine-Fahrt und damit außerhalb einer kritischen Situation genutzt. Falsch dosierte Informationen und Eindrücke zu den Systemgrenzen können maßgeblichen Einfluss auf das Untersuchungsergebnis haben: eine zu geringe Sensibilisierung des Probanden bildet das Wissen eines realen Fahrers ungenügend ab, eine zu deutliche führt zu einer unrealistisch hohen Aufmerksamkeit des Probanden auf das Auftreten eines kritischen Systemverhaltens während des Versuchs.

9.3.6 Probandenauswahl

Die Auswahl und Anzahl der Probanden hat großen Einfluss auf die valide Interpretation der Versuchsergebnisse und vor allem auf deren Übertragbarkeit auf die Nutzung eines Systems im realen Fahrzeug. Die relevanten individuellen Merkmale der Probanden und deren Verteilung innerhalb des Probandenkollektivs (s. ◘ Tab. 9.2) sind deshalb vor dem Hintergrund der Zielstellung des Versuchs und der definierten Versuchshypothesen gemeinsam mit dem Auftraggeber abzustimmen. Die Probandengruppen, die die unterschiedlichen Systeme, Systemausprägungen oder Systemparametrierungen sowie die Vergleichsbasis (Kontrollgruppe) erleben, müssen hinsichtlich der Verteilung der relevanten Merkmale identisch und jeweils repräsentativ für die zu untersuchende Nutzergruppe sein.

Zum Vergleich unterschiedlicher Systeme, Systemausprägungen oder Systemparametrierungen untereinander und relativ zu einer Vergleichsbasis sind 30 bis 50 Probanden je Gruppe angemessen; die Absicherung eines Systems erfordert dagegen deutlich größere Stichproben mit mehr als 100 Teilnehmern ([20, 21], siehe auch ▶ Kap. 12).

9.3.7 Auswertung von Probandenversuchen

Die aus den Versuchszielen abgeleiteten und operationalisierten Hypothesen (▶ Abschn. 9.3.2) bilden die Grundlage der Auswertung. Diese Hypothesen können sich sowohl auf rein objektive Daten z. B. den in der Simulation ermittelten Kraftstoffverbrauch (Hypothese: Mit einem neuen Energiesparprogramm wird weniger verbraucht werden.) beziehen als auch auf rein subjektive Daten (Hypothese: Männer legen beim Neukauf eines Autos mehr Wert auf Leistung als Frauen.) oder eine Mischung aus beiden (Hypothese: Die Kaufwahrscheinlichkeit eines neuen Energiesparprogramms hängt von der erzielbaren Verbrauchsreduktion ab.).

Während des Versuchs werden die objektiven Daten aus der Simulation als Messwerte, die subjektiven über die Befragung der Probanden mithilfe von Fragebögen gewonnen. Zur weiteren Auswertung werden häufig Programme wie Matlab für die objektiven Daten und SPSS für die subjektiven Daten verwendet. SPSS bietet dann die Möglichkeit, die Ergebnisse aus Matlab zu integrieren. Die Überprüfung der Hypothesen erfolgt mithilfe statistischer Tests (z. B. Hypothesentests oder Korrelationen).

Im ▶ Kap. 12 dieses Buches wird die Untersuchung des Bremsassistenten BAS Plus im Rahmen eines Fahrsimulatorversuchs detailliert beschrieben.

9.4 Problematik der Übertragbarkeit, der Realitätsnähe und des Gefahrenempfindens

9.4.1 Verfahren zur Validierung von Fahrsimulatoren

In der Literatur hat sich die von Blauuw (1982) vorgeschlagene Unterscheidung zwischen absoluter und relativer Validität etabliert [22]: Unter absoluter Validität versteht man das Ausmaß, mit dem die Daten des Simulators mit Realdaten numerisch exakt übereinstimmen. Relative Validität kennzeichnet das Ausmaß, mit dem eine Manipulation eines Faktors den gleichen Effekt hat wie in einer Realstudie, auch wenn die Daten numerisch nicht exakt übereinstimmen. Für die Untersuchung von Fahrerverhalten ist absolute Validität nicht zwangsläufig notwendig, die relative Validität jedoch von eminenter Bedeutung. Die meisten Validierungsstudien kommen zu dem Schluss, dass für die untersuchten Simulatoren hinsichtlich der wichtigsten Fahrparameter (z. B. Geschwindigkeit oder laterale Position) relative Validität, nicht aber absolute Validität angenommen werden kann [23]. Aus diesem Grund werden in allen Studien neue Systeme mit einer bestehenden Vergleichsbasis (z. B. Vorgängersystem) verglichen.

Bei einer Validierungsstudie ist zu beachten, dass eine Validierung sich immer nur auf eine genau spezifizierte Situation und nur auf einen Simulator beziehen kann. Generalisierungen über Situationen oder Simulatoren sind nur eingeschränkt möglich.

Zur Validierung können die Daten einer Fahrt im Simulator mit den Daten einer naturalistischen Realfahrt (keine Untersuchungssituation) bzw. einer instruierten Realfahrt (Untersuchungssituation z. B. mit Versuchsleiter im Fahrzeug) verglichen werden. Auch können Probanden zu Unterschieden befragt werden.

Ein weiterer Ansatz der Validierung besteht in der Untersuchung der Übertragbarkeit von Lerneffekten zwischen Simulator- und Straßenfahrten, d. h. inwieweit sich im Simulator angeeignete Fähigkeiten auch auf realen Straßen beobachten lassen.

9.4.2 Realitätsnähe und Gefahrenempfinden

Grundsätzlich beeinflussen folgende Faktoren die Validität von Fahrsimulatoren:
- technische Einschränkungen, z. B. im Bewegungsraum oder bei der Umgebungsvisualisierung;
- Versuchsdesign inkl. Instruktion des Probanden;
- Versuchsleitereffekte, wie z. B. die Tendenz, sich dem Versuchsleiter positiv darzustellen (soziale Erwünschtheit), oder eine Beeinflussung durch den Versuchsleiter;
- andere Konsequenzen als im realen Straßenverkehr, wie z. B. bei Unfällen oder bei Geschwindigkeitsüberschreitungen;

- erhöhter Aufmerksamkeitsbedarf (Mental Workload) z. B. für Spurhaltung und Geschwindigkeitsregelung im Simulator;
- Kinetose.

Nach Aussage der Probanden haben sie sich nach der beschriebenen Eingewöhnungsfahrt von etwa 5 Min. an den Simulator und das neue Fahrzeug gewöhnt, so dass sie weitgehend den Eindruck haben, ein reales Auto zu fahren. Bei Ausrichtung der Fahrzeugkabine quer zur Linearachse des Simulators werden das Fahr- und Lenkverhalten als sehr realitätsnah, das Verhalten bei starken Beschleunigungs- und v. a. Bremsvorgängen als etwas ungewohnt beschrieben. Nach längerer Simulatorfahrt geben einige Probanden eine erhöhte Beanspruchung der Augen an. Beim beschriebenen dynamischen Fahrsimulator berichten nur wenige Probanden von Anzeichen einer Kinetose, bei den unbewegten Vorbereitungssimulatoren liegt diese Rate höher.

Aus Messwerten ergibt sich eine gute Übereinstimmung der Reaktionszeiten im Simulator und auf der Straße. Die eigene Geschwindigkeit wird im Simulator tendenziell zu gering eingeschätzt, so dass Probanden etwas schneller als beabsichtigt fahren [24]. Dem steht die Absicht der Probanden entgegen, sich im Simulator korrekt zu verhalten und folglich die vorgeschriebene Höchstgeschwindigkeit nicht zu überschreiten. Die Spurhaltung im Simulator ist tendenziell weniger gut als in der Realität [22].

Generell verhalten sich die Probanden im Fahrsimulator der Daimler AG intuitiv sehr realitätsnah, was sich besonders deutlich bei potenziell gefährlichem Verhalten zeigt: So kommt das gewollte Verlassen der Straße, das Überfahren von Bordsteinen oder das Durchfahren von Leitplanken praktisch nicht vor. Vor dem Verlassen des Fahrzeugs überzeugen sich die Probanden durch den Schulterblick, ob sie die Tür gefahrlos öffnen können. Insgesamt lässt sich für die Untersuchungszielstellungen in der Praxis eine sehr gute relative Validität beobachten.

9.5 Zusammenfassung und Ausblick

Ein Fahrsimulator besteht im Grundsatz aus einem Fahrerarbeitsplatz mit typischen Fahrzeugbedienelementen u. a. mit Lenkrad und Pedalerie. Die Sinneseindrücke während einer Autofahrt werden über die Visualisierung der Umgebung (u. a. Straße und Umgebungsverkehr) und entsprechende Fahrzeug- und Umgebungsgeräusche nachgebildet. Dynamische Simulatoren bilden auch die auf den Fahrer wirkenden Kräfte über ein Bewegungssystem nach. Die Ausgestaltung der genannten Komponenten variiert in der Praxis stark.

Der Schwerpunkt der Fahrsimulatornutzung in der Fahrzeugentwicklung liegt in der Analyse des Zusammenspiels des Fahrers mit dem Fahrzeug bzw. mit neuen Fahrzeugsystemen, wie z. B. Assistenz- oder Fahrwerkregelsystemen. Diese Analysen dienen der Konzeptbewertung sowie der Optimierung solcher Systeme und deren Bedien- und Anzeigekonzepten. Für diese Analysen werden definiert ausgewählte Probandengruppen mit neuen Fahrzeugsystemen vertraut gemacht und durchfahren anschließend eine oder mehrere Untersuchungssituationen, in denen das Probandenverhalten anhand von Messwerten und Befragungen erfasst und später analysiert wird. In der Regel wird das Verhalten mehrerer Probandengruppen mit und ohne eine zu untersuchende Fahrzeugfunktion oder mit unterschiedlichen Ausprägungen dieser Fahrzeugfunktion miteinander verglichen.

Fahrsimulatoren haben sich als Werkzeug in der Fahrzeugentwicklung fest etabliert, vor allem aufgrund der Möglichkeit, das Fahrerverhalten in reproduzierbaren Situationen gefahrlos untersuchen sowie Fahrzeug- und Umgebungsparameter einfach und schnell variieren zu können.

In der Fahrzeugindustrie ist in Zukunft eine weitere Verschiebung der Absicherungsaktivitäten von der Straße hin zur Simulation und somit auch mithilfe von Fahrsimulatoren zu erwarten. Dies bedingt eine Professionalisierung des Betriebs von Fahrsimulatoren hin zu effizienten Serviceeinrichtungen. Die Untersuchungsinhalte der kommenden Jahre werden von Fragestellungen zum autonomen Fahren und der integralen Betrachtung von Fahrzeug- und Entertainmentfunktionen geprägt sein. An Universitäten und Forschungseinrichtungen ist der Aufbau und Betrieb weiterer Fahrsimulatoren abzusehen.

Die technische Weiterentwicklung von Fahrsimulatoren wird sich auf die Vermeidung heutiger

Defizite wie in Kurvenfahrten mit großen Gierraten oder eine beschränkte Einschätzbarkeit im Nachbereich z. B. durch den Einsatz von 3D-Visualisierungen aber auch auf die weitere Verbesserung der Realitätstreue des Fahreindrucks konzentrieren. Hierbei ist sowohl mit neuen Simulatorkonzepten wie auch Detailoptimierungen bestehender Konzepte zu rechnen. Während es weiterhin eine große Zahl unterschiedlicher Simulatorkonzepte geben wird, ist im Bereich der Komponenten wie z. B. Visualisierung oder Verkehrssimulation mit einer stärkeren Standardisierung zu rechnen.

Literatur

1. Slob, J. J.: State-of-the-Art Driving Simulators, a Literature Survey. DCT 2008.107, DCT report, Eindhoven University of Technology, 2008
2. Nordmark, S., Jansson, J., Lidström, M., Palmkvist, G.: A Moving Base Driving Simulator with Wide Angle Visual System. The TRB Conference, Session on Simulation and Instrumentation for the 80 s. Washington, D.C. (1985)
3. Breuer, J., Käding, W.: Contributions of Driving Simulators to Enhance Real World Safety. In: Proceedings Driving Simulation Conference Asia/Pacific, Tsukuba (2006)
4. Käding, W., Hoffmeyer, F.: The Advanced Daimler-Benz Driving Simulator. Society of Automobile Engineers SAE Technical Paper, Bd. 950175. SAE, Warrendale, PA (1995)
5. Käding, W., Zeeb, E.: 25 years driving simulator research for active safety. In: Proc. International Symposium on Advanced Vehicle Control (AVEC 2010). Conference AVEC 2010, Loughborough (2010)
6. Murano, T., Yonekawa, T., Aga, M., Nagiri, S.: Development of High-Performance Driving Simulator. SAE Int. J. Passeng. Cars - Mech. Syst. **2**(1), 661–669 (2009)
7. Wentink, M., Pais, R., Mayrhofer, M., Feenstra, P., Bles, W.: First Curve Driving Experiments in the Desdemona Simulator. Driving Simulation Conference – Monaco (2008)
8. Nieuwenhuizen, F.M., Bülthoff, H.H.: The MPI CyberMotion Simulator: A Novel Research Platform to Investigate Human Control Behavior. Journal of Computing Science and Engineering **7**(2), 122–131 (2013)
9. Betz, A., Winner, H., Ancochea, M., Graupner, M.: Motion Analysis of a Wheeled Mobile Driving Simulator for Urban Traffic Situations. Driving Simulation Conference – Paris (2012)
10. Zeeb, E.: Daimler's New Full-Scale, High-dynamic Driving Simulator – A Technical Overview. In: Conference Proc. Driving Simulation Conference Europe, Paris (2010)
11. Krebber, W., Sottek, R.: Interactive Vehicle Interior Sound Simulation ISATA '00, Automotive & Transportation Technology, Dublin. (2000)
12. Dupuis, M., Strobl, M., Grezlikowski, H.: OpenDRIVE 2010 and Beyond – Status and Future of the de facto Standard for the Description of Road Networks. In: Proc. Driving Simulation Conference DSC Europe, Paris, S. 231–242. (2010)
13. Zacharias, G.L.: Motion cue models for pilot-vehicle analysis (1978). AMRL-TR-78-2, May
14. Nesti, A., Masone, C., Barnett-Cowan, M., Robuffo Giordano, P., Bülthoff, H., Pretto, P.: Roll rate thresholds and perceived realism in driving simulation Driving Simulation Conference, Paris. (2012)
15. Johnson, D.M.: Introduction to and review of simulator sickness research. DTIC Document (2005)
16. Reason, J.: Motion sickness adaptation: a neural mismatch model. Journal of the Royal Society of Medicine. Royal Society of Medicine Press **71**, 819 (1978)
17. Flanagan, M.B., May, J.G., Dobie, T.G.: Sex differences in tolerance to visually-induced motion sickness. Aviation, space, and environmental medicine, Aerospace Medical Association **76**, 642–646 (2005)
18. Reason, J.T., Brand, J.J.: Motion sickness. Academic press, New York (1975)
19. Schmäl, F., Stoll, W.: Kinetosen. HNO **48**, 346–356 (2000). http://www.neuro24.de/schwind.htm
20. Bubb, H.: Wie viele Probanden braucht man für allgemeine Erkenntnisse aus Fahrversuchen? In: Landau, K., Winner, H. (Hrsg.) Fahrversuche mit Probanden – Nutzwert und Risiko Fortschr.-Ber. VDI Reihe 12, Bd. 557, VDI, Düsseldorf (2003)
21. Weitzel, A., Winner, H.: Ansatz zur Kontrollierbarkeitsbewertung von Fahrerassistenzsystemen vor dem Hintergrund der ISO 26262 FAS 2012 – 8. Workshop Fahrerassistenzsysteme, Walting im Altmühltal. (2012)
22. Blaauw, G.J.: Driving experience and task demands in simulator and instrumented car: a validation study. Human Factors **24**(4), 473–486 (1982)
23. Mullen, N., Charlton, J., Devlin, A., Bedard, M.: Simulator validity: behaviors observed on the simulator and on the road. In: Fisher, D.L., Rizzo, M., Caird, J., Lee, J.D. (Hrsg.) Handbook of driving simulation for engineering, medicine, and psychology. CRC Press, Boca Raton (2011)
24. Tenkink, E., Van der Horst, A.R.A.: Effects of road width and curve characteristics on driving speed. Report IZF 1991 C-26. TNO Institute for Perception, Soesterberg (1991)
25. Schlender, D.: Simulatorkrankheit in Fahrsimulatoren. Zeitschrift für Verkehrssicherheit **54**(2), 74–80 (2008)

Vehicle in the Loop

Guy Berg, Berthold Färber

10.1 Motivation – 156

10.2 Das Vehicle in the Loop – 156

10.3 Meilensteine der VIL-Entwicklung – 159

10.4 Fazit und Ausblick – 161

Literatur – 163

Das Vehicle in the Loop (VIL) schließt die Lücke zwischen Fahrsimulation und Realversuchen. Durch die virtuelle visuelle Darstellung auf der einen Seite und der erlebten Haptik, Kinästhetik und Akustik durch die reale Fahrzeugbewegung auf der anderen Seite bietet das VIL ein neues Verfahren auf Basis einer erweiterten Realität, um Fahrerassistenzsysteme effizient und sicher zu entwickeln sowie zu evaluieren.

10.1 Motivation

Der Sicherheitsgewinn durch Fahrerassistenzsysteme ist spätestens seit der Einführung von ESP (vgl. ▶ Kap. 40) unumstritten. Erste Assistenzsysteme wie ESC oder ABS griffen allerdings nur auf der untersten Regelungsebene des Fahrers, der Stabilisierungsebene, ein (vgl. ▶ Kap. 40). Systeme, die den Fahrer auf der Bahnführungsebene unterstützen, wurden zunächst nur als Komfortsysteme ausgelegt und eingestuft. Aufgrund verbesserter Umfeldwahrnehmung (vgl. ▶ Kap. 15) und Situationsinterpretation halten neue Assistenzfunktionen der aktiven Sicherheit (z. B. ▶ Kap. 47) Einzug ins Fahrzeug, die in kritischen Verkehrssituationen auf der Manöverebene eingreifen, um einen drohenden Unfall zu vermeiden bzw. die Unfallschwere zu mindern. Jedoch erfordern entsprechende Systeme Absicherungsmethoden, die über den Nachweis der technischen Funktionsfähigkeit und Zuverlässigkeit hinausgehen. Die Entwicklung dieser Kategorie von Fahrerassistenzsystemen stellt die Hersteller vor neue Herausforderungen. Hierbei muss neben der Sensorik zur Umfeldwahrnehmung, des Regel-Algorithmus und der Aktorik für einen Eingriff in die Fahrzeugführung auch die Interaktion mit dem Fahrer stärker als bisher berücksichtigt werden. Für die effiziente und kostengünstige Entwicklung sowie Absicherung hat sich, über die Entwicklung von realen Funktionen im Fahrzeug hinaus, ein zweiter Entwicklungsast mit einer virtuellen Entwicklung etabliert. So werden bereits in einer frühen Phase neue Algorithmen mithilfe von Software-in-the-Loop prototypisch entwickelt und getestet (vgl. ▶ Kap. 8) oder neue Sensoren sowie Aktoren mithilfe von Hardware-in-the-Loop-Testständen evaluiert, ohne dass hierfür ein Fahrzeug aufgebaut werden muss. Gleichzeitig erfolgt mithilfe von Fahrsimulatoren (Driver-in-the-Loop, vgl. ▶ Kap. 9) eine Überprüfung des Fahrerverhaltens sowie der Beherrschbarkeit.

Zur endgültigen Absicherung muss das neue System in einem realen Fahrzeug implementiert, getestet und evaluiert werden. Tests mittels Prototypen im realen Straßenverkehr mit Probanden sind aus rechtlichen und sicherheitstechnischen Gründen oft nicht möglich. Die Absicherung zahlreicher sicherheitskritischer Funktionen (z. B. der automatischen Notbremse bei Fußgängern) kann selbst auf einer Teststrecke durch statische oder dynamische Objekte nur unzureichend nachgestellt werden. Mit zunehmender Komplexität der Fahrsituation, in der das zu testende Assistenzsystem eingreift, wird es also immer schwieriger, das Zusammenwirken von Systemverhalten sowie Erleben und Verhalten des Fahrers realistisch und zuverlässig zu bewerten.

Diese Lücke versucht das Vehicle in the Loop (VIL) zu schließen. Hierfür wurde eine Test- und Simulationsumgebung mit einem realen Fahrzeug verknüpft: Der Fahrer sieht über ein Visualisierungsmedium eine erweiterte oder virtuelle Realität, so dass er eine direkte visuelle Rückmeldung aus der Simulationsumgebung erhält. Haptische, vestibuläre, kinästhetische und akustische Rückmeldungen erhält er von der Interaktion mit einem realen Fahrzeug. Das VIL ermöglicht somit ein reales Fahrerlebnis mit der Sicherheit und Reproduzierbarkeit eines Fahrsimulators.

10.2 Das Vehicle in the Loop

10.2.1 Anforderungen

Der Betrieb des VIL erfordert eine Teststrecke, von der Position und Verlauf der Fahrbahnen bekannt sind. Auf Grundlage des Streckenverlaufs muss vor dem Betrieb des VIL eine virtuelle Welt erstellt werden. Dabei müssen befahrbare Straßen in der virtuellen Welt so gestaltet werden, dass diese Straßen mit dem realen Streckenverlauf korrespondieren.

Für eine exakte Lokalisierung des VIL-Versuchfahrzeugs wird eine DGPS-Referenzstation benötigt. Verfügt die Teststrecke nicht über eine DGPS-Referenzstation, können die benötigten

Korrektursignale über einen kommerziellen Satellitenreferenzdienst empfangen werden.

Durch den kompakten und einfachen Aufbau des VIL kann dieses in jedes Serienfahrzeug eingebaut werden, so dass fahrzeugseitig keine aus dem Funktionsprinzip des VIL resultierenden Anforderungen bestehen.

10.2.2 Funktionsprinzip

Das VIL, das ein reales Fahrzeug in eine Simulationssoftware einbindet, so dass der Fahrer ein Verkehrsteilnehmer in der Simulation wird, ist nicht vergleichbar mit dem VEHIL des TNO [1]. Bei Letzterem handelt es sich um einen Rollenprüfstand, in dessen Umkreis mobile Plattformen Fremdverkehr simulieren. Im Gegensatz zum VIL eignet sich das VEHIL weniger zum Evaluieren des Fahrerverhaltens, sondern dient vor allem zum sicheren Testen von Sensorik und Algorithmik.

Das allgemeine Funktionsprinzip des VIL ist anhand der Architektur sowie des Informationsflusses in ◘ Abb. 10.1 dargestellt. Die benötigten Soft- und Hardware-Komponenten sowie deren Funktion werden im Folgenden erläutert.

10.2.2.1 Verkehrssimulation

Kern des VIL ist die Verkehrssimulation. Diese ermöglicht es, Stadt-, Überland- oder Autobahnfahrten – unter Berücksichtigung des Streckenlayouts der genutzten Teststrecke – darzustellen und mithilfe von autonom agierendem oder programmierbarem Fremdverkehr zahlreiche Verkehrssituationen zu erzeugen. So besteht beispielsweise die Möglichkeit, sowohl einfache Folgefahrten und Auffahrszenarien als auch komplexe Kreuzungssituationen darzustellen.

10.2.2.2 Positionierung des Versuchsträgers in der Verkehrssimulation

Für das VIL wird die Bewegungssteuerung eines virtuellen Fahrzeugs aus der Verkehrssimulation entkoppelt, so dass das Fahrzeug unabhängig von der Verkehrssimulation gesteuert werden kann, trotzdem aber für die Simulation als „aktiver Verkehrsteilnehmer" sichtbar bleibt. Über eine Inerti-

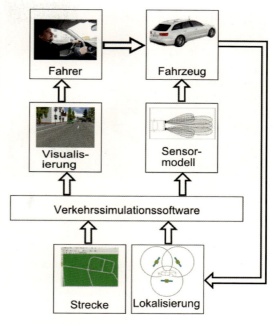

◘ **Abb. 10.1** Funktionale Architektur des VIL

alsensorplattform, die an ein DGPS gekoppelt ist, wird das reale Fahrzeug auf der Teststrecke lokalisiert. Da der Streckenverlauf der virtuellen Welt in der Verkehrssimulation mit dem Streckenverlauf der Teststrecke übereinstimmt, wird die kongruente Position des virtuellen Fahrzeugs in der virtuellen Welt berechnet, so dass sich das virtuelle Fahrzeug analog dem realen Fahrzeug auf der Teststrecke in der virtuellen Welt bewegt.

10.2.2.3 Visualisierung

Der Fahrer, der das virtuelle Fahrzeug bewegt und dabei die vestibuläre Rückmeldung des realen Fahrzeugs erhält, wird über ein Visualisierungsmedium in die Verkehrssimulation eingebunden. Das Medium (vgl. ◘ Abb. 10.2) wird dabei abhängig von der Zielsetzung des Einsatzes gewählt:
- Head Mounted Display (HMD)
  Das HMD ist eine Visualisierungseinheit, die am Kopf des Nutzers befestigt wird, so dass in geringem Abstand zu den Augen Displays für die Informationsdarstellung montiert sind (vgl. ◘ Abb. 10.2a). Durch den kurzen Abstand zwischen Display und Auge ist die Sicht des Nutzers auf die Displays begrenzt. Um eine natürliche Sicht des Fahrers in Abhängigkeit

Abb. 10.2 Mögliche Visualisierungsformen im VIL: **a** Fahrer mit HMD Visualisierung, **b** Bildschirm-Visualisierung

von der Kopfdrehung zu gewährleisten, muss der Bildausschnitt abhängig von der aktuellen Kopforientierung angepasst werden. Hierfür ist bei der Nutzung des HMD zusätzlich ein Headtracker im Fahrzeug verbaut, der die Kopforientierung des Fahrers während der Fahrt misst und das virtuelle Bild entsprechend der aktuellen Kopfposition und -lage ausrichtet.

- Bildschirm

Weniger aufwendig – da hier kein Headtracking benötigt wird – ist die Visualisierung über einen Monitor im Blickfeld des Fahrers (vgl. Abb. 10.2b): So hat der Fahrer die Möglichkeit, sich in der virtuellen Welt der Verkehrssimulation zu bewegen. Jedoch ist hierbei der Immersionsgrad – der beschreibt, wie stark der Nutzer sich in die virtuelle Welt hineinversetzt fühlt und die Realität ausblendet – wesentlich geringer als bei der Nutzung eines HMD. Beim Einsatz eines einfachen Monitors ist somit nicht gewährleistet, dass der Fahrer ein vergleichbares Verhalten wie in der Realität zeigt, weswegen eine entsprechende Nutzung zur Evaluation von Fahrerassistenzsystemen tendenziell ungeeignet ist. Allerdings bietet ein einfacher Monitor in der Entwicklung die Möglichkeit, eine Funktion auf einfache und sichere Weise zu erleben, ein Gefühl für die Funktion zu entwickeln sowie unterschiedliche Parameter und deren Auswirkungen auf die Fahrdynamik zu testen. Von besonderem Vorteil ist hierbei, dass der Entwickler alleine in kurzer Zeit mehrfach exakt die gleiche Fahrsituation erleben kann, ohne dass er umfangreiche Versuchsaufbauten oder Hilfestellung von weiteren Personen benötigt. Da der Entwickler durch die Nutzung eines einfachen Monitors die reale Umgebung selbstständig überwachen kann und keine Sichteinschränkungen hat, ist zudem die parallele Nutzung der Teststrecke mit anderen Entwicklern möglich. Die reduzierte Form des VIL wurde beispielsweise zur Bewertung der Auslegung eines Baustellenassistenten in [2] verwendet.

10.2.2.4 Umfeldwahrnehmung des Versuchsträgers in der Verkehrssimulation

Neben dem Fahrer benötigt auch das Fahrzeug Informationen zu relevanten Objekten aus der Verkehrssimulation, um – wie in der Realität – über Assistenzfunktionen auf Verkehrssituationen reagieren zu können. So muss z. B. für eine Notbremsfunktion die relative Position und Geschwindigkeit des vorausfahrenden Fahrzeugs aus der Simulation zur Verfügung gestellt werden, so dass die Funktion bei Unterschreitung der vorgegebenen Grenzen eine Notbremsung einleiten kann. Hierfür stellt die Verkehrssimulation die gängigen Sensoren aus dem Automobilbereich in virtueller Form zur Verfügung: Durch Positionierung virtueller Fahrzeuge in der Verkehrssimulation, die vom VIL gesteuert werden, wird den Funktionen auf Basis von Sensormodellen und Objektlisten entsprechende Information über eine Schnittstelle zur Verfügung gestellt. So besteht in der Entwicklungsphase die Möglichkeit, eine Funktion mit den entsprechenden Daten über die Umfeldwahrnehmung der Verkehrssimulation zu speisen. Hierdurch ist sowohl der Fahrer als auch das Fahrzeug in die Simulation eingebunden, so dass neue Assistenzfunktionen in vielen Verkehrsszenarien getestet werden können, ohne diese in der Realität nachstellen zu müssen.

10.3 Meilensteine der VIL-Entwicklung

Entwickelt wurde das VIL von Thomas Bock im Rahmen seiner Promotion [3]. Als Verkehrssimulation setzte er Virtual Test Drive von Vires [4] ein und entschied sich bei der Visualisierungsform für ein HMD im „Augmented Reality"-Modus. Hierbei besteht das HMD aus halbtransparenten Displays, so dass der Fahrer die reale Umgebung durch die Displays weiterhin sieht und sich in der realen Umgebung bewegen kann. Durch die gezielte Darstellung virtueller Fahrzeuge auf den Displays wird die reale, leere Teststrecke vor dem Fahrer mit virtuellen Fahrzeugen überlagert, wodurch der Eindruck entsteht, dass sich die virtuellen Fahrzeuge vor dem Fahrer in der Realität befänden.

In einem Fahrversuch wies Bock nach, dass das VIL ein valides Werkzeug für die Entwicklung von Fahrerassistenzsystemen ist [3]. Hierfür verglich er das Fahrerverhalten für unterschiedliche Verkehrsszenarien im VIL und in der Realität: Die Ergebnisse belegten, dass die Probanden sich im VIL ähnlich der Realität verhielten. Zudem war die subjektive Bewertung der Probanden positiv – so wurde die Realitätsnähe und die schnelle Gewöhnung an das VIL gelobt.

Allerdings gab es mit dem „Augmented Reality"-Aufbau auch Probleme. So waren zum einen die dargestellten virtuellen Objekte bei starker Sonneneinstrahlung nur noch schwer erkennbar. Zum anderen führten kleine Fehler bei der Lokalisierung des Fahrerkopfes durch den Headtracker zu Fehlplatzierungen der virtuellen Objekte im HMD, weswegen zum Teil der Eindruck entstand, dass die virtuellen Fahrzeuge durch die Straße fuhren oder über dieser schwebten.

Anschließend übernahm die Carmeq GmbH den kommerziellen Betrieb des VIL und das Institut für Arbeitswissenschaft (IfA) an der Universität der Bundeswehr München (UniBw) die Weiterentwicklung. Während Bock das VIL hauptsächlich als Entwicklungswerkzeug verstand, wurde das VIL an der UniBw in erster Linie als Evaluationswerkzeug für Beherrschbarkeitsfragen von Fahrerassistenzsystemen gesehen.

Aufgrund der aufgetretenen Probleme bei der „Augmented Reality"-Darstellung wurde das VIL in einer zweiten Version auf eine „Virtual Reality"-Visualisierung umgestellt [5]. Bei dieser Visualisierungsform ist das verwendete HMD nicht transparent, so dass der Fahrer von der Realität visuell entkoppelt ist. Stattdessen wird ihm im HMD ein rein virtuelles Bild dargeboten (vgl. ◘ Abb. 10.3).

Um das VIL für die Evaluation von Fahrerassistenzsystemen zu verwenden, muss sichergestellt sein, dass es ähnliches Fahrerverhalten wie beim realen Fahren generiert. In mehreren Fahrversuchen, bei denen das Fahrerverhalten im VIL mit dem Fahrerverhalten in der Realität verglichen wurde, konnte die relative Validität für Verkehrssituationen mit Längs- und Querverkehr nachgewiesen werden [6, 7, 8, 9].

Die Umstellung auf eine „Virtual Reality" führte jedoch zu verstärktem Auftreten von Simulatorkrankheit, die im „Augmented Reality"-Modus noch nicht auftrat. Diese ist ein Phänomen, das sich bei allen Fahrsimulationen mit „Virtual Reality"-Visualisierung zeigt (vgl. ▶ Kap. 9). Es existieren zwar viele Theorien zur Entstehung der Simulatorkrankheit, jedoch kann keine dieser Theorien den Verlauf und die erlebten Symptome der Simulatorkrankheit vollständig erklären. Unter anderem wird aber vermutet, dass HMDs und ihre jeweiligen Eigenschaften, wie Öffnungswinkel, Okularität, Auflösung usw. einen Einfluss auf die Entstehung der Simulatorkrankheit haben. Gleichzeitig beeinflussen diese Eigenschaften des HMD auch die visuelle Wahrnehmung.

In einem weiteren Versuch wurde deswegen der Einfluss unterschiedlicher HMD-Konfigurationen auf die Wahrnehmung und die Simulatorkrankheit untersucht [6], um eine optimale Konfiguration für die Nutzung im VIL zu ermitteln. Verglichen wurden das NVIS nVisor SX111 mit einem Öffnungswinkel von 102° horizontal auf 64° vertikal und Stereodarstellung sowie das NVIS nVisor ST50 mit einem Öffnungswinkel von 40° horizontal auf 32° vertikal. Das ST50 bietet sowohl Mono- als auch

Abb. 10.3 Virtual Reality Darstellung im VIL

Stereodarstellung. Für den Vergleich der drei Konfigurationen mussten die Probanden mit jeweils einer HMD-Konfiguration vier verschiedene Verkehrsszenarien fahren, bei welchen sowohl die Tiefenwahrnehmung als auch der Sichtbereich von Bedeutung waren. Es zeigte sich, dass das Fahrerverhalten und die Wahrnehmung der Probanden in allen drei Konfigurationen miteinander vergleichbar waren. Auch bei der Simulatorkrankheit wurden keine signifikanten Unterschiede zwischen den einzelnen Konfigurationen gefunden, wobei es eine Tendenz gibt, die darauf hindeutet, dass die Probanden das System mit Stereodarstellung und großem Öffnungswinkel weniger gut vertragen. Dies zeigte sich auch bei der Befragung, in welcher das SX111 am schlechtesten abschnitt. Da das große und schwere HMD SX111 keine Vorteile bei der Wahrnehmung gegenüber dem etwas kleineren ST50 hat, wurde in weiteren Versuchen auf das große HMD verzichtet.

Die Umstellung auf eine „Virtual Reality"-Darstellung deckte jedoch eine deutlich wahrnehmbare Latenz zwischen einer Kopfbewegung des Fahrers und der Darstellung dieser im HMD auf. Da Latenz zum einen als Faktor für die Entstehung von Simulatorkrankheit vermutet wird, zum anderen die Fahrerleistung beeinflusst, sollte diese bei der Verwendung einer VR-Darstellung möglichst vermieden werden. Eine Analyse des Systems zeigt, dass die Latenz einerseits durch das verwendete Headtrackingverfahren, das mindestens 70 ms benötigt, um eine Kopfbewegung zu detektieren und anzuzeigen, entsteht. Anderseits benötigt die Verkehrssimulation noch mal 50 ms, um die Kopfbewegung in der „Virtual Reality" darzustellen. Unter Berücksichtigung weiterer Latenzen durch die Visualisierungseinheit wird eine Gesamtlatenz im VIL von mind. 150 ms identifiziert. Um diese zu reduzieren, wurde das Headtracking, das bis dahin aus einem einzelnen, langsamen, optischen Headtracker ($\sim$70 ms bei 55 Hz) für die Erfassung der Kopfposition und -ausrichtung eingesetzt wurde, um einen Drehratensensor erweitert. Im Gegensatz zum optischen Tracker bietet der Drehratensensor den Vorteil, die Drehgeschwindigkeit des Objekts, an dem er befestigt ist, ohne große Verzögerung und mit einer hohen Abtastrate ($\sim$2 ms bei 100–512 Hz) zu messen. Da ein Drehratensensor jedoch nur die Drehgeschwindigkeit misst, fehlt die Information über die aktuelle absolute Lage des Objekts.

Durch eine Fusion der beiden Datenquellen werden die Nachteile der einzelnen Sensoren kompensiert und eine stabile, absolute Kopforientierung in x-, y- und z-Richtung mit einer Latenz von weniger als 10 ms berechnet. Zur Kompensation der Latenz bedingt durch die Simulationssoftware wird zusätzlich auf Basis der aktuellen Kopflage und

Drehgeschwindigkeit mithilfe einer gleichförmigen Geschwindigkeitsannahme die Kopfrotation extrapoliert, so dass die Latenz bei der Darstellung von Drehbewegungen des Kopfes weiter reduziert wird. Da beim Fahren Rotationsbewegungen des Kopfes den Hauptanteil der Bewegungen darstellen und Translationen des Fahrerkopfes nur eine untergeordnete Rolle bei der Wahrnehmung des Fahrers einnehmen, wird die Position des Kopfes nach wie vor nur über den langsamen optischen Tracker verfolgt. Eine erste Evaluierung, bei der Probanden dieses neue Headtrackingverfahren mit dem alten Verfahren verglichen, zeigte, dass das neue Verfahren von den Probanden bevorzugt wird und zu einer wesentlich besseren Beurteilung der visuellen Darstellung im VIL führt [6].

Die vorgestellten Erkenntnisse und Verbesserungen zur Visualisierung im VIL wurden in weiteren Evaluationsstudien untersucht, um mögliche Auswirkungen auf das Fahrerverhalten zu identifizieren. Hierfür wurde mithilfe einer Vergleichsstudie mit einem Realfahrzeug und dem VIL das Fahrerverhalten in städtischen Umgebungen untersucht. Ein Szenario, bei dem der Fahrer Gassen mit verschiedenen Breiten durchfahren muss, zeigte, dass die Fahrer im VIL sich ähnlich zu den Fahrern im Realfahrzeug verhielten. Die Fahrer beurteilten im VIL die Gassenbreite tendenziell kritischer und reduzierten ihre Geschwindigkeit stärker als in der Realität. Da die Unterschiede bei den subjektiven und objektiven Daten gleiche Stärke und Richtung aufweisen, konnte jedoch relative Validität für das VIL bezüglich der Wahrnehmung von Gassenbreiten mit der veränderten Konfiguration nachgewiesen werden [10].

Durch die kontinuierliche Verbesserung des „Virtual Reality"-Ansatzes hat sich dieser gegenüber der „Augmented Reality"-Visualisierung durchgesetzt. Vor allem die Abhängigkeit der Darstellung überlagerter virtueller Objekte von den Beleuchtungsverhältnissen in der Realität begrenzt den Einsatz dieser Technik.

Allerdings hat die Umstellung auf die „Virtual Reality"-Darstellung einen entscheidenden Nachteil gegenüber dem „Augmented Reality"-Ansatz: So entfällt durch die komplette virtuelle Darstellung die Ansicht des Fahrzeuginnenraums, so dass der Fahrer nur die virtuelle Umgebung während der Fahrt sieht. Versuche, ein virtuelles Cockpit in der Darstellung anzuzeigen, stellten sich als wenig zielführend heraus, da es mit sehr viel Aufwand verbunden ist, die Arme und Hände des Fahrers, die aktuelle Lenkradstellung sowie die richtige Anzeige im Armaturenbrett zu visualisieren. Diese Detailtreue wird aber benötigt, um den Immersionsgrad des Fahrers zu sichern. Deswegen wurde in einem neuen Ansatz von „Augmented Reality" auf Basis von „Video-See-Through" versucht, den realen Innenraum in das „Virtual Reality"-Bild zu integrieren. Hierfür wird am HMD eine Videokamera befestigt, die die aktuelle Sicht des Fahrers filmt. In einem Bildverarbeitungsschritt wird im Videobild die Windschutzscheibe segmentiert und diese durch die aktuelle „Virtual Reality"-Ansicht aus der Verkehrssimulation ersetzt. Hierzu wird die Windschutzscheibe mithilfe eines 3D-Modells des Fahrzeugs über die aktuelle Kopflage des Fahrers berechnet. Dies hat den Vorteil, dass die Segmentierung unabhängig vom Videobild ist und somit die Verkehrssimulation immer anstelle der Windschutzscheibe angezeigt wird. Das zusammengesetzte Bild wird dem Fahrer anschließend im HMD dargestellt (vgl. ◘ Abb. 10.4). So erhält der Fahrer die von ihm bekannte Sicht des Fahrzeuginnenraums zurück und sieht neben dem realen Innenraum auch wieder seinen Körper und die Bewegungen von Armen und Händen. Sobald er aber aus der Windschutzscheibe blickt sieht er wie im „Virtual Reality"-Modus die aktuelle Ansicht der Verkehrssimulation. Erste Versuche, das beschriebene Verfahren umzusetzen, konnten das Konzept grundsätzlich bestätigen, auch wenn das augmentierte Bild noch nicht als verzögerungsfrei erscheint und die Segmentierung der Windschutzscheibe noch nicht fehlerfrei war [6].

10.4 Fazit und Ausblick

Mit dem Aufbau des VIL als Entwicklungswerkzeug für Fahrerassistenzsysteme stellte Bock ein neues Verfahren vor, das die Reproduzierbarkeit und Sicherheit einer Fahrsimulation und gleichzeitig das Fahrerlebnis aus der Realität bietet [1]. Hiermit wurde eine neue Möglichkeit zur kostengünstigen und effizienten Entwicklung von sicherheitskritischen Fahrerassistenzsystemen geschaffen.

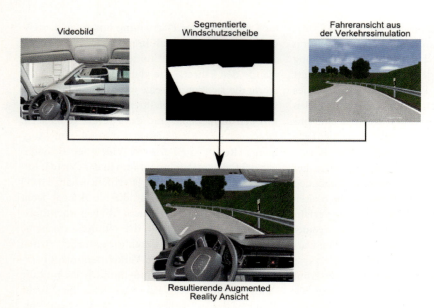

Abb. 10.4 Prinzip der „Augmented Reality"-Darstellung, zusammengesetzt aus Video- und „Virtual Reality"-Bild

Durch die kontinuierliche Weiterentwicklung und Verbesserung in [6] wurde der Einsatzbereich des VIL als Methode zur Evaluation von Fahrerassistenzsystemen erweitert, so dass heute eine valide Absicherungsmethode für Assistenzfunktionen der aktiven Sicherheit als Ergänzung zur bekannten Fahrsimulation sowie Realversuchen zur Verfügung steht.

Durch die kontinuierliche Weiterentwicklung des VIL soll das Fahrerlebnis noch realer und der Immersionsgrad weiter gesteigert werden. Trotzdem ist nicht zu übersehen, dass Simulatoren die Wirklichkeit nie perfekt abbilden. Deshalb werden in weiteren Vergleichsstudien von VIL und Realität die Unterschiede im Fahrerverhalten analysiert, um auf Basis der Ergebnisse Transferfunktionen zu erarbeiten, die im VIL erzeugte Ergebnisse auf die Realität abbilden [10].

Während die Fahrdynamik im VIL der Realität entspricht, besteht weiterhin großer Entwicklungsbedarf bei der Visualisierung. So sind heute erhältliche HMDs noch immer zu groß und schwer, was zu einem eingeschränkten Tragekomfort führt. Zudem sind die verwendeten Displays meist zu träge und entsprechen nicht dem Stand der Technik. Nach dem großen VR-Boom in den 90er Jahren, seitdem sich die Technik von HMDs nicht mehr signifikant weiterentwickelt hat, steht nun, angetrieben von der Smartphone-Technik, ein Techniksprung bei den HMDs bevor. So zeigte Oculus VR einen ersten HMD-Prototyp, der viele der bisherigen Visualisierungsprobleme gelöst hat [11] und das VIL weiter verbessern kann.

Gleichzeitig wird die Methode „Augmented Reality" auf „Video-See-Through"-Basis auf Grundlage der erzielten Ergebnisse weiterentwickelt. Durch eine bessere, stabilere und schnellere Darstellung soll das Konzept zur Serienreife gebracht werden, so dass zukünftige Nutzer des VIL wieder mit dem Innenraum interagieren können. Aufgrund der kontinuierlichen Entwicklung von Darstellungsmedien ist auch eine Abkehr von HMDs nicht ausgeschlossen. So ergeben sich z. B. durch kontaktanaloge Displays, die von Fahrzeugherstellern für eine großflächige Navigationsdarstellung erforscht werden [12], neue Möglichkeiten für die Darstellung im VIL.

Literatur

Verwendete Literatur

1. Verburg, D., van der Knaap, A., Ploeg, J.: VEHIL: Developing and Testing Intelligent Vehicles. In: Intelligent Vehicle Symposium IEEE, Bd. 2, S. 537–544. (2002)
2. Schuldt, F., Lichte, B., Maurer, M., Scholz, S.: Systematische Auswertung von Testfällen für Fahrfunktionen im modularen virtuellen Testbaukasten 9. Workshop Fahrerassistenzsysteme. (2014)
3. Bock, T.: Vehicle in the Loop – Test- und Simulationsumgebung für Fahrerassistenzsysteme. Dissertation an der Technischen Universität München, Vieweg, 2008
4. Von Neumann-Cosel, K., Dupuis, M., Weiss, C.: Virtual Test Drive provision of a consistent tool-set for [D,H,S,V]-in-the-Loop. In: Proceedings of the Driving Simulation Conference (2009)
5. Starke, A., Hänsel, F.: Vehicle in the Loop - Fahrerassistenzsysteme mit Virtual Reality im realen Fahrzeug testen, entwickeln und erleben AAET – Automatisierungssysteme, Assistenzsysteme und eingebettete Systeme für Transportmittel Symposium. (2011)
6. Berg, G.: Das Vehicle in the Loop – Ein Werkzeug für die Entwicklung und Evaluation von Fahrerassistenzsystemen. Dissertation der Universität der Bundeswehr München, 2014
7. Berg, G., Karl, I., Färber, B.: Vehicle in the Loop – Validierung der virtuellen Realität. In: Tagungsband Fahrer im 21. Jahrhundert, S. 143–154. VDI-Verlag, Düsseldorf (2011)
8. Karl, I., Berg, G., Rüger, F., Färber, B.: Driving Behavior and Simulator Sickness While Driving the Vehicle in the Loop: Validation of Longitudinal Driving Behavior. IEEE Intelligent Transportation Systems Magazine **5**(1), 42–57 (2013)
9. Sieber, M., Berg, G., Karl, I., Siedersberger, K.-H., Siegel, A., Färber, B.: Validation of Driving Behavior in the Vehicle in the Loop: Steering Responses in Critical Situations. In: 16th Intelligent Transportation Systems (ITSC) IEEE. S. 1101–1106. (2013)
10. Rüger, F., Purucker, C., Schneider, N., Neukum, A., Färber, B.: Validierung von Engstellenszenarien und Querdynamik im dynamischen Fahrsimulator und Vehicle in the Loop. In: 9. Workshop Fahrerassistenzsysteme (2014)
11. Kushner, D.: Virtual Reality's Moment – The Oculus Rift could finally take VR to mainstream. In: IEEE Spectrum, Special Report: 2014 Top Tech to Watch (2014)
12. Jansen, A.: Augmented Reality in zukünftigen Head-Up Displays – Prototypische kontaktanaloge Navigationsdarstellung im Versuchsfahrzeug. In: Tagungsband Fahrer des 21. Jahrhunderts, S. 189–200. VDI-Verlag, Düsseldorf (2013)

Weiterführende Literatur

1. Stoner, H., Fisher, D., Mollenhauer, M.: Simulator and Scenario Factors influencing simulator sickness. In: Handbook of Driving Simulation for Engineering, Medicine and Psychology. CRC Press, Boca Raton, Florida (2011)
2. Berg, G., Millhoff, T., Färber, B.: Vehicle in the Loop – Zurück zur erweiterten Realität mittels video-see-through. In: Tagungsband Fahrer im 21. Jahrhundert, S. 225–236. VDI-Verlag, Düsseldorf (2013)

Testverfahren

Kapitel 11   **Testverfahren für Verbraucherschutz und Gesetzgebung** – 167
Patrick Seiniger, Alexander Weitzel

Kapitel 12   **Nutzerorientierte Bewertungsverfahren von Fahrerassistenzsystemen** – 183
Jörg Breuer, Christoph von Hugo, Stephan Mücke, Simon Tattersall

Kapitel 13   **EVITA – Das Prüfverfahren zur Beurteilung von Antikollisionssystemen** – 197
Norbert Fecher, Jens Hoffmann, Hermann Winner

Kapitel 14   **Testen mit koordinierten automatisierten Fahrzeugen** – 207
Hans-Peter Schöner, Wolfgang Hurich

Testverfahren für Verbraucherschutz und Gesetzgebung

Patrick Seiniger, Alexander Weitzel

11.1 Systematik von Testverfahren – 168

11.2 Testverfahren für Gesetzgebung und Verbraucherschutz – 170

11.3 Eigenschaften der Testwerkzeuge – 174

11.4 Realitätsnähe und Testaufwand – 180

11.5 Ausblick – was ist in EuroNCAP an Testverfahren zu erwarten? – 181

Literatur – 181

Der Begriff Testverfahren bezeichnet eine Methode, nach der ein Test eines Systems auf bestimmte Eigenschaften durchzuführen ist. Hierzu sind auch erforderliche Werkzeuge, Hilfsmittel, Randbedingungen und Auswertemethoden festzulegen.

Testverfahren sind ein wesentliches Werkzeug, um zu prüfen, ob gewünschte Produkteigenschaften vorhanden sind, was selbstverständlich auch während der Entwicklung von Fahrerassistenzsystemen gilt. Es existieren entwicklungsbegleitende und freigebende Tests, die im Wesentlichen in Eigenregie vom Fahrzeug- oder Systemhersteller durchgeführt werden. Ferner gibt es Tests, die im Sinne einer unabhängigen Produktprüfung von externen Testorganisationen vorgenommen werden – sei es für die Genehmigung von Fahrzeugtypen zur Zulassung zum Markt, im Rahmen der Anwendung der Norm zur funktionalen Sicherheit (in beiden Fällen beispielsweise durch technische Dienste) oder für die Kundeninformation, dann durchgeführt von Testinstituten für Verbraucherschutz.

Den Fokus dieses Kapitels stellen diese „externen" Testverfahren dar. Das angrenzende Gebiet des entwicklungsbegleitenden Tests soll an dieser Stelle lediglich zur Abgrenzung beschrieben werden, die erforderlichen Tests zum Nachweis der funktionalen Sicherheit (zwar Teil des Entwicklungsprozesses, aber gegebenenfalls auch von externen Organisationen durchgeführt) finden sich in ▶ Kap. 6 sowie in der Norm ISO 26262 [1].

Ausgehend von einer Systematik der Testverfahren werden Anforderungen aus der Entwicklung sowie aus Verbraucherschutz und Gesetzgebung genannt. Zur Verdeutlichung der Systematik werden Beispiele für Testverfahren ausgewählt und knapp beschrieben; detailliertere Informationen hierzu finden sich unter anderem in den ▶ Kap. 12, 13, 14.

Neben den Auswertemethoden und Messgrößen sind die genutzten Testwerkzeuge der Kern eines Testverfahrens, so dass Anforderungen an Werkzeuge genannt und erläutert werden. Abschließend werden die Herausforderungen, die immer komplexere vernetzte Fahrerassistenzsysteme an zukünftige Testverfahren stellen, erörtert und Lösungsmöglichkeiten skizziert.

11.1 Systematik von Testverfahren

Zur Bewertung von Fahrerassistenzsystemen wird eine Vielzahl unterschiedlicher Methoden eingesetzt. Die Verfahren variieren abhängig von der Zielsetzung des Tests, wie beispielsweise welche Systemfunktionalität gegen welche Kriterien geprüft werden soll, und dem verfügbaren Entwicklungsstand des jeweiligen Systems, resultierend aus folgendem Ablauf des Entwicklungsprozesses:

Er beginnt mit der allgemeinen Formulierung eines beabsichtigten Systemnutzens, aus dem dann Systemfunktionen und damit Anforderungen abgeleitet werden. Es folgt die Systemspezifikation und die Komponentenentwicklung. Die Erfüllung von Anforderungen und die Darstellung des gewünschten Nutzens werden anschließend durch die Verifikation und Validierung des Systems im Rahmen von Tests geprüft.

11.1.1 Testverfahren im Produktentwicklungsprozess

Für den Überblick wird eine Einordnung anhand des V-Modells der Produktentwicklung [2] vorgenommen. Über den Verlauf der Entwicklung eines Systems nimmt der Abstraktionsgrad der mit dem jeweiligen Testverfahren zu prüfenden Systemeigenschaften erst ab und dann wieder zu. Gleichzeitig verschiebt sich die Zielsetzung von Fragen der Auslegung der Systeme zur Validierung der beabsichtigten Eigenschaften.

Die Testverfahren sind hierbei in den horizontalen Ebenen des V-Modells jeweils durch zu prüfende Anforderungen an das jeweilige Fahrerassistenzsystem definiert. Im linken Ast von ◘ Abb. 11.1, während der Produktdefinition und -auslegung, können Testverfahren zur Detaillierung von Anforderungen, aber auch zu Machbarkeitsbetrachtungen dienen. Im rechten Ast steht dann die Verifikation der Anforderungen im Vordergrund bzw. auf höchster Ebene die Validierung der Produkteigenschaften. Auf gleicher Ebene des V-Modells sind daher die Anforderungen an die Testverfahren im rechten und linken Ast unter Umständen ähnlich oder gleich. Auch Anforderungen aus gesetzgeberischen Vorgaben oder Normen und Richtlinien können in diese

11.1 · Systematik von Testverfahren

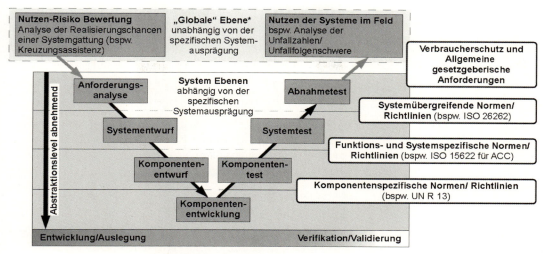

Abb. 11.1 Einordnung von Normen und Richtlinien anhand eines modifizierten V-Modells

Schematik eingeordnet werden. ◻ Abbildung 11.1 zeigt das V-Modell mit Systemebenen und ordnet Normen und Richtlinien zu.

Die in ◻ Abb. 11.1 dargestellte höchste Ebene ist nicht Bestandteil des V-Modells. In dieser Ebene wird auf der linken Seite geprüft, welche Art von Fahrerassistenzsystem einen Nutzen für die Verkehrssicherheit bietet und dies einem gegebenenfalls zusätzlich durch das System entstehenden Risiko gegenübergestellt. Auf der rechten Seite ist dann der tatsächliche Nutzen nach Serieneinsatz des Systems im öffentlichen Straßenverkehr zu bewerten. Die Übergänge zwischen den Stufen sind dabei fließend: Eine eindeutige Trennung ist nicht immer möglich, insbesondere, weil für eine Risikobewertung eine Konkretisierung der Systemausprägung notwendig ist, die die Definition von Anforderungen erfordert.

In den frühen Phasen der Produktentwicklung werden auf Basis von Systemdefinitionen erste Nutzen- und Risikoabschätzungen durchgeführt, um die Realisierungschancen eines neuartigen Systems bewerten zu können. Zur Stützung dieser Abschätzungen werden Studien zum Nutzen im Falle von berechtigten Eingriffen (siehe ▶ Kap. 13) und zum Risiko einer Assistenzfunktion – beispielsweise in Form der Kontrollierbarkeit im Falle von Fehlern und nicht situationsgerechten Auslösungen [3, 4] – durchgeführt. Aufgrund des vergleichbaren Abstraktionsgrades können diese Testverfahren aber teilweise auch für die abschließende Validierung von Systemnutzen und Risiko eingesetzt werden.

Zusätzlich zu diesen objektiven Verfahren können jeweils ergänzend Expertenbewertungen herangezogen [5, 6] werden, insbesondere dann, wenn Eindeutigkeit mit den verfügbaren Verfahren nicht zu erreichen ist oder der Aufwand dafür als nicht vertretbar hoch eingestuft wird.

11.1.2 Unterscheidung anhand charakteristischer Eigenschaften

Neben dieser allgemeinen und abstrakten Betrachtung anhand des Produktentwicklungsprozesses werden Testverfahren häufig auf Grundlage charakteristischer Eigenschaften unterschieden. Für die Bewertung von Fahrerassistenzsystemen mit Umfeldwahrnehmung ist jeweils eine relevante Einsatzsituation für das System zu erzeugen. Da die Systeme häufig nicht im öffentlichen Straßenverkehr getestet werden können, muss daher eine gleichwertige Situation in einer Testumgebung erzeugt werden. Hierzu sind beispielsweise im Falle von Tests für Notbremssysteme Objekte nötig, die stehende oder langsam fahrende Fahrzeuge repräsentieren. Als Unterscheidungsmerkmal von Test-

Tab. 11.1 Systematik der Testverfahren

Eigenschaft	mögliche Ausprägungen	übliche Ausprägungen für Gesetzgebung und Verbraucherschutz
Systemkategorie	Komfortsysteme, Sicherheitssysteme	Sicherheitssysteme
Bewertungsebene	Komponente, Gesamtfahrzeug	Gesamtfahrzeug
Grad der Virtualisierung	virtuell, teilvirtuell (Entwicklung), real	real
Testumgebung	Simulation, Labor, Versuchsstrecke, reale Straße (abgesperrt), reale Straße	Versuchsstrecke
Bewegungsart des Ego-Fahrzeugs	stehend, selbstfahrend, fremdbewegt	selbstfahrend
Repräsentation des Zielobjekts	Pkw, Fußgänger, Fahrrad, Sonstiges	
Bewegungsart des Zielobjekts	stationär, selbstfahrend, fremdbewegt	
Kollisionstoleranz des Zielobjekts	keine, eingeschränkt für Notfälle, uneingeschränkt (im Bereich bestimmter Grenzen der Kollisionsgeschwindigkeit)	uneingeschränkt (mit Einschränkung der getesteten Geschwindigkeit)
Steuerung des Ego-Fahrzeugs	Probanden, professionelle Testfahrer, automatisiert mit Überwacher, vollautomatisiert	professionelle Testfahrer, automatisiert mit Überwacher
Bewertungsgegenstand	z. B.: Mensch-Maschine-Schnittstelle, biomechanische Eigenschaften, Systemeigenschaften (Performance, False Positives), Gesamtfahrzeugperformance, Fehlauslösungen bei False Positives	Gesamtfahrzeugperformance, teilweise Vermeidung von Fehlauslösungen
Auswertemethode	z. B.: Fragebogen, Fahrzeugmessgrößen	Fahrzeugmessgrößen
Bewertungsmethode	vergleichende Bewertung, absolute Bewertung	vergleichende Bewertung, absolute Bewertung

verfahren werden dann beispielsweise die Art dieser Zielobjekte, deren Bewegungssysteme oder auch der Grad der Virtualisierung der Tests herangezogen. Eine Zusammenfassung üblicher Unterscheidungskriterien von Testverfahren ist in ◘ Tab. 11.1 dargestellt, Mischformen sind darin ebenfalls möglich. Die Systematik beinhaltet auch Ausprägungen, die für Gesetzgebung und Verbraucherschutz unerheblich sind – übliche Ausprägungen der Merkmale für diesen Bereich sind daher in der letzten Spalte der Tabelle angegeben.

11.2 Testverfahren für Gesetzgebung und Verbraucherschutz

Neben den Testverfahren, die innerhalb des Entwicklungsprozesses entstehen und angewendet werden, gibt es zwei wesentliche Arten von Testverfahren: solche, deren Bestehen für die Zulassung eines Fahrzeugtyps erforderlich sind, und solche, die von Verbraucherschutzorganisationen zur vergleichenden Bewertung von Produkten angewendet werden.

Technische Typgenehmigungsvorschriften werden zumindest für Großserienfahrzeuge heute fast nur noch international geregelt, siehe ▶ Kap. 3. Testverfahren für die Typprüfung und dazugehörige

Tab. 11.2 Vergleich Testverfahren Gesetzgebung und Verbraucherschutz

	Gesetzgebung	Verbraucherschutz
Bewertungsergebnis	bestanden/nicht bestanden	graduell zur Einstufung angebotener Produkte
Zweck des Testverfahrens	Sicherstellung von Mindeststandards (Absicherung nach unten)	Förderung von Innovationen (Verschieben der Bestmarke nach oben), Sicherstellen eines guten Niveaus in der Breite
Notwendige Begründungen für das System	In der Regel Kosten-Nutzen-Analyse	keine
Verfahren der Verabschiedung	Mehrheitsentscheid von Vertragspartnern (= Nationen)	In der Regel Einzel- oder Mehrheitsentscheidung eines begrenzten Gremiums

Bestehenskriterien werden zumindest für die Aktivitäten der UN während deren Definitionsphase transparent kommuniziert (sämtliche Protokolle der Arbeitsgruppen und ein Großteil des in die Diskussion eingebrachten Arbeitsmaterials ist im Internet unter ▶ www.unece.org verfügbar).

Gemeinsame Zielsetzung von Gesetzgeber und Verbraucherschutzorganisationen ist es, als notwendig erachtete Anforderungen an die Fahrzeugsicherheit – und gegebenenfalls an den Umweltschutz – sowie teilweise auch als wichtig erachtete Systemspezifikationen – beispielsweise Nachtfähigkeit von bestimmten Notbremssystemen, Details zur Robustheit – durchzusetzen. Die strategischen Aspekte dieses Themas werden ebenfalls in ▶ Kap. 3 behandelt. Grundsätzlich unterscheiden sich beide Herangehensweisen durch den Fokus.

Technische Vorschriften müssen von allen Fahrzeugen erfüllt werden, die im relevanten Markt zugelassen werden sollen, und sind somit verpflichtend für alle Fahrzeuge. Entsprechend hoch sind die Hürden für die Einführung der Vorschriften. Letztere decken daher lediglich Mindeststandards ab. In der Regel sind sichere und von allen Partnern anerkannte Analysen des Nutzens für den Einführungsprozess erforderlich. Das ist oftmals nur möglich, wenn technische Systeme bereits zahlreich in der Flotte vorhanden sind.

Die Erfüllung von Anforderungen des Verbraucherschutzes ist für den Fahrzeughersteller hingegen grundsätzlich freiwillig und ist mit vergleichsweise geringen Hürden für die Einführung neuer Bewertungsverfahren verbunden: In der Regel werden die Verfahren von den Verbraucherschutzorganisationen (unter Einbeziehung ihrer Mitglieder) im Alleingang festgelegt. Verbraucherschutztests eignen sich daher insbesondere dafür, technische Innovationen zu fördern, deren vermuteter Nutzen noch nicht in der für die Gesetzgebung erforderlichen Sicherheit nachgewiesen werden kann.

Einen Vergleich der Erstellung von Testverfahren zeigt ◻ Tab. 11.2.

Für den Test einer Vielzahl von Fahrerassistenzsystemen gibt es Normen, die im Rahmen der International Standardisation Organisation entwickelt werden (bspw. die ISO 15622 für ACC [7]). Die nationale Zuständigkeit für ISO-Normen ist unterschiedlich und liegt in Deutschland beispielsweise für fahrzeugtechnische Normen beim Verband der Automobilindustrie. Bedingt durch die in vielen Staaten vorhandene Industrienähe der Normungsaktivitäten spielen ISO-Normen in Vorschriften und im Verbraucherschutz eine sehr begrenzte Rolle, indem beispielsweise in Vorschriften für Testdetails auf die Normen zurückgegriffen wird. Sie sind jedoch als Definition des Standes der Technik für Fragen der Produkthaftung auch für gerichtliche Entscheidungen relevant.

11.2.1 Anforderungen der Gesetzgebung

Die europäische Union und viele andere Länder sind Vertragspartner des Abkommens über die Harmonisierung der Fahrzeugvorschriften von 1958

■ **Tab. 11.3** Übersicht über für Fahrerassistenzsysteme relevanten Fahrzeugvorschriften

Vorschrift	Titel	Testverfahren für Fahrerassistenzsystem
UN R 13 H	einheitliche Bedingungen für die Genehmigung von Personenkraftwagen hinsichtlich der Bremsen	Anhang 9: Elektronische Fahrdynamik-Regelsysteme (ESC) und Bremsassistenzsysteme. Mindestanforderungen für die funktionale Sicherheit aller FAS, die in die Bremse eingreifen. Es ist geplant, die Anforderungen an ESC und BAS in eine eigene UN R-Vorschrift zu überführen.
UN R 79	einheitliche Bedingungen für die Genehmigung der Fahrzeuge hinsichtlich der Lenkanlage	Anhang 6: Spezielle Vorschriften für die Sicherheitsaspekte komplexer elektronischer Fahrzeugsteuersysteme. Es werden Grenzen für Lenkeingriffe definiert und Mindestanforderungen an die funktionale Sicherheit der FAS gestellt, die in die Lenkung eingreifen.
UN R 130	einheitliche Bedingungen für die Genehmigung der Fahrzeuge hinsichtlich des Fahrstreifenverlassenswarnsystems	Nur für Lastkraftfahrzeuge und Busse der Klassen N_2, N_3, M_2 und M_3 (Fahrzeugklassen nach R.E.3 der UNECE [9])
UN R 131	einheitliche Bedingungen für die Genehmigung der Fahrzeuge hinsichtlich der fortschrittlichen Notbremssysteme	Nur für Lastkraftfahrzeuge und Busse der Klassen N_2, N_3, M_2 und M_3 (Fahrzeugklassen nach R.E.3 der UNECE [9])

[8], bekannt durch die unter diesem Abkommen entwickelten UN Regelungen (UN R) (früher: UN ECE-Regelungen). ■ Tabelle 11.3 gibt eine Übersicht über die für Fahrerassistenzsysteme relevanten Regelungen.

Dabei fällt auf, dass Notbremssysteme und Fahrstreifenverlassenswarnsysteme bisher nur für schwere Nutzfahrzeuge und Busse vorgeschrieben sind. Grund hierfür sind die im Vergleich zu Pkw-Unfällen verheerenden Folgen von Auffahrunfällen und Abkommensunfällen mit schweren Nutzfahrzeugen im Zusammenhang mit unaufmerksamen Fahrern.

Die Anforderungen an die Wiederholbarkeit in den genannten Testverfahren sind vergleichsweise gering und erlauben es daher in der Regel, Tests ohne den Einsatz von Fahrrobotern durchzuführen.

11.2.2 Anforderungen aus dem Verbraucherschutz

Wesentliches Merkmal von Versuchen des Verbraucherschutzes ist, dass diese Versuche grundsätzlich ohne fahrzeughersteller- oder systemherstellerspezifisches Wissen durchführbar sein müssen.

Da die Ergebnisse den Verkaufserfolg eines Fahrzeugs deutlich beeinflussen können, besteht die Forderung nach einem hochreproduzierbaren Verfahren mit transparenten Bewertungskriterien, das oftmals über die technisch erforderliche Reproduzierbarkeit (und damit über die Anforderungen der Typgenehmigung) hinausgeht.

Verbraucherschutztests werden weltweit von den New-Car-Assessment-Programmes (NCAP) und ihren Mitgliedern nach transparenten Verfahren durchgeführt und bewertet. Gelegentlich gibt es aber auch Tests ohne vorherige Information, deren Zweck dann ist, einen Missstand medienwirksam aufzuzeigen (Beispiel: ADAC-Test zur Notbremsassistenz für Fußgänger, 2013 [10]). Eine Übersicht der verschiedenen New-Car-Assessment-Programmes und deren Planungen für Tests von Fahrerassistenzsystemen findet sich in ■ Tab. 11.4.

Die Testverfahren für Notbremsassistenz Pkw – Pkw in JNCAP, KNCAP und IIHS basieren auf dem Testverfahren von Euro NCAP (siehe [11]); nur Bewertung und teilweise auch die geforderten Testgeschwindigkeiten unterscheiden sich. Der Test der Kollisionswarnung im US NCAP unterscheidet sich hiervon allerdings deutlich.

Bewertungskriterium der Tests im Euro NCAP für automatische Notbremssysteme und Kollisions-

Tab. 11.4 Weltweite NCAP für Fahrerassistenzsysteme

Name	Region	Initiator	Fahrerassistenz
ANCAP	Australien	ANCAP, Canberra	Notbremsassistenz Pkw – Pkw
ASEAN NCAP	Südostasien		keine
C-NCAP	China		keine
Euro NCAP	EU-28	Euro NCAP, Brüssel	Notbremsassistenz Pkw – Pkw (seit 2014), Notbremsassistenz Pkw – Fußgänger (in Vorbereitung, geplant für 2016), Fahrstreifenverlassenswarner (seit 2014), Geschwindigkeitsbegrenzer in verschiedenen Ausprägungen (seit 2014)
JNCAP	Japan	NASVA, MLIT	Notbremsassistenz Pkw – Pkw in Vorbereitung, Notbremsassistenz Pkw – Fußgänger in Vorbereitung
KNCAP	Korea		Notbremsassistenz Pkw – Pkw (geplant für 2015), weitere in Vorbereitung
LATIN NCAP	Südamerika	LATIN NCAP, Uruguay	keine
US NCAP / 5 Star Safety Ratings	USA	NHTSA, Washington	Kollisionswarnung, Fahrstreifenverlassenswarnung
IIHS	USA	Insurance Institute for Highway Safety, Arlington	Notbremsassistenz Pkw – Pkw

Tab. 11.5 Vergleich der Tests für Notbremsassistenz in Euro NCAP und US NCAP

	Euro NCAP [11]	US NCAP [12]
Szenario „stehendes Zielfahrzeug"	Testgeschwindigkeit 10–25 km/h (nur automatische Bremsung), 30–50 km/h (beides), 55–80 km/h (nur Kollisionswarnung)	Testgeschwindigkeit 72 km/h (nur Kollisionswarnung) Bestehenskriterium: Warnung bei TTC ≥ 2,1 s
Szenario „fahrendes Zielfahrzeug"	Geschwindigkeit des vorausfahrenden Fahrzeugs 20 km/h Testgeschwindigkeit 30–70 km/h (automatische Bremsung), 50–80 km/h (Kollisionswarnung)	Geschwindigkeit des vorausfahrenden Fahrzeugs 36 km/h Testgeschwindigkeit 72 km/h (nur Kollisionswarnung) Bestehenskriterium: Warnung bei TTC ≥ 2,0 s
Szenario „bremsendes Zielfahrzeug"	Fahrgeschwindigkeit beider Fahrzeuge 50 km/h Abstand 12 und 40 m Verzögerung 2 und 6 m/s² Bewertung jeweils automatische Bremsung und Kollisionswarnung	Fahrgeschwindigkeit beider Fahrzeuge 72 km/h (nur Kollisionswarnung) Abstand 30 m Verzögerung 3 m/s² Bestehenskriterium: Warnung bei TTC ≥ 2,4 s

warnung ist die Geschwindigkeitsreduktion, die für verschiedene Testgeschwindigkeiten bestimmt wird (siehe Tab. 11.5), indem das Fahrzeug unter reproduzierbaren Bedingungen mit Fahrrobotern auf das stehende oder bewegte Zielobjekt gefahren wird. Die Testszenarien und die Charakteristik der Bremsbetätigung sind pragmatisch aus verschiedenen Unfallanalysen und Studien abgeleitet.

Bei automatischen Bremsungen werden die Fahrroboter so angesteuert, dass die Bremsung nicht übersteuert wird, um realistische Ergebnisse zu erhalten.

Zum Test der Kollisionswarnung wird ein Bremsroboter eingesetzt: Hierzu wird vor den eigentlichen Tests der Pedalweg $d4$ und die Pedalkraft $F4$ des Testfahrzeugs entsprechend einer Verzögerung von $4\,m/s^2$ bestimmt. Im jeweiligen Test wird $1{,}2\,s$ nach Ertönen der akustischen Warnung der Pedalweg innerhalb von $0{,}2\,s$ auf den Wert $d4$ eingestellt. Bei Erreichen dieses Wertes oder Erreichen der Kraft $F4$ wird auf Kraftregelung mit Sollwert $F4$ umgeschaltet. Zur Aktivierung des Bremsroboters kommen in den einzelnen ausführenden Testinstituten verschiedene Trigger zum Einsatz, die in der Regel dann ansprechen, wenn sowohl Schallpegel als auch die akustische Frequenz des Warnsignals (aufgenommen über ein Mikrofon) eine vorher festgelegte Schwelle überschreiten.

Die Testergebnisse bei den jeweiligen Testgeschwindigkeiten und Testarten werden anhand einer Bewertungskurve zu einer Gesamtnote umgerechnet und sind dann auch Teil der Sternebewertung. Diese Bewertungskurve ist ebenfalls aus der Relevanz verschiedener Ausgangsgeschwindigkeiten im Unfallgeschehen abgeleitet, beispielsweise gewonnen aus Daten der German In-Depth Accident Study GIDAS (▶ www.gidas.org).

Das Bewertungskriterium im US NCAP ist der Zeitpunkt des Warnsignals. Dieser Test ist lediglich ein Bestehenstest, der über eine Berücksichtigung der Kollisionswarnung in der Sternebewertung entscheidet.

11.3 Eigenschaften der Testwerkzeuge

In Tests von Fahrerassistenzsystemen wird dem zu testenden Fahrzeug in der Regel mit den geeigneten Werkzeugen eine kritische Fahrsituation vorgespielt und die Reaktion darauf ausgewertet. Wesentliche Bestandteile sind daher Zielobjekte zur Darstellung von anderen Fahrzeugen (Pkw-Pkw-Notbremsassistenz) und Personen (Pkw-Fußgänger-Notbremsassistenz) mit passendem Bewegungssystem.

11.3.1 Pkw-repräsentierende Zielobjekte und Bewegungsvorrichtungen

Heutige Notbremssysteme können Kollisionen nicht für alle Testgeschwindigkeiten und Testparameter vermeiden. Bei der Messung der Geschwindigkeitsreduktion im Fahrversuch wird es daher in vielen Fällen zu Kollisionen kommen. Schon allein aus Kosten- und Zeitgründen ist es daher sinnvoll, für Pkw-Pkw-Unfälle ein kollisionstolerantes Zielobjekt einzusetzen.

Solche Zielobjekte sind in der Regel leicht und aus weichen Materialien wie Gummi, gefüllt mit Luft, um bei einem Anprall die Fahrzeugfront mit möglichst kleinen und über dem Kollisionsweg gleichbleibenden Kräften zu beanspruchen. Gummi besitzt aber grundlegend andere RADAR-Reflexionseigenschaften als Metall. Daher werden in den Zielobjekten üblicherweise Maßnahmen zur Erhöhung der RADAR-Rückstrahlung eingebracht. Das können Tripelspiegel sein (siehe ▶ Kap. 17) oder metallische Folienstücke, die passend geformt sind. Auch bezüglich der anderen Eigenschaften müssen Kompromisse eingegangen werden: die optische Reflexion des Materials unterscheidet sich von Stahl und Glas, es sind nur einfache Formen möglich und Komponenten wie Räder sind nur begrenzt umsetzbar.

Das Bewegungssystem für das Zielobjekt muss die innerhalb des Testverfahrens geforderte Wiederholbarkeit erreichen und darf dabei die Kollisionseigenschaften und Realitätsnähe des Zielobjekts nicht beeinflussen.

Innerhalb dieses Zielkonflikts zwischen realitätsnahen Eigenschaften, Kollisionstoleranz und Beweglichkeit gilt es nun, ein den jeweiligen Anforderungen entsprechendes Optimum zu finden.

Standard-Zielobjekt für die überwiegende Zahl der Tests im Verbraucherschutz (Euro NCAP, IIHS, JNCAP, KNCAP, ANCAP) ist bisher das „Euro NCAP Vehicle Target" EVT, dargestellt in ◘ Abb. 11.2.

Es besteht aus Schaumstoff und luftgefülltem Gummi und verfügt über in den Schaumstoff integrierte Tripelspiegel zur Generierung einer repräsentativen Radarrückstrahlung ($2{,}5\,m^2$ RCS bei 77 Ghz, siehe [11], Anhang 1. Es stellt ein Fahrzeugheck mit

11.3 · Eigenschaften der Testwerkzeuge

Abb. 11.2 Euro NCAP Vehicle Target (EVT) im Testeinsatz

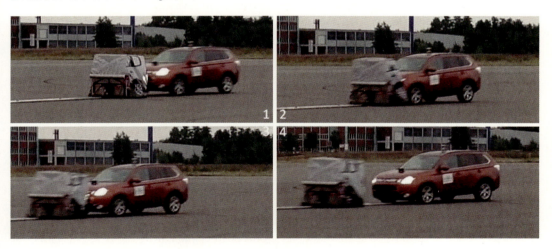

Abb. 11.3 Darstellung des Kollisionsvorgangs bei Versuchen mit dem EVT

einer Tiefe von etwa 1 m dar und ist daher für zukünftige Tests, etwa in Kreuzungssituationen, nicht geeignet. Die Radar- und optischen Eigenschaften sind so abgestimmt, dass das EVT von allen aktuellen Fahrzeugen sicher als Ziel erkannt wird.

Für Tests mit bewegtem Zielobjekt wird eine überfahrbare Schiene von 21,4 m Länge als Anhänger hinter einem Zugfahrzeug geführt. Auf dieser Schiene kann das Zielobjekt nach einer Kollision abgebremst werden, siehe ◘ Abb. 11.3.

Ein weiteres Beispiel eines Bewegungssystems ist das von der Daimler AG im Versuchsaufbau Sim-City eingesetzte selbstfahrende Vollfahrzeug-Zielobjekt (siehe ► Kap. 14). Hierbei werden luftgefüllte Gummiteile um eine fern- oder programmgesteuerte Zentralbox angeordnet. Die Gummiteile übernehmen die Kollisionsenergieabsorption und stellen sicher, dass das Zielobjekt von üblicher Sensorik als Fahrzeug erkannt wird.

Abb. 11.4 Fahrversuche mit einem ersten Prototyp eines Bewegungssystems der BASt und Zielobjekt ASSESSOR

Im von der Europäischen Union geförderten Forschungsprojekt ASSESS wurde das Zielobjekt ASSESSOR entwickelt. Der ASSESSOR basiert auf dem Zielobjektkonzept von SimCity, die RADAR-Rückstrahlung ist an die gemessene Rückstrahlcharakteristik üblicher Kompaktklassenfahrzeuge angepasst. Im Gegensatz zum SimCity-Konzept kann der ASSESSOR mit einer Vielzahl von Bewegungssystemen betrieben werden, beispielsweise mit dem selbstfahrenden Kart der Bundesanstalt für Straßenwesen (BASt) [13], siehe ◘ Abb. 11.4.

Das Zielobjekt NHTSA SS_V [14] ist die Reproduktion des Hecks eines Ford Fiesta aus CFK, dessen RADAR-Rückstrahlung und sonstige Eigenschaften sehr gut einem realen Fahrzeug entsprechen. Das Zielobjekt selbst ist nicht kollisionstolerant, aber vergleichsweise leicht. Kollisionstoleranz kann durch ein auf Straßenhöhe am Zielobjekt angebrachtes Schaumstoffkissen hergestellt werden. Das Bewegungssystem ist dem des EVT (siehe oben) sehr ähnlich.

Ebenfalls nicht kollisionstolerant ist das Zielobjekt des EVITA-Verfahrens (siehe ▶ Kap. 13) – Versuche sind lediglich bis zu einer TTC von etwa 1 Sekunde durchführbar. Da das Werkzeug für Probandenversuche eingesetzt wird, muss insbesondere der reale Bedrohungseindruck für den nachfolgenden Fahrer gewährleistet sein: Hierzu ist auf einem Anhänger ein Fahrzeugheck montiert, das visuell einem realen Fahrzeug entspricht. Da dies aus Massegründen vollständig aus Kunststoff besteht, wird der Radarrückstrahlquerschnitt künstlich durch Tripelspiegel erhöht. Im Gegensatz zu Sensor- und Systemperformancetests hat bei der Gestaltung der Radarrückstrahlcharakteristik die sichere Erkennung des Zielobjekts Vorrang gegenüber einer radartechnisch realistischen Fahrzeugdarstellung (vgl. ◘ Abb. 13.1).

11.3.2 Fußgänger-repräsentierende Zielobjekte und Bewegungsvorrichtungen

Im Fall von Notbremssystemen, die auf Pkw-Fußgänger-Unfälle ausgelegt sind, ist selbst in ferner Zukunft nicht zu erwarten, dass alle Testfälle kollisionsvermeidend geprüft werden können. Aus ethischen Gründen stellt sich hier nicht die Frage der Verwendung von Menschen als Zielobjekt. Ein Zielobjekt (besser: Dummy) muss für übliche Sensorik als Mensch erscheinen und es erlauben, eine Kollision zu überstehen.

Hierzu gibt es bisher zwei verschiedene Ansätze: solche, bei denen der Dummy Sekundenbruchteile vor einem Aufprall entfernt wird, und solche, bei denen er besonders leicht und widerstandsfähig ist, so dass es bei Kollisionen keinen Schaden am Versuchsfahrzeug und dem Dummy gibt. Im ersten Fall ist es wichtig, dass der Dummy die entstehenden großen Beschleunigungen in der Richtung des Wegziehens aushält, üblicherweise wird der Dummy durch eine vergleichsweise aufwendige Brückenkonstruktion bewegt.

Im zweiten Fall ist die Formstabilität des Dummys und das Abriebverhalten der Kleidung wichtig – solche Konzepte kommen aber mit vergleichsweise einfach aufgebauten, portablen Plattformlösungen zur Bewegung aus. Diese Plattformlösungen gibt es selbstfahrend oder riemengetrieben und -geführt.

Dummys können darüber hinaus in sich statisch sein oder durch bewegte Extremitäten den Gang eines Menschen nachbilden, was dann eine komplexere Mechanik erfordert.

Statische Objekte unterscheiden sich schon dadurch von Fußgängern, dass sie eben keine Bewegung aufweisen. Dieser Mangel ist für optische Sensoren noch vertretbar, weil beispielsweise bei winterlicher Kleidung eines realen Fußgängers auch wenig Bewegung der Arme und Beine sichtbar ist. Jedoch könnten besonders neuartige RADAR-Sensoren die für sie stets erkennbare Bewegung der Extremitäten als Klassifizierungsmerkmal einsetzen [15] – solche Lösungen würden daher bei einem nicht animierten Testaufbau systematisch benachteiligt sein. Es ist aber noch völlig unklar, ob animierte Lösungen ausreichend kollisionstolerant sein können.

Innerhalb dieses Lösungsfelds aus Kollisionstoleranz, Art der Bewegungseinrichtung und Komplexität des Dummys lassen sich die aktuell verfügbaren Ansätze einordnen:

Die Firma 4a Engineering aus Österreich bietet eine im Wesentlichen aus Kohlefasermaterial gefertigte Brückenkonstruktion an, die ein Entfernen des Dummys innerhalb von 150 ms erlaubt, siehe ◘ Abb. 11.5. Bei derart kleinen Zeiten ist nicht mit einer deutlichen Beeinflussung der gemessenen Geschwindigkeitsreduktion zu rechnen, es wird eine sehr hohe Testfrequenz erreicht und animierte Dummys sind problemlos möglich. Die Anlage muss jedoch fest verbaut werden und ist damit nicht geeignet für Testinstitute, die auf verschiedenen Teststrecken Versuche durchführen.

◘ **Abb. 11.5** Fußgängerschutzanlage FGS der Firma 4a [16]

Der spanische Testanbieter und Entwicklungsdienstleister IDIADA hat eine ebenfalls fest verbaute Brückenkonstruktion entwickelt, die zwar den Einsatz eines speziellen animierten Dummys, aber nicht die Möglichkeit eines Wegziehens erlaubt, siehe ◘ Abb. 11.6. Die Anlagenkomplexität und die Testkosten sinken hiermit.

Continental Safety Engineering bietet eine Brückenkonstruktion an, die über das bisher gesagte hinaus auch kurvige Dummybewegungen erlaubt und transportabel ist, siehe ◘ Abb. 11.7. Für den Aufbau der Anlage ist etwa ein halber Tag erforderlich.

Die Firma DSD bietet eine selbstfahrende Plattform an, die ihre Position anhand von DGPS und/ oder Odometrie bestimmt. Damit sind sehr flexible Dummy-Trajektorien möglich. Die Bauhöhe dieser Plattform ist prinzipbedingt deutlich größer als die von riemengetriebenen Plattformen, siehe ◘ Abb. 11.8.

Riemengetriebene Konzepte, wie beispielsweise das „4a Surfboard" (siehe ◘ Abb. 11.9), erlauben prinzipbedingt kleinere Bauhöhen und bessere Wiederholgenauigkeiten als selbstfahrende Plattformen, sind aber wegen der Riemenführung nicht sehr flexibel in der Darstellung der Fußgängertrajektorie.

178 Kapitel 11 · Testverfahren für Verbraucherschutz und Gesetzgebung

Abb. 11.6 Fußgängerschutz-Testanlage von Applus IDIADA, Spanien [17]

Abb. 11.7 Fußgängerschutztestanlage der Firma Continental [18]

11.3 · Eigenschaften der Testwerkzeuge

▫ **Abb. 11.8** Bewegungssystem UFO der Fa. DSD, Österreich (Quelle: B. Damhofer)

▫ **Abb. 11.9** Bewegungssystem „Surfboard" der Fa. 4a [18, C. Rodarius]

○ Abb. 11.10 System Guided Softcrash-Target der Firma Anthony Best Dynamics [20]

11.4 Realitätsnähe und Testaufwand

Die Entwicklung der Fahrerassistenzsysteme in den vergangenen Jahren zeigt, dass die Systeme immer weiter vernetzt werden und immer größere Anteile der Fahrsituationen unterstützen oder sogar (teil-)automatisiert bewältigen. Um dies zu ermöglichen, steigt die Menge von Informationen, die durch die Systeme zur Fahrsituation erfasst, verarbeitet und bewertet werden muss, beständig. Testverfahren für diese Fahrerassistenzsysteme müssen in der Lage sein, alle in der jeweiligen Situation benötigten Informationen darzustellen oder zumindest mit hinreichender Realitätsnähe zu simulieren.

Dadurch steigt der Aufwand für die Entwicklung und Darstellung von realen und relevanten Prüfsituationen für Fahrerassistenzsysteme. Ebenso ist auch der Nachweis notwendig, dass diese Situationen die Realität für eine Systemreaktion ausreichend genau abbilden. Für kollisionstolerante Zielobjekte z. B. ist dieser Nachweis insbesondere hinsichtlich der Eignung für die eingesetzte Sensorik und des Bedrohungseindrucks des Fahrers notwendig. Dabei ist beispielsweise die Anforderung zu erfüllen, dass die verwendeten Objekte nicht nur durch die Sensorik erfasst werden können, sondern auch, dass sie als repräsentativ für das im Realverkehr anzutreffende Kollektiv von Fahrzeugen, Fußgängern oder weiteren Verkehrsteilnehmern anzusehen sind. Ein Beispiel für solche Relevanzuntersuchungen für RADAR-Sensoren findet sich bei [15].

Erfolgt dieser Nachweis nicht, wird unter Umständen trotz exzellenter Funktions- und Sicherheitsbewertungen unter künstlichen Bedingungen nur ein geringer Sicherheitsfortschritt im realen Straßenverkehr erzielt.

Ebenso verhält es sich auch mit der Auswahl der zu testenden Szenarien. Auch deren Relevanz für den realen Verkehr muss jeweils nachgewiesen bzw. sogar quantifiziert werden. Mit steigender Anzahl von Sensoren und in die Funktion einbezogener Parameter in Fahrerassistenzsysteme mit Umfeldwahrnehmung steigt dadurch der Aufwand für die Definition von Szenarien, die Durchführung von Tests und den Relevanznachweis für das Feld.

Mit zunehmender Anzahl von in die Situationsbewertung eingehenden Parametern, wie beispielsweise Witterung oder Straßenkategorie, ist ebenso hinsichtlich der Erfassung von Objekten nachzuweisen, welcher Anteil der realen Verkehrs- bzw. Unfallsituationen bei diesen Bedingungen adressiert wird. Bei unfallvermeidenden Systemen kann dies auf Basis von Unfalldatenbanken erfolgen, insofern die dort verfügbare Datenlage ausreichend detailliert ist. Im Fall von teil- oder hochautomatisierten Systemen müsste hierfür ein als hinreichend zu bewertendes Fahrsituationskollektiv mit allen denkbaren Einflussparametern herangezogen werden. Ein für solche Betrachtungen geeignetes Kollektiv ist aktuell nicht bekannt. Alternativ wird daher bei diesen Systemen eine hohe Zahl von Testkilometern unter unterschiedlichsten Bedingungen absolviert, um eine ausreichende Abdeckung von Fahrsituationskonstellationen zu erreichen. Der Aufwand hierfür ist jedoch sehr hoch (vgl. [19]) und die Übertragbarkeit begrenzt.

11.5 Ausblick – was ist in EuroNCAP an Testverfahren zu erwarten?

Testverfahren in Euro NCAP werden immer dann entwickelt, wenn für eine Technologie eine Wirkung auf das Unfallgeschehen erwartet wird und diese in naher Zukunft am Markt zur Verfügung steht. Dies war bei Notbremssystemen für Pkw-Pkw- und Pkw-Fußgänger-Unfällen der Fall.

Da Unfälle zwischen Pkws und Radfahrern und Unfälle im Querverkehr im Unfallgeschehen ebenfalls stark vertreten sind, stellen passende Assistenzsysteme auch Kandidaten für die Einführung in die Fahrzeugbewertung dar – sofern sie verfügbar sein werden.

Assistenzsysteme für Fahrradfahrer-Unfälle sind aktuell bereits am Markt verfügbar. Die Entwicklung von Testverfahren hierzu hat bereits begonnen, eine Einführung der Tests in das Euro NCAP-Rating ist für das nächste große Update der Tests der aktiven Sicherheit mit Beginn des Jahres 2018 geplant – ebenso wie die Einführung von Tests zur Nachtfähigkeit von Fußgänger-AEB.

Im Bereich der Fahrzeug-Fahrzeug-Notbremssysteme werden dann auch Systeme bewertet, die Gegenverkehrs- und Querverkehrsunfälle adressieren.

Für beide Test-Arten werden neue Werkzeuge erforderlich: dass Fußgänger-Dummys nicht für das Nachstellen von Fahrradfahrerunfällen geeignet sind, ist offensichtlich. Aber auch die heute verfügbaren Zielobjekte für Pkw-Pkw-Notbremssysteme und die passenden Bewegungssysteme sind für Querverkehrssituationen nicht geeignet.

In naher Zukunft sind Ansätze zu erwarten, bei denen ein Pkw-Zielobjekt aus kleinen Bausteinen besteht und mit einer sehr flachen, überfahrbaren Plattform bewegt wird. Prototypen haben gezeigt, dass damit sehr hohe Relativgeschwindigkeiten gefahrlos getestet werden können [20], siehe ◘ Abb. 11.10.

Grundsätzlich sind die hier dargestellten Testverfahren eine punktuelle Methode, um wenige Arbeitspunkte eines komplexen technischen Systems abzuprüfen – oftmals werden die Arbeitspunkte von den Einsatzgrenzen der verwendeten Werkzeuge vorgegeben. Generell wird dabei unterstellt, dass die Leistung des Systems in den getesteten Arbeitspunkten auch auf andere Arbeitspunkte übertragbar ist.

Insbesondere bei sehr komplexen, informationsverarbeitenden Systemen könnte diese Unterstellung auch falsch sein. Daher ist es zur Verbesserung der Robustheit der Systeme sinnvoll, ein deutlich breiteres Spektrum an Arbeitspunkten in der Bewertung zu berücksichtigen. Denkbar ist dabei der verstärkte Einsatz von Simulationen, gegebenenfalls auch für die Effektivitätsbewertung. Um die Zahl der Testfälle zu steigern, gibt es in der passiven Sicherheit sogenannte Grid-Verfahren: der Fahrzeughersteller liefert eigene Messwerte zu einer großen Anzahl von Testfällen und die Testinstitute überprüfen dann eine begrenzte, zufällig ausgewählte Zahl dieser Testfälle.

Literatur

1 ISO 26262: Road vehicles – Functional safety, 2012
2 V-Modell: Verfügbar unter: http://www.cio.bund.de/DE/Architekturen-und-Standards/V-Modell-XT/vmodell_xt_node.html, Abruf am 16.06.2013
3 Kobiela, F.: Fahrerintentionserkennung für autonome Notbremssysteme, 1. Aufl. VS-Verlag für Sozialwissenschaften, Wiesbaden (2011)
4 Weitzel, A.: Objektive Bewertung der Kontrollierbarkeit nicht situationsgerechter Reaktionen umfeldsensorbasierter Fahrerassistenzsysteme, Dissertation TU Darmstadt, 2013
5 PReVENT: Code of Practice for the Design and Evaluation of ADAS; 13.08.2009
6 Fach, M., Baumann, F., Breuer, J., May, A.: Bewertung der Beherrschbarkeit von Aktiven Sicherheits- und Fahrerassistenzsystemen an den Funktionsgrenzen. In: Integrierte Sicherheit und Fahrerassistenzsysteme 26. VDI/VW-Gemeinschaftstagung, Wolfsburg., S. 425–435 (2010)
7 ISO 15622: Adaptive Cruise Control— Performance requirements and test procedures (2010)
8 United Nations Economic Commission for Europe Inland Transport Committee: Agreement concerning the adop-

tion of uniform technical prescriptions for wheeled vehicles, equipment and parts which can be fitted and/or be used on wheeled vehicles and the conditions for reciprocal recognition of approvals granted on the basis of these prescriptions Revision, Rev. 2. Verlag Vereinte Nationen, Genf (1995). Verfügbar unter: www.unece.org

9   United Nations Economic Commission for Europe Inland Transport Committee: Revision of the Consolidated Resolution on the Construction of Vehicles (R.E.3). Dokument ECE/TRANS/WP.29/2010/45. Genf, 2010.
10 ADAC Pressemitteilung zum Test von Fußgänger-Notbremsassistenz, veröffentlicht am 14.11.2013
11 Euro NCAP: AEB Test Protocol Version 1.0 (2014). http://www.euroncap.com/technical/protocols.aspx, Zugegriffen: 13.02.2014
12 Forkenbrock, G.: A Test Track Protocol for Assessing Forward Collision Warning Driver-Vehicle Interface Effectiveness Report DOS HS, Bd. 811 501. NHTSA, Washington D.C. (2011)
13 Seiniger, P., et al.: Development of a target propulsion system for ASSESS 20th Conference on the Enhancement of the Safety of Vehicles (ESV), June 2011. Washington D.C, NHTSA, Washington D.C. (2011)
14 Buller, W., et al.: Radar Measurement of NHTSA's Surrogate Vehicle "SS_V" Report No. DOT HS, Bd. 811 817. NHTSA, Washington D.C. (2013)
15 Heuel, S.; Rohling, H.: Pedestrian Classification in Automotive Radar Systems. 19th International Radar Symposion, 23.-25.05.2012, Warschau, Polen.
    Marx, B.: Bewertungsverfahren für Radareigenschaften von Personenkraftwagenkarosserie, Dissertation TU Darmstadt, 2013
16 4a Engineering GmbH, Traboch, Österreich
17 Applus IDIADA Group, Santa Oliva, Spanien
18 Continental Teves AG & Co. oHG, Frankfurt am Main
19 Weitzel, A., Winner, H., Cao, P., Geyer, S., Lotz, F., Sefati, M.: Absicherungsstrategien für Fahrerassistenzsysteme mit Umfeldwahrnehmung Forschungsbericht der Bundesanstalt für Straßenwesen, Bereich Fahrzeugtechnik. Verlag neue Wissenschaft, Bremerhaven (2014)
20 Anthony Best Dynamics Ltd: ABD DRI guided soft target vehicle (2014). http://www.abd.uk.com/en/adas_soft_targets/abd_dri_guided_soft_target_vehicl, Zugegriffen: 14.02.2014

Nutzerorientierte Bewertungsverfahren von Fahrerassistenzsystemen

Jörg Breuer, Christoph von Hugo, Stephan Mücke, Simon Tattersall

12.1 Zielsetzung der nutzerorientierten Bewertung – 184

12.2 Versuchsdesign – 184

12.3 Versuchsumgebung – 187

12.4 Durchführung und Auswertung von Feldabsicherungen – 189

12.5 Exemplarische Anwendungen – 190

Literatur – 195

Assistenzsysteme sollen den Fahrer bei bestimmten Teilen der Fahrzeugführungsaufgabe durch Informationen unterstützen (Informationssysteme), von bestimmten Teilaufgaben entlasten (Komfortsysteme) oder ihm helfen, kritische Fahrsituationen sicherer zu bewältigen (Sicherheitssysteme). Sie sollen und können den Fahrer jedoch nicht ersetzen und können ihn auch nicht aus seiner Verantwortung für das sichere Führen eines Fahrzeugs entlassen.

Diese Definition macht deutlich, dass Assistenzsysteme sich in ihrem Zusammenwirken mit dem Fahrer im realen Straßenverkehr bewähren müssen, um eine hohe *Wirksamkeit* und *Akzeptanz* bei gleichzeitig minimalen „*Nebenwirkungen*" zu entfalten. Es bedarf daher entwicklungsbegleitender, *nutzerorientierter Bewertungsverfahren*, die – über rein technische Funktionstests auf Komponenten- oder Fahrzeugebene hinaus – die Entwicklung und Bewertung von Assistenzsystemen aus Kundensicht sicherstellen. Dazu zählen neben Gestaltungsempfehlungen, Normen und Checklisten insbesondere *Probanden- und Expertenversuche* in unterschiedlichen *Testumgebungen*.

Das Kapitel erläutert die Eignung, Konzeption, Durchführung und Auswertung nutzerorientierter Probanden- und Expertenversuche in unterschiedlichen Phasen des Entwicklungsprozesses inklusive der abschließenden Feldabsicherung zur Serienfreigabe. Praxisbeispiele – auch aus dem Bereich der Funktionssicherheit (ISO 26262 [1], vgl. ▶ Kap. 6) – veranschaulichen den Einsatz der vorgestellten Bewertungsmethoden. Systemtests für Funktionsabsicherung oder auch Ratings, die i. d. R. den Fahrereinfluss bewusst ausschließen („open loop"), werden in ▶ Kap. 11 behandelt.

12.1 Zielsetzung der nutzerorientierten Bewertung

Im Laufe der Entwicklung von Assistenzsystemen sind eine Reihe nutzerorientierter Anforderungen zu berücksichtigen und empirisch zu überprüfen, wobei sich in der Praxis die formale Trennung von Entwicklung und Absicherung („Vier-Augen-Prinzip") bewährt hat.

Der Response Code of Practice (CoP [2], vgl. ▶ Kap. 33) verdeutlicht, in welchen Phasen des Entwicklungsprozesses Aspekte der *Fahrer-Fahrzeug-Interaktion* (HMI) und der *Beherrschbarkeit* (Controllability) zu *gestalten* und zu *bewerten* sind. Neben umfassenden Checklisten werden grundsätzliche Anforderungen an Probanden- und Expertenversuche formuliert, die zur Klärung offener Fragen und der finalen Absicherung erforderlich sind. Ziel ist die Sicherstellung und der Nachweis der Beherrschbarkeit des Fahrerassistenzsystems, die als Wahrscheinlichkeit definiert wird, „dass der Fahrer mit einer Fahrsituation umgehen kann, einschließlich der Situation des ADAS unterstützten Fahrens, an der Systemgrenze und einem Systemversagen" [2].

Fach et al. [3] weisen darauf hin, dass dabei zwischen dem fehlerhaften Betrieb im Sinne der ISO 26262 [1] und dem fehlerfreien Betrieb eines Systems inklusive seiner sogenannten *funktionalen Unzulänglichkeiten* unterschieden werden muss. Hierunter fallen „Eingriffe, die zwar korrekt im Sinne der technischen Umsetzung der Funktion sind, aufgrund von Systemgrenzen wie z. B. der nicht vollständigen Umfelderfassung bzw. der unvollständigen Entscheidungskompetenz eines technischen Systems in der jeweiligen Verkehrssituation jedoch nicht angebracht sind" [3].

Darüber hinaus definieren u. a. Breuer [4] und Eckstein [5] weitere Gestaltungsprinzipien:
- schnelle Eingewöhnung,
- erwartungskonformes und konsistentes Systemverhalten (vgl. dazu § 3 Produkthaftungsgesetz),
- einfaches „Bedienen" und klares Anzeigekonzept,
- Eingriffe von Sicherheitssystemen nur bei sicher erkannter Unfallgefahr,
- Wirksamkeit im realen Straßenverkehr,
- Vermeidung vorhersehbaren Fehlgebrauchs (Zweckentfremdung).

12.2 Versuchsdesign

Grundsätzlich müssen Messungen die Hauptgütekriterien *Objektivität, Reliabilität* und *Validität* erfüllen [6]. [7] zufolge ergeben sich darüber hinaus insbesondere in der Feldforschung Nebengütekriterien, die u. a. die Sicherheit, Zumutbarkeit sowie Datenschutzrechte der Versuchsteilnehmer umfassen.

Ausgangspunkt jeder Versuchsgestaltung ist die Definition der *Versuchsziele* und die Erstellung der zu prüfenden *Versuchshypothesen*. Darauf aufbauend muss ein geeignetes experimentelles Versuchsdesign gewählt werden.

12.2.1 Probanden- vs. Expertenversuche

Probandenversuche Grundsätzlich ist aus Gründen der Validität der Versuchsergebnisse eine Bewertung neuer Assistenzsysteme mit dem späteren Nutzer anzustreben und für die finale Feldabsicherung unumgänglich. Dies gilt umso mehr, je stärker die Interaktion zwischen Fahrer und System Auswirkungen beispielsweise auf die Wirksamkeit und die Nutzung eines Systems hat. Auch die Bewertung der Beherrschbarkeit von Systemeingriffen und Systemgrenzen kann valide nur mit Probanden erfolgen, wobei die Sicherheit der Versuchsdurchführung Vorrang hat. Die Ermittlung des Nutzungsverhaltens – auch eines möglichen Fehlgebrauchs – sowie die subjektive Bewertung von Kundennutzen und Akzeptanz können per definitionem nur durch den „unbedarften" Endnutzer erfolgen.

Expertenversuche Expertenversuche – in Abgrenzung zur kontinuierlichen Erprobung durch den Entwickler – können dagegen insbesondere bei Konzeptbewertungen, also sehr früh im Entwicklungsprozess, hilfreich und notwendig sein. Entscheidend ist dabei die Bewertung aus Sicht des „Kunden", die ein Abstraktionsvermögen auf den „Normalfahrer" erfordert. Expertenversuche haben auch als Vorstufe bzw. zur Bewertung der Notwendigkeit von Probandenversuchen ihre Berechtigung.

Bei sicherheitskritischen Untersuchungen, z. B. der Beherrschbarkeitsbewertung fehlerhafter Systemeingriffe bei hohen Fahrgeschwindigkeiten, sind Expertenversuche aus Sicherheitsgründen geboten. Gleichzeitig ergibt sich insbesondere in der Funktionssicherheit aus versuchsökonomischen Gründen die Notwendigkeit für Expertenversuche, um die Anzahl der notwendigen Versuchsteilnehmer auf ein handhabbares Maß zu reduzieren (s. ▶ Abschn. 12.2.2).

12.2.2 Versuchspersonenauswahl und -anzahl

Stichprobenauswahl Die Aussagekraft von Versuchsergebnissen und ihre Übertragbarkeit auf die Zielgruppe hängen entscheidend von der Größe und der Zusammensetzung der untersuchten Stichproben ab. Stichproben sollten bezüglich der für die Versuchsfragestellung relevanten individuellen Merkmale *repräsentativ* sein, d. h. die Häufigkeit der Eigenschaften, Fähigkeiten, Fertigkeiten und Bedürfnisse sollte im untersuchten Kollektiv die gleiche Verteilung wie in der Zielgruppe aufweisen.

Akzeptanz hängt stark von der Erfüllung der produktbezogenen Erwartungen und Bedürfnisse ab und muss für die Zielgruppe der Käufer bewertet werden. Hierzu sind möglichst genau die relevanten Merkmale *der Kunden* in geeigneter Ausprägungsbreite im Kollektiv abzubilden.

Bei vielen sicherheitsbezogenen Fragestellungen geht es dagegen eher um die Anpassung der Technik an Fähigkeiten und Fertigkeiten des Menschen als Autofahrer. Die Zusammenstellung der Kollektive orientiert sich hier also eher an diesen Dimensionen der individuellen Leistungsvoraussetzungen wie beispielsweise dem Reaktionsvermögen oder der Fahrererfahrung.

Stichprobenumfang Wenn die relevanten Merkmale noch nicht hinreichend bekannt sind, könnte man ausreichend große Zufallsstichproben aus der Nutzerpopulation ziehen. Wegen versuchsökonomischer Beschränkungen wird man jedoch in der Regel mit kleineren Kollektiven arbeiten, die zudem oft aus einem bestimmten Umfeld (z. B. Werksangehörige) zusammengestellt werden. Dabei müssen die vermutlich relevanten individuellen Merkmale zumindest mit gleicher Häufigkeit in allen möglichen Kombinationen vertreten sein (Formeln und Beispiele bei [8]).

Der Response-CoP [2] nennt aus praktischer Testerfahrung eine Mindestanzahl von 20 gültigen Datensätzen pro Szenario, um einen „grundlegenden Hinweis für Validität" liefern zu können. Wichtig ist, dass die Probanden „unbedarft" sind, d. h. dass sie nicht mehr Erfahrung und Vorwissen über das System haben als ein späterer Kunde.

Betrachtet man die Controllability-Stufen der ISO 26262 [1], ergibt sich für den Nachweis, dass 90 % der Grundgesamtheit eine untersuchte kritische Situation beherrschen (C = 2), über die Binomialverteilung bei einer Irrtumswahrscheinlichkeit von 5 % ein Mindeststichprobenumfang von 29 Probanden, die alle den Versuch „bestehen" müssen. Der Nachweis von C = 1 (99 %) kann wegen der theoretisch notwendigen Stichprobengröße in der Praxis nur durch Experten-Ratings erfolgen [9].

Repräsentative Kollektive sind auch angesichts der bestehenden zeitlichen und finanziellen Rahmenbedingungen bei der Entwicklung von Fahrerassistenzsystemen nur schwer zu erreichen. Man wird beim Vergleich verschiedener Systemausprägungen in der Regel mit 30 bis 50 sorgfältig ausgewählten Probanden auskommen, die beispielsweise gezielt die Altersverteilung und Fahrerfahrung der Grundgesamtheit abdecken. Die finale Absicherung eines Systems erfordert dagegen deutlich größere Stichproben mit zwischen 100 und 500 Teilnehmern.

Abhängige vs. unabhängige Stichproben Abhängige Stichproben, bei der jeder Teilnehmer mehrere Versuchsbedingungen durchläuft („within subject design"), eignen sich besonders für den Vergleich verschiedener Systemauslegungen. Eine Ausnahme bildet die Untersuchung kritischer Fahrsituationen, da nur im ersten Versuch ein unvorbereitetes Verhalten beobachtet werden kann.

Soll dagegen die Eignung einer Auslegung für bestimmte Teile der Nutzerpopulation ermittelt werden, so sind unabhängige Stichproben („between subject design") zu wählen. Da hier neben der *intraindividuellen* auch die *interindividuelle Streuung* zum Tragen kommt, erfordern sie grundsätzlich größere Stichproben, um statistisch signifikante Ergebnisse zu erreichen.

Prüfszenarien für die Bewertung der zu untersuchenden Aspekte abgeleitet werden. Diese sollten sich an der Auftretenswahrscheinlichkeit im Straßenverkehr orientieren, wobei eine begründete Reduktion, beispielsweise über einen „worst case"-Ansatz, zielführend ist. Der Response-CoP [2] legt dazu eine Systematik relevanter Fahrsituationen unter Berücksichtigung zusätzlicher Einflüsse von Fahrer, Fahrzeug und Umgebung nahe:

- Use Cases, d. h. Nutzungssituationen des Assistenzsystems,
- Non Use Cases, d. h. Situationen, in denen das Assistenzsystem nicht reagieren soll, dies aber z. B. aufgrund sensorischer Einschränkungen ggf. dennoch tut („false positives"),
- Systemgrenzen, entweder spezifiziert, wie z. B. Geschwindigkeitsbereiche oder *funktionale Unzulänglichkeiten,*
- Systemfehler, wie Systemabbrüche, aber auch Fehler im Sinne der ISO 26262 [1],
- vorhersehbarer Fehlgebrauch,
- zu ergänzen ist das Ausbleiben einer erwarteten Systemreaktion („false negatives").

Aufbauend auf einer vollständigen „Liste potenziell gefährlicher Situationen" [2] ist eine Verdichtung auf die kritischsten Situationen vorzunehmen, um die Untersuchungen zu fokussieren.

Bei Versuchen auf Testgeländen kann aus Gründen der Sicherheit und Reproduzierbarkeit eine Abstraktion der Prüfszenarien erforderlich sein, auch wenn dies u. U. Rückwirkungen auf die Übertragbarkeit der Ergebnisse hat, z. B. Verwendung eines „Crash targets" (wie EVITA, vgl. ▶ Kap. 13) anstelle eines bremsenden Vorausfahrzeugs. Die Auswahl und Ausgestaltung konkreter Versuchsszenarien erfordert – unter Berücksichtigung der allgemeinen Anforderungen wie z. B. Sicherheit der Teilnehmer – Erfahrungen in der Absicherung und sollte durch Vorversuche mit Experten und unbedarften Probanden überprüft werden.

12.2.3 Prüfszenarien

Während die Feldabsicherung gerade das Nutzerverhalten im realen Umfeld erfassen soll, müssen für Probanden- und Expertenversuche zumeist

12.2.4 Bewertungsparameter und -kriterien

Aufbauend auf den Versuchshypothesen und den gewählten Versuchsszenarien müssen – i. d. R.

systemspezifische – Parameter festgelegt werden, deren Erfassung eine möglichst quantitative Beschreibung der Versuchsergebnisse erlauben und im Falle von Beherrschbarkeitsuntersuchung ein klares Kriterium für das „Bestehen" (Pass-Fail-Kriterien) definieren. Grundsätzlich lassen sich objektive Bewertungsgröße/-parameter und subjektive Bewertungen unterscheiden. Darüber hinaus gibt es vereinzelt Untersuchung mit i. d. R. sehr aufwendigen physiologischen Messungen oder Fahrerverhaltensbeobachtungen (z. B. Blickbewegungserfassung), wenn es um die Quantifizierung der Fahrerbeanspruchung oder detaillierte Analyse seines Verhaltens geht.

Objektive Bewertungsgrößen für Probanden- und Expertenversuche Für die Bewertung der Wirksamkeit und Beherrschbarkeit von Fahrerassistenzsystemen werden zumeist objektive Messgrößen verwendet, die ein Maß für die Güte der Aufgabenbewältigung oder eine daraus abgeleitete Kenngröße z. B. für die Kritikalität einer Fahrsituation darstellen.

- Fahrzeugreaktionen in Relation zur Umwelt;
  - Längsdynamik: z. B. Kollisionen im Längsverkehr, Kollisionsgeschwindigkeiten, Restabstand und Time-to-Collision (TTC), Abstandsverhalten im Folgeverkehr,
  - Querdynamik: z. B. seitliche Kollisionsereignisse, Abstand und TTC, Anzahl und Größe von Fahrstreifenmarkierungsüberschreitungen, geworfene Pylonen, Streumaße der Spurhaltung,
- Fahrerreaktionen und -handlungen, z. B. Reaktionszeiten und Reaktionsstärke an Lenkrad und Pedalen;
- Systemleistung im Zusammenspiel mit Fahrer und Umwelt (Feldabsicherung), wie beispielsweise:
  - Verfügbarkeit und Nutzungsdauer,
  - Häufigkeit und Wirksamkeit von Warnungen und Eingriffen (Use Case),
  - Falsch-Positiv-Warn- und -Eingriffsraten.

Subjektive Bewertung Bei Experten- und Probandenversuchen lassen sich manche Aspekte nur durch Selbstauskunft der probandeneigenen Wahrnehmung bzw. des Empfindens erheben, wozu vor allem standardisierte Fragebögen und Ratingskalen sowie mündliche Befragungen zum Einsatz kommen. Für die Fahrerassistenzsysteme relevante Bereiche sind:

- körperliche Zustände wie z. B. Müdigkeit; bei der Entwicklung des ATTENTION-Assist wurde beispielsweise die Karolinska-Sleepiness-Scale (KSS, [10]) als externes Kriterium für die Güte der Müdigkeitsdetektion genutzt, da frühe Phasen der Müdigkeit nicht mittels Verhaltensindikatoren (z .B. Augenlidschließungen) zu ermitteln sind,
- kognitive Zustände, wie z. B. Mental Workload (NASA-TLX [11] oder auch [12, 13]),
- Akzeptanz bzw. Kaufabsicht von neuen Fahrerassistenzsystemen [14],
- Beherrschbarkeit bzw. Kontrollierbarkeit von Systemfehlern [15],
- Sicherheitsempfinden, Kritikalität von Fahr- und Verkehrssituationen [16].

In der Feldabsicherung hat es sich bewährt, dem Probanden die Möglichkeit einer direkten Situationsbewertung über Auslösung einer kurzen Messung inklusive Sprachaufzeichnung zu geben.

12.3 Versuchsumgebung

Im Folgenden werden Vor- und Nachteile unterschiedlicher Versuchsumgebungen genannt und abschließend in ◘ Tab. 12.1 gegenübergestellt. Sie reichen vom Fahrsimulator bis zur Feldabsicherung und decken ein Spektrum zunehmender Realitätsnähe bei gleichzeitig abnehmender Kontrollierbarkeit der Randbedingungen ab.

Versuche im Fahrsimulator Fahrsimulatorversuche eignen sich insbesondere zur frühen Konzeptbewertung von Assistenzsystemen und zur gefahrfreien Untersuchung der Wirksamkeit von Sicherheitssystemen in unfallkritischen Fahrsituationen. Gleichzeitig erlauben sie ein Höchstmaß an Reproduzierbarkeit und Kontrolle der Versuchsbedingungen. Hauptnachteile liegen in der ggf. eingeschränkten Übertragbarkeit, z. B. durch die begrenzte Bewegungs- und Sichtdarstellung, reduzierte Gefahrenwahrnehmung, Rückwirkungen auf das Fahrerver-

Tab. 12.1 Vorteile verschiedener Versuchsumgebungen

Versuchsumgebung	Vorteile
Fahrsimulator	– genaue Einstellbarkeit und hohe Reproduzierbarkeit zu bewertender Szenarien – bereits in frühen Entwicklungsphasen, insbesondere zur Konzeptbewertung einsetzbar – große Variationsbreite von Umgebungsbedingungen (Fahrsituationen) und Systemparametern – effektiv gefahrlose Darstellung kritischer Fahrsituationen
Testgelände (kontrolliertes Feld)	– realitätsnahe Umgebung: echtes Fahrzeug ohne Einschränkungen bei Sicht und Fahrzeugdynamik – nur geringe Einschränkungen des Gefährdungsbewusstseins – minimale Gefährdung der Probanden oder Dritter – geografische Flexibilität: Versuche an unterschiedlichen Orten möglich
Probandenversuch im realen Straßenverkehr	– realistische Fahrumgebung – realitätsnahe Fahraufgaben – Lern- und Nutzungsverhalten von Systemen kann analysiert werden – große geografische Flexibilität: Versuche an vielen Orten möglich – Absicherungsdaten mit hoher Validität: Erprobung Fahrzeug und Assistenzsysteme unter realen Bedingungen
Feldabsicherung	– realistische Fahrumgebung – freies Fahren ohne zusätzliche Fahraufgaben bzw. Einschränkungen – Nutzungsverhalten sowie Lern- und erste Gewöhnungseffekte von Assistenzsystemen können analysiert werden – größte geografische Flexibilität: Versuche in Zielmärkten möglich – ggf. Ermittlung unbekannter potenziell kritischer Situationen – Absicherungsdaten mit höchster Validität: Erprobung Fahrzeug und Serienstand der Assistenzsysteme unter realen Bedingungen ohne Versuchsleitereinfluss

halten sowie Simulatorkrankheit und eine begrenzte Versuchsdauer (vgl. auch ▶ Kap. 9).

Versuche auf Testgeländen (kontrolliertes Feld) Versuche auf dem Testgelände haben ihre Stärken in der Untersuchung von Fahrsituationen, in denen bei weitgehender Kontrolle der Randbedingungen das Zusammenspiel des Fahrers mit der tatsächlichen Fahrzeugreaktion von entscheidender Bedeutung für die Validität der Ergebnisse ist, gleichzeitig aber eine Gefährdung der Teilnehmer oder Dritter weitestgehend ausgeschlossen werden soll. Komplexe Verkehrssituationen lassen sich jedoch kaum darstellen. Beispiele sind Beherrschbarkeitsuntersuchungen im Rahmen der Funktionssicherheit.

Versuche im realen Straßenverkehr Assistenzsysteme mit geringem Gefährdungspotenzial, wie beispielsweise reine Warnsysteme, oder mit einem bereits hohen Reife- und Absicherungsgrad lassen sich in – zumeist begleiteten – Versuchen im realen Nutzungsumfeld untersuchen. Bei einem hohen Realitätsgrad lassen sich die Randbedingungen über Versuchskonzeption und -durchführung nur bedingt kontrollieren. Die Darstellung im Fahrzeug ist oft erst in späten Entwicklungsphasen möglich und erfordert ggf. spezielle Sicherheitsvorrichtungen beim Einsatz von Vorserienfahrzeugen.

Feldabsicherung des Serienstandes mit Probanden Während die intendierte Wirkung von Sicherheitssystemen zunächst in Fahrsimulatorversuchen und ggf. später anhand von realen Unfalldaten bewertet werden kann, müssen Tests auf mögliche Nebenwirkungen unter möglichst praxisnahen Bedingungen im Feld stattfinden. So kann z. B. die Minimierung der Falschalarm-Rate von Sicherheitssystemen nur mit geeigneten Daten der Feldabsicherung erfolgen. Die Variabilität der Fahrer, Verkehrssituationen und Umgebungsbedingungen soll – neben dem Nachweis der Beherrschbarkeit – gleichzeitig sicherstellen, dass keine potenziell kritischen Situationen unberücksichtigt bleiben. Feldabsicherungen, die in der Regel unbegleitet durchgeführt werden, erlauben außerdem eine genaue Analyse des Nutzungsverhaltens sowie der Akzeptanz neuer Systeme. Sie bilden eine wesentliche Grundlage für die finale Systemfreigabe.

Nachteilig ist u. a. der hohe Aufwand zur Erzielung einer aussagekräftigen Laufleistung sowie zur Auswertung der großen Datenmengen.

12.4 Durchführung und Auswertung von Feldabsicherungen

Vor Beginn einer Feldabsicherung werden die angestrebte Gesamtlaufleistung und die erforderliche geografische Streuung festgelegt. Entsprechend wird eine Fahrzeugflotte mit den zu testenden, seriennahen Systemen, einer umfangreichen Messtechnik zur Aufnahme von Bus-, Steuergerät-Daten, Sensor-Rohdaten sowie zusätzlichen Messtechnik-Kameras ausgestattet. Anschließend werden die Fahrzeuge im realen Straßenverkehr betrieben.

Eine Möglichkeit besteht in einer sogenannten „Kundennahen Fahrerprobung" (KNFE) – hierbei werden interessierte Unternehmensmitarbeiter per Los ausgewählt und ihnen beispielsweise für eine Woche ein Erprobungsfahrzeug zur Verfügung gestellt. Ein Erprobungsdauerlauf, in dem die Fahrzeuge im Schichtbetrieb von professionellen Fahrern gefahren werden, eignet sich dagegen, um gezielt bestimmte Fahrsituationen wie z. B. im Stadtverkehr intensiv zu erproben.

Bei der Konfiguration der Messtechnik hat es sich bewährt, zwei Arten von Messungen im Parallelbetrieb aufzuzeichnen:

Dauermessungen zeichnen einige hundert der wichtigsten Messsignale kontinuierlich über die komplette Fahrt auf. Sie erlauben statistische Auswertungen wie z. B. die Erstellung von Geschwindigkeitsprofilen, Warnraten etc. Insbesondere die Bewertung von Komfortsystemen, die i. d. R. über längere Zeiträume kontinuierlich assistieren, erfordert Dauermessungen.

Triggermessungen sind dagegen zeitlich begrenzt und werden automatisch ausgelöst, wenn zuvor definierte Triggerbedingungen erfüllt sind, die aus der Analyse potenziell gefährlicher Situationen abgeleitet werden. Ein Taster für eine manuelle Auslösung („Fahrertrigger") ermöglicht darüber hinaus die Erfassung fehlender Systemeingriffe und eine unmittelbare Situationsbewertungen durch den Fahrer. Triggermessungen nutzen typischerweise einen Ringspeicher, der es erlaubt, Daten vor und nach dem relevanten Triggerereignis aufzuzeichnen, z. B. mit 40 s Vor- und 20 s Nachlauf. Sie können mehrere zehntausend Messkanäle, Videobilder zusätzlicher „Situationskameras" sowie Radar- und Kamerarohdaten beinhalten. Letzteres erlaubt die Nachsimulation des Systemverhaltens mit modifizierten Funktionssoftwareständen, um z. B. die Wirksamkeit einer Entwicklungsmaßnahme nachzuweisen.

Feldabsicherungen, insbesondere von mehreren Systemen parallel, mit Laufleistungen von z. T. über einer Million Kilometer, können mehrere 10 Terabyte an Messdaten produzieren. Um solche Datenmengen erfolgreich zu verwalten und für das Absicherungsteam und die Systementwickler in geeigneter Weise aufzubereiten, wurde in der Mercedes-Benz-Pkw-Entwicklung ein datenbankbasiertes Messdatenmanagementsystem entwickelt [17]. Die Messdaten aus den Fahrzeugen werden durch einen automatisierten Verarbeitungsprozess auf einem zentralen Server gesichert und Metainformationen in einer Datenbank abgelegt. Der Zugriff auf die Datenbank und die Messdaten erfolgt über eine spezielle Benutzeroberfläche.

Bei der Auswertung liegt der Fokus auf zeitlich punktuellen „Ereignissen", wie beispielsweise Systemwarnungen oder -eingriffen, Fahrerhandlungen wie starkes Bremsen oder Systembewertungen durch den Fahrer. Zu jedem Ereignis wird ein „Kurzvideo" der Fahrzeugumgebung von ca. 10 s Länge generiert, das auch Zusatzinformationen zu Systemzuständen und Signalverläufen beinhaltet. So kann der Auswerter schnell und bequem die relevanten Messungen und Ereignisse identifizieren und analysieren sowie seine Auswertungen in die Datenbank dokumentieren. Gleichzeitig dient die Datenbank der Organisation des Arbeitsablaufes und der Dokumentation der Absicherungsergebnisse, die – neben den technischen Funktionsfreigaben – eine Grundlage der finalen Serienfreigabe bilden.

Abb. 12.1 Zeitlicher Ablauf der Unterstützung in einer Situation mit Auffahrunfallgefahr durch COLLISION PREVENTION ASSIST PLUS

12.5 Exemplarische Anwendungen

Im Folgenden werden Praxisbeispiele für Probanden- und Expertenversuche für alle genannten Versuchsumgebungen dargestellt. Die Bewertung und Absicherung von Sicherheitssystemen für den Längsverkehr zieht sich, neben Einblicken in die Untersuchung unterschiedlicher anderer Assistenzsysteme, als roter Faden durch den Abschnitt. Die Honorierung dieser aktiven Sicherheitssysteme im Euro NCAP Rating ab 2014 [18] belegt die Aktualität des Themas (vgl. dazu auch ▶ Kap. 11).

12.5.1 Bewertung der Wirksamkeit von Sicherheitssystemen am Fahrsimulator

Viele Auffahrunfälle und Kollisionen mit schwächeren Verkehrsteilnehmern könnten durch eine Ausnutzung des technisch-physikalischen Verzögerungspotenzials verhindert bzw. in ihrer Schwere gemindert werden. Aus der Unfallursachenforschung ist bekannt, dass viele dieser Auffahrunfälle auf menschliche Faktoren zurückgeführt werden können. So reagiert der Fahrer manchmal zwar schnell, aber zu zaghaft, er schätzt beispielsweise die Verzögerung des Vorausfahrers falsch ein und reagiert zu spät oder beispielsweise aufgrund von Ablenkung gar nicht.

Bereits 2005 führte Mercedes-Benz daher den adaptiven Bremsassistenten BAS PLUS ein, der mithilfe von radarbasierten Abstandsinformationen eine Kollisionswarnung ausgibt und nötigenfalls die Fahrerbremsung situationsgerecht verstärkt (Zielbremsung). Die PRE-SAFE® Bremse ergänzte sukzessive eine automatische Teil- und, bei unausweichlicher Kollision, eine Vollbremsung. Heute gehört diese Grundfunktionalität im COLLISION PREVENTION ASSIST PLUS (◘ Abb. 12.1) zur Serienausstattung fast aller Mercedes-Benz-Pkws. Zur technischen Funktion vgl. ▶ Kap. 47.

Kollisionswarnung und adaptive Bremsunterstützung (BAS PLUS) Um die Wirksamkeit des BAS PLUS bereits in der Konzeptphase zu bewerten, wurde ein Fahrsimulatorversuch mit 110 Normalfahrern durchgeführt. Diese mussten drei typische Folgeverkehrssituationen bewältigen, die laut Unfallstatistik besonders häufig zu Auffahrunfällen führen (vgl. ◘ Tab. 12.2). In einem Gruppenversuchsdesign stand der Hälfte der Probanden (Kontrollgruppe) lediglich der pneumatische Bremsassistent BAS zur Verfügung, der anderen zusätzlich der BAS PLUS inklusive einer Kollisionswarnung.

Die Kombination von Kollisionswarnung und BAS PLUS konnte im Versuch die Unfallrate im Vergleich zur Kontrollgruppe um bis zu 75 % senken. Selbst für Probanden, die zu spät reagierten, um einen Unfall noch zu vermeiden, konnte die Unfallschwere deutlich reduziert werden: gegenüber der Kontrollgruppe war die Kollisionsgeschwindigkeit im Mittel um 35 % niedriger.

Automatische Bremsung (PRE-SAFE®-Bremse) In ähnlicher Weise wurde die Wirksamkeit der zu-

Tab. 12.2 Versuchsszenarien zur Bewertung des BAS PLUS (adaptiver Bremsassistent)

Nr.	Straßentyp	Geschwindigkeit	Ausgangszeitlücke zum Vorfahrer	Szenario
1	Autobahn	130 km/h	1,45–1,55 s	Fahrt auf linkem Fahrstreifen, einscherendes langsameres Fahrzeug von rechts mit TTC = 2,0 s
2	Autobahn	130 km/h	1,45–1,55 s	Folgefahrt: Vorausfahrer bremst 0,7 s lang mit 1 m/s^2 und erhöht dann die Verzögerung auf 8,5 m/s^2
3	Landstraße	80 km/h	1,45–1,55 s	Folgefahrt: Vorausfahrer bremst 1,0 s lang mit 1 m/s^2 und erhöht dann die Verzögerung auf 9,0 m/s^2

sätzlichen automatischen Teilbremsung am Fahrsimulator mit 70 Probanden bewertet. Die besondere Herausforderung der Versuchskonzeption bestand darin, Versuchsszenarien zu generieren, die eine Nichtbeachtung der Kollisionswarnung wahrscheinlich machten. Nach mehreren wenig erfolgreichen Versuchen mit Ablenkungen durch manuelle und kognitive Nebenaufgaben (z. B. Wechseln einer CD, Rechenaufgaben) erwies sich ein einfaches Unfallszenario auf der Gegenfahrbahn einer Landstraße als sehr wirksame visuelle Ablenkung. Analog zur Landstraßensituation des BAS PLUS-Versuchs erfolgte genau in diesem Moment die plötzliche Bremsung des vorausfahrenden Fahrzeugs.

Die Mehrzahl der Probanden (53 %) reagierte so schnell auf die optisch-akustischen Kollisionswarnungen, dass der Unfall mit Unterstützung des BAS PLUS verhindert werden konnte, weiteren 17 % gelang dies, obwohl sie erst während der automatischen Teilbremsung reagierten. 30 % der Teilnehmer war so stark abgelenkt, dass sie nicht mehr rechtzeitig bremsten und es zum Auffahrunfall kam. Die Kollisionsgeschwindigkeit verringerte sich durch die automatische Teilbremsung von durchschnittlich 45 auf 35 km/h. Die resultierende Reduktion der Crash-Energie um 40 % vermindert das Verletzungsrisiko für Fahrer und Beifahrer deutlich [19]. Weitere Versuchsszenarien aus Konzeptuntersuchungen am Fahrsimulator zeigt ▶ Kap. 9.

12.5.2 Bewertung der Beherrschbarkeit fehlerhafter Bremsungen gemäß ISO 26262

Im Folgenden werden kombinierte Experten- und Probandenversuche auf dem Testgelände und im Fahrsimulator zur Bewertung der Beherrschbarkeit fehlerhafter autonomer Bremsungen vorgestellt (vgl. auch [3]). Sie wurden in der Konzeptphase der PRE-SAFE®-Bremse durchgeführt, um die Beherrschbarkeit von Falschauslösungen und den ASIL nach ISO 26262 zu bestimmen.

Die Beherrschbarkeit des Falscheingriffs *im Systemfahrzeug* wurde auf dem Testgelände bewertet. Während der Geschwindigkeitsbereich bis 130 km/h noch gefahrlos mit Probanden untersucht werden konnte, wurde die Beherrschbarkeit bis zur oberen Systemgrenze von 200 km/h durch Experten bewertet. Die untersuchten Szenarien resultierten aus der Gefahren- und Risikoanalyse. ◘ Abbildung 12.2 zeigt exemplarisch das Versuchssetup für einen solchen Probandenversuch auf dem Testgelände.

Die Beherrschbarkeit *für den Folgeverkehr* wurde am Fahrsimulator untersucht. Um Artefakten – wie einem zu vorsichtigen Abstandsverhalten – entgegenzuwirken, wurden die Probanden durch farbige Balken angeleitet, einem vorausfahrenden Fahrzeug in angemessenem und reproduzierbarem Abstand zu folgen. Die Falschauslösung der Bremsung definierter Dauer im Vorausfahrzeug erfolgte bei Geschwindigkeiten von etwa 40 km/h und 130 km/h, wenn sich die Probanden innerhalb eines definierten zeitlichen Abstandsfensters befanden. Objektives Beherrschbarkeitskriterium war die

Abb. 12.2 Versuchssetup für die Untersuchung fehlerhafter Bremseingriffe mit Probanden auf einem Testgelände [3]

Vermeidung des kritischen Ereignisses der Risikoanalyse (Auffahrunfall). Untersuchungen zur Beherrschbarkeit von Gierstörungen durch einseitige Bremseingriffe finden sich in [3] sowie [20].

12.5.3 Bewertung der Wirksamkeit einer Sicherheitsfunktion auf dem Testgelände

Auch das rückwärtige Signalbild beim Bremsen kann die Gefahr von Auffahrunfällen reduzieren, indem es die Erkennung von Notbremsungen für den Folgeverkehr verbessert und dessen Reaktionszeit verkürzt. Zur vergleichenden Bewertung unterschiedlicher Ansätze wurden, unter so realitätsnahen Bedingungen wie versuchstechnisch möglich, Probandenversuche auf einem Testgelände durchgeführt [21].

Die Aufgabe der 40 Probanden bestand darin, mit 80 km/h einem vorausfahrenden Fahrzeug in einem Abstand von etwa 40 m zu folgen, was in einer Eingewöhnungsphase ausreichend geübt wurde. Nach mehreren unkritischen Fahrmanövern löste der Experte im vorausfahrenden Fahrzeug eine Vollbremsung aus. Als Bewertungsgröße wurde die Reaktionszeit zwischen der Ansteuerung der Bremsleuchten des Vorausfahrzeugs und der Bremspedalbetätigung der Probanden telemetrisch ermittelt. Um den Einfluss der interindividuellen Streuung zu eliminieren, wurden die Reaktionszeiten auf das individuelle Reaktionsvermögen jedes Probanden bezogen, das in fünf analogen Bremsreaktionstests bei stehenden Fahrzeugen ermittelt wurde.

Abbildung 12.3 zeigt, dass blinkende Bremsleuchten zu signifikant schnelleren Reaktionen ($\approx 0{,}2$ s) als konventionelle Bremsleuchten oder Warnblinker führen. Aus der Testgeschwindigkeit von 80 km/h verkürzt sich dadurch der Anhalteweg rechnerisch um 4,40 m.

Basierend auf diesen Ergebnissen wurde bei Mercedes-Benz-Pkws das sogenannte „Adaptive Bremslicht" serienmäßig eingeführt. Die geschwindigkeitsabhängige Aktivierungsschwelle wurde aus Daten von Feldabsicherungen abgeleitet und berücksichtigt das reale Verzögerungsverhalten von Autofahrern.

12.5 · Exemplarische Anwendungen

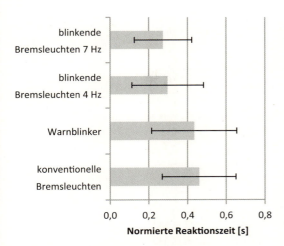

◘ **Abb. 12.3** Normierte Reaktionszeiten (Reaktionszeit im Versuch – mittlere Reaktionszeit im Stand) auf rückwärtige Signalbilder bei Vollbremsung des Vorausfahrzeugs (Mittelwerte und Standardabweichung, n = 40) [21]

12.5.4 Bewertung und Optimierung eines Sicherheitssystems zur Fahrerzustandsüberwachung in begleiteten Feldversuchen

Wissenschaftliche Studien gehen davon aus, dass auf Autobahnen rund 25 % aller schweren Verkehrsunfälle auf übermüdete Autofahrer zurückzuführen sind. Nach ersten Versuchen im Fahrsimulator zur Bewertung unterschiedlicher Ansätze der Müdigkeitserkennung wurde 2009 bei Mercedes-Benz erstmals der ATTENTION ASSIST eingeführt (vgl. ▶ Kap. 38). Da das System neben Tageszeit und Fahrtdauer primär Änderungen im individuellen Lenkverhalten des Fahrers analysiert, war die Entwicklung und Optimierung nur über aufwendige, begleitete Feldversuche mit einem breitgefächerten Probandenkollektiv von mehr als 550 Autofahrerinnen und -fahrern möglich.

Die Entwicklungsstände wurden vor der finalen Feldabsicherung in begleiteten Nachtfahrtversuchen unter definierten Randbedingungen wie Strecke, Tageszeit und Ablenkungsbedingungen bewertet. Die Versuche wurden stets durch einen speziell geschulten Versuchsleiter als Beifahrer durchgeführt, der aus Sicherheitsgründen über einen Fahrerbeobachtungsmonitor (IR-Kamera) und eine Zweit-Pedalerie verfügte. Neben der Aufzeichnung der Fahrzeugdaten dienten als Außenkriterien u. a. physiologische Messungen und die subjektive Müdigkeitsbewertung anhand der Karolinska-Sleepiness-Scale [10].

12.5.5 Feldabsicherung radarbasierter Sicherheits- und Komfortsysteme

Zur Bewertung und Optimierung der Wirksamkeit sowie zum Nachweis der Beherrschbarkeit und des Ausbleibens negativer Nebenwirkung werden vor der Markteinführung neuer oder auch konzeptmodifizierter Assistenzsysteme bei Mercedes-Benz umfangreiche Feldabsicherungen mit Probanden durchgeführt [22]. ◘ Tabelle 12.3 listet beispielhaft für radarbasierte Sicherheits- und Komfortsysteme Triggerbedingungen einer solchen Feldabsicherung auf.

Die folgenden Abschnitte beziehen sich auf die Analyse einer Stichprobe von 936.000 km Felddaten (Deutschland 79 %, Südafrika 10 %, USA 9 %, Großbritannien 2 %) und mehr als 100 Fahrern [23]. ◘ Abbildung 12.4 [23] zeigt beispielhaft das Abstandsverhalten bei Fahrt mit DISTRONIC PLUS, einem ACC-System zweiter Generation, das auf Basis von Dauermessungen ermittelt wurde.

Die Auswertung von insgesamt 449 als notwendig/hilfreich bewerteten *Kollisionswarnungen* ergab, dass die Fahrer in mehr als der Hälfte der Fälle zum Zeitpunkt der Warnung die Bremse noch nicht betätigt hatten. Der zeitliche Zusammenhang zwischen Warnbeginn und Bremspedalbetätigung belegt, dass in mehr als 90 % der Situationen der Fahrer spätestens 0,8 s nach Warnbeginn die Bremse betätigte.

Bezieht man die Aktivierung der *adaptiven Bremsunterstützung* (BAS PLUS) und der *automatischen Bremsung* (PRE-SAFE® Bremse) in die Betrachtung mit ein, ergibt sich die Häufigkeitsverteilung über der Fahrgeschwindigkeit in ◘ Abb. 12.5 [23]. Während die Kollisionswarnung und der BAS PLUS auch bei sehr hohen Geschwindigkeiten ausgelöst wurden, traten automatische Bremsungen nur bis etwa 50 km/h auf. Bei typischen Autobahn- und Landstraßengeschwindigkeiten (70–150 km/h) führte die Hälfte der Kollisionswarnungen zur Auslösung einer adaptiven Bremsunterstützung, wodurch die Wirksamkeit dieser Kombination belegt ist.

◘ **Tab. 12.3** Erfassung absicherungsrelevanter Fahrsituationen in der Feldabsicherung – Beispielhafte Triggerbedingungen bzw. kontinuierliche Daten

Potenziell gefährliche Situation	Sicherheitssysteme: BAS PLUS inkl. Kollisionswarnung, PRE-SAFE®-Bremse	Komfortsystem: DISTRONIC PLUS
Use Cases	Überschreitung vorgelagerter Kritikalitätsschwellen (TTC < x s) Auslösung Kollisionswarnung Auslösung adaptive Bremsunterstützung Auslösung automatischer Bremseingriff	Kontinuierliche Daten, z. B. zu Abstandsverhalten, Beschleunigungen Über-/Unterschreitung von Schwellen der Situationsbewertung, z. B. zeitlicher Folgeabstand < x s ggf. Fahrerübersteuerung, übernahme-
Fehlende Use Cases (false negatives)	„Fahrertrigger" bei vermisster Kollisionswarnung Überschreitung vorgelagerter Kritikalitätsschwellen (TTC < x) indirekt: starke Fahrerbremsung	„Fahrertrigger", z. B. bei fehlender Verfügbarkeit, später Reaktion …
Non Use Cases (false positives)	Bewertung der Use Cases „Fahrertrigger" bei falscher Kollisionswarnung oder Eingriff	„Fahrertrigger", z. B. bei Verzögerung auf Fahrzeug in Nachbarspur
Systemgrenzen und Funktionale Unzulänglichkeiten	Bewertung der Use Cases, z. B. funktional berechtigte, aber vom Fahrer „ungewollte" Warnungen	Erreichen definierter Systemgrenzen, wie maximale Verzögerung Übernahmewarnungen Fahrerübersteuerung „Fahrertrigger"
Systemfehler	Fehlermeldungen	Fehlermeldungen
Misuse und Fehlgebrauch	Bewertung der Use Cases, z. B. provozierte Warnungen	Bewertung der Use Cases
Subjektive Bewertung	„Fahrertrigger" Fragebogen	„Fahrertrigger" Fragebogen

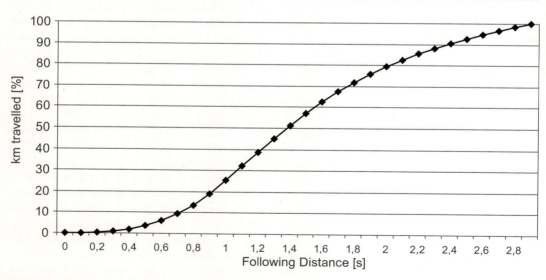

◘ **Abb. 12.4** Abstandsverhalten bei Nutzung eines ACC-Systems zweiter Generation [23]

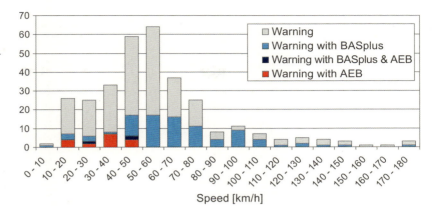

Abb. 12.5 Anzahl und Art der Systemauslösung über der Ausgangsgeschwindigkeit (318 Situationen) [23]

Der Vergleich der Aktivierungshäufigkeiten von BAS PLUS und PRE-SAFE®-Bremse zeigt – abgesehen von der geringen Bedeutung stehender „Hindernisse" – dass die adaptive Bremsunterstützung im realen Verkehrsgeschehen etwa zehnmal so häufig ausgelöst wurde wie die automatische Bremsung. Dies ist vor allem der Wirksamkeit der Kollisionswarnung zuzuschreiben.

Dass sich die hier beispielhaft behandelten Assistenzsysteme für den Längsverkehr auch in der Vermeidung und Folgenminderung von Auffahrunfällen niederschlagen und dabei sogar dem Folgeverkehr bessere Chancen zur Kollisionsvermeidung einräumen, belegen Ex-post-Validierungen anhand von Ersatzteilabrufen [24]. Potenzialanalysen für Sicherheitssysteme auf Basis von Unfalldaten sowie deren Ex-post-Validierung im realen Unfallgeschehen behandelt ▶ Kap. 4.

Literatur

1 ISO 26262: Road vehicles – Functional safety. International Organization for Standardization. 2011
2 RESPONSE Consortium: Code of practice for the design and evaluation of ADAS. RESPONSE 3: a PReVENT Project. 2006
3 Fach, M., Baumann, F., Breuer, J., May, A.: Bewertung der Beherrschbarkeit von Aktiven Sicherheits- und Fahrerassistenzsystemen an den Funktionsgrenzen. VDI Berichte, Düsseldorf (2010)
4 Breuer, J.: Fahrerassistenzsysteme: Vom Tempomat bis zum Notbremsassistenten. In: Technischer Kongress 2007 Verband der Deutschen Automobilindustrie VDA. VDA, Frankfurt (2007)
5 Eckstein, L.: Souveräne Interaktion mit Fahrerassistenzsystemen. In: Technischer Kongress 2008 Verband der Deutschen Automobilindustrie VDA. VDA, Frankfurt (2008)
6 Bortz, J.: Lehrbuch der Statistik für Human- und Sozialwissenschaftler. Springer, Berlin usw (2005)
7 Laurig, W., Luttmann, A.: Planung und Durchführung von Feldstudien. In: Rohmert, W., Rutenfranz, J. (Hrsg.) Die Bedeutung von Feldstudien für die Arbeitsphysiologie. Festkolloquium aus Anlass des 75. Geburtstags von Herbert Scholz, Dortmund 10. Juni 1987 Dokumentation Arbeitswissenschaft, Bd. 17, Dr. Otto Schmidt, Köln (1988)
8 Bubb, H.: Wie viele Probanden braucht man für allgemeine Erkenntnisse aus Fahrversuchen? In: Landau, K., Winner, H. (Hrsg.) Fahrversuche mit Probanden – Nutzwert und Risiko Fortschr.-Ber. VDI Reihe 12, Bd. 557, VDI, Düsseldorf (2003)
9 Weitzel, A., Winner, H.: Ansatz zur Kontrollierbarkeitsbewertung von Fahrerassistenzsystemen vor dem Hintergrund der ISO 26262, FAS 2012 – 8. Workshop Fahrerassistenzsysteme. UNI-DAS e. V., Darmstadt (2012)
10 Akerstedt, T., Gillberg, M.: Subjective and objective sleepiness in the active individual. Intern. J. Neuroscience **52**, 29–37 (1990)
11 Hart, S., Staveland, L.: Development of NASA-TLX (Task Load Index): Results of empirical and theoretical research. In: Hancock, P., Meshkati, N. (Hrsg.) Human mental workload, S. 139–183. North Holland Press, Amsterdam (1988)
12 De Waard, D.: The measurement of drivers' mental workload. PhD thesis, University of Groningen, Haren, The Netherlands: University of Groningen, Traffic Research Centre, 1996
13 Wierwille, W., Tijerina, L., Kiger, S., Rockwell, T., Lauber, E., Bittner, A.: Heavy vehicle driver workload assessment – Task 4: Review of workload and related research (DOT HS 808 467). National Highway Traffic Safety Administration, Washington, D.C. (1996)
14 Schierge, F.: Welche Fahrerassistenz wünschen sich die Fahrer? VDI-Berichte, Bd. 1919. VDI-Verlag, Düsseldorf, S. 207–219 (2005)
15 Neukum, A., Krüger, H.-P.: Fahrerreaktionen bei Lenksystemstörungen – Untersuchungsmethodik und Bewer-

tungskriterien VDI-Berichte, Bd. 1791. VDI-Verlag, Düsseldorf (2003)
16. Neukum, A., Lübbeke, T., Krüger, H.-P., Mayser, C., Steinle, J.: ACC-Stop&Go: Fahrerverhalten an funktionalen Systemgrenzen. In: Maurer, M., Stiller, C. (Hrsg.) 5. Workshop Fahrerassistenzsysteme - FAS 2008, S. 141–150. Fmrt, Karlsruhe (2008)
17. Tattersall, S., Petersen, U., Breuer, J.: Ein Messdatenmanagementsystem für die Feldabsicherung von neuen Fahrerassistenzsystemen. In: 28. VDI/VW-Gemeinschaftstagung „Fahrerassistenz und Integrierte Sicherheit 2012" VDI-Berichte, Bd. 2166, VDI-Verlag, Düsseldorf (2012)
18. Euro NCAP ASSESSMENT PROTOCOL – SAFETY ASSIST. Version 6.0, 2013 http://www.euroncap.com/files/Euro-NCAP-Assessment-Protocol---SA---v6.0---0-03d1ee92-316 f-4c23-918d-76c7496ba833.pdf
19. Schöneburg, R., Baumann, K.-H., Fehring, M.: The efficiency of PRE-SAFE®-systems in pre-braked frontal collision situations Paper 11-0207 22nd International Technical Conference on the Enhanced Safety of Vehicles, Washington, DC, June 13–16. (2011)
20. Simmermacher, D.: Objektive Beherrschbarkeit von Gierstörungen in Bremsmanövern. Dissertation TU Darmstadt, 2013
21. Unselt, T., Beier, G.: Safety Benefits of Advanced Brake Light Design. In: Gesellschaft für Arbeitswissenschaft (GfA) (Hrsg.) International Society for Occupational Ergonomics and Safety (ISOES), Federation of European Ergonomics Societies (FEES) International Ergonomics Conference, Munich, May 7th - 9th. (2003)
22. Breuer, J.: Sicherheitsprognosen für neue Assistenzsysteme – Stand und Herausforderungen. In: Bruder, R., Winner, H. (Hrsg.) 4. Kolloquium Mensch & Fahrzeug. ergonomia Verlag, Darmstadt (2009)
23. Breuer, J., Feldmann, M.: Safety Potential of Advanced Driver Assistance Systems. In: 20. Aachen Colloquium Automobile and Engine Technology 2011. Aachener Kolloquium Fahrzeug- und Motorentechnik GbR, Aachen (2011)
24. Schittenhelm, H.: Advanced Brake Assist – Real World effectiveness of current implementations. In: ESV Conference. Seoul, Korea (2013)

EVITA – Das Prüfverfahren zur Beurteilung von Antikollisionssystemen

Norbert Fecher, Jens Hoffmann, Hermann Winner

13.1 Das Dummy Target EVITA – 198

13.2 Messkonzept im Versuchsfahrzeug – 200

13.3 Gefährdungen von Versuchsteilnehmern – 200

13.4 Bewertungsmethode – 201

13.5 Einsatz in weiteren Studien – 206

Literatur – 206

13.1 Das Dummy Target EVITA

Für in kritischen Situationen agierende FAS ist kein universell einsetzbares, einfaches Testverfahren für Realfahrten bekannt, bei dem Probanden ohne Einschränkungen eingesetzt werden können.

In zwei Forschungsprojekten in Kooperation mit Honda R&D Deutschland und der Forschungsinitiative „Aktiv" wurden verschiedene Ausprägungen von Antikollisionssystemen entwickelt und bewertet. Für die Durchführung des Entwicklungsprozesses ist eine eigene Bewertungsmethode mit einem top-down-Ansatz abgeleitet worden.

13.1.1 Ziele

Das Ziel der Entwicklung war eine Methode und ein Werkzeug für die Bewertung von Antikollisionssystemen im Längsverkehr. Die Anforderungsliste sah vor, die Bewegungsgrößen eines vorausfahrenden Fahrzeugs aus der stationären Kolonnenfahrt mit einem unerwarteten Bremsmanöver darstellen zu können. Das Risiko für die Probanden durfte bei dem zu entwickelnden Testverfahren nicht höher ausfallen als bei anderen üblichen Fahrversuchsverfahren. Weiteres Ziel bei der Entwicklung von EVITA (Experimental Vehicle for Unexpected Target Approach) war es, die minimale Beeinflussung der Probanden durch das Werkzeug zu erreichen, weshalb Wert auf eine größtmögliche Übereinstimmung der Heckansicht mit einem herkömmlichen Personenkraftwagen gelegt wurde. Die Forderung nach der größtmöglichen Übereinstimmung der Heckansicht mit einem bekannten Fahrzeug eröffnet neben der Durchführung von Probandenversuchen auch die Möglichkeit zur Nutzung für die Entwicklung und Bewertung von Sensorkonzepten für Antikollisionssysteme.

13.1.2 Konzept

Das realisierte Konzept besteht aus der Kombination eines Zugfahrzeugs, einem Anhänger und einem auffahrenden Fahrzeug. Während einer stationären Folgefahrt bremst der Anhänger (Dummy Target genannt) für den im Versuchsfahrzeug fahrenden Probanden überraschend ab. Unabhängig davon, ob der Proband auf das Manöver rechtzeitig reagiert oder nicht, wird der Anhänger aktiv aus dem Kollisionsbereich gezogen. Im Frühjahr 2014 wurde der Anhänger grundlegend überarbeitet. ◘ Abbildung 13.1 zeigt EVITA 2.0.

13.1.3 Aufbau

Im Heck des Zugfahrzeugs befindet sich eine Seilwinde mit einer reibkraftschlüssigen Windenbremse und einem Elektromotor. Der Anhänger ist mit dem Zugfahrzeug nur über das Seil der Winde verbunden. Das andere Ende des Seils ist an der Achsschenkellenkung der Vorderachse des Anhängers befestigt. Die Scheibenbremsen des Anhängers werden hydraulisch via Handbremshebel von einem Elektromotor betätigt. Im hinteren Bereich des Anhängers befindet sich das Heck eines Opel Adam. An diesem Heck ist ein Radarsensor befestigt. Im Zugfahrzeug und im Anhänger befinden sich Rechner, die durch Funkmodems miteinander verbunden sind. Als Grundgerüst für das Dummy Target kommt ein Aluminium-Fachwerkrahmen aus der Bühnentechnik mit vier Einzelradaufhängungen eines Quads zum Einsatz. Der große Nachlauf der Vorderachse sorgt für einen ruhigen Geradeauslauf. In einem feuchtigkeitsgeschützten Gehäuse befindet sich der lüfterlose Rechner zusammen mit dem Funkmodem, der Energieversorgung und der Bremsensteuerung. Die Bremsleuchten der Heckansicht sind funktionstüchtig. Die Gesamtmasse des Dummy Target beträgt ca. 200 kg. ◘ Abbildung 13.2 zeigt eine Übersicht über die Komponenten des Dummy Target.

13.1.4 Versuchsablauf

Im Ausgangszustand ist der Anhänger hinter dem Zugfahrzeug kurzgekoppelt. Wird vom am Anhängerheck montierten, rückwärtig messenden Radar ein Fahrzeug (target object) in passendem Versuchsabstand detektiert, kann das Gesamtsystem für eine Versuchsdurchführung aktiviert werden. Ein Befehl des Bedieners im Zugfahrzeug öffnet die Bremse der Seilwinde und betätigt die Bremsen des Anhängers. Das Zugfahrzeug fährt während dieses Vorgangs mit konstanter Geschwindigkeit weiter.

13.1 · Das Dummy Target EVITA

◘ **Abb. 13.1** EVITA (bestehend aus Zugfahrzeug und Dummy Target)

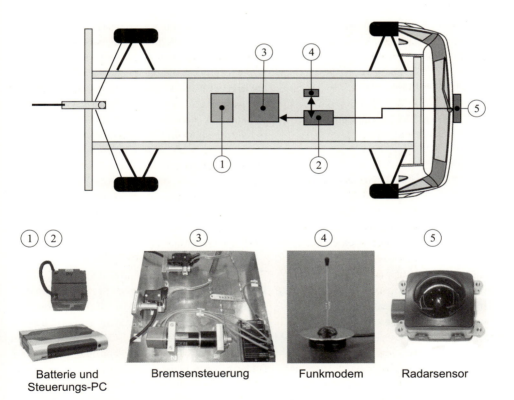

◘ **Abb. 13.2** Komponenten des Dummy Target

Durch das Bremsen des Dummy Target wickelt sich das Seil der Winde ab. Während der Anhänger verzögert, berechnet die Verarbeitungseinheit des Abstandssensors permanent die Time-To-Collision (TTC). Die TTC ist eine aus Abstand und Relativgeschwindigkeit gebildete Größe:

$$TTC = \frac{d}{v_{\text{rel}}}; \quad [TTC] = \text{s} \qquad (13.1)$$

Dabei gibt d den Abstand in m zum vorausfahrenden Objekt und v_{rel} die Relativgeschwindigkeit in m/s an. Unterschreitet die TTC einen festgelegten Wert, schließt die Seilwindenbremse im Zugfahrzeug, und der Anhänger beschleunigt auf das mit konstanter Ausgangsgeschwindigkeit fahrende Zugfahrzeug. Die Beschleunigung des Anhängers dauert bei maximaler Differenzgeschwindigkeit ca. 1 s. Nach Beendigung des Versuchs bremst das gesamte Gespann bis zum Stillstand ab.

13.1.5 Leistungsdaten

Die Leistungsdaten von EVITA zeigt ◘ Tab. 13.1.

13.2 Messkonzept im Versuchsfahrzeug

Mit der ausgewählten Methodik erfolgt die Messung zur Güte von Frontkollisionsgegenmaßnahmen unabhängig vom Werkzeug EVITA. Das Messkonzept zur Bestimmung der definierten Bewertungskriterien ist vollständig im Versuchsfahrzeug umgesetzt, das mit einem Antikollisionssystem ausgestattet ist. Eine Umfeldsensorik klassifiziert das vorausfahrende Target EVITA als relevantes Zielobjekt. Objektgrößen wie beispielsweise Abstand, Relativgeschwindigkeit und Relativbeschleunigung werden zur Berechnung der TTC gemessen. Über eine Bedienschnittstelle werden von einem Versuchsbegleiter Einstellungen zur Steuerung der Frontkollisionsgegenmaßnahmen vorgenommen.

Das Fahrzeug verfügt über ein Messtechniksystem zur kombinierten Erfassung von CAN- und Kameradaten. Es werden drei Kameras eingesetzt. Die erste Kamera ist auf das Vorfeld des Fahrzeugs gerichtet. Sie ermöglicht im Zusammenhang mit den Radar-Daten eine zuverlässige Interpretation der Situation. Die zweite Kamera ist vom Kombiinstrument aus auf das Gesicht des Fahrers gerichtet. Dadurch ist u. a. eine Zuordnung der Blickrichtung des Fahrers möglich. Die dritte Kamera ist auf die Pedalerie des Fahrzeugs fokussiert. Dies ermöglicht die Analyse der Fußbewegungen des Fahrers und die Bestimmung von Aktionszeiten, wie beispielsweise die Umsetzzeit vom Gaspedal auf das Bremspedal. Die Wiederholungsrate für jedes der drei Einzelbilder liegt bei 20 ms. Dasselbe Messsystem zeichnet die CAN-Daten auf, sodass eine zeitliche Zuordnung von Bildern und Signalen gegeben ist. Als CAN-Daten stehen die üblichen Fahrzeugdaten wie Geschwindigkeit, Quer- und Längsbeschleunigung, Daten des vorausfahrenden Objekts sowie Daten aus der Bedienung des Fahrzeugführers wie Lenkradwinkel, Bremspedalbetätigung und weitere zur Verfügung.

13.3 Gefährdungen von Versuchsteilnehmern

Zur Bestimmung potentieller Systemfehlfunktionen wurde eine System-FMEA durchgeführt und daraus Maßnahmen für den sicheren Betrieb abgeleitet. Während jeder Versuchsdurchführung laufen automatisierte Sicherheitsprüfroutinen ab. Wird ein Fehler erkannt, wird das System in einen sicheren und stabilen Zustand überführt. Das Sicherheitsniveau wird durch das automatisierte Auslösen einer Notbremsung im folgenden Versuchsfahrzeug beim Erreichen einer TTC von 0,7 s zusätzlich erhöht. Die für die Durchführung der Versuche eingestellte, minimal erreichbare TTC durch eine kollisionsvermeidende Aktion von EVITA liegt bei 0,8 s (siehe ◘ Tab. 13.1). Wird eine TTC kleiner als

◘ **Tab. 13.1** Leistungsdaten EVITA

Maximale Differenzgeschwindigkeit zwischen auffahrendem Fahrzeug und EVITA	50 km/h
Maximale Bremsverzögerung von EVITA	9 m/s²
Kleinste TTC vor einem Versuchende	0,8 s
Übliche Testgeschwindigkeiten (Ausgangsgeschwindigkeit)	50–130 km/h

13.4 · Bewertungsmethode

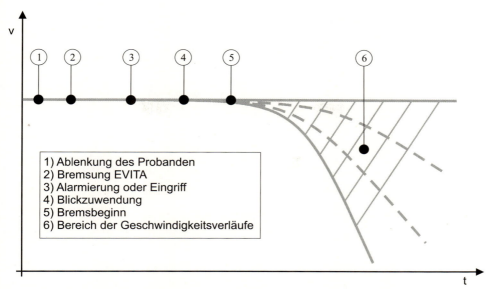

Abb. 13.3 Idealisierter Versuchsablauf als Geschwindigkeitsverlauf über der Zeit des Versuchsfahrzeugs

1) Ablenkung des Probanden
2) Bremsung EVITA
3) Alarmierung oder Eingriff
4) Blickzuwendung
5) Bremsbeginn
6) Bereich der Geschwindigkeitsverläufe

0,8 s erreicht, so muss von einer Fehlfunktion von EVITA ausgegangen werden. Sollte eine Kollision trotz aller Vorkehrungen unvermeidbar sein, wird aufgrund der geringen Masse des Dummy Target kein Schaden für Versuchspersonen erwartet.

13.4 Bewertungsmethode

Mit EVITA liegt das Werkzeug zum Erzeugen von kritischen Unfallsituationen vor. Im Folgenden wird eine der Hauptbewertungsgrößen zur Beurteilung der Güte von Antikollisionssystemen beschrieben.

13.4.1 Wirksamkeit eines Antikollisionssystems

Als objektive Beurteilungsgröße für die Wirksamkeit eines Antikollisionssystems (speziell von Frontkollisionsgegenmaßnahmen) wird die Verringerung der Geschwindigkeit des Ego-Fahrzeugs vor dem Aufprall herangezogen. Dieses Kriterium stimmt mit dem generellen Ziel von Antikollisionssystemen überein, entweder die Aufprallgeschwindigkeit zu reduzieren, oder die vollständige Vermeidung des Aufpralls zu erreichen. Je höher die Verringerung der Geschwindigkeit, desto wirksamer ist das Antikollisionssystem. Neben der objektiven Wirksamkeit wird die von den Probanden beurteilte subjektive Wirksamkeit definiert. Diese per Fragebogen ermittelte Größe wird als Vergleich zwischen verschiedenen Ausprägungen von Frontkollisionsgegenmaßnahmen durch das Bilden einer Rangfolge definiert.

13.4.2 Probandenversuch

Eine Erkenntnis aus in-depth studies ist, dass viele Fahrzeugführer vor einem Auffahrunfall abgelenkt sind [1]. Daher werden die Probanden des auffahrenden Versuchsfahrzeugs kurz vor einer Abbremsung von EVITA mit einer Nebenaufgabe zu einer länger als 2 s dauernden Blickabwendung verleitet. Durch den im Versuchsfahrzeug sitzenden Bediener wird während der Blickabwendung des Probanden die Erzeugung der kritischen Auffahrsituation ausgelöst. Der Proband wird anschließend beim Erreichen einer vordefinierten TTC-Schwelle beispielsweise von den Warnelementen des Antikollisionssystems alarmiert. ◘ Abbildung 13.3 zeigt idealisiert den Geschwindigkeitsverlauf des Versuchsfahrzeugs über der Zeit. Erkennbar sind die Ablenkung des Probanden und die Bremsung des Dummy Target. Beim Erreichen der kritischen

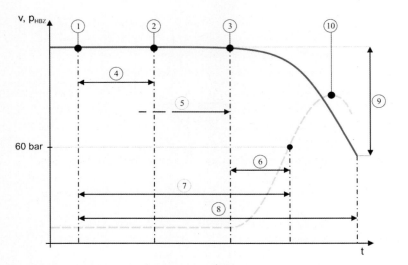

Abb. 13.4 Definitionen der zeitlichen Bewertungskriterien

1 Auslösung Warnelement
2 Blick auf Straße
3 Fuß berührt Bremspedal
4 Blickzuwendungszeit
5 Umsetzzeit mit variablem Beginn
6 Betätigungszeit
7 Gesamtreaktionszeit
8 Beurteilungszeitraum
9 Wirksamkeit Δv
10 Maximaler Bremsdruck

— Geschwindigkeitsverlauf
--- Bremsdruck im HBZ

Schwelle wird beispielsweise eine Alarmierung des Fahrers oder ein sonstiger Eingriff ausgelöst. Typischerweise folgen dann eine Blickzuwendung durch den Probanden auf die Situation vor dem Ego-Fahrzeug und der Bremsbeginn.

Aus Gründen der Reproduzierbarkeit wird dem Probanden der zulässige Abstand zur vorausfahrenden EVITA über eine ampelähnliche Anzeige am Heck von EVITA vorgegeben. Ist der Abstand zu groß, wird dem Fahrer ein blaues, bei zu geringem Abstand ein rotes Signal angezeigt. Liegt der Abstand im Bereich von 20 bis 25 m, so leuchtet die Ampel grün. Nur in diesem Fall wird ein Versuch durch die Abbremsung von EVITA ausgelöst.

13.4.3 Bewertungskriterien für warnende Frontkollisionsgegenmaßnahmen

Für die Beurteilung der Wirksamkeit wird ein Beurteilungszeitraum festgesetzt. Der Zeitraum beginnt mit dem Zeitpunkt des Auslösens einer Warnung oder eines Fahrzeugeingriffs. Er endet zum Zeitpunkt eines gedachten, ungebremsten Aufpralls des Versuchsfahrzeugs auf das vorausfahrende, ununterbrochen bremsende Dummy Target. Dieser Aufprall ist „gedacht", da von EVITA automatisch eine Kollision vermieden wird. Der Endzeitpunkt wird in Abhängigkeit des TTC-Algorithmus und der Auslöseschwelle in einem ungebremsten Eichversuch ohne Proband bestimmt. Für eine typische Warnung mit dem TTC-Algorithmus beträgt der Beurteilungszeitraum 2 s. Die Warnschwelle wurde unter Kenntnis von Warnzeitpunkten bekannter Frontkollisionsgegenmaßnahmen definiert. So können Warnelemente sowohl miteinander als auch mit autonomen Bremseingriffen verglichen werden.

Als Hauptbewertungsgröße für die Güte von Frontkollisionsgegenmaßnahmen ist die Verringerung der gedachten Aufprallgeschwindigkeit eingeführt, diese wird Wirksamkeit genannt. Dazu wird ab dem Zeitpunkt der Warnung durch das Antikollisionssystem bis zum gedachten Aufprall ein Beurteilungszeitraum definiert, an dessen Ende die abgebaute Differenzgeschwindigkeit bestimmt wird. Handelt es sich um ein warnendes Antikollisionssystem, so sind die Reaktionszeit des Fahrers und die Höhe der eingeleiteten Verzögerung die wichtigsten Komponenten für eine hohe abgebaute Differenzgeschwindigkeit. Im Beurteilungszeitraum ist die Gesamtreaktionszeit in verschiedene Prozessschritte unterteilt.

In der Literatur gibt es zahlreiche Angaben zur Bestimmung des Fahrerverhaltens in Gefahrensituationen, wozu Bäumler und Krause et al. [2, 3] einen Überblick geben. Die in diesem Kontext verwendete Festlegung lehnt sich an die für die Versuchsverhältnisse allgemeingültige Defini-

Tab. 13.2 Bewertungskriterien im Beurteilungszeitraum

Objektive Wirksamkeit	Geschwindigkeitsänderung des Ego-Fahrzeugs
Blickzuwendungszeit	Zeitdauer vom Zeitpunkt der Warnung bis zum Blick auf die Straße
Umsetzzeit	Zeitdauer von der ersten Bewegung des Fußes vom Gaspedal bis zum ersten Kontakt mit dem Bremspedal
Betätigungszeit	Zeitdauer vom ersten Kontakt des Fußes mit dem Bremspedal bis zum Erreichen eines Bremspedaldrucks von 60 bar
Störungsmaß	Geschwindigkeitsänderung des Ego-Fahrzeugs vom Beginn einer Fehlwarnung ohne Kollisionsgefahr
Subjektive Wirksamkeit	Probandenbeurteiltes Maß für die Höhe einer kollisionsvermeidenden Wirkung eines Warnelements
Subjektive Verzeihlichkeit	Probandenbeurteiltes Maß für die Entschuldbarkeit eines Warnelements bei einer Fehlwarnung/nicht berechtigten Warnung

tion von Burckhardt [4] bzw. Zomotor [5] an. Die Abb. 13.4 zeigt den zeitlichen Zusammenhang der Reaktionszeiten, des Beurteilungszeitraums, des typischen Geschwindigkeitsverlaufs und der Wirksamkeit.

60 bar entsprechen beim gewählten Versuchsfahrzeug einer Verzögerung von $10\,\text{m/s}^2$ und somit der maximalen Verzögerung bei einem hohen Reibwert von 1,0 zwischen Fahrbahnoberfläche und Reifen. Während des Beurteilungszeitraums werden die Kriterien der Tab. 13.2 beurteilt.

13.4.4 Vergleiche von Antikollisionssystemen

Das einheitliche Bewertungsverfahren ist Grundlage für den Vergleich verschiedener Ausprägungen von Frontkollisionsgegenmaßnahmen. Für die Bewertung werden mit einem entsprechend geteilten Kollektiv von Probanden Testfahrten unter Berücksichtigung verschiedener Ausprägungen durchgeführt. Der Vergleich der über alle Probanden gemittelten Geschwindigkeitsreduktionen im Beurteilungszeitraum gibt die Wirksamkeit der Varianten wieder.

Eine Beurteilung der absoluten Wirksamkeit eines Antikollisionssystems ist durch die Verwendung einer so genannten Baseline zu erreichen. Dabei wird ein Teil des Probandenkollektivs ohne einen Eingriff des Antikollisionssystems mit der kritischen Situation konfrontiert und beispielsweise die Geschwindigkeitsdifferenz bestimmt.

Für die Bewertung der Wirksamkeit des Antikollisionssystems ist nur der erste Versuch des Probanden eine unbeeinflusste Basis. Bei allen weiteren Versuchen hat der Proband trotz einer lückenhaften Vorinformation über den eigentlichen Zweck der Versuche den Versuchsgegenstand einer überraschenden Notsituation verstanden, er gilt als voreingenommen. Der Bewertung der Akzeptanz durch den Fahrer kommt bei der Entwicklung von Fahrerassistenzsystemen mittlerweile eine große Beachtung zu [6]. Die weiteren Versuche nach der ersten Notsituation eignen sich zum Erzeugen weiterer Erkenntnisse, wie etwa dem Umgang mit Fehlwarnungen oder den vergleichenden Probandeneinschätzungen zu Varianten von Antikollisionssystemen. Die Einschätzung von Probanden zur erlebten Situation und zur Bewertung von Fahrerwarnelementen wird mit Fragebögen erhoben. Der Auswertung dieser Fragebögen werden Hinweise zur Gestaltung von Fahrerwarnelementen entnommen.

13.4.5 Ergebnisse

In verschiedenen Forschungsprojekten wurden mit dem Beurteilungswerkzeug EVITA Fahrerwarnelemente auf ihre Eignung für Antikollisionssysteme

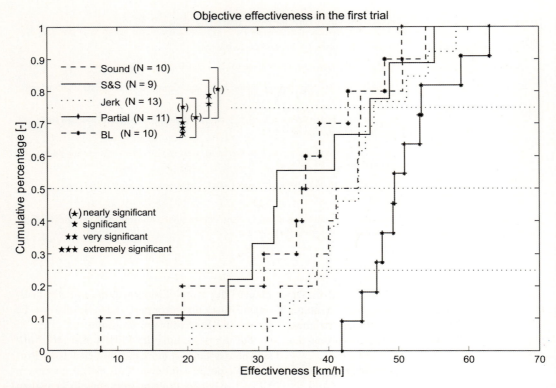

◘ Abb. 13.5 Wirksamkeit der Warnelemente

untersucht. Im Rahmen dieses Kapitels werden die Ergebnisse der nachfolgenden Warnelemente vorgestellt:

1. Reifenquietschen (*Sound*),
2. Sitzvibration mit Symboldarstellung (*Seat Vibration & Symbol*),
3. Bremsruck (*Jerk*) und
4. automatisierte Teilverzögerung (*Partial*).

Diese Warnelemente werden einem Versuch ohne Warnung und ohne Eingriff gegenübergestellt (*Baseline*). Alle Warnelemente im Versuchsfahrzeug wurden 2 s vor einer drohenden Kollision aktiviert. Das Auditory Icon Reifenquietschen wird über einen mittig im Armaturenbrett angeordneten Lautsprecher eingespielt. Die Lautstärke am Kopf des Fahrers beträgt 90 dB (A), die Dauer 0,95 s. Ein mittig unter dem Fahrersitz angeordneter E-Motor mit einer Unwucht sorgt für eine Sitzvibration, ein oberhalb des Kombiinstruments angebrachter Bildschirm stellt das blinkende rote Symbol dar. Die Größe des Symbols beträgt 75 × 50 mm. Der Bremsruck ist als Beschleunigungsrampe über eine Zeitdauer von 0,5 s mit einem Maximum bei 5 m/s^2 realisiert. Die automatisierte Teilverzögerung wird mit 6 m/s^2 bis zu einer Zeitdauer von 1,3 s aufgebaut.

Die ◘ Abb. 13.5 zeigt die im Fahrversuch bestimmte Wirksamkeit der getesteten Warnelemente im ersten Versuch. Bestimmt wird die Geschwindigkeitsreduktion des Ego-Fahrzeugs im Beurteilungszeitraum während der ersten Notbremssituation.

Aufgetragen ist die kumulierte Häufigkeit (Cumulative percentage) gegenüber der Wirksamkeit (Effectiveness). Die Grenzen der mittleren 50 % sind als horizontale Hilfslinien angegeben und entsprechen den Grenzen eines Boxplots (Grenze bei 25 % und 75 %). Der Buchstabe *N* kennzeichnet die Anzahl der Versuche. Die Sterne beschreiben die Signifikanzen (dies ist ein Maß für die Unterscheidbarkeit) zwischen den Warnelementen. Je weiter rechts eine Kurve liegt, desto wirksamer ist das Warnelement.

Ersichtlich sind die Unterschiede zwischen den Gruppen „*Seat Vibration & Symbol* mit *Baseline*" gegenüber „*Sound* und *Jerk*" sowie gegenüber „*Par-*

13.4 · Bewertungsmethode

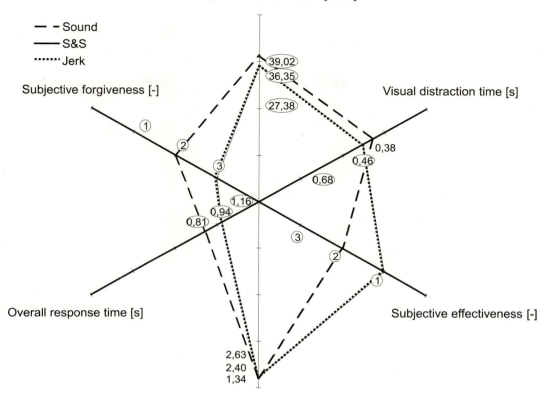

Abb. 13.6 Merkmaldiagramm der Warnelemente Sound, Jerk, Seat Vibration & Symbol

tial". *Seat Vibration & Symbol* weist aus statistischer Sicht keinen signifikanten Unterschied gegenüber einem Vergleichsversuch ohne Warnung auf (*Baseline*). Die Verläufe von *Jerk* und *Sound* ähneln sich, die Hypothese der Gleichheit beider Verteilungen kann mit statistischen Methoden nicht widerlegt werden. *Jerk* weist bezüglich der Wirksamkeit einen nahezu signifikanten Unterschied (Irrtumswahrscheinlichkeit 7 statt 5 %) zur *Baseline* auf. *Partial* erreicht die höchste Wirksamkeit mit der geringsten Streuung. *Partial* erzielt eine Wirksamkeit von 37 km/h, eine Erhöhung über diesen Wert hinaus wird durch die Übersteuerung des Fahrers möglich.

Ein Merkmaldiagramm eignet sich für die vergleichende Darstellung unterschiedlicher Kriterien, zusammengefasst in ◘ Abb. 13.6 für drei Warnelemente aus der gleichen Versuchsreihe.

Aufgetragen sind die Bewertungskriterien Wirksamkeit (Objective effectiveness), Blickzuwendungszeit (Visual distraction time), subjektive Wirksamkeit (Subjective effectiveness), Störungsmaß (Objective disturbance), Gesamtreaktionszeit (Overall response time) und subjektive Verzeihlichkeit (Subjective forgiveness) in Analogie zu ◘ Tab. 13.2. Für jedes Warnelement wird der Median aufgetragen. Je weiter ein Wert vom Zentrum (Schnittpunkt der Achsen) entfernt liegt, desto besser ist das Kriterium erfüllt.

Auf Grundlage des Merkmaldiagramms können gewichtete Bewertungen für das Erzeugen von Empfehlungen festgelegt werden. So können beispielsweise die objektive Wirksamkeit und die subjektive Verzeihlichkeit sehr hoch gewichtet werden. In diesem Sinne erfolgt eine Empfehlung für das Warnelement *Sound*, da sowohl die objektive Wirksamkeit als auch die subjektive Verzeihlichkeit größer sind als bei *Jerk*. *Seat Vibration & Symbol* zeichnet sich durch eine geringere Wirksamkeit, aber auch eine hohe Verzeihlichkeit aus.

Zusammenfassend wurde durch die Definition der Bewertungskriterien eine klare Differenzierung verschiedener Frontkollisionsgegenmaßnahmen erreicht. Exemplarisch dafür stehen die Ergebnisse der drei Warnelemente *Sound Jerk* und *Seat Vibration & Symbol*. Es steht damit eine objektive Bewertung unter Einbeziehung des Fahrers zur Entwicklung von Antikollisionssystemen zur Verfügung.

13.5 Einsatz in weiteren Studien

Bis Ende 2013 wurden umfangreiche Versuche mit einer Anzahl von über 800 Probanden durchgeführt. Für die Übertragung der Erkenntnisse auf die Realität kommt der Evaluierung des Versuchsaufbaus eine große Bedeutung zu. Die Auswertung der Versuche zeigt, dass sich bei gewöhnlicher Folgefahrt keine Auffälligkeiten im Fahrverhalten der Probanden erkennen lassen, die auf den Versuchsaufbau zurück zu führen sind. Bestätigt wird diese Erkenntnis durch die per Fragebögen erhobene Einschätzung der Probanden. Somit ist das Ziel, keine negative Beeinflussung der Probanden durch den Versuchsaufbau zu erhalten, erreicht. Eine autonome Teilverzögerung ist hochsignifikant wirksamer, als die Baseline. Ergebnisse aus der Anwendung der Methode finden sich in [7, 8, 9, 10, 11, 12, 13].

Literatur

[1] NHTSA Report 2001
[2] Bäumler, H.: Reaktionszeiten im Straßenverkehr; VKU (Verkehrsunfall und Fahrzeugtechnik), Vieweg Verlag, Ausgaben 11/2007, 12/2007, 1/2008.
[3] Krause, R., de Vries, N., Friebel, W.-C.: Mensch und Bremse in Notbremssituationen. VKU (Verkehrsunfall und Fahrzeugtechnik) Juni (2007)
[4] Burckhardt, M.: Reaktionszeiten bei Notbremsvorgängen Fahrzeugtechnische Schriftreihe. Verlag TÜV Rheinland, Köln (1985)
[5] Zomotor, A.: Fahrwerktechnik – Fahrverhalten. Vogel, Würzburg (1987)
[6] Bubb, H.: Fahrversuche mit Probanden – Nutzwert und Risiko, Darmstädter Kolloquium Mensch & Fahrzeug, Darmstadt, 2003
[7] Hoffmann, J.: Das Darmstädter Verfahren (EVITA) zum Testen und Bewerten von Frontalkollisionsgegenmaßnahmen. Fortschritt-Berichte, VDI Reihe 12, Nr. 693, Düsseldorf, 2008
[8] Hoffmann, J.; Winner, H.: EVITA – Die Prüfmethode für Antikollisionssysteme, 5. Workshop Fahrerassistenzsysteme, Walting, April 2008
[9] Hoffmann, J.; Winner, H.: EVITA – Das Untersuchungswerkzeug für Gefahrensituationen, 3. Tagung aktive Sicherheit durch Fahrerassistenz, Garching, April 2008
[10] Winner, H.; Fecher, N.; Hoffmann, J.; Regh, F.: Bewertung von Frontalkollisionsgegenmaßnahmen – Status Quo, Integrated Safety, Hanau, Juli 2008.
[11] Fecher, N., Fuchs, K., Hoffmann, J., Abendroth, B., Bruder, R., Winner, H.: Fahrerverhalten bei aktiver Gefahrenbremsung. Automobiltechnische Zeitschrift **1** 1(2), S. 144ff. (2009)
[12] Hoffmann, J.; Winner, H.: EVITA – Thetestingmethod for collision warning and collision avoidance systems, FISITA 2008, F2008–12–019
[13] Fecher, N.; Fuchs, K.; Hoffmann, J.; Bruder, R.; Winner, H.: Analysis of the driver behavior in autonomous emergency hazard braking situations, FISITA 2008, F2008–02–030

Testen mit koordinierten automatisierten Fahrzeugen

Hans-Peter Schöner, Wolfgang Hurich

14.1 Motivation für den Einsatz koordinierter automatisierter Fahrzeuge – 208

14.2 Anforderungen an Präzision und Reproduzierbarkeit – 209

14.3 Technische Umsetzung – 210

14.4 Planung von Manövern – 212

14.5 Selbstfahrende Targets – 213

14.6 Beispiele für automatisierte Fahrmanöver – 216

14.7 Zukünftige Entwicklungen – 218

Literatur – 218

14.1 Motivation für den Einsatz koordinierter automatisierter Fahrzeuge

Fahrerassistenzsysteme unterstützen den Fahrer einerseits auf langen Fahrten bei Routineaufgaben, sie helfen dem Fahrer aber auch, in kritischen Situationen rechtzeitig und richtig zu reagieren. Die Assistenzsysteme der neuesten Generation reagieren sogar selbstständig, wenn der Fahrer vor einem absehbar unvermeidbaren Unfall nicht rechtzeitig reagiert. Dazu müssen die Systeme komplexe Verkehrssituationen beherrschen und Unfallsituationen von unkritischen Konstellationen unterscheiden – dies ist auch eine Herausforderung an die Prüftechnik, mit der solche Systeme abgesichert werden. In der Daimler-Forschung ist eine Prüfmethodik entwickelt worden, mit der Assistenzsysteme präzise, reproduzierbar und sicher erprobt werden können.

Zur Erprobung und Absicherung dieser Systeme verbleibt trotz der immer stärker zunehmenden virtuellen Entwicklungsmethoden (s. ▶ Kap. 8) ein nicht unerheblicher Bedarf an realen Versuchen am Gesamtsystem in einer realen Umgebung. Die quantitative Absicherung erfordert dabei die Überstreichung eines weiten Parameterraumes: Eine Herausforderung bei der Erprobung dieser Systeme ist es, diesen einerseits möglichst vollständig und andererseits effizient abzudecken.

Im Vergleich zur Erprobung von fahrdynamischen Regelsystemen, die auf fahrzeuginterne Zustandsgrößen reagieren, erfordert die Erprobung von Assistenzsystemen die zusätzliche Berücksichtigung von Zustandsgrößen *außerhalb* des Fahrzeugs. So spielt z. B. die relative Lage des Fahrzeugs zu den Fahrstreifenmarkierungen eine bedeutende Rolle bei Fahrstreifenverlassenswarnsystemen. Die relative Geschwindigkeit sowie der Abstand von mehreren Fahrzeugen untereinander sind zudem maßgebend für adaptive Geschwindigkeitsregelsysteme (ACC). Warnen die Systeme nicht nur, sondern greifen sie verstärkend oder gar selbstständig in das Verhalten des Fahrzeugs ein, sind diese Regelsysteme umfassend bezüglich einer Vielzahl von Fahr- und Umgebungssituationen abzusichern, um spätere Gefährdungen der Fahrzeuginsassen auszuschließen und eine Zertifizierung der Systeme zu erlangen [1].

Die systematische Erprobung solcher Systeme bedeutet technisch, dass die Fahrzustände eines Versuchsfahrzeugs auf einer vorgegebenen Fahrbahn präzise eingestellt werden müssen: Ein konkreter raumfester Kurs ist mit vorgegebener Geschwindigkeit einzuhalten. Sind mehrere Fahrzeuge involviert, ist die Gleichzeitigkeit ihrer Bewegungen einzuhalten. Menschliche Fahrer können diese Bedingungen in *einem* Fahrzeug noch ausreichend präzise erfüllen, bei der gleichzeitigen zeitlichen und räumlichen Koordination *mehrerer* Fahrzeuge stößt diese Versuchsmethodik jedoch schnell an ihre Grenzen. Die statistische Streuung von Fahrmanövern menschlicher Fahrer kann zwar für einen Teil der Erprobung durchaus gewollt sein, für die systematische und effiziente Überprüfung der Einhaltung von Spezifikationen, für den objektiven Vergleich verschiedener Systemvarianten oder gar die Durchführung von sicherheitskritischen Manövern ist eine höhere Präzision und eine exakte Reproduzierbarkeit der Versuche notwendig.

Für konkrete einzelne Assistenzsysteme sind Erprobungsmethoden entwickelt worden, die die Vergleichbarkeit sicherstellen ([2, 3]) bzw. die Genauigkeit und Wiederholbarkeit verbessern ([4, 5]; s. ▶ Kap. 13); auch innovative Ansätze zur Reduktion der Gefährdung von Fahrern wurden umgesetzt [6]. Eine Analyse der generellen Anwendbarkeit auf mit kommenden Assistenzsystemen zu adressierende Unfallarten zeigte aber, dass einige Aufgabenstellungen ungelöst blieben. Es ergab sich somit die Aufgabe, ein Erprobungssystem zu konzipieren, mit dem auch potenziell gefährliche Manöver mehrerer Fahrzeuge präzise, koordiniert und sicher durchgeführt werden können [7].

Durch die Automatisierung und eine damit mögliche präzise Koordination von Fahrzeugen sollen konkrete Verbesserungen bei folgenden Fahrmanöver-Kategorien erzielt werden (s. ◘ Abb. 14.1):

1. Für menschliche Fahrer schwer reproduzierbar zu fahrende Manöver:
   Beispiele hierfür sind Einscher- und Ausschermanöver bei unterschiedlichen Geschwindigkeiten und Abständen der einzelnen Fahrzeuge.
2. Risikoreiche Manöver mit Sachschäden bei schon kleinen Parameter-Schwankungen:

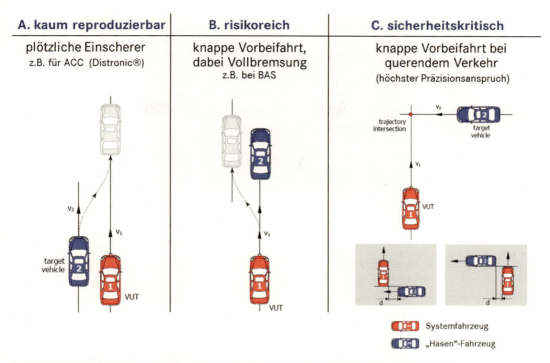

☐ Abb. 14.1 Manöver-Kategorien mit Verbesserungen durch automatisiertes Fahren (Quelle: Daimler AG)

Beispiele sind knappe Vorbeifahrten, insbesondere zur Einstellung und Absicherung der Grenze zwischen gezielt ausbleibendem und gewolltem Eingriff von Kollisionsvermeidungssystemen.

3. Gefährliche, mit menschlichen Fahrern nicht verantwortbare Manöver:
Beispiele sind Fahrzeuge auf Kollisionskurs mit hohen Differenzgeschwindigkeiten, bei kreuzenden Fahrzeugen aber auch schon bei relativ niedrigen Geschwindigkeiten.

14.2 Anforderungen an Präzision und Reproduzierbarkeit

Aus der Analyse der zu erprobenden Assistenzfunktionen leiten sich die Spezifikationen für die zu fordernde Genauigkeit des Erprobungssystems ab. Dabei ist zwischen der lateralen Genauigkeit und der longitudinalen Genauigkeit zu unterscheiden. Für die zu fordernde laterale Genauigkeit kann die Breite einer Fahrstreifenmarkierung (16 cm auf Landstraßen) als Referenz herangezogen werden. Das Vorbeifahren an einem Hindernis sollte deswegen mit einem Abstand von höchstens 20 cm möglich sein. Für die Spurtreue eines Fahrzeugs ergibt sich daraus die Forderung, eine vorgegebene Spur mit einer Toleranz von +/−10 cm einzuhalten.

Die longitudinale Genauigkeitsforderung ist geschwindigkeitsabhängig und damit deutlich schwieriger allgemein festzulegen. Für die Spezifikation des Erprobungssystems wurde das reproduzierbare Erreichen eines Wegpunktes innerhalb eines Zeitfensters von +/−20 ms festgelegt. Dies entspricht zu festgelegten Zeitpunkten der Einhaltung von Wegpunkten mit einer Genauigkeit von beispielsweise 40 cm bei einer Geschwindigkeit von 20 m/s (72 km/h).

Durch Einhaltung dieser Spezifikationen lassen sich für *ein* Fahrzeug reproduzierbare Bahnverläufe und Fahrgeschwindigkeiten realisieren. Bei der Koordination *mehrerer* Fahrzeuge ist ihre zeitliche Koordination essenziell. Eine gemeinsame Zeitbasis mit einer Toleranz in der Größenordnung von 1 ms ist deswegen notwendig.

◻ **Abb. 14.2** Roboter steuern Gas, Bremse und Lenkung im Erprobungsfahrzeug (Quelle: Daimler AG)

14.3 Technische Umsetzung

Als flexible Lösung für diese Aufgabe wurde in Zusammenarbeit mit der Firma Anthony Best Dynamics Ltd. ein System entwickelt, das folgendermaßen aufgebaut ist (s. [8]; ähnliche Lösungen gibt es mittlerweile auch von anderen Herstellern):

14.3.1 Im Fahrzeug: Lenk- und Pedalroboter, Positionsmessung, Safety-Controller, Notbremseinrichtung

Als Ersatz für den Fahrer werden in die zu erprobenden Fahrzeuge Aktoren eingebaut, die Fahrpedal, Bremspedal und Lenkung analog zu einem menschlichen Fahrer bedienen (s. ◻ Abb. 14.2): Solche Roboter sind schon seit einiger Zeit im Einsatz, um Fahrzeuge auf Rollenprüfständen in Fahrzyklen zu betreiben (Pedalroboter) oder um bei Fahrdynamikuntersuchungen reproduzierbar komplexe Lenkmanöver (Lenkroboter) zu steuern.

Für eine präzise Regelung der Fahrzeugbewegung mit der Vorgabe, dass sich ein Fahrzeug zu einem bestimmten Zeitpunkt an einem bestimmten Ort mit definierter Geschwindigkeit und Fahrtrichtung befinden soll, ist die Messung dieser Größen von essenzieller Bedeutung. Hierzu kommt ein inertiales Navigationssystem (INS) zum Einsatz, das durch ein Differential-GPS gestützt wird und

die genannten Daten mit einer Wiederholrate von 100 Hz an die Roboter-Steuerung überträgt. Mit den Korrekturdaten, die eine lokale GPS-Basisstation im Abstand von 1 s an das INS per Funk sendet, wird die zeitliche Drift des Systems ständig korrigiert, wodurch eine Messgenauigkeit der Fahrzeugposition von typischerweise ± 2 cm bei Messraten von bis zu 100 Hz erreicht wird. Auch bei Ausfall des GPS-Signals bleibt durch die hochgenauen Inertialsensoren die Fahrzeugposition für ca. 30 s mit einer Genauigkeit von besser als 10 cm verfügbar, was beispielsweise eine problemlose Durchfahrt unter Brücken ohne GPS-Empfang ermöglicht.

Neben der Position liefert das Differential-GPS auch ein hochgenaues Zeitreferenzsignal. Dieses Signal steht auf allen Fahrzeugen gleichermaßen zur Verfügung und wird für die Synchronisation der Einzelmanöver genutzt. Insbesondere werden die Manöver aller Fahrzeuge auf dieser Basis zur gleichen Zeit bzw. mit einem definierten Zeitversatz gestartet.

Die Fahrmanöver werden von einem Echtzeitrechner, der sich ebenfalls im Fahrzeug befindet, geregelt und überwacht. Beim Betrieb der Roboterfahrzeuge mit Fahrer erfolgt die Bedienung des Systems über einen mit dem Echtzeitrechner verbundenen Tablet-PC, auf dem die zu fahrenden Kurse sowie die individuellen Reglereinstellungen für das Fahrzeug gespeichert sind.

Für den unbemannten Betrieb der Fahrzeuge kommt ein zusätzlicher Safety-Controller zum Einsatz, der die ordnungsgemäße Funktion aller Komponenten im Fahrzeug sowie die Positionsre-

Abb. 14.3 Steuerung und Fernbedienung von automatisierten Fahrzeugen aus dem Leitstand (Quelle: Daimler AG)

gelung des Fahrzeugs ständig überwacht. Ein Federspeicher-Notbremssystem sowie ein zusätzlicher Schaltkontakt in der Stromversorgung der Motorsteuerung komplettieren die Sicherheitseinrichtung, um im Störfall die Fahrzeuge sicher zum Stillstand bringen zu können.

14.3.2 Im Leitstand: Steuerzentrale, Visualisierung, Koordination, Sicherheit

Der Leitstand ist die Steuerzentrale für den Betrieb von unbemannten Fahrzeugen (s. Abb. 14.3). Er beinhaltet eine WLAN-Kommunikation zu allen Fahrzeugen mit einer Reichweite von derzeit ca. 1 km. Des Weiteren befindet sich im Leitstand ebenfalls ein Safety-Controller, der mit den Controllern in den Fahrzeugen permanent ein Watchdog-Signal austauscht. Ein PC zur Fernsteuerung der Tablets in den Fahrzeugen, ein PC mit der Base-Station-Software (über die vom Versuchsleiter die Manöver gestartet werden) sowie eine Bedienkonsole (Lenkrad und Pedalerie) zur manuellen Positionierung der Fahrzeuge auf dem Gelände komplettieren den Leitstand.

Die Steuerungszentrale ist in der Lage, bis zu fünf Fahrzeuge auf einem abgeschlossenen Prüfgelände gleichzeitig zu betreiben und zu überwachen. Damit sind bezüglich der Szenarienkomplexität alle in absehbarer Zukunft zu erwartenden Erprobungsszenarien realisierbar.

Im Leitstand werden die Fahrzeuge und ihre Systeme überwacht und die Versuche geplant, die notwendigen Informationen an die Fahrzeuge übermittelt und die Fahrzeug-Manöver gestartet. Bei koordinierten Manövern stellt der Leitstand sicher, dass die Fahrzeuge zueinander abgestimmte Einzelmanöver fahren und diese zeitgenau starten. Während eines Versuchs werden die Trajektorien – damit ist hier der räumliche *und* der zeitliche Ablauf der Fahrten gemeint – aller Fahrzeuge ständig automatisiert überwacht und für das Bedienpersonal visualisiert. Die Funktionstüchtigkeit und die Kommunikation aller Systeme werden überwacht; bei Bedarf kann der Versuch jederzeit über den PC mit der Base-Station-Software oder einen Notaus-Knopf abgebrochen werden. Der vollständige Versuchsablauf (inkl. der Maßnahmen bei einem eventuellen Versuchsabbruch) ist bei Start des Manövers in allen Fahrzeugen bekannt, so dass die WLAN-Verbindung mit ihrer möglicherweise schwankenden Verfügbarkeit nicht im Regelkreis liegt und somit die Sicherheit nicht beeinträchtigt.

Aus dem Leitstand heraus kann auch ein einzelnes Fahrzeug von Hand ferngesteuert gefahren werden: Über einen Videokanal wird im Steuerstand der Blick aus dem Fahrzeug dargestellt. Die Steuerung des Fahrzeugs erfolgt über ein am Steuerpult befestigtes Lenkrad und eine Pedalerie. Das Bedienpersonal kann – trotz der dabei auftretenden Latenzzeiten – somit ein Fahrzeug mit niedrigen Geschwindigkeiten fernsteuern. Dies dient beispielsweise dazu, das Fahrzeug in eine geeignete Startposition für ein automatisches Manöver zu bewegen.

Aufgabe des Leitstandes ist es außerdem, die Geländesicherheit zu überwachen. Ein umfassendes Sicherheitskonzept unter Berücksichtigung der Geländezugänglichkeit, der Zuverlässigkeit aller technischen Systeme und der Absicherung gegen Bedien- und Planungsfehler ist selbstverständlich Voraussetzung für den Betrieb eines solchen Systems. Die Forderung einer räumlich ausreichenden und robusten Funkverbindung ist limitierender Faktor für die Größe des Betriebsbereiches für koordinierte automatisierte Fahrzeuge.

14.3.3 Sonstige Systeme: Daten- und Bildübertragung, Datensynchronisation, Luft-Bilder

Die Verfügbarkeit des GPS-Zeitreferenzsignals erlaubt die Dokumentation sämtlicher Daten in allen Fahrzeugen mit synchronen Zeitstempeln, sowohl für Messdaten als auch für Videodaten. Die Durchführung von präzise ablaufenden Manövern erlaubt auch die Positionierung und zeitgesteuerte Aktivierung von Kameras oder weiteren getriggerten Objekten, wie beispielsweise Lichtsignalanlagen, Fußgänger-Dummys oder ähnliches. Eine neue Möglichkeit ist die Dokumentation von Manövern aus der Luft mit kameratragenden Hubschrauberdrohnen: Da die Manöver an einem vorherbestimmten Ort und Zeitpunkt ablaufen, fliegt die Hubschrauberdrohne gezielt an den Ort mit der besten Aufnahmeperspektive. Somit ermöglicht die Beobachtung aus der Luft eine sehr leicht auswertbare Dokumentation der Verkehrssituation, insbesondere bei knappen Vorbeifahrten.

14.4 Planung von Manövern

14.4.1 Planung einzelner Trajektorien

Für die Planung von Erprobungsmanövern gibt es mehrere Möglichkeiten:

Trotz eingebauter Pedal- und Lenkroboter können die Fahrzeuge auch mit menschlichen Fahrern gefahren werden. Hierdurch kann in einem Lernmodus das Steuerungssystem eine vom Fahrer gefahrene Fahrzeugtrajektorie aufzeichnen und für eine spätere automatische Wiederholung im Manöverkatalog abspeichern. Einige Parameter, wie z. B. Skalierung der Geschwindigkeit, seitlicher Versatz des Manövers oder die Startzeit, können beim Abrufen des Manövers gezielt variiert werden.

Für koordinierte Manöver mehrerer Fahrzeuge ist meist die synthetische Planung im graphischen Manöver-Editor effizienter: Aus vorgefertigten parametrierbaren Segmenten (Geradenstücke, Kreisbögen, Spurwechsel, Sinuskurven etc.) wird ein auf die Fahrbahnen des Prüfgeländes abgebildetes Gesamtmanöver geplant. Der Ablauf wird in einer Simulation durchgespielt, um das Einhalten der fahrdynamischen Grenzen zu verifizieren. Hierbei ist notwendig, dass mathematische Fahrzeugmodelle vorliegen, die die Eigenschaften der fahrenden Fahrzeuge hinreichend genau beschreiben.

Die geplanten Trajektorien der einzelnen Fahrzeuge können einzeln und gemeinsam simuliert und visualisiert werden.

14.4.2 Planung und Überprüfung koordinierter Trajektorien

Die richtige Koordination mehrerer Fahrzeuge wird ebenfalls durch die Simulation auf Kollisionsfreiheit bzw. das Einhalten eines minimalen Fahrzeugabstands überprüft. Durch Variation der Startverzögerung zwischen zwei Fahrzeugen kann – je nach Manöver – der Abstand der Fahrzeuge in der interessierenden Phase des Manövers eingestellt werden. Kritische Manöver mit mehreren Fahrzeugen werden zuerst mit jedem einzelnen Fahrzeug nicht nur simuliert, sondern auch mehrfach gefahren, sodann die Simulations- und Messdaten verglichen und somit sichergestellt, dass die Fahrten jederzeit kollisionsfrei ablaufen. So können auch extrem knappe Vorbeifahrten sicher und reproduzierbar gefahren werden.

Es muss bei koordinierten Fahrzeugen weiterhin sichergestellt werden, dass ein Versuchsabbruch jederzeit möglich ist und auch dabei keine sicherheitskritischen Situationen entstehen. Es darf beispielsweise nicht vorkommen, dass ein durch Versuchsabbruch abgebremstes Fahrzeug die Trajektorie eines anderen Fahrzeugs blockiert. Dies wird durch die Simulationshilfsmittel abgeprüft [7, 8, 9]. Jedem Fahrzeug kann zur Vermeidung solcher Situationen ein für jeden Zeitpunkt vorherbestimmtes Verhalten bei Versuchsabbruch vorprogrammiert werden: sofortiges Abbremsen, zeitlich verzögertes Abbremsen oder auch Beschleunigen, Lenken und Bremsen in einer bestimmten Abfolge und Stärke.

14.4.3 Genauigkeit und Wiederholbarkeit

Zur Verifikation des Steuerungssystems wurde mit einem vom Differential-GPS unabhängigen Messverfahren die erzielte Genauigkeit und Reproduzierbarkeit von Fahrversuchen untersucht. Die vom Differential-GPS erreichte Messgenauigkeit von ± 2 cm bei ausreichender Satellitensichtbarkeit konnte auch als Regelgenauigkeit für die knappe Vorbeifahrt an feststehenden Hindernissen verifiziert werden. Bei Zielbremsungen auf ein Hindernis wurde mit hoher Bremsverzögerung (z. B. 7,5 m/s²) eine Reproduzierbarkeit des Anhaltepunktes von ± 3 cm erzielt. Voraussetzung für diese Genauigkeiten ist allerdings, dass eine Abstimmung des Reglers an den jeweiligen Fahrzeugtyp vorgenommen wurde und die Fahrzeuge eine ausreichende Einregelstrecke für das Erreichen der Sollposition und Sollgeschwindigkeit zur Verfügung haben. Bei Beschleunigungen und sehr dynamischen Lenkmanövern können kurzzeitig Abweichungen von der geplanten Trajektorie bis in den dm-Bereich auftreten. Diese sind aber beim mehrfachen Durchfahren des gleichen Manövers reproduzierbar und somit kalkulierbar.

Auch die Langzeitstabilität der Positionsgenauigkeit wurde durch regelmäßiges Anfahren von Referenzpunkten auf dem Prüfgelände verifiziert. Das mehrstündige Abfahren eines Musters im Neuschnee zeigt eindrucksvoll die Reproduzierbarkeit der Fahrzeugregelung [10]. Insgesamt wird die für viele Manöver geforderte laterale Genauigkeit (Spurtreue) von besser als ± 10 cm gut erreicht. Insbesondere die Reproduzierbarkeit ist deutlich besser als mit menschlichen Testfahrern.

Die longitudinale Genauigkeit ist abhängig von der Dynamik der geplanten Trajektorie und der Leistungsfähigkeit des Fahrzeugs. Bei schnellen Sollwert-Veränderungen ist eine zeitweilige Abweichung wie bei jedem Regelsystem unvermeidlich. Die spezifizierte Genauigkeit bezogen auf ein reproduzierbares Erreichen eines Wegpunktes innerhalb eines Zeitfensters von ± 20 ms ist einhaltbar, allerdings ist bei der Planung der Trajektorie auf ausreichende Einschwingzeiten zu achten. Die Wiederholbarkeit von Fahrmanövern ist in der Regel sehr gut; Regelabweichungen nach Sollwertveränderungen sind hochgradig reproduzierbar. Allerdings haben beispielsweise auch die Schaltpunkte eines Automatikgetriebes, die je nach Betriebszustand (Temperatur!) variieren können, Einfluss auf die Längsgenauigkeit. Das Überwachungssystem zeigt die aktuelle Abweichung an und kann bei zu hohen räumlichen oder zeitlichen Abweichungen einen automatisierten Versuchsabbruch auslösen. Diese Aspekte der Reproduzierbarkeit müssen bei der Planung von Manövern mit hohen Präzisionsanforderungen mitberücksichtigt werden. Die Steuerungssoftware sieht sogenannte „Critical Sections" der Trajektorie vor, in denen besonders enge Toleranzen für die einzuhaltende Positions- und Zeitgenauigkeit vorgegeben werden können.

14.4.4 Virtuelle Leitplanken

Die automatisierten Fahrzeuge erlauben auch die sichere Erprobung von Software und Hardware eingreifender Assistenzsysteme in der Entwicklungsphase. Hierbei kommt es darauf an, den Systemen in der jeweils gestellten Situation Raum zum Agieren zu geben. Ein exakt vordefinierter Kurs wäre in diesen Fällen kontraproduktiv, da ein Korrektureingriff des Fahrroboters vom Regler des zu erprobenden Assistenzsystems als übersteuernder Fahrereingriff interpretiert würde und ggf. zum Abbruch der Assistenzfunktion führen würde.

Durch sogenannte „virtuelle Leitplanken" kann mit dem Fahrzeugroboter ein Korridor für das Fahrzeug festgelegt werden, in dem die Erprobung von Brems- oder Lenkeingriffen des Assistenzsystems vorgesehen ist. Erst wenn das Fahrzeug wegen nicht ausreichender oder zu starker Eingriffe des Assistenzsystems diesen Korridor zu verlassen droht, greift das Robotersystem ein und bringt das Fahrzeug wieder auf Kurs oder bremst es ab.

14.5 Selbstfahrende Targets

Reale automatisierte Fahrzeuge – also mit Fahrrobotern ergänzte Fahrzeuge wie in ▶ Abschn. 14.3.1 beschrieben – sind für kollisionsfreie Verkehrssituationen geeignet. Es ist jedoch naheliegend, dass für die Erprobung von Verkehrsszenarien, bei denen der Unfall nicht sicher vermieden werden kann, crashfähige Objekte einzusetzen sind. Viele der bis-

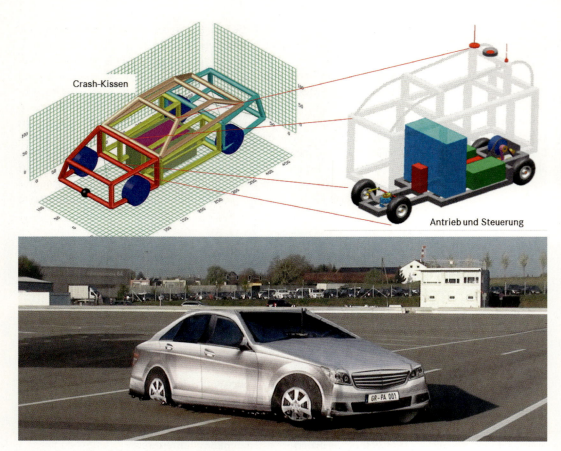

◘ **Abb. 14.4** Konzept des selbstfahrenden Soft-Crash-Targets (Quelle: Daimler AG)

her eingesetzten Crash-Targets können allerdings entweder nur geradlinig fahren oder sind an ein Zugfahrzeug gekoppelt. Damit sind Untersuchungen im Kreuzungsbereich und insbesondere mit abbiegenden Fahrzeugen nicht oder nur sehr eingeschränkt möglich. Ein vollständig selbstfahrendes Target-Fahrzeug löst diese Problematik.

Damit dies nahtlos funktioniert, sollte ein Kollisions-Target ebenso automatisiert steuerbar sein wie ein reales Fahrzeug, möglichst keine zusätzlichen Installationen in der Testumgebung erfordern und zudem

- von allen Seiten crashbar sein,
- eine dreidimensionale Struktur aufweisen,
- ein visuelles Erscheinungsbild aus allen Richtungen wie ein reales Fahrzeug besitzen,
- und eine einem realen Fahrzeug entsprechende Radarsignatur aus allen Richtungen zeigen.

14.5.1 Soft-Crash-Target

Ein erstes diese Anforderungen erfüllendes Konzept zeigt ◘ Abb. 14.4, [11]. Dieses crashtaugliche Fahrzeug besteht aus einem schmalen Chassis mit Elektroantrieb und einer zu den Roboterfahrzeugen kompatiblen integrierten Steuerung, das somit vorhergeplante Trajektorien präzise abfahren kann. Die Fahrleistungen sind ausreichend, um Stadtverkehrsszenarien realitätsnah darstellen zu können. Eine Höchstgeschwindigkeit von 80 km/h ist erreichbar, Beschleunigungen von etwa 4 m/s² und Verzögerungen bis zu 8 m/s² sind realisierbar.

Das Crash-Target weist rundherum deformierbare Luftkissen auf, die durch einen aufgeblasenen Gummischlauch an den Kanten in Form gehalten werden; ansonsten sind diese Luftkissen durch Öffnungen an der Unterseite mit der Umgebung ver-

14.5 · Selbstfahrende Targets

Abb. 14.5 Crash-Kissen des Soft-Crash-Targets mit Dämpfer-Eigenschaften (Quelle: Daimler AG)

bunden (s. Abb. 14.5). Durch diese Konstruktion zeigen die Kissen bei Kollisionen eine Dämpfercharakteristik und bauen die Differenzgeschwindigkeit der Kollision mit einer relativ gleichförmigen Kraft und mit einer maximalen Knautschzone ab. Auf diese Weise werden die Crashkräfte über die gesamte Crashdauer möglichst gleichmäßig verteilt und damit minimiert. Messungen belegen, dass dies zu deutlich geringeren Crashkräften führt als bei einem aufgeblasenen „Balloon-Car".

Das selbstfahrende Soft-Crash-Target erlaubt Erprobungen von realen Systemfahrzeugen mit einem fahrenden Kollisionspartner, der beispielsweise auch für Abbiege-Situationen einsetzbar ist. Da das Target auf eine fahrzeugähnliche Radarsignatur eingestellt wurde und auch das Aussehen eines Fahrzeugs hat, ist es für radar- und kamerabasierte Assistenzsysteme einsetzbar. Durch die freie Programmierbarkeit der Trajektorien und das rundum fahrzeugäquivalente Erscheinungsbild ist es für Erprobungen in allen denkbaren Verkehrsszenarien nutzbar. Differenzgeschwindigkeiten beim Crash von bis zu 50 km/h in Längsrichtung und 30 km/h in Querrichtung sind damit ohne Schäden für das Systemfahrzeug realisierbar. Die Steuerungselektronik für das Fahrzeug und das Target ist crashtauglich aufgebaut und getestet.

14.5.2 Überfahrbarer Target-Träger

Erfordern die Untersuchungen noch höhere Differenzgeschwindigkeiten oder ein noch geringe-

res Risiko eines Schadens bei einem Crash, kann das Konzept des selbstfahrenden, überfahrbaren Target-Trägers eingesetzt werden. Dieses Konzept wurde auf Anregung der Daimler AG von der Firma DSD entwickelt [12], etwa gleichzeitig entstand unabhängig davon bei der Firma Dynamic Research, Inc. [13, 14] eine sehr ähnliche Lösung.

Der Target-Träger kann bei einer Kollision vom Systemfahrzeug überfahren werden; ein auf den Träger aufgesetztes, leichtes Target wird dann weggestoßen (s. Abb. 14.6). Hohe Differenzgeschwindigkeiten sind insbesondere bei Crashs im Längsverkehr zu erwarten. Für solche Manöver ist es ausreichend, von den beim Soft-Crash-Target eingesetzten vier Crash-Kissen nur das Heck- oder Frontkissen auf den Target-Träger aufzusetzen. Mit diesem Konzept wurden Differenzgeschwindigkeiten beim Crash von über 100 km/h ohne Schäden am Systemfahrzeug durchgeführt. Der überfahrbare Target-Träger kann auch als Träger für Fußgänger- oder Fahrrad-Dummys verwendet werden, vgl. ▶ Kap. 11.

Aufgrund der niedrigen Bauhöhe sind die Bodenfreiheit und die Fahrleistung eines überfahrbaren Target-Trägers beschränkt. Der Einsatz ist diesbezüglich deshalb nicht so flexibel wie beim Soft-Crash-Target. Da zudem der Target-Träger zwar überfahren werden kann, aber beispielsweise nicht seitlich unter ein anderes Fahrzeug herunterfahren kann, kommt der genauen Koordination des Target-Trägers eine besondere Bedeutung zu. Insbesondere beim Einsatz des Target-Trägers in Verbindung mit von Menschen gefahrenen querenden Versuchsfahrzeugen ist eine Korrektur des

◘ Abb. 14.6 Überfahrbarer selbstfahrender Target-Träger mit Heck-Target (Quelle: Daimler AG)

Timing-Fehlers, den der menschliche Fahrer fast zwangsläufig macht, für die Einhaltung des genauen Kollisionspunktes relevant und muss in der Steuerung vorgesehen werden.

14.6 Beispiele für automatisierte Fahrmanöver

14.6.1 Fahrerlose Manöver einzelner Fahrzeuge

Automatisierte Fahrmanöver finden schon für Erprobungen mit *einzelnen* Fahrzeugen sinnvolle Anwendungen:

Kreis- und Kurvenfahrten: Bestimmte Assistenzsysteme werden beispielsweise bei Erreichen einer spezifizierten Querbeschleunigung aktiviert. Ein automatisiert gefahrenes Manöver mit festgelegter Geschwindigkeit und Bahnradius kann diese Querbeschleunigung höchst reproduzierbar und z. B. mit kontinuierlicher Steigerungsrate einstellen. Die Durchführung solcher Manöver ist deutlich effizienter als mit menschlichen Fahrern.

Misuse- und Schlechtweg-Erprobung: Die Absicherung von Insassenschutzsystemen erfordert die Erprobung von Situationen mit hoher Längs- und Vertikalbeschleunigung, bei denen die Airbag-Sensorik nur unter bestimmten Bedingungen auslösen darf. Dazu müssen Fahrzeuge u. a. mit bis zu 70 km/h über Rampen springen, Bordsteinkanten bei einer Vollbremsung überfahren oder simulierte Wildschweine rammen. Auch bei Schlechtweg-Erprobungen zur Absicherung der Betriebsfestigkeit der Fahrzeuge erleben sowohl Fahrzeug als auch Testfahrer extreme Belastungen. Diese Manöver können nun mit den Roboter-Fahrzeugen automatisiert gefahren werden – die Testfahrer werden von diesen Belastungen verschont.

14.6.2 Koordinierte Manöver mit mehreren fahrerlosen Fahrzeugen

Bei Erprobungen mit mehreren beteiligten Fahrzeugen kommen die Vorteile des „koordinierten automatisierten Fahrens" umfassend zur Geltung. Ein großer Anteil der Erprobung von kollisionsvermeidenden oder kollisionsmindernden Systemen entfällt auf die Absicherung von Situationen ähnlich dem eigentlichen Unfallszenario, in denen aber eine Auslösung des Notbremssystems sicher vermieden werden muss. Für solche Situationen sind meist knappe Vorbeifahrten, z. B. mit einem Ausweichen im letzten Moment, durchzuführen.

Mit robotergesteuerten Fahrzeugen können diese Versuche präzise, reproduzierbar und ge-

14.6 · Beispiele für automatisierte Fahrmanöver

Abb. 14.7 Knappe Vorbeifahrt im Kreuzungsbereich mit 70 km/h (Quelle: Daimler AG)

fahrlos für Testfahrer und Material durchgeführt werden. Parameter wie Anfahrgeschwindigkeit, kleinster Abstand, Kurswinkel, etc. können leicht eingestellt werden. Eine neue Software-Version des Assistenzsystems oder eine neue Sensorvariante kann mit exakt den gleichen Manövern erprobt werden, so dass ein reproduzierbares und aussagekräftiges Erprobungsergebnis erzielt wird.

„Königsdisziplin" für die Koordination von Fahrzeugen ist die knappe Vorbeifahrt im Kreuzungsverkehr (in Mercedes-Fahrzeugen mit Intelligent Drive ist seit 2013 ein Assistenzsystem zur Vermeidung von Unfällen mit querenden Fahrzeugen in Serie). Beim Kreuzungsverkehr werden die höchsten Anforderungen an räumliche und zeitliche Präzision gestellt (im Vergleich dazu sind Situationen im Längsverkehr, also mit Überholern oder Gegenverkehr, oft allein durch räumliche Präzision beherrschbar). Zudem sind bei fehlerhafter Ausführung des Manövers die Schäden groß; aus Gründen der Arbeitssicherheit werden solch knappen, schnellen Vorbeifahrten mit menschlichen Fahrern nicht durchgeführt. Mit koordinierten automatisierten Fahrzeugen konnten querende Kreuzungsfahrten mit bis zu 70 km/h und minimalen Abständen von unter einem Meter sicher gefahren werden, s. Abb. 14.7.

14.6.3 Manöver mit Fahrer, mit getriggerten beziehungsweise synchronisierten Targets

Eine Erprobungsvariante mit koordinierten Fahrzeugen ist, dass nicht das gesamte Manöver vollautomatisch mit Fahrrobotern gefahren wird, sondern nur ein bestimmtes Teilmanöver, das nach einem Trigger-Zeitpunkt eine präzise Steuerung benötigt. Dieses bietet sich insbesondere an für Versuche mit crashbaren Targets, die ein kritisches Manöver ausführen, aber das Systemfahrzeug von einem menschlichen Fahrer gefahren wird. Dazu benötigt man im Systemfahrzeug keine Ausstattung mit Fahrrobotern, sondern nur die genaue Positionsmessung und eine Datenkommunikation mit dem anderen Fahrzeug bzw. dem Leitstand. Abhängig von der relativen Position oder anderen Trigger-Bedingungen des Systemfahrzeugs wird beispielsweise ein Fahrstreifenwechselmanöver des Crash-Targets initiiert, das ansonsten automatisiert eine Trajektorie abfährt, s. Abb. 14.8.

Auf diese Weise kann ein selbstfahrendes Crash-Target mit sehr geringem Planungsaufwand für präzise und wiederholbare Manöver eingesetzt werden.

Abb. 14.8 Einschermanöver mit koordiniertem Fahrzeug und Target (Quelle: Daimler AG)

14.7 Zukünftige Entwicklungen

Langfristig muss inzwischen über das Testen von hoch- und vollautomatisiert fahrenden Fahrzeugen nachgedacht werden. Die beschriebenen Verfahren, die mit den koordinierten automatisierten Fahrzeugen im Einsatz sind, können dazu einen wichtigen Beitrag leisten: Auch ohne Eingriff eines Fahrers müssen die Fahrzeuge in der Lage sein, in allen denkbaren Verkehrssituationen Unfälle zu vermeiden. Das systematische Erproben und Durchspielen von Varianten kritischer Situationen, das mit automatisierten Fahrzeugen effizient möglich ist, wird ein notwendiger Baustein zur Absicherung autonomer Fahrfunktionen sein. Zu erwarten ist, dass insbesondere die Szenarienkomplexität dabei weiter steigen und dazu die exakte Koordination *mehrerer* Fahrzeuge unter Versuchsbedingungen notwendig wird. Ein robuster und sicherer Betrieb von automatisierten Manövern gerade in der Entwicklungsphase ist dabei die Herausforderung.

Literatur

1. ISO 26262 (bzw. DIN-ISO 61508): Road Vehicles – Functional Safety, 2011
2. Gulde, D.: So testet AMS, Teil 9: Assistenzsysteme. Auto-Motor-Sport Jahrgang (17), 32 (2010)
3. Huber, B., Resch, S.: Methods for Testing of Driver Assistance Systems. SAE Paper (2008). 2008-28-0020
4. Hoffmann, J., Winner, H.: EVITA – das Untersuchungswerkzeug für Gefahrensituationen. 3. Tagung Aktive Sicherheit durch Fahrerassistenz, München (2008)
5. Ploeg, J.: VeHIL – Vehicle Hardware-in-the-Loop. Testumgebung der Fa. TNO (2007). http://www.tno.nl/downloads/Ploeg%20-%20SUMMITS-VeHIL-RealWorldPilot.pdf
6. Bock, T., Maurer, M., Färber, G.: Vehicle in the Loop (VIL) – A new simulator set-up for testing Advanced Driving Assistance Systems. Driving Simulation Conference, Iowa City, IA (USA) (2007)
7. Hurich, W., Luther, J., Schöner, H.P.: Koordiniertes Automatisiertes Fahren zum Entwickeln, Prüfen und Absichern von Assistenzsystemen. 10. Braunschweiger Symposium – AAET. Intelligente Transport- und Verkehrssysteme und -dienste Niedersachsen e.V., Braunschweig (2009)
8. Pick, A.J., Hubbard, M.J., Neads, S.J.: Near-Miss Collisions Using Coordinated Robot-Controlled Vehicles. In: Proceedings of the 10th International Symposium on Advanced Vehicle Control, S. 634–639. AVEC, Loughborough (2010)

Literatur

9 Schretter, N., Sinz, W., Schöner, H.P.: Planung und Realisierung von automatisierten Fahrmanövern zur Erprobung von aktiven Sicherheitssystemen. 3. Grazer Symposium Virtuelles Fahrzeug. GSVF, Graz (2009)
10 Schöner, H.P., Hurich, W., Luther, J., Herrtwich, R.G.: Koordiniertes Automatisiertes Fahren für die Erprobung von Assistenzsystemen. Automobiltechnische Zeitschrift ATZ 01, 40 (2011)
11 Schöner, H.P., Hurich, W., Haaf, D.: Selbstfahrendes Soft Crash Target zur Erprobung von Assistenzsystemen. 12. Braunschweiger Symposium – AAET. Intelligente Transport- und Verkehrssysteme und -dienste Niedersachsen e.V., Braunschweig (2011)
12 Steffan, H., Moser, A., Ebner, J., Sinz, W.: UFO – ein neues System zur Evaluierung von Assistenzsystemen. 13. Braunschweiger Symposium – AAET. Intelligente Transport- und Verkehrssysteme und -dienste Niedersachsen e.V., Braunschweig (2012)
13 Zellner, J.W.: Guided Soft Target (2011). http://www.dynres.com/prod_guidedtarget.html
14 ABD: http://www.abd.uk.com/en/adas_soft_targets/abd_dri_guided_soft_target_vehicle, 2013

Sensorik für Fahrerassistenzsysteme

Kapitel 15	**Fahrdynamiksensoren für FAS** – 223	
	Matthias Mörbe	
Kapitel 16	**Ultraschallsensorik** – 243	
	Martin Noll, Peter Rapps	
Kapitel 17	**Radarsensorik** – 259	
	Hermann Winner	
Kapitel 18	**LIDAR-Sensorik** – 317	
	Heinrich Gotzig, Georg Geduld	
Kapitel 19	**3D Time-of-Flight (ToF)** – 335	
	Bernd Buxbaum, Robert Lange, Thorsten Ringbeck	
Kapitel 20	**Kamera-Hardware** – 347	
	Martin Punke, Stefan Menzel, Boris Werthessen, Nicolaj Stache, Maximilian Höpfl	
Kapitel 21	**Maschinelles Sehen** – 369	
	Christoph Stiller, Alexander Bachmann, Andreas Geiger	
Kapitel 22	**Stereosehen** – 395	
	Uwe Franke, Stefan Gehrig	
Kapitel 23	**Kamerabasierte Fußgängerdetektion** – 421	
	Bernt Schiele, Christian Wojek	

PRETTL
automotive

BE
SAFE.

Ihr zuverlässiger Partner für Sensorik, Sensorleitungen und Kabelkonfektion.

WWW.PRETTL.COM

Fahrdynamiksensoren für FAS

Matthias Mörbe

15.1 Einleitung – 224

15.2 Allgemeine Auswahlkriterien – 224

15.3 Technische Sensorkenndaten für Fahrerassistenzsysteme – 228

Literatur – 240

15.1 Einleitung

Die Auswahl einer Sensorkomponente für ein Fahrerassistenzsystem ist in vielen Bereichen unabhängig von dessen Funktion. Die Bedingungen richten sich nach den Standards, die in der Kfz-Industrie nach VDA oder ISO weltweit eingeführt sind, und den Regeln, die die Systemlieferanten und Fahrzeughersteller für sich selbst hieraus abgeleitet haben.

Diese Standards werden als wesentliche Basis für die heute erreichte Qualität angesehen. Die Qualität der Sensoren hat, neben der Bedeutung für die Verfügbarkeit der Systeme und des Fahrzeugs im eigentlichen Sinne, in vielen Fällen auch eine fundamentale Bedeutung für die Sicherheit des Gesamtsystems. Der Aufwand und die Wirksamkeit von Überwachungen der Sensorsignale sind hiervon abhängig.

Sensoren im Kraftfahrzeug sind kein Selbstzweck; sie liefern die für die Fahrerassistenzsysteme notwendigen Informationen. Da die Kosten für diese Systeme ein entscheidender Faktor für ihre Marktakzeptanz sind, müssen sowohl die Kosten für die Sensoren als auch deren Anzahl bis auf das Notwendigste reduziert werden.

Die Auswahl eines Sensors für ein System gliedert sich in zwei Hauptaspekte:
- allgemeine Auswahlkriterien, die für jeden Sensor gelten
- technische Daten für die gesuchte Funktion.

Die Zusammenstellung in diesem Kapitel soll erklären, was bei dieser Auswahl beachtet werden muss. Eine Vertiefung der Themen bleibt Spezialliteratur und den firmeninternen Dokumentationen vorbehalten. Die angegebenen Daten für die Sensoren sind den aktuellen Unterlagen für Fahrzeughersteller entnommen worden.

Ein besonderer Dank gilt allen Kollegen für die Unterstützung zu diesem Beitrag.

15.2 Allgemeine Auswahlkriterien

Für den Auswahlprozess empfiehlt es sich, die verschiedenen Anforderungen an Sensoren in einer Matrix systematisch zusammenzustellen, und zwar für jeden Anbieter in der gleichen Art und Weise. Hierdurch wird die Vergleichbarkeit von Angeboten wesentlich vereinfacht. Ein Modell für diese Auswahlmatrix mit einer Technikebene und einer kommerziellen Ebene ist in ◻ Abb. 15.1 dargestellt. Die Inhalte können beliebig ergänzt werden.

Auf eine Gewichtung der einzelnen Faktoren sollte in einer ersten Auswahlrunde bewusst verzichtet werden. Damit wird sicher gestellt, dass jedes Kriterium mit gleicher Sorgfalt betrachtet wird. Sind in der finalen Auswahl zwei Angebote sehr ähnlich, kann jedoch eine Gewichtung für mehr Transparenz sorgen. Neben den einfach messbaren Faktoren liegen natürlich eine Vielzahl so genannter weicher Faktoren vor. Dazu zählen Verlässlichkeit in mündlichen Absprachen, Vertrauen in die Absicherung der Geheimhaltungsvereinbarung, kurze Reaktionszeiten bei Qualitätsthemen und – wenn erforderlich – die Bereitschaft zur langfristigen Kooperation.

15.2.1 Anforderungen Technikebene

Die Anforderungen an einen Sensor im Kraftfahrzeug gliedern sich in vier Hauptgebiete:
- Systemanforderungen
- Einbauanforderungen/Geometrie
- Umweltanforderungen
- Gesetzliche Anforderungen und Normen.

Die Anforderungen werden von den Fahrzeug- oder Systemherstellern in Lastenheften dokumentiert und unterliegen einem dokumentierten Änderungsdienst. Die stetig eingehenden Änderungen sind das Ergebnis der fortschreitenden Entwicklung und müssen vor jeder Komponentenauswahl erneut auf ihre Erfüllbarkeit hin geprüft werden. Die langjährige Beobachtung dieses Prozesses hat eindeutig gezeigt, dass die Nichtbeachtung der Änderungen eine wesentliche Ursache für nachfolgende Beanstandungen ist. Nun liegt aber die Wahrheit nicht allein in der Erfüllung einer Änderung, sondern in der Analyse und Bewertung dieser Änderung, auch in Bezug auf die Wechselwirkung von Funktionen und weiteren Anforderungen in anderen Bereichen oder Systemen. Eine gut geeignete Methode zur systematischen Unterscheidung dieser Wechselwirkung ist die von

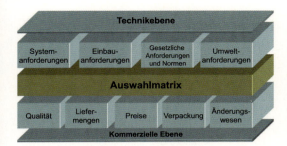

◘ Abb. 15.1 Auswahlmatrix Sensorkomponenten für Fahrerassistenzsysteme

Toyota entwickelte DRBFM-Methode (Design Review Based on Failure Mode).

15.2.1.1 Systemanforderungen

Systemanforderungen teilen sich auf in die physikalischen Größen, die sich aus der Wandlung der Messgröße ergeben, den elektrischen Schnittstellen und der funktionellen Beschreibung im Systemzusammenhang. Für die Signalwandlung lassen sich in der Regel eindeutig messbare Parameter festlegen. Jeder Parameter wird zusätzlich mit Toleranzen, Auflösungen und Genauigkeiten im Kontext mit den anderen Anforderungen dargestellt. Die Bedeutung der eindeutigen Messbarkeit muss hervorgehoben werden, denn sie bestimmt wesentlich den Aufwand der Prüfungen in der Fertigung als Bestandteil der Lieferbedingungen. Die Angabe von Größen, die erst durch die Weiterverarbeitung des Signals im System beschreibbar werden, muss eine Ausnahme von der Regel bleiben.

Für die elektrischen Schnittstellen wurden für viele Anwendungen bereits Standards gebildet. Diese sollen gewährleisten, dass ein Sensor eines Anbieters auch von einem anderen Anbieter beliefert werden kann. Die Reduzierung auf diese Standards lässt diesen einfachen Austausch jedoch nur in wenigen Fällen zu. Der Grund hierfür liegt in den zusätzlichen Bedingungen, die sich aus der Systemfunktion ergeben und sich nicht ausschließlich auf elektrische oder mechanische Größenordnungen reduzieren lassen. Für Sicherheitssysteme ist auch der Entwicklungsprozess zu bewerten. Aus der Methodik, der Tiefe von durchgeführten Simulationen und den Herstellprozessentwicklungen leiten sich wichtige Bewertungsgrundlagen für die FMEA (Failure Mode Effect Analysis) und eine FTA (Fault Tree Analysis) ab.

Zur Komplexität dieses Themas trägt weiterhin die Unterscheidung zwischen statischen und dynamischen Wechselwirkungen bei. Diese Komplexität reicht soweit, dass auch bei der Grundlagenentwicklung von Systemen unbewusst Sensoreigenschaften berücksichtigt worden sein können, die nicht im Lastenheft beschrieben sind. Ändert sich im Laufe der Systemevolution der Sensor, z. B. in der verwendeten Technologie, so können daraus erst sehr spät im Entwicklungsablauf Komplikationen mit erheblichen Auswirkungen auftreten.

Diese Tatsache führt dazu, dass die Lastenhefte immer aufwendiger und die Ansprüche an das Expertenwissen immer höher werden. Das Expertenwissen muss dazu dienen, die Bedeutung der Parameter und ihre Toleranzen mit der Systemfunktion in Zusammenhang zu stellen. Eine Hilfestellung dazu leistet die Simulation, die jedoch auch an ihre Grenzen stößt. Dynamische Vorgänge im Fahrzeug sowie sein Bordnetz können bisher nur in begrenztem Umfang im gesamten Systemverbund simuliert werden. Solange die Sensor- und Bordnetzmodelle nicht entsprechend verfeinert sind, wird eine Prüfung auf Erfüllung der Systemanforderungen mit realer Hard- und Software nicht zu umgehen sein.

15.2.1.2 Einbauanforderungen

Mit dem wachsenden Ausrüstungsgrad von Systemen zur Fahrdynamikregelung im weitesten Sinne etablieren sich immer mehr Anforderungen für den Einbau von Sensoren in den Konstruktionsvorgaben des Kraftfahrzeugs. Mit der Vielfalt der Fahrzeugformen gestaltet sich auch die Vielfalt der Einbaubedingungen dazu passender Sensoren. Ein einheitlicher Trend lässt sich mit Blick auf die Baugröße erkennen: Je kleiner, also angepasster, ein Sensor gestaltet werden kann, umso günstiger für den Fahrzeugkonstrukteur.

Die Grenzen werden durch die Handhabung in der Fahrzeugfertigung und im Service gesetzt. Dies gilt insbesondere für die Befestigung mittels Schrauben und die Zugänglichkeit von elektrischen Steckverbindungen.

Die entscheidende Wechselwirkung zwischen Sensor und Fahrzeug ergibt sich jedoch aus dem Einbauort selbst. Der größte Fehler in der Bewertung der Tauglichkeit eines Sensors kann entstehen, wenn der Einbauort als statisch stabile Größe betrachtet wird. Die auftretenden Schwingungen sind sowohl im Frequenzspektrum als auch in den Amplituden und Resonanzüberhöhungen abhängig von der Dynamik der Fahrbedingung. Aber auch die Handhabung des Fahrzeugs selbst spiegelt sich in diesem Profil wider. Eine nicht vollständige Liste ohne Priorität in der Bedeutung soll verdeutlichen, worauf geachtet werden muss.

Störungen am Sensoreinbauort:
- Luftspaltänderungen am Raddrehzahlsensor durch Achslast und Lagerspiel in der Kreisfahrt
- Stöße durch Türenschlagen
- Vibrationen durch Betätigung der Handbremse
- Stöße durch Sitzverstellungen
- Impulse durch Wasserdurchfahrt bei hohen Geschwindigkeiten
- Überfahren von Fahrbahnbegrenzungen auf Rennstrecken
- Impulse durch Steinschlag auf Schotterpisten
- Schwallwasser im Motorraum bei Wasserdurchfahrten
- Stöße und Schläge durch Werkzeuge in der Fahrzeugmontage
- Fahrbahnunebenheiten bei verschiedenen Fahrmanövern
- Fahrbahnoberflächen und Reifeneigenschaften
- Stöße/Schläge durch unbefestigte Gegenstände im Fußraum
- Rechts-/Linkslenkerausführungen
- Zusätzlich eingebaute Audioanlagen hoher Leistung
- Ablage von Mobiltelefonen an nicht dafür vorgesehenen Orten
- Temporäre magnetische Fremdfelder

Die Liste lässt sich für jeden Sensor ergänzen, und jede einzelne Situation repräsentiert die Erfahrungen des Sensorherstellers, die er in seiner Konstruktion berücksichtigt hat. Synthetische Untersuchungen lassen sich nur begrenzt durchführen, weil sich die Anregungsenergie nicht in jedem Fall erzeugen und einkoppeln lässt. Zusätzlich kommen die Veränderungen durch Alterung des Fahrzeugs hinzu, deren Verlauf für den einzelnen Störfaktor teilweise nicht herausgefiltert werden kann.

Neben der genannten Vielfältigkeit an Randbedingungen des Einbauortes ist die Änderung des Fahrzeugs in seinem Entwicklungsablauf zu nennen. Zum Zeitpunkt der System- und damit Sensorentscheidung existiert in der Regel nur ein getarnter Prototyp des Fahrzeugs auf der Basis eines Vorgängermodells. Für den sicheren Betrieb eines Sensors sind aber insbesondere die Karosserie- oder Achseneigenschaften der Serienausführung von Bedeutung. Eine Auflistung der Einflussfaktoren soll zeigen, worauf in der Einbauortbewertung zu achten ist.

Faktoren zur Bewertung des Einbauortes:
- Blechstärken
- Sicken, Vertiefung, Spannungszonen von Stanz-/Biegeteilen
- Massen von weiteren Befestigungs- oder Anbauteilen, z. B. Sitzen
- Durchbrüche
- Teppiche und Dämmmaterial
- Achsabstände und Ausbauvarianten
- Zweitürer/Viertürer/Kombiausführungen
- Automatik-/Schaltgetriebeausführungen
- Rechts-/Linkslenkerausführungen
- Radlagerauswahl
- Achsaufhängungen
- Feder-/Dämpferabstimmung des Fahrwerks
- Motorvarianten
- Motorvibrationen bei Motorrädern

Besondere Beachtung ist auch den Anwendungen von Sensoren zu schenken, bei denen der Fahrzeughersteller ein Gleichteilekonzept für mehrere Plattformen verwirklicht. Die Verantwortung für die Tauglichkeit an nicht bewerteten Einbauorten muss in diesem Fall beim Anwender des Sensors liegen.

Aus den mehrdimensionalen Faktoren des Einbauortes ergibt sich ein erheblicher Aufwand in der Applikation von Sensoren im Kraftfahrzeug. Die Kosten dafür sind in der Auswahlmatrix mit zu berücksichtigen.

15.2.1.3 Gesetzliche Anforderungen und Normen

Diese Anforderungen auf der Technikebene teilen sich auf in die Forderungen, die sich aus dem System auf die Funktion ableiten, und die Anforderungen für die verwendeten Materialien.

Die Systeme werden in Zukunft nach einer Sicherheitsnorm aus der ISO 26262 eingestuft. Daraus ergeben sich für die Sensoren in den Wirkketten ebenfalls Anforderungen, die sowohl die Technik als auch den Entwicklungsprozess betreffen. Diese Norm ist als ISO 26262 für Kraftfahrzeuge spezifisch angepasst.

Durch die Mehrfachnutzung der Sensorsignale von verschiedenen Systemen können sich auch Verschiebungen in Sicherheitsforderungen ergeben. Wird z. B. ein Lenkradwinkelsensor oder ein Drehratensensor nicht nur vom ESP-System genutzt, sondern von einer Überlagerungslenkung oder einer Hinterachslenkung, steigt der Sicherheitsanspruch an die Signale dieser Sensoren. Dies kann dazu führen, dass die gesamte Signalverarbeitung im Sensor redundant erfolgen muss. Wenn diese Lenksysteme nicht in einer 100 %-Ausstattung vorgesehen werden, ist eine vereinfachte kostengünstigere Variante ohne Redundanz für die Baureihe des Fahrzeugs erforderlich.

Unter dem Oberbegriff „umweltgerechtes Design" werden die Stoffe mit Risikopotenzial in der Anwendung der Kraftfahrzeugtechnik zunehmend eingeschränkt oder ganz verboten. Der Hersteller von Komponenten und seine Lieferanten müssen in Materialdatenblättern gewährleisten, welche Stoffe und welche Mengen in der Komponente enthalten sind. Auch Hilfsstoffe bei der Verarbeitung fallen unter diese Regel, sofern die darin enthaltenen Stoffe später auch in dem gelieferten Produkt enthalten sind.

Dabei ist es unerheblich, ob die nicht mehr zugelassenen Stoffe sich so verteilen bzw. verdünnen, dass sie im gelieferten Produkt unter die Nachweisgrenze fallen. Da die Normen einer jährlichen Änderung unterliegen, muss vor dem in Verkehr Bringen der Produkte überprüft werden, ob die neuen Gesetze dies noch zulassen. Die Nachweispflicht über Schadstofffreiheit liegt beim Lieferanten. Es gibt besondere Regelungen z. B. hinsichtlich der Ersatzteile für ältere Fahrzeuge.

Für die Prüfung, ob die Anforderungen aus gesetzlichen Regelungen und Normen erfüllt werden, ist sowohl systemübergreifende Kenntnis des Gesamtfahrzeugs als auch tiefgehendes Wissen über die Herstellprozesse der verwendeten Bauelemente und Baugruppen erforderlich.

Das Materialdatenblatt muss ein fester Bestandteil eines jeden Angebots einer Sensorkomponente sein. Die Ermittlung der Daten erfolgt mit aufwendigen Verfahren und bestimmt eine Zuliefererauswahl mit.

15.2.1.4 Umweltanforderungen

Unter diesem Begriff werden alle klimatischen und dynamischen Anforderungen verstanden, die sich aus dem Betrieb im Kraftfahrzeug ergeben.

Die ISO-Norm 16750 und die Fahrzeughersteller beschreiben in ihren Lastenheften, welche Belastungen für den Sensor am Einbauort gelten. Das Ziel ist es, für die gesamte Betriebs- und Lebenszeit der Systeme einen fehlerfreien Betrieb zu gewährleisten. In der Prüfung dieser Lastenhefte und der Konvertierung in eine elektronische Schaltung, einer Bauelementeauswahl und elektromechanischen Konstruktion liegt der höchste Anspruch an den Entwickler. Die Erfüllung jedes Parameters unter allen Bedingungen ist wirtschaftlich nicht vertretbar und auch technisch nicht sinnvoll. Der Entwickler muss jeden Parameter in realen Bezug zum Betrieb des Fahrzeugs stellen. Dabei gelten alle Wechselwirkungen des Einbauortes mit seinen Umweltbedingungen.

Ein Beispiel soll dies verdeutlichen: Für einen Raddrehzahlsensor gilt eine maximale Temperatur. Dieser Wert wird durch extreme Bremsentemperaturen erzeugt und steigt sogar im Stillstand, in der Nachheizphase, noch an. Ein Temperaturschock kann entstehen, wenn danach eine Durchfahrt durch Schmutzwasser erfolgt, wobei dieses Schmutzwasser zudem noch mit Auftausalzen versetzt sein kann. Wurde diese Bedingung in einem Labortest nicht nachgestellt, sind etliche Randbedingungen nicht vollständig abgedeckt. Der Sensorkopf ist in einem Achsträger eingebaut und damit vor der Strahlungswärme der Bremsscheibe geschützt. Die große Masse des Achsträgers erlaubt nur eine langsame Änderung der Temperatur durch seine Wärmekapazität. Dies gilt in beiden Richtungen. Ob eine Benetzung des Sensorkopfes mit Schmutzwasser bei der Durchfahrt überhaupt erfolgt, hängt davon ab, wie der Sensor an der Achse platziert ist. Es bleibt zum Schluss noch die Frage der Häufigkeit dieses

Manövers: Wie viele Fahrzeuge werden unter diesen Bedingungen betrieben, und wie häufig erfolgt eine solche Extrembremsung? Auf eine zahlenmäßige Detaillierung wurde in diesem Beispiel bewusst verzichtet, weil nur die Komplexität der Zusammenhänge angedeutet werden sollte.

Sonderfälle sind fehlende Abdeckungen, Schäden an Kabeln und Steckerverbindungen, Anzugsmoment von Schrauben nicht nach Vorgabe, Ersatzteile mit anderen Spezifikationen und der Einsatz im Motorsport.

15.2.2 Kommerzielle Ebene

In den Liefervereinbarungen wird auf Basis einer technischen Dokumentation und eines Zeichnungssatzes von der Erfüllung aller Anforderungen an die Funktion auf der Technikebene ausgegangen.

Abweichungen sind in Abweichlisten zu dokumentieren. Die Abweichungen werden üblicherweise für eine Baureihe, eine Menge oder einen Zeitraum vereinbart.

Die Hauptthemen auf dieser Ebene sind:
- Qualität
- Liefermengen
- internationale Lieferungen
- Nachlieferung
- Verpackung
- Änderungswesen.

Die Konstruktion und die ausgewählten Technologien bestimmen die auf dieser Ebene abgeschlossenen Vertragsinhalte wesentlich. Der Entwickler muss mit dem Einkauf des Kunden die besonderen Randbedingungen identifizieren und Vereinbarungen festschreiben.

15.3 Technische Sensorkenndaten für Fahrerassistenzsysteme

15.3.1 Sensoren und Einbauorte

Hauptfunktionen der Signale in den Systemen: Die Kennzeichnung der Hauptachsen in Fahrtrichtung als x, Querrichtung als y und Hochachse als z ist international einheitlich definiert, siehe ◘ Abb. 15.2. Damit wird erreicht, dass die Beschriftungen der Sensoren und die Definition der Parameter nicht zu unterschiedlichen Bewertungen führen.

15.3.1.1 Raddrehzahl

Für alle Fahrdynamiksysteme ist die Radbewegung die Größe, mit der Radgeschwindigkeit, Radbeschleunigung und Raddrehrichtung bestimmt werden. Hieraus wird der Reibwert oder Radschlupf bestimmt und auch die Fahrzeuggeschwindigkeit errechnet. Die Differenzgeschwindigkeit zwischen Vorder- und Hinterrad bei Zweirädern ist eine Regelgröße der Traktionskontrolle. Die Dynamik der Radbewegung ist die wichtigste Größe zur Regelung der Fahrzeugverzögerung und der Fahrstabilität auf allen Fahrbahnen.

15.3.1.2 Lenkradwinkel

Für die Regelung der Fahrzeugstabilität ist der Lenkradwinkel als Eingangsinformation des Fahrerwunsches die Messgröße, auf die alle Fahrdynamikmesswerte bezogen und plausibilisiert werden. Es wird nicht der Lenkwinkel am Rad gemessen.

15.3.1.3 Drehratensignal

Die Drehbewegungen in allen drei Raumachsen werden gemessen, um die Dynamik des Fahrzeugkörpers zu bestimmen. Für ESP-Systeme wird die Bewegung um die z-Achse gemessen, für Überschlagerkennung die Rollbewegung um die x-Achse und für Fahrwerkregelung die Nickbewegung um die y-Achse.

15.3.1.4 Beschleunigungssensoren

Zur Erfassung der Beschleunigung und Verzögerung dient der x-Sensor. Damit können auch statische Hangabtriebskräfte erfasst werden. Der Beschleunigungssensor in der y-Achse misst die radiale Beschleunigung in der Kreisfahrt und dient statisch zur Messung von Fahrbahnneigungen. Beschleunigungssensoren in der z-Achse werden zur Erfassung der Fahrzeugaufbaubewegung in Fahrwerkregelsystemen verwendet.

15.3.1.5 Bremsdrucksensoren

Zur Erfassung des vom Fahrer eingesteuerten Bremskraftwunsches wird der Druck im Haupt-

15.3 · Technische Sensorkenndaten für Fahrerassistenzsysteme

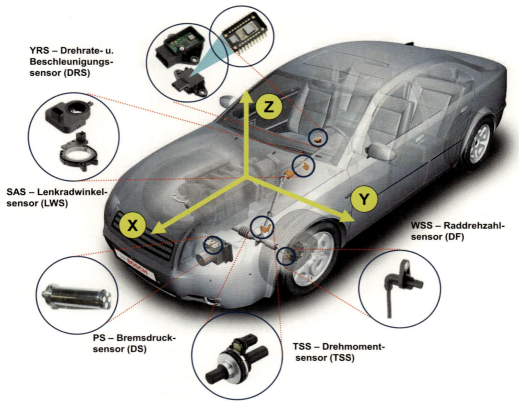

◘ Abb. 15.2 Übersichtsbild Fahrzeug mit Sensoren und Darstellung der Maßachsen

bremszylinder gemessen. In Fahrdynamikregelsystemen mit hohem Komfort werden auch die einzelnen Bremskreise oder sogar der Druck an jedem Radbremszylinder gemessen. Für Abstandsregelsysteme muss in jedem Fall der Druck nach dem Speicher oder der Pumpe gemessen werden.

15.3.1.6 Bremspedalwegsensoren

Bei bisherigen Bremssystemen ist der Fahrerbremswunsch direkt an den hydraulischen Druckaufbau gekoppelt. Die rekuperativen Bremssysteme von Hybrid- und Elektrofahrzeugen erfordern zusätzlich die Erfassung des Fahrerbremswunsches mit einem Pedalwegsensor, um das generatorische Bremsen im Wechselspiel mit dem hydraulischen Bremsen zu steuern.

15.3.1.7 Drehmomentsensor Lenkung

Für servounterstützte Lenkungen ist in die Lenksäule ein Drehmomentsensor integriert, um eine haptische Rückmeldung der Lenkbewegung zu ermöglichen [1].

15.3.2 Raddrehzahlsensor DF

15.3.2.1 Funktions- und Aufbaudarstellung

Raddrehzahlsensoren waren seit der ersten ABS-Anwendung 1978 mehrheitlich induktive Sensoren. Mit der Forderung, auch quasi bis null die Radgeschwindigkeit messen zu können, musste der passive durch einen aktiven Sensor ersetzt werden [2]. Von 1995 an haben diese Sensoren mit Messelementen nach dem Hall- oder AMR-Prinzip die passiven fast vollständig verdrängt [3, 4]. Im Nutzfahrzeug jedoch werden auch heute noch induktive Sensoren verwendet, wenn die Achskonstruktionen nicht angepasst wurden. In ◘ Abb. 15.3 sind die Funktion und der Aufbau der Sensoren im Prinzip dargestellt.

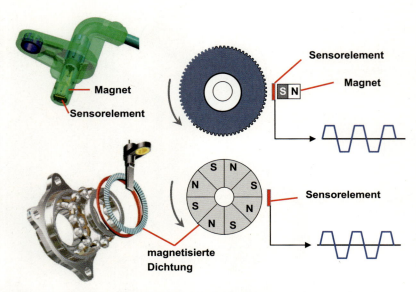

Abb. 15.3 Raddrehzahl-sensoren

Die technischen Daten der Raddrehzahlsensoren beziehen sich auf folgende Teile:
- Sensorkopf
- Elektrische Leitung einschließlich Tüllen, Befestigungselementen und einem Stecker

Der Sensorkopf wird zusätzlich noch in folgende Zonen aufgeteilt:
- Sensorzone
- Kabelzone

Raddrehzahlsensoren werden auch als Drehzahlfühler bezeichnet. Die genaue Lage der einzelnen Zonen ist in der Angebotszeichnung festgelegt.

Die Achsenkonstruktionen fordern unterschiedliche Bauformen der Sensoren. Die entscheidende Größe ist die Lage der Sensorelemente zum Impulsrad, auch Encoder genannt. Mit aktiven Sensoren ist es auch möglich, die Drehrichtung des Rades zu erfassen. Deshalb kann auch eine linke und rechte Einbaulage definiert werden.

Die Reifendrucküberwachung kann direkt durch eine Druckmessung in der Felge oder indirekt über die Steifigkeit des Reifens als Feder/Massesystem bestimmt werden. Bei der indirekten Messung wird die Verschiebung der Resonanzfrequenz des Reifens mit einem speziellen Algorithmus ermittelt. Das Prinzip ist in ◘ Abb. 15.4 dargestellt. Dazu ist es aber erforderlich, dass die Raddrehzahlsignale als Rechtecksignale mit einem besonders kleinen Flankenjitter ausgegeben werden. Dieser Jitter entsteht aus mechanischen Nebeneffekten in den Radaufhängungen und dem thermischen Rauschen im Analogteil des Sensorelements, sowie der analog/digital Umsetzung im Auswerteschaltkreis.

15.3.2.2 Technische Daten Raddrehzahlsensor

Lagerzeit

Kriterium	Wert
Ab Fertigungsdatum	10 Jahre
Lagertemperatur	−40 °C … +50 °C

Mindest-Lebenserwartung

Kriterium	Wert
Unter Berücksichtigung der Temperaturgrenzen	15 Jahre
Betriebsdauer	12 000 h

Umgebungstemperatur

Kriterium	Wert
für Sensorzone	−40 °C … +150 °C
für Kabelzone	−40 °C … +115 °C

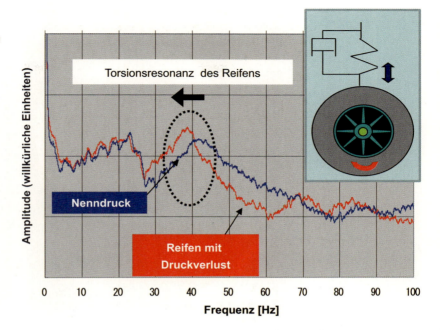

Abb. 15.4 Funktionsdarstellung indirekte Reifendrucküberwachung mit Resonanzverfahren

Die Versorgungsspannung muss dabei im Bereich von 4,5 V bis 20 V liegen.

Ausgangssignal

Alle Raddrehzahlsensoren arbeiten mit zwei geschalteten Strompegeln an einem Kabel mit zwei Leitungen. Der untere Strompegel setzt sich aus der Eigenstromaufnahme des Sensorelements und einer geregelten Korrekturgröße zusammen. Der obere Strompegel wird durch eine zusätzlich geschaltete, temperaturkompensierte Stromquelle als additive Größe dargestellt [5].

Kriterium	Wert
Signalfrequenz	1 … 2500 Hz
Untere Signalhöhe I_L	5,9 … 8,4 mA
Obere Signalhöhe I_H	11,8 … 16,8 mA
Signalverhältnis I_H/I_L	≥ 1,9
Signalanstieg, -abfall mit EMV-Kondensator und definierter Mess-Schaltung	8 … 26 mA/μs
Tastverhältnis	$0,3 ≤ 1/_T ≤ 0,7$

Prüfungen

Die aufgeführten Prüfungen sind charakteristisch für den Einbauort am Rad im Außenbereich des Fahrzeugs; sie sind Einzelprüfungen und werden jeweils an Neuteilen durchgeführt.

Prüfbedingungen

Soweit nicht anders spezifiziert, gilt für alle nachfolgend aufgeführten Prüfungen:

Prüfbedingung	Wert
Prüfbedingungen gemäß	IEC 68–1
Umgebungstemperatur	23 °C ± 5 °C
Relative Luftfeuchtigkeit	50 % ± 15 %
Spannungsversorgung U_v (DC)	12 V ± 0,1 V
Eingangskapazität Steuergerät (inkl. Leitung)	≤ 10 nF

Nach Abschluss der jeweiligen Prüfungen müssen die Kenndaten gelten.

Isolationswiderstandsmessung

Der DF wird in eine 5 %-ige NaCl-Lösung getaucht. Zwischen einer Elektrode in der Lösung und den

Abb. 15.5 Mögliche Einbauposition des Lenkradwinkelsensors

kurzgeschlossenen Steckerpins wird die Prüfspannung für die Zeit der Prüfdauer angelegt. Der Steckerbereich befindet sich außerhalb der Sole.

Prüfbedingung	Wert
Prüfspannung	400 V DC
Prüfdauer	2 s
Prüfkriterium im Neuzustand (R_{Isol})	≥ 100 MΩ
Prüfkriterium über die Lebensdauer (R_{Isol})	≥ 5 MΩ

Breitbandrauschprüfung

Prüfbedingung	Wert
Prüfbedingungen gemäß	IEC 68–2–34
Festlegung der Hauptachsen	Kundendefinition
Prüfaufnahme	Kundendefinition

Die Leitung wird im Abstand von 50 … 120 mm vom DF-Kopf mit dem ersten Befestigungspunkt (Tülle, Blech) am mitschwingenden Teil der Prüfaufnahme befestigt.

15.3.3 Lenkradwinkelsensoren

Eine weitverbreitete Bauform eines Lenkradwinkelsensors ist in Abb. 15.5 dargestellt.

Als kontaktloses Messprinzip, das eine Absolutmessung gewährleistet, wird die CVH (Circular Vertical Hall) oder GMR (Giant Magneto Resistive) eingesetzt.

Die Erfassung des absoluten Winkels wird mittels zweier Messzahnräder erreicht, die ein um zwei Zähne unterschiedliches Übersetzungsverhältnis zur Nabe an der Lenksäule haben. Die Messzahnräder tragen Magnete, die in den gegenüberliegenden angeordneten GMR-Elementen eine dem Winkel proportionale Widerstandsänderung bewirken. Die Analogspannungen werden digitalisiert, und der phasenverschobene Spannungsverlauf erlaubt über das Noniusprinzip eine eindeutige Zuordnung der Neubauposition innerhalb von z. B. drei Umdrehungen nach links oder rechts. Die Zählweise geht von der Mittelposition, also der Geradeausfahrt aus. Als Systemschnittstelle wird aus Systemsicherheitsbetrachtungen eine CAN-Schnittstelle verwendet. Über diese Schnittstelle kann auch die errechnete Lenkwinkelgeschwindigkeit übertragen werden. Durch eine mathema-

15.3 · Technische Sensorkenndaten für Fahrerassistenzsysteme

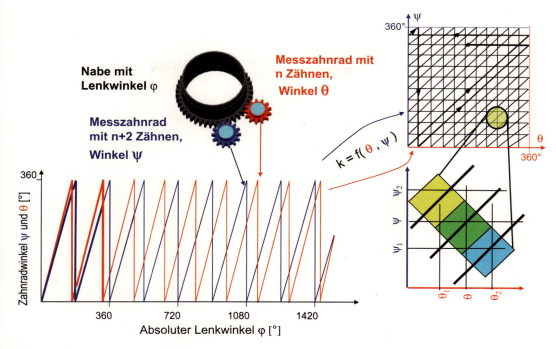

Abb. 15.6 Grundprinzip des Noniusprinzips im Lenkradwinkelsensor

tische Operation kann ein Korrekturfaktor berechnet werden, in Abb. 15.6 als das gelbe und blaue Feld dargestellt.

Die unterschiedlichen Einbaupositionen erfordern eine individuelle Gestaltung der Mechanik. Innerhalb von Plattformen eines Herstellers definieren sich aber auch Gleichteilekonzepte.

15.3.3.1 Technische Daten Lenkradwinkelsensor

Die CAN-Schnittstellenspezifikation ist vergleichbar mit allen anderen Applikationen dieser Art im Kraftfahrzeug und wird deshalb nicht extra dargestellt.

Von besonderer Bedeutung für die Systemfunktionen sind die Umsetzungen der mechanischen Größen mit ihren Toleranzen. Dies gilt insbesondere deshalb, weil der Lenkradwinkelsensor als Eingangsgröße des Fahrerwunsches in den Systemen mit anderen Signalen zu plausibilisieren ist. Wird sogar eine Hinterradlenkung damit gesteuert, sind erhöhte Anforderungen an Hysterese und Linearität darzustellen. Diese Anwendungen fordern außerdem eine redundante Signalverarbeitung.

Funktionale charakteristische Kennwerte

Die angegebenen Werte sind nur dann gültig, wenn der Sensor an der Lenksäule zeichnungsgerecht montiert ist.

Nominaler Messbereich

Funktion	Wert
Winkelbereich	−780° … +779,9°
Lenkwinkelgeschwindigkeit	0 … 1016°/s

Empfindlichkeit und Auflösung

Funktion	Wert
Winkel: 1 Bit entspricht (über Messbereich)	0,1°
Geschwindigkeit: 1 Bit entspricht (über Messbereich)	4°/s

Nichtlinearität

Funktion	Wert
Winkel (über Messbereich)	−2,0° … +2,0°

Hysterese

Funktion	Wert
Winkel (über Messbereich)	0° … 4°

Nullabgleich

Die Offset-Kalibrierung des Nullpunkts erfolgt über das CAN Interface, während das Lenkrad und Fahrzeugrad in eine Richtung bewegt wird. Die Initialisierungsprozedur steht im Service Manual der System-Applikation.

Nullpunkt Abweichung

Funktion	Wert
Maximale Nullpunkt-Toleranz zwischen mechanischer und messtechnischer Sensorschnittstelle	−5° … +5°

Nullpunkt Wiederholgenauigkeit

Funktion	Wert
Einschaltwiederholgenauigkeit	−0,5° … +0,5°

Lenkwinkelgeschwindigkeit

Funktion	Wert
Maximale Geschwindigkeit (< 5 s)	−2500 °/s … +2500 °/s

Signalverzögerung

Funktion	Wert
Verzögerungszeit zwischen Zündung Ein und einem gültigen Ausgangssignal ohne Lenkbewegung	≤ 200 ms

Drehmoment

Für alle Komponenten in Lenksystemen ist das zu addierende Drehmoment von großer Bedeutung. Werden hohe Momente erzeugt, ist das Rückstellmoment in die Geradeausfahrt über die Lenkgeometrie nicht ausreichend.

Nullpunkt Wiederholgenauigkeit

Funktion	Wert
Drehmoment (Durchschnitt über Messbereich)	≤ 6 Ncm
Temperatur	+23 °C
Drehgeschwindigkeit	50 °/s ± 10 °/s

15.3.4 Drehraten- und Beschleunigungssensoren

15.3.4.1 Technische Daten Drehraten- und Beschleunigungssensoren

Messprinzip

Der Zweck dieser Sensoren ist, die Drehung eines Fahrzeugs um seine Achsen sowie Quer-, Längs- und Vertikalbeschleunigungen zu messen. Damit wird eine eindeutige Bestimmung des dynamischen Zustands im Raum möglich.

Das Sensorelement für die Drehraten ist in vielen Anwendungen in Oberflächenmikromechanik [6, 7, 8, 9] hergestellt und mit einer Steuerung für den Antrieb und der Auswerteschaltung verbunden. Das Prinzip beruht auf dem gyroskopischen Effekt. Ein elektrostatischer Kammantrieb versetzt eine seismische Masse in eine oszillierende Schwingung. Eine Drehung des Fahrzeugs, z. B. um die z-Achse (Hochachse), bewirkt eine Corioliskraft auf einen Beschleunigungssensor, dessen kapazitive Änderung gemessen werden kann. Eine synchrone Demodulation der gemessenen Corioliskraft, welche die Geschwindigkeit der seismischen Masse nutzt, generiert ein Signal, das proportional zur Drehrate ist. Die Sensorelemente für Beschleunigungen bestehen ebenfalls aus Messelementen in Oberflächenmikromechanik.

In den seit einigen Jahren eingesetzten Sensormodulen werden die minimalen Ladungsmengen

15.3 · Technische Sensorkenndaten für Fahrerassistenzsysteme

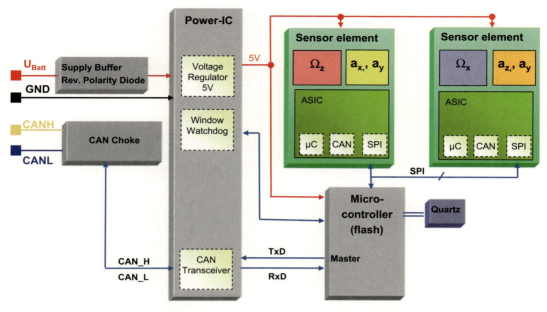

Abb. 15.7 Blockschaltbild eines mehrachsigen Inertialsensors für Motorräder mit CAN-Schnittstelle [11]

analog verstärkt und für die weitere Verarbeitung digitalisiert [10]. Diese Signalverarbeitung mit festverdrahteter Logik ist jedoch bezüglich der notwendigen Änderungen auch in der Entwicklung sehr kosten- und zeitintensiv. Deshalb werden zusätzlich kleinere Mikrokontroller integriert, sodass diese Änderungen mittels Software darstellbar sind. In Abb. 15.7 ist gezeigt, wie ein mehrachsiger Inertialsensor mit verschiedenen Sensormodulen aufgebaut ist. Ein zusätzlicher, zentraler Mikrokontroller gibt die Möglichkeit, bereits im Sensor komplexe Berechnungen mit den gewonnenen Signalen durchzuführen. Die in Abb. 15.8 aufgeführten Störfaktoren der Mikromechanik begrenzen insbesondere die Empfindlichkeit und die erreichbare Auflösung. Sensormodule mit 6 DOF (Degree Of Freedom) werden für Multimedia-Anwendungen in Verpackungen von 2×2 mm-Gehäusen realisiert und bilden die Grundlage für eine weitere Miniaturisierung in der Anwendung im Kraftfahrzeug [12].

Die Kommunikation zwischen dem Sensor und dem Steuergerät wird mit einer CAN-Schnittstelle nach Kundenspezifikation ausgeführt. Damit ist eine mehrfache Nutzung von verschiedenen Systemen möglich, und die Signalübertragung selbst ist störungssicherer.

Einbauort

Der Einbauort des Sensorclusters sollte so ausgewählt werden, dass an dieser Stelle nur die dynamischen Bewegungen des Fahrzeugs auftreten. Hierzu eignet sich insbesondere der Mitteltunnel oder der Bereich des Querträgers an der A-Säule. Bei Motorrädern ist ein Anbauort zu wählen, der von den Vibrationen des Motors weitgehend entkoppelt ist [13]. Die Montage am Fahrzeugboden unter den Sitzen muss mit besonderer Sorgfalt untersucht werden. Auf Grund des Messprinzips des Sensors, welches auf Beschleunigung basiert, müssen sekundäre, störende Beschleunigungen mit hohen Amplituden und kritischen Frequenzbereichen, die nicht ursächlich auf der Fahrzeugbewegung beruhen, an dieser Einbaustelle begrenzt werden. Verbindungspunkte der Fahrzeugschweller und Querträger haben sich als effektiv bewährt. Eine Befestigung an dünnen Verkleidungen sollte vermieden werden.

Bezüglich der Lebensdauer ist eine spektrale Beschleunigungsprüfung zweckmäßig, um sicher zu stellen, dass die möglicherweise auftretenden Vibrationen im Fahrzeug den Sensor nicht stören. Diese Prüfung ist um ein Vielfaches schwieriger, als üblicherweise in einem Fahrzeug erwartet wird. Sie soll einen Langzeiteffekt (Fahrzeug-Lebensdauer) auf

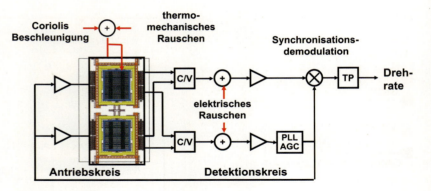

Abb. 15.8 Drehratenmesselement in Mikromechanik Blockschaltbild Signalauswertung mit Störgrößen

den Sensor in einer kurzen Zeit simulieren. Eine generelle Beschleunigungsprüfung zur Überprüfung der Funktion kann nicht definiert werden. Die in einem Fahrzeug tatsächlich auftretenden Beschleunigungen sind nicht konstant und variieren bezüglich Zeit, Frequenz, Temperatur und Amplitude.

Funktionsdaten
Drehrate

Funktion	Minimal	Typisch	Maximal	Einheit
Nominaler Messbereich	−163		+163	°/s
Messbereichsgrenze	−1000		+1000	°/s
Nominale Empfindlichkeit		200		LSB/°/s
Empfindlichkeitsfehler (bei $\vartheta_{operation}$ über t_{life})	−4	±2,5	+4	%
Nicht-Linearität	−1	±0,5	+1	°/s
Differenzielle Nicht-Linearität (in Schritten von 5°/s)	−4		+4	%
Offset, absolut (über t_{life}, gemessen bei ϑ_{op})	−3	±1,5	+3	°/s
Offset Drift, Betrieb zu Betrieb (über t_{life}, gemessen bei $\vartheta_{operation}$)	−2,0		+2,0	°/s
Auflösung, absolut (Quantisierung)			0,1	°/s
Zeit bis Verfügbarkeit		0,75	1	s
Querempfindlichkeit	−5	±2,0	+5	%
Filtereckfrequenz (−3 dB)		15		Hz
Ausgangsrauschen		0,05	0,2	°/s$_{rms}$
Beschleunigungsempfindlichkeit	−0,25		+0,25	°/s/g

15.3 · Technische Sensorkenndaten für Fahrerassistenzsysteme

Beschleunigungssignal (Längs- und Querbeschleunigung)

Funktion	Minimal	Typisch	Maximal	Einheit
Nominaler Messbereich	−4,2		+4,2	g
Messbereichsgrenze	−10		+10	g
Nominale Empfindlichkeit		490,5		LSB/g
Empfindlichkeitsfehler (bei $\vartheta_{operation}$ über t_{life})	−4	±2,5	+4	%
Nicht-Linearität	−0,072	±0,036	+0,072	g
Offset (neuer Sensor, gemessen bei ϑ_{room})	−0,030		+0,030	g
Offset (über t_{life}, gemessen bei $\vartheta_{operation}$)	−0,1	±0,05	+0,1	g
Offset Drift, Betrieb zu Betrieb (über t_{life}, gemessen bei $\vartheta_{operation}$)	−0,07		+0,07	g
Änderungsrate Offset	−0,03		+0,03	g/min
Auflösung, absolut (Quantisierung)			0,01	g
Zeit bis Verfügbarkeit		0,150	0,250	s
Querempfindlichkeit	−5	±2,5	+5	%
Filtereckfrequenz (−3 dB)		15		Hz
Ausgangsrauschen		0,004	0,01	g_{rms}

15.3.5 Bremsdrucksensoren

Für alle Fahrdynamiksysteme, die über die hydraulische Bremsanlage eingreifen, ist es erforderlich, den im System aufgebauten Druck zu messen. Ein einfaches ABS-System kommt auch mit einem Druckschätzmodell aus.

Für ein einfaches ESP-System ist die Messung des Hauptbremszylinderdrucks ausreichend. Für ESP-Systeme mit hohen funktionalen Anforderungen werden Drucksensoren mit bis zu drei unabhängigen Kanälen (Hauptzylinder, 2 Bremskreise) eingesetzt. Das entscheidende Merkmal aller Drucksensoren in den Bremskreisen ist die Betriebssicherheit der Dichtheit. Diese Dichtheit muss mit einer mehrfachen Überlastsicherheit des Berstschutzes gewährleistet sein. Auch minimale Leckagen, die durch das Bremsflüssigkeitsreservoir ausgeglichen werden, müssen unbedingt vermieden werden. Die austretende Bremsflüssigkeit kann durch korrosive Wirkung auf die Umgebung, z. B. eine angebaute Elektronik, zu schwerwiegenden Fehlern führen. Deshalb sind Abdichtungen des Messelements durch Schweißverbindungen vorzuziehen. Für Messzellen ist eine Driftüberwachung in den Fällen vorzusehen, bei denen dem Absolutwert des Drucks eine Sicherheitsfunktion zugeordnet ist.

Wird über die Bremsanlage eine automatische Abstandsregelung gesteuert, ist der Systemdruck ein Maß für die zu erreichende Verzögerung. Zur Kompensation der Temperaturabhängigkeit von Hydraulikpumpen wird auch eine Temperaturmessung integriert. Es muss dabei bedacht werden, dass diese Temperaturmessung nur den Wert am Montageort des Drucksensors repräsentiert und nicht im gesamten System. Als Messmittel für den Bremspedalweg ist der Drucksensor nicht zwangsläufig geeignet. Bevor tatsächlich Druck aufgebaut wird, hat das Bremspedal bereits einen Weg zurückgelegt. Dieser Weg ist notwendig, um Bohrungen zum Bremsflüssigkeitsspeicher freizugeben. Für die Nutzung als Signal zur Ansteuerung der Bremsleuchten und zur Deaktivierung der Geschwindigkeitsregelung reicht die Genauigkeit im Nullpunkt nicht in jedem Fall aus, bzw. es wird erwartet, dass die Funktion schon aktiviert ist, bevor ein Bremsdruck aufgebaut wird.

In allen bekannten Drucksensorkonstruktionen wird der hydraulische Anschluss entweder über eine Schraubverbindung, siehe ◘ Abb. 15.9, oder über eine Einpressverbindung, siehe ◘ Abb. 15.10, sichergestellt. Spezifisch ist, dass das Luftvolumen im Sensor minimal ausgelegt ist, sodass keine besondere Entlüftung notwendig ist. Die Bremsflüssigkeit ist in der Erstbefüllung entgast und somit in

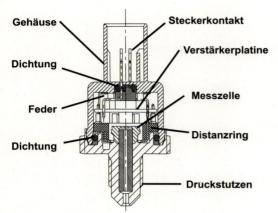

◘ Abb. 15.9 Typischer Aufbau eines Drucksensors im Bremsregelsystem (Schraubversion)

der Lage, dieses kleine Luftvolumen zu absorbieren. Die Verstärker-IC sind auf diesen Anwendungsfall spezifisch entwickelt und verfügen über Abgleichstrukturen zur Anpassung von Empfindlichkeit, Offset und Temperaturgang. Dieser Abgleich wird in der Fertigung vorgenommen und über Druck (Luft) und Temperatur ausgeführt. In der Abdichtung gegenüber äußeren Einflüssen wird in der Konstruktion unterschieden, ob sich der Sensor im Hydraulikaggregat oder außerhalb im Motorraum befindet.

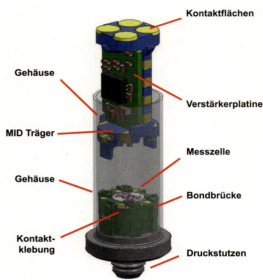

◘ Abb. 15.10 Typischer Aufbau eines Drucksensors in MID (Molded Interconnect Device) Technologie für ein Bremsregelsystem mit Einpresstechnik [14].

15.3.5.1 Technische Daten Drucksensor

Elektrische Kennwerte

Falls keine andere Temperatur angegeben ist, wird eine Umgebungstemperatur von −40 °C bis +120 °C angenommen.

Funktion	Minimal	Typisch	Maximal	Einheit
Versorgungsspannung (normaler Betrieb)	4,75	5,0	5,25	V
Einschaltverzögerung (Ausgangssignal während dieser Zeit nicht spezifiziert)			10,0	ms
Versorgungsspannungsbereich ohne Zerstörung	−5,25		16,0	V
Stromaufnahme (normaler Betrieb)	9,0		20,0	mA
Unterspannungserkennung (Versorgungsspannung, Ausgangssignal auf Alarm geschaltet)	3,7		4,2	V
Überspannungserkennung (Versorgungsspannung, Ausgangssignal auf Alarm geschaltet)	6,0		7,5	V
Unterbrechungserkennung, Kabelbruch der Signal-, Masse- oder Versorgungsleitung (bezogen auf Versorgungsspannung)	96 %		100 %	V
Kurzschlusserkennung, Signal-/Versorgungsleitung (bezogen auf Versorgungsspannung)	96 %		100 %	V
Kurzschlusserkennung, Signalleitung/Masse (bezogen auf Versorgungsspannung)	0 %		4 %	V

15.3 · Technische Sensorkenndaten für Fahrerassistenzsysteme

Funktion	Minimal	Typisch	Maximal	Einheit
Kurzschlusserkennung, Versorgungsleitung/Masse (Sensor mit Steuergerät verbunden, bezogen auf Versorgungsspannung)		34 %		V
Kurzschlusserkennung, Versorgungsleitung/Masse (Sensor verbunden mit Lastwiderstand, bezogen auf Versorgungsspannung)		100 %		V

Funktionsdaten
Funktionskennwerte

Funktion	Minimal	Typisch	Maximal	Einheit
Druckbereich, nominal	0		250	bar
Maximaler Druck			350	bar
Druck bei Zerstörung	500			bar
Maximaler Unterdruck	−1,0			bar
Volumenanstieg			0,05	cm³
Resonanzfrequenz der Membrane		200		kHz
Untere Abschaltfrequenz	0	0	0	Hz
Obere Abschaltfrequenz (−3 dB); festgelegt durch feste Filterkoeffizienten	150			Hz
Nominalfrequenz		100		Hz
Phasenfehler (bei Nominalfrequenz)			35	°

15.3.6 Bremspedalwegsensoren

Für die Messung des Bremspedalweges haben sich magnetische Verfahren durchgesetzt [15]. In dieser Anwendung ist eine berührungslose Erfassung der Änderung und eine hohe Signalsicherheit wichtig. Die Änderungen können Drehbewegungen oder Linearbewegungen sein, abhängig von der Konstruktion der Bremsbetätigungseinheit, siehe ◘ Abb. 15.11. Der bewegte Magnet ist spezifisch an den zu messenden Weg in seiner Größe und Form angepasst. Der gegenüber angeordnete Hallsensor misst die Änderung der magnetischen Flussrichtung sowohl in x- als auch in y-Richtung. Mit einer arc-Tangensfunktion kann der Linearweg oder die Winkeländerung errechnet werden. Die Auslegung und Anzahl der Magneten bestimmt den Messbereich und die Empfindlichkeit des Sensors. Die Signale werden redundant, mit gekreuzten Kennlinien und Überwachungsbändern für die Erkennung des Kurzschluss nach Masse und zur Versorgungsspannung, ausgegeben. Die Plausibilisierung der Ausgangssignale wird aus dem Summensignal der Ausgangssignale erzeugt.

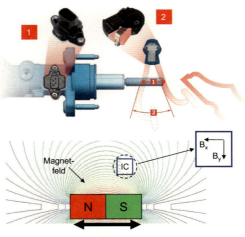

◘ Abb. 15.11 Funktionsdarstellung Bremspedalwegsensor als linearer Wegsensor (1) oder Winkelsensor (2)

Funktionsdaten
Bremspedalweg

Kriterium	Wert	Einheit
Spannungsversorgung	5,0	V
Stromaufnahme	<30	mA
Ausgangssignal	1kHz (10...90%)	PWM
Messbereich abhängig vom Magnet	typ. 45 linear	mm
	typ. 30 rotatorisch	°
Auflösung	10	bit
Genauigkeit		
Betriebstemperaturbereich	−40 ... +120	°C

Funktionskennwerte
Bremspedalweg

Funktion	Wert	Einheit
Spannungsversorgung	5,0	V
Stromaufnahme	<30	mA
Ausgangssignal	1kHz (10...90%)	PWM
Messbereich abhängig vom Magnet	typ. 45 linear	mm
	typ. 30 rotatorisch	°
Auflösung	10	bit
Genauigkeit	+/− 0,4	%
Genauigkeit bezogen auf 45mm Weg	typ. +/− 0,18	mm
Betriebstemperaturbereich	−40 ... +120	°C

Literatur

[1] Mörbe, M., von Hörsten, C.: Force and Torque Sensors. In: Hesse, J., Gardner, J.W., Göpel, W. (Hrsg.) Sensors for Automotive Technology, Bd. 4, Wiley-VCH Verlag, Weinheim (2003)

[2] Mörbe, M., Zwiener, G.: Wheel-Speed Sensors. In: Hesse, J., Gardner, J.W., Göpel, W. (Hrsg.) Sensors for Automotive Technology, Bd. 4, Wiley-VCH Verlag, Weinheim (2003)

[3] Walter, K.; Arlt, A.: Drahtlose Sensorik – Anforderungen in sicherheitskritischen Fahrdynamiksystemen. In: sensor4car-Tagung „Sensorsystemtechnik und Sensortechnologie", Fellbach, 24.–25.10.2007

[4] Mörbe, M.: Standardisierung von Sensorschnittstellen – Chance oder Risiko. In: sensor4car-Tagung „Sensorsystemtechnik und Sensortechnologie", Böblingen, 25.–26.10.2006

[5] Welsch, W.: Intelligente Schnittstellen für Raddrehzahlsensoren. In: sensor4car-Tagung „Sensorsystemtechnik und Sensortechnologie", Böblingen, 25.–26.10.2006

[6] Golderer, W., et al.: Yaw Rate Sensor in Silicon Micromachining Technology for Automotive Aplications. In: Ricken, D.E., Gessner, W. (Hrsg.) Advanced Microsystems for Automotive Applications. Springer Verlag, Berlin, Heidelberg, New York (1998)

[7] Willig, R.; Mörbe, M.: New Generation of Inertial Sensor Cluster for ESP- and Future Vehicle Stabilizing Systems in Automative Applications. SAE Permissions, Warrendale, USA 2003

[8] Schier, J., Willig, R., Miekley, K.: Mikromechanische Sensoren für fahrdynamische Regelsysteme. ATZ **107**, 11 (2005)

Literatur

[9] Axten, E., Schier, J.: Inertial Sensor Performance for Diverse Integration Strategies in Automotive Safety. In: Valldorf, J., Gessner, W. (Hrsg.) Advanced Microsystems for Automotive Applications. Springer Verlag, Berlin, Heidelberg, New York (2007)

[10] Hagleitner, C., Kierstein, K.-U.: Circuit and Sytem Integration. In: Brand, O., Fedder, G.K. (Hrsg.) CMOS-MEMS. Wiley-VCH Verlag, Weinheim (2005)

[11] Willig, R., Lemejda, M.: A new inertial sensor unit for dynamic stabilizing systems of powered two wheelers 9th International Motorcycle Conference, Köln, 1.–2.10.2012. (2012)

[12] Tille, T. et al.: Sensoren im Automobil V, Haus der Technik Fachbuch Band 132, Expert Verlag, Renningen (2014)

[13] Mörbe, M.: Advanced systems for motorcycles based on inertial sensors. In: 5th International Conference, Development Trends of Motorcycles, Budrio, 18.–19.10.2012

[14] Carl Hanser Verlag, München: Kleines Teil, große Wirkung. In: Form+Werkzeug 5/2011 S. 24, 25

[15] Walter, K.: Erfassung des Fahrerbremswunsches in Hybrid- und Elektrofahrzeugen. In: VDI-Fachkonferenz „Innovative Bremstechnik", Stuttgart, 12.–13. 12. 2011

Ultraschallsensorik

Martin Noll, Peter Rapps

16.1 Einleitung – 244

16.2 Grundlagen der Ultraschallwandlung – 244

16.3 Ultraschallwandler – 246

16.4 Ultraschallsensoren für das Kfz – 248

16.5 Antennen und Strahlgestaltung – 250

16.6 Entfernungsmessung – 252

16.7 Halter- und Befestigungskonzepte – 255

16.8 Leistungsfähigkeit und Zuverlässigkeit – 256

16.9 Zusammenfassung und Ausblick – 257

Literatur – 258

16.1 Einleitung

Ultraschallsensoren werden in unterschiedlichsten Anwendungsbereichen eingesetzt. Beispielhaft seien hier die Werkstoffprüftechnik, medizinische Diagnostik, Unterwassersonar sowie industrielle Näherungsschalter erwähnt. Die physikalischen Grundlagen und zahlreiche Anwendungsbeispiele werden in der Literatur vielfältig beschrieben; [1, 2, 3, 4]. Die Verwendung im Automobil hat dagegen erst vergleichsweise spät mit der Einführung von ultraschallbasierten Einparkhilfesystemen Anfang der neunziger Jahre eingesetzt und seitdem eine weite Verbreitung gefunden.

Dieses Kapitel dient daher einer detaillierten Betrachtung der spezifischen Anforderungen und Auslegung von Ultraschallsensorkomponenten für den Einsatz im Bereich der Einparkassistenzsysteme. Einen breiteren Raum nehmen dabei zu Beginn die piezokeramischen Ultraschallwandler ein, die vor allem aufgrund ihrer robusten Umwelteigenschaften für die Anwendung im Automobil besonders geeignet sind und sich breitflächig durchgesetzt haben.

16.2 Grundlagen der Ultraschallwandlung

16.2.1 Piezoelektrischer Effekt

Der 1880 von Jacques und Pierre Curie entdeckte piezoelektrische Effekt besteht aus einer linearen elektromechanischen Wechselwirkung zwischen den mechanischen und den elektrischen Zuständen in einem Kristall. Eine mechanische Deformation des Kristalls erzeugt eine zu dieser Deformation proportionale elektrische Ladung, die als elektrische Spannung abgegriffen werden kann (direkter piezoelektrischer Effekt). Umgekehrt kann durch Anlegen einer elektrischen Spannung an den Kristall in diesem eine mechanische Deformation erzeugt werden (reziproker oder inverser piezoelektrischer Effekt). Damit eignen sich piezoelektrische Materialien prinzipiell zum Erzeugen mechanischer Schwingungen bzw. zum Erzeugen von Deformationen durch Anlegen elektrischer Felder und umgekehrt als Sensoren für mechanische Schwingungen bzw. Deformationen. Da der direkte und der inverse piezoelektrische Effekt immer zusammen auftreten, können Piezowandler sowohl zum Aussenden als auch zum Empfangen von Schall eingesetzt werden.

16.2.2 Piezoelektrische Keramiken

16.2.2.1 Materialien

In der heutigen Praxis zählen ferroelektrische Keramiken zu den weit verbreitetsten Werkstoffen mit piezoelektrischem Effekt. Es gibt auch organische Materialien, die den piezoelektrischen Effekt aufweisen. Doch spielt ihr Einsatz wegen ihrer geringeren Robustheit im Kraftfahrzeug bis heute keine Rolle.

Die derzeit wichtigsten piezoelektrischen keramischen Werkstoffe basieren auf dem oxidischen Mischkristallsystem Bleizirkonat und Bleititanat, das als Bleizirkonattitanat (PZT) bezeichnet wird. Die spezifischen Eigenschaften dieser Keramiken wie die hohe Dielektrizitätszahl hängen vom molaren Verhältnis von Bleizirkonat zu Bleititanat sowie von der Substitution und Dotierung mit zusätzlichen Elementen ab. Daraus ergeben sich vielfältige Modifikationsmöglichkeiten für Werkstoffe mit unterschiedlichsten Eigenschaften.

Unterhalb der so genannten Curietemperatur stellt sich innerhalb des Gitters einer Zelle eine Asymmetrie der Verteilung von positiver und negativer elektrischer Ladung ein. Daraus resultiert ein permanentes elektrisches Dipolmoment der einzelnen Zelle (◘ Abb. 16.1). Die Ferroelektrizität ergibt sich durch die Herausbildung von Domänen mit einheitlicher elektrischer Polarisation, die durch die Polung, d. h. das kurzzeitige Anlegen eines starken elektrischen Gleichfeldes, ausgerichtet werden. Diese Polung ist mit einer Längenänderung der Keramik verbunden.

Im Zuge der Bestrebungen, im Kraftfahrzeug auf Blei möglichst zu verzichten, wird auf dem Gebiet bleifreier piezoelektrischer Keramiken intensiv gearbeitet. Jedoch sind auf Grundlage dieser Forschungen kurzfristig noch keine Alternativen zu den heutigen Keramiken zu erwarten.

16.2.2.2 Herstellung

Ausgangspunkt der Herstellung piezoelektrischer Keramiken vom Typ PZT sind Oxide der Metalle

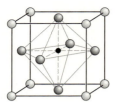

Kubisches Gitter oberhalb der Curie-Temperatur

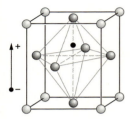

Tetragonales Gitter unterhalb der Curie-Temperatur

Abb. 16.1 Kristallgitter

Blei, Titan und Zirkonium, die nach dem Mischen kalziniert werden. Bei diesem thermischen Vorgang entsteht durch die chemische Verbindung der Stoffe das Mischkristallsystem. Das beim Kalzinieren entstandene Material wird gemahlen und mit Zusatzstoffen aufbereitet, woraus die so genannte grüne Keramik entsteht. In diesem Zustand ist das keramische Material noch weich und kann leicht in die gewünschte Form gebracht werden. Nach der Herstellung der gewünschten Form erfolgt das Aufbringen der Elektroden durch eine geeignete Metallisierung der Keramikoberfläche. Gebräuchliche Verfahren sind elektrochemisches Abscheiden von Metallen, Bedampfen, Sputtern oder die Dickschichttechnik. Bei letztgenanntem Verfahren wird eine Paste aus Metallpartikeln, organischen und anorganischen Bindemitteln aufgesprüht oder aufgedruckt und anschließend eingebrannt. Es muss dabei beachtet werden, dass die anorganischen Bestandteile des Binders zu einem gewissen Anteil in die Keramik hineinwandern und die piezoelektrischen Eigenschaften verändern. Die Formgebung der Elektroden erfolgt entweder durch Siebdruck oder im Falle des Aufsprühens durch nachträgliche Laserbearbeitung.

Beim Polarisieren wird eine elektrische Gleichspannung an die Elektroden angelegt. Die Höhe der Spannung wird nach oben durch die Durchbruchspannung in der Keramik begrenzt, nach unten durch die spätere Betriebsspannung, wobei die Polarisationsspannung immer über derselben liegen muss.

16.2.2.3 Hysterese

Analog zum Ferromagnetismus zeigen ferroelektrische Materialien einen Zusammenhang zwischen angelegtem elektrischen Feld E und Polarisation P_f in Form einer Hysterese, wie in ◘ Abb. 16.2 schematisch dargestellt.

Beim Polarisieren wird die Neukurve durchfahren, und nach dem Abschalten des elektrischen Feldes verbleibt die remanente Polarisation P_r.

16.2.2.4 Piezoelektrische Konstanten

Aufgrund der anisotropen Natur der gepolten Piezokeramiken sind die physikalischen Konstanten wie Elastizität und Permittivität Tensoren, wobei die Polungsrichtung in der Regel der z-Achse und dem Index 3 zugeordnet wird. Die x- bzw. y-Achse mit den Indizes 1 und 2 bezeichnen dazu senkrecht stehende Achsen.

Die Dielektrizitätskonstante $\varepsilon_{33}/\varepsilon_0$ liegt typischerweise im Bereich zwischen 1500 und 3000. Eine weitere wichtige Kenngröße ist der Koppelfaktor, der das Verhältnis von umgewandelter Energie zu aufgewendeter Energie beschreibt. Im Falle von Ultraschallwandlern mit dünnen piezokeramischen Scheiben ist der planare Koppelfaktor k_p, der die Kopplung zwischen dem elektrischen Feld in z-Richtung und den mechanischen Effekten in x- bzw. y-Richtung beschreibt, von besonderer Bedeutung.

Der Koppelfaktor beim Ultraschallwandler ist sowohl vom keramischen Material als auch von der Konstruktion des Ultraschallwandlers abhängig. Angaben zum Koppelfaktor in Keramikdatenblättern beziehen sich auf eine Standardscheibe und liegen typisch im Bereich 0,6 bis 0,7.

16.2.2.5 Depolarisation

Für den Einsatz von Piezokeramiken sind ihre besonderen Alterungseffekte zu beachten, die zur Veränderung der Materialeigenschaften im Laufe der Nutzungsdauer (im Fahrzeug bis zu 20 Jahre) führen können. Der hauptsächliche Alterungseffekt ist dabei die allmähliche Depolarisation des Materials, die bereits unmittelbar nach dem Polarisieren einsetzt und sich logarithmisch über der Zeit fortsetzt. Zur Stabilisierung des Materials kann eine Voralterung durch Lagerung unter erhöhter Temperatur zum Einsatz kommen.

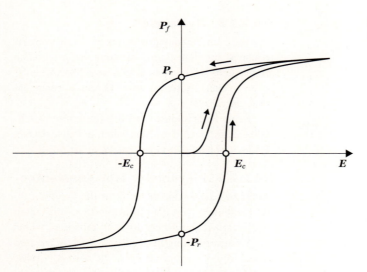

Abb. 16.2 Ferroelektrische Hystereseschleife

Weitere depolarisierende Mechanismen sind thermischer, elektrischer und mechanischer Natur. Durch Erwärmen baut sich die piezoelektrische Eigenschaft beschleunigt ab. Oberhalb der Curietemperatur, die bei den gebräuchlichen Materialien im Kfz-Bereich über 300 °C liegt, verschwindet der Piezoeffekt vollständig und entsteht auch nach dem Abkühlen erst wieder nach erneuter Polarisation. In der Praxis gilt die Faustformel, dass die Gebrauchstemperatur maximal die halbe Curie-Temperatur in °C betragen darf.

Auch durch Anlegen eines elektrischen Gleichfeldes entgegengesetzt zur Polarisationsrichtung entsteht eine Depolarisation. Gleichermaßen wirkt eine mechanische Kraft, die entgegengesetzt zur mechanischen Deformation, die während des Polarisierens eingetreten ist, anliegt. Durch die mechanische Konstruktion des Ultraschallwandlers und durch seine elektrische Beschaltung muss sicher gestellt werden, dass diese depolarisierenden Wirkungen über seiner Lebensdauer vernachlässigbar klein bleiben.

16.3 Ultraschallwandler

Ultraschallwandler, die den Schall in Luft abstrahlen bzw. aus der Luft wieder empfangen sollen, sind – im Unterschied zu Anwendungen in Flüssigkeiten und Festkörpern – auf relativ große Amplituden angewiesen, um ausreichend Energie in die Luft auszukoppeln bzw. aus ihr wieder einzukoppeln. Die mechanische Deformation der Piezokeramik selbst reicht dafür nicht aus, weswegen eine mechanische Verstärkung des Effekts erforderlich ist. Dies geschieht bei gebräuchlichen Kfz-Ultraschallabstandssensoren, indem ein piezokeramisches Plättchen flächig auf eine metallische Membran geklebt wird. Wird zwischen die Elektroden eine Wechselspannung angelegt, so verändert es seinen Durchmesser und seine Dicke (Abb. 16.3). Da das Plättchen auf eine metallische Membran geklebt ist, übertragen sich diese Änderungen in eine Biegeschwingung der Membran, die – wenn sie mit Resonanzfrequenz betrieben wird – wesentlich größere Schwingungsamplituden erzeugt.

In umgekehrter Weise führt eine auftreffende Schallwelle zu einer Biegeschwingung der Membran und damit zu einer Durchmesseränderung des piezokeramischen Plättchens. Dadurch entsteht zwischen den Elektroden eine elektrische Wechselspannung, die verstärkt und elektrisch weiterverarbeitet wird. Meistens werden Ultraschallwandler sowohl zum Senden als auch zum Empfangen von Ultraschall eingesetzt.

Die schwingende Membran muss an ihrem Rand fixiert werden. In der Praxis geschieht dies dadurch, dass man die piezokeramische Scheibe auf den Boden eines Aluminium-Töpfchens klebt. Der Boden wirkt als Membran, die stabilen Seitenwände des Töpfchens fixieren die Membran außen. Die Schwingung konzentriert sich überwiegend auf

16.3 · Ultraschallwandler

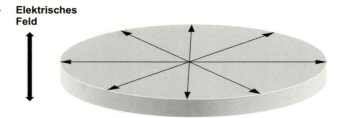

◐ **Abb. 16.3** Planare Schwingung einer piezokeramischen Scheibe

Elektrisches Feld

die Membran, jedoch nehmen die Seitenwände in geringem Maße ebenfalls an der Bewegung teil. Das ist insofern von Bedeutung, weil damit die Einspannung des Topfes auf die Membranbewegung Einfluss nimmt.

Die Membran wird üblicherweise auf der Grundschwingung angeregt (siehe ◐ Abb. 16.4). Höhere Moden sind im Prinzip auch nutzbar, führen jedoch zu starker Nebenkeulenbildung, die sich negativ auf die räumlichen Detektionseigenschaften auswirkt.

Um den Wandler robuster und leichter beherrschbar zu machen, muss die Innenseite der Membran gezielt akustisch bedämpft werden, z. B. durch Einbringen eines Silikonschaums, dessen Material und Zellstruktur an die Arbeitsfrequenz angepasst sind.

Zwar wird dadurch der Wirkungsgrad des Wandlers reduziert, doch die Vorteile sind:
- Die schädliche Schallabstrahlung ins Sensorinnere wird sofort absorbiert;
- Robustheit gegenüber externen Belägen auf der Membran (z. B. durch Schmutz oder Feuchtigkeit) und frequenzverändernden Temperatur-/Alterungseinflüssen wird erhöht.

Für ultraschallbasierte Einparkassistenzsysteme hat sich eine Arbeitsfrequenz im Bereich um 40 bis 50 kHz als der beste Kompromiss zwischen den konkurrierenden Forderungen nach guter Systemperformance (Empfindlichkeit, Reichweite etc.) einerseits und hoher Robustheit gegenüber Fremdschallgeräuschen andererseits erwiesen. Höhere Frequenzen führen zu geringeren Echoamplituden durch stärkere Luftschalldämpfung, während für tiefere Frequenzen der Anteil von Störschallquellen in der Fahrzeugumgebung immer mehr zunimmt.

◐ **Abb. 16.4** FEM-Simulation der schwingenden Membran (in Resonanz angeregter Topfboden)

16.3.1 Ersatzschaltbild

Ein piezokeramischer Ultraschallwandler kann in der Nähe seiner Resonanz durch ein elektrisches Ersatzschaltbild (◐ Abb. 16.5) dargestellt werden, das aus einem seriellen Schwingkreis mit Parallelkapazität C_0 besteht.

Dabei entsprechen den elektrischen Größen C_s und L_s die mechanischen Größen der Federsteifigkeit der Membran und ihrer schwingenden Masse. R_s bringt die Verluste durch Reibung, ferroelektrische Hysterese und Schallabstrahlung zum Ausdruck. Die serielle Resonanzfrequenz ergibt sich zu

$$f_s = \frac{1}{2\pi\sqrt{L_s \cdot C_s}}$$

C_0 ist die Plattenkapazität der Piezokeramik. Der Wert für C_0 ist im eingeklebten Zustand der Keramik deutlich kleiner als vor dem Verkleben,

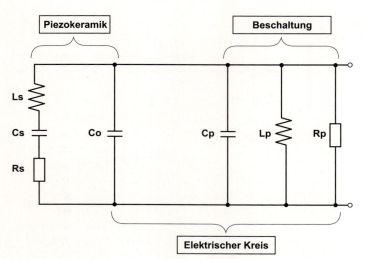

Abb. 16.5 Ersatzschaltbild eines Ultraschallwandlers mit Parallelabstimmung

wenn sich die mechanische Deformation ungehindert ausbilden kann. Zur Erhöhung der Bandbreite des Systems wird der Wandler parallel oder seriell abgestimmt. ◘ Abbildung 16.5 zeigt eine Parallelabstimmung: Der elektrische Parallelkreis muss auf dieselbe Resonanzfrequenz abgestimmt sein wie der mechanische Serienkreis.

Da die Kapazität C_0 der Piezokeramik eine ausgeprägte positive Temperaturabhängigkeit aufweist, ist es zweckmäßig, diesen Effekt durch eine parallele Kapazität mit negativer Temperaturabhängigkeit zu kompensieren. Damit kann die Resonanzfrequenz des elektrischen Kreises temperaturstabil gehalten werden.

Wird ein Ultraschallwandler im Sende- und Empfangsbetrieb eingesetzt, so ist es für die Abstandsmessung zu nahe gelegenen Objekten notwendig, dass die Membranschwingung nach dem aktiven Sendesignal in möglichst kurzer Zeit zur Ruhe kommt, um das System möglichst rasch wieder empfangsfähig werden zu lassen. Schnelles Ausschwing- bzw. Abklingverhalten ist daher insbesondere bei Einparkhilfeanwendungen ein wesentliches Qualitäts- und Funktionsmerkmal der dafür eingesetzten Ultraschallsensoren.

Umgekehrt ist es im Sendebetrieb von Vorteil, wenn die mechanische Schwingung der Membran nach Anlegen der elektrischen Wechselspannung möglichst rasch aufklingt. Damit sind kürzere Ultraschallimpulse möglich. Praktische Werte für die effektive Sendedauer liegen typisch bei ca. 300 µs,

während für das anschließende Ausklingverhalten nochmals ca. 700 µs vergehen.

16.4 Ultraschallsensoren für das Kfz

Die Grundfunktion eines Ultraschall-Einparkhilfesystems, die wichtigsten Merkmale der zugehörigen Komponenten und deren Zusammenwirken sind in [5] beispielhaft beschrieben. Im Folgenden wird auf die Eigenschaften der Sensoren nochmals detaillierter eingegangen, da sie den Kern eines jeden Systems darstellen sowie Funktion und Qualität des Gesamtsystems grundlegend beeinflussen.

16.4.1 Sensorbaugruppen

Die Hauptkomponenten des Sensors bestehen aus dem akustischen Wandlerelement (analog einer Kombination aus Lautsprecher und Mikrofon), der Elektronik und dem Gehäuse mit Steckverbindung. Ein exemplarischer Aufbau ist in ◘ Abb. 16.6 dargestellt.

16.4.1.1 Akustisches Wandlerelement

Der akustische Teil des Ultraschallsensors wird im Wesentlichen aus einem topfförmigen Aluminiumkörper gebildet, auf dessen Innenboden die Piezokeramikscheibe aufgeklebt ist. Beim Verbau im Fahrzeug schließt dieser so genannte Membran-

Piezokeramik ist durch die Verwendung dünner Litzen oder Drähte so zu gestalten, dass darüber keine akustische Kopplung auf die Leiterplatte erfolgt.

16.4.1.2 Elektronik

Alle im Kfz eingesetzten Ultraschallabstandssensoren enthalten Elektronikkomponenten, deren Umfang abhängig von der Systemauslegung (Partitionierung Sensor und Auswertesteuergerät) stark variieren kann. Eine grobe Klassifikation kann in folgende drei Typen vorgenommen werden:
- Sensoren mit rein analoger Schnittstelle
- Sensoren mit rein digitaler Schnittstelle
- Sensoren mit zeitanaloger Datenschnittstelle

Sensoren mit rein analoger Schnittstelle werden beim Senden mit einer Wechselspannung angesteuert und liefern das rohe oder (vor-)verstärkte analoge Echosignal an das übergeordnete Steuergerät zurück. Der Elektronikumfang besteht dabei aus einigen wenigen passiven und diskreten aktiven Komponenten. Bei Sensoren mit rein digitaler Schnittstelle wird dagegen direkt im Sensor aus der Laufzeit des Ultraschallimpulses ein Abstand errechnet und als Datum ans Steuergerät gemeldet.

Am gebräuchlichsten sind Sensoren mit zeitanaloger Datenschnittstelle, die typischerweise durch einen Puls zum Senden angesteuert werden, dessen Länge die Sendedauer vorgibt. Auf der gleichen – bidirektionalen – Signalleitung liefert die Elektronik zum Zeitpunkt des Empfangs eines Echos einen Schaltimpuls an das Steuergerät zurück. Die Abstandsinformation ist in der zeitlichen Differenz zwischen den zwei Schaltflanken von Sende- und Echoimpuls enthalten. Die Empfindlichkeit der Echodetektion kann dabei eine programmierbare Zeit- bzw. Abstandsabhängigkeit enthalten, um den unterschiedlichen Einbaurandbedingungen im Fahrzeugstoßfänger (Höhe, Winkel, lateraler Einbauabstand, vorstehende Anbauteile wie Anhängekupplung, Kennzeichenträger etc.) möglichst universell gerecht zu werden. Das Blockschaltbild mit den Hauptfunktionen Sendesignalerzeugung, Echosignalaufbereitung und Zeitablaufsteuerung eines solchen Sensors ist in ◘ Abb. 16.7 dargestellt.

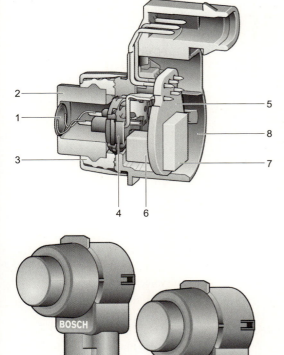

◘ **Abb. 16.6** Schnittbild Sensormodul 1 Piezokeramik, 2 Membrantopf, 3 Entkopplungsring, 4 Kontaktträger, 5 Leiterplatte, 6 Übertrager, 7 ASIC-Baustein, 8 Gehäuse mit Steckverbindung

topf mehr oder weniger bündig mit der Außenhaut des Stoßfängers ab und ist in der Regel an die Farbe der Einbauumgebung angepasst. Entscheidend bei der Konstruktion und dem Aufbau des akustischen „Frontend" ist die vollständige Entkopplung der Membranschwingung von dem Sensorgehäuse und dem Einbauhalter im Fahrzeug. Deshalb wird der Membrantopf in einen Entkopplungsring aus weichem Silikon eingebettet, dessen akustische Eigenschaften über dem gesamten Einsatztemperaturbereich – insbesondere bei tiefen Temperaturen – nahezu unverändert bleiben. Das Design des Membrantopfes ist zudem so optimiert, dass die Randschwingungen im Bereich der äußeren Einspannung möglichst kleine Amplituden aufweisen. Auch die elektrische Kontaktierung der

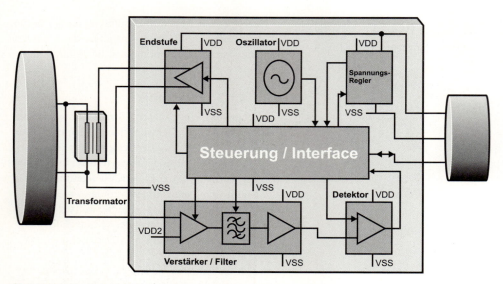

Abb. 16.7 Blockschaltbild Ultraschallsensor mit zeitanaloger Datenschnittstelle

16.4.1.3 Gehäuse

Das Sensorgehäuse hat neben dem Schutz des Wandlers und der Elektronik vor Umwelteinflüssen die Aufgabe, die Steckverbindung zum Kabelbaum und das Verklipsen im Sensorhalter zu ermöglichen. In der Regel wird wegen des Verbaus im Spritzwasserbereich des Fahrzeugs das Gehäuse mit einem Vergussmaterial ausgefüllt, welches die Elektronik wasserdicht umschließt und gleichzeitig verhindert, dass undefinierte Hohlräume das akustische Verhalten negativ beeinträchtigen. Das Vergussmaterial ist so zu wählen, dass es unter Temperaturwechseln zu keinen Bauteil- oder Lotschäden der Elektronik kommt.

16.5 Antennen und Strahlgestaltung

Die Richtcharakteristik oder das Antennendiagramm eines Ultraschall-Einparkhilfesensors ist eines der entscheidenden Merkmale für die Qualität der resultierenden Objektdetektion und der darauf aufbauenden Umfelderfassungsfunktion. Sie sollte räumlich homogen verlaufen, d. h. keine nennenswerten Interferenzeffekte oder Nebenkeulen aufweisen, um die Winkelabhängigkeit der Sensorperformance so gering wie möglich zu halten. Zur lückenlosen Überdeckung der Fahrzeugbreite mit einer geringstmöglichen Zahl von Sensoren sollte außerdem die horizontale Schallverteilung einen großen effektiven Öffnungswinkel aufweisen (ca. 120° bis 140° für die Erkennung eines Referenzobjekts im Nahbereich bis ca. 50 cm). Gleichzeitig muss jedoch der vertikale Öffnungswinkel so gering ausgelegt sein, dass Reflexionen von der Fahrbahn – insbesondere bei schlechter Wegstrecke, z. B. geschottertem/gepflastertem Untergrund – keine Signale hervorrufen, die zu einer Pseudo-Hindernisanzeige führen. In der Praxis hat sich für den Einbau der Sensoren im Stoßfänger ein effektiver vertikaler Öffnungswinkel bewährt, der mit ca. 60° bis 70° nur ungefähr halb so groß ist wie horizontal.

16.5.1 Simulation

Kurze Entwicklungszeiten und unterschiedlichste Einbaurandbedingungen der Sensoren im Stoßfänger erfordern bereits in einem sehr frühen Projektstadium eine effiziente und genaue Vorhersage der zu erwartenden akustischen Sensorperformance in Abhängigkeit vom Einbauort, Einbauwinkel und vor allem der jeweiligen Einbauumgebung. Ausgereifte Simulationsmethoden, -modelle und -werkzeuge sind hier das ideale Hilfsmittel, um verlässliche Aussagen bereits in der Designphase zu treffen, ohne auf kostspielige und zeitaufwendige Anfertigung von prototypischen Teilen und darauf aufbauenden Versuchen angewiesen zu sein.

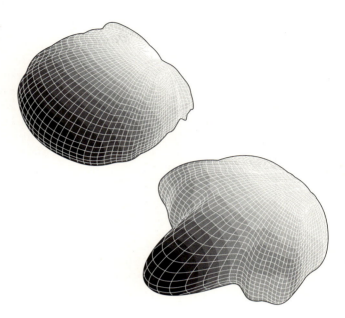

• **Abb. 16.8** 3D-Simulation von Schalldruckverteilung bei planarem Sensoreinbau (homogener Winkelverlauf) und vertieftem Einbau, bedingt durch Neigung von Stoßfängerfläche zu Membranoberfläche (starke Einschnürung aufgrund Interferenz-/Nebenkeulenbildung an vorstehender Einbauumgebung)

Für die Schallabstrahlung hat sich in den letzten Jahren die Randelementmethode (englisch: Boundary Element Method, BEM) als am besten geeignet bewährt. Hierbei wird im Gegensatz zur Finite-Elemente-Methode (FEM) bei dreidimensionalen Problemstellungen nur die schallabstrahlende Oberfläche diskretisiert, nicht aber zusätzlich das umgebende Volumen. Der notwendige Rechenaufwand wird dabei wegen der deutlich geringeren Anzahl von Stützstellen signifikant reduziert.

Die Abstrahlungseigenschaften eines im Fahrzeugstoßfänger verbauten Ultraschallwandlers unterliegen mehreren Einflussgrößen. Zum einen hängen sie wesentlich von der Schwingschnelleverteilung auf der durch die Piezokeramik angeregten Membran ab. Diese kann sowohl experimentell als auch ebenfalls durch Simulation bestimmt werden (siehe • Abb. 16.5). Zusätzlich sind die klimatischen Randbedingungen und dabei vor allem die Temperatur zu beachten, da diese über die Schallgeschwindigkeit Einfluss auf die Wellenlänge in Abhängigkeit der angeregten Frequenz nimmt. Letztendlich fließt noch die Geometrie in der unmittelbaren Umgebung des Wandlers ein. Insbesondere diese Geometrie ist es, die je nach Stoßfängerdesign, Einbaukriterien, Halter- und Befestigungskonzept sehr starke Auswirkung auf die resultierende Schallabstrahlung und in gleicher Weise auch auf die räumlichen Empfangseigenschaften haben kann. Als Beispiel zeigt • Abb. 16.8 den Unterschied eines planaren Sensoreinbaus (links) gegenüber einem leicht vertieften Einbau (rechts), der in einer starken Einschnürung der Schallkeule resultiert und somit eine sehr inhomogene Detektionsleistung nach sich ziehen würde. Mithilfe der Simulation können solche unerwünschten Interferenzeffekte zwar nicht vollständig vermieden, jedoch weitestgehend minimiert werden, indem die beeinflussende Geometrie gezielt auf eine möglichst homogene Abstrahlverteilung optimiert wird.

Auf Basis der berechneten Abstrahlung kann dann unter Berücksichtigung der Luftschalldämpfung und der Schallreflexion an definierten Hindernissen zusätzlich auch das Sichtfeld in Abhängigkeit von der Hindernisgeometrie bestimmt werden. Sowohl für die Schalldämpfung als Funktion vom Medium (hier: Luft), Temperatur und Feuchte (Wasserdampfgehalt der Luft) als auch für die Reflexion an Objekten können Modelle der einschlägigen Literatur entnommen werden.

Da die Simulation, einschließlich Modellbildung, bestimmten Grenzen und Bedingungen unterworfen ist, sind regelmäßige Abgleiche der Simulationsergebnisse mit realen Messungen zur Validierung und Weiterentwicklung der Methoden unerlässlich.

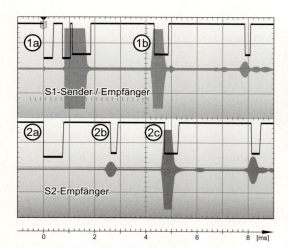

◘ **Abb. 16.9** Beispiel für Signaldiagramm zweier benachbarter Sensoren (oben: Sender/Empfänger, unten: Empfänger)

16.6 Entfernungsmessung

Die Entfernungsmessung mittels Ultraschall nach dem Puls/Laufzeitprinzip gestaltet sich wegen der vergleichsweise geringen Schallgeschwindigkeit technisch sehr einfach. Auf Basis der elektronischen Zeitmessung zwischen dem Start eines Sendeimpulses und dem Eintreffen des zurückkehrenden Echosignals kann über die zugrunde liegende Luftschallgeschwindigkeit direkt die Entfernung zum reflektierenden Hindernis berechnet werden.

Die absolute Genauigkeit der Messung wird dabei von verschiedenen Faktoren beeinflusst. Auf der einen Seite sind dies die physikalischen Abhängigkeiten der Schallgeschwindigkeit von den Eigenschaften der Luft als Ausbreitungsmedium. Hier ist vor allem die Lufttemperatur die entscheidende Einflussgröße, der gegenüber andere Parameter (z. B. Dichte) nahezu vernachlässigt werden können. Daneben spielt die Echostärke eine Rolle, da insbesondere bei kleinen Signalen eine Verzögerung in der Laufzeit des detektierten Signals in Kauf genommen werden muss. Diese entsteht durch das zeitliche Aufklingen des Echosignals aufgrund der begrenzten Bandbreite des piezokeramischen Ultraschallwandlers. Wegen der vergleichsweise geringen Anforderungen an die zentimetergenaue Entfernungsbestimmung für Einparkhilfeanwendungen sind all diese Abhängigkeiten jedoch ohne weiteres tolerierbar.

Kritischer sind die geometrischen Messungenauigkeiten in Bezug auf die Begrenzungen des Fahrzeugs, welche hauptsächlich durch Position, Ausdehnung, Geometrie und Orientierung der zu detektierenden Hindernisse relativ zum Sensor bestimmt werden. Dadurch hervorgerufene Messfehler können leicht bis zu 20 cm und mehr betragen. Entscheidend für die Reduzierung dieser geometrisch bedingten Messfehler sind einerseits die Verwendung mehrerer Sensoren über die gesamte Fahrzeugbreite (typisch 4 oder 6) und andererseits die Anwendung des so genannten Trilaterationsprinzips (siehe ▶ Abschn. 16.6.1). Hierbei wird zu jedem Sendeimpuls eines Sensors sowohl das selbst empfangene Echosignal (Direktecho, DE) als auch das von dem jeweiligen linken und/oder rechten Nachbarsensor empfangene Echosignal (Kreuzecho, KE) für die Berechnung des Hindernisabstands herangezogen. Dadurch lässt sich näherungsweise die Position des nächstgelegenen Hindernisses innerhalb der Sensorebene bestimmen und in Folge die tatsächliche Entfernung zum Fahrzeug als Projektion auf den Stoßfänger berechnen.

◘ Abbildung 16.9 zeigt ein beispielhaftes Signaldiagramm bestehend aus dem Sende-/Empfangssignal eines aktiv betriebenen Senders (obere Bildhälfte) und dem Empfangssignal eines benachbarten passiv betriebenen Empfängers (untere Bildhälfte).

Für beide Sensoren sind sowohl die digitalen Signale auf der bidirektionalen Leitung zwischen Sensor und Steuergerät als auch die zugehörigen sensorinternen 50 kHz-Ultraschallsignale aufgezeichnet. Ein Gesamtsystem bestehend aus bis zu 12 Sensoren im Front- und Heckstoßfänger muss auf eine sorgfältig abgestimmte Zeitablaufsteuerung ausgelegt sein, die einerseits schnelle Wiederholraten für jeden einzelnen Sensor zulässt (notwendig zur Erreichung kurzer Gesamtmessdauern), andererseits aber wechselseitige Störungen durch falsche Zuordnung von Signalen unterschiedlicher Sensoren sicher vermeidet.

16.6.1 Trilateration und Objektlokalisierung

Die sehr großen horizontalen Öffnungswinkel der Sensoren und ihr vergleichsweise moderater Einbauabstand (typisch zwischen 40 cm und 70 cm)

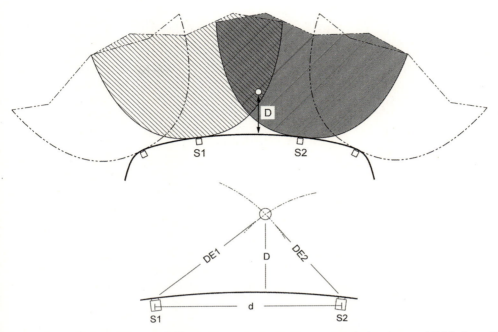

Abb. 16.10 Veranschaulichung des Trilaterationsprinzips zur Berechnung von Objektposition und Objektabstand D in Bezug auf die Basislinie der beiden Sensoren S1 und S2 im Abstand d

resultieren in einer starken Überlappung der effektiven Erfassungsbereiche. Das ermöglicht neben der reinen Entfernungsmessung die zusätzliche Positionsbestimmung der zu detektierenden Objekte relativ zum Fahrzeug. Das dabei angewandte Grundprinzip der Trilateration (siehe Abb. 16.10) errechnet den Schnittpunkt der beiden Kreisbögen mit den Radien DE1 und DE2 ($\cong$ Laufzeiten der Direktechos), ausgehend von S1 und S2 im Abstand d. Die Höhe D des dabei entstehenden Dreiecks bildet die Projektion auf die Basislinie und entspricht somit dem anzuzeigenden Abstand des detektierten Objekts zum Stoßfänger. Die reale Krümmung des Stoßfängers in der Einbauebene der Sensoren kann dabei in erster Linie vernachlässigt werden oder anhand eines Korrekturfaktors – z. B. im Bereich der Fahrzeugecken – mit eingerechnet werden. D errechnet sich mit Hilfe des Satzes von Pythagoras nach der Formel

$$D = \sqrt{DE1^2 - \frac{(d^2 + DE1^2 - DE2^2)^2}{4d^2}}$$

Wie aus Abb. 16.10 leicht erkennbar ist, ist diese Positions- und Abstandsberechnung zur Vermeidung von Kollisionsrisiken durch ungenaue Entfernungsanzeigen insbesondere für kleine Hindernisabstände sehr bedeutsam. Die relativen Abweichungen zwischen gemessenen (DE1, DE2) und tatsächlichen Entfernungen (D) können gerade in diesem für den Fahrer interessantesten und nutzbringendsten Absicherungsbereich besonders groß werden.

Die speziellen Herausforderungen bei der Anwendung dieses Prinzips im Bereich der Einparkassistenz liegen darin, dass die zuvor gemachte Annahme eines „punktförmigen" Hindernisses (runder Pfosten, Verkehrsschild, …) in der Praxis nur in wenigen Fällen zutrifft. Stattdessen können die zu detektierenden Objekte beliebige Größe, Gestalt oder räumliche Orientierung haben. Beispielhaft dafür sind in Abb. 16.11 drei einfache „Szenen" für (a) ein zylindrisches Objekt, (b) eine parallele Wand und (c) eine schräge Wand dargestellt.

Für die Beherrschung dieser Vielfalt an realen Szenen von unterschiedlichen Objekttypen sorgt eine algorithmische Verarbeitung aller zur Ver-

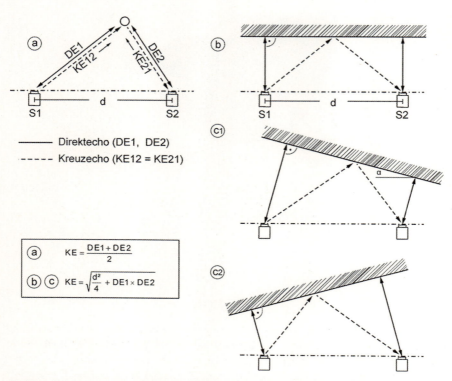

Abb. 16.11 Darstellung der kürzesten Echolaufwege für Direktecho (DE) und Kreuzecho (KE) am Beispiel von zwei benachbarten Sensoren und unterschiedlichen Objekttypen / -orientierungen.

fügung stehenden Echosignale, die in erster Linie lokale („punktförmige") von ausgedehnten („wandförmigen") Hindernissen unterscheidet, auf die dann jeweils speziell angepasste Formeln für die Berechnung des kürzesten Abstands zum Fahrzeug zur Anwendung kommen. Dabei ist die Einbeziehung des Kreuzechos (KE) von Sensor X nach Sensor Y und umgekehrt (KE12 / KE21 in ◘ Abb. 16.11) von besonderer Bedeutung. Wie in den Teilabbildungen von ◘ Abb. 16.11 leicht zu erkennen ist, unterscheidet sich die Länge des Kreuzecholaufwegs von der Summe der beiden Direktecholaufwege je nach Objekttyp relativ stark und kann daher als Kriterium für die Klassifizierung „Punkt / Wand" herangezogen werden. Der rechnerische Zusammenhang zwischen Kreuzechos und Direktechos ist für beide Fälle in ◘ Abb. 16.11 mit angegeben. Die „Wandformel" gilt dabei sowohl für eine gerade als auch für eine schräge Orientierung zum Basisabstand d. Ist die Klassifizierung „Wand" auf Grundlage der gemessenen Echolaufzeiten einmal erfolgt, kann aus den Laufzeitunterschieden zwischen DE1 und DE2 zusätzlich noch die Schrägstellung „α" in einfacher Weise ermittelt werden.

Mittels vier bzw. sechs Sensoren im vorderen oder hinteren Stoßfänger können auf diese Weise, trotz der sehr schlechten räumlichen Auflösung eines jeden einzelnen Sensors, komplette Objekt-/ Umfeldkarten für die Einbauebene der Sensoren erzeugt werden, in denen Position, Ausdehnung und Orientierung von einem oder mehreren Objekten vor bzw. hinter dem Fahrzeug gut wiedergegeben werden. In Verbindung mit fortgeschrittenen Trackingalgorithmen, die die über Radsensoren und Lenkwinkel erfasste Eigenbewegung des Fahrzeugs ständig mit den aktuellen Messdaten der Sensoren abgleichen, lassen sich so bei ausreichender Rechenleistung genauere und zuverlässigere Einparkassistenzsysteme realisieren.

Bei zunehmender Verbreitung von „advanced maneuvering functions" mit automatischen Lenk- und/oder Bremseingriffen sowie räumlich aufgelösten HMI-Darstellungen („Birds-Eye-View"), ist diese Methode der Objektlokalisierung nicht nur hinsicht-

Abb. 16.12 Typische Montagebeispiele für das Sensormodul

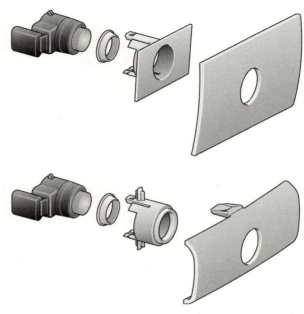

lich Genauigkeit, Zuverlässigkeit und Robustheit Basis für eine signifikante Erhöhung des Kundennutzens. Sie ermöglicht auch die Ausdehnung der Anzeige und Kollisionsüberwachung auf den seitlichen Bereich des Fahrzeugs im Sinne eines Flankenschutzes. Objekte, die einmal von den vorderen oder hinteren seitlichen Sensoren links bzw. rechts des Fahrzeugs „geortet" und in die Umfeldkarte eingetragen wurden, können auch nach Verlassen des Detektionsbereichs weiter in ihrer Relativposition zum Fahrzeug verfolgt und angezeigt werden, wenn Lenkwinkel und gefahrene Wegstrecke in die Auswertung der Objektposition mit einbezogen werden.

16.7 Halter- und Befestigungskonzepte

Die konstruktive Gestaltung des Sensors und seine Montage im Stoßfänger unterliegen vielfältigen Anforderungen. An erster Stelle ist das Design zu nennen, das eine möglichst unauffällige und von außen kaum sichtbare Integrationsmöglichkeit der Sensoren unterstützen sollte. Damit einher geht die Forderung, dass der sichtbare Teil des Sensors (die schwingende Membran) in allen Stoßfängerfarben lackierbar sein muss, ohne die Funktion zu beeinträchtigen.

Schwingungs-, Temperatur-, Witterungs- und Feuchtigkeitsbeständigkeit des fertig montierten Sensormoduls sowie die zuverlässige akustische Entkopplung der Membran von ihrer Einbauumgebung spielen darüber hinaus eine zentrale Rolle für die korrekte Funktion unter realen Betriebsbedingungen über der gesamten Lebensdauer des Fahrzeugs.

Die Montage im Stoßfänger mittels geeigneter Halter und Befestigungstechniken ist in ◘ Abb. 16.12 in zwei unterschiedlichen Ausprägungen gezeigt. Im oberen Beispiel wird der Halter auf der Innenseite flächig mit dem Stoßfänger verklebt oder verschweißt (die Ultraschallschweißtechnologie stellt die heute am häufigsten in Serie eingesetzte Befestigungsmethode dar). Im unteren Beispiel kann der Halter mithilfe geeignet angebrachter Laschen direkt mit dem Stoßfänger verklippst werden. Das Sensormodul wird anschließend mit dem vormontierten Entkopplungsring von hinten eingeschoben und im Halter verrastet.

Die separate Ausführung des aus akustischen Gründen notwendigen Entkopplungsrings ist erforderlich, damit die vorstehende Sensormembran vor dem Verbau des Moduls rundum in der jeweiligen Stoßfängerfarbe lackiert werden kann.

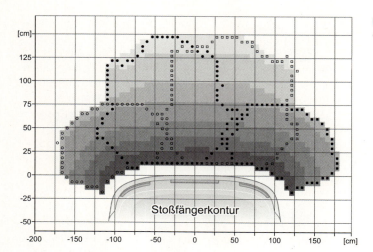

Abb. 16.13 FoV-Beispielmessung für ein 4-Kanalsystem

16.8 Leistungsfähigkeit und Zuverlässigkeit

Die Erfolgsgeschichte der Ultraschallsensoren im Bereich der Einparkassistenzsysteme beruht auf einer Reihe von Merkmalen, in denen diese Technologie anderen konkurrierenden Messverfahren (z. B. Radar, Infrarot, kapazitive oder induktive Messtechnik) überlegen ist, z. B. kostengünstige Herstellung und geringe Witterungsabhängigkeiten. Außerdem ist die Erkennungsqualität in weiten Bereichen unabhängig von der Art der zu detektierenden Hindernisse. Relevante Materialen wie Metall, Kunststoff, Holz, Mauerwerk oder Glas sind an ihrer Oberfläche „schallhart" und liefern daher bei gleicher Geometrie annähernd gleich starke Reflexionssignale. Einschränkungen ergeben sich lediglich bei teilweise schallabsorbierenden Materialien, die jedoch in der Praxis kaum eine Rolle spielen (z. B. Schaumstoff). Eine Besonderheit besteht hinsichtlich der Erkennung von Personen, bei der je nach Kleidung mit einer geringfügig reduzierten Messreichweite gerechnet werden muss.

Die Leistungsfähigkeit eines Sensors oder eines Sensorsystems lässt sich am besten mithilfe einer Field-of-View (FoV) oder Detektionsfeldvermessung aufzeigen und vergleichend bewerten. Dazu wird typischerweise ein Rohr mit 7,5 cm Durchmesser als Referenzobjekt verwendet, das in der so genannten MALSO-Norm für die Auslegung von Pkw-Einparkhilfesystemen [6] als Standardtestkörper definiert wurde. Ein Beispiel einer solchen FoV-Messung zeigt ◘ Abb. 16.13 für ein 4-Kanalsystem, bei dem die Detektionsbereiche für die Direktechos der vier Sensoren jeweils durch eine separate Umrandung sichtbar gemacht wurden.

Die Messreichweite in diesem Beispiel ist für die beiden mittleren Sensoren auf 150 cm und für die äußeren auf 80 cm eingestellt und entspricht damit einem typischen Anwendungsfall.

Die zuverlässige Verfügbarkeit der Sensoren kann in der Praxis durch zwei Faktoren eingeschränkt sein. Einerseits können starke akustische Fremdstrahler im Bereich der Ultraschallarbeitsfrequenz in unmittelbarer Fahrzeugnähe das Signal-/Rauschverhältnis so weit absenken, dass keine Messung mehr möglich ist. Praktische Relevanz haben hier vor allem Pressluftgeräusche (z. B. Lkw-Druckluftbremsen) und metallische Reibgeräusche (z. B. von Schienenfahrzeugen). Andererseits können eventuell vorhandene Schmutz-, Schnee- oder Eisschichten auf der Sensormembran eine Schallbrücke zum Stoßfänger bilden, die das Abklingverhalten der Sendeanregung undefiniert verlängert. In beiden Fällen reagiert das System in der Regel mit einer Störungsanzeige für den Fahrer, oder es wird ein Pseudohindernis mit einer kürzeren Entfernung als potenzielle reale Hindernisse angezeigt. Kritische Situationen, in denen der Fahrer über Kollisionsrisiken entweder gar nicht oder zu spät informiert wird, können somit weitgehend vermieden werden.

16.9 Zusammenfassung und Ausblick

Piezokeramische Ultraschallsensoren für Einparkhilfesysteme wurden seit dem ersten Serieneinsatz im Jahr 1992 hinsichtlich ihrer mechanischen, akustischen und elektronischen Eigenschaften kontinuierlich weiterentwickelt. Heutige Seriensensoren besitzen einen kompakten und robusten Aufbau, lassen sich sehr unauffällig in lackierte oder unlackierte Fahrzeugstoßfänger integrieren, sind speziell in Bezug auf die optimale Winkelcharakteristik ihres akustischen Sende-/Empfangsverhaltens abgestimmt und können auf elektronischem Weg individuell an Kundenwünsche und unterschiedliche Einbaubedingungen im Fahrzeug angepasst werden. Zukünftig mögliche Weiterentwicklungen im Hinblick auf eine verbesserte und erweiterte Funktionalität sind z. B. bessere Eigendiagnosefähigkeit, Verkürzung der Mindestmessentfernung sowie optimierte Filtermechanismen zur Erhöhung des Signal-/Rauschverhältnisses.

Parallel zur Weiterentwicklung der Ultraschallsensorik sind in jüngster Zeit neue Fahrzeuganwendungen und Mehrfachnutzungen für erweiterten Funktionsumfang der „normalen" Einparkhilfe in den Blickpunkt des Interesses der Fahrzeughersteller geraten. Basis dafür ist das sehr gute Preis-/Leistungsverhältnis der in hoher Stückzahl gefertigten Ultraschallsensoren. An erster Stelle ist hier die genaue Parklückenvermessung von seitlichen Längsparklücken zu nennen, auf deren Basis entschieden werden kann, ob ausreichend Platz zum Einparken zur Verfügung steht. Dazu werden vorne in den seitlichen Stoßfängerecken angebrachte Sensoren zum Abtasten des linken und rechten Fahrbahnrandes verwendet. Diese erkennen parkende Fahrzeuge sowie deren seitliche Begrenzungen und Eckenpositionen, vermessen die Parklücke in der Tiefe auf mögliche Versperrung und liefern Informationen über den Abstand zum Bordstein. Darauf aufbauend sind bereits erste Serienanwendungen für das automatisch gelenkte Einparkmanöver in Längsparklücken am Markt verfügbar. In den nächsten Jahren wird mit einer ähnlich großen Marktdurchdringung gerechnet, wie dies ab ca. 1998 bei den Standard-Einparkhilfesystemen der Fall war. Ebenso angedacht ist eine Erweiterung der Funktion für Unterstützung zum Einparken in Querparklücken.

Eine komplett neue Anwendung zeichnet sich im Bereich Side-View-Assist (SVA) ab, die ebenfalls mithilfe von Ultraschallsensoren den „Toten-Winkel" in einem Bereich von bis zu ca. 3 m unmittelbar neben und seitlich hinter dem Fahrzeug absichert. Mitschwimmende oder langsam überholende Fahrzeuge können so bis zu einer Eigengeschwindigkeit von ca. 140 km/h erkannt und dem Fahrer beim Einleiten eines Überholmanövers angezeigt werden. Die notwendige Ausblendung von Gegenverkehr und/oder stationären Hindernissen, z. B. Leitplanken, kann dabei durch geeignete Anbringung von je einem Sensor in der vorderen und hinteren Stoßfängerecke erreicht werden. Dazu werden die Echosignale beider Sensoren in Bezug auf ihr zeitliches Auftreten analysiert und plausibilisiert.

Eine andere interessante Anwendung ergibt sich aus einer Weiterentwicklung der Ultraschallwandler vom reinen Abstandssensor zum zusätzlichen Winkelgeber. Basierend auf dem Laufzeitunterschied einer reflektierten Wellenfront zwischen zwei unmittelbar benachbarten Wandlerelementen (Dualsensor, bestehend aus Sender/Empfänger und reinem Empfänger) kann direkt auf die Richtung des reflektierenden Objekts geschlossen werden [7]. Diese Information lässt sich mit dem Lenkradeinschlag verknüpfen, um so den Fahrer während des Einparkens auf Kollisionsgefahr abhängig vom Lenkwinkel – insbesondere im Bereich der Fahrzeugecken – hinzuweisen.

Abschließend sei noch erwähnt, dass Nutzen und Akzeptanz aller zuvor beschriebenen Funktionen neben zuverlässigen und robusten Ultraschallsensoren ebenso eine sehr aufwändige algorithmische Signalverarbeitung sowie eine durchdachte Anzeigestrategie voraussetzen. Alle drei Faktoren bilden optimal aufeinander abgestimmt die Grundlage für eine weiter ansteigende Marktdurchdringung und erfolgreiche Einführung von innovativen Zusatzfunktionen ultraschallbasierter Fahrerassistenzsysteme.

Literatur

[1] Bergmann, L.: Der Ultraschall und seine Anwendung in Wissenschaft und Technik. Hirzel, Verlag, Stuttgart (1954)
[2] Lehfeldt, W.: Ultraschall kurz und bündig. Vogel-Verlag, Würzburg (1973)
[3] Kutruff, H.: Physik und Technik des Ultraschalls. Hirzel-Verlag, Stuttgart (1988)
[4] Waanders, J.W.: Piezoelectric Ceramics, Properties and Applications. Philips Components Marketing Communications, Eindhoven (1991)
[5] Robert Bosch GmbH: Sicherheits- und Komfortsysteme. Vieweg Verlag, Wiesbaden (2004)
[6] ISO 17386:2004(E), Manoeuvring Aids for Low Speed Operation (MALSO)
[7] Ide, H.; Yamauchi, H.; Nakagawa, Y.; Yamauchi, K.; Mori, T.; Nakazono, M.: Development of Steering-Guided Park Assist System, 11th World Congress on ITS, Nagoya 2004

Radarsensorik

Hermann Winner

17.1 Ausbreitung und Reflektion – 260

17.2 Abstands- und Geschwindigkeitsmessung – 263

17.3 Winkelmessung – 279

17.4 Hauptparameter der Leistungsfähigkeit – 288

17.5 Signalverarbeitung und Tracking – 291

17.6 Einbau und Justage – 294

17.7 Elektromagnetische Verträglichkeit – 296

17.8 Ausführungsbeispiele – 297

17.9 Zusammenfassung und Ausblick – 313

Literatur – 315

Radar (Radio Detection and Ranging) hat seine Ursprünge in der Militärtechnik des Zweiten Weltkriegs und blieb auch lange an militärische Anwendungen gebunden. Der erste Einsatz im Verkehrsbereich für ein Geschwindigkeitsüberwachungssystem hatte für viele Autofahrer zu eher negativen Erlebnissen geführt. Aber auch für den Fahrer als nützlich empfundene Anwendungen wurden schon früh angedacht, so wie ein Zeitschriftenartikel [1] aus dem Jahre 1955 belegt. In den siebziger Jahren des 20. Jahrhunderts fand ein großes Forschungsprojekt statt, dessen Ziel die Entwicklung von serientauglichen Radarsensoren für den Auffahrschutz war. Zwar hat dieses vom Bundesforschungsministerium geförderte Projekt die Radar-Entwicklung vorangebracht, für einen Serieneinsatz aber war die Zeit noch nicht reif. Erst zwanzig Jahre später waren die technischen Voraussetzungen gegeben, um Radar für die Fahrerassistenz einzusetzen. Im Jahre 1998 war erstmals ein Fahrzeug mit Radar erhältlich. Die Schlüsselfunktion war allerdings nicht die Auffahrwarnung, sondern die Adaptive Geschwindigkeitsregelung ACC (s. ▶ Kap. 46), auch wenn die Auffahrwarnung bei diesem System als Funktionsteil mit integriert war. In kurzen Abständen folgten weitere radarbasierte ACC-Systeme.

Einen weiteren Schub erhielt die Radartechnik etwa fünf Jahre später durch die Entwicklung der automatischen Notbremse (s. ▶ Kap. 47, 48) und der Fahrstreifenwechselassistenz (s. ▶ Kap. 50).

Für die Anwendung im Straßenverkehr stehen zurzeit vier Bänder (24,0–24,25 GHz, 76–77 GHz und 77–81 GHz sowie ein nur für den Nahbereich geeignetes UWB-Band (s. ▶ Abschnitt 17.4.2) von 21,65–26,65 GHz) zur Verfügung. Bis auf das 77–81 GHz-Band werden auch alle genutzt. Derzeit dominiert der 76,5 GHz-Bereich, der explizit für das Automotive-Radar geregelt wurde und weltweit zur Verfügung steht. Der 24 GHz-Bereich hat mittlerweile auch einen größeren Marktanteil erreicht, vor allem durch Mid-Range-Sensoren.

Die Entwicklung der ersten Radar-Generation für das Auto war wie in vergleichbaren Innovationsfällen mit viel Lehrgeld verbunden. Aber trotz mancher Enttäuschung im Kampf um niedrige Kosten im Laufe der Entwicklung wurde doch Bemerkenswertes erreicht. Anstatt im fünfstelligen Euro-Bereich lagen die Kosten im dreistelligen. Trotzdem wurden große Anstrengungen unternommen, die Kosten in den Folgegenerationen zu senken. Erste Tendenzen zur Technikkonvergenz sind zu erkennen. Trotzdem bleiben noch große Unterschiede bei den einzelnen Lösungsfeldern, sodass in diesem Kapitel auf diese Breite eingegangen werden muss. Dabei kann auch nicht auf Berechnungen verzichtet werden, da Radar ohne nachrichtentechnische Grundlagen nicht verstanden werden kann. Trotzdem wird hier versucht, mit minimalen Vorkenntnissen die theoretischen Überlegungen nachvollziehbar darzustellen. Dadurch kann bei einem/r nachrichtentechnisch gut vorgebildeten Leser/in Verwunderung darüber aufkommen, dass die komprimiertere Fachsprache und Formeldarstellung nicht verwendet wird. Für die hier verwendeten Radar-Grundlagen und Definitionen wurde auf Standardwerke [2, 3] zurückgegriffen, in denen sich viel weitgehendere Betrachtungen zum Radar allgemein finden lassen. Durch die bisherige Domäne des Radars in der militärischen wie zivilen Luft- und Schifffahrt wurde der Themenbereich „Automotive Radar" bisher kaum adressiert, so dass mit diesem Kapitel spezifisch ein Überblick über die automobile Radartechnik gegeben wird, die aufgrund ihrer sich gegenüber den oben genannten Einsatzbereichen stark unterscheidenden Anforderungen (kleinere Abstände, kleinere Dopplerfrequenzen, hohe Mehrzielfähigkeit, geringe Baugröße, erheblich geringere Kosten) mit deutlich unterschiedlichen Lösungen aufwartet.

17.1 Ausbreitung und Reflektion

Wenn Radarstrahlen den Sensor verlassen, geschieht dies nicht als Kugelwelle mit in allen Raumrichtungen gleicher Intensität, sondern in einer gebündelten Weise. Dafür sorgt die Antenne (s. a. ▶ Abschnitt 17.3). Der so genannte direktive Antennengewinn G_D beschreibt das Verhältnis zwischen der Intensität $P(\phi, \vartheta)_{max}$ im Raumwinkel der stärksten Abstrahlung und dem Wert $P_{total}/4\pi$ eines homogenen Kugelstrahlers gleicher Gesamtleistung $P_{total} = \iint P(\Phi, \vartheta) d\Phi d\vartheta$. Dabei sind ϕ der Azimutwinkel in der horizontalen Ebene und ϑ der Elevationswinkel in der vertikalen. Der Antennengewinn ist umso größer, je stärker die Strahlen gebündelt werden. Der tatsächliche Antennengewinn G be-

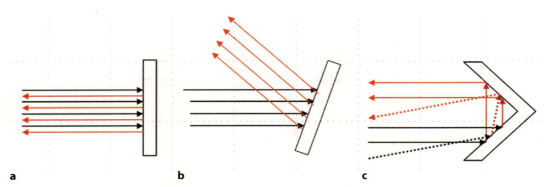

Abb. 17.1 Beispiele gerichteter Reflektion **a** 90°-Reflektion an einer Platte, **b** ≠90°-Reflektion an einer Platte, **c** 90°-Doppelspiegel

rücksichtigt auch die Antennenverluste, die zumeist Leitungsverluste sind. Die sich aus dem Produkt der Gesamtsendeleistung und des Antennengewinns ergebende Equivalent Isotropically Radiated Power (EIRP) ist für zwei Kriterien die entscheidende Größe: zum einen für die Funkzulassung, bei der es auf die Leistung im Raumwinkelbereich des Maximums ankommt (angegeben in dBm (EIRP), wobei sich dBm auf die Basis 1 mW bezieht), und zum anderen für die maximale Reichweite.

Für Letzteres sind aber noch weitere Faktoren zu berücksichtigen. Ganz offensichtlich gehört das Reflektionsvermögen des Radarziels dazu. Dieses wird als so genannter Radarquerschnitt (Radar Cross Section RCS) σ angegeben. Im Produkt mit dem Quadrat der Wellenlänge, also $\sigma \lambda^2$, wird der in einen Raumwinkel reflektierte Anteil von der auf das Ziel homogen verteilt eingehenden Leistung beschrieben. Die Einheit von σ ist eine Fläche. Diese Fläche entspricht genau der mittigen Querschnittsfläche πa^2 eines Kugelreflektors mit dem Radius a. Die für automobile Anwendung relevanten Ziele im mittleren und ferneren Abstandsbereich weisen Werte von $\sigma = 1 \ldots 10.000\,\text{m}^2$ auf. Sollen Fußgänger im Nahbereich detektiert werden, so ist von deutlich kleineren Werten ($\sigma = 0{,}01 \ldots 0{,}1\,\text{m}^2$) auszugehen. Die Streubreite hängt zum einen von der Art des Zieles ab, aber noch stärker von der Geometrie und der Orientierung. Eine zur Sende- und Empfangsrichtung senkrecht orientierte Metallplatte weist bei großen Abständen einen Rückstreuquerschnitt von

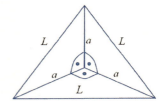

Abb. 17.2 Geometrie eines Corner Cube Reflector

auf. Bei $A = 1\,\text{m}^2$ und 76,5 GHz ($\lambda \approx 4\,\text{mm}$) ergibt sich ein RCS von $\sigma \approx 0{,}8 \cdot 10^6\,\text{m}^2$. Somit kann ein Kastenwagen mit planem Heck von $4\,\text{m}^2$ zu einer starken Rückstreuung mit einem RCS von $12{,}5 \cdot 10^6\,\text{m}^2$ (im Fernbereich) führen, aber bei Drehung um ein Grad bei einer Entfernung von etwa 60 m völlig einbrechen, vgl. Abb. 17.1a und **17.1b**. Die verbleibende Rückstreuung stammt dann nur noch von den Kanten oder den Achsteilen. Ein idealer Retroreflektor wird durch drei rechtwinklige Dreiecksflächen, die zu einander senkrecht stehen, gebildet, ein so genannter Corner (Cube) Reflector. Bei einem perfekt orientierten Corner Reflector wird jede eintreffende Strahlung, deren Wellenlänge deutlich kleiner als die Abmessungen ist, in die Richtung zurückreflektiert, aus der die Strahlung gesendet wurde, so wie es in Abb. 17.1c für den zweidimensionalen Fall dargestellt ist. Für einen dreidimensionalen Corner-Reflektor, der aus drei senkrecht zueinander liegenden gleichschenkligen, rechtwinkligen Dreiecken der Kantenlänge a und der Diagonalabmessung $L = \sqrt{2}a$ gemäß Abb. 17.2 besteht, errechnet sich nach [4] ein RCS von

$$\sigma_{\text{plate}} = 4\pi \frac{A^2}{\lambda^2} \quad (17.1)$$

$$\sigma_{\text{CR}} = \pi \frac{L^4}{3\lambda^2} \Leftrightarrow L = \sqrt[4]{3\sigma_{\text{CR}} \frac{\lambda^2}{\pi}} \quad (17.2)$$

Mit einer solchen Geometrie kann schon mit kleinen Abmessungen ($L = 35$ cm) eine sehr starke Reflektion von $\sigma_{CR} \approx 1000$ m² entsprechend einem stark reflektierenden Lkw simuliert werden. Für einen Pkw gelten 100 m² ($L \approx 20$ cm), für ein Motorrad 10 m² ($L \approx 11$ cm) und für einen Menschen 1 m² ($L \approx 6{,}2$ cm) als typische Radarquerschnitte. In den ISO-Normen für ACC [5] und FSRA [6] wird ein Radarquerschnitt von 10 ± 3 m² für die Detektionsfeldmessungen vorgeschrieben, wobei darauf hingewiesen wird, dass damit 95 % der Fahrzeuge abgedeckt sind. Geringe Radarquerschnitte treten vor allem bei Fahrzeugen mit wegreflektierenden planen oder konkaven Flächen auf. Große Werte sind vor allem auf Winkelreflektoren zurückzuführen. So zeigen die Stützpfosten von Leitplanken mit ihrem U-Profil recht hohe Radarquerschnitte, was dazu führt, dass in der Objektliste sehr viele dieser Ziele auftauchen. Auch die Einstiegstreppen zu den Lkw-Fahrerkabinen sind als Tripelspiegel so stark reflektierend, dass sie auch außerhalb des Radarhauptstrahls noch genügend Signalleistung zum Empfänger bringen. Die hohe Dynamik des Radarquerschnitts über vier bis fünf Größenordnungen führt zum einen dazu, dass eine Objektklassifikation über den Radarquerschnitt ohne Erfolg bleiben muss. Andererseits erhöht die Dynamik des Radarquerschnitts die Dynamikanforderung an den Empfangszweig, der daher nicht unter 70 dB liegen sollte und selbst dann nicht vor Übersteuerung sicher ist.

Neben der Dynamik des Radarquerschnitts beeinflusst der radiale Abstand r (range) die Signalstärke am Empfänger. Wie schon betrachtet, bleibt die Leistung in einem Raumwinkelelement konstant, zumindest wenn Absorptionsverluste nicht berücksichtigt werden. Die Fläche dieses Winkelsegments vergrößert sich mit dem Abstand zum Quadrat, gleiches gilt für den reflektierten Strahl, so dass bei Zielen außerhalb des Nahbereichs von einem r^{-4}-Abfall ausgegangen werden kann. Die Absorption k in dB/km ist nur in wenigen Fällen so hoch, dass sie mit zu berücksichtigen ist. Bei 76,5 GHz liegt die atmosphärische Dämpfung unter 1 dB/km, damit nur 0,3 dB für den Hin- und Rückweg zu einem 150 m entfernten Ziel. Allerdings liegt bei 60 GHz ein Dämpfungsmaximum mit etwa 15 dB/km vor, vgl. ▶ Kap. 18. Obwohl diese Dämpfung zu einer leichten Abnahme der Empfangsleistung führt, hat sie den Vorteil, dass Überreichweiten weitaus weniger zu befürchten sind als bei 76,5 GHz und damit die Radarstrahlen weniger „herumvagabundieren" würden. Da aber die Bänder um 60 GHz in weiten Teilen der Welt für militärische Zwecke genutzt werden, stand diese Option nicht zur Verfügung. Durch starken Regen insbesondere mit großen Tropfen, welche die Größenordnung der Wellenlänge erreichen, erfolgt eine durchaus starke Dämpfung, die zu einer erheblichen Reichweiteneinbuße führt, wobei die erreichbare Sichtweite oft die für den Fahrer verbleibende überschreitet. Neben der Dämpfungswirkung führt starker Regen zu einem erhöhten Störpegel (Clutter). Zumeist wirkt er wie ein erhöhter Rauschpegel und senkt auf diese Weise das Signal/Rausch-Verhältnis (SNR) und damit die Reichweite. Es können aber auch Scheinziele generiert werden, wenn z. B. Schwallwasser eines nebendran fahrenden Lkw die Radarstrahlen reflektiert. Ein weiterer Störeffekt einer „Wasserumgebung" tritt durch die Belegung der Verdeckung (Radom) des Strahlaustrittsbereichs auf. Wegen der hohen Dielektrizitätszahl hat Wasser eine hohe Brechwirkung auf mm-Wellen, sodass eine ungleichmäßige Wasserbelegung zu ungewollten „Linseneffekten" führt, wodurch insbesondere die Bestimmung des Azimutwinkels stark verfälscht werden kann.

Der hier letztgenannte Einflussfaktor auf die Empfangsleistung ist die Mehrwegausbreitung. Zum einen betrifft dies die vertikale Mehrwegausbreitung über die Reflektion an der Fahrbahnoberfläche. Durch die bei größeren Entfernungen immer geringen Streifwinkel erfolgt unabhängig von Polarisation und Fahrbahnnässe die Reflektion nahezu vollständig [7]. Somit nehmen die Radarstrahlen unterschiedlich lange Wege und kommen so mit unterschiedlichen Phasen beim Empfänger an: Unterscheiden diese sich um ungerade ganzzahlige Vielfache von 180°, so handelt es sich um eine destruktive Interferenz, bei Vielfachen von 360° um eine konstruktive Interferenz. Je nach Höhe des Radars und des Reflektionsschwerpunkts über der Fahrbahn tritt die destruktive Interferenz in bestimmten Abständen auf, wodurch die Detektionsleistung des Radars merkliche Einbußen zeigt. Dies ist zumeist nicht problematisch, da schon Ein- und Ausfedern des Zielfahrzeugs oder des eigenen Fahrzeugs, Fahrbahnunebenheiten und die

Ausdehnung der Objekte mit der Folge mehrfacher Reflektionen das Interferenzloch beseitigen und ferner bei endlicher Relativgeschwindigkeit die damit verbundene Interferenz-Abstandsbedingung zerstören. Der vertikale Mehrwegeempfang äußert sich somit als Signalleistungs„schüttler" mit dem Faktor V_{mp}^2, $0 \leq V_{mp} \leq 2$, so dass bei der Detektion grundsätzlich mit einer stochastisch beschreibbaren Detektionsverlust- oder Drop-out-Rate zu rechnen ist. Bei horizontaler Mehrwegeausbreitung erfolgt eine Spiegelung an vertikalen, etwa parallel zur Fahrtrichtung liegenden Flächen; neben Wänden können vor allem Leitplanken die horizontale Mehrwegeausbreitung ermöglichen. Die Signalauslöschung bei negativer Interferenz ist dabei weniger störend als die Verfälschung der azimutalen Richtungsinformation. Scanner-Antennen (s. ▶ Abschnitt 17.3.2) mit schmalen Radarkeulen reagieren darauf weniger empfindlich als zwei- oder mehrstrahlige Antennen; allerdings gibt es auch Verfahren [8] für Array-Antennen, die über die Annahme von zwei Zielen den reflektierten Pfad als separates (Geister-)Ziel ermitteln und so den Einfluss auf den Hauptpfad reduzieren können.

Beobachtet man den Verlauf der Empfangsamplitude über einen längeren Abstandsbereich, so lässt sich durch eine Transformation in den reziproken Abstandsbereich (also $1/r$) eine harmonische Periodizität feststellen, deren „Frequenz" auf das Produkt von Sensorhöhe und Zielhöhe schließen lässt [9, 10], so dass eine unterfahrbare Brücke von einem auf der Fahrbahn stehenden Hindernis unterschieden werden kann. Allerdings kann das stehende Hindernis über seitliche Reflektoren (z. B. über Leitplanken) ähnliche Muster erzeugen, da auch hier das Produkt der Normalabstände zur Reflektorebene ähnlich groß sein kann.

Fasst man die in diesem Abschnitt beschriebenen Einflussfaktoren zusammen, so lässt sich daraus die maximale Reichweite für eine Detektion herleiten. Die Leistung P_R des empfangenen Signals berechnet sich zu

$$P_R = 10^{-2kr/1000} \cdot \sigma \lambda^2 \cdot G_t \cdot G_r \cdot V_{mp}^2$$
$$\cdot P_{total} / (4\pi)^3 r^4 \quad (17.3)$$

Wird dieselbe Antenne für Senden und Empfang verwendet, so ist der Antennengewinn für das Senden gleich dem für das Empfangen, also $G_t = G_r$ und $G_t \cdot G_r = G^2$. Damit eine Detektion erfolgen kann, muss das empfangene Signal mit hinreichendem Abstand über dem Rauschen liegen. Je nach sonstiger Signalauswertung zur Falschzielunterdrückung liegt die Schwelle um einen Faktor $SNR_{threshold}$ von etwa 6 bis 10 dB über dem Rauschen (Leistung P_N).

Die erreichbare Reichweite r_{max} wird bestimmt, indem die Empfangsleistung von Gl. (17.3) der Detektionsschwelle $P_N \cdot SNR_{threshold}$ gleichgesetzt wird. Unter Vernachlässigung der Dämpfung, also $k = 0$, lässt sie sich analytisch berechnen:

$$r_{max} = \sqrt{\sqrt{\frac{\sigma \lambda^2 \cdot G_t \cdot G_r \cdot V_{mp}^2 \cdot P_{total}}{(4\pi)^3 \cdot P_N \cdot SNR_{threshold}}}} \quad (17.4)$$

Bei endlicher Dämpfung muss die Reichweite numerisch bestimmt werden. Trotzdem kann der Einfluss der Dämpfung einfach abgeschätzt werden: Kann von einer dämpfungsfreien Reichweite von 200 m ausgegangen werden, so reduziert sie sich bei 21 dB/km auf 140 m ($(200/140)^4 \approx 6$ dB mal (1 km/($2 \cdot 140$ m)) $\approx 3{,}5$), bei 60 dB/km auf 100 m und bei 240 dB/km auf 50 m. Grundsätzlich sind somit alle Faktoren, die die theoretische Reichweite des Radars bestimmen, bekannt. Bei der praktischen Anwendung sind aber weitere Grenzen durch die Signalverarbeitung gesetzt, wie im folgenden Abschnitt beschrieben wird.

17.2 Abstands- und Geschwindigkeitsmessung

Zum Verständnis der Funktionsweise von Radar ist ein Exkurs in die nachrichtentechnische Mathematik nicht vermeidbar. Die in den folgenden Abschnitten abgeleiteten mathematischen Zusammenhänge sind aus Sicht des Autors auf das Minimum beschränkt und in einer eher populären Schreibweise dargestellt. Für eine noch tiefer gehende Betrachtung der Radartechnik sei auf Standardwerke zu Radar, wie z. B. das Buch von Skolnik [2] oder Ludloff [3], verwiesen.

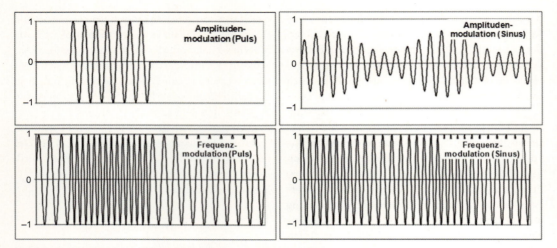

Abb. 17.3 Idealisierte Modulationsbeispiele; links: aufmodulierter Puls, rechts: aufmoduliertes Sinussignal; oben: Amplitudenmodulation, unten: Frequenzmodulation

17.2.1 Grundprinzip Modulation und Demodulation

Die Abstrahlung von elektromagnetischen Wellen und deren Empfang ist nur notwendige Voraussetzung für die Funktion von Radar. Damit ist aber nicht mehr als ein Träger für die Information geschaffen. Die Information selbst, die für eine Messung eines Abstands benötigt wird, muss diesem Träger sendeseitig aufmoduliert und empfangsseitig wieder demoduliert werden. Vereinfacht gesagt muss dem abgestrahlten Wellenzug eine Kennzeichnung für die Wiedererkennung und ein Zeitbezug zur Messung der Laufzeit mitgegeben werden. Diese Aufgabe wird als Modulation bezeichnet. Die Wiedererkennung und die Ermittlung von zeitlichen Zusammenhängen benötigt die Demodulation.

In einer allgemeinen Form lässt sich die ausgesandte Strahlung als harmonische Wellenfunktion beschreiben:

$$u_t(t) = A_t \cdot \cos(2\pi f_0 t + \varphi_0) \qquad (17.5)$$

Somit lassen sich mit den drei Variablen Amplitude A, Frequenz f_0 und Phase φ Modulationen durchführen. Die für Radaranwendungen im Automobil verwendeten Amplitudenmodulation (meist als Pulsmodulation) und Frequenzmodulation sind in ◘ Abb. 17.3 in idealisierter Form zur Veranschaulung dargestellt.

17.2.2 Doppler-Effekt

Der Österreicher Christian Doppler sagte schon 1842 voraus, dass eine elektromagnetische Welle eine Frequenzverschiebung erfährt, wenn sich Beobachter und Sender relativ zueinander bewegen. Das gleiche passiert auch, wenn der Radarstrahl von einem relativ zum Radar bewegten Objekt reflektiert wird. So legt ein Radarstrahl zu einer beliebigen Entfernung r und wieder zurück zum Empfänger eine reelle Zahl z λ von insgesamt $z = 2r/\lambda$ Wellenlängen zurück. Damit stellt sich eine Phasenverzögerung von $\varphi = -2\pi z$ ein. Ändert sich nun r mit $\dot{r}$, so erfährt auch die Phase eine Änderung von $\dot{\varphi} = -2\pi \dot{z} = -4\pi \dot{r}/\lambda$. Damit kann Gl. (17.5) für das empfangene Signal $u_r(t)$ wie folgt umgeschrieben werden:

$$u_r(t) = A_r \cdot \cos(2\pi(f_0 - 2\dot{r}/\lambda)t + \varphi_r) \quad (17.6)$$

Der Doppler-Effekt drückt sich als die Frequenzänderung f_{Doppler} aus, die proportional zur Relativgeschwindigkeit und zum Kehrwert der Wellenlänge $\lambda = f_0/c$ (Lichtgeschwindigkeit c) ist, wobei die Frequenzverschiebung bei Annäherung ($\dot{r} < 0$) positiv ist und bei Entfernen negativ

$$f_{\text{Doppler}} = -2\dot{r}/\lambda = -2\dot{r} f_0/c \qquad (17.7)$$

Anmerkung: Neben der durch die Laufzeit bedingten Phasenverschiebung erfolgt eine Phasendrehung bei der Reflektion. Bei idealer Totalreflektion, wie sie für Metalle angenommen werden kann, beträgt diese π, wie bei einer Invertierung. Da aber bei keiner Auswertung die absolute Phase herangezogen wird, sondern nur Differenzen, spielt dieses Detail praktisch keine Rolle.

Bei einer Trägerfrequenz von 76,5 GHz erhält man durch die Relativgeschwindigkeit $\dot{r}$ in SI-Einheiten (also in m/s) eine Doppler-Verschiebung von $f_{\text{Doppler}} = -510\,\text{Hz} \cdot \dot{r}$ bzw. bei der anderen für Fahrerassistenz-Anwendungen gebräuchlichen Frequenz von 24 GHz etwa ein Drittel davon, nämlich $f_{\text{Doppler}} = -161\,\text{Hz} \cdot \dot{r}$. Für die Berechnung mit km/h sind die Werte durch 3,6 zu teilen. Mit einer angenommenen Relativgeschwindigkeit von $-70\,\text{m/s}$ ($-252\,\text{km/h}$) bei Annäherung betragen die maximalen Dopplerfrequenzen 35,7 kHz, so dass für eine Messung gemäß dem Nyquist-Theorem eine Abtastrate von mindestens 71,4 kHz zur eindeutigen Bestimmung benötigt wird.

Grundsätzlich lässt sich die Relativgeschwindigkeitsinformation schon mit einer kontinuierlichen Welle konstanter Frequenz ermitteln. Allerdings ist die Trägerfrequenz zu hoch für eine direkte Messung der Verschiebung im Trägerband, die selbst bei maximaler Relativgeschwindigkeit gerade ein Millionstel der Trägerfrequenz beträgt. Tatsächlich wird mit dem im folgenden Abschnitt beschriebenen Mischen eine Messung bei viel niedrigeren Frequenzen möglich.

17.2.3 Mischen von Signalen

Mit dem Mischen wird in der Hochfrequenztechnik der Vorgang einer Signalmultiplikation bezeichnet. Das Produkt zweier harmonischer, analog zu Gl. (17.5) mit der Cosinus-Funktion beschriebenen Signale $u_1(t)$ und $u_2(t)$ der Frequenzen f_1 und f_2 und Phasen φ_1 und φ_2 lässt sich per Additionstheorem von harmonischen Funktionen gemäß Gl. (17.8) auch als Summe zweier harmonischer Funktionen mit jeweils der Differenz- und der Summe der ursprünglichen Argumente beschreiben:

$$\cos x \cdot \cos y = \frac{1}{2}\{\cos(x - y) + \cos(x + y)\} \tag{17.8}$$

So wird aus dem Produkt des gesendeten Signals (Gl. (17.5)) und des empfangenen (Gl. (17.6)) das Mischprodukt $u_{\text{t,r}}(t)$:

$$\begin{aligned} u_{\text{t,r}}(t) = \frac{1}{2} A_t A_r \Big\{ & \cos\left(2\pi\left(\frac{2\dot{r}}{\lambda}\right)t \right. \\ & \left. + \varphi_0 - \varphi_r\right) \\ & + \cos\left(2\pi\left(2f_0 - \frac{2\dot{r}}{\lambda}\right)t \right. \\ & \left. + \varphi_0 + \varphi_r\right)\Big\} \end{aligned} \tag{17.9}$$

Da das Summensignal (der zweite Term) sehr hochfrequent ist, wird dieser Anteil allein schon durch die nicht für diese Frequenz ausgelegte Elektronik (Leitungen, Verstärker) weggedämpft. So bleibt das niederfrequente Differenzsignal

$$\begin{aligned} u_{\overline{\text{t,r}}}(t) = \frac{1}{2} A_r A_t \cos\left(2\pi\left(\frac{2\dot{r}}{\lambda}\right)t \right. \\ \left. + \varphi_0 - \varphi_r\right) \end{aligned} \tag{17.10}$$

übrig. Die Information über die Frequenzverschiebung findet sich im Argument des Cosinus. Allerdings wird nicht das Argument gemessen, sondern die Cosinus-Funktion, die keine eindeutige Invers-Funktion besitzt. So ist insbesondere das Vorzeichen nicht zugänglich, da eine Cosinus-Funktion mit einer positiven Frequenz identisch zu der mit negativer Frequenz ist. Hier hilft die Mischung mit einem zum Sendesignal um 90° verschobenen Signal, also eine Multiplikation anstatt mit der ursprünglichen Cosinus-Funktion nun mit der zum Sendesignal zugehörigen Sinus-Funktion.

$$\sin x \cdot \cos y = \frac{1}{2}\{\sin(x - y) + \sin(x + y)\} \tag{17.11}$$

Somit steht nach Unterdrückung des Summensignals ein auf Sinus-Basis beschriebenes Mischsignal

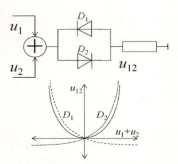

Abb. 17.4 Prinzipdarstellung eines Zwei-Dioden-Summenmischers

$$u_{\overline{\text{Qt,r}}}(t) = \frac{1}{2} A_r A_t \sin\left(2\pi\left(\frac{2\dot{r}}{\lambda}\right)t + \varphi_0 - \varphi_r\right) \quad (17.12)$$

zur Verfügung. Zwar ist die Sinusfunktion eine ungerade Funktion, dies reicht aber ebenso wenig wie das Cosinus-Mischsignal (Gl. (17.10)) aus, um zu unterscheiden, ob eine negative oder positive Dopplerverschiebung die Ursache für die Differenz-Frequenz ist.

Werden allerdings beide Signale erzeugt, so lässt sich im Vergleich zueinander die Eindeutigkeit finden: bei positiver Dopplerfrequenz, entsprechend einer Annäherung, weist das direkt abgeleitete Signal (Index I: In-phase = Realteil) gegenüber dem aus dem um 90°-Phase verschobenen zweiten Signal (Index Q: Quadrature = Imaginärteil) ebenfalls die 90°-Phase auf, bei einer negativen Dopplerfrequenz hingegen um −90°.

$$2\pi\left(\frac{2\dot{r}}{\lambda}\right)t + \varphi_r = \arctan\left(\frac{u_{\overline{\text{Qt,r}}}(t)}{u_{\overline{\text{It,r}}}(t)}\right) \quad (17.13)$$

Selbst bei verschwindender Dopplerfrequenz ist es mit Gl. (17.13) möglich, eine Differenzphase zu bestimmen. Das setzt allerdings voraus, dass keine sonstigen Gleichanteile in den Signalen $u_{\overline{\text{Qt,r}}}(t), u_{\overline{\text{It,r}}}(t)$ enthalten sind.

So wie bis hierhin beschrieben, ist das Mischen eine einfache und überschaubare mathematische Aktion. Für die technische Realisierung scheidet eine digitale Multiplikation aus, da bezahlbare Analog/Digital-Wandler für die im Automobil eingesetzten Radar-Frequenzen zu langsam sind. Auch die Multiplikation mithilfe von Analogmultiplizierern ist bei diesen Frequenzen nur beschränkt möglich (s. u.). Allerdings erlauben schnelle nichtlineare Bauteile wie Shottky-Dioden (Metall/Halbleiter-Übergang) eine so genannte Summenmischung. Dazu werden die zwei zu mischenden Signale wie in ◘ Abb. 17.4 dargestellt zunächst additiv überlagert. Die Spannungssumme $u_1 + u_2$ führt zu einem Strom, der über den Widerstand als Spannungsabfall u_{12} gemessen werden kann.

Die Kennlinie der beiden Dioden lässt sich einzeln wie auch in Summe als Taylorreihe entwickeln. Bei der hier vorgestellten Doppeldioden-Anordnung verschwinden im Idealfall die ungeraden Terme, so dass folgende Terme übrig bleiben:

$$u_{12} = A_2(u_1 + u_2)^2 + A_4(u_1 + u_2)^4 + \cdots ; \quad (17.14)$$

$$A_n = \frac{\partial^n}{n!\partial u^n} D(u)$$

$$u_{12} = A_2(u_1^2 + 2u_1 \cdot u_2 + u_2^2) + \\ + A_4(u_1^4 + 4u_1^3 \cdot u_2 + 6u_1^2 \cdot u_2^2 + \quad (17.15) \\ + 4u_1 \cdot u_2^3 + u_2^4)^4 + \cdots ;$$

Das gewünschte Produkt $u_1 \cdot u_2$ findet sich im ausmultiplizierten quadratischen Anteil. Nahezu alle anderen Mischprodukte führen zu hochfrequenten Signalen (genauso wie die ungeraden, falls die Symmetrie nicht gegeben wäre). Allein die Produktterme mit gleichem Exponenten (z. B. $u_1^2 \cdot u_2^2$) liefern Beiträge zu einem niederfrequenten Signal und können als Oberwellen zu Verfälschungen, insbesondere falschen Detektionen (False Positive Fehler) führen. Daher sind die geraden Anteile der Taylorentwicklung mit höheren Potenzen als zwei möglichst gering zu gestalten.

Aktive Mischer mit so genannter Gilbert-Zelle kommen dem idealen Multiplizierer schon recht nahe. Bei hinreichend schnellen Feldeffekttransistoren können die beiden Eingangssignale miteinander multipliziert werden, weil die Oszillatorspannung als Steuerspannung für die Verstärkung des anderen Empfangssignals eingesetzt wird. Für den Frequenzbereich 76–77 GHz reicht die Silizium-Technologie nicht mehr aus. Stattdessen ist die Gallium-Arsenid-

(GaAs) oder seit kurzem die kostengünstigere Silizium-Germanium-Technologie (SiGe) zu verwenden. Gegenüber passiven Mischern sind die beim Mischen entstehenden Umwandlungsverluste geringer, so dass ein höheres Signal-Rausch-Verhältnis erreicht wird.

17.2.4 Pulsmodulation

17.2.4.1 Anforderungen an Pulsdauer und Bandbreite

Am einfachsten lässt sich die Pulsmodulation vorstellen, vgl. ◘ Abb. 17.3 links oben. Dabei wird ein kurzer Wellenzug der Pulslänge τ_p gebildet. Technisch wird dies durch einen schnellen elektronischen Schalter realisiert, der von einem kontinuierlich betriebenen Oszillator gespeist wird. Ein derartiger idealer Puls benötigt eine zur Pulslänge reziproke Bandbreite, auch wenn die Schwingung innerhalb des Pulses genau der Gl. (17.5) entspricht. Tatsächlich ergibt sich das Signal aus einer Multiplikation einer ebenen Welle gemäß Gl. (17.5) und einer Fensterfunktion, die für einen ideal schnell an- und abschaltenden Puls

$$F_{\text{Rect}}(t) = 1 \text{ für } |t - t_0| < \tau_{P/2}, 0 \text{ sonst} \quad (17.16)$$

als Rechteckfenster um die Pulsmitte t_0 beschrieben wird. Dies führt im Frequenzbereich zur Faltung der diskreten Frequenzlinie f_0 mit der als Spaltfunktion $\text{sinc}(\pi f \cdot \tau_p) = \sin(\pi f \cdot \tau_p)/\pi f \cdot \tau_p$ bekannten Fouriertransformierten der Fensterfunktion (ohne Berücksichtigung des Vorfaktors). Da die Spaltfunktion nur schwach (Amplitude mit f^{-1}) abfällt, fällt ein großer Teil der Pulsleistung in Frequenzbänder, die für andere Anwendungen gedacht sind. Zwar lässt sich das Verhältnis In-Band- zu Außer-Band-Leistung durch eine Verlängerung des Pulses verbessern, allerdings senkt diese Maßnahme nicht die in die anderen Bänder gestreute Energie pro Puls, sofern der Pulsanstieg bzw. -abfall nicht abgesenkt ist. Andererseits ermöglicht gerade die Steilheit bei Beginn und Ende die Laufzeitunterscheidung. Die gesamte Leistung zwischen Anstieg und Abfall ist weitgehend nutzlos für eine Entfernungsmessung. Ein guter Kompromiss ist eine Form der Pulseinhüllenden gemäß einer Cosinus-Glocke, die in der digitalen Signalverarbeitung auch als von-Hann- oder Hanning-Fenster bekannt ist.

$$F_u(t) = \frac{1}{2}\left(1 - \cos\left(\frac{2\pi \cdot t}{\tau_P}\right)\right) \quad (17.17)$$
$$\text{für } |t - t_0| < \tau_{P/2}, 0 \text{ sonst}$$

Zwar verliert ein so geformter Puls 5/8 der Leistung gegenüber einer Rechteckeinhüllenden mit gleicher Maximalamplitude, die verbleibende konzentriert sich aber fast vollständig im Arbeitsband zwischen

$$f_0 - \tau_P^{-1} < f < f_0 + \tau_P^{-1}; \Delta f = 2\tau_P^{-1} \quad (17.18)$$

Die benötigte Bandbreite $2\tau_P^{-1}$ eines Pulses entspricht damit dem doppelten Kehrwert der Pulslänge. Ein weiterer Vorteil der Bandbegrenzung neben dem Einhalten von Grenzwerten liegt in der Möglichkeit einer Bandpassfilterung auf der Empfangsseite, die zur Rauschreduktion nützlich ist. Denn die Empfängerbandbreite sollte mindestens so groß wie die Abstrahlbandbreite sein, damit kein empfangsbedingter Laufzeitauflösungsverlust auftritt.

Wie kurz, oder besser, wie scharf begrenzt sollte ein Radar-Puls für die Anwendung bei Fahrerassistenzsystemen sein? Für ein Long-Range-Radar (LRR) sollten mindestens zwei Fahrzeuge in typischen Abständen getrennt erscheinen. Damit sollte der Puls eine Länge X_p von höchstens 10 m besitzen oder eine entsprechende Maximaldauer von $\tau_p = X_p/c \approx 33$ ns. Bei Einsatz des Radar als Short-Range-Radar (SRR) mit der Fähigkeit der Einparkunterstützung ist eine Ortsauflösung von 15 cm gefragt, weshalb der Puls nicht länger als das Doppelte, also $X_p \approx 30$ cm, und folglich die Pulsdauer entsprechend nicht länger als $\tau_p \approx 1$ ns sein sollte. Folglich liegen die Bandbreitenanforderungen bei mindestens 60 MHz für LRR und 2 GHz für SRR. Diese Abschätzungen sind best-case-Überlegungen und für die Praxis um etwa den Faktor 2 zu erhöhen, um eine Bandverletzung auszuschließen.

Ein Nachteil der Pulsmodulation ist das ungünstige Verhältnis von Spitzenleistung zur mittlerer Leistung. Zur Verbesserung des Signal/Rausch-Abstands und damit zur Erhöhung der Empfindlichkeit werden Pulsfolgen „abgefeuert", über die dann gemittelt wird. Zwar lassen sich über sogenannte

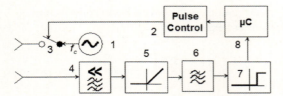

◘ **Abb. 17.5** Prinzipschaltbild eines nicht-kohärenten Radars; 1 Oszillator, 2 Pulssteuerung, 3 Pulsmodulator, 4 Verstärker und Bandpassfilter, 5 Gleichrichter, 6 Tiefpassfilter, 7 Komparator, 8 Mikroprozessor

Pseudo-Random-Folgen die Pulse auch in kürzerem zeitlichen Abstand aussenden, dies aber erfordert eine sehr aufwendige Eingangselektronik. Einfacher ist es so lange zu warten, bis ausgeschlossen werden kann, dass ein Puls aus einer früheren Sendung noch empfangen werden kann. Dazu ist ein Mehrfaches der maximalen Nutzlaufzeit heranzuziehen (für LRR kann diese bei 150 m Entfernungsbereich mit 1 µs angegeben werden, für SRR etwa 0,1 bis 0,2 µs). Damit ergibt sich eine Pulsfolgefrequenz für SRR von ca. 1 MHz und für LRR von ca. 250 kHz.

17.2.4.2 Nicht-kohärente Demodulation

Eine einfache Demodulation könnte analog zu der bei Ultraschallsensoren oder Lidar verwendeten nicht-kohärent durchgeführt werden. Das empfangene Signal wird wie in ◘ Abb. 17.5 dargestellt verstärkt, durch einen der Pulsbandbreite entsprechenden Bandpass um die Trägerfrequenz f_0 gefiltert, dann eine Gleichrichtung vorgenommen, damit aus der Wechselspannung ein der Amplitude entsprechender Gleichanteil entsteht, der im nachfolgenden Tiefpass als Ausgangssignal zur Verfügung steht. Dieses Signal wird dann abgetastet und im Mikroprozessor verglichen oder gleich mit vorgegebenen Schwellwerten im Komparator, wie in ◘ Abb. 17.5 (Block 7) gezeigt. Diese Demodulationstechnik ist leicht durch Fremdpulse zu stören und kann ausschließlich Laufzeitmessungen durchführen, ohne aber den für die weitere Signalverarbeitung sehr bedeutsamen Doppler-Effekt nutzen zu können.

17.2.4.3 Kohärente Puls-Demodulation

Bei der kohärenten Puls-Demodulation (auch Puls-Doppler-Verfahren genannt) wird das Prinzip des Mischers verwendet. Dabei wird allerdings nicht direkt auf das sogenannte Basisband (also um Frequenz 0) herunter gemischt, sondern eine Zwischenfrequenz erzeugt. Dieses lässt sich entweder durch einen lokalen Oszillator erreichen, der zum Sendesignal eine feste Frequenzdifferenz aufweist, oder durch denselben Oszillator, wenn dessen Frequenz nach Aussenden des Pulses um eine bestimmte Frequenzdifferenz umgeschaltet wird. Die Zwischenfrequenz liegt etwa bei 100–200 MHz. In diesem Bereich sind Verstärker, Filter und ADC mit vertretbarem Aufwand zu realisieren. Ferner ist die Pulsform noch abbildbar. Die Zwischenfrequenz kann mit einem AD-Wandler direkt abgetastet werden.

Von der Zwischenfrequenz werden, wie oben beschrieben, jeweils der Real- und der Imaginärteil gebildet. Wird das in ◘ Abb. 17.6 dargestellte Signal-Paar mit 10 ns Zykluszeit abgetastet, so bekommt man für jeden Abtastzeitpunkt ein Wertepaar, das als die Koordinaten eines Vektors in einer komplexen Ebene interpretiert werden kann. Bei einer späteren Messung (t_i) werden diese Vektoren gemäß Gl. (17.13) um einen Winkel $2\pi t_i (2\dot{r}/\lambda)$ weiter gedreht (s. ◘ Abb. 17.7). Der Betrag der Vektoren repräsentiert die Pulsstärke zu der mit dem Abtastzeitpunkt t_S gegebenen Laufzeit $t_{of} = t_{PC} - t_S$, bezogen auf den Zeitpunkt t_{PC} der Pulsmitte. Dieser Laufzeit entspricht der Abstand

$$r = \frac{1}{2} c \cdot t_{of}, \quad c: \text{Lichtgeschwindigkeit} \qquad (17.19)$$

sodass den einzelnen Abtastzeitpunkten die Bedeutung von so genannten Range-Gates zukommt. Entsteht das Signal wie im Beispiel der ◘ Abb. 17.7 durch Reflektion desselben Objekts, ist die Drehgeschwindigkeit der Vektoren gleich, da alle die gleiche Dopplerverschiebung zeigen. Die Range-Gates (und damit der Abtastzyklus) sollten angemessen zur Pulsbreite so nahe liegen, dass über mehrere Gates eine Schwerpunktbildung und somit eine Abstandsinterpolation ermöglicht werden kann, die zu Abstandsauflösungen von deutlich weniger als ein Zehntel der Pulslänge führen kann. Um dies zu erreichen, sollten die Range-Gates höchstens um die Hälfte der Pulslänge auseinanderliegen. Wesentlich kürzere Range-Gates werden aus Kostengründen vermieden, da die damit verbundene höhere Ab-

17.2 · Abstands- und Geschwindigkeitsmessung

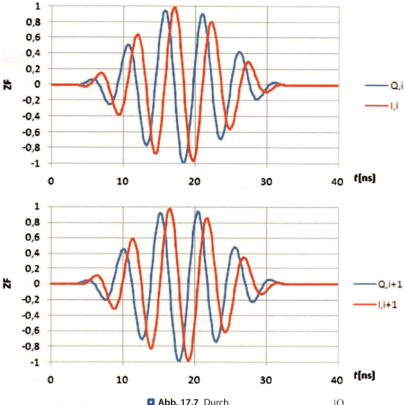

Abb. 17.6 Zwischenfrequenz-Signale (Realteil I und Imaginärteil Q) zweier aufeinander folgender Pulse (oben, unten) eines sich nähernden Einzelreflektors (idealisiert)

tastfrequenz den ADC verteuert, ohne dass wirklich eine höhere Informationsqualität erreicht wird.

Die Wiederholung der Pulse ist aus zwei Gründen erforderlich. Zum einen enthält ein Einzelpuls nur eine geringe Energie, so dass zur Erhöhung des Signal-Rausch-Verhältnisses eine Wiederholung sowohl kostengünstiger als auch hinsichtlich der Frequenzzulassung unkritischer ist als eine Erhöhung der Pulsleistung. Zum anderen soll die Dopplerfrequenz eindeutig abgetastet werden, woraus sich nach ▶ Abschnitt 17.2.2 mindestens eine Pulswiederholung von 71,4 kHz ergibt. Die Gesamtlänge T_M der Pulsfolgen führt zur Auflösung der Dopplerfrequenz von

$$\Delta f_{\text{Doppler}} = \frac{1}{T_M}, \quad (17.20)$$

und damit zur Relativgeschwindigkeitsauflösung von

$$\Delta \dot{r} = \frac{c}{2 f_0 T_M}. \quad (17.21)$$

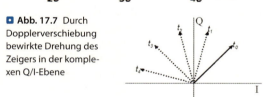

Abb. 17.7 Durch Dopplerverschiebung bewirkte Drehung des Zeigers in der komplexen Q/I-Ebene

So ist bei 76,5 GHz für $\Delta \dot{r} = 1$ m/s eine Messzeit von etwa 2 ms erforderlich.

Bei einer exakt periodischen Pulswiederholung können sowohl Scheinziele durch Überreichweiten entstehen als auch Störeinstrahlungen durch andere Radarsensoren. Abhilfe kann hier eine pseudo-zufällige Variation der Pulswiederholzeiten schaffen (vgl. [11]), d. h. der Folgepuls variiert gegenüber der mittleren Zykluszeit um mindestens eine Range-Gate-Dauer, damit bei wiederholtem Puls die Störung oder die Überreichweite in ein anderes Range-Gate fällt.

Grundsätzlich lassen sich mit einer kohärenten Puls-Demodulation auch kleine Abstände unterhalb der Pulslänge messen, wenn der Empfangszweig auch simultan zur Pulsaussendung bereit steht.

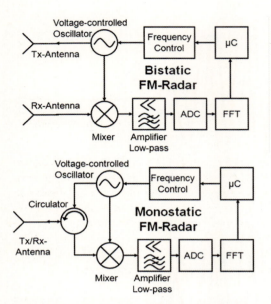

Abb. 17.8 Blockschaltbild eines Radars mit Frequenzmodulation. Oben: in einer bistatischen Ausführung mit getrennten Antennenzuführungen für Sende- und Empfangsstrahl; unten: in monostatischer Ausführung mit Zirkulator-Kopplung

Werden, anders als in ■ Abb. 17.5 dargestellt, dieselbe Antenne und derselbe Oszillator für Sende- und Empfangszweig gewählt, so kann erst nach Abschluss des Sendepulses auf Empfang geschaltet werden. Somit ist für Objektabstände bis zur halben Pulslänge nicht der volle Puls beobachtbar. Da aber noch Teile des Pulses detektiert werden, kann zumindest die Objektpräsenz innerhalb dieser Zone erkannt werden, allerdings ohne die Möglichkeit der Abstandsbestimmung, wohl aber der Relativgeschwindigkeit, da diese in allen Bereichen des Pulses ermittelbar ist.

Die Stärken der kohärenten Puls-Demodulation sind eine unabhängige Abstands- und Relativgeschwindigkeitsmessung, die mit einer im Vergleich zu anderen Verfahren geringen mittleren Sendeleistung auskommt. Dagegen spricht die benötigte hohe Empfangsbandbreite, wodurch dieses Prinzip leichter störbar ist als die nachfolgend beschriebenen Verfahren, sowie der beträchtliche Aufwand bei den Schaltelementen.

17.2.5 Frequenzmodulation

Bei der Frequenzmodulation wird die Frequenz f_0 als Funktion der Zeit variiert, wobei klar zu stellen ist, dass es sich nicht um eine absolute und somit konstante Frequenz handelt, sondern um eine Momentanfrequenz $f_0(t) = \omega_0(t)/2\pi$. In diesem Kapitel wird Frequenzmodulation auf alle Verfahren bezogen, bei denen die Information über die Laufzeit durch Frequenzvariation erreicht wird.

Der grundsätzliche Aufbau von FM-Radar ist in ■ Abb. 17.8 dargestellt. Für die Funktionsweise zwingend ist die Variation der Frequenz mittels eines spannungsgesteuerten Oszillators, der direkt oder über eine Regelschleife (z. B. Phase-Locked-Loop, PLL) die gewünschte Modulation ermöglicht. Das empfangene Signal wird mit dem aktuell ausgesendeten Signal gemischt, gefiltert, abgetastet und gewandelt. Für die Signaltrennung von Sendezweig und Empfangszweig können wahlweise räumlich getrennte Zuleitungen (■ Abb. 17.8 oben) oder spezielle nicht-reziproke Koppler (■ Abb. 17.8 unten) verwendet werden, die richtungsselektiv koppeln.

17.2.5.1 Frequenzumtastung, Frequency-Shift-Keying (FSK)

Bei der Frequenzumtastung wird die Momentanfrequenz des Signals in Stufen variiert. In einfachster Variante werden nacheinander zwei Wellenzüge der Länge Δt mit den Momentankreisfrequenzen ω_1 und ω_2 ausgesendet und simultan dazu das empfangene Signal mit einem dem Sendesignal abgeleiteten Signal gemischt. Dieses ergibt gemäß Gl. (17.10) die folgenden Basisband-Mischprodukte

$$u_{\overline{\text{lt,r,i}}}(t) = \frac{1}{2} A_r A_t \cos\left(\frac{\omega_i}{c} 2\dot{r} t + \varphi_0 - \varphi_{r,i} \right), \quad (17.22)$$
$$i = 1, 2$$

In dieser Gleichung wurde $2\pi\lambda$ durch ω_i/c substituiert, damit die durch die Frequenzänderung bewirkten Effekte deutlich werden. Zur Vereinfachung wird zunächst angenommen, dass kein Dopplereffekt vorliegt, also das detektierte Objekt keine Relativgeschwindigkeit $\dot{r}$ aufweist. Dann ergibt sich in Abhängigkeit des Abstands eine Phasenänderung von

$$\Delta\varphi_{r,i} = \varphi_0 - \varphi_{r,i} = t_{of} \cdot \omega_i = \frac{2r}{c}\omega_i, \quad (17.23)$$
$$i = 1, 2$$

und damit in der Differenzbetrachtung

$$\Delta\varphi_{r,2} - \Delta\varphi_{r,1} = t_{of} \cdot \Delta\omega = \frac{2r}{c}\Delta\omega, \quad (17.24)$$
$$\Delta\omega = \omega_2 - \omega_1$$

Der Phasenunterschied ist also umso größer, je größer der Abstand r und je höher die Differenzkreisfrequenz ist. Nun gilt aber auch hier, dass eine Phase nicht eindeutig bestimmbar ist. Man misst zunächst nur die mit der Amplitude multiplizierten Cosinus-Werte, in diesem Falle zwei Werte. Eine I/Q-Mischung, wie in ▶ Abschnitt 17.2.3 und 17.2.4.3 gezeigt, würde hier Abhilfe leisten, allerdings auch die Kosten für die Demodulationshardware erheblich erhöhen. Alternativ kann mit weiteren Frequenzsprüngen analog zu ◻ Abb. 17.9 eine erste Aussage zum Abstand getroffen werden. Damit der Cosinus-Bogen als solcher erkannt werden kann, müssen die n Stufen zusammen eine Phasenänderung von mindestens 45° ($\pi/4$) bewirken. Somit bestimmt sich der Gesamthub der Frequenzstufen $n \cdot \Delta f$ aus der minimalen messbaren Entfernung r_{min} zu

$$\Delta\varphi_{r,n} - \Delta\varphi_{r,1} = t_{of} \cdot n\Delta\omega =$$
$$\frac{2r_{min}}{c}n\Delta\omega = \frac{\pi}{4} \Rightarrow n\Delta f \geq \frac{c}{16 r_{min}} \quad (17.25)$$

Dies führt zu einem Hub $n \cdot \Delta f$ von 625 kHz @ 30 m bzw. 18,75 MHz @ 1 m. Diese Werte können als Anhaltspunkt für die minimal benötigte Bandbreite zur Abstandsmessung dienen. Die Zahl der Stufen ergibt sich aus dem Eindeutigkeitskriterium bei maximal anzunehmendem Objektabstand r_{max}. So darf die Phasenänderung zwischen zwei Stufen nicht größer als 180° (π) sein.

$$\Delta\varphi_{r,i+1} - \Delta\varphi_{r,i} = t_{of} \cdot \Delta\omega =$$
$$\frac{2r_{max}}{c}\Delta\omega = \pi \Rightarrow \Delta f \leq \frac{c}{4 r_{max}} \quad (17.26)$$

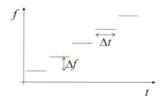

◻ **Abb. 17.9** Prinzip der Frequenzumtastung (Frequency-Shift-Keying, FSK) mit mehreren Stufen

Damit ergeben sich Stufenhöhen Δf von maximal 188 kHz @ 400 m. Dieser Abstandswert liegt zwar außerhalb der betrachteten Abstandszielbereiche. Es kann aber nicht ausgeschlossen werden, dass gut reflektierende Objekte auch aus diesem Entfernungsbereich erfasst werden. Die minimale Anzahl der Stufen n_{min} ergibt sich aus dem Verhältnis r_{max}/r_{min} von maximalem zu minimalem Abstand.

$$n_{min} = \frac{r_{max}}{4 r_{min}} \quad (17.27)$$

Erweitert man die obige Betrachtung auf relativ zum FSK-Radar bewegende Objekte, so bleiben alle Aussagen weiter erhalten. Allerdings ist das Signal der einzelnen Stufe kein Gleichsignal, sondern variiert gemäß Gl. (17.22) mit der Dopplerfrequenz

$$f_{Doppler,i} = \frac{-f_i}{c}2\dot{r}. \quad (17.28)$$

Zwar unterscheidet sich die Dopplerfrequenz jeder Stufe wegen der unterschiedlichen Grundfrequenz f_i, die Änderungen sind aber so gering ($< 10^{-5}$), dass bei einer Fourieranalyse die Dopplerfrequenzen in dieselbe Frequenzzelle fallen. Dennoch können sich durch die Unterschiede Phasenverschiebungen aufsummieren, die aber vorherbestimmbar sind und damit auch kompensiert werden können.

Im Prinzip können die Objekte allein anhand der Dopplerfrequenz detektiert werden, allerdings ist das Vorzeichen der Dopplerverschiebung nicht bekannt. Dieses lässt sich aus der Phasendifferenz zwischen den Stufen bei den gefundenen Dopplersignalen ableiten. Vergrößert sich die Phase bei Erhöhung der Sendefrequenz, dann liegt eine positive Dopplerfrequenz vor, also ein sich näherndes Objekt. Verringert sich dagegen die Phase, bleibt als sinnvolle Erklärung nur eine negative Doppler-

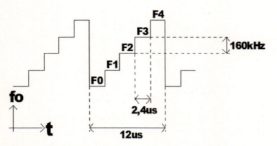

◘ Abb. 17.10 FSK mit fünf ineinander geschachtelten Frequenzstufen [Quelle: TRW]

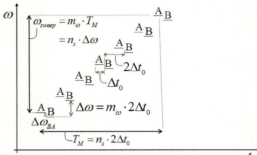

◘ Abb. 17.11 Frequenz-Zeitverlauf für Linear Frequency Modulation Shift Keying (LFMCW/FSK) nach [12]

frequenz, da ein negativer Abstand ausgeschlossen werden kann.

Die Auflösung der Relativgeschwindigkeit ist nur abhängig von der Messzeit, die für eine Stufe zur Verfügung steht. Werden die Stufen wie oben beschrieben nacheinander durchgeführt, so steht bei einer Gesamtmesszeit T pro Stufe nur eine Messdauer von $T_M = T/n$ zur Verfügung. Bei vielen Stufen führt dies zu einer erheblichen Verschlechterung der Relativgeschwindigkeitsauflösung. Bei wenigen Stufen bietet sich an, die Tatsache auszunutzen, dass die notwendige Abtastrate für den Dopplereffekt so gering ist, dass in den Messpausen zwischen zwei Abtastzeitpunkten Messungen mit anderen Sendefrequenzen durchgeführt werden. Im ▶ Abschnitt 17.2.2 wurde eine minimale Abtastrate von 71,4 kHz ermittelt, die Pause beträgt somit fast 14 µs. Die Laufzeit für ein 300 m entferntes Objekt beträgt dagegen nur 2 µs. Theoretisch lassen sich noch sechs weitere Messungen einschieben, praktisch noch vier, wie in einem Praxisbeispiel siehe ◘ Abb. 17.10 gezeigt ist. Die Signale entsprechen einer Treppenfunktion, wobei für die Auswertung die Werte zu der gleichen Stufenhöhe zu einem Analysedatensatz zusammengefasst werden. Somit ist es auch nicht nötig, die Messzeit auf die verschiedenen Stufen zu verteilen, sondern bei allen Stufen wird ein T-langer Datensatz ausgewertet und somit resultiert gemäß Gl. (17.21) eine Relativgeschwindigkeitsauflösung von $\Delta \dot{r} = c/2f_0T$ entsprechend $\Delta \dot{r} = (1\,\text{m/s})/(510\,\text{Hz} \cdot T)$ bei 76,5 GHz. Mit einer Messdauer von 40 ms kann eine Geschwindigkeitszelle von etwa 1/20 m/s erreicht werden. Damit können Objekte unterschieden werden, die drei Zellen Differenz zeigen, also Geschwindigkeitsunterschiede von nur 3/20 m/s oder etwa 0,5 km/h. Diese hohe Trennfähigkeit ist allerdings bei einem derartigen Verfahren notwendig, da wegen des geringen Frequenzhubs keine Trennfähigkeit bezüglich des Abstands gegeben ist. Besitzen also mehrere Objekte die gleiche Relativgeschwindigkeit, sodass sie in dieselbe Relativgeschwindigkeitszelle eingeordnet werden, so ist nicht mehr erkennbar, dass es sich um mehrere Objekte handelt. Der in einem solchen Fall ermittelte Abstandswert ist sehr unzuverlässig, wobei der betragsmäßig stärkste Reflektor die anderen dominiert. Bei sich bewegenden Objekten ist die Wahrscheinlichkeit gering, dass mehrere Objekte gemeinsam in dieselbe Zelle fallen. Bei stehenden Objekten hingegen ist dies immer dann der Fall, wenn sich deren Radialgeschwindigkeit $\dot{r}$ nicht durch einen unterschiedlichen azimutalen Zufahrtswinkel Φ des mit der Fahrgeschwindigkeit v bewegten Radarfahrzeugs unterscheidbar macht, wenn also

$$|\dot{r}_i - \dot{r}_j| < \Delta \dot{r}$$
$$\Leftrightarrow v \left| \cos \Phi_i - \cos \Phi_j \right| < c/2f_0T. \quad (17.29)$$

gilt. Bei einer Geschwindigkeit von $v = 10\,\text{m/s}$ des Radarfahrzeugs ($f_0 = 6{,}5\,\text{GHz}$, $T = 40\,\text{ms}$) fallen alle stehenden Hindernisse innerhalb eines azimutalen Sichtbereichs von $\pm 5{,}6°$ in dieselbe Geschwindigkeitszelle wie die stehenden Hindernisse auf der Mittenlinie. Daher ist ein solches Verfahren für die Detektion von stehenden Hindernissen ungeeignet.

Das Zusammenfassen mehrerer Frequenzstufen erlaubt noch weitere Signalverbesserungsmaßnahmen. So kann der Abtastzeitpunkt für das empfangene Signal mit einem definierten Verzug

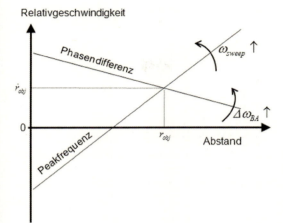

◘ Abb. 17.12 Bestimmung des Abstands und der Relativgeschwindigkeit beim Verfahren Linear Frequency Modulation Shift Keying (LFMCW/FSK) nach [12]

zum Beginn der Stufe gelegt werden, sodass Überreichweiten von Objekten mit größeren Laufzeiten als dieser Verzugszeit ausgeschlossen werden können.

17.2.5.2 FMSK

Eine ebenfalls auf Frequenztreppen basierende Modulation nennt sich Linear Frequency Modulation Shift Keying (LFMCW/FSK) [12]. Diese ist in ◘ Abb. 17.11 dargestellt. Einer Frequenztreppe A mit n_S Stufen folgt zeit- und frequenzversetzt eine Frequenztreppe B. Für Treppe A ergibt sich analog zu Gl. (17.22) und Gl. (17.23) ein Mischsignal

$$u_{\overline{\text{lt,r,i,A}}}(t_{i,A}) = \frac{1}{2} A_t A_r \cos\left(\frac{2\omega_i}{c} \dot{r} t_{i,A} \right.$$
$$\left. + \frac{2r}{c} \omega_{i,A}\right), \quad (17.30)$$
$$i = 1, \ldots, n.$$

wobei

$$\omega_{i,A} = \omega_{0,A} + i_A \cdot \Delta\omega$$
$$= \omega_{0,A} + i_{i,A} \cdot m_\omega,$$
$$t_{i,A} = t_0 + 2i\Delta t_0; \quad (17.31)$$
$$i = 1, \ldots, n_S,$$

mit den Abtastzeitpunkten $t_{i,A}$ und der Treppensteigung der Kreisfrequenz $m_\omega = \Delta\omega / (t_{i+1} - t_i)$. Wieder in Gl. (17.30) eingesetzt,

$$u_{\overline{\text{lt,r,i,A}}}(t_{i,A}) = \frac{1}{2} A_t A_r \cos\left(\left(\frac{2\omega_i}{c} \dot{r}\right.\right.$$
$$\left.+ \frac{2m_\omega}{c} r\right) t_{i,A} +$$
$$\left.+ \frac{2r}{c} \omega_{0,A}\right), \quad (17.32)$$
$$i = 1, \ldots, n.$$

Für die zweite Treppe ergibt sich analog das gleiche Ergebnis, wobei der Index A durch B zu ersetzen ist. Dabei ist zu beachten, dass die Abtastzeitpunkte $t_{i,B} = t_0 + \Delta t_0 + 2i\Delta t_0$ zu $t_{i,A}$ um Δt_0 versetzt sind und die Startkreisfrequenz $\omega_{0,B}$ um $\Delta\omega_{BA}$ zu $\omega_{0,A}$ verschieden ist. Für beide Fälle erhält man eine zeitdiskrete Datenreihe, die nach der Fouriertransformation bei derselben Kreisfrequenz

$$\omega_{\text{obj}} = \frac{2}{c}(m_\omega r + \omega_0 \dot{r}) \quad (17.33)$$

eine (komplexe) Amplitude liefert. Die zur Vereinfachung durchgeführte Näherung des Vorfaktors für die Dopplerfrequenz, der Trägerfrequenz ω_i, mit der Startfrequenz ω_0, führt bei Modulationshüben von 100 MHz und der Trägerfrequenz 76,5 GHz nur zu Fehlern $(\omega_i - \omega_0)/\omega_i$ im Promillebereich.

In beiden Treppen findet sich bei ω_{obj} eine Amplitude gleichen Betrags, aber mit unterschiedlicher Phase

$$\Delta\varphi_{BA} = \frac{2}{c}(\Delta\omega_{BA} r + \omega_0 \Delta t_0 \dot{r}), \quad (17.34)$$

von einem geschwindigkeitsabhängigen Teil wegen des Zeitversatzes und zusätzlich von einem abstandsabhängigen Teil wegen des Frequenzversatzes. Beide Informationen, die Frequenz des Signals (Gl. (17.33)) und die Phasendifferenz zwischen den komplexen Amplituden der beiden Treppen (Gl. (17.34)) sind eine Linearkombination von Relativgeschwindigkeit und Abstand und lassen sich entsprechend in einem $\dot{r} \div r$–Diagramm jeweils als Geraden darstellen (siehe auch ◘ Abb. 17.12).

$$\dot{r} = \frac{c}{2} \cdot \frac{\omega_{\text{obj}}}{\omega_0} - \frac{m_\omega}{\omega_0} r, \quad (17.35)$$

$$\dot{r} = \frac{c}{2} \cdot \frac{\Delta\varphi_{BA}}{\omega_0 \Delta t_0} - \frac{\Delta\omega_{BA}}{\omega_0 \Delta t_0} r. \qquad (17.36)$$

Sofern die zweite Treppe nicht exakt in der Mitte der ersten liegt, also $m_\omega \Delta t_0 \neq \Delta\omega_{BA}$, gibt es einen Schnittpunkt beider Geraden, wodurch eine eindeutige Bestimmung sowohl des Abstands als auch der Relativgeschwindigkeit möglich wird:

$$r = \frac{c}{2} \cdot \frac{\Delta t_0 \cdot \omega_{obj} - \Delta\varphi_{BA}}{m_\omega \cdot \Delta t_0 - \Delta\omega_{BA}}, \qquad (17.37)$$

$$\dot{r} = \frac{c}{2\omega_0} \cdot \frac{m_\omega \cdot \Delta\varphi_{BA} - \Delta\omega_{BA} \cdot \omega_{obj}}{m_\omega \cdot \Delta t_0 - \Delta\omega_{BA}}, \qquad (17.38)$$

Da die Dauer der Treppen die Messzeit $T_M = 2n\Delta t_0$ bestimmt, lässt sich gemäß Gl. (17.21) eine Relativgeschwindigkeitszelle von

$$\Delta\dot{r} = \frac{c}{4 f_0 n_S \Delta t_0} \qquad (17.39)$$

angeben. Die Abstandsauflösung hängt ebenfalls von der Messdauer ab, da auch die Abstandsauflösung über die Frequenzauflösung gemäß Gl. (17.33) bestimmt wird. Die Messzeit kürzt sich aber wieder heraus, wenn stattdessen der Gesamtfrequenzhub $f_{sweep} = m_\omega T_M / 2\pi$

$$\Delta r = \frac{c}{2} \cdot \frac{\omega_{obj}}{m_\omega} = \frac{c}{2} \cdot \frac{2\pi/T_M}{m_\omega} = \frac{c}{2 f_{sweep}}, \qquad (17.40)$$

verwendet wird. Dieser Ausdruck gilt uneingeschränkt auch für andere Verfahren und entspricht der Heisenbergschen Unschärferelation, bei der das Produkt aus Zeitauflösung und Frequenzauflösung mindestens den Wert 1 ergeben muss. Für eine bestimmte Zeitauflösung (hier Laufzeit) ist also eine bestimmte Mindestbandbreite nötig.

Die Treppenstufenhöhe $2m_\omega \cdot \Delta t_0$ bestimmt zum größten Teil den maximal messbaren Abstand gemäß Nyquist-Theorem und $\Delta t_0 = T_M / 2n_S$ zu

$$\begin{aligned} r_{max} &= \frac{c}{2} \cdot \frac{\omega_{obj,\,max} - \frac{2}{c}\omega_0 \dot{r}}{m_\omega} \\ &= \frac{c}{2} \cdot \frac{\frac{2\pi n_S}{2 T_M} - \frac{2}{c}\omega_0 \dot{r}}{m_\omega} \\ &= \frac{\pi c}{4 m_\omega \cdot \Delta t_0} - \frac{\omega_0 \dot{r}}{m_\omega}, \end{aligned} \qquad (17.41)$$

die Zahl der Treppenstufen n_S bestimmt das Verhältnis $r_{max}/\Delta r$ zwischen maximalem Messabstand und der Abstandsauflösung. Eine Dopplerverschiebung führt entsprechend Gl. (17.33) zu einer Ausdehnung oder Verkürzung des maximalen Messabstands, entsprechend dem zweiten Term von Gl. (17.41).

Bei der Anwendung dieser Gleichungen (17.37) und (17.38) ist darauf zu achten, dass die Kreisfrequenz ω_{obj} vorzeichenbehaftet ist. Ohne Einsatz eines I/Q-Mischers ist das Vorzeichen der Frequenz aber nicht bekannt, sodass über Annahmen das Vorzeichen zu bestimmen ist. Dabei können positive Abstände vorausgesetzt werden, sodass die Objektfrequenzen bei positiver Steigung positiv sind. Dies gilt zumindest solange $(m_\omega r + \omega_0 \dot{r}) > 0$ ist. Bei positiver Treppensteigung folgt daraus, dass für Objekte unterhalb einer

$$t_{tc,min} = (-\dot{r}/r)_{min} = \frac{m_\omega}{\omega_0}. \qquad (17.42)$$

diese Bedingung nicht mehr gegeben ist. t_{tc} steht für Time-to-Collision, die übliche Bezeichnung des Quotienten von Abstand und negativer Relativgeschwindigkeit. Für ein Beispiel mit einer $t_{tc,min} = 1$ s und 76,5 GHz Trägerfrequenz ist eine Steilheit von $m_\omega = 2\pi \cdot 76{,}5$ GHz/s erforderlich entsprechend einer Frequenzrampe von 76,5 MHz in 1 ms. Grundsätzlich tritt dieser Effekt des Vorzeichenwechsels auch bei einer negativen Rampensteigung auf mit einer entsprechenden „Fluchtzeit", wobei keine Anwendung im Bereich der Fahrerassistenzsysteme bekannt ist, die so schnell „fliehende" Objekte erkennen muss. Daher kann eine negative Treppe mit einer betragsmäßig erheblich geringeren Rampensteigung betrieben werden.

Als letzten Parameter ist $\Delta\omega_{BA}$ zu wählen. Als Mindestforderung gilt, einen nullwertigen Nenner in den Gl. (17.37) und (17.38) zu vermeiden, also $\Delta\omega_{BA} \neq m_\omega \Delta t_0$ zu wählen. Weiterhin ist zu beachten, dass nach Gl. (17.34) die Phasendifferenz eindeutig

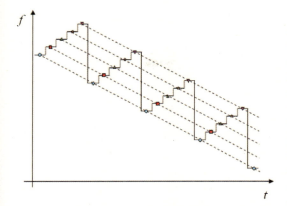

Abb. 17.13 Frequenz-Zeitverlauf einer Kombination von FSK und LFMCW/FSK, gestrichelt: die zu einem Datensatz zusammengefassten Messpunkte

im Bereich von $0 \ldots 2\pi$ bleibt, so dass dieser Bereich mindestens für Abstände bis r_{max} bei $(\dot{r} = 0)$ reichen muss, wenn die Mehrdeutigkeiten nicht durch andere Plausibilisierungsverfahren aufgelöst werden sollen. Hieraus ergibt sich die Bedingung für

$$|\Delta\omega_{BA}| \leq \frac{\pi c}{r_{max}} = 4 m_\omega \cdot \Delta t_0 \quad (17.43)$$

Mit etwas Reserve für die Änderung durch den Dopplereffekt $\omega_{Doppler,max} \cdot \Delta t_0$ ergibt sich die Auslegung von $|\Delta\omega_{BA}| < 10^6$ s, also etwa 160 kHz Frequenzsprung, wobei bei einer positiven Treppensteigung ein negatives $\Delta\omega_{BA}$ zu einem höheren Steigungsunterschied führt als ein positives. Da Abstand und Relativgeschwindigkeit gemäß ▫ Abb. 17.12 als Schnittpunkt zweier Geraden bestimmt werden, ist eine Orthogonalität bzgl. der Fehlerrobustheit optimal, d. h. die Steigung der einen Geraden sollte gleich dem negativen Kehrwert der anderen Steigung sein, wobei beide Größen auf die Auflösungszelle (Δr nach Gl. (17.40) und $\Delta \dot{r}$ nach Gl. (17.39)) normiert werden. Mit den Gl. (17.35) und (17.36) erfolgt dann die Festlegung eines optimalen

$$\Delta\omega_{BA,opt} = -m_\omega \Delta t_0, \quad (17.44)$$

d. h. die zweite Treppe beginnt um eine halbe Stufe nach unten versetzt (vgl. [12]).

Da wie in ▶ Abschnitt 17.2.5.1 beschrieben, die für die maximale Dopplerfrequenz notwendige Abtastfrequenz noch genügend Zeitraum für Zwischenmessungen erlaubt, können noch weitere Treppen ineinander geschachtelt werden. So lässt sich die Anordnung von ▫ Abb. 17.10 mit einer „Makrotreppe" verbinden, wobei entsprechend der vorherigen Überlegung der Versatz (die kleine Treppe) entgegen der Richtung der großen Treppe gewählt wird, s. ▫ Abb. 17.13. Dadurch kann zum einen gegenüber dem Doppeltreppen-FMSK der Winkelversatz $\Delta\varphi_{BA}$ nun über vier Differenzen statt einer deutlich besser ermittelt werden und zum anderen gegenüber dem FSK wegen des mit der Makrotreppe verbundenen höheren Frequenzhubs auch eine Mehrzielfähigkeit im Abstand erreicht werden, womit das Verfahren auch für stehende Ziele tauglich wird.

17.2.5.3 Dauerstrich-Frequenzmodulation (Frequency Modulated Continuous Wave, FMCW)

Eine vielfach verwendete Modulationsform ist die lineare Dauerstrich-Frequenzmodulation. Dabei wird die Momentanfrequenz kontinuierlich und rampenförmig verändert

$$\omega(t) = \omega_0 + m_\omega(t - t_0). \quad (17.45)$$

Damit erhält man nach Mischung von Empfangs- und Sendesignal

$$u_{\overline{lt,r,i}}(t) = \frac{1}{2} A_t A_r \cos\left(\left(\frac{2\omega_0}{c}\dot{r} + \frac{2m_\omega}{c}r\right)t + \frac{2r}{c}\omega_0 + \left(\frac{2r}{c}\right)^2 m_\omega\right). \quad (17.46)$$

einen zu Gl. (17.32) ähnlichen Ausdruck, wobei eine konstante Phasenverschiebung von $+(2r/c)^2 m_\omega$ durch die stetig ansteigende Sendefrequenz hinzukommt, die aber ohne weitere Bedeutung bleibt. Obwohl nun die Frequenz im Gegensatz zu den im vorherigen Abschnitt vorgestellten FMSK-Treppen kontinuierlich verändert wird, liefert ein zu diskre-

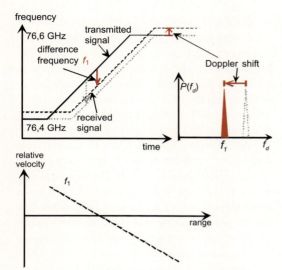
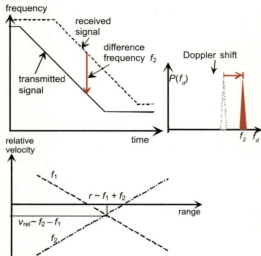

Abb. 17.14 FMCW mit einer positiven Rampe bei einem sich nähernden Objekt. Links oben: Gesendetes und empfangenes Signal; rechts oben: Spektraldarstellung der Differenzfrequenz; unten: zu einer Frequenz zugehörige Abstands- und Relativgeschwindigkeitswerte

Abb. 17.15 FMCW mit einer negativen Rampe bei einem sich nähernden Objekt. Links oben: Gesendetes und empfangenes Signal; rechts oben: Spektraldarstellung der Differenzfrequenz; unten: zu der detektierten Frequenz zugehörige Abstands- und Relativgeschwindigkeitswerte für beide Rampen

ten Zeitpunkten abgetastetes Signal dieselbe Differenzfrequenz wie bei der Treppenform, so dass Gl. (17.33) gültig bleibt und eine Linearkombination von Abstand und Relativgeschwindigkeit beschreibt. Ohne Vergleich mit der Phase einer anderen Rampe ist die Phaseninformation hingegen nicht nutzbar.

Da nur die Frequenzinformationen auswertbar sind, lässt sich das Verfahren anschaulich gemäß ◘ Abb. 17.14 verdeutlichen. Die Differenzfrequenz ist bei einer positiven Rampensteigung umso größer, je größer der Abstand ist und je mehr sich ein Objekt entfernt. Die Mehrdeutigkeit der Linearkombination lässt sich auflösen, wenn eine weitere Rampe mit einer anderen Steigung m_ω vorliegt. Bei einer negativen Rampe, s. ◘ Abb. 17.15, ist die Differenzfrequenz ebenfalls umso so größer, je größer der Abstand ist. Allerdings vergrößert sich die Differenz nicht mit sich entfernenden Objekten, sondern mit sich annähernden. Dies drückt sich in einer Linearkombination, die in einem $\dot{r} \div r$–Diagramm zu einer negativen Steigung führt, aus. Wie in ◘ Abb. 17.15, unten dargestellt, schneiden sich die Geraden bei

$$r = \frac{c}{2} \cdot \frac{\omega_{\text{obj},1} - \omega_{\text{obj},2}}{m_{\omega,1} - m_{\omega,2}}, \qquad (17.47)$$

$$\dot{r} = \frac{c}{2\omega_0} \cdot \frac{m_{\omega,1}\omega_{\text{obj},2} - m_{\omega,2}\omega_{\text{obj},1}}{m_{\omega,1} - m_{\omega,2}}. \qquad (17.48)$$

Bei der Anwendung dieser Gleichungen ist wie vorherig darauf zu achten, dass die Kreisfrequenzen vorzeichenbehaftet sind. In identischer Weise gilt hier die Einschränkung gemäß Gl. (17.42).

Das Mehr-Rampen-FMCW-Verfahren ist sehr einfach, solange nur ein Objekt detektiert wird. Dann sind die $\omega_{\text{obj},i}$ eindeutig zuzuordnen. Dies gelingt ohne Weiteres nicht mehr, wenn mehrere Objekte detektiert werden. Wie in ◘ Abb. 17.16 dargestellt, sind Fehldeutungen möglich. Das erste Rampenpaar (durchgezogene Linien) erzeugt von zwei Objekten vier Schnittpunkte, von denen nur zwei korrekt sind. Durch eine oder mehrere zusätzliche Rampen mit unterschiedlichen Steigungen lässt sich die Mehrdeutigkeit auflösen, zumindest für eine kleine Anzahl von Objekten, in dem man nur die Detektionen gelten lässt, die einen Schnittpunkt aller Rampen zeigen. Im Beispiel ◘ Abb. 17.16 mit zwei zusätzlichen Rampen der halben Steigung finden sich im $\dot{r} \div r$–Diagramm vier weitere Geraden. Aber nur zu den korrekten Objekten schneiden sich alle Geraden der vier Rampen. Bei Szenen mit einer Vielzahl gewünsch-

17.2 · Abstands- und Geschwindigkeitsmessung

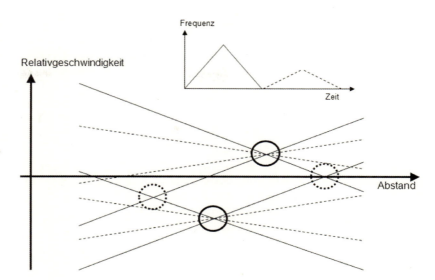

Abb. 17.16 Mehrdeutigkeit der Zuordnung bei FMCW für zwei Ziele. Durchgezogene Kreise: korrekte Zuordnung; gestrichelte: falsche Zuordnung und deren Auflösung durch zwei zusätzliche Rampen; gestrichelte Geraden: Linearkombination für die zweite Doppelrampe

ter und ungewünschter Ziele wie die Leitplankenpfosten kann es trotzdem vorkommen, dass Mehrfachschnittpunkte festgestellt werden, die nicht real korrespondieren. Als weiteres Kriterium für die Unterdrückung von Falschzuordnungen kann die Gleichheit der Amplituden herangezogen werden, wobei hier vorausgesetzt werden muss, dass die Rückstreuamplitude in den folgenden Rampen auch wirklich nahezu gleich ist. Zwar kann diese Annahme in Einzelfällen nicht zutreffen, die Folgen sind aber gering, da einzelne Ausfälle (Dropouts) vom nachfolgenden Tracking aufgefangen werden. Trotz dieser Maßnahmen bleibt die Zuordnungsmehrdeutigkeit die Achillesferse dieses Verfahrens.

Eine weitere Schwäche ist die fehlende Kohärenz über die verschiedenen Rampen hinweg. Für die Qualität der Relativgeschwindigkeit ist die Messdauer T_R der einzelnen Rampen relevant, nicht die gesamte Messdauer. Die kleinste Geschwindigkeitszelle wird gemäß Gl. (17.21) über die Dauer $T_{R,max}$ der längsten Einzelrampe bestimmt.

17.2.5.4 Chirp Sequence Modulation (Multi-Chirp, Pulskompression)

Die im Folgenden beschriebene Modulation hat mehrere Bezeichnungen. Hier wird sie als Chirp Sequence Modulation bezeichnet, weil sie aus ei-

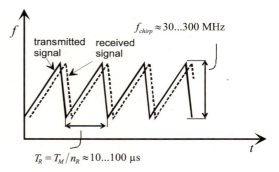

Abb. 17.17 Frequenz-Zeitverlauf für die Chirp Sequence Modulation (Puls-Kompression)

ner Sequenz gleicher linearer Frequenzrampen besteht, s. ◘ Abb. 17.17. Dieses Verfahren kombiniert die Vorteile aller bisher beschriebenen Verfahren. In kurzen Abständen werden n_R gleiche lineare Frequenzrampen wiederholt, die, wenn sie wie in ◘ Abb. 17.17 dargestellt, frequenzsteigernd (Up-Chirp) sind, im akustischen Bereich als Zirpen (Chirp) hören würden. Der Hub der Rampen beträgt typisch f_{chirp} = 30 … 300 MHz. Die Wiederholrate richtet sich nach der Dopplerfrequenz und sollte etwa 80 kHz betragen, wenn Mehrdeutigkeiten vermieden werden sollen, die aber wie vorher mehrfach erwähnt, auch durch Plausibilitätsbetrachtung im Tracking behoben werden können, so dass durchaus niedrigere Wiederholraten möglich sind. Obwohl für die einzelnen Rampen Gl. (17.33) gilt, gibt es trotzdem eine eindeutige Zuordnung vom Abstand zur Frequenzzelle

$$\omega_{\text{obj}} = \frac{2}{c} m_\omega r, \quad (17.49)$$

weil die Rampen so kurz sind, dass eine Dopplerverschiebung innerhalb der Rampendauer nicht relevant wird und somit eine strenge Korrespondenz zwischen ω_{obj} und r herrscht. Diese Beziehung gilt für alle folgenden Rampen, solange das Ziel in der Gesamtmesszeit innerhalb der Abstandszellenausdehnung bleibt. Diese Bedingung kann durchaus bei einer hohen Relativgeschwindigkeit und einer langen Gesamtmessdauer T_M verletzt werden, wenn nämlich

$$|\dot{r}| > \frac{\Delta r}{T_M} = \frac{c}{2 T_M f_{\text{chirp}}} \quad (17.50)$$

ist. Bei einer hohen Abstandsauflösung von 1 m (entsprechend $f_{\text{chirp}} = 150\,\text{MHz}$) und einer Messdauer von 20 ms tritt dies oberhalb $|\dot{r}| = 50\,\text{m/s}$ auf. Trotz solcher Grenzen kann davon gesprochen werden, dass die Frequenzzellen Abstandszellen entsprechen, die in zur kohärenten Pulsdemodulation (Puls-Doppler) ähnlicher Weise als Range-Gates aufgefasst werden. Zu jeder Zelle existiert nach der Fouriertransformation wie bei der Puls-Doppler-Auswertung in ▶ Abschnitt 17.2.4.3 eine komplexe Amplitude. Diese Amplitude beschreibt in den folgenden Rampen in gleicher Weise wie die Pulsfolgen in der komplexen Ebene einen Kreis mit der der Dopplerfrequenz zugehörigen Kreisgeschwindigkeit ω_{Doppler}. Eine Fouriertransformation der komplexen Amplituden der Rampenfolge mit derselben Abstandszelle liefert daher direkt die Dopplerfrequenz und zwar sowohl für mehrere Ziele in derselben Abstandszelle und unterschiedlicher Relativgeschwindigkeit als auch mit Vorzeichen, da nun ein komplexer Datensatz transformiert wird. Die Analogie zur Puls-Doppler-Auswertung führt daher auch zur Bezeichnung *Pulskompression*, weil nun die gesamte Energie der Rampe auf ein Range-Gate konzentriert wurde und somit gegenüber einer ca. tausendfach kleineren Pulsdauer ein erheblich besseres Signal-Rausch-Verhältnis erreicht wird, ohne die Spitzenleistung dafür anzuheben.

Der beschriebene Ansatz mit zwei aufeinander folgenden Fouriertransformationen ist nichts anderes als eine zwei-dimensionale Fouriertransformation des Datenfelds, bei dem Messdaten einzelner Chirps die Spalten bilden und die Folgechirps die Zeilen. Das Ergebnis liegt in einem zwei-dimensionalen Spektrum vor, dessen Elementarzelle durch $\Delta r = c/2 f_{\text{chirp}}$ und $\Delta \dot{r} = c/2 f_0 T_M$ beschrieben wird. Die Ausdehnung des Feldes wird durch die Abtastfrequenz f_s und die Chirpfolgefrequenz n_R / T_M bestimmt.

$$r_{\max} = \frac{\pi c}{4 m_\omega} f_s;$$
$$|\dot{r}|_{\max} = \frac{n_R \Delta \dot{r}}{2} = \frac{n_R}{T_M} \cdot \frac{c}{4 f_0} \quad (17.51)$$

Die Chirp Sequence Modulation erreicht eine bestmögliche Ausnutzung der Signalleistung, der Bandbreite und der Messzeit. Die Qualität der Messung wird neben dem Rauschen des Empfangszweigs nur durch die Qualität der Frequenzerzeugung bestimmt, denn Nichtlinearität, hohes Phasenrauschen und Ungenauigkeiten bei der Rampenwiederholung (Zeit- und Frequenzfehler) führen zum „Auslaufen" der Detektion-Peaks und verschlechtern die Detektionsfähigkeit, vor allem am Rande des Detektionsfelds, also bei großen Abständen und Relativgeschwindigkeiten.

Der Nachteil der Chirp-Sequence-Modulation ist die hohe Abtastrate ($> 2 \frac{r_{\max}}{\Delta r} \cdot \frac{n_R}{T_M}$) und die resultierend große Zahl an Messwerten $\geq 2 \frac{r_{\max}}{\Delta r} \cdot n_R$ für die zweidimensionale Fouriertransformation. So entstehen fast leere Datenfelder mit mehr als 100.000 Stützpunkten für die maximal 100 Objekte, entsprechend besteht hier der Wunsch, die Datenrate zu senken. Dies ist auf Kosten von Alias-Effekten möglich, z. B. durch Reduktion der Chirp-Wiederholfrequenz. Die sich damit eingehandelte Relativgeschwindigkeitsmehrdeutigkeit lässt sich für Einzelziele durch Vergleich mit der Abstandsableitung beheben. Diese Maßnahme versagt allerdings, wenn Ziele mit einem Geschwindigkeitsunterschied von einem Vielfachen der zur Chirp-Wiederholfrequenz korrespondierenden Geschwindigkeit $v_{\text{chirp}} = \frac{n_R c}{2 f_0 T_M}$ verschmelzen – wie beispielsweise ein Ziel, das mit v_{chirp} entlang einer Leitplanke fährt. Die Folgen sind falsch bestimmte Beschleunigungen des Zielobjekts und daraus abgeleitet auch falsche Reaktionen z. B. einer ACC. Abhilfe können variable Chirp-Wiederholfrequenzen leisten, um zumindest über mehrere Messzyklen die Eindeutigkeit wiederherzustellen. In jedem Fall muss bei einer reduzierten Chirp-Wiederholfrequenz beachtet werden, dass die Frequenz-Abstandszuordnung um einen Relativgeschwindigkeitsanteil korrigiert werden muss, analog zum FMCW-Verfahren (vgl. Abb. 17.14). Neben der Reduktion der Chirp-Wiederholfrequenz kann auch bei der Abtastung innerhalb eines Chirps mit Unterabtastung eine Reduktion des Datenaufkommens erreicht werden. Natürlich fallen auch dabei entsprechende Alias-Nebenwirkungen an.

17.3 Winkelmessung

17.3.1 Antennen-theoretische Vorbetrachtungen

Vor der Beschreibung der Winkelbestimmung werden benötigte Grundlagen zur Strahlform von Radarsensoren eingeführt. Die Strahlcharakteristik der elektrischen Feldstärke $E(\phi,\vartheta)$ im Fernfeld, d. h. bei Abständen, die viel größer als die Wellenlänge sind, ergibt sich (vgl. [2]) als inverse Fouriertransformierte der Antennenbelegungsfunktion $A(x,y)$, wobei der Azimutwinkel ϕ zur Belegung in x-Richtung und der Elevationswinkel ϑ zur y-Richtung korrespondiert. Der nach links positive Azimutwinkel ϕ liegt in der Sensor-Horizontalebene des in Z_S-Richtung orientierten Sensors und der Elevationswinkel ϑ beschreibt den Winkel zur Z_S-X_S-Ebene (nach oben positiv). Für eine ebene Antenne parallel zur X_S-Y_S-Ebene ergibt sich gemäß [2]

$$E(\Phi,\vartheta) = \iint A(x,y) \, e^{j\frac{2\pi}{\lambda}(\sin\Theta\cdot(x\cdot\Phi + y\cdot\vartheta))} dx\,dy \quad (17.52)$$

$$\text{mit } \Theta^2 = \Phi^2 + \vartheta^2$$

Diese Gleichung beschreibt zunächst die Feldstärkeverteilung im Fernfeld für eine mit der Belegungsfunktion $A(x,y)$ abgestrahlten Welle, gilt aber in gleicher Weise für den Empfang. Somit gilt für die Winkelabhängigkeit eines Sensors die Multiplikation der Sende- mit der Empfangscharakteristik. So lange die Sendeantenne nicht weit von der Empfangsantenne entfernt ist, kann die Zweiwege-Charakteristik als das (i. A. komplexe) Produkt der Einwege-Charakteristik beschrieben werden. Bei Verwendung eines monostatischen Einstrahl-Konzepts, also wenn der Sendestrahl durch dieselbe Antenneneinheit läuft wie das Empfangssignal, ergibt sich das (bei nicht um Antennenmitte spiegelsymmetrischer Belegungsfunktion komplexe) Quadrat $E^2(\phi,\vartheta)$.

Für drei einfache, symmetrische eindimensionale Fälle von Belegungsfunktionen ist die sich daraus ergebende Antennencharakteristik in ◻ Abb. 17.18 dargestellt. Die Abszisse verwendet die normierte Größe $\Phi = (l_A/\lambda)\sin\phi$ und ist somit durch das Verhältnis von Aperturweite l_A (Antennenöffnungsweite) und Wellenlänge skaliert.

An diesen Beispielen lässt sich bereits der Konflikt zwischen möglichst starker Bündelung der Hauptkeule und möglichst geringer Höhe der Nebenkeulen ablesen. Wie in einer Tabelle bei [2] aufgeführt ist, kann je nach Belegungsfunktion ein zum Winkelauswertungskonzept passender Kompromiss gewählt werden, vgl. ◻ Abb. 17.19. Eine für die Unterdrückung der ersten Nebenkeule optimale Charakteristik weist das Hamming-Fenster auf, bei dem am Rand noch 8 % der in der Mitte herrschenden Amplitude verbleibt. Trotz solcher Optimierungsstrategie müssen die Antennen etwa achtzigfach größer als die Wellenlänge mal dem Kehrwert der Hauptkeulenbreite pro Grad sein, ein Grad Hauptkeulenbreite verlangt eine etwa $l_A = 80\lambda$ große Aperturweite, entsprechend 32 cm bei 1° und 77 GHz.

Als weitere unerwünschte Nebenwirkung einer hohen Nebenkeulenunterdrückung kommt eine Absenkung des Antennengewinns hinzu (s. a. ◻ Abb. 17.18), denn die Unterdrückung wird immer durch eine zum Rand der Antenne hin sinkende Belegungsfunktion erwirkt. Entsprechend sinkt die effektive Antennenfläche, die Hauptkeule wird breiter und somit die Leistung auf einen breiteren Bereich verteilt, was wiederum zu einer Abnahme der Intensität in der Mitte des Strahls führt.

Für Long-Range-Radaranwendungen wie ACC (s. ▶ Kap. 46) ist für die Gesamtabdeckung ein Winkelbereich $\Delta\Phi_{\max}$ von etwa 10°…20° Azimut und 3° Elevation gefordert. Eine Trennfähigkeit hin-

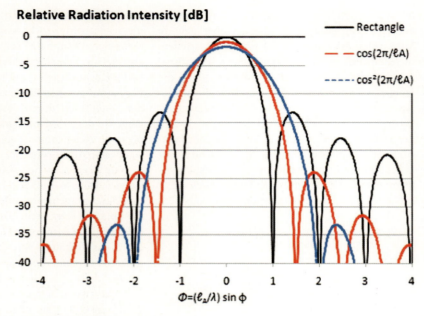

Abb. 17.18 Berechnete eindimensionale Antennencharakteristik für eine Rechteckbelegungsfunktion und eine einfache sowie eine quadrierte Cosinus-Halbglocke, normiert auf die Gesamtleistung. Die Abszissenvariable $\Phi = (l_A/\lambda)\sin\varphi$ ist der auf das Verhältnis l_A/λ der Aperturweite zur Wellenlänge normierte Sinus des Abstrahlwinkels.

sichtlich der Elevation wäre zur Unterscheidung einer Brücke von einem stehenden Fahrzeug – Höhenunterschied etwa 2 m – wünschenswert. Dafür aber wäre eine Trennfähigkeit im Fernbereich von 1° (= 2 m/116 m) und folglich eine Antenne von mindestens 30 cm erforderlich, was hinsichtlich des verfügbaren Bauraums indiskutabel ist. Somit beschränkt sich die Winkelauswertung im Fernbereich auf den Azimut. Für die in den letzten Jahren stark zugenommene Anwendung von Radar im Nahbereich, insbesondere für Full Speed Range-ACC (s. ▶ Kap. 46) oder für Kollisionsschutzsysteme, sind auch stehende Hindernisse zu klassifizieren. Daher wird für diese Funktionen nicht nur ein deutlich ausgeweiteter azimutaler Bereich (30° … 60°) benötigt, sondern auch eine Auflösung in Elevation gewünscht. Hier kann man insbesondere mit einer Planar-Antenne (s. ▶ Abschnitt 17.3.6) mit vertretbaren Abmessungen die Messung der Elevation erreichen und somit die viel zitierte Cola-Dose von höheren Objekten unterscheiden.

17.3.2 Scanning

Das vom Verständnis einfachste Verfahren zur Winkelbestimmung ist das mechanische Scanning. Dazu wird eine Strahlablenkeinheit oder eine

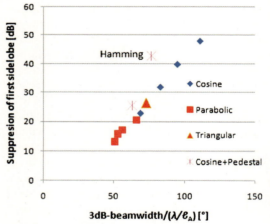

Abb. 17.19 Nebenkeulenunterdrückung vs. Breite der Hauptkeule (bei −3 dB, Einweg) nach [2]

Planarantenne mechanisch so schnell geschwenkt, dass innerhalb eines Mess- und Auswertezyklus (50 … 200 ms) der gesamte azimutale Erfassungsbereich überstrichen wird. ◘ Abbildung 17.20 zeigt das Prinzip. Die Radarkeule hat wegen der oben beschriebenen Abhängigkeit zur Aperturweite mindestens 2° Hauptkeulenbreite, wenn die Aperturweite nicht größer als 15 cm werden soll. Die Keule wird in etwa 1°-Schritten über den Messbereich „geschoben". Statt einer wirklich diskreten Schrittsteu-

17.3 · Winkelmessung

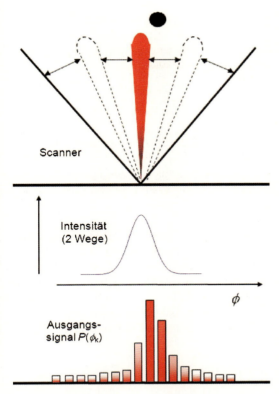

◘ **Abb. 17.20** Scanner-Prinzip zur Winkelbestimmung. Oben: enger gebündelter Strahl überstreicht den Gesamterfassungsbereich und detektiert das Punktziel; Mitte: die azimutale Winkelcharakteristik des gebündelten Strahls; unten: Ergebnis für ein Punktziel

erung erfolgt eine kontinuierliche Scanbewegung, um geräuscherzeugende Beschleunigungen zu vermeiden und mit geringeren Stellleistungen auszukommen. Die Messwerte werden dann trotzdem einer diskreten Winkelposition zugeordnet, nämlich der Mitte der Scanpositionen innerhalb eines Messfensters, die zu diesem Winkelsegment zugeordnet ist. Zwar erhöht sich die Unschärfe, die sich durch die Keulenbreite ergibt, um eine „Bewegungsunschärfe". Da aber zur Vermeidung von Leckage-Effekten die Messdaten gefenstert werden, d. h. am Anfang und am Ende des Messintervalls stark reduziert werden, ist die effektive Bewegungsunschärfe auf etwa 30 % vermindert. Weiterhin kommt zugute, dass sich die Unschärfen näherungsweise (bzw. exakt bei einer Gauß-Charakteristik von Antenne und Fensterfunktion) geometrisch addieren, sodass der Verlust an Schärfe nur etwa 10 % beträgt. Natürlich

kann eine noch kleinere Schrittweite gewählt werden und somit die Bewegungsunschärfe verkleinert werden. Dagegen spricht aber, dass die Aufteilung der Messzeit in viele, den Winkelsegmenten zugeordnete Intervalle die Trennschärfe für die Dopplerauswertung verschlechtert. Damit wird auch klar, dass ein mechanischer Scanner hinsichtlich der Relativgeschwindigkeitsmessung prinzipbedingt schlechter sein wird als eine die gleiche Messzeit messende Mehrstrahlanordnung.

Weiterhin ist zu bemerken, dass der azimutale Auswertebereich kleiner als der Scanbereich ist, denn für eine Schwerpunktbestimmung muss zumindest am Rande ein Abfall erkennbar werden. Daher ist der tatsächliche Winkelbereich zu beiden Rändern hin um etwa eine halbe Strahlbreite geringer als der Scanbereich. Der große Vorteil des Scanningverfahrens ist neben der hohen Genauigkeit, aufgrund des im Vergleich zu anderen Konzepten schmaleren Strahls, auch die Fähigkeit, Objekte hinsichtlich des Winkels zu trennen. Eine Bestimmung der lateralen Objektausdehnung ist nur bei kleineren Abständen sinnvoll möglich, da auch ein schmaler Strahl von 2° Breite in 50 m etwa 1,8 m ausgedehnt ist und somit schon so breit ist wie ein Pkw.

Allerdings lässt sich noch etwas erreichen, wenn die Antennencharakteristik, z. B. durch Vermessen am Ende der Herstellung, bekannt ist. Mithilfe von Dekonvolutions-Algorithmen können sowohl die Werte für Auflösung als auch die Trennfähigkeit im günstigen Fall um etwa einen Faktor ½ verbessert werden, vgl. [10].

17.3.3 Monopuls

Das Monopuls-Verfahren basiert auf einer Doppelantennen-Anordnung, siehe ◘ Abb. 17.21, wobei diese zumeist nur für den Empfang eingesetzt wird, während der Sendestrahl mittels einer einzelnen separaten Antenne emittiert wird.

Die (Empfangs-)Antennen können sich durch die Strahlcharakteristika unterscheiden oder einfach nur aufgrund der Position, die bei azimutaler Winkelmessung horizontal um $\Gamma \cdot \lambda$ verschoben ist. Für zwei benachbarte, sonst gleiche Antennenfelder findet man einen Phasenunterschied von

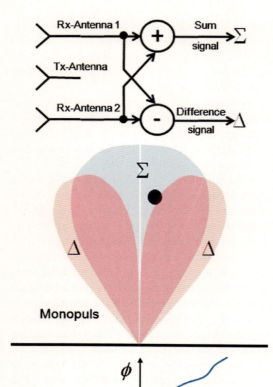

Abb. 17.21 Monopuls-Prinzip zur Winkelbestimmung. Oben: Bildung der Summen- und Differenzsignale; Mitte: die azimutale Winkelcharakteristik der so gebildeten Strahlen; unten: typische Kennlinie Azimutwinkels vs. Quotient der Amplitudenbeträge von Differenz- und Summensignal bei kleineren Winkeln

$$\Delta\varphi = 2\pi\Gamma \sin\Phi \quad (17.53)$$

in Abhängigkeit des Azimutwinkels. Für die Amplituden des Differenzsignals bedeutet dies, dass statt der Originalamplituden A_1 und A_2 mit $|A_1| = |A_2| = |A|$ für Differenz- und Summensignal ein mit dem Sinus bzw. dem Cosinus des Phasenunterschieds gewichteter Betrag gemessen wird:

$$|A_\Delta| = 2|A|\sin\frac{\Delta\varphi}{2}; |A_\Sigma| = 2|A|\cos\frac{\Delta\varphi}{2} \quad (17.54)$$

Somit lässt sich aus dem Verhältnis Differenz- zu Summensignal der Azimutwinkel bestimmen, ohne dass dafür eine phasenempfindliche Messung erforderlich ist:

$$\Phi = \arcsin\left(\frac{\arctan\frac{|A_\Delta|}{|A_\Sigma|}}{\pi\Gamma}\right) \quad (17.55)$$

Allerdings ist wegen der Eindeutigkeit die Beschränkung auf Winkel $\Delta\varphi = 2\pi\Gamma\sin\phi < \pi/2$ erforderlich. Daraus folgt die Dimensionierungsvorschrift von $4\Gamma\sin\phi_{max} < 1$. Bei einem Maximalazimut von $\phi_{max} = 30°$ wären die Antennen genau um $0{,}5\lambda$ entfernt, bei 6° etwa $2{,}5\lambda$.

Eine weitere Möglichkeit des Monopulsverfahrens besteht im Amplitudenvergleich bei unterschiedlicher Strahlcharakteristik. In üblicherweise zur Mitte symmetrischer Anordnung besitzen die Strahlen außerhalb des Nullwinkels die Maxima, haben aber beim Nullwinkel wegen der Symmetrie eine gleiche Amplitude. Der Quotient der Amplitudenbeträge

$$\frac{|A_1| - |A_2|}{|A_1| + |A_2|}$$

kann wieder zunächst als etwa lineares Maß des Azimutwinkels herangezogen werden. Kann von einer konstanten Rückstreuung zwischen zwei aufeinanderfolgenden Messungen ausgegangen werden, so reicht die wechselweise sequentielle Auswertung. Dieses Verfahren wird daher auch *Sequential Lobing* genannt.

Wird wie in ■ Abb. 17.21 zuvor dargestellt, das Differenz- und Summensignal direkt gebildet, dann überlagern sich Phasenunterschied und Amplitudenunterschied, wodurch sich eine noch steilere Kennung zwischen Azimutwinkel und Quotient $|A\Delta|/|A\Sigma|$ ergibt.

Das hier beschriebene Messverfahren ist für einzelne Punktziele akkurat. Allerdings können schon zwei Ziele auf eine in demselben Messzyklus nicht erkennbaren Weise unsinnige Werte erzeugen. Daher ist bei Verwendung dieses Verfahrens darauf zu achten, dass durch eine gute Abstands- und/oder Relativgeschwindigkeitstrennung die Wahrscheinlichkeit sehr gering wird, dass der Azimut von zwei oder mehr Zielen stammt.

17.3 · Winkelmessung

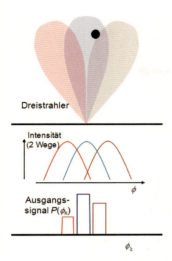

■ Abb. 17.22 Mehrstrahl-Prinzip zur Winkelbestimmung. Oben: überlappende Keulen; Mitte: die azimutale Winkelcharakteristik der einzelnen Strahlen; unten: von einem Punktreflektor resultierende Leistung in den einzelnen Strahlen

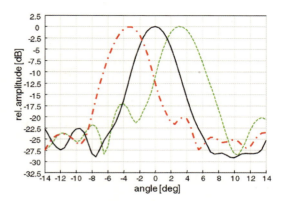

■ Abb. 17.23 Zwei-Wege-Antennendiagramm eines Dreistrahl-Puls-Doppler-Radars, Beispiel Continental ARS200 [11]

Werden das Differenz- und das Summensignal simultan gemessen und ist eine komplexe Amplitudenbestimmung möglich, dann besteht grundsätzlich doch die Möglichkeit einer Signalplausibilisierung über die Differenzphase zwischen A_Δ und A_Σ. Dazu bedient man sich der Trennung der Einflüsse (Amplitudencharakteristik und Phasenunterschied). Da unterschiedliche Amplitudencharakteristika auch zumeist mit Phasenunterschieden verbunden sind, ist eine Speicherung der Gesamtcharakteristik (Amplitudenverhältnis, Phasenunterschied) in Abhängigkeit vom Azimutwinkel sinnvoll. Ein weiterer Vorteil ist die Verdopplung des Eindeutigkeitsbereichs der Phasenauswertung auf $\pm\pi$, da bei arctan-Berechnung auch die Vorzeichen der komplexen Amplituden genutzt werden können.

17.3.4 Mehrstrahler

Die Verwendung von Mehrstrahlern ermöglicht die Verbesserung des Monopulsverfahrens. Zum einen wird bei gegebener Einzelstrahlbreite der Messbereich ausgedehnt. Zum anderen kann in den meisten Fällen eine wie oben beschriebene Mehrzielverfälschung erkannt werden. Das Grundprinzip ist in ■ Abb. 17.22 dargestellt. Die Winkelauswertung erfolgt durch den Vergleich mit der sensorspezifischen normierten Antennencharakteristik, die in einem nicht-flüchtigen Speicher abgelegt ist. Beispiele realer Winkelcharakteristika sind in den ■ Abb. 17.23 und 17.24 dargestellt.

Nur der mittige Strahl von ■ Abb. 17.23 zeigt eine starke Nebenkeulenunterdrückung. Die Nachbarkeulen zeigen jeweils zur Gegenseite ihrer Hauptorientierung deutlich erhöhte Nebenzipfel auf, die damit auf eine asymmetrische Belegungsfunktion hinweist, die von der außermittigen Bestrahlung herrührt, vgl. auch ▶ Abschnitt 17.8.3. Beim Vierstrahler in ■ Abb. 17.24 sind alle Strahlen asymmetrisch, die äußeren in besonderem Maße.

Zur Ermittlung der Charakteristik werden am Ende der Sensor-Produktion automatisiert Kennfelder mittels Zielsimulatoren bestimmt. Die gemessenen Signalleistungen $|A_i|^2$ des i-ten Strahls ($i = 1 \ldots n$) werden auf die Summe der Leistungen aller Strahlen normiert

$$a_i = \frac{|A_i|^2}{\sum_{j=1}^{n} |A_j|^2}$$

so dass bei einem Punktziel, das sich im Azimutwinkel ϕ_0 befindet, die Kreuzkorrelation

$$K(\Phi_\tau) = \sum_{i=1}^{n} a_i \cdot a_{\text{norm},i}(\Phi_\tau) \qquad (17.56)$$

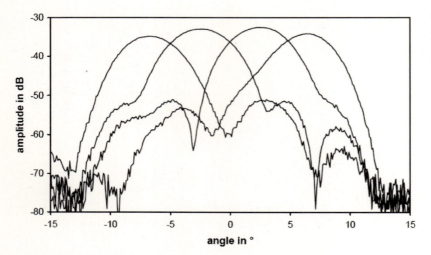

Abb. 17.24 Zwei-Wege-Antennendiagramm eines Vierstrahl-FMCW-Radars, Beispiel Bosch-LRR2 [13]

mit dem entsprechend normierten Winkeldiagramm $a_{norm,i}$ bei einer Verschiebung $\phi_\tau = \phi_0$ maximal und einen Wert von nahe 1 annimmt. Ist der Maximalwert deutlich kleiner als 1, dann kann davon ausgegangen werden, dass die Voraussetzung eines Einzelreflektors nicht gegeben ist und somit dem ermittelten Winkel nicht vertraut werden darf. Allerdings kann eine Auswertung gemäß Gl. (17.56) auch bei $K(\phi_0) \approx 1$ zu Verfälschungen führen, wenn praktisch nur eine Keule eine hohe relative Empfangsleistung aufweist. Daher kann alternativ das sogenannte Antennenmatching auf dB bezogen logarithmisch ausgeführt werden und dann daraus der Korrelationskoeffizient bewertet werden. Dies verlangt jedoch einen hinreichenden Signal-Rausch-Abstand aller Werte.

Auch bei Mehrstrahlkonzepten kann man von den Phasenunterschieden gemäß Gl. (17.53) profitieren, wenn das reflektierte Signal simultan auf mehreren Kanälen empfangen wird. So erhält man bei einem n-Strahler $n-1$ zusätzliche Informationen. Eine Möglichkeit, diese auszuwerten, besteht darin, dass einem Strahl k, z. B. dem Mittenstrahl oder bei gerader Strahlanzahl einem der beiden mittleren, die Referenzphase zugeordnet wird. Dann lassen sich aus der Differenzphase $\Delta\varphi$ zu jedem der anderen Strahlen jeweils Real- und Imaginärteile $A_{Q,i} = |A_i| \cos \Delta\varphi/2$ und $A_{I,i} = |A_i| \sin \Delta\varphi/2$ bestimmen. So stehen bei simultanem Empfang eines n-Strahlers insgesamt $2n-1$ Informationen für die Winkelbestimmung zur Verfügung, die in der zuvor beschriebenen Weise (Gl. (17.56)) ausgewertet werden können.

Simultaner Empfang bei Mehrstrahlern heißt, dass zunächst nur die Empfängerseite mehrstrahlig ist, während der Sendestrahl entweder aus einem separaten Sendezweig kommt oder sich wie im Beispiel aus ▶ Abschnitt 17.8.1 aus der Überlagerung von mehreren Sendezweigen ergibt. Grundsätzlich lassen sich auch die Sendezweige verändern, z. B. durch Schalter, allerdings werden damit zumeist auch die Mischer der entsprechenden Zweige lahmgelegt, die für die Auswertung der empfangenen Signale benötigt werden. Außerdem muss für eine solche sendeseitige Veränderung analog zum Scanning-Verfahren Messzeit zur Verfügung gestellt werden, wodurch entweder länger gemessen oder die Messzeit auf verschiedenen Strahlkonfigurationen aufgeteilt wird, wobei dies zu einer Verschlechterung der Relativgeschwindigkeitsmessung führt.

Der simultane Betrieb von Mehrstrahlern mit Phasenauswertung kann auch als eine (einfache) Form des digitalen Beamforming bezeichnet werden, da die sequentielle Suche nach der höchsten Korrelation abläuft, wie wenn nacheinander die Antenne mit ihrer Phasen- und Amplitudenkennung virtuell in die Suchrichtung gelenkt wird. Allerdings bleibt die Sendecharakteristik unverändert, solange nicht auch die Sendezweige verändert werden. Dies kann neben dem Schalten der Sendezweige auch durch gezielte Phasenverschiebungen zwischen den Einzelantennen der Sendezweige geschehen.

17.3 • Winkelmessung

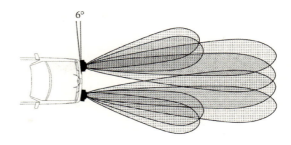

Abb. 17.25 Doppel-Radar-Anordnung mit asymmetrischen Vierstrahl-Radarsensoren [14]

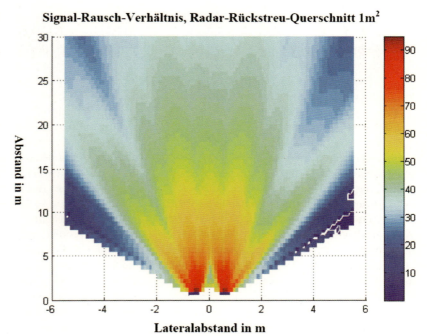

Abb. 17.26 Detektionsabdeckung der Doppel-Radar-Anordnung mit asymmetrischen Vierstrahl-Radarsensoren [14]

Solche meist als planare Phased-Arrays ausgeführte Antennen ermöglichen eine Vielzahl an Auswertemethoden, auf die in ▶ Abschnitt 17.3.6 weiter eingegangen wird.

17.3.5 Dual-Sensor-Konzept

Das in der Veröffentlichung [14] vorgestellte, mittlerweile auch in Serie befindliche Konzept bündelt zwei Radarsensoren zu einem integralen Dual-Sensor-Konzept. Dabei kommen zwei fast spiegelbildlich asymmetrische Antennencharakteristika zum Einsatz, bei denen die für eine breite Nahbereichsausleuchtung zuständigen Nebenkeulen nach fahrzeugaußen gerichtet sind, während die leistungsstärkeren zentralen Keulen weitgehend parallel nach vorn ausgerichtet sind, vgl. ◘ Abb. 17.25. Es ergeben sich vor allem drei Vorteile: eine breite Abdeckung von Beginn an (d. h. nach der ersten Abstandszelle), etwa ± 20° Sicht im Nahbereich und eine Überlappung im Hauptbereich, vgl. ◘ Abb. 17.26. Die Überlappung kann sowohl zur Fehlererkennung als auch zur Verbesserung der Signalverarbeitung, vorrangig der Azimutwinkelbestimmung, eingesetzt werden. Dass für eine solche Anordnung nun zwei Einbauplätze gefunden werden müssen, kann sowohl negativ als auch positiv bewertet werden, insbesondere positiv, wenn bei sichtbarem Einbau die „Radar-Augen-Symmetrie" erreicht werden soll. Nachteilig sind die doppelten Kosten gegenüber einem Einzelsensor, wobei der Verzicht auf zusätzliche Nahbereichssensorik die Bilanz aufbessern kann.

17.3.6 Planar-Antennen-Arrays:

Planar-Antennen besitzen zwei für die Praxis relevante positive Eigenschaften:
- Die Bautiefe der Sensoren wird erheblich verkleinert. Sie wird nicht mehr wesentlich von der Antenne dominiert, sondern vom Tiefenbedarf für die anderen elektronischen und mechanischen (wie Stecker) Komponenten, so dass Bautiefen von 15…30 mm resultieren.
- Es lassen sich Arrays bilden, mit denen sich Sende- und oder Empfangscharakteristik der Antenne steuern lassen.

Die häufigste Anordnung ist eine einzelne Sendeantennenfläche, die aus gemeinsam gespeisten, der Wellenlängendimension angepassten „Patches" besteht, und mehreren (≥ 4) Empfangsantennenflächen (ebenfalls aus einer Vielzahl von „Patches" bestehend). Aufgrund der wiederholten Flächenform der Empfangsantennen ist die Empfangscharakteristik für Ziele im Fernfeld gleich. Bei einem Einzelziel (in derselben Abstands- und Relativgeschwindigkeitszelle) ergibt sich zwischen den einzelnen Empfangsantennen (Index $i \in \mathbb{Z}$, Versatz $\Gamma\lambda$) wie beim Monopuls-Prinzip (vgl. ▶ Abschnitt 17.3.3) eine Phase von $\varphi = i2\pi\Gamma \sin\Phi$ zzgl. eines bei allen gleichen willkürlichen Phasenoffsets, der deshalb vernachlässigt werden kann. Kommt ein weiteres Ziel hinzu, so überlagern sich die komplexen Amplituden, die von den beiden Zielen erzeugt werden, so dass nun auch die Amplituden der einzelnen Array-Elemente nicht mehr betragsmäßig gleich sind. Es entspricht einer linearen Superposition eines komplexen Signals, das von den Einzelantennen diskret mit der Schrittweite Γ „abgetastet" wird, mit $\sin\Phi$ als korrespondierende Variable im Fourierraum.

Bei Anpassung der Phasendifferenz durch variable Phasenschieber lassen sich Antennenelemente zu elektronisch gesteuerten Antennen (ähnlich Phased-Array) mit hoher Richtwirkung zusammenschalten. Werden diese Phasenschieber kontinuierlich angesteuert, ergibt sich ein elektronisches Scannen. Auf die gesteuerte Phasenverschiebung wird beim Digital Beam Forming verzichtet und parallel oder seriell der Datenstrom zu den Einzelantennenelementen gespeichert und erst in der digitalen Nachverarbeitung hinsichtlich der Phasendifferenz ausgewertet.

Aus der Anzahl und dem Abstand der Einzelantennen lassen sich die Grenzen ableiten: Mit der Schrittweite ist der maximale eindeutige Bereich festgelegt ($\sin\Phi$ zwischen $\pm 1/2\Gamma$) und mit der auf λ bezogenen Gesamtbreite ($n\Gamma$, Anzahl n der Empfangsarrayelemente) die Breite der Winkelzelle $\Delta \sin\Phi = 1/n\Gamma$. Eine komplexe Fouriertransformation über die Empfangsamplituden, die zu den einzelnen Antennenelementen bei gleicher Abstands- und Geschwindigkeitszelle vorliegen, liefert somit ein Winkelspektrum (genau genommen muss hierfür noch die arcsin-Funktion darauf angewendet werden). Für eine Antenne mit 1° Winkelzelle würde sich selbst bei $\lambda = 4$ mm (entspricht 77 GHz) eine Gesamtbreite von 23 cm ergeben. Diese Abmessungen übersteigen das tolerierte Einbaumaß erheblich. Legt man zwei Sendeantennen jeweils an die linke und rechte Seite mit halbem Abstand zu den Empfangsantennen, so kann die Zahl der benötigten Empfangsantennen halbiert werden – also statt 1 Tx + 8 Rx nun 2 Tx + 4 Rx. Natürlich erfordert dies einen Multiplex bei der Demodulation, da entweder nur jeweils eine Tx-Antenne aktiv sein darf oder diese in einen wechselweisen Summen- und Differenzbetrieb versetzt werden. Bei Letzterem wird eine Tx-Antenne mal mit dem zur anderen Tx-Antenne phasengleichen Sendesignal angesteuert und mal mit einem invertierten. Setzt man ein bistatisches Element an den Rand des Rx-Arrays, so reicht eine Tx-Antenne an der gegenüberliegenden Seite (im gleichen Abstand wie zwischen den einzelnen Rx-Antennen), wie im Anwendungsbeispiel in ▶ Abschnitt 17.8.2 ausgeführt.

Die Breite des eindeutigen Sichtfeldes kann durch eine hohe Zahl an Antennenelementen vergrößert werden, wobei neben den Kosten für jeden neuen Signalkanal auch Platzprobleme für die Empfangsfläche entstehen, die allerdings durch „ineinandergreifende" oder schräg gestellte Felder nur teilweise ausgeglichen werden können. Praktisch bleibt die Zahl der Arrays auf Werte von vier bis acht beschränkt. Wenn die Antennenelemente auch in vertikaler Richtung versetzt werden, ist auch eine Winkelmessfähigkeit in Elevation möglich. Dem Nonius-Prinzip ähnlich kann mithilfe eines zusätzlichen kleinen Versatzes für eine Teilmenge der Rx-Antennen der Eindeutigkeitsbereich erweitert werden, so dass sowohl mit hoher Richtwirkung im engen Winkelbereich eine Fernbereichsmessung durchgeführt werden kann als auch eine Nahbereichsmessung in einem weiten Winkelbereich. In [15] sind viele der oben genannten Ansätze dargestellt und weiter im Detail beschrieben.

Jede „Ortsfrequenz" des Fourierspektrums entspricht einer virtuellen Antenne, so dass aus acht diskreten Antennenelementen nach der diskreten Fouriertransformation acht virtuelle „Antennen-Keulen" geformt werden. Allerdings darf nicht vergessen werden, dass eine diskrete Fouriertransformation bestimmte Annahmen voraussetzt: Dazu gehört neben dem Abtasttheorem (Eindeutigkeitsbereich) auch die Annahme der periodischen Fortsetzung der Signale, die transformiert werden. Diese Annahme ist hier sicherlich nicht gegeben. Somit erhält man eine Unschärfe im Spektrum durch Auslaufen (Leckage) des Signals, das sich wie nur schwach abfallende Nebenkeulen äußert. Das übliche Gegenmittel, die Fensterung mit am Rande abnehmenden Fenstern wie das van Hann-Fenster, führt nur zu einer Absenkung der (effektiven) Verstärkung der äußeren Antennenelemente, womit die effektive Breite und die Auflösung sinkt. Neben den nachfolgend beschriebenen Methoden der Trennung von mehreren Objekten lassen sich aus den Originalinformationen (komplexe Amplituden zu jedem Antennenelement) einfacher interpretierbare Winkelinterpretationen ableiten, wenn man den Kunstgriff des „Zero-Padding" einsetzt, bei dem die gleiche oder eine ganzzahlig vielfache Zahl an Null-Elementen hinzugefügt wird. Diese wirkt wie eine spektrale Interpolation, so dass bei gleicher Zahl an Nullen doppelt so viele virtuelle Keulen zur Verfügung stehen, wobei sich die tatsächliche Auflösung nicht verändert hat (jede zweite Keule entspricht exakt der Originalkeule ohne Zero-Padding).

Alle Mehrfachantennenanordnungen besitzen eine hohe Empfindlichkeit, wenn der Signalpfad durch systematische oder zufällige Fehler beeinträchtigt ist: Die systematischen Fehler bestehen im Wesentlichen aus Unterschieden der Kanäle in Verstärkung (Betrag) und Phase sowie Kopplungen der Antennenelemente. Diese können durch Kalibration am Bandende der Fertigung durch Laborgeräte oder per Auto-Kalibrierung im Feld über die Rückführung statistischer Größen kompensiert werden (z. B. wie in [8] oder [16] beschrieben). Der Einfluss von Rauschen lässt sich nur verringern, indem Annahmen über das Zielverhalten herangezogen werden, sei es über die maximale Zahl der Ziele, die in der Abstand- und Geschwindigkeitszelle betrachtet werden müssen, oder über deren zeitliche Konstanz, so dass über mehrere Messungen der Winkel geschätzt werden kann.

Durch die geringe Grundauflösung (große Winkelzelle) bedingt ist oft schon das Auftreten eines zweiten Ziels für die Bestimmung der Winkellage problematisch. Auswege bieten hier parametrische Auswerteverfahren, die auf Basis der Hypothese einer bestimmten Zielanzahl eine beste Schätzung für diese angibt. Als bekannte Verfahren sind hier MUSIC (Multiple Signal Classification) und ESPRIT (Estimation of Signal Parameters via Rotational Invariance Techniques) zu nennen, die dafür allerdings mehrere Datensätze zur Berechnung benötigen, dann aber auch die zuvor genannte Auflösungsgrenze unterschreiten können. Nonlinear-Least-Square (NLS)-Methoden können bereits mit einem Datensatz sehr leistungsfähig Winkel der Ziele bestimmen, sofern die Ziele nicht innerhalb der Auflösungsgrenze liegen. Diese und weitere Methoden werden in [17] beschrieben und verglichen. In [18] wird ein Multiple Target Identification (MUTI)-Verfahren vorgestellt, das zunächst ermittelt, ob in der Elementarzelle (vgl. ▶ Abschnitt 17.4.4) mit gleichem Abstand und Relativgeschwindigkeit mehrere Targets vorliegen. In den meisten Fällen wird dies nicht der Fall sein, so dass für diese Vielzahl ein wenig rechenaufwendiges Bestimmungsverfahren für die Winkellage genutzt werden kann, z. B. nach dem einfachen Phasen-Mono-Puls-Prinzip. Erst wenn die Ein-Ziel-Bedingung nicht erfüllt ist, werden rechenaufwendigere Verfahren wie das schon genannte NLS-Verfahren genutzt.

Für sendeseitige Arrays müssen die Phasenzentren zwischen den Antennenelementen definiert gesteuert werden; Phasennetzwerke können dies abhängig von den Einspeisestellen leisten. Die Butler-Matrix ist so ein Netzwerk, das in einer quadratischen Anordnung mit zumeist 2^n Eingängen und genauso vielen Ausgängen es ermöglicht, eine definierte Phasendifferenz zwischen den benachbarten Antennenelementen (=Ausgänge) zu erzeugen, wenn genau einer der Eingänge mit Leistung beaufschlagt wird. Damit kann durch Umschalten des Sendezweigs auf einen der Eingänge der Sendestrahl neu ausgerichtet werden, wie ein Scanner mit diskreten Winkelstufen.

17.4 Hauptparameter der Leistungsfähigkeit

Auch wenn sich aus dem Funktionsverständnis, insbesondere der Modulation und der Winkelauswertung, die wichtigsten Größen der Leistungsfähigkeit ergeben, so sind sie hier in einer kurzen Übersicht zusammengefasst.

17.4.1 Abstand

Die Leistungsfähigkeit der Abstandsmessung ist hauptsächlich durch die Frequenzbandbreite f_{Bw} der Modulation gegeben, vgl. z. B. Gl. (17.18) und (17.40) und bestimmt die Abstandszellengröße

$$\Delta r \geq \frac{c}{2 f_{Bw}} \quad (17.57)$$

und damit die Trennfähigkeit.

Die Messgrenze für den maximalen Abstand wird bei Radar mit Frequenzmodulation im Wesentlichen durch die Abtastrate (vgl. Gl. (17.51)) bestimmt, während sie bei Puls-Doppler-Radar durch die Länge des abgetasteten Empfangssignals gegeben ist.

Die maximale Entfernung bezogen auf ein Standardziel hängt neben den Modulationsparametern auch von der Sendeleistung, der Antennengüte (Verstärkung 0°) und dem Signal/Rausch-Abstand der Empfängerelektronik ab, vgl. Gl. (17.4), ▶ Abschnitt 17.1. Dabei ist zu bedenken, dass in der Praxis die Reflektivität der Objekte um mehrere Zehnerpotenzen schwankt und zudem Mehrwege-Interferenzen diese Grenze alles andere als scharf wirken lassen.

Der minimale Abstand kann nur dann kleiner als das Trennfähigkeitsintervall sein, wenn auf die Mehrzielfähigkeit im Abstand verzichtet wird. „Umklapp-Effekte", wie in ▶ Abschnitt 17.2.5.2 (Gl. (17.42)) und 17.2.5.3 beschrieben, können zu einer von der Relativgeschwindigkeit abhängigen Vergrößerung des Minimalabstands führen. Bei Puls-Radar-Systemen, die für Senden und Empfangen dieselben Antennenzweige verwenden, kann erst nach Abklingen des Sendepulses gemessen werden, woraus ein etwa der Pulslänge entsprechender Bereich resultiert, in dem der Abstand nicht korrekt bestimmt werden kann, wohl aber ab ca. 25 % der Pulslänge ein Ziel detektiert wird.

17.4.2 Relativgeschwindigkeit

Für die Zellengröße $\Delta \dot{r}$ und damit für die Trennfähigkeit wie auch für die Genauigkeit der Relativgeschwindigkeit ist die ununterbrochene Messzeit T_M entscheidend, vgl. z. B. Gl. (17.21) und (17.39). Für die maximale und minimale Relativgeschwindigkeit ist die Abtastung des Dopplereffekts maßgeblich. Allerdings ist eine Mehrdeutigkeit durch eine zu niedrige Abtastfrequenz durchaus kompensierbar, wenn über die Abstandsdifferentiation eine Zuordnung zu den Mehrdeutigkeitsbereichen gelingt.

17.4.3 Azimutwinkel

Für die Leistungsfähigkeit der Azimutwinkelbestimmung ist keine einfache Relation anzugeben. Ideal wäre zwar ein azimutal schmaler Strahl, der elektronisch oder mechanisch einen möglichst breiten azimutalen Sektor abtastet. Bei Monopuls- und Mehrstrahlkonzepten ist eine breite Ausleuchtung nur durch ebenfalls breite Einzelstrahlen möglich. Als Qualitätsmerkmal wird hier der Gesamtmessbereich

$$\Delta \Phi_{max} = \Phi_{max} - \Phi_{min} \quad (17.58)$$

17.4 · Hauptparameter der Leistungsfähigkeit

und die für die Trennfähigkeit relevante Azimutzellengröße

$$\Delta\Phi_{\min} = \frac{\Delta\Phi_{\max}}{N_{\text{azimut}} - 1} \quad (17.59)$$

definiert über die Zahl der unabhängigen Informationen N_{azimut}, herangezogen. Für einen Scanner ergibt sich $\Delta\phi_{\min}$ durch die Strahlbreite des Einzelstrahls, für ein sequentielles n-Strahlkonzept $\Delta\phi_{\min} = \Delta\phi_{\max}/(n-1)$, für ein simultanes Konzept mit Phasenauswertung $\Delta\phi_{\min} = \Delta\phi_{\max}/(2n-2)$. Für ein Sequential Lobing und Monopuls ist $\Delta\phi_{\min} = \Delta\phi_{\max}$, da keine Mehrzielinformation vorliegt, es sei denn, dass simultan bei Monopuls beide Signale gemessen werden und eine Trennung von Phasenunterschied und Amplitudenunterschied genutzt wird (dann ist $N_{\text{azimut}} = 3$).

17.4.4 Leistungsfähigkeit und Mehrzielfähigkeit

Ein Radar für den automobilen Einsatz als Umfeldsensor kann auf eine Mehrzielfähigkeit nicht verzichten. Dazu ist eine geeignete Trennfähigkeit in mindestens einer der Dimensionen Abstand, Relativgeschwindigkeit und Azimutwinkel notwendig. Je nach Konzept wird die Trennfähigkeit mal beim Abstand und mal bei der Relativgeschwindigkeit besonders priorisiert. Im übertragenen Sinne wird für eine in der Praxis hohe Mehrzielfähigkeit ein möglichst geringes „Zellvolumen" angestrebt, womit das Produkt der Zellgrößen der drei Dimensionen gemeint ist, auch wenn diese unterschiedliche Einheiten besitzen. Etablierte, für eine Volumenbetrachtung benötigte Umrechnungs- und damit Gewichtungsfaktoren sind nicht bekannt und vermutlich nicht immer sinnvoll. Dies gilt vor allem bei weit auseinander liegenden Fällen, wenn z. B. ein Sensor, der gleichmäßig kleine Zellengrößen hat, mit einem Sensor, der nur eine Dimension auflöst, aber dies sehr genau kann, verglichen werden soll. Im Folgenden werden Anhaltswerte für die benötigte Zellengröße eines Long Range Radar angegeben, die für sich allein eine ausreichende Mehrzielfähigkeit ergeben. Hier wird von der Längsausdehnung eines kleinen Pkw ausgegangen,

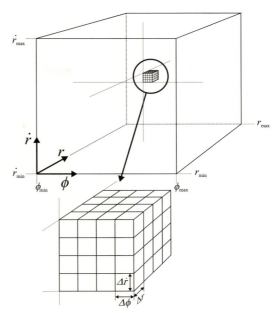

○ Abb. 17.27 Visualisierung der Trennfähigkeit als Zellvolumen in den Dimensionen Abstand, Relativgeschwindigkeit und Azimutwinkel

der sich in 100 m Abstand vom Sensor aufhält. Ferner wird für eine Trennung angenommen, dass ein Abstand von drei Zellen benötigt wird. Theoretisch wäre zwar auch der Abstand von zwei Zellen ausreichend, aber die Fensterung und die Strahlunschärfe lassen dies kaum zu.

$$\Delta r \approx 1{,}5\,\text{m},\ \Delta\dot{r} \approx 0{,}1\,\text{m/s},\ \Delta\Phi \approx 0{,}7°. \quad (17.60)$$

Hier zeigt sich, dass eine Mehrzielfähigkeit allein auf Winkelbasis nicht mit einbaukompatiblen Antennen (Aperturweite müsste > 45 cm sein) möglich ist. Die Trennfähigkeit auf Basis des Abstands allein kommt an Grenzen, wenn sich mehrere Objekte in nahezu gleichem Abstand aufhalten; die Trennfähigkeit nach der Relativgeschwindigkeit versagt bei stehenden Objekten. Daher wird eine Trennung nach Abstand und nach Relativgeschwindigkeit angestrebt. In ○ Abb. 17.27 ist schematisch der Bereichsquader $\{r_{\min}\cdots r_{\max},\ \dot{r}_{\min}\cdots\dot{r}_{\max},\ \Phi_{\min}\cdots\Phi_{\max}\}$, der sich aus den Minimal- und Maximalwerten ergibt, dargestellt und aus den einzelnen Zellvolumina $\{\Delta r, \Delta\dot{r}, \Delta\Phi\}$ besteht. Daraus lässt sich die qualitative Aussage ableiten, dass die Leistungsfähigkeit umso höher ist, je größer das Bereichsvolumen und je kleiner das Zellvolumen ist.

Allerdings ist zu beachten, dass neben den prinzipbedingten Grenzen weitere Verschlechterungsgründe existieren. Insbesondere kann die Frequenzerzeugung und -modulation zur Verschlechterung beitragen. Sowohl eine nichtkonstante Amplitude über die ununterbrochene Messzeit als auch Phasenrauschen oder Nichtlinearitäten führen zur Verbreiterung der Frequenzpeaks und reduzieren die Trennfähigkeit.

Neben der Trennfähigkeit spielt die Auflösung für die Qualität eine große Rolle. Hierzu werden benachbarte Zellen zu einer Peak-Schwerpunktbestimmung herangezogen, wodurch Auflösungen von etwa 1/10 der Zellenbreite möglich werden. Allerdings gilt dies wiederum nur für Punktziele. Reale Ziele verursachen dagegen erheblich über diesem Wert liegende Streuungen. Wechselnde Reflektionsschwerpunkte führen sowohl longitudinal als auch lateral zu Sprüngen von mehreren Metern, aber auch in der Relativgeschwindigkeit entstehen Streuungen, wenn Relativbewegungen detektiert werden wie bewegliche Teile oder Transportgut mit einem relativen Freiheitgrad, z. B. Autos auf Autoanhängern. Diese Streuungen können so stark sein, dass ein Objekt in mehreren Zellen detektiert wird. Durch zumeist heuristische Ansätze müssen dann diese Zellen wieder zu einem gemeinsamen Objekt gebündelt werden.

Neben der Leistungsfähigkeit, Objekte zu detektieren, spielt die Robustheit gegenüber Artefakten eine wichtige Rolle. So sind weder sogenannte Geisterziele gewünscht – also Objekterkennungen ohne existierendes Objekt – noch verfälschte Werte zu existierenden Objekten. Nichtlinearitäten in der Signalkette können zu Vertretern der ersten Gruppe führen, nicht aufgelöste Mehrdeutigkeiten und Interferenzen zur zweiten Gruppe. Eine weitere erwartete Fähigkeit ist die Unterdrückung von Zielen, die über- oder unterfahrbar sind, wie beispielsweise Gully-Deckel oder Brücken, zumindest im Bereich, in dem die Auslösung einer Notbremsung auf ein stehendes Ziel nicht mehr ausgeschlossen ist, vgl. ▶ Kap. 47. Die angesprochene Robustheit lässt sich leider nicht durch Angabe von Design-Parametern vorhersagen, da die Bekämpfungsmaßnahmen „tief" in den Auswertealgorithmen vergraben sind.

17.4.5 24 GHz vs. 77 GHz

Das Frequenzband von 24,0–24,25 GHz erlaubt neben dem 76–77 GHz-Band ebenfalls eine Radarnutzung im Straßenverkehr. Vorteile dieses Bandes sind die verlustärmere Leitungsführung und die kostengünstigeren Komponenten, auch wenn der Abstand mit zunehmendem Einsatz von SiGe-Komponenten bei 77 GHz zurückgehen wird. Nachteilig ist die Zunahme der Relativgeschwindigkeitszelle anzusehen, weil die Dopplerfrequenz proportional mit der Trägerfrequenz skaliert. Der größte Unterschied aus der niedrigeren Frequenz resultiert aus der höheren Wellenlänge ($\lambda \approx 12\,mm$), die wiederum zu einer Verbreiterung der Strahlcharakteristik führt, wenn die Antennengröße beibehalten werden soll. Der Antennengewinn ist kleiner und die Winkelauflösung verschlechtert sich. Daher ist der Einsatz von 24 GHz für den Mid-Range bis 100 m prädestiniert. Auch für den Nahbereich ist es gut geeignet, wenn eine breite Strahlcharakteristik gewünscht ist. Allerdings ist durch die Bandbegrenzung unterhalb von 0,5 m die Detektion kaum möglich, so dass ein im Band bleibendes 24 GHz-Radar die Einparkhilfesensoren nicht überflüssig machen kann.

Einen nur temporär geduldeten Ausweg bot die Ultra-Wide-Band-(UWB) Technik. Bei dieser Technik wird zwar auch mit einer Trägerfrequenz von 24,15 GHz gearbeitet. Allerdings werden sehr kurze energiearme Pulse ausgesendet. Die nur etwa 0,5 ns langen Pulse führen zu einer effektiven Nutzbandbreite von 5 GHz ($\rightarrow$ UWB Band 21,65–26,65 GHz). Zwar bleiben sie mit der auf diese Gesamtbreite verteilten Energie unterhalb der Zulassungsschwellen der benachbarten Bänder, allerdings findet dies noch keine Akzeptanz. So ist in der Nähe von Radioastronomiestationen UWB-Radar abzustellen, woraus sich eine Zwangskopplung mit einem Ortungssystem ergibt.

Seit dem 1.7.2013 ist die Indienststellung eines 24 GHz-UWB-Radars nur noch im reduzierten Frequenzbereich 24,25 – 26,65 GHz, ab 1.1.2018 überhaupt nicht mehr in Europa erlaubt. Daher steht nur noch der 77–81 GHz-Bereich zur Verfügung, auch wenn dies mit zunächst noch höheren Kosten verbunden und ebenfalls nicht in allen Ländern dieses Band zugelassen ist. Dieses neue Band ist bezüglich der anderen Grenzwerte so großzügig bedacht,

Tab. 17.1 Generalisierte Arbeitsschritte der Radar-Signalverarbeitung

Verarbeitungsschritt	Erläuterung
Signalformung	Modulation (Frequenztreppen oder Rampen, Pulsgenerierung), Strahlumschaltung oder -formung
Vorverarbeitung und digitale Datenerfassung	Demodulation, Verstärkung, digitale Datenerfassung
Spektralanalyse	Zumeist ein- oder zweidimensionale (Fast-) Fouriertransformation der digitalen Daten, dabei enthalten die Frequenzlage und die komplexen Amplituden die Information über Abstand, Geschwindigkeit und Azimutwinkel.
Detektion	Erkennen von Peaks im Spektrum, zumeist mittels Vergleich mit einer adaptiven Schwelle.
Matching	Zuordnung von detektierten Peaks zu einem Objekt
Azimutwinkelbestimmung	Ermittlung des Azimutwinkels über den Vergleich der Amplituden verschiedener Empfangszweige mit Antennencharakteristik
Bündelung (Clustering)	Zusammenfassung von Detektionen, die vermutlich zu einem Objekt gehören.
Tracking	Aktuelle Objektdaten zu vorher bekannten Objekten zuordnen (= Assoziation), um eine zeitliche Datenspur (Track) zu erhalten, die gefiltert und aus denen die Objektdaten für die nächste Zuordnung prädiziert werden

dass auch andere Modulationsverfahren als UWB möglich sind, um eine geringe Abstandszelle zu erreichen. Details dazu finden sich in der Schnittstellenbeschreibung [19] der Bundesnetzagentur.

Einen Zwischenweg bietet das 24 GHz-Band mit dem sogenannten Wideband Low Activity Mode (WLAM), vgl. [20]. Hiermit werden von 24,05 bis 24,50 GHz insgesamt 450 MHz Bandbreite zur Verfügung gestellt, um für kurze Zeit für die Autokalibrierung, für Notbremssituationen und für Rückwärtsparken eine bessere Funktionalität zu bieten als mit den dauerhaft gebotenen 200 MHz-Schmalband-Radargeräten.

17.5 Signalverarbeitung und Tracking

Die Signalverarbeitung erfolgt auch für verschiedene Modulations- und Antennenkonzepte weitgehend in gleicher Abfolge, die in Tabelle 17.1 aufgeführt sind.

Am Beginn steht die **Signalformung**. In allen Konzepten fällt darunter die Signalmodulation, z. B. die Treppengenerierung gemäß Abb. 17.9, Abb. 17.10, Abb. 17.11 und Abb. 17.13 oder die Rampengenerierung gemäß Abb. 17.14 bis Abb. 17.17. Wird auch die Antennencharakteristik dynamisch verändert (z. B. durch Scanning gemäß Abb. 17.20), so ist auch dies zur Signalformung zu rechnen.

Der erste Verarbeitungsschritt mit empfangenen Signalen besteht in der **Vorverarbeitung und digitalen Datenerfassung**. Dieser Schritt kombiniert die Demodulation und die digitale Datenerfassung und enthält oftmals Anpassungsfilter, um z. B. die mit dem Abstand verbundene Empfangsleistungsabsenkung zu kompensieren. Die analogen Signale werden nach Demodulation und Verstärkung abgetastet und in digitale Werte gewandelt. Dabei können sowohl klassische Parallelwandler als auch Σ-Δ-Wandler Verwendung finden. Letztere sind 1-Bit-Wandler mit Oversampling und nachgelagertem Digitalfilter. Diese sind allerdings nicht geeignet, wenn während der Messung der Eingangskanal umgeschaltet wird (Multiplexbetrieb).

Die Datenmenge entspricht der Zellenzahl gemäß Abb. 17.27, also ein Messwert pro Zelle. Sie kann je nach Konzept zwischen tausend und einer Million Werten liegen.

In allen modernen ACC-RADAR-Sensoren spielt die per Fouriertransformation durchgeführte **Spektralanalyse** eine wichtige Rolle bei der Vorverarbeitung der Signale. Vereinfacht betrachtet ist die Fouriertransformation eine rechenintensive Umwandlung vom Zeitbereich in den Frequenzbereich und umgekehrt. Aus einer in Zeitschritten definierten Folge von Messwerten wird eine in Frequenzschritten definierte Folge von ‚Messwerten', die das Frequenzspektrum bestimmt. Moderne Signalprozessoren sind leistungsfähig genug, um diese Transformation auch mit vielen Messpunkten (Größenordnung 1000) in wenigen Millisekunden durchzuführen. Allerdings wird diese hohe Transformationsgeschwindigkeit nur erreicht, wenn die Anzahl bestimmte Werte annimmt. Beim klassischen Fast-Fourier-Transformation-Algorithmus (FFT) muss sie eine Potenz von 2 sein (z. B. 512, 1024, 2048).

Üblich ist eine Fensterung in Verbindung mit der Spektralanalyse, um zu vermeiden, dass durch Begrenzung des Messfensters Artefakte entstehen (so genannte Leckage-Fehler). Auch wenn dazu unterschiedliche Fensterfunktionen verwendet werden können, die auf unterschiedlichen Kriterien optimiert sind, so führt dies zu einer effektiven, in jeder Dimension etwa 1,5-fachen Zellenvergrößerung mit entsprechend verschlechterter Genauigkeit und Trennfähigkeit.

Die **Detektion** ist die Suche nach besonderen Merkmalen in den gemessenen Datenreihen. Oft sind es Peaks in einem Spektrum, sei es ein Frequenz- oder ein Laufzeitspektrum. Hier gilt es, die Reflektionssignale einzelner Objekte zu erkennen und von denen anderer Objekte zu unterscheiden. Wegen der stark unterschiedlichen Signalstärken der verschiedenen Objekte, aber auch desselben Objekts zu verschiedenen Zeiten muss ein Schwellenalgorithmus gefunden werden, der einerseits möglichst alle Peaks, die von realen Objekten stammen, findet, aber unempfindlich gegen Peaks ist, die durch Rauschen oder Störsignale entstanden sind. Daher werden zumeist adaptive Schwellen eingesetzt, wie das Beispielspektrum aus ▶ Abb. 17.28 zeigt. Entstehen systematische Peaks, die nicht auf äußere Reflektionen zurückzuführen sind, sind diese ebenso zu maskieren wie eventuelle Bodenreflektionen. Leider erschweren auch starke Reflektionen eines realen Objekts die Detektion. Zum einen können sie schwächer reflektierende Objekte in benachbarten Frequenzbereichen verdecken, wenn nämlich die Sendefrequenz nicht ideal dem Modulationsverlauf folgt. Ursachen dafür sind das Phasenrauschen des Oszillators und Linearitätsfehler bei FM-Verfahren. Außerdem führen Abweichungen von der Mischerkennlinie, s. ▶ Abschnitt 17.2.3, zu Harmonischen, wie dies auch in ▶ Abb. 17.28 sichtbar wird. Zwar haben die „harmonischen Ziele" größere Abstände, aber auch entsprechend vervielfachte Relativgeschwindigkeiten, wodurch aus solchen artifiziellen Objektdaten durchaus größere Objektverzögerungen für die Annäherung berechnet werden können als für das Originalobjekt.

Unter **Matching** versteht man die Zuordnung von detektierten Peaks zu einem Objekt, wobei sowohl die Zuordnung verschiedener Spektren (von z. B. verschiedenen Messrampen eines FMCW-RADAR) eines Strahls als auch die Zuordnung von Peaks verschiedener Strahlen gemeint sein kann. Dabei können auch Objektdaten vergangener Messreihen hinzugezogen werden, um bei der Zuordnung durch Plausibilitätsbetrachtungen bei möglicher Mehrdeutigkeit selektiver werden zu können. Dies trifft im besonderen Maße auf das Matching von FMCW zu.

Die **Azimutwinkelbestimmung** erfolgt über die (komplexen) Amplituden der Peaks, die in verschiedenen Strahlen von einem Objekt gemessen wurden. Bei Kenntnis der Winkelcharakteristik und der Strahlrichtung kann die Winkellage des Objekts bestimmt werden. Bei einem Scanner-Konzept mit kontinuierlicher Winkelgeschwindigkeit kann der Winkel allerdings auch schon bei der Detektion ermittelt werden.

Gerade bei hoch auflösenden Radarsensoren entsteht „zu viel" Information. So werden bei kleiner Abstandszelle von einem Lkw schnell einmal 5 bis 10 Reflektionen detektiert oder bei hoher Geschwindigkeitsauflösung Relativbewegungen eines zusammenhängenden Objekts (Zugmaschine, Anhänger, Ladung oder Gliedmaßen von Fußgängern). Daher wird versucht mittels einer heuristischen **Bündelung (Clustering)** die Detektionen desselben Objekts zu verbinden und als nur ein Objekt in der Messliste zu führen.

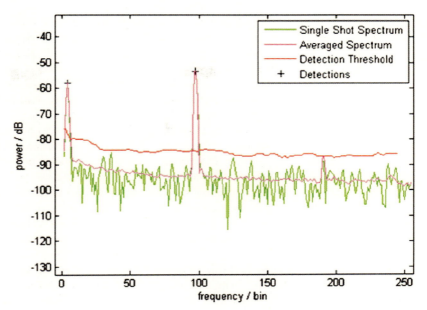

◧ **Abb. 17.28** Beispielspektrum einer FMCW-Messung. Neben dem eigentlichen Ziel bei der etwa 95. Frequenzlinie finden sich ein Nahbereichs-Echo (bei den ersten Linien) vom Horn des Zielsimulators und die Oberwelle des Ziels (bei Linie 190) wieder [Quelle: Bosch]

Unter **Tracking** versteht man die Bildung des zeitlichen Zusammenhangs einzelner Messereignisse zu quasikontinuierlichen „Spuren" einzelner Objekte. Die Detektion und die nachfolgende Bündelung führen zunächst zu einzelnen Objekthypothesen, die vorläufig nur für diesen einen Zyklus gelten. Im Tracking wird als nächstes die Zuordnung zu Hypothesen vorheriger Zyklen versucht (Assoziation). Üblicherweise sind diese Objekthypothesen in Listen organisiert und haben Object Identifier als „individuelles" Kennzeichen. Für die Assoziation werden die Zustandsgrößen der bisher bekannten Objekte (z. B. Abstand oder laterale Lage) auf den Zeitpunkt der aktuellen Messung prädiziert. Dann erfolgt die Zuordnung der aktuellen Objekthypothesen zu den bisherigen, wobei ein Suchfenster um die prädizierten Werte gelegt wird, da sowohl Mess- als auch Prädiktionsfehler anzunehmen sind. Lässt sich zu einem bisherigen Objekt in diesem Suchfenster ein aktuell erkanntes Objekt zuordnen, so wird die Spur fortgesetzt. Gleichzeitig wird die Objektqualität erhöht oder bleibt auf hohem Niveau. Bleiben Objekte der aktuellen Messung übrig, so werden neue Objekte in der Objektliste generiert und mit den Messdaten der aktuellen Messung initialisiert. Allerdings beginnt dieses Objekt seine Spur mit einer niedrigen Objektqualität, die i. A. so gering ist, dass eine oder mehrere Übereinstimmungen in nachfolgenden Messungen benötigt werden, bevor dieses Objekt für eine Anwendung (z. B. ACC) als Zielobjekt infrage kommt.

Kann für ein bestehendes Objekt keine Hypothese aus der aktuellen Messung zugeordnet werden, so sinkt die Objektqualität. Nach mehrmaligem Ausfall fällt die Qualität unter einen definierten Schwellwert, woraufhin dieses Objekt aus der Objektliste entfernt wird. Neben diesen grundsätzlichen Fällen müssen mögliche Mehrdeutigkeiten berücksichtigt werden wie beispielsweise dass ein aktuelles Objekt in das Suchfenster anderer Objekte fällt oder dass mehrere Einzelobjekte der Liste zu einem einzigen realen Objekt gehören.

Neben der Assoziation erfolgt mit dem Tracking eine zumeist sehr anwendungsspezifische Zustandsdatenfilterung, oftmals mit der Assoziation verbindbar als Kalman-Filter, der den für die Assoziation notwendigen Schritt der Prädiktion schon implizit enthält. Die Zustandsgrößen von mit aktiven Sensoren erfassten Objekten enthalten immer den Abstand in x- und y-Richtung, die Relativgeschwindigkeit, die Beschleunigung in Längsrichtung und manchmal die Quergeschwindigkeit. Werden die Zustandsgrößen des Egofahrzeugs hinzugezogen, so lassen sich auch die absoluten Objektgrößen für Geschwindigkeiten und Beschleunigungen bilden und in der Objektliste mitführen. Damit lässt sich auch die Unterscheidung zwischen (mit)fahrendem, stehendem oder entgegenkommendem Objekt durchführen. Da durch das Tracking den Objekten eine Historie zugrunde liegt, kann diese auch zur Unterscheidung von stehenden und „angehaltenen" Objekten erfolgen. Diese genannten Unterscheidungen stellen die Hauptklassen einer, wenn auch einfachen, Klassifikation dar. Die Nichtreaktion herkömmlicher ACC-Systeme auf stehende Objekte beruht gerade auf dieser Klassifizierung und nicht auf der oftmals genannten, aber dennoch falschen Behauptung, dass mit Radar keine stehenden Objekte detektiert werden könnten.

In modernen Radarsensoren reicht die genannte Grobklassifikation längst nicht mehr aus. Auch wenn die Empfangsamplituden einer Einzelmessung kaum Aussagekraft besitzen, so liefert die Beobachtung der Rückstreuamplituden über der Zeit, insbesondere wenn sich der Abstand dabei stark ändert, hilfreiche Information zur Klassifikation der Ziele. Wie in ▶ Abschnitt 17.1 erwähnt, kann die durch die Mehrwegereflektion entstehende Schwankung gezielt genutzt werden, um auf die Höhe des Ziels zu schließen.

Im Anschluss an die genannten Signalverarbeitungsschritte beginnt die Situationsinterpretation, die in einfachster Weise die Selektion eines Radarziels aus der Objektliste übernimmt. Die Zielauswahl wie auch eine weitergehende Situationsinterpretation hängen stark von der Anwendung ab und sind als Teil dieser zu beschreiben. Die Zielauswahl für ACC ist entsprechend in ▶ Kap. 46 unter ▶ Abschn. 46.7 zu finden.

17.6 Einbau und Justage

Für den Einbau des Radarsensors kommen grundsätzlich zwei Konzepte infrage: mit oder ohne optische Abdeckung der Antenne. Eine optische Abdeckung ist sicherlich designfreundlicher als eine direkte Sichtbarkeit des Radarsensors, auch wenn argumentiert werden kann, dass nur so das „Statussymbol Radarsensor" zur Geltung kommen kann. Wichtig ist für die Abdeckung, auch Radom genannt, dass die Radarstrahlen nur wenig abgeschwächt werden und dass die Winkelcharakteristik zu keiner unerwarteten Änderung führt. Kunststoffe als Abdeckung sind eher unproblematisch. Wenn die Dicke ein Vielfaches der Wellenlängenhälfte $\lambda'/2$; ($\lambda' = \lambda/\sqrt{\mu_r \varepsilon_r}$; bei 77 GHz $\lambda/2 \approx 2$ mm, für Kunststoff ist $\mu_r = 1$; $\varepsilon_r \approx 2\ldots2{,}5$) beträgt, verstärken sich die bei der Austrittsfläche reflektierten Anteile, wenn sie ebenfalls auch von der Eintrittsfläche wieder zurückgeworfen werden. Bei größeren Winkeln verringert sich aber die Differenz der Laufzeiten zwischen direktem und zweifach reflektiertem Signal, so dass die Überlagerung zu Veränderungen der resultierenden Phase führen kann. Weiterhin hängen die Transmissions- und die Reflektionsrate an den Grenzflächen selbst von dem Winkel (und der Polarisation) ab, so dass die durch die Abdeckung bedingten Veränderungen in der Signalverarbeitung zumindest bei größeren Winkeln berücksichtigt werden müssen. Nichtmetallischer Lack ist unproblematisch, Metallic-Lack kann dagegen zu erheblichen Problemen führen. Dabei ist die Nachlackierspezifikation, die dreimaliges Lackieren erlaubt, besonders problematisch. Natürlich ist eine metallische Verdeckung völlig ungeeignet, solange die Eindringtiefe kleiner als die Materialdicke ist. Sehr dünne Schichten (< 1 μm) können aber wieder transparent für mm-Wellen sein, ohne ihre metallisch spiegelnde Eigenschaft für optische Wellen zu verlieren. Dies wird ausgenutzt, um metallische Strukturen (Kühlergrill, Markenlogo) auf Kunststoffflächen nachzubilden. Somit kann eine optisch nur noch schwer erkennbare Radar-Abdeckung konstruiert werden.

Üblicherweise sind die Radarsensoren an drei Punkten befestigt, gut sichtbar am Beispiel von ◻ Abb. 17.29. Ein Halter fungiert dabei als Kopplungselement zur Karosserie oder dem Fahrwerk. Über die Verschraubung mit dem Halter lässt sich der Sensor sowohl in Azimut ϕ als auch in Elevation ϑ drehen, womit am Ende des Fahrzeugproduktionsprozesses oder in der Werkstatt die Ausrichtung erfolgen kann.

Insgesamt sind drei Fehlerquellen für Azimut ϕ_{err} und Elevation ϑ_{err} zu betrachten:
- Fehler in der sensorinternen Ausrichtung ($\phi_{err,intern}$, $\vartheta_{err,intern}$)

17.6 · Einbau und Justage

Abb. 17.29 Bosch Fernbereichsradarsensoren der dritten und vierten Generation (LRR3, LRR4, MRR) [Quelle: Bosch]

- Fehler bei der Ausrichtung des Sensors am Fahrzeug ($\phi_{err,Montage}$, $\vartheta_{err,Montage}$)
- Ausrichtungsfehler des Sensorträgers = Egofahrzeug durch einen von der Konstruktionslage abweichenden Nickwinkel $\vartheta_{err,veh}$ bzw. einen auch bei Geradeausfahrt auftretenden Schwimmwinkel $\phi_{err,veh}$ („Dackellauf")

Die Fehlausrichtungen in der Elevation führen bei den heute eingesetzten Radar-Sensoren „nur" zur Reduktion des Erfassungsbereichs oder einer verringerten Genauigkeit der Azimutwinkel, nicht aber zu systematischen Messfehlern. Damit ist auch keine permanente Überprüfung der Ausrichtung erforderlich. Somit reicht die Ausrichtung am Ende der Produktion oder in der Werkstatt auf „Horizontalität" der Sensorachse. Mit einem sensorgehäuseseitigen Spiegel oder einer auf dem Sensor montierten Libelle lässt sich $\vartheta_{err,Montage}$ kompensieren. Mit einer Referenzmessung mit einem Metallspiegel, bei der die Spiegelebene in drei Stellungen gewechselt wird, kann sogar der Summenfehler $\vartheta_{err,Montage} + \vartheta_{err,intern}$ kompensiert werden.

Auch für den Azimutwinkel ist eine Voreinstellung im Werk oder in der Werkstatt zu leisten. Dazu wird eine Referenz für die X_v-Richtung des Fahrzeugs über in der Fahrwerksvermessung übliche Verfahren hergestellt. Über Spiegelung mit gehäuseseitigen Reflektoren (vgl. Abb. 17.29) lässt sich $\phi_{err,Montage}$ ausgleichen, sofern vom Zulieferer sichergestellt wurde, dass die Sensorachse passend auf die Gehäuseachse ausgerichtet wurde. Bei der direkten Methode der Messung des Azimutnullwinkels durch den Sensor bei Verwendung eines in die Y_v-Z_v-Ebene gestellten Spiegels lässt sich der Summenfehler $\phi_{err,Montage} + \phi_{err,intern}$ kompensieren.

Beim Azimutwinkel ist eine Offsetermittlung im Betrieb unerlässlich, da sich der statische Schwimmwinkel („Dackellauf") erst bei der Fahrt zeigt, wenn er nicht vorher über einen Rollenprüfstand ermittelt wurde. Darüber hinaus verbleibt immer noch Unsicherheit bei den anderen Winkelfehlern. Wegen der hohen Empfindlichkeit der Zielauswahl auf Azimutfehler sind Azimutoffsetschätzverfahren notwendig. Basisinformationen dieser Schätzer sind die gemittelten Gradienten der gemessenen Querablage in Abhängigkeit vom longitudinalen Abstand, korrigiert um die durch die Drehung $\dot{\psi}$ des ACC-Fahrzeugs um den Kreismittelpunkt M verursachte Scheinbewegung des Objekts.

$$\Phi_{err} = -\overline{\left(\frac{\partial Y_S}{\partial r}\right) - \frac{\dot{\psi} \cdot (r - X_{MS})}{v}} \quad (17.61)$$

X_{MS} ist der Abstand vom Sensor zum auf die X-Achse projizierten Momentanpol der Drehung und berücksichtigt den Schwimmwinkel. Bei schräglauffreier Fahrt ist X_{MS} gleich dem negativen Abstand von Hinterachse zum Sensor. Ansonsten ist X_{MS} aus fahrdynamischen Modellbetrachtungen zu ermitteln.

Alternative Ansätze, den azimutalen Sensoroffset zu bestimmen, z. B. mithilfe der Annahme, dass die Zielobjekte im Mittel ohne lateralen Querversatz zum ACC-Fahrzeug fahren, können hinzugenommen werden. Sie leiden aber unter der starken Vereinfachung dieser Annahmen.

Besitzt der Radarsensor eine breite Azimutabdeckung, so kann eventuell auf eine Feinjustage ab Werk oder Werkstatt verzichtet werden. Die mitlaufende Azimutoffsetschätzung müsste dann aber schnell und sicher konvergieren.

Eine Online-Elevationsoffsetschätzung ist vom Continental ARS 300 bekannt, ▶ Abschnitt 17.8.3. Dabei wird gezielt die gemessene Entfernung des Bodenechos ausgenutzt. Eine verstellbare Elevationsschwenkvorrichtung kippt kurzzeitig die Radarstrahlen 7° gen Boden und misst die Entfernung der Bodenechos. Bei bekannter Einbauhöhe lässt sich daraus die Elevation ermitteln und somit korrigieren. Allerdings wird auch hier angegeben, dass nur ein Elevationsfehlwinkel von 0,5° toleriert wird.

17.7 Elektromagnetische Verträglichkeit

Grundsätzlich gelten für einen Radarsensor die Anforderungen, die für Steuergeräte im Kfz gelten. Neben der Konformität zur Frequenzregulierung ist auf eine Unempfindlichkeit gegenüber Störungen durch andere Radarsensoren zu achten.

Die Störung durch andere Sensoren kann die Eingangsstufe übersteuern. Daher sind diese so auszulegen, dass diese Störung sich nicht auswirkt oder zumindest erkannt wird und ggf. als Störungsanzeige dem Fahrer angezeigt wird. Eine Falschmessung mit der Folge von Geisterzielen ist kaum zu befürchten, da kein Ziel als relevante Ausgangsgröße gewählt wird, das nur einmal detektiert wurde (s. Abschnitt 17.5 über Tracking).

Die Wahrscheinlichkeit, synchron von einem anderen Radarsensor gestört zu werden, ist äußerst gering und wird mit dem nächsten Beispiel belegt. Bei im zeitlichen Abstand von ca. 100 ms wiederholten Messungen müssten die Relativgeschwindigkeit und der Abstand sich für eine erfolgreiche Assoziation nur wenig von den prädizierten Werten unterscheiden (max. 5 m bzw. 2 m/s). Dafür wäre eine Reproduktionsgenauigkeit der Störung von etwa 20 ns in der Zeit und 1 kHz der Frequenz nötig. Schon normale Quarz-Zeitbasen können die dafür notwendige hohe relative Genauigkeit ($\Delta t / t = 2 \cdot 10^{-7}$, $\Delta f/f = 1{,}2 \cdot 10^{-8}$) kaum leisten. Wenn dann noch die Zykluszeit durch gewollte Streuung oder durch asynchrone Zyklen schwankt, dann sinkt die Wahrscheinlichkeit für wiederholte Fehler auf so niedrige Werte, dass solche Störungen in der Praxis nicht zu „Geisterzielen" führen. Allerdings können andere Radarsensoren mit ihrer Strahlung rauschähnlich interferieren und somit zu einem Verlust der Empfindlichkeit beitragen.

Die hier genannte Aussage findet sich auch als Ergebnis des 2010 bis 2012 durchgeführten europäischen MOSARIM-Projektes [21] wieder, in dem sowohl experimentell als auch per Simulation die Sensitivität gegenüber der Einstrahlung anderer Radarsensoren untersucht wurde. Da mittlerweile Radarsensoren eine hohe Verbreitung erreicht haben und sowohl vorwärts als auch rückwärts zur Fahrzeugrichtung gerichtet sind, hat die Wahrscheinlichkeit von Interferenzstörung ebenso zugenommen, weshalb Gegenmaßnahmen notwendig erscheinen (vgl. Work Package 5.1 von [21]). Besonders effektiv – allerdings nur für frequenzmodulierende Radarsensoren geeignet – sind Subbänder innerhalb heutiger Bandbreiten, die entweder dynamisch angesprungen oder nach Ausrichtung separiert werden. Letzteres adressiert den besonders kritischen Fall der gegenseitigen Störung hintereinanderfahrender Fahrzeuge, die sich anders als entgegenkommende über lange Zeit stören können. Auch die Polarisationswahl könnte zur Interferenzvermeidung herangezogen werden, allerdings käme eine entsprechende Normung für die schon im Markt vertretenden Lösungen zu spät. Für gepulste Verfahren, zu denen auch die Chirp-Sequence-Modulation und FSK-Varianten mit wiederholten Treppen gerechnet werden können, bietet ein zeitlicher Jitter in der Wiederholung eine Unterdrückungsmöglichkeit (s. a. [16]), da schon eine Verschiebung von 100 ns bei einem anderen System die Ziellage um 15 m ändert, aber für die Abtastung der Frequenz bei 77 GHz nur einen relativen Fehler von $5 \cdot 10^{-3}$ m/s bewirkt.

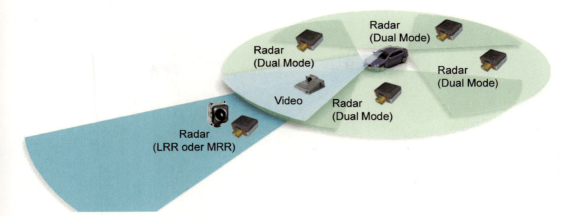

Abb. 17.30 Einsatzgebiete von Radarsensoren in der Fahrzeugumfeldsensorik (5R1V) [Quelle: Bosch]

17.8 Ausführungsbeispiele

17.8.1 Bosch LRR3

Seit 2009 ist die dritte Generation des Bosch Long-Range-Radarsensors im Einsatz. Wie bereits bei den Vorgängergenerationen handelt es sich um einen 76,5 GHz-Radar mit integriertem Steuergerät. Durch die hohe Integration der benötigten Komponenten konnte ein kompaktes Gehäuse mit nur etwa 1/4 l Volumen realisiert werden (Abb. 17.31). Ein Aluminium-Druckguss-Zwischenträger nimmt dabei eine HF- und eine NF-Leiterplatte auf.

Die Erzeugung der hochfrequenten Sendeleistung erfolgt erstmals monolithisch integriert auf Basis von SiGe (Silizium-Germanium)-MMICs. Zwar verwendeten andere Hersteller schon früher monolithische mm-Wellen-ICs, allerdings bisher auf Basis des teuren GaAs (Gallium-Arsenid). SiGe bietet jedoch aufgrund einer breiteren Anwendungsbasis kostengünstigere Fertigungsbedingungen. Durch die Integration bieten sich vielfältige neue Möglichkeiten im Bereich der Transceiver, was insbesondere beim LRR3 für die Empfangselektronik genutzt wurde. Hierbei kommen Gilbert-Zellen-Mischer zum Einsatz, die zum einen die Konvertierungsverluste gering halten und somit eine geringere Peak-Leistung erlauben. Zum anderen ermöglichen sie auf einfache Weise, die Mischerverstärkung der einzelnen Empfangszweige zu modifizieren und somit eine angepasste Antennencharakteristik einzustellen. Falls der Sensor als Einzelradarsensor genutzt werden soll, wird eine symmetrische Abstrahlcharakteristik mit jeweils gleich hohen inneren und äußeren Keulen angestrebt. Für eine Radarsensor-Doppelanordnung nach Abb. 17.25 werden die Keulen eines Sensors unsymmetrisch gestaltet, um in der Überlagerung der Ausleuchtbereiche beider Sensoren eine erweiterte Abdeckung zu erreichen.

Außer den MMICs befindet sich auf HF-Platine noch ein Radar-ASIC, der für die Erzeugung der Signalmodulation sowie der Abtastung der vier Empfangskanäle zuständig ist. Dabei erfolgt die Analog-Digital-Wandlung auf der Basis eines übertaktenden Sigma/Delta-Wandlers und eines Dezimationsfilters. Die weitere Signalverarbeitung inklusive der Spektralanalyse läuft dann auf der Niederfrequenzleiterplatte auf einem µ-Controller ab, der auch über die üblichen Funktionen eines automobilen Controllers verfügt. Weiterhin ist auf dieser Leiterplatte noch ein Multifunktions-ASIC vorhanden, das Überwachungs-, Diagnose- und Spannungsversorgungsfunktionen übernimmt. Die Sensorhardwarearchitektur des LRR3 ist in Abb. 17.32 dargestellt.

Weitere Fortschritte gegenüber Vorgängersensoren wurden insbesondere auch im Bereich der Winkelbestimmung erzielt, wobei durch Verbesserungen im Bereich der Algorithmik und durch gezielte Veränderung der Antennencharakteristik im Vergleich zur zweiten Generation der Winkelbereich ausgedehnt werden konnte. Im mittleren

Abb. 17.31 Aufbau der Bosch Radarsensoren MRR und LRR3 [Quelle: Bosch]

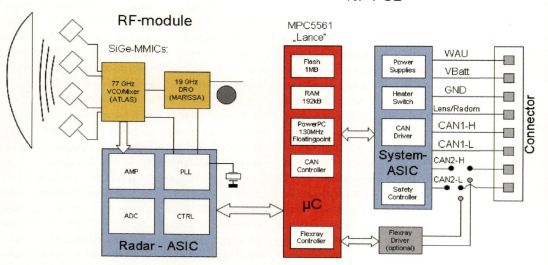

Abb. 17.32 Hardware-Architektur des Bosch LRR3-Sensors [Quelle: Bosch]

Entfernungsbereich (30–100 m) sind damit insgesamt 20°, im Nahbereich unterhalb 30 m sogar 30° messbar. Weitere Kenngrößen dieses Sensors können ◘ Tab. 17.2 entnommen werden. Als weitere Hardware-Neuerung ist ein FlexRay-Transceiver zu nennen, womit nun neben CAN eine weitere Busschnittstelle vorhanden ist.

17.8.2 Bosch Radarsensoren der vierten Generation

Um die stark gestiegene Anzahl unterschiedlicher Anwendungsgebiete sowie die zunehmende Funktionsvielfalt abdecken zu können, wurde ein Baukastensystem entwickelt [22]. Neben den rein sensorischen Aspekten ist hierbei auch ein hohes Maß an Flexibilität bezüglich der Integration in eine umfassende Systemarchitektur zu berücksichtigen [23]. In ◘ Abb. 17.30 ist beispielhaft eine Konfiguration zur Fahrzeugumfelderfassung mit fünf Radarsensoren dargestellt. Dazu werden in der vierten Radargeneration die Produktvarianten LRR4, MRR sowie ein MRR Dualmode (rear/corner) angeboten. Entsprechende Produktabbildungen sind in ◘ Abb. 17.29 zu sehen.

Der LRR4 ist dabei die konsequente Weiterentwicklung des Fernbereichsradars LRR3 mit Linsenantenne und sehr hoher Reichweite. Um der zunehmenden Verbreitung radarbasierter Assistenzsysteme Rechnung zu tragen, wurde zusätzlich die Variante MRR mit einem planaren Antennensystem und reduzierter Reichweite entwickelt. Zur Realisierung zukünftiger Anforderungen im Bereich Fußgängerschutz [24] kann dabei nach Bedarf auf eine alternative Sendeantenne mit breitem Öffnungswinkel umgeschaltet werden (siehe ◘ Abb. 17.34 links). Das Prinzip zweier geschalteter Sendeantennen wurde auch beim MRR rear umgesetzt, wobei in diesem Fall die Hauptstrahlrichtungen in unterschiedliche Richtungen ausgebildet werden. Damit kann beispielsweise ein Hecksensor mit erweitertem Sichtbereich realisiert werden, der einerseits rückwärtig annähernden Verkehr bis etwa 80 m Entfernung und andererseits querende Objekte mit derselben Reichweite detektieren kann (◘ Abb. 17.34, rechts). Weitere Einsatzgebiete können durch Variationen des Antennenlayouts realisiert werden. Die technischen Kenngrößen der Produktvarianten sind im Vergleich zu den Werten der Vorgängergeneration in ◘ Tab. 17.2 dargestellt.

In ◘ Abb. 17.31 sind die einzelnen Baugruppen und das Gehäusekonzept des MRR dargestellt. Offensichtlich ist im Vergleich mit dem LRR3-Sensor das geänderte Antennensystem mit planaren Patcharrays ohne Linse. Das Blockschaltbild des MRR ist in ◘ Abb. 17.33 zu sehen. Auf der Unterseite der vergrößerten HF-Platine ist nun neben dem Radar-ASIC auch der μ-Controller untergebracht.

Weiterhin wurden die in der vierten Generation eingesetzten Technologien und Fertigungsverfahren entsprechend den stark gestiegenen Produktionszahlen weiterentwickelt: Dazu zählt beispielsweise auch der Übergang zu Standardlötprozessen für die SiGe-MMICs. ◘ Abbildung 17.35 zeigt die HF-Platine mit der Antennenstruktur und den gelöteten Sende- und Empfangs-MMICs. Die in der Abbildung rechts zu sehenden Empfangsantennenfelder (insgesamt vier Spalten) bilden ein „ausgedünntes" Array mit den Abständen von dem 0,5-, 2,0- und 3,0-Fachen der Wellenlänge (jeweils auf die linksseitige Spalte bezogen). Somit wird trotz der Beschränkungen auf vier Spalten eine Winkeleindeutigkeit von ±90° und eine Beambreite (Trennfähigkeit) von $\arcsin(1/3) \approx 20°$ erreicht, wie es ansonsten von sieben gleichmäßig im Abstand von $\lambda/2$ angeordneten Spalten erreicht würde. Zur Winkelschätzung wird das parametrische Deterministic Maximum Likelihood-Verfahren verwendet, so dass die Trennfähigkeit von zwei Zielen auf deutlich kleinere Winkelbereiche verbessert werden kann – in diesem Fall auf 7°. Die unterschiedliche Größe der Patches in der vertikalen Anordnung (Taperung) dient zur Reduktion von Nebenkeulen in der Elevation.

Für die Fernbereichsanwendung werden insgesamt zehn Sendespalten eingesetzt, für den Nahbereich zwei, jeweils im $\lambda/2$-Abstand. Beim MRR rear werden jeweils fünf Sendespalten eingesetzt, die von phasenversetzten Sendesignalen gespeist werden, so dass sich dadurch eine Hauptabstrahlrichtung von ca. −45° für die eine und ca. +45° für die andere Antenne ergibt.

Bei der Realisierung erweiterter Sicherheitssysteme (vgl. ▶ Kap. 47 und 48) spielt die Klassifizierung stationärer Objekte eine zentrale Rolle. Eine

◼ Tab. 17.2 Technische Daten der Bosch Weitbereichsradarsensoren der dritten und vierten Generation

	Generation 3	Generation 4		
Bosch Produktvariante	LRR3	LRR4	MRR	MRR rear/corner
	2009	2015	2013	2014
Allgemeine Eigenschaften				
Abmessungen (B × H × T)/ mm³	74 × 77 × 58	78 × 81 × 62 Maße inkl. Befestigungsohren	60 × 70 × 28	
Masse	285 g	240 g	190 g	
Zyklusdauer	< 125 ms	60 ms	60 ms	
Hochfrequenzmodul				
Frequenzerzeugung	MMIC/SiGe, bonded 18,9 GHz-Referenzoszillator, PLL	SiGe-MMIC, eWLB Package Standardlötprozess 18,9 GHz-Referenzoszillator, PLL		
Strahlformung	Patch + dielektrische Linse, monostatisch	Patch + dielektrische Linse, monostatisch	bistatisch, Patch Arrays, inkl. Digital Beam Forming	
Abgestrahlte Leistung (EIRPpeak)	33 dBm (EIRP)	< 29 dBm	< 34 dBm	< 18 dBm
Signaleigenschaften				
Frequenzbereich	76–77 GHz	76–77 GHz		
Modulationsverfahren	FMCW	FMCW		
Rampenhöhe (typisch)	500 MHz	425 MHz	425 MHz	425 MHz/ 700 MHz
Rampen (Anzahl/typ. Dauer)	4 (6,5/1/7/ 11,5 ms)	5 (2,1..9,6 ms)	5 (1,3..5,9 ms)	4 (1,1..4,6 ms)
Anzahl Messbereiche	1	1	2	2
Art der Winkelmessung (Azimut)	4-Strahl-Konzept	6-Strahl-Konzept	4-Kanal mit Phasenauswertung	
Art der Winkelmessung (Elevation)	–	Amplituden-Mono-Puls (2Tx)		
Detektionseigenschaften				
Entfernungsbereich	0,5 … 250 m	0,36 … 250 m	0,36 … 160 m	0,36 / 0,23 … 80 m
Entfernungszelle	0,3 m	0,36 m	0,36 m	0,36 / 0,23 m
Relativgeschwindigkeitsbereich	–80 … +30 m/s	–80 … +30 m/s	–80 … +80 m/s	
Relativgeschwindigkeitszelle	0,2 m/s	0,2 m/s	0,33 m/s	0,43 m/s

Tab. 17.2 *(Fortsetzung)* Technische Daten der Bosch Weitbereichsradarsensoren der dritten und vierten Generation

	Generation 3	Generation 4		
Bosch Produktvariante	LRR3	LRR4	MRR	MRR rear/corner
Az. Messbereiche	12° Long-range 20° Mid-range 30° Short-range	12° (200 m) 20° (100 m) 30° (30 m)	12° (160 m) 18° (100 m) 58° (60 m) 90° (25 m)	s. FoV
Az. Winkelzelle (definiert über 1/2 der Trennfähigkeit von zwei Punktzielen)	2°	2°	3,5°	–
Az. Genauigkeit Punktziel	0,1°	0,1°	0,2°	0,3°
Elev. Genauigkeit (typ.)	–	0,2°	0,6°	–
Elev. Keulenbreite (6dB)	5°	4,5°	13°	13°

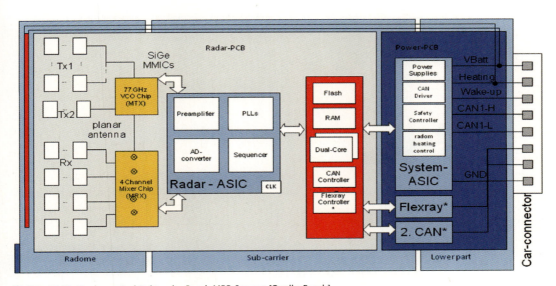

Abb. 17.33 Hardware-Architektur des Bosch MRR-Sensors [Quelle: Bosch]

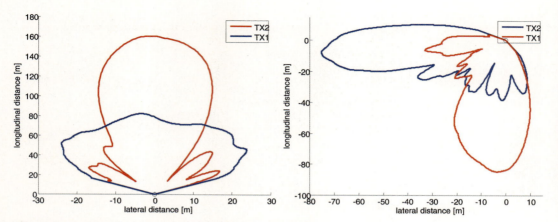

Abb. 17.34 Typische Detektionsbereiche des MRR-Sensors als Frontsensor (links) bzw. Hecksensor (rechts). Es sind jeweils beide Antennenschaltzustände dargestellt. [Quelle: Bosch]

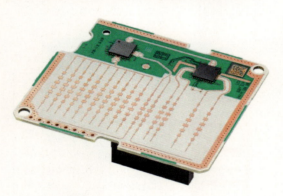

Abb. 17.35 HF-Leiterplatte des Bosch MRR-Sensors mit Antennenstrukturen und SiGe-MMICs, von links: 10 Streifen für TX1, dann 2 für TX2, dann RX1 bis 4 [Quelle: Bosch]

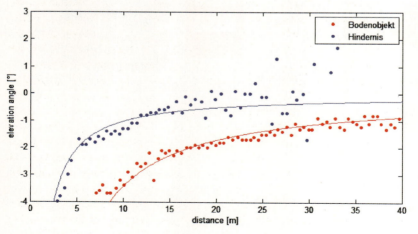

Abb. 17.36 Elevationswinkelmessung auf Rohsignalebene bei Zufahrt auf ein Bodenobjekt (rot) bzw. auf ein Ziel etwas unterhalb der Sensorhöhe (blau). Die Messungen wurden mit einem MRR-Sensor durchgeführt. [Quelle: Bosch]

17.8 · Ausführungsbeispiele

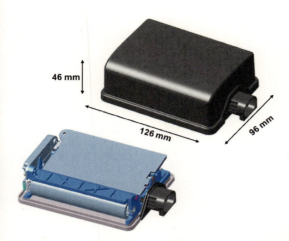

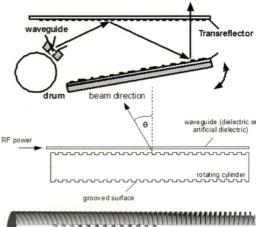

● Abb. 17.37 Außenansicht und Aufbau des Radarsensors ARS 300 von Continental [Quelle: Continental]

● Abb. 17.38 Antennenkonzept des Radarsensors ARS 300 von Continental, oben: Seitenansicht (Elevation), unten Walzenanordnung für azimutales Scanning [Quelle: Continental]

Möglichkeit stellt die Messung des Objektwinkels auch in Elevationsrichtung dar. Dazu kann in den Varianten LRR4 und MRR die zweite Sendeantenne verwendet werden, wenn deren Elevationshauptrichtung dazu von der der anderen abweicht (Amplituden-Mono-Puls). In ● Abb. 17.36 sind diesbezüglich die Rohmesswerte bei Zufahrt auf zwei Objekte unterschiedlicher Höhe dargestellt, wobei die Entfernung jeweils auf das betreffende Objekt bezogen ist. Die roten Messpunkte stellen den Elevationswinkel eines Zieles dar, das am Boden liegt und als überfahrbar klassifiziert werden soll. Die blauen Messwerte gehören zu einem Ziel, das sich leicht unterhalb der Sensorhöhe befindet und somit als Hindernis gesehen werden soll. In dieser Messung kann damit zumindest im Nahbereich anhand des Elevationswinkels klar zwischen den beiden Objektklassen getrennt werden. Zu beachten ist hierbei, dass die Messung erhöhter Ziele den in ▶ Abschn. 17.1 beschriebenen systematischen Einflüssen durch Bodenreflexionen unterworfen ist.

17.8.3 Continental ARS 300

Beim ARS 300 (● Abb. 17.37) wird ein mechanisches Scanning-Prinzip eingesetzt, das mit einer Walze und Trans- sowie Twistreflektor arbeitet. Letzteres wird, wie ● Abb. 17.38 zeigt, auch zur Bündelung wie eine Offsetparabolantenne verwendet. Der Twistreflektor ist beweglich und kann somit auch in Elevationsrichtung schwenken, was zur Elevationsoffsetidentifikation und -korrektur genutzt wird. Diese Reflektoranordnung wird nicht von einzelnen Feeds gespeist, sondern von einem dielektrischen Leck-Wellenleiter. Dieser Wellenleiter führt die Mikrowellen ohne Austritt, sofern sie nicht an der Unterseite durch die Rillen der Walze eine Streuung erfahren. Die Streuamplituden aller Rillen, die den Wellenleiter verlassen, bilden zusammen eine ebene Wellenfront, die durch den Rillenabstand ausgerichtet wird. Ist der Abstand der Rillen kleiner als die Wellenlänge im Wellenleiter, dann wird die ausgeleitete Welle bei einer Speisung von der linken Seite nach links weisen, bei größeren Abständen dreht sich die Abstrahlung nach rechts. Daher variieren die Rillenabstände in Umfangsrichtung. Diese Art des Scannings erfordert keine Rückdrehung wie beim Schwenken einer Antennenfläche und erzeugt vernachlässigbar geringe Massenkräfte.

Neben dem Scanning für den zentralen Sichtbereich (17°) werden die seitlichen Bereiche ebenfalls per Scanning erfasst; dazu sind auf der Trommel (s. ● Abb. 17.38 unten) asymmetrisch weitere Rillenbereiche hineingefräst. Der Versatz auf der Trommel berücksichtigt den Versatz, der bei seitlicher Ausleuchtung für einen in etwa mittigen Strahlengang nötig ist, d. h. der Bereich ist zur Gegenseite des

Tab. 17.3 Technische Daten der Radarsensoren von Continental

Continental	ARS300	SRR 200
Allgemeine Eigenschaften		
Abmessungen (B × H × T) (mit Befestigung und Buchse)	141 × 96 × 47 mm³	112 × 83,2 × 25 mm³
Masse	< 500 g	290 g
Zyklusdauer	66 ms	40 ms
Messdauer im Zyklus	35 ms für FRS, 16 ms für NRS	20 ms
Hochfrequenzmodul		
Frequenzerzeugung	GaAs-MMIC (ARS300) bzw. SiGe-MMIC (ARS301), frei laufender VCO	SiGe-MMIC
Abgestrahlte Leistung (peak, average)	3 mW average	12,7 dBm (EIRP)
Signaleigenschaften		
Frequenzbereich	76–77 GHz	24,05…24,25 GHz (ISM band)
Modulationsverfahren	Chirp Sequence	
Pulsdauer/Rampenhöhe u. -dauer	187,5 MHz (750 MHz @low speed), 16 µs	187,5 MHz, 9 µs
Puls-/Rampenwiederholrate	50 kHz	12,5 kHz (pro Kanal)
Anzahl Messbereiche	3 (1 × FRS, 2 × NRS)	1
Art der Winkelmessung	Scanning	Digital Beam Forming, eff. 8 Kanäle
Detektionseigenschaften		
Entfernungsbereich	1…200 m FRS 1…60 m NRS (0,25…50 m @low speed)	0.3…100 m @ ± 40° 0.3…65 m @ ± 60° 0.3…35 m @ ± 90°
Entfernungszelle	1 m (0,25 m @low speed)	1 m
Relativgeschwindigkeitseindeutigkeitsbereich	−74…+25 m/s	−40…+40 m/s
Relativgeschwindigkeitszelle	0,77 m/s FRS 1,53 m/s NRS	0,3 m/s
Messbereich Azimut $\Delta\varphi_{max}$	17° FRS 56° NRS	± 75° measurement ± 90° detection
Keulenbreite φ_{lobe} (3 dB-Einweg)	2,5° FRS 8° NRS	20° (virtuelle Keule)
Winkelzelle $\Delta\varphi$	1° FRS 3,125° NRS	14° ($\approx$ arcsin(1/4))

17.8 · Ausführungsbeispiele

Tab. 17.3 (*Fortsetzung*) Technische Daten der Radarsensoren von Continental

Continental	ARS300	SRR 200
Elevation ϑ_{spec}	4,3° (Keulenbreite)	± 12° @ - 6 dB ± 16° @ - 10 dB
Genauigkeit Punktziel (Azimut)	0,1°	± 2° for ± 30° ± 4° for ± 60° ± 5° for ± 75°
Besonderheiten		
ARS300: Fähigkeit zur Selbstjustage in Azimut und Elevation SRR 200: Fähigkeit zur Selbstjustage in Azimut (wegen großer Elevationsöffnung für Elevation keine Selbstjustage nötig)		
Abkürzungen: FRS: Far-Range-Scan; NRS: Near-Range-Scan		

Ausleuchtbereichs verschoben. Die Strahlbreite beträgt im Azimut 2,5° (im Nahbereichsscan 8°), in der Elevation 4,3°. Durch den schwenkbaren Twistreflektor kann der ARS300 bezüglich der Elevation optimal ausgerichtet werden und stationäre Nickwinkel oder Dejustagen ausgleichen.

Die Modulation ist im Gegensatz zu früheren Generationen eine Chirp-Sequence-Modulation, die auch als Pulskompression bezeichnet wird, vgl. ▶ Abschn. 17.2.5.4. Dieser Ansatz nutzt optimal die Messzeit aus, auch wenn dafür die Kosten für eine hohe Abtastrate ($\approx$ 40 MHz) getragen werden müssen, wobei dieser Ansatz für den ARS200 auch schon benötigt wurde. Wie in ◘ Tab. 17.3 angegeben, wird zwischen einem Near-Range-Scan (bis 60 m) und einem Far-Range-Scan (bis 200 m) unterschieden. Dabei wird beim Near-Range-Scan nur bis zu 60 m ausgewertet, wodurch die Abtastrate nur noch ein Drittel betragen muss. Der zentrale Bereich wird von beiden Scans überfahren, wodurch eine Zuordnung der beiden Messreihen erleichtert wird. Die Geschwindigkeitszelle ist beim zentralen Sichtbereich – also im Far-Range – kleiner, da eine längere Messzeit für diese Messung zur Verfügung steht. Prinzipbedingt muss für die Winkelbestimmung mit Scanning die Messzeit auf die einzelnen Winkelsegmente – hier auf 17 Winkelschritte – aufgeteilt werden. Daher ergibt sich eine Messzeit von 35 ms/17 ≈ 2 ms pro Segment. Allerdings ist die Radarkeule breiter, so dass für die Relativgeschwindigkeit eine größere Messzeit zur Verfügung steht. Daher ist die angegebene Zellengröße von 0,8 m/s (entsprechend 2,56 ms) auch kleiner. Im Nahbereich erfolgt eine gröbere Segmentierung von 3,125°, so dass trotz der geringeren Gesamtmessdauer von 16 ms eine Geschwindigkeitszelle von 1,5 m/s gehalten werden kann.

Bei niedrigen Geschwindigkeiten wird eine Reichweite von weniger als 50 m benötigt. Folgerichtig kann eine Fokussierung auf den Nahbereich erfolgen und durch Erhöhung des Modulationshubs (hier Vervierfachung) eine bessere Abstandsauflösung und -trennfähigkeit erreicht werden.

Mit dem ARS300 wird ein leistungsfähiges Radar angeboten, das durch eine sehr breite Ausleuchtung zusätzliche Nahbereichssensoren für Stop&Go oder Notbremsfunktionen überflüssig macht. Durch das Scannen wird eine gute laterale Auflösung erreicht und eine sogar bis 80…100 m reichende laterale Objekttrennfähigkeit möglich. Diese Leistung kann selbstredend nicht ohne den Preis einer breiteren Apertur und folglich breiterem Gehäuse (s. ◘ Abb. 17.37) erzielt werden, wobei andererseits die Kompaktheit angesichts der Funktion als hoch anzusehen ist.

Der ARS300 wurde hinsichtlich Kosten und Performance weiterentwickelt, ohne das Grundprinzip der Antenne und der Frequenzmodulation zu ändern. Für die seit 2012 produzierte Variante ARS301 wurden die Hochfrequenzerzeugung von GaAs auf SiGe umgestellt und die Umfelderfassungsalgorithmen weiter optimiert.

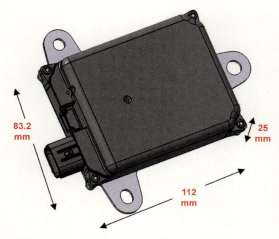

◘ Abb. 17.39 Gehäuse und Abmessungen des Continental SRR 200 [Quelle: Continental]

17.8.4 Continental SRR 200

Die äußeren Abmessungen des im 24 GHz-Bereich arbeitenden Short-Range-Radar SRR 200 zeigt die ◘ Abb. 17.39. Es basiert auf einem Planar-Antennen-Array-Konzept: Dafür werden drei Rx-, ein Tx- und ein Rx/Tx-Antennenfeld verwendet, wobei, wie in ▶ Abschn. 17.3.6 beschrieben und in ◘ Abb. 17.40 zu sehen ist, die Transmitter-Elemente außen liegen, so dass sich effektiv eine 8-Kanaligkeit für das Digital Beam Forming ergibt. Das Digital Beam Forming ist über eine DFT der Länge 16 implementiert – es werden also noch acht Nullkanäle hinzugefügt; dieses Zero-Padding bringt zwar signaltheoretisch betrachtet keinen Informationsgewinn, aber das daraus resultierende „überabgetastete" Beamspektrum erlaubt eine einfacher zu implementierende Auswertung. In ◘ Abb. 17.41 sind die aus der DFT entstehenden 16 virtuellen Keulen dargestellt. Auf die Signalverarbeitung lässt das in ◘ Abb. 17.42 gezeigte Blockschaltbild schließen. Die Modulation erfolgt als Chirp-Sequence ähnlich zum ARS300. Es werden jeweils vier Chirps abwechselnd auf TX1 und TX2 gesendet. Die Rx-Zweige werden zwar parallel gemischt, aber anschließend wird per Multiplex immer nur einer weiter ausgewertet, wobei der selektierte Kanal von Chirp zu Chirp geändert wird. Damit werden sequenziell alle acht Antennenkanäle akquiriert, was 256-mal wiederholt wird. Die sich durch das sequenzielle Akquirieren der Antennenkanäle ergebenden zeitlichen Verschiebungen können bei der weiteren Verarbeitung kompensiert werden. Wie auch die anderen SRR-Sensoren eignet sich der SRR 200 für den Nah- und Mittelbereich nach vorne, zur Seite und nach hinten.

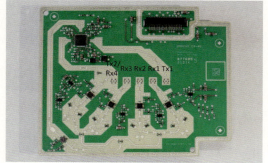

◘ Abb. 17.40 RF-Board mit Antennenlayout (oben) und Leiterbahnstrukturen (unten) des Continental SRR 200 [Quelle: Continental]

17.8.5 Hella 24 GHz Mid-Range-Radar

Die von Hella entwickelten Sensoren auf Basis der 24 GHz Radar Narrow-Band-Technologie sind mittlerweile im Generationsstand 2 und 3 im Markt vertreten, vgl. ◘ Tab. 17.4. Grundsätzlich lassen sich mit dieser Technologie auch Long-Range-Sensoren umsetzen; die in diesem Abschnitt vorgestellten Sensoren adressieren ausschließlich Heckfunktionen und haben dementsprechend eine Mid-Range-Ausprägung der Antennencharakteristik. Zu den genannten Heckfunktionen gehört neben der Fahrstreifenwechselassistenz unter anderem auch

17.8 · Ausführungsbeispiele

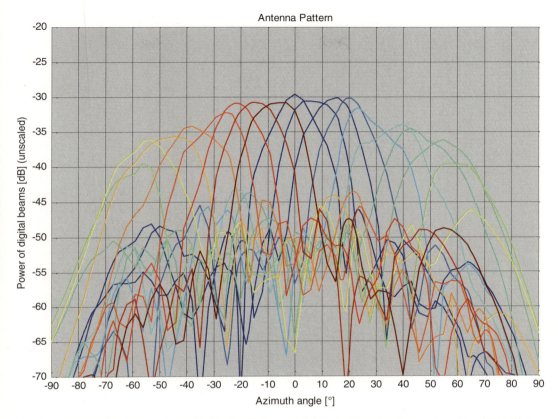

◨ **Abb. 17.41** Antennendiagramm für die 16 virtuellen Keulen nach dem Digital Beam Forming aus den acht realen Kanälen und den acht mit Null aufgefüllten Datensätzen, Continental SRR 200 [Quelle: Continental]

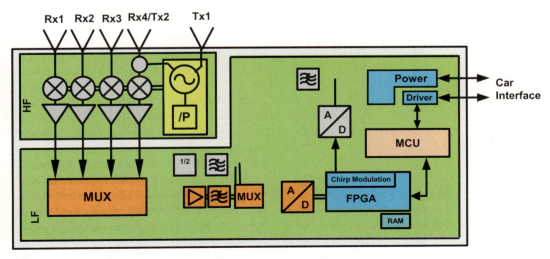

◨ **Abb. 17.42** Blockschaltbild des Continental SRR 200 [Quelle: Continental]

◘ **Tab. 17.4** Kenndaten der Hella 24 GHz Radar Generationen 2 und 3

Hella	Generation 2	Generation 3
Allgemeine Eigenschaften		
Abmessungen (B × H × T)	105 × 89 × 34 mm³	98 × 78 × 26 mm³
Masse	270 g	160 g
Zyklusdauer	50 ms	
Messdauer im Zyklus	36 ms	
Hochfrequenzmodul		
Frequenzerzeugung	24 GHz VCO-MMIC	
abgestrahlte Leistung	< 13 dBm av.	
Signaleigenschaften		
Frequenzbereich	24,05 GHz–24,25 GHz	
Modulationsverfahren	FMSK	Modifiziertes FMSK
Rampenhöhe und Chirp-Dauer	ca. 100 MHz, 36 ms	ca. 200 MHz, 36 ms
Chirp-Typen	up, down, konstant	
Art der Winkelmessung	bistatisches, simultanes Mono-Puls-Konzept	
Detektionseigenschaften		
Entfernungsbereich	s. ◘ Abb. 17.45	s. ◘ Abb. 17.45
Entfernungszelle	1,5 m	0,75 m
Relativgeschwindigkeitsbereich	−70 m/s...+70 m/s	
Relativgeschwindigkeitszelle	0,16 m/s	
Messbereich Azimut	s. Abb.	s. Abb.
Keulenbreite	28° @ -10 dB	100° @ -10 dB
Spezifizierte Elevation	16° @ -10 dB	18° @ -10 dB
Genauigkeit Punktziel	0,5°	

der Rear-Cross-Traffic Alert für die Erkennung von Querverkehr beim Rückwärtsausparken.

Als Modulationsprinzip wird das in ▶ Abschn. 17.2.5.2 dargestellte Linear Frequency Modulation Shift Keying (LFMSK/FSK)-Verfahren ab der Generation 3 in einer modifizierten Variante mit nichtzeitkonstanten Sende-Bursts verwendet. Für einen hinsichtlich Frequenzregulierung problemlosen und weltweiten Einsatz ist die Modulationsbandbreite auf maximal 200 MHz beschränkt (24,05-24,25 GHz bei einer Sendeleistung < 13 dBm avg. EIRP). Zur Winkelbestimmung wird auf das simultane Monopulsverfahren gesetzt.

Die in ◘ Abb. 17.43 und ◘ Abb. 17.44 (jeweils links) gezeigte Generation 2 gibt den prinzipiellen Aufbau des Radarsensors wieder. Ein hinsichtlich des Strahlengangs neutrales Radom deckt die planare Antenne ab. Diese besteht aus Sende- und Empfangszweig und ist in Mikrostreifenleitertechnik realisiert. Die Antenne befindet sich als Teil der Leiterplattenstruktur auf der Oberseite der Radar-Front-End-Platine (RFE) und besteht aus 1 Tx- und 3 Rx-Elementen. Auf der Unterseite befindet sich der Rest der HF-Elektronik – zum Teil noch in diskreter Ausführung, zum Teil bereits in hochintegrierter Form als GaAs-MMIC. Im Wesentli-

17.8 · Ausführungsbeispiele

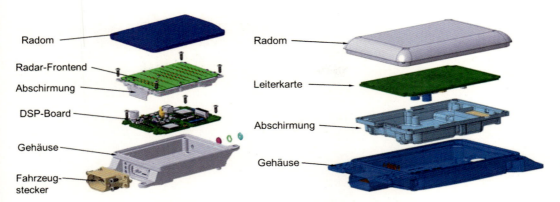

Abb. 17.43 Explosionsdarstellung Hella Radar 24 GHz – zweite (links) und dritte Generation (rechts) [Quelle: Hella]

Abb. 17.44 Hella Radar 24 GHz – Vergleich zweite und dritte Generation. links: zweite Gen., sichtbar: Radom, RFE-Board (Antennenseite), DSP-Board. rechts: dritte Gen., sichtbar: Radom, Leiterkarte (Antennenseite), Abschirmung [Quelle: Hella]

chen befinden sich hier die LNAs, die komplexen Mischer und Bandpass-Filter. Die HF-Schirmung sorgt dafür, dass HF-Strahlung wie gewünscht nur zur Radom-Seite emittiert wird. Die Auswerteeinheit mit Steckerleiste ist darunter angebracht. Auf dieser Signalverarbeitungsplatine realisiert ein DSP die Radar-Signalverarbeitungsschritte wie Rohsignalverarbeitung, Winkelbestimmung und Tracking sowie die Überwachung und Diagnose des RFE. Weiterhin setzt ein Mikrocontroller Basissoftwareanteile und -funktionen um. Ein Schaltnetzteil liefert die benötigten Betriebsspannungen.

Die Generation 3, gezeigt in ■ Abb. 17.43 und ■ Abb. 17.44 (jeweils rechts), basiert auf dem gleichen Radarverfahren. Im Gegensatz zur Generation 2 wurde hier konsequent das Gerätedesign in Richtung Baugrößenverkleinerung und Kostenoptimierung vorangetrieben. So ist die gesamte elektronische Schaltung, inklusive Schaltnetzteil, Kommunikation, Auswerteelektronik und HF-Schaltung auf nur einer Leiterkarte platziert. Die Radarantenne ist dabei, wie bereits bei Generation 2 gezeigt, als Mikrostreifenleiterstruktur auf der Oberseite der Leiterkarte untergebracht. Dieser kompakte Aufbau wurde durch den Einsatz hochintegrierter HF-Komponenten (SiGe-MMICs) sowie durch entsprechende Gestaltung des Layouts und der Platzierung der Komponenten auf der Leiterkarte ermöglicht. Um der wachsenden Bedeutung von Funktionen, die im seitlichen Bereich der Fahrzeugumgebung messen, gerecht zu werden, wurde die Sendeantennencharakteristik in Richtung Rundumsicht entsprechend neu ausgelegt, siehe ■ Abb. 17.45. Damit lassen sich nicht nur im longitudinalen und lateralen Fahrzeugbereich Objekte detektieren, sondern auch unter 45°. Mit einer solchen Antennencharakteristik lassen sich bei

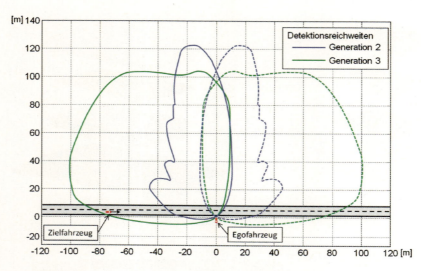

Abb. 17.45 Gegenüberstellung der Detektionsbereiche (Beispiel: Erfassung von rückwärtigem Querverkehr). Integration von jeweils zwei Radarsensoren im Heck des Ego-Fahrzeugs (rechts/links) und Sensorausrichtung nach schräg hinten [Quelle: Hella]

Abb. 17.46 AC1000 von TRW [Quelle: TRW]

Abb. 17.47 3D-Explosionsdarstellung des AC1000 von TRW [Quelle: TRW]

entsprechender Sensoranordnung Rundumsichtsysteme realisieren. Auf der Empfangsseite reichen 2 Rx-Antennenelemente aus. Natürlich zieht eine derartige Erweiterung des Sensorsichtbereichs eine Anpassung der Software, insbesondere im Bereich der Rohsignalverarbeitung, des Trackings und der Hypothesenbildung, nach sich.

17.8.6 TRW AC1000

Die modulare Radarfamilie AC1000 von TRW (◘ Abb. 17.46) arbeitet im 77 GHz Frequenzband und nutzt dafür die Silizium-Germanium (SiGe)-Technologie. Die detaillierte Darstellung des Sensors ist in ◘ Abb. 17.47 gezeigt, die Spezifikation in ◘ Tab. 17.5. Die Winkelauswertung basiert auf dem Prinzip der digitalen Strahlformung mit vier Empfangskanälen (vgl. ▶ Abschn. 17.3.6). Dadurch können mehrere Objekte mit gleicher Relativgeschwindigkeit sowie in gleicher Entfernung – aber in unterschiedlichen Winkeln – getrennt und simultan verfolgt werden. Wie in ◘ Abb. 17.48 zu sehen, erlaubt die Digital Beam Forming (DBF)-Methode eine Anpassung des Strahls an die Fahrgeschwindigkeit und damit an die jeweilige Fahrsituation bzw. die Anwendung. Die aktuelle Ausführung des vorausschauenden AC1000 arbeitet mit drei Modi: Bei höheren Geschwindigkeiten (> 70 km/h Fahrgeschwindigkeit) wählt der Sensor den Fernbereichsmodus mit reduziertem Öffnungswinkel und maximaler Reichweite, beispielsweise für eine adaptive Geschwindigkeitsregelung auf der Autobahn. Bei mittleren Geschwindigkeiten wird ein weiter Öffnungswinkel eingestellt, um der komplexen städtischen Umgebung Rechnung zu tragen und z. B. Fußgänger, die plötzlich auf die Fahrbahn treten,

17.8 · Ausführungsbeispiele

Tab. 17.5 Technische Daten des Radarsensors AC1000 von TRW

TRW	AC1000 (vorausschauende Variante)
Allgemeine Eigenschaften	
Abmessungen (B × H × T)	75 × 77 × 38 mm³
Masse	< 300 g
Zyklusdauer	40 ms
Messdauer im Zyklus	39 ms
Signaleigenschaften	
Frequenzbereich	76–77 GHz
Modulationsverfahren	FMFSK
Modulationshub	200/400 MHz
Burst-Hub und -Dauer	0,32 MHz, 2,5 µs (1,25 µs möglich)
Anzahl Messbereiche	3
Art der Winkelmessung	Digital Beam Forming
Detektionseigenschaften	
Entfernungsbereich	0,5…180 m
Entfernungszelle Δr	0,375 m (City mode)/0,75 m (ACC mode)
Relativgeschwindigkeitsbereich	> ±61 m/s
Relativgeschwindigkeitszelle Δr	< 0,06 m/s
Messbereich Azimut $\Delta \varphi_{max}$	> 70° (im Low-speed mode)
Einbautoleranz Elevation	±5°

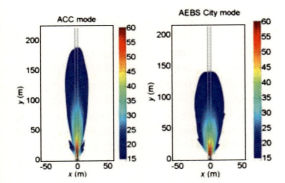

Abb. 17.48 Sichtfeldanpassung mittels digitaler Strahlformung beim AC1000 von TRW, Angaben auf Farbskala in dB [Quelle: TRW]

17.8.7 Valeo MBH

Der von Valeo seit 2012 für die Anwendungen Fahrstreifenwechselassistent (Lane Change Assist) und Querverkehrwarnung (Cross Traffic Alert) angebotene Multi Beam High-Performance (MBH)-Radarsensor arbeitet nach dem LFMCW-Prinzip im 24 GHz Bereich. Besonderes Merkmal des Valeo MBH Sensors ist seine Multibeam-Sendeantenne (s. Abb. 17.49), die den Erfassungsbereich in sieben Bereiche unterteilt, vgl. Abb. 17.50. Die genauen Zielwinkel werden auf Empfangsseite nach dem Phasenmonopulsverfahren gemessen, wobei durch die Selektivität der Sendestrahlen eine hohe Phasenempfindlichkeit möglich wird, da die Eindeutigkeitsforderung für die Phasendifferenz fallengelassen werden kann. Dies ist in Abb. 17.49 an dem großen Abstand von $3/2\lambda$ zwischen den Empfangsantennen zu sehen und dem daraus folgenden Eindeutigkeitsbereich von $\pm\arcsin(1/3) \approx \pm 20°$ im Mittenbereich.

Beim LFMCW-Prinzip handelt es sich um eine dem Chirp Sequence-Verfahren ähnliche Modulation. Zwischen 16 und 64 Frequenzrampen werden mit einer Dauer von ¼ ms und einer Bandbreite von ≈ 190 MHz in einem Fenster konstanter Sendestrahlrichtung ausgesendet. Dabei wird die Anzahl dynamisch festgelegt, um die Winkelbereiche von hohem Interesse besser auflösen zu können. Bei dem Messzyklus von 70 ms können so z. B. drei Strahlen mit 64 und vier mit 16 Bursts betrieben werden. Der Eindeutigkeitsbereich der Relativgeschwindigkeit einer Einzelmessung liegt bei einer Chirp-Rate von 4 kHz bei etwa ±12 m/s, weshalb weitere Maßnahmen zur Herstellung der Eindeutigkeit eingesetzt werden.

Die Sendeantenne besteht, wie Abb. 17.49 zeigt, aus acht Patchreihen à sechs Patches. Die acht Reihen werden durch ein 8-kanaliges passives Butlermatrix-Phasennetzwerk, also mit acht Eingängen und acht Ausgängen, gespeist. Mit Umschalten des Sendezweigs auf einen der Eingänge lassen sich insgesamt acht Sendestrahlen unterschiedlicher Richtung erzeugen.

Die Empfangsantenne besteht aus zwei Patchreihen à sechs Patches. Die Empfangssignale der beiden Patchreihen werden durch zwei parallele Empfangskanäle separat ausgewertet. In der Signal-

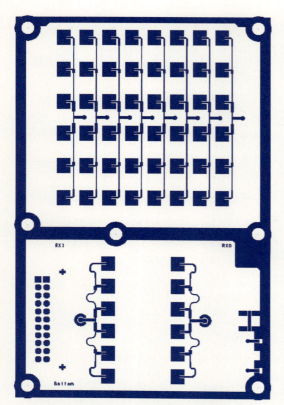

Abb. 17.49 Antenne des Valeo Multi Beam High-Performance-Radars [Quelle: Valeo]

besser erkennen zu können. Der dritte Betriebsmodus mit einer eigenen Sendeantenne ist speziell für niedrige Geschwindigkeiten ausgelegt und bietet einen besonders großen Öffnungswinkel. Zur Modulation wird ein FMCW und FSK kombinierendes Verfahren verwendet, wie es in ▶ Abschn. 17.2.5.2 in Abb. 17.13 beschrieben wird. Somit wird eine eindeutige direkte Zuordnung von Relativgeschwindigkeit und Abstand erzielt, so dass eine nachträgliche Geisterzielentfernung entfallen kann.

Durch die mit der neuen AC1000-Technologie erreichte Skalierbarkeit lassen sich Radare dieses Typs für 360° – also Front-, Heck- und Seitenbereich – je nach Konfiguration und Montageort einzeln oder gruppiert einsetzen.

Abb. 17.50 Phasendiagramm Antenne (berechnet) [Quelle: Valeo]

verarbeitung wird für jedes Zielecho die Phasendifferenz zwischen den beiden Kanälen ermittelt und aus der Phasendifferenz der Zielwinkel geschätzt. Das Empfangssignal wird heruntergemischt, gefiltert und A/D-gewandelt. Alle weiteren Verarbeitungsschritte einschließlich der Warnfunktion finden in einem DSP statt.

Der ungefähr 28 mm dicke Sensor (◘ Abb. 17.51, Aufbau s. ◘ Abb. 17.52) wird zur Realisierung oben genannter Zielfunktionen als Paar jeweils an der rechten und linken hinteren Ecke des Fahrzeugs hinter dem Stoßfänger verbaut. Die Zusammenfassung der Eigenschaften befindet sich in ◘ Tab. 17.6.

Abb. 17.51 Außenansicht des Valeo MBH-Radar [Quelle: Valeo]

17.9 Zusammenfassung und Ausblick

Die Radar-Technologie hat die Entwicklung der Fahrerassistenzsysteme weit nach vorn gebracht. Aber auch die Radar-Technologie selbst wurde durch die Anwendung im Automobil beeinflusst. Heute liegen Erfahrungen für eine Volumenproduktion von komplexen Radargeräten vor, die mit den Felderfahrungen die aktuelle Entwicklung begleiten. Waren die Radarsensoren der ersten Generation verschiedener Zulieferer von hoher Diversität geprägt, so sind erste Konvergenzen hinsichtlich der Modulation und der Frequenzerzeugung zu sehen. Trotzdem wird es noch lange dauern, bis ein Zustand ähnlich dem von ABS erreicht ist, bei dem die Geräte verschiedener Hersteller kaum noch zu unterscheiden sind.

Die stete „Bedrohung" der Radartechnologie im Automobil, die Lidartechnologie (s. ▶ Kap. 18), hat in den letzten Jahren ebenfalls große Fortschritte gemacht. Trotzdem bleiben komplementäre Leistungsunterschiede weiter bestehen: Radar profitiert in besonderem Maße von der Fähigkeit, den Dopplereffekt messen zu können, und von der höheren

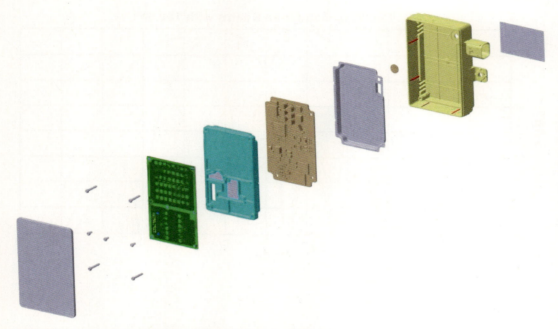

Abb. 17.52 Explosionsdarstellung Valeo MBH-Sensor [Quelle: Valeo]

Wetterrobustheit. Demgegenüber ermöglicht Radar nur eine geringe Raumwinkelauflösung bei akzeptabler Antennengröße. Eine Verbesserung dieser Situation verspricht die Terahertz-Technik, die aber technologisch noch in den Kinderschuhen steckt. Mit halber Wellenlänge könnten Keulenbreiten von 1° erreicht werden, womit sich die Objektbegrenzungen in durchaus befriedigender Qualität bestimmen ließen.

Vielleicht geht die Technik auch einen anderen Weg, wenn das Ein-Sensor-Konzept verlassen wird und sich der diversitären Multi-Sensorik mit Sensordatenfusion genähert wird. Hier könnte die Kombination Radar plus Kamera ein „Dreamteam" werden, das kaum noch Wünsche offen lässt, die z. B. von einem Lidar erfüllt werden könnten. In einer Kombinationslösung können sich die Anforderungen an das Radar ändern und eventuell zu einer „Abrüstung" des Radars bei einer Kostengesamtoptimierung führen.

Danksagung

Der Autor dankt den Herren Dr. Hermann Buddendick von Bosch, Dr. Markus Wintermantel von Continental, Martin Mühlenberg von Hella, Dr. Alois Seewald von TRW und Dr. Urs Lübbert von Valeo für die fachliche Unterstützung und die Bereitstellung der technischen Abbildungen.

Tab. 17.6 Technische Daten des Valeo Multi Beam High-Performance-Radars

Valeo	MBH
Allgemeine Eigenschaften	
Abmessungen (B × H × T)	70 × 102 × 28,1 mm³
Masse	240 g
elektrische Leistungsaufnahme	typisch: 2,5 W @ 13V
Zyklusdauer	70 ms
Messdauer im Zyklus	39 ms
Signaleigenschaften	
Frequenzbereich	24,05–24.25 GHz (ISM)
Sendeleistung	< = 20 dBm EIRP
Modulationsverfahren	FMCW
Modulationshub	190 MHz
Burst-Anzahl und Dauer	16 bis 64, 250 µs
Anzahl Messbereiche	1
Art der Winkelmessung	Mono-Puls, 7 Sendekeulen à 30°
Detektionseigenschaften	
Entfernungsbereich	> 70 m
Entfernungszelle Δr	0,8 m
Relativgeschwindigkeitsbereich	95 m/s
Relativgeschwindigkeitszelle	1,6…0,4 m/s
Messbereich Azimut $\Delta \varphi_{max}$	150°
Genauigkeit Winkel	1°…2° (abhängig vom Winkel)
Keulenbreite Elevation	±10° (10 dB)

Literatur

1. Fonck, K.-H.: Radar bremst bei Gefahr. Auto, Motor & Sport (22), 30 (1955)
2. Skolnik, M.: Radar Handbook. Introduction to radar systems, 3. Aufl. McGraw-Hill Verlag, New York City (2008)
3. Ludloff, A.: Praxiswissen Radar und Radarsignalverarbeitung, 4. Aufl. Vieweg + Teubner Verlag, Wiesbaden (2009)
4. Wolff, C.: Radargrundlagen – Winkelreflektor. http://www.radartutorial.eu/17.bauteile/bt47.de.html, Zugriff November 2014
5. TC208/WG14, ISO: ISO 15622 (Transport information and control systems – Adaptive Cruise Control systems – Performance requirements and test procedures). 2002
6. TC204/WG14, ISO. ISO 22179 Intelligent transport systems – Full speed range adaptive cruise control (FSRA) systems – Performance requirements and test procedures. 2008
7. Schneider R.: Modellierung der Wellenausbreitung für ein bildgebendes Radar, Dissertation Universität Karlsruhe, 1998
8. Heidenreich, P.: Antenna Array Processing: Autocalibration and Fast High-Resolution Methods for Automotive Radar, Dissertation Technische Universität Darmstadt (2012)
9. Diewald, F., Klappstein, J., Sarholz, F., Dickmann, J., Dietmayer, K.: Radar-Interference-Based Bridge Identification for Collision Avoidance Systems Baden-Baden, 2011. Proceedings IEEE Intelligent Vehicles Conference. (2011)
10. Diewald, F.: Objektklassifikation und Freiraumdetektion auf Basis bildgebender Radarsensorik für die Fahrzeugumfelderfassung, Dissertation Universität Ulm, 2013
11. Kühnke, L.: 2nd Generation Radar Based ACC – A System Overview, Workshop on Environmental Sensor Systems for Automotive Applications, European Microwave Week, Munich, October. (2003)

12. Meinecke, M.-M., Rohling, H.: Combination of LFMCW and FSK Modulation Principles for automotive radar systems German Radar Symposium GRS2000, Berlin. (2000)
13. Kühnle, G., Mayer, H., Olbrich, H., Swoboda, H.-C.: Low-Cost Long-Range-Radar für zukünftige Fahrerassistenzsysteme Aachener Kolloquium Fahrzeug- und Motorentechnik, 2002., S. 561 (2002)
14. Lucas, B., Held, R., Duba, G.-P., Maurer, M., Klar, M., Freundt, D.: Frontsensorsystem mit Doppel Long Range Radar 5. Workshop Fahrerassistenzsysteme, Walting. (2008)
15. Wintermantel, M.: Radarsystem mit Elevationsmessfähigkeit Offenlegungsschrift, Bd. WO2010/000254 A2. (2010)
16. Massen, J., Möller, U.: Abschlussbericht des BMBF-Projektes: „RoCC" Radar-on-Chip for Cars – Teilvorhaben Continental 79GHz SiGe Nahbereichsradarsensorik, Förderkennzeichen 13N9824 (2012)
17. Stoica, P., Moses, R.L.: „Spectral Analysis of Signals". Prentice Hall Inc., Upper Saddle River, NJ (2005)
18. Koelen, C.: Multiple Target Identification and Azimuth Angle Resolution based on an Automotive Radar, Dissertation TU Hamburg-Harburg. Shaker Verlag, Aachen (2012)
19. Bundesnetzagentur: SSB LA 144 – Schnittstellenbeschreibung für Kraftfahrzeug-Kurzstreckenradare (Short Range Radar, SRR), Juli 2005
20. ETSI EN 302 858-1 V1.3.1 (2013-11): Electromagnetic compatibility and Radio spectrum Matters (ERM); Road Transport and Traffic Telematics (RTTT); Automotive radar equipment operating in the 24,05 GHz up to 24,25 GHz or 24,50 GHz frequency range; Part 1: Technical characteristics and test methods, http://www.etsi.org/deliver/etsi_en\302800_302899\30285801\01.03.01_60\en_30285801v010301p.pdf (2013)
21. -: More Safety for All by Radar Interference Mitigation, EU-Projekt 248231, 2010-2012 (2013)
22. Hildebrandt, J., Kunert, M., Lucas, B., Classen, T.: Sensor Setups for future Driver Assistance and Automated Driving Frankfurt, Germany. Proceedings IWPC. (2013)
23. Classen, T., Wilhelm, U., Kornhaas, R., Klar, M., Lucas, B.: Systemarchitektur für eine 360 Grad Fahrerassistenzsensorik UniDAS Workshop Fahrerassistenzsysteme. Tagungsband, Bd. 8. (2012)
24. Schubert, E., Kunert, M., Menzel, W., Fortuny-Guasch, J., Chareau, J.-M.: Human RCS Measurements and Dummy Requirements for the Assessment of Radar Based Active Pedestrian Safety Systems International Radar Symposium IRS. (2013)
25. Menzel, W.; Pilz, D.: Mikrowellen-Reflektorantenne, Patent WO 99/43049, 1999
26. Freundt, D., Lucas, B.: Long Range Radar sensor for high-volume driver assistance systems market SAE paper, Bd. 2008-01-0921. SAE International, Warrendale, PA (2008)
27. Weber, R., Kost, N.: 24-GHz-Radarsensoren für Fahrerassistenzsysteme. ATZ Elektronik (2), 2–0 (2006)

LIDAR-Sensorik

Heinrich Gotzig, Georg Geduld

18.1 Funktion, Prinzip – 318

18.2 Applikation im Fahrzeug – 328

18.3 Zusatzfunktionen – 329

18.4 Aktuelle Serienbeispiele: – 330

18.5 Ausblick – 333

Literatur – 334

18.1 Funktion, Prinzip

18.1.1 Begrifflichkeit

LIDAR: Light Detection And Ranging ist ein optisches Messverfahren zur Ortung und Messung der Entfernung von Objekten im Raum. Prinzipiell ähnelt dieses System dem Radarverfahren, wobei allerdings anstelle von Mikrowellen beim LIDAR Ultraviolett-, Infrarot- oder Strahlen aus dem Bereich des sichtbaren Lichts (daher LIDAR) verwendet werden. (vgl. ◘ Abb. 18.1)

18.1.2 Messverfahren Distanzsensor

Es gibt verschiedene Messverfahren beim Einsatz von Infrarotsensoriken. Die im Fahrzeug meist benutzte Methode ist die „Time of Flight"-Messung.

Die Zeitdauer von der Aussendung des Licht(Laser)-Impulses bis zum Empfang der rückgestreuten Strahlen ist dabei proportional der radialen Entfernung zwischen Messsystem und detektiertem Objekt.

Bei der „Time of Flight"-Messung werden ein oder mehrere Lichtpulse ausgesendet und an einem evtl. vorhandenen Objekt reflektiert. Die Zeit bis zum Empfang des reflektierten Signals ist dann proportional der Entfernung: Bei einer Geschwindigkeit des Lichts von ca. 300.000 Kilometern pro Sekunde (in Luft) beträgt die zu messende Laufzeit bei einem Abstand von 50 Metern (entspricht bei 100 Kilometern pro Stunde = Tacho-Halbe) etwas über 3×10^{-7} Sekunden oder 333 Nanosekunden. (vgl. ◘ Abb. 18.2)

$$d = \frac{c_0 \cdot t}{2}$$

d = Abstand in m
c_0 = Lichtgeschwindigkeit (300.000 m/s)
t = Zeit in s

Die zu erwartende Pulsantwort eines festen und einzelnen Objekts (z. B. Fahrzeug) hat die Form einer Gaußkurve.

Da der ausgesandte Lichtimpuls die Entfernung zwischen Sender und Empfänger zweimal durchläu-

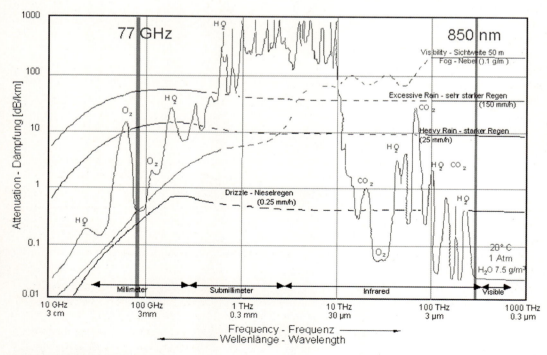

◘ Abb. 18.1 Frequenzspektrum

18.1 · Funktion, Prinzip

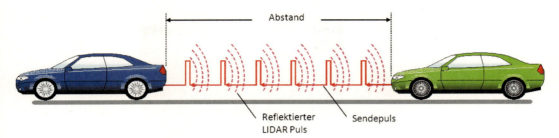

◘ **Abb. 18.2** Laufzeitmessung

fen muss, repräsentiert die Zeit *t* die doppelte Entfernung zum Objekt. (vgl. ◘ Abb. 18.2 und ◘ Abb. 18.3)

Befinden sich mehrere Objekte in einem Messkanal, so können bei entsprechendem Auswerteverfahren und genügend großem Abstand zwischen den Objekten auch mehrere Objekte erfasst werden – man spricht dann von Mehrzielfähigkeit des Systems. (vgl. ◘ Abb. 18.4)

Besteht eine erhöhte Dämpfung der Atmosphäre – zum Beispiel durch Nebel bedingt – so werden einzelne Pulse an den Wassertröpfchen in der Luft reflektiert. (vgl. ◘ Abb. 18.5) Je nach optischer Auslegung des Systems kann dies zu Sättigungsverhalten im Empfänger führen, so dass ein Messen dann nicht mehr möglich ist.

Heutige Sensoren jedoch haben eine dynamische Anpassung der Empfindlichkeit und zusammen mit der Mehrzielfähigkeit im Messkanal können dann „weiche" atmosphärische Störungen mit dahinter liegenden Objektantworten vermessen werden. Dabei hilft die Tatsache, dass bei einem weichen Objekt wie Nebel die Entfernungsechos aus verschiedenen „Tiefen" des Nebels empfangen werden. Die Verschmelzung der einzelnen Pulsantworten über eine längere Messdistanz (Zeitfenster) führt zu einem flachen, ausgedehnten Empfangsecho (vgl. ◘ Abb. 18.6). Somit wird neben der Laufzeitmessung der zeitliche Verlauf der empfangenen Pulsantwort (im einfachsten Fall eine einzelne Gaußkurve) zur Auswertung verwendet, auch lassen sich genauere Informationen über die Art des detektierten Objekts extrahieren.

So lässt sich zum Beispiel das Signal von Nebel oder Gischt von dem eines Fahrzeugs unterscheiden (siehe ◘ Abb. 18.7). Die Form dieses Signals gibt hier eine Auskunft über den Absorptionsgrad der atmosphärischen Störung, aus der Messung

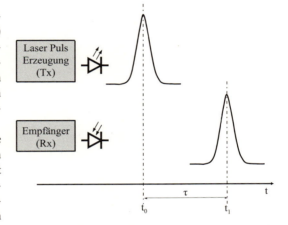

◘ **Abb. 18.3** Pulsantwort eines Objekts

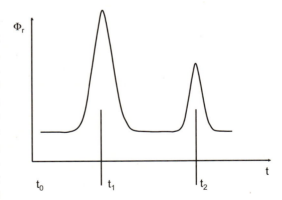

◘ **Abb. 18.4** Pulsantwort zweier Objekte

der „Signallänge" x bzw. der Analyse der zeitlichen Abnahme von $\Phi r(t)$ (vgl. ◘ Abb. 18.6) lässt sich die herrschende Sichtweite abschätzen.

Die Reichweitenperformance wird maßgeblich von der Intensität des ausgesendeten Lichtpulses und der Empfindlichkeit des Empfängers beein-

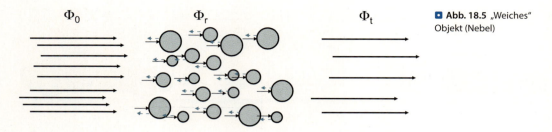

Abb. 18.5 „Weiches" Objekt (Nebel)

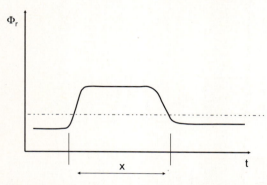

Abb. 18.6 Signalantwort „weiches" Objekt (Nebel)

flusst, wobei die Pulsleistung durch die Augensicherheitsanforderungen beschränkt ist. Weitere Parameter, wie beispielsweise Transmission der Atmosphäre, die Größe oder Reflektanz des Objekts sind hingegen nicht beeinflussbar.

Die empfangene Lichtintensität kann für den Fall, dass die Strahlauftrittsfläche kleiner als das Objekt ist, wie folgt beschrieben werden:

$$P_r = \frac{KK \cdot A_t \cdot H \cdot T^2 \cdot P_t}{\pi^2 \cdot R^3 \cdot (Q_v/4) \cdot (\Phi/2)^2}.$$

Im Fall, dass das Ziel (bei größerer Entfernung) kleiner als die Strahlauftrittsfläche ist, gilt folgender Zusammenhang:

$$P_r = \frac{KK \cdot A_t \cdot H \cdot T^2 \cdot P_t}{\pi^2 \cdot R^4 \cdot (Q_v \cdot Q_h/4) \cdot (\Phi/2)^2}$$

mit:

P_r = Intensität des empfangenen Signals (W)
KK: Reflektanz des gemessenen Objekts
Φ: Winkel der Objektreflexion (rad)
H: Objektbreite (m)
A_r: Zielgröße (m²)
T: Transmission der Atmosphäre

Q_v: vertikale Strahldivergenz (rad)
Q_h: horizontale Strahldivergenz (rad)
A_t: Empfangslinsenfläche (m²)
P_t: Laser Leistung (W).

18.1.3 Weitere Funktionalität

Grundsätzlich können LIDAR-Sensoren neben der reinen Abstandsmessung auch für eine eingeschränkte visuelle Erkennung von Objekten verwendet werden. Hier wird dann zusätzlich die Lichtintensität entsprechend ausgewertet. Die Performance ist sensorbedingt schlechter als die einer Kamera, da Kameras zum einen eine höhere Auflösung haben und zum anderen einen weiten Frequenzbereich detektieren, des Weiteren hängt sie maßgeblich vom Kontrast der zu detektierenden Objekte (z. B. Linien auf Straßen) ab.

18.1.4 Aufbau

Prinzipiell sind heutige LIDAR-Abstandsmessgeräte nach dem gleichen Schema aufgebaut. Unterschiede gibt es in der Art der Erzeugung von mehreren Messkanälen (Strahlen) bzw. der Umsetzung einer Strahlablenkung bei „sweependen" (in Abhängigkeit z. B. der Kurvenkrümmung nachgeführt) und scannenden Verfahren.

18.1.4.1 Sendezweig

Beim LIDAR wird für die aktive Distanzmessung eine Laserquelle, die typischerweise im Bereich zwischen 850 nm bis ca. 1 µm emittiert, eingesetzt. Um eine möglichst hohe Zieltrennung von mehreren Echos zu gewährleisten, sollte der Messimpuls so kurz wie möglich gehalten werden. Bei diesen Überlegungen spielt auch die zu gewährleistende

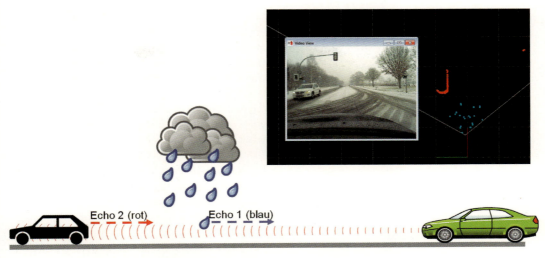

◘ **Abb. 18.7** Unterscheidung Regen – Fahrzeug

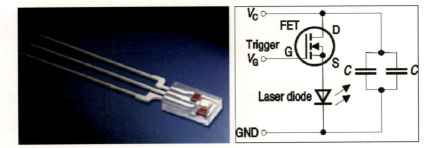

◘ **Abb. 18.8** OSRAM SPL LL90 – Treiberstufe im Gehäuse des Halbleiterlasers [1]

Augensicherheit eine wesentliche Rolle, da das Integral des Pulses die emittierte Energie darstellt. Die Strahlungsspitzenleistung der verwendeten Hochleistungsdioden kann durchaus 75 W [1, 2] und mehr erreichen, die Pulslänge liegt typischerweise in einem Bereich von ca. 4 bis 30 ns: Bei einer aktiven Fläche am Halbleiterlaser von ca. $200 \times 10\,\mu m^2$ entspricht dies einer Flächenleistung am Laser von ca. $35\,GW/m^2$.

Um die hohe Abstrahlleistung störsicher zu bewerkstelligen, wird die Treiberstufe des Lasers so nah wie möglich und somit direkt im Gehäuse des Halbleiterlasers verbaut (vgl. ◘ Abb. 18.8). Weitere Herausforderungen sind die Temperaturentwicklung an den Grenzschichten zum Gehäusekunststoff und die Stromzufuhr (Betriebsspannung 12 V) zum Bauteil.

18.1.4.2 Empfangszweig

Die Empfindlichkeit des Empfängers entscheidet maßgeblich über die erreichbare Performance des zu definierenden Sensors. Grundsätzlich ist die Empfindlichkeit eines Sensorbauteils über die Empfängerfläche zu erreichen; Limitation hierfür ist die Apertur bzw. die Güte der Optik. Um die geforderten Genauigkeiten im Zentimeterbereich zu erzielen, wird eine hohe Messgeschwindigkeit gefordert: Bei einem Messbereich von ca. 10 cm bis ca. 150 m beträgt die Lichtlaufzeit zwischen 0,1 ns bis zu 1,0 µs. Eine weitere Herausforderung ist die „Blendung" durch das Umgebungslicht. Bei Tag verursacht das von der Sonne verbreitete Lichtspektrum, das ebenfalls einen erheblichen Anteil im Infrarotbereich beinhaltet, einige Größenordnungen mehr an Lichtleistung als ein Abstandssensor. Durch geeignete Filtermaßnahmen wird der Gleichlichtanteil (verursacht durch die Sonneneinstrahlung) unter-

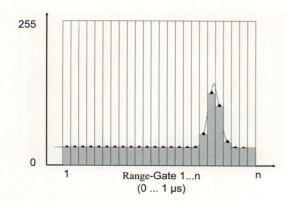

Abb. 18.9 Digitalisieren mittels Parallel-Gating

drückt. Diese Maßnahmen werden vornehmlich hardwareseitig ausgeführt.

Als Empfangsdioden werden PIN-Dioden (positive intrinsic negative diode) oder Avalanchedioden (avalanche photodiode, auch APD genannt) eingesetzt [3].

Avalanchedioden werden als Photodioden-Halbleiterdetektoren zum Zählen einzelner Photonen eingesetzt, wozu sie beispielsweise mit einem großen Vorwiderstand in Sperrrichtung betrieben werden. Durch die hohe Feldstärke reicht ein einzelnes Photon, um ein Elektron freizusetzen, das beschleunigt vom Feld in der Sperrschicht einen Lawineneffekt auslöst (sog. Durchbruch). Der Widerstand verhindert, dass die Diode durchbrochen bleibt (passives Quenching) – die Diode geht dadurch wieder in den gesperrten Zustand über. Dieser Vorgang wiederholt sich periodisch und sind Messfrequenzen bis zu 100 MHz sind möglich.

Die PIN-Diode wird in der Optoelektronik hauptsächlich für die optische Nachrichtentechnik für Lichtwellenleiter als Fotodioden verwendet. PIN-Dioden sind hierbei aufgrund der dicken i-Schicht (schwach dotiert, leitend – intrinsische Leitfähigkeit) temperaturstabiler und kostengünstiger, aber weniger empfindlich, da in dieser mehr Ladungsträger gespeichert werden können. Spitzenwerte für die Empfindlichkeit liegen zwischen −40 dBm und −55 dBm bei 850 nm Wellenlänge.

Zur Verbesserung der Performance wird die APD häufig als ASIC umgesetzt.

Um die örtliche Auflösung von wenigen Zentimetern zu erreichen, wird nach der Verstärkung des Signals unter anderem das sogenannte „Parallel-Ga-ting" Verfahren angewandt. Hierbei wird, über einen zeitlich gesteuerten Multiplexer, das empfangene Signal digitalisiert und in einzelne „Speicherzellen" (Range Gates) abgelegt (vgl. Abb. 18.9). Jede Speicherzelle entspricht einem „Range Gate" bzw. einem „Entfernungsschritt" von zum Beispiel 1,5 m. Durch die Addition von mehreren Sendepulsen ergibt sich eine Gaußsche Verteilung der Range Gates um den tatsächlichen Messpunkt.

Um die Genauigkeit der Zeitmessung zu erhöhen, wird in der Prozessoreinheit des Sensors der zu erwartende Empfangspuls rekonstruiert und dessen Scheitelpunkt ermittelt: So kann aus einer doch relativ groben Zeit- (Entfernungs-) und Amplitudenauflösung eine Entfernungsauflösung im Zentimeterbereich erreicht werden. Eine weitere Erhöhung der Genauigkeit ist durch die zeitliche Analyse der errechneten Entfernungen möglich.

Über die Anzahl der Sendepulse pro Messung kann die Empfindlichkeit des Sensorsystems gesteigert bzw. gesteuert werden. Mit dem beschriebenen Verfahren kann eine Messdynamik von über 50 dB bzgl. des optoelektronischen Stroms erreicht werden. Dies ist notwendig, um auch schlecht reflektierende Objekte in der angestrebten Entfernung zu detektieren.

Abbildung 18.10 zeigt den prinzipiellen Aufbau heutiger Abstandssensoren. In Abhängigkeit von den geforderten Stückzahlen werden einzelne Teilelemente als ASIC verbaut.

Neben dem Hardware-Aufbau eines Abstandssensors werden einzelne Funktionen in Software abgebildet. Wie zuvor erwähnt erfolgt ein großer Teil der Signalauswertung, wie z. B. die Abstands- und die Relativgeschwindigkeitsermittlung per Software. Ebenfalls im Block „Signalauswertung" werden Informationen über die Sichtweite und Systemgrenzen erzeugt (vgl. Abb. 18.11).

Die Laseransteuerung sorgt für das Timing von Mess- und Empfangskanal.

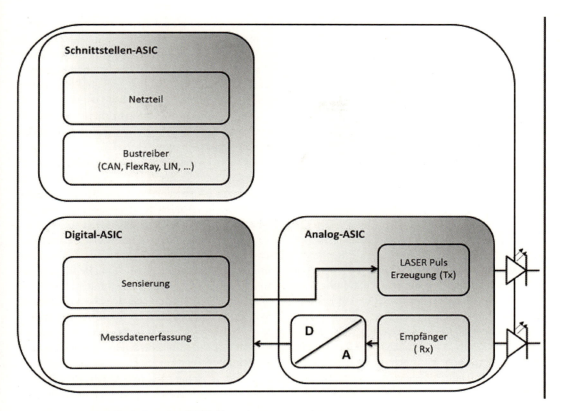

◘ Abb. 18.10 Prinzipieller Aufbau eines LIDAR-Abstandssensors

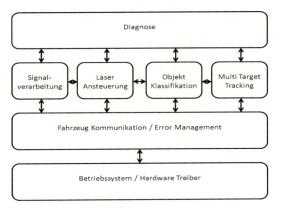

◘ Abb. 18.11 Prinzipielle Softwarefunktionen

18.1.5 Transmissions- und Reflexionseigenschaften

Wie bei allen aktiven und passiven Messverfahren spielt die Transmission bzw. die Dämpfung der Atmosphäre eine wichtige Rolle bei der Systemauslegung und der dadurch erzielbaren Leistung der Sensoren. Während bei passiven Verfahren – wie beispielsweise Kameras – die Strecke vom Objekt zum Sensor nur einmal zurückgelegt werden muss, ist bei aktiven Verfahren die Strecke Sensor – Objekt zweimal zurückzulegen.

Die Transmissionseigenschaften der Atmosphäre werden durch deren Bestandteile und deren Aggregatszustände maßgeblich beeinflusst (vgl. ◘ Abb. 18.1).

◘ Abbildung 18.12 stellt eine Vereinfachung der Messstrecke in der Atmosphäre (l) dar. Es ist dabei zu beachten, dass diese Strecke der einfachen Entfernung vom Abstandsensor zum Objekt entspricht.

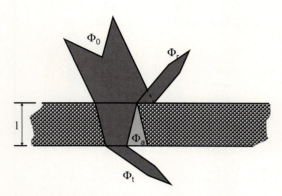

◘ Abb. 18.12 Absorption, Reflexion, Transmission

Das Licht muss nach der Reflexion am Objekt (vgl. ◘ Abb. 18.13) die Strecke erneut in umgekehrter Richtung zurücklegen.

Der Sender strahlt dabei die Lichtleistung Φ_0 ab. Durch die Atmosphäre (enthaltende Wassertröpfchen, Staubpartikel etc.) werden Teile des Lichts diffus reflektiert (Φ_r); des Weiteren wird ein Teil absorbiert (Φ_a; in Wärme umgewandelt), bis dann am Ende der Strecke nur noch die Lichtleistung Φ_t zur Verfügung steht.

$$\Phi_0 = \Phi_r + \Phi_a + \Phi_t$$

Reflexionsgrad $\quad \varrho_r = \Phi_r / \Phi_0$

Absorptionsgrad $\quad \varrho_a = \Phi_a / \Phi_0$

Transmissionsgrad $\quad \tau = \Phi_t / \Phi_0$

Mit
Φ_0 – Ausgesandte Lichtleistung
Φ_r – Reflektierte Lichtleistung
Φ_a – Absorbierte Lichtleistung
Φ_t – Empfangene Lichtleistung
l – Wegstrecke durch die Atmosphäre

Der Anteil der durchgelassenen Strahlung wird als Transmissionsgrad (τ; vgl. Gl. 18.7) bezeichnet. Die Abschwächung setzt sich im Allgemeinen zusammen aus Absorption, Streuung, Beugung und Reflexion und ist wellenlängenabhängig. (vgl. Gl. 18.4)

Eine große Herausforderung bei der Lasermesstechnik besteht darin, die wegen der Anforderung an die Augensicherheit stark limitierte Energie nach der Reflexion an einem Objekt wieder zu empfangen (detektieren).

Dabei ist zu beachten, dass gewöhnlich das Objekt (Fahrzeug) ähnlich einem Lambert-Reflektor seine Energie diffus in den halben Raumwinkel (180°) abstrahlt. (vgl. ◘ Abb. 18.13)

Beim Lambert-Reflektor ist die Rückstreuung der Energie nicht gerichtet, sondern wird im Raumwinkel (innerhalb einer „Kugel") inhomogen verteilt. Genutzt werden kann nur der Teil der zurückgestreuten Energie, der direkt in den Empfänger des Sensors zurückgestrahlt wird. Dies sind in der Praxis bestenfalls 20 % (in der Regel deutlich weniger) der am Objekt reflektierten Energie.

Da, wie erwähnt, die mittlere Sendeleistung beschränkt ist, kann man als Abhilfemaßnahme den Strahl stärker bündeln, um die Energiedichte zu erhöhen, oder einen höher verstärkenden Empfänger einsetzen. Die Bündelung hat den Nachteil, dass bei zu kleinen Raumwinkeln der Strahl auf eine homogene Fläche am Fahrzeug treffen kann (z. B. nur die Stoßstange) und infolgedessen durch Totalreflexion der gesamte Strahl wegreflektiert werden kann.

Totalreflexion (vgl. ◘ Abb. 18.14) tritt dann auf, wenn schmale Strahlen (siehe auch „Lambert-Reflektor" – ◘ Abb. 18.13) eingesetzt werden, die auf eine schräge Fläche treffen. Abhilfe kann durch aufgeweitete Strahlen oder mehrere Strahlen geschaffen werden. Optimal dabei ist, im Erfassungsbereich Kanten oder senkrecht zum Sender gerichtete Teile zu beleuchten.

Diese Maßnahmen sind teilweise kontraproduktiv (vgl. Energiedichte-Problematik). Das Problem „mehrere Empfangsstrahlen" wird durch die Verwendung von scannenden Systemen mit vielen Sende-/ Empfangskanälen (mehrere hundert) teilweise kompensiert, führt aber auch zu höheren Kosten.

18.1.6 Geschwindigkeitsbewegungsermittlung

Für Fahrerassistenzsysteme werden Informationen über die Ego-Geschwindigkeit, die Relativgeschwindigkeit zu Objekten sowie die Bewegung von Objekten im relevanten Umfeld benötigt. Die Bestimmung der Ego-Geschwindigkeit (Wert und

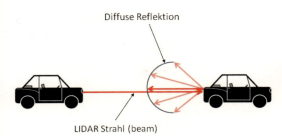

Abb. 18.13 Lambert-Reflektor

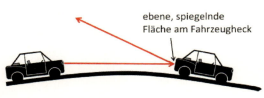

Abb. 18.14 Totalreflexion

Richtung) erfolgt in der Regel durch Auswertung von Lenkwinkelsensor und Raddrehsensor. Prinzipiell ist auch beim LIDAR der Dopplereffekt zur Ermittlung der Relativgeschwindigkeit zu den detektierten Objekten nutzbar. Jedoch verhindern die erhöhten Anforderungen und die dadurch verbundenen Kosten beim Messen der Dopplerfrequenz im Lichtspektrum die Umsetzung.

Aus diesem Grund bedient man sich der Differentiation von zwei, idealerweise jedoch mehreren aufeinanderfolgenden Abstandsmessungen: (vgl. Gl. 18.8 und 18.9)

$$\vec{v}_{rel} = \frac{d\vec{R}}{dt} = \lim_{\Delta t \to 0} \frac{\Delta \vec{R}}{\Delta t}$$

Voraussetzung ist, dass die Abstandsinformation eindeutig, d. h. immer vom gleichen Objekt/Objektpunkt stammt. Je nach Lidartyp ist R entweder ein rein radialer Abstandswert oder er beinhaltet zusätzlich noch Richtungsinformationen. Die horizontale Winkelauflösung für scannende Systeme liegt typischerweise im Bereich ≤ 0,5°. Unter Vernachlässigung von vertikalen Informationen ergibt sich dann

$$\vec{v}_{rel} = \frac{\vec{R}_2 - \vec{R}_1}{t_2 - t_1}$$

$\vec{v}_{rel}$: Relativgeschwindigkeit in m/s
$\vec{R}$: Abstand in m
t: Zeit in s

Möglich wird dieses Verfahren nur, wenn eine sehr exakte Abstandsmessung zugrunde liegt. Genauigkeitssteigerungen lassen sich durch geeignete Filter wie beispielsweise Zustandsbeobachter oder Kalman-Filter erreichen.

Um eine bessere Vorhersage treffen zu können, wie sich die Umfeldsituation in der Zukunft entwickelt, muss die Veränderung der Bewegung der relevanten Objekte bekannt sein. Leitet man daher die Geschwindigkeit ein weiteres Mal ab, so kann die Relativbeschleunigung ermittelt werden: (vgl. Gl. 18.10)

$$\vec{a}_{rel} = \frac{d^2\vec{R}}{dt^2}$$

$\vec{a}_{rel}$: Relativbeschleunigung in m/s²

Bedingt durch einen eventuellen Abstandsfehler wird der Fehler beim Beschleunigungssignal durch die erneute Differentiation verstärkt. Für eine evtl. Regelaufgabe muss das Signal entsprechend gefiltert werden.

18.1.7 Tracking-Verfahren und Auswahl relevanter Ziele

Der Begriff Tracking (dt. Nachführung) umfasst alle Bearbeitungsschritte, die der Verfolgung von Objekten dienen. Ziel dieser Verfolgung ist zum einen die Extraktion von Informationen über den Verlauf der Bewegung und die Lage eines Objekts und zum anderen die Verminderung von negativen Einflüssen, herrührend von zumeist zufälligen Messfehlern (Messrauschen). Die Genauigkeit der bestimmten Lage- und Bewegungsinformation hängt neben dem verwendeten Tracking-Algorithmus auch von der Genauigkeit der Messungen bzw. dem Messfehler und der Abtastrate der zyklischen Messungen ab.

Generell kann die Zielauswahl auf zwei verschiedene Arten durchgeführt werden: Entweder erfasst man den gesamten Bereich und wählt dann mittels Fahrstreifenzuordnung und/oder weiterer Selektionsmerkmale ein relevantes Ziel aus (siehe

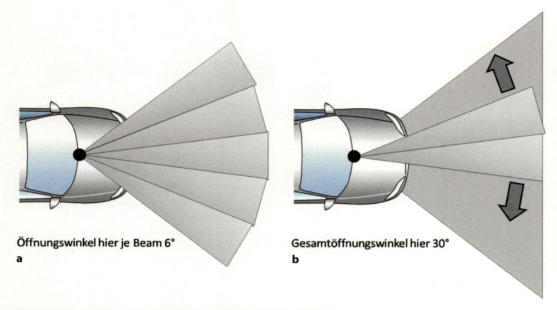

◘ **Abb. 18.15** Vergleich von unterschiedlichen Tracking-Verfahren, **a** z. B. Multibeam starr (Anzahl bzw. Wert des Öffnungswinkels kann variieren), **b** z. B. Multibeam SWEEP (Gesamtöffnungswinkel, Anzahl bzw. Wert des Einzelöffnungswinkels können variieren)

▶ Kap. 46) oder man beschränkt sich beim Erfassen von Objekten von Beginn an auf den relevanten Bereich der zu erwartenden Fahrtrajektorie. Beide Verfahren haben Vor- und Nachteile, wie die Gegenüberstellung im Folgenden zeigt (vgl. ◘ Abb. 18.15 sowie ◘ Tab. 18.1).

Die Leistungsfähigkeit eines ACC-Sensors wird neben der Messempfindlichkeit vor allem durch die Güte der Ermittlung des relevanten Objekts bestimmt. Dies setzt eine leistungsfähige Fahrtrajektorienbestimmung voraus (siehe ▶ Kap. 46). Das Tracking lässt sich grundsätzlich in folgende Verarbeitungsschritte unterteilen:

18.1.7.1 Prädiktion (Extrapolation/Schätzung)

In diesem Verarbeitungsschritt erfolgt die (rechnerische) Vorhersage der Lage- und Bewegungsinformationen zum einen anhand der bekannten Vergangenheit in Abhängigkeit physikalischer Eigenschaften des relevanten Objekts (Dynamik) und zum anderen auch durch Annahmen, wie sich die Objekte in Zukunft verhalten werden. Grundsätzlich interessieren hier sowohl andere aktive Verkehrsteilnehmer (Fahrzeuge, Personen etc.) als auch statische Objekte (stehende Fahrzeuge, Fahrbahnbegrenzungen etc.). Für die Prädiktion ist wichtig, dass die Lage- und Bewegungsinformationen je nach Umgebung (Autobahn, urbanes Umfeld etc.) und Ego-Geschwindigkeit hinreichend genau sind, um eine entsprechende Applikation

◘ **Tab. 18.1** „Tracking"-Verfahren

	Variante 1	Variante 2
Abbildung	◘ Abb. 18.15 (a)	◘ Abb. 18.15 (b)
Beschreibung	Erfassung von Objekten im gesamten Erfassungsbereich	Erfassung von Objekten im gesamten Erfassungsbereich
	Diskriminierung der Ziele anhand des ermittelten Fahrschlauches	Informationen über Abstand und Richtung der Messung nur im relevanten Bereich
Vorteil	Erfassung aller Objekte	geringe Rechenleistung
Nachteil	Rechen- und Speicheraufwand auch für nicht relevante Objekte	Erfassung abhängig von der Güte der Blickwinkelermittlung

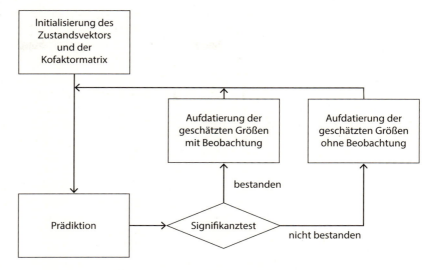

Abb. 18.16 Kalman-Filter-Prinzip

(z. B. Ausweichassistent) sicher durchführen zu können.

18.1.7.2 Assoziation (Verknüpfung von Objekten)

Insbesondere wenn sich mehrere Objekte im beobachteten Raum befinden (Multi-Target-Tracking) und diese sich nicht eindeutig über verschiedene Messzyklen differenzieren lassen, übernimmt diese Komponente die Zuordnung eines in früheren Messzyklen beobachteten Objekts zu einem aktuell gemessenen Objekt. Fehler in diesem Bearbeitungsschritt können sich besonders schwer auf die Ergebnisse auswirken (v_{rel}, a_{rel} etc.). Deutliche Verbesserungen bieten scannende Systeme, welche über eine Winkelauflösung im Bereich von 0,1° verfügen.

18.1.7.3 Innovation (Verknüpfung von Realmessung und Prädiktion)

Die Bestimmung der aktuellen Lage und anderer bewegungsrelevanter Informationen erfolgt einerseits durch die Prädiktion und andererseits durch aktuelle Messungen. Der Innovationsschritt führt beide Ergebnisse gewichtet zusammen. Die Gewichtung kann sowohl dynamisch als auch statisch erfolgen: Eine Verschiebung der Anteile hin zur Prädiktion glättet die Ergebnisse stärker, eine größere Gewichtung der Messung führt zu Ergebnissen, die sich schneller auf Veränderungen der Messwerte einstellen. Je nach Funktion bzw. Situation (Sicherheitssystem/Notbremsen oder Komfortsystem/ACC) werden dann die Filter angepasst.

Die Qualität der Modelle bzw. der Grad der Annäherung an die Realität bestimmt entscheidend das Ergebnis des Trackings. Üblicherweise wird bei LIDAR-Abstandssensoren ein Kalman-Filter eingesetzt.

18.1.7.4 Das Kalman-Filter – Funktionsprinzip

Das Kalman-Filter [4, 5] wird dafür verwendet, Zustände oder Parameter des Systems aufgrund von teils redundanten Abstands- und Relativgeschwindigkeitsmessungen, die von Rauschen überlagert sind, zu schätzen.

Das Filter besitzt eine sog. „Prädiktor-Korrektor-Struktur", d. h. zunächst wird auf Basis der Systemeingangsdaten die wahrscheinlichste neue Position und Geschwindigkeit prädiziert und diese dann mit den tatsächlichen Messdaten verglichen. Die Differenz der beiden Werte wird gewichtet und dient der Korrektur des aktuellen Zustands.

Vereinfacht lässt sich das Abstandsmesssystem linear beschreiben (s. Abb. 18.16) und basiert auf einem Zustandsraummodell mit Zustandsgleichung [6]:

$$x(k) = Ax(k-1) + Bu(k) + Gv(k-1)$$

Prädiktion Beobachtungsgleichung [7]:

$$z(k) = Hx(k) + w(k)$$

Bei konstanter Geschwindigkeit ($a_{rel}=0$) kann die Längsbewegung mit folgendem Zustandsvektor:

$$x = \begin{bmatrix} d \\ v_{rel} \\ a_{rel} \end{bmatrix}$$

und der Systemmatrix

$$A = \begin{bmatrix} 1 & T_k & 0 \\ 0 & 1 & 0 \\ 0 & 0 & 0 \end{bmatrix}$$

beschrieben werden.

Werden mehrere Objekte gleichzeitig verfolgt, müssen die Objekte eines Messschritts der richtigen Objektbahn zugeordnet werden. Hierzu wird das Kalman-Filter um einen Assoziationsschritt erweitert. Eine anschauliche Lösung ist die Methode der nächsten Nachbarn. Unter Berücksichtigung der unsicherheitsbehafteten Messung und Abweichungen von der Annahme konstanter Geschwindigkeit ergibt sich ein Suchbereich des Objekts in der neuen Messung. Durch Schätzung des neuen Messwerts mit dem Kalman-Filter lässt sich das Messfenster präzisieren: Einem Track zugeordnet wird jeweils das Objekt mit der geringsten Differenz zwischen Prädiktion und Messung. Die Messdaten werden anschließend für den Innovationsschritt des Kalman-Filters verwendet.

Messwerte außerhalb des Messbereichs werden direkt verworfen, ebenfalls werden nur einmal gefundene Objekte als Fehlmessung vom Tracking ausgenommen. Kann dem erstmals detektierten Objekt hingegen im nächsten Messschritt ein Messwert zugeordnet werden, wird ein neuer Pfad initialisiert. Wird einem bestehenden Track kein Objekt zugeordnet, erfolgt die Prädizierung über weitere Messschritte. Der Track wird beendet, falls sich zukünftig keine weiteren Messungen mehr zuweisen lassen; mehrere eng benachbarte Objekte mit ähnlicher Relativgeschwindigkeit können zusammengefasst werden (Clustering). Eine Fehlinterpretation lässt sich allerdings erst rückwirkend ausschließen, weshalb die zwei Messwerte zunächst getrennt gehalten werden.

18.2 Applikation im Fahrzeug

18.2.1 Laserschutz

Grundsätzlich werden im Fahrzeug nur LIDAR-Sensoren, zertifiziert nach Laserschutzklasse 1, verbaut. Maßgeblich für die Ermittlung der Laserschutzklassen ist die ICE 60 825-1, Amendment 2:2001.

Die Erläuterung von Details dieses Standards führen in dieser Abhandlung zu weit. Wesentliche Grundlage ist die emittierte Energie des Sensors und somit die Energiebilanz auf der Netzhaut des menschlichen Auges. Da das verwendete Frequenzspektrum nahe dem für den Menschen sichtbaren Bereich liegt, wirkt das Auge mit seiner Linse wie ein fokussierendes Brennglas. Der Laser ist jedoch für den Menschen nicht sichtbar, so dass die natürlichen Schutzmechanismen des Auges (z. B. Schließen der Pupillen) nicht funktionieren. Die vom Laser des LIDAR ins Auge eingebrachte Energie führt zur Erwärmung der Netzhaut und im schlimmsten Fall zur Verbrennung der Sehzellen (thermischer Netzhautschaden).

Die Berechnung der maximal zulässigen Abstrahlenergie berücksichtigt die Fähigkeit, die Energie im Gewebe weiterzuleiten (Wärmeableitung). Somit gibt es Kriterien, welche die durchschnittliche Erwärmung ebenso wie die kurzfristige, durch einzelne Pulse verursachte Erwärmung, berücksichtigen.

Folgende technische Randbedingungen sind Kriterien, welche die Augensicherheit beeinflussen:
- Wellenlänge (typisch für den automobilen Einsatz sind 850 nm bis ca. 1 μm),
- Ausgangspulsspitzenleistung (typisch zwischen 10 W und 75 W),
- Ausgangsdurchschnittsleistung (typisch zwischen 2 mW und 5 mW),
- Dutycycle (Puls/Pausen Verhältnis),
- refokussierbare Austrittsfläche (typisch bei Verwendung von Lichtleitern sind Bruchteile von mm², beim Laser selbst sind dies nur einige μm²).

Details hängen stark von der jeweiligen Auslegung des Sensors ab. Insbesondere sind die Dutycycles, Ausgangspulsleistungen und die refokussierbaren Austrittsflächen bei den einzelnen etablierten Produkten stark unterschiedlich.

18.2.2 Integration für nach vorne gerichtete Sensoren (zum Beispiel für ACC)

Generell stellt die Integration ins Fahrzeug bezüglich der Position keine nennenswerten Schwierigkeiten dar: Grundsätzlich kann ein LIDAR überall in der Front platziert werden. Bevorzugt sind jedoch Positionen in der Horizontalen zwischen den Scheinwerfern und in der Vertikalen zwischen der oberen Dachkante bis zur Stoßstange (vgl. ◘ Abb. 18.17).

Dabei spielt es keine Rolle, ob der Sensor im Außenbereich oder hinter der Windschutzscheibe platziert ist. Bedingt durch die Erkennung von Verschmutzung können ggf. der Fahrer informiert oder aber direkt Reinigungsmaßnahmen eingeleitet werden. Im Gegensatz zu einer Kamera wird jedoch „nur" Energie übertragen und kein Wert auf ein „klares" Bild gelegt, was die Anforderungen an eine saubere Sensoroberfläche erheblich verringert. Je nach Einbauort bzw. der Integration unter aerodynamischen Gesichtspunkten kann eine geringe Beeinträchtigung der Sensorperformance durch sehr dunkle Verunreinigungen (z. B. Insekten) auf dem Sensor erfolgen.

18.3 Zusatzfunktionen

Mit dem LIDAR ist es möglich, weitere Sensorfunktionen zu realisieren.

18.3.1 Sichtweitenmessung

So ist die zuvor erwähnte „Weichziel"-Erkennung relativ einfach dafür zu verwenden, in Abhängigkeit der Absorption eine der Sichtweite analoge Geschwindigkeitsempfehlung zu berechnen. Bedingt durch die Wellenlänge, die nahe der des für den Menschen sichtbaren Lichts liegt, ist die gemessene Reflexion und Absorption in der Atmosphäre der menschlichen Sichtbehinderung vergleichbar.

18.3.2 Tag/Nacht-Erkennung

Die im Empfänger messbare Hintergrundbeleuchtung unterscheidet sich signifikant zwischen Tag und Nacht, nachdem die Sonne um mehrere Größenordnungen höhere Infrarotstrahlung aussendet als die vom LIDAR aktiv emittierte.

Dieses Signal, geeignet aufbereitet, ist als Zusatznutzen zur Steuerung von Fahrlicht einsetzbar (vgl. Tag/Nacht- bzw. tunnelabhängiges Steuern des Fahrlichtes).

18.3.3 Verschmutzungserkennung

Zu den Grundfunktionen der Selbstdiagnose eines Abstandssensors gehört die Erkennung des Verschmutzungsgrades des Sensors an dessen Sender und Empfänger. Zwar führt dieses Signal in den meisten aller Fälle nicht zu einer Aufforderung den Sensor zu reinigen, das Signal kann jedoch einfach zu einer automatischen Triggerung der Reinigung der Scheinwerfer oder der Windschutzscheibe genutzt werden.

18.3.4 Geschwindigkeitsermittlung

Heutige LIDAR-Sensoren haben ein ausgeklügeltes Tracking und verfolgen bis zu 20 und mehr Objekte auf und neben der Fahrbahn. Die Vermessung von Abstand und Relativgeschwindigkeit von Objekten neben der Fahrbahn wie bspw. Begrenzungspfosten lassen die Ermittlung der Eigengeschwindigkeit des Fahrzeuges mittels Abstandssensors zu.

18.3.5 Fahrerverhalten/-zustand

Wird das LIDAR im aktuellen Fahrzustand nicht als aktives Regelsystem genutzt, kann über das Abstandsverhalten in Kombination mit dem Lenkverhalten auf den Fahrerzustand rückgeschlossen werden und dieser dem Fahrer geeignet mitgeteilt werden (Müdigkeit, Unaufmerksamkeit etc.).

18.3.6 Objektausdehnung/-erkennung

Werden Daten eines scannenden LIDAR mit sehr hoher Winkelauflösung aufgenommen, kann durch

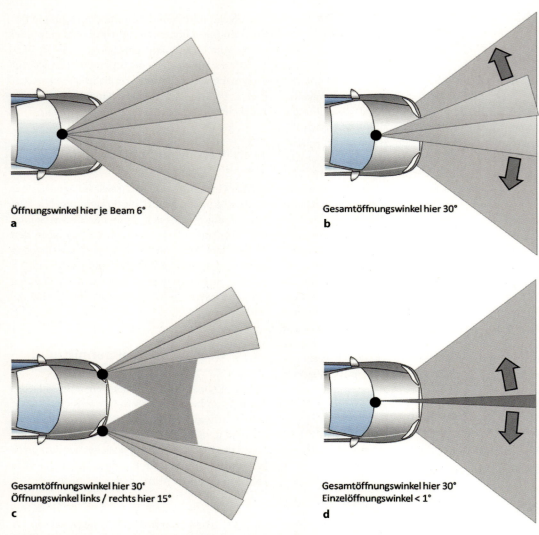

Abb. 18.17 Beispiele verschiedener Strahlsensorik: **a** Multibeam starr, **b** Multibeam SWEEP, **c** Multibeam verteilt, **d** Singlebeam SCAN

eine weitere mathematische Analyse der ermittelten Entfernungspunkte teilweise eine räumliche Ausdehnung von realen Objekten erfolgen sowie eine Erkennung der Art des Objekts.

18.4 Aktuelle Serienbeispiele:

Die zuvor gezeigten Sensoren erfüllen allesamt die geforderten Ansprüche für moderne ACC, FSRA oder sogar Pre-Crash-Systeme. Die Realisierung, bspw. der optischen Eigenschaften, ist jedoch grundsätzlich verschieden (s. ◘ Abb. 18.18 und ◘ Abb. 18.19 bzw. ◘ Tab. 18.2 und ◘ Tab. 18.3).

Hella setzt auf ein Mehrstrahlprinzip, was durch mehrere unabhängige Sende- und Empfangskanäle dargestellt wird. Dabei wird ein Array von Laserdioden im Mulitplexverfahren angesteuert, über die Empfangsoptik werden die Informationen über ein PIN-Dioden-Array erfasst. Die Winkelauflösung entspricht dabei mehr oder weniger der Strahlbreite der einzelnen Sende-/ Empfangskanäle. Bis zu 16

18.4 • Aktuelle Serienbeispiele:

Tab. 18.2 Serienbeispiele I

	AIS200 – Continental	gen2 – OMRON	gen3 – OMRON
Wellenlänge	905 nm	905 nm	905 nm
Augensicherheit	Klasse 1 (IEC825)	Klasse 1 (IEC825)	Klasse 1 (IEC825)
Abgestrahlte Leistung	40 W (Peak) 3,5 mW (Average)	12 W (Peak) 5 mW (Average)	12 W (Peak) 5 mW (Average)
Erfassungsbereich	±15° (Azimuth/hor.)	±11° (Azimuth/hor.)	±15° (Azimuth/hor.)
	6,5° (Elevation/vert.)	3° (Elevation/vert.)	10° (Elevation/vert.)
	SCANN	SWEEP	3D SCANN
Auto Alignment	vertikal		
Anzahl Strahlen	15…30	5	1
Min. Kurvenradius	100 m	300 m	100 m
Entfernungsbereich	1…180 m	1…180 m	1…150 m
Größe L×B×H	88×72×57 mm^3	180×89×60 mm^3	140×68×60 mm^3
Geschwindigkeitsgenauigkeit	1 km/h	1 km/h	1 km/h
Besonderheiten	Winkelauflösung 0,01°		

Tab. 18.3 Serienbeispiele II

	SiemensVDO	IDIS® – Hella	ScaLa – VALEO
Wellenlänge	905 nm	905…920 nm	905 nm
Augensicherheit	Klasse 1 (IEC825)	Klasse 1 (IEC825)	Klasse 1 (IEC825)
Abgestrahlte Leistung		50 W (Peak)	75 W (Peak) <7 W (Average)
Erfassungsbereich	30° (15°±7,5° sweep)	16° (Azimuth/hor.)	145° (Azimuth/hor.)
	5° (Elevation/vert.)	3° (Elevation/vert.)	3,2° (Elevation/vert.)
	SWEEP	mehrstrahlig	
Auto Alignment	x		
Anzahl Strahlen		16	580
Min. Kurvenradius	100 m		
Entfernungsbereich	1…200 m	1…150 (200) m	1…150 m
Größe LxBxH	220×110×30 mm^3	105×105×76,5 mm^3	105×60×100 mm^3
Geschwindigkeitsgenauigkeit	±0,1 km/h	1 km/h	1 km/h
Besonderheiten	direkte Windschutzscheiben-Montage (wie Regensensor) Microscanning: 0,5° mit 2 Hz		Distanzauflösung <0,1 m

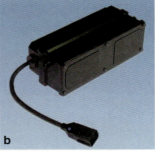

Abb. 18.18 **a** AIS200 – Continental, **b** gen2 – OMRON, **c** gen3 – OMRON

Abb. 18.19 **a** SiemensVDO, **b** IDIS® – Hella, **c** ScaLa – VALEO

Abb. 18.20 Hella IDIS® – 12-Kanal-Laser

dieser Paarungen werden dabei eingesetzt, um den entsprechenden lateralen Öffnungswinkel zu generieren (vgl. Abb. 18.20). [8]

Ein weiteres in der Praxis eingesetztes Verfahren ist das „Sweepen" von „Strahlbündeln", wie es von **OMRON** in der zweiten Generation realisiert wurde. Dabei werden fünf unabhängige Sende-/Empfangskanäle über eine bewegliche Optik lateral in Abhängigkeit zum Straßenverlauf geschwenkt. Die fünf Sende-/Empfangskanäle werden mittels Lichtleiter modelliert. Dabei können je nach Kanal unterschiedliche Öffnungswinkel in lateraler und horizontaler Lage erzeugt werden. Die „Blickrichtung" des Strahlenbündels wird aufgrund des geschätzten Straßenverlaufs/Kurvenradius lateral nachgeführt. Der Vorteil lässt sich an wenigen Laserdioden und wenig bewegten Teilen erkennen. Der Nachteil liegt darin, dass die Detektion von der Güte der Fahrtrajektorienschätzung abhängig ist.

OMRONs dritte Generation versucht die Nachteile der zweiten zu eliminieren: Der Erfassungsbereich wird auf 30 × 10 Grad erweitert; das „Sweepen" wird zum Scannen, wobei immer der gesamte laterale Erfassungsbereich detektiert und somit auch vermeintlich nicht interessante Bildausschnitte erfasst werden. Einzigartig ist ebenfalls die Möglichkeit zwei weitere Ebenen in horizontaler Richtung zu detektieren. Dies ermöglicht den Einsatz des Sensors auch in Mittel- und Kompaktklassefahrzeuge, die nicht über eine Niveauregulierung verfügen. Der Mechanismus ist so robust wie einfach; ähnlich des schwingenden Scherkopfs eines Rasierapparats werden dabei ausschließlich die Optiken der Sende- und Empfangskanäle stimuliert. [9]

Continentals letzte Serienlaserentwicklung, eingebracht durch die Übernahme der Fa. **Siemens-**

VDO, verwendet ebenfalls das bereits erwähnte „Sweepen" (siehe OMRON 2te. Gen) der gesamten Strahlenkombination (5 Strahlen). Einzigartig ist jedoch der dem „Sweep"-Bereich überlagerte „Mikroscan", der eine exakte Bestimmung der Fahrzeugkanten möglich macht. Einscherende Fahrzeuge können so früher „relevant" für das ACC-System berücksichtigt werden – nur einer der Vorteile. Eine Spiegeloptik ermöglicht die flache Bauweise des Sensors, der direkt, wie ein Regensensor, an die Windschutzscheibe angebracht wird. Es entstehen keine ungenutzten optischen Freiräume wie z. B. Sichttrichter vor dem Sende- und Empfangsbereich und er kann so platzsparend im Rückspiegelbereich integriert werden. Dieser Einbauort liegt im Wischbereich der Scheibenwischer und wird daher stets vor Verschmutzung geschützt. Im Gegensatz dazu müssen Laser-Sensoren im Außeneinbau im Winter durch die starke Versalzung oder im Regen durch die Wassertröpfchen eine erhebliche Dämpfung verkraften. Unterschiedliche Reichweiten, je nach Witterung, sind die Folge. Das ACC-System funktioniert unter Umständen spürbar unterschiedlich. [10]

Aktuell wird ein neues Sensormodul entwickelt, das für einen Serienstart in 2015 vorgesehen ist: „SRL-CAM400". Hier wird eine CMOS-Kamera mit einem LIDAR in eine kompakte Einheit integriert, welche im Spiegelfuß Platz findet. Der Aufbau ist skalierbar vorgesehen, je nach Fahrzeugklasse und Anforderungen an die Performance. [11]

VALEO hat in 2010 eine Kooperation mit der Firma Ibeo geschlossen mit dem Ziel, die Ibeo-Laserscanner-Technologie (LUX 2010) so weiterzuentwickeln, damit sie den Anforderungen im Automobilbereich gerecht wird.

Der VALEO LIDAR ScaLa berücksichtigt die Anforderungen hinsichtlich vollautomatisierten Fahrens, d. h. eine breite Abdeckung mit einem horizontalen Öffnungswinkel von 145°, einer Winkelauflösung von 0,25° und einer max. Entfernung bis zu 150 m.

TOYOTA Research hat sich mit der Entwicklung eines neuen LIDAR-Sensorsystem beschäftigt und die Performance mittels eines Proof-of-Concepts-Prototypen dargestellt. Er hat eine Reichweite von 100 m mit 10 Frames pro Sekunde und einer Auflösung von 340×96 Pixel. [12]

18.5 Ausblick

Generell sind in den letzten Jahren folgende Entwicklungsrichtungen erkennbar:

a) Die Anzahl der Firmen, welche LIDAR-Sensoren für den automotive Bereich weiterentwickeln, hat abgenommen.
b) Wie im Automobilbereich üblich, wird auch für LIDAR kleinere, leichtere, günstigere, bessere Performance gefordert – vor allem in der Oberklasse. Zum anderen werden bedingt durch anstehende Regulierungen wie NCAP und Euro NCAP kostenoptimierte Sensoren entwickelt, welche auf diese Anforderungen optimiert beziehungsweise reduziert sind.
c) Waren in der Vergangenheit Fahrerassistenzsysteme wie ACC, Pre-crash usw. den Oberklassefahrzeugen vorbehalten, ist nun eine deutliche Tendenz auch bei der Ausrüstung in der Mittel- und Kompaktklasse spürbar – nicht zuletzt begleitet durch ein erhöhtes Medieninteresse in den einschlägigen Fachzeitschriften. Diese Tendenz fordert umso mehr kostenoptimierte Sensoren zur Realisierung von Komfort- und Sicherheitsfunktionen, wobei vermehrt LIDAR-Sensoren zum Einsatz kommen.
d) Für Entwicklungen, die sich mit dem Thema „autonomes Fahren" [13] (vgl. auch ▶ Kap. 61) beschäftigen, das durch die „DARPA Urban Challenge" bekannt wurde, wird als Hauptsensor ein Laserscanner z. B. Velodyne LIDAR [14] eingesetzt. Da autonomes Fahren in nahezu jeder Roadmap von Fahrzeugherstellern zu finden ist, sind auch von diversen Firmen die entsprechenden Aktivitäten gestartet worden, LIDAR-Sensoren zu entwickeln, die den automobilen Anforderungen genügen und eine ähnliche Performance wie das zuvor genannte System aufweisen.
e) Sensoren zur Aufnahme von Referenzdaten, den sog. „Ground-Truth-Daten", für die Systemvalidierung von sich in Serie befindlichen bzw. Serienentwicklungen der Applikationen im Bereich „teil-/vollautonomes Fahren" setzten verstärkt auch Laserscanner, wie z. B. der Velodyne LIDAR, ein.

Literatur

Verwendete Literatur

1. OSRAM SPL LL90 – Treiberstufe im Gehäuse des Halbleiterlasers – Internet Recherche/Produktinformation Fa. OSRAM „APN_Operating_SPL_LLxx_041104.pdf"
2. Impulslaserdioden – Informationen der Fa. Laser COMPONENTS über Impulslaserdioden http://www.lasercomponents.com/de/produkt/impulslaserdioden-bei-905-nm/
3. Information über die Detektion kleinster Lichtmengen mit Avalanche Photodioden http://www.lasercomponents.com/fileadmin/user_upload/home/Datasheets/lc/veroeffentlichung/opt_apd_receiver_module.pdf; http://catalog.osram-os.com
4. Wikipedia – die freie Enzyklopädie – Internetrecherche: Kalmanfilter, http://de.wikipedia.org
5. Schetler, D.: Kalman Filter zur Rekonstruktion von Messsignalen (2007). http://users.informatik.haw-hamburg.de/~ubicomp/projekte/master06-07/schetler/report.pdf
6. Berges, A., Cathala, T., Mametsa, H., Rouas, F., Lamiscarre, B.: Apport de la simulation aux études de radar pour applications en vision renforcée. Revue de l'électricité et de l'électronique: REE; revue de la Société des Électriciens et des Électroniciens **4**, 35–38 (2002)
7. Luo, R., Kay, M.: Multisensor Integration and Fusion in Intelligent Systems. IEEE Transactions on Systems, Man, and Cybernetics **19**, 901–931 (1998)
8. Höver, N., Lichte, B., Lietaert, S.: Multi-beam Lidar Sensor for Active Safety Applications. In: SAE Paper 06AE-138, Transactions Journal of Passenger Cars. SAE International, doi:10.4271/2006–01–0347 (2006)
9. Arita, S., Goff, D., Miyazaki, H., Ishio, W.: Wide Field of View (FOV) and High-Resolution Lidar for Advanced Driver Assistance Systems SAE Technical Paper, Bd. 2007-01-0406. (2007)
10. Mehr, W.: Continental – Segment Advanced Driver Assistance Systems, 2. August 2008
11. Continental integriert Kamera- und Infrarotfunktionen in einer kompakten Einheit (Pressemitteilung) http://www.continental-corporation.com/www/presseportal_com_de/themen/pressemitteilungen/3_automotive_group/chassis_safety/press_releases/pr_2012_10_17_srl_cam_de.html
12. IEEE Journal of Solid-State circuits, Vol. 48, No. 2, February 2013
13. Verfügbar unter: https://en.wikipedia.org/wiki/Google_driverless_car – Internetrecherche über Google Self Driving car
14. Verfügbar unter: http://velodynelidar.com/lidar/lidar.aspx

Weiterführende Literatur

15. Tischler, K.: Charakterisierung und Verarbeitung von Radardaten für die Informationsfusion. In: XVIII. Messtechnisches Symposium der Hochschullehrer für Messtechnik e. V. S. 3–12. KIT Scientific Publishing, Freiburg (2004)

3D Time-of-Flight (ToF)

Bernd Buxbaum, Robert Lange, Thorsten Ringbeck

19.1 Einordnung und Erläuterung des Grundkonzeptes – 336

19.2 Vorteile und Applikationen – 336

19.3 Grundsätzliche Lösungen zur 3D-Erfassung – 337

19.4 Module eines PMD-Systems – 340

19.5 Leistungsfähigkeit und Leistungsgrenzen des Gesamtsystems – 344

Literatur – 346

19.1 Einordnung und Erläuterung des Grundkonzeptes

Trotz steigender Verkehrsdichte ist die Zahl der Verkehrsunfälle mit Personenschäden in den letzten Jahren gesunken. Um zukünftige Fahrzeuge sowohl für die Insassen als auch für andere Verkehrsteilnehmer noch sicherer zu machen, wird eine zunehmend dreidimensionale Umfelderfassung durch das Fahrzeug notwendig. Eine entsprechende 3D-Sensorik ist in der Lage, gefährliche Situationen vorausschauend zu erkennen, den Fahrer bestmöglich zu unterstützen und somit Unfälle zu vermeiden. Aber auch im Falle eines nicht mehr zu vermeidenden Unfalls lässt sich das Verletzungsrisiko für alle Beteiligten minimieren.

Bislang wurden die vielfältigen Applikationen jeweils durch eine applikationsspezifische Sensoreinheit abgedeckt. So findet man heute beispielsweise reine Entfernungsmesssysteme (wie Long-Range und/oder Short-Range Radar-, Lidar- oder Ultraschallsensoren) oder reine opto-elektronische (2D-) Kamerasysteme (Hochdynamik-Bildaufnehmer) in verschiedenen Automobilreihen. Zunehmend wird die Fusion der unterschiedlichen Sensordaten über entsprechend optimierte Algorithmik angestrebt – ein Ansatz, der die Unzulänglichkeiten der einzelnen Sensorinformationen zu umgehen versucht. Dieser Lösungsansatz ist verständlich, da es bislang nicht möglich war, mit nur einem System gleichzeitig Bilder aufzunehmen (2D) und Entfernungen zu messen (2D + 1D = 3D), da bei der konventionellen 2D-Projektion die Tiefeninformation der realen 3D-Szene verlorengeht. Was bisher fehlte, war eine universelle Sensorik, welche ohne bewegte Teile und mit nur einer einzelnen Aufnahme Bild- und Abstandsinformation erfassen und dabei hochgenau, kompakt und gleichzeitig preiswert sein kann.

Eine solche echte dreidimensionale Detektion liefert im Gegensatz zu herkömmlicher 2D-Kamera-Bildsensorik oder 1D-Abstandssensorik (z. B. Radar) die absoluten Geometriemaße der Objekte, die unabhängig vom Oberflächenzustand, von der Entfernung, Drehung und Beleuchtung sind, d. h. sie sind rotations-, verschiebungs- und beleuchtungsinvariant.

Einer der ersten Versuche zur Realisierung einer 3D-Kamera war der Ansatz des elektronischen Stereo-Sehens, der einem Teil der menschlichen 3D-Wahrnehmung nachempfunden ist. Allerdings ist der algorithmische Aufwand bei diesem Ansatz enorm. Der menschliche Beobachter interpretiert 2D-Bilder scheinbar mühelos dreidimensional, tatsächlich aber nur sehr begrenzt gemäß seines *a priori*-Wissens. Für die reale 3D-Prüfung stehen ihm jedoch – meist unbewusst – die triangulativen Hilfen der Augenwinkelstellung und der Autofokus-Adaption zur Verfügung.

Neuartige 3D-Ansätze, so genannte PMD-Verfahren, werden seit etwa einem Jahrzehnt intensiv untersucht. Die Abkürzung PMD steht dabei für den Begriff Photomischdetektor (engl. Photonic Mixer Device) und beschreibt die Fähigkeit des neuen Empfängers, bereits im Pixel eines Bildsensors zu korrelieren, d. h. einen elektrooptischen Misch- und den anschließenden Integrationsprozess (Mischung + Integration = Korrelation) durchzuführen. Diese Eigenschaft erlaubt die pixelweise Korrelation eines modulierten optischen Signals mit einer elektronischen Referenz und damit eine 3D-Entfernungsmessung nach dem Lichtlaufzeitverfahren (engl. Time-of-Flight, ToF) in jedem Video Frame. Heute befinden sich bereits verschiedene Produkte der ToF-Technologie für unterschiedliche Märkte in Massenproduktion.

Diese neuen PMD-Abstandssensoren liefern zusätzlich zu konventionellen Helligkeitsinformationen ein Amplitudenbild der aktiven IR-Beleuchtung und die Abstandsinformation zum betrachteten Objekt in jedem Pixel. Dabei ist insbesondere die inhärente Unterdrückung von unkorrelierten Lichtsignalen (vor allem von Sonnenlicht, aber auch von eventuellen Störsendern) ein Alleinstellungsmerkmal, welches die PMD-Technologie von anderen ToF-Ansätzen deutlich unterscheidet.

19.2 Vorteile und Applikationen

PMD-Systeme gewinnen die Entfernungswerte direkt in jedem Pixel, d. h. sie benötigen keine hohe Rechenleistung in der Nachbearbeitung. Dies und der monokulare Aufbau des Systems machen PMD-Systeme kostengünstiger und kompakter in der Baugröße als herkömmliche Technologien.

Die mittels einer 3D-PMD-Kamera sofort und ohne massiven Rechenaufwand detektierbaren

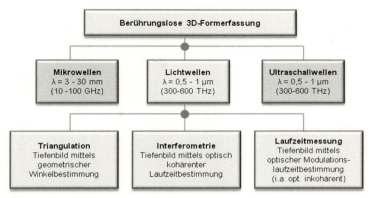

◘ Abb. 19.1 Messprinzip zur berührungslosen 3D-Erfassung

mehrdimensionalen Szenenparameter ermöglichen eine zuverlässige Plausibilisierung von Objekten und ihren relativen Bewegungsvektoren. Da die Position von Objekten und die zugehörigen möglichen Trajektorien frühzeitig erkannt werden, steigt die Zuverlässigkeit der Situationsinterpretation. Der Fahrer kann bestmöglich unterstützt werden, und im Falle einer unvermeidlichen Kollision kann das Verletzungsrisiko durch aktive Sicherheitsmaßnahmen entscheidend minimiert werden.

Bereits heute arbeiten verschiedene Automobilhersteller mit PMD-Sensorik an den unterschiedlichsten Applikationen:
- Fahrerassistenzsystem
- Fußgängerschutz
- PreCrash
- ACC Stop&Go
- Automatische Notbremse
- Gestikbedienung HMI
- Occupant Crash Protection (FMVSS 208, OOP), Smart Airbag

Während Robustheit, Kompaktheit und ein günstiger Preis typische Anforderungen an heutige Systeme sind, kommt insbesondere in der Fahrzeugsicherheit der Erfassung von dynamischen Verkehrsszenen eine große Bedeutung zu. Dabei ist eine hohe Bildwiederholfrequenz essentiell für den Einsatz im automotiven Umfeld. PMD-Kameraeinheiten erzeugen einen permanenten Datenstrom mit derzeit bis zu 100 3D-Bildern pro Sekunde und ermöglichen somit eine schnelle und sichere Interpretation auch bei hohen Eigengeschwindigkeiten und dynamischen Szenen. Systemanforderungen wie Reichweite und Öffnungswinkel beispielsweise sind stark applikationsabhängig und daher individuell anzupassen.

19.3 Grundsätzliche Lösungen zur 3D-Erfassung

Die notwendige Weiterentwicklung automobiler Sicherheits- und Komfortsensoren zur Erhaltung der industriellen Wettbewerbsfähigkeit erfordert zunehmend die schnelle, präzise und berührungslose Vermessung der dimensionellen Szenenparameter in Echtzeit. ◘ Abbildung 19.1 zeigt die drei wichtigsten berührungslosen 3D-Entfernungsmessverfahren.

Mikrowellensensoren eignen sich insbesondere für die Vermessung relativ weit entfernter Objekte in Szenen mit einer vergleichsweise geringen Ortsfrequenz. Für eine hoch aufgelöste dreidimensionale Objektdetektion reicht im Allgemeinen die beugungsbegrenzte Winkelauflösung nicht aus. Eine runde Antenne mit dem Durchmesser D erzeugt bei gleichmäßiger Anregung eine Strahlungskeule („Airy Pattern") mit dem Öffnungswinkel 2α, wobei gilt: $\sin\alpha = 1{,}22\,\lambda/D$. Selbst bei extrem kurzer Wellenlänge $\lambda = 3$ mm ($f = 100$ GHz) und relativ großer Strahlungsapertur z. B. $D = 12{,}2$ cm beträgt mit $\alpha = 30$ mrad der minimale Strahldurchmesser schon in einem Meter Abstand 60 mm, ähnlich wie in ▶ Abschnitt 12.3 beschrieben. Radarsysteme sind damit für eine lateral hoch aufgelöste Objektdetektion schon in Entfernungen von einigen wenigen Metern ungeeignet [1].

Gleiches gilt grundsätzlich für die Strahlungskeule eines Ultraschallsenders; hier kommt zusätzlich die Druck- und Temperaturempfindlichkeit der

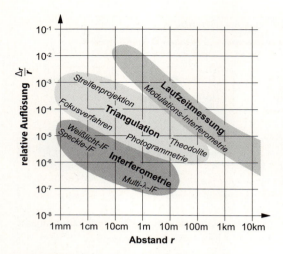

Abb. 19.2 Relative Auflösung (Tiefenauflösung im Verhältnis zum Messbereich) von Verfahren der optischen Formerfassung

Schallgeschwindigkeit und die hohe Reflexivität bzw. Spiegelung technischer Oberflächen erschwerend hinzu.

Durch die sehr viel kleinere Wellenlänge der Lichtwellen, selbst bis in den fernen Infrarotbereich hinein, besitzen optische 3D-Messsysteme eine hohe Lateral- bzw. Winkelauflösung. Die Gewinnung der Tiefeninformation beruht hier im Wesentlichen auf dem Triangulations- oder Laufzeitprinzip. Die in Sonderfällen auswertbare quadratische Abnahme der Strahlungsintensität und andere radiometrische Verfahren werden im Folgenden außer Acht gelassen [1].

Wie in ◘ Abb. 19.1 dargestellt, werden in der optischen Formerfassung vor allem drei Prinzipien unterschieden:

- *Triangulation*: Der Abstand eines rückstreuenden Oberflächenpunktes wird mittels der anliegenden Winkel einer bekannten optischen Basis über die geometrischen Zusammenhänge bestimmt.
- *CW- und Puls-Laufzeitmessung*: Die Gruppenlaufzeit der Einhüllenden des modulierten optischen Signals, also die Modulationslaufzeit des Echos zwischen Messsystem und rückstreuendem Oberflächenpunkt, wird bestimmt. Dabei sollten die optischen Trägerwellen vorzugsweise inkohärent sein.
- *Interferometrie*: Die Tiefeninformation wird prinzipiell ebenfalls über die Laufzeit, hier primär über die Phasenlaufzeit, und zwar durch zeitlich kohärente Mischung und Korrelation der reflektierten 3D-Objektwelle mit einer Referenzwelle ermittelt.

Sobald periodische Strukturen – zeitlich oder räumlich – zur 3D-Bilderfassung eingesetzt werden, entstehen bei allen drei Verfahren Interferogramme, die mathematisch mit den gleichen Algorithmen (z. B. Phase-Shift-Algorithmus) ausgewertet werden können, vgl. ◘ Abb. 19.2:

- Beim Triangulationsansatz interferieren beispielsweise beim Streifenprojektionsverfahren die Ortsfrequenzen der projizierten Streifen räumlich mit den Ortsfrequenzen des CCD-Arrays.
- Bei der CW-Laufzeitmessung interferiert die Hochfrequenz-Modulation zeitlich mit dem HF-Mischsignal des Detektors. Beim so genannten Homodynempfang einer 3D-Szene mit 2D-Mischer ergibt dieser Korrelationsprozess ein HF-Modulationsinterferogramm.
- In der Interferometrie entsteht dieser Misch- und Korrelationsprozess von Objekt- und Referenzwelle durch zeitlich kohärente Überlagerung und Quadrierung der Objekt- und Referenzfeldstärke, weil die Lichtenergie für den quantenelektronisch erzeugten Fotostrom verantwortlich ist. Mischung und Korrelation finden je nach Detektorart in den CCD-Pixeln, in einem Film oder in der Retina des Auges statt.

19.3.1 Formerfassung mit optisch inkohärenter Modulationslaufzeitmessung

Der Abstand oder die Tiefe r (r = Range) kann über die Echolaufzeit t_{of} eines vom Sensor gerichtet abgestrahlten und empfangenen Lichtsignals mit

$$r = c \cdot t_{of}/2$$

ermittelt werden. Dieser Zusammenhang gilt gleichermaßen für die so genannte Laufzeitmessung als auch für die klassische Interferometrie.

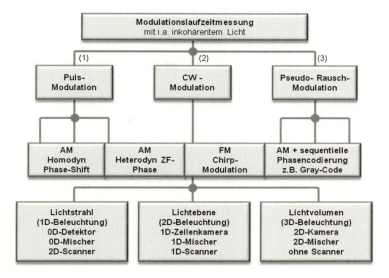

Abb. 19.3 Hierarchie der wichtigsten Messprinzipien auf der Basis der optischen HF-Modulations-Interferometrie

Im ersten Fall wird die Laufzeit des Modulationssignals, d. h. die Gruppenlaufzeit der Lichtwelle, gemessen, was im Allgemeinen durch die Korrelation mit einem geeigneten Referenzsignal geschieht. Daher unterscheidet die Aufgliederung in ◻ Abb. 19.3 nach den entsprechenden Modulationssignalen die

— Pulsmodulation (1), die
— CW (continuous wave)-Modulation (2) und die
— Pseudo-Rausch-Modulation (3).

Das Hauptproblem liegt hier in der extrem hohen Lichtgeschwindigkeit von 300 m/μs bzw. 300 mm/ns, die entsprechend hohe Zeitauflösungen der Empfangsmesstechnik erfordert.

(1): Bei der Pulsmodulation findet die Zeitmessung z. B. durch Korrelation von Start- und Stopp-Signal mit einem parallel laufenden Zähltakt statt. Sie vermag vorteilhafterweise Mehrfachziele zu unterscheiden. Nachteilig sind das Einschwingverhalten von Pulslaserdioden und die hohen Bandbreite- und Dynamikanforderungen an den Empfangsverstärker. Die Pulsmodulation wird zum Beispiel in Lidarsystemen eingesetzt.

(2): Die Modulationslaufzeit der Sinusschwingung kann über heterodyne oder homodyne Mischung ermittelt werden. Aufgrund der Vielfalt der Modulationsarten wird im Folgenden nur die homodyne Sinus-Modulation weiter beschrieben. Ein 1D-Gerät (s. ◻ Abb. 19.3, 2.1) benötigt für die 3D-Formerfassung zusätzlich einen 2D-Spiegelscanner. Bei einer modulierten Lichtebene (s. ◻ Abb. 19.3, 2.2) genügt ein 1D-Scanner. Durch 3D-Beleuchtung (s. ◻ Abb. 19.3, 2.3) mit einem modulierten Lichtvolumen, das einen 2D-Empfangsmischer voraussetzt, wird kein Scanner mehr benötigt. Ein solches Verfahren erzeugt ein HF-Modulations-Interferogramm, das die 3D-Tiefeninformation enthält.

(3): Die Pseudo-Rausch (PN)-Modulation vereinigt den Vorteil eines quasi-stationären CW-Betriebs mit der Mehrfachzielauflösung der Pulsmodulation durch die Pulskompressionseigenschaft der Autokorrelationsfunktion des PN-Signals.

Die inkohärente Modulationslaufzeitmessung (◻ Abb. 19.4) weist neben dem optischen einen großen elektronischen Laufzeitanteil im Hochfrequenzteil vor der Korrelation auf. Insbesondere der Empfangsverstärker und der Mischer haben typischerweise so hohe Zeitfehler, dass sie fortlaufend z. B. durch mechanische Kalibrierung oder durch einen zweiten, nicht dargestellten Referenzkanal kompensiert werden müssen.

In zwingender Konsequenz bedeutet dies für Laufzeitmesssysteme, den hochfrequenten Mischprozess entweder in den optischen Bereich oder zumindest direkt in den optischen Detektor zu legen, um so die gravierenden Fehler und Kosten, die durch den Breitbandverstärker, den elektronischen Mischer und durch das Senderübersprechen verursacht werden, zu vermeiden.

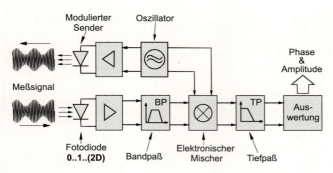

◘ **Abb. 19.4** Prinzip der optisch inkohärenten Modulationslaufzeitmessung (HF-Modulations-Interferometrie).

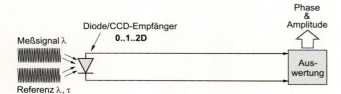

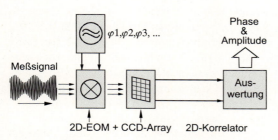

◘ **Abb. 19.5** 3D-Bildaufnahme mit optischem 2D-Mischprozess (EOM = Elektro-Optischer Modulator) in der Empfangsapertur

19.3.2 Das PMD-Prinzip

◘ Abbildung 19.5 zeigt den Empfangsteil einer 3D-Kamera mit einem optischen 2D-Mischer, z. B. einer Pockels-Zelle, der in der Empfangsapertur ein phasenabhängiges quasistationäres Intensitäts-Interferogramm erzeugt. Die Mischung des reflektierten Messsignals mit dem Referenzsignal findet hier durch die Transmissionsmodulation der Pockels-Zelle bereits im optischen Bereich statt. Das Mischergebnis wird von der nachfolgenden CCD-Matrix pixelweise aufintegriert, wodurch letztlich die Korrelation zwischen dem Mess- und dem Referenzsignal entsteht.

Die Intensitätsdetektion und die Mischung bzw. die Korrelation können auch parallel durch Modifikation eines CCD-Chips oder vorzugsweise einer Aktiv-Pixel-Matrix in CMOS-Technik auf dem gleichen Chip durchgeführt werden, wie mit dem PMD-Einzelelement in ◘ Abb. 19.6 angedeutet. Eine entsprechende PMD-Matrix mit $x \times y$-Pixeln liefert so neben der xy-Grauwertinformation pixelweise zusätzlich die r-Information. Eine nähere Erläuterung des Funktionsprinzips folgt in ▶ Abschn. 19.4.1.

Diese vergleichsweise junge 3D-Technologie ermöglicht daher eine neue Generation leistungsfähiger optischer 3D-Sensoren und flexibler, preisgünstiger, robuster und extrem schneller 3D-Laufzeitkameras.

19.4 Module eines PMD-Systems

Ein PMD-Sensorsystem besteht aus einer PMD-Empfangseinheit (PMD-Chip mit der dazugehörigen Peripherie-Elektronik, Empfangsoptik, Auswerteeinheit und Netzteil) und einer aktiven Beleuchtungseinheit.

Mit jedem dieser Komponenten können die Sensorparameter wie der Messbereich, das Sichtfeld FoV (Field-of-View), die Bildwiederholrate, die Lateral- und die Tiefenauflösung applikationsspezifisch angepasst werden. Eine Kamera für vorausschauende Sicherheitsapplikationen erfordert beispielsweise eine höhere Reichweite und aufgrund hoher Geschwindigkeiten ebenfalls eine hohe Bildwiederholrate.

19.4 · Module eines PMD-Systems

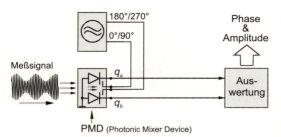

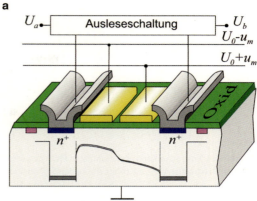

◘ **Abb. 19.6** 1D-Laufzeitmessung mit dem Photomischdetektor (PMD): Die Korrelationsoperation erfolgt direkt im optischen Empfangselement.

Im Folgenden werden die einzelnen Komponenten eines Laufzeitsystems im Detail beschrieben.

19.4.1 PMD-Imager: 2D-Mischer und Integrator

Der PMD-Chip ist das Herzstück des Systems, welches die 3D-Bildaufnahme ermöglicht. Die Anzahl der Pixel definiert wie bei konventionellen 2D-Bildsensoren die spatiale Auflösung des Systems. Zusätzlich zur Helligkeitsinformation in Form des Grauwertes wird pro Pixel ebenfalls die Distanz zum korrespondierenden Objektpunkt durch eine elektrooptische Laufzeitmessung detektiert.

Das Funktionsprinzip des PMD wird anhand eines vereinfachten Modells des CMOS-Sensors erläutert. Der Sensor integriert den Mischprozess von optischem und elektrischem Signal inhärent in einem Pixel und kann damit den so genannten „Smart Pixeln", also CMOS-Pixeln mit integrierter Funktionalität (bzw. Intelligenz) zugerechnet werden.

◘ Abbildung 19.7a zeigt eine vereinfachte schematische Darstellung eines PMD-Elements. Die lichtdurchlässigen, aber elektrisch leitenden Photogates in der Mitte der Darstellung (gelb) sind vom Halbleiter-Substrat über ein dünnes Gateoxid isoliert. Links und rechts von den Photogates befinden sich die Auslesedioden, die mit der Ausleseelektronik verbunden sind. Die Bewegungsrichtung der photogenerierten Ladungsträger im Substrat kann über eine Gegentakt-Modulationsspannung beeinflusst werden, die an den oben beschriebenen Photogates bzw. Modulationsgates angelegt wird. Diese Spannung generiert im Substrat eine dynamische Potenzialverteilung, die zu einem Zeitpunkt nach

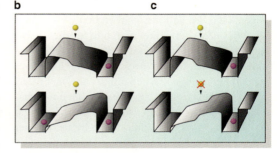

◘ **Abb. 19.7** Vereinfachter Querschnitt und Funktionsprinzip des PMD

rechts, zu einem anderen Zeitpunkt nach links zeigt und damit die photogenerierten Ladungsträger einmal zur rechten und einmal zur linken Auslesediode leitet.

Wenn das durch die Photogates in das Substrat einfallende Licht selbst keine Modulation aufweist, wie dies im Allgemeinen bei Umgebungslicht der Fall ist, dann werden die photogenerierten Ladungsträger im Takt der Modulationsspannung gleichmäßig auf die rechte und linke Auslesediode verteilt. Am Ende des Modulationsprozesses sind die Ladungsmengen bzw. die Ausgangsspannungen an beiden Auslesedioden wie in ◘ Abb. 19.7b dargestellt gleich groß. Betrachtet man die Differenz des links und rechts aufintegrierten Signals, so wird diese folglich zu null.

Moduliert man hingegen aktiv eine Lichtquelle (die zugehörige Beleuchtungseinheit der ToF-Kamera) mit der gleichen Frequenz wie das Gegentakt-Modulationssignal, dann ändern sich die Ausgangsspannungen (U_a und U_b) unterschiedlich, und zwar abhängig vom Phasenversatz

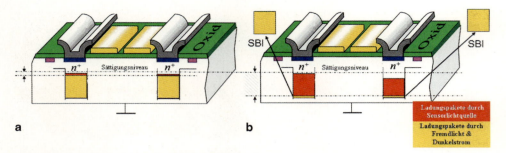

◘ **Abb. 19.8** Komponenten eines modularen PMD-Kamerasystems. Die gelben Blöcke symbolisieren den von Fremdlicht generierten Ladungsanteil, die roten Blöcke den Signalanteil des aktiven Lichts. Die SBI-Schaltung eliminiert einen Großteil der Fremdlicht-Ladungspakete (b). **a)** Dynamikbereich **ohne** SBI. **b)** Dynamikbereich **mit** SBI

zwischen dem modulierten Lichtsignal und dem Gegentakt-Modulationssignal an den PMD-Gates (◘ Abb. 19.7c). Betrachtet man nun für diesen Fall die Differenz der links und rechts aufintegrierten Signale, so hängt diese direkt von der Phasenlage des empfangenen optischen Signals ab. Die Entfernung vom Sensor zum Objekt kann über diese Phaseninformation berechnet werden. Die Leistungsfähigkeit bzw. die physikalischen Grenzen dieser Entfernungsmessung werden in ▶ Abschn. 19.5 eingehend betrachtet.

Der Standard-CMOS-Prozess, in dem die heutigen PMD-Chips gefertigt werden, bietet neben der hochgenauen Zeit- bzw. Phasenmessung von optischen Signalen zudem die Möglichkeit, zusätzliche Funktionen im Chip oder sogar pro Pixel zu realisieren. Ein Beispiel ist die Unterdrückung von Stör- bzw. Fremdlicht, die so genannte SBI-Schaltung (Suppression of Background Illumination), die 3D-Messungen auch unter härtesten Sonnenlichtbedingungen bis zu 150 klux ermöglicht.

Vor allem das bei Außenraumanwendungen vorhandene Sonnenlicht stellt an Systeme mit aktiver Beleuchtung hohe technische Anforderungen, denn dieses kann in vielen Fällen ein sehr viel höheres Signal als die aktive Beleuchtung im Sensor generieren und so durch eine Verringerung der Dynamik für das aktive Licht zu einer Verschlechterung der Sensorperformance und im schlimmsten Fall zur Sättigung führen.

Durch das integrierte SBI-Verfahren ist es in einem PMD möglich, die aktive modulierte Beleuchtung vom übrigen Umgebungslicht zu unterscheiden. ◘ Abbildung 19.8 veranschaulicht das Prinzip dieses Verfahrens.

In ◘ Abb. 19.8a sind die Speicherbereiche im Pixel fast völlig durch Fremdlicht generierte Ladungsträger gefüllt. Der für die Entfernungsmessung relevante Signalanteil ist folglich sehr klein. Durch diesen geringen Signalhub werden die Messergebnisse ungenauer bzw. das Entfernungsrauschen größer.

Da das Fremdlicht im Gegensatz zum aktiven Signal jedoch unkorreliert ist, werden durch die PMD-spezifische Korrelationseigenschaft an beiden Auslesedioden annähernd gleiche Fremdlichtanteile an Ladungsträgern generiert, d. h. es entsteht ein Gleichanteil, der auf beiden Ausgangskanälen identisch ist. Die SBI-Schaltung erkennt diesen Gleichanteil des Ausgangssignals und entfernt ihn, was eine deutliche Erhöhung der Sensordynamik zur Folge hat (◘ Abb. 19.8b).

Da auch hohe Temperaturen in erster Linie nur den Dunkelstrom bei CMOS-Bildsensoren anheben, erlaubt die SBI-Funktionalität gleichzeitig den Einsatz der PMD-Sensorik unter erschwerten Temperaturbedingungen. Der Dunkelstrom erzeugt nämlich, genau wie Fremdlicht, nur Signalanteile, die unkorreliert sind und daher von der SBI-Schaltung eliminiert werden.

Zusammen mit weiteren Maßnahmen wie einer spektralen optischen Filterung des aktiven Signals aus dem Umgebungslicht, einer Burst-Überhöhung der Lichtquelle und einer Integrationszeitsteuerung ist eine PMD-Kamera unempfindlich auch gegen extreme Fremdlichtverhältnisse, wie z. B. Sonnenlicht.

Abb. 19.9 Aktuelle PMD-Beleuchtung für Außenraumanwendungen

Lichtleiste mit IR Beleuchtung   Tagfahrlicht beim AUDI R8

19.4.2 Beleuchtung

Neben der eigentlichen PMD-Empfangseinheit benötigt jedes optische Time-of-Flight-Verfahren eine aktive Beleuchtung, vgl. Abb. 19.9. Hier kommt es darauf an, dass diese mit hinreichender Bandbreite moduliert werden kann (typischerweise mehr als 10 MHz). Infrage kommen neben Licht emittierenden Dioden (LEDs) auch Laserdioden. Hier gewinnen neben den Kanten-emittierenden Lasern, die beispielsweise im roten Wellenlängenbereich bei Distanzmessgeräten bekannt sind, auch vertikal emittierende Laserdioden bzw. Diodenarrays für die PMD-Time-of-Flight-Messung zunehmend an Bedeutung.

Als Beispiel einer Fahrzeugintegration wurde eine IR-Lichtquelle im Kühlergrill eines Versuchsträgers verbaut. Die Ansteuerung dieser so genannten Lichtleiste erfolgt über eine störungsresistente LVDS-Verbindung (LVDS = Low Voltage Differential Signal), bei der ein differenzielles Triggersignal die Phaseninformation zur Beleuchtung übermittelt. Neben dem Modulationssignal werden ferner auch Diagnosedaten der Beleuchtungseinheit über einen LIN-Bus an die Kamera zurückgeliefert. Die Lichtquellen bestehen aus LED-Modulen hoher Leistung mit aufgesetzten Optiken, die zusammen eine optische Leistung von ca. 20–40 W erreichen können. Die gesamte Lichtleiste ist mit einer im Infrarotbereich transparenten Abdeckung versehen. Damit lässt sich dem Designanspruch der Fahrzeughersteller Rechnung tragen.

PMD-spezifische IR-Lichtquellen können auch direkt mit anderen Beleuchtungseinrichtungen des Fahrzeugs integriert oder sogar kombiniert werden. Hier kommen z. B. das Tagfahrlicht oder die Hauptscheinwerfer infrage. Da LED-basierte Hauptscheinwerfer mittelfristig die heute üblichen Beleuchtungstechnologien (Xenon-Licht oder herkömmliche Halogen-Glühlampen) ablösen werden, gewinnt dieser Ansatz eine immer größere Attraktivität.

19.4.3 Weiterverarbeitung (Merkmalsextraktion, Objekttracking)

Objektbildung und Szeneninterpretation

Die Kamera errechnet nach der Rohdatenverarbeitung ein eindeutiges Entfernungsbild ihres Sichtbereichs, das durch die Optik und die aktive Beleuchtung bestimmt ist. Die Auslegung dieses Sichtfeldes wird maßgeblich von den Anforderungen der Fahrzeugfunktion bedingt.

Die Vorverarbeitung der Rohdaten des Bildaufnehmers ist sehr einfach und stellt keine großen Anforderungen an die Leistungsfähigkeit der ausführenden Recheneinheit. Es werden lediglich Amplituden und Abstandswerte berechnet. Ebenfalls erfolgt in diesem Schritt die Verifikation und Selektion der Abstandswerte, die Plausibilisierung der Messdaten und die Belichtungssteuerung. Auf dem eindeutigen Entfernungsbild setzt eine 3D-Bildverarbeitung zur Objektbildung auf, die je nach Funktion entsprechend den Anforderungen ausgelegt werden kann. Als Resultat dieser Weiterverarbeitung entsteht eine Objektliste, welche die dynamischen Objekte mit einer Verfolgung (Tracking) direkt an ein entsprechendes Steuergerät übertragen kann. Hier findet die Auswertung der Fahrszene statt, und es werden – ggf. zusammen mit anderen fusionierten Sensordaten – die Aktoren entsprechend angesteuert.

In den folgenden Abbildungen unterschiedlicher Verkehrsszenen sind die Rohdaten und die Objektbildung des oben beschriebenen Systems dargestellt. Man erkennt die Position der detek-

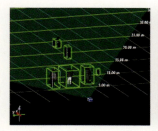 

Abb. 19.10 Links: Entfernungsrohdaten und die daraus resultierende Objektbildung einer PMD-Kamera in einer virtuellen 3D-Darstellung. Rechts: Das konventionelle Videobild mit zeitsynchron betrachteter Szene.

Abb. 19.11 Erfassung eines Rollschuhläufers (umrandet) als Objekt ab seinem Eintritt in den Erfassungsbereich der Kamera. Im rechten, konventionellen Videobild wird das im 3D-Bild erfasste Objekt ebenfalls markiert (siehe gelbe Markierung) und getrackt.

tierten Objekte im 3D-Raum und kann aus den Änderungen die Bewegungsvektoren im Raum eindeutig extrahieren. In ■ Abb. 19.10 wird der Schritt vom Entfernungsbild zur Interpretation des relevanten Objekts dargestellt, indem drei Fußgänger als Objekte erkannt und deren Position bestimmt wird.

Aufgrund der beim PMD inhärent vorhandenen 3D-Information sind die oben dargestellten Bildverarbeitungsschritte mit sehr einfachen Algorithmen darstellbar, wodurch auch mit wenig Rechenleistung ein sehr schnelles Objekttracking möglich ist. Die folgenden Abbildungen zeigen einen Rollschuhläufer als relevantes Objekt, das über einen Entfernungsbereich von 3 m getrackt wird (■ Abb. 19.12). Die Entscheidung, ob es sich um ein relevantes Objekt handelt oder nicht, wird direkt nach Eintritt des Objekts in das Sichtfeld des Sensors getroffen (■ Abb. 19.11). Dies belegt die Schnelligkeit der Bildverarbeitung.

Das gleiche Tracking funktioniert auch bei höheren Relativgeschwindigkeiten, z. B. bei einer Autobahnfahrt (■ Abb. 19.13). Bemerkenswert ist hierbei, dass das Tracking auch noch funktioniert, obwohl die Objekte in 50 m Entfernung nur noch mit wenigen Pixeln erfasst werden, wie im Videobild zu erkennen ist. Möglich wird diese Genauigkeit dadurch, dass jedes Pixel neben der Helligkeitsinformation auch einen Entfernungswert mitliefert, der für die Objekterkennung genutzt werden kann.

19.5 Leistungsfähigkeit und Leistungsgrenzen des Gesamtsystems

Bei jedem Entfernungsmesssystem, das nach dem Lichtlaufzeitverfahren funktioniert, wird die erzielbare Messgenauigkeit (Reproduzierbarkeit) maßgeblich durch die Menge des empfangenen Lichts beeinflusst. Folglich sind bei der Systemauslegung die nachfolgend aufgelisteten Parameter für die Leistungsfähigkeit entscheidend:
- Empfindlichkeit des Empfängers (Quanteneffizienz und Fläche),
- Lichtstärke der Empfangsoptik,
- effiziente, lichtstarke aktive Beleuchtung (entscheidend ist vor allem die optische Leistung der verwendeten Beleuchtung. Damit sind kleine Blick-/Öffnungswinkel vorteilhaft für eine höhere Reproduzierbarkeit).

Zwangsläufig lässt sich in der Regel auch eine deutlich bessere Reproduzierbarkeit für Ziele hoher Reflexivität erzielen. Da die Reichweite (nicht zu verwechseln mit dem 2π- Eindeutigkeitsbereich der Phasenmessung) durch ein festzulegendes Reproduzierbarkeitslimit definiert wird, hängt sie ebenfalls maßgeblich

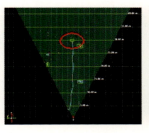 

Abb. 19.12 Verfolgung der Position des Rollschuhfahrers (umrandet, Entfernung von 30 m). Wie in Abb. 19.11 werden die im 3D-Raum erfassten Objekte auch im 2D-Kamerabild markiert.

mit den beschriebenen Einflussgrößen zusammen. So kann beispielsweise ein und dasselbe System mit einem Retroreflektor 10- bis 100-mal höhere Reichweiten erzielen als auf diffus reflektierende Ziele.

Da in einem PMD-System mit jeder Messung neben der Distanz gleichzeitig auch die Modulationsamplitude der aktiven Beleuchtung und der Grauwert (Maß für Umgebungslicht und aktives Licht auf dem Ziel) eines jeden Pixels geliefert werden, ist zu jedem ermittelten Entfernungswert auch das zugrunde liegende Signal- zu Rausch-Verhältnis (SNR) bekannt. Da ein fester Zusammenhang zwischen SNR und der statistischen Messunsicherheit Δr besteht, liefert jeder Entfernungswert quasi gleichzeitig eine Art Konfidenzinformation mit. Dies ist ein großer Vorteil, vor allem für die Entscheidungsfindung einer nachfolgenden Algorithmik.

Wie in [1] und [2] näher beschrieben, lässt sich die Messunsicherheit Δr eines PMD-Laufzeitsystems mit folgender Gleichung berechnen:

$$\Delta r = \frac{1}{\sqrt{N_{\text{phase}}}} \cdot \frac{1}{k_{\text{tot}} \cdot \frac{S}{N}} \cdot \frac{\lambda_{\text{mod}}}{\sqrt{8} \cdot \pi} \quad (19.1)$$

Darin ist k_{tot} der gesamte Mischkontrast nach der Demodulation. k_{tot} entsteht aus dem Produkt des (De-)Modulationskontrastes des PMD-Empfängers mit dem Modulationskontrast der aktiven Beleuchtung. S ist die Anzahl der Signalelektronen des aktiven Lichts, und N repräsentiert die Anzahl der Rauschelektronen. N beinhaltet neben dem Schrotrauschen aller im PMD empfangenen, optisch und thermisch generierten Ladungsträger auch eine äquivalente Rauschelektronenzahl der übrigen Rauschquellen des Systems (u. a. Reset-, Verstärker- und Quantisierungsrauschen). Für sehr viele Applikationen, vor allem auch im Automotivebereich, ist aber das Schrotrauschen der Sonnenstrahlung die dominante Rauschquelle. Die anderen Rauschgrößen können daher sehr oft vernachlässigt werden. N_{phase} zeigt die Anzahl der Rohwertmessungen bei sequentiellem Phasenshift an, und λ_{mod} ist die Wellenlänge der Modulationsfrequenz.

Bei der Auslegung bildgebender 3D-ToF-Kameras gilt es stets, einen Kompromiss zwischen erzielbarer Tiefengenauigkeit und lateraler Auflösung zu finden. Die Realisierung immer kleinerer Pixel ermöglicht zwar höhere Lateralauflösungen, reduziert aber gleichzeitig die Empfindlichkeit der Pixel und somit auch die Tiefenreproduzierbarkeit. Typische Pixelgrößen liegen heute, anders als bei 2D-Imagern, bei Kantenlängen zwischen 40 μm und 500 μm. Damit lassen sich ToF-Bildempfänger von einigen wenigen 1000 Bildpunkten bis zu wenigen 100 000 Bildpunkten realisieren. Diese verhältnismäßig großen Pixel eröffnen umgekehrt ungewöhnliche Freiheitsgrade im Design der Empfangsoptik. Hier ist es oftmals möglich, sehr lichtstarke Optiken großer Apertur zu realisieren, da die Abbildungsqualität eine untergeordnete Rolle spielt.

Neben dem Leistungsbudget, das oben qualitativ und in [2] quantitativ beschrieben ist, spielt bei der CW-Laufzeitmessung mit Phaseshift-Verfahren vor allem die Modulationsfrequenz f_{mod} eine entscheidende Rolle für die Messauflösung. Sie ist sozusagen der Übersetzungsfaktor, mit dem eine – durch die empfangene Leistung und die Systemempfindlichkeit bestimmte – Phasengenauigkeit in eine Entfernungsgenauigkeit transformiert wird. Dieser Sachverhalt drückt sich in Gleichung (5.2) im Parameter λ_{mod} aus. Es gilt:

$$\lambda_{\text{mod}} = \frac{c}{f_{\text{mod}}} \quad (19.2)$$

Bei der bislang beschriebenen Betrachtung wurde jeweils nur auf die erzielbare Genauigkeit eines einzelnen Pixels eingegangen. Diese Betrachtungsweise ist sicherlich dann angemessen, wenn eine genaue

◘ **Abb. 19.13** Entfernungsrohdaten und Objekt-Training einer PMD-Frontkamera bei einer Autobahnfahrt

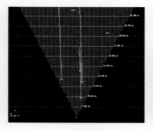

Profilvermessung gefragt ist. Sehr oft geht es aber nicht darum, die exakte Form von Objekten zu vermessen, sondern um die räumliche Wahrnehmung und Situationseinschätzung, also das, was man unter 3D-Sehen (im Gegensatz zum 3D-Messen) versteht. Die Betrachtungsweise des 3D-Sehens ist auch bei vielen Fahrerassistenz- Systemen angemessen. Hier kommt es darauf an, frühzeitig und zuverlässig Objekte zu erkennen und diese zu klassifizieren.

Da es sich bei einer PMD-Kamera um ein instantan paralleles Video-Messsytem mit beispielsweise einigen 10 000 3D-Punkten handelt, ist schnell einzusehen, dass eine ausschließliche Betrachtung nur der Genauigkeit eines einzelnen Pixels der Leistungsfähigkeit und Charakteristik des Gesamtsystems nicht gerecht wird. Die hohe Framerate, der bildgebende 3D-Aspekt und das zusätzlich gelieferte Grauwertbild haben maßgeblichen Anteil an der Erkennungssicherheit des Messsystems.

Mithilfe von Algorithmen kann beispielsweise über mehrere 3D-Punkte des Zielobjekts gemittelt werden. Dadurch wird die Genauigkeit der Positionsbestimmung des Objekts erhöht. Darüber hinaus steigt diese Genauigkeit weiter, wenn ein Objekt einmal über mehrere Frames getrackt wurde.

Mit aktuellen PMD-Sytemen im Kfz werden Reichweiten von etwa 50–70 m bei 100 Hz Framerate erreicht. Bei geringeren Reichweiten lassen sich Genauigkeiten bis in den Millimeter-Bereich erzielen. Mit immer empfindlicheren PMD-Sensoren, zunehmender Effizienz von LED- und Laserquellen sowie stetiger Weiterentwicklung der Detektionsalgorithmik sind weitere Steigerungen der Leistungsfähigkeit von PMD-Kamerasystemen in naher Zukunft sicher.

Literatur

[1] Lange, R.: 3D Time-of-flight distance measurement with custom solid-state image sensors in CMOS/CCD technology. Diss. Universität Siegen, 2000
[2] Möller, T., Kraft, H., Frey, J., Albrecht, M., Lange, R.: Robust 3D Measurement with PMD Sensors. Range Imaging Day, Zürich (2005)
[3] Schwarte, R.; Heinol, H.; Xu, Z.; Li, J.; Buxbaum, B.: „Pseudo-noise (PN) laserradar without scanner for extremely fast 3D-imaging and navigation", MIOP 97 (Microwaves and Optronics), Stuttgart, 22–24 April 1997

Kamera-Hardware

Martin Punke, Stefan Menzel, Boris Werthessen, Nicolaj Stache, Maximilian Höpfl

20.1 Einsatzgebiete und Beispielanwendungen – 348

20.2 Kameras für Fahrerassistenzsysteme – 352

20.3 Kameramodul – 355

20.4 Systemarchitektur – 362

20.5 Kalibrierung – 365

20.6 Ausblick – 367

Literatur – 367

H. Winner, S. Hakuli, F. Lotz, C. Singer (Hrsg.), *Handbuch Fahrerassistenzsysteme,* ATZ/MTZ-Fachbuch,
DOI 10.1007/978-3-658-05734-3_20, © Springer Fachmedien Wiesbaden 2015

Heutige Verkehrsumgebungen wie Verkehrs- und Hinweiszeichen, Fahrbahnmarkierungen und Fahrzeuge sind für die Wahrnehmung mit dem menschlichen Auge ausgelegt (auch wenn erste Ansätze zur automatischen Beurteilung durch elektronische Sensorsysteme im Fahrzeug existieren, siehe ▶ Kap. 51). Dies geschieht beispielsweise durch unterschiedliche Formen, Farben oder eine temporale Änderung der Signale.

Es liegt daher nahe, auch für die maschinelle Wahrnehmung die Umwelt ähnlich wie das menschliche Auge zu erkunden. Hierzu sind Kamerasysteme imstande, da sie eine vergleichbare spektrale, räumliche und temporale Auflösung bieten. Zusätzlich zur „Nachbildung" des menschlichen Sehens können bestimmte Kamerasysteme Zusatzfunktionen bieten, u. a. Aufnahmen in anderen Spektralbereichen für Nachtsichtfunktionen oder eine Entfernungsmessung.

20.1 Einsatzgebiete und Beispielanwendungen

Aufgrund ihrer vielfältigen Einsatzmöglichkeiten werden Kamerasysteme im Automobil sowohl zur Innenraumüberwachung als auch zur Umfelderfassung verwendet [1]. Im folgenden Abschnitt wird auf diese Einsatzgebiete eingegangen und die Besonderheiten der Umsetzung mittels Kameraerfassung aufgezeigt.

Ein erstes Fahrerassistenzsystem, das mit Kameras realisiert wurde, war die sogenannte Rückfahrkamera. Der Fahrer wird dabei durch die Anzeige des Echtzeitvideos auf einem Monitorsystem in seinem Fahrverhalten unterstützt. Erweiterte Funktionen mittels maschinellen Sehens werden u. a. bei der automatischen Fernlichtfunktion eingesetzt. Bei diesen Systemen wird nicht mehr das Videobild dargestellt, sondern eine Funktion direkt aus dem Kamerabild abgeleitet.

Zusätzlich werden auch Kameras im Innenraum des Fahrzeugs eingesetzt, wobei vor allem zwei Funktionen von Bedeutung sind: Erstens die Fahrerüberwachung zur Erkennung des Fahrerzustands und der Fahrerintention, zweitens die Nutzung von Kamerasystemen im Rahmen einer erweiterten Mensch-Maschine-Schnittstelle zur Steuerung von Funktionen, z. B. mittels Gesten- und Blicksteuerung.

20.1.1 Fahrer- und Innenraumüberwachung

Zur Anwendung von Kameras im Fahrzeuginnenraum gibt es spezielle Anforderungen, die sich von denen der Umfelderfassung unterscheiden. Der Fahrer als Objekt, das mit der Kamera erfasst wird, befindet sich sehr viel näher an der Kamera als Objekte im Umfeld des Fahrzeugs. Um eine Funktion in allen Fahrsituationen sicherzustellen, z. B. bei Nacht oder schnellen Lichtwechseln, wird eine künstliche Beleuchtung eingesetzt. Diese wird im nahinfraroten Wellenlängenbereich gewählt, der für den Fahrer unsichtbar ist.

20.1.1.1 Fahrerüberwachung und Blicksteuerung

Fahrerassistenzsysteme sind hilfreich und entlasten den Fahrer. Gleichzeitig verändern sie aber auch die Rolle des Fahrers: Der Mensch wird vom klassischen „Macher" vielfach zum „Überwacher", der Fahrer kann in einer Art Moderator-Rolle gesehen werden. In dieser Rolle überwacht er die Rückmeldungen der verschiedenen (Assistenz-)Systeme und greift zum Start, zur Anpassung der Funktion oder auch bei der Funktionsübergabe zwischen Fahrer/Fahrzeug ein. Das Ziel der Entwicklung ist eine ganzheitliche Mensch-Maschine-Schnittstelle (engl. *human machine interface – HMI*), bei der Informationen über den Fahrer, dessen Zustand und Intention in das situationsangepasste Interaktionskonzept integriert werden.

Ausgehend von der Müdigkeitserkennung haben sich die Anwendungsfelder für eine auf den Fahrerkopf orientierte Innenraumkamera stark erweitert. Es lassen sich Funktionen, wie die Identifikation des Fahrers – z. B. zum Aufruf individueller Profile oder Präferenzen – adaptive Warnungen in Abhängigkeit von Kopfposition und Blickverhalten sowie eine Augmentierung des HMIs (*Augmentierung: Eine Überlagerung von HMI-Informationen mit Objekten aus dem Fahrzeugumfeld*), z. B. im *Augmented Reality-Head-up*-Display, verwirklichen.

20.1 • Einsatzgebiete und Beispielanwendungen

Abb. 20.1 Blickwinkel von Innenraumkameras zur **a)** Fahrerüberwachung und **b)** Handgestenerkennung (Quelle: Continental)

Ein skalierbarer Ansatz mit einer oder mehreren Kameras ermöglicht es, den Winkelbereich der Erfassung und die Genauigkeit der Kopfpositions- und Blickrichtungsbestimmung je nach Einsatzgebiet festzulegen. In ◘ Abb. 20.1a) ist ein möglicher Blickwinkel einer Monokamera im Fahrzeuginnenraum dargestellt.

20.1.1.2 HMI-Handgestensteuerung

Dem Fahrer stehen heute verschiedenste Eingabemöglichkeiten zur Verfügung: Die Bedienung kann über traditionelle Knöpfe, Drehdrucksteller oder moderne Touchoberflächen erfolgen. Ausgehend von Touchoberflächen bieten Kamerasysteme zusätzlich die Möglichkeit, die Annäherung und die Position der Hand des Fahrers sowie einzelne Handgesten zu erkennen.

Zwei Technologien kommen zur Erkennung von Handgesten zum Einsatz: Zum einen kann ein konventionelles 2D-Bild benutzt werden, zum anderen ein 3D-Tiefenbild, das z. B. über einen *Time-of-Flight (TOF)*-Sensor (vgl. ▶ Kap. 19) erzeugt wird. Beide Kameras unterscheiden sich beim Sensor und der Nahinfrarotbeleuchtungseinheit. TOF-Kameras haben eine geringere Auflösung, bieten aber andererseits prinzipbedingt den Vorteil einer dritten Dimension, die eine Objekt- und Bewegungserkennung vereinfacht. ◘ Abbildung 20.1b) zeigt den Bildöffnungswinkel einer Kamera im Fahrzeuginnenraum zur Handgestenerkennung.

20.1.2 Umfelderfassung

Ziel der Umfelderfassung des Automobils ist die möglichst vollständige Erkennung aller relevanten Verkehrsteilnehmer, der Straßenszene und der Verkehrszeichen, um daraus entsprechende Folgerungen zu ziehen. Hierbei kommt eine Vielzahl von verschiedenen Sensortechnologien in Betracht, die in ihrer Kombination sowohl die Erkennung als auch deren Zuverlässigkeit sicherstellen.

In ◘ Abb. 20.2 ist eine solche Situationserfassung dargestellt: Zu sehen sind die Erfassungsfelder verschiedenster Sensoren am Automobil. Dabei sind die Sensoren so ausgelegt, dass sowohl die Blickfelder überlappen als auch unterschiedliche Reichweiten erzielt werden. In diesem Beispiel erfolgt die Erfassung durch Kamerasysteme als auch Nah- und Fernbereichsradare.

Inzwischen werden auch verschiedene Sensortypen in ein gemeinsames Gehäuse integriert. Ein Beispiel hierfür ist die SRLCam (◘ Abb. 20.3) von Continental, in der ein Nahbereichslidar (engl. *Short Range Lidar – SRL*) mit einer Multifunktionskamera kombiniert wird. Dadurch wird sowohl ein kompakter und preisgünstiger Sensor geschaffen als auch die Sicherheit der Notbremsfunktion erhöht, da mit einer Sensorfusion gearbeitet wird (siehe auch ▶ Kap. 24). Ein weiteres Beispiel ist die Kombination eines Radar- und Kamerasystems (RACam) der Firma Delphi [2].

20.1.2.1 Frontview-Kameras

Frontview-Kameras werden meist hinter der Windschutzscheibe des Automobils in Höhe des Rück-

 Abb. 20.2 Umfelderfassung durch verschiedene Sensorsysteme (Quelle: Continental)

 Abb. 20.3 Kombination eines Kamerasystems mit einem Lidarsensor (Continental SRLCam) (Quelle: Continental)

spiegels (oder auch im Rückspiegel [3]) integriert: Diese Position hat den großen Vorteil des weiten Blickfelds und des Schutzes durch die Windschutzscheibe. Des Weiteren wird der Bereich der Kamera von den Scheibenwischern überstrichen und somit eine weitgehend störungsfreie Sicht gewährleistet. Eine Ausnahme bilden Kamerasysteme, die eine Detektion im fernen Infrarotbereich ermöglichen. Diese Systeme werden aufgrund der geringen Scheibentransmission in diesem Spektralbereich im Scheinwerfer oder Kühlerbereich verbaut [4].

Kameras im sichtbaren Spektralbereich

Der überwiegende Teil der derzeitig eingesetzten Systeme arbeitet im sichtbaren Spektralbereich, d. h. ähnlich wie das menschliche Auge. Wie bereits erläutert werden so die Verkehrsmerkmale, die für den Menschen relevant sind, auch vom Kamerasystem aufgenommen.

Ziel der Funktion des **Fernlichtassistenten** ist das automatische Auf- bzw. Abblenden des Fernlichts. In weiterentwickelten Systemen sind zudem eine stufenlose Leuchtweitenregelung sowie das gezielte Ausblenden bestimmter Bereiche – z. B. mittels segmentierter LED-Scheinwerfer (engl. *light emitting diodes*) – möglich. Für die verschiedenen Lichtregulierungsfunktionen werden mit der Kamera der vorausfahrende sowie der entgegenkommende Verkehr analysiert. Wichtig für die Funktion ist die Fähigkeit der Kamera – zumindest die Farbe der Rücklichter und der Frontscheinwerfer eines Fahrzeugs – zu unterscheiden: Daher kommen hier farbsensitive Kamerasysteme zum Einsatz (Details in ▶ Abschn. 20.3.3). Eine weitere Voraussetzung für diese Funktion ist die Notwendigkeit eines hohen Dynamikbereichs des Kamerasystems, da bei der Anwendung bei Nacht extreme Unterschiede in den Lichtintensitäten auftreten (siehe auch ▶ Abschn. 20.2.1).

Bei der **Verkehrszeichenerkennung** werden relevante Verkehrszeichen (z. B. Geschwindigkeitsbeschränkungen, Einbahnstraßenkennzeichnung) aufgenommen, ausgewertet und die Information dem Fahrer zur Verfügung gestellt. Die Verkehrszeichenerkennung erfordert eine hohe Leistungsfähigkeit des Kamerasystems [5]. Die Verkehrszeichen müssen mit einer hohen Auflösung (> 15 Pixel/°) aufgenommen werden, damit die Zeichenerkennung optimal funktioniert. Da die Verkehrszeichen am Rand der Straße stehen und sich das Automobil dazu mit einer hohen Geschwindigkeit bewegt, ist eine kurze (< 30 ms) Belichtungszeit notwendig, um eine Bewegungsunschärfe zu vermeiden.

Um die Sicherheit zu erhöhen, werden viele Fahrzeuge mit einer **Fahrstreifenerkennung** ausgestattet (siehe auch ▶ Kap. 49): Wichtig ist hierbei eine sehr hohe Erkennungsrate auch bei Dunkelheit und schlechten Straßenverhältnissen. Auch für diese Funktion ist es von Vorteil, wenn das Kamerasystem Farben unterscheiden kann, da so eine Detektion von verschiedenfarbigen Markierungen auf einer Straße, z. B. im Baustellenbereich, möglich ist (siehe auch ▶ Abschn. 20.2.1).

Für Funktionen, die auf andere Verkehrsteilnehmer (z. B. Kraftfahrzeuge, Fußgänger, Radfahrer) reagieren, ist eine robuste **Objekterkennung** notwendig. Hier sind verschiedenste Aspekte für das Kamerasystem relevant [6]: Für eine große Reichweite, beispielsweise für die Fahrzeugdetektion auf Autobahnen, ist eine hohe Auflösung des Systems notwendig. Bei der Fußgängerdetektion hingegen kommt es eher auf ein möglichst großes Blickfeld an. Für alle Aspekte ist eine hohe Empfindlichkeit des Kamerasystems äußerst wichtig.

Insbesondere bei der Objekterkennung haben Stereokamerasysteme viele Vorteile: Durch die Generierung einer Tiefenkarte können verschiedenste Objekte detektiert und die Entfernung zum Fahrzeug direkt gemessen werden; außerdem ist so eine **Freiraumerkennung** möglich, die befahrbare Bereiche ausweist. Eine zusätzliche Funktion, die mit einer Stereokamera umsetzbar ist, stellt die **Fahrbahnzustandserkennung** dar. Auf diese Weise kann sich das Fahrzeug frühzeitig auf Schlaglöcher etc. einstellen [7].

Kameras im infraroten Spektralbereich

Ein Nachteil von Kameras, die im sichtbaren Spektralbereich arbeiten, ist die noch unzureichende Empfindlichkeit bei sehr schlechten Lichtverhältnissen. Eine mögliche Alternative bzw. Ergänzung ist der Einsatz von Kameras, die im infraroten Spektralbereich arbeiten (siehe auch ▶ Kap. 44). Hier kommen derzeit vor allem zwei Ansätze zum Einsatz: Im ersten wird mittels spezieller Scheinwerfer (LED oder Halogen) mit infrarotem Licht die Verkehrsszenerie beleuchtet; das Kamerasystem ist mit Filtern versehen, so dass das Kamerabild nur für diese Wellenlänge empfindlich ist. Eine weitere Möglichkeit ist der Einsatz von Spezialkameras, die im fernen Infrarotbereich (FIR) empfindlich sind. Mit diesen Kameras kann direkt das Wärmestrahlungsbild von Fußgängern und Tieren erfasst und somit eine gezielte Assistenzfunktion ausgelöst werden. Nachteilig sind allerdings die hohen Kosten, da diese Kamerasysteme nicht auf herkömmlichen Bildsensoren basieren [4].

20.1.2.2 Umfeldkameras

Im Vergleich zu den Frontview-Kameras besitzt die Klasse der Umfeldkamerasysteme andere Zielsetzungen: Umfeldkamerasysteme decken oft einen großen Blickwinkel ab und stellen zudem dem Fahrer das aufgenommene Bild zur Verfügung.

Rückfahrkameras

Das Kameramodul von Rückfahrkameras ist zumeist in der Heckklappe in der Höhe des Num-

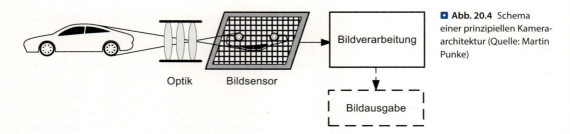

Abb. 20.4 Schema einer prinzipiellen Kameraarchitektur (Quelle: Martin Punke)

mernschilds integriert, der Videostrom wird dann auf einem Monitor im Armaturenbrett dargestellt. Zum einen werden durch diese Systeme Unfälle durch das Übersehen von Personen vermieden, zum anderen unterstützen erweiterte Systeme den Fahrer beim Parkvorgang durch die Einblendung eines Rückfahrkorridors (siehe ▶ Kap. 45).

Surround View-Kamerasysteme

Surround View-Systeme sind mit vier oder mehr Kameras rund um das Fahrzeug ausgestattet; die Videoinformationen der Kameras werden zu einer zentralen Verarbeitungseinheit übertragen und prozessiert. Kameramodule für diese Systeme werden üblicherweise mit sogenannten Fisheye-Objektiven ausgestattet, die ein horizontales Blickfeld von mehr als 180° erlauben. Aus den Kamerabildern wird eine 360°-Ansicht der Umgebung generiert und dem Fahrer als Einparkhilfe auf einem Monitor zur Verfügung gestellt. In Zukunft wird hier nicht nur das vereinfachte Parken im Fokus stehen, sondern auch die Nutzung der Kamerabilder zur Objektdetektion und allgemeinen Umfelderfassung in Ergänzung zur Frontview-Kamera.

Spiegelersatz

Der Ersatz von normalen Außenspiegeln durch Kamerasysteme ist ein Ansatz, der in Zukunft eine größere Rolle spielen dürfte. Dieser Ansatz ist vorteilhaft für den Kraftstoffverbrauch – weniger Luftwiderstand – und eröffnet ganz neue Designmöglichkeiten. Ähnlich wie bei den Surround View-Systemen ist auch hier eine hochdynamische und farbtreue Wiedergabe des Kamerabildes auf innenliegenden Displays notwendig. Diese Einsatzmöglichkeit von Kamerasystemen wird im internationalen Standard ISO/DIS16505 behandelt [8].

20.2 Kameras für Fahrerassistenzsysteme

Wie in den vorherigen Abschnitten gezeigt, ist die Einsatzbreite von Kamerasystemen in Fahrzeugen sehr vielfältig. Daher gibt es auch die unterschiedlichsten Varianten von Kamerasystemen. Im folgenden Abschnitt werden einige Aspekte für die Auslegung näher behandelt.

Eine prinzipielle Kameraarchitektur ist in Abb. 20.4 dargestellt. Ein Gegenstand bzw. eine Szene wird durch eine Abbildungsoptik auf den Bildsensor projiziert, die Pixel des Bildsensors wandeln die Photonen in ein elektronisches Ausgangssignal um, das durch eine Prozessoreinheit verarbeitet wird. Im Falle einer bildlichen Darstellung für den Benutzer erfolgt dann die Ausgabe auf einem Display.

20.2.1 Kriterien für die Auslegung

Zur Auslegung eines Kamerasystems ist sowohl die Betrachtung der einzelnen Teile als auch des Gesamtsystems notwendig. Viele Leistungsparameter werden dabei von mehreren Teilen des Systems beeinflusst.

Die Optik des Kamerasystems ist äußerst wichtig für eine gute Gesamtleistung: Sie beeinflusst u. a. die mögliche Auflösung, das Blickfeld, die Schärfentiefe, die Farbwiedergabe und auch die Empfindlichkeit des Systems. Da ein optisches System nie perfekt abbildet (siehe ▶ Abschn. 20.3.2), müssen mögliche Fehler, wie z. B. eine Verzeichnung, korrigiert werden.

Die optische Abbildung wird durch den Bildsensor in digitale Werte umgewandelt. Daher ist die Auslegung und Anpassung der Optik zum Bildsensor entscheidend für die Bildqualität: Der Sen-

20.2 • Kameras für Fahrerassistenzsysteme

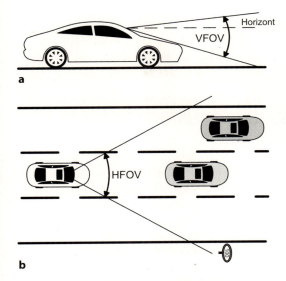

Abb. 20.5 Vertikales **a** und horizontales **b** Blickfeld einer Frontview-Kamera (Quelle: Martin Punke)

sor beeinflusst vor allem die Auflösung – über die Pixelanzahl – das Blickfeld – über die Anzahl und Anordnung der Pixel – den Dynamikumfang, die Farbwiedergabe und ganz entscheidend die Empfindlichkeit (siehe ▶ Abschn. 20.3.3).

Im nächsten Schritt der Verarbeitungskette wird die Bildqualität durch die Bildverarbeitung im Prozessor geprägt. Außerdem hängt die Performance der Bildverarbeitung des maschinellen Sehens ganz entscheidend von der Leistung der Verarbeitungseinheit ab.

20.2.1.1 Blickfeld

Das Blickfeld eines Kamerasystems (engl. *Field of View – FOV*) spielt eine wichtige Rolle für die Anwendung und wird im Wesentlichen durch die Optik und den Bildsensor definiert. Man unterscheidet dabei das Blickfeld in horizontaler und vertikaler Richtung (HFOV, VFOV).

Bei Frontview-Kamerasystemen spielt meist das horizontale Blickfeld die größere Rolle. Die verschiedenen Assistenzfunktionen benötigen allerdings unterschiedlich breite horizontale Blickfelder: Relativ große HFOV-Werte werden von der Fahrstreifenerkennung – bei engen Kurvenradien – und der Objektdetektion benötigt – z. B. zur Detektion von einscherenden Fahrzeugen oder auf die Fahrbahn laufenden Fußgängern. Für diese Anwen-

dungen sind Werte von mehr als 40° sinnvoll (vgl. ◘ Abb. 20.5 a).

Ein weiterer Aspekt bei der Wahl des Blickfelds ist der Einfluss von Bewegungsunschärfe im Bild. Bei großen Feldwinkeln ändert sich die Position des Objekts im Bild während der Belichtungszeit stark, was sich in einer unscharfen Abbildung in den Randbereichen bei längeren Belichtungszeiten ausdrückt. Somit wird der maximal nutzbare Öffnungswinkel auch durch diesen Effekt eingeschränkt.

Das vertikale Blickfeld wird vor allem durch die Einbauhöhe und die minimale Detektionsentfernung im Nahbereich bestimmt: In einer beispielhaften Rechnung für einen Pkw ergibt sich so ein Winkel α von 18° unterhalb des Horizonts bei einer Höhe h von 1,3 m und einer Entfernung d von 4 m (vgl. ◘ Abb. 20.5 b).

$$\alpha = \tan^{-1}(h/d)$$

In Surround View-Systemen kommen fast ausschließlich Kameramodule mit einem horizontalen Blickfeld von > 180° zum Einsatz. Dies ist bedingt durch die erwünschte 360°-Darstellung des Fahrzeugumfelds. Um aus den Einzelbildern ein Gesamtbild zu berechnen, ist eine Überlappung zwischen den Blickfeldern der Kameras notwendig.

Im Bereich der Fahrerüberwachung ist die Abbildung des Kopfes wichtig: Unter Berücksichtigung von unterschiedlichen anatomischen Vorgaben und Einbausituationen ergibt sich ein Blickfeld von ca. 40°–50°. Für eine Gestenerkennung, beispielsweise über ein Kameramodul in der Dachfunktionseinheit, werden meist größere (> 50°) Blickfelder gewählt, um dem Fahrer mehr Freiheit bei der Gestenbedienung zu ermöglichen.

20.2.1.2 Auflösung

Die mögliche Auflösung eines Kamerasystems ist ein komplexes Zusammenspiel aus der Auflösung der Optik und des Bildsensors sowie der Bildverarbeitung. Für die Auslegung eines Kamerasystems ist eine rein theoretische Betrachtung als erster Schritt nötig: Dabei wird das aufzulösende Objekt betrachtet (z. B. ein Fahrzeug in 100 m Entfernung), die notwendige Auflösung für die Bildverarbeitung (z. B. 10 Pixel pro Fahrzeugbreite) und dann über

Abb. 20.6 Effekt einer abnehmenden Auflösung am Beispiel eines Verkehrszeichens (480×650/72×96/36×48/24×32/18×24/12×16) (Quelle: Boris Werthessen)

Abb. 20.7 Bedeutung der Farbtrennung für die Erkennung von Farbbahnmarkierungen (Quelle: Continental)

die geometrischen Beziehungen eine notwendige Auflösung in Pixel pro Grad definiert. Übliche Werte liegen bei > 15 Pixeln pro Grad, um die Assistenzfunktionen im Bereich Umfelderfassung abzubilden. Insbesondere die Verkehrszeichenerkennung stellt hohe Anforderungen an die Auflösung, um z. B. auch Zusatzzeichen erkennen zu können. In ▶ Abb. 20.6 ist der Effekt einer unterschiedlichen Auflösung dargestellt: Während Form und Warnsymbol aus den rechten Bildern noch zu extrahieren sind, wird dies mit Piktogramm und Schrift im Zusatzzeichen nicht mehr gelingen. Im Bereich Fahrerüberwachung können z. T. höhere Auflösungen notwendig sein, um z. B. ein *Eyetracking* zu realisieren. Ein wichtiger Aspekt bei der Wahl der optimalen Auflösung ist neben den geometrischen Anforderungen die zur Verfügung stehende Rechenleistung zur Bildverarbeitung.

20.2.1.3 Farbempfindlichkeit

Betrachtet man die im ADAS-Bereich (engl. *Advanced Driver Assistance Systems*) überwiegend eingesetzten CMOS-Bildsensoren werden vor allem der sichtbare (engl. *visible – VIS*) und der nahe Infrarot (engl. *near infrared – NIR*)-Spektralbereich genutzt. Eine Trennung in verschiedene Farbkanäle erfolgt über entsprechende Farbfilter auf dem Bildsensor (siehe ▶ Abschn. 20.3.3).

Wie in ▶ Abschn. 20.1 *Beispielanwendungen* beschrieben, ist die Farbwiedergabe von großem Vorteil bei Anwendungen im Bereich der Frontview- und Umfeldkameras. Während es im Bereich Umfeldkameras auf die möglichst realitätsnahe Darstellung des Kamerabildes auf einem Monitor ankommt, ist es bei den Frontview-Anwendungen nützlich, einzelne Farbkanäle unterscheiden zu können.

Ein Beispiel zur Bedeutung der Farbtrennung ist in ▶ Abb. 20.7 dargestellt: Während ein Kamerasystem mit Farbinformationen (a) eindeutig zwischen gelben und weißen Fahrbahnmarkierungen unterscheiden kann, ist dies im monochromen Bild (b) nicht mehr möglich.

20.2.1.4 Dynamikumfang

Der Dynamikumfang (engl. *dynamic range – DR*) eines Kamerasystems beschreibt die Fähigkeit, sowohl dunkle als auch helle Bereiche im Bild wiederzugeben. Begrenzt wird die Dynamik in dunklen Bildbereichen von der Rauschgrenze des Bildsensors, in hellen Bildbereichen von der Sättigungsgrenze des Bildsensors. Neben dem Bildsensor definiert auch die Dynamik der Kameraoptik und des optischen

◘ **Abb. 20.8** Darstellung einer Verkehrsszene mit hohem Dynamikumfang (Quelle: Continental)

Pfades das Gesamtsystem. Die Dynamik der Optik wird z. B. durch Streulicht negativ beeinflusst, zusätzlich können insbesondere bei starkem Gegenlicht Effekte wie Geisterbilder und Blendenflecken auftreten, die die Bildaufnahmequalität verringern. Im optischen Pfad können Elemente – wie z. B. die Windschutzscheibe – den Gesamtdynamikumfang des Systems begrenzen.

Verkehrssituationen im Bereich Fahrerassistenzsysteme sind durch große Helligkeitsunterschiede gekennzeichnet: Beispiele sind Szenen mit tiefstehender Sonne (siehe ◘ Abb. 20.8), Ein-/Ausfahrten von Tunneln und Parkhäusern sowie entgegenkommende Fahrzeuge bei Nacht. So kann eine Fahrbahnmarkierung bei Nacht eine Leuchtdichte L von $< 10\ \text{cd/m}^2$ aufweisen, während die Scheinwerfer eines Fahrzeugs in der gleichen Szene eine Leuchtdichte von bis zu 100.000 cd/m² haben [9]. Aufgrund dieser Problematik ist ein möglichst hoher Dynamikumfang des Kamerasystems notwendig. Bei entsprechender Auslegung (siehe auch ▶ Abschn. 20.3.3) können Systeme mehr als 120 dB Dynamik innerhalb eines Bildes erzielen. Der Dynamikbereich ist dabei folgendermaßen definiert:

$$\text{DR(dB)} = 20 \cdot \log_{10}\left(\frac{L_{\text{MAX}}}{L_{\text{MIN}}}\right)$$

20.3 Kameramodul

Kameramodule können sehr unterschiedlich ausgeführt sein; als Kameramodul wird hier die Kombination aus Objektiv, Bildsensor, Elektronik und Aufbautechnik bezeichnet. Es ist natürlich auch möglich, innerhalb des Kameramodulaufbaus noch weitere Komponenten unterzubringen, wie beispielsweise Bildverarbeitungsprozessoren.

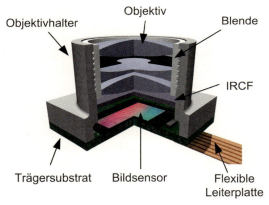

◘ **Abb. 20.9** Schematischer Aufbau eines Kameramoduls (Quelle: Martin Punke)

20.3.1 Aufbau eines Kameramoduls

Die wichtigsten Bestandteile des Kameramoduls sind die Optik und der Bildsensor, die durch einen entsprechenden mechanischen Aufbau verbunden sind. Zusätzlich sind elektronische Komponenten und eine Verbindung zum Bildverarbeitungsprozessor notwendig. Wie in ◘ Abb. 20.9 gezeigt, werden die Einzelteile mittels variabler Aufbau- und Verbindungstechnik (AVT) zu einem kompakten Modul zusammengefügt.

Die Optik besteht dabei aus verschiedenen Linsen, die in einem Objektiv verbaut sind. Teil des optischen Systems ist oft ein Infrarotfilter (engl. *infrared cut-off filter – IRCF*), der nur die sichtbaren Anteile des Lichtspektrums passieren lässt. Den unteren Teil des Kameramoduls bilden der Bildsensor, die Leiterplatte und die elektronischen Bauteile.

Für das grundlegende Design eines Moduls sind natürlich die Auslegungsparameter wie Auflösung und Dynamikbereich entscheidend. Für ein robustes Design sind insbesondere die Umwelteinflüsse während der Lebensdauer wie Temperaturwechsel und Luftfeuchtigkeit zu beachten. Die unterschiedlichen Anwendungen führen zu verschiedenen Anforderungen an das Moduldesign, da eine Kamera im Bereich Surround View direkten Kontakt mit der äußeren Umgebung hat, während Module für Frontview und Innenraumüberwachung nur im Fahrgastraum eingesetzt werden.

20.3.1.1 Elektronik

Bildsensoren verfügen über eine Vielzahl von analogen sowie digitalen Ein- und Ausgängen. Die wichtigsten sind die Spannungsversorgung für die analogen und digitalen Teile des Bildsensors, das externe Zeitgebersignal (Takt), digitale Steuerungsein- und -ausgänge, die Schnittstellen für die Konfiguration und die Bilddatenübertragung zur Recheneinheit.

Die Übertragung von Einstellungen (z. B. Integrationszeit) erfolgt über ein Konfigurationsbussystem mit einer geringen Bandbreite. Über eine parallele oder serielle Schnittstelle kann die Übertragung der Bilddaten erfolgen. Da die Datenraten mit größerer Pixelanzahl und höherer Bildwiederholrate stark zunehmen, wird verstärkt auf schnelle serielle Schnittstellen, wie z. B. dem Camera Serial Interface (CSI) [10], zurückgegriffen.

20.3.1.2 Aufbau- und Verbindungstechnik

Um die Anforderungen an die Einhaltung der optischen Parameter über die Lebenszeit des Kameramoduls zu gewährleisten, ist die Wahl der geeigneten Aufbau- und Verbindungstechnik sehr wichtig: Zum einen ist hier die Verbindung des Bildsensors zur Leiterplatte von Bedeutung, zum anderen die Ausrichtung der Optik zum Bildsensor.

Als Träger für den Bildsensor und andere Elektronikkomponenten kommen Leiterplatten aus organischem Material, flexible Leiterkarten oder auch Keramikträger in Frage. Auf den Träger werden Bildsensoren in gehäuster oder ungehäuster Form montiert.

Die Ausrichtung der Optik zum Bildsensor bzw. der mechanischen Konstruktion des Kameramoduls kann über eine Vielzahl von Mechanismen erfolgen. Verbreitet sind Ansätze, die mittels einer aktiven Mehrachsen-Justage die Optik optimal zum Bildsensor ausrichten und dann mit einer Klebeverbindung fixieren. Von Vorteil ist hier die exakte Justage; als Alternative kommt eine Justage nur in Richtung der optischen Achse in Frage, die mittels eines Schraubgewindes einfach realisierbar ist. Jedoch wird bei dieser Methode eine mögliche Verkippung der optischen Achse zum Bildsensor nicht korrigiert.

20.3.2 Optik

Die Optik für Kameramodule besteht im Allgemeinen aus einem an die Anwendung angepassten Objektiv, Filterelementen und dem Objektivgehäuse. Das Objektivdesign im Fahrassistenzsektor unterliegt neben den eigentlichen Objektivanforderungen hauptsächlich den beiden Kriterien Kosten und Robustheit, was sich sowohl in der Wahl der Materialien für Linsen und Gehäuse als auch in Art und Anzahl der Einzellinsen äußert. So muss die Konstruktion sicherstellen, dass die Abbildungseigenschaften wie Bildschärfe über den Temperaturbereich möglichst konstant bleiben.

20.3.2.1 Herstellung und Aufbau

Als optische Materialien für Kameraobjektive werden bevorzugt Flint- und Krongläser verwendet; auch Kunststofflinsen werden eingesetzt, allerdings nicht für die Gesamtheit der Linsen im Objektiv. Grund hierfür ist die höhere Temperaturabhängigkeit der Materialeigenschaften der Kunststoffe.

Glaslinsen mit sphärischen Oberflächen werden üblicherweise durch Schleifmethoden hergestellt. Mittels alternativer Verfahren wie dem Linsenpressen können auch Glasasphären realisiert werden. Kunststofflinsen werden durch Spritzgießen in sphärischen und asphärischen Formen hergestellt [11].

Ein Kameraobjektiv für Fahrerassistenzsysteme besteht im Allgemeinen aus einem Metall- oder Kunststoffgehäuse, das gegen eindringende Feuchtigkeit versiegelt ist. Das Gehäuse besteht üblicherweise aus schwarzem Material oder ist schwarz beschichtet, um Streulichteinflüsse zu minimieren. Des Weiteren kommt ein Filter zur Unterdrückung von UV- und Infrarot-Strahlung für Kameras im sichtbaren Spektralbereich zum Einsatz. Kameras für die Nutzung im Nahinfraroten sind oft mit einem Bandpassfilter ausgestattet, der nur die Strahlung der aktiven NIR-Beleuchtung passieren lässt. Alle optischen Oberflächen sind mit Antireflexionsbeschichtungen versehen, um störende Bildartefakte zu verhindern.

20.3.2.2 Merkmale

Die Auslegung der Optik wird durch die Anwendung bestimmt, wobei insbesondere die Merkmale wie Blickfeld, Lichtempfindlichkeit, Verzeichnung und Schärfe eine Rolle spielen. Das **Blickfeld** der Optik ist durch die effektive Brennweite vorgegeben. Im automobilen Umfeld kommen nur Objektive mit festen Brennweiten zum Einsatz.

Optiken für Frontview-Kameras

Meist ist eine hohe **Lichtempfindlichkeit** des Kamerasystems notwendig, daher werden Objektive mit einer kleinen F-Zahl – d. h. großer Blendenöffnung – eingesetzt, um schlechten Beleuchtungsbedingungen gerecht zu werden und kurze Belichtungszeiten zu erzielen. F-Zahlen kleiner 2 sind typisch. Um eine hohe Lichtempfindlichkeit des Objektivs bei gleichzeitig guter Abbildungsqualität zu erzielen, sind allerdings aufwendigere Objektivkonstruktionen (z. B. mit mehr Linsen) notwendig.

Die **Schärfe** eines Objektivs wird über die Modulationstransferfunktion (MTF) beschrieben. Die MTF beschreibt die Kontrastwiedergabe bei verschiedenen Ortsfrequenzen im Bild. Generell gilt, dass die Detektion von Objekten gewährleistet sein muss, ohne einen zu hohen Überschuss an Schärfe bereitzustellen, da dieser mit zusätzlichen Linsenelementen und damit Kosten verbunden ist. Die Abbildung der Umgebung wird im Ausgabebild aufgrund verschiedener Einflüsse nicht perfekt wiedergegeben: Zum einen beschränken Abbildungsfehler der Linsen im Objektiv die mögliche Bildschärfe, d. h. selbst eine ideale Punktlichtquelle, wie z. B. ein weit entferntes Abblendlicht bei Nacht, wird nicht als Punkt, sondern als Intensitätsverteilung (engl. *point spread function – PSF*) über einige Mikrometer abgebildet [12]. Ein weiterer Einfluss ist durch die Aufteilung des Bildes in Pixel gegeben, die die PSF bzw. das Gesamtbild diskretisieren (Sampling). Typischerweise achtet man daher bei einem Kameradesign darauf, dass die oben erwähnte Intensitätsverteilung ungefähr die Fläche eines Pixels abdeckt.

Eine Abbildung durch ein Objektiv hat immer einen bestimmten Bereich entlang der optischen Achse, in dem die Bildschärfe den Anforderungen der Funktion entspricht. Diese sogenannte **Schärfentiefe** ist entsprechend der geringen F-Zahl immer eingeschränkt. Durch eine Justage nahe dem Hyperfokalabstand bei der Modulherstellung erzielt man dennoch scharfe Abbildungen im gewünschten Bereich. Allerdings ist darauf zu achten, dass ein ausreichend großer bildseitiger Schärfebereich vorhanden ist, um Temperatureinflüsse auf den Fokuspunkt zu kompensieren.

Die Merkmale eines Objektivs werden durch **Abbildungsfehler** negativ beeinflusst: So führen sphärische und chromatische Aberrationen, Koma, Astigmatismus und Bildfeldwölbung zu geringerer Bildschärfe, da sie kombiniert die PSF vergrößern [13]. Chromatische Aberrationen wie ein Farbquerfehler beeinflussen die Farbwiedergabe. Die Abbildungsfehler in der Optik können durch ein optimiertes Design und den Einsatz von asphärischen Linsenelementen minimiert werden [12]. Zusätzlich zu den Abbildungsfehlern können Reflexionen und Streuung an optischen und mechanischen Oberflächen in der Optik Streulicht oder Geisterbilder hervorrufen [14].

Bildverzeichnungen im Bereich von einigen Prozent können toleriert werden, da diese nicht relevant oder einfach per Software korrigiert werden können und daher eine verzeichnungsfreie (und teure) Optik nicht nötig ist. Bildverzeichnungen müssen allerdings bei der Anwendung in einer Stereokamera sorgfältig kompensiert werden (siehe ▶ Abschn. 20.5).

Optiken für Surround View-Kameras

In diesem Bereich wird typischerweise ein sehr großes Blickfeld benötigt. Damit einhergehend tritt insbesondere zum Bildrand eine größere Bildverzeichnung auf, die korrigiert werden muss. Diese

Korrektur ist wichtig, weil üblicherweise zwei oder mehrere Kameras zusammenarbeiten, um eine Rundumsicht zu generieren: Für diese Rundumsicht müssen Korrespondenzen in den einzelnen Kamerabildern gefunden werden, um sie richtig zusammenzufügen. Auch der Helligkeitsabfall zum Bildrand hin (Vignettierung) muss beachtet und kompensiert werden. Typischerweise ist die erste Linse im Objektiv direkten Umwelteinflüssen ausgesetzt und muss entsprechend robust ausgelegt sein.

Optiken für Innenraumkameras

Optische Parameter für Kameras zur Fahrerbeobachtung sind dafür ausgelegt, den Kopf des Fahrers mit einem Abstand von ca. 40 cm bis 100 cm zur Kamera abzubilden. Da mit einer aktiven Beleuchtung gearbeitet wird und eine hohe Schärfentiefe im Nahbereich notwendig ist, werden typischerweise Objektive mit einer F-Zahl größer 2 genutzt.

20.3.3 Bildsensor

Es gibt zwei grundsätzliche Ansätze digitaler Bildsensoren – CCD (engl. *Charge Coupled Device*) und CMOS (engl. *Complimentary Metal-Oxid Semiconductor*). CCD-Sensoren, die bis Ende des letzten Jahrhunderts über große Vorteile in ihrem Rauschverhalten gegenüber CMOS-Sensoren verfügten, kommen im Fahrerassistenzbereich heute kaum noch zum Einsatz. Die Vorteile der CMOS-Sensoren überwiegen heute und Nachteile beim Rauschverhalten wurden kompensiert [15, 16].

APS (engl. *Active Pixel Sensor*) sind in CMOS-Technik aufgebaut, die Begriffe APS und CMOS-Sensor werden hier gleichbedeutend verwendet. Im Folgenden werden die Merkmale Empfindlichkeit, Auflösung, Erhöhung des Dynamikumfangs sowie die Reproduktion von Farbe mittels Farbfiltern und Verschlusskonzepte von APS erläutert.

Während bei CCD-Sensoren und PPS (engl. *Passive Pixel Sensor*) Ladungen für die Wandlung in eine Spannung zu einem gemeinsamen Knoten geführt werden müssen, haben APS aktive Pixel im Sinne der pixelindividuellen Ladungswandlung in eine Spannung sowie integrierte Analog-Digital-Wandler, welche die Spannung in ein digitales Signal umsetzt.

Da die Bildinformation dem Sensor bereits digital zur Verfügung steht, kann diese sowohl extern als auch intern verwendet werden, um zum Beispiel ein Histogramm der aufgenommenen Szene zu erstellen, eine automatische Belichtungssteuerung zu realisieren, hochdynamische Aufnahmen zu generieren oder die Funktionssicherheit zu garantieren.

Eine gute Basis zur Charakterisierung eines Bildsensors bieten Standards wie EMVA 1288 und ISO-Standards (12232, 12233, 14524, 15739, 16067).

20.3.3.1 Empfindlichkeit und Rauschen

Die Empfindlichkeit des Bildsensors wird im Wesentlichen von seinem Rauschverhalten beeinflusst. Daher ist ein wichtiges Kriterium bei der Auswahl eines Sensors dessen Rauschverhalten über den geforderten Temperaturbereich.

Das **Rauschen** eines Bildsensors setzt sich aus dem temporären, signalbasierten und räumlichen Rauschen (*engl. temporal, photon shot und spatial noise*) zusammen [17, 18, 19].

Bei sehr geringen Signalhöhen dominiert temporäres Rauschen, das sich u. a. aus Reset-, thermischem Rauschen und Quantisierungsrauschen zusammensetzt.

Reset-Rauschen beschreibt Unterschiede in der Menge der Ladungen beim Start der Integration und kann mittels *Correlated Double Sampling* (CDS) kompensiert werden. Hierbei wird zusätzlich der Reset-Level beim Beginn der Integration gemessen und vom tatsächlich generierten Signal subtrahiert.

Dunkelstromrauschen wird durch Ladungen, die durch Wärmeenergie entstehen, erzeugt. Mit steigender Temperatur steigt diese Rauschkomponente nicht-linear an.

Bei mittleren und hohen Signalpegeln dominiert *Photon Shot Noise*, das die statistische Verteilung der Anzahl einfallender Photonen beschreibt: *Photon Shot Noise* berechnet sich aus der Wurzel des generierten Signals und bestimmt damit auch das maximale Signal-zu-Rausch-Verhältnis (engl. *signal to noise ratio – SNR*). Es entsteht bereits außerhalb des Sensors und kann daher nicht korrigiert werden.

Quantisierungsrauschen entsteht durch die Ungenauigkeit bei der Wandlung des elektrischen Signals in ein diskretes digitales Signal und kann durch eine höhere Bittiefe des Analog-Digital-Wandlers reduziert werden.

Räumliches Rauschen (engl. *spatial noise*) beschreibt relativ statische Unterschiede im Offset und in der Verstärkung einzelner Pixel (engl. *fixed pattern noise – FPN*), die durch Variationen in der Strom-Spannungswandlung der aktiven Pixel entstehen bzw. als Spalten-FPN in der Verstärker- und A/D-Wandlerschaltungen der jeweiligen Spalten. Ebenso wie beim Dunkelstromrauschen besteht hier eine nicht-lineare Abhängigkeit zur Temperatur des Sensors [18, 19, 20].

20.3.3.2 Auflösung

Die Güte eines digitalen Videos ergibt sich neben der räumlichen Auflösung aus der Kontrastauflösung und der zeitlichen Auflösung. Diese beschreiben die Anzahl der Pixel, auf die ein Objekt abgebildet wird, die Anzahl der Grauwerte, in die eine Szene aufgelöst werden kann, und den zeitlichen Abstand zweier Bilder [19].

Räumliche Auflösung Soll eine Struktur mittels eines Bildsensors rekonstruiert werden, muss diese auf mehreren Pixeln abgebildet werden. Die nötige Anzahl der Pixel je Winkelbereich bestimmt sich daher aus der Anforderung an die aufzulösende Struktur, die benötigte Gesamtzahl der Pixel bestimmt sich aus dem FOV und der gewünschten Auflösung in Pixeln pro Winkelbereich (vgl. ▶ Abschn. 20.2.1).

Um eine hohe Anzahl an Pixeln auf einem Bildsensor zu realisieren, kann entweder die Siliziumfläche vergrößert werden, bei Beibehaltung des Pixelpitches (Abstand zwischen den Pixelmittelpunkten), oder der Pixelpitch verringert werden, bei Beibehaltung der Siliziumfläche. Aus Kostengründen wird zumeist der letztere Weg gewählt. Aus Sicht des Signal-zu-Rausch-Verhältnisses ist eine Beibehaltung des Pixelpitches vorzuziehen, da bei kleiner werdenden Pixeln der Füllfaktor abnimmt und temporäres Rauschen zwar mit abnehmendem Pixelvolumen ebenfalls geringer wird, allerdings nicht proportional zu diesem abnimmt [19, 20]. Die Nachteile kleiner werdender Pixel müssen also durch neue Pixeldesigns und verbesserte Herstellprozesse kompensiert werden.

Kontrastauflösung Zur Erkennung von Objekten ist eine möglichst hohe Differenzierung von Objekthelligkeiten vorteilhaft, um zum Beispiel eine dunkel bekleidete Person auch nachts zu detektieren. Dies wird durch eine A/D-Wandlung des Signals mit einer Bittiefe von 8–10 bit bei einfacheren und 12 bit und mehr bei höherwertigen Systemen erreicht. HDR-Sensoren (engl. *High Dynamic Range*) arbeiten intern oftmals mit weit höheren Bittiefen, die dann zur vereinfachten Übertragung auf eine Bittiefe von typischerweise 10–14 bit komprimiert werden.

Zeitliche Auflösung Die Bildwiederholrate bezeichnet das Zeitintervall zwischen zwei Aufnahmen. Eine niedrige Bildwiederholrate birgt die Gefahr, dass auf Ereignisse nicht oder zu spät reagiert werden kann, und erschwert das Tracking von Objekten. Eine hohe Bildwiederholrate erhöht die Anforderungen an die Schnittstelle und die weitere Bildverarbeitung. Typische Werte liegen bei etwa 30 Bildern pro Sekunde.

20.3.3.3 Dynamikumfang

Die nutzbare Dynamik eines Bildsensors ist durch die Spanne an Lichtintensitäten definiert, die digital aufgelöst werden kann, also von der eindeutigen Unterscheidung von Signal und Rauschen bis zur Sättigung. In der realen Welt sind Situationen mit Dynamikumfängen von etwa 120 dB, entsprechend einem Kontrastverhältnis von 1 : 1.000.000 zu erwarten [21].

Lineare Sensoren weisen eine Dynamik von etwa 60–70 dB auf, können also häufig nicht den gesamten Dynamikbereich der Szene darstellen. Hochdynamische HDR-Sensoren erreichen Dynamikumfänge von etwa 120 dB.

Im Folgenden werden zwei zeitbasierte (*Lateral Overflow* und *Multi Exposure*) und ein räumliches (*Split Pixel*) HDR-Konzept vorgestellt. Bei zeitbasierten Verfahren erfolgen mehrere Teilintegrationen oder mehrere Einzelintegrationen nacheinander, während räumliche Verfahren mehrere räumlich getrennte Sub-Pixel zeitgleich integrieren [18, 19, 21].

Lateral Overflow Hier wird mittels Teilresets nur ein gewisser Pegel an Ladung im Pixel zugelassen (Teilsättigung), der im Laufe der Integrationszeit stufenweise in mehreren Schritten angehoben wird, wobei die zeitliche Differenz zum erneuten Anheben des Pegels immer geringer wird [21]. Bei bewegten Objekten ergeben sich durch die mehrmalige Teilintegration und Überlagerung zu einem Gesamtbild Bewegungsartefakte, wenn Teilsättigungen erreicht werden.

Als Vorteil des Verfahrens gilt, dass die hochdynamische Information direkt zur Verfügung steht und damit keine Information zwischengespeichert werden muss, was das Verfahren sehr gut für Global Shutter-Sensoren anwendbar macht (siehe ▶ Abschn. 20.3.3 Elektronischer Verschluss).

Multi Exposure Bei diesem Konzept werden nacheinander mehrere Einzelintegrationen mit unterschiedlicher Empfindlichkeit (beeinflusst durch Integrationszeit und Verstärkung) durchgeführt und diese Informationen miteinander verrechnet. Bei bewegten Objekten ergeben sich auch hier durch die mehrmalige Integration Bewegungsartefakte, da diese sich während der einzelnen Integrationen an verschiedenen Positionen im Bild befinden. Wichtig bei diesem Verfahren ist daher eine geringe Zeitdifferenz zwischen zwei Einzelintegrationen und eine auf die Anwendung passende Verrechnung zu einem HDR-Bild [22].

Vorteile hat das *Multi Exposure*-Verfahren bei der SNR-Performance, da CDS und andere Korrekturmaßnahmen für jede Einzelintegration erneut durchgeführt werden können.

Split Pixel Beim *Split Pixel*-Konzept (geteiltes Pixel) wird ein Pixel in zwei oder mehrere Sub-Pixel unterteilt. Diese erreichen unterschiedliche Empfindlichkeiten durch verschieden große fotoempfindliche Flächen (typische Verhältnisse etwa 1:4 bis 1:8), verschiedene Verstärkungsstufen oder unterschiedliche Integrationszeiten der Sub-Pixel.

Großer Vorteil dieses Konzepts ist die zeitlich parallele Aufnahme der Information in verschiedenen Dynamikbereichen, was zu geringeren Bewegungsartefakten führt, als dies bei *Lateral Overflow*- bzw. *Multi Exposure*-Verfahren der Fall ist.

Nachteilig ist, dass die Dynamik hier aus lediglich zwei Einzelintegrationen erzeugt wird, was wahlweise eine geringere Gesamtdynamik oder eine starke Komprimierung der Dynamik ergibt [22, 23]. Weiterhin ergibt sich ein etwas schlechterer Füllfaktor, da zwei Fotodioden mit Schaltung im Pixelpitch untergebracht werden müssen.

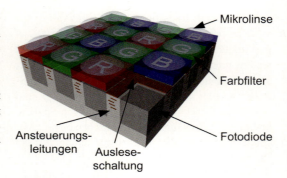

Abb. 20.10 Schema eines CMOS-Bildsensors mit RGB-Farbfiltern (Quelle: Martin Punke)

20.3.3.4 Farbwiedergabe

Ein fotoempfindliches Element kann lediglich die Information liefern, dass Elektronen durch auftreffendes Licht erzeugt wurden, ohne eine Information über die Wellenlänge des eintreffenden Lichtes liefern zu können. Die meisten digitalen Bildsensoren sind also im Prinzip monochrome Sensoren und können nur Grauwerte liefern.

Um einem Pixel eine Farbinformation zuordnen zu können, müssen daher verschiedene Farbfilter (engl. *Color Filter Array – CFA*) in den optischen Pfad eingefügt werden, so dass ein einzelnes Pixel nur für den roten (R), grünen (G) oder blauen (B) Wellenlängenbereich empfindlich ist. Um jedem Pixel eine RGB-Farbinformation zu geben, erfolgt eine Interpolation mit umliegenden Pixeln mit unterschiedlichen Farbfiltern. Durch die Farbfilter wird allerdings auch ein großer Teil der einfallenden Lichtleistung absorbiert, was zu einer niedrigeren effektiven Empfindlichkeit führt. Je nachdem, ob also Empfindlichkeit, Schärfe oder Farbtreue im Fokus der Entwicklung stehen, empfehlen sich verschiedene Ansätze.

Das **Bayer-CFA (RGGB)** ist ein klassisches Farbkamerakonzept mit ausgereiften Ansätzen zur Farbrekonstruktion bei minimaler Reduktion der Schärfe durch Interpolation der Farbe [24]. Ein Bayer-CFA besteht aus zwei diagonal gegenüberliegenden Grün-Filtern und jeweils einem Rot- und Blau-Filter (siehe ◻ Abb. 20.10). Im Bereich Frontview findet auch das **Rot-Monochrome-CFA (RCCC)** Anwendung. Drei Pixel ohne Farbfilter (engl. *clear – C*) werden ergänzt durch ein Rot-Pixel. Dies erhält die Empfindlichkeit der Pixel und ergibt ein hoch

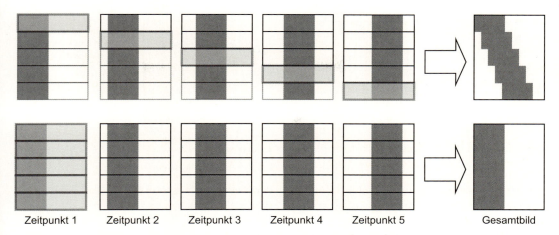

Abb. 20.11 Unterschied *Electronic Rolling Shutter (ERS)* und *Global Shutter (GS)* am Beispiel eines Quaders mit Bewegungsrichtung nach rechts. ERS nimmt Bewegung in verschiedenen Zeilen an verschiedenen Zeitpunkten auf, GS alle Zeilen an einem Zeitpunkt. (Quelle: Boris Werthessen)

aufgelöstes Grauwertbild. Die Reproduktion von Farbe erfolgt aber lediglich im Sinne „Nicht-Rot". Je weniger Signal das rote Pixel im Vergleich zu den Pixeln ohne Farbfilter liefert, als desto blauer wird die Farbe angenommen. Ausreichend ist dies in der automobilen Anwendung zur Unterscheidung von Frontlichtern (Weiß) und Rücklichtern (Rot) [5].

20.3.3.5 Elektronischer Verschluss

Bei digitalen Kameras gibt es üblicherweise keinen mechanischen Verschluss, der die Integrationszeit bestimmt. Es kommt ein elektronischer „Verschluss" zum Einsatz, bei dem das Pixel zu Beginn der gewünschten Integrationszeit in seine Ausgangslage zurückgesetzt und am Ende der Integrationszeit das erzeugte Signal ausgelesen wird. Verwendet werden heute *Global* und *Rolling Shutter*, die sich im zeitlichen Ablauf unterscheiden [18, 19].

Beim **Global Shutter (GS)** wird die Aufnahme aller Pixel eines Pixelarrays gleichzeitig gestartet und gestoppt. Vorteil dieser Technologie: Bewegte Objekte behalten dadurch, abgesehen von Bewegungsunschärfe, ihre Form im aufgenommenen Bild bei (siehe Abb. 20.11, untere Darstellung). Auch zufällig gepulste Lichtquellen wie LED-Fahrzeugbeleuchtungen oder aktive Wechselverkehrszeichen erzeugen beim GS ein homogenes Resultat, solange die Pulse während der Integrationszeit auftreten.

Nachteil des Global Shutters ist die Notwendigkeit, die Bildinformation zwischenzuspeichern, bis sie ausgelesen wird. Hieraus ergibt sich die Notwendigkeit zusätzlicher Transistoren je Pixel und analoger Speicherbereiche (engl. *Sample and Hold*). Dies führt zu parasitären Effekten und man benötigt außerdem zusätzliche Chipfläche. Der daraus folgende schlechtere Füllfaktor führt zu einem höheren Rauschpegel im Vergleich zum Electronic Rolling Shutter, bei dem die Information direkt ausgegeben wird [18].

Beim **Electronic Rolling Shutter (ERS)** wird die Integration jedes Pixels einzeln, im Abstand eines Arbeitstaktes, gestartet und nach der Integrationszeit auch einzeln wieder gestoppt und direkt ausgelesen [18, 25]. Der Verschluss „rollt" über die einzelnen Pixel hinweg, wodurch zu jedem Takt nur die Information eines einzelnen Pixels zur Verfügung steht, das direkt ausgelesen werden kann. Dadurch kann auf die *Sample and Hold*-Schaltung verzichtet werden, was dem ERS große Vorteile beim SNR gegenüber dem GS bringt. Weiterhin ist CDS bei ERS einfacher integrierbar [18].

Nachteil des sequenziellen Integrierens der Pixel ist die zeitliche Differenz zwischen den Bildzeilen: So wird bei einem Objekt, das sich horizontal durch das Bild bewegt, der obere Teil des Objekts zu einem früheren Zeitpunkt aufgenommen als der untere Teil, was zu dem bekannten Effekt von verzerrten oder „schiefen" Objekten führt. Bei der Aufnahme

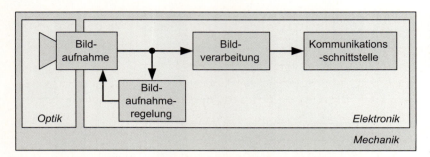

Abb. 20.12 Systemkomponenten eines FAS-Kamerasystems (Quelle: Martin Punke)

gepulster Lichtquellen (aktive Wechselverkehrszeichen) kommt es zu dem Effekt, dass einzelne Pulse nur von einigen Zeilen gesehen werden.

◘ Abbildung 20.11 zeigt die Position eines bewegten Quaders sowie die Zeile (hellgrau), deren Integration zu verschiedenen Zeitpunkten während der ERS-Aufnahme gestartet wurde (oben). Fügt man aus den Aufnahmen der einzelnen Zeilen ein Bild zusammen, ergibt sich eine verzerrte Darstellung des Quaders. Beim GS (unten) erfolgt die Integration aller Pixel zu einem Zeitpunkt, der Quader wird unverzerrt dargestellt.

20.4 Systemarchitektur

Um die Ansprüche an alle geforderten Funktionen zu erfüllen, erfordert die Systemarchitektur die korrekte Auslegung der Hardware- und Software-Komponenten sowie der Bildverarbeitungsalgorithmen; hinzu kommen die mechanische Auslegung des Systems und die mechanische und elektronische Verbindung mit dem Fahrzeug.

Da Kamerasysteme für Fahrerassistenzfunktionen sicherheitsrelevante Bauteile im Fahrzeug darstellen (z. B. durch Bremseingriff) muss das System auch die ISO-Norm 26262 („*Road vehicles – Functional safety*") erfüllen [26]. Dabei sind je nach Funktion verschiedene ASIL-Stufen (engl. *automotive safety integrity level*) umzusetzen.

20.4.1 Systemübersicht

Ein Kamerasystem besteht aus den Komponenten zur Bildaufnahme, der Bildaufnahme-Regelung, der Bildverarbeitung und der Kommunikation zum Fahrzeug. Dies ist in ◘ Abb. 20.12 schematisch dargestellt. Kamerasysteme können sowohl als einzelne Einheit, die alle Komponenten enthält, ausgelegt sein, als auch als Systeme, die Komponenten getrennt verwenden (z. B. eine Kameramodul mit einer externen Bildverarbeitungseinheit).

20.4.1.1 Bildaufnahme

Die Bildaufnahme erfolgt durch ein oder mehrere Kameramodule im Fahrzeug. Die Bilddaten des Kameramoduls werden durch die Bildaufnahmeregelung beeinflusst und dann an die Bildverarbeitung weitergeleitet. Es können auch zusätzliche bild(vor)verarbeitende Funktionen direkt auf dem Bildsensor integriert werden. Man spricht dann von einem *System on Chip (SOC)*-Sensor. Hierbei muss allerdings abgewogen werden, ob der Mehrbedarf an Leistung sowie damit verbundener Wärmeentwicklung – und somit Erhöhung des Bildsensorrauschens – die Integration sinnvoll macht.

Im Falle der Vorverarbeitung auf dem Bildsensor oder bei Kameramodulen mit einer externen Verarbeitungseinheit werden die Bilddaten u. a. über spezielle Schnittstellen basierend auf dem LVDS-Standard (engl. *low-voltage differential signaling*) oder über Ethernet in komprimierter Form (z. B. als Mjpeg oder im H.264-Standard) übertragen.

20.4.1.2 Bildaufnahme-Regelung

Die Regelung des Kamerabildsensors ist notwendig, um in allen Umgebungssituationen die optimalen Bildparameter einzustellen. Die zwei wichtigsten Regelungssysteme sind die Belichtungssteuerung und der Weißabgleich.

Zur Anpassung an unterschiedliche Beleuchtungssituationen ist die Belichtungssteuerung so ausgelegt, dass sowohl in den dunklen Bildbereichen noch Strukturen zu erkennen sind als auch die hellen Bildbereiche nicht gesättigt sind. Voraussetzung ist natürlich ein entsprechend großer Dynamikumfang des Kameramoduls.

Die Kontrolle des Weißabgleichs erfolgt, um bei unterschiedlichen Farbtemperaturen der Beleuchtung der Szene eine konstante Farbwiedergabe zu erreichen. So müssen beispielsweise weiße Fahrbahnmarkierungen sowohl im Tageslicht als auch bei Tunnelfahrten mit zum Teil gelblicher Beleuchtung als weiß erkannt werden.

20.4.1.3 Bildverarbeitung

In der Bildvorverarbeitung erfolgen die Aufbereitung des Kamerabildes und erste Verarbeitungsschritte. Bei Einsatz eines RGB-Bildsensors wird ein Farbbild durch ein sogenanntes *Demosaicing*-Verfahren rekonstruiert. Als weiterer Schritt erfolgt eine Gammakorrektur, d. h. Eingangswerte im Bild werden über einen Transformationsschritt in andere Ausgangswerte überführt. Hintergrund dieser Operation ist entweder die Anpassung an ein bestimmtes Wiedergabesystem oder auch die verbesserte Bildverarbeitung. Im Falle einer Anzeige auf einem Display wird außerdem üblicherweise eine Rauschreduzierung, eine Kantenverstärkung und eine Farbkorrektur durchgeführt [14, 27].

Werden die Bilddaten für Aufgaben des maschinellen Sehens herangezogen, erfolgen oft eine Verzeichnungskorrektur, die Berechnung des optischen Flusses und im Falle einer Stereokamera die Rektifizierung sowie die Erstellung der Disparitätskarte. Aus den vorverarbeiteten Bildern werden in der Bildverarbeitung die gewünschten Informationen extrahiert (vgl. auch ▶ Kap. 21 und 22).

20.4.1.4 Kommunikation

Über die Kommunikationsschnittstellen des Kamerasystems erfolgt der Datenaustausch zu anderen Steuergeräten im Fahrzeug. Als Fahrzeugbussysteme sind vor allem der CAN-Bus (engl. *Controller Area Network*), der Flexray-Bus und der Ethernet-Standard verbreitet. Während CAN- und Flexray-Busse nur zur Kontrolle des Kamerasystems und Ausgabe von beispielsweise Objektlisten verwendet werden, ist beim Einsatz von Ethernet aufgrund der höheren Datenraten auch eine gleichzeitige Übertragung von Bilddaten möglich.

20.4.1.5 Elektronik

Die Auslegung der Elektronik folgt den allgemein hohen Anforderungen in der Automobilindustrie u. a. hinsichtlich Lebensdauer und elektromagnetischer Störfestigkeit/Verträglichkeit. Die großen Datenmengen, die mit komplexen Algorithmen in Echtzeit zu bearbeiten sind, führen zu einer Systemauslegung, bei der meist mehrere Prozessoren oder Multikernprozessoren zum Einsatz kommen [5]. Die Abführung der daraus resultierenden Verlustleistung bildet eine Herausforderung für den Wärmeabtransport im Fahrzeugeinbauraum und muss schon bei der Elektronikauslegung und dem Gehäusedesign berücksichtigt werden.

20.4.1.6 Mechanik

Das Gehäuse des Kamerasystems bildet die Schnittstelle zwischen Elektronik und Kameramodul zum Fahrzeug; es muss thermisch stabil und leicht zu verbauen sein. Außerdem bildet das Gehäuse meist die Schirmung der Elektronik zur besseren elektromagnetischen Verträglichkeit. Im Falle der Frontview-Kamera sitzt das Gehäuse hinter der Windschutzscheibe. Um Reflexionen an den Scheibengrenzflächen und am Gehäuse zu vermeiden, wird oft eine Streulichtblende zwischen Kameramodul und Windschutzscheibe eingesetzt. Bei den Kamerasystemen, bei denen das Kameramodul direkten Kontakt zur Umwelt hat (z. B. Surround View) muss das Gehäuse außerdem gegen eindringende Feuchtigkeit versiegelt sein.

20.4.2 Monokamera-Architektur

Eine exemplarische Monokamera-Architektur für ein Frontview-Kamerasystem ist in ◘ Abb. 20.13 dargestellt. Der Bildaufnehmer wird über einen Kommunikationsbus geregelt und die Bilddaten werden über eine parallele Schnittstelle zur Bildverarbeitungseinheit übertragen. Eingesetzt wird hier ein digitaler Signalprozessor (engl. *Digital Signal Processor – DSP*), der die Videoverarbeitung in Echtzeit durchführen kann. In anderen Systemen

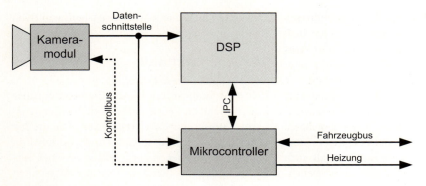

■ **Abb. 20.13** Architektur eines Monokamerasystems (Quelle: Martin Punke)

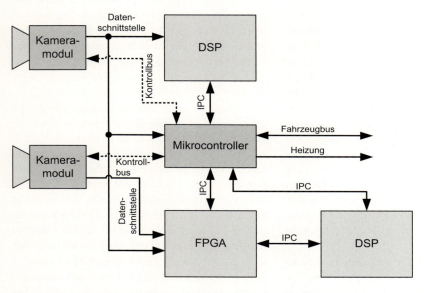

■ **Abb. 20.14** Architektur eines Stereokamerasystems (Quelle: Martin Punke)

werden auch FPGAs (engl. *Field programmable gate arrays*) oder dedizierte ASICs (engl. *Application Specific Integrated Circuit*) verwendet [27]. Unterstützt wird die Bildverarbeitungseinheit durch schnelle Speicherbausteine, die einerseits zur Zwischenspeicherung von prozessierten Daten als auch zur Speicherung von mehreren Bildern beim Einsatz von Tracking-Algorithmen genutzt werden.

Der Mikrocontroller übernimmt die Belichtungssteuerung, die Steuerung der Windschutzscheibenheizung, die Kommunikation am Fahrzeugbus und weitere Steuerungs- und Überwachungsfunktionen. Zwischen Mikrocontroller und DSP erfolgt die Kommunikation durch eine IPC-Schnittstelle (engl. *Inter Processor Communication*).

20.4.3 Stereokamera-Architektur

Ein Stereokamerasystem unterscheidet sich von einem Monokamerasystem im Wesentlichen durch ein weiteres Kameramodul und zusätzliche Recheneinheiten. Die komplexen Stereofunktionen machen eine deutliche höhere Rechenleistung notwendig.

20.4.3.1 Aufbau einer Stereokamera

Der grundsätzliche Aufbau einer Stereokamera ist in ■ Abb. 20.14 zu sehen. Die beiden Bildsensoren werden hier wiederum von einem Mikrocontroller angesteuert, die Bildsignale werden im Vorverarbeitungsschritt zu einem DSP und einem FPGA übertragen. Im FPGA gehen die Rektifizierung, die Berechnung der Disparitätskarte und die Berechnung des optischen Flusses vonstatten. Auf einem DSP erfolgt dann die Objektbildung, d. h. Identifizierung von Fußgängern, Fahrzeugen etc.

Ein zweiter DSP dient zur Umsetzung der ADAS-Funktionen wie Fahrspurerkennung und Verkehrszeichendetektion. Die Kommunikation zum Fahrzeug läuft mittels eines Mikrocontrollers ab. Auch hier stehen den Bildverarbeitungseinheiten jeweils schnelle Speicher zur Verfügung.

20.4.3.2 Unterschiede zu Monokamerasystemen

Neben den Unterschieden in der Bildverarbeitung stellen Stereokamerasysteme weitere besondere Anforderungen an die Systemarchitektur: Die Bildaufnahme mittels beider Kameramodule muss synchronisiert verlaufen, um einen Einfluss durch eine zeitliche und damit räumliche Verschiebung der Bilder zu vermeiden.

Ein weiterer Unterschied sind die gesteigerten Anforderungen hinsichtlich der Montage und Kalibration des Kamerasystems. So müssen die beiden Kameramodule sehr präzise in allen Raumachsen (Nick-, Gier- und Rollwinkel) zueinander ausgerichtet und dann stabil im Gehäuse montiert sein. Jede Änderung der optischen Blickrichtung der Kameras zueinander kann zu einer Dekalibrierung des Systems und damit zum Ausfall der Funktion führen. Daher ist die Gehäusemechanik darauf ausgelegt, auch bei unterschiedlichsten Umweltbedingungen stabil zu sein und es erfolgen verschiedene Kalibriermaßnahmen (siehe ▶ Abschn. 20.5).

20.4.3.3 Auslegung

Ein wichtiges Kriterium für die Nutzung eines Stereokamerasystems ist die Genauigkeit der Tiefenschätzung. Über eine präzise Tiefenschätzung lassen sich Funktionen wie ein kamerabasierter Notbremsassistent oder eine automatische Abstandsregelung realisieren, die auf die Abstandsinformation vom Fahrzeug zum Objekt angewiesen sind.

Wichtige Parameter in einem achsparallelen Stereosystem sind die Brennweite der Kameras f und der Abstand zwischen den Kameras (Basisbreite b). Die sogenannte Disparität d ergibt sich aus dem Abstand der Bildpunkte, die durch die Projektionslinien vom Bildpunkt P auf die Bildsensoren fallen.

Mit der Größe eines Bildpunkts auf dem Bildsensor s_p ergibt sich der Abstand zum Objekt z_C zu:

$$z_C = \frac{b \cdot f}{d \cdot s_P}.$$

Nach Ableitung ist der absolute Entfernungsfehler dann:

$$\Delta z = \frac{\Delta d \cdot s_P \cdot z_C^2}{b \cdot f}.$$

Für den Fehler der Disparitätsschätzung Δd sind Genauigkeiten von unter einem Pixel erzielbar.

Eine beispielhafte Rechnung eines Kamerasystems mit einer Brennweite von 5 mm, einer Pixelgröße von 3,75 μm, einer Basisbreite von 200 mm und einem Disparitätsfehler von 0,25 Pixeln ergibt einen Fehler der Entfernungsmessung von 2,3 m bzw. 4,7 % bei einem Objektabstand von 50 m.

Verbesserungen sind durch eine höhere Auflösung des Bildsensors bei kleinerer Pixelgröße, einer größeren Basisbreite oder einer größeren Brennweite möglich. Eine Veränderung dieser Parameter bedingt allerdings auch eine Änderung der Systemauslegung. So wird durch eine größere Brennweite das Blickfeld der Kamera eingeschränkt; die Basisbreite sollte durch die Anforderungen an das Design möglichst klein gehalten werden. Eine kleinere Pixelgröße wiederum kann eventuell zu einer geringeren Empfindlichkeit des Systems führen. Zusätzlich erhöht sich die notwendige Rechenleistung bei höheren Auflösungen signifikant.

20.5 Kalibrierung

Wenn Fahrerassistenzfunktionen wie die Verkehrszeichenerkennung, die Spurhaltefunktion oder der Fernlichtassistent richtig funktionieren sollen, ist eine korrekte Interpretation der Bildaufnahmen des verwendeten Kamerasystems wichtig. Um dies zu gewährleisten, sind Zusatzinformationen über die Aufnahmen nötig, die durch das Verfahren der Kalibrierung bestimmt werden können. Diese Informationen, oder auch Kalibrierparameter, dienen typischerweise nicht nur zur besseren Interpretation, sondern auch zu einer Kompensation möglicher Abweichungen von der definierten Norm. So kann beispielsweise die Kennlinie über das Ansprechverhalten des Sensors nachträglich linearisiert werden.

Dieser Abschnitt geht genauer darauf ein, welche Parameter typischerweise kalibriert werden, wo diese Kalibrierung stattfindet und wie die Kalibrierung vorgenommen werden kann.

20.5.1 Kalibrierparameter

Kalibrierparameter sind Variablen eines geeigneten Modells des Bildgebungssystems, die durch ein Kalibrierverfahren bestimmt werden können und das System auf diese Weise ausreichend genau beschreiben. Dabei kann man verschiedene Klassen unterscheiden, je nachdem welche Eigenschaften des Systems modelliert werden sollen. Die nachfolgende Aufstellung gibt einen Überblick:

Kameramodulcharakterisierung
- OECF (engl. *opto electronic conversion function*, Sensorkennlinie)
- Dunkelstromrauschen, defekte Pixel

Geometrische Kamerakalibrierung
Intrinsische Kameraparameter
- Kamerahauptpunkt
- Brennweite
- Verzeichnung
- Pixelskalierung

Extrinsische Kameraparameter
- Kameraposition
- Kameraorientierung

20.5.2 Orte der Kalibrierung und Kalibrierverfahren

Wo und wann eine Kalibrierung der Kamera stattfindet, richtet sich nach den zu kalibrierenden Parametern und den daraus resultierenden Anforderungen. Grundsätzlich wird die Kamera bereits im Produktionsprozess hinsichtlich Sensorcharakterisierung und der intrinsischen Parameter kalibriert. Hierzu werden in die Produktionslinie Kalibrieraufbauten eingefügt, mit denen es möglich ist, unter reproduzierbaren Bedingungen zu messen.

Kameramodulcharakterisierung – Kameraproduktionslinie Zur Bestimmung der OECF können Aufnahmen mit verschiedenen, definierten Beleuchtungsstärken, aber konstanten Belichtungszeiten durchgeführt werden; alternativ kann auch die Beleuchtungsstärke konstant gehalten und die Belichtungszeit variiert werden. Mit beiden Verfahren wird die vom Sensor aufgenommene Strahlungsenergie in bestimmter Weise variiert und als Kennlinie gegen die Sensorantwort aufgetragen. Mit der Kennlinie ist das Verhalten für jeden vermessenen Sensor bekannt, so dass mögliche Fehler kompensiert und Produktschwankungen ausgeglichen werden können.

Intrinsische Kamerakalibrierung – Kameraproduktionslinie Die Kalibrierung in der Produktionslinie der Kamera bietet sich auch an, um die intrinsischen Parameter zu bestimmen. Typischerweise wird hierzu ein dreidimensionaler Target-Aufbau mit Schachbrettmuster-Targets verwendet. Anhand des bekannten Setups und der Auswertung der in der Kameraaufnahme detektierten Schachbrettecken können Modellparameter bestimmt werden, mit denen sich die Kamera beschreiben lässt. In den meisten Fällen reichen hier ein einfaches Lochkameramodell und ein Verzeichnungsmodell niedriger Ordnung aus. Eine bekannte Methode zur Bestimmung dieser intrinsischen (und auch extrinsischen) Parameter ist beispielsweise das Verfahren nach Tsai [28].

Im Falle eines Stereokameramoduls werden beide Kameras intrinsisch kalibriert sowie die Lage und Orientierung der Kameras relativ zueinander berechnet.

Extrinsische Kamerakalibrierung – Fahrzeugproduktionslinie Während der Produktion befindet sich die Kamera noch nicht in der endgültigen Position im Fahrzeug. Eine Kalibrierung der extrinsischen Parameter ist erst im verbauten Zustand sinnvoll. Anhand eines einfachen Targets, dessen Position relativ zur Kameraeinbauposition bekannt ist, lässt sich die Kameraorientierung bestimmen. Die Kameraeinbauposition wird dabei als gegeben angenommen oder über externe Messmittel bestimmt.

Extrinsische Kamerakalibrierung – im Fahrbetrieb Eine Kalibrierung in der Fahrzeugproduktion ist aus Aufwandsgründen nicht immer erwünscht. Darüber hinaus ist die Kameraorientierung relativ zur Welt im Fahrzeug nicht konstant. Wechselnde Beladungszustände des Fahrzeugs können die Orientierung beeinflussen. Die Kameraparameter müssen aber auch in diesem Fall exakt vorliegen, daher wird die Kameraorientierung auch während des laufenden Betriebs kalibriert. Je nach Fangbereich des verwendeten Verfahrens und nach Einbautoleranz kann damit auf die extrinsische Kalibrierung in der Produktionslinie komplett verzichtet werden. Um die Kalibrierung online zu bestimmen, gibt es eine Reihe von Möglichkeiten: Günstig ist es beispielsweise, auf die Ergebnisse von ohnehin auf dem Fahrerassistenzsystem laufenden Funktionen zurückzugreifen und daraus die Kalibrierwerte zu berechnen. Ein Beispiel, mit einem *Structure From Motion*-Ansatz zu kalibrieren, ist in [29] beschrieben.

Stereokamerakalibrierung – im Fahrbetrieb Bei Stereokameras kommt es besonders auf eine genaue Kalibrierung der Orientierung und Lage der Kameras zueinander an: Auch wenn diese Parameter in der Kameraproduktion bereits bestimmt wurden, so ist im laufenden Betrieb eine Nachjustage erforderlich, da mechanische Einflüsse und Temperaturschwankungen sonst die Messgenauigkeit zu stark herabsetzen können. Neben den erwähnten Monokalibrierverfahren können auch speziell auf Stereokameras abgestimmte Verfahren eingesetzt werden: Diese stellen die Transformationsmatrix von der rechten Kamera zur linken Kamera iterativ so ein, dass in den Aufnahmen extrahierte Merkmalskorrespondenzen die sogenannte Epipolarbedingung erfüllen [30].

20.6 Ausblick

Die Technologie im Bereich Kamerasysteme entwickelt sich rasant. Ein Grund dafür ist der Bereich der Unterhaltungselektronik mit seiner Forderung nach immer leistungsfähigeren und kostengünstigeren Bildsensoren, Optiken und Rechnerplattformen. Dieses Potenzial wird in Zukunft auch im Fahrzeugumfeld verstärkt genutzt werden. Höhere Rechenleistungen ermöglichen sowohl Fortschritte in der Bildverarbeitung als auch den Einsatz von größeren Auflösungen der Bildsensoren. Höhere Bildwiederholraten und verbesserte Empfindlichkeiten sind zusätzliche Entwicklungen im Bereich der Kamerasensorik. Durch diese technologischen Verbesserungen werden sich Kamerasysteme in verschiedensten Anwendungsgebieten im Fahrzeug fest etablieren.

Literatur

1. Loce, R., Berna, I., Wu, W., Bala, R.: Computer vision in roadway transportation systems: a survey. J. Electron. Imaging **22**(4), 041121 (2013)
2. Homepage der Firma Delphi: http://delphi.com/manufacturers/auto/safety/active/racam/, Zugriff am 10.01.2014
3. Homepage der Firma Gentex: http://www.gentex.com/automotive/products/forward-driving-assist, Zugriff am 10.01.2014
4. Källhammer, J.: Night Vision: Requirements and possible roadmap for FIR and NIR systems. Proc. SPIE **6198**, 61980 F (2006)
5. Stein, G., Gat, I., Hayon, G.: Challenges and Solutions for Bundling Multiple DAS Applications on a Single Hardware platform. Israel Computer Vision Day (2008)
6. Raphael, E., Kiefer, R., Reisman, P., Hayon, G.: Development of a camera-based forward collision alert system. SAE Int. J. Passeng. Cars – Mech. Syst. **4**(1), 467 (2011)
7. Homepage der Firma Daimler: http://www.mercedes-benz.com/de/, Zugriff am 10.01.2014
8. ISO/DIS 16505: Road vehicles – Ergonomic and performance aspects of Camera-Monitor Systems – Requirements and test procedures
9. Hertel, D.: Extended use of incremental signal-to-noise ratio as reliability criterion for multiple-slope wide-dynamic-range image capture. Journal of Electronic Imaging **19**(1), 011007 (2010)
10. Homepage der MIPI-Alliance: http://www.mipi.org/specifications/camera-interface, Zugriff am 10.01.2014
11. Fischer, R.: Optical System Design. McGraw-Hill, New York (2008)
12. Sinha, P.K.: Image Aquisition and Preprocessing for Machine Vision Systems. SPIE Press, Washington (2012)
13. Hecht, E.: Optics. Addison Wesley Longman, New York (1998)
14. Reinhard, E., Khan, E., Akyüz, A., Johnson, G.: Color Imaging. A. K. Peters, Wellesley (2008)
15. Miller, J., Murphey, Y., Khairallah, F.: Camera performance considerations for automotive applications. Proc. SPIE **5265**, 163 (2004)
16. El Gamal, A., Eltoukhy, H.: CMOS image sensors. IEEE Circuits and Devices Magazine **21**(3), 6 (2005)
17. Holst, G., Lomheim, T.: CMOS/CCD Sensors and Camera Systems. SPIE Press, Washington (2011)

18. Yadid-Pecht, O., Etienne-Cummings, R.: CMOS Imagers: From phototransduction to image processing. Kluwer Academic Publishers, Dordrecht (2004)
19. Fiete, R.: Modelling the Imaging Chain of Digital Cameras. SPIE Press, Washington (2010)
20. Theuwissen, A.: Course "Digital Camera Systems" – Hand out, CEI.se, Finspong, 2008
21. Darmont, A.: High Dynamic Range Imaging, Sensors and Architectures. SPIE Press, Washington (2012)
22. Solhusvik, J., Yaghmai, S., Kimmels, A., Stephansen, C., Storm, A., Olsson, J., Rosnes, A., Martinussen, T., Willassen, T., Pahr, P., Eikedal, S., Shaw, S., Bhamra, R., Velichko, S., Pates, D., Datar, S., Smith, S., Jiang, L., Wing, D., Chilumula, A.: A 1280×960 3.75um pixel CMOS imager with Triple Exposure HDR. In: Proc. of 2009 International Image Sensor Workshop (2009)
23. Solhusvik, J., Kuang, J., Lin, Z., Manabe, S., Lyu, J., Rhodes, H.: A Comparison of High Dynamic Range CIS Technologies for Automotive Applications. In: Proc. of 2013 International Image Sensor Workshop (2013)
24. Brainard, D.: Bayesian method for reconstructing color images from trichromatic samples. In: Proceedings of the IS&T 47th Annual Meeting (1994)
25. Baxter, D.: A Line Based HDR Sensor Simulator for Motion Artifact Prediction. Proc. of SPIE **8653**, 86530 F (2013)
26. ISO 26262: Road vehicles – Functional safety
27. Nakamura, J.: Image Sensors and Signal Processing for Digital Still Cameras. CRC Press, Boca Raton (2006)
28. Tsai, R.: A versatile camera calibration technique for high-accuracy 3D machine vision metrology using off-the-shelf TV cameras and lenses. IEEE Journal of Robotics and Automation **3**(4), 323 (1987)
29. Civera, J., Bueno, D., Davison, A., Montiel, J.: Camera Self-Calibration for Sequential Bayesian Structure From Motion. In: Camera Self-Calibration for Sequential Bayesian Structure From Motion (2009)
30. Zhang, Z.: Determining the Epipolar Geometry and its Uncertainty: A Review. International Journal of Computer Vision **27**(2), 161 (1998)

Maschinelles Sehen

Christoph Stiller, Alexander Bachmann, Andreas Geiger

21.1 Bildentstehung – 370

21.2 Bildverarbeitung – 372

21.3 3d Rekonstruktion der Szenengeometrie – 378

21.4 Zeitliche Verfolgung – 383

21.5 Anwendungsbeispiele – 385

21.6 Zusammenfassung und Ausblick – 391

Literatur – 392

Eine Kamera bildet die dreidimensionale (3d) Welt auf einen zweidimensionalen Bildaufnehmer ab. Somit entsteht bei der Bildaufnahme ein Informationsverlust um eine ganze Dimension. Für eine Reihe von Messaufgaben, vornehmlich in der Klassifikation von Objekten, ist eine zweidimensionale (2d) Information bereits ausreichend. In einer Vielzahl anderer Aufgaben der Fahrerassistenz ist hingegen die 3d Information unverzichtbar, um beispielsweise Sicherheitsabstände zielgenau zu regeln. Entsprechend wird in oft rechenintensiven Bildauswerteverfahren die 3d Szenengeometrie und Dynamik rekonstruiert. Begünstigt durch den anhaltenden Preisverfall von Kamera und Auswertehardware einerseits und der vielfältigen aus Bildfolgen extrahierbaren Information andererseits, werden Bildsensoren in einer beständig wachsenden Vielzahl von Anwendungen eingesetzt.

Während höhere Lebewesen auch zuvor unbekannte Umgebungen nahezu ausnahmslos und mit verblüffender Leichtigkeit visuell wahrnehmen und diese Wahrnehmung erfolgreich zur Navigation nutzen, ist das Wahrnehmungsvermögen maschineller Bildsensoren bislang auf eng begrenzte Domänen beschränkt. Selbst mit dem dadurch formulierbaren Vorwissen ist maschinelles Sehen der menschlichen Leistungsfähigkeit derzeit noch weit unterlegen. Dieses Kapitel gibt einen Überblick über grundlegende Methoden der Bildinterpretation, sowie über das Potenzial und die Grenzen von Bildsensoren. Die theoretischen Grundlagen werden dabei durch zahlreiche Praxisbeispiele illustriert.

21.1 Bildentstehung

21.1.1 Projektive Abbildung

Die Projektion der meisten Kameras lässt sich durch das in ◘ Abb. 21.1 dargestellte Modell einer Lochkamera beschreiben, deren Blendenöffnung so klein angenommen wird, dass in der Ebene des Strahlungsaufnehmers ein scharfes Bild entsteht. In der Praxis wird diese Blende durch eine Optik ersetzt, die ein lichtstärkeres Bild erzeugt.

Die geometrische Beschreibung der Projektion erfolgt im sog. 3d *Kamerakoordinatensystem* $\mathbf{X} = (X, Y, Z)^T$ dessen als *optisches Zentrum* bezeichneter Ursprung in der Blendenöffnung platziert wird, dessen Z-Achse – im Weiteren auch als optische Achse bezeichnet – senkrecht zur Bildebene und die X- und Y-Achse senkrecht dazu parallel zur Zeilen- bzw. Spaltenrichtung des Strahlungsaufnehmers orientiert sind. Anstelle der Bildkoordinaten in der Ebene des Aufnehmers wählt man mathematisch eleganter eine dazu parallele Bildebene im Abstand 1 vor der Lochblende. Das Bild in dieser Ebene unterscheidet sich vom realen Kamerabild nur um eine Skalierung mit der negativen Brennweite −f, so dass das Bild nicht mehr um 180° gedreht erscheint. Man bezeichnet dieses in den Bildkoordinaten $\mathbf{x} = (x, y)^T$ definierte virtuelle Bild als das *Bild einer kalibrierten Kamera*. Aus dem Bild kann man die Projektionsgleichung

$$\lambda \begin{pmatrix} x \\ y \\ 1 \end{pmatrix} = \begin{pmatrix} X \\ Y \\ Z \end{pmatrix} \quad \text{für ein } \lambda \in \mathbb{R} \quad (21.1)$$

ersehen, die – wie in der Systemtheorie üblich – als von physikalischen Einheiten befreite Zahlenwertgleichung formuliert wird. Als wichtigste Konsequenz dieser Projektion kann eine Kamera nur Verhältnisse (d. h. Winkel) zwischen 3d Koordinaten bestimmen. Absolute Entfernungsangaben lassen sich hingegen aus Kamerabildern nur dann bestimmen, wenn zusätzlich die Skale λ bekannt ist. Man bezeichnet Kameras deshalb als *maßstabsblind*. Im Umfeld des Automobils sind zur Maßstabsrekonstruktion häufig die Einbauhöhe der bewegten Kamera oder der Abstand in einer Stereoanordnung bekannt.

Nach Einführung homogener Koordinaten $\tilde{\mathbf{x}} = \begin{pmatrix} x & y & 1 \end{pmatrix}^T$ reduziert sich die Projektionsgleichung zu fast schon täuschender Einfachheit

$$\tilde{\mathbf{x}} \cong \mathbf{X}, \quad (21.2)$$

wobei Gleichheit „≅" in homogenen Koordinaten bedeutet, dass eine von Null verschiedene reelle Zahl λ existiert, so dass $\lambda \tilde{\mathbf{x}} = \mathbf{X}$ gilt. Das resultierende zu ◘ Abb. 21.1 äquivalente geometrische Kameramodell ist in ◘ Abb. 21.2 dargestellt.

In der Bildverarbeitung werden üblicherweise Rechnerkoordinaten $\mathbf{x}_R = (x_R, y_R)^T$ verwendet, deren Koordinatenursprung in der linken oberen Bildecke liegt und die so skaliert werden, dass der

21.1 · Bildentstehung

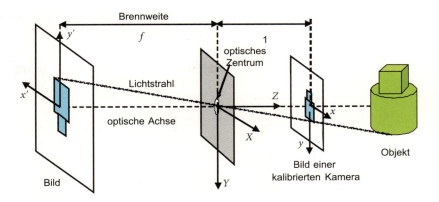

Abb. 21.1 Lochkameramodell der projektiven Abbildung

Abstand benachbarter Bildpunkte 1 beträgt, damit alle Bildpunkte ganzzahlige Rechnerkoordinaten aufweisen (Abb. 21.3). Bezeichnet man den Pixelabstand in horizontaler bzw. vertikaler Richtung auf dem Aufnehmer mit Δx, Δy, so sind die Rechnerkoordinaten im Vergleich zu den Bildkoordinaten um die bezogenen Brennweiten

$$f_x = \frac{f}{\Delta x}; \quad f_y = \frac{f}{\Delta y}; \qquad (21.3)$$

skaliert und um den Bildhauptpunkt $(x_0, y_0)^T$ verschoben. Eine solche Abbildung wird in homogenen Koordinaten linear, d. h. mit $\tilde{\mathbf{x}}_R = (x_R, y_R, 1)^T$ gilt

$$\tilde{\mathbf{x}}_R = \mathbf{C}\tilde{\mathbf{x}} \text{ mit } \mathbf{C} = \begin{pmatrix} f_x & 0 & x_0 \\ 0 & f_y & y_0 \\ 0 & 0 & 1 \end{pmatrix}, \qquad (21.4)$$

wobei die *intrinsische Kalibriermatrix* $\mathbf{C}$ die intrinsischen Kameraparameter, das sind der Bildhauptpunkt und die Brennweiten, beinhaltet.

Schließlich mag das Weltkoordinatensystem nicht an der Kamera orientiert sein, sondern anwendungsorientiert um die Rotationsmatrix $\mathbf{R}$ gedreht und um den Translationsvektor $\mathbf{t}$ verschoben sein, $\mathbf{X} = \mathbf{R}\mathbf{X}_W + \mathbf{t}$. In homogenen Koordinaten $\tilde{\mathbf{X}} = (X, Y, Z, 1)^T$, $\tilde{\mathbf{X}}_W = (X_W, Y_W, Z_W, 1)^T$ wird auch diese Gleichung linear

$$\tilde{\mathbf{X}} \cong \tilde{\mathbf{M}}\tilde{\mathbf{X}}_W \quad \text{mit} \quad \tilde{\mathbf{M}} = \begin{pmatrix} \mathbf{R} & \mathbf{t} \\ \mathbf{0} & 1 \end{pmatrix}, \qquad (21.5)$$

wobei die *extrinsische Kalibriermatrix* $\tilde{\mathbf{M}}$ die sechs Freiheitsgrade einer starren Bewegung im 3d Raum beinhaltet.

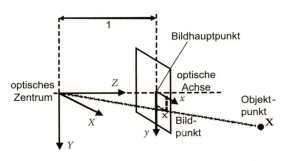

Abb. 21.2 Geometrisches Kameramodell mit projektiver Abbildung

Zusammengefasst ergibt sich die Abbildung eines Punktes in 3d Weltkoordinaten $\mathbf{X}_W$ auf 2d Rechnerkoordinaten $\mathbf{x}_R$ als, in homogenen Koordinaten, lineare Abbildung

$$\tilde{\mathbf{x}}_R \cong \mathbf{P}\tilde{\mathbf{X}}_W \quad \text{mit} \quad \mathbf{P} = \mathbf{C}\mathbf{M}, \qquad (21.6)$$

wobei $\mathbf{M} = \begin{pmatrix} \mathbf{R} & \mathbf{t} \end{pmatrix}$ die ersten drei Zeilen der extrinsischen Kalibriermatrix $\tilde{\mathbf{M}}$ umfasst. $\mathbf{P}$ stellt somit eine 3×4 Matrix dar, die als *Projektionsmatrix* bezeichnet wird [1]. An der ungleichen Dimension der Matrix in Zeilen- bzw. Spaltenrichtung wird der Informationsverlust der projektiven Abbildung deutlich.

21.1.2 Bildrepräsentation

Während die im vorherigen Abschnitt beschriebene Projektion ein in Ort, Zeit und Amplitude kontinuierliches Signal erzeugt, werden Bilder durch Abtastung und Quantisierung digitalisiert.

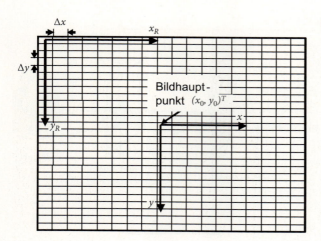

Abb. 21.3 Intrinsische Parameter einer Kamera

Dabei erfolgt die Ortsdiskretisierung bereits durch das Pixelraster auf dem Bildaufnehmer. Da natürliche Bilder an scharfen Kanten unbegrenzt hohe Ortsfrequenzen beinhalten, wird dabei streng genommen das Abtasttheorem verletzt. Jedoch wirken die sensitiven Flächen der einzelnen Pixel, die Optik und häufig der A/D-Wandler als Tiefpass, so dass Aliasingeffekte weitestgehend unterdrückt werden.

Grauwerte werden i. Allg. mit 8 bit linear quantisiert, jedoch sind im Fahrzeugumfeld höhere Dynamiken wünschenswert, weshalb es neben nichtlinearen Kennlinien auch bereits lineare 14 bit Darstellungen von Grauwerten gibt. Der Wert eines Bildpunktes kann neben dem Grauwert auch andere Information, wie Farbe, repräsentieren. Allerdings haben sich derartige Kameras im Automotive Bereich noch nicht durchgesetzt.

Das Moore'sche Gesetz, nach dem sich die Rechenleistung von Steuergeräten bei gleichbleibender Komplexität etwa alle zwei Jahre verdoppelt, scheint analog auch für die Pixelanzahl von Bildaufnehmern zu gelten. Entsprechend würde die Kostenrelation zwischen Kamera und Steuergerät etwa konstant bleiben. In jedem Falle erzeugen Kameras bereits in heutigen Automobilen den höchsten Datenstrom. So verursacht ein monochromes VGA Bildsignal mit 640×480 Pixeln, einer Bildrate von 25 Hz und 8 bit pro Pixel Grauwertquantisierung bereits eine Datenrate von über 60 Mbit/sec. Die Tendenz geht deutlich in Richtung von Megapixel Kameras. Es gibt aus heutiger Sicht keine physikalische Grenze, die dem langfristigen Gleichziehen mit den rund 120 Megarezeptoren auf der menschlichen Retina im Wege stünde. Zur Verarbeitung dieser wachsenden Datenmengen werden neben programmierbaren Prozessoren digitale Logikbausteine mit hohem Parallelisierungsgrad an Bedeutung gewinnen.

21.2 Bildverarbeitung

Unter dem Begriff Bildverarbeitung versteht man die Aufbereitung, Analyse und Interpretation von visuellen Informationen. Da die Komplexität höherer Bildverarbeitungsprozesse, wie zum Beispiel Fahrstreifen- oder Objekterkennungsalgorithmen, jedoch überproportional mit der Menge eingehender Daten steigt, werden diesen höheren Prozessen eine meist großflächige *Bildvorverarbeitung* und eine *Merkmalsextraktion* vorgeschaltet. Die Bildvorverarbeitung reduziert die bei der Bildaufnahme unvermeidlichen Fehler und bereitet anschließend die Bildsignale anwendungsspezifisch auf. Die Bildsignale können dabei durch unterschiedlichste Filteroperationen oder mit Hilfe von Transformationen gezielt manipuliert werden. Irrelevante oder sogar störende Information soll dabei weitestgehend eliminiert werden. Nach einer erfolgreichen Vorverarbeitung der Bilddaten können dann relevante Merkmale extrahiert und dem jeweiligen höheren Auswerteprozess zugeführt werden. In ▶ Abschn. 21.2.2 wird eine Auswahl der in heutigen Fahrerassistenzsystemen angewendeten Bildmerkmale vorgestellt.

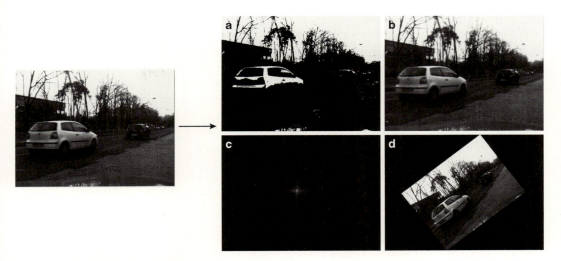

◘ **Abb. 21.4** Einige Beispiele für Bildoperatoren. Links: Originalbild; Rechts: a) Binarisierungsoperator (Punktoperator); b) Binomialfilter (lokaler Operator); c) Fouriertransformation (globaler Operator); d) Rotation (geometrischer Operator);

21.2.1 Bildverbesserung

Durch die Bildverbesserung werden aus dem aufgenommenen Bildsignal mithilfe verschiedenster Operationen relevante Informationen aufgewertet oder extrahiert und dem nachfolgenden Bildverarbeitungsprozess weitergeleitet, vgl. ◘ Abb. 21.4. Die Operationen in der Bildverarbeitung lassen sich in drei Klassen einteilen: Punktoperatoren, lokale Operatoren und globale Operatoren. Die Gliederung richtet sich nach der Anzahl der Bildpunkte, die eine Operation beeinflussen.

Punktoperatoren beziehen sich bei der Verarbeitung des Grau- oder Farbwerts eines Bildes ausschließlich auf einen Bildpunkt. Beispiele hierfür sind z. B. Histogrammspreizung, Egalisierung oder verschiedene Schwellwertverfahren. Die räumlichen Beziehungen der Grauwerte in der näheren Umgebung werden hier jedoch nicht erfasst.

Lokale Operatoren berechnen einen neuen Farb- oder Grauwert eines Bildpunktes auf Basis einer örtlich begrenzten Region um den betrachteten Bildpunkt. Sie werden auch Nachbarschaftsoperatoren oder FIR Filter (finite impulse response) genannt und arbeiten direkt auf dem Bildsignal. Beispiele für lokale Operatoren sind z. B. morphologische Filter, Glättungsfilter oder Gradientenfilter zur Hervorhebung von Grauwerttexturen. Ein wichtiger lokaler Bildoperator ist die Faltung mit einem Glättungsfilter. Dafür werden meistens Gauß- oder Binomialfilter verwendet. Das einfachste Binomialfilter in einer Dimension ist gegeben durch die Faltungsmaske 2^{-1} [1 1]. Durch die wiederholte Anwendung dieser Faltungsmaske ergeben sich Binomialfilter höherer Ordnung. So ist das Binomialfilter siebter Ordnung in einer Dimension gegeben durch 128^{-1} [1 7 21 35 35 21 7 1]. Für höhere Ordnungen approximieren Binomialfilter mit guter Näherung Gauß-förmige Filter. Die für die Anwendung auf Bilder notwendigen zweidimensionalen Faltungsmasken werden nicht explizit berechnet, da die Filter linear separierbar sind. Die zweidimensionale Glättung eines Bildes mit einem Binomialfilter wird stattdessen durch die aufeinanderfolgende Anwendung eines horizontalen und vertikalen Binomialfilters implementiert. Eine detailliertere Diskussion zur Glättung mit Gauß- und Binomialfiltern findet sich in [2].

Globale Operatoren betrachten für die Transformation eines Pixels das gesamte Bild, wie beispielsweise bei der Fouriertransformation oder der Houghtransformation.

Eine eigene Klasse von Operatoren bilden die *geometrischen Operatoren*. Sie sind verantwortlich für die geometrische Manipulation eines Bildes. Beispiele sind Drehung, Skalierung oder Spiegelung. Dabei bleiben die Intensitätswerte des Bildes erhalten. Die Bildpunkte werden lediglich versetzt.

21.2.2 Merkmalsextraktion

Nach der Korrektur und Aufbereitung des Bildsignals durch die Vorverarbeitung lassen sich aus dem Signal Merkmale gewinnen. Merkmale sind lokal beschränkte, aussagekräftige Teile eines Bildes die eine symbolische oder empirische Beschreibung von Eigenschaften des Bildes oder eines im Bild enthaltenen Objektes liefern. Merkmale können auf verschiedensten Bildprimitiven bestimmt werden. Beispielsweise bildet der Gradientenbetrag des Bildsignals ein Merkmal für Objektkonturen. Objekttypische Verteilungsmuster einer messbaren Größe liefern einen Hinweis auf Bildregionen, die das entsprechende Objekt abbilden. Das Ziel einer Merkmalsextraktion ist es somit, die für die jeweilige Anwendung wichtigen strukturellen Eigenschaften aus der umfangreichen Bildinformation in einem kompakten Merkmalsvektor hervorzuheben, während die für die Anwendung irrelevante Information aus dem Bild herausgefiltert wird. Dieser Vorgang führt zu einer enormen Datenreduktion und findet seine Analogie in der menschlichen visuellen Wahrnehmung. Dort werden bereits durch netzhautnahe Schichten spezifische Rezeptorenfelder gebildet, die etwa Kanten, Bewegung oder lokale Maxima extrahieren.

Merkmale lassen sich grob in die beiden Gruppen der Einzelbildmerkmale und Korrespondenzmerkmale einteilen: *Einzelbildmerkmale* sind unmittelbar aus dem Grauwertmuster eines einzelnen Bildes bestimmbar, während *Korrespondenzmerkmale* die Bildpositionen der Projektion desselben Raumpunktes auf verschiedenen Bildern zueinander in Beziehung setzen.

21.2.2.1 Einzelbildmerkmale

Die wichtigsten aus einem Einzelbild extrahierbaren Merkmale bilden Kanten und Ecken. Beide Merkmale sind durch eine deutliche Änderung des Bildsignals über den Bildkoordinaten charakterisiert. Die Änderung des Bildsignals ist mathematisch durch den Gradienten beschrieben. Die am häufigsten verwendeten Algorithmen zur Merkmalsextraktion verarbeiten entsprechend Gradienten. Im Folgenden wird zunächst die Bildung des Gradienten als lokaler Operator diskutiert.

Danach wird ein verbreiteter Algorithmus zur Kantendetektion und ein verbreiteter Algorithmus zur Eckendetektion vorgestellt. Kanten und Ecken beinhalten die wesentliche Bildinformation. So können Menschen Bildinhalte bereits hervorragend aus Strichzeichnungen erkennen, die ausschließlich Bildkanten darstellen.

Der Gradient eines Bildes $g(x, y)$ ist definiert durch

$$\nabla g(x, y) = \begin{bmatrix} g_x(x, y) \\ g_y(x, y) \end{bmatrix} = \begin{bmatrix} \frac{\partial g(x,y)}{\partial x} \\ \frac{\partial g(x,y)}{\partial y} \end{bmatrix}. \quad (21.7)$$

Da das Bild nur in ortsdiskreter Form vorliegt, werden die partiellen Ableitungen durch FIR Filter mit meist wenigen Filterkoeffizienten approximiert. Eine übliche Approximation ist $\frac{\partial g(x,y)}{\partial x} \approx \frac{g(x+1,y) - g(x-1,y)}{2}$. Das Bild wird dabei mit dem Filter $2^{-1}\,[1 \ 0 \ -1]$ gefaltet. Der sogenannte Sobeloperator verwendet diese Approximation um Ableitungen zu berechnen, und glättet mit einem Filter $4^{-1}\,[1 \ 2 \ 1]^T$ zusätzlich in der senkrecht zur Ableitung stehenden Richtung. Insgesamt approximiert der Sobeloperator damit die Ableitung des Bildsignals durch die zweidimensionale Faltung mit einer 3×3 Filtermaske

$$\frac{\partial g(x,y)}{\partial x} \approx g(x,y) ** \frac{1}{8} \begin{bmatrix} 1 & 0 & -1 \\ 2 & 0 & -2 \\ 1 & 0 & -1 \end{bmatrix}. \quad (21.8)$$

Aus dem Gradientenbild werden durch Kantendetektoren zusammenhängende Linienstrukturen extrahiert, die lokal maximalen Gradientenbetrag aufweisen. Als prominenter Vertreter wird nachfolgend der Canny-Kantendetektor vorgestellt [3], vgl. Abb. 21.5. Zuerst wird hierfür eine Glättung des Eingabebildes vorgenommen. Dieser Schritt dient der Unterdrückung von sporadischen rauschinduzierten hohen Gradienten, die zu falsch positiv detektierten Kanten führen könnten. Dazu wird das Bild z. B. mit der oben beschriebenen Binomialmaske gefaltet. Im nächsten Schritt wird der Gradient des geglätteten Bildes berechnet. Aus dem Gradienten wird die lokale Orientierung α als potenzielle Kantenrichtung einer potenziell vorhandenen Kante in jedem Pixel berechnet

Abb. 21.5 Links: Originalbild; Rechts: Ergebnisbild des a) Canny-Kantendekektors; b) Harris-Eckendetektors

$$\alpha = \arctan\left(\frac{g_y(x,y)}{g_x(x,y)}\right) \qquad (21.9)$$

und auf Vielfache von 45° quantisiert. Ferner wird ein Maß für die Kantenstärke berechnet. Dieses Maß kann z. B. der Betrag des Gradienten sein. Als Zwischenschritt wird nun eine Suche nach lokalen Maxima durchgeführt. Pixel bekommen die Kantenstärke Null zugewiesen, falls ein nicht in Kantenrichtung liegendes Nachbarpixel existiert, das eine höhere Kantenstärke besitzt. Damit ist sichergestellt, dass bei der folgenden Verarbeitung nur Kanten gefunden werden, die nicht breiter als ein Pixel und somit präzise lokalisiert sind. Die berechnete Kantenstärke der übrigen Bildpunkte wird dann mit zwei gegebenen Schwellwerten verglichen. Liegt die Kantenstärke höher als der höhere Schwellwert, so wird der entsprechende Bildpunkt als Kante markiert. Liegt die Kantenstärke niedriger als der niedrigere Schwellwert, so wird er als Kante abgelehnt. Liegt die Kantenstärke zwischen den beiden Schwellwerten, dann wird der Bildpunkt als Kante detektiert, wenn es in Kantenrichtung mit einem zuvor als Kantenpixel klassifizierten Pixel benachbart ist. Auf diese Weise wird eine Hysterese bei der Kantendetektion realisiert, die zu einer stabileren Detektion kontinuierlicher Kantenzüge führt. Die gefundenen Kanten können in einem nächsten Schritt z. B. auf bestimmte Formen untersucht werden.

Weitere wichtige primitive Bildmerkmale sind Ecken, deren Lokalisierung exemplarisch anhand des Harris-Eckendetektors aufgezeigt wird. Zunächst wird der Gradient des Eingabebildes bestimmt. Es folgt die Berechnung des Strukturtensors

$$\mathbf{S}(x,y) = \sum_u \sum_v w(u,v)$$
$$\begin{bmatrix} (g_x(x+u,y+v))^2 & g_x(x+u,y+v)g_y(x+u,y+v) \\ g_x(x+u,y+v)g_y(x+u,y+v) & (g_y(x+u,y+v))^2 \end{bmatrix} \qquad (21.10)$$

wobei $w(u,v)$ eine um (0,0) zentrierte Gewichtungsfunktion darstellt. Der zum größeren Eigenwert des Strukturtensors gehörende Eigenvektor zeigt in Richtung der lokalen Orientierung und der Eigenwert stellt ein Maß für die Ausprägung dieser Orientierung dar. Der zum kleineren Eigenwert gehörende Eigenvektor zeigt entsprechend in die dazu senkrechte Richtung der minimalen Orientierung. Auch hier stellt der Eigenwert ein Maß für die Ausprägung der Orientierung in dieser Richtung dar. Mithilfe des Strukturtensors können entsprechend die Bildpunkte als Ecken detektiert werden, deren Strukturtensor zwei große Eigenwerte aufweist. Zur Berechnung wird die Eckenstärke $E(x,y) = \det(S(x,y)) - \kappa \cdot (spur(S(x,y))^2$ mit $\kappa \in [0{,}04; 0{,}15]$ gebildet. Pixel mit einer hohen Eckenstärke werden als Ecken erkannt. Alternativ zur Berechnung der Eckenstärke können auch direkt die Eigenwerte von $\mathbf{S}(x,y)$ untersucht werden. Eine Ecke liegt dann vor, wenn beide Eigenwerte hinreichend groß sind. Die gefundenen Ecken können in einem weiteren Verarbeitungsschritt z. B. zur Korrespondenzsuche zwischen Bildern verwendet werden. Eine detailliertere Diskussion zur Kantendetektion und zum Strukturtensor ist in [4] und [2] zu finden.

21.2.2.2 Korrespondenzmerkmale

Die Kenntnis der Projektion eines realen Punktes in verschiedenen Bildern einer Bildfolge oder mehrerer Kameras lässt Rückschlüsse auf dessen Position im 3d Raum zu. Entsprechend bildet die Suche nach Korrespondenzen in mehreren Bildern die Grundlage zur Rekonstruktion der durch die Projektion verloren gegangene 3d Information. Die Bestimmung von Korrespondenzmerkmalen kann als eine Suchaufgabe aufgefasst werden, bei der zu einem Element der einen Ansicht das dazu korrespondierende Element der anderen Ansicht gesucht wird [5, 6]. Die Suchverfahren können grob in drei Klassen eingeteilt werden: Deskriptorbasierte Verfahren, Gradientenverfahren und Matching Verfahren.

Detektoren und Deskriptoren salienter Bildpunkte

Deskriptorbasierte Verfahren wie SIFT [7], SURF [8], BRIEF [9], DAISY [10] und der gelernte Deskriptor DIRD [11] arbeiten typischerweise in drei aufeinanderfolgenden Stufen: Zunächst werden markante Punkte wie Ecken [4] oder Blobs [7] im Bild detektiert welche sich mit hoher Wahrscheinlichkeit auch in anderen Bildern der gleichen Szene finden lassen. Nach dieser Diskretisierung wird für jeden der selektierten Punkte ein Deskriptor berechnet, welcher möglichst diskriminativ und zugleich robust gegenüber Beleuchtungsänderungen, Rotationen, Translationen, Änderungen in der Skale sowie moderaten Verzerrungen ist. Letztere treten auf, wenn sich die Position der Kamera zwischen den zwei Bildern signifikant verändert hat, und werden durch die projektive Abbildung verursacht. Oft existieren Varianten der Deskriptoren (U-SIFT, U-SURF), welche nur einen Teil der vorgestellten Invarianzeigenschaften aufweisen. So ist es beispielsweise bei Videosequenzen oft sinnvoll gänzlich auf die Rotationsinvarianz zu verzichten, da die zwischen zwei Zeitschritten auftretende Rotation als vernachlässigbar angesehen werden kann. Mit dem DIRD Deskriptor wurde hierfür ein Verfahren vorgeschlagen, das einen Deskriptor mit einer beliebigen Auswahl von Eigenschaften anhand vorgegebener Trainingsbeispiele aufgabenspezifisch lernt. Im dritten und letzten Schritt werden die Korrespondenzen zweier Bilder einander anhand ihrer Deskriptoren zugeordnet. Ein kleiner euklidischer Abstand bzw. ein großes Skalarprodukt der zugehörigen Vektoren kann dabei als Kriterium für eine gute Korrespondenz herangezogen werden. Während eine einfache Methode der Zuordnung darin besteht, Korrespondenzen in absteigender Reihenfolge ihres Ähnlichkeitsmaßes zuzuordnen, lassen sich auch global optimale Verfahren wie der Kuhn-Munkres-Algorithmus (auch bekannt als "Ungarische Methode") heranziehen. Stellvertretend für deskriptorbasierte Verfahren wird im folgenden der SIFT-Ansatz näher erläutert. Andere Deskriptoren wie SURF, BRIEF, DAISY oder DIRD folgen einem ähnlichen Prinzip, können aber durch effiziente Berechnungen und Approximationen Rechenzeitvorteile bieten.

Das SIFT-Verfahren berechnet im ersten Schritt eine Bildpyramide durch Glättung und Verkleinerung des Eingabebildes. Auf jeder der Skalen werden daraufhin Minima und Maxima der Faltung mit einem Gauß-Differenzfilter bestimmt. Um die Anzahl der gewonnen Punkte zu reduzieren und Mindestabstände zwischen Ihnen einzuhalten kommt das sogenannte "Non-Maximum-Suppression" Verfahren zum Einsatz. Um Rotationsinvarianz zu gewährleisten wird ein Histogramm der Grauwertgradienten in einem Fenster um den Merkmalspunkt erstellt. Das Fenster zur Beschreibung des Merkmalspunktes wird daraufhin in Richtung des maximalen Gradienten ausgerichtet.

Zur eigentlichen Beschreibung wird ein lokaler Bildbereich um den Merkmalspunkt herum in gleichmäßige Quadrate aufgeteilt. Jeder dieser Teilbereiche lässt sich dann robust durch ein Histogramm der Gradientenorientierung beschreiben, wie in ◘ Abb. 21.6 dargestellt. Die Histogramme werden anschließend normalisiert und zu einem Vektor mit 128 Einträgen zusammengefasst, welcher der Beschreibung des Merkmalspunktes dient. Im Gegensatz zum direkten Vergleich von Intensitäten oder Grauwertgradienten gewährleisten Histogramme eine robustere Merkmalsbeschreibung da sich ihre Form durch geringfüge Rotation, Translation oder Verzerrung des zugrundeliegenden Bildes nur geringfügig ändert. Diese Eigenschaft machen sich auch die sogenannten HoG-Merkmale (Histogram of oriented gradients) zunutze, welche im Bereich der Objekterkennung, insbesondere der Personenerkennung, häufig zum Einsatz kommen.

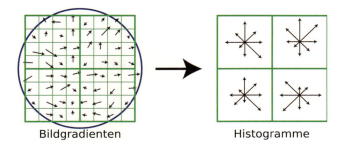

Abb. 21.6 SIFT Deskriptor. Links: Gradienten; Rechts: Histogramme der Gradientenrichtung

Bildgradienten → Histogramme

Gradientenverfahren

Bei *Gradientenverfahren* wird i. Allg. die Intensität der Grauwerte im Bild als orts-zeitabhängige Funktion $g(x, y, t)$ der Bildkoordinaten (x, y) und der Zeit t durch eine Reihenentwicklung approximiert. In [2] wird ein gradientenbasiertes Verfahren vorgestellt, das auf einer Taylorapproximation erster Ordnung des Intensitätsbildes im Sinne der sog. Kontinuitätsgleichung des optischen Flusses beruht. Dabei wird angenommen, dass die Intensität eines auf die Bildebene projizierten Raumpunktes über die Zeit konstant bleibt. Damit lässt sich die Kontinuitätsgleichung des optischen Flusses formulieren

$$\nabla g^T \mathbf{v} + g_t = 0, \quad (21.11)$$

worin $\mathbf{v} = (u, v)^T = \left(\frac{dx}{dt}, \frac{dy}{dt}\right)^T$ den optischen Fluss, $\nabla g = \left(\frac{\partial g}{\partial x}, \frac{\partial g}{\partial y}\right)$ den Ortsgradient und $g_t = \frac{dg}{dt}$ die partielle Ableitung der Intensität in zeitlicher Richtung bezeichnen. Diese Gleichung sagt aus, dass der Bildgradient entlang der Bewegungstrajektorie verschwindet. Gleichung (21.11) stellt nur eine skalare Bedingungsgleichung für die beiden gesuchten Parameter des optischen Flusses dar. Für eine eindeutige Bestimmung von Korrespondenzen mit Hilfe von Gleichung (21.11) werden deshalb zusätzliche Annahmen benötigt. Diese bestehen meist in einfachen Modellen für die Bewegung in einer Bildregion. Im einfachsten Fall wird angenommen, dass der optische Flussvektor $\mathbf{v}$ in einem Bildblock konstant ist. Diese Annahme und die nachfolgende Least Square Schätzung des optischen Flusses führt zum bekannten KLT-Tracker [12], der bei hohen Bildraten und kleinen Bewegungen sehr gute Ergebnisse liefert. Der schnellen und subpixelgenauen Korrespondenzbestimmung derartiger Verfahren steht der Nachteil gegenüber, dass Gleichung (21.11) nur für (infinitesimal) kleine Verschiebungen gilt. Gradientenverfahren werden daher meist bei der Bewegungsbestimmung von Punkten zeitlich sequentieller Bildfolgen eingesetzt, in denen ein geringer optischer Fluss angenommen werden kann, sowie im Nachgang an pixelgenaue Korrespondenzverfahren, die auf den zuvor beschriebenen Deskriptoren oder den nachfolgend beschriebenen Matching Verfahren basieren können.

Matching Verfahren

Bei *Matching Verfahren* werden Korrespondenzen nur innerhalb der durch das Bildraster vorgegebenen Bildpositionen gesucht. Um die Korrespondenz zu einem Bildpunkt zu finden, wird eine kleine umliegende Region aus dem ersten Bild mit entsprechenden um mögliche Korrespondenzkandidaten platzierten Regionen im zweiten Bild verglichen. Die Korrespondenz ergibt sich dann durch die im Sinne eines bestimmten Maßes ähnlichste Region. Da das Korrespondenzproblem innerhalb homogen oder periodisch texturierter Bildregionen nicht eindeutig gelöst werden kann, ist es sinnvoll, den Suchraum auf markante Bildstrukturen einzuschränken. Bei diesen sogenannten *merkmalsbasierten Verfahren* beschränkt man den Suchraum auf eine Untermenge von Merkmalen im Bild. Merkmale können unter anderem Ecken- oder Liniensegmente sein. Mit dem oben vorgestellten Harris-Eckendetektor wurde ein hier häufig verwendeter Merkmalsdetektor bereits vorgestellt.

Als Region wird oft ein symmetrisches Fenster, beispielsweise ein rechteckiger Block, verwendet, dessen Bildpunkte im Referenzbild durch die Menge $B = \{\mathbf{x}_{R1}, \ldots, \mathbf{x}_{Rn}\}$ bezeichnet seien. Entsprechende Verfahren werden daher oftmals *Block-Matching* genannt. Bezeichnet man das Referenzbild und das zweite Bild mit $g_1(\mathbf{x})$ und $g_2(\mathbf{x})$, und beschreibt man die Korrespondenz durch die Verschiebung $\mathbf{d} = (d_1, d_2)^T$, so bewertet beispielsweise das SAD-Abstandsmaß (sum of absolute differences) den absoluten Fehler zweier Bildblöcke

$$SAD(\mathbf{d}) = \sum_{\mathbf{x}_R \in B} |g_1(\mathbf{x}_R) - g_2(\mathbf{x}_R + \mathbf{d})|. \quad (21.12)$$

Das SAD-Abstandsmaß bildet somit die L_1-Norm der Grauwertdifferenzen. Andere Normen sind ebenfalls als Abstandsmaß gebräuchlich. Der Korrelationskoeffizient zwischen den Grauwerten beider Bildblöcke kann als einfaches Ähnlichkeitsmaß verwendet werden:

$$\rho(\mathbf{d}) = \quad (21.15)$$
$$= \frac{\sum_{\mathbf{x}_R \in B} (g_1(\mathbf{x}_R) - \bar{b}_1)(g_2(\mathbf{x}_R + \mathbf{d}) - \bar{b}_2)}{\sqrt{\sum_{\mathbf{x}_R \in B} (g_1(\mathbf{x}_R) - \bar{b}_1)^2} \cdot \sqrt{\sum_{\mathbf{x}_R \in B} (g_2(\mathbf{x}_R + \mathbf{d}) - \bar{b}_2)^2}}.$$

Dabei bezeichnet $\bar{b}_i$ den mittleren Grauwert im betrachteten Bildblock. Der Korrelationskoeffizient bildet somit ein gegen Skalierung mit einem konstanten Faktor und Summation eines konstanten Offsets invariantes Ähnlichkeitsmaß zwischen Bildregionen. Durch Maximierung dieses Ähnlichkeitsmaßes gewonnene Korrespondenzen sind gegen Beleuchtungsänderungen weitgehend unempfindlich.

21.3 3d Rekonstruktion der Szenengeometrie

In vielen Anwendungen zielen Kameras in Fahrerassistenzsystemen auf die 3d Rekonstruktion des Fahrzeugumfelds. Bei Monokameras ist dies jedoch infolge der bekannten *bearings-only Ambiguität* nur begrenzt möglich. Diese fundamentale Eigenschaft projektiv abbildender Sensoren besagt, dass es durch ausschließliche Messung von Richtungen aus mit einem bewegten Sensor nur möglich ist, eine vergleichbare Bewegung eines verfolgten Objekts bis auf einen verbleibenden Freiheitsgrad zu bestimmen. Für ein mit konstanter Geschwindigkeit fahrendes Automobil bedeutet dies beispielsweise, dass die mit einer monoskopischen Kamera gemessene Position und Geschwindigkeit eines ebenfalls unbeschleunigten Fahrzeugs immer einen unbestimmbaren Freiheitsgrad einer vollständigen Dimension aufweist. Wenngleich zur Bestimmung dieser verbleibenden Unsicherheit verschiedene Heuristiken einsetzbar sind (z. B. Fahrt über Ebene mit bekannter Kamerahöhe), bieten diese für sicherheitskritische Fahrfunktionen kaum die notwendige Verlässlichkeit.

Im Gegensatz dazu liefert ein Stereokamerasystem[1] unmittelbar die Tiefeninformation zu fast allen Bildpunkten und kombiniert somit Informationen über Geometrie und Textur einer Szene in einem Sensor. Zur Beschreibung eines Stereokamerasystems wird das in ▶ Abschn. 21.1.1 eingeführte mathematische Modell einer monokularen Lochkamera um eine zweite Kamera erweitert. Für beide Kameras wird die oben beschriebene intrinsische und extrinsische Kalibrierung als bekannt vorausgesetzt. In ▶ Abschn. 21.3.1 werden die Grundlagen zur Stereoskopie beschrieben. Im Falle statischer Szenen kann die Stereoauswertung auch aus zwei zeitlich nacheinander aufgenommenen Bildern einer bewegten Kamera erfolgen. Die Erweiterung der Stereoauswertung für allgemeine zeitlich nacheinander aufgenommene Bilder wird in ▶ Abschn. 21.3.2 vorgestellt. Eine Verallgemeinerung auf drei Kameras, bei der Korrespondenztripel untersucht werden, führt zum Trifokal-Tensor in ▶ Abschn. 21.3.3.

21.3.1 Stereoskopie

Die Stereoskopie gehört zu den passiven Verfahren der 3d Szenenrekonstruktion. Hierbei werden zwei oder mehr Bilder der gleichen Szene von verschiedenen Kamerapositionen aus aufgenommen. Aus der Lage eines bestimmten Szenenpunkts in mindestens zwei Bildern, lässt sich seine räumliche Position bei Kenntnis der intrinsischen und extrinsischen Kalibrierungsparameter der Kameras bestimmen. Für die Korrespondenzanalyse selbst wurden im letzten Abschnitt bereits einige Verfahren erläutert. In diesem Abschnitt soll gezeigt werden, dass mit Informationen über die Kalibrierung und bekannter Lage der Kameras zueinander weitere Korrespondenzbedingungen formuliert werden können, die eine effiziente Stereoauswertung erlauben.

---

1 von griechisch *stereós*: hart, fest, körperlich, räumlich

Ein Stereosystem besteht aus zwei Kameras mit optischen Zentren $\mathbf{C}_l$ und $\mathbf{C}_r$, die in ihrem Erfassungsbereich denselben Szenenpunkt $\mathbf{X}_W$ abbilden. Die Indizes l für links und r für rechts werden zur Unterscheidung der beiden Kameras in der Stereoanordnung verwendet. Aus praktischen Gründen wird das Weltkoordinatensystem oft so gewählt, dass es mit einem der beiden Kamerakoordinatensysteme zusammenfällt. Im weiteren Verlauf soll angenommen werden, dass das Weltkoordinatensystem mit dem Kamerakoordinatensystem der rechten Kamera übereinstimmt, d. h. die extrinsischen Parameter der rechten Kamera ergeben sich zu $\mathbf{R}_r = \mathbf{I}$, $\mathbf{t}_r = \mathbf{0}$ und die der linken Kamera zu $\mathbf{R}_l = \mathbf{R}$, $\mathbf{t}_l = \mathbf{t}$. Die jeweiligen Projektionsmatrizen lauten somit

$$\mathbf{P}_r = \mathbf{C}_r [\mathbf{I}, \mathbf{0}]$$
$$\mathbf{P}_l = \mathbf{C}_l [\mathbf{R}, \mathbf{t}] = \mathbf{C}_l \mathbf{M}. \qquad (21.14)$$

Die Positions- und Orientierungsänderung der linken Kamera, relativ zur weltfesten, rechten Kamera kann somit durch eine starre Transformation ausgedrückt werden. Die Transformation beschreibt eine Überführung des Raumpunktes $\mathbf{X}_W$ hinsichtlich des Kamerakoordinatensystems des rechten Kamerakoordinatensystems in das linke Kamerakoordinatensystem

$$\tilde{\mathbf{X}}_l \cong \tilde{\mathbf{M}} \tilde{\mathbf{X}}_r$$
mit $\tilde{\mathbf{X}}_r = \tilde{\mathbf{X}}_W = (X_W, Y_W, Z_W, 1)^T. \qquad (21.15)$

Die Abbildung eines Punktes in 3d Weltkoordinaten $\mathbf{X}_W$ auf 2d Rechnerkoordinaten der linken, bzw. rechten Kamera $\mathbf{x}_{R,l}$, $\mathbf{x}_{R,r}$ wird in homogenen Koordinaten durch folgende lineare Abbildung beschrieben:

$$\tilde{\mathbf{x}}_{R,r} \cong \mathbf{P}_r \tilde{\mathbf{X}}_W$$
$$\tilde{\mathbf{x}}_{R,l} \cong \mathbf{P}_l \tilde{\mathbf{X}}_W. \qquad (21.16)$$

Für den dreidimensionalen Verschiebungsvektor $\mathbf{t}$ der Kameras gilt $\mathbf{t} = \mathbf{C}_l - \mathbf{C}_r$. Er wird oft auch als *Basis* mit der *Basisbreite* $b = |\mathbf{t}|$ bezeichnet und drückt den Abstand zwischen den optischen Zentren der beiden Kameras aus. Bei der Wahl von b muss ein Kompromiss gefunden werden zwischen einer möglichst hohen Tiefenauflösung bei großen Basisbreiten und einer damit zunehmend schwieriger werdenden Korrespondenzsuche, da bei großer Basisbreite Verdeckungen häufiger auftreten und Verzerrungseffekte bei der Abbildung stärker ausgeprägt sind.

Die Schnittpunkte von $\mathbf{t}$ mit den beiden Bildebenen werden als Epipole $\mathbf{e}_l$ und $\mathbf{e}_r$ bezeichnet. Die optischen Zentren $\mathbf{C}_l$ und $\mathbf{C}_r$ spannen somit mit $\mathbf{X}_W$ eine Ebene auf, die als Epipolarebene bezeichnet wird und in der beide Bildpunkte $\mathbf{x}_l$ und $\mathbf{x}_r$ liegen, vgl. ◘ Abb. 21.7. Durch diese geometrische Anordnung kann die sogenannte *Epipolarbedingung* formuliert werden die den Suchaufwand für Stereokorrespondenzen von der gesamten Bildebene auf eine (Halb-)Gerade reduziert.

Sind $\mathbf{x}_l$ und $\mathbf{x}_r$ Abbildungen des selben Raumpunktes $\mathbf{X}_W$, dann liegt $\mathbf{x}_l$ auf der Halbgeraden, welche durch die von $\mathbf{x}_r$ bestimmten Epipolarlinie durch den Epipol im gleichen Bild gegeben ist.

Mathematisch lautet die Epipolarbedingung

$$\tilde{\mathbf{x}}_l^T \cdot \mathbf{E} \cdot \tilde{\mathbf{x}}_r = 0 \qquad \text{mit } \mathbf{E} = \mathbf{t}_\times \mathbf{R} \quad (21.17)$$

worin der Operator $\mathbf{t}_\times$ die Abbildung des Vektors $\mathbf{t}$ auf folgende antisymmetrische Matrix darstellt.

$$\mathbf{t}_\times = \begin{bmatrix} t_x \\ t_y \\ t_z \end{bmatrix}_\times = \begin{bmatrix} 0 & -t_z & t_y \\ t_z & 0 & -t_x \\ -t_y & t_x & 0 \end{bmatrix} \quad (21.18)$$

Die Matrix $\mathbf{E}$ wird Essentielle Matrix genannt und ist bei kalibrierten Kameras vollständig durch die Position und Orientierung der beiden Kameras bestimmt. Die Essentielle Matrix wurde erstmals von Longuet-Higgins [13] vorgestellt. Sie beschreibt die geometrische Beziehung zweier korrespondierender Punkte in den beiden Ansichten des Stereokamerasystems in Bildkoordinaten.

Für Rechnerkoordinaten ergibt sich die Epipolarbedingung in ähnlicher Form mit Hilfe der Fundamentalmatrix $\mathbf{F}$

$$\tilde{\mathbf{x}}_{R,l}^T \cdot \mathbf{F} \cdot \tilde{\mathbf{x}}_{R,r} = 0$$
$$\text{mit } \mathbf{F} = \mathbf{C}_l^{-T} \mathbf{t}_\times \mathbf{R} \mathbf{C}_r^{-1}. \qquad (21.19)$$

$\mathbf{F}$ enthält somit die intrinsischen und extrinsischen Parameter der euklidischen Transformatio-

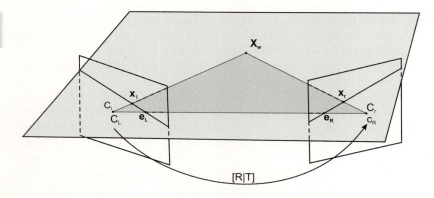

Abb. 21.7 Epipolargeometrie einer Stereokamera

nen beider Kameras. Zur Bestimmung von **F** und **E** aus gegebenen Korrespondenzpaaren gibt es in der Fachliteratur eine Fülle linearer und nichtlinearer Ansätze. Zu den linearen Verfahren gehört der 8-Punkt-Algorithmus, der für hinreichend genaue Punktkorrespondenzen zufriedenstellende Ergebnisse liefert. Es zeigt sich jedoch in der Literatur, dass durch Verwendung von klassischen nichtlinearen Verfahren aus der numerischen Mathematik bessere Ergebnisse zu erzielen sind. Zur nichtlinearen Schätzung können etwa das Gauß-Newton-Verfahren oder die Levenberg-Marquardt-Optimierung genannt werden [14]. Die Essentielle Matrix besitzt fünf Freiheitsgrade. Diese ergeben sich aus 3 Drehwinkeln in **R** und 3 Translationen in **t**, wobei die Skale $|\mathbf{t}|$ für die homogene Matrix **E** irrelevant und auch nicht beobachtbar ist. Entsprechend sind minimal fünf Punktkorrespondenzen zu ihrer Bestimmung erforderlich [15].

Gleichung (21.17) bzw. (1.19) stellen eine Bedingungsgleichung für korrespondierende Bildpunktpaare dar, welche den Suchraum auf eine Dimension entlang der Epipolarlinie reduziert. Jedoch stellen die i. Allg. schräg verlaufenden Epipolarlinien in der Bildebene eine für die Suche ungünstige Struktur dar. Durch eine Transformation, *Rektifikation* genannt, in der die zueinander verdrehten Stereobildebenen und Kamerakoordinatensysteme virtuell komplanar ausgerichtet werden, kann erreicht werden, dass korrespondierende Epipolarlinien horizontal und auf gleicher Höhe verlaufen. Nach der Rektifikation erhält man also die Bilder, die eine Stereoanordnung mit $\mathbf{R}_r = \mathbf{I}$, $\mathbf{t}_r = \mathbf{0}$, $\mathbf{R}_l = \mathbf{I}$, $\mathbf{t}_l = (b, 0, 0)^{\mathrm{T}}$ aufgenommen hätte. Man spricht dann von einer achsparallelen Stereogeometrie bzw. von einem rektifizierten Stereosystem. Eine detaillierte Beschreibung gängiger Rektifizierungsverfahren ist in [6] beschrieben.

Da Korrespondenzen bei einem achsparallelen Stereosystem in derselben Bildzeile liegen, führt die unterschiedliche Perspektive der Kameras hinsichtlich des Szenenpunktes zu einer rein horizontalen Verschiebung in der Abbildung. Dies kann durch folgende Umformung von Gleichung (21.2) für den Raumpunkt $\mathbf{X} = (X, Y, Z)^{\mathrm{T}}$ in den jeweiligen Bildkoordinaten unmittelbar erkannt werden[2].

$$\begin{pmatrix} x \\ y \end{pmatrix}_l = \frac{f}{Z_l} \begin{pmatrix} X_l \\ Y_l \end{pmatrix} = \frac{f}{Z_r} \begin{pmatrix} X_r + b \\ Y_r \end{pmatrix}$$
$$\begin{pmatrix} x \\ y \end{pmatrix}_r = \frac{f}{Z_r} \begin{pmatrix} X_r \\ Y_r \end{pmatrix} \qquad (21.20)$$

Da die vertikale Koordinate y in beiden Abbildungen identisch ist, ergibt sich folgende Beziehung für die Verschiebung der Abbildung

$$\Delta = x_l - x_r$$
$$= \left(\frac{fX_r}{Z_r} + \frac{fb}{Z_r} \right) - \frac{fX_r}{Z_r} = \frac{fb}{Z_r}. \qquad (21.21)$$

Die Verschiebung Δ wird als Disparität bezeichnet und in der Einheit Pixel angegeben. Die

---

2 Streng genommen wird hier das Bild einer kalibrierten Kamera betrachtet, deren Bildebene den Abstand f zum optischen Zentrum aufweist. Diese zusätzliche Skalierung der Bildkoordinaten mit der Brennweite ist üblich, um Bildkoordinaten in Pixel und metrische Entfernungen in Meter auszudrücken.

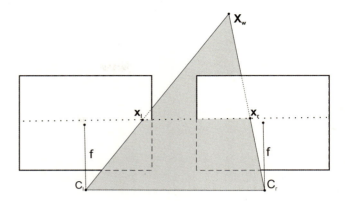

Abb. 21.8 Rektifiziertes Stereosystem

3d Rekonstruktion entsteht durch Umstellen der Gleichungen (21.20) und (21.21)

$$\frac{Z}{f} = \frac{b}{\Delta} \Leftrightarrow Z = \frac{bf}{\Delta}. \tag{21.22}$$

Damit stellt die Disparität ein Maß für die Raumtiefe des Punktes **X** dar und verhält sich umgekehrt proportional zu ihr. Für Punkte im Unendlichen verschwindet insbesondere die Disparität. Durch lineare Fehlerfortpflanzungsrechnung lässt sich die Auswirkung kleiner Fehler in der Disparitätsschätzung $d\Delta$ auf den resultierenden Fehler in der Entfernungsschätzung abschätzen

$$dZ = \frac{dZ}{d\Delta} d\Delta = -\frac{Z^2}{bf} d\Delta. \tag{21.23}$$

Der Betrag der Entfernungsschätzung wächst somit quadratisch mit der Entfernung an. Entsprechend ist die 3d Rekonstruktion aus der Disparität im Nahbereich hochgenau, während sie für große Entfernungen unbrauchbar wird.

21.3.2 Motion-Stereo

Im Unterschied zur klassischen Stereogeometrie, bei der zwei Kameras lateral zueinander verschoben sind, wird beim sogenannten Motion-Stereo Verfahren eine einzelne, bewegte Kamera verwendet. Für unbewegte Umgebungen lässt sich die 3d Position der entsprechenden Raumpunkte eindeutig aus Korrespondenzen bestimmen. Ist die Voraussetzung unbewegter Umgebungen jedoch nicht erfüllt, so verbleibt beim Motion-Stereo Verfahren in der 3d Rekonstruktion von Position und Bewegung zumindest eine Mehrdeutigkeit in einem Freiheitsgrad.

Wir gehen im Folgenden von einem objektfesten Koordinatensystem aus. Durch die Eigenbewegung der Kamera verändert ein als statisch anzunehmender Raumpunkt seine Position $\mathbf{X}(t)$ über der Zeit t. Vom Zeitpunkt t zum Zeitpunkt $t+1$ verschiebe sich der Raumpunkt um

$$\mathbf{D}(t+1) = \mathbf{X}(t+1) - \mathbf{X}(t). \tag{21.24}$$

Die durch die Kamerabewegung entstehende 2d Verschiebung des entsprechenden Bildpunktes auf der Bildebene ist gegeben durch

$$\begin{aligned}\mathbf{d}(t+1) &= \mathbf{x}(t+1) - \mathbf{x}(t) \\ &= \pi(\mathbf{X}(t+1) - \pi(\mathbf{X}(t))).\end{aligned} \tag{21.25}$$

$\mathbf{d}$ bezeichnet den Verschiebungsvektor an der Stelle $\mathbf{x}$ im Bild, verursacht durch die Bewegung der Kamera relativ zu Raumpunkt $\mathbf{X}$. Die Projektion eines Raumpunktes auf die Bildebene, wie in Gleichung (21.6) beschrieben, wird hier abgekürzt ausgedrückt mit $\pi(\cdot)$. Bei einem Kamerasystem, dessen Bewegung im Raum durch die Rotationsmatrix $\mathbf{R}$ und den Translationsvektor $\mathbf{t}$ beschrieben wird, ist die Trajektorie des Raumpunktes $\mathbf{X}(t)$ gegeben durch

$$\mathbf{X}(t+1) = \mathbf{R}(t+1)\mathbf{X}(t) + \mathbf{t}(t+1). \tag{21.26}$$

Die Epipolarbedingung (1.17) beschränkt mögliche 2d Verschiebungsvektoren eines starren Objekts auf eine Dimension. Abbildung 21.9 zeigt den für Automotive Anwendungen typischen Sonderfall, bei dem die Rotationsbewegung vernach-

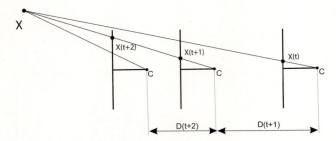

Abb. 21.9 Motion-Stereo Anordnung für rein translatorische Kamerabewegung $\mathbf{t} = (t_x = 0, t_y = 0, t_z \neq 0)^\top$ entlang der optischen Achse

lässigt wird, womit die Rotationsmatrix zur Identitätsmatrix wird: $\mathbf{R}(t+1) = \mathbf{I}$. Weiterhin wird angenommen, dass sich die Kamera nur entlang der optischen Achse bewegt

Für starre Objekte mit unbekannter Bewegung kann die Epipolarbedingung erst nach Schätzung der Epipolarmatrix zur Einschränkung des Suchraums wirksam genutzt werden. Dies hat zur Folge, dass korrespondierende Punkte zunächst im gesamten Bildraum gesucht werden müssen, was mit kostenaufwändigen Operationen verbunden ist. Darüber hinaus ist an vielen Bildpunkten kein eindeutiger Verschiebungsvektor $\mathbf{d}$ bestimmbar, da durch den Apertureffekt entstehende Mehrdeutigkeiten bei der projektiven Abbildung auf der Bildebene nicht aufgelöst werden können. Ein entscheidender Vorteil von Motion-Stereo im Vergleich zur Standard-Stereoskopie ist die mit zunehmender Zeit wachsende Basislänge. Die Basislänge von Stereoanordnungen ist aus baulichen Gründen beschränkt. Beim Motion-Stereo akkumuliert sich die Basislänge aus der Relativbewegung der Kamera über der Zeit. Dies steigert die Genauigkeit und Reichweite des Sensorsystems mit zunehmender Zeit. Besonders attraktiv für Anwendungen im Fahrerassistenzbereich ist die gleichzeitige Auswertung von stereoskopischer Disparität und Motion-Stereo. Während stereoskopisch instantan eine 3d Rekonstruktion im Nahbereich möglich ist, akkumuliert das Motion-Stereo Verfahren mit zunehmender Zeit Verschiebungsinformation und erreicht so eine hohe Reichweite [16].

21.3.3 Trifokal-Tensor

Die Erfüllung der Epipolarbedingung (1.17) bzw. (1.19) zwischen Korrespondenzen in beliebigen Bildpaaren stellt eine notwendige Bedingung dafür dar, dass die Korrespondenzen von einem Punkt der realen Welt stammen können. Sie ist jedoch nicht hinreichend, d. h. es sind Korrespondenztupel über mehrere Bilder möglich, die sämtliche Epipolarbedingungen zwischen beliebigen Bildpaaren erfüllen, aber dennoch nicht von einem Punkt der realen Welt stammen können.

Eine hinreichende Bedingung wird erst mit dem Trifokaltensor erreicht, der die Anordnung von drei Kameras beschreibt. Anschaulich betrachtet, beinhaltet die durch den Trifokaltensor aufgestellte trilineare Bedingung folgende Teilbedingungen, vgl. Abb. 21.10:

- Die Einhaltung der Epipolarbedingungen zwischen dem ersten und zweiten Bild nach Rotation $\mathbf{R}_{12}$ und Translation $\mathbf{t}_{12}$ der Kamera
- Die Einhaltung der Epipolarbedingungen zwischen dem zweiten und dritten Bild nach erneuter Rotation $\mathbf{R}_{23}$ und Translation $\mathbf{t}_{23}$ der Kamera
- Die identische Rekonstruktion der Entfernung aller Punkte $\mathbf{X}$ von der zweiten Kamera, unabhängig davon, ob die Entfernung aus den ersten oder letzten beiden Bildern rekonstruiert wurde.

Formal werden diese Bedingungen symmetrisch ausgedrückt, wodurch sich ein System redundanter Forderungen an die Korrespondenzen in drei Bildern $\mathbf{x}_1, \mathbf{x}_2, \mathbf{x}_3$ ergibt:

$$f(\mathbf{T}, \mathbf{x}_1, \mathbf{x}_2, \mathbf{x}_3) = \mathbf{0}. \tag{21.27}$$

Der Trifokaltensor $\mathbf{T}$ umfasst 27 Elemente von denen jedoch nur 18 unabhängig sind. In der Praxis zeigen sich die trilinearen Bedingungen der bloßen bildpaarweisen Auswertung gemäß der Epipolarbedingung deutlich überlegen. Ihre inhärente Redundanz verbunden mit der Beschränkung auf die gleichzeitige Einschränkung der Auswertung auf Bildtripel lassen darauf basierende Verfahren aber

Abb. 21.10 Trilineare Bedingungen

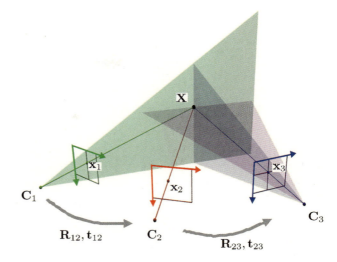

in der Regel trotz der formalen Vollständigkeit hinter Bündelausgleichsverfahren zurückstehen [17].

21.4 Zeitliche Verfolgung

Der mit der projektiven Abbildung einhergehende Informationsverlust kann durch zeitliche Verfolgung von Bildmerkmalen in 2d oder 3d zum Teil kompensiert werden. Ausgehend vom Bayes-Filter, welches das allgemeingültigste Verfolgungsverfahren darstellt, werden in diesem Kapitel als praktikable Approximationen das Partikelfilter und das Kalman-Filter beschrieben.

Die Aufgabe der zeitlichen Verfolgung besteht darin, aus Beobachtungen $\mathbf{Y}_k$ die interessierenden Größen $\mathbf{X}_k$ zu schätzen. Dabei sind sowohl die Beobachtungen als auch die zu schätzenden Größen im Allgemeinen vektorwertig. Beobachtungen und zu schätzende Größen sind zeitlich veränderlich und werden zu diskreten Zeitschritten $k = 0, 1, 2, \ldots$ erfasst. Der Zusammenhang der zu schätzenden Größen $\mathbf{X}_k$ mit den gegebenen Beobachtungen $\mathbf{Y}_k$ wird im Zustandsraum modelliert. Die Dynamik des Zustands $\mathbf{X}_k$ wird durch eine allgemeine Systemgleichung

$$\mathbf{X}_k = \mathbf{f}_k(\mathbf{X}_{k-1}, \mathbf{s}_k) \tag{21.28}$$

beschrieben. Dabei ist $\mathbf{s}_k$ die Realisation des stochastischen Systemrauschens $\mathbf{S}$. Das System erzeugt Beobachtungen entsprechend der Beobachtungsgleichung

$$\mathbf{Y}_k = \mathbf{g}_k(\mathbf{X}_k, \mathbf{v}_k). \tag{21.29}$$

Darin ist $\mathbf{v}_k$ die Realisation des stochastischen Beobachtungsrauschens $\mathbf{V}$. Die Aufgabe besteht in der schritthaltenden Schätzung der Wahrscheinlichkeitsdichte $p(\mathbf{X}_k|\mathbf{Y}_0, \ldots, \mathbf{Y}_k)$ für den aktuellen Zustand unter Berücksichtigung aller bisheriger Beobachtungen bis zum aktuellen Zeitpunkt k. Aus dieser Wahrscheinlichkeitsdichte wird dann eine ausgezeichnete Realisation (z. B. das Maximum oder der Mittelwert) als optimale Schätzung $\hat{\mathbf{X}}_k$ gewählt.

21.4.1 Bayes-Filter

Schreibt man zunächst aufgrund der Definition der bedingten Wahrscheinlichkeit (Satz von Bayes) formal

$$p(\mathbf{X}_k|\mathbf{Y}_0, \ldots, \mathbf{Y}_k) \tag{21.30}$$
$$= \frac{p(\mathbf{Y}_k|\mathbf{X}_k, \mathbf{Y}_0, \ldots, \mathbf{Y}_{k-1}) \, p(\mathbf{X}_k|\mathbf{Y}_0, \ldots, \mathbf{Y}_{k-1})}{p(\mathbf{Y}_k|\mathbf{Y}_0, \ldots, \mathbf{Y}_{k-1})}$$

so erhält man unter der Annahme, dass die aktuelle Beobachtung $\mathbf{Y}_k$ bei gegebenem Zustand $\mathbf{X}_k$ von früheren Beobachtungen unabhängig ist[3]

---

[3] Diese Annahme ist äquivalent zur Abgeschlossenheit des Zustands im Wiener'schen Sinne.

$$p(\mathbf{X}_k|\mathbf{Y}_0,\ldots,\mathbf{Y}_k)$$
$$= c \cdot p(\mathbf{Y}_k|\mathbf{X}_k) \cdot p(\mathbf{X}_k|\mathbf{Y}_0,\ldots,\mathbf{Y}_{k-1}). \quad (21.31)$$

Dabei ist die Normalisierungskonstante c der Kehrwert des Nenners, und somit eine vom Zustand $\mathbf{X}_k$ unabhängige reelle Zahl. Den letzten Faktor kann man zunächst formal umschreiben

$$p(\mathbf{X}_k|\mathbf{Y}_0,\ldots,\mathbf{Y}_{k-1})$$
$$= \int p(\mathbf{X}_k,\mathbf{X}_{k-1}|\mathbf{Y}_0,\ldots,\mathbf{Y}_{k-1})d\mathbf{X}_{k-1}$$
$$= \int p(\mathbf{X}_k|\mathbf{X}_{k-1},\mathbf{Y}_0,\ldots,\mathbf{Y}_{k-1}) \quad (21.32)$$
$$ p(\mathbf{X}_{k-1}|\mathbf{Y}_0,\ldots,\mathbf{Y}_{k-1})d\mathbf{X}_{k-1}.$$

Unter der Annahme, dass der Zustand einem Markow-Prozess entspringt, und die Beobachtungen bei gegebenem Zustand unabhängig von vorherigen Beobachtungen sind (vgl. Fußnote 3), erhält man die rekursive Gleichung des Bayes-Filters

$$p(\mathbf{X}_k|\mathbf{Y}_0,\ldots,\mathbf{Y}_k)$$
$$= c \cdot p(\mathbf{Y}_k|\mathbf{X}_k) \quad (21.33)$$
$$\cdot \int p(\mathbf{X}_k|\mathbf{X}_{k-1})p(\mathbf{X}_{k-1}|\mathbf{Y}_0,\ldots,\mathbf{Y}_{k-1})d\mathbf{X}_{k-1}.$$

Das Bayes-Filter stellt damit einen sequentiellen Zustandsschätzer dar, der in jedem Zeitpunkt die folgenden beiden Schritte umfasst. Im *Prädiktionsschritt* wird die Schätzung $\hat{\mathbf{X}}_{k-1}$ des vorherigen Zeitpunkts auf den aktuellen Zeitpunkt k prädiziert. Dazu wird das Integral in Gleichung (21.33) ausgewertet. Zur Unsicherheit der vorherigen Schätzung kommt dabei weitere Unsicherheit des Systemrauschens hinzu. Im nachfolgenden *Innovationsschritt* wird die Prädiktion durch die aktuelle Beobachtung $\mathbf{Y}_k$ verbessert, wobei die Likelihood vor dem Integral in Gleichung (21.33) ausgewertet wird.

Die sequentielle Auswertung der Beobachtungen ermöglicht elegante und effiziente Implementierungen. I. Allg. ist die Wahrscheinlichkeitsdichte $p(\mathbf{X}_k|\mathbf{Y}_0,\ldots,\mathbf{Y}_k)$ nicht analytisch geschlossen darstellbar. Für den allgemeinen Fall approximieren die sogenannten Partikelfilter die Wahrscheinlichkeitsdichte. Nimmt man weiter gaußverteilte Wahrscheinlichkeitsdichten und eine lineare Zustandsraumbeschreibung an, so wird eine besonders effiziente Verarbeitung durch das *Kalman-Filter* möglich. Weiterführende Literatur zu der diskutierten Thematik findet sich in [18, 19, 20, 21].

21.4.2 Partikelfilter

Dieser Abschnitt gibt eine Einführung in das Partikelfilter. Zur Auswertung von Gleichung (21.33) approximieren Partikelfilter die Wahrscheinlichkeitsdichte $p(\mathbf{X}_k|\mathbf{Y}_0,\ldots,\mathbf{Y}_k)$ durch eine endliche Summe von Diracstößen mit Gewichten w_k^i: $p(\mathbf{X}_k|\mathbf{Y}_0,\ldots,\mathbf{Y}_k) \approx \sum w_k^i \cdot \delta(\mathbf{X}_k - \mathbf{X}_k^i)$. Die Paare $\mathbf{X}_k^i, w_k^i$ aus Gewicht w_k^i und zugeordnetem Zustand $\mathbf{X}_k^i$ werden Partikel genannt. Im Innovationsschritt sind dann die Gewichte unter Berücksichtigung der neuesten Beobachtung zu aktualisieren

$$w_k^i \propto \frac{p(\mathbf{Y}_k|\mathbf{X}_k^i)\,p(\mathbf{X}_k^i|\mathbf{X}_{k-1}^i)}{q(\mathbf{X}_k^i|\mathbf{X}_{k-1}^i,\mathbf{Y}_k)} w_{k-1}^i$$

mit $\sum_i w_k^i = 1.$ \quad (21.34)

Die Importancedichte muss beim Entwurf des Partikelfilters gewählt werden. Eine übliche Wahl ist $q(\mathbf{X}_k^i|\mathbf{X}_{k-1}^i,\mathbf{Y}_k) = p(\mathbf{X}_k^i|\mathbf{X}_{k-1}^i)$, wodurch Gleichung (21.34) zu $w_k^i \propto p(\mathbf{Y}_k|\mathbf{X}_k^i) w_{k-1}^i$ mit $\sum_i w_k^i = 1$ wird. Der Zustand bzw. die Unsicherheit der Schätzung lassen sich dann wie folgt ermitteln

$$\hat{\mathbf{X}}_k = \sum_i w_k^i \cdot \mathbf{X}_k^i \quad \text{und}$$

$$\hat{\mathbf{P}}_k = \sum_i w_k^i \cdot \left[\mathbf{X}_k^i - \hat{\mathbf{X}}_k\right]\left[\mathbf{X}_k^i - \hat{\mathbf{X}}_k\right]^\mathrm{T}. \quad (21.35)$$

Weiterführende Themen zum Partikelfilter sind die Degeneration der Samples, das dadurch erforderliche Resampling und das Sample-Impoverishment.

21.4.3 Zeitliche Verfolgung mit dem Kalman-Filter

Für den Fall, dass die Systemdynamik sowie die Beobachtungsgleichung linear sind und ferner das Beobachtungsrauschen, das Systemrauschen als weiß und normalverteilt betrachtet werden können, lässt sich Gleichung (21.33) einfach und effizient im sogenannten Kalman-Filter implementieren. Zu jedem Zeitpunkt k wird die Normalverteilung vollständig durch ihren Mittelwert $\hat{\mathbf{X}}_k$ und die Kovarianzmatrix $\mathbf{P}_k$ beschrieben.

Im *Prädiktionsschritt* des Kalman-Filters wird die Schätzung des vorherigen Zeitschritts $\hat{\mathbf{X}}_{k-1}$, $\mathbf{P}_{k-1}$ anhand des linearen Systemmodells auf den aktuellen Zeitschritt projiziert

$$\hat{\mathbf{X}}_k^- = \mathbf{F}\hat{\mathbf{X}}_{k-1}$$
$$\text{und} \quad \hat{\mathbf{P}}_k^- = \mathbf{F}\hat{\mathbf{P}}_{k-1}\mathbf{F}^T + \mathbf{P}_S \tag{21.36}$$

mit der Dynamikmatrix $\mathbf{F}$ und der Kovarianzmatrix des Systemrauschens $\mathbf{P}_S$. Im nachfolgenden *Innovationsschritt* wird schließlich die neueste Beobachtung $\mathbf{Y}_k$ berücksichtigt.

$$\hat{\mathbf{X}}_k = \hat{\mathbf{X}}_k^- + \hat{\mathbf{P}}_k^- \mathbf{G}^T (\mathbf{P}_V + \mathbf{G}\hat{\mathbf{P}}_k^- \mathbf{G}^T)^{-1}$$
$$(\mathbf{Y}_k - \mathbf{G}\mathbf{F}\hat{\mathbf{X}}_{k-1}) \tag{21.37}$$

$$\hat{\mathbf{P}}_k = \hat{\mathbf{P}}_k^- - \hat{\mathbf{P}}_k^- \mathbf{G}^T$$
$$(\mathbf{P}_V + \mathbf{G}\hat{\mathbf{P}}_k^- \mathbf{G}^T)^{-1} \mathbf{G}\hat{\mathbf{P}}_k^- \tag{21.38}$$

mit der Beobachtungsmatrix $\mathbf{G}$ und Kovarianzmatrix des Beobachtungsrauschens $\mathbf{P}_V$.

Die Voraussetzungen in der oben gezeigten Herleitung können in der Praxis bestenfalls näherungsweise garantiert werden. Eine naheliegende Einschränkung ist die Beschreibungskraft der verwendeten System- und Beobachtungsmodelle, welche aus Gründen der rechentechnischen Handhabbarkeit die reale Welt meist nur approximativ abbilden. Die daraus resultierenden Ungenauigkeiten führen oft zu einem divergierenden Verhalten des Filters, welches in der Praxis durch sog. Parameter-Tuning verhindert werden kann. Bei der konkreten Auslegung eines Filters gehört dieser Schritt zu einem festen Bestandteil des Entwicklungsprozesses. Eine weitere Einschränkung bei der Implementierung des Filters sind die Rundungsfehler von digitalen Rechenwerken, welche wiederum zu einer drastischen Divergenz des Filters führen können. Eine numerisch stabile und effiziente Variante des Kalman-Filters für Prozessoren mit Fixpunktarithmetik basiert auf der Cholesky Zerlegung, welche durch algebraische Umformung der Gleichungen (21.37) und (21.38) die implizit enthaltenen Matrixinversionen effizient umsetzt. Auf parallelisierbaren Signalprozessoren lässt sich diese Variante mit deterministischem Laufzeitverhalten besonders effizient implementieren. Eine weit verbreitete Filtervariante basiert auf dem Bierman-Thornton-UD Algorithmus, der deutlich niedrigere Laufzeiten aufweist, da keine Wurzelfunktion berechnet wird [22, 23]. Das Verfahren ist aufgrund der niedrigeren numerischen Dynamik auch robuster bzgl. Rundungsfehlern bzw. der Gefahr von indefiniten Kovarianzschätzungen. Durch den vermehrten Einsatz von Prozessoren mit Fließkommaarithmetik rücken diese weit verbreiteten Verfahren jedoch zunehmend in den Hintergrund.

21.5 Anwendungsbeispiele

War die Anzahl an kamerabasierten Fahrerassistenzsystemen (kFAS) bis vor wenigen Jahren noch überschaubar und vorrangig auf das Fahrzeug-Premiumsegment ausgerichtet, haben die meisten Fahrzeughersteller heute ausgewählte Funktionen je nach Modell selbst in kleineren Fahrzeugklassen im Programm. Der Premiumbereich wird hier auch in Zukunft eine wichtige Rolle bei der Entwicklung neuer und innovativer FAS hin zum hochautomatisierten Fahren einnehmen, jedoch haben gesetzliche Regelungen und ein verändertes Sicherheitsverständnis bei Kunden und Behörden zu einer neuen Marktsituation geführt. Als Beispiel sei hier das neue Bewertungsschema des Europäischen Neuwagen-Bewertungs-Programms *Euro NCAP* (European New Car Assessment Programme) für die Jahre 2013 bis 2017 genannt, worin Notbremsassistenten und Spurassistent stärker bei den Prüf- und Bewertungsprotokollen berücksichtigt werden. In ◘ Abb. 21.11 wird der Markt für kFAS anhand der Indikatoren Kosten und Performanz beispielhaft gegliedert. Es zeigt sich, dass neben der eigentlichen Leistungsfähigkeit eines Systems zunehmend auch die Flexibilität und Applizierbarkeit eine wichtige Rolle spielen wird. Um angemessen auf mögliche Marktentwicklungen reagieren zu können, muss auch die Entwicklung neuer Erkennungs- und Detektionsalgorith-

◘ **Abb. 21.11** Der Markt für kFAS gegliedert nach den Indikatoren Kosten und Performanz

men dies berücksichtigen. In der Vergangenheit wurden einzelne FAS-Funktionen vom Sensor bis hin zur Aktorik als in sich abgeschlossene Systeme verstanden und entwickelt. Mit zunehmender Marktdurchdringung kann eine solche Strategie jedoch nicht erfolgreich sein, da neben der stetig ansteigenden Zahl neuer FAS, der jeweilige Zugang zu dem entsprechenden Marktsegment auf diese Weise nicht mehr beherrschbar ist.

Durch die Trennung von funktionsübergreifender Umfeldwahrnehmung und spezifischer Auslegung der jeweiligen Funktion kann die Skalierbarkeit des Gesamtsystems wesentlich erhöht werden. Weiterhin erlaubt diese Architektur eine Partitionierung der Algorithmen auf dem Steuergerät und über verschiedene Steuergeräte verteilt. Auch sollte die Absicherungskomplexität einer modernen FAS-Funktion nicht unterschätzt werden, die durch die Entkopplung von Wahrnehmung und Funktion deutlich reduziert wird. Die Umfeldwahrnehmung, bestehend aus Sensor, sensornaher Signalverarbeitung und Datenfusion hat die Aufgabe, ein generisches und in sich konsistentes Abbild der Verkehrsszene bereitzustellen, welches in den weiterverarbeitenden Schichten Szeneninterpretation und Verhaltensentscheidung auf die jeweilige Funktion abgestimmt wird [24, 25].

Neben der Datenfusion unterschiedlicher Sensoren, die heute bereits eine wichtige Rolle spielt, bietet ein Kamerasystem selbst – aufgrund der Auslegung des Verkehrsraums auf die menschliche Wahrnehmung – eine ideale Plattform für die Bereitstellung und Fusion bzw. Interpretation unterschiedlicher Erkennungsergebnisse hin zu einer konsistenten Abbildung der Szene im Umfeld des Fahrzeugs. Dieses an die Szeneninterpretation gereichte *Szenenmodell* kann in sechs logische Gruppen unterteilt werden [26] und fungiert als zentrale Instanz für Umfelddaten im gesamten Fahrzeug, was auch als *Single Point of Truth* bezeichnet wird.

Das befahrbare Fahrzeugumfeld wird explizit durch den sog. *Freiraum* beschrieben. Hierfür existieren unterschiedliche Modelle, die sich von der klassischen Objekterkennung dadurch unterscheiden, dass sie vorrangig die statische Umgebung des Fahrzeugs beschreiben [27, 28, 29]. Weiterhin ist in dem Modell Information über die Fahrbahngeometrie (z. B. Bordsteine), Bodenmarkierungen, Verkehrszeichen und prädiktive Streckendaten (z. B. Navigationsdaten) enthalten, worauf hier nicht näher eingegangen werden soll. Zuletzt sei noch die wichtige Kategorie der beweglichen bzw. *bewegten Objekte* wie Fußgänger oder Fahrzeuge genannt, die im Folgenden näher beschrieben werden soll.

21.5.1 Objektdetektion

Prinzipiell können Verfahren zur Objektdetektion in die Teilschritte *Detektion* und *Verifikation* eingeteilt werden.

Ziel der Detektion ist es, in einem datengetriebenen Prozess nach aktuell im Bild vorkommenden, stabilen Gruppen von Merkmalen zu suchen, die mögliche zu erkennende Objekte beschreiben. Aufgrund des oft geringen Abstraktionsgrades der Daten und der Beschränkung der Betrachtung auf nur einen bestimmten Zeitpunkt ergibt sich hier meist eine hohe Fehldetektionsrate, welche in den meisten Fällen akzeptabel ist, da fehlerhafte Objekthypothesen in der anschließenden Verifikation durch zeitliche Integration bzw. höher abstrahierte Daten eliminiert werden. Bestimmte Objekteigenschaften wie z. B. die Symmetrieeigenschaft von Fahrzeugen, der Schatten unterhalb eines Fahrzeugs oder charakteristische Grauwert- bzw. Farbverläufe können ebenfalls zur Einschränkung des Suchbereichs genutzt werden [30, 31].

Bei *disparitätsbasierten Verfahren* zur Hypothesengenerierung können beliebig geformte Objekte detektiert und deren Position und Lage in der Szene bestimmt werden. Infolge der quadratisch mit der Entfernung anwachsenden Standardunsicherheit der Entfernungsmessung liefern disparitätsbasierte Verfahren im Nahbereich zuverlässige Hypothesen und sind im Fernbereich kaum anwendbar. Außerdem wird die Gruppierung einzelner Objektpunkte im Disparitätsbild meist durch Lücken im Disparitätsbild erschwert.

Bewegungsbasierte Verfahren nutzen die in einer monokularen Bildfolge vorhandenen Informationen, um Objekte zu detektieren. Meist wird der in ▶ Abschn. 21.2.2 vorgestellte optische Fluss genutzt, um Objekthypothesen zu generieren. Dabei wird für jeden Bildpunkt der Flussvektor bestimmt, der die Bewegung des projizierten Szenepunktes in der Bildebene beschreibt. In der anschließenden Bewegungssegmentierung erfolgt die Gruppierung von Punkten, die ähnliche Bewegungsvektoren aufweisen. Meist wird nur dann ein Bewegungssegment in die Liste der Objekthypothesen aufgenommen, wenn sich seine Form in der Bildebene über einen längeren Beobachtungszeitraum als stabil erweist. Die Falschdetektionsrate kann dadurch zwar reduziert werden, ist aber weiterhin sehr hoch.

Erscheinungsbasierte Verfahren erfassen im Gegensatz dazu die Charakteristik eines Objekttyps auf der Basis eines Trainingsdatensatzes. Dieser Datensatz beinhaltet unterschiedliche Ausprägungen eines einzelnen Objekttyps und drückt die unterschiedlichen Erscheinungen eines Objektes aus. In einem Trainingsschritt werden aus den Trainingsbildern charakteristische Merkmale erzeugt. Eine Sammlung von solchen Merkmalen wird dann zusammengefasst zu einer Gesamtbeschreibung des Objekttyps. Um einen Merkmalsvektor eindeutig einem Objekttyp zuordnen zu können, muss entweder ein *Klassifikator* trainiert oder die Wahrscheinlichkeitsverteilung der Merkmale modelliert werden. In [32] wird eine Sammlung von Haar-Merkmalen verwendet, welche die Erscheinung eines Objekts in der Bildebene beschreiben. Als Klassifikator wurde hier der AdaBoost-Algorithmus gewählt. Um die Charakteristik eines Fahrzeugs zu beschreiben, werden in [33] Gabor-Filter verwendet. Die bei Fahrzeugen stark ausgeprägten Kanten und Linien in einer bestimmten Anordnung können durch richtungssensitive Gabor-Filter effizient bestimmt werden. Als Klassifikator wurde hier eine Support-Vector-Machine (SVM) benutzt. In [34] und [35] werden Verkehrsteilnehmer durch eine Sammlung von Bildfragmenten beschrieben, die Teile der jeweiligen Objektklasse enthalten. Ein großer Vorteil dieser Beschreibung ist die komponentenbasierte Architektur, welche eine Teilverdeckung des Objekts zulässt. Der wesentliche Nachteil erscheinungsbasierter Verfahren ist das aufwändige Anlegen einer repräsentativen Datenbank für jeden Objekttyp und das teilweise zeitintensive Training des Klassifikators selbst.

Durch die Kombination der oben vorgestellten Verfahren kann die Beschreibungskraft hinsichtlich der Hypothesengenerierung immens gesteigert werden. Durch die Verzahnung von Klassifikation und sensornaher Signalverarbeitung kann so z. B. die stereobasierte Schätzung der Objektgeometrie und -ausdehnung für bestimmte Objektklassen verbessert werden, da die Genauigkeit eines Klassifikators hier meist höher ist.

Aufgabe der *Verifikation* ist es, die fehlerhaften und ungenauen Objekthypothesen aus dem ersten Schritt zu plausibilisieren und durch zeitliche Integration, wie in ▶ Abschn. 21.4 beschrieben, zu verbessern. Zur Plausibilisierung können vordefinierte, meist parametrisierbare Modelle verwendet werden. Diese Modelle oder Schablonen werden dann mit den Bilddaten verglichen und auf ihre Ähnlichkeit hin überprüft. Beispielsweise lassen sich für Fahrzeuge 3d Drahtgittermodelle erstellen, deren Projektion in die Bildebene zu Kantenmustern führt. Dieses Muster wird dann im kantensegmentierten Grauwertbild der Szene gesucht. Modellbasierte Verfahren haben sich in einfachen Verkehrsszenarien, in denen die Vielfalt der Objekte und der Betrachtungswinkel der Kamera eingeschränkt sind, vielfach bewährt. Als weitere Möglichkeiten zur Verifikation von Objekthypothesen können z. B. das Vorhandensein von Nummerntafeln, Lichtern und Scheiben [32] oder der umschließenden Kontur gleich bewegter Punkte [36] benutzt werden.

In dem für die zeitliche Integration benötigten Prädiktionsschritt ist die Unterscheidung zwischen nicht-lebenden physischen Objekten und Subjekten, die zu eigenständigen Verhaltensentscheidungen in der Lage sind, hilfreich. Während bei nicht-lebenden physischen Objekten die Prädiktion durch Extrapolation auf Basis physikalischer Gesetze erfolgt, kann es bei Subjekten erforderlich sein, Intentionen, Handlungen und Handlungsalternativen zu identifizieren [37]. So kann je nach Objektklasse das Bewegungsmodell der Objekthypothese angepasst werden, um dessen spezifische Bewegungscharakteristik abzubilden. Anwendung findet dies heute u. a. bei der Unterscheidung von Fußgängern, Fahrradfahrern, Motorrädern und Pkws bzw. Lkws.

Die Bündelung der Information im Szenenmodell über eine spezifische Funktion bzw. Wahrnehmungskategorie hinweg ermöglicht weiterhin die Bildung einer konsistenten und einheitlichen Szenenrepräsentation, wie in ◘ Abb. 21.12 beispielhaft gezeigt. Durch *Plausibilisierung* erfolgt ein Abgleich von Umfeldmodellen, welche die gleichen Aspekte der realen Welt beschreiben, jedoch aus unterschiedlichen Wahrnehmungskategorien stammen. Hierdurch erfolgt eine Eigendiagnose der geschätzten Szene auf deren Basis eine verbesserte Zustandsschätzung der einzelnen Modelle erreicht werden kann. So können Objekte mit erkannten Fahrstreifen in Bezug gesetzt werden, um deren Richtigkeit und Sinnhaftigkeit bzgl. Dynamik, Geometrie und Klasse zu überprüfen. Im Gegenzug kann die entsprechende Objekthypothese auch genutzt werden, um das Fahrstreifenerkennungsmodul selbst zu stützen. Auch ist es denkbar, über die Fußpunkte der Objekte in der Objektliste die Schätzung der Straßengeometrie zu stützen und umgekehrt. Für die Absichts- bzw. Handlungserkennung bei Fußgängern kann es hilfreich sein, wo in der Szene und in welchem Kontext der Fußgänger sich befindet. Auch steht die Bewegung eines Fahrzeugs mit dem geschätzten Fahrstreifenverlauf in gegenseitigem Bezug zueinander, da davon ausgegangen kann, dass sich Fahrzeugführer an Verkehrsregeln halten. Naheliegend erscheint auch die Plausibilisierung von Freiraumerkennung und Objekterkennung gegeneinander.

21.5.2 Kreuzungserkennung

Neben der Detektion und Verfolgung anderer Verkehrsobjekte, die durch Verfahren wie den in ▶ Abschn. 21.5.1 beschriebenen erfolgen, sind für Fahrerassistenzfunktionen vor allem strukturelle Informationen, wie Geometrie und Topologie des zu befahrenden Streckenabschnittes von Bedeutung. Die Gewinnung solcher Informationen ohne weitreichende bauliche Eingriffe in die Straßeninfrastruktur ausschließlich durch die am Fahrzeug befindlichen Sensoren erfordert insbesondere in komplexen Szenarien die Bewältigung einiger Herausforderungen. Straßenkreuzungen, beispielsweise, können komplexe Geometrien annehmen und oft werden wichtige Hinweise auf die Geometrie, wie zum Beispiel Fahrbahnmarkierungen oder andere Verkehrsteilnehmer, durch Objekte im

21.5 · Anwendungsbeispiele

Abb. 21.12 Entnommen aus [38]. Gelb umrahmt sind die detektierten Objekte der Kategorien Fahrzeug (oben) und Fussgänger (unten) gezeigt. Durch die von links nach rechts zunehmende Plausibilisierung der Eingangsdaten des Szenenmodells können widersprüchliche Eingangsgrößen identifiziert und das Modell insgesamt robuster gemacht werden

Sichtfeld verdeckt. Während automatisches Fahren auf Schnellstraßen [39, 40] sowie das Überqueren einfacher in digitalen Karten annotierten Kreuzungen (DARPA Urban Challenge) basierend auf Fahrbahnmarkierungserkennungsverfahren sowie unter Zuhilfenahme von Laserscannern bereits erfolgreich gezeigt wurden, bleibt die Behandlung des allgemeinen innerstädtischen Falls trotz verschiedener erfolgreicher wiederum kartenunterstützter Experimente, wie der von Daimler und dem KIT/FZI ausgeführten Bertha-Benz Fahrt [41], nach wie vor ein schweres Problem. Einfache Farb-, Textur- und Fahrbahnmarkierungsmerkmale reichen nicht mehr aus, da diese oftmals hochgradig verdeckt, beschädigt oder schlicht nicht vorhanden sind. Die Komplexität und Vielfalt der möglichen Szenarien erfordert somit eine ganzheitliche Modellierung unter Berücksichtigung aller dynamischer und statischer Objekte sowie deren Zusammenspiels.

Ein solch ganzheitliches Modell zur Interpretation von Kreuzungsszenarien basierend auf Stereo-Videosequenzen wird in [42, 43] vorgestellt. Ein auf dem Dach des Versuchsträgers AnnieWAY [44] angebrachtes Kamerasystem liefert die zur Auswertung benötigten Sensorinformationen. Durch eine probabilistisch generative Modellierung, welche die 3d Szenengeometrie sowie die Position und Orientierung von Objekten in der Szene beschreibt, können Unsicherheiten der Kamerasensoren (wie zum Beispiel Erkennungsfehler oder Unsicherheiten in der Tiefe) angemessen berücksichtigt werden.

Ziel der probabilistischen Inferenz ist es, die wahrscheinlichste Topologie (Anzahl der Kreuzungsarme) sowie Geometrie (Position, Orientierung und Breite von Straßen) zu schätzen und dabei gleichzeitig alle Verkehrsteilnehmer ihrem jeweiligen Fahrstreifen zuzuordnen. Die ganzheitliche Betrachtung spielt hierbei eine entscheidende Rolle: Während die Position von Fahrbahnmarkierungen und Gebäuden am Fahrbahnrand Rückschlüsse auf die mögliche Position von Verkehrsteilnehmern zulässt, erlaubt im Umkehrschluss die Verfolgung dynamischer Objekten Aussagen über die mögliche Kreuzungstopologie und -geometrie. Diese Merkmale sind komplementär. Während in verkehrsreichen Szenen oft die Sicht auf Fahrbahnmerkmale verdeckt ist, liefern diese in verkehrsarmen Szenarien wichtige Informationen. Weitere Merkmale wie Fluchtpunkte oder Belegungsgitter der Umgebung können den Inferenzprozess zusätzlich unterstützen.

Konkret werden in [42, 43] folgende in **Abb. 21.13** illustrierten Merkmale in ein Gesamtmodell integriert und auf ihre Nützlichkeit hinsichtlich der Schätzung der Kreuzungsgeometrie, -topologie sowie der Zuordnung von Verkehrsteilnehmern zu einzelnen mitgeschätzten Fahrstreifen in 113 repräsentativ ausgewählten und herausfordernden Kreuzungsszenarien untersucht. Als Merkmale kommen zum Einsatz:

Fahrzeugtrajektorien: Die Bewegungen von anderen Verkehrsteilnehmern in der Szene bilden ein starkes Merkmal, welches Hinweise auf die Position

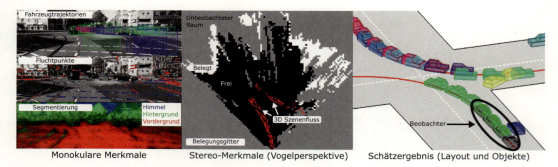

Abb. 21.13 Monokulare Merkmale wie Fahrzeugtrajektorien, Fluchtpunkte, Semantische Bildsegmentierung sowie Stereo-Merkmale wie 3d Szenenfluss und Belegungsgitter erlauben eine ganzheitliche Szenenanalyse im Kreuzungsbereich und Rückschlüsse über die zu befahrende Geometrie, Topologie sowie die Position und Bewegung der anderen Verkehrsteilnehmer.

von Straßen, Fahrstreifen, Abbiegestreifen und den aktuellen Status von Lichtsignalanlagen liefert. Mithilfe einer Stereokamera können Fahrzeuge detektiert und unter Zuhilfenahme der in ▶ Abschn. 21.4 vorgestellten Verfahren in 3d verfolgt werden. Neben Tiefeninformationen können zur Verifizierung von Objekthypothesen ansichtsbasierte Verfahren herangezogen werden. Sowohl die Kameraposition in Kombination mit der Fahrbahnebene als auch Stereodaten liefern hierbei Rückschlüsse auf die Entfernung des Objektes zur Kamera. Die Objektorientierung kann aus der Ansicht sowie aus der Bewegung gewonnen werden. Bei gegebener Kreuzungstopologie und -geometrie werden Fahrzeugtrajektorien genau dann als wahrscheinlich modelliert, wenn Sie ihre Bahn und Orientierung in einem Fahrstreifen liegen. Zudem können die Fahrtrichtung und die Fahrzeugdynamik berücksichtigt werden. Parkende Fahrzeuge am Straßenrand werden durch ein entsprechendes Modell abgedeckt.

Fluchtpunkte: Die Erkennung von Fluchtlinien und Fluchtpunkten erleichtert die präzise Orientierungsschätzung der einmündenden Straßen einer Kreuzung, da viele Kanten im Bild (beispielsweise Fahrbahnmarkierungen, Fassadenbegrenzungen, Mauerwerk und Fenster) 3d Linien entsprechen, die mit den Straßenrichtungen übereinstimmen. Dabei werden Linien im Bild durch Ballung von Kantenpixeln erkannt. Anhand ihrer Grauwerteigenschaften können diese in strukturtragende Kanten und Ausreißer klassifiziert werden, um den Einfluss von Fehlern durch Schlagschattenwurf einzudämmen. Die Verifikation von Fluchtpunkthypothesen erfolgt anschließend durch die Rückprojektion möglicher Fluchtlinien ins Bild mit Hilfe eines Voting- oder RANSAC-Verfahrens. Die in 3d parallel verlaufenden Fluchtlinien begünstigen im probabilistischen Modell eine ähnliche Orientierung der nächstgelegenen Straßenarme, während ein Ausreißermodell dafür sorgt, das Fehldetektionen entsprechend behandelt werden können.

Semantische Bildsegmentierung: Weitere Hinweise auf die Kreuzungsgeometrie werden durch die Ansichtsbasierte Klassifizierung des Bildes in die drei Kategorien Straße, Hintergrund (Gebäude, Vegetation) sowie Himmel gewonnen. Ein Vergleich einer virtuell erzeugten Segmentierung mit der gegebenen Bildevidenz liefert somit einen weiteren Beobachtungsterm des probabilistischen Gesamtmodells. Insbesondere gut sichtbare und segmentierbare Himmelsbereiche lassen Rückschlüsse über die Position von "Straßenschluchten" zu. Dies geschieht unter Hinzunahme vereinfachender Annahmen wie etwa einer durchschnittlichen Häuserhöhe von etwa 4 Stockwerken.

Szenenfluss: Während die zuvor genannten Merkmale auch ausschließlich aus monokularen Sequenzen gewonnen werden können, liefern Stereokameras wertvolle Tiefeninformationen wie in ▶ Abschn. 21.3 beschrieben. Diese können beispielsweise zur Berechnung von Szenenfluss genutzt werden. Hierbei wird eine Korrespondenz zwischen linkem und rechtem Kamerabild jeweils für das zeitlich aktuelle und nächste Bild hergestellt. Dadurch ergibt sich für einen physikalischen Weltpunkt die 3d Position zu zwei aufeinanderfolgenden Zeitpunkten und somit ein 3d Verschiebungsvektor (im Gegensatz zu den in Kapitel 1.2.2 beschriebenen 2D optischen Flussvektoren). Nach der Kompensierung um die Kameraeigenbewegung, welche aus visueller Odometrie gewonnen werden kann, bleiben nach Schwellwertbildung nur noch die 3d Flussvektoren der dynamischen Objekte in der Szene übrig. Von Verkehrsteilnehmern erzeugte Bewegungsvektoren werden dann – ähnlich den Fahrzeugtrajektorien – als wahrscheinlich betrachtet, wenn Sie hinsichtlich Position und Orientierung mit Fahrstreifen übereinstimmen.

Belegungsgitter: Die statische Umgebung spielt bei der Wahrnehmung der Szene als Ganzes eine wichtige Rolle: So findet sich im innerstädtischen Bereich oft dichte Bebauung am Fahrbahnrand, und eine Straße, die mitten durch oder unter einem Haus verläuft, ist eher als unwahrscheinlich zu betrachten. Zur Registrierung der statischen Szenenelemente aus dichten Disparitätskarten lassen sich sogenannte Belegungsgitter nutzen. Hierbei wird ausgehend vom Kamerazentrum für jeden Pixel der Sichtstrahl verfolgt, bis ein Objekt erreicht ist. Unter Zuhilfenahme des Bresenham Algorithmus werden die entsprechenden Gitterzellen dann als jeweils belegt oder frei markiert. Der Zustand der Zellen kann über ein binäres Bayes-Filter zeitlich verfolgt werden. Freie Bereiche stellen im probabilistischen Modell potentielle Kandidaten für Straßenabschnitte dar.

Während jedes dieser Merkmale für sich genommen das Inferenzergebnis stützt, zeigt die in [42] durchgeführte Auswertung, dass sich die besten Ergebnisse durch Kombination aller zuvor diskutierten Merkmale erreichen lassen. Als wichtigste Merkmale wurden dabei die Fahrzeugtrajektorien, der Szenenfluss sowie die Bewegungsgitter festgestellt, wobei Fahrzeugtrajektorien und Szenenfluss teilweise redundant sind, während die statischen Belegungsgitter jeweils komplementäre Informationen enthalten. Die Fluchtpunktmerkmale helfen dabei, die Straßenorientierung zu präzisieren, spielen aber wie die semantische Bildsegmentierung sonst eine eher untergeordnete Rolle. Ein beispielhaftes Schätzergebnis der Kreuzungstopologie und -geometrie ist in ◘ Abb. 21.13 dargestellt. Für eine mathematische Formulierung der Modellierung und umfangreiche Experimente sei auf [42, 43] verwiesen.

21.6 Zusammenfassung und Ausblick

Mit maschinellen Sehsystemen finden Sensorsysteme Eingang in unsere Automobile, die dem Wahrnehmungsprinzip des Menschen hinsichtlich der verwendeten visuellen Information am nächsten kommen. Begünstigt durch den anhaltenden Preisverfall von Kamera und Auswertehardware werden Bildsensoren in einer beständig wachsenden Vielzahl von Anwendungen eingesetzt. Ein entscheidender Vorteil von Videosensoren im Vergleich zu anderen Umfeldsensoren ist dabei die wohl umfangreichste Darstellung von Information. Gleichzeitig bildet die Analyse der umfangreichen Bildinformation eine große Herausforderung an die Signalverarbeitung.

Für die Anwendung in Fahrerassistenzsystemen haben Bildsensoren ein besonders hohes Potenzial, da:

- es durch das passive Messprinzip keine gesetzlichen Einschränkungen hinsichtlich der Zulassung im Straßenverkehr gibt,
- die Infrastruktur und das Verkehrsgeschehen auf visuelle Wahrnehmung ausgerichtet ist und somit nur bildgebend voll zu erfassen ist,
- der Informationsgehalt des Sensorsignals ein ungleich höheres Abstraktionspotential aufweist als herkömmliche Umfeldsensoren,
- aufgrund zur Nähe der menschlichen Wahrnehmung ein hohes Maß an Transparenz bezüglich der Funktion videobasierter Fahrerassistenzsysteme erreichbar ist.

In diesem Kapitel wurden der Aufbau und die Funktionsweise von Kameras und zugehörigen Steuergeräten für Maschinelles Sehen in Fahrzeugen beschrieben. Als charakterisierende Eigenschaft der Bildaufnahme wurde der, durch die Abbildung der 3d Welt auf eine 2d Bildebene entstehende, Informationsverlust um eine ganze Dimension betrachtet. Mit der Einführung homogener Koordinaten lassen sich solche geometrischen und perspektivischen Transformationen auf elegante Weise mathematisch kompakt ausdrücken und liefern für eine Vielfalt der auftretenden Abbildungen eine lineare Beschreibung. Die für die Abbildungsbeschreibung notwendigen Größen sind dabei durch die intrinsischen und extrinsischen Kalibrierparameter der Kamera gegeben.

Für die Interpretation und Analyse der visuellen Information gibt es eine Reihe anwendungsspezifischer Bildverarbeitungsverfahren. Diese werden meist modular ausgeführt, wobei erste Vorverarbeitungsstufen das Bildsignal selbst aufbereiten und korrigieren. Schließlich werden durch geeignete Operatoren aufgabenspezifische Merkmale extrahiert und übergeordneten Verarbeitungsschritten bereitgestellt. Diese arbeiten dann auf der stark verdichteten Merkmalsinformation. Als für die 3d Rekonstruktion besonders aussagekräftige Merkmale wurden hierbei Punktkorrespondenzen vorgestellt. Durch zeitliche Verfolgungsverfahren lässt sich Bildinformation schritthaltend akkumulieren und stabilisieren, ohne vergangene Bilder langfristig speichern oder gar verarbeiten zu müssen. Ausgehend vom Bayes-Filter wurden hier als praktikable Realisationen das Partikelfilter und das Kalman-Filter beschrieben und um Implementierungshinweise ergänzt.

Praxisnahe Anwendungsbeispiele und eine Übersicht aktueller Forschungsarbeiten zur Objekt- und Kreuzungserkennung zeigen das Zusammenwirken und die Leistungsfähigkeit der beschriebenen Verfahren. Um gleichzeitig die Anforderungen und die Komplexität zukünftiger FAS zu beherrschen, erscheint es notwendig, die klassische Bildverarbeitung in eine Gesamtarchitektur einzubetten, mit deren Hilfe Information innerhalb einer Wahrnehmungskategorie verdichtet und über die einzelne Erkennungsfunktion hinweg plausibilisiert werden kann.

Danksagung

Die Autoren danken Dr. Christian Duchow für wertvolle Beiträge zu einer frühen Version dieses Kapitels.

Literatur

1. Faugeras, O.: Three dimensional computer vision: A geometric viewpoint. MIT Press, Cambridge, MA (1993)
2. Jähne, B.: Digitale Bildverarbeitung. Springer Verlag, Heidelberg (1997)
3. Canny, J.: A computational approach to edge detection. IEEE Trans. Pattern Anal. Mach. Intell. **8**(6), 679–698 (1986)
4. Harris, C.G., Stephens, M.: A Combined Corner and Edge Detector, 4th Alvey Vision Conference, S. 147–151 (1988)
5. Stiller, C., Konrad, J.: Estimating Motion in Image Sequences – A tutorial on modeling and computation in 2D motion. IEEE Signal Processing Magazine **7**, 70–91 (1999). **9**, 116–117
6. Trucco, E., Verri, A.: Introductory Techniques for 3-D Computer Vision. Prentice Hall, New York (1998)
7. Lowe, D.G.: Distinctive Image Features from Scale-Invariant Keypoints. International Journal of Computer Vision **60**(2), 91–110 (2004)
8. Bay, H., Tuytelaars, T., van Gool, L.: SURF: Speeded up robust Features, European Conference on Computer Vision (2006)
9. Calonder, M., Lepetit, V., Ozuysal, M., Trzcinski, T., Stretcha, C., Fua, P.: BRIEF: Computing a Local Binary Descriptor Very Fast. IEEE Transactions on Pattern Analysis and Machine Intelligence **34**(5), 1281–1298 (2012)
10. Tola, E., Lepetit, V., Fua, P.: DAISY: An Efficient Dense Descriptor Applied to Wide-Baseline Stereo,". IEEE Transactions on Pattern Analysis and Machine Intelligence **32**(5), 815–830 (2010)
11. Lategahn, H., Beck, J., Kitt, B., Stiller, C.: How to Learn an Illumination Robust Image Feature for Place Recognition IEEE Intelligent Vehicles Symposium. (2013)
12. Shi, J.; Tomasi, C.: Good features to track. IEEE Conf on Computer Vision and Pattern Recognition, 1994, Seattle
13. Longuet-Higgins, H.C.: A computer algorithm for reconstructing a scene from two projections. Nature **293**, 133–135 (1981)
14. Scheer, O.: Stereoanalyse und Bildsynthese. Springer, Heidelberg (2005)
15. Nistér, D.: An Efficient Solution to the Five-Point Relative Pose Problem. IEEE Trans. Pattern Anal. Mach. Intell. **26**(6), 756–777 (2004)
16. Dang, T., Hoffmann, C., Stiller, C.: Visuelle mobile Wahrnehmung durch Fusion von Disparität und Verschiebung. In: Maurer, M., Stiller, C. (Hrsg.) Fahrerassistenzsysteme mit maschineller Wahrnehmung, S. 21–42. Springer, Heidelberg (2005)
17. Dang, T., Hoffmann, C., Stiller, C.: Continuous stereo self-calibration by camera parameter tracking. IEEE Transactions on Image Processing **18**(7), 1536–1550 (2009)
18. Barker A.; Brown D.E; Martin W.N.: Bayesian Estimation and the Kalman Filter, Technischer Bericht IPC-94-002, **5**, 1994
19. Chen Z.: Bayesian Filtering: From Kalman Filters to Particle Filters, and Beyond. Technischer Bericht, 2003
20. Meinhold, R.J., Singpurwalla, N.D.: Understanding the Kalman Filter. The American Statistician **37**(2), 123–127 (1983)
21. Welch, G., Bishop, G.: An Introduction to the Kalman Filter. Technischer Bericht. http://www.cs.unc.edu/~welch/kalman/kalmanIntro.html
22. Ghanbarpour Asl, H., Pourtakdoust, S.H.: UD Covariance Factorization for Unscented Kalman Filter using Sequential Measurements Update, International Journal of Engineering and Natural. Sciences **1**, 4 (2007)
23. Liu, Y., Bougani, C.S., Cheung, P.Y.K.: Efficient mapping of a Kalman Filter into an FPGA using Taylor Expansion In-

ternational Conference on Field Programmable Logic and Applications., S. 345–350 (2007)
24. Grewe, R., Komar, M., Hohm, A., Hegemann, S., Lüke, S.: Environment Modelling for Future ADAS Functions 19th ITS World Congress. (2012)
25. Stiller, C., Puente Leon, F., Kruse, M.: Information fusion for automotive applications – An overview. Information Fusion **12**(4), 244–252 (2011)
26. Schöttle, M.: Zukunft der Fahrerassistenz mit neuen E/E-Architekturen. ATZ Elektronik **6**(4), 8–15 (2011)
27. Saarinen, J., Andreasson, H., Stoyanov, T., Luhtala, A.J.: Normal distributions transform occupancy maps: Application to large-scale online 3d mapping IEEE International Conference on Robotics and Automation. (2013)
28. Grewe, R., Hohm, A., Lüke, S., Winner, H.: Umfeldmodelle: standardisierte Schnittstellen für Assistenzsysteme. ATZelektronik **7**(5), 334–339 (2012). Springer Automotive Media
29. Triebel, R., Pfaff, P., Burgard, W.: Multi-level surface maps for outdoor terrain mapping and loop closing IEEE/RSJ International Conference on Intelligent Robots and Systems., S. 2276–2282 (2006)
30. Bertozzi, M., Broggi, A., Castellucio, S.: A real-time oriented system for vehicle detection. Journal Systems Architectur **43**(1–5), 317–325 (1997)
31. Kalinke, T., Tzokamkas, C., von Seelen, W.: A texture-based object detection and an adaptive model-based classification IEEE Intelligent Vehicles Symposium., S. 143–148 (1998)
32. Papageorgiou, C., Poggio, T.: A trainable System for Object Detection. Int. J. Computer Vision **38**(1), 15–33 (2000)
33. Sun, Z., Bebis, B., Miller, R.: On-Road Vehicle Detection using Gabor-Filters and SVM IEEE Int. Conf. Digital Signal Processing. (2002)
34. Mohan, A., Papageorgiou, C., Poggio, T.: Example-based object detection in images by components. IEEE Transactions on Pattern Analysis and Machine Intelligence **23**(4), 349–361
35. Bachmann, A., Dang, T.: Improving Motion-Based Object Detection by Incorporating Object-Specific Knowledge. International Journal of Intelligent Information and Database Systems **2**(2), 258–276 (2007). Special Issue on: Information Processing in Intelligent Vehicles and Road Applications
36. Cuchiari, R., Piccard, M.: Vehicle Detection under Day and Night Illumination Int. ICSC Symposium Intelligent Industrial Automation. (1999)
37. Liebner, M., Klanner, F., Baumann, M., Ruhhammer, C., Stiller, C.: Velocity-Based Driver Intent Inference at Urban Intersections in the Presence of Preceding Vehicles. IEEE Intelligent Transportation Systems Magazine **5**(2), 10–21 (2013)
38. Wojek, C., Walk, S., Roth, S., Schindler, K., Schiele, B.: Monocular Visual Scene Understanding: Understanding Multi-Object Traffic Scenes IEEE Transactions on Pattern Analysis and Machine Intelligence. (2013)
39. Dickmanns E.D.: The 4D-approach to visual control of autonomous systems. IAA NASA Conference on Intelligent Robots in Field Factory Service and Space 1994, Houston, Texas
40. Franke, U.: Real time 3d-road modeling for autonomous vehicle guidance, 7th Scandinavian Conference on Image Analysis, 1991, Aalborg, Dänemark
41. Ziegler, J.; Bender, P.; Lategahn, H.; Schreiber, M.; Strauß, T.; Stiller, C.: Kartengestütztes automatisiertes Fahren auf der Bertha-Benz-Route von Mannheim nach Pforzheim, Fahrerassistenzworkshop UniDAS, Walting, April 2014
42. Geiger, A., Lauer, M., Wojek, C., Stiller, C., Urtasun, R.: 3D Traffic Scene Understanding from Movable Platforms IEEE Transactions on Pattern Analysis and Machine Intelligence. (2014)
43. Geiger, A.: Probabilistic Models for 3D Urban Scene Understanding from Movable Platforms, PhD Thesis, Karlsruhe Institute of Technology, 2013
44. Geiger, A., Lenz, P., Stiller, C., Urtasun, R.: Vision meets Robotics: The KITTI Dataset. International Journal of Robotics Research **32**(11), 1229–1235 (2013)

Stereosehen

Uwe Franke, Stefan Gehrig

22.1 **Lokale und globale Verfahren der Disparitätsschätzung** – 398

22.2 **Genauigkeit der Stereoanalyse** – 403

22.3 **6D-Vision** – 407

22.4 **Stixel-Welt** – 412

22.5 **Zusammenfassung** – 418

Literatur – 419

Als in den frühen 90er Jahren im Rahmen des europäischen Projekts PROMETHEUS die ersten Gehversuche zu kamerabasierten Fahrerassistenzsystemen unternommen wurden, konnten sich nur sehr wenige Optimisten vorstellen, dass diese Technologie keine 25 Jahre später eine wichtige Rolle in der Praxis spielen würde, ja sogar manche ambitionierten Systeme wie das vollautomatische Bremsen auf Fußgänger erst ermöglichen würde. Doch kein anderer Sensor konnte so sehr vom allgemeinen Fortschritt profitieren wie Kameras mit der dazugehörigen Auswerteelektronik.

Die Kosten für eine Kamera sind von anfangs 2000 DM und mehr auf wenige 10 € gefallen. Die Dynamikprobleme der in der Anfangsphase verwendeten CCD-Sensoren, die bei Gegenlicht kaum verwertbare Bilder lieferten und daher jede Präsentation von Forschungsergebnissen gefährdeten, gehören dank der für moderne Consumer-Kameras entwickelten CMOS-Imager der Vergangenheit an. Gleichzeitig hat sich die verfügbare Rechenleistung in dieser Zeit um mehr als fünf Größenordnungen erhöht, wie dies vom Moore'schen Gesetz prognostiziert wurde. Entscheidend dazu beigetragen hat die FPGA-Technologie, auf die sich die in vielen Fällen sehr aufwändigen, frühen Verarbeitungsstufen eines bildverstehenden Systems gut abbilden lassen.

Die enormen Fortschritte auf der Hardwareseite gehen mit Innovationen auf der Seite der Algorithmen einher. Aus Sicht der Autoren zählen hierzu:
- die Einführung des Kalman-Filters in die Sequenzbildverarbeitung durch Dickmanns (vgl. z. B. [1]), wodurch dynamische Randbedingungen optimal in die Verarbeitung einfließen können,
- die Fortschritte im Bereich des maschinellen Lernens (vgl. ▶ Kap. 23), wodurch Bildstatistiken und große Bilddatenbanken nutzbar werden,
- der Schritt von lokalen Ad-hoc-Verfahren zu global optimierenden Ansätzen, die mit mathematisch fundierten Methoden optimale Lösungen finden und
- die Einführung der stereoskopischen Bildverarbeitung als Basis für ein robustes Bildverstehen.

Im Gegensatz zu den lange Jahre verfolgten monokularen, also einäugigen Ansätzen erlaubt das Sehen mit zwei „Augen" eine vollständige dreidimensionale Erfassung der Umgebung anhand eines einzelnen Bildpaares, unabhängig vom Bewegungszustand des Beobachters und auch in Szenen, in denen sich andere Verkehrsteilnehmer bewegen. Dies ermöglicht sehr anspruchsvolle Fahrerassistenzsysteme wie das bereits erwähnte automatische Bremsen auf Fußgänger, aber auch die Unfallvermeidung bei querenden Objekten und teilautomatisierte Fahrfunktionen im Stau. Darüber hinaus ermöglicht die Stereobildverarbeitung die präzise Vermessung der dreidimensionalen Fahrbahnoberfläche und damit die situationsgerechte Ansteuerung aktiver Federsysteme. Aus diesen Gründen kommen Stereokameras seit 2013, beginnend mit den Mercedes Ober- und Mittelklassefahrzeugen, zum Einsatz.

In der Literatur wird die Stereoanalyse allgemein als weitgehend gelöstes Problem betrachtet. Der „Outdoor"-Bereich Straße und der Einsatz in sicherheitskritischen Fahrerassistenzsystemen stellt jedoch besondere Anforderungen an praxistaugliche Verfahren. Zu nennen sind hierbei vor allem folgende Punkte:
- *Robustheit:* In Straßenszenen kommt es aufgrund von Beleuchtungs- und Witterungseinflüssen zu vielfältigen Störungen der Bilder, die von den meisten in der Literatur beschriebenen Ansätzen nicht behandelt werden. Hierzu zählen u. a. Blendungen und Reflektionen, Unschärfe durch Wasser auf der Scheibe oder Gischt, die teilweise Abdeckung durch Scheibenwischer, Schnee, Dunkelheit usw. ◘ Abb. 22.1 zeigt vier Beispiele.
- *Präzision:* Der angestrebte (relative) Messbereich ist ungewöhnlich groß und bewegt sich meistens ab der Stoßstange (weniger als 2 m) bis 50…80 m. Dies erfordert eine sehr hohe Genauigkeit der Disparitätsschätzung, die von den üblichen Benchmarks nicht gefordert wird.
- *Echtzeitfähigkeit:* Nur hohe Abtastraten erlauben schnelle Reaktionen. Deshalb wird eine Verarbeitung mit 25–30 Hz angestrebt. Viele der in der Literatur publizierten Verfahren benötigen aber auch heute noch Rechenzeiten von mehreren Sekunden bis Minuten auf Hochleistungs-PCs.
- *Langzeitstabilität:* Sehsysteme sollen ein Fahrzeugleben halten. Für ein Stereokamerasystem

◘ **Abb. 22.1** Sicherheitskritische Applikationen der Fahrerassistenz stellen hohe Anforderungen an die Robustheit der Algorithmen. **a** Bei Regen kommt es zu Blendungen und Schmiereffekten aufgrund von Wasser auf der Scheibe. **b** Bei Nacht können durch die Scheibenwischer generierte Schlieren zu typischen Störungen führen. **c** Schneefall und nasse Straßen erschweren die Schätzung der Stereo-Disparitäten. Abbildungen entnommen aus dem HCI-Benchmark von D. Kondermann, Uni Heidelberg [2] **d** Die tiefstehende Sonne kann massive Reflexe in der Scheibe generieren, die nicht zu fehlerhaften Hindernisdetektionen führen dürfen

bedingt das u. a. die Fähigkeit der Online-Kalibrierung in unbekannten Szenen, um Parameteränderungen infolge von Temperatur- und Alterungseffekten begegnen zu können.

- *Leistungsaufnahme:* Aus Kostengründen besteht der Wunsch, Sensorik und Verarbeitung in einem Steuergerät zu realisieren. Montiert man ein solches Stereokamerasystem hinter dem Rückspiegel, setzt dies der Leistungsaufnahme der Hardware sehr enge Grenzen, da es sonst zu einer Überhitzung des Systems kommen würde.

Die Gliederung des vorliegenden Kapitels orientiert sich an der Verarbeitungskette von in der Praxis erfolgreich eingesetzten Verfahren der stereoskopischen Szenenanalyse. Zunächst werden die signaltheoretisch motivierten lokalen Ansätze der Disparitätsschätzung neueren global optimierenden Ansätzen gegenübergestellt. Da die erreichbaren Messgenauigkeiten und die Robustheit der Schätzung für den Erfolg der Bildanalyse hinsichtlich Objekterkennung und Vermessung entscheidend sind, wird in ▶ Abschn. 22.2 dieser wichtige Aspekt diskutiert. Gerade die Forderung nach Schätzverfahren, die auch unter im Straßenverkehr häufig anzutreffenden widrigen Sichtbedingungen verlässliche Resultate liefern, wird in der Literatur häufig vernachlässigt. Ein wesentlicher Grund liegt in der Tatsache, dass sich die Forschung an Benchmarks orientiert, die mangels Ground-Truth Messtechnik bei widrigen Verhältnissen im Outdoor-Bereich fehlen.

Die Stereoanalyse liefert zu jedem (vermessenen) Bildpunkt eine 3D-Koordinate. Verfolgt man solche Punkte zeitlich, kann man zusätzlich ihre Bewegung in der Welt schätzen. Dies führt auf das in ▶ Abschn. 22.3 „6D-Vision" beschriebene Prinzip einer raumzeitlichen Bildanalyse, das eine leistungsfähige Grundlage für die sichere und schnelle Erkennung bewegter Objekte darstellt. Vor allem querbewegte Objekte wie Autos oder auf die Straße laufende Kinder können so zuverlässig detektiert werden.

In den letzten Jahren zeigt sich im Bereich der Forschung ein zunehmender Trend zu Superpixeln. Mit dem Ziel, die Szene trotz ständig steigender Auflösung der Imager kompakt dreidimensional zu repräsentieren und eine robuste Basis für eine rechenzeiteffiziente Weiterverarbeitung zu schaffen, wurde die sog. Stixel-Welt entwickelt. Diese reguläre und den Straßenszenen angepasste Repräsentation wird in ▶ Abschn. 22.4 vorgestellt und darauf aufbauende Schritte zur finalen Objektdetektion beschrieben. Damit schließt sich der Kreis vom einzelnen Pixel bis zum Objekt. Das Kapitel endet mit einer Zusammenfassung und Hinweisen zu weiterführenden Forschungen.

22.1 Lokale und globale Verfahren der Disparitätsschätzung

In ▶ Kap. 21 wurden die Grundlagen der Stereo-Disparitätsschätzung eingeführt. In diesem Abschnitt werden weitere Ähnlichkeitskriterien, die im automobilen Umfeld verbreitet sind, diskutiert und Optionen zur klassischen Disparitätsoptimierung via Korrelation aufgezeigt. Entsprechend der in [3] eingeführten Taxonomie unterscheiden wir zwischen den Aspekten Ähnlichkeitsmaße, Disparitätsoptimierung und Subpixel-Disparitätsschätzung. Wir beschränken uns auf ortsdiskrete Stereoverfahren, die den Disparitätsraum in diskreten Disparitätsstufen abtasten, da bei ortskontinuierlichen Verfahren die im Automobilbereich auftretenden großen Verschiebungen nur mit hohem Aufwand zu messen sind. Zum Vergleich der publizierten Stereoverfahren wurde die Middlebury-Webseite (▶ http://vision.middlebury.edu/stereo/) eingerichtet, auf der man 2014 über 150 Stereoverfahren vergleichen konnte. 2012 wurde auch solch ein Benchmark für das Fahrzeugumfeld publiziert [4]. Dieser Datensatz enthält Bilder mit typischen in Straßenszenen auftretenden Problemen wie z. B. Reflektionen. Da manche der führenden Verfahren empfindlich auf solche Störungen reagieren, ergeben sich bei den Rankings in den genannten Benchmarks Unterschiede.

Für den automobilen Einsatz der Disparitätsschätzung ist immer die Berechnung in Echtzeit von entscheidender Bedeutung, was dazu führt, dass bis vor kurzem nur sogenannte lokale Verfahren betrachtet wurden.

22.1.1 Lokale Korrelationsverfahren

Wie in ▶ Kap. 21 gezeigt, arbeitet die bekannteste Methode der Disparitätsschätzung mit Korrelationen unabhängig für jeden Bildpunkt. Unabhängig bezieht sich hierbei auf „unabhängig von den Ergebnissen benachbarter Punkte". Dabei wird zu jedem Bildpunkt im Referenzbild (hier das linke Bild) der korrespondierende Bildpunkt im Suchbild (rechtes Bild) ermittelt, der den gleichen Punkt in der Welt abbildet. Dafür muss eine Ähnlichkeit zweier Bildpunkte bestimmt werden.

Zur Bestimmung der Ähnlichkeit zweier Bildpunkte gibt es eine Vielzahl an Ansätzen, von denen hier nur die Ähnlichkeitsmaße basierend auf Grauwerten aufgeführt werden. Das einfachste Ähnlichkeitsmaß ist die Differenz zweier Grauwerte im linken (g_l) und rechten (g_r) Bild:

$$ABS(d) = |g_l(x) - g_r(x-d)| \, . \quad (22.1)$$

Diese Differenz wird Zeile für Zeile für alle Disparitätshypothesen im rektifizierten Bild (s. ▶ Kap. 21) berechnet. Nach der Rektifizierung sind die Bilder in der Standard-Stereogeometrie ausgerichtet, d. h. korrespondierende Punkte liegen auf derselben Bildzeile, daher verzichten wir auf den Zeilenindex y, wenn alle Daten in der gleichen Zeile ausgewertet werden. Im automobilen Umfeld wird stets bis Disparität 0 (unendlich weit entfernt) geprüft. Im Nahbereich ergibt sich die maximale Disparität durch die kleinste zu vermessende Entfernung.

Da es selbst bei hochdynamischen Kameras kaum Intensitätswerte mit mehr als 12 bit gibt, ist dieses Ähnlichkeitsmaß immer mehrdeutig. Außerdem können die Kameras nicht so präzise radiometrisch abgeglichen werden, dass der gleiche Weltpunkt in beiden Kameras mit dem exakt gleichen Grauwert abgebildet wird. Die Mehrdeutigkeit kann durch Hinzunahme einer Bildumgebung B, meist ein rechteckiger Block, reduziert werden, wie dies bereits in ▶ Kap. 21 für das Ähnlichkeitsmaß Sum-of-Absolute-Differences (SAD) erläutert wurde. Alternativ kann man die Berechnung der Ähnlichkeit des Maßes Sum-of-Squared-Differences (SSD) heranziehen:

$$SSD(d) = \sum_{x,y \in B} \left(g_{l(x,y)} - g_r(x-d, y)\right)^2. \quad (22.2)$$

Bei dieser Berechnung führt ein Grauwertunterschied desselben Weltpunkts von nur wenigen Grauwertstufen in den beiden Kameras bereits zu deutlichen Abweichungen von der perfekten Ähnlichkeit 0. Die Autoren bevorzugen daher das Ähnlichkeitsmaß SAD, das lokal große Abweichungen (Ausreißer im Grauwertbild) weniger stark bewertet und somit in der Praxis robuster ist. Unabhängig vom gewählten Maß können stets auch andere Strukturen bessere Ähnlichkeitsergebnisse erzielen und damit eine Fehlkorrespondenz erzeugen. Das passiert nicht nur bei periodischen Strukturen im Bild (z. B. Laternenpfosten, Brückengittern usw.), sondern auch wenn beide Kameras radiometrisch nicht korrekt abgeglichen werden konnten. Im zweiten Fall kann dem Problem durch Subtraktion der jeweiligen Mittelwerte der Bildschirmumgebung B begegnet werden (am Beispiel der absoluten Differenz gezeigt):

$$ZSAD(d) = \sum_{x,y \in B} \left| (g_l(x,y) - \overline{b_l}) - (g_r(x-d, y) - \overline{b_r}) \right|. \quad (22.3)$$

Für alle vorgestellten Ähnlichkeitsmaße lässt sich der optimale Disparitätswert d^* einfach durch Bestimmung des Minimums über d ermitteln:

$$d^*(x) = \min_d ZSAD(x, d) \quad (22.4)$$

Ein beliebtes Ähnlichkeitsmaß, das neben dem Disparitätswert auch ein Maß der Übereinstimmung liefert, ist die bereits in ▶ Kap. 21 beschriebene, normierte, mittelwertfreie Kreuzkorrelationsfunktion. Der Wertebereich der normierten Kreuzkorrelationsfunktion liegt zwischen -1 und 1. Gute Korrespondenzen haben Werte nahe 1, dementsprechend wird bei diesem Ähnlichkeitsmaß das Maximum ermittelt. Daraus lässt sich neben dem Disparitätswert selbst auch ein Maß für dessen Zuverlässigkeit ermitteln. Meist werden nur Korrespondenzen mit $\varrho(d) > 0{,}7$ akzeptiert. Obwohl dieses Maß sehr gut die Übereinstimmung der zwei Bildausschnitte beschreibt, ist sicherzustellen, dass kontrastreiche Bildausschnitte nicht auf (fast) homogene Strukturen korreliert werden. Selbst Korrespondenzen mit $\varrho(d)$ nahe 1 können Fehlkorrespondenzen sein, da periodische Strukturen im Bild vorliegen können, die ohne zusätzliches Wissen nicht korrekt zugeordnet werden können.

Die Bildumgebung wird typischerweise aus Effizienzgründen rechteckig gewählt und liegt zwischen 3×3 bis 9×9 Bildpunkten, je nach Bildauflösung.

Ein kritischer Aspekt für die Anwendung von Stereoverfahren im Fahrzeug ist die präzise Kalibrierung der Kameras zueinander über einen langen Zeitraum. Die obigen Ähnlichkeitsmaße sind darauf angewiesen, dass die korrespondierenden Punkte exakt auf der gleichen Bildzeile nach der Rektifizierung (s. ▶ Kap. 21) liegen. Ähnlichkeitsmaße auf einzelnen Bildpunkten (z. B. ABS, Gl. 22.1) sind besonders sensitiv bzgl. leichter Kalibrierfehler. Wenn die Epipolargeometrie um eine Zeile verschoben ist, wird bei der Korrespondenzsuche nie der korrespondierende Punkt/Grauwert getroffen, da die Suche entlang der falschen Bildzeile läuft. Eine größere Bildumgebung reduziert die Sensitivität auf Kalibrierfehler durch Wirkung als räumlicher Tiefpass, führt aber zu höherem Rechenaufwand und zu dem sogenannten „Foreground Fattening": Da nahe Objekte meist kontrastreicher als der Hintergrund sind, werden Bildpunkte direkt neben einem solchen Objekt gerne fälschlicherweise dem Vordergrund zugeordnet.

Abb. 22.2 Farbcodiertes Disparitätsbild (rot = nah … grün = fern) überlagert auf dem Originalbild. Das Disparitätsbild liefert nicht für jeden Bildpunkt ein Ergebnis (kein farbiges Overlay). Einzelne Ausreißer (rote Punkte im Hintergrund) sind zu sehen

Durch Verzicht auf die konkrete Grauwertinformation und Nutzung von Rangstatistiken kann man robuster gegen kleine Fehler in der Rektifizierung werden [5]. Die Hamming-Distanz der Census-Transformation ist ein beliebtes Ähnlichkeitsmaß, das etwas toleranter gegenüber kleinen Rektifizierungsfehlern und darüber hinaus sehr effizient zu berechnen ist. Hierbei werden für jeden Punkt in einer Umgebung Bits generiert, die codieren, ob der Grauwert des Zentralbildpunkts in der Mitte größer ist (1) oder nicht (0) im Vergleich zum aktuell betrachteten Bildpunkt. Diese Transformation ordnet so jedem Bildpunkt einen Bitstring zu, dessen Länge durch die Anzahl der betrachteten Bildpunkte in der Nachbarschaft gegeben ist. Durch Vergleich dieser Bitstrings kann man die Ähnlichkeit von Bildpunkten bestimmen, am einfachsten durch die Hamming-Distanz (Anzahl der verschiedenen Bits im Bitstring):

$$CENSUS(d) = HAM\left(T_{C(g_l,x)} - T_{C(g_r,x-d)}\right) \quad (22.5)$$

Dabei repräsentiert $T_{C(g_l,x)}$ das Census-transformierte Bild an der Stelle x auf Basis der Grauwerte des linken Bildes g_l. Die geringste Hamming-Distanz ergibt die beste Disparitätsschätzung. Census hat zusätzlich die Eigenschaft, invariant gegen lineare Transformationen der Grauwerte im linken und rechten Bild zu sein, was in der Praxis durch Streuungen bei der Empfindlichkeit der Kameras häufig vorkommt. In [6] wird die Überlegenheit des Ähnlichkeitsmaßes v. a. bei Nutzung in globalen Stereoverfahren aufgezeigt.

Konsistenz-Checks: Die vorgestellten lokalen Verfahren können in texturlosen Bereichen keine eindeutigen Ergebnisse liefern. Durch Vorschalten eines sogenannten Interest-Operators, oft durch ein Kantenfilter realisiert (z. B. Canny-Filter aus ▶ Kap. 21), kann man die Stereoanalyse auf Bereiche mit ausreichendem Kontrast beschränken. Außerdem kann man durch zweimaliges Berechnen der Disparität mit wechselndem Referenzbild unzuverlässige Korrespondenzen herausfiltern: Wenn der Bildpunkt (x) im linken Bild die Disparität d als Ergebnis hat, muss der Bildpunkt (x-d) im rechten Bild die Disparität $-d$ haben, wenn es sich um eine korrekte Korrespondenz handelt. Diesen sogenannten Rechts-Links-Check (RL-Check) kann man auch ohne doppelte Durchführung der Disparitätssuche durchführen [7]. Bei Anwendung im Auto muss man immer mit Verdeckungen durch den Scheibenwischer rechnen, da die Kamera in der Regel im gewischten Bereich der Windschutzscheibe angeordnet ist. Ein Scheibenwischer ist aufgrund der Nähe immer nur in einem Bild zu sehen und die daraus resultierenden (fehlerhaften) Disparitäten werden im RL-Check eliminiert.

Abb. 22.2 zeigt ein Beispielergebnis eines lokalen Korrelationsverfahrens, wobei als Ähnlichkeitskriterium ZSAD mit einer 7×7-Maske verwendet wurde. Unzuverlässige Ergebnisse wurden mittels des RL-Checks entfernt. Trotz des Checks bleiben rote (nahe) Punkte in texturlosen Regionen erhalten, die eindeutig fehlerhaft sind.

22.1.2 Globale Stereoverfahren

Die Korrelationsverfahren sind auf ausreichende Kontraste im Bild angewiesen, um Ergebnisse mit möglichst wenigen Falschmessungen zu liefern. Dies ist in Straßenszenen auf der Fahrbahn, im Himmel und auf homogenen Fahrzeugflächen kaum gegeben. Diesem Problem versuchen globale Stereoverfahren zu begegnen.

In typischen Szenen ändert sich die Tiefe nur langsam und stetig an schrägen Ebenen oder bleibt konstant auf Flächen, die parallel zum Kamerasystem stehen (fronto-parallel). Die einzigen sprunghaften Tiefenänderungen entstehen an Objektgrenzen. Mit dieser Annahme, dass sich die Tiefe in der Szene nur selten ändert, kann man eine weitere Bedingung neben der Ähnlichkeit formulieren, um auch für texturschwache Regionen eine korrekte Disparität zu ermitteln. Die Klasse der sogenannten globalen Stereoverfahren kann man in 1D-optimierende entlang einer Zeile und 2D-optimierende Verfahren über das gesamte Bild einteilen.

22.1.2.1 1D-Optimierung

Durch die Annahme der abschnittsweise konstanten Tiefe kommt zum sogenannten Datenterm des Ähnlichkeitsmaßes ein Glattheitsterm hinzu, der Abweichungen von der konstanten Tiefe bestraft. Die Disparitätsoptimierung wird als Energieoptimierung interpretiert, bei der eine Energieminimierung durchgeführt wird. Die Gesamtenergie E_{total} besteht aus der Ähnlichkeit E_{data} und einer Glattheitsenergie $E_{smoothness}$, die für alle Bildpunkte im Bild aufsummiert wird.

$$E_{total} = \sum_{x,y} (E_{data} + E_{smoothness})$$

Für die Modellierung der Glattheitsenergie hat sich folgendes Prinzip bewährt: Große Tiefensprünge werden mit einer konstanten Energie P_2 bestraft, kleine Änderungen der Disparität mit einer geringeren Energie P_1:

$$E_{smoothness} = \begin{cases} 0, & if\ |d_1 - d_2| = 0 \\ P_1, & if\ |d_1 - d_2| = 1 \\ P_2, & if\ |d_1 - d_2| > 1 \end{cases}$$

Hierbei sind d_1 und d_2 die Disparitäten benachbarter Bildpunkte. Die geringere Energie P_1 soll schräge Flächen, die eine langsam veränderliche Disparität aufweisen, korrekt rekonstruieren. Das einfachere Gibbs-Potenzial, das häufig in globalen Stereoverfahren eingesetzt wird, lässt sich durch Setzen von $P_1 = P_2$ auf obige Formel zurückführen. Solch eine Energieoptimierung kann effizient in einer Richtung (z. B. entlang einer Zeile) durchgeführt werden. Diese Methode betrachtet jede Zeile unabhängig und ist als „Scanline-Optimization" in der Literatur bekannt. Wenn man den optimalen Disparitätswert am Ende der Zeile ermittelt, wird mittels Backtracking die optimale Disparität für jede Spalte bis zum Zeilenanfang ermittelt. Dieses Verfahren nutzt damit das Prinzip der dynamischen Programmierung und ist unter „Dynamic-Programming-Stereo" bekannt [8]. Sowohl „Scanline-Optimization" als auch „Dynamic-Programming-Stereo" lassen sich effizient in Steuergeräten umsetzen, allerdings entstehen bei den Resultaten Streifen-Artefakte, da unabhängig Zeile für Zeile optimiert wird. Bei dem in ■ Abb. 22.3 gezeigten Resultat wurde Census mit einer Fenstergröße von 9×7 Bildpunkten als Datenterm verwendet.

22.1.2.2 2D-Optimierung

Die störenden Streifeneffekte können vermieden werden, wenn die Optimierung die Disparitätsunterschiede aller benachbarten Bildpunkte berücksichtigt, also eine zweidimensionale Optimierung durchgeführt wird. Es gibt mehrere Ansätze, das Energieminimum zu finden, die beiden gängigsten Verfahren sind im Folgenden skizziert.

GraphCut: Die Optimierungsmethode GraphCut führt eine Optimierung (Energieminimierung) auf einem Graph durch. Dabei werden die Bildpunkte als Knoten interpretiert und die Verbindungen zwischen

■ Abb. 22.3 Disparitätsbild (rot = nah … grün = fern) einer Disparitätsschätzung mittels Dynamic-Programming, überlagert auf dem Originalbild. Wegen der zeilenweise unabhängigen Optimierung weist das Disparitätsbild Streifen-Artefakte auf, welche in gering texturierten Bereichen noch stärker ausgeprägt sind

■ Abb. 22.4 Disparitätsbild (rot = nah … grün = fern) einer Disparitätsschätzung mittels GraphCut, überlagert auf dem Originalbild. Ein visuell fehlerfreies Disparitätsbild wird geliefert, jedoch beträgt die Rechenzeit über 10 s pro Bildpaar (Stand 2014)

benachbarten Punkten als Kanten. GraphCut wird häufig für die Vordergrund-Hintergrund-Segmentierung eingesetzt. Für dieses binäre Problem (2 Labels) findet GraphCut immer die optimale Lösung, d. h. das globale Energieminimum. Die Erweiterung auf mehr als 2 Labels führt zu einem iterativen Lösungsverfahren mittels GraphCut ohne Optimalitätsgarantie, liefert aber in der Praxis sehr gute Ergebnisse. Die Interpretation der Labels im Stereofall sind diskrete Disparitäten [9]. Ein Beispielergebnis zeigt ■ Abb. 22.4. In diesem Beispiel wurde wie oben *Census* mit einer Fenstergröße von 9 × 7 Bildpunkten als Datenterm verwendet. Die Rechenzeit ist von der Anzahl der Bildpunkte und der Anzahl der Disparitätshypothesen abhängig. Für in der Fahrerassistenz übliche Bildgrößen und 128 Disparitätsstufen ergibt sich eine Rechenzeit, die den Einsatz dieses sehr eleganten Verfahrens in der Praxis (noch) verbietet. Die Optimierungsmethode „Belief-Propagation" löst die gleiche Aufgabenstellung wie GraphCut und liefert bei vergleichbaren Parametern ähnliche Ergebnisse [10] bei vergleichbarem Rechenaufwand.

Semi-Global-Matching: Mit Semi-Global-Matching (*SGM*) werden die Streifen-Artefakte der

◘ **Abb. 22.5** Disparitätsbild (rot = nah … grün = fern) einer Disparitätsschätzung mittels SGM, überlagert auf dem Originalbild. SGM liefert in Echtzeit ein visuell fehlerfreies Disparitätsbild, das dem Resultat von GraphCut ähnlich ist

1D-optimierenden Verfahren beseitigt, gleichzeitig aber deren Recheneffizienz beibehalten. Es wird eine „Scanline-Optimization" wie oben beschrieben durchgeführt, nur diesmal in mehrere Richtungen (typischerweise 8) und die Ergebnisse aufsummiert [11]. Bei diesem von Hirschmüller 2005 vorgeschlagenen Verfahren wird die 2D-Optimierung durch mehrere, unabhängige 1D-Optimierungen approximiert und man erhält vergleichbare Ergebnisse wie bei GraphCut zu einem Bruchteil des Rechenaufwands.

Die Glattheitsenergie wird oft auch an den Grauwert adaptiert: Falls eine starke Grauwertkante vorliegt, wird P_2 reduziert, da ein Tiefensprung an dieser Stelle wahrscheinlicher ist. Als Ähnlichkeitsmaß wurde von Hirschmüller ursprünglich „Mutual Information" eingesetzt, ein bildpunktbasiertes Maß, das sich als sehr anfällig für Kalibrierfehler erweist. Im Fahrzeugumfeld und bei Echtzeitimplementierungen wird bevorzugt *Census* als Ähnlichkeitskriterium verwendet. Für *SGM* existieren Echtzeitimplementierungen auf Intel-Prozessoren [12], Grafikkarten (GPU) [13] und rekonfigurierbarer Hardware (FPGA) [14]. Dieses Verfahren wird bei den Stereokamerasystemen von Daimler eingesetzt. Ein Beispielergebnis ist in ◘ Abb. 22.5 zu sehen.

Das Erfolgsgeheimnis dieser einfachen Strategie kann man sich folgendermaßen vorstellen: Einzelne Bildpunkte bilden in texturarmen Regionen nur schwache und mehrdeutige Minima. Durch Vergleichen der Disparitätshypothesen mit denen der Nachbarpunkte und der Favorisierung glatter Lösungen findet sich bei allen Punkten die korrekte Disparität als kompatible Lösung, auch wenn die Disparitätsminima der Bildpunkte nicht alle übereinstimmen.

Eine Erweiterung auf Farbbilder ist einfach möglich. Für Anwendungen in der Fahrerassistenz hat sich der Einsatz von Farbe bei der Ähnlichkeitsberechnung jedoch nicht bewährt, da der Mehraufwand in keinem Verhältnis zum Nutzen steht. Der Nutzen der Farbinformation führt bei leicht fehlerbehafteter Farbkonstanz zwischen linkem und rechtem Bild zu schlechteren Ergebnissen als robuste Ähnlichkeitsmaße wie *ZSAD* [15].

22.2 Genauigkeit der Stereoanalyse

Die im vorangegangenen Abschnitt beschriebenen globalen Verfahren liefern ganzzahlige Disparitäten. Da die Entfernung Z umgekehrt proportional zur Disparität d ist. Es gilt:

$$Z = fB/d, \qquad (22.6)$$

führt dies zu unerwünschten Quantisierungseffekten der geschätzten Entfernungen, die nur im Nahbereich toleriert werden können. ◘ Abbildung 22.6a zeigt den Quantisierungseffekt.

Abb. 22.6 3D-Rekonstruktion auf Basis von SGM zu der Disparitätskarte aus ◨ Abb. 22.5. **a** ist das triangulierte Ergebnis ohne Subpixelschätzung gezeigt, **b** das Ergebnis mit Subpixelschätzung. Wenn keine Subpixelschätzung durchgeführt wird, „zerfällt das entgegenkommende Auto" in zwei Teile

Der einfache Ausweg, durch eine große Brennweite und/oder eine entsprechend große Basisbreite diesem Problem zu begegnen, widerspricht den Zielen großer Blickwinkel und designverträglicher (geringer) Basisbreiten. Alternativ kann man die Auflösung des Imagers erhöhen. Damit steigt jedoch der Rechenzeit- und Speicheraufwand und die für Nachtfunktionen wichtige Sensitivität des Imagers sinkt, wenn man aus Kostengründen die Fläche des Imagers konstant hält.

Da in der Fahrerassistenz gleichzeitig hohe Reichweiten und hohe Messgenauigkeiten angestrebt werden, ist eine subpixelgenaue Schätzung der Disparität erforderlich. Gleichzeitig induzieren in der Praxis nicht vermeidbare geringe Dekalibrierungen zusätzliche, systematische Fehler. Diesen Problemen widmet sich der folgende Abschnitt.

22.2.1 Subpixelgenaue Schätzung

Leitet man die Disparitätsentfernungsbeziehung (vgl. Gl. 22.6) ab, erhält man:

$$\frac{\partial Z}{\partial d} = -\frac{f \cdot B}{d^2} = -\frac{Z^2}{f \cdot B}. \qquad (22.7)$$

Man sieht, dass bei triangulierenden Verfahren die durch kleine Unsicherheiten in der Disparität hervorgerufene Entfernungsunsicherheit quadratisch mit der Entfernung zunimmt. Diese Unsicherheit als Funktion des Abstands für ein Stereokamerasystem mit $f \cdot B = 250 m \cdot px$, was ungefähr der Situation der von Daimler eingesetzten Kamera (1024 Bildpunkte horizontal, Blickwinkel ca. 50°, Basisbreite B ca. 20 cm) entspricht, führt zu Entfernungsunsicherheiten von mehreren Metern in Bereichen oberhalb 50 m.

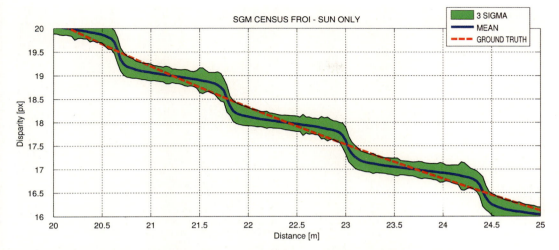

● **Abb. 22.7** Disparitätsverlauf bei Zufahrt auf ein Hindernis. Dargestellt sind die Referenzdisparität einer künstlichen Szene und die mittels SGM gemessenen Disparitäten. Dabei treten Abweichungen von bis zu $0{,}3\,px$ Disparitäten auf, da aufgrund des Glattheitsterms ganzzahlige Disparitäten überproportional bevorzugt werden

Unabhängig vom Stereoverfahren kann mit geringem Aufwand eine bildpunktweise Subpixelschätzung durchgeführt werden. Die bekannteste Form der Subpixelschätzung führt eine Taylor-Entwicklung zweiter Ordnung am Ort des Minimums der Ähnlichkeitsfunktion durch. Das Minimum dieses quadratischen Polynoms markiert die verbesserte Schätzung der Disparität. Für lineare Ähnlichkeitsfunktionen, wie z. B. *SAD* und *Census*, hat sich der sogenannte Equiangular-Fit bewährt [16]. Die optimale Disparität ist hierbei der Schnittpunkt zweier Geraden, die durch die Ähnlichkeitswerte des gefundenen Minimums und der benachbarten Stützstellen gegeben sind.

2001 hat Shimizu in [16] beschrieben, dass die skizzierte subpixelgenaue Schätzung der Disparität die Tendenz hat, ganzzahlige Disparitäten zu bevorzugen. Der Effekt hängt vom Ähnlichkeitsmaß und vom Kontrast der betrachteten Pixelumgebung ab. Im ungünstigsten Fall kann bei hohem Kontrast der Fehler bis zu $0{,}15\,px$ Disparitäten betragen. Mit der richtigen Wahl der Interpolationstechnik kann der Effekt unter $0{,}1\,px$ Disparitäten gehalten werden. Gravierender ist dieser Pixel-Locking-Effekt bei global optimierenden Verfahren, die bei der Subpixelinterpolation nicht nur die Ähnlichkeitskosten, sondern auch die Glattheitskosten interpolieren. Dort entstehen Abweichungen bis zu $0{,}3\,px$ Disparitäten (s. ● Abb. 22.7).

Die erzielbare Genauigkeit der Subpixel-Disparitätsschätzung ist unabhängig von der Kalibrierung beschränkt. Während theoretische Publikationen für optimale Bedingungen Disparitätsgenauigkeiten auf 0,05 Bildpunkte voraussagen, haben auch perfekt kalibrierte Systeme im Mittel für alle vermessenen Punkte einer Szene eine Genauigkeit von ungefähr 0,25 Bildpunkten bei Verwendung von ortsdiskreten Stereo-Verfahren.

Wenn bessere Schätzungen benötigt werden, ist dies mit erhöhtem Rechenaufwand möglich. In [17] wird die Energieoptimierung auch auf Subpixelebene durchgeführt (z. B. in Viertel-Bildpunkt-Schritten).

22.2.2 Effekte einer Dekalibrierung

Die vorangegangenen Aussagen zur Varianz der Disparitätsschätzung gehen von einem idealen Kamerasystem aus, bei dem sowohl alle Linsenfehler als auch die nie ideale Ausrichtung der beiden Kameras zueinander (äußere Orientierung) perfekt korrigiert worden sind (Rektifizierung). Verfahren zur Schätzung der relevanten Parameter sind in ▶ Kap. 21 beschrieben.

Da die verwendeten Linsenmodelle die Realität nur annähernd genau wiedergeben und die

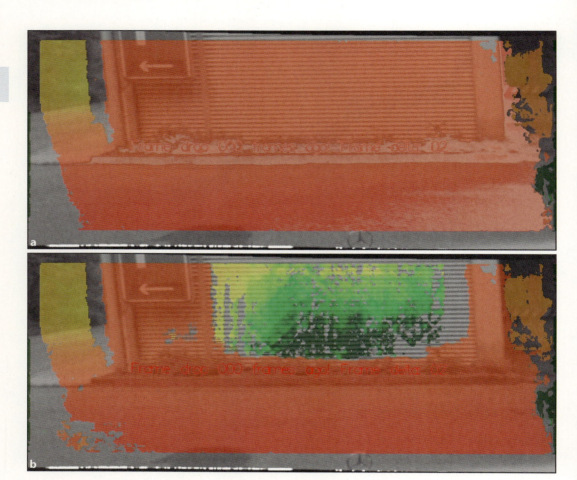

Abb. 22.8 Disparitätskarte einer parallelen Wand mit horizontalen Strukturen bei guter Kalibrierung (a) und bei leichter Dekalibrierung (b), wodurch die Wand als sehr weit entferntes Hindernis wahrgenommen wird

eingesetzten Kalibrierverfahren Restfehler haben, verbleiben auch bei sorgfältiger Systemauslegung systematische Restfehler. Fehlerhafte Nick- und Rollwinkel beeinträchtigen direkt die Korrespondenzanalyse.

Nick- und Wankwinkelfehler: Sobald die korrespondierenden Punkte nach Rektifizierung nicht mehr exakt auf der gleichen Bildzeile zu liegen kommen, wird die Korrespondenzsuche gestört. Für Strukturen mit überwiegend vertikaler Struktur fällt das Problem nicht auf. Der Effekt tritt verstärkt an zunehmend horizontalen Strukturen auf und führt zu ungültigen – oder schlimmer noch – zu falschen Disparitäten. Ein extremes Beispiel mit viel horizontaler Struktur ist in ◘ Abb. 22.8 dargestellt. ◘ Abbildung 22.8a das korrekte Ergebnis bei perfekter Kalibrierung, ◘ Abb. 22.8b das Ergebnis mit einem Epipolarfehler von nur 0,2 Bildpunkten. Die Wand steht plötzlich wesentlich weiter weg als vorher.

Schielwinkelfehler: Gravierender sind die Auswirkungen kleiner Fehler des relativen Schielwinkels beider Kameras, die sich in einem Disparitätsoffset Δd äußern. Befindet sich ein Objekt in der Entfernung Z mit Disparität d, gilt für den Schätzwert $\hat{Z}$:

$$\hat{Z} = \frac{Z}{(1 + \frac{\Delta d}{d})}. \tag{22.8}$$

Wie ◘ Abb. 22.9 verdeutlicht, ist dieser Effekt bei größeren Entfernungen nicht zu vernachlässigen. Die gezeigten Kurven gelten für die bereits oben beschriebene Stereokamera. Unterschätzt man bei-

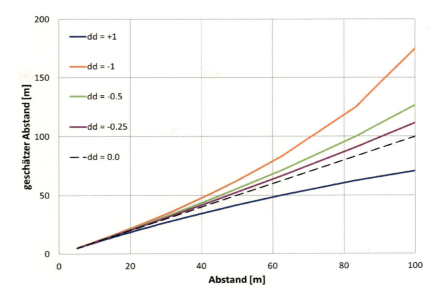

Abb. 22.9 Geschätzte Entfernung aufgetragen über der wahren Entfernung als Funktion des Disparitätsfehlers Δd

spielsweise bei einem Objektabstand von 60 m die Disparität um nur einen Bildpunkt, überschätzt man die Entfernung um ca. 20 m! Bleiben diese Fehler unerkannt, können sie bei der Sensordatenfusion zu Problemen führen.

Noch gravierender wirken sich kleine Disparitätsoffsets aus, wenn man aus einer Abstandsänderung eines Objekts (vgl. ▶ Abschn. 22.3) auf die Geschwindigkeit schließen will. Beträgt die Relativgeschwindigkeit v_{rel}, so resultiert für die Schätzung $\hat{v}_{rel}$:

$$\hat{v}_{rel} = \frac{v_{rel}}{\left(1 + \frac{\Delta d}{d}\right)^2}. \tag{22.9}$$

Meist wird man an der absoluten Geschwindigkeit v_f des beobachteten Objekts interessiert sein. Zieht man v_{ego} deshalb die (exakt) bekannte Eigengeschwindigkeit ab, erhält man

$$\hat{v}_f = v_{ego}\left(1 - 2\frac{\hat{v}_{rel}}{v_{rel}}\right). \tag{22.10}$$

Folgt man mit niedriger Relativgeschwindigkeit einem vorausfahrenden Fahrzeug (ACC-Anwendungsfall), sind die Fehler vernachlässigbar. Ganz anders ist das im Fall entgegenkommender Fahrzeuge, wie ◻ Abb. 22.10 zeigt. Dargestellt ist die geschätzte Geschwindigkeit des entgegenkommenden Fahrzeugs – abhängig von der Entfernung, wenn sich beide Fahrzeuge mit jeweils 50 km/h nähern. Beträgt der Disparitätsoffset einen Bildpunkt, kann man für Lkw innerorts eine Geschwindigkeit jenseits der Richtgeschwindigkeit auf Autobahnen messen.

Die Betrachtungen zeigen, dass sehr sorgfältig mit Schielwinkelfehlern in Stereokamerasystemen umgegangen werden muss, spätestens wenn die Geschwindigkeit bewegter Objekte gemessen werden soll. Da sich die äußeren Parameter einer Stereoanordnung durch Alterung, vor allem aber infolge von Temperaturschwankungen verändern, ist im Fahrzeug eine Online-Kalibrierung zwingend erforderlich. Durch Vergleich mit einem Referenzsensor ist es in der Praxis möglich, den Disparitätsfehler kleiner als 0,1 Bildpunkte zu halten, was auch in kritischen Konstellationen zu tolerierbaren Schätzfehlern führt.

22.3 6D-Vision

Idealerweise liefert die Disparitätsschätzung zu jedem Bildpunkt eine erwartungstreue Schätzung der 3D-Position. Fahrerassistenzsysteme, insbesondere automatische Notbremssysteme, erfordern aber vor allem die Detektion *bewegter* Objekte in Bruchteilen einer Sekunde sowie eine möglichst zuverlässige Schätzung ihres Bewegungszustands,

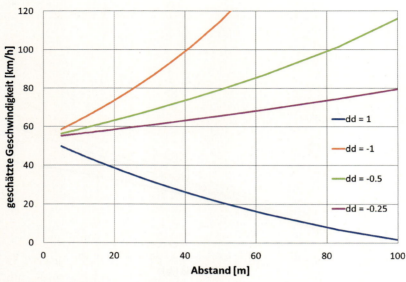

Abb. 22.10 Geschätzte Geschwindigkeit eines sich mit 50 km/h dem gleich schnell fahrenden Beobachter nähernden Fahrzeugs in Abhängigkeit vom Disparitätsfehler Δd. In größeren Entfernungen sind die Fehler extrem

Abb. 22.11 Kritische Kreuzungssituation, die Zeit bis zur Kollision mit dem hinter dem parkenden Auto auf die Straße laufenden Kind beträgt ca. 1 s

um die Kritikalität einer Situation bewerten zu können. Der naheliegende Ansatz, zunächst in den Disparitätsbildern „relevante" Objekte zu finden und diese dann zu tracken, hat sich in der Praxis als nicht tauglich erwiesen. Die mit zunehmender Entfernung quadratisch anwachsende Entfernungsunsicherheit macht die Objekttrennung bereits in mittleren Entfernungen problematisch und führt in vielen Fällen zu einem Verschmelzen von Objekten. Wenn aber in der in Abb. 22.11 gezeigten Situation Auto und Kind als ein Objekt wahrgenommen werden, kann die drohende Gefahr nicht erkannt werden.

Daher ist es nötig, die dreidimensionale Bewegung einzelner Bildpunkte direkt zu messen, um so bewegte Objekte ohne kritische Segmentierungsschritte detektieren zu können. Geeignete Schätzverfahren sind Inhalt dieses Abschnitts.

22.3.1 Das Prinzip

Ein großer Vorteil des Sensors „Kamera" liegt in der Tatsache, dass zu nahezu jedem beobachteten Bildpunkt der korrespondierende Bildpunkt im nächsten Frame gefunden werden kann. Verfahren des optischen Flusses bzw. des Feature-Trackings sind seit vielen Jahren Gegenstand intensiver Forschungen und werden entsprechend gut verstanden. Für jedes zeitlich korrespondierende Bildpunktpaar, für das man die 3D-Positionen kennt, kann man durch Differenzieren prinzipiell den Bewegungsvektor ermitteln. Angesichts der großen Entfernungsunsicherheit der einzelnen Messungen und den kleinen Zeitabständen von typischerweise 40 ms sind die so erzielten Schätzungen nur bedingt aussagekräftig. Dies kann durch eine Vergrößerung des zeitlichen Abstands der betrachteten Bildpaare verbessert werden, was aber nicht im Sinne einer schnellen Reaktion bei plötzlich auftauchenden Objekten ist.

Die zentrale Idee des 6D-Vision-Verfahrens [18] besteht darin, im Sinne des „länger Hinsehens" interessante Bildpunkte über mehrere Frames zu verfolgen und die beschriebene Unsicherheit durch zeitliche Integration kontinuierlich zu verringern, gleichzeitig aber, zu jedem Zeitpunkt eine optimale Schätzung bereitzustellen. Hierzu wird angenommen, dass sich die Punkte als Teile massebehafteter Körper kurzfristig geradlinig im Raum bewegen.

Mathematisch elegant lässt sich diese Aufgabenstellung mithilfe des Kalman-Filters lösen (vgl. ▶ Kap. 21). Dazu werden die 3D-Position $\vec{p} = (X, Y, Z)^T$ eines beobachteten Bildpunkts und sein Geschwindigkeitsvektor $\vec{v} = (\dot{X}, \dot{Y}, \dot{Z})^T$ zu einem sechsdimensionalen Zustandsvektor $\vec{x} = (X, Y, Z, \dot{X}, \dot{Y}, \dot{Z})^T$ zusammengefasst. Nach einem Zeitintervall Δt lautet die Position zum Zeitschritt $k + 1$:

$$\vec{p}_{k+1} = R\vec{p}_k + \vec{T} + \Delta t R \vec{v}_k, \qquad (22.11)$$

wobei R die Rotation und T die Translation der Szene, d. h. die inverse Kamerabewegung darstellen. Für den Geschwindigkeitsvektor ergibt sich bei angenommener konstanter Bewegung:

$$\vec{v}_{k+1} = R\vec{v}_k. \qquad (22.12)$$

Damit resultiert das zeitdiskrete lineare Systemmodell des Kalman-Filters

$$\vec{x}_k = A_k \vec{x}_{k-1} + B_k + \vec{\omega} \qquad (22.13)$$

mit dem mittelwertfreien Gauß'schen Rauschterm $\vec{\omega}$, der Zustandstransitionsmatrix

$$A_k = \begin{bmatrix} R_k & \Delta t_k R_k \\ 0_{3 \times 3} & R_k \end{bmatrix} \qquad (22.14)$$

und der Kontrollmatrix

$$B_k = \begin{bmatrix} \vec{T}_k \\ 0 \\ 0 \\ 0 \end{bmatrix}. \qquad (22.15)$$

Der Messvektor $z = (u, v, d)^T$ setzt sich aus der vom Tracker bestimmten aktuellen Bildposition $(u, v)^T$ und der vom Stereosystem gemessenen Disparität d zusammen. Das einfach zu linearisierende nichtlineare Messmodell lautet dann:

$$z = \begin{bmatrix} u \\ v \\ d \end{bmatrix} = \frac{1}{Z} \begin{bmatrix} Xf \\ Yf \\ bF \end{bmatrix} + \vec{v}. \qquad (22.16)$$

Die Kompensation der Eigenbewegung bewirkt, dass für stationäre Punkte eine korrekte Geschwindigkeit $v = 0$ gemessen wird. Verfügt das Fahrzeug über eine geeignete Inertialsensorik, können die für die Kompensation der Eigenbewegung erforderlichen Größen der Translation und Rotation direkt verwendet werden. Eine vereinfachende Annahme einer reinen planaren Kreisbewegung und die Verwendung des in nahezu jedem Fahrzeug verbauten Gierratensensors birgt das Problem, dass Nickbewegungen des Fahrzeugs vom Algorithmus als mit der Entfernung zunehmende Auf-Ab-Bewegung der getrackten Bildpunkte fehlinterpretiert werden. Alternativ können diese Parameter mittels geeigneter Verfahren der Ego-Motion-Schätzung ermittelt werden. Die Autoren setzen seit vielen Jahren erfolgreich das von Badino [19] entwickelte Verfahren ein.

Für das Tracken der Bildpunkte stellt die Literatur verschiedene Verfahren bereit. Infrage kommen für 6D-Vision vor allem Deskriptor-basierte

Abb. 22.12 Die vier stark vergrößerten Bildausschnitte zeigen das Resultat der 6D-Vision Schätzung für die Situation aus Abb. 22.11. Die Pfeile deuten jeweils auf die entsprechend der geschätzten Bewegung erwartete Position in 500 ms

Feature-Tracker (vgl. ▶ Kap. 21). Die Autoren verwenden eine bereits 2004 publizierte Variante von Stein [20], die beliebig große Verschiebungen in konstanter Zeit liefert und in der Echtzeitvariante eine Dichte von 10 % der Bildpunkte erreicht. In der Praxis ist entscheidend, dass der eingesetzte Tracker mit den oft schwankenden Bildhelligkeiten und den auftretenden großen Bildverschiebungen zurechtkommt. Bei Kurvenfahrten und entgegenkommenden Fahrzeugen treten durchaus Verschiebungen von mehr als 100 Pixeln/Frame auf. Nutzt man aus, dass das Kalman-Filter im Prädiktionsschritt eine relativ gute Vorhersage des erwarteten Ortes eines Bildpunkts bereitstellt, kann man sogar sehr erfolgreich mit robusten Varianten des beliebten Kanade-Lukas-Tomasi-Trackers [21] arbeiten.

Abb. 22.12 illustriert die Leistungsfähigkeit des skizzierten Ansatzes. Die Pfeile zeigen die zu einzelnen getrackten Punkten geschätzten Bewegungszustände, dabei deuten sie jeweils auf die entsprechend der geschätzten Bewegung erwartete Position in 500 ms. Aus Darstellungsgründen wurde auf die Wiedergabe jedes zweiten Bildes der Sequenz verzichtet, deshalb liegen zwischen den einzelnen gezeigten Bildern jeweils 80 ms. In vielen Versuchen konnte nachgewiesen werden, dass in der Praxis 200 ms ausreichen, um kritische Situationen sicher zu erkennen. In dem dargestellten Fall fuhr das eigene Fahrzeug mit ca. 30 km/h und wäre ohne Eingriff mit der auf die Straße laufenden Person kollidiert.

Ein weiteres Beispiel gibt Abb. 22.13. Dargestellt ist eine Situation, in der eine Fahrradfahrerin unvorsichtig vor dem sich nähernden Fahrzeug abbiegt. Es zeigt sich, dass die Annahme einer geradlinigen Bewegung in der Praxis erlaubt ist – obwohl das Fahrrad noch in der Kurvenfahrt ist, stimmt die Orientierung der geschätzten Bewegung sehr gut mit der Realität überein.

Das beschriebene Kalman-Filter schätzt die Position und Geschwindigkeit des jeweils verfolgten Bildpunkts. Zu Beginn der Track-Kette stellt sich die Frage der Initialisierung des Filters. Die initiale Position ist direkt über die Stereo-Messung verfügbar. Die initiale Geschwindigkeit kann jedoch nicht aus einer einzelnen Positionsmessung ermittelt werden, sondern muss über geeignete initiale Geschwindigkeitshypothesen und -varianzen ermittelt werden. Dieser Aspekt wird in [18] detailliert beschrieben.

22.3.2 Dense6D

Im vorangegangenen Abschnitt wurde 6D-Vision für einzelne Bildpunkte formuliert, die in Raum und Zeit lokalisiert werden können. Aus Gründen der Robustheit und Präzision nachfolgender Schritte der Szeneninterpretation ist eine möglichst hohe Dichte vermessener Bildpunkte anzustreben; idealerweise liegt für jeden Bildpunkt der vollständige Orts- und Bewegungsvektor vor. Dazu ist es notwendig, für möglichst jeden Bildpunkt sowohl den optischen Fluss (vgl. ▶ Kap. 21) als auch die Stereo-Information zu ermitteln. Das beschriebene SGM-Verfahren liefert bereits für nahezu jeden Bildpunkt die essenzielle Tiefeninformation in Echtzeit. Auch dichte optische Flussverfahren sind in der Literatur schon länger bekannt, wurden jedoch lange aufgrund der notwendigen Rechenzeit sowie mangelnder Robustheit nicht eingesetzt.

Klassische Verfahren zur Bestimmung des dichten optischen Flusses nutzen die sogenannte „Constant Brightness-Assumption", d. h. die Inten-

22.3 · 6D-Vision

Abb. 22.13 Bild **b** eines 3D-Viewers zeigt die 6D-Vision-Interpretation für die in **a** wiedergegebene Situation einer abbiegenden Fahrradfahrerin. Auch hier deuten die Pfeile auf die in 500 ms erwarteten Positionen der getrackten Bildpunkte. Die Farben codieren wieder die Entfernung von Rot (nah) nach Grün (fern)

sitätswerte zeitlich korrespondierender Bildpunkte werden als identisch angenommen. Hieraus leitet sich direkt ein Kostenterm ab, der in Abhängigkeit der Verschiebungsvektoren jedes einzelnen Bildpunkts minimiert wird. Zudem werden wie bei den globalen Stereoverfahren über einen Glattheitsterm benachbarte Verschiebungsvektoren in Beziehung gesetzt. In der Vergangenheit wurden aus Gründen der Rechenzeit Abweichungen quadratisch bestraft, was zu einer erhöhten Sensibilität hinsichtlich Mess- und Modellierungsfehlern führt. Gerade die Annahme eines konstanten Flusses ist in Verkehrsszenen nicht gegeben und führt zu starkem Überglätten.

Zach et al. [22] haben gezeigt, dass ein dichtes optisches Flussverfahren auch in hoher Auflösung in Echtzeit auf handelsüblichen PCs berechnet werden kann. Sie nutzen dazu die enorme Rechenleistung moderner Grafikkarten aus. Das umgesetzte *TV-L1*-Verfahren arbeitet auf dem Prinzip der totalen Variation und bestraft Abweichungen nicht quadratisch, sondern mit dem Absolutbetrag. Dies führt zu einem deutlich verbesserten Flussfeld, ist jedoch aufgrund der Annahme konstanter Intensitätswerte anfällig für wechselnde Belichtungs- und Beleuchtungsverhältnisse. Müller et al. [23] zeigten jedoch, dass durch die Nutzung des *Census*-Operators die Bestimmung des dichten optischen Flusses selbst in Szenen mit großen Belichtungsänderungen robust möglich ist.

Trotzdem neigt selbst das *TV-L1*-Verfahren in der Praxis zu einem Überglätten und weist Schwierigkeiten bei großen Flussvektoren auf. Müller [24] hat daher zwei wichtige Änderungen am Flussalgorithmus vorgeschlagen: Zur Schätzung von großen Flussvektoren werden die Messungen eines lokalen Flussschätzverfahrens [20] als weiterer Kostenterm einbezogen. Zudem wird in der Glattheitsbedingung nicht ein konstantes Flussfeld gefordert, sondern die Abweichung zu dem erwarteten Flussfeldverlauf bestraft. Dieser lässt sich bei Annahme einer stationären Welt einfach anhand der aktuellen Tiefeninformation und der bekannten Eigenbewegung errechnen.

Sind der optische Fluss und die Stereo-Information für nahezu jeden Bildpunkt verfügbar, so lässt sich auch das beschriebene 6D-Vision-Verfahren anwenden. Rabe et al. [25] haben 2010 unter dem Namen Dense6D eine echtzeitfähige Variante präsentiert, die für *jeden* Bildpunkt den 6D-Zustandsvektor bestimmt. Die einzelnen Kalman-Filter werden hierbei in einer zweidimensionalen Struktur organisiert, die dem jeweiligen Bild entspricht. Durch die Berechnung des Flussfeldes vom aktuellen zum vorherigen Bild kann für jeden Bildpunkt der entsprechende Vorgänger identifiziert und somit die Track-Kette fortgeschrieben werden.

Alternativ zu obigem Verfahren können auch aus zwei aufeinander folgenden Bildern einer Stereosequenz simultan optischer Fluss und Disparitätsänderung für jeden Bildpunkt ermittelt werden. Diese Verfahren sind unter dem Begriff „Scene Flow" bekannt. Aus der Disparitätsänderung lässt sich dann mit der Ursprungsdisparität die Geschwindigkeit des Bildpunkts relativ zum Beobachter berechnen. Wie Rabe et al. [25] in ihrer Untersuchung zeigen, ist das auf diese Weise ermittelte Geschwindigkeitsfeld bei verrauschten Daten deutlich schlechter als das Dense6D-Ergebnis.

Einen Eindruck der erzielbaren Dichte gibt ◘ Abb. 22.14.

22.4 Stixel-Welt

Dank der Echtzeitfähigkeit dichter Stereoverfahren stehen den nachfolgenden Verarbeitungsschritten heute ca. 500.000 3D-Punkte pro Frame zur Verfügung (Stand: 2014). In den kommenden Jahren ist eine Steigerung auf 1 bis 2 Mio. Punkte zu erwarten. Gleichzeitig wird diese Information von immer mehr Erkennungsmodulen (Fußgänger, Radfahrer, Autos, stationäre Hindernisse, befahrbarer Freiraum, Spurerkennung, Ampelerkennung, Höhenprofil der Fahrbahn etc.) zur Steigerung der Performance verwendet. Ohne weitere Maßnahmen führen diese Trends zu extremen Anforderungen an Rechenleistung und Bandbreite.

Dieses Problem lässt sich durch die Einführung einer kompakteren Repräsentation umgehen, die Bildpunkte zu Superpixeln zusammenfasst. Eine für Straßenszenen sehr gut geeignete Repräsentation ist die bereits 2009 von Badino et al. [26] vorgeschlagene „Stixel-Welt", eine sehr kompakte und aussagekräftige Repräsentation der dreidimensionalen Welt. Wie in ◘ Abb. 22.15 gezeigt, wird die komplette 3D-Information der Szene durch wenige hundert schmale rechteckige Stäbe approximiert, die durch Fußpunkt, Entfernung und Höhe beschrieben sind. Trackt man diese Stixel über die Zeit, lässt sich wie oben skizziert ihr Bewegungszustand ermitteln. Dank der geringen Zahl von Stixeln können anschließend bewegte Objekte mit global optimierenden Verfahren segmentiert werden (Stixmentation). Die einzelnen Schritte bis zu den gesuchten Objekten werden im Folgenden dargestellt.

22.4.1 Optimale Berechnung

Straßenszenen werden von (annähernd) horizontalen und vertikalen Flächen dominiert. Die wichtigste horizontale Fläche ist die Fahrbahn bzw. Bodenebene, auf der Objekte wie Autos, Fußgänger, Gebäude und Büsche mit annähernd vertikalen

22.3 • 6D-Vision

Abb. 22.14 Resultat der Dense6D-Berechnung für die eingeblendete Kreuzungssituation. Die Farben kodieren den Betrag der Bewegung, Grün steht für statisch, Gelb für geringe (Mutter mit Kinderwagen) und Rot (abbiegendes Fahrzeug) für höhere Geschwindigkeiten. Die Vektoren zeigen wieder die in 500 ms erwartete Position der getrackten Bildpunkte

Abb. 22.15 Repräsentation der Szene aus Abb. 22.5 durch Stixel. Die Entfernungen sind farbig kodiert, weiße horizontale Balken definieren die Oberkante der Stixel. Die Pfeile auf dem Boden deuten Geschwindigkeit und Bewegungsrichtung der Stixel an

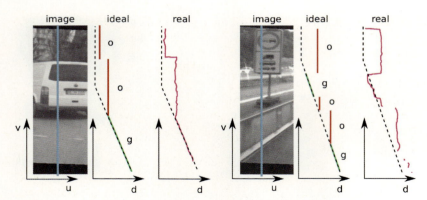

◻ **Abb. 22.16** Idee der Stixel-Welt: Der lila dargestellte Disparitätsverlauf längs einer Spalte wird durch konstante Abschnitte (Objekte, rot gekennzeichnet) und einen linearen, der Fahrbahnoberfläche entsprechenden Verlauf (grün gekennzeichnet) approximiert

Flächen stehen. Nur in Ausnahmefällen, wie z. B. bei Brücken, berühren diese Objekte nicht den Boden. Die Stixel-Welt hat das Ziel, genau diese Eigenschaften zu nutzen, um eine kompakte und robuste Beschreibung zu generieren.

Das leistungsfähigste derzeit bekannte Verfahren zur Berechnung dieser Repräsentation wurde von Pfeiffer et al. in [27] vorgestellt. Er formuliert die Berechnung als klassisches Maximum-a-posteriori-Problem, das er mittels dynamischer Programmierung löst. Dazu betrachtet er einzelne schmale Streifen von typischerweise 5–9 Bildpunkten unabhängig von den Nachbarn, wodurch sich unabhängige, eindimensionale Optimierungsprobleme ergeben.

◻ **Abb. 22.16** illustriert an zwei Beispielen den Grundgedanken der Stixel-Welt. Die blaue Linie markiert in beiden betrachteten Bildausschnitten die betrachtete Spalte bzw. den betrachteten Streifen. Die in dieser Spalte gemessenen Disparitäten sind violett dargestellt. Angestrebt wird eine Segmentierung in die Klassen „Objekt" und „Fahrbahn". Pixel einzelner Objekte haben in der Approximation eine konstante Disparität, während Pixel der Klasse „Fahrbahn" einem durch die Kamerageometrie gegebenen linearen Disparitätsverlauf gehorchen. Das linke Beispiel zeigt den Standardfall eines dominanten Vordergrundobjekts vor einem Hintergrundobjekt. Im rechten Beispiel erwarten wir eine Repräsentation durch drei Objekte und zwei als „Fahrbahn" gelabelte Abschnitte.

Aufgabe der Optimierung ist, bei gegebenem Disparitätsbild D die „wahrscheinlichste" modellkonforme Approximation des Disparitätsverlaufs zu finden. Das bedeutet, unter allen denkbaren Lösungen L wird das wahrscheinlichste Labeling L^* gesucht, formal:

$$L^* = \underset{L}{argmax}\, P(L|D). \tag{22.17}$$

Mit der Bayes'schen Regel lässt sich die A-posteriori-Wahrscheinlichkeitsdichte umformulieren zu $P(L|D) = P(D|L)P(L)/P(D)$. Damit lässt sich das Optimierungsproblem in

$$L^* = \underset{L}{argmax}\, P(D|L)P(L). \tag{22.18}$$

umschreiben. Dabei ist $P(D|L)$ die Wahrscheinlichkeitsdichte des beobachteten Disparitätsvektors für ein beliebiges Labeling L und repräsentiert so den Datenterm der Optimierung. Der zweite Term $P(L)$ trägt der Tatsache Rechnung, dass nicht alle denkbaren Objektanordnungen gleich wahrscheinlich sind und ermöglicht so, Vorwissen bzw. Statistik über den typischen Aufbau von Straßenszenen elegant bei der Optimierung zu berücksichtigen. Dies entspricht dem Glattheitsterm globaler Stereo- und Flussschätzverfahren, ohne sich dabei aber ausschließlich auf die Forderung nach glatten Lösungen zu beschränken. Vielmehr können in dieser Verteilungsdichte weitere Randbedingungen (engl.: constraints) berücksichtigt werden. Als besonders wichtig erweisen sich:

- **Bayes'sches Informationskriterium**: innerhalb einer Spalte werden meist nur sehr wenige Objekte gefunden, Lösungen mit einer geringen Anzahl von Objekten sind zu favorisieren.

- **Gravitations-Constraint**: Schwebende Objekte sind unwahrscheinlich. Daher sollten Objekte mit einem Fußpunkt nahe der Straße diese auch berühren.
- **Ordering-Constraint**: Je höher ein Objekt (Stixel) im Bild angeordnet ist, desto weiter entfernt ist es in der Regel. Für vertikal übereinander angeordnete Stixel bedeutet dies, dass diese entfernungsmäßig gestaffelt sind. Brücken, Bäume und andere Objekte, die diese Randbedingung verletzen, können selbstverständlich trotzdem korrekt approximiert werden, wenn der Datenterm hinreichend aussagekräftig ist.

Eine genauere Formulierung des wichtigen Priorterms $P(L)$ ist [27] zu entnehmen. Da es sich bei dem Optimierungsproblem um ein eindimensionales Problem handelt, kann es effizient mittels dynamischer Programmierung gelöst werden. Aus Gründen der Effizienz wird außerdem von einer Unabhängigkeit der einzelnen Disparitätsmessungen ausgegangen. Um gegenüber Ausreißern, die auch bei sehr guten Stereoalgorithmen nicht vermeidbar sind, robust zu sein, wird $P(D|L)$ als Superposition einer Normalverteilung und einer die Ausreißerwahrscheinlichkeit repräsentierenden Gleichverteilung modelliert.

◼ Abb. 22.15 zeigt für die in ▶ Abschn. 22.1 betrachtete Situation die so gewonnene Stixel-Welt. Die Farben kodieren auch hier die Entfernung. Weiße horizontale Balken definieren die Oberkante des Vordergrundstixels, die Fahrbahnfläche ist grau wiedergegeben. Die Fahrzeuge sind klar vom Hintergrund abgetrennt, der Baum rechts, der das Gravitations-Constraint verletzt, ist korrekt approximiert.

Im vorgestellten Beispiel deuten Pfeile auf dem Boden Geschwindigkeit und Bewegungsrichtung der Stixel an. Begreift man einen Stixel als großen Pixel, lässt sich das 6D-Vision-Prinzip ohne Änderung anwenden. Für Aufgaben der Fahrerassistenz reicht hier ein 4-dimensionaler Zustandsvektor aus, da auf eine Schätzung der Zustände Höhe und Vertikalbewegung verzichtet werden kann. Damit entfällt auch die Notwendigkeit, die Nickbewegung der Kameras exakt zu kennen. Diese „dynamische Stixel-Welt" ist die Basis für sich anschließende High-Level-Vision-Module.

Die auf diese Weise generierte Stixel-Welt ist eine approximierende Repräsentation der 3D-Daten, die eine gegebene Situation detailliert wiedergibt. In der Praxis weist sie mehrere positive Eigenschaften auf:

- **Robustheit**: Die implizit stattfindende Mittelung aller Disparitäten unter einem Stixel führt zu einer deutlichen Reduktion des Disparitätsrauschens. Dank der robusten Formulierung des Disparitätsrauschens können lokale Fehler der Disparitätsanalyse automatisch erkannt und eliminiert werden. Größere spontan auftretende Fehler, die zeitlich nicht konsistent sind, werden durch die zeitliche Kopplung unterdrückt.
- **Kompaktheit**: Die Stixel-Welt erweist sich als extrem kompakt. Da ein Bild mit der 4D-Information im Mittel durch 300–600 Stixel repräsentiert werden kann, reichen wenige Kilobyte zur vollständigen Beschreibung der gesamten geometrischen Information einschließlich der Bewegungsvektoren aus.
- **Explizite Darstellung**: Die Repräsentation arbeitet den Inhalt der Szene heraus. Betrachtet man das oben gezeigte Beispiel ohne das unterlagerte Grauwertbild, sind Menschen ohne Probleme in der Lage, den Inhalt der Szene zu erfassen. Die inhärente Klassifikation in Straße und Objekt liefert direkt den für die Planung von Trajektorien wichtigen freien Fahrraum in hoher Qualität.

Die Stixel-Welt repräsentiert 3D-Daten und ist damit nicht auf Stereo-Disparitäten beschränkt. Beispielsweise können auch Daten eines hochauflösenden Laserscanners wie dem vielfach als Referenzsensor eingesetzten Velodyne HD64 damit repräsentiert werden.

22.4.2 Bildverstehen in der Stixel-Welt

Im Rahmen der Fahrerassistenz hat die Bildverarbeitung mehrere Aufgaben:
a) Detektion aller bewegter Objekte und Schätzung ihres Bewegungszustands,
b) Klassifikation dieser Objekte (Fußgänger, Auto, Fahrradfahrer etc.),

Abb. 22.17 Segmentierung der dynamischen Stixel-Welt in einzelne, unabhängig bewegte Objekte

c) Ermittlung des freien Fahrraums und
d) Erkennung der Absichten anderer Verkehrsteilnehmer.

Die vorgestellten Prinzipien sind die Basis für die Sehsysteme der nächsten Generation, die darauf aufbauend die genannten Aufgaben sehr effizient lösen können.

22.4.2.1 Stixmentation

Die erste Aufgabe erfordert eine Segmentierung der dynamischen Stixel-Welt in bewegte Objekte vor einem stationären Hintergrund. Eine einfache lokale Schwellwertoperation, die die Geschwindigkeit einzelner Stixel betrachtet, ignoriert die Tatsache, dass Objekte aus einer Gruppe von Stixeln mit ähnlichen Eigenschaften bestehen. Analog zur Disparitätsanalyse liefern auch hier global optimierende Verfahren bessere Resultate.

Dazu fasst Erbs in [28] die Stixel als die Knoten eines „Conditional Random Field" (CRF) auf und formuliert darauf ein Optimierungsproblem, das er mithilfe der GraphCut Methode löst. Ist man nur an der Trennung vom stationären Hintergrund interessiert, kann dieses binäre Problem optimal gelöst werden. Erbs beschreibt ein iteratives Vorgehen, das auch bei unbekannter Anzahl bewegter Verkehrsteilnehmer diese schrittweise findet und einzeln annotiert.

Wie in ◘ Abb. 22.17 zu sehen, können so die bewegten Fahrzeuge sicher segmentiert werden. Es ist empfohlen, auf den so gefundenen Stixel-Gruppen einen objektspezifischen Tracker aufzusetzen.

Barth hat bereits 2009 in [29] gezeigt, wie damit der vollständige Bewegungszustand einschließlich der Gierrate entgegenkommender Fahrzeuge geschätzt werden kann.

22.4.2.2 Objektklassifikation

Eine Stärke des Sensors Kamera ist, dass interessierende Objekte wie Fußgänger und Fahrzeuge auch in sehr komplexen Szenen anhand ihres Aussehens (engl.: „appearance") erkannt werden können. Angesichts der Bedeutung der Fußgängererkennung ist ihr ein separates Kapitel (► Kap. 23) gewidmet. Problematisch ist, dass der Aufwand für diese Klassifikation linear mit der Anzahl der zu prüfenden Hypothesen steigt. Deshalb sind leistungsfähige Mechanismen einer Aufmerksamkeitssteuerung wichtig.

Die Stixel-Welt ermöglicht eine besonders effiziente Reduktion der Hypothesen. Dabei wird für jedes Stixel angenommen, dass es das mittlere Stixel eines gesuchten Objekttyps, z. B. eines Autos, ist. Abstand und Position des Stixels legen dann die Größe der zu klassifizierenden „Region-of-Interest" (ROI) fest. Passt die Stixelhöhe zur Hypothese, wird eine Klassifikation durchgeführt. In ◘ Abb. 22.18 sind die so gefundenen ROIs dargestellt. Ihre Anzahl liegt typischerweise in der Größenordnung von einigen hundert ROIs. Enzweiler zeigt in [30], dass dieser Ansatz nicht nur extrem effizient ist, sondern sogar bessere Resultate als eine ungesteuerte Suche liefert. Der Grund liegt in der Tatsache, dass alle relevanten Hypothesen generiert werden, gleichzeitig aber weniger Anfragen an den Klassifikator gestellt werden, der in der Regel eine nicht verschwindende

Abb. 22.18 **a** Anhand der Stixel-Welt gebildete Regions-of-Interest für die Klassifikation von Fahrzeugen. **b** zeigt die erkannten Fahrzeuge nach einer lokalen Filterung, bei der weitere positive Antworten eliminiert wurden

Falsch-Positiv-Rate hat. Damit erhält man ein System mit gleicher Detektionsleistung bei reduzierter Wahrscheinlichkeit von Falschdetektionen.

Das Resultat der Klassifikation ist in ◘ Abb. 22.18b wiedergegeben. Der skizzierte Ansatz lässt sich einfach auf viele Objektklassen wie die bereits erwähnten Fußgänger, aber auch Zweiradfahrer, Leitpfosten, Baken usw. übertragen.

22.4.2.3 Scene Labeling

Klassifikationsverfahren, die rechteckförmige, die Objekte umschreibende ROIs auswerten, sind in der Literatur intensiv untersucht und bei Systemen wie Gesichtserkennung oder Verkehrszeichenerkennung im Einsatz. Sie sind auf solche Fälle beschränkt, in denen das gesuchte Objekt sauber von einem solchen Bereich eingeschlossen wird. Bei Verdeckungen (Fußgänger hinter einem parkenden Auto nur teilweise zu sehen), einer dichten Anordnung von Objekten (Reihe eng parkender Autos am Straßenrand) oder ausgedehnten Objekten (Häusern, Leitplanken) sind diesem Ansatz Grenzen gesetzt.

Der aktuelle Trend in der Bildverarbeitung besteht darin, ein Bild in sogenannte „Superpixel" zu zerlegen, denen anschließend Attribute wie z. B. Fahrbahn, Fahrzeug, Gebäude, Vegetation etc. zugeordnet werden. Diese Verfahren werden in der neueren Literatur als „Scene-Labeling" bezeichnet. Die Zuordnung von Attributen zu den Superpixeln beruht im Allgemeinen auf einem geeigneten Klassifikator, der Farb- und Texturinformationen analysiert.

Scharwächter zeigt in [31], dass die Stixel-Welt eine effiziente Basis für das Scene-Labeling darstellt. Die Gruppierung von Stixeln liefert Bildsegmente, die im Vergleich zu Grauwert-basierten Superpixeln stärker mit tatsächlichen Objektgrenzen übereinstimmen und in vielen Fällen größere Segmente formen. Bei der Klassifikation verwendet er zusätzlich die Stereo-Höheninformation. Für eine möglichst robuste und effiziente Kodierung der Merkmale wird auf sogenannte Random Forests [32] zurückgegriffen. Die auf diese Art für innerstädtische Straßenszenen generierten Ergebnisse waren zum

◘ **Abb. 22.19** Beispiel einer automatisch gelabelten Verkehrsszene. Die Farben kodieren Fahrzeuge in Grün, Personen in Rot, Gebäude in Violett, Himmel in Blau und Fahrbahn in Braun

Zeitpunkt der Publikation den bekannten Verfahren deutlich überlegen.

◘ Abb. 22.19 zeigt das Resultat für eine typische Innenstadtszene. Die hier verwendeten Attribute sind: Fahrbahn, Fahrzeuge, Person, Gebäude und Himmel. Die Wahl der Klassen ist anwendungsspezifisch. Im Autobahnumfeld wäre eine Klasse „Leitplanke" sicher relevanter als die Klasse „Gebäude".

22.5 Zusammenfassung

Die im vorliegenden Kapitel beschriebenen Verfahren der Stereo-Bildverarbeitung sind das Resultat langjähriger Forschungen und haben sich in der Praxis bestens bewährt. Semi-Global-Matching und das Prinzip der 6D-Vision kommen seit 2013 in den Intelligent-Drive-Paketen der Ober- und Mittelklassefahrzeugen von Mercedes Benz zum Einsatz. Die für den effizienten, vollautomatischen Fußgängerschutz eingesetzten Klassifikatoren profitieren dabei massiv von der dichten Stereoinformation. Bei gleicher Erkennungsrate führt die Fusion von Grauwertinformation und Disparitätsinformation zu einer Reduktion der Falschalarmrate um mehr als den Faktor 5 [33]. An diesem Beispiel wird der Vorteil einer stereobasierten Bildverarbeitung gegenüber einer monokularen Lösung besonders deutlich.

Auch die Stixel-Welt und die darauf aufbauende Bildinterpretation hat ihre Leistungsfähigkeit in der Praxis unter Beweis gestellt. Sie war die Basis des Bildverstehens im Rahmen der Bertha-Benz-Fahrt im August 2013, bei der ein Mercedes Benz S500 Intelligent Drive die bekannte Route von Mannheim nach Pforzheim mit seriennaher Sensorik vollautomatisch zurückgelegt hat. Dank der extrem kompakten Repräsentation der Umgebung konnten auch aufwendige Analyseverfahren ohne zeitliche Probleme durchgeführt werden [34]. Das Thema „Autonomes Fahren" wird in ▶ Kap. 61 vertieft.

Die Vision vom automatischen Fahren und der Wunsch nach noch leistungsfähigeren Fahrerassistenzsystemen führen zu weiter steigenden Anforderungen an die Genauigkeit und Robustheit der Stereoanalyse. Neue Ansätze zur Disparitätsanalyse [35] bzw. für den Scene Flow [36] sind noch nicht echtzeitfähig, können sich aber in den KITTI-Benchmarks deutlich an eine führende Position setzen.

Eine Alternative ist die in [37] vorgeschlagene zeitliche Kopplung der Disparitätsanalyse, die vor allem in Fällen starker Störungen (vgl. ◘ Abb. 22.1) hilft, die Falsch-Positiv-Rate einer Hinderniserkennung zu reduzieren. ◘ Abbildung 22.20 zeigt in der oberen Reihe das aktuelle Stereobildpaar sowie das ohne (dritte Spalte) und mit (vierte Spalte) zeitlicher Kopplung gewonnene Disparitätsbild. Leichte Unterschiede sind nur in der linken unteren Ecke

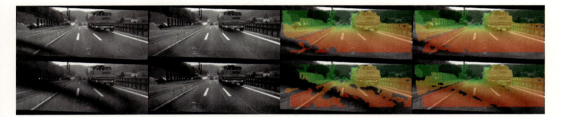

Abb. 22.20 Die obere Reihe zeigt von links nach rechts: ein bei Regenwetter aufgenommenes Stereobildpaar, die Disparitätsanalyse im Einzelbild und das Resultat der zeitlich gekoppelten Schätzung. Die untere Reihe zeigt die Situation einen Zeitschritt später, wenn der Scheibenwischer einen großen Teil des linken Bildes bedeckt. Die Verbesserungen der Disparitätsschätzung mit dem in [37] beschriebenen Verfahren werden deutlich, das gezeigte Resultat ist visuell nahezu fehlerfrei

des Disparitätsbildes sichtbar. Die untere Reihe gibt die Situation im nächsten Zeitschritt wieder. Der Scheibenwischer verdeckt einen erheblichen Teil des Bildes, was zu markanten Fehlern in der Disparitätsschätzung führt. Dank der zeitlichen Kopplung ist das rechts gezeigte Resultat nahezu fehlerfrei.

Es ist abzusehen, dass sich Stereokamerasysteme in den kommenden Jahren schnell in modernen Fahrzeugen verbreiten werden, da sich eine Vielzahl von Objekterkennungsaufgaben sehr viel effizienter und robuster lösen lassen, als dies mit einem monokularen System möglich ist. Heutige FPGA-Lösungen werden durch ASIC-Implementierungen abgelöst werden und so mit sehr geringer Leistungsaufnahme Disparitätsbilder mit mehreren Megapixeln berechnen können. Die wachsende Bildpunktzahl wird dann sowohl höhere Reichweiten als auch größere Blickwinkel ermöglichen.

Literatur

1. Dickmanns, E., Zapp, A.: A curvature-based scheme for improving road vehicle guidance by computer vision. SPIE **727**, 161–168 (1986)
2. Meister, S., Jähne, B., Kondermann, D.: Outdoor stereo camera system for the generation of real-world benchmark data sets. Journal of Optical Engineering **51**(02) 021107-1–021107-6 (2012)
3. Scharstein, D., Szeliski, R.: A Taxonomy and Evaluation of Dense Two-Frame Stereo Correspondence Algorithms. International Journal of Computer Vision (IJCV) 7–42 (2002). Kluwer, May
4. Geiger, A., Lenz, P., Urtasun, R.: Are we ready for Autonomous Driving? The KITTI Vision Benchmark Suite, Computer Vision and Pattern Recognition (CVPR) (2012)
5. Hirschmüller, H., Gehrig, S.: Stereo Matching in the Presence of Sub-Pixel Calibration Errors, Computer Vision and Pattern Recognition (CVPR) (2009)
6. Hirschmüller, H., Scharstein, D.: Evaluation of Stereo Matching Costs on Images with Radiometric Differences. IEEE Transactions on Pattern Analysis and Machine Intelligence **31**(9), 1582–1599 (2009)
7. Mühlmann, K., Maier, D., Hesser, J., Männer, R.: Calculating Dense Disparity Maps from Color Stereo Images, an Efficient Implementation, CVPR Workshop on Stereo and Multi-Baseline Vision, S. 30–36 (2001)
8. Belhumeur, N.: A Bayesian approach to binocular stereopsis. International Journal on Computer Vision **19**(3), 237–260 (1996)
9. Boykov, Y., Veksler, O., Zabih, R.: Fast approximate energy minimization via graph cuts. IEEE Transactions on Pattern Analysis and Machine Intelligence **23**(11), 1222–1239 (2001)
10. Tappen, M., Freeman, W.: Comparison of Graph Cuts with Belief Propagation for Stereo, using Identical MRF Parameters, International Conference on Computer Vision (ICCV) (2003)
11. Hirschmüller, H.: Stereo Processing by Semi-Global Matching and Mutual Information. IEEE Transactions on Pattern Analysis and Machine Intelligence **30**(2), 328–341 (2008)
12. Gehrig, S., Rabe, C.: Real-time Semi-Global Matching on the CPU, CVPR Embedded Computer Vision Workshop, San Francisco, CA (2010)
13. Banz, C., Blume, H., Pirsch, P.: Real-time semi-global matching disparity estimation on the GPU, ICCV Workshop on Mobile Computer Vision, Barcelona, Spain (2011)
14. Gehrig, S., Eberli, F., Meyer, T.: A Real-Time Low-Power Stereo Engine Using Semi-Global Matching, International Conference on Computer Vision Systems, Liege, Belgium (2009)
15. Bleyer, M., Chambon, S.: Does Color Really Help in Dense Stereo Matching? International Symposium 3D Data Processing, Visualization and Transmission (3DPVT), Paris, France, S. 1–8 (2010)
16. Shimizu, M., Okutomi, M.: Precise sub-pixel estimation on area-based matching, International Conference on Computer Vision (ICCV) (2001)
17. Gehrig, S., Badino, H., Franke, U.: Improving Sub-Pixel Accuracy for Long Range Stereo. Journal of Computer Vision and Image Understanding **116**(1), 16–24 (2012)

18. Franke, U., Rabe, C., Badino, H., Gehrig, S.: 6D-Vision: Fusion of Stereo and Motion for Robust Environment Perception, DAGM Symposium 2005, Wien (2005)
19. Badino, H., Franke, U., Rabe, C., Gehrig, S.: Stereo Vision-Based Detection of Moving Objects under Strong Camera Motion, VisApp, Portugal (2006)
20. Stein, F.: Efficient Computation of Optical Flow, DAGM Symposium (2004)
21. Shi, J., Tomasi, C.: Good features to track, Computer Vision and Pattern Recognition (CVPR), 1994, Seattle (1994)
22. Zach, C., Pock, T., Bischof, H.: A Duality Based Approach for Realtime TV-L1 Optical Flow, DAGM Symposium (2007)
23. Müller, T., Rabe, C., Rannacher, J., Franke, U., Mester, R.: Illumination-Robust Dense Optical Flow Using Census Signatures, DAGM Symposium (2011)
24. Müller, T., Rannacher, J., Rabe, C., Franke, U.: Feature- and Depth-Supported Modified Total Variation Optical Flow for 3D Motion Field Estimation in Real Scenes, Computer Vision and Pattern Recognition (CVPR) (2011)
25. Rabe, C., Müller, T., Wedel, A., Franke, U.: Dense, Robust, and Accurate Motion Field Estimation from Stereo Sequences in Real-time, European Conference on Computer Vision (ECCV) (2010)
26. Badino, H., Franke, U., Pfeiffer, D.: The Stixel World - A Compact Medium Level Representation of the 3D-World, DAGM Symposium (2009)
27. Pfeiffer, D., Franke, U.: Towards a Global Optimal Multi-Layer Stixel Representation of Dense 3D Data, British Machine Vision Conference (BMVC) (2011)
28. Erbs, F., Schwarz, B., Franke, U.: From Stixels to Objects, IEEE Intelligent Vehicles Symposium, Brisbane (2013)
29. Barth, A., Franke, U.: Estimating the Driving State of Oncoming Vehicles from a Moving Platform Using Stereo Vision, IEEE Transactions on ITS (2009)
30. Enzweiler, M., Hummel, M., Pfeiffer, D., Franke, U.: Efficient Stixel-Based Object Recognition, IEEE Intelligent Vehicles Symposium, Alcala de Henares (2012)
31. Scharwächter, T., Enzweiler, M., Franke, U., Roth, S.: Efficient Multi-Cue Scene Segmentation, DAGM Symposium, Saarbrücken (2013)
32. Moosmann, F., Triggs, B., Jurie, F.: Fast Discriminative Visual Codebooks using Randomized Clustering Forests. In: Advances in neural information processing systems (2007)
33. Enzweiler, M., Gavrila, D.M.: A Multi-Level Mixture-of-Experts Framework for Pedestrian Classification, IEEE Trans. on Image Processing (2011)
34. Franke, U., Pfeiffer, D., Rabe, C., Knöppel, C., Enzweiler, M., Stein, F., Herrtwich, R.G.: Making Bertha See, ICCV Workshop Computer Vision for Autonomous Driving, Sydney, Australia (2013)
35. Yamaguchi, K., McAllester, D., Urtasun, R.: Robust Monocular Epipolar Flow Estimation, Computer Vision and Pattern Recognition (CVPR) (2013)
36. Vogel, C., Roth, S., Schindler, K.: Piecewise Rigid Scene Flow, International Conference on Computer Vision (ICCV) (2013)
37. Gehrig, S., Reznistkii, M., Schneider, N., Franke, U., Weickert, J.: Priors for Stereo Vision under Adverse Weather Conditions, ICCV Workshop Computer Vision for Autonomous Driving, Sydney, Australia (2013)

Kamerabasierte Fußgängerdetektion

Bernt Schiele, Christian Wojek

23.1 Anforderungen – 422

23.2 Mögliche Ansätze – 423

23.3 Beschreibung des Funktionsprinzips – 424

23.4 Beschreibungen der Anforderungen an Hardware und Software – 432

23.5 Ausblick – 433

Literatur – 434

H. Winner, S. Hakuli, F. Lotz, C. Singer (Hrsg.), *Handbuch Fahrerassistenzsysteme,* ATZ/MTZ-Fachbuch,
DOI 10.1007/978-3-658-05734-3_23, © Springer Fachmedien Wiesbaden 2015

Die Detektion oder Erkennung von Fußgängern im Straßenverkehr ist eines der wichtigsten, zugleich aber auch eines der schwierigsten Probleme der Sensorverarbeitung. Um dem Fahrer optimale Assistenz leisten zu können, sind idealerweise alle Fußgänger unabhängig von Sichtverhältnissen robust zu erkennen. Dies wird jedoch durch verschiedenste Umweltfaktoren erschwert. Problematisch sind insbesondere wechselnde Wetter- und Sichtverhältnisse, schwierige Beleuchtungssituationen und Straßenverhältnisse. Des Weiteren erschweren individuelle Kleidung und die Verdeckung von Fußgängern beispielsweise durch parkende Autos die Detektionsaufgabe. Weiterhin zeichnen sich Fußgänger im Vergleich zu vielen anderen Objekten in Straßenverkehrsszenen durch einen hohen Grad an Artikulation aus, die insbesondere die Anwendung umrissbasierter Verfahren erschwert.

Grundsätzlich lassen sich zwei Typen von Erkennungsaufgaben abhängig vom eingesetzten Sensortyp unterscheiden:
- videobildbasierte Verfahren – für den Tag,
- infrarotkamerabasierte Verfahren – für die Nacht.

Während sich die Sensoren durch das aufgenommene Lichtspektrum unterscheiden, haben sich in der Praxis jedoch ähnliche grundsätzliche Verfahren für die Bearbeitung bewährt.

23.1 Anforderungen

Wie bereits eingehend erwähnt sind an ein System, das für die robuste Erkennung von Fußgängern im Straßenverkehr eingesetzt wird, hohe Anforderungen zu stellen. Insbesondere ist die Behandlung der folgenden Aspekte von hoher Bedeutung:
- **Auflösung und Größe der Fußgänger im Videobild**: Die Auflösung des Videobilds und die Brennweite der verwendeten Kamera beeinflussen ganz wesentlich die Menge darstellbarer Information (vgl. ▶ Kap. 20). Während auf niedrigauflösenden Bildern Fußgänger selbst von Menschen mit Mühe erkannt werden können, ist es möglich, aus hochauflösenden Bildern neben der Position im Bild auch die Pose zu bestimmen. Folglich sind für unterschiedliche Detektionsbereiche und Systemfunktionen unterschiedliche Verfahren und Modelle vorzuziehen. ◘ Abbildung 23.1 zeigt eine Szene mit einer Mehrzahl unterschiedlich skalierter Fußgänger, die von einer gängigen Onboard-Kamera aufgenommen wurden.
- **Robustheit**: Robustheit spielt für alle Anwendungsszenarien eine wesentliche Rolle; insbesondere ist die Funktionalität für unterschiedliche Wetter- und Sichtbedingungen zu erreichen. Gleichzeitig müssen Systeme zur Fußgängererkennung unabhängig von Kleidung und Artikulation der Fußgänger funktionieren. Damit einhergehend ist auch die Auswahl des richtigen Sensors: Während Fußgänger bei Tag in sichtbarem Licht gut zu erkennen sind, lässt die Sichtbarkeit bereits bei Dämmerung nach. Im Gegensatz dazu registrieren Infrarotkameras auch Teile des unsichtbaren Lichtspektrums. Während bei Tag Hintergrundstrukturen oftmals eine ähnliche Signatur haben wie Fußgänger, sind diese bei Nacht aufgrund der emittierten Wärmestrahlung deutlich zu erkennen und Infrarotkameras herkömmlichen Kameras vorzuziehen.
- **Blickwinkelinvarianz**: Fußgänger müssen unabhängig vom relativen Blickwinkel der Kamera zum Fußgänger erkannt werden können.
- **Teilweise Verdeckung**: In realistischen Anwendungen ist die Verdeckung von Fußgängern kaum zu vermeiden. Insbesondere in komplexen Innenstadtszenarien ist ein funktionierendes System auf die Behandlung entsprechender Situationen auszurichten.
- **Posenschätzung**: Um die Bewegungsrichtung von Fußgängern besonders schnell zu bestimmen, ist es notwendig, die Pose zu schätzen. Insbesondere wenn die Zeit bis zum Zusammenprall kurz ist, der Fußgänger sich also in kurzen Entfernungen zum Fahrzeug befindet, ist dieser Aspekt von großer Wichtigkeit, um eine sinnvolle Reaktionsstrategie zu erhalten.
- **2D- vs. 3D-Modellierung**: Während 2D-Ansätze, die die Umwelt in Bildkoordinaten modellieren, gute Ergebnisse für kleine Fußgänger in größerer Entfernung erzielen, geht damit auch Unsicherheit in Bezug auf die genaue

28 Pixel ⟶ 130 Pixel

◘ **Abb. 23.1** Innenstadtszene mit Fußgänger in unterschiedlicher Auflösung (normalisierte Darstellung)

Position im Verhältnis zum eigenen Fahrzeug einher. Deshalb ist für den Nahbereich die Modellierung insbesondere der Posenschätzung in Weltkoordinaten erstrebenswert.

23.2 Mögliche Ansätze

Für die Erkennung von Fußgängern lassen sich in der Literatur im Wesentlichen drei grundsätzliche Ansätze unterscheiden. Dies sind:
- „Sliding-Window"-Ansätze
- Merkmalspunkt- und körperteilbasierte Ansätze
- Systemorientierte Ansätze.

Beim „Sliding-Window"-Ansatz wird ein Fenster vordefinierter, fester Größe sukzessive über das Eingabebild bewegt. Dabei wird jeder Ausschnitt durch einen Klassifikator dahingehend individuell beurteilt, ob er einen Fußgänger enthält oder nicht. Um Skaleninvarianz, also die Unabhängigkeit des Fußgängers auf dem Eingabebild von der Größe des Klassifikationsfensters, zu erreichen, wird das Eingabebild so lange reskaliert und erneut getestet, bis seine Dimension kleiner als die des Detektionsfensters ist (vgl. ◘ Abb. 23.2).

Besonders populär sind dabei Ansätze, die Gradientenhistogramme verwenden, um die Generalisierung über verschiedene Instanzen zu ermöglichen [1, 2, 3]. Die globale, starre Beschreibung eines Fußgängers mithilfe eines Fensters mit vorgegebenem Seitenverhältnis stellt die wesentliche Limitierung dieser Verfahren dar. Dem kann zum Beispiel durch die Unterteilung des Fensters in Teile entgegengewirkt werden.

Als Klassifikatoren kommen zumeist AdaBoost-[4] und Support-Vektor Maschinen (SVM) zum Einsatz [5].

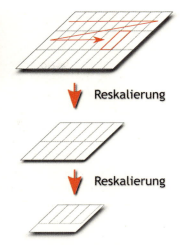

◘ **Abb. 23.2** Sliding-Window-Objektdetektion

Bei AdaBoost handelt es sich um ein Klassifikationsverfahren, das einen so genannten „starken" Klassifikator aus einer gewichteten Summe schwacher Klassifikatoren kombiniert. Schwache Klassifikatoren sind oftmals Entscheidungsbaumstümpfe mit einem einzelnen Entscheidungsknoten. Diese schwachen Klassifikatoren trennen die Daten beim Training rundenweise lokal entlang der diskriminativsten Dimension.

Im Gegenteil dazu optimieren Support-Vektor Maschinen den globalen Klassifikationsfehler, indem sie eine Hyperebene bestimmen, die die Trainingsdaten gemäß der statistischen Lerntheorie optimal trennt. Dabei können so genannte Kerne eingesetzt werden, um ein nicht-lineares Abstandsmaß zu definieren und die Trainingsdaten damit in einem höherdimensionalen Raum optimal zu trennen.

Bei Merkmalspunkt-basierten Ansätzen werden zunächst markante Bildpunkte extrahiert. Dies können einerseits Eckpunkte mit einem großen Intensitätsgradienten in zwei Richtungen sein [6] oder aber kreisförmige Regionen [8]. Mithilfe der Laplacefunktion lässt sich anschließend eine kanonische Skala ermitteln [7]. Die ermittelten Punkte werden dann mittels so genannter Merkmalsdeskriptoren näher charakterisiert [9] und in einem darauf aufsetzenden Verfahren zu einem Modell kombiniert. Zur Gruppe dieser Verfahren zählen zum Beispiel das „Implicit Shape Model" (ISM) von Leibe et al. [10], Seemann et al. [11, 12] sowie Andriluka et al.

[13]. Ein Vergleich verschiedener Deskriptoren ist bei Seemann et al. [14] zu finden.

Nahe verwandt hiermit sind die körperteilbasierten Ansätze, mit welchen versucht wird, einzelne Körperteile wie Gliedmaßen und Torso separat zu erkennen. Diese werden dann mittels probabilistischer Modelle fusioniert. Der Vorteil dieser Ansätze besteht in der Robustheit gegenüber Verdeckung und einer guten Generalisierung für verschiedene Artikulationen.

Schließlich sind an dieser Stelle noch die systemorientierten Ansätze zu nennen. Bei diesen wird im Unterschied zu den bisher genannten Systemen Vorwissen bezüglich der konkreten Anwendung im automobilen Umfeld ausgenutzt, um ein System zu konstruieren. Beispielhaft hierfür ist die Annahme einer ebenen Grundfläche, auf der sich sowohl das Fahrzeug als auch die Fußgänger bewegen. Außerdem wird oftmals ein Vorarbeitungsschritt zur Aufmerksamkeitssteuerung eingesetzt, der interessante Bereiche im Bild automatisch bestimmt. Wichtigster Vertreter dieser Gruppe ist das PROTECTOR-System von Gavrila und Munder [15].

Im Bereich der infrarotkamerabasierten Fußgängererkennung bei Nacht dominieren die Sliding-Window-basierten Verfahren. So adaptieren sowohl Mählisch et al. [16] als auch Suard et al. [17] ähnliche Ansätze und Merkmale, die sich für den sichtbaren Bereich des Spektrums bereits bewährt haben. Bertozzi et al. [18] verwenden außerdem die Wärmeabstrahlcharakteristik zur Detektion von Fußgängern.

23.3 Beschreibung des Funktionsprinzips

Wie bereits erwähnt, eigenen sich unterschiedliche Verfahren je nach Auflösung des Videobilds unterschiedlich gut, um die eingeführten Anforderungen zu erfüllen. Im Folgenden soll nun je eine Arbeit aus jeder Kategorie näher betrachtet werden.

23.3.1 Sliding-Window-Ansätze

Für die Verfahrensgruppe der „Sliding-Window"-Ansätze soll die Performanzanalyse von Wojek und Schiele [19] vorgestellt werden.

Ein wesentlicher Unterschied der oben eingeführten Methoden in der Modellierung liegt in der Verwendung verschiedener Merkmale. Auch variieren die eingesetzten Klassifikationsmethoden oftmals zwischen AdaBoost und SVMs mit unterschiedlichen Kernen. ◘ Tabelle 23.1 gibt einen Überblick zu Kombination der Originalarbeiten.

Wie aus dieser Tabelle ersichtlich ist, wurden viele der möglichen Kombinationen aus Bildmerkmal und Klassifikator nicht evaluiert. Außerdem erschwert die Verwendung unterschiedlicher Datensätze die Vergleichbarkeit zusätzlich. An dieser Stelle sollen nun die verschiedenen Kombinationen erschöpfend auf einem etablierten Datensatz mit einer Detektionsfenstergröße von 64×128 Pixel verglichen werden.

Zu Beginn sollen die verwendeten Merkmale kurz vorgestellt werden. **Haar-Merkmale** aus [20] kodieren lokale Bildintensitätsunterschiede. Die verwendeten Größen der Filtermaske sind 16 und 32 Pixel, wobei die einzelnen Masken jeweils zu 75 % überlappen und dadurch eine übervollständige Darstellung ermöglichen. Es werden die in ◘ Abb. 23.3 gezeigten Filter (zweite bis vierte Basisfunktion) verwendet; der Gleichanteil (erste Basisfunktion) wird vernachlässigt. Um Belichtungsunterschiede auszugleichen, werden alle Einzelantworten durch die mittlere Filterantwort für den entsprechenden Filtertyp normalisiert. Aufgrund unterschiedlicher Kleidung ist außerdem nur der Betrag der Filterantwort von Bedeutung. Eine weitere Verbesserung kann durch eine globale L_2-Längennormalisierung erzielt werden.

Haar-ähnliche Merkmale aus [21] stellen eine Verallgemeinerung der Haar-Merkmale zu allgemeinen rechteckigen Merkmalen dar, die an beliebiger Stelle in beliebiger Größe im Detektionsfenster vorkommen können (vgl. ◘ Abb. 23.4).

Diskriminative Merkmale werden beim Erlernen des Modells durch AdaBoost ausgewählt. Grundlage hierfür ist eine effiziente Berechnung der Merkmale mithilfe von Integralbildern. Die exponentiell ansteigende Anzahl von möglichen Merkmalspositionen und -größen stellt den limitierenden Faktor dieses Merkmals dar. Deshalb werden für die nachfolgende Evaluierung Merkmale für ein Fenster der Größe 24×48 Pixel bestimmt und dann auf die Größe des Detektionsfensters skaliert.

23.3 · Beschreibung des Funktionsprinzips

Tab. 23.1 Kombinationen von Bildmerkmalen und Fensterklassifikatoren

Merkmal/ Klassifikator	SVM mit Kern	AdaBoost	Sonstige	Evaluations- kriterium
Haar-Wavelets [20]	Polynomial-Kern			ROC
Haar-ähnliche Wavelets [21]		Kaskadiert mit Entscheidungsbäumen		ROC
HOG [2]	Linearer und RBF-Kern			FPPW
Shapelets [22]		Mit Entscheidungsbäumen		FPPW
Shape Context [23]			ISM	RPC

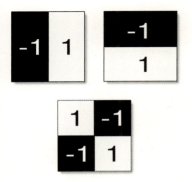

Abb. 23.3 Haarfilterbank

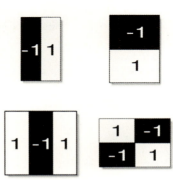

Abb. 23.4 Haar-ähnliche Merkmale

Auch hierbei zeigt sich, dass die Vernachlässigung des Vorzeichens der Filterantworten von Vorteil ist. Außerdem ist eine L_2-Längennormalisierung der ausgewählten Merkmalsantworten einer Mittel- und Varianznormalisierung überlegen.

Als weiteres Merkmal wurden **Histogramme über Gradientenorientierungen (HOG)** von Dalal und Triggs vorgeschlagen [2]. Hierfür werden zunächst die Gradienten in x- und y-Richtung berechnet und anschließend in so genannte Zellenhistogramme (über 8×8 Pixel) eingetragen, wobei sowohl in räumlichen Koordinaten als auch bezüglich der Orientierungen interpoliert wird. Anschließend werden alle Zellenhistogramme bezüglich der Nachbarzellen normalisiert, um lokale Belichtungsunterschiede auszugleichen. Um die Dominanz eines einzelnen Histogrammeintrags zu verhindern, hat sich ein zusätzlicher Hystereseschritt als nützlich erwiesen [7]. Der Merkmalsvektor entsteht schließlich durch die Konkatenation aller Histogrammeinträge (siehe **Abb. 23.5**).

Bei **Shapelets** handelt es sich um ein weiteres gradientenbasiertes Merkmal, das für lokale Bereiche des Detektionsfensters automatisch erlernt wird. Die Auswahl der Gradienten erfolgt dabei durch AdaBoost, dem auf Bildbereichen der Größe 5×5 Pixel bis 15×15 Pixel die Gradienten in mehrere Richtungen (0°, 90°, 180°, 270°) als Eingabe zur Verfügung stehen. **Abbildung 23.6** veranschaulicht die ausgewählten, diskriminativen Gradienten. Auch hierbei wird Belichtungsinvarianz durch Normalisierung der Gradienten bezüglich der lokalen Nachbarschaft erreicht; dabei ist stets auf adäquate Regularisierung zu achten, um Rauschen nicht zu verstärken.

Das **Shape Context**-Merkmal wurde ursprünglich als Deskriptor für Merkmalspunkte von [23] vorgeschlagen und mit großem Erfolg im ISM Framework von Seemann et al. [14] eingesetzt. Das Merkmal basiert auf Kanten, die mithilfe eines Canny-Kantendetektors extrahiert werden. Diese werden dann in einer Log-Polar-Darstellung

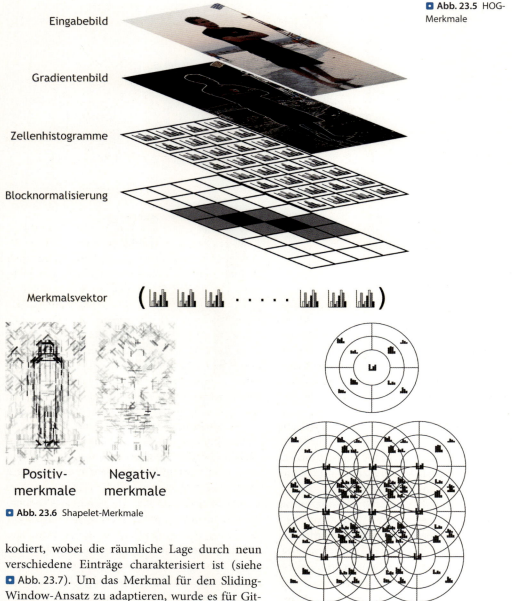

Abb. 23.5 HOG-Merkmale

Abb. 23.6 Shapelet-Merkmale

Abb. 23.7 Shape-Context-Merkmale

kodiert, wobei die räumliche Lage durch neun verschiedene Einträge charakterisiert ist (siehe Abb. 23.7). Um das Merkmal für den Sliding-Window-Ansatz zu adaptieren, wurde es für Gitterpunkte im Abstand von 16 Pixel berechnet. Um die Gesamtdimension zu reduzieren, wird zusätzlich noch eine Hauptkomponentenanalyse durchgeführt.

Im ersten Schritt werden nun die einzelnen Merkmale in Kombination mit unterschiedlichen Klassifikatoren evaluiert. Grundlage der Evaluation ist der „INRIAPerson"-Datensatz aus [2]. Zunächst werden 2416 positive und 12180 negative Trainingsbeispiele verwendet. Die Performanz ist in Abb. 23.8 als Precision-Recall-Kurve dargestellt. Dabei ist Recall definiert als

$$\frac{\#\text{korrekte Detektionen}}{\#\text{korrekte Detektionen} + \#\text{fehlende Detektionen}}$$

23.3 · Beschreibung des Funktionsprinzips

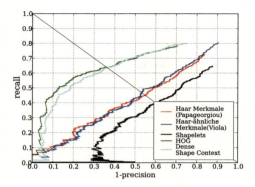
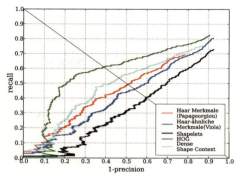

Abb. 23.8 Evaluation der Merkmale mit unterschiedlichen Klassifikatoren

Precision ist definiert als

$$\frac{\#\text{korrekte Detektionen}}{\#\text{korrekte Detektionen} + \#\text{falsche Detektionen}}.$$

Es ist ersichtlich, dass unabhängig von der Wahl des Klassifikators die gradientenbasierten Merkmale HOG und Shape Context die besten Ergebnisse erreichen. Außerdem ist ersichtlich, dass Haar und Haar-ähnliche Merkmale ähnlich gute Performanz liefern, was aufgrund des ähnlichen Designs der Merkmale wenig überraschend ist. Außerdem bleibt festzuhalten, dass durch die Verwendung eines RBF-Kerns die Ergebnisse zumeist verbessert werden können.

Im anschließenden Schritt wird ein so genannter „Bootstrapping"-Schritt durchgeführt. Dieser trainiert zunächst ein Initialmodell und testet damit alle Negativbilder, um zusätzliche, schwierig zu klassifizierende Negativbeispiele zu finden. Diese werden dann den ursprünglichen Trainingsbeispielen hinzugefügt und die Anzahl damit vervielfacht. Außerdem zeigt die Analyse der Einzeldetektoren, dass diese unterschiedlichen Instanzen detektieren und somit eine Kombination unterschiedlicher Merkmale vielversprechend ist. Die Ergebnisse hierzu finden sich in ■ Abb. 23.9. Als Vergleichsmaßstab dient die Kombination von HOG-Merkmalen mit einer linearen SVM (HOG-linSVM).

Es zeigt sich, dass eine Kombination von HOG- und Haar-Merkmalen eine bessere Gesamtleistung erzielen kann als HOG-linSVM. Allerdings ist die Performanz von der Wahl des Klassifikators abhängig. In Kombination mit AdaBoost wird mit Bootstrapping eine deutlich bessere Leistung erzielt, ohne eine ähnliche. In Kombination mit einer linearen SVM als Klassifikator ergibt sich ebenfalls eine zu HOG-linSVM vergleichbare Performanz.

Für die Kombination von Dense Shape Context-Merkmalen mit Haar-Merkmalen ergibt sich ohne Bootstrapping für lineare SVMs und AdaBoost ähnliche Performanz. Allerdings profitiert in dieser Kombination die lineare SVM stärker von der Bootstrappingprozedur und erreicht eine deutlich bessere Gesamtleistung als HOG-linSVM. AdaBoost hingegen erreicht nur eine ähnlich gute Performanz.

23.3.2 Merkmalspunkt- und körperteilbasierte Ansätze

Merkmalspunkt-basierte Ansätze eignen sich besonders für größere Fußgänger. In den hier diskutierten Ansätzen beträgt eine typische Größe z. B. 100 Pixel und mehr. Im Gegensatz zu Sliding-Window-basierten Detektoren findet die Modellierung der Fußgänger lokal anstatt global statt, weshalb diese Gruppe von Ansätzen wesentlich robuster gegenüber Verdeckung und Artikulation ist. Einige der Ansätze erlauben außerdem die Schätzung der Körperpose [11, 12, 13], sodass gleichzeitig die Bewegungsrichtung des Fußgängers mitgeschätzt werden kann. In diesem Abschnitt soll auf den besonders erfolgreichen *Implicit Shape Model* (ISM)-Ansatz von Leibe und Schiele [24] und dessen Erweiterungen [10, 11, 13, 14] eingegangen werden.

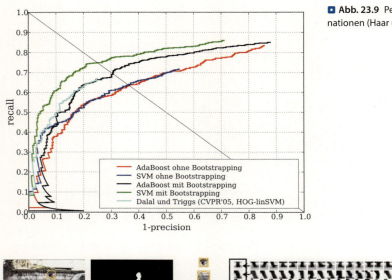

Abb. 23.9 Performanz von Merkmalskombinationen (Haar und Shape-Context-Merkmale)

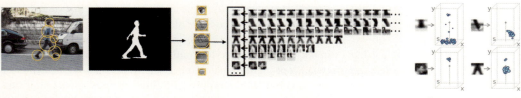

Abb. 23.10 Lernverfahren zum Erstellen des visuellen Wörterbuchs

Das *visuelle Wörterbuch* stellt für diese Gruppe von Ansätzen den zentralen Bestandteil dar. Es enthält eine Ansammlung von Objektbestandteilen, die aus einer Trainingsmenge von Bildern extrahiert werden. Dafür wird zunächst ein Merkmalspunktdetektor benutzt, um markante Bildpunkte zu bestimmen.

Prinzipiell kommen dafür Harris-Laplace, Hessian-Laplace [25], DOG-Detektor [7] oder eine beliebige Kombination dieser infrage. Der Detektor liefert einerseits die x-y-Position im Bild, aber auch eine generische Skala, d. h. Größe des Merkmals.

Im nächsten Schritt wird die Größe der Merkmale normalisiert und anschließend mittels eines Deskriptors beschrieben. Auch für die Wahl des Deskriptors existieren mehrere Möglichkeiten [9, 14]. Die meistbenutzten sind SIFT [7], Shape Context [23] oder einfach die Grauwertpixelwerte. Die Deskriptoren werden anschließend zu visuellen Wörterbucheinträgen geclustert. Dafür kommt ein agglomeratives *Reciprocal nearest neighbor pairs* (RNN)-Clusteringverfahren zum Einsatz, das für

große Datenmengen gut geeignet ist. Als nächstes werden die visuellen Wörter zurück in die Trainingsbilder projiziert und deren räumliche Verteilung relativ zum Objektzentrum in einer nicht parametrischen Form gelernt. Besonders wichtig ist hierbei, dass es sich um ein sternförmiges Modell handelt, sodass die Abhängigkeiten für jeden Wörterbucheintrag individuell gelernt werden und keine Modellierung der Abhängigkeiten zwischen Wörterbucheinträgen stattfindet. Der Verzicht auf die Modellierung gegenseitiger Abhängigkeiten zwischen Wörterbucheinträgen erlaubt außerdem die Verwendungen einer sehr kleinen Trainingsmenge (210 Instanzen). Abbildung 23.10 gibt einen Gesamtüberblick über das vorgestellte Lernverfahren.

Im Folgenden wird die Erkennung von Fußgängern mithilfe des erlernten visuellen Wörterbuchs beschrieben. Abbildung 23.11 gibt einen Gesamtüberblick zur ISM-Detektionsprozedur.

Auch hier werden zunächst, wie bereits für die Lernprozedur beschrieben, Merkmalspunkte ext-

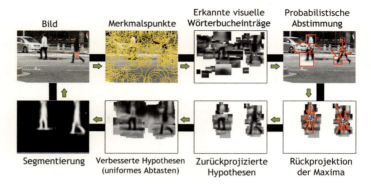

◨ **Abb. 23.11** Überblick über die ISM-Detektionsprozedur

rahiert und mittels Deskriptoren näher charakterisiert. Anschließend werden diese mit den Einträgen das visuellen Wörterbuchs verglichen und in einen probabilistischen Abstimmungsraum eingetragen. Dabei stellen die lokalen Maxima dieses Raums detektierte Objektpositionen dar. Um diese effizient zu bestimmen, wird eine skalen-adaptive Mean-Shiftsuche durchgeführt.

Schließlich können nun diejenigen Merkmalspunkte ins Bild zurückprojiziert werden, die die gefundenen Maxima stützen. Daraus ergibt sich neben der Objektposition und -größe auch eine grobe Segmentierung der Fußgänger. Basierend auf der bekannten Vordergrund/Hintergrundsegmentierung der Trainingsdaten lässt sich pro Pixel nun die Wahrscheinlichkeit bestimmen, dass dieser zum Vordergrund gehört. Dazu werden mit jedem Eintrag des visuellen Wörterbuchs Segmentierungen gespeichert, die dann entsprechend ihrem Beitrag zur Detektionshypothese berücksichtigt werden. Das Wahrscheinlichkeitsverhältnis für Vordergrund gegen Hintergrund entscheidet schließlich über die Objektsegmentierung.

Insbesondere bei Verdeckung und dem Auftreten mehrerer eng beieinander liegenden Hypothesen kommt es zu inkonsistenten Beiträgen im Verlauf des probabilistischen Abstimmverfahrens. Insbesondere kann dies dazu führen, dass Teile eines Fußgängers Hypothesen stützen, die zu einem anderen Fußgänger gehören, oder dass falsche Hypothesen zwischen eng aneinander liegenden Detektionen entstehen. Es hat sich allerdings gezeigt, dass diese Mehrdeutigkeiten sehr effizient mithilfe der inferierten Segmentierung in einer MDL (Maximum Description Length)-Formulierung aufgelöst werden können.

Für das oben beschriebene allgemeine Detektionsverfahren gibt es mehrere, speziell auf Fußgänger zugeschnittene Erweiterungen. In [10] kombinieren Leibe et al. das lokale Detektionsverfahren mit einem globalen Verifikationsschritt. Bei diesem wird die abschließend erhaltene Segmentierung der Hypothesen mit den bekannten Silhouetten der Trainingsmenge mittels Chamfermatching verglichen. Durch die Kombination von globalen umrissbasierten Silhouettenmerkmalen und der durch lokale Merkmale gestützten ISM-Detektion kann eine insgesamt verbesserte Performanz erreicht werden.

In [11] erweitern Seemann et al. den probabilistischen Abstimmraum um eine zusätzliche diskrete Dimension, die die Artikulation des detektierten Fußgängers beschreibt. Dazu wird für jeden Eintrag des visuellen Wörterbuchs zusätzlich vermerkt, mit welcher Artikulation dieser auftreten kann. Dadurch kann im Detektionsschritt das artikulationskonsistente Auftreten von lokalen Merkmalen sichergestellt werden. Merkmale am Kopf sind z. B. konsistent mit fast allen Artikulationen, Merkmale am Fuß nur für ganz spezifische Artikulationen, sodass eine weiche Zuweisung von Vorteil ist. Dies wird durch die experimentelle Validierung belegt. Dieser Ansatz übertrifft die Ergebnisse, die mit der globalen Chamferverifikationsstrategie erzielt werden.

In [12] schlagen Seemann und Schiele vor, den Beitrag der lokalen Merkmalspunkte in Abhängigkeit des lokalen Kontexts zu modellieren. Dazu wird für jeden Eintrag im visuellen Wörterbuch gespeichert, an welcher Stelle er auf der Silhouette der Trainingsinstanz auftritt. Zum Detektionszeitpunkt wird dann überprüft, ob innerhalb eines

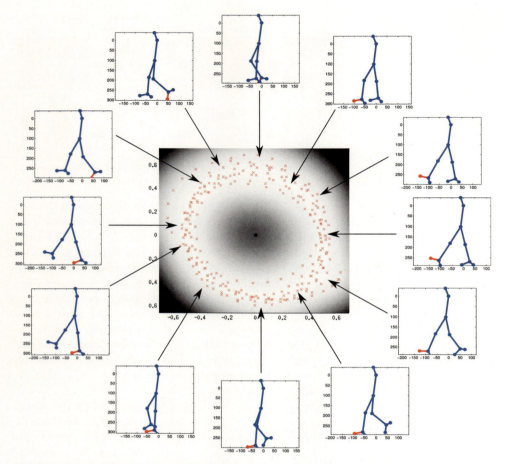

Abb. 23.12 Menschlicher Bewegungsablauf im Gaussian Process Latent Variable-Modell

benutzerdefinierten Radius der Kontext, der durch andere Wörterbucheinträge beschrieben wird, übereinstimmt. Für den Spezialfall, dass der Radius unendlich gesetzt wird, ist dieser Ansatz mit dem originären ISM-Ansatz identisch. Verglichen mit den beiden vorherigen Ansätzen erreicht dieser Ansatz eine weiter verbesserte Performanz.

Eine Weiterentwicklung von ISM für dynamische Bildsequenzen wird von Andriluka et al. in [13] vorgeschlagen. Für diesen Ansatz wird auf die globale Modellierung von Fußgängern als ein Objekt verzichtet. Stattdessen werden einzelne Köperteile wie Füße, Arme, Oberkörper und Kopf einzeln detektiert. Daraus lässt sich die Pose rekonstruieren, die mithilfe einer nicht-linearen Abbildung in einen niederdimensionalen 2D-Raum [26] abgebildet wird. Diese Abbildung ist aufgrund der hohen Korrelation der verschiedenen Posenparameter möglich. In dieser Darstellung ist es sehr gut möglich, ein dynamisches Modell für den menschlichen Bewegungsablauf zu erlernen (siehe ◘ Abb. 23.12).

Dieses wird für das dynamische Modell in einem Tracking-Framework ausgenutzt, das keine Markov-Annahme macht. Zusätzlich wird ein instanzenspezifisches Farbmodell erlernt, um Fußgänger trotz vollständiger, längerer Verdeckung wieder zu identifizieren. Selbst ohne zeitliche Integration ist dieses körperteilbasierte Modell ISM überlegen; unter Hinzunahme der zeitlichen Entwicklung ist eine weitere Steigerung der Erkennungsgenauigkeit möglich (siehe Vergleich in ◘ Abb. 23.13). ◘ Abbildung 23.14 zeigt einige Beispieldetektionen für diesen Ansatz.

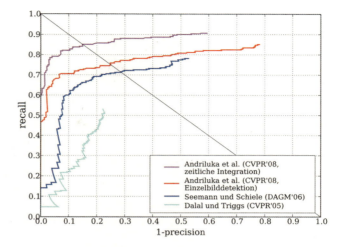

Abb. 23.13 Performanzvergleich auf Videosequenzdaten der ISM-Varianten [12, 13] und HOG [2]

Abb. 23.14 Beispieldetektionen für den körperteilbasierten ISM-Ansatz mit zeitlicher Integration

23.3.3 Systemorientierte Ansätze

Im Gegensatz zu den bisher beschriebenen Detektoren, die unabhängig von einer Anwendung funktionieren, existieren weitere Ansätze, die Anwendungswissen mit in die Entwicklung eines Gesamtsystems einbringen. Als Beispiel hierfür ist das System von Gavrila und Munder anzuführen [15]. Es setzt sich aus den Einzelkomponenten
- stereobasierte Aufmerksamkeitssteuerung,
- umrissbasierte Detektion,
- texturbasierte Fußgängerklassifikation,
- stereobasierte Fußgängerverifikation,
- Tracking

zusammen (vgl. Abb. 23.15).

Um den Verarbeitungsaufwand für weitere Schritte gering zu halten, werden die Stereobilder zunächst rektifiziert und ein dünn besetztes Disparitätsbild berechnet [27]. Im nächsten Schritt werden mittels Chamfermatching [28] initiale Fußgängerhypothesen generiert. Es handelt sich dabei um ein instanzbasiertes Matchingverfahren. Um den Berechnungsaufwand niedrig zu halten, sind die verschiedenen Musterinstanzen hierarchisch in drei Ebenen geclustert. Hierbei kommt das bereits bekannte „Sliding-Window"-Verfahren zum Einsatz. Um den Berechnungsaufwand weiter zu reduzieren, wird nur an Bildpositionen detektiert, an denen ein Fußgänger durchschnittlicher Größe in die Szenengeometrie passt. Dabei wird angenommen, dass sowohl Kamera als auch der zu detektierende Fußgänger auf der gleichen Ebene stehen.

Anschließend werden die Initialhypothesen mittels eines Texturverfahrens verifiziert. Die Textur wird dabei mittels künstlicher neuronaler Netze modelliert [29]; als Klassifikator kommt eine SVM zum Einsatz. Dabei werden im Vergleich zu herkömmlichen Feed-Forward-Netzen Gewichte in

◘ Abb. 23.15 Verarbeitungsschritte für das PROTECTOR-System

lokalen rezeptiven Feldern gemeinsam benutzt, wodurch dieses Verfahren mit weniger Trainingsinstanzen auskommen kann, ohne dabei aber an Performanz einzubüßen.

Um die Anzahl an Falschdetektionen weiter zu verringern, wird anschließend ein weiterer Verifikationsschritt durchgeführt, der die Stereobildinformation ausnutzt. Dabei wird im Bereich der Umrissmaske, die die Hypothese generiert hat, ein Polynom zweiten Grades über die Verteilung der Kreuzkorrelationswerte im Bereich der geschätzten Tiefe im zweiten Stereobild gefittet. Anschließend werden die Hypothesen verworfen, die der erwarteten Verteilung nicht entsprechen.

Schließlich werden die Hypothesen mithilfe eines Kalman-Filters zeitlich geglättet. Der Statusvektor der einzelnen Tracks besteht dabei aus den Bildkoordinaten, der Größe der entsprechenden Detektion und der geschätzten Tiefe. Außerdem wird zusätzlich jeweils die entsprechende erste Ableitung modelliert. Um Mehrdeutigkeiten bei der Assoziation von Messungen zu bestehenden Tracks zu vermeiden, wird Kuhns klassische Methode [30] angewandt. Um die entsprechende Kostenmatrix zwischen Tracks und Messungen aufzubauen, wird eine gewichtete Linearkombination des Chamferähnlichkeitsmaßes und dem Abstand der Objektzentren verwendet.

Auch die experimentelle Validierung findet für das Gesamtsystem statt. Im Gegensatz zu den meisten anderen Arbeiten wird die Leistungsfähigkeit hier im Hinblick auf die Erkennung von Fußgängern in 3D-Koordinaten validiert. Dabei wurden Fußgänger in den 2D-Eingangsbildern annotiert und dann mittels der bekannten Szenengeometrie in den 3D-Raum zurückprojiziert. Das System wurde für den Detektionsbereich 10 m bis 25 m und einem Kameraöffnungswinkel von 30° getestet.

Es zeigt sich insbesondere, dass die stereobasierte Aufmerksamkeitssteuerung wesentlich zur Gesamtperformanz beiträgt. Dies wird durch die wesentlich höhere Falscherkennungsrate insbesondere auf strukturiertem Hintergrund bei deren Deaktivierung belegt. Schränkt man den Detektionsbereich auf +/− 1,5 m Lateralabstand von der Fahrzeugmittelachse ein, werden alle Fußgänger erkannt, wobei etwa 5 Falschdetektionen pro Minute auftreten. Gavrila und Munder zeigen außerdem, dass die Verarbeitungsgeschwindigkeit durch Umparametrisierung der Aufmerksamkeitssteuerung um ca. 40 % gesteigert werden kann. Allerdings leidet die Erkennungsleistung darunter, was sich in einem 6- bis 8-prozentigen Rückgang der Systemgenauigkeit widerspiegelt.

23.4 Beschreibungen der Anforderungen an Hardware und Software

Aufgrund der hohen Datenmenge ist auch der Verarbeitungsaufwand für komplexe Detektionssysteme, wie sie für die Erkennung von Fußgängern notwendig sind, auch nicht völlig unerheblich. Ein elementares Konzept zur Beschleunigung bestehender, gut funktionierender Algorithmen ist daher die Parallelisierung und die Verwendung von Spezialhardware, wie z. B. *Field Programmable Gate Arrays* (FPGA) oder *Application Specific Integrated Circuits* (ASIC). Prinzipiell sind auch moderne Grafikkarten zur Parallelisierung bestehender Algorithmen geeignet. Insbesondere durch die Bereitstellung moderner Programmierparadigmen wie *Compute Unified Device Architecture* (CUDA) von NVidia oder *Stream SDK* durch ATI können bereits zu frühen Entwicklungszeitpunkten entsprechende Konzepte auf einfachem Weg überprüft werden.

Während unoptimierte Implementierungen der oben vorgestellten Detektionsalgorithmen auf Standardhardware meist eine Laufzeit von mehreren Sekunden pro Bild haben, ist schon durch den Einsatz moderner Grafikhardware der Einsatz in Echtzeitanwendungen möglich. Eine empirische Studie von Wojek et al. [31] zeigt, dass für Sliding-Window-Verfahren sehr viele Bestandteile parallelisiert und dadurch schneller ausgeführt werden können. Wojek et al. erreichen für eine minimale Fußgängergröße von 96 Pixel eine mittlere Berechnungszeit von 38 ms pro Bild bei einer Auflösung von 640 × 480 Pixel, was 26 Hz entspricht. Um eine entsprechend hohe Verarbeitungsgeschwindigkeit zu erreichen, wurde der Abstand zwischen den bearbeiteten Skalen vergrößert. Eine entsprechende Analyse zeigt jedoch, dass dies nicht auf Kosten der Detektionsleistung geschieht.

◘ Tabelle 23.2 stellt die Bearbeitungszeiten einer Standardimplementierung der beschleunigten Implementierung (mit kleinem Skalenabstand) gegenüber.

Aus obiger Tabelle wird die enorme Wichtigkeit der Parallelisierung ersichtlich, durch die eine Beschleunigung um den Faktor 109,5 erreicht werden kann. Es zeigt sich, dass insbesondere die aufwendige Berechnung der Bildmerkmale davon profitieren kann und die größte Beschleunigung erfährt. Auch merkmalspunktbasierte Algorithmen wie ISM, deren Laufzeit auf Standardhardware ebenfalls im Bereich von Sekunden liegt, kann aller Voraussicht nach durch den Einsatz von Parallelhardware beschleunigt werden. Die meiste Zeit wird für diesen Ansatz zur Verifikation der Initialhypothesen benötigt, der die rechenintensive pixelweise Segmentierung der Kandidatenhypothesen erfordert, die sich aber sehr gut parallelisieren lassen dürfte.

Zusätzlich ist zu beachten, dass die angeführten Laufzeiten versuchen, Fußgänger an allen möglichen Positionen in allen möglichen Größen zu detektieren. Durch Techniken wie Aufmerksamkeitssteuerung oder die Annahme einer einheitlichen, ebenen Grundfläche, wie im Abschnitt zu systemorientierten Ansätzen besprochen, lässt sich die Anzahl der durchzuführenden Operationen weiter drastisch reduzieren und die Laufzeit somit beschleunigen.

Schließlich gibt es neben der Parallelisierung von Operationen noch weitere Möglichkeiten Sliding-Window-Detektoren zu beschleunigen. Dies geschieht allerdings teilweise unter Einbußen bei der Detektorleistung. Zum Beispiel ermöglichen Grob-nach-Fein-Verfahren eine höhere Verarbeitungsgeschwindigkeit, sind allerdings durch eine untere Mindestdetektionsgröße begrenzt [32].

◘ **Tab. 23.2** Reine Algorithmenlaufzeiten in Millisekunden (ohne Bildakquise)

Bearbeitungsschritt/ Implementierung	CPU	GPU	Beschleunigung
Randerweiterung	10,9	1,19	9,15
Gradientenberechnung	3083,9	20,71	148,9
Histogrammberechnung	4645,3	24,44	190,1
Normalisierung	95,8	5,67	16,9
Klassifikation	970,1	27,15	35,7
Bildskalierung	128,5	2,47	52,0
Summe	**8934,5**	**81,63**	**109,5**

Eine weitere Möglichkeit besteht darin, Detektorkaskaden zu verwenden und nur diskriminative Merkmale über Teilbereiche des Detektorfensters zu berechnen. Voraussetzung hierfür ist allerdings eine sehr effiziente Berechnung der Merkmale, um das ohnehin aufwendige Training durchführen zu können [21, 33].

23.5 Ausblick

Obwohl in den vergangenen Jahren beachtliche Erfolge im Bereich kamerabasierter Fußgängerdetektion erzielt wurden, ist die Leistungsfähigkeit für den Betrieb in Automobilanwendungen noch nicht vollkommen ausreichend. So geben Gavrila und Munder für das PROTECTOR-System 0,3 bis 5 Falschdetektionen pro Minute an. Außerdem ist der Erfassungsbereich auf maximal 25 m begrenzt, was für viele Anwendungen wohl noch nicht ausreichend sein dürfte. Dies steht in Zusammenhang mit der schlechter werdenden Erkennungsleistung für Fußgänger bei niedriger Auflösung, die weiter verbessert werden muss. Dies kann zum Beispiel durch ein verbessertes Verständnis der Gesamtszene erfolgen. Auch Bewegungsinformation wie zum Beispiel optischer Fluss wird in gegenwärtigen Systemen kaum genutzt. Eine Einbeziehung könnte insbesondere bei kreuzenden Fußgängern zur Verbesserung der Detektionsleistung führen.

Literatur

[1] Shashua, A., Gdalyahu, Y., Hayun, G.: Pedestrian detection for driving assistance systems: Single-frame classification and system level performance. In: Proceedings of the IEEE International Conference on Intelligent Vehicles, S. 1–6. IEEE Computer Society Press, Tokyo (2004)

[2] Dalal, N., Triggs, B.: Histograms of oriented gradients for human detection. In: Proceedings of the IEEE Conference on Computer Vision and Pattern Recognition, S. 886–893. IEEE Computer Society Press, San Diego, CA, USA (2005)

[3] Maji, S., Berg, A.C., Malik, J.: Classification using intersection kernel support vector machines is efficient. In: Proceedings of the IEEE Conference on Computer Vision and Pattern Recognition, S. 1–8. IEEE Computer Society Press, Anchorage (2008)

[4] Friedman, J., Hastie, T., Tibshirani, R.: Additive logistic regression: a statistical view of boosting. The Annals of Statistics **38**(2), 337–374 (2000). Institute of Mathematical Statistics, Beachwood, OH, USA

[5] Schoelkopf, B., Smola, A.J.: Learning with kernels: support vector machines, regularization, optimization, and beyond. MIT Press, Cambridge, MA, USA (2001)

[6] Harris, C., Stephens, M.: A combined corner and edge detectio. In: Proceedings of The Fourth Alvey Vision Conference, S. 147–151. Manchester, UK (1988)

[7] Lowe, D.G.: Distinctive image features from scale-invariant keypoints. International Journal of Computer Vision **60**(2), 91–110 (2004). Kluwer Academic Publishers, Hingham, MA, USA

[8] Lindeberg, T.: Feature detection with automatic scale selection. International Journal of Computer Vision **30**(2), 77–116 (1998). Kluwer Academic Publishers, Hingham, MA, USA

[9] Mikolajczyk, K., Schmid, C.: A performance evaluation of local descriptors. IEEE Transactions on Pattern Analysis and Machine Intelligence **27**(10), 1615–1630 (2005). IEEE Computer Society Press, Washington, DC, USA

[10] Leibe, B.; Seemann, E.; Schiele, B.: Pedestrian detection in crowded scenes. In: Proceedings of the IEEE Conference on Computer Vision and Pattern Recognition, S. 878–885, IEEE Computer Society Press, San Diego, CA, USA, 2005

[11] Seemann, E., Leibe, B., Schiele, B.: Multi-aspect detection of articulated objects. In: Proceedings of the IEEE Conference on Computer Vision and Pattern Recognition, S. 1582–1588. IEEE Computer Society Press, New York, NY, USA (2006)

[12] Seemann, E., Schiele, B.: Cross-articulation learning for robust detection of pedestrians. In: Pattern Recognition: Proceedings of DAGM Symposium, S. 242–252. Springer, Berlin, New York (2006)

[13] Andriluka, M., Roth, S., Schiele, B.: People-tracking-by-detection and people-detection-by-tracking. In: Proceedings of the IEEE Conference on Computer Vision and Pattern Recognition. IEEE Computer Society Press, Anchorage, AK, USA, S. 1–8 (2008)

[14] Seemann, E., Leibe, B., Mikolajczyk, K., Schiele, B.: An evaluation of local shape-based features for pedestrian detection. In: Proceedings of the British Machine Vision Conference, S. 11–20. British Machine Vision Association, Oxford, UK (2005)

[15] Gavrila, D., Munder, S.: Multi-cue pedestrian detection and tracking from a moving vehicle. International Journal of Computer Vision **73**(1), 41–59 (2007). Springer-Verlag New York, Inc., New York, NY, USA

[16] Mählisch, M., Oberlander, M., Lohlein, O., Gavrila, D.M., Ritter, W.: A multiple detector approach to low-resolution fir pedestrian recognition. In: Proceedings of the IEEE International Conference on Intelligent Vehicles, S. 325–330. IEEE Computer Society Press, Las Vegas (2005)

[17] Suard, F., Rakotomamonjy, A., Bensrhair, A., Broggi, A.: Pedestrian detection using infrared images and histograms of oriented gradients. In: Proceedings of the IEEE International Conference on Intelligent Vehicles, S. 206–212. IEEE Computer Society Press, Tokyo (2006)

[18] Bertozzi, M., Broggi, A., Caraffi, C., Del Rose, M., Felisa, M., Vezzoni, G.: Pedestrian detection by means of far-infrared stereo vision. Computer Vision and Image Understanding **106**(2–3), 194–204 (2007). Elsevier Science Inc., New York, NY, USA

[19] Wojek, C., Schiele, B.: A performance evaluation of single and multi-cue people detection. In: Pattern Recognition: Proceedings of DAGM Symposium, S. 82–91. Springer, New York, München (2008)

[20] Papageorgiou, C., Poggio, T.: A trainable system for object detection. International Journal of Computer Vision **38**(1), 15–33 (2000). Kluwer Academic Publishers, Hingham, MA, USA

[21] Viola, P.A., Jones, M.J., Snow, D.: Detecting pedestrians using patterns of motion and appearance. In: Proceedings of the IEEE International Conference on Computer Vision, S. 734–741. IEEE Computer Society Press, Washington (2003)

[22] Sabzmeydani, P., Mori, G.: Detecting pedestrians by learning shapelet features. In: Proceedings of the IEEE Conference on Computer Vision and Pattern Recognition, S. 1–8. IEEE Computer Society Press, Minneapolis, MN (2007)

[23] Belongie, S., Malik, J., Puzicha, J.: Shape matching and object recognition using shape contexts. IEEE Transactions on Pattern Analysis and Machine Intelligence, 24(4. IEEE Computer Society Press, Washington, DC, USA, S. 509–522 (2002)

[24] Leibe, B., Leonardis, A., Schiele, B.: Robust object detection with interleaved categorization and segmentation. International Journal of Computer Vision **77**, 259–289 (2008). Springer-Verlag New York, Inc., New York, NY, USA

[25] Mikolajczyk, K., Schmid, C.: Scale and affine invariant interest point detectors. International Journal of Computer Vision **60**(1), 63–86 (2004). Kluwer Academic Publishers, Hingham, MA, USA

[26] Lawrence, N.D.: Probabilistic non-linear principal component analysis with Gaussian process latent variable models. Journal of Machine Learning Research **6**, 1783–1816 (2005). MIT Press, Cambridge, MA, USA

[27] Franke, U.: Real-time stereo vision for urban traffic scene understanding. In: Proceedings of the IEEE International Conference on Intelligent Vehicles, S. 273–278. IEEE Computer Society Press, Dearborn, MI, (2000)
[28] Gavrila, D., Philomin, V.: Real-time object detection for „smart" vehicles. In: Proceedings of the IEEE International Conference on Computer Vision, S. 87–93. IEEE Computer Society Press, Kerkyra, Korfu (1999)
[29] Wöhler, C., Anlauf, J.K.: An adaptable time-delay neural-network algorithm for image sequence analysis. IEEE Transactions on Neural Networks **10**(6), 1531–1536 (1999). IEEE Computer Society Press, Washington, DC, USA
[30] Kuhn, H.W.: The Hungarian method for the assignment problem. Naval Research Logistic Quarterly **2**, 83–97 (1955). Institute for Operations Research and the Management Sciences, Hanover, MD, USA
[31] Wojek, C., Dorkó, G., Schulz, A., Schiele, B.: Sliding-windows for rapid object-class localization: a parallel technique. In: Pattern Recognition: Proceedings of DAGM Symposium, S. 71–81. Springer, New York, München (2008)
[32] Zhang, W., Zelinsky, G., Samaras, D.: Real-time accurate object detection using multiple resolutions. In: Proceedings of the IEEE International Conference on Computer Vision, S. 1–8. IEEE Computer Society Press, Rio de Janeiro (2007)
[33] Zhu, Q., Avidan, S., Yeh, M.C., Cheng, K.T.: Fast human detection using a cascade of histograms of oriented gradients. In: Proceedings of the IEEE Conference on Computer Vision and Pattern Recognition, S. 1491–1498. IEEE Computer Society Press, New York, NY, USA (2006)

Datenfusion und Umfeldpräsentation

Kapitel 24 Fusion umfelderfassender Sensoren – 439
Michael Darms

Kapitel 25 Repräsentation fusionierter Umfelddaten – 453
Klaus Dietmayer, Dominik Nuß, Stephan Reuter

Kapitel 26 Datenfusion für die präzise Lokalisierung – 481
Nico Steinhardt, Stefan Leinen

Kapitel 27 Digitale Karten im Navigation Data Standard Format – 513
Ralph Behrens, Thomas Kleine-Besten, Werner Pöchmüller, Andreas Engelsberg

Kapitel 28 Car-2-X – 525
Hendrik Fuchs, Frank Hofmann, Hans Löhr, Gunther Schaaf

Kapitel 29 Backendsysteme zur Erweiterung der Wahrnehmungsreichweite von Fahrerassistenzsystemen – 541
Felix Klanner, Christian Ruhhammer

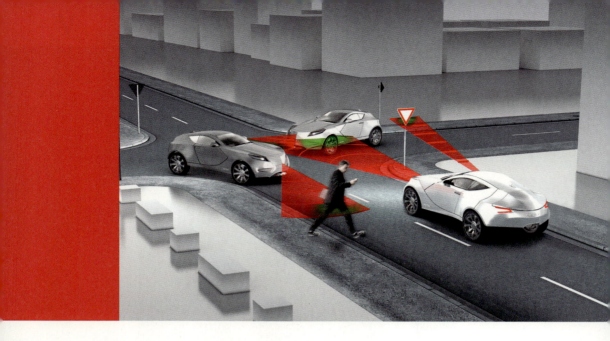

ADAS-Projekte schnell und sicher auf die Spur bringen

Für die Entwicklung von Fahrerassistenzsystemen bietet Vector eine komplette und durchgängige Lösung in Form von Software- und Hardware-Tools sowie Embedded-Komponenten:

> Schnelle Entwicklung von Multisensor-Applikationen mit Datenfusion mehrerer Sensoren
> Zuverlässige Objektverifikation
> Schnelle Steuergeräteanbindung zur Erfassung von Sensordaten
> Rapid-Prototyping (Bypassing) für OEM-spezifische Entwicklung
> Umfangreiche AUTOSAR-Basissoftware

Entwickeln Sie Fahrerassistenzsysteme schnell und effizient mit den Lösungen von Vector.

▶ Mehr Infos zu den Vorteilen: www.vector.com/adas

Vector Informatik GmbH
Stuttgart · Braunschweig · Hamburg · Karlsruhe · München · Regensburg
www.vector.com

Fusion umfelderfassender Sensoren

Michael Darms

24.1 Definition Sensordatenfusion – 440

24.2 Hauptkomponenten der Sensordatenverarbeitung – 442

24.3 Architekturmuster zur Sensordatenfusion von Umfeldsensoren – 446

24.4 Abschließende Bemerkung – 450

Literatur – 450

Es existieren Fahrerassistenzsysteme, die ausschließlich auf Einzelsensorlösungen aufbauen. Als Beispiel lassen sich die Anwendungen Adaptive Cruise Control, die z. B. mit einem Radar- oder einem Lasersensor arbeitet, und Lane Departure Warning nennen, welche zumeist auf Videosensorik basiert.

Wie in den vorherigen Kapiteln beschrieben, haben die jeweiligen Sensortechnologien spezifische Vor- und Nachteile: So lässt sich mit einem Radarsensor der longitudinale Abstand und die Geschwindigkeit eines vorausfahrenden Fahrzeugs für die Anwendung Adaptive Cruise Control mit ausreichender Genauigkeit bestimmen (siehe ▶ Kap. 17). Die Auswahl des relevanten Objekts zum Abstandhalten lässt sich allerdings aufgrund der lateralen Auflösung, Mehrdeutigkeiten in der Signalsauswertung und einer fehlenden Fahrbahnmarkierungserkennung nur so präzise durchführen, dass Nebenspurstörungen beim Betrieb des Systems in Kauf genommen werden müssen. Zudem ist eine Klassifikation des detektierten Objekts nur eingeschränkt möglich, sodass üblicherweise in die Regelung nur Objekte einbezogen werden, bei welchen eine Bewegung erkannt wurde.

Die fehlende Information kann beispielsweise durch die Daten eines Videosensors bereitgestellt werden (siehe ▶ Kap. 21). Über die Fahrbahnmarkierungserkennung sind Informationen vorhanden, die zur Fahrstreifenzuordnung hinzugezogen werden können. Über Klassifikationsalgorithmen lassen sich Fahrzeuge im Videobild von übrigen Objekten unterscheiden, mithilfe von Bildverarbeitungstechniken kann die Position von Fahrzeugen im Videobild bestimmt werden. Im Gegensatz zur Radarsensorik lässt sich die Entfernung und Geschwindigkeit nicht messen und muss daher geschätzt werden. Die erreichbare Genauigkeit ist mit aktueller Sensorik dabei insbesondere im Fernbereich signifikant geringer. Die Funktion eines rein auf Videosensorik basierenden Adaptive Cruise Control Systems ist daher im Vergleich auf einen kleineren Geschwindigkeitsbereich eingeschränkt.

Durch die Kombination der Informationen beider Sensoren können die Vorteile beider Technologien zusammengeführt werden. So kann z. B. die Entfernungsmessung des Radarsensors mit der Klassifikationsinformation und der Messung der Fahrzeugposition im Videobild kombiniert werden.

Auf diese Weise ist es möglich, Fehlinterpretationen zu reduzieren und die Genauigkeit bezüglich der lateralen Ablage zu erhöhen. Zudem kann eine robustere Fahrstreifenzuordnung und damit Bestimmung des relevanten Objekts mithilfe der Daten des Videosensors vorgenommen werden.

Die Leistungsfähigkeit derartiger Datenfusionsansätze bestätigen verschiedene Forschungsarbeiten (siehe z. B. [1, 2, 3, 4, 5]), in Serienfahrzeugen wird die Fusion von Umfeldsensordaten eingesetzt (siehe z. B. [6]). Dies trifft sowohl auf das hier aufgeführte Beispiel von Radar- und Kamerasensor zu, als auch auf weitere Kombinationen, wie z. B. von Nah- und Fernbereichsradar. Die Idee der Fusion lässt sich dabei auch auf weitere Sensortechnologien erweitern. Gegenstand der Forschung und Entwicklung sind z. B. die Fusion von verschiedenen bildgebenden Sensoren sowie die Fusion der Daten von Umfeldsensoren mit gespeicherten Kartendaten.

Der folgende Text führt in die Grundlagen der Sensordatenfusion für Fahrerassistenzsysteme ein. Zunächst wird der Begriff der Sensordatenfusion definiert, und es werden die Ziele der Fusion dargelegt. Danach werden die Hauptkomponenten der Umfelddatenverarbeitung mit Blick auf eine Fusion der Daten mehrerer Sensoren erläutert. Schließlich werden etablierte Architekturmuster zur Sensordatenfusion vorgestellt. Teile des Texts dieses Kapitels orientieren sich dabei an den Ausführungen in [1].

24.1 Definition Sensordatenfusion

Nach Steinberg et al. wird der Prozess der Datenfusion wie folgt definiert:

"Data fusion is the process of combining data or information to estimate or predict entity states." [7]

Es wird der allgemeine Begriff der Entität verwendet, der ein abstraktes Objekt beschreibt, dem Informationen zugeordnet werden können. Im Bereich der Fahrerassistenzsysteme kann sich dies z. B. auf einen realen, im Fahrzeugumfeld befindlichen Gegenstand wie beispielsweise ein beobachtetes Fahrzeug beziehen oder auch auf eine einzelne Zustandsvariable wie z. B. den Nickwinkel.

Der folgende Text bezieht sich hauptsächlich auf den ersten Fall, sodass direkt der Begriff Objekt verwendet wird. Der Fokus liegt auf der Track-

Schätzung, häufig auch als Tracking bezeichnet, sowie der Objekt-Diskriminierung (siehe auch [8]). Unter Track-Schätzung wird dabei die Schätzung der Zustände eines Objekts im regelungstechnischen Sinn verstanden (z. B. Position, Geschwindigkeit). Die Objekt-Diskriminierung wird wiederum in Detektion und Klassifizierung unterschieden [8]. Im Rahmen der Detektion wird entschieden, ob ein Objekt vorhanden ist, bei der Klassifizierung wird ein Objekt einer vordefinierten Klasse zugeordnet (z. B. Fahrzeug, Person). Die vorgestellten Überlegungen lassen sich aber auch auf abstrakte Objekte verallgemeinern (siehe hierzu auch die Diskussion in [9]).

24.1.1 Ziele der Datenfusion

Oberstes Ziel der Datenfusion ist es, Daten von Einzelsensoren so zusammen zu führen, dass Stärken gewinnbringend kombiniert und/oder einzelne Schwächen reduziert werden. Die folgenden Aspekte lassen sich dabei unterscheiden (siehe auch [10, 11]):

24.1.1.1 Redundanz

Redundante Sensoren liefern Informationen über dasselbe Objekt. Hierdurch kann die Güte der Schätzung verbessert werden. Die Abhängigkeit der Messfehler muss dabei im Schätzalgorithmus berücksichtigt werden (siehe z. B. [12]). Eine Gefahr ist die mehrfache Einbringung von Artefakten und Fehlinterpretationen in den Fusionsprozess (siehe unten).

Durch Redundanz kann zudem die Fehlertoleranz bzw. Verfügbarkeit des Systems erhöht werden. Dies bezieht sich zum einen auf den Ausfall einzelner Sensoren, wobei allerdings vorausgesetzt werden muss, dass das System ohne die Informationen des ausgefallenen Sensors noch immer Daten mit ausreichender Qualität zur Verfügung stellen kann. Zum anderen bezieht sich dies auf Artefakte bzw. Fehlinterpretationen einzelner Sensoren. Durch eine Redundanz kann der Einfluss eines einzelnen Fehlers auf das Gesamtsystem reduziert werden.

24.1.1.2 Komplementarität

Komplementäre Sensoren bringen unterschiedliche, sich ergänzende Informationen in den Fusionsprozess ein. Dies kann zum einen aus räumlicher Sicht erfolgen, wobei es sich dabei auch um Informationen gleicher Sensoren mit unterschiedlichen Sichtbereichen handeln kann. Ein besonderes Augenmerk ist hierbei in der Datenverarbeitung auf die Randbereiche des Erfassungsbereichs zu legen (siehe z. B. [3]).

Zum anderen kann es sich um Daten handeln, die sich auf das gleiche Objekt beziehen. Hierbei kann der Informationsgehalt erhöht werden, indem unterschiedliche Eigenschaften detektiert werden. Es ist möglich, dass erst die Kombination der Einzelinformationen die gesuchte Information für eine Anwendung liefert.

Der Einsatz unterschiedlicher Sensortechnologien kann zudem die Robustheit des Gesamtsystems hinsichtlich der Detektion einzelner Objekte, die mit einer einzelnen Sensortechnologie ggf. nicht zuverlässig detektiert werden können, erhöhen. Beispielsweise durchdringt die Strahlung eines Lasersensors Glas oder die Strahlung eines Radarsensors verschiedene Materialien aus Plastik, ohne dass der jeweilige Gegenstand detektiert wird. Durch die Kombination der Sensoren wird die Wahrscheinlichkeit reduziert, den Gegenstand gar nicht zu detektieren.

24.1.1.3 Zeitliche Aspekte

Die Akquisitionsgeschwindigkeit des Gesamtsystems kann durch einen Fusionsansatz erhöht werden. Dies kann zum einen durch die parallele Verarbeitung von Informationen der Einzelsensoren erreicht werden, zum anderen durch eine entsprechende zeitliche Gestaltung des Akquisitionsvorgangs (z. B. abwechselnd messende Sensoren).

Durch eine erhöhte Genauigkeit bzw. das Einbringen komplementärer Informationen kann zudem die Dynamik der Schätzung beeinflusst werden. Zu beachten ist hierbei, dass unterschiedliche Anwendungen unterschiedliche Anforderungen an Dynamik und Genauigkeit der Schätzung haben können und es auch in einem Sensorfusionssytem sinnvoll sein kann, für die verschiedenen Anwendungen unterschiedliche Schätzalgorithmen vorzusehen (siehe ▶ Abschn. 24.2.1).

24.1.1.4 Kosten

Beim Entwurf eines jeden Sensorsystems sind die Kosten ein ausschlaggebender Faktor für die praktische Umsetzbarkeit. Durch den Einsatz eines Fusionssystems können die Kosten im Vergleich zu einem Einzelsensor reduziert werden. Eine generelle Gültigkeit dieser Aussage ist allerdings nicht möglich, da z. B. auch durch die Entwicklung neuer Algorithmen zur Auswertung der Daten eines Einzelsensors oder durch eine Weiterentwicklung der Hardware Verbesserungen erzielt werden können. Die Entscheidung für die Entwicklung eines Einzel- oder Mehrsensorsystems wird daher immer multidimensional sein und die bereits genannten Aspekte mit einbeziehen.

Maßgeblich beeinflusst werden die Kosten eines Sensorfusionssystems durch den Aufbau der Architektur des Systems (siehe z. B. [13, 14]). Bisher ist dabei keine einheitliche Architektur im Automobilbereich festgelegt, die einen verbindlichen Standard oder einen De-facto-Standard darstellt. Dies erschwert die unternehmensübergreifende Zusammenarbeit zwischen Zulieferern und Fahrzeugherstellern, die gezielte Entwicklung von auf eine gemeinsame Architektur angepassten Sensoren und Algorithmen sowie die Migration zu neuen Assistenzfunktionen und Sensorengenerationen (siehe auch [13]).

Für die praktische Umsetzbarkeit ist die Modularität und kostengünstige Erweiterbarkeit des Systems von Bedeutung. Hiermit soll eine Migration zu neuen Assistenzfunktionen kostengünstig realisierbar sein und die vor allem aus Sicht der Fahrzeughersteller wichtige Möglichkeit gegeben werden, von verschiedenen Zulieferern Sensoren bzw. Softwaremodule beziehen zu können.

24.2 Hauptkomponenten der Sensordatenverarbeitung

Im Folgenden werden die Hauptkomponenten der Sensordatenverarbeitung zusammengefasst. Die Aufteilung in Komponenten ist allgemein und gilt zunächst auch für ein Einzelsensorsystem. Die Besonderheiten, die bei der Entwicklung eines Mehrsensorsystems zu beachten sind, werden an den entsprechenden Stellen herausgestellt.

24.2.1 Signalverarbeitung und Merkmalsextraktion

Im Rahmen der Signalverarbeitung und Merkmalsextraktion (siehe auch [15]) werden Informationen aus dem Umfeld des Fahrzeugs über Sensoren erfasst (siehe ◘ Abb. 24.1). Im ersten Schritt, welcher als Messen bezeichnet wird, werden im Empfangselement des Sensors (Signalaufnahme) Nutzsignale (Energie) überlagert durch Störsignale (Rauschen) empfangen und in Rohsignale (z. B. Spannungen, Ströme) gewandelt. Die Rohsignale werden als physikalische Messgrößen interpretiert (z. B. Intensitäten, Frequenzen etc.), welche schließlich die Rohdaten des Sensors bilden. Im Rahmen der Signalverarbeitung werden dabei (physikalische) Annahmen für die Interpretation getroffen (z. B. maximaler Empfangspegel, Impulsformen etc.). Werden diese verletzt, entstehen so genannte Artefakte, welche eine systembedingte Schwäche darstellen.

Im zweiten Schritt, der als Wahrnehmen bezeichnet wird, werden aus den Rohdaten auf Basis von Annahmen bzw. Heuristiken Merkmale extrahiert (z. B. Kanten, Extremwerte), aus denen Merkmalshypothesen zu einer Objekthypothese, einem angenommenem Objekt, abgeleitet werden. Aufgrund der Anwendung von Heuristiken kann es hier zu einer Fehlinterpretation kommen.

Wird die Information mehrerer Sensoren in den Schätzprozess eingebracht, ist es notwendig, eine gemeinsame Referenz für die Information zu finden. Die Aufgabe wird insbesondere dann erschwert, wenn die Informationen nicht orthogonal bzw. unabhängig voneinander sind.

Ein Grundproblem ist dabei, die Daten in ein Koordinatensystem mit einem gemeinsamen Bezugspunkt zu überführen. Bei einem Einzelsensor können sich z. B. Fehler in der Justage nur als vernachlässigbarer Offset auswirken, bei einem Mehrsensorsystem kann eine Fehljustage dazu führen, dass die Daten verschiedener Sensoren einander nicht zugeordnet werden können oder systematische Fehler bzw. Abweichungen auftreten. Die Qualität der Schätzung kann dadurch abnehmen (siehe unten). Geeignete Justageprozesse und (Online-) Algorithmen sind daher ein zentrales Entwicklungsthema eines Multisensorsystems.

Hinzu kommt, dass mit verschiedenen Sensoren unterschiedliche Attribute vermessen werden können, ohne dass dies gewollt sein muss. Dies tritt insbesondere bei nicht orthogonalen Sensoren auf. Wird beispielsweise die Entfernung zu einem Fahrzeug mit einem Laser- und einem Radarsensor vermessen, kann es sein, dass unterschiedliche Teile

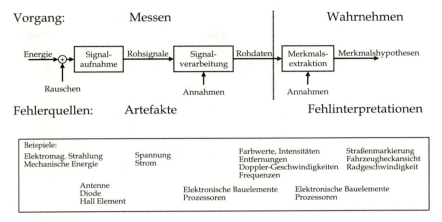

Abb. 24.1 Messen und Wahrnehmen [Quelle: [1], S. 9]

erfasst werden: Der Lasersensor erfasst die rückseitigen Reflektoren eines Lkw, der Radarsensor die Hinterachse. Auch bei identischen Sensoren kann dieser Effekt beobachtet werden. Dies resultiert unter anderem daraus, dass ein Objekt aus unterschiedlichen Blickwinkeln detektiert wird. Hinzu kommen sensorspezifische Artefakte bei der Messung, die sich auch bei identischen Sensoren auswirken können.

Auch in der Wahrnehmung sind bei einem Multisensorsystem Besonderheiten zu beachten. So entsprechen z. B. idealerweise die extrahierten Merkmalshypothesen verschiedener Sensoren demselben, realen Objekt. Aufgrund von unterschiedlichen Auflösungen der Sensoren und Fehlinterpretationen beispielsweise bei der Segmentierung der Daten (siehe hierzu z. B. [16, 2]) kann schon die Objekthypothese bei verschiedenen Sensoren unterschiedlich ausfallen. Bei einem System mit nicht synchronisierten Sensoren stammen die extrahierten Merkmale zudem von unterschiedlichen Zeitpunkten. Um die Daten der verschiedenen Sensoren kombinieren zu können, sind daher zumindest eine gemeinsame Zeitbasis und ausreichend genaue Zeitstempel notwendig (siehe auch [17]).

Die Aspekte der zeitlichen und räumlichen Zuordnung der Daten verschiedener Sensoren wird in der Literatur auch unter dem Punkt „Registrierung von Sensoren" zusammengefasst (siehe z. B. [13]).

24.2.2 Datenassoziation

Die in der Signalverarbeitung und Merkmalsextraktion gewonnenen Merkmalshypothesen werden während der Datenassoziation den bereits im System bekannten Objekthypothesen zugeordnet (siehe z. B. [12]). Die Qualität der Schätzung wird dabei durch den Prozess der Datenassoziation maßgeblich beeinflusst. (siehe [12, 2, 3]). Wird eine falsche Zuordnung getroffen, tritt ein Informationsverlust ein, oder es werden fehlerhafte Informationen in den Schätzprozess eingebracht (siehe z. B. [3]).

Hall und Llinas teilen den Prozess der Datenassoziation in die folgenden drei Schritte ein (siehe [18] und Abb. 24.2; spezielle Algorithmen mit Anwendung in der Fahrzeugtechnik findet man z. B. in [2, 4, 16]):

1) **Generierung von Zuordnungshypothesen.** Prinzipiell mögliche Zuordnungen von Merkmalshypothesen zu Objekthypothesen werden gefunden. Ergebnis sind eine bzw. mehrere Matrizen mit prinzipiell möglichen Zuordnungen (Zuordnungsmatrizen).

2) **Evaluierung der Zuordnungshypothesen.** Die gefundenen Zuordnungshypothesen werden mit dem Ziel einer quantitativen Bewertung bzw. einer Rangfolge evaluiert. Ergebnis sind quantitative Werte (z. B. Kosten) in der Zuordnungsmatrix bzw. den -matrizen.

3) **Auswahl der Zuordnungshypothesen.** Aus den bewerteten Zuordnungsmöglichkeiten wird eine Auswahl getroffen, auf der die weitere Datenverarbeitung und damit insbesondere die Datenfilterung aufbaut.

Die drei Verarbeitungsschritte müssen nicht getrennt implementiert werden, vielmehr können sie

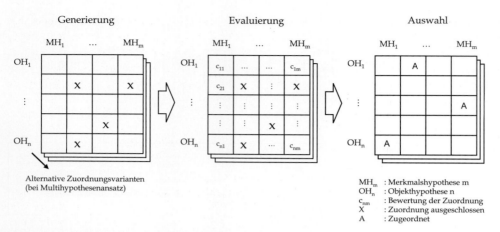

◨ **Abb. 24.2** Aufteilung des Prozesses Datenassoziation [Quelle: [1], S. 45]

voneinander abhängen. Allerdings wird empfohlen, die Schritte im Entwicklungsprozess voneinander zu entkoppeln (siehe [15]). Bei der Gestaltung der Algorithmen spielt die Qualität und Leistungsfähigkeit der zur Verfügung stehenden Ressourcen (wie z. B. Rechenkapazität, Auflösung und verwendbare Rohdaten des speziellen Sensors, Artefakte und mögliche Fehlinterpretationen) eine Rolle. Je nach Randbedingungen sind verschiedene Lösungen möglich (siehe [13]).

Die **Hypothesengenerierung** selbst lässt sich in zwei Teilschritte untergliedern: Aufstellung der Zuordnungshypothesen und Auswahl der prinzipiell möglichen Hypothesen. Zur Aufstellung der Zuordnungshypothesen können verschiedene Methoden herangezogen werden. Dies sind z. B. (siehe [15]):

Physikalische Modelle. Sichtbereiche und Verdeckungen des verwendeten Sensors können berechnet werden. Objekthypothesen, die signifikant außerhalb des Sichtbereichs liegen, werden nicht in die Hypothesengenerierung mit einbezogen.

Szenenwissen. Das Verhalten und der potenzielle Aufenthaltsort von Objekten auf Basis des Wissens über die beobachtete Szene kann genutzt werden, wie z. B. Bereiche zum Auffinden von Straßenmarkierungen oder Verkehrsschildern.

Probabilistische Modelle. Die erwartete Anzahl an Fehldetektionen kann in den Prozess mit einbezogen werden.

Ad-hoc-Methoden. Ein Beispiel hierfür ist das Aufstellen aller möglichen Zuordnungsmöglichkeiten. Hierzu braucht kein weiteres Vorwissen bekannt sein, allerdings gestaltet sich die Auswahl der korrekten Zuordnungen hiermit schwieriger.

Zur Auswahl der prinzipiell möglichen Hypothesen sind z. B. die folgenden Methoden anwendbar (siehe z. B. [15]):

Mustererkennungsalgorithmen. Unter Verwendung der Rohsignale und Rohdaten lassen sich Zuordnungen ausschließen (z. B. über Korrelationstechniken).

Gating-Techniken. Beispielsweise über physikalische Modelle kann ein Bereich, in dem sich Objekthypothesen bzw. davon abgeleitete Merkmalshypothesen zum aktuellen Messzeitpunkt mit einer bestimmten Wahrscheinlichkeit befinden, berechnet werden (Prädiktion). Aus dem aktuellen Messzyklus stammende Merkmalshypothesen, die außerhalb eines solchen Bereichs liegen, werden nicht zur entsprechenden Objekthypothese assoziiert.

Zur **Hypothesenevaluierung** können u. a. probabilistische Modelle basierend auf der Bayes-Theorie, possibilistische Modelle basierend auf der Dampster-Shafer-Theorie, neuronale Netze oder auch Ad-hoc-Techniken, wie z. B. eine ungewichtete Abstandsberechnung zwischen einer Prädiktion der Merkmale und den Merkmalen selbst, herangezogen werden (siehe z. B. [15]).

Zur **Hypothesenauswahl** existiert schließlich eine Vielzahl mathematischer Algorithmen (siehe [15]). Mit zunehmender Dimension und insbesondere dann, wenn Daten aus mehreren Zyklen in die Auswahl mit einbezogen werden, ist die Lösung besonders rechenaufwendig.

Von der Komplexität beherrschbar sind Einfach-Hypothesen-Ansätze, die bei der Hypothesenauswahl nur die Daten des aktuellen Zyklus berücksichtigen. Stüker gibt einen Überblick über verschiedene Zuordnungsverfahren (siehe [3]). Eine häufig vorzufindende Problemstellung ist dabei die Zuordnung von n Objekthypothesen zu m Merkmalshypothesen mit $m \geq n$, wobei einer Objekthypothese genau eine Merkmalshypothese zugeordnet wird.

Hierzu existieren exakte Verfahren, die die Summe der Kosten in der Zuordnungsmatrix minimieren. Ein Beispiel ist der Munkres-Algorithmus, der einen Aufwand von $O(n^2 m)$ hat (siehe [4]). Daneben existieren weniger aufwendige Algorithmen, die nur eine Näherungslösung liefern. Ein Beispiel ist das iterative Nächster-Nachbar-Verfahren, das sukzessive die Zuordnungen mit den geringsten Kosten bzw. der höchsten Wahrscheinlichkeit wählt und einen Aufwand von $O(m^2 \log_2 m)$ hat (siehe [4]). Je nach Sensortechnologie finden verschiedene Algorithmen Anwendung (siehe [1]).

Wie die Ausführungen zeigen, kann die Datenassoziation durch sensorspezifische Algorithmen optimiert werden. Ohne einen Zugriff auf die Rohdaten und eine Berücksichtigung der sensorspezifischen Gegebenheiten kann die Güte der Datenassoziation abnehmen (siehe auch [1]).

Die Datenassoziation hängt zudem mit der Merkmalsextraktion und Objekthypothesenbildung zusammen. Auch hierbei existieren verschiedene sensorspezifische Möglichkeiten, die einzelnen Prozesse zu optimieren bzw. aufeinander abzustimmen, um schließlich zu einer im Sinne der vorhandenen Ressourcen bestmöglichen Zuordnung von Merkmalshypothesen zu Objekthypothesen zu gelangen. Hierbei ist es möglich, Artefakte wie z. B. Doppelmessungen im Rahmen der Datenassoziation zu erkennen und aus dem Fusionsprozess herauszuhalten (siehe z. B. [19]).

Wissen über die Entstehung der Daten, wie z. B. mögliche Artefakte und typische Fehlinterpretationen, kann damit zur Optimierung der Algorithmen eingesetzt werden. Daneben können auch spezielle Ausprägungen einer Sensortechnologie, wie beispielsweise das Auflösungsvermögen, beim Entwurf der Algorithmen berücksichtigt werden. Das Design der Algorithmen zur Datenassoziation hängt daher mit dem Wissen über die Entstehung der Daten und damit der Hardware des eingesetzten Sensors zusammen. In einem modularen Aufbau kann es daher sinnvoll sein, die Assoziationsalgorithmen in sensorspezifischen Modulen zu kapseln (siehe z. B. [1]).

24.2.3 Datenfilterung

Die extrahierten und einer Objekthypothese zugeordneten Merkmalshypothesen werden in einem Filter- bzw. Schätzalgorithmus weiterverarbeitet. Dieser wird eingesetzt, um die Informationen zu verbessern oder auch neue Informationen zu gewinnen (siehe [20, 21]). Beispiele sind:

- Trennung von Signal und Störung;
- Rekonstruktion von Zustandsgrößen, die nicht direkt gemessen werden können.

Einen Überblick zu Filteralgorithmen für die Sensordatenfusion geben z. B. [12, 2, 8] (siehe ▶ Kap. 25). Die Gestaltung und Anpassung der Parameter des Filters findet dabei nach für den jeweiligen Anwendungsfall festzulegenden Optimierungskriterien statt (siehe [21]). Ist der Filter Teil eines Regelkreises, beeinflusst er das dynamische Verhalten des Gesamtsystems (siehe z. B. [22, 23]). Die Parameter des Filters müssen in diesem Fall an die Anforderungen des Regelkreises angepasst werden (z. B. ACC-Folgeregler). Hierbei muss ein Kompromiss zwischen der Dynamik des Filters und dem erzielbaren Schätzfehler eingegangen werden (siehe [22]). Wird als Regler ein Zustandsregler eingesetzt, sichert das Separationstheorem ([22, 23]) zumindest die Stabilität des Gesamtsystems, insofern der Schätzer stabil ist. Regler und Beobachter können dann getrennt voneinander entworfen werden (siehe [22, 23]), was Vorteile in der Architektur mit sich bringt.

Um Kosten zu sparen, können die Daten eines Multisensorsystems verschiedenen Anwendungen zur Verfügung gestellt werden (siehe z. B. [1, 9]). Hierbei ist darauf zu achten, dass in Abhängigkeit der Sensorgenauigkeit Bereiche existieren können, in denen verschiedene Anwendungen nicht mit einem gemeinsamen Filteralgorithmus betrieben werden können bzw. bei einem gemeinsamen Betrieb der Anwendungen mit einem Filter ein Kompromiss gefunden werden muss, der hinsichtlich der Dynamik nicht optimal für die Einzelanwendungen ist (siehe [1]).

Die Entwicklung der Algorithmen zur Datenfilterung lässt sich nicht komplett unabhängig von der Gestaltung der Datenassoziation durchführen. Dies trifft zum einen auf den Designprozess zu, in dem zueinander kompatible Algorithmen gefunden werden müssen (siehe [12]), zum anderen auf das Laufzeitverhalten, da die Dynamik der Datenfilterung die Güte des Assoziationsprozesses beeinflusst. Auch hier kann es in Abhängigkeit der Sensorgenauigkeit vorkommen, dass unterschiedliche Filteralgorithmen für die Anwendungen und die Datenassoziation sinnvoll sind (siehe [1]).

24.2.4 Klassifikation

Während der Klassifikation werden Objekthypothesen aufgrund zugeordneter Eigenschaften einer vordefinierten Klasse zugewiesen (siehe z. B. [8]). Die Eigenschaften können aus den Rohdaten des Sensors oder auch aus den geschätzten Zustandsvariablen der Objekthypothese stammen.

In einem Multisensorsystem stehen dabei die Eingangsdaten verschiedener Sensoren zur Verfügung. Hinsichtlich des Architekturentwurfs bringt es dabei Vorteile, wenn die in den Fusionsprozess eingebrachten Daten orthogonal zueinander sind. Eine Mehrfachimplementierung einer Klassifikation auf Basis von Zustandsvariablen kann bei entsprechender Gestaltung der Architektur vermieden werden (siehe ▶ Abschn. 24.3.2).

24.2.5 Situationsanalyse

Die Situationsanalyse bestimmt das Gesamtverhalten des Fahrerassistenzsystems. Beispielsweise steht hinter der adaptiven Fahrgeschwindigkeitsregelung (ACC) ein Zustandsautomat, der das Verhalten der Anwendung in verschiedenen Situationen festlegt (siehe z. B. [24]).

Die Situationsanalyse stellt damit das Bindeglied zwischen der Umfelddatenverarbeitung und der Assistenzfunktion dar. In den Algorithmen der Situationsanalyse müssen dabei sowohl die Leis-

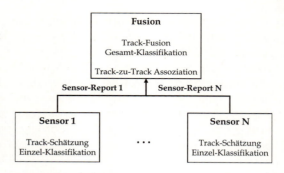

Abb. 24.3 Dezentrale Architektur [Quelle: [1], S. 16]

tungsfähigkeit des Umgebungserfassungssystems berücksichtigt werden als auch die Randbedingungen der Anwendung. Bei einer automatischen Notbremse z. B. wird im Rahmen der Situationsanalyse die Eingriffsentscheidung getroffen, die sowohl auf der Genauigkeit der Erkennung des potenziellen Kollisionsobjekts als auch auf potenziellen fahrzeugspezifischen Ausweichtrajektorien beruht.

24.3 Architekturmuster zur Sensordatenfusion von Umfeldsensoren

Für die an der Entwicklung des Systems beteiligten Personen werden mit der Architektur die Struktur und das Zusammenwirken der einzelnen Teile dokumentiert (siehe [25]). Die Architektur des Systems trägt zudem dazu bei, den Entwicklungsprozess zu strukturieren (siehe [25]). Dies gilt auch über die Unternehmensgrenzen hinaus, da die Architektur und der Grad der Kopplung (siehe [26]) innerhalb des Systems beeinflussen, inwieweit Komponenten von verschiedenen Lieferanten hergestellt werden können.

Für die Entwicklung einer Architektur gibt es keine deterministischen Verfahren, die in jedem Fall zu einer guten Lösung führen [25]. Im Folgenden werden etablierte, allgemeine Architekturmuster im Bereich der Sensordatenfusion aufgezeigt und die jeweiligen Vor- und Nachteile dargestellt.

24.3.1 Dezentral – Zentral – Hybrid

Die Einteilung in dezentrale, zentrale und hybride Fusion bezieht sich auf die Bausteinsicht des Sys-

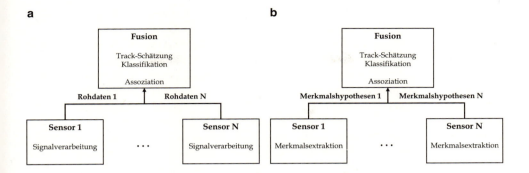

Abb. 24.4a,b Zentrale Architektur **a** Fusion auf Rohdatenebene, **b** Fusion auf Merkmalsebene [Quelle: [1], S. 17]

tems [26]. Sie basiert auf dem Grad der Datenverarbeitung in den Sensoren, den Ergebnissen der Datenverarbeitung in den Sensoren sowie der Stelle der Zusammenführung der Daten im Fusionsprozess [8] und wird meist in Zusammenhang mit der Track-Schätzung verwendet [18].

Abbildung 24.3 zeigt eine **dezentrale Architektur**. Dieser Ansatz wird in der Literatur auch als *sensor-level fusion*, *autonomous fusion*, *distributed fusion* oder *post-individual sensor processing fusion* bezeichnet [8]. In den Sensormodulen wird individuell die Objekt-Diskriminierung und Track-Schätzung vollzogen. Die Ergebnisse werden in einem zentralen Baustein zusammengeführt, ggf. mit einer Rückführung von Ergebnissen der zentralen Fusion zu den Sensoren [12]. In diesem Falle kann jeder dezentrale Baustein zusätzlich die Funktionen des zentralen Bausteins übernehmen, sodass eine Redundanz erzielt wird [12].

In Bezug auf die Objekt-Diskriminierung ist diese Form der Architektur optimal, insofern die Sensoren hinsichtlich dieser Operation orthogonal zueinander sind. Dies ist z. B. der Fall, wenn Sensorprinzipien auf Basis unterschiedlicher physikalischer Effekte genutzt werden, die keine Fehlerkennungen aufgrund der gleichen Phänomene auslösen [27]. Für die Zusammenführung werden dabei zwei Informationen benötigt, zum einen die Diskriminierungs-Entscheidung, zum anderen ein Maß für die Güte der Entscheidung [14].

Auch für die Track-Schätzung kann die Architektur optimal im Sinne der Minimierung der Schätzfehler sein [12]. Dies allerdings nur unter relativ einschränkenden Voraussetzungen, die in der Praxis selten gegeben sind. Sind zudem die Messzeitpunkte der Sensoren unterschiedlich, ergeben sich wiederum nur näherungsweise optimale Lösungen hinsichtlich der erreichbaren Genauigkeit [12].

Abb. 24.4 zeigt die **zentrale Architektur**. Diese wird in der Literatur auch als *central-level fusion*, *centralized fusion* oder *pre-individual sensor processing fusion* bezeichnet [8]. Die Daten in den Sensormodulen werden nur minimal vorverarbeitet (Merkmals- oder Rohdatenebene) und dann in einem zentralen Baustein zusammengeführt, ggf. mit einer Rückführung zu den Sensormodulen [8].

Hinsichtlich der Objekt-Diskriminierung ist diese Form der Architektur der dezentralen Architektur überlegen, wenn die Sensoren nicht orthogonal zueinander sind. Sind die Sensoren orthogonal zueinander, unterscheiden sich die Ergebnisse nicht [8].

Für die Track-Schätzung ist die zentrale Architektur optimal, ohne die einschränkenden Voraussetzungen bei der dezentralen Architektur. Zudem lassen sich auch Messungen, die nicht vom gleichen Zeitpunkt herrühren, optimal zusammenführen [12].

Die Hauptnachteile der zentralen Architektur sind zum einen Einschränkungen in der Flexibilität, da bei Erweiterungen ggf. interne Algorithmen des zentralen Bausteins geändert werden müssen, zum anderen ein erhöhtes Datenvolumen, das auf den Schnittstellen zwischen Sensorbausteinen und Fusionsbaustein anfällt [8].

Bei der **hybriden Architektur** werden der zentrale und der dezentrale Ansatz kombiniert. Dem zentralen Fusionsbaustein können neben den minimal vorverarbeiteten Daten (Rohdaten) auch bereits in den Sensoren vorverarbeitete Daten (Tracks) zugeführt werden. Diese können wiederum zusätzlich Eingang für einen dezentralen Fusionsbaustein im gleichen System sein. Die Ergebnisse dieses dezentralen Bausteins können in den Fusionsalgorithmus des zentralen Fusionsbausteins mit einfließen [8].

Bar-Shalom und Li geben als Beispiel für den Einsatz einer hybriden Architektur ein Szenario an, das in verschiedene Erfassungsbereiche aufgeteilt ist, die jeweils von einer Multisensorplattform erfasst werden. Innerhalb einer Plattform kommt eine zentrale Architektur zum Einsatz, über die Bereiche hinweg wird das Gesamtbild mittels einer dezentralen Architektur ermittelt [12].

24.3.2 Rohdatenebene – Merkmalsebene – Entscheidungsebene

Die Einteilung in Fusion auf Rohdaten-, Merkmals- und Entscheidungsebene bezieht sich auf die Auflösung der in den Fusionsalgorithmus eingebrachten Daten und den Grad der Vorverarbeitung der Sensordaten [8]. Sie bezieht sich also auf die Laufzeitsicht [25] und wird üblicherweise im Zusammenhang mit Algorithmen zur Objekt-Diskriminierung verwendet [18].

Bei der **Fusion auf Rohdatenebene** werden minimal vorverarbeitete und in der Auflösung der beteiligten Sensoren vorliegende Daten (beispielsweise Pixel in der Bildverarbeitung) in einer zentralen Architektur fusioniert. Auf diese Weise können z. B. Informationen aus verschiedenen Spektren (Infrarot, sichtbares Licht) vor einer anschließenden Bildverarbeitung zusammengeführt werden [8]. Vorteil des Ansatzes ist die Verfügbarkeit der vollständigen Information aus den Sensoren, auf die der Fusionsalgorithmus abgestimmt werden kann. Hauptnachteile sind das hohe Datenaufkommen zwischen den Sensoren und dem zentralen Baustein sowie die erschwerte Änderbarkeit und Erweiterbarkeit der optimierten Algorithmen im zentralen Baustein.

Bei der **Fusion auf Merkmalsebene** werden zunächst die Merkmale extrahiert und dann die Fusion durchgeführt. In einer zentralen Architektur wird so die Kommunikationsbandbreite zwischen Sensorbausteinen und zentralem Baustein auf Kosten eines Informationsverlustes reduziert.

Die **Fusion auf Entscheidungsebene** entspricht der dezentralen Architektur. Im Gegensatz zur Fusion auf Merkmalsebene wird hier bereits in den Sensormodulen die Objekt-Diskriminierung durchgeführt, also eine Entscheidung getroffen. Die Ergebnisse werden dann in einem zentralen Baustein zusammen mit den Informationen aus der Track-Schätzung kombiniert [8]. Diese muss dabei nicht nach dem Prinzip einer dezentralen Architektur aufgebaut sein.

◘ Tabelle 24.1 fasst die Architekturprinzipien Dezentral – Zentral – Hybrid und Rohdatenebene – Merkmalsebene – Entscheidungsebene und deren Abhängigkeiten zusammen.

24.3.3 Synchronisiert – Unsynchronisiert

Vom dynamischen Zusammenwirken des Systems her kann eine Unterscheidung in synchronisierte und unsynchronisierte Sensoren getroffen werden. Die Unterscheidung bezieht sich auf den zeitlichen Ablauf, in dem die Daten in den Sensoren aufgezeichnet werden (siehe hierzu z. B. [12, 28, 29, 30]).

Bei **synchronisierten Sensoren** ist die Datenakquisition zeitlich aufeinander abgestimmt. Ein Spezialfall sind synchrone Sensoren, bei denen die Datenaufnahme gleichzeitig stattfindet. Bei **unsynchronisierten Sensoren** findet die Datenaufnahme in einem sensorindividuellen und nicht auf die übrigen Sensoren abgestimmten Takt, der nicht notwendigerweise konstant sein muss, statt.

Nachteil der Synchronisierung ist der zusätzliche Aufwand in Hard- und ggf. Software, Vorteil das bereits im Designprozess bekannte zeitliche Verhalten des Systems (siehe auch [17]).

24.3.4 Neue Daten – Datenkonstellation – Externes Ereignis

Hinsichtlich des Ereignisses, das eintreten muss, damit die Fusion der Daten durchgeführt wird, kann unterschieden werden in: bei Vorliegen neuer

Tab. 24.1 Fusionsarchitekturen [Quelle: [1], S. 19, in Anlehnung an [15], S. 360–361; siehe auch [8], S. 73]

Typ	Beschreibung	Fusionsebene	Bemerkung
Zentral	Fusion von Rohdaten	Rohdaten	– Minimaler Informationsverlust. – Benötigt im Vergleich höchste Bandbreite zur Kommunikation zwischen Sensorbausteinen und zentralem Baustein. – Optimal bei orthogonalen und nicht orthogonalen Sensoren.
	Fusion von Merkmalen	Merkmal	– Benötigt geringere Kommunikationsbandbreite als bei Fusion auf Rohdatenebene. – Informationsverlust aufgrund der Merkmalsextraktion. – Bei nicht orthogonalen Sensoren können die Vorteile der Fusion auf Rohdatenebene nicht genutzt werden.
Dezentral	Fusion von Zustandsvariablen und Diskriminierungsentscheidungen	Entscheidungsebene	– Informationsverlust aufgrund der Merkmalsextraktion. – Optimale Objekt-Diskriminierung bei orthogonalen Sensoren. – Optimale Track-Schätzung nur unter restriktiven Bedingungen. – Abhängigkeiten der in den Sensorbausteinen ermittelten Ergebnisse muss bei Fusion berücksichtigt werden. – Redundanz kann erzielt werden, indem in mehreren dezentralen Bausteinen die Fusion berechnet wird.
Hybrid	Kombination von Zentral und Dezentral	Kombination aller Ebenen möglich	– Kombiniert die Eigenschaften der zentralen und dezentralen Architektur. – Im Vergleich höhere Komplexität der Architektur.

Daten, bei Vorliegen einer bestimmten Datenkonstellation und aufgrund eines externen Ereignisses.

Wird jeweils bei Vorliegen **neuer Daten** fusioniert, geht keine Information verloren. Je nachdem, ob mit synchronisierten oder nicht synchronisierten Sensoren gearbeitet wird, müssen im Fusionsprozess Lösungen für die Verarbeitung der Daten gefunden werden, die nicht in der zeitlichen Reihenfolge der Messungen am Fusionsbaustein eintreffen [31, 3]. In einer dezentralen Struktur können die aktuellsten fusionierten Daten zu den Sensoren zurückgeführt werden, sodass in den Bausteinen jeweils die aktuellste Schätzung, z. B. zur Vorkonditionierung von Algorithmen, vorliegt.

Wird beim Auftreten **bestimmter Datenkonstellationen** fusioniert, z. B. immer dann, wenn die Daten von bestimmten Sensoren vorliegen, müssen Ressourcen für eine Zwischenspeicherung der Daten vorgehalten werden. Zudem stehen die fusionierten Daten nicht zum frühest möglichen Zeitpunkt zur Verfügung. Werden unsynchronisierte Sensoren verwendet, muss entschieden werden, in welcher Form die Daten in den Fusionsprozess eingebracht werden (siehe ▶ Abschn. 24.3.5).

Werden die Ergebnisse eines zentralen Fusionsbausteins nicht wieder zu den Sensoren zurückgeführt, so kann die Fusion zu beliebigen Zeitpunkten durch ein **externes Ereignis** ausgelöst werden. Dies ermöglicht die Anpassung der Datenrate an den weiterverarbeitenden Prozess und damit eine Anpassung der Ressourcen, stellt aber im Allgemeinen hinsichtlich der Genauigkeit der Track-Schätzung keine optimale Lösung dar [12].

24.3.5 Originaldaten – Gefilterte Daten – Prädizierte Daten

Hinsichtlich der Art der Daten, die in den Fusionsprozess einfließen, kann in Originaldaten, gefilterte Daten und prädizierte Daten unterschieden werden.

Bei **Originaldaten** gehen die zeitlich ungefilterten Daten in den Fusionsprozess ein. Hiermit ist eine optimale Track-Schätzung möglich.

Werden bereits **gefilterte Daten** verwendet (z. B. in einer dezentralen Architektur) kann unter restriktiven Bedingungen eine optimale Track-Schätzung erfolgen. Werden die gefilterten Daten allerdings wie ungefilterte Daten behandelt und einem weiteren Filter zur Schätzung übergeben, entsteht eine Filterkette. Dies führt im Allgemeinen zu längeren Signallaufzeiten. Zudem sind die Fehler nun korreliert. Für ein optimales Ergebnis der Schätzung muss dies in der Modellierung beachtet werden.

Die Verwendung von **prädizierten Daten** (z. B. auf Basis von Modellen) ist ebenfalls möglich. Häufig wird dieses Verfahren verwendet, um zum Vorliegen einer bestimmten Datenkonstellation gesammelte Messdaten auf einen Zeitpunkt zu beziehen und diese zunächst zu so genannten Super-Messungen zusammenzufassen. Bar-Shalom und Li vertreten diesbezüglich die Ansicht, dass dieses Verfahren für unsynchronisierte Sensoren nicht zum optimalen Ergebnis hinsichtlich des erreichbaren Schätzfehlers führt [12].

24.3.6 Parallel – Sequenziell

Eine weitere in der Literatur zu findende Einteilung betrifft das Fusionsverfahren an sich. Unterschieden werden hier die **parallele Fusion**, bei der die vorliegenden Messungen in einem Schritt fusioniert werden, und die **sequenzielle Fusion**, bei der die Messungen in mehreren aufeinander folgenden Schritten zusammengeführt werden. Beide Verfahren sind unter der Voraussetzung linearer Systeme und synchronisierter Sensoren äquivalent [12].

Dietmayer et al. sprechen bei Vorliegen synchronisierter Sensoren und paralleler Fusion auch von expliziter Fusion, bei unsynchronisierten Sensoren und sequenzieller Fusion auch von impliziter Fusion [9].

24.4 Abschließende Bemerkung

Nach Ansicht des Autors ist der Ansatz der Sensordatenfusion notwendig, um die Anforderungen zukünftiger Assistenzsysteme erfüllen zu können. Dies trifft insbesondere auf Systeme zu, welche die Sicherheit erhöhen sollen.

Durch eine entsprechende Gestaltung der Architektur kann das Sensordatenfusionssystem eine Abstrahierung der Umfeldwahrnehmung von den eingesetzten Sensoren darstellen. Die Funktionen können somit unabhängig vom Umfelderfassungssystem entwickelt werden. Die Gestaltung der Situationsanalyse als Schnittstelle zur Anwendung spielt dabei die zentrale Rolle.

Die Erfahrung zeigt allerdings auch, dass die Gleichung „mehr Sensoren gleich besseres System" in der Praxis nicht ohne Einschränkungen gilt. So nimmt die Komplexität des Gesamtsystems mit jedem Sensor zu. Jeder Sensor bringt sensorspezifische Eigenschaften in das System ein. Werden diese nicht ausreichend genau modelliert bzw. berücksichtigt, können zwar Teilaspekte verbessert, die Gesamtleistung aber dennoch reduziert werden. [13] gibt einen Überblick zu typischen Fallstricken beim Entwurf eines Multisensorsystems.

Literatur

[1] Darms, M.: Eine Basis-Systemarchitektur zur Sensordatenfusion von Umfeldsensoren für Fahrerassistenzsysteme Fortschrittberichte VDI: Reihe 12, Bd. 653. (2007). Dissertation

[2] Holt, V.v.: Integrale multisensorielle Fahrumgebungserfassung nach dem 4D-Ansatz. Diss. Univ. der Bundeswehr, München 2004 (Online Publikation), URL: urn:nbn:de:bvb:706–1072, 2005

[3] Stüker, D.: Heterogene Sensordatenfusion zur robusten Objektverfolgung im automobilen Straßenverkehr. Diss. Univ. Oldenburg, (Online Publikation), URL: http://deposit.d-nb.de/cgi-bin/dokserv?idn=972494464, 2004

[4] Becker, J.-C.: Fusion der Daten der objekterkennenden Sensoren eines autonomen Straßenfahrzeugs. VDI-Verl., Düsseldorf (2002)

[5] Bender, E., et al.: Antikollisionssystem PRORETA – Teil 1: Grundlagen des Systems. ATZ 4, 337–341 (2007)

[6] Schopper, M., Henle, L., Wohland, T.: Intelligent Drive Vernetzte Intelligenz für mehr Sicherheit. ATZExtra **(5)**, 106–114 (2013). Springer Automotive Media

Literatur

[7] Steinberg, A., Bowman, C., White, F.: Revisions to the JDL Data Fusion Model. 3rd NATO/IRIS Conference, Quebec City (1998)

[8] Klein, L.A.: Sensor and data fusion concepts and applications, 2. Aufl. Bd. 35. SPIE, Bellingham, Wash (1999)

[9] Dietmayer, K., Kirchner, A., Kämpchen, N.: Fusionsarchitekturen zur Umfeldwahrnehmung für Zukünftige Fahrerassistenzsysteme. In: Mauerer, M. (Hrsg.) Fahrerassistenzsysteme mit maschineller Wahrnehmung, S. 59–87. Springer, New York (2005)

[10] Lou, R.C., Kay, M.K.: Multisensor Integration and Fusion in Intelligent Systems. In: Autonomous Mobile Robots, Bd. 1, IEEE Computer Society Press, Los Alamitos (1991)

[11] Joerg, K.-W.: Echtzeitfähige Multisensorintegration für autonome Mobile Roboter. BI-Wiss.-Verl., Mannheim, etc. (1994)

[12] Bar-Shalom, Y.; Li, X.-R.: Multitargetmultisensor tracking – principles and techniques. [Storrs, Conn.]: YBS, 1995

[13] Hall, D.L.: Handbook of multisensor data fusion. CRC Press, Boca Raton (2001). The electrical engineering applied signal processing series URL: http://www.electricalengineeringnetbase.com/ejournals/books/book_km.asp?id=49, 2001

[14] Klaus, F.: Einführung in Techniken und Methoden der Multisensor-Datenfusion. Habil.-Schr. Univ. Siegen, Online-Publikation, URL: urn:nbn:de:hbz: S. 467–575, 2004

[15] Hall, D.L., McMullen, S.A.: Mathematical techniques in multisensor data fusion, 2. Aufl. Artech House, Boston (2004)

[16] Streller, D.: Multi-Hypothesen-Ansatz zur Erkennung und Verfolgung von Objekten in Verkehrsszenen mit Laserscannern. VDI-Verl., Düsseldorf (2006)

[17] Kämpchen, N.; Dietmayer, K.: Data synchronization strategies for multi-sensor fusion. In: 10th World Congress on Intelligent Transport Systems. Band Proceedings of ITS 2003 Madrid, Spain, September 2003

[18] Hall, D.; Llinas, J.: An introduction to multisensor data fusion. Proceedings of the IEEE, 85 Nr. 1, S. 6–23, 1997

[19] Darms, M.; Rybski, P.; Urmson, C.: Vehicle Detection and Tracking for the Urban Challenge, AAET 2008, 9th Symposium, 13./14. Februar 2008 Braunschweig, 2008

[20] Bar-Shalom, Y., Li, X.-R., Kirubarajan, T.: Estimation with applications to tracking and navigation – theory, algorithms and software. Wiley, New York, NY (2001)

[21] Hänsler, E.: Statistische Signale: Grundlagen und Anwendungen, 2. Aufl. Springer, Berlin [u. a.] (1997)

[22] Lunze, J.: Regelungstechnik Mehrgrößensysteme, digitale Regelung, Bd. 2. Springer, Berlin [u. a.] (2006)

[23] Föllinger, O.: Regelungstechnik – Einführung in die Methoden und ihre Anwendung, 6. Aufl. Hüthig Buch Verlag, Heidelberg (1990)

[24] Mayr, R.: Regelungsstrategien für die automatische Fahrzeugführung: Längs- und Querregelung, Spurwechsel- und Überholmanöver. Springer, Tokio (2001)

[25] Starke, G.: Effektive Software-Architekturen – Ein praktischer Leitfaden, 2. Aufl. Hanser, Wien (2005)

[26] Vogel, O.: Software-Architektur – Grundlagen – Konzepte – Praxis, 1. Aufl. Elsevier, Spektrum, Akad. Verl., München [u. a.] (2005)

[27] Robinson, G.; Aboutalib, A.: Trade-off analysis of multisensor fusion levels. Proceedings of the 2nd National Symposium on Sensors and Sensor Fusion, Nr. 2, S. 21–34, 1990

[28] Narbe, B., et al.: Datennetzkonzepte für die Sensordatenfusion – Teil 1. Elektronik Automotive 4, 54–59 (2003)

[29] Narbe, B., et al.: Datennetzkonzepte für die Sensordatenfusion – Teil 2. Elektronik Automotive 5, 40–44 (2003)

[30] Mauthener, M., et al.: Out-of-Sequence Measurements Treatment in Sensor Fusion Applications: Buffering versus Advances Algorithms. In: Stiller, C., Maurer, M. (Hrsg.) 4. Workshop Fahrerassistenzsysteme, FAS2006, S. 20–30. fmrt, Karlsruhe (2006)

[31] Bar-Shalom, Y.: Update with out-of-sequence measurements in tracking: exact solution. Aerospace and Electronic Systems, IEEE Transactions on, 2002 Nr. 3, S. 769–777, 2002

Repräsentation fusionierter Umfelddaten

Klaus Dietmayer, Dominik Nuß, Stephan Reuter

25.1 Anforderungen an Fahrzeugumgebungsrepräsentationen – 454

25.2 Objektbasierte Darstellungen – 456

25.3 Rasterbasierte Verfahren – 467

25.4 Architekturen und hybride Darstellungsformen – 475

25.5 Zusammenfassung – 477

Literatur – 478

25.1 Anforderungen an Fahrzeugumgebungsrepräsentationen

Unter einer Fahrzeugumgebungsrepräsentation, häufig auch als Fahrzeugumfeldmodell bezeichnet, versteht man eine dynamische Datenstruktur, in der alle relevanten Objekte und Infrastrukturelemente in der Nähe des eigenen Fahrzeugs möglichst korrekt in Ort und Zeit in einem gemeinsamen Bezugssystem enthalten sind. Die Erfassung und zeitliche Verfolgung der Objekte und Infrastrukturelemente erfolgen hierbei fortlaufend durch geeignete, in der Regel fusionierte bordeigene Sensoren wie Kameras und Radare (siehe ▶ Kap. 17–21). Zukünftig werden in diese Fusion vermehrt Informationen hochgenauer, attribuierter digitaler Karten sowie ggf. auch externe Informationen, basierend auf Car2x-Kommunikation, einfließen können. ◘ Abbildung 25.1 zeigt beispielhaft Komponenten, die eine Fahrumgebungsrepräsentation enthalten können.

Welche Objekte und Strukturelemente für eine Fahrumgebungsrepräsentation relevant sind, hängt maßgeblich von den sie nutzenden Funktionen ab. Ein Totwinkelassistent benötigt z. B. nur die Information, ob sich gerade Objekte im Heck- und Seitenbereich des Fahrzeugs befinden, wobei deren Typ unerheblich ist. Komplexere Assistenzsysteme, beispielsweise ein automatischer Ausweichassistent bis hin zum automatisierten Fahren, benötigen umfangreichere Wahrnehmungsfähigkeiten und Informationen: Es müssen hierbei neben den Fahrstreifenmarkierungen die Abstände, Geschwindigkeiten sowie Ausdehnungen aller Verkehrsteilnehmer im näheren Umfeld wie auch der sicher befahrbare Freiraum zuverlässig erkannt werden. Diese komplexeren Fahrerassistenzfunktionen benötigen zudem eine leistungsfähige Situationsbewertung, die das Fahrumgebungsmodell interpretiert und die aktuelle Situation mit gewisser Wahrscheinlichkeit in die nahe Zukunft prädiziert. Auch aus wirtschaftlichen Gründen wird sich daher der Wandel von den bisher vorherrschenden funktionsorientierten Architekturen (◘ Abb. 25.2) hin zu einer modularen, generischen Architektur der Fahrumgebungsrepräsentation inklusive Infor-

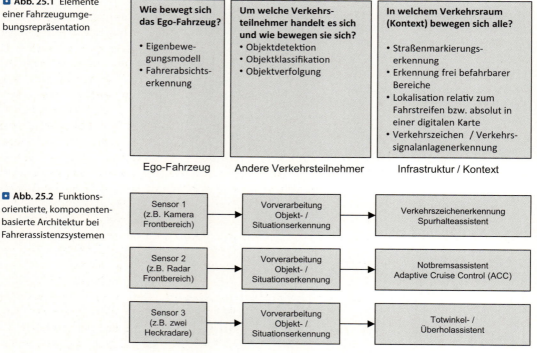

◘ Abb. 25.1 Elemente einer Fahrzeugumgebungsrepräsentation

◘ Abb. 25.2 Funktionsorientierte, komponentenbasierte Architektur bei Fahrerassistenzsystemen

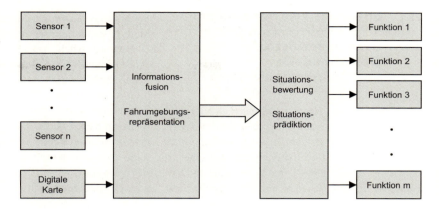

Abb. 25.3 Datenfluss einer modularen Architektur für Fahrerassistenzsysteme

mationsfusion vollziehen, die über eine geeignete Situationsbewertung und -prädiktion möglichst alle Fahrerassistenzfunktionen in einem Fahrzeug bedienen kann (Abb. 25.3). Eine wesentliche Anforderung an die Architekturen und Datenstrukturen zur Fahrumgebungsrepräsentation ist daher ihre Adaptierbarkeit an unterschiedliche Funktionsanforderungen, die nur durch durchgehende Modularität und weitgehend generische Schnittstellen zur Sensorik sowie den weiterverarbeitenden Stufen der Situationsbewertung gewährleistet werden kann. Hierzu existieren bisher keine allgemeingültigen festen Architekturprinzipien, so dass im Rahmen dieses Kapitels verschiedene Aspekte möglicher Ausprägungen der Fahrumgebungsrepräsentation erörtert werden. Grundsätzlich unterscheidet man hierbei zwischen einer objektbasierten und einer rasterbasierten Repräsentation.

Bei der objektbasierten Repräsentation werden alle für die Repräsentation relevanten anderen Verkehrsteilnehmer, die relevanten Infrastrukturelemente sowie das eigene Fahrzeug selbst jeweils durch ein eigenes dynamisches Objektmodell, i. d. R. ein zeitdiskretes Zustandsraummodell, beschrieben. Dessen Zustände wie Position, Geschwindigkeit oder auch 2D-/3D-Objektausdehnung werden schritthaltend mit den Sensormessungen unter Nutzung geeigneter Filterverfahren (▶ Abschn. 25.2.3) fortlaufend aktualisiert. Da Messungen grundsätzlich fehlerhaft sind, sollten diese Filterverfahren Informationen über die aktuelle Unsicherheit der Fahrumgebungsrepräsentation an die weiterverarbeitenden Stufen liefern. Dies betrifft einerseits die Unsicherheit in den Zuständen selbst – i. d. R. ausgedrückt durch Varianzen oder Kovarianzen – andererseits aber auch die Existenzwahrscheinlichkeit, d. h. ein Maß dafür, dass das von der Sensorik erfasste Objekt in der Realität überhaupt existiert.

Da die Umgebungserfassung bevorzugt bordautarke Sensorik verwendet, erfolgt die objektbasierte Repräsentation i. d. R. relativ zum eigenen, die Szene beobachtenden Fahrzeug, also im mitbewegten Koordinatensystem. Diese Beschreibung reicht zur Lösung aller Fahraufgaben prinzipiell aus. Sie stößt nur dann an ihre Grenzen, wenn Kontextwissen, beispielsweise aus einer hochgenauen digitalen Karte oder durch Car2x-Kommunikation zusätzlich einfließen soll. In diesen Fällen ist zusätzlich eine absolute Referenzierung, d. h. eine hochgenaue Lokalisierung des eigenen Fahrzeugs in der Welt notwendig.

Eine gitterbasierte Darstellung verwendet Rasterkarten, um die Umwelt ortsfest in gleich große Zellen einzuteilen. Das Fahrzeug bewegt sich über dieses Gitter und die bordautonome Sensorik liefert dann Informationen, ob spezifische Zellen frei sind und damit frei befahren werden können oder ob sich in der Zelle ein Hindernis befindet. Diese Art der Darstellung eignet sich vornehmlich zur Repräsentation statischer Szenarien. Sie benötigt keinerlei Modellhypothesen und ist daher als sehr robust gegen Modellfehler einzustufen.

In den folgenden Kapiteln wird auf beide Repräsentationsprinzipien sowie die dafür geeigneten Algorithmen detaillierter eingegangen. Es existieren auch vielversprechende Ansätze, beide Darstellungsformen zu kombinieren, die am Schluss des Kapitels kurz vorgestellt werden.

25.2 Objektbasierte Darstellungen

25.2.1 Sensorspezifische Objektmodelle und Koordinatensysteme

Für objektbasierte Repräsentationen ist aufgrund der zur Umgebungserfassung verwendeten bordautarken Sensorik als gemeinsames Bezugssystem das mitbewegte Koordinatensystem des eigenen Fahrzeugs zweckmäßig. Gemäß den üblichen Konventionen für Fahrzeuge ist ein derartiges Koordinatensystem rechtshändig zu wählen. Die x-Achse zeigt in Bewegungsrichtung, die z-Achse nach oben. Die Richtung der y-Achse folgt der Definition des rechtshändigen Koordinatensystems. Rotationen um die x-Achse werden als Wanken, um die y-Achse als Nicken und um die z-Achse als Gieren bezeichnet. Als Koordinatenursprung wählt man bei fahrdynamischen Modellen meist den Massenschwerpunkt des Fahrzeugs.

Im Bereich der Fahrumgebungserfassung benötigt man derart komplexe Fahrdynamikmodelle allerdings in aller Regel nicht, da hierfür nur eine vergleichsweise einfache Eigenbewegungsschätzung notwendig ist. Es ist daher zumindest für Fahrsituationen außerhalb dynamischer Grenzbereiche üblich, als Modell für die Eigenbewegungsschätzung rein kinematische, lineare Einspurmodelle unter Vernachlässigung von Schlupf und Schräglauf der Räder zu verwenden [1]. Ein geeigneter Bezugspunkt bei Mehrsensoranwendungen (Fusionssystemen) ist die Mitte der Hinterachse des Ego-Fahrzeugs, projiziert auf die Straßenebene. Diese Wahl hat den Vorteil, dass unter den obigen Modellannahmen der Fahrzeuggeschwindigkeitsvektor v am Bezugspunkt immer in Fahrzeuglängsachse (x-Achse) zeigt, was Umrechnungen erleichtert. Bei isolierten Fahrerassistenzfunktionen mit nur einem Sensor (z. B. ein rein radarbasiertes ACC, siehe ◘ Abb. 25.2) wird häufig aus pragmatischen Gründen das Bezugssystem identisch zum Sensorkoordinatensystem gewählt.

Neben dem Ego-Fahrzeug müssen auch alle anderen Objekte im Fahrzeugumfeld durch Modelle beschrieben werden. Aufgrund der nachfolgend näher erläuterten Algorithmen zur Objektverfolgung erfolgt deren Formulierung in der Regel als zeitdiskrete Zustandsraummodelle in der Ebene.

Grundsätzlich unterscheidet man zwischen Punktmodellen und räumlich ausgedehnten Modellen, bei denen auch die Länge und Breite (2D) oder zusätzlich auch noch die Höhe (3D) modelliert wird. Als Grundform für ausgedehnte Modelle dient ein Rechteck (2D) oder ein Quader (3D). Die Nutzung eines ausgedehnten Modells ist jedoch nur dann sinnvoll, wenn die Kontur des Objekts durch die erfassende Sensorik auch beobachtbar ist, was aber grundsätzlich auch vom Beobachtungswinkel abhängt. Beispielsweise ist die Länge eines vorausfahrenden Fahrzeugs unabhängig von der verwendeten Sensorik nicht direkt beobachtbar, sondern lediglich seine Breite und Höhe, und dies auch nur, falls entsprechende konturauflösende Sensoren wie (Stereo-)Kameras, Laserscanner oder hochauflösende Radarsensoren Verwendung finden. Aufgrund dieses zeitvarianten Beobachtbarkeitsproblems wird die Ausdehnungsschätzung häufig parallel zur Zustandsschätzung in einem separaten Algorithmus durchgeführt.

Hinsichtlich der Zustandsschätzung werden Punktmodelle als sogenannte Freie-Masse-Modelle modelliert, was bedeutet, dass bei Beschränkung auf die ebene Bewegung die translatorischen Bewegungen in x-, y-Richtung sowie die Rotation um die Hochachse $\dot{\psi}$ (Gierrate) nicht gekoppelt sind. Ausgedehnte Modelle (2D/3D) können als Freie-Masse-Modelle oder als kinematische Einspurmodelle (siehe vorstehend) mit entsprechend gekoppelten Bewegungsfreiheitsgraden formuliert werden. Letzteres ist für alle radgebundenen Objekte wie Fahrzeuge oder Radfahrer meist die bessere Wahl.

Als Zustandsgrößen werden im Zustandsvektor minimal pro Objekt die Position in der Ebene, die Geschwindigkeit in der Ebene und der Gierwinkel berücksichtigt und relativ zum beobachtenden Fahrzeug aufgrund dessen Sensormessungen fortlaufend geschätzt. Ein derartiges Modell wird als Modell „konstanter Geschwindigkeit, konstanter Gierwinkel" bezeichnet. Eine Erweiterung dieser Modelle auf die Berücksichtigung translatorischer Beschleunigungskomponenten sowie der Gierrate im Zustandsvektor ist möglich – allerdings nur dann sinnvoll, wenn Sensoren verfügbar sind, die wie beispielsweise Radare Geschwindigkeitskomponenten direkt messen können. Andernfalls führt die zweifache Differenziation von fehlerbehafteten Positionsmessungen im Filter zu so starken Rauscheffekten in den Beschleunigungsdaten, dass das Gesamtschätzergebnis hierdurch eher verschlechtert wird. Die Wahl des geeigneten Objektmodells hängt somit stark von der verfügbaren Sensorkonfiguration und deren Messmöglichkeiten ab (siehe auch ▶ Kap. 17–21). Details zur Formulierung von Objektmodellen findet man beispielsweise unter [2] oder [1]. Näheres zur Fusion von verschiedenen Sensortypen findet sich in ▶ Kap. 24.

25.2.2 Zustands- und Existenzunsicherheiten

Bei einer objektbasierten Darstellung des Fahrzeugumfelds ist die Angabe von Zustands- sowie Existenzunsicherheiten für die individuellen Objekte notwendig, um Auslöseentscheidungen sicherheitsrelevanter Fahrerassistenzfunktionen anhand der Umgebungsrepräsentation absichern zu können.

Die Zustandsunsicherheit eines Objekts wird durch eine Wahrscheinlichkeitsdichtefunktion beschrieben, anhand derer der wahrscheinlichste Gesamt- bzw. Einzelzustand sowie mit gewisser Wahrscheinlichkeit auch mögliche Variationen hiervon bestimmt werden können. Im Fall einer mehrdimensionalen, normalverteilten Wahrscheinlichkeitsdichtefunktion ist die Zustandsunsicherheit durch die Kovarianzmatrix P vollständig repräsentiert. Bei der Schätzung statischer Parameter kann die Zustandsunsicherheit durch wiederholte Messungen immer weiter verringert werden und der Schätzwert konvergiert gegen den wahren Wert, falls kein systematischer Fehler in Form eines Offsets vorliegt. Bei der Schätzung von dynamischen Zuständen ist aufgrund der Bewegung des Objekts zwischen zwei aufeinanderfolgenden Messzeitpunkten die Konvergenz gegen den wahren Wert nicht mehr gegeben. Bei der Bewertung der Zustandsschätzung wird daher gefordert, dass der Erwartungswert des Schätzfehlers Null ist und die Varianz des realen Schätzfehlers der geschätzten Varianz entspricht. Ein Schätzer mit diesen Eigenschaften wird als konsistenter Schätzer bezeichnet.

Für die Realisierung sicherheitsrelevanter Fahrerassistenzfunktionen ist die Existenzunsicherheit jedoch mindestens genauso relevant wie die Zustandsunsicherheit. Sie drückt aus, mit welcher Wahrscheinlichkeit das Objekt in der Fahrumgebungsrepräsentation auch wirklich einem realen Objekt entspricht. Eine Notbremsung sollte beispielsweise nur bei einer sehr hohen Existenzwahrscheinlichkeit des verfolgten Objekts ausgelöst werden. Während die Schätzung von Zustandsunsicherheiten nach dem Stand der Technik durch Methoden der rekursiven Bayes-Schätzung (siehe ▶ Abschn. 25.2.3.1) theoretisch fundiert erfolgt, wird in heutigen Systemen meist aufgrund eines heuristischen Qualitätsmaßes einer Objekthypothese auf die Existenz eines Objekts geschlossen. Ein Objekt gilt als bestätigt, wenn das Qualitätsmaß einen sensor- und anwendungsabhängigen Schwellwert ϑ überschreitet. Die Qualitätsmaße basieren beispielsweise auf der Anzahl an erfolgreichen Messwert-Assoziationen seit der Initialisierung des Objekts oder der Zeitspanne zwischen Initialisierung des Objekts und dem aktuellen Zeitpunkt. Häufig wird auch die Zustandsunsicherheit des Objekts oder das Qualitätsmaß eines weiteren Systems zur Validierung verwendet.

Ein alternativer Ansatz ist die Schätzung einer objektspezifischen Existenzwahrscheinlichkeit: Hierfür ist zunächst eine anwendungsabhängige Definition der Objektexistenz notwendig. Während in manchen Anwendungen sämtliche realen Objekte als existent betrachtet werden, kann die Objektexistenz auch auf die in der aktuellen Anwendung relevanten Objekte eingeschränkt werden. Des Weiteren ist eine Einschränkung auf die mit dem aktuellen Sensor-Set-up detektierbaren Objekte möglich. Im Gegensatz zu dem Schwellwert ϑ des Qualitätsmaßes ermöglicht die Bestimmung der Existenzwahrscheinlichkeit eine wahrscheinlichkeitsbasierte Interpretationsmöglichkeit. Eine Existenzwahrscheinlichkeit von beispielsweise 90 % bedeutet, dass die Messhistorie sowie das Bewegungsmuster des Objekts mit einer Wahrscheinlichkeit von 90 % von einem realen Objekt erzeugt wurden. Folglich können Assistenzfunktionen diejenigen Objekte verwenden, deren Existenzwahrscheinlichkeit einen anwendungsspezifischen Schwellwert überschreiten.

25.2.3 Grundlegende Verfahren des Multi-Objekt-Trackings

Das Ziel der Objektverfolgung bzw. des Objekt-Trackings ist es, den zeitvarianten Zustand aller Objekte, die sich im Erfassungsbereich der Sensoren befinden, zu schätzen. Die Änderung der Objektzustände resultiert einerseits aus der Bewegung der Objekte sowie andererseits aus der Eigenbewegung des beobachtenden Fahrzeuges. Das Objekt-Tracking basiert nach dem Stand der Technik auf einem rekursiven Bayes-Filter, der aus zwei Teilen besteht: der Prädiktion und der Innovation. Der Prädiktionsschritt modelliert die Bewegung des Objekts zwischen zwei aufeinanderfolgenden Messzeitpunkten anhand eines objektspezifischen Bewegungsmodells (vgl. ▶ Abschn. 25.2.1). Des Weiteren muss im Prädiktionsschritt die Eigenbewegung des beobachtenden Fahrzeugs kompensiert werden. Die Eigenbewegung führt zu einer Veränderung der relativ zum Ego-Fahrzeug geschätzten Zustände (z. B. Position) sowie einer erhöhten Schätzunsicherheit. Im darauffolgenden Innovationsschritt wird der prädizierte Objektzustand mittels der aktuellen Sensormessung und unter Berücksichtigung der Messunsicherheit des Sensors aktualisiert.

Im Folgenden wird zunächst das Bayes-Filter kurz eingeführt. Anschließend wird das Kalman-Filter, welches eine analytische Implementation des Bayes-Filters für lineare Systeme ermöglicht, erläutert und Möglichkeiten zur Anwendung auf das Multi-Objekt-Tracking vorgestellt. Hierbei wird insbesondere auf das Joint-Integrated-Probabilistic-Data-Association-Filter eingegangen, das eine probabilistische Assoziation der erhaltenen Messungen zu den aktuell verfolgten Objekten realisiert und außerdem die in ▶ Abschn. 25.2.2 geforderte Existenzwahrscheinlichkeit für die Objekte schätzt.

25.2.3.1 Rekursives Bayes-Filter

Im rekursiven Bayes-Filter [3] werden der geschätzte Zustand eines Objekts und die dazugehörige räumliche Unsicherheit durch eine Wahrscheinlichkeitsdichtefunktion (engl. probability density function, PDF)

$$p_{k+1}(x_{k+1}) = p_{k+1}(x_{k+1}|Z_{1:k+1}) \quad (25.1)$$

repräsentiert, die von allen bis zum Zeitpunkt $k+1$ erhaltenenen Messungen $Z_{1:k+1} = \{z_1, \ldots, z_{k+1}\}$ abhängt.

Das Bewegungsmodell eines Objekts für den Zeitraum zwischen zwei aufeinanderfolgenden Messungen ist durch die Bewegungsgleichung

$$x_{k+1|k} = f(x_k) + v_k \quad (25.2)$$

gegeben, wobei v_k eine additive Störgröße darstellt, die mögliche Modellfehler repräsentiert. Alternativ kann die Bewegungsgleichung auch durch eine Markov-Übergangsdichte

$$f_{k+1|k}(x_{k+1}|x_k) \quad (25.3)$$

beschrieben werden. Unter Nutzung der Voraussetzung einer Markov-Eigenschaft erster Ordnung hängt der prädizierte Zustand x_{k+1} des Objekts nur vom Zustand x_k ab, da dieser implizit die Messhistorie $Z_{1:k} = \{z_1, \ldots, z_k\}$ enthält. Die Prädiktion des aktuellen Objektzustands x_k zum nächsten Messzeitpunkt $k+1$ erfolgt anhand der Chapman-Kolmogorov-Gleichung

$$p_{k+1|k}(x_{k+1}|x_k)$$
$$= \int f_{k+1|k}(x_{k+1}|x_k) \, p_k(x_k) \, dx_k. \quad (25.4)$$

Anschließend wird mittels der Messung z_{k+1} die prädizierte PDF des Objektzustands aktualisiert. Der Messprozess des Sensors ist durch die Messgleichung

$$z_{k+1|k} = h_{k+1}(x_{k+1|k}) + w_{k+1} \quad (25.5)$$

beschrieben. Die stochastische Störgröße w_{k+1} repräsentiert hierbei den Fehler des Messmodells. Die Messgleichung transformiert den Zustand eines Objekts in den Messraum des Sensors und ermöglicht folglich die Innovation des Objektzustands im Messraum. Die Innovation im Messraum ist von Vorteil, da im Allgemeinen eine Transformation der

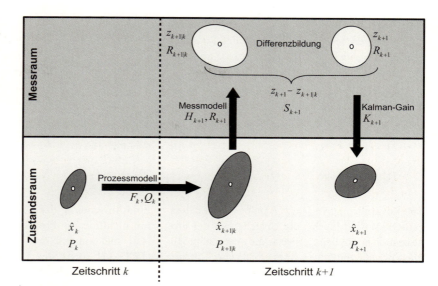

Abb. 25.4 Ablauf des Kalman-Filters: Zustandsprädiktion anhand des Prozessmodells, Zustandsinnovation durch Transformation in den Messraum und das Kalman-Gain

Messung in den Zustandsraum aufgrund der nicht invertierbaren Messgleichung nicht möglich ist. Eine alternative Repräsentation der Messgleichung ist die Likelihood-Funktion

$$g(z_{k+1}|x_{k+1}),$$

die sich aus der Messgleichung 25.5 ergibt. Die Zustandsinnovation erfolgt anschließend anhand der Bayes-Formel

$$p_{k+1}(x_{k+1}|z_{k+1}) = \frac{g(z_{k+1}|x_{k+1})\, p_{k+1|k}(x_{k+1}|x_k)}{\int g(z_{k+1}|x_{k+1})\, p_{k+1|k}(x_{k+1}|x_k)\, dx_{k+1}}.$$

(25.6)

Das durch den Prädiktionsschritt in Gl. 25.4 und den Innovationsschritt in Gl. 25.6 beschriebene rekursive Schätzverfahren wird als Bayes-Filter bezeichnet. Neben den Prozess- und Messgleichungen benötigt das Verfahren nur eine A-priori-PDF für den Objektzustand $p_0(x_0)$ zum Zeitpunkt $k = 0$.

25.2.3.2 Multi-Instanzen-Kalman-Filter

Unter der Annahme von normalverteilten Signalen sowie linearen Prozess- und Messmodellen ermöglicht das Kalman-Filter [4] eine analytische Implementation des Bayes'schen Filters. Da eine Gauß-Verteilung durch ihre ersten beiden statistischen Momente, d. h. den Mittelwert $\hat{x}$ sowie die zugehörige Kovarianzmatrix P, vollständig beschrieben ist, stellt die zeitliche Filterung der Momente eine mathematisch exakte Lösung dar. Folglich ist das Kalman-Filter unter diesen Annahmen ein Bayes-optimaler Zustandsschätzer. Abbildung 25.4 veranschaulicht den Ablauf des Kalman-Filters, der im Folgenden ausführlich beschrieben wird.

Der initiale Zustand eines Objekts im Kalman-Filter ist durch eine mehrdimensionale Gauß-Verteilung

$$N(x, \hat{x}_k, P_k) = \frac{1}{\sqrt{\det(2\pi P_k)}}$$
$$\cdot \exp\left(-\frac{1}{2}(x - \hat{x}_k)^T P_k^{-1}(x - \hat{x}_k)\right) \quad (25.7)$$

mit Mittelwert $\hat{x}_k$ und Kovarianz P_k beschrieben. Im Fall von linearen Prozess- und Messmodellen lassen sich die Gl. 25.2 und 25.5 wie folgt darstellen:

$$x_{k+1|k} = F_k x_k + v_k, \quad (25.8)$$

$$z_{k+1|k} = H_{k+1} x_{k+1|k} + w_{k+1}, \quad (25.9)$$

wobei F_k und H_{k+1} die Systemmatrix und die Messmatrix für den aktuellen Messzeitpunkt darstellen. Für das Prozessrauschen v_k sowie das Messrauschen

w_{k+1} wird angenommen, dass es sich hierbei um ein mittelwertfreies, gaußsches weißes Rauschen handelt und die beiden Rauschprozesse unkorreliert sind.

Der Prädiktionsschritt des Kalman-Filters ist gegeben durch die unabhängige Prädiktion des Erwartungswerts und der Kovarianz:

$$\hat{x}_{k+1|k} = F_k \hat{x}_k, \quad (25.10)$$

$$P_{k+1|k} = F_k P_k F_k^T + Q_k. \quad (25.11)$$

Die Kovarianzmatrix $Q_k = E\{v_k v_k^T\}$ des Prozessrauschens stellt hierbei die Unsicherheit des Prozessmodells dar, beispielsweise die maximal möglichen Beschleunigungen eines Objekts bei Nutzung eines Prozessmodells für konstante Geschwindigkeit.

Unter Nutzung der Messmatrix H_{k+1} kann nun aus dem prädizierten Zustand $\hat{x}_{k+1|k}$ die prädizierte Messung

$$z_{k+1|k} = H_{k+1} \hat{x}_{k+1|k} \quad (25.12)$$

sowie die zugehörige Kovarianzmatrix

$$R_{k+1|k} = H_{k+1} P_{k+1|k} H_{k+1}^T \quad (25.13)$$

berechnet werden. Im Innovationsschritt wird anschließend eine Messung z_{k+1} mit zugehöriger Kovarianz $R_{k+1} = E\{w_{k+1} w_{k+1}^T\}$ eingebracht. Unter Nutzung des Erwartungswerts der prädizierten Messung $z_{k+1|k}$ sowie des tatsächlichen Messwerts z_{k+1} ergeben sich das Messresiduum γ_{k+1} und die zugehörige Innovationskovarianzmatrix S_{k+1} zu

$$\gamma_{k+1} = z_{k+1} - z_{k+1|k}, \quad (25.14)$$

$$\begin{aligned} S_{k+1} &= R_{k+1|k} + R_{k+1} \\ &= H_{k+1} P_{k+1|k} H_{k+1}^T + R_{k+1}. \end{aligned} \quad (25.15)$$

Die Filterverstärkung K_{k+1} berechnet sich unter Nutzung der Innovationskovarianzmatrix S_{k+1}, der prädizierten Zustandskovarianz $P_{k+1|k}$ sowie der Messmatrix H_{k+1} zu

$$K_{k+1} = P_{k+1|k} H_{k+1}^T S_{k+1}^{-1}. \quad (25.16)$$

Die aufgrund der aktuellen Messung verbesserte Schätzung des Objektzustands und die zugehörige Kovarianz werden anhand folgender Gleichungen berechnet:

$$\hat{x}_{k+1} = \hat{x}_{k+1|k} + K_{k+1}(z_{k+1} - z_{k+1|k}), \quad (25.17)$$

$$P_{k+1} = P_{k+1|k} - K_{k+1} S_{k+1} K_{k+1}^T. \quad (25.18)$$

Eine Anwendung des Kalman-Filters auf Systeme mit nichtlinearen Prozess- oder Messgleichungen lässt sich anhand des Extended-Kalman-Filters (EKF) [1] sowie des Unscented-Kalman-Filters (UKF) [5] realisieren. Während der EKF die Prozessmatrix F_k beziehungsweise die Messmatrix H_{k+1} unter Nutzung einer Taylorreihen-Approximation linearisiert, ist das Ziel des UKF eine stochastische Approximation anhand sogenannter Sigma-Punkte [5].

Das Kalman-Filter stellt einen optimalen Zustandsschätzer für ein Objekt und eine Messung dar. Im Kontext der Fahrzeugumfelderfassung ist jedoch die gleichzeitige Verfolgung mehrerer Objekte, das sogenannte Multi-Objekt-Tracking, erforderlich. In der Literatur wird das Multi-Objekt-Tracking häufig durch die Nutzung des in ◘ Abb. 25.5 dargestellten Multi-Instanzen-Kalman-Filters realisiert, bei dem jedes Objekt mit einem objektspezifischen Kalman-Filter verfolgt wird. Da nicht jedes Kalman-Filter ein relevantes, beziehungsweise ein tatsächlich existierendes Objekt repräsentiert, ist außerdem eine nachgelagerte Klassifikation und Validierung der geschätzten Tracks notwendig. Um die Menge der zu verarbeitenden Daten zu reduzieren, werden im Detektions- bzw. Segmentierungsschritt Objekthypothesen erzeugt. Ein Beispiel für einen Detektionsalgorithmus ist die in ▶ Kap. 23 vorgestellte Fußgängerdetektion in Videobildern, während die Objektbildung in ▶ Kap. 19 ein Beispiel für einen Segmentierungsschritt darstellt. Im Datenassoziationsschritt werden die erhaltenen Messungen den vorhandenen Kalman-Filtern zugeordnet und der Zustand der Objekte mit den Messungen aktualisiert, wobei aufgrund von Fehldetektionen und

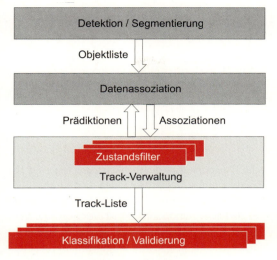

Abb. 25.5 Multi-Instanzen-Kalman-Filter

Falschalarmen die Datenassoziation in vielen Fällen mehrdeutig ist.

Das mit dem geringsten Rechenaufwand verbundene Assoziationsverfahren ist das Nächste-Nachbar-(NN)-Verfahren, das jedes Objekt mit der hinsichtlich des Zustands am nächsten gelegenen Messung aktualisiert. Ein hierfür übliches Abstandsmaß ist die Mahalanobis-Distanz [1]. In Szenarien mit nahe beieinanderliegenden Objekten führt das NN-Verfahren oftmals dazu, dass eine Messung zum Update mehrerer Objekte verwendet wird. Dies widerspricht jedoch der in vielen Anwendungen zutreffenden Annahme, dass eine Messung von höchstens einem Objekt erzeugt wird. Das Globale-Nächste-Nachbar-(GNN)-Verfahren gewährleistet die Einhaltung dieser Annahme durch die Berechnung einer optimalen Zuordnung aller Tracks und Messungen. Beide Verfahren treffen zum Zeitpunkt $k+1$ eine harte und möglicherweise falsche Assoziationsentscheidung, die im weiteren Verlauf nicht mehr rückgängig gemacht werden kann und im Fall einer falschen Entscheidung oftmals zum Verlust eines aktuell verfolgten Objektes führt.

Die Grundidee der probabilistischen Datenassoziation (PDA) [6] ist es daher, ein gewichtetes Update des Objektzustands unter Nutzung aller Assoziationshypothesen durchzuführen und somit harte, möglicherweise fehlerhafte Entscheidungen bei der Assoziation zu vermeiden. Die Assoziationsmatrix $A = \beta_{ij}$ des PDA-Verfahrens repräsentiert sämtliche Assoziationswahrscheinlichkeiten

$$\beta_{ij} = p\left(x_i \leftrightarrow z_j\right) \qquad (25.19)$$

für die Objekthypothesen $x_1, \ldots, x_n$ und die Messungen $z_1, \ldots, z_m$. Neben der Assoziationsunsicherheit ist es ebenfalls möglich, dass ein Objekt x_i zum Zeitpunkt $k+1$ keine Messung generiert. Im Fall dieser sogenannten Fehldetektion mit Gewicht β_{i0} entspricht der verbesserte Zustand dem prädizierten Zustand.

Aufgrund des gewichteten Updates eines Objekts mit den zum Zeitpunkt $k+1$ erhaltenen m Messungen, ist die A-posteriori-Wahrscheinlichkeitsdichte des Objektzustands durch die gewichtete Überlagerung der einzelnen Assoziationshypothesen gegeben:

$$p(x_{i,k+1}|z_1, \ldots, z_m) = \sum_{j=0}^{m} \beta_{ij}\, p\left(x_{i,k+1}|z_j\right). \qquad (25.20)$$

Die PDF $p(x_{i,k+1}|z_j)$ stellt hierbei die Zustandsinnovation des Objekts x_i mit der Messung z_j dar. Für den Fehldetektionsfall $j=0$ repräsentiert $p(x_{i,k+1}|z_0)$ die prädizierte Zustandsschätzung.

Durch die probabilistische Datenassoziation folgt die in Gl. 25.20 erhaltene A-posteriori-PDF nicht mehr einer Gaußverteilung, da die Überlagerung mehrerer Gaußverteilungen im Allgemeinen multimodal ist. Folglich ist eine Approximation von Gl. 25.20 durch eine einzige Gaußverteilung notwendig, um auch im nächsten Innovationsschritt die Kalman-Filter-Gleichungen wieder anwenden zu können. Für jede Innovationshypothese wird daher unter Verwendung von Gl. 25.17 zunächst der aktualisierte Zustand

$$x_{ij} = \hat{x}_{i,k+1|k} + K_{ij}(z_j - z_{i,k+1|k}) \qquad (25.21)$$

berechnet. Für den Fall der Fehldetektion gilt hier

$$x_{i0} = \hat{x}_{i,k+1|k}. \qquad (25.22)$$

Der aktualisierte Erwartungswert für den Zustand des Objekts x_i ergibt sich nun aus dem gewichteten

Mittelwert der verbesserten Zustände aller Assoziationshypothesen:

$$\hat{x}_{i,k+1} = \sum_{j=0}^{m} \beta_{ij} x_{ij}. \tag{25.23}$$

Die Innovation der Zustandskovarianz ist gegeben durch die gewichtete Akkumulation der Zustandsunsicherheiten der einzelnen Assoziationshypothesen:

$$P_{i,k+1} = \sum_{j=0}^{m} \beta_{ij} \left[P_{i,k+1|k} - K_{ij} S_{ij} K_{ij}^T \right. \\ \left. + (x_{ij} - \hat{x}_{i,k+1})(x_{ij} - \hat{x}_{i,k+1})^T \right]. \tag{25.24}$$

Der dritte Summand in Gl. 25.24 repräsentiert anschaulich die zusätzliche Unsicherheit, die sich durch die Approximation durch eine einzige Gauß-Verteilung ergibt.

Aufgrund des gewichteten Updates ist das PDA-Verfahren sehr gut dafür geeignet, ein einzelnes Objekt in Szenarien mit Fehldetektionen und einer hohen Anzahl an falsch positiven Detektionen (Falschalarmen) zu verfolgen. Ein Nachteil des PDA-Verfahrens ist jedoch die Tatsache, dass eine Messung eine hohe Assoziationswahrscheinlichkeit für mehr als ein Objekt besitzen kann. Dies widerspricht jedoch der Annahme des Standard-Messmodells, dass eine Messung von maximal einem Objekt stammt. Eine Erweiterung zum PDA-Verfahren ist das Joint-Probabilistic-Data-Association- (JPDA-) Verfahren, bei dem die Assoziationsgewichte anhand globaler Assoziationshypothesen berechnet werden [1]. Die Berechnung der benötigten Assoziationsgewichte β_{ij} wird im folgenden Abschnitt am Beispiel des Joint-Integrated-Probabilistic-Data-Association- (JIPDA-) Filters dargelegt, das mit dem PDA und JPDA-Filter eng verwandt ist.

25.2.3.3 Joint-Integrated-Probabilistic-Data-Association- (JIPDA-) Filter

Das Joint-Integrated-Probabilistic-Data-Association- (JIPDA-) Verfahren [7] stellt einen Multi-Objekt-Trackingalgorithmus dar, der neben der Berechnung von probabilistischen Datenassoziationsgewichten einen Schätzwert für die objektspezifi-

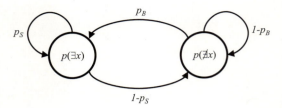

Abb. 25.6 Markov-Kette für die Prädiktion der Existenzwahrscheinlichkeit

sche Existenzwahrscheinlichkeit berechnet. Da die Existenz eines Objekts von den Detektions- und Falschalarmwahrscheinlichkeiten des Sensors sowie der Datenassoziation abhängt, ist die integrierte Existenzschätzung eine sinnvolle Erweiterung zu den im vorhergehenden Abschnitt vorgestellten probabilistischen Assoziationsverfahren.

Die Innovation der Objektexistenz erfolgt analog zur Aktualisierung des Zustands in einem Prädiktions- und einem Innovationsschritt. Die Existenzprädiktion erfolgt anhand eines Markov-Modells erster Ordnung (siehe ◻ Abb. 25.6). Die prädizierte Existenz eines Objekts ist durch die Markov-Kette

$$p_{k+1|k}(\exists x) = p_S p_k(\exists x) + p_B p_k(\nexists x) \tag{25.25}$$

gegeben, wobei die Wahrscheinlichkeit p_S die Persistenzwahrscheinlichkeit des Objekts darstellt und p_B die Wahrscheinlichkeit für das Erscheinen eines Objekts repräsentiert. Folglich ist die Wahrscheinlichkeit für das Verschwinden eines Objekts gegeben durch $1 - p_S$. Im Innovationsschritt wird neben den Datenassoziationsgewichten die A-posteriori-Existenzwahrscheinlichkeit $p_{k+1}(\exists x)$ berechnet. Sie hängt davon ab, wie viele Assoziationshypothesen die Existenz des Objekts bestätigen.

Da die Persistenzwahrscheinlichkeit eines Objekts vom aktuellen Objektzustand abhängt und die A-posteriori-Existenzwahrscheinlichkeit wiederum von den Datenassoziationen, kann das JIPDA-Filter als die in ◻ Abb. 25.7 dargestellte Verkopplung zweier Markov-Ketten interpretiert werden. Die obere Markov-Kette stellt die aus dem Kalman-Filter bekannte Zustandsprädiktion und Innovation dar, während die untere Markov-Kette die Prädiktion und Innovation der Existenzwahrscheinlichkeit repräsentiert.

25.2 • Objektbasierte Darstellungen

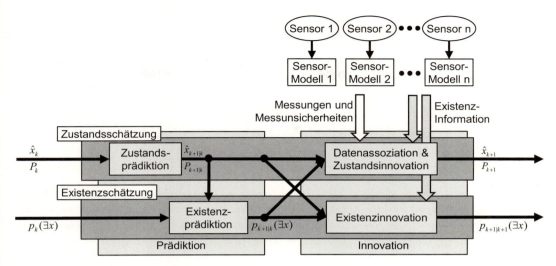

◻ **Abb. 25.7** Verkoppelte Markov-Ketten für die Zustands- und Existenzschätzung

Im Prädiktionsschritt des JIPDA-Filters werden folglich zuerst die Zustände sämtlicher Objekte anhand der Kalman-Filter-Gleichungen 25.10 und 25.11 aus dem vorhergehenden Abschnitt prädiziert. Anschließend wird die prädizierte Existenzwahrscheinlichkeit des Objekts x_i anhand der zustandsabhängigen Persistenzwahrscheinlichkeit $0 < p_S(x_i) < 1$ berechnet:

$$p_{k+1|k}(\exists x_i) = p_S(x_i) p_k(\exists x_i). \quad (25.26)$$

Die explizite Abhängigkeit der prädizierten Existenzwahrscheinlichkeit vom Objektzustand stellt die erste Verkopplung der beiden Markov-Ketten dar. Nachdem sowohl der Zustand als auch die Existenz zum Zeitpunkt der nächsten Messung prädiziert wurden, wird als Nächstes die Datenassoziation anhand des in [8] vorgestellten Verfahrens durchgeführt. Hierzu ist es zunächst notwendig, die Menge aller Messungen

$$Z = \{z_1, \ldots, z_m, \emptyset, \nexists\} \quad (25.27)$$

zu definieren, wobei die beiden Pseudomessungen $\emptyset$ und $\nexists$ die Fehldetektion und die Nicht-Existenz eines Objekts darstellen. Des Weiteren besteht die Menge X aus den n aktuell verfolgten Objekten sowie den beiden Sonderelementen $©$ und Γ für die Falschalarmquelle und neu hinzukommende Objekte:

$$X = \{x_1, \ldots, x_n, ©, \Gamma\}. \quad (25.28)$$

Die Zuordnung eines Objekts zu einer Messung ist folglich durch ein Paar $e = (x \in X, z \in Z)$ gegeben. In einer vollständigen Zuordnungshypothese, die durch die Menge $E = \{e_i\}$ gegeben ist, müssen sowohl die Objekte $x_1, \ldots, x_n$ wie auch die Messungen $z_1, \ldots, z_m$ genau einmal zugeordnet werden. Die Sonderelemente $\emptyset$, $\nexists$, $©$ und Γ dürfen in einer Zuordnungshypothese auch mehrfach verwendet werden.

Eine intuitive Repräsentation aller möglichen Zuordnungshypothesen ist mit einem Hypothesenbaum möglich. ◻ Abbildung 25.8 zeigt exemplarisch den Hypothesenbaum für eine Situation mit zwei Objekten und einer Messung, wobei jeder Knoten des Baumes eine elementare Zuordnung e repräsentiert. Jeder Pfad vom Wurzelknoten zu einem Blattknoten stellt hier eine vollständige Zuordnungshypothese $E_l = \{e_0, \ldots, e_{L(l)}\}$ dar. Die Wahrscheinlichkeit einer Zuordnungshypothese E_l berechnet sich somit aus dem Produkt der elementaren Zuordnungswahrscheinlichkeiten:

$$p(E_l) = \prod_{e \in E_l} p(e). \quad (25.29)$$

Aufgrund der kombinatorischen Komplexität wächst die Anzahl der Zuordnungshypothesen exponentiell an, wodurch die Berechnung aller Hypo-

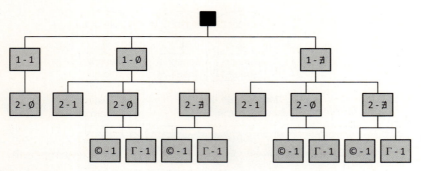

Abb. 25.8 Assoziationsbaum für zwei Objekte und eine Messung. Das erste Symbol jedes Knotens repräsentiert ein Element aus der Menge der Objekte, das zweite Symbol ein Element aus der Menge der Messungen.

thesen nur für eine geringe Anzahl an Messungen und Objekten praktikabel ist. Eine Reduktion der möglichen Zuordnungshypothesen kann beispielsweise durch Gatingverfahren erreicht werden, die unter Nutzung der Innovationskovarianz S sehr unwahrscheinliche elementare Zuordnungshypothesen ausschließen. Des Weiteren können zur effizienten Berechnung des Hypothesenbaumes die Wahrscheinlichkeiten der elementaren Zuordnungen e im Voraus berechnet und in einer Nachschlagetabelle abgelegt werden.

Im Folgenden werden die Berechnungsvorschriften für die fünf Kategorien von elementaren Zuordnungshypothesen beschrieben, welche messwertspezifische Rückschlusswahrscheinlichkeiten verwenden, um eine Berücksichtigung von sensorspezifischen Evidenzen für die Existenz eines Objekts im JIPDA-Filter zu ermöglichen. Ein richtig positiver Zuordnungsknoten entspricht der Zuordnung eines Tracks x_i zu einer Messung z_j. Die Wahrscheinlichkeit für einen richtig positiven Zuordnungsknoten ist gegeben durch

$$p(e = \{x_i, z_j\}) = p_{k+1|k}(\exists x_i)\, p_{TP}(z_j)\, p_D(x_i)\, g(z_j|x_i)\,. \quad (25.30)$$

wobei $p_{TP}(z_j)$ die messwertspezifische Rückschlusswahrscheinlichkeit repräsentiert und $p_D(x_i)$ der sensorspezifischen Detektionswahrscheinlichkeit für ein Objekt mit Zustand x_i entspricht. Die Likelihood für eine Messung z_j für das Objekt x_i entspricht

$$g(z_j|x_i) = \frac{1}{p_G} N(z, z_j - z_{i,k+1|k}, S_{ij})\,, \quad (25.31)$$

wobei p_G die Gatingwahrscheinlichkeit darstellt, d. h. die Wahrscheinlichkeit, dass die wahre Messung eines Objekts innerhalb des Gatingbereichs liegt. Offensichtlich setzt eine hohe Wahrscheinlichkeit für einen richtig positiven Zuordnungsknoten sowohl eine hohe prädizierte Existenzwahrscheinlichkeit, eine hohe Rückschlusswahrscheinlichkeit als auch eine hohe Likelihood voraus.

Ein falsch positiver Zuordnungsknoten entspricht der Zuordnung einer Messung zur Falschalarmquelle. Die zugehörige Wahrscheinlichkeit hängt sowohl von der Rückschlusswahrscheinlichkeit $p_{TP}(z_j)$ als auch von der räumlichen Falschalarmwahrscheinlichkeit $p_c(z_j)$ ab:

$$p(e = \{\copyright, z_j\}) = (1 - p_{TP}(z_j))\, p_c(z_j)\,. \quad (25.32)$$

Die dritte Zuordnungskategorie repräsentiert die Fehldetektionen, also die falsch negativen Zuordnungsknoten, deren Wahrscheinlichkeit wie folgt definiert ist:

$$p(e = \{x_i, \emptyset\}) = (1 - p_D(x_i))\, p_{k+1|k}(\exists x_i)\,. \quad (25.33)$$

Die Nicht-Existenz eines Objekts wird durch die richtig negative Zuordnung mit Wahrscheinlichkeit

$$p(e = \{x_i, \nexists\}) = 1 - p_{k+1|k}(\exists x_i) \quad (25.34)$$

repräsentiert, die ausschließlich von der prädizierten Existenzwahrscheinlichkeit des Objekts abhängt. Die fünfte Zuordnungskategorie weist eine Messung z_j zum Zeitpunkt $k+1$ einem neu erscheinenden Objekt zu:

$$p(e = \{\Gamma, z_j\}) = p_{TP}(z_j)\, p_\Gamma(z_j)\,. \quad (25.35)$$

Die Zuordnung zu einem erscheinenden Objekt wurde erstmals in [8] eingeführt und ermöglicht die explizite Modellierung der Objektinitialisierung anhand des Hypothesenbaumes. Neben der sensorischen Rückschlusswahrscheinlichkeit wird eine räumliche Geburtenwahrscheinlichkeit $p_\Gamma(z_j)$ benötigt. Die Geburtenwahrscheinlichkeit wird so modelliert, dass sie in der Nähe von bereits existierenden Objekten verhältnismäßig gering und in den Randbereichen des Erfassungsbereichs der Sensoren deutlich höher ist.

Die vorgestellten Berechnungsvorschriften für die elementaren Zuordnungswahrscheinlichkeiten ermöglichen nun die Bestimmung der Wahrscheinlichkeiten aller Zuordnungshypothesen. Basierend auf der Menge aller Zuordnungshypothesen können nun die Existenzwahrscheinlichkeit und die Zuordnungsgewichte β_{ij} berechnet werden. Die A-posteriori-Existenzwahrscheinlichkeit eines Objekts x_i berechnet sich durch die Marginalisierung gemäß

$$p_{k+1}(\exists x_i) = \frac{\sum_{E \in E_i^{\exists}} p(E)}{\sum_E p(E)}, \qquad (25.36)$$

wobei die Menge $E_i^{\exists}$ sämtliche Hypothesen repräsentiert, in denen der Track x_i existiert:

$$E \in E_i^{\exists} \Leftrightarrow (x_i, \nexists) \cap E = \emptyset. \qquad (25.37)$$

Die Berechnung der Zuordnungsgewichte

$$\beta_{ij} = \frac{\sum_{E \in E_{ij}^{TP}} p(E)}{\sum_{E \in E_i^{\exists}} p(E)} \qquad (25.38)$$

erfolgt ebenfalls per Marginalisierung. Hierbei stellt die Menge E_{ij}^{TP} alle Hypothesen dar, die die Zuordnung der Messung z_j zu Objekt x_i enthalten:

$$E \in E_{ij}^{TP} \Leftrightarrow (x_i, z_j) \in E. \qquad (25.39)$$

Anschließend werden die Zustände aller Objekte anhand der Gl. 25.23 und 25.24 sowie der in 25.38 gegebenen Zuordnungsgewichte aktualisiert.

25.2.3.4 Random-Finite-Set-(RFS-) Ansätze, PHD- und CPHD-Filter

Eine Alternative zum Multi-Objekt-Tracking mit Multi-Instanzen-Kalman-Filtern stellt das in [9] vorgestellte Multi-Objekt Bayes-Filter dar, welches die Multi-Objekt-Zustände X sowie die zu einem Messzeitpunkt erhaltenen Messungen Z als Random Finite Sets modelliert. Ein Random Finite Set $X = \{x_1, \ldots, x_n\}$ ist hierbei eine Zufallsvariable, bei der sowohl die Objektanzahl n (inklusive $n=0$) als auch die einzelnen Zustände x_i stochastische Größen sind. Des Weiteren sind die Zustände eines Random-Finite-Sets unsortiert und folglich permutationsinvariant. Die Prädiktions- und Updategleichung des Multi-Objekt-Bayes-Filters entsprechen den Gl. 25.4 und 25.6, jedoch werden die Zustandsvektoren x und die Messung z durch die Random-Finite-Sets X und Z ersetzt.

Das Multi-Objekt-Bayes-Filter verwendet eine Multi-Objekt-Markov-Dichte im Prädiktionsschritt, die neben der Bewegung der Objekte auch das Erscheinen und Verschwinden von Objekten repräsentiert. Die Repräsentation der Objekte durch ein Random-Finite-Set ermöglicht außerdem die Modellierung von Abhängigkeiten zwischen den Objekten im Prädiktionsschritt, während die Verwendung eines Multi-Instanzen-Kalman-Filters die statistische Unabhängigkeit der Objekte voraussetzt. Im Kontext der Fahrzeugumfelderfassung sind die Abhängigkeiten zwischen Objekten nicht auf die unmittelbare räumliche Nähe begrenzt, da das Betätigen der Bremse bei einem vorausfahrenden Fahrzeug dazu führt, dass auch das nachfolgende Fahrzeug bremst.

Der Update-Schritt des Multi-Objekt-Bayes-Filters basiert auf der Multi-Objekt-Likelihood-Funktion, die eine explizite Datenassoziation durch die Mittelung über alle möglichen Assoziationshypothesen vermeidet. Die Multi-Objekt-Likelihood-Funktion kann ebenfalls durch einen Hypothesenbaum berechnet werden [10]. Im Unterschied zu dem in ◘ Abb. 25.8 dargestellten Hypothesenbaum des JIPDA-Algorithmus ist die Modellierung der Nicht-Existenz eines Objekts jedoch nicht notwendig, da diese durch eine weitere Realisierung der Zufallsvariable X repräsentiert wird. Des Weiteren werden die Knoten für erscheinende Objekte nicht benötigt, da das Erscheinen von Objekten explizit durch die Multi-Objekt-Markov-Dichte realisiert wird.

Das Multi-Objekt-Bayes-Filter kann mittels sequenziellen Monte-Carlo-(SMC-)Methoden implementiert werden. Aufgrund des hochdimensionalen Zustandsraumes ist die Anwendbarkeit jedoch nur für eine geringe Objektanzahl gegeben. In Anlehnung an die Constant-Gain-Approximation des Bayes-Filters wird in [3] zur Verringerung des Rechenaufwands eine Approximation der A-posteriori-Multiobjekt-Verteilung durch das erste Moment vorgeschlagen (PHD-Filter). Während das erste Moment einer Wahrscheinlichkeitsverteilung durch den Mittelwert gegeben ist, ist das erste Moment der Multiobjekt-Verteilung durch eine Intensitätsfunktion gegeben, wobei das Integral über die Intensitätsfunktion die geschätzte Objektanzahl im entsprechenden Bereich repräsentiert. Ein Nachteil des PHD-Filters sind die starken Schwankungen der geschätzten Objektanzahl aufgrund des geringen Gedächtnisses des Filters und der Approximation der Kardinalitätsverteilung durch eine Poisson-Verteilung. Im Fall des Kalman-Filters wird eine höhere Schätzgüte durch die Repräsentation der Wahrscheinlichkeitsverteilung durch das erste und zweite statistische Moment erreicht. Da eine Approximation der Multi-Objekt-Verteilung durch das erste und zweite Moment sehr rechenintensiv wäre, wird in [9] das Cardinalized-Probability-Hypothesis-Density-(CPHD-)Filter vorgestellt, das anstatt der Multi-Objekt-Verteilung die Intensitätsfunktion sowie die Kardinalitätsverteilung über die Zeit propagiert. Das CPHD-Filter stellt folglich eine teilweise Approximation der Multi-Objekt-Verteilung durch das zweite statistische Moment dar. Im Vergleich zum PHD-Filter zeichnet sich das CPHD-Filter durch eine stabile Schätzung der Objektanzahl aus, setzt jedoch ein genaues Wissen über den Falschalarmprozess voraus, welches im Kontext der Fahrzeugumfelderfassung aufgrund der unterschiedlichen Umgebungssituationen nicht vorhanden ist.

Ein Nachteil des PHD- sowie des CPHD-Filters im Vergleich zu dem in ▶ Abschn. 25.2.3.3 eingeführten JIPDA-Filter ist die nicht vorhandene Schätzung der Existenzwahrscheinlichkeit für die beobachteten Objekte. Das Cardinality-Balanced-Multi-Object-Multi-Bernoulli-(CB-MeMBer-)Filter [11] ist ein weiterer Ansatz zur Approximation des Multi-Objekt-Bayes-Filters, welches die Multi-Objekt-Wahrscheinlichkeitsdichtefunktion durch eine Multi-Bernoulli-Verteilung approximiert und deren Parameter über die Zeit propagiert. Eine Multi-Bernoulli-Verteilung repräsentiert M Objekte durch M statistisch unabhängige Bernoulli-Verteilungen, wobei die Bernoulli-Verteilung jedes Objekts mit der Existenzwahrscheinlichkeit r durch eine einelementige Menge mit räumlicher Verteilung $p(x)$ gegeben ist und das Objekt mit Wahrscheinlichkeit $1 - r$ nicht existiert. Eine Anwendung des CB-MeMBer-Filters in der Fahrzeugumfelderfassung wird beispielsweise in [12] und [13] untersucht.

Das in [14] vorgestellte Delta-Generalized-Labeled-Multi-Bernoulli-(δ-GLMB-)Filter ermöglicht eine analytische Implementation des Multi-Objekt-Bayes-Filters, ist jedoch aufgrund seiner Komplexität nur als Referenzimplementation sowie als Ausgangspunkt für weitere Approximation geeignet. Basierend auf dem δ-GLMB-Filters wurde in [15] das Labeled-Multi-Bernoulli-(LMB-)Filter hergeleitet, welches signifikant bessere Tracking-Ergebnisse erzielt als die bislang genutzten Approximationen des Multi-Objekt-Bayes-Filters und gleichzeitig eine echtzeitfähige Implementation ermöglicht. Die Anwendung des LMB-Filters im Bereich der Fahrumgebungsrepräsentation ist Gegenstand aktueller Forschungsarbeiten.

25.2.4 Eigenlokalisierung und Einbeziehung von digitalen Karten

Die maschinelle Wahrnehmung zur Objekterkennung und Objektverfolgung, wie im vorherigen Abschnitt beschrieben, kann durch A-priori-Informationen – beispielsweise über die Anzahl und Breite von Fahrstreifen, Fahrstreifenverzweigungen, Abbiegungen und Kreuzungstopologien oder aber auch die Position von Verkehrszeichen sowie Signalanlagen – maßgeblich verbessert werden. Auch wenn zurzeit verfügbare kommerzielle Karten nur sehr wenige derartige Attribute enthalten, ist es wahrscheinlich, dass automatisiertes Fahren in komplexeren Umgebungen ohne eine derartige Stützung der maschinellen Wahrnehmung nicht möglich sein wird. Zudem profitiert eine Situationsbewertung durch Kartenwissen, da erkannte Objekte im Kontext des Verkehrsraumes bewertet werden können.

Da digitale Karten absolut referenziert sind, vornehmlich in UTM- oder WGS84-Koordinaten (siehe ▶ Kap. 27), erfordert die Nutzung der dort eingetragenen Attribute allerdings eine hochgenaue Eigenlokalisierung des Ego-Fahrzeugs in der Karte. Die Genauigkeit von Standard-GNSS-Systemen ist hierfür nicht immer ausreichend. Zudem ist der Empfang in bewohnten oder bewaldeten Gebieten durch Mehrwegeeffekte und Abschattung der Satelliten häufig stark beeinträchtigt. Da allerdings auch nur die Position in der Karte entscheidend ist, lässt sich eine Eigenlokalisation anhand von mit maschineller Wahrnehmung wiedererkennbarer und in der Karte verzeichneter Landmarken in der erforderlichen Genauigkeit erreichen. Ein einfach zu realisierendes Beispiel ist die Bestimmung der genauen lateralen Position in einem auch in der Karte verzeichneten Fahrstreifen.

Gelingt dieser Abgleich, können alle erkannten dynamischen Objekte aus der objektbasierten Darstellung dem Kontext der Karte zugeordnet werden. Üblich ist hier eine Strukturierung in Schichten (Layern), in der beispielsweise die untere Schicht die Straßentopologie, höhere Schichten dann Fahrstreifen und weitere statische Attribute sowie eine übergeordnete Schicht die erfassten dynamischen Objekte enthält. Eine Übersicht mit Schwerpunkt GNSS gibt [16]. Spezielle Aspekte, insbesondere unter Nutzung verschiedener Ausprägungen digitaler Karten geben [17, 18, 19] und [20].

25.2.5 Zeitliche Aspekte

Neben der korrekten räumlichen Zuordnung besteht eine nicht minder große Herausforderung in der Sicherstellung des korrekten zeitlichen Bezugs aller Elemente, die in die Fahrumgebungsrepräsentation einfließen. Letztere soll ja auch ein zeitlich konsistentes Abbild der Realität beinhalten.

Da die Sensoren zur maschinellen Wahrnehmung in der Regel nicht synchronisiert beziehungsweise synchronisierbar sind und zudem aufgrund der unterschiedlich komplexen Vorverarbeitungsstufen unterschiedliche Latenzen aufweisen, ist minimal eine gemeinsame globale Systemzeit notwendig, auf die sich alle Messungen und weitere einfließende Informationen beziehen. Hierdurch wird sichergestellt, dass der Messzeitpunkt des jeweiligen Sensors oder die einfließende externe Information anderen Messungen zeitlich zuordenbar ist. Für die in ▶ Abschn. 25.2.3 beschriebenen, auf der rekursiven Bayes-Filterung basierenden Filterverfahren ist beispielsweise eine Grundvoraussetzung, dass Messungen chronologisch korrekt eingebracht werden. Um dies sicherzustellen, muss gegebenenfalls auf einen langsameren Sensor, d. h. ein Sensor mit höherer Latenz, gewartet werden, bevor die Messungen in das Filter eingebracht werden können. Dieses als Buffering bezeichnete Verfahren hat allerdings den Nachteil, dass der „langsamste" Sensor die Latenz der Fahrumgebungsrepräsentation bestimmt. Aus den Ausführungen wird allerdings auch deutlich, dass eine derartige Latenz prinzipbedingt nicht vermeidbar ist, die Fahrumgebungsrepräsentation also der realen Situation immer zeitlich hinterher sein wird, was je nach Konfiguration im Bereich mehrerer 100 ms liegen kann. Diese Latenz ist bei der darauf aufbauenden Situationsprädiktion und Handlungsplanung einer Assistenzfunktion zu berücksichtigen. Weitere Informationen über die Ursachen der auftretenden Latenzen sind beispielsweise in ▶ Kap. 24 enthalten.

25.3 Rasterbasierte Verfahren

25.3.1 Konzept der Rasterkarten

Rasterkarten (engl. grid maps) unterteilen die Fahrzeugumgebung in Zellen. Jede dieser Zellen repräsentiert einen Ort, über den diese Zelle Informationen enthält. Die Unterteilung in Zellen ist eine räumliche Diskretisierung der Fahrzeugumgebung. Wenn Sensordaten unterschiedlicher Sensoren Rückschlüsse auf den Zustand von Zellen zulassen, entspricht die Kartierung in Rasterkarten außerdem einer indirekten Form der Sensordatenfusion.

Rasterkarten können in ihrer Ausprägung grundsätzlich dahingehend unterschieden werden, ob sie den Raum zweidimensional oder dreidimensional abbilden. Auch die Art der Information, die in den einzelnen Zellen gespeichert wird, und die

Größe und Form der Zellen variiert. Rasterkarten können auf ein stationäres, globales Koordinatensystem bezogen sein oder auf ein fahrzeuglokales Koordinatensystem und während des Betriebs (online) oder in einem Nachbearbeitungsschritt (offline) erstellt werden.

Frühe Veröffentlichungen über Rasterkarten zum Zwecke der Umgebungsmodellierung stammen aus dem Bereich der Robotik und beschreiben zweidimensionale, zur Laufzeit erstellte Karten, deren Zellen angeben, ob der Raum, den sie repräsentieren, belegt oder frei ist [21, 2]. Diese Karten werden als Belegungskarten (engl. occupancy grid maps) bezeichnet. Auch wenn inzwischen eine Vielzahl unterschiedlicher Ausprägungen von Rasterkarten vorgestellt wurde, bilden Belegungskarten nach wie vor eine wichtige Basis für viele Anwendungen [22, 23].

In den folgenden Abschnitten wird beschrieben, wie eine Rasterkarte erstellt werden kann: Dazu muss bekannt sein, wo sich das Fahrzeug und dessen Sensoren im Bezug zur Rasterkarte befinden. Dies kann durch eine Eigenbewegungsschätzung erfolgen. Die Erstellung von Belegungskarten erfolgt vorrangig durch entfernungsmessende Sensoren wie Laser- oder Radarsensoren. Darüber hinaus wird auch auf die Erstellung von Rasterkarten auf Basis von Kameradaten eingegangen. Bewegte Objekte spielen eine besondere Rolle beim Aufbau von Rasterkarten, insbesondere wenn Messungen über die Zeit gefiltert werden. Für die praktische Anwendung ist außerdem eine effiziente Speicherverwaltung von Bedeutung.

25.3.2 Eigenbewegungsschätzung

25.3.2.1 Berechnung der Fahrzeugeigenbewegung durch Koppelnavigation

Um eine konsistente Rasterkarte zu erstellen ist es notwendig, die Eigenbewegung des Fahrzeugs zu berücksichtigen. Für die Erstellung einer zweidimensionalen Rasterkarte ist dazu die Schätzung der Pose (Position und Orientierung) notwendig.

Eine einfache Möglichkeit, die absolute Fahrzeugposition zu schätzen, ergibt sich aus der Nutzung von GNSS. Der Nachteil dieser Methode be-

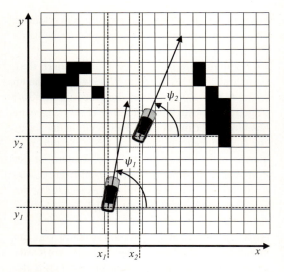

Abb. 25.9 Pose des Fahrzeugs in der Rasterkarte zu zwei verschiedenen Messzeitpunkten

steht darin, dass der Empfang nicht sichergestellt ist und die Genauigkeit der Positionsschätzung stark schwankt. Es empfiehlt sich daher für viele Anwendungen, den Bezug zwischen der Rasterkarte und einem globalen Koordinatensystem beliebig zu wählen und nur die Relativbewegung des Fahrzeugs zu berücksichtigen. Dies kann mithilfe der Koppelnavigation (auch Koppelortung oder engl. dead reckoning) erfolgen, die im Folgenden erläutert wird.

In ◘ Abb. 25.9 ist die Fahrzeugpose zu zwei Zeitpunkten (t_1, t_2), $t_2 > t_1$, dargestellt. Zum Zeitpunkt t_1 sei die Fahrzeugpose $p_1 = [x_1\, y_1\, \psi_1]^T$ im Koordinatensystem der Rasterkarte bekannt. Dabei entsprechen x und y der Fahrzeugposition und ψ der Orientierung (auch Gierwinkel) des Fahrzeugs. Ziel ist es nun eine Messung in die Rasterkarte einzutragen, die zum Zeitpunkt t_2 aufgenommen wurde, wozu die Pose p_2 zum Zeitpunkt t_2 bestimmt werden muss. Dabei seien die Geschwindigkeit v und die Gierrate $\dot{\psi}$ des Fahrzeugs messbar. Außerdem wird zunächst angenommen, dass sich das Fahrzeug zu jedem Zeitpunkt ausschließlich in Richtung des Gierwinkels ψ bewegt.

Für die Posenänderung des Fahrzeugs gilt damit

$$\begin{bmatrix} \dot{x} \\ \dot{y} \\ \dot{\psi} \end{bmatrix} = \begin{bmatrix} v\cos(\psi) \\ v\sin(\psi) \\ \dot{\psi} \end{bmatrix}, \quad (25.40)$$

womit sich die Fahrzeugpose p_2 durch

$$p_2 = p_1 + \int_{t_1}^{t_2} \begin{bmatrix} \dot{x}(t) \\ \dot{y}(t) \\ \dot{\psi}(t) \end{bmatrix} dt \quad (25.41)$$

berechnet. Es folgt die Annahme, dass sich das Fahrzeug im Zeitintervall $[t_1, t_2]$ mit konstanter Geschwindigkeit $\overline{v}$ und konstanter Gierrate $\dot{\overline{\psi}} \neq 0$ auf einer Kreisbahn bewegt, wobei $\Delta t := t_2 - t_1$. In diesem Fall kann das Integral von (25.41) gelöst werden und es ergibt sich

$$p_2 = p_1 + \begin{bmatrix} \frac{\overline{v}}{\dot{\overline{\psi}}}(\sin(\psi_1 + \dot{\overline{\psi}}\Delta t) - \sin(\psi_1)) \\ \frac{\overline{v}}{\dot{\overline{\psi}}}(-\cos(\psi_1 + \dot{\overline{\psi}}\Delta t) + \cos(\psi_1)) \\ \dot{\overline{\psi}}\Delta t \end{bmatrix}. \quad (25.42)$$

Bei einer Geradeausfahrt mit $\dot{\overline{\psi}} = 0$ gilt

$$p_2 = p_1 + \begin{bmatrix} \overline{v}\Delta t \cos(\psi_1) \\ \overline{v}\Delta t \sin(\psi_1) \\ 0 \end{bmatrix}. \quad (25.43)$$

Die Schätzung der Geschwindigkeit $\overline{v}$ und der Gierrate $\dot{\overline{\psi}}$ erfolgt meist durch Messung der Raddrehzahlen bzw. mittels eines Drehratensensors.

Das Fahrzeug bewegt sich nur näherungsweise in Richtung des Gierwinkels. Die eigentliche Bewegungsrichtung wird durch den Kurswinkel ν angegeben, welcher sich um die dynamische Größe des Schwimmwinkels β vom Gierwinkel ψ unterscheidet: $\nu = \psi - \beta$. Sind Schwimmwinkel und Schwimmrate des Fahrzeugs bekannt, so kann auf die Annäherung der Kursrate durch die Gierrate verzichtet werden. Optische Messverfahren ermöglichen die Schätzung des Schwimmwinkels und der Schwimmrate [24]. Außerdem können diese Größen mithilfe eines physikalischen Fahrzeugmodells geschätzt werden [25].

25.3.2.2 Alternativen zur Eigenbewegungsschätzung mittels Koppelnavigation

Je nach Anwendungszweck der Rasterkarte bieten sich unterschiedliche Methoden zur Schätzung der Eigenbewegung an. Mithilfe der Koppelnavigation lassen sich Rasterkarten aufbauen, die eine hohe relative Genauigkeit aufweisen, sofern extreme Fahrmanöver ausgeschlossen sind, die die Schwimmwinkelschätzung beeinträchtigen. Da sich Fehler der Eigenbewegungsschätzung aufsummieren, weisen die entstehenden Rasterkarten allerdings eine Verzerrung gegenüber dem realen Fahrzeugumfeld auf, die zumeist mit der zurückgelegten Strecke zunimmt. Diese Rasterkarten sind daher vorwiegend zur Abbildung der Fahrzeugumgebung innerhalb eines begrenzten räumlichen Bereichs geeignet, z. B. eines Straßenabschnitts von wenigen hundert Metern.

Ein anderer Anwendungszweck ist das Kartieren von Umgebungen, wobei das Fahrzeug eine Stelle mehrmals passiert, wie beispielsweise auf einem Parkplatz. Beim Wiedereintreten in bereits kartiertes Gebiet können Verzerrungen in der Rasterkarte störende Auswirkungen haben. Für diese Fälle eignen sich Verfahren, bei welchen die Schätzung der Fahrzeugpose zusätzlich zur Onboard-Sensorik durch hochgenaue GPS-Messungen gestützt wird. Darüber hinaus bieten SLAM-Verfahren (engl. für simultaneous localization and mapping) die Möglichkeit, die Messdaten umgebungserfassender Sensoren in die Eigenbewegungsschätzung mit einzubeziehen. Diese Verfahren sind rechenaufwendiger, wobei auch recheneffiziente Approximationen existieren [2].

25.3.3 Algorithmen zur Erzeugung von Belegungskarten

Für eine Vielzahl aktueller und zukünftiger Fahrerassistenzsysteme sind Informationen über den befahrbaren Raum im Fahrzeugumfeld Voraussetzung. An dieser Stelle ist mit befahrbarem Raum das Gebiet gemeint, das vom Fahrzeug befahren werden kann, ohne dass es zu einer Kollision kommt. Belegungskarten bieten die Möglichkeit detailliert abzubilden, welcher Bereich des Fahrzeugumfeldes von Hindernissen belegt ist. Dabei eignen sich klassische Belegungskarten insbesondere zur Abbildung statischer oder langsam veränderlicher Umgebungen.

25.3.3.1 Nutzung von Lidar- oder Radardaten

Zur Erstellung von Belegungskarten eignen sich vorrangig entfernungsmessende Sensoren, da sie einen direkten Rückschluss auf den Belegungszustand einzelner Zellen zulassen. Das Grundkonzept lässt sich durch das folgende vereinfachte Beispiel erläutern. ◘ Abbildung 25.10 zeigt schematisch den Rückschluss einer Messung mithilfe eines mehrstrahligen Lidarsensors (siehe ▶ Kap. 18) auf eine zweidimensionale Belegungskarte. Lidarstrahlen werden von Hindernissen reflektiert, woraus sich Belegungen in entsprechenden Zellen folgern lassen (schwarz dargestellt). Zellen, die zwischen dem Sensor und den Reflexionspunkten liegen, werden als frei (weiß dargestellt) angenommen. Über den Belegungszustand weiterer Zellen lässt diese Messung keinen Rückschluss zu (grau dargestellt). Entsprechende Modelle nennt man inverse Sensormodelle, die allerdings im Allgemeinen sehr viel komplexer sind. Ein Beispiel für ein probabilistisches inverses Sensormodell wird im Folgenden beschrieben.

Inverse Sensormodelle Sensormessungen sind grundsätzlich mit Unsicherheiten behaftet. Eine eindeutige Aussage über die Belegung einer Zelle aufgrund einer Messung lässt sich daher nicht treffen. Vielmehr wird für jede Zelle die Belegungswahrscheinlichkeit $p(o)$ berechnet. Hierbei beschreibt o das Ereignis, dass die Zelle belegt ist. Die Wahrscheinlichkeit für das Gegenereignis $f = \bar{o}$ (die Zelle ist frei) entspricht der Gegenwahrscheinlichkeit: $p(f) = 1 - p(o)$. Dabei wird davon ausgegangen, dass sich der Belegungszustand einer Zelle über die Zeit nicht ändert, sie also entweder belegt oder frei ist.

Ein probabilistisches inverses Sensormodell gibt an, welche Belegungswahrscheinlichkeit aufgrund einer Sensormessung für eine Zelle gilt. ◘ Abbildung 25.11 zeigt ein Beispiel für ein probabilisti-

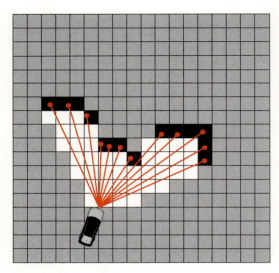

◘ **Abb. 25.10** Vereinfachte Belegungskarte auf Basis der Messung eines mehrstrahligen Lidarsensors

sches inverses Sensormodell für eine einstrahlige Entfernungsmessung mittels Lidar.

Der linke Teil zeigt die Belegungswahrscheinlichkeit $p(o)$ in Abhängigkeit des Abstands r vom Sensor. Die einzelnen Zellen werden hierbei unabhängig voneinander modelliert. Zellen im Bereich des Reflexionspunktes erhalten eine Belegungswahrscheinlichkeit, die oberhalb von 0,5 liegt. Dagegen ist die Belegungswahrscheinlichkeit der Zellen zwischen dem Sensor und dem Reflexionspunkt geringer als 0,5. Dieser Bereich wird oft als Freiraum (engl. free space) und der entsprechende Teil des inversen Sensormodells als Freiraumfunktion bezeichnet. Durch das inverse Sensormodell wird die Messgenauigkeit des Sensors berücksichtigt sowie die Unsicherheit der Schätzung der Fahrzeugpose in der Rasterkarte. Daher werden neben der Zelle, in der der Reflexionspunkt liegt, mehreren Zellen erhöhte Belegungswahrscheinlichkeiten mit $p(o) > 0,5$ zugeordnet. Bei diesem Beispiel wird der Freiraum als gewisser angenommen, je näher er am Sensor liegt. Dadurch wird abgebildet, dass die Wahrscheinlichkeit von Fehlmessungen mit dem Abstand zum Sensor zunimmt. Ebenfalls berücksichtigt werden Unsicherheiten, die durch die zweidimensionale Modellierung der dreidimensionalen Fahrzeugumgebung entstehen. Beispielsweise wer-

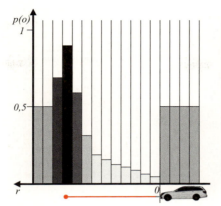 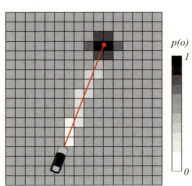

Abb. 25.11 Beispiel für ein inverses Sensormodell einer einzelnen Lidarreflexion aus seitlicher Perspektive (links) und Vogelperspektive (rechts)

den Hindernisse nicht erkannt, wenn sie aufgrund ihrer Größe oder aufgrund von Nickbewegungen des Fahrzeugs unterhalb der Lidarstrahlen liegen. Dies ist ein weiterer Grund für die abnehmende Sicherheit des Freiraums. Die Modellierung in Azimutrichtung erfolgt analog. Der rechte Teil der ◘ Abb. 25.11 zeigt das inverse Sensormodell aus der Vogelperspektive.

In diesem Beispiel eines inversen Sensormodells wird jeder Lidarstrahl einzeln modelliert, was nicht grundsätzlich der Fall ist. Dies hat Einfluss auf den Kartierungsalgorithmus, der für jede Zelle die Belegungswahrscheinlichkeit aufgrund einer gesamten Lidarmessung bestehend aus vielen einzelnen Strahlen berechnet. Grundsätzlich ist das Ziel beim Entwurf des inversen Sensormodells, die Eigenschaften des Sensors möglichst genau abzubilden und dabei die Komplexität und den Rechenaufwand für den Kartierungsalgorithmus gering zu halten. Es sind auch Verfahren bekannt, mithilfe derer inverse Sensormodelle eingelernt werden [2].

Inverse Sensormodelle für Radarsensoren unterscheiden sich dadurch, dass Radarreflexionen auch durch Objekte hindurch möglich sind. Freiraumfunktionen für Radarsensoren sind daher komplexer. Unsicherheiten in der Azimutkomponente sind bei Radarsensoren in der Regel größer als bei Lidarsensoren. Außerdem liegen Radarmessungen oft selbst in Form einer Rasterkarte vor, die allerdings sensorlokal und in Polarkoordinaten aufgebaut ist. Aufgrund der unterschiedlichen Eigenschaften verschiedener Radarsensoren (siehe ▶ Kap. 17) variieren auch die entsprechenden inversen Sensormodelle stark. Ein einfaches Sensormodell kann erstellt werden, indem lediglich Intensitätsmessungen des Radars als Belegungen in die Belegungskarte eingetragen werden und auf eine Freiraumfunktion verzichtet wird. Dies führt allerdings dazu, dass Belegungswahrscheinlichkeiten grundsätzlich nur erhöht werden können. Dem kann durch einen Vergessensfaktor entgegengewirkt werden, auf den in ▶ Abschn. 25.3.4 genauer eingegangen wird.

Kombination mithilfe des statischen Binary-Bayes-Filters Liegt über die Belegung einer Zelle noch keine Information vor, so wird die Belegungswahrscheinlichkeit zu $p(o) = 0{,}5$ angenommen. Dies ist der Initialwert jeder Zelle. Stehen für eine Zelle mehr als nur eine Informationsquelle über deren Belegung zur Verfügung, so werden diese Informationen miteinander kombiniert. Je nach inversem Sensormodell kann dies auftreten, wenn Teile der Messung einzeln verarbeitet werden, wie beim vorangegangenen Beispiel die einzelnen Lidarstrahlen. Abhängig vom Anwendungszweck werden häufig auch mehrere zeitlich aufeinanderfolgende Messungen in eine Belegungskarte eingearbeitet.

Unter bestimmten Annahmen lassen sich mehrere Messungen z_i mithilfe des statischen Binary-Bayes-Filters kombinieren:

Gegeben seien zwei bedingte Wahrscheinlichkeiten $p(o|z_1)$, $p(o|z_2) \in (0,1)$. Die Messungen z_1, z_2 seien unabhängig. Unter der Annahme gleicher A-priori-Wahrscheinlichkeit

$p(o) = p(\bar{o}) = 0{,}5$ gilt für die kombinierte bedingte Wahrscheinlichkeit [2]:

$$p(o|z_1, z_2) = \frac{p(o|z_1)p(o|z_2)}{p(o|z_1)p(o|z_2) + (1-p(o|z_1))(1-p(o|z_2))}. \quad (25.44)$$

Die Kombinationsregel in Gl. 25.44 besitzt folgende Eigenschaften:

$$p(o|z_1, z_2) > p(o|z_1) \Leftrightarrow p(o|z_2) > 0{,}5, \quad (25.45)$$

$$p(o|z_1, z_2) = p(o|z_1) \Leftrightarrow p(o|z_2) = 0{,}5, \quad (25.46)$$

$$p(o|z_1, z_2) = p(o|z_2, z_1). \quad (25.47)$$

Eine Belegungswahrscheinlichkeit $p(o|z_2) > 0{,}5$ erhöht eine bisherige Belegungswahrscheinlichkeit. Eine Belegungswahrscheinlichkeit $p(o|z_2) = 0{,}5$ entspricht dem neutralen Element und die Reihenfolge der Kombination spielt keine Rolle.

Mithilfe der Kombinationsregel in Gl. 25.44 können Messungen unterschiedlicher Sensoren oder unterschiedlicher Zeitpunkte miteinander kombiniert werden. Eine hierbei wichtige Annahme für die praktische Realisierung der Rasterkarte ist jedoch die Unabhängigkeit einzelner Zellen. Abhängigkeiten zwischen den Zellen sind in der Realität gegeben und können prinzipiell berücksichtigt werden, erhöhen den Rechenaufwand für die Erstellung der Rasterkarte jedoch enorm.

Aus praktischen Gründen ist es üblich, die Belegungswahrscheinlichkeit in logarithmischer Form zu speichern (engl.: log-odds ratio):

$$l(o) := \log\left(\frac{p(o)}{1 - p(o)}\right). \quad (25.48)$$

Der Vorteil besteht darin, dass die Kombinationsregel in Gl. 25.44 in der logarithmischen Darstellung durch eine Addition ausgeführt werden kann:

$$l(o|z_1, z_2) = l(o|z_1) + l(o|z_2). \quad (25.49)$$

Es gelten die gleichen Bedingungen wie für Gl. 25.44. Die Rücktransformation erfolgt durch

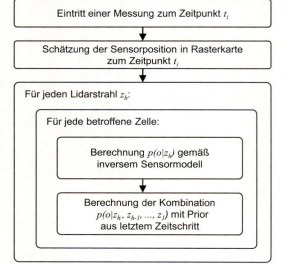

■ Abb. 25.12 Ablaufplan eines Kartierungsalgorithmus

$$p(o) = 1 - \frac{1}{1 + e^{l(o)}}. \quad (25.50)$$

Im Bereich der Rasterkartierung etabliert sich außerdem zunehmend die Verwendung der Dempster-Shafer-Evidenztheorie [26, 27, 22, 28]. Diese erlaubt, zwischen Unsicherheit im Sinne der Wahrscheinlichkeitstheorie und Unwissenheit durch Mangel an Information zu differenzieren. Dadurch werden Rasterzellen, über die noch keine Informationen vorliegen, unterschieden von Zellen, deren Zustand auch nach Kombination mehrerer, möglicherweise auch widersprüchlicher Messungen unsicher ist.

Ablauf der Kartierung Ein Ablaufplan des Kartierungsalgorithmus für das vorgestellte inverse Sensormodell ist in ■ Abb. 25.12 dargestellt.

Eine Lidarmessung besteht bei diesem Beispiel aus mehreren einzelnen Strahlen. Tritt eine Messung ein, die zum Zeitpunkt t_i aufgenommen wurde, so wird zunächst die Sensorpose innerhalb der Rasterkarte zum Zeitpunkt t_i geschätzt. Daraufhin wird jeder Strahl z_h einzeln in die Rasterkarte eingearbeitet. Dazu wird zunächst für jede betroffene Zelle die Belegungswahrscheinlichkeit $p(o|z_h)$ gemäß dem inversen Sensormodell berechnet und mit der Belegungswahrscheinlichkeit $p(o|z_{h-1}, \ldots, z_1)$, die sich aus den bisherigen Lidarstrahlen ergeben hat,

25.3 • Rasterbasierte Verfahren

Abb. 25.13 Rasterkarte einer realen Fahrzeugumgebung

kombiniert. Als Prior wird dabei für jede Zelle die Belegungswahrscheinlichkeit verwendet, die sich im letzten Zeitschritt ergeben hat.

Eine Belegungskarte, die auf Basis eines ähnlichen inversen Sensormodells erstellt wurde, ist in ◘ Abb. 25.13 dargestellt. Bei dem verwendeten Sensor handelt es sich um einen mehrstrahligen Lidar von Ibeo (Ibeo LUX3, 4 Scan-Ebenen).

Praktische Aspekte zur Erstellung von Belegungskarten Ein grundsätzliches Problem bei der Erstellung von Belegungskarten ist die Tatsache, dass sich das Fahrzeugumfeld zeitlich verändert. Darauf wird gesondert in ▶ Abschn. 25.3.4 eingegangen.

Zweidimensionale Rasterkarten und zweidimensionale inverse Sensormodelle bilden nur einen Teil des dreidimensionalen Fahrzeugumfelds ab. Dies kann zu Widersprüchen führen, wenn zum Beispiel die Strahlen eines Lidarsensors zum einen Zeitpunkt unterhalb eines Straßenschildes oder einer Brücke verlaufen und im nächsten Zeitpunkt das jeweilige Objekt erfassen und reflektiert werden. Auch das Höhenprofil der Umgebung selbst kann die Rasterkarte beeinflussen.

In dem Beispiel für ein inverses Sensormodell wurde offen gelassen, wie ein Strahl modelliert wird, der keine Reflexion erzeugt. Oftmals wird in einem solchen Fall bis zu einer gewissen maximalen Entfernung Freiraum für die Zellen berechnet, die vom Strahl geschnitten werden. Allerdings ist die Freiraumwahrscheinlichkeit für solche Zellen geringer als für jene, die zwischen einer Reflexion und dem Sensor liegen, da es insbesondere im Straßenumfeld vorkommt, dass Lidarstrahlen auf Objekte treffen, ohne dass eine Reflexion gemessen wird. Dies kann bei schwarzen, matten Lackierungen auftreten oder an glatten Oberflächen wie Leitplanken, die in einem spitzen Winkel getroffen werden. Weitere Hinweise und Beispiele für Kartierungsalgorithmen finden sich in [2].

25.3.3.2 Nutzung von Kameradaten

Auch Kameradaten lassen sich zur Erstellung von Rasterkarten nutzen. Stereoskopische Kameras ermöglichen eine dichte Entfernungsmessung im nahen Erfassungsbereich des Sensors. Daher eignen sich diese Sensoren auch zur Erstellung dreidimensionaler Rasterkarten. Ein verwandter Ansatz, bei dem das Fahrzeugumfeld durch sogenannte Stixel abgebildet wird, ist in ▶ Kap. 19 beschrieben.

Monoskopische Kameras bieten keine dreidimensionale Information. Jedes Pixel eines Bildes wird nach dem Lochkameramodell einem Strahl im dreidimensionalen Raum zugeordnet. Unter bestimmten Annahmen lässt sich dennoch eine Transformation zwischen einem Bildpixel und der Koordinate einer zweidimensionalen Rasterkarte herleiten. Die Annahmen sind, dass die Fahrbahnoberfläche, auf der sich das Auto befindet, eben ist, dass die Kamerahöhe über dem Boden konstant ist und dass das Fahrzeug keinerlei Nick- und Rollbewegungen ausführt. Diese Annahmen werden im Englischen als *flat world assumption* zusammengefasst. Um die Transformation berechnen zu kön-

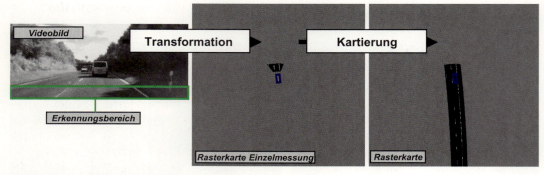

◘ **Abb. 25.14** Straßenmarkierungen als Belegungen in Rasterkarten

nen, muss die dreidimensionale Pose der Kamera in den um die dritte räumliche Achse erweiterten Rasterkartenkoordinaten bekannt sein. Diese ergibt sich aus der Fahrzeugpose und der extrinsischen Kamerakalibrierung. Die intrinsische Kamerakalibrierung erlaubt schließlich die Transformation aus einem dreidimensionalen, auf die Kamera bezogenen Raum auf einen Pixel im Bild der Kamera (siehe ▶ Kap. 21). Insgesamt lässt sich damit jeder Punkt auf der zweidimensionalen Fahrbahnoberfläche einem Bildpixel zuordnen, sofern er im Erfassungsbereich der Kamera liegt. Dieser Vorgang wird im Englischen als *inverse perspective mapping* (IPM) bezeichnet.

Durch das IPM lassen sich Kameradaten in Rasterkarten einbringen. Beispiele sind Grauwerte oder im Videobild klassifizierte Objekte. ◘ Abbildung 25.14 zeigt eine Anwendung des IPM für die Erstellung einer Rasterkarte [20]. Die Belegungswahrscheinlichkeit einer Zelle entspricht hier der Wahrscheinlichkeit für das Vorhandensein einer Straßenmarkierung. Ein Klassifikationsalgorithmus detektiert Straßenmarkierungen, die gemäß eines geeigneten inversen Sensormodells in die Rasterkarte eingebracht werden.

25.3.4 Behandlung von bewegten Objekten

Eine Voraussetzung für die Anwendbarkeit des statischen Binary-Bayes-Filters ist die Annahme, dass eine Zelle ihren Belegungszustand nicht ändert, sie also entweder belegt oder frei ist. Für die Kombination einzelner Lidarstrahlen, die alle fast zeitgleich aufgenommen wurden, trifft diese Annahme näherungsweise zu, da eine Zelle ihren Belegungszustand in diesem kurzen Zeitintervall nicht ändert.

Im Allgemeinen und unter Betrachtung eines größeren Zeitintervalls trifft diese Annahme für das Fahrzeugumfeld allerdings nicht zu, sondern wird durch das Vorhandensein dynamischer Objekte verletzt. In der Literatur werden unterschiedliche Ansätze beschrieben, dynamische Objekte in Rasterkarten zu behandeln. Grundsätzlich kann dabei zwischen Ansätzen unterschieden werden, bei denen dynamische Objekte lediglich gefiltert werden sollen, um Fehlabbildungen in der Rasterkarte zu vermeiden, und Ansätzen, bei denen die Rasterkarte dazu genutzt wird, dynamische Objekte zu erkennen und damit vom statischen Umfeld zu unterscheiden.

Eine einfach zu implementierende Methode der ersten Art ist die Einführung eines Vergessensfaktors. Dabei wird der Rückschluss auf die Belegungswahrscheinlichkeit einer Zelle nicht nur von räumlichen, sondern auch von zeitlichen Verhältnissen abhängig gemacht. Der Rückschluss auf die Belegungswahrscheinlichkeit aufgrund einer Messung ist damit unsicherer, je länger eine Messung zeitlich zurückliegt. Zeitlich kürzer zurückliegende Messungen gehen also stärker gewichtet in die Schätzung der Belegungswahrscheinlichkeit ein als Messungen, die zeitlich länger zurückliegen.

In vielen Anwendungen werden Rasterkarten auch explizit dazu genutzt, dynamische Objekte zu erkennen. Dies geschieht in der Regel durch die Ermittlung der zeitlichen Konsistenz der Belegungswahrscheinlichkeit von Zellen. Zellen, die konsistent belegt oder frei sind, werden dem statischen

Umfeld zugeordnet und Zellen, bei denen die Belegungswahrscheinlichkeit stark schwankt, als dynamisch belegte Bereiche gekennzeichnet. Insbesondere werden häufig Belegungen, die in einem zuvor als frei erkannten Bereich auftreten, als Detektionen dynamischer Objekte behandelt. Dies dient meist als Vorverarbeitungsschritt für Trackingalgorithmen [29, 22, 23]. Aufwändigere Systemarchitekturen sehen eine noch stärkere Abhängigkeit zwischen Rasterkarten und Trackingalgorithmen vor, worauf in ▶ Abschn. 25.4 weiter eingegangen wird.

25.3.5 Effiziente Speicherverwaltung

Die Datenmenge pro Fläche der Umgebung ist durch die Rasterauflösung und die Datenmenge pro Rasterzelle fest bestimmt. Die Anordnung in Zellen ermöglicht darüber hinaus den direkten Zugriff auf alle Informationen einen Ort betreffend über dessen Koordinaten. Werden im Vergleich dazu Messdaten in ihrer Rohdatenform gespeichert, müssen zur Auswertung eines Ortes zunächst diejenigen Messdaten gesucht werden, die einen Rückschluss auf die gesuchte Eigenschaft eines Ortes zulassen.

Um besonders schnell auf eine Rasterzelle über deren Koordinaten zugreifen zu können, bietet es sich an, die Rasterkarte im Speicher in Form eines Arrays anzulegen. Eine Zelle kann dann direkt über ihren Index angesprochen werden. Ein Nachteil hierbei ist jedoch, dass je nach angelegter Größe der Karte auch für Zellen Speicher reserviert wird, die zu keinem Zeitpunkt innerhalb der Sensorreichweite liegen und daher keine Information enthalten. Ein Lösungsansatz für dieses Problem ist die Unterteilung der globalen Rasterkarte in Kacheln, von denen nur diejenigen in den Arbeitsspeicher geladen werden, die sich in unmittelbarer Umgebung des Fahrzeugs befinden [30].

Ein anderer Ansatz sieht die Verwendung von Octrees vor [31]. Diese Datenstruktur erlaubt es, eine unterschiedliche Zellgröße für unterschiedliche Bereiche zu verwenden. Dies ermöglicht einen höheren Detailgrad in wichtigen Bereichen (nahe des Fahrzeugs) durch eine kleinere Zellgröße, während in anderen Bereichen durch größere Zellen Speicherplatz eingespart werden kann.

25.4 Architekturen und hybride Darstellungsformen

Objektbasierte Darstellungen und Rasterkarten sind Abbildungen des Fahrzeugumfelds, die jeweils lediglich einen Teil des gesamten Umfelds beinhalten. Objektbasierte Darstellungen repräsentieren unter anderem die Position und Geschwindigkeit einzelner Objekte und beruhen auf Prozessmodellen, die Prädiktionen in die nähere Zukunft erlauben. Die Abbildung des Fahrzeugumfelds erstreckt sich damit auch über einen zeitlichen Bereich. Im Gegensatz dazu wird für die Erstellung klassischer Belegungskarten ein stationäres Umfeld angenommen. Dynamische Objekte verletzen diese Annahme. Belegungskarten fusionieren und speichern Informationen nicht objekt- sondern ortsbezogen und bilden das Umfeld im gesamten räumlichen Erfassungsbereich der Sensoren ab. Als ein dritter Teil der Fahrzeugumgebung kann die Straßentopologie angesehen werden. Die Straßentopologie kann durch Objekte repräsentiert werden. Allerdings handelt es sich hierbei um einen statischen Teil des Umfelds. Je nach Anwendung wird die Straßentopologie während der Fahrt erkannt. Dies ist insbesondere in stark strukturierten Umgebungen wie Autobahnen möglich. Komplexere Straßentopologien, die nicht online erkannt werden können, werden häufig in digitalen Karten gespeichert. Ein Lokalisierungsalgorithmus ermöglicht die Ermittlung der Fahrzeugposition in der digitalen Karte, wodurch die Straßentopologie in Bezug zum Fahrzeug zur Verfügung steht.

Aufgrund der unterschiedlichen Eigenschaften stellt sich die Frage, wie diese unterschiedlichen Domänen der Umgebungsrepräsentation gewinnbringend miteinander kombiniert werden können. Auf eine Auswahl an Ansätzen wird in diesem Abschnitt eingegangen.

Bayesian-Occupancy-Filter (BOF) Das Bayesian-Occupancy-Filter (deutsch: Bayes'sches Belegtheitsfilter) unterteilt die Umgebung ebenfalls in einzelne Zellen, verzichtet aber auf die Annahme einer stationären Umgebung [32]. Stattdessen wird ein vierdimensionaler Raum verwendet, der aus zwei räumlichen Koordinaten und zwei Koordinaten für die Geschwindigkeit jeweils entlang der räumlichen Koordinaten besteht. Eine Zelle ist daher einem

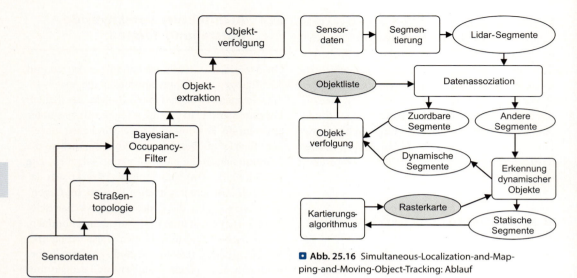

◘ Abb. 25.15 Bayesian-Occupancy-Filter und Erweiterungen zur Erfassung des Fahrzeugumfelds

◘ Abb. 25.16 Simultaneous-Localization-and-Mapping-and-Moving-Object-Tracking: Ablauf

zweidimensionalen Ort und einem zweidimensionalen Geschwindigkeitsvektor zugeordnet. Damit kann ein Bayes-Filter bestehend aus Prädiktion und Innovation umgesetzt werden. Diese Umgebungsdarstellung ist ebenfalls frei von Objektannahmen, für die Prädiktion muss jedoch ein Markov-Prozess angenommen werden, der einen Zustandsübergang abbildet. Hierfür sind Prozessannahmen notwendig wie beispielsweise eine konstante Geschwindigkeit. Der Abstraktionsgrad des Bayesian-Occupancy-Filters ist damit höher als bei klassischen Belegungskarten und auch der Rechenaufwand ist größer, wobei auch dynamische Vorgänge des Umfelds berücksichtigt und erfasst werden.

Für die Anwendung zur Erfassung des Fahrzeugumfelds existieren Erweiterungen, bei denen räumliche Bereiche mit einer hohen Dynamik zu Objekten zusammengefasst und mit klassischen Objekt-Tracking-Ansätzen verfolgt werden [33]. Zusätzliche Erweiterungen berücksichtigen die Straßentopologie, um damit Einfluss auf den Prädiktionsschritt zu nehmen [34]. Damit soll abgebildet werden, dass die Straßentopologie Einfluss auf die Bewegungsrichtung der Verkehrsteilnehmer hat. Die Gesamtarchitektur dieses Ansatzes zur Umfelderfassung ist in ◘ Abb. 25.15 dargestellt.

Simultaneous-Localization-and-Mapping-and-Moving-Object-Tracking (SLAMMOT) Der unter diesem englischen Begriff bekannte Algorithmus adressiert das Problem, aus Sensordaten eines Lidars gleichzeitig die Eigenbewegung zu schätzen, eine Rasterkarte aufzubauen und dynamische Objekte zu verfolgen [35]. Die entsprechende Systemarchitektur ist in ◘ Abb. 25.16 dargestellt. Die Idee des Ansatzes ist es, die Rasterkarte zur Detektion dynamischer Objekte zu verwenden. Lidarsegmente dynamischer Objekte werden nicht in die Rasterkarte eingetragen, sondern als Objektdetektionen für die Objektverfolgung verwendet. Der Ablauf des Algorithmus gestaltet sich wie folgt: Zunächst werden die einzelnen Reflexionspunkte einer Lidarmessung segmentiert. Die Segmentierung erfolgt auf Basis der räumlichen Punktdichte. In einem Assoziationsschritt werden Lidarsegmente bereits verfolgten Objekten zugeordnet. Nicht zuordenbare Segmente werden in der Rasterkarte dahingehend überprüft, ob es sich dabei um Reflexionen dynamischer oder stationärer Objekte handelt. Reflexionen statischer Objekte werden in die Rasterkarte eingetragen, wohingegen Reflexionen dynamischer Objekte genutzt werden, um neue Objekte für die Objektverfolgung aufzusetzen. Zusätzlich hierzu werden Reflexionen statischer Objekte genutzt, um die Eigenbewegung des Fahrzeugs zu schätzen, worauf hier nicht genauer eingegangen wird.

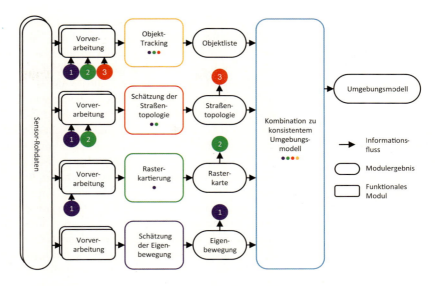

◘ **Abb. 25.17** Hierarchische Umfelderfassung

Ein verwandter Ansatz wird in [36] vorgestellt, wobei dort Objektverfolgung und Rasterkarte noch stärker voneinander abhängig sind. Dazu werden Reflexionen dynamischer Objekte ebenfalls in die Rasterkarte eingetragen, allerdings wird zu jedem verfolgten Objekt eine Liste an zugehörigen Zellen gespeichert. Dadurch kann die Bewegung entsprechender Zellen anhand ihrer zugehörigen Objekte abgeschätzt werden, was eine Prädiktion der Rasterkarte in die Zukunft ermöglicht.

Hierarchische Fahrzeugumfelderfassung

Wie anfangs zu diesem Kapitel erläutert, stellen wirtschaftliche und praktische Aspekte Anforderungen an die Architektur zur Umgebungserfassung. Insbesondere der Modularität und den generischen Schnittstellen zwischen einzelnen Modulen kommt eine zunehmende Bedeutung zu. Dies steht im Widerspruch zu einer starken Abhängigkeit zwischen objektbasierten Umgebungsmodellen, Rasterkarten und der Straßentopologie. Einen Kompromiss bietet eine hierarchische Fahrzeugumfelderfassung [37], wie in ◘ Abb. 25.17 dargestellt.

In diesem Beispiel erfolgt eine Gliederung in vier Module: die Schätzung der Eigenbewegung, die Rasterkartierung, die Generierung der Straßentopologie und das Objekt-Tracking. Diese Module stehen in einem hierarchischen Verhältnis. Dabei entsprechen die Ergebnisse dieser vier Module einem bestimmten Standard, wodurch sie austauschbar sind. Ein übergeordnetes Modul kann auf jedes Ergebnis eines untergeordneten Moduls zurückgreifen. Die Reihenfolge der Module ergibt ein Schema, dem eine Vielzahl der Architekturen folgt, die in der Literatur bekannt sind. Alle bisher vorgestellten Architekturen und viele mehr beruhen beispielsweise darauf, eine Rasterkarte als Basis für das Objekt-Tracking zu verwenden, meistens zur Erkennung bewegter Objekte. Ebenso basieren viele Lokalisierungsalgorithmen auf Rasterkarten [38]. Die Hierarchiereihenfolge ist außerdem insofern nachvollziehbar, als sie dem Abstraktionsgrad der Module folgt. Rückkopplungen sind ausgeschlossen, wodurch sich einige Einschränkungen ergeben, was jedoch Voraussetzung für die Austauschbarkeit der Module ist. Abschließend wird aus den einzelnen Modulen ein konsistentes Umgebungsmodell erstellt, das konsequenterweise auch einer bestimmten Norm entspricht [37]. Standardarchitekturen für eine modulare Fahrumgebungsrepräsentation existieren bislang nicht und sind Gegenstand aktueller Forschung und Entwicklung.

25.5 Zusammenfassung

Im Rahmen dieses Kapitels sind die Grundlagen einer objektbasierten und rasterbasierten Repräsentation von Fahrumgebungen sowie die dafür notwendigen Basisalgorithmen beschrieben. Während bei der objektbasierten Darstellung jedes relevante Objekt durch ein eigenes dynamisches Zustandsraummodell beschrieben wird, sind die rasterbasierten Verfahren zunächst modellfrei, d. h. sie benötigen keinerlei physikalische Modellhypothesen. Sie eignen sich damit bevorzugt zur Repräsentation des statischen Anteils der Umgebungsrepräsentation wie beispielsweise befahrbarer Freiraum und Fahrraumbegrenzungen. Bewegte Objekte wirken beim Aufbau derartiger Rasterkarten eher als herauszurechnende Störungen und müssen daher gesondert behandelt werden. In verschiedenen Ansätzen wurde daher die Erweiterung der Rasterkarten auch für dynamische Anteile vorgeschlagen, wobei sich hierbei noch keine Methode durchgesetzt hat. Die rasterbasierten Verfahren bieten allerdings zusätzlich den Vorteil, dass Sensormessungen – bis auf die Entscheidung, ob sie von dynamischen oder statischen Objekten stammen – nicht vorab bewertet und assoziiert werden müssen. Zudem erlaubt die Methodik eine implizite Fusion mehrerer Sensoren durch einfache Aggregation der Einzelmessungen in den Zellen der Rasterkarte.

Objektbasierte Verfahren haben den Vorteil, dass durch die individuelle dynamische Modellierung jedes Objekts auch vergleichsweise einfach auf dessen semantische Bedeutung geschlossen werden kann. Auf die dafür notwendigen Klassifikationsverfahren wurde im Rahmen dieses Kapitels jedoch nicht eingegangen. Die Erfassung des Zustands jedes Objekts erfordert geeignete Filterverfahren, die heute nahezu ausnahmslos auf Approximationen des rekursiven Bayes-Filters basieren. Das Kalman-Filter ist der bekannteste Vertreter dieser Approximationen.

Da in der Regel in Verkehrsszenarien mehr als ein Objekt dynamisch zu erfassen und zu verfolgen ist, verwendet man zur Lösung des Problems Multi-Instanzen-Ansätze, d. h. jedes Einzelmodellobjekt wird durch ein Einzelfilter, beispielsweise ein Kalman-Filter, beschrieben. Diese Vorgehensweise erfordert aber eine fehlerfreie Zuordnung der Sensormessungen zu den Modellobjekten, was als Datenassoziation bezeichnet wird. Um Fehlentscheidungen bei der Datenassoziation zu vermeiden, die nach dem Filterschritt nicht mehr rückgängig gemacht werden können, existieren auch probabilistische Datenassoziationsverfahren wie PDA und JPDA, die alle möglichen Zuordnungen mit Wahrscheinlichkeiten belegen und abschließend gewichtet in den Filterschritt einbringen. Eine für sicherheitsrelevante Fahrerassistenzsysteme wichtige Größe ist neben dem dynamischen Objektzustand auch dessen Existenzwahrscheinlichkeit, also ein Vertrauensmaß, mit welcher Wahrscheinlichkeit ein in der Fahrumgebungsrepräsentation erscheinendes Modellobjekt auch wirklich von einem real existierenden Objekt stammt. Eine probabilistische Datenassoziation mit integrierter Existenzschätzung bietet beispielsweise der JIPDA-Algorithmus.

Aktuelle Arbeiten befassen sich auch mit Verfahren, die eine in einem Algorithmus integrierte Multi-Objekt-Verfolgung realisieren. Diese auf der Random-Finite-Set-(RFS-)Theorie basierenden Verfahren vermeiden nicht nur Datenassoziationsfehler vor dem Filterschritt, sondern ermöglichen zudem eine probabilistische Modellierung der Abhängigkeit des Bewegungsverhaltens aller erfassten Objekte untereinander, die zwischen Verkehrsteilnehmern natürlich gegeben ist. Der vergleichsweise sehr hohe Rechenaufwand dieser Verfahren verhindert heute allerdings noch deren seriennahe Implementierung.

Da sowohl objektbasierte als auch rasterbasierte Repräsentationen spezifische Vorteile aufweisen, liegt die Kombination beider Methoden in hybriden Architekturen für die Fahrumgebungsrepräsentation nahe. Hierbei wird aufgrund der wachsenden Anforderungen und unterschiedlichen Funktionsausprägungen eine modulare Architektur mit möglichst generischen Schnittstellen zur Sensorik und zur Situationsbewertung bzw. den Funktionen an Bedeutung gewinnen.

Literatur

1. BarShalom, Y., Fortmann, T.: Tracking and Data Association. Academic Press, Boston (1988)
2. Thrun, S.: Probabilistic Robotic. The MIT Press, Cambridge MA 02142-1209, USA (2005)
3. Mahler, R.: Multitarget Bayes filtering via first-order multitarget moments. IEEE Transactions on Aerospace and Electronic Systems **39.4**, 1152–1178 (2003)
4. Kalman, R.: A new approach to linear filtering and prediction problems. Transactions of the ASME. Journal of Basic Engineering **82**, 35–45 (1960)
5. Julier, S., Uhlmann, J., Durrant-Whyte, H.: A new method for the nonlinear transformation of means and covariances in filters and estimators. IEEE Transactions on Automatic Control **45.3**, 477–482 (2000)

Literatur

6. Bar-Shalom, Y., Tse, E.: Tracking in a cluttered environment with probabilistic data association. Automatica **11**, 451–460 (1975)
7. Musicki, D., Evans, R.: Joint Integrated Probabilistic Data Association. JIPDA, IEEE Transactions on Aerospace and Electronic Systems **40**.3, 1093–1099 (2004)
8. Munz, M.: Generisches Sensorfusionsframework zur gleichzeitigen Zustands- und Existenzschätzung für die Fahrzeugumfelderfassung. PhD Thesis. Ulm University, Ulm (2011)
9. Mahler, R.: Statistical Multisource-Multitarget Information Fusion. Artech House, Boston (2007)
10. Reuter, S., Wilking, B., Wiest, J., Munz, M., Dietmayer, K.: Real-time multi-object tracking using random finite sets. IEEE Transactions on Aerospace and Electronic Systems **49**.4, 2666–2678 (2013)
11. Vo, B.-T., Vo, B.-N., Cantoni, A.: The cardinality balanced multi-target multi-Bernoulli filter and its implementations. IEEE Transactions on Signal Processing **57**.2, 409–423 (2009)
12. Reuter, S., Meissner, D., Wilking, B., Dietmayer, K.: Cardinality balanced multi-target multi-Bernoulli filtering using adaptive birth distributions. In: Proceedings of the 16th International Conference on Information Fusion, S. 1608–1615. (2013)
13. Stiller, C., Puente León, F., Kruse, M.: Information Fusion for automotive applications – an overview. Information Fusion **12**.4, 244–252 (2011)
14. Vo, B.-T., Vo, B.-N.: Labeled Random Finite Sets and Multi-Object Conjugate Priors. IEEE Transactions on Signal Processing **61**, 3460–3475 (2013)
15. Reuter, S., Vo, B.-T., Vo, B.-N., Dietmayer, K.: The Labeled Multi-Bernoulli Filter IEEE Transactions on Signal Processing. (2014)
16. Skog, I., Handel, P.: In-Car Positioning and Navigation Technologies: A Survey. IEEE Transactions on Intelligent Transportation Systems **10**.1, 4–21 (2009)
17. Levinson, J., Thrun, S.: Robust vehicle localization in urban environments using probabilistic maps IEEE International Conference on Robotics and Automation (ICRA)., S. 4372–4378 (2010)
18. Mattern, N., Schubert, R., Wanielik, G.: High-accurate vehicle localization using digital maps and coherency images. In: IEEE Intelligent Vehicles Symposium, Bd. IV, S. 462–469. (2010)
19. Schindler, A.: Vehicle self-localization with high-precision digital maps. In: Intelligent Vehicles Symposium Workshops, Bd. IV Workshops, S. 134–139. (2013)
20. Konrad, M., Nuss, D., Dietmayer, K.: Localization in Digital Maps for Road Course Estimation using Grid Maps. In: IEEE Intelligent Vehicles Symposium, Bd. IV, S. 87–92. (2012)
21. Elfes, A.: Using occupancy grids for mobile robot perception and navigation. IEEE Computer **22**.6, 46–57 (1989)
22. Nuss, D., Wilking, B., Wiest, J., Deusch, H., Reuter, S., Dietmayer, K.: Decision-Free True Positive Estimation with Grid Maps for Multi-Object Tracking. In: IEEE Conference on Intelligent Transportation Systems (ITSC), S. 28–34. (2013)
23. Petrovskaya, A., Perrollaz, M., Oliveira, L., Spinello, L., Triebel, R., Makris, A., Yoder, J.-D., Laugier, C., Nunes, U., Bessiere, P.: Awareness of road scene participants for autonomous driving. Handbook of Intelligent Vehicles. Ed. Springer, London, S. 1383–1432 (2012)
24. Scaramuzza, D., Fraundorfer, F.: Visual odometry [tutorial]. Robotics and Automation Magazine, IEEE **18**(4), 80–92 (2011)
25. Mayr, R.: Regelungsstrategien für die automatische Fahrzeugführung. Springer, Berlin Heidelberg (2001)
26. Shafer, G.: A Mathematical Theory of Evidence. Princeton University Press, Princeton (1976)
27. Zou, Y., Yeong, K.H., Chin, S.C., Xiao, W.Z.: Multi-ultrasonic sensor fusion for autonomous mobile robots. Sensor Fusion: Architectures, Algorithms and Applications IV Proceedings of SPIE, Bd. 4051., S. 314–321 (2000)
28. Effertz, J.: Sensor Architecture and Data Fusion for Robotic Perception in Urban Environments at the 2007 DARPA Urban Challenge Conference on Robot Vision (RobVis). Springer, Berlin Heidelberg, S. 275–290 (2008)
29. Nuss, D., Reuter, S., Konrad, M., Munz, M., Dietmayer, K.: Using grid maps to reduce the number of false positive measurements in advanced driver assistance systems. In: IEEE Conference on Intelligent Transportation Systems (ITSC), S. 1509–1514. (2012)
30. Konrad, M., Szczot, M., Schüle, F., Dietmayer, K.: Generic grid mapping for road course estimation. In: IEEE Intelligent Vehicles Symposium, Bd. IV, S. 851–856. (2011)
31. Schmid, M.R., Mählisch, M., Dickmann, J., Wünsche, H.-J.: Dynamic level of detail 3d occupancy grids for automotive use. In: IEEE Intelligent Vehicles Symposium, Bd. IV, S. 269–274. (2010)
32. Coué, C., Pradalier, C., Laugier, C., Fraichard, T., Bessiere, P.: Bayesian Occupancy Filtering for Multitarget Tracking: an Automotive Application. International Journal of Robotics Research **25**.1, 19–30 (2006)
33. Baig, Q., Perrollaz, M., Nascimento, J.B.D., Laugier, C.: Using fast classification of static and dynamic environment for improving Bayesian occupancy filter (BOF) and tracking. In: International Conference on Control Automation Robotics Vision (ICARCV), S. 656–661. (2012)
34. Gindele, T., Brechtel, S., Schroder, J., Dillmann, R.: Bayesian occupancy grid filter for dynamic environments using prior map knowledge. In: IEEE Intelligent Vehicles Symposium, Bd. IV, S. 669–676. (2009)
35. Wang, C.-C., Thorpe, C., Thrun, S., Hebert, M., Durrant-Whyte, H.: Simultaneous localization, mapping and moving object tracking. International Journal of Robotics Research **26**.9, 889–916 (2007)
36. Bouzouraa, M., Hofmann, U.: Fusion of occupancy grid mapping and model based object tracking for driver assistance systems using laser and radar sensors. In: IEEE Intelligent Vehicles Symposium, Bd. IV, S. 294–300. (2010)
37. Nuss, D., Stuebler, M., Dietmayer, K.: Consistent Environmental Modeling by Use of Occupancy Grid Maps, Digital Road Maps, and Multi-Object Tracking. In: IEEE Intelligent Vehicles Symposium, Bd. IV. (2014)

38. Deusch, H., Nuss, D., Konrad, P., Konrad, M., Fritzsche, M., Dietmayer, K.: Improving Localization in Digital Maps with Grid Maps. In: IEEE Conference on Intelligent Transportation Systems (ITSC), S. 1522–1527. (2013)

Datenfusion für die präzise Lokalisierung

Nico Steinhardt, Stefan Leinen

26.1 Anforderungen an eine Datenfusion – 482

26.2 Grundlagen – 483

26.3 Klassifizierung und Ontologien für Filter zur Sensordatenfusion – 485

26.4 Erweiterungen für Fusionsfilter – 489

26.5 Datenqualitätsbeschreibung – 494

26.6 Beispiel einer Umsetzung – 499

26.7 Ausblick und Fazit – 508

Literatur – 510

In Kraftfahrzeugen wird eine zunehmende Anzahl an heterogenen und häufig redundanten Sensoren eingesetzt. In diesem Kapitel wird die Methodik zur Fusion von heterogenen Sensordaten zur präzisen Lokalisierung und darüber hinaus zur Fahrdynamikschätzung vorgestellt, sie beruht im Wesentlichen auf [1]. Ziel ist hierbei die Erzeugung eines konsistenten Datensatzes mit erhöhter Genauigkeit. Es werden Klassifizierungen und Ontologien für in Frage kommende Systemarchitekturen und Fusionsfilter gezeigt, spezielle Erweiterungen für das Filter zur Verwendung mit heterogenen, seriennahen Sensoren werden hergeleitet. Dies führt zum Konzept eines virtuellen Sensors als neue Ebene zwischen Sensoren und Anwendungen: Hierfür werden, insbesondere zur Verwendung in sicherheitskritischen Applikationen, Anforderungen für eine Datenqualitätsbeschreibung hergeleitet. Diese gliedert sich in ein Integritäts- und ein Genauigkeitsmaß; eine beispielhafte Umsetzung für einen gegebenen Satz an Sensoren wird vorgestellt. Außerdem wird der Spezialfall eines Fahrzeugs auf bewegtem Untergrund (z. B. Fähre) betrachtet und es werden Lösungsansätze für damit verknüpfte Probleme aufgezeigt. Des Weiteren werden Ergebnisse des umgesetzten Fusionsfilters präsentiert und diskutiert. Ein Ausblick mit Fokus auf Erweiterungsmöglichkeiten und die Einbindung weiterer Sensoren schließt die Betrachtungen ab.

26.1 Anforderungen an eine Datenfusion

In aktuellen Kraftfahrzeugen kommt in allen Fahrzeugklassen eine steigende Anzahl an Assistenzsystemen zum Einsatz, die für ihre Funktionen auf Sensormessdaten angewiesen sind. In der Regel werden hierfür mehrere Sensoren verbaut, die trotz stark heterogener Messprinzipien und Eigenschaften redundante Informationen liefern. Diese vorhandene, zumeist über Modelle nutzbare Redundanz wird zum Teil lokal – d. h. in den Steuergeräten bestimmter Anwendungen – verwendet. Dies erfolgt stets mit konkretem Bezug zum Gerät und der zugehörigen Software, z. B. zur Eigendiagnose. Insbesondere bei sicherheitskritischen Systemen ist der Aufwand zur Erkennung von Messfehlern und Sensordefekten sehr hoch. Aufgrund der wachsenden Ansprüche der Anwender an kooperative, komplexe Funktionen entsteht die Notwendigkeit, vorhandene Sensordaten verschiedener Anwendungsfunktionen in einem vernetzten Umfeld gemeinsam zu verwerten. Durch die bisherige, lediglich lokale Datennutzung mit spezifischer Datenverarbeitung sind jedoch Inkonsistenzen in den Daten zu erwarten.

Im Bereich der Hardware wird in aktuellen Kraftfahrzeugen durch steigende Leistungsfähigkeit von Prozessoren und Bussystemen bereits eine Umgebung für eine zentrale, die heterogenen Eigenschaften aller verbauten Sensoren berücksichtigende Verarbeitung geboten. Eine darauf aufbauende zentralisierte Bewertung der Signalqualität bietet das Potenzial, die Anwendungen um einen erheblichen Anteil der Fehlererkennung zu entlasten. Weiterhin entsteht durch die gegenseitige Überprüfbarkeit redundant gemessener Daten eine zusätzliche, die bisherigen Prinzipien ergänzende Möglichkeit zur Detektion von Fehlern und Störungen. Damit ergibt sich das Ziel der Erstellung einer offenen, erweiterbaren Architektur zur zentralen Sensordatenfusion und Signalqualitätsbeschreibung. Zentrale Anforderungen an einen solchen zentralen, *virtuellen Sensor* sind:

- Echtzeitfähigkeit und kausales Filterverhalten, d. h. Verarbeitung der Daten in ihrer tatsächlichen zeitlichen Reihenfolge,
- geringe, bekannte und möglichst konstante Latenz- bzw. Gruppenlaufzeit,
- Robustheit sowie Erkennung und Kompensation von Störungen,
- Verbesserung der Genauigkeit und Verfügbarkeit bzw. ein optimaler Kompromiss dazwischen,
- Generierung und Ausgabe konsistenter Fusionsdaten für alle Anwendungen,
- Bewertung der Integrität und Ausgabe von Beschreibungsgrößen für die Qualität.

Eine Grundlage zur Fusion von Messdaten ist das Vorhandensein von Redundanz [2] durch Messung gleicher physikalischer Werte durch mehrkanalige Messung der gleichen Größe (parallele Redundanz) oder die Umrechnung einer anderen Messgröße in die benötigte (analytische Redundanz). Heterogene Messprinzipien bedingen zwangsläufig Unter-

26.2 Grundlagen

schiede in den gemessenen Daten, die vom Fusionsfilter zu berücksichtigen sind:
- synchrone oder asynchrone Messung im Vergleich zu anderen Signalquellen,
- unterschiedliche Messauflösung,
- verschiedene, möglicherweise nicht konstante Abtastraten,
- Latenzzeiten zwischen Messung und Messwertverfügbarkeit,
- zeitlich sich ändernde Verfügbarkeit von Informationsquellen,
- Abhängigkeit von Umgebungsbedingungen,
- sich während des Betriebs dynamisch ändernde Messgenauigkeit.

Sensorfehler [3] lassen sich unabhängig von ihrer Ursache in systematische Anteile, quasistationäre, über mehrere Messungen konstante Anteile wie beispielsweise ein Offset oder ein Skalenfaktorfehler und stochastische, von Messung zu Messung zufällige Anteile wie z. B. Rauschen unterteilen. Während die zufälligen Anteile prinzipiell nicht deterministisch korrigierbar sind, lassen sich bekannte systematische Fehler modellbasiert sowie quasistationäre Fehler bei gegebener Beobachtbarkeit messtechnisch korrigieren. Beim Auftreten nicht korrigierbarer, jedoch erkennbarer Fehler lassen sich zumindest negative Auswirkungen auf das Fusionsergebnis vermeiden. Für den virtuellen Sensor ist daher die Robustheit gegen zufällige Störungen sowie die Erkennung und die Kompensation von deterministischen Fehlern gefordert. Ebenso sind zeitliche Fehlereinflüsse auf die Messdaten zu korrigieren und temporäre Ausfälle oder die Nichtverfügbarkeit von Sensoren zu überbrücken.

Nach der Verarbeitung redundanter Daten zu einem konsistenten Fusionsergebnis sind Fehler einzelner Messungen nicht mehr eindeutig erkennbar oder einer Ursache zuzuordnen. Durch die in der Regel verfügbare Selbstdiagnosefähigkeit von Signalquellen sowie insbesondere durch modellbasierte Plausibilisierungsmethoden innerhalb der Datenfusion besteht jedoch eine Überprüfbarkeit mit redundanten Signalen. Dadurch lässt sich eine gegenüber der bisherigen dezentralen Messdatenverwendung verbesserte Fehlerdetektion erzielen. Daraus ergibt sich die Notwendigkeit, eine Überprüfung durchzuführen und das Ergebnis an Nutzerfunktionen weiterzugeben.

Da bestehende Funktionen weiterhin uneingeschränkt genutzt werden sollen, besteht die Anforderung an das auszugebene Fusionsergebnis, dass die benötigte Datenrate und die Auflösung der anspruchsvollsten Funktion im System erfüllt werden bzw. bei widersprüchlichen Anforderungen ein Kompromiss gefunden wird.

26.2 Grundlagen

Für die Modellierung der Sensordaten, deren Fusion zur präzisen Lokalisierung sowie für die anwendungskonforme Ausgabe der Fusionsergebnisse werden verschiedene Koordinatensysteme benötigt, die im Folgenden kurz vorgestellt werden. Der Abschnitt „Koordinatensysteme" orientiert sich an der Konvention, die bei Wendel [4] verwendet wird. Im Anschluss werden die wichtigsten Lokalisierungssensoren beschrieben und deren Eigenschaften erläutert.

26.2.1 Koordinatensysteme

Alle nachfolgend aufgeführten Koordinatensysteme sind dreidimensional und rechtshändig kartesisch.

Inertialkoordinatensystem. Vektoren in diesem Koordinatensystem sind durch den Index i gekennzeichnet. Dieses himmelsfeste kartesische Koordinatensystem ist so definiert, dass der Ursprung im Erdmittelpunkt und die z-Achse entlang der Rotationsachse der Erde liegt. Die x- und y-Achse liegen senkrecht zueinander in der Äquatorialebene und sind anhand der Fixsterne ausgerichtet. Eine Inertialmesseinheit misst Beschleunigungen und Drehraten im Bezug auf dieses Inertialsystem.

Erdfestes Koordinatensystem nach WGS84. Vektoren in diesem Koordinatensystem sind durch den Index e gekennzeichnet. Dieses erdfeste Koordinatensystem rotiert mit der Erde und ist so definiert, dass der Ursprung im Erdmittelpunkt und die z-Achse entlang der Rotationsachse der Erde liegt. Die x-Achse ist die Schnittgerade von Äquatorebene und Null-Meridianebene (Greenwich), die y-Achse ergänzt die x- und z-Achsen zum rechtshändigen kartesischen System. Zur Darstellung einer Position werden oft ellipsoidische Koordinaten angegeben: Längen- und Breitengrad in der Einheit rad, die Höhe über dem Erdellipsoid in der Einheit m (positiv nach oben).

Navigationskoordinatensystem. Vektoren in diesem Koordinatensystem sind durch den Index n gekennzeichnet. Der Ursprung dieses kartesischen Koordinatensystems liegt im Fahrzeug und fällt in der Regel mit dem Ursprung des fahrzeugfesten Koordinatensystems zusammen. Die Achsen sind dagegen am erdfesten System in Richtung Osten, Norden und entlang dem Schwerevektor nach oben ausgerichtet.

Fahrzeugfestes Koordinatensystem nach DIN 70000 [5], auch bezeichnet als Body-Koordinatensystem. Vektoren in diesem Koordinatensystem sind durch den Index b gekennzeichnet. Das System ist so ausgerichtet, dass die x-Achse in Fahrzeugrichtung nach vorne, die y-Achse dazu senkrecht nach links und die z-Achse senkrecht zur x-y-Ebene nach oben zeigt. Der Ursprung muss explizit im Bezug zum Fahrzeug definiert werden. Wird der Ursprung wie im Navigationskoordinatensystem gewählt, dann wird die Transformation von Vektoren zwischen den beiden Systemen allein durch eine Drehung um die Ausrichtungswinkel Gierwinkel Ψ, Nickwinkel Θ, und Rollwinkel φ (im Englischen als yaw, pitch, roll bezeichnet) beschrieben.

Radbezogenes Koordinatensystem. Vektoren in diesem System sind durch den Index w gekennzeichnet. Der Ursprung liegt im Radmittelpunkt, die Ebene aus x- und y-Achse ist parallel zur x-y-Ebene des fahrzeugfesten Koordinatensystems ausgerichtet und um den Radlenkwinkel δ_L um die z-Achse verdreht. Die z-Achse ist parallel zur z-Achse des fahrzeugfesten Systems ausgerichtet. Zur Vereinfachung wird angenommen, dass Sturz-, Nachlauf- und Spreizwinkel vernachlässigbar sind, δ_L bereits den Spurwinkel berücksichtigt und dass die Drehung bei Änderungen des Lenkwinkels ausschließlich um die z-Achse stattfindet.

26.2.2 Lokalisierungssensoren und deren Eigenschaften

Wesentliche Sensoren zur präzisen Lokalisierung von Fahrzeugen sind Inertialmesseinheiten (IMU), Empfänger für Globale Satellitennavigationssysteme (GNSS), am verbreitetsten ist das Global Positioning System (GPS), sowie Radsensoren für Odometrie – also Wegstreckenberechnung durch Zählung der Radumdrehungen.

Eine IMU erfasst die absoluten, dreidimensionalen Werte der *Beschleunigung* und der *Drehrate* des Fahrzeugs im Inertialkoordinatensystem – die Inertialsensoren sind daher Beschleunigungs- und Kreiselsensoren. Lokalisierungs- und Navigationsanwendungen verwenden jedoch üblicherweise das erdfeste Koordinatensystem. Die kontinuierliche Weiterberechnung von Ausrichtung, Geschwindigkeit und Position des Fahrzeugs aus den Inertialmessungen erfolgt durch einen Strapdown-Algorithmus [6]. Wendel [4] definiert den Strapdown-Algorithmus als „(...) eine Rechenvorschrift, die angibt, wie anhand von gemessenen Beschleunigungen und Drehraten aus der Navigationslösung zum vorherigen Zeitschritt die Navigationslösung zum aktuellen Zeitschritt berechnet wird. Die Strapdown-Rechnung lässt sich grob in drei Schritte einteilen: Propagation der Lage durch Integration der Drehraten, Propagation der Geschwindigkeit durch Integration der Beschleunigungen und Propagation der Position durch Integration der Geschwindigkeit."

Der Strapdown-Algorithmus ist ein rekursives und daher echtzeitfähiges Rechenverfahren. Da eine IMU Bewegungsgrößen in Bezug auf das Inertialsystem misst, findet im Strapdown-Algorithmus die Kompensation der zur Bestimmung der Bewegungsgrößen in erd- bzw. fahrzeugfesten Koordinaten als Störgrößen wirkenden Erdbeschleunigung und -drehrate, Coriolisbeschleunigung und Transportrate (Drehrate des Fahrzeugs durch die Bewegung entlang der Erdellipsoid-Oberfläche) statt.

Typische Fehler von Inertialsensoren sind Messrauschen, Nullpunktfehler (Offset) und Skalenfaktorfehler: Diese Fehler sind häufig zeitlich veränderlich und von äußeren Einflüssen wie beispielsweise der Temperatur abhängig. Eine vorteilhafte Eigenschaft ist die Verfügbarkeit einer IMU, die in der Regel unabhängig von äußeren Faktoren und abgesehen von Defekten stets gegeben ist.

GNSS-Empfänger (beispielsweise für GPS) erfassen die Abstände zwischen den Phasenzentren der Satelliten- und Empfängerantenne durch Laufzeitmessung des Signals. Da diese Streckenmessungen noch signifikante Fehler insbesondere der beteiligten Uhren enthalten, werden sie als *Pseudoranges* bezeichnet. Weiterhin lässt sich die Relativgeschwindigkeit in Sichtrichtung zum Satelliten durch zeitliche Differentiation der Pseudoranges berechnen; diese Messwerte werden als *Deltaranges* bezeichnet. Durch die Verwendung von *Trägerphasenmessungen* kann die Genauigkeit der Geschwindigkeitsschätzung gegenüber der Berechnung aus den Laufzeitmessungen verbessert werden.

Aus Pseudorange-Messungen wird die Absolutposition in erdfesten Koordinaten berechnet, Fehler durch die Erdrotation während der Signallaufzeit werden modellbasiert kompensiert. Aus Deltarange-Messungen wird die Geschwindigkeit in erdfesten Koordinaten berechnet. Typische Fehler in den Pseudorange-Messungen sind Empfängeruhrfehler, Satellitenuhrfehler, Ephemeridenfehler (Abweichung der realen von der berechneten Satellitenumlaufbahn), Ionosphären- und Troposphärenfehler. Der Empfängeruhrfehler wird im Rahmen der Positionsberechnung geschätzt und kompensiert. Satellitenuhr- und Ephemeridenfehler werden vom Betreiber des Systems geschätzt und entsprechende Korrekturparameter in der Navigationsnachricht versendet. Die Ionosphären- und Troposphärenfehler lassen sich modellbasiert teilweise korrigieren. Bei Verwendung eines Zweifrequenzempfängers kann der Ionosphärenfehler aus den Messungen eliminiert werden. Da diese Fehlergrößen gegenüber der typischen Abtastrate eines GNSS-Empfängers nur langsam veränderlich sind, können diese bei der Berechnung mit Deltaranges (zeitliche Differenzen) vernachlässigt werden. Daher ist bei dieser Messgröße die Drift des Empfängeruhrfehlers, die aus dem Frequenzfehler des Empfänger-Oszillators resultiert, der einzige signifikante Fehler.

Die GNSS-Positionierung zeichnet sich im Vergleich zur Verwendung von IMU durch langzeitstabile absolute Genauigkeit aus, es gibt keine mit der Zeit anwachsenden Sensorfehler. Problematisch sind dagegen Störungen durch Umgebungsbedingungen, die alle Messgrößen eines GNSS-Empfängers betreffen: Sie entstehen durch Beugung und Reflektion der elektromagnetischen Wellen an der Erdoberfläche, Bergen oder Gebäuden und bewirken Mehrwegeempfang und damit Fehler in den Messungen. Des Weiteren kann es zur teilweisen oder kompletten Abschattung des Signalempfangs – beispielsweise bei einer Fahrt durch einen Tunnel – kommen. Daher ist die Verfügbarkeit von GNSS-Messungen umgebungsabhängig und häufig eingeschränkt, auch wenn der Empfänger selbst frei von Defekten ist.

Odometriemessungen [7] basieren auf Raddrehwinkel-Impulsmessungen (Wheel-ticks) durch aktive oder passive Magnetfeldsensoren: Diese erfassen den zurückgelegten Drehwinkel eines Rades um dessen y-Achse in radfesten Koordinaten. Die zur Transformation in fahrzeugfeste Koordinaten benötigten Lenkwinkel lassen sich entweder modellieren, beispielsweise als konstant Null an einer ungelenkten Hinterachse oder durch die Messung des Lenkradwinkels, häufig ebenfalls durch magnetfeldmessende Sensoren, modellbasiert berechnen. Ist der Radrollradius bekannt oder schätzbar, wird durch Odometriemessungen die Geschwindigkeit des Fahrzeugs an den jeweiligen Radaufstandspunkten – bezogen auf den Fahrzeuguntergrund – messbar. Für eine darauf basierende Schätzung der Fahrzeugbewegung, insbesondere ebene Geschwindigkeit, Gier- und Schwimmrate, lassen sich verschieden komplexe Modelle wie Einspur- und Zweispurmodell verwenden, vgl. [8]. Zur Modellierung der Reifeneinflüsse stehen ebenfalls verschiedene Modelle, wie beispielsweise ein lineares Reifenmodell oder das „Magic-Formula"-Modell [9], zur Verfügung. Typische Fehler von Odometriemessungen sind das durch die endlich vielen Ticks pro Umdrehung verursachte Winkel-Quantisierungsrauschen und das Winkelrauschen. Letzteres entsteht durch zufällige Variationen des Winkelinkrements, ab dem ein neuer Wheel-tick gezählt wird. Weiterhin bestehen umgebungsabhängige Störungen durch hohen Schlupf, beispielsweise aufgrund eines niedrigen Reibbeiwertes, hoher Beschleunigungen oder durch die Fahrt durch Schlaglöcher.

26.3 Klassifizierung und Ontologien für Filter zur Sensordatenfusion

Der Begriff der Sensordatenfusion wird, wie auch in ▶ Kap. 24 beschrieben, in Kraftfahrzeuganwendungen üblicherweise in zwei unterschiedlichen Kontexten verwendet:

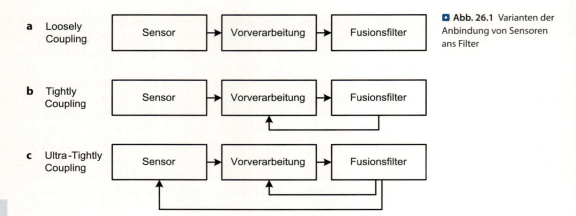

Abb. 26.1 Varianten der Anbindung von Sensoren ans Filter

- Zusammenführung von Messungen mit (größtenteils) unterschiedlichem Abdeckungsbereich, mit dem Ziel eines Datensatzes, der alle Abdeckungsbereiche in sich vereint (komplementäre Sensoren);
- Zusammenführung von Messungen mit (größtenteils) gleichem Abdeckungsbereich, mit dem Ziel der Verbesserung der Messqualität (redundante Sensoren).

In diesem Kapitel wird der Begriff der Fusion im Sinn des zweiten Kontexts, d. h. zur gemeinsamen Verarbeitung von Messungen redundanter (gleicher Abdeckungsbereich) Sensoren verwendet. Dabei besitzen die Sensoren jedoch, wie in ▶ Abschn. 26.2.2 beschrieben, heterogene Eigenschaften, die gerade zur besseren Qualität des Fusionsergebnisses beitragen.

Im Folgenden werden die grundsätzlichen Klassen von Filtern zur Fusion redundanter Daten aufgezeigt. Dazu wird eine Übersicht zu Fusionsfiltern, Konzepten und grundsätzlichen Eigenschaften gegeben. Diese gliedert sich in die Ontologien der Kopplung des Filters mit den Messungen, der Schätzmethoden und üblicher Filtertypen.

26.3.1 Klassifizierung der Anbindung von Sensoren an das Filter

Die Sensormessungen können in ein Fusionsfilter in unterschiedlicher Tiefe integriert werden [10], es werden im Wesentlichen die im Folgenden genannten Varianten unterschieden, wobei die gebräuchlichen englischen Begriffe verwendet werden.

Loosely Coupling. Die redundanten Daten werden, wie in ◘ Abb. 26.1a gezeigt, als reine Feed-Forward-Architektur vom Sensor vorverarbeitet ins Filter eingespeist. Diese Struktur ist einfach, intuitiv und hat einen geringen Rechenaufwand. Allerdings werden hierbei der Sensor und seine Messfehler als Black Box modelliert, die Güte der fusionierten Daten ist direkt von der Güte des Sensors und des Sensormodells abhängig. Am Beispiel eines GNSS werden dem Fusionsfilter fertige Positionslösungen statt Rohmessungen zugeführt: Die Fusion ist damit von der Positionsschätzgenauigkeit des Empfängers abhängig und zur Funktionsfähigkeit ist der Empfang von mindestens vier Satelliten notwendig [11].

Tightly Coupling. Die redundanten Sensordaten werden als Rohmessdaten ins Filter eingespeist, das Vorverarbeitungsmodell ist somit, wie aus ◘ Abb. 26.1b ersichtlich, ans Fusionsfilter gekoppelt. Diese Struktur weist eine erhöhte Komplexität auf und ist als Feedback-Architektur mit Rückführung von Korrekturdaten aus dem Fusionsfilter in die Datenvorverarbeitung aufgebaut. Damit ist die Güte der Messungen allein von den Sensoren, die Güte der daraus geschätzten Lösung hauptsächlich vom Fusionsalgorithmus abhängig. Am Beispiel eines GNSS sind bei dieser Architektur durch die Verarbeitung von Rohdaten (Pseudoranges, Deltaranges, eventuell Trägerphasen) und integrierte Fehlerschätzung zumindest für einen begrenzten Zeitraum auch

26.3 · Klassifizierung und Ontologien für Filter zur Sensordatenfusion

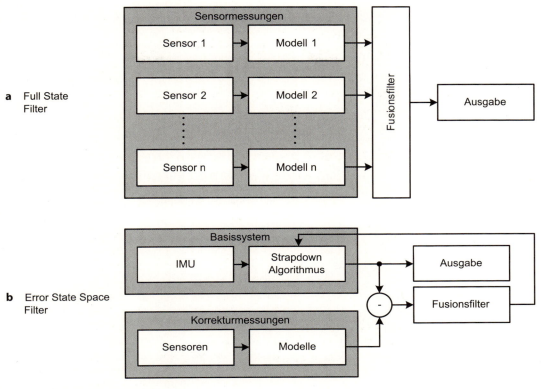

◘ Abb. 26.2 Varianten der Zustandsschätzung

weniger als vier Satelliten für eine Positionsstützung ausreichend.

Ultra-Tightly Coupling/Deep Integration. Die Struktur basiert auf dem Tightly Coupling, jedoch ist die Rückführung von Korrektur- und Regelungsdaten, wie in ◘ Abb. 26.1c dargestellt, bis in die Sensoren ausgeführt. Es findet eine Beeinflussung der Messung selbst statt, indem Messparameter anhand des Filterergebnisses angepasst werden. Damit sind sowohl eine Modellierung der sensorinternen Abläufe im Filter als auch die Verfügbarkeit von entsprechenden Schnittstellen des Sensors notwendig. Dadurch entsteht ein gegenüber den anderen Methoden deutlich erhöhter Aufwand an Hardware und Rechenzeit. Die Güte sowohl der Messungen als auch der Lösung ist abhängig von der Messhardware und dem Algorithmus. Am Beispiel eines GNSS kann so unter anderem die Bandbreite des Empfangsfilters und der empfängerinternen Regelungsschleifen zur Signalerfassung (Tracking Loops) gesteuert werden.

26.3.2 Klassifizierung der Schätzgrößen des Filters

Es existieren unterschiedliche Methoden, die Messdaten verschiedener Sensoren zu einem einheitlichen, konsistenten Datensatz zu fusionieren. Zwei wichtige Architekturen werden im Folgenden vorgestellt:

Zustandsschätzung vollständiger Größen (Full-State-Filter). Bei der Fusion durch ein Filter mit Schätzung der vollen Zustandsgrößen (wie z. B. Position, Geschwindigkeit etc.) werden Messdaten, wie in ◘ Abb. 26.2a gezeigt, von allen Sensoren in gleicher Weise und unabhängig voneinander ins Filter geführt. Die vollen Zustandsgrößen der Fusion werden vom Filter selbst berechnet und ausgegeben. Vorteile dieser Methode sind der intuitive Aufbau des Filters und die auch bei Ausfall eines beliebigen Sensors weiterhin gegebene Funktionsfähigkeit des Filters, sofern hierfür hinreichend viele redundante

Tab. 26.1 Fusionsfilter-Typen

Filter	Typ	Eigenschaften
Bayes-Filter	linear parametrisch	– nur eingeschränkt in digitalen Systemen umsetzbar – keine kontinuierlichen Ausgabegrößen
Kalman-Filter (KF)	linear parametrisch	– Annahme: System und Messungen normalverteilt (Gaußsches weißes Rauschen) – Unsicherheitspropagation (Varianz und Mittelwert) – bei Gaußschem weißem Rauschen optimaler Schätzer (erreicht Erwartungstreue und minimale Varianz) – geringer Rechenaufwand – Varianzen haben quadrierte Einheit der Zustandsgrößen
Informationsfilter (IF)	linear parametrisch	– wie Kalman-Filter, aber Propagation der inversen Varianz-Kovarianz-Matrix – Zustand unendlicher (Anfangs-)Unsicherheit damit numerisch darstellbar – signifikant erhöhter Rechenaufwand gegenüber dem KF, wenn Varianzen der Zustände benötigt werden
Extended KF/IF	linearisiert parametrisch	– wie KF oder IF, jedoch: – durch Linearisierung sind auch nichtlineare Zusammenhänge modellierbar – Verlust der Optimalität (Erwartungstreue und minimale Varianz) durch Linearisierung – moderat erhöhter Rechenaufwand
(Extended) Error-State-Space-KF	linearisiert parametrisch	– wie (Extended) KF, jedoch: – Schätzung von Fehlerinkrementen statt vollen Zuständen – Prädiktionsschritt durch Messung eines Basissystems – Erwartungswert der Fehlerinkremente ist null, daher kleiner Linearisierungsfehler – Rechenaufwand leicht reduziert gegenüber (Extended) KF
Unscented KF	nicht-linearisiert parametrisch	– Unscented Transformation: nichtlineare Fortpflanzung von aus der Normalverteilung entnommenen Punkten, anschließend Mittelwert und Varianz aus Transformationsergebnis berechnet – Vorteil gegenüber EKF bei ausgeprägter Nichtlinearität – Rechenaufwand vergleichbar mit EKF
Histogramm-Filter	nicht-parametrisch	– keine Normalverteilung für Ein- und Ausgang für Optimalität vorausgesetzt – Zustandsraum in endlich viele Regionen zerlegt (statisch oder dynamisch) – nichtlineare Propagation der Stützstellen – hoher, für Echtzeitanwendungen kritischer Rechenaufwand
Partikelfilter	nicht-parametrisch	– zufällige Abtastpunkte der Eingangsverteilung nichtlinear auf Ausgang projiziert – einfacher und in Bezug auf die nichtlineare Systemgleichung flexibler Algorithmus – Anzahl, Dichte und Varianz der zufälligen Abtastpunkte nur experimentell zu bestimmen – hoher, für Echtzeitanwendungen kritischer Rechenaufwand

Messungen verfügbar sind. Schwächen dieses Konzepts sind zum einen die stark von der Dynamik der Eingangsdaten direkt abhängigen, zeitlich variablen Eigenschaften der ausgegebenen Daten sowie arbeitspunktabhängige Schätzfehler im Falle eines in der Praxis häufig eingesetzten linearisierten Filters. Ein typisches Filter dieses Typs ist ein (Extended) Kalman-Filter.

Zustandschätzung von Fehlergrößen (Error-State-Space-Filter). Bei einem Fusionsfilter mit Schätzung von Fehlergrößen [4] wird die Differenz zwischen den Ausgabegrößen eines Basissystems und zusätzlichen Korrekturmessungen als Beobachtungsgröße im Filter zur Schätzung von Fehlerzuständen verwendet (z. B. Positionsfehler statt volle Position). In ▸ Abb. 26.2b ist dies am Beispiel eines integrierten Navigationssystems gezeigt: Hierbei bilden IMU und Strapdown-Algorithmus das Basissystem, während u. a. GNSS und Odometrie zur Korrektur eingesetzt werden. Das Fusionsfilter schätzt die Fehler anhand der Korrekturmessungen relativ zum Basissystem, die Ausgabegrößen des Navigationssystems werden dann im korrigierten Basissystem berechnet. Die zeitliche und Wertebereichsdynamik der Fehler ist üblicherweise klein im Vergleich zur Systemdynamik. Daraus ergeben sich die Vorteile dieser Methode in Form von weitgehend konstanten, von der Dynamik entkoppelten Eigenschaften der Ausgabedaten und vernachlässigbar kleinen Linearisierungsfehlern. Eine Schwäche dieses Konzepts ist die Abhängigkeit von der Verfügbarkeit des Sensors, der das Basissystem mit Daten versorgt. Im Fall der Fahrzeugnavigation ist dies in der Regel die sich durch hohe Verfügbarkeit auszeichnende IMU. Ein typisches Filter dieses Typs ist ein Error-State-Space-Kalman-Filter.

26.3.3 Klassifizierung verschiedener Filtertypen

In ▸ Tab. 26.1 wird eine Übersicht über verschiedene Fusionsfilter-Typen mit ihren wesentlichen Eigenschaften gegeben. Die Aufstellung basiert auf Darstellungen in [4] und [12]. In der einschlägigen Fachliteratur werden darüber hinaus vielfältige Varianten bzw. Abwandlungen dieser Filter vorgestellt und diskutiert.

26.4 Erweiterungen für Fusionsfilter

Im Folgenden werden Erweiterungen für die vorgestellten Fusionsfilter-Konzepte beschrieben, die insbesondere für den Einsatz im Automobilbereich Vorteile bieten.

26.4.1 Einbindung von Odometriemessungen

Die Verwendung von IMU und GNSS ist eine typische Umsetzung eines integrierten Navigationssystems. Im Kraftfahrzeugbereich stehen durch die seit langem zur Serienausrüstung gehörenden Raddrehzahlsensoren Odometriemesssignale zur Verfügung. Durch die Odometrie kann eine kurzzeitige Nichtverfügbarkeit von GNSS überbrückt werden. Die Odometriemessungen der Geschwindigkeit finden in radfesten Koordinaten statt und können durch gemessene Radlenkwinkel in fahrzeugfeste Koordinaten überführt und im Fusionsfilter verarbeitet werden.

Der wesentliche systematische Fehler, der allgemein und unabhängig von einem optional vorgelagerten Reifenmodell auftritt, ist der Fehler des dynamischen Reifenrollradius. Dieser stellt einen Skalfaktorfehler [8] bei der Umrechnung der Raddrehzahlen in Geschwindigkeiten dar. Daher ist es naheliegend, diese Fehlergröße durch das Fusionsfilter zu schätzen und zu korrigieren. Unter der Annahme, dass im öffentlichen Straßenverkehr der Großteil aller Fahrsituationen eine ebene Beschleunigung von im Betrag $\leq 5\,\text{m/s}^2$ aufweist [13], wird eine von der Beschleunigung linear abhängige Modellierung von Schlupf und Schräglauf als für den Zweck der Stützung des Navigationsfilters durch Odometriemessungen geeignet angenommen. Odometriemessungen außerhalb dieses Bereichs werden nicht verwendet. Unter dieser Randbedingung werden folgende systematische, nicht durch Messungen beobachtbare Fehler modelliert:

- Geschwindigkeitsfehler durch Schlupf – Korrektur über ein lineares Reifenmodell mit konstant angenommener Schlupfsteifigkeit sowie Beschleunigungsmessung;
- Geschwindigkeitsfehler durch Schräglauf – Korrektur über ein lineares Reifenmodell mit konstant angenommener Schräglaufsteifigkeit und Geschwindigkeits- und Beschleunigungsmessung.

Übliche Odometriemodelle verwenden Messungen einer nicht angetriebenen und nicht gelenkten Achse zur Schätzung von Geschwindigkeit und Gierrate des Fahrzeugs. Abhängig vom Systemmodell des Fusionsfilters sind diese Größen, jedoch auch einzelne Radgeschwindigkeiten, als Messwerte für die Fusion verwendbar.

26.4.2 Kompensation von verzögerter Messwertverfügbarkeit

Je nach Aufbau und Messprinzip eines Sensors entsteht ein zeitlicher Verzug zwischen dem der Messung zuzuordnenden Zeitpunkt und der Übergabe der Messdaten an das Fusionsfilter. Weitere Verzugszeiten entstehen durch unterschiedliche Abtastraten und -zeitpunkte von Basissystem und den verschiedenen Korrekturmessungen sowie durch Filterlaufzeiten. Die Verarbeitung dieser entsprechend veralteten Daten im Fusionsfilter kann zu Fehlern in Abhängigkeit von Arbeitspunkt und Dynamik der gemessenen Größe führen. So bewirkt z. B. eine für viele GNSS-Empfänger typische Verzugszeit von 100 ms bei einer Fahrzeuggeschwindigkeit von 30 m/s einen Positionsfehler von 3 m.

Für den speziellen Fall eines Error-State-Space-Filters wird eine Methode [14] vorgestellt, die mehrere, unterschiedlich verzögerte Sensormessungen mit hinreichend niedrigem Rechenaufwand für einen Echtzeiteinsatz verarbeitet. Dazu werden folgende Annahmen getroffen:

1. Innerhalb einer Zeitspanne τ sind die Änderungen der Fehler der Zustände $\vec{X}$ im Basissystem als vernachlässigbar und unabhängig von den Messwerten anzusehen. Die Zeitspanne τ entspricht hierbei dem größten im System zu erwartenden, noch die genannte Annahme erfüllenden Zeitverzug von Messdaten. Für die Zeitspanne τ werden, abhängig von der Abtastrate f_{Basis} des Basissystems, n Messwerte im Speicher gehalten (n ganzzahlig aufgerundet):

$$n = \tau \cdot f_{Basis}. \tag{26.1}$$

2. Bei Gültigkeit von Annahme (1) ist innerhalb von τ eine Trennung der n gespeicherten, um den aktuell bekannten Fehler korrigierten Vergangenheitsdaten $\vec{X}_n$ in wahre Arbeitspunkte $\vec{V}_n$ und davon unabhängige Restfehler $\vec{\varepsilon}$ zulässig. Da der Fehler über τ als konstant angenommen wird, ist er identisch mit dem Fehler der aktuellen Messepoche und daher auch durch das stochastische Modell des Fusionsfilters korrekt beschrieben:

$$\vec{X}_n = \vec{V}_n + \vec{\varepsilon}. \tag{26.2}$$

3. Zwischen jeweils zwei aufeinanderfolgenden Abtastschritten des Filters sind alle Änderungen der Messwerte als annähernd proportional zur Zeitdauer zu beschreiben, so dass mit einer linearen Interpolation verbundene Fehler als vernachlässigbar angesehen werden können.

4. Die Verzögerungszeit t_d zwischen der aktuellen Abtastzeit des Basissystems des Error-State-Space-Filters und der Korrekturmessung ist generell bekannt oder bestimmbar.

Der Beobachtungsvektor $\vec{z}_k$ als Eingangsgröße ergibt sich beim Error-State-Space-Kalman-Filter, wie aus ◘ Abb. 26.3 ersichtlich, als Differenz zwischen Korrekturmessung und der Messung des Basissystems. Gilt Annahme (1), so ist es zulässig, einen um t_d in der Vergangenheit ermittelten Fehler ohne Verluste an Genauigkeit in der aktuellen Messepoche anzubringen unter der Voraussetzung, dass $t_d \leq \tau$ gilt. Damit ist zur virtuellen Messung in der Vergangenheit eine Speicherung der zur Berechnung von $\vec{z}_k$ verwendeten Daten des Basissystems innerhalb der Zeitspanne τ ausreichend. Während der Verzugszeit finden im Allgemeinen auch Korrekturen durch andere Sensormessdaten mit unterschiedlichen Verzugszeiten statt. Um Annahme (2) aufrechtzuerhalten, findet bei einer Korrektur der aktuellen Messdaten durch die vom Filter errechneten Fehlerinkremente $\vec{x}_k$ auch

26.4 · Erweiterungen für Fusionsfilter

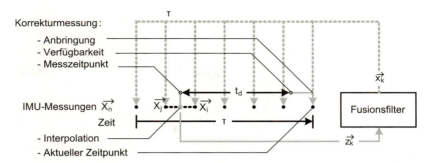

Abb. 26.3 Funktionsweise der Kompensation der verzögerten Verfügbarkeit

die Korrektur des für alle gespeicherten Messdaten $\vec{X}_n$ gültigen Fehlers $\vec{\varepsilon}$ statt. Somit ist gewährleistet, dass unabhängig vom zeitlichen Verzug stets die aktuellen Fehler auch bei den gespeicherten Zuständen korrigiert sind. Da zum m-ten Abtastintervall in einem vom Basissystem berechneten Wert $\vec{X}_m$ auch die summierten Korrekturinkremtente $\vec{\varepsilon}_0$ aus der Vergangenheit bereits enthalten sind, gilt für das Update der zugehörigen Korrektur $\vec{\varepsilon}$:

$$\vec{\varepsilon} = \vec{\varepsilon}_0 + \sum_{s=0}^{s=m} \vec{x}_s. \tag{26.3}$$

Hierbei ist für die aktuelle Messepoche $m = k$. Dies erlaubt eine rechenzeiteffiziente, rekursive Implementierung als Summation der vom Filter errechneten Korrekturen $\vec{x}_k$ einer Messepoche auf jeweils alle gespeicherten Werte $\vec{X}_n$.

Da im Allgemeinen nicht von synchroner Abtastung von Basissystem und Korrekturmessungen ausgegangen wird, erfolgt unter Annahme (3) eine lineare Interpolation des zur Fehlerberechnung verwendeten Messdatensatzes $\vec{X}_k$. Unter Annahme (4) wird die Verzögerungszeit t_d verwendet, um die beiden diesem Zeitpunkt am nächsten liegenden und diesen daher einschließenden Messungen des Basissystems $\vec{X}_i$ und $\vec{X}_j$ auszuwählen. Hierbei gilt, dass $t_i < t_d \leq t_j$. Es erfolgt die lineare Interpolation zwischen den Messwerten nach:

$$\vec{X}_k = \vec{X}_i + \left(\vec{X}_j - \vec{X}_i\right) \cdot \frac{t_d - t_i}{t_j - t_i}. \tag{26.4}$$

Die um den aktuell bekannten Fehler korrigierten und auf den Korrekturmesszeitpunkt interpolierten Werte $\vec{X}_k$ werden mit den Korrekturmessungen zu $\vec{z}_k$ verrechnet und zur Korrektur der Zustände verwendet.

Das Funktionsprinzip der Kompensation der zeitverzögerten Verfügbarkeit ist in **Abb. 26.3** veranschaulicht. Hierbei ist erkennbar, dass die vergangenen gespeicherten Werte $\vec{X}_n$ des Basissystems als gültige Korrekturen für den nächsten Abtastschritt nach der Verfügbarkeit von Korrekturmessdaten verwendet werden. Die sich daraus ergebenden Fehlerkorrekturen $\vec{x}_k$ werden auf alle gespeicherten Werte angewendet. Damit ist die Kompensation allgemeiner Zeitverzüge mehrerer Sensoren untereinander erreicht.

26.4.3 Plausibilisierung

Fusionsfilter beruhen üblicherweise auf einem stochastischen Modell, das eine Gewichtung von Mess- und Schätzdaten erlaubt. Dabei wird eine Beschreibung von Unsicherheiten der gemessenen und der fusionierten Daten mittels stochastischer Kennwerte durchgeführt. Am Beispiel des Kalman-Filters sind dies die Mess- und Schätzunsicherheiten, die in Form von Varianz-Kovarianz-Matrizen modelliert werden. Solange Messfehler zufälliger Art sind und in ihrer Größe und Häufigkeit der angenommenen statistischen Verteilung entsprechen, entsteht keine Einschränkung der Optimalität des Schätzalgorithmus. Dies ist in der Realität jedoch nicht garantiert, da Sensoren und Messungen auch systematischen Fehlereinflüssen unterliegen können; ein Beispiel hierfür ist die Mehrwegeausbreitung bei GNSS. Daher ist eine Plausibilisierung der Messdaten erforderlich, ein entsprechendes Konzept wird nachfolgend gezeigt. Ziel der Plausibilisierung ist es, ihrem stochastischen Modell aufgrund von Störungen nicht entsprechende Messungen aufzudecken und zu entfernen. Das Konzept erfüllt folgende Anforderungen:

- Nutzung der gesamten Redundanz aller Messdaten zur Fehlerdetektion,
- Kompatibilität zum Fusionsfilterkonzept und dessen Anforderungen an die Verarbeitung heterogener Messdaten,
- Überprüfbarkeit der Messdaten unabhängig von den Messzeitpunkten und der Abtastrate der Sensoren,
- Entfernung von Messungen nur bei signifikanten Abweichungen der Messdaten von ihrem stochastischen Modell durch mit definierter Irrtumswahrscheinlichkeit parametrierte Prüfschärfe,
- Erhaltung der größtmöglichen Anzahl an unveränderten Messungen für das Fusionsfilter,
- Berücksichtigung aller Mess- und Schätzunsicherheitsmodelle zum Erreichen eines selbstregelnden, der aktuellen Unsicherheit des Filters angepassten Verhaltens.

Am Beispiel eines integrierten Navigationssystems mit einem Error-State-Space-Kalman-Filter (siehe ▶ Abschn. 26.6) wird die Umsetzung einer Plausibilisierung gezeigt. Hierbei besteht das Basissystem aus einer Inertialmesseinheit und einem Strapdown-Algorithmus, die Plausibilisierung wird beispielhaft für GNSS-Pseudorange-Messungen in einer Tightly-Coupled-Architektur durchgeführt. Dabei erfolgt die Plausibilisierung sowohl durch den Vergleich von Messungen des Basissystems mit den Pseudoranges als auch durch den Vergleich der einzelnen Pseudoranges einer Messepoche untereinander.

Das Fusionsfilter verwendet grundsätzlich weißes Gaußsches Rauschen als stochastisches Modell, wobei zu jedem Messwert die Standardabweichung σ_{Mess} einer Normalverteilung modelliert wird.

Als stochastisches Verfahren *Plausibilisierung einer Einzelmessung gegen das Basissystem* wird aus der Messunsicherheit σ_{Mess} und der Schätzunsicherheit σ_{Basis} die Gesamtunsicherheit bestimmt und eine $n \cdot \sigma$-Umgebung zur Berechnung des Schwellwerts ξ für die Fehlerdetektion verwendet. Für die *Plausibilisierung der Einzelmessungen, hier Pseudoranges, gegeneinander*, die ein weitgehend filterunabhängiges Verfahren darstellt, werden die einzelnen Messunsicherheiten σ_{Mess} zur Berechnung der $n \cdot \sigma$-Umgebung verwendet. Der Parameter n bestimmt in beiden Fällen die Irrtumswahrscheinlichkeit und ist frei wählbar. Die Überprüfung der Pseudoranges untereinander profitiert von möglichst wenigen fehlerbehafteten Messungen, während die Überprüfung mit dem Basissystem unabhängig von der Anzahl an Ausreißern ist. Daher ist es vorteilhaft, die Überprüfung mit dem Basissystem zuerst auszuführen.

Plausibilisierung einer Einzelmessung gegen das Basissystem Die Beobachtungsgröße des Fusionsfilters für Pseudoranges (Codemessungen) ist die gekürzte Beobachtung δ_{PSR}, d. h. die Differenz der gemessenen zur aus den vorliegenden Daten (Eigenposition, Satellitenposition etc.) berechneten Pseudorange:

$$\delta_{PSR} = z_{PSR} - \check{z}_{PSR}. \qquad (26.5)$$

Hierbei ist z_{PSR} die vom Empfänger aus der Laufzeitmessung erhaltene Pseudorange und $\check{z}_{PSR}$ die aus der aktuellen Positionsschätzung des Strapdown-Algorithmus und der aus den Ephemeridendaten bekannten Satellitenposition berechnete Strecke. Die Standardabweichung der Pseudorange-Messung $\sigma_{PSR,Mess}$ ergibt sich aus dem im Tightly-Coupling berechneten Filterzustand „in Abstand umgerechneter Empfängeruhrfehler" mit Standardabweichung σ_{Clk} sowie aus dem Messrauschen σ_{PSR} der Pseudorange-Messung:

$$\sigma_{PSR,Mess}^2 = \sigma_{Clk}^2 + \sigma_{PSR}^2. \qquad (26.6)$$

Eine dreidimensionale Projektion des Filterzustands „Positionsfehler" mit Standardabweichung σ_{Pos} auf die Sichtlinie zum Satelliten wird nicht durchgeführt, um eine Kopplung der Fahrzeugausrichtung mit den Schwellwerten zu vermeiden. Daher wird die Positionsunsicherheit σ_{Pos} als Worst-Case-Abschätzung aus der geometrischen Summe der Koordinatenunsicherheiten berechnet, hier in den Achsen der Navigationskoordinaten:

$$\sigma_{Pos}^2 = \sigma_e^2 + \sigma_n^2 + \sigma_u^2. \qquad (26.7)$$

Die $n \cdot \sigma$-Umgebung, und damit der Schwellwert $\xi_{IMU,Code}$, ergibt sich dann als:

$$\xi_{IMU,Code} = n \cdot \sqrt{\sigma_{PSR,Mess}^2 + \sigma_{Pos}^2}. \quad (26.8)$$

Für den das Signifikanzniveau der Messfehlerdetektion festlegenden Parameter n ist im Sinne des Fusionsfilters eine Abwägung zwischen höherer Verfügbarkeit von Messungen (n größer) einerseits und stärkerer Fehlerunterdrückung (n kleiner) andererseits vorzunehmen. Der Test bewertet eine Messung als ungültig, falls

$$|\delta_{PSR}| > \xi_{IMU,Code}. \quad (26.9)$$

Plausibilisierung der Einzelmessungen, hier Pseudoranges, gegeneinander Diese Plausibilisierung basiert auf der Geometrie des Raumdreiecks, das von GNSS-Empfangsantenne und zwei beobachteten Satelliten p und q aufgespannt wird [15]. Unter der Annahme, dass die Empfangsposition näherungsweise und die Satellitenpositionen relativ exakt (so dass sie für die Plausibilisierung als fehlerfrei betrachtet werden können) gegeben sind, wird der Abstand der Satelliten l_{Eph} als Referenzwert berechnet:

$$l_{Eph} = \|\vec{r}_{p,Eph} - \vec{r}_{q,Eph}\|. \quad (26.10)$$

Dieser Satellitenabstand lässt sich als l_{Mess} auch aus den gemessenen Pseudoranges z_p und z_q gemäß Kosinussatz berechnen:

$$l_{Mess}^2 = z_p^2 + z_q^2 - 2 \cdot z_p \cdot z_q \cdot \cos(\alpha). \quad (26.11)$$

Unter der Annahme, dass der Positionsfehler des Strapdown-Algorithmus vernachlässigbar klein gegenüber der gesamten Länge einer Pseudorange (im Schnitt ca. 22.000 km) ist, kann zudem der Sichtwinkel α zu den beiden Satelliten berechnet werden.

Die Längendifferenz Δl des Satellitenabstandes aus beiden Berechnungen dient als Bewertungsgröße für den Pseudorange-Fehler:

$$\Delta l = |l_{Mess} - l_{Eph}|. \quad (26.12)$$

Aus der Gaußschen Fehlerfortpflanzung des Messrauschens (Varianzen) der Pseudoranges σ_p^2 und σ_q^2 sowie der Unsicherheit der Ephemeridendaten σ_{Eph}^2 ergibt sich für die Standardabweichung $\sigma_{\Delta l}$ von Δl:

$$\sigma_{\Delta l} = \sqrt{\left(\frac{z_p - z_q \cdot (\vec{e}_p \cdot \vec{e}_q)}{l_{Mess}}\right)^2 \cdot \sigma_p^2 + \left(\frac{z_q - z_p \cdot (\vec{e}_p \cdot \vec{e}_q)}{l_{Mess}}\right)^2 \cdot \sigma_q^2 + \sigma_{Eph}^2}. \quad (26.13)$$

Der Ephemeridenfehler kann hierbei als vernachlässigbar angenommen werden, so dass sich für l_{Eph} eine Varianz von $\sigma_{Eph}^2 = 0$ ergibt. Der Schwellwert $\xi_{Code,Code}$ berechnet sich als:

$$\xi_{Code,Code} = n \cdot \sigma_{\Delta l}. \quad (26.14)$$

Auf einen Fehler in einer der Messungen z_p und z_q wird geschlossen, falls die Bedingung

$$\Delta l > \xi_{Code,Code}. \quad (26.15)$$

erfüllt wird.

Zur Isolierung der fehlerhaften Messungen werden alle Kombinationen p, q ($p \neq q$) getestet. Bei r beobachtbaren Satelliten berechnet sich die Anzahl s an Paarvergleichen unter der für die Prüfung notwendigen Bedingung $r \geq 2$ durch die Gaußsche Summenformel:

$$s = \frac{(r-1) \cdot r}{2}. \quad (26.16)$$

Die Prüfung wird für alle s Paarungen von Satelliten durchgeführt. Hierbei wird satellitenindividuell ein Fehlerzähler F_r für jede Paarung mit detektiertem Widerspruch inkrementiert. Dabei wird der Zähler bei einer Fehlerdetektion für jeweils beide an der Paarung beteiligten Satelliten erhöht.

Ein Schwellwert F_{Max} zum Verwerfen einer Messung ist hierbei so zu wählen, dass nur bei einer eindeutigen Erkennung eines Fehlers die Daten verworfen werden. Insbesondere gilt für die Fälle:

- $r = 2$: Wird im Paarvergleich ein Fehler detektiert, so ist dieser nicht eindeutig auf eine der beiden Messungen zuzuordnen. Damit erfolgt zur sicheren Vermeidung eines Fehlers das Verwerfen beider Messungen aufgrund des geometrischen Vergleichs.
- $r \geq 3$: Unter der Annahme, dass Störungen zufällig oder geometrisch bedingt unterschiedlich in allen Messungen auftreten, sind Messungen zu verwerfen, die in einer Mindestanzahl an durchgeführten Paarvergleichen eine Fehlerdetektion zeigen.

Diese Bedingungen werden durch die Wahl der Mindestanzahl an Prüfungen mit Fehlerdetektion gleich der Anzahl der verfügbaren Paarungen, jedoch mindestens gleich 1 erreicht:

$$F_{Max} = r - 1 | F_{Max} \geq 1. \quad (26.17)$$

Ist die Summe der detektierten Fehler einer Messung größer oder gleich F_{Max}, so wird diese Messung verworfen. Damit ist die Plausibilisierung für die GNSS-Pseudoranges einer Messepoche abgeschlossen.

Das Prinzip der Überprüfung gegen das Basissystem sowie mit anderen Messungen einer Messepoche lässt sich entsprechend auf andere Messgrößen wie z. B. Deltarange- und Odometriemessungen übertragen.

26.5 Datenqualitätsbeschreibung

Im Folgenden werden Methoden zur Beschreibung der Datenqualität vorgestellt, die über die durch das Fusionsfilter berechnete Qualität der Zustandsgrößen in Form einer Varianz-Kovarianz-Matrix hinausgehen. Zunächst wird das Qualitätsmaß *Integrität* erläutert, das eine Bewertung der Konsistenz von redundanten Daten zum Ziel hat. Eine Auswahl aus der Vielzahl von Methoden zur Integritätsbewertung wird vorgestellt. Anschließend wird ein Konzept zur Berechnung eines Genauigkeitsmaßes präsentiert, das für Anwendungsfunktionen eine ganzheitliche Qualitätsbewertung der aus dem Fusionsfilter benötigten Daten bereitstellt.

26.5.1 Integrität

Der Begriff der Integrität wird in der Navigation und Ortung meist entsprechend [16] als „(…) *die Korrektheit der durch die Ortungskomponente bereitgestellten Positionsinformation (…)*" beschrieben, wobei diese Definition im Prinzip auf sämtliche durch das Fusionsfilter zu schätzenden Größen erweitert werden kann. Eine Aussage zur Korrektheit wird in Form eines Integritätsmaßes gegeben.

Anforderungen Daten und Messwerte besitzen auch im ungestörten Fall eine definierte Streuung und einen Erwartungswert. Abweichungen zwischen Messungen sind daher unvermeidbar und innerhalb der spezifizierten Messgenauigkeiten zulässig, ohne dass dies ein Hinweis auf einen Fehler ist. Solange die Messwerte innerhalb ihrer spezifizierten Streubreiten liegen, wird daher von gegebener Konsistenz, d. h. der Widerspruchsfreiheit der Messdaten im Rahmen ihrer Unsicherheiten, ausgegangen. Die auf diesen Annahmen aufbauende Bewertung der Integrität von Daten setzt voraus, dass mindestens zwei redundante Datensätze verfügbar sind, um diese gegeneinander auf Konsistenz, d. h. auf die Widerspruchsfreiheit im Sinne des angenommenen stochastischen Modells, zu überprüfen.

Nutzerfunktionen der fusionierten Daten benötigen daher als Integritätsinformation zur Bewertung der Daten sowohl das Ergebnis der Konsistenzprüfung als auch Kennwerte über die Schärfe und Verfügbarkeit dieser Überprüfung. Daraus ergeben sich folgende allgemeine Anforderungen an ein Integritätsmaß:

- Überprüfung aller verfügbaren redundanten Messungen gegeneinander auf Konsistenz;
- Detektion von Störungen und Inkonsistenzen mit möglichst kleiner Detektions- bzw. Alarmzeit und definierter Irrtumswahrscheinlichkeit;
- Ausgabe des Ergebnisses der Überprüfung in Form einer Aussage über die Verwendbarkeit der Daten;
- Ausgabe eines Konfidenzmaßes zur Beschreibung der Prüfschärfe und zur Berücksichtigung der Unsicherheiten und der Verfügbarkeiten.

Somit ergibt sich das hier definierte Integritätsmaß als eine Kombination aus der Überprüfung der verfügbaren Daten auf Konsistenz, der Bewertung der Prüfschärfe aufgrund der Unsicherheit der Daten und der Überdeckung der Vertrauensintervalle.

Algorithmen zur Bewertung der Integrität Die Definition der Integrität in der Navigation und Ortung lässt sich laut [16] ergänzen:

> „(…) die Korrektheit der durch die Ortungskomponente bereitgestellten Positionsinformation (…). Diese wird durch zwei Größen beschrieben: Fehlergrenzwert und Alarmzeit.
> Der Fehlergrenzwert (Threshold Value) spezifiziert den noch tolerierbaren Positionsfehler für eine bestimmte Anwendung. Er heißt auch Protection Level und wird üblicherweise in der horizontalen Ebene (Horizontal Protection Level, HPL) und in der vertikalen Achse (Vertical Protection Level, VPL) getrennt angegeben.
> Die Alarmzeit (Time-to-alarm, ToA) beschreibt die erlaubte Zeitspanne zwischen Auftreten des den Alarm auslösenden Ereignisses und seiner Erfassung am Ausgang der Ortungskomponente. (…)"

Eine Konkretisierung [17] des Begriffs der Integrität ist möglich, indem die Sub-Parameter Integritätsrisiko, Alarmschwelle und Alarmzeit definiert werden. Hierbei bedeutet *Integritätsrisiko* die Auftretenswahrscheinlichkeit eines nicht akzeptablen Fehlers des Systems, ohne dass eine rechtzeitige Warnung gegeben wird. Das *Alarmlimit* definiert den Schwellwert des noch akzeptierten Fehlers, ab dessen Überschreitung Integritätsalarm ausgelöst wird, die *Alarmzeit* wird als die Zeit zwischen Auftreten eines nicht akzeptablen Fehlers in der Navigationslösung und der Auslösung des Alarms beschrieben.

Die Begriffe *Korrektheit* und *Genauigkeit* beschreiben im allgemeinen Sinne die Einhaltung bzw. die Definition eines alle Unsicherheiten der Daten einschließenden Vertrauensintervalls.

Ein grundlegendes, zur Integritätsbewertung geeignetes statistisches Verfahren zur Qualitätskontrolle von Mess- und Schätzdaten ist der *Globaltest* [18], in dem ein Gauß-Markov-Modell auf Einhaltung einer angenommenen χ_n^2-Verteilung innerhalb einer definierten Irrtumswahrscheinlichkeit überprüft wird.

Zur Bewertung der Optimalität eines Parameterschätzverfahrens werden zwei Kriterien [19] zur Bewertung der Konsistenz als Grundlage verwendet. Diese sind ein Erwartungswert der Schätzung, der dem wahren Wert entsprechen soll, sowie die minimale Varianz der Schätzung. Die mittlere quadratische Abweichung stellt hierbei ein gemeinsames Maß beider Kriterien dar. Ein für den Globaltest geeignetes Verfahren ist der *Normalized-Innovation-Squared (NIS)-Test*.

Als Grundlage zur Sensorvalidierung und zur Detektion von signifikanten Fehlern wird die Überprüfbarkeit von Daten verwendet. Hierfür sind folgende Herangehensweisen [2] geeignet:
- Hardware-Redundanz: gegenseitige Überprüfung der Informationen von mehreren gleichen Sensoren;
- Analytische Redundanz: gegenseitige Überprüfung von modellbasiert mit anderen Sensoren verknüpften Informationen;
- Temporale Redundanz: Überprüfung mehrerer Durchläufe des gleichen Versuchs, daher nicht echtzeitfähig;
- Wissensbasierte Methoden: Modellierung von Prozesswissen/menschlichem Wissen, mit dem Inkonsistenzen in Signalen erkannt werden.

Redundanzen werden beispielsweise bei der Sensorvalidierung durch Bayessche Netzwerke [2] verwendet. Hierbei wird jedem Sensor über eine Verknüpfung bedingter Wahrscheinlichkeiten eine Validitätswahrscheinlichkeit zugeordnet. Neben dem bereits erwähnten, auch auf Redundanzen basierenden NIS-Test [20] existieren als weitere Verfahren zur Validitätsprüfung die Parity-Space-Methode [21] und die mathematisch ähnliche Hauptkomponentenanalyse [22]. Beide basieren auf einer Auftrennung von Beobachtungen in statistisch unabhängige Komponenten und deren anschließender Überprüfung. Eine wissensbasierte Methode ist Fuzzy Logik [23], die häufig zur Sensorvalidierung in Kraftwerken eingesetzt wird.

Das aus dem GNSS-Bereich stammende Receiver Autonomous Integrity-Monitoring (RAIM-)-Verfahren ist ein Überbegriff für verschiedene Methoden. Diese verwenden insbesondere auf Redundanz basierende Methoden zur Integritätsbewertung in Geodäsie, Navigation und Ortung.

Tab. 26.2 Testszenarien statistischer Hypothesentests

Sachverhalt	H_0 ist akzeptiert	H_a ist akzeptiert
H_0 ist wahr	korrekte Entscheidung Konfidenzniveau $1 - \alpha$	Falschalarm (Fehler 1. Art) Irrtumswahrscheinlichkeit α
H_a ist wahr	Fehlalarm (Fehler 2. Art) Wahrscheinlichkeit β	korrekte Entscheidung Güte $1 - \beta$

Gemeinsames Ziel von RAIM-Algorithmen ist die bordautonome Fehlerdetektion in Messdaten mit möglichst kurzer Alarmzeit und definierter Irrtumswahrscheinlichkeit. Weiterhin wird als Bewertungsgröße des aktuellen Systemzustandes eine Abschätzung des maximalen Störeinflusses durch einen unentdeckten Fehler berechnet.

Übliche in der Geodäsie verwendete RAIM-Algorithmen basieren auf dem Detection, Identification and Adaption (DIA)-Verfahren [24], das vom stochastischen Modell grob abweichende Störungen mittels Globaltest detektiert und Ausreißer gegebenenfalls über einen Lokaltest identifiziert. Eine Adaption [25] an den Ausreißer lässt sich durch das Ersetzen der fehlerhaften Messung oder die Anpassung der Nullhypothese an den Ausreißer erzielen. Die Nullhypothese H_0 bei RAIM besagt, dass sich die Abweichungen (Residuen) der Messungen wie normalverteilte Zufallsvariablen entsprechend ihrem stochastischen Modell verhalten. Die Alternativhypothese H_a geht dagegen von einem Fehler aus: Wird diese Hypothese akzeptiert, erfolgt die Auslösung von Integritätsalarm. Beim Überprüfen der Hypothesen mittels Globaltest [24] ergeben sich mit den stochastischen Parametern α und β die in Tab. 26.2 gezeigten Szenarien:

RAIM-Anwendungen in der Navigation basieren auf den folgenden drei grundlegenden Fehlerdetektionsmethoden:

- Range Domain: Konsistenzprüfungen der Pseudorange-Messungen,
  - verallgemeinert: Konsistenzprüfung auf (Roh-)Messdatenebene;
- Position Domain: Teststatistik der Positionsbestimmung wird aus Subsystemen hergeleitet,
  - verallgemeinert: Konsistenzprüfung auf Ebene der Fusionsergebnisse;
- Time Domain: Konsistenzprüfung auf Basis der Plausibilität des zeitlichen Verlaufs von Messdaten.

Weiterhin wird der betrachtete Zeitbereich zur Bildung der Teststatistik unterschieden in Snapshot-Methoden, die nur die Daten der aktuellen Messepoche verwenden, sowie sequenzielle Methoden, die auch aus der Vergangenheit gespeicherte Werte zur Berechnung einsetzen.

Der Nachweis der mathematischen Äquivalenz ist für die vier grundlegenden, dem Snapshot-Verfahren in der Range Domain zuzuordnenden RAIM-Methoden Least Squares Residuals, Parity Space, Range Comparison [26] und Normalized Solution Separation [27] erbracht.

Das Snapshot-Verfahren Multiple Solution Separation [25] in der Position Domain basiert auf der Annahme, dass pro Messepoche nur eine Messung gestört ist. Bei N Beobachtungen werden zusätzlich zur Gesamtlösung $N - 1$ Positionslösungen unter Ausschluss jeweils einer Beobachtung gebildet, so dass gemäß der Annahme mindestens eine fehlerfreie Lösung existiert. Die Teststatistik wird durch Auswertung der Abweichungen zur Gesamtlösung gebildet; dieses Verfahren ist durch die Berechnung mehrerer Lösungen mit einem hohen Rechenaufwand verbunden.

Das sequenzielle Range-Domain-Verfahren Autonomous Integrity Monitoring by Extrapolation (AIME) [25] ist zum Einsatz in der Airbus-Familie zertifiziert. Es ermittelt die Teststatistik über die Innovationen des Fusionsfilters über die Zeiträume 150 s, 10 min und 30 min, wodurch langsam veränderliche Fehler prinzipiell detektierbar sind. Damit steigt jedoch auch die Alarmzeit entsprechend an. Dieses Verfahren ist insbesondere geeignet für Tightly-Coupled-Verfahren, da es durch die Einbeziehung des Trägheitsnavigationssystems auch bei weniger als vier beobachtbaren Satelliten zur Überprüfung redundanter Daten in der Lage ist.

Ein Schwachpunkt der gezeigten Verfahren, die auf einem globalen χ^2-Test aufbauen, ist die fehlende oder – wie bei AIME – nur über einen langen Zeitraum gegebene Detektierbarkeit von langsam wachsenden Fehlern, beispielsweise verursacht durch Veränderungen der Ionosphärenlaufzeit von GNSS-Signalen oder Offset-Driften der Inertialmesseinheit. Ein hierfür beschriebener Lösungsansatz ist der Rate-Detector-Algorithmus [28], der über ein separates Kalman-Filter die Änderungsrate der Teststatistik beobachtet und somit dauerhafte, jedoch zur Auslösung von Integritätsalarm zu kleine Abweichungen vom Erwartungswert detektiert.

Ein Ansatz, der die bekannten Schwächen von RAIM-Algorithmen – Annahme nur eines gleichzeitigen Fehlers und Nichterkennbarkeit von langsam veränderlichen Fehlern – adressiert, ist die Piggypack-Architektur [29]. Letztere nimmt eine Umrechnung der Inertialmessungen in virtuelle Pseudorange-Messungen vor und führt die Teststatistik nach AIME, eine Fehlerdetektion und -isolation nach Solution-Separation durch [25] – d. h. der Berechnung mehrerer Navigationslösungen unter Ausschluss einzelner Beobachtungen und die Berechnung des Protection-Levels nach NIORAIM [30]. Dieses Verfahren ist aufgrund der Berechnung virtueller Pseudoranges und der Verwendung von Solution-Separation mit einem hohen Rechenaufwand verbunden.

Speziell für die Anwendung im Straßenverkehr wird der Begriff von Vehicle Autonomous Integrity Monitoring (VAIM) [31] eingeführt, weiterhin für die Verwendung seriennaher Sensorik das Verfahren High Integrity IMU/GPS Navigation Loop [32], die beide stark vereinfachende Annahmen und Algorithmen verwenden und die bereits genannten Schwächen von RAIM-Algorithmen aufweisen.

Ein Verfahren der Time Domain, das im Gegensatz zu anderen Verfahren nicht die Zustände und Messungen, sondern die durchfahrene Trajektorie beobachtet, ist Trajectory Monitoring [33]. Dort wird jedoch auch gezeigt, dass dieses Verfahren Schwächen bei niedrigen Geschwindigkeiten aufweist.

Des Weiteren existieren auf der Verwendung mehrerer Modelle basierende Algorithmen: So verwendet Interactive Multiple Model Filtering [34] zwei verschiedene Modelle zur Fehlerdetektion, zwischen denen je nach Fahrsituation umgeschaltet wird. Multiple Model Adaptive Estimation (MMAE) [35] adressiert die von RAIM-Algorithmen bekannten Schwächen und deren Nachteil nur bei einem korrekt parametrierten Fusionsfilter funktionsfähig zu sein, durch eine Bank an mehreren unabhängigen Filtern mit unterschiedlichen Fehlerhypothesen, die einem Fehler eine Zutreffenswahrscheinlichkeit zuordnen. Durch die notwendigen Mehrfachberechnungen resultiert ein erhöhter Rechenaufwand für beide Methoden. Außerdem zielen diese Ansätze auf vorab festgelegte Fehlertypen, auf nichtmodellierte Fehlerarten können sie nicht in geeigneter Weise antworten.

26.5.2 Genauigkeit

Anforderungen Die Datenverarbeitung oder Regelung in Anwenderfunktionen benötigt detaillierte, mehrere Signaleigenschaften umfassende Informationen. Die Information über die Gesamtunsicherheit [36] der Filterzustände allein ist nicht ausreichend, um die Steuerung oder Regelung mit dynamischer Qualität aufzubauen. Daher erfolgt eine Echtzeit-Beschreibung typischer Eigenschaften von gemessenen oder auch verarbeiteten Daten in Form von Genauigkeitsmaßen für verschiedene Kennwertklassen. Dadurch wird der *virtuelle Sensor* dahingehend erweitert, dass den Anwendungen ein dynamisches, den aktuellen Verfügbarkeiten und Genauigkeiten der Sensoren entsprechendes *virtuelles Datenblatt* liefert. Dieses enthält alle für die Verarbeitung in den Anwendungen benötigten Informationen bzgl. der in der aktuellen Messepoche fusionierten Signale, ist jedoch so weit abstrahiert, dass keine direkte Abhängigkeit von einzelnen Sensoren besteht. Dadurch wird eine Entkopplung der Signalquellen und der Anwenderfunktionen zusätzlich zur Datenebene auch auf der Beschreibungsebene erreicht.

Es ergeben sich die folgenden allgemeinen Anforderungen an das Genauigkeitsmaß:
- Abstraktion der Beschreibungsebene durch den virtuellen Sensor,
- anwendungsspezifische Eigenbeschreibung des virtuellen Sensors durch ein Echtzeit-Datenblatt,
- Rückwirkungsfreiheit auf das Fusionsergebnis,
- Beschreibung aller Ausgabegrößen des Fusionsfilters,
- Konsistenz mit dem bestehenden Fusionsfilter.

Bestehende Maße Für die Beschreibung grundlegender Begriffe [17] zur Bewertung der Leistungsfähigkeit eines Navigationssystems wird die *Genauigkeit* als statistisches Maß für die Abweichung der geschätzten Position von der unbekannten wahren Position definiert. In Abhängigkeit vom Anwendungsfall und von der angenommenen Verteilungsfunktion werden verschiedene Maße zur Beschreibung eines Unsicherheitsintervalls definiert, wie beispielsweise „Circular Error Probable" (CEP). Weiterhin wird der Begriff der *Kontinuität* definiert als die Zuverlässigkeit der Positionsausgabe eines Navigationssystems: Das *Kontinuitätsrisiko* beschreibt die Wahrscheinlichkeit dafür, dass das System keine den Spezifikationen entsprechende Ausgabedaten mehr liefert. Der Begriff der *Verfügbarkeit* wird im engsten Sinne definiert als die gleichzeitige Einhaltung der Anforderungen an Genauigkeit, Integrität und Kontinuität. Es wird jedoch angemerkt, dass in praktischen Anwendungen häufig auch nur eine teilweise Einhaltung dieser Kriterien ausreicht. Daher wird von [17] die praxisnahe Definition von Verfügbarkeit als die Einhaltung der Anforderungen an ein System zu einem bestimmten Zeitpunkt angeregt.

Eine allgemeingültige, auf gemessene oder geschätzte Daten anwendbare Qualitätsbeschreibung wird von [37] vorgeschlagen. Die Messqualität wird hierbei als übergeordneter Begriff verwendet, der sich aus den wie folgt definierten Teilmaßen zusammensetzt:

- Messunsicherheit: quantitative Beschreibung des Zweifels am Messergebnis in Form eines Überdeckungsintervalls, innerhalb dessen sich der wahre Wert der Messgröße mit definiertem Vertrauensgrad befindet.
- Messgenauigkeit: qualitatives, theoretisches Maß für die Annäherung eines Messergebnisses an den wahren, unbekannten Wert.
- Konsistenz: Beschreibung der Widerspruchsfreiheit von verschiedenen Messwerten.
- Latenz (Verzugszeit): Zeit zwischen Messung und Bereitstellung von Messdaten.
- Verfügbarkeit: Bereitstellung von Daten zu einem bestimmten Zeitpunkt („Punktverfügbarkeit").
- Zuverlässigkeit: Wahrscheinlichkeit für die Verfügbarkeit von Messdaten über eine definierte Dauer hinaus.

Auch wenn sich diese Definition an realen, für den praktischen Einsatz relevanten Beschreibungsgrößen orientiert, beschränkt sich die Klassifikation der Messunsicherheit und Messgenauigkeit auf die bisher übliche Beschreibung eines gesamten Fehlers. Daher wird im Folgenden der Begriff des Genauigkeitsmaßes im Sinne der Messgenauigkeit verwendet, jedoch um eine Klassifikation in verschiedene Fehlertypen erweitert.

Konzeption eines Genauigkeitsmaßes Zur Beschreibung der Eigenschaften von Messdaten erfolgt eine Klassifikation in unterschiedliche Fehlertypen. Somit wird eine Aufteilung des Gesamtfehlers in Einzelfehler erreicht. Die diesen einzelnen Fehlertypen zugeordneten Genauigkeiten werden im Folgenden als Beschreibungsgrößen bezeichnet. Die Berechnung und Weitergabe der Beschreibungsgrößen an Nutzerfunktionen ermöglicht die funktionsindividuelle Bewertung der aktuellen Signaleigenschaften, auch wenn keine direkte Verbindung zu den Sensoren selbst mehr besteht. Die Klassifikation in Beschreibungsgrößen liefert dabei Zusatzinformationen, die entsprechend des Fehlerfortpflanzungsgesetzes gebildete Summe der Einzelfehler ergibt wiederum die Gesamtunsicherheit.

Die Verarbeitung von Messdaten erfolgt in der Regel schrittweise, jedoch stets basierend auf grundlegenden Operationen. Daraus ergibt sich die Unterteilung der vorgenommenen Signalverarbeitung in abgeschlossene, als Black Box modellierte Abschnitte, die stets die Beschreibungsgrößen als Ein- und Ausgangsvektor besitzen. Innerhalb dieser gekapselten Systeme werden die Ausgabewerte der Beschreibungsgrößen in Form einer Fehlerfortpflanzung berechnet, wobei auch bekannte Abhängigkeiten von Beschreibungsgrößen untereinander in Form eines Fehlerfortpflanzungsgesetzes berücksichtigt werden. Ansonsten werden die Beschreibungsgrößen vereinfachend als unabhängig und untereinander rückwirkungsfrei betrachtet. Optional werden weitere Parameter, beispielsweise durch Korrekturen vom Fusionsfilter, zur Berechnung der Beschreibungsgrößen verwendet.

Eine beispielhafte Umsetzung ist in ◘ Abb. 26.4 als Blockdiagramm gezeigt. Diese hierbei modellierten Operationen umfassen die Korrektur von Nullpunkt- und Skalenfaktorfehlern einer Beschleunigungsmes-

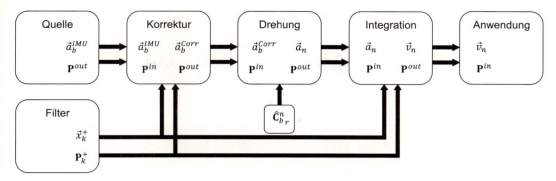

◻ **Abb. 26.4** Struktur der Genauigkeitsberechnung

sung $\vec{a}_b^{IMU}$ durch das Fusionsfilter, deren Drehung in Navigationskoordinaten durch die Drehmatrix $\hat{\mathbf{C}}_{b\,r}^n$ und deren Summation in eine Geschwindigkeit $\vec{v}_n$ bei gleichzeitiger Korrektur des Absolutwertes durch das Fusionsfilter. Hierbei wird die Notation *in* für Eingangswerte und *out* für Ausgabewerte verwendet.

Die Modellierung des Signalpfades beginnt mit den Sensoren als Quelle. Für die Beschreibungsgrößen werden Startwerte entsprechend den Spezifikationen der Sensoren in ihren realen Datenblättern verwendet. Somit ist eine stets dem aktuellen Betriebszustand entsprechende Spezifikation der Signaleigenschaften zu jedem Prozessschritt der Signalverarbeitung erreicht. Bezogen auf die Einhaltung dieser Spezifikationen ergibt sich das Kontinuitätsrisiko eines Error-State-Space-Fusionsfilters entsprechend der obigen Definition aus dem Kontinuitätsrisiko des Basissystems, da dessen Verfügbarkeit und Einhaltung der Spezifikationen die kleinste, notwendige Grundlage für den Betrieb des Fusionsfilters darstellen.

Anhand der Anforderungen der Nutzerfunktionen werden die Beschreibungsgrößen ermittelt. Für das Berechnungsverfahren wird ein für jede Eigenschaft spezifisches Fehlerfortpflanzungsgesetz ausgewählt. Prinzipiell lässt sich die Fehlerfortpflanzungsrechnung mit beliebigen, für die Beschreibungsgrößen individuellen Verteilungsfunktionen realisieren.

26.6 Beispiel einer Umsetzung

26.6.1 Architektur

Die beispielhafte Umsetzung eines Fusionsfilters zur hochgenauen Ortung wird nachfolgend gezeigt. Dafür wird ein Error-State-Space-Ansatz mit einem Extended-Kalman-Filter ausgewählt, die in ▶ Abschn. 26.2.2 gezeigte Sensorik wird hierfür als Grundlage verwendet. Eine MEMS-Inertialmesseinheit mit sechs Freiheitsgraden wird in Kombination mit einem Strapdown-Algorithmus als Basissystem eingesetzt. Korrekturen werden durch GPS Code- und Trägerphasenmessungen sowie Odometriemessungen in Form eines Tightly-Couplings zur Verfügung gestellt. Das Filter wird um die in ▶ Abschn. 26.4.2 gezeigte Kompensation von verzögerter Verfügbarkeit erweitert, ebenso wird die in ▶ Abschn. 26.4.3 beschriebene Plausibilisierung für die Korrekturmessungen integriert.

Das sich aus den beschriebenen Blöcken ergebende Fusionsfilter [38] ist in ◻ Abb. 26.5 als Strukturbild gezeigt. Das Basissystem enthält als zentrales Element der Datenfusion die Korrektur der IMU-Sensorfehler, den Strapdown-Algorithmus und das Fusionsfilter (Error-State-Space-KF).

Die Tightly-Coupling-Schleife setzt sich aus den Vorverarbeitungs- und Messmodellen für die Rohmessdaten aus GPS-Pseudorange- und Deltarange-Messungen und aus der Odometrie zusammen. Die vorverarbeiteten und korrigierten Daten aus diesen Blöcken sind Eingänge für das Error-State-Space-Kalman-Filter, die Korrekturen für Tightly-Coupling werden als Ausgabegrößen des Filters in einer geschlossenen Regelschleife zurückgeführt. Der relative Zeitverzug der GPS- und Odometriemessungen wird gemessen und mit der Korrektur für verzögerte Verfügbarkeit kompensiert. Die Plausibilisierung detektiert und entfernt die durch äußere Störungen nicht mehr ihrem Fehlermodell entsprechenden Messwerte der Korrek-

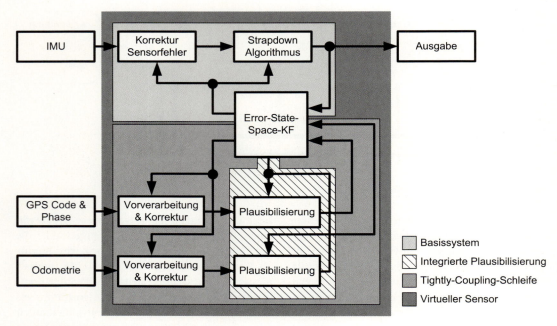

Abb. 26.5 Blockstruktur des Fusionsfilters

turmessungen. Dies erfolgt sowohl als integrierte, Messungen und Unsicherheiten des Fusionsfilters und der Korrekturmessungen verwendende Überprüfung als auch durch den modellbasierten, vom Filter unabhängigen Vergleich überbestimmter Korrekturmessdaten untereinander.

Diese modulare Filterstruktur ermöglicht die Erweiterbarkeit um weitere Korrekturmessungen ohne Änderungen an den bestehenden Messmodellen. Mindestvoraussetzung zur Integration einer weiteren Korrekturmessung ist parallele oder analytische Redundanz zu mindestens einem der Filterzustände, womit auch eine Plausibilisierung mit Messdaten aus dem Basissystem realisierbar ist. Beinhaltet ein Korrekturdatensatz mehrere Messungen mit paralleler Redundanz untereinander, lässt sich über eine Modellbeschreibung von bekannten Zusammenhängen auch die erwähnte, vom Fusionsfilter unabhängige, Plausibilisierung durchführen. Weiterhin ist für die Korrektur eines Zeitverzugs der Messung erforderlich, dass dieser Verzug messbar oder bekannt ist. Ist die Korrekturmessung von systematischen Fehlern betroffen, die durch die Messung selbst oder durch andere Messungen beobachtbar sind, ist die Einbindung in eine Regelschleife mit enger Kopplung realisierbar.

Der Aufbau des Fusionsfilters erfüllt hierbei die in ▶ Abschn. 26.1 genannten Anforderungen an die Systemarchitektur. IMU und Korrekturmessungen sind als Sensoren von den ausgegebenen Daten entkoppelt, das Filter wirkt als virtueller Sensor und berechnet unabhängig von der Anzahl der verfügbaren Korrekturmessungen einen konsistenten Satz an Ausgabedaten. Da der Strapdown-Algorithmus zeitinvariant mit deterministischen Prozessschritten ist, wird eine konstante Gruppenlaufzeit der Signale erzielt. Die Ausgaberate ist durch die taktgleiche Berechnung des Basissystems identisch mit der IMU-Messrate; diese ist die höchste aller verwendeten Sensoren. Weiterhin ist die IMU-Verfügbarkeit nicht durch äußere Umstände eingeschränkt, sondern nur durch die Hardware-Zuverlässigkeit der Sensoren bestimmt. Bei allen anderen für Korrekturmessungen eingesetzten Sensoren werden dynamische Änderungen der Verfügbarkeit sowie unterschiedliche und nicht konstante Abtastraten kompensiert.

Die Anforderungen für den spezifischen Einsatzzweck im Automobilbereich werden durch das beschriebene Fusionsfilter und dessen Erweiterungen grundsätzlich erfüllt. Die Systemarchitektur des Fusionsfilters ermöglicht eine auf die Eigenschaften heterogener Sensoren angepasste Signalverar-

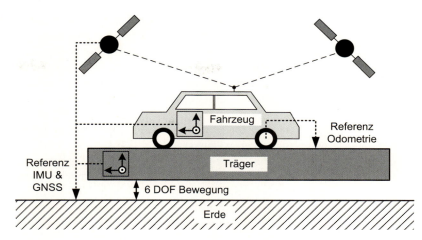

◘ **Abb. 26.6** Fahrzeug auf Trägerplattform

beitung in Echtzeit. Damit ist das Fusionsfilter als zentraler virtueller Sensor in der Lage, einen konsistenten Datensatz mit im Vergleich zu den einzelnen Sensoren verbesserter Genauigkeit zu erzeugen.

26.6.2 Bewegte Referenzsysteme/ „Trägerplattform"

Ein praxisrelevanter Sonderfall eines bewegten Fahrzeugs ist dessen in ◘ Abb. 26.6 gezeigter Transport auf einer Trägerplattform – wobei die Erde als Träger ausgenommen ist – beispielsweise durch eine Autofähre, einen Drehteller im Parkhaus oder durch eine Fahrt auf einem Anhänger bzw. Autozug. Hierbei führt die Trägerplattform Bewegungen mit im Allgemeinen sechs Freiheitsgraden aus: Bedingt durch heterogene Messprinzipien der fusionierten Sensoren führt dies im Fahrzeug zu nachfolgend erläuterten Inkonsistenzen der Messungen untereinander und damit zur fehlerhaften Schätzung des Fahrdynamikzustands durch das Fusionsfilter.

Bisherige Systeme zur Korrektur oder Kompensation von Sensorfehlern nutzen beispielsweise Modellannahmen über eine Geradeausfahrt und den Nullpunktfehler als niederfrequenten Effekt [39], Schwellwerte zur Detektion von Situationen, die für einen Abgleich tauglich sind [40], und die Bildung einer Regressionsgeraden unter Einbezug von Raddrehzahl-Messungen [41] zum Abgleich von Sensoren – in diesem Falle des Gierratensensors. Findet ein solcher Abgleich auf einem bewegten Träger statt, wird durch die überlagerte Bewegung ein falscher Fehlerwert ermittelt. Weitere Randbedingungen werden daher definiert, um einen solchen Falschabgleich zu verhindern.

Die vorgestellten bestehenden Systeme sind hierbei Lösungen für spezifische, im praktischen Anwendungsfall aufgetretene technische Probleme. Ihnen ist gemeinsam, dass sie einen Abgleich nur in eindeutigen, durch logische Verknüpfungen erkannte Sondersituationen ermöglichen und dass sie, wenn überhaupt, eine Abhilfe zu den durch eine Trägerbewegung entstehenden Symptomen darstellen. Der im Folgenden vorgestellte Ansatz hat dagegen zum Ziel, durch eine Modellierung bekannter physikalischer Zusammenhänge und Messprinzipien von Sensoren die Ursache der Störung, d. h. die Trägerbewegung, als konsistenten Teil des Fahrzeug-Fusionsfilters mit seinen Sensoren abzubilden.

Die durch Bewegung des Trägers entstehende Inkonsistenz der Messungen resultiert, wie in ▶ Abschn. 26.2.1 angedeutet, aus sich in unterschiedlichen Koordinatensystemen befindlichen Referenzpunkten der Sensoren. Die im Fusionsfilter eingesetzten Sensoren sind wie folgt von heterogenen Referenzpunkten betroffen:

– IMU: Absolutmessung der Dynamikgrößen Beschleunigung und Drehrate im Inertialkoordinatensystem; wie in ▶ Abschn. 26.2.2 beschrieben werden diese Messgrößen durch den Strapdown-Algorithmus in das erdfeste Koordinatensystem konvertiert. Eine Bewegung des Fahrzeugs durch Trägerbewegung ist durch die IMU messbar und wird durch die erdfeste Referenzierung korrekt verarbeitet.

- GNSS: Absolutmessung der Position und Geschwindigkeit der Empfängerantenne; die Messungen finden in erdfesten Koordinaten statt. Eine Bewegung des Fahrzeugs durch Trägerbewegung ist durch ein GNSS messbar und wird durch die erdfeste Referenzierung korrekt verarbeitet.
- Odometrie: Absolutmessung der Fahrzeuggeschwindigkeit auf dem gegebenen Untergrund, im hier betrachteten Fall ein Träger und nicht die Erdoberfläche; damit ist die Trägerbewegung nicht messbar und bei der Konvertierung in fahrzeugfeste kartesische Koordinatensystem nach DIN 70000 [5] entstehen daher Inkonsistenzen in den Daten.

Bei der Behandlung von Inkonsistenzen der Messdaten durch die Trägerbewegung ist zu beachten, dass eine Berücksichtigung der Trägerdynamik durch das alleinige Erhöhen des Odometriemessrauschens nicht zielführend ist, da die Trägerdynamik nicht zufällig in den Messdaten auftritt und somit deren Mittelwertfreiheit nicht gegeben ist. Die Erhöhung des Messrauschens [19] führt daher lediglich zur Verlangsamung, aber nicht zu einer Vermeidung der Akkumulation von Fehlern im Fusionsfilter.

Falls vom Fusionsfilter unabhängige Messdaten der Trägerbewegung verfügbar sind, ist die Korrektur der Inkonsistenzen beispielsweise dadurch möglich, dass eine Autofähre die Dynamikdaten ihres eigenen Navigationssystems und die zugehörigen Messunsicherheiten an das Fahrzeug übermittelt. Sind zudem Position und Ausrichtung des Fahrzeugs auf der Fähre bekannt, ist damit eine deterministische Korrektur realisierbar, die durch Superposition der Trägerbewegungsdaten und der Odometriemessdaten die Inkonsistenz der Messdaten beseitigt und das zugehörige überlagerte Messrauschen beider Messgrößen durch Fehlerfortpflanzung berechnet.

Sind keine Daten zur Trägerdynamik verfügbar, wird der Trägerstatus des Fahrzeugs durch die beiden Hypothesen

a) „Fahrzeug befindet sich sicher nicht auf einem Träger"
b) „Es ist nicht bekannt, ob sich das Fahrzeug auf einem Träger befindet"

beschriebe. Dabei werden folgende Modellannahmen getroffen:

1. Das Fahrzeug und der Träger bewegen sich nicht gleichzeitig. Am Beispiel einer Fähre bedeutet dies, dass die Fähre erst ablegt, wenn alle Fahrzeuge geparkt und gesichert sind und dass diese auch erst nach dem Anlegen wieder bewegt werden.
2. Zwischen Abstellen des Fahrzeugs und Beginn der Trägerbewegung vergeht stets eine Mindestzeit.
3. Die Dynamik des Trägers bleibt stets begrenzt; die maximale Dynamik ist modellierbar.

Aus Annahme 1 folgt, dass die Bewegung eines fahrenden Fahrzeugs nicht von Trägerdynamik überlagert ist. Somit stellt die Messung von Raddrehzahlen größer Null durch die Odometrie ein Ausschlusskriterium einer Trägerbewegung dar. Annahme 2 liefert als weiteres Ausschlusskriterium eine Stillstandszeit unterhalb eines typischen Grenzwertes. Der Grenzwert ist größer als typische Stillstandszeiten – wie beispielsweise an Verkehrssignalanlagen – zu wählen, jedoch auch hinreichend klein, um Hypothese „a" rechtzeitig zu verwerfen – falls sich das Fahrzeug tatsächlich auf einem Träger befindet. Wird Hypothese „b" als gültig angenommen, werden die Odometriemessungen als potenziell fehlerbehaftet modelliert.

Ziele dieser Unsicherheitsmodellierung sind die Berücksichtigung der nicht mittelwertfreien Messwerte und die Beeinflussung des stochastischen Modells des Fusionsfilters, um die entstehenden Fehler dennoch plausibel zu beschreiben. Hierfür wird die überlagerte Trägerbewegung weiterhin zu Null angenommen und eine variabel angepasste Unsicherheit über das stochastische Modell eingebracht; damit wird nicht verhindert, dass die inkonsistenten Messungen zu Fehlern im Fusionsfilter führen. Ein nicht dem Fehler entsprechendes Absinken der Varianzen durch das Anbringen nicht mittelwertfrei fehlerbehafteter Messungen wird aber vermieden. Ebenso wird auch ein unplausibles kontinuierliches Ansteigen der Unsicherheiten über der Zeit – wie beim vollständigen Verwerfen der Odometriemessung der Fall – verhindert. Diese dadurch im Systemmodell korrekt modellierten Fehler werden beim Beginn einer Fahrt – und damit dem Übergang zu Hypothese „a" – im Sinne des Kalman-Filters optimal korrigiert.

Die Verfahren zur Superposition von bekannten Trägerdynamikdaten und zur Modellierung unbekannter Trägerdynamik sind abhängig von der Verfügbarkeit von Trägermessdaten alternativ anwendbar, ohne dass hierfür am Fusionsfilter selbst Veränderungen notwendig sind. Die Modellierung wird ausschließlich in der Vorverarbeitung der Odometriesensorik für die Messdaten und deren Rauschmodell durchgeführt. Diese Werte werden als Beobachtung im Filter angebracht, wodurch die bisher übliche Behandlung von Trägerdynamik als Sonderfall mit Umschaltung der Betriebsart des Filters entfällt.

26.6.3 Umsetzung Integritätsmaß

Zur Bewertung der Integrität der Daten des in ▶ Abschn. 26.6.1 gezeigten Fusionsfilters in einer Messepoche k wird die im Kalman-Filter berechnete Innovation $\vec{i}_k$, also der ungewichtete Zustandskorrektur-Vektor, verwendet. Diese beschreibt die Differenzen zwischen Korrekturmessungen und den durch das Messmodell $\mathbf{H}_k$ in die Einheiten der Korrekturmessung transformierten Messungen des Basissystems.

Als Algorithmus zur Berechnung des Integritätsmaßes, der wie in ▶ Abschn. 26.5 beschrieben insbesondere für Tightly-Coupling optimiert ist, wird „Autonomous Integrity Monitored Extrapolation" (AIME) verwendet. Zugunsten von Alarmzeit und Rechenaufwand wird in diesem Kontext jedoch nicht die gemittelte Innovation über definierte Zeiträume verwendet und AIME daher als Snapshot-Verfahren eingesetzt. Dieses überprüft anhand der Innovationen $\vec{i}_k$ der aktuellen Messepoche die Nullhypothese H_0 von normalverteilten Eingangsdaten mittels eines Chi-Quadrat-Tests. Das Verfahren liefert damit innerhalb der zeitlichen Größenordnung einer Abtastperiode des Basissystems die geforderte eindeutige Integritätsaussage. Die Trennschärfe, und damit die Wahrscheinlichkeit von falschen bzw. fehlenden Detektionen, ist hierbei gemäß ◻ Tab. 26.2 nach Bedarf der Nutzerfunktion einstellbar. Im Folgenden erfolgt die Umsetzung dieses ausgewählten Verfahrens für das Fusionsfilter. Aus der Innovation wird eine Teststatistik [25] TS_k in Form der quadrierten, normalisierten Innovation (Normalized Innovation Squared, NIS) gebildet, die mathematisch die Quadratsumme von statistisch unabhängigen, standardnormalverteilten Residuen darstellt:

$$TS_k = \vec{i}_k^T \cdot \mathbf{S}_k^{-1} \cdot \vec{i}_k. \tag{26.18}$$

Die Standardisierung findet durch die zugehörige Varianz-Kovarianz-Matrix $\mathbf{S}_k$ der Innovation statt. Diese besteht aus den filterinternen, für Kalman-Filter üblicherweise verwendeten Variablen „Messmodell $\mathbf{H}_k$", „A-priori-Varianz-Kovarianz-Matrix $\mathbf{P}_k^-$" und „Varianz-Kovarianz-Matrix der Messung $\mathbf{R}_k$":

$$\mathbf{S}_k = \mathbf{H}_k \cdot \mathbf{P}_k^- \cdot \mathbf{H}_k^T + \mathbf{R}_k. \tag{26.19}$$

Bei Gültigkeit der Nullhypothese H_0 ist TS_k Chi-Quadrat-verteilt. Der Erwartungswert von TS_k entspricht der Anzahl der verfügbaren Messungen N_k der aktuellen Messepoche k:

$$TS_k \sim \chi^2_{N_k}, \tag{26.20}$$

$$E\{TS_k\} = N_k. \tag{26.21}$$

Die Überprüfung auf Integrität findet durch die Überprüfung der Nullhypothese H_0 mit dem auf die gewählte Falschalarmrate α angepassten Signifikanzniveau statt. H_0 geht dabei von der Fehlerfreiheit des Systems aus:

$$H_0 : TS_k \leq \chi^2_{N_k, 1-\alpha}. \tag{26.22}$$

Ist die Ungleichung erfüllt, so wird H_0 angenommen, andernfalls ist H_0 zu verwerfen und es wird Integritätsalarm ausgelöst.

Als Konfidenzmaß zur Beschreibung der Prüfstärke des Hypothesentests wird ein an den Fehlergrenzwert gekoppeltes Vertrauensintervall definiert. Dieses wird als Protection-Level [42] PL_k bezeichnet und setzt sich aus den beiden Anteilen Systemunsicherheit PL_k^S und Messunsicherheit PL_k^M zusammen.

Die Systemunsicherheit PL_k^S ist hierbei gleichbedeutend mit der gewichteten Standardabweichung eines oder mehrerer (m) für das betrachtete Protection-Limit zutreffender Zustände und wird damit aus der Hauptdiagonalen der A-posteriori-Varianz-Kovarianz-Matrix $\mathbf{P}_k^+$ des Kalman-Filters errechnet. Die Gewichtung mit der statistischen Unsicherheitsgrenze wird durch den Parameter n entsprechend der Anforderungen der Nutzerfunktionen durchgeführt:

$$PL_k^S = n \cdot \sqrt{\begin{array}{c}\mathbf{P}_k^+(1,1) + \mathbf{P}_k^+(i,i) + \ldots \\ + \mathbf{P}_k^+(m,m)\end{array}}. \quad (26.23)$$

Zur Berechnung der Messunsicherheit PL_k^M wird eine Abschätzung der Auswirkung der maximalen, gerade noch nicht detektierbaren Störung auf das Fusionsergebnis durchgeführt – unter der Annahme, dass in einer Messepoche nur ein solcher Fehler gleichzeitig auftritt.

Die linearisierte Berechnung der Sensitivität des Fusionsergebnisses $d\mathbf{R}_k$ auf Störungen $d\mathbf{r}_k$ der Messdaten erfolgt durch die Ermittlung der Steigung (Slope) [42] $\boldsymbol{v}_k$:

$$\boldsymbol{v}_k = \frac{d\mathbf{R}_k}{d\mathbf{r}_k} = \mathbf{K}_k \cdot \left(\mathbf{D}_k^{-\frac{1}{2}} \cdot \mathbf{L}_k^T\right)^{-1}. \quad (26.24)$$

Hierfür wird eine Eigenwert-Zerlegung der Matrix $\mathbf{S}_k$ durchgeführt, womit sich $\mathbf{D}_k$ als Diagonalmatrix der Eigenwerte und $\mathbf{L}_k$ als Modalmatrix der Eigenvektoren ergibt. $\mathbf{K}_k$ ist hierbei der Kalman-Gain der aktuellen Messepoche.

Als Randbedingung wird angenommen, dass pro Messepoche nur eine Messung gestört ist [25]. Da die Abschätzung der maximalen Störung berechnet wird, ist die größte gemeinsame Steigung der m jeweiligen Zustandsgrößen in einer Messepoche hierfür ausschlaggebend:

$$v_{Max,k} = max_m(\boldsymbol{v}_k). \quad (26.25)$$

Da an dieser Stelle eine statistische Abschätzung einer Fehlerdetektionswahrscheinlichkeit durchgeführt wird, erfolgt die Aufstellung einer Alternativhypothese H_a gemäß ◘ Tab. 26.2. Aus der Berechnung der Wahrscheinlichkeit β für einen Fehler 2. Art bei der Überprüfung der Teststatistik wird somit der maximale, gerade nicht detektierbare Fehler berechnet:

$$\varrho_k = \sqrt{\lambda_{\beta,k}}. \quad (26.26)$$

Dabei ist $\lambda_{\beta,k}$ der Nichtzentralitätsparameter der für die Verteilung der Innovationen angenommenen $\chi^2_{N_k,\lambda}$-Verteilung zu den gewählten Werten für die Irrtumswahrscheinlichkeit α und Fehler 2. Art β. Für das Protection-Level ergibt sich daraus ein Konfidenzintervall der Wahrscheinlichkeit $1-\beta$.

Dieses Konfidenzintervall wird über die maximale Steigung $v_{Max,k}$ in die Ergebnisebene projiziert, damit berechnet sich PL_k^M als:

$$PL_k^M = v_{Max,k} \cdot \varrho_k. \quad (26.27)$$

Das gesamte Protection-Level PL_k ergibt sich aus den beiden beschriebenen Teilen:

$$PL_k = \sqrt{PL_k^{S\,2} + PL_k^{M\,2}}. \quad (26.28)$$

Am Beispiel einer ebenen Positionsangabe beschreibt das Protection-Level einen Konfidenzbereich der Positionsschätzung; dieser ist gültig, falls kein Integritätsalarm gegeben wird. Das berechnete Integritätsmaß besteht daher aus den über die stochastischen Annahmen gekoppelten Ergebnisse der Konsistenzprüfung sowie des Protection-Levels. Als Snapshot-Methode detektiert der Algorithmus Fehler der Messdaten stets innerhalb der aktuellen Messepoche. Das Ergebnis der Überprüfung durch die Teststatistik liefert ein eindeutiges Ergebnis mit definierter Irrtumswahrscheinlichkeit, während das Protection-Level ein Vertrauensintervall für das Fusionsergebnis beschreibt. Beide Maße berücksichtigen hierbei die Unsicherheit und Verfügbarkeit von redundanten Messdaten.

Gleichzeitige Störungen Bei der Berechnung des Protection-Levels wird für Gl. 26.24 die Annahme von maximal einer signifikant gestörten Messung pro Messepoche getroffen. Bei der Anwendung von GNSS und Odometrie im Kraftfahrzeug sind in der Praxis jedoch häufig mehrere Fehler gleichzeitig zu erwarten, beispielsweise Mehrwegeausbreitung von GNSS-Signalen und Störungen der Odometrie durch unebenen Untergrund. Die Wahrscheinlichkeit, dass mehrere solcher Fehler gleichzeitig auftreten und dass ihre Auswirkungen dabei konsistent zueinander sind, wird als hinreichend gering angenommen, um diesen Fall in der realen Nutzung vernachlässigen zu können. Damit ist dieser Fehlertyp durch die Plausibilisierung gemäß ▶ Abschn. 26.4.2 detektierbar. Da die Plausibilisierung solche fehlerbehafteten Messungen verwirft, werden diese nicht mehr für die Integritätsbewertung verwendet. Lediglich der Fall von ausbleibendem Alarm durch zu wenige überprüfbare redundante Messungen wird durch die Plausibilisierung nicht abgedeckt. Dies steht jedoch nicht grundsätzlich im Widerspruch zur Annahme eines einzelnen Fehlers pro Messepoche, da in diesem Fall ohnehin nur wenige Messungen zur Verfügung stehen. Vor dem praktischen Einsatz eines solchen Algorithmus sind entsprechende Validierungstests durchzuführen.

Langsam anwachsende Fehler Eine aus ▶ Abschn. 26.5 bekannte Schwäche von RAIM und AIME ist die Nichtdetektierbarkeit von langsam anwachsenden Fehlern (Slowly Growing Errors, SGE). In der gängigen Praxis werden diese Algorithmen daher nur eingeschränkt verwendet, stattdessen werden bezüglich Rechenzeit und Speicherbedarf aufwendige Verfahren wie der MMAE-Algorithmus eingesetzt. Ein Nachteil dieser Methoden ist jedoch, dass nur modellierte Fehler zuverlässig erkannt werden.

Ein typischer Fall von SGE ist die durch Änderungen in der Ionosphäre verursachte, zeitlich veränderliche Störung in einer Pseudorange-Messung; diese findet so langsam statt [25], dass sie eine falsche Korrektur der Schätzposition des Filters bewirken. Die Höhe der Abweichung von einer Messepoche zur nächsten ist jedoch nicht ausreichend groß, um den Fehler mit einem Snapshot-Verfahren zu detektieren. Im Fall des hier gezeigten Fusionsfilters sind für die verwendeten Sensoren in folgenden Fällen SGE zu erwarten:

- IMU: durch Defekte oder äußere Einflüsse – wie bspw. die Umgebungstemperatur – bedingte Drift von Offset oder Skalenfaktorfehler;
- GNSS: Pseudorange-Messungen durch Ionosphäreneinfluss und Mehrwegeempfang; Deltarange-Messungen sind dagegen durch die zeitliche Differentiation der Messwerte nicht betroffen;
- Odometrie: langsam veränderliche Fehler der gemessenen Geschwindigkeit durch Veränderungen des Rollradius, beispielsweise durch schleichenden Druckverlust oder Veränderung der Reifentemperatur.

Die potenziell von SGE betroffenen Größen von IMU und Odometrie sind bereits als Fehlermodell im Fusionsfilter implementiert und in jeder Messepoche werden die Rohmessungen um die bekannten, kontinuierlich weitergeschätzten Fehler korrigiert. Somit führt das langsame Anwachsen dieser Fehler nicht zu signifikanten Fehlern der fusionierten Daten, solange das Fusionsfilter diese hinreichend schnell durch redundante Messungen korrigiert. Problematische – da erheblich über die Filterdynamik hinausgehende – Störungen von Korrekturmessungen sind dagegen mit definierter Detektionswahrscheinlichkeit und -schwelle sowohl durch die in ▶ Abschn. 26.4.2 beschriebene Plausibilisierung vermeidbar als auch durch den in Gl. 26.22 gezeigten Hypothesentest erkennbar. Weiterhin ist durch die Überprüfung der summierten Absolutwerte der Fehlerkorrekturen mit definierten Maximalwerten eine Detektion von Fehlern außerhalb des für den jeweiligen Sensor spezifizierten Bereichs realisierbar.

Langsam anwachsende Fehler einzelner Pseudorange-Messungen, die nicht als Fehler im Fusionsfilter modelliert sind, führen unabhängig vom Fusionsfilter zu Widersprüchen im geometrischen Vergleich der Plausibilisierung, beschrieben in den Gl. 26.10 bis 26.17, und sind daher mit definierter Detektionsschwelle erkennbar.

26.6.4 Genauigkeitsmaß

Zur beispielhaften Umsetzung eines Genauigkeitsmaßes im Fusionsfilter, das die in Abschnitt ▶ Abschn. 26.5.2 gezeigten Kriterien erfüllt, werden hier die Beschreibungsgrößen Messrauschen, Nullpunktfehler (Offset) und Steigungsfehler (Skalenfaktorfehler) ausgewählt. In der hier gezeigten Anwendung wird weiterhin die Annahme getroffen, dass die Beschreibungsgrößen normalverteilt sind; dadurch vereinfacht sich die gemeinsame Verwendbarkeit mit dem stochastischen Modell des Fusionsfilters. Für korrelierte Beschreibungsgrößen ist das allgemeine Varianzfortpflanzungsgesetz mit vollbesetzter Varianz-Kovarianz-Matrix anzuwenden, bei unkorrelierten Beschreibungsgrößen vereinfacht sich dies zur skalaren Fortpflanzung der Varianzen.

Die Methode wird für die in ◘ Abb. 26.4 gezeigten Operationen des Basissystems umgesetzt: also die Korrektur von Nullpunkt- und Skalenfaktorfehlern einer Beschleunigungsmessung $\vec{a}_b^{IMU}$ durch das Fusionsfilter, deren Drehung in Navigationskoordinaten mittels Rotationsmatrix $\hat{\mathbf{C}}_{br}^n$, und deren Summation zur Geschwindigkeit $\vec{v}_n$ bei gleichzeitiger Korrektur des Absolutwertes durch das Fusionsfilter.

Vereinfachend sei angenommen, dass die Fehler der Drehmatrix $\hat{\mathbf{C}}_{br}^n$ vernachlässigbar sind: Für die Berechnung bezeichnet $\mathbf{P}$ allgemein die Varianz-Kovarianz-Matrix der jeweiligen Beschreibungsgröße, während $\mathbf{P}_k^+$ die A-posteriori-Varianz-Kovarianz-Matrix des Fusionsfilters in der aktuellen Messepoche ist. Ein Doppelpfeil über einer Variablen $\vec{\vec{u}}$ bedeutet hierbei, dass der Vektor $\vec{u}$ als Hauptdiagonale in einer ansonsten mit Nullen gefüllten quadratischen Matrix verwendet wird.

Datenquelle Zu Beginn der Genauigkeitsberechnung sind die Beschleunigungsmessungen als Daten gegeben: $\vec{a}_b^{IMU}$ ist der Messvektor der Beschleunigung, $\varsigma \vec{a}_b$ ist der vom Filter geschätzte Skalenfaktorfehler in Hauptdiagonal-Form, $\delta \vec{a}_b$ ist der vom Filter geschätzte Nullpunktfehler, $\mathbf{P}_{ra}^{in}$ die Varianz-Kovarianz-Matrix des Messrauschens, $\mathbf{P}_{offs}^{in}$ die Varianz-Kovarianz-Matrix des Nullpunktfehlers und $\mathbf{P}_{scale}^{in}$ die Varianz-Kovarianz-Matrix des Skalenfaktorfehlers. Die Varianz-Kovarianz-Werte werden hierbei aus Kennwerten im Datenblatt des Sensors und durch die Modellierung bekannter physikalischer Zusammenhänge modelliert.

Korrekturschritt Die Korrektur von Nullpunkt- und Skalenfaktorfehler erfolgt durch:

$$\vec{a}_b^{Corr} = \left(\left(\mathbf{I} - \varsigma \vec{\vec{a}}_b\right) \cdot \vec{a}_b^{IMU}\right) - \delta \vec{a}_b. \quad (26.29)$$

Die zugehörigen Ausgabewerte $\mathbf{P}^{out}$ ergeben sich für $\mathbf{P}_{ra}^{in}$ durch Varianzfortpflanzung:

$$\mathbf{P}_{ra}^{out} = \left(\mathbf{I} - \varsigma \vec{\vec{a}}_b\right) \cdot \mathbf{P}_{ra}^{in} \cdot \left(\mathbf{I} - \varsigma \vec{\vec{a}}_b\right)^T. \quad (26.30)$$

Dagegen werden $\mathbf{P}_{offs,a}^+$ und $\mathbf{P}_{scale,a}^+$ konsistent zur Korrektur des Nullpunkt- und Skalenfaktorfehlers im Basissystem, durch die entsprechenden Varianzen des Fusionsfilters überschrieben.

Transformationsschritt (Drehung) Die Ausgabewerte der Korrektur werden nun durch Drehung mittels Drehmatrix $\hat{\mathbf{C}}_{br}^n$ in ein anderes Koordinatensystem überführt, wobei wie oben erwähnt $\hat{\mathbf{C}}_{br}^n$ als fehlerfrei angenommen wird. Die Transformationsgleichung der Drehung ist:

$$\vec{a}_n = \hat{\mathbf{C}}_{br}^n \cdot \vec{a}_b^{Corr}. \quad (26.31)$$

Alle Varianz-Kovarianz-Matrizen $\mathbf{P}_{ra}^{out}$, $\mathbf{P}_{offs}^{out}$ und $\mathbf{P}_{scale}^{out}$ folgen durch Anwendung des Varianzfortpflanzungsgesetzes:

$$\mathbf{P}^{out} = \hat{\mathbf{C}}_{br}^n \cdot \mathbf{P}^{in} \cdot \hat{\mathbf{C}}_{br}^{n\,T}. \quad (26.32)$$

Integrationsschritt Die Summation der Beschleunigungen zur Geschwindigkeit $\vec{v}_n$ erfolgt mit dem Abtastintervall Δt, das als fehlerfrei angenommen wird. Hierbei ist $\vec{v}_{n_r}$ der Wert der Geschwindigkeit zum letzten Abtastschritt:

$$\vec{v}_n = \vec{v}_{n_r} + \vec{a}_n \cdot \Delta t + \hat{\mathbf{C}}_{br}^n \cdot \Delta \vec{v}_b. \quad (26.33)$$

Der Berechnung der Varianzen liegt als vereinfachtes Modell zugrunde, dass ein Skalenfaktorfehler bei symmetrischer Verteilung der Messfehler um Null zu keiner Verschiebung des Mittelwertes führt. Gaußsche Fehlerfortpflanzung führt für $\mathbf{P}_{ra}^{out}$ und $\mathbf{P}_{scale}^{out}$ zu einer Berechnung nach:

$$\mathbf{P}^{out} = \mathbf{P}^{in} \cdot \Delta t^2. \quad (26.34)$$

Der Nullpunktfehler der Geschwindigkeit wird dagegen vom Fusionsfilter korrigiert, daher wird $\mathbf{P}_{offs}^{out}$ durch die entsprechenden Varianzen des Fusionsfilters überschrieben.

Gesamtunsicherheit Diese Struktur der Genauigkeitsberechnung erlaubt nach jedem der gekapselten Schritte – sowohl auf die verarbeiteten Messwerte als auch auf deren virtuelles Datenblatt zuzugreifen – und diese Daten den Nutzerfunktionen zur Verfügung zu stellen. Die Blockstruktur ist modular veränderbar, was zu einer systemübergreifenden Architektur und Erweiterbarkeit auch für nachfolgende Nutzerfunktionen führt. Die Gesamtunsicherheit einer Beschreibungsgröße lässt sich aus den Einzelunsicherheiten berechnen, im gezeigten Beispiel von normalverteilten Werten durch Summation der Varianzen. Die Beschreibungsgrößen beziehen sich zwar jeweils auf unterschiedliche Signaleigenschaften, liegen jedoch in derselben Einheit vor. Daher lässt sich die Gesamtunsicherheit der Daten durch Addition der einzelnen Unsicherheiten berechnen:

$$\mathbf{P}_{ges}^{out} = \mathbf{P}_{ra}^{out} + \mathbf{P}_{offs}^{out} + \mathbf{P}_{scale}^{out}. \quad (26.35)$$

26.6.5 Exemplarische Ergebnisse

Zur Bewertung der Leistungsfähigkeit des Fusionsfilters wird die Differenz zu einem Referenz-Messsystem berechnet. Diese Differenz wird innerhalb der spezifizierten Unsicherheitsgrenzen als Maß für den Fehler des Filters verwendet. Hierfür werden folgende Kennwerte ausgewählt:
- Standardabweichung σ als Maß für das Rauschen der Messdaten,
- Mittelwert μ als Maß für den durchschnittlichen Fehler der Messdaten,
- Median ε_{Q50} als Maß für den von Ausreißern befreiten durchschnittlichen Fehler der Messdaten,
- Root-Mean-Square-Error ε_{RMS} als Maß für den gesamten Fehler einer Messung,
- Maximalfehler ε_{Max} als Maß für Größtfehler und Ausreißergröße.

Die verwendeten Messgrößen zur Verifikation des Fusionsfilters werden nach folgenden Kriterien ausgewählt:
- Sie sind Größen, deren Fehler vom Fusionsfilter geschätzt werden; somit ist auch die zugehörige Varianz in der Matrix $\mathbf{P}_k^+$ verfügbar und verifizierbar.
- Sie sind direkt und nicht nur über das Systemmodell, von Korrekturen durch Beobachtungen betroffen; somit sind die Auswirkungen von gestörten Korrekturmessungen eindeutig identifizierbar.
- Sie sind in der in ▶ Abschn. 26.4.3 gezeigten Plausibilisierung als Größen zur Ermittlung des Schwellwertes ξ beteiligt, so dass Auswirkungen von und auf die Plausibilisierung erkennbar sind.
- Sie sind über das Systemmodell abhängig von möglichst vielen anderen im Filter korrigierten Schätzgrößen, so dass sie auch die Fehler und Unsicherheiten dieser Größen repräsentieren und damit eine Aussage über die Leistungsfähigkeit insgesamt zulassen.

Diese Eigenschaften sind im Fusionsfilter auf die Größen
- Geschwindigkeit $\hat{\vec{v}}_b$,
- Position $\hat{\vec{\Phi}}_n$

zutreffend. Aufgrund der besonderen Relevanz für Automotive-Anwendungen beschränkt sich die weitere Betrachtung auf Größen der horizontalen Ebene. Sie beinhalten summierte IMU-Messwerte und Korrekturen aus dem Fusionsfilter. Dabei wird angenommen, dass Fehler in allen anderen Schätzgrößen über die Dauer eines Tests zu erkennbaren Fehlern von Geschwindigkeit und Position führen.

Beispielhaft sollen die Ergebnisse einer realen Testfahrt (Gesamtstrecke G, Länge: 15,7 km, Dauer: 1000 s, Ausschnitt aus repräsentativem Kurs mit Überland- und Stadtanteilen) mit folgenden Segmenten unterschiedlicher Charakteristik verglichen werden, die wesentlichen Kennwerte sind in ◘ Tab. 26.3 gezeigt:
- Teilstrecke A (Länge: 5,1 km, Dauer: 250 s, größtenteils Überlandfahrt, geringe Störungen),
- Teilstrecke B (Länge: 1,6 km, Dauer: 100 s, Stadtgebiet, signifikante Störungen des Algorithmus),
- Strecke C (Länge: 0,6 km, Dauer: 80 s, Tunnelfahrt mit nachfolgendem Stillstand, Strecke außerhalb der Gesamtstrecke).

Die Kennwerte weisen die Abhängigkeit der Genauigkeit, sowohl der absoluten Position als auch der absoluten Geschwindigkeit, von den Umgebungsbedingungen in Bezug auf den GPS-Empfang nach. Die Ergebnisse der Integritätsbewertung, gegeben als Anzahl an Auslösungen von Integritätsalarm,

Tab. 26.3 Ergebnisse des Fusionsfilters

Strecke	Horizontale Positionsdifferenz					Horizontale Geschwindigkeitsdifferenz				
	$\frac{\sigma}{m}$	$\frac{\mu}{m}$	$\frac{\varepsilon_{Q50}}{m}$	$\frac{\varepsilon_{RMS}}{m}$	$\frac{\varepsilon_{Max}}{m}$	$\frac{\sigma}{\frac{m}{s}}$	$\frac{\mu}{\frac{m}{s}}$	$\frac{\varepsilon_{Q50}}{\frac{m}{s}}$	$\frac{\varepsilon_{RMS}}{\frac{m}{s}}$	$\frac{\varepsilon_{Max}}{\frac{m}{s}}$
G	2,89	4,45	3,85	5,31	17,0	0,51	0,28	0,15	0,58	4,72
A	2,27	3,89	3,87	4,5	16,77	0,12	0,19	0,17	0,23	0,7
B	2,42	4,57	4,44	5,17	14,66	1,29	1,09	0,34	1,69	4,72
C	2,5	11,81	13,29	12,07	13,68	0,15	0,1	0,02	0,17	0,71

sind für die genannten Versuche in ◻ Tab. 26.4 gezeigt. Zusätzlich wird die Plausibilisierung für die Korrekturmessungen selektiv deaktiviert und damit deren Einfluss auf die Ergebnisse verdeutlicht. Die Ergebnisse zeigen deutlich die Notwendigkeit des Vorschaltens einer Plausibilisierung der Korrekturmessungen vor die Datenfusion. Nur auf der Basis plausibilisierter Daten ist eine Integritätsberechnung sinnvoll durchführbar.

Die vorgestellten exemplarischen Ergebnisse wurden mit einer Parametrierung des Fusionsfilters erzielt, die primär auf Positionsgenauigkeit optimiert und unter alltagstypischen Randbedingungen ermittelt wurde. Dies beinhaltet, dass Odometriemessungen nahezu ständig verfügbar und im Rahmen üblicher Straßeneigenschaften gestört sind und GPS mit für Überland- und Stadtfahrten üblichen Störungen behaftet ist. Nichtverfügbarkeit von GPS tritt lediglich kurzzeitig auf, beispielsweise bei einer Fahrt durch einen Stadttunnel.

Die Parametrierung des Fusionsfilters stellt stets einen Kompromiss in Bezug auf verschiedene, möglicherweise widersprüchliche Anforderungen dar.

Zur Optimierung der Parametrierung sind allgemein folgende Schritte empfehlenswert:
1. Festlegen der Optimierungsziele, z. B. optimale Positions- oder Geschwindigkeitsgenauigkeit, bzw. Kompromiss bezüglich mehrerer Schätzgenauigkeiten,
2. Festlegen von Testfällen und des hierbei gewünschten Verhaltens,
3. Parametrierung des stochastischen Modells,
4. Parametrierung der Schwellwerte der Plausibilisierung,
5. Parametrierung der stochastischen Parameter des Integritätsmaßes.

Hierbei ist insbesondere sicherzustellen, dass die Plausibilisierung in nur wenig gestörten Szenarien keine oder nur wenige Messungen entfernt und dass in stark gestörten Szenarien ein Kompromiss zwischen Trennschärfe, Ausregelgeschwindigkeit bei nicht detektierten Störungen und der Stabilität des Fusionsfilters gefunden wird.

Vor einem Praxiseinsatz sind Untersuchungen und Falsifikationstests insbesondere für die beim Integritätsmaß getroffenen Annahmen durchzuführen. Hierfür ist beispielsweise ein Software-in-the-Loop-Test für eine wie in ▶ Abschn. 26.4.3 beschriebene Fehlerdetektion geeignet, in dem die Reaktion auf mehrere gleichzeitige Fehler und die Detektion langsam veränderlicher Fehler der IMU, der Odometrie und von GNSS unter kontrollierten, wiederholbaren Bedingungen getestet wird.

Es ist zu beachten, dass beim Einsatz eines Error-State-Space-Filters einerseits die Einflüsse des Fusionsfilters auf die Ausgabedaten (vollständige Zustände) klein sind, andererseits das Rauschen der Sensoren auch dem Rauschen der ausgegebenen Beschleunigungs- und Drehraten entspricht. Je geringer die Drift der geschätzten IMU-Fehler ist, desto geringer sind die Einflüsse des Fusionsfilters auf das Ergebnis. Dies ist grundsätzlich bei der Auswahl der Sensoren für einen praktischen Einsatz des Fusionsfilters zu beachten.

26.7 Ausblick und Fazit

Die in diesem Kapitel beschriebene und anhand eines Beispiels illustrierte Datenfusion verwendet im Wesentlichen heute bereits in Kraftfahrzeugen verbaute Sensoren. Lediglich der im Tightly-Coup-

Tab. 26.4 Ergebnisse der Integritätsbewertung

Algorithmus/ Strecke	vollständige Plausibilisierung	GPS-Plausibilisierung inaktiv	Odometrie-Plausibilisierung inaktiv	Plausibilisierung von GPS und Odometrie inaktiv
G	1	8	0	5
A	0	0	0	0
B	1	7	0	4
C	1	35	1	55

ling erforderliche Zugriff auf die GNSS-Rohdaten ist derzeit noch unüblich.

Das Filter ist in der in ▶ Kap. 24 vorgeschlagenen Klassifizierung als Fusion von Rohdaten einzuordnen. Das stochastische Modell beruht auf einer reinen Varianzfortpflanzung und benötigt keine Klassifikationsunsicherheit oder Objekthypothesen. Gleiches gilt für die Erweiterungen zur Plausibilisierung und zur Kompensation von verzögerter Verfügbarkeit, diese stellen eine Erweiterung des Filters auf Basis physikalischer Modelle dar, die auf den gleichen Annahmen – nur langsam veränderliche, normalverteilte Fehler – aufbauen.

Zum Zeitpunkt der Veröffentlichung dieses Kapitels befindet sich ein vergleichbares Fusionsfilter mit der Bezeichnung M2XPro (**M**otioninformation **2 X Pro**vider) [43] in Entwicklung durch die Firma Continental Teves AG & Co. oHG.

Für die künftige Weiterentwicklung weisen eine Reihe von bereits verfügbaren Sensoren und Technologien Potenzial zur weiteren Verbesserung der Datenfusion zur Lokalisierung auf:

- Zweifrequenz-GNSS-Empfänger bieten die Möglichkeit zur Elimination von Ionosphärenstörungen, die wesentlich zum absoluten Positionsfehler beitragen [36].
- Multi-GNSS-Empfänger, die neben GPS auch Messungen zu GLONASS, Galileo etc. durchführen, führen zur verbesserten Verfügbarkeit von Navigationssatelliten – insbesondere bei eingeschränkten Empfangsbedingungen [36].
- Deep-Integration-GNSS-Empfänger mit Rückkopplung von Dynamikgrößen aus dem Fusionsfilter in die empfängerinternen Regelkreise ermöglichen die Verbesserung des Satelliten-Trackings und eine Reduktion des Empfangsrauschens.
- Durch die Verwendung mehrerer GNSS-Antennen – an einem oder mehreren Empfängern – wird die Stützung der mehrdimensionalen Fahrzeugausrichtung, ggf. auch im Stillstand, möglich.
- Die Schätzung der Fahrzeugausrichtung im Stillstand kann mithilfe des Erdmagnetfelds durch Magnetometer-/Kompass-Sensorik ermöglicht werden.
- Barometermessungen können zur Stützung der Höhenkomponente der Position durch Luftdruckmessung eingesetzt werden.
- Die Absolutortung kann durch die Verwendung digitaler Karten und/oder bekannter oder gelernter Landmarken verbessert werden [44].
- Mittels (Stereo-)Kamera besteht die Möglichkeit zur schlupffreien Geschwindigkeits- und Drehratenmessung relativ zur Umgebung [45].
- Radar- und Lidarsensoren [46] stützen die
  - Schätzung von Relativgeschwindigkeiten zu anderen Fahrzeugen,
  - Schätzung von Relativgeschwindigkeiten zu festen Objekten,
  - Rückführung von fusionierten Daten zur Stützung von Objekthypothesen der Sensoren,
  - Kopplung, ggf. auch auf stochastischer Ebene, mit Grid-Mapping-Algorithmen [47],
- Federwegsensoren an den Radaufhängungen gestatten die Schätzung von Wank- und Nickwinkel des Fahrzeugs unabhängig von der Neigung der Aufstandsfläche des Fahrzeugs.

Gegenüber dem bisherigen Stand der Technik stellt insbesondere das Trägerplattform-Modell aus ▶ Abschn. 26.6.2 für bewegte Referenzsysteme eine Erweiterung im Automobilbereich dar. Zur Korrektur der durch den Abgleich von Sensoren auf einem bewegten Träger entstehenden Symptome bestehen bisher allenfalls Insellösungen in vereinzelten, davon in großem Maße betroffenen Anwendungen – wie beispielsweise ESC oder ACC.

Die hier vorgestellte Systemarchitektur ist allgemein gehalten und ermöglicht die modulare Integration anderer Komponenten ohne die Notwendigkeit, Änderungen an bestehenden Integrationskonzepten durchzuführen. Ebenso ist die Portierbarkeit des Filters in verschiedene Sensorumgebungen gegeben und damit auch ein Einsatz außerhalb von Straßenfahrzeugen wie in der See-, Luft- und Raumfahrt.

Literatur

1. Steinhardt, N.: Eine Architektur zur Schätzung kinematischer Fahrzeuggrößen mit integrierter Qualitätsbewertung durch Sensordatenfusion. Fortschritt-Berichte VDI Reihe 12 Nr. 781, Düsseldorf (2014)
2. Pourret, O., Naim, P., Marcot, B.: Bayesian Networks: A Practical Guide to Applications. Jon Wiley & Sons, West Sussex, England (2008)
3. Niebuhr, J., Lindner, G.: Physikalische Messtechnik mit Sensoren, 5. Aufl. Oldenbourg Industrieverlag, München (2002). Abschnitt 1.2.2
4. Wendel, J.: Integrierte Navigationssysteme. Sensordatenfusion, GPS und Inertiale Navigation. Oldenbourg Wissenschaftsverlag, München (2007)
5. Deutsches Institut für Normung: DIN 70000 – Straßenfahrzeuge; Fahrzeugdynamik und Fahrverhalten. Beuth Verlag, Berlin (1994). Abschnitt 1.2
6. Titterton, D., Weston, J.: Strapdown Inertial Navigation Technology, 2. Aufl. The Institution of Electrical Engineers, Stevenage, United Kingdom (2004). Abschnitt 3.5
7. Reif, K.: Automobilelektronik, 2. Aufl. Vieweg Verlag, Wiesbaden (2007). Abschnitte 4.6.4, 4.6.5, 4.6.8
8. Bevley, D., Cobb, S.: GNSS for Vehicle Control. Artech House, Norwood, USA (2010)
9. Pacejka, H., Bakker, E.: The Magic Formula Tyre Model. Vehicle System Dynamics: International Journal of Vehicle Mechanics and Mobility 21, 1–18 (1992)
10. Groves, P.: Principles of GNSS, Inertial and Multisensor Integrated Navigation Systems. Artech House, Boston, USA (2008). Abschnitte 12.1.3, 12.1.5
11. Hofmann-Wellenhof, B., Legat, K., Wieser, M.: Principles of Positioning and Guidance. Springer Verlag, Wien (2003). Abschnitt 9.3.1
12. Thrun, S., Burgard, W., Fox, D.: Probabilistic Robotics. The MIT Press, Massachusetts Institute of Technology, Cambridge, USA (2006)
13. Hackenberg, U.; Heißing, B.: Die fahrdynamischen Leistungen des Fahrer-Fahrzeug-Systems im Straßenverkehr. Automobiltechnische Zeitung (ATZ), Nr. 84, Wiesbaden, 1982, Tabelle 1
14. Dziubek, N.: Zeitkorrigiertes Sensorsystem. Continental Teves AG & Co. oHG, Patent WO 2013/037850 A1, 2013
15. Dziubek, N.: Verfahren zum Auswählen eines Satelliten. Continental Teves AG & Co. oHG, Patent WO 2013/037844 A3, 2013
16. Strang, T., Schubert, F., Thölert, S., Oberweis, R., et al.: Lokalisierungsverfahren. Deutsches Zentrum für Luft- und Raumfahrt e. V. (DLR). Institut für Kommunikation und Navigation, Oberpfaffenhofen (2008)
17. Pullen, S.: Quantifying the Performance of Navigation Systems and Standards for assisted-GNSS InsideGNSS, Oregon, USA, Sept./Okt. 2008. (2008)
18. Leinen, S.: Parameterschätzung I Vorlesungsskript. Institut für Physikalische Geodäsie der TU Darmstadt (jetzt: Fachgebiet Physikalische Geodäsie und Satellitengeodäsie), Darmstadt (2009). Abschnitt 5.1.2
19. Bar-Shalom, Y., Rong Li, X., Kirubarajan, T.: Estimation with Applications to Tracking and Navigation. John Wiley & Sons, New York (2001)
20. Agogino, A., Chao, S., Goebel, K., Alag, S., Cammon, B., Wang, J.: Intelligent Diagnosis Based on Validated and Fused Data for Reliability and Safety Enhancement of Automated Vehicles in an IVHS California PATH Research Report, Bd. UCB-ITS-PRR-98-17. Institute of Transportation Studies, University of California, Berkeley, USA (1988)
21. Abdelghani, M., Friswell, M.: A Parity Space Approach to Sensor Validation IMAC XIX – 19th International Modal Analysis Conference, Orlando, USA. (2001)
22. Ding, J., Wesley Hines, J., Rasmussen, B.: Independent Component Analysis for Redundant Sensor Validation. The University of Tennessee, Nuclear Engineering Department, Knoxville, USA (2004)
23. Goebel, K., Agogino, A.: Fuzzy sensor fusion for gas turbine power plants. In: Proceedings of SPIE, Sensor Fusion: Architecture, Algorithms, and Applications III, Bd. 3719, S. 52–61. SPIE, Orlando, USA (1999)
24. Kuusniemi, H.: User-Level Reliability and Quality Monitoring in Satellite-Based Personal Navigation. Dissertation. Tampere University of Technology, Tampere, Finnland (2005)
25. Bhatti, U.: Improved integrity algorithms for integrated GPS/INS systems in the presence of slowly growing errors. Dissertation. Centre for Transport Studies, Department of Civil and Environmental Engineering, Imperial College London, London, England (2007)
26. Brown, R.: A Baseline RAIM Scheme and a Note on the Equivalence of Three RAIM Methods. Proceedings of the 1992 National Technical Meeting of The Institute of Navigation. The Institute of Navigation (ION), San Diego, USA, S. 127–137 (1992)

Literatur

27. Young, R., McGraw, G.: Fault Detection and Exclusion Using Normalized Solution Separation and Residual Monitoring Methods. NAVIGATION, Journal of the Institute of Navigation **50**(3), 151–170 (2003). Manassas, USA
28. Wu, X., Wu, S., Wang, J.: A Fast Integrity Algorithm for the Ultra-tight Coupled GPS/INS System 9th International Conference on Signal Processing, Beijing, China. (2008)
29. Bhatti, U., Ochieng, W.: Detecting Multiple failures in GPS/INS integrated system: A Novel architecture for Integrity Monitoring. Journal of Global Positioning Systems **8**(1), 26–42 (2009). Calgary, Alberta, Kanada
30. Hwang, P., Brown, R.: NIORAIM Integrity Monitoring Performance In Simultaneous Two-Fault Satellite Scenarios. ION GNSS 18th International Meeting of the Satellite Division. The Institute of Navigation (ION), Long Beach, USA (2005)
31. Feng, S., Ochieng, W.: Integrity of Navigation System for Road Transport. Centre for Transport Studies, Imperial College London. ITS, London (2007)
32. Sukkarieh, S., Nebot, E., Durrant-Whyte, H.: A High Integrity IMU/GPS Navigation Loop for Autonomous Land Vehicle Applications. IEEE Transactions on Robotics and Automation **15**(3), 572–578 (1999). New York, USA
33. Le Marchand, O., Bonnifait, P., Ibañez-Guzmán Bétaille, J.D.: Vehicle Localization Integrity Based on Trajectory Monitoring. Intelligent Robots and Systems. IEEE, St. Louis, USA (2009)
34. Toledo-Moreo, R., Zamora-Izquierdo, M., Úbeda-Miñarro, B., Gómez-Skarmeta, A.: High-Integrity IMM-EKF-Based Road Vehicle Navigation With Low-Cost GPS/SBAS/INS. IEEE Transactions on Intelligent Transportation Systems **8**(3), 491–511 (2007). New York, USA
35. Abuhashim, T., Abdel-Hafez, M., Al-Jarrah, M.: Building a Robust Integrity Monitoring Algorithm for a Low Cost GPS-aided-INS System. In: International Journal of Control, Automation, and Systems. S. 1108–1122. Springer, Bucheon, Korea (2010)
36. Mansfeld, W.: Satellitenortung und Navigation, 3. Aufl. Vieweg + Teubner, Wiesbaden (2010)
37. Wegener, M., Schnieder, E.: Definition der Messqualität und ihre quantitative Bestimmung. Deutsche Gesellschaft für Ortung und Navigation (DGON), POSNAV ITS, Berlin (2013)
38. Dziubek, N., Martin, J.: Sensorsystem umfassend ein Fusionsfilter zur gemeinsamen Signalverarbeitung. Continental Teves AG & Co. oHG (2013). Patent WO 2013/037854 A1
39. Gross-Bölting, M., Kolkmann, D.: Verfahren zum Abgleich eines Systems zum Messen der Gierrate eines Kraftfahrzeuges sowie ein solches System. Hella KGaA Hueck & Co. (2002). Patent EP 1 264 749 B1
40. Keller, F., Lüder, J., Urban, W., Winner, H.: Verfahren und Vorrichtung für die Bestimmung von Offsetwerten durch ein Histogrammverfahren. Robert Bosch GmbH (2002). Patent DE 000010205971 A1
41. Keller, F., Lüder, J., Urban, W., Winner, H.: Verfahren und Vorrichtung für die Bestimmung von Offsetwerten durch ein Regressionsverfahren. Robert Bosch GmbH (2002). Patent DE 000010206016 A1
42. Diesel, J., Luu, S.: Calculation of thresholds and protection radius using chi-square methods. In: Proceedings of the 8th International Technical Meeting of the Satellite Division of The Institute of Navigation, Palm Springs, USA (1995)
43. http://www.conti-online.com/www/automotive_de_de/themes/passenger_cars/chassis_safety/passive_safety_sensorics/sensor_sensorsystem_de/m2xpro_de.html, Abruf 06/2014
44. Lategahn, H.: Mapping and Localization in Urban Environments Using Cameras. Dissertation, Institut für Mess- und Regelungstechnik, Karlsruher Institut für Technologie (KIT), Karlsruhe, 2013
45. Dang, T., Hoffmann, C., Stiller, C.: Visuelle mobile Wahrnehmung durch Fusion von Disparität und Verschiebung. In: Maurer, M., Stiller, C. (Hrsg.) Fahrerassistenzsysteme mit maschineller Wahrnehmung. Springer Verlag, Berlin (2005)
46. Winner, H., et al.: Handbuch Fahrerassistenzsysteme. Vieweg + Teubner, Wiesbaden (2009). Abschnitte 12 und 13
47. Grewe, R., Hohm, A., Hegemann, S., Lueke, S., Winner, H.: Towards a Generic and Efficient Environment Model for ADAS. Intelligent Vehicles Symposium, Alcalá de Henares, Spanien (2012)

Digitale Karten im Navigation Data Standard Format

Ralph Behrens, Thomas Kleine-Besten, Werner Pöchmüller, Andreas Engelsberg

27.1 Ziele der Standardisierung – 514

27.2 Merkmale des NDS-Standards – 515

27.3 Wachstum der Datenmenge durch neue Merkmale – 516

27.4 Struktur der Daten innerhalb einer NDS-Datenbank – 516

27.5 NDS Building Blocks – 516

27.6 NDS-Datenbankstruktur/Generalisierung – 520

27.7 Aufbau der NDS-Datenbank – 521

27.8 Zukunft des NDS-Standard – 522

Literatur – 523

Digitale Kartendaten für Navigationssysteme entstehen nicht automatisch während der Datenerfassung. Es gibt einige Firmen, die sich auf die Erfassung von Geodaten spezialisiert haben; hier sind z. B. HERE und TomTom zu nennen. Neben den kommerziellen Unternehmen gibt es offizielle Institutionen, die Geodaten erfassen, unter anderem die Katasterämter in Deutschland. Zu guter Letzt gibt es frei verfügbare Geodaten, die von unzähligen Freiwilligen gesammelt werden; in diesem Bereich hat die OpenStreetMap eine besondere Bedeutung. Teilweise sind die erfassten Geodaten in der OpenStreetMap aktueller und exakter als die kommerziellen Daten. Es gibt inzwischen wissenschaftliche Untersuchungen und Vergleiche der OpenStreetMap mit anderen Kartendaten, unter anderem vom Fraunhofer-Institut für Intelligente Analyse- und Informationssysteme IAIS. [1]

Die Daten aus der Geodatenerfassung werden nicht direkt in den Navigationssystemen verwendet. Vor der Verwendung werden die Daten kompiliert, d. h. sie werden in ein Format gebracht, so dass Navigationssysteme die Daten verarbeiten können. Dazu gehört die Datenreduktion, aber auch die Anreicherung der Geodaten mit Zusatzinformationen. In der Vergangenheit entwarf jeder Navigationshersteller sein eigenes Datenformat, eine Wiederverwendung der kompilierten Navigationsdaten fand de facto nicht statt.

Die Standardisierung der Kartendaten für Navigationssysteme ist seit vielen Jahren ein wichtiges Thema in der Automobilindustrie, insbesondere da die Kosten für die Erstellung navigationsfähiger Daten sehr hoch sind. Bereits im Jahr 2004 hat sich eine Gruppe von Firmen in einer Interessengemeinschaft zusammengeschlossen, um die Vereinheitlichung der Kartendaten voranzutreiben. Aus dieser Initiative entstand 2009 der Navigation Data Standard (NDS) e.V. Der NDS e.V. ist ein eingetragener Verein mit dem Ziel, die Kartendaten für Navigationssysteme zu standardisieren. Im Rahmen der Standardisierung werden die Anforderungen, Definitionen und offiziellen Versionen des NDS-Kartenformats festgelegt. Die Lizenzen stehen den Vereinsmitgliedern kostenlos zur Verfügung. [2]

Die Mitglieder des Vereins setzen sich aus Fahrzeugherstellern, Zulieferern der Automobilindustrie, Kartendatenlieferanten und Anbietern von Telematikdiensten zusammen. Mit dem Stand November 2014 sind 24 Firmen als Mitglieder gelistet [3]. Die Firmen des Konsortiums kommen aus Europa, Amerika und aus Asien. Die Verteilung zeigt, dass an einer weltweiten Standardisierung gearbeitet wird.

27.1 Ziele der Standardisierung

Die Anforderungen an den Standard ergaben sich fast automatisch durch den international zunehmenden Bedarf an Fahrzeugen, die bereits in der Serienentwicklung mit einem Navigationssystem ausgestattet werden. Zunächst entstanden lokal zahlreiche Navigationslösungen, jedoch ist die Entwicklung und Integration von regionalen Lösungen aufwendig und teuer.

Im Sinne der Ökonomie und der Erwartungshaltung, dass die Navigationsdaten immer so aktuell wie möglich sein sollen, resultieren folgende Ziele der NDS-Standardisierung: [4]

1. Entwicklung eines weltweit gültigen Kartenformats
   Bis heute gibt es keinen allgemeingültigen Standard für navigationsfähige Kartendaten. Viele Hersteller von Navigationslösungen nutzen ein eigenes proprietäres Kartenformat. Ziel der Standardisierung ist ein Navigationskartenformat, das auf der ganzen Welt genutzt werden kann.
2. Trennung von Anwendung und Daten
   Viele Hersteller von Navigationsprogrammen installieren mit einer Aktualisierung der Navigationsdaten auch eine neue Version der Software. Ziel des NDS-Kartenformats ist eine klare Trennung, so dass die Navigationsdaten unabhängig von der Navigationssoftware aktualisiert werden können.
3. Kompatibilität und Interoperabilität der Daten
   Aktuell ist es nicht möglich, die Navigationsdaten zwischen zwei Fahrzeugherstellern auszutauschen. Oftmals können die Navigationsdaten nicht einmal zwischen zwei unterschiedlichen Baureihen eines Fahrzeugherstellers ausgetauscht werden. Ziel der Standardisierung ist es, die Daten abwärtskompatibel und austauschbar zu gestalten.

Das dient dazu, dass ein Fahrzeughersteller nur einen NDS-Datenträger benötigt, der von mehreren unterschiedlichen Navigationsprogrammen unterstützt wird. Das vereinfacht die Logistik und erleichtert den Nutzern und Werkstätten den Umgang mit den verschiedenen Navigationssystemen.

4. Festlegung eines Verfahrens zur Aktualisierung der Daten
   Derzeit nutzt jeder Hersteller von Navigationssystemen sein eigenes Verfahren zur Aktualisierung der Daten. Dies führt zu Unsicherheit und Frust bei den Anwendern, da sich jedes Gerät unterschiedlich verhält. Ziel des Konsortiums ist es, das Verfahren zur Aktualisierung der Navigationsdaten klar zu regeln.

5. Kompaktheit der Daten und Effizienz der Anwendung
   Navigationssysteme, die als Erstausrüstung mit einem Fahrzeugkauf bestellt und mitgeliefert werden, müssen eine Lebensdauer von etwa 10 Jahren sicherstellen. Das bedeutet, die Systeme müssen nicht nur sehr robust sein, sondern sie müssen auch mit geänderten Daten und Datenmengen funktionieren. Das Ziel der Standardisierung ist es, das Datenformat so zu gestalten, dass die Anwendung der Navigationssysteme auch nach einer mehrfachen Aktualisierung der Daten mit einer akzeptablen Performance funktioniert.

6. Unabhängigkeit des Datenformats zum Speicher- und Übertragungsmedium
   Dieses Ziel formuliert die Aufgabenstellung, dass das Format der Kartendaten auch mit verschiedenen Medien nutzbar sein muss. Es muss möglich sein, die Daten nicht nur mit Speichermedien, sondern auch über Luftschnittstellen übertragen zu können.

7. Erweiterbarkeit der Navigationsdaten
   Das Kartenformat muss die Erweiterung und Integration von proprietären Inhalten ermöglichen. Jeder Fahrzeughersteller wünscht, dass sich seine Fahrzeuge besonders gut verkaufen lassen, was unter anderem durch besondere Funktionen erreicht wird. Dieses Ziel soll sicherstellen, dass eine herstellerspezifische Erweiterung der Daten möglich ist, ohne das Ziel der Kompatibilität und Interoperabilität zu verletzen.

8. Unterstützung von Kopierschutzmaßnahmen
   Das Kartenformat muss die Daten in Bezug auf Raubkopien und Missbrauch schützen. Zu diesem Zweck muss der Standard Digital Rights Management unterstützt werden.

27.2 Merkmale des NDS-Standards

Eine Besonderheit des NDS-Kartenformats ist die Organisation der Daten in sogenannte Building Blocks. Ein Building Block ist vergleichbar mit einem Baustein, der einheitliche Schnittstellen hat. Jeder Baustein kann einzeln ausgewechselt werden, wobei die Möglichkeit besteht, die Farbe und die Größe des Bausteins zu variieren. Übersetzt bedeutet dies, dass NDS die Möglichkeit des inkrementellen Updates schafft und dass dabei erweiterte Features in einen Building Block integriert werden können. Die Erweiterungen dienen auch der kundenspezifischen Anpassung der Daten.

Die Daten der einzelnen Bausteine sind über bestimmte Eigenschaften miteinander verknüpft, die über alle Bausteine hinweg einem einheitlichen Format folgen müssen. Die wichtigsten einheitlichen Eigenschaften sind Koordinaten und Namen. Alle verschiedenen Bausteine des NDS-Formats unterstützen beispielsweise Koordinaten zur Georeferenzierung: Daher kann in allen Teilen der Datenbank nach Informationen an einem Ort gesucht werden.

Die Ablage der Daten erfolgt bevorzugt in einer Datenbank auf Basis SQLite. Die Datenbank schafft eine effiziente Basis für den inkrementellen Update und die Suche in den verschiedenen Bausteinen auf Basis einheitlicher Parameter.

Gleich zu Beginn der Standardisierungsaktivitäten wurde auf die Erweiterung für neue Funktionen geachtet. Besonders hervorzuheben sind die Erweiterungen für die Darstellung der Karte von 3D-Objekten und erweiterten 3D-Stadtmodellen sowie die Ergänzung eines speziellen ADAS Building Blocks mit einem flexiblen Ansatz, um Fahrerassistenzsysteme optimal zu unterstützen.

Des Weiteren arbeitet die Standardisierung an einem Werkzeug, um die Qualität der Datenbank verifizieren zu können.

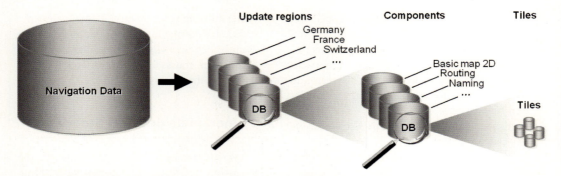

◘ Abb. 27.1 Definition der Update-Regionen (mit freundlicher Genehmigung der NDS Association)

27.3 Wachstum der Datenmenge durch neue Merkmale

Die Daten zur 3D-Darstellung der Karten sind aus verschiedenen Gesichtspunkten kritisch zu betrachten. Zum einen ist die visuelle Darstellung das prägende Stilelement und erreicht den Betrachter unmittelbar. Zum anderen müssen für eine detailliertere Darstellung mehr Inhalte in die Datenbank gebracht werden, die wiederum schnell geladen und gerendert werden müssen.

Hier sind einige Daten, die im NDS-Standard verankert sind:
- Luftbildaufnahmen und Satellitenbilder
- digitales Terrain Modell
- hochauflösende Bilder zur Visualisierung von Kreuzungen und Abfahrten
- 3D-City-Modell
- Daten für Reiseführer-Anwendungen
- Zusatzdaten für ADAS (Advanced Driving Assistence Systems)

27.4 Struktur der Daten innerhalb einer NDS-Datenbank

Die Daten der NDS-Datenbank sind zunächst in Regionen aufgeteilt (siehe ◘ Abb. 27.1). Innerhalb der Regionen sind die Daten in Komponenten organisiert, die wiederum die Building Blocks enthalten; die Building Blocks ihrerseits enthalten die kleinste Einheit, sogenannte Tiles.

Diese Struktur lässt sich an folgendem Beispiel verdeutlichen: Eine NDS-Datenbank enthält die Daten für einen bestimmten Markt (database coverage), z. B. Europa. Dieser Markt wird in Regionen aufgeteilt, z. B. Frankreich, Spanien und Portugal, Benelux, Deutschland usw. Diese Regionen können dann unabhängig voneinander aktualisiert werden. Der genaue Schnitt der Regionen ist dabei nicht festgelegt, er wird für jedes Projekt neu konfiguriert.

27.5 NDS Building Blocks

Die Bausteine der NDS-Datenbank sind die Building Blocks (siehe ◘ Abb. 27.2) [5]. Dieses Kapitel stellt die wichtigsten Bestandteile und deren Aufgabe vor.

27.5.1 Overall Building Block

Der Overall Building Block dient zur Speicherung der Daten, die als Gleichanteil in allen anderen Building Blocks zur Verfügung stehen. Jede NDS-Datenbank muss einen Overall Building Block enthalten. Die Inhalte dienen der Applikation, um Information über die variablen Bestandteile und Attribute der speziellen Datenbank zu bekommen. Hierbei handelt es sich im Wesentlichen um Metadaten und regional spezifische Informationen.

27.5.2 Routing Building Block

Der Routing Building Block enthält das Straßennetzwerk. Er dient verschiedenen Anwendungen als Basis:

27.5 • NDS Building Blocks

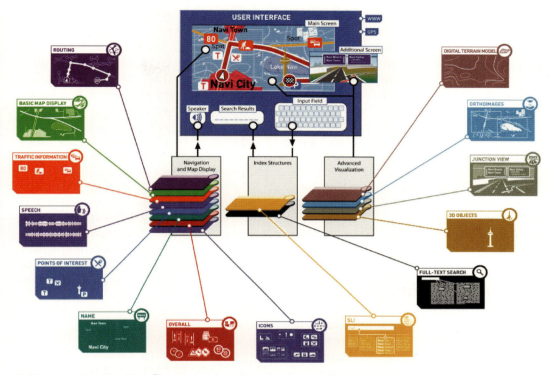

Abb. 27.2 NDS Building Block-Übersicht (mit freundlicher Genehmigung der NDS Association)

- Routenberechnung
  Die Routenberechnung liest die Topologie des Straßennetzwerks und deren Attribute. Diese Attribute sind unter anderem die Länge eines Straßensegments, die erlaubte Geschwindigkeit des Straßensegments und ein Klassifikator eines Straßensegments (Autobahn, Landstraße, Kreisstraße, …). Mithilfe der Attribute wird auf Basis verschiedener Kostenfunktionen eine Route mit den gewünschten Parametern (z. B. „kurze Route", „schnelle Route", „meide Fähren") berechnet.
- Map Matching
  Die Ortung besteht aus mehreren Stufen. Zunächst werden in einem bestimmten Verfahren die Informationen verschiedener Sensoren (GPS, Gyro, Radpulssensoren, Beschleunigungssensoren) zu einer genauen Position verrechnet; dieses Verfahren wird als Dead Reckoning (Koppel-Ortung) bezeichnet. Im nachgelagerten Verfahren des MapMatching wird die Straßengeometrie aus dem Routing Building Block verwendet, um die Position aus dem Dead Reckoning auf das Straßennetzwerk abzubilden.
- Zielführung
  Die Zielführung greift auf die Topologie und Geometrie des Straßennetzwerks zu, um die aktuelle Position mit dem Straßennetzwerk abzugleichen und Anweisungen für die Fahrmanöver abzuleiten.
- ADAS
  Speziell zur Unterstützung von Fahrerassistenzsystemen wurde im Routing Building Block ein Layer ergänzt, um z. B. Kurvendaten, Straßenbreite etc. aufzunehmen.

27.5.3 SQLite Index (SLI)

Der SLI-Building Block dient der Zieleingabe; diese ist heute mit vielfältigen Möglichkeiten ausgestattet. Neben der klassischen hierarchischen Zieleingabe, bei der Buchstabe nach Buchstabe eingegeben werden kann, unterstützt der SLI auch komplexe Zieleingabemöglichkeiten. Dies umfasst unter anderem First Letter Input (FLI), ein Modus speziell für den asiatischen Markt; im FLI-Modus muss nur der erste Buchstabe einer Silbe eingegeben werden. Ein weiterer Eingabemodus wird als One-Shot-Destination-Entry bezeichnet. Diese Funktion ermöglicht wie bei einer Suche in einer internetbasierten Suchmaschine die Eingabe der gesamten Adresse auf einmal, bevor die Suchfunktion gestartet wird.

Der besondere Vorteil der SLI-basierten Zieleingabe ist, dass nicht nur in einem Kriterium – wie beispielsweise Stadt, Straße, Postleitzahl oder Hausnummer – gesucht wird, sondern dass die Suche gleichzeitig über mehrere Kriterien hinweg ausgeführt wird.

27.5.4 POI Building Block

Points of Interest (POI) sind markante oder für den Benutzer interessante Punkte, die in der Navigationskarte dargestellt werden und die navigierbar sein müssen [6]. Neben der Ortsinformation können die POI zusätzliche Informationen, z. B. Telefonnummern oder Öffnungszeiten enthalten.

Die POI können auf verschiedene Weisen präsentiert und verwendet werden:
- Darstellung der POI mithilfe eines Icon in der Navigationskarte,
- Darstellung der POI in Listenform, sortiert nach Kategorie, Ort oder anderen Regeln,
- Darstellung der Zusatzinformationen nach Auswahl eines POI: Dies können Bilder, erklärende Texte, Bezahlinformationen etc. sein.

Neben den punktbasierten POI gibt es noch Linien oder flächenbezogene POI: Dies können z. B. bestimmte touristische Straßen sein; ein flächenbezogener POI könnte ein großer Tierpark sein.

Eine weitere Unterscheidung stellt die Gültigkeitsdauer der POI dar. Einige POI sind nur begrenzt gültig, z. B. haben Stadien während einer Olympiade oder während einer Fußballweltmeisterschaft ggf. einen anderen Namen oder eine andere Bedeutung. Daher muss auch in Bezug auf die Updatefrequenz der verschiedenen POI-Typen unterschieden werden.

In Bezug auf die POI gibt es zwei Building Blocks:
- Integrierter POI Building Block
Der integrierte POI Building Block darf direkte Verweise auf andere NDS Building Blocks enthalten. Diese Verweise zielen auf Streckensegmente oder Kreuzungen im Routing Building Block oder sie zielen auf Namen im Naming Building Block. Die direkten Verweise dienen der verbesserten Suchperformance.
- Nicht integrierter POI Building Block
Der nicht integrierte POI Building Block ist ausschließlich über die Geokoordinate mit den anderen Building Blocks vernetzt. Das bedeutet, es kann lediglich mit Geokoordinaten gesucht und festgestellt werden, ob POI-Informationen zu einem bestimmten Kartenabschnitt gehören oder nicht.

Beide POI Building Blocks haben intern die gleiche Datenstruktur.

27.5.5 Naming Building Block

Im Naming Building Block sind die Namen des Straßennetzwerks aus dem Routing Building Block und die Namen aus dem Basic Map Display Building Block enthalten. Damit ist sichergestellt, dass Namen in einer Routenliste und einer Kartendarstellung identisch verwendet werden.

Die Namen der POI und der Verkehrsinformationen sind bewusst nicht Bestandteil des Naming-Building Block. Das liegt an dem Bedarf, diese speziellen Daten häufiger zu aktualisieren. Die entsprechenden Namen sind daher Bestandteil der POI bzw. Traffic Building Blocks.

27.5.6 Free Text Search Building Block

Zur Implementierung einer freien Textsuche müssen die Inhalte vorab indiziert werden: Als Quellmaterial für die Erzeugung dieses Index dienen der POI Building Block, der Naming Building Block und alle anderen Building Blocks, die Namen enthalten. Mit diesen Informationen wird ein Index aufgebaut. In diesem Index wird anschließend mit dem Suchtext gefiltert. Das Ergebnis der Suche ist dann eine Liste mit Links der Dateien, die eines oder mehrere der Wörter aus dem Suchtext enthalten und direkt in die Quelldaten zeigen. Mithilfe dieser Informationen kann eine Eingabefunktion realisiert werden, die mit Metasuchen bekannter Internetplattformen vergleichbar ist.

27.5.7 Phonetic/Speech Building Block

Der Speech Building Block enthält zwei unterschiedliche Typen von Daten.

Der erste Teil enthält eine Datenbank mit Lautschrift (Phonetic Transcriptions) und dient der Spracherkennung sowie der Übersetzung von Text in Sprache (Text-to-Speech). Wichtig ist, dass die Datenbank mit der Lautschrift der verfügbaren Sprachen eines Navigationssystems abgestimmt sein muss. Die zu verwendende Lautschrift muss vor der Benutzung auf die richtige Sprache konfiguriert werden. Das ist eine nicht-triviale Aufgabenstellung, da es insbesondere in multikulturellen Regionen Situationen gibt, in denen zwei Sprachen parallel verwendet werden.

Der zweite Teil enthält eine Datenbank mit professionell aufgezeichneten Sprachausgabemustern, die dann für die Zielführung zusammengesetzt und an richtiger Stelle der Audioausgabe übergeben werden.

27.5.8 Traffic Information Building Block

Der Traffic Information Building Block (TI) ermöglicht den Navigationsanwendungen die Nutzung von Verkehrsdaten verschiedener Standards. Im TI sind die Referenzierungstabellen (Location Tables) für den Traffic Message Channel (TMC) hinterlegt; damit können die Verkehrsnachrichten den verschiedenen Sprachen zugeordnet werden. In Bezug auf die Verkehrsnachrichten gemäß Transport Protocol Expert Group (TPEG) bietet der Traffic Information Building Block die Referenztabellen, so dass die Ereignisinformation (z. B. Stau, Vollsperrung, Störung etc.) einer TPEG-Nachricht ausgewertet werden kann. Die Ereignisinformation wird als Nummer übertragen. In der Referenzierungstabelle kann mithilfe dieser Nummer der korrespondierende Text in der jeweiligen Sprache geladen werden.

27.5.9 Basic Map Display Building Block

Der Basic Map Display Building Block (BMD) gruppiert die wesentlichen Daten für eine Kartendarstellung. Die Namen für die Darstellung bezieht der Basic Map Display Building Block aus dem Naming Building Block.

Der Inhalt des BMD sind Punkte (u. a. Stadtzentren, Bergspitzen), Linien (u. a. Straßen, Wasserstraßen, Grenzlinien, Bahnstrecken), Flächen (u. a. Wälder, Wasserflächen, Gebäudegrundrisse, Landnutzung), Icons und Zeichenstile und -regeln (u. a. Informationen, an welchen Punkten Straßen etc. beschriftet werden können).

Zusätzlich sind im BMD bereits die Daten zur Darstellung der 2,5D-Städtemodelle enthalten. Jedes Gebäude ist durch verschiedene Parameter gekennzeichnet, z. B. die Höhe des Gebäudes, die Farbe der Außenwände, den Typ und die Farbe des Daches.

Die Daten im BMD reichen aus, um eine vollständige Darstellung der Navigationskarte im 2D- bzw. 2,5D-Modus zu gewährleisten.

27.5.10 Advanced Map Display

Die Bezeichnung Advanced Map Display umfasst die erweiterten Inhalte, die für die Kartendarstellung benötigt werden, um eine möglichst realistische Repräsentation der Karte darstellen zu können.

Die erweiterten Inhalte des AMD sind die Building Blocks:
- Digital Terrain Model Building Block,
- Orthoimages Building Block,
- 3D Objects Building Block.

27.5.11 Digital Terrain Model Building Block

Der Building Block speichert das Höhenmodell bzw. die Topographie der Erdoberfläche (Digital Terrain Modell – DTM). Neben der Höheninformation jedes Flächenteils enthält dieser Teil auch die Texturen für die Darstellung der Erdoberfläche, für den Fall, dass Satelliten- oder Luftbildaufnahmen nicht zur Verfügung stehen. Damit die Darstellung der Erdoberfläche ohne unstetige Übergänge dargestellt werden kann, ist in diesem Teil zusätzlich das Polygonnetz (Batched Dynamic Adaptive Meshes – BDAM) hinterlegt.

◘ **Abb. 27.3** Junction View (mit freundlicher Genehmigung der NDS Asscoiation)

27.5.12 Orthoimages Building Block

Der Orthoimages Building Block enthält Satelliten- bzw. Luftbildaufnahmen der Erdoberfläche. Die Satelliten- bzw. Luftbildaufnahmen müssen in Bezug auf die Blickposition über der Karte ausgewählt werden können. In Abhängigkeit zum Maßstab und Blickwinkel werden die Aufnahmen für die Darstellung ausgewählt und als Texturdatei für das BDAM verwendet.

27.5.13 3D Objects Building Block

Der 3D Objects Building Block dient zur Speicherung der 3D-Objekte, die zur möglichst realistischen Darstellung der digitalen Karte benötigt werden.

Die 3D-Objekte sind zunächst den Update-Regionen zugeordnet. Innerhalb dieser werden die 3D-Objekte in einem Raum zusammengefasst (BoundingBox). Mehrere Objekte gleichen Typs können innerhalb dieses Raumes beschrieben werden. So kann beispielsweise die BoundingBox einen Häuserblock umschließen. Sie kann frei im Raum gedreht und positioniert sein. Innerhalb der BoundingBox lassen sich dann alle betreffenden Gebäude beschreiben.

Die BoundingBox ist so organisiert, dass 3D-Objekte in Feature-Klassen geordnet abgelegt werden: Als Feature-Klasse dienen zum Beispiel Wohngebäude, Industriegebäude, Brücken, Bäume, Straßenlaternen und viele andere Objekttypen.

Ein einzelnes 3D-Objekt wird durch Geometrieinformationen, eine Materialbeschreibung, Texturen und Namen beschrieben. Einige der 3D-Objekte sind sehr detailliert dargestellt, wobei es sich um die 3D Landmarken handelt. Diese bezeichnen sehr bekannte und sehr markante Elemente, z. B. den Eiffelturm in Paris oder den Hamburger Michel.

27.5.14 Junction View Building Block

Für die Darstellung von komplexen Kreuzungssituationen (siehe ◘ Abb. 27.3), Autobahnausfahrten oder z. B. zur Darstellung von Kreisverkehrsstraßen können Bilder aus dem Junction View Building Block verwendet werden. Dabei ist es möglich, die Bilder zur Laufzeit aus den Straßendaten zu generieren oder es werden vorgefertigte Bilder verwendet. Die vorgefertigten Bilder werden im Junction View Building Block abgespeichert. Zur Identifikation des richtigen Bildes dienen die Parameter Bildtyp, Tageszeit, Wetter, Farbtiefe und andere. Mit diesen Parametern und einem Link aus der Routenliste auf die Bildinformation kann das richtige Bild ausgewählt und angepasst werden.

27.6 NDS-Datenbankstruktur/Generalisierung

Einige Building Blocks enthalten sehr fein granulare Daten. Es ist daher notwendig, die Daten zu gruppieren und partitioniert in der Datenbank abzule-

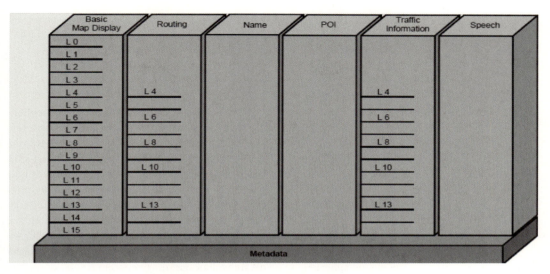

◘ **Abb. 27.4** Generalisierung (mit freundlicher Genehmigung der NDS Association)

gen. Diese Gruppierung wird als Generalisierung bezeichnet (siehe ◘ Abb. 27.4). Eine Kartendarstellung, die auf einem 10Zoll-Display im Auto oder auf einem Tablet ganz Deutschland anzeigen soll, kann mit Straßengeometrien der kleinsten Straßenkategorien aus Wohngebieten beispielsweise nichts anfangen. In einer Übersichtsdarstellung werden oft nur Straßen höherer Klasse, z. B. Autobahnen geladen; damit der Ladevorgang der Daten performant implementiert werden kann, werden die Daten gleich in einer passenden Form abgelegt. Performant bedeutet in diesem Zusammenhang, dass der Nutzer die Navigationskarte nur dann als optisch akzeptabel und flüssig betrachtet, wenn die Bildwiederholrate mehr als 25 Bilder pro Sekunde beträgt.

27.7 Aufbau der NDS-Datenbank

Die NDS-Datenbank verwendet vorzugsweise eine angepasste SQLite-Engine zur Verarbeitung der Daten. Das NDS-Gremium hat beispielsweise die Ergänzung der SQLite-Engine um die Funktion „Multiplexing" gefordert und eingesetzt. Mit dieser Funktion ist es möglich, mehrere Anfragen aus verschiedenen Anwendungen gleichzeitig an die Datenbank zu senden.

Die Datenbank selbst setzt sich aus Funktionen, Attributen und Metadaten zusammen. Die Struktur der Daten wird mithilfe von DataScript-Dateien beschrieben. Ein DataScript-Compiler übersetzt diese Dateien für das jeweilige Zielsystem in die passende Programmiersprache, beispielsweise C++ oder Java. Der Anwendungsentwickler braucht anschließend für den Zugriff auf die Daten nur die generierten Zugriffsklassen zu kennen, die direkten SQLite-Befehle sind hinter den Zugriffsklassen für den Anwendungsentwickler nicht zu sehen.

- Funktionen (Features) in der NDS-Datenbank
  Alle real existierenden Objekte werden in der NDS-Datenbank mithilfe einer oder mehrerer Features repräsentiert. Ein Strassensegment zwischen zwei Kreuzungen wird als Link-Feature im Routing Building Block repräsentiert.
- Attribute in der NDS-Datenbank
  Die NDS-Datenbank unterscheidet zwischen festen und flexiblen Attributen. Die Attribute beschreiben die spezifischen Eigenschaften der NDS-Features. Ein festes Attribut ist beispielsweise die Längeninformation eines Streckenabschnittes. Dieses Attribut ist immer Bestandteil eines Straßensegments. Eine optionale Information eines Straßensegments ist beispielsweise, an welchen Wochentagen eine Straße geöffnet bzw. befahrbar ist. Diese Information wird als flexibles Attribut eines Straßensegments bezeichnet.

- Metadaten in den NDS-Datenbanken
  Die Metadaten enthalten alle notwendigen Informationen, um variablen Inhalt und Datenbank-Eigenschaften zu beschreiben. Sie beziehen sich auf einen spezifischen Teil der NDS-Datenbank, einen Building Block oder auf die gesamte Datenbank. In den statischen Metadaten ist beispielsweise gekennzeichnet, ob Längendaten metrisch abgelegt sind oder nicht. Des Weiteren wird in den statischen Metadaten der ISO-Ländercode gespeichert.
- Der Inhalt der Datenbank selbst ist als BLOB (Binary Large Object) gespeichert: Mithilfe der Funktionen, Attribute und Metadaten kann in der Datenbank gesucht werden. Diese Werte sind in der Datenbank im Klartext gespeichert. Anders verhält es sich bei den detaillierten Kartendaten, die binär als BLOB gespeichert sind. Bevor die einzelnen Daten verwendet werden können, muss ein BLOB aus der Datenbank gelesen und interpretiert werden. Die BLOB-Struktur wurde eingeführt, damit die Binärgröße einer NDS-Datenbank einer Größe entspricht, die auf einem embedded-Gerät noch gut beherrschbar ist.

27.7.1 DataScript und RDS

Das gesamte Format der NDS-Datenbank ist mithilfe der formalen Beschreibungssprache DataScript beschrieben. Diese ist, wie im letzten Absatz kurz angerissen, in zwei Teile aufgeteilt: Auf der einen Seite gibt es die formale Beschreibung der Datenbank, auf der anderen Seite gibt es das Language Binding, d. h. die Repräsentation der Datenschnittstelle in einer dedizierten Programmiersprache. DataScript wurde ursprünglich von Godmar Back [7] entwickelt. Mit Hilfe von DataScript lassen sich binäre Formate, Bitstreams oder Dateiformate beschreiben. Diese ermöglicht die eindeutige Beschreibung der im NDS benötigten Datenformate und es existiert eine Referenzimplementierung des DataScript-Compilers für die Programmiersprache Java. Dies führte dazu, dass DataScript im NDS-Konsortium nach einer Evaluation verschiedener Datenbankbeschreibungsmethoden ausgewählt wurde. Innerhalb des NDS-Konsortiums entstand ein Dialekt von DataScript, welcher als Relational Data Script (RDS) bezeichnet wird [8].

27.7.2 NDS-Format-Erweiterung

Das NDS-Datenformat ermöglicht den Anwenderfirmen Erweiterungen mit dem Ziel der späteren Standardisierung, Anpassungen und proprietären Erweiterungen. Diese Freiheit ist nötig, damit jede NDS-Entwicklung noch zusätzliche Funktionen anbieten kann. Ein Beispiel hierfür wäre die proprietäre Ergänzung von Skigebieten mit den Parkplätzen als Navigationsziel und der Darstellung der Skilifte und -pisten in der Navigationskarte. Dieses Feature benötigt nicht jeder, aber es wird vielleicht als sinnvolle Ergänzung von dem einen oder anderen Nutzer empfunden.

Die Firmen, die sich für eine Anpassung bzw. Erweiterung der NDS-Funktionen entscheiden, müssen dabei ein striktes Regelwerk beachten: Die NDS-Datenbank muss in jedem Fall den Standard vollständig unterstützen, jede Modifikation muss den standardkonformen Mechanismus für ein Update der Datenbank unterstützen und jede modifizierte NDS-Datenbank muss den Anforderungen bezüglich der Interoperabilität mit reinen NDS-Standard-Datenbanken jederzeit in vollem Umfang genügen.

27.7.3 NDS-Datenbank-Werkzeuge

Der NDS-Standard unterstützt die Entwicklung durch einige Werkzeuge, um die Datenbank zu validieren, den Inhalt einer NDS-Datenbank zu untersuchen und das verwendete NDS-Format zu überprüfen. Dem Entwickler stehen dabei eine Validation Suite, ein rudimentärer Map-Viewer, die RDS-Compiler, eine angepasste und optimierte SQLite Engine und diverse Treiber zur Verfügung.

27.8 Zukunft des NDS-Standard

Die Entwicklung im NDS-Standard ist nach wie vor sehr aktiv. In den kommenden Jahren werden immer mehr Navigationsprodukte verfügbar sein, wobei in erster Linie ein Satz neuer Funktionen für den Endanwender im Vordergrund stehen wird. Insbesondere die Standardisierung des inkrementellen Updates und die zunehmende Interoperabilität der Systeme werden im Vordergrund stehen. Gerade begonnen hat die Erweiterung in Bezug auf Connected Services und die Erweiterung des Standards, um die Anwendungen im Umfeld des hochautomatisierten Fahrens mit Daten zu unterstützen.

Literatur

1. Fraunhofer-Institut für Intelligente Analyse- und Informationssysteme IAIS, Verfügbar unter: http://iais.fraunhofer.de/5368.html, 2009 und 2011
2. Müller, T.M.: Navigation Data Standard (NDS): Bald Industriestandard? Automobil-Elektronik **6**, 30 (2010)
3. NDS-Association: Partners (2014). http://www.nds-association.org/partners/
4. NDS-Association: Objectives (2014). http://www.nds-association.org/the-nds-standard/
5. NDS-Association: (Prelimenary Release) NDS Version 2.1.1.10.9 Format Specification, 2013, S. 83 ff.
6. Wikipedia: Point of Interest (2014). http://de.wikipedia.org/wiki/Point_of_Interest/
7. Back, G.: DataScript (2003). http://datascript.sourceforge.net
8. Wellmann, H.: DataScript Tools (2013). http://sourceforge.net/projects/dstools/

Car-2-X

Hendrik Fuchs, Frank Hofmann, Hans Löhr, Gunther Schaaf

28.1 Motivation und Einführung – 526

28.2 Datenkommunikation – 526

28.3 Systemübersicht – 528

28.4 Datensicherheit und Schutz der Privatsphäre – 529

28.5 Car-2-X Anwendungen – 532

28.6 Ökonomische Bewertung und Einführungsszenarien – 537

Literatur – 539

28.1 Motivation und Einführung

Heutzutage kommt der Vernetzung von Fahrzeugen untereinander sowie mit der Infrastruktur eine immer größere Bedeutung zu. Sie bildet die Basistechnologie für zukünftige kooperative intelligente Transportsysteme (C-ITS, „Cooperative Intelligent Transportation Systems"). Die Kommunikation eines Fahrzeugs mit seinem direkten Umfeld – also sowohl mit anderen Fahrzeugen als auch mit der Straßenverkehrsinfrastruktur (z. B. Baken, Verkehrszeichenbrücken, Lichtsignalanlagen etc.) sowie auch Verkehrszentralen – ermöglicht eine Vielzahl neuer oder verbesserter Funktionen für den Autofahrer, die zu einer Erhöhung der Verkehrssicherheit, einer Verbesserung der Verkehrseffizienz sowie auch des persönlichen Komforts führen können. In diesem Zusammenhang spricht man daher auch von der Fahrzeug-zu-X-Kommunikation, wobei das „X" den jeweiligen Kommunikationspartner kennzeichnet. Üblicherweise werden hier allerdings die englischsprachigen Begriffe Car-to-X oder Car-2-X (C2X) bzw. Vehicle-to-X oder Vehicle-2-X (V2X) verwendet, wobei C2X eher in Deutschland und V2X eher international üblich ist. Im weiteren Verlauf dieses Kapitels wird der Begriff C2X (bzw. C2XC für C2X Communication) verwendet.

Bereits seit Ende der 1990er Jahre wird das Thema C2X in diversen nationalen, europäischen und auch internationalen F&E-Projekten untersucht. In der ersten Phase ging es dabei um die Entwicklung und Erprobung der grundlegenden Technologien, z. B. in den Projekten „FleetNet" [1], „Network-on-Wheels" [2] oder „PReVENT" [3]. In der zweiten Phase schloss sich die Systemerprobung anhand von einzelnen Demonstratoren in Fahrzeugen und Infrastruktur an, wobei die grundsätzliche Machbarkeit gezeigt werden konnte (z. B. in den EU-Projekten „CVIS" [4], „SAFESPOT" [5] und „COOPERS" [6]. In der dritten Phase erfolgte der Nachweis der Praxistauglichkeit anhand von großmaßstäblichen Feldversuchen im realen Verkehr („sim^{TD}" in Deutschland [7] und „Safety Pilot" [8] in den USA) sowie der Nachweis der Interoperabilität – also der Fähigkeit zur Zusammenarbeit verschiedener, nach demselben Standard entwickelter Systeme, wie z. B. im Projekt „DRIVE C2X" [9]. Derzeit laufende Aktivitäten fokussieren sich auf Ansätze der hybriden Kommunikation (Mobilfunk und WLAN) sowie den Entwurf eines C2X-Systemverbunds, um Lösungen für die Überwindung der Einführungsbarrieren zu schaffen, z. B. im Projekt „CONVERGE" [10]. Begleitet wurden diese Aktivitäten durch das von den Fahrzeugherstellern initiierte und inzwischen von der gesamten Automotive-Industrie mitgetragene Car-2-Car Communication Consortium (C2C-CC), das sich die weitere Verbesserung der Sicherheit und Effizienz im Straßenverkehr durch kooperative ITS-Systeme zum Ziel gesetzt hat [11].

Die Einbeziehung der Kommunikation als Fahrzeugsensor ermöglicht die Erweiterung des wahrnehmbaren Horizonts sowohl über den Sichtbereich des Fahrers als auch über den von bordautonomen Sensoren, wie z. B. Radar, Lidar oder Video, hinaus. Der Abdeckungsbereich bordautonomer Systeme ist durch die spezifischen Sensoreigenschaften, wie z. B. erforderliche Sichtverbindung und limitierte Reichweite, beschränkt. C2X-basierte Fahrerassistenzsysteme (FAS) ermöglichen demgegenüber eine deutlich umfassendere Abdeckung: Insbesondere erlauben sie den Blick „um die Ecke" oder durch Hindernisse, wie z. B. andere Fahrzeuge, Gebäude oder Geländeerhebungen, hindurch. Auf diese Weise lässt sich einerseits die Wirksamkeit von existierenden Fahrerassistenzsystemen deutlich verbessern und andererseits auch eine Vielzahl ganz neuer Funktionen realisieren. Nachteil der Technologie ist die mehr oder weniger starke Abhängigkeit von der Ausstattung der beteiligten Fahrzeuge und Infrastrukturkomponenten. Die Ausstattungsrate hat insbesondere starken Einfluss auf die realisierbaren Funktionen und ist daher bei der Betrachtung von Einführungsszenarien zu berücksichtigen. Beide Aspekte werden in späteren Abschnitten noch näher betrachtet.

28.2 Datenkommunikation

28.2.1 Funkkanal und Übertragungssystem

Der funkbasierte Datenaustausch zwischen Fahrzeugen untereinander sowie zwischen Fahrzeugen und Infrastrukturkomponenten stellt hohe Anforderungen an das Übertragungssystem. Mehrwegeausbreitung aufgrund von Reflexionen, Dopplerverschie-

◨ **Abb. 28.1** Frequenzallokation für ITS-Dienste in Europa (Quelle: Bosch)

◨ **Abb. 28.2** Frequenzallokation für ITS-Dienste in den USA (Quelle: Bosch)

bungen durch hohe Fahrzeuggeschwindigkeiten sowie Abschattungseffekte des direkten Signalweges müssen sowohl beim Systementwurf als auch bei der Sender- und Empfängerentwicklung berücksichtigt werden. Neben der Erprobung im Feld werden dazu vor allem Simulationen und Labortests herangezogen. Um dabei die geschilderten Ausbreitungseffekte berücksichtigen zu können, wurden verschiedene statistische Kanalmodelle entwickelt, die die realen Verhältnisse nachbilden.

Die genutzte Funktechnologie für C-ITS basiert auf dem herkömmlichen WLAN-Standard mit speziellen Erweiterungen. Dabei wird das Übertragungsverfahren OFDM (Orthogonal Frequency Division Multiplexing) genutzt, bei dem der Datenstrom innerhalb des verfügbaren Frequenzbereichs auf eine Vielzahl von schmalen Frequenzträgern aufgeteilt wird. Dieses Verfahren hat seine Robustheit in mobilen Umgebungen bereits bei anderen Systemen wie Digital Audio Broadcasting (DAB) unter Beweis gestellt.

Die Funkreichweite wird hauptsächlich durch Abschattungseffekte aufgrund von Hindernissen, die den direkten Signalweg zwischen den Kommunikationspartnern blockieren, beeinträchtigt. Derartige Hindernisse können einerseits andere Fahrzeuge, vor allem Lastkraftwagen, und andererseits Häuserfronten in Städten, insbesondere in Kreuzungsbereichen, sein. Um auch in derart schwierigen Situationen eine ausreichende Funkreichweite gewährleisten zu können, muss das System sowohl über eine ausreichende Sendeleistung verfügen als auch eine geeignete Empfänger-Algorithmik aufweisen.

Simulationen und Feldtests haben gezeigt, dass auch ohne direkten Signalweg auf Autobahnen Reichweiten von 250–500 m sowie an engen innerstädtischen Kreuzungen Reichweiten von 40–80 m erreicht werden können [12]. Die Untersuchungen im Projekt sim^{TD} haben gezeigt, dass diese Reichweiten für die im jeweiligen Kontext vorgesehenen Funktionen ausreichend sind. Im Falle von direkten Signalwegen liegen die Reichweiten deutlich höher. Zusätzlich kann die Kommunikationsreichweite durch die Weiterleitung von Nachrichten, dem sogenannten Multi-Hop-Verfahren, vervielfacht werden.

28.2.2 Frequenzallokation

Um kooperative ITS-Dienste zu ermöglichen, wurden in Europa 30 MHz Bandbreite unter dem Begriff ITS-G5 A allokiert mit der Option, diese zukünftig zu erweitern. Die einzelnen Funkkanäle nutzen eine Bandbreite von 10 MHz. Die Darstellung in ◨ Abb. 28.1 gibt einen Überblick zum Frequenzbereich und der verwendeten Nomenklatur; der Kontrollkanal wird als CCH bezeichnet, die Servicekanäle als SCH.

In den USA erfolgte die Frequenzallokation durch die FCC (Federal Communications Commission), s. ◨ Abb. 28.2. Die 75 MHz-Bandbreite wird in 7 Kanäle mit jeweils 10 MHz aufgeteilt. Die Nutzung desselben Frequenzbereichs in Europa und den USA ermöglicht eine einheitliche Hardware im Fahrzeug.

28.2.3 Standardisierung

Die Standardisierung von C-ITS spielt eine besonders wichtige Rolle zur Sicherstellung eines einheitlichen Datenaustausches zwischen Fahrzeugen sowie zwischen Fahrzeugen und Infrastrukturkomponenten. Hierzu gibt es in Europa das Mandat M/453 der Europäischen Union [13], welches die Organisationen CEN, CENELEC und ETSI beauftragt, einen Satz von Standards und Spezifikationen zu erstellen, um die Interoperabilität von C-ITS in Europa sicherzustellen [14, 15, 16]. Anfang 2014 wurde die „C-ITS Release 1" verabschiedet, in der alle für die erste Phase der Einführung relevanten Standards aufgeführt sind [17]. In den USA obliegt diese Aufgabe IEEE und SAE, in Japan ARIB. Die Standardisierungsaktivitäten werden durch das C2C-CC unterstützt.

28.3 Systemübersicht

Ein C-ITS System besteht aus mehreren Subsystemen, die miteinander interagieren. Diese Subsysteme werden als ITS Station bezeichnet [18]. Dabei unterscheidet man zwischen infrastrukturseitigen und mobilen, z. B. fahrzeugseitigen Subsystemen:
- Infrastrukturseitige Subsysteme:
  - Roadside ITS Station (z. B. Verkehrszeichenbrücken, Lichtsignalanlagen etc.),
  - Central ITS Station (z. B. Verkehrszentralen).
- Mobile Subsysteme:
  - Vehicle ITS Station (im Fahrzeug verbaute Einheit mit Zugriff auf die Fahrzeugsensorik),
  - Personal ITS Station (z. B. Smartphone, PDA etc.).

Im Folgenden wird die grundlegende Architektur einer ITS Station erläutert, die für alle genannten Subsysteme gültig ist. Die nachfolgenden Betrachtungen beziehen sich hauptsächlich auf das fahrzeugseitige Subsystem, also die Vehicle ITS Station.

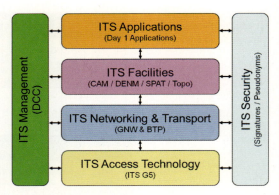

Abb. 28.3 Erweitertes Schichtenmodell des ITS G5-Übertragungssystems (Quelle: ETSI)

28.3.1 ITS Station

Zur Gliederung und Erläuterung der Architektur einer ITS Station kann ein OSI-Modell (Open System Interconnection) mit zusätzlichen schichtübergreifenden Funktionalitäten entsprechend ▸ Abb. 28.3 dienen.

Die Access-Schicht umfasst die Layer 1 und 2 des ISO-OSI-Modells und basiert auf dem WLAN-Standard IEEE 802.11p. Diese Ergänzung wurde speziell für den Automotive-Bereich entwickelt, um erstens den Herausforderungen des mobilen Übertragungskanals gerecht zu werden und zweitens die Ad-hoc-Kommunikation zwischen Fahrzeugen mit sehr geringen Verzögerungen zu ermöglichen.

Die Networking- und Transport-Schicht umfasst die Layer 3 und 4 des ISO-OSI-Modells. Hierin ist z. B. das sogenannte Geo-Networking enthalten, das die Weiterleitung von Nachrichten von Fahrzeug zu Fahrzeug erlaubt, um so deutlich größere Kommunikationsreichweiten zu erzielen.

Die Facility-Schicht umfasst die Layer 5, 6 und 7 des ISO-OSI-Modells und hat umfangreiche Aufgaben. Es werden unter anderem Nachrichten (siehe CAM und DENM in ▸ Abschn. 28.5) für den Versand an andere Fahrzeuge und Infrastrukturkomponenten generiert, die eigene Fahrzeugposition berechnet, eine präzise Zeitbestimmung vorgenommen und eine lokale dynamische Karte verwaltet.

Die Application-Einheit adressiert drei Kategorien von Diensten: Verkehrssicherheit, Verkehrseffizienz und sonstige Dienste. Details hierzu finden sich in ▸ Abschn. 28.5.

Die Management-Einheit hat als wesentliche Aufgabe die Überlastkontrolle des Übertragungskanals. Da alle Fahrzeuge und Infrastrukturkomponenten denselben Frequenzbereich nutzen, muss darauf geachtet werden, dass keine Kollisionen bei der Übertragung auftreten und alle wichtigen Nachrichten nahezu verzögerungsfrei übertragen werden. Eine Sendestation muss also vor Benutzung des Kanals nicht nur darauf achten, dass dieser frei ist, sondern auch seine Sendeleistung und ggf. die Wiederholrate von Nachrichten der Kanallast anpassen. Somit wird eine gleichberechtigte Nutzung unter allen Beteiligten gewährleistet. Hierfür ist eine Interaktion mit mehreren Schichten des Übertragungssystems notwendig, was in ◘ Abb. 28.3 durch einen schichtenübergreifenden vertikalen Block dargestellt ist.

Die Security-Einheit hat ebenfalls mehrere schichtenübergreifende Aufgaben und ist daher ebenfalls durch einen vertikalen Block dargestellt. Sie muss – wie in ▶ Abschn. 28.4 näher erläutert – die Integrität, Authentizität und Anonymität von Nachrichten sicherstellen. Wesentlich dabei ist sowohl die Signierung von zu versendenden Nachrichten als auch die Prüfung der Signaturen von empfangenen Nachrichten.

28.4 Datensicherheit und Schutz der Privatsphäre

Im Kontext von C2X-basierten Assistenzsystemen und Funktionalitäten ist der Schutz vor Manipulationen durch Unbefugte natürlich von großer Bedeutung. Außerdem werden durch Fahrzeuge, die fortlaufend Daten versenden – wie beispielsweise ihre Position und Geschwindigkeit – auch Fragen bezüglich Datenschutz und Privatsphäre der Fahrzeuginsassen aufgeworfen.

In diesem Abschnitt wird zunächst die grundlegende Problematik von Datensicherheit und Privatsphärenschutz in der Fahrzeugkommunikation beleuchtet. Anschließend werden existierende Lösungsansätze sowie der aktuelle Stand der Technik kurz dargestellt.

28.4.1 Sicherheitsprobleme

Ohne geeignete Schutzmaßnahmen besteht bei der Fahrzeugkommunikation zunächst die Gefahr, dass gefälschte Nachrichten versendet oder legitime Nachrichten verändert werden. Durch solche Manipulationen könnte ein Angreifer beispielsweise einen nicht-existenten Stau oder eine Baustelle vorspielen, um andere Fahrzeuge zu behindern oder umzuleiten. Mit Nachrichten, die Extremsituationen wie eine Notbremsung vorgaukeln, könnten andere Verkehrsteilnehmer auch in Gefahr gebracht werden. Aus solchen und ähnlichen Szenarien ergibt sich die Notwendigkeit, manipulierte Nachrichten – oder solche, die von illegitimen Sendern versendet wurden – als ungültig zu erkennen. Das heißt, die Authentizität (Nachricht stammt wirklich vom angeblichen Absender; in diesem Fall von einem legitimen Teilnehmer der Fahrzeugkommunikation) und Integrität (Nachricht wurde nicht manipuliert) von Nachrichten muss sichergestellt werden.

Da es sich bei der Fahrzeugkommunikation vorrangig um sicherheitsrelevante Broadcast-Nachrichten handelt, die für jedermann lesbar sein sollen, steht die Vertraulichkeit des Nachrichteninhaltes (also die Geheimhaltung versendeter Daten) nicht im Vordergrund. Für andere Anwendungsfälle, wie z. B. Bezahldienste, mag dies jedoch durchaus anders aussehen. Deshalb sollte auch die Möglichkeit von vertraulicher Kommunikation vorgesehen werden.

28.4.2 Aspekte der Privatsphäre

Würden sich die Nachrichten aus der Fahrzeugkommunikation mit geringem Aufwand einem Fahrzeug oder dessen Fahrer zuordnen lassen, so könnten sich daraus gravierende Folgen für die Privatsphäre des Fahrers – oder auch anderer Fahrzeuginsassen – ergeben: Wenn Fahrzeuge fortlaufend Nachrichten versenden, können diese von beliebigen Personen oder Organisationen, die sich in Reichweite befinden, empfangen und auch gespeichert werden. Kritische Szenarien könnten beispielsweise entstehen, wenn einfach festgestellt oder gar nachgewiesen werden könnte, dass ein bestimmtes Fahrzeug bei potenziell sensitiven Veranstaltungen (z. B. Parteitag, Vereinsversammlung) zugegen war. Zumindest diskussionswürdig wäre auch die Möglichkeit, mithilfe aufgezeichneter Nachrichten automatisiert Verkehrsdelikte wie Geschwindigkeitsüberschreitungen zu ahnden.

Um zu vermeiden, dass durch die Fahrzeugkommunikation die Privatsphäre von Fahrzeuginsassen massiv beeinträchtigt wird, sollte versucht werden, keine konstanten, dem Fahrzeug leicht zuzuordnenden Kennungen in diesen Nachrichten zu verwenden. Außerdem sollten nur Daten übermittelt werden, die auch für die Anwendungsfälle nötig sind (Prinzip der Datensparsamkeit). Insbesondere muss beim Entwurf einer Sicherheitslösung darauf geachtet werden, dass nicht anhand der kryptografischen Schlüssel eine einfache und sogar nachweisbare Identifikation und Verfolgung von Fahrzeugen ermöglicht wird.

28.4.3 Schutzziele und Herausforderungen

Aus den obigen Überlegungen ergeben sich als wesentliche Schutzziele für ein Sicherheitskonzept:
- **Integrität.** Die Nachrichten müssen vor Manipulationen geschützt werden.
- **Authentizität.** Es muss sichergestellt werden, dass nur Nachrichten von legitimen Teilnehmern akzeptiert werden. Für besondere Fälle, wie z. B. die Aufklärung schwerer Straftaten, kann es sogar wünschenswert sein, den Ursprung einer Nachricht nach hoheitlicher Anordnung auch Dritten (z. B. einem Gericht) gegenüber nachweisen zu können (Nichtabstreitbarkeit).
- **Anonymität/Pseudonymität.** Um die Einschränkung der Privatsphäre der Nutzer minimal zu halten, sollte anonyme oder pseudonyme Kommunikation unterstützt werden. Bei der Verwendung von Pseudonymen ist darauf zu achten, dass De-Pseudonymisierung (bzw. die Zuordnung unterschiedlicher Pseudonyme zu einem Nutzer) höchstens für autorisierte Parteien einfach möglich sein soll.
- **Vertraulichkeit.** Es muss möglich sein, optional die Vertraulichkeit von Nachrichten zu gewährleisten, falls die Anwendung dies erfordert.

Des Weiteren spielen jedoch auch folgende Aspekte eine entscheidende Rolle für die Sicherheitslösung:
- **Performance.** Die Sicherheitsmechanismen müssen leistungsfähig genug sein, um die Kommunikation nicht zu beeinträchtigen. Insbesondere muss gewährleistet sein, dass die realistischerweise zu erwartenden Mengen an empfangenen Nachrichten auch verarbeitet werden können.
- **Kosten/Aufwand.** Kosten und Aufwand für die Ausstattung von Fahrzeugen und Road Side Units mit Sicherheitsmodulen sollten möglichst niedrig gehalten werden. Das Gleiche gilt auch für die Infrastruktur für das Zertifikats- und Schlüsselmanagement.
- **Wartbarkeit/Zukunftssicherheit.** Da ein einmal ausgerolltes System im Automobilbereich jahrzehntelang im Feld funktionieren muss, ist es unerlässlich, bereits vor der Einführung die Wartbarkeit und Zukunftssicherheit zu betrachten. Dies betrifft natürlich auch die Sicherheitslösung, die – zumindest soweit es aus heutiger Sicht zu beurteilen ist – auch über entsprechende Zeiträume hinweg die Sicherheit gewährleisten soll.

28.4.4 Lösungsansätze und -mechanismen

Um die Kommunikation adäquat kryptografisch abzusichern, ist derzeit eine Lösung vorgesehen, bei der alle Nachrichten digital signiert werden: Die von Fahrzeugen erzeugten Signaturen können anhand von pro Fahrzeug wechselnden Pseudonymzertifikaten verifiziert werden, die von einer eigenen Public-Key-Infrastruktur (PKI) ausgestellt werden [19, 20]. Abbildung 28.4 gibt einen Überblick über diesen Ansatz, wie er vom C2C-CC und ETSI definiert wurde [21, 22].

Die PKI besteht aus drei verschiedenen Typen von Certificate Authorities (CAs): Root CA, Enrolment Authority (EA; auch Long Term CA genannt) und Authorization Authority (AA; auch Pseudonym CA genannt). Der Vertrauensanker in der Sicherheitsarchitektur wird durch die Root CA gebildet, die allen Systemteilnehmern bekannt ist. Diese wiederum stellt Zertifikate für EA und AA aus und

28.4 · Datensicherheit und Schutz der Privatsphäre

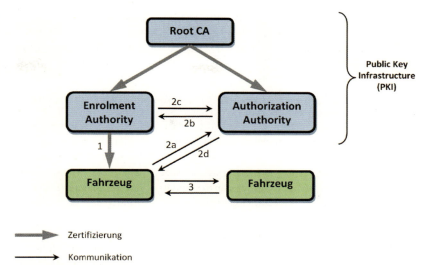

◻ **Abb. 28.4** Absicherung der Fahrzeugkommunikation, Phase 1: Fahrzeug erhält ein Enrolment Credential (Langzeitzertifikat), Phase 2: Fahrzeug erhält Authorization Tickets (Pseudonymzertifikate), Phase 3: Fahrzeuge kommunizieren pseudonym miteinander (Quelle: Bosch)

überwacht die Einhaltung der Richtlinien für die Vergabe von Zertifikaten. Es ist vorgesehen, dass es mehrere Instanzen von Enrolment und Authorization Authorities gibt, die von unterschiedlichen Organisationen betrieben werden.

Ein Fahrzeug, das am Kommunikationssystem teilnehmen möchte, benötigt zunächst ein Enrolment Credential (EC; auch Long Term Certificate genannt) von einer Enrolment Authority (siehe ◻ Abb. 28.4, Schritt 1).

Nach Erhalt eines Enrolment Credential kann das Fahrzeug Pseudonyme (kryptografische Schlüsselpaare) erzeugen und von einer Authorization Authority zertifizieren lassen (siehe ◻ Abb. 28.4, Schritt 2): Hierzu verschlüsselt das Fahrzeug sein Enrolment Credential für die Enrolment Authority und schickt das verschlüsselte Credential zusammen mit den neu erzeugten öffentlichen Schlüsseln (den Pseudonymen) an die Authorization Authority (Schritt 2a). Die Authorization Authority schickt dann das verschlüsselte Credential an die zuständige Enrolment Authority, welche daraufhin prüft, ob es sich um ein korrektes Zertifikat handelt, das zur Ausstellung von Pseudonymzertifikaten berechtigt (Schritt 2b). Nach positiver Rückmeldung von der Enrolment Authority (Schritt 2c), zertifiziert die Authorization Authority die öffentlichen Schlüssel mit einer digitalen Signatur und erzeugt damit sogenannte Authorization Tickets (ATs). Diese werden nun ans Fahrzeug übermittelt (Schritt 2d), welches sie dann zur pseudonymisierten Kommunikation einsetzen kann.

Um bei der Kommunikation von Fahrzeugen untereinander – oder auch bei der Kommunikation von Fahrzeugen mit Infrastrukturkomponenten – die Nachrichten abzusichern (siehe ◻ Abb. 28.4, Schritt 3), werden diese nun vom Sender digital signiert: Hierzu wird ein privater Schlüssel verwendet, für dessen öffentlichen Gegenpart der Sender ein gültiges Authorization Ticket besitzt. Der Empfänger der Nachricht kann nun verifizieren, dass diese von einem legitimen Teilnehmer erstellt wurde und unverändert empfangen wurde: Dazu muss er zunächst die Signatur anhand des öffentlichen Schlüssels aus dem Authorization Ticket des Senders prüfen; danach muss er verifizieren, dass das Authorization Ticket gültig – also insbesondere nicht abgelaufen – ist und von einer legitimen Authorization Authority signiert wurde. Ist dem Empfänger die ausstellende Authorization Authority noch nicht bekannt, so muss er das von der Root CA signierte Zertifikat der AA überprüfen, um sicherzustellen, dass es sich um eine berechtigte Authorization Authority handelt. Auf diese Weise können auch Fahrzeuge sicher miteinander kommunizieren, die sich erstmalig begegnen und lediglich der gleichen Root CA vertrauen. Bei Bedarf kann das System auch auf mehrere Root CAs erweitert werden, die sich durch sogenannte Cross-Zertifizierung gegenseitig zertifizieren; optional können vertrauliche Nachrichten auch verschlüsselt übertragen werden. Da dies jedoch für die wichtigsten derzeit vorgesehenen (sicherheitsrelevanten) Anwendungsfälle nicht

◘ **Abb. 28.5** Bei C2X-Funktionen erfolgen Detektion einer Gefahr und Interpretation der zugehörigen Nachricht häufig auf unterschiedlichen Knoten. (Quelle: Bosch)

nötig ist, wird hier auf eine genauere Darstellung verzichtet.

Eine effektive Pseudonymisierung wird durch das hier skizzierte Verfahren unter der Voraussetzung ermöglicht, dass die Fahrzeuge ihre Authorization Tickets häufig genug wechseln, um eine einfache Verknüpfung zwischen AT und Fahrzeug zu verhindern. Um anhand von empfangenen Nachrichten die Identität des Senders (bzw. äquivalent sein Enrolment Credential) festzustellen, müssen die Authorization Authority (die die Authorization Tickets ausgestellt hat) und die Enrolment Authority (als die einzige CA, die das Enrolment Credential des Fahrzeugs unverschlüsselt zu Gesicht bekommen hat) kooperieren. Falls dies ermöglicht werden soll, beispielsweise gegenüber hoheitlichen Behörden, müssen AA und EA die Ausstellung der ATs bzw. die Prüfung der ECs protokollieren. Durch Zusammenführen dieser Protokolle kann dann die Pseudonymität des Senders einer Nachricht aufgehoben werden.

28.4.5 Stand von Technik und Umsetzung

Die zur Absicherung nötigen kryptografischen Mechanismen und Datenformate sind bereits spezifiziert: Die Zertifikats- und Nachrichtenformate werden in der technischen Spezifikation ETSI TS 103 097 (für Europa) [23] und im Standard IEEE 1609.2 (für Nordamerika) [24] festgelegt. Für die digitalen Signaturen findet der Elliptic Curve Digital Signature Algorithm (ECDSA, siehe z. B. [25]) Verwendung. Zur optionalen Verschlüsselung ist das Elliptic Curve Integrated Encryption Scheme (ECIES, siehe z. B. IEEE 1363a, [26]) vorgesehen. Auch die gesamte PKI ist bereits prototypisch realisiert (derzeit betrieben vom C2C-CC) und geht demnächst in den Produktivbetrieb. Gewisse Abweichungen zwischen amerikanischen und europäischen Standards sollen noch harmonisiert werden. Auch zum Design und Einsatz von Kryptobeschleunigern, die die nötige Performanz im Fahrzeug gewährleisten, gibt es schon Prototypen und Projekte (z. B. EU-Projekt PRESERVE [27]).

28.5 Car-2-X Anwendungen

28.5.1 Anforderungen und grundsätzliche Funktionsweise

Wie herkömmliche, auf bordautonomer Sensorik basierende Fahrerassistenzsysteme (FAS) sollen C2X-basierte FAS den Fahrer in seiner Fahraufgabe unterstützen; dazu gehört unter anderem die Information über vorausliegende Ereignisse sowie die Warnung vor Gefahren. Hierzu müssen die Ereignisse detektiert werden und es muss eine Entscheidung über die Bedeutung für die Fahraufgabe getroffen werden. Erweist sich ein detektiertes Ereignis als relevant, so erfolgt eine Weitergabe an den Fahrer, im einfachsten Fall als Warnung über das HMI (z. B. Warnton, Anzeige im Display, haptisches Feedback etc.), prinzipiell sind aber auch Eingriffe in die Fahrfunktion denkbar.

Im Unterschied zu den auf bordautonomer Sensorik basierenden FAS finden Detektion und Interpretation häufig auf zwei verschiedenen Knoten statt, s. ◘ Abb. 28.5. Dabei muss es sich nicht in beiden Fällen – wie im C2C-Fall – um Fahrzeuge handeln. Es können z. B. Lichtsignalanlagen (LSA) über ihre aktuelle und zukünftige Phase informieren (I2C) oder eine Roadside Unit (RSU) kann Fahrzeugbewegungsdaten zur Erstellung einer Stauprognose sammeln (C2I).

Zwischen den beiden Knoten findet eine Weitergabe durch Versand von standardisierten Nachrich-

Tab. 28.1 Vergleich von DENM und CAM

	DENM	CAM
Sender	komplexe Detektion, z. B. aufwendige Analyse von CAN-Daten	Auslesen von CAN-Daten zum Bewegungszustand des Fahrzeugs
Nachrichteninhalt	verarbeitete, spezifische Daten, z. B. Position, Zeit, Hindernistyp, Gültigkeitsdauer etc.	CAN-Daten zum Bewegungszustand des Fahrzeugs (Position, Zeit, Fahrtrichtung, Geschwindigkeit)
Empfänger	einfache Prüfung der Relevanz: Liegt die Gefahrenstelle auf dem Weg und wann wird sie ggf. erreicht?	aufwendige Auswertung der CAM-Daten und Prüfung der Relevanz, z. B. Berechnung des Kollisionsrisikos aus CAM-Daten aller Fahrzeuge
Sendemodus	ereignisgesteuert	periodisch

ten statt. Für die C2C-Kommunikation werden am häufigsten die beiden folgenden Nachrichtentypen verwendet [28, 29]:

- Decentralized Environmental Notification Message (DENM)
  für ereignisgesteuerte Warnungen vor lokalen Gefahren;
- Cooperative Awareness Message (CAM)
  für die kontinuierliche Beobachtung der in der Nähe befindlichen Fahrzeuge.

Darüber hinaus gibt es noch eine Vielzahl sehr spezifischer Nachrichtentypen, mit denen z. B. LSA-Phaseninformationen, Verkehrszeichen oder Kreuzungstopologien beschrieben werden.

Bei einer DENM erfolgt die – oft komplexe – Detektion einer lokalen Gefahr im Sendefahrzeug: In der Regel werden dazu die über den CAN-Bus bezogenen Fahrzeugsensordaten analysiert und bewertet; denkbar sind allerdings auch durch den Fahrer selbst ausgelöste Meldungen, z. B. bei der Erkennung von Hindernissen auf der Fahrbahn. Alle zur Kennzeichnung der detektierten Gefahr erforderlichen Daten werden der Nachricht hinzugefügt und versendet. Im empfangenden Fahrzeug muss lediglich noch die Relevanz der Gefahr bewertet werden. Dabei wird im Wesentlichen geprüft, ob die Gefahrenstelle auf dem eigenen Weg liegt und wann sie ggf. erreicht wird, so dass dann eine Warnung erfolgen muss.

CAM-basierte Funktionen hingegen werten die von allen Fahrzeugen periodisch versendeten Daten zu ihrem jeweiligen Bewegungszustand (Position, Fahrtrichtung, Geschwindigkeit etc.) ausschließlich empfängerseitig aus: Dazu erfolgt eine aufwendige Auswertung der vorliegenden CAM-Daten sowie eine Bewertung der Relevanz. So lässt sich z. B. das Kollisionsrisiko in nicht oder schlecht einsehbaren Kreuzungsbereichen aus den CAM-Daten aller Fahrzeuge in der Umgebung berechnen, so dass ggf. eine Warnung ausgegeben werden kann.

In Tab. 28.1 sind die wesentlichen Merkmale von DENM und CAM einander gegenübergestellt.

Da in der Regel in den Fahrzeugen mehrere C2X-Funktionen gleichzeitig aktiv sind, treffen in den Empfängern zahlreiche verschiedene Nachrichten ein. Eine einzelne Funktion wählt daraus dann nur die sie betreffenden aus – z. B. eine Hinderniswarnung jene, die Hindernisse betreffen.

Ein weiteres Problem liegt in der Tatsache begründet, dass meist mehrere Nachrichten zum selben Ereignis eintreffen, da eine Gefahr von mehreren Sendern detektiert wurde. Um Mehrfachwarnungen auszuschließen, erfolgt eine Aggregation der empfangenen Nachrichten. Je nach Art des Ereignisses muss dabei unterschieden werden zwischen punktförmigen Aggregaten (z. B. im Fall eines Hindernisses) und linien- bzw. flächenartigen Aggregaten (z. B. ein – mit der Zeit wanderndes – Stauende oder ein Schlechtwettergebiet). In Abb. 28.6 werden einige Beispiele für Punkt- und Streckenaggregate gezeigt. Die Art des Aggregats hängt dabei vom Kontext der Meldung ab: So werden im Beispiel für die „verlorene Ladung" von verschiedenen Fahrzeugen durchaus in der Fläche verteilte Positionen gemeldet, z. B. aufgrund ungenauer Sensorik

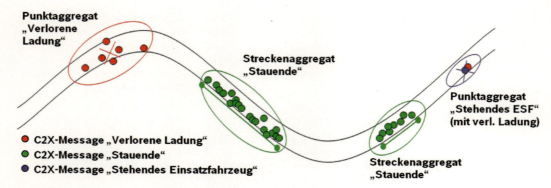

● **Abb. 28.6** Aggregation mehrerer Nachrichten zum selben Ereignis (Quelle: Bosch)

oder manuell ausgelöster Meldung im Vorbeifahren. Da es sich dabei aber um ein punktförmiges Ereignis handelt – auch wenn es eine gewisse, aber nicht großflächige Ausdehnung aufweisen kann – werden die Meldungen entsprechend aggregiert (im Bild gekennzeichnet durch das Kreuz).

28.5.2 Anwendungsbeispiele

Nachfolgend werden zwei konkrete Anwendungsbeispiele vorgestellt.

28.5.2.1 Hinderniswarnung

Die Hinderniswarnung warnt z. B. vor liegengebliebenen Fahrzeugen oder Personen, Tieren und Gegenständen auf der Fahrbahn; für letztgenannte Fälle kann die Detektion z. B. einfach durch den Fahrer erfolgen, indem Warnmeldungen bzgl. erkannter Gefahren durch manuelle Interaktion über das HMI ausgelöst werden. Verfügt das Fahrzeug z. B. auch über eine Kamera mit Bildverarbeitung, so ließe sich dieser Vorgang auch automatisieren. Hindernisse auf der Fahrbahn können auch aus der Analyse von Ausweichmanövern detektiert werden.

Wird ein Fahrzeug aufgrund einer Panne oder eines Unfalls selbst zum Hindernis, so erfolgt die Detektion automatisch aus der Analyse verschiedener CAN-Daten. Im einfachsten Fall detektiert sich ein liegengebliebenes Fahrzeug dadurch, dass es steht und der Warnblinker aktiv ist, s. dazu ● Abb. 28.7. Das Fahrzeug am linken Bildrand ist liegengeblieben und der Warnblinker ist aktiv.

Eine detektierte Gefahr führt zum Versand einer DENM, die in nachfolgenden Fahrzeugen empfangen wird: Sie enthält unter anderem Angaben zu Hindernistyp, -zeitpunkt, -position und Verbreitungsgebiet der Nachricht. Alle Fahrzeuge, die sich innerhalb der Kommunikationsreichweite des Senders befinden, empfangen die Nachricht direkt. Für weiter entfernte Empfänger ist dies nicht garantiert und die Nachricht wird mittels des Multi-Hop-Verfahrens über mehrere Fahrzeuge weitergereicht, was durch die gelbe Linie angedeutet ist.

Empfangende Fahrzeuge prüfen, ob sie auf das Hindernis zufahren (räumliche Relevanz) und ob Dringlichkeit (zeitliche Relevanz) gegeben ist, also ob eine Information oder eine Warnung auf dem HMI angemessen ist. Dabei kann die räumliche Relevanz durch Abgleich der Hindernisposition mit der Fahrzeugroute anhand einer digitalen Karte oder durch Abgleich der aktuellen Empfängerposition mit einer in der DENM enthaltenen Positionskette (Abfolge historischer Positionen des Sendefahrzeugs) geprüft werden, s. ● Abb. 28.7 rechts. Der erhaltene Abstand zum Hindernis erlaubt mithilfe der Geschwindigkeit die Bestimmung einer „time-to-obstacle", anhand derer die zeitliche Relevanz bestimmt wird.

28.5.2.2 Kreuzungs-/Querverkehrsassistent

Der Kreuzungs-/Querverkehrsassistent (KQA) informiert bzw. warnt den Fahrer im Falle einer möglichen Kollision mit Abbiege- oder Querverkehr an Kreuzungen und Einmündungen, s. dazu ● Abb. 28.8 (vgl. auch ▶ Kap. 51). Hierzu senden die Fahrzeuge im Anfahrts- und Innenbereich einer Kreuzung in ausreichend dichtem Zeittakt CAMs mit Positions- und Bewegungsdaten (Geschwindig-

28.5 · Car-2-X Anwendungen

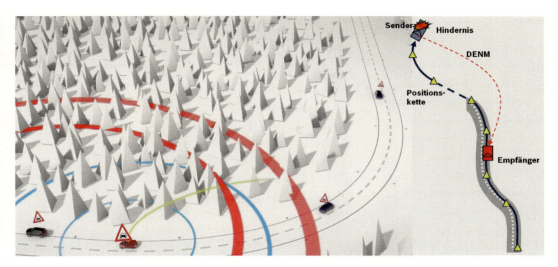

◘ **Abb. 28.7** Anwendungsbeispiel Hinderniswarnung (Quelle: Bosch)

keit, Fahrtrichtung, …) und empfangen jene Daten von anderen Fahrzeugen. Die Bewegung des eigenen und der anderen Fahrzeuge werden prädiziert und daraus ein Kollisionsrisiko bestimmt.

Zunächst wird hierzu – wie in ◘ Abb. 28.8 rechts dargestellt – ein Kollisionsbereich je Sendefahrzeug bestimmt. Dies ist im Wesentlichen der Ort, an dem sich die Fahrtrajektorien der Fahrzeuge kreuzen. Biegt das rote Fahrzeug rechts ab, so gibt es keinen solchen Bereich; ist er jedoch vorhanden, wird geprüft, ob die beteiligten Fahrzeuge sich ungefähr gleichzeitig in ihm befinden werden oder ob eines der beiden Fahrzeuge ihn wesentlich früher als das andere Fahrzeug passiert. In diesem Fall wird im nicht vorfahrtsberechtigten Fahrzeug die Zeit bestimmt, bis es diesen Bereich erreicht; beim Unterschreiten einer kritischen Zeitschwelle wird der Fahrer rechtzeitig gewarnt. Diese Bestimmung geschieht unter Auswertung der Fahrabsicht (vgl. ▶ Kap. 39), z. B. wird bei einer begonnenen Bremsung nicht gewarnt.

28.5.3 Umsetzung und Erprobung im Projekt sim^TD

In Deutschland wurde die Praxistauglichkeit der C2X-Technologie sowie deren Wirksamkeit und Nutzen im Rahmen des Projekts sim^{TD} [7] mittels eines großmaßstäblichen Feldversuchs unter realen Verkehrsbedingungen im Großraum Frankfurt/

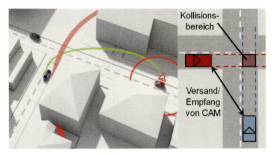

◘ **Abb. 28.8** Anwendungsbeispiel Kreuzungs-/Querverkehrsassistent (Quelle: Bosch)

Main umfangreich untersucht. Dazu wurde die Verkehrsinfrastruktur mit mehr als 100 Roadside Stations ausgerüstet und eine Versuchsflotte mit 120 Fahrzeugen aufgebaut; während der sechsmonatigen Versuchsdauer wurden insgesamt ca. 1,65 Millionen Kilometer von mehr als 500 Normalfahrern zurückgelegt.

Neben der Entwicklung und Bereitstellung der technischen Subsysteme wurden insgesamt 21 Funktionen ausgewählt, spezifiziert, implementiert und im abgeschlossenen Testgelände zur Straßentauglichkeit gebracht, um sie dann im Feldversuch zu erproben [30], s. ◘ Abb. 28.9.

Im Vorfeld aufgestellte Hypothesen zu Nutzen und Wirkung der einzelnen Funktionen konnten in geeigneten Versuchen anhand der im Feldversuch erfassten Messdaten akzeptiert oder verworfen werden. Die Durchführung dieser Versuche erfolgte

Verkehr

Erfassung der Verkehrslage und ergänzender Informationen
- Infrastrukturseitige Datenerfassung
- Fahrzeugseitige Datenerfassung
- Ermittlung der Verkehrswetterlage
- Ermittlung der Verkehrslage
- Identifikation Verkehrsereignisse

Verkehrs(fluss)-Information
- Straßenvorausschau
- Baustelleninformationssystem
- Erweiterte Navigation

Verkehrs(fluss)-Steuerung
- Umleitungsmanagement
- Lichtsignalanlagen Netzsteuerung
- Lokale verkehrsabhängige Lichtsignalanlagensteuerung

Fahren und Sicherheit

Lokale Gefahrenwarnung
- Hinderniswarnung
- Stauendewarnung
- Straßenwetterwarnung
- Einsatzfahrzeugwarnung

Fahrerassistenz
- Verkehrszeichen-Assistent / -Warnung
- Ampel-Phasen-Assistent / -Warnung
- Längsführungsassistent
- Kreuzungs-/Querverkehrsassistent

Ergänzende Dienste

Internetzugang und lokale Informationsdienste
- Internetbasierte Dienstnutzung
- Standortinformationsdienste

Abb. 28.9 Im Projekt sim^TD umgesetzte und untersuchte Funktionen (Quelle: sim^TD)

gemäß detaillierter Drehbücher, die den genauen Versuchsablauf sowie entsprechende Anweisungen an die Fahrer enthielten. Ein Beispiel soll diesen Prozess veranschaulichen: In einem Versuch zur Funktion Hinderniswarnung wies das Drehbuch einem Fahrzeug die Rolle eines Pannenfahrzeugs zu, das auf vorgegebenem Weg eine für den nachfolgenden Verkehr nicht einsehbare Position anfahren und sich dort als liegengebliebenes Fahrzeug kennzeichnen sollte, so dass eine entsprechende DENM ausgesendet wird. Alle anderen Fahrzeuge sollten in zeitlichem Abstand dieselbe Route abfahren, um zu überprüfen, ob sie rechtzeitig vor der Gefahrenstelle gewarnt werden. Als Messgrößen wurden u. a. der Versand- und Empfangszeitpunkt einer DENM sowie der Zeitpunkt der Warnanzeige ermittelt. Mithilfe der jeweiligen Fahrzeugpositionen und der Geschwindigkeit des empfangenden Fahrzeugs konnten sowohl die Reichweite der Kommunikation als auch die Rechtzeitigkeit der Warnung ermittelt und somit die entsprechende Hypothese zum Nutzen der Hinderniswarnung nachgewiesen werden.

Basierend auf den Daten aus dem Feldversuch – unterstützt durch Fahr- und Verkehrssimulationen – konnten weitere positive Einflüsse auf die Fahr- bzw. Verkehrssicherheit und -effizienz ermittelt werden: So verschob sich bei der Hinderniswarnung der Bremszeitpunkt um bis zu 50 m nach vorne und die Gefahrenstelle wurde um bis zu 15 km/h langsamer passiert; beim elektronischen Bremslicht wurde eine Verbesserung der Reaktionszeit für nachfolgende Fahrzeuge um 60 % beobachtet. Hinsichtlich einer Steigerung der Verkehrseffizienz ist der „LSA-Phasenassistent" („Grüne-Welle-Assistenz") hervorzuheben: In einer mit Feldversuchsdaten kalibrierten Verkehrssimulation konnte gezeigt werden, dass die Verlustzeiten und die Anzahl der Halte abnehmen. Diese Effekte treten schon bei Ausstattungsraten von 5 % auf und nehmen bei höheren Ausstattungsraten noch zu; darüber hinaus sinkt die Häufigkeit von Geschwindigkeitsüberschreitungen in der Kreuzungsanfahrt.

Zusätzlich wurde eine sehr positive Nutzerakzeptanz festgestellt: So erklärten in einer schriftlichen Befragung je nach Funktion 50 % bis 80 % der Fahrer: „Ich wünsche mir den Anwendungsfall in meinem Fahrzeug". Es gab einen mehrheitlichen Wunsch der Fahrer, C2XC-Funktionen nach Markteinführung zu nutzen.

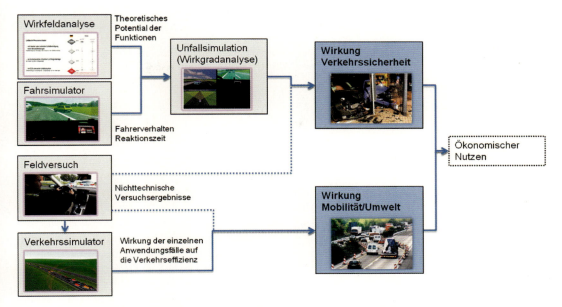

• Abb. 28.10 Vorgehensweise zur Bestimmung von Wirkung und ökonomischem Nutzen in sim^{TD} (Quelle: Bosch)

28.6 Ökonomische Bewertung und Einführungsszenarien

28.6.1 Wirkung und Nutzen

Die Ermittlung und Bewertung von Wirkung und Nutzen der C2X-Funktionen erfolgte in sim^{TD} anhand der in • Abb. 28.10 dargestellten Vorgehensweise [31].

Der obere Pfad beschreibt das Vorgehen zur Bestimmung der Wirkung für die Verkehrssicherheit. Basis für diese Untersuchungen war die GIDAS-Unfalldatenbank für Unfälle mit Personenschaden [32]. Im ersten Schritt erfolgte eine Wirkfeldanalyse. Das Wirkfeld gibt den Anteil der mit einer Funktion adressierbaren Unfälle am gesamten Unfallgeschehen wieder, kennzeichnet also das theoretisch maximal mögliche Potenzial einer Funktion. So erfolgt z. B. die Bewertung für einen Kreuzungskollisionswarner auch nur anhand von Kreuzungsunfällen. Für die Funktionen mit Sicherheitswirkung ergab die Wirkfeldanalyse ein Wirkfeld von mehr als 30 %, wobei allerdings die Funktionsauslegung nicht berücksichtigt wurde und der tatsächlich erreichbare Wert ggf. geringer ausfallen kann. Die tatsächliche Wirksamkeit einer Funktion wird durch den Wirkgrad gekennzeichnet: Der Wirkgrad gibt den Anteil der Unfälle im Wirkfeld an, die mithilfe der Funktion vermieden werden; das Produkt von Wirkgrad und Wirkfeld kennzeichnet dann die maximal mögliche Wirkung einer einzelnen Funktion im Gesamtunfallgeschehen.

Die Wirkgradanalyse erfolgte dann durch Simulation von Realunfällen aus GIDAS. Aufgrund des damit verbundenen hohen Aufwands konnte dies nur für die drei Funktionen mit dem größten Wirkfeld erfolgen. Die Ergebnisse dazu sind in • Tab. 28.2 dargestellt.

Neben der für die Wirkgradanalyse benötigten Ermittlung der durch die Funktion vermiedenen Unfälle wurden bei der Auswertung der Unfallsimulationen auch weitere Parameter – wie die Verringerung der Verletzungsschwere bei Unfällen mit Personenschaden und die Vermeidung von Unfällen mit Sachschaden – bestimmt, die für eine ökonomische Bewertung ebenfalls relevant sind.

Der untere Pfad in • Abb. 28.10 zeigt das Vorgehen zur Bestimmung der Wirkung von Funktionen bzgl. Mobilität und Umwelt aus Verkehrssimulationen. Hier zeigte sich u. a., dass sich Reisezeiten durch dynamische Umfahrungshinweise um bis zu 7 % und durch LSA-Phasenassistenz um bis zu 9 % verringern lassen.

◼ **Tab. 28.2** Ergebnisse der Unfallsimulation zur Wirkgradanalyse

Funktion	Anzahl simulierter Unfälle im jeweiligen Wirkfeld	Anzahl der vermiedenen Unfälle	Wirkgrad
Elektronisches Bremslicht	173	33	19 %
Verkehrszeichenassistent (Stoppschilder)	92	13	14 %
Kreuzungs-/Querverkehrsassistent	450	243	54 %

28.6.2 Ökonomische Bewertung

Aus den beschriebenen Ergebnissen zur Wirkung der C2X-Funktionen lässt sich ein signifikanter volkswirtschaftlicher Nutzen ableiten [33].

- Bei vollständiger Durchdringung mit C2X-Funktionen könnten jährlich bis zu 6,5 Mrd. € der volkswirtschaftlichen Kosten von Straßenverkehrsunfällen vermieden werden.
- Des Weiteren kann durch Effizienzwirkungen und durch die Vermeidung von Umweltbelastungen ein volkswirtschaftlicher Nutzen von 4,9 Mrd. € erzielt werden.

Für den Zeitraum 2015 bis 2035 wurde unter der Annahme idealer Randbedingungen ein maximales Nutzen-Kosten-Verhältnis größer als 8 berechnet: Legt man die typische Entwicklung der Ausstattungsraten von neuartigen Standardfeatures zugrunde, so lässt sich ein kumulatives Nutzen-Kosten-Verhältnis von 3 über die ersten 20 Jahre erwarten. Dieser Wert wird im Allgemeinen als Rechtfertigung für entsprechende Investitionen der öffentlichen Hand in die Infrastruktur akzeptiert.

28.6.3 Einführungsszenarien und Ausblick

Das Kernproblem für die Einführung von C2X-Systemen liegt in der starken Abhängigkeit von der Ausstattungsrate. Eine Investition in die Infrastruktur ergibt erst Sinn, wenn es auch ausreichend viele ausgestattete Fahrzeuge gibt; eine Ausstattung der Fahrzeuge rechnet sich erst, wenn es auch vermarktbare C2X-Funktionen gibt, die einen – möglichst erlebbaren – Kundennutzen liefern. Es wurden dazu viele verschiedene Einführungsszenarien betrachtet, z. B. Einführung durch Selbstverpflichtung der Automobilhersteller, Einführung durch den Staat durch gesetzliche Regelungen oder auch Einführung mit Unterstützung durch Sponsoren, wie etwa Versicherungen. Diese würden ganz oder zumindest teilweise für die Ausstattungskosten der Fahrzeuge aufkommen und im Gegenzug dafür Zugang zu Mobilitätsdaten erhalten, die sie für eine eigene Vertrags- und Preisgestaltung nutzen. Da es hier aber keinen Königsweg zu geben scheint, ist man zu der Erkenntnis gelangt, dass eine Einführung nur über eine gemeinsame Anstrengung seitens der Fahrzeughersteller und der öffentlichen Hand möglich sein wird. Im Rahmen des C2C-CC haben die meisten Fahrzeughersteller daher ein Memorandum of Understanding (MoU) zur Einführung von C2X-Systemen unterzeichnet und die öffentliche Hand versucht, durch das Projekt Eurokorridor [34] erste Impulse zur Ausrüstung der Straßenverkehrsinfrastruktur zu geben, um frühzeitig erste erlebbare C2X-Funktionen zu ermöglichen.

Die Abhängigkeit von der Ausstattungsrate ist von Funktion zu Funktion stark verschieden: Das C2C-CC hat daher ein Phasenmodell für die gestaffelte Einführung von Car-2-X Anwendungen entwickelt. Die ◼ Abb. 28.11. zeigt eine darauf basierende Darstellung der Volkswagen AG.

Die erste Phase beinhaltet die sogenannten Day-1-Funktionen mit geringer Abhängigkeit von der Ausstattungsrate; die Funktionalität und damit verbunden auch die Komplexität nehmen dann mit steigender Ausstattungsrate von Phase zu Phase zu. Letztendlich wird erwartet, dass die C2X-Technologie auch maßgeblich zum automatischen Fahren beitragen wird.

Um die Hürden der Einführung zu verringern, wird z. B. im aktuell laufenden Projekt CONVERGE [10] die Architektur für einen C-ITS Systemverbund

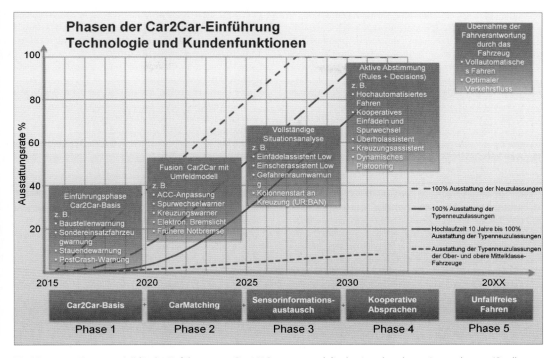

Abb. 28.11 Phasenmodell für die Einführung von Car-2-X Systemen und die damit verbundenen Anwendungen (Quelle: Volkswagen AG)

entwickelt. Dabei werden insbesondere die folgenden Punkte weiter vertieft:

- flexible und zukunftssichere Konzepte mit verteilten Besitzrechten und verteilter Kontrolle, um technische Lösungen von den Betreiber-spezifischen Anforderungen zu entkoppeln;
- Offenheit für neue Akteure, neue Dienste und länderübergreifenden Betrieb durch den neuen Ansatz institutioneller Rollenmodelle;
- hybride Kommunikation, d. h. Zugang über diverse Kommunikationstechnologien und Betreiber-Plattformen;
- Gewährleistung von Ende-zu-Ende Sicherheit und Privatsphäre.

Literatur

1. Franz, W., Hartenstein, H., Mauve, M. (Hrsg.): Inter-vehicle-communications based on ad hoc networking principles: The FleetNet project. Universitätsverlag Karlsruhe, Karlsruhe (2005). http://dx.doi.org/10.5445/KSP/1000003684.
2. Festag, A., Noecker, G., Strassberger, M., Lübke, A., Bochow, B., Torrent Moreno, M., Schnaufer, S., Eigner, R., Catrinescu, C., Kunisch, J.: "NoW – Network on Wheels": Project Objectives, Technology and Achievements. In: Proceedings of the 5th International Workshop on Intelligent Transportation (WIT) Hamburg, Deutschland, März 2008. (2008)
3. Weblink zum Projekt PReVENT: http://cordis.europa.eu/result/report/rcn/45077_de.html
4. Weblink zum Projekt CVIS: http://cordis.europa.eu/projects/rcn/79316_de.html
5. Weblink zum Projekt SAFESPOT: http://cordis.europa.eu/projects/rcn/80569_de.html
6. Weblink zum Projekt COOPERS: http://cordis.europa.eu/projects/rcn/79301_de.html
7. Weblink zum Projekt sim^{TD}: www.simtd.de
8. Weblink zu Safety Pilot: http://www.safetypilot.us
9. Weblink zum Projekt DRIVE C2X: http://cordis.europa.eu/projects/rcn/97464_de.html
10. Weblink zum Projekt CONVERGE: http://www.converge-online.de/
11. Weblink zum CAR 2 CAR Communication Consortium: www.car-to-car.org
12. Skupin, C.: Zur Steigerung der Kommunikationszuverlässigkeit von IEEE 802.11p im fahrzeugspezifischen Umfeld. Dissertation Leibniz Universität Hannover. Shaker Verlag, Aachen (2014)
13. European Commission: M/453 EN, Standardisation mandate addressed to CEN, CENELEC and ETSI in the field of

information and communication technologies to support the interoperability of co-operative systems for intelligent transport in the European Community. Dokument der European Commission, Brussels (2009). http://ec.europa.eu/enterprise/sectors/ict/files/standardisation_mandate_en.pdf

14. Weblink zu ETSI ITS: http://www.etsi.org/technologies-clusters/technologies/intelligent-transport
15. Weblink zu ETSI C-ITS: http://www.etsi.org/technologies-clusters/technologies/intelligent-transport/cooperative-its
16. Weblink zu CEN/TC 278 Intelligent Transport Systems: http://www.itsstandards.eu/
17. ETSI: TR 101 607, Cooperative ITS (C-ITS), Release 1, V1.1.1. 05/2013, http://www.etsi.org/deliver/etsi_tr/101600_101699/101607/01.01.01_60/tr_101607v010101p.pdf
18. ETSI: EN 302 665, ITS Communications Architecture, V1.1.1. 09/2010, http://www.etsi.org/deliver/etsi_en/302600_302699/302665/01.01.01_60/en_302665v010101p.pdf
19. Kargl, F., Papadimitratos, P., Buttyan, L., Müller, M., Schoch, E., Wiedersheim, B., Thong, T., Calandriello, G., Held, A., Kung, A., Hubaux, J.: Secure Vehicular Communication Systems: Implementation, Performance, and Research Challenges. IEEE Communications Magazine **46**(11), 110–118 (2008)
20. Papadimitratos, P., Buttyan, L., Holczer, T., Schoch, E., Freudiger, J., Raya, M., Ma, Z., Kargl, F., Kung, A., Hubaux, J.: Secure Vehicular Communication Systems: Design and Architecture. IEEE Communications Magazine vol. **46**(11), 100–109 (2008)
21. ETSI: TS 102 940, ITS communication security architecture and security management, V1.1.1. 06/2012, http://www.etsi.org/deliver/etsi_ts/102900_102999/102940/01.01.01_60/ts_102940v010101p.pdf.
22. Bißmeyer, N., Stübing, H., Schoch, E., Götz, S., Stotz, J., Lonc, B.: A generic public key infrastructure for securing Car-to-X communication The 18th World Congress on Intelligent Transport Systems, Orlando, Florida, USA. (2011)
23. ETSI: TS 103 097, Security header and certificate formats, V1.1.1. 04/2013, http://www.etsi.org/deliver/etsi_ts/103000_103099/103097/01.01.01_60/ts_103097v010101p.pdf
24. Standards Association, I.E.E.E.: 2-2013. IEEE, Standard for Wireless Access in Vehicular Environments – Security Services for Applications and Management Messages. http://standards.ieee.org/develop/wg/1609_WG.html (1609)
25. National Institute of Standards and Technology: The Digital Signature Standard (DSS) FIPS Publication, Bd. 186-4. (2013)
26. IEEE Standards Association: 1363a-2004 – IEEE Standard Specifications for Public-Key Cryptography, http://grouper.ieee.org/groups/1363/
27. Weblink zum Projekt PRESERVE: http://www.preserve-project.eu
28. ETSI: EN 302 637-2, Specification of Cooperative Awareness Basic Service, V1.3.0. 08/2013, http://www.etsi.org/deliver/etsi_en/302600_302699/30263702/01.03.00_20/en_30263702v010300a.pdf
29. ETSI: EN 302 637-3, Specifications of Decentralized Environmental Notification Basic Service, V1.2.0. 08/2013, http://www.etsi.org/deliver/etsi_en/302600_302699/30263703/01.02.00_20/en_30263703v010200a.pdf
30. sim^{TD}-Konsortium: Deliverable D11.2, Ausgewählte Funktionen. 2010, www.simtd.de
31. sim^{TD}-Konsortium: Deliverable D5.5 Teil B-1 A, Simulation realer Verkehrsunfälle zur Bestimmung des Nutzens für ausgewählte sim^{TD}-Anwendungsfälle auf Basis der GIDAS Wirkfeldanalyse. 2013, www.simtd.de
32. Weblink zu GIDAS (German In-Depth Accident Study): http://www.gidas.org
33. sim^{TD}-Konsortium: Deliverable D5.5 Teil B-4, Ökonomische Analyse. 2013, www.simtd.de
34. Bundesministerium für Verkehr und digitale Infrastruktur (BMVI): Eurokorridor – Cooperative ITS Corridor Joint deployment. 06/2013, http://www.bmvi.de/SharedDocs/DE/Anlage/VerkehrUndMobilitaet/Strasse/flyer-eurokorridor-cooperative-its-corridor-in-deutsch.pdf?__blob=publicationFile

Backendsysteme zur Erweiterung der Wahrnehmungsreichweite von Fahrerassistenzsystemen

Felix Klanner, Christian Ruhhammer

29.1 Aktuelle backendbasierte Fahrerassistenzsysteme – 542

29.2 Was sind Backendsysteme? – 542

29.3 Eigenschaften der Datenübertragung – 547

29.4 Nächste Generation backendbasierter Assistenzsysteme – 549

29.5 Extraktion von fahrerassistenzsystemrelevanten Informationen aus Flottendaten im Backend – 550

29.6 Zusammenfassung – 551

Literatur – 552

29.1 Aktuelle backendbasierte Fahrerassistenzsysteme

Bereits heute sind am Markt eine Reihe von Assistenzsystemen verfügbar, die auf eine Datenübertragung zum Backend via Mobilfunk zurückgreifen. Beispiele hierfür sind die Darstellung des aktuellen Verkehrsflusses im Fahrzeug (z. B. BMW Real Time Traffic Information, Audi Verkehrsinformationen online), im Internetbrowser (z. B. Google Maps Traffic) oder über Smartphone Apps (z. B. INRIX Traffic).

Außerdem gibt es die Möglichkeit, dass lokale Gefahren wie Unfälle oder Glätte an ein zentrales Rechensystem gemeldet werden: Hierbei meldet das Fahrzeug erkannte Gefahren automatisch und zudem hat der Fahrer selbst die Möglichkeit, wahrgenommene Gefahren bestimmter Kategorien (z. B. Unfall, Tiere auf der Fahrbahn oder Geisterfahrer) durch manuelle Eingabe mitzuteilen.

Für die Anfrage eines Fahrzeugs von gemeldeten Gefahren wird zusätzlich die aktuelle Position an das Backend übertragen. Entsprechend dem Standort werden die verfügbaren Informationen nach deren Relevanz für das entsprechende Fahrzeug gefiltert und übermittelt. Ein derartiger Dienst ist im Allgemeinen unter dem Begriff „Standortbezogener Dienst" (engl. „Location-based Service") bekannt. Die Anwendung internetbasierter Dienste im Fahrzeug fokussiert sich also heutzutage auf die Bereiche Navigation und lokale Gefahrenstellen.

29.2 Was sind Backendsysteme?

Unter Backendsystemen werden im Folgenden Client-Server-Systeme verstanden. Dabei entsprechen die Fahrzeuge den Clients und das sogenannte Backend entspricht dem Serversystem, an das die Clients über das Internet angebunden sind. Dabei dienen die Clients einerseits als Datenlieferanten für Funktionalitäten im Backend, auf Backendseite werden die Daten aggregiert und Informationen daraus extrahiert. Ein Beispiel dafür ist die Echtzeitschätzung der Verkehrslage. Diese Informationen werden den Clients wieder zur Verfügung gestellt, weshalb die Fahrzeuge andererseits als Empfänger von Informationen fungieren. Neben den Daten, die von den Clients generiert werden, stehen im Backend auch weitere Informationen zur Verfügung. Beispiele für die Analyse der Verkehrssituation sind die Anbindung an Verkehrsleitzentralen sowie an weitere mobile Clients (z. B. Handys, mobile Navigationssysteme). ◘ Abbildung 29.1 zeigt den prinzipiellen Aufbau des Systems: Zentrale Bestandteile des Systems sind eine Sende- und Empfangseinheit im Fahrzeug, ein zentrales Serversystem sowie die digitale Karte (siehe ▶ Kap. 27) im Fahrzeug, auf welche die Informationen aus dem Backend referenziert werden.

29.2.1 Digitale Karten

Digitale Karten sind die Grundlage für Navigationssysteme (siehe ▶ Kap. 55). Zusätzlich liefern digitale Karten Informationen für Fahrerassistenzsysteme, indem ein elektronischer Horizont basierend auf der aktuellen Position berechnet wird [1]. Damit erhalten Assistenzfunktionen die Möglichkeit einer Vorausschau. Eine digitale Karte ist daher zentraler Bestandteil von backendbasierten Assistenzfunktionen für eine erweiterte Wahrnehmungsreichweite. Informationen aus dem Backend werden im Fahrzeug an die Karte angehängt und über den elektronischen Horizont an die Assistenzsysteme verteilt.

Die Entwicklung im Bereich des autonomen Fahrens (siehe ▶ Kap. 61) geht hin zu hochgenauen digitalen Karten. In diesem Zuge ist eine Detaillierung und Erweiterung bestehender Karten erforderlich. Über eine Backendanbindung ist es möglich, Abweichungen zwischen digitalen Karten und der Realität zu erkennen und zu melden. Hiermit wird die Grundlage für eine verbesserte Aktualität der Karten gelegt, was im Hinblick auf die Qualitätssicherung für eine Reihe von Fahrerassistenzsystemen bis hin zum autonomen Fahren von Vorteil ist.

29.2.2 Servertechnologien

In einem zentralen Serversystem, dem Backend, werden die Informationen der Fahrzeuge in einer georeferenzierten Datenbank gesammelt, um eine effiziente Verarbeitung zu ermöglichen. Für das Beispiel von gemeldeten Verkehrsereignissen enthalten die Informa-

29.2 · Was sind Backendsysteme?

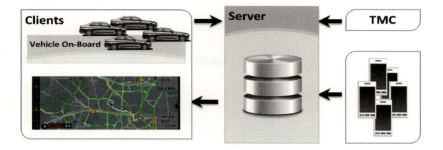

◘ **Abb. 29.1** Client-Server-System für Echtzeit Verkehrsinformationen. (Quelle: BMW Group)

tionen einen Bezug zur absoluten Position sowie zur globalen Zeit, an der die Beobachtung erfasst wurde. Derartige Daten mit einer Positionsreferenz werden als „georeferenzierte Daten" bezeichnet. Ein rechnergestütztes System, das derartige raumbezogene Daten erfasst, verwaltet, analysiert und präsentiert, wird „Geoinformationssystem (GIS)" genannt [2].

29.2.2.1 Räumlich relationale Datenbanken

Ein spezieller Bestandteil eines GIS ist eine Datenbank, in der georeferenzierte Daten abgespeichert werden, eine sogenannte Geo-Datenbank. Für solche Datenbanken gibt es speziell angepasste Ausführungen relationaler Datenbanken, die räumlichen relationalen Datenbanken. Eine der bekanntesten Ausführungen ist PostGIS [3], welches die Open Source Datenbank PostgreSQL um räumliche Objekte und Abfragen erweitert.

Eine PostGIS-Datenbank unterstützt das Abspeichern unterschiedlicher Geometrien wie einen Punkt, einen Linienzug oder eine Fläche sowie weitere daraus abgeleitete Typen. Bei einer Meldung von Gefahren oder von Verkehrsereignissen wird zur Information jeweils eine Positionskoordinate bereitgestellt. Da die Beobachtung an genau einem Ort erfolgt, eignet sich eine Repräsentation der Information als Punkt.

Neben dem Speichern von Objekten besteht die Möglichkeit, zusätzlich geometrische Objekte für eine Abfrage zu definieren. Um beispielsweise eine Anfrage eines Fahrzeugs für relevante Meldungen in der Nähe zu verarbeiten, wird eine Box als Geometrie definiert. Die aktuelle Position des Fahrzeugs befindet sich dabei in der Mitte dieser Box. Über eine Datenbankabfrage ist es möglich, sämtliche Ereignisse innerhalb dieser Box und in einem gewissen Zeitraum zu erhalten. Zur Beschleunigung derartiger Abfragen ist es mit PostGIS möglich, einen Index auf geometrischen Objekten zu erstellen.

Zur Veranschaulichung der Verwendung von Standard-Backendtechnologien wird im Folgenden ein Minimalbeispiel für ein System zur Warnung vor lokalen Gefahren angeführt. Die Architektur der Anwendung ist in ◘ Abb. 29.1 dargestellt. Als Vorbedingung für das Minimalbeispiel wird ein Rechner mit installiertem und gestartetem PostgreSQL (► http://www.postgresql.org/) sowie mit installiertem PostGIS (► www.postgis.net) vorausgesetzt. Das Datenbank-Management-Werkzeug kann dabei sowohl mit grafischer Oberfläche (pgadmin III) als auch über die Kommandozeile (pgsql.exe) gestartet werden.

Auf dem Server-Rechner, nachfolgend Backend genannt, wird zunächst eine neue Datenbank erstellt und eine Verbindung zu dieser hergestellt. Anschließend wird die Datenbank unter Verwendung von PostGIS zu einer geospatialen Datenbank erweitert.

```
-- Erstellung einer neuen Datenbank
CREATE DATABASE local_hazards_db;
-- Verbindung zur Datenbank herstellen
\c local_hazards_db;
-- Erweiterung zur geospatialen Datenbank
CREATE EXTENSION postgis;
CREATE EXTENSION postgis_topology;
```

Für die Anwendung „lokale Gefahrenwarnung" wird eine Tabelle innerhalb der geospatialen Datenbank erstellt. In dieser Tabelle werden neue Events abgespeichert, die von Fahrzeugen identifiziert und an das Backend gesendet wurden. Neben den übertragenen Daten wird die Position der Meldung in eine PostGIS-Punkt-Geometrie umgewandelt und in die Datenbank eingetragen. Falls die Rohdaten der Position im WGS84-Format übertragen werden, wird dieses Format anhand der sogenannten SRID-Nummer 4326 angegeben. Diese Nummer bezieht sich auf die ID des WGS84-Referenzsystems in der Tabelle SPATIAL_REF_SYS. Diese Tabelle wird von PostGIS automatisch bei der Erweiterung einer Datenbank zur geospatialen Datenbank (siehe obigen Befehl) erstellt.

```sql
-- Tabelle erstellen
CREATE TABLE local_hazards_tab
(
  id SERIAL PRIMARY KEY,           -- Fortlaufende ID aller Einträge
  geom GEOMETRY(Point, 4326),      -- PostGIS Geometrie
  latitude double precision,       -- WGS84 Latitude
  longitude double precision,      -- WGS84 Longitude
  heading double precision,        -- Ausrichtung des Fahrzeugs gegenüber Nord
  speed double precision,          -- Geschwindigkeit des Fahrzeugs
  hazard VARCHAR(128),             -- Art der erkannten Gefahr
  hazard_time bigint               -- Zeitpunkt der Gefahrenmeldung
);
```

Die Spalte „geom" enthält die Koordinaten (Latitude, Longitude), enkodiert als PostGIS-Geometrie. Die Koordinaten werden dabei in eine binäre Zahl transformiert. Zur Beschleunigung von Lesevorgängen auf der Datenbank wird ein geospatialer Index auf der Spalte „geom" erstellt.

```sql
-- Spatialen Index hinzufügen
CREATE INDEX local_hazards_idx ON
local_hazards_tab USING GIST(geom);
```

```sql
INSERT INTO local_hazards_tab
(geom, latitude, longitude, heading,
speed, hazard, hazard_time)
VALUES (
  ST_SetSRID(ST_Make-        -- geom
  Point(11.695927,
  48.333459), 4326),
  48.333459,                 -- latitude
  11.695927,                 -- longitude
  0.2143,                    -- heading
  41.34,                     -- speed
  ‚Glaette',                 -- hazard
  1392675237 );              -- hazard_time
```

Nach diesen Schritten ist das Backend bereit, Events von Fahrzeugen entgegenzunehmen und in der Datenbank abzulegen. Für dieses konkrete Beispiel wurde eine fiktive Situation mit einem Datensatz an Events generiert. Als Events wurden Gefahrenstellen, Glätte und Wildwechsel gemeldet. Der Datensatz ist in ◘ Abb. 29.2 dargestellt.

Wird ein neues Event von einem Fahrzeug erfasst, sendet dieses die Information über eine Internetanbindung an das Backend. Ein entsprechendes Programm, das die Daten entgegennimmt, schreibt diese Daten in die Datenbank. Eine erkannte Glättegefahr wird entsprechend dem folgenden Befehl abgelegt.

Entsprechend der gemeldeten Events in ◘ Abb. 29.2 wurde eine Datenbank gemäß ◘ Tab. 29.1 aufgebaut.

Ein Fahrzeug, das mit einem Assistenzsystem für die Warnung vor lokalen Gefahren ausgestattet ist, führt eine Abfrage nach Events in dessen Umgebung aus. In der vorgestellten Beispielsituation ist die Position eines anfragenden Fahrzeugs in ◘ Abb. 29.2 mit einem blauen Kreuz gekennzeichnet. Der Anfragevorgang beginnt mit dem Übertragen der aktuellen Position des Fahrzeugs (11.652527° Longitude, 48.329299° Latitude) an das Backend. Im Backend wird in der vorliegenden Datenbank nach Meldungen im Umkreis des Fahrzeugs gesucht, indem ein Abfragefenster (± 0.05° Longitude, ± 0.03° Latitude) um die Fahrzeugposition

29.2 · Was sind Backendsysteme?

■ **Abb. 29.2** Fiktives Beispiel für gemeldete lokale Gefahren von unterschiedlichen Fahrzeugen. (Quelle: BMW Group)

■ **Tab. 29.1** Datenbankinhalt – Meldung lokaler Gefahren

id	geom	latitude in °	longitude in °	heading in rad	speed in m/s	hazard	hazard_time in s
1	0101000020E610000089…	48.333459	11.695927	0.2143	41.34	Glätte	1392675237
2	0101000020E6100000E8…	48.334643	11.701622	0.7624	39.56	Glätte	1392679267
3	0101000020E6100000661…	48.340933	11.712878	0.9538	26.89	Glätte	1392686384
4	0101000020E6100000EF…	48.385613	11.772187	0.1455	38.24	Wildwechsel	1392729461
5	0101000020E61000004 A…	48.384673	11.769054	3.4907	32.72	Wildwechsel	1392762418
6	0101000020E610000023…	48.37347	11.595891	1.5345	23.46	Gefahrenstelle	1392660319
7	0101000020E6100000CD…	48.374782	11.596191	1.5323	34.58	Gefahrenstelle	1392664163
8	0101000020E610000008…	48.357789	11.597178	1.7256	13.56	Gefahrenstelle	1392669230

aufgespannt wird. Für dieses Beispiel wird das Abfragefenster zur Vereinfachung in ellipsoiden Koordinaten definiert. Üblicherweise wird das Fenster im metrischen Einheitensystem definiert und anschließend in die ellipsoiden Koordinaten des WGS84 Standards transformiert.

```
-- Fahrzeugposition: 11.652527° Longi-
tude, 48.329299° Latitude
-- Abfragefenster: ±0.05° Longitude,
±0.03° Latitude
SELECT * FROM local_hazards_tab
WHERE ST_Contains(ST_SetSRID(
        ST_MakeBox2D(
        ST_Point(11.602527, 48.299299),
        ST_Point(11.702527, 48.359299)),
4326),geom);
```

Entsprechend der Abfrage im Backend gibt es zwei gemeldete Events im Umkreis um das Fahrzeug, entsprechend ◘ Tab. 29.2. Diese werden als Ergebnis der Anfrage an das Fahrzeug gesendet. Ein Assistenzsystem im Fahrzeug empfängt die Daten und wertet die Meldungen aus. Zur Einstufung der Relevanz der Erkennungen sind diese entsprechend dem Heading zu filtern. Außerdem wird entsprechend der Anzahl an Clients sowie der Zeit der Meldung bestimmt, ob der Fahrer gewarnt wird. Falls tatsächlich Potenzial einer Gefahr für den Fahrer vorhanden ist, wird dieser entsprechend gewarnt.

29.2.2.2 Skalierbare Architekturen für räumliche Datenverarbeitung

Zukünftig wird die Menge an übertragenen und damit zu speichernden beziehungsweise zu verarbeitenden Daten weiter zunehmen. Besonders im automobilen Umfeld sind wegen den neuartigen Möglichkeiten der Fahrerassistenz durch die Anbindung der Fahrzeuge an das Internet große Steigerungsraten zu erwarten.

Die Herausforderung schnell wachsender Datenmengen musste bereits bei der Entwicklung des Internets bewältigt werden, wobei performante und redundante Dateisysteme, ausfallsichere Datenbanksysteme und effiziente Konzepte zur Datenverarbeitung nötig sind. Die heutzutage am meisten verbreiteten Technologien in diesem Bereich wurden von dem Unternehmen Google Inc. entwickelt und veröffentlicht. Zur Persistierung – also dem dauerhaften Speichern von Daten – erstellte Google das „Google File System (GFS)" [4] sowie das darauf aufbauende Datenbankkonzept „Big Table" [5].

Ein konkreter Entwurf für ein skalierbares Programmiermodell ist „MapReduce" [6], das ebenfalls von Google Inc. eingeführt wurde. Die Grundidee hinter diesem Programmiermodell ist die Aufteilung der Datenauswertung in eine sogenannte Map- und in eine Reduce-Phase. Für die Map-Phase werden die gesamten Eingangsdaten in mehrere Teile unterteilt; für jeden Teil wird ein Map-Prozess gestartet. Jeder Map-Prozess verarbeitet den zugehörigen Datenanteil unabhängig von den anderen Map-Prozessen, wodurch sämtliche Prozesse parallel abgearbeitet werden können. Die einzelnen Prozesse erzeugen Zwischenergebnisse, die in der Reduce-Phase zu einem Endergebnis zusammengefasst werden. Dabei ist es wiederum möglich, für jedes Endergebnis einen unabhängigen Reduce-Prozess zu initiieren.

Die von Google veröffentlichten Konzepte wurden von der „Apache Software Foundation" in frei verfügbare OpenSource-Software umgesetzt und erweitert. Das gesamte Framework wird „Hadoop" [7] genannt. Die Hauptbestandteile sind das Dateisystem „Hadoop Distributed File System (HDFS)", die Datenbankkonzepte „Pig", „HBase" und „Hive" sowie eine MapReduce-Implementierung. Hadoop findet aufgrund der freien Verfügbarkeit eine weite Verbreitung in der Industrie und wird beispielsweise auch bei Facebook eingesetzt.

Diese Basistechnologien werden für eine Vielzahl unterschiedlicher Anwendungen eingesetzt: Auch unter geospatialen Anwendungen ist das MapReduce-Konzept sowie „Apache Hadoop" immer häufiger zu finden. Dazu werden spezielle Erweiterungen entwickelt, wie beispielsweise „MRGIS" [8], „Hadoop-GIS" [9] oder „SpatialHadoop" [10]. Diese Entwicklungen verknüpfen die skalierbaren Architekturen aus dem Internet mit den spezialisierten Lösungen für räumliche Daten, den Geoinformationssystemen. Damit wird die Basis für hochskalierbare geospatiale Anwendungen entwickelt, wie sie in der Automobilindustrie benötigt werden.

Tab. 29.2 Ergebnis der Eventabfrage eines Fahrzeugs

id [–]	geom [–]	latitude [°]	longitude [°]	heading [rad]	speed [m/s]	hazard [–]	hazard_time [s]
1	0101000020E610000089…	48.333459	11.695927	0.2143	41.34	Glätte	1392675237
2	0101000020E6100000E8…	48.334643	11.701622	0.7624	39.56	Glätte	1392679267

29.2.3 Sendeeinheit im Fahrzeug

Um eine Backendanbindung eines Fahrzeugs zu ermöglichen, muss eine entsprechend ausgestattete Telematik-Komponente (siehe ▶ Kap. 55) vorhanden sein. Diese Komponente kann als eigenes Steuergerät ausgeführt sein oder in die Headunit integriert werden. Eine dedizierte Ausführung wird „Telematics Control Unit (TCU)" genannt (BMW, Daimler). Anforderungen an die TCU sind eine Anbindung an das Internet, Zugriff auf die Sensordaten des Fahrzeugs sowie zur aktuellen absoluten Position.

Für die Realisierung eines Internetzugriffs gibt es zwei unterschiedliche Möglichkeiten:

- festeingebaute SIM-Karte mit Aufpreis für den Datentarif (z. B. BMW, Daimler),
- Slot für eine eigene SIM-Karte vom Fahrzeugnutzer (z. B. Audi, Daimler).

Zur Anbindung an sämtliche Sensordaten wird die Einheit mit den Fahrzeugbussystemen verbunden. Die aktuelle Position wird mittels GPS vom Navigationssystem geliefert. Mit einer derartigen Komponente können entsprechende Informationen, wie im Fahrzeug lokal erkannte Gefahren, über das Internet bereitgestellt werden.

29.3 Eigenschaften der Datenübertragung

Die Datenkommunikation zwischen den Clients und dem Server-System erfolgt über eine mehrstufige Signalkette. Am Anfang steht die Datenerfassung im Fahrzeug mithilfe verschiedener Sensoren. Diese werden im Fahrzeug zu Wissen aufbereitet, z. B. dass die aktuelle Geschwindigkeit deutlich unterhalb der zulässigen Höchstgeschwindigkeit liegt, und dann über das Mobilfunknetz sowie eine IP-Verbindung an den Backend-Server übermittelt (◘ Abb. 29.3). Nach der Verarbeitung der Daten im Server-System erfolgt eine Datenübertragung an die Fahrzeuge. Im Backend-Server besteht dabei die Möglichkeit, noch zusätzliche Informationen aus dem Internet, beispielsweise Bereiche von Baustellen, in die Datenverarbeitung mit einzubinden. Am Ende der Datenübertragung steht im Fahrzeug das aufbereitete Wissen, z. B. Stau in einem bestimmten Streckenabschnitt, zur Verfügung.

Um die Übertragungskosten möglichst gering zu halten, wird insbesondere die Menge der Daten und die Häufigkeit der Datenübertragung begrenzt. So werden üblicherweise keine Rohdaten von Sensoren übertragen, sondern nur abstrahiertes Wissen. Durch ein dezentrales Wissensmanagement zwischen den Fahrzeugen und dem Backend-Server wird es zusätzlich ermöglicht, dass nur dann Daten übertragen werden, wenn sie neue Informationen beinhalten. Typischerweise dient hierzu ein Abgleich zwischen einem erwartetem Zustand, z. B. Fahrzeug im Stau, und dem tatsächlichen Zustand, z. B. aktuelle Geschwindigkeit des Fahrzeugs nahe der Wunschgeschwindigkeit. Solche Abweichungen werden an den Backend-Server gemeldet, um beispielsweise die Stauinformation aufzulösen, wobei die Fahrzeuge dabei als mobile Sensoren fungieren.

Um die Aktualität des im Backend-Server generierten Wissens möglichst aktuell zu halten, ist eine schnelle Datenübertragung erforderlich. Die theoretisch erzielbaren Übertragungsraten verschiedener Mobilfunkstandards sind in ◘ Abb. 29.4 dargestellt.

Die höchsten Übertragungsraten besitzen LTE (Long Term Evolution, 3,9G) mit bis zu 100 Mbit/s und LTE Advanced (4G) mit bis zu 1000 Mbit/s. In [11] werden die Latenz-Eigenschaften der gesamten Signalkette analysiert. Als Messstrecke wird einerseits eine prototypische Datenverbindung zwischen Fahrzeug und Backend und andererseits eine LTE-Simulationsumgebung genutzt. In der Simula-

			Optimist	Realist (Erwartungswert)	Pessimist
UPLINK	Fahrzeug	CAN-Bus	< 5 ms	< 10 ms	< 30 ms
		CAN-Converter	< 0,04 ms	< 0,07 ms	< 0,4 ms
		Pufferung und Berechnung von Umfeldmodell	< 30 ms	< 100 ms	< 400 ms
		Ethernet mit Switch	< 0,3 ms	< 0,3 ms	< 0,3 ms
		PC und USB-Bus	< 0,5 ms	< 1 ms	< 3 ms
	Mobilfunk LTE	Idle-Modus zu Active-Modus Transition	-	< 0,35 ms	< 102 ms
		LTE Terminal (LTE USB-Stick)	< 1,5 ms	< 5 ms	< 7 ms
		LTE Radio Access Network (RAN, Funkschnittstelle)			
		Szenario Stadt, mittlere Last	< 11 ms	< 12 ms	< 40 ms
		Szenario Stadt, hohe Last	< 11 ms	< 12 ms	< 48 ms
		Szenario Überland, mittlere Last	< 12 ms	< 16 ms	< 83 ms
		Szenario Überland, hohe Last	< 18 ms	< 29 ms	< 240 ms
		Szenario Autobahn, mittlere Last	< 28 ms	< 54 ms	< 340 ms
		Szenario Autobahn, hohe Last	< 39 ms	< 80 ms	< 600 ms
		Handover zwischen Funkzellen	-	< 0,001 ms	< 25,5 ms
		Handover Failure Handling	-	< 0,001 ms	< 110 ms
		LTE Evolved Packet Core (EPC, Kern-Netz)	< 15 ms	< 20 ms	< 25 ms
	IP	Übertragung im Internet	< 8 ms	< 30 ms	< 500 ms
	Backend	Authentifizierung und Autorisierung	< 1 ms	< 2 ms	< 5 ms
		Kommunikations-Middleware	< 0,1 ms	< 0,1 ms	< 0,2 ms
		Funktions-Applikation	< 1 ms	< 2 ms	< 5 ms
		Kommunikations-Middleware	< 0,1 ms	< 0,1 ms	< 0,2 ms
		Authentifizierung und Autorisierung	< 1 ms	< 2 ms	< 5 ms
DOWNLINK	IP	Übertragung im Internet	< 8 ms	< 30 ms	< 500 ms
	Mobilfunk LTE	LTE Evolved Packet Core (EPC, Kern-Netz)	< 15 ms	< 20 ms	< 25 ms
		LTE Radio Access Network (RAN, Funkschnittstelle)			
		Szenario Stadt, mittlere Last	< 3 ms	< 11 ms	< 14 ms
		Szenario Stadt, hohe Last	< 4 ms	< 12 ms	< 15 ms
		Szenario Überland, mittlere Last	< 7 ms	< 13 ms	< 52 ms
		Szenario Überland, hohe Last	< 13 ms	< 28 ms	< 12 000 ms
		Szenario Autobahn, mittlere Last	< 3 ms	< 11 ms	< 20 ms
		Szenario Autobahn, hohe Last	< 3 ms	< 12 ms	< 7000 ms
		Idle-Modus zu Active-Modus Transition	-	< 0,35 ms	< 102 ms
		Handover zwischen Funkzellen	-	< 0,001 ms	< 25,5 ms
		Handover Failure Handling	-	< 0,001 ms	< 110 ms
		LTE Terminal (LTE USB-Stick)	< 1,5 ms	< 5 ms	< 7 ms
	Fahrzeug	PC und USB-Bus	< 0,5 ms	< 1 ms	< 3 ms
		Ethernet mit Switch	< 0,3 ms	< 0,3 ms	< 0,3 ms
		Pufferung und Berechnung von Umfeldmodell	< 30 ms	< 100 ms	< 400 ms
		CAN-Converter	< 0,04 ms	< 0,07 ms	< 0,4 ms
		CAN-Bus	< 5 ms	< 10 ms	< 30 ms
		Erwartungswert Ende-zu-Ende Latenz: (für LTE Szenario Überland mittlere Last)		< 369 ms	

Abb. 29.3 Signalkette zwischen zwei Fahrzeugen über einen Backend-Server. (Quelle: BMW Group)

tion wurden in [12] sechs verschiedene Szenarien untersucht: Szenario Stadt, Szenario Überland, Szenario Autobahn – jeweils bei mittlerer und hoher Last. Die Ergebnisse sowohl der realen Messungen als auch der LTE-Simulation sind in ◘ Abb. 29.5 zusammengefasst. Die Zahlenwerte zeigen die Größenordnung der Zeit auf, welche für die Datenübertragung benötigt wird. Als optimistisch wird die theoretisch mögliche und als realistisch die im Mittel erwartete Übertragungszeit bezeichnet. Abhängig vom aktuellen Verkehrsaufkommen und dem Zustand des Kommunikationssystems treten jedoch auch höhere Übertragungszeiten auf, welche in der Abbildung als pessimistisch bezeichnet werden. Bei

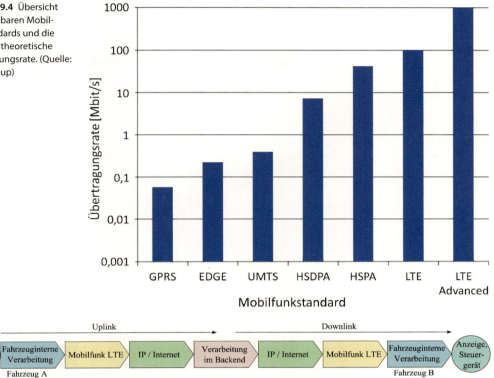

◘ **Abb. 29.4** Übersicht zu verfügbaren Mobilfunkstandards und die jeweilige theoretische Übertragungsrate. (Quelle: BMW Group)

◘ **Abb. 29.5** Latenzzeitabschätzung für die Signalkette Fahrzeug – Backend-Server – Fahrzeug. (Quelle: BMW Group)

der Nutzung von Daten, die via Mobilfunk übertragen werden, ist insbesondere die auftretende Variabilität der Latenzzeit von mehreren hundert Millisekunden beim Funktionsdesign zu berücksichtigen.

Die Analyse zeigt, dass beispielsweise bei einem Datenaustausch mittels LTE in Szenario Überland und mittlerer Last eine Ende-zu-Ende-Latenz von < 369 ms erzielt wird.

29.4 Nächste Generation backendbasierter Assistenzsysteme

Eine Anbindung an eine zentrale Recheneinheit ermöglicht eine Vielzahl an Möglichkeiten, Fahrerassistenzsysteme zu unterstützen. So werden hochautomatisierte Fahrfunktionen anhand detaillierter Verkehrsinformationen, wie beispielsweise die Lage von „harten" Stauenden, unterstützt, um eine erweiterte Vorausschau und damit höheren Komfort zu ermöglichen. Situationen im hochautomatisierten Fahrbetrieb, wie „harte" Stauenden, werden auch ohne Informationen aus einem Backendsystem sicher beherrscht werden. Allerdings kann die eingeschränkte Reichweite von lokalen Sensoren dazu führen, dass starke Bremsungen erforderlich sind. Diese Situation wird in [13] näher beschrieben und ist mit zugehörigen Berechnungen von Bremsmanövern in ◘ Abb. 29.6 dargestellt.

Außerdem können Systeme, wie eine Verkehrszeichenerkennung, von aktuellen, kommunal gelernten Informationen profitieren und damit eine niedrigere Fehlerkennungsrate erreichen. Für eine Verkehrszeichenerkennung wird die lokale Erkennung der Fahrzeugkamera mit der Information aus der digitalen Karte fusioniert. Obwohl dadurch die korrekte Anzeige von Geschwindigkeitsbegrenzungen erheblich verbessert wird, kann es in bestimmten Situationen immer noch zu falschen Anzeigen kommen. Die kartierten Verkehrszeicheninformationen sind teilweise fehlerbehaftet beziehungsweise

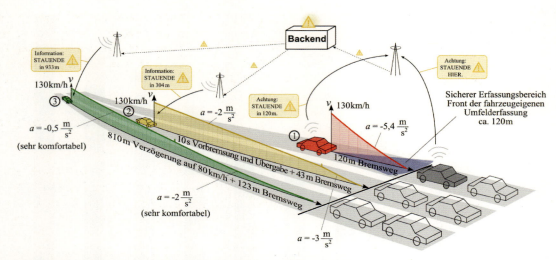

Abb. 29.6 Hartes Stauende beim hochautomatisierten Fahren. (Quelle: BMW Group)

veraltet. Für den Fall, dass die Kamera durch Umwelteinflüsse keine Verkehrszeicheninformation erkennen kann und zugleich eine falsche Information in der digitalen Karte hinterlegt ist, kommt es zu einer falschen Information an den Fahrer. Durch ein gemeinsames Lernen von Verkehrszeicheninformationen über ein Backendsystem ist es möglich, Karteninformationen laufend zu aktualisieren, um falsche Anzeigen zu vermeiden.

Neben dynamischen Informationen, wie Stauenden, und der Verbesserung bereits vorhandener Informationen, wie die Anzeige von Geschwindigkeitsbeschränkungen, können über eine Anbindung an eine zentrale Recheneinheit zusätzlich auch Eigenschaften und Elemente der Fahrzeugumgebung gelernt werden, die bisher nicht verfügbar sind. Ein Beispiel dafür sind die Positionen von Haltelinien an Kreuzungen, an denen der Verkehr von einer Lichtsignalanlage geregelt wird. Die Position von Haltelinien ist eine wichtige Eingangsgröße für die Motor-Start-Stopp-Automatik (MSA). Falls ein Fahrzeug nach einer Haltelinie im inneren Bereich einer Kreuzung zum Stehen kommt, ist es weniger wahrscheinlich, dass eine lange Standzeit bevorsteht. Eine intelligente Motor-Start-Stopp-Strategie verhindert daher in diesem Fall ein Abschalten des Motors.

Statische Kartenattribute sind außerdem eine wichtige Eingangsgröße für innerstädtische hochautomatisierte Fahrfunktionen. Für rein kamerabasierte Systeme ist die sichere Erkennung von horizontalen Markierungen wie Haltelinien eine Herausforderung, da von derartigen Markierungen nur sehr wenige Merkmale erkennbar sind. Das Wissen über die Haltelinienposition aus einer digitalen Karte bietet die Möglichkeit, die lokale Erkennung aus der Kamera anhand der Karteninformation zu plausibilisieren und zu fusionieren. Damit können Falscherkennungen und somit falsche Reaktionen von hochautomatisierten Fahrfunktionen vermieden werden.

29.5 Extraktion von fahrerassistenzsystemrelevanten Informationen aus Flottendaten im Backend

Durch die Anbindung vieler Fahrzeuge an ein zentrales Rechensystem entstehen große Mengen an georeferenzierten Daten. Neben einer passenden Architektur zum Erfassen und Verwalten dieser Daten, wie sie in ▶ Abschn. 29.2.2 vorgestellt wurden, sind Algorithmen für die Analyse dieser Daten ein weiterer wichtiger Bestandteil von einem Geoinformationssystem. Dabei wird die Algorithmik zur Datenanalyse zwischen den Clients und dem Server aufgeteilt. Je nach Anwendungsgebiet werden unterschiedlich große Anteile der Algorithmen auf dem Client und auf dem Server verteilt. Am Beispiel der lokalen Gefahrenwarnung befinden sich in der

29.6 · Zusammenfassung

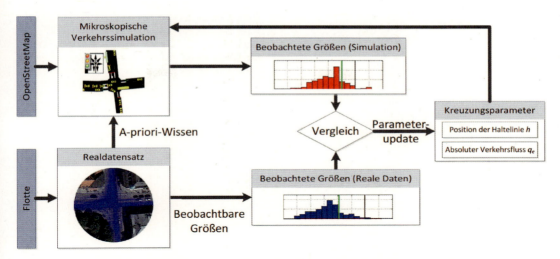

Abb. 29.7 Generische Bestimmung von Kreuzungsparametern basierend auf Flottendaten. (Quelle: BMW Group)

dargestellten Ausprägung die Hauptanteile des Algorithmus auf den Clients. Ein Stauevent wird über einen fahrzeuglokalen Algorithmus erkannt und an das Backend gemeldet; im Backend findet lediglich eine positionsadaptive Selektion der Daten für einzelne Fahrzeuge statt. Nach der Übertragung von gemeldeten Ereignissen in der Nähe des Fahrzeugs geschieht die Auswertung der Relevanz dieser Meldungen wieder im Fahrzeug.

Im Gegensatz dazu befindet sich bei backendbasierten Fahrerassistenzsystemen, die auf einer Ermittlung statischer Umfeldobjekte beruhen, ein größerer Anteil an Algorithmik im Backend. Ein Verfahren dieser Art wurde beispielsweise in [14] vorgestellt, um Kreuzungsparameter aus Flottendaten zu extrahieren. ◘ Abbildung 29.7 zeigt die Struktur des gesamten Verfahrens. Der Algorithmus basiert auf der Beobachtung von bestimmten Größen aus den Flottendaten, die in Zusammenhang mit den gesuchten Parametern stehen. Parallel zur Auswertung der Flottendaten wird eine mikroskopische Verkehrssimulation der Kreuzung mit den gesuchten Parametern durchgeführt, wobei die unbekannten Parameter innerhalb eines diskreten Wertebereichs variiert werden, und für jede Parameterkombination wird der Verkehr an der Kreuzung simuliert. Aus den einzelnen Simulationen werden entsprechend zu den Flottendaten die gleichen Werte beobachtet. Durch einen Vergleich der Beobachtungen aus den Simulationen und aus den realen Überfahrten ergibt sich die Parameterkombination mit der besten Übereinstimmung der Beobachtungen als Schätzung. Neben einer exakten Schätzung ist für Fahrerassistenzsysteme ebenfalls eine Konfidenzschätzung von zentraler Bedeutung. Für die Ermittlung von Kreuzungsparametern wurde in [15] ein Verfahren zur Konfidenzschätzung vorgestellt. Derartige Algorithmen benötigen eine hohe Rechenkapazität und werden daher in einem Backend ausgeführt.

29.6 Zusammenfassung

Bereits heute bauen eine Reihe von Diensten im automobilen Umfeld auf Backendsystemen auf. Der Schwerpunkt liegt dabei auf einer Informationsbereitstellung von Daten, die im Fahrzeug selbst nicht verfügbar sind. Systeme wie Google Traffic nutzen bereits Flottendaten, um Rückschlüsse auf die aktuelle Verkehrslage zu ziehen. Das Kapitel gibt einen Überblick über verfügbare Technologien zur Datenübertragung und Informationsverarbeitung im Backend. Durch simulations- und messtechnikgestützte Untersuchungen wird exemplarisch aufgezeigt, mit welchen Übertragungszeiten Fahrerassistenzsysteme umgehen müssen, die auf via Mobilfunk übertragene Daten zurückgreifen. Die erwartete Übertragungszeit liegt im Mittel bei rund 400 Millisekunden, erhöht sich jedoch abhängig von

Verkehrslage und Zustand des Mobilfunksystems auch auf mehr als eine Sekunde. Die dabei übertragenen Daten stehen im Backend für eine weitere Auswertung zur Verfügung. Am Beispiel der Bestimmung von Kreuzungsparametern für Fahrerassistenzsysteme wird exemplarisch aufgezeigt, wie aus Flottendaten Informationen extrahiert werden. Diese Informationen ermöglichen es, bereits prototypisch entwickelte Fahrerassistenzsysteme zur Serienreife zu führen.

Literatur

1. Blervaque, V., Mezger, K., Beuk, L., Loewenau, J.: ADAS Horizon – How Digital Maps can contribute to Road Safety. In: Valldorf, J., Gessner, W. (Hrsg.) Advanced Microsystems for Automotive Applications, S. 427–436. Springer-Verlag, Berlin (2006)
2. Bill, R.: Grundlagen der Geo-Informationssysteme. Wichmann, Heidelberg (2010)
3. Obe, R., Hsu, L.: PostGIS in Action. Manning Publications, Greenwich, Connecticut, USA (2011)
4. Ghemawat, S., Gobioff, H., Leung, S.: The Google file system. ACM Press, New York (2003)
5. Chang, F., Dean, J., Ghemawat, S., Hsieh, W.C., Wallach, D.A., Burrows, M., Chandra, T., Fikes, A., Gruber, R.E.: Bigtable: A distributed storage system for structured data. USENIX Association, Berkeley, CA, USA (2006)
6. Dean, J., Ghemewat, S.: MapReduce: simplified data processing on large clusters. USENIX Association, Berkeley, CA, USA (2004)
7. White, T.: Hadoop: The Definitive Guide. O'Reilly Media, Sebastopol, CA, USA (2009)
8. Chen, Q., Wang, L., Shang, Z.: MRGIS: A MapReduce-Enabled High Performance Workflow System for GIS 2008 IEEE Fourth International Conference on eScience, Indianapolis, Indiana, USA. IEEE, New York, NY, USA (2008)
9. Aji, A., Sun, X., Vo, H., Liu, Q., Lee, R., Zhang, X., Wang, F.: Demonstration of Hadoop-GIS. ACM Press, New York (2013)
10. Eldawy, A., Mokbel, M.F.: A demonstration of SpatialHadoop: an efficient mapreduce framework for spatial data. In: Proceedings of the VLDB Endowment (2013)
11. Bartsch, A., Klanner, F., Lottermann, C., Kleinsteuber, M.: Latenz-Eigenschaften prototypischer Datenverbindungen zwischen Fahrzeugen über Backend. In: Forschungspraxis. TUM Lehrstuhl für Medientechnik, München (2012)
12. Lottermann, C., Botsov, M., Fertl, P., Müllner, R.: Performance Evaluation of Automotive Off-board Applications in LTE Deployments 2012 IEEE Vehicular Networking Conference (VNC 2012), Seoul, Korea., S. 211–218 (2012)
13. Klanner, F., Ruhhammer, C., Bartsch, A., Rasshofer, R., Huber, W., Rauch, S.: Mehr Komfort und Sicherheit durch zunehmende Vernetzung. Elektronik automotive, 6/7 2013, WEKA Fachmedien GmbH, S. 26 ff. (2013)
14. Ruhhammer, C., Atanasov, A., Klanner, F., Stiller, C.: Crowdsourcing als Enabler für verbesserte Assistenzsysteme: Ein generischer Ansatz zum Erlernen von Kreuzungsparametern 9. Workshop Fahrerassistenzsysteme: FAS2014. UniDAS e.V., Walting (2014)
15. Ruhhammer, C., Hirsenkorn, N., Klanner, F., Stiller, C.: Crowdsourced intersection parameters: A generic approach for extraction and confidence estimation IEEE Intelligent Vehicles Symposium. (2014)

Aktorik für Fahrerassistenzsysteme

Kapitel 30 **Hydraulische Pkw-Bremssysteme** – 555
James Remfrey, Steffen Gruber, Norbert Ocvirk

Kapitel 31 **Elektromechanische Bremssysteme** – 579
Bernward Bayer, Axel Büse, Paul Linhoff, Bernd Piller, Peter Rieth, Stefan Schmitt, Bernhard Schmittner, Jürgen Völkel

Kapitel 32 **Lenkstellsysteme** – 591
Gerd Reimann, Peter Brenner, Hendrik Büring

Hydraulische Pkw-Bremssysteme

James Remfrey, Steffen Gruber, Norbert Ocvirk

30.1 Standardarchitektur – 556

30.2 Erweiterte Architekturen – 564

30.3 Dynamik hydraulischer Bremssysteme – 573

Literatur – 576

30.1 Standardarchitektur

Hydraulische Pkw-Bremssysteme haben die Aufgabe, das Fahrzeug gemäß Fahrerwunsch sicher und entsprechend gesetzlich vorgeschriebener Mindestanforderungen (z. B. ECE R13H) zu verzögern [1]. Die an den Rädern erzeugten Kräfte sollen dabei über die Reifen so auf die Fahrbahn übertragen werden, dass das Fahrzeug stets der vom Fahrer gewünschten Richtung folgt. Voraussetzung hierfür ist eine entsprechende Verteilung der Bremskräfte sowohl auf die Vorder- und Hinterachse als auch auf die rechte und linke Fahrzeugseite. Die Reglementierung erfolgt in gesetzlichen Vorschriften, für deren Einhaltung der Fahrzeughersteller verantwortlich ist.

Bremssysteme herkömmlicher Bauart verstärken die Fahrerfußkraft auf die notwendigerweise erheblich höheren Bremskräfte am Rad und steuern entsprechend der Bremsenauslegung die Bremskraftverteilung auf die Achsen. Veränderungen der Bremskraftverteilung aufgrund von Beladungszuständen des Fahrzeugs können mithilfe von zusätzlich eingebundenen lastabhängigen „Bremskraftverteilern" erreicht werden.

Mit der Einführung von sensorunterstützten und elektronisch geregelten Bremskraftmodulatoren (z. B. ABS) ist es möglich, Bremsmomente radindividuell und ggf. fahrerunabhängig zu regeln.

Dies eröffnet vielfältige Möglichkeiten, das Bremssystem für weit über die reine Bremsfunktion hinausgehende Fahrerassistenzfunktionen zu nutzen.

Zur Betätigung hydraulischer Betriebsbremssysteme im Pkw wird als Mensch-Maschine-Schnittstelle (auch vor dem Hintergrund gesetzlicher Bestimmungen) ein Fußpedal genutzt.

Die möglichen Wirkketten innerhalb von Pkw-Bremssystemen (◘ Abb. 30.1) beinhalten daher heute Bauelemente, die folgende Funktionen abdecken:
- (Fuß-)Bremskraft einleiten,
- Bremskraft verstärken,
- Bremskraft in Bremsdruck/Bremsvolumenstrom umwandeln,
- Druck/Volumen übertragen,
- Druck/Volumen in Bremskraft am Rad umwandeln.

Die Bremskraftmodulationsfunktion bei hydraulischen Bremssystemen erfolgt durch die Einbindung eines Modulators zwischen Bremskraftverstärkung und Bremskrafterzeugung am Rad. Zur Modulation der Bremskräfte im Betrieb werden darüber hinaus Sensoren zur Erkennung des Fahrzeugverhaltens eingesetzt.

Komponenten Zu den typischen Komponenten von Pkw-Bremssystemen gehören:
- Pedalwerk mit Bremspedal,
- Bremsbetätigung (Bremskraftverstärker, Tandemhauptzylinder, Ausgleichbehälter),
- elektronisches Bremssystem (EBS) mit Sensorik:
  - Raddrehzahlsensoren an allen 4 Rädern,
  - Beschleunigungssensoren,
  - Gierratensensor,
  - Lenkwinkelsensor,
- Radbremssättel mit Bremsscheiben,
- Trommelbremsen,
- Bremsleitungen und -schläuche,
- Reifen.

30.1.1 Betätigung

Die Bremsbetätigung besteht aus den vier Hauptbaugruppen: Bremskraftverstärker, Hauptbremszylinder, Ausgleichbehälter und Bremsleitungen/-schläuche.

Bremskraftverstärker Bremskraftverstärker verstärken die am Pedal aufgebrachte Fußkraft durch eine sogenannte „Hilfskraft", die aus dem Differenzdruck zwischen Atmosphäre und einem Unterdruck generiert wird. Bremskraftverstärker erhöhen damit den Bedienkomfort und die Fahrsicherheit. Es werden heute hauptsächlich drei Bauarten verwendet:
- Vakuum-Bremskraftverstärker,
- Hydraulik-Bremskraftverstärker,
- elektromechanischer Bremskraftverstärker.

Vakuum-Bremskraftverstärker Der Vakuum-Bremskraftverstärker – auch Vakuum-Booster genannt – hat sich bisher trotz seiner deutlich größeren Abmessungen gegenüber dem Hydraulik-Bremskraftverstärker behaupten können. Wesentliche Gründe hierfür sind seine kostengünstige Bauart und die Verfügbarkeit von Unterdruck bei Saugmotoren.

30.1 · Standardarchitektur

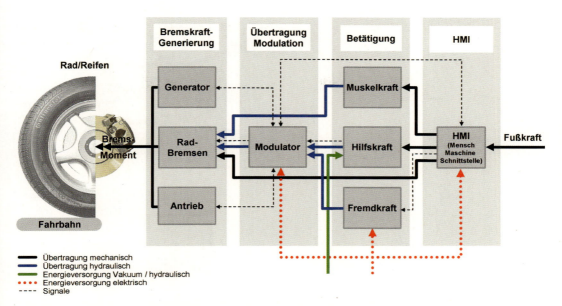

- ▬▬▬ Übertragung mechanisch
- ▬▬▬ Übertragung hydraulisch
- ▬▬▬ Energieversorgung Vakuum / hydraulisch
- ••••• Energieversorgung elektrisch
- ---- Signale

Abb. 30.1 Wirkkette der Standardarchitektur für hydraulische Bremssysteme im Pkw

Abb. 30.2 Aktives Bremsgerät in Tandem-Bauweise

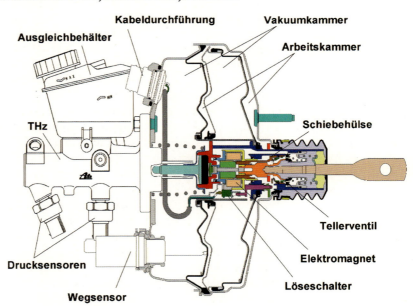

Die Vakuumkammer des Bremskraftverstärkers ist über eine Unterdruckleitung mit dem Ansaugrohr des Motors oder einer separaten Vakuumpumpe (z. B. bei Dieselmotoren, direkteinspritzenden oder aufgeladenen Otto-Motoren) verbunden.

Als Boostergröße wird üblicherweise der Durchmesser des Verstärkers in Zoll angegeben. Gängige Gerätegrößen liegen zwischen 7" und 11".

Bei größeren Fahrzeugen reicht das Arbeitsvermögen dieser Einfachgeräte nicht aus. Hier kommen Tandem-Bremskraftverstärker zur Anwendung, bei denen zwei Einfachgeräte hintereinander in einem Gerät angeordnet sind. Übliche Baugrößen reichen von 7"/8" bis 10"/10". In ◘ Abb. 30.2 ist ein solches Gerät als elektrisch ansteuerbarer Bremskraftverstärker dargestellt.

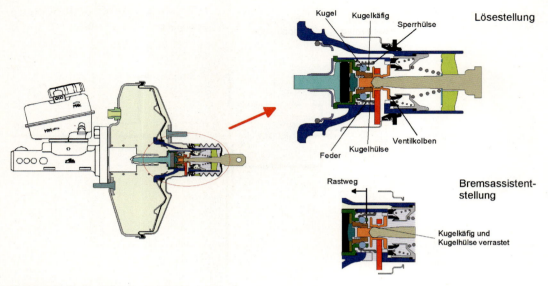

Abb. 30.3 Mechanischer Bremsassistent

Durch die zunehmende Kraftstoffverbrauchsoptimierung (insbesondere Reduzierung der Ansaug-Drosselverluste) wird der nutzbare Unterdruck für die Bremskraftverstärkung immer weiter reduziert. Eine naheliegende Gegenmaßnahme ist die Verwendung eines größeren Boosters, dem leider oft Packaging-Probleme im Motorraum entgegenstehen.

Im Folgenden sollen zwei spezielle Varianten des Vakuum-Bremskraftverstärkers erwähnt werden, die neben der oben beschriebenen konventionellen Bauweise eingesetzt werden:

a) Aktiver Bremskraftverstärker:
Zur Darstellung von Assistenz-/Zusatzfunktionen werden sogenannte „aktive Bremskraftverstärker" eingesetzt, die fahrerunabhängig elektrisch ansteuerbar sind und somit Bremsdruck erzeugen (siehe ◘ Abb. 30.2). Genutzt werden diese für Funktionen wie z. B. ESC-Vorladung, elektronischer BA (Bremsassistent) und ACC (Adaptive Cruise Control). Aktive Bremskraftverstärker weisen einen im Steuergehäuse integrierten Magnetantrieb auf. Mittels einer Schiebehülse ist es möglich, mit dem elektrisch betätigten Magnetantrieb das Tellerventil zu betätigen. Dabei wird zunächst die Verbindung zwischen Vakuumkammer und Arbeitskammer geschlossen; mit einer weiteren Strombeaufschlagung wird die Verbindung der Arbeitskammer zur Außenluft geöffnet und der Bremskraftverstärker (ohne Zutun des Fahrers) betätigt. Zur sicheren Erkennung des Fahrerwunsches wird ein sogenannter „Löseschalter" in das Steuergehäuse integriert.

b) Mechanischer Bremsassistent:
Bei diesem Konzept wird über eine abgeänderte Mechanik die Trägheit des Bremskraftverstärkers ausgenutzt, die bei schneller Betätigung (Notbremsung) dazu führt, dass das Tellerventil einen definierten Öffnungshub überschreitet. Damit erfolgt eine Arretierung des Tellerventils, das selbst dann geöffnet bleibt, wenn die Fußkraft wieder geringfügig reduziert wird (◘ Abb. 30.3). Es wirkt dann unmittelbar die maximal mögliche (und nicht nur die der Fahrerfußkraft proportionale) Verstärkungskraft.

Hydraulik-Bremskraftverstärker Hydraulische Verstärker haben im Vergleich zu Vakuumbremskraftverstärkern Vorteile im Hinblick auf Energiedichte sowie Einbauraum. Sie finden hauptsächlich Verwendung in schweren Pkws (z. B. gepanzerten Sonderschutz-Fahrzeugen) und Elektrofahrzeugen.

Elektromechanischer Bremskraftverstärker Vor allem im Hinblick auf die bremssystemtechnischen Anforderungen von Hybrid- und Elektrofahrzeugen erscheint eine elektromechanische Bremskraftver-

◘ **Abb. 30.4** Elektromechanischer Bremskraftverstärker – iBooster (Foto Bosch)

stärkung [2] mit (teil-) entkoppeltem Bremspedal sinnvoll: In den genannten Fahrzeugtypen steht kein oder nur zeitweise Unterdruck vom Verbrennungs-/Saugmotor zur Verfügung, der einen Vakuum-Bremskraftverstärker speisen könnte. Außerdem soll der Fahrer während einer Bremsung keine störenden Auswirkungen am Pedal wahrnehmen, die sich aus dem Blending genannten Übergang zwischen Generator- und Reibungsbremse ergeben könnten.

Bei einem elektromechanischen Bremskraftverstärker (◘ Abb. 30.4, Foto Bosch) wird die Bremspedalbetätigung über eine Weg- bzw. Winkelsensorik am Bremspedal erfasst. Diese Information wird in der ECU ausgewertet und in entsprechende Steuersignale für einen Elektromotor umgesetzt. Dieser Elektromotor unterstützt über ein Getriebe die Betätigungskraft des Fahrers und letztendlich wirkt diese Kraftresultierende auf den Hauptbremszylinder, der den hydraulischen Bremsdruck generiert. Die für den Fahrer wahrnehmbare Bremspedalcharakteristik ist bei diesem Ansatz via Software beeinflussbar. Eine nachgeschaltete HECU für Hybridsysteme realisiert das oben erwähnte Blending.

(Tandem)-Hauptbremszylinder Der (Tandem)-Hauptbremszylinder hat die Aufgabe, die mechanische Energie des Bremskraftverstärkerausgangs in hydraulische Energie umzuwandeln. Neben der Druckgenerierung bei endlicher Nachgiebigkeit des Bremssattels inkl. der Bremsbeläge und die Überwindung des Lüftspiels ist das Flüssigkeitsvolumen bereitzustellen.

Aufgrund der gesetzlich geforderten Zweikreisigkeit der Bremsanlage werden (Einfach)-Hauptzylinder nur noch in Sonderfällen, z. B. bei Rennfahrzeugen, eingesetzt.

Der heute generell eingesetzte Tandem-Hauptzylinder (THz) entspricht einer Kombination zweier hintereinander geschalteter Einfach-Hauptzylinder in einem Gehäuse. Er ermöglicht den Druckauf- und -abbau in beiden Kreisen der Bremsanlage. Bei Volumenänderungen im Bremssystem, z. B. bei Temperaturänderungen oder Verschleiß der Bremsbeläge, wird über den Ausgleichbehälter der Volumenausgleich sichergestellt.

Über Rohrleitungen wird Bremsdruck und Hydraulikvolumen entsprechend der Bremskraftverteilung den Bremssätteln zugeführt und in mechanische Zuspannkraft umgesetzt. Die Zuspannkraft wird über die Bremsbeläge auf die Bremsscheiben übertragen. Das dabei erzeugte Reib-(Brems)-Moment wird über Rad und Reifen als Bremskraft auf

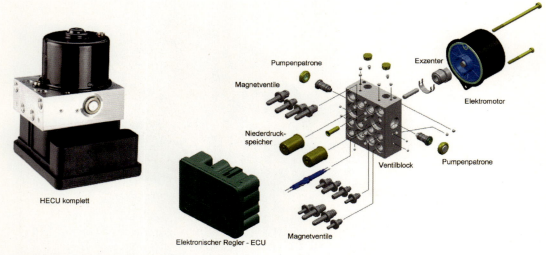

☐ **Abb. 30.5** ESC-Anlage in Explosionsdarstellung

die Fahrbahn aufgebracht und führt zur Verzögerung des Fahrzeugs.

Ausgleichbehälter Der Ausgleichbehälter beinhaltet das Reservevolumen für die zusätzliche Volumenaufnahme durch Belagverschleiß, gewährleistet den Volumenausgleich innerhalb der Bremsanlage unter verschiedenen Umgebungsbedingungen, verhindert bei unterschiedlichen Fahrsituationen das Ansaugen von Luft in das Bremssystem, reduziert das Aufschäumen der Bremsflüssigkeit und trennt bei absinkendem Flüssigkeitsspiegel das Reservevolumen der Hauptzylinderkreise.

Darüber hinaus kann der Ausgleichbehälter als Volumenspeicher für eine hydraulisch betätigte Kupplung oder auch für eine ESC-Vorladepumpe dienen und bevorratet ggf. die Bremsflüssigkeit, die zum Laden eines Hydrospeichers benötigt wird.

Bremsflüssigkeit Im hydraulischen Teil der Bremsanlage ist Bremsflüssigkeit das übliche Medium für die Energieübertragung zwischen (Tandem)-Hauptbremszylinder, ggf. hydraulischer Regeleinheit und den Radbremsen. Zusätzlich hat sie die Aufgabe, bewegte Teile wie z. B. Dichtungen, Kolben und Ventile zu schmieren und vor Korrosion zu schützen. Bremsflüssigkeit ist hygroskopisch: Durch Feuchtigkeitsaufnahme aus der Umgebungsluft sinkt im Laufe der Zeit der Siedepunkt der Bremsflüssigkeit, was bei starker thermischer Beanspruchung der Bremsanlage zu Dampfblasenbildung und somit Bremsproblemen führen kann. Daher ist Bremsflüssigkeit regelmäßig daraufhin zu überprüfen, ob der Nasssiedepunkt nicht unter einen kritischen Wert absinkt (vgl. vorgeschriebene Wechselintervalle für Bremsflüssigkeit).

Bremsflüssigkeit muss auch bei Tieftemperaturen (bis zu −40 °C) gute Fließeigenschaften besitzen (d. h. eine hinreichend geringe Viskosität), um sowohl ein gutes Ansprech- und Löseverhalten der Bremsen als auch eine gute Funktion der elektronischen Regelsysteme zu ermöglichen. Darüber hinaus muss die Bremsflüssigkeit eine hohe Siedetemperatur aufweisen, damit es selbst bei stärkster thermischer Belastung der Bremsanlage nicht zur Dampfblasenbildung kommt. Die Kompressibilität von Dampfblasen würde dazu führen, dass wegen des begrenzten Ausstoßvolumens des Tandem-Hauptzylinders kein ausreichender Bremsdruck mehr aufgebaut werden kann. Bei Bremsflüssigkeiten werden Glykol-basierte oder Silikonbremsflüssigkeiten verwendet.

Bremsleitungen und -schläuche Zur Verbindung der hydraulischen Komponenten eines Bremssystems werden hochdruckfeste Bremsrohr-, Bremsschlauch-

30.1 · Standardarchitektur

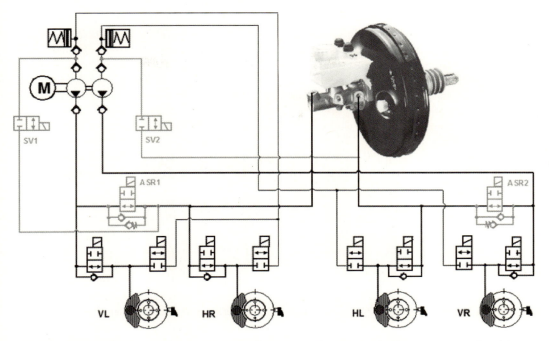

Abb. 30.6 ABS-Hydraulikschaltbild (schwarz) mit Zusatzkomponenten für ASR (grau) für Pkws mit Frontantrieb und diagonaler Bremskreisaufteilung

und armierte Schlauchleitungen (sog. Flexleitungen) verwendet. Wesentliche Anforderungen sind Druckfestigkeit, mechanische Belastbarkeit, geringe Volumenaufnahme, chemische Beständigkeit z. B. gegen Öl, Kraftstoffe und Salzwasser sowie thermische Unempfindlichkeit.

30.1.2 Modulation

Die hydraulisch/elektronische Regeleinheit HECU (Hydraulic Electronic Control Unit) ist durch zwei Hydraulikleitungen mit den Bremskreisen des THz verbunden. Von der HCU führen Bremsleitungen zu den Radbremsen.

Hydraulisch/Elektronische Regeleinheit (HECU) Heutige ABS/ASR/ESC-Anlagen (z. B. Continental MK60, ◘ Abb. 30.5) bestehen aus einem zentralen Hydraulikblock mit Magnetventilen, einer integrierten Pumpe mit einem angeflanschten Elektromotor (HCU = Hydraulic Control Unit) und einem Spulenträger einschließlich der darin enthaltenen Elektronik (ECU = Electronic Control Unit). Der Spulenträger wird mittels eines sogenannten „magnetischen Steckers" aufgesetzt.

Die Energieversorgung einer ESC-Einheit besteht aus einer zweikreisigen Hydraulikpumpe (Pumpenpatronen im Ventilblock integriert), die durch einen Elektromotor mit exzentrischer Antriebswelle angetrieben wird. Sie befördert die während der ABS-Regelung zwischengelagerte Bremsflüssigkeit aus den Niederdruckspeichern zurück in die Bremskreise des (Tandem-) Hauptbremszylinders.

Die im Ventilblock integrierten Einlass- und Auslassventile sind als 2/2-Magnetventile ausgebildet und ermöglichen die Modulation der Radbremsdrücke (siehe ◘ Abb. 30.6). Das Einlassventil (stromlos offen, SO-Ventil) erfüllt zwei Aufgaben. Zum einen öffnet oder schließt es bei Ansteuerung die Verbindung vom Hauptzylinder zum jeweiligen Radbremskreis, um den benötigten Druck zu halten. Zum anderen ermöglicht das parallel geschaltete Rückschlagventil unabhängig vom Schaltzustand des Magnetventils eine Reduktion des Bremsdrucks und damit der Bremskraft bei Pedalkraftreduzierung durch den Fahrer.

Das Auslassventil (stromlos geschlossen, SG-Ventil) öffnet bei Ansteuerung die Verbindung vom Radbremskreis zum Niederdruckspeicher und ermöglicht damit radindividuell die Absenkung der Spannkraft durch Druckreduzierung.

Die Niederdruckspeicher dienen als Zwischenspeicher für Bremsflüssigkeit während der Druckmodulationsvorgänge, je Bremskreis wird ein Niederdruckspeicher benötigt.

Aus Komfortgründen sind Pulsationsdämpfer integriert, um ggf. auftretende Hydraulikgeräusche und -pulsationen (Pedalrückwirkungen) zu minimieren.

Die HECU ist je nach Ausstattung und Funktionsumfang mit unterschiedlichen Sensoren vernetzt und kommuniziert darüber hinaus mit anderen im Fahrzeug befindlichen Steuergeräten über Bussysteme (z. B. CAN, FlexRay). Mithilfe dieser mechatronischen Komponenten wird in heutigen Pkw-Bremssystemen eine Reihe von Sicherheits- und Assistenzfunktionen dargestellt, von denen einige nachfolgend erläutert werden.

Funktion „Elektronische Bremskraft-Verteilung EBV" Die elektronische Bremskraft-Verteilung hat die Aufgabe, während des Bremsdruckaufbaus präventiv das Blockieren der Hinterräder zu verhindern, um das Fahrzeug bei jeder Bremsung in einem stabilen Fahrzustand zu halten. Wird über die Raddrehzahlsensoren erhöhter Radschlupf an der Hinterachse erkannt, begrenzt die EBV-Funktion durch Ventilschaltungen den weiteren Druckaufbau an der Hinterachse. Damit kann EBV als Vorstufe zu einer potenziell nachfolgenden ABS-Regelung angesehen werden.

Funktion „Anti-Blockier-System ABS" Bei jeder Bremsung kann jeweils nur die dem Fahrbahnreibwert entsprechende Bremskraft genutzt werden. Übersteigt die vom Fahrer eingesteuerte Bremskraft die maximal übertragbare Bremskraft an einem oder mehreren Rädern, beginnen diese zu blockieren. Das Fahrzeug wird insbesondere dann instabil, wenn dies an der Hinterachse geschieht, und ist damit für den Fahrer nicht mehr beherrschbar.

Das ABS-System überwacht permanent über die Raddrehzahlsensoren die Drehzahl jedes Rades und vergleicht diese mit einer (errechneten) Fahrzeugreferenzgeschwindigkeit. Wird über den so ermittelten Radschlupf eine Blockiertendenz erkannt, wird über die HECU das Bremsmoment am entsprechenden Rad zunächst reduziert, um die Seitenführungskraft des Rades und damit die Fahrzeugstabilität (vgl. Kamm'scher Kreis) zu gewährleisten. Anschließend wird das Bremsmoment so lange wieder erhöht, bis ein dem Fahrbahnreibwert entsprechendes Bremsmoment erreicht ist. So wird das Fahrzeug nahezu optimal abgebremst und gleichzeitig bleibt Stabilität und Lenkfähigkeit erhalten (siehe ▶ Kap. 40).

Funktion „Antriebs-Schlupfregelung ASR" Eine Antriebs-Schlupfregelfunktion wird ausgelöst, wenn beim Beschleunigen des Fahrzeugs eine Überschreitung der Reibwertgrenze der angetriebenen Räder erfolgt. Wird das daraus resultierende Durchdrehen der Antriebsräder durch Drehzahlvergleich mit den nicht angetriebenen Rädern erkannt, wird über das Steuergerät das Antriebsmoment des Motors reduziert. Dreht aufgrund unterschiedlicher Fahrbahnreibwerte auf der rechten und linken Fahrbahnseite eines der Antriebsräder weiterhin durch, kann durch Erzeugung von Bremsmoment am entsprechenden Rad das Antriebsmoment über das Differenzial auf das Rad mit dem höheren Reibwert übertragen werden. Dies erfolgt vollautomatisch ohne Zutun des Fahrers. Das Fahrzeug verhält sich stabil und wird bezogen auf den Fahrbahnreibwert nahezu optimal beschleunigt (siehe ▶ Kap. 40).

Funktion „Elektronische Stabilitätsregelung /Electronic Stability Control ESC" Bei Fahrzeugen mit ESC wird die Möglichkeit genutzt, Bremsmomente an jedem Rad individuell aufzubauen und damit Momente um die Fahrzeug-Hochachse zu erzeugen. Über den Lenkwinkelsensor wird während der Fahrt ständig die vom Fahrer gewünschte Fahrtrichtung ermittelt. Weicht das Fahrzeug vom Kurs ab, oder beginnt sich das Fahrzeug um die Hochachse zu drehen (Gieren, Schleudern), wird dies über Längs- und Querbeschleunigungssensoren ermittelt. Über gezielt aufgebaute Bremsmomente an einem oder mehreren Rädern kann dann ein Gegenmoment um die Fahrzeughochachse erzeugt und das Fahrzeug stabilisiert werden (siehe ▶ Kap. 40). Zusätzlich wird über die Motorschnittstelle das Antriebsmoment reduziert.

30.1 · Standardarchitektur

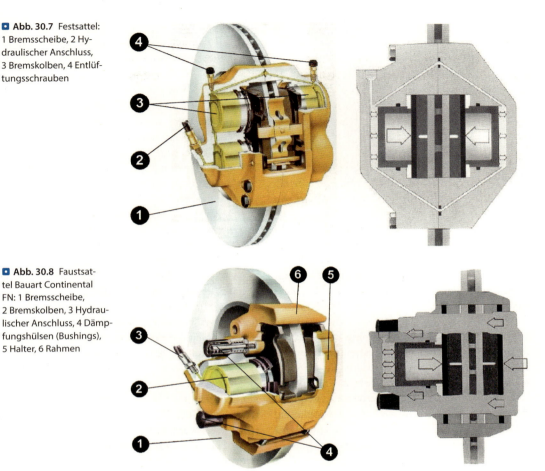

Abb. 30.7 Festsattel: 1 Bremsscheibe, 2 Hydraulischer Anschluss, 3 Bremskolben, 4 Entlüftungsschrauben

Abb. 30.8 Faustsattel Bauart Continental FN: 1 Bremsscheibe, 2 Bremskolben, 3 Hydraulischer Anschluss, 4 Dämpfungshülsen (Bushings), 5 Halter, 6 Rahmen

30.1.3 Radbremsen

Die Radbremsen erzeugen über Reibung die Bremskräfte am Rad. Übliche Bauarten sind Scheibenbremsen und Trommelbremsen: Nahezu alle modernen Pkw-Vorderradbremsen sind Scheibenbremsen, bei vielen Fahrzeugen sind auch die Hinterachsbetriebsbremsen als Scheibenbremsen ausgeführt.

30.1.3.1 Scheibenbremsen

Scheibenbremsen sind Axialbremsen. Die Zuspannkräfte des Bremssattels werden über hydraulische Zylinder in axialer Richtung auf die Bremsbeläge aufgebracht, die beidseitig auf die Planreibflächen der Bremsscheibe (auch „Rotor" genannt) wirken. Die Kolben und Beläge sind in einem sattelartig über den Außendurchmesser der Scheibe greifenden Gehäuse untergebracht. Die Beläge stützen sich in Drehrichtung der Scheibe an einem am Achsschenkel befestigten Bauteil (sog. „Halter") ab.

Die Bremsbelagflächen bedecken jeweils einen Teil einer ebenen Ringfläche (Teilscheibenbremse). Im Allgemeinen ist unter dem Begriff „Scheibenbremse" immer eine Teilscheibenbremse zu verstehen. Vollscheibenbremsen, bei denen die gesamte Scheibe mit einem ringförmigen Belag in Berührung gebracht wird, sind im Pkw-Bau nicht gebräuchlich. Bei Scheibenbremsen werden Fest-, Rahmen- und Faustsättel unterschieden: Festsättel beinhalten Kolben zu beiden Seiten der Bremsscheibe (siehe Abb. 30.7), Schwimmrahmen- und Faustsättel nur auf einer Seite. Bei Letz-

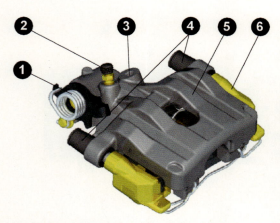

◘ **Abb. 30.9** Kombi-Faustsattel FNc: 1 Schenkelfeder, 2 Entlüftungsschraube, 3 Hydraulischer Anschluss, 4 Dämpfungshülsen (Bushings), 5 Gehäuse, 6 Halter

teren ist das Gehäuse verschiebbar zum Halter gelagert (siehe ◘ Abb. 30.8).

Festsattel Festsättel werden gerade bei hochmotorisierten Fahrzeugen und Sportwagen bevorzugt eingesetzt. Gründe hierfür sind deren hohe Steifigkeit und das damit verbundene, sehr gute Ansprechverhalten sowie ein üblicherweise geringes Restbremsmoment. Zudem spielen in der Applikation auch Optik und Image von Festsätteln eine Rolle, als Werkstoffe kommen im Allgemeinen Aluminiumlegierungen zum Einsatz.

Faustsattel FN Eine spezielle Faustsattelkonstruktion (FN-Ausführung) lässt einen relativ großen Scheibendurchmesser zu, mit dem Vorteil eines größeren Reibradius und damit höheren Bremsmoments bei gleichem Bremsdruck. Dabei kann die Gehäusebrücke an der engsten Konturenstelle im Rad sehr lang und deshalb dünn gehalten werden, ohne dass die Sattelsteifigkeit (hydraulische Volumenaufnahme) sich verschlechtert.

Kombinierter Faustsattel Beim Kombi-Faustsattel FNc (◘ Abb. 30.9) werden die Funktionen von Betriebs- und Feststellbremse in einem Scheibenbremssattel zusammengefasst, wobei dieselben Reibpartner für beide Aufgaben genutzt werden. Die Betriebsbremse funktioniert analog zum Faustsattel. Die Feststellbremse wird über einen Bowdenzug aktiviert, wobei über einen Hebelmechanismus eine Betätigungswelle verdreht und die Feststellbremskraft mechanisch durch Anpressen der Bremsbeläge an die Bremsscheibe erzeugt wird.

30.1.3.2 Trommelbremsen

Trommelbremsen sind Radialbremsen, die eine Kombination aus einem am Achsschenkel befestigten Bremsbelag und einer am Rad befestigten Bremstrommel sind. Sie haben zwei Bremsbacken, die durch hydraulische Radzylinderbetätigung beim Bremsen nach außen gegen die Reibfläche der Trommel gedrückt werden. Bei Beendigung der Bremsung ziehen Federn die Bremsbacken wieder in die Startposition zurück.

Wegen der geometrie-/bauartbedingten hohen Selbstverstärkung gilt die Trommelbremse als sehr effizient und ist als kostengünstige Betriebs- und Feststellbremse bei Pkw-Hinterachsen weit verbreitet. Selbst bei Fahrzeugen mit Scheibenbremsen an der Hinterachse und hohem Gewicht (>2.5 t) wird eine Duo-Servo-Trommelbremse in den Scheibenbremstopf für die Feststellbremsfunktion integriert.

30.2 Erweiterte Architekturen

Um Kraftstoffverbrauchswerte und Schadstoffemissionen weiter abzusenken, finden in der Pkw-Antriebstechnik zunehmend Kombinationen aus Verbrennungskraftmaschinen und elektrischen Maschinen (sogenannte „Hybrid-Antriebe") sowie rein elektrische Antriebe Verwendung. Hybridfahrzeuge werden situationsadaptiv entweder rein konventionell, rein elektrisch oder durch eine Überlagerung beider Antriebsarten fortbewegt. Durch eine (zeitweise) mechanische Kopplung von Antriebsrädern und Elektromaschine kann diese je nach Fahrsituation sowohl als Motor als auch als Generator betrieben werden (Prinzipaufbau siehe ◘ Abb. 30.10).

Im Generatorbetriebsmodus kann die Elektromaschine einen Beitrag zur Fahrzeugverzögerung liefern. Die verfügbare Bremsleistung des Generators ist stark abhängig von der installierten Generatorleistung, der Fahrgeschwindigkeit (Drehzahl-Drehmoment-Kennlinie des Generators!) und vom momentanen Speichervermögen für elektrische Energie. Heutige installierte Generatorleis-

30.2 • Erweiterte Architekturen

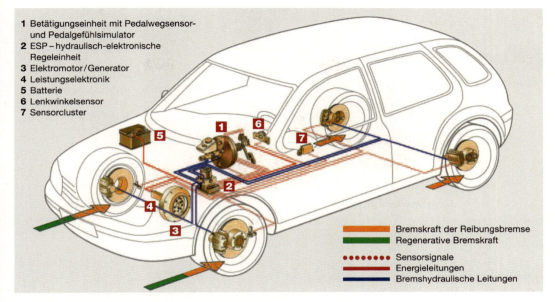

1 Betätigungseinheit mit Pedalwegsensor- und Pedalgefühlsimulator
2 ESP – hydraulisch-elektronische Regeleinheit
3 Elektromotor/Generator
4 Leistungselektronik
5 Batterie
6 Lenkwinkelsensor
7 Sensorcluster

— Bremskraft der Reibungsbremse
— Regenerative Bremskraft
••••••• Sensorsignale
— Energieleitungen
— Bremshydraulische Leitungen

Abb. 30.10 Hybridfahrzeug mit einem regenerativen Bremssystem

tungen reichen maximal für Komfort-/Anpassungsbremsungen, nicht jedoch für Vollbremsungen aus. Damit kann die „Generatorbremse" in aktuellen Systemen nur eine Unterstützung des Reibungsbremssystems darstellen.

In Bremssystemen für Hybridfahrzeuge muss folglich je nach Fahrsituation und Systemzustand die Möglichkeit bestehen, zwischen Reibungsbremse und Generatorbremse dynamisch umzuschalten bzw. zu überblenden, möglichst ohne dass der Fahrer dies störend wahrnimmt. Dieses sogenannte „Brake Blending" wird elektronisch geregelt. Um darüber hinaus auch rein rekuperativ (d. h. ohne Reibungsbremse) verzögern zu können, ist eine Entkopplung von Bremspedal und Bremshydraulik erforderlich. Nachfolgend wird der Aufbau einiger solcher Systemarchitekturen beschrieben.

30.2.1 Regeneratives Bremssystem RBS-SBA

Das hier beschriebene „Regenerative Bremssystem mit SBA (Simulator Brake Actuation)" (◻ Abb. 30.11) enthält zusätzlich zur bereits beschriebenen Standardarchitektur und dem elektrischen Antriebsstrang im Wesentlichen folgende Komponenten:

— Pedalcharakteristiksimulator (PSU) mit Pedalwinkelsensor,
— aktiver Bremskraftverstärker,
— Vakuumpumpe zur Unterdruckversorgung des Vakuumbremskraftverstärkers bei deaktiviertem Verbrennungsmotor,
— ECU und Software für Rekuperation, Blending, Vakuumpumpenregelung, Zustandsüberwachung etc.,
— zusätzliche Sensoren, insbesondere zur Zustandsüberwachung.

Bei Betätigung des Bremspedals wird über den Winkelsensor der Fahrerbremswunsch erfasst.

Durch die mechanische Entkopplung von Bremspedal und Bremskraftverstärker/(Tandem)-Hauptbremszylinder wird jedoch zunächst kein hydraulischer Bremsdruck aufgebaut. Damit der Fahrer nicht „ins Leere" tritt, wirkt dem Fahrerfuß über den Simulator eine (primär pedalwegabhängige) Gegenkraft entgegen. Über die Regelungssoftware ist der Pedalweg mit einer Fahrzeugverzögerungskennlinie verknüpft, worüber sich – in Grenzen – unterschiedliche Pedalcharakteristiken darstellen lassen.

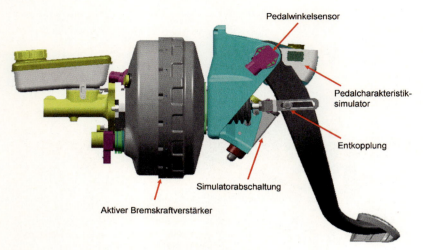

◘ **Abb. 30.11** Betätigungseinheit (Mensch-Maschine-Schnittstelle HMI) für ein regeneratives Bremssystem, welche eine situationsadaptive Entkopplung zwischen Bremspedal und Bremshydraulik ermöglicht

Die Elektronik der HECU erhält über eine entsprechende Schnittstelle zur Generatorregelung die Information darüber, welches Bremsmoment vom Generator momentan bereitgestellt werden kann. Ist dieses Moment ausreichend, um dem Fahrerbremswunsch zu entsprechen, wird das Fahrzeug allein durch die Generatorbremswirkung verzögert. Wird mehr Bremsmoment gewünscht als der Generator aktuell liefern kann, wird zusätzlich Reibungsbremsmoment dadurch erzeugt, dass der aktive Bremskraftverstärker elektrisch angesteuert wird. Durch diesen vom Bremspedal entkoppelten Bremsdruckaufbau und dem daraus resultierenden Reibungsbremsmoment wird das Generatorbremsmoment ergänzt.

Da einige Verbrennungsmotoren nicht ausreichend Vakuum erzeugen bzw. bei rein elektrischem Fahren mit abgeschaltetem Verbrennungsmotor kein Vakuum erzeugt wird, wird der erforderliche Unterdruck über eine elektrisch betriebene Vakuumpumpe erzeugt.

Bei (Teil-)Ausfall des Systems kann die Reibungsbremse konventionell mechanisch/hydraulisch betätigt werden.

30.2.2 Elektrohydraulische Bremse EHB

◘ Abb. 30.12 zeigt die Wirkkette eines EHB-Pkw-Bremssystems. Innerhalb dieser lässt sich die EHB mit ihren drei wesentlichen Baugruppen beschreiben:

— Betätigungseinheit mit Tandem-Hauptbremszylinder (THz), integriertem Pedalcharakteristiksimulator, redundantem Wegsensor und Bremsflüssigkeitsbehälter,
— hydraulische Regeleinheit (Hydraulic Control Unit, HCU) mit Motor-Pumpen-Speicher-Aggregat (MPSA) bestehend aus Motor, Dreikolbenpumpe und Metallbalgspeicher mit Wegsensor als Druckversorgung, Ventilblock mit 8 analogisierten Regelventilen, 2 Trennventilen und 2 Balanceventilen als Ventileinheit und 6 Drucksensoren (siehe ◘ Abb. 30.13),
— integrierter elektronischer Regler (Electronic Control Unit, ECU).

Bei Betätigung des Bremspedals wird der aufgebaute Hauptzylinderdruck sofort durch Schließen der Trennventile hydraulisch von den Bremssätteln getrennt und der Fahrer tritt in den in die Bremsbetätigung integrierten Simulator. Der gemessene Pedalweg und der im Simulator aufgebaute Druck stellen das Maß für die gewünschte Verzögerung dar.

Bei der konventionellen Hilfskraftbremse wird die Fußkraft durch den Vakuumbremskraftverstärker in der Betätigungseinheit verstärkt und in hydraulischen Druck umgewandelt. Bei der EHB wird der Bremswunsch in der Betätigungseinheit über Sensoren gemessen und das Signal „by wire" an die ECU (Electronic Control Unit) weitergeleitet [3]. Über Ventilbetätigungen erfolgt dann in der

30.2 · Erweiterte Architekturen

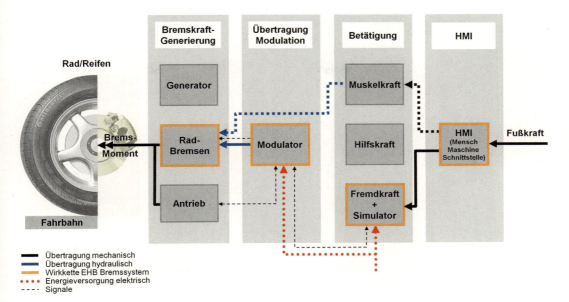

Abb. 30.12 Wirkkette EHB-Bremssystem im Pkw

HCU (Hydraulic Control Unit) eine Umsetzung in hydraulischen Druck, der wie im konventionellen Bremssystem über Bremsleitungen und -schläuche an die Radbremsen übertragen wird.

Die EHB bietet für Fahrer und Fahrzeughersteller eine Reihe von Vorteilen. Durch die Entkopplung des Bremspedals von den Radbremsen spürt der Fahrer immer eine optimale, nach ergonomischen Gesichtspunkten vom Fahrzeughersteller definierbare Pedalcharakteristik mit kürzerem Pedalweg und geringerer Betätigungskraft. Dadurch lässt sich der Fahrerbremswunsch besser und schneller umsetzen und eine bessere Dosierbarkeit der Bremse erzielen. Regelfunktionen, wie z. B. ABS, erfolgen rückwirkungsfrei, also ohne die bisherigen Pedalvibrationen. Durch Wegfall des Vakuum-Bremskraftverstärkers und Einsatz eines Hochdruckspeichers ergeben sich während einer Bremsen-Betätigung eine kürzere Schwellzeit und höhere Systemdynamik, womit sich in Verbindung mit der feinfühligeren Raddruckregelung eine optimierte Regelfunktionalität bei EBV, ABS, ASR, ESC und BA einstellen lässt.

Die umfangreiche Sensorik ermöglicht auch eine sehr genaue Systemdiagnose und eine wesentlich umfangreichere Fehlerreaktion als bei einer konventionellen Bremsanlage. Durch die Entkopplung des Fahrers von den Radbremsen kann dieser fehlerhafte Systemzustände nicht mehr spüren, so dass diese Diagnose auch von der EHB übernommen werden muss. Abb. 30.13 zeigt rechts die Bremsbetätigung der EHB mit Tandem-Hauptbremszylinder, integriertem Pedalcharakteristiksimulator, Bremsflüssigkeitsbehälter und Pedalwegsensor.

Um dem Fahrer in der hydraulischen Rückfallebene kein allzu ungewohntes, „langes" Pedal zu bieten, enthält die Betätigung eine Absperrung des Simulators, die in diesem Betriebszustand wirksam wird und verhindert, dass zusätzliches Bremsflüssigkeitsvolumen in den Simulator geschoben wird (siehe auch Abb. 30.15).

Für den Fahrzeughersteller hat die Eliminierung des Vakuumbremskraftverstärkers den Vorteil einer kürzeren Betätigungseinheit, womit die Fahrzeugintegration verbessert wird und eine leichtere Adaption an Links-/Rechtslenker-Fahrzeuge möglich ist. Zudem bietet die kürzere Betätigungseinheit auch Vorteile bei der Gestaltung des Motorraums im Bereich des Fahrerfußraumes dahingehend, dass die Verletzungsgefahr durch Eindringen der Pedaleinheit in den Fahrgastraum bei Frontunfällen gemindert werden kann.

Der Wegsensor dient darüber hinaus der Volumenüberwachung der Bremsanlage. Während bei einer konventionellen Anlage der Fahrer eine er-

Abb. 30.13 EHB-Komponenten von Continental (links: elektrohydraulische Regeleinheit, rechts: Bremsbetätigung mit Pedalcharakteristiksimulator)

höhte Volumenaufnahme (z. B. durch Eintritt von Luft) durch einen längeren Pedalweg spüren kann, geschieht dies bei der EHB durch Vergleich des aus dem Speicher entnommenen Volumens mit dem in den Radbremsen aufgebauten Bremsdruck anhand der Volumenaufnahmekennlinie des Systems [4]. Dieses dient vor allem einer Überwachung der vollen Funktionsfähigkeit der hydraulischen Rückfallebene, da in dem By-Wire-Modus eine erhöhte Volumenaufnahme des Systems nahezu unmerklich durch das im Speicher vorrätige Bremsflüssigkeitsvolumen ausgeglichen werden kann.

Regelungs- und Überwachungsmethoden Da die EHB im Wesentlichen als universeller Aktor für Bremseneingriffe mit umfangreicher Sensorik angesehen werden kann, kommt der Software und damit den Regelungs- und Überwachungsmethoden eine zentrale Bedeutung zu. Eine erweiterte Funktionalität kann allein durch die Entwicklung von neuen Softwaremodulen erzielt werden.

Die modulare Softwarestruktur (◻ Abb. 30.14) stellt eine sinngemäße Weiterführung der bereits bisher bei Continental verfolgten Philosophie [5, 6] dar.

Jeder der dargestellten Funktionsblöcke gibt einen Solldruck vor, der im Arbitrierungsmodul (COA) durch intelligente Gewichtung und Priorisierung zu einer Sollvorgabe für die Raddruckregelkreise verrechnet wird. Durch die Nutzung der modularen Struktur konnten die höheren Regelfunktionen mit geringem Aufwand aus bisherigen ABS- und ESC-Projekten übernommen werden.

Die Fahrerwunscherfassung dient dabei der Berechnung der einzelnen Radbremsdrücke aus den Sensorwerten der redundanten Pedalwegsensorik und des THz-Drucks. Nach Plausibilisierung dieser Signale wird unter Zuhilfenahme von deren zeitlicher Ableitung, mit der eine kontinuierliche Bremsassistentenfunktion realisiert wird, die gewünschte Fahrzeugverzögerung ermittelt, die dann fahrsituationsabhängig auf die einzelnen Räder verteilt und in radindividuelle Bremsdrücke umgewandelt wird. Der jeweilige Sollbremsdruck wird über eine nachgeschaltete Raddruckregelung eingestellt.

Funktionsweise der Elektrohydraulischen Bremse EHB Die elektrohydraulische Bremse ist ein Fremdkraftbremssystem. Die wesentlichen Merkmale sind:

Abb. 30.14 Modulare EHB-Softwarestruktur [7]

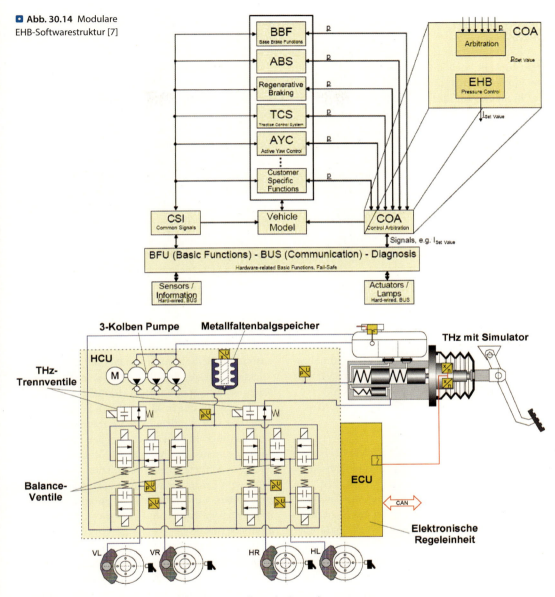

Abb. 30.15 Schaltbild EHB mit schematischer Darstellung der Systemkomponenten

geringe Baugröße, zeitoptimiertes Ansprechverhalten des Bremssystems und modellierbare Bremspedal-Charakteristik. Die EHB ist sowohl bei Normalbremsung als auch in der Radschlupfregelung ein von der Betätigung (Bremspedal) entkoppeltes und dadurch rückwirkungsfreies Bremssystem. Beispielhaft ist die Anordnung der Baugruppen in Abb. 30.15 dargestellt.

Versorgt aus einem Druckspeicher wird mithilfe der hydraulischen Regeleinheit die Bremsenergie entsprechend der Fahrervorgabe erzeugt; die Vorladung des Druckspeichers erfolgt durch eine integrierte Motor-Pumpen-Einheit.

Beim Bremsen wird die hydraulische Verbindung zwischen THz und hydraulischer Regeleinheit unterbrochen, der Bremsdruck im Rad wird aus der vorgeladenen Speichereinheit über Regelventile eingestellt.

Zusammenfassung der Vorteile gegenüber einem konventionellen Bremssystem:
- kürzere Brems- und Anhaltewege (kürzere Bremsenschwellzeit, Druckspeichersystem),
- optimiertes Brems- und Stabilitätsverhalten durch hohe Eingriffsgeschwindigkeit,
- optimiertes Pedalgefühl durch einfache Anpassung an Kundenvorgaben,
- geräuscharmer Betrieb ohne störende Pedalrückwirkungen bei Regelbremsung,
- besseres Crashverhalten durch geringere Pedalintrusion,
- verbesserter Einbau und vereinfachte Montage durch Entfall des Vakuumbremskraftverstärkers im Spritzwandbereich,
- Verwendung einheitlicher Baugruppen,
- einfache Realisierung von Fremdbremseingriffen für verschiedene Zusatzfunktionen (z. B. ACC, Bremsscheiben-Trockenbremsen bei Regen, Antifadingregelung etc.),
- keine Vakuumabhängigkeit, daher optimal geeignet für neue saugverlustoptimierte Verbrennungsmotoren,
- leichte Vernetzbarkeit mit zukünftigen Verkehrsleitsystemen.

Der Aufbau der Regeleinheit ermöglicht die Integration aller heutigen Bremseingriffs- und Radschlupfregelfunktionen (z. B. EBV, ABS, ASR, ESC, BA, ACC, ...) ohne weiteren Hardware-Aufwand [8].

Der Bremswunsch wird dabei aus Sicherheitsgründen dreifach redundant ermittelt (redundanter Wegsensor und Drucksensor), um eine Plausibilisierung der Signalwerte vornehmen zu können und bei Ausfall einer der Sensoren immer noch eine redundante Messung des Fahrerwunschs vorliegen zu haben.

Die Signale werden in der ECU mit weiteren, den Fahrzustand und Fremdbremseingriffe beschreibenden Signalen verarbeitet und in hinsichtlich Bremsverhalten und Fahrstabilität optimale, radindividuelle Bremsdrücke gewandelt. Der jeweilige Radbremsdruck wird in der HCU über einen radindividuellen Druckregelkreis mit einem analogisierten Ein- und Auslassventil eingestellt. Als Hochdruckversorgung dient dabei ein Motor-Pumpen-Speicher-Aggregat (MPSA), das temperaturabhängig einen Betriebsdruck von ca. 150–180 bar zur Verfügung stellt.

Ein Großteil der Bremsungen muss nicht radindividuell erfolgen. Um hierbei auch physikalisch eine Druckgleichheit bei den Radbremsen einer Achse zu erzielen, werden die Balanceventile (Verbindung zwischen den Radbremsen jeweils einer Achse) offengehalten. Dies ermöglicht auch die Verwirklichung von Diagnosefunktionen (z. B. Abgleich der Drucksensorwerte). Ebenso kann durch Nutzung des offenen Balance-Ventils bei Komfortbremsungen mit langsamen Druckaufbaugradienten der Druckaufbau nur über die Ansteuerung jeweils eines Ventilpaares einer Achse erfolgen, womit die Lebensdauer der Ventile erhöht werden kann als auch die Treiber und damit die ECU thermisch weniger belastet werden.

Der Einsatz der zahlreichen Sensoren ermöglicht die Verwirklichung einer sehr detaillierten Selbstdiagnose des EHB-Systems und die Realisierung verschiedener Rückfallebenen bei einer eventuellen Fehlfunktion von Komponenten. Eine besondere Stellung nimmt dabei die hydraulische Rückfallebene ein, die z. B. bei fehlender elektrischer Energieversorgung vorliegt: Hierbei befinden sich alle Ventile in der in ◘ Abb. 30.15 gezeigten Stellung. Der Druckaufbau in den Radbremsen erfolgt dann, ähnlich einem konventionellen Bremssystem bei Vakuumausfall, durch die Fußkraft des Fahrers über die geöffneten Trenn- und Balanceventile. Um dabei dem Fahrer keinen unnötig langen Pedalweg zuzumuten, wird zeitgleich der Simulator hydraulisch abgesperrt und damit zusätzliche Volumenaufnahme verhindert.

Bei Störungen stehen zwei Rückfallebenen zur Verfügung:

Erste Ebene: Bei einem Ausfall des Hochdruckspeichers bleibt die „Brake-by-Wire"-Funktion weiterhin erhalten, die Bremsen werden jedoch ausschließlich von der Pumpe versorgt.

Zweite Ebene: Bei einer Störung der „Brake-by-Wire"-Funktion (z. B. wegen eines Ausfalls der elektrischen Energieversorgung) bleiben die hydraulischen Verbindungen des Hauptzylinders zu den beiden Radbremskreisen erhalten und es werden ohne Verstärkung proportional zur aufgebrachten Fußkraft alle vier Radbremsen betätigt. Die Simulatorfunktion ist dabei abgeschaltet [7].

30.2 · Erweiterte Architekturen

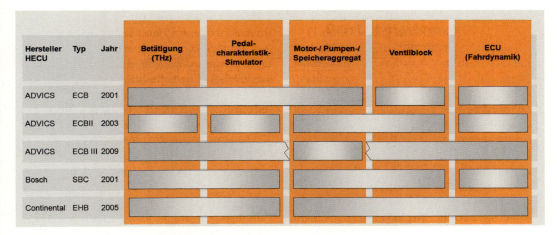

◘ Abb. 30.16 Übersicht der Komponentenintegration diverser EHB-Systeme

Die gesetzlich geforderte hydraulische Zweikreisigkeit des Bremssystems bleibt trotz Teilausfall erhalten.

Marktübersicht und Bauartunterschiede der EHB-Systeme Das von dem japanischen Automobilzulieferer ADVICS Anfang 2001 entwickelte System war das erste EHB-System im Volumenmarkt und wurde im Toyota Estima (ausschließlich auf dem japanischen Markt) verbaut. Ende 2001 folgte das von der Robert Bosch GmbH entwickelte EHB-System unter der Bezeichnung Sensotronic Brake Control (SBC) im Mercedes SL Roadster und Anfang 2002 im großen Volumenmodell der Mercedes E-Klasse.

Ende 2003 präsentierte ADVICS im Toyota Prius II Hybrid eine überarbeitete Version (ECB II). Die vorher zu einer großen Baugruppe zusammengefasste Betätigung mit integriertem Pedalcharakteristiksimulator und Motor-/Pumpen-/Speicheraggregat wurde in der zweiten Generation in Einzelbaugruppen unterteilt. Ende 2005 folgte die Markteinführung des Continental EHB-Systems im Ford Escape Hybrid auf dem US-Markt.

Anfang 2009 präsentierte ADVICS in der dritten Generation des Toyota Prius sein weiter optimiertes System ECB III. Die Anzahl der Hauptbaugruppen wurde hierbei von drei auf zwei reduziert, der Simulator wurde in die Betätigungseinheit integriert.

Alle im Markt befindlichen EHB-Systeme (siehe ◘ Abb. 30.16) arbeiten nach dem bereits beschriebenen By-Wire-Funktionsprinzip: Sie unterscheiden sich hauptsächlich durch die unterschiedlichen baulichen Zusammenfassungen von Komponenten und funktionell durch unterschiedliche Rückfallebenenkonzepte.

Funktionspotenzial Die bisherigen Funktionen der elektrischen Bremssysteme stellen hauptsächlich Fahrdynamikfunktionen dar, die den Fahrer in fahrdynamisch kritischen Zuständen unterstützen (z. B. ABS, ASR, ESC, BA), greifen somit zumeist relativ selten und in Situationen ein, in denen sich der Fahrer vollständig auf das Fahrgeschehen konzentrieren muss. Heute hingegen werden in elektronische Bremssysteme zunehmend Assistenz- bzw. Komfortfunktionen integriert, die für den Fahrer tagtäglich erlebbar sind und ihn in Situationen unterstützen, in denen die Fahrzeuginsassen die Wirkungsweise gut wahrnehmen können. So benötigt z. B. der Stauassistent als Weiterentwicklung der ACC-Funktion, damit das Fahrzeug in einem Stau automatisch abstandsabhängig beschleunigt und abbremst, eine feine Dosierbarkeit des Bremsdrucks im akustisch sehr sensiblen Niedriggeschwindigkeitsbereich.

Die Entwicklung von sparsameren, saugverlustoptimierten Verbrennungsmotoren hat dazu geführt, dass in vielen Fahrzeugen nicht mehr genügend Motorvakuum für den Bremskraftverstärker vorhanden ist, wodurch mechanische oder elektrische Vakuumpumpen eingesetzt werden müssen. Bei Einsatz der EHB kann durch den fehlenden Vakuumbedarf dieses zusätzliche Bauteil entfallen.

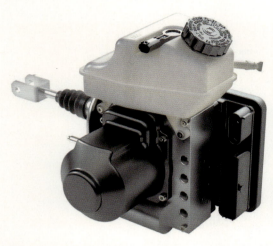

◘ Abb. 30.17 Compact- Bremssystem MK C1

◘ Abb. 30.18 Integrated Brake Control IBC (Quelle: Fa. TRW, Urheberrecht beim Autor)

Die Entkopplung des Bremspedals und einfache Ansteuerung der Bremse allein durch elektronische Signale ermöglicht auch eine optimale Kommunikation und Wechselwirkung mit anderen Fahrwerksregelsystemen und prädestiniert die EHB als optimales Stellglied für zukünftige Global Chassis Control (GCC)-Systeme [9]. Ebenso bietet sie sich als Bremssystem für regeneratives Bremsen insbesondere bei Hybridfahrzeugen an, bei denen das Bremsmoment soweit wie möglich vom Generator aufgebracht wird und die Reibungsbremse nur die Differenz zu der vom Fahrer gewünschten Bremswirkung aufbringen muss.

Durch die zunehmende Einführung der Assistenzfunktionen und die vergleichbar hohen Kosten der EHB-Systeme werden die entsprechenden Funktions- und Komfortanforderungen auch bei zukünftigen Hilfskraftbremssystemen erhöht.

30.2.3 Integrale Bremssysteme

Elektrohydraulische Bremsbetätigung MK C1 (Fa. Continental) Die in Entwicklung befindliche elektrohydraulische Bremsbetätigung (◘ Abb. 30.17) kann deutlich schneller als herkömmliche hydraulische Systeme Bremsdruck aufbauen und ist Motorvakuum-unabhängig [10]. Sie erfüllt die gestiegenen Druckdynamikanforderungen von neuen Fahrerassistenzsystemen zur Unfallvermeidung und Fußgängerschutz. Des Weiteren kann das System die Anforderungen auf hohem Komfortniveau erfüllen, die an ein rekuperatives Bremssystem gestellt werden. Die Funktionen von Bremsbetätigung, Bremskraftverstärkung und Regelsystem (ABS, ESC, ACC, …) werden in einem kompakten und gewichteinsparenden Bremsmodul zusammengefasst.

Multiplex Bremssystem – IBC (Fa. TRW) Eine sich derzeit noch im Entwicklungsstadium befindliche, alternative Bremssystemarchitektur basiert auf dem Prinzip eines Multiplexverfahrens, das auf die Versorgung der Radbremsen mit Druck bzw. Bremsflüssigkeit angewendet wird [12]. Im Gegensatz zum konventionellen System wird das Multiplex-System (siehe ◘ Abb. 30.18) generell von einer zentralen Motor-Hauptzylinder-Einheit mit Druck versorgt. Bei Bremsbetätigungen tritt der Fahrer lediglich in einen Pedalcharakteristiksimulator, wobei über geeignete Sensorik der Fahrerwunsch erfasst und mittels Motor-Hauptzylinder-Einheit in Druck umgesetzt wird. Für jede Radbremse steht nur ein Schaltventil zur Verfügung, welches sowohl für den Druckaufbau als auch -abbau genutzt wird. Eine radindividuelle Druckregelung erfolgt im Sinne des Multiplexings quasi sequenziell, indem hochdynamisch der radspezifisch benötigte Druck zunächst im Hauptzylinder erzeugt und dann via Schaltventil an die jeweilige(n) Radbremse(n) weitergeleitet wird. Real handelt es sich nicht um ein ausschließlich sequenzielles Verfahren, da während einer Radschlupfregelung sequenzielle und parallele Druckaufbau/Regelungsvorgänge überlagert werden.

Da der Fahrer im Nominalbetrieb über den erwähnten Pedalcharakteristiksimulator von der

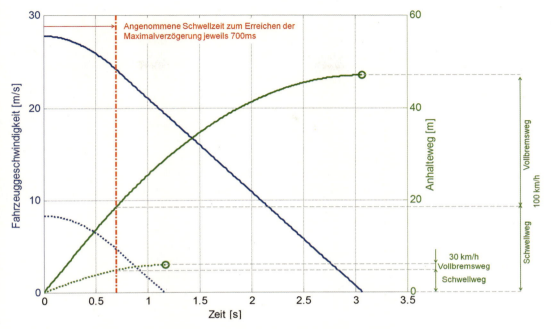

Abb. 30.19 Simulierte autonome Vollbremsungen aus 30 und 100 km/h bei identischer Schwellzeit

Radbremsenhydraulik entkoppelt ist, können insbesondere bei Hybrid- und Elektrofahrzeugen die Bremsmomente von Rad-/Reibungsbremse und Generator dynamisch kombiniert werden, ohne dass der Fahrer diese Regelungsvorgänge am Pedal wahrnimmt.

30.3 Dynamik hydraulischer Bremssysteme

Unter Dynamik einer Bremsanlage versteht man das zeitliche Antwortverhalten im Hinblick auf Fahrzeugverzögerung bei Einsteuerung einer Bremsung. Diese wird im Wesentlichen durch die Komponenten der installierten Bremsanlage, die dynamischen Achslasten, das Fahrwerk mit Federung und Dämpfung und die Bereifung bestimmt. Außerdem können Randbedingungen wie z. B. die Umgebungs- oder Komponententemperatur eine große Rolle spielen.

Für einige Fahrerassistenzsysteme, wie z. B. die automatische Notbremse (Emergency Brake Assist) ist diese Dynamik der Bremsanlage von großer Bedeutung. Die Leistungsfähigkeit eines solchen Assistenzsystems wird in den Spezifikationen und Testverfahren (siehe z. B. EuroNCAP-Verfahren ▶ Kap. 3) u. a. am Anhalteweg bewertet, nachdem das Fahrzeug mit einem definierten Hindernis im Fahrkorridor konfrontiert wurde. Der Bremsdruckaufbau soll bei gängigen Testverfahren zumeist automatisch über die Hydraulikpumpe der HECU (Hydraulic Electronic Control Unit) und ohne das Zutun des Fahrers erfolgen.

Gerade bei solchen automatischen Bremsungen aus niedrigen Geschwindigkeiten nimmt die Zeit (und somit der anteilige Anhalteweg) zwischen Objekterkennung und Erreichen der Maximalverzögerung einen relativ hohen Anteil ein, im Vergleich zum nachfolgenden, eingeschwungenen Vollbremszustand. Exemplarisch zeigt ◘ Abb. 30.19 das Verhalten mit einer „Standardbremsanlage" für Mittelklasse-Pkws. Bei Vollbremsungen aus höheren Geschwindigkeiten hingegen überwiegt der Zeitanteil des Vollbremszustands. Zudem sind die Zeitanteile zu Beginn der Bremsung besonders wertvoll im Sinne einer Anhaltewegreduktion, weil dort das Fahrzeug noch schnell ist. Es ist daher ein Ziel der Gesamtsystemauslegung, diese sogenannte Schwellzeit zu minimieren – auch vor dem Hinter-

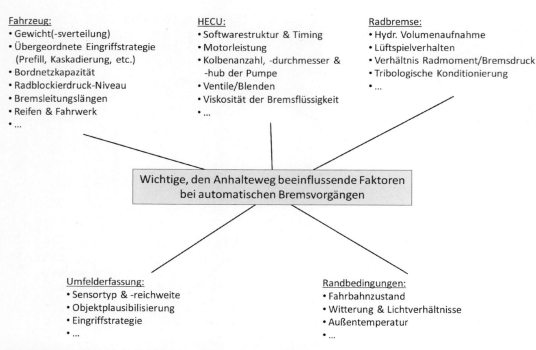

Abb. 30.20 Limitierende Einflussfaktoren auf eine autonom getriggerte Notbremsung

grund, dass ein Entwicklungsschwerpunkt derzeit auf der Kollisionsvermeidung im innerstädtischen Verkehr und somit bei eher niedrigen Fahrgeschwindigkeiten liegt.

Zusammenfassend sollte bei der Entwicklung solcher Assistenzsysteme stets das Gesamtsystem betrachtet werden, d. h. beginnend mit der sensorbasierten Umfelderfassung, über Signalauswertung (Objektanalyse und Treffen von Handlungsentscheidungen), über Ansteuerung und Druckaufbau der HECU bis hin zum Ansprech- und Übertragungsverhalten von Radbremse, Reifen und Fahrwerk. Gerade bei der Prädiktion der Systemleistung via Simulation sollten all diese Elemente berücksichtigt werden. Jedes dieser Subsysteme verursacht unweigerlich einen gewissen Zeitverzug in der Gesamtwirkkette, sei es z. B. durch Softwarelaufzeiten, Signal-/Kommandoübermittlung, mechanische oder hydraulische Masseträgheiten, Elastizitäten oder Dämpfungseffekte. Insgesamt können diese (auf den ersten Blick gering erscheinenden) Einzelbeiträge jedoch meist nicht vernachlässigt werden. Erschwerend kommen in der Gesamtsystembetrachtung noch die unvermeidlichen Parameterstreuungen hinzu, die sich produktionsbedingt oder aufgrund unterschiedlicher Betriebsrandbedingungen ergeben.

Nachfolgend soll nun der Betrachtungsfokus auf der hydraulischen Bremsanlage liegen: Innerhalb dieses Subsystems beginnt eine vom System veranlasste Bremsung üblicherweise mit einer Anfrage an die ESC-HECU, z. B. eine bestimmte Fahrzeugverzögerung einzuregeln (sogenannter „deceleration request"). Eine solche Anforderung erhält die HECU entweder direkt vom Steuergerät des Umfeldsensors oder indirekt über einen übergeordneten Gesamtfahrzeugregler, wobei die Kommunikation jeweils über Fahrzeugnetzwerke wie z. B. CAN oder FlexRay erfolgt. Im nächsten Schritt wird auf dem Steuergerät der HECU überprüft, inwieweit sich die Verzögerungsanfrage unter fahrdynamischen bzw. Stabilitätsgesichtspunkten umsetzen lässt. In dieses sogenannte Arbitrierungsverfahren gehen zusätzliche Informationen wie momentane Radschlupfzustände, Querbeschleunigung, Gierrate etc. ein, welche der HECU für andere Regelfunktionen ohnehin permanent zur Verfügung stehen. Der beschriebene Vorgang kann einige 10 ms in Anspruch nehmen. Fällt die Arbitrierung positiv aus, wird über die in das HECU-Steuergerät inte-

30.3 · Dynamik hydraulischer Bremssysteme

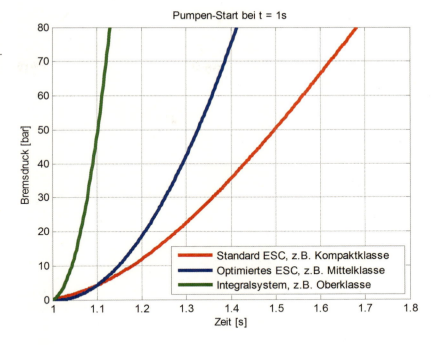

◘ **Abb. 30.21** Vergleich der Druckaufbaudynamik verschiedener HECUs unter jeweils Fahrzeugklassen-typischen Randbedingungen

grierte Leistungselektronik die hydraulische Pumpe aktiviert und Bremsdruck für die Radbremsen aufgebaut. Dabei kann das Radblockierdruckniveau je nach Systemdimensionierung und Umgebungsbedingungen bereits nach ca. 150 ms oder im ungünstigen Fall erst nach fast 1 s erreicht werden. Wichtige Einflussfaktoren auf dieses Dynamikverhalten sind in ◘ Abb. 30.20 dargestellt.

Der Hauptgrund für die breite Streuung beim Druckaufbauverhalten liegt in den unterschiedlichen HECU-Leistungsklassen, die sich heute am Markt finden lassen. Für unterschiedlichste Fahrzeugsegmente und -preisklassen sind z. T. maßgeschneiderte Lösungen verfügbar. Historisch betrachtet mussten HECUs früher entweder meist nur einzelne Räder mit einem hydraulischen Volumenstrom versorgen (z. B. bei ESC-Regelungseingriffen) oder sie wurden durch die Bremspedalbetätigung des Fahrers mit Druck aus dem Tandemhauptzylinder vorgeladen (z. B. beim hydraulischen Bremsassistenten). In beiden Fällen reichten früher geringere HECU-Pumpleistungen aus, um übliche Marktanforderungen zu erfüllen. Dagegen stellt automatisches Notbremsen über alle Räder eine sehr hohe Anforderung an das Leistungsvermögen der HECU dar. Dieses lässt sich meist nur durch leistungsstarke HECU-Modelle umsetzen und ist zudem durch die jeweils zulässige Bordnetzbelastung begrenzt.

Die Referenz für die Druckaufbaudynamik ist derzeit (noch) der Mensch: Geübte Fahrer können mittels Bremspedalbetätigung innerhalb von 150…200 ms Pkw-übliche Radblockierdrücke erreichen (ca. 80…100 bar unter Nominalbedingungen). Objekterkennung und Reaktionszeit des Menschen sind hierbei nicht enthalten. Eine vergleichbare Dynamik erreichen derzeit nur die schnellsten HECUs mit vollintegrierter Betätigungseinheit (siehe ▶ Abschn. 30.2.3, MK C1). Standard-HECUs sind zwar im Druckaufbau langsamer, wie aus ◘ Abb. 30.21 ersichtlich wird. Ein akzeptables Leistungsniveau kann jedoch durch sorgfältige Gesamtsystemoptimierung mit zielführender Ansteuerstrategie erreicht werden (z. B. steife Bremssättel, niedrige Blockierdrücke, Vorbefüllung der Bremsanlage bereits während der Objektplausibilisierung etc.). Umgekehrt ist ein womöglich überdimensioniertes Hydraulikaggregat nicht zielführend, wenn dessen hohe Druckaufbaudynamik in den Elastizitäten von Reifen und Fahrwerk verpufft.

Abschließend ist in ◘ Abb. 30.22 eine Beispielmessung (Mittelklasse-Limousine mit Sportfahr-

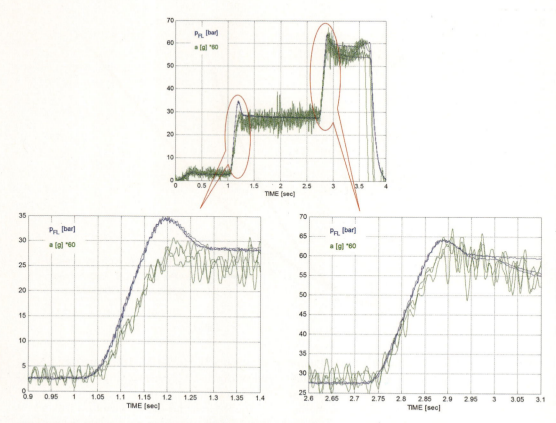

◘ Abb. 30.22 Beispielmessung eines schrittweisen, automatischen Bremsdruck- und Verzögerungsaufbaus

werk) für eine kaskadierte Ansteuerstrategie der Bremsanlage dargestellt: Nach einer anfänglichen Prefill-Phase wird der Bremsdruck erhöht, entsprechend einer Fahrzeugverzögerung von zunächst ca. 4 m/s². In der linken Bildhälfte ist deutlich der Zeitverzug zwischen Radbremsdruck und Verzögerung erkennbar, der hauptsächlich auf die Reaktionszeiten von Reifen und Fahrwerk zurückzuführen ist. Im weiteren Verlauf wird der Radbremsdruck abermals erhöht, entsprechend einer Verzögerung von ca. 8 m/s². Der Zeitverzug zwischen Druck und Verzögerung in der rechten Bildhälfte fällt dann geringer aus, da das komplette Fahrwerk bereits vorgespannt und eingefedert ist; zusätzlicher Bremsdruck wird dann fast unmittelbar in höhere Verzögerung umgesetzt.

Literatur

1. Breuer, B., Bill, K.H.: Bremsenhandbuch. Vieweg Verlag, Wiesbaden (2013)
2. Bosch Mediaservice Kraftfahrzeugtechnik, Presseinformation, 17.06.2013
3. Jonner, W.-D., Winner, H., Dreilich, L., Schunck, E.: Electrohydraulic Brake System – The First Approach to Brake-by-Wire Technology SAE, Bd. 1996-09-91. Society of Automotive Engineers SAE, Detroit (1996)
4. von Albrichsfeld, C., Bayer, R., Fritz, S., Jungbecker, J., Klein, A., Mutschler, R., Neumann, U., Rüffer, M., Schmittner, B.: Elektronisch regelbares Bremsbetätigungssystem, Patentschrift DE 198 05 244.8. Deutsches Patent- und Markenamt, München (1998)
5. Fennel, H., Gutwein, R., Kohl, A., Latarnik, M., Roll, G.: Das modulare Regler- und Regelkonzept beim ESP von ITT Automotive 7. Aachener Kolloquium Fahrzeug- und Motorentechnik. (1998)
6. Rieth, P.: Technologie im Wandel X-by-Wire IIR Konferenz Neue Elektronikkonzepte in der Automobilindustrie, Stuttgart, 13.–14.4.1999. (1999)

Literatur

7. Stölzl, S., Schmidt, R., Kling, W., Sticher, T., Fachinger, G., Klein, A., Giers, B., Fennel, H.: Das Elektro-Hydraulische Bremssystem von Continental Teves – eine neue Herausforderung für die System- und Methodenentwicklung in der Serie VDI-Tagung Elektronik im Kraftfahrzeug, Baden-Baden. (2000)
8. von Albrichsfeld, C., Eckert, A.: EHB als technologischer Motor für die Weiterentwicklung der hydraulischen Bremse HdT-Tagung Fahrzeug- und Verkehrstechnik. (2003)
9. Rieth, P., Eckert, A., Drumm, S.: Global Chassis Control – Das Chassis im Reglerverbund HdT-Tagung Fahrwerktechnik, Osnabrück, 28.5.–30.5.2001. (2001)
10. Feigel, H.-J.: Integriertes Bremssystem ohne funktionale Kompromisse. ATZ – Automobiltechnische Zeitschrift 07-08, 612–617 (2012)
11. Leiber, T.: Das ABS von morgen. Automobil-Elektronik, Ausgabe 10/2010, S. 38–39 (2010)
12. Vollmer, A.: Powertrain, Bremsen und Sensoren, Eine kleine Vorschau auf Highlights der IAA, AUTOMOBIL ELEKTRONIK 04/2013, S. 40ff

Elektromechanische Bremssysteme

Bernward Bayer, Axel Büse, Paul Linhoff, Bernd Piller, Peter Rieth, Stefan Schmitt, Bernhard Schmittner, Jürgen Völkel

31.1 Das EHCB–System (Electric Hydraulic Combined Brake, Hybrid-Bremssystem) – 580

31.2 Die Elektrische Parkbremse (EPB) – 582

31.3 Fazit – 589

Literatur – 589

31.1 Das EHCB–System (Electric Hydraulic Combined Brake, Hybrid-Bremssystem)

Das EHCB-System stellt eine Kombination dar aus einer hydraulischen Hilfskraftbremse an der Vorderachse und einer elektromechanischen (Fremdkraft-)Bremse an der Hinterachse. Die Feststellbremse ist in den Hinterachsaktoren voll integriert (elektrische Parkbremse, EPB).

31.1.1 Motivation

Der Einsatz einer elektromechanischen Bremse (EMB) an der Hinterachse eines Fahrzeugs erfordert aufgrund der notwendigen Spannkraft und der notwendigen Dynamik im Gegensatz zur Vorderachse deutlich geringere elektrische Leistungen, die sich aus dem herkömmlichen 12/14-Volt-Bordnetz darstellen lassen. Viele Vorteile eines voll-by-Wire Bremssystems wie die integrierte Parkbremse, eine variierbare Bremskraftverteilung vorne/hinten und damit die Applikation per Software lassen sich bereits mit dem EHCB-System darstellen. Für „Fremdanforderungen" z. B. aus Fahrerassistenzsystemen bietet das System verbesserte Performance und Komfort im Vergleich zu herkömmlichen Systemen. Im Falle von Bremsrekuperation bei Elektrofahrzeugen durch einen Elektromotor bzw. Generator kann das Bremsblending achs- oder radindividuell an der Hinterachse gestaltet werden.

Dazu kommt eine Reihe von weiteren Vorteilen für den Fahrzeughersteller: Da nur die Vorderachse hydraulisch betätigt wird, reduziert sich die Baugröße der Betätigungseinrichtung (Unterdruck-Bremskraftverstärker) und erlaubt einen deutlich größeren Auslegungsspielraum bezüglich optimierter Pedalkennung. Durch die frei und unabhängig zu der hydraulischen Vorderachsbremse betätigte elektromechanische Hinterachsbremse lässt sich das Ansprechverhalten der Bremse insgesamt besser und adaptierbar gestalten. Die „trockene" Bremse an der Hinterachse lässt nicht nur hydraulische Bremsleitungen und -schläuche nach hinten entfallen, sie erlaubt auch bei der Achsmontage die Darstellung von komplett geprüften Modulen mit einfachen Schnittstellen.

31.1.2 Systemarchitektur und Komponenten

Das EHCB-System [1,2] besteht aus einer hydraulischen Betätigungseinrichtung, die die Vorderachse mit den bekannten hydraulischen Bremssätteln mit Druck versorgt. Die Ausführung kann sowohl ein- als auch zweikreisig sein. Die Hydraulik-Anlage ist für die Regelung nur einer Achse angepasst. Die Erfassung des Fahrerwunsches geschieht mit Sensoren am Pedal und in der zentralen HECU (Hydraulic Electronic Control Unit). Die beiden hinteren elektromechanischen Aktoren (Bremssättel) komplettieren die Bremsanlage (siehe ◘ Abb. 31.1). Die Sensorik für die Fahrdynamikregelung (Raddrehzahlen, Lenkwinkel, Gierrate, Beschleunigungen) bleibt unverändert. Ein Taster zur Betätigung der elektrischen Parkbremse vervollständigt die Anlage.

Die Elektronik des hydraulischen Fahrdynamikregelsystems übernimmt wie bisher die Radschlupfregelung. Das Management der Normalbremsfunktion (Grundbremsfunktion) erfolgt ebenfalls in dieser HECU. Auch die eventuell von extern kommenden Fahrerassistenz-Bremsanforderungen wie z. B. bei der adaptiven Geschwindigkeitsregelung werden in diesem Steuergerät erfasst. Daneben wird hier in der HECU auch der Fahrerwunsch ermittelt und entsprechend der Fahr- und Lastbedingungen die optimale Bremskraft als Anforderung an die Hinterachse über eine Busverbindung (z. B. CAN) geschickt. Aufgrund des hohen Verfügbarkeitsanspruchs der Grundbremsfunktion sind verschiedene Redundanzen vorgesehen, beispielsweise eine Ringstruktur für die sensible Signalübertragung zu den Aktoren der Hinterachse.

In der Fahrzeugausrüstung ergibt dies zunächst keine wesentlichen Änderungen (siehe ◘ Abb. 31.2). Das grundsätzliche Packaging bleibt unverändert.

31.1.3 Regelfunktionen

Die heute bekannten Regelfunktionen bleiben vollständig erhalten [3]. Hinzu kommen Ergänzungen und neue Funktionen:

Die Grundbremse wird um eine situationsangepasste Bremskraftverteilung erweitert. Damit kann die ideale Bremskraftverteilung realisiert werden,

31.1 · Das EHCB–System (Electric Hydraulic Combined Brake, Hybrid-Bremssystem)

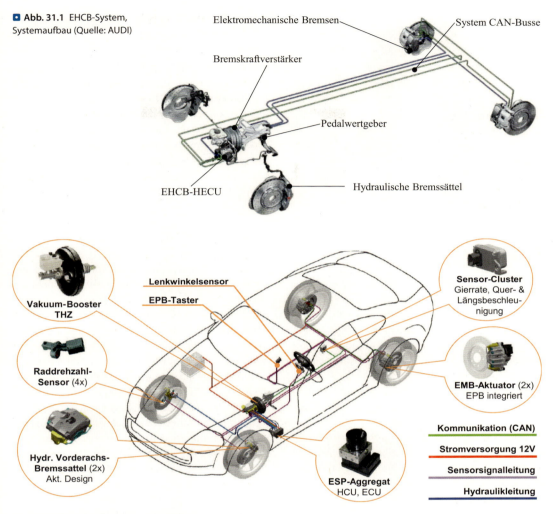

◘ Abb. 31.1 EHCB-System, Systemaufbau (Quelle: AUDI)

◘ Abb. 31.2 EHCB-System, Komponenten

und es können Beladungs- und Fahrzustände berücksichtigt werden. Fahrzeuge, die aus Komfortgründen eine weiche Aufhängung zwischen Aufbau und Achse haben, neigen bei Bremsungen bis zum Stillstand zu unkomfortablen Aufbaulängsschwingungen. Diese lassen sich durch temporäre Reduzierung der Bremskraft an einer Achse nahezu vollständig vermeiden („Soft-Stop, Ruckverhinderer"). Dies lässt sich mit EHCB so darstellen, dass der Fahrer im Pedal nichts von dem Eingriff spürt. Radschlupfregelfunktionen werden teilweise durch die Möglichkeit optimiert, die Bremskraft an der Hinterachse über die Fahrervorgabe anzuheben. Daneben führt die Reduktion der Hydraulik auf die Vorderachse zu einer Verbesserung des Pedalkomforts. Die Integration der Parkbremse erlaubt neue Regelkonzepte unter vollständiger Einbeziehung von Betriebs- und Parkbremsfunktionen mit hochdynamischen, komfortablen Übergängen. Das resultierende Stillstandsmanagement (siehe ▶ Abschn. 31.2.6) erlaubt dem Fahrzeughersteller ein nahezu frei wählbares bzw. automatisiertes Bedienkonzept. Der zunehmenden Forderung nach externen Ansteuerungen durch Fahrerassistenzsysteme kann das System vor allem im Bereich der Komfortbremsungen (bis ca. 0,3 g) entsprechen. Hier lässt sich allein durch die Ansteuerung der Hinterachse bereits eine optimal regelbare Bremsung darstellen.

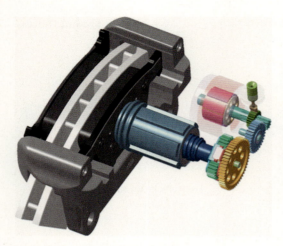

● Abb. 31.3 EHCB-System, Aktuatorik

Der Fahrer bemerkt dabei am Bremspedal keine Implikationen.

Gerade bei Antriebsschlupfregelung an der Hinterachse ist eine enorme Komfortsteigerung zu erzielen, da die Regeleingriffe feinfühliger erfolgen können und akustisch nicht mehr wahrnehmbar sind.

Für Fahrzeuge mit (teil-)elektrischem Antrieb (Hybrid-, Elektrofahrzeuge), der auf die Hinterachse wirkt, eröffnet das EHCB-System optimale Möglichkeiten, rekuperativ durch entsprechendes Blending – Wegnahme von Reibungsbremskraft zugunsten von generatorischer Bremsung – Energie in die Traktionsbatterien zurückzuspeisen.

31.1.4 Hinterachs-Aktor

Für den Hinterachseinsatz in einem EHCB-System wird auf einen vollständig elektromechanischen „trockenen" Hinterachssattel ohne Bremsflüssigkeit in Schwimmsattelbauart (Faustsattel) mit Elektromotor, Reduktionsgetriebe und Spindel/Mutter-Trieb zurückgegriffen [4] (siehe ● Abb. 31.3 und ● Abb. 31.4). Hier steht neben der Integration der Parkbremse eine kostenoptimierte Konstruktion mit ausreichender Dynamik im Vordergrund. Die elektrische Versorgung ist derzeit auf 12/14 Volt ausgelegt.

31.2 Die Elektrische Parkbremse (EPB)

Um den steigenden Anforderungen an Betriebssicherheit, Komfort für den Fahrer und Vernetzung im Fahrzeug gerecht zu werden, wird zunehmend die elektromechanische Parkbremse anstelle der fahrerbetätigten mechanischen Feststellbremse eingesetzt. Entsprechend der umfangreichen Anforderungen und unterschiedlichen Fahrzeugkonzepte sind zahlreiche Ausführungsvarianten entwickelt worden.

31.2.1 Motivation

Wesentlich ist eine einfache, komfortable, geräuscharme und betriebssichere Parkbremsfunktionalität. Die Verknüpfung mit weiteren Fahrzeugsystemen und Sensorinformationen bietet dem Fahrer im Sinne von Fahrerassistenz Komfort durch Unterstützung bei komplexen Fahrsituationen (z. B. Anfahren am Hang) und Automatikfunktionen (z. B. automatisches Spannen beim Verlassen des Fahrzeuges). Durch den Entfall des Handhebels oder Pedals – und Ersatz durch Taster – der fahrerbetätigten mechanischen Systeme ergeben sich Gestaltungsfreiräume im Fahrzeuginnenraum und eine Verbesserung der passiven Sicherheit. Die Option einer externen Ansteuerung ermöglicht ein sicheres Feststellen des Fahrzeuges im Stillstand ohne Eingriff durch den Fahrer – eine Grundlage für die Sicherheitskonzepte vieler Assistenzsysteme.

Unterstützt wird die Nutzung dieser Potentiale durch die zunehmende Reduzierung der Systemkosten aufgrund der Entwicklungsfortschritte bei der Integration des Steuergerätes und der Aktorik.

31.2.2 System und Komponenten

Elektromechanische Parkbremssysteme bestehen aus Bedien- und Anzeigeeinrichtungen, Steuergerät mit zugehöriger Software sowie der Aktorik. Bei den Bedien- und Anzeigeelementen haben sich zusätzlich zur gesetzlich vorgeschriebenen Mindestausstattung fahrzeugherstellerspezifische Elemente etabliert, die Komfortfunktionen zuschalten oder

31.2 • Die Elektrische Parkbremse (EPB)

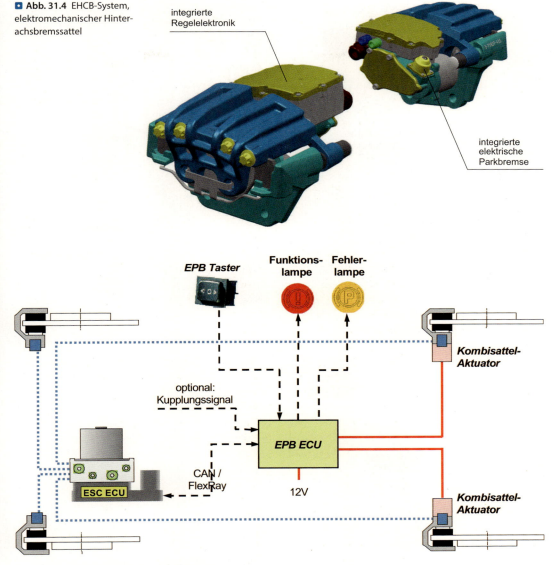

◻ **Abb. 31.4** EHCB-System, elektromechanischer Hinterachsbremssattel

◻ **Abb. 31.5** Systemlayout mit Stand-Alone ECU

den Fahrer durch Ton- bzw. Textmeldungen über die Systemfunktionen und -zustände informieren.

31.2.3 Systemarchitektur

Das Steuergerät mit zugehöriger Software wurde zunächst als eigenständiges Stand-Alone Steuergerät dargestellt (siehe ◻ Abb. 31.5).

Ein erster Integrationsansatz war der Verbau der Platine in das Gehäuse eines Zentralaktors (Kabelzieher, siehe ◻ Abb. 31.6).

Die funktionale Verbindung mit dem ESC (Electronic Stabilty Control, Fahrdynamikregelung) und die gemeinsame Nutzung von Fahrzeugschnittstellen legt eine Integration des EPB Steuergerätes in das ESC Steuergerät der HECU nahe. Diese Ausführung ist 2012 erstmals in Serie gegan-

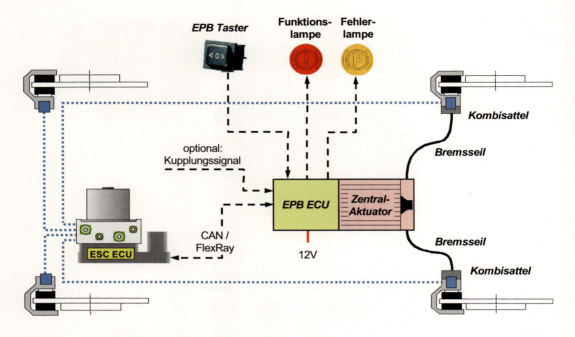

 Abb. 31.6 Systemlayout mit Zentralaktuator

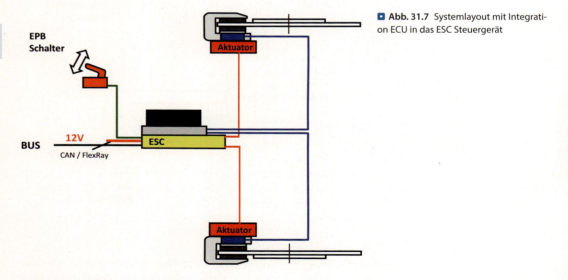

 Abb. 31.7 Systemlayout mit Integration ECU in das ESC Steuergerät

gen und hat seither deutlich an Bedeutung gewonnen (siehe Abb. 31.7). Eine Herausforderung an das System stellt dabei die Länge der elektrischen Anschlussleitung zwischen Steuergerät und Aktoren dar. Speziell bei hohen Leitungstemperaturen und/oder hohen Übergangswiderständen ist der übertragbare Strom limitiert und erfordert Aktoren mit ausreichend hohem Wandlungsgrad von Strom zu Spannkraft.

Im ersten Schritt wurden die Elektronik-Hardware und die Software der ESC/EPB-Lieferanten in Produktkombinationen des selben Herstellers integriert. Für die zweite Generation der Integration kam die Forderung nach einer standardisierten Schnitt-

31.2 · Die Elektrische Parkbremse (EPB)

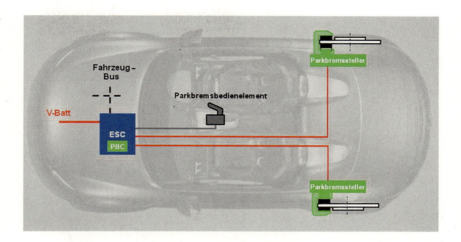

■ **Abb. 31.8** Systemlayout mit offener Schnittstelle

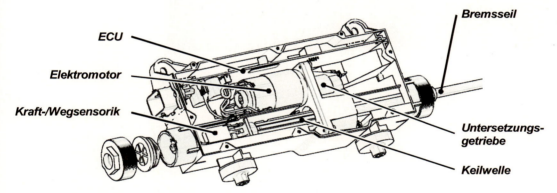

■ **Abb. 31.9** Zentralaktuator, hier als Einseilzieher ausgeführt

stelle auf (siehe ■ Abb. 31.8). Ein solcher Standard erlaubt die Kombination von EPB und ESC von unterschiedlichen Lieferanten – eine Voraussetzung für die Akzeptanz der Integration seitens der Fahrzeughersteller. Dieser Standard wurde von Mitgliedern des VDA (Verband der Automobilindustrie) erarbeitet und mit der Empfehlung 305–100 veröffentlicht. In dieser Empfehlung sind sowohl die technischen Randbedingungen der Schnittstelle wie auch die Zuständigkeiten für eine Umsetzung beschrieben.

31.2.4 Aktorik

Die Aktorik einer elektromechanischen Parkbremse besteht grundsätzlich aus Elektromotor, Getriebe(n) und Übertragungseinrichtung. Je nach Ausführung können zusätzlich auch Sensoren verbaut sein.

31.2.4.1 Zentralaktor

Zentralaktoren wurden zu Beginn der Markteinführung der elektromechanischen Parkbremse favorisiert. Ein Aktor, der an einem oder zwei Seilen zieht, erlaubt eine Substitution der bisherigen Bremsbetätigungseinrichtung ohne Änderungen an der Radbremse – eine Erleichterung vor allem beim Verbau in bereits bestehende Fahrzeugarchitekturen. Die Kernelemente des Zentralaktors sind Elektromotor, Getriebe, Spindel/Mutter mit Seilanschluss als Übertragungseinrichtung sowie eine Kraft/Weg-Sensorik. Das Steuergerät ist in das Gehäuse des Zentralaktors integriert (siehe ■ Abb. 31.6 und ■ Abb. 31.9). Dem Vorteil einer geschlossenen Baueinheit mit Aktor und Steuergerät stehen hierbei die komplexen Anforderungen an das Gehäuse und die Elektronik gegenüber.

■ Abb. 31.10 Festsattel (Betriebsbremse) plus Schwimmsattel (Feststellbremse) (Quelle: Brembo)

31.2.4.2 Radbremsaktor

Eine Kombination von Radbremse und EPB Aktor kann entweder als integrierte Ausführung – d. h. der Aktor wird in die Radbremse verbaut – oder als separate Einheit dargestellt werden.

Die separate Anordnung wird hauptsächlich bei der Verwendung von Festsätteln an der Hinterachse eingesetzt. Dabei wird entweder eine Ausführung mit zusätzlichem kleinen, elektrisch betätigtem Schwimmsattel verwendet (siehe ■ Abb. 31.10). Eine Alternative besteht darin, in die Nabe der Bremsscheibe eine DuoServo Trommelbremse als „Topf" einzufügen und diese im Sinne einer Feststellbremse elektrisch zu aktivieren (siehe ■ Abb. 31.11).

Eine Integration des Aktors in die hydraulische Betriebsbremse wird sowohl bei Sätteln der Schwimm- oder Faustsattelscheibenbremse wie auch bei Trommelbremsen (ähnlich ■ Abb. 31.11) eingesetzt. Die größte Verbreitung hat der sattelintegrierte Aktor gefunden (Kombisattel, siehe ■ Abb. 31.12). Dabei wird üblicherweise ein Antriebsmodul mit einem Kunststoffgehäuse, in dem Motor und Reduktionsgetriebe verbaut sind, am Sattelgehäuse angebracht. Hierbei kommen im wesentlichen Stirnradgetriebe, Planetengetriebe, Schneckengetriebe und Riementriebe zum Einsatz. Im Sattelgehäuse befindet sich eine Spindel/Mutter-Anordnung zur Umsetzung von Rotation in Translation. Dieser Antrieb kann als Reibspindel oder Kugelgewindetrieb ausgeführt sein.

31.2.5 Schnittstellen des Steuergeräts

Das elektronische Steuergerät benötigt mindestens folgende Informationen: die Raddrehzahlen, die Fahrzeuggeschwindigkeit und Statusinformationen wie z. B. Zündung. Es ist verbunden mittels:

– Einer Schnittstelle zum Bedienelement. Hier kommen sowohl analoge wie auch digitale Varianten des Bedienelements mit einfacher oder mehrfacher Redundanz zum Einsatz.
– Schnittstelle(n) zu Anzeigeeinrichtung(en). Neben den gesetzlich vorgeschriebenen Warnlampen sind optional Tonsignale und Textbotschaften in fahrzeugspezifischer Ausprägung üblich.
– Schnittstelle(n) zum Fahrzeug-Bus-System. Diese Anbindung erfolgt über einen oder zwei High-Speed-CAN und/oder über FlexRay. Die Konfiguration des Kommunikationsprotokolls erfolgt wieder fahrzeugspezifisch.
– Schnittstelle zu Fahrzeug-Diagnose-Systemen (optional)
– Schnittstelle zur Energieversorgung des Fahrzeuges

31.2 · Die Elektrische Parkbremse (EPB)

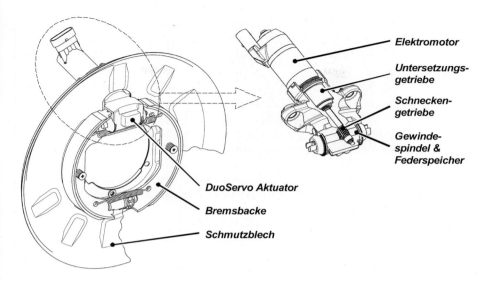

Abb. 31.11 Aktuator für DuoServo Topffeststellbremse

Abb. 31.12 Baugruppen des kombisattelintegrierten Aktuators

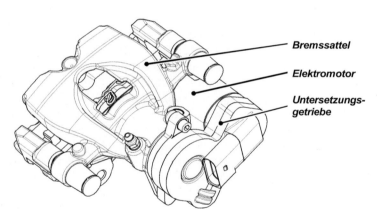

- Schnittstelle zum Elektromotor des Aktors
- Je nach Technologie des Aktors und Funktionsanforderungen mit Eingängen für Sensorik
- Optional mit Ein/Ausgängen für Schaltelemente zur Funktionskonfiguration

Bei einer Integration der EPB ECU in das ESC Steuergerät der HECU entfällt ein Großteil dieser Schnittstellen, da die Informationen entweder beim ESC bereits vorhanden sind oder steuergeräteintern dargestellt werden. Die damit verbundene Bauteilreduzierung stellt in Verbindung mit dem Entfall eines Gehäuses eine Kostenreduzierung dar, die zur schnellen Verbreitung dieser Ausführungsart gesorgt hat.

31.2.6 Funktionen

Als Grundfunktion stellt die EPB entsprechend dem mechanischen Vorgänger einen Feststellmechanismus aufgrund eines Fahrerwunsches zur Verfügung. Darüber hinaus gibt es zahlreiche Fahrerassistenzfunktionen, die durch die elektrische Ansteuerung einer EPB ermöglicht werden (Drive off Assist, Drive Away Release, Stillstandsmanagement, Hill Holder, Rückrollverhinderer am Berg).

31.2.6.1 Sicheres Halten

Die Parkbremsfunktionalität ist zunächst durch Schließen und Lösen der Parkbremse beschrieben.

Beim Schließen wird eine Spannkraft/Spreizkraft erzeugt, die den Stillstand des Fahrzeuges unter allen Betriebszuständen gewährleistet. Ein reduziertes Spannkraft/Spreizkraftniveau kann optional für Komfortfunktionen eingestellt werden.

Beim Lösen wird der Aktor soweit verfahren, dass die Spannkraft vollständig abgebaut wird und ein ausreichend großer Lüftweg eingestellt ist.

Auch wenn diese Kernfunktion der Parkbremse einfach beschreibbar ist – um deren Wirkung unter allen Betriebszuständen sicherzustellen, bedarf es komplexer Funktionen unter Einbeziehung von Fahrzeugsignalen. So werden automatisierte Nachspannvorgänge aus einer Wegrollüberwachung des Fahrzeuges oder aus einem abkühlungsbedingten Schrumpfen der Bauteile zeitgesteuert ausgelöst.

31.2.6.2 Komfortfunktionen

Die Möglichkeit, die Parkbremse fahrerunabhängig anzusteuern, wird in Komfortfunktionen genutzt. Diese Komfortfunktionen können in die Hauptgruppen Halte- und Anfahrunterstützung sowie automatische Betätigung unterteilt werden.

Das komfortable Anfahren, sei es aus der gespannten Parkbremse nach dem Motorstart oder nach dem Halten am Hang, erlaubt dem Fahrer einen einfachen Umgang mit diesen Fahrsituationen. Je nach Fahrzeughersteller gibt es unterschiedliche Ausprägungen dieser Funktionsgruppe mit teilweise per Schalter aktivierbaren Haltefunktionen. Dabei wird die Haltefunktion bei laufendem Motor zunächst mit einem aktiven Druckaufbau (z. B. über das ESC-System) in der hydraulischen Betriebsbremse dargestellt und dann situationsabhängig automatisch auf die eigentliche EPB gewechselt. Beim Absterben des Verbrennungsmotors während des Anfahrens am Hang wird die eigentliche EPB direkt angesteuert.

Automatikfunktionen werden eingesetzt, um das Fahrzeug in eine gesicherte Halteposition zu bringen, z. B. nach Abschalten des Motors, bei Einlegen der Parksperre von Automatikgetrieben, nach Abziehen des Zündschlüssels und/oder nach Verlassen des Fahrzeuges.

31.2.6.3 Externe Ansteuerung

Eine externe Ansteuerung der Parkbremse ist durch eine Software-Schnittstelle einfach darstellbar. Diese Option wird von zahlreichen Assistenzsystemen genutzt (z. B. Abstandsregelung mit Haltefunktion). Teilweise ist die Einbindung der Parkbremse zwingend erforderlich, um das Sicherheitskonzept der Assistenzsysteme darzustellen.

Eine externe Ansteuerung der EPB wurde auch für den Entfall von Getriebesperre, Lenkradschloss und als Unterstützung der Wegfahrsperre untersucht, bisher aber noch nicht in Serie eingeführt.

31.2.6.4 Notbremse

Die gesetzlich vorgeschriebene Funktion, mit Hilfe der Feststellbremse (bzw. deren Betätigungseinrichtung) das fahrende Fahrzeug bei Ausfall der Betriebsbremsbetätigung auch dynamisch zu verzögern, wird auch bei Verwendung einer elektromechanischen Parkbremse überwiegend durch eine Ansteuerung des ESC mit aktivem hydraulischen Druckaufbau in der Betriebsbremse an allen vier Rädern und bei Bedarf unterlagerter Schlupfregelung dargestellt, also in der Regel nicht mittels der EPB. Im Vergleich zu einer fahrerbetätigten mechanischen Parkbremse wird damit eine erheblich höhere Bremsleistung bei gewährleisteter Fahrzeugstabilität erzielt – ein deutlicher Zugewinn an Sicherheit. Allerdings bedingt dies eine Ausstattung des Fahrzeuges mit einem ESC-System zur Darstellung des aktiven Druckaufbaus.

Eine weitere Form der Hilfsbremse kann durch eine reine Hinterachsbremsung über den EPB-Aktor dargestellt werden. Hier lässt sich ebenfalls eine Schlupfregelung realisieren. Diese Funktion wird u. a. bei Fahrzeugen mit ABS (ohne ESC) eingesetzt, sowie als zusätzliche Rückfallebene bei Fahrzeugen mit ESC.

31.2.6.5 Systemüberwachung

Überwachungsfunktionen laufen permanent im Hintergrund und führen bei Detektion von Funktionseinschränkungen oder Nichtverfügbarkeit zu definierten Maßnahmen wie Funktionsdegradationen, Fehleranzeige und Einträge in den Fehlerspeicher. Die Diagnosefunktionen erlauben Einstellungen während der Fahrzeugproduktion, das Auslesen des Fehlerspeichers und das Flashen bei Steuergeräten mit schreibfähigen EPROMs.

31.2.6.6 Service- und Sonderfunktionen

Für Montage- oder Reparaturarbeiten wie z. B. Bremsbelagwechsel ist ein Verfahren des Aktors in die hintere Endposition möglich. Diese Funktion wird üblicherweise über ein Service- oder Diagnosetool aktiviert.

Bei einer Bremsenprüfung mittels eines Prüfstandes steht die Vorderachse auf festem Boden, während die Hinterachse von einer Rolle gedreht wird. Da dies keinem üblichen Fahrzustand entspricht, würde die EPB hier einen Fehler erkennen (stehende Vorderräder, drehende Hinterräder). Um dennoch eine Prüfung auf dem Rollenprüfstand zu ermöglichen, ist hierfür eine spezielle Funktion implementiert, die diesen Zustand automatisch erkennt und eine Ansteuerung der EPB zulässt.

31.3 Fazit

Nach langer Dominanz von Hydraulik und Mechanik sowohl bei der Grundbremse als auch der Feststellbremse existieren seit einigen Jahren elektromechanische Lösungen für beide Funktionen. Unter Beibehaltung der Reibungs-Radbremsen (Scheibe, Trommel) sind nunmehr bei den Feststellbremsen Ausführungen mit elektrischer Aktorik im Serieneinsatz (EPB).

Der Serieneinführung rein elektromechanischer Grundbremssysteme (EMB) stehen derzeit noch Kostengründe sowie die fehlende volle Redundanz im Pkw-Bordnetz im Wege. Allerdings ist die mögliche serienreife Darstellung eines Hybrid-Bremssystems (EHCB) weit fortgeschritten und könnte als Einstieg – zusammen mit einer integrierten EPB-Funktion – in gänzlich „trockene", mechatronische Bremssysteme dienen.

Literatur

[1] Strutz, T.; Münchhoff, J.; Rahn, S.; Schuster, A.: Brake by Wire Anwendung am Beispiel des Audi R8 e-tron. Veranstaltungsunterlagen EuroBrake 2013, Desden, 2013

[2] Stemmer, M.; Münchhoff, J.; Schuster, A.: Audi R8 e-tron: Pilotumsetzung und Potentialstudie des innovativen elektromechanischen Bremssystems EHCB. Veranstaltungsunterlagen 2. VDI-Fachkonferenz Innovative Bremstechnik, VDI Wissensforum GmbH, Stuttgart, 2012

[3] Schmittner, B.: Das Hybrid-Bremssystem – die Integration von ESP, EMB und EPB. Veranstaltungsunterlagen Autotec 2003, IIR Deutschland GmbH, Baden-Baden, 2003

[4] Schmittner, B.: Das Hybrid-Bremssystem – die Markteinführung der elektromechanischen Bremse EMB. Veranstaltungsunterlagen Bremstech Konferenz, TÜV Automotive GmbH/TÜV Akademie/TÜV Süd Gruppe, München, 2004

KURVENZÄHLERIN

Unsere Lenktechnologie können Sie zwar nicht sehen, aber fühlen.
Wir sorgen dafür, dass Sie beim Autofahren eins mit der Straße werden – Kilometer für Kilometer, Fahrt für Fahrt, Kurve für Kurve. Bosch Automotive Steering – Faszination Lenken.
www.bosch-automotive-steering.com

BOSCH
Technik fürs Leben

Lenkstellsysteme

Gerd Reimann, Peter Brenner, Hendrik Büring

32.1 Allgemeine Anforderungen an Lenksysteme – 592

32.2 Basislösungen der Lenkunterstützung – 592

32.3 Lösungen zur Überlagerung von Momenten – 599

32.4 Lösungen zur Überlagerung von Winkeln – 603

32.5 Steer-by-Wire-Lenksystem und Einzelradlenkung – 611

32.6 Hinterachslenksysteme – 614

Literatur – 617

32.1 Allgemeine Anforderungen an Lenksysteme

Die Lenkung setzt die vom Fahrer am Lenkrad aufgebrachte Drehbewegung in eine Lenkwinkeländerung der gelenkten Räder um. Gleichzeitig hat sie die Aufgabe, den Fahrer anhand der haptischen Rückmeldung über die aktuelle Fahrsituation und die Fahrbahnbeschaffenheit zu informieren. Somit trägt das Lenksystem entscheidend zu einem komfortablen und sicheren Führen des Fahrzeugs bei. Die wesentlichen Merkmale dabei sind:

- Die Lenkung soll eine dem Fahrzustand angepasste, möglichst geringe Betätigungskraft aufweisen. Insbesondere die Forderung nach einer geringen Betätigungskraft bei stehendem und langsam rollendem Fahrzeug hat dazu geführt, dass mittlerweile nahezu alle Fahrzeuge mit einer Hilfskraftlenkung ausgestattet sind. Gleichzeitig jedoch muss bei der Erfüllung dieser Forderung darauf geachtet werden, dass die geringen Betätigungskräfte bei schneller Fahrt nicht zu einem Verlust der haptischen Rückmeldung von der Fahrbahn und damit zu einem unsicheren und instabilen Geradeauslauf führen.
- Die Anzahl der Lenkradumdrehungen von Lenkanschlag zu Lenkanschlag soll möglichst gering sein, gleichzeitig ist es jedoch erforderlich, bei höheren Fahrzeuggeschwindigkeiten durch eine nicht zu direkte Lenkübersetzung die Geradeauslaufstabilität des Fahrzeugs zu unterstützen.
- Die Übertragung des Lenkradwinkels bis zum Radeinschlagswinkel muss absolut präzise und spielfrei erfolgen.
- Die Räder müssen, sobald das Fahrzeug fährt, bei losgelassenem Lenkrad von selbst in die Geradeauslaufstellung zurückstellen. Dies gilt sowohl beim Ausfahren aus Kurven als auch bei kleinsten Lenkbewegungen auf geraden Strecken wie zum Beispiel bei einer Autobahnfahrt.
- Rückmeldungen und Stöße bezüglich des Fahrzustands und der Fahrbahnbeschaffenheit müssen vom Fahrer bemerkt werden können, jedoch sollen diese soweit gedämpft sein, dass sich keine Überforderung und Übermüdung des Fahrers einstellt.

Die gesetzlichen Forderungen bezüglich der Lenkanlagen in Kraftfahrzeugen regeln vor allem die höchstzulässige Betätigungskraft und Betätigungsdauer bei einem intakten und fehlerbehafteten Lenksystem und sind in der europäischen Richtlinie 70/311/EWG beschrieben.

32.2 Basislösungen der Lenkunterstützung

Die Anforderungen bezüglich Komfort und Sicherheit haben dazu geführt, dass mittlerweile in allen Fahrzeugklassen Hilfskraftlenkanlagen zum Einsatz kommen. Bis vor einigen Jahren waren dies vor allem hydraulische Systeme. Die Weiterentwicklung der Elektrik und Elektronik sowie zusätzliche Forderungen, wie zum Beispiel zur Energieeinsparung, haben dazu geführt, dass mehr und mehr elektrisch unterstützte Lenksysteme, beginnend in Kleinwagen über Fahrzeuge der Kompakt- und Mittelklasse bis hin zur Luxusklasse zum Einsatz kommen.

32.2.1 Die hydraulische Hilfskraftlenkung (HPS)

Die konventionelle hydraulisch unterstützte Hilfskraftlenkung besteht aus dem Lenkgetriebe mit integriertem Lenkventil und hydraulischem Zylinder, einer Lenkhilfepumpe, einem Ölbehälter und den diese Komponenten verbindenden Schlauch- und Rohrleitungen, vgl. ◘ Abb. 32.1.

Die direkt vom Verbrennungsmotor angetriebene Lenkhilfepumpe ist dabei so ausgelegt, dass diese bei der Leerlaufdrehzahl des Verbrennungsmotors bereits ausreichend Öldruck und Ölmenge bereitstellt. Da diese Auslegung bei hohen Drehzahlen, wie z. B. beim Fahren auf der Autobahn, zu Überschuss an Fördermenge führen würde, ist ein Ventil zur Ölstromregelung integriert. Zum Schutz vor Überlastung, beispielsweise beim Lenken gegen den Endanschlag, ist ein Druckbegrenzungsventil eingebaut.

Die Verbindung von der Lenkhilfepumpe zum Lenkgetriebe erfolgt über Rohr- bzw. Schlauchleitungen. Die eingesetzten Dehnschläuche sind in der Lage, von der Lenkhilfepumpe und von Fahrbahnstößen verursachte Druckspitzen abzufangen. Wei-

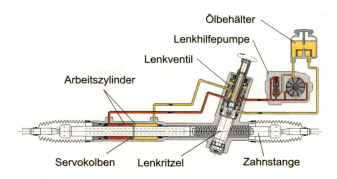

Abb. 32.1 Systemkonzept einer hydraulischen Zahnstangenservolenkung

terhin stellen sie Regelstabilität des hydraulischen Kreises sicher.

Wurden früher bei den hydraulischen Pkw-Lenksystemen vor allem sogenannte Kugelumlauflenkungen eingesetzt, so haben die Forderungen nach Kompaktheit, geringem Gewicht und einfacher Bauform dazu geführt, dass in nahezu allen Pkw Zahnstangenlenkgetriebe eingesetzt werden. Die Drehbewegung des Fahrers wird dabei über ein Lenkritzel in eine Schubbewegung der Zahnstange übersetzt. Die Verbindung zu den Rädern wird dann mittels Spurstangen und entsprechenden Gelenken hergestellt.

Zur Steuerung und Umsetzung der hydraulischen Hilfskraft sind im Lenkgetriebe ein Steuerventil und ein Arbeitszylinder integriert. Das Steuerventil steuert einen der Drehkraft des Fahrers entsprechenden Öldruck in den Lenkzylindern. Die Verdrehung eines Drehstabs, führt dabei zu einem kraftproportionalen mechanischen Steuerweg im Lenkventil. Durch den Steuerweg verschieben sich die als Phasen und Fassetten ausgebildeten Steuerkanten und bilden so den Öffnungsquerschnitt für den Ölstrom. Die Lenkventile sind dabei nach dem Prinzip der „offenen Mitte" gebaut, d. h. bei nicht betätigtem Steuerventil fließt das von der Pumpe kommende Öl drucklos zum Ölbehälter zurück.

Der doppelt wirkende Lenkzylinder auf der Zahnstange wandelt den eingesteuerten Öldruck in eine entsprechende Hilfskraft um. Durch das Steuerventil sind die Räume des Lenkzylinders in der Neutralstellung so geschaltet, dass eine ungehinderte Schubbewegung der Zahnstange erfolgen kann. Durch Einleiten eines Drehmoments am Lenkventil wird der Ölstrom der Pumpe in den entsprechenden linken oder rechten Zylinderraum umgeleitet und so die gewünschte Hilfskraft erzeugt.

Durch entsprechende Auslegung und Ausbildung der Phasen an den Steuerkanten des Ventils kann die Beziehung von Betätigungsmoment am Lenkventil und Kraftverlauf am Zylinder zugeordnet werden. Durch diese Abstimmung lässt sich die gewünschte, individuelle Lenkcharakteristik des jeweiligen Fahrzeugs erreichen.

32.2.2 Die parametrierbare hydraulische Hilfskraftlenkung

Steigende Anforderungen an Komfort und Sicherheit des Fahrzeugs haben dazu geführt, dass Lenkventile mit elektrisch modulierbarer Unterstützungscharakteristik entwickelt wurden. Ein elektrohydraulischer Wandler bestimmt dabei die hydraulische Rückwirkung und somit die Betätigungskraft am Lenkrad. Die elektrische Ansteuerung des Wandlers wird von einem zugeordneten elektrischen Steuergerät übernommen. Haupteingangssignal für das Steuergerät ist die Fahrzeuggeschwindigkeit. Der elektrische Strom im Wandler wird dabei so gesteuert, dass mit zunehmender Fahrzeuggeschwindigkeit die Lenkunterstützung abnimmt. Dadurch wird ein hoher Lenkkomfort durch geringe Betätigungskräfte bei niedrigen Fahrzeuggeschwindigkeiten und eine hohe Lenkpräzision bei hohen Geschwindigkeiten erreicht (Abb. 32.2).

32.2.3 Die elektrohydraulische Hilfskraftlenkung (EHPS)

Als Alternative zur hydraulischen Hilfskraftlenkung mit fahrzeugmotorgetriebener Hydraulikpumpe

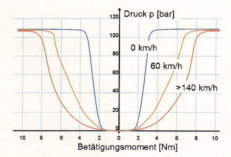

Abb. 32.2 Servotronic® - Ventilkennlinie

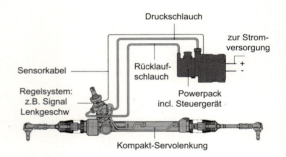

Abb. 32.3 Systemkonzept elektrohydraulische Servolenkung

kann ein System mit elektromotorisch angetriebener Lenkhilfepumpe eingesetzt werden. Ein wichtiger Vorteil dieses Systems ist die, bei entsprechender Ansteuerung des Elektromotors, erreichbare Energieeinsparung. Die benötigte elektrische Energie wird aus dem elektrischen Fahrzeugbordnetz entnommen, die Ansteuerung des Elektromotors erfolgt über ein elektrisches Steuergerät (Abb. 32.3).

Die hydraulische Pumpe ist in den gängigen Systemen als Zahnradpumpe oder Rollenzellenpumpe ausgeführt. Die in den Serienlösungen eingesetzten Elektromotoren sind als bürstenbehaftete oder bürstenlose Gleichstrommotoren ausgeführt. Der benötigte Lenkbedarf wird über Sensoren im Lenksystem und aus dem Fahrzeug ermittelt. In erster Linie sind dies die Lenk- und Fahrzeuggeschwindigkeit, welche vom elektrischen Steuergerät ausgewertet, daraus die Solldrehzahl für den Elektromotor berechnet und über die integrierte Leistungsendstufe eingeregelt werden.

32.2.4 Die elektromechanische Hilfskraftlenkung (EPS)

Zur Steigerung des Lenkkomforts, zur weiteren Reduzierung des Energieverbrauchs sowie zur Vereinfachung des Installationsaufwands im Fahrzeug wurde die elektromechanische Hilfskraftlenkung entwickelt. Ursprünglich nur eingesetzt in kleinen Fahrzeugen findet sie mehr und mehr Verbreitung in allen Fahrzeugen bis zur Luxusklasse. Das grundsätzliche Funktionsprinzip ist dabei immer identisch: Ein Drehmomentsensor erfasst die Handkraft des Fahrers, ein elektrisches Steuergerät wertet diese Signale aus und berechnet daraus, unter Berücksichtigung weiterer Informationen aus dem Fahrzeug, wie zum Beispiel die Fahrzeuggeschwindigkeit, ein entsprechendes Sollunterstützungsmoment für einen Elektromotor. Dieser wird von einer entsprechenden Leistungsendstufe angesteuert und leitet sein Abgabemoment über eine oder mehrere Getriebestufen an die Lenkung weiter. Die Art und Auslegung der Getriebestufen richtet sich dabei hauptsächlich nach den Anforderungen des Lenksystems bezüglich des Einbauraus und der zu erreichenden maximalen Lenkunterstützung.

32.2.4.1 EPS Column Type

Zumeist bei Fahrzeugen mit geringeren Anforderungen bezüglich Lenkunterstützung und maximaler Lenkgeschwindigkeit wird dabei die Servokraft auf die Lenksäule eingeleitet. Die Servoeinheit, bestehend aus dem Drehmomentsensor, Elektromotor und Untersetzungsgetriebe, ist im Fahrzeuginnenraum an der Lenksäule angeordnet. Das elektrische Steuergerät kann dabei separat als Wegbaulösung oder als Anbaulösung am Motor bzw. am Sensor ausgeführt sein. Das Untersetzungsgetriebe ist zumeist als Schneckengetriebe ausgebildet. Bei der Auslegung dieser Getriebestufe ist zu berücksichtigen, dass ein ausreichender Rückdrehwirkungsgrad dieser Einheit erreicht wird, um die erforderliche haptische Rückmeldung des Lenksystems zum Fahrer sicherzustellen oder auch ein selbständiges Rückdrehen des Lenksystems bei ausgeschalteter Lenkunterstützung zu gewährleisten. Die kraftschlüssige Verbindung zu den gelenkten Rädern erfolgt über die Lenkzwischenwelle und ein mechanisches Zahnstangenlenkgetriebe (Abb. 32.4).

32.2 · Basislösungen der Lenkunterstützung

Abb. 32.4 EPS Column Type

32.2.4.2 EPS Pinion Type

Eine ähnliche Lösung ist die lenkritzelangetriebene Elektrolenkung. Die Servoeinheit, bestehend aus Drehmomentsensor, Elektromotor, Getriebestufe und dem eventuell integrierten oder angebauten elektrischen Steuergerät ist dabei am Lenkgetriebe im Bereich des Lenkritzels angeordnet. Die vom Elektromotor über das Schneckengetriebe bereitgestellte Unterstützungskraft wird direkt auf das Lenkritzel eingeleitet. Die sich ergebenden Vorteile dieser Lösung sind eine kompakte Bauform und gegenüber der Lenksäulenlösung steifere mechanische Anbindung der Lenkunterstützung an die Zahnstange. Dies führt, außer zu einer möglichen höheren Unterstützungsleistung, zu einer Verbesserung der Lenkpräzision. Nachteile ergeben sich durch die sich verschärfenden Anforderungen bezüglich der Umweltbedingungen, da die Servoeinheit im Motorraum installiert ist und somit höheren Umgebungstemperaturen und Spritzwasser ausgesetzt ist (Abb. 32.5).

32.2.4.3 EPS Dual Pinion Type

Zur weiteren Steigerung der Unterstützungsleistung und Lenkpräzision werden Lösungen eingesetzt, welche die Servokraft direkt auf die Zahnstange übertragen. Bei der Doppelritzellösung wirkt dabei die Kraft des Servomotors wie bei der Ritzellösung über ein Schneckengetriebe auf ein Ritzel. Dieses ist jedoch an einer zweiten, separaten Verzahnung auf der Zahnstange angeordnet. Die räumliche Trennung vom Lenkritzel erlaubt dabei eine höhere Flexibilität bei der Integration im Fahrzeug. Durch die Unabhängigkeit von Servoritzel zu Lenkritzel lassen sich die unterschiedlichen Zielsetzungen dieser beiden Ritzelstufen berücksichtigen und somit bezüglich Komfort, Leistung und Lebensdauer optimieren. Der Drehmomentsensor zur Erfassung des vom Fahrer eingeleiteten Lenkmoments ist, wie auch bei den folgenden Varianten, am lenkspindelseitigen Eingang des Lenkgetriebes angeordnet (Abb. 32.6).

32.2.4.4 EPS APA Type

Eine weitere Möglichkeit, die Drehbewegung des Servomotors in eine Schubbewegung der Zahnstange umzusetzen ist der Einsatz eines Kugelgewindetriebes auf der Zahnstange. Diese Getriebeform vereint einen sehr guten mechanischen Wirkungsgrad, hohe Belastbarkeit und die zum präzisen Lenken erforderliche Spielfreiheit. Die Übertragung der Kräfte erfolgt bei dieser Getriebeform von der Kugelmutter über eine umlaufende Kette aus gehärteten Stahlkugeln zur Zahnstange, welche mit einem oder mehreren Kugelgewindegängen versehen ist. Der Antrieb der Kugelmutter erfolgt von einem parallel zur Zahnstange angeordneten Elektromotor, welcher über eine Zahnriemengetriebestufe mit

Abb. 32.5 EPS Pinion Type

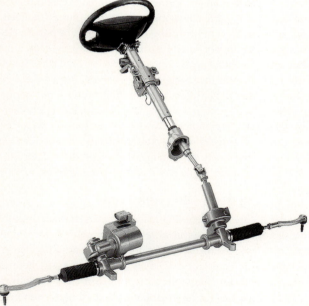

Abb. 32.6 EPS Dual Pinion Type

der Kugelmutter verbunden ist. Auch diese Getriebestufe arbeitet spielfrei und mit einem sehr hohen mechanischen Wirkungsgrad. Über die entsprechende Auslegung und Wahl der Übersetzungsverhältnisse kann mit einem solchen Lenkgetriebe, wie auch schon bei der Doppelritzellösung, die Performance der Lenkung an das Zielfahrzeug angepasst und die zur Verfügung stehende Motorleistung in Richtung hohe und höchste Zahnstangenkräfte oder hin zu hoher Lenkdynamik angepasst werden. Mit dieser konstruktiven Lösung lassen sich Lenkgetriebe darstellen, welche in Fahrzeugen bis zur Luxusklasse und großen SUVs einsetzbar sind (Abb. 32.7).

◘ Abb. 32.7 EPS APA Type

◘ Abb. 32.8 EPS Rack Type

32.2.4.5 EPS Rack Type

Die Zahnstangenlösung ist eine weitere Möglichkeit, die Drehbewegung des Elektromotors auf die Zahnstange zu übertragen. Die Kugelmutter des Kugelgewindetriebes wird dabei direkt vom Elektromotor ohne eine zusätzliche Getriebestufe angetrieben. Der Elektromotor muss dazu mit einer Hohlwelle aufgebaut werden, durch welche die Zahnstange geführt wird. Mit dieser kompakten und direkten Anbindung von Motor, Kugelumlaufgetriebe und Zahnstange lässt sich eine hohe Lenkpräzision und Dynamik erreichen. Die gegenüber der achsparallelen Lösung fehlende Getriebestufe führt dazu, dass der Elektromotor ein vergleichsweise hohes Drehmoment bei niedrigeren Drehzahlen aufweisen muss. Ebenfalls erfordert die direkte Anbindung des Motors eine besonders hohe Qualität der Lenkungs- und Motorreglung (◘ Abb. 32.8).

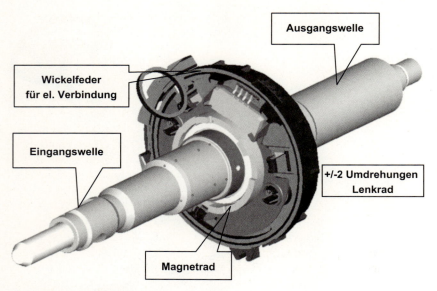

Abb. 32.9 Drehmomentsensor

32.2.5 Elektrische Komponenten

Die generellen Anforderungen an die elektrischen und elektronischen Komponenten der vorgestellten EPS-Lösungen sind im Wesentlichen identisch. Sie unterscheiden sich nur durch die spezifischen Anforderungen bezüglich der Umweltbedingungen und der zu erzielenden Performance.

32.2.5.1 Drehmomentsensor

Der Drehmomentsensor ist als berührungslos messender Winkelsensor ausgeführt, welcher die Winkelverdrehung eines Drehstabes erfasst und in elektrische Signale umwandelt. Der Messbereich eines Drehmomentsensors für eine elektrische Servolenkung liegt üblicherweise im Bereich von ± 8 bis ± 10 Nm. Bei höheren Handmomenten sorgt eine mechanische Winkelbegrenzung am Drehstab dafür, dass dieser nicht überlastet wird. Das elektrische Steuergerät berechnet aus den Sensorsignalen den aktuellen Drehmomentwert. Die hohen Sicherheitsanforderungen an elektrische Lenksysteme erfordern es, dass alle auftretenden Fehler des Sensors erkannt werden können und zu einem sicheren Zustand des Lenksystems führen (◘ Abb. 32.9).

32.2.5.2 Elektromotor

Als Elektromotor werden bei den elektrischen Lenksystemen sowohl bürstenbehaftete Gleichstrommotoren als auch bürstenlose Gleichstrom- und Asynchronmotoren eingesetzt. Aufgrund ihrer Robustheit und der möglichen höheren Ausgangsleistung kommen zunehmend die bürstenlosen Motorvarianten zum Einsatz. Insbesondere Lenkleistungen für Fahrzeuge der oberen Mittel- und Luxusklasse erfordern den Einsatz von hocheffektiven, bürstenlosen Gleichstrommotoren. Diese Motorvarianten erfordern einen Motorlage- oder Motordrehzahlsensor, welcher vom elektrischen Steuergerät ausgewertet und für die Kommutierung und Regelung des Motors verwendet wird (◘ Abb. 32.10).

32.2.5.3 Steuergerät

Die zugehörigen elektrischen Steuergeräte beinhalten einen oder mehrere Mikroprozessoren, welche die Sensorsignale von den Lenkungskomponenten und vom Fahrzeug auswerten, das Sollunterstützungsmoment berechnen und den Motor über eine entsprechende Motorregelung und die im Steuergerät integrierte Leistungsendstufe mit MOS-Feldeffekttransistoren ansteuern. Im Steuergerät integriert sind dabei Sensoren zur Erfassung des Motorstroms

32.3 Lösungen zur Überlagerung von Momenten

◘ Abb. 32.10 Elektromotor

und der Steuergerätetemperatur. Zur Erhöhung des Lenkkomforts werden vom Steuergerät weitere Fahrzeugsignale, insbesondere die Fahrzeuggeschwindigkeit und der Lenkradwinkel ausgewertet. Mit den Informationen der Fahrzeuggeschwindigkeit lässt sich eine geschwindigkeitsabhängige Lenkunterstützung realisieren, welche bei stehendem und langsam fahrendem Fahrzeug niedrige Betätigungskräfte ermöglicht. Bei höher werdenden Fahrzeuggeschwindigkeiten wird die Lenkunterstützung kontinuierlich zurückgenommen und verbessert so die haptische Rückmeldung der Lenkung und die Richtungsstabilität. Mit den Signalen des Lenkwinkelsensors lässt sich der Rücklauf der Lenkung vor allem bei kleinen und mittleren Fahrzeuggeschwindigkeiten einstellen und verbessern und so an das jeweilige Zielfahrzeug anpassen. Ein mehrstufiges Sicherheitskonzept sorgt dafür, dass im Fall von Sonderzuständen oder Fehlern eine möglichst schrittweise Reduzierung der Lenkunterstützung einsetzt. Bei einem kompletten Ausfall der Lenkunterstützung ist über die elektrische und mechanische Auslegung sichergestellt, dass ein manuelles Lenken des Fahrzeugs weiterhin möglich ist. Über die Diagnoseschnittstelle des Steuergerätes lässt sich der Fehlerspeicher des Steuergerätes auslesen und ermöglicht so eine effektive Diagnose im Fehlerfall. Die Ansteuerung des Elektromotors durch die Software im Steuergerät ermöglicht eine sehr feinfühlige und individuelle Anpassung der Lenkunterstützung an die Zielfahrzeuge. Durch die Auswertung von weiteren Sensoren aus dem Fahrzeug oder Bereitstellung von entsprechenden Kommunikationsschnittstellen durch das Steuergerät lassen sich mit den EPS-Lenksystemen leitungsfähige und innovative Fahrerassistenzfunktionen realisieren.

32.3 Lösungen zur Überlagerung von Momenten

Sollen haptische Rückmeldungen über das Lenkrad zum Fahrer oder auch autonome Assistenzfunktionen realisiert werden, ist bei den Lenksystemen eine unabhängig vom Fahrer aktivierbare Lenkmomentbeeinflussung erforderlich. Bei den hydraulischen Lenksystemen ist das ohne zusätzliche Aktorik nicht möglich, sieht man von der parametrierbaren, hydraulischen Lenkung ab. Da bei diesem System jedoch grundsätzlich bereits ein Lenkmomentaufbau vom Fahrer erforderlich ist, um die Unterstützung zu variieren, kann dies nicht als vollwertige Lösung zur autarken Überlagerung von Assistenzmomenten betrachtet werden. Soll mit einem hydraulischen Lenksystem trotzdem eine Lenkmomentassistenz umgesetzt werden, so ist dafür eine zusätzliche Aktorik erforderlich.

32.3.1 Zusatzaktor für hydraulische Lenksysteme

Eine naheliegende Lösung für einen Zusatzaktor zur Realisierung von Lenkassistenzfunktionen mit einer hydraulischen oder elektrohydraulischen Basislenkung ist ein Lenkaktor, bei welchem über eine Getriebestufe und einen Elektromotor ein zusätzliches, vom Fahrer unabhängig steuerbares Moment auf die Lenksäule aufgebracht werden kann. Der Aufbau eines solchen Aktors unterscheidet sich dabei nicht grundsätzlich von einer Lenksäulen-EPS (◘ Abb. 32.11).

Da jedoch nur ein Zusatzmoment und nicht wie bei der EPS das gesamte Lenkmoment von diesem Aktor aufgebracht werden muss, fällt die Dimensionierung der mechanischen und elektrischen Komponenten deutlich kleiner aus. Soll ein hydraulisches Lenksystem mit einem solchen Aktor angesteuert werden, ist ein wirksames Drehmoment von 8–10 Nm bezogen auf die Lenksäule ausreichend. Aufgrund der dadurch auch geringeren Ansprüche an die Belastbarkeit der Getriebestufe gegenüber einer Lenksäulen-EPS können für die Getriebestufe zwischen Motor und Lenksäule alternative und konstruktive Lösungen eingesetzt werden. Zu beachten ist jedoch nach wie vor, dass keine störenden

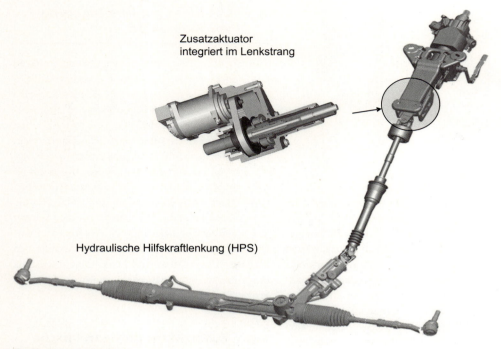

Abb. 32.11 Zusatzaktor

Drehmomentunstetigkeiten vom Zusatzaktor in den Lenkstrang eingekoppelt werden, die den Fahrer stören. Sollen über diesen Zusatzaktor Funktionen realisiert werden, die das Lenkmoment vom Fahrer erfordern, muss entweder in diesem Aktor selbst oder an einer anderen geeigneten Position im Lenkstrang zwischen Fahrer und Aktor ein Drehmomentsensor installiert werden.

Da es sich hier um ein reines Zusatzsystem zu einer bereits installierten Hilfskraftlenkung handelt, liegt der Fokus der Sicherheitsbetrachtungen auf diesem Zusatzaktor und der damit in Verbindung stehenden Steuergeräten. Sieht man von den Degradationsstufen bei erkannten Fehlern in den Assistenzfunktionen ab, muss der Aktor bei einem erkannten Fehler im Motor oder der damit in Verbindung stehenden Sensorik in einen Zustand gebracht werden, der störende Zusatzmomente weitgehend reduziert und gefährliche Momente ausschließt. Dies bedeutet, dass der Motor entweder mechanisch über eine Kupplung vom Lenkstrang abgekoppelt werden muss oder aber die Abschaltung des Motors so zu erfolgen hat, dass er in keinem Fall störende Bremsmomente aufbauen kann, die ein sicheres Führen des Fahrzeugs verhindern.

32.3.2 Elektrische Lenksysteme

Die elektrische Servolenkung bietet, da die Ansteuerung des Elektromotors über die Software des Steuergerätes erfolgt, ideale Voraussetzungen als Aktor für lenkungsbasierte Assistenzfunktionen. Ebenso ist der zur Erfassung des Fahrerlenkmoments in der EPS implementierte Drehmomentsensor für die zu realisierenden Assistenzfunktionen nutzbar. Der bereits über eine entsprechende Getriebestufe an den Lenkstrang fest gekoppelte Elektromotor kann außer zur Bereitstellung der Servokraft gleichzeitig dazu benutzt werden, das von den übergeordneten Systemen angeforderte Assistenzmoment aufzubringen. Da das Assistenzmoment von der Größe her um ein vielfaches kleiner als das Servomoment ausfällt, muss in der Regel der Elektromotor der EPS nicht neu ausgelegt und zur Bereitstellung des Zusatzmoments in der Abgabeleistung angehoben werden (Abb. 32.12).

32.3 · Lösungen zur Überlagerung von Momenten

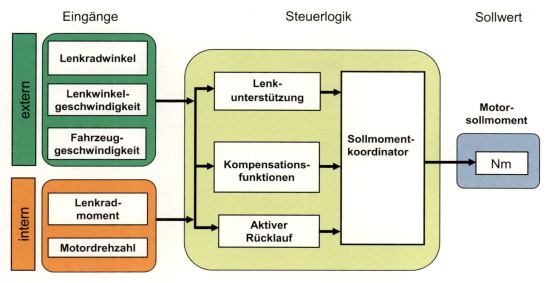

Abb. 32.12 Kontrollstruktur der EPS

32.3.2.1 Momentüberlagerung

Bereits bei einer elektrischen Servolenkung ohne angeschlossenes Assistenzsystem wird das Motormoment aus verschiedenen Komponenten zusammengesetzt und als Sollmoment dem Motorregelalgorithmus vorgegeben. Die wichtigsten Einzelkomponenten sind dabei die über der Fahrzeuggeschwindigkeit variierende Lenkunterstützung, der aktive Lenkungsrücklauf in die Geradeausstellung der Lenkung sowie aktive Dämpfungs- und Reibungskompensationsfunktionen. Diese verschiedenen Einzelsollmomente für den Elektromotor werden von einem Momentenkoordinator gesammelt und zu einem Gesamtsollmoment addiert, gegebenenfalls unter Berücksichtigung von Prioritäten der Einzelfunktionen. Das vom externen Assistenzsystem angeforderte Zusatzmoment wird somit über einen weiteren Eingang in den Momentenkoordinator realisiert und somit als gleichberechtigtes oder entsprechend priorisierbares Einzelsollmoment von der elektrischen Servolenkung betrachtet.

Aufgrund der eventuell begrenzten Möglichkeiten bei der Datenübertragung auf dem Bussystem zwischen dem Assistenzsteuergerät und der elektrischen Servolenkung ist es zusätzlich zur direkten Vorgabe und Übertragung des Assistenzmoments möglich, vordefinierte Überlagerungsfunktionen in der Software des Lenkungssteuergerätes abzubilden und durch einen einzelnen Steuerbefehl über den Datenbus auszulösen. Dies kann zum Beispiel bei Funktionen sinnvoll sein, welche ein oszillierendes Zusatzmoment auslösen. Auf diese Weise ist es möglich, eine Fahrstreifenverlassenswarnung über nur einen Steuerbefehl mit darin enthaltener Information über die einzustellende Amplitude und Frequenz einer Lenkradvibration auszulösen (◘ Abb. 32.13).

32.3.2.2 Winkelüberlagerung

Bei Assistenzfunktionen, wie beispielsweise ein automatisches Einfahren in eine Parklücke, ist eine Winkelvorgabe vom übergeordneten Steuergerät erforderlich. Da es sich jedoch beim Regelungskonzept der elektrischen Servolenkung primär um eine Momentenregelung handelt, ist zum autonomen Einhalten einer Sollfahrspur ein Regelalgorithmus erforderlich, welcher aus dem Soll- und Istlenkwinkel der Lenkung eine Stellgröße in Form einer Momentenanforderung für den Elektromotor berechnet und vorgibt. Dieser Winkelregler wird zweckmäßigerweise in die Software der Lenkung integriert, da der aktuell im Fahrzeug zur Datenübertragung hauptsächlich eingesetzte CAN-Bus keine zeitsynchrone Übertragung erlaubt. Mit den damit unvermeidbaren Laufzeitschwankungen lässt sich die erforderliche Güte der Winkelregelung nicht darstellen (◘ Abb. 32.14).

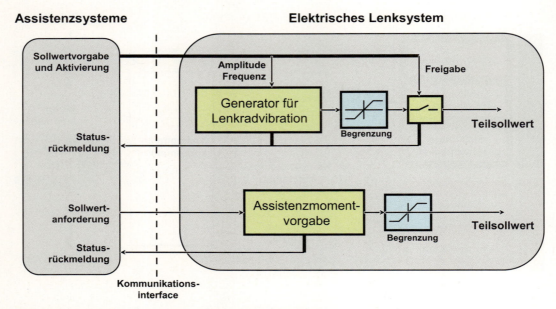

Abb. 32.13 Vordefinierte Überlagerungsfunktionen ausgelagert ins Lenkungssteuergerät

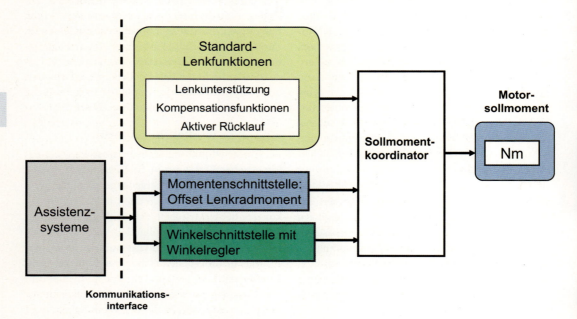

Abb. 32.14 Überlagerung von Assistenz- und Standard-Lenkfunktionen

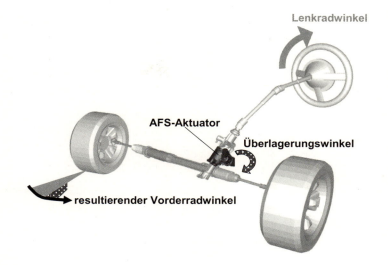

Abb. 32.15 Prinzip der Überlagerungslenkung [1]

Bei einer entsprechenden Winkelanforderung an die Lenkung werden dann die eigentlichen Unterstützungsmomentfunktionen deaktiviert und der Winkelregelkreis übernimmt die Sollwertvorgabe für den Elektromotor. Insbesondere beim automatischen Einfahren in eine Parklücke kann über die Auswertung des Drehmomentsensors der Lenkung detektiert werden, ob der Fahrer in den Lenkvorgang eingreift und einen Abbruch der Funktion wünscht.

32.4 Lösungen zur Überlagerung von Winkeln

32.4.1 Einleitung

Konventionelle Lenkungen arbeiten stets mit dem gleichen Übersetzungsverhältnis, zum Beispiel 1:18. Dies ist ein Kompromiss, damit einerseits kleine Lenkkorrekturen auf der Autobahn die Stabilität nicht zu sehr beeinträchtigen und andererseits der Fahrer in der Stadt oder beim Einparken nicht zu sehr am Lenkrad drehen muss. Die Überlagerungslenkung oder Aktivlenkung hingegen variiert das Übersetzungsverhältnis aktiv und dynamisch von etwa 1:10 im Stand bis zu etwa 1:20 bei hohen Geschwindigkeiten.

Die Überlagerungslenkung ermöglicht sowohl einen vom Fahrer abhängigen (dynamischen) als auch einen aktiven Lenkeingriff an der Vorderachse, ohne die mechanische Kopplung zwischen Lenkrad und Vorderachse auftrennen zu müssen, s. ◘ Abb. 32.16 [1]. Der zusätzliche Freiheitsgrad ermöglicht die kontinuierliche und situationsabhängige Adaption der Lenkeigenschaften. Komfort, Lenkaufwand und Lenkdynamik werden dadurch aktiv angepasst und optimiert. Darüber hinaus sind auch Lenkeingriffe zur Verbesserung der Fahrzeugstabilisierung möglich. Diese sind denen der vorhandenen Systeme überlegen, da das Ansprechverhalten um eine Größenordnung schneller ausfällt und die Eingriffe daher kaum wahrnehmbar erfolgen. Die Systemgrenzen, der Funktionsumfang und die erforderliche Systemschnittstelle sollten so definiert sein, dass das System vom übergeordneten Konzept des Fahrwerksystems unabhängig ist (◘ Abb. 32.15).

32.4.2 Funktionalität

Das System Aktivlenkung weist eine komplexe Funktionalität auf, die aus kinematischen und Sicherheitsfunktionen ([3, 4]) besteht.

Ausgehend von den Signalen der Fahrzeugsensoren (Lenkradwinkel, Geschwindigkeit, etc.) berechnen die Assistenz- und Stabilisierungsfunktionen (z. B. variable Lenkübersetzung und Gierratenregelung) einen gewünschten Überlagerungswinkel. Dieser dient als Sollwert für den geregelten Aktor, der den Zeitverlauf des gewünschten Überlagerungswinkels möglichst exakt nachführt. Ein Sicherheitssystem überwacht und prüft die korrekte

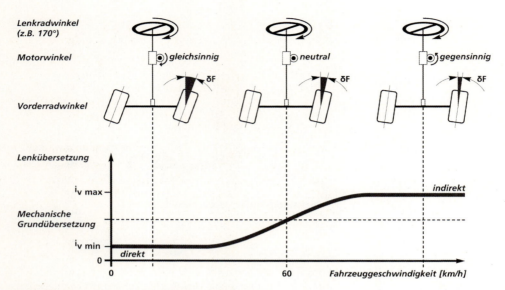

● Abb. 32.16 Prinzip der variablen Lenkübersetzung [1]

Funktionalität des gesamten Systems. Die Maßnahmen reichen von einem differenzierten Abschalten von Teilfunktionen bis hin zu einer Komplettabschaltung des Aktors.

Lenkassistenzfunktionen sind Vorsteuerungen des Lenksystems mit dem Ziel einer Adaption der statischen und dynamischen Lenkungseigenschaften an die Fahrsituation in Abhängigkeit der Fahrerlenkaktivität. Diese Adaption wird hauptsächlich durch die Aktordynamik und das Lenkgefühl eingeschränkt (Rückkopplung auf den Fahrer).

● Abb. 32.2 zeigt als kinematische Lenkassistenzfunktion die variable Lenkübersetzung. Diese Funktion $i_V(v_X(t)) = \delta_S(t)/\delta_F(t)$ dient zur Veränderung der Übersetzung zwischen dem Lenkradwinkel $\delta_S(t)$ und dem mittleren Vorderradwinkel $\delta_F(t)$ in Abhängigkeit geeigneter Fahrzeug- und Lenkungsgrößen, wie z. B. Fahrzeuggeschwindigkeit $v_X(t)$ und Auslenkung. Die Geschwindigkeitsabhängigkeit ermöglicht durch eine direktere Übersetzung eine Verringerung des Lenkaufwandes im unteren und mittleren Geschwindigkeitsbereich. Eine exakte Spurtreue und Sicherheit im oberen Geschwindigkeitsbereich wird durch eine indirekte Übersetzung erreicht. Außerdem wird durch die Auslenkungsabhängigkeit die Zielgenauigkeit um den Mittelbereich optimiert, der Lenkaufwand für große Lenkwinkel reduziert und eine Modifikation des Lenkverhaltens bei konstanter Lenkkinematik ermöglicht (● Abb. 32.16).

32.4.3 Stellervarianten

Der Aktor mit Überlagerungsgetriebe kann in der Lenksäule oder alternativ im Lenkgetriebe integriert werden. Die Integration im Lenkgetriebe ist haptisch vorteilhaft, da die Reibung bis zum Lenkventil nicht beeinflusst wird und die akustische Abstrahlung über Luftschall im Motorraum weniger auffällig ist. Die Lenksäulenlösungen sind alle fahrzeugfest ausgeführt. Die dynamischen Anforderungen sind jeweils vergleichbar.

Variante 1 positioniert den Elektromotor quer zum Überlagerungsgetriebe, vgl. ● Abb. 32.17. Der größte Vorteil ist der Einsatz eines selbsthemmenden Schneckengetriebes um die unerwünschte Rückdrehmöglichkeit im passiven Zustand zu verhindern. Für die integrierte Lösung im Lenkgetriebe (im Motorraum) muss ausreichend Bauraum zur Verfügung stehen, der in der frühen Konzeptphase der Fahrzeugentwicklung zu berücksichtigen ist. Der Einbau dieser Variante ist auch im oberen Teil der Lenksäule vorstellbar. Die Packageverhältnisse und Crashanforderungen moderner Fahrzeuge zu erfüllen, erscheint jedoch mit dieser Aktorversion schwierig.

32.4 • Lösungen zur Überlagerung von Winkeln

Variante 2 realisiert die koaxiale Anordnung von Überlagerungsgetriebe und Elektromotor. Dabei ist der Einsatz eines Hohlwellenmotors in Verbindung mit einem Wellgetriebe erforderlich, vgl. ◘ Abb. 32.21. Diese Kombination baut sehr kompakt und ist hinsichtlich Package und Crashverhalten bei Einbau in der Lenksäule vorteilhaft. Die haptischen Einflüsse sind zu vernachlässigen, da die verwendeten Wellgetriebe fast spielfrei arbeiten.

Der Einbau dieses Aktors eignet sich auch als lenkwellenfeste Variante. Die obere Lenkwelle ist dabei fest mit dem Aktorgehäuse verbunden und dreht ihn mit, vgl. ◘ Abb. 32.25.

Die technischen Kriterien, die die Entwicklung eines Überlagerungsgetriebes bestimmen, sind:
- erreichbare Dynamik
- angenehmes Lenkgefühl
- Erfüllung der radialen Bauraumvorgabe
- Erfüllung der axialen Bauraumvorgabe
- leises Geräuschverhalten
- beherrschtes Rückdrehverhalten
- Eignung für Spielfreiheit
- geringes Gewicht

32.4.4 Einsatzbeispiel BMW E60 – ZFLS-Aktor am Lenkgetriebe

Die praktische Realisierung der Überlagerungsvariante 1, integriert im Lenkgetriebe, setzt sich aus folgenden Teilen zusammen, ◘ Abb. 32.17:

Zahnstangen-Hydrolenkung bestehend aus einem Lenkgetriebe (1), einem Servotronic Ventil (2), einer elektronisch geregelten Lenkungspumpe (9), einem Ölbehälter (10) und entsprechender Verschlauchung (11),

Aktor bestehend aus einem bürstenlosen Gleichstrommotor mit entsprechender Verkabelung (3), einem Überlagerungsgetriebe (4) und einer elektromagnetischen Sperre mit entsprechender Verkabelung (7),

Regelsystem bestehend aus einem Steuergerät (5), einem Ritzelwinkelsensor (8), einem Motorwinkelsensor (6), entsprechenden Softwaremodulen und der Verkabelung zwischen dem Steuergerät und der Sensorik und Aktorik.

Bürstenloser Gleichstrommotor erzeugt das erforderliche elektrische Moment für eine gewünschte Bewegung des Aktors. Das elektrische Moment wird feldorientiert geregelt (FO-Regelung).

Motorwinkelsensor basiert auf einem magnetoresistiven Prinzip und schließt eine Signalverstärkung und eine Temperaturkompensation im Sensormodul ein.

Ritzelwinkelsensor basiert analog zum Motorwinkelsensor ebenfalls auf einem magnetoresistiven Prinzip und enthält eine Signalverstärkung und eine Temperaturkompensation. Über eine CAN-Schnittstelle kann das Sensorsignal von anderen Fahrwerksystemen wie z. B. ESP verwendet werden.

Elektromagnetische Sperre sperrt die Schnecke bei Systemabschaltungen: Eine Feder drückt den metallischen Stift der Sperre gegen die Sperrverzahnung der Schnecke, ◘ Abb. 32.18. Dieser Mechanismus wird durch eine spezifische Stromsteuerung aus dem Steuergerät geöffnet (entsperrt).

32.4.4.1 Aktor mit Sperre und Ritzelwinkelsensor

Das Kernstück des Systems ist der mechatronische Aktor zwischen Lenkventil und Lenkgetriebe, ◘ Abb. 32.18. Dazu gehört das Überlagerungsgetriebe (Planetengetriebe) mit zwei Eingängen und einer Abtriebswelle. Eine Eingangswelle ist über das Lenkventil und die Lenksäule mit dem Lenkrad verbunden. Der zweite Eingang wird von dem Elektromotor über einen Schneckentrieb als Untersetzungsstufe angetrieben. An der Abtriebswelle liegt der Ritzelwinkel als gewichtete Summe an. Der Abtrieb wirkt auf den Eingang des Lenkgetriebes, d. h. auf das Ritzel der Zahnstangenlenkung. Zwischen dem Eingang des Lenkgetriebes und dem Vorderrad liegt die durch das Lenkgetriebe und die Geometrie des Lenkgestänges festgelegte Lenkkinematik.

32.4.4.2 Steuergerät (ECU)

Das Steuergerät stellt die Verbindung zwischen dem Bordnetz, der Sensorik und der Aktorik dar [2]. Die Kernkomponenten des Steuergerätes sind zwei Microcontroller. Diese führen alle notwendige Berechnungen für die Aktorregelung sowie für die Nutz- und Sicherheitsfunktionen aus. Der Elektromotor, die elektromagnetische Sperre, die geregelte Pumpe und die Servotronic werden über die integrierten End-

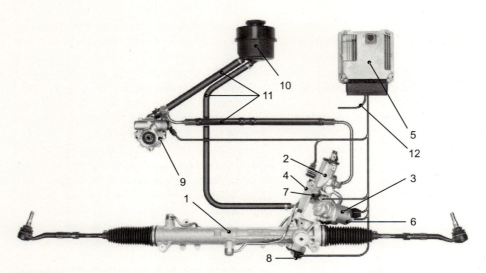

Abb. 32.17 Komponenten und Subsysteme der Überlagerungslenkung integriert im Lenkgetriebe [1]

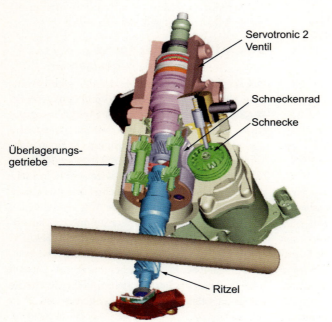

Abb. 32.18 Schnitt durch den Überlagerungs-Aktor

stufen angesteuert. Darüber hinaus, führen die Microcontroller redundante Berechnungen durch, die damit einen Teil des Sicherheitskonzeptes darstellen.

32.4.4.3 Signalfluss

In ◘ Abb. 32.19 [1] ist der Signalfluss wiedergegeben: Die Signale des Lenkradwinkels und der Fahrzeuggrößen (z. B. Gierrate) werden im Steuergerät aufbereitet und die Sollwerte der Lenkassistenz- und Stabilisierungsfunktionen werden berechnet. Es folgt die Koordination der Lenkanforderungen, die Aktorregelung und Ansteuerung des Elektromotors. Der Istwert des Motorwinkels wird dem Regler zurückgemeldet. Die Überwachung aller Module erfolgt über die Sicherheitsfunktionen und Fehlerstrategie.

32.4 • Lösungen zur Überlagerung von Winkeln

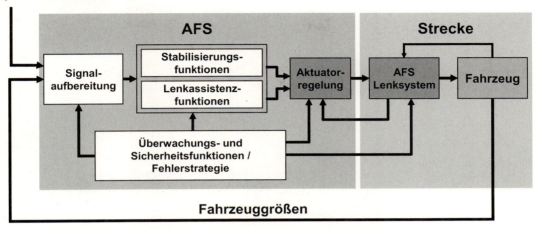

◘ **Abb. 32.19** Allgemeiner Signalfluss [1]

32.4.5 Einsatzbeispiel Audi A4 – ZFLS-Aktor in der Lenksäule

Die Komponenten sind vergleichbar zum vorigen Einsatzbeispiel, siehe ▶ Abschn. 32.4.4. Der Aktor ist in diesem Beispiel hinter der Lenkkonsole in der oberen Lenksäule integriert. Die kompakte Bauweise der koaxialen Anordnung von Motor und Getriebe erlaubt die Positionierung oberhalb des Fußraumes, ◘ Abb. 32.20.

32.4.5.1 Aktor mit Sperre

Das hochuntersetzte Wellgetriebe wird kombiniert mit einem elektronisch kommutierten Gleichstrommotor und einer Sperre, die den Elektromotor im stromlosen Zustand verriegelt. Der Motor muss mit einer Hohlwelle ausgeführt werden. Die lenkradseitige Welle ist mit dem flexiblen Getriebetopf (Flexspline) formschlüssig verbunden [5]. Die Drehbewegung des Lenkrades wird durch die Außenverzahnung des Flextopfes über das Hohlrad (Circularspline) auf die Abtriebswelle lenkstrangseitig übertragen. Dieser Kraftverlauf entspricht auch dem mechanischen direkten Durchgriff zwischen Lenkrad und Lenkgetriebe im gesperrten Zustand des Motors, ◘ Abb. 32.21.

32.4.5.2 Winkelüberlagerung

Die Winkelüberlagerung erfolgt über die Hohlwelle des Elektromotors, die am getriebeseitigen Ende als elliptischer Innenläufer ausgeformt ist (Wellen-Generator). Dieser verformt über ein flexibles Dünnring-Kugellager den mit der Lenkeingangswelle verbundenen dünnwandigen Flextopf. Die Außenverzahnung am Flextopf steht an den Hochachsen der Antriebsellipse im Eingriff mit dem Hohlrad der Abtriebswelle. Aufgrund der Zahnzahlunterschiede zwischen Flextopf und Hohlrad (lenkgetriebeseitig) kommt es bei Rotieren der Antriebsellipse zu einer Überlagerung, ◘ Abb. 32.22.

32.4.5.3 Steuergerät und Sicherheitskonzept

Das elektronische Steuergerät erfüllt ebenfalls alle Anforderungen wie im Einsatzbeispiel 1. Der Unterschied besteht in dem 1-Prozessorkonzept mit einem Smart-Watchdog [5]. Zur Erfüllung der Sicherheitsanforderungen müssen alle Funktionen diversitär (unabhängig zweifach entwickelt) vorhanden sein.

Zu Beginn steht die Signalaufbereitung und Signalplausilisierung. Zusätzlich wird in diesem Modul die Fahrzeuggeschwindigkeit berechnet. Die variable Lenkübersetzungsfunktion liest diese Signale ein und berechnet die Lenkwinkelkorrektur. Als weitere Aufgabe synchronisiert sie harmonisch eine nicht passende Radstellung zum Lenkrad. Eine

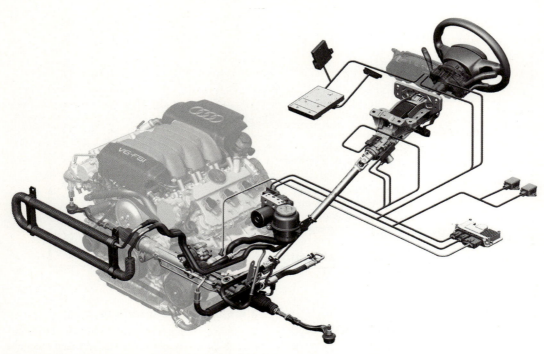

Abb. 32.20 Komponenten und Subsysteme der Überlagerungslenkung integriert in der Lenksäule [5]

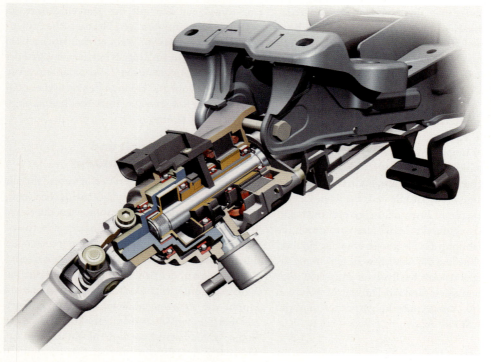

Abb. 32.21 Schnittbild [5] und Skizze des Aktors in der Lenksäule

32.4 • Lösungen zur Überlagerung von Winkeln

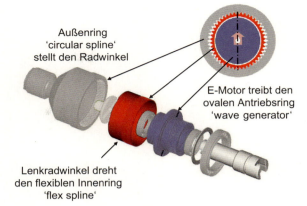

◘ **Abb. 32.22** Überlagerungsprinzip Wellgetriebe

solche Asynchronität kann auftreten, falls im inaktiven Zustand, zum Beispiel bei ausgeschaltetem Verbrennungsmotor, große Lenkradbewegungen stattgefunden haben. Die Summe dieser Winkelteilwerte wird zusammen mit dem verarbeiteten ESP-Teilsollwinkel im Koordinator zu einem Gesamt-Sollwinkel addiert, ◘ Abb. 32.23.

Die Lageregelung und die Motorkommutierung haben die Aufgabe, die Sollwinkel mit der erforderlichen Regelgüte an den Endstufentreiber weiterzuleiten. Die Einbaulage des Überlagerungsgetriebes zwischen Lenkventil und Lenkrad führt zu einer direkten haptischen Kopplung mit dem Fahrer. Diese Voraussetzung erfordert eine hohe Anforderung an die zulässigen Momentensprünge des Elektromotors.

Das Steuergerät muss auch Fehlfunktionen elektronisch detektieren und Auswirkungen verhindern. Die abgeleiteten Anforderungen an das Steuergerät sind [5]:
- Vermeidung von reversiblen und irreversiblen fehlerhaften Stellanforderungen, die durch das Steuergerät, den Elektromotor oder den Motorlagesensor verursacht werden können
- Überwachung der extern berechneten stabilisierenden Eingriffe und das Einleiten von geeigneten Maßnahmen, damit die maximal zulässigen fehlerhaften Stellanforderungen nicht überschritten werden
- Sicherstellung, dass im Fehlerfall der maximal tolerierbare Übersetzungssprung nicht überschritten wird
- Verhindern einer Freilenksituation

◘ Abbildung 32.24 zeigt das Drei-Ebenen-Sicherheitskonzept des Steuergeräts [5]. In der Ebene 1 sind alle notwendigen Softwaremodule integriert, die aus funktionaler Sicht notwendig sind, einschließlich der Signalplausibilisierung und der Fehlerstrategie. Alle kritischen Pfade, die zu einer Fehlfunktion führen können werden in der zweiten Ebene diversitär gerechnet. Damit wird sichergestellt, dass systematische Fehlerursachen (zum Beispiel Programmierfehler) nicht zu einer Fehlfunktion führen können. Die dritte Ebene stellt den Programmablauf und ein korrektes Ausführen des Befehlssatzes sicher.

Um eine hohe Verfügbarkeit zu gewährleisten, muss in Abhängigkeit des aufgetretenen Fehlers eine schrittweise Degradierung der Systemfunktionalität vorgenommen werden [5]:
- Ansteuern einer konstanten Lenkübersetzung bei fehlenden Fahrgeschwindigkeitsinformationen
- Sperrung externer stabilisierender Eingriffe bei absehbarer geringer Performance, z. B. durch Bordnetzschwankungen
- Systemdeaktivierung im Nulldurchgang des Lenkwinkels bei Fehlerverdacht, um ein schiefes Lenkrad zu vermeiden
- Vollständige sofortige Systemdeaktivierung

Weiterhin kann die Verfügbarkeit nach einer Deaktivierung durch eine Initialisierungsphase wiederhergestellt werden, ohne dass ein Werkstattaufenthalt notwendig ist. Neben dem Verhindern von Fehlfunktionen muss das Steuergerät auch weiterhin sicherheitsrelevante Signale für die anderen Fahrzeugregelsysteme liefern.

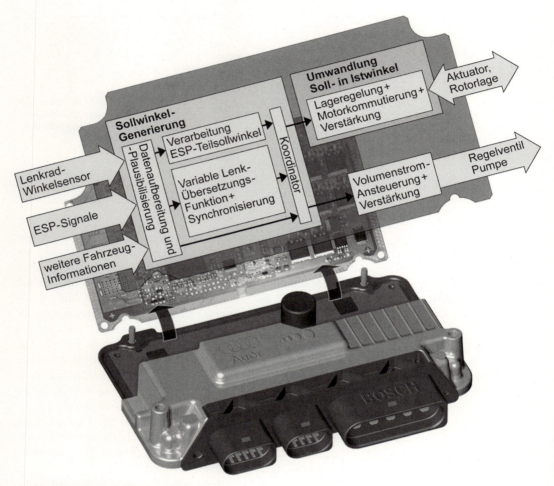

● **Abb. 32.23** Steuergerät mit SW-Architektur [5]

32.4.6 Einsatzbeispiel Lexus – koaxialer Lenksäulenaktor lenkwellenfest

Ein Beispiel für die lenkwellenfeste Ausführung ist das von Toyota in Serie befindliche System [6].

Die Überlagerung des Aktorwinkels zum Lenkradwinkel erfolgt analog zum fahrzeugfesten System im ▶ Abschn. 32.4.5 durch ein Wellgetriebe.

Das Übersetzungsverhältnis Lenkwelle – Vorderrad variiert abhängig von der Fahrgeschwindigkeit in einem Bereich von 1:12,4 (langsame Fahrt) bis 1:18 (schnelle Fahrt), indem der Aktor dem Lenkrad mit- bzw. entgegenwirkt. Er wird nur aktiv, wenn das Lenkrad gedreht wird, wobei die Über-lagerung die gewünschte Lenkrichtung in keinem Falle umkehrt.

Der lenkwellenfeste Aktor, ● Abb. 32.25, besteht aus
- einer Dämpfungsscheibe zur akustischen Entkopplung
- einem Spiralkabel zur elektrischen Verbindung der rotierenden Komponenten
- einem Sperrenmechanismus zur Verriegelung bei Abschaltung des Systems (und fail-safe function)
- einem elektrischen BLDC Motor
- einem Reduktionsgetriebe (1:50, Teil des Wellgetriebes) zum Einsatz eines Motors kleiner Bauform mit hoher Drehzahl

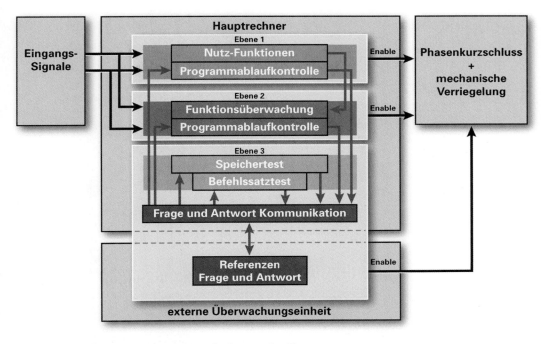

Abb. 32.24 Drei-Ebenen Sicherheitskonzept des Steuergerätes [5]

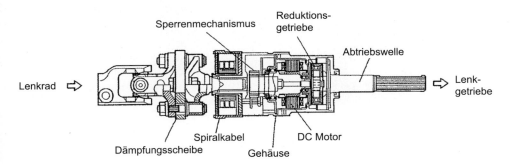

Abb. 32.25 Lenkwellenfester Lenksäulenaktor [6]

32.5 Steer-by-Wire-Lenksystem und Einzelradlenkung

Alle bis heute für den Pkw entwickelten Serienlenksysteme basieren auf einer zuverlässigen mechanischen Kopplung zwischen Lenkrad und Rädern. Der Fahrer hat damit unter allen Betriebsbedingungen des Fahrzeugs den direkten mechanischen Durchgriff auf die lenkbaren Räder und kann so unmittelbar seine vorgesehene Fahrroute umsetzen.

Die in den letzten Jahrzehnten von den Lenkungsherstellern und der Fahrzeugindustrie durchgeführten Weiterentwicklungen im Lenkungssektor beziehen sich weitgehend auf die Unterstützung der Lenkkraft bzw. der Lenkwinkelüberlagerung. So bieten inzwischen hydraulische oder elektromechanische Servolenksysteme für alle möglichen Fahrzustände perfekt angepasste Lenkkräfte, basieren aber weiterhin auf einem mechanischen Übertragungsmechanismus. Besonders im Fehlerfall, d. h. wenn Servosysteme in den so genannten Fail-Safe- bzw. Fail-Silent-Modus wechseln, übernehmen mechanische Komponenten die Aufgabe, den Lenkbefehl des Fahrers auf die Räder zu übertragen. Dieser Aspekt

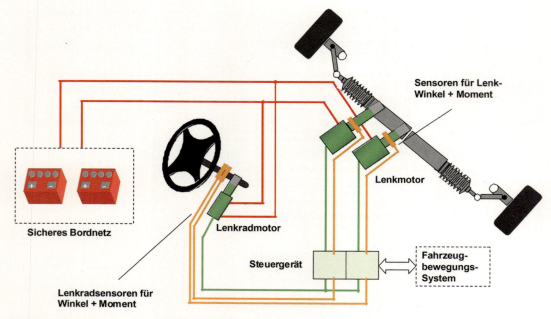

◘ **Abb. 32.26** Systemstruktur des Steer-by-Wire-Lenksystems

behält selbst bei Lenksystemen mit Winkelüberlagerung (Aktivlenkung) seine Wichtigkeit.

Steer-by-Wire-Lenksysteme stellen einen neuen Ansatz dar. Dieser ist gekennzeichnet durch eine rein elektronische Übertragung des Fahrerlenkwunsches bzw. einer völligen Entkopplung von mechanischer Lenkbewegung des Fahrers und der Lenkung der Räder. Damit entfallen die herkömmlichen mechanischen Übertragungseinrichtungen. Der Fahrer erzeugt am Lenkrad ausschließlich Informationen über seine gewünschte Lenkbewegung. Mit diesen Informationen wird eine elektronische Steuereinheit gespeist. Dieses Steuermodul wertet die Informationen aus und setzt sie in entsprechende Lenkbefehle um. Damit wird das Lenkgetriebe angesteuert, das die gewünschte Lenkbewegung ausführt (◘ Abb. 32.26).

— Mithilfe von Hydraulik, Elektrik, Elektronik und Sensorik wurden in der Vergangenheit viele neue Komfort- und Sicherheitsfunktionen entwickelt, die das Führen eines Fahrzeugs deutlich komfortabler und sicherer gemacht haben.
— Trotz all dieser Komponenten basiert das Sicherheitskonzept der derzeitigen aktiven Lenksysteme noch auf einer durchgängigen Kette erprobter mechanischer Bauteile.
— Steer-by-Wire-Systeme unterscheiden sich im Sicherheitskonzept deutlich von herkömmlichen Lenksystemen. Im Fehlerfall genügt kein Abschalten des Systems in den Fail-Silent-Modus. Stattdessen ist ein Fail-Operational-Modus durch ein redundantes Ersatzsystem mit vollem Funktionsumfang notwendig.
— Zur Markteinführung des Steer-by-Wire-Systems im Pkw benötigt man wahrscheinlich für die erste Phase der Vertrauensbildung eine klassische mechanische oder hydraulische Rückfallebene als Sicherheitskonzept.

32.5.1 Systemkonzept und Bauteile

Im Wesentlichen setzt sich ein Steer-by-Wire-Konzept aus zwei Baugruppen zusammen: einem Lenkradaktor und einem Radaktor.

32.5.1.1 Lenkradaktor

Der **Lenkradaktor** im Bereich der oberen Lenksäule umfasst ein herkömmliches Lenkrad mit Sensoren, die Lenkradwinkel und Lenkmoment erfassen, und einen Lenkradmotor, der dem Fahrer das entsprechende Lenkgefühl vermittelt.

Zudem vermindern vertraute Bedienelemente aufgrund der langjährigen Übung Unfallrisiken, falls reflexgesteuerte Lenkkorrekturen bei kritischen Fahrzuständen erforderlich sind.

32.5.1.2 Radaktor

Der **Radaktor** besteht hauptsächlich aus einer elektromechanischen Zahnstangenlenkung. Aus Sicherheitsgründen wird die Zahnstange von zwei redundant aufgebauten Elektromotoren angetrieben. Die Hochleistungselektromotoren sind üblicherweise als bürstenlose permanentmagneterregte Gleichstrommotoren (BLDC) ausgeführt. Zur Erfassung des Radwinkels sind ebenfalls Sensoren im Radaktor installiert.

32.5.1.3 Elektronische Steuereinheit

Eine **elektronische Steuereinheit** verarbeitet alle von den beiden Baugruppen bereitgestellten Informationen sowie die von anderen Fahrzeugsystemen zur Verfügung stehenden Daten. Aus Sicherheitsgründen wird durchgängig eine redundante Systemstruktur verwendet. In einigen Fällen erfordert dies bis zu drei voneinander unabhängige Sensoren für ein einziges sicherheitsrelevantes Signal. Nur dann ist im Fehlerfall ein zuverlässiger Fail-Operational-Modus des Systems sichergestellt. Je nach Funktions- und Sicherheitsstruktur sind bis zu acht 32-Bit-Mikroprozessoren in der Steuereinheit erforderlich, die einander gegenseitig auf Plausibilität der berechneten Sollwerte bzw. Fehlfunktion überwachen.

32.5.2 Technik, Vorteile und Chancen

Auf der einen Seite bietet der technische Freiraum zur Gestaltung von Lenkfunktionen unter Komfort-, Sicherheits- und Fahrerassistenzgesichtspunkten gute Möglichkeiten bei Steer-by-Wire-Konzepten. Abhängig von den zur Verfügung stehenden Sensorsignalen und der Vernetzung mit anderen Fahrzeugsystemen ist es möglich, dem Fahrer das Führen des Fahrzeugs unter allen vorstellbaren Betriebsbedingungen so sicher und einfach wie möglich zu gestalten.

Wie die bereits angesprochenen Erfahrungen mit der elektromechanischen Lenkung und der Aktivlenkung gezeigt haben, ist zu berücksichtigen, dass neu entwickelte Funktionen und Auslegungsprinzipien von allen Fahrern als unterstützend und hilfreich empfunden werden. Besonders Stabilisierungsfunktionen, die auf automatischen fahrerunabhängigen Lenkeingriffen beruhen, sollten nicht vom Fahrer als Entzug der Verantwortung für die jeweilige Fahrsituation wahrgenommen zu werden.

Ein weiterer wichtiger Punkt bei Steer-by-Wire-Systemen betrifft die in Echtzeit durch die Lenkhandhabe zu vermittelnden haptischen Informationen, die den Reifen-Fahrbahn-Kraftschluss möglichst präzise beschreiben müssen. Diese Information hat für den Fahrer hohen Stellenwert, weil er damit die passende Fahrgeschwindigkeit sowie das nutzbare Beschleunigungs- und Bremsvermögen des Fahrzeugs beurteilt. Es ist meist auch die einzige Informationsquelle, die ihm schnell genug Kenntnis von sich plötzlich ändernden Fahrbahnreibwerten liefert, damit er nach erlernten Verhaltensmustern reflexartig eine gefährliche Situation kontrollieren kann.

Diese so genannten Feedback-Informationen, die dem Fahrer das gewohnte Lenkgefühl vermitteln, müssen bei Steer-by-Wire künstlich durch den Lenkradmotor im Lenkradmodul erzeugt werden. Entsprechend der vorliegenden Sensordaten errechnet die Steuerelektronik einen Stellwert für den Lenkradmotor, der am Lenkrad damit einen Lenkwiderstand abbildet. Dieser sollte im Idealfall die Kraftschlussverhältnisse zwischen Reifen und Fahrbahn auf angemessenem Kraftniveau wiedergeben.

Auch Rückstellkräfte bei Kurvenfahrt lassen sich so simulieren. Beim Lenkeinschlag wirkt der Lenkradmotor der Einschlagrichtung und dem Einschlagmoment in beliebig festlegbarer Höhe entgegen, unabhängig davon, ob die Achsrückstellkräfte des Fahrzeugs ideale Werte erreichen oder nicht. Selbst ein Endanschlag lässt sich mit einem Blockademoment im Lenkradmotor simulieren, ohne dass ein mechanischer Anschlag in der oberen Lenksäule nötig ist.

Störkräfte, die auf die gelenkten Räder einwirken, beispielsweise Reifenunwucht, Schlaglocheinwirkung usw., lassen sich einfach selektiv ausblenden oder am Lenkrad mit beliebiger Stärke abbilden. Über die Gestaltung der Steuerungssoftware lässt sich dies beliebig skalieren, was bei traditionellen

Abb. 32.27 Vgl. passive und aktive Kinematik

Lenksystemen mindestens konstruktive Maßnahmen an Mechanik oder Hydraulik erfordert hätte.

Auf dieselbe Art und Weise kann das Lenksystem über die parametrisierbare Software optimal an jedes Fahrzeug angepasst werden. Selbst das Eigenlenkverhalten wie Über- oder Untersteuern kann man damit beeinflussen, um jedem Fahrzeugtyp den gewünschten Markencharakter aufzuprägen, den man auch „Blend-by-Wire" nennt. Denkbar ist selbst, dem persönlichen Fahrstil des jeweiligen Fahrers dadurch Rechnung zu tragen, dass seine bevorzugten Lenkungsparameter individuell gesteuert werden.

Was die Fahrerassistenz- und Stabilisierungsfunktionen angeht, lassen sich selbstverständlich alle bereits bei der elektromechanischen Servolenkung und der Aktiv- bzw. Überlagerungslenkung praktizierten und dort beschriebenen Lösungen wie variable geschwindigkeitsabhängige Übersetzung, Lenkvorhalt, Gierratenregelung, Giermomentenkompensation, Seitenwindausgleich, automatisiertes Einparken usw. umsetzen. Insofern kann mit dieser Kombination ein Großteil der Steer-by-Wire-Funktionalität dargestellt werden.

Durch die vollständige mechanische Entkopplung von Lenkrad und Lenkgetriebe lassen sich diese Funktionalitäten in ferner Zukunft sicherlich noch höherwertiger darstellen. Vollautomatische Spurführung, vollautomatisierte Ausweichmanöver ohne Zutun des Fahrers in Verbindung mit allen anderen Fahrzeugsystemen des Brems- und Antriebsbereiches können realisiert werden. Letztlich ist ein autonomes Fahren durchaus vorstellbar.

Mit Hilfe einer Einzelradlenkung (jedes Vorderrad wird einzeln von einem elektrisch angesteuerten Aktor eingelenkt und die starre Verbindung über eine Spurstange entfällt) kann der Radeinschlagwinkel allein über die in der Software des Steuergerätes hinterlegten Regelalgorithmen so individuell ausgeführt werden, dass die heutigen mechanischen Mehrlenkerachsen durch einfache kostengünstige Radaufhängungen ersetzt werden könnten.

Doch bis zur Einführung dieser Technik müssen noch die letzten gesetzlichen Vorschriften geändert werden und das Kosten/Nutzen-Verhältnis muss sich in einer akzeptablen und sinnvollen Größenordnung entwickeln.

Die Chancen einer Einführung in von Grund auf neuentwickelten Fahrzeugkonzepten, wie Elektro- und Hybridfahrzeugen, in denen Elektromotoren direkt als Rad-Antrieb eingesetzt werden, sind mit Sicherheit höher als in den klassischen Fahrzeugen mit Verbrennungsmotoren.

32.6 Hinterachslenksysteme

Mit dem Einsatz einer Hinterachslenkung können viele Kompromisse umgangen werden, die sich bei der Konstruktion passiver Achsen ergeben. Der sich ergebende Verstellbereich erschließt das entsprechende Potenzial, siehe ◘ Abb. 32.27:

Für den Endkunden ergeben sich hieraus deutliche Verbesserungen der vom Fahrwerk beeinflussten Eigenschaften. So werden je nach Fahrsituation die Fahrstabilität, die Agilität oder die Manövrierbarkeit optimiert. Fahrspaß, Komfort- und Sicherheitsempfinden werden verbessert, fahrdynamische Eigenschaften sind damit bewusster erlebbar.

32.6.1 Grundfunktionen und Kundennutzen

Es lassen sich die folgenden Zielsetzungen für den Einsatz der Hinterachslenkung unterscheiden, siehe ◘ Abb. 32.28:

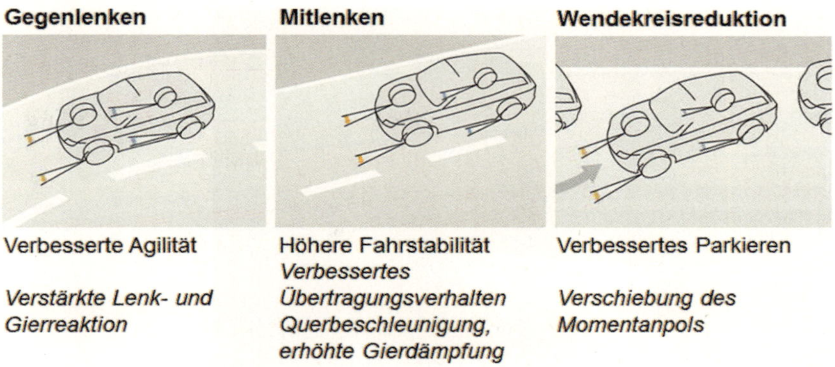

32.6 • Hinterachslenksysteme

Abb. 32.28 Funktionale Vorteile der Hinterachslenkung

Gegenlenken
Verbesserte Agilität
Verstärkte Lenk- und Gierreaktion

Mitlenken
Höhere Fahrstabilität
Verbessertes Übertragungsverhalten Querbeschleunigung, erhöhte Gierdämpfung

Wendekreisreduktion
Verbessertes Parkieren
Verschiebung des Momentanpols

- Wendekreisverringerung / Parkierunterstützung im Rangierbetrieb:
  Verbessertes Manövrieren und Parkieren
- Agilitätsverbesserung bei kleinen und mittleren Geschwindigkeiten:
  Verbessertes Handling, sportlicheres Fahrverhalten, weniger Lenkaufwand, damit höherer Komfort
- Stabilitätsverbesserung bei hohen Geschwindigkeiten:
  Deutlich erhöhte Fahrstabilität und -sicherheit, verbessertes subjektives Sicherheitsempfinden

32.6.2 Funktionsprinzip

Die Hinterachslenkung bietet grundsätzlich zwei Eingriffsmöglichkeiten (s. auch Abb. 32.28):

32.6.2.1 Gegenlenken

Beim Gegenlenken wird der Wendekreis verringert, es erfolgt eine Reduktion des notwendigen Lenkradwinkels. Fahrphysikalisch ergibt sich dies durch eine „virtuelle Radstandsverkürzung". Aus fahrdynamischer Sicht wird durch das Gegenlenken initial das wirkende Giermoment erhöht. Der Fahrer spürt eine verbesserte Manövrierbarkeit und Agilität.

32.6.2.2 Mitlenken

Im Falle des Mitlenkens kann eine deutliche Verbesserung der Fahrstabilität erfahren werden. Die Begründung liegt im synchronen Aufbau der Seitenführungskräfte an beiden Achsen, womit die Zeit bis zum Erreichen eines stationären querdynamischen Zustands reduziert wird. Ferner wird das Giermoment verringert und in seiner Dynamik begrenzt (weniger Überschwingen), was unmittelbar die Fahrsicherheit erhöht. Fahrphysikalisch liegt eine „virtuelle Radstandsverlängerung" vor.

32.6.2.3 Fahrdynamischer Grenzbereich

Das höchste Potenzial beim Lenken der Hinterräder kann im Grenzbereich beim Untersteuern genutzt werden. Die Hinterachse hat hier noch nicht ihre Haftgrenze erreicht und kann zusätzliche Seitenführungskräfte erzeugen. Hingegen ist beim Übersteuern ein Eingriff nicht sinnvoll, da sich die Hinterachse bereits an ihrer Haftgrenze befindet und kein Potenzial zur Erhöhung der Seitenführung besteht. Unterhalb des physikalischen Grenzbereichs können beide fahrdynamischen Situationen gleichermaßen korrigiert werden.

32.6.3 Systemgestaltung / Aufbau des Systems

Die am Markt befindlichen Systeme lassen sich nach zwei Grundtypen klassifizieren:

32.6.3.1 Zentralsteller-Systeme

Aufbau ähnlich der Vorderachslenkung mit einem zentral angeordneten Aktor, siehe Abb. 32.29. Die Hinterräder sind hier mechanisch gekoppelt.

32.6.3.2 Dual-Steller-Systeme

Aufbau mit zwei Radaktoren, die anstatt Spurstangen / Spurlenkern in der Achse verbaut werden.

Abb. 32.29 Zentralsteller-System (ZF Friedrichshafen AG)

Hier besteht keine mechanische Kopplung der Hinterräder.

32.6.3.3 Subsysteme

- Mechanik
  Gehäusebaugruppe, Übersetzungsstufe (z. B. Zahnriemen), Übertragungsgetriebe (z. B. Kugel- oder Trapezgewindetrieb) etc.
- Mechatronik
  Elektromotor, Sensoren, Kabelbäume / Steckverbindungen
- Elektrik / Elektronik
  Steuergerät mit Leistungselektronik
- Software
  Betriebssoftware (low-level), Lenkfunktion (high-level)

32.6.4 Vernetzung / erweiterte Funktionalität

Aufgrund der zunehmenden Anzahl aktiver fahrdynamischer Systeme wird auch deren intelligente Vernetzung zur Notwendigkeit. Hierdurch ergeben sich weitere funktionale Potenziale. Dies wird im Folgenden beispielhaft erläutert:

Elektrische Servolenkung

Die heute bereits verfügbaren Parkier-Assistenzsysteme können mithilfe der erhöhten Manövrierbarkeit durch Hinterachslenksysteme deutlich verbessert werden.

Aktivlenkungen

Durch funktionale Vernetzung von aktiver Vorderachslenkung (variable Übersetzung) und Hinterachslenkung kann das Gesamtlenkverhalten des

Fahrzeugs variabel von beiden Achsen bestimmt werden.

Elektronische Stabilitätssysteme (Bremse)

Auch die Funktion von Stabilitätsregelsystemen lässt sich durch die Hinterachslenkung erweitern. Lenkeingriffe können hier deutlich vor dem Grenzbereich (und damit auch vor dem Eingriff der Bremse), und für den Fahrer kaum wahrnehmbar, stattfinden. Hierbei wird von der sog. „sanften Stabilisierung" gesprochen.

Literatur

[1] VDI/GMA Fachtagung „Steuerung und Regelung von Fahrzeugen und Motoren AUTOREG 2004". 2. und 3. März 2004, Wiesloch, Deutschland. VDI Bericht Nr. 1828, S. 569–584
[2] Brenner, P.: Die elektrischen Komponenten der Aktivlenkung von ZF Lenksysteme GmbH, Tagung PKW-Lenksysteme – Vorbereitung auf die Technik von morgen. Haus der Technik e. V., Essen (2003)
[3] W. Reinelt, W. Klier, G. Reimann, W. Schuster, R. Großheim: Active Front Steering for passenger cars: Safety and Functionality. SAE World Congress, Steering & Suspension Technology Symposium. Detroit, USA, March 2004.
[4] Eckrich, M., Pischinger, M., Krenn, M., Bartz, R. und Munnix, P., Aktivlenkung – Anforderungen an Sicherheitstechnik und Entwicklungsprozess, Tagungsband Aachener Kolloquium Fahrzeug- und Motorentechnik 2002, pp. 1169 – 1183, 2002.
[5] Schöpfel, Armin; Stingl, Hanno; Schwarz, Ralf; Dick, Wolfgang; Biesalski: Audi drive select. ATZ und MTZ Sonderausgabe – Der neue Audi A4, Vieweg Verlag, September 2007
[6] Werkstatt-Unterlagen Lexus LX470

Mensch-Maschine-Schnittstelle für Fahrerassistenzsysteme

Kapitel 33 Nutzergerechte Entwicklung der Mensch-Maschine-Interaktion von Fahrerassistenzsystemen – 621
Winfried König

Kapitel 34 Gestaltung von Mensch-Maschine-Schnittstellen – 633
Ralph Bruder, Muriel Didier

Kapitel 35 Bedienelemente – 647
Klaus Bengler, Matthias Pfromm, Ralph Bruder

Kapitel 36 Anzeigen für Fahrerassistenzsysteme – 659
Peter Knoll

Kapitel 37 Fahrerwarnelemente – 675
Norbert Fecher, Jens Hoffmann

Kapitel 38 Fahrerzustandserkennung – 687
Ingmar Langer, Bettina Abendroth, Ralph Bruder

Kapitel 39 Fahrerabsichtserkennung und Risikobewertung – 701
Martin Liebner, Felix Klanner

Nutzergerechte Entwicklung der Mensch-Maschine-Interaktion von Fahrerassistenzsystemen

Winfried König

33.1 Übersicht – 622

33.2 Fragestellungen bei der Entwicklung der Mensch-Maschine-Interaktion (HMI) von FAS – 622

33.3 Systematische Entwicklung des HMI von FAS – 627

33.4 Bewertung von FAS-Gestaltungen – 630

33.5 Zusammenfassung – 632

Literatur – 632

33.1 Übersicht

Durch langjährige Forschungen bei Kfz-Herstellern, Zulieferfirmen und an Hochschulen sind umfangreiche, aber dennoch lückenhafte Erkenntnisse über das Zusammenspiel zwischen Fahrerinformationssystemen (FIS), Fahrerassistenzsystemen (FAS) und deren Nutzern gewonnen worden. In deutschen und internationalen Projekten wie z. B. PROMETHEUS, DRIVE, MOTIV, INVENT, RESPONSE und AKTIV haben sich Kfz-Hersteller, Zulieferfirmen, Hochschulen und weitere staatliche und private Forschungseinrichtungen zusammengefunden, um die vorwettbewerbliche Forschung für derartige Systeme voranzutreiben. Im folgenden Kapitel sollen einige der gewonnenen Kenntnisse dargelegt werden, um die Entwicklung des HMI von FAS zu erleichtern.

Im ersten Abschnitt soll das Zusammenspiel Mensch-Fahrzeug-Umwelt prinzipiell erläutert und die Bereiche erwähnt werden, bei denen eine Unterstützung des Fahrers sinnvoll erscheint. Im zweiten Abschnitt wird auf einige Probleme eingegangen, die in unterschiedlicher Form und Intensität bei allen FAS auftreten und die deshalb gemeinsam betrachtet werden können. Ein bewährter Weg in der Entwicklung von FAS und die Einbettung der HMI-Fragen werden im dritten Abschnitt dargestellt. Im letzten Abschnitt wird auf die Bewertung der HMI von bereits realisierten und geplanten FAS eingegangen.

33.2 Fragestellungen bei der Entwicklung der Mensch-Maschine-Interaktion (HMI) von FAS

Der Fahrer, das Fahrzeug mit Fahrerassistenzsystemen und die Umgebung des Fahrzeugs wirken in Raum und Zeit eng zusammen. Deshalb können diese Systeme nicht allein aus technischer Sicht gestaltet werden, vielmehr sind die Gewohnheiten, die Fähigkeiten, aber auch die Defizite der Fahrer neben anderen Faktoren zu betrachten. Nur dann sind eine Verbesserung der Sicherheit, des Komforts und letztendlich die Bereitschaft zum Kauf dieser Systeme zu erreichen.

33.2.1 Unterstützung durch FAS

Fahrerassistenzsysteme können auf allen Ebenen der Fahrzeugführung – Stabilisierung, Bahnführung, Navigation und Nebentätigkeiten – unterstützen und unterschiedliche Teilaufgaben des Nutzers übernehmen. Ihr Beitrag kann vom einfachen Informieren, der Analyse einer Situation, ihrer Bewertung, über die Auswahl einer Aktion bis hin zur selbsttätigen Durchführung dieser Aktion reichen. Dabei muss sichergestellt werden, dass der Fahrer immer Herr der Situation bleiben kann. Im Detail ist ebenfalls zu klären, bei wem die Verantwortung im Einzelfall liegt. Als Basis derartiger Überlegungen ist, wie im folgenden Kapitel erläutert, die „Vienna Convention on Road Traffic" [1] zu beachten.

Um den Bedarf und die Möglichkeiten einer Unterstützung des Fahrers zu erforschen, sind fundierte Kenntnisse über das Verhalten von Fahrern im Straßenverkehr in unterschiedlichsten Fahrsituationen notwendig. Dies betrifft den Extremfall des Unfalls, aber auch das „normale" Fahren, bei dem die Fahrer sich bedingt auch außerhalb der Straßenverkehrsordnung bewegen, sich umfangreichen Nebentätigkeiten zuwenden und schwierige Verkehrssituationen dennoch meist erfolgreich meistern. Der Ablauf und das Fahrerverhalten bei Unfällen wird in Deutschland in der Datenbank GIDAS (German in-depth accident study) [2] erfasst, in der Datensätze von mehr als 20 000 Unfällen (Stand: Juli 2012) abgelegt sind. Über das „normale Fahren" gibt es noch geringere Kenntnisse; erste Projekte zum Sammeln derartiger Daten sind in den USA und in Europa abgeschlossen [3, 4].

33.2.2 Leistungen und Grenzen der FAS

Bei der Gestaltung eines FAS müssen die relevanten Parameter von Fahrer, Fahrzeug und Umfeld für die jeweiligen Funktionen des FAS identifiziert, quantifiziert und beschrieben werden, siehe ◘ Abb. 33.1. Es muss klar festgehalten werden, welche Leistungen das FAS in welcher Situation erbringen kann und wo seine Grenzen liegen. Das Kennen und Verinnerlichen dieser Grenzen ist wesentlicher Bestandteil des Vorgangs, bei dem der Fahrer das FAS „erlernt".

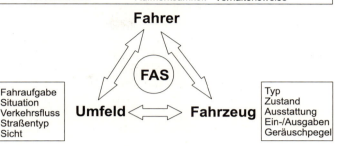

Abb. 33.1 Zusammenwirken von Fahrer, Fahrzeug mit FAS und Umfeld

33.2.3 Benötigte Kompetenzen und Fachbereiche

Bei der kompetenten und verantwortungsbewussten Entwicklung des HMI eines FAS müssen neben dem Fachwissen und den Methoden des Ingenieurs auch sozialwissenschaftliche Methoden und Erkenntnisse eingesetzt werden, um die Bedürfnisse und das Verhalten des Fahrers angemessen einbeziehen zu können. Deshalb hat es sich bewährt, die Entwicklung in einem interdisziplinären Team („Human Engineering Team") durchzuführen, in dem neben Ingenieuren zumindest Psychologen permanent vertreten sein sollten. Weitere spezielle Fachkompetenz muss fallweise eingebunden werden.

33.2.4 Einflussfaktoren bei der Entwicklung von FAS

Neben den einzelnen Funktionen eines FAS, die systematisch und umfassend beschrieben sein müssen, sind weitere Einflussfaktoren zu betrachten: Eine bestimmte Funktion ist unterschiedlich zu gestalten, je nachdem, ob ihre Nutzung durch den Fahrer ausschließlich im Stand oder auch während der Fahrt vorgesehen ist, siehe ◘ Abb. 33.2. Die Gefahren einer Abwendung der Aufmerksamkeit und die Forderung nach Unterbrechbarkeit des Dialogs zwischen Fahrer und FAS seien hier erwähnt. Auch das breite Spektrum der Fähigkeiten unterschiedlicher Nutzergruppen ist von Belang. Physiologische und kognitive Defizite älterer Fahrer, geringe Antizipation von Risikosituationen und erhöhte Risikobereitschaft jüngerer Fahrer können als Beispiele dienen. Nationale und internationale Vorschriften, Richtlinien und Normen müssen berücksichtigt werden, da sie z. B. Mindestforderungen an die Gebrauchstauglichkeit stellen. Auch ein Mindestmaß an Harmonisierung ist notwendig, sodass Fahrer grundlegende Funktionen ohne hohen Lernaufwand nutzen können. Dagegen abzuwägen ist der Wunsch des Wettbewerbers, sich auf dem Markt durch eine markante, „innovative" Gestaltung zu platzieren.

33.2.5 Interaktionskanäle zwischen Fahrer, FAS und Fahrzeug

Der Mensch erkennt seine Umwelt überwiegend mit Hilfe des Sehsinns, siehe ◘ Abb. 33.3. Andere Verkehrsteilnehmer, ihre Position, ihr vermutetes Verhalten, die Fahrspur und der Fahrstreifen, aber auch Objekte im Straßenraum werden mit dem Sehapparat und der dahinter liegenden höchst leistungsfähigen Bildverarbeitung des Menschen entdeckt, ausgewählt und von weiteren Strukturen im Gehirn hinsichtlich ihrer Relevanz und Weiterentwicklung bewertet. Auch die Infrastruktur im Straßenverkehr ist für den Sehsinn ausgelegt: Verkehrszeichen vermitteln Regeln, Markierungen grenzen Fahrstreifen voneinander ab, Blinker zeigen eine Fahrtrichtungsänderung an, Bremslichter warnen vor verzögernden Fahrzeugen. Somit ist der visuelle Kanal auch bei FAS von großer Bedeutung. Im sichtbaren Bereich des Spektrums, aber auch im nahen und fernen Infrarot- sowie im UV-Bereich gewinnen FAS Informationen mittels Kameras und

Abb. 33.2 Einflussfaktoren bei der Entwicklung von FAS

Bildverarbeitung und auch mittels anderer optischer Sensoren. Für die Kommunikation mit anderen Verkehrsteilnehmern, insbesondere für das Anzeigen und Signalisieren von Gefahr, wird vom Menschen und von FAS überwiegend der akustische Kanal genutzt. Dazu gehört die Eingabe von Kommandos über Spracheingabesysteme sowie die Ausgabe von Warnhinweisen und Information vom FAS an den Fahrer mittels Signaltönen, Geräuschen und Sprachausgabe. Der haptische Kanal dient zur Eingabe von Kommandos über Hand und Fuß, in umgekehrter Richtung nutzen FAS diesen Kanal zur Rückmeldung durch Gegenkräfte (Force Feedback) an Pedalen, Lenkrad und „haptischen Stellern".

33.2.6 Änderung der Beziehung Fahrer-Fahrzeug durch FAS

Benutzt ein Fahrer ein Assistenzsystem, welches direkt in das Fahrgeschehen eingreift (z. B. ACC mit Teilübernahme der Längsführungsaufgabe oder eine Stop&Go-Funktion), so bedeutet dies eine fundamentale Veränderung seiner Aufgabe der Fahrzeugführung. Teile der bisherigen Fahraufgabe können an das Assistenzsystem delegiert werden; hierauf beruht der Entlastungseffekt dieser Systeme mit positiven Auswirkungen auch auf die Verkehrssicherheit. Die verbleibende Aufgabe enthält nunmehr weniger regelnde und mehr überwachende Anteile. Als schwierig kann sich für den Fahrer erweisen, dass er in unterschiedlichen Situationen, wenn das FAS an seine Funktionsgrenzen gerät, auf angemessene Weise die Funktion wieder übernehmen muss. Es besteht die Gefahr, dass der Fahrer, wenn er lange Zeit aus dem Regelkreis genommen ist, die Fertigkeit für diese Funktion verliert. Es könnte auch sein, dass sich sein Bewusstsein für die Fahrsituation verschlechtert, wenn er nicht permanent die für die Funktion wichtigen Details der Fahrsituation verfolgt.

Das Assistenzsystem zeigt ein eigenständiges Fahrverhalten, welches möglicherweise vom eigenen Fahrverhalten des Fahrers abweicht. Abhängig vom Automatisierungsgrad kann sich der Fahrer dadurch zeitweise mehr oder weniger in eine Art Beifahrersituation versetzt fühlen. Die Qualität dieses Zusammenwirkens zwischen Fahrer und Assistenzsystem bestimmt weitestgehend die Akzeptanz der Systeme.

33.2.7 Situationsbewusstsein und Absicht des Fahrers

Zur Erfassung der Verkehrssituation besitzt das System Sensoren, deren Erfassungsbereiche normalerweise nicht mit denen der menschlichen Sinnesorgane übereinstimmen. Die Grenzen der Sensoren und der Signalverarbeitung sind wesentlich für die Funktionalität eines FAS. Sind diese Grenzen für den Fahrer nicht verständlich, wird es für ihn schwierig, das System wie vom Hersteller vorgesehen zu nutzen.

Auch das beabsichtigte Verhalten anderer Verkehrsteilnehmer ist wichtig, um eine angemessene Strategie für das eigene Fahrverhalten in einer bestimmten Verkehrsituation zu entwickeln. Dazu gehört die Erwartung, dass sich andere Verkehrsteilnehmer meist an Regeln halten; erfahrene Fahrer sind aber auch in der Lage, nicht regelkon-

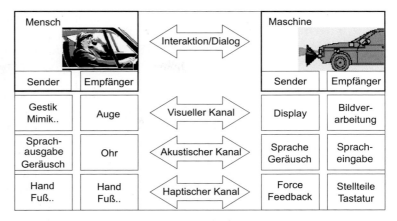

Abb. 33.3 Interaktionskanäle zwischen Fahrer und FAS

formes Verhalten anderer voraus zu ahnen, bevor sich hieraus eine Konfliktsituation entwickelt hat. Diese Fähigkeit kann als „Situationsbewusstsein des Fahrers" (Situation Awareness) bezeichnet werden. Sie ist beim Autofahren insbesondere hinsichtlich der Durchführung von Nebentätigkeiten von Bedeutung. „Situationsbewusste" Fahrer wenden sich derartigen Tätigkeiten nur zu, wenn ihre Einschätzung der Verkehrssituation dies erlaubt; sie kontrollieren deren Entwicklung durch kurze Blicke und brechen sie ab, wenn die Schwierigkeit der Situation dies verlangt. Problematisch ist es, bei der Einschätzung der Situation die richtigen Hinweise wahrzunehmen. Es hat sich gezeigt, dass durch die Kontrollblicke des Fahrers während einer Nebentätigkeit vor allem die Entwicklung dieser vorab als wichtig eingeschätzten Hinweise weiter verfolgt wird; andere werden oft ausgeblendet. Ein derartiges Situationsbewusstsein kann von technischen Systemen bisher nur sehr begrenzt entwickelt werden und entfällt deshalb bei der Planung einer angemessenen Aktion des Systems. Fahrerassistenzsysteme, welche zunehmend autonom handeln, z. B. Notbremsungen einleiten, benötigen ihrerseits ein angemessenes „Bewusstsein" der Situation, um nicht gegen die Intention des verantwortlichen Fahrers zu agieren. Dazu gehören neben der Erfassung des Fahrzeugumfeldes und anderer Verkehrsteilnehmer auch die Absicht des Fahrers. Es könnte sein, dass er ein vom Fahrzeug eingeleitetes Manöver verstärken oder abbrechen möchte, dass er einen Fahrstreifenwechsel plant oder einem Hindernis ausweichen möchte (siehe auch ▶ Kap. 3).

33.2.8 Inneres Modell

Mit zunehmender Funktionalität der Assistenzsysteme und damit zunehmender Entlastungswirkung steigt auch die Komplexität der Systeme mit der Gefahr, vom Fahrer nicht mehr verstanden zu werden. Es ist möglich, dass ein Fahrer beispielsweise die Funktionen eines Geschwindigkeitsregelungssystems verstanden hat oder diese zumindest problemlos nutzen kann. Die zusätzlichen Funktionen eines ACC-Systems und insbesondere dessen Funktionsgrenzen muss er jedoch neu erlernen. Dies gilt in gleicher Weise für die Weiterentwicklung des Systems hin zu einem ACC mit Stop&Go-Funktion und zusätzlicher Querführungsunterstützung. Es muss in jedem Fall durch Produktinformation oder andere Mittel, z. B. durch einen „Demonstrationsmode", sichergestellt werden, dass der Fahrer ein angemessenes „inneres Modell" der Systeme aufbauen kann. Dieses Modell muss keinesfalls ein physikalisch korrektes Abbild der Funktionsweise darstellen; es kann durchaus aus Bildern und Metaphern aus der Erfahrung des Nutzers bestehen. Entscheidend ist, dass das Modell die für ihn wichtigen Funktionen, die Meldungen und Warnungen und die Funktionsgrenzen enthält. Insbesondere bei Funktionen, die selten verwendet werden, oder Meldungen und Warnungen, die sehr selten auftreten, muss dem Fahrer Hilfestellung gegeben werden, um diese kennen zu lernen und sie in sein inneres Modell des Systems einzubauen. Insbesondere das Verhalten in Gefahrensituationen kann real nicht erlernt werden; hier sollte über den Einsatz von Simulatoren im Lernprozess nachgedacht werden.

33.2.9 Entlastung oder Belastung durch FIS und FAS?

Eine Grundregel bei der Gestaltung von Mensch-Maschine-Systemen ist es, sowohl eine Überforderung als auch eine Unterforderung des Menschen zu vermeiden. Es ist zu bedenken, dass die Interaktion des Fahrers mit dem FIS/FAS ein gewisses Maß seiner geistigen Kapazität bindet. Dies stellt prinzipiell eine Zusatzbelastung dar, die durch die entlastende Wirkung des FAS übertroffen werden soll.

In mehreren Projekten (z. B. SANTOS [5], COMUNICAR [6]) wurde versucht, die Interaktion so zu gestalten, dass die Gesamtbelastung aus der Fahraufgabe und möglichen Nebentätigkeiten des Fahrers ein bestimmtes Maß nicht überschreitet. Dazu wurden Schätzungen der Belastung durch die Verkehrskomplexität, durch Nebentätigkeiten wie z. B. Gespräche mit Beifahrern zusammengeführt mit einer Schätzung der momentanen Leistungsfähigkeit des Fahrers. Auch die Anpassung des Verhaltens eines FAS an die individuelle Leistungsfähigkeit und Präferenzen eines bestimmten Fahrers (Personalisierung) ist Gegenstand mehrerer Projekte.

Geht die Entlastung des Fahrers durch die genutzten Funktionen der FAS zu weit, besteht die Gefahr, dass dieser ermüdet. Es ist auch der Frage nachzugehen, ob er die Entlastung für irrelevante Tätigkeiten nutzt und seine Aufmerksamkeit vom Verkehrsgeschehen abzieht. Auch eine Kompensation der Entlastung durch riskanteres Fahren ist in Betracht zu ziehen und sollte im Entwicklungsprozess sorgfältig untersucht werden.

33.2.10 Verantwortung des Fahrers

Nach heutigem Stand der Diskussion in Fachkreisen ist es unumgänglich, dass der Fahrer die Verantwortung für die Fahrzeugführung auch bei Einsatz von FAS behalten muss.

Diese Forderung ist bereits in der „Convention on Road Traffic" vom 8.11.1968 enthalten [1]. Dort heißt es in Chapter II, Article 8.5: „*Every driver shall at all times be able to control his vehicle or to guide his animals*" sowie in Article 13.1: „*Every driver of a vehicle shall in all circumstances have his vehicle under control so as to be able to exercise due and proper care and to be at all times in a position to perform all manoeuvres required of him. He shall, when adjusting the speed of his vehicle, pay constant regard to the circumstances, in particular the lie of the land, the state of the road, the condition and load of his vehicle, the weather conditions and the density of traffic, so as to be able to stop his vehicle within his range of forward vision and short of any foreseeable obstruction. He shall slow down and if necessary stop whenever circumstances so require, and particularly when visibility is not good.*" Die Konsequenzen dieser Forderung für die Auslegung von eingreifenden FAS sind in der Fachwelt in der Diskussion. Es existiert z. B. die Meinung, dass Systeme, die vom Fahrer nicht übersteuert werden können, grundsätzlich nicht zulässig seien. Dies betrifft sowohl Notbremssysteme als auch geschwindigkeitsbegrenzende Systeme. Andere Fachleute meinen, dass die „Vienna Convention on Road Traffic" ausreichend Spielraum biete und z. B. Notbremssysteme bei richtiger Auslegung durchaus zulassungsfähig seien. Die Frage nach der Verantwortung stellt sich auch bei sogenannten kooperativen FAS. Sie tauschen mit anderen Verkehrsteilnehmern und der Straßeninfrastruktur Daten aus und werden durch diese Daten in ihrem Verhalten beeinflusst. Ein Beispiel ist das bereits genannte geschwindigkeitsbegrenzende System, das von außen in das Fahrzeug eingreift. Sind derartige Eingriffe in mein Fahrzeug autorisiert, sind die zugrunde liegenden Daten zuverlässig, wer trägt die Verantwortung für das Verhalten meines Fahrzeugs? Eine Änderung der „Vienna Convention on Road Traffic" würde aufgrund ihrer weltweiten Geltung erhebliche Anstrengungen erfordern und – zumindest teilweise – eine Verlagerung der Verantwortung vom Fahrer zum Hersteller oder Zulieferer bedeuten. Vor diesem Hintergrund sollten FAS derart gestaltet werden, dass ihre Aktionen vom Fahrer jederzeit übersteuert werden können. Dies wiederum verlangt eine Gestaltung, die dem Fahrer den momentanen Zustand eines FAS transparent macht, so dass er ein angemessenes „inneres Modell" des Systemverhaltens aufbauen und pflegen kann.

33.2.11 Stärken von Mensch und Maschine

Weiterhin wird die Auffassung vertreten, dass es sinnvoll ist, einem FAS die Aufgaben zu übertragen, für die der Mensch aufgrund seiner Fähigkeiten weniger geeignet ist. Dies sind Routineaufgaben, „einfache", aber zeitkritische Aufgaben, Sehen bei Nacht und schlechter Witterung, Schätzen von Entfernungen und Geschwindigkeitsdifferenzen und permanentes Abstandhalten. Es entsteht bei dieser Aufgabenteilung aber das grundsätzliche Problem, dass ein FAS mit zunehmender „Perfektion" in immer mehr Situationen eine bestimmte Aufgabe lösen kann, sodass der Fahrer zunehmend seltener zum Eingreifen veranlasst wird – dies aber in den verbleibenden, schwierigsten Situationen tun muss.

33.3 Systematische Entwicklung des HMI von FAS

33.3.1 Die Entwicklung des HMI im FAS-Entwicklungsprozess

Um die Bedürfnisse, Möglichkeiten und Grenzen der Nutzer in angemessener Weise zu berücksichtigen, müssen in jeder Phase der Entwicklung von FAS neben Fachleuten für die Technik HMI-Experten mit geeigneten Verfahren einbezogen werden. Bereits zu Beginn, in der Phase der Ideenfindung, stehen die Bedürfnisse der Nutzer im Mittelpunkt der Überlegungen. Es folgt eine präzise, strukturierte Beschreibung der Leistungen des Systems und der Umstände, unter denen diese erbracht werden können. Zur Untersuchung möglicher Auswirkungen beim Einsatz derartiger Systeme werden Fragenkataloge benutzt, wie sie z. B. in dem EU-Projekt RESPONSE [7] entwickelt wurden. Es folgen Tests mit repräsentativen Nutzern in der sicheren Umgebung des Labors und im Simulator. In diesem Stadium steht oft noch kein reales HMI des FAS, sondern eine Simulation oder ein virtueller Prototyp zu Verfügung. Mit zunehmender Reife eines Systems und wachsender Erfahrung seiner Auswirkungen auf die Nutzer sind Fahrversuche im Testgelände und später im realen Verkehr möglich. Zunächst beginnt man aus Gründen der Sicherheit und Wirtschaftlichkeit mit erfahrenen Experten, später werden ausgewählte Nutzergruppen eingesetzt. Sobald ein Produkt im Markt eingeführt wird, entstehen weitere Erfahrungswerte, die von HMI-Experten erfasst und ausgewertet werden. All diese Prozessschritte enthalten Iterationen, falls Modifikationen und Verbesserungen eines Systems erforderlich werden.

33.3.2 Unterstützungsbedarf des Fahrers

Ideen für sinnvolle und hoffentlich am Markt erfolgreiche FAS können aus der Information verschiedener Quellen systematisch entwickelt werden. Dazu gehören explizite Kundenwünsche, wie sie Fahrzeughersteller über ihre Verkaufsorganisationen sammeln und auswerten. Auch die Analyse von Unfalldaten, die z. B. aus der GIDAS-Datenbank [2] entnommen werden, direkte Feldbeobachtungen oder die Befragungen von Nutzergruppen sind übliche Zugangswege.

Um die Vielfalt von Benutzergruppen und möglichen Situationen zu reduzieren, hat es sich als sinnvoll erwiesen, bestimmte Nutzertypen und Fahrsituationen zu definieren und auszuwählen. Ein Nutzertyp kann beispielsweise eine „Mutter mit Kind" sein, die entsprechende Fahrsituation die „Einfahrt in eine Tiefgarage" im „Familienvan". Auch die Untersuchung einer Abfolge von Situationen, wie sie z. B. bei einer „Urlaubsfahrt mit Familie in ein Hotel in Spanien" auftreten, kann Hinweise auf einen bisher nicht identifizierten Bedarf an Unterstützung durch FAS geben.

33.3.3 Leitlinien zur Entwicklung von FIS und FAS

33.3.3.1 Leitlinie für FAS – RESPONSE Code of Practice (CoP)

In dem europäischen Projekt RESPONSE wurde durch eine Gruppe aus Kfz-Herstellern, Zulieferern, Behörden, Forschungsinstituten und Anwaltskanzleien die Verantwortung von Herstellern, Nutzern und des Gesetzgebers bei der Entwicklung und Nutzung von FAS untersucht. Die Ergebnisse mündeten in einer Leitlinie, die inzwischen bei vielen Herstellern innerhalb ihres Entwicklungsprozesses angewandt wird oder bereits vorhandene firmeninterne Prozeduren ergänzt. Wesentliche Punkte sind die Kontrollierbarkeit und Übersteuerbarkeit einer Systemaktion durch den Fahrer.

33.3.3.2 Unterscheidung der Systeme

In RESPONSE wurde unterschieden zwischen Informations- und Warnsystemen, eingreifenden Systemen, die der Fahrer jederzeit überstimmen kann, und Systemen, die der Fahrer aufgrund ihrer Auslegung oder seiner psychomotorischen Grenzen nicht überstimmen kann.

In dem Projekt lag der Fokus vor allem auf eingreifenden Systemen (Advanced Driver Assistance Systems, ADAS genannt), die eine intensive und sicherheitskritische Interaktion zwischen Fahrer, System und Fahrzeugumfeld aufweisen. Bei diesen Systemen müssen im Entwicklungsprozess nicht nur mögliche Fehler bei der Spezifikation, der Herstellung und Integration betrachtet werden, sondern auch vorhersehbare Fehler beim Gebrauch oder Missbrauch der Systeme durch den Nutzer.

33.3.3.3 Kontrollierbarkeit bei eingreifenden Systemen

In RESPONSE wurde erkannt, dass ein FAS aus Sicht des Gesetzgebers und des Nutzers nur dann zu handhaben ist, wenn es vom Nutzer jederzeit kontrolliert oder von ihm überstimmt werden kann. Bei diesen Systemen muss die Zuweisung der Verantwortung im Einzelfall genau untersucht und festgelegt werden. Wichtig sind dabei die Funktionsgrenzen des Systems, die Wahrnehmung des Fahrers von Warnungen und Grenzen sowie das möglicherweise zu erwartende Verhalten des Fahrers. Auch Fehlfunktionen des FAS können zu einer Haftung des Herstellers führen. Die Beurteilung der Risiken durch falschen Gebrauch oder Missbrauch des FAS durch den Nutzer ist anspruchsvoll. Man muss die Erwartungen der Nutzer an das System kennen, ebenso wie seine Möglichkeiten, das System zu missbrauchen. Wird der Fahrer beispielsweise einem Lenkeingriff eines FAS entgegenarbeiten, um einem Hindernis auszuweichen? Umgekehrt kann es schwierig sein zu erkennen, ob ein Fahrer ein FAS überstimmen möchte, weil er in einer kritischen Situation eine andere Aktion als die des FAS möglicherweise für erfolgversprechender hält, oder ob seine Aktion unbewusst im Schreck geschieht. Ein vorhersehbarer Missbrauch könnte z. B. darin liegen, dass er seine Entlastung bei der Querführung des Fahrzeugs durch ein Spurführungssystem verwendet, um sich in nicht akzeptablem Umfang Nebentätigkeiten zuzuwenden.

33.3.3.4 Fehler bei informierenden Systemen

Bei Informations- und Warnsystemen verbleibt die Führung des Fahrzeugs vollständig in der Hand und Verantwortung des Fahrers. Es ist aber möglich, dass die Information oder Warnung des Systems fehlerhaft oder ungenau ist. In diesem Fall ist auch die Verantwortung des Herstellers oder Informationsanbieters in Betracht zu ziehen.

33.3.3.5 Fragenkataloge des Code of Practice

Im Projekt wurde auch ein detaillierter Fragenkatalog zur Spezifikation des FAS entwickelt (Checklist A). Darin finden sich Fragen zur Aufgabe, welche das FAS lösen soll, zur Nutzergruppe, zum Fahrzeugtyp und zum Markt, in denen das FAS eingesetzt werden soll. Auch die Sensoren, die Fahrsituation, mögliche Risiken im Gebrauch, die geplante Information des Nutzers über das System sowie Themen wie Instandhaltung und Reparatur werden mit Hilfe präziser Fragen spezifiziert. Eine zweiter Fragenkatalog (Checklist B) befasst sich mit den Auswirkungen des FAS auf den Fahrer und den Straßenverkehr.

33.3.4 Richtlinien für FIS – „European Statements of Principles on HMI" (ESoP)

Die zunehmende Ausstattung von Fahrzeugen mit Fahrerinformations- und Telematiksystemen hat in der EU die Frage nach dem Bedarf nach einer Regelung für die Gestaltung von FIS aufgeworfen. In einer Expertenkommission wurden die Richtlinien „European Statements of Principles on Human Machine Interface" erarbeitet und am 22.12.2006 veröffentlicht [8]. Sie gelten für alle Partner in der Wertschöpfungskette dieser Systeme, vom Hersteller der Hardware, der Software, über die Datenlieferanten und die Kfz-Hersteller bis hin zu den Endkunden. Bei nachrüstbaren Systemen wurden auch die Importeure und Händler mit ihrer individuellen Verantwortung mit einbezogen. Es ist die Absicht der EU, dass diese Richtlinien in Form einer freiwilligen Selbstverpflichtung der betroffenen Partner in den jeweiligen Staaten vereinbart werden.

Die Richtlinien wurden zunächst auf FIS beschränkt; es sei aber angemerkt, dass viele dieser Prinzipien sinngemäß auch auf FAS angewendet werden können. Das übergeordnete Ziel ist es, dass der Fahrer durch FIS nicht abgelenkt, überbeansprucht oder gestört werden soll. Die Richtlinien sollen zukünftige Technologien nicht blockieren; aus diesem Grund sind sie unabhängig von speziellen Technologien formuliert. Die enthaltenen Grundsätze und Empfehlungen werden jeweils durch eine Erklärung sowie durch positive und negative Beispiele erläutert.

In den Richtlinien sind allgemeine Entwicklungsziele vorangestellt, so z. B.:
- Das System ist so zu gestalten, dass es den Fahrer unterstützt und nicht zu einem potenziell gefährdenden Verhalten des Fahrers oder anderer Verkehrsteilnehmer Anlass gibt.
- Die Aufteilung der Aufmerksamkeit des Fahrers während der Interaktion mit Anzeigen und Bedienteilen des Systems bleibt mit dem in der jeweiligen Verkehrssituation gegebenen Aufmerksamkeitsbedarf vereinbar.
- Das System lenkt nicht ab und dient nicht zur visuellen Unterhaltung des Fahrers.
- Das System zeigt dem Fahrer keine Information an, die ein möglicherweise gefährliches Verhalten des Fahrers oder anderer Verkehrsteilnehmer zur Folge haben könnte.
- Schnittstellen der Systeme und Schnittstellen mit anderen Systemen, die zur gleichzeitigen Nutzung durch den Fahrer während der Fahrt vorgesehen sind, müssen einheitlich und kompatibel gestaltet sein.

Fünf weitere Grundsätze fordern eine sichere Installation, bei der alle optischen Anzeigen gut ablesbar sind, und bei der keine Behinderung der Sicht oder des Greifraums des Fahrers erfolgt. Auch für die Interaktion mit Anzeigen und Bedienteilen, für das Systemverhalten und die Informationen für den Nutzer über das System sowie die sichere Nutzung werden Hinweise gegeben. Sie richten sich an Verkäufer, Mietwagenfirmen, an den Arbeitgeber professioneller Fahrer sowie an den Fahrer selbst.

33.3.5 Normen zur Gestaltung von FIS und FAS

CoP und ESoP enthalten Forderungen und Methoden; konkrete Zahlenwerte und Messverfahren sind hingegen nicht enthalten. Sie verweisen deshalb auf bestehende oder in der Entwicklung befindliche Normen, die sich mit einzelnen FAS oder mit übergreifenden Konzepten wie der Gestaltung von Anzeigen, Warnungen oder Dialogen befassen.

Normen setzen Mindestforderungen; jeder Hersteller, der ein überlegenes Produkt anbieten möchte, wird die Forderungen einer Norm übertreffen wollen. Normen sind keine Gesetze, jedoch für den Hersteller weitgehend verbindliche Richtlinien. Kommt es zu Rechtsstreitigkeiten, werden Normen als Stand der Technik herangezogen. Normen sollen den technischen Fortschritt nicht behindern. Sie definieren deshalb meist nicht, wie ein bestimmtes System gestaltet sein muss („Design Standard") sondern legen fest, welche Leistungen ein bestimmtes System erbringen soll („Performance Standard"). Auch eine markenspezifische Gestaltung soll nicht verhindert werden, solange dem Benutzer daraus, z. B. beim Wechsel von Fahrzeug zu Fahrzeug, kein Sicherheitsrisiko erwächst.

33.3.6 Entwicklung von Normen

Internationale Normen werden in der ISO („International Standardisation Organisation") entwickelt, nationale deutsche Normen im DIN. Zusätzlich zu den ISO-Normen werden in den USA für den US-Markt SAE-Standards und in Japan JAMA-Standards für den japanischen Markt entwickelt. In der Regel wird versucht, diese nationalen Standards den ISO-Normen anzugleichen.

33.3.7 ISO-Normen zu HMI im Kfz

In der ISO Arbeitsgruppe TC22/SC13/WG8 werden Normen erarbeitet, die für die Interaktion zwischen Fahrer und Fahrerinformationssystemen (FIS) im Fahrzeug von Bedeutung sind. Sie betreffen z. B. die Gestaltung des Dialogs zwischen Fahrer und System, die Gestaltung auditiver Information, von

Bedienteilen und visueller Information. Diese Normen betreffen nicht nur einzelne FIS, sondern sollen auf alle unterschiedlichen Systeme innerhalb eines Fahrzeugs angewandt werden. Sinngemäß können sie auch auf die Interaktion eines Fahrers mit einem FAS Anwendung finden.

Zum Beispiel enthält die Norm ISO15008 [9] Forderungen über die Darstellung von Information im Fahrzeug mittels optischer Anzeigen. Dies betrifft z. B. den Beobachtungsbereich und die Lichtverhältnisse, unter denen der Fahrer die Anzeige ablesen können muss. Die Mindestkontraste, welche notwendig für eine gute Ablesbarkeit sind, werden festgelegt, ebenso die Mindestgröße von alphanumerischen Zeichen. Auch die Forderung nach Vermeidung von Reflexionen oder Spiegelungen sind enthalten. Für diese Forderungen werden, soweit sinnvoll, auch Messmethoden festgelegt. Weitere Dokumente, die bereits gültig oder noch in Entwicklung sind, betreffen das Management von Dialogen des Fahrers mit dem System (ISO15005) [10], die Gestaltung akustischer Signale im Fahrzeug (ISO15006) [11] und die Messung des Blickverhaltens des Fahrers (ISO15007) [12].

33.4 Bewertung von FAS-Gestaltungen

33.4.1 Bewertungsverfahren

In den verschiedenen Stadien der Entwicklung eines FAS muss die Einhaltung der Grundsätze systematisch überprüft werden. Mit zunehmender Reife eines FAS und der damit zur Verfügung stehenden Realisierung des HMI können unterschiedliche Bewertungsverfahren eingesetzt werden.

Bereits bei der Ermittlung des Unterstützungsbedarfs können Ideen für ein FAS aufbereitet und Nutzergruppen beispielsweise in einer Gruppendiskussion vorgelegt werden. Das Grundproblem dabei ist, diese Aufbereitung verständlich zu gestalten und die Leistungen und Grenzen des FAS klar zu vermitteln. Auch wenn dies anschaulich geschieht, können die Äußerungen dieser potenziellen Nutzer nur als Hinweis gewertet werden, insbesondere wenn der Umgang mit dem System „intuitiv" erfolgen wird.

Es ist auch für HMI-Experten unmöglich, beispielsweise ein ACC-System vollständig zu beurteilen, solange sie keine „Erfahrung" damit gesammelt haben.

33.4.2 Instrumente zur Beurteilung des Fahrerverhaltens

Sobald eine Simulation oder ein Prototyp eines FAS vorliegt, können im Labor, im Fahrsimulator und später im Fahrversuch der Umgang des Nutzers mit dem System und eventuelle Auswirkungen auf das Fahr- und Fahrerverhalten untersucht werden, siehe ◘ Abb. 33.4. Dazu gehört die Ermittlung und Bewertung aussagekräftiger fahrdynamischer Größen, die beispielsweise die Längs- und Querdynamik abbilden. Diese sind im Fahrsimulator einfach zu erhalten, im Feld ist z. B. die Messung der Spurlage des Fahrzeugs aufwändiger. Auch die Messung des motorischen Verhaltens des Nutzers und der Blickbewegungen ist im Feld schwieriger. Speziell das Blickverhalten ist von großem Interesse, da Abweichungen vom gewohnten „Scannen" des Fahrraums und überlange Blicke auf ein Display im Fahrzeug Hinweise auf visuelle Überbeanspruchungen, z. B. durch die Interaktion mit einem FAS, geben.

Aus physiologischen Parametern lassen sich Hinweise auf geistige oder körperliche Beanspruchungen des Fahrers ableiten, durch Fragebögen und Interviewverfahren können subjektive Einstellungen und „Erfahrungen" erfasst werden.

33.4.3 Bewertungsumgebung

Untersuchungen mit Nutzern von FAS können nicht ausschließlich im Labor erfolgen. Grund ist die zwangsweise extreme Vereinfachung und Abstraktion, von der auch der HMI-Experte nur teilweise absehen kann. Der Dialog eines Eingabevorgangs bei einem Navigationssystem kann möglicherweise noch ausreichend auf einem Display am Schreibtisch überprüft werden. Einer ACC-Modellierung auf dem Bildschirm allein fehlen aber die wesentlichen fahrdynamischen Einflüsse. Auch wenn der Einfluss der Nutzung eines Informationssystems auf die primäre Fahraufgabe untersucht werden

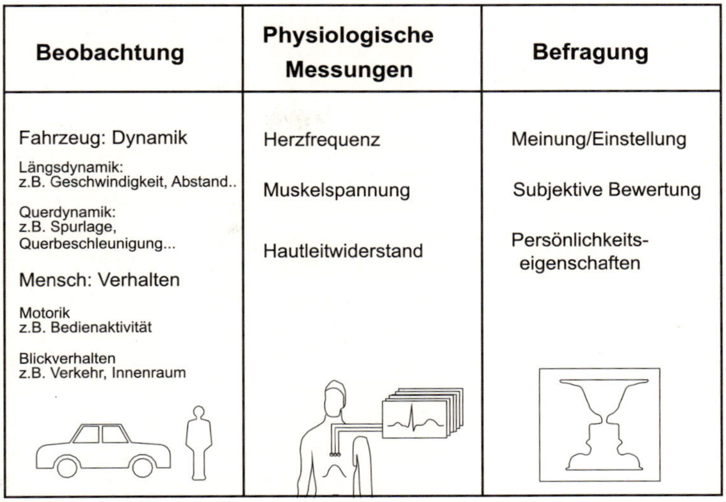

Abb. 33.4 Instrumente zur Beobachtung des Fahrerverhaltens

Beobachtung	Physiologische Messungen	Befragung
Fahrzeug: Dynamik Längsdynamik: z.B. Geschwindigkeit, Abstand.. Querdynamik: z.B. Spurlage, Querbeschleunigung... **Mensch: Verhalten** Motorik z.B. Bedienaktivität Blickverhalten z.B. Verkehr, Innenraum	Herzfrequenz Muskelspannung Hautleitwiderstand	Meinung/Einstellung Subjektive Bewertung Persönlichkeitseigenschaften

soll, muss ein geeigneter Fahrsimulator eingesetzt werden. Die Anforderungen an diesen Simulator ergeben sich aus dem Untersuchungsgegenstand. So kann es sein, dass an die Bilddarstellung besondere Ansprüche zu stellen sind, z. B. für die Untersuchung eines visuell unterstützenden FAS. Auch die Realitätsnähe der Bewegungssimulation kann besonders wichtig sein, beispielsweise bei FAS, die in die Längs- und Querführung des Fahrzeugs eingreifen. Trotz der Vorteile eines Simulators wie Sicherheit und Reproduzierbarkeit sind Fahrversuche im Feld, d.h. zunächst auf einer Teststrecke und später in der komplexen Umgebung des realen Verkehrs, unverzichtbar. Um den Aufwand für die Schaffung einer realitätsnahen Fahrumgebung auf einer Teststrecke zu reduzieren, kann man diese durch ein Computermodell generieren und passgenau mittels eines Virtual Reality Displays in das Blickfeld des Nutzers einspielen (s. ▶ Kapitel 10). Auch für die prinzipielle Überprüfung der Eignung und der Übertragbarkeit eines Simulatorversuchs für eine bestimmte Fragestellung muss ein „Kalibrieren" mittels eines Feldversuchs erfolgen. Bei Fahrversuchen auf einer Teststrecke und insbesondere im realen Verkehr muss die Sicherheit des Nutzers und anderer Verkehrsteilnehmer gewährleistet werden. Dies kann z. B. bei Fahrten auf öffentlichen Straßen durch einen mitfahrenden Fahrlehrer geschehen, der mit Hilfe einer zweiten Pedalerie in kritischen Situationen eingreifen kann. Fahrversuche, insbesondere Langzeitversuche, wie sie beispielsweise für die Ermittlung von Lernkurven und Verhaltensänderungen des Fahrers nötig sind, stellen einen aufwändigeren, aber unverzichtbaren Bestandteil einer verantwortungsbewussten Produktentwicklung dar (s. ▶ Kapitel 12).

33.4.4 Anwendung der Verfahren und Fehlermöglichkeiten

Die Anwendung dieses Bewertungsinstrumentariums erfordert umfassende Kenntnisse und Erfahrung, wie sie durch ein entsprechendes Studium und langjährige experimentelle Arbeit aufgebaut werden. Dies beginnt mit der Auswahl eines geeigneten Untersuchungsdesigns, erstreckt sich über die Auswahl der Probanden und die Durchführung der Versuche bis hin zur Auswertung und Interpretation der Ergebnisse. Neben den bekannten Fehlermöglichkeiten beim Messen in den Naturwissenschaften, die hier ebenfalls beispielsweise bei der Verwendung von fahrdynamischen und physiologischen Sensoren auftreten können, gibt es bei der Messung mentaler Vorgänge der Nutzer eine Fülle weiterer Fallen: Bereits das Wissen um die Teilnahme an einem Experiment kann eine Ursache für verändertes Probandenverhalten sein. Auch die Anwesenheit eines Versuchsleiters während der Beobachtung und dessen Verhalten, wie z. B. Suggestivfragen und Hilfestellungen, wirken auf den Probanden ein. Bei physiologischen Messungen zeigen sich Reaktionen oft nur mit Verzögerung gegenüber dem auslösenden Reiz. Die angewandte Sensorik kann den Probanden behindern oder einschüchtern. Aufgrund der geringen Leistung der erfassten Signale sind in störreicher Umgebung wie im Kfz-Innenraum Störungen leicht möglich. Bei physiologischen Signalen ist mit erheblichen Variationen der Parameter unterschiedlicher Versuchspersonen, aber sogar bei ein und derselben Person in unterschiedlichen Situationen zu rechnen. Bei der Gestaltung und der Verwendung von Fragebögen und Interviews existieren weitere Fehlermöglichkeiten: Suggestivfragen sind unbrauchbar. Es kann sein, dass die Antworten zur sozialen Erwünschtheit tendieren oder dass Probanden glauben, sich rechtfertigen zu müssen. Auch mit Erinnerungslücken von Probanden ist zu rechnen; hier kann durch Konfrontation mit Videoaufzeichnungen des Versuchs unterstützend eingewirkt werden.

33.5 Zusammenfassung

Ein FAS muss ein transparentes Systemverhalten, zu den Erwartungen des Nutzers konforme Systemeigenschaften, eine einfache Bedien- und Erlernbarkeit und dem Nutzer vermittelbare Systemgrenzen aufweisen. Die Entwicklung eines FAS erfordert das Zusammenwirken von Experten aus Ingenieur- und Geisteswissenschaften. Im Entwicklungsprozess eines FAS sind geeignete Messverfahren einzusetzen; ihre Anwendung erfordert Expertenwissen und Erfahrung. Neben Komfort, Sicherheit des Gebrauchs, der Akzeptanz dieser Systeme durch Nutzer und Gesellschaft gewinnt mit zunehmendem Eingreifen von FAS in den Fahrprozess vor allem die Frage nach der Verantwortung des Fahrers wesentliche Bedeutung. Viele grundlegende Anforderungen aus HMI-Sicht an FAS sind bekannt; sie sind aber noch nicht ausreichend spezifiziert und durch Messverfahren abgesichert. Weitere Fragen werden in weltweiten Entwicklungsprojekten untersucht; ihre Ergebnisse sowie Erfahrungen aus dem Einsatz von FAS im Feld müssen in Richtlinien und Normen einfließen.

Literatur

[1] Convention on Road Traffic, Vienna, 8.11.1968, consolidated version, S. 11–15, http://www.unece.org/fileadmin/DAM/trans/conventn/crt1968e.pdf
[2] GIDAS, German in-depth Accident Study, http://www.vufo.de/
[3] Neale, V. J.; Dingus, T. A.; Klauner, S. G.; Sudweeks, J.; Goodman, M.: An Overview of the 100-Car Naturalistic Driving Study and Findings, Paper Number 05-0400, National Highway Traffic Safety Administration, (2005)
[4] Lietz, H.: Methodische und technische Aspekte einer naturalistic driving study, Forschungsvereinigung Automobiltechnik FAT-Schriftenreihe, Bd. 229. VDA, (2010)
[5] König, W., Weiß, K.E., Mayser, C.: S. A. N. T. O.S – A Concept for Integrated Driver Assistance, Electronic Systems for Vehicles. Elektronik im Kraftfahrzeug, Tagung der VDI-Gesellschaft Fahrzeug und Verkehrstechnik, Baden-Baden (2003). www.santos.web.de
[6] COMUNICAR, Communication Multimedia Unit inside Car; http://cordis.europa.eu/fetch?CALLER=NEW_RESU_TM&ACTION=D&RCN=45254
[7] RESPONSE 3, Code of Practice for the Design and Evaluation of ADAS, V5.0, August 2009; http://www.acea.be/uploads/publications/20090831_Code_of_Practice_ADAS.pdf
[8] Commission Recommendation of 22 December 2006 on safe and efficient in-vehicle in-formation and communication systems: update of the European Statements of Principles on human machine interface, Official Journal of the European Union, 6.2.2007, L 32/200; ftp://ftp.cordis.europa.eu/pub/telematics/docs/tap_transport/hmi.pdf
[9] ISO15008, Road vehicles — Ergonomic aspects of transport information and control systems — Specifications and compliance procedures for in-vehicle visual presentation, ISO TC 22/SC 13/WG8, ISO Central Secretariat, 1211 Geneva 20, Switzerland; http://www.iso.org/iso/iso_catalogue/catalogue_tc/catalogue_detail.htm?csnumber=50805
[10] ISO15005 — Ergonomic aspects of transport information and control systems — Dialogue management principles and compliance procedures, ISO TC 22/SC 13/WG8, ISO Central Secretariat, 1211 Geneva 20, Switzerland; http://www.iso.org/iso/catalogue_detail.htm?csnumber=34085
[11] ISO15006, Road vehicles — Ergonomic aspects of transport information and control systems — Ergonomic aspects of in vehicle auditory presentation for transport information and control systems, Specifications and Compliance procedures, ISO TC 22/SC 13/WG8, ISO Central Secretariat, 1211 Geneva 20, Switzerland; http://www.iso.org/iso/home/store/catalogue_tc/catalogue_detail.htm?csnumber=55322
[12] ISO15007, Road vehicles — Ergonomic aspects of transport information and control systems — ISO TC 22/SC 13/WG8, ISO Central Secretariat, 1211 Geneva 20, Switzerland; http://www.iso.org/iso/home/store/catalogue_tc/catalogue_detail.htm?csnumber=26194

Gestaltung von Mensch-Maschine-Schnittstellen

Ralph Bruder, Muriel Didier

34.1 Ein Arbeitsmodell von Mensch-Maschine-Schnittstellen – 634

34.2 Grundeinteilung der Schnittstellen – 634

34.3 Gestaltungsleitsätze und -prinzipien – 638

34.4 Gestaltungsprozess – 641

34.5 Praxis und Gestaltungsprozess – 643

Literatur – 645

Die Interaktion zwischen Mensch und Maschine erfolgt über Schnittstellen, die dem Fahrer Informationen liefern und ihm behilflich sein sollen, die Fahraufgabe sicher, effektiv und effizient zu bewältigen. Wie die Gestaltung von Anzeigen und Bedienelementen vorgenommen werden muss und worauf während des Entwicklungsprozesses in Bezug auf die Interaktion zwischen Mensch und Maschine Rücksicht genommen werden muss, soll hier geklärt werden.

So wird zunächst ein Arbeitsmodell zur Erklärung der menschlichen Informationsverarbeitung und des Handlungsprozesses geliefert, das als Basis der Gestaltung von MMS angesehen werden kann. Darauf folgen unterschiedliche Systematisierungen von Anzeigen und Bedienelementen, die sich der Problematik des Fahrens am ehesten annähern. Im Mittelpunkt des Gestaltungsprozesses soll jedoch der Mensch stehen, weshalb Gestaltungsleitsätze und Prinzipien angeführt werden, um die Grundlage des Vorgehens – fokussiert auf benutzerorientierte Umsetzung – zu erläutern.

34.1 Ein Arbeitsmodell von Mensch-Maschine-Schnittstellen

Als Basis für ein Arbeitsmodell der MMS dient das sehr häufig in Wissenschaft und Praxis angewendete, so genannte Stimulus-Organism-Response-Modell, kurz S-O-R Modell, welches auch unter dem Namen Reiz-Reaktions- oder Input-Output-Modell bekannt ist. Es handelt sich dabei um ein der Psychologie entlehntes Modell der menschlichen Informationsverarbeitung, das erklärt, wie Reiz und Reaktion verknüpft sind. Ihm liegt die Vorstellung zugrunde, dass ein Stimulus, z. B. ein Warnton im Auto, im Organismus verarbeitet wird und dann in Form von Motivations-, Entscheidungs- oder Lernprozessen zu bestimmten Reaktionen führt, beispielsweise zu einer körperlichen wie der Betätigung eines Bedienelements. Dabei wird eine Rückmeldung an den Organismus gegeben, z. B. in Form eines Geräuschs, die den Erfolg der Bedienung bestätigt (siehe auch ▶ Kapitel 1).

Im heutigen Fahrzeug werden die Informationen über optische Anzeigen, akustische Warntöne und Signale oder anhand haptischer Rückmeldung über das Lenkrad oder den Sitz vermittelt. Danach erfolgen die Verarbeitungsprozesse dieser Informationen, die meistens zu einer Handlung über das Lenkrad, die Pedale, Schalter oder Hebel führt. Die menschlichen Faktoren ebenso wie die Umgebungsparameter beeinflussen die drei Phasen dieses Prozesses: Informationsaufnahme, Informationsverarbeitung und Handlung. Da die Schnittstelle die Rolle eines „Vermittlers" während dieses gesamten Prozesses trägt, sollen die Anforderungen an die Schnittstelle alle Einflussfaktoren bzw. -größen berücksichtigen (◘ Abb. 34.1).

Immer mehr technische Elemente werden im modernen Fahrzeug beteiligt, die beim Informationsaufnahmeprozess sowie bei der Ausgabetätigkeit des Fahrers behilflich sein sollen. Im Zuge des aktuellen Trends zur Vermehrung von FAS – insbesondere wenn sie einen Teil der Fahrtätigkeit übernehmen (z. B. ACC) und dabei die Informationsverarbeitungsprozesse modifizieren – soll bei der Entwicklung besondere Aufmerksamkeit auf die menschlichen Aspekte der Gestaltung gelegt werden. Die Schnittstellen sollen an den Menschen angepasst werden, um diese Informationsverarbeitungsprozesse optimieren zu können.

34.2 Grundeinteilung der Schnittstellen

Die erste Grundeinteilung von Schnittstellen, die in der Forschung wie bei der Anwendung sehr verbreitet ist, besteht in der Differenzierung zwischen Anzeigen und Bedienelementen.

Die Anzeige, die hier im Sinne einer allgemeinen Informationsaufnahme betrachtet wird, stellt also den Auslöser des menschlichen Informationsverarbeitungsprozesses dar. Die Bedienelemente hingegen bilden den ausführenden Teil, nämlich das, was der Fahrer nach der Informationsaufnahme und der -verarbeitung letztendlich tut oder „bedient". Diese beiden Gruppen stellen damit zwei völlig unterschiedliche Faktoren dar, weshalb sie hier separat betrachtet werden sollen. In den nächsten Kapiteln zu konkreten Gestaltungsempfehlungen werden die Warnungen, die zum Informationsaufnahmeprozess gehören, in einem eigenen Teil (▶ Kapitel 37) beschrieben, da die zugrunde liegenden Faktoren sehr spezifisch sind.

34.2 • Grundeinteilung der Schnittstellen

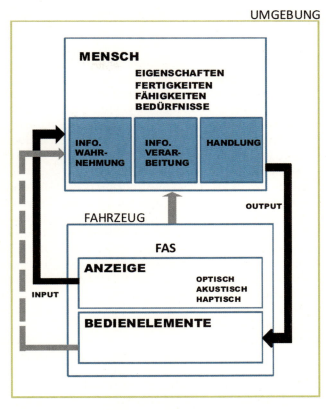

Abb. 34.1 Arbeitsmodell der Interaktionen Mensch/Schnittstelle in Fahrzeugen

Bezogen auf die Unterteilung der Mensch-Maschine-Schnittstellen in zwei Hauptkategorien – Bedienelemente und Anzeigen – ist mit unterschiedlichen Ansätzen versucht worden, die Schnittstellen zu charakterisieren. Dabei soll der Optimierungsprozess zwischen Bedürfnis und Leistungsfähigkeit des Menschen und des Leistungsvermögens der Schnittstelle vereinfacht werden. Im Folgenden werden solche Ansätze präsentiert, die sich an die Problematik des Fahrens am ehesten annähern.

34.2.1 Bedienelemente

Rühmann [1] entwickelte eine generelle und breit angelegte Charakterisierung der Bedienelemente: Er sortiert die Unterscheidungsmerkmale nach fünf verschiedenen Ordnungssystemen. Ein Ansatz zur Charakterisierung von Bedienelementen mit spezifischer Orientierung an der Fahrzeugproblematik ist von Eckstein [2] entwickelt worden, der dabei auch fünf Merkmale definiert, die die Spezifität der Fahrzeugführung berücksichtigen.

Der Klassifizierungsansatz für die breite Palette der üblicherweise verwendeten Stellteile von Rühmann [1] beinhaltet folgende fünf Ordnungssysteme:

- *Bedienung:* Eine Klassifikation kann nach den Extremitäten erfolgen, mit denen die Bedienelemente betätigt werden bzw. die auf die Bedienelemente einwirken, beispielsweise Finger- (Lichtschalter), Hand- (Schalthebel), Fuß- (Gaspedal) oder Beinbedienung (Bremspedal). Weitere Unterteilung in Greif- und Tretarten ist möglich.
- *Bewegungsart:* Entsprechend der Bewegungsrichtung der Bedienelemente lassen sich Rotationsbewegungen und Translationsbewegungen sowie quasitranslatorische Bewegungen unterscheiden.
- *Wirkungsweise:* Hinsichtlich der Wirkungsweise unterscheidet man analoge (stetige) und digitale (diskrete) Bedienelemente.

- *Dimensionalität:* Die Dimensionalität stellt die Menge an verfügbaren Freiheitsgraden des Bedienelements dar.
- *Integration:* Werden in einem Bedienelement mehrere Bedienfunktionen kombiniert, spricht man von einem integrierten Bedienelement, so können in einem Bedienelement gleichzeitig unterschiedliche Teil- oder Parallelaufgaben mit sequenzieller oder simultaner Betätigung untergebracht werden.

Eckstein [2] klassifiziert die Bedienkonzepte in Bezug auf die Kraftfahrzeugführung nach folgenden fünf Merkmalen:
- *Zahl der Stellteile:* beispielsweise drei Hebel für drei Funktionen, Fahrtrichtungsanzeiger, ACC und Scheibenwischer.
- *Zahl der Freiheitsgrade eines Stellteils:* Bei dem Bedienkonzept „Lenkrad und Automatikgetriebe" ergeben sich die drei Freiheitsgrade Lenkrad, Gaspedal und Bremspedal.
- *Sollwertvorgabe:* Als Sollwertvorgabe dienen der Winkel (Lenkradwinkel), der Weg (Drosselklappe) und die Kraft (Bremsdruck).
- *Rückmeldung:* Die einwirkenden Kräfte und Wege auf dem Lenkrad dienen als Rückmeldungsinformation.
- *Stellteilart (isomorph, isotonisch, isometrisch):* Dabei stellen das Gaspedal und das Bremspedal eine isomorphe Stellteilart dar.

Darüber hinaus ist es durchaus auch möglich, eine Klassifizierung nach dem Kriterium der Fahrzeugsteuerung, „Querführung" und „Längsführung" oder nach den drei Bereichen „Lenken", „Beschleunigen" und „Bremsen" vorzunehmen.

Greift man die Klassifizierungsansätze von Rühmann [1] und Eckstein [2] auf, ist ersichtlich, dass – abgesehen von dem Kriterium der Bedienung – die Bedienelemente im Mittelpunkt der Betrachtung stehen. Eine menschzentrierte Sichtweise auf die Übergabe von Befehlen vom Fahrer auf das Fahrzeug führt zu einer Einteilung nach verschiedenen Eingabemodalitäten. Eine Zusammenfügung von beiden Sichtweisen, orientiert an Objekt und Mensch, ist bedeutsam für die Optimierung der Gestaltung von Schnittstellen.

Im Kraftfahrzeug überwiegt die Eingabe über die oberen und unteren Extremitäten. Diese Möglichkeit der Eingabe kann als **Hand/Arm-Bewegung** für die oberen Extremitäten und als **Bein/Fuß-Bewegung** für die unteren Extremitäten bezeichnet werden, wobei die Finger in dieser Betrachtung natürlich eingeschlossen sind.

Hände und Arme werden im Kraftfahrzeug beispielsweise für die querdynamische Regelung über das Lenkrad verwendet, mithilfe der unteren Extremitäten (Bein und Fuß) wird die längsdynamische Führungsgröße eingestellt. Die Nutzung der Extremitäten beschränkt sich allerdings nicht auf stabilisierende Aufgaben. Alle Tasten, Drehstellteile und Touchscreens nutzen ebenfalls zumindest Teile des Hand/Arm-Systems. Somit sind sie ebenfalls für die Bedienung von Fahrerassistenzsystemen von übergeordneter Bedeutung. Im Folgenden werden Eingabemodalitäten unterschieden, die für die Eingabe von Stellsignalen infrage kommen. Die letzten drei sind typische berührlose Eingabemöglichkeiten.

Hand/Arm-Eingabe: Neben dem schon erwähnten Lenkrad werden die Bedienelemente für sekundäre und tertiäre Fahraufgaben, wie dem Betätigen des Fahrtrichtungsanzeigers oder der Infotainment-Einrichtungen, über Bewegungen des Arms und der Hand realisiert.

Bein/Fuß-Bewegungen: Überwiegend wird das Bein/Fuß-System für die Betätigung der Pedalerie, in wenigen Fällen für die Feststellbremse verwendet.

Gewichtsverlagerung: Die Verlagerung der Masse des menschlichen Körpers kann ebenfalls als Eingabemedium verwendet werden, wie es beispielsweise indirekt bei einem Motorrad erfolgt.

Spracheingabe: Die Eingabe von Befehlen über Schlüsselwörter ist aus dem Bereich der Mensch-Computer-Interaktion bekannt. Die Übergabe solcher verbalen Kommandos im Kraftfahrzeug kommt beispielsweise für mobile Kommunikationsgeräte oder die Bedienung des Infotainment-Systems zum Einsatz.

Augenbewegung: Für die Bedienung mit einem Computer sind seit längerer Zeit Interaktionssysteme dieser Art vorhanden; im Fahrzeug sind solche Systeme noch nicht für den Serieneinsatz geeignet.

Mimik/Gestik: Die Nutzung von Gesten als Eingabemöglichkeit, z. B. zur Gangschaltung, befindet sich noch in einer experimentellen Phase.

Eine weitere Entwicklung in Richtung Emotion- und Mimikerkennung ist denkbar, obwohl noch Schwierigkeiten bestehen, diese Systeme in einem Fahrzeug auf unterschiedliche Fahrertypen zu übertragen.

34.2.2 Anzeige

Das primäre Ziel einer Anzeige ist die Mitteilung von Informationen an den Menschen, die als Input im Verarbeitungsprozess dienen. Bei der Gestaltung von Anzeigen werden drei Hauptfragen gestellt [3]:
- *Welche* Information soll vermittelt werden („Informationsinhalt")?
- *Wie* soll diese Information übermittelt werden („Darstellungsform")?
- *Wo* wird die Information präsentiert („Darstellungsort")?

Sehr häufig basiert die Gliederungssystematik der Anzeige auf der Darstellungsform mit unterschiedlichen Detaillierungsebenen.

Schmidtke [3] hingegen unterscheidet bei der Beschreibung der Darstellungsformen von Anzeigen zwischen drei Signalarten (optisch, akustisch und haptisch) und beschreibt weiter, wie die Form der Information bezüglich ihrer technischen Basis aussehen kann (digital/analog). Dabei werden die unterschiedlichen Anzeigen nach weiteren Merkmalen eingeordnet, wie z.B. der Form der Skala (z.B. kontinuierlich, stufenweise, rund) oder der Dimensionalität der Anzeige (feste Skala, bewegliche Zeiger oder umgekehrt).

Bei Timpe et al. [4] wird wiederum von visuellen, auditiven und haptischen Schnittstellen gesprochen. Für jede Kategorie unterteilt er darüber hinaus nach der Art der Information, die mit diesem Mittel an den Menschen übertragen werden kann: Beispielsweise können die auditiven Anzeigen verbal und nonverbal Information liefern, wobei bei der nonverbalen Information noch einmal zwischen Tönen und Geräuschen unterschieden wird.

Die Gliederungssystematiken zur Einteilung von Anzeigen basieren hauptsächlich auf technischen Eigenschaften der Anzeigenelemente. Eine Systematisierung nach den Wahrnehmungsformen aus der menschlichen Perspektive liefert Hinweise über menschliche Leistungen, insbesondere bei der Informationsaufnahme (siehe ▶ Kapitel 1).

Ein klassisches Schema der Einsetzung von Wahrnehmungsformen im Fahrzeug kann wie folgt beschrieben werden: Durch den visuellen Kanal ist es dem Fahrer möglich, andere Verkehrsteilnehmer und Anzeigen des Fahrzeugs (z.B. Tankanzeige) wahrzunehmen. Akustische Signale werden oft für Warnungen, seltener auch für Zustandsanzeigen verwendet (Relaisgeräusch bei einem Wechselrichtungsanzeiger). Die vestibuläre Wahrnehmung informiert den Fahrer über die verschiedenen Beschleunigungen, die auf ihn wirken. Die Sensibilität wird im Fall der taktilen Wahrnehmung beispielsweise für die Betätigung eines Drucktasters verwendet, die kinästhetische Wahrnehmung kommt vor allem bei größeren Bewegungen und Vibrationen zum Tragen wie der Bedienung des Lenkrads.

Wie sind die FAS in diese Schema integriert? Für die aktuell vermarkteten FAS wird visuelle, taktile und kinästhetische Wahrnehmung verwendet, wie im Fall der Momentimpulse in das Lenkrad eines Lane-Keeping-Systems oder der Vibrationselemente beim Überschreiten der Fahrstreifen innerhalb des Fahrstreifenverlassenswarners. Selbst die vestibuläre Wahrnehmung kann zu einem gewissen Teil als Anzeige dienen. Dies kommt in FAS zum Tragen, die stabilisierende Aufgaben im Fahrzeug übernehmen, so z.B. beim Abstandsregeltempomat. Durch eine Verzögerung des Fahrzeugs aufgrund der Regelung des ACC-Systems wird dem Fahrer angezeigt, ob das vorausfahrende Fahrzeug erkannt wurde, ohne dass er gezwungen wird, die Augen von der Straße zu nehmen. Akustische Signale werden im Fall von FAS oft für Warnungen eingesetzt, da diese nicht an spezielle Faktoren wie die Blickrichtung gebunden sind.

Der optische Kanal ist bei der Bedienung des Kraftfahrzeugs einer hohen Anzahl von Reizen ausgesetzt und sollte, soweit möglich, nicht durch weitere Informationen von Assistenzsystemen belastet werden. Die Entwicklung von FAS, die die taktile und kinästhetische Wahrnehmung verwenden, hat aber erst begonnen und wird meistens durch zusätzliche visuelle oder akustische Signalen ergänzt.

Die Gegenüberstellung von beiden Ansätzen, technischen Eigenschaften und menschlichen Eigenschaften, soll zeigen, welche Wahrnehmungsformen zur Verfügung stehen und welche Anzeigen für den Menschen am geeignetsten für eine Informationsübertragung sind. Dieser Optimierungsprozess ist besonders wichtig, wenn gleichzeitig mehrere Informationen übermittelt werden müssen oder Informationen schnell bearbeitet werden sollen.

Grundsätzlich ist anzumerken, dass die Einteilung der Anzeige keine Auskunft zum Informationsinhalt und Darstellungsort geben kann. Die zwei Eigenschaften einer Anzeige sind abhängig von vielen Faktoren, entsprechend der Komplexität des Informationsverarbeitungsprozesses. Diese Fragen sind Teil des Gestaltungsprozesses und müssen für jede Aufgabe oder Entwicklung neu überprüft und an die spezifischen Bedienungen angepasst werden. Leitsätze und Prinzipien, die dabei unterstützend wirken, werden im nächsten Unterkapitel vorgestellt.

34.3 Gestaltungsleitsätze und -prinzipien

34.3.1 Gestaltungsleitsätze

Ein **übergeordnetes Prinzip** bei der Entwicklung von Mensch-Maschine-Schnittstellen besteht darin, dass die Maschine und die dazugehörigen Elemente wie Anzeigen und Bedienelemente für den Benutzer und die an sie gestellte Aufgabe geeignet sein müssen. Um dieses allgemeine Prinzip zu realisieren, muss das System so gestaltet sein, dass die **menschlichen Charakteristika bzw. Leistungsfähigkeiten** hinsichtlich ihrer physischen, psychologischen und sozialen Aspekte berücksichtigt werden. In ▶ Kapitel 1 sind sie untergliedert in drei Kategorien: Eigenschaften, Fähigkeiten, Fertigkeiten.

Einer definierten Schnittstelle entspricht eine bestimmte Benutzergruppe. Die klare Zusammenstellung dieser Gruppe ermöglicht eine präzise Identifikation der Leistungsfähigkeiten, die bei der Auswahl einer Schnittstelle zur Verfügung stehen. **Weitere übergeordnete Leitsätze** zur Gestaltung von Mensch-Maschine-Schnittstellen sind in Normen, Richtlinien und Leitfäden beschrieben.

Die Norm DIN EN ISO 9241-110 [5] beschreibt sechs ergonomische Leitsätze bzw. Anforderungen, die bei der Gestaltung von Schnittstellen (Anzeigen und Stellteile) zu berücksichtigen sind. Die **Erfüllung der sechs Gestaltungsleitsätze** (Aufgabenangemessenheit, Selbstbeschreibungsfähigkeit, Steuerbarkeit, Erwartungskonformität, Fehlertoleranz, Individualisierbarkeit und Lernförderlichkeit) dient als Basis für eine erfolgreiche Realisierung einer Mensch-Maschine-Schnittstelle ebenso wie für die Gestaltung von FAS. Grundsätzlich sollten diese Leitsätze, genau wie die Prinzipien, während des gesamten Gestaltungsprozesses Bedingung sein.

34.3.1.1 Aufgabenangemessenheit (Funktionszuweisung, Komplexität, Gruppierung, Unterscheidbarkeit, funktioneller Zusammenhang)

Eine Schnittstelle ist in dem Maße aufgabenangemessen, wie sie den Benutzer unterstützt, seine Arbeitsaufgabe sicher, effektiv und effizient zu erledigen. Dabei lässt sich die Aufgabenangemessenheit in die Funktionszuweisung, die Komplexität, die Gruppierung, die Unterscheidbarkeit und den funktionellen Zusammenhang einer Aufgabe unterteilen.

Die Funktionszuweisung beschreibt eine sinnvolle Verteilung von Funktionen zwischen Mensch und Maschine, die anhand der Betrachtung der Aufgabenerfordernisse sowie der Eigenschaften, Fähigkeiten und Fertigkeiten des Menschen entschieden wird. **Die Komplexität** sollte dabei möglichst gering gehalten werden. Geschwindigkeit und Genauigkeit des menschlichen Agierens sind Variablen, die hier Berücksichtigung finden sollten. Insbesondere muss die Komplexität der Aufgabenstruktur sowie Art und Umfang der vom Benutzer zu verarbeitenden Information beachtet werden. **Die Gruppierung** der Anzeigen und Bedienelemente sollte derart sein, dass sie leicht kombiniert genutzt werden können. Wichtig sind auch die **Unterscheidbarkeit** und die Anordnung nach **funktionellem Zusammenhang**, da jederzeit die problemlose Identifizierung zur sicheren Benutzung der verschiedenen Anzeigen und Bedienelemente gewährleistet sein muss.

34.3.1.2 Selbstbeschreibungsfähigkeit (Informationsverfügbarkeit)

Die Selbsterklärungsfähigkeit einer Schnittstelle besteht, wenn der Nutzer ohne Probleme bzw. Zweifel die Anzeigen und die Bedienelemente erkennen und den Prozess verstehen kann.

Neben dem Verständnis ist ebenfalls das Prinzip der Informationsverfügbarkeit **von Wichtigkeit**, welches Informationen über den Zustand des Systems auf Anfrage des Fahrers sofort verfügbar macht, ohne dadurch andere Aktivitäten zu stören oder zu vernachlässigen. Das System muss dem Operator ohne unnötige Verzögerung bestätigen, dass es seine Handlung akzeptiert hat.

34.3.1.3 Steuerbarkeit (Redundanz, Zugänglichkeit, Bewegungsraum)

Eine Schnittstelle ist steuerbar, wenn der Benutzer in der Lage ist zu bestimmen, wie er seine gesamte Aufgabe durchführen möchte, wobei nicht das System den Nutzer, sondern der Nutzer das System beherrschen soll. Zur Veranschaulichung der Steuerbarkeit können drei Hauptprinzipien unterschieden werden: Redundanz, Zugänglichkeit und Bewegungsraum.

Vorkehrungen für zusätzliche Anzeigen und Stellteile sind zu treffen, wenn eine derartige **Redundanz** die Sicherheit des Gesamtsystems erhöhen und verbessern kann, da in bestimmten Situationen Leistungsfähigkeit und Sicherheit des Systems von der Möglichkeit abhängen, dem Benutzer zusätzliche Informationen zur Verfügung zu stellen. Des Weiteren sollten die Informationen für den Fahrer leicht abrufbar und **zugänglich** sein, was bedeutet, dass die zur Betätigung nötigen Bewegungen einzelner Körperteile und Glieder oder eine **Körperbewegung** vom Fahrer nicht als unbequem aufgefasst werden dürfen.

34.3.1.4 Erwartungskonformität (Kompatibilität zum Erlernten, Kompatibilität zur Praxis, Konsistenz)

Der Benutzer hat Erwartungen an die Funktionsweise der Mensch-Maschine-Schnittstelle, die aus Kenntnissen bisheriger Arbeitsabläufe, der Ausbildung und der Erfahrung des Benutzers sowie aus den allgemein anerkannten Übereinkünften resultieren. Zur Vermeidung einer ungeeigneten Nutzung oder des Auftretens eines vorprogrammierten Fehlers sollen Funktion, Bewegung und Lage der Schnittstelle erwartungskonform sein.

Bei der Erwartungskonformität wird unterschieden zwischen **erlernten Stereotypen**, wie z. B. dem Drehen im Uhrzeigersinn, **Stereotypen aus der Praxis**, wie dem Bremsen in einer Fahrtätigkeit, und der **Konsistenz** zwischen ähnlichen Schnittstellen/ähnlichen Funktionen.

34.3.1.5 Fehlertoleranz (Fehlerkontrolle, Fehlerbehandlungszeit)

Eine Schnittstelle ist fehlerrobust, wenn das beabsichtigte Arbeitsergebnis trotz erkennbar fehlerhafter Eingaben mit minimalem oder ohne Korrekturaufwand erreicht wird. Die Systeme sollten Fehler prüfen können und dem Benutzer Mittel zur Handhabung derartiger Fehler anbieten, wobei zwischen Fehlerkontrolle und Behandlungszeit unterschieden wird.

In Bezug auf FAS treten folgenden Fehler auf: Informationsmangel, fehlende Wahrnehmung, Fehlinterpretation, Fehlentscheidung, fehlerhafte Ausführung. Bei der Gestaltung der Schnittstelle sollen diese natürlich vermieden werden oder zumindest nur minimale Konsequenzen nach sich ziehen.

34.3.1.6 Individualisierbarkeit und Lernförderlichkeit (Flexibilität)

Eine Schnittstelle ist anpassungsfähig, wenn sie ausreichend flexibel ist, um sich an die individuellen Benutzerbedürfnisse und Benutzerfähigkeiten anzupassen. Im Hinblick auf Fahrzeug bzw. FAS sollen auch Parameter, wie die Art zu fahren oder die Fahrsituationen, betrachtet werden. Hierbei spielen die Adaptierbarkeit, die es dem Nutzer ermöglicht, Änderungen am System vorzunehmen, und die Adaptation, bei der das System selbst Änderungen aufgrund des Nutzerverhaltens vornimmt, die Rolle einer sinnvollen und nützlichen Ergänzung.

Das Erlernen der Benutzung soll vereinfacht und mithilfe von Anleitungen unterstützt werden, was bedeutet, dass vornehmlich beim Fahren – insbesondere wenn FAS benutzt werden – die Zeitspanne von der bloßen Nutzung bis zur Beherrschung des Systems so kurz wie möglich gehalten werden soll. Die Auswahl der Schnittstelle beeinflusst die Erfüllung dieses Ziels stark.

34.3.2 Gestaltungsprinzipien

Die Erfüllung dieser sechs übergeordneten Ziele unterstützen Gestaltungsprinzipien, die während des Gestaltungsprozesses, so weit wie möglich, realisiert werden sollen. Dabei stellt die Überprüfung der ausgewählten Lösungen unter realistischen Bedingungen einen sehr wichtigen Beitrag zum Entwicklungsprozess dar.

In Bezug auf FAS sollen die Gestaltungsprinzipien, Kompatibilität, Konsistenz, Gruppierung der Anzeige, Bedienelemente und Balance zwischen Unterforderung und Überforderung befolgt werden. Bei der Gestaltung von FAS-Schnittstellen hingegen soll das Fahrzeugsystem als Ganzes betrachtet werden und nicht jedes einzelne Element für sich. Andere Prinzipien, wie der Komfort, die Zufriedenheit und „Joy of Use" von Schnittstellen – obwohl nicht einfach anzuwenden – sollten auch berücksichtigt werden.

Kompatibilität: Die Anwendung dieses Prinzips bei der Gestaltung von Mensch-Maschine-Systemen unterstützt hauptsächlich die Faktoren des Informationsverarbeitungsprozesses, nämlich die Wahrnehmung, das Gedächtnis, die Problemlösungsfähigkeit sowie die Handlung. Bei der Gestaltung sollen die räumliche Kompatibilität, die Bewegungskompatibilität und konzeptuelle Kompatibilität unterschieden werden.

Beispiel: Um einen höheren Wert einzustellen, muss der Drehregler im Uhrzeigersinn betätigt werden, einen Hebel nach vorn zu bewegen wird als „mehr" interpretiert.

Konsistenz: Eine einheitliche Gestaltung der Schnittstellen im Fahrzeug unterstützt hauptsächlich den Informationsverarbeitungsprozess und die Handlung, wobei schneller gelernt wird, weniger Fehler gemacht und die Prozesse schneller durchgeführt werden. Wichtig ist es, drei Prinzipien zu erfüllen: Eine Aktion soll die gleiche Auswirkung haben, das Design soll in dieser Hinsicht als auch systemübergreifend konsistent sein.

Beispiel: Wird für Bedienung eines FAS die Abbildung des eigenen Fahrzeugs benötigt, sollten die verwendeten Perspektiven konsistent sein, zum Beispiel „Heckansicht".

Räumliche Anordnung: Durch eine optimale Gruppierung der Bedienelemente und Anzeigen hinsichtlich des FAS und der Basic-Fahrelemente wird die Schnelligkeit und Fehlerlosigkeit der Informationsprozesse unterstützt. Dabei sollte die inhaltliche und funktionale Zusammengehörigkeit gefördert werden, ebenso wie die Häufigkeit und die Reihenfolge der Bedienung berücksichtigt werden.

Beispiel: Die Einführung von neuer Technologie wie Head-up-Display bietet neue Möglichkeiten für die Anordnung von Informationen; das Cockpit soll jedoch auch in Zukunft übersichtlich bleiben, weshalb die Verteilung der Informationen zwischen der dazukommenden Anzeige und der vorhandenen Anzeige neu analysiert werden muss.

Balance zwischen Unterforderung und Überforderung: FAS sollen den Fahrer einerseits beim Ausüben seiner eigentlichen Fahraufgabe entlasten, müssen aber andererseits vom Fahrer auch aktiviert, eingestellt und bedient werden. Dies addiert sich zu den Hauptfahraufgaben hinzu. Ein weiterer und wichtiger Aspekt von FAS ist die Aufforderung des Fahrers, das System eventuell zu übersteuern. Das Übernehmen eines Teils der Fahrtätigkeit seitens mancher FAS beeinflusst sehr stark die Schnittstellengestaltung, wobei das Ziel dieser eine Balance zwischen Unterforderung und Überforderung des Menschen bei der Ausübung der Fahraufgabe sein sollte.

Beispiel: Wenn ein Teil der Fahrtätigkeit von einem FAS übernommen wird, soll der Fahrer trotzdem weiter über dessen Handlungen informiert werden. Wie detailliert dies erfolgen soll, ist eine kritische Frage: Bei zu viel Information geht die gewöhnliche Entlastung durch FAS verloren, bei zu wenig Information kann der Fahrer nur mit Schwierigkeiten die Handlungen des FAS übernehmen.

Erzeugung von Komfort, Zufriedenheit, „Joy of Use": Bei der Einführung von FAS, insbesondere wenn sie freiwillig vom Fahrer aktiviert werden, soll die Schnittstellengestaltung Gefühle wie „Joy of Use", Zufriedenheit und Komfort erzeugen. Die Nutzung von FAS ist beeinflusst von den angebotenen Funktionen, aber auch von der Schnittstelle selbst.

Beispiel: Eine als positiv angesehene FAS-Schnittstelle hat einen positiven Einfluss auf die Nutzung, also indirekt auf das Erlernen und die Akzeptanz, ebenso wie umgekehrt eine erfolgrei-

Abb. 34.2 Benutzerorientierter Gestaltungsprozess (nach DIN EN ISO 9241-210 [6])

che Nutzung Einfluss auf die positive Sichtweise hat. Ein unangenehmes Gefühl beim Kontakt mit einer Oberfläche kann die Folge haben, dass der Fahrer diesen Kontakt ungern herstellt, wodurch sich z. B. nicht mehr so oft wie möglich bzw. nötig die Parameter eines FAS werden ändern können.

Betrachtung des Gesamtsystems: Das Prinzip der Betrachtung des Gesamtsystems bei der Gestaltung von einzelnen FAS wird verstärkt durch den aktuellen Trend zur Vermehrung von FAS im Fahrzeug. Eine erfolgreiche Schnittstellengestaltung für ein System kann zu einem Misserfolg werden, wenn Interferenzen mit anderen Schnittstellen oder FAS entstehen. Bei der Gestaltung von mehreren FAS-Schnittstellen wird es notwendig, Prioritätskriterien zu erstellen und zu berücksichtigen.

Beispiel: Es ist technisch möglich, „integrierte FAS-Schnittstellen", die viele Funktionen in einer Anzeige oder einem Bedienelemente gruppieren können, zu gestalten. Mit solchen integrierten Konzepten wird das Räumlichkeitsprinzip perfekt erfüllt, doch der Fahrer benötigt ein komplexes mentales Modell, um das Bedienelement sicher und schnell betätigen zu können. Es muss überprüft werden, ob die dadurch entstandene Komplexitätserhöhung weiter mit den Leistungsfähigkeiten des Fahrers kompatibel ist.

34.4 Gestaltungsprozess

Bei der Beschreibung von Schnittstellen (Anzeige und Bedienelemente) ist eine separate Betrachtung möglich. Dies wäre allerdings speziell beim Schnittstellengestaltungsprozess von Bedienelementen und Anzeigen den Zielen der ergonomischen Gestaltung nicht zuträglich, da die ergonomischen Prinzipien für das gesamte System Mensch-Maschine-Schnittstelle gültig sind. Eine erfolgreiche Gestaltung für den Menschen kann nur dann gewährleistet werden, wenn das gesamte System betrachtet wird.

Der Erfüllung der ergonomischen Anforderungen bei der Entwicklung von Mensch-Maschine-Schnittstellen dient die Berücksichtigung des Benutzers in jeder Phase des Gestaltungsprozesses. Dabei liefert die Norm DIN EN ISO 9241-201 [6] einen benutzerorientierten Leitfaden für die Gestaltung interaktiver Systeme, die in einen multidisziplinären Gestaltungs- bzw. Entwicklungsprozess integriert sein können. Dieser Gestaltungsprozess weist vier Hauptschritte auf, die iterativ durchgeführt werden (Abb. 34.2):

- Verstehen und Spezifizieren des Nutzungskontexts,
- Spezifizieren der Benutzerbelange und der vorgegebenen Erfordernisse,
- Entwerfen der Gestaltungslösungen,
- Bewerten der Lösungen nach benutzerorientierten Kriterien.

Bezüglich der Auswahl an Gestaltungslösungen von Bedienelementen und Anzeigen bieten Kirschner und Baum [7] Vorgehensweisen (Abb. 34.3 und 34.4) an, die Schritt für Schritt die Festlegung von Lösungswegen unterstützen. Diese Schritte sollen als Teil eines iterativen Prozesses durchgeführt werden, ausgewählte Lösungen werden anhand von Tests unter realistischen Bedingungen überprüft, um so die Erfüllung der Anforderungen zu gewähr-

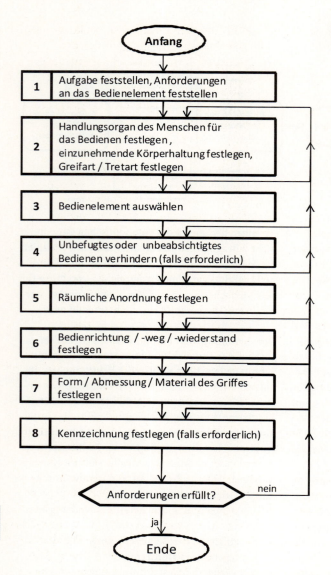

Abb. 34.3 Vorgehensweise bei der Auswahl von Bedienelementen (nach Kirchner/Baum [7])

leisten. Im Folgenden sind beide Auswahlprozesse beschrieben.

Auswahl von Bedienelementen (Abb. 34.3):

— *Aufgabe, Anforderungen:* Zu Beginn des Gestaltungsprozesses müssen Anforderungen an das Bedienelement bezüglich der zu erfüllenden Aufgabe formuliert werden. Eine Zuordnung der Anforderungen kann benötigt werden, wenn beispielsweise ein Widerspruch vorliegt oder der Stand der Technik nicht zur vollständigen Erfüllung ausreicht.

— *Handlungsorgan, Körperhaltung, Greifart/ Tretart:* Überprüfung der Relevanz der unterschiedlichen Eingabemöglichkeiten. Die Körperhaltung und die nötigen Bewegungen, obwohl im Fahrzeug eingeschränkt, sollen berücksichtigt werden, insbesondere in Bezug auf die Häufigkeit und die Dauer der Handlung bzw. der Nutzung. Bei der Auswahl der Greifart/Tretart spielt die Stellkraft eine besondere Rolle.

— *Art des Bedienelements:* Die Festlegung der Art des Bedienelements richtet sich direkt und unmittelbar nach den Anforderungen an die Betätigung, insbesondere nach der Genauigkeit und der Schnelligkeit der Betätigung. In Bezug auf FAS wird die Relevanz eines multifunktionalen Bedienelements überprüft.

- *Unerwünschtes Einstellen verhindern:* Die Bezugnahme auf die Frage, ob das Bedienelement gegen unbeabsichtigte Aktivierung gesichert werden muss. Hier sollen sicherheitskritische Systemfunktionen geschützt und das Auftreten negativer Folgen vermieden werden.
- *Räumliche Anordnung:* Die geometrische Lage im Fahrzeug und die relative Zuordnung zu anderen Bedienelementen sollen festgelegt werden, was die Berücksichtigung der Funktionen und des zeitlichen Ablaufs der Aufgabe einschließt. Hier stellt sich noch einmal die Frage nach der Auswahl eines kombinierten Bedienelements. Die Zuordnung soll dazu dienen, ein einheitliches Bedienkonzept zu erstellen sowie die existierenden Stereotype zu berücksichtigen.
- *Bedienrichtung, Bedienweg, Bedienwiderstand:* Festlegung der technischen Details der Bedienelementbewegungen.
- *Form, Abmessungen, Material, Oberfläche:* Definition des „Aussehens" der Bedienelemente.
- *Kennzeichnung:* Zur Unterstützung der visuellen und/oder taktilen Unterscheidbarkeit sowie der Bediensicherheit und der Lernphase sollen Kennzeichen ausgewählt werden, was durch Anordnung, Form, Größe, Beschriftung, Farbe und Materialien erfolgen kann.

Auswahl von Anzeigen (Abb. 34.4**):**

- *Informationsaufgabe, Anforderungen:* Zu Beginn des Gestaltungsprozesses müssen Anforderungen an die Anzeigen festgelegt werden. Diese Informationen unterstützen den Informationsverarbeitungsprozess zur Erfüllung der Aufgabe. Der Zweck der Information (die Überwachung eines veränderlichen Zustands, die Kontrolle einer Einstellung…), die Genauigkeit der Informationsaufnahme (ablesen, Wahrnehmung orientieren…), der Informationsinhalt (Ist-Wert, Soll-Wert, Differenzwerte…) sollen definiert werden. Besondere Beachtung soll der Menge an zu vermittelnder Information geschenkt werden, die den Benutzer nicht überfordern darf.
- *Sinnesorgan:* Die Auswahl der Informationsdarbietung soll auf die Sinnesorgane ausgerichtet sein. Die Belastung des Organs (im Fahrzeug ist der visuelle Kanal schon stark belastet), die Erforderlichkeit der Reaktionsgeschwindigkeit, die Erforderlichkeit der Unterscheidbarkeit und Verfügbarkeit der Information sowie die Akzeptanz sind dabei die zu berücksichtigenden Hauptmerkmale.
- *Darbietungsart:* Wenn das Sinnesorgan definiert ist, wird die Art der Information festgesetzt. Die Informationsaufgabe mit ihrem Inhalt und die Eigenschaften des Menschen sind hierbei die Basis der Auswahl an Präsentationsmitteln (analoge/digitale Anzeige, Töne/Sprachanzeige…).
- *Informationszuordnung:* Zusammenhänge (funktionell oder physikalisch) zwischen einzelnen Informationen sollen identifiziert werden und als Basis für die Zuordnung der Anzeigen dienen (z. B. Soll-Wert und Ist-West nah voneinander angezeigt), wobei die Komplexität des Informationsverarbeitungsprozesses berücksichtigt werden soll.
- *Anordnung:* Ort und Lage der Anzeige werden nach den gesammelten Anforderungen der vorherigen Schritte festgelegt, dabei sind Unterscheidbarkeit und Fehlervermeidung wichtige Ziele. Eine erfolgreiche Entscheidung wird getroffen, wenn die Anzeige in ihrer kompletten Systemumgebung betrachtet wird und nicht als einzelnes Element; die Frage der kombinierten Anzeigen stellt sich hier ein weiteres Mal.
- *Detaillierung des Anzeigedesigns:* U. a. werden Parameter wie Kontrast, Schriftgröße, Skalen, Änderungsgeschwindigkeit, Farbe, Töne, Frequenz des Signals usw. festgestellt. Dabei werden u. a. die Anzeigenanforderung, die ergonomischen Regeln, die Unterscheidbarkeit und die technischen Möglichkeiten berücksichtigt.

34.5 Praxis und Gestaltungsprozess

Mit der Erweiterung der Funktionen eines ACC-Systems im Niedriggeschwindigkeitsbereich stellt

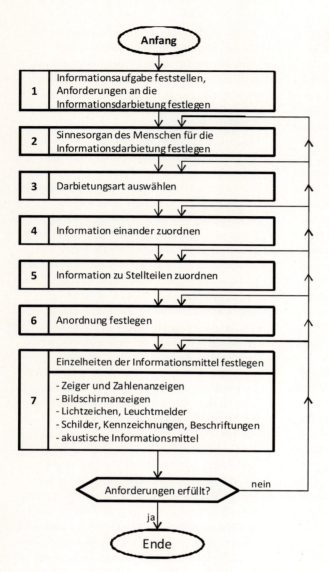

Abb. 34.4 Vorgehensweise bei der Auswahl von Anzeigen (nach Kirchner/Baum [7])

sich noch einmal die Frage der Schnittstelle. Mit dem neuen System sind die Fahrsituationen, in welchen das System aktiv sein kann, erweitert worden, bzw. ihre Auftrittsfrequenz hat sich geändert: Stadtverkehr mit niedriger Geschwindigkeit, 90°-Kurve, Vorfahrtsstraße sind nur einige zu nennende Einsatzmöglichkeiten.

Durch diese Veränderungen hat sich die Belastung des Fahrers modifiziert, beispielsweise ist der visuelle Kanal im Stadtverkehr durch die Komplexität der Fahrumgebung einer höheren Belastung ausgesetzt als auf einer Autobahn. Die Menge der zu übermittelnden ACC-relevanten Information ist also signifikant erhöht durch die Erhöhung der ACC-Status-Änderungen.

Bei der Vermittlung von ACC-Informationen stellen sich mehrere Fragen: Kann der visuelle Kanal weiter belastet werden? Gibt es andere Orte der Darbietung außer dem Tachobereich? Sind die gestellten Informationen für die Fahrsituation relevant?

Der Fahrer ist durch die Situation und Umgebung sehr viel mehr gefordert und abgelenkt als auf einer Autobahn, sodass er wenig Zeit hat, um auf

Displays oder Anzeigen zu schauen. Es ist also sinnvoll, das Display in das direkte Blickfeld des Fahrers, d. h. in die Scheibe einzublenden, damit dieser seinen Blick nicht von der Straße abwenden und somit kein Sicherheitsrisiko eingehen muss. Die Nutzung von anderen Aufnahmekanälen soll ebenfalls weiter erforscht werden, z. B. Vibration in der Fußregion. Eine permanente Anpassung der gezeigten Information an die Fahrsituation könnte auch die Anzahl der nötigen Informationen reduzieren.

Dieses Beispiel soll zeigen, dass bei jeder Änderung eines FAS oder der Modifikation des Fahrzeugs, in welches das FAS integriert ist (z. B. mit der Einführung von weiteren FAS) die vorgeschlagenen Gestaltungsprozesse von Schnittstellen ein weiteres Mal durchgeführt werden müssen, um die Ziele einer erfolgreichen Mensch-Maschine-Schnittstelle zu erfüllen.

Literatur

[1] Rühmann, H.: Schnittstellen in Mensch-Maschine-Systemen. In: Schmidtke, H. (Hrsg.) Ergonomie, 3. Aufl. Hanser, München, Wien (1993)
[2] Eckstein, L.: Entwicklung und Überprüfung eines Bedienkonzepts und von Algorithmen zum Fahren eines Kraftfahrzeugs mit aktiven Sidesticks Bd. Reihe 12, Bd. 471. VDI-Verlag, Düsseldorf (2001)
[3] Schmidtke, H.: Ergonomie. Hanser-Verlag, München, Wien (1993)
[4] Timpe, K.-P., Jürgensohn, T., Kolrep, H.: Mensch-Maschine-Systemtechnik – Konzepte, Modellierung, Gestaltung, Evaluation. Symposion Publishing, Düsseldorf (2000)
[5] DIN EN ISO 9241-110: Ergonomie der Mensch-Maschine-Interaktion. Teil 110: Grundsätze der Dialoggestaltung, 2006
[6] DIN EN ISO 9241-210: Ergonomie der Mensch-System-Interaktion. Teil 210: Prozess zur Gestaltung gebrauchstauglicher interaktiver Systeme, 2010
[7] Kirchner, J.-H., Baum, E.: Mensch-Maschine-Umwelt. Beuth Verlag, Berlin, Köln (1986)

Bedienelemente

Klaus Bengler, Matthias Pfromm, Ralph Bruder

35.1 Anforderungen an Bedienelemente für Fahrerassistenzsysteme – 648

35.2 Bestimmung des Handlungsorgans, der Körperhaltung und der Greifart – 649

35.3 Festlegung der Bedienteilart – 649

35.4 Vermeiden von unbeabsichtigtem und unbefugtem Stellen – 651

35.5 Festlegung der räumlichen Anordnung und geometrische Integration – 652

35.6 Festlegung von Rückmeldung, Bedienrichtung, -weg und -widerstand – 652

35.7 Kennzeichnung der Stellteile – 654

35.8 Alternative Bedienkonzepte – 654

Literatur – 656

Dieses Kapitel liefert eine Übersicht der Anforderungen an die Bedienelemente für Fahrerassistenzfunktionen und die daraus resultierenden Gestaltungsmöglichkeiten: Dem Leser wird eine Vorgehensweise zur Gestaltung von Bedienelementen an die Hand gegeben. Die allgemeinen Empfehlungen werden durch konkrete Hardwarebeispiele verdeutlicht, um den Zugang zur Thematik zu erleichtern und die mittlerweile reichhaltige Menge verschiedener Bedienelemente darzustellen.

Unter einem Bedienelement wird allgemein eine technische Einrichtung an der Schnittstelle zwischen Mensch und Maschine verstanden, mit deren Hilfe eine steuernde oder regelnde Einwirkung auf den technischen Prozess oder den Funktionsablauf vorgenommen wird; der Begriff wird in der Regel synonym zum Begriff „Stellteil" verwendet.

Meist stellen Bedienelemente im Auto finger-, hand- oder fußbetätigte Schnittstellen dar [1]; zu diesen Hardwareelementen treten inzwischen zunehmend Eingabemöglichkeiten hinzu, die wie Gestik- oder Spracheingabe auf Erkennertechnologien basieren. Bisher sind diese im Zusammenhang mit Fahrerassistenzfunktionen jedoch von geringer Relevanz.

Zu unterscheiden sind Bedienelemente, die dazu genutzt werden, Fahrerassistenzfunktionen in voneinander getrennten Einzeleingaben ein- oder auszuschalten, und solche, die dazu dienen, eine bestimmte Fahrerassistenzfunktion schrittweise zu parametrieren. Hinzu kommen Bedienelemente, die dem Fahrer ermöglichen, die Fahrzeugführung mehr oder weniger kontinuierlich in Kooperation mit einem Fahrerassistenzsystem zu bewältigen [2]. Durch Bedienelemente führt der Fahrer Fahraufgaben aus, die sich in primäre, sekundäre und tertiäre Aufgaben unterteilen lassen. Zur primären Fahraufgabe zählt der eigentliche Fahrprozess – also das sichere Halten des Fahrzeugs auf der Fahrbahn. Sekundäre Fahraufgaben sind Aufgaben, die sich aus den Verkehrsregeln sowie Verkehrs- und Umweltbedingungen ergeben: Hierzu gehören beispielsweise das Schalten, die Bedienung des Fahrtrichtungsanzeigers, aber auch die Bedienung von Assistenzsystemen, wie Adaptive Cruise Control (ACC). Tertiäre Fahraufgaben stehen mit der eigentlichen Fahraufgabe nicht in Verbindung, sondern dienen nur der Befriedigung des Unterhaltungs- oder Komfortbedürfnisses des Fahrers: Hierzu zählt beispielsweise die Bedienung des Radios [3].

Wie in ◘ Abb. 34.1 in ► Kap 34 zu erkennen ist, haben Bedienelemente neben ihrer Eingabefunktion an das Fahrerassistenzsystem die Aufgabe, Informationen an den Fahrer zurückzumelden. Dies kann beispielsweise eine Information über den momentanen Systemzustand oder eine Bestätigung einer getätigten Eingabe sein.

In ► Kap. 34 wurde die strukturierte Vorgehensweise zur Gestaltung von Bedienelementen nach Kirchner und Baum [4] vorgestellt. Die Gliederung des vorliegenden Kapitels lehnt sich an diesen Prozess an.

35.1 Anforderungen an Bedienelemente für Fahrerassistenzsysteme

Im Regelfall gelten für die Gestaltung von Bedienelementen zur Nutzung von Fahrerassistenzsystemen vergleichbare Anforderungen, wie sie grundlegend auch für die Bedienung von anderen Fahrfunktionen formuliert sind.

Da die Benutzung häufig während der Fahrt erfolgt, soll sie mit möglichst geringer Ablenkung und im Sinn einer hohen Bediensicherheit zielsicher und fehlerfrei erfolgen. Dies gilt in besonderem Maß für Bedienelemente, die im Zusammenhang mit Fahrerassistenz stehen. Die wichtigsten Gestaltungsziele sind:

- schnelle,
- sichere,
- intuitive und
- präzise Bedienung,
- kompatibel mit der entsprechenden Funktion bzw. den einzustellenden Parametern, so dass beispielsweise die Erhöhung eines Wertes mit einer Eingabe nach oben oder im Uhrzeigersinn vorgenommen wird.

Im Folgenden werden die Maßnahmen dargestellt, die dazu dienen, diese Gestaltungsziele zu erreichen:
- die Bestimmung von Handlungsorgan, Körperhaltung und Greifart,

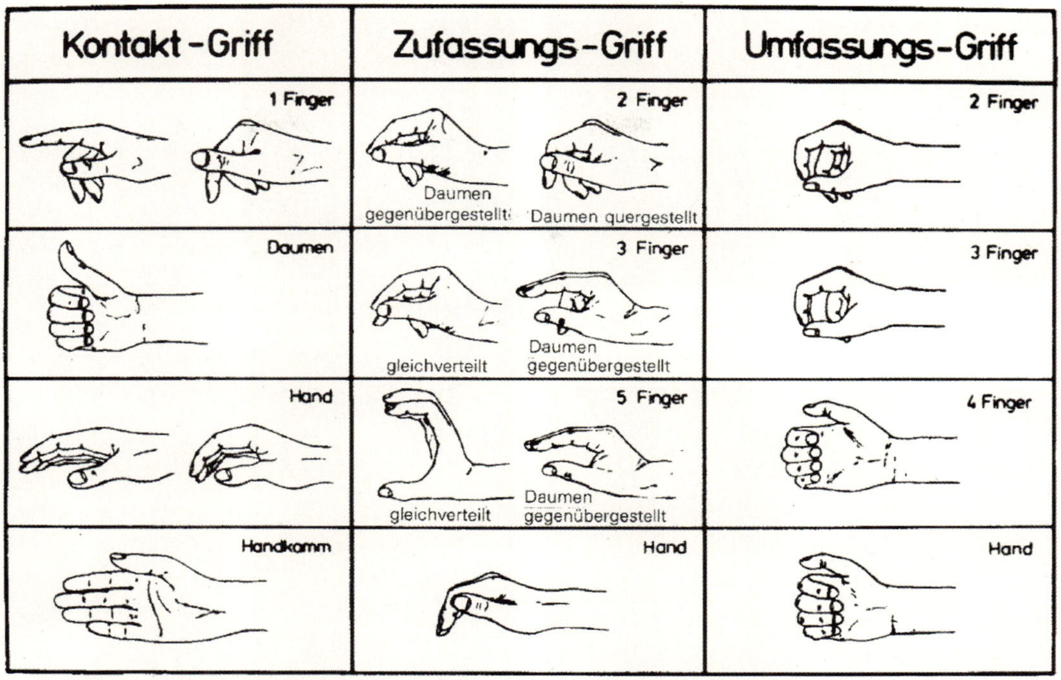

Abb. 35.1 Zusammenstellung der Greifarten (nach [6])

- die Auswahl der Bedienteilart,
- das Vermeiden von unbeabsichtigtem und unbefugtem Stellen,
- die Anordnung im Innenraum,
- die Festlegung von Rückmeldung, Bedienrichtung, -weg und -widerstand,
- die Kennzeichnung der Stellteile.

35.2 Bestimmung des Handlungsorgans, der Körperhaltung und der Greifart

Bei der Platzierung der Bedienelemente im Innenraum ist darauf zu achten, dass durch ihre Anordnung eine präzise Eingabe in komfortabler Haltung und vor allem im Fall von dauerhaft genutzten Elementen – z. B. Stellteilen zur Fahrzeugführung – vom Fahrer keine ungünstigen Zwangshaltungen eingenommen werden müssen.

Wesentliche Auswahlkriterien für Handlungsorgan und Greifart stellen die benötigte Bedienkraft, Bediengenauigkeit und Bediengeschwindigkeit dar. Im Allgemeinen ist die maximale Bedienkraft über den Fuß oder einen Umfassungsgriff der Hand (Armbewegung) erreichbar, während für eine hohe Bediengenauigkeit der Finger in Form eines Kontakt- oder Zulassungsgriffs (siehe **Abb. 35.1**) bevorzugt werden sollte. Da bei der Bedienung von Fahrerassistenzsystemen kein hoher Kraftaufwand aufzubringen ist, sollte im Allgemeinen Hand- oder Fingerbedienung bevorzugt werden. Des Weiteren wird bei der Kopplung zwischen Körperteil und Bedienelement zwischen Form- und Kraftschluss unterschieden. Eine geeignete Zuordnung von Greifart, Kopplungsart und Bedienelement liefert [4] nach DIN EN 894-3 [5].

35.3 Festlegung der Bedienteilart

Wie bereits einleitend gesagt, können als grundsätzliche Aufgabentypen im Zusammenhang mit Fahrerassistenzfunktionen:

◘ **Abb. 35.2** Bedienfeld Fahrerassistenzsysteme im BMW 7er (Quelle: BMW AG)

◘ **Abb. 35.3** ACC-Bedienelement [9]

◘ **Abb. 35.4** Softkeys [10]

◘ **Abb. 35.5** Menüsystem mit Display und zentralem Bedienelement: BMW iDrive (Quelle: BMW AG)

- das Ein-/Ausschalten einer Funktion,
- das Parametrieren und Einstellen von Werten,
- die dauerhafte Eingabe im Sinn einer kooperativen Fahrzeugführung, bei der primäre Fahrzeugführungsaufgaben gemeinsam von Fahrer und Automation ausgeführt werden (vgl. ▶ Kap. 58), unterschieden werden.

Aus der Bedienaufgabe leitet sich somit ab, ob das Bedienelement diskretes Bedienen in Stufen oder kontinuierliches Bedienen ermöglichen soll. Die Festlegung der Bedienteilart richtet sich außerdem nach dem Zweck der Betätigung, den Anforderungen an Bediengenauigkeit, Bediengeschwindigkeit und Länge der Bewegungsstrecke sowie nach den Gegebenheiten im Fahrzeugcockpit. Für diskrete Stellaufgaben werden häufig Drucktaster und -schalter sowie Tastwippen verwendet. Drehsteller und Hebel eignen sich sowohl für diskrete als auch für kontinuierliche Eingaben: Beispielsweise wird der Lichtschalter im Fahrzeug häufig als ein diskreter und die Temperatureingabe der Klimaanlage als ein kontinuierlicher Drehsteller ausgeführt; das ACC-System wird oft durch einen Hebel mit diskreten Rastpositionen ein- und ausgeschaltet. Die kontinuierliche Einstellung der gewünschten Zeitlücke erfolgt oft ebenfalls durch einen Hebel. Werden in Bedienelemente Aktuatoren integriert, um dem Bediener haptisches Feedback über den momentanen Systemzustand geben zu können, spricht man von aktiven Bedienelementen; diese eignen sich beispielsweise für eine kontinuierliche kooperative Fahrzeugführung [7].

◘ **Abb. 35.6** Touchscreen im Tesla Model S [11]

Ursprünglich war jedes Bedienelement fest mit einer Funktion verknüpft; diese „Hardkeys" ermöglichen dem Fahrer, jederzeit auf die entsprechende Funktion direkt zuzugreifen (◘ Abb. 35.2). Da die zunehmende Anzahl von Bedienelementen durch die Ausbreitung von elektronischen Systemen im Fahrzeug zu Unübersichtlichkeit und Bauraumproblemen führen würde und auch der Greifraum des Fahrers begrenzt ist, werden häufig mehrere Bedienteile in ein integriertes Bedienelement zusammengefasst [8]. Der Hebel zur Bedienung der ACC-Funktionen ist hierfür ein geeignetes Beispiel (◘ Abb. 35.3). Bei „Softkeys" erfolgt die Funktionszuordnung kontextabhängig in einem zugeordneten Bildschirmbereich (◘ Abb. 35.4), d. h. mit einer Taste können verschiedene Funktionen bedient werden. Menüsysteme mit Display und zentralem Bedienelement (◘ Abb. 35.5) sowie Touchscreens (◘ Abb. 35.6) ermöglichen ebenfalls die Benutzung einer großen Anzahl an Funktionen. Im Hinblick auf die Bediensicherheit und den schnellen Zugriff auf einzelne Funktionen können aber durchaus Nachteile im Vergleich zur direkten Tastenbedienung entstehen, da zur Bedienung der Blick längere Zeit vom Verkehrsgeschehen abgewendet und der Fahrer kognitiv beansprucht wird. Eine Blindbedienung von Touchscreens ist zudem praktisch unmöglich, da Schaltflächen nicht taktil identifiziert werden können und die haptische Rückmeldung fehlt.

35.4 Vermeiden von unbeabsichtigtem und unbefugtem Stellen

Gerade bei sicherheitsrelevanten Funktionen muss ein unbeabsichtigtes Stellen vermieden werden. Dazu können die folgenden Maßnahmen angewendet werden: die Anordnung an Orten mit geringer Berührungswahrscheinlichkeit, gute Unterscheidbarkeit anhand verschiedener Kriterien – Form, Größe, Lage, Gestalt, Farbe – notwendige Bestätigungen im Dialogablauf bei Eingaben oder prinzipiell auch Abdeckungen oder Entriegelungsmechanismen bei besonders sensitiven Funktionen. Beispielsweise ist das Bedienfeld für Fahrerassistenzsysteme bei BMW (◘ Abb. 35.2) in der Regel an der Instrumententafel links vom Lenkrad ange-

Abb. 35.7 Lenkrad-Bedienelement im Audi TTS. Haptische Unterscheidbarkeit der Tasten durch Form, Größe und Oberflächengestaltung (Quelle: Audi AG)

bracht; so werden unbeabsichtigte Bedienung durch den Fahrer sowie unbefugte Bedienung durch den Beifahrer vermieden.

ACC-Bedienelemente sind häufig in Form von Hebeln oder Tasten am Lenkrad ausgeführt, bei deren Gestaltung darauf zu achten ist, dass sie nicht mit den Bedienelementen für den Fahrtrichtungsanzeiger- oder Wischerhebel bzw. Tasten zur Bedienung von Infotainmentfunktionen verwechselt werden können. Da der Fahrer bei der Benutzung in der Regel nicht seinen Blick auf das Bedienelement richtet, ist für eine haptische Unterscheidbarkeit bei Blindbedienung durch Form, Größe und Oberflächengestaltung der Tasten (beispielsweise wie in ◘ Abb. 35.7) sowie eine ausreichende räumliche Trennung zu gewährleisten. Ebenfalls ist für eine optische Unterscheidbarkeit der Bedienelemente zu sorgen.

35.5 Festlegung der räumlichen Anordnung und geometrische Integration

Nach DIN EN 894-3 [5] sollten u. a. die Bedienwichtigkeit und -häufigkeit sowie die Bedienreihenfolge bei der Platzierung und Gruppierung von Bedienelementen berücksichtigt werden.

Je wichtiger ein Bedienelement für die sichere Fahrzeugführung ist, desto zentraler muss es im optimalen Sicht- und Greifbereich liegen. Elemente, die im Zusammenhang mit Notfunktionen oder der Abschaltung von Funktionen stehen, müssen immer gut erreichbar sein.

Die unterschiedlichen Bedienorte sind am 95. Perzentil der Körpergröße der männlichen und dem 5. Perzentil der weiblichen Fahrerinnen orientiert. Sie tragen zum Teil auch Anzeigefunktion und sollen bei ergonomisch sinnvoller Sitz- und Lenkradeinstellung ohne aufwendige Haltungsänderung sowohl gut erreichbar als auch einsehbar sein. Die Absicherung dieser Eigenschaften kann mittlerweile sehr gut durch eine ergonomische Analyse von CAD-Konstruktionen mithilfe eines digitalen Menschmodells (z. B. RAMSIS [12]) erfolgen.

Die Größe des Bedienelements und die Abstände zwischen Bedienelementen ist ebenfalls an anthropometrischen Gegebenheiten zu orientieren, wobei die Werte für Fingergrößen und Greifweiten entsprechenden Tabellenwerken, z. B. [5] oder [13] entnommen werden können.

Unter der Anordnung wird hier neben der geometrischen Lage auch die relative Zuordnung zu anderen Bedienteilen verstanden. Bei der Fahrerassistenzbedienung ist zu beachten, dass im Fall von Bediensequenzen (z. B. 1. Aktivieren, 2. Parametrieren des ACC) durch die räumliche Nähe der Einzelbedienelemente ein Umgreifen vermieden wird.

Die deutliche Zunahme und Heterogenität von Fahrerassistenzfunktionen hat zu einer Zunahme typischer Orte im Innenraum (◘ Abb. 35.8) geführt, die der zuvor genannten Anordnungslogik folgen [14]. Hierzu zählen:

- an der Konsole links und rechts hinter dem Lenkrad,
- in den Speichen des Lenkrads,
- im Bereich der Mittelkonsole vor der Armablage,
- im zentralen Bereich der Mittelkonsole im Übergang zum Instrumententräger.

35.6 Festlegung von Rückmeldung, Bedienrichtung, -weg und -widerstand

Dem Bediener soll der eingestellte Zustand der bedienten Funktion (z. B. ACC ein/aus) oder Parameter (z. B. Größe der gewünschten Zeitlücke bei ACC) adäquat angezeigt werden: Dies kann einerseits in Form einer in das Element integrierten

35.6 • Festlegung von Rückmeldung, Bedienrichtung, -weg und -widerstand

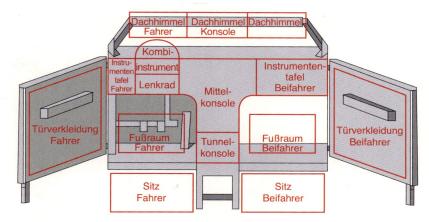

Abb. 35.8 Definition der Auslegungszonen/Cockpitbereiche im Fahrzeug

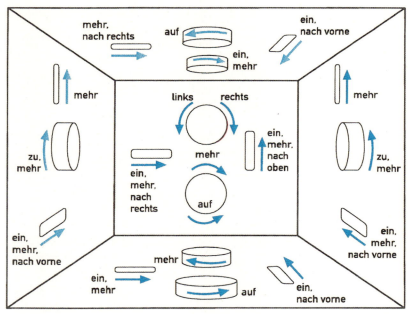

Abb. 35.9 Räumliche Anordnung von Drehknöpfen und Schiebereglern mit zugehörigen Bewegungsstereotypen [16] nach [17]

Beleuchtung (LED), andererseits auch durch eine Lagecodierung (Neigungswinkel, Rastposition einer Taste) geschehen. Alternativ kann die Information in einem entsprechenden Display angezeigt werden, wobei der örtliche Bezug zum Bedienelement hergestellt werden muss. Generell gilt die Grundregel, dass eine multimodale redundante Codierung, die mehrere Sinneskanäle des Fahrers anspricht, für die Rückmeldung empfehlenswert ist.

Die Bedienrichtung von Bedienelementen sollte sinnfällig sein, da der Vorteil einer solchen Bewegungsrichtung die schnelle Erlernbarkeit ist und es in schwierigen Situationen weniger oft zu Fehlhandlungen führt. Die Sinnfälligkeit der Bedienrichtungen ergibt sich aus Bewegungsstereotypen, s. (Abb. 35.9); darüber hinaus soll die Bewegungsrichtung des Bedienelements mit der intendierten Bewegungsrichtung des Systems übereinstimmen (Bewegungseffekt-Stereotypie).

Beim ACC-Bedienelement (Abb. 35.3) wird gemäß der Stereotypen die Wunschgeschwindigkeit beim Tippen des Hebels nach oben erhöht und nach unten abgesenkt.

Der Bedienweg und -winkel ist der Weg, der beim Bedienen des Bedienelements zurückgelegt wird; jedoch müssen nicht alle Bedienelemente

◘ Abb. 35.10 Gesten [20]

einen Bedienweg besitzen – z. B. Berührungssensoren, isometrische – wegfreie – Bedienelemente. Wichtige Gestaltungsregeln für herkömmliche Bedienelemente sind:

- den Bedienweg so dimensionieren, dass Stellung des Bedienelements leicht erkennbar ist,
- beim stufenweisen Bedienen Schaltstellungen durch Rasten sichern [5, 15],
- das Spiel so klein wie möglich halten, da sonst Steuerleistung negativ beeinflusst werden kann.

Im Kontext von Fahrerassistenzsystemen spielt der Bedienwiderstand eines Bedienelements eine untergeordnete Rolle, ist aber für die Umsetzung einer taktilen Rückmeldung der Betätigung sowie für die Absicherung gegen unbeabsichtigtes Betätigen zu betrachten.

35.7 Kennzeichnung der Stellteile

Eine Kennzeichnung von Bedienelementen ist insbesondere dann notwendig, wenn diese selten benutzt werden oder wenn sie in verschiedenen Fahrzeugen uneinheitlich gestaltet sind. Eine Methode hierfür ist die Formcodierung. Formen können sowohl visuell als auch taktil erkannt werden: Eine Formcodierung ist demnach besonders wichtig, um eine Bedienung ohne Blickabwendung von der Straße zu ermöglichen. Dabei sollten Formen, die leicht und sicher zu unterscheiden sind, gewählt und scharfe Ecken und Kanten vermieden werden. Eine zusätzliche, relativ triviale Möglichkeit stellt die Kennzeichnung der Bedienelemente durch Anbringen einer Beschriftung oder eines Symbols auf oder in Nachbarschaft des Stellteils dar.

Eine gute Orientierungshilfe bei der Symbolgestaltung liefern international standardisierte Symboliken [18]; im Fall mehrerer Funktionen in unmittelbarer Nähe ist auch darauf zu achten, dass Symbole für verschiedene Funktionen sich deutlich voneinander unterscheiden. Die derzeit gebräuchliche Beschriftung – vor allem in Form von Trigrammen (ESC, DSC, ACC etc.) – ist keineswegs intuitiv, unterscheidet sich zum Teil zwischen den Herstellern und muss von den Nutzern erst erlernt werden.

35.8 Alternative Bedienkonzepte

Die Zahl der zu bedienenden Funktionen im Fahrzeug steigt stetig. Da dadurch die kognitive und visuelle Belastung des Fahrers steigt und Bauraumprobleme entstehen, werden alternative Bedienkonzepte für die Mensch-Fahrzeug-Interaktion erforscht.

35.8.1 Gestenbedienung

Diverse Geräte der Unterhaltungselektronik, wie Tablet-PCs oder Spielekonsolen, lassen sich per Hand-, Arm- oder Fingergesten bedienen: Daher ist es naheliegend, die Möglichkeit in Erwägung zu ziehen, auch Fahrzeugfunktionen mittels Gesten zu steuern.

Bei der Bedienung von sekundären und tertiären Fahrfunktionen durch Gesten wurde in Untersuchungen eine geringere Blickabwendung des

35.8 · Alternative Bedienkonzepte

Fahrers von der Straße erreicht als bei herkömmlicher Bedienung [19, 20]. Für das Innenraumdesign bieten sich Vorteile, da so weniger Bedienelemente verbaut werden müssen.

Im Kontext der Mensch-Fahrzeug-Interaktion kann zwischen folgenden Gesten unterschieden werden: Richtungsinduzierende (kinemimische) Gesten (z. B. Zeigen oder Winken nach links/rechts), mimische Gesten (z. B. imitiertes Abheben/Auflegen eines Telefonhörers), deiktische Gesten (z. B. Zeigen in Richtung des Displays) und symbolische Gesten (z. B. eine waagrechte Wischbewegung für „Abbruch") [19] (s. ◘ Abb. 35.10).

Gesten können auf einer planen Oberfläche wie einem Touchpad (Touch-Gesten) oder im freien Raum ausgeführt werden (Freihandgesten) [21].

Für die Ausführung von Freihandgesten bieten sich der Bereich zwischen Fahrer und Windschutzscheibe, der Bereich in der Mitte der Windschutzscheibe und im Bereich der Mittelkonsole unterhalb der Windschutzscheibe an; bei den beiden letzten Bereichen kann nicht zwischen beiden Händen zur Gestenausführung gewählt werden [21].

Zur Erkennung der berührungslosen Gesten können Infrarotsensoren oder Kameras, ähnlich der Kinect bei der Microsoft Xbox, eingesetzt werden. Für den Einsatz im Automobil hat sich die Infrarotsensortechnik als die geeignetere der beiden bewiesen: Heute können schon Standardbewegungen wie Antippen, Schieben, Ziehen, Wischen unterschieden werden. Allerdings stellen momentan noch die unzureichende Erkennungsgenauigkeit und die Latenzzeit zwischen Erkennung und Interaktion Hürden bei der Einführung von berührungslosen Gesten im Auto dar [20].

Im Automobilbereich wurden Freihandgesten bisher nur im Rahmen von Konzepten, meist zur Bedienung von Infotainmentsystemen, vorgestellt; beispielsweise werden Gesten genutzt, um Inhalte vom Mittelkonsolenbildschirm auf das Mobiltelefon oder Kombiinstrument zu „verschieben" [22]. Eine Studie [23] schlägt vor, Fahrtrichtungsanzeiger und Scheinwerfer, also sekundäre Fahraufgaben, per Gesten zu steuern.

Auf einem Touchpad ausgeführte Gesten haben hingegen bereits Einzug in Serienfahrzeuge gehalten (◘ Abb. 35.11). Das Eingabegerät ist meist in die Mittelkonsole integriert; per Finger können Gesten

◘ **Abb. 35.11** Touchpad in der Mercedes C-Klasse [26]

zur Navigation in den Menüs eingegeben werden. Außerdem wird Handschrift in Form von symbolischen Gesten erkannt [24, 25, 26], Rückmeldung über eine erfolgte Eingabe wird meist haptisch und/oder akustisch gegeben.

Generell ist es wichtig, möglichst einfache, bereits aus der Unterhaltungselektronik bekannte, Gesten zu verwenden, um den Fahrer nicht mit einer komplizierten „Interaktionssprache" zu überfordern [19].

Im Projekt Conduct-by-Wire (▶ Kap. 59) wurde ein Bedienkonzept zur manöverbasierten Fahrzeugführung umgesetzt, bei dem der Fahrer Manöver durch Gesten auf einem Touchpad eingeben kann, die das Fahrzeug dann automatisch ausführt.

In einer Studie [27] wurde ein Lenkrad umgesetzt, auf dessen Oberfläche sich Gesten eingeben lassen: Im Gegensatz zu herkömmlichen Lenkradtasten lassen sich so mehr Funktionen unterbringen und im Unterschied zu herkömmlichen Touchscreens soll der Fahrer weniger stark abgelenkt werden. Ein ähnlicher Ansatz wird in einem anderen Konzept [28] verfolgt, bei dem in ein Lenkrad neben Hard- und Softkeys ein Touchscreen mit haptischem Feedback integriert wurden.

35.8.2 Blicksteuerung

In einem Forschungsprojekt [29] wurde Fahrzeugsteuerung durch Blicke des Fahrers umgesetzt. Der Fahrer trägt ein Eyetracker-System am Kopf, das gleichzeitig seine Pupille und die Umgebung filmt

◘ Abb. 35.12 EPOC neuroheadset [30]

und so die Blickrichtung bestimmt. Es wurden zwei Modi umgesetzt: Im „free ride"-Modus sind die Blickrichtungen direkt mit dem Lenkaktor verknüpft, d. h. das Fahrzeug fährt in die Richtung, in die der Fahrer blickt. Im „routing"-Modus fährt das Fahrzeug weitgehend automatisch – lediglich an bestimmten Entscheidungspunkten, wie Verkehrsknoten, wählt der Fahrer per Blick die gewünschte Richtung [29].

Von einer Serieneinführung ist ein solches System sicher noch weit entfernt, könnte aber zukünftig eine Chance für Menschen mit Beeinträchtigungen sein, ein teil- oder hochautomatisiertes Fahrzeug zu bedienen.

35.8.3 Brain Computer Interface

Göhring et al. [30] untersuchten die Fahrzeugführung mittels eines Brain Computer Interface (BCI) (◘ Abb. 35.12). Dabei messen 16 am Kopf befestigte EEG-Sensoren die Potenzialunterschiede auf der Kopfhaut, der Fahrer denkt an verschiedene Bewegungsmuster (z. B. links, rechts, drücken, ziehen). Diese werden von der Sensorik erkannt und klassifiziert; wie bei der Blicksteuerung wurde eine freie Fahrt und die Steuerung eines teilautomatisierten Systems untersucht. Eine freie Fahrt, d. h. eine direkte Kontrolle von Lenkung, Gas und Bremse über das BCI ist zwar möglich, aber zu ungenau für einen praktischen Einsatz. Erfolgsversprechender ist die Steuerung eines teilautomatisierten Systems mit dem BCI: Hier gab der Fahrer an Entscheidungspunkten, wie Verkehrsknoten, die gewünschte Richtung mittels des BCI vor, wobei die Erkennungsgenauigkeit 90 % betrug.

35.8.4 Sprachsteuerung

In der letzten Zeit hat die Spracherkennung in Automobilen große Fortschritte gemacht, so dass mit frei formulierten Äußerungen diverse Funktionen gesteuert werden können. Häufig werden dabei Kombinationen aus Onboard- und Offboard-Lösungen verwendet: Ist kein mobiles Internet verfügbar, werden lokale Spracherkennungstechniken verwendet, bei zur Verfügung stehendem Internet können leistungsfähigere Systeme in der Cloud verwendet werden [31]. Die Steuerung von Infotainmentfunktionen per Sprache ist mittlerweile Serienstand. Die Steuerung von sekundären Funktionen, wie beispielsweise Fahrzeugeinstellungen, sind in der Regel nicht durch Sprachsteuerung möglich [24, 26].

Für Menschen mit Beeinträchtigungen lässt sich ein System nachrüsten, mit dem die Steuerung von Sekundär- und Komfortfunktionen per Sprache möglich ist. Mit bis zu 50 Sprachkommandos lassen sich unter beliebigen Fahrbedingungen beispielsweise der Fahrtrichtungsanzeiger setzen, Licht einschalten oder die Klimaanlage regulieren. Der Hersteller gibt eine Reaktionszeit von maximal einer Sekunde bei einer Erkennungsrate von 95 % an [32].

Literatur

1 Rühmann, H.: Schnittstelle in Mensch-Maschine-Systemen. In: Schmidtke, H. (Hrsg.) Ergonomie. Carl Hanser Verlag, München, Wien (1993)
2 Eckstein, L.: Sidesticks im Kraftfahrzeug – ein alternatives Bedienkonzept oder Spielerei? In: Bubb, H. (Hrsg.) Ergonomie und Verkehrssicherheit. Beiträge der Herbstkonferenz der Gesellschaft für Arbeitswissenschaft. Herbert Utz Verlag, München (2000)
3 Bubb, H.: Fahrerassistenz primär ein Beitrag zum Komfort oder für die Sicherheit? In: Der Fahrer im 21. Jahrhundert: Anforderungen, Anwendungen, Aspekte für Mensch-Ma-

Literatur

schine-Systeme VDI-Berichte, Bd. 1768, VDI Verlag, Düsseldorf (2003)
4. Kircher, J.-H., Baum, E. (Hrsg.): Mensch-Maschine-Umwelt. Ergonomie für Konstrukteure, Designer, Planer und Arbeitsgestalter. Beuth Verlag GmbH, Berlin, Köln (1986)
5. DIN (Hrsg.): DIN EN 894-3, Sicherheit von Maschinen – Ergonomische Anforderungen an die Gestaltung von Anzeigen und Stellteilen – Teil 3: Stellteile. Beuth Verlag GmbH, Berlin (2010)
6. Schmidtke, H.: Handbuch der Ergonomie. Carl Hanser Verlag, München, Wien (1989)
7. Damböck, D., Kienle, M., Bengler, K.: Die Zügel fest in der Hand halten – Automationsgradumschaltung durch Griffkraftmessung. In: Useware 2010 VDI-Bericht, Bd. 2099, VDI Verlag, Düsseldorf (2010)
8. Lindberg, T., Tönert, L., Bengler, K.: Integration von aktiven Sicherheitssystemen für die Querführung VDI-Berichte, Bd. 2085. VDI-Verlag, Düsseldorf, S. 79–94 (2009)
9. http://www.audi.co.uk/content/audi/new-cars/a4/a4-saloon/driver-aids/cruise-control/_jcr_content/main-stage/tab_content/container1/image.img.png
10. http://i1.ytimg.com/vi/-oSzDcJFCHg/maxresdefault.jpg
11. http://image.motortrend.com/f/oftheyear/car/1301_2013_motor_trend_car_of_the_year_tesla_model_s/41007851/2013-tesla-model-s-cockpit.jpg
12. http://www.human-solutions.com/mobility/front_content.php
13. Flügel, B., Greil, H., Sommer, K.: Anthropologischer AtlasAlters- und Geschlechtsvariabilität des Menschen. Minerva, München (1986). Edition Wissen
14. Lindberg, T., Tönert, L., Rötting, M., Bengler, K.: Integration aktueller und zukünftiger Fahrerassistenzsysteme – wie lässt sich der Lösungsraum für die HMI-Entwicklung strukturieren? In: Lichtenstein, A., Stößel, C., Clemens, C. (Hrsg.) Der Mensch im Mittelpunkt technischer Systeme 8. Berliner Werkstatt – Mensch-Maschine-Systeme, 7.–9. Okt. 2009. S. 187–188. VDI Verlag, Düsseldorf (2010). ZMMS 2009 Berlin
15. Reisinger, J.: Haptik von Bedienelementen. Ergonomie aktuell, Ausgabe 7/2006, Lehrstuhl für Ergonomie, Technische Universität München
16. Götz, M.: Die Gestaltung von Bedienelementen unter dem Aspekt ihrer kommunikativen Funktion (Dissertation), Technische Universität München, Garching, 2007
17. Woodson, W., Conover, D.: Human Engineering Guide for Equipment Designers, 2. Aufl. University of California Press, Berkeley, Los Angeles, USA (1964)
18. (ISO 2575) Straßenfahrzeuge – Symbole für Bedienungselemente, Kontrollleuchten und sonstige Anzeiger
19. Geiger, M., Nieschulz, R., Zobl, M., Lang, M.: Bedienkonzept zur Gestensbasierten Interaktion mit Geräten im Automobil. In: Useware 2012 VDI-Bericht, Bd. 1678, VDI Verlag, Düsseldorf (2002)
20. Kreifeldt, R., Roth, H., Preissner, O.: Bediensysteme mit Gestensteuerung Stand der Technik und Zukunft. ATZelektronik 0(4), 248–253 (2012)
21. Pickering, C., Burnham, K., Richardson, M.: A Research Study of Hand Gesture Recognition Technologies and Applications for Human Vehicle Interaction. Engineering, S. 1–15 (2007)
22. Continental Magic User Interface. [Online]. Verfügbar unter: http://www.continental-corporation.com/www/presseportal_com_de/themen/pressemitteilungen/3_automotive_group/interior/press_releases/pr_2011_10_19_magic_user_interface_de.html, Abruf am: 05-Juni-2014
23. Landrover Discovery Vision Concept. [Online]. Verfügbar unter: http://newsroom.jaguarlandrover.com/de-de/land-rover/neuigkeiten/2014/04/lr_dvc_lf/, Abruf am: 05-Juni-2014
24. „Bedienkonzept", ATZextra, Nr. 11/2010, 2010, S. 222–227
25. „Intuitiv und individualisierbar: neues Infotainmentsystem für den Opel Insignia | Automobil- und Motorentechnik > Aus der Branche > Nachrichten". [Online]. Verfügbar unter: http://www.springerprofessional.de/4596298, Abruf am: 05-Juni-2014
26. Weckerle, T., Böhle, C., Gärtner, U., Boll, M., Fuhrmann, D.: Mehr Klasse denn je. ATZextra 0(8), 28–35 (2014)
27. Pfeiffer, M., Kern, D., Schöning, J., Döring, T., Krüger, A., Schmidt, A.: A multi-touch enabled steering wheel: exploring the design space. In: CHI'10 Extended Abstracts on Human Factors in Computing Systems, S. 3355–3360. (2010)
28. Ruck, H., Stottan, T.: Interaktives Lenkrad für eine bessere Bedienbarkeit. ATZ-Automob. Z **116**(5), 56–61 (2014)
29. „Car Steered with Driver's Eyes • Office of News and Public Affairs • Freie Universität Berlin", 04-Juni-2011. [Online]. Verfügbar unter: http://www.fu-berlin.de/en/presse/informationen/fup/2010/fup_10_106/, Abruf am: 05-Juni-2014
30. Göhring, D., Latotzky, D., Wang, M., Rojas, R.: Semi-autonomous car control using brain computer interfaces Intelligent Autonomous Systems, Bd. 12. Springer, S. 393–408 (2013)
31. Haag, A.: Sprachsteuerung mit semantischer Spracherkennung. ATZelektronik (6), 466–471 (2012)
32. „Sprachsteuerung_deutsch_Bildschirm.pdf". [Online]. Verfügbar unter: http://www.zawatzky.de/cms/upload/b_fahrzeugumbauten/fernbedienungen/Sprachsteuerung/Sprachsteuerung_deutsch_Bildschirm.pdf, Abruf am: 13. Juni 2014

Anzeigen für Fahrerassistenzsysteme

Peter Knoll

36.1   Heutige Displaykonzepte im Kraftfahrzeug – 660

36.2   Anzeigen für das Kraftfahrzeug – 667

36.3   Zukünftige Displaykonzepte im Kraftfahrzeug – 672

Literatur – 673

Der Autofahrer muss eine ständig wachsende Flut von Informationen verarbeiten, die vom eigenen und von fremden Fahrzeugen, von der Straße und über Telekommunikationseinrichtungen auf ihn einwirken. Diese Informationen müssen ihm mit geeigneten Anzeigemedien und unter Beachtung ergonomischer Erfordernisse übermittelt werden.

Bis in die 1980er Jahre bestand die Informationseinheit für den Fahrer aus wenigen Anzeigeelementen. Tachometer mit Kilometerzähler, Tankanzeige und einige Kontrollleuchten informierten über die wichtigsten Betriebszustände des Fahrzeugs. Der zunehmende Einsatz von Elektronik im Kraftfahrzeug führte zu immer mehr Informationsbedarf und damit zu mehr Interaktionsmöglichkeiten zwischen Fahrer und elektronischen Systemen.

36.1 Heutige Displaykonzepte im Kraftfahrzeug

36.1.1 Kommunikationsbereiche im Fahrzeug

Eine Analyse, welche Information aus der Vielfalt des verfügbaren Informationsangebots für welchen Fahrzeugpassagier notwendig, zweckmäßig oder wünschenswert ist, führt zu vier verschiedenen Anzeigebereichen. Diese sind:
- das Kombiinstrument (KI) für die Darstellung fahrerrelevanter Information am Rand des primären Blickfeldes des Fahrers;
- die Windschutzscheibe für die Darstellung fahrerrelevanter Information im primären Blickfeld ohne Blickabwendung und ohne Akkommodation;
- die Mittelkonsole für die Darstellung fahrer- und beifahrerrelevanter Information;
- der Fahrzeugfond als mobiles Büro oder als Unterhaltungsbereich für die Kinder [1].

Die Kraftfahrzeuginstrumentierung im Bereich der Instrumententafel ist in ihrer zeitlichen Entwicklung in ◘ Abb. 36.1 skizziert [2].

Zu Beginn der Automobilinstrumentierung gab es lediglich einen Geschwindigkeitsmesser und wenige Warnlampen für die Überwachung der wichtigsten Funktionen. Später kamen weitere Einzelinstrumente wie Drehzahlmesser, Tankanzeige und Kühlwasserthermometer hinzu. Bis Anfang der 1960er Jahre wurden die Einzelinstrumente aus Kosten- und Designgründen durch Kombiinstrumente ① verdrängt. Im Bereich der Mittelkonsole dominierte das nachrüstbare Autoradio. Durch die Entwicklung weiterer elektronischer Komponenten im Kraftfahrzeug und die Notwendigkeit ihrer Überwachung wurde im vorhandenen Bauraum immer mehr Information untergebracht, was z. T. zu unübersichtlichen Instrumenten führte.

Von dieser Basis ausgehend entwickelten sich zwei Entwicklungspfade:
- Digitalinstrumente ②. Während sich solche Instrumente in den USA und in Japan – insbesondere in Fahrzeugen der Oberklasse – etabliert haben, stieß in Europa die digitale Darstellung der Geschwindigkeit auf geringe Akzeptanz. Bedauerlich ist, dass durch diese Entwicklung die Vorteile der digitalen Geschwindigkeitsanzeige nicht zum Einsatz kamen, obwohl digital dargestellte Geschwindigkeit schneller und exakter ablesbar ist als die Information von Zeigerinstrumenten [3].
- Beibehaltung des Erscheinungsbildes mit Zeigern ③. Dies entspricht auch heute noch dem weltweiten Standarddesign von Kombiinstrumenten. Allerdings hat sich hinter dem Zifferblatt ein erheblicher technischer Wandel vollzogen.

Wegen des geringen vorhandenen Einbauraums in der oberen Instrumententafel und auch wegen der Ablenkungsgefahr wurde die Information neuer Systeme, stimuliert durch die Navigation, nicht im Kombiinstrument platziert, sondern in der Mittelkonsole. Hier bot sich die Zusammenfassung des Autoradioausschnitts und des Aschenbechers zur Schaffung eines neuen Einbauraums als kurzfristige, pragmatische Lösung an.

Durch die Enge im Zifferblattbereich aufgrund immer neuer Warnanzeigen und zusätzlicher Information (wie Wegleitinformation und Bordrechner) war man gezwungen, Grafikmodule einzusetzen, die diese Fülle von Zusatzinformation anzeigen können und außerdem in der Lage sind, dem Fahrer Handlungshinweise zu geben ④. Moderne

36.1 · Heutige Displaykonzepte im Kraftfahrzeug

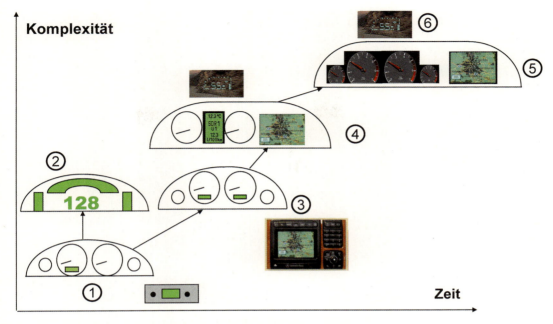

Abb. 36.1 Entwicklung der Kraftfahrzeuginstrumentierung im Laufe der Zeit

Fahrzeuge der Oberklasse zeigen daneben vorzugsweise Funktionen wie z. B. Service-Intervalle, Checkfunktionen, Fahrzeugdiagnose für die Werkstatt u.v.a.m. an. Vorteilhaft an der Anordnung des Grafikdisplays auf Höhe des KI in der Nähe des primären Blickfeldes des Autofahrers ist seine rasche Ablesbarkeit ohne lange Blickabwendung. Module dieser Art wurden zunächst in monochromer Ausführung im Fahrzeug eingesetzt, dann aber rasch durch Farbdisplays ersetzt, da die Vorzüge der Farbdarstellung in Bezug auf Ablesegeschwindigkeit und -sicherheit außer Zweifel stehen.

Der nächste, konsequente Schritt ist der Ersatz mechanischer Instrumente durch Grafik-Bildschirme ⑤. Mit dem weiteren Preisverfall von Laptop-Bildschirmen werden in Zukunft kostengünstige Flachbildschirme zur Verfügung stehen, die eine Darstellung eines virtuellen mechanischen KI zulassen. Erste Fahrzeugmodelle der Luxusklasse machen von dieser Technik bereits Gebrauch und benutzen einen größeren LCD-Bildschirm zur Nachbildung des Tachometers mit zahlreichen Zusatzinformationen. Der nächste Schritt, sämtliche Informationsinhalte des KI mit einem Flachbildschirm anzuzeigen, ist auch schon vollzogen. Auch beim Einsatz dieser Technik wird man nicht auf den zusätzlichen Bildschirm im Bereich der Mittelkonsole verzichten können.

Um die Vorteile einer Informationsaufnahme ohne Akkommodation auf den Nahbereich bei minimaler Blickabwendung zu nutzen, bietet sich der Einsatz eines Head-up-Displays (HUD) ⑥ an, das primär aus dem militärischen Bereich bekannt ist.

36.1.2 Displays für das Kombiinstrument

Der überwiegende Anteil der Instrumente arbeitet mit mechanischen Messwerken mit Zeigern und Zifferblatt. Die voluminösen Wirbelstromtachometer wurden zuerst durch viel kompaktere und elektronisch ansteuerbare Drehmagnetquotientenmesswerke ersetzt, inzwischen dominieren robuste Getriebe-Schrittmotoren mit sehr geringer Bautiefe. Abbildung 36.2 zeigt das Kombiinstrument des Golf III mit vier Schrittmotoren und drei Flüssigkristallanzeigen für Kilometerstand und Bordrechner in den Zifferblattausschnitten sowie der Ganganzeige (rechts oben) [4].

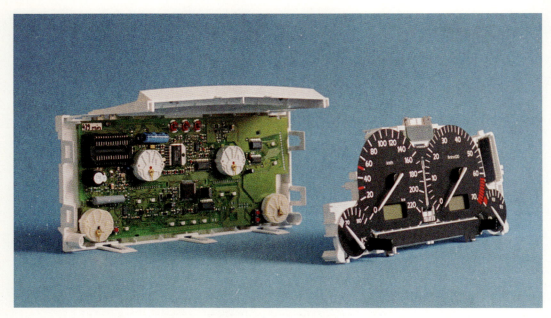

Abb. 36.2 Geöffnetes Kombiinstrument in Auflichttechnik mit Schrittmotoren, (links: Platine mit Schrittmotoren, rechts: Zifferblätter und Displays)

36.1.2.1 Zifferblattbeleuchtung

Ursprünglich besaßen Kombiinstrumente Zifferblätter aus Blech, die in Auflichttechnik mit Glühlampen beleuchtet wurden. Inzwischen hat sich die Durchlichttechnik wegen des ansprechenderen Erscheinungsbildes durchgesetzt. Später wurden Glühlampen von Leuchtdioden (LED) verdrängt. LED eignen sich gleichermaßen für Kontroll- und Warnleuchten wie auch für die Hinterleuchtung von Skalen, Displays und Zeigern, letztere über Kunststoff-Lichtleiter.

Für spezielle Gestaltungsformen werden jedoch auch besondere Techniken eingesetzt, nämlich:
- Mit CCFL (Kaltkathoden-Fluoreszenz-Lampen) ergibt sich bei Kombination mit einer getönten Deckscheibe (z. B. 25 % Transmission) mit diesen sehr hellen Lampen ein brillantes Erscheinungsbild mit ausgezeichnetem Kontrast. Auch Farb-LCDs erforderten wegen der geringen Transmission (typischerweise ca. 6 %) zur Erzielung eines guten Kontrastes bei Tageslicht bislang CCFL-Hinterleuchtungen. Sie wurden mittlerweile weitestgehend durch weiße LEDs ersetzt.
- EL-(Elektrolumineszenz-)Folien besitzen eine sehr gleichmäßige Lichtverteilung, sind aber erst seit etwa 2000 automobiltauglich. Sie bieten größere Gestaltungsfreiheit. Allerdings sind sie noch deutlich teurer als die konventionelle Lichtleiter-Lösung [5].

36.1.2.2 Digitale Anzeigen

Alphanumerische Displays in Flüssigkristalltechnik (LCD) und in Vakuumfluoreszenztechnik (VFD) gehören mittlerweile zum Standard in Kombiinstrumenten zur Anzeige von z. B. Kilometerstand und Bordrechner. Diese Technologien lassen auch die Realisierung ganzer Kombiinstrumente in Digitaltechnik zu, wobei die Instrumente üblicherweise aus mehreren Modulen zusammengesetzt wurden. Abbildung 36.3 [6] zeigt die Ansicht des Digitalinstruments des Audi Quattro in LCD-Technik (1986). Im rechten Teilbild sieht man auch die, mit diesem Instrument erstmalig eingeführte, Chip-on-Glass-Technik, bei der Ansteuerbausteine direkt auf das Glas aufgebondet werden [6].

Mit diesen segmentierten Anzeigen ist eine realistische Nachbildung mechanischer Zeiger nicht

◘ **Abb. 36.3** Kombiinstrument des Audi Quattro 1986 in LCD-Technik

möglich, man muss die Geschwindigkeit daher digital anzeigen.

36.1.2.3 Grafikmodule

Die Zunahme der Informationsmenge im Kombiinstrument macht grafikfähige Anzeigemodule erforderlich, deren Anzeigeflächen beliebige Informationen – flexibel und nach Prioritäten geordnet – darstellen können. Diese Tendenz führt zur Instrumentierung mit klassischem Zeigerinstrument, ergänzt um eine Grafikanzeige. ◘ Abbildung 36.4 [6] zeigt als Beispiel die Darstellung einer Einparkempfehlung des Einparkassistenten.

Grafikmodule im Kombiinstrument können neben den oben erwähnten fahrer- und fahrzeugrelevanten Funktionen auch Wegleitinformationen aus dem Navigationssystem (Richtungspfeile) darstellen. Den zunächst monochrom ausgeführten Modulen folgen inzwischen bei höherwertigen Fahrzeugausstattungen Farbdisplays.

36.1.2.4 Grafikbildschirme im Kombiinstrument

Seit 2005 werden auch größere Grafikbildschirme in AMLCD-Technik (AMLCD = Aktiv-Matrix-LCD) im Kombiinstrument für Grafikdarstellung (z.B. Information eines Nachtsichtsystems) wie auch für die Darstellung analoger Instrumente genutzt. ◘ Abbildung 36.5 zeigt das Kombiinstrument der Mercedes S-Klasse (2005) bestehend aus der Kombination eines 8"-AMLCD-Bildschirms mit 3 kleinen mechanischen Instrumenten. Das linke Teilbild zeigt das Instrument im normalen Betriebsmodus, das rechte Teilbild im Nachtsichtmodus. Bei Umschaltung auf die Nachtsichtfunktion erscheint das aufbereitete Videobild der Kamera, während die Tachoanzeige in Balkenform unter dem Videobild dargestellt wird. Der nächste Schritt einer vollständigen Substitution aller mechanischen Instrumente durch eine vollflächige AMLCD-Anzeige, wurde in der neuen Mercedes S-Klasse (2013) vollzogen, s. ◘ Abb. 36.8a.

36.1.3 Head-up-Display (HUD)

Herkömmliche Kombiinstrumente sind in einem Betrachtungsabstand von 0,8 … 1,2 m angeordnet. Zum Ablesen einer Information muss der Fahrer seine Augen von unendlich (Beobachtung der Straßenszene) auf den kurzen Betrachtungsabstand für das Instrument akkommodieren. Dieser Akkommodationsprozess dauert gewöhnlich 0,3 … 0,5 Sekunden.

Diese Situation kann durch Verwendung eines Head-up-Displays (HUD) deutlich verbessert werden. Das Bild des HUD wird über die Windschutzscheibe in das primäre Blickfeld des Fahrers eingespiegelt. Das optische System des HUD erzeugt ein virtuelles Bild in einem Betrachtungsabstand von etwa 2–3 m, sodass das Auge auf unendlich akkommodiert bleiben kann. Das HUD erfordert keine Blickabwendung von der Fahrbahn, kritische Fahrsituationen können so ablenkungsfrei wahrgenommen werden. Auch die Ablesung der eingespiegelten Geschwindigkeit ist ohne Blickabwendung möglich. ◘ Abbildung 36.7 zeigt das Erscheinungsbild eines HUD [6].

Head-up-Displays werden als einfache Digitaltachos mit wenig Zusatzinformation (Fahrtrichtungsanzeiger und 2–3 Warnsymbole) seit vielen Jahren, vor allem in Japan, als Sonderausstattung angeboten, mittlerweile auch von einigen europäischen Herstellern als Option.

Ein typisches HUD enthält ein Anzeigemodul zur Bilderzeugung, eine Beleuchtung, eine Ab-

◘ **Abb. 36.4** Grafikmodul im Kombiinstrument zwischen den Haupt-Rundinstrumenten

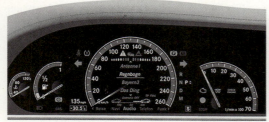 

◘ **Abb. 36.5** Kombiinstrument mit großem Grafikdisplay mit Möglichkeit zur Anzeige von Nachtsichtinformation Head-up Grafikdisplay, Anzeige von Geschwindigkeit und ACC-Information

bildungsoptik und einen Combiner (spiegelnde, lichtdurchlässige Scheibe), an dem das Bild in das Auge des Betrachters reflektiert wird, ◘ Abb. 36.6. Optische Elemente im Strahlengang (im Allgemeinen Hohlspiegel) vergrößern den Bildabstand. Der Combiner wird durch die Windschutzscheibe, eventuell mit einer zusätzlichen Reflexionsschicht, gebildet. Zur Vermeidung von Doppelbildern, die durch Reflexionen an den inneren und äußeren Grenzflächen der geneigten Windschutzscheibe entstehen, wird die Verbundglasscheibe durch Integration einer keilförmigen Folie leicht keilförmig ausgeführt. Aus Fahrersicht decken sich dann die beiden an den Grenzflächen entstehenden Bilder.

Für den Fahrer überlagert sich das HUD-Bild der Straßenszene, siehe ◘ Abb. 36.7. Wegen Ablenkungsgefahr soll es die Straßenszene nicht überdecken; es wird deshalb in einer Region mit niedrigem Informationsgehalt, über der Motorhaube "schwebend", dargestellt ◘ Abb. 36.7 zeigt ein Beispiel. Zur Vermeidung von Reizüberflutung im primären Blickfeld darf das HUD nicht mit Information überladen werden. Es ist daher niemals ein Ersatz für das Kombiinstrument. Sicherheitsrelevante Informationen wie Warnanzeigen, Wegleitinformation oder der Sicherheitsabstand sind hingegen sehr gut für HUD-Darstellungen geeignet [11].

Als Display für monochrome HUD mit geringem Informationsgehalt werden ultrahelle VFD (Vakuumfluoreszenzdisplays, meist grün) oder besonders kontrastreiche Segment-TN-LCD eingesetzt.

36.1.4 Zentrale Anzeige- und Bedieneinheit in der Mittelkonsole

Ein Zentralbildschirm in der Mittelkonsole gestattet die Integration mehrerer Funktionen in einer kompakten Anzeige- und Bedieneinheit. Auslöser für diese Art von Anzeigen waren Navigationssysteme, die Ende der 1980er Jahre in Serie eingeführt wurden. Neben dieser Funktion können Funktionen wie Bedienung von Heizung, Klima, Telefon sowie aller Audio-Funktionen dargestellt und über die zentrale Tastatur bedient werden. Da diese Informationen den Fahrer wie auch Beifahrer betreffen, ist eine Anordnung dieses universell nutzbaren Terminals

36.1 · Heutige Displaykonzepte im Kraftfahrzeug

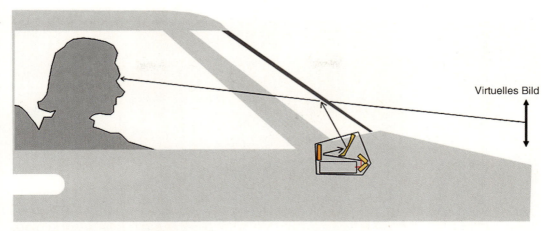

Abb. 36.6 Prinzip eines Head-up Displays

Abb. 36.7 Head-up Display, Anzeige von Geschwindigkeit und ACC-Information

in der Mittelkonsole aus ergonomischer und technischer Sicht zweckmäßig und notwendig. Während die ersten Bildschirme wegen des günstigeren Bauraum-Angebots im unteren Mittelkonsolenbereich platziert wurden, sind sie mittlerweile in eine ergonomisch günstigere Position auf gleicher Höhe mit dem Kombiinstrument angeordnet. Abbildung 36.8 [8] zeigt die Instrumententafel der neuen Mercedes S-Klasse (2013) mit der zugehörigen Bedieneinheit, die in ergonomisch günstiger Position im primären Greifraum der Mittelkonsole angeordnet ist.

36.1.5 Displays für Nachtsichtsysteme

Wegen des eingeschränkten Einbauraums im Fahrzeugcockpit und aus Kostengründen kommt ein zusätzlicher Bildschirm für Nachtsichtsysteme nicht infrage. Bei Nutzung des großen Grafikdisplays im KI entsteht der Vorteil, dass der Fahrer sich auf nur zwei Betrachtungsbereiche konzentrieren kann: die Straße und das Kombiinstrument. Eigene Versuche haben gezeigt, dass bei der brillanten Bilddarstellung von Nah-Infrarot-Systemen (NIR) eine sehr schnelle Interpretation des dargestellten Bildes möglich ist, die nicht viel länger dauert, als der gewohnte Blick auf die Geschwindigkeitsanzeige. Probandentests der Universitäten Berlin und Chemnitz im Auftrag von VW [9] zeigten die beste Akzeptanz für diese Darstellungsform, s. hierzu auch [7].

Andere Hersteller, die die hohen Kosten eines großen Displays im KI scheuen, benutzen zur Darstellung des Nachtsichtbildes das Zentraldisplay im Mittelkonsolenbereich. Diese Anordnung hat zur Folge, dass der Fahrer drei Betrachtungsbereiche im Auge behalten muss. Als Anzeige kommen auch für diese Funktion farbige AMLCD-Bildschirme zum Einsatz.

36.1.6 Zusatzdisplays

Immer häufiger sieht man Fahrzeuge, bei denen eine zusätzliche Anzeige im Cockpit oder mittels eines Saugnapfes auf der Windschutzscheibe befes-

Abb. 36.8 Instrumententafel der neuen Mercedes S-Klasse (2013)

tigt ist. Zumeist handelt es sich hierbei um Navigationssysteme, die mittlerweile preiswert angeboten werden. Diese Systeme sind autark und können z. T. über eine Bluetooth-Schnittstelle mit anderen Fahrzeugkomponenten (im Allgemeinen Audiosystem) kommunizieren. Wegen der guten Darstellungseigenschaften von AMLCD-Bildschirmen kommen diese Anzeigen auch für diese so genannten „Nomadic Devices" zum Einsatz.

Bedauerlicherweise verfügen diese Geräte z. T. über sehr kleine Bedienelemente und eigene, mit der Bedienphilosophie des Fahrzeugherstellers nicht konvergente Menüstrukturen, sodass von diesen Geräten die Gefahr einer größeren Ablenkung ausgeht, als sie von den integrierten Systemen erwartet werden muss. Die EU hat bereits ihre Sorge angemeldet und erwägt gesetzliche Vorgaben für die Gestaltung dieser Mensch-Maschine-Schnittstellen.

36.2 Anzeigen für das Kraftfahrzeug

Aus der Vielzahl der verfügbaren Display-Technologien konnten sich nur wenige für den Einsatz im Kraftfahrzeug durchsetzen. Zunächst dominierten rein mechanische Messwerke, kombiniert mit wenigen Kontrollleuchten. Durch die Entwicklung moderner Displaytechniken wurde die Mechanik nahezu vollständig durch elektronische Anzeigen ersetzt.

Die Beurteilung einer Anzeige kann nach zahlreichen Kriterien erfolgen, die sich in drei Gruppen zusammenfassen lassen. Die wichtigsten *optischen* Größen sind: Kontrast, Leuchtdichte, Ablesbarkeit bei starkem Auflicht und Farbwiedergabe. Diese müssen stets im Hinblick auf die vorgesehene Applikation betrachtet und optimiert werden.

Die *technisch-wirtschaftlichen* Kenndaten werden von den physikalischen Eigenschaften der jeweiligen Technologie bestimmt. Sie beinhalten Gesichtspunkte wie: Betriebsspannung, Betriebsstrom, Leistungsbedarf, Schaltzeiten, Ansteuerbarkeit, Multiplexbarkeit, Kosten.

Zudem werden Anzeigen auch nach *anwendungstechnischen* Gesichtspunkten beurteilt. Für das Kraftfahrzeug sind hier insbesondere zu nennen: Temperaturbereich, Frontflächenbedarf, Ausfallrate, Beständigkeit gegen Feuchte, Druckwechsel und Schock.

Eine Anzeige, die all diesen genannten Kriterien optimal gerecht wird, existiert nicht und erfordert auch in Zukunft Kompromisse zwischen Aufwand und Leistung des Anzeigesystems.

Eine der wichtigsten Anforderungen an ein Display ist eine gute Erkennbarkeit über große Bereiche der Umgebungsleuchtdichte. Hier ist der Kontrast die entscheidende Größe, der durch die Leuchtdichten von Zeichen und Hintergrund bestimmt wird. Er ergibt sich zu:

$$K = \frac{L_Z}{L_U}$$

also das direkte Verhältnis zwischen Zeichenleuchtdichte L_Z und Umgebungsleuchtdichte L_U.

Daneben wird zwischen den beiden Kontrastarten unterschieden: Dunkel/Hell-Kontrast mit dunklen Zeichen auf hellem Grund wird „*Positivkontrast*" genannt. Bei Hell/Dunkel-Kontrast mit hellen Zeichen im dunklen Umfeld (Kraftfahrzeuginstrumente) spricht man von „*Negativkontrast*". Üblicherweise wird der Zähler oder der Nenner zu 1 normiert (z. B. $K = 1:8$ oder $10:1$), je nachdem, ob es sich um ein Positiv- oder Negativkontrastdisplay handelt.

Die Erkennbarkeit der Anzeige wird vom Betrachter im Allgemeinen subjektiv bewertet: So wird z. B. der Kontrast typischer passiver Daueranzeigen wie Tageszeitungen als gut angesehen; er liegt etwa bei $1:7$. Der subjektiv „beste" Kontrast liegt – je nach aktuellem Adaptationszustand des Beobachters – nach Erfahrungen aus der Fernsehtechnik im Bereich von $10:1$ bis $5:1$ [10].

36.2.1 Elektromechanische Messwerke

Früher dominierte der Wirbelstromtachometer. Er besteht aus einem drehbar gelagerten Permanentmagneten, der von einer mechanisch angetriebenen Achse (Tachowelle) in Drehung versetzt wird. Der Kilometerzähler war mechanisch und wurde ebenfalls durch die Tachowelle angetrieben. Wegen ihrer voluminösen Bauform und wegen der Anfälligkeit der Welle sind diese Anzeigen weitestgehend verschwunden.

Beim Drehmagnetquotientenmesswerk (DQM, ◻ Abb. 36.9 links) ist ein Permanentmagnet von zwei gekreuzten Spulen umschlossen [4]. Durch geeignete Bestromung der Spulen wird der Zeiger quadrantenweise in Bewegung versetzt. Eine (nicht gezeichnete) Spiralfeder führt den Zei-

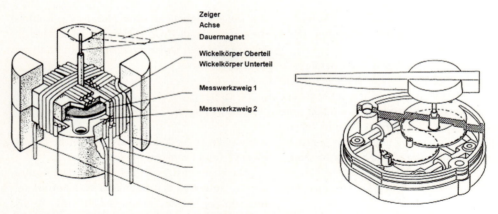

Abb. 36.9 Drehmagnetquotienten-Messwerk, DQM (links), Schrittmotor nach dem Lavet-Prinzip (rechts)

ger im stromlosen Zustand in die Ruheposition an einen Anschlagstift zurück.

Der Schrittmotor nach dem Lavet-Prinzip, Abb. 36.9 rechts [4], wird in modernen Kraftfahrzeuginstrumenten eingesetzt. Ein sehr kleiner Permanentmagnet wird von einem Joch aus ferromagnetischen Blechen umschlossen. Wird das Joch mit Wechselspannungssignalen erregt, dreht sich der Magnet und treibt über ein zweistufiges Getriebe die Zeigerachse an. Getriebe-Schrittmotoren besitzen eine Bautiefe von nur noch etwa 5–8 mm. Sie kommen mit etwa 100 mW Leistungsaufnahme aus und erlauben eine schnelle und sehr präzise Zeigerpositionierung mit großem Moment.

36.2.2 Aktive und passive Segmentdisplays

Es hat sich eingebürgert, Anzeigen nach ihren physikalischen Eigenschaften und den ihnen zugrunde liegenden Phänomenen nach aktiven und passiven Anzeigen zu unterscheiden.

Aktive Anzeigen (z. B. Leuchtdioden, Gasentladungsanzeigen) emittieren selbst Licht und verbrauchen daher viel Energie, wenn sie ausreichend hell sein sollen, um auch bei großer Umgebungshelligkeit, wie sie in Kraftfahrzeugen häufig herrscht, mit ausreichendem Kontrast wahrgenommen werden zu können. Passive Anzeigen (z. B. Flüssigkristallanzeigen, elektromechanische Anzeigen) erzeugen hingegen selbst kein Licht, sie modulieren einfallendes Umgebungslicht und benötigen deutlich weniger Energie.

36.2.2.1 Aktive Displays
Glühlampen

Glühlampen werden in Kraftfahrzeuginstrumenten als Warnlämpchen oder zur Beleuchtung von Zifferblättern und passiven Anzeigen eingesetzt. Sie sind sehr preiswert, allerdings ist der optische Wirkungsgrad mit etwa 4 % sehr gering. Die durchschnittliche Lebensdauer von Standard-Glühlampen beträgt bei Nennleistung 1000 bis 5000 Stunden.

Leuchtdiode (LED)

Die Lichterzeugung mit Halbleitern beruht auf der strahlenden Rekombination von Elektronen des Leitungsbandes mit Löchern aus dem Valenzband, wobei die freiwerdende Energie in Form von Photonen emittiert wird. Zuvor muss der Halbleiter durch eine Spannung angeregt werden.

Mit den Standardmaterialien Galliumarsenid (GaAs, rot), Indiumphosphid (InP, rot bis gelb), Siliziumkarbid (SiC, blau) und Galliumnitrid (GaN, blau) konnten alle Farben des sichtbaren Spektrums realisiert werden. Trotz ihrer begrenzten Helligkeit und höherer Kosten wurden diese LEDs als Kontrollleuchten eingesetzt, da sie eine bedeutend geringere Ausfallrate und höhere Lebensdauer besitzen als Glühlampen. Die Farbe Weiß wurde zunächst durch additive Farbmischung durch Kombination mehrerer LED-Chips in einem Gehäuse realisiert, später erfolgte durch die Erfindung der LucoLED

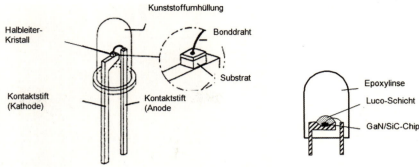

◘ **Abb. 36.10** Aufbau von LEDs: Standard-LED (links), LucoLED (rechts)

(Lumineszenz-Conversions-LED) der Durchbruch zur Erzeugung sehr hoher Helligkeiten. Damit war die Realisierung LED-basierter Hinterleuchtungen für Zifferblätter und Grafikanzeigen auch bei stark eingefärbten Deckscheiben der Kombiinstrumente möglich. Bei der LucoLED wird ein Teil des blauen Lichts durch Leuchtstoffe in grün und rot umgewandelt, sodass sich als Mischfarbe weiß ergibt.

Der schematische Aufbau von LEDs ist in ◘ Abb. 36.10 [10] dargestellt.

Der meist ca. $0{,}35 \times 0{,}35 \times 0{,}2$ mm³ große, mit Kontakten bedampfte Halbleiter-Kristall wird mit einem leitfähigen Epoxykleber auf einen versilberten Stift aufgeklebt. Die Anode wird mittels eines Golddrahts mit dem zweiten Stift verbunden. Anschließend wird das System mit Epoxydharz umhüllt. Diese Kunststoffumhüllung stellt einen guten mechanischen Schutz dar und beeinflusst die Abstrahlcharakteristik.

Technische Daten von LED:
- Betriebsspannung: materialabhängig;
- ca. 2 bis 3 V; blau ca. 5 bis 10 V;
- Betriebsstrom: 1 bis 100 mA;
- Temperaturbereich: –50 bis 100 °C;
- Lebensdauer: 10^8 bis 10^{10} h;

Organische Leuchtdiode (OLED)

Neuerdings findet man auch Displays auf Basis organischer Leuchtdioden als Segmetanzeigen im Kraftfahrzeug. Das organische Schichtsystem ist zwischen zwei Elektroden eingebettet. ◘ Abbildung 36.11 zeigt den prinzipiellen Aufbau eines OLED-Anzeigeelements.

Als Anode verwendet man ein Zinn-Indiumoxyd-Gemisch (ITO), das auf dem Trägermaterial (Glas oder Folie) aufgebracht wird. Die Kathode

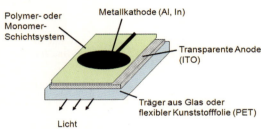

◘ **Abb. 36.11** Aufbau einer OLED

besteht aus Metall, z. B. Al oder In. Die Lumineszenzanregung erfolgt durch injizierte Ladungsträger in dem Schichtsystem. Bei Anliegen einer Spannung werden durch die Metallkathode Elektronen injiziert, durch die Anode die Löcher. Die Ladungsträger werden durch die Polymerschicht aufeinander zu transportiert und rekombinieren beim Aufeinandertreffen unter Aussendung von Licht.

Grundsätzlich unterscheidet man bei den OLEDs nach den lumineszierenden Materialien, den konjugierten Polymeren (Poly-LEDs) und kleinen organischen Molekülverbindungen (Monomere). Die kleinen organischen Molekülverbindungen werden im Vakuum aufgedampft, die konjugierten Polymere werden in gelöster Form auf einem Drehteller aufgeschleudert.

Das am häufigsten verwendete OLED-Material ist Aluminium-tris(8-hydroxchinolin), Alq3. Die spektrale Emission der Materialien ist breitbandig. Prinzipiell lassen sich alle Farben mit dieser Technologie darstellen.

OLEDs in Polymertechnik sind kostengünstig herzustellen, besitzen allerdings nicht die Umweltstabilität, die für Fahrzeuganwendung erforderlich ist. OLEDs in Monomertechnik besitzen eine gute Schichthomogenität mit gleichmäßig guten optischen Eigenschaften, sind allerdings wegen der

◻ Abb. 36.12 Anzeige Klimaanlage mit OLED-Display

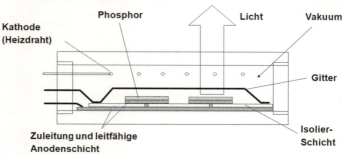

◻ Abb. 36.13 Aufbau einer planaren VFD

erforderlichen Vakuumprozesse teurer in der Herstellung. Durch Eindringen von Feuchtigkeit an den Displayrändern kann es zu einer Schädigung der organischen Stoffe kommen. Temperaturen über 70 bis 80° C sind ebenfalls kritisch für die Lebensdauer.

Dies hat bisher den Einsatz von farbigen OLED-Grafik-Modulen, wie sie heute z.B. bei Handys im Konsumerbereich schon seit Jahren etabliert sind, verhindert. Wegen der hohen Anforderungen an die Klimabeständigkeit kamen OLEDs im Kraftfahrzeug bislang nur für kleinere, monochrome, alphanumerische und einfache Grafikdisplays zum Einsatz. ◻ Abbildung 36.12 zeigt das Anzeigemodul einer Klimaanlage in OLED-Technologie [12].

Vakuumfluoreszenzanzeige (VFD)

Die Vakuumfluoreszenzanzeige arbeitet nach dem Prinzip einer Vakuumröhre (Triode). Die Anode ist mit Leuchtstoff beschichtet, der Licht emittiert, sobald die von der Kathode ausgesandten Elektronen genügend stark durch eine Anodenspannung beschleunigt werden. ◻ Abbildung 36.13 [10] zeigt das Schnittbild einer Vakuumfluoreszenzanzeige.

Die direkt geheizte Kathode besteht aus Wolframdrähten, die mit einer Schicht mit niedriger Elektronenaustrittsarbeit beschichtet sind. Die Gitterelektroden werden durch Ätzen aus dünnen Edelstahlfolien hergestellt, sie besitzen Wabenstruktur. Die Anodenstruktur wird in Dickschichttechnik hergestellt.

VFD werden im Konsumerbereich im Multiplexbetrieb angesteuert, im Automobil hingegen wegen der hohen erforderlichen Helligkeit segmentweise direkt.

Standard-VFD benutzen einen ZnO:Zn-Leuchtstoff, dessen Spektralverteilung etwa von 400 nm bis 700 nm reicht und dessen Maximum im Grünblauen bei 505 nm liegt. Aus diesem Emissionsspektrum können durch Filterung alle Farben von blau bis rot erzeugt werden, durch Benutzung eines Violett-Filters auch weiß.

Die wesentlichen Daten von VFD:
- Leistungsverbrauch: 15 bis 125 mW/Digit bei 7-Segmentanzeigen;
- Lebensdauer: 50 000 h;
- Temperaturbereich: −40 bis +85 °C;
- Leuchtdichte: 300 cd/m² bei statischem Betrieb.

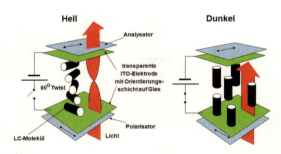

○ **Abb. 36.14** Optisches Verhalten einer TN-Zelle zwischen gekreuzten Polarisatoren: Aus-Zustand (links) Ein-Zustand (rechts)

36.2.2.2 Passive Displays
Flüssigkristallanzeigen (Liquid Crystal Display, LCD)

Flüssigkristalle sind innerhalb eines bestimmten Temperaturbereichs flüssig, besitzen aber die anisotropen Eigenschaften von Kristallen. Die Anisotropie der Dielektrizität erlaubt die Beeinflussung der Orientierung der zigarrenförmigen Moleküle durch ein elektrisches Feld und die optische Anisotropie ermöglicht es, diesen Effekt im polarisierten Licht sichtbar zu machen. Für Anwendungen in Displays verwendet man die LCD als Lichtventil.

Aus der Vielzahl möglicher elektrooptischer Effekte mit Flüssigkristallen ist die „verdrillt nematische Zelle" (engl. „Twisted nematic (TN) Display") am bedeutendsten, ○ Abb. 36.14.

Bei der TN-Anzeige sind die Moleküle des Flüssigkristalls parallel zur Glasoberfläche orientiert, wobei jedoch die Vorzugsrichtungen der Moleküle an den beiden Glasplatten um 90° zueinander gedreht sind (linkes Teilbild). Linear polarisiertes Licht erfährt beim Durchdringen der Schicht eine Drehung seiner Polarisationsrichtung um 90°. Bei gekreuzten Polarisatoren ist die Flüssigkristallschicht durchsichtig (Positivkontrastzelle). Beim Anlegen einer Spannung an die ITO-Elektroden (rechtes Teilbild) werden die Moleküle in der Schicht in eine Orientierung senkrecht zu den Glasplatten gedreht. Die Polarisationsrichtung des Lichts kann diesem abrupten Übergang nicht mehr folgen, die Zelle ist lichtundurchlässig.

Die wesentlichen Daten von LCD:
- Leistungsverbrauch: einige µW/Digit
- Lebensdauer: > 100.000 h;
- Temperaturbereich: −40 bis +110 °C.

LCDs mit Negativkontrast erhält man durch parallele Anordnung der Polarisatoren auf der Flüssigkristallzelle.

36.2.3 Grafikanzeigen für Kombiinstrument und Mittelkonsole

Beliebig darstellbare Information erfordert grafikfähige Punktrasteranzeigen. Bei grafikfähigen Anzeigen werden die Elektroden in Matrixform ausgebildet und im Multiplexbetrieb zeilenweise angesteuert.

Für die optisch anspruchsvolle und zeitlich rasch veränderliche Darstellung komplexer Information im Bereich des KI und der Mittelkonsole mit hochauflösenden, videofähigen Flüssigkristall-Bildschirmen eignet sich nur die Aktiv adressierte Matrix-LCD (AMLCD). Die Adressierung der einzelnen Bildpunkte erfolgt durch Dünnschichttransistoren (TFT = Thin Film Transistor).

Für Kfz sind Bildschirme mit Diagonalen von 3,5" bis 10" im Mittelkonsolenbereich und erweitertem Temperaturbereich (−25 °C ... +95 °C) verfügbar. Für das frei programmierbare Kombiinstrument sind Formate von 10" bis 14" vorgesehen. ○ Abbildung 36.15 zeigt eine aufgeklappte TFT-Matrix. [13]

TFT-LCD bestehen aus dem „aktiven" Glassubstrat und der Gegenplatte mit den Farbfilterstrukturen. Auf dem aktiven Substrat befinden sich die Bildpunktelektroden aus Zinn-Indium-Oxid, die metallischen Zeilen- und Spaltenleitungen und die Halbleiterstrukturen. An jedem Kreuzungspunkt von Zeilen- und Spaltenleitung befindet sich ein Feldeffekttransistor, der in mehreren Maskenschritten aus einer zuvor aufgebrachten Schichtenfolge herausgeätzt wird. Der Dünnfilmtransistor (TFT) ist eine polykristalline Variante des MOS-Feldeffekttransistors, dessen Herstellung so optimiert wurde, dass die Strukturen durch selbstjustierende photolithographische Prozesse erzeugt werden können.

Auf der gegenüberliegenden Glasplatte befinden sich die Farbfilter und eine „Black-Matrix"-Struktur, die durch Abdeckung der metallisch reflektierenden Zeilen- und Spaltenleitungen zu einer Verbesserung des Kontrastes der Anzeige führt. Die Farbfilter werden in Form durchgehender Streifen aufgebracht.

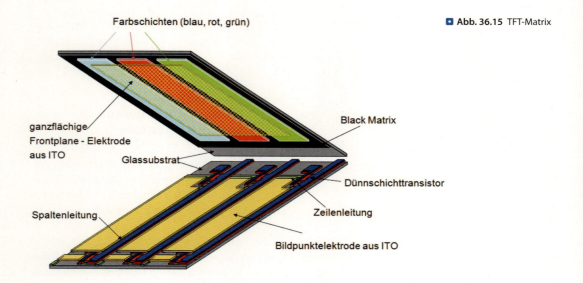

◘ Abb. 36.15 TFT-Matrix

Darüber liegt eine durchgehende Gegenelektrode für alle Bildpunkte.

36.3 Zukünftige Displaykonzepte im Kraftfahrzeug

Neben den oben geschilderten Anzeigekonzepten sind in Zukunft weitere Entwicklungen im Bereich des Head-up-Displays zu erwarten.

36.3.1 Kontaktanaloges Head-up-Display

Für die Darstellung von Nachtsichtinformation bietet sich zunächst die Darstellung des von der Kamera aufgenommenen Bildes an. Einige Systeme am Markt benutzen hierzu ein Head-up-Display (HUD), bei dem die monochrome Information oberhalb der Mittelkonsole auf die Windschutzscheibe projiziert wird, ein Bereich mit langer Blickabwendungsdauer.

Eine so genannte „kontaktanaloge" HUD-Anzeige, bei der man sich auf die Darstellung von Warnsymbolen beschränkt, die durch ein Bildverarbeitungssystem gewonnen werden, würde es erlauben, Warnsymbole oder Objektmarkierungen so in die Windschutzscheibe einzublenden, dass sie sich genau mit dem natürlichen Bild überdecken, welches der Fahrer durch die Windschutzscheibe sieht. Dies wäre eine ideale Darstellungsform hinsichtlich Erkennbarkeit und Interpretierbarkeit von Objekten. Solche Lösungen erfordern aber einen hohen technischen Aufwand wie z. B. die Erkennung der Kopfposition zum „Nachfahren" des HUD in den Sichtstrahl des Fahrers und einen geänderten Aufbau des HUD in Form eines Projektionssystems [11].

36.3.2 Laserprojektion

Heutige HUDs benötigen bei starker Umgebungshelligkeit sehr hohe Leuchtdichten, um ablesbar zu sein. Bei direkter Sonneneinstrahlung reicht sie aber häufig nicht aus. Abhilfe kann hier eine Laserprojektionseinheit schaffen, die das Bild direkt auf eine Zwischenebene schreibt, von der es über eine Projektionsoptik auf die Windschutzscheibe geworfen wird. Ein Videocontroller steuert die Farblaser an, die in den Primärfarben Rot, Grün und Blau emittieren. Über dichroitische Spiegel werden die drei Teilstrahlen zusammengeführt und über eine mikromechanische, zweiachsige Scannereinheit auf die Bildebene geworfen.

Wegen der hohen Ausgangsleistung der Laserdioden steht ausreichende Bildhelligkeit auch bei stärkster Umgebungshelligkeit zur Verfügung (etwa zehnfach größer als beim Standard-HUD mit LED-Beleuchtung). Mit einer Serieneinführung ist etwa 2012 zu rechnen.

Literatur

[1] Knoll, P.M.: Displays für Fahrerinformationssysteme, 5. EUROFORUM-Jahrestagung „DISPLAY 2000" Stuttgart, 27./28. Juni 2000
[2] Knoll, P.M.: The use of Displays in Automotive Applications. Journal of SID (Society for Information Display) **5**(3), 165 (1997)
[3] Bouis, D.; Haller, R.; Geiser, G.; Heintz, F.; Knoll, P.M.: Ergonomische Optimierung von LCD-Anzeigen im Kraftfahrzeug. Proc. ISATA (1983)
[4] Bild: MotoMeter GmbH
[5] Herzog, B.: Instrumentierung. In: Bosch Kraftfahrtechnisches Taschenbuch, 28. Aufl. Springer Fachmedien, Wiesbaden (2014)
[6] Bild: Robert Bosch GmbH
[7] Knoll, P.M.; Reppich A.: A Novel Approach for a Night Vision System. Proc. FISITA Int'l Conference, Yokohama, Japan (2006)
[8] Bild: Daimler (2013)
[9] Mahlke, S., Rösler, D., Seifert, K., Krems, J.F., Thürig, M.: Evaluation of six night vision enhancement systems: Qualitative and quantitative support for intelligent image processing. Human Factors **49**(3), 518–531 (2007)
[10] Knoll, P.M.: Displays, Einführung in die Technik aktiver und passiver Anzeigen. Hüthig-Verlag, Heidelberg (1986)
[11] Herzog, B.: Laser-Projektion – die Technologie für brillante Head-up Displays. VDI-Fachtagung „Optische Technologien in der Fahrzeugtechnik", Leonberg (2006)
[12] Bild: Verfasser KLPZLR0
[13] Bild: ADT GmbH

Fahrerwarnelemente

Norbert Fecher, Jens Hoffmann

37.1 Einleitung – 676

37.2 Menschliche Informationsverarbeitung – 676

37.3 Schnittstellen zwischen Mensch und Maschine – 677

37.4 Anforderungen an Warnelemente – 678

37.5 Beispiele für Warnelemente – 679

37.6 Voreinteilung von Warnelementen – 681

Literatur – 684

37.1 Einleitung

Sowohl der Mensch als auch die Maschine können gerade in schwierigen Fahrsituationen Fehler verursachen. Die Schwächen von Menschen liegen unter anderem in einer begrenzten Aufmerksamkeitsfähigkeit: Ist diese etwa stärker fokussiert auf eine Bedienung des Navigationssystems als auf das Fahrzeugführen, können in Notsituationen falsche, zu späte oder gar keine Entscheidungen getroffen werden.

Ist ein technisches System in der Lage, eine derartige Notsituation zu erkennen, stellt sich die Frage, in welcher Weise eine Warnung des Fahrers oder ein Eingriff erfolgen kann. Bei der Beantwortung spielen verschiedene Aspekte eine Rolle: Wichtig ist die Frage nach der Wirksamkeit einer Warnung bei Vorhandensein einer Gefahr sowie die Bewertung der Verzeihlichkeit einer Warnung im Falle einer Falschauslösung.

Das Kapitel beschreibt zunächst ein Modell der menschlichen Informationsverarbeitung und stellt die Schnittstellen zwischen Mensch und Maschine vor. Anforderungen an Warnelemente werden ebenso aufgeführt wie Beispiele für Warnelemente der Längs- und der Querführung. Abschließend wird eine Methode zur Voreinteilung der Warnelemente und Kriterien für eine Bewertung im Versuch vorgestellt.

37.2 Menschliche Informationsverarbeitung

In der allgemeinen Psychologie werden für die Gesetzmäßigkeiten der menschlichen Informationsverarbeitung sehr differenzierte Vorstellungen erarbeitet. Zulässige Vereinfachungen sind nach Jürgensohn und Timpe [1] eine Beschränkung auf die Bereiche Informationsaufnahme, Informationsverarbeitung im engeren Sinne und ein System zur Handlungsausführung.

Gemäß dem Modell von Wickens [2] können die menschlichen Informationsübertragungsprozesse wie in ◘ Abb. 37.1 zusammengefasst nach Johanssen [3] dargestellt werden. Das Modell beschreibt die Aufnahme von Reizen durch die Sinnesorgane und die Erzeugung von Ausgangsgrößen durch Körperbewegungen.

Eingangsgrößen, zu denen auch die Warnung durch ein Warnelement gehört, stellen einen Reiz für die Sinnesorgane des Menschen dar. Die Intensität des Reizes muss oberhalb einer sinnesorganspezifischen Reizschwelle und unterhalb der Schmerzschwelle liegen. Die Reize werden in den sensorischen Kurzspeicher aufgenommen, dessen Hauptzweck darin besteht, die aufgenommenen Reize für die Wahrnehmungsvorgänge bereitzuhalten. Bei der Wahrnehmung sind – im Gegensatz zur Reizaufnahme – höhere Gehirnareale beteiligt. Charakteristisch für die Wahrnehmung sind die Mustererkennung und die Merkmalsbildung. Nach der Wahrnehmung entscheidet der Mensch zwischen möglichen Handlungsalternativen und wählt eine Antwort als Reaktion auf die Reize aus; dabei erfolgt ein ständiger Informationsaustausch mit Arbeits- und Langzeitgedächtnis. Das Arbeitsgedächtnis wird auch Kurzzeitgedächtnis genannt, worin nicht nur die Information selbst, sondern auch deren Interpretation festgehalten werden. Speicherung und Zugriff auf das Langzeitgedächtnis dauern erheblich länger als beim Kurzzeitgedächtnis. Für die Antwortauswahl steht wiederum ein Speicher mit abgelegten passenden Körperbewegungen zur Verfügung. Der Prozess endet mit der Antwortausführung.

Für Wahrnehmung, Entscheidung und Antwortauswahl, Arbeitsgedächtnis und Antwortausführung stehen dem Menschen Aufmerksamkeitsressourcen zur Verfügung (s. auch ▶ Kap. 1). Er kann diese Ressourcen frei verteilen. Eine detaillierte Aufteilung der menschlichen Handlungen und Fehlhandlungen ist Aufgabenbereich der Ergonomie und wird beispielsweise von Jürgensohn und Timpe in [1] aufgelistet. Der Mensch besitzt nach [3] und [4] beispielsweise zum Fahrzeugführen die Fähigkeit zur Vorhersage (prediction) und zur Vorausschau (preview): Hierbei wird die voraussichtliche Entwicklung der Verkehrssituation für die unmittelbare Zukunft aufgrund von gegenwärtigen Informationen geschätzt. Wird die zukünftige Situation vom Fahrer als unbedenklich eingestuft, kann er dazu neigen, seine Aufmerksamkeitsverteilung vom Fahrzeugführen zu anderen Reizen hin zu verlagern. Tritt in einem Moment mit ungünstiger Aufmerksamkeitsverteilung ein plötzliches und unerwartetes Ereignis ein, können menschliche Fehlhandlungen und möglicherweise Unfälle hieraus resultieren [3].

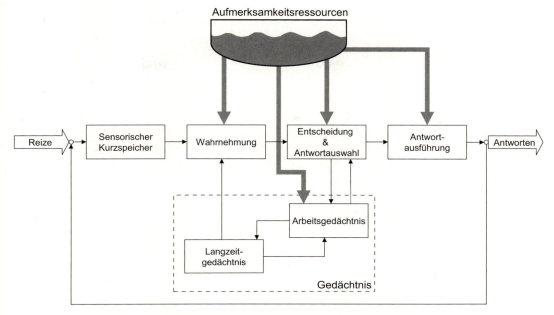

◼ **Abb. 37.1** Modell der menschlichen Informationsverarbeitung und Aufmerksamkeitsverteilung [1] nach [2]

Zomotor und Kiesewetter haben gezeigt, dass Fahrer in Notbremssituationen nicht die notwendigen Bremsbetätigungsgeschwindigkeiten und -kräfte aufbringen [5, 6]. Diese Erkenntnisse führten zur Entwicklung des Bremsassistenten (BA). Rath und Knechtges beschreiben die beim Menschen in Notbremssituationen ablaufenden physiologischen Vorgänge: Über die Ausschüttung von Adrenalin wird das Großhirn ausgeschaltet, das Kleinhirn übernimmt die Steuerung und reagiert mit gelernten Handlungsweisen oder instinktiv nach dem Prinzip „fight, flight or freeze" [7]. Allgemein leiten sich zwei Zielsetzungen für warnende Fahrerassistenzsysteme ab:

1. Unterstützung des Menschen bei der Verteilung der Aufmerksamkeitsressourcen, um die Kollision durch schnelle Wahrnehmung der Verkehrssituation zu vermeiden,
2. Unterstützung des Menschen bei der Entscheidung und Antwortauswahl durch die Art der Warnung.

37.3 Schnittstellen zwischen Mensch und Maschine

Menschen nehmen Informationen oder Reize über ihre sensorischen Organe auf, die unterschiedliche Empfindlichkeiten und Betriebsbereiche besitzen. Die Einteilung der menschlichen Sinneskanäle kann in fünf Klassen erfolgen (siehe beispielsweise Response-Checkliste [8]):

1. visueller Sinneskanal
2. auditiver Sinneskanal
3. haptischer Sinneskanal
    a) taktiler Sinneskanal
    b) kinästhetisch-vestibulärer Sinneskanal
4. olfaktorischer Sinneskanal
5. gustatorischer Sinneskanal

Für die Anwendung im Kraftfahrzeug werden hauptsächlich die ersten drei Sinneskanäle von FAS verwendet. Eine ausführliche Beschreibung der physikalischen Eigenschaften der Sinneskanäle befindet sich in ▶ Kap. 1. Der visuelle und der auditive Sinneskanal werden in vielfältiger Weise für das Übermitteln von Warnungen verwendet; in ▶ Abschn. 37.5 sind Beispiele hierfür aufgeführt. Von manchen neueren FAS wird gezielt der hapti-

Tab. 37.1 Qualitative Bewertung ausgewählter Eigenschaften der Sinneskanäle in Anlehnung an [3, 8, 9]

Sinneskanal	Eigenschaften		
	Alternative Namensgebung	Informationsrate	Wahrnehmungsverzugszeit
visueller Kanal	Sehsinn	sehr hoch	schnell
auditiver Kanal	Hörsinn	mittel	mittel
taktiler Kanal	Tastsinn	niedrig	sehr schnell
kinästhetisch-vestibulärer Kanal	Stellungs- und Bewegungssinn	niedrig	sehr schnell

sche Sinneskanal zur Übermittlung von Warnungen verwendet. Der haptische Sinneskanal lässt sich in die taktile und die kinästhetische Wahrnehmung unterteilen. Teil der kinästhetischen Wahrnehmung durch die Propriozeptoren ist die vestibuläre Wahrnehmung durch das Gleichgewichtsorgan im Innenohr und Kleinhirn. Nachfolgend werden die speziellen Eigenschaften der Sinneskanäle in Bezug auf die Anwendung für Warnelemente beschrieben. Eine der wichtigen Eigenschaften der Sinneskanäle für die Übermittlung von Warnungen ist die Lösung der Frage, welche Information mit welcher Komplexität übermittelt werden soll. Die übertragbare Informationsrate ist ein Maß für diese Eigenschaft. Zum anderen ist die Zeitdauer von der Ausgabe der Warnung eines technischen Systems bis zum Beginn der Wahrnehmung beim Menschen eine die Reaktionszeit bestimmende Größe. Diese Größe wird im Folgenden Wahrnehmungsverzugszeit genannt. Tabelle 37.1 teilt den Sinneskanälen ausgewählte Kriterien zu. Diese Eigenschaften besitzen die Sinneskanäle unter optimalen Bedingungen.

Neben den in der Tabelle beschriebenen Eigenschaften weist jeder Sinneskanal weitere spezifische Besonderheiten auf, die in [3, 9] weiterführend erläutert werden.

37.4 Anforderungen an Warnelemente

Es existieren zahlreiche Quellen, um Anforderungen an Warnelemente zu definieren, die zumeist aus dem Bereich der Arbeitswissenschaften bekannt sind. Im Folgenden werden einige der bekanntesten Standardisierungen zur Gestaltung von Fahrerassistenzsystemen benannt. Dabei wird kein Anspruch auf Vollständigkeit erhoben, vielmehr wird ein Überblick über zu berücksichtigende Aspekte gegeben. In ▶ Kap. 33 werden Leitlinien zur Entwicklung von FAS näher beschrieben. Im Allgemeinen ergeben sich Anforderungen an Warnelemente aus drei Bereichen:

1. Normen und Standards,
2. Richtlinien,
3. Produktentwicklungsprozess.

Zu 1.: Normen stellen Mindestanforderungen an das Produkt. Relevanz für Warnelemente hat – neben anderen Normen – die ISO 15623 [10]; sie ist gezielt auf Kollisionswarnsysteme ausgerichtet. In ihr werden explizit Anforderungen an optische und akustische Warnungen definiert. Weitere Normen für auditive und visuelle Anwendungen sind [11, 12].

Zu 2.: Richtlinien enthalten Anforderungen und geben die Anwendung von Methoden vor. Bei der Entwicklung von FAS ist den Entwicklern zu raten, bestehende Richtlinien zu berücksichtigen. Eine derartige Richtlinie ist beispielsweise die im Rahmen von PReVENT erstellte RESPONSE-Checkliste [8], in der unter anderem Hinweise zur Gestaltung von Mensch-Maschine-Schnittstellen für FAS gegeben werden. Die Checkliste berücksichtigt im Wesentlichen auditive, visuelle und haptische Mensch-Maschine-Schnittstellen.

Zu 3.: Nach [13] werden Anforderungen im Produktentwicklungsprozess mit verschiedenen Methoden generiert. Im Gegensatz zu Normen, Standards und Richtlinien kann der PE-Prozess gezielt auf die Anwendung des warnenden FAS ausgerichtet werden. Exemplarisch werden in Tab. 37.2 einige wichtige generelle Anforderungen an War-

Tab. 37.2 Ausgewählte Anforderungen

Anforderung	Beschreibung
Beeinträchtigungen, Betriebsbereiche	Für jedes Warnelement gilt die Forderung, gesundheitliche Beeinträchtigungen des Menschen durch die Einwirkung auszuschließen. Vielmehr sind spezifische Betriebsbereiche (Informationsraten, Wahrnehmungsgeschwindigkeit, Intensitäten etc.) zu berücksichtigen.
Art und Anpassung der Warnung	Um vielfältige Warnungen bezüglich ihrer Art und Dringlichkeit zu unterscheiden, ist es erforderlich, die Art der Warnung an die bestehende Gefahr anzupassen. Eine Kollisionswarnung erfolgt anders als eine Fahrstreifenverlassenswarnung. Bezüglich der Dringlichkeit einer Warnung wird eine Adaptivität gefordert, so dass bei größerer Gefahr eine höhere Dringlichkeit erreicht wird.
Bloßstellung	Ein Wunsch im Entwicklungsprozess kann sein, eine Einwirkung der Warnung auf andere Insassen auszuschließen, so dass „Bloßstellungseffekte" des Fahrers gegenüber Mitinsassen durch das Warnsystem ausbleiben. Der Effekt der Bloßstellung kann sowohl bei berechtigten als auch bei nicht-berechtigten Warnungen auftreten. Aus diesem Grund wird eine Fahrstreifenverlassenswarnung bei Lkws mit einer akustischen Warnung ausgeführt, beim Bus hingegen als Sitzvibration [14, 15].

nelemente aufgeführt. Diese Anforderungen sind unabhängig von der Realisierung des Warnelements und des verwendeten Sinneskanals, sie werden daher nichtfunktionale Anforderungen genannt.

37.5 Beispiele für Warnelemente

In ▶ Abschn. 37.2 wurde ein Modell für den menschlichen Informationsprozess vorgestellt, Schnittstellen zwischen Mensch und Maschine wurden erklärt und generelle Anforderungen definiert. Es folgen einige Beispiele für Warnelemente, unterteilt in Warnelemente für die Längsführung und solche für die Querführung.

37.5.1 Warnelemente für die Längsführung

Die Beschreibung der Warnelemente für die Längsführung erfolgt beispielhaft für einige zurzeit auf dem europäischen Markt verfügbare Systeme zur Warnung vor einer Frontalkollision.

Audi bietet derzeit (2014) unter dem Namen „Audi pre sense plus" ein vierstufiges System an, das in der ersten Phase zugleich akustisch und optisch warnt. Bleibt die Fahrerreaktion aus, folgt in der zweiten Stufe ein Bremsruck. In der dritten Phase leitet das System automatisch eine Teilbremsung auf etwa 1/3 des jeweiligen Maximalniveaus ein. Es erfolgt eine Gurtstraffung. Bleibt selbst dann eine Reaktion aus, so wird in der vierten Stufe die Bremskraft weiter erhöht und mündet in eine Vollverzögerung, wenn die Kollision nicht mehr zu vermeiden ist [16].

Honda setzt seit 2006 für den europäischen Legend das Collision Mitigation Brake System (CMBS) ein, das 2014 in zahlreichen weiteren Fahrzeugmodellen erhältlich ist und mit einer dreistufigen Strategie arbeitet. Es warnt den Fahrer in einer frühen Phase akustisch und optisch. Bremst der Fahrer, so unterstützt sofort der Bremsassistent bei der Anpassung des erforderlichen Bremsdruckes. Bleibt die Reaktion aus, so wird durch eine Gurtstraffung eine weitere Warnung ausgegeben; in einer letzten Stufe erfolgt eine etwa 60 %-Verzögerung [17].

Beim Lexus A-PCS (Advanced Pre Crash Safety) wird der Fahrer bei einer drohenden Gefahr zunächst über akustische und optische Signale gewarnt. Besteht die Gefahr weiterhin, werden die Gurtstraffer aktiviert, die Auslöseschwelle für den Bremsassistenten angepasst, die Dämpferregelung des Fahrwerks auf hart geschaltet und eine Teilverzögerung des Fahrzeugs durchgeführt. Außerdem wird die Regelung der Überlagerungslenkung der Situation angepasst. Mit einer auf der Lenksäule angebrachten Kamera wird der Fahrer beobachtet. Erkennt die

◼ Tab. 37.3 Übersicht der verwendeten Sinneskanäle für Warnungen einiger beispielhaft ausgewählten FAS zur Längsführung in Europa (Ja: als Warnung vorhanden, –: nicht als Warnung vorhanden)

System							
Hersteller	Audi	Honda	Lexus	Mercedes	Volvo	Mobileye	Continental-Teves
Systembezeichnung	Pre Sense	CMBS	A-PCS	Collision Prevention Assist	Collision Warning	560	Aktives Gaspedal
Sinneskanal							
visuell	ja	ja	ja	ja	ja	ja	–
auditiv	ja	ja	ja	ja	ja	ja	–
haptisch taktil	ja	ja	ja	–	–	–	ja
kinästhetisch	ja	ja	ja	ja	–	–	–

Verarbeitungseinheit in kritischen Situationen einen unaufmerksamen Fahrer, werden die Warnstufen zu einem früheren Zeitpunkt aktiviert [18].

Mercedes stellte 2013 eine Weiterentwicklung der bekannten Pre-Safe-Bremse um die Optionen „Plus" (Heckaufprallschutz) und „Impuls" (Vorkonditionierung des Insassenschutzes) vor [19]. Mit dem Assistenzpaket „Collision Prevention Assist Plus" wird der Fahrer im Geschwindigkeitsbereich von 7 bis 250 km/h in mehreren Stufen zunächst optisch und akustisch gewarnt. Bei höherer Gefahrenstufe wird eine Teilverzögerung – unterhalb einer Geschwindigkeit von 105 km/h – eingeleitet [20].

In Fahrzeugen der Marke Volvo wird der Fahrer vor einer drohenden Kollision mit einem rot blinkenden, von der Armaturentafel an die Windschutzscheibe projizierten Licht und einem akustischen Signal gewarnt [21].

Für den Kraftfahrzeugzubehörmarkt wird von der Firma Mobileye ein Kollisionswarnsystem (2014, Modell Mobileye-560) zum Nachrüsten angeboten. Dieses detektiert Objekte, wie z. B. Fahrzeuge, Fußgänger, Radfahrer sowie die Fahrstreifenmarkierung mittels einer monokularen Kamera und warnt den Fahrer optisch über ein separates Display und akustisch durch Zusatzlautsprecher [22, 23].

Weitere Fahrerwarnelemente sind aus der Forschung bekannt. Dazu gehört das aktive Gaspedal von Continental Teves: Dabei wird zusätzlich zur passiven Gaspedalfederkennlinie durch einen E-Motor eine Gegenkraft oder eine Vibration erzeugt. Betätigt der Fahrer das Gaspedal, erfolgt eine Information eines zu geringen Abstands zum Vorausfahrenden über eine erhöhte Gegenkraft und eine Kollisionswarnung durch Vibration [24]. Prinzipbedingt verspürt der Fahrer die Warnung allerdings nur, wenn er das Pedal betätigt.

◼ Tab. 37.3 zeigt eine Übersicht der verwendeten Sinneskanäle für Warnungen von ausgewählten verfügbaren FAS zur Längsführung.

37.5.2 Warnelemente der Querführung

Die Beschreibung von Warnelementen der Querführung orientiert sich an den heute verfügbaren FAS zur Warnung vor unbeabsichtigtem Verlassen des Fahrstreifens (als Lane Departure Warning bezeichnet) und zur Fahrstreifenwechselassistenz (als Lane Changing Decision Aid System bezeichnet), siehe ▶ Kap. 49. Es werden nur solche Systeme näher beschrieben, die durch die Art der Warnung dem Fahrer einen Hinweis auf die Querführung geben.

Eine Variante der taktilen Warnung ist über das Lenkrad möglich. Vibrationen des Lenkrads werden z. B. von BMW [25] und Mercedes verwendet, um vor einem Überfahren der Fahrstreifenmarkierung zu warnen. Diese Art der Warnung weist zwar eindeutig auf die Querführung hin, ist aber unspezifisch bezüglich der Richtung eines drohen-

◘ **Abb. 37.2** Realisierung der optischen Warnung des Audi Side Assist

den Verlassens des Fahrstreifens. Bei bleibender lateraler Abweichung bezogen auf die Fahrstreifenmitte können bei Mercedes zusätzlich einzelne Räder gebremst werden, um das Fahrzeug in den Fahrstreifen zurückzuführen. Dies stellt im weitesten Sinne eine Warnung über den kinästhetischen Kanal dar [20].

Audi bietet mit Einführung des aktuellen A6 im Jahr 2011 das System „Audi Active Lane Assist" an, das den Fahrer vor dem Verlassen des Fahrstreifens durch Lenkmomente warnt oder in der Spurhaltung durch Lenkmomente unterstützt [26]. Eine Beaufschlagung des Lenkrads mit einem Lenkmoment ermöglicht eine Warnung mit einem Hinweis bezüglich der Richtung, wie dies z. B. auch durch Lexus realisiert wurde [27]. Diese Form der Warnung stellt jedoch einen Grenzfall zwischen einer Warnung und einer Spurhalteassistenz dar (siehe ▶ Kap. 49).

Mit der Fahrstreifenwechselassistenz „Audi Side Assist" wird der rückwärtige Verkehr mittels zweier Radarsensoren überwacht und bei Geschwindigkeiten über 30 km/h an den Innenseiten der Außenspiegel eine optische Warnung ausgegeben, sofern sich ein Fahrzeug im nicht einsehbaren Bereich befindet. Betätigt der Fahrer dann den Fahrtrichtungsanzeiger, so blinkt die optische Anzeige mehrfach hell auf (siehe ◘ Abb. 37.2). Ähnliche Warnelemente kommen auch bei BMW [25] und Mercedes [20] zum Einsatz.

Bei den Mercedes-Lkws der Actros-Reihe wird der Fahrer durch ein akustisches Nagelbandrattern vor unbeabsichtigtem Verlassen des Fahrstreifens gewarnt: Diese Art der Warnung kann als „begriffliches Geräusch" oder „Auditory Icon" bezeichnet werden. Je nachdem, ob das Fahrzeug die linke oder rechte Fahrstreifenmarkierung zu überfahren droht, wird aus dem linken oder rechten Lautsprecher ein Geräusch ausgegeben. Dies stellt eine richtungsspezifische Warnung dar, die durch die Gestaltung des begrifflichen Geräusches einen Hinweis auf die Querführung gibt [28].

Citroën und Peugeot (PSA) bieten in verschiedenen Modellen das System „AFIL" an, das durch Vibrationen unter den Seitenpolstern der Sitzflächen den Fahrer vor unbeabsichtigtem Verlassen des Fahrstreifens warnt [29]. Dieses Warnelement bildet die taktile Wahrnehmung des Nagelbandratterns nach, wodurch die Warnung von den Mitfahrern im Fahrzeug kaum wahrgenommen werden kann.

Das Mobileye System 560 unterstützt ebenfalls in der Querführung und gibt akustische und richtungsorientierte optische Warnungen aus [22, 23].

◘ Tabelle 37.4 zeigt die Arten der Warnung ausgewählter Fahrerassistenzsysteme zur Querführung im Überblick.

Untersuchungen zur Wirksamkeit bestimmter Warnelemente bei LDW-Systemen beschränken sich zumeist auf akustische und taktile Warnungen [30]. Die optischen Anzeigen dieser Systeme verdeutlichen den Systemstatus. Während sich bei der Fahrstreifenwechselassistenz offenbar ein einheitliches Warnkonzept durchgesetzt hat, ist dies bei den LDW-Systemen immer noch nicht erkennbar.

37.6 Voreinteilung von Warnelementen

Im Produktentwicklungsprozess (PE-Prozess) zur Entwicklung von Warnelementen erfolgt im Anschluss an die Definition von Anforderungen die Lösungssuche unter Anwendung unterschiedlicher Methoden. Als Ergebnisse liegen typischerweise mehrere Lösungsmöglichkeiten vor. Im weiteren PE-Prozess gilt es, die Anzahl der Varianten zu reduzieren, wozu geeignete Kriterien zur Verfügung stehen müssen. Zur Reduktion der Varianten von Fahrerwarnelementen für warnende FAS erscheinen die Kriterien Informationsgehalt, Abdeckungsrate und Verzeihlichkeit als geeignet. Der Informationsgehalt einer Nachricht ist eine Größe, die angibt,

Tab. 37.4 Arten der Warnung beispielhaft ausgewählter FAS zur Querführung in Europa (R: Warnelement richtungsspezifisch, U: Warnelement unspezifisch bezüglich der Richtung, –: nicht verfügbar)

	LDW						Lane changing	
Hersteller	Audi	BMW	Mercedes	Mercedes Lkw	PSA	Mobil-eye	Audi	Mercedes
Systembezeichnung	Lane Assist	Driving Assistant	Aktiver Spurhalte-Assistent	Telligent Spurassistent	AFIL	560	Side Assist	Totwinkel-Assistent
Sinneskanal								
visuell	–	–	–	–	–	R	R	R
auditiv	–	–	U	R	–	U	–	–
haptisch taktil	R	U	U	–	–	R	–	–
kinästhetisch	–	–	R	–	–	–	–	R

Tab. 37.5 Ordinale Kriterien für die Voreinteilung von Warnelementen

Informationsgehalt	Verzeihlichkeit	Abdeckungsrate
Aufmerksamkeit erregend	sehr verzeihlich	hoch
auf Situation hinweisend	verzeihlich	mittel
auf Aktion hinweisend	weniger verzeihlich	niedrig

wie viel Information in dieser übertragen wurde. Das Kriterium Abdeckungsrate ist ein Maß für die Verfügbarkeit eines Sinneskanals vom Warnelement zum Fahrer, wodurch ein Fahrer die Möglichkeit zur Reaktion auf die Warnung erhält. Die Verzeihlichkeit beurteilt den Grad der Entschuldbarkeit einer Fehlwarnung. ◘ Tabelle 37.5 listet die erstellten ordinalen Kriterien auf.

Eine Herausforderung bei der Entwicklung von Warnelementen ist die Festlegung des Einsatzzeitpunktes des Warnelements vor einer drohenden Kollision unter Berücksichtigung des sogenannten Warndilemmas. Dieses besagt, dass eine Warnung des Fahrers umso wirksamer ist, je früher die Warnung vor einer Kollision ausgegeben wird. Bei heutigen Systemen ist allerdings die Gefahr einer Falschalarmierung umso größer, je früher die Warnung ausgegeben wird, da die Situation von einem Umfelderfassungssystem weniger exakt interpretiert werden kann. Hingegen wird die Akzeptanz eines Warnsystems erwartungsgemäß umso höher ausfallen, je weniger Falschalarme das System produziert.

Die oft gegenläufige Forderung an warnende FAS lautet: mit einer maximalen Abdeckungsrate möglichst spät und effektiv und mit einer hohen Verzeihlichkeit zu warnen.

Um Warnelemente im Entwicklungsprozess gemäß ihrer Eignung einzuteilen, wird die Einordnung des Warnelements anhand der in ◘ Tab. 37.5 zusammengefassten Kriterien vorgenommen und dem Einsatzzeitpunkt früh, mittel und spät vor einer Kollision zugeordnet. Jede der Lösungsvarianten für ein Warnelement wird von den am PE-Prozess beteiligten Entwicklern mit den erstellten Kriterien beurteilt. Zwischen den Kriterien werden Verknüpfungen definiert:

- Je geringer die Abdeckungsrate eines Warnelements ist, desto früher muss es eingesetzt werden, um Zeit für weitere Warnungen o. Ä. zu schaffen.
- Je besser ein Warnelement auf die Gefahr hinweist, desto später ist es einsetzbar, da die Reaktionszeit kürzer ist.
- Je verzeihlicher ein Warnelement ist, desto früher ist es einsetzbar, da eine Falschwarnung weniger störend ist.

Diese Verknüpfungen werden in drei zweidimensionalen Matrizen (Portfolio-Diagramme) festgehalten, siehe ◘ Abb. 37.3; als Bewertung steht ein

37.6 · Voreinteilung von Warnelementen

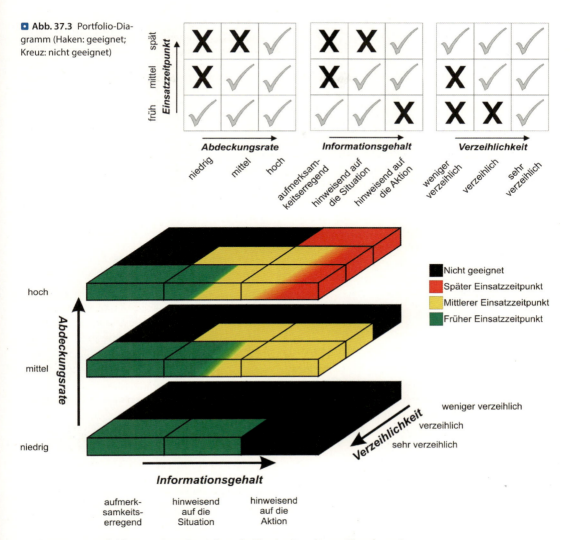

◻ **Abb. 37.3** Portfolio-Diagramm (Haken: geeignet; Kreuz: nicht geeignet)

◻ **Abb. 37.4** Verträglichkeitsmatrix zur Beurteilung des Einsatzzeitpunkts von Warnelementen

Schwarz-Weiß-Kriterium (Kreuz und Haken) zur Verfügung. Der Einsatzzeitpunkt früh, mittel oder spät wird zugeordnet. Ein Kreuz bedeutet, dass ein Fahrerwarnelement an dieser Stelle nicht geeignet wäre; der Haken veranschaulicht einen belegbaren Bereich. Aufgrund einer sehr geringen Verzeihlichkeit können Warnelemente mit einem Hinweis auf die Aktion nicht zu einem frühen Zeitpunkt eingesetzt werden. Die drei zweidimensionalen Matrizen werden mit einer Schnittmengenbildung ihrer Zuordnung zum Einsatzzeitpunkt in eine dreidimensionale Matrix überführt, die die Grundform der Verträglichkeitsmatrix in ◻ Abb. 37.4 bildet.

Jedes Warnelement kann bezüglich der zuvor stattgefundenen Bewertung in die Verträglichkeitsmatrix eingeordnet werden: Aus der Einordnung wird ersichtlich, zu welchem Zeitpunkt einer Kollisionswarnung das Warnelement eingesetzt werden kann. Außerdem wird eine Potenzialanalyse durchgeführt, damit die Schwachpunkte des Warnelements deutlich werden und eine Optimierung in die gewünschte Richtung erfolgen kann.

Beispiel: Ein Auditory Icon ist ein begriffliches Geräusch, wie etwa das „Reifenquietschen" bei einer Vollbremsung. Der Informationsinhalt ist hinweisend auf eine Situation, da der Fahrer ein mit stehenden Reifen voll verzögerndes Fahrzeug in seiner Umgebung erwartet. Die Abdeckungsrate ist bei entsprechender Lautstärke des Geräusches und einer Platzierung der Lautsprecher im Bereich des Cockpits hoch. Die Verzeihlichkeit ist als „mittel" zu bewerten, da der Fahrer bei einer Fehlwarnung zunächst irritiert sein kann; aber nach [31] wird er in über 70 % der Fälle keine übermäßige Reaktion wie beispielsweise eine Vollbremsung durchführen. Gemäß der Verträglichkeitsmatrix eignet sich das Warnelement zu einem frühen bis mittleren Einsatzzeitpunkt; nähere Beschreibungen zu Auditory Icons finden sich bei [32, 33].

Zusammenfassend stellt die Verträglichkeitsmatrix ein Handwerkszeug zur Filterung der Variantenflut von Fahrerwarnelementen, zur Festlegung eines Einsatzzeitpunktes und zum Bestimmen der Optimierungsrichtung dar.

Danksagung

Die Autoren bedanken sich bei Herrn Dr.-Ing. Jens Gayko für die geleistete Arbeit am Kapitel „Fahrerwarnelemente". Er hat wesentliche Anteile an der Erstellung und Pflege des Kapitels für die ersten beiden Auflagen und scheidet mit Überarbeitung zur dritten Auflage aus. Herzlichen Dank.

Literatur

1. Jürgensohn, T., Timpe, K.-P.: Kraftfahrzeugführung. Springer, Berlin (2001)
2. Wickens, C.D.: Engineering Psychology and Human Performance. Columbus, Merrill (1984)
3. Johanssen, G.: Mensch-Maschine-Systeme. Springer, Berlin (1993)
4. Sheridan, T.B.: Toward a general model of supervisory control, Monitoring Behavior and Supervisory Control. Springer-Verlag, New York, S. 271–281 (1976)
5. Zomotor, A.: Fahrwerktechnik – Fahrverhalten. Vogel, Würzburg (1987)
6. Kiesewetter, W., Klinker, W., Reichelt W., Steiner, M.: Der neue Brake Assist von Mercedes-Benz: aktive Fahrerunterstützung in Notsituationen. ATZ – Automobiltechnische Zeitschrift, **99**(5), 330-339 (1997)
7. Rath, H., Knechtges, J.: Effective Active Safety to Reduce Road Accidents. SAE Technical Paper 950761, 35–42 (1995), doi:10.4271/950761
8. Response-Checkliste, 2006, Code of Pratice for the Design and Evaluation of ADAS, PReVENT 2006
9. Schmidt, R.F., Thews, G., Lang, F.: Physiologie des Menschen. Springer, Berlin (2000)
10. FVWS ISO Norm 15623.144.19 Road vehicles – Forward Vehicle Collision Warning System – Performance requirements and tests procedures
11. ISO/CD15006-1: Auditory information presentation
12. ISO/DIS15008-1: Visual presentation of information
13. VDI 2222, 1996 und VDI 2225, 1977, www.vdi.de
14. Dörner, K.: Assistenzsysteme für Nutzfahrzeuge und deren Unfallvermeidungspotential IAA-Symposium Entwicklungen im Gefahrgutrecht und Sicherheit von Gefahrgutfahrzeugen, Hannover, 26.09.2006. (2006)
15. DaimlerChrysler AG, Hightechreport 2000: Rettendes Rattern, 2000
16. Audi Pressemeldung vom 08.03.2012, www.audi-mediaservices.com
17. Technikbeschreibung Honda, http://www.honda.de/innovation/sicherheit_technik/sicherheit_kollisionswarnsystem.php, April 2014
18. Toyota Deutschland GmbH, Pressemitteilung Lexus: Lexus Pre-Crash-Safety (PCS) im LS 460, November 2006
19. Schopper, M., Henle, L., Wohland, T.: Intelligent Drive, Vernetzte Intelligenz für mehr Sicherheit. ATZ Extra 2013, 107 (2013). Extra: Die neue S-Klasse von Mercedes-Benz
20. Mercedes-Benz Homepage, Sicherheit – Collision Prevention Assist Plus, http://www.mercedes-benz.de, April 2014
21. Volvo mit aktivem Geschwindigkeits- und Abstandregelsystem inklusive Bremsassistent Pro, Volvo-Presse, 22.02.2007
22. Gat, I.; Benady, M.; Shashua, A.: A Monocular Vision Advance Warning System for the Automotive Aftermarket; SAE-2005-01-1470
23. Technikbeschreibung Mobileye, http://de.mobileye.com, April 2014
24. Mit ContiGuard zum unfall- und verletzungsvermeidendem Auto, Pressemitteilung, Januar 2008
25. BMW AG, Medieninformation: Der neue BMW 5er, Januar 2007
26. Freyer, J., Winkler, L., Held, R., Schuberth, S., Khlifi, R., Popken, M.: Assistenzsysteme für die Längs- und Querführung. ATZ Extra April 2011 (2011). Extra: Der neue Audi A6
27. Toyota Deutschland GmbH, Pressemitteilung Lexus: Der neue Lexus LS 460, Januar 2006
28. DaimlerChrysler AG, Hightech Report 2000: Rettendes Rattern, 2000
29. Jungmann, T.: Citroën C4, all4engineers Nachrichten, 22.11.2004
30. Buld, S., Tietze, H., Krüger, H.-P.: Auswirkungen von Teilautomation auf das Fahren. In: Maurer, M., Stiller, C. (Hrsg.) Fahrerassistenzsysteme mit maschineller Wahrnehmung. Springer, Berlin (2005)
31. Hoffmann, J.: Das Darmstädter Verfahren (EVITA) zum Testen und Bewerten von Frontalkollisionsgegenmaßnahmen Fortschritt-Berichte VDI Reihe 12, Bd. 693. VDI Verlag, Düsseldorf (2008)

Literatur

32 Fricke, N.: Zur Gestaltung der Semantik von Warnmeldungen VDI-Berichte, Bd. 1960., S. 133 (2006)
33 Graham, R.: Use of Auditory Icons as emergency warnings. Ergonomics **42**(9), 1233 (1999)

Fahrerzustandserkennung

Ingmar Langer, Bettina Abendroth, Ralph Bruder

38.1 Einleitung und Motivation – 688

38.2 Unaufmerksamkeitserkennung – 689

38.3 Müdigkeitserkennung – 691

38.4 Erkennung medizinischer Notfälle – 694

38.5 Marktverfügbare Systeme zur Fahrerzustandsüberwachung – 696

38.6 Falsch- und Fehlalarmierung bei der Zustandserkennung – 698

Literatur – 698

38.1 Einleitung und Motivation

38.1.1 Definition des Begriffs „Fahrerzustand"

Der Fahrerzustand umfasst die zeitveränderlichen Eigenschaften des Fahrers, die für die Fahraufgabe relevant sein können. Da der Zustand des Fahrers intraindividuellen Schwankungen unterliegt, kann in Abhängigkeit des Veränderungszeitraums zwischen kurzfristig – innerhalb von Minuten oder Sekunden – und mittelfristig – innerhalb von Stunden bzw. Tagen – veränderlichen Faktoren, die den Fahrerzustand beeinflussen, unterschieden werden (in Anlehnung an [1]), z. B.:
- mittelfristig (Tage, Stunden) veränderliche Faktoren:
  - Ermüdung,
  - momentaner Gesundheits- bzw. Krankheitszustand,
  - Tagesrhythmus,
  - Alkohol-/Drogeneinfluss.
- kurzfristig (Minuten, Sekunden) veränderliche Faktoren:
  - Aufmerksamkeit (z. B. selektiv, geteilt; visuell, auditiv),
  - Daueraufmerksamkeit (Vigilanz, Wachsamkeit),
  - Beanspruchung,
  - akute Gesundheitsprobleme bzw. medizinische Notfälle (z. B. Herzinfarkt),
  - Situationsbewusstsein,
  - Emotionen.

Darüber hinaus haben auch die nicht oder nur langfristig veränderbaren Faktoren Auswirkungen auf den Fahrerzustand (beispielsweise die Konstitution oder die Persönlichkeit). Diese werden im Folgenden jedoch nicht weiter betrachtet (s. dazu ▶ Kap. 1). In den nachstehenden Kapiteln werden die Themen Müdigkeit, Aufmerksamkeit und medizinische Notfälle näher beschrieben.

38.1.2 Einfluss eines kritischen Fahrerzustands auf das Unfallrisiko

Der Zustand des Fahrers hat einen großen Einfluss auf das Unfallrisiko. So belegen Analysen von Unfallursachen, dass Unaufmerksamkeit – also die Vernachlässigung der Informationsaufnahme – häufig die Hauptursache von Unfällen ist. So konnten in einer Datenanalyse [2] 455 von 695 Unfällen (dies entspricht etwa 65 %) beim Einbiegen/Kreuzen der Vernachlässigung anderer Verkehrsteilnehmer aufgrund von Unaufmerksamkeit zugeordnet werden. In der 100-Car-Study [3] konnte ein klarer Zusammenhang zwischen Unfällen bzw. Beinahe-Unfällen durch Unaufmerksamkeit und der Bearbeitung von Nebenaufgaben nachgewiesen werden. Es zeigte sich, dass der Umgang mit mobilen Endgeräten (z. B. Handys) die häufigste Form der Nebenaufgabe war und dass Blickabwendungen über zwei Sekunden das Unfallrisiko signifikant erhöhen.

Auch Müdigkeit (gemäß [4] können 10 bis 20 % der Unfälle im Straßenverkehr auf Müdigkeit am Steuer zurückgeführt werden), Alkoholisierung oder das Fahren unter Drogeneinfluss resultieren in einem erhöhten Unfallrisiko. [3] fanden heraus, dass eine vorhandene Müdigkeit die Gefahr eines Unfalls bzw. Beinahe-Unfalls um den Faktor vier bis sechs erhöht und zu Unfällen mit den schwersten Unfallfolgen (vgl. [5]) führt, da müde Fahrer es schlechthin verpassen, eine Handlung zur Kollisionsvermeidung (Bremsen oder Lenken) zu tätigen [6]. Ca. 3 % aller Verkehrstoten sind auf eine medizinisch bedingte Fahrunfähigkeit des Fahrers zurückzuführen [7].

38.1.3 Potenziale und Herausforderungen einer Fahrerzustandserkennung

Die Berücksichtigung von Merkmalen, die den Fahrerzustand beschreiben, kann es ermöglichen, dass (neuartige) Fahrerassistenzsysteme (FAS) das bereits sehr hohe Unfallvermeidungspotenzial noch weiter ausbauen. So ist z. B. eine Übertragung relevanter Systeminformationen derart denkbar, dass der Fahrer sie in Abhängigkeit seines Zustands, z. B. bei Unaufmerksamkeit, auch tatsächlich wahrnehmen kann. Ebenso können Warn- und Systemeingriffsstrategien an den Fahrerzustand angepasst werden und somit sowohl die Wirksamkeit als auch die Akzeptanz von Fahrerassistenzsystemen erhöhen. Es erscheint beispielsweise unmittelbar sinnvoll, dass ein unaufmerksamer Fahrer früher bzw. deutlicher gewarnt wird – eine generelle frühe oder sehr auffällige Warnung birgt jedoch die Gefahr des „Warndilemmas" (s. dazu ▶ Kap. 37 und 47).

Um die genannten Potenziale umsetzen zu können, muss es jedoch möglich sein, den Fahrerzustand zu ermitteln. Aktuell beschäftigen sich viele Forschungsarbeiten mit der Frage, wie der Fahrerzustand zuverlässig erhoben werden kann und wie die ermittelten Werte zu interpretieren sind.

Folgende unterschiedliche Anforderungen an Systeme, die den Fahrerzustand erkennen, werden in der Literatur genannt (u. a. [8, 9, 10]):
- Unaufdringlichkeit der Sensorik durch kontaktlose Messung,
- geringe Rate von Falsch-Alarmen (s. ▶ Abschn. 38.6),
- adäquate Warn- bzw. Eingriffsstrategie, die den Fahrer zum Beispiel bei Müdigkeit zum Pausieren bewegt oder das Fahrzeug bei einem medizinischen Notfall in einen risikominimalen Zustand (zumeist ist dies der Stillstand am Fahrbahnrand) bringt,
- Beachtung unerwünschter Verhaltensanpassungen (vgl. Risikohomöostase).

Erschwerend kommt hinzu, dass die Grenzen verschiedener Zustände durch starke interindividuelle Schwankungen schwer zu definieren sind (vgl. [11]). Außerdem bedarf es bei den meisten Sensoren zur Überwachung des Fahrerzustands einer hohen Robustheit gegen Artefakte (u. a. Bewegungen, Kräfte und Umgebungslicht).

Hinsichtlich der Unaufmerksamkeitserkennung ist eine weitere Herausforderung darin zu sehen, dass der Zustand nur sicher erkannt werden kann, wenn die Aufmerksamkeitsressourcen, die in der jeweiligen Fahrsituation nötig sind, und die vom Fahrer dafür bereitgestellten Ressourcen (oder die dahinterliegenden Kontrollprozesse) bekannt sind. Da dies messtechnisch nicht möglich ist, kann die Aufmerksamkeit nur mithilfe anderer Kriterien beurteilt werden [12]: So kann zum Beispiel über Blick- bzw. Kopfbewegungen die Blickrichtung des Fahrers ermittelt und so eine mögliche visuelle Unaufmerksamkeit identifiziert werden. Um die sich aus der aktuellen Fahrsituation ergebenden Anforderungen an die Aufmerksamkeit zu ermitteln, ist eine sichere Erkennung und Klassifikation der Umgebung erforderlich sowie Erkenntnisse darüber, welches Aufmerksamkeitsniveau in welcher Situation noch hinreichend ist. Eine Studie von [11] zeigt zudem, dass die Auswirkungen von aufmerksamkeitsrelevanten Störfaktoren stark situationsabhängig sind und dass in Abhängigkeit der Art der auftretenden Unaufmerksamkeit unterschiedliche Indikatoren zur Erkennung des Aufmerksamkeitszustands geeignet sind. Langfristige Vigilanzminderungen (s. dazu ▶ Abschn. 38.2.1) können beispielsweise über kontinuierliche Indikatoren, die die Quer- oder Längsregelung beschreiben, erkannt werden. Kurzfristige Ablenkung kann hingegen besser über die Reaktionsbereitschaft auf spezifische Ereignisse – z. B. Bremsreaktionszeit auf ein plötzlich abbremsendes Vorderfahrzeug – erkannt werden.

Auch Müdigkeit ist nicht direkt messbar, sondern kann nur anhand der Messung von Folgeerscheinungen quantifiziert werden. Die Folgeerscheinungen können jedoch ebenfalls von Person zu Person schwanken. Für die Beurteilung ist zudem die Kenntnis von Werten notwendig, ab denen die Reduktion der Leistungsfähigkeit des Fahrers Auswirkungen auf die Fahrsicherheit hat.

Es muss festgehalten werden, dass nicht alle Messgrößen, die im Folgenden zur Beurteilung des Fahrerzustands aufgeführt werden, die genannten Anforderungen erfüllen. Auch wenn die folgenden Kapitel primär auf die Methoden eingehen, die mit momentan verfügbaren Sensoren umsetzbar sind, werden weitere Forschungsansätze aufgrund ihres Weiterentwicklungspotenzials dargestellt.

38.2 Unaufmerksamkeitserkennung

38.2.1 Definition von Aufmerksamkeit

Häufig wird Aufmerksamkeit in folgende drei Komponenten unterteilt [13]: selektive Aufmerksamkeit, geteilte Aufmerksamkeit und Daueraufmerksamkeit.

Bei der selektiven Aufmerksamkeit werden relevante Informationen aus der Umwelt ausgewählt und nicht relevante herausgefiltert. Die Betrachtung der selektiven Aufmerksamkeit ist für den Fahrkontext naheliegend, da der Fahrer allen potenziell relevanten Quellen Aufmerksamkeit zuweisen muss, um die in der Fahrsituation notwendigen Informationen verarbeiten zu können [12]. Strömen zu viele Informationen gleichzeitig auf den Fahrer ein (Erreichen der Kapazitätsgrenze), besteht die Gefahr, dass relevante Informationen zeitverzögert oder nicht wahrgenommen werden.

Bei der geteilten Aufmerksamkeit werden Informationen simultan aufgenommen bzw. verarbeitet, damit verschiedene Aufgaben gleichzeitig (mit ausreichender Leistung in den unterschiedlichen Aufgaben) ausgeführt werden können. Dazu bedarf es einer Koordination der Aufmerksamkeitsverteilung: Geteilte Aufmerksamkeit ist vom Fahrer beispielsweise dann gefordert, wenn er gleichzeitig den Abstand zu einem vorausfahrenden Fahrzeug visuell kontrollieren und den akustischen Anweisungen des Navigationsgeräts folgen muss. Je nachdem, welche Sinneskanäle gleichzeitig angesprochen werden, gelingt die Aufmerksamkeitsverteilung mehr oder weniger gut (vgl. [14]).

Daueraufmerksamkeit – auch Vigilanz genannt – beschreibt die Fähigkeit, über einen längeren Zeitraum relevante Informationen aus der Umwelt zu extrahieren und auf diese reagieren zu können (vgl. [13]).

Diese Aufmerksamkeitskomponenten zeigen, dass Verarbeitungsressourcen nicht nur hinsichtlich des Umfangs (Selektion und Teilung), sondern auch bezüglich der Aufrechterhaltung über einen längeren Zeitraum (Daueraufmerksamkeit) limitiert sind. Bei der Fahrzeugführung werden die meisten Informationen über den visuellen Sinneskanal aufgenommen. Dabei spielen alle zuvor genannten Aspekte eine wichtige Rolle, denn der Fahrer muss die wichtigen Informationen selektieren, relevante Änderungen in der Fahrumgebung oder im Fahrzeug (Systeminformationen) entdecken, während er die primäre Fahraufgabe bewältigt (Aufmerksamkeitsteilung), und möglichst ständig aufmerksam sein, damit er auf die Änderungen – auch in zeitkritischen Situationen – reagieren kann.

Häufig wird die Aufmerksamkeit auch mit Ablenkung in Verbindung gebracht: Von Ablenkung beim Autofahren wird gesprochen, wenn die Aufmerksamkeit des Fahrers auf ein Objekt, eine Aufgabe oder in eine Richtung gelenkt wird, die nicht zur primären Fahraufgabe gehören. Wenn die Wahrnehmung von Informationen nicht durch Ablenkung von anderen Informationen gestört wird, spricht man auch von fokussierter Aufmerksamkeit [15].

Unaufmerksamkeit ist die unzureichende oder nicht vorhandene Aufmerksamkeit auf Aktivitäten, die für ein sicheres Fahren entscheidend sind ([16]; vgl. auch [17]).

38.2.2 Messgrößen und Messverfahren zur Unaufmerksamkeitserkennung

Es gibt unterschiedliche Möglichkeiten, um auf den Aufmerksamkeitszustand des Fahrers zu schließen [12]:

- Erfassung von Augenbewegung bzw. Kopforientierung per Kamera,
- Erfassung von Nebentätigkeiten/Bedienhandlungen über die Fahrzeugsensorik oder kamerabasiert,
- Erfassung des Fahrzeugführungsverhaltens (z. B. Lenk- und Bremsverhalten) über die Fahrzeugsensorik.

Während die Kopforientierung eine begrenzte Aussagekraft besitzt, da beispielsweise Blicke in ein Infotainmentdisplay auch ohne große Kopfbewegung möglich sind, hat die Erfassung der Blickbewegung ein großes Potenzial, die Ablenkung des Fahrers zu erfassen.

Gemäß [11] erscheint es sinnvoll, langfristige (kontinuierliche) und kurzfristige Fahrindikatoren zu unterscheiden. Mit langfristigen Indikatoren können Vigilanzminderungen erkannt werden, während der aktuelle Aufmerksamkeitszustand durch die kurzfristigen Indikatoren beschrieben werden kann.

Zu den geeigneten langfristigen Indikatoren, bei denen jedoch immer eine Situationsabhängigkeit beachtet werden muss, gehören nach [11]:

- Spurhaltung, v. a. die Standardabweichung der lateralen Position (SDLP) im Fahrstreifen,
- Variationen im Lenkverhalten (Zunahme schneller, großer Lenkbewegungen; Abnahme kleiner Korrekturbewegungen),

- Variation von Abstand und Geschwindigkeit,
- Zeitdauer bis zur Anpassung der Geschwindigkeit an externe Vorgaben.

Zur Detektion des aktuellen Aufmerksamkeitszustands bzw. von kurzfristigen Aufmerksamkeitsverringerungen können gemäß [11] Indikatoren verwendet werden, die typischerweise als Kriterien in Warnsystemen eingesetzt werden. Dazu zählen beispielsweise die TTC (Time-To-Collision), die Bremsstärke oder die Bremsreaktionszeit. Problematisch ist hierbei, dass diese Indikatoren erst dann reagieren, wenn die Situation bereits kritisch ist.

Über Änderungen in Lenkbewegungen kann u. U. auf die Ausführung einer Nebentätigkeit und einer damit verbundenen Unaufmerksamkeit des Fahrers geschlossen werden und es ist möglich, Nebentätigkeiten – wie die Bedienung des Infotainment-Systems – direkt zu erfassen [12].

Nach [11] ist das wiederholte Auftreten längerer Phasen ohne Lenkeingriffe, das von großen, schnellen Lenkbewegungen gefolgt ist, ein sicherer Hinweis auf einen unaufmerksamen Fahrer (vgl. auch ▶ Abschn. 38.3.2).

Nach [18] machen Alpha-Spindelraten aus einem Elektroenzephalogramm (EEG, s. auch ▶ Abschn. 38.3.2) eine Einschätzung der Fahrerablenkung und die Unterscheidung zwischen einem Fahren mit bzw. ohne Nebenaufgabe im Realverkehr möglich.

38.2.3 Anwendungsfälle einer Unaufmerksamkeitserkennung

Eine Unaufmerksamkeitserkennung kann beispielsweise in adaptive Warnstrategien – in der abhängig vom Aufmerksamkeitszustand gewarnt wird oder eine Warnung unterdrückt wird – und die Anpassung der Warnzeitpunkte – je nachdem, ob der Fahrer unaufmerksam ist oder nicht – einfließen.

Zur Überwachung der Aufmerksamkeitsausrichtung wird in einem Forschungsfahrzeug der Continental AG („Driver Focus Vehicle") eine Kamera auf der Lenksäule verwendet. Durch die Verwendung einer Infrarotkamera kann die Blickrichtung des Fahrers weitestgehend unabhängig von der Umgebungshelligkeit ermittelt werden.

Abb. 38.1 LED-Lichtband zur Leitung der Aufmerksamkeit des Fahrers [20]

Zur Lenkung der Aufmerksamkeit des Fahrers auf eine Gefahrensituation wird in [19] ein Ansatz über ein LED-Lichtband (Abb. 38.1) beschrieben. Die Aufmerksamkeitslenkung ist besonders relevant, wenn zuvor festgestellt werden konnte, dass die Aufmerksamkeit des Fahrers aktuell nicht auf dem entscheidenden Bereich liegt.

38.3 Müdigkeitserkennung

38.3.1 Definition von Müdigkeit bzw. Ermüdung

Unter Ermüdung wird im Allgemeinen eine als Folge von Tätigkeit auftretende reversible Herabsetzung der Funktionsfähigkeit eines Organs oder eines Organismus verstanden. Durch Erholung kann Ermüdung vollständig rückgängig gemacht werden.

Gemäß dem erweiterten Belastungs-Beanspruchungs-Konzept [21] kann Ermüdung als Folge von Beanspruchungen auftreten und zu einer Anpassung der menschlichen Leistungsvoraussetzungen führen.

[22] definiert Ermüdung als „einen Zustand vorübergehender Beeinträchtigung von Leistungsvoraussetzungen durch andauernde Tätigkeitsanforderungen, welche die Möglichkeiten der laufenden Wiederherstellung von Leistungsvoraussetzungen überschreiten".

Der Begriff Ermüdung kann nach unterschiedlichen Merkmalen in systematisch zu unterscheidende Beanspruchungsfolgen zerlegt werden (s. Abb. 38.2):

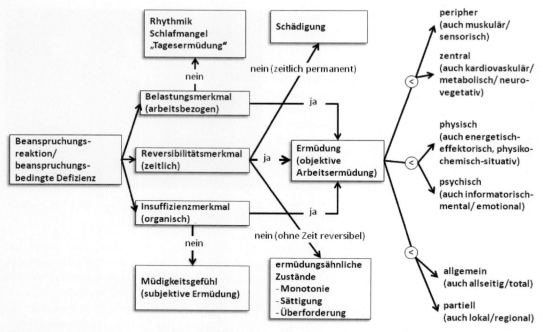

Abb. 38.2 Abgrenzungen zum Ermüdungsbegriff nach [23]

Die Begriffe Ermüdung, Müdigkeit und Schläfrigkeit werden in der Literatur meist nicht eindeutig voneinander unterschieden. In diesem Kapitel werden die Begriffe synonym verwendet, da im Fahrzeugkontext oftmals von Müdigkeitserkennung gesprochen wird.

[23] definiert in der sukzessiven Destabilisierungstheorie vier Ermüdungsgrade, die eine Beschreibung des Ermüdungsverlaufs ermöglichen. Während in der ersten Stufe erste kaum zu bemerkende Störungen in den psychophysiologischen Funktionsbereichen auftreten, werden die Störungen im zweiten Ermüdungsgrad auch für die Person selbst beobachtbar. Der Mittelwert der Leistungskurve bleibt gleich, auch wenn eine erhöhte Leistungsstreuung auftritt und auch die Häufigkeit von Fehlleistungen (z. B. Fahrfehlern) zunimmt. Im „Ermüdungsgrad 3" fällt die Leistung hingegen ab. Eine weitere Verschärfung zum vierten Grad mündet in erschöpfungsähnlichen Zuständen, die in der Regel in einer Arbeitsverweigerung enden.

Dies zeigt, dass Ermüdung ein langsam einsetzender Prozess ist und dass die Detektion von Ermüdung bereits in frühen Stadien dieses Prozesses sinnvoll ist, um erste Maßnahmen (z. B. Warnung des Fahrers) bereits in Ermüdungsphasen zu ergreifen, in der es noch nicht zu kritischen Leistungsreduktionen kommt.

Eine Studie zeigt bei Lkw-Fahrern als Folge von Müdigkeit u. a. die Abschwächung der Aufmerksamkeit und die Erhöhung von Reaktionszeiten auf kritische Ereignisse [24].

38.3.2 Messgrößen und Messverfahren zur Müdigkeitserkennung

Die Fahrperformanz (u. a. Lenkverhalten und Spurhaltung), das Lidschlussverhalten (z. B. mittels spezieller Eyetracking-Systeme), das EEG und der pupillografische Schläfrigkeitstest werden zu den validesten Möglichkeiten der Müdigkeitserfassung gezählt (vgl. [4]). Weiterhin kann auch mit einem Elektrokardiogramm (EKG, u. a. zur Messung der Herzschlagfrequenz) oder durch subjektive Befragung Müdigkeit ermittelt werden. Eine zuverlässigere Detektion von Müdigkeit wird i. d. R. durch die Kombination von zwei oder mehr Messverfahren erreicht.

38.3 · Müdigkeitserkennung

Tab. 38.1 Beschreibung einer Auswahl von möglichen augenbezogenen Messgrößen

Messgröße	Erläuterungen zur Messgröße	Literatur
Pupillendurchmesser	– Messung über Pupillometrie (kamerabasiert, Infrarotlicht) – Ermüdung kann über Veränderung des Durchmessers festgestellt werden (Frequenz der Pupillenoszillation wird niedriger) – hohe Anfälligkeit bzgl. Umgebungsfaktoren (v. a. Helligkeit)	[10], vgl. [25]
Augenöffnungsgrad	– kamerabasierte Messung möglich – Abstand zwischen dem oberen und dem unteren Augenlid (bei auftretender Müdigkeit kleiner)	[6, 10]
Lidschlussdauer	– kamerabasierte Messung möglich – bei vorhandener Müdigkeit länger	[6, 9, 10]
Zeitverzug bis zur Wiedereröffnung des Lides	– kamerabasierte Messung möglich – bei vorhandener Müdigkeit größer	[9]
Lidschlussfrequenz	– kamerabasierte Messung möglich – bei vorhandener Müdigkeit höher	[9, 10]
Lidschlussgeschwindigkeit	– kamerabasierte Messung möglich – wird mit steigender Müdigkeit langsamer	[4, 6, 9, 10]
PERCLOS (PERcentage of eye CLOSure)	– Zeitanteil, bei dem die Augen bezüglich der Augenlidspalte 80 % oder mehr geschlossen sind – kamerabasierte Messung möglich – wird bei Müdigkeit größer, reagiert aber erst bei fortgeschrittener Müdigkeit	[26, 27]

Die Indikatoren, die eine Müdigkeit erkennbar machen, können grundlegend in menschbezogene und fahrzeugbezogene Indikatoren unterteilt werden. Im Folgenden werden einige der möglichen Indikatoren erläutert. Ein Überblick über mögliche Müdigkeitsmessverfahren und von bestehenden Müdigkeitsmesssystemen wird in [4] gegeben.

Menschbezogene Messgrößen Die Erfassung der Augenaktivität ist ein weit verbreitetes und valides Verfahren zur Erfassung von Müdigkeit bei der Fahrzeugführung (Tab. 38.1). Die Erfassung des Lidschlussverhaltens ist prinzipiell mittels kamerabasierter Systeme bzw. die Erfassung des Blickverhaltens über Eyetracking-Systeme möglich.

Anhand der Indikatoren Augenöffnungsdauer und Lidschlussdauer bestimmt [5] in Fahrversuchen vier Müdigkeitsstadien (teilweise vergleichbar mit [23], Abb. 38.3).

Während in Stadium 1 („vigilanzgemindert") die Aufmerksamkeitsleistung abnimmt, bleibt die Fahrleistung noch unverändert. Veränderungen werden in der Nebenaufgabe identifiziert, während der Fahrer sich möglicherweise noch als absolut

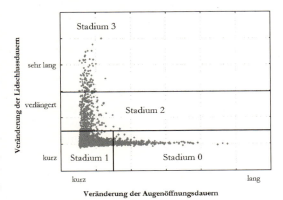

Abb. 38.3 Klassifikation von Müdigkeitsstadien [5]

wach wähnt. In Stadium 2 („müde") wirkt sich der beeinträchtigte Fahrerzustand auf die Ausführung der Fahraufgabe aus. Ermüdet der Fahrer weiter, erreicht er das Stadium 3 („schläfrig"), bei dem alle Ressourcen verbraucht sind, wodurch grobe Fahrfehler immer wahrscheinlicher werden. Spätestens zu diesem Zeitpunkt sollte die Fahrt unterbrochen werden. Es konnte eine Überlegenheit der Kombination von Augenöffnungsdauer und Lidschlussdauer gegenüber dem Vergleichsmaß PERCLOS festgestellt werden, da eine höhere Sensitivität für frühe Müdigkeitsstadien vorliegt (zuvor konnten nur ca. 40 % der frühen Stadien von Müdigkeit aufgeklärt werden) und da Phasen kurz vor dem Einschlafen zuverlässiger erkannt werden können [5].

Durch ein EEG können mittels Elektroden auf der Kopfhaut Veränderungen in den Frequenzbändern der Gehirnwellenaktivität festgestellt werden, wobei Häufigkeit, Dauer und Amplitude sogenannter Alpha-Spindeln Hinweise auf den vorliegenden Müdigkeitsgrad geben (z. B. [10]). Zurzeit erfüllt die Methode der EEG-Messung jedoch noch nicht die Anforderung der kontaktlosen Messung.

Letztlich können auch mithilfe der Messgrößen Herzschlagfrequenz, Herzschlagvariabilität und Hautleitwert Hinweise auf Müdigkeit gewonnen werden.

Fahrzeugbezogene Messgrößen Bei steigender Müdigkeit treten häufiger Fahrfehler auf ([4]; vgl. Ermüdungsgrad 2 [23]). Daher gibt es viele Ansätze, die Daten des Fahrverhaltens (z. B. Lenkbewegungen, Geschwindigkeits- und Bremsverhalten, Abweichungen von der Idealspur oder auch Kennwerte wie die TTC; [8]) auszuwerten, um auf die Müdigkeit von Fahrern schließen zu können. Die Vorteile der Müdigkeitsermittlung aus den Daten des Fahrerverhaltens liegen in der berührungslosen sowie kostengünstigen Aufzeichnung der Daten. Als Nachteil erweist sich jedoch, dass die Müdigkeitserfassung im Stadtverkehr anhand von Daten aus dem Fahrzeugquerführungsverhalten aufgrund der Störanfälligkeit durch Streckencharakteristika schwierig ist (vgl. [4]).

Bei den Versuchen von [28], in denen über eine dreistündige Versuchsfahrt in der monotonen Umgebung eines Testgeländes Müdigkeit induziert wurde, konnten signifikante Zusammenhänge zwischen der Steering-Wheel-Reversal-Rate (SWRR, gemäß [29] die Häufigkeit, in der die Lenkrichtung über einen Mindestwinkel („gap") hinaus gewechselt wurde) und einer Selbsteinschätzung festgestellt werden: Mit steigender Müdigkeit nimmt die Frequenz von großen Lenkradbewegungen zu, während die Gesamtanzahl von Lenkradbewegungen abnimmt. [28] stellen hohe Standardabweichungen

in den Ergebnissen fest, die das Vorhandensein von starken interindividuellen Unterschieden verdeutlichen.

Unterschiedliche Anwendungsfälle einer Müdigkeitserkennung sind in ▶ Abschn. 38.5 beschrieben.

38.4 Erkennung medizinischer Notfälle

Die Leistung, die ein Mensch erbringen kann, wird u. a. vom aktuellen Gesundheitszustand beeinflusst. Insbesondere relevant ist dies bei plötzlich eintretenden Veränderungen des Gesundheitszustands während der Fahrt – wie beispielsweise beim Auftreten medizinischer Notfälle, zu denen u. a. Herzinfarkte oder Schlaganfälle zählen.

Aufgrund des demographischen Wandels wird die Anzahl älterer Verkehrsteilnehmer im Straßenverkehr zunehmen, womit auch eine Zunahme von medizinisch bedingten Kontrollverlusten am Steuer zu erwarten ist. Insbesondere das vermehrte Auftreten von kardiovaskulären Erkrankungen (z. B. Herzinfarkte) ist zu erwarten [7], die eine plötzlich auftretende Fahruntüchtigkeit des Fahrers bewirken, wodurch in der Folge häufig schwere Unfälle entstehen können. Die Überwachung des Gesundheitszustands, um bei entsprechenden Problemen eingreifen zu können und das Fahrzeug beispielsweise sicher zum Stillstand zu bringen, wird somit an Bedeutung gewinnen.

38.4.1 Messgrößen und Messverfahren zur Erkennung medizinischer Notfälle

[30] fassen zusammen, dass Daten aus einem EKG, aus einer Plethysmographie (Messverfahren zu Volumenschwankungen eines Körperteils oder Organs) und die Überwachung des Blutdrucks dazu genutzt werden können, kardiologische Notfälle (Herzinfarkte und Herzrhythmusstörungen) und Synkopen (Kreislaufkollaps) zu erkennen (s. auch ▢ Tab. 38.2). Zudem eignen sich die Indikatoren zur Detektion von Epilepsie und Schlaganfällen,

38.4 • Erkennung medizinischer Notfälle

Tab. 38.2 Messgrößen zur Detektion medizinischer Notfälle im Fahrzeug (Auszug aus [30]): + gut erkennbar, (+) erkennbar, o weniger gut erkennbar

	Kardiologische Notfälle	Epilepsie	Synkope	Zuckerschock	Schlaganfall
Elektrokardiogramm (EKG)	+	(+)	+	o	(+)
Plethysmographie	+	(+)	+	o	(+)
Blutdruck	+	(+)	+	o	(+)
Elektroenzephalogramm (EEG)		+			+
Blutzuckerkonzentration				+	
Atmung	o	(+)	(+)	o	o

wobei Daten aus einem EEG diese beiden Notfälle besser erkennbar machen. Während die Blutzuckerkonzentration einen Zuckerschock erkennbar werden lässt, kann die Überwachung der Atmung bei der Detektion von Epilepsie und Synkopen helfen – beide Indikatoren sind mit aktueller Sensorik jedoch nicht während der Fahrt messbar.

Ebenso sind Informationen über die Sauerstoffsättigung des Blutes, die Körpertemperatur sowie Informationen bezüglich Lage und Bewegungen des Fahrers prinzipiell dazu geeignet, medizinische Notfälle des Fahrers zu identifizieren [31].

Aktuelle Forschungsergebnisse zeigen, mit welchen Sensoren während der Fahrt Gesundheitsindikatoren erfasst werden können – hier liegt der Schwerpunkt auf der Ermittlung der Herzschlagfrequenz. Es werden jedoch auch Verfahren zur Erhebung des EKG, des Hautleitwertes sowie der Sauerstoffsättigung diskutiert. Einige Forschungsarbeiten bewerten die Eignung von kamerabasierten Verfahren, da diese die Anforderung der kontaktlosen Messung erfüllen und mit weiteren Anwendungen im Fahrzeug kombiniert werden können (z. B. Müdigkeits- oder Unaufmerksamkeitserkennung). Kamerabasierte Verfahren können den Herzschlag über Blutvolumenänderungen in Blutgefäßen (Plethysmographie) im Gesicht ermitteln, da sich dort keine Einschränkungen durch Bekleidung ergeben. Allerdings sind Artefakte durch die Umgebungsbeleuchtung möglich.

[30] stellen fest, dass eine Farbkamera, die im Kombiinstrument verbaut ist, bei mittlerer Artefaktanfälligkeit eine gute Detektierbarkeit der Herzschlagfrequenz verspricht, während andere Sensorik (beispielsweise kapazitiv oder magnetisch induktiv) anfälliger für Artefakte ist.

Auch mit einfachen Webcams ist es möglich, über Veränderungen im Grad der Lichtreflexion Auffälligkeiten im Herzkreislaufsystem zu detektieren [32]. Die erhobenen Werte korrelierten mit bis zu $r = 0{,}98$ mit dem Referenzwert, einer Messung per Fingersensor. Auch wenn die besten Ergebnisse bei ruhig sitzenden Probanden erzielt werden konnten, kamen bei kleineren Bewegungen ebenfalls gute Ergebnisse zustande. Probleme treten bei großen Kopfbewegungen und bei schlechten Lichtverhältnissen auf [32]. Neben der in der Studie ermittelten Herzschlagfrequenz können andere Indikatoren wie die Herzschlagvariabilität mit der Methode ebenfalls geschätzt werden.

Über den von [33] entwickelten Pkw-Sitz mit Mehrkanal-EKG-System in der Rückenlehne kann mittels kapazitiver Elektroden kontaktlos und unmerklich die Herzaktivität gemessen werden, da diese über Potenziale auf der Körperoberfläche selbst durch Kleidung ermittelbar ist. Die Signalqualität ist von dem Anpressdruck auf den Sitz und damit auch vom Körpergewicht, der Körpergröße und Körperstatur abhängig. Durch eine geeignete Elektrodenkonfiguration können in statischen Versuchen bei ca. 90 % der Probanden Messwerte aufgezeichnet werden. Weiteren Einfluss auf die Signalqualität haben Bewegungsartefakte, die beispielsweise bei sehr dynamischer Fahrweise auftreten können und die Bekleidung der Fahrer.

Über eine Sensoreinheit am Lenkrad ist es möglich, die Bioindikatoren Herzschlagfrequenz, Sauerstoffsättigung und Hautwiderstand zu messen [34].

Mit dem am Lenkradumfang angebrachtem Sensor konnten in Realfahrversuchen in über 81 % der Zeit Werte erhoben werden. Über 90 % der Probanden des Versuchs wünschen sich ein Nothaltesystem, das einen medizinischen Notfall erkennen kann und das Fahrzeug in der Folge sicher stoppt.

38.4.2 Anwendungsfall „Nothalteassistent"

Die Anforderungen an ein automatisches Nothalteassistenzsystem auf Autobahnen sind gemäß [30] die automatische Weiterfahrt und Durchführung von Fahrstreifenwechseln zur Erreichung einer risikominimalen Anhalteposition, eine geeignete Abbruchstrategie, keine automatische Erhöhung der Fahrzeuggeschwindigkeit, Strategien zur Warnung bzw. Information anderer Verkehrsteilnehmer, die Einhaltung von gewissen Mindestgeschwindigkeiten, das Einbeziehen von Kartendaten für eine geeignete Haltemöglichkeit und die Wahl eines geeigneten Bedienkonzepts, damit eine ungewollte Übersteuerung bzw. Fehlabbrüche (beispielsweise durch Bewusstlosigkeit) vermieden werden können.

[35] beschreiben einen Nothalteassistenten, der es möglich machen soll, Unfälle durch gesundheitlich bedingte Kontrollverluste zu vermeiden bzw. die Schwere derartiger Unfälle zu mindern. Der Assistent soll dazu das Fahrzeug in einen sicheren Zustand überführen, indem ein abgesichertes Nothaltemanöver durchgeführt wird, wodurch das Fahrzeug im besten Fall gefahrlos auf dem Seitenstreifen einer Autobahn zum Stehen kommt (s. ◘ Abb. 38.4). Nach dem Stillstand können weitere Schritte wie Erstversorgung oder Notruf (eCall, s. ▶ Abschn. 38.5) eingeleitet werden. Besondere Herausforderungen sind nach [35] bei der Durchführung der abgesicherten Fahrstreifenwechsel zu finden – dies insbesondere bei höherem Verkehrsaufkommen.

38.5 Marktverfügbare Systeme zur Fahrerzustandsüberwachung

Das Kapitel beschreibt Beispiele von marktverfügbaren Systemen zur Überwachung von Unaufmerk-

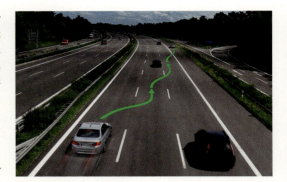

◘ **Abb. 38.4** Schematische Durchführung der abgesicherten Fahrstreifenwechsel (Quelle: BMW Group Forschung und Technik)

samkeit und Müdigkeit aus aktuellen Fahrzeugmodellen.

Neben diesen gibt es weitere Systeme, die beispielsweise auf eine Unaufmerksamkeit reagieren, jedoch nicht die Aufgabe haben, den Fahrerzustand zu überwachen. Zu diesen Systemen kann der Verkehrszeichen-Assistent von Daimler gezählt werden, der gemäß [36] dahingehend weiterentwickelt wurde, dass auch Warnungen bei fehlerhaften Einfahren auf die Autobahn („Geisterfahrer") ausgegeben werden. Ein weiteres Beispiel sind Systeme, die vor einem unabsichtigten Verlassen des Fahrstreifens warnen (z. B. Audi „lane assist", s. auch ▶ Kap. 49). Auch Abstands- oder Kollisionswarner werden aktiv, wenn der Fahrer aufgrund seines aktuellen Zustands selbst nicht reagiert. Außerdem können sogenannte „eCall"-Systeme (beispielsweise der „Intelligente Notruf" von BMW) genannt werden, die nach der Auslösung von Rückhaltesystemen (Airbag, Gurtstraffer) bei einem Unfall aktiv werden – und automatisch Daten wie den Unfallort in eine Servicezentrale und teilweise auch Daten zur Unfallschwere übermitteln – wodurch eine erste Einschätzung des Gesundheitszustands der Insassen möglich wird.

Es ist zu erwarten, dass in Zukunft immer mehr Systeme auf den Fahrerzustand als direkte Eingangsgröße zurückgreifen.

ATTENTION ASSIST (Mercedes-Benz) Das System überwacht den Fahrerzustand hinsichtlich Müdigkeit und damit einhergehender Unaufmerk-

38.5 • Marktverfügbare Systeme zur Fahrerzustandsüberwachung

Abb. 38.5 Verschiedene Stufen des Attention Levels aus [36]

samkeit. Gemäß [36] kann sich der Fahrer ständig über den vom System ermittelten sogenannten „Attention Level" (Aufmerksamkeitszustand in fünf Stufen) informieren und eine frühzeitigere Pausenplanung beginnen. Wird dem Fahrer eine Pause empfohlen, zeigt das System das bereits aus der ersten Generation bekannte „Kaffeetassen-Symbol" (s. Abb. 38.5). Nach der Warnmeldung bietet das Navigationssystem eine Rastplatzsuche an. Das System ist im Geschwindigkeitsbereich 60 bis 200 km/h aktiv. Der Fahrer hat die Möglichkeit, das System auf den Modus „Empfindlich" (Alternativmodus „Standard") einzustellen, in welchem der Algorithmus sensibler reagiert und der Fahrer früher gewarnt wird.

Das System erstellt zu Beginn einer Fahrt ein individuelles Fahrerprofil, das fortan kontinuierlich mit dem aktuellen Fahrerverhalten verglichen wird [37]. Folgende Indikatoren werden zur Erkennung einer zunehmenden Ermüdung bzw. Unaufmerksamkeit herangezogen: das Lenkverhalten, die Fahrbedingungen (die aktuelle Uhrzeit und die Fahrtdauer bzw. die Geschwindigkeit), äußere Einflüsse wie Seitenwind oder Fahrbahnunebenheiten und das Bedienverhalten (beispielsweise die Frage, ob bei einem Fahrstreifenwechsel der Fahrtrichtungsanzeiger betätigt wurde).

Driver Alert (Ford) Über eine Frontkamera, die hinter dem Innenspiegel verbaut ist, kann das System von Ford die Fahrbahnmarkierungen auf beiden Seiten detektieren [38]. Aus dem Vergleich der lateralen Sollposition und der aktuellen Position des Fahrzeugs kann rückgeschlossen werden, ob der Fahrer müde ist, da ein müder Fahrer dazu neigt, von einer zur anderen Seite zu pendeln. Sobald eine signifikante Abweichung erkannt wurde – und diese keinem Fahrstreifenwechsel zugeordnet werden kann – beginnt ein zweistufiger Warnprozess. Zuerst erscheint 10 Sekunden lang eine Hinweismeldung im Kombiinstrument und eine akustische Warnung; zeigt der Fahrer in der Folge weiterhin Anzeichen von Müdigkeit, folgt eine aufdringlichere Warnung, die vom Fahrer mit einem Tastendruck bestätigt werden muss.

Driver Alert Control (Volvo) Das System analysiert über eine Frontkamera, wie der Fahrer zwischen den Fahrbahnmarkierungen fährt, und warnt über einen Warnton und einen Hinweis im Kombiinstrument, wenn der Fahrer müde oder abgelenkt ist [39]. Das System vergleicht das Lenkverhalten mit zuvor erlernten Mustern und erkennt Schwankungen im seitlichen Abstand zur Fahrstreifenmarkierung.

Driver Monitoring Camera (Toyota) und Driver Attention Monitor (Lexus) Bei diesem System überwacht eine auf der Lenksäule angebrachte Kamera, ob der Fahrer geradeaus schaut, und warnt ihn, wenn eine Kollision mit einem Hindernis droht. Das System kann zusätzlich eine Bremsung unterstützen [40].

Müdigkeitserkennung (Volkswagen) Das System von Volkswagen (beispielsweise im VW Passat) warnt den Fahrer über einen Hinweis im Kombiinstrument und ein akustisches Signal, wenn eine Ermüdung detektiert wurde und eine Pause empfohlen wird. Gemäß [41] ist der Lenkwinkel das wichtigste Signal zur Detektion. Weiterhin werden Signale wie die Fahrpedalbetätigung, die Querbeschleunigung und die Bedientätigkeit des Fahrers zur Beurteilung herangezogen. Die Signale werden dazu mit einem charakteristischen Verhalten vom Fahrtbeginn verglichen.

38.6 Falsch- und Fehlalarmierung bei der Zustandserkennung

Je weniger Falschalarme („false positives", beispielsweise ist der Fahrer nicht müde – das System erkennt jedoch eine Müdigkeit) in einem Warnsystem vorkommen, desto höher ist die Akzeptanz des Systems (vgl. ▶ Kap. 37). Bei der Systemauslegung gilt es, den Zielkonflikt zwischen Falschalarmen und Fehlalarmen („false negatives", z. B. detektiert das System keine Müdigkeit, obwohl der Fahrer müde ist) zu beachten, indem die Grenzwerte bzw. Algorithmen der Systeme entsprechend angepasst werden.

Hier ergibt sich das Problem, dass es zwar Möglichkeiten gibt, den Zustand des Fahrers mit verschiedenen Messverfahren im Fahrzeug zu beurteilen, oftmals aber noch Forschungsarbeiten fehlen, die eine Aussage darüber treffen, ab welchem Grenzwert relevante Auswirkungen des Fahrerzustands auf die Fahrsicherheit zu erwarten sind.

Da der Fahrerzustand nicht direkt gemessen werden kann, sondern immer nur über Indikatoren auf seinen Zustand geschlossen werden kann, ist zu empfehlen, dass mehrere unterschiedliche Indikatoren parallel gemessen und bewertet werden, auch wenn sich hierbei durch die Notwendigkeit unterschiedlicher Sensoren Kostennachteile ergeben.

Insbesondere wenn der Fahrer über mögliche erkannte Fahrerzustände, wie Müdigkeit, eine falsche Rückmeldung bekommt, kann das Vertrauen in das System verloren gehen, da der Fahrer in der Regel seinen Zustand selbst einschätzen und dementsprechend Systemfehlfunktionen identifizieren kann. Verhaltenshinweise von Systemen werden dann möglicherweise vom Fahrer ignoriert.

Es muss kritisiert werden, dass bei den aktuellen Messverfahren nur selten „überzeugende Validierungsbelege oder Angaben zur Anzahl falscher und ausbleibender Alarme angeführt" [4] werden. Da Fahrerzustandserkennungssysteme eindeutig einen Zuwachs an Sicherheit bedeuten, ist hier weiterer Forschungs- und Entwicklungsbedarf vorhanden.

Literatur

1. Kopf, M.: Was nützt es dem Fahrer, wenn Fahrerinformations- und -assistenzsysteme etwas über ihn wissen? In: Maurer, M., Stiller, C. (Hrsg.) Fahrerassistenzsysteme mit maschineller Wahrnehmung. Springer Verlag, Berlin, Heidelberg (2005)
2. Vollrath, M., Briest, S., Schießl, C., Drewes, J., Becker, U.: Ableitung von Anforderungen an Fahrerassistenzsysteme aus Sicht der Verkehrssicherheit Berichte der Bundesanstalt für Straßenwesen – Fahrzeugtechnik, Bd. F 60. Wirtschaftsverlag NW Verlag für neue Wissenschaft GmbH, Bremerhaven (2006)
3. Klauer, S.G., Dingus, T.A., Neale, V.L., Sudweeks, J.D., Ramsey, D.J.: The Impact of Driver Inattention on Near-Crash/Crash Risk: An Analysis Using the 100-Car Naturalistic Driving Study Data: Report Bd. DOT HS 810 594. National Highway Traffic Safety Administration, Washington, DC (2006)
4. Platho, C., Pietrek, A., Kolrep, H.: Erfassung der Fahrermüdigkeit Berichte der Bundesanstalt für Straßenwesen – Fahrzeugtechnik, Bd. F 89. Fachverlag NW in der Carl Schünemann Verlag GmbH, Bremen (2013)
5. Hargutt, V.: Das Lidschlussverhalten als Indikator für Aufmerksamkeits- und Müdigkeitsprozesse bei Arbeitshandlungen VDI Fortschritt-Bericht, Bd. 17 (223. VDI Verlag, Düsseldorf (2003)
6. von Jan, T., Karnahl, T., Seifert, K., Hilgenstock, J., Zobel, R.: Don't sleep and drive – VW's fatigue detection technology. In: Proceedings – 19th International Technical Conference on the Enhanced Safety of Vehicles. National Highway Traffic Safety Administration, Washington, DC (2005)
7. Mirwaldt, P., Bartels, A., To, T.-B., Braer, M., Malberg, H., Zaunseder, S., Lemmer, K.: Evaluation von Sensoren zur kontaktlosen Messung der Herzrate im Fahrzeug. In: Der Fahrer im 21. Jahrhundert VDI-Berichte, Bd. 2205, VDI Verlag, Düsseldorf (2013)
8. Knipling, R.R., Wierwille, W.W.: Vehicle-Based Drowsy Driver Detection: Current Status and Future Prospects. In: IVHS America Fourth Annual Meeting, Atlanta, GA (1994)
9. Schleicher, R., Galley, N., Briest, S., Galley, L.: Blinks and saccades as indicators of fatigue in sleepiness warnings: looking tired? Ergonomics **51**(7), 982–1010 (2008)
10. Karrer-Gauß, K.: Prospektive Bewertung von Systemen zur Müdigkeitserkennung: Ableitung von Gestaltungsempfehlungen zur Vermeidung von Risikokompensation aus empirischen Untersuchungen. Dissertation, TU Berlin, 2011
11. Rauch, N., Schoch, S., Krüger, H.-P.: Ermittlung von Fahreraufmerksamkeit aus Fahrverhalten. BMWi Projekt AKTIV-AS, Teilprojekt FSA (2007)
12. Blaschke, C.: Fahrerzustandserkennung zur Optimierung von Spurhalteassistenzsystemen. Dissertation, Universität der Bundeswehr München, 2011
13. Posner, M.I., Rafal, R.D.: Cognitive theories of attention and the rehabilitation of attentional deficits. In: Meier, M.J., Benton, A.L., Diller, L. (Hrsg.) Neuropsychological Rehabilitation. Churchill Livingstone, Edinburgh (1987)

Literatur

14. Wickens, C.D.: Multiple resources and performance prediction. Theoretical Issues in Ergonomics Science **3**(2), 159–177 (2002)
15. Schlick, C.M., Bruder, R., Luczak, H.: Arbeitswissenschaft. Springer, Berlin [u. a] (2010)
16. Regan, M.A., Hallett, C., Gordon, C.P.: Driver distraction and driver inattention: Definition, relationship and taxonomy. Accident Analysis & Prevention **43**(5), 1771–1781 (2011)
17. Lee, J.D., Young, K.L., Regan, M.A.: Defining Driver Distraction. In: Regan, M.A., Lee, J.D., Young, K.L. (Hrsg.) Driver distraction – Theory, effects and mitigation. CRC Press, Boca Raton (2008)
18. Sonnleitner, A., Treder, M., Simon, M., Willmann, S., Ewald, A., Buchner, A., Schrauf, M.: Analysis and Single-Trial Classification of EEG Alpha Spindles on Prolonged Brake Reaction Times During Auditory Distraction in a Real Road Driving Study. Accident Analysis and Prevention **62**, 110–118 (2014)
19. Pfromm, M., Cieler, S., Bruder, R.: Driver Assistance via Optical Information with Spatial Reference. In: Proceedings of the 16th International IEEE Annual Conference on Intelligent Transportation Systems (ITSC 2013). The Hague (2013)
20. Continental: Continental Counts on LEDs as Co-pilot (2013). http://www.continental-corporation.com/www/pressportal_com_en/themes/press_releases/3_automotive_group/interior/press_releases/pr_2013_02_07_driver_focus_en.html
21. Rohmert, W.: Das Belastungs-Beanspruchungs-Konzept. Zeitschrift für Arbeitswissenschaft **198**(4), 4 (1984)
22. Hacker, W.: Ermüdung. In: Greif, S., Holling, H., Nicholson, N. (Hrsg.) Arbeits- und Organisationspsychologie: Internationales Handbuch in Schlüsselbegriffen. Psychologie Verlags Union, München (1989)
23. Luczak, H.: Ermüdung. In: Rohmert, W., Rutenfranz, J. (Hrsg.) Praktische Arbeitsphysiologie. Georg Thieme Verlag, Stuttgart, New York (1983)
24. Wylie, C.D., Shultz, T., Miller, J.C., Mitler, M.M., Mackie, R.R.: Commercial Motor Vehicle Driver Fatigue and Alertness Study: Technical Summary. Federal Highway Administration, Washington, DC (1996)
25. Schwalm, M.: Pupillometrie als Methode zur Erfassung mentaler Beanspruchungen im automotiven Kontext. Dissertation, Universität des Saarlandes, 2009
26. Wierwille, W.W., Wreggit, S.S., Kirn, C.L., Ellsworth, L.A., Fairbanks, R.J.: Research on Vehicle-Based Driver Status/Performance Monitoring; Development, Validation, and Refinement of Algorithms For Detection of Driver Drowsiness. National Highway Traffic Safety Administration, Washington, DC (1994)
27. Trutschel, U., Sirois, B., Sommer, D., Golz, M., Edwards, D.: PERCLOS: An Alertness Measure of the Past. In: Proceedings of the Sixth International Driving Symposium on Human Factors in Driver Assessment, Training and Vehicle Design (2011)
28. Schramm, T., Fuchs, K., Wagner, N., Bruder, R.: Driver Behaviour in a monotonous Environment: A Test Track Study. In: 16th World Congress and Exhibition on Intelligent Transport Systems and Services (ITS). Stockholm, Schweden (2009)
29. McLean, J.R., Hoffman, E.R.: Steering Reversals as a Measure of Driver Performance and Steering Task Difficulty. Human Factors **17**(3), 248–256 (1975)
30. Mirwaldt, P., Bartels, A., To, T.-B., Pascheka, P.: Gestaltung eines Notfallassistenzsystems bei medizinisch bedingter Fahrunfähigkeit. In: 5. Tagung Fahrerassistenz. München (2012)
31. Nguyen-Dobinsky, T.-N., Jacob, C., Dobinsky, M.: Mobile Notfallassistenz – Herausforderungen. In: Proceedings zum 3. Deutschen Ambient Assisted Living-Kongress. VDE Verlag, GmbH, Berlin, Offenbach (2010)
32. Poh, M.-Z., McDuff, D.J., Picard, R.W.: Non-contact, automated cardiac pulse measurements using video imaging and blind source separation. Opt. Express **18**(10), 10762–10774 (2010)
33. Eilebrecht, B., Wartzek, T., Lem, J., Vogt, R., Leonhardt, S.: Kapazitives Elektrokardiogrammmesssystem im Autositz. Automobiltechnische Zeitschrift (ATZ) **113**(3), 232–237 (2011)
34. D'Angelo, L.T., Lüth, T.: Integrierte Systeme zur ablenkungsfreien Vitalparametermessung in Fahrzeugen. Automobiltechnische Zeitschrift (ATZ) **113**(11), 890–894 (2011)
35. Waldmann, P., Kaempchen, N., Ardelt, M., Homm, F.: Der Nothalteassistent – abgesichertes Anhalten bei plötzlicher Fahrunfähigkeit des Fahrzeugführers. In: Proceedings zum 3. Deutschen Ambient Assisted Living-Kongress. VDE Verlag, GmbH, Berlin, Offenbach (2010)
36. Missel, J., Mehren, D., Reichmann, M., Lallinger, M., Bernzen, W., Weikert, G.: Intelligent Drive – Entspannter und sicherer fahren. Automobiltechnische Zeitschrift ATZ extra (7), 96–104 (2013)
37. Schopper, M., Mehren, D., Baumann, M., Köhnlein, J.: Der beste Unfall ist der, der nicht passiert. Automobiltechnische Zeitschrift (ATZ) extra **113**(12), 100–109 (2011)
38. Ford. Ford Technology Newsbrief 08-2010: Driver Alert. 2010
39. Lindman, M., Kovaceva, J., Levin, D., Svanberg, B., Jakobsson, L., Wiberg, H.: A first glance at Driver Alert Control in FOT-data. In: Proceedings der IRCOBI Konferenz, International Research Council on the Biomechanics of Injury, Zurich (2012)
40. Kuroda, K., Izumikawa, I., Kouketsu, O.: Logical Mediation Structures for Toyota's Driver Support Systems. In: Proceedings der International Technical Conference on the Enhanced Safety of Vehicles (ESV) (2009)
41. Nessenius, D.: Der neue VW Passat. Automobiltechnische Zeitschrift (ATZ) **112**(12), 916–925 (2010)

Fahrerabsichtserkennung und Risikobewertung

Martin Liebner, Felix Klanner

39.1 Problemstellung – 702

39.2 Einordnung bestehender Arbeiten – 704

39.3 Rein prädiktive Verfahren – 705

39.4 Wissensbasierte Verfahren – 706

39.5 Risikobewertung auf Basis der Fahrerabsicht – 708

39.6 Berücksichtigung des Situationsbewusstseins – 713

39.7 Zusammenfassung und Ausblick – 716

Literatur – 717

Obwohl die Zahl der Verkehrstoten in den letzten Jahrzehnten ständig zurückgegangen ist und 2013 mit 3340 Toten einen neuen historischen Tiefstand erreichte [1], besteht nach wie vor die Notwendigkeit, diese auch in Zukunft weiter zu reduzieren. Entsprechende Zielsetzungen kommen hierbei sowohl von europäischer Seite [2] wie auch von Seiten der Bundesregierung [3]. Neben straßenbaulichen Maßnahmen und der Verbesserung des Insassenschutzes sind insbesondere auch Fahrerassistenzsysteme in der Lage, hierzu einen wesentlichen Beitrag zu leisten. Während frühe Systeme wie ABS und ESC auf die Unterstützung der Fahrzeugsteuerung beschränkt waren, existieren mittlerweile eine Vielzahl von Fahrerassistenzsystemen, die den Fahrer aktiv auf bestehende Gefahren hinweisen und es ihm dadurch ermöglichen, einen Großteil der Unfälle zu verhindern [4].

Besonders deutlich wird das Potenzial von Fahrerassistenzsystemen vor dem Hintergrund, dass 69 % der Verkehrsunfälle mit Personenschaden innerorts stattfinden und dass es sich bei 61 % der hierbei Getöteten um Fußgänger und Radfahrer handelt [5]. Im Gegensatz zu den Fahrzeuginsassen verfügen diese im Falle einer Kollision nur über minimale Schutzmöglichkeiten – die vollständige Vermeidung von Unfällen oder zumindest die Reduktion der Kollisionsgeschwindigkeit stehen somit an oberster Stelle.

Aus Sicht der Fahrerassistenzsysteme existieren hierbei zwei mögliche Ansätze: das Ausgeben einer Warnung an den Fahrer oder der direkte Eingriff in die Fahrzeugdynamik in Form eines Notbrems- oder Ausweichmanövers. Letzteres hat den Vorteil, dass das Einleiten des Eingriffs erst unmittelbar vor der drohenden Kollision erfolgt und die Unsicherheiten hinsichtlich der weiteren Bewegung der beteiligten Verkehrsteilnehmer somit auf ein Minimum reduziert werden. Gleichzeitig besteht hierbei jedoch das Problem der Produkthaftung im Falle einer Falschauslösung, so dass nur sehr zuverlässige und somit teure Sensoren zum Einsatz kommen können. Das Ziel der in diesem Kapitel vorgestellten Methoden zur Risikobewertung von Verkehrssituationen besteht daher vornehmlich darin, den Fahrer frühzeitig auf sich anbahnende Gefahrensituationen hinzuweisen.

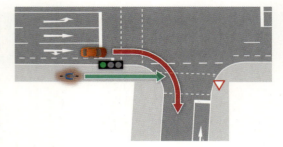

◘ **Abb. 39.1** Rechtsabbiegen innerorts

39.1 Problemstellung

Im Gegensatz zu reinen Fahrunfällen, wie dem Abkommen von der Straße bei schlechtem Wetter und/oder überhöhter Geschwindigkeit, besteht die Unfallursache bei den meisten Unfällen innerorts darin, dass der Fahrer einen Verkehrsteilnehmer übersehen oder falsch eingeschätzt hat. Ein typisches Beispiel für ein derartiges Informationsdefizit ist die in ◘ Abb. 39.1 dargestellte Situation: Der Fahrer des roten Fahrzeugs möchte rechts abbiegen und hat dabei den Radfahrer im toten Winkel übersehen.

Die Herausforderung aus Sicht eines warnenden Fahrerassistenzsystems besteht nun darin, dieses Informationsdefizit gezielt aufzulösen; Grundlage hierfür ist die Detektion der relevanten Verkehrsteilnehmer im Umfeld des Fahrzeugs. Während heutige Fahrerassistenzsysteme mangels entsprechender Sensoren in den von ihnen adressierbaren Szenarien noch sehr eingeschränkt sind, ist zu erwarten, dass sich dies zukünftig durch die Weiterentwicklung der Sensorik und die Einführung verschiedener Kommunikationstechnologien zwischen Fahrzeugen, der Infrastruktur und zentralen Backend-Servern ändern wird. Durch die Verbesserung der Umfelderfassung kann das Fahrerassistenzsystem deutlich mehr potenzielle Konfliktsituationen vorhersagen – die Frage ist nur, ob dies dazu führen darf, dass dem Fahrer zukünftig auch deutlich mehr Hinweise und Warnungen präsentiert werden.

Dem stehen die Ergebnisse von Untersuchungen entgegen, die belegen, dass ein Übermaß an Hinweisen und Warnungen zu einer kognitiven Überlastung des Fahrers führt und diesen sogar von der eigentlichen Fahraufgabe ablenken kann [6]. Darüber hi-

39.1 · Problemstellung

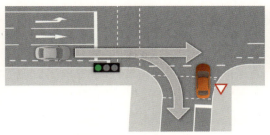 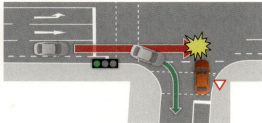

Abb. 39.2 Herausforderungen der Fahrerabsichtsvorhersage

naus ist anzunehmen, dass sich der Fahrer bei einer Vielzahl unnötiger Warnungen von diesen gestört oder sogar in seiner Fahrkompetenz angegriffen fühlt und das System in der Folge abschaltet. Aufgabe des Assistenzsystems ist es daher, das tatsächliche Kollisionsrisiko für jede der potenziellen Konfliktsituationen möglichst genau zu bestimmen, um auf dieser Basis über die Notwendigkeit einer Warnung zu entscheiden. Neben der aktuellen Position und Geschwindigkeit der beteiligten Verkehrsteilnehmer sind hierbei insbesondere auch die Absicht und das Situationsbewusstsein des Fahrers relevant.

39.1.1 Fahrerabsichtserkennung

Umfangreiche Untersuchungen im Fahrsimulator haben ergeben, dass Warnungen insbesondere in komplexen innerstädtischen Verkehrssituationen mindestens zwei bis drei Sekunden vor dem eigentlichen Konflikt ausgegeben werden sollten, um dem Fahrer eine angemessene Reaktion auf die Konfliktsituation zu ermöglichen [7]. Für eine derart lange Vorausschau ist die Prädiktion der weiteren Bewegung des Fahrzeugs rein auf Basis seines aktuellen Bewegungszustands oft nicht ausreichend, da der Fahrer innerhalb dieses Zeitraums den Kurs des Fahrzeugs maßgeblich beeinflusst. Ein typisches Beispiel ist die in ◘ Abb. 39.1 dargestellte Abbiegesituation: Obwohl sich aus den aktuellen Bewegungsrichtungen von Radfahrer und Fahrzeug zunächst kein Konflikt ergibt, ist dieser bei gegebener Rechtsabbiegeabsicht des Fahrers dennoch vorhanden.

Neben der des eigenen Fahrers ist mitunter auch die Absicht von anderen Verkehrsteilnehmern für die Risikobewertung relevant: In der in ◘ Abb. 39.2 links dargestellten Situation sollte der Fahrer des roten Fahrzeugs beispielsweise nur dann auf das von links kommende graue Fahrzeug hingewiesen werden, wenn dessen Fahrer nicht gerade vor hat, rechts abzubiegen.

Die Herausforderung hierbei besteht darin, dass für Absichtsvorhersage von anderen Verkehrsteilnehmern in der Regel deutlich weniger Merkmale zur Verfügung stehen als für die des eigenen Fahrers. Insbesondere kann nicht davon ausgegangen werden, dass der Fahrtrichtungsanzeigerstatus des grauen Fahrzeugs in jeder Situation beobachtet werden kann, so dass die Fahrerabsichtserkennung in diesem Fall beispielsweise auf Basis des Geschwindigkeitsverlaufs erfolgen muss. Dennoch sollte der Fahrtrichtungsanzeigerstatus – falls beobachtbar – bei der Schätzung der Fahrerabsicht berücksichtigt werden. Darüber hinaus könnte es sein, dass das Fahrzeug weitere Informationen – wie den Lenkwinkel oder die Blickrichtung des Fahrers – via Funk zur Verfügung stellt. Im Hinblick auf die Entwicklung eines Verfahrens zur Fahrerabsichtsvorhersage besteht somit die Notwendigkeit, dass dieses mit einer variablen Menge beobachteter Merkmale umgehen kann.

Gleichzeitig liegt in der Situation an sich bereits ein hohes Maß an Variabilität vor: Das graue Fahrzeug könnte sich mit unterschiedlichen Anfangsgeschwindigkeiten an die Kreuzung annähern und je nach Fahrstil des Fahrers bei gegebener Abbiegeabsicht früher oder später abbremsen. Ob und wie stark dieses Abbremsen ausfällt, hängt hierbei maßgeblich von der Kreuzungsgeometrie ab sowie davon, ob der Fahrer vor dem Fußgängerüberweg anhalten muss. Hinzu kommt die Interaktion mit anderen Verkehrsteilnehmern: In der in ◘ Abb. 39.2 rechts dargestellten Situation wird der Geschwindigkeitsverlauf des hinteren grauen Fahrzeugs maßgeblich durch sein Vorderfahrzeug bestimmt, so dass sein Geschwindigkeitsverlauf unabhängig von der Fahrerabsicht dem eines Rechtsabbiegers ähnelt.

Bereits in dieser verhältnismäßig einfachen Situation existiert somit eine Vielzahl von Größen, die das beobachtete Fahrerverhalten und die daraus zu ziehenden Schlüsse hinsichtlich der Fahrerabsicht beeinflussen. Dies und die Tatsache, dass sowohl von den Merkmalen des Fahrerverhaltens als auch von den Einflussgrößen oft nur ein Teil direkt beobachtbar ist, machen die Fahrerabsichtserkennung zu einem äußerst spannenden, aber auch herausfordernden Arbeitsgebiet.

39.1.2 Berücksichtigung des Situationsbewusstseins

Durch verschiedene Verfahren zur Fahrerabsichtserkennung wird dafür gesorgt, dass der Fahrer nur auf die für seine Absicht relevanten Verkehrsteilnehmer hingewiesen wird. Darüber hinaus kann jedoch auch die Warnung vor potenziellen Konfliktpartnern, die der Fahrer selber bereits wahrgenommen hat, als störend empfunden werden. Die Situation ist prinzipiell die gleiche wie bei menschlichen Beifahrern: Während ständige Hinweise und Warnungen als störend empfunden werden und im schlimmsten Fall durch Ablenkung des Fahrers sogar Gefahrensituationen herbeiführen können, beobachtet ein guter Beifahrer sowohl das Verkehrsgeschehen als auch den Fahrer und gibt Hinweise an diesen nur dann, wenn er das Gefühl hat, dass der Fahrer einen wesentlichen Aspekt der aktuellen Verkehrssituation nicht mitbekommen hat und dass sich dadurch eine Gefährdungssituation ergibt [8].

Neben der Vermeidung unnötiger Störungen besteht insbesondere unter dem Gesichtspunkt der kommunikationsbasierten Umfeldwahrnehmung noch ein weiterer Grund, die Zahl der Systemauslösungen auf ein Minimum zu reduzieren: Da mit einer vollständigen Marktdurchdringung innerhalb der nächsten 20 Jahre nicht zu rechnen ist, kann allein schon prinzipiell nicht garantiert werden, dass das Assistenzsystem den Konfliktpartner in jedem Fall detektieren und den Fahrer darauf hinweisen kann. Die beispielsweise von Parkassistenzsystemen bekannten Gewöhnungs- und Anpassungseffekte sind daher unbedingt zu vermeiden. Auch hier wird die Analogie zum menschlichen Beifahrer herangezogen, der zwar schon manch einen Unfall verhindert hat, aber im Falle einer unterlassenen Warnung nicht für den Schaden verantwortlich gemacht werden kann.

Über die unmittelbare Nutzung zur Unterdrückung unnötiger Warnungen hinaus stellt das Situationsbewusstsein des Fahrers auch die Grundlage seiner Interaktion mit anderen Verkehrsteilnehmern dar. Wie sich dies in konkreten Anwendungsfällen zur Erlangung eines vollständigeren Abbilds der Verkehrssituation, zur Plausibilisierung des Fahrerverhaltens und zur Vorhersage des weiteren Verkehrsgeschehens nutzen lässt, wird in ▶ Abschn. 39.6 ausführlich diskutiert.

39.2 Einordnung bestehender Arbeiten

Zur Bewertung des Kollisionsrisikos von Verkehrssituationen existieren bereits zahlreiche Ansätze und Methoden in der Literatur, über die im Folgenden ein möglichst systematischer Überblick gegeben werden soll. Wie in ◘ Abb. 39.3 dargestellt, kann hierbei zunächst zwischen einer reinen Prädiktion auf Basis kinematischer, dynamischer oder kartenbasierter Bewegungsmodelle, der Risikobewertung auf Basis der Fahrerabsicht sowie rein wissensbasierten Verfahren unterschieden werden.

Die Risikobewertung auf Basis der Fahrerabsicht stellt hierbei die mit Abstand am häufigsten eingesetzte Methode dar; hinsichtlich der Art der Fahrerabsichtserkennung wird daher weiterhin zwischen diskriminativen und generativen Methoden unterschieden. Die in der dritten Ebene eingeführte Gruppierung in „Kaum Interaktion", „Eingeschränkte Interaktion" und „Volle Interaktion" bewertet hierbei die Fähigkeit der Ansätze, der in ▶ Abschn. 39.1 beschriebenen Interaktion zwischen Verkehrsteilnehmern Rechnung zu tragen. Neben der Fähigkeit, eine vorab unbekannte Zahl von Einflüssen auf das Fahrerverhalten zu berücksichtigen, spielt auch die Möglichkeit der Modellierung eines objektbezogenen Situationsbewusstseins eine Rolle.

Die eigentlichen Methoden der Fahrerabsichtserkennung werden schließlich in der untersten

39.3 • Rein prädiktive Verfahren

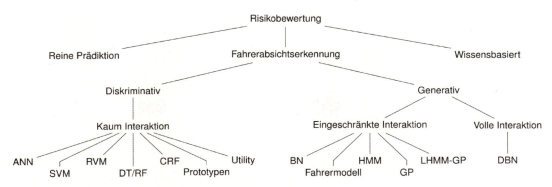

◘ **Abb. 39.3** Übersicht über bestehende Methoden der Risikobewertung

Ebene der Taxonomie den genannten Gruppen zugeordnet.

39.3 Rein prädiktive Verfahren

Rein prädiktive Verfahren zur Risikobewertung sind dadurch gekennzeichnet, dass sie ohne vorherige Bestimmung der Fahrerabsicht auskommen. Zu unterscheiden ist hierbei sowohl hinsichtlich des verwendeten Bewegungsmodells als auch hinsichtlich der Art der Kollisionserkennung und des Umgangs mit Unsicherheiten.

39.3.1 Bewegungsmodelle

Typisch für rein prädiktive Verfahren ist die Verwendung dynamischer [9, 10, 11] oder auch kinematischer [12, 13, 14] Bewegungsmodelle, anhand derer die zukünftigen Trajektorien aller beteiligten Verkehrsteilnehmer bestimmt und die zugehörigen Kollisionswahrscheinlichkeiten ermittelt werden. Da das Fahrerverhalten in beiden Fällen unberücksichtigt bleibt, kann eine sinnvolle Bewertung des Kollisionsrisikos je nach Situation nur für einen sehr kurzen Vorhersagehorizont gewährleistet werden. Anwendung finden die Bewegungsmodelle somit vor allem bei Akutwarnungen und in die Fahrdynamik eingreifenden Systemen zur Kollisionsvermeidung sowie in Systemen zur Verminderung der Kollisionsfolgen. Ein typisches Anwendungsbeispiel ist in ◘ Abb. 39.4 dargestellt.

Um die Genauigkeit insbesondere bei Vorhersagehorizonten von mehr als einer Sekunde Länge

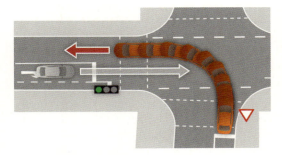

◘ **Abb. 39.4** Prädiktion des einbiegenden Fahrzeugs mithilfe eines dynamischen Bewegungsmodells

zu verbessern, wird oftmals auch die Fahrbahngeometrie im Bewegungsmodell berücksichtigt [15, 16, 17]. Grundlage hierfür ist eine hochgenaue digitale Karte der Umgebung oder zumindest die visuelle Erkennung der Fahrstreifenmarkierung. Ferner wird in einigen Arbeiten auch das Fahrerverhalten als zufällige Eingangsgröße in das System modelliert [15, 18], um potenzielle Gefährdungen bei Kursänderung der anderen Verkehrsteilnehmer zu erkennen.

39.3.2 Kollisionserkennung

Ein wesentlicher Bestandteil der Risikobewertung ist die Erkennung sich anbahnender Kollisionen zwischen Verkehrsteilnehmern. Eine analytische Berechnung der Kollisionspunkte wie in [9, 12] ist hierfür in der Regel nur für kinematische und dynamische Bewegungsmodelle möglich. Häufig wird deshalb auf simulative Lösungen zurückgegriffen [11, 13, 14], bei denen der Bewegungszustand der

Verkehrsteilnehmer in zeitlich diskreten Schritten prädiziert wird.

Zu jedem Zeitpunkt wird daraufhin die Kollisionswahrscheinlichkeit bestimmt. Anwendung finden hierbei sowohl geometrische Ansätze [19, 9, 12], die die räumliche Ausdehnung der Fahrzeuge bspw. in Form eines Rechtecks berücksichtigen und darauf abzielen, Überlappungen zwischen Fahrzeugen zu erkennen, als auch sogenannte Konfliktbereiche [20], die jeweils nur von einem Fahrzeug zur gleichen Zeit belegt werden dürfen.

39.3.3 Umgang mit Unsicherheiten

Ein wichtiges Unterscheidungsmerkmal für bestehende Ansätze zur Trajektorienprädiktion ist die Art, wie sie mit Unsicherheiten in der Schätzung des aktuellen Bewegungszustands sowie ihres Bewegungsmodells umgehen. Einige Ansätze vernachlässigen diese und prädizieren lediglich die jeweils wahrscheinlichste Trajektorie [14, 9], andere berechnen eine Wahrscheinlichkeitsverteilung über die Aufenthaltswahrscheinlichkeit der Fahrzeuge über der Zeit. Etabliert haben sich hierfür insbesondere folgende Ansätze:

- *Rechnen mit Normalverteilungen* [11, 19, 10, 13]: Durch Annahme von normalverteilten Zufallsgrößen, wie sie bei Verwendung von Kalman-Filtern für das Objekttracking ohnehin vorausgesetzt werden, können Unsicherheiten mit sehr geringem Aufwand in die Zukunft prädiziert werden. Nichtlinearitäten im Bewegungsmodell können hierbei durch entsprechende Filtererweiterungen (EKF/UKF) berücksichtigt werden. Für die Kollisionserkennung kann beispielsweise die Konfidenzellipse herangezogen werden [11]. Alternativ wird in [19] vorgeschlagen, den minimalen Abstand zu den relevanten Konfliktpartnern wiederum als normalverteilt anzunehmen und die zugehörigen Parameter mithilfe der Unscented Transformation zu bestimmen.
- *Diskretisierung des Zustandsraumes* [21]: Die Unterteilung des Zustandsraumes in kleine Abschnitte erlaubt es, die Fortpflanzung der Unsicherheiten für jeden dieser Abschnitte separat durchzuführen und somit den vorhandenen Nichtlinearitäten Rechnung zu tragen. Insbesondere wird hierdurch auch die Berücksichtigung komplexerer Bewegungsmodelle und der Interaktion zwischen Verkehrsteilnehmern ermöglicht (▶ Abschn. 39.6). Die Kollisionswahrscheinlichkeit wird für jeden der Abschnitte separat berechnet und im Anschluss über alle Abschnitte akkumuliert. Der Nachteil dieser Methode ist ihr vergleichsweise hoher Rechenaufwand bzw. der entstehende Diskretisierungsfehler von bis zu 2,5 m, wenn Echtzeitbetrieb angestrebt wird [22].
- *Partikelbasierte Ansätze* [22, 23, 15]: Als Alternative zur Diskretisierung kann die tatsächliche Aufenthaltswahrscheinlichkeit auch durch eine Menge von Partikeln angenähert werden. Diese werden entsprechend der Wahrscheinlichkeitsverteilung des aktuellen Bewegungszustands sowie den Unsicherheiten im Bewegungsmodell zufällig gezogen und prädiziert, so dass sie jeweils einen möglichen zukünftigen Zustand des Fahrzeugs in der Zukunft repräsentieren. Die Kollisionserkennung erfolgt für jeden der Partikel separat.

Ist für die Entscheidung des Assistenzsystems nicht die Wahrscheinlichkeit, sondern lediglich die Möglichkeit einer Kollision relevant, kann die Prädiktion auch auf Basis sogenannter Erreichbarkeitsmengen erfolgen: Diese können entweder durch die Einhüllende des erreichbaren Zustandsraumes [18, 24] oder die Instanz eines Rapidly Exploring Random Tree repräsentiert werden [25]. Anwendung finden die beiden Verfahren beispielsweise bei der Absicherung automatisierter Fahrmanöver.

39.4 Wissensbasierte Verfahren

Im Gegensatz zu den bisherigen Ansätzen zielen wissensbasierte Verfahren darauf ab, Gefährdungen auf Basis der Verkehrssituation an sich zu bestimmen.

Regelsätze stellen hierbei eine sehr einfache, aber in der Praxis häufig verwendete Untergruppe der wissensbasierten Verfahren dar. Diese können sehr einfach gehalten sein, wie beispielsweise bei

39.4 • Wissensbasierte Verfahren

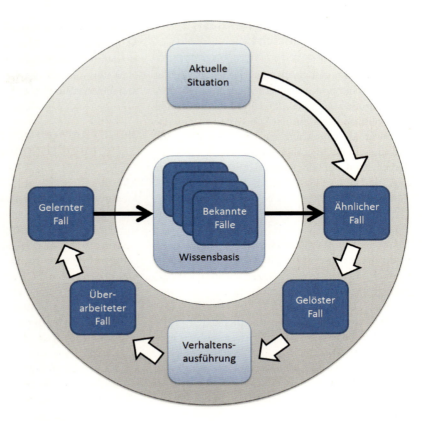

Abb. 39.5 Verfahren des Fallbasierten Schließens [27]. Hierbei wird die aktuelle Verkehrssituation anhand abstrakter Merkmale zunächst als Fall beschrieben. Aus einer Datenbank wird daraufhin ein ähnlicher Fall extrahiert und das darin hinterlegte Wissen für die Verhaltensentscheidung im aktuellen Fall herangezogen. Nach Ausführung des Verhaltens wird dieses hinsichtlich seiner Eignung für die Situation bewertet, angepasst und bei Bedarf in Form eines neuen gelernten Falls in der Datenbank abgelegt.

aktuell erhältlichen Fahrstreifenwechselassistenten: Befindet sich ein Fahrzeug im toten Winkel, liegt ein geringes Gefährdungspotenzial vor und der Fahrer wird unaufdringlich mit einer Leuchte im Außenspiegel darauf hingewiesen. Setzt er in dieser Situation den Fahrtrichtungsanzeiger, ist eine Kollision bereits deutlich wahrscheinlicher und die Warnung wird bspw. durch Vibrieren des Lenkrads intensiviert. Alternative Beispiele sind die Personenwarnung auf Landstraßen oder der Hinweis, bei offensichtlicher Ermüdung des Fahrers eine Pause einzulegen. Regelbasierte Ansätze sind vor allem dann sinnvoll, wenn der Zusammenhang zwischen Risiko und relevantem Kontext sehr einfach zu modellieren ist.

Für die Beschreibung komplexerer Zusammenhänge existieren logikbasierte Ansätze wie in [26], die in der Lage sind, Handlungspläne von Verkehrsteilnehmern zu erkennen und auf deren Basis mögliche Gefahrenquellen zu identifizieren. Alternativ kann auch eine Datenbank mit in der Vergangenheit beobachteten Verkehrssituationen herangezogen werden, um zu der aktuellen Verkehrssituation entweder das korrekte Fahrerverhalten oder die möglichen Nachfolgesituationen abzufragen [28, 29, 30]. Einen Einblick in die Funktionsweise der Methode des fallbasierten Schließens gibt ◘ Abb. 39.5.

Unter dem Gesichtspunkt der Risikobewertung besteht beim fallbasierten Schließen das Problem der Aufzeichnung von Situationen, die zu Unfällen oder Beinahe-Unfällen geführt haben und somit einen Eingriff des Assistenzsystems rechtfertigen. Darüber hinaus können aufgrund des exponentiell wachsenden Zustandsraumes nur verhältnismäßig einfache Situationen aufgelöst werden. Bei komplexeren Verkehrssituationen besteht somit die Gefahr, dass wesentliche Aspekte der Verkehrssituation nicht abgebildet werden. Diesem Problem unterliegen auch die Ansätze aus [31, 32], die die zum Unfall führenden Konstellationen direkt zu modellieren versuchen.

39.5 Risikobewertung auf Basis der Fahrerabsicht

Mit Ausnahme einiger weniger Arbeiten, die das Steuerverhalten des Fahrers als kontinuierliche Zufallsgröße annehmen [23, 15], ist es das Ziel der überwältigenden Mehrheit von Arbeiten, diskrete Manöver wie Fahrstreifenwechsel [33, 34, 35, 36], Überholen [37, 38], Abbiegen [39, 40, 41, 42, 43], Anhalten [44, 45] oder auch das Abstandhalten zum Vorderfahrzeug [46, 47] zu erkennen. In jüngerer Zeit ist zudem ein Trend zu beobachten, das Fahrerverhalten mit direktem Bezug auf eine hochgenaue digitale Karte auszuwerten [48, 49, 50, 17, 51, 52]. Neben der Ermittlung der möglichen Manöver kann somit zum einen der Einfluss der Kreuzungsgeometrie auf das beobachtete Fahrerverhalten berücksichtigt werden [53], zum anderen kann zwischen mehreren Manövern gleichen Typs – beispielsweise bei mehreren Rechtsabbiegemöglichkeiten – und sogar zwischen Manöverkombinationen unterschieden werden [54].

Als Merkmale für die Fahrerabsichtserkennung kommt prinzipiell eine Vielzahl von Größen in Frage. Von außen beobachtbar und somit für die Absichtserkennung von anderen Verkehrsteilnehmern verwendbar sind hierbei aber in der Regel nur die Position des Fahrzeugs, fahrdynamische Größen wie Geschwindigkeit, Längs- und Querbeschleunigung und Drehrate sowie Kontextinformationen wie Geschwindigkeit und Abstand eines möglichen Vorderfahrzeugs. Zudem ist zu erwarten, dass zukünftig auch das mithilfe von Kamerasystemen beobachtete Fahrtrichtungsanzeigersignal für die Fahrerabsichtserkennung von anderen Verkehrsteilnehmern zur Verfügung steht. Für die Fahrerabsichtserkennung im eigenen Fahrzeug können darüber hinaus weitere Steuergrößen des Fahrers wie Lenkwinkel und Pedalstellung ausgewertet werden. In den letzten Jahren ist zudem die direkte Beobachtung von Kopfdrehung, Blickrichtung und Fußstellung des Fahrers als Möglichkeit zur sehr frühen Erkennung von Fahrmanövern in den Fokus wissenschaftlicher Untersuchungen gerückt [55, 56, 8, 54, 43].

Eine Übersicht zu bestehenden Ansätzen zur Fahrerabsichtserkennung ist beispielsweise in [57] zu finden: Die Unterscheidung der Ansätze erfolgt darin hauptsächlich anhand der zu erkennenden Manöver und der verwendeten Merkmale. Im Folgenden wird stattdessen ein systematischer Überblick über die bestehenden Methoden zur Fahrerabsichtserkennung gegeben.

39.5.1 Fahrerabsichtserkennung mit diskriminativen Methoden

Allgemein gesprochen dienen diskriminative Methoden der Unterscheidung einer Menge von Klassen anhand beobachteter Merkmale. Hierbei werden keinerlei Annahmen im Hinblick auf die statistische Unabhängigkeit der Beobachtungen getroffen, da diese durch das Anlernen mit Trainingsdaten automatisch erkannt und bei der Klassifikation berücksichtigt werden. Für die Anwendung der Manöverklassifikation werden meist folgende diskriminative Methoden angewendet:

- *Artificial Neural Networks (ANN)* [58]: Künstliche neuronale Netze sind eine der ältesten Methoden der künstlichen Intelligenz; der bekannteste Vertreter ist das mehrlagige Perzeptron. Dieses besteht aus mehreren Lagen binärer Entscheidungsknoten, deren Aktivierung genau dann erfolgt, wenn die gewichtete Summe ihrer Eingänge einen bestimmten Schwellwert überschreitet. Durch die Kaskadierung mehrerer Schichten können auch komplexe nichtlineare Entscheidungsregeln abgebildet werden. Die Gewichte der einzelnen Knoten werden hierbei auf Basis von annotierten Trainingsdaten gelernt. Hierbei ist zu beachten, dass die Modellkomplexität im Verhältnis zu der Menge der vorhandenen Trainingsdaten nicht zu hoch gewählt wird, da sonst die Gefahr der Überanpassung des Netzes besteht.

- *Support Vector Machines (SVM)* [44, 59, 60]: Bei dieser seit Ende der 90er Jahre stark verbreiteten Klassifikationsmethode wird die mehrdimensionale und i. d. R. nichtlineare Entscheidungsgrenze zwischen den Klassen durch ein Subset besonders markanter Eingangsdaten mit ihrer zugehörigen Klasse – sogenannten Supportvektoren – repräsentiert. Diese werden durch ein Optimierungsverfahren direkt aus den Trainingsdaten gewonnen, wobei hierbei zur Optimierung interner Parameter ggf. mehrere Durchläufe im Rahmen einer sog. Kreuzvalidierung erforderlich sind. Im Gegensatz zu künstlichen neuronalen Netzen sind SVMs sehr robust gegen Überanpassung, geben aber ebenfalls nur die wahrscheinlichste Klasse und nicht deren Eintrittswahrscheinlichkeit als Ergebnis aus. Um dennoch eine probabilistische Vorhersage der Fahrerabsicht treffen zu können, verwenden einige Arbeiten [44, 59] ein Bayes-Filter, der die Manöverwahrscheinlichkeit unter Berücksichtigung der Sensitivität und Spezifität der SVM auf Basis der Klassifikationsergebnisse der letzten N Zeitschritte abschätzt. Die Information, wie nahe die Eingangsdaten im aktuellen Einzelfall an der Entscheidungsgrenze lagen, bleibt hierbei allerdings unberücksichtigt.

- *Relevance Vector Machines (RVM)* [46, 33, 43]: Die erst 2001 von M. E. Tipping veröffentlichte Relevance Vector Machine [61] ähnelt in ihrer Funktionsweise sehr der von SVMs, gibt jedoch neben der wahrscheinlichsten Klasse auch deren Eintrittswahrscheinlichkeit aus. Die Erweiterung für die Unterscheidung von mehr als zwei Klassen ist derzeit noch ein aktives Forschungsgebiet [62].

- *Decision Trees/Random Forests (DT/RF)* [63]: Entscheidungsbäume ermitteln die zu den Eingangsdaten gehörende Klasse, indem ausgehend von der Wurzel des Baumes bei jeder Verzweigung eine Entscheidung getroffen wird, bis schließlich ein mit einem Klassenlabel versehener Blattknoten des Baumes erreicht wird. Die Reihenfolge der abzufragenden Merkmale wird beim Lernen von Entscheidungsbäumen häufig mithilfe informationstheoretischer Maße festgelegt. Ihrem Hauptvorteil der einfachen Interpretierbarkeit steht eine bei reellwertigen Eingangsdaten im Vergleich zu anderen Klassifikationsmethoden deutlich schlechtere Klassifikationsgüte entgegen. Dieser Nachteil kann kompensiert werden, indem statt eines einzelnen Entscheidungsbaums eine Vielzahl vereinfachter Entscheidungsbäume auf Basis einer jeweils zufälligen Untermenge der Merkmale generiert werden. Im Anschluss wird die zuzuweisende Klasse als Mehrheitsentscheidung aller Bäume gefällt. Der Vorteil der leichten Interpretierbarkeit geht hierbei aber leider verloren.

- *Conditional Random Fields (CRF)* [39]: CRFs sind ungerichtete grafische Modelle, die die statistischen Zusammenhänge zwischen den Merkmalen berücksichtigen. Im Gegensatz zu anderen diskriminativen Ansätzen kann zur Verbesserung der Generalisierbarkeit bzw. der Reduktion der benötigten Trainingsdaten bereits durch die Struktur des CRF vorgegeben werden, welche Merkmale von welchen abhängig sein können. Dieser Vorteil kommt insbesondere bei der Analyse von Zeitreihen zum Tragen, etwa bei aufeinanderfolgenden Messungen der Geschwindigkeit.

- *Prototypenbasierte Ansätze (Prototypen)* [64, 65]: Statt eines abstrakten Manövertyps kann als Fahrerabsicht auch direkt die wahrscheinlichste zukünftige Trajektorie ermittelt werden. Entsprechende Arbeiten vergleichen hierzu die aktuelle Trajektorie mit einer Vielzahl sogenannter Prototypen: Der Prototyp mit der besten Übereinstimmung wird anschließend als wahrscheinlichste Trajektorie ausgegeben. Offen ist hierbei allerdings die Frage, inwieweit der Kontext der Verkehrssituation – beispielsweise die Kreuzungsgeometrie oder die Interaktion mit Vorderfahrzeugen – bei der Vorhersage der Trajektorie berücksichtigt werden kann.

- *Kostenbasierte Ansätze (Utility)* [66]: Ein sehr intuitiver Ansatz zur Fahrerabsichtserkennung besteht darin, die Plausibilität des aktuellen Fahrerverhaltens im Hinblick auf seine möglichen Ziele zu untersuchen. Hierfür werden zunächst mithilfe einer Kostenfunktion, einem Planungsalgorithmus und einer digitalen Karte die Kosten für das Erreichen der möglichen Ziele bestimmt. Anschließend wird untersucht, wie sich diese durch das aktuelle Fahrerverhalten verändern. Es wird angenommen, dass der Fahrer das Ziel verfolgt, bei dem die Kosten deutlich schneller sinken als bei den anderen Zielen. Die Schwierigkeit besteht hierbei vorrangig darin, eine Kostenfunktion zu definieren, die nicht das ideale, sondern das reale Fahrerverhalten wiedergibt.

Zusammenfassend lässt sich sagen, dass diskriminative Verfahren bei geeignet gewählter Modellkomplexität und ausreichend Trainingsdaten in einfachen Verkehrssituationen sehr gut geeignet sind, die Einleitung von Fahrmanövern frühzeitig zu erkennen. Ihr Nachteil besteht darin, dass sich mit ihrer Hilfe häufig nur die wahrscheinlichste Klasse, nicht jedoch die zugehörige Eintrittswahrscheinlichkeit ermitteln lässt und nachfolgende Filterungen die tatsächliche Eintrittswahrscheinlichkeit lediglich approximieren: Dies erschwert nicht nur die Risikobewertung, sondern auch die Kombination der Ergebnisse mehrerer Klassifikatoren zur Erkennung alternativer Fahrmanöver. Hinzu kommt, dass die Merkmale als Eingangsdaten der Klassifikation bei diskriminativen Methoden fest vorgegeben sind. Für die meisten hier vorgestellten Ansätze ist es daher problematisch, wenn zwischendurch einige der Merkmale nicht beobachtbar sind – beispielsweise der von außen beobachtete Fahrtrichtungsanzeigerstatus anderer Fahrzeuge oder die Blickrichtung des Fahrers. Außerdem bedeutet dies, dass alle eventuell zu berücksichtigenden Einflüsse auf das Fahrerverhalten bereits in der Trainingsphase in Form von Merkmalen angelernt werden müssen. Da jedoch der Bedarf an Trainingsdaten mit wachsender Zahl von Merkmalen exponentiell ansteigt, kann insbesondere der Interaktion mit anderen Verkehrsteilnehmern in komplexen Verkehrssituationen bisher nur sehr eingeschränkt Rechnung getragen werden.

39.5.2 Fahrerabsichtserkennung mit generativen Methoden

Generative Methoden sind dadurch gekennzeichnet, dass sie die vollständige Wahrscheinlichkeitsverteilung über alle modellierten Zufallsgrößen abbilden. Wird ein Teil der Zufallsgrößen beobachtet, kann mithilfe der Bayes'schen Regel die A-posteriori-Wahrscheinlichkeit der anderen Zufallsgrößen bestimmt werden. Auf Basis der vollständigen Wahrscheinlichkeitsverteilung ist es zudem jederzeit möglich, durch Marginalisierung – also durch Aufsummieren der Wahrscheinlichkeiten von Teilereignissen – die Wahrscheinlichkeit einer einzelnen Zufallsgröße zu berechnen.

Für die Fahrerabsichtserkennung haben generative Methoden somit den Vorteil, dass sie zu dem wahrscheinlichsten Manöver auch die Eintrittswahrscheinlichkeit berechnen. Darüber hinaus sind sie sehr gut in der Lage, nur zeitweise beobachtete Merkmale in die Berechnung der Manöverwahrscheinlichkeit einzubeziehen. Da jedes generative Modell eine vollständige Wahrscheinlichkeitsverteilung darstellt, können diese frei miteinander kombiniert werden. Im Gegensatz zu diskriminativen Methoden werden sie aus diesem Grund vorzugsweise eingesetzt, wenn zwischen mehr als zwei möglichen Manövern unterschieden werden soll [57].

Der folgende Abschnitt gibt einen Überblick über die verbreitetsten generativen Methoden auf dem Gebiet der Fahrerabsichtserkennung:

- *Bayesian Networks (BN)* [41, 47, 67, 35, 52]: Bayes'sche Netze [68] sind gerichtete azyklische Graphen, die zur grafischen Repräsentation der Struktur von probabilistischen Modellen verwendet werden. Die durch die Struktur implizierten Unabhängigkeitsannahmen reduzieren die Komplexität des Modells und tragen so dazu bei, dass dieses mit weniger Trainingsdaten angelernt werden kann. Obwohl auch die Struktur selbst durch die Analyse von Trainingsdaten bestimmt werden kann, wird diese meist auf Basis von Expertenwissen entsprechend der kausalen Zusammenhänge zwischen den Zufallsgrößen vorgegeben. Die Parametrisierung der Knoten erfolgt daraufhin anhand von Trainingsdaten oder ebenfalls anhand von Expertenwissen. Innerhalb eines Bayes'schen Netzes repräsentiert jeder Knoten das Wissen über einen statistischen Zusammenhang zwischen den modellierten Zufallsgrößen. Teilmodelle können somit beliebig wiederverwendet und – im Gegensatz zu diskriminativen Methoden – sogar entsprechend der aktuellen Verkehrssituation „on the fly" zusammengesetzt werden. Dies ist eine wesentliche Voraussetzung, um die Interaktion zwischen einer vorab unbekannten Zahl von Verkehrsteilnehmern zu modellieren. Die Berücksichtigung der tatsächlichen Umgebungsbedingungen ist hierbei besonders effizient möglich, wenn für die Parametrisierung der Knoten aus der

- *Parametrische Modelle (Fahrermodell)* [42, 53, 54]: Die Modellierung des Fahrerverhaltens im Straßenverkehr ist seit langem Gegenstand zahlreicher Untersuchungen auf dem Gebiet der Human Factors. Die Ergebnisse dienen hierbei als Grundlage zur Erstellung analytisch-regelbasierter Verhaltensmodelle, die typisches Fahrerverhalten hinsichtlich eines bestimmten Merkmals [69, 70, 71], eines Manövertyps [72] oder auch als integriertes Modell [73, 74] beschreiben. Anstelle des Anlernens mit Trainingsdaten können Knoten eines Bayes'schen Netzes auch mithilfe eines solchen Fahrerverhaltensmodells parametrisiert werden. Dem Nachteil der Vereinfachung der statistischen Zusammenhänge stehen folgende Vorteile der Verwendung von Fahrerverhaltensmodellen entgegen: die rechentechnisch sehr effiziente Berücksichtigung beliebig komplexer Umgebungsbedingungen, die gute Analysierbarkeit der Modelle sowie die Tatsache, dass sich die Modelle sehr einfach zwischen Wissenschaftlern austauschen lassen.
- *Hidden Markov Models (HMM)* [40, 38, 75]: Bei HMMs [76] handelt es sich um eine Sonderform von dynamischen Bayes'schen Netzen, bei der das Netz aus einem verborgenen Systemzustand und einer davon abhängigen, beobachtbaren Zufallsvariable besteht. Im Gegensatz zu BNs berücksichtigen sie die zeitlichen Zusammenhänge zwischen aufeinanderfolgenden Systemzuständen und können somit zur Analyse von Zeitreihen herangezogen werden. Für die Fahrerabsichtserkennung werden hierfür zunächst für jeden zu berücksichtigenden Manövertyp die Prior-, Übergangs- und Emissionswahrscheinlichkeiten ermittelt, die die zugehörigen Trainingsdaten bestmöglich erklären. Im Anschluss kann mithilfe der so ermittelten Parametersätze für jede neue Sequenz von Eingangsdaten die Wahrscheinlichkeit bestimmt werden, dass ein bestimmtes Manöver diese hervorbringen würde. Zur Bestimmung der Manöverwahrscheinlichkeiten können diese sogenannten Likelihoods mithilfe von Prior-Wahrscheinlichkeiten für die Manöver gewichtet und – analog zum Vorgehen in [54] – mit anderen Merkmalen kombiniert werden. Als Nachteil von HMMs gegenüber CRFs wird häufig die bei HMMs vorausgesetzte Gültigkeit der Markov-Bedingung angeführt. Diese besagt, dass der Folgezustand des Systems bei Kenntnis des aktuellen Zustands von allen vorangegangenen Zuständen statistisch unabhängig ist und dass somit auch die aufeinanderfolgenden Beobachtungen gegeben dem Systemzustand voneinander unabhängig sein müssen. Im Umkehrschluss bedeutet dies, dass die Kardinalität des Zustandsknotens bei HMMs größer gewählt werden muss als bei CRFs, um die Dynamik des beobachteten zeitkontinuierlichen Signals gleich gut zu erfassen. Diesem Nachteil steht jedoch entgegen, dass die Berechnung der Beobachtungswahrscheinlichkeiten bei HMMs mithilfe des Forward-Algorithmus deutlich effizienter möglich ist als bei CRFs. Im Hinblick auf die Berücksichtigung von Interaktion zwischen Verkehrsteilnehmern besteht der deutlich gravierendere Nachteil von HMMs darin, dass die zugrunde liegenden Modelle ähnlich wie bei diskriminativen Verfahren als Ganzes gelernt werden: Das im Zusammenhang mit Bayes'schen Netzen diskutierte Zusammenbauen von Modellen je nach konkreter Verkehrssituation ist somit nicht möglich.
- *Gaussian Processes (GP)* [45, 77]: Gauß-Prozesse stellen eine Verallgemeinerung der mehrdimensionalen Normalverteilung auf unendlich viele Zufallsgrößen dar; mittels dieser kann die zeitliche Entwicklung normalverteilter Zufallsgrößen mithilfe einer Mittelwertfunktion $m(t)$ und einer Kovarianzfunktion $k(t, t')$ beschrieben werden. Für die Fahrerabsichtsvorhersage erfolgt die Approximation dieser Funktionen mit Regressionsmethoden direkt auf Basis der Trainingsdaten des zugehörigen Manövers. Die Berechnung der Manöverwahrscheinlichkeit erfolgt wiederum auf Basis der Wahrscheinlichkeit, dass das jeweilige Manövermodell die Beobachtung hervorgebracht hat.

Im Vergleich zu HMMs sind GPs prinzipiell besser geeignet, die Dynamik kontinuierlicher Signale zu beschreiben, und können ebenso wie diese als Teil eines größeren Bayes'schen Netzes aufgefasst werden. Nachteile der Methode bestehen einerseits in ihrem vergleichsweise hohen Rechenaufwand, der kubisch mit der Zahl der Trainingspunkte ansteigt, und andererseits in der schlechten Generalisierbarkeit auf Situationen, die nicht durch die Trainingsdaten repräsentiert werden.

— *Layered HMMs based on GPs (LHMM-GP)* [78]: Geschichtete bzw. hierarchische HMMs nutzen die Kombinierbarkeit von HMMs und GPs, um das Fahrerverhalten in unterschiedlichen Abstraktionsebenen zu beschreiben. In [78] dient die oberste Schicht der Modellierung von Übergangswahrscheinlichkeiten zwischen den Manövertypen Vorwärtsfahren, Abbiegen und Überholen. Je nach Manövertyp werden in der darunterliegenden Schicht die Übergangswahrscheinlichkeiten zwischen Teilmanövern wie Abbremsen, um die Kurve Fahren und Beschleunigen abgebildet. Die konkrete Durchführung der Teilmanöver ist mit GPs modelliert. Der Vorteil der hierarchischen Modellierung besteht – ähnlich wie bei der Modellierung mit BNs – darin, dass durch die stärkere Strukturierung des Modells ein effizienteres Anlernen bzw. eine bessere Generalisierbarkeit erreicht wird. Außerdem wird eine bessere Wiederverwertbarkeit der Teilmodelle erreicht, die ggf. für die Modellierung der Interaktion zwischen Verkehrsteilnehmern verwendet werden kann.

— *Dynamic Bayesian Networks (DBN)* [34, 50, 79, 80, 81]: Dynamische Bayes'sche Netze kombinieren den Vorteil der Modularisierbarkeit und Kombinierbarkeit von BNs mit der von HMMs bekannten Berücksichtigung der zeitlichen Zusammenhänge zwischen Zufallsgrößen. Neben der probabilistischen Inferenz der Fahrerabsicht ermöglicht dies die Berücksichtigung des Situationsbewusstseins des Fahrers (▶ Abschn. 39.6) sowie die Prädiktion des weiteren Verkehrsgeschehens in Situationen mit mehreren beteiligten Verkehrsteilnehmern. Aufgrund der hohen Komplexität der resultierenden Modelle wurden DBNs bisher allerdings nur vereinzelt für die Prädiktion eingesetzt [82]. Aufgrund der damit einhergehenden Explosion des Zustandsraumes [83] erfolgte diese auf Basis einzelner Partikel. Falls lediglich der aktuelle Zustand bzw. die Absicht des Fahrers ermittelt werden soll, kann das Verhalten der anderen Verkehrsteilnehmer in der Regel als beobachtet angenommen werden: Durch die daraus resultierenden Unabhängigkeiten verringert sich die Komplexität des Modells, so dass teilweise auch exakte Methoden zum Einsatz kommen können [81].

Die genannten Beispiele zeigen deutlich das Potenzial von generativen Methoden zur Modellierung komplexer Verkehrssituationen. Voraussetzung hierfür ist vor allem die Wiederverwendbarkeit generativer Teilmodelle, die durch Verwendung von Techniken der objektorientierten Programmierung noch verbessert werden kann [84, 35]. Als Nachteil ist die im Vergleich zu diskriminativen Methoden höhere Komplexität der Modelle zu nennen, die ein reines Lernen auf Trainingsdaten deutlich erschweren kann. Im Fall der Fahrerabsichtserkennung wird dieser Nachteil jedoch in der Regel durch die Möglichkeit ausgeglichen, Unabhängigkeitsannahmen in Form von Expertenwissen in das Modell einzubringen.

39.5.3 Risikobewertung auf Basis der Fahrerabsicht

Ist die Fahrerabsicht bzw. die zugehörige Wahrscheinlichkeitsverteilung bekannt, kann das Risiko und somit die Notwendigkeit einer Intervention des Assistenzsystems entweder auf Basis vorgegebener Regeln oder durch Prädiktion des weiteren Verkehrsgeschehens erfolgen. Letzteres erfordert in der Regel eine hochgenaue Karte der Umgebung, anhand derer die manöverabhängigen zukünftigen Pfade des Fahrzeugs vorhergesagt werden können [17, 48, 54]. In einfach strukturierten Umgebungen wie auf Autobahnen und Landstraßen kann es auch ausreichend sein, die aktuelle Fahrbahngeometrie anhand der Fahrstreifenmarkierungen

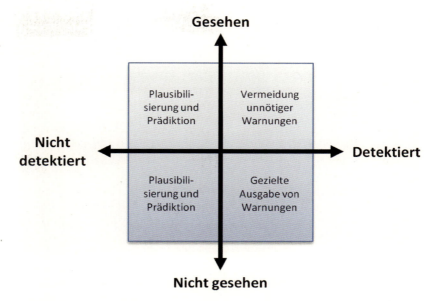

◘ **Abb. 39.6** Nutzen der Situationsanalyse in Abhängigkeit des Situationsbewusstseins von System und Fahrer (horizontale bzw. vertikale Richtung)

und dem Verhalten der umgebenden Fahrzeuge zu analysieren. Die eigentliche Prädiktion und Risikobewertung erfolgt schließlich auf Basis eines der in ▶ Abschn. 39.3 vorgestellten Verfahren oder – bei Verwendung von HMMs, DBNs oder Fahrerverhaltensmodellen – ggf. auch direkt auf Basis des zur Fahrerabsichtserkennung verwendeten Modells.

39.6 Berücksichtigung des Situationsbewusstseins

Die in den vorangegangenen Abschnitten vorgestellten Arbeiten zur Risikobewertung adressieren die Situation, dass der Fahrer den potenziellen Konfliktpartner übersieht. Die Notwendigkeit einer Warnung ist somit ausschließlich davon abhängig, ob es in Anbetracht des beabsichtigten Manövers zu einer Kollision zwischen den beiden Verkehrsteilnehmern kommt. Gleichzeitig wird davon ausgegangen, dass das Assistenzsystem über ein umfassendes Abbild der Verkehrssituation verfügt – in ◘ Abb. 39.6 entspricht dies dem Quadranten unten rechts.

Tatsächlich tritt in der Realität jedoch häufig die Situation auf, dass der Fahrer für ihn relevante Verkehrsteilnehmer bereits gesehen hat und mit diesen interagiert (obere Halbebene) oder dass das Assistenzsystem über ein nur lückenhaftes Umfeldmodell verfügt (linke Halbebene). Für das bestmögliche Verständnis der Verkehrssituation und die optimale Unterstützung des Fahrers ist es daher erforderlich, sowohl sein Situationsbewusstsein als auch das des Assistenzsystems explizit zu modellieren: Die beispielhafte Umsetzung eines derartigen Modells wird in [85] diskutiert. An dieser Stelle soll lediglich der konkrete Nutzen dieser – zugegebenermaßen recht aufwendigen – Modellierung an vier Beispielen gezeigt werden.

39.6.1 Vermeidung unnötiger Warnungen

Aus den in ▶ Abschn. 39.1.2 genannten Gründen liegt es nahe, die Existenz sogenannter Inhibitoren in Bezug auf die möglichen Fahrerabsichten zu berücksichtigen [86]: In [33] wird dazu beispielsweise der Abstand von Fahrzeugen auf benachbarten Fahrstreifen hinter dem Fahrzeug als Merkmal beim Anlernen eines Klassifikators zur Vorhersage von Fahrstreifenwechseln verwendet. Das Problem hierbei besteht darin, dass zum Anlernen des Klassifikators in der Regel keine Daten von realen Unfällen oder Beinahe-Unfällen zur Verfügung stehen, so dass der Klassifikator ein Fehlverhalten des Fahrers in der Folge nicht abbilden kann.

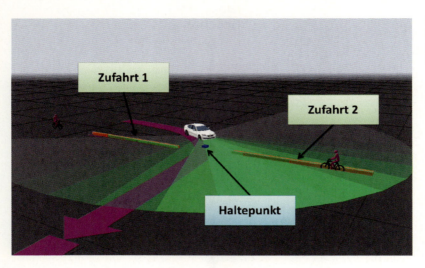

Abb. 39.7 Haltepunkt, Zufahrten und Sichtbereich des Fahrers beim Rechtsabbiegen

Zur Lösung des Problems sind zwei verschiedene Ansätze denkbar: das Training mit künstlichen Daten sowie die explizite Modellierung des Situationsbewusstseins vom Fahrer. Letzteres kann als separates Modell in unkritischen Situationen angelernt und anschließend mit Algorithmen zur Fahrerabsichtsvorhersage kombiniert werden. Bei der Verwendung von diskriminativen Methoden zur Fahrerabsichtserkennung kann dies in Form einer nachgelagerten Durchführbarkeitsentscheidung wie in [8] erfolgen. Der Nachteil besteht in diesem Fall jedoch darin, dass die Rückwirkungen der Durchführbarkeitsentscheidung auf die Erkennung nachfolgender Manöver, beispielsweise das Durchführen eines Fahrstreifenwechsels nach dem Vorbeilassen des nachfolgenden Fahrzeugs, nicht ohne Weiteres abgebildet werden können.

Deutlich einfacher ist die Berücksichtigung des Situationsbewusstseins bei Verwendung von generativen Methoden zur Fahrerabsichtserkennung. Insbesondere BNs und DBNs sind aufgrund ihrer Modularisierbarkeit, der Möglichkeit der Verwendung von Fahrerverhaltensmodellen und ihrer Flexibilität hinsichtlich der zu bewertenden Hypothesen sehr gut geeignet, den Einfluss anderer Verkehrsteilnehmer bei vorhandenem Situationsbewusstsein des Fahrers auf die zu erwartenden Beobachtungen abzubilden. In [87] wurde hierfür beispielsweise zwischen der Absicht, rechts abzubiegen, und der Absicht, dabei vor dem Radweg anzuhalten, unterschieden. Allerdings wird hierbei der Zusammenhang zwischen dem Situationsbewusstsein des Fahrers in aufeinanderfolgenden Zeitschritten nicht berücksichtigt: Hat der Fahrer den Radfahrer gerade eben gesehen, ist es wahrscheinlich, dass er sich seiner Existenz auch zum aktuellen Zeitpunkt noch bewusst ist. Die Modellierung der zeitlichen Zusammenhänge ist somit insbesondere dann wichtig, wenn der Sichtbereich des Fahrers wie in Abb. 39.7 direkt beobachtet wird. Hier haben dynamische Bayes-Netze einen erheblichen Vorteil.

39.6.2 Detektion nicht sichtbarer Verkehrsteilnehmer

Bisherige Arbeiten zur Analyse von Verkehrssituationen berücksichtigen ausschließlich Verkehrsteilnehmer, die in irgendeiner Form sensorisch erfasst wurden. Tatsächlich ist es jedoch so, dass sich aus dem Verhalten von beobachteten Verkehrsteilnehmern teilweise auf die Existenz nicht beobachteter Verkehrsteilnehmer schließen lässt. Ein Beispiel ist in Abb. 39.8 dargestellt: Aus dem Warten des grauen Fahrzeugs direkt vor dem Radweg lässt sich mit hoher Wahrscheinlichkeit auf das Herannahen von Fußgängern oder Radfahrern schließen. Unter Berücksichtigung der Tatsache, dass die Umfelderfassung des roten Fahrzeugs nach links freie Sicht hat und von dort offensichtlich nichts kommt – und das graue Fahrzeug sicher nicht auf einen langsa-

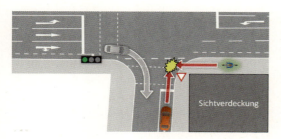

Abb. 39.8 Detektion nicht sichtbarer Verkehrsteilnehmer aus dem Verständnis der Verkehrssituation heraus

men Fußgänger von rechts warten wird, der sich aktuell noch hinter der Sichtverdeckung befindet – könnte sogar direkt auf das Herannahen eines Radfahrers von rechts geschlossen werden. In beiden Fällen kann im roten Fahrzeug eine mehr oder weniger spezifische Warnung beim Heranfahren an die Kreuzung ausgegeben werden.

Da der Radfahrer selbst nicht beobachtet wird, ist für die technische Umsetzung der oben beschriebenen Inferenz eine anderweitige Beschreibung möglicher Interaktionen zwischen Verkehrsteilnehmern beim Rechtsabbiegen erforderlich – beispielsweise in Form von in der digitalen Karte hinterlegten Kontextinformationen. In diesem Fall könnten die in ◘ Abb. 39.7 dargestellten Zufahrten durch Zufallsgrößen repräsentiert werden: Diese nehmen jeweils die Werte frei oder belegt an, während der zugehörige Haltepunkt nur durchfahren wird, wenn der Fahrer glaubt, dass beide Zufahrten frei sind.

39.6.3 Verbesserung der Fahrerabsichtserkennung

Die im vorangegangenen Abschnitt beschriebene Modellierung des Anhaltegrunds für den Fahrer des grauen Fahrzeug kann gleichzeitig auch zur Erkennung von dessen Abbiegeabsicht herangezogen werden: Würde er geradeaus fahren wollen, gäbe es keinen plausiblen Grund für das Anhalten.

Etwas komplizierter ist die Situation bei der Annäherung an eine Vorfahrtsstraße: In diesem Fall kann aus dem Verzögern des Fahrers weder auf eine Abbiegeabsicht noch auf die Existenz von vorfahrtsberechtigten Fahrzeugen geschlossen werden, da der Fahrer wahrscheinlich einfach nur deshalb abbremst, weil er nicht weiß, ob die Vorfahrtsstraße (respektive der zugehörige Haltepunkt) gerade frei ist.

Neben der Modellierung von tatsächlicher Belegung und vom Fahrer wahrgenommener Belegung der zu einem Haltepunkt gehörenden Zufahrten ist es somit auch erforderlich, die Zuversicht des Fahrers im Hinblick auf die Richtigkeit seiner Einschätzung zu modellieren.

39.6.4 Vorhersage des weiteren Verkehrsgeschehens

Neben der Fahrerabsicht hat die Interaktion mit anderen Verkehrsteilnehmern einen entscheidenden Einfluss auf die zukünftige Trajektorie des Fahrzeugs: Die Schwierigkeit besteht hierbei vor allem darin, die Kombinatorik der möglichen weiteren Entwicklungen der aktuellen Verkehrssituation in den Griff zu bekommen. Entsprechende Ansätze wurden in ▶ Abschn. 39.3 beschrieben. Im Gegensatz zu den bisher betrachteten Methoden der Trajektorienprädiktion ergibt sich durch die Modellierung des Situationsbewusstseins des Fahrers jedoch ein deutlich größerer Zustandsraum: Theoretisch könnte der Fahrer zu jedem Zeitpunkt neues Wissen über seine Umgebung erlangen. Um die Komplexität der Vorhersage zu begrenzen, kann zum Zwecke der Risikobewertung vereinfachend angenommen werden, dass der Fahrer sein aktuelles Situationsbewusstsein über den gesamten Vorhersagehorizont hinweg beibehält. Dies scheint angebracht, da die Entscheidung über die Notwendigkeit der Warnung ohnehin zu einem Zeitpunkt erfolgt, bei dem der Fahrer das entsprechende Situationsbewusstsein bereits haben oder spätestens – in Form einer Warnung – erlangen sollte.

Ein besonders einfaches Beispiel stellt hierbei die Vorhersage von Anfahrvorgängen dar: Ist der Grund des Anhaltens bekannt, kann natürlich auch vorhergesagt werden, wann dieser Grund voraussichtlich nicht mehr gegeben ist. In der in ◘ Abb. 39.9 dargestellten Situation wartet der Fahrer des roten Fahrzeugs auf das Fahrzeug von rechts, um nach diesem links in die Vorfahrtsstraße einzubiegen. Hierbei besteht aufgrund der Blickrichtung des Fahrers eine hohe Wahrscheinlichkeit, dass er

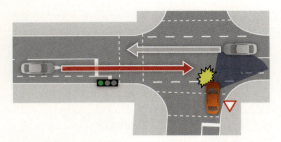

◻ **Abb. 39.9** Vorhersage des Anfahrzeitpunkts auf Basis des Situationsbewusstseins

das von links kommende Fahrzeug nicht wahrgenommen hat. Solange der Fahrer noch auf das Fahrzeug von rechts wartet, ist dies prinzipiell egal und sollte daher auch nicht zu einer Warnung führen. Andererseits ist es aufgrund der Reaktionszeit des Fahrers nicht möglich, mit dem Ausgeben der Warnung bis zur Betätigung des Gaspedals zu warten. Abhilfe schafft hier nur die Berücksichtigung der Tatsache, dass der voraussichtliche Anfahrzeitpunkt anhand der Trajektorie des von rechts kommenden Fahrzeugs abgeschätzt werden kann.

39.7 Zusammenfassung und Ausblick

Im Hinblick auf die in ▶ Abschn. 39.1 definierte Problemstellung der Fahrerabsichtserkennung lassen sich folgende Erkenntnisse aus dem Stand der Technik festhalten:

- Eine sinnvolle Risikobewertung für warnende Fahrerassistenzsysteme ist in vielen Verkehrssituationen nur auf Basis der Fahrerabsicht möglich, da das Steuerverhalten des Fahrers innerhalb des angestrebten Prädiktionshorizonts von 2 bis 3 Sekunden einen erheblichen Einfluss auf die weitere Trajektorie des Fahrzeugs hat. Bei der direkten Risikobewertung durch wissensbasierte Verfahren besteht das Problem, dass das weitere Geschehen in innerstädtischen Verkehrssituationen von einer Vielzahl von Einflüssen abhängt. Diese abzubilden wäre nur auf Basis einer unrealistisch großen Menge von Trainingsdaten möglich und insbesondere von Unfallsituationen wären kaum reale Daten verfügbar.
- Obwohl diskriminative Verfahren bei der Erkennung einzelner Manöver sehr gute Ergebnisse zeigen, haben sie aufgrund der fehlenden Modularisierbarkeit des zugrunde liegenden probabilistischen Modells Schwierigkeiten, mehrere alternative Manöver, nur teilweise beobachtete Eingangsgrößen oder die Interaktion zwischen Verkehrsteilnehmern zu berücksichtigen.
- Generative Ansätze unterliegen diesem Problem nur dann, wenn sie als „Black Box" zum Anlernen ganzer Manövermodelle (bspw. HMMs) verwendet werden. Insbesondere BNs und DBNs haben den Vorteil einer sehr guten Wiederverwendbarkeit von Teilmodellen, die der Berücksichtigung von Interaktion zwischen Verkehrsteilnehmern entgegenkommt. In der Regel wird diese mit DBNs modelliert, allerdings existieren hierzu bisher nur wenige Arbeiten.
- Durch die Verwendung von Fahrerverhaltensmodellen [54] kann darüber hinaus dem Einfluss der tatsächlichen Verkehrssituation auf das Fahrerverhalten Rechnung getragen werden: Insbesondere kann somit die konkrete Kreuzungsgeometrie berücksichtigt und das Aufeinanderfolgen mehrerer Manöver vorhergesagt werden. Auch eine Unterscheidung zwischen mehreren Manövern gleichen Typs – beispielsweise bei mehreren unmittelbar aufeinanderfolgenden Abbiegemöglichkeiten – wird hierdurch ermöglicht.

Im Gegensatz zur Fahrerabsicht wurde das Situationsbewusstsein des Fahrers bisher nur selten modelliert. In der Regel wird davon ausgegangen, dass der Fahrer potenzielle Konfliktpartner übersieht, so dass bei gegebener Manöverabsicht stets eine Warnung ausgegeben wird. Wie in ▶ Abschn. 39.6 gezeigt wurde, hat die explizite Modellierung des Situationsbewusstseins jedoch ein erhebliches Potenzial in Bezug auf die Vermeidung unnötiger Warnungen, der Detektion nicht sichtbarer Verkehrsteilnehmer, der Verbesserung der Fahrerabsichtserkennung und der Vorhersage des weiteren Verkehrsgeschehens. Gerade vor dem Hintergrund einer rapiden Entwicklung automatisierter Fahrfunktionen sollte dieses Gebiet in zukünftigen Forschungsarbeiten daher weiter vertieft werden.

Literatur

1. Statistisches Bundesamt: 7,2 % weniger Todesopfer auf deutschen Straßen im Jahr 2013 (2014)
2. European Transport Safety Council: Road Safety Manifesto for the European Parliament Elections May 2014 (2013)
3. Bundesministerium für Verkehr, Bau und Stadtentwicklung: Verkehrssicherheitsprogramm 2011 vom 28.10.2011 (2011)
4. Deutscher Verkehrssicherheitsrat e. V.: Was leisten Fahrerassistenzsysteme? (2009)
5. Statistisches Bundesamt: Verkehrsunfälle Fachserie 8 Reihe 7 Jahr 2013 (2014)
6. Endsley, M.: Toward a theory of situation awareness in dynamic systems. Human Factors: The Journal of the Human Factors and Ergonomics Society **37**, 32–64 (1995)
7. Naujoks, F., Grattenthaler, H., Neukum, A.: Zeitliche Gestaltung effektiver Fahrerinformationen zur Kollisionsvermeidung auf der Basis kooperativer Perzeption 8. Workshop Fahrerassistenzsysteme., S. 107–117 (2012)
8. Liebner, M., Klanner, F., Stiller, C.: Der Fahrer im Mittelpunkt – Eye Tracking als Schlüssel zum mitdenkenden Fahrzeug? 8. Workshop Fahrerassistenzsysteme, Walting: UniDAS e. V.., S. 87–96 (2012)
9. Brännström, M., Coelingh, E., Sjoberg, J.: Model-Based Threat Assessment for Avoiding Arbitrary Vehicle Collisions. IEEE Transactions on Intelligent Transportation Systems **11**(3), 658–669 (2010)
10. Brännström, M., Sandblom, F., Hammarstrand, L.: A probabilistic framework for decision-making in collision avoidance systems. IEEE Transactions on Intelligent Transportation Systems **14**(2), 637–648 (2013)
11. Ammoun, S., Nashashibi, F.: Real time trajectory prediction for collision risk estimation between vehicles 2009 5th IEEE Conference on Intelligent Computer Communication and Processing (ICCP), S. 417–422 (2009)
12. Hillenbrand, J., Spieker, A., Kroschel, K.: A Multilevel Collision Mitigation Approach – Its Situation Assessment, Decision Making, and Performance Tradeoffs. IEEE Transactions on Intelligent Transportation Systems **7**(4), 528–540 (2006)
13. Lytrivis, P., Thomaidis, G., Tsogas, M., Amditis, A.: An Advanced Cooperative Path Prediction Algorithm for Safety Applications in Vehicular Networks. IEEE Transactions on Intelligent Transportation Systems **12**(3), 669–679 (2011)
14. Tamke, A., Dang, T., Breuel, G.: A Flexible Method for Criticality Assessment in Driver Assistance Systems. In: 2009 5th IEEE Conference on Intelligent Computer Communication and Processing (ICCP). S. 697–702. (2011)
15. Eidehall, A., Petersson, L.: Statistical Threat Assessment for General Road Scenes Using Monte Carlo Sampling. IEEE Transactions on Intelligent Transportation Systems **9**(1), 137–147 (2008)
16. Althoff, M., Stursberg, O., Buss, M.: Safety Assessment of Autonomous Cars using Verification Techniques. In: 2007 American Control Conference, S. 4154–4159. (2007)
17. Petrich, D., Dang, T., Kasper, D., Breuel, G., Stiller, C.: Map-based long term motion prediction for vehicles in traffic environments. In: 2013 16th International IEEE Conference on Intelligent Transportation Systems (ITSC), Oct. 2013, S. 2166–2172. (2013)
18. Althoff, M., Althoff, D.: Safety verification of autonomous vehicles for coordinated evasive maneuvers. In: 2009 IEEE Intelligent Vehicles Symposium (IV) (2010)
19. Berthelot, A., Tamke, A., Dang, T., Breuel, G.: Handling Uncertainties in Criticality Assessment. In: 2011 IEEE Intelligent Vehicles Symposium (IV), S. 571–576. (2011)
20. Weidl, G., Singhal, V., Petrich, D., Kasper, D., Wedel, A., Breuel, G.: Collision Detection and Warning at Road Intersections using an Object Oriented Bayesian Network. In: 2013 IEEE 9th International Conference on Intelligent Computer Communication and Processing (ICCP) (2013)
21. Althoff, M., Stursberg, O., Buss, M.: Model-Based Probabilistic Collision Detection in Autonomous Driving. IEEE Transactions on Intelligent Transportation Systems **10**(2), 299–310 (2009)
22. Althoff, M., Mergel, A.: Comparison of Markov Chain Abstraction and Monte Carlo Simulation for the Safety Assessment of Autonomous Cars. IEEE Transactions on Intelligent Transportation Systems **12**(4), 1237–1247 (2011)
23. Broadhurst, A., Baker, S., Kanade, T.: Monte Carlo road safety reasoning. In: 2005 IEEE Intelligent Vehicles Symposium, 2005, S. 319–324. (2005)
24. Greene, D., Liu, J., Reich, J., Hirokawa, Y., Shinagawa, A., Ito, H., Mikami, T.: An Efficient Computational Architecture for a Collision Early-Warning System for Vehicles, Pedestrians, and Bicyclists. IEEE Transactions on Intelligent Transportation Systems **12**(4), 942–953 (2011)
25. Aoude, G., Luders, B., Lee, K., Levine, D., How, J.: Threat Assessment Design for Driver Assistance System at Intersections. In: 2010 13th International IEEE Conference on Intelligent Transportation Systems (ITSC), S. 1855–1862. (2010)
26. Schwering, C., Lakemeyer, G.: Spatio-Temporal Reasoning about Traffic Scenarios. In: 2013 11th International Symposium on Logical Formalizations of Commonsense Reasoning (2013)
27. Vacek, S.: „Videogestützte Umfelderfassung zur Interpretation von Verkehrssituationen für kognitive Automobile". Dissertation, Universität Karlsruhe (TH), 2008
28. Boury-Brisset, A.-C., Tourigny, N.: Knowledge capitalisation through case bases and knowledge engineering for road safety analysis. Knowledge-Based Systems **13**(5), 297–305 (2000)
29. Vacek, S., Gindele, T., Zollner, J., Dillmann, R.: Situation classification for cognitive automobiles using case-based reasoning. In: 2007 IEEE Intelligent Vehicles Symposium (IV), June 2007, S. 704–709. (2007)
30. Graf, R., Deusch, H., Fritzsche, M., Dietmayer, K.: A learning concept for behavior prediction in traffic situations. In: 2013 IEEE Intelligent Vehicles Symposium (IV), June 2013, S. 672–677. (2013)
31. Chinea, A., Parent, M.: Risk Assessment Algorithms Based on Recursive Neural Networks. In: 2007 International Joint

Conference on Neural Networks, Aug. 2007, S. 1434–1440. (2007)
32. Salim, F., Loke, S., Rakotonirainy, A., Srinivasan, B., Krishnaswamy, S.: Collision Pattern Modeling and Real-Time Collision Detection at Road Intersections. In: 2007 IEEE Intelligent Transportation Systems Conference, Sept. 2007, S. 161–166. (2007)
33. Morris, B., Doshi, A., Trivedi, M.: Lane Change Intent Prediction for Driver Assistance : On-Road Design and Evaluation. In: 2011 IEEE Intelligent Vehicles Symposium (IV), S. 895–901. (2011)
34. Gindele, T., Brechtel, S., Dillmann, R.: A probabilistic model for estimating driver behaviors and vehicle trajectories in traffic environments. In: 2010 13th International IEEE Conference on Intelligent Transportation Systems (ITSC), S. 1625–1631. (2010)
35. Kasper, D., Weidl, G., Dang, T., Breuel, G., Tamke, A., Rosenstiel, A.: Object-Oriented Bayesian Networks for Detection of Lane Change Maneuvers. In: 2011 IEEE Intelligent Vehicles Symposium (IV), S. 673–678. (2011)
36. Ortiz, M., Kummert, F., Schmudderich, J.: Prediction of driver behavior on a limited sensory setting. In: 2012 15th International Conference on Intelligent Transportation Systems (ITSC), S. 638–643. (2012)
37. Kretschmer, M., König, L., Neubeck, J., Wiedemann, J.: Erkennung und Prädiktion des Fahrerverhaltens während eines Überholvorgangs. In: 2. Tagung Aktive Sicherheit durch Fahrerassistenz, Garching (2006)
38. Firl, J.: Probabilistic Maneuver Prediction in Traffic Scenarios. In: 2011 European Conference on Mobile Robots (ECMR) (2011)
39. Tran, Q., Firl, J.: A probabilistic discriminative approach for situation recognition in traffic scenarios. In: 2012 IEEE Intelligent Vehicles Symposium (IV), June 2012, S. 147–152. (2012)
40. Berndt, H., Dietmayer, K.: Driver intention inference with vehicle onboard sensors. In: 2009 IEEE International Conference on Vehicular Electronics and Safety (ICVES, S. 102. (2009)
41. Klanner, F.: „Entwicklung eines kommunikationsbasierten Querverkehrsassistenten im Fahrzeug". Dissertation, Technische Universität Darmstadt, 2008
42. Lidström, K., Larsson, T.: Model-based Estimation of Driver Intentions Using Particle Filtering. In: 2008 11th International IEEE Conference on Intelligent Transportation Systems (ITSC), Oct. 2008, S. 1177–1182. (2008)
43. Cheng, S., Trivedi, M.: Turn-intent analysis using body pose for intelligent driver assistance. Pervasive Computing, IEEE 5(4), 28–37 (2006)
44. Aoude, G., Desaraju, V.: Driver behavior classification at intersections and validation on large naturalistic data set. IEEE Transactions on Intelligent Transportation Systems 13(2), 724–736 (2012)
45. Armand, A., Filliat, D., Ibanez-Guzmán, J.: Modelling Stop Intersection Approaches using Gaussian Processes. In: 2013 16th International Conference on Intelligent Transportation Systems (ITSC), S. 1650–1655. (2013)

46. McCall, J., Trivedi, M.: Driver behavior and situation aware brake assistance for intelligent vehicles. Proceedings of the IEEE 95(2), 374–387 (2007)
47. Schneider, J., Wilde, A., Naab, K.: Probabilistic approach for modeling and identifying driving situations. In: 2008 IEEE Intelligent Vehicles Symposium (IV), June 2008, S. 343–348. (2008)
48. Lefèvre, S., Laugier, C.: Exploiting Map Information for Driver Intention Estimation at Road Intersections. In: 2011 IEEE Intelligent Vehicles Symposium (IV), S. 583–588. (2011)
49. Schendzielorz, T., Mathias, P., Busch, F.: Infrastructure-based Vehicle Maneuver Estimation at Urban Intersections. In: 6th International IEEE Annual Conference on Intelligent Transportation Systems (ITSC), S. 1442–1447. (2013)
50. Gindele, T., Brechtel, S., Dillmann, R.: Learning context sensitive behavior models from observations for predicting traffic situations. In: 2013 16th International IEEE Conference on Intelligent Transportation Systems (ITSC), Oct. 2013, S. 1764–1771. (2013)
51. Zhang, J., Roessler, B.: „Situation analysis and adaptive risk assessment for intersection safety systems in advanced assisted driving. In: Dillmann, R., Beyerer, J., Stiller, C., Zöllner, J.M., Gindele, T. (Hrsg.) Autonome Mobile Systeme, S. 249–258. Springer, Berlin, Heidelberg, New York (2009)
52. Herrmann, S., Schroven, F.: Situation analysis for driver assistance systems at urban intersections. In: 2012 IEEE International Conference on Vehicular Electronics and Safety (ICVES), July 2012, S. 151–156. (2012)
53. Liebner, M., Klanner, F., Baumann, M., Ruhhammer, C., Stiller, C.: Velocity-Based Driver Intent Inference at Urban Intersections in the Presence of Preceding Vehicles. Intelligent Transportation Systems 5(2), 10–21 (2013)
54. Liebner, M., Ruhhammer, C., Klanner, F., Stiller, C.: Generic driver intent inference based on parametric models. In: 2013 16th International IEEE Conference on Intelligent Transportation Systems (ITSC), Oct. 2013, S. 268–275. (2013)
55. Doshi, A., Trivedi, M.: A comparative exploration of eye gaze and head motion cues for lane change intent prediction. In: 2008 IEEE Intelligent Vehicles Symposium (IV), June 2008, S. 49–54. (2008)
56. McCall, J., Wipf, D., Trivedi, M., Rao, B.: Lane Change Intent Analysis Using Robust Operators and Sparse Bayesian Learning. IEEE Transactions on Intelligent Transportation Systems 8(3), 431–440 (2007)
57. Doshi, A., Trivedi, M.: Tactical driver behavior prediction and intent inference: A review. In: 2011 14th International IEEE Conference on Intelligent Transportation Systems (ITSC), S. 1892–1897. (2011)
58. Ortiz, G., Fritsch, J., Kummert, F., Gepperth, A.: Behavior prediction at multiple time-scales in inner-city scenarios. In: 2011 IEEE Intelligent Vehicles Symposium (IV), S. 1066–1071. (2011)
59. Kumar, P., Perrollaz, M., Laugier, C.: Learning-Based Approach for Online Lane Change Intention Prediction. In: 2013 IEEE Intelligent Vehicles Symposium (IV) (2013)

Literatur

60. Mabuchi, R., Yamada, K.: Study on Driver-Intent Estimation at Yellow Traffic Signal by Using Driving Simulator. In: 2011 IEEE Intelligent Vehicles Symposium (IV) (2011)
61. Tipping, M.: Sparse Bayesian learning and the relevance vector machine. The Journal of Machine Learning Research **1**, 211–244 (2001)
62. Psorakis, I., Damoulas, T., Girolami, M.: Multiclass relevance vector machines: sparsity and accuracy. IEEE transactions on neural networks/a publication of the IEEE Neural Networks Council **21**(10), 1588–1598 (2010)
63. Reichel, M., Botsch, M., Rauschecker, R., Siedersberger, K., Maurer, M.: Situation aspect modelling and classification using the Scenario Based Random Forest algorithm for convoy merging situations. In: 2010 13th International IEEE Conference on Intelligent Transportation Systems (ITSC), S. 360–366. (2010)
64. Hermes, C., Wöhler, C., Schenk, K., Kummert, F.: Long-term vehicle motion prediction. In: 2009 IEEE Intelligent Vehicles Symposium (IV), S. 652–657. (2009)
65. Käfer, E., Hermes, C., Wöhler, C., Ritter, H., Kummert, F.: Recognition of situation classes at road intersections. In: 2010 IEEE International Conference on Robotics and Automation (ICRA), S. 3960–3965. (2010)
66. von Eichhorn, A., Werling, M., Zahn, P., Schramm, D.: Maneuver prediction at intersections using cost-to-go gradients. In: 2013 16th International IEEE Conference on Intelligent Transportation Systems (ITSC), Oct. 2013, S. 112–117. (2013)
67. Lefèvre, S., Laugier, C., Ibañez-Guzmán, J.: Context-based Estimation of Driver Intent at Road Intersections. In: 2011 IEEE Symposium on Computational Intelligence in Vehicles and Transportation Systems, S. 583–588. (2011)
68. Perl, J.: Probabilistic Reasoning in Intelligent Systems: Networks of Plausible Inference. Morgan Kaufmann Publishers, San Franciso (1988)
69. Gipps, P.: A behavioural car-following model for computer simulation. Transportation Research Part B: Methodological **l**(2), 105–111 (1981)
70. Treiber, M., Helbing, D.: Realistische Mikrosimulation von Straßenverkehr mit einem einfachen Modell. In: 16th Symposium Simulationstechnik ASIM, 2002, S. 80. (2002)
71. Land, M., Lee, D.: Where do we look when we steer. Nature **369**, 742–744 (1994)
72. Rahman, M., Chowdhury, M., Xie, Y., He, Y.: Review of Microscopic Lane-Changing Models and Future Research Opportunities. IEEE Transactions on Intelligent Transportation Systems **1**(4), 1942–1956 (2013)
73. Hochstädter, A., Zahn, P., Breuer, K.: Ein universelles Fahrermodell mit den Einsatzbeispielen Verkehrssimulation und Fahrsimulator A universal driver model with the applications. In: Fahrzeug- und Motorentechnik, 9. Aachener Kolloquium (2000)
74. Salvucci, D.: Modeling driver behavior in a cognitive architecture. Human factors **48**(2), 362–380 (2006)
75. Meyer-Delius, D.: Probabilistic situation recognition for vehicular traffic scenarios. In: Robotics and Automation (ICRA), 2009 IEEE International Conference on, S. 459–464. (2009)
76. Rabiner, L.: A tutorial on hidden Markov models and selected applications in speech recognition. Proceedings of the IEEE **77**(2), 257–286 (1989)
77. Tran, Q., Firl, J.: Modelling of traffic situations at urban intersections with probabilistic non-parametric regression. In: 2013 IEEE Intelligent Vehicles Symposium (IV), June 2013, S. 334–339. (2013)
78. Laugier, C., Paromtchik, I., Perrollaz, M., Yong, M., Yoder, J.-D., Tay, C., Mekhnacha, K., Nègre, A.: Probabilistic Analysis of Dynamic Scenes and Collision Risks Assessment to Improve Driving Safety. In: IEEE Intelligent Transportation Systems Magazine, October 2011, S. 4–19. (2011)
79. Dagli, I., Brost, M., Breuel, G., et al.: Action Recognition and Prediction for Driver Assistance Systems Using Dynamic Belief Networks. In: Kowalczyk, (Hrsg.) Agent Technologies, Infrastructures, Tools, and Applications for E-Services, S. 179–194. Springer-Verlag, Berlin, Heidelberg (2003)
80. Oliver, N., Pentland, A.: Graphical models for driver behavior recognition in a SmartCar. In: 2000 IEEE Intelligent Vehicles Symposium (IV), S. 7–12. (2000)
81. Lefèvre, S., Laugier, C., Ibañez-Guzmán, J.: Risk assessment at road intersections: Comparing intention and expectation. In: 2012 IEEE Intelligent Vehicles Symposium (IV), S. 165–171. (2012)
82. Brechtel, S., Gindele, T., Dillmann, R.: Probabilistic MDP behavior planning for cars. In: 14th International IEEE Conference on Intelligent Transportation Systems (ITSC), S. 1537–1542. (2011)
83. Dagli, I., Reichardt, D.: Motivation-based approach to behavior prediction. In: Intelligent Vehicles Symposium (IV), 2002 IEEE, S. 227–233. (2002)
84. Koller, D.: Object-Oriented Bayesian Networks. In: 1997 13th Annual Conference on Uncertainty in Artificial Intelligence (UAI), S. 302–313. (1997)
85. Liebner, M.: „Fahrerabsichtserkennung und Risikobewertung für warnende Fahrerassistenzsysteme"- Dissertation, Karlsruher Institut für Technologie, 2014
86. Schroven, F., Giebel, T.: Fahrerintentionserkennung für Fahrerassistenzsysteme. In: VDI-FVT-Jahrbuch, S. 54–58. (2009)
87. Liebner, M., Baumann, M., Klanner, F., Stiller, C.: Driver intent inference at urban intersections using the intelligent driver model. In: 2012 IEEE Intelligent Vehicles Symposium (IV), S. 1162–1167. (2012)

Fahrerassistenz auf Stabilisierungsebene

Kapitel 40   **Bremsenbasierte Assistenzfunktionen – 723**
Anton van Zanten, Friedrich Kost

Kapitel 41   **Fahrdynamikregelung mit Brems- und Lenkeingriff – 755**
Thomas Raste

Kapitel 42   **Fahrdynamikregelsysteme für Motorräder – 767**
Kai Schröter, Raphael Pleß, Patrick Seiniger

Kapitel 43   **Stabilisierungsassistenzfunktionen im Nutzfahrzeug – 795**
Falk Hecker

Bremsenbasierte Assistenzfunktionen

Anton van Zanten, Friedrich Kost

40.1 Einleitung – 724

40.2 Grundlagen der Fahrdynamik – 724

40.3 ABS, ASR und MSR – 727

40.4 ESP – 730

40.5 Mehrwertfunktionen – 740

40.6 Ausblick – 753

Literatur – 753

40.1 Einleitung

Im täglichen Verkehr verhält sich das Fahrzeug auf griffiger Fahrbahn meistens linear: Die Querbeschleunigung ist selten größer als 0,3 g, die Längsbeschleunigung und die Längsverzögerung sind ebenso selten größer als 0,3 g. Damit sind die Beträge der Schräglauf- und Schwimmwinkel selten größer als 2° und der Schlupfbetrag selten größer als 2 %. In diesen Bereichen verhalten sich Reifen und Fahrzeug linear. Gerät das Fahrzeug in den physikalischen Grenzbereich, so verhält es sich nichtlinear und kann sogar instabil werden. Bei blockierten oder durchdrehenden Rädern lässt sich das Fahrverhalten nicht mehr beeinflussen. Erreicht z. B. die Hinterachse den maximalen Seitenreibwert vor der Vorderachse, kann das Fahrzeug ins Schleudern geraten (◘ Abb. 40.1). ABS, ASR und ESP sind Systeme, die dafür sorgen, dass das Fahrzeug bei extremen Brems-, Antriebs- und Lenkvorgängen beherrschbar bleibt. Diese Systeme sind in diesem Sinne weniger als Fahrerassistenzsysteme, sondern eher als Fahrzeugassistenzsysteme zu verstehen, da sie dem Fahrzeug dabei helfen, kontrollierbar zu bleiben, wohingegen Fahrerassistenzsysteme den Fahrer dabei unterstützen, die Lenk-, Vortriebs- und Bremsvorgaben richtig zu dosieren und zu koordinieren.

40.2 Grundlagen der Fahrdynamik

40.2.1 Stationäres und instationäres Reifen- und Fahrverhalten

In diesem Abschnitt sollen das Fahrverhalten im linearen und nichtlinearen Bereich behandelt werden; dies nicht im vollen Umfang, sondern nur in einem Maße, in dem es für das Verständnis der Regelsysteme benötigt wird. Das Fahrverhalten wird hauptsächlich von den Kräften zwischen Reifen und Fahrbahn bestimmt. Deshalb ist die Betrachtung des Reifenverhaltens unumgänglich. Da das Schwingungsverhalten der Regelstrecke einen großen Einfluss auf die Auslegung des Reglers hat, wird hier auch das instationäre Verhalten des Fahrzeugs betrachtet.

Wird das Rad mit dem Bremsmoment M_B abgebremst, entsteht eine Bremskraft $F_B = \mu_B(\lambda) \cdot F_N$,

◘ Abb. 40.1 Schleuderndes Fahrzeug auf trockener Asphaltfahrbahn

wobei $\mu_B(\lambda)$ der schlupfabhängige Reifenreibwert, λ der Bremsschlupf und F_N die Radlast ist. Vor der Bremsung dreht sich das Rad mit der frei rollenden Radgeschwindigkeit $v_{R,frei}$, welche gleich der Längsgeschwindigkeit des Radmittelpunkts ist. Während der Bremsung dreht sich das Rad mit der Geschwindigkeit $v_R = r \cdot \omega_R$, wobei r der Radius und ω_R die Winkelgeschwindigkeit des Rades ist. Der Bremsschlupf ist definiert als $\lambda = ((v_{R,frei} - v_R)/v_{R,frei}) \cdot 100\%$. Das Moment $M_R = F_B \cdot r$, das die Fahrbahn auf das Rad ausübt, wird Fahrbahnmoment genannt. Zwischen dem Radschlupf und der Bremskraft bzw. dem Bremsreibwert besteht ein nichtlinearer Zusammenhang, der im stationären Bereich als Reifenschlupfkurve bezeichnet wird (◘ Abb. 40.2).

Wirkt eine Seitenkraft auf ein frei rollendes Rad, so bewegt sich der Radmittelpunkt seitwärts. Der Winkel zwischen dem Radgeschwindigkeitsvektor v_{FRad} und der Radmittelfläche wird Schräglaufwinkel α genannt. Auf das Rad wird von der Fahrbahn eine Seitenkraft F_S in entgegengesetzter Richtung ausgeübt. Das Verhältnis zwischen der Seitenkraft F_S und der Aufstandskraft F_N wird als Seitenreibwert $\mu_S = F_S / F_N$ bezeichnet. Zwischen dem Schräglaufwinkel α und dem Seitenreibwert μ_S besteht ein ähnlicher Zusammenhang wie zwischen Schlupf und Bremsreibwert. Dieser Zusammenhang wird Schräglaufkurve genannt.

Wird ein Rad gebremst, so wird die Seitenkraft bzw. der Seitenreibwert ($\mu_S = F_S / F_N$) kleiner. Ebenso wird der Bremsreibwert durch Seitenkräfte reduziert. Der Zusammenhang zwischen dem Seitenreibwert und dem Reifenschlupf ist in ◘ Abb. 40.2 dargestellt.

Wird ein Fahrzeug mit kleinen Lenkwinkeln auf griffiger Fahrbahn gelenkt, so verhält sich das

40.2 · Grundlagen der Fahrdynamik

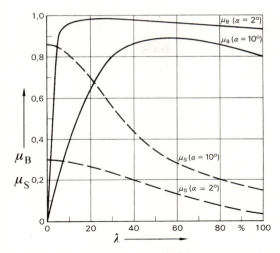

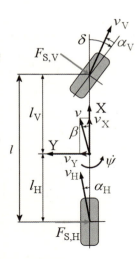

Abb. 40.2 Schlupfkurve bei verschiedenen Schräglaufwinkeln und Abhängigkeit des Seitenreibwerts vom Schlupf

Abb. 40.3 Einspurmodell

Fahrzeug nahezu linear. Zur Beschreibung des Fahrverhaltens im linearen Bereich wird die Giergeschwindigkeit in Abhängigkeit vom Lenkwinkel herangezogen. Dazu wird ein lineares Einspurmodell im eingeschwungenen Zustand verwendet (Abb. 40.3), bei dem die Reifenseitenkräfte proportional zu den Schräglaufwinkeln sind [2]. Dieses Modell bietet eine Grundlage, mit der Fahrdynamikregelsysteme die Sollgiergeschwindigkeit des Fahrzeugs bestimmen.

Im eingeschwungenen Zustand ist die Giergeschwindigkeit proportional zum Lenkwinkel

$$\dot{\psi} = \frac{v_X \cdot \delta}{(l_V + l_H) \cdot \left(1 + \frac{v_X^2}{v_{ch}^2}\right)} \quad (40.1)$$

Die charakteristische Geschwindigkeit v_{ch} beschreibt das Eigenlenkverhalten des Fahrzeugs und ist, zunächst betrachtet, von den wirksamen Schräglaufsteifigkeiten an der Vorderachse $c'_{\alpha V}$ und an der Hinterachse $c'_{\alpha H}$, vom Radstand $l = l_V + l_H$, von der Fahrzeugmasse m sowie von der Schwerpunktslage l_V, l_H abhängig. Bei den wirksamen Schräglaufsteifigkeiten sind sowohl die Reifenschräglaufsteifigkeiten als auch die Elastizitäten in der Radaufhängung und im Lenkstrang zu berücksichtigen.

$$v_{ch} = l \cdot \sqrt{\frac{1}{m} \cdot \left(\frac{c'_{\alpha V} \cdot c'_{\alpha H}}{l_H \cdot c'_{\alpha H} - l_V \cdot c'_{\alpha V}}\right)} \quad (40.2)$$

Da jedoch die Schräglaufsteifigkeiten fast proportional von der Fahrzeugmasse und von der Schwerpunktslage abhängen, ist die charakteristische Geschwindigkeit nahezu unabhängig von der Fahrzeugmasse sowie von der Schwerpunktslage. Aus diesem Grund verhält sich die charakteristische Geschwindigkeit auch nahezu unabhängig zur Zuladung und zur Ladungsverteilung. Wenn v_{ch} positiv ist, nennt man das Fahrverhalten untersteuernd. Ist v_{ch} unendlich, wird das Fahrverhalten als neutral, ist v_{ch} imaginär, als übersteuernd bezeichnet.

Aus der Überlegung, dass die Querbeschleunigung durch den Reibwert der Fahrbahn in Fahrzeugquerrichtung begrenzt wird, folgt eine physikalische Begrenzung der stationären Giergeschwindigkeit.

$$\|a_Y\| = \left\|\frac{v_X^2}{R}\right\| = \|\dot{\psi} \cdot v_X\| \leq \mu_{S,\max}, \|\dot{\psi}\| \leq \left\|\frac{\mu_{S,\max}}{v_X}\right\| \quad (40.3)$$

Hierbei ist R der Kurvenradius, $\mu_{S,\max}$ ist der Maximalwert des Seitenreibwerts des Fahrzeugs. Die Giergeschwindigkeit als Funktion von der Fahrgeschwindigkeit gemäß den Gleichungen (40.1) und (40.3) ist für verschiedene Lenkradwinkel in Abb. 40.4a beispielhaft dargestellt. Auch sind Kurven gleicher Querbeschleunigung (Hyperbel) eingezeichnet. Erreicht die Querbeschleunigung den maximalen Wert des Seitenreibwerts des Fahrzeugs (in Abb. 40.4a ca. 0,775 g), so nimmt die

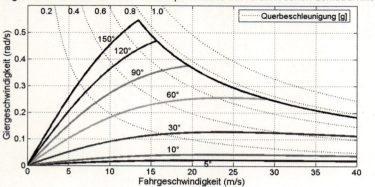

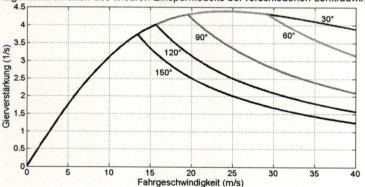

Abb. 40.4 Giergeschwindigkeit und Gierverstärkung als Funktion von der Fahrgeschwindigkeit und vom Fahrbahnreibwert für verschiedene Lenkradwinkel

Giergeschwindigkeit entsprechend der Gleichung (40.3) ab.

Die entsprechende Gierverstärkung ist in ◘ Abb. 40.4b dargestellt, wobei die Gierverstärkung wie folgt definiert ist

$$\frac{\dot{\psi}}{\delta} = \frac{v_\mathrm{X}}{(l_\mathrm{V} + l_\mathrm{H}) \cdot \left(1 + \frac{v_\mathrm{X}^2}{v_\mathrm{ch}^2}\right)} \quad (40.4)$$

Plötzliche Lenkwinkeländerungen können Schwingungen in der Giergeschwindigkeit verursachen. ◘ Abbildung 40.5 zeigt den Verlauf der Giergeschwindigkeit nach einem Lenkwinkelsprung, gemessen in einem Mittelklasse-Fronttriebler. In den Messungen (◘ Abb. 40.5) sind die Schwingungen von ca. 0,6 Hz in der Giergeschwindigkeit deutlich ersichtlich, wobei die Schwingungsdämpfung bei höheren Fahrgeschwindigkeiten geringer ist. Dies kann bereits mithilfe des einfachen linearen Einspurmodells für die Gier- und Querbewegung erklärt werden [6].

40.2.2 Kenngrößen der Fahrdynamik

Zur Bewertung der Fahrdynamik werden Fahrmanöver definiert. Das Fahrverhalten wird dann sowohl objektiv als auch subjektiv beurteilt [6].

Für die objektive Bewertung des ABS gibt es bereits eine Reihe von ISO-Richtlinien, wie z. B.: „ISO 7975 (1996): Passenger cars – Braking in a turn – Open-loop test procedure". In Deutschland wird der Bremsweg meist auf gerader griffiger Fahrbahn aus mehreren Vollbremsungen mit 100 km/h Anfangsgeschwindigkeit ermittelt. Dabei werden oft Messungen mit warmen und kalten Bremsen durchgeführt. Für die Bewertung des Bremsens auf μ-Split hat das Magazin „auto motor und sport" ein Punk-

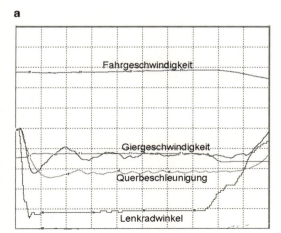 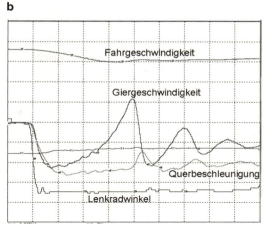

Abb. 40.5 Giergeschwindigkeitsverlauf (a) nach einem Lenkradwinkelsprung von 121° bei einer Fahrgeschwindigkeit von 28 m/s und (b) nach einem Lenkradwinkelsprung von 100° bei einer Fahrgeschwindigkeit von 37 m/s. Messbereiche: Zeit: 0 – 8 s, Fahrgeschwindigkeit: –50 – 50 m/s, Lenkradwinkel: –145° – 145°, Giergeschwindigkeit: –1 – 1 rad/s, Querbeschleunigung: –20 – 20 m/s².

tesystem eingeführt, in dem sowohl der Bremsweg als auch die Stabilität berücksichtigt werden.

In den USA, wo ESP ab September 2011 Pflicht für alle Pkw und leichten Nutzfahrzeuge ist (FMVSS 126), sind einige Standardmanöver zur objektiven Bewertung von Fahrzeugen mit ESP definiert, wobei die Ergebnisse des Manövers „Sine with Dwell" vorgeschriebene Mindestanforderungen erfüllen müssen (Abb. 40.6).

Das Testmanöver ist definiert für eine horizontale, trockene, ebene und feste Fahrbahn, bei 80 km/h, $\mu = 0{,}9$ (bei 64,4 km/h), Standardgewicht, Reifen, mit denen das Fahrzeug ausgeliefert wird, „Sine with Dwell" (Frequenz 0,7 Hz, 500 ms Haltephase), Steigerung der Lenkradwinkelamplitude um 0,5 Amplitudenvielfaches bis zum 6,5-fachen bzw. bis zu einer Lenkradwinkelamplitude von 270°. Dabei wird die Basisamplitude definiert als der Wert des Lenkradwinkels, der bei stationärer Kreisfahrt eine Querbeschleunigung von 0,3 g ergibt. Das Fahrzeug gilt als stabil, wenn 1 s nach Ablauf der Anregung die Giergeschwindigkeit kleiner als 35 % und nach 1,75 s kleiner als 20 % des Maximalwerts nach dem ersten Nulldurchgang des Lenkwinkels ist („Spin Out" Kriterium des NHTSA). Der Spurversatz muss ab 1,07 s nach Lenkanfang mindestens 1,83 m betragen für Fahrzeuge bis 3500 kg Gesamtgewicht bzw. 1,52 m für schwerere Fahrzeuge.

40.3 ABS, ASR und MSR

40.3.1 Regelkonzepte

Zur Sicherstellung der Stabilität und Lenkbarkeit bei allen Fahrbahnbeschaffenheiten muss ABS in jedem Fall das Blockieren der Räder bei einer Bremsung verhindern. Aus wirtschaftlichen Gründen wird die Fahrzeuggeschwindigkeit nicht gemessen, sodass die frei rollende Radgeschwindigkeit und damit der Schlupf nicht berechnet werden können. Aus diesem Grund kann das Regelkonzept nicht auf einer Schlupfregelung basieren. Stattdessen beruht es auf einer Art Beschleunigungsregelung, wobei die Beschleunigungssollwerte so gewählt werden, dass der Schlupf in der Nähe vom Optimum der Schlupfkurve bleibt. Dieses Regelkonzept wird auch als Optimizerprinzip bezeichnet.

Zur Beschreibung der Regelfunktion ist in Abb. 40.7 der Anfang einer ABS-Bremsung vereinfacht dargestellt [3]. In Phase 1 wird der Bremsdruckanstieg gezeigt, so wie er vom Fahrer über das Bremspedal vorgegeben wird. Das Rad verzögert unter dem Einfluss des Bremsmoments. Wenn die Radbeschleunigung den Wert $-a$ erreicht hat, wird die weitere Erhöhung des Bremsdrucks in der Radbremse unterbunden und der Bremsdruck konstant gehalten. Der Bremsdruck wird noch nicht reduziert, da z. B. durch Achsbewegungen,

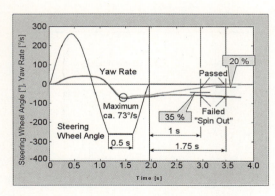

Abb. 40.6 Mindestanforderungen für ESP definiert von der NHTSA

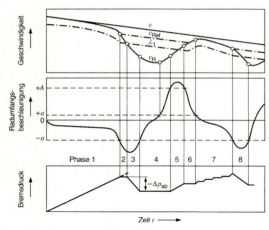

Abb. 40.7 Regelkonzept am Anfang einer ABS-Regelung

die vor allem am Anfang der Bremsung groß sind, eine Scheinverzögerung vorgetäuscht wird, welche noch nichts mit dem Erreichen des Maximums der Schlupfkurve zu tun hat. Der Druck wird erst dann abgebaut, wenn die Radgeschwindigkeit v_R deutlich kleiner geworden ist. Dazu wird ein Hilfssignal, die Referenzgeschwindigkeit v_{Ref}, gebildet. Diese folgt am Anfang der Bremsung der Radgeschwindigkeit, bis die Beschleunigungsschwelle $-a$ erreicht wird. Danach wird die Referenzgeschwindigkeit mit einer bestimmten Steigung extrapoliert (anfangs $-0{,}3\,g$). Sobald die Radgeschwindigkeit die Referenzgeschwindigkeit um eine bestimmte Schwelle λ_1 unterschreitet, wird der Bremsdruck abgebaut. Mit der Referenzgeschwindigkeit soll die Radgeschwindigkeit nachgebildet werden, bei der die Schlupfkurve ihr Maximum hat.

Der Bremsdruck wird in Phase 3 so lange abgebaut, bis die Radbeschleunigung wieder größer als $-a$ geworden ist. Danach wird in Phase 4 der Bremsdruck konstant gehalten, und es entsteht eine positive Beschleunigung. In Phase 5 überschreitet die Beschleunigung die sehr große Schwelle $+A$; die Druckhaltephase wird deshalb abgebrochen und der Bremsdruck so lange aufgebaut, bis diese Schwelle wieder unterschritten wird. Danach wird die Druckhaltephase weiter fortgesetzt. In Phase 6 wird der Druck so lange konstant gehalten, bis die Beschleunigung unterhalb des Werts $+a$ abgefallen ist: Der Schlupf hat nun fast einen Punkt auf dem stabilen Ast der Schlupfkurve erreicht. Der Bremsdruck wird wiederum – nun gepulst und langsam, um den Schlupf lange in der Nähe vom Maximum der Schlupfkurve zu halten – erhöht, und der Zyklus wiederholt sich. Der erste Druckpuls ist variabel und kann vom Regler vergrößert werden, um den Schlupf schnell in die Nähe des Maximums zu bewegen. Man spricht bei der ABS-Regelung von Logik wegen ihres logischen Charakters mit vielen Schwellenabfragen.

Auch bei durchdrehenden Rädern geht die Führungsfähigkeit des Reifens wie bei blockierten Rädern verloren. ASR, die Antriebsschlupfregelung, soll deshalb das Durchdrehen der Räder durch Reduktion des Motormoments und – falls erforderlich – durch Bremsung der angetriebenen Räder verhindern. Dabei gelten die selben Zusammenhänge zwischen Reifenschlupf und Reifenkräften, wie bereits für ABS beschrieben wurde.

ASR kann das Regelkonzept von ABS (Regelung auf Basis der Radbeschleunigung) nicht übernehmen. Der Grund hierfür ist zum einen, dass durch die große Trägheit der angetriebenen Räder beim eingekuppelten Motor, vor allem in den niedrigen Gängen, das Radverhalten im stabilen und im instabilen Bereich der Schlupfkurve sehr ähnlich ist. Zudem ist das Antriebsmoment im Gegensatz zum Bremsmoment sehr von der Geschwindigkeit der Raddrehung abhängig. Deshalb muss für ASR ein anderes Regelkonzept gefunden werden. Beim ASR ist eine Schlupfregelung möglich, denn es können die Geschwindigkeiten der nicht angetriebenen Räder zur Messung der Fahrgeschwindigkeit herangezogen werden. Für Allradfahrzeuge entfällt diese Möglichkeit. Für diese musste deshalb auf den

40.3 · ABS, ASR und MSR

Motoreingriff verzichtet werden, und es konnte nur eine Traktionshilfe angeboten werden. Erst mit der Einführung des ESP, bei dem die Fahrgeschwindigkeit in jeder Fahrsituation geschätzt wird, wurde ein vollwertiges ASR für diese Fahrzeuge möglich.

Im Fall von ASR kann man grundsätzlich zwischen der Schlupfregelung bei Geradeausfahrt auf homogener Fahrbahn und sonstigen Fahrmanövern unterscheiden. Bei Geradeausfahrt auf homogener Fahrbahn ist die maximale Antriebskraft an den angetriebenen Rädern gleich. Übersteigt das Motormoment das auf die Fahrbahn übertragbare Moment, so drehen beide Antriebsräder durch. ASR verhindert das Durchdrehen durch Reduzierung des Motormoments. Dies geschieht bei Benzinmotoren durch Reduktion des Drosselklappenwinkels und bei Dieselmotoren durch Zurücknahme des Verstellhebelwegs der Dieseleinspritzpumpe.

Bei inhomogener Fahrbahn dreht zunächst nur das Rad auf dem niedrigen Reibwert (μ_l) durch (◘ Abb. 40.8). Die Antriebskräfte am linken und rechten Rad sind entsprechend dem niedrigen Reibwert beide gleich klein (F_l). Damit das Rad auf dem hohen Reibwert (μ_h) größere Antriebskräfte übertragen kann (F_h), wird das Rad auf dem niedrigen Reibwert abgebremst, zunächst ohne dass das Motormoment vom ASR reduziert wird. Dabei wird der Bremsdruck so geregelt, dass sich das durchdrehende Rad nur wenig schneller dreht als das andere angetriebene Rad. Erst wenn das Rad auf dem hohen Reibwert auch durchzudrehen beginnt, reduziert ASR das Motormoment. Durch die Differenzgeschwindigkeit unter hoher Last wird das Differenzial stark belastet. Die ASR-Regelung muss feinfühlig genug geschehen, um Beschädigungen am Differenzial zu vermeiden.

Durch die Möglichkeit, auf die Motorleistung Einfluss zu nehmen, hat das ASR auch die Möglichkeit geliefert, den Bremsbereich um einen zusätzlichen Eingriff zu erweitern. Es geht hier um die so genannte Motor-Schleppmomentregelung (MSR). Wird das Gaspedal losgelassen (der so genannte Lastwechsel), so bremsen die angetriebenen Räder das Fahrzeug durch das Motorschleppmoment ab (Motorbremse). Auf glatten Fahrbahnen kann dadurch der Schlupf an den angetriebenen Rädern sehr groß werden und die Seitenführung wiederum größtenteils verloren gehen. Die MSR greift

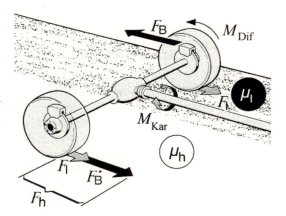

◘ **Abb. 40.8** ASR-Traktionsregelung auf inhomogener Fahrbahn

dann ein und erhöht das Motormoment, sodass der Schlupf reduziert wird. Eine weitere Detaillierung des ASR und MSR findet sich im Abschnitt ESP.

Das Ziel der elektronischen Bremskraftverteilung (EBV) ist der Ersatz von herkömmlichen mechanischen Bremskraftverteilern durch eine Zusatzfunktion des ABS bzw. ASR und ESP. Bei einer installierten Bremskraftverteilung mit festem Verhältnis zwischen Bremskraft an der Vorderachse zu Bremskraft an der Hinterachse muss das Verhältnis so gewählt werden, dass die Vorderachse vor der Hinterachse blockiert. Gemäß der ECE13-Richtlinie ist dies bis zu einer Verzögerung von 0,85 g zu gewährleisten. Dadurch ist bis zu dieser Verzögerung der in Anspruch genommene Reibwert an der Hinterachse geringer als der an der Vorderachse. Ideal wird eine Bremskraftverteilung zwischen den Rädern an der Vorderachse und denen an der Hinterachse genannt, wenn der Reibwert an der Vorderachse gleich dem der Hinterachse ist. Mit dem festen Verhältnis zwischen den Bremsmomenten an der Vorderachse zu denen an der Hinterachse ist man von dieser idealen Verteilung weit entfernt.

Mechanische Systeme, welche den Bremsdruck an der Hinterachse in Abhängigkeit von dem Bremsdruck an der Vorderachse beeinflussen, um der idealen Verteilung näher zu kommen, bringen hier eine Verbesserung. Zum Teil werden aufwändige Komponenten eingesetzt, um diesem Ideal so nah wie möglich zu kommen. Durch Alterung, Korrosion und andere Einflüsse auf die Funktion der Komponenten lässt aber die Güte der Bremskraftverteilung im Laufe des Fahrzeugalters nach. Abhilfe schafft die elektronische Bremskraftverteilung. ◘ Abbildung 40.9 zeigt beispielhaft das Prinzip des EBV, wobei der Schnittpunkt der festen Bremskraftverteilung mit der idealen Bremskraftverteilung bei 0,5 g gewählt wurde. Das ABS wird benutzt, um die Raddrehung an der Hinterachse bei einer Geradeausbremsung der Raddrehung an der Vorderachse anzugleichen.

Dabei sollen die Hinterräder nicht langsamer drehen als die Vorderräder. Bei gleicher Drehgeschwindigkeit der Räder ist der Bremsreibwert der Reifen annähernd gleich. Unterschreitet die Drehzahl der Räder an der Hinterachse die an der Vorderachse um einen bestimmten geschwindigkeitsabhängigen ersten Betrag, so wird der Druck an der Hinterachse nicht weiter erhöht. Überschreitet die Drehzahldifferenz einen zweiten, größeren Betrag, wird der Druck an der Hinterachse sogar reduziert, und zwar so lange, bis die Drehzahldifferenz wieder kleiner als der zweite Betrag ist. Nimmt die Drehzahldifferenz weiter ab, so wird beim Unterschreiten des ersten Betrags der Druck an der Hinterachse wieder stufenweise aufgebaut. Am Bremspedal ist die EBV-Funktion leicht spürbar, jedoch ist bei normalen Bremsungen (bis 0,3 g) die EBV nicht aktiv, und es gibt keine Pedalrückwirkungen.

Im Fehlerfall wird der Ausfall der EBV-Funktion durch das Aufleuchten der EBV-Warnlampe angezeigt, wenn eine Fahrzeugmindestverzögerung von 8,5 m/s^2 nicht mehr blockierfrei erreicht werden kann.

40.4 ESP

40.4.1 Anforderungen

Die Anforderungen an das ESP beziehen sich auf das Fahrverhalten im querdynamischen Grenzbereich. Das Fahrverhalten wird von Experten subjektiv beurteilt, und die ESP-Abstimmung ist damit personen- und firmenabhängig. Eine Korrelation zu einer objektiven Beurteilung gibt es kaum. Im Grenzbereich können die Reifenkräfte nicht mehr erhöht werden, sodass z. B. bei einer Vollbremsung ein Kompromiss zwischen den Wünschen nach maximalen Längskräften für den kürzesten Bremsweg und maximalen Querkräften für die Spurstabilität eingegangen werden muss. Bei einem frei rollenden Fahrzeug ist ein Kompromiss zwischen Lenkfähigkeit und Stabilität einerseits und unerwünschter Fahrzeugverzögerung andererseits erforderlich.

Die Anforderungen an ABS und ASR gelten auch für ESP. Weitergehende Anforderungen an ESP sind, wie oben erläutert, eher beschreibender Natur und beziehen sich auch auf die genannten Kompromisse [4].

40.4.2 Eingesetzte Sensoren

Zur Erfassung des Fahrzustands werden kostengünstige, fahrzeugtaugliche Sensoren eingesetzt. Diese sind ein Drehratensensor zur Erfassung der Giergeschwindigkeit und ein Beschleunigungssensor zur Erfassung der Querbeschleunigung. Zur Prüfung, ob der Fahrzustand zum Fahrerwunsch passt, werden bei ESP ein Winkelsensor zur Erfassung des Lenkradwinkels und ein Drucksensor zur Erfassung des Bremsdrucks im Hauptbremszylinder eingesetzt. Weiterhin werden die für ABS und ASR üblichen Radsensoren zur Erfassung der Drehgeschwindigkeiten der Räder verwendet. Für eine Beschreibung der Sensoren sei hier auf das Kapitel "Fahrdynamik-Sensoren für FAS" im Buch verwiesen (Kap. 15).

40.4.3 Regelkonzept des ESP

ESP wurde auf der Basis von ABS und ASR entwickelt, mit denen die Radbremsdrücke und das Motormoment individuell moduliert werden können. Das Konzept des ESP baut auf die Eigenschaft des Reifens, den Seitenreibwert über den Schlupf λ verändern zu können (◘ Abb. 40.2). Damit ist auch die Querdynamik des Fahrzeugs über die Reifenschlupfwerte beeinflussbar. Aus diesem Grund wurde beim ESP der Schlupf als fahrdynamische Regelgröße gewählt [5]. Grundsätzlich lässt sich das Giermoment auf das Fahrzeug über die Schlupfwerte der vier Reifen beeinflussen. Allerdings bedeutet eine Schlupfänderung an einem Reifen im

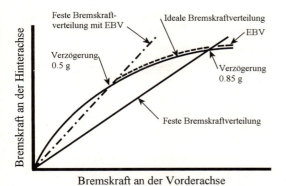

◻ **Abb. 40.9** Prinzip der Elektronischen Bremskraftverteilung EBV

Allgemeinen auch eine Änderung in der Längskraft am Reifen und damit eine zunächst nicht beabsichtigte Änderung in der Fahrzeugbeschleunigung.

Die Wirkung einer Schlupfänderung ist eine Drehung der resultierenden Kraft zwischen Reifen und Fahrbahn. Dies ist in ◻ Abb. 40.10 verdeutlicht. Gezeigt wird das Fahrzeug bei einer Kurvenfahrt im Grenzbereich (an der Haftgrenze zwischen Reifen und Fahrbahn). Zur Vereinfachung ist es in einer frei rollenden Situation dargestellt (keine Bremskräfte, keine Antriebskräfte). ESP greift mit einem Bremsschlupf λ_0 an dem linken Vorderrad ein. Vor dem Eingriff wirkt, bei einem Schräglaufwinkel $\alpha_{VL} = \alpha_0$, nur eine Seitenkraft der Größe $F_{res}(\lambda = 0)$ auf das Rad. Wird das Rad gebremst, so dass ein Schlupf $\lambda = \lambda_0$ entsteht, entsteht zugleich eine entsprechende Bremskraft $F_B(\lambda_0)$, während die Seitenkraft durch den Schlupf zu $F_S(\lambda_0)$ reduziert wird. Die geometrische Summe dieser Kräfte ist $F_{res}(\lambda_0)$. Der Betrag dieses Kraftvektors gleicht, unter Annahme des „Kammschen Kreises" [2], in etwa dem der anfänglichen Seitenkraft $F_{res}(\lambda = 0)$, da die physikalische Kraftschlussgrenze zwischen Reifen und Fahrbahn erreicht ist. Durch die Schlupfänderung wird der Kraftvektor also gedreht, der Hebelarm zum Fahrzeugschwerpunkt und somit das Giermoment verändert, wobei die Drehung mit dem Schlupf zunimmt, bis das Rad blockiert ($F_{res}(\lambda = 1)$). Beim Rad vorne rechts ist die Situation anders: Hier wird der Bremsschlupf zunächst den Hebelarm und damit das Giermoment erhöhen; erst bei größeren Schlupfwerten wird der Hebelarm wieder kleiner und das Giermoment reduziert, sodass ein lokales Maximum

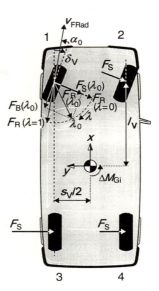

◻ **Abb. 40.10** Drehung der resultierenden Reifenkraft F_{res} durch Schlupfänderung von 0 auf λ_0

entsteht (◻ Abb. 40.11). Dies muss bei der Eingriffsstrategie berücksichtigt werden. Weiterhin muss beachtet werden, dass mit der Bremse nur Bremsmomente, also keine Antriebsmomente, erzeugt werden können. Außerdem ist der Eingriff an einem Rad, welches den Bodenkontakt verloren hat (das Rad hängt in der Luft), unwirksam und muss von der Giermomentverteilung ausgeschlossen werden.

◻ Abbildung 40.11 zeigt qualitativ die Wirksamkeit von Bremsschlupfeingriffen, ◻ Abb. 40.12 die Wirksamkeit von Antriebsschlupfeingriffen auf das Giermoment des untersteuernden Fahrzeugs bei Kurvengrenzgeschwindigkeit auf griffiger und glatter Fahrbahn. Dabei sind positive Giermomente eindrehend (d. h. das Fahrverhalten wird weniger untersteuernd), während negative Giermomente ausdrehend sind (d. h. das Fahrverhalten wird untersteuernder).

Der klare Zusammenhang zwischen Radschlupf und Giermoment legt nahe, eine hierarchische Reglerstruktur zu verwenden, in der ein überlagerter Fahrdynamikregler Radschlupfwerte vorgibt, die von unterlagerten Radreglern eingestellt werden. Diese Regler übernehmen dann auch die Grundfunktionalitäten von ABS und ASR. Die in ASR-Systemen verwendeten Antriebsschlupfregler können mit geringen Modifikationen hierfür verwendet werden.

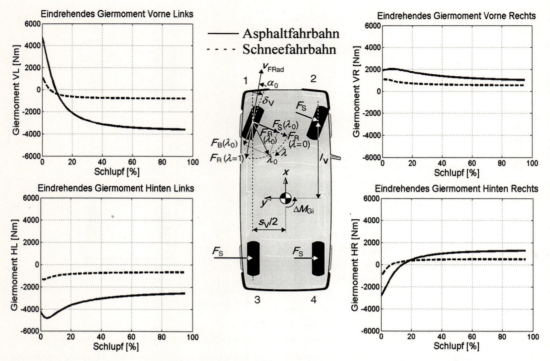

Abb. 40.11 Einfluss des radindividuellen Bremsschlupfs auf das Giermoment auf griffiger Fahrbahn (Asphaltfahrbahn) und glatter Fahrbahn (Schneefahrbahn) bei stationärer Kurvengrenzgeschwindigkeit und Kreisradius = 100 m

Herkömmliche ABS-Regler hingegen reagieren vor allem auf Radbeschleunigungen und müssen durch Bremsschlupfregler ersetzt oder ergänzt werden. Beide schlupfbasierten unterlagerten Regler werden in diesem Abschnitt vorgestellt und erläutert. Es existieren aber auch ESP-Realisierungen, bei denen die hierarchische Reglerstruktur nicht im Vordergrund steht, und die das serienmäßige ABS als Beschleunigungsregler nach wie vor im ESP einsetzen.

Kennzeichnend für ESP ist die so genannte Fahrdynamikregelung, welche die Fahrzeugbewegung mittels über- und unterlagerten Reglern regelt (● Abb. 40.13) [6]. Wichtiger Bestandteil des Fahrdynamikreglers ist ein Beobachter, in dem die Fahrzeugbewegung analysiert und geschätzt wird. Ein weiterer wichtiger Bestandteil ist die Sollwertbestimmung, bei der aus den Fahrervorgaben – Lenkradwinkel, Bremsdruck und Gaspedalstellung – u. a. die Sollgiergeschwindigkeit bestimmt wird. Im Fahrzeugregler wird die erforderliche Giermomentänderung bestimmt. Auch die Verteilung der Giermomentänderung auf die Räder zur optimalen Einstellung des Giermoments ist ein wesentlicher Bestandteil des Fahrdynamikreglers. Die Einstellung der Schlupfwerte geschieht mithilfe von Schlupfreglern. Somit ist das ESP mit einem überlagerten Fahrdynamikregler, der in jeder Fahrsituation und für jeden Fahrzustand die Sollschlupfwerte für jedes Rad individuell vorgibt, und mit unterlagerten Reglern, welche die Sollschlupfwerte einstellen, hierarchisch gegliedert.

Die Sollschlupfänderungen werden durch die unterlagerten Brems- bzw. Antriebsschlupfregler realisiert, während in den unterlagerten Reglern die Zielschlupfwerte λ_Z für eine maximale Bremskraft bzw. Antriebskraft berechnet werden. Im ungebremsten Fall oder wenn der Fahrervordruck nicht ausreicht, um den gewünschten Sollschlupf einzustellen (Teilbremsbereich), wird aktiv der Druck in den Bremskreisen des Hydroaggregats erhöht [4].

Der Bremsschlupfregler dient einerseits zur Sicherstellung der ABS-Funktion und andererseits zur Einstellung der vom Fahrzeugregler vorgegebenen Bremsschlupfänderungen. Zur Vereinheitlichung der beiden Aufgaben wurde ein vom Standard-

40.4 · ESP

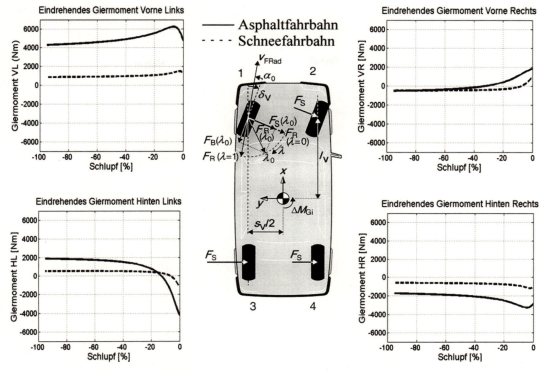

Abb. 40.12 Einfluss des radindividuellen Antriebsschlupfs auf das Giermoment auf griffiger Fahrbahn (Asphaltfahrbahn) und glatter Fahrbahn (Schneefahrbahn) bei stationärer Kurvengrenzgeschwindigkeit und Kreisradius = 100 m

ABS abweichender Regler erstellt, bei dem die ABS-Funktion durch Schlupfregelung realisiert wird. Der für die ABS-Funktion einzustellende Schlupf wird der Zielschlupf, λ_Z genannt und wird im Schlupfregler selbst festgelegt. ◘ Abbildung 40.14 zeigt in einem vereinfachten Blockschaltbild die Struktur des unterlagerten Bremsschlupfreglers, der bei einer Vollbremsung auch ABS-Regler genannt wird.

Für die Regelung des Radschlupfs auf einen vorgegebenen Sollwert λ_{soll} muss der Schlupf hinreichend bekannt sein. Da die Längsgeschwindigkeit des Automobils nicht gemessen wird, wird diese aus den Radgeschwindigkeiten bestimmt (siehe ▶ Abschn. 40.4.4).

Der Zielschlupf λ_Z für eine maximale Bremskraft (für die ABS-Funktion) wird in Abhängigkeit vom maximalen Reibwert der Fahrbahn μ_{res} berechnet. Aus dem Zielschlupf λ_Z und der vom Fahrdynamikregler vorgegebenen Schlupfänderung $\Delta\lambda$ errechnet der Schlupfregler den einzustellenden Sollschlupf.

$$\lambda_{soll} = \lambda_Z + \Delta\lambda \qquad (40.5)$$

Der Antriebsschlupfregler (vgl. ◘ Abb. 40.15) wird nur zur Schlupfregelung der angetriebenen Räder im Antriebsfall eingesetzt. Aktiveingriffe an den anderen Rädern werden über den Bremsschlupfregler direkt angesteuert. Im Folgenden wird die Antriebsschlupfregelung für einen Hecktriebler beschrieben:

Die Antriebsräder bilden mit dem Achsdifferenzial, dem Getriebe und dem Motor ein gekoppeltes System der Radgeschwindigkeiten $v_{R,HL}$ und $v_{R,HR}$. Durch Bildung der neuen Variablen $v_{Kar} = (v_{R,HL} + v_{R,HR})/2$ und $v_{Dif} = (v_{R,HL} - v_{R,HR})$ entfällt die Kopplung, und es folgen zwei nicht gekoppelte Differenzialgleichungen [6]. Aus diesem Grund wird der Schlupf nicht direkt geregelt, sondern die Kardangeschwindigkeit und die Raddifferenzgeschwindigkeit. Zur Bestimmung des Sollwerts für die Kardangeschwindigkeit wird ein symmetrischer Sollschlupf (wobei das linke und das rechte Rad gleiche Sollschlupfanteile haben)

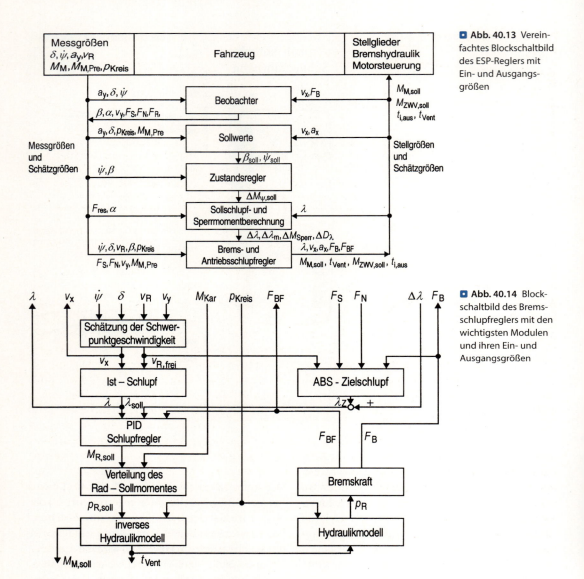

◘ Abb. 40.13 Vereinfachtes Blockschaltbild des ESP-Reglers mit Ein- und Ausgangsgrößen

◘ Abb. 40.14 Blockschaltbild des Bremsschlupfreglers mit den wichtigsten Modulen und ihren Ein- und Ausgangsgrößen

λ_m festgelegt. Zur Bestimmung des Sollwerts für die Raddifferenzgeschwindigkeit wird ein asymmetrischer Sollschlupf D_λ festgelegt, wobei sich der Sollschlupf am linken Rad um den asymmetrischen Sollschlupf vom Sollschlupf am rechten Rad unterscheidet. Mithilfe der frei rollenden Radgeschwindigkeiten können nun aus den symmetrischen und asymmetrischen Sollschlupfwerten die Kardan- und Raddifferenzgeschwindigkeitssollwerte berechnet werden.

Die Dynamik hängt von den sehr unterschiedlichen Betriebszuständen der Regelstrecke ab.

Deshalb wird der Betriebszustand (um z. B. i_G berechnen zu können) zur Anpassung der Reglerparameter an Streckendynamik und Nichtlinearitäten ermittelt. Die Motoreingriffe und der symmetrische Anteil des Bremseingriffs stellen die Stellgrößen des Kardandrehzahlreglers dar. Der asymmetrische Anteil des Bremseneingriffs ist das Stellsignal des Differenzdrehzahlreglers.

Neben dem hier dargestellten hierarchischen Regelkonzept des ESP gibt es ein sogenanntes „modulares Regelkonzept" [7], in dem neben dem Bremsschlupfregler für die ESP-Eingriffe, einen

Abb. 40.15 Blockschaltbild des Antriebsschlupfreglers (ASR) mit den wichtigsten Modulen und ihren Ein- und Ausgangsgrößen

ABS-Regler nach dem Optimizer-Prinzip (s. Abschnitt Regelkonzepte) für die ABS-Funktion enthalten ist. Die Zugriffe von ABS und ESP auf die Ventile des Hydroaggregats müssen dann mit einer Prioritätenregelung (auch Arbitration genannt) gesteuert werden. Die fehlende Fahrzeuggeschwindigkeit wird durch die Hilfsgröße „ABS-Referenzgeschwindigkeit", die nicht gemessen werden kann, ersetzt. Durch die Prioritätenregelung entstehen Zwangshaltephasen bei der ABS- und ESP-Regelung. Es sind deshalb Anpassungen in den Reglern notwendig (z.B. bei der Integralbildung des PID-Reglers). Auch heuristische Elemente, wie die Bestimmung eines positiven μ-Sprungs, und adaptive Elemente der Regler sind davon betroffen. Ähnliches gilt für den Bereich der Antriebsschlupfregelung, siehe Abb. 40.15.

40.4.4 Sollwertbildung und Schätzung fahrdynamischer Größen

Zur Bestimmung der Sollwerte gilt das Lastenheft für den Schwimmwinkel β_{soll}. Für den Sollwert der Giergeschwindigkeit wird von dem linearen Einspurmodell im eingeschwungenen Zustand ausgegangen, jedoch reicht dieses Modell nicht aus, den Sollwert für die Giergeschwindigkeit zu bestimmen.

Es folgt, dass das lineare Einspurmodell erweitert werden muss, um den wichtigen Bereich, in dem sich die Fahrzeugbewegung dem physikalischen Grenzbereich nähert, richtig abzubilden. Andernfalls werden „zu frühe Regeleingriffe" vom Fahrer moniert – ein häufiges Problem bei der Applikation des ESP. Dies geschieht unter Verwendung von zwei linearen Einspurmodellen (Abb. 40.16). Zur Sollwertbestimmung bei ESP wird ein gewichteter Mittelwert zwischen zwei linearen Einspurmodellen gebildet mit zwei verschiedenen charakteristischen Geschwindigkeiten, v_{ch}. Dabei werden diese zwei Geschwindigkeiten so gewählt, dass das reale Fahrverhalten von dem Verhalten der beiden linearen Einspurmodelle umschlossen wird. Die Gewichte werden in Abhängigkeit von der Fahrzeug-Querbeschleunigung und der Fahrsituation gewählt.

Im Beobachter werden modellgestützt aus den Messgrößen Giergeschwindigkeit, Lenkradwinkel und Querbeschleunigung sowie aus den Schätzgrößen Fahrgeschwindigkeit und Brems- bzw. Antriebskräften die Schräglaufwinkel der Räder, der Schwimmwinkel und die Fahrzeugquergeschwindigkeit geschätzt. Zudem werden die Seiten- und Normalkräfte geschätzt und die resultierenden Kräfte der Räder berechnet. Hierzu wird ein Zweispurmodell verwendet, bei dem das Übertragungsverhalten des Automobils sowie Sondersituationen wie geneigte Fahrbahn oder μ-Split berücksichtigt ist. Bei horizontaler, homogener Fahrbahn gilt folgende Differenzialgleichung für den Schwimmwinkel:

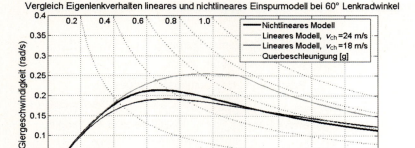

Abb. 40.16 Approximation des nichtlinearen Modells durch gewichtete Mittelwertbildung zwischen zwei linearen Einspurmodellen

$$\dot{\beta} = -\dot{\psi} + \frac{1}{v}(a_Y \cdot \cos\beta - a_X \cdot \sin\beta) \quad (40.6)$$

wobei a_X und a_Y die Längs- bzw. die Querbeschleunigung des Fahrzeugs, β der Fahrzeugschwimmwinkel und $\dot{\psi}$ die Giergeschwindigkeit ist. Für kleine Werte der Verzögerung a_X und des Schwimmwinkels β gilt:

$$\dot{\beta} = \frac{a_Y}{v} - \dot{\psi}, \beta(t) = \beta_0 + \int_{t=0}^{t}\left(\frac{a_Y}{v} - \dot{\psi}\right) dt \quad (40.7)$$

Da die gemessenen Werte für die Querbeschleunigung und die Giergeschwindigkeit sowie die geschätzte Fahrgeschwindigkeit fehlerbehaftet sind, führt die Integration schnell zu großen Fehlern, sodass das Vertrauen in den so gewonnenen Schwimmwinkelwert gering anfällt.

Für große Werte der Verzögerung a_X kann ein Kalman-Filter als Beobachter für die Querdynamik verwendet werden, hierauf wird nicht weiter eingegangen. Ausgangsgleichungen für das Kalman-Filter sind die Differenzialgleichungen der Quer- und Giergeschwindigkeit des Zweispurmodells (siehe [5] für Einzelheiten).

Weitere Schätzungen, die im Beobachter verwendet werden, benutzen einfache Zusammenhänge. So wird z. B. die Radlaständerung aus der Fahrzeugbeschleunigung in Längs- und Querrichtung geschätzt. Auf diese einfachen Schätzungen wird nicht näher eingegangen.

Für die Regelung des Radschlupfs auf einen vorgegebenen Sollwert λ_{soll} muss der Schlupf hinreichend bekannt sein. Da die Längsgeschwindigkeit des Automobils nicht gemessen wird, wird diese aus den Radgeschwindigkeiten bestimmt. Hierzu werden während einer ABS-Regelung auf den Sollschlupfwert λ_{soll} einzelne Räder kurz „unterbremst", d. h. die Schlupfregelung wird unterbrochen sowie das aktuelle Radbremsmoment definiert abgesenkt und kurze Zeit konstant gehalten (Anpassungsphase, ◨ Abb. 40.17) [5]. Unter der Annahme, dass das Rad während dieser Zeit stabil läuft (Punkt λ_A, μ_A), kann aus der momentanen Bremskraft $F_{B,A}$ und der Reifensteifigkeit c_λ die frei rollende (ungebremste) Radgeschwindigkeit $v_{R,frei,A}$ bestimmt werden:

$$\mu_A = \frac{F_{B,A}}{F_{N,A}} = c_\lambda \cdot \lambda_A = c_\lambda \cdot \frac{v_{R,frei,A} - v_{R,A}}{v_{R,frei,A}}, \quad (40.8)$$
$$\Rightarrow v_{R,frei,A} = v_{R,A} \cdot \frac{c_\lambda}{c_\lambda - \frac{F_{B,A}}{F_{N,A}}}$$

wobei der Index A einen Zeitpunkt während der Anpassungsphase angibt und c_λ die Steigung der μ-Schlupfkurve bei $\lambda = 0$ ist sowie v_R die Radgeschwindigkeit darstellt. Die im Radkoordinatensystem bestimmte freirollende Radgeschwindigkeit $v_{R,frei,A}$ wird über die Giergeschwindigkeit, den Lenkwinkel, die Quergeschwindigkeit und die Fahrzeuggeometrie in den Schwerpunkt transformiert und generiert den „Messwert" für die Schätzung der Schwerpunktsgeschwindigkeit in Längsrichtung mittels eines Kalman-Filters. Anschließend wird die gefilterte Schwerpunktsgeschwindigkeit in Längsrichtung auf die vier Radmittelpunkte zurücktransformiert, um die freirollenden Radgeschwindigkeiten aller vier Räder zu erhalten. Somit kann auch für die verbleibenden drei geregelten Räder der Schlupf berechnet werden.

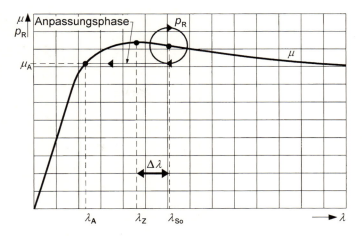

◘ **Abb. 40.17** Anpassungsphase während einer Bremsschlupfregelung zur Bestimmung der frei rollenden Radgeschwindigkeit (der Kreis p_R deutet symbolisch die Bremsdruckmodulation der Schlupfregelung an)

Als Filtergleichung für das Kalman-Filter wird die Differenzialgleichung der Längsgeschwindigkeit herangezogen, wobei das Produkt $v_Y \cdot \dot\psi$ vernachlässigt werden kann.

$$\dot v_X = \frac{1}{m} \cdot \{(F_{S,VL} + F_{S,VR}) \cdot \sin\delta -$$
$$(F_{B,VL} + F_{B,VR}) \cdot \cos\delta - (F_{B,HL} + F_{B,HR})\} \quad (40.9)$$
$$- \frac{c_w \cdot A \cdot v_X^2 \cdot \varrho}{2 \cdot m} - \dot v_{X,\text{offset}}$$

$$\ddot v_{X,\text{offset}} = 0 \quad (40.10)$$

wobei c_w der Luftwiderstandsbeiwert, A die Spantfläche des Fahrzeugs und ϱ die Luftdichte ist. Gleichung (40.10) gibt an, dass die Fahrbahnsteigung sich nur langsam ändert. Die Fahrbahnsteigung wird im Kalman-Filter mitgeschätzt [5].

◘ Abb. 40.18 zeigt eine Messung einer ABS-Bremsung, bei der die Anpassungsphasen an den Hinterrädern deutlich ersichtlich sind.

40.4.5 Sicherheitskonzept

ESP ist ein komplexes mechatronisches System, mit dem die Sicherheitseinrichtung „Bremse" des Fahrzeugs beeinflusst wird. An das System werden deshalb sehr hohe Anforderungen hinsichtlich Zuverlässigkeit und Ausfallsicherheit gestellt. Einerseits besteht die Forderung nach minimalen Kosten des Systems, bei der es auch darum geht, Komponenten einzusparen, andererseits stellt die Sicherheit sehr hohe Anforderungen an die Zuverlässigkeit und an die Überwachung der verwendeten Komponenten. Wenn das Thema „Sicherheit" angesprochen wird, geht es dabei nicht um die Verbesserung der Fahrzeugsicherheit durch ESP, sondern um die Fahrzeugsicherheit bei Ausfall einer ESP-Komponente. ◘ Abbildung 40.19 zeigt das betrachtete Gesamtsystem Fahrer-Fahrzeug-ESP [6].

Zur Erhöhung der Sicherheit wird das Verhalten des Fahrers für Plausibilitätsbeziehungen mit einbezogen. So werden z. B. Änderungen des Lenkradwinkelsignals, die größer sind als solche, die ein Fahrer aufbringen kann, als unplausibel erkannt, denn sie deuten auf einen defekten Lenkradwinkelsensor hin. Darüber hinaus gehören die Motor- und Getriebesteuerung zum System ESP, da beide von ESP beeinflusst und abgefragt werden. Wie aus ◘ Abb. 40.19 hervorgeht, sind auch die Verbindungen zwischen den Systemkomponenten zu überwachen.

Die Entwicklung des Sicherheitskonzepts von sicherheitsrelevanten Systemen wird von verschiedenen methodischen Ansätzen begleitet. Solche Methoden sind die FMEA (Failure Mode and Effect Analysis) und die FTA (Fault Tree Analysis).

Eine neue Möglichkeit, Sensoren zu überwachen und abzugleichen, wurde mit der Einführung von ESP entwickelt. Hierbei geht es um die Überwachung des Drehratensensors, des Lenkradwinkelsensors und des Querbeschleunigungssensors mithilfe von Modellen [6]. ◘ Abbildung 40.20 zeigt den Ansatz dieser Überwachung.

Die gemessenen und während der Fahrt ständig abgeglichenen Sensorsignale des Lenkradwin-

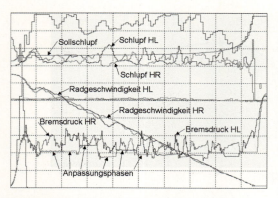

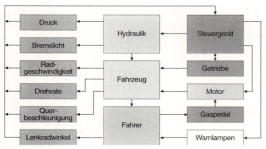

Abb. 40.18 ABS-Geradeausbremsung mit ESP aus 120 km/h auf einer trockenen und ebenen Asphaltfahrbahn. Messbereiche: Zeit: 0 – 4,2 s, Schlupfwerte: –0,7 – 0,3, Radgeschwindigkeiten: 0 – 50 m/s, Bremsdrücke: 0 – 250 bar.

Abb. 40.19 Gesamtsystem Fahrer-Fahrzeug-ESP für die Systemsicherheit

kels, der Querbeschleunigung und der Radgeschwindigkeiten werden Modellen zugeführt, um mit deren Hilfe Schätzungen für die Giergeschwindigkeit zu erhalten. Dabei ist Modell 1 das Einspurmodell, Modell 2 $1/v_x$, Modell 3 $(v_{R,VL} - v_{R,VR})/s_V$ bzw. $(v_{R,HL} - v_{R,HR})/s_H$, wobei bei Frontantrieb die Hinterräder, bei Heckantrieb unter Berücksichtigung des Lenkwinkels die Vorderräder gewählt werden und beim Allradantrieb eine gewichtete Mittelwertbildung der Vorder- und Hinterräder verwendet wird. Bevor Modell 3 verwendet werden kann, müssen die Radgeschwindigkeitssignale mit dem „Reifen-Toleranzabgleich (RTA)" untereinander abgeglichen werden. Für die Abgleiche der anderen Sensorsignale stehen die entsprechenden während der Fahrt ständig geschätzten und aktualisierten Werte in EEPROM zur Verfügung. Dabei sind ω_{Mess}, Lw_{Mess}, ay_{Mess}, $v_{i,Mess}$ die gemessenen Signale des Drehratensensors bzw. des Lenkradwinkelsensors, des Querbeschleunigungssensors und der Radgeschwindigkeitssensoren, wobei i für VL, VR, HL oder HR steht; ω_{off}, ay_{off}, Lw_{off} sind die Nullpunktfehler (Offsets) des Drehratensensors, des Querbeschleunigungssensors und des Lenkradwinkelsensors, und f_ω ist der Empfindlichkeitsfehler des Drehratensensorsignals. Der Index „corr" steht für das abgeglichene Signal. Die Signale ω_{Lw}, ω_{ay}, ω_v sind die Schätzungen der Giergeschwindigkeit auf Basis der Signale des Lenkradwinkelsensors, des Querbeschleunigungssensors bzw. der Radgeschwindigkeitssensoren.

Nach einer gewichteten Mittelwertbildung, bei der sowohl der Abstand zwischen den vier Signalen als auch der Abstand zwischen den Gradienten der vier Signale ausgewertet werden, ist das Ergebnis eine Referenzgiergeschwindigkeit ω_{ref} die auch während der Regelung noch gute Werte für die aktuelle Giergeschwindigkeit des Fahrzeugs liefert. Die Signale müssen dabei aber stationär und der Abstand zwischen den Signalen für alle vier Signale in etwa gleich sein. Aus der Referenzgeschwindigkeit können unter Verwendung der inversen Modelle 1 und 2 Referenzwerte für den Lenkradwinkel Lw_{ref} bzw. für die Querbeschleunigung ay_{ref} abgeleitet werden. Diese werden wiederum für die Prüfung des abgeglichenen Lenkradwinkel- bzw. des Querbeschleunigungssensors verwendet.

Je mehr sich die Fahrdynamik dem Grenzbereich nähert, desto weniger genau sind die Modelle. Fährt das Fahrzeug jedoch noch stabil, so liefern diese Modelle noch ausreichend gute Werte, um den Ausfall eines Sensors zu beurteilen. Liegen die Werte der modellgestützten Signale ω_{Lw}, ω_{ay} und ω_v nahe beieinander, d. h. sind die Gewichte dieser Signale groß, so bedeutet dies, dass das Drehratensensorsignal „beobachtbar" ist. Dies ist während der Fahrt je nach Fahrstrecke mehr oder weniger häufig der Fall (Abb. 40.21).

Solange keine Sicherheit über die Nullpunktfehler besteht, wird die tote Zone des Fahrzeugreglers zur Reduzierung von unbeabsichtigten ESP-Eingriffen aufgeweitet.

Fehler können nicht immer (rechtzeitig) entdeckt werden. Die Auswirkungen unentdeckter Fehler werden begrenzt durch:

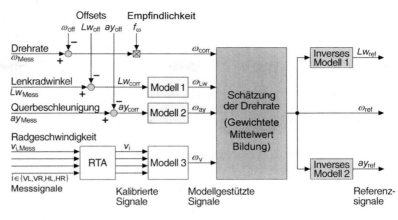

Abb. 40.20 Modellgestützte Überwachung des Drehratensensors, des Lenkradwinkelsensors und des Querbeschleunigungssensors

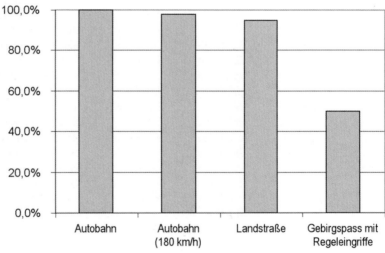

Abb. 40.21 Beobachtbarkeit der Giergeschwindigkeit in Abhängigkeit von der Fahrstrecke

- **die Steilkurvenlogik.** Bleibt z. B. das Querbeschleunigungssignal plötzlich bei Null stehen, dann könnte, bevor der Fehler erkannt wird, jede Kurvenfahrt als „Schleudern auf Eis" aufgefasst werden, und es müsste ein ESP-Eingriff erfolgen. Dies ist aber eine Fahrsituation, die von der Steilkurvenlogik geprüft wird. Erfolgt kein Gegenlenken des Fahrers, so wird die Kurvenfahrt mit dem defekten Querbeschleunigungssignal als „Steilkurvenfahrt" interpretiert, und es erfolgt kein fehlerbedingter ESP-Eingriff. Nachdem der Fehler erkannt ist, wird ESP abgeschaltet.
- **Überwachung der Eingriffsdauer des Fahrzeugreglers.** Da die ESP-Eingriffe nur von kurzer Dauer sind (normalerweise weniger als 500 ms) kann auf Fehler geschlossen und das System abgeschaltet werden, wenn über längere Zeit eingegriffen wird.
- **Überwachung der Regeldauer des ABS-Reglers.** ABS-Bremsungen sind auch in ihrer Dauer begrenzt. Deshalb kann auf Fehler geschlossen und das System abgeschaltet werden, wenn das ABS ständig, d. h. länger als eine bestimmte Zeitdauer, regelt.
- **Plausibilisierung der Signale des Bremslichtschalters und des Bremsdrucksensors.** Der Bremslichtschalter steht dauernd auf „an", obwohl der Bremsdruck über längere Zeit nicht aufgebaut wird. In diesem Fall wird das System abgeschaltet.

40.5 Mehrwertfunktionen

40.5.1 Special Stability Support

Diese Kategorie von Mehrwertfunktionen hat zum Ziel, die Tendenz zur Instabilität zu erkennen und den Bremsdruck entsprechend zu modifizieren, wie z. B. bei der Kippstabilisierung.

40.5.1.1 Extended Understeering Control, EUC

Wenn das Fahrzeug zu untersteuernd ist, greift ESP standardmäßig mit Bremsschlupfvorgabe am kurveninneren Hinterrad ein. Dadurch wird das Fahrzeug gierwilliger, und die Seitenkräfte an der Hinterachse steigen durch Vergrößerung des Schräglaufwinkels. Da diese Maßnahme nicht immer ausreicht, um das Fahrzeug in der Spur zu halten, kann die EUC-Funktion zusätzlich zu der Reduzierung des Motormoments durch aktives Bremsen an allen Rädern die Fahrzeuggeschwindigkeit reduzieren. Diese Funktion wirkt, wenn der Fahrer einen engeren Kurvenradius fahren möchte, als der Reibwert der Straße zulässt (er also die Lenkung „überzieht").

40.5.1.2 Load-Adaptive Control Mode for LCV/Vans, LAC

LAC enthält eine Schätzung des Eigenlenkverhaltens (der charakteristischen Geschwindigkeit v_{ch} im Einspurmodell) und eine Schätzung der Fahrzeugmasse, die auf dem Impulssatz des Fahrzeugs in Längsrichtung beim Antrieb beruht. Da das Antriebsmoment bekannt ist (vom Motormanagement geschätzt) und die Fahrzeugbeschleunigung aus den Radgeschwindigkeiten abgeleitet werden kann, folgt aus dem Impulssatz die Fahrzeugmasse. Hierdurch können einige Grundfunktionen des ESP sowie auch die Funktion ROM an besondere Beladungszustände des Fahrzeugs angepasst und damit verbessert werden.

40.5.1.3 Roll Movement Intervention, RMI

Fahrzeuge, die nicht schnell zum Kippen neigen, erhalten die Funktion ROM in abgeschwächter Form. So existieren viele Fahrzeuge, die bei quasistationären Manövern nicht kippen. Es ist bei diesen Fahrzeugen ausreichend, die stationären Anteile des ROM wegzulassen, und nur die Teile beizubehalten, die bei dynamischen Fahrmanövern zum Tragen kommen. Diese Funktion wird dann RMI genannt. Sie ist leichter zu applizieren als die Funktion ROM.

40.5.1.4 Roll Over Mitigation, ROM

Bei den meisten Pkw besteht kaum Kippgefahr. Sie besteht vorwiegend bei Fahrzeugen mit hohem Schwerpunkt und weichem Fahrwerk, wie bei Geländefahrzeugen oder Transportern. Man unterscheidet zwischen zwei Fahrsituationen (Kategorien), bei denen das Kippen auftritt:
1. Die Lenkung ist sehr dynamisch (wie bei schnellem Spurwechsel);
2. der Lenkradwinkel nimmt bei Kurvengrenzgeschwindigkeit ständig zu.

Die Erkennung der Kippinstabilität allein auf Basis der Querbeschleunigung reicht nicht aus. Durch die Verwendung weiterer Signale ist es möglich, kippkritische Fahrsituationen zu erkennen. Die Kipperkennung beruht auf einer Prädiktion, welche auf die Gradienten des Lenkradwinkels und der Querbeschleunigung basieren. Bei großen Gradienten werden Zuschläge (auch Offset genannt) berechnet und zur gemessenen Querbeschleunigung addiert, um eine „effektive Querbeschleunigung" $a_{Y,eff}$ zu erhalten.

Überschreitet die „effektive Querbeschleunigung" eine definierte Schwelle, wird eine Kippgefahr vermutet, und es erfolgt ein Bremseingriff am kurvenäußeren Vorder- und Hinterrad. Dadurch werden die Seitenkraft und die Geschwindigkeit – und somit auch die Querbeschleunigung – rasch reduziert. Kommt es dennoch zu einem Unfall, so werden die Folgen durch die geringere Geschwindigkeit reduziert. Da der Kippvorgang sehr schnell ist, steht wenig Zeit zur Kipperkennung zur Verfügung. Das Funktionsschaltbild zeigt ◘ Abb. 40.22.

Die zeitliche Ableitung der Querbeschleunigung Da_Y wird in die Berechnung der Höhe der Kippgefahr k_{Kipp} einbezogen, um hochdynamische Vorgänge wie schnelle Spurwechsel, bei denen die Kippgefahr größer als bei stationären Manöver ist, berücksichtigen zu können.

Ist die Querbeschleunigung a_Y groß und nimmt sie noch weiter zu (in diesem Fall ist das Produkt $a_Y \cdot Da_Y$ positiv), so wird die Querbeschleunigungs-

40.5 · Mehrwertfunktionen

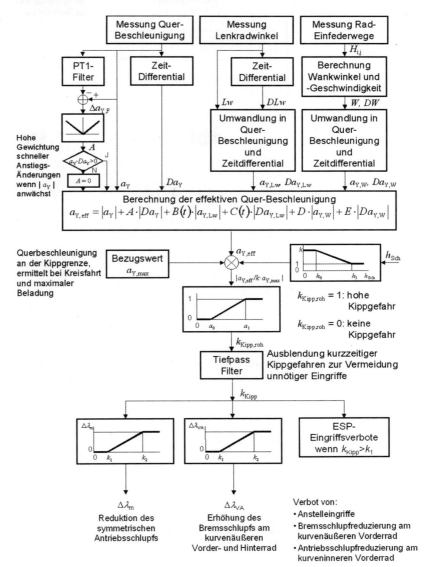

◻ Abb. 40.22 Blockschaltbild der Kippfunktion

zunahme Da_Y bei schnellen Querbeschleunigungsänderungen besonders hoch gewichtet (der Parameter A ist dann besonders groß). Die schnellen Querbeschleunigungsänderungen werden erfasst durch die Differenz zwischen dem Querbeschleunigungssignal und dessen tiefpassgefiltertem Wert $Da_{Y,F}$.

Nimmt die Querbeschleunigung a_Y ab, so wird der Gradient Da_Y nicht berücksichtigt, und der Parameter A wird zu Null gesetzt.

Das Lenkwinkelsignal wird in seiner Wirkung zeitlich begrenzt. Die Werte $a_{Y,Lw}$ und $Da_{Y,Lw}$ werden unter Verwendung des linearen Einspurmodells berechnet.

Es gibt Fahrzeuge, beispielsweise Geländewagen, bei denen die Einfederwege der Radaufhängungen gemessen werden können. Aus diesen Einfederwegen können der Wankwinkel W und die Wankgeschwindigkeit DW direkt bestimmt werden; aus der Wanksteifigkeit des Fahrwerks lässt sich dann sofort die entsprechende Querbeschleunigung $a_{Y,W}$ und deren Änderungsgeschwindigkeit $Da_{Y,W}$ bestimmen.

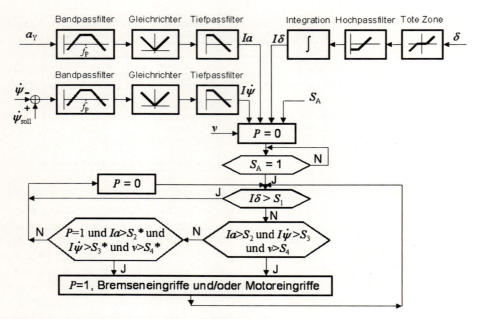

Abb. 40.23 Blockschaltbild der Gespannstabilisierung TSM

Der Bezugswert $a_{Y,max}$ wird im Fahrversuch ermittelt und ist die Fahrzeugquerbeschleunigung a_Y an der Kippgrenze bei stationärer Kreisfahrt. Dabei ist das Fahrzeug so zu beladen, dass die Schwerpunktshöhe maximal ist, h_1.

Ist die Schwerpunktshöhe h_{Sch} bekannt, z. B. durch Schätzung der Fahrzeugbeladung, so kann der Bezugswert mit abnehmender Schwerpunktshöhe mit dem Faktor k nach oben korrigiert werden.

Das Verhältnis von effektiver Querbeschleunigung $a_{Y,eff}$ zu dem Bezugswert $k \cdot a_{Y,max}$ liefert den Wert $k_{Kipp,roh}$, der eine erste Schätzung der Kippgefahr ist. Ist das Verhältnis kleiner als eine untere Schwelle a_0, so wird der Kippfaktor $k_{Kipp,roh}$ auf Null gesetzt, d. h. es besteht keine Kippgefahr. Überschreitet das Verhältnis eine zweite obere Schwelle a_1, so wird der Kippfaktor $k_{Kipp,roh}$ auf Eins gesetzt, d. h. es besteht akute Kippgefahr. Liegt das Verhältnis zwischen beiden Schwellen, wird der Kippfaktor $k_{Kipp,roh}$ durch lineare Interpolation ermittelt. Da vor allem das Querbeschleunigungssignal verrauscht ist, wird der Kippfaktor tiefpassgefiltert. Übersteigt der Kippfaktor k_{Kipp} eine untere Schwelle k_1, so wird in Abhängigkeit des gefilterten Kippfaktors k_{Kipp} das Motormoment durch Vorgabe einer Reduktion des symmetrischen Antriebsschlupfs reduziert und der Bremsschlupf an den kurvenäußeren Rädern erhöht. Darüber hinaus werden ESP-Eingriffe, die zur Erhöhung des eindrehenden Giermoments führen würden, verboten.

40.5.1.5 Trailer Sway Mitigation, TSM

Bei Fahrzeuggespannen kann der Anhänger ab einer bestimmten Geschwindigkeit, der kritischen Geschwindigkeit v_{krit} (ab ca. 80 km/h), anfangen zu schlingern. Die Schlingerbewegung des Anhängers übt ein periodisches Giermoment auf das Zugfahrzeug aus, wodurch die Giergeschwindigkeit des Zugfahrzeugs ebenfalls anfängt zu schwingen, und zwar mit derselben Frequenz f_P wie die Schlingerbewegung des Anhängers. Je schneller das Gespann wird, desto heftiger wird die Schlingerbewegung des Anhängers und damit auch der Giergeschwindigkeit des Zugfahrzeugs. Dabei kann die Amplitude der Giergeschwindigkeit des Zugfahrzeugs so hoch werden, dass die Anregelschwellen des ESP überschritten werden und ESP-Eingriffe erfolgen. Bei der „Trailer Sway Mitigation" geht es darum, die Schlingerbewegung des Anhängers automatisch zu erkennen und eine automatische Bremsung des Zugfahrzeugs einzuleiten. Das Prinzip des TSM ist in einem Blockschaltbild dargestellt (● Abb. 40.23).

Zur Erkennung der Schlingerbewegung werden noch der Anhängerschalter SA und die Fahrgeschwindigkeit v abgefragt.

Initialisiert wird der Indikator für Pendelschwingungen P auf den Wert Null (keine Pendelschwingung). Steht der Anhängerschalter SA nicht auf Eins, so wird darauf geschlossen, dass kein Anhänger vorhanden ist, und die weitere Erkennungsuntersuchung entfällt. Andernfalls wird abgefragt, ob $I\delta > S_1$, d.h. ob der Fahrer heftig lenkt, wobei S_1 eine definierte Schwelle ist. Wenn der Fahrer heftig lenkt, wird nicht weiter auf Pendelschwingungen untersucht, und der Pendel-Indikator P bleibt Null. Ansonsten wird geprüft, ob das Fahrzeug schnell genug fährt, $v > S_4$, da bei kleinen Fahrgeschwindigkeiten Pendelschwingungen ausgeschlossen werden können. Wenn auch die Intensitäten der Giergeschwindigkeitsschwingung und der Querbeschleunigungsschwingung groß genug sind, $I\dot\psi > S_3$ bzw. $Ia > S_2$, wird auf Pendelschwingung erkannt, und der Pendel-Indikator wird auf Eins gesetzt. Daraufhin wird das Motormoment zurückgenommen, und es werden eventuell auch alle Räder des Fahrzeugs mit demselben Bremsdruck aktiv gebremst. Die Schwellen $S_1, …, S_4$ sind Parameter, die bei der Applikation der Funktion festgelegt werden. Die Eingriffe in das Motormoment und in die Bremse erfolgen so lange, bis eine der Intensitäten der Giergeschwindigkeitsschwingung oder Querbeschleunigungsschwingung unterhalb einer definierten Ausschaltschwelle gefallen ist (S_3^* bzw. S_2^*), bzw. bis die Fahrzeuggeschwindigkeit weit genug abgesunken ist (unterhalb S_4^*). Der Bremsdruck in den Radbremszylindern wird zunächst so eingestellt, dass das Fahrzeug mit einer Beschleunigung von $-0{,}3\,g$ verzögert. Nimmt die Pendelschwingung während dieser Verzögerung stark zu, so wird der Bremsdruck weiter erhöht, bis das Fahrzeug mit einer Beschleunigung von $-0{,}5\,g$ verzögert wird.

Eine weitere Verbesserung der Dämpfung von Schlingerbewegungen wird durch eine seitenweise Modulation der Radbremsdrücke erreicht, die genau gegenphasig zum Giermoment läuft, welches vom Anhänger auf das Zugfahrzeug ausgeübt wird. Wichtig ist dabei, dass die Bremsdrücke in den Radbremszylindern nicht auf Null reduziert werden, da sonst Totzeiten in der Modulation entstehen, wodurch die Schlingerbewegung sogar aufgeschaukelt werden kann. Diese Totzeiten entstehen, wenn der Radbremsdruck Null beträgt, der Bremsbelag von der Bremsscheibe zurückgezogen wird. Beim erneuten Druckaufbau verschiebt sich der Bremsbelag zuerst zur Bremsscheibe hin, was die Totzeit verursacht. Erst wenn der Bremsbelag anliegt, kann der Bremsdruck erhöht werden.

40.5.1.6 Secondary Collision Mitigation, SCM

Bei Fahrzeugkollisionen entstehen häufig Fahrzeugbewegungen, die vom Fahrer schwer beherrschbar sind und die zu Folgekollisionen führen können. Einerseits kann der Fahrer davon so überrascht sein, dass eine gezielte Gegenmaßnahme über längere Zeit ausbleibt. Andererseits kann der Fahrer durch erlittene Verletzungen dazu gar nicht mehr imstande sein. Eine Studie belegt, dass in fast allen Aufprallsituationen, mit Ausnahme bei Frontalkollision, eine Vollbremsung sinnvoll ist. Durch die Vernetzung von Airbag und ESP kann mittels ESP ein automatischer Eingriff in die Fahrzeugbewegung erfolgen, mit der die weitere Unfallgefahr gemindert oder gar vermieden wird. Der Eingriff besteht aus einer Notbremsung, mit der das Fahrzeug stabil zum Stillstand geführt wird. Der Eingriff erfolgt auf Basis von den Informationen „Aufprallstärke" und „Aufprallsituation" in dem Airbagsystem. Aus diesen Informationen wird im Airbag-Steuergerät die erforderliche Höhe der Fahrzeugverzögerung abgeleitet. Im ESP-Steuergerät wird der dazu erforderliche Bremsdruck berechnet und mittels des ESP-Aggregats aktiv eingestellt. Betätigt der Fahrer das Fahrpedal, so wird der Eingriff abgebrochen. Allerdings muss dabei ausgeschlossen werden, dass der Fahrer das Fahrpedal unbeabsichtigt betätigt, z.B. durch auftretende Trägheitskräfte. Die Analyse der Fehlbedienung basiert auf den zeitlichen Ablauf der Betätigung von Brems- und Fahrpedal.

40.5.1.7 Side Wind Assist, SWA

Plötzlich auftretende seitliche Windböen beeinflussen die Querdynamik des Fahrzeugs und können zu erhebliche Spurabweichungen führen. Mittels der ESP-Sensorik können solche Situationen erkannt werden. Dazu werden die Signale aller ESP-Sensoren (Drehrate, Querbeschleunigung, Lenkradwinkel, Bremsdruck, Radgeschwindigkeiten) ausgewertet. In dieser Auswertung wird ein erforderliches Giermoment berechnet, welches die vom

Fahrer unbeabsichtigte Querdynamik des Fahrzeugs reduzieren soll. Das Giermoment wird vom ESP in der bereits beschriebenen Weise durch Bremsmomenteingriffe umgesetzt. Durch die Reduzierung der Querdynamik wird die Beherrschbarkeit des Fahrzeugs erhöht und der Aufwand zur Spurhaltung für den Fahrer reduziert. Weiter bekommt er mehr Zeit für eigene Korrekturen [8].

40.5.2 Special Torque Control

Diese Kategorie der Mehrwertfunktionen dient der Unterstützung bei der Stabilisierung, Lenkfähigkeit, Traktion und der Verbesserung der Agilität des Fahrzeugs.

40.5.2.1 Dynamic Center Coupling Control, DCT

Allradfahrzeuge mit einer regelbaren elektronischen Lamellenkupplung als Mittensperre bieten eine Alternative zum Bremseneingriff. Anstatt die beiden Räder der durchdrehenden Achse abzubremsen, kann die Mittensperre geschlossen werden, was auch energetisch von Vorteil ist. Weitere Merkmale der geregelten Mittensperre sind:
- Sie ist geeigneter als die Bremsensperre bei Geradeausfahrt, auf µ-Split-Fahrbahn und im Gelände.
- Die Sperre muss geöffnet werden bei aktiven ESP-Eingriffen (sonst beeinflussen die Bremseingriffe auch den Schlupf anderer Räder), beim Bremsen (die Sperre beeinflusst die elektronische Bremskraftverteilung EBV) und während der Anpassungsphasen für die Geschwindigkeitsberechnung.
- Das Restmoment bei Viskosperren darf nicht größer als 100 Nm sein (auf das Rad umgerechnet), um die Geschwindigkeitsberechnung nicht zu stören.
- Bei zugeschalteter Vorderachse muss das Sperrmoment reduziert werden, wenn das Fahrzeug untersteuert, und erhöht werden, wenn das Fahrzeug übersteuert.
- Bei zugeschalteter Hinterachse muss das Sperrmoment erhöht werden, wenn das Fahrzeug untersteuert, und reduziert werden, wenn das Fahrzeug übersteuert.
- Aus Komfortgründen werden Sperrmomentrampen vorgegeben. Die Eingriffe sind komfortabler als die Bremseingriffe. Deshalb kann die Regelung der Fahrdynamik mittels Mittensperrenregelung empfindlicher eingestellt werden als mittels Bremssperrenregelung. Damit werden die Bremseingriffe zur Fahrzeugstabilisierung auch weniger häufig notwendig sein.

40.5.2.2 Off Road Detection and Measures, ORD

Auf losem Untergrund, wie es oft bei Geländefahrten der Fall ist, werden die größten Brems- und Antriebskräfte bei großen Schlupfwerten erreicht. Es besteht daher der Wunsch, den Sollschlupf bei losem Untergrund gegenüber dem auf festem Untergrund zu erhöhen, um kürzere Bremswege zu erzielen [9]. Auf losem Untergrund wird geschlossen, wenn auf Gelände erkannt wird. Dafür wurde eine so genannte Geländeerkennung eingeführt. Bei der Geländeerkennung werden die Radgeschwindigkeitsschwingungen ausgewertet. Ist die Amplitude dieser Schwingungen groß genug, so wird ein Geländezähler mit der Zeit hochgezählt. Andernfalls wird der Geländezähler mit der Zeit abwärts gezählt. Erreicht der Geländezähler einen festgelegten Wert, so wird auf Gelände erkannt und der Sollschlupf für die Vorderräder erhöht. Um nicht bei einer vereisten Fahrbahn fälschlicherweise auf Gelände zu erkennen, wird die Bremsverzögerung noch mit dem Schlupf korreliert. Ist die Bremsverzögerung klein, der Bremsschlupf aber groß, wird auf „Eis" erkannt, und der Sollschlupf wird nicht erhöht. Wenn eine eindeutige Korrelation nicht möglich ist, so wird der Sollschlupf an nur einem Vorderrad erhöht. Aus Sicherheitsgründen wird die Funktion nur unterhalb einer festgelegten Geschwindigkeitsschwelle aktiviert (z. B. unterhalb 50 km/h). Sobald der Fahrer lenkt, wird die Sollschlupferhöhung wieder zurückgenommen. Darüber hinaus wird der Sollschlupf an der Hinterachse nicht angehoben.

◘ Abb. 40.24 zeigt eine beschleunigte Fahrt auf losem Schotter mit leichtem Gefälle mit einer anschließenden Vollbremsung. Bei der Beschleunigung treten heftige Schwingungen in den Radgeschwindigkeiten auf – ein Hinweis auf Gelände. Während

40.5 · Mehrwertfunktionen

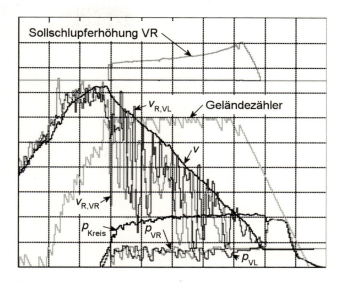

Abb. 40.24 Vollbremsung im Gelände mit Geländeerkennung und Sollschlupferhöhung am Rad vorne rechts. Messbereiche: Zeit: 0 – 5 s, Rad-/Fahrzeuggeschwindigkeit: 0 – 10 m/s, Bremsdrücke: 0 – 500 bar, Geländezähler: 0 – 100, Schlupf: –150 % – 50 %.

der beschleunigten Fahrt werden die Schwingungen ausgewertet und der Geländeerkennung zugeführt. Nach ca. einer Sekunde erreicht der Geländezähler einen festgelegten Schwellenwert, und es wird auf Gelände erkannt. In diesem Beispiel aber war die Korrelation zwischen Schlupf und Fahrzeugverzögerung nicht eindeutig, sodass nicht klar auf „Eis" oder „Gelände" erkannt werden konnte. Die Folge war, dass nur am rechten Vorderrad der Sollschlupf erhöht wurde, nicht am linken Vorderrad. Die Sollschlupferhöhung relativ zum Sollschlupf auf fester Fahrbahn ist im obigen Bild zu sehen.

40.5.3 Brake & Boost Assist

In dieser Kategorie der Assistenzfunktionen werden die Bremsdrücke und Bremskraftverstärkerfunktionen an die Fahr- und Systemsituationen angepasst, wie z. B. beim Bremsassistenten.

40.5.3.1 HBA, Hydraulic Brake Assist

Untersuchungen am Fahrsimulator von Mercedes-Benz haben ergeben, dass Normalfahrer in Schrecksituationen nur zögernd bremsen (◻ Abb. 40.25). Die volle Betätigung der Bremse durch den Fahrer geschieht zeitversetzt. Da ein Verlust an Bremswirkung vor allem am Anfang einer Bremsung, wo die Geschwindigkeit am höchsten ist, den größten Einfluss auf den Bremsweg hat, ist die anfänglich zögerliche Bremsbetätigung besonders gravierend. Abhilfe schafft der Bremsassistent, der durch Erkennung einer Gefahrensituation den Bremsdruck sofort, eventuell bis zur Schlupfregelung, über das vom Fahrer vorgegebene Maß erhöht.

Die wichtigsten funktionalen Anforderungen an den BA sind folgende [3, 4]:
- Unterstützung des Fahrers in Notbremssituationen, Verkürzung des Bremswegs auf solche Werte, wie sie sonst nur von gut trainierten Fahrern erreicht werden können.
- Abschaltung der Vollbremsung, sobald der Fahrer die Fußkraft deutlich reduziert.
- Beibehaltung der konventionellen Bremskraftverstärkerfunktion. Pedalgefühl und Komfort sollen bei Normalbremsungen dem bisher gewohnten Standard entsprechen.
- Aktivierung des Systems nur in wirklichen Notsituationen, sodass sich beim Fahrer kein Gewöhnungseffekt einstellt.
- Keine Beeinträchtigung der konventionellen Bremse bei BA-Ausfall.

Kernaufgabe ist die Bildung eines Auslösekriteriums auf Basis der Fahrerreaktionen.

Der hydraulische Bremsassistent (HBA) nutzt das vorhandene ESP-Hydroaggregat, um den Bremsdruck aktiv zu erhöhen. Mit dem eingebauten Drucksensor wird die Bremspedalbetätigung durch den Fahrer

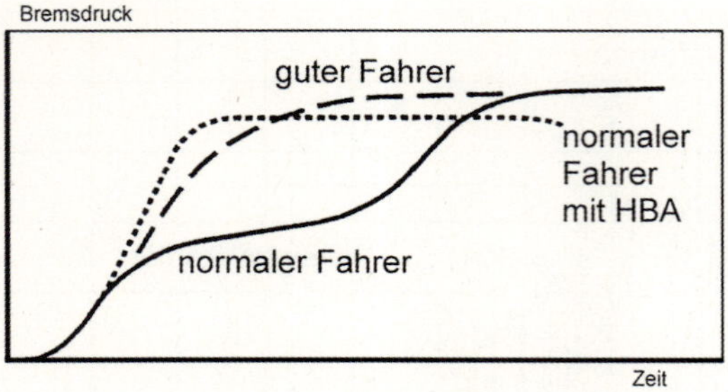

Abb. 40.25 Unterstützung des Fahrers in der Anbremsphase durch den Bremsassistenten (HBA)

zur Situationserkennung analysiert. Die Erkennung der Notbremssituation geschieht durch die Auswertung des Drucksensorsignals bzw. dessen Gradienten (**Tab. 40.1**). Durch applizierbare Schwellen für Druck und Druckgradient lässt sich der HBA an die jeweiligen Gegebenheiten des Fahrzeugs und der Bremsanlage leicht anpassen. Dabei passen sich die Schwellen dynamisch der momentanen Situation unter Berücksichtigung von Fahrzeuggeschwindigkeit, Hauptbremszylinderdruck, Zustandsgrößen der Raddruckregelung und einer Bremsverlaufsanalyse an. Das Überschreiten einer Mindestgeschwindigkeit gehört ebenso zur Auslösebedingung.

Sobald die Auslösungsbedingung erfüllt ist, wird der Bremsassistent aktiv (Nummer 1 in Phase 1, **Abb. 40.26**). Nun erhöht der Bremsassistent den Druck über das vom Fahrer vorgegebene Niveau an allen vier Rädern bis zur Blockiergrenze. Die aktive Bremsdruckerhöhung und die Bremsdruckregelung geschieht in gleicher Weise wie bei Bremseingriffen der Fahrdynamikregelung ESP. Überschreitet der Bremsdruck die Blockiergrenze, so übernimmt der unterlagerte Bremsschlupfregler die Aufgabe, den Radschlupf zu regeln und die Bremskraft optimal auszunutzen.

Ist durch Entlastung des Bremspedals der gemessene Druck kleiner als ein bestimmter Wert (Nummer 2), so erkennt das System den Fahrerwunsch und kann damit die Bremskraft reduzieren (**Abb. 40.26**, Phase 2). Zu diesem Zeitpunkt ändert sich die Regelstrategie. Ziel ist nun, dem Signal des gemessenen Drucks zu folgen und dem Fahrer einen komfortablen Übergang in die Standardbremsung zu ermöglichen. Der Bremsassistent wird abgeschaltet, sobald der erhöhte Bremsdruck den vorgegebenen Wert erreicht oder das Drucksignal einen vorgegebenen Wert (Nummer 3) unterschreitet. Der Fahrer kann nun ohne zusätzliche Unterstützung weiterbremsen.

Tab. 40.1

Situation	Erkennungslogik
Phase 1 (**Abb. 40.26**) Notsituation Panikbremsung	Bremspedal betätigt *und* HZ-Druckgradient über Einschaltschwelle *und* HZ-Druck über Einschaltschwelle *und* Fahrgeschwindigkeit über Einschaltschwelle
Phase 2 (**Abb. 40.26**) Reduzierte Bremsanforderung	Pedalkraft (aus HZ-Druck abgeleitet) unter Umschaltschwelle
Wiederauslösung	HZ-Druckgradient über Einschaltschwelle
Standard-Bremsung	Bremspedal nicht betätigt *oder* HZ-Druck unter Ausschaltschwelle *oder* Fahrgeschwindigkeit unter Ausschaltschwelle *oder* Pedalkraft genügend hoch

40.5.3.2 Brake Disc Wiping, BDW

Der Reibwert zwischen Bremsbelag und Bremsscheibe ist bei nassen Bremsen niedriger als bei trockenen Bremsen. Sind die Bremsen nass, so wird für kurze Zeit (ca. 3 s) ein sehr geringer Bremsdruck (ca. 1,5 bar) an allen Rädern aktiv aufgebaut. Durch das Anlegen der Bremsbeläge an die Bremsscheiben wird der Wasserfilm entfernt und dadurch die Bremswirkung verbessert. Der Vorgang wird bei Regen regelmäßig wiederholt (ca. alle 3 min). Eine Fahrzeugverzögerung ist dabei nicht spürbar. Ein Indiz dafür, dass es regnet, wird vom Regensensor geliefert. Ein weiteres Indiz sind betätigte Scheibenwischer. Die Funktion wird abgebrochen, wenn der Fahrer die Bremse betätigt. Für diese Funktion muss das ESP-Aggregat entsprechend ausgerüstet sein, z. B. mit genauen Regelventilen.

40.5.3.3 Electronic Brake Prefill, EBP

Werden die Bremsen durch den Fahrer oder auch aktiv durch das ESP betätigt, so werden zunächst

40.5 · Mehrwertfunktionen

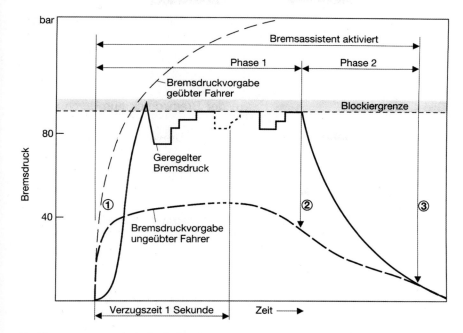

Abb. 40.26 Konzept des hydraulischen Bremsassistenten

die Kolben der Radbremsen vorgeschoben, bis die Bremsbeläge an den Bremsscheiben anliegen. Während dieser Zeit wirkt kein Bremsmoment an den Rädern, und die Bremskraft an den Rädern wird relativ zur Bremspedalbetätigung oder zum Anfang der aktiven Bremsung verzögert aufgebaut (siehe auch TSM). Der Bremsweg wird dadurch länger – was bei einer Vollbremsung kritisch sein kann – bzw. der aktive Bremseneingriff kann dadurch zu spät erfolgen, wodurch das Fahrzeug evtl. nicht mehr stabilisiert werden kann.

Eine Verbesserung kann erreicht werden, wenn die Bremsbeläge bereits an den Bremsscheiben anliegen, bevor der Fahrer bremst bzw. bevor der aktive Bremseneingriff benötigt wird. Ein Indiz dafür, dass der Fahrer demnächst bremst, ist der Lastwechsel. Reduziert der Fahrer den Gaspedalweg sehr schnell, dann ist dies ein Hinweis dafür, dass demnächst eine Vollbremsung erfolgen könnte. Im letzten Fall wird während des Lastwechsels aktiv ein kleiner Bremsdruck von ca. 3 bar aufgebaut, um die Bremsbeläge bereits an die Bremsscheibe anzulegen, bevor der Fahrer bremst.

Ein Beispiel für diese Funktion bei aktiven ESP-Eingriffen ist folgende Situation: Der Fahrer lenkt schnell nach links, z. B. um einem Hindernis auszuweichen. Während des schnellen Lenkens nach links wird am linken (kurveninneren) Vorderrad ein kleiner aktiver Bremseingriff von ca. 3 bar eingeleitet, um den Bremsbelag bereits in dieser Situation an die Bremsscheibe anzulegen. Lenkt der Fahrer im nächsten Augenblick schnell nach rechts, so kann das Fahrzeug instabil werden, und es muss ein Übersteuereingriff am linken Vorderrad erfolgen, der sehr schnell sein muss, um das Fahrzeug noch stabilisieren zu können. Da der Bremsbelag bereits an der Bremsscheibe anliegt, kann der Eingriff unmittelbar erfolgen. Falls der Fahrer nicht im nächsten Augenblick nach rechts lenkt, ist der Bremseingriff am linken Vorderrad nicht notwendig. Aus diesem Grund muss gesichert werden, dass der Bremsdruck einerseits so groß ist, dass die Bremsbeläge an der Bremsscheibe anliegen, und andererseits so klein ist, dass die Bremsung vom Fahrer nicht als störend wahrgenommen wird. Für diese Funktion muss das ESP-Gerät entsprechend ausgerüstet sein, z. B. mit genauen Regelventilen.

40.5.3.4 Hydraulic Brake Boost, HBB

Die meisten Bremsungen finden im Bereich bis 30 bar statt. Bis zu diesem Bremsdruck reicht ein kleiner Bremskraftverstärker aus, um den Fahrer bei der Bremsung ausreichend zu unterstützen. Der Bremskraftverstärker muss jedoch so ausgelegt sein, dass er den Fahrer auch bei hohen Bremsdrücken genügend unterstützen kann. Ein größerer Bremskraftverstärker braucht aber einen größeren Einbauraum im Motorraum, der mit Zunahme der Anzahl von Aggregaten immer knapper wird. Um mit kleinerem Bremskraftverstärker den Fahrer auch bei hohen Bremsdrücken ausreichend unterstützen zu können, wird mittels des ESP-Aggregats die Verstärkerfunktion noch aufrechterhalten, auch wenn der Bremskraftverstärker seinen Aussteuerpunkt erreicht hat. Die Funktion ist ähnlich wie bei der HBA bzw. bei den ESP-Eingriffen bei der Teilbremsung. Je stärker der Fahrer bremst, desto länger wird die Pumpe im ESP-Aggregat angesteuert und desto mehr Bremsflüssigkeit wird in den Radbremszylindern gefördert bzw. desto höher steigt der Bremsdruck in den Radbremszylindern. Bei den meisten Bremsungen (Bremsdruck unter 30 bar) aber ist diese Funktion nicht aktiv, da der kleine Bremskraftverstärker den Fahrer ausreichend unterstützen kann. Ein weiterer Nutzen von HBB ist, dass fehlende Verstärkerfunktion z. B. durch vorübergehenden Mangel an Unterdruck oder Ausfall des Bremskraftverstärkers vom ESP-Aggregat kompensiert wird.

40.5.3.5 Hydraulic Boost Failure Compensation, HBC

Fällt der Bremskraftverstärker aus, kann ähnlich wie bei der HBB die Pumpe des ESP-Aggregats bei der Bremsung durch den Fahrer aktiv Bremsflüssigkeit in den Radbremszylinder fördern und dadurch den Fahrer bei der Bremsung unterstützen.

40.5.3.6 Hydraulic Fading Compensation, HFC

Steigt während der Bremsung durch den Fahrer die Bremsentemperatur auf hohe Werte, so kann die Bremswirkung nachlassen, und die Fahrzeugverzögerung entspricht nicht mehr der bei kalten Bremsen. Um die gleiche Fahrzeugverzögerung auch bei heißgefahrenen Bremsen beizubehalten, muss der Radbremsdruck relativ zum Hauptbremszylinderdruck erhöht werden. Dazu wird die Pumpe des ESP-Aggregats verwendet. Die HFC unterstützt den Fahrer, wenn bei einer sehr kräftigen Bremspedalbetätigung, die normalerweise zur ABS-Regelung führen würde, die volle Fahrzeugverzögerung nicht erreicht wird. Die Pumpe fördert so lange Bremsflüssigkeit in die Radbremszylinder, bis die volle Fahrzeugverzögerung erreicht wird, d. h. bis sich alle Räder in ABS-Regelung befinden. Wird der Hauptbremszylinderdruck wieder unter einen bestimmten Wert abgesenkt, wird die Funktion beendet.

40.5.3.7 Hydraulic Rear Wheel Boost, HRB

Bei Notbremsungen neigen Normalfahrer dazu, die Kraft auf das Bremspedal nicht weiter zu erhöhen, wenn sie spüren, dass die ABS-Regelung beginnt. Aufgrund der stabilen Auslegung der Bremskraftverteilung beginnt die ABS-Regelung an den Vorderrädern bei deutlich geringeren Verzögerungen als an den Hinterrädern. Dies gilt bei Geradeausbremsung auf homogenem Reibwert bei Verzögerungen unterhalb eines kritischen Werts (siehe EBV). So wird häufig das Kraftschlusspotenzial der Hinterachse nicht vollständig genutzt, obwohl es die Fahrsituation erfordern würde. Eine bessere Ausnutzung der Hinterradbremsen kann erzielt werden, wenn der Bremsdruck an der Hinterachse höher ist als der an der Vorderachse. Am Besten ist die Ausnutzung, wenn die Bremskraftverteilung der idealen Kurve folgt. Dazu müssen die Bremsdrücke an der Hinterachse über die der Vorderachse erhöht werden. Dies ist möglich unter Verwendung der Pumpe des ESP-Aggregats. Regeln die Räder der Vorderachse ABS, die der Hinterachse hingegen nicht, wird die Pumpe gestartet, und es wird der Druck in den Hinterradbremszylindern erhöht, bis an den Hinterrädern ebenfalls die ABS-Regelung beginnt. Die aktive Druckerhöhung wird beendet, wenn die Vorderräder nicht mehr in ABS-Regelung sind oder der Hauptbremszylinderdruck eine bestimmte Abschaltschwelle unterschreitet.

40.5.3.8 Soft Stop, SST

Bei sehr kleinen Fahrgeschwindigkeiten ist der Reibwert zwischen den Bremsbelägen und den Bremsscheiben größer als bei höheren Fahrgeschwindigkeiten. Deshalb erfolgt ein Bremsruck, kurz bevor das Fahrzeug durch die Bremsung zum Stillstand kommt. Dieser kann vermieden werden, indem der Fahrer den Bremsdruck kurz vor Fahrzeugstillstand zurücknimmt. Mit den Regelventilen des ESP-Aggregats ist dieser Vorgang auch ohne Zutun des Fahrers möglich. Kurz vor Fahrzeugstillstand wird der Bremsdruck in den Radbremszylindern mittels der Regelventile gegenüber dem vom Fahrer vorgegebenen Druck im Hauptbremszylinder reduziert.

40.5.4 Standstill & Speed Control

Diese Kategorie der Mehrwertfunktionen unterstützt den Fahrer bei Fahrbahngefälle und beim Anfahren, z. B. Anfahrassistent (Hill Hold Control) und ACC Stop&Go. Sie ermöglichen dem Fahrer ein komfortables Fahren.

40.5.4.1 Hill Descent Control, HDC

Geländefahrzeuge mit zugeschaltetem Untersetzungsgetriebe können mit dem Motorschleppmoment steile Hänge ohne Betätigung der Betriebsbremse herunterfahren, ohne dass das Fahrzeug zu schnell wird. Bei Fahrzeugen ohne dieses Getriebe wird die Wirkung durch eine automatische Bremsung der Räder erreicht [9]. Dazu wird das Prinzip der CDD-B verwendet.

HDC lässt sich am Armaturenbrett über eine Taste aktivieren und deaktivieren. Bei aktivierter HDC ist die Regelung erst betriebsbereit, wenn die Fahrgeschwindigkeit nicht zu groß ist (< 35 km/h), wenn wenig Gas gegeben wird (Gaspedalstellung < 20 %), und wenn Gefälle erkannt wird. Der geschätzte Offsetwert in Gleichung (40.9) wird als Fahrbahnsteigung verwendet. Geregelt wird auf einen konstanten Geschwindigkeitssollwert von 8 km/h. Betätigt der Fahrer das Gaspedal, so kann die Geschwindigkeit auf einen höheren Wert bis maximal 35 km/h geregelt werden. Betätigt der Fahrer hingegen das Bremspedal, so kann die Geschwindigkeit auf 6 km/h herunter geregelt werden. Auch bei der HDC werden wie bei der CDD-B die Bremsleuchten im Regelbetrieb angesteuert.

Überschreitet bei aktivierter Funktion die Geschwindigkeit die Schwelle 35 km/h, so wird die Regelung abgebrochen und erst dann wieder aufgenommen, wenn die Geschwindigkeit die Schwelle wieder unterschreitet. Die Funktion wird automatisch deaktiviert, wenn die Geschwindigkeit 60 km/h überschreitet.

Hohe Temperaturen an der Radbremse schränken den HDC-Betrieb ein. Sind die Temperaturen beider Räder einer Achse höher als 600 °C, so wird die Bremswirkung langsam zurückgenommen. Ist die Temperatur unterhalb 500 °C gesunken, wird die Bremsregelung wieder zugeschaltet. Anhand eines Modells der Bremse wird die Temperatur geschätzt. In dieses Modell gehen nicht nur die Aufheizzeiten sondern auch die Abkühlphasen ein. Die eingehende thermische Energie wird direkt aus dem geschätzten Bremsmoment abgeleitet.

Vor allem bei unebenem Gelände kann durch Abheben der Räder durch die HDC-Bremsung eine Bremsschlupfregelung häufig notwendig werden. Durch die asymmetrischen Bremskräfte können dabei, wie bei einer µ-Split-Bremsung, Giermomente auf das Fahrzeug ausgeübt werden, die der Fahrer über die Lenkung ausregeln muss. Um die Geschwindigkeit des Fahrzeugs beizubehalten, müssen dann die anderen Räder stärker abgebremst werden, was dort auch zu einer Schlupfregelung führen kann. Hierdurch ist der Fahrer bei der Führung seines Fahrzeugs belastet. Er kann sich aber voll auf seine Lenkungsaufgabe konzentrieren, da die Bremsaufgabe von der HDC übernommen wird.

40.5.4.2 Automatic Vehicle Hold with Acceleration Sensor, AVH-S

Diese Fahrerassistenzfunktion dient dazu, das Fahrzeug im Stand mit einem Haltedruck zu bremsen, damit es stehen bleibt und nicht wegrollt. Dazu wird mithilfe des ESP-Aggregats eine aktive Bremsdruckerhöhung bis zum Haltedruck an den Rädern durchgeführt. Im Gegensatz zur Funktion HHC-S, die nur ca. 2 s wirkt, kann das Fahrzeug mehrere Minuten ohne Bremsenbetätigung durch den Fahrer gehalten werden. Nach einer gewissen Zeit wird die Haltefunktion von der automatischen Feststellbremse übernommen. Zur Druckerzeugung wird sowohl die Pumpe als auch das Umschaltventil zwischen Hauptzylinder und Bremskreis angesteuert [4]. Bei einer elektrischen Teilbestromung wirkt das Umschaltventil wie eine Drossel. Durch die Pumpenförderung entsteht über das Ventil ein Staudruck, wodurch die Radbremszylinder mit Bremsdruck beaufschlagt werden. Da der Strom variiert werden kann, ist eine Druckmodulation der Radbremsen möglich. Damit lässt sich ein minimaler Bremsdruck an den Rädern einstellen, der sich an das Längsbeschleunigungssignal variabel anpasst und das ESP-Aggregat minimal belastet. Wenn der erforderliche Haltedruck erreicht ist, wird das Umschaltventil voll bestromt, sodass es schließt, und die Pumpe abgeschaltet werden kann. Die AVH-S-Funktion muss vom Fahrer über einen Schalter oder über eine Taste aktiviert werden. Wenn nach einer Bremsung bis zum Stillstand wieder angefahren werden soll, muss die Bremse gelöst werden. Wird der Bremsdruck in den Radbremszylindern vom ESP-Aggregat gehalten, so muss über die Ansteuerung der Umschaltventile der Druck geregelt zurückgenommen werden. Sobald der Fahrer das Gaspedal betätigt, wird der Druck in den Radbremszylindern reduziert, wobei die Bremsdruckreduzierung vom aktuellen Motormoment und dem eingelegten Gang abhängig ist.

40.5.4.3 Automatic Vehicle Release, AVR

Diese Funktion ermöglicht die geregelte Rücknahme des Haltedrucks im Stillstand. Sie ist in der Funktion AVH-S enthalten und dort beschrieben.

40.5.4.4 Cruise Control Basic, CCB

Bei der adaptiven Fahrgeschwindigkeitsregelung mit Umfeldsensor (Adaptive Cruise Control, ACC) wird die Fahrgeschwindigkeit zunächst über eine Rücknahme des Motormoments reduziert. Reicht der Motoreingriff nicht aus, so wird mit dem ESP-Aggregat ein aktiver Bremseneingriff eingeleitet, um die von der ACC vorgeschriebene Fahrzeugverzögerung zu erreichen, siehe Funktion CDD-B. Für diese Grundfunktion des ACC sind Bremsdrücke bis zu 40 bar erforderlich. Da die Bremsfunktion hohe Anforderungen an den Komfort erfüllen muss, sind genaue und kontinuierlich regelbare Umschaltventile erforderlich.

40.5.4.5 Cruise Control Touch Activated, CCT

Auch diese Funktion nutzt das ESP-Aggregat, um das Fahrzeug komfortabel zu verzögern. Im Unterschied zu CCB bietet CCT dem Fahrer die Möglichkeit, über Bedienelemente am Lenkrad beliebige Beschleunigungen und Verzögerungen vorzugeben. Dabei kann bis zum Fahrzeugstillstand verzögert werden und z. B. durch AVH-S im Stillstand gehalten werden. Diese Funktion stellt hohe Anforderungen an die Belastbarkeit und eine geringe Geräuschentwicklung des ESP-Aggregats.

40.5.4.6 Controlled Deceleration for DAS Basic, CDD-B

Viele Funktionen beruhen auf der Vorgabe einer Fahrzeugverzögerung, wie z. B. TSM, HDC, ACC und die automatische Teilbremsung bei Gefahr eines Auffahrunfalls. CDD-B ist ausgelegt für Cruise Control-Systeme und setzt Fahrzeugverzögerungen bis 3,5 m/s² bei Geschwindigkeiten oberhalb von 30 km/h um. Eingangsgröße der CDD-B ist eine Soll-Fahrzeugverzögerung, Ausgangsgröße ist die Ist-Fahrzeugverzögerung, die durch aktives Bremsen an allen Rädern eingeregelt wird. Dabei wird die Pumpe des ESP-Aggregats angesteuert und die Verbindung zwischen Bremskreis und Hauptbremszylinder mit einem stromgeregelten proportionalen Ventil, dem Umschaltventil, geschlossen (siehe auch AVH-S). Die Einlassventile der Räder werden nicht beeinflusst. Die Umschaltventile wirken wie variable Drosseln, wobei die Drosselwirkung über den elektrischen Strom gesteuert wird. Durch die stetige Förderung der Pumpe durch die variable Drossel wird ein variabler Staudruck generiert, welcher die Radbremszylinder mit Druck beaufschlagt. Durch die hohen Komfortanforderungen an Geräusch und Fahrzeugverzögerung, z. B. bei ACC, sind hochwertige Umschaltventile erforderlich [4].

40.5.4.7 Controlled Deceleration for DAS, Stop&Go, CDD-S

Im unteren Geschwindigkeitsbereich (0–30 km/h) wird relativ häufig gefahren, und zwar in ca. 32 % der Gesamtbetriebszeit des Fahrzeugs. Der Stauassistent hilft dem Fahrer im Verkehrsstau, bei Fahrgeschwindigkeiten unterhalb von 30 km/h, Auffahrunfälle zu vermeiden. Dafür ist ein Sensor (z. B. ein Radarsensor) für den Nahbereich und für niedrige Geschwindigkeiten erforderlich, um Hindernisse vor dem Fahrzeug zu erkennen. Zudem ist ein

Hochleistungs-Bremssystem nötig, um das Fahrzeug bei niedrigen Fahrgeschwindigkeiten komfortabel bis zum Stillstand zu verzögern. Wenn erforderlich, wird das Fahrzeug durch den Stauassistent aktiv und bis zum Stillstand verzögert. Genau wie CDD-B dient CDD-S diesen Cruise Control-Systemen als Steller, um die geforderte Fahrzeugverzögerung einzustellen. Dies ist mit CDD-S aber in jedem Geschwindigkeitsbereich bis zum Stillstand möglich, einschließlich Stop&Go-Betrieb. CDD-S kann höhere Verzögerungen bis zu 6 m/s² einstellen. Das Fahrzeug kann hydraulisch oder mittels einer mechanischen Feststellbremse im Stillstand gehalten werden. Wegen der hohen Einsatzhäufigkeit werden hierbei besonders hochwertige ESP-Aggregate verwendet. Wenn das vorausfahrende Fahrzeug anhält, kann der Fahrer sowohl visuell, akustisch als auch haptisch gewarnt werden, z. B. mittels AWB, um ihn zur Bremsung zu animieren. Wenn der Fahrer nicht rechtzeitig bremst, verzögert das System das Fahrzeug bis zum Stillstand.

40.5.4.8 Controlled Deceleration for Parking Brake, CDP

CDP findet in Fahrzeugen mit elektromechanischen Feststellbremsen Verwendung. Diese Bremsen ersetzen die konventionellen Handbremshebel: Die Seile der Feststellbremse werden durch einen Elektromotor betätigt. Bei laufendem Motor übernimmt zunächst die ESP-Hydraulik die Aufgaben der Feststellbremse bis zum Fahrzeugstillstand und auch kurze Zeit danach, bis die mechanische Feststellbremse diese übernommen hat. CDP bildet das Interface zum Steuergerät der elektromechanischen Feststellbremse und bremst das Fahrzeug durch aktive Druckerhöhung an den Rädern. Während des Abbremsvorgangs bleiben alle ESP-Funktionen voll verfügbar.

40.5.4.9 Hill Hold Control with Acceleration Sensor, HHC-S

Wenn ein Fahrzeug an einer Steigung anfahren soll, ist ein komplizierter Vorgang mit Koordination von Bremspedal Loslassen, Einkuppeln, Handbremse Lösen und Gas Geben notwendig, damit das Fahrzeug beim Bremsenlösen nicht zurückrollt. Dieser Vorgang kann mithilfe des ESP-Aggregats zu einem normalen Anfahrvorgang vereinfacht werden. Dabei wird der vom Fahrer aufgebrachte Bremsdruck für bis zu 2 s beibehalten. Es findet kein aktiver Druckaufbau statt. Dadurch hat der Fahrer genügend Zeit, um vom Bremspedal zum Gaspedal zu wechseln. Der Bremsdruck wird abgebaut, sobald das System den Anfahrvorgang erkennt. Um den richtigen Zeitpunkt für den Druckabbau zu bestimmen, ist es notwendig, das Kräftegleichgewicht am Fahrzeug zu kennen. Dieses kann aus dem Motormoment und der Hangabtriebskraft berechnet werden. Die Hangabtriebskraft wird mittels eines Längsbeschleunigungssensors abgeschätzt. Die HHC-Funktion wird automatisch aktiviert. Um zu vermeiden, dass der Fahrer das Fahrzeug verlässt, während HHC aktiv ist, werden zur Sicherheit zusätzliche Signale (z. B. Kupplungssignal) überprüft.

40.5.5 Advanced Driver Assistance System Support

Bei dieser Kategorie von Mehrwertfunktionen werden die ESP-Eingriffe auf der Grundlage von Sensorsignalen aus den Bereichen der aktiven und passiven Sicherheit angepasst. So z. B. die Automatic Warning Brake, die helfen soll, die Aufmerksamkeit des Fahrers zu erhöhen, siehe hierzu auch Kap. 47.

40.5.5.1 Adaptive Brake Assist, ABA

Je früher eine Vollbremsung einsetzt, desto kürzer ist der Bremsweg. Im Hinblick auf den Bremsassistenten HBA wurde bereits erklärt, dass nach Erkennung einer Gefahrensituation eine automatische Vollbremsung bis in den ABS-Bereich erfolgt. Für die Erkennung wird aber Zeit benötigt. Zudem wird Zeit gebraucht, bis die Bremsbeläge anliegen und Bremsmoment entsteht. Wird aufgrund der Umfeldsensorik eine Gefahrensituation erkannt, so wird die Auslöseschwelle des HBA herabgesetzt. Dies kann in mehreren Stufen erfolgen. Mithilfe der ABP-Funktion werden die Bremsbeläge automatisch an die Bremsscheiben angelegt, noch bevor der Fahrer die Bremsung einleitet. Betätigt der Fahrer dann die Bremse, so wird der Bremsassistent schneller aktiviert, die Bremswirkung startet sofort, und der Bremsweg ist kürzer. Diese Funktion wird auch „Predictive Brake Assist" (PBA) genannt. Bei der EHB (Elektrohydraulische Bremse) wird zusätzlich die Bremskraftverstärkung erhöht. Auch wenn der Auffahrunfall nicht vermieden werden kann, wird die Unfallschwere durch die geringere Geschwindigkeit beim Aufprall geringer sein. In einer weiteren Ausbaustufe wird auf Grundlage der Information aus der Umfeldsensorik zusätzlich ein erforderlicher Bremsdruck ausgerechnet, mit dem der Auffahrunfall noch vermieden werden kann. Leitet der Fahrer die Bremsung ein, so wird dieser Bremsdruck automatisch und sofort eingestellt.

40.5.5.2 Automatic Brake Prefill, ABP

Wird aus der Information der Umfeldsensorik eine Gefahrensituation festgestellt, die zu einem Auffahrunfall führen kann, werden die Bremsbeläge an die Bremsscheibe angelegt, um bei einer anschließenden Bremsung eine sofortige Bremswirkung zu erzielen. Dafür wird die Funktion EBP (Electronic Brake Prefill) verwendet. Anwendung findet diese Funktion z. B. bei der ABA.

40.5.5.3 Automatic Emergency Brake, AEB

Diese Funktion leitet eine automatische Notbremsung bis zum ABS-Betrieb ein, auch wenn der Fahrer nicht rechtzeitig reagiert. Hierfür ist eine sichere Erkennung der Gefahrensituation erforderlich. Neben der Sensorik für den Fernbereich, wie sie bei ACC verwendet wird, ist zusätzlich eine Sensorik für die Erkennung des Nahfeldbereichs erforderlich (z. B. Videosensorik). Wie bei der CDD-B wird eine aktive Bremsung eingeleitet, die wie bei der CDD-S bis zum Stillstand des Fahrzeugs fortgeführt wird. Der Druck in den Radbremszylindern wird aber nicht auf eine vorgegebene Fahrzeugverzögerung eingestellt, sondern ähnlich wie bei der HBA so schnell wie möglich bis zur ABS-Druckmodulation erhöht.

40.5.5.4 Automatic Warning Brake, AWB

Es gibt verschiedene Möglichkeiten, die Aufmerksamkeit des Fahrers bezüglich der Gefahrensituation zu erhöhen. So können akustische und optische Signale abgegeben werden, wenn aus der Information der Umfeldsensorik auf eine potenzielle Gefahrensituation erkannt wird. Effektiv sind haptische Signale, die der Fahrer spürt, wie z. B. ein Fahrzeug-Ruck, d. h. eine Änderung in der Fahrzeugbeschleunigung. Bei der AWB wird dieser Ruck durch einen kleinen aktiven Bremsimpuls von ca. 10 bar ausgelöst. Dazu wird, wie bei der CDD-B, die Pumpe des ESP-Aggregats angesteuert. Die Umschaltventile werden so angesteuert, dass der Schließdruck ca. 10 bar beträgt. Ist der Schließdruck in den Radbremszylindern erreicht, wird nach ca. 250 ms der Vorgang abgebrochen, wodurch die Umschaltventile geöffnet werden und die Pumpe abgeschaltet wird.

40.5.6 Monitoring & Information

Zu dieser Kategorie der Mehrwertfunktionen zählen Funktionen, die basierend auf ESP den Fahrer mit wichtigen Informationen versehen, wie z. B. die Reifen-Luftdrucküberwachung.

40.5.6.1 Tire Pressure Monitoring System, TPM

Wenn der Luftdruck in den Reifen niedriger als vorgeschrieben ist, nimmt der Reifenverschleiß zu. Bei schneller Fahrt werden Reifen mit niedrigem Luftdruck wegen dem erhöhten Rollwiderstand und Verformungsarbeit heiß und können platzen, vor allem beim beladenen Fahrzeug und an einem heißen Tag. Der Fahrer ist deshalb angehalten, den Luftdruck regelmäßig zu prüfen. Es kommt jedoch häufig vor, dass der Fahrer die Prüfung nicht durchführt. Bei einer Untersuchung in den USA stellte sich heraus, dass über die Hälfte der Fahrzeuge mit falschem Reifenluftdruck unterwegs waren. Der Vorteil des TPM besteht darin, den Luftdruck in den Reifen während der Fahrt ständig zu überwachen und eine Meldung abzugeben, falls der Druck zu gering ist. Ausgelöst durch schwere Unfälle in den USA, die auf Reifendruckverlust zurück zu führen waren, wird seit 2008 eine automatische Reifendrucküberwachung für Neufahrzeuge (Pkw und leichte Nutzfahrzeuge) gefordert, die den Fahrer warnt, wenn der Druckverlust in einem Reifen größer als 25 % ist.

Bei der Funktion TPM wird der Druck nicht direkt gemessen (wie bei der so genannten direkten Methode, TPM-C) sondern aus den Radgeschwindigkeiten abgeleitet (die indirekte Methode). Dazu werden die vier Radgeschwindigkeiten bei Geradeausfahrt und konstanter Fahrgeschwindigkeit miteinander verglichen. Die Methode funktioniert gut, wenn nur ein Reifen Druck verliert. Es besteht aber die Möglichkeit, auch eine Warnung auszugeben, wenn alle vier Reifen oder zwei Reifen auf einer Achse gleichmäßig Luftdruck verlieren. Die Funktion beruht auf der Tatsache, dass wenn ein Reifen Luft verliert, der Reifenradius etwas kleiner bzw. die Raddrehung etwas schneller wird. Der Unterschied ist jedoch gering, vor allem bei Reifen mit niedrigem Querschnitt, und es muss auf ca. 0,25 % Geschwindigkeitsunterschiede geprüft werden. Dies setzt eine sehr langsame Filterung und Mittelwertbildung der Radgeschwindigkeit voraus. Nach einem Reifenwechsel muss die Funktion zurückgesetzt werden, z. B. durch Betätigung einer „Reset"-Taste, und alle Reifen müssen auf Solldruck eingestellt werden. Neben der Auswertung der Abrollumfänge wird neuerdings auch das Frequenzspektrum der Radsignale ausgewertet (TPM-F).

40.6 Ausblick

Kurz nach Markteinführung des ESP erschien das wichtige Fahrerassistenzsystem „Bremsassistent" auf dem Markt. Seitdem ist die Zahl der Fahrerassistenzsysteme sprunghaft angestiegen. Anfänglich stand aber die Integration von ESP mit weiteren aktiven Systemen wie dem aktiven Lenksystem, der Fahrwerkregelung oder der aktiven Antriebsmomentenverteilung im Vordergrund [6]. Diese Entwicklung ist seit dem Jahr 2008 in vollem Gang, aber auch die Koppelung von ESP als aktives Sicherheitssystem mit Systemen, die auf Umfeldsensorik aufbauen, und mit Systemen der passiven Sicherheit steht im Zentrum der Entwicklung. Dabei steht die sichere Erkennung von Gefahrensituationen und die Sicherheit bei der Integration aktiver Systeme im Vordergrund. Die Sicherheit ist der zeitbestimmende Faktor für den Fortschritt auf diesem Gebiet. Deshalb wird es noch einige Jahre dauern, bis diese Vernetzungen und Kopplungen in vollem Umfang umgesetzt sind. Eine Besonderheit dabei ist die Vernetzung von Komponenten und Systemen unterschiedlicher Hersteller, vor allem wenn diese Hersteller Wettbewerber sind. Der Austausch von Spezifikationen und sicherheitsrelevanten Daten zwischen den Wettbewerbern, die für das Gesamtkonzept unabdingbar sind (z. B. Informationen über Ausfallraten und Risikoprioritätszahlen), ist dabei eine große Herausforderung.

Literatur

[1] Burkhardt, M.: Radschlupf-Regelsysteme. Vogel Buchverlag, Würzburg (1993)
[2] Schindler, E.: Fahrdynamik. Expert Verlag, Renningen (2007)
[3] Robert Bosch GmbH (Hrsg.): Fahrsicherheitssysteme. Vieweg Verlag, Wiesbaden (2004)
[4] Breuer, B., Bill, K.-H. (Hrsg.): Bremsenhandbuch. Vieweg Verlag, Wiesbaden (2006)
[5] van Zanten, A., Erhardt, R., Pfaff, G.: FDR – Die Fahrdynamikregelung von Bosch. ATZ, **Ausgabe 96**(11), 674–689 (1994)
[6] Isermann, R. (Hrsg.): Fahrdynamik-Regelung. Vieweg Verlag, Wiesbaden (2006)
[7] Rieth, P., Drumm, S., Harnischfeger, M.: Elektronisches Stabilitätsprogramm Bibliothek der Technik, Bd. 223. Verlag Moderne Industrie, Landsberg/Lech (2001)
[8] Keppler, D.; Rau, M.; Ammon, D.; Kalkkuhl, J.; Suissa, A.; Walter, M.; Maack, L.; Hilf, K.-D.; Däsch, C.: Realisierung einer Seitenwind-Assistenzfunktion für PKW. Tagungsband des 11. Braunschweiger Symposiums AAET 2010 (Automatisierungs-, Assistenzsysteme und eingebettete Systeme für Transportmittel), 10. und 11. Februar 2010, ITS Niedersachsen e.V., Braunschweig, 2010, S. 178–199
[9] Fischer, G., Müller, R.: Das elektronische Bremsenmanagement des BMW X5. ATZ **102**(9), 764–773 (2000)

Fahrdynamikregelung mit Brems- und Lenkeingriff

Thomas Raste

41.1 Einleitung – 756

41.2 Anforderungen an die Zusatzfunktion Stabilisierung mit Bremse und Lenkung – 756

41.3 Konzept und Wirkprinzip der Brems- und Lenkregelung – 758

41.4 Funktionsmodule zum Lenkwinkeleingriff – 760

41.5 Funktionsmodule zur Fahrerlenkempfehlung – 761

41.6 Spezifische Entwicklungsherausforderungen und zukünftige Entwicklungen – 763

Literatur – 765

41.1 Einleitung

Der Nutzen moderner Bremsensysteme bis hin zur elektronischen Stabilitätsregelung (engl. Electronic Stability Control, ESC) liegt darin, das Verhalten des Autos für den Fahrer berechenbarer, in einem weiten Bereich stabil und im Grenzbereich gutmütig beherrschbar zu machen. Stabil bedeutet für den Fahrer, dass die Reaktion des Autos auf Bedienvorgaben seinen Erwartungen entspricht. Ein Fahrzustand ist als stabil zu bezeichnen, wenn er bei konstanten Fahrervorgaben unverändert bleibt und sich bei kleinen Änderungen der Vorgaben nur wenig ändert. Stabile Fahrzustände entsprechen dem Normalfahrbereich, in dem vor allem komfortrelevante und fahrspaßrelevante Abstimmungen des Fahrwerks vom Fahrer wahrgenommen werden. Führt ein geringfügiger Eingriff des Fahrers dagegen zu großen Änderungen des Fahrzustands – z. B. eine geringe Lenkkorrektur zum Schleudern – so ist der Fahrzustand instabil, d. h. das Fahrzeug bewegt sich im sicherheitsrelevanten Grenzbereich. Fahrer und Fahrzeug bilden den in ◘ Abb. 41.1 skizzierten Regelkreis: Der Fahrer lenkt, gibt Gas oder bremst. Seine Befehle werden in zunehmendem Maße nicht direkt umgesetzt, sondern durch aktive Systeme „gefiltert", um ein optimales und sicheres Fahrverhalten zu erzielen.

Aktive Lenksysteme lassen sich wie folgt unterscheiden:

- Systeme zur Momentenüberlagerung erlauben unabhängig vom Fahrer die Einflussnahme auf das Lenkmoment, womit dem Fahrer eine haptische Rückmeldung als Lenkempfehlung in einer kritischen Fahrsituation gegeben werden kann;
- Systeme zur Winkelüberlagerung erlauben einen vom Fahrer vorgegebenen Lenkeinschlag der Vorderräder zu verändern oder den von der Kinematik bestimmten Lenkeinschlag der Hinterräder zu modifizieren;
- Systeme zur Momenten- und Winkelüberlagerung vereinen die Vorzüge der beiden vorgenannten Systeme, die Aktuatoren sind hierbei entweder örtlich konzentriert und damit sehr platzsparend in einem gemeinsamen Gehäuse untergebracht oder als separate Stellglieder an verschiedenen Stellen im Lenkstrang platziert;
- Steer-by-Wire-Systeme ebnen den Weg für völlig neuartige Mensch-Maschine-Schnittstellen, wie z. B. eine Side-Stick-Steuerung anstatt der konventionellen Winkelvorgabe mittels Lenkrad.

Aktive Lenksysteme bieten nicht nur ein großes Vernetzungspotenzial für die Fahrdynamikregelung auf der Stabilisierungsebene, sondern auch für Fahrerassistenzfunktionen auf der Bahnführungsebene. ◘ Abbildung 41.2 zeigt einige bereits heute oder in naher Zukunft in Serie befindlichen Funktionen.

41.2 Anforderungen an die Zusatzfunktion Stabilisierung mit Bremse und Lenkung

Der Systemkontext in ◘ Abb. 41.3 definiert die Funktionseinheiten der Fahrdynamikregelung mit Lenkeingriff und definiert Schnittstellenanforderungen für das Zusammenwirken mit den anderen Fahrzeugsystemen. Dem Fahrzeughersteller obliegt die Aufgabe zu entscheiden, welche Hardware eingesetzt und welchen Steuergeräten die Software zugeordnet wird. Eine gängige Variante ist die Realisierung der Stabilisierungsfunktionen im ESC-Steuergerät; ein entsprechend erweitertes ESC mit integrierter Querdynamikregelung nutzt das Lenksystem als Aktuator für stabilisierende Regeleingriffe. Dabei bestehen aus Sicht der Benutzer folgende Anforderungen an die Fahrdynamikregelung mit kombinierten Brems- und Lenkeingriffen:

- verbesserte Spur- und Richtungstreue in allen Betriebszuständen wie Lastwechsel, Voll- und Teilbremsung in Kurven, Slalom,
- erweiterte Fahrstabilität im Grenzbereich bei extremen Lenkmanövern (z. B. Notlenksituation, Panikspurwechsel) und damit Reduzierung der Schleudergefahr,
- verringerter Lenkaufwand und verbesserte Nutzung des Kraftschlusspotenzials beim Bremsen und Antreiben – insbesondere auf inhomogenen Fahrbahnen und dadurch Bremsweg- und Traktionsgewinne bei gleicher oder besserer Stabilität.

41.1 · Einleitung

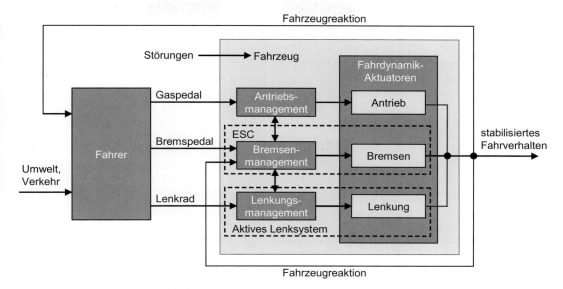

Abb. 41.1 Regelkreis Fahrer – Fahrzeug – Umwelt mit ESC und aktivem Lenksystem

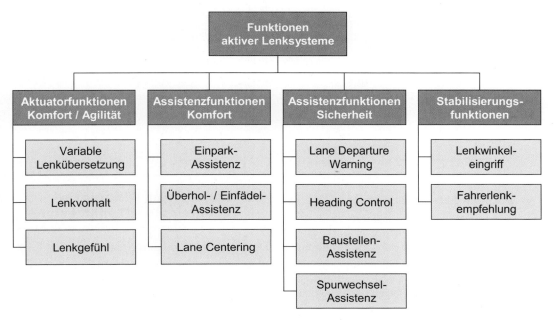

Abb. 41.2 Funktionen aktiver Lenksysteme

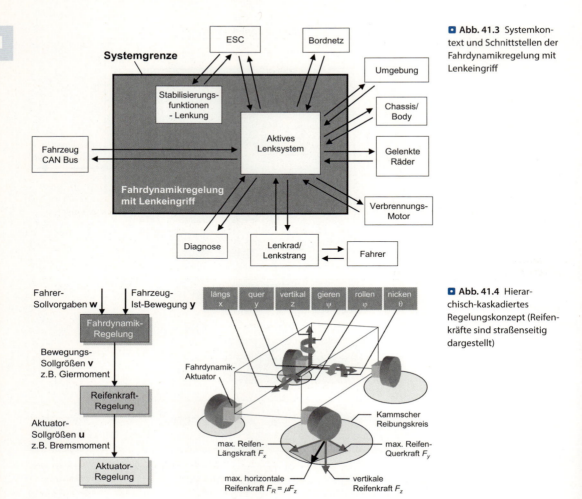

Abb. 41.3 Systemkontext und Schnittstellen der Fahrdynamikregelung mit Lenkeingriff

Abb. 41.4 Hierarchisch-kaskadiertes Regelungskonzept (Reifenkräfte sind straßenseitig dargestellt)

Der elektronischen Stabilitätsregelung ESC erschließen sich mit aktiven Lenksystemen völlig neue Möglichkeiten der Fahrzeugstabilisierung: Ein kombinierter Brems- und Lenkeingriff kann unerwünschten Gierreaktionen schnell und komfortabel entgegenwirken. Die Stabilisierungsfunktionen kommen bevorzugt in den folgenden Fahrsituationen zum Einsatz:

- Bremsen auf μ-split,
- Beschleunigen auf μ-split,
- Übersteuern,
- Untersteuern,
- Überrollgefahr,
- Anhängerinstabilität.

41.3 Konzept und Wirkprinzip der Brems- und Lenkregelung

Das Konzept der kombinierten Brems- und Lenkregelung basiert auf einem abgestuften, kaskadierten Regelungskonzept, ◘ Abb. 41.4. Mittels Sensoren an Bremse, Lenkung und Gaspedal werden die Fahrer-Sollvorgaben erfasst und mit der durch Inertial- und Geschwindigkeitssensoren ermittelte Fahrzeug-Istbewegung verglichen. Abweichungen korrigiert der Fahrdynamikregler durch Vorgaben von Sollgrößen, die eine Änderung der Fahrzeugbewegung bewirken. Die Reifenkräfte an der Kontaktstelle Reifen – Straße sind zuständig für die Bewegungsänderung und werden über Fahrdynamik-Aktuatoren neu eingestellt. Hierbei bildet der

41.3 · Konzept und Wirkprinzip der Brems- und Lenkregelung

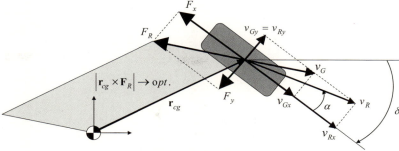

Abb. 41.5 Reifenkräfte, Radgeschwindigkeiten und Giermomentanteil des Rades

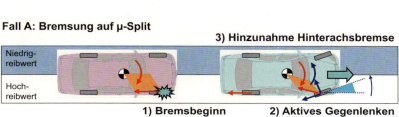

Fall A: Bremsung auf µ-Split

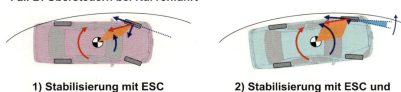

Fall B: Übersteuern bei Kurvenfahrt

Abb. 41.6 Anwendungsfälle für das Zusammenwirken von Brems- und Lenksystemen zur Fahrzeugstabilisierung in kritischen Situationen

vom Reibwert μ und der Aufstandskraft F_z abhängige Kamm'sche Reibungskreis die Grenze für die maximal einstellbaren horizontalen Reifenkräfte am jeweiligen Rad.

Abb. 41.5 zeigt, wie ein einzelnes Rad zum Giermoment des Fahrzeugs beiträgt [1]. Die Horizontalkräfte sind abhängig von den Schlupfgrößen, die aus der Gleitgeschwindigkeit v_G und der absoluten Geschwindigkeit v_R des Rades abgeleitet werden können. Die Resultierende F_R der Horizontalkräfte und die Gleitgeschwindigkeit v_G befinden sich entgegengesetzt auf der gleichen Wirkungslinie.

Der Anteil des Giermoments, das jedes Rad erzeugt, erreicht sein Maximum, wenn das Kreuzprodukt aus dem Ortsvektor r_{cg} vom Fahrzeugschwerpunkt zum Radzentrum und dem Vektor F_R der resultierenden Reifenkraft maximal ist. Über den Lenkwinkel δ am Rad lassen sich Kraft- und Ortsvektor näherungsweise orthogonal einstellen und gleichzeitig über Bremse oder Antrieb der Betrag der Kraft F_R vergrößern. Aber auch ein Minimieren des Giermomentanteils eines Rades ist in bestimmten Fahrsituationen gefordert, was ebenfalls mittels Lenkeinschlag geschieht. Jedoch soll jetzt das Kreuzprodukt, d. h. die von F_R und r_{cg} aufgespannte Fläche möglichst klein werden. Typische Anwendungsfälle für ein Zusammenwirken von Brems- und Lenksystemen zur Fahrzeugstabilisierung sind in Abb. 41.6 dargestellt.

In Fall A – beim Bremsen auf ungleich griffiger Fahrbahn (µ-split) – baut sich in sehr kurzer Zeit ein großes Giermoment auf. Ohne Regelsysteme ist diese Situation vom Fahrer nur schwer zu beherrschen. Heutige Stabilitätsregelsysteme wie das ESC schwächen die destabilisierende Giermomentwirkung auf das Fahrzeug dadurch ab, dass an der Vorderachse die Bremskraft leicht verzögert aufgebaut wird. Zudem wird programmgesteuert an der Hinterachse kein Giermoment erzeugt, in dem

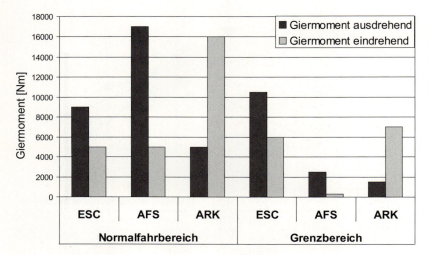

Abb. 41.7 Potenzial von Brems- und Lenksystemen für Zusatzgiermomente zum Ausdrehen aus bzw. Eindrehen in Kurven jeweils im Normalfahr- und Grenzbereich

der niedrigste Reibwert die Bremskraft an beiden Rädern bestimmt (sog. „Select-Low"-Strategie). Die genannten Strategien bewirken jedoch einen Zielkonflikt zwischen maximaler Stabilität und minimalem Bremsweg. Eine deutliche Reduzierung dieses Zielkonflikts erreicht man durch eine Koordinierung von Brems- und Lenkeingriffen: Durch Einlenken der Vorderräder in Richtung des niedrigeren Reibwerts verkleinert sich das Gesamtgiermoment, welches auf das Fahrzeug wirkt. Somit kann auf einen verzögerten Aufbau der Bremskraft an der Vorderachse und die Select-Low-Strategie an der Hinterachse verzichtet werden, wodurch sich der Bremsweg bei gleichzeitig guter Geradeausstabilität erheblich reduziert.

In Fall B ist ein Übersteuern bei Kurvenfahrt dargestellt. Beim Übersteuern ist die Stabilität herabgesetzt, weil ein Giermoment das Fahrzeugheck in Richtung Kurvenaußenrand drängt und ein gefährlicher Schleuderzustand droht. In einem solchen Fall bremst das ESC das vordere kurvenäußere Rad ab, um ein stabilisierendes Giermoment zu erzeugen bzw. das destabilisierende Giermoment abzuschwächen. Durch das Lenksystem kann das stabilisierende Giermoment noch einmal erheblich gesteigert werden: Dies geschieht durch ein Zurücklenken, d.h. Verkleinern des Lenkwinkels an der Vorderachse – womit sich der Winkel zwischen Ortsvektor zum Schwerpunkt und resultierender Kraft und somit der stabilisierende Giermomentanteil des linken Vorderrads vergrößert.

◘ Abbildung 41.7 zeigt, über welches Potenzial zur Erzeugung von Giermomenten das ESC mit der Bremse, die AFS (Active Front Steering) mit Winkelüberlagerung an der Vorderachse und die ARK (Active Rear Axle Kinematics) mit Winkelüberlagerung an der Hinterachse verfügen [2]. Im Grenzbereich hat das ESC das größte Potenzial, ein übersteuerndes Fahrzeug zu stabilisieren. Mit den Lenksystemen kann man im Grenzbereich sehr effektiv Seitenkräfte abbauen, was beim AFS zu einem hohen ausdrehenden und bei der ARK zu einem noch höheren eindrehenden Giermoment führt.

41.4 Funktionsmodule zum Lenkwinkeleingriff

Die typischen Funktionsmodule für einen Lenkwinkeleingriff sind in ◘ Abb. 41.8 dargestellt: Der Radlenkwinkel δ ergibt sich aus dem Fahrerwunsch-Lenkwinkel δ_{FW} und den Überlagerungswinkeln δ_{FB} aus dem Giermomentregler und δ_{FF} aus der Giermomentkompensation. Von den Fahrervorgaben wird der Lenkradwinkel δ_H und der Fahrerbremsdruck p_F benutzt; am Fahrzeug wird die Gierrate $\dot{\psi}$ und die Querbeschleunigung a_y gemessen und der Regelung zugeführt. Nicht dargestellt ist die Verwendung der Fahrzeuggeschwindigkeit, die aus den gemessenen Raddrehzahlen bestimmt wird. Die Referenzgierrate berücksichtigt das stationäre und dynamische Fahrzeugverhalten und muss auf

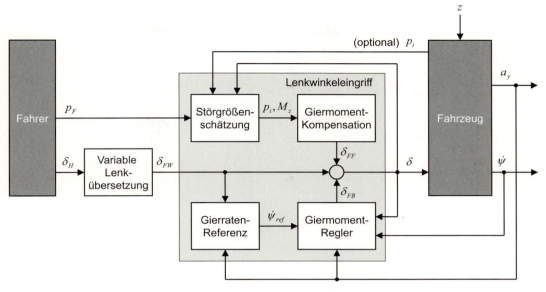

Abb. 41.8 Lenkwinkeleingriff mit Giermomentregler und -kompensation

ein physikalisch sinnvolles, durch den maximalen Reibwert bestimmtes Maß limitiert werden. Der Giermomentregler enthält Anteile zur Folgeregelung der Gierrate, um den Fahrer zu unterstützen, und zur Begrenzung des Schwimmwinkels bzw. der Schwimmwinkelgeschwindigkeit, um die Stabilität des Fahrzeugs zu verbessern. Die Giermomentkompensation ist eine Störgrößenaufschaltung, die die negativen Auswirkungen von Störgrößen z auf das Fahrverhalten beim Bremsen oder Beschleunigen kompensiert. Das für die Giermomentkompensation erforderliche Störgiermoment M_z wird aus den Bremsdrücken bzw. den einzelnen Bremskräften abgeschätzt. Die Funktion wird entscheidend verbessert, wenn die Bremsdrücke p_i an den Rädern gemessen werden.

Das Sicherheitsplus zeigt sich vor allem beim Bremsen auf ungleich griffiger Fahrbahn (μ-split), ◘ Abb. 41.9: Weil die Reifen auf griffigem Untergrund mehr Bremskraft übertragen können als auf glattem Untergrund, will sich das Auto in Richtung der griffigen Seite drehen. Das um den Lenkwinkeleingriff erweiterte ESC steuert diesem Drang durch automatisches, dosiertes Lenken in die andere Richtung entgegen und befreit den Fahrer von der Aufgabe, dies zur Stabilisierung des Autos selbst zu tun. Gleichzeitig kann ESC an jedem Rad genau den höchstmöglichen Bremsdruck einstellen, so dass der Bremsweg bei spürbar verbesserter Fahrstabilität erheblich schrumpft. Der Fahrer muss in dieser Stresssituation lediglich dorthin lenken, wohin er fahren möchte.

Die Giermomentregelung verbessert das Handling des Autos durch gezielte Lenkeingriffe in Kurven, wobei die Vorderräder kurzzeitig etwas stärker und schneller eingelenkt werden, als es aufgrund der Lenkradbewegungen der Fall wäre. In Notsituationen sorgt die Regelung für ein schnelles Ansprechverhalten des Fahrzeugs, bessere Stabilität und geringeren Lenkaufwand, ◘ Abb. 41.10. Das stabilisierende Gegenlenken erfolgt automatisch und kann sehr früh erfolgen, da es vom Fahrer unbemerkt bleibt. Mit zunehmendem Schwimmwinkel werden die Bremseneingriffe stärker hinzugezogen.

41.5 Funktionsmodule zur Fahrerlenkempfehlung

Ist die Lenkung als System zur Momentenüberlagerung ausgeführt, erfolgt der Lenkeingriff als Fahrerlenkempfehlung (engl. Driver Steering Recommendation, DSR). Droht das Auto vom Wunschkurs des Fahrers abzukommen, ist im

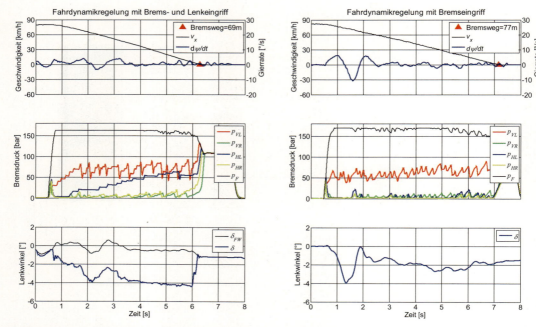

Abb. 41.9 Bremsung auf µ-split mit Lenkwinkeleingriff zur Giermomentkompensation und kombiniertem Bremseingriff an der Hinterachse im Vergleich zum ESC ohne Lenkeingriff

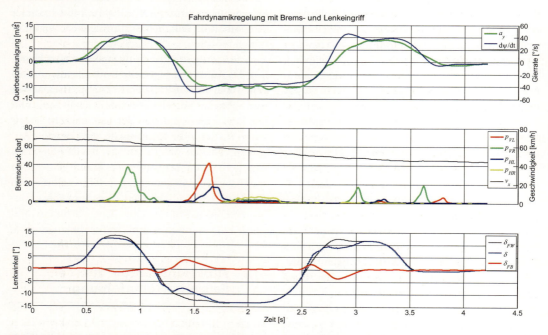

Abb. 41.10 VDA-Fahrspurwechsel mit kombiniertem Lenkwinkel- und Bremseingriff zur Giermomentregelung

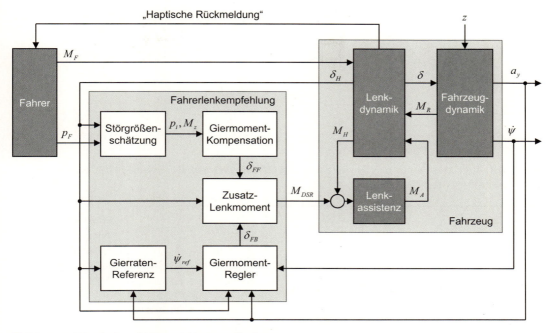

Abb. 41.11 Fahrerlenkempfehlung mit Momentenüberlagerung

Lenkrad ein eindeutiger Impuls spürbar, in welche Richtung gelenkt werden muss, um das Fahrzeug zu stabilisieren. Die Funktionsmodule sind die gleichen wie für die Winkelüberlagerung in Abb. 41.8, lediglich ein Modul zur Umsetzung des Soll-Lenkwinkels in das Überlagerungsmoment M_{DSR} muss hinzugefügt werden. Der Fahrer ist jetzt „closed-loop" in die Regelung einbezogen. Am Beispiel der elektrischen Servolenkung wird die Wirkungskette erläutert (Abb. 41.11): Auf den Lenkstrang wirken der Fahrer mit dem Lenkmoment MF, die Räder mit dem Rückstellmoment MR und die Servolenkung mit dem Unterstützungsmoment MA ein. Die Reaktion im Lenkstrang wird mittels Torsionsstab als Handmoment MH gemessen und zusammen mit dem Überlagerungsmoment in der Servolenkung verstärkt. Dies führt zu der haptischen Rückmeldung des Lenksystems, die dem Fahrer hilft, in kritischen Situationen schnell und richtig zu reagieren.

In Übersteuer- und μ-split-Situationen sorgt die Momentenüberlagerung für ein stabilisierendes Gegenlenken durch den Fahrer. In Untersteuersituationen, in denen das Auto bei Kurvenfahrt über die Vorderachse nach außen schiebt, soll der Fahrer die maximale Seitenkraft nicht so schnell überlenken. Die meisten Fahrer reagieren auf diese Situation automatisch, indem sie die Lenkung weiter zuziehen. Die Fahrerlenkempfehlung motiviert den Fahrer dazu, die Lenkung nicht noch weiter zuzuziehen, sondern wieder zu öffnen. Hierzu wird beim Überschreiten eines berechneten Lenkwinkel-Limits δ_{lim} ein Überlagerungsmoment M_{DSR} aufgeschaltet und erst dann zurückgenommen, wenn der Fahrer den Radlenkwinkel δ eingestellt hat, der bei dem gegebenen Fahrbahnreibwert die maximale Seitenführung an der Vorderachse bietet, Abb. 41.12.

41.6 Spezifische Entwicklungsherausforderungen und zukünftige Entwicklungen

Fahrzeughersteller und Zulieferer sind sich einig, dass die Vernetzung von Fahrdynamiksystemen weiter zunehmen wird. Konzepte wie Global Chassis Control (GCC) eröffnen neue Dimensionen in den Bereichen Fahrdynamik, Stabilität und Fahrkomfort durch die funktionale Integration aktiver

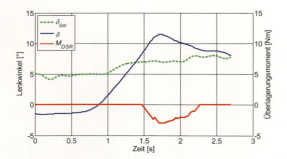 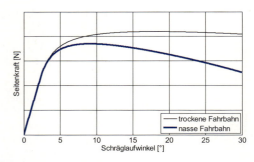

Abb. 41.12 Untersteuersituation mit Fahrerlenkempfehlung und Reifenseitenkraft auf unterschiedlichen Fahrbahnreibwerten bei höheren Fahrzeuggeschwindigkeiten

Wirkungsebene	Aktives Fahrdynamiksystem	Normalfahrbereich				Grenzbereich			Effektivität des Einzelsystems	
		Fahrkomfort (z,θ,φ)	Agilität (y,ψ)	Bedienkomfort	Sicherheit (y,ψ)	Stabilität (x,y,ψ,φ)	Bremsweg	Traktion		
horizontal	ESC Electronic Stability Control		+	+	+	O	O	O	O	Haupteffekt
	ATV Active Torque Vectoring		O	O	+	+		O		Kein Effekt
	ARK Active Rear Axle Kinematics		O	O	+	+	+			
	AFS Active Front Steering		O	O	+	+	+			Effektivität durch Vernetzung
	EPS Electric Power Steering			O	+	+	+			
vertikal	EAS Electronic Air Suspension	O		O		+			+	Vernetzung mit anderen aktiven Systemen oder Umgebungssensorsystemen
	ARS Active Roll Stabilizer	O	O			+				
	EAD Electronic Adjustable Damper	O	O			+	+	+		
	ABC Active Body Control	O	O		+	+	+	+		

Abb. 41.13 Potenziale von Fahrdynamiksystemen und Steigerung durch Vernetzung

Fahrdynamiksysteme, ◘ Abb. 41.13. Ziel ist es, die Potenziale der Einzelsysteme zu optimieren und in ein intelligentes Gesamtsystem zu integrieren [3, 4]. Die funktionale Integration wird durch AUTOSAR-konforme Hard- und Software (siehe ▶ Kap. 7) unterstützt.

Die Vernetzung der Fahrdynamiksysteme wird kontinuierlich vorangetrieben, aktuell wird intensiv an folgenden Herausforderungen gearbeitet [5, 6, 7, 8]:

- Darstellung der Bereiche, in denen die Charakteristik eines Fahrzeugs per Regelung bestimmt und gestaltet werden kann bzw. werden sollte;
- Zusammenstellung des bestmöglichen Systemportfolios für ein bestimmtes Fahrzeug oder eine Fahrzeugfamilie;
- Abbildung der Regelungsfunktionen auf eine bestimmte Elektronik-Architektur mit der Notwendigkeit zur Komplexitätsbeherrschung.

Der Weg zu einem durchgängigen, herstellerübergreifenden Koordinationskonzept für Fahrdynamikregelungen ist noch weit. Über die Zielsetzung herrscht indes Einigkeit: Im Normalfahrbereich sorgt der Regler für ein Maximum an Komfort und Fahrspaß. Dabei hat der Fahrzeughersteller alle Freiheitsgrade für die individuelle Einstellung des Fahrzeugcharakters. Im sicherheitsrelevanten Grenzbereich werden alle verfügbaren Aktoren in die Regelung einbezogen: Das aktive Fahrwerk unterstützt den Fahrer optimal bei der Unfallvermeidung.

Literatur

1. Salfeld, M., Stabrey, S., Trächtler, A.: Analysis of the vehicle dynamics and yaw moment maximization in skid maneuvers TÜV-Congress Chassis Tech, München, 1-2 March. (2007)
2. Schiebahn, M., Zegelaar, P., Hofmann, O.: Yaw Torque Control for Vehicle Dynamics Systems. Theoretical Generation of Additional Yaw Torque VDI-Tagung Reifen-Fahrwerk-Fahrbahn. VDI-Berichte, Bd. 2014., S. 101–119 (2007)
3. Raste, T., Semmler, S., Rieth, P.: Global Chassis Control mit Schwerpunkt auf Hinterradlenkung Aachener Kolloquium Fahrzeug- und Motorentechnik., S. 759–774 (2006)
4. Raste, T., Kretschmann, M., Lauer, P., Eckert, A., Rieth, P., Fiedler, J., Kranz, T.: Sideslip Angle Based Vehicle Dynamics Control System To Improve Active Safety. In: Proceedings of FISITA World Automotive Congress. Budapest (2010)
5. Ammon, D.: Künftige Fahrdynamik- und Assistenzsysteme – eine Vielzahl von Möglichkeiten und regelungstechnischen Herausforderungen AUTOREG 2004. VDI-Berichte, Bd. 1828. VDI-Verlag, Düsseldorf, S. 1–23 (2004)
6. Smakman, H., Köhn, P., Vieler, H., Krenn, M., Odenthal, D.: Integrated Chassis Management – ein Ansatz zur Strukturierung der Fahrdynamikregelsysteme Aachener Kolloquium Fahrzeug- und Motorentechnik., S. 673–685 (2008)
7. Schröder, W., Knoop, M., Liebemann, E., Deiss, H., Krimmel, H.: Zusammenwirken aktiver Fahrwerk- und Triebstrangsysteme zur Verbesserung der Fahrdynamik Aachener Kolloquium Fahrzeug- und Motorentechnik., S. 1671–1682 (2006)
8. Schwarz, R., Dick, W.: Die neue Audi Dynamiklenkung VDI-Tagung Reifen-Fahrwerk-Fahrbahn. VDI-Berichte, Bd. 2014., S. 65–80 (2007)

Fahrdynamikregelsysteme für Motorräder

Kai Schröter, Raphael Pleß, Patrick Seiniger

42.1 Fahrstabilität – 768

42.2 Bremsstabilität – 771

42.3 Für Fahrdynamikregelungen relevantes Unfallgeschehen von Motorrädern – 773

42.4 Stand der Technik der Bremsregelsysteme – 774

42.5 Stand der Technik der Antriebsschlupfregelungssysteme – 782

42.6 Stand der Technik der Fahrwerkregelsysteme – 785

42.7 Zukünftige Fahrdynamikregelungen – 786

Literatur – 793

H. Winner, S. Hakuli, F. Lotz, C. Singer (Hrsg.), *Handbuch Fahrerassistenzsysteme*, ATZ/MTZ-Fachbuch,
DOI 10.1007/978-3-658-05734-3_42, © Springer Fachmedien Wiesbaden 2015

Das Risiko, in Deutschland bei einem Motorradunfall getötet zu werden, war im Jahr 2010 pro Fahrstrecke mehr als 12-mal so hoch als bei einem sonstigen Verkehrsunfall [1]. Die motorradspezifische Kopplung von Längs-, Quer- und Vertikaldynamik beim Durchfahren von Kurven in Schräglage übt eine große Faszination aus, macht aber auch die Auslegung von Fahrdynamikregelsystemen besonders anspruchsvoll.

Über viele Jahre waren daher für Motorräder lediglich Brems- und Antriebsschlupfregelsysteme am Markt, deren Einsatzbereich die Geradeausfahrt ist und die daher nur eingeschränkt kurventauglich sind. Das erste Antiblockiersystem (ABS) für Motorräder kam 1988 auf den Markt [2], die erste Antriebsschlupfregelung 1992 [3]. Systeme, die den Kurvenfahrzustand sensorisch erfassen und bei der Regelung berücksichtigen, sind im Falle der Antriebsregelung ab 2009 [4] – im Falle des ABS sogar erst ab 2013 [5] – erhältlich. Seit 2012 sind weiterhin semiaktive Fahrwerke am Markt [6], die durch Interaktion mit den bestehenden Systemen eine weitere Verbesserung im Detail versprechen.

Obgleich die Marktdurchdringung von Fahrdynamikregelsystemen bei Motorrädern im Vergleich zu Personenkraftwagen noch eher gering ist, haben Akzeptanz und Ausstattungsraten in den vergangenen Jahren stark zugenommen (vgl. z. B. [7, 8] und [9] für ABS). Einen entscheidenden Impuls liefert nun der Gesetzgeber, der die Ausstattung mit ABS ab 2016 für alle neu entwickelten Motorräder über 125 cm³ und ab 2017 für alle Neufahrzeuge dieser Hubraumklasse europaweit verbindlich vorschreibt [10].

Dieses Kapitel wird die Grenzen der Fahrdynamikregelungen für Motorräder erklären, einen Überblick über die Funktionsweise der vorhandenen Systeme geben und einen Ausblick auf in Zukunft zu erwartende Fahrdynamikregelsysteme geben.

42.1 Fahrstabilität

Der augenscheinlichste Unterschied zwischen Motorrädern (im Folgenden wird auf den technisch exakten Terminus Einspurfahrzeuge verzichtet) und Personenkraftwagen (Zweispurfahrzeuge) ist sicherlich die Stabilität des Fahrzeugs – insbesondere im Stand. Ein Motorrad ist ein instabiles System, ohne Stabilisierung kippt es; stabilisiert wird es durch verschiedene dynamische Mechanismen. Aber gerade diese Instabilität erlaubt eine Art des Fahrens, die das Motorradfahren zu einer faszinierenden Fortbewegungsart macht: Kurven werden in Schräglage durchfahren. Der Neigungswinkel des Fahrzeugs wird Rollwinkel λ genannt und ist bei stationärer Kreisfahrt genau so groß, dass die Resultierende aus Fliehkraft und Gewichtskraft des Fahrzeugs die Radaufstandslinie schneidet. Es entsteht kein Rollmoment um die Radaufstandslinie und das Fahrzeug fährt – in Analogie zu einem umgekehrten Pendel – im sogenannten labilen Gleichgewicht. Das Kräftegleichgewicht der stationären Kurvenfahrt ist in Gl. 42.1 und ◘ Abb. 42.1 gezeigt.

Der sich einstellende theoretische (physikalisch wirksame) Rollwinkel λ_{th} ist

$$\lambda_{th} = \arctan \frac{F_F}{G} = \arctan \frac{m \cdot \ddot{y}}{m \cdot g}$$
$$= \arctan \frac{\ddot{y}}{g} = \arctan \frac{v^2}{R \cdot g} \quad (42.1)$$

mit der Gewichtskraft des Fahrzeugs G, der Fliehkraft F_F, der Masse m, der fahrbahnbezogenen Querbeschleunigung $\ddot{y}$, der Erdbeschleunigung g, der Fahrgeschwindigkeit v und dem Kurvenradius R. Der Rollwinkel ist damit nur von der Querbeschleunigung abhängig. Mit dem maximalen Querreibwert der Reifen

$$\mu_{quer,max} = \frac{\ddot{y}}{g} \quad (42.2)$$

wird der maximale Rollwinkel zu

$$\lambda_{th} = \arctan \mu_{quer} \leq \arctan \mu_{quer,max}$$
$$= \lambda_{th,max} \quad (42.3)$$

Querreibwerte von modernen Motorradreifen erreichen auf trockener, griffiger Fahrbahn Werte im Bereich von 1,2. Damit sind physikalische Rollwinkel von bis zu 50° fahrbar.

Der „theoretische Rollwinkel" und die Rollwinkelgleichung 42.1 gelten allerdings nur für idealisierte Reifen ohne Breite. Mit realen Reifen ist zur Aufrechthaltung des Gleichgewichts ein zusätzlicher

42.1 · Fahrstabilität

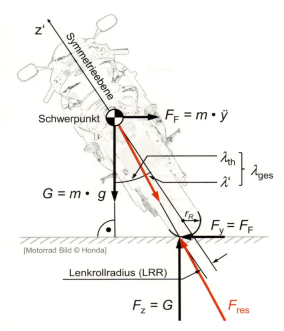

Abb. 42.1 Kräftegleichgewicht in Kurvenfahrt mit reifenbreitenbedingtem Zusatzrollwinkel (Quelle: Honda, modifiziert durch Autoren)

Neigungswinkel erforderlich, weil der Radaufstandspunkt nicht in der Symmetrieebene des Fahrzeugs liegt, siehe ◘ Abb. 42.1. Der sogenannte „reifenbreitenbedingte Zusatzrollwinkel" λ' beträgt etwa 10 % von λ_{th}, je nach Reifenbreite (größer) und Schwerpunkthöhe (kleiner).

Weitere Zusatzrollwinkel (λ'', λ''') liegen eine bzw. zwei weitere Größenordnungen unter diesem ersten, reifenbreitenbedingten Zusatzrollwinkel und sind für das Verständnis der Besonderheiten der Fahrdynamik von Motorrädern in der Praxis vernachlässigbar [11]. Der Gesamtrollwinkel für übliche Reifenbreiten und Schwerpunkthöhen moderner Motorräder ergibt sich damit zu

$$\lambda_{ges} = \lambda_{th} + \lambda' \approx 1{,}1 \cdot \lambda_{th} \qquad (42.4)$$

Unter optimalen Bedingungen (von $\mu_{quer,max} = 1{,}2$) können bei typischen Motorrädern folglich geometrische Rollwinkel von bis zu 55° auftreten. Im Regelfall ist der Rollwinkel aber durch Anbauteile wie Auspuff und Fußrasten auf Werte um 50° begrenzt, so dass idealerweise eine kleine Sicherheitsreserve bleibt.

Das zuvor beschriebene labile Gleichgewicht kehrt bei kleinsten Auslenkungen nicht mehr zur Gleichgewichtslage zurück; diese Eigenschaft wird instabil genannt. Stabilisiert werden Motorräder durch zwei Mechanismen:

- Bei kleinen Geschwindigkeiten unter etwa 30 km/h stabilisiert der Fahrer das Motorrad maßgeblich durch Lenkeinschläge, was ähnlich dem Balancieren von Fahrrädern durch Gewichtsverlagerung unterstützt werden kann;
- bei größeren Geschwindigkeiten über etwa 30 km/h stabilisiert die Kreiselwirkung der rotierenden Massen das Motorrad. Im Wesentlichen trägt das rotierende Vorderrad zur Kreiselstabilisierung bei.
- Der Übergang zwischen diesen beiden Mechanismen verläuft fließend.

In ◘ Abb. 42.2 ist das System Motorrad mit Radaufstandspunkten und Projektion des Schwerpunkts dargestellt: Erkennbar ist, dass durch eine Bewegung des Lenkers der waagrechte Abstand zwischen Schwerpunkt und Radaufstandslinie – in erster Näherung ist dies die Rollachse – gesteuert werden kann. Neben den Lenkbewegungen kann der Fahrer auch durch Gewichtsverlagerung relativ zum Fahrzeug den Hebelarm zwischen Schwerpunkt und Rollachse steuern und damit die Rollbewegung stabilisieren. Den Lenkbewegungen kommt dabei allerdings die wichtigere Rolle zu, denn auch Kabinenmotorräder mit stark eingeschränkter Möglichkeit zur Gewichtsverlagerung sind stabil bei niedrigen Geschwindigkeiten fahrbar.

Ab Geschwindigkeiten von etwa 30 km/h erreicht der Drall der Räder so große Werte, dass die Kippbewegung des Fahrzeugs durch deren Kreiselwirkung stabilisiert wird. Der Mechanismus der Stabilisierung ist in ◘ Abb. 42.3 dargestellt.

Ein Kreisel, der senkrecht zu seiner Drehachse gestört wird, antwortet mit einem Reaktionsmoment senkrecht zu Dreh- und Störachse. Dieser Mechanismus koppelt die Bewegungsgleichung des Motorrads um die Rollachse mit der Bewegungsgleichung des Lenksystems. Ein Kippen des Fahrzeugs (beispielsweise nach rechts) bewirkt ein Eindrehen des Lenksystems in die gleiche Richtung. Die durch den entstandenen Lenkwinkel erzeugte Seitenkraft am Vorderrad bewirkt eine gleich große

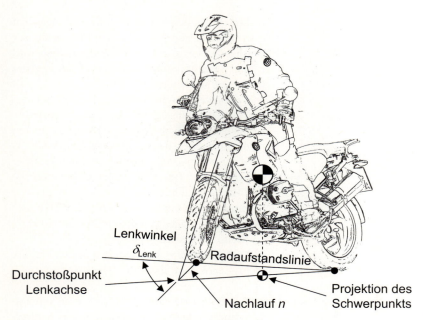

Abb. 42.2 Stabilisierung durch Lenkeinschläge und ggf. Gewichtsverlagerung (Quelle: BMW Motorrad, modifiziert durch Autoren)

Fliehkraft am Schwerpunkt, die das Fahrzeug (im Beispiel nach links) wieder aufrichtet. Das dabei entstehende Kreiselreaktionsmoment übt, ebenso wie die Seitenkraft mit dem Nachlauf als Hebelarm (vgl. Abb. 42.2), ein rückstellendes Lenkmoment aus.

Da die koppelnden Kreiselmomente eine Funktion der jeweiligen Störgeschwindigkeit in Lenk- bzw. Rollrichtung sind, sorgen sie zugleich für eine Dämpfung des Stabilisierungsvorgangs. In unendlicher Aneinanderreihung der zuvor beschriebenen Effektkette lässt sich der Stabilisierungsvorgang als Fahren von Schlangenlinien veranschaulichen, die mit steigender Geschwindigkeit immer kleiner werden. Ab etwa 30 km/h ist für übliche Motorräder eine weitgehende Dämpfung der Kippbewegung erreicht und die Fahrt erfolgt ohne sichtbare Ausschläge von Lenk- und Rollwinkel.

Mit steigender Geschwindigkeit nimmt die Kreiselwirkung der Laufräder weiter zu; ab Geschwindigkeiten von etwa 130 km/h kann das System je nach Stabilitätseigenschaften erneut instabil werden. Die dann aufklingende sogenannte Pendeleigenform des Motorrads ist eine gekoppelte Gier-, Roll- und Lenkschwingung des gesamten Fahrzeugs, die im Extremfall zum Sturz durch Überschreiten der Kraftschlussgrenzen an Vorder- und/oder Hinterrad führen kann [12]. Pendelfrequenzen liegen je nach Fahrzeug zwischen 2 und 4 Hertz. Wirkungsvollste Abhilfe bei beginnendem Pendeln ist eine Verringerung der Fahrgeschwindigkeit. Wesentliche Einflüsse auf das Entstehen von Pendelschwingungen sind die Torsionssteifigkeit zwischen Vorder- und Hinterrad und Trägheitseigenschaften des Fahrzeugs. Die Minimierung von Pendelerscheinungen ist Teil der Entwicklung moderner Motorräder. Pendeln tritt daher heute nur noch in Ausnahmefällen auf.

Eine ebenfalls technisch relevante Eigenform – die gleichfalls bereits während der Entwicklung eines neuen Fahrzeugs minimiert wird – ist das sogenannte Flattern, eine Rotationsschwingung des Lenksystems. Übliche Frequenzen der Flatterschwingung liegen im Bereich um 10 Hertz: Diese Frequenz entspricht der Drehfrequenz üblicher Vorderräder bei etwa 60 bis 80 km/h, die Flatterschwingung wird dabei durch Unwuchten und Ungleichförmigkeiten des Rades angeregt. Als Abhilfe reicht es in der Regel, den Lenker fester zu umgreifen, um durch Ankopplung des Fahrerkörpers das Massenträgheitsmoment um die Lenkachse zu erhöhen und so das Schwingungssystem in Richtung einer niedrigeren Eigenfrequenz zu verstimmen.

Eine weitere Schwingung des Lenksystems ist das sogenannte Lenkerschlagen („Kick-Back"): Es ist keine Eigenform, sondern eine parametrisch er-

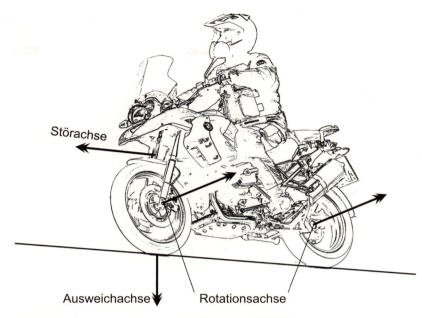

Abb. 42.3 Stabilisierung durch Kreiselwirkung am Vorderrad (Quelle: BMW Motorrad, modifiziert durch Autoren)

regte Schwingung mit vielfältigen Einflussgrößen. Voraussetzung für das Eintreten von Lenkerschlagen ist eine Radlastschwankung – beispielsweise durch eine Bodenwelle – am Vorderrad bei vorhandenem Lenkmoment. Bei rasch sinkender Radlast dreht das anliegende Lenkmoment das Lenksystem ein, der Schräglauf des Vorderrads vergrößert sich. Bei anschließend steigender Radlast liegt ein für die aktuelle Fahrsituation zu großer Schräglauf und damit eine zu große Seitenkraft am Vorderrad vor, die den Lenker zurück in Richtung Nulllage dreht. Bei entsprechender Anregung können diese Lenkerbewegungen sogar den gesamten Bereich zwischen beiden Endanschlägen überdecken. Übliche Abhilfemaßnahme gegen Lenkerschlagen ist der Einsatz von hydraulischen Lenkungsdämpfern. Zur Überwindung des sich dabei ergebenden Zielkonflikts zwischen einfachem Handling mit leichtgängiger Lenkung bei niedrigen Geschwindigkeiten und Beherrschung des Lenkerschlagens werden bereits seit 2004 semiaktive Lenkungsdämpfer mit elektronisch einstellbarer Dämpfung – wie z. B. der Honda Electronic Steering Damper (HESD) – erfolgreich in Serienfahrzeugen eingesetzt [13]. Die Nutzung dieser Technologie zur Beeinflussung der Eigenformen Pendeln und Flattern ist Gegenstand aktueller Forschung [14].

42.2 Bremsstabilität

Der im vorangegangenen Kapitel eingeführte Zusatzrollwinkel wirkt sich vor allem bei Kurvenbremsungen stark aus: Die Lenkachse eines Motorrads befindet sich üblicherweise in der Symmetrieebene. Bremskräfte, die im Radaufstandspunkt angreifen, erhalten daher in Kurvenfahrt einen Hebelarm zur Lenkachse, siehe Abb. 42.1. Über diesen sog. Lenkrollradius (LRR) bewirken die Bremskräfte ein eindrehendes Moment im Lenksystem, das Bremslenkmoment (BLM). Es ist Aufgabe des Fahrers, dieses Moment auszugleichen und den Kurs zu halten. Gelingt ihm dies nicht, dreht das Lenksystem nach kurveninnen, der Schräglauf am Vorderrad und die Querbeschleunigung nehmen zu, das Fahrzeug richtet sich im Zusammenspiel mit den Kreiselkräften des eindrehenden Vorderrads auf und drängt – für den Fahrer oft unerwartet – auf einen größeren Bahnradius [15]. In Extremfällen erreicht das Bremslenkmoment Beträge von ca. 90 Nm, die nahezu ohne Zeitverzug dem Bremsdruckaufbau folgen. Pulsiert die Bremskraft zusätzlich, etwa durch ein am Vorderrad „grob" regelndes ABS, wird es für den Fahrer fast unmöglich, den Kurs beizubehalten. Obwohl es sich beim bremslenkmomentbedingten Aufstellverhalten um eine ganze Effektkette handelt, wird es häufig auch nur als „Aufstellmoment" bezeichnet.

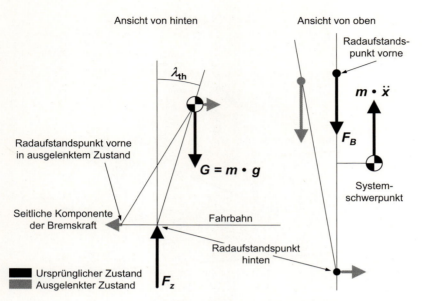

Abb. 42.4 Kinematische Instabilität der Gier- und Rollbewegung (Erklärung nach [16] und [17])

Das Verhalten von Motorrädern bei Radblockaden unterscheidet sich ebenfalls wesentlich von Zweispurfahrzeugen. Von letzteren ist bekannt, dass eine Blockade beider Vorderräder die Richtungsstabilität nicht beeinträchtigt – ganz im Gegensatz zu einer Blockade der Hinterräder. Bei Motorrädern hingegen ist bei einer Vorderradblockade ein Sturz nahezu unvermeidlich: Gründe hierfür sind die dann wegfallende Kreiselstabilisierung, noch entscheidender jedoch eine kinematische Instabilität des Fahrzeugs. Für ein Zweispurfahrzeug ist eine Vorderachsblockade bis zu einem bestimmten Grenzschwimmwinkel stabil – für übliche Personenkraftwagen liegt dieser Winkel bei etwa 45°. Bei Motorrädern reichen bereits kleine Auslenkungen von Schwimmwinkel oder Rollwinkel für eine Selbstverstärkung von Gier- und Rollbewegung aus, siehe ◘ Abb. 42.4. Ein blockiertes Vorderrad (Schlupf $s=1$) überträgt nur noch eine durch die Höhe des Gleitreibwerts μ_{gleit} und die Radlast bestimmte Kraft entgegen seiner Bewegungsrichtung, aber keine Seitenführungskraft mehr. Hat diese Kraft einen Hebelarm um den Schwerpunkt, kommt es zu einer Schwimm- oder Gierdrehung; vergrößert die Drehung den Hebelarm, handelt es sich um eine instabile Bewegung.

Da das Motorrad ein instabiles Fahrzeug ist und ständig durch Kreiselwirkung beziehungsweise Lenkbewegungen stabilisiert wird, existiert immer eine in den Radaufstandspunkten angreifende Querkraft. Eine am Vorderrad angreifende Bremskraft entgegen der Bewegungsrichtung (wie sie bei blockiertem Vorderrad angreift) bewirkt immer eine selbstverstärkende Gierbewegung – die Radaufstandslinie dreht sich unter dem Schwerpunkt weg. Gemessene Zeiten zwischen Blockade des Vorderrads und Sturz liegen zwischen etwa 0,2 und 0,7 s; befindet sich das Fahrzeug bereits in einer Kurvenfahrt, liegen die Zeiten deutlich darunter [16]. Die ideale Verteilung der Bremskraft auf Vorder- und Hinterrad unterscheidet sich zwischen Motorrädern und Pkws deutlich: Das Verhältnis zwischen Schwerpunkthöhe und Radstand ist bei Motorrädern sehr viel größer als bei Pkws; daher ist die Radlastverlagerung bei Verzögerung auch größer. In Verbindung mit den heutigen, sehr griffigen Reifen können moderne Motorräder den Bremsüberschlagpunkt erreichen. Die maximale Verzögerung wird oftmals begrenzt durch die Schwerpunktlage und den Radstand, also durch Geometriedaten des Fahrzeugs und nicht mehr durch Bremssystem oder Reifen.

In ◘ Abb. 42.5 sind die idealen Bremskraftverteilungen eines typischen Pkw (Opel Astra H) und eines typischen Supersport-Motorrads (Honda CBR 600 RR) unter Vernachlässigung nickbedingter Fahrwerksgeometrieänderungen dargestellt. Es ist zu erkennen, dass die ideale Bremskraftverteilung des Motorrads bei einer Abbremsung von 1,0 (also bei einer der Erdbeschleunigung entsprechenden

42.3 · Für Fahrdynamikregelungen relevantes Unfallgeschehen von Motorrädern

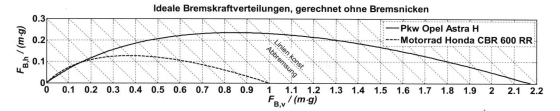

◻ **Abb. 42.5** Ideale Bremskraftverteilungen für Pkw Opel Astra H und Motorrad Honda CBR 600 RR (Modelljahr 2010, mit Messtechnik ausgerüstet und damit gegenüber dem Serienfahrzeug etwas später abhebendem Hinterrad), berechnet auf Basis eigener Messungen der Schwerpunktlagen

Verzögerung von 9,81 m/s² die x-Achse schneidet. Größere Verzögerungen wären nur noch mit abhebendem Hinterrad möglich und dann nicht mehr stabil fahrbar. Die dargestellten Bremskraftverteilungskurven gelten nur für querbeschleunigungsfreie Fahrt. Während einer Kurvenbremsung müssen an den Radaufstandspunkten zusätzlich dynamisch veränderliche Seitenführungskräfte abgestützt werden, was die übertragbaren Bremskräfte verringert und folglich die ideale Bremskraftverteilung ändert (vgl. [11, 15] und [18]). Weiterhin gelten die in ◻ Abb. 42.5 gezeigten Kurven nur für stationäre Verzögerungen. Der Nickvorgang verzögert die Radlastverschiebung deutlich – Einsteuern von Bremskraft am Vorderrad ist im Gegensatz dazu nahezu ohne Zeitverzug möglich. Besonders bei Motorrädern mit negativem kinematischen Bremsnickausgleich (z. B. bei Telegabelfahrzeugen) mit deswegen großen Nickbewegungen besteht die Gefahr einer Vorderradblockade schon bei geringen, vom Fahrer nicht als kritisch wahrgenommenen Bremsdrücken – mit der Folge, dass ein Sturz nahezu unvermeidlich ist. Dieses Phänomen ist bekannt als dynamische Vorderradüberbremsung [11].

42.3 Für Fahrdynamikregelungen relevantes Unfallgeschehen von Motorrädern

Nachdem die Zahl der jährlich getöteten Motorradfahrer in Deutschland über etwa 15 Jahre weitgehend konstant im Bereich von 800 bis 1000 lag, sank sie im Jahr 2008 erstmals deutlich auf 656. Mit nur einer saisonal bedingten Ausnahme im Jahr 2011, in dem aufgrund des langanhaltend schönen Wetters mit dem Motorradverkehrsaufkommen leider auch die Unfallzahlen auf 708 Getötete stiegen, bestätigte sich dieser Trend auch in den Folgejahren und erreichte im Jahr 2012 einen Tiefststand von 586 Getöteten. Trotz dieser positiven Entwicklung sinkt die Zahl der getöteten Motorradfahrer aus langfristiger Sicht deutlich langsamer als die Gesamtzahl der Getöteten im Straßenverkehr. Australien und die USA verzeichnen aufgrund stark zunehmender Motorradnutzung in den letzten 10 bis 15 Jahren sogar steigende Zahlen an Getöteten [19]. Die im vorherigen Abschnitt beschriebene Problematik der Vorderradblockade bei Motorrädern – in Verbindung mit der Gefahr einer dynamischen Vorderradüberbremsung – lässt einen hohen Anteil von bremsbedingten Unfällen am Unfallgeschehen vermuten. Während das Datenmaterial des Statistischen Bundesamtes nicht ausreichend detailliert ist, wird diese Vermutung durch zahlreiche Detailstudien über weite Zeiträume hinweg belegt (vgl. [20] und [21]). So unterhalten z. B. auch die deutschen Versicherungen Datenbanken mit detaillierten Beschreibungen einer Vielzahl von Motorradunfällen, die nach verschiedenen Kriterien repräsentativ für das Unfallgeschehen in der Bundesrepublik Deutschland sind. In der Datenbank des Gesamtverbandes der Deutschen Versicherer (GDV) wurden im Rahmen einer Studie [22] 610 Kollisionen zwischen Motorrad und Pkw ausgewertet: Bei 239 dieser Unfälle ließ sich eine Bremsung nachweisen, in 45 Fällen kam es zum Sturz, bevor die Kollision erfolgte. In etwa 7 % der ausgewerteten Unfälle trug also eine Radblockade wesentlich zum Unfallverlauf bei; auch bei der Auswertung von Alleinunfällen war bei etwa 40 % der Unfälle ein Sturz das primäre Unfallereignis. Zusammengenommen sind offensichtlich mindestens 20 % der Motorradunfälle durch ABS beeinflussbar. Bei der Analyse der Datenbank der Allianz Versicherung [23] erwiesen sich ebenfalls zwischen 8 % und 17 % der untersuchten Unfälle als durch ABS vermeidbar. Die DEKRA- Unfallforschung [24] ermittelte in 87 Motorradunfällen eine Vermeidbarkeit von 25 % bis 35 % durch ABS, und Bosch [25] kommt auf eine Vermeidbarkeit von 26 % der Unfälle mit Verletzen oder Getöteten. Übertragen auf die aktuellen Unfallzahlen könnten durch flächendeckenden Motorrad-ABS-Einsatz allein in Deutschland jährlich also zwischen 46 und 205 tödliche Unfälle vermieden werden. Jüngste Studien aus den USA [26] bestätigen diese Aussage und zeigen im Vergleich sonst baugleicher Motorräder, dass Fahrzeuge mit ABS generell 20 % seltener in Kollisionen – und 31 % weniger in tödliche – verwickelt sind, als Fahrzeuge ohne ABS; Motorräder mit einer kombinierten ABS-Bremse (ABS und CBS, ▶ Abschn. 42.4) waren sogar 31 % seltener in Kollisionen verwickelt. Durch die unter dem Namen Motorcycle Stability Control (MSC) zusammengefasste kurventaugliche Kombination einer Kombi-ABS-Bremsanlage mit einer Antriebsschlupfregelung (▶ Abschn. 42.5) sind laut Bosch [27] potenziell 67 % aller Kurvenunfälle vermeidbar, was rund 16 % des gesamten Motorradunfallgeschehens ausmacht. Da in vielen Fällen zu spät oder zu zaghaft gebremst wird, verspricht der Einsatz von Bremsassistenten zum schnelleren Druckaufbau oder gar vorausschauender Systeme wie „Predictive Brake Assist" weitere Verbesserungen. Mit einer gewissen Unschärfe geht die DEKRA von einer Vermeidbarkeit von zwischen 50 % und 60 % aller relevanten Unfälle aus [24] und auch die Schwere der nicht vermeidbaren Unfälle ließe sich durch deutlich verminderte Kollisionsenergie drastisch reduzieren [28, 29].

Die sichere Ermittlung des Potenzials für darüber hinausgehende zukünftige Fahrdynamikregelsysteme ist wegen der unscharfen Datenbestände allerdings schwierig: In einer Studie hierzu [30] wurden ungebremste Kurvenunfälle als potenziell vermeidbar bewertet und ihr Gesamtanteil auf etwa 8 % geschätzt.

42.4 Stand der Technik der Bremsregelsysteme

Eine Übersicht über die Wirkprinzipien hydraulischer Bremssysteme gibt ▢ Abb. 42.6.

Die Zusammenstellung hydraulischer Motorrad-Bremsanlagen beginnt mit einer zweikreisigen Standard-Bremsanlage, bei der der Fahrer durch Betätigung eines Handbremshebels einen hydraulischen Druck erzeugt. Dieser wird über Hydraulikleitungen an die Vorderradbremse weitergeleitet, wo der Druck in eine Spannkraft an der Radbremse umgewandelt wird. Gleiches gilt für die Betätigung der Hinterradbremse per Fußbremshebel, resp. zweitem Handbremshebel. Als Radbremsen werden heutzutage hauptsächlich Scheibenbremsen eingesetzt: Solche Bremsanlagen sind technisch ausgereift und vielfältig verwendet; sie werden ohne zusätzliche Maßnahmen jedoch nicht den Anforderungen einer modernen Bremsanlage für Motorräder in Bezug auf die Vermeidung von Blockaden an den Rädern gerecht. Der Fahrer muss zum Erreichen eines kurzen Bremswegs den Druck in dem Bremssystem selbsttätig modulieren, d. h. entsprechend der idealen Bremskraftverteilung den Bremsdruck am Vorderrad möglichst schnell aufbauen – ohne das Rad in die Blockade zu bringen und am Hinterrad ebenfalls möglichst schnell aufbauen – dann aber wegen der dynamischen Radlastverschiebung während der Bremsung wieder reduzieren. Nur ein solches Verhalten garantiert einen kurzen Bremsweg bei gleichzeitiger Erhaltung der Stabilität des Motorrads. Im Allgemeinen ist ein Motorradfahrer jedoch mit einer solchen Regelungsaufgabe, insbesondere in Notsituationen, überfordert. Dies führt entweder dazu, dass das Fahrzeug nicht optimal verzögert wird – der Bremsdruckaufbau entweder zu schwach, zu spät oder mit zu geringem Gradienten erfolgt – oder die Räder überbremst oder gar blockiert werden. Die Stabilität des Fahrzeugs ist damit gefährdet und bei Blockade, insbesondere des Vorderrads, kommt es fast zwangsläufig zu einem Sturz. Um näher an eine ideale Bremskraftverteilung an Vorder- und Hinterrad zu gelangen, sind Motorräder mit sogenannten Combined Brake Systems (CBS) auf dem Markt erhältlich.

Diese gibt es in zwei Ausführungsformen (▢ Abb. 42.6):
- Single-CBS, bei dem die Handbetätigung auf das Vorderrad, die Fußbetätigung (oder die zweite Handbetätigung) auf Vorder- und Hinterrad wirken; damit lassen sich auch durch

42.4 · Stand der Technik der Bremsregelsysteme

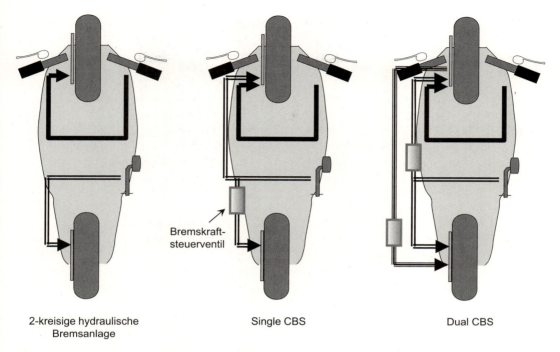

2-kreisige hydraulische Bremsanlage   Single CBS   Dual CBS

Abb. 42.6 Wirkprinzipien hydraulischer Motorrad-Bremsanlagen (Quelle: Continental)

Betätigung nur eines Bedienelements relativ hohe Verzögerungen erreichen.
- Dual-CBS, bei dem sowohl durch die Betätigung des Hand- als auch des Fußbremshebels beide Räder verzögert werden.

Solche Systeme besitzen eine relativ aufwendige Hydraulik: Bei Dual-CBS kommt ein schwimmend gelagerter Vorderradsattel mit zusätzlich angeschlossenem Betätigungszylinder, ein sogenannter Sekundärzylinder, zum Einsatz. Dieser sorgt über eine weitere hydraulische Verbindung für den Druckaufbau im hydraulisch geteilten Hinterradsattel. Bei beiden Systemen ist der Vorderradsattel hydraulisch geteilt – z. B. fünf Kolben verbunden mit der Handbetätigung, ein Kolben verbunden mit der Fußbetätigung – was die Kosten des Gesamtsystems weiter nach oben treibt. Mit einer Ergänzung dieser Bremssysteme durch sogenannte Verzögerungs- und/oder Bremskraftsteuerventile können Druckaufbau und -begrenzung an Vorder- und Hinterrad noch genauer an die gewünschte Bremskraftverteilung angepasst werden.

42.4.1 Hydraulische ABS-Bremsanlagen

Die Verhinderung einer Blockade der Räder und damit die Beibehaltung der Stabilität kann jedoch nur mit einem System gewährleistet werden, das den Bremsdruck kraftschlusssensierend moduliert, damit bei einer drohenden Blockade des abgebremsten Rades dieses wieder beschleunigen kann und damit die Seitenführungskraft beibehalten wird. Eine Übersicht über die Wirkprinzipien hydraulischer ABS-Bremsanlagen ist in ■ Abb. 42.7 dargestellt: Solche Antiblockiersysteme (ABS) sind für Pkws schon seit dem Jahr 1978 erhältlich. Das erste Motorrad-ABS wurde 1988 bei der BMW K100 eingeführt und erfährt nach anfänglicher Skepsis seit einigen Jahren auch unter Motorradfahrern zunehmende Akzeptanz, was sich in steigenden Ausstattungsraten niederschlägt. Bei einem zweikreisigen Bremssystem wird das ABS zwischen Betätigung und Radbremse geschaltet; es erkennt über Raddrehzahlsensoren die Geschwindigkeit der Räder. Sollte bei einem Rad während einer Bremsung die Umdrehungsgeschwindigkeit überproportional stark abfallen, wird

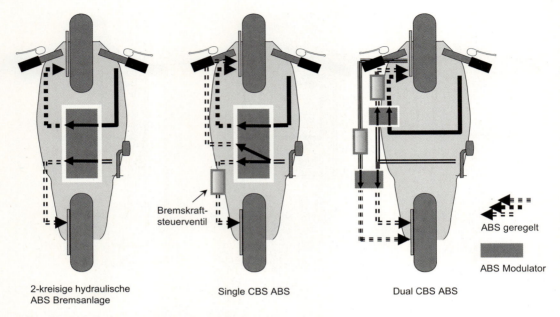

◘ **Abb. 42.7** Wirkprinzipien hydraulischer Motorrad-ABS-Bremsanlagen (Quelle: Continental)

dies erkannt und über die Bremsdruckregelung der Bremsdruck reduziert. Hat das Rad die Referenzgeschwindigkeit des Fahrzeugs wieder nahezu erreicht, so wird der Bremsdruck wieder erhöht, um das Fahrzeug weiter abzubremsen. Zweikanalsysteme unter Verwendung von Ventilen sind heute weit verbreitet; sie sind leichter und kostengünstiger als blockiergeschützte Integralbremsanlagen (vgl. ▶ Abschn. 42.4.2). Für eine Single-CBS-ABS-Anlage gilt das gleiche Prinzip, nur dass durch die Verbindung der Hinterradbetätigung zum Vorderrad ein weiterer Modulatorkreis erforderlich ist.

Solche Anlagen benötigen also insgesamt drei Regelkanäle, die unabhängig voneinander geregelt werden können. Das Dual-CBS-ABS zeichnet sich dadurch aus, dass die bereits erwähnte Dual-CBS-Bremsanlage durch ABS-Modulatoren ergänzt wird. Dabei müssen insgesamt vier Regelkanäle verwendet werden, da jeweils einer für die Bremsdruckregelung von der Handbetätigung zum Vorderrad, von der Fußbetätigung zum Vorder- und Hinterrad und vom Sekundärzylinder des Vorderrads an das Hinterrad benötigt wird. Bei den aufgeführten Antiblockiersystemen werden als Bremsdrucksteller Pumpe/Ventilkonfigurationen, vereinzelt auch Plunger-Systeme verwendet.

Viele Fahrzeuge im aufstrebenden asiatischen Markt verfügen nur am Vorderrad über eine hydraulische Scheibenbremse, weshalb inzwischen auch kostengünstige einkanalige ABS angeboten werden.

42.4.2 Elektrohydraulische Integralbremsanlagen

Reine ABS-Anlagen sind passiv, da sie keinen höheren als den vom Fahrer vorgegebenen Bremsdruck autonom aufbauen können. Aus dem Pkw-Bereich sind jedoch Aggregate bekannt, die in der Lage sind, zusätzlich zur ABS-Funktionalität an einzelnen Rädern aktiv, d. h. autonom, Druck aufzubauen. Angelehnt an diese Technologie wurden im Motorradbereich elektrohydraulische Integralbremsanlagen entwickelt; eine Übersicht über deren Wirkprinzipien ist in ◘ Abb. 42.8 dargestellt.

Diese können analog zu einer CBS-Anlage bei einer Betätigung eines Bremskreises aktiv Bremsdruck in dem anderen Bremskreis erzeugen, ohne zusätzliche hydraulische Verbindungen oder Sondermaßnahmen im Bremssattel. Teilintegralanlagen beschränken sich mit der aktiven Wirkung auf einen Bremskreis, Vollintegralanlagen können auf beide Bremskreise aktiv einwirken.

42.4 · Stand der Technik der Bremsregelsysteme

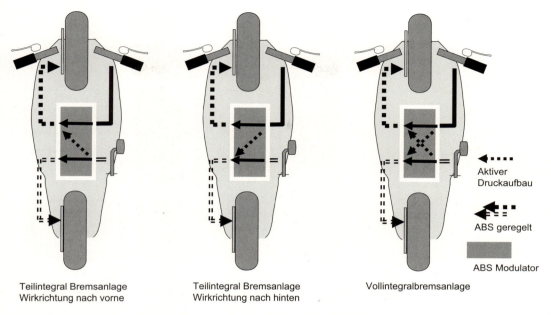

Teilintegral Bremsanlage
Wirkrichtung nach vorne

Teilintegral Bremsanlage
Wirkrichtung nach hinten

Vollintegralbremsanlage

Abb. 42.8 Wirkprinzipien elektronischer Integralbremsanlagen (Quelle: Continental)

42.4.2.1 Integralbremsanlagen ohne Verstärkerfunktion

Stand der Technik ist hier die Verwendung von aus Automobilen bekannter Ventiltechnologie, die für die Anwendung im Motorrad in den letzten Jahren jedoch erheblich miniaturisiert wurde. Eine spezielle Ausführungsform ist die Teilintegralbremsanlage, bei der ausschließlich hinten der Bremsdruck aktiv aufgebaut wird; d. h., dass mit einem solchen System eine Integralfunktion vom Handbremshebel zum Hinterrad realisiert wird. Als Funktionsbeispiel dient im Folgenden das Teilintegral-Bremssystem von Continental: Dieses besteht aus insgesamt sechs hydraulischen Ventilen, zwei für den Vorderradkreis, vier für den Hinterradkreis, drei Drucksensoren, jeweils einem Niederdruckspeicher und einer hydraulischen Pumpe pro Radkreis und einer ECU (Electronic Control Unit). Die beiden Pumpen jedes Radkreises werden von einem Elektromotor gemeinsam angetrieben. Eine Systemübersicht ist in Abb. 42.9 dargestellt. Betätigt der Fahrer den Handbremshebel, so wird der Druck hydraulisch an die Vorderradbremse weitergeleitet; gleichzeitig misst der Drucksensor den Druckanstieg und leitet die Information an die ECU weiter. Gemäß vorgegebener Kennlinien, Betriebszustände oder anderer Kenngrößen wird der Motor der Pumpe angesteuert. Zum aktiven Druckaufbau am Hinterrad wird das Trennventil (TV-HR) geschlossen und das elektrische Umschaltventil (EUV-HR) geöffnet.

Dadurch kann die Pumpe die Bremsflüssigkeit aus dem Vorratsbehälter in den hinteren Bremssattel pumpen und Druck aufbauen. Betätigt der Fahrer dabei zusätzlich den Fußbremshebel, so wird bei Erreichen des Radbremsdruckes das EUV-HR wieder geschlossen und das TV-HR wieder geöffnet, so dass der Fahrer wieder den direkten Durchgriff vom Fußpedal zur Hinterradbremse hat. Der Vorderradkreis ist bezüglich der Ventilbestückung als einfacher ABS-Kreis ausgelegt.

42.4.2.2 Integralbremsanlagen mit Verstärkerfunktion

Um auch schwere Maschinen bis in den ABS-Regelbereich mit moderaten Bedienkräften komfortabel verzögern zu können, stellte BMW Motorrad im Jahr 2000 mit dem von FTE hergestellten „Integral ABS" (Typ: CORA BB) erstmals ein Bremssystem vor, das neben der Integralfunktion auch über eine Bremskraftverstärkung verfügte [2]. Während abgewandelte Systeme ohne Blockierschutz am Hinterrad (Typ: CORA) zeitweise auch in Rollern von

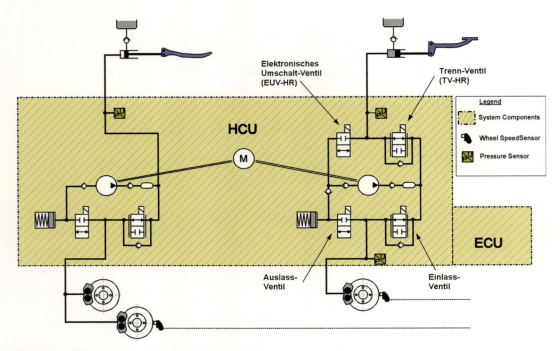

◘ Abb. 42.9 Motorrad-Integralbremssystem MIB, Teilintegralfunktion (Quelle: Continental)

Piaggio und Peugeot eingesetzt wurden, ermöglichte die Weiterentwicklung der ventilbasierten ABS-Technologie schon bald den Verzicht auf eine Verstärkung. So löste bei BMW Motorrad bereits ab 2006 die ventilbasierte zweite Generation des Integral-ABS (► Abschn. 42.4.2.1 und [2]) die erste sukzessive ab, die in ihrem letzten Modelljahr 2009 nur noch im Modell K1200LT erhältlich war.

Die Hydraulik der Bedienelemente wird je nach Evolutionsstufe des FTE-Systems von den Radbremsen weitestgehend getrennt und die Betätigung erfolgt bei intakter Anlage in einem Simulator oder Steuerraum. Eine Hydraulikpumpe wird bei jeder Betätigung – auch Teilbremsungen – aktiviert, so dass der Druck im Radbremszylinder aufgebaut werden kann, mindestens nach einem durch hydraulische Übersetzungen vorgegebenen Verstärkungsfaktor. Bei Systemstörungen wirken die Hand- und Fußbremszylinder weiter direkt auf die Radbremszylinder, was prinzipbedingt deutlich höhere Betätigungskräfte erfordert. Die ABS-Funktion arbeitet nach dem Plunger-Prinzip, wobei sich ein Steuerkolben im Steuerraum mittels eines Elektromagneten proportionalisiert gegen den Betätigungsdruck verschieben lässt und damit die Modulation in der Radbremse realisiert. Die Integralfunktion wird über einen zusätzlichen hydraulischen Eingang, vom Betätigungselement des jeweils anderen Bremskreises kommend, abgebildet. Dieser Druck wirkt über einen Trennkolben auf den Steuerkolben, über die Geometrie wird der Mindest-Integralbremsdruck wie bei einer Normalbetätigung an der jeweiligen Radbremse eingestellt. Darüber hinaus kann nun elektronisch, mittels Drucksensorik überwacht, mit der Pumpe zusätzlicher Bremsdruck generiert werden.

42.4.2.3 Honda Combined-ABS: „Brake-by-Wire"

Einen Sonderweg beschreitet Honda mit dem im Jahr 2008 für das Supersport-Segment vorgestellten Combined-ABS (C-ABS). Bezogen auf ihren kurzen Radstand, liegt der Schwerpunkt von Supersport-Motorrädern relativ hoch. Starke Bremsmanöver rufen entsprechend große Radlastverschiebungen und infolgedessen auch heftige Nickbewegungen mit rascher Tendenz zum Bremsüberschlag hervor, was sich besonders beim Anbremsen von Kurven destabilisierend auf das Fahrverhalten auswirkt. Experimentelle Untersuchungen zeigen einerseits, dass die störende Fahrwerksreaktion anhand des vom Fahrer eingesteuerten Bremsdruckgradienten und der Raddrehzahlinformation prädizierbar ist – andererseits durch kurzzeitige Erhöhung des Vorderradschlupfes sowie frühzeitiges Auslösen der ABS-Regelung minimiert werden kann (s. [31], vgl. auch ▶ Abschn. 42.4.3). Zur Umsetzung dieser Strategie mit vom Fahrer unabhängigem raschen Bremsdruckaufbau wurde eine „Brake-by-Wire"-Architektur gewählt.

Das System ist in fünf Komponenten unterteilt: Neben der zentralen Steuereinheit (ECU) sind im Hydraulikstrang der Hand- und Fußbremse jeweils eine baugleiche Ventil- und Aktor-Einheit („Valve-Unit" und „Power-Unit") integriert. Dies erlaubt zwar eine schwerpunktgünstige Montage in verschiedenen Fahrzeugtypen, allerdings zum Preis einer vergleichsweise hohen Systemmasse von rund 10 kg.

Zum Rangierbremsen in abgeschaltetem Zustand arbeitet das System wie eine konventionelle Zweikreis-Bremsanlage, was zugleich als Rückfallebene im Störungsfall dient. Bei aktivem System wird nach Überschreiten einer geringen Bremsdruckschwelle die hydraulische Verbindung der Bremshebel zu den Radbremsen durch Umschalten von Ventilen getrennt und auf Kraft-Weg-Simulatoren umgeleitet; diese vermitteln dem Fahrer an den Bremshebeln weiterhin das Gefühl einer konventionellen Bremse. Der Verzögerungswunsch des Fahrers wird mittels Bremsdrucksensoren erfasst und in der ECU verarbeitet. Elektromotoren in den Aktor-Einheiten treiben via Stirnradgetriebe und Kugelumlaufspindel jeweils einen separaten Geberzylinder an, der für den Druckaufbau an der Radbremse sorgt. Die ABS-Regelung stützt sich auf konventionelle Raddrehzahlsensoren, erfolgt aber kontinuierlich, ohne das sonst charakteristische Pulsieren.

Das System erlaubt die Darstellung beliebiger Bremskraftverteilungen und ggf. sogar einer Verstärkungsfunktion mit vielen Freiheitsgraden: So wird das Hinterrad zur Stabilisierung beispielsweise stets voreilend abgebremst und beim Lösen der Bremse kommt eine andere Bremskraftverteilung zum Einsatz als beim Betätigen [31], was mit einem konventionellen hydraulischen CBS nicht ohne Weiteres realisierbar ist.

Obwohl das System über keine Rollwinkelsensorik verfügt, liefert es aufgrund der Kontrolle der Nickbewegung und der feinfühligen Regelung bereits eine erstaunlich gute Performance beim Bremsen in Kurven auch mit großer Schräglage (vgl. ▶ Abschn. 42.7.1 und 42.4.3.1). Der Erfolg beim Einsatz im Renngeschehen bestätigt dies eindrucksvoll [32].

42.4.3 Zusatzfunktionen

Die sogenannte „Rear-wheel-Lift-off-Protection" (RLP, oft auch als „Rear-wheel-Lift-off/up-Mitigation" oder Hinterradabhebeerkennung bezeichnet) reduziert effektiv die Gefahr eines Bremsüberschlags und kommt bereits in vielen einfachen Zweikreis-ABS zum Einsatz. RLP vergleicht die Raddrehzahlsignale und abgeleitete Signale beider Räder während des Bremsvorgangs. Zusätzlich können noch Druckinformationen der einzelnen Regelkreise – und bei den aktuellsten Systemen sogar Nickrate und Längsbeschleunigung [5] – zu einer Lift-Off-Tendenz verarbeitet und fahrsituationsabhängig die Verzögerung beschränkt werden. Eine direkte Sensierung des Abstands von Rad zu Fahrbahn erfolgt nicht. Der Druckregelalgorithmus des Vorderrads verringert den Bremsdruck – auch unterhalb der ABS-Regelschwelle – derart, dass mit möglichst hoher Robustheit eine Mindestaufstandskraft des Hinterrads sichergestellt wird.

Die „Aktive Bremsdruckverteilung" (ABD, „Active Brake Pressure Distribution", auch eCBS – electronic CBS – genannt) ist für die Verteilung des Fahrerbremswunsches auf beide Räder verantwortlich. Dies geschieht in Interaktion mit dem vom Fahrer über die beiden Bedienelemente direkt hydraulisch eingespeisten Bremsdruck, wobei die einzelnen Verteilungen – vom Handhebel zum Hinterrad und vom Fußhebel zum Vorderrad – per Software umgesetzt werden. Die Grundkennlinie kann sich an der idealen Bremskraftverteilung orientieren und dann situativ verändert werden: Hierbei kommen Eingangsgrößen wie die Fahrzeuggeschwindigkeit ebenso zum Einsatz wie auch das Fahrerbremsprofil beschreibende Signale. So kann z. B. die Integralwirkung der Hinterradbremse auf die Vorderradbremse bei sehr kleinen Geschwindigkeiten reduziert werden, um etwa ein Einknicken der Lenkung bei einem Wendemanöver zu unterbinden. Eine ABD erfordert allerdings auch ein aktives Bremssystem (wie z. B. Bosch ABS 9 ME, Continental MIB, FTE CORA BB oder Honda C-ABS). Mit diesen ist folglich auch eine Funktion wie Motorrad Hold&Go (MHG), zur aktiven Unterstützung des Fahrers beim Anfahren am Berg, realisierbar.

Neben der Bereitstellung spezieller Betriebsmodi für Rennstrecken- und Offroad- Einsatz besteht ein Trend zur Funktionserweiterung durch Hinzunahme zusätzlicher Sensorinformationen über den Fahrzustand (▶ Abschn. 42.4.3.1) und Interaktion mit anderen Regelsystemen wie Traktionskontrolle (▶ Abschn. 42.5) oder Fahrwerkregelung (▶ Abschn. 42.6).

42.4.3.1 Kurvenadaptives Bremssystem

Zentrale Anforderung für die Bremsenregelung in Kurven ist die Wahrung der dabei besonders sensiblen Fahrstabilität (▶ Abschn. 42.2). Bei gleichzeitiger Erzielung hoher Verzögerungen sollte also stets eine ausreichende Seitenkraftreserve zur Verfügung gestellt werden. Reibwertsprünge von hoch auf niedrig und generell niedrige Reibwerte setzen dabei physikalische Grenzen (vgl. [17] und ▶ Abschn. 42.7.2). Aufgrund der Kopplung von Lenk- und Rolldynamik ist weiterhin die Beherrschung des Bremslenkmoments von Bedeutung (▶ Abschn. 42.2 und 42.7.1).

Durch Berücksichtigung vor allem des Rollwinkels als charakteristische Kenngröße lässt sich die Bremsstrategie den Besonderheiten der Kurvenbremsung anpassen. Das durch die vorgenannten Grenzen gesteckte fahrdynamische Potenzial lässt sich damit zwar nicht erweitern, wohl aber für den Fahrer leichter beherrschbar und somit in weiten Teilen überhaupt erst nutzbar machen.

Der sich daraus ergebende Sicherheitsgewinn wird im Folgenden am Beispiel einer Kurvenbremsung mit konventionellem Integral-ABS verdeutlicht, bevor im Anschluss verschiedene Regelstrategien und das erste, im Jahr 2013 als Teil der Motorcycle Stability Control (MSC, [5]) von Bosch und KTM in Serie gebrachte, kurvenadaptive Bremssystem vorgestellt werden.

◘ Abbildung 42.10 zeigt den zeitlichen Verlauf und die Folgen einer drohenden Radblockade bei einer Kurvenbremsung: Das Vorderrad zeigt bei $t=0$ s, einem Rollwinkel von etwa 20° und einer Fahrgeschwindigkeit von 65 km/h einen deutlichen Drehzahlabfall. Aufgrund der Überbeanspruchung des Kraftschlusses erhöht sich dessen Schräglaufwinkel, während die Gierrate des Fahrzeugs und die Krümmung des Kurses sinken. Zu Beginn der einsetzenden Radblockade und der anschließenden Regelung sinkt die Bremskraft; das vom Fahrer aufgebrachte, nach außen wirkende Lenkmoment dreht den Lenker nach außen (in Richtung gegensinnige Lenkwinkel). Nach Beenden der Regelung liegt wieder die maximale Bremskraft am Vorderrad und damit auch wieder ein starkes nach innen (gleichsinniger Lenkwinkel) drehendes Lenkmoment an, das – bei nun vom Fahrer offensichtlich zurückgenommenem Moment – den Lenker erneut nach innen dreht. Kurzzeitig beginnt der Lenker zu schwingen; bei ausreichender Amplitude dieser Schwingung ist ein schnelles Sinken des Rollwinkels (und damit verbunden große Rollraten) zu beobachten. Es folgt eine über den gesamten weiteren Bremsverlauf erkennbare Gier- und Rollschwingung des Fahrzeugs. Im realen Straßenverkehr wäre unter Umständen ein Verlassen des eigenen Fahrstreifens die Folge gewesen. Ursächlich für die Lenk- und Rollschwingungen sind der bereits in ▶ Abschn. 42.2 beschriebene Effekt des Bremslenkmoments in Kombination mit der kinematischen Instabilität des Fahrzeugs und der Regelung des Kurses durch den Fahrer.

Neben den bremslenkmomentbedingten Lenk-, Roll- und Kursstörungen verdeutlicht das Beispiel auch die Tendenz zur Destabilisierung durch Überbeanspruchung des Kraftschlussangebotes. Während ein Fahrwerk mit dynamisch verstellbarer Lenkachse zur Beherrschung des Bremslenkmoments Gegenstand aktueller Forschung ist (▶ Abschn. 42.7.1), sind die im folgenden Abschnitt beschriebenen Maßnahmen zur Verbesserung der Kurvenbremsung mit konventionellem Chassis bekannt.

Um eine in Kurvenfahrt besonders kritische dynamische Vorderradüberbremsung zu vermeiden, das Bremsnicken zu kontrollieren und dem Fahrer vor allem gleich zu Bremsbeginn etwas mehr Zeit zur Kompensation des Bremslenkmoments zu geben, bietet es sich an, die Gradienten des Bremsdruckaufbaus und ggf. auch das maximale

42.4 • Stand der Technik der Bremsregelsysteme

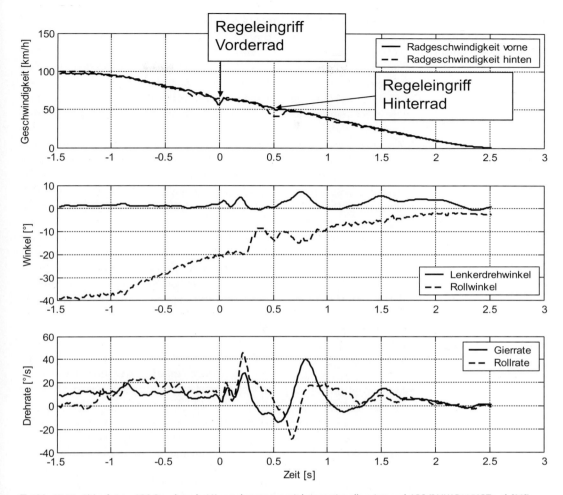

Abb. 42.10 Ablauf einer ABS-Regelung bei Kurvenbremsung mit konventionellem Integral-ABS (BMW R1150RT, vgl. [33])

Bremsdruckniveau in Abhängigkeit des Rollwinkels zu begrenzen. Der kinematischen Instabilität kann weiterhin durch die Verwendung rollwinkelabhängiger Schlupfschwellen [28] Rechnung getragen werden: Diese ermöglichen eine sensiblere ABS-Regelung inklusive Berücksichtigung des sog. Scheinschlupfes, der sich aus den vorn und hinten meist unterschiedlichen Reifenbreiten und -konturen ergibt. Eine mit zunehmendem Rollwinkel stärker hinterradorientierte Bremskraftverteilung [11] erhöht durch Absenken des Bremskraftniveaus am stabilitätskritischen Vorderrad nicht nur dessen Seitenkraftreserven, sondern senkt zugleich auch das Niveau des Bremslenkmoments. Wird zusätzlich das Hinterrad voreilend überbremst, ist eine Abschät-

zung des aktuell vorhandenen Kraftschlussniveaus möglich. Dies kann durch vorzeitigen ABS-Eingriff hinten mitunter zwar auch Gier-, Roll-, Lenk- und Kursstörungen auslösen. Diese sind typischerweise jedoch unkritisch und fallen gegenüber dem Vorteil, durch Begrenzung des maximalen Bremsdrucks vorn ABS-bedingte Lenkmomentstörungen und deren Folgeeffekte vermeiden zu können, wenig ins Gewicht. Schließlich sollte auch in Kurvenfahrt das Abheben des Hinterrades oder gar ein Bremsüberschlag vermieden werden.

Nach der Serieneinführung einer Rollwinkelsensorik für Antriebsschlupfregelsysteme im Jahr 2009 (vgl. ▶ Abschn. 42.5) war die Nutzung dieser Information für eine kurvenadaptive Bremsregelung nur noch eine Frage der Zeit. Das 2013 von Bosch gemeinsam mit KTM im Rahmen der Motorcycle Stability Control (MSC) [5] vorgestellte Bremssystem nutzt dazu ein Sensorcluster, das zwei Drehraten und Beschleunigungen in allen drei Raumrichtungen erfasst: Durch die um 45° um die Querachse gedrehte Einbaulage erfasst ein Drehratensensor die Nickrate, während der andere eine Kombination aus Roll- und Gierrate misst. Auf mathematischem Wege können so Informationen über alle sechs Bewegungsfreiheitsgrade des Fahrzeugs, insbesondere die Roll- und Nickbewegung, gewonnen und bei Bremskraftverteilung (eCBS, bei KTM aktuell nur hinten mit aktivem Druckaufbau) sowie ABS-Regelung und Hinterradabhebeerkennung berücksichtigt werden [5, 25, 34].

Aufgrund der wenigen bislang veröffentlichten Informationen zur konkreten Umsetzung der Regelstrategie von MSC ist der letzte Satz bewusst im Konjunktiv gehalten. Während eine Verfeinerung der vorgenannten rollwinkelabhängigen Bremsstrategien im Rahmen von MSC durch die zusätzlich vorhandenen Sensorinformationen prinzipiell in vielfältiger Weise möglich ist, ist dies zur Darstellung einer bestimmten Funktion nicht immer erforderlich. Im konkreten Anwendungsfall muss entschieden werden, ob z. B. die Verbesserung der Hinterradabhebeerkennung durch die Berücksichtigung von Nickrate und Längsbeschleunigung [5] gegenüber einem konventionellen Ansatz den Mehraufwand bei der funktionellen Absicherung rechtfertigt usw.

Wie der Name Motorcycle Stability Control bereits andeutet, geht das Gesamtsystem über die Funktion einer alleinigen Bremsenregelung in Kurvenfahrt hinaus: So erlaubt die Einbeziehung der Motorsteuerung auch eine kurvensensible Traktionskontrolle (Motorcycle Traction Control, MTC), ggf. mit Zusatzfunktionen wie Launch- oder Wheely-Control (▶ Abschn. 42.5). Spezielle Offroad-Mappings arbeiten nicht nur mit angepassten Schlupfschwellen, sondern auch ohne Berücksichtigung des intertial-sensorisch ermittelten Rollwinkels, da dieser beim Durchfahren von Steilkurven ein vermindertes Kraftschlusspotenzial suggeriert, während es durch die Fliehkraft tatsächlich erhöht ist. Im Sinne einer skalierbaren Systemarchitektur ist zudem die Vernetzung mit weiteren Regelsystemen, wie etwa einem semiaktiven Fahrwerk (▶ Abschn. 42.6), bereits vorgesehen [25].

Bezogen auf den Straßeneinsatz zeigt das Unfallgeschehen, dass der durch Maßnahmen wie MSC erzielte Stabilitätsgewinn beim Bremsen höher zu werten ist als der theoretisch damit einhergehende Verlust an maximaler Verzögerung. Erste Praxistests zeigen, dass die Aufstellbewegung bei Kurvenbremsungen mit MSC sehr gut zur Verzögerung passt und ein Fahrer dank der verbesserten Stabilität bei Schreckbremsungen in großer Schräglage sehr wahrscheinlich sogar höhere mittlere Verzögerungen erzielen kann als mit konventionellem Bremssystem [27, 35].

Bei mehrspurigen Kurvenneigern wie dem Piaggio MP3 sind überdies Bremsregelungen in Anlehnung an die aus dem Pkw-Bereich bekannte elektronische Stabilitätsregelung (ESC) machbar, die idealerweise auch auf die Motorsteuerung Einfluss nehmen können [28].

42.5 Stand der Technik der Antriebsschlupfregelungssysteme

Im Hinblick auf die hohe Leistungsdichte moderner Motorräder stellt eine Antriebsschlupfregelung (ASR, engl. Traction Control System, TCS) eine sinnvolle Ergänzung zu den mittlerweile etablierten Bremsregelsystemen dar [23]. Primäres Assistenzziel ist das Vermeiden eines unkontrolliert durchdrehenden Hinterrades, um einerseits den Fahrer beim Beschleunigen – speziell auf Straßen mit wechselnden und reduzierten Reibwerten – zu unterstützen und zugleich die Fahrstabilität aufrecht zu erhalten. Besonders in Kurvenfahrt gilt es, seitliches Wegrutschen mit der Gefahr eines Highsider-Unfalls (siehe auch ▶ Abschn. 42.7.2) zu unterbinden.

Pionier bei der Serieneinführung der Antriebsschlupfregelung war 1992 Honda mit dem TCS: Mit der Automatic Stability Control (ASC) 2006 und der Dynamic Traction Control (DTC) 2009 lieferte BMW weitere Meilensteine. Andere Hersteller haben inzwischen nachgezogen. Da die Funktionsweise der verschiedenen Systeme jedoch prinzipiell ähnlich ist, wird diese im Folgenden zunächst am Beispiel von ASC und DTC erläutert und bei Bedarf ergänzt.

42.5 · Stand der Technik der Antriebsschlupfregelungssysteme

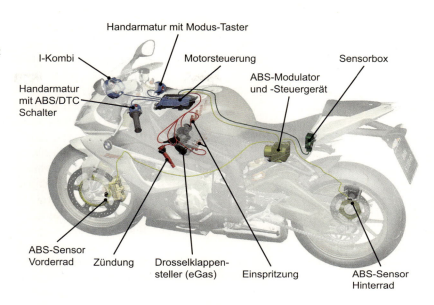

◘ Abb. 42.11 Systemübersicht DTC am Beispiel der BMW S1000RR (Quelle: BMW Motorrad)

Eine Übersicht der via CAN-Bus miteinander vernetzten Systemkomponenten des DTC zeigt ◘ Abb. 42.11. Neben den Drosselklappenstellern des „eGas" (oder „Ride-by-Wire") ist DTC gegenüber dem ursprünglichen ASC-System um eine Sensorbox ergänzt. Durch Messung der Roll- und Gierrate sowie der Quer- und Vertikalbeschleunigung erlaubt diese erstmalig, den maßgeblich durch den Rollwinkel charakterisierten Fahrzustand sensorisch zu erfassen und bei der Regelung zu berücksichtigen.

Der Regelalgorithmus der Traktionskontrolle läuft bei beiden Systemen jeweils auf dem Motorsteuergerät, bei DTC auch die Auswertung der Signale der Sensorbox. Um Zeitpunkt und Intensität eines Regeleingriffs zu ermitteln, erhält das Steuergerät die Signale der ABS-Radsensoren. Aus der Drehzahldifferenz von Vorder- und Hinterrad – sowie im Falle von DTC einer rollwinkelabhängigen Korrektur – wird der aktuelle Antriebsschlupf ermittelt.

Hierzu sind im Steuergerät fahrzeugspezifische Parameter – darunter auch Kenndaten der für das jeweilige Fahrzeug freigegebenen Rad-Reifen-Paarungen – abgelegt. Da sich Reifen verschiedener Hersteller bezüglich Abrollradien und Konturen geringfügig unterscheiden, Toleranzen in der Fertigung und zunehmendem Verschleiß im Betrieb unterliegen, werden Abweichungen zu den Basisdaten in definierten Fahrzuständen durch einen Vergleich der Radgeschwindigkeiten automatisch adaptiert.

Überschreitet der so ermittelte Antriebsschlupf ein für die Wahrung der Fahrstabilität vertretbares Maß, greift die Regelung durch eine Reduktion des Antriebsmoments unterstützend ein. Die Reaktionszeiten hängen dabei neben der Zykluszeit des Berechnungsalgorithmus (von üblicherweise 10 ms) und Erkennungsdauer (ca. 50 ms) vor allem von der Zeit zwischen zwei Arbeitsspielen (gering für hohe Zylinderzahl und Motordrehzahl) sowie dem für den Regeleingriff verwendeten Stellglied (s. im Weiteren) ab. Sie liegen typischerweise im Bereich von ca. 50 bis 160 ms, wobei sie für einen Reihenvierzylinder im Rennbetrieb auch darunter und für einen Zweizylinder-Boxer im Bummeltempo auch darüber liegen können.

Während DTC dank der Erfassung des Fahrzustands rennstreckentauglich sehr nahe an die physikalischen Grenzen gehen kann, ist bei der Festlegung der ASC-Regelschwellen ein stärkerer Kompromiss zwischen einer sportlichen und sicheren Regelung erforderlich. Die Umsetzung geschieht durch geschwindigkeitsabhängige Schwellwerte, die für alle im Fahrbetrieb möglichen Schräglagen zuverlässig funktionieren. Die Konsequenz daraus ist, dass bei großen Schräglagen ($\lambda > 40°$) das Beschleunigungsvermögen mit ASC spürbar abnehmen kann.

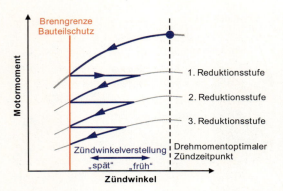

 Abb. 42.12 Schematische Darstellung der Drehmomentreduktion (Quelle: BMW Motorrad)

Ein Regeleingriff zur Reduktion des Antriebsmoments am Hinterrad kann zwar prinzipiell auch durch einen aktiven Bremseneingriff des ABS erfolgen oder unterstützt werden [28], bei den am Markt befindlichen Systemen geschieht er jedoch ausschließlich durch Reduktion des Motormoments.

Die grundsätzlichen Regelstrategien hierzu werden in ◘ Abb. 42.12 verdeutlicht.

Ausgehend von einem für den Lastpunkt optimalen Zündzeitpunkt erfolgt zunächst eine Verstellung des Zündwinkels in Richtung spät, womit das Motordrehmoment um bis zu 25 % reduziert wird. Die Spätverstellung des Zündwinkels erhöht die Abgastemperatur und wird durch die Brenngrenze des Motors begrenzt. Bei einer weiteren Spätverstellung würde der Kraftstoff nicht mehr vollständig verbrannt; deshalb ist im Steuergerät für jeden Betriebspunkt ein maximaler Wert dieser Zündzeitpunktverstellung abgelegt. Sollte trotz maximaler Zündwinkelverstellung bis an die Brenngrenze der Antriebsschlupf am Hinterrad noch zu hoch sein, erfolgt als Nächstes eine Ausblendung der Kraftstoffeinspritzung. Dies wird zylinderselektiv nach speziellen Ausblendmustern in unterschiedlichen Reduktionsstufen durchgeführt. Innerhalb der Reduktionsstufen ist durch Variation des Zündzeitpunkts zu späteren Zündzeitpunkten eine weitere stufenlose Reduktion des Motordrehmoments möglich. Wird erneut die Brenngrenze erreicht, wechselt die Motorsteuerung in die nächste Reduktionsstufe: Dies bedeutet, dass weitere Einspritzungen je Arbeitsspiel unterdrückt werden (2. und 3. Reduktionsstufe). In der letzten Reduktionsstufe wird die Einspritzung wie bei einer Schubabschaltungsfunktion gänzlich unterbunden, der Motor läuft nur noch im Schleppbetrieb. Bei Fahrzeugen mit eGas besteht weiterhin die Möglichkeit, diese Eingriffe durch Verstellung der Drosselklappen – über den etwas reaktionsträgeren „Luftpfad" – zu überlagern. Um zu vermeiden, dass der Motor stehen bleibt und das Hinterrad blockieren kann, wird der Drehmomenteingriff je nach Motorkonzept unterhalb einer Motordrehzahl von ca. 1200–1800 min^{-1} unterdrückt. Die Bedingung, den Motor lauffähig zu halten, wird in diesem Drehzahlbereich (Geschwindigkeit je nach Gang ca. 5–15 km/h) höher priorisiert als die Fahrzeugstabilität aufrechtzuerhalten.

Die Übergänge in den Reduktionsstufen zur Antriebsschlupfreduzierung sind an die Fahr- und Schlupfsituationen angepasst. Die Rückstellung hingegen erfolgt so zügig wie möglich, um das Beschleunigungsvermögen nicht unnötig einzuschränken.

Zusätzliche Features des ASC-Systems sind die Erkennung und Vermeidung von Beschleunigungsüberschlägen (sog. „Wheelies") und die Anpassung an Geländefahrzeuge. Erzeugt der Fahrer beim starken Beschleunigen einen „Wheely", wird das abgehobene Vorderrad im Vergleich zum Hinterrad zwangsläufig langsamer; die ASC-Regelung erkennt dies als Hinterradschlupf und reduziert das Antriebsmoment. Für Geländeeinsätze sind die straßenspezifischen Schlupfschwellen oftmals nicht geeignet: Deshalb wurden für die Enduromodelle von BMW Motorrad zusätzlich Geländeabstimmungen entwickelt, die der besonderen Schlupfcharakteristik von losem Untergrund wie Sand und Geröll durch höhere Schwellwerte Rechnung tragen. Der Wechsel zwischen den Setups oder auch ein Abschalten des Systems erfolgt per Knopfdruck.

Die Regeltätigkeit des rennstreckentauglichen DTC-Systems ist in vier Modi („Rain", „Sport", „Race" und „Slick") einstellbar. In der neuesten Ausbaustufe des DTC in der BMW S1000RR HP4 ermöglicht ein Sensorcluster mit zusätzlicher Erfassung der Längsbeschleunigung in Kombination mit einem Schaltassistenten die sogenannte „Launch Control". Diese erlaubt maximales Beschleunigen aus dem Stand mit gerade so „schwebendem" Vorderrad, wie etwa bei einem Rennstart. Zudem besteht mit dem als Zubehör angebotenen „Race

Calibration Kit" die Möglichkeit zur individuellen Feinabstimmung.

Während die sensorische Erfassung des Fahrzustands in High-End-Systemen wie DTC oder Boschs MSC/MTC (▶ Abschn. 42.4.3.1) die Voraussetzung für weitere Zusatzfunktionen – wie etwa eine gezielte Drift-Regelung oder gar „Wheely-Automatik" – schafft, sind auch deutlich simplere Systeme am Markt. Diese werden für Rennsportzwecke teils sogar als Nachrüstlösung angeboten und beschränken sich häufig auf die alleinige Überwachung des Hinterrads. Anhand von Drehzahl, Gangstufe, Gasgriffstellung und Drehzahlanstieg erkennt der hinterlegte Algorithmus ein unnatürlich starkes Ansteigen der Hinterraddrehzahl und greift analog zu ASC über das Motormanagement regulierend ein.

42.6 Stand der Technik der Fahrwerkregelsysteme

Im Gegensatz zum Pkw erreicht der Anteil von Aufsassen und Zuladung beim Motorrad ohne Weiteres 50 % der Gesamtmasse, wodurch Schwerpunktlage und Fahrverhalten mitunter erheblich beeinflusst werden. Eher einfache konventionelle Fahrwerke bieten daher zumindest eine manuelle Anpassung der Federvorspannung hinten, während bei aufwendigeren Konstruktionen Federvorspannung sowie Dämpfung in Zug- und Druckstufe an beiden Rädern einstellbar sind. Systeme wie das Electronic Suspension Adjustment (ESA) von BMW ermöglichen dies elektromotorisch per Knopfdruck. In der zweiten Generation (ESA II) ist hinten durch Reihenschaltung der Stahlfeder mit einer Elastomerfeder sogar die Federsteifigkeit variabel. Während die Beladungsadaption aus Sicherheitsgründen nur im Stand erfolgen kann, lässt sich die Dämpfung in voreingestellten Kennlinien auch während der Fahrt an Fahrbahnbeschaffenheit und Fahrweise anpassen. Ab 2012 hat nun auch die bereits aus dem Pkw-Sektor bekannte Technologie semiaktiver Fahrwerke (SAF) Einzug in den Serienmotorradbau gehalten.

Durch permanente sensorische Erfassung des Fahrzustands und situative Anpassung der Dämpfung sollen SAF den Zielkonflikt zwischen Sportlichkeit bzw. Fahrsicherheit (gemessen z. B. an durch verringerte Radlastschwankungen verbessertem Straßenkontakt) und Komfort (gemessen z. B. an kleineren Vertikalbeschleunigungen) auflösen.

Das derzeit am weitesten verbreitete System ist das sogenannte Continuous Damping Control (CDC) von ZF/Sachs, bei dem die variable Dämpfung durch elektrisch gesteuerte Proportionalventile erreicht wird. Trotz dieser gemeinsamen technischen Basis unterscheidet sich die Systemauslegung bei den verschiedenen Motorradherstellern u. a. in Art und Anzahl der verwendeten Sensoren und folglich auch in der Regelstrategie. Zur Erfassung der Fahrwerksbewegungen kommen neben Federwegsensoren (z. B. BMW, Aprilia) oder Beschleunigungssensoren an Radträgern und Aufbau (Ducati) auch Drucksensoren in der Vorderradgabel (Aprilia) zum Einsatz. Weitere Informationen über den Fahrzustand (Beschleunigen, Bremsen, Kurvenfahrt etc.) sind durch Vernetzung mit anderen Regelsystemen verfügbar. Ganz gleich, ob nun als Dynamic Damping Control (DDC) oder Dynamic ESA bei BMW, Ducati Skyhook Suspension (DSS), Aprilia Dynamic Damping (ADD) oder unter einem anderen Namen angeboten: Allen gemeinsam ist der Trend zu einer wachsenden Systemintegration – im Sinne einer Global Chassis Control (GCC) bzw. eines Integrated Chassis Management (ICM). Dies bedeutet, dass Motorsteuerung, Antriebsschlupfregelung, Bremsenregelung und semiaktives Fahrwerk nicht als Einzelsysteme nebeneinander existieren und arbeiten, sondern ihre Regeltätigkeit der Fahrsituation entsprechend immer besser aufeinander abgestimmt wird.

Durch Koordination von CDC und ABS konnte für einen Pkw (BMW X5) im Fahrversuch beispielsweise ein Bremswegverkürzungspotenzial von 1,2 % nachgewiesen werden [36]. Eine Simulationsstudie kommt für ein sportliches Tourenmotorrad sogar auf ein Bremswegverkürzungspotenzial von 2 bis 4 % [37].

Weiterhin lässt sich durch SAF auch der Ablauf von Highsider-Unfällen positiv beeinflussen, indem durch Verhärten der Dämpfung der Aufbau und die Entladung der in den Federn gespeicherten Vorspannungsenergie und folglich auch die typische „Katapultwirkung" vermindert werden. Mit vergleichsweise hohen Dämpferkräften – schon bei niedrigen Dämpfergeschwindigkeiten und Systemreaktionszeiten von unter 15 ms über den gesamten

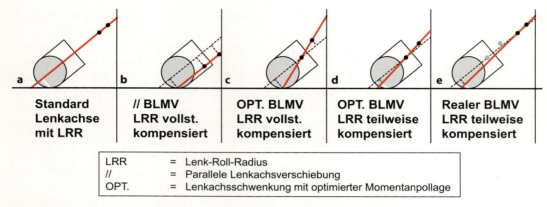

Abb. 42.13 Lenkachslagerung und (Teil-)Kompensation des Lenkrollradius (LRR) für Standardfahrwerk und verschiedene Konfigurationen eines Bremslenkmomentverhinderers (BLMV)

Verstellbereich – bieten elektrorheologische Dämpfer hierzu beste Voraussetzungen [38].

Während semiaktive Fahrwerke lediglich die Dämpfungskräfte entgegen der Bewegungsrichtung der Radaufhängung beeinflussen können, erlauben vollaktive Systeme das Stellen von Kräften in beide Richtungen. Aus physikalischer Sicht kann aber selbst ein so hochdynamisches vollaktives Fahrwerk wie das von BOSE [39] kaum zur Fahrerassistenz auf Stabilisierungsebene beitragen [17]. Dennoch ist davon auszugehen, dass bereits ein SAF durch verbessertes Handling den Fahrer in seiner Fähigkeit unterstützt, das Fahrzeug zu stabilisieren. Ferner ist zu vermuten, dass auch der nachgewiesene Komfortgewinn [37], etwa durch geringere Ermüdung und größeres Vertrauen in die Fähigkeiten der Maschine, einen positiven Effekt haben. Denn schließlich liefert auch ein entspannter Fahrer einen Beitrag zur aktiven Sicherheit im Gesamtsystem Mensch-Maschine-Umwelt.

42.7 Zukünftige Fahrdynamikregelungen

Durch die Berücksichtigung des Fahrzustands (speziell des Rollwinkels) in Brems- und Antriebsschlupfregelsystemen, ggf. sogar gekoppelt mit einem semiaktiven Fahrwerk, decken die aktuell am Markt verfügbaren Assistenzsysteme bereits eine Vielzahl an Fahrsituationen ab. Zur Abschätzung der Realisierbarkeit weiterführender Fahrdynamikregelungen stellt sich also zunächst die Frage nach relevanten Unfallklassen. Neben Kurvenunfällen im Allgemeinen (vgl. [27] und [40]) gingen dabei aus einer detaillierten Analyse der Unfalldatenbank des GDV – sowie aus Expertenbefragungen – vor allem die ungebremsten Kurvenunfälle als größte Gruppe potenziell noch beeinflussbarer Unfälle hervor [41].

Wie bereits in ▶ Abschn. 42.3 erwähnt, besteht ein erhebliches Potenzial, Unfälle – bei denen gar nicht, zu spät oder zu zaghaft gebremst wurde – durch Einsatz vorausschauender Systeme wie „Predictive Brake Assist" oder gar „Automatische Notbremssysteme" (ANB) zu verhindern oder zumindest ihre Schwere zu reduzieren (vgl. [24, 28, 29]).

Diese auf geeigneter Umfeldsensorik basierenden Systeme sind zwar selbst keine Assistenzsysteme auf Stabilisierungsebene, erfordern jedoch spezielle Maßnahmen, um das Fahrzeug bei einem autonomen Eingriff stabil auf Kurs zu halten. Auch der Untersuchung der Fahrerankopplung und ihrer fahrdynamischen Wechselwirkung mit Fahrzeug und Regelsystemen dürfte daher zukünftig eine besondere Rolle zukommen.

42.7.1 Einflussmöglichkeiten auf gebremste Kurvenunfälle

Neben dem mit MSC jüngst in Serie gegangenen kurven-adaptiven Bremssystem (▶ Abschn. 42.4.3.1) existiert mit dem sogenannten Bremslenkmomentverhinderer (BLMV) nach Weidele (vgl. [11, 15,

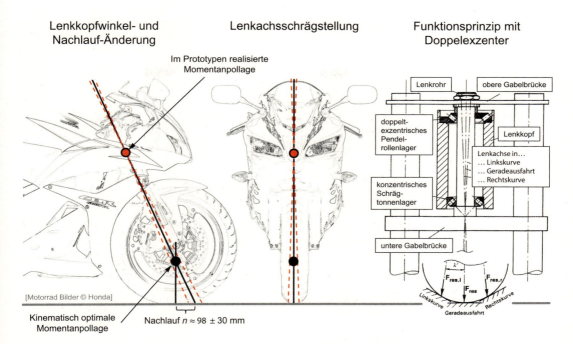

Abb. 42.14 Änderungen der Fahrwerksgeometrie und BLMV-Funktionsprinzip nach Weidele [11] am Beispiel des Versuchsfahrzeugs Honda CBR 600 RR (Quelle: Honda / Weidele, modifiziert durch Autoren)

18] und [42]) eine weitere Möglichkeit, Kurvenunfälle mit bremsbedingtem Aufstellverhalten (▶ Abschn. 42.2) positiv zu beeinflussen.

Vereinfacht dargestellt besteht das Funktionsprinzip des BLMV daraus, die kinematische Lenkachse in Abhängigkeit des Rollwinkels seitlich so zu verschieben bzw. zu schwenken, dass ihre Projektion in die Frontalansicht des Fahrzeugs stets durch den Vorderradaufstandspunkt verläuft (s. ◘ Abb. 42.13b und c sowie ◘ Abb. 42.14). Eine dort angreifende Bremskraft hat somit keinen Hebelarm zur Lenkachse mehr, ruft kein störendes Bremslenkmoment (BLM) und folglich auch kein Aufstellen des Fahrzeugs hervor.

Ein solches System greift jedoch auch empfindlich in die Fahrwerksgeometrie ein, die insbesondere bei modernen Sportmotorrädern auf ein nahezu lenkmomentneutrales Verhalten in freier Kurvenfahrt ausgelegt ist. Entscheidend dafür ist, dass auch die am Vorderradaufstandspunkt angreifenden Normal- und Seitenkräfte Hebelarme zur Lenkachse haben: Seitenkräfte wirken über den Nachlauf ausdrehend, Normalkräfte eindrehend, während beide über den Lenkrollradius ausdrehend wirken.

Wird der Lenkrollradius durch einen BLMV mit einer (in ihrer um den Lenkkopfwinkel τ geneigten Ebene) parallel verschobenen Lenkachse eliminiert (◘ Abb. 42.13b), so geht diese ausdrehende Lenkmomentkomponente verloren und der Fahrer muss in freier Kurvenfahrt ein deutlich erhöhtes Lenkmoment aufbringen. Dies lässt sich theoretisch zwar durch einen stark vergrößerten Lenkkopfwinkel (für das verwendete Versuchsmotorrad z. B. etwa 50° anstelle von 23°55′) in Kombination mit ebenfalls vergrößertem Gabelbrückenversatz (z. B. 140 mm anstelle von 30 mm) und nur teilweiser Kompensation des Lenkrollradius in den Griff bekommen, würde aber die Handling-Eigenschaften stark beeinträchtigen. Eine elegantere Möglichkeit unter Beibehaltung der Basis-Geometrie besteht in der Schrägstellung der Lenkachse: Diese erlaubt es, die ausdrehende Wirkung der Seitenkraft gegenüber der eindrehenden der Normalkraft höher zu gewichten, so dass trotz vollständiger Kompensation des Lenkrollradius die ursprüngliche Balance wiederhergestellt ist (◘ Abb. 42.13c). Die durch Lenkkopfwinkel, Gabelbrückenversatz und Reifendimension definierte Geometrie des Basis-Fahrwerks

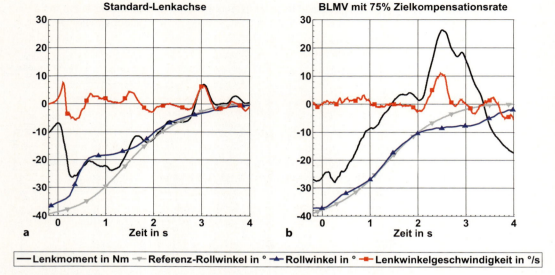

Abb. 42.15 Zeitverlauf charakteristischer Messgrößen bei der Kurvenbremsung ohne und mit Bremslenkmomentverhinderer ($R = 50$ m, $v_0 \approx 18$ m/s, $a_{y0} \approx 6$ m/s^2, $a_x \approx 5$ m/s^2)

legt dabei im Schnittpunkt der Standard-Lenkachse mit der durch die Vorderradnabe verlaufenden Vertikalen den kinematisch optimalen Momentanpol fest (◘ Abb. 42.14). Dieser ermöglicht unabhängig vom Schwenkwinkel freie Kurvenfahrt mit dem gleichen Lenkmomentbedarf wie für das Standardsetup. Bei Kurvenbremsungen mit vollständiger Kompensation des Lenkrollradius (◘ Abb. 42.13c) erzeugt dieses Setup allerdings einen mit steigender Verzögerung abnehmenden Lenkmomentbedarf – während ein an konventionelle Fahrwerke gewöhnter Fahrer intuitiv das Gegenteil, nämlich einen zunehmenden Lenkmomentbedarf, erwarten würde. Durch Rücknahme des Schwenkwinkels und entsprechend nur teilweiser Kompensation des Lenkrollradius (◘ Abb. 42.13d) lässt sich auch dieses gewohnte Feedback wieder herstellen.

Für die konkrete Umsetzung eines solchen Systems ergeben sich allerdings zwei maßgebliche Herausforderungen: Zum einen liegt der zuvor beschriebene optimierte Momentanpol für übliche Fahrwerksparameter und Reifendimensionen unterhalb der Radnabe (etwa 74 mm für das Versuchsmotorrad mit Vorderreifen der typischen Dimension 120/70ZR17, s. ◘ Abb. 42.14). Die naheliegende Ausführung des BLMV auf Basis einer Radnabenlenkung bringt daher zwangsläufig den Nachteil einer erhöhten reifengefederten Masse mit sich. Durch Verstellung beider Lenkachslager lässt sich dies zwar prinzipiell umgehen, die dann erforderlichen großen Stellwege bedingen aber eine noch größere Zunahme der Masse, in diesem Fall allerdings der aufbaugefederten. Zum anderen muss zu Bremsbeginn zunächst stets die Radträgheit verzögert werden, bevor sich Bremsschlupf und damit nennenswerte Bremskräfte einstellen. Bei den erforderlichen Schwenkwinkeln von bis zu 14° ergeben sich dadurch ausdrehende Lenkmomentanteile. Mit einer abgeschätzten Größenordnung von 10 Nm stellen diese theoretisch einen ernstzunehmenden Störfaktor im Zielkonflikt mit der Reduktion des BLM dar. Da sie aber nur in den ersten ca. 0,1–0,2 s der Bremsung auftreten (vgl. ◘ Abb. 42.15b), ist davon auszugehen, dass sie in der Praxis durch einen angepassten Bremsdruckaufbau beherrschbar sind. Zur Untersuchung des Fahrverhaltens im Realversuch, wurde ein Supersportmotorrad des Typs Honda CBR 600 RR (Modelljahr 2010, inklusive C-ABS, ▶ Abschn. 42.4.2.3) mit einem BLMV ausgerüstet (◘ Abb. 42.14). Die Lenkkopflager sind dabei (als Schrägtonnen- bzw. Pendelrollenlager) kinematisch als Kugelgelenk ausgelegt und das obere Lenkkopflager durch eine Doppelexzenterkonstruktion elektromotorisch verstellbar [11, 42]. Da der Bauraum durch die Holme der Telegabel stark eingeschränkt ist, beträgt die Exzentrizität lediglich 8 mm. Prinzipbedingte Änderungen des Lenkkopfwinkels und Nachlaufs bleiben daher ebenso gering wie der Schrägstellungswinkel der Lenkachse von rund 2° (◘ Abb. 42.13e und 42.14). Der Gesamtlenkmomentbedarf des real ausgeführten Systems ähnelt daher demjenigen eines parallelen BLMV (◘ Abb. 42.13b) mit entsprechend reduzierter Kompensationsrate. Es ergeben sich ein deutlich erhöhtes stationäres Lenkmoment, ein reduzierter Lenkmomentsprung zu Bremsbeginn – mit einer nur kleinen Störung durch Verzögern der Radträgheit – und infolgedessen auch eine geringere Lenk-, Roll- und Kursstörung.

In ◘ Abb. 42.15 sind exemplarisch für das Standardfahrwerk und aktiven BLMV (jeweils ohne den serienmäßigen HESD-Lenkungsdämpfer, ▶ Abschn. 42.1) die Zeitverläufe charakteristischer Messgrößen bei Bremsungen unter landstraßentypischen Bedingungen mit einer mittleren Verzögerung von rund $5\,m/s^2$ aus einer Geschwindigkeit von ca. 18 m/s (Anfangsquerbeschleunigung $a_{y0} \approx 6\,m/s^2$, Anfangsrollwinkel $\lambda_0 \approx 35°$) in einer Linkskurve mit einem Radius von $R = 50\,m$ dargestellt.

Für die Fahrt mit konventioneller Lenkachsgeometrie (◘ Abb. 42.15a) bringt der Fahrer nach dem obligatorischen Auskuppeln ein kurvenausdrehendes (betragsmäßig negatives) stationäres Lenkmoment von 7 bis 9 Nm auf. Zu Bremsbeginn ($t = 0\,s$) ist ein Lenkmomentsprung um ca. 19 bis 20 Nm zu beobachten ($t \approx 0,2\,s$). Der vom Fahrer nicht sofort gedeckte Anteil des sprungartig gestiegenen Gesamtlenkmomentbedarfs beschleunigt das Lenksystem rotatorisch nach kurveninnen (siehe positive Lenkwinkelgeschwindigkeit) und die folgende Aufstellbewegung lässt den (in Linkskurven negativen) Rollwinkel deutlich unter den zu Geschwindigkeit und Kurvenradius passenden Sollwert fallen. Der Gesamtlenkmomentbedarf ist ab diesem Moment durch ein überlagertes Kreisellenkmoment und die aufrechtere Fahrzeugposition bereits deutlich reduziert und wieder im Gleichgewicht mit dem Angebot des Fahrers. Die sich aus der Kopplung der Lenk- und Rolldynamik ergebenden Oszillationen im gemessenen Lenkmoment klingen mit dem weiter abnehmenden Lenkmomentbedarf bis zum Bremsende hin ab. Zur Abstützung des Motorrads im Stillstand nimmt der Fahrer gegen Ende der Bremsung (ab $t \approx 2,5\,s$) nacheinander die Beine von den Fußrasten und führt zur Wahrung der Balance ausgleichende Lenk- und Oberkörperbewegungen aus, wobei auch Störungen durch ein Sich-Abstützen am Lenker auftreten.

Die Kurvenbremsung mit BLMV (◘ Abb. 42.15b) beginnt mit einem gegenüber der Standardlenkachse deutlich erhöhten stationären Lenkmoment der Größenordnung 24 bis 25 Nm (verglichen mit 7 bis 9 Nm bei $t = 0\,s$). Neben einer erwartungsgemäß kleinen trägheitsbedingten Störung im Bereich von ca. 1 bis 2 Nm zu Bremsbeginn ergibt sich ein Lenkmomentsprung von lediglich 3 Nm (verglichen mit 18 bis 20 Nm bei $t \approx 0,2 - 0,3\,s$), so dass das BLM nur eine vernachlässigbar geringe Lenkwinkelstörung auslöst und der Rollwinkel zunächst sehr gut der Referenz folgt. Aufgrund des sehr einfach gewählten Regelalgorithmus mit konstanter geometrischer Kompensationsrate und Vernachlässigung weiterer lenkmomentwirksamer Effekte, kommt es ab Mitte der Bremsung zur Überkompensation des BLM und zu einem Vorzeichenwechsel im Lenkmomentbedarf (ab $t \approx 1,4\,s$). Der Rollwinkel bleibt größer als der Referenzwert und das Fahrzeug drängt auf einen kleineren Bahnradius ($t \approx 2\,s$); für ein Bremsmanöver in einer sich zuziehenden Kurve wäre das ein entscheidender Vorteil. Im gezeigten Beispiel ist aber ein konstanter Bahnradius vorgegeben, so dass der Fahrer stärker nach kurveninnen lenken muss ($t \approx 2 - 2,5\,s$), um diesem zu folgen. Obwohl der Fahreroberkörper durch einen Kontrollblick zur Mechanik weiter nach innen geneigt wurde, nähert sich der Rollwinkel dem Sollwert aufgrund des baldigen Stillstands nicht mehr vollständig an.

Zusammenfassend kann also festgehalten werden, dass der prototypisch realisierte BLMV effektiv den Lenkmomentsprung und die damit einhergehende Lenk- und Aufstellbewegung zu Bremsbeginn vermindert. Gegenüber Systemen wie MSC (▶ Abschn. 42.4.3.1) bietet die nahezu vollständige Verhinderung des BLM Vorteile für Kurskorrekturen „auf der Bremse" und hinsichtlich künftiger Systeme wie „Predictive Brake Assist".

Während dem zuvor gezeigten Vorzeichenwechsel des Lenkmoments relativ einfach durch eine variable Kompensationsrate (z. B. in Abhängigkeit des

Rollwinkels, der Verzögerung oder der Bremsdrücke) Rechnung zu tragen wäre und Störeinflüsse durch die Abbremsung der Radträgheit durch begrenzte Bremsdruckgradienten beherrschbar erscheinen, stellen Systemkomplexität und -masse klare Nachteile dar. Zudem lässt die Optimierung der bislang nur im Ansatz untersuchten Hochgeschwindigkeitsstabilität und Handling-Eigenschaften noch erheblichen Entwicklungsaufwand erwarten. Aus heutiger Sicht erscheint es daher der bessere Weg zu sein, das Bremslenkmoment am konventionellen Fahrwerk auf Basis von Sensordaten vorherzusagen und ihm beispielsweise durch einen elektrischen Aktor oder gezielte Ansteuerung eines semiaktiven Lenkungsdämpfers entgegenzuwirken. Moderne Bremssysteme wie C-ABS (▶ Abschn. 42.4.2.3) und MSC (▶ Abschn. 42.4.3.1) bieten mit ihrer umfangreichen Sensorik beste Voraussetzungen dazu.

42.7.2 Einflussmöglichkeiten auf ungebremste Kurvenunfälle

Als größte Gruppe potenziell noch beeinflussbarer Unfälle [41] gelten ungebremste Kurvenunfälle: Sie ereignen sich typischerweise durch plötzliches Sinken des Fahrbahnreibwerts (beispielsweise Laub, rutschiger Asphalt, Eis) oder bei Überschreiten der maximal möglichen Querbeschleunigung. In beiden Unfallklassen „passt" die Querbeschleunigung nicht mehr zum Rollwinkel. Für die Stabilität des Motorrads ist aber eine dem aktuellen Rollwinkel angepasste Querbeschleunigung erforderlich; das Rollgleichgewicht ist nicht mehr erfüllt, ein Sturz ist die unausweichliche Folge. Um die beiden Unfallklassen mit einem technischen System zu beeinflussen, müssen sie durch eine Sensorik erkennbar und durch technische Maßnahmen beeinflussbar sein.

In Experimenten und Simulationen zeigt sich die Schwimmgeschwindigkeit des Fahrzeugs (Geschwindigkeit der Schwimmwinkeländerung) als robustes Kriterium zur Erkennung kritischer Fahrsituationen. Die Schräglaufe der Reifen sind bei Motorrädern in unkritischen Fahrsituationen üblicherweise gering; auch der Schwimmwinkel nimmt nur kleine Werte an. Der Schwimmgeschwindigkeit sind daher Grenzen gesetzt. In kritischen Fahrsituationen – wenn beide Räder gleiten – ist die Schwimmbewegung des Fahrzeugs jedoch instabil. Zum Nachweis der Eignung der Schwimmgeschwindigkeit als Kriterium wurden ungebremste Kurvenunfälle auf einer Niedrigreibwertfläche mit einem speziell ausgerüsteten Motorrad nachgestellt. Die Schwimmgeschwindigkeit eines Fahrzeugs ist

$$\dot{\beta} = \dot{\psi} + \frac{\ddot{y}}{\dot{x}} \tag{42.5}$$

mit den fahrbahnbezogenen (horizontierten) Größen Giergeschwindigkeit $\dot{\psi}$, Querbeschleunigung $\ddot{y}$ und Fahrgeschwindigkeit $\dot{x}$. Die direkte Erfassung fahrbahnbezogener Größen ist bei einem Motorrad aus zwei Gründen nicht möglich:
- am Fahrzeug angebrachte Sensorik neigt sich mit in die Kurve,
- durch Rollgeschwindigkeit und -beschleunigung wirken zusätzliche Trägheitskräfte im Sensor, eine Korrektur ist erforderlich.

Zur Bestimmung der Schwimmgeschwindigkeit im Motorrad sind fahrzeugfeste Sensoren für Gierrate, Rollrate, Querbeschleunigung, Vertikalbeschleunigung und Rollwinkel erforderlich. In ◘ Abb. 42.16 ist der Verlauf der Schwimmgeschwindigkeit während einer typischen Fahrt der Unfallklasse „Reibwertsprung" dargestellt. Zum Zeitpunkt $t = 0$ s befährt das Motorrad mit dem Vorderrad die Gleitfläche: Es kommt zu einer kleinen Auslenkung der Schwimmgeschwindigkeit, die offensichtlich aber korrigiert wird – wegen des nicht gleitenden Hinterrads ist das Fahrzeug zunächst noch stabil. Zum Zeitpunkt $t = 0{,}2$ s befindet sich auch das Hinterrad auf der Gleitfläche, das Fahrzeug baut eine deutlich erkennbare Schwimmgeschwindigkeit auf. Die Unfallklasse „Reibwertsprung" verläuft also offensichtlich in zwei Phasen: Jede Phase ist durch beginnendes Gleiten eines Rades gekennzeichnet. Bei der Unfallklasse „Überschreiten der maximalen Querbeschleunigung" beginnen beide Räder annähernd gleichzeitig zu gleiten. Die erwarteten maximalen Beträge des Schwimmwinkels des Fahrzeugs liegen für große Rollwinkel im Bereich von 2°, die erwartete maximale Schwimmgeschwindigkeit des Motorrads für stabile Fahrsituationen liegt im Bereich

42.7 · Zukünftige Fahrdynamikregelungen

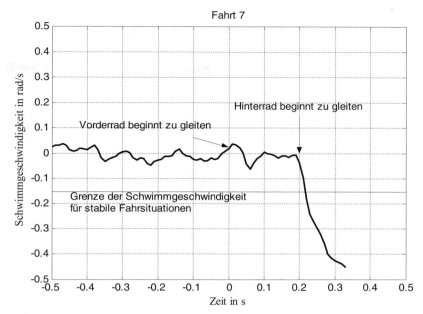

Abb. 42.16 Verlauf der Schwimmgeschwindigkeit während eines Reibwertsprungs. Befahren der Gleitfläche bei t = 0 s

von 0,15 rad/s. Bei jedem ausgewerteten Fahrversuch wurde während der Sturzphase der Grenzwert für die Schwimmgeschwindigkeit überschritten: Der Grenzwert wurde in keinem Fall während unkritischer Fahrsituationen überschritten; kritische Fahrsituationen sind also anhand der Schwimmgeschwindigkeit erkennbar. Für die Zukunft sind dem Pkw-ESC ähnliche Kalman-Schätzer-Ansätze zur Bestimmung des Schwimmwinkels und zur verbesserten Erkennung kritischer Fahrsituationen denkbar.

Ziel einer Fahrdynamikregelung ist aber nicht nur die Erkennung, sondern auch die Stabilisierung der kritischen Fahrsituation. Die Rollinstabilität führt offensichtlich innerhalb kurzer Zeit zum Sturz des Fahrzeugs; im Gegensatz zu einer Gierbewegung, die bei ausreichender zur Verfügung stehender Fahrbahnfläche die Dauer der kritischen Fahrsituation nicht einschränkt, begrenzt die Rollbewegung die zur Verfügung stehende Zeit zur Stabilisierung des Fahrzeugs. Wichtigstes Ziel einer Fahrdynamikregelung muss also die Stabilisierung des Rollwinkels sein [17, 43]. Der Giervorgang ist für den betrachteten Fall zunächst wie gewünscht – ein in die Kurve eindrehendes, schon auf der Fahrbahn rutschendes Fahrzeug, das sich vom rutschenden Fahrer wegdreht. Ein kurvenausdrehendes, auf der Fahrbahn rutschendes Fahrzeug würde den Fahrer vor sich herschieben. Aufgrund des deutlich geringeren Reibwerts des rutschenden Fahrzeugs gegenüber üblicher Bekleidung des Fahrers würden so die Rutschweite und damit auch das Verletzungsrisiko für den Fahrer erhöht. Für den Fall irreversibler Destabilisierung ist also kurveneindrehende Schwimmgeschwindigkeit durchaus erwünscht (übersteuern). Kritisch ist die Gierinstabilität dann, wenn das noch gleitende Fahrzeug mit einem oder beiden Rädern wieder eine Fläche hohen Reibwerts erreicht: Die Räder treffen dann unter stark gestiegenem Schräglaufwinkel auf eine griffige Fläche und stellen dabei eine deutlich zu große Seitenkraft zur Verfügung, die üblicherweise zu einem Umkippen des Fahrzeugs auf die kurvenäußere Seite führt (Highsider-Unfall). Dies geschieht oftmals so schnell, dass es dem Fahrer nicht möglich ist, das Fahrzeug zu stabilisieren. Für den Übergang des Vorderrads von Niedrigreibwert auf Hochreibwert werden kurvenausdrehende Momente im dreistelligen Nm-Bereich um das Lenksystem erwartet: Diese Momente können je nach Fahrerankopplung und Elastizitäten im Lenksystem zu Lenkerschlagen führen; Kurvenausdrehen des Lenkers kann weiterhin zu einer Verringerung der Seitenkraft durch negativen Schräglauf führen. Für negative Schräglaufwerte ist die Seitenkraft geringer als die zum Ausgleich des Kippmoments erforderliche Seitenkraft. Ziel einer

Fahrdynamikregelung muss sein, den Schräglauf am Vorderrad in der Phase des Übergangs von Niedrig- auf Hochreibwert auf Werte um 0 Grad zu begrenzen und Lenkerschlagen zu vermeiden. Zu große Seitenkraft am Hinterrad kann – bei einem konventionellen Fahrwerk – nicht ausreichend durch Lenkbewegungen abgebaut werden und führt zu den zuvor genannten Highsider-Unfällen. Hoher Schräglauf am Hinterrad muss daher beim Übergang von Niedrigreibwert zu Hochreibwert vermieden werden. Zur Beeinflussung der Fahrdynamik steht prinzipiell die Variation der Reifenkräfte zur Verfügung.

Durch gezielte Bremseingriffe und/oder den Einsatz hochdynamischer aktiver Fahrwerke, kann die Gierdrehung des Fahrzeugs beeinflusst werden: Damit ist eine Regelung zum Vermeiden von Highsider-Unfällen bei Reibwertänderungen hoch – niedrig – hoch denkbar.

Außer durch Verwendung eines mehrspurigen Kurvenneigers wie z. B. dem Piaggio MP3 [28] wird eine der elektronischen Stabilitätsregelung (ESC) aus dem Pkw-Sektor entsprechende Fahrdynamikregelung für Einspurfahrzeuge aufgrund der systembedingten Rollinstabilität mit den oben genannten Maßnahmen aber auch in Zukunft nicht [17] oder – selbst bei ausreichend vorhandenem Kraftschlussniveau – nur in eingeschränktem Rahmen [43] realisierbar sein.

42.7.2.1 Rollstabilisierung durch Doppelkreisel

Ein denkbares Mittel zur Rollstabilisierung besteht allerdings in einer – bereits zu Beginn des 20. Jahrhunderts für Einschienenbahnen erdachten – Doppelkreiselanordnung, die von der amerikanischen Firma LIT Motors in den letzten Jahren für den Einsatz in einem elektrisch angetriebenen Kabinenmotorrad weiterentwickelt und patentiert wurde [44]. In aktuellen Prototypen „C-1" kommen dabei zwei gegenläufig um die Hochachse rotierende Kreisel zum Einsatz, deren Aufhängungen gegenüber dem Fahrzeugrumpf unabhängig um die Querachse gedreht werden können. Während sich bei normaler Fahrt die Kreiselreaktionsmomente aufheben, kann durch gegensinnige Verstellung – in Abhängigkeit der Kreiselträgheit (z. B. je 0,07 kgm²), Rotations- und Schwenkdrehzahl (ca. 15.000 min^{-1} und 100 min^{-1}) – gezielt ein beträchtliches Rollmoment (im Beispiel bis zu 2,3 kNm) gestellt werden. Für einen verbesserten Insassenschutz bei einem typischen Seitenaufprall an einer innerstädtischen Kreuzung soll dies ausreichen, um das Fahrzeug nicht seitlich umkippen, sondern ähnlich einem Pkw wegrutschen zu lassen. Die Beeinflussung des Rollgleichgewichts ermöglicht es weiterhin, Kurven mit einem vom üblichen Wert abweichenden Rollwinkel oder gar ganz aufrecht zu durchfahren – was z. B. das Durchschlängeln in Stausituationen erleichtert. Überdies tragen die Stabilisierungskreisel auch zur Wirkungsgraderhöhung des elektrisch getriebenen Fahrzeugs bei, indem sie auch als Energiespeicher genutzt werden. Im Stand und bei geringen Geschwindigkeiten rotieren sie sehr schnell, um den Stabilisierungsbedarf zu decken; bei höheren Geschwindigkeiten ist zunehmend die Kreiselstabilisierung durch die Laufräder gegeben. Die Drehzahl der Zusatzkreisel kann also verringert und die dabei frei werdende Energie zum Beschleunigen des Fahrzeugs genutzt werden. Beim Verzögern kehrt sich dies um und Bremsenergie wird durch erneutes Beschleunigen der Stabilisierungskreisel rekuperiert.

Inwieweit sich diese – auch im Sinne automatischer Notbremsfunktionen – vielversprechende Technologie im Kabinenmotorrad bewährt und auf konventionelle Motorräder mit ihren eingeschränkten Bauraumverhältnissen übertragbar sein wird, bleibt allerdings abzuwarten.

Danksagungen

Die Autoren danken Jörg Reißing, Alfred Eckert und Jürgen Bachmann, die als Koautoren der ersten beiden Auflagen wesentlich zum Entstehen dieses Kapitels beigetragen haben. Besonderer Dank für wertvolle Fachgespräche sowie die Bereitstellung technischer Informationen und Abbildungen gilt weiterhin allen Ansprechpartnern bei BMW Motorrad, KTM, Honda, Bosch und Continental.

Literatur

1. Statistisches Bundesamt: Verkehrsunfälle Zeitreihen 2012, Abschn. 5.1.2 (2) u. 7.4, letzte Zahlen für 2010, www.destatis.de, 10.07.2013
2. Stoffregen, J.: Motorradtechnik. Vieweg+Teubner Verlag, Wiesbaden (2010)
3. Tani, K., Inoue, N., Kato, M., Hikichi, T., Thiem, M.: Research on Traction Control System for Motorcycle. 5. Fachtagung Motorrad. VDI Berichte, Bd. 1025. VDI-Verlag, Düsseldorf (1993)
4. Landerl, C., Deissinger, F., Wagner, H.-A., Jahreiss, H.-J.: Erweiterte Fahrerassistenz durch die Verknüpfung der Motor- und Fahrwerksregelsysteme der BMW S 1000 RR. 8. Internationale Motorradkonferenz, Köln (2010)
5. Bosch: Motorrad-Stabilitätskontrolle von Bosch geht in Serie, www.bosch-presse.de, PI 8314, 23.09.2013
6. Böhringer, U.: Adaptives Dämpfungssystem – Fahrwerks-Finessen beim Motorrad. In: Frankfurter Allgemeine Zeitung, Technik & Motor, www.faz.net, 27.09.2013
7. Deutsche Automobil Treuhand: DAT Report 2014, www.dat.de/report, 2014
8. ADAC: Viel zu wenige Motorräder haben ABS, ADAC Pressemitteilung, 01.04.2010
9. BOSCH: Eine Million Motorräder fahren mit ABS von Bosch, www.bosch-presse.de, PI 8362, 11/2013
10. Verordnung (EU) Nr. 168/2013 des Europäischen Parlaments und des Rates vom 15. Januar 2013 über die Genehmigung und Marktüberwachung von zwei- oder dreirädrigen und vierrädrigen Fahrzeugen, http://eur-lex.europa.eu/, 2013
11. Weidele, A.: Untersuchungen zum Bremsverhalten von Motorrädern unter besonderer Berücksichtigung der ABS-geregelten Kurvenbremsung. Fortschritt-Berichte VDI Reihe 12, Bd. 210. VDI-Verlag, Düsseldorf (1994)
12. Bayer, B.: Das Pendeln und Flattern von Krafträdern. Forschungshefte Zweiradsicherheit, Bd. 4. Institut für Zweiradsicherheit e. V., Bochum (1986)
13. Wakabayashi, T., Sakai, K.: Entwicklung eines elektronisch gesteuerten hydraulischen Rotations-Lenkungsdämpfers für Motorräder. 5. Internationale Motorradkonferenz. München (2004)
14. De Filippi, P., Tanelli, M., Corno, M., Savaresi, S., Fabbri, L.: Semi-active steering damper control in two-wheeled vehicles. IEEE Transactions on Control Systems Technology, Bd. 19., S. 1003–1020 (2011). No. 5, September 2011
15. Schröter, K., Wallisch, M., Weidele, A., Winner, H.: Bremslenkmomentoptimierte Kurvenbremsung von Motorrädern. In: Special Motorrad ATZ Automobiltechnische Zeitschrift, Bd. 05/2013, S. 436–443. Springer Vieweg, Wiesbaden (2013)
16. Funke, J.: Belastung und Beanspruchung von Motorradfahrern bei der Bremsung mit verschiedenen Bremssystemen. Fortschritt-Berichte VDI Reihe 12, Bd. 633. VDI-Verlag, Düsseldorf (2007)
17. Seiniger, P.: Erkennbarkeit und Vermeidbarkeit von ungebremsten Motorrad-Kurvenunfällen. Fortschritt-Berichte VDI Reihe 12, Bd. 707. VDI-Verlag, Düsseldorf (2009)
18. Schröter, K., Wallisch, M., Vasylyev, O., Schleiffer, J.-E., Pleß, R., Winner, H., Tani, K., Fuchs, O.: Neue Erkenntnisse zur Bremslenkmomentoptimierten Motorrad-Kurvenbremsung. 9. Internationale Motorradkonferenz, Köln (2012)
19. International Traffic Safety Data and Analysis Group (IRTAD): Road Safety Annual Report 2013. OECD International Transport Forum, Paris (2013)
20. Hurt, H., Ouellet, J., Thom, D.: Motorcycle Accident Cause Factors and Identification of Countermeasures. U.S. Department of Transportation, NHTSA, Washington D.C. (1981). Final Report, January 1981
21. European Association of Motorcycle Manufacturers (ACEM): MAIDS: Motorcycle Accidents In Depth Study – In-depth investigations of accidents involving powered two wheelers (2009). www.maids-study.eu, Final Report 2.0, April 2009
22. Sporner, A., Kramlich, T.: Zusammenspiel von aktiver und passiver Sicherheit bei Motorradkollisionen. 3. Internationale Motorradkonferenz, München (2000)
23. Reissing, J., Wagner, H.-A., Jahreiß, H.-J., Bachmann, J., Müller, P.: Integral ABS und ASC – die neuen Fahrdynamikregelsysteme von BMW Motorrad. Brake.tech, München (2006)
24. DEKRA Automobil GmbH: DEKRA Verkehrssicherheitsreport Motorrad 2010 April 2010, Stuttgart (2010) www.dekra.com
25. Yildirim, F., Mörbe, M.: Modern Brake Control Systems and Sensor Systems for Power Two Wheeler (PTW). EuroBrake Conference, Dresden (2013)
26. Insurance Institute for Highway Safety (IIHS) & Highway Loss Data Institute (HLDI): Status Report, Vol. 48, No. 4, May 2013
27. Schneider, R.: Vollbremsung in Schräglage. In: Motorrad 23/2013, Test+Technik, S. 52–55. Motor Presse Stuttgart, Stuttgart (2013)
28. Roll, G., Hoffmann, O.: Untersuchung des Sicherheitsgewinns durch elektronische Bremsenregelsysteme in Einspurfahrzeugen. 8. Internationale Motorradkonferenz, Köln (2010)
29. Roll, G., Hoffmann, O., König, J.: Effectiveness Evaluation of Anti Lock Brake Systems (ABS) for Motorcycles in Real-World Accident Scenarios. 21st International Technical Conference on the Enhanced Safety of Vehicles (ESV), Stuttgart (2009) www.nhtsa.gov/ESV
30. Gwehenberger, J., Schwaben, I., Sporner, A., Kubitzki, J.: Schwerstunfälle mit Motorrädern VKU Verkehrsunfall und Fahrzeugtechnik, Bd. 01/2006. Springer Fachmedien München GmbH, München (2006)
31. Nishikawa, Y., Nanri, T., Takenouchi, K., Takayanagi, S., Tani, K., Fukaya, S.: Untersuchung zur Kontrolle des Nickverhaltens eines großvolumigen Motorrades mit kurzem Radstand durch Applikation eines Brake-by-Wire Systems. 7. Internationale Motorradkonferenz, Köln (2008)
32. Tani, K., Toda, M., Takenouchi, K., Fukaya, S.: Forschung am Brake-By-Wire System für Superbike-Rennmotorräder. 8. Internationale Motorradkonferenz, Köln (2010)
33. Seiniger, P., Winner, H., Schröter, K., Kolb, F., Eckert, A., Hoffmann, O.: Entwicklung einer Rollwinkelsensorik für zukünf-

tige Bremssysteme. 6. Internationale Motorradkonferenz, Köln (2006)
34. Willig, R., Lemejda, M.: Ein neuer Inertialsensor für stabilisierende Fahrerassistenzsysteme an motorisierten Zweirädern. 9. Internationale Motorradkonferenz, Köln (2012)
35. Schneider, R.: Schrecklage und Schrägbremsen. In: Motorrad 04/2014, Test+Technik, S. 38–41. Motor Presse Stuttgart, Stuttgart (2014)
36. Reul, M.: Bremswegverkürzungspotential bei Informationsaustausch und Koordination zwischen semiaktiver Dämpfung und ABS. Fortschritt-Berichte VDI Reihe 12, Bd. 738. VDI-Verlag, Düsseldorf (2011)
37. Wunram, K., Eckstein, L., Rettweiler, P.: Potential aktiver Fahrwerke zur Erhöhung der Fahrsicherheit von Motorrädern. Berichte der Bundesanstalt für Straßenwesen, Fahrzeugtechnik, Bd. F81. Verlag Neue Wissenschaft, Bremerhaven (2011)
38. Funke, J., Savaresi, S., Spelta, C.: Elektrorheologische Verstelldämpfer als Grundlage für semiaktive Motorradfahrwerke. 8. Internationale Motorradkonferenz, Köln. (2010)
39. Bose Corporation: Bose Suspension System. www.bose.com, 2004
40. Kühn, M.: Unfallforschung kompakt Nr. 5, Unfallforschung der Versicherer (UDV) im Gesamtverband der Deutschen Versicherungswirtschaft e. V. (GDV) September 2009. Berlin (2009). www.udv.de
41. Seiniger, P., Winner, H., Gail, J.: Future Vehicle Stability Control Systems for Motorcycles with Focus on Accident Prevention. 9th Biennial ASME Conference on Engineering Systems Design and Analysis, Haifa/Israel (2008)
42. Schröter, K., Bunthoff, J., Fernandes, F., Schröder, T., Winner, H., Seiniger, P., Tani, K., Fuchs, O.: Bremslenkmomentoptimierte Motorrad-Kurvenbremsung. 8. Internationale Motorradkonferenz, Köln (2010)
43. De Filippi, P., Tanelli, M., Corno, M., Savaresi, S.: Enhancing active safety of two-wheeled vehicles via electronic stability control. 18th IFAC World Congress, Milano/Italy (2011)
44. Kim D. et al.: Electronic Control System for Gyroscopic Stabilized Vehicle, Patent US 8532915 - B2, 2013

Stabilisierungsassistenz- funktionen im Nutzfahrzeug

Falk Hecker

43.1 Einleitung – 796

43.2 Spezifika von ABS, ASR und MSR für Nutzfahrzeuge im Vergleich zum Pkw – 796

43.3 Spezifika der Fahrdynamikregelung für Nutzfahrzeuge im Vergleich zum Pkw – 805

43.4 Ausblick – 811

Literatur – 812

43.1 Einleitung

Das folgende Kapitel beschreibt bremsbasierte Assistenzfunktionen zur Fahrzeugstabilisierung von Nutzfahrzeugen. Die Abgrenzung zu den Pkw-Kapiteln erfolgt im Wesentlichen über das zugrunde liegende Bremssystem. So werden hier alle straßengebundenen Nutzfahrzeuge mit pneumatisch betriebenen Betriebsbremsen (Fremdkraftbremsen) behandelt, wie sie überwiegend in mittleren und schweren Nutzfahrzeugen zum Einsatz kommen (> 6 Tonnen).

Im ersten Abschnitt werden Radschlupf-basierte Stabilisierungsfunktionen diskutiert, deren Regelschleife über die Raddrehzahlinformation geschlossen wird. Der zweite Abschnitt behandelt die Fahrdynamikregelung, bei der aus dem Vergleich der aktuellen Fahrzeugbewegung mit der vom Fahrer gewünschten Fahrzeugbewegung ein Stabilisierungseingriff abgeleitet wird. Zum Abschluss wird ein kurzer Ausblick auf weitere Entwicklungen gegeben.

43.2 Spezifika von ABS, ASR und MSR für Nutzfahrzeuge im Vergleich zum Pkw

43.2.1 Nkw-spezifische Besonderheiten

Im Zusammenhang mit den raddrehzahlbasierten Stabilisierungsfunktionen ABS (Antiblockiersystem), ASR (Antriebsschlupfregelung) und MSR (Motorschleppmomentregelung) ergeben sich die folgenden wesentlichen Unterschiede im Vergleich zum Pkw (vgl. auch [1]):

- **Fahrwerk:** Das typische Lkw-Fahrwerk basiert auf einer Leiterrahmenkonstruktion mit Starrachsen. Als Achsaufhängung wird an der Vorderachse aus Kostengründen häufig eine Blattfederkonstruktion verwendet. Diese übernimmt sowohl die Federung als auch die Achsführung in Längs- und Querrichtung. Nachteilig für Radregelfunktionen erweist sich dabei das so genannte Aufziehen der Blattfeder, d. h. das S-förmige Verbiegen aufgrund des eingeleiteten Bremsmoments.
- An den Hinterachsen kommt üblicherweise eine Luftfederung in Verbindung mit Achslenkern zum Einsatz (verbesserter Federungskomfort, Niveauausgleich bei Beladungsänderung etc.). Hier hängt der Einfluss auf die Radregelfunktionen im Wesentlichen von der Aufhängungskinematik und -elastokinematik ab. Ungünstige Lenkeranordnungen (z. B. gezogene Achsen) können über das Abstützmoment beim Bremsen beispielsweise zum „Springen" der Achse führen.
- Neben der Standard-Fahrwerksausführung (Blattfederung an der Vorderachse und Luftfederung an den Hinterachsen) gibt es für bestimmte Anwendungsbereiche weitere Varianten. Dazu gehören für den harten Baustelleneinsatz Fahrzeuge mit Blattfederung an allen Achsen ebenso wie spezielle Off-Road-Fahrzeuge mit Schraubenfederung oder Fahrzeuge mit Luftfederung an allen Achsen (z. B. Busse).
- **Lenkung:** Nutzfahrzeuge sind meist mit Kugelumlauflenkungen ausgerüstet, die das vom Fahrer aufgebrachte Lenkmoment über eine Lenkspindel hydraulisch verstärkt auf den Lenkstockhebel übertragen. Aufgrund des normalerweise positiven Lenkrollradius ergibt sich eine spürbare Rückmeldung über die Lenkung an den Fahrer bei seitenweise unterschiedlichen Bremskräften (z. B. während einer ABS-Bremsung), was einen nicht unerheblichen Einfluss auf die Abstimmung des ABS-Systems hat.
- **Variantenvielfalt:** Lkw-Konstruktionen bilden einen Baukasten, aus dem sich extrem viele verschiedene Varianten auf Bestellung kombinieren lassen. Neben den auch bei Pkw üblichen Ausstattungsvarianten (Getriebe, Motor etc.) bezieht sich dies auch auf Anzahl und Art der Achsen (von 2 bis 5 Achsen, wahlweise angetrieben und/oder gelenkt), Achsaufhängung, Länge des Radstands (oft im 10 cm-Raster wählbar), Stärke des Leiterrahmens, Art des Lenkgetriebes usw. Darüber hinaus liefert der Hersteller den Lkw oft an einen Aufbauhersteller, der dann den Lkw für den eigentlichen Einsatz ausrüstet (z. B. Kipper oder Pritschenaufbau, Ladekran, Betonmischer etc.) und

durch diese Modifikationen und Anbauten am Rahmen die fahrphysikalischen Eigenschaften weiter verändert.
- In bestimmten Märkten (beispielsweise Nordamerika) ist die mögliche Variantenvielfalt noch größer, da die Hersteller dort meist nur Kabine und Rahmen selbst entwickeln und der Kunde den Rest des Lkw, d. h. die wesentlichen technischen Bestandteile wie Motor, Getriebe und Achsen mehr oder weniger frei vom Zulieferer wählen kann. Für große Flotten hat dies den Vorteil, dass sie Lkw von verschiedenen Herstellern mit identischer Technik (Motor, Achsen und Getriebe) fahren können, was die Reparatur und Wartung vereinfacht.
- Für Radregelfunktionen wie ABS oder ASR bedeutet die Variantenvielfalt erhebliche Anforderungen an die Robustheit, da während der Entwicklungs- und Applikationsphase der Systeme nur eine sehr beschränkte Auswahl an Fahrzeugvarianten untersucht werden kann. Alle anderen möglichen Kombinationen müssen über eine robuste Systemauslegung abgedeckt werden.
- **Rad- bzw. Achslasten:** Typische Rad- bzw. Achslasten liegen deutlich über denen des Pkw (bis etwa Faktor 15). Das führt zu einer erheblich höheren Flächenpressung an der Reifenoberfläche (zum Vergleich: Reifenluftdrücke liegen im Nkw bei 6 ... 8 bar gegenüber 1,5 ... 3 bar im Pkw). Zusammen mit einer verschleißoptimierten Reifenauslegung führt dieser Effekt zu niedrigeren maximalen Reibwerten und somit auch geringeren möglichen Bremsverzögerungen (maximal erzielbare Verzögerung im Nkw ca. 7 ... 8 m/s^2).
- **Fahrzeugmasse:** Nutzfahrzeuge sind zum Transport von Personen oder Gütern in größeren Mengen ausgelegt und benötigen dadurch eine möglichst hohe Zuladung. Daraus ergibt sich ein deutlich größeres beladen-leer-Verhältnis k_{Load} als im Pkw.

$$k_{Load} := \frac{m_{full}}{m_{empty}} \quad (43.1)$$

- Für einen Mittelklasse-Pkw mit Leermassen von 1000 ... 1500 kg ergeben sich für k_{Load} Werte von ca. 1,2 ... 1,4. Für beladungsabhängige Funktionen bedeutet das eine Variation der Masse von maximal ±16 %. Bei Lkw mit Leermassen von 6500 ... 9000 kg und Zuladungen von 11 500 ... 17 000 kg liegen die Werte dagegen bei k_{Load} = 2,7 ... 2,9. Das bedeutet eine Variation der Masse von bis zu ±50 %. Mit dem üblichen Anhängerbetrieb oder bei Schwertransporten erhöhen sich die Werte noch weiter (bis zu k_{Load} = 15). Die hohe Masse bei Nutzfahrzeugen führt außerdem zu einer größeren Trägheit und damit zu einer geringeren Fahrzeugdynamik. Ähnliches gilt für die Räder, die erheblich größere Trägheitsmomente aufweisen als im Pkw. Somit sind auch die für ein Radschlupfregelsystem notwendigen Stellgeschwindigkeiten niedriger als beim Pkw.
- **Anhängerbetrieb:** Insbesondere schwere Nutzfahrzeuge > 11 Tonnen führen häufig ein oder mehrere Anhänger mit. Dabei unterscheidet man nach der Art des Anhängers zwischen
  - eingliedrigen Anhängefahrzeugen (z. B. Sattelauflieger, Zentralachsanhänger) und
  - mehrgliedrigen Anhängefahrzeugen (z. B. Drehschemelanhänger).
- Zudem gibt es unterschiedliche Arten der Ankopplung:
  - Ankopplung über eine Anhängekupplung (= Kugelgelenk), die nur Kräfte, aber keine Momente übertragen kann, und
  - Ankopplung über eine Sattelkupplung, die in gewissem Umfang auch Wankmomente überträgt.
- Aus diesen Merkmalen ergeben sich die Anzahl der zusätzlichen Freiheitsgrade, die einen wesentlichen Einfluss auf das fahrphysikalische Verhalten haben. Aus Sicht der Radregelsysteme werden die Teilfahrzeuge autonom betrachtet, d. h. jedes Teilfahrzeug ist mit einem eigenen, unabhängigen ABS ausgerüstet. Nur in dem Fall, dass sowohl Zugfahrzeug als auch Anhänger mit EBS ausgerüstet sind, gibt es eine Kommunikationsverbindung zwischen den Fahrzeugen (CAN-Bus nach ISO 11992), über die jedoch nur sehr eingeschränkt verwendbare Informationen ausgetauscht werden. Im Zuge der gesetzlich geforderten Einführung von ABS (seit 1991 vorgeschrieben) gab es

viele Untersuchungen bezüglich des Verhaltens von unterschiedlichen Kombinationen (Zugfahrzeug mit/ohne ABS und Anhänger mit/ohne ABS). Die Ergebnisse dieser Untersuchungen zeigen, dass ABS grundsätzlich das Fahrverhalten verbessert, auch wenn nicht alle Teilfahrzeuge damit ausgerüstet sind.

- **Betriebsbremse:** Hauptmerkmal ist die pneumatisch angetriebene Zuspannung der Betriebsbremse. Dabei wird die zum Zuspannen notwendige Energie in Form von Druckluft vorgehalten und über einen Bremszylinder mittels entsprechender Hebelmechanik in eine Zuspannkraft an den Bremsbelägen der Scheiben- bzw. Trommelbremse umgesetzt. Die Steuerung des Bremsdrucks erfolgt dabei entweder rein pneumatisch (konventionelle Bremsanlage) oder elektronisch (EBS, vgl. [2]).
- **Dauerbremsen:** Nutzfahrzeuge haben neben der Betriebsbremse und der Feststellbremse ein oder mehrere so genannte Dauerbremsen (Retarder), die verschleißfrei arbeiten. Dazu gehört zunächst die bei nahezu allen Nutzfahrzeugen vorhandene Motorbremse, bei der das Schleppmoment des Motors durch technische Maßnahmen vergrößert wird (z. B. Auspuffklappe, spezielle Ventilsteuerungen etc.). Optional gibt es darüber hinaus elektrodynamisch oder hydraulisch betriebene Retarder. Allen Dauerbremsen gemeinsam ist die Einleitung der Bremskraft über den Antriebsstrang und die Antriebsräder, wobei man grundsätzlich Primärretarder, die motorseitig (vor der Kupplung) installiert sind, und Sekundärretarder (nach der Kupplung, i. d. R. direkt an der Gelenkwelle) unterscheidet. Bei niedrigen Achslasten (Leerfahrzeug) führt die Aktivierung des Retarders auf geringen Reibwerten zu sehr großen Radschlupfwerten und damit zu Instabilitäten an den Antriebsrädern, was im ABS entsprechend berücksichtigt werden muss.
- **Komponentenanforderungen:** Üblicherweise werden Nkw auf eine Lebensdauer von bis zu 1 500 000 km oder 30 000 Betriebsstunden ausgelegt. Dies liegt um den Faktor 3–5 über der Lebensdauer eines Pkw. Zusammen mit den deutlich raueren Einsatzbedingungen ergeben sich insgesamt erheblich höhere Anforderungen an Nkw-Komponenten.
- **Fahrzeug-Kommunikationsarchitektur:** In den meisten Nutzfahrzeugen gibt es einen nach SAE J1939 genormten CAN-Datenbus (vgl. [1]). Dort sind die wesentlichen Triebstrangsteuergeräte angeschlossen, wie z. B. für Motor, Getriebe, Retarder oder Bremse, die über definierte Botschaften miteinander kommunizieren. Hierdurch wird die Integration von elektronischen Systemen deutlich erleichtert.

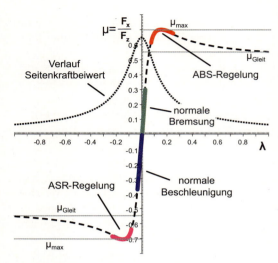

Abb. 43.1 Diagramm Kraftschluss über Radschlupf mit den Arbeitsbereichen der verschiedenen Stabilisierungsfunktionen

43.2.2 Regelungsziele und -prioritäten

43.2.2.1 Anti-Blockiersystem ABS
Radschlupfregelung

Das ABS regelt den mittleren Schlupf der einzelnen Räder beim Bremsen. Der Radschlupf λ_w wird wie folgt definiert:

$$\lambda_w = \frac{v_w - v_u}{MAX(v_u, v_w)} \quad (43.2)$$

mit
v_u als Radumfangsgeschwindigkeit [m/s] und
v_w als Fahrzeuggeschwindigkeit im Radaufstandspunkt [m/s].

43.2 · Spezifika von ABS, ASR und MSR für Nutzfahrzeuge im Vergleich zum Pkw

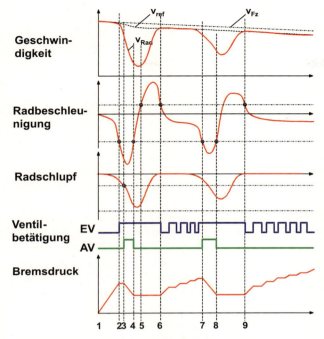

- 1- Bremsstart: Druckaufbau
- 2- Rad „kippt" ab: Druck halten
- 3- Weitere Blockiertendenz (Rad instabil): Druckabbau
- 4- Rad stabilisiert sich: Druck halten
- 5- Rad beschleunigt: Druck halten
- 6- Rad stabil: Druck aufbauen (gepulst)
- 7- Rad „kippt" erneut ab: Druck abbauen
- 8- Rad stabilisiert sich: Druck halten
- 9- Rad stabil: Druck aufbauen (gepulst)

Abb. 43.2 Typischer Ablauf einer ABS-Regelung

Die Radgeschwindigkeiten werden als gemessene Istgrößen dem Regler zugeführt, dort mit der Sollgröße (Fahrzeugreferenzgeschwindigkeit) verglichen und Abweichungen durch Bremsdruckänderungen korrigiert. Der Zielschlupf wird während einer ABS-Bremsung automatisch adaptiert, mit dem Ziel, einen möglichst guten Kompromiss zwischen Lenkbarkeit, Stabilität und Verzögerung einzustellen. Aufgrund der Reifencharakteristik nimmt die übertragbare Seitenführungskraft mit zunehmendem Längsschlupf stark ab (vereinfacht im Kammschen Kreis ausgedrückt oder im Kraftschluss-Schlupfdiagramm in ■ Abb. 43.1). Sinnvolle Kompromisse liegen im Bereich von $\lambda_w \approx 8 \ldots 20\,\%$.

Als Basis-Regler kommen beim Nkw-ABS neben klassischen PID-Reglern auch Matrixregler zum Einsatz, die sich automatisch an unterschiedliche Reibwertkurven anpassen. Ein typischer ABS-Regelzyklus ist in ■ Abb. 43.2 dargestellt.

Zusätzlich zu den Eingriffen in die Betriebsbremse werden mit Anlaufen des ABS an der Antriebsachse die vorhandenen Retarder abgeschaltet.

Die zur Regelung erforderliche Fahrzeugreferenzgeschwindigkeit wird aus den einzelnen Radgeschwindigkeiten ermittelt. Spezielle Auswahlalgorithmen und Plausibilitätsprüfungen müssen unter allen Umständen sicherstellen, dass die Fahrzeugreferenzgeschwindigkeit gut mit der wahren Fahrzeuggeschwindigkeit übereinstimmt. Kritische Fälle sind z. B.

- das „Absacken" der Fahrzeugreferenzgeschwindigkeit, wenn alle Räder gleichzeitig einen größeren Schlupf erreichen. Die Folge wäre ein Überbremsen der Räder, womit die Lenkfähigkeit verloren ginge. Als Gegenmaßnahme unterbremst der ABS-Algorithmus zu bestimmten Zeitpunkten einzelne Räder, die dann auf die Fahrzeuggeschwindigkeit beschleunigen und somit die Referenzgeschwindigkeit stützen. Diese Phasen sind so kurz, dass die Auswirkung auf den Bremsweg vernachlässigbar ist;
- das Hochlaufen der Fahrzeugreferenzgeschwindigkeit, wenn ein Raddrehzahlsignal z. B. durch schlechte Impulsräder oder elektromagnetische Einstrahlung gestört ist und

damit eine höhere Drehzahl vorgaukelt. In der Konsequenz führt die zu hohe Referenzgeschwindigkeit zu einem unterbremsten Fahrzeug. Um dies zu vermeiden, plausibilisiert der ABS-Algorithmus die Referenzgeschwindigkeit anhand aller Radgeschwindigkeiten.

Strategien zur Fahrzeugstabilisierung

Da im ABS keine Messgrößen für die tatsächliche Fahrzeugbewegung zur Verfügung stehen, enthält es ausgefeilte Strategien zur Sicherstellung der Fahrzeugstabilität (z. B. beim Bremsen auf einseitig glatter Fahrbahn, µ-split genannt). Der Grad der Stabilisierung hängt jedoch aufgrund der fehlenden Rückmeldung von der jeweiligen Abstimmung des ABS ab, die wiederum an die Fahrzeuggeometrie angepasst werden muss. Besonders empfindlich beim Bremsen auf µ-split reagieren Fahrzeuge mit kurzem Radstand und geringer Hinterachslast (z. B. leere Sattelzugmaschinen). Dies wird im Folgenden anhand einer vereinfachten Betrachtung (Hinterachse ungebremst) verdeutlicht. Die Bremskraftdifferenz an der Vorderachse induziert das Giermoment

$$M_{zB} = \Delta p_{fa} \cdot k_{FB} \cdot \frac{b_{fa}}{2} \qquad (43.3)$$

mit

Δp_{fa} als Differenz-Bremsdruck an der Vorderachse [bar],
k_{FB} als Bremsfaktor [N/bar] und
b_{fa} als wirksame Spurweite der Vorderachse [m].

Dem entgegengerichtet wirkt das aus den einzelnen Rädern an der Hinterachse über Schräglaufwinkel erzeugte Giermoment

$$M_{zra} = (F_{yrl} + F_{yrr}) \cdot l_H \qquad (43.4)$$

mit

$F_{yrl,r}$ als Seitenkraft (am linken bzw. rechten Hinterrad) [N], die vom Schräglaufwinkel und der Schräglaufsteifigkeit abhängt: $F_{yrl,r} = \alpha_{l,r} \cdot C_{l,r}$ und
l_H als Distanz zwischen Hinterachse und Schwerpunkt [m].

Da beide Momente im Gleichgewicht stehen müssen ($M_{zra} = M_{zB}$), damit sich das Fahrzeug nicht dreht, ergibt sich folgende Beziehung zwischen den Kräften und den geometrischen Daten

$$\frac{F_{yrl} + F_{yrr}}{\Delta p_{fa} \cdot k_{FB}} = \frac{b_{fa}}{2 \cdot l_H} \qquad (43.5)$$

Nimmt man weiterhin die Seitenkräfte F_{yrl} und die Spurweite b_{fa} als konstant an – die Seitenkräfte sind weitgehend durch den zulässigen Lenkeinschlag begrenzt – so erkennt man, dass der zulässige Differenzbremsdruck proportional zum Abstand zwischen Schwerpunkt und Hinterachse und damit zum Radstand ist. Vereinfacht ausgedrückt: Je kürzer der Radstand, umso kleiner ist der zulässige Differenzbremsdruck. In der Praxis ist die Abhängigkeit aufgrund der hier vernachlässigten Effekte nichtlinear und wird insbesondere durch die mit kürzerem Radstand zunehmende dynamische Achslastverlagerung (bei konstanter Schwerpunkthöhe) weiter verstärkt.

43.2.2.2 Antriebs-Schlupfregelung ASR

Die ASR wirkt im Antriebsfall (Beschleunigung) und hat zwei grundsätzliche Ziele: zum einen die Erhöhung der Fahrstabilität, zum anderen die Verbesserung des Vortriebs durch Ausnutzung des maximal möglichen Reibwerts an allen Antriebsrädern. Zur Erhöhung der Fahrstabilität dient der so genannte ASR-Motorregler, der das Motormoment so begrenzt, dass ein vorgegebener Zielschlupf an den Antriebsrädern nicht überschritten wird.

Der Zielschlupf wird – ähnlich wie beim ABS – als möglichst guter Kompromiss zwischen Traktion und Stabilität gewählt, wobei im Nkw der Schwerpunkt stärker auf Traktion liegt. Bei einigen Systemen wird der Zielschlupf abhängig von der Gaspedalstellung oder bei Kurvenfahrt dynamisch angepasst. Somit erzielt man bei Geradeausfahrt mit höherem Schlupf eine optimierte Traktion und gleichzeitig maximale Stabilität bei Kurvenfahrt durch einen verringerten Schlupf.

Insbesondere auf unterschiedlichen Reibwerten kommt es im Antriebsfall zum einseitigen Durchdrehen der Antriebsräder, da das Differenzialgetriebe das Antriebsmoment zu je 50 % auf beide Seiten verteilt (Prinzip Momentenwaage) und somit die Seite mit dem niedrigeren Reibwert das maximal übertragbare Antriebsmoment begrenzt. Hier greift der so genannte ASR-Bremsregler, indem er den Radschlupf am durchdrehenden Rad durch aktives Abbremsen regelt. Das so erzeugte Bremsmoment wird über das Differenzialgetriebe auf die andere Seite gespiegelt und steht dort als Antriebsmoment zur Verfügung. Damit wird im Idealfall die gleiche Vortriebskraft generiert wie mit einer mechanischen Differenzialsperre, weshalb man auch den Begriff *elektronische Differenzialsperre* verwendet. Allerdings wird dabei ein Teil der Antriebsleistung in der Bremse „verheizt".

Bei Nutzfahrzeugen mit zwei angetriebenen Hinterachsen (z. B. Dreiachser mit der Radformel 6 x 4) verteilt ein Zwischenachsdifferenzial die Antriebsmomente auf die beiden Antriebsachsen. Hier wirkt der ASR-Bremsregler auf insgesamt vier Antriebsräder und regelt so den Antriebsschlupf aller Antriebsräder mit dem Ziel der maximalen Reibwertausnutzung.

Im Gegensatz zum ABS ist bei der ASR die Bildung der Referenzgeschwindigkeit relativ einfach, da die nicht angetriebenen Vorderräder keinen Schlupf haben und deren Mittelwert somit die Fahrzeuggeschwindigkeit gut repräsentiert. Eine ASR für Fahrzeuge mit angetriebenen Vorderrädern benötigt weitergehende Sensoren, wie z. B. einen Längsbeschleunigungssensor zur Stützung der Referenzgeschwindigkeit.

43.2.2.3 Motor-Schleppmomentenregelung MSR

Insbesondere leere Nutzfahrzeuge mit geringer Hinterachslast können auf glattem Untergrund nur sehr geringe Kräfte an den Antriebsrädern übertragen. Deshalb kommt es im Schubbetrieb durch das relativ hohe Schleppmoment des Antriebsmotors zu einem großen Radschlupf, der die Stabilität des Fahrzeugs erheblich herabsetzt. Verstärkt tritt dieser Effekt beim Runterschalten auf, da sich dann das Schleppmoment durch die plötzlich geänderte Übersetzung schlagartig erhöht. Hohe Reibungskräfte im Antriebsstrang, z. B. bei sehr tiefen Temperaturen, vergrößern den Effekt weiter.

Die MSR erkennt den aufgrund des Schleppmoments vergrößerten Radschlupf an den Antriebsrädern und erhöht aktiv das Motormoment mit dem Ziel, den Radschlupf zu verringern und somit das Fahrzeug zu stabilisieren. Prinzipiell kommt hier derselbe Schlupfregelkreis wie bei der ASR zum Einsatz, nur dass der Zielschlupf diesmal positiv ist.

43.2.3 Systemaufbau, Steller

43.2.3.1 Konventionelle pneumatische Betriebsbremse

◨ Abbildung 43.3 zeigt eine konventionelle pneumatische Betriebsbremsanlage mit einem ABS/ASR-System (vgl. [6]).

Elektronisches Steuergerät (ECU)

Der ABS- und ASR-Algorithmus läuft in einem Mikrocontroller, der zusammen mit den Endstufen zur Ansteuerung der ABS-Ventile, der Spannungsversorgung und weiteren Peripheriebausteinen im elektronischen Steuergerät integriert ist. Das Blockschaltbild in ◨ Abb. 43.4a verdeutlicht den inneren Aufbau des in konventioneller SMD-Leiterplattentechnik aufgebauten Steuergeräts. Als Mikrocontroller kommen üblicherweise 16-Bit-Controller mit Taktfrequenzen von 20 … 40 MHz zum Einsatz, die durch einen Überwachungsrechner ergänzt werden. Der Speicherbedarf liegt bei 128 … 512 kB ROM (meist Flash-Speicher) und 4 … 12 kB RAM. Ein meist im Rechner integriertes EEPROM dient der Parametrierung des Systems und zur Abspeicherung von Lernwerten und Fehlern (vgl. [2]). Zur Ansteuerung externer Systeme (Motor, Retarder) ist das Steuergerät mit dem Fahrzeug-Datennetzwerk verbunden (meist CAN-Bus nach SAE J1939). Über diesen Bus erfolgt z. B. die Reduzierung des Motormoments oder das Ausschalten des Retarders. Umgekehrt liefert der Datenbus wichtige Informationen wie aktuelles Motormoment, Motordrehzahl, Gaspedalstellung etc.

Raddrehzahlsensoren

Als Sensoren finden im schweren Nutzfahrzeug nahezu ausschließlich passive induktive Drehzahlfühler Verwendung. Durch die Drehung des magnetisierten Impulsrades (60 … 120 Zähne) wird im Sensor eine Wechselspannung induziert, deren Frequenz proportional zur Drehzahl ist und vom

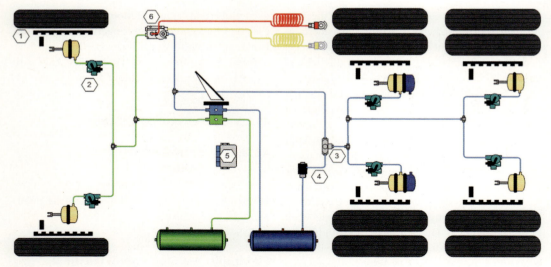

◘ **Abb. 43.3** Systemaufbau einer konventionellen pneumatischen Betriebsbremsanlage mit ABS und ASR (1 Drehzahlsensor, 2 ABS-Ventil, 3 Wechselventil, 4 ASR-Ventil, 5 Steuergerät, 6 Anhängersteuerventil)

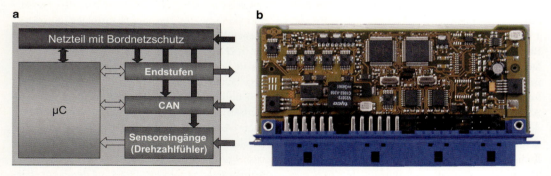

◘ **Abb. 43.4 a** Blockschaltbild ABS-Steuergerät **b** ABS-Steuergerät im geöffneten Zustand (Quelle: Knorr-Bremse)

ABS-Steuergerät ausgewertet wird. Die Sensoren werden mithilfe einer Federhülse in eine Halterung gesteckt (kraftschlüssige Befestigung). Dadurch ist sichergestellt, dass die Sensoren nicht durch ein ungleichförmiges Impulsrad „abgefräst" werden: Der Luftspalt stellt sich automatisch ein. Diese an sich robuste Konstruktion kann allerdings bei starken Schwingungen oder Verschmutzung dazu führen, dass sich der Luftspalt stark vergrößert und die Drehzahlinformation nicht mehr ausreichend ist: Die so genannte Grenzspaltgeschwindigkeit, d. h. die Geschwindigkeit, ab der eine für das Steuergerät auswertbare Wechselspannung induziert wird, vergrößert sich. Durch einfaches „Hineinschieben" des Sensors in die Halterung wird das Problem beseitigt.

Die im Pkw-Sektor gebräuchlichen aktiven Drehzahlfühler konnten sich bisher bei Nutzfahrzeugen nicht durchsetzen. Das liegt an der großen Variantenvielfalt bei Nutzfahrzeugachsen in Verbindung mit deutlich längeren und nicht synchronisierten Entwicklungszyklen zusammen mit den nur geringen technischen und kommerziellen Vorteilen der aktiven Sensoren.

Steller

Beim Nkw-ABS kommen als Steller so genannte Drucksteuerventile (ABS-Ventile) zum Einsatz. Diese sind funktionell als 3/3-Wegeventile mit zwei Magneten ausgeführt und haben die Aufgabe, im Falle eines erhöhten Radschlupfes den Bremsdruck

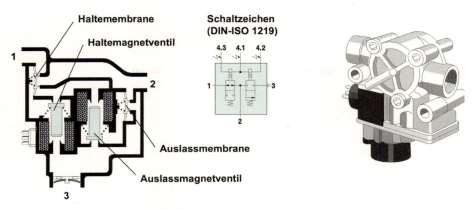

◘ Abb. 43.5 ABS-Drucksteuerventil (Anschlüsse: 1 Betriebsbremsventil, 2 Bremszylinder, 3 Entlüftung)

entweder zu halten (d. h. einen weiteren Druckaufbau zu verhindern) oder den Bremsdruck zu verringern. In ◘ Abb. 43.5 ist der innere Aufbau des ABS-Ventils dargestellt.

Da eine direkte Steuerung von großen Ventilquerschnitten aufgrund der großen Kräfte sehr große Magnetventile erfordert, wird die eigentliche Ventilfunktion durch zwei Elastomer-Membranen dargestellt, die durch relativ kompakte Magnetventile vorgesteuert werden. Dies ist in ◘ Abb. 43.6 für verschiedene Betriebszustände (ungebremst, gebremst und während ABS-Regelung) dargestellt.

Mithilfe der ABS-Ventile kann somit der Bremsdruck abgesenkt oder begrenzt werden. Beim ASR-Bremsregler muss jedoch aktiv Bremsdruck aufgebaut werden, um ohne Zutun des Fahrers einzelne Räder abzubremsen. Dies erfolgt mittels eines ASR-Ventils (3/2-Wegeventil) in Kombination mit einem Wechselventil, die den Vorratsdruck direkt vor die ABS-Ventile schalten. Die eigentliche Druckmodulation erfolgt – wie beim ABS – über die ABS-Ventile (vgl. ◘ Abb. 43.6).

43.2.3.2 Elektronisch gesteuerte Betriebsbremse (EBS)

Bei der elektronisch gesteuerten Betriebsbremse EBS erfasst ein Steuergerät über einen Pedalwegsensor den Bremswunsch des Fahrers und errechnet daraus die notwendigen Radbremsdrücke. Diese werden dann radindividuell in Elektro-Pneumatischen Modulatoren (EPM) elektronisch geregelt (vgl. [2]). Aufgrund des Grundprinzips „Control-by-Wire", sind bereits alle technischen Voraussetzungen zur autonomen Bremsdruckmodulierung vorhanden. Der ABS-Algorithmus ist im EBS-Zentralsteuergerät implementiert und sendet den errechneten Soll-Bremsdruck über den Bremsen CAN-Bus an die EPM. Die Raddrehzahlsensoren sind identisch mit den unter ▶ Abschn. 43.2.3 beschriebenen.

43.2.4 Sonderfunktionen für Nkw

43.2.4.1 Zugfahrzeugsysteme

Über die reinen Stabilisierungsfunktionen ABS und ASR hinausgehend können eine Reihe von Zusatzfunktionen (Value Added Functions) dargestellt werden, die auf der Infrastruktur des ABS/ASR- oder EBS-Systems aufsetzen. Dazu gehören u. a.:

- **Elektronische Bremskraftverteilung (Electronic Brake-force Distribution EBD):** Der Bremsdruck an der Hinterachse wird mit Hilfe der ABS-Ventile radschlupfabhängig verringert, um so die Bremskraft an der Hinterachse der Achslast und damit der Beladung anzupassen. Damit wird funktional das sonst notwendige ALB-Ventil (Automatisch Lastabhängiger Bremskraftregler) ersetzt.
- **Bremsendiagnose:** Anhand eines langfristigen Vergleichs der einzelnen Radschlupfwerte beim Bremsen untereinander erkennt das System Fehlfunktionen einzelner Bremsen oder stark unterschiedliches Bremsverhalten.
- **Differenzialsperrenmanagement:** Die Funktion unterstützt den Fahrer beim Einlegen der

Betriebszustand

Ungebremst	Bremsung ohne ABS-Eingriff	ABS-Eingriff: Bremsdruck halten	ABS-Eingriff: Bremsdruck absenken
Die Anschlüsse 1 und 2 sind drucklos. Einlass- und Auslassmembrane sind geschlossen. Die beiden Magneten (I, II) werden nicht angesteuert.	Der am Anschluss 1 anstehende Bremsdruck öffnet die Einlassmembrane. Über den oberen Ventilsitz von II gelangt Bremsdruck in den Raum (b). Der Auslass bleibt dadurch geschlossen und der Anschluss 2 wird belüftet.	Durch Ansteuern des Magneten I schließt der untere Ventilsitz, gleichzeitig öffnet der obere. Dadurch wird der Raum (a) belüftet und die Einlassmembrane schließt. Der Auslass bleibt durch den Druck im Raum (b) ebenfalls geschlossen. Dadurch bleibt der Druck am Anschluss 2 konstant.	Der Magnet II schließt den oberen Ventilsitz und öffnet gleichzeitig den unteren. Der Raum (b) wird entlüftet. Durch den Bremszylinderdruck öffnet die Auslassmembrane wodurch der Bremsdruck über die Entlüftung 3 verringert wird.

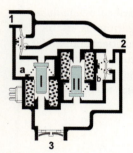   

Abb. 43.6 Funktion des Drucksteuerventils

Differenzialsperren zum Schutz der Mechanik. Dies geschieht durch aktives Synchronisieren der Raddrehzahlen mithilfe der Bremsen und somit elektronisch gesteuertes Einlegen der Sperren.

- **Haltestellenbremse (Door-Brake):** Automatische Aktivierung der Betriebsbremse bei Bussen mit Hilfe des ASR-Ventils, wenn die Bustüren geöffnet werden, und entsprechend automatische Deaktivierung beim Schließen der Türen und Anfahren. Damit wird dem Busfahrer an einer Haltestelle das Einlegen der Feststellbremse abgenommen.
- **Lenkbremse:** Insbesondere Fahrzeuge mit der Achsformel 6 x 4 (3-Achser mit 2 angetriebenen Hinterachsen) neigen auf rutschigem Untergrund (z. B. Baustellenbetrieb) bei engen Kurven zum starken Untersteuern. Die Funktion Lenkbremse bremst in diesem Fall abhängig vom Lenkradwinkel einseitig die Hinterräder, um mit dem dadurch entstehenden zusätzlichen Giermoment die Lenkwilligkeit zu unterstützen und den Wendekreis deutlich zu verringern.
- **Off-Road ABS:** Speziell für Militärfahrzeuge und andere überwiegend auf nichtbefestigten Untergründen betriebene Fahrzeuge existieren modifizierte ABS-Algorithmen, die insbesondere bei niedrigen Geschwindigkeiten den Radschlupf deutlich erhöhen. Damit wird auf lockeren Untergründen (z. B. Schotter, loser Schnee) der Bremsweg über den sich bildenden Bremskeil verkürzt.

43.2.4.2 Anhängersysteme

Auch im Anhängerbereich gibt es eine Reihe von Zusatzfunktionen, die sich die Infrastruktur des Anhänger-EBS (oder ABS) zu Nutze machen. Dazu gehören u. a. Funktionen, die geschwindigkeits- oder lastabhängig bestimmte Schaltfunktionen ausführen (z. B. Rücksetzen der Niveauregelung in die Fahrstellung, Steuerung einer Liftachse etc.).

43.3 Spezifika der Fahrdynamikregelung für Nutzfahrzeuge im Vergleich zum Pkw

43.3.1 Nkw-spezifische Besonderheiten

Grundsätzlich baut die Fahrdynamikregelung modular auf den ABS/ASR- oder EBS-Systemen auf und nutzt die dort bereits vorhandene Infrastruktur sowohl bezüglich der Komponenten als auch bezüglich der Funktionen.

Fahrdynamisch betrachtet gelten zunächst die gleichen Merkmale und Besonderheiten wie in ▶ Abschn. 43.2.1 beschrieben. Aus Sicht einer Fahrdynamikregelung kommen jedoch weitere Besonderheiten zum Tragen:

- **Schwerpunkthöhe:** Nutzfahrzeuge haben eine Gesamthöhe von bis zu 4 m (in einigen Ländern bis zu 4,5 m), die in Kombination mit der Beladung zu Schwerpunkthöhen von 1,2 … 2,5 m führt. Somit neigen schwere Nutzfahrzeuge viel früher zum Umkippen als Pkw – meistens schon bei quasi-stationären Manövern. Typische Querbeschleunigungswerte, die zum Kippen führen, liegen im Bereich zwischen 4 … 6 m/s².
- **Verwindungsweiche Fahrzeugrahmen:** Nutzfahrzeugrahmen sind auf Grund ihrer Bauweise (offene U-Profile) sehr verwindungsweich. Das Verhalten bei Kurvenfahrt ist dadurch sehr komplex und nicht mit einem Starrkörper modellierbar. So speichert der Rahmen durch die Verwindung bei Kurvenfahrt einen Teil der Wankenergie und gibt diesen z. B. bei Wechselkurven wieder ab, mit der Folge, dass die Kippneigung weiter verstärkt wird. Durch entsprechende Aufbauten verändert sich dieses Verhalten (z. B. Flüssigkeitstank).
- **Fahrzeugfreiheitsgrade:** Wie bereits in ▶ Abschn. 43.2.1 beschrieben erhöht sich die Anzahl der Freiheitsgrade durch den Anhängerbetrieb. Insbesondere bei einer Fahrdynamikregelung hat dies einen entscheidenden Einfluss auf die auszuwählende Regelstrategie.
- **Unsicherheiten im Lenksystem:** Wie auch im Pkw sitzt der für die Fahrdynamikregelung benötigte Lenkwinkelsensor in der Lenksäule. Auf Grund des großen Verstellbereichs einer Nkw-Lenksäule, der über Kardangelenke realisiert wird, ergeben sich jedoch relativ große Ungleichförmigkeiten im gemessenen Lenkradwinkelsignal, die durch eine robuste Systemauslegung kompensiert werden müssen.

43.3.2 Regelungsziele und -prioritäten

Schwere Nutzfahrzeuge können über das im Pkw bekannte Schleudern (z. B. Über- oder Untersteuern) hinaus weitere instabile Zustände einnehmen. Dazu gehören:

- Einknicken bei mehrgliedrigen Fahrzeugkombinationen, beispielsweise verursacht durch Aufschieben des Anhängers, und
- Umkippen aufgrund zu hoher Querbeschleunigung.

Daher muss eine Fahrdynamikregelung für Nutzfahrzeuge neben den im Pkw bekannten Stabilisierungsfunktionen auch das Einknicken und Umkippen adressieren.

Die mittlerweile verfügbaren Fahrdynamikregelungen für Nutzfahrzeuge sind für den Einsatz in fast allen Einzelfahrzeugen und in nahezu beliebigen Fahrzeugkombinationen mit einem oder mehreren Knickgelenken vorgesehen (z. B. Sattelkraftfahrzeuge, Gliederzüge oder Eurokombis).

43.3.2.1 Spurstabilisierung

Grundlage der Spurstabilisierung ist ein Gierratenregler, der die gemessene Fahrzeuggierrate mit der vom Fahrer gewünschten Gierrate (Referenzgierrate) in der Ebene vergleicht und Abweichungen mittels Brems- und Motormomenteingriffen ausregelt.

Die Referenzgierrate bestimmt das System mithilfe eines vereinfachten physikalischen Modells, das aus den ebenen Bewegungsgleichungen für eine

Fahrzeugkombination mit einem Knickgelenk hergeleitet wurde (Einspurmodell, vgl. [4]):

$$\dot{\psi}_Z = \frac{\delta_h}{i_L} \cdot \frac{v_{cog}}{l + EG \cdot v_{cog}^2} \qquad (43.6)$$

mit
$\dot{\psi}_Z$ als Referenzgierrate [rad/s],
δ_h als Lenkradwinkel [rad],
i_L als wirksame Lenkübersetzung [–],
v_w als Fahrzeuggeschwindigkeit [m/s],
l als effektiver Radstand [m] und
EG als Eigenlenkgradient [s²/m], der das Eigenlenkverhalten der Fahrzeugkombination beschreibt.

Die in diesen Modellen vorkommenden Parameter werden entweder am Band-Ende parametriert (z. B. Radstand) oder online durch spezielle Adaptionsalgorithmen (Parameterschätzer) an das jeweilige Verhalten des Fahrzeugs angepasst (z. B. Eigenlenkgradient).

Obwohl das Modell für eine Fahrzeugkombination mit einem Knickgelenk hergeleitet wurde, entspricht es in seiner Struktur dem Einspurmodell für ein Einzelfahrzeug (vgl. [3]). Die Einflüsse des angekoppelten Anhängers werden über den Eigenlenkgradienten ausgedrückt. Die Modellstruktur bleibt auch bei Fahrzeugen mit mehr als zwei Achsen erhalten. Hier erfolgt die Anpassung über den effektiven Radstand, der die Effekte z. B. eines Doppelachsaggregats beinhaltet (vgl. [5]).

Eine deutliche Abweichung zwischen der Referenzgierrate und der gemessenen Gierrate führt zu einem Regelfehler, der vom eigentlichen Regler unter Berücksichtigung der physikalischen Grenzen in ein korrigierendes Soll-Giermoment umgewandelt wird. Die physikalischen Grenzen limitieren die unter den aktuellen Reibwertbedingungen mögliche Gierrate und werden über eine Reibwertschätzung ermittelt. Da immer nur der ausgenutzte Reibwert geschätzt werden kann und somit ein gewisser Sicherheitsaufschlag notwendig ist, führt dies in der Konsequenz zu einer Begrenzung der Schwimmwinkelgeschwindigkeit auf ein vom Fahrer beherrschbares Maß.

Außer vom Regelfehler hängt die Höhe des Soll-Giermoments auch von der aktuellen Fahrzeugkonfiguration (Radstand, Anzahl der Achsen, Betrieb mit oder ohne Anhänger usw.) und dem Beladungszustand (Masse, Schwerpunktlage in Längsrichtung, Trägheitsmoment um die Hochachse usw.) ab. Da diese Parameter variabel sind, müssen sie von der FDR ständig ermittelt werden. Das erfolgt beispielsweise beim Beladungszustand durch einen Schätzalgorithmus, der aus Signalen der Motorsteuerung (Motordrehzahl und -moment) und der Fahrzeuglängsbewegung (Raddrehzahlen) permanent die aktuelle Fahrzeugmasse identifiziert.

Um das Soll-Giermoment in einen Stabilisierungseingriff umzuwandeln, nimmt die FDR eine grobe Klassifizierung der Fahrsituation in „Übersteuern" und „Untersteuern" vor:

- Übersteuern beschreibt Situationen, in denen das Heck des Fahrzeugs seitlich nach außen drückt, d. h. das Fahrzeug dreht schneller als für den gewünschten Kurvenradius erforderlich. Diese Situation kann bei Sattelkraftfahrzeugen zum Einknicken führen und ist durch den Fahrer nur schwer beherrschbar.
- Im Falle des Untersteuerns schiebt das Fahrzeug über die Vorderräder nach außen zum Kurvenrand (vergleichbar einem frontgetriebenen Pkw auf glattem Untergrund), was insbesondere bei Fahrzeugen mit zwei Hinterachsen (Doppelachsaggregat) vorkommt.

Zusätzlich bezieht das System den geschätzten Knickwinkel in die Bewertung der Fahrsituation mit ein.

Abhängig von der bewerteten Fahrsituation und dem berechneten Soll-Giermoment werden die Bremseingriffe an ausgewählten Rädern in geeigneter Weise umgesetzt. Bevorzugt werden dabei solche Räder, bei denen der Bremskraftaufbau und der dadurch bedingte Seitenkraftverlust ein gleichgerichtetes Giermoment erzeugen (siehe ◘ Abb. 43.7). Unterstützt wird der Stabilisierungseffekt durch gezieltes Verändern der ABS-Zielschlupfwerte, was insbesondere im gebremsten Fahrzustand zum Tragen kommt.

Zusätzlich zu den radindividuellen Bremseingriffen am Motorwagen wird in bestimmten Situationen auch der Anhänger gebremst. Hier sind jedoch technisch bedingt keine radindividuellen Bremseingriffe möglich, d. h. der Anhänger wird nur als Ganzes gebremst.

Beispielhaft sind in ◘ Abb. 43.7 die Stabilisierungseingriffe für eindeutiges Über- bzw. Untersteu-

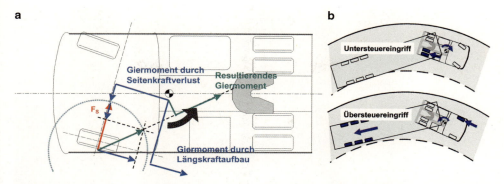

Abb. 43.7 Auswirkung eines Bremseingriffs an einem Rad auf das Giermoment (links) und Eingriffsstrategie der Fahrdynamikregelung (rechts)

ern dargestellt. Neben diesen eindeutigen Situationen gibt es noch weitere kritische Fahrzustände, in denen je nach Soll-Giermoment auch andere Räder bzw. Kombinationen von Rädern gebremst werden.

43.3.2.2 Kippstabilisierung

Aufgrund der meist hohen Schwerpunktlage eines Nutzfahrzeugs erfolgt das Schleudern und Einknicken überwiegend auf niedrigen und mittleren Reibwerten. Auf hohen Reibwerten ist dagegen die Kippneigung ausgeprägter. Die Kippgrenze hängt dabei nicht nur von der Höhe des Schwerpunkts ab, sondern auch vom Fahrwerk (Achsaufhängung, Stabilisatoren, Federbasis, Wankzentrum usw.) und der Art der Beladung (feste oder bewegte Beladung). Eine näherungsweise Berechnung der Kippgrenze ist in [2] dargestellt.

Betrachtet man den eigentlichen Kippvorgang bei quasi-stationärer Kreisfahrt, so ist die grundsätzliche Ursache für das Kippen eine zu hohe Querbeschleunigung, die bei gegebenem Kurvenradius durch eine zu große Fahrzeuggeschwindigkeit verursacht wird.

Die FDR nutzt diese physikalischen Zusammenhänge, um die Kippgefahr zu mindern: Sobald sich das Fahrzeug der Kippgrenze annähert, wird es durch ein Reduzieren des Motormoments und ggf. zusätzliches Abbremsen verzögert (vgl. Abb. 43.8). Die Kippgrenze wird in der FDR abhängig von der Beladung des Fahrzeugs und der Lastverteilung ermittelt, wobei der Beladungszustand des Fahrzeugs ständig identifiziert wird.

Dynamische Lenkmanöver führen oft zu stärkeren Wankbewegungen und verstärken somit die Kippneigung. Beispiele sind das Überschwingen beim Lenkwinkelsprung oder das Übertragen von Wankenergie in Wechselkurven (Kreisverkehr, Ausweichmanöver). Daher wird die ermittelte Kippgrenze abhängig von der jeweiligen Fahrsituation modifiziert. So erfolgt z. B. in schnellen dynamischen Fahrsituationen (Ausweichmanöver usw.) eine Reduzierung der Kippgrenze mit dem Ziel eines frühzeitigeren Eingreifens.

Im Gegenzug dazu ist die Kippneigung bei sehr langsamen Fahrmanövern (z. B. enge Serpentinenkehren bergauf) geringer, weshalb das System die Kippgrenze dort zur Vermeidung von unnötigen bzw. störenden Bremseingriffen anhebt.

Basis für die ermittelte Kippgrenze sind bestimmte Annahmen bezüglich der Höhe des Schwerpunkts und des Fahrverhaltens der Fahrzeugkombination bei bekannter Achslastverteilung. Damit deckt die Fahrdynamikregelung den größten Teil der üblichen Fahrzeugkombinationen ab. Um jedoch auch bei starken Abweichungen von diesen Annahmen noch eine Stabilisierung zu gewährleisten (z. B. extrem hohe Schwerpunktlagen), detektiert das System zusätzlich das Abheben kurveninnerer Räder. Dabei werden diese auf nicht plausibles Drehzahlverhalten hin überwacht. Gegebenenfalls wird dann die gesamte Fahrzeugkombination durch geeignete Bremseingriffe stark verzögert.

Das Abheben kurveninnerer Räder am Anhänger wird mithilfe des Anhänger-EBS detektiert. Dazu erfolgt bei einer bestimmten Querbeschleunigung eine leichte Testbremsung am Anhänger, die in Verbindung mit einem stark entlasteten Rad

Abb. 43.8 Kurvenfahrt bei 60 km/h ohne/mit FDR auf hohem Reibwert mit voll beladener Lkw-Kombination [Quelle: Knorr-Bremse]

zum Blockieren und somit zum Anlaufen des Anhänger-ABS führt. Dies wird dem Zugfahrzeug über die CAN-Kommunikationsleitung (SAE J 11992) mitgeteilt. Für Kombinationen mit konventionell gebremstem Anhänger (nur mit ABS ausgerüstet), beschränkt sich die Erkennung des Radabhebens auf kurveninnere Räder des Motorwagens.

43.3.3 Fahrdynamikregelung für Gliederzüge

Der Begriff Gliederzug steht hier stellvertretend für alle Fahrzeugkombinationen, die gegenüber einem Sattelkraftfahrzeug zusätzliche Gelenke aufweisen. Dazu gehören u. a. die folgenden Kombinationen:

- *Klassischer Gliederzug*: Lkw mit Drehschemelanhänger, wobei der Drehschemelanhänger üblicherweise zwei oder drei Achsen hat, in nordischen Ländern auch 4 oder 5 Achsen.

- *Eurokombi*: Lkw mit Dolly (sehr kurzes, meist 2-achsiges Anhängefahrzeug mit Sattelplatte, über eine Deichsel am Lkw angekoppelt) und Sattelauflieger,
- *Eurokombi*: Sattelzugmaschine mit Sattelauflieger und zusätzlich angekoppeltem Zentralachsanhänger.
- *A-Double Kombination*: Sattelzugmaschine mit Sattelauflieger und daran angekoppeltem Drehschemelanhänger (alternativ statt Drehschemelanhänger auch Dolly und Sattelauflieger).
- *B-Double Kombination*: Sattelzugmaschine mit zwei Sattelaufliegern (der erste ist als sogenannter Dolly-Link mit Sattelplatte zur Aufnahme des zweiten Sattelaufliegers ausgeführt).

Die erstgenannte Kombination wird hauptsächlich in Mittel- und Nordeuropa eingesetzt, während die anderen Kombinationen z. B. in Skandinavien, Australien und Nordamerika zugelassen sind. Darüber hinaus existieren in Australien und einigen anderen Staaten sogenannte Road-Trains, d. h. Fahrzeugkombinationen mit mehr als zwei Anhängern (teilweise bis 50 m Zuglänge und 150 t Zuggewicht).

Bedingt durch die zusätzlichen Gelenke erhält man weitere Freiheitsgrade, die zu einem deutlich komplexeren Fahrverhalten führen. Dem trägt die Fahrdynamikregelung dadurch Rechnung, dass Stabilisierungseingriffe zum einen früher eingeleitet, aber gleichzeitig vorsichtiger durchgeführt werden. Hintergrund ist die Gefahr, dass ein zu kräftiger Stabilisierungseingriff die Fahrzeugkombination destabilisieren könnte, was unbedingt vermieden werden muss.

Um die Fahrsituationen richtig zu bewerten, müssen erweiterte Referenzmodelle auch die zusätzlichen Freiheitsgrade berücksichtigen. Erschwerend kommt hinzu, dass Anzahl und Art der Anhänger dem System nur selten bekannt sind und auch keine zusätzlichen Sensorinformationen erfasst werden. Für eine robuste Abbildung des Anhängerverhaltens wurde daher die Knickwinkelschätzung um zusätzliche Schätzgrößen, z. B. für die Anhänger-Querbeschleunigung erweitert.

43.3.4 Systemarchitektur

43.3.4.1 Konventionelle pneumatische Betriebsbremse

Bei einem konventionellen pneumatischen Bremssystem wird zunächst auf der ABS/ASR-Systemarchitektur aufgesetzt (vgl. ▶ Abschn. 43.2.3). Damit besteht zumindest an der Hinterachse die Möglichkeit, unabhängig vom Fahrer einzelne Räder zu bremsen. Die Fahrdynamikregelung erfordert zusätzlich autonome Bremseingriffe an der Vorderachse und am Anhänger. Der Systemaufbau einer auf einer konventionellen pneumatischen Bremsanlage basierenden Fahrdynamikregelung ist in ◘ Abb. 43.9 dargestellt.

Sensoren

Ähnlich wie bei der Pkw-Fahrdynamikregelung werden auch im Nutzfahrzeug neben dem Lenkradwinkelsensor Sensoren für die Gierrate und die Querbeschleunigung eingesetzt (Position 7 in ◘ Abb. 43.9).

Der Lenkradwinkel wird in der Regel unmittelbar unter dem Lenkrad in der Lenksäule gemessen. Hier kommen einerseits multiturnfähige Magnetfeldsensoren zum Einsatz, die mithilfe eines mechanischen Getriebes mehrere Umdrehungen eineindeutig sensieren können. Andererseits werden optische Sensoren eingesetzt, die nur eine Umdrehung messen können und daher die Messung mehrerer Umdrehungen über Software Funktionen darstellen. Die Sensoren beinhalten üblicherweise einen Mikrocontroller und kommunizieren mit dem zentralen Steuergerät über einen CAN-Bus. Das ist entweder der allgemeine Fahrzeug-CAN (z. B. nach SAE J1939) oder ein separater Sensor-CAN-Bus.

Zur Messung der Fahrzeugbewegung (Gierrate und Querbeschleunigung) werden aus dem Pkw-Bereich abgeleitete Fahrdynamiksensoren eingesetzt. Die Montage erfolgt in der Nähe des Schwerpunkts am Fahrzeugrahmen. Somit müssen die Sensoren speziell an die harten Umgebungsbedingungen im Nkw (Umwelteinflüsse, Vibrationen etc.) angepasst sein.

Neben den eigentlichen Fahrdynamiksensoren werden zusätzlich Drucksensoren zur Sensierung

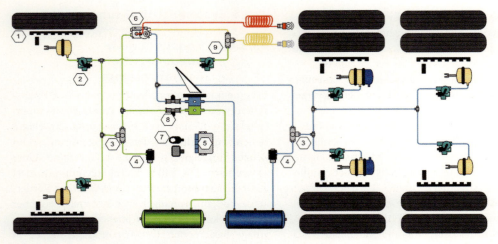

Abb. 43.9 Systemaufbau einer konventionellen pneumatischen Betriebsbremsanlage mit Fahrdynamikregelung (1 Drehzahlsensor, 2 ABS-Ventil, 3 Wechselventil, 4 ASR-Ventil, 5 Steuergerät, 6 Anhängersteuerventil, 7 FDR-Sensoren, 8 Drucksensoren, 9 Anhängeransteuerung)

des Fahrerbremsdrucks benötigt, da dieser im Falle eines Stabilisierungseingriffs von den Bremszylindern abgekoppelt ist und deshalb mittels des Fahrdynamiksystems elektronisch eingesteuert werden muss (Position 8 in ◘ Abb. 43.9).

Steller

Um die erweiterten Eingriffsmöglichkeiten der Fahrdynamikregelung an der Vorderachse und für den Anhänger darzustellen, wird zunächst ein zusätzliches ASR-Ventil für den Vorderachsbremskreis eingesetzt (Position 4 in ◘ Abb. 43.9). Aus diesem Bremskreis wird dann mittels eines weiteren ABS-Ventils der Anhänger angesteuert (Position 9 in ◘ Abb. 43.9).

43.3.4.2 Elektronisch gesteuerte Betriebsbremse (EBS)

Da das EBS bereits alle technischen Voraussetzungen zum autonomen Bremsen einzelner Räder mitbringt, benötigt die Fahrdynamikregelung nur die im vorhergehenden Abschnitt beschriebenen Fahrdynamiksensoren. Diese kommunizieren ebenfalls über einen CAN-Datenbus mit dem EBS-Zentralsteuergerät, in dem auch der Algorithmus der Fahrdynamikregelung implementiert ist. Der errechnete Soll-Bremsdruck wird über den Bremsen CAN-Bus an die EPM bzw. über den Anhänger CAN-Bus an den Anhänger gesendet.

43.3.5 Sonderfunktionen für Nkw

43.3.5.1 Einfache Systeme zur Kippstabilisierung

Außer der Fahrdynamikregelung existieren einfachere Systeme, die nur das Umkippen des Fahrzeugs adressieren. Diese bauen auf ABS/ASR-Systemarchitekturen auf und nutzen einen integrierten Querbeschleunigungssensor zur Ermittlung der Kipptendenz. Neigt das Fahrzeug zum Umkippen, wird mithilfe des ASR-Ventils und den ABS-Ventilen – wie beim ASR-Bremsregler – an der Hinterachse aktiv gebremst und somit die Fahrzeuggeschwindigkeit verringert. Über ein weiteres ASR-Ventil, das im Bremskreis zum Anhänger installiert ist, kann auch der Anhänger gebremst werden. Da das ASR-Ventil ein reines Schaltventil ist, erfolgt die Ansteuerung der Anhängerbremsen getaktet, so dass der wirksame Bremsdruck im Anhänger aufgrund der Trägheit des Bremssystems beschränkt bleibt.

Da keine weiteren Sensoren zur Ermittlung der Spurstabilität vorhanden sind und außerdem nur die Hinterachse und der Anhänger aktiv gebremst werden, ist die erreichbare Systemperformanz im Vergleich zur vollständigen FDR bereits grundsätzlich eingeschränkt. Darüber hinaus müssen die Bremseingriffe zur Vermeidung von systeminduzierten Instabilitäten entsprechend vorsichtig erfolgen.

Weitere Ausbaustufen dieses Systems verwenden zusätzlich einen Lenkradwinkelsensor, um so insbesondere bei dynamischen Manövern die Stabilisierungseingriffe effizienter zu gestalten.

Die hier beschriebenen einfachen Systeme kommen bisher vorwiegend außerhalb Europas zum Einsatz.

43.3.5.2 Anhängersysteme zur Kippstabilisierung

Neben der im Zugfahrzeug installierten Fahrdynamikregelung, die den gesamten Zug vom Zugfahrzeug aus stabilisiert, existiert für Anhänger ein ebenfalls autonom agierendes Stabilisierungssystem zur Vermeidung des Umkippens. Dieses TRSP (Trailer Roll-Stability Program) genannte System bremst den Anhänger bei Kippgefahr autonom ab. Prinzipiell funktioniert das TRSP ähnlich wie in ▶ Abschn. 43.3.2 beschrieben, allerdings stehen als Messgrößen neben den Raddrehzahlen nur eine Lastinformation und die Querbeschleunigung zur Verfügung. Aufgrund der auf den Anhänger beschränkten Bremseingriffe und der limitierten Sensorinformationen (nur Querbeschleunigung) ist die Performanz gegenüber der FDR eingeschränkt, was jedoch über die lokal verfügbaren Raddrehzahlen und damit verbundenen erweiterten Möglichkeiten zur Detektierung des Kippens zum Teil kompensiert wird.

43.4 Ausblick

Die heute am Markt befindlichen Fahrdynamikregelungen für Nutzfahrzeuge sind für folgende Fahrzeugkonfigurationen verfügbar:

- Lkw und Busse in den Radformeln 4 × 2, 6 × 2, 6 × 4 und 8 × 4 im Solobetrieb und mit einem oder mehreren Anhängern (Gliederzug, Eurokombi und Road-Train),
- Sattelkraftfahrzeuge in den Radformeln 4 × 2, 6 × 2 und 6 × 4.

Die Stabilisierungseingriffe beinhalten Motoreingriffe sowie aktives Bremsen einzelner Räder am Motorwagen und Bremsen des Anhängers.

Die Fahrdynamikregelung ist in Europa für Nutzfahrzeuge mit maximal drei Achsen seit 2009 gesetzlich vorgeschrieben (stufenweise, beginnend mit Sattelkraftfahrzeugen). Zurzeit laufen daher intensive Weiterentwicklungen mit dem Ziel, die Fahrdynamikregelung auch für weitere Fahrzeugtypen, wie z. B. Allradfahrzeuge, zu applizieren.

Durch die steigende Verbreitung der Fahrdynamikregelung für Nutzfahrzeuge müssen die Algorithmen zunehmend robuster sein und sich an das Fahrzeugverhalten soweit wie möglich adaptieren. Neben der bereits oben beschriebenen Anpassung an die Fahrzeugmasse und das Eigenlenkverhalten soll daher auch die Höhe des Fahrzeugschwerpunktes im System berücksichtigt werden.

Darüber hinaus werden zukünftig weitere Steller mit in die Regelung einbezogen (z. B. aktive Lenkungen ähnlich wie im Pkw), soweit diese im Nutzfahrzeug verfügbar sind.

43.4.1 Fahrdynamikregelung für Allradfahrzeuge

Die Herausforderungen bei einer Fahrdynamikregelung für Allradfahrzeuge sind im Wesentlichen

- die Ermittlung der Fahrzeugreferenzgeschwindigkeit, die auf rutschigem Untergrund aufgrund der Antriebsmomente an allen Rädern durch weitere Sensoren (z. B. für die Längsbeschleunigung) gestützt werden muss und
- der Off-Road Betrieb, der mit seinen komplexen Fahrsituationen insbesondere eine Anpassung der FDR-internen Fahrdynamikmodelle und Überwachungsfunktionen erfordert.

Außerdem müssen die meistens vorhandenen Differenzialsperren in geeigneter Weise in die Fahrdynamikeingriffe einbezogen werden.

43.4.2 Weitergehende Adaptionsalgorithmen in der Fahrdynamikregelung

Wie in ▶ Abschn. 43.3.2 ausgeführt, gehen aktuelle Fahrdynamikregelungen von mittleren Schwerpunkthöhen aus, die in der Systemauslegung bei der Masse der Fahrzeuge zu einem sehr guten Kompromiss zwischen Fahrbarkeit und Sicherheit führen. Bei bekannt hoher Schwerpunktlage ist eine Steigerung der FDR-Performance durch entsprechend frühzeitigere Eingriffe möglich.

Eine Indikation für die vertikale Schwerpunktlage bei bekannter Fahrzeugmasse gibt z. B. das Wank- oder Nickverhalten des Fahrzeugs. Hierzu werden in einem Identifikationsalgorithmus die Sensoren der Niveauregelung ausgewertet, die i. d. R. an der Hinterachse rechts und links verbaut sind.

43.4.3 Nutzung weiterer Steller

Im Gegensatz zum Pkw existieren im Nutzfahrzeug bisher aufgrund der sehr hohen Lenkkräfte keine rein elektrischen Servolenkungen an der Vorderachse. Jedoch gibt es seit 2012 hydraulische Servolenkungen mit elektrischer Momentenüberlagerung (z. B. Mercedes und Volvo). Der elektrische Steller ist aus der elektrischen Servolenkung vom Pkw abgeleitet. Damit werden die Lenkkräfte weiter verringert und es kann der zweite hydraulische Kreis bei Fahrzeugen mit Doppel-Vorderachsen entfallen. Außerdem gibt es schon seit längerem elektronisch gesteuerte Lenkungen an Zusatzachsen (Vorlauf- oder Nachlaufachse). Dabei wird der aktuelle Lenkwinkel der Vorderachse gemessen und in einen Soll-Lenkwinkel für die Zusatzachse umgerechnet. Mit Hilfe eines servo-hydraulischen Lenkaktuators wird dieser Lenkwinkel dann eingeregelt.

Zukünftige Fahrdynamikregelsysteme im Nutzfahrzeug werden die Möglichkeiten der zusätzlichen Steller in die Regelstrategie mit einbeziehen, um eine möglichst optimale Stabilisierungsfunktion darzustellen. Ziel ist dabei die Nachteile der Bremseingriffe – die nicht kontinuierlich eingesetzt werden können und in bestimmten Situationen zu einem Traktionsverlust führen – mit Hilfe eines kontinuierlichen Stellers zu optimieren. Die Lenkeingriffe werden daher den Bremseingriffen vorgeschaltet.

Literatur

[1] Hoepke, E., Breuer, S. (Hrsg.): Nutzfahrzeugtechnik. Grundlagen, Systeme, Komponenten. Vieweg+Teubner Verlag, Wiesbaden (2008)
[2] Robert Bosch GmbH: Kraftfahrtechnisches Taschenbuch. Vieweg, Vieweg + Teubner Verlag, Wiesbaden (2011)
[3] Zomotor, A.: Fahrwerktechnik: Fahrverhalten. Vogel Buchverlag, Würzburg (1991)
[4] Hecker, S. Hummel, O. Jundt, K.-D. Leimbach, I. Faye, H. Schramm: Vehicle Dynamis Control for Commerial Vehicles. SAE-Paper 973284, 1997
[5] Winkler, C.B.: Simplified Analysis of the Steady State Turning of Complex Vehicles. International Journal of Vehicle Mechanics and Mobility 29(3) (1996)
[6] Breuer, B., Bill, K.H. (Hrsg.): Bremsenhandbuch. Grundlagen, Komponenten, Systeme, Fahrdynamik. Vieweg+Teubner Verlag, Wiesbaden (2006)

Lkw-Technik systematisch und praxisnah

SPRINGER-VIEWEG.DE

Erich Hoepke, Stefan Breuer (Hrsg.)
Nutzfahrzeugtechnik
Grundlagen, Systeme, Komponenten
Reihe: ATZ/MTZ-Fachbuch

7., überarb. Aufl. 2012. XXXII.
620 S. 579 Abb. 79 Abb. in Farbe. Geb.
€ (D) 49,95 | € (A) 51,35 | *sFr 62,50
ISBN 978-3-8348-1795-2

Das Buch behandelt alle Bereiche der Nutzfahrzeugtechnik. Diese kann in drei Bereiche unterteilt werden: die Typenkunde mit den rechtlichen Grundlagen, die Fahrgestellkonstruktion und die Antriebstechnik. Basierend auf den rechtlichen Vorschriften, deren Kenntnis ausschlaggebend für die Konfiguration eines Nutzfahrzeugs ist und der Fahrmechanik, werden die verschiedenen Nutzfahrzeugtypen vorgestellt. Besonders hervorzuheben ist die Nutzfahrzeugaerodynamik, welche hier intensiv behandelt wird, da sie im Zuge der CO_2-Diskussion einen wertvollen Beitrag leisten kann. Dabei steht das Verständnis des Gesamtfahrzeugs im Vordergrund. Der Leser wird über das Zusammenspiel von Einsatzzweck, gesetzlichen Vorgaben, Fahrphysik und den daraus folgenden Nutzfahrzeugkomponenten informiert. Diese 7. Auflage wurde um das Kapitel Elektronik erweitert und um Alternative Antriebe wie Hybridantriebe ergänzt.

Der Inhalt
- Grundlagen der Fahrzeugtechnik
- Konzeption von Nutzfahrzeugen
- Lastkraftwagen- und Anhängerfahrgestell
- Nutzfahrzeugaufbauten
- Motor und Getriebe
- Elektrik und Elektronik

Die Herausgeber
Erich Hoepke ist technischer Journalist und Fachautor.
Prof. Dr.-Ing. Stefan Breuer lehrt an der Hochschule Bochum.

€ (D) sind gebundene Ladenpreise in Deutschland und enthalten 7% MwSt. € (A) sind gebundene Ladenpreise in Österreich und enthalten 10% MwSt. Die mit * gekennzeichneten Preise sind unverbindliche Preisempfehlungen und enthalten die landesübliche MwSt. Preisänderungen und Irrtümer vorbehalten.

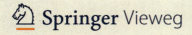

Einfach bestellen: SpringerDE-service@springer.com
Telefon +49 (0)6221 / 345 – 4301

Fahrerassistenz auf Bahnführungs- und Navigationsebene

Kapitel 44 Sichtverbesserungssysteme – 815
Tran Quoc Khanh, Wolfgang Huhn

Kapitel 45 Einparkassistenz – 841
Reiner Katzwinkel, Stefan Brosig, Frank Schroven, Richard Auer, Michael Rohlfs, Gerald Eckert, Ulrich Wuttke, Frank Schwitters

Kapitel 46 Adaptive Cruise Control – 851
Hermann Winner, Michael Schopper

Kapitel 47 Grundlagen von Frontkollisionsschutzsystemen – 893
Hermann Winner

Kapitel 48 Entwicklungsprozess von Kollisionsschutzsystemen für Frontkollisionen: Systeme zur Warnung, zur Unfallschwereminderung und zur Verhinderung[1] – 913
Andreas Reschka, Jens Rieken, Markus Maurer

Kapitel 49 Querführungsassistenz – 937
Arne Bartels, Michael Rohlfs, Sebastian Hamel, Falko Saust, Lars Kristian Klauske

Kapitel 50 Fahrstreifenwechselassistenz – 959
Arne Bartels, Marc-Michael Meinecke, Simon Steinmeyer

Kapitel 51 Kreuzungsassistenz – 975
Mark Mages, Alexander Stoff, Felix Klanner

Kapitel 52   **Stauassistenz und -automation** – 995
Stefan Lüke, Oliver Fochler, Thomas Schaller, Uwe Regensburger

Kapitel 53   **Bahnführungsassistenz für Nutzfahrzeuge** – 1009
Karlheinz Dörner, Walter Schwertberger, Eberhard Hipp

Kapitel 54   **Fahrerassistenzsysteme bei Traktoren** – 1029
Marco Reinards, Georg Kormann, Udo Scheff

Kapitel 55   **Navigation und Verkehrstelematik** – 1047
Thomas Kleine-Besten, Ulrich Kersken, Werner Pöchmüller, Heiner Schepers, Torsten Mlasko, Ralph Behrens, Andreas Engelsberg

Sichtverbesserungssysteme

Tran Quoc Khanh, Wolfgang Huhn

44.1 Häufigkeit von Verkehrsunfällen bei Nacht oder ungünstigen Witterungsverhältnissen – 816

44.2 Lichttechnische und fahrzeugtechnische Konsequenzen für Sichtverbesserungssysteme – 819

44.3 Derzeitige und zukünftige Scheinwerfersysteme zur Sichtverbesserung – 822

44.4 Nachtsichtsysteme – 832

Literatur – 838

44.1 Häufigkeit von Verkehrsunfällen bei Nacht oder ungünstigen Witterungsverhältnissen

Die Verkehrsunfälle bei Nacht haben schwere volkswirtschaftliche Folgen. Nach K. Rumar [1] betrugen die abgeschätzten Kosten der Straßenverkehrsunfälle im Jahr 1999 mehr als 160 Milliarden Euro, etwa doppelt soviel wie der Etat der EU-Länder in dem betrachteten Zeitraum.

Für die Analyse in diesem Kapitel können für eine aussagekräftige Unfallforschung die Daten des Instituts für Fahrzeugsicherheit in München hinzugezogen werden [2]. Demnach zeigen Unfälle mit Fußgängerbeteiligung je nach Ortslage unterschiedliche Schwerpunkte. Ein Drittel der 43789 Unfälle mit verletzten Fußgängern im Jahr 1995 fand in der Dunkelheit und Dämmerung statt. Etwa 60 % aller 1336 Unfälle mit getöteten Fußgängern im Jahr 1995 ereigneten sich in der Dunkelheit. Für Innerortsunfälle waren 84 % der beteiligten Fußgänger zum Zeitpunkt des Unfalls dunkel gekleidet. Nach [2] war bei 70 % der untersuchten Unfälle die Straßenbeleuchtung in Betrieb und wurde subjektiv als gut beurteilt.

Die hier ausgeführten Auswertungen der nächtlichen Verkehrsunfälle basieren auf den Daten der Bundesanstalt für Straßenwesen im Jahr 2005 [3], die die Einzeldaten der amtlichen Straßenverkehrsunfallstatistik der Jahre 1991 bis 2002 bewertete. Diese Daten gelten sinngemäß für die heutigen Verkehrssituationen. Dabei gibt es viele Aspekte, mit denen die Ursache für Verkehrsunfälle untersucht und charakterisiert werden kann. Einige davon sind:

- Verteilung nach Bundesländern und nach Ortslagen (Innerorts, Bundesstraßen, Autobahnen),
- Zeitliche Verteilungen der Verkehrsunfälle,
- Unfalltyp und Unfallart sowie Unfallumstände,
- Unfallbeteiligte (Alter, Geschlecht) und
- Hauptverursacher der Unfälle nach Art des Verkehrsteilnehmers (Fußgänger, Pkw, Fahrrad, Moped/Mofa…).

Aus lichttechnischer Sicht interessant ist die Analyse der Unfallereignisse nach der zeitlichen Verteilung. In Abb. 44.1 werden die prozentualen Anteile der Nachtunfälle über die Monate im Jahresverlauf von 1991–2002 dargestellt. Diese Verteilung der Unfälle nach Monaten zeigt ein Maximum in den Wintermonaten von Oktober bis Februar und ein Minimum in den Sommermonaten von Mai bis Juli. Quantitativ beträgt der Anteil der Nachtunfälle in den Monaten von November bis Januar das Dreifache der Werte in den Monaten Mai bis Juli. Die Ursachen dafür sind vielfältig. Sie können einerseits bei der Verschlechterung der Sichtbedingungen während der Dunkelstunden gefunden werden, die in den Wintermonaten naturgemäß einen größeren Anteil eines Kalendertages als in den Sommermonaten ausmachen. Andererseits sind die allgemein schwierigeren Witterungsbedingungen und Fahrbahneigenschaften im Winter ursächlich.

Betrachtet man die Nachtunfälle unter dem Aspekt des Unfalltyps, der die zum Unfall führende Konfliktsituation und die Art der Konfliktauslösung vor dem eigentlichen Unfall näher beschreibt (s. Abb. 44.2), werden folgende Problemstellungen sichtbar:

- Der Anteil der Unfälle bezogen auf die Gesamtanzahl aller Unfälle (Summe der Tag- und Nachtunfälle) ist insbesondere an Kreuzungen, Einmündungen und Kurven mit Werten zwischen 15 % und 20 % relativ hoch.
- Der Anteil der Nachtunfälle an der Gesamtzahl aller Unfälle für eine konkrete Unfallstelle ist in Kurven am höchsten (35 %). Aber auch an Steigungen und Gefällestrecken sowie an Kreuzungen und Einmündungen ist dieser Anteil mit weit über 20 % ebenfalls sehr hoch.

Dies ist dadurch begründet, dass in den Dunkelstunden je nach Typ (z. B. Halogen- bzw. Xenon-Lichtquelle), Lichtverteilung und korrekter Einstellung der Frontscheinwerfer eines Fahrzeuges die Erkennbarkeit von Hindernissen links und rechts neben der Fahrbahn nicht ausreichend ist. Dies kann insbesondere an Konfliktzonen wie Kreuzungen und Einmündungen gravierende Folgen haben. An Steigungen und Gefällestrecken ist neben der besonderen Fahrbahntopologie, die an sich schon ein erhöhtes Gefahrenpotenzial bietet, die stark reduzierte Sichtbarkeitsweite des Abblendlichtes vor dem Fahrzeug die Hauptursache für die Sichteinschränkungen. Denn trotz Abblendlicht ist es in Kurven oft

24 hours daylight.

Light for the future.

Automotive Lighting's first all **LED** headlamp
using a laser spot module for the high beam function:

- double high beam range
- highly efficient semiconductor module
- integrated electronical control
- attractive design

www.al-lighting.com   A Magneti Marelli Company

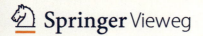

Standardwerk mit weltweiter Anerkennung

Thomas Schütz (Hrsg.)
Hucho – Aerodynamik des Automobils
Strömungsmechanik, Wärmetechnik, Fahrdynamik, Komfort

6., vollst. überarb. u. erw. Aufl. 2013.
XXIV, 1150 S.,1069 Abb. in Farbe. Geb.
€ (D) 119,99 | € (A) 123,35 | *sFr 149.50
ISBN 978-3-8348-1919-2

Leistung, Fahrverhalten und Komfort eines Automobils werden nachhaltig von seinen aerodynamischen Eigenschaften bestimmt. Ein niedriger Luftwiderstand ist die Voraussetzung dafür, dass die hochgesteckten Verbrauchziele erreicht werden. Die Aerodynamik des Automobils ist 1981 erstmalig erschienen und seitdem zu einem Standardwerk geworden. Der Stoff ist von Praktikern erarbeitet worden, die aus einer Vielzahl von Versuchen strömungsmechanische Zusammenhänge ableiten und Strategien beschreiben. Bei unveränderter Gesamtkonzeption wurden für die 6. Auflage neue Ergebnisse zum induzierten Widerstand und zur Haltung der Fahrtrichtung bei Seitenwind aktualisiert. Völlig neu wurden die Kapitel über Kühlung und Durchströmung (HVAC) sowie über Motorradaerodynamik, numerische Methoden wie CFD und CAA erarbeitet.

€ (D) sind gebundene Ladenpreise in Deutschland und enthalten 7% MwSt. € (A) sind gebundene Ladenpreise in Österreich und enthalten 10% MwSt. Die mit * gekennzeichneten Preise sind unverbindliche Preisempfehlungen und enthalten die landesübliche MwSt. Preisänderungen und Irrtümer vorbehalten.

Jetzt bestellen: springer-vieweg.de

44.1 · Häufigkeit von Verkehrsunfällen bei Nacht

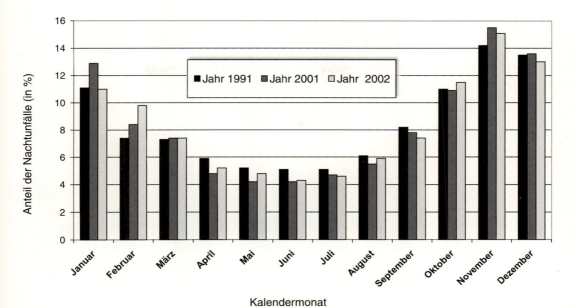

○ **Abb. 44.1** Prozentuale Anteile der Nachtunfälle im Jahresverlauf von 1991–2002 [3]

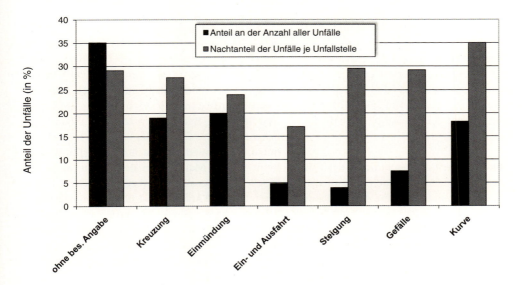

○ **Abb. 44.2** Nachtunfälle gegliedert nach Unfallstelle in den Jahren 1991, 2001 und 2002 [3]

schwierig, Objekte im weiteren Verlauf der Kurvenführung rechtzeitig und sicher zu erkennen.

Analysiert man die allgemeinen Ursachen für Nachtunfälle im Jahr 2002 genauer (s. ○ Abb. 44.3), so fallen folgende Aspekte besonders auf:

— der Anteil der Nachtunfälle bei Schnee, Eis und Regen an der gesamten Unfallanzahl ist mit mehr als 27 % relativ hoch.
— der Nachtanteil der jeweiligen Unfallursache ist bemerkenswert hoch. Dieser Anteil beträgt

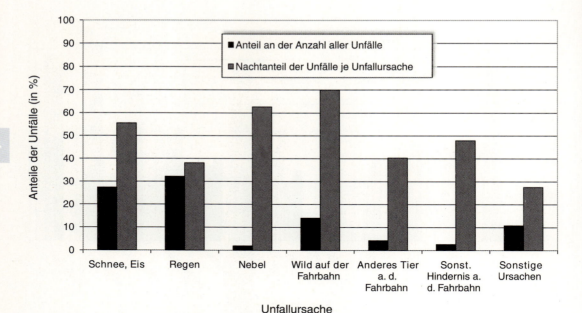

Abb. 44.3 Nachtunfälle gegliedert nach allgemeinen Unfallursachen im Jahr 2002 [3]

bei Schnee und Eis sowie bei Nebel und Wild auf der Fahrbahn mehr als 55 %. Auch der hohe Nachtanteil der anderen allgemeinen Unfallursachen wie „anderes Tier auf der Fahrbahn" oder „sonstiges Hindernis auf der Fahrbahn" deutet auf ein sehr spätes Erkennen von Objekten auf der Fahrbahn in den dunklen Nachtstunden hin.

Generell sind die geringe Leuchtdichte der Fahrbahn in den nächtlichen Stunden, der niedrige Kontrast zwischen dem Objekt und der Umgebung sowie die damit verbundene kleinere Auffälligkeit der Objekte im Verkehrsraum zum guten Teil auf die geringe Sichtbarkeitsweite und die begrenzte Breitenausleuchtung des Abblendlichts zurückzuführen, auf die später noch detaillierter eingegangen werden wird. Die in den letzten Jahrzehnten konzipierte manuelle Benutzung des Fernlichts ermöglicht eine wesentlich größere Sichtbarkeitsweite. Sie bringt aber auch die größere Gefahr der Blendung für die anderen Teilnehmer im Verkehrsraum (Gegenverkehr, Fußgänger, Verkehrsteilnehmer im vorausfahrenden Auto), so dass diese Möglichkeit der manuellen Fernlichtbenutzung bis heute nicht sehr oft in Anspruch genommen wird.

Sprute untersuchte in seiner Dissertation [4] das Fernlichtnutzungsverhalten. Das Fahrzeug wurde mit einem Kamerasystem für die Objekterkennung zur Registrierung, ob gerade mit Fernlicht gefahren werden könnte oder nicht, ausgestattet. Die Teststrecke wurde durch die Versuchsteilnehmer zwei Mal befahren. Beim ersten Mal war ihnen nicht bekannt, dass während der Fahrt das Fernlichtnutzungsverhalten untersucht wurde (Blind-Test). Beim zweiten Mal wurden sie gebeten, so oft wie möglich das Fernlicht zu verwenden (Non-Blind-Test). In der Abb. 44.4. ist der prozentuale Fernlichtnutzungsgrad, aufgeteilt nach Fahrstrecke und nach Fahrzeit, sowie das bestmögliche Potential dargestellt. Nach der Fahrstrecke gerechnet steigt der Wert des Blind-Tests von 38 % auf 63 % bei der bewussten Fahrweise.

Diese Erkenntnis ist richtungsweisend für die automobile Lichttechnik, dass eine Sichtbarkeitsverbesserung und dadurch eine starke Reduzierung der Verkehrsunfälle nur durch eine erhöhte Fernlichtnutzung möglich ist, entweder durch eine kameragesteuerte bestmögliche zeitweise und an die Verkehrssituation angepasste Fernlichtfunktion (Fernlichtassistent, s. Abb. 44.5) oder durch eine dauerhafte Fernlichtfunktion, wobei die einzelnen

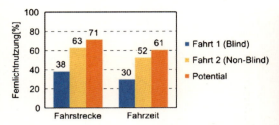

Abb. 44.4 unbewusste und bewusste Fernlichtnutzung auf der deutschen Landstraße [4]

Verkehrsteilnehmer im aktuellen Verkehrsraum nach einer automatischen Objekterkennung und -lokalisierung örtlich-partiell von diesem Fernlicht ausgeblendet werden.

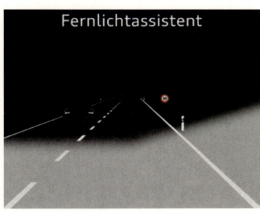

Abb. 44.5 Fernlichtassistent [20]

44.2 Lichttechnische und fahrzeugtechnische Konsequenzen für Sichtverbesserungssysteme

Es ist seit langem bekannt, dass mehr als 90 % der Informationen von der Umwelt über das visuelle System aufgenommen werden. Während das visuelle Informationsangebot am Tag so groß ist, dass es weder erfasst noch verarbeitet werden kann, gibt es allgemein ein Unterangebot an visuellen Informationen bei Nacht, wodurch das Unfallrisiko erhöht wird. Der Leuchtdichtebereich im nächtlichen Straßenverkehr liegt in der Regel zwischen 0,01 cd/m² und 10 cd/m² und wird demzufolge dem mesopischen Sehen zugeordnet.

Nach [5] besteht ein visueller Prozess aus drei Schritten: dem Sehen, dem Wahrnehmen und dem Erkennen. Das ins Auge einfallende Licht durchdringt die Hornhaut, die Augenlinse mit der Pupille und trifft schließlich auf die Netzhaut mit ihrem strukturierten Aufbau und den signalverarbeitenden Nervenzellen. Alle Faktoren auf diesem Weg bis dahin beeinflussen das visuelle Vermögen sehr stark. Nachdem die optische Information auf der sensorischen Ebene detektiert und zum Gehirn weitergeleitet worden ist (z. B. Sehen eines Objektes auf der Fahrbahn), ermöglicht das Auffassungs- und Verarbeitungsvermögen auf der kognitiven Ebene das Erkennen des Objektes. Erst dieser Prozess ermöglicht den Übergang zu einer Aktion (z. B. Einleiten eines Bremsvorganges).

Aus lichttechnischer Sicht wird der visuelle Prozess im Straßenverkehr bei Tag und besonders in der Nacht durch zwei Hauptgruppen von Faktoren beeinflusst, auf die im Folgenden näher eingegangen wird. Diese zwei Gruppen sind:
- die Aspekte auf der Reiz- bzw. Objektseite („Seite des Gesehenwerdens") und
- die Aspekte auf der Beobachter- bzw. Fahrerseite.

Die Aspekte auf der Seite des „Gesehenwerdens" werden durch folgende Komponenten beschrieben:
- die optischen Eigenschaften eines Objektes:
  - Form, Größe, Farbe,
  - Reflexionsgrad sowie
  - Objektdarbietungszeit und relative Lage im Gesichtsfeld;
- die Eigenschaften des Objektumfeldes:
  - Kontrast zwischen Objekt und der unmittelbaren Umgebung,
  - die Beleuchtung durch Straßenleuchten und Autoscheinwerfer und
  - Sehstörungen wie Blendlichtquellen und Werbeleuchten in der Stadt bei Nacht.

Die Beobachterseite wird augenphysiologisch durch folgende Prozesse und Aspekte beschrieben:
- den Hell- bzw. Dunkeladaptationsvorgang: Beim Übergang von einer hellen zu einer dunklen Umgebung oder umgekehrt muss

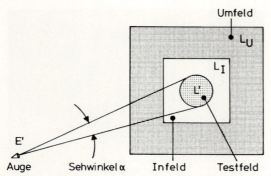

 Abb. 44.6 Zur Definition des Kontrastes nach [6]

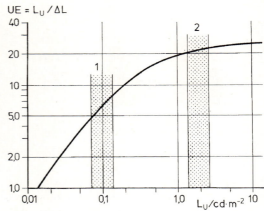

 Abb. 44.7 Zusammenhang zwischen der Unterschiedsempfindlichkeit und der Adaptationsleuchtdichte [6]

sich das Auge durch verschiedene Prozesse der jeweiligen Helligkeit anpassen. Dieser Vorgang findet u. a. bei der Einfahrt in einen Tunnel oder bei der Ausfahrt aus dem Tunnel statt.
- den Alterungsvorgang:
 Mit dem zunehmenden Alter gehen die Sehleistungen wie Sehschärfe, Kontrastwahrnehmung und Reaktionsvermögen zurück.
- die Blendung:
 Sie wird durch eine hohe Leuchtdichte oder eine inhomogene Leuchtdichteverteilung im Gesichtsfeld verursacht. Ein zuvor erkennbarer Kontrast kann dadurch nicht mehr erkannt werden. Die Ursache ist das durch die Blendlichtquellen (z. B. Scheinwerfer eines entgegenkommenden Autos) im Auge verursachte Streulicht. Dieses entsteht beim Durchgang des Lichtes durch das Augenmedium (Augenlinse, Hornhaut, Augenglaskörper) und durch Reflexionen von der Netzhaut zurück in den inneren Aufbau des Auges. Dieses Streulicht überlagert sich dem Bild des eigentlich zu erkennenden Objektes und führt zur Blendungserscheinung.

In der Lichttechnik wird der Kontrast C wie folgt definiert (s. Abb. 44.6):

$$C = (L' - L_U)/L_U = \Delta L/L_U \qquad (44.1)$$

mit:
L': Leuchtdichte des Testzeichens (Objekt) in cd/m²
L_U: Leuchtdichte der Umgebung (Umfeld) des Testzeichens in cd/m²

Der Kehrwert des Kontrastes ist die Unterschiedsempfindlichkeit UE:

$$UE = 1/C = L_U/\Delta L \qquad (44.2)$$

Zwischen der Unterschiedsempfindlichkeit und der Adaptationsleuchtdichte, die zugleich die mittlere Leuchtdichte der Fahrbahn ist, besteht ein fester Zusammenhang, der in der Abb. 44.7 dargestellt wird.

Dieser Zusammenhang besagt, dass sich die Unterschiedsempfindlichkeit mit der zunehmenden Adaptationsleuchtdichte auf der Fahrbahn erhöht. Das bedeutet, dass dabei auch der minimale gerade noch erkennbare Kontrast zwischen dem Testzeichen (z. B. Objekte auf der Fahrbahn, ein Tier neben der Fahrbahn, Leitpfosten, …) und dessen unmittelbarer Umgebung sinkt. Für eine ausreichende Objekterkennung muss folglich ein Mindestmaß an Leuchtdichte auf der Fahrbahn und ihrer Umgebung vorhanden sein.

 Abbildung 44.8 zeigt den Zusammenhang zwischen der Blendbeleuchtungsstärke am Auge und der minimalen, gerade noch erkennbaren Leuchtdichtedifferenz eines Testzeichens für verschiedene Abstände zwischen Blendlichtquelle und Beobachter. Wird ein Autofahrer durch die Scheinwerfer des Gegenverkehrs geblendet, so erhöht sich die messbare Beleuchtungsstärke an seinem Auge. Je nach Abstand des blendenden Fahrzeuges zum geblendeten Autofahrer ist die Beleuchtungsstärke an dessen Auge unterschiedlich hoch. Damit ver-

44.2 · Lichttechnische und fahrzeugtechnische Konsequenzen

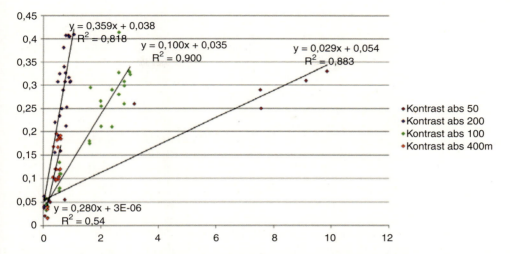

◻ **Abb. 44.8** Zusammenhang zwischen der Blendbeleuchtungsstärke und minimaler gerade erkennbarer Leuchtdichtedifferenz nach [4]

ändert sich die minimal gerade noch erkennbare Leuchtdichtedifferenz zwischen der Leuchtdichte eines Testzeichens (Objekt) und der Umgebung dieses Zeichens (Umfeld).

◻ Abbildung 44.8 besagt, dass sich die minimal gerade noch erkennbare Leuchtdichtedifferenz zwischen der Leuchtdichte des Testzeichens und der Zeichenumgebung stark verringert, wenn die Blendbeleuchtungsstärke auf dem Auge reduziert bzw. eliminiert wird.

Aus den oben dargestellten Aspekten ergeben sich zur Sichtverbesserung der Autofahrer folgende lichttechnische und fahrzeugtechnische Anforderungen:

– Anforderung 1:
Realisierung einer guten, homogenen Lichtverteilung durch die Scheinwerfer, um die maximal mögliche Erkennbarkeitsentfernung zu gewährleisten. Das bedeutet einerseits eine breite seitliche Beleuchtung der Fahrbahn und Fahrbahnumgebung, um Verkehrsschilder, Leitpfosten und andere Objekte neben der Fahrbahn rechtzeitig erkennen zu können. Dies erhöht zudem das allgemeine Sicherheitsgefühl der Autofahrer. Anderseits soll entlang der Fahrbahnachse viel Licht auf möglichst große Abstände abgebildet werden, um dort den Kontrast zu verbessern und demzufolge eine große Erkennbarkeitsentfernung zu erreichen. Das setzt die Verwendung von Lichtquellen mit hohen Lichtströmen, aber auch die Optimierung der Scheinwerferoptiken voraus.

– Anforderung 2:
Minimierung bzw. Eliminierung von Blendung für den Gegenverkehr und den vorausfahrenden Verkehr. Die Lichtstärkeverteilung der Scheinwerfer sowie das gesamte Betriebssystem der Scheinwerfer, z. B. die dynamische Leuchtweitenregelung sollen so ausgelegt werden, dass die Beleuchtungsstärke am Auge des Gegenverkehrs und des vorausfahrenden Verkehrs unter keinem Umstand den in den amtlichen Regulationen maximal zulässigen Wert überschreitet.

Zu Beginn der Automobilzeit wurde das Fernlicht permanent verwendet, wobei die Lichtstärke zu dieser Zeit nicht sehr hoch war. Aus den beiden oben genannten lichttechnischen Anforderungen wurde später das Abblendlicht eingeführt, das im Laufe der lichttechnisch-optischen Entwicklung ständig verbessert wurde. Je nach Konfiguration kann heute mit dem Abblendlicht eine Sichtbarkeitsweite zwischen 50 m und etwa 85 m erzielt werden. Etwa seit Mitte der 90er Jahres des letzten Jahrhunderts wird kontinuierlich und zielstrebig an neuen lichttechnischen und mechatronischen Systemen gearbeitet, die eine größere Sichtbarkeitsweite und dennoch eine Blendungsreduzierung ermöglichen. Diese Systeme werde in ▶ Abschn. 44.3 näher beschrieben.

Die überwiegende Mehrheit der Verkehrsteilnehmer und Objekte im nächtlichen Straßenverkehr weisen einen geringen Reflexionsgrad der Kleidungen zwischen 5 % und 10 % in dem für den Menschen sichtbaren Bereich des Spektrums zwischen 380 nm und 780 nm auf. Da zudem das Abblendlicht durch die Vorgabe der Blendungsbegrenzung nur eine begrenzte Sichtbarkeitsweite ermöglicht, ist das visuelle Objekterkennungsvermögen der Verkehrsteilnehmer bei Nacht allgemein stark eingeschränkt. Aus diesem Grund wird seit einigen Jahren an Prinzipien der Objektdetektion und -hervorhebung auf der Basis von Infrarotstrahlung gearbeitet. Die Grundgedanken dabei sind:

- die meisten Objekte, die einen geringen Reflexionsgrad im sichtbaren Bereich aufweisen, besitzen im Infrarotbereich einen relativ hohen optischen Reflexionsgrad. Somit wird ein hoher infraroter Kontrast sowie eine sichere Auswertung der Signale durch im Infrarotbereich empfindliche Kameras ermöglicht.
- Fahrzeuge können zur Objektbeleuchtung einen Scheinwerfer mit Infrarotstrahlung im Fernlichtbetrieb verwenden. Da die Augen der Autofahrer im Infrarotbereich nicht lichtempfindlich sind, werden sie durch die Infrarotstrahlung nicht geblendet.
- Verkehrsteilnehmer und Objekte im Verkehrsraum haben i. d. R. eine Körpertemperatur und sind somit selbst ein thermischer Strahler, die Infrarotstrahlung emittieren.

Auf diesen Grundgedanken basiert die Entwicklung der Nachtsichtsysteme, die den Gegenstand des ▶ Abschn. 44.4 bilden.

44.3 Derzeitige und zukünftige Scheinwerfersysteme zur Sichtverbesserung

Die Entwicklung derzeitiger und zukünftiger Scheinwerfersysteme zur Sichtverbesserung wird durch die drei folgenden technologischen Entwicklungen charakterisiert und ermöglicht:

- die Weiterentwicklung der Lichtquellentechnologie,
- die Entwicklung der adaptiven Lichtverteilung und
- die Entwicklung der assistierenden Lichtverteilung.

44.3.1 Sichtverbesserungssysteme auf der Basis der Lichtquellenentwicklung

Heutige Scheinwerfersysteme verwenden als Lichtquellen entweder Halogenglühlampen oder Xenonentladungslampen – seit kurzer Zeit auch Lichtemittierende Dioden (LED). Weltweit betrachtet haben Scheinwerfer auf Basis von Halogenglühlampen einen Marktanteil von etwa 90 %. Da jeder Halogenglühlampen-Scheinwerfer eine elektrische Leistung von etwa 62 W (55 W für die Lampe und 7 W für die Vorschaltelektronik) verbraucht, stellen die Verbesserung der Halogenglühlampen oder ein Ersatz durch neue energieeffizientere aber dennoch preiswerte moderne Lichtquellen ein substanzielles Potential zur Umweltschonung dar. Weniger als 10 % aller Fahrzeuge nutzen Xenonlampen. Seit dem Jahr 2007 sind auch Frontscheinwerfer mit LEDs am Markt verfügbar. Der Vorteil der LED-Scheinwerfertechnologie basiert auf den folgenden Aspekten:

- Die LED-Bauelemente haben generell eine längere Lebensdauer als das Kraftfahrzeug, die in der Größenordnung von 8000 bis 10.000 Stunden liegt. Der Ausfall sowie das häufige Wechseln der Lichtquellen können somit weitgehend ausgeschlossen werden.
- Die LED-Bauelemente als Halbleiter-Lichtquellen können sehr schnell und beliebig oft gedimmt und ausgeschaltet werden. Diese positiven Eigenschaften ermöglichen die Auslegung von intelligenten und adaptiven Scheinwerfern, die je nach Verkehrssituation ihre Lichtverteilung auf der Fahrbahn innerhalb von Millisekunden verändern können.
- Die LED-Bauelemente sind relativ klein und kompakt. Somit können für unterschiedliche Lichtfunktionen (z. B. Fernlicht, Abblendlicht, Tagfahrlicht, Kurvenlicht, Abbiegelicht) unter-

Tab. 44.1 Lichttechnische Eigenschaften aktueller Frontscheinwerfer-Lichtquellen [6]

Lampentyp	Lichtstrom	Max. Leuchtdichte	Lichtausbeute	Farbtemperatur
Halogenglühlampe (H7)	~ 1500 lm	~ 30 Mcd/m²	25 lm/W	3200 K
Xenonlampe (D2S)	~ 3200 lm	~ 90 Mcd/m²	90 lm/W	4200 K
LED (kaltweiß)	~ 150–1500 lm	~ 20 Mcd/m²	65 lm/W	4000 bis 6000 K

Tab. 44.2 Ermittelte Sichtbarkeitsweite in Forschungsarbeiten nach [7] und [8]

Abblendlicht mit	Sichtbarkeitsweite nach [7]	Sichtbarkeitsweite unter 0° nach [8]	Sichtbarkeitsweite unter 20° nach [8]
Halogenglühlampe H7	70 m	63 m	18,3 m
Xenonlampe D2S	85 m	80 m	25,8 m

schiedliche Baugruppen in kompakter Bauweise und design-orientiert konstruiert werden.

Die schnelle Entwicklung der LED-Technologie ermöglicht den Scheinwerfer-Lieferanten, für die Autoreihen der oberen Klassen die bisher dort dominierenden Xenon-Scheinwerfer durch die LED-Scheinwerfer zu ersetzen. Mit den gesammelten Erfahrungen sowie mit der optimierten Modularität dringen die LED-Scheinwerfer derzeit und in den nächsten Jahren in die Baureihen der Mittel-und Kleinautos. Dabei können zwei Entwicklungstendenzen deutlich beobachtet werden:

a) Entwicklung von LED-Vollscheinwerfern, die komplette Lichtfunktionen wie Fernlicht, Abblendlicht, Tagfahrlicht, Positionslicht, Blinklicht, Abbiegelicht und Markierungslicht auf der Basis der LED-Technologie enthalten. Das LED-Abblendlicht-Scheinwerfersystem erreicht nahezu den gleichen Lichtstrom eines 35 W-Xenonscheinwerfers und weist etwa 950 lm auf.

b) Entwicklung von energiesparsamen LED-Abblendlicht-Scheinwerfern. Bisherige Halogenglühlampen-Scheinwerfer haben bei einem Lichtstrom der 55 W-Halogenglühlampe von 1500 lm sowie bei einem optischen Wirkungsgrad der Optiken von 30 % einen Scheinwerfer-Lichtstrom von etwa 450 lm. Dieser Lichtstrom kann mit einem LED-Abblendlicht-Scheinwerfer mit einem optischen Wirkungsgrad von 50 % und bei einer LED-Lichtausbeute von derzeit 65 lm/W durch eine elektrische Leistung des LED-Moduls von 13–14 W realisiert werden.

Tabelle 44.1 zeigt die wichtigsten Eigenschaften der drei Lichtquellen für KfZ-Frontscheinwerfer im Überblick [6].

Die Nutzung von Xenonentladungslampen für Frontscheinwerfer zu Beginn der 90er Jahre des letzten Jahrhunderts wird aus heutiger Sicht als ein wichtiger Meilenstein betrachtet. Seit diesem Zeitpunkt werden die Vor- und Nachteile der „Xenonscheinwerfer" gegenüber den „Halogenscheinwerfern" intensiv untersucht. Die wesentlichen Vorteile der Scheinwerfer mit Xenonentladungslampen sind die aufgrund des höheren Lichtstroms (vgl. Tab. 44.1) größere Sichtbarkeitsweite entlang der Fahrbahn (fovealer Blickwinkel unter 0°) sowie, unter einem Blickwinkel von 20° seitlich zur Fahrbahn, die breitere seitliche Lichtverteilung und die höhere Fahrbahnleuchtdichte. Als ein möglicher Nachteil gegenüber den Scheinwerfern mit Halogenglühlampen wird die Blendungsgefahr analysiert. In der Tab. 44.2 werden Ergebnisse unterschiedlicher Forschungsarbeiten diesbezüglich dargestellt.

Obwohl die Testbedingungen in den zwei Forschungsarbeiten ([7] im Jahr 2003 und [8] im Jahr

2007) unterschiedlich und die Ergebnisse deshalb nicht unbedingt vergleichbar sind, so wird doch Folgendes deutlich: Die Sichtbarkeitsweite der Xenonscheinwerfer ist sowohl entlang der Fahrbahn als auch unter 20° seitlich zur Fahrbahn zwischen 21 % und 40 % besser als die Sichtbarkeitsweite der Halogenscheinwerfer. Ergebnisse aus Testfahrten unter Bedingungen des alltäglichen Verkehrs zeigten auch, dass die Testpersonen den Verkehrsraum während der Fahrt in Autos mit Xenonscheinwerfern besser erfassen. Darüber hinaus ist das allgemein empfundene Sicherheitsgefühl der Testpersonen während der Fahrt größer, als dies in baugleichen Fahrzeugen mit Halogenscheinwerfern zu beobachten war (vgl. [8]).

Jüngste detaillierte Untersuchungen können die Hypothese nicht bestätigen, dass von Xenonscheinwerfern generell eine größere psychologische Blendwirkung ausgeht, als dies für Halogenscheinwerfer der Fall ist [9]. Die psychologische Blendung ist demnach keine Funktion der Lampenspektren und -farben, sondern hängt von der konkreten Konfigurierung der jeweiligen Scheinwerferoptik ab.

44.3.2 Sichtverbesserungssysteme auf der Basis der adaptiven Lichtverteilung

Im ▶ Abschn. 44.3.1 wird die Sichtbarkeitsweite derzeitiger Abblendlichtsysteme dargestellt, deren maximaler Wert bis zu 85 m betragen kann. Generell besteht der visuelle Vorgang zur Einleitung eines Bremsvorganges bei Erkennen von Gefahren auf der Fahrbahn aus folgenden Schritten:
- aus einem Sehprozess und einem nachfolgenden Fixationsvorgang, um das Objekt in den fovealen Bereich (Bereich des schärfsten Sehens) bringen zu können.
- aus einer Basisreaktionszeit, in der die Objektsituation evaluiert wird und die Entscheidung getroffen werden muss, wie die Reaktion aussehen soll.
- aus einem Bremsvorgang mit mehreren Stufen. Der Fuß muss zunächst zum Pedal geführt werden und danach wird das Bremspedal nach unten geführt bis die Bremse greift. Erst danach beginnt die Verlangsamung des Fahrzeuges mit einer durchschnittlichen Rate von $-5{,}8\,\text{m/s}^2$.

In den Berechnungen über diesen Seh- und Bremsprozess in [7] wurde der Zusammenhang zwischen dem benötigten Bremsweg und der Fahrgeschwindigkeit bei der Objekterkennung ermittelt, der in ◘ Abb. 44.9 dargestellt wird. Demnach erlaubt eine maximale Sichtbarkeitsweite von 85 m mit Xenonscheinwerfern eine maximale Fahrgeschwindigkeit von etwa 90 km/h in der Nacht. Moderne Halogenscheinwerfer mit einer Sichtbarkeitsweite um 65 m erlauben eine Fahrgeschwindigkeit von etwa 75 km/h.

Daran kann man erkennen, dass eine Sichtverbesserung allein auf der Basis der Lichtquellen die komplexen Probleme der allgemeinen Fahraufgabe in der Nacht nicht lösen kann. Die Betrachtung dieser komplexen Probleme sowie die Analyse der Unfallursachen in ▶ Abschn. 44.1 führen zu folgendem Ergebnis: moderne intelligente Scheinwerfersysteme sollten
- adaptiv zur Fahrbahntopologie (wie Steigung und Gefälle) eine maximale Sichtbarkeitsweite weit über die Dimension der Sichtbarkeitsweite heutiger Abblendlichtfunktionen ermöglichen.
- eine Lichtverteilung adaptiv zur Verkehrssituation (Fahrgeschwindigkeit, relativer Lage zum Gegenverkehr/vorausfahrendem Verkehr, Witterungsbedingungen wie Nebel und Regen) bereitstellen. Diese Lichtverteilung sollte eine bestmögliche Sichtbedingung entlang der Fahrbahn und seitlich von ihr mit maximaler Sichtbarkeitsweite und minimaler Sehbelastung anbieten.
- adaptiv zum Verkehrsraum im Fahrzeugvorfeld (Kurven, Einmündungen, Abbiegestellen, Stadtraum) eine unterschiedlich breite Lichtverteilung liefern.

Seit Mitte der 90er Jahre des letzten Jahrhunderts beschäftigen sich Forschungsarbeiten mit der Konzeption und der Realisierung von adaptiven Systemen der Frontbeleuchtung für Kraftfahrzeuge. Im Februar 2007 führten diese Bemühungen zu der ECE-Regelung 123 [12]. Die so genannten AFS-Schein-

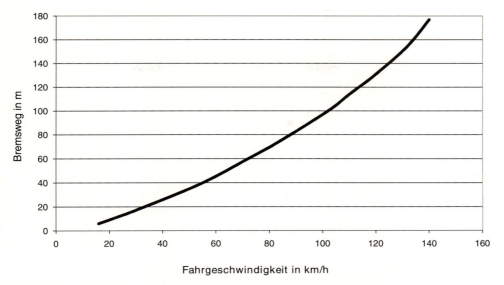

Abb. 44.9 Zusammenhang zwischen Bremsweg und Fahrgeschwindigkeit nach [7]

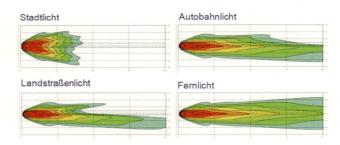

Abb. 44.10 Prinzipielle Lichtverteilungsfunktionen auf der Fahrbahn aus der Vogelperspektive [13]

werfer (Advanced Frontlighting System) beinhalten allgemein die Lichtfunktionen wie Stadtlicht, Landstraßenlicht, Schlechtwetterlicht, Autobahnlicht, Fernlicht und Kurvenlicht, das wiederum in das dynamische und das statische Kurvenlicht unterteilt wird. Solche adaptiven Lichtfunktionen werden in den folgenden Abschnitten lichttechnisch detaillierter dargestellt. Abbildung 44.10 zeigt eine Auswahl von vier verschiedenen Lichtverteilungen.

A. Abblendlicht/Landstraßenlicht

Das Landstraßenlicht basiert auf dem heutigen Abblendlicht. Die Lichtverteilung ist asymmetrisch und beleuchtet bei Überlandfahrten insbesondere die eigene Fahrbahn. Abbildung 44.11 zeigt die Lichtverteilung eines Landstraßenlichts mit Hochleistungs-LEDs auf dem 25 m ECE-Messschirm [14]. Zu erkennen sind eine mit über 40° relativ breite horizontale Lichtverteilung, eine definierte vertikale Hell-Dunkel-Kante, ebenso wie eine konzentrierte spotartige Lichtverteilung unterhalb dem Schnittpunkt von horizontaler und vertikalen Achse (H-V-Punkt).

B. Stadtlicht

Die Verteilung vom Stadtlicht (s. Abb. 44.10) ist zur Seite breit und symmetrisch und erleichtert bei einer Geschwindigkeit unterhalb von 50 km/h die Objekterkennung im seitlichen Bereich der Fahrbahn und an Kreuzungen, wobei die Sichtbarkeitsweite längs der Fahrbahn verkürzt wird.

C. Schlechtwetterlicht

Gemäß ECE-Regelung 123 beinhaltet die Ausführung des Schlechtwetterlichts:
- die Reduzierung der Lichtleistung im unmittelbaren Vorfeldbereich des Fahrzeuges und

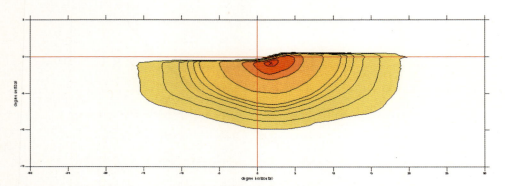

Abb. 44.11 Verteilung eines Landstraßenlichts auf einer Leinwand in 25 m vom Scheinwerfer [14].

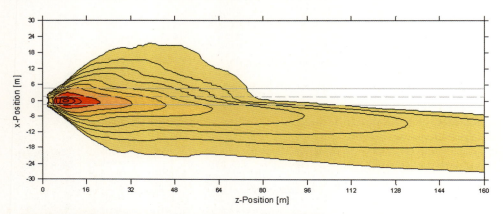

Abb. 44.12 Verteilung eines Landstraßenlichts auf der Fahrbahn aus der Vogelperspektive [14].

- die Erhöhung der Sichtbarkeitsweite nach vorn und zum Seitenbereich zur besseren visuellen Orientierung bei Schlechtwettersituationen.

Abbildung 44.13 stellt die Lichtverteilung für diese Lichtfunktion auf Basis der LED-Technologie nach [14] mit einer im Vergleich zu Abb. 44.12 breiten Lichtverteilung dar.

D. Kurvenlicht

Die Entwicklung des Kurvenlichtes im Jahr 2003 wird nach der Einführung der Xenonlampen für Frontscheinwerfer als ein zweiter wichtiger Meilenstein in der modernen Kfz-Lichttechnik bezeichnet. Es hat die Aufgabe, die Sichtbarkeitsweite für die Autofahrer in Kurven zu erhöhen. Die Realisierung des dynamischen Kurvenlichts wird in den meisten Fällen durch die Drehung des ganzen Scheinwerfermoduls um eine vertikale Achse, meistens bis ±18° realisiert (s. Abb. 44.14).

Mit Nutzung der LED-Technologie ist eine Drehung des ganzen Scheinwerfers nicht mehr erforderlich. Es gibt dazu grundsätzlich zwei Möglichkeiten:

- wenn das Abblendlicht aus verschiedenen Baugruppen besteht, muss nur die LED-Baugruppe gedreht werden, die für die konzentrierte spotartige Lichtverteilung unterhalb des H-V-Punktes verantwortlich ist (s. Abb. 44.11). Diese Variante wurde mit Hochleistungs-LEDs in [14] erprobt.
- das Kurvenlicht besteht aus einem Abblendlicht auf der Basis bisheriger Lichtquellen (Halogenglühlampe, Xenonlampe oder LED). In der Kurve wird in Sequenz eine virtuelle Lichtbewegung dadurch realisiert, dass zusätzliche LED-Einheiten in Abhängigkeit vom Winkel-

44.3 • Derzeitige und zukünftige Scheinwerfersysteme zur Sichtverbesserung

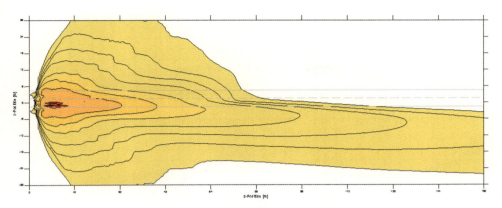

Abb. 44.13 Lichtverteilung eines Schlechtwetterlicht-Prototyps nach [14].

bereich eingeschaltet werden. Dieses Prinzip nach [15] wird in Abb. 44.15 verdeutlicht.

E. Autobahnlicht

Mit dem Autobahnlicht kann die Sichtbarkeitsweite auf der Autobahn von bisher etwa 85 m mit dem konventionellen Abblendlicht auf etwa 120 m erhöht werden. Generell gibt es drei Möglichkeiten [14]:

- Anheben der Hell-Dunkel-Kante in vertikaler Richtung von derzeit $\beta = -0{,}57°$ auf $\beta = -0{,}23°$.
- Bei LED-Abblendlicht kann die Stromstärke der für die spotartige Lichtverteilung unterhalb des H-V-Punktes verantwortlichen LED-Gruppe erhöht werden. Der Aufwand für die elektronische Schaltung sowie für das thermische Management für LEDs ist dabei aber relativ hoch.
- Zuschaltung einer zusätzlichen spotartigen Lichteinheit.

In Abb. 44.16 wird die Lichtverteilung eines Autobahnlichts auf der Basis der LED-Technologie nach [14] dargestellt.

Auf der Basis von Halogenglühlampen und Xenonentladungslampen werden AFS-Scheinwerfer bereits seit 2006 im Markt vertrieben. In Abb. 44.17 wird die technische Realisierung verdeutlicht [13].

Die Lichtquelle (Halogenglühlampe oder Xenonlampe) befindet sich im Fokuspunkt eines Ellipsoid-Spiegelreflektors, so dass das Lampenbild in den 2. Fokuspunkt des Reflektors abgebildet wird. In der Nähe dieses 2. Fokuspunktes befindet sich

Abb. 44.14 Kurvenlicht-Projektor auf Xenonlampenbasis (Quelle: Valeo/Frankreich)

ein mit Hilfe eines hochauflösenden mechatronischen Aktors (z. B. Schrittmotorsystem) rotierbarer Freiform-Zylinder, auf dessen Mantel verschiedene Kurvenformen zur Realisierung der verschiedenen AFS-Lichtverteilungen realisiert sind. Je nach Verkehrssituation wird die entsprechende Kurvenform in den optischen Strahlengang eingedreht.

Generell basiert die Steuerung der AFS-Systeme auf der Auswertung der Signale, die verschiedene Sensorsysteme (LIDAR, RADAR, Nachtsichtsysteme) vom Verkehrsraum kontinuierlich aufnehmen. Hinzu kommen weitere Signale wie Navigationsdaten, Lenkradsensorsignale usw. Nach der Signalauswertung werden Steuerbefehle für die AFS-Steuereinheit generiert, die wiederum die ent-

828 Kapitel 44 · Sichtverbesserungssysteme

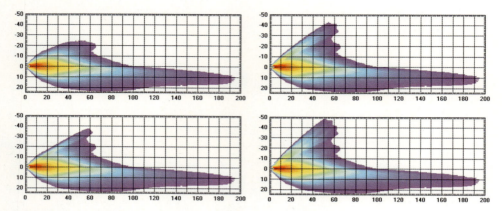

Abb. 44.15 Sequenzielle Zuschaltung von drei LED-Baugruppen in der Kurve [15].

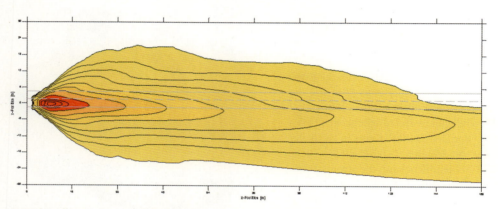

Abb. 44.16 Lichtverteilung eines Autobahnlichts auf Basis der LED-Technologie [14].

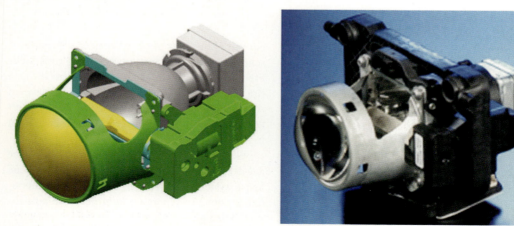

Abb. 44.17 Der VarioX Scheinwerfer mit AFS-Funktion (Quelle: Hella)

44.3 · Derzeitige und zukünftige Scheinwerfersysteme zur Sichtverbesserung

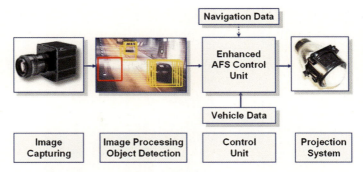

◘ **Abb. 44.18** Struktur der AFS-Steuersysteme nach [16].

sprechende Scheinwerfer-Lichtfunktion aktiviert. Die Struktur der AFS-Systeme wird in ◘ Abb. 44.18 nach [16] dargestellt.

44.3.3. Sichtverbesserungssysteme auf der Basis der assistierenden Lichtverteilung

Alle in ▶ Abschn. 44.3.2 dargestellten AFS-Funktionen sind Ergebnisse langjähriger Forschungs- und Entwicklungsarbeit und bedeuten gegenüber dem heutigen Abblendlicht große Fortschritte. Dennoch sind sie nur für Verkehrssituationen mit allgemeinem Charakter wie Kurvenfahrt, Stadtfahrt oder Autobahnfahrt ausgelegt. Für konkrete Fahrtsituationen, die sich zeitlich schnell verändern, werden Scheinwerfersysteme benötigt, die bei diesen Situationen stets optimale Beleuchtungsbedingungen ermöglichen. Für diesen Zweck müssen zwei Voraussetzungen geschaffen und erfüllt werden:

- Realisierung eines Netzwerkes aus Sensoren, das
  - den Verkehrsraum mit ausreichender zeitlicher und räumlicher Auflösung erfasst,
  - die Objekte im Verkehrsraum schnell detektiert und klassifiziert,
  - die Winkelpositionen der Objekte in horizontaler und vertikaler Richtung und letztendlich die Abstände der Objekte zum eigenen Fahrzeug ermittelt. Dabei spielt die Objektklassifizierung eine große Rolle, um Straßenleuchten von Leitpfosten, Autoscheinwerfer von Verkehrsschildern oder Ampeln unterscheiden zu können. Die Signale der verschiedenen Sensoren werden fusioniert und je nach Verkehrssituation gewichtet, um in kurzer Zeit die wirklichen und substanziellen Gefahrenquellen zu erkennen.
- Realisierung neuartiger Scheinwerfersysteme, die dynamisch ansteuerbar sind, um zeitlich und örtlich adaptierbare Lichtverteilungen verwirklichen zu können.

Sind diese zwei Voraussetzungen geschaffen, können mit Scheinwerfern Lichtverteilungen realisiert werden, die

- die Aufmerksamkeit der Autofahrer auf mittelbare und unmittelbare Gefahrenquellen (z. B. ein Tier auf der Fahrbahn) lenken. Das ist das Prinzip des Markierungslichts;
- je nach Abstand des eigenen Fahrzeugs zum vorausfahrenden und entgegenkommenden Verkehr die Hell-Dunkel-Kante variabel verändern. So kann stets maximale Sichtbarkeitsweite für den eigenen Fahrzeugführer und minimale Blendung für andere Verkehrsteilnehmer erreicht werden. Dieser Gedanke bildet die Grundlage des technischen Prinzips „Variable Leuchtweitenregelung";
- im Prinzip das Fernlicht sind, in dessen Lichtkegel ortsgenau an denjenigen Stellen Lichtstärke ausgeschaltet oder weitgehend reduziert wird, so dass die dort fahrenden Fahrzeuge nicht geblendet werden. Auf diese Weise funktioniert das Prinzip des „blendungsfreien Fernlichts".

Im Folgenden werden diese drei Prinzipien genauer erläutert.

Abb. 44.19 Das Prinzip des Markierungslichts (Bildquelle: Hella nach [17])

A. Markierungslicht

Das Markierungslicht besteht aus einem Kamerasystem, das die optischen Informationen über das Objekt und die winkelabhängigen Positionen des Objektes erfasst und diese Informationen zum Steuerungssystem weiterleitet. Als Folge wird ein zusätzlicher Spotlight-Scheinwerfer eingeschaltet und streifend zum Fahrbahnbelag zum Objekt hin ausgerichtet. Die Aufmerksamkeit des Fahrzeugführers wird auf diese Weise zum Objekt gelenkt, um entsprechende Maßnahmen wie z. B. ein Ausweichmanöver schnell und sicher einleiten zu können (s. Abb. 44.19).

Das Markierungslicht auf der Basis der LED-Technologie wurde seit 2011 für die oberen Fahrzeugklassen eingeführt. In der Untersuchung von Schneider wurde ein Reaktionszeit-Vorteil vom Markierungslicht gegenüber dem Fernlicht von etwa 0,42 s ermittelt [18,19].

In einem dynamischen Fahrversuch in derselben Studie mit Fußgängern am Straßenrand an unterschiedlichen Standpositionen wurden die Sichtbarkeitsweiten von dem neuen LED-Markierungslicht und des Xenon-Scheinwerfer-Abblendlichts verglichen, wobei als Resultat eine Sichtbarkeitsweitenvergrößerung von 34 m gegenüber dem Abblendlicht herausgefunden wurde. Das entspricht einem Zeitvorsprung von 1,2 s bei einer Fahrgeschwindigkeit von 100 km/h.

B Variable Leuchtweitenregelung (adaptive Hell-Dunkel-Kante)

Das Ziel der Realisierung dieses technischen Prinzips ist die Erzielung der bei der konkreten Verkehrssituation maximal möglichen Sichtbarkeitsweite. Je nach Abstand des eigenen Fahrzeugs zum umgebenden Verkehr wird die Hell-Dunkel-Kante vertikal variiert, so dass keine Blendung verursacht werden kann. Dieses Prinzip wird in Abb. 44.20 auf den Gegenverkehr nach [13] angewandt. Ist kein Gegenverkehr auf der Fahrbahn durch das Kamerasystem detektiert worden, wird das Fernlicht eingestellt, um die maximal mögliche Sichtbarkeitsweite zu erreichen. Sobald Gegenverkehr im Verkehrsraum erfasst wird, wird die Hell-Dunkel-Kante dementsprechend abgesenkt. Kommt der Gegenverkehr sehr nah an das eigene Fahrzeug, erreicht die Hell-Dunkel-Kante den Zustand des Abblendlichts [16].

C. Das blendungsfreie Fernlicht

Das Scheinwerfersystem befindet sich im Fernlichtmodus. Das Kamerasystem des eigenen Fahrzeugs erfasst in Echtzeit den Verkehrsraum und berechnet die Winkelpositionen wie auch die Abstände aller dort befindlichen Fahrzeuge. Ortsgenau wird dann die Lichtstärke reduziert oder vollständig ausgeschaltet. Der Vorteil gegenüber dem Prinzip der adaptiven Hell-Dunkel-Kante ist, dass selbst im Fall des Vorhandenseins anderer Verkehrsteilnehmer im Verkehrsraum sehr häufig die absolut maximale Sichtbarkeitsweite erreicht werden kann. Dieser Vergleich wird in Abb. 44.21 dargestellt.

Das blendfreie Fernlicht auf der LED-Basis, wie es in der unteren Grafik der Abb. 44.21 veranschaulicht wird, setzt sich im technologischen Stadium um die Jahre 2013–2016 im Abblendlicht-Bereich (unterhalb der Hell-Dunkel-Kante) aus

44.3 • Derzeitige und zukünftige Scheinwerfersysteme zur Sichtverbesserung

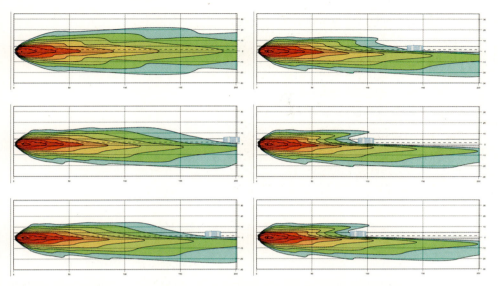

◘ **Abb. 44.20** Variation der Lichtverteilung auf der Fahrbahn für den Gegenverkehr durch das Prinzip der variablen Hell-Dunkel-Kante nach [13].

◘ **Abb. 44.21** Das blendungsfreie Fernlicht (Matrix-Beam) im Vergleich zur adaptiven Hell-Dunkel-Kante [13]

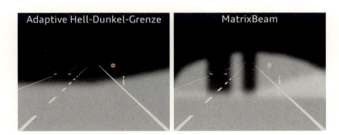

einem normalen LED-Abblendlicht und im Fernlichtbereich aus vertikalen LED-Lichtsegmenten mit begrenzter horizontaler Winkelauflösung zusammen, die je nach Verkehrssituationen ein-und ausgeschaltet oder gedimmt werden. Ab etwa 2016 wird der ganze Scheinwerfer für Fernlicht-und Abblendlichtfunktionen aus LED-Arrays mit etwa mehr als 100 Lichtpunkten (LED-Pixel) sowie aus passenden Optiksystemen (Mikrolinsen-Optiken) bestehen, mit dem Vorteil, dass somit der ganze Verkehrsraum örtlich besser aufgelöst werden kann. Auf diese Weise können einzelne Fahrzeuge im Verkehrsraum selbst im dichten Verkehr ausgeblendet und die Lücken dazwischen für eine bessere Sichtbarkeit genutzt werden.

Im Prinzip muss das blendungsfreie Fernlicht idealerweise die gleiche Blendwirkung wie das korrekt eingestellte Abblendlicht und möglichst so viel Sichtbarkeitsweite wie ein leistungsstarkes Xenonlampen-Fernlicht aufweisen. In der Dissertation [20] hat Totzauer die Blendwirkung eines LED-Abblendlichts mit einem LED-blendfreien Fernlicht und mit einem normalen Fernlicht verglichen. Die Ergebnisse werden in der ◘ Abb. 44.22 veranschaulicht. Während das LED-Abblendlicht und das blendfreie Fernlicht als „gleicht gut" bewertet wurden, hat das normale Fernlicht gegenüber dem Abblendlicht für alle Testpersonen eine „sehr viel schlechtere Blendwirkung".

In [21] wurde über einen Vergleich der Sichtbarkeitsweiten von unterschiedlichen Lichtfunktionen berichtet. An diesem statischen Vergleich auf einer Straße haben 45 Teilnehmer teilgenommen, aus dem sich die Ergebnisse in der ◘ Tab. 44.4 ergeben:

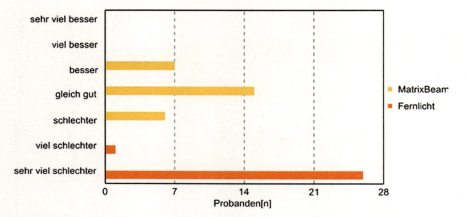

◘ Abb. 44.22 Blendwirkung von einem LED-Abblendlicht (als Referenz) mit einem LED-blendfreien Fernlicht und mit einem normalen Fernlicht [20]

◘ Tab. 44.4 Sichtbarkeitsweiten unterschiedlicher Lichtfunktionen nach [21]

Lichtfunktionen	Mittlere Sichtbarkeitsweite in m	Standardabweichung in m
Abblendlicht	85	14,3
Adaptive Hell-Dunkel-Kante	100	12,1
Blendfreies Fernlicht	130	13,0

Zusammenfassend kann man feststellen, dass die Sichtverbesserungssysteme heute und in Zukunft auf der Grundlage
- der Lichtquellenentwicklung,
- der mechatronischen Ausführung der Scheinwerfersysteme im Fall der Halogenglühlampen und Xenonlampen,
- der Optimierung der LED-Lichtquellen, der Optik und des thermischen Managements für die LED-Module,
- der schnell und sicheren Informationsverarbeitung an Bord sowie
- der intelligenten Nutzbarmachung und Fusion der verfügbaren Fahrzeug-Sensorsysteme

basieren.

Die letztgenannten Systeme werden in ▶ Abschn. 44.4 beschrieben.

44.4 Nachtsichtsysteme

Nachtsichtsysteme sind kamerabasierte Sichtverbesserungssysteme, die bei Dunkelheit mehr Informationen erfassen können als das menschliche Auge. Sie sind bereits lange Zeit in militärischen Anwendungen im Einsatz und halten seit dem Jahre 2000 mit der Einführung des Cadillac DeVille als erstes Personenkraftfahrzeug mit Nachtsichtsystem weiter Einzug in die Automobilindustrie. Dieser Abschnitt gibt einen Überblick über verschiedene Sensoren, Anzeigen und Bildverarbeitungsmethoden für Nachtsichtsysteme.

Die Sensorik erfasst eine bildhafte Information, die dem menschlichen Auge bei Dunkelheit verborgen bleibt und leitet sie an eine Bildverarbeitungseinheit weiter. Diese wertet das Bild in einfachen Systemen optisch durch Reduzierung des Rauschens, Anhebung des Kontrastes und Schärfung der Kanten auf. Komplexere Systeme erkennen Objekte im Bild und führen eine teilweise Situationsanalyse durch. Der Bildschirm transformiert das verarbeitete Signal

44.4 · Nachtsichtsysteme

◨ **Abb. 44.23** Ausgegebenes Bild eines Nahinfrarotsystems [18]

in ein für den Nutzer sichtbares und interpretierbares Bild. Obwohl nur der Bildschirm die direkte Schnittstelle zum Nutzer darstellt, sind alle Komponenten für die Mensch-Maschine-Schnittstelle gleichermaßen wichtig, da die Sensorik die Art und die Bildverarbeitungseinheit die Komplexität der dargestellten Information bestimmt.

44.4.1 Sensorik für Nachtsichtsysteme im Kraftfahrzeug

Aufgabe der Sensorik ist es, Informationen aus dem Vorfeld des Fahrzeugs zu erfassen, die der Fahrer bei der Ausleuchtung der Straße mit dem Abblendlicht nicht aufnehmen kann. Dabei muss die Sensorik den Regelungen der Straßenverkehrs-Zulassungsordnung (StVZO) entsprechen und darf insbesondere keine anderen Verkehrsteilnehmer blenden oder in anderer Weise gefährden.

44.4.1.1 Restlichtverstärker

Restlichtverstärker dienen dem Militär zur Umfelderkundung bei Dunkelheit. Ein Photodetektor im Restlichtverstärker wandelt geringe Lichtintensitäten in einen Elektronenstrom um, der in einem Ladungsmultiplizierer um den Faktor $F = 10^5$ verstärkt wird und dem Nutzer auf einem Phosphorschirm ein grünliches Bild ausgibt. Restlichtverstärker sind jedoch für den Einsatz als Nachtsichtsystem im Kraftfahrzeug nicht sinnvoll, da helle Lichtquellen wie Straßenlaternen und Scheinwerfer entgegenkommender Fahrzeuge das Bild überstrahlen und die Bildinformation zerstören.

44.4.1.2 Nahinfrarotsysteme

Nahinfrarotsysteme senden Infrarotstrahlung im Wellenlängenbereich zwischen 800 – 1100 nm aus. Auf Grund der Nähe der Strahlung zum sichtbaren Licht, wird diese Strahlung auch als Nahe-Infrarotstrahlung (NIR) bezeichnet. NIR-Systeme leuchten das Vorfeld des Fahrzeugs fernlichtartig aus, ohne andere Verkehrsteilnehmer zu blenden. Dazu nutzen heutige Systeme den hohen NIR-Strahlungsanteil in Halogenscheinwerfern und filtern den sichtbaren Teil der Strahlung mit Hilfe eines Interferenzfilters aus. Zukünftige Systeme werden Infrarot-LEDs (IREDs) oder sogar Laser nutzen, die direkt im NIR-Bereich Strahlung aussenden, nutzen, so dass kein Filter mehr notwendig ist.

Die ausgesandte Infrarotstrahlung wird an den Objekten im Vorfeld des Fahrzeugs reflektiert und von einer infrarotempfindlichen Kamera aufgezeichnet. Das Bild ähnelt zwar stark einem Schwarz-Weiß-Abbild des Fahrzeugvorfelds, jedoch gibt die Bildinformation nicht die Lumineszenz der Objekte wieder, sondern deren Reflexivität im nahen Infrarot. So können selbst dunkle Objekte im Bild hell erscheinen, wenn sie im nahen Infrarot stark reflektieren. Auf diese Weise entsteht ein sehr detailreiches Bild, das der menschlichen Wahrnehmung sehr ähnlich ist ◨ Abb. 44.23. Dadurch fallen die Orientierung im Bild und die Zuordnung der im Bild sichtbaren Objekte zur Realität relativ leicht.

Zur Aufzeichnung der zurückreflektierten Strahlung eignen sich CMOS- und CCD-Kameras, deren Empfindlichkeit über den sichtbaren Bereich bis in das nahe Infrarot erstreckt. Während CCD-Kameras sehr empfindlich sind und dadurch

◐ **Abb. 44.24** Überstrahlung einer CCD-Kamera durch einen Scheinwerfer [18]

selbst aus schlecht ausgeleuchteten Bereichen Informationen erfassen können, haben sie nur eine relativ geringe Dynamik von etwa 60 dB. Dadurch versagen CCD-Kameras in Situationen mit hoher Dynamik, wenn beispielsweise die Scheinwerfer entgegenkommender Fahrzeuge eine hohe Lichtintensität erzeugen und Fußgänger sich in dunklen Bereichen der Szene befinden: entweder überstrahlen die Scheinwerfer das Bild ◐ Abb. 44.24 oder die Fußgänger sind kaum sichtbar. CMOS-Kameras hingegen können durch auf dem Sensor integrierte Schaltungen eine sehr hohe Dynamik annehmen, sind jedoch weniger empfindlich als CCD-Kameras.

Als Einbauort der Kameras dient vorzugsweise der Bereich des Spiegelfußes hinter der Frontscheibe: hier ist die Kamera vor Regen, Schnee, Schmutz und Steinschlag geschützt und das Sichtfeld der Kamera wird durch den Scheibenwischer gesäubert. Um eine ausreichende Signalstärke zu erhalten, sollte das Fahrzeug sowohl bei CCD- als auch bei CMOS-Kameras anstatt der üblichen wärmedämmenden Frontscheibe eine Klarglasscheibe ohne Wärmedämmung im Bereich der Kamera haben, um keine zusätzliche Dämpfung der NIR-Strahlung zu erzeugen.

Da NIR-Systeme aktiv Strahlung aussenden, werden sie häufig auch als aktive Nachtsichtsysteme bezeichnet. Nachteil der aktiven Strahlaussendung ist, dass sich entgegenkommende Fahrzeuge mit NIR-System gegenseitig blenden, da sich die Fahrzeuge direkt in den Erfassungsbereich der Kamera strahlen. Die Dynamik heutiger Kameras reicht noch nicht aus, um eine Überstrahlung des Bildes zu vermeiden. Abhilfe können hier die bereits genannten Laser- bzw. IRED-Beleuchtungen schaffen, indem die Systeme die NIR-Strahlung nicht kontinuierlich, wie heute bei Halogen-NIR-Scheinwerfern nur möglich, sondern gepulst aussenden. Eine geschickte Pulsung reduziert die Blendung durch entgegenkommende Fahrzeuge. Vorraussetzung ist jedoch, dass die Kamera zur Beleuchtung synchronisiert ist und nur dann ein Bild aufzeichnet, wenn die Beleuchtung gerade einen Puls aussendet. Für solche Anwendungen sind Kameras mit einem Global Shutter notwendig, die im Gegensatz zu Rolling-Shutter-Kameras den Sensor nicht zeilenweise, sondern die ganze Sensorfläche belichten.

In beiden Fällen ist bei NIR-Beleuchtung die Augensicherheit zu beachten, da NIR-Strahlung für das menschliche Auge zwar kaum sichtbar aber dennoch schädigend sein kann. Während sich das Auge vor zu hohen Lichtintensitäten durch den Lidschlussreflex bei Blendung schützt, setzt dieser Mechanismus bei NIR-Strahlung aus, da die Rezeptoren im Auge für Infrarotstrahlung nicht empfindlich sind. Die Strahlungsenergie, die in das Auge gelangt, kann dennoch schädigende Wirkung haben. Aus diesem Grund werden die NIR-Beleuchtungen heutiger NIR-Systeme bei geringer Fahrzeuggeschwin-

◘ **Abb. 44.25** Schwarz-Weiß-Bild einer Wärmebildkamera [18]

digkeit abgeschaltet, um lange Blickzeiten und kurze Betrachtungsabstände zu vermeiden.

NIR-Systeme ermöglichen eine Sichtweite von etwa 100 bis 120 m. Häufig werden höhere Reichweiten angegeben, wobei hier zwischen Erkennungsabstand und messbarer oder sichtbarer Ausleuchtung unterschieden werden muss.

44.4.1.3 Ferninfrarot-Systeme

Ferninfrarotsysteme nutzen die Plancksche Strahlung, die praktisch von jedem Objekt ausgeht. Wärmebildkameras zeichnen die Wärmeverteilung der Szene bildgebend auf und erfassen dabei die Plancksche Strahlung der Objekte zwischen 8 und 12 µm. Da die Wärmestrahlung sich ferner von der sichtbaren Strahlung befindet, wird sie auch als Ferninfrarotstrahlung (FIR) bezeichnet. FIR-Systeme benötigen keine zusätzlich Beleuchtung, da praktisch alle Objekte FIR-Strahlung aussenden und die Kamera diese nur empfangen muss. Diese Eigenschaft gibt ihnen auch den Namen passive Nachtsichtgeräte.

Die Herstellung von Wärmebildkameras ist sehr aufwändig und entsprechend teuer. Sowohl für die Sensoren selbst als auch für die Optik kommen nur teurere Materiale in Frage. Gleichstromdetektoren nutzen als Sensormaterial Vanadium Oxid (VOx) oder amorphes Silizium (αSi). Wechselstromkameras nutzen Barium Strontium Titanit (BST) oder ferro-elektrische Dünnfilmschichten (TFFE). Die Optiken der Kameras bestehen aus Germanium oder Germanium-Gemischen, da Wärmestrahlung Kunststoffe und Glas nicht durchdringen kann. Aus diesem Grund kann die Kamera nicht wie bei NIR-Systemen hinter der Frontscheibe verbaut werden. Die Kamera muss auf Einbauorte ausweichen, in denen sie vor Schmutz, Witterung oder Steinschlägen nicht geschützt ist.

Das Schwarz-Weiß-Bild der Wärmebildkamera stellt warme Objekte hell dar, während kalte Objekte eher dunkel erscheinen. Auf diese Weise sind warme Objekte im Bild besonders gegenüber dem Hintergrund hervorgehoben, sodass Menschen und Tiere, aber auch Auspuffanlagen von anderen Fahrzeugen, Fahrzeugreifen, Motorhauben, aufgeheizte Steine und metallische Gegenstände besonders im Bild auffallen ◘ Abb. 44.25. Da die Darstellung jedoch nur von der Temperaturausstrahlung der Objekte abhängt, sind beispielsweise Beschriftungen auf Straßenschildern praktisch nicht ablesbar und Straßenmarkierungen nur bei guten Bedingungen sichtbar. Insgesamt wirkt das FIR-Bild verfremdet und schwer interpretierbar. Die Kamera bietet jedoch eine Sichtweite von etwa 300 m und übertrifft damit sowohl die Reichweite von NIR-Systemen als auch des Fernlichts.

44.4.2 Anzeigen für Nachtsichtsysteme im Kraftfahrzeug

Die Gemeinsamkeit aller in ▶ Abschn. 44.4.1 vorgestellten Sensoren ist ihre Eigenschaft, ein Bild des Fahrzeugvorfelds aufzuzeichnen. Deshalb liegt es nahe, dem Fahrer diese Bildinformation anzuzeigen. Dazu bieten sich bereits heute im Fahrzeug vorhandene Anzeigen an. Mit Nachtsichtsystemen sind jedoch auch eine Menge anderer neuartiger Anzeigen verbunden.

Da die Kameras nur zweidimensionale Bildinhalte liefern und der Erfassungsbereich der Kameras geringer ist als das Sehfeld des Menschen, kann der Fahrer nicht alleine nach dem Nachtsichtbild fahren und muss seinen Blick zwischen Anzeige und realem Fahrzeugvorfeld wechseln. Untersuchungen haben ergeben, dass die Blickabwendungszeit von der Straße kaum länger als 2 Sekunden ist. Vor der Blickabwendung zeigt der Fahrer eine hohe Informationsaufnahme, wobei während der Blickabwendung die aufgenommene Information veraltet, bis der Drang des Fahrers, neue Information aufzunehmen, so groß wird, dass er den Blick wieder zurück auf das Verkehrsgeschehen richtet. Die Blickabwendung auf einen Bildschirm setzt sich zusammen aus der Bewegung des Kopfes in Richtung der Anzeige, der Augenbewegung auf die Anzeige, der Adaption auf die Bildschirmhelligkeit, der Akkommodation auf die Entfernung des Bildschirms, der eigentlichen Informationsaufnahme, der Bewegung des Kopfes in die ursprüngliche Lage, die Bewegung der Augen auf das Verkehrsgeschehen, die Adaption und die Akkommodation auf das Fahrzeugvorfeld. Aufgabe der Anzeige ist es, eine geringe Blickabwendungszeit zu unterstützen.

44.4.2.1 Infotainment-Anzeige

Die meisten Oberklassefahrzeuge besitzen bereits heute eine Infotainment-Anzeige, die dem Fahrer verschiedene Informationen wie die Senderliste des Radios, Navigationsinhalte oder im Stillstand des Fahrzeugs sogar das Fernsehprogramm anzeigen. Diese Bildschirme sind in den meisten Fällen über der Mittelkonsole des Fahrzeugs auf der Höhe der Instrumententafel positioniert. Sie sind größtenteils bereits Video-fähig und damit im Stande, das Videobild der Nachtsichtsysteme anzuzeigen, haben eine ausreichende Größe und eine gute Bildqualität. Da die Anzeige jedoch abseits der Blickrichtung des Fahrers liegen, sind diese Anzeigen weniger für die Darstellung des Nachtsichtbildes geeignet: Zusätzlich zur langen Blickabwendungszeit durch Kopf- und Augenbewegung erschwert die Transformation der Bildinformation in die Sichtachse des Fahrers die Bildinterpretation.

44.4.2.2 Kombiinstrument-Anzeige

Einige Fahrzeuge haben bereits ausreichend große und Video-fähige Bildschirme im Kombiinstrument. Vorteil dieser Anzeige ist die Position in der Sichtachse des Fahrers, so dass die Blickabwendung zumindest um die Kopfbewegung verkürzt ist. Nachteilig kann sich jedoch die Verdeckung des Bildes durch das Lenkrad auswirken.

44.4.2.3 Head-Up-Display

Head-Up-Displays (HUDs) reflektieren das Bild eines in der Instrumententafel verbauten Bildschirms an der Frontscheibe in das Sichtfeld des Fahrers. Dadurch erscheint ein virtuelles Bild in etwa 2,5 m vor dem Fahrzeug. Das Bild ist transparent und scheint über der Motorhaube des Fahrzeugs zu schweben. Vorteil dieser Anzeige ist die Verkürzung der Blickabwendung durch den Entfall der Bewegung des Kopfes, durch eine starke Reduzierung der Augenbewegung, der Adaption und der Akkommodation. Durch die Transparenz des Bildes und die Ausleuchtung der Straße mit dem Abblendlicht entsteht jedoch ein geringer Umgebungskontrast zwischen dem Schwarz-Weißem-Nachtsichtbild und der hell ausgeleuchteten Straße, so dass die Bildinhalte schwieriger zu erkennen sind und die eigentliche Informationsaufnahme die Blickabwendungszeit wieder verlängert.

Die Anzeige von Informationen über das HUD wird als besonders vorteilhaft betrachtet, da die Information direkt in das Sichtfeld des Fahrers reflektiert wird und dieser sich nicht vom Verkehrsgeschehen abwenden muss. Diese Annahme ist für kurzzeitig dargestellte, quasi-statische oder einfach interpretierbare Informationen sicherlich gültig. Die Anzeige eines Nachtsichtbildes in einem HUD bedeutet jedoch eine vollflächige und dauerhafte Überlagerung von dem unteren Teil des Fahrersichtfelds mit komplexen, sich kontinuierlich ändernden Informationen. Dies stellt eine zusätzliche Belastung für den Fahrer dar, der er nur entkommen kann, indem er das Nachtsichtsystem abschaltet, während er Anzeigen außerhalb des direkten Sichtfeldes ignorieren kann.

44.4.2.4 Kontaktanaloges Head-Up-Display

Ein kontaktanaloges HUD erzeugt nicht nur ein virtuelles Bild in einer bestimmten Entfernung, sondern kann die Bildinhalte positionsrichtig der Umwelt überlagern. Dies entspricht einer Augmented-Reality-Darstellung. Zwar gibt es prototypische HUDs, die Symbole und Warnhinweise positionsrichtig der Straße überlagern können, es sind aber noch keine Systeme umgesetzt, die ein Videobild kontaktanalog darstellen können. Hierzu wäre zu jedem Bildpunkt eine Entfernungsinformation notwendig, was bei normalen Kameras nicht der Fall ist.

44.4.2.5 Combiner

Combiner sind Anzeigen, die aus einem aus der Instrumentenoberhaut über dem Kombiinstrument ausklappendem Spiegel und einem Bildschirm hinter dem Kombiinstrument bestehen. Der Spiegel reflektiert den Anzeigeinhalt des Bildschirms in das Sichtfeld des Fahrers und erzeugt ähnlich wie das HUD ein virtuelles Bild. Der Abstand des virtuellen Bildes beträgt jedoch lediglich 1–1,1 m, sodass es die Adaption und Akkommodation nur unwesentlich reduziert. Das Bild ist nicht transparent und daher kontrastreicher als ein HUD-Bild. Doch auch hier kann die Anzeige einer bewegten Bildinformation im peripheren Sichtfeld des Fahrers stören. Die Größe von Combinern ist gesetzlichen Vorschriften unterworfen und darf nicht zu weit ins Fahrersichtfeld ragen.

44.4.2.6 Frontscheibendisplay

Frontscheibendisplays sind Anzeigen, die die gesamte Fläche der Frontscheibe als Anzeige nutzen. Dabei sind elektrolumineszente Stoffe in die Scheibe eingebettet, die bei Anregung, beispielsweise durch einen Laser, Licht aussenden. Damit ist es möglich, die gesamte Scheibenfläche zu nutzen und der Realität überlagerte Inhalte anzuzeigen. Für die Darstellung eines Nachtsichtbildes ist diese Anzeigeform nicht sinnvoll, da die Scheibe stark zum Fahrer geneigt ist und dieser dadurch nur einen schmalen Bereich des Bildes auf der Scheibe scharf sehen kann. Weiterhin erfordert ein derart überlagertes Bild ein System, das die Blickrichtung des Fahrers erkennt, um die Bildinformation der Blickrichtung des Fahrers nachführen kann.

44.4.3 Bildverarbeitung

Die Nutzung des Nachtsichtsystems erfordert, dass der Fahrer zwei visuelle Quellen mit hohem Informationsgehalt auswertet: Die Realität und das Nachtsichtbild. Dies führt zu einer deutlichen Mehrbelastung des Fahrers, was sich in Testfahrten durch reduzierte Fahrgeschwindigkeiten, Übersehen von Schildern und Verletzen der Abblendpflicht bei Anwesenheit von anderen Verkehrsteilnehmern niederschlägt. Daher liegt die Forderung nahe, Gefahren aus dem Nachtsichtbild automatisch zu erkennen und den Fahrer nur im Falle einer erkannten Gefahr darauf hinzuweisen.

Die Bildverarbeitungseinheit kann nicht pauschal alle Gefahren erkennen. Erkennen bedeutet in der Bildverarbeitung die Detektion eines Objektes aufgrund von bekannten Eigenschaften eines gesuchten Objektes. Im zweiten Schritt erfolgt die Klassifizierung des detektierten Objektes zu einer dem System bekannten Klasse. Sind dem System die Eigenschaften des gesuchten Objekts oder die Klasse nicht bekannt, kann es das Objekt weder detektieren noch erkennen, so dass dem System mitgeteilt werden muss, welche Objekte unter welchen Bedingungen, wie beispielsweise Größe, Aufenthaltsort, Bewegungsrichtung, Geschwindigkeit etc., eine Gefahr darstellen können.

Die Detektion von Menschen und Tieren ist in FIR-Bildern deutlich einfacher als in NIR-Bildern, da sich Menschen und Tiere bei Umgebungstemperaturen unter 30 °C deutlich vom Hintergrund abheben. Bei FIR-Bildern ist bereits die Helligkeit der Objekte eine wichtige Eigenschaft zur Detektion. Im NIR-Bild muss die Bildverarbeitung auf andere Eigenschaften wie die Größe und die Form der Objekte ausweichen. Diese Eigenschaften nutzen Erkennungsmethoden für FIR-Systeme natürlich zusätzlich und sind dadurch robuster.

Grundsätzlich besteht die Möglichkeit, mit Hilfe einer Stereokamera oder durch die Auswertung des optischen Flusses im Bild, Objekte zu detektieren, die sich im Fahrschlauch des Fahrzeugs befinden oder sich nicht dem optischen Fluss entsprechend bewegen. Um mit diesen Methoden weit entfernte Objekte detektieren und erkennen zu können, müssen die genutzten Kameras eine relativ hohe Auflösung haben, mit der jedoch auch die Rechenintensität zur Detektion der Objekte ansteigt.

Sind bestimmte Objekte erkannt, kann das System sich automatisch in die Anzeige schalten, dem Fahrer einen optischen, akustischen oder haptischen Hinweis geben oder sogar das erkannte Objekt mit Hilfe eines Frontscheibendisplays in der Frontscheibe markieren oder mit Hilfe eines „Suchscheinwerfers" anleuchten.

44.4.4 Vergleich der Systemansätze

Fahrversuche mit potenziellen Nutzern von Nachtsichtsystemen haben gezeigt, dass zwar jeder Proband für sich einen Favoriten aus NIR- und FIR-Systemen ermitteln kann, die Gesamtheit der Probanden jedoch weder NIR- noch FIR-Systeme bevorzugen. So bleibt es eine Philosophiefrage, welchen Sensoransatz Fahrzeughersteller in ihren Fahrzeugen anbieten wollen.

Fahrversuche zu verschiedenen Bildschirmen haben gezeigt, dass die Probanden Anzeigen außerhalb ihres direkten Sichtbereichs bevorzugen und ihnen die Erkennbarkeit der Bildinhalte wichtiger ist als die Reduzierung der Akkommodation durch eine große Entfernung des Bildschirms.

Die Fahrversuche zeigten aber auch deutlich, dass die heute verfügbaren Nachtsichtsysteme kaum Potenzial haben, Unfälle bei Nacht zu vermeiden: Die Mehrbelastung durch eine zusätzliche visuelle Quelle während der eigentlichen Fahraufgabe bietet dem Fahrer kaum eine Chance, die durch die Sensoren gewonnene Sichtverbesserung tatsächlich zu nutzen.

Erst die Erkennung von Objekten und die automatische Warnung des Fahrers geben dem System das Potenzial, Unfälle zu vermeiden.

Literatur

[1] Rumar, K.: Night traffic and the zero vision. In: Progress in Automobile Lighting (PAL), Technische Universität Darmstadt, S. 849–858. Utz Verlag, München (2001)
[2] Langwieder, K., Bäumler, H.: Characteristics of Nighttime Accidents. In: Progress in Automobile Lighting (PAL), Technische Universität Darmstadt, S. 326–339. Utz Verlag, München (1997)
[3] Lerner, M.; Albrecht, M.; Evers, C.: Das Unfallgeschehen bei Nacht, Bericht der Bundesanstalt für Straßenwesen (BASt), Heft M 172, 2005.
[4] Sprute, H.: Entwicklung lichttechnischer Kriterien zur Blendungsminimierung von adaptiven Fernlichtsystemen, Technische Universität Darmstadt, 2012
[5] Eckert, M.: Lichttechnik und optische Wahrnehmungssicherheit im Straßenverkehr. Verlag Technik Berlin, München (1993)
[6] Khanh, T. Q.: Grundlagenvorlesungen der Lichttechnik, Technische Universität Darmstadt, Fachgebiet Lichttechnik, 2013.
[7] Rosenhahn, E.-O., Hamm, M.: Motorway Light in Adaptive Lighting Systems. In: Progress in Automobile Lighting (PAL), Technische Universität Darmstadt, S. 868–882. Utz Verlag, München (2003)
[8] Schiller, C.: Lichttechnische Tests an derzeitigen Xenon- und Halogenlampenscheinwerfern, Technische Universität Darmstadt, interner Bericht des Fachgebiets Lichttechnik, 2007.
[9] Schiller, C., Khanh, T.Q.: Psychologische Blendung mit Xenon- und Halogenscheinwerfer-Autos - Ergebnisse realer Tests. Zeitschrift Verkehrsunfall und Fahrzeugtechnik (9) (2008). Vieweg
[10] Schiller, C., Khanh, T.Q.: First Field Tests of Cars with Completely Built-In LED headlamps under Realistic Driving Conditions. In: International Symposium on Automotive Lighting (ISAL), Technische Universität Darmstadt, S. 131–138. Utz Verlag, München (2007)
[11] Schiller, C.: Lichttechnische Tests an ersten LED-Scheinwerfer-Autos, Technische Universität Darmstadt, interner Bericht des Fachgebietes Lichttechnik, 2007.
[12] ECE R-123: Einheitliche Bedingungen für die Genehmigung von adaptiven Frontbeleuchtungssystemen (AFS) für Kraftfahrzeuge, Tag des Inkrafttretens: 2. Februar 2007.
[13] Kalze, F.-J., Schmidt, C.: Dynamic Cut-Off-Line geometry as the next step in forward lighting beyond AFS. In: International Symposium on Automotive Lighting (ISAL), Technische Universität Darmstadt, S. 346–354. Utz Verlag, München (2007)
[14] Rosenhahn, E.-O.: AFS-Frontlighting on the Basis of LED Light Sources. In: International Symposium on Automotive Lighting (ISAL), Technische Universität Darmstadt, S. 80–87. Utz Verlag, München (2007)
[15] Grimm, M., Casenave, S.: DBL: A Feature that adds Safety to Night Time Traffic. In: International Symposium on Automotive Lighting (ISAL), Technische Universität Darmstadt, S. 355–363. Utz Verlag, München (2007)
[16] Sprute, J.H., Khanh, T.Q.: Approval Requirements for a Front-Lighting-System with Variable Cut-Off Line in Europe. In: International Symposium on Automotive Lighting (ISAL), Technische Universität Darmstadt, S. 31–37. Utz Verlag, München (2007)
[17] Kleinkes, M., Eichhorn, K., Schiermeister, N.: LED technology in headlamps - extend lighting functions and new styling possibilities. In: International Symposium on Automotive Lighting (ISAL), Technische Universität Darmstadt, S. 55–63. Utz Verlag, München (2007)

Literatur

[18] Schneider, D.: marking light- safety enhancement by marking light systems and their technical implementation. In: International Symposium on Automotive Lighting (ISAL), Technische Universität Darmstadt, S. 320–326. Utz Verlag, München (2011)

[19] Schneider, D.: Markierungslicht – eine Scheinwerferverteilung zur Aufmerksamkeitssteuerung und Wahrnehmungssteigerung von Fahrzeugführern, Technische Universität Darmstadt, Dissertation, 2011

[20] Totzauer, A.: Kalibrierung und Wahrnehmung von blendfreiem LED-Fernlicht, Technische Universität, Darmstadt, Dissertation, 2013

[21] Kleinkes, M.: New automotive lighting technology: Benefit or Mayfly? In: International Symposium on Automotive Lighting (ISAL), Technische Universität Darmstadt, S. 361–366. Utz Verlag, München (2013)

Einparkassistenz

Reiner Katzwinkel, Stefan Brosig, Frank Schroven, Richard Auer, Michael Rohlfs, Gerald Eckert, Ulrich Wuttke, Frank Schwitters

45.1 Abstufungen der Einparkassistenz – 842

45.2 Anforderungen an Einparkassistenzsysteme – 842

45.3 Technische Realisierungen – 843

45.4 Ausblick – 849

Literatur – 849

Einparken ist für viele Fahrer eine langweilige oder gar anstrengende Aufgabe: Es ist zunächst erforderlich, eine für das Fahrzeug passende Parklücke zu finden, um unnötige Fehlversuche zu vermeiden. Anschließend muss das Fahrzeug – teils unter Beobachtung – in mitunter unbekannter Umgebung bei minimaler Beeinflussung des restlichen Verkehrs zügig positioniert werden.

Einparkassistenzsysteme können dabei helfen, schneller einen passenden Parkplatz zu finden und das Fahrzeug sicher und stringent hineinzuführen [6].

45.1 Abstufungen der Einparkassistenz

Zur Unterstützung des Fahrers beim Einparken sind viele verschiedene Ausprägungen möglich und teilweise bereits in Serienfahrzeugen verfügbar. Eine Schwierigkeit beim Einparken ist das Abschätzen der Fahrzeuggeometrie im Front- und Heckbereich. Aerodynamische Anforderungen sowie designbedingte Gestaltungen, insbesondere von Säulen und Fensterflächen, können die Übersichtlichkeit einschränken. Um dies zu kompensieren, bestanden erste Einparkhilfen aus Peilstäben, die bei Limousinen jeweils links und rechts an den hinteren Fahrzeugecken bei Einlegen des Rückwärtsgangs automatisch ausgefahren wurden.

Alle nachfolgend entwickelten Assistenzsysteme zum Einparken beruhen auf Daten von Umfeldsensoren. Diese Systeme lassen sich in folgende Kategorien einteilen:
- Informierende Einparkassistenzsysteme: Hierzu gehören Systeme, die den Abstand zu Objekten in Längsrichtung mitteilen, sowie solche zur reinen Parklückenvermessung mit Ausgabe eines Kompatibilitätsgrades (siehe ▶ Abschn. 45.3.1).
- Geführte Einparkassistenz: Hierbei werden die Umfeldinformationen bewertet und konkrete Handlungsempfehlungen gegeben. Dazu zählen Rückfahrkameras mit eingeblendeten Hilfslinien oder Einparkassistenten, die Lenkmanöver vorschlagen (▶ Abschn. 45.3.2).
- Semiautomatisches Einparken: Durch diese Systeme wird dem Fahrzeugführer eine Fahrzeugführungskomponente, üblicherweise die Querführung, abgenommen und er steuert lediglich die Längsführung mittels Gas- und Bremspedal (▶ Abschn. 45.3.3).
- Vollautomatische Einparksysteme: Hierbei wird die gesamte Fahrzeugführung vom Assistenzsystem übernommen. Diese Systeme befinden sich zurzeit noch im Forschungs- oder Vorentwicklungsstadium.

45.2 Anforderungen an Einparkassistenzsysteme

Abhängig von der Systemausprägung und dem Grad der Unterstützung entstehen unterschiedliche Anforderungen an Sensorik sowie Algorithmik der Einparkassistenten [3, 9]. In erster Linie muss das System benutzbar, d. h. alltagstauglich sein. Dies bedeutet, es muss eine verständliche Schnittstelle zum Benutzer bieten und zudem in realen Situationen (z. B. versetzt geparkte Fahrzeuge, Parken zwischen Mülltonnen) funktionieren. Bei Systemen, die Parklücken vermessen, sollte die maximale Vorbeifahrgeschwindigkeit nicht zu niedrig sein [2].

Hinsichtlich der Umfeldsensorik lassen sich allgemein folgende Anforderungen formulieren:
- hohe Robustheit gegenüber Umwelteinflüssen (Niederschlag, Verschmutzung)
- hohe Auflösung und Genauigkeit der Abstands- bzw. Parklückenvermessung (hohe Erkennungsrate von möglichen Parklücken)
- keine Ausgabe von Scheinlücken (z. B. Straßenkreuzungen oder Einfahrten)
- geringer Signalverzug
- geringe Gesamtkosten (z. B. durch Aufbau auf vorhandener Sensorik)
- geringer Bauraumbedarf

Bei geführtem und semiautomatischem Einparken sind insbesondere folgende Aspekte zu berücksichtigen:
- Die vom Parksystem vorgeschlagene bzw. abgefahrene Trajektorie sollte der eines mensch-

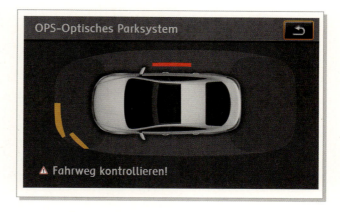

Abb. 45.1 Beispiel einer Einparkhilfe mit 2D-Sicht auf Fahrzeug und Hindernisse

lichen Fahrers ähneln, um die Akzeptanz des Systems zu erhöhen.
- Die Einparktrajektorie muss kollisionsfrei sein. Der Fahrer ist bei manueller Längsführung vor Objekten zu warnen.
- adäquate Parkposition (Winkellage und Abstand bezüglich Bordstein, Abstand zu Objekten im direkten Umfeld)
- kurze Einparkdauer
- einfache Bedienung, verständliche Mensch-Maschine-Schnittstelle

45.3 Technische Realisierungen

Im Folgenden werden die in ▶ Abschn. 45.1 genannten Abstufungen der Einparkassistenz mit ihren Varianten erläutert. Dabei wird insbesondere auf die Unterschiede und Besonderheiten der einzelnen Ausprägungen eingegangen.

45.3.1 Informierende Einparkassistenzsysteme

Das am weitesten verbreitete Einparkassistenzsystem ist die ultraschallbasierte Einparkhilfe. Diese ermittelt mit jeweils bis zu sechs Ultraschallsensoren (siehe ▶ Kap. 16) an Fahrzeugfront und -heck den Abstand zu umgebenden Objekten. Der Abstand wird hierbei meist akustisch durch einen Intervallton mitgeteilt. Dabei sinkt der zeitliche Abstand zwischen den Tönen mit kleiner werdendem Abstand. Die Frequenzen für die Tonausgabe können zur leichteren Unterscheidung vorn und hinten unterschiedlich gewählt werden. Darüber hinaus kann die akustische Ausgabe richtungsselektiv erfolgen, sodass der Fahrer sofort zuordnen kann, für welchen Bereich des Fahrzeugs die Abstandsinformation gültig ist. Die akustische Ausgabe der Abstandsinformation kann um eine optische Ausgabe erweitert werden. Dabei sind dezentrale Darstellungen (z. B. an den A-Säulen und im hinteren Bereich des Dachhimmels) oder zentrale Anzeigen (z. B. im Display des Navigationsgeräts) möglich (◘ Abb. 45.1).

Ultraschallsensoren sind für die beschriebene Funktion gut geeignet und sorgen für geringe Systemkosten. Ihre Empfindlichkeit gegenüber Wind spielt eine untergeordnete Rolle, da ihr Einsatz hierbei auf geringe Geschwindigkeiten begrenzt bleibt [5].

Alternativ werden in einigen Fahrzeugen anstelle der Ultraschallsensoren Short-Range-Radarsensoren (siehe ▶ Kap. 17) eingesetzt. Diese bringen den Vorteil mit sich, dass sie völlig designneutral eingesetzt werden können. Sie lassen sich unsichtbar hinter Stoßfängerverkleidungen oder Leuchten einbauen [17]. Allerdings sind diese Sensoren wesentlich teurer als Ultraschallsensoren und werden daher meist in Verbindung mit weiteren Funktionen (z. B. ACC Stop & Go) verwendet. Die Ultra-Wide-Band-Radarsensoren (UWB) verwenden dabei ein breites Frequenzband, das für eine hohe Entfernungsauflösung sorgt. Dieses Frequenzband ist jedoch inzwischen zulassungsbeschränkt (Zulassungsgrenze 30. Juni 2013) und mit einer Penetrationsrate von maximal 7 % pro europäisches Land versehen [17].

Abb. 45.2 Area-View (Vogelperspektive) als Vollbilddarstellung

Ebenfalls zu den informierenden Einparkassistenzsystemen gehören solche, die Längsparklücken während der Vorbeifahrt vermessen und dem Fahrer die Eignung als Parkplatz anzeigen. Dabei sind binäre Ausgaben („Parklücke ausreichend groß", „Parklücke zu klein") oder auch Schwierigkeitsgrade des Parkiervorgangs (z. B. „leicht", „normal", „schwierig") möglich. Ein wichtiger Akzeptanzfaktor bei solchen Systemen ist die Genauigkeit der Vermessung sowie die maximale Vorbeifahrgeschwindigkeit. Diese nimmt üblicherweise Werte zwischen 15 und 30 km/h an. Darüber hinaus sollten Lücken, die keinen Parkraum darstellen (Einfahrten, Einmündungen), nicht bewertet werden.

Neben den explizit informationsgebenden Einparksystemen zeigen sogenannte „Area View"-Systeme – „Top View" oder auch „Bird View" genannt – Bilder rund um das Fahrzeug live in das Cockpit aus der Vogelperspektive (siehe ◘ Abb. 45.2). Der Fahrer kann dadurch die nahe Umgebung exzellent einsehen und sich mit dem Fahrzeug besser orientieren. Die Rundumsicht wird über vier Kameras – verbaut in Front, Heck und in den meisten Fällen in den Seitenspiegeln – gewährleistet. ◘ Abbildung 45.3, oben zeigt die Möglichkeit über die Frontkamera den Sichtbereich des Fahrers auf querenden Verkehr zu erweitern. Heck- und Frontkamera können beispielsweise bei schwierigen Manövern wie Ankuppeln und Rangieren mit einem Anhänger oder beim Fahren in schwer befahrbarem Gelände unterstützen (◘ Abb. 45.3 (mitte & unten)).

45.3.2 Geführte Einparkassistenz

Zwar geben auch die beschriebenen informierenden Systeme implizite Handlungsanweisungen („weiter zurücksetzen" bzw. „vorwärts fahren", „Einparkversuch sinnvoll"), allerdings beschränken sich diese auf die Grenzen des Einparkmanövers und lassen den zentralen Teil, die Einfahrt in die Parklücke, unberücksichtigt.

Darüber hinausgehende Informationen geben Rückfahrkamerasysteme (siehe auch ▶ Kap. 20), die neben dem Bild der Umgebung Hilfslinien einblenden. Hierfür ist es notwendig, einen möglichst breiten Bereich hinter dem Fahrzeug erfassen zu können. Dies erfordert Weitwinkelobjektive, die jedoch stark verzerrte Bilder liefern. Deshalb sollte eine nachgelagerte Bildverarbeitung die Bilder entzerren und der menschlichen Wahrnehmung anpassen. ◘ Abbildung 45.4 zeigt ein Kamerarohbild sowie dessen entzerrte Variante.

Mit Systemen, die Hilfslinien einblenden, kann sowohl das Parken in Längs- als auch Querparklücken erleichtert werden. Ohne Bildverarbeitung, die im Kamerabild Parklücken erkennt, ist es sinnvoll, den Fahrer wählen zu lassen, welche Art von Parklücken gerade vorliegt. Im Fall von Querparklücken können die verlängerte und leicht verbreitete Fahrzeugkontur sowie ein prädizierter Fahrschlauch angezeigt werden (◘ Abb. 45.5). Für Längsparklücken können der Platzbedarf in Form von markierten Feldern sowie Hilfslinien, mit denen der Umlenkpunkt ermittelt werden kann, eingeblendet werden (◘ Abb. 45.6). Durch Betätigung des Blinkers zu einer Seite werden die Einblendungen auf der entsprechend anderen Seite deaktiviert. Beim Einfah-

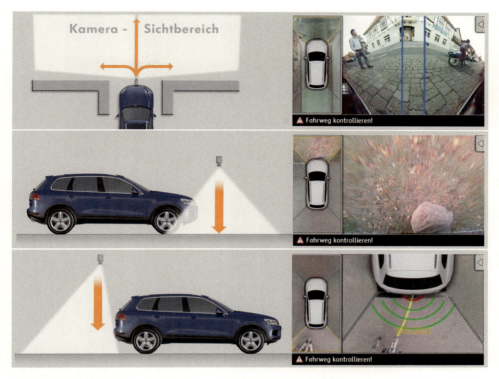

◻ **Abb. 45.3** Beispielansichten Area View, Querverkehr (oben), Gelände (mittig), Anhängerunterstützung (unten)

ren in die Parklücke ist der Umlenkpunkt erreicht, sobald sich die Hilfslinie an den Bordstein oder eine andere seitliche Parklückenbegrenzung anschmiegt.

Der Einbauort der Rückfahrkamera muss derart gewählt werden, dass sie das Design des Fahrzeugs nicht beeinflusst. ◻ Abbildung 45.7 zeigt eine mögliche Realisierung. Dabei wird die Kamera neben der Griffmulde zum Öffnen der Heckklappe montiert. Dieser Einbauort hat den Vorteil, dass beim Anhängerbetrieb die Kamera den Kugelkopf der Kupplung im Bild hat und das System so zum Ankuppeln eines parkenden Anhängers verwendet werden kann. Die Hilfslinien werden beim Anhängerbetrieb aufgrund unbekannter Geometrie und Kinematik des Gespanns sowie bei geöffneter Heckklappe ausgeblendet. Rückfahrkamerasysteme bieten dem Nutzer einen intuitiven Zugang, haben jedoch bei Darstellung auf einem Display (z. B. dem des Navigationssystems) den Nachteil, dass für den Blick des Fahrers ein weiterer Fokus geschaffen wird, da es weiterhin erforderlich ist, das Umfeld wie gewohnt zu beobachten (gleicher Sinneskanal). Darüber hinaus entsteht eine Kopplung von Sonderausstattungsmerkmalen, da die Rückfahrkamera ohne Anzeigemöglichkeit nicht eingesetzt werden kann.

Einen noch höheren Grad der Assistenz erreicht man, wenn man dem Fahrer konkrete Handlungsanweisungen für die Fahrzeugführung gibt. Dazu sind folgende Schritte notwendig:
- Vermessung von Parklücken
- Trajektorienplanung
- fortlaufende Positionsbestimmung
- Fahrerhandlungen anzeigen

Bei der Trajektorienplanung ist eine Trennung zwischen Längs- und Querführung sinnvoll, damit dem Fahrer noch Ressourcen zur Umfeldüberwachung bleiben. Das bedeutet, dass sich die zu planende Trajektorie aus Geraden und Kreisbögen zusammensetzen sollte. Diese können durch Fahrt mit konstantem Lenkradwinkel und durch Lenken im Stand realisiert werden [9]. Dabei ist es insbesondere bei Systemen mit einmaliger Trajek-

Abb. 45.4 Bild einer Rückfahrkamera, verzerrt (links) und entzerrt (rechts)

Abb. 45.5 Statische und dynamische Hilfslinien (Fahrschlauchprädiktion) zum Einparken in Querparklücken

torienplanung (ohne Aktualisierung während des Einparkvorgangs) wichtig, Fahrerreaktionszeiten zu berücksichtigen. Beispiele zur Trajektorienplanung finden sich bei [8, 10].

Für die Anzeige von adäquaten Fahrerhandlungen ist es notwendig, die Position des eigenen Fahrzeugs relativ zur Parklücke und auf der geplanten Bahn möglichst exakt bestimmen zu können. Dabei ist es grundsätzlich möglich, sich anhand von künstlichen oder natürlichen Referenzpunkten in der Umgebung (externe Methode) oder mittels fahrzeuginterner Größen (interne Methode) zu lokalisieren. Aufgrund der dynamischen und teils unstrukturierten Umgebung sind externe Methoden weniger geeignet [8]. Die so genannte Odometrie (auch: Hodometrie) stützt sich auf die Beobachtung der Räder. Dabei wird normalerweise die nichtangetriebene Achse herangezogen, da hier nur minimaler Antriebsschlupf auftritt. Für die Odometrie ist neben der Fahrzeugbewegungsrichtung der reale Reifenabrollumfang von fundamentaler Bedeutung, da mit ihm die pro Radumdrehung zurückgelegte Wegstrecke berechnet wird. Insbesondere Unterschiede an der zur Odometrie genutzten Achse sind von Nachteil. Folgende Aspekte können zu Schwankungen des Reifenabrollumfangs führen und müssen durch geeignete Maßnahmen kompensiert werden [14]:

– Fertigungstoleranz der Reifen
– Reifenabnutzung
– Unterschied zwischen Sommer-/Winterreifen
– Streubreite der freigegebenen Reifengrößen
– Nachgerüstete Reifen (andere Größen)

Für eine bessere Qualität der Lokalisierung werden selten rein odometrische Verfahren verwendet. An weiteren internen Fahrzeuggrößen stehen beispielsweise der Lenkradwinkel und die Gierrate sowie gemessene Beschleunigungen zur Verfügung. Diese Größen können zusammen mit den Raddrehzahlen bzw. -impulsen mittels erweitertem Kalmanfilter fusioniert werden (siehe ▶ Kap. 24). Durch die geringe Fahrgeschwindigkeit beim Parken kann das Fahrzeugverhalten näherungsweise durch ein Einspurmodell abgebildet werden [9].

Abb. 45.6 Darstellung von Parkraumbedarf sowie Hilfslinien zur Bestimmung des Umlenkpunkts bei Parallelparklücken (ohne Overlay des Kamerabildes)

Folgende Informationen sollten dem Fahrer bei einem geführten Einparksystem gemeldet werden [6]:
- Solllenkwinkel bzw. Lenkwinkeldifferenz
- Fahrtrichtung
- Stopp-Punkte
- Ende des Einparkvorgangs

Im Gegensatz zu Rückfahrkamerasystemen werden dadurch nur geringe Anforderungen an die darstellenden Einrichtungen gestellt. Die oben genannten Größen können auch auf einem monochromen Display angezeigt werden [6]. Gleichermaßen ist eine hochwertigere Anzeige in Anlehnung an ▪ Abb. 45.1 möglich (siehe auch ▶ Kap. 36). Zur Einstellung des Solllenkwinkels gibt es verschiedene Möglichkeiten der Anzeige. Werden dem Fahrer sowohl Ist- als auch Solllenkwinkel angezeigt, so muss er den Regelfehler selbst bilden und es ergibt sich die Aufgabe einer Folgeregelung. Wird lediglich die Abweichung angezeigt, handelt es sich um eine Kompensationsregelung [12]. Bei der Folgeregelung erzielen Fahrer üblicherweise bessere Ergebnisse [9].

45.3.3 Semiautomatisches Einparken

Bei semiautomatischen Einparksystemen – auch teil- oder halbautomatisch genannt – wird der Fahrer von einer Fahrzeugführungsrichtung, üblicherweise der Querregelung, entbunden. Anstatt dem Fahrer anzuzeigen, wie er eine Parklücke auf einer berechneten Bahn erreichen kann, wird das Fahrzeug bei manueller Längsregelung automatisch auf dieser geführt. Über die Möglichkeit zur Vermessung von Parklücken, Trajektorienplanung und Anzeige von Fahrerhandlungen ist es dann erforderlich, Einfluss auf die Lenkung nehmen zu können. Dies ist durch eine elektromechanische Servolenkung (siehe ▶ Kap. 32) oder aber eine um einen Elektromotor erweiterte konventionelle Lenkung möglich, wobei letztgenannte Lösung zu erhöhten Systemkosten führt.

Für solche Eingriffe in die Lenkanlage macht die ECE-Regelung 79 genaue Vorgaben [4, S. 20]:

„Sie [Anm.: Fahrerassistenz-Lenkanlagen] müssen außerdem so konstruiert sein, dass der Fahrzeugführer die Funktion jederzeit durch einen bewussten Eingriff übersteuern kann. Sobald die automatische Lenkfunktion einsatzbereit ist, muss dies dem Fahrzeugführer angezeigt werden, und die Steuerung muss automatisch ausgeschaltet werden, wenn die Fahrzeuggeschwindigkeit den eingestellten Grenzwert von 10 km/h um mehr als 20 % überschreitet oder die auszuwertenden Signale nicht mehr empfangen werden. Bei Beendigung der Steuerung muss der Fahrzeugführer jedes Mal durch ein kurzes, aber charakteristisches optisches Signal und entweder ein akustisches oder ein fühlbares Signal an der Betätigungseinrichtung der Lenkanlage gewarnt werden."

Im Vergleich zu Systemen zum geführten Einparken müssen keine Hinweise bezüglich des

Abb. 45.7 Beispielhafter Einbauort einer Rückfahrkamera

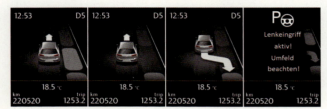

Abb. 45.8 Beispiel einer Mensch-Maschine-Schnittstelle für ein semiautomatisches Einparksystem, Bedeutung (von links): keine Parklücke, Parklücke erkannt, Rückwärtsgang einlegen, Fahrzeug lenkt selbstständig

Solllenkwinkels gegeben werden. Hinzu kommen jedoch Statusmeldungen über Lenkeingriffe. Insgesamt ergeben sich damit keine stark abweichenden Anforderungen an eine Mensch-Maschine-Schnittstelle. ◘ Abbildung 45.8 zeigt eine Möglichkeit der Gestaltung, die der ECE-Regelung entspricht. Die automatische Querregelung des Fahrzeugs erlaubt es dem Fahrer, sich auf die Überwachung des Umfelds zu konzentrieren, da die Bedienung von Gas- und Bremspedal keiner besonderen Beobachtung bedarf. Durch die automatische Querführung ergeben sich weitere Freiheiten bezüglich der geplanten Einparktrajektorie, da diese nicht länger auf Geraden und Kreisbögen beschränkt bleiben muss (vgl. ▶ Abschn. 45.3.2).

Die meisten semiautomatischen Einparksysteme basieren auf Daten von Kamera- oder Ultraschallsensoren. Optische Systeme zeigen dabei wechselnde Leistungsfähigkeit, die vor allem von der Beleuchtungs- und Witterungssituation abhängt. Im Vergleich zu ultraschallbasierten Systemen ist mit einer höheren Empfindlichkeit gegenüber Verschmutzung und stark eingeschränkter Verfügbarkeit bei Dunkelheit zu rechnen [1, 5], wenn von Systemen mit Zusatzbeleuchtung (z. B. Infrarot) abgesehen wird. Parkraumerkennungen aufgrund von Markierungen bei Schnee sind nur bedingt möglich [15].

Semiautomatische Einparksysteme erfordern intensive Kommunikation vieler beteiligter Komponenten. Diese wird normalerweise über einen CAN-Bus realisiert. Die relevanten Bauteile sind beispielhaft für die in [14] beschriebene Realisierung:

- Steuergerät des Einparksystems (Implementierung der Funktion)
- Taster zum Aktivieren des Systems
- Drehzahlsensoren für alle Räder (Positionsbestimmung)
- Lenkwinkelsensor (Positionsbestimmung)
- Längs- und Querbeschleunigungssensoren (Positionsbestimmung)
- Ultraschallsensoren, seitlich (Parklückenvermessung)
- Ultraschallsensoren vorne/hinten (Abstandsmessung zu Objekten)
- Blinklichtschalter (Auswahl der Parklückenseite)
- Steuergerät für Anhängererkennung
- Warnsummer der Einparkhilfe
- Elektromechanische Lenkung (Querregelung)
- Steuergerät der Bremse (Geschwindigkeitsinformation)

Semiautomatische Einparksysteme befinden sich bereits seit 2007 im Serieneinsatz [11, 14]. Konnte der Fahrer am Anfang der Entwicklung nur einzügig rückwärts eine Längsparklücke erreichen, so sind bei den heutigen Einparksystemen Querparklücken – Parklücken, die Quer zur Fahrtrichtung liegen – auch keine Herausforderung mehr.

Die Einparkfunktionen wurden und werden von der Automobilindustrie stetig weiterentwickelt. Inzwischen können sowohl Längs- als auch Querparklücken mehrzügig angefahren werden. Somit stehen dem Fahrer noch engere Parklücken für das semiautomatische Einparken zur Verfügung. Eine Erweiterung auf das Vorwärtseinparken auf Querparklücken findet man ebenfalls in Fahrzeugen im Markt. Ein wichtiger Schritt hin zum vollautomatischen Einparken wurde bereits durch die Einführung einer automatischen Notbremse erreicht, die in kritischen Situationen vor einem Hindernis aktiviert wird [7, 18]. Auch die Grundfunktionen des semiautomatischen Einparkens wurden durch den Einsatz einer neuen sogenannten Umfeldkarte – die beispielsweise mehrere Sensoren auswertet und zu einer Karte fusioniert – weiter verbessert.

45.4 Ausblick

Bereits im Jahr 1990 wurde ein automatisch einparkendes Fahrzeug präsentiert [16], und die Infrastruktur in heutigen Fahrzeugen (elektronisch beeinflussbarer Motor, Bremse und Lenkung) ermöglicht eine umfangreiche Ansteuerung. Trotzdem gibt es bis heute keine vollautomatischen Einparkassistenzsysteme im Serieneinsatz sondern lediglich als Forschungsprojekte [13]. Abgesehen von einer Kopplung an ein Automatikgetriebe erschweren Bedenken bezüglich der Produkthaftung einen Serieneinsatz vollautomatischer Einparksysteme, da der Fahrer völlig von der Fahrzeugführung entbunden ist und das Fahrzeug allein auf alle auch unvorhergesehenen Situationen adäquat und vor allem sicher reagieren muss. So wäre beim Rückwärtseinparken in Längsparklücken eine Beobachtung des Gegenverkehrs notwendig, da das Fahrzeug beim Einparken ausschwenkt. Heutige Sensorik ist der menschlichen Wahrnehmungsfähigkeit in solchen Situationen jedoch deutlich unterlegen [5]. Denkbar sind Systeme, bei denen der Fahrer den Einparkvorgang aktiv überwachen muss. Dies könnte mit einer Sicherheitsschaltung realisiert werden, die es erfordert, dass der Fahrer den Einparkvorgang mit einem Knopfdruck (z. B. an der Fernbedienung der Zentralverriegelung, über eine Smartphone-Applikation oder im Fahrzeug) aktiviert und den Knopf oder das Touchpad gedrückt halten muss, da der Vorgang andernfalls abgebrochen wird und das Fahrzeug stehen bleibt (Totmannschaltung) [18].

Neben den teilautomatischen Parkfunktionen, die immer noch eine Überwachung des Fahrers voraussetzen, wäre auch eine automatische Bereitstellung in Zukunft denkbar. Ein Szenario könnte sein, dass der Fahrer sein Fahrzeug an einer definierten Übergabestelle abgibt und das Fahrzeug dann vollautomatisch zu einem freien Parkplatz fährt und sich dort abstellt oder einparkt. Die Abholung des Fahrzeugs erfolgt auf gleichem Wege über die vordefinierte Übergabestelle, in dem das Fahrzeug wieder vollautomatisch zur Übergabestelle fährt. Voraussetzung für eine automatische Bereitstellung und damit eine vollautomatische Fahrt sind zum Beispiel hochgenaue Karten, die die Umgebung hinreichend beschreibt (vgl. ▶ Kap. 27 und 6).

Literatur

[1] Bloch, A.: Parkautomat. Auto, Motor und Sport **10**, 50–52 (2006)
[2] Blumenstock, K.U.: Platz da? Vergleich von fünf Einpark-Assistenten. Auto, Motor und Sport **13** (2007)
[3] Brandenburger, S.: Semiautomatische Parkassistenten – Einparken in allen Lebenslagen. In: Tagungsband zum 8. Braunschweiger Symposium Automatisierungs-, Assistenz- und eingebettete Systeme für Transportmittel, S. 154–159. GZVB, Braunschweig (2007)
[4] ECE-Regelung 79 Rev. 2, 20. Januar 2006. Einheitliche Bedingungen für die Genehmigung der Fahrzeuge hinsichtlich der Lenkanlage
[5] Pruckner, A., Gensler, F., Meitinger, K.-H., Gräf, H., Spannheimer, H., Gresser, K.: Der Parkassistent Fortschritt-Berichte VDI Reihe 12, Bd. 525. VDI Verlag, Düsseldorf (2003)
[6] Keßler, M.; Mangin, B.: Nutzerorientierte Auslegung von teilautomatisierten Einparkassistenzsystemen. In: Tagungsband zur 4. VDI-Tagung Fahrer im 21. Jahrhundert, Braunschweig, (2007)
[7] Knoll, P.: Prädiktive Fahrerassistenz – Vom Komfortsystem zur aktiven Unfallvermeidung. In: Automobiltechnische Zeitung, 107: S. 230–237, (2005)
[8] Kochem, M.: Parkassistent. In: Isermann, R. (Hrsg.) Fahrdynamik-Regelung – Modellbildung, Fahrerassistenzsysteme, Mechatronik. Vieweg & Sohn, Wiesbaden (2006)
[9] Lee, W.; Uhler, W.; Bertram, T.: Analyse des Parkverhaltens und Auslegung eines semiautonomen Parkassistenzsystems. In: Tagungsband zur 21. Internationale VDI/VW-Gemeinschaftstagung Integrierte Sicherheit und Fahrerassistenzsysteme, Wolfsburg, (2004)

[10] Müller, B.; Deutscher, J.; Grodde, S.; Giesen, S.; Roppenecker, G.: Universelle Bahnplanung für das automatische Einparken. In: Automobiltechnische Zeitung, 109: S. 66–71, (2001)

[11] Nunn, P.: Toyota Prius mit Einpark-Automatik. Auto, Motor und Sport **21**, (2003)

[12] Sander, M.S., McCormick, E.: Human Factors in Engineering and Design, 6. Aufl. McGraw-Hill, New York (1987)

[13] Schanz, A.: Fahrerassistenz zum automatischen Einparken Fortschritt-Berichte VDI Reihe 12. VDI, Düsseldorf (2005)

[14] Schöning, V.; Katzwinkel, R.; Wuttke, U.; Schwitters, F.; Rohlfs, M.; Schuler, T.: Der Parklenkassistent „Park Assist" von Volkswagen. In: Tagungsband zur 22. Internationalen VDI/VW-Gemeinschaftstagung Integrierte Sicherheit und Fahrerassistenzsysteme, Wolfsburg, (2006)

[15] Schulze, K.; Sachse, M.; Wehner, U.: Automatisierte Parkraumerkennung mit einer Rückfahrkamera. In: Tagungsband zur Elektronik im Kraftfahrzeug, Baden-Baden, (2007)

[16] Walzer, P.; Grove, H.-W.: IRVW Futura – The Volkswagen Research Car. SAE Technical Paper Series, 901751, (1990)

[17] Weber, R.; Kost, N.: 24-GHz-Radarsensoren für Fahrerassistenzsysteme. In: Automobiltechnische Zeitung elektronik, 2: S. 16–22, (2006)

[18] Schwitters, F; Brosig, S.; Eckert, G.; Katzwinkel, R.: Betrachtung von teilautomatischen Fahrfunktionen im Spannungsfeld von Kundennutzen, technischer Machbarkeit und rechtlichen Rahmenbedingungen. In: Tagungsband zur Elektronik im Kraftfahrzeug, Baden-Baden, (2013)

Adaptive Cruise Control

Hermann Winner, Michael Schopper

46.1 Einleitung – 852

46.2 Rückblick auf die Entwicklung von ACC – 852

46.3 Anforderungen – 854

46.4 Systemstruktur – 855

46.5 ACC-Zustandsmanagement und Mensch-Maschine-Schnittstelle – 857

46.6 Zielobjekterkennung für ACC – 861

46.7 Zielauswahl – 867

46.8 Folgeregelung – 872

46.9 Zielverluststrategien und Kurvenregelung – 875

46.10 Längsregelung und Aktorik – 878

46.11 Nutzungs- und Sicherheitsphilosophie – 883

46.12 Sicherheitskonzept – 884

46.13 Nutzer- und Akzeptanzstudien – 885

46.14 Ausblick – 889

Literatur – 890

H. Winner, S. Hakuli, F. Lotz, C. Singer (Hrsg.), *Handbuch Fahrerassistenzsysteme,* ATZ/MTZ-Fachbuch,
DOI 10.1007/978-3-658-05734-3_46, © Springer Fachmedien Wiesbaden 2015

46.1 Einleitung

Mit Adaptive Cruise Control, abgekürzt ACC, wird eine Fahrgeschwindigkeitsregelung bezeichnet, die sich an die Verkehrssituation anpasst. Synonyme Bezeichnungen sind Aktive Geschwindigkeitsregelung, Automatische Distanzregelung oder Abstandsregeltempomat. Im englischen Sprachraum finden sich die weiteren Bezeichnungen Active Cruise Control, Automatic Cruise Control oder Autonomous Intelligent Cruise Control. Als markengeschützte Bezeichnungen sind Distronic und Automatische Distanz-Regelung (ADR) eingetragen.

Als internationale Referenz stehen die Normen ISO 15622 (Transport information and control systems – Adaptive Cruise Control systems – Performance requirements and test procedures) [1] und ISO 22179 (Intelligent transport systems – Full speed range adaptive cruise control (FSRA) systems – Performance requirements and test procedures) [2] zur Verfügung, wobei die erste die zuerst eingeführte, oft als Standard-ACC bezeichnete Funktionalität definiert, während die zweite eine Erweiterung der Funktionalität für den niedrigen Geschwindigkeitsbereich beschreibt, die als Full-Speed-Range-ACC bezeichnet wird.

In ISO 15622 [1] wird die ACC-Funktion wie folgt beschrieben:

"An enhancement to conventional cruise control systems, which allows the subject vehicle to follow a forward vehicle at an appropriate distance by controlling the engine and/or power train and potentially the brake."

ACC leitet sich von der schon lange bekannten und in Nordamerika und Japan sehr weit verbreiteten Fahrgeschwindigkeitsregelung ab, die im englischen Sprachraum als Cruise Control (abgekürzt CC) oder im deutschen Sprachraum verbreitet als Tempomat bezeichnet wird. Deren Funktionalität des Regelns auf eine vom Fahrer gesetzte Wunschgeschwindigkeit v_{Set} ist als Teilfunktion der ACC enthalten (◘ Abb. 46.1 oben).

Die Haupterweiterung bezieht sich auf die Anpassung der Fahrgeschwindigkeit an die Geschwindigkeit des unmittelbar vorausfahrenden Fahrzeugs, hier im Weiteren mit v_{to} (to: target object, von ACC als Zielobjekt für die Regelung ermitteltes Objekt) bezeichnet (◘ Abb. 46.1 Mitte).

Obwohl in der Norm ISO 15622 noch offen gelassen ist, ob die Bremse zur Regelung eingesetzt wird, hat sich mittlerweile der Einsatz der Bremse zur Erhöhung der Verzögerungsfähigkeit als faktischer Standard etabliert. Der angemessene Folgeabstand, der in dieser Norm erwähnt ist, wird im Weiteren über die Zeitlücke τ, die oft umgangssprachlich Sekundenabstand genannt wird, definiert:

Time gap τ: "Time interval for travelling a distance, which is the clearance d between consecutive vehicles. Time gap is related to vehicle speed v and clearance d by: $\tau = d/v$."

Die Verwendung des zeitlichen anstelle des räumlichen Bezugs folgt der Grundüberlegung, dass für ein Folgen der sich aus der Reaktionsdauer ergebende Relativweg ausreicht, um eine Kollision mit dem vorausfahrenden Fahrzeug zu vermeiden, wobei eine zum vorausfahrenden Fahrzeug mindestens gleichwertige Verzögerungsfähigkeit vorausgesetzt wird. Somit lässt sich bei Vorhandensein eines vorausfahrenden, langsamer als mit der eigenen Wunschgeschwindigkeit fahrenden Fahrzeugs die Regelaufgabe von ACC auf die Anpassung der eigenen Geschwindigkeit an die des vorausfahrenden ergänzt um die Einhaltung eines Abstands, der eine konstante Reaktionszeit gewährleistet, definieren.

Sobald das Zielobjekt den unmittelbaren Fahrkorridor verlässt und kein anderes als Zielobjekt bestimmt wird, nimmt ACC ohne weitere Aktion des Fahrers die Regelung der Sollgeschwindigkeit wieder auf (◘ Abb. 46.1 unten).

46.2 Rückblick auf die Entwicklung von ACC

Eine prototypische Darstellung dieser Funktion wurde erstmals 1981 in [3] dokumentiert. Sie war Folge eines in den siebziger Jahren durchgeführten Forschungsprojekts, bei dem mehrere Firmen sowohl in Zusammenarbeit als auch im Wettbewerb Radar-Sensoren im damals technisch gerade möglichen Frequenzbereich von 35 GHz entwickelten. Doch waren weder die technische Leistungsfähigkeit noch die Baugröße oder die Herstellkosten geeignet für eine Serienanwendung. Nach einer bis zum Ende der achtziger Jahre reichenden Pause wurde durch das von 1986 bis 1994 laufende eu-

46.2 • Rückblick auf die Entwicklung von ACC

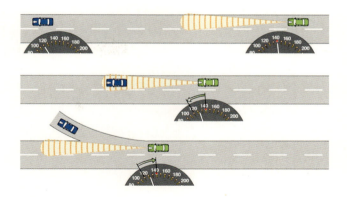

Abb. 46.1 Situationsangepasster Wechsel von Freifahrt zu Folgefahrt und zurück [Quelle: BOSCH]

ropäische Projekt PROMETHEUS (= PROgramMe for a European Traffic with Highest Efficiency and Unprecedented Safety) die Entwicklung sowohl der Systemfunktionalität als auch der Sensorik stark stimuliert. Diesem Programm entstammt auch die Bezeichnung AICC (Autonomous Intelligent Cruise Control), die auch Titel eines so genannten Common European Demonstrator Projekts war (CED5).

Zwei weitere Entwicklungen waren für die Markteinführung von ACC sehr förderlich: der durch die Emissionsgesetzgebung mit der Stufe EURO III notwendig gewordene E-Gas-Einbau und die Markteinführung von ESC. Mit ESC stand insbesondere der Gierratensensor für die Kurvenerkennung zur Verfügung (s. ▶ Abschn. 46.7.1), und durch den aktiven Bremsdruckaufbau konnte zusammen mit E-Gas oder dem Pendant der Dieselmotoren, der elektronischen Dieselregelung, die Geschwindigkeitsregelung fast ohne Mehrkosten realisiert werden.

Trotz dieses Anschubs durch PROMETHEUS oder die vorgenannten Faktoren wurden die ersten Systeme außerhalb Europas eingeführt. Schon 1995 präsentierte Mitsubishi ACC im Modell Diamante [4] und etwa ein Jahr später folgte Toyota. Beiden gemeinsam war der Verzicht auf einen Bremseingriff und die Verwendung von Laserscanner-basierten Lidar-Sensoren. Während das bei Mitsubishi eingesetzte System noch eher Vormusterstatus hatte, war das mit einem Lidar der Firma Denso [5] ausgestattete Toyota-System ein echtes Seriensystem, das auch in größeren Stückzahlen verkauft wurde. In Europa musste man noch bis 1999 warten, bis auch hier ACC zu kaufen war. Diese Systeme waren deutlich aufwendiger, um den europäischen Kunden befriedigen zu können. Dazu gehörte zwingend ein Bremseingriff, um den größeren Geschwindigkeitsunterschieden auf den deutschen Autobahnen Rechnung zu tragen, eine höhere Maximalsetzgeschwindigkeit $v_{Set,max}$ und ein auch bei ungünstiger Witterung noch hoch verfügbarer mm-Wellen-Radar-Sensor.

Das erste System mit Bremseingriff und mm-Wellen-Radar wurde in der Mercedes-Benz S-Klasse mit einem Radar der Firma A.D.C. eingeführt. Danach folgten Systeme von Jaguar im XKR mit einem Radarsensor von DELPHI und ein Jahr später von BMW im 7er Modell mit einer BOSCH-Sensor&Control-Unit. Radarsensor-basierte ACC-Systeme dominieren seitdem den europäischen Markt, während in Japan noch eine längere Zeit Lidar-Sensoren (z. B. von Omron) eingesetzt wurden. Für weitere Details zur Geschichte der ACC-Entwicklung bis 2003 wird auf den Tagungsbeitrag [6] verwiesen.

Obwohl es im Moment so aussieht, als wenn im Wettbewerb zwischen Lidar und Radar, der seit über zwanzig Jahren geführt wird, letzteres Prinzip gewonnen hat, so finden immer noch Entwicklungen zum Lidar statt, die einen zukünftigen Einsatz erwarten lassen (s. Kapitel Lidar). Beide Prinzipien sind für ACC grundsätzlich geeignet, auch wenn Unterschiede in Teilbereichen verbleiben.

Der Markterfolg von ACC ist lange Zeit hinter den Erwartungen zurückgeblieben. Nachdem nun ein großes Angebot zur Verfügung steht und die Kosten erheblich gesenkt werden konnten, wird auch ACC zu einem Massengeschäft. Dazu trägt auch die erstmals seit 2005 in der Mercedes-Benz S-Klasse (W221) angebotene funktionale Erweiterung

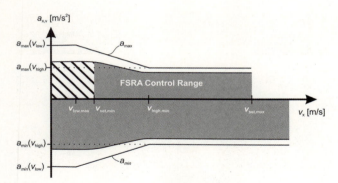

◘ **Abb. 46.2** Funktionsgrenzen FSR-ACC nach ISO22179

für die Nutzung im Stau erheblich bei, insbesondere im Bereich der oberen Fahrzeugklassen, die traditionell eine hohe Ausstattung mit Automatikgetrieben besitzen.

46.3 Anforderungen

46.3.1 Funktionsanforderungen für Standard-ACC nach ISO 15622

Aus der in ▶ Abschn. 46.1 beschriebenen Funktionsdefinition ergeben sich folgende funktionale Anforderungen:
- Bei Freifahrt:
  - Konstantgeschwindigkeitsregelung mit hohem Regelkomfort, d. h. mit geringem Längsruck und ohne Schwingungen bei gleichzeitig hoher Regelgüte (ohne erkennbare Abweichungen von der Setzgeschwindigkeit)
  - Geschwindigkeitsregelung mit Bremseingriff bei heruntergesetzter Wunschgeschwindigkeit und bei Gefällefahrt
- Bei Folgefahrt:
  - Folgeregelung mit schwingungsdämpfender Übernahme der Geschwindigkeit des vorausfahrenden Fahrzeugs, damit dessen Geschwindigkeitsunruhe nicht mit kopiert wird
  - Zeitlücke auf die gesetzte Sollzeitlücke τ_{Set} einregeln und ruhiges, an dem Standardverhalten von Fahrern orientiertes „Zurückfallen" bei durch Einscheren verursachter großer Abstandsverkürzung
- Regelung mit der vom Fahrer erwarteten Dynamik
- Kolonnenstabilität der Regelung für den Fall des Folgens anderer ACC-Fahrzeuge
- Hinreichende Beschleunigungsfähigkeit für ein zügiges Mitschwimmen und Aufschließen
- Verzögerungsfähigkeit für den Großteil der Folgefahrten (ca. 90 %) in fließendem Verkehr
- Automatische Zielobjekterkennung bei Annäherung oder Ein- und Ausscheren vorausfahrender Fahrzeuge innerhalb eines definierten Abstandsbereichs, d. h. auch Festlegen eines Zielsuchkorridors
- Bei Annäherung:
  - Bei langsamer Annäherung zügig zum Sollabstand regeln
  - Bei schneller Annäherung vorhersehbarer Verzögerungsverlauf, der eine Einschätzung durch den Fahrer erleichtert, ob wegen unzureichender ACC-Verzögerung selbst eingegriffen werden muss
  - Bei „Eintauchen", also bei Unterschreiten des Sollabstands, ein an dem Standardverhalten von Fahrern orientiertes „Zurückfallen"
- Funktionsgrenzen:
  - Keine Regelung bei sehr niedrigen Geschwindigkeiten, d. h. geeignete Übergabe an den Fahrer unterhalb einer Mindestgeschwindigkeit (ISO 15622: unterhalb von $v_{low} \leq 5\,m/s$ keine positive Beschleunigung)
  - Minimale Sollgeschwindigkeit $v_{set,min}$ oberhalb 7 m/s (> 30 km/h Tachogeschwindigkeit)

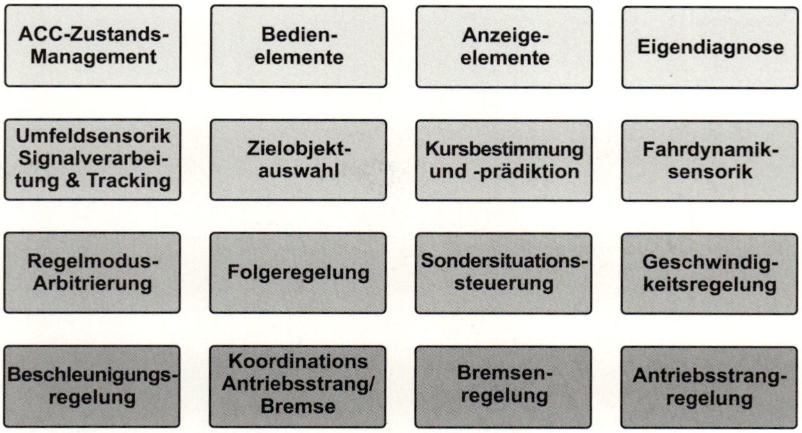

46.4 · Systemstruktur

Abb. 46.3 Funktionsmodule des ACC-Systems

[Funktionsmodule: ACC-Zustands-Management | Bedienelemente | Anzeigeelemente | Eigendiagnose; Umfeldsensorik Signalverarbeitung & Tracking | Zielobjektauswahl | Kursbestimmung und -prädiktion | Fahrdynamiksensorik; Regelmodus-Arbitrierung | Folgeregelung | Sondersituationssteuerung | Geschwindigkeitsregelung; Beschleunigungsregelung | Koordinations Antriebsstrang/Bremse | Bremsenregelung | Antriebsstrangregelung]

- Die Zeitlücke darf im eingeschwungenen Zustand τ_{min} = 1 s nicht unterschreiten.
- Priorität des Fahrereingriffs, d. h. Deaktivierung bei Bremspedalbetätigung und Übersteuern bei Betätigung des Fahrpedals
- Vorgabe der Setzgeschwindigkeit v_{set} und Setzzeitlücke τ_{set} durch den Fahrer
- Geeignete Übergabe der Längsregelaufgabe an den Fahrer bei Systemausfall, insbesondere wenn dieser während eines Verzögerungsvorgangs geschieht.
- Beschleunigung innerhalb der Grenzen von a_{min} = −3,5 m/s² bis a_{max} = 2,5 m/s².

46.3.2 Zusätzliche Funktionsanforderungen für FSR-ACC nach ISO 22179

Ergänzend zu den Anforderungen für die Standard-ACC-Funktion ergeben sich für FullSpeed Range-ACC folgende weitere Anforderungen:
- Bei Folgefahrt:
  - Regelung im gesamten Geschwindigkeitsbereich bis 0 km/h, insbesondere im Kriechbereich (erhöhte Anforderungen an Koordination Antrieb/Bremse)
- Beim Anhalten:
  - Einregeln eines sinnvollen Anhalteabstands (typ.: 2–5 m)
  - Eine höhere Verzögerungsfähigkeit bei kleinen Geschwindigkeiten (vgl. Abb. 46.2)
- Sicheres Halten im Stand mit geeigneter Betriebsbremse bei aktivem System
- Bei Systemabschaltung ohne Fahrereingriff im Stillstand ist ein Übergang in einen sicheren Haltezustand ohne Hilfsenergie notwendig
- Funktionsgrenzen
  - Oberhalb von $v_{high,min}$ = 20 m/s ist eine Beschleunigung innerhalb der Grenzen von $a_{min}(v_{high}) = -D_{max}(v_{high}) = -3{,}5$ m/s² bis $a_{max}(v_{high}) = 2{,}0$ m/s² zulässig,
  - unterhalb $v_{low,max}$ = 5 m/s Beschleunigung innerhalb der Grenzen von $a_{min}(v_{low}) = -D_{max}(v_{low}) = -5{,}0$ m/s² bis $a_{max}(v_{low}) = 4{,}0$ m/s².
  - Zwischen $v_{low,max}$ (5 m/s) und $v_{high,min}$ (20 m/s) darf die Beschleunigung innerhalb der geschwindigkeitsabhängigen Grenzen von $a_{min}(v) = -D_{max}(v) = -5{,}5$ m/s² + (v/10 s) bis $a_{max}(v) = 4{,}67$ m/s² − (2v/15 s) variieren.
  - Die Aufbaurate der Verzögerung γ darf bis 5 m/s die Ruckgrenze von $\gamma_{max}(v_{low})$ = 5 m/s³ und ab 20 m/s von $\gamma_{max}(v_{high})$ = 2,5 m/s³ nicht überschreiten. Dazwischen ist die Grenze geschwindigkeitsabhängig: $\gamma_{max}(v) = 5{,}83$ m/s³ − (1v/6 s).

46.4 Systemstruktur

Die Vielzahl der Aufgaben einer ACC lassen sich mit der in Abb. 46.3 dargestellten Struktur Modulen zuordnen. Die Module selbst können ihrerseits

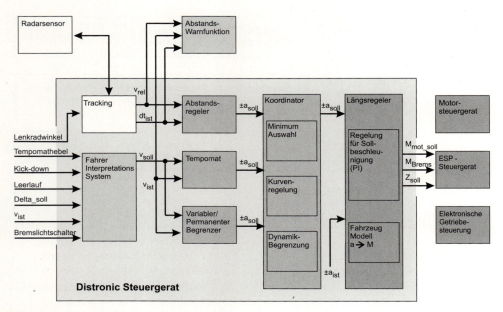

◘ Abb. 46.4 Funktionsmodule des Distronic-Systems

noch unterteilt und verschiedenen Hardware-Einheiten zugeordnet werden, s. a. später beschriebene Beispiele. Auch die Informationsschnittstellen zwischen den Modulen können erheblich variieren. Dies betrifft sowohl den physikalischen Inhalt als auch die Datenrate und Bitrepräsentation. Die vier Schichten und ihre Module werden in den folgenden ▶ Abschnitten 46.5 bis 46.10 beschrieben, sofern sie als Komponente nicht auch schon in anderen Kapiteln dieses Handbuchs ausführlich abgehandelt sind. In diesen Fällen werden die ACC-spezifischen Anforderungen an diese Komponente aufgeführt.

46.4.1 Beispiel Mercedes-Benz Distronic

Während bei einer Variante der *Distronic* für den Fernbereichsradarsensor und für die Verarbeitung der Sensorsignale, der Berechnung der Geschwindigkeits- und Abstandsregelung sowie der Berechnung der Ansteuersignale für die Ansteuerung der Stellglieder wie in ◘ Abb. 46.4 dargestellt separate Baueinheiten verwendet werden, so sind in einer anderen Variante vom Sensor bis hin zur Stellgliedansteuerung alle Funktionseinheiten in einem Gehäuse integriert und bilden eine so genannte Sensor&Control Unit (SCU). Eine besonders wichtige Rolle in der Struktur dieses Systembeispiels kommt dem ESC bzw. ESP zu. Es liefert nicht nur, wie bei den meisten bekannten Systemen, die Fahrdynamik-Messgrößen für die Kursprädiktion (s. ▶ Abschnitte 46.7.1 und 46.7.2), sondern übernimmt neben der ebenfalls oft beim ESC angesiedelten Aufgabe der Bremsregelung auch die Überwachung des ACC-Systems und fungiert als Kommunikations- und Koordinationszentrale für die Antriebssteuerung. Die Trennung der Sensordatenerzeugung von der nachgeschalteten Verkehrsszenenanalyse und der Längsdynamikregelung ermöglicht die Verwendung von Sensoren unterschiedlicher Lieferanten bzw. die Anpassung an oder Erweiterung durch neue Sensorik wird vereinfacht, da lediglich die Verarbeitung der Sensorrohdaten im Sensor selbst durchgeführt wird, vgl. [9].

46.4.2 Funktionsabstufungen

Mit ACC wurde erstmals ein die Fahrzeugdynamik beeinflussendes System eingeführt, das als verteiltes System bei Ausfall eines peripheren Systemteils die Kernfunktionalität verliert. Die Restfunktionalität einer Fahrgeschwindigkeitsregelung (Cruise Con-

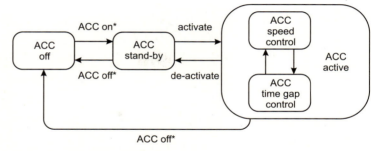

Abb. 46.5 Zustände und Übergänge nach ISO15622

trol CC) ohne Abstandsregelfähigkeit könnte noch realisiert werden, wenn alle für eine Geschwindigkeitsregelung notwendigen Systeme wie Antrieb, Bremse, Anzeige- und Bedienelemente verfügbar sind. Hiervon ist jedoch abzuraten, da der Fahrer z. B. nach längerer Freifahrt nicht unmittelbar erkennen kann, dass seine gewohnte Abstandsregelfunktion bei Annäherung an ein Objekt nicht zur Verfügung steht. Die überwiegende Mehrzahl der angebotenen Systeme, darunter auch die DISTRONIC, degradieren deshalb die ACC Funktion nicht zu einer Tempomatfunktion bei Ausfall der umgebungserfassenden Sensorik.

46.5 ACC-Zustandsmanagement und Mensch-Maschine-Schnittstelle

46.5.1 Systemzustände und Zustandsübergänge

Die Systemzustände, die ein Standard-ACC annehmen kann, illustriert ◘ Abb. 46.5. Der Einschaltzustand ist der ACC off-Zustand, der automatisch nach erfolgreichem Selbsttest verlassen werden kann oder explizit vom Fahrer über einen oft Hauptschalter (Main Switch) genannten Schalter in den ACC stand-by-Zustand überführt werden. Dieser Wartezustand ermöglicht, sofern die für die Aktivierung definierten Kriterien (s. ◘ Tab. 46.1) erfüllt sind, die Aktivierung in den ACC active-Zustand.

Wurde ACC erfolgreich aktiviert, dann treten in diesem Systemzustand zwei wesentliche Regelzustände auf: Speed control in Freifahrtsituationen und ACC time gap control bei Folgefahrt hinter einem vorausfahrenden Fahrzeug, das mit einer geringeren Geschwindigkeit als der Setzgeschwindigkeit v_{Set} fährt. Ist dies nicht der Fall, dann wird auf die Wunschgeschwindigkeit v_{Set} geregelt. Der Übergang zwischen diesen Regelzuständen erfolgt ohne Zutun des Fahrers automatisch allein aus der Ermittlung eines Zielobjekts und dessen Abstand und Geschwindigkeit durch den vorausschauenden ACC-Sensor, wie dies in ◘ Abb. 46.1 illustriert ist.

Eine Deaktivierung, also der Übergang von ACC active zu ACC stand-by, wird zumeist durch eine Bremspedalbetätigung oder die willentliche Abschaltung per Bedienschalter ausgelöst. Bei den verschiedenen im Markt befindlichen Systemvarianten finden sich noch weitere Deaktivierungskriterien, die in der rechten Spalte der ◘ Tab. 46.1 aufgeführt sind. Der Übergang in den ACC off-Zustand wird durch erkannte Funktionsstörungen bewirkt und, wenn vorhanden, durch den Hauptschalter.

Für die Ausführung des ACC als Full-Speed-Range-ACC kommen im Wesentlichen ein weiterer Zustand, FSRA-Hold genannt, und dessen Übergänge hinzu. Dies wird in ◘ Abb. 46.6 beschrieben.

Der Zustand FSRA-Hold kennzeichnet das Halten des Fahrzeugs im Stand durch das FSRA-System. Einen Übergang aus dem Zustand Speed Control nach Hold gäbe es nur, wenn eine Wunschgeschwindigkeit von 0 km/h zugelassen würde. Sinnvollerweise wird die minimale Wunschgeschwindigkeit $v_{set,min}$ aber auf einen Wert > 0 begrenzt, z. B. 30 km/h.

Im Zustand Hold sind einige Besonderheiten zu beachten. Auch wenn eine Übergabe der Haltefunktion an den Fahrer mit entsprechend signalisierten Hinweisen möglich ist, hat es sich bewährt, das Fahrzeug weiter zu halten, auch bei einfacher

Tab. 46.1 Aktivierungs- und Deaktivierungsbedingungen (für die Aktivierung müssen alle Bedingungen erfüllt sein, für die Deaktivierung genügt eine)

Aktivierung nur, wenn zugleich (Auswahl)	Deaktivierung, z. B. bei
	Deaktivierung per Bedienschalter
	Fahrer bremst bei $v > 0$
$v \geq v_{set,min}$	$v < v_{min}$ (nur bei Standard-ACC relevant)
Triebstrang funktionsbereit	Motor deutlich unter Leerlaufdrehzahl
Vorwärtsgang eingelegt	Gang ungültig
ESC voll funktionstüchtig	ESC passiv
Schlupfregelung nicht aktiv	Schlupfregelung länger als eine spezifizierte Zeit aktiv (kann je nach Art unterschiedlich sein, z. B. 300 ms bei Gierratenregelung, ca. 600–1000 ms bei Antriebsschlupfregelung)
Feststellbremse gelöst	Feststellbremse aktiviert
Kein ACC-Systemfehler	ACC-Systemfehler
Zusätzlich für FSRA:	
Fahrertür geschlossen	$v = 0$ UND mindestens 2 von 3 Signalen aktiv: Tür offen, kein Gurt, Fahrersitz leer
Fahrer angegurtet (wenn vorhanden Sitzbelegungserkennung Fahrer positiv)	
Bremse getreten UND $v = 0$ UND Zielobjekt erkannt	Bemerkung: Bei ($v = 0$ UND Fahrer bremst) allein keine Abschaltung
Zielobjekt erkannt UND $0 < v < v_{set,min}$	

Betätigung des Bremspedals das System nicht abzuschalten, sondern das Fahrzeug weiterhin sicher zu halten, um ein unbeabsichtigtes Losrollen zu vermeiden und damit kritischeren Systemzuständen vorzubeugen.

Der Übergang aus dem Zustand Hold in einen der beiden Fahrzustände soll aus Sicherheitsgründen – außer bei sehr kurzen Stopps – nur nach Fahrerbestätigung erfolgen, da eine sichere Anfahrfreigabe allein durch das System schwierig ist.

Ebenso wird die Anwesenheit des Fahrers überwacht, da dieser im Stillstand jederzeit das Fahrzeug verlassen kann. Bei Erkennen einer Ausstiegsabsicht (z. B. über Tür-, Gurt- oder Sitzbelegungserkennung) erfolgt eine geeignete Systemabschaltung mit einem – auch bei Energieausfall – sicheren Haltezustand, z. B. durch Aktivieren einer elektromechanischen Feststellbremse. Ist dies nicht möglich, so ist der Fahrer vor dem Aussteigen so zu warnen bzw. das System so frühzeitig abzuschalten, dass der Fahrer sich noch im Fahrzeug befindet und es selbst gegen Wegrollen sichern wird.

Nach erkanntem Stillstand wird die Verantwortung für sicheres Halten im Stand an das ESC-System übertragen. Dabei hat es kurzzeitig über eine Anhebung des Bremsdrucks für einen sicheren Halt und über die Ansteuerung einer elektrischen Parkbremse (EPB) für einen dauerhaften Halt ohne Leistungsaufnahme zu sorgen.

46.5.2 Bedienelemente mit Ausführungsbeispielen

Die Bedienelemente für ACC sorgen für die Zustandsübergänge und stellen die Vorgaben für die Regelung ein, nämlich die Wunschgeschwindigkeit und die Wunschzeitlücke.

- Bedienelement um vom ACC-off- in den ACC-Stand-by-Zustand zu wechseln. Hierbei findet man 2 Ausprägungen:
  - Schalter, der nur einmalig betätigt werden muss und anschließend dauerhaft auf „Ein" steht.

46.5 • ACC-Zustandsmanagement und Mensch-Maschine-Schnittstelle

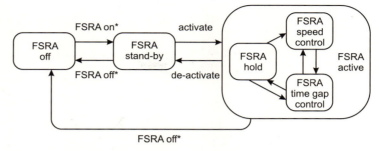

◘ **Abb. 46.6** Zustände und Übergänge für FSR-ACC nach ISO22179

* manual and/or automatically after self test
☐ = system state

◘ **Abb. 46.7** Bedienelement für Distronic Plus (Mercedes-Benz W222) mit sieben Funktionen

— Taster, der einmalig je Zündungslauf die Bedienelemente freigibt.
— Bedienelement zum Aktivieren des ACC-Systems. Dieses Bedienelement wird häufig auch bei aktiver Regelung zur Erhöhung der aktuellen Setzgeschwindigkeit verwendet.
— Bedienelement zur Reduzierung der aktuellen Setzgeschwindigkeit.
— Bedienelement zur Aktivierung des ACC-Systems unter Verwendung der letzten Setzgeschwindigkeit (Wiederaufnahme oder Resume).
— Bedienelement zur Einstellung der gewünschten Sollzeitlücke. Auch hier finden sich zwei grundsätzlich unterschiedliche Einschaltzustände:
  — ein immer gleicher Anfangszustand mit einer so genannten default-Einstellung, die meist einer Zeitlücke von 1,5 bis 2 s entspricht;
  — der zuletzt gewählte Zustand, z. B. bei einer mechanischen Arretierung.

Häufig sind die Bedienelemente in einer Gruppe angeordnet oder in abgesetzten Bedienhebeln integriert, wie folgende Beispiele illustrieren.

Das in ◘ Abb. 46.7 dargestellte Bediencluster im Tempomatbedienhebel leistet sieben Funktionen für DISTRONIC PLUS von Mercedes-Benz. Mit den Bewegungen 1 (nach oben) und 5 (nach unten) wird aktiviert und dabei zunächst die aktuelle Geschwindigkeit als Sollgeschwindigkeit übernommen. Mit weiteren Bewegungen nach oben wird die Sollgeschwindigkeit bei kleinen Bewegungshüben in 1 km/h-Schritten, bei großen in 10 km/h-Schritten erhöht. Mit entsprechenden Bewegungen nach unten wird in gleicher Weise die Sollgeschwindigkeit reduziert. Mit der Bewegung 4 (zum Fahrer hin) wird ebenfalls aktiviert, dabei aber auf die früher verwendete Sollgeschwindigkeit zurückgegriffen (so genannte Resume- oder Wiederaufnahme-Funktion). Beim erstmaligen Aktivieren wird ebenfalls die aktuelle Geschwindigkeit übernommen. Über diese Funktion wird auch die Wiederanfahrt aus dem Stillstand gestar-

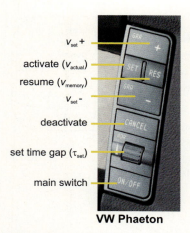

◻ **Abb. 46.8** Lenkradbedienung ACC im VW Phaeton [Quelle: Volkswagen AG]

◻ **Tab. 46.2** Gebräuchliche Anzeigefunktionen für ACC (Abkürzungen siehe Text)

Zustände	Anzeige	W	T
Aktivierung	p	e	o
Relevantes Zielobjekt erkannt	p	w	o
Übersteuerung durch den Fahrer	s	h	o
Unterhalb eines kritischen Abstands (z. B. bei Ein- und Ausschervorgängen)	s	w	a (+ o)
Losfahrhinweis (nur FSRA)	s	h	o
Übergang autom. Anfahren → fahrergetriggertes Anfahren (nur FSRA)	s	h	o
Systemeinstellungen			
Wunschgeschwindigkeit	p	e	o
Wunschabstand	p,s	w	o
Geschwindigkeit des vorausfahrenden Fahrzeugs	p	h	o
Istabstand zum vorausfahrenden Fahrzeug und / oder Soll-Ist-Abweichung	p	h	o
Zustandsübergänge			
ACC off → ACC stand-by, wenn vorhanden	p	e	o
Übernahmeaufforderung bei Erreichen der Systemgrenze	s	w	a + o
Systemabschaltung	s	e	a + o

tet. Mit der Bewegungsrichtung 7 (nach vorn) wird deaktiviert, während die Tastenfunktion 6 zwischen Tempomat und Speed-Limiter-Funktion wechselt. Die Bedienung der Speed-Limiter-Funktion erfolgt analog zur Bedienung von Tempomat/Distronic Plus. Diese Aktivierung führt zum Erleuchten der LED 3 im Tempomatbedienhebel. Bedienelement 2 wird verdreht und stellt die Wunschzeitlücke ein. Die zuletzt eingestellte Drehposition ist somit auch bei einem neuen Fahrzyklus verfügbar, womit auf die alte Einstellung zurückgegriffen werden kann.

Neben dieser für eine Hebelanordnung typischen Ausprägung der Bedienschnittstelle gibt es weitere, aber auch Bedienschnittstellen, die im Lenkrad integriert sind, wie das Beispiel in ◻ Abb. 46.8 zeigt. Trotz deutlich mehr als zehn Jahren Erfahrung ist keine Konvergenz der Ausprägungen festzustellen, so dass heutige Autofahrer beim Wechsel des Fahrzeugs sich neu auf die Bedienung, und wie später gezeigt wird, auch auf die Anzeige einstellen müssen.

46.5.3 Anzeigeelemente mit Ausführungsbeispielen

Auch wenn die meisten ACC-Zustände aus dem aktuellen Regelverhalten ermittelt werden können, so ist die klare Rückmeldung der Zustände insbesondere beim Zustandsübergang wichtig für eine Überwachung des Systems. Aber auch die Rückmeldung der eingestellten Wunschgeschwindigkeit und der Wunschzeitlücke sind unerlässlich für eine nutzergerechte Bedienung. Im Folgenden wird dabei zwischen *permanenten* (p) und *situativen* (s) Anzeigen unterschieden. Letztere werden nur beim Eintreten eines bestimmten Ereignisses oder bei Fahrerbedienung für eine bestimmte Zeit angezeigt. Eine nur situativ aktive Anzeige hat zum einen den Vorteil, dass sich diese den Anzeigenplatz mit anderen situativen Anzeigefunktionen teilen kann, zum anderen aber auch, dass die Aufmerksamkeit besser fokussiert werden kann.

Eine weitere Unterscheidung betrifft die Wichtigkeit (W) der Anzeige, wobei diese zwischen den

◘ **Abb. 46.9** Anzeige Distronic Plus (Mercedes-Benz W222)

Stufen *essentiell*, *wichtig* und *hilfreich* vorgenommen wird. Entsprechend dieser Stufung finden sich essentielle Anzeigen in allen Systemen, wichtige in den meisten. Auch wenn sich die *hilfsreichen* Anzeigen zumeist nur bei einigen Anbietern wiederfinden, so verbessern sie die Erlernbarkeit der Systemfunktionen und erlauben dem Fahrer eine detaillierte Vorhersage bzw. ein besseres Verständnis der Systemreaktionen. Mithilfe der Anzeige von Abstand und Relativgeschwindigkeit des soeben erfassten Objekts kann der Fahrer auch etwaige Falschdetektionen sehr gut erkennen und die Systemreaktionen dann plausibel zuordnen.

Wie auch oftmals bei den Bedienfunktionen werden Aktivierungszustand und Sollgeschwindigkeit auch für die Anzeige miteinander kombiniert. Die ◘ Tab. 46.2 zeigt die bekanntesten Anzeigefunktionen und die sinnvoll für die Anzeige zu verwendende Technik (T), wobei hier zunächst nur optische (o) oder akustische Elemente (a) unterschieden werden, also keine haptischen Elemente betrachtet werden, da außer der inhärenten kinästhetischen Rückwirkung der Fahrdynamik keine haptischen Anzeigefunktion für ACC eingesetzt werden.

Passend zu den in ▶ Abschn. 46.5.2 vorgestellten Bedienbeispielen werden die zugehörigen Anzeigekonzepte vorgestellt. Die in ◘ Abb. 46.9 dargestellte Anzeige der Mercedes-Benz DISTRONIC PLUS enthält die Angaben über den Aktivierungszustand mit der Darstellung des Egofahrzeugs (4), den Sollabstand (3) (oranger Balken „neben der Straße"), und die Zielerkennung (Fahrzeug 1), dessen Position den Istabstand signalisiert (2). Nicht im Bild aufgeführt sind das Geschwindigkeitsband, das nach unten durch die Geschwindigkeit des vorausfahrenden Fahrzeugs und nach oben durch die eingestellte Wunschgeschwindigkeit begrenzt ist sowie die Symbole für die Übernahmeaufforderung und die Anzeige, wenn der Fahrer das System übersteuert (DISTRONIC PLUS passiv).

Bei einem als Option erhältlichen Head-up-Display (◘ Abb. 46.10) werden die Istgeschwindigkeit, die Wunschgeschwindigkeit und die kombinierte Aktivierung/Zeitlücke/Zielobjekt-Anzeige präsentiert.

46.6 Zielobjekterkennung für ACC

46.6.1 Anforderungen an die Umfeldsensorik

Die ACC-Funktionalität steht oder fällt mit der Erkennung des relevanten Zielfahrzeugs, woran sich die Regelung orientieren kann. Als erste Voraussetzung ist eine Umfeldsensorik erforderlich, die die Fahrzeuge in der relevanten Umgebung detektiert und anschließend eine Zuordnung, ob ein und dann welches der erkannten Objekte als Zielobjekt auszuwählen ist. Als Umfeldsensortechnologien sind Radar und Lidar mit Erfolg im Einsatz. Für sie gelten in gleicher Weise die unten aufgeführten Anforderungen. Die Technikbeschreibung der Sensoren findet sich in den ▶ Kap. 17 und 18.

Abb. 46.10 ACC-Symbole im Head-Up-Display (BMW E60)

46.6.2 Messbereiche und Messgenauigkeit

46.6.2.1 Abstand

In Analogie zu der in der ISO15622 [1] vorgenommenen Unterteilung wird für die Standard-ACC-Funktion gefordert, dass ab dem minimalen Detektionsabstand $d_{min0} = \text{MAX}(2\,\text{m}, (0{,}25\,\text{s} \cdot v_{low}))$ Objekte erkannt werden und darüber hinaus ab $d_{min1} = \tau_{min}(v_{low}) \cdot v_{low}$ der Abstand bestimmt werden muss (◘ Abb. 46.11). Dabei ist $\tau_{min}(v_{low})$ die kleinste Zeitlücke bei der kleinsten erlaubten ACC-Betriebsgeschwindigkeit. Da die Zeitlücke zu niedrigen Geschwindigkeiten hin angehoben wird, liegt d_{min1} bei etwa 10 m. Dass unterhalb dieses Werts keine Abstandsmessung erfolgen muss, ist damit begründet, dass die ACC-Regelung in dieser Situation auf jeden Fall verzögern wird oder den Fahrer bei Unterschreitung von v_{low} zur Übernahme auffordert. Hinsichtlich der Unterschreitung der Schwelle d_{min0} kann davon ausgegangen werden, dass ein Regelvorgang vor Erreichen eines solch geringen Abstands vom Fahrer unterbrochen wird. Gleiches gilt auch für den Fall so knapp einscherender Fahrzeuge, bei denen sich kein Fahrer auf die Regelung durch ACC verlassen wird und selbst die Situation durch eigenen Bremseingriff lösen wird.

Die maximale geforderte Reichweite d_{max} muss natürlich eine Regelung mit dem größten Sollabstand ermöglichen, also dem Abstand in der Einstellung für die größte Zeitlücke bei maximaler Setzgeschwindigkeit $v_{set,max}$. Sinnvollerweise wird noch eine Regelreserve hinzugefügt, damit die Regelung komfortabel bleibt. Da mindestens eine Sollzeitlücke $\geq 1{,}5$ s verlangt wird, kann die Anforderung durch Absenkung der maximalen Zeitlücke nur bis zu dieser Grenze erfolgen.

Die in ◘ Tab. 46.3 genannten Anforderungen sind Minimalforderungen und nur auf die stationäre Folgefahrt ausgelegt. Für eine Annäherung ist insbesondere bei höherer Differenzgeschwindigkeit eine höhere Reichweite wünschenswert. Wie in ▶ Abschn. 46.7 gezeigt, wird mit großem Abstand die Zielauswahl immer schwieriger, sodass eine Verzögerungsreaktion in einem größeren Abstand als 120 m in vielen Fällen negativ erlebt wird, selbst wenn die Zielauswahl prinzipiell fehlerfrei funktioniert. Dies tritt vor allem dann auf, wenn das an sich korrekte Ziel überholt werden soll, dieser Überholvorgang aber durch die ACC-Verzögerungsreaktion noch vor dem Fahrstreifenwechsel behindert wird.

In der Praxis (s. a. [10]) hat sich eine Beschränkung der Reaktionsreichweite, also der Bereich innerhalb dessen auf relevante Ziele reagiert wird, bewährt. Insbesondere im unteren und mittleren Geschwindigkeitsbereich ist es wenig sinnvoll, den gesamten Erfassungsbereich des Sensors zu nutzen, da Objekte in größerer Entfernung keinen Einfluss auf das eigene Fahrzeug haben. Eine beispielhafte Grenzkurve $d_{to,max}$ ist in ◘ Abb. 46.11 gezeigt. In einem anderen Fall wird als $d_{to,max} = \text{MAX}(v \cdot 3{,}6\,\text{s}, d_{range,min})$ verwendet, also genauso viele Meter wie km/h, mindestens aber $d_{range,min}$ (≈ 80 m).

An die Genauigkeit der Abstandsmessung werden keine hohen Anforderungen gestellt, da die Regelung, wie unten gezeigt wird, nur schwach auf Abstandsabweichungen reagiert. Mit der unten angegebenen Regelkreisverstärkung pflanzen sich

46.6 · Zielobjekterkennung für ACC

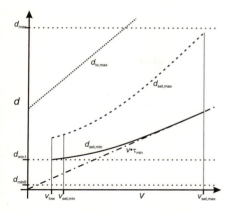

Abb. 46.11 Anforderungen an den Abstandsbereich gemäß ISO15622 zzgl. Erfordernisse in Abhängigkeit der Fahrgeschwindigkeit

Tab. 46.3 Abstandsanforderungen für typische Auslegungswerte

	v_{low} = 5 m/s (= 18 km/h)	d_{min0} = 2 m
$\tau_{set,min}(v_{low})$ = 2 s		d_{min1} = 10 m
$\tau_{set,max}$ = 2 s	$v_{set,max}$ = 50 m/s (= 180 km/h)	d_{max} = 100 m

Abstandsfehler d_{err} von 1 m (Effektivwert im Band von 0,1–2,0 Hz) zu Beschleunigungsamplituden von maximal $a_{set,err}$ = 0,1 m/s² fort und bleiben damit unterhalb des Merkschwellwerts von 0,15 m/s² [11] bei Folgevorgängen. Verstärkungsfehler des Abstands ε_d können somit bis zu 5 % ohne für den Fahrer merkliche Auswirkungen toleriert werden. Allerdings sollte die minimale Setzzeitlücke mit entsprechender Reserve gewählt werden, damit die für den stationären Folgevorgang definierte Mindestzeitlücke τ_{min} = 1 s wegen des mit dem relativen Fehler verbundenen Verstärkungsfehlers nicht unterschritten wird.

46.6.2.2 Relativgeschwindigkeit

Weitaus höhere Anforderungen als beim Abstand werden an die Genauigkeit der Relativgeschwindigkeit gestellt. Jede Abweichung der Relativgeschwindigkeit führt zu einer Veränderung der Beschleunigung (s. ▶ Abschn. 46.8). Ein statischer Offset führt zu einer stationären Abweichung des Abstands, wobei ein Offset von 1 m/s zu einer etwa 5 m großen Abstandsabweichung führt. Schwankungen der Geschwindigkeit von $v_{rel,err}$ = 0,25 m/s (Effektivwert im Bandbereich von 0,1–2 Hz) können noch akzeptiert werden, da die daraus folgenden Beschleunigungsschwankungen unterhalb der Merkbarkeitsschwelle bleiben. Allerdings darf die Geschwindigkeitsfilterung zur Reduktion der Schwankungen nicht zu einer zu hohen zeitlichen Verzögerung führen, da ansonsten die Regelqualität nachteilig beeinflusst wird. Hier können als Richtwerte Verzugszeiten von maximal 0,25 s herangezogen werden, womit für eine stabile Regelung mit der kleinsten Zeitlücke von τ_{min} = 1 s noch 0,75 s für die Regelzeitkonstante und die Stellerverzögerung verbleiben.

Relative Fehler ε_{vrel} der Relativgeschwindigkeit bis 5 % sind für die Folgeregelung weitgehend unproblematisch, da die nachfolgende Beschleunigungsregelung mit den Stellsystemen für Bremse und Antrieb vergleichbar große Abweichungen erzeugt und somit die durch die relativen Fehler bedingten Verfälschungen der Regelsollwerte kaum wahrnehmbar sind.

Eher höhere Anforderungen an die Genauigkeit der Relativgeschwindigkeit stellt die Klassifizierung der Objekte, ob sie sich in gleiche Richtung bewegen, stehen oder entgegen kommen. Für diese Klassifizierung sind Toleranzen kleiner als 2 m/s und $3 \cdot v_{rel}$ zu fordern. Die relativen Fehler lassen sich aber auch mit den stehenden Objekten abgleichen, weil diese sehr viel häufiger gemessen werden und somit in einer statistischen Erfassung als Häufung zu sehen sind. Damit lassen sich auch die Fehler der Fahrgeschwindigkeitsbestimmung korrigieren, die durch den zumeist nur auf 2 % Genauigkeit bekannten Abrollumfang entstehen.

46.6.2.3 Lateraler Erfassungsbereich für Standard-ACC-Funktion

Die Anforderungen an den lateralen Erfassungsbereich leiten sich aus folgenden Ausgangsannahmen ab:
- τ_{max}, die maximale Zeitlücke für die Folgeregelung,
- a_{ymax}, die für die Kurvenfahrt anzunehmende maximale Querbeschleunigung,
- R_{min}, dem kleinsten für die ACC-Funktion spezifizierten Kurvenradius.

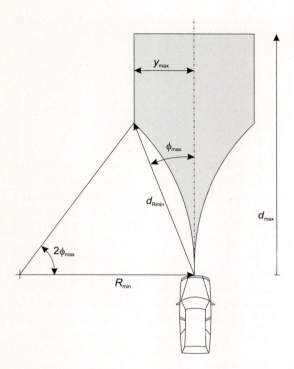

Abb. 46.12 Notwendiger Sichtbereich (Azimutwinkel) in Abhängigkeit des Kurvenradius bei konstanter Querbeschleunigung und Zeitlücke

Bei gegebenem Kurvenradius $R \geq R_{min}$ lässt sich aus der maximalen Querbeschleunigung eine maximale Kurvengeschwindigkeit berechnen. Wird diese mit der Zeitlücke τ_{max} multipliziert, so erhält man die notwendige maximale Reichweite $d_{max}(R)$. Der Versatz der Kurvenlinie y_{max} bei d_{max} (◘ Abb. 46.12) ist hingegen unabhängig vom Kurvenradius und der Geschwindigkeit:

$$y_{max} = \frac{\tau_{max}^2}{2} \cdot a_{y,max} \quad (46.1)$$

Der maximale Azimutwinkel ϕ_{max} kann über den Quotienten des maximalen Versatzes y_{max} und der maximalen Reichweite d_{max} bei $R = R_{min}$ bestimmt werden:

$$d_{Rmin} = d_{max}(R_{min}) = \tau_{max}\sqrt{a_{y,max} \cdot R_{min}} \quad (46.2)$$

$$\Phi_{max} = \arcsin(\frac{y_{max}}{d_{max}(R_{min})}) \approx \frac{y_{max}}{d_{max}(R_{min})} \quad (46.3)$$

Aufgrund des beobachteten Fahrerverhaltens (s. z. B. [12]) ist die zugrunde zu legende Querbeschleunigung von der Fahrgeschwindigkeit abhängig. Implizit ergibt sich damit auch eine Abhängigkeit vom Kurvenradius, da engere Kurven mit niedrigen Geschwindigkeiten durchfahren werden. Dies wird durch die unterschiedlichen Werte für die in der Norm 15622 definierten Kurvenklassen berücksichtigt. So werden $a_{y,max}$ = 2,0 m/s² für R_{min} = 500 m und $a_{y,max}$ = 2,3 m/s² für R_{min} = 250 bzw. R_{min} = 125 m angenommen. In ◘ Abb. 46.13 ist für eine maximale Zeitlücke von τ_{max} = 2 s der notwendige (einseitige) Öffnungswinkel ϕ_{max} für drei verschiedene Querbeschleunigungsannahmen dargestellt. Trotz dieser die reale Kurvenfahrt stark idealisierenden Betrachtung zeigen Messungen aus der Praxis [13, 14], dass mit obiger Formel und den genannten Annahmen die Anforderungen an den Öffnungswinkel für eine vorgegebene Kurvenfähigkeit bestimmt werden können. Die beiden empirischen Werte beziehen sich auf den Kurvenradius, bei dem die Hälfte der Folgefahrten ohne Zielverlust blieb.

Als weiteres Ergebnis der Untersuchungen [13] [14] zeigte sich, dass mit einem Öffnungswinkel von $\Delta\phi_{max}$ = 16° (± 8°) sowohl subjektiv als auch objektiv die Standard-ACC-Funktion in hinreichendem Maße abgedeckt wird und eine weitere Vergrößerung des Azimutwinkelbereichs nur noch geringeres Verbesserungspotenzial für die Standard-ACC-Funktion besitzt, solange die Erkennung von

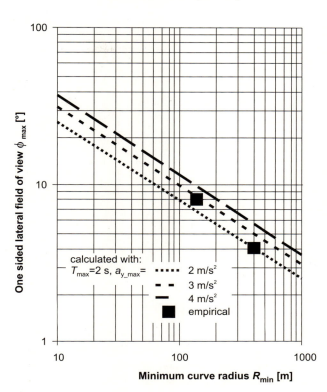

◘ **Abb. 46.13** Erforderlicher Azimut-Winkelbereich in Abhängigkeit der vorausgesetzten Querbeschleunigung und Zeitlücke. Linien: Theoretischer Verlauf; Punkte: Versuchsergebnisse für zwei Sichtbereiche

einscherenden Fahrzeugen durch die Dynamik der Zielauswahl vorgegeben wird (s. a. ▶ Abschn. 46.7). Wie in der späteren Betrachtung der Gesamtfehler deutlich wird, kann schon ein kleiner azimutaler Ausrichtungsfehler zu einer merklichen Funktionsbeeinträchtigung führen. Da die Toleranzgrenze von vielen einzelnen Faktoren abhängt, insbesondere auch von der Rückstreueigenschaft der Objekte, lässt sich kein scharfer Wert angeben. Statische Fehler über 0,25° sollten jedoch vermieden werden, dynamische rauschähnliche Fehler werden über Filter geglättet und können durchaus 0,5° betragen, ohne dass sich die Systemfunktion merklich verschlechtert.

46.6.2.4 Lateraler Erfassungsbereich für FSRA

Für FSRA wird eine 100 %ige Abdeckung des Bereichs direkt vor dem Fahrzeug angestrebt, um automatisches Anfahren zu ermöglichen. Da dies in der Praxis schwer zu realisieren ist, liegen die Mindestanforderungen in der entstehenden FSRA-ISO-Norm 22179 deutlich niedriger und können bereits mit einem mittig platzierten Sensor mit einem Öffnungswinkel $\Delta\phi_{max}$ = 16° (±8°) erfüllt werden. Das Anfahren aus dem Stand erfolgt bei solchen Systemen daher auch bei sehr kurzen Stillstandzeiten nur mit Fahrerfreigabe.

Eine über ±8° hinausgehende breite Erfassung des Bereichs direkt vor dem Fahrzeug bis ca. 10–20 m ist für dichtes, versetztes Folgefahren bei niedrigen Geschwindigkeiten erforderlich. Dies tritt insbesondere in Stausituationen auf, wenn nicht direkt hinter dem vorausfahrenden Fahrzeug gefahren wird, sondern versetzt, um eine bessere Sicht zu erreichen. Auch bei langsamen Fahrstreifenwechseln des Zielobjekts wird die Überdeckung zunehmend geringer, ohne dass der benötigte eigene Fahrkorridor frei ist. Eine Sensorik mit zu schmalem Öffnungswinkel verliert hier das Zielobjekt bereits, obwohl es noch nicht kollisionsfrei passiert werden kann, weshalb in diesen Fällen der Fahrer

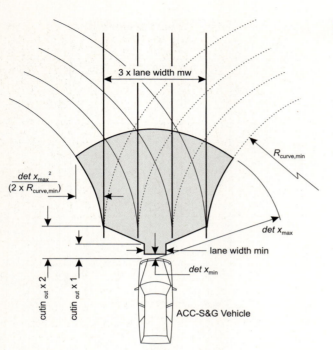

Abb. 46.14 Gewünschter Erfassungsbereich für vollständige Nahbereichsabdeckung

eingreifen muss. Der gewünschte Erfassungsbereich für eine vollständige Abdeckung zeigt ◘ Abb. 46.14.

Ab einem Mindestabstand, ab dem typischerweise mit Einscherern zu rechnen ist, also ca. ab 2–4 m bei sehr niedrigen Geschwindigkeiten, ist außerdem eine Erfassung der Nachbarfahrstreifen sinnvoll (mindestens bis zur halben Breite), um ein frühzeitiges Erfassen von einscherenden Fahrzeugen sicherzustellen. Dabei ist vor allem auf eine zuverlässige Winkelerfassung zu achten, da erst über die Berechnung der Lateralbewegung aus den Winkelwerten vorausschauend auf Einscherer reagiert werden kann. Bei den frühen FSRA-Systemen von Mercedes und BMW wurden dafür zwei nach vorn gerichtete 24 GHz-UWB-Radarsensoren (UWB Ultra Wide Band, siehe ▶ Kap. 17) eingesetzt, die einen guten Kompromiss aus Reichweite (ca. 20 m), azimutalem Öffnungswinkel (ca. 80°) und der durch das Sensorprinzip gegebenen Winkelauflösung bieten. Durch den großen Öffnungswinkel wird eine großflächige Überlappung der Erfassungsbereiche erzielt, was zu einer stabilen Objektdetektion führt. Größere Reichweiten sind nicht erforderlich, da die eingesetzten Fernbereichs-Radarsensoren in diesen Entfernungen die Nachbarfahrstreifen zumindest partiell abdecken.

46.6.2.5 Vertikaler Erfassungsbereich

Für den vertikalen Erfassungsbereich wird die Detektion aller für ACC relevanten Objekte (Lkw, Pkw, Motorräder) gefordert. Da die Objekte weder sehr hoch vom Boden abgesetzt noch niedriger sind als die üblichen Sensoreinbauhöhen, sind nur die Einflussgrößen Steigungsänderungen sowie statisches und dynamisches Nicken innerhalb der von ACC ausgenutzten Dynamik zu betrachten. Hier haben sich in der Praxis Anforderungen von $\Delta\vartheta_{max} = 3°$ (± 1,5°) ergeben.

Die Elevationsfehlwinkel haben zumeist nur eine geringe negative Auswirkung, da nur in seltenen Fällen die Elevation als Messgröße bestimmt wird, wie es beispielsweise beim 2D-Scanning-Lidar geschieht, der die Umgebung in mehreren übereinander liegenden horizontalen Zeilen abtastet. Allerdings ist bei Radarsensoren eine Veränderung der Antennencharakteristik mit größeren von 0 abweichenden Elevationswinkeln zu erwarten. Weiterhin ist zu verhindern, dass der verfügbare Elevationsbereich nicht durch eine Fehlausrichtung soweit reduziert wird, dass die oben genannte Anforderung nicht mehr gewährleistet ist.

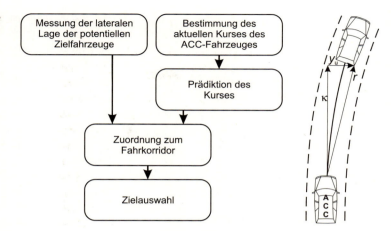

Abb. 46.15 Links: Schritte für die Zielauswahl; rechts: Definition der in diesem Abschnitt verwendeten Größen

46.6.2.6 Mehrzielfähigkeit

Da im Sensorbereich mehrere Objekte vorhanden sein können, ist eine Mehrzielfähigkeit sehr wichtig. Das bedeutet im Besonderen die Trennfähigkeit zwischen relevanten Objekten auf dem eigenen Fahrkorridor und Objekten, z. B. auf dem benachbarten Fahrstreifen. Diese Trennfähigkeit kann durch eine hohe Trennfähigkeit von mindestens einer Messgröße (Abstand, Relativgeschwindigkeit oder Azimutwinkel) erreicht werden. Allerdings darf die Forderung nach hoher Trennfähigkeit nicht zu Lasten von Zuordnungsproblemen gehen, bei der die Objekte wiederholt als neue Objekte identifiziert werden. Diesem kann, wie in ▶ Kap. 17 beschrieben, durch Assoziationsfenster im Tracking begegnet werden, die auf die Dynamik der Objekte und des sensortragenden Egofahrzeugs angepasst sind.

46.7 Zielauswahl

Der Zielauswahl kommt eine sehr hohe Bedeutung für die Qualität der ACC zu, da sowohl relevante Objekte „übersehen" als auch falsche Ziele ausgewählt werden können. In beiden Fällen wird die Erwartung des Nutzers an dieses System nicht erfüllt.

Die folgende Fehlerbetrachtung richtet sich nach den für die Zielauswahl notwendigen, in **Abb. 46.15** links gezeigten Schritten. Die Messung der lateralen Lage $Y_{u,i}$ des Objekts i erfolgt durch den ACC-Sensor mit einer Unsicherheit von $\varepsilon_Y \approx \varepsilon_\phi \cdot r$, die sich aus der Ungenauigkeit ε_ϕ der Winkelbestimmung ergibt.

46.7.1 Bestimmung der Kurskrümmung

Die Krümmung κ beschreibt die Richtungsänderung eines Fahrzeugs in Abhängigkeit vom zurückgelegten Weg. Im konstanten Teil von Kurven ist die Krümmung reziprok zum Kurvenradius $R = 1/\kappa$. Die Krümmung der Fahrzeugtrajektorie lässt sich über verschiedene fahrzeugseitige Sensoren bestimmen, wobei bei allen Berechnungen vorausgesetzt wird, dass sie außerhalb fahrdynamischer Grenzbereiche verwendet werden. Sie sind also nicht gültig für Schleudersituationen oder bei Auftreten größeren Radschlupfes.

46.7.1.1 Krümmung berechnet aus dem Lenkradwinkel

Für die Berechnung der Krümmung κ_s aus dem Lenkradwinkel δ_H werden drei Fahrzeugparameter benötigt, die Lenkgetriebeübersetzung i_{sg}, der Radstand l und die charakteristische Geschwindigkeit v_{char}, die das Eigenlenkverhalten im linearen Fahrdynamikbereich, also bei geringen Querbeschleunigungen charakterisiert. In unter ACC typischen Bedingungen sehr guter Näherung bestimmt sich κ_s gemäß:

$$\kappa_s = \frac{\delta_H}{(i_{sg}\ell)(1 + \frac{v_x^2}{v_{char}^2})} \quad (46.4)$$

46.7.1.2 Krümmung berechnet aus der Gierrate

Für die Berechnung der Krümmung κ_ψ aus der Gierrate wird die Fahrgeschwindigkeit v benötigt sowie die Schwimmwinkelgeschwindigkeit vernachlässigt:

$$\kappa_\psi = \frac{\dot{\psi}}{v_x} \tag{46.5}$$

46.7.1.3 Krümmung berechnet aus der Querbeschleunigung

Auch für die Berechnung der Krümmung κ_{ay} aus der Querbeschleunigung a_y wird die Fahrgeschwindigkeit v_x benötigt:

$$\kappa_{ay} = \frac{a_y}{v_x^2} \tag{46.6}$$

46.7.1.4 Krümmung berechnet aus den Radgeschwindigkeiten

Für die Krümmung κ_v aus den Radgeschwindigkeiten wird die relative Differenz der Radgeschwindigkeiten $\Delta v / v_x$ und die Spurweite b benötigt. Um Antriebseinflüsse gering zu halten, wird die Differenz $\Delta v = (v_l - v_r)$ und auch die Fahrgeschwindigkeit an der nichtangetriebenen Achse $v_x = (v_l + v_r)/2$ ermittelt.

$$\kappa_v = \frac{\Delta v}{v_x b} \tag{46.7}$$

Obwohl alle genannten Verfahren zur Krümmungsbestimmung herangezogen werden können, so besitzen sie unterschiedliche Eignung bei verschiedenen Betriebsbedingungen. Sie unterscheiden sich vor allem bei Seitenwind, Straßenquerneigung, Radradius-Toleranzen und hinsichtlich der Messempfindlichkeit in verschiedenen Geschwindigkeitsbereichen.

Wie ◘ Tab. 46.4 zeigt, ist die Krümmung aus der Gierrate am besten geeignet. Allerdings kann eine weitere Verbesserung der Signalqualität erreicht werden, wenn mehrere oder alle Signale zum gegenseitigen Abgleich verwendet werden. Dies ist insbesondere möglich, da das ACC-Fahrzeug mit ESC ausgerüstet ist und somit alle oben genannten Sensoren Bestandteile des Systems sind. Im Stillstand bietet sich der Offsetabgleich der Gierrate an, was allerdings Stillstandsphasen benötigt, die bei Autobahnfahrt ohne Stau nicht auftreten. Hier können dann statistische Mittelungsverfahren herangezogen werden, da über lange Strecken der Mittelwert des Gierratensensors den Offset liefert.

46.7.2 Kursprädiktion

Für die Vorhersage des zukünftigen Kurses sind der (zukünftige) Verlauf der Fahrbahn und die zukünftige Fahrstreifenwahl des ACC-Fahrzeugs und eigentlich auch die der potenziellen Zielfahrzeuge notwendig. Da diese Informationen nicht immer verfügbar sind, wird auf Arbeitshypothesen zurückgegriffen, die vereinfachende Annahmen verwenden.

Eine einfache Hypothese ist die Annahme, dass die aktuelle Krümmung beibehalten wird. Diese Basishypothese wird immer dann verwendet, wenn keine weiteren Informationen zur Verfügung stehen. Damit werden Kurvenein- und -ausfahrten, der eigene Fahrstreifenwechsel und auch die Lenkfehler des Fahrers vernachlässigt. Liegen aus der Vergangenheit schon Fahrstreifenzuordnungen vor, so kann die Hypothese, dass die Objekte und das ACC-Fahrzeug auf ihrem Fahrstreifen bleiben, herangezogen werden. Diese ist wiederum ungültig bei ein- oder ausscherenden Objekten und dem eigenem Fahrstreifenwechsel. Zudem hilft sie nicht bei der Erstzuordnung.

Dazwischen liegt der Ansatz, die Objektdaten um die Hälfte der Zeitlücke zu verzögern und sie auf Basis der dann aktuellen Kurskrümmung zuzuordnen. Sie ist sehr robust bei Kurvenein- und -ausfahrten, was sich daraus erklärt, dass durch die Verzögerung die Krümmung des Kurses auf der Mitte zwischen den Objekten und dem ACC-Fahrzeug herangezogen wird und somit auch bei wechselnden Krümmungen eine gute Zuordnung ermöglicht wird. Für die Erstzuordnung muss allerdings ebenfalls auf die erstgenannte Methode zurückgegriffen werden.

Möglichkeiten zur Kursprädiktion bieten sich durch die GPS-basierte Navigation mit Rückgriff auf die Digitale Karte und den dort abgelegten Krümmungsinformationen an. Leider wird keine Aktualität der Karten garantiert und ferner sind Baustellen nicht vermerkt. Auch die Methode, Standziele am Straßenrand zur Krümmungsbestimmung heranzuziehen, ist bei Abwesenheit dieser nur eine partielle Unterstützung und ist vermutlich trotzdem in den meisten ACC-Kursprädiktionsalgorithmen enthalten. Auch die Querbewegung von vorausfahrenden Fahrzeugen kann für eine Verbesserung der

46.7 · Zielauswahl

Tab. 46.4 Vergleich der verschiedenen Verfahren zur Krümmungsbestimmung

	κ_s	κ_ψ	κ_{ay}	κ_v
Robustheit gegen Seitenwind	− −	+	+	+
Robustheit gegen Straßenquerneigung	− −	+	− −	+
Robustheit gegen Radradius-Toleranzen	o	+	+	−
Messempfindlichkeit bei niedrigen Geschwindigkeiten	+ +	o	− −	−
Messempfindlichkeit bei hohen Geschwindigkeiten	−	o	+ +	−
Offsetdrift	+	− −	− −	+

Kursprädiktion herangezogen werden, da diese in den meisten Fällen frühzeitig eine Änderung der zukünftigen Krümmung andeutet.

Offensichtlich vielversprechend ist die Nutzung von Fahrstreifeninformation aus der Verarbeitung von Kamerabildern. Allerdings ist mit der heute erreichten Qualität kaum eine Verbesserung im Entfernungsbereich oberhalb von 100 m zu erwarten, da bei üblichen Kameraauslegungen ein Pixel etwa 0,05° entspricht; ein Wert, der bei etwa 120 m einer Breite von 10 cm entspricht und somit kaum noch die Fahrstreifenmarkierungsdetektion leisten kann. Darüber hinaus versagt die bildbasierte Kursprädiktion bei Dunkelheit außerhalb des Lichtkegels, vor allem, wenn zur Dunkelheit noch Nässe der Fahrbahn hinzukommt.

In sicherlich von Hersteller zu Hersteller unterschiedlicher Weise und Gewichtung werden die vorgenannten Algorithmen eingesetzt und liefern als Ausgangswert eine prädizierte Bahnkrümmung κ_{pred}. Daraus lässt sich die Bahnkurve in Abhängigkeit vom Abstand entwickeln. Statt der Kreisfunktion reicht bei den üblichen Öffnungswinkeln eine parabolische Näherung:

$$y_{c,u} = \frac{\kappa_{pred}}{2} d^2 \quad (46.8)$$

Auf diese Bahnkurve lassen sich nun die vom ACC-Sensor ermittelten Querablagewerte $y_{i,U}$ des Objekts beziehen und ergeben dann den relativen Versatz:

$$\Delta y_{i,c} = y_{i,u} - y_{c,u} \quad (46.9)$$

Fehler der prädizierten Krümmung pflanzen sich also quadratisch mit dem Objektabstand d fort. Bei hohen Geschwindigkeiten ($v_x \geq 150$ km/h) ist ein Krümmungsfehler κ_{err} von weniger als 10^{-4}/m erreichbar, womit sich bei 100 m Abstand ein Fehler $\Delta y_{i,c,err}(100\,\text{m}, 150\,\text{km/h}) \approx 0{,}5$ m ergibt. Bei 140 m ist dieser wegen der quadratischen Fortpflanzung schon doppelt so groß. Bei niedrigen Geschwindigkeiten (≈ 50 km/h) liegt der Fehler der Krümmung gemäß Gl. (46.5) etwa dreimal höher. Entsprechend liegt die Entfernung für $\Delta y_{i,c,err}(57\,\text{m}, 50\,\text{km/h}) \approx 0{,}5$ m nur noch bei 57 m, woraus sich eine Verkleinerung des maximalen Zielauswahlabstands bei niedrigen Geschwindigkeiten ableitet.

46.7.3 Fahrschlauch

Der Fahrschlauch ist ein in Expertenkreisen häufig verwendeter Begriff für den Korridor, der für die ACC-Zielauswahl herangezogen wird. In einfachster Form wird er durch eine abstandsunabhängige Breite b_{corr} mit dem prädizierten Kurs als Mittenlinie (Gl. 46.8) festgelegt. Zunächst wäre es nahe liegend, die Fahrschlauchbreite mit der Fahrstreifenbreite b_{lane} gleichzusetzen. Doch hat sich gezeigt, dass diese Annahme nicht geeignet ist.

Das Beispiel in Abb. 46.16 zeigt, dass es einen Bereich gibt, in dem eine eindeutige Zuordnung allein auf Basis der gemessenen Querposition unmöglich ist.

Da aber nicht vorausgesetzt werden kann, dass die gemessene laterale Position des Objekts der Objektmitte entspricht, muss sowohl die rechte als auch die linke Objektkante erwogen werden. Eine weitere Unsicherheit der Zuordnung entsteht bei der außermittigen Fahrt, und zwar sowohl vom ACC-

Abb. 46.16 Beispiel für eine unterschiedliche Zuordnung trotz gleicher Relativdaten

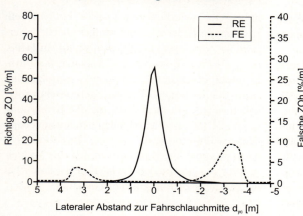

Abb. 46.17 Zeitliche Häufung der Zielobjektablage zur Fahrschlauchmitte bei einem 8 m breiten Fahrschlauch (auf Breitenintervall bezogen) [14]

Fahrzeug als auch vom potenziellen Zielfahrzeug. Daher ist die Zuordnung zum eigenen Fahrstreifen nur sicher, wenn die (ohne Fehler) gemessene laterale Position in Bezug auf die (ohne Fehler) prädizierte Kursmitte innerhalb von ± 1,2 m liegt. Die Zuordnung des Objekts zum Nachbarfahrstreifen gelingt sicher auch erst, wenn die Position mindestens 2,3 m von der Kursmitte beträgt. Die Werte beziehen sich auf eine Fahrstreifenbreite von 3,5 m.

Wie aus der in Abb. 46.17 dargestellten, mit einem Radar-Sensor aufgezeichneten Statistik hervorgeht, ist bei einer Fahrstreifenbreite von 3,5 m tatsächlich mit einigen Falscherkennungen zu rechnen, andererseits aber auch, dass bei einem schmaleren Fahrschlauch Zielverluste zu erwarten sind.

Drei Maßnahmen werden zur Verbesserung der Zielauswahl eingesetzt: eine variable, von der Art der Straße abhängige Fahrschlauchbreite, eine unscharfe Fahrschlauchkontur sowie eine örtliche und eine zeitliche Hysteresefunktion für die Zielauswahl.

Für eine variable Fahrschlauchbreite sind zwei Informationen wichtig: Sind zur linken oder zur rechten Seite überhaupt Nebenfahrstreifen vorhanden? Wenn nicht, dann kann auf der jeweiligen Seite der Fahrschlauch sehr breit gewählt werden (z. B. etwa 2 m zu der jeweiligen Seite, also 4 m, wenn zu beiden Seiten kein Fahrstreifen für die gleiche Fahrtrichtung vorhanden ist). Die Information über die Existenz der Nachbarfahrstreifen kann aus der Beobachtung von Standzielen am Fahrbahnrand und von entgegenkommenden Fahrzeugen gewonnen werden, wobei Änderungen, z. B. die Aufweitung auf zwei Richtungsfahrstreifen, nur mit Zeitverzug erkannt werden können. Wird ein benachbarter Fahrstreifen entdeckt, z. B. über die Beobachtung von Fahrzeugen in der gleichen Richtung mit einer Querlage außerhalb des eigenen Fahrstreifens, so kann über eine statistische Betrachtung der Querablagen die Fahrschlauchbreite angepasst werden, sodass durch Baustellen mit einem schmaleren Fahrschlauch gefahren werden kann.

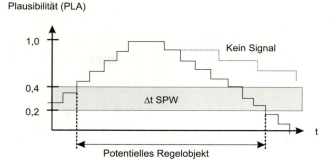

◘ **Abb. 46.18** Bildung einer Zielplausibilität (Darstellung entnommen aus [14])

Eine weitere Maßnahme ist die örtliche Hysterese, womit gemeint ist, dass für ein als Regelobjekt markiertes Objekt ein breiterer Fahrschlauch gilt als für alle anderen Objekte. Typische Unterschiede liegen bei etwa 1 m, also zu beiden Seiten etwa 50 cm. Damit wird verhindert, dass Falscherkennungen von Objekten auf dem Nachbarfahrstreifen insbesondere bei sich ändernden Verhältnissen (Kurvenein- und -ausgang, unruhige Lenkbewegung) auftreten, andererseits aber das Zielobjekt in solchen Situationen stabil gehalten werden kann.

Ferner findet eine zeitliche Hysterese Anwendung, wie ◘ Abb. 46.18 zeigt.

Gewichtet mit der Zuordnungssicherheit (Spurwahrscheinlichkeit SPW) steigt bei positivem SPW die Zielplausibilität (PLA) an. Oberhalb einer oberen Schwelle (hier 0,4) wird das Objekt zum Zielobjekt, sofern andere Kriterien nicht dagegen sprechen. Die Zielplausibilität kann bis zu einem maximalen Wert (hier 1) wachsen und verringert sich aufgrund von zwei Möglichkeiten: bei fehlender Detektion (kein Signal) und bei Zuordnung zum benachbarten Fahrstreifen (negatives SPW). Erst unterhalb der unteren Schwelle (hier 0,2) verliert das Objekt die Eigenschaft, als Zielobjekt gewählt werden zu können.

Das Zuordnungsmaß SPW kann unscharf abgebildet werden, wie in ◘ Abb. 46.19 dargestellt ist. Je weiter das Objekt entfernt ist, umso unschärfer ist der Übergang zwischen den Fahrstreifenzuordnungen. Damit wird den mit dem Abstand steigenden Fehlern der Lagebestimmung und Kursprädiktion Rechnung getragen. Zusätzlich können andere abgeschätzte Unsicherheiten dynamisch zum Einschnüren des Kernbereichs führen wie eine festgestellte große Kurskrümmung.

46.7.4 Weitere Kriterien für die Zielauswahl

Neben der Zuordnung zum Fahrschlauch können andere Kriterien sinnvoll eingesetzt werden. Das bedeutsamste Kriterium für die Zielauswahl ist die Objektgeschwindigkeit. Entgegenkommende Fahrzeuge werden komplett für die Regelung ignoriert. Stehende Objekte sind ebenfalls keine Zielobjekte, mit Ausnahme derer, die schon als in der Fahrtrichtung bewegte Objekte erkannt wurden (so genannte „angehaltene Objekte"). Diese sind insbesondere für die FullSpeedRange-ACC-Funktion in gleicher Weise relevant wie die in die gleiche Richtung fahrenden Objekte. „Immer stehende" Objekte werden oftmals für andere Funktionen genutzt (s. a. ▶ Abschn. 46.9.3), und dafür separaten Filtern unterworfen. Für die ACC-Grundfunktionalität spielen sie aber nur eine untergeordnete Rolle.

Eine weitere einfache, aber auch sehr effektive Vorgehensweise ist die Begrenzung des Abstands in Funktion der Fahrgeschwindigkeit (vgl. ◘ Abb. 46.11). So ist bei einer Geschwindigkeit von 50 km/h eine Reaktion auf Ziele, die mehr als 80 m entfernt sind, weder notwendig noch sinnvoll, da die Gefahr der falschen Zuordnung mit der Entfernung deutlich steigt. Erfahrungswerte ergeben einen Abstandswert $d_{to,0} = 50$ m und einen Anstieg von $\tau_{to} = 2$ s.

$$d_{to,max} = d_{to,0} + v \cdot \tau_{to} \qquad (46.10)$$

Erfüllen mehrere Objekte die Kriterien für ein Zielobjekt, so kommen folgende Entscheidungskriterien einzeln oder in Kombinationen in Betracht:

– der geringste Längsabstand,

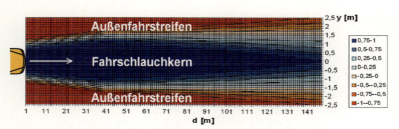

Abb. 46.19 Unscharfe Fahrschlauchkontur zur Vermeidung von Zuordnungsfehlern

- der geringste Abstand zur Kursmitte (minimales $|\Delta y_c|$),
- die geringste Sollbeschleunigung.

Das letzte Kriterium setzt aber eine Kopplung zur ACC-Regelung oder eine Multi-Zielobjektschnittstelle voraus, verbessert dann aber den Übergang bei ausscherenden Zielobjekten.

46.7.5 Grenzen der Zielauswahl

Die in den letzten Abschnitten dargestellten Lösungsansätze sind sehr leistungsfähig und haben ein hohes Qualitätsniveau erreicht. Aber es verbleiben situationsbedingte Grenzen, wie an zwei Beispielen erläutert werden soll. Die Fahrzeuge in Abb. 46.20 bewegen sich im dargestellten Moment identisch, die Zuordnung als „richtiges" Objekt erfolgt hingegen wegen des unterschiedlichen Straßenverlaufs anders. Ein anderes Beispiel ist das „Überholdilemma" bei Annäherung mit hoher Geschwindigkeit. Für eine komfortable Abbremsung zum Folgen hinter einem deutlich langsamer fahrenden Fahrzeug sollte schon bei einem großen Abstand mit der Verzögerung begonnen werden. Andererseits ist die Wahrscheinlichkeit, dass das vorausfahrende Fahrzeug überholt werden soll, bei einer großen Differenzgeschwindigkeit besonders hoch. Eine frühe Verzögerung würde aber den Überholvorgang erheblich stören. Da sich der Überholvorgang nur selten früher als sechs Sekunden vor Erreichen des zu überholenden Fahrzeugs andeutet [10], kommt es zum Dilemma zwischen zu früher Reaktion für ein ungestörtes Überholen und zu später Reaktion für eine komfortable bzw. überhaupt ausreichende Annäherung.

Eine andere Grenze ist die späte Erkennung einscherender Fahrzeuge. Zum einen führen die zeitliche und örtliche Hysterese bei der Fahrschlauchzuordnung zu einer um etwa zwei Sekunden verspäteten Reaktion bezogen auf den Moment der Überquerung der Fahrstreifenmarkierung durch das einscherende Fahrzeug. Da die Fahrer durch die Situation und das Anzeigen des Fahrstreifenwechsels durch den Fahrtrichtungsanzeiger das Einscheren noch vor dem Überqueren der Markierung erahnen, ist die späte Reaktion immer wieder Kritikpunkt der Nutzer. Bei der Erkennung des Ausscherens tritt das gleiche Phänomen auf, obwohl die Zielfreigabe objektiv korrekt mit dem vollständigen Erreichen des benachbarten Fahrstreifens stattfindet.

Falls Fahrstreifeninformationen (z. B. von einem Kamerasystem) zur Verfügung stehen, kann die zeitliche und örtliche Hysterese deutlich kürzer ausfallen, trotzdem lässt sich eine signifikante Verbesserung des Ein- und Ausscherverhaltens von ACC nur über eine Situationsklassifikation zu erreichen, die die Indikatoren interpretiert, die auch vom Menschen gesehen werden. Allerdings besteht dann die Gefahr, dass damit auch die Transparenz der ACC-Funktionalität beeinträchtigt wird.

Eine Verbesserung der Zielauswahl bei Fahrstreifenwechseln des ACC-Fahrzeugs kann über die Interpretation des Fahrtrichtungsanzeigers mit der Konsequenz einer Verschiebung des Fahrschlauchs zur angezeigten Richtung realisiert werden. Auch die Digitale Karte in Verbindung mit einer Ortung ermöglicht eine adaptive Fahrschlauchfunktion.

Alles in allem erreichen moderne ACC-Systeme eine mittlere Dauer von etwa einer Stunde zwischen zwei merklichen Falschzuordnungen; ein Wert, der angesichts der vielen Fehlermöglichkeiten überraschend gut ist und nur schwer zu verbessern ist, wie in [15] ausführlich dargelegt wird.

46.8 Folgeregelung

Obwohl die Folgeregelung des ACC oft als Abstandsregelung bezeichnet wird, ist sie alles andere als eine

46.8 · Folgeregelung

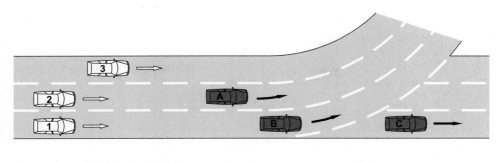
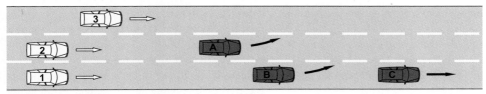

Abb. 46.20 Situationsbeispiel für mehrdeutige Zielzuordnung (Fahrzeugpositionen und -bewegungen sind in beiden Bildern identisch)

abstandsdifferenzgeführte Regelung. Als Ausgangspunkt der weiteren Überlegungen wird angenommen, dass der Reglerausgang direkt und ohne zeitliche Verzögerung die Fahrzeugbeschleunigung ist und ferner, dass das ACC-Fahrzeug mit der Sollzeitlücke τ_{set} dem Zielfahrzeug folgt. Unter Vernachlässigung der Fahrzeuglängen lässt sich daraus ableiten, dass das ACC-Fahrzeug nach einer Zeitdauer von τ_{set} die Position des Zielfahrzeugs erreicht. Kopiert das ACC-Fahrzeug nun die Position des Zielfahrzeugs um die Zeitlücke verschoben, so wird die Zeitlücke unabhängig von der Geschwindigkeit eingehalten. In gleicher Weise werden die Geschwindigkeit und die Beschleunigung des vorausfahrenden Fahrzeugs zeitverschoben kopiert. Somit ist für den eingeschwungenen Fall ein einfaches Regelgesetz ableitbar, dass sogar Rückkopplungen vermeidet:

$$\ddot{x}_{i+1}(t) = \ddot{x}_i(t - \tau_{set}) \qquad (46.11)$$

Der Index $i+1$ steht für das ACC-Fahrzeug in einer Fahrzeugkolonne mit Laufindex i. Die Notation wird im Hinblick auf die Betrachtung der Kolonnenstabilität eingeführt, als deren Maß der Quotient $V_K = \widehat{\ddot{x}}_{i+1}(\omega)/\widehat{\ddot{x}}_i(\omega)$ der (komplexen) Beschleunigungsamplituden ist. Die Kolonne ist genau dann stabil, wenn die Bedingung

$$|V_K| = |\widehat{\ddot{x}}_{i+1}(\omega)/\widehat{\ddot{x}}_i(\omega)| \leq 1, \text{für} \forall \omega \geq 0 \quad (46.12)$$

erfüllt ist. Andernfalls werden die Frequenzanteile der Frequenzen, für die diese Bedingung nicht erfüllt ist, aus einer noch so kleinen Störung mit jeder nachfolgenden Kolonnenposition größer. Für das in Gl. (46.11) aufgestellte idealisierte Regelgesetz gilt offensichtlich die Kolonnenstabilität, da

$$|V_K| = |e^{-j\omega\tau_{set}}| = 1 \qquad (46.13)$$

ist, wenn auch grenzstabil ohne Dämpfung. Dieser Ansatz ist nicht praxistauglich, aber er zeigt die Grundtendenz zu einer Reglerauslegung an. Nachteile dieses Ansatzes sind die numerisch ungünstige Ermittlung der Beschleunigung des vorausfahrenden Fahrzeugs (Differentiation der Relativgeschwindigkeit und der eigenen Fahrgeschwindigkeit, die dazu notwendige Filterung führt zu Phasenverzug) und die fehlende Korrekturmöglichkeit bei nicht passender Geschwindigkeit und bei Abweichungen im Abstand.

Dazu wird im Folgenden ein auf Basis der Relativgeschwindigkeit ausgelegter Regler gebildet:

$$\ddot{x}_{i+1}(t) = \frac{\dot{x}_i(t) - \dot{x}_{i+1}(t)}{\tau_v} = \frac{v_{rel}}{\tau_v} \qquad (46.14)$$

oder im Frequenzbereich

$$\widehat{\ddot{x}}_{i+1}(\omega) = \frac{\widehat{\ddot{x}}_i(\omega)}{1 + j\omega\tau_v} \qquad (46.15)$$

Mit wenigen Schritten lässt sich dieser Ansatz in einen beschleunigungsgeführten Ansatz wie Gl. (46.11) überführen, wobei der Beschleunigungswert des vorausfahrenden Fahrzeugs nicht um eine feste Zeit verzögert wird, sondern in einem PT1-Glied gefiltert und dadurch implizit um τ_v verzögert wird. Der Ansatz (46.14 bzw. 46.15) ist offensichtlich kolonnenstabil, allerdings nur bei Gleichheit von τ_v und τ_{set} auch dem Regelwunsch nach konstanter Zeitlücke konform. Ferner ist dieser Regelansatz nicht geeignet, einmal vorhandene Abstandsabweichungen zu reduzieren. Dazu wird der Regler um einen additiven Korrekturteil zur Relativgeschwindigkeit erweitert, der proportional zur Differenz zwischen Soll- und Istabstand ist:

$$\ddot{x}_{i+1}(t) = \left(v_{rel} - \frac{d_{set} - d}{\tau_d}\right)/\tau_v \quad (46.16)$$

oder im Frequenzbereich

$$\widehat{\ddot{x}}_{i+1}(\omega) = \widehat{\ddot{x}}_i(\omega) \frac{1 + j\omega\tau_d}{1 + j\omega(\tau_d + \tau_{set}) - \omega^2 \tau_d \tau_v} \quad (46.17)$$

Die Stabilitätsbedingung $|V_K| \leq 1$ wird nun nur noch erfüllt, wenn τ_v hinreichend klein gewählt ist:

$$\tau_v \leq \tau_{set}\left(1 + \frac{\tau_{set}}{2\tau_d}\right) \quad (46.18)$$

Offen bleibt bisher die Wahl der Abstandsregelzeitkonstanten τ_d. Dazu kann ein Referenzszenario herangezogen werden, nämlich das Zurückfallen in einer Einschersituation. Dabei wird angenommen, dass das einscherende Fahrzeug ohne Geschwindigkeitsdifferenz in einem Abstand einschert, der 20 m kleiner ist als der Sollabstand. Eine angemessene Reaktion wäre eine Verzögerung von etwa 1 m/s² entsprechend einem „Gaswegnehmen" oder einer sehr leichten Bremsung. Damit eine derartige Reaktion gemäß Gl. (46.16) erfolgt, muss das Produkt $\tau_v \cdot \tau_d = 20$ s² betragen. Dieser Wert wird bei den nun nachfolgenden Betrachtungen zugrunde gelegt.

Aus Gleichung (46.18) folgt, dass die durch τ_v^{-1} definierte Schleifenverstärkung für die Relativgeschwindigkeit umso höher sein muss, je kleiner die Folgezeitlücke ist. Allerdings bedeutet eine hohe Schleifenverstärkung auch eine geringe Dämpfung von Geschwindigkeitsschwankungen des Zielfahrzeugs, wie ◘ Abb. 46.21 für Frequenzen oberhalb von 0,05 Hz zeigt.

Wie die Messungen von Witte in [16] belegen, treten diese Schwankungen bei „fahrergeregelten" Fahrgeschwindigkeiten in durchaus merklicher Weise auf, was dadurch verursacht wird, dass die Fahrer erst bei bemerkter Abweichung vom Wunsch eine dann zunächst konstante Fahrpedalstellung zur Korrektur anwenden, die dann erst wieder auf einen anderen Wert geändert wird, wenn wiederum eine Abweichung bemerkt wird.

Stabilität einerseits und hohe Entkopplung von den Geschwindigkeitsschwankungen vorausfahrender Fahrzeuge andererseits sind nicht zugleich zu erreichen. Eine implizite Fallunterscheidung bietet sich als Ausweg aus der Dilemma-Situation an. Die hohe Empfindlichkeit des Fahrers auf Schwankungen tritt vor allem dann auf, wenn in einer ruhigen, durch geringe Geschwindigkeitsunterschiede geprägten Folgesituation gefahren wird. Die mit der fehlenden Kolonnenstabilität verbundenen Probleme äußern sich erst bei großen Abweichungen zum stationären Zustand. Daher liegt es nahe, die Regelkreisschleifenverstärkung selektiv auf diesen Unterschied auszulegen. In einer einfachsten Form kann dies über eine Kennlinie mit zwei Knicken bei $\pm \Delta v_{12}$ realisiert werden (◘ Abb. 46.22), wobei auch ein abgerundeter Übergang denkbar ist. Mit diesem Ansatz lassen sich innerhalb der Regeldifferenzen von $\Delta v_{12} \approx 1$ m/s die Geschwindigkeitsschwankungen mit großer Regelzeitkonstante dämpfen, wenn aber größere Dynamik gefordert ist, wie z. B. einer größeren Verzögerungsstufe, lässt sich auf Großsignalebene Stabilität erreichen.

Bei der tatsächlichen Reglerumsetzung wird nur das grundsätzliche Prinzip übernommen, da noch weitere Einflussgrößen eine Modifikation verlangen. Diese kann über Kennfelder oder komplexere mathematische Funktionen ausgedrückt werden. Des Weiteren werden in obiger Betrachtung alle sonstigen Systemtotzeiten vernachlässigt, was weder für die Umfeldsensorik noch für den unterlagerten Beschleunigungsregelkreis gerechtfertigt ist. Als Richtwert kann hier gelten, dass die Regelkreiszeitkonstanten um die Totzeiten reduziert werden müssen, um die Stabilitätsbedingungen erfüllen zu können.

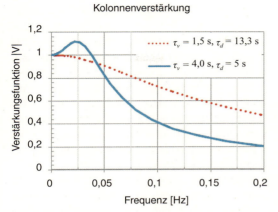

Abb. 46.21 Kolonnenverstärkung für unterschiedliche Schleifenverstärkungen

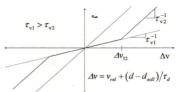

Abb. 46.22 Regelschleifenverstärkungskennlinie von einem nichtlinearen Abstands- und Relativgeschwindigkeitsregler

46.9 Zielverluststrategien und Kurvenregelung

Bei Kurvenfahrt ist ein Zielverlust nicht auszuschließen, der dadurch entsteht, dass der maximale Azimutwinkel des ACC-Sensors nicht ausreicht (s. ▶ Abschn. 46.6.2), um das Zielobjekt zu detektieren. Auch bei Geradeausfahrt ist ein kurzzeitiger Zielverlust nicht auszuschließen, wenn z. B. eine geringe Reflektivität vorhanden ist (Beispiel Motorrad) oder die Objekttrennung nicht gelingt. In diesen Fällen wäre eine sofortige Beschleunigung auf die Setzgeschwindigkeit, wie sie nach dem Ausscheren eines Zielfahrzeugs gewollt wäre, unangemessen. Diese beiden Szenarien lassen sich oftmals dadurch unterscheiden, dass bei Ausscheren die Zielplausibilität (s. ▶ Abschn. 46.7.3) durch ein negatives Zuordnungsmaß (SPW < 0) zum Fahrschlauch abgebaut wird und das Objekt bei diesem „Zielverlust" immer noch detektiert wird. Hingegen ist bei Fahrt in engen Kurven oder bei den sonstigen Zielverlusten, auf die nicht mit einer raschen Beschleunigung reagiert werden soll, der Zielverlust mit dem Fehlen von Objektdetektionen und einer bei der letzten bekannten Messung positiven Zuordnung (SPW > 0) zum Fahrschlauch verbunden. Mit diesem Unterscheidungskriterium lässt sich die Reaktion unterschiedlich gestalten: Im ersten Fall wird nach Zielverlust zügig beschleunigt, sofern nicht ein neues Zielobjekt die Beschleunigung begrenzt, im zweiten wird eine Beschleunigung zunächst unter-

drückt. Doch wie lange wird dies fortgesetzt und mit welcher Strategie wird daran angeschlossen? Für die Zeitdauer der Beschleunigungsunterdrückung lässt sich die Zeitlücke heranziehen, die bei Zielverlust vorlag. Sollte das Zielobjekt wegen der Einfahrt in eine Kurve aus dem Messbereich entschwunden sein, dann kann dieses vom ACC-Fahrzeug nach der der Zeitlücke entsprechenden Fahrstrecke überprüft werden, weil dann die Krümmung sich von der zum Zeitpunkt des Zielverlustes unterscheiden müsste. Wird dieses Kurvenkriterium erfüllt, kann die Beschleunigungsunterdrückungsstrategie von einer Kurvenregelung abgelöst werden. Im anderen Fall wird davon ausgegangen, dass das Zielobjekt sich nicht mehr im Fahrschlauch befindet und die Geschwindigkeit dann der neuen Situation angepasst wird.

Bei der Kurvenregelung sind zwei Aspekte von Bedeutung: die Querbeschleunigung und die effektive Reichweite $d_{max,eff}$ des ACC-Sensors. Diese ist durch die Kurvenkrümmung κ und den maximalen Azimutwinkel ϕ_{max} gegeben und beträgt in guter Näherung:

$$d_{max,eff} = \frac{2\Phi_{max}}{\kappa} \qquad (46.19)$$

Hieraus lässt sich eine Geschwindigkeit $v_{c,p} = d_{max,eff}/\tau_{preview}$ über die mindestens für eine Annäherung zur Verfügung stehende Zeitlücke $\tau_{preview}$ ableiten:

$$v_{c,p}(\kappa, \Phi_{max}, \tau_{preview}) = \frac{2\Phi_{max}}{\kappa \cdot \tau_{preview}} \qquad (46.20)$$

Mittels dieser Geschwindigkeit lässt sich entscheiden, ob noch weiter beschleunigt wird. Diese Strategie führt gerade bei sehr engen Kurven wie bei Autobahnkleeblättern zu einer angemessenen Fahrstrategie.

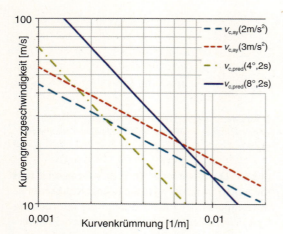

Abb. 46.23 Kurvengrenzgeschwindigkeiten für eine „Blindflugregelung" in Abhängigkeit von der Kurvenkrümmung κ ($v_{c,ay}$ aus der Grenzquerbeschleunigung, $a_{y,max}$ resultierende Grenzgeschwindigkeit, $v_{c,p}$ aus maximalem Azimutwinkel ϕ_{max} und der Vorschauweite $\tau_{preview}$ abgeleitet)

Das zweite vermutlich in allen ACC-Systemen eingesetzte Kriterium ist die Querbeschleunigung. Wie schon bei der Ableitung der Kurvenklassifikation (▶ Abschn. 46.6.2) wird von einer den Komfortbereich beschreibenden Grenzquerbeschleunigung $a_{y,max}$ ausgegangen, die zwischen 2 m/s² (bei höheren Geschwindigkeiten) und 3 m/s² (bei niedrigen Geschwindigkeiten) liegt. Daraus lässt sich wiederum eine Kurvengrenzgeschwindigkeit $v_{c,ay}$ ableiten:

$$v_{c,ay}(\kappa, a_{y,max}) = \sqrt{\frac{a_{y,max}}{\kappa}} \quad (46.21)$$

Beide Grenzgeschwindigkeiten sind jeweils für zwei typische Werte in ◻ Abb. 46.23 dargestellt. Liegt die aktuelle Fahrgeschwindigkeit über den genannten Geschwindigkeiten, so wird eine positive Beschleunigung zumindest reduziert oder sogar eine negative veranlasst, ohne aber in den Bereich der deutlichen Verzögerungen oberhalb von 1 m/s² zu geraten.

In Verbindung mit der oben beschriebenen Zielverlustbeschleunigungsunterdrückung gelingt ein erstaunlich guter „Blindflug" mit einer in einer Testreihe [14] nachgewiesenen Qualität von 80 %, gemessen daran, ob der Fahrer bei Zielverlust ohne einzugreifen die Fahrt fortgesetzt hat.

Eine Verbesserung der Reaktion auf kurvenbedingte Zielverluste lässt sich durch die Information einer Digitalen Karte erreichen, am besten mit einer heute noch nicht in Serienfahrzeugen dargestellten fahrstreifengenauen Ortung. Damit lässt sich die Kurvenkrümmung im Vorhinein erkennen und auch die Regelstrategie an Autobahnausfahrten anpassen.

Eine weitere Herausforderung für die ACC-Entwickler stellt das Abbiegen des Zielfahrzeugs dar. Durch die Richtungsänderung des Geschwindigkeitsvektors des vorausfahrenden Fahrzeugs ergibt sich eine deutliche scheinbare Verzögerung für das nachfolgende Fahrzeug. Da nur diese vom Sensor gemessen wird, erfolgt daraus eine überproportionale Verzögerung des ACC-Fahrzeugs, die durch geeignete Maßnahmen reduziert werden sollte.

46.9.1 Annäherungsstrategien

Das Annäherungsvermögen ist definiert als maximale negative Relativgeschwindigkeit $-v_{rel,appr}$, die mittels ACC zu einem mit konstanter Geschwindigkeit fahrenden Fahrzeug noch ausgeregelt werden kann, bevor eine kritischen Distanz $d_{appr,min}$ unterschritten wird. Es hängt vom Abstand $d_{appr,0}$ bei Verzögerungsbeginn, vom konstant angenommenen maximalen Anstieg der Verzögerung $\dddot{x}_{v,min} = -\gamma_{max}$ und von der maximalen Verzögerung = minimale Beschleunigung $\ddot{x}_{v,min} = -D_{max}$ ab.

$$-v_{rel,appr} = \sqrt{2 D_{max} \cdot \left(d_{appr,0} - d_{appr,min} + \frac{D_{max}^3}{6\gamma_{max}^2}\right)} \quad (46.22)$$
$$- \frac{D_{max}^2}{2\gamma_{max}}$$

$$d_{appr,0} = d_{appr,min} - \frac{D_{max}^3}{6\gamma_{max}^2} + \frac{\left(-v_{rel,appr} + \frac{D_{max}^2}{2\gamma_{max}}\right)^2}{2 D_{max}} \quad (46.23)$$

Der für eine unkritische Annäherung notwendige Abstand wächst etwa quadratisch mit der Differenzgeschwindigkeit und etwa reziprok zur Maximalverzögerung. Mit 100 m Abstand lassen sich bei $D_{max} = 2{,}5$ m/s² etwa 20 m/s (72 km/h) Differenzgeschwindigkeit ausgleichen, für eine Annäherungsfähigkeit von $v_{rel,appr} = 100$ km/h sind $d_{appr,0} \approx 120$ m und $D_{max} \approx 3{,}5$ m/s² nötig.

Die Rampe beim Aufbau der Verzögerung führt zwar zu einer Verringerung der Annäherungsfähigkeit, erhöht aber die Transparenz für den Fahrer, vgl. auch ▶ Abschn. 46.3.2.

Natürlich kann bei dynamischen Annäherungen nicht vermieden werden, dass der stationäre Sollabstand bzw. die Sollzeitlücke unterschritten wird. Daher kann als Reserve $d_{appr,min}$ für eine gelungene Annäherung auch ein deutlich kleinerer Abstandswert als der Sollabstand eingesetzt werden. Doch ist zu beachten, dass die Unterschreitung, also das „Eintauchen" nur über eine gefahrene Strecke von 250 bis 300 m zulässig ist.

46.9.2 Überholunterstützung

Folgen und Überholen stehen im Widerspruch zueinander. Somit muss für eine Unterstützung des Überholens die Folgeregelung temporär modifiziert werden. Ließe sich die Überholaktion exakt vorhersehen, so könnte das aktuell vorausfahrende Fahrzeug ignoriert und so Fahrt aufgenommen werden, als ob kein Fahrzeug vorausfahren würde. Allerdings ist der Fahrtrichtungsanzeiger kein eindeutiger Indikator, weder für die tatsächliche Überholabsicht noch für den gewünschten oder möglichen Manöverbeginn. Der erste Fall tritt auf, wenn mit dem Fahrtrichtungsanzeiger ein Linksabbiegen angezeigt werden soll. Da diese Situation bei hohen Geschwindigkeiten selten der Fall ist, andererseits das Überholen eher mit einer hohen Geschwindigkeit verbunden ist, lässt sich eine Kompromisslösung finden, bei der die Überholunterstützung erst bei Geschwindigkeiten oberhalb von 70 km/h eingesetzt wird.

Ein einfaches Ausblenden des aktuellen Ziels scheidet aus, da das „Linksblinken" oftmals auch als Aufforderung an den vorausfahrenden Fahrer, den Überholstreifen freizugeben, eingesetzt wird. Da aber nicht vorherzusehen ist, ob und wann diesem Wunsch Folge geleistet wird, verbleibt nur eine vorsichtige Unterschreitung des bisherigen Sollabstands zum „Schwungholen". Innerhalb dieser Phase sollte dann der Überholvorgang mit einer erkennbaren Richtungsänderung initiiert sein. Das notwendige schnelle „Loslassen" des bisherigen Ziels kann durch einen nach links verschobenen Fahrschlauch unterstützt werden. Kann der Überholvorgang nicht wie gewünscht durchgeführt werden, so kehrt ACC nach einer wenige Sekunden dauernden Aufrückphase wieder in den normalen Folgemodus zurück.

Diese Funktion ist allerdings nur geeignet für den Einsatz in Ländern mit hoher Relativdynamik, also z. B. in Deutschland. In den USA dagegen sind die Geschwindigkeitsunterschiede auf verschiedenen Fahrstreifen oft nur gering, sodass die Funktion hier in deutlich anderer Ausprägung angeboten werden muss oder sogar weggelassen wird. Alternativ können bei entsprechender Sensorperformance (vor allem azimutaler Abdeckungsbereich und Grad der Mehrzielfähigkeit) die Geschwindigkeiten der Fahrzeuge auf dem Zielfahrstreifen analysiert und die Überholunterstützung davon abhängig gemacht werden.

46.9.3 Reaktion auf stehende Ziele

Stehende, im zukünftigen Korridor liegende Objekte können durchaus relevante Hindernisse sein. Aber vielfach sind es irrelevante Ziele wie Kanaldeckel, Brücken oder Schilder. Schon bei Geschwindigkeiten von 70 km/h müsste eine rechtzeitige Verzögerung mit etwa 2,5 m/s² schon etwa 100 m vor dem Objekt begonnen werden. Da aber die Fehlerwahrscheinlichkeit bei der Zielauswahl dabei noch sehr hoch ist, ist eine Reaktion auf stehende Ziele nur in wenigen Ausnahmefällen sinnvoll. Die wichtigste Ausnahme betrifft die Historie von stehenden Objekten. Sind diese zuvor mit einer von Null unterscheidbaren Absolutgeschwindigkeit gemessen worden, so werden diese als „angehaltene" Objekte klassifiziert und können auch als potenzielle Zielobjekte behandelt werden. Ansonsten werden die Bedingungen für eine Reaktion auf stehende Ziele nur im Nahbereich bis ca. 50 m eingeschränkt. Die Reaktion kann eine „Beschleunigungsunterdrückung" sein, bei der die Erhöhung der Geschwindigkeit unterbunden wird, solange das stehende Objekt im Fahrschlauch geortet wird, oder eine Auffahrwarnung. Eine Bremsreaktion auf stehende Hindernisse ist nur möglich, wenn die Fehlerwahrscheinlichkeit der Zielwahl deutlich verringert werden kann. Mit Einsatz mehrerer, möglichst nach unterschiedlichen physikalischen Prinzipien arbeitender Sensoren und einer robusten Sensordatenfusion lässt sich eine für Bremseingriffe bei stehenden Zielen hinreichende Wahrnehmungsqualität erreichen.

46.9.4 Anhalteregelung, Spezifika der Low-Speed-Regelung

Für die Low-Speed-Regelung ist prinzipiell kein anderer Regleransatz erforderlich, allerdings müssen die Abstands- und Geschwindigkeitsabweichungen von den Sollwerten stärker gewichtet werden. Beispielsweise können bei einer Zustandsreglerstruktur dazu die entsprechenden Reglerverstärkungen über einen Fuzzy-Ansatz situationsgerecht angepasst werden. Damit wird ein höheres Maß an Komfort und ein fahrerähnliches Verhalten erreicht. Da bei niedrigen Geschwindigkeiten der Abstand zum vorausfahrenden Fahrzeug klein ist, müssen Situationen wie z. B. „naher Einscherer", „Objekt zu nahe" oder „Anhalten" in diesem Geschwindigkeitsbereich besonders betrachtet werden. Durch die stärkere Gewichtung der Abstands- und Geschwindigkeitsabweichungen beim Erkennen dieser Situationen wird die Reglerreaktion schneller und damit eine für die gegebene Situation angemessene Dynamik sichergestellt. Im Vergleich zum „normalen" ACC-Betrieb werden bei der Low-Speed-Regelung höhere Verzögerungen (bis zu $5\,m/s^2$) erlaubt. Damit werden auch dynamische Anhaltevorgänge ermöglicht. Noch höhere Verzögerungen sind allerdings nicht sinnvoll, weil diese dem Fahrer suggerieren würden, dass das System jede Situation selbstständig beherrschen könnte und er die Funktionsgrenzen nicht mehr erlebt. Ein zusätzliches Feature der Low-Speed-Regelung ist die Stauerkennung. Wenn auf Basis von Sensordaten ein Stau erkannt wird (z. B. durch wiederholtes Losfahren des Vordermanns mit niedriger Dynamik, geringe Maximalgeschwindigkeit, Stillstand bereits wieder kurz nach dem Anfahren), so werden die Abstands- und Geschwindigkeitsabweichungen wiederum niedriger gewichtet, um ein sanftes Reglerverhalten zu erreichen. Damit kann z. B. bei Autobahn-Stau und Ampel-Verkehr in der Stadt ein unterschiedliches Verhalten mit einer der Situation angemessenen Dynamik gewährleistet werden.

46.10 Längsregelung und Aktorik

46.10.1 Grundstruktur und Koordination Aktorik

Die Längsregelung setzt die Anforderung der Adaptiven Geschwindigkeitsregelung, nämlich die letztendlich von verschiedenen Einzelreglern zusammengefasste Sollbeschleunigung, in eine Istbeschleunigung um. Dazu werden in jeweils eigenständigen unterlagerten Regelkreisen der Stellsysteme Antrieb und Bremse die Summenkräfte (oder Summenmomente) so eingestellt, dass die gewünschte Beschleunigung realisiert werden kann. Auch wenn eine gleichzeitige Ansteuerung eines Antriebsmoments und eines Bremsmoments denkbar ist, wird im Allgemeinen darauf verzichtet und die jeweiligen Stellzweige exklusiv/oder angesteuert.

Zur Gestaltung harmonischer Übergänge zwischen Antrieb und Bremse ist es sinnvoll, eine physikalische Größe zu wählen, mit der beide Aktorsubsysteme gleichermaßen gesteuert werden können. Hierfür bieten sich die Radmomente (aber auch die Radkräfte) an. Dabei ist eine Summenbetrachtung ausreichend, also die Summe der auf alle 4 Räder wirkenden Radmomente, da ACC keine Momente an einzelnen Rädern stellt. Auf diese Art und Weise kann die Koordination auf Basis des gleichen physikalischen Signals möglichst aktornah bewerkstelligt werden, wie in den nachfolgenden Abschnitten gezeigt wird.

Als Rückmeldeinformationen wird von ACC das umgesetzte Ist-Summenradmoment (bzw. -kraft) benötigt, das für die korrekte Berechnung der fahrdynamischen Gleichung und damit u. a. zur Steigungsschätzung im ACC erforderlich ist. Vom Antrieb muss zusätzlich der aktuell einstellbare Maximal- und Minimalwert als Summenradmoment zur Verfügung gestellt werden. Dabei ist speziell das minimal mögliche Moment, also das im aktuellen Gang im Schubbetrieb erreichbare Moment wichtig, da die Bremse erst dann aktiviert werden soll, wenn über den Antrieb nicht mehr weiter verzögert werden kann.

Wie in den nachfolgenden Kapiteln noch ausführlicher dargelegt wird, stellt die ACC-Regelung keine allzu großen Anforderungen an die absolute Genauigkeit der Stellglieder, da Abweichungen vom geforderten Sollwert meist über den geschlossenen Regelkreis gut kompensiert werden können. Lediglich zu Beginn der Regelung sowie bei Übergängen zwischen den verschiedenen Stellgliedern vereinfacht eine gute absolute Genauigkeit die Regelung. Im Wesentlichen ist jedoch eine gute relative Genauigkeit für den gewünschten Regelkomfort notwendig.

46.10.2 Bremse

Die anfänglich vor allem von japanischen Automobilherstellern angebotenen ACC-Systeme ohne Bremseingriff fanden – wegen der allein durch das Motorschleppmoment in Verbindung mit Getrieberückschaltungen bedingten geringen Verzögerung – in Europa nur geringe Akzeptanz, weil die Fahrer zu häufig selbst bremsen mussten. Die seit 1995 voranschreitende Ausrüstung von Fahrzeugen der Oberklasse mit ESC-Systemen sowie die den Fahrer bei Notbremsungen unterstützenden Bremsassistenten haben die Realisierung eines für ACC-Systeme geeigneten Bremseingriff deutlich vereinfacht, sodass kaum noch eine ACC ohne Bremseingriff zu finden ist.

Da für die Systeme ASR und ESC als Schnittstelle zum Motor bereits die Anforderung eines Sollmoments über eine Motor-Momentenschnittstelle eingeführt wurde, war es nahe liegend, als Anforderung an die Bremse ebenfalls ein gewünschtes Bremsmoment zu schicken. Dies hat den Vorteil, dass die Aufteilung zwischen den verschiedenen Stellgliedern im ACC-Regler sehr einfach erfolgen kann und die Spezifika der einzelnen Stellorgane keinen oder nur einen geringen Einfluss auf die Reglerauslegung haben, was die Übertragbarkeit in verschiedene Fahrzeuge und Modelle erheblich erleichtert.

Betrachtet man die Übertragungsfunktion der Bremse, erkennt man, dass sich Druckänderungen mit dem Faktor 0,1 in der Verzögerung auswirken, d. h. Drucksprünge von 1 bar liegen nur knapp unter dem Merkschwellwert von 0,15 m/s². Entsprechend hoch sind die Anforderungen an die Dosierbarkeit der Bremsenansteuerung.

Für den Zusammenhang zwischen Verzögerung D (= negative Beschleunigung) und Bremsdruck p_{BR} gilt:

$$\Delta D = \Delta p_{Br} \frac{A_K \mu_{Br} R_{Br}}{m_v R_{dyn}} \quad (46.24)$$

Zeichenerklärung:
ΔD Änderung der Fahrzeugverzögerung
Δp_{Br} Änderung des Bremsdrucks
A_K Gesamtfläche der Bremskolben
μ_{Br} Gleitreibung zwischen Bremsbelag und Bremsscheibe
R_{Br} Wirksamer Radius an den Bremsscheiben (Mittelwert)
m_v Fahrzeugmasse
R_{dyn} Dynamischer Radius der Räder

Als Näherungswerte können $A_K \cdot \mu_{Br} \cdot R_{Br}$ = 70 Nm/bar und m_v = 2100 kg sowie R_{dyn} = 0,34 m dienen. Je nach Fahrzeugkonfiguration können sich so Übersetzungswerte von 0,07…0,14 m/s²bar ergeben.

46.10.2.1 Stellbereiche

Wenn bei Standard-ACC eine Verzögerung von 2 m/s² angefordert wird, so sind bei ebener Fahrbahn 20–25 % des für gute Fahrbahnverhältnisse für eine Vollbremsung notwendigen Maximaldrucks von etwa 80 bar hinreichend. Berücksichtigt man jedoch die maximale Zuladung, ungebremste Anhängelasten sowie Bergabfahrt, ergeben sich deutlich größere Werte bis hin zu 50 % des Maximaldrucks. Um für verschiedene Reibverhältnisse an der Bremsscheibe sowie Fading ausreichend Reserven zu haben, muss der zulässige Stellbereich noch nach oben aufgeweitet werden, sodass im Extremfall der gesamte zur Verfügung stehende Stellbereich genutzt werden muss. Die Sicherheitsüberwachung des Bremseneingriffs kann somit nicht über den Betrag des angeforderten Bremsmoments, sondern nur über die eingestellte Verzögerung erfolgen (siehe ▶ Abschn. 46.10.2).

46.10.2.2 Stelldynamik

Für Komfortfunktionen wie ACC werden typischerweise Verzögerungsänderungen bis zu 5 m/s³ zugelassen (siehe ▶ Abschn. 46.3.2). Daraus würde eine geforderte Druckänderungsdynamik von 30–40 bar/s resultieren. Um jedoch den vorgegebenen Momenten- bzw. Druckverläufen mit ausreichender Dynamik folgen zu können, muss die Bremsanlage in der Lage sein, Veränderungen mit bis zu 150 bar/s zu folgen.

Notwendig ist ein dynamisches Folgen der Sollwertvorgabe mit ausreichend schnellem Druckaufbau zu Bremsbeginn und möglichst verzugsfreiem Folgen bei Druckmodulationen. Die maximalen Verzugszeiten sollten dabei < 300 ms bleiben. Voraussetzungen dafür sind neben einer entsprechend dimensionierten Pumpe vor allem die Entdrosselung des Hydrauliksystems im Ansaugbereich der Pumpe, um die benötigten Volumina weitgehend temperaturunabhängig bereitstellen zu können. Das Einregeln des Sollwerts muss unbedingt überschwingungsfrei erfolgen, da dies sonst vom Fahrer als sehr unangenehm empfunden wird. Neben schnellem Folgen bei dynamischen Sollvorgaben ist insbesondere auch ein gutes und möglichst stufenloses Folgeverhalten bei kleinen oder sich langsam verändernden Sollvorgaben unbedingt erforderlich, da gerade dieses Ausregeln von kleinen Regeldifferenzen typisch für den ACC-Betrieb ist. Stationäre Abweichungen sind ebenfalls zu vermeiden, da sich dies zu Geschwindigkeits- und Abstandsfehlern aufintegriert und zu Grenzzyklusschwingungen führen kann.

46.10.2.3 Regelkomfort

Wie bereits in der Einleitung ausgeführt, reagiert das Fahrzeug sehr sensibel auf Druckänderungen. Damit ein sensibler Fahrer den Druckaufbau als stufenlos empfindet, muss die Bremsanlage fähig sein, Druckstufen kleiner als 0,5 bar zu stellen. Der Bremsdruckauf- und -abbau soll möglichst geräuschfrei, harmonisch und kontinuierlich verlaufen, unbeabsichtigte Drucksprünge über 1 bar Druckänderung sind zu vermeiden. Für eine gleichmäßige Druckerzeugung ist eine erhöhte Anzahl an Pumpenelementen günstig, für den Druckabbau sind kontinuierlich regelnde Ventile vorteilhaft. Bezüglich Akustik ist auf eine niedrige Pumpendrehzahl zu achten sowie auf eine entsprechende Lagerung der Hydraulikeinheit und auf geeignete Verlegung der Bremsleitungen, um die Einkopplung von Schwingungen über die Karosserie zu verhindern. Erschwerend kommt hinzu, dass bei einem Bremseingriff eine der wesentlichen Geräuschemittenten im Fahrzeug, der Motor, auf sein akustisches Minimum, den Schleppbereich, zurückgefahren ist.

46.10.2.4 Sonstige Anforderungen

- Das Bremslicht muss unabhängig von der Fahrerbremsbetätigung angesteuert werden können. Bei Bremsstellsystemen mit einem aktiven Booster kann dies ohne Änderung über den Bremslichtschalter am Pedal realisiert werden, während bei Bremsstellsystemen mit Hydraulikpumpen das Bremslicht vom Steuergerät in Abhängigkeit von Bremsdruck und Verzögerung gesteuert wird. Dabei ist das Bremslichtflackern über Mindestansteuerzeiten bzw. mittels Schalthysterese zu vermeiden.
- Die Bremsdruckverteilung Vorder-/Hinterachse ist identisch zur Normalbremsbetätigung zu halten, um eine Überlastung der Bremsen einer Achse bzw. instabiles Fahrzeugverhalten zu verhindern. Hierbei haben sich zusätzliche Bremskreisdrucksensoren bewährt. Bei längeren Bremsungen kann darüber auch die Leckage in einem Kreis erkannt und kompensiert werden.
- Beim Einbremsen des Fahrers in eine ACC-Bremsung sollen die Pedalrückmeldungen so gering wie möglich gehalten werden. Insbesondere Vibrationen oder gar Schläge am Pedal sind zu vermeiden, der Übergang in die normale Bremsdruckkennlinie ist harmonisch zu gestalten.
- Beim Auftreten von Fahrzeuginstabilitäten hat die Fahrzeugregelung (ABS, ASR, ESC) Vorrang, die Übergänge in die Schlupfregelung sind dazu geeignet auszulegen.
- Sicherheitsüberwachungen: Bei Fehlern im ESC-System ist der Bremsdruck sofort abzubauen, bei Fehlern in Partnersteuergeräten ist je nach Schwere eine Bremsung zu beenden bzw. rampenförmig Druck abzubauen. Ebenso ist sicherzustellen, dass alle Abschaltsignale (zusätzlich zum Bremslichtschalter), wie etwa Bedienelemente, Handbremsbetätigung, ungültiger Gang etc. sicher verarbeitet werden.

46.10.2.5 Rückmeldeinformation

Das Bremssubsystem ist der wichtigste Lieferant für fahrzeuginterne Zustandsgrößen; die wichtigsten hierunter sind: Fahrzeuggeschwindigkeit, Gierrate, Lenkradwinkel, Bremslichtschalter und Schlupfregelinformationen. Außerdem wird das aktuell umgesetzte Ist-Bremsmoment rückgemeldet, um in der ACC eine Steigungsschätzung durchführen zu können. Für eine angemessene Reaktion auf Regelzustände von ESC werden binäre Zustandsinformationen (Flags) bereitgestellt (z. B. ABS-aktiv, ASR-aktiv, ESC-aktiv).

46.10.2.6 Zusatzanforderungen für FSRA

- Für Bremsungen im Niedriggeschwindigkeitsbereich bestehen vor allem wegen fehlender Fahr- und Motorgeräusche erhöhte Anforderungen an die Akustik der Bremsregelung. Ebenso sind Bremsengeräusche wie Quietschen oder Rubbeln zu minimieren.
- Aufgrund der höheren Verzögerungen ergibt sich ein verändertes Einbremsverhalten, das Pedal darf nicht übermäßig verhärten.
- Stillstandsmanagement: Nach erkanntem Stillstand übergibt FSRA die Verantwortung für sicheres Halten im Stand an das ESC, hierbei ergeben sich folgende Aufgaben:
    - Anhebung (nach starken Verzögerungen ggf. auch Absenkung) des Bremsdrucks für sicheres Halten im Stand, eine Neigungserkennung ist hierfür vorteilhaft
    - Permanente Rollüberwachung und bei Bedarf Bremsmomentenerhöhung
    - Rutscherkennung bei sehr niedrigen Reibwerten, ggf. Lösen der Bremse, um Lenkbarkeit zu erhalten
    - Sicherer Übergang in energieloses Halten (Ansteuerung der elektrischen Parkbremse EPB) bei Erkennung einer Fahrerausstiegsabsicht
    - Temperaturüberwachung des Hydrauliksystems wegen der stärkeren Erwärmung durch die permanente Ventilbestromung, ggf. Abschaltung mit Fahrerwarnung
    - Bei Motor-Start-Stopp-Systemen ist darauf zu achten, dass während des Spannungseinbruchs beim Motorstart alle notwendigen Funktionen aktiv bleiben, insbesondere ist das korrekte Schließen derjenigen Hydraulik-Ventile zu berücksichtigen, die für das Halten des notwendigen Bremsdrucks verantwortlich sind.

46.10.3 Antrieb

Im Folgenden wird die Kombination aus Verbrennungsmotor und Automatikgetriebe betrachtet, die Kombination mit Handschaltgetriebe wird als Sonderfall betrachtet. Kombinationen mit Hybridantrieben sind ebenfalls denkbar. Prinzipiell ist hierzu zu sagen, dass Übergänge zwischen Elektromotor und Verbrenner für ACC genauso unmerklich ablaufen müssen wie für den Fahrer; der Antrieb ist für ACC weiterhin lediglich ein Momentensteller, da für die Systemfunktion unerheblich ist, wie diese Momente erzeugt werden. Hinsichtlich des rekuperativen Bremsens mit einer Elektromaschine ist auf entsprechende Koordination mit dem Bremssystem zu achten, das die Überblendung zur Reibungsbremse zu übernehmen hat.

Es hat sich bewährt, Motor und Getriebe aus Sicht von ACC als Einheit zu betrachten sowie direkt Summen-Rad-Sollmomente vorzugeben und dem Antriebssubsystem zu überlassen, wie diese Momente geeignet gestellt werden, entweder durch Veränderung des Motormoments oder durch Verändern der Getriebeübersetzung.

So ergibt sich für eine Änderung der Beschleunigung Δa analog zur Betrachtung bei der Bremse ein proportionaler Zusammenhang mit der Summen-Radkraftänderung bzw. der Summen-Radmomentenänderung:

$$\Delta a = \frac{\Delta F_{R\Sigma}}{m_v} = \frac{\Delta M_{R\Sigma}}{m_v R_{dyn}} \quad (46.25)$$

Zeichenerklärung:
Δa Änderung der Fahrzeugbeschleunigung
m_v Fahrzeugmasse
R_{dyn} Radius der Räder
$\Delta F_R \Sigma$ Summenradkraftänderung
$\Delta M_R \Sigma$ Summenradmomentänderung

Eine direkte Ansteuerung des Motors über Motormoment-Sollwerte ist zwar möglich, benötigt aber spezielle Maßnahmen zur Getriebebeeinflussung, um eine ausreichende Dynamik zu erhalten und trotzdem unerwünschte Schaltungen zu vermeiden. Ein lediglich stark schaltberuhigtes Kennfeld wie im CC-Betrieb reicht nicht aus, da ACC im Folgeregler deutlich dynamischer ausgelegt sein muss als ein rein auf Konstantfahrt ausgelegter Fahrgeschwindigkeitsregler.

Ebenso ist eine direkte Umrechnung der Motormoment-Sollwerte in virtuelle Fahrpedalwinkel zur Ansteuerung der Getriebelogik nicht geeignet, da die ACC-Regelung versucht, eine vorgegebene Beschleunigung exakt einzuregeln und – anders als beim Fahrer – Abweichungen sich direkt in Sollmomentänderungen widerspiegeln, die in bestimmten Betriebspunkten zu Pendelschaltungen führen können.

46.10.3.1 Motorsteuerung (Stellbereiche, Stelldynamik, Stufigkeit/Genauigkeit Rückmeldeinformation (Verlustmoment Nebenaggregate))

Für den notwendigen Stellbereich gilt – analog zur Bremse – dass für ACC der gesamte mögliche Momentenbereich zur Verfügung stehen muss, um alle relevanten Fahrsituationen abzudecken. Die erforderliche Stelldynamik entspricht der für den Fahrer notwendigen Dynamik – was bei den meisten modernen Systemen kein Problem darstellen sollte, da die Fahrersollwerte ebenfalls elektronisch übertragen werden, Fahrer- und ACC-Vorgaben also prinzipiell über den gleichen Pfad eingespeist werden.

Der Antrieb setzt das angeforderte Summenradmoment der ACC-Funktion (ähnlich Fahrpedal) auf den jeweiligen Betriebspunkt bezogen optimal um. Es werden Motor, Getriebe und Nebenaggregate zur Umsetzung des Sollwerts herangezogen. Die Koordination geschieht möglichst im Antriebssystem autonom. Sollte dies nicht unterstützt werden, so hat die Umrechnung auf das Motormoment vom ACC-Steuergerät oder einem Längsdynamikmodul zu erfolgen, wobei die aktuelle Getriebeübersetzung bekannt sein muss.

Die ACC-Funktion unterscheidet aus Komfortgründen unterschiedliche Betriebsarten, die in die Koordination der unterschiedlichen Stellmöglichkeiten, die der Antrieb hat, eingehen (z. B. Schubabschaltung, Getriebeschaltungen, Zuschaltung von Nebenaggregaten). So können kleine Unstetigkeiten in der Momentenumsetzung, wie sie z. B. durch Aktivierung der Schubabschaltung im Ottomotor entstehen, vermieden bzw. erlaubt werden. Des Weiteren können größere Unstetigkeiten in der Momentenumsetzung, wie sie z. B. durch zusätzliche Getrieberückschaltungen in automatisierten Stufengetrieben auftreten, vermieden bzw. erlaubt werden.

Beispiele:
- Auslösung der Schubabschaltung, jedoch keine zusätzlichen Getrieberückschaltungen (nur Ausrollschaltungen) bei einer Annäherung an ein langsamer fahrendes Zielobjekt oder bei Reduktion der Wunschgeschwindigkeit.
- Auslösung der Schubabschaltung und zusätzliche Getrieberückschaltungen bei statischer Bergabfahrt zur Unterstützung der Bremsanlage im Bergabbetrieb.
- Aufhebung der Schubabschaltung bei statischer Bergabfahrt zur Auflösung von zuvor getätigten Getrieberückschaltungen. Somit wird ein „Schubabschaltungstoggeln" verhindert und dem Getriebe die Auflösung der Rückschaltung bei einer Gefälleänderung während statischer Bergabfahrt ermöglicht.

Besonderheiten bei der Kombination mit Handschaltgetriebe:

Die Motorsteuerung ermittelt das Übersetzungsverhältnis Radmoment/Kurbelwellenmoment über die Drehzahlübersetzung der Getriebestufen und berechnet damit aus der Antriebsanforderung der ACC-Funktion ein Motormoment und setzt dieses bestmöglich um.

Von der Motorsteuerung wird während des Schaltvorgangs, d. h. nach Kupplungsbetätigung durch den Fahrer, eine Regelung der Kurbelwellendrehzahl zur Synchronisierung Kurbelwellen-/Getriebeeingangsdrehzahl im Zielgang durchgeführt. Die Bestimmung des Kurbelwellendrehzahlsollwerts erfolgt in Abhängigkeit des im Motorsteuergerät prädizierten Zielgangs.

Die Motorsteuerung bewertet die Kurbelwellendrehzahl und weist den Fahrer unter Einbeziehung der Situation darauf hin, einen niedrigeren Gang zu wählen. Die Aufforderung, einen höheren Gang zu wählen, ist nicht erforderlich.

Um ein Abwürgen des Motors zu verhindern, muss der Motor die Möglichkeit haben, die ACC-

Funktion abzuschalten, wenn der Fahrer dem Rückschalthinweis nicht nachkommt. ACC wird ebenfalls abgeschaltet, wenn der Kupplungsvorgang ein Zeitlimit (z. B. 8 s) überschreitet oder kein passender Gang eingelegt wird.

46.10.3.2 Getriebesteuerung

Die ACC-Zustandssteuerung benötigt als eine der Aktivierungsbedingungen vom Getriebe im Wesentlichen die Information, dass ein gültiger (Vorwärts-)Gang eingelegt ist.

Falls Motormomente vorgegeben werden sollen, so benötigt ACC vom Getriebe die aktuelle Strangverstärkung V_S; dies ist das Verhältnis von Kraft $F_R\Sigma$ an der Antriebsachse zum Motormoment M_M und durch das Produkt von Wandlerverstärkung μ_W, der Übersetzung i_G des aktuellen Gangs, der Achsgetriebeübersetzung i_A geteilt durch den dynamischen Radradius R_{dyn} gegeben:

$$V_S = \frac{F_R\Sigma}{M_M} = \frac{\mu_W \cdot i_G \cdot i_A}{R_{dyn}} \quad (46.26)$$

Dabei ist die Wandlerverstärkung zumeist als Kennlinie hinterlegt, die ggf. noch temperaturkompensiert werden muss.

Für FSRA können elektronisch schaltbare Getriebe darüber hinaus als zusätzliche Absicherung für das Stillstandsmanagement herangezogen werden. Dabei wird bei Erkennen der Ausstiegsabsicht die Parksperre eingelegt. In Verbindung mit einer mehrstufigen, frühzeitigen Fahrerwarnung, die den Fahrer auf seine Verantwortung zur Stillstandsabsicherung hinweist, ist dies ausreichend.

Als einzige Absicherung für ein vollautomatisches Stillstandmanagement (ohne Fahrerzutun) reicht dies jedoch nicht, da die Parksperre nur die Antriebsachse blockiert, die Räder sich bei entsprechenden μ-split-Bedingungen über das Differenzial jedoch entgegengesetzt drehen können und das Fahrzeug losrollen könnte. Ebenso ist bei verspäteter Anforderung oder im Fehlerfall, wenn das Fahrzeug bereits rollt, ein sicheres Einlegen der Parksperre oberhalb von ca. 3 km/h nicht mehr möglich, wohingegen eine EPB prinzipiell bei jeder Geschwindigkeit wirksam werden kann.

46.11 Nutzungs- und Sicherheitsphilosophie

46.11.1 Nachvollziehbarkeit der Funktion

Für die Akzeptanz des ACC-Systems ist eine gute Nachvollziehbarkeit der Systemreaktionen unerlässlich. Nur wenn der Benutzer in kurzer Zeit in der Lage ist, die Systemreaktionen vorherzusehen, wird er das System auch sinnvoll einsetzen. Dies stellt die Entwickler vor das Problem, die Regelung so einfach wie möglich auszuführen und dabei teilweise Features, die ein erfahrener Benutzer und natürlich die Entwickler selbst schätzen würden, wegzulassen. Dadurch, dass der Fahrer bei aktiver ACC-Funktion einen Teil der Fahrzeugführungsaufgabe an das System abgibt und diese nur noch zu überwachen hat, kommt der Nachvollziehbarkeit des Systems eine bedeutende Rolle zu. Weil aktuelle ACC-Systeme nur einen Teil der Längsregelung übernehmen, ist es sinnvoll und notwendig, die Systemgrenzen bei bestimmungsgemäßer Benutzung des Systems so zu wählen, dass sie mit einer gewissen Regelmäßigkeit erreicht bzw. überschritten werden. Damit wird erreicht, dass die Systemgrenzen dem Fahrer jederzeit bewusst sind und er geübt ist, die Regelung vom System zu übernehmen.

Die Adaptive Cruise Control ist keine Sicherheitsfunktion, sondern dient in erster Linie der Fahrkomforterhöhung. Selbstverständlich darf auch von einem Komfortsystem keine Gefahr ausgehen, sodass das ACC-System eine dieser Forderung entsprechende Sicherheit zu gewährleisten hat. Fehlerbaumanalysen haben gezeigt, dass nur dann gefährliche Situationen auftreten können, wenn der Fahrer seine Eingriffsmöglichkeiten nicht nutzt. Daraus leiten sich zwei Konsequenzen ab:

1. Der Fahrer darf mit der Übernahme nicht überfordert werden. Insbesondere heißt dies, dass er die Notwendigkeit der Übernahme erkennt und die daran anschließende Reaktion rechtzeitig genug und mit der richtigen Handlungsweise wählt.
2. Die Fahrerübernahmemöglichkeit muss fehlertolerant ausgelegt sein, sodass diese Möglichkeiten, wie Abschalten der Regelung, stärkeres

Verzögern oder stärkeres Beschleunigen, in nur höchst unwahrscheinlicher Weise blockiert sein dürfen.

Eine rechtzeitige Erkennung der Übernahmenotwendigkeit leitet sich aus dem mentalen Modell des Fahrers über die Funktion ab, das sich durch die vergangene Erfahrung gebildet hat. Insbesondere wäre ein zu hohes Vertrauen auf die Technik durch bisher erlebte Fehlerfreiheit problematisch, weil dadurch der Fahrer unvorbereitet sowohl hinsichtlich des Auftretens als auch der Reaktionshandlung wäre. Bei ACC tritt diese Schwierigkeit nicht auf, da eine Perfektion der Funktion, wie oben aufgeführt, nicht zu erreichen ist. Dieser an sich negative Aspekt hat aber den Vorteil, dass die Ausfallsituation permanent trainiert wird. Damit verbleibt für den Fahrer das Bewusstsein, dass er bei ungewünschtem Verhalten eingreifen muss, und er hat geübt, in welcher Weise übernommen werden kann bzw. muss.

46.11.2 Systemgrenzen

Strahlsensoren wie Radar- oder Lidarsensoren bieten auf der einen Seite eine präzise Erfassung von Abstand und Relativgeschwindigkeit, und zumindest die Radarsensoren sind weitgehend unempfindlich gegenüber Witterungseinflüssen. Auf der anderen Seite ergeben sich aufgrund des begrenzten Öffnungswinkels und der schwierigen Fahrstreifenzuordnung der detektierten Objekte speziell in Kurvensituationen Einschränkungen, die teilweise zu unerwarteten oder unverständlichen Systemreaktionen führen und den Anwendern durch geeignete Medien erläutert werden sollten.

Aufgrund des schmalen Erfassungsbereichs der ACC-Sensoren werden Einscherer direkt vor dem eigenen Fahrzeug erst sehr spät erkannt (◘ Abb. 46.24 links). Problematisch bleibt die Zuordnung der detektierten Objekte in Kurveneingangssituationen, vor allem, wenn aufgrund der fahrzeugimmanenten Signale (Lenkradwinkel, Giergeschwindigkeit) noch keine Kurvenfahrt erkannt werden kann (◘ Abb. 46.24 rechts).

Abhilfe kann hier erfolgen durch die Verwendung von Kameras, die in der Lage sind, Fahrstreifenverläufe zu erkennen, und durch die Einbeziehung von Informationen über den zu erwartenden Straßenverlauf aus modernen Navigationssystemen. Auch eine stark versetzte Fahrweise kann zu Ausfällen in der Erkennung führen. Dies führt insbesondere bei Motorrädern aufgrund deren schmaler Silhouette zu Problemen bei der Erfassung (◘ Abb. 46.25).

Einige der zuvor genannten Schwachpunkte beziehen sich auf ACC-Systeme der ersten Generation und wurden durch den erweiterten Sichtbereich der Sensoren aus den Folgegenerationen oder durch Einsatz von Zusatzsensoren mit geringer Reichweite und großem seitlichen Erfassungsbereich, wie sie zunehmend in FSRA-Systemen Verwendung finden, zumindest teilweise kompensiert.

46.12 Sicherheitskonzept

Die Fehlertoleranz der Übernahmemöglichkeit wird durch die Verteilung des Systems erleichtert. Als Beispiel für eine umgesetzte Möglichkeit dient das Einlesen des Bremspedalschalters sowohl von der Motorsteuerung als auch des ESC. Bei Erkennen des getretenen Bremspedals werden die Momentenanforderungen der ACC-Längsregelung von der Motorsteuerung ignoriert. Ebenso werden Verzögerungsanforderungen an die Bremsregelung unterbunden, wenn das Fahrpedal getreten ist. Sowohl die Betätigung des Bremspedals als auch des Fahrpedals werden ihrerseits redundant erfasst, sodass sowohl die Betätigung als auch folgende Reaktionszustände für Einfachfehler gesichert sind, selbst wenn der Steuerrechner für ACC oder das Datennetzwerk unterbrochen sind.

Da die Partitionierung der Aufgaben sehr unterschiedlich sein kann, wie die genannten Beispiele zeigen, lassen sich keine allgemeinen Musterlösungen angeben. Stattdessen ist die gesicherte Eingriffsmöglichkeit des Fahrers über eine Fehlerbaumanalyse nachzuweisen.

Neben der permanenten Verfügbarkeit der Fahrereingriffsmöglichkeiten ist eine Eigensicherheit des ACC-Systems unerlässlich. Auch hier erweist sich die Dislozierung des Systems als Vorteil. So kann z. B. das ESC-System als nachweislich eigensicheres System die Überwachung der ACC-Regelung übernehmen. Wählt man als zu überwachende

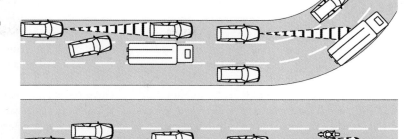

◧ **Abb. 46.24** Beispielhafte Problemsituationen; links: späte Reaktion auf Einscherer; rechts: schwierige Objektzuordnung in Kurveneingangssituationen

◧ **Abb. 46.25** Beispielhafte Problemsituationen: Mehrdeutigkeit bei stark versetzten Automobilen und Motorrädern

Größe die resultierende Fahrzeugbeschleunigung, sind alle theoretisch möglichen Fehlerquellen enthalten. Da ACC der ersten Generation über sehr eng gesteckte Grenzen verfügt, meist +1 m/s² bzw. −2 m/s², ist eine solche Beschleunigungsüberwachung sehr gut realisierbar. Nachteilig ist lediglich, dass bei dieser Art der Überwachung die Beschleunigung bzw. Verzögerung für kurze Zeit auf das Fahrzeug wirkt, bevor sie vom ESC unterbunden wird. Jedoch können die Grenzen so gewählt werden, dass über 95 % der Normalfahrer damit zurechtkommen.

46.13 Nutzer- und Akzeptanzstudien

Die Entwicklung von Adaptive Cruise Control (ACC) wurde von Beginn an von Probandenuntersuchungen begleitet. Die erste größere Untersuchung wurde Anfang der neunziger Jahre vom TÜV Rheinland [17] durchgeführt. Sie nahm sich der allgemeinen Fragen zu Umgang und Akzeptanz der noch in den Kinderschuhen steckenden Funktion an. Anschließend wurden mehrere Grundvarianten mit unterschiedlicher Verzögerungsfähigkeit und verschiedenen Zeitlücken analysiert [18, 19]. Etwas später wurde vom UMTRI ein sehr aufwendiger Feldtest durchgeführt [20], der erstmals auch Langzeitaussagen erlaubte, wenn auch die verwendete technische Basis bei Weitem nicht dem heutigen Serienstand entspricht. Seriennahe Systeme wurden bei [21, 22, 23] untersucht. Darüber hinaus sind in der Industrie weitere Probandenfahrversuche mit ACC durchgeführt worden, die aber nicht veröffentlicht wurden.

Insgesamt wurde eine Fülle an Ergebnissen (s. a. [24]) zusammengetragen, aus der hier für einige ausgewählte Kategorien einzelne Ergebnisse vorgestellt werden.

46.13.1 Akzeptanz

Eindeutig fallen die Urteile der Versuchspersonen in allen bislang durchgeführten Studien bezüglich der Akzeptanz aus.

Becker und Sonntag [17] beschreiben in der Pilotstudie, dass die Probanden die Fahrt mit ACC subjektiv als sicherer, entspannender und weniger belastend einschätzen als das manuelle Fahren. Zu dieser Überzeugung kamen sie trotz des Prototypenstatus der Versuchsträger, die zum Teil erhebliche Sensorschwächen aufwiesen. Dennoch konnten die Erwartungen der Versuchsteilnehmer an das System voll erfüllt und zum Teil sogar übertroffen werden. Es wird somit deutlich, dass die Probandenurteile hinsichtlich Akzeptanz und Komfort gegenüber dem Reifezustand von ACC weitgehend robust sind.

Selbst mit ACC-Systemen ohne Bremseneingriff äußern die Probanden in der UMTRI-Studie hohe Zufriedenheit, die Fancher et al. [20] auf die Reduktion des „Throttle-Stress" zurückführt.

Nirschl und Kopf [18] stellen durch Untersuchung der Bearbeitungsqualität von Nebenaufgaben eine geringere mentale Belastung der Fahrer bei Nutzung von ACC fest. Diese geben in Subjektiväußerungen eine hohe Akzeptanz zu Protokoll und merken an, dass sie ACC eher als Komfort- denn als Sicherheitssystem sehen.

Neben der globalen Zufriedenheit und Akzeptanz der Fahrer analysiert Weinberger [23] den zeitlichen Verlauf in Langzeitfahrten. Sämtliche Aspekte wie „Spaß am System", „Selbstverständlichkeit der Nutzung", „Vertrautheit der Bedienung", „Wohlfühlen" und „Angestrengtheit" werden prinzipiell als gut bis sehr gut eingestuft. Über der Versuchsdauer stellt sich nach anfänglicher Euphorie eine Phase relativer Ernüchterung ein, die schließlich zu Versuchsende durchgehend zu besseren oder deutlich besseren Bewertungen als zu Beginn führt.

46.13.2 Nutzung

Gegenstand etlicher Untersuchungen ist das Zeitlückenverhalten von Fahrern im Vergleich zwischen manueller Fahrt und der Fahrt mit ACC. Bei reinen Folgefahrten finden sich bei Abendroth [21] sowohl bei manueller Fahrt als auch mit ACC Mittelwerte der minimalen Zeitlücken von 1,1 s. Im Gegensatz hierzu kommen Becker und Sonntag [17] zu dem Ergebnis, dass die Fahrer manuell – allerdings mit großem Streuband – eine Häufung von Zeitlücken um 1,7 s realisieren. Als mögliche Erklärung hierfür wird auf die kurvigere Versuchsstreckenführung hingewiesen. Im ACC-Betrieb findet sich eine Zeitlücke von durchschnittlich 1,5 s, die in der Pilotstudie als Grundeinstellung des Systems vorgegeben war. Filzek [22] findet bei Wahlfreiheit der Probanden hinsichtlich der einstellbaren Stufen von 1,1, 1,5 und 1,9 s durchschnittliche ACC-Zeitlücken von 1,4 s.

Eine deutlich kürzere mittlere Zeitlücke von 0,8 s bei manueller Fahrt wird von [20] berichtet. Dieser scheinbare Widerspruch gibt einen Hinweis auf die schwierige Übertragbarkeit zwischen Studien, die in unterschiedlichen Verkehrsnetzen, hier USA und Deutschland, durchgeführt wurden.

Deutlich wird in allen Untersuchungen, dass bezüglich der eingestellten ACC-Zeitlücke eine Polarisierung stattfindet. Während die Probanden zu Beginn mit den Stufen „spielen", nimmt die Verstellhäufigkeit mit zunehmender Versuchsdauer ab. Jeweils etwa zur Hälfte wählen die Versuchspersonen dann entweder eher kleinere oder eher größere Stufen. Angesichts der häufig gewählten kurzen Zeitlücken erscheint eine Begrenzung auf mindestens 1,0 s aus Sicherheitsgründen sinnvoll.

Tiefer im Detail untersucht wurde das Zeitlückenwahlverhalten von Fancher et al. [20], der feststellt, dass die einstellbaren Stufen von 1,1, 1,5 und 2,1 s analog zum Alter der Versuchspersonen gewählt werden, d. h. ältere Fahrer wählen entsprechend größere ACC-Zeitlücken.

Sowohl in [22] als auch in [20] wird beschrieben, dass sehr kleine Zeitlücken im Bereich von unter 0,6 s mit ACC deutlich seltener gefahren werden (Fancher [20]: 6 Mal bei 108 Versuchspersonen).

Von der Mercedes-Benz-Marktforschung wurden Kunden in den USA zum Einsatz von Distronic befragt, s. Abb. 46.26. Die Angaben beziehen sich auf die S-Klasse (W220, 1998 bis 2005) und den SL (R230, seit 2001). Die Nutzungsrate ist wie zu erwarten bei mehrstreifigen Fernstraßen erheblich höher als bei den anderen Straßenkategorien. Erstaunlich gering sind die Abweichungen zwischen Sportwagen und Limousine hinsichtlich der Nutzungsrate. Etwas größer werden die Unterschiede bei der Art der Nutzung. Da bei dem Distronic-Bedienkonzept die Zeitlücke rein mechanisch auf dem alten Wert bleibt, ist ein Wechsel der Zeitlücke nur erforderlich, wenn ein Grund für eine Änderung vorliegt. Von dieser Möglichkeit wird eher gar nicht oder nur selten Gebrauch gemacht. Die Abstandseinstellung wird mehrheitlich als Mittel angegeben.

46.13.3 Kompensationsverhalten

Becker et al. [25] untersuchten das Kompensationsverhalten von Fahrern durch Auswertung der Zeitlücken, wenn parallel komplexe Nebenaufgaben zu bearbeiten waren. Während die Probanden beim manuellen Fahren automatisch größere Zeitlücken einhalten, ändern sie die Wunschzeitlücke im ACC-Betrieb nicht. Eine Analyse der Blickabwendungen zeigt zudem deutlich längere Abwendungszeiten bei ACC-Fahrt, wobei maximal bis zu acht Sekunden genannt werden. Bemerkenswert ist, dass die Fahrer hierbei subjektiv ein geringeres Sicherheitsrisiko empfinden als ohne ACC. Die Autoren kommen zu dem Schluss, dass wegen dieses risikoreicheren Fahrerverhaltens ein Sicherheitsgewinn durch automatische Abstandsregelung erst dann zu erwarten

Abb. 46.26 Angaben zur Nutzung eines ACC-Systems in den USA am Beispiel der Distronic [Quelle: Marktforschung Mercedes-Benz 2005]

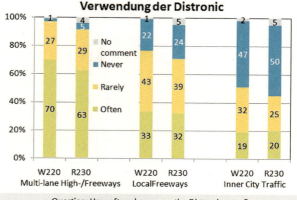

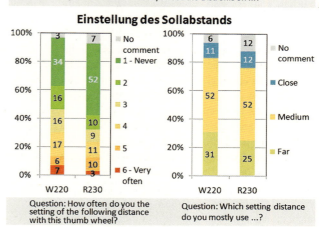

sei, wenn das technische System sicherheitskritische Situationen besser behandeln kann als der durchschnittliche Fahrer.

46.13.4 Habituationseffekte

Untersuchungen von Weinberger et al. [26] mit Vielfahrern (> 1000 km/Woche) zeigen, dass frühestens nach zwei Wochen ACC-Nutzung ein stabiles Verhalten angenommen werden darf. Die für die Bestimmung der Lerndauer herangezogenen Merkmale waren die subjektive Beurteilung von Bedieneinfachheit und der Transparenz von Übernahmesituationen sowie die Messung des Zeitpunkts (bezogen auf die Time-to-Collision, TTC) des Fahrereingriffs in Übernahmesituationen per Datenrekorder. Hier wird deutlich, dass Fahrer unterschiedlichen Fahrstils auch unterschiedliche Lernstrategien offenbaren. Fahrer, die sich selbst als eher sportlich bezeichneten, neigten dazu, zu Beginn der Versuche später, d. h. bei kleinerer TTC, einzugreifen als gegen Ende, um die Grenzen des Systems festzustellen, wohingegen Fahrer, die sich als eher komfortbetont einstuften, ausgehend von einem frühen „misstrauischen" Eingriff zu Beginn, im Verlauf der Lernphase eher später eingriffen.

Zusammenfassend heißt dies, dass die oben genannten Merkmale erst nach dieser Lernphase für den eingeschwungenen Zustand repräsentativ sind. Aussagen einer Bewertung nach kürzerer Dauer können zumindest für die obigen Merkmale nur mit erheblichen Einschränkungen auf den Hauptteil der Benutzungsdauer übertragen werden.

Ebenso bestätigen Nirschl und Kopf [18] ein Absinken der mentalen Beanspruchung des Fahrers, das mit dem sich über der Nutzungsdauer verfeinernden mentalen Modell einhergeht.

46.13.5 Übernahmesituationen

Der prinzipiellen Einfachheit des mentalen Modells von ACC beim Fahrer ist laut Becker [25] auch zuzuschreiben, dass eine richtige Reaktion in Übernahmesituationen an Systemgrenzen bereits nach sehr kurzer Nutzung möglich ist. Fancher et al. [20] beschreiben, dass die Probanden sich subjektiv zu 60 % bereits nach einem Tag in der Lage sahen, Übernahmesituationen rechtzeitig und richtig zu erkennen. Nach einer Woche stimmten bereits 95 % der Probanden dieser Aussage zu.

Auch Nirschl et al. [19] berichten, dass die meisten Testpersonen bereits nach kurzer Zeit einschätzen konnten, bei welchen ACC-Situationen ein Eingriff notwendig war. Allerdings führte die mittlere der drei untersuchten ACC-Varianten, bei der eine eher geringe Bremsverzögerung von $1\,m/s^2$ vorlag, zu einer größeren Unsicherheit bei der Einschätzung als die Varianten mit einem stärkeren Bremseingriff bzw. ohne Bremseingriff.

Weinberger [23] beschreibt, dass die Einschätzung von Übernahmesituationen von den Probanden subjektiv als unkritisch eingestuft wird, wobei diese den Fahrern mit zunehmender Nutzungsdauer eher leichter fällt. Ebenso äußern die Probanden, dass insbesondere solche Situationen leicht zu entscheiden sind, die von ACC prinzipiell nicht geleistet werden können (z. B. Einbremsen auf ein stehendes Fahrzeug). Es wurde nachgewiesen, dass die mittlere Verzögerung des Fahrzeugs nach der Fahrerübernahme zu knapp 80 % im Bereich bis $2\,m/s^2$ liegt. Dieser Bereich wird auch von ACC abgedeckt, woraus geschlossen werden darf, dass auch objektiv keine kritische Situation vorgelegen hat.

Die ersten ACC-Fahrversuche mit Probanden zeigen bis auf wenige Ausnahmen eine einheitliche Tendenz, obwohl es genügend Gründe gäbe, die Ergebnisunterschiede gerechtfertigt hätten:
- Die Technik der untersuchten Systeme unterschied sich erheblich sowohl im Funktionsumfang als auch in der Reife.
- Die Verkehrsverhältnisse in den USA sind nur bedingt mit denen in Europa vergleichbar.
- Es wurden einerseits Kurzzeitversuche und andererseits Langzeitversuche durchgeführt, wobei in den Langzeitversuchen eindeutige Lerneffekte festgestellt werden konnten, die die Aussagekraft mancher Ergebnisse der Kurzzeitversuche abwerten.

Offensichtlich scheint ACC zumindest in seinem Grundumfang robust gegenüber den genannten Unterschieden in der Versuchsdurchführung zu sein. Die Kernfunktion wurde von den Fahrern von Beginn an verstanden, und zwar unabhängig von den Einschränkungen der vorläufigen Systeme.

Hinsichtlich der Übernahmesituation von FSRA wurde von Neukum et al. [27] eine Kreuzungsproblemsituation analysiert. Ein schon länger stehendes Fahrzeug an der Kreuzung wird vom Zielfahrzeug zunächst verdeckt und kurz vor der Annäherung seitlich passiert, sodass es plötzlich im Fahrkorridor des FSRA-Fahrzeugs liegt. Als stehendes Fahrzeug, das sich im Sichtbereich des Radars noch nicht bewegt hat, wird dieses von FSRA nicht als Regelobjekt akzeptiert, d. h. der Fahrer muss bremsend eingreifen, um eine Kollision zu vermeiden. Alle Probanden konnten dies auch tun, ohne dass der für „Abfangmaßnahmen" bereitstehende Beifahrer eingreifen musste. Trotzdem wurde diese Situation, wenn sie das erste Mal auftritt, für viele Fahrer als bedrohlich eingestuft.

46.13.6 Komfortbeurteilung

Der Schwerpunkt der in [28] dokumentierten Untersuchungen lag auf der Untersuchung des Komforts. Dazu wurden zwei Fahrzeuge unterschiedlicher Hersteller mit unterschiedlichen ACC-Systemen von insgesamt 36 Versuchspersonen gefahren. Die per Fragebogen ermittelten Subjektivurteile hinsichtlich ausgewählter Komfortkriterien wurden verglichen. Obwohl in beiden Fahrzeugen Seriensysteme vergleichbarer Funktionalität eingesetzt wurden, gelang es, schon geringe Unterschiede beider Systeme hinsichtlich des Komforts zu ermitteln. Die parallel dazu durchgeführte Analyse der objektiven, messtechnisch zugänglichen Kennwerte „Häufigkeit der Übersteuerung durch Fahrpedalbetätigung" und „Unterbrechung der Regelung durch einen Fahrerbremseingriff" konnten hingegen in keinen eindeutigen Zusammenhang zur Komfortbewertung gebracht werden.

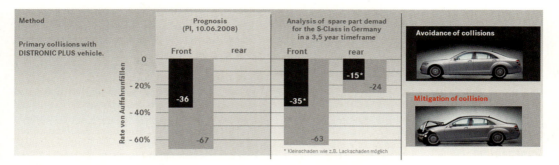

Abb. 46.27 Analyse der Wirksamkeit von DISTRONIC PLUS zur Erhöhung der Verkehrssicherheit am Beispiel der Mercedes S-Klasse. [31]

46.13.7 Wirksamkeitsanalysen

Am Markt werden ACC-Systeme meist in Kombination mit Collision Avoidance oder Collision Mitigation-Systemen angeboten. Ursache hierfür ist, dass sich die Komfort- und die Sicherheitssysteme die umgebungserfassende Sensorik (meist einen Radarsensor) teilen. Die Analyse der Wirksamkeit von ACC Systemen zur Erhöhung der Verkehrssicherheit auf der Basis von realen Unfallzahlen berücksichtigt in diesen Fällen den Anteil der Collision Avoidance oder Collision Mitigation-Systeme stets mit. Eine Analyse des Ersatzteilabrufs für alle Mercedes Benz S-Klasse Modelle in Deutschland über eine Zeitspanne von 3,5 Jahren zeigt, dass mit Ausrüstung des DISTRONIC PLUS Systems im Fahrzeug eine Reduktion von Auffahrunfällen um 35 % erreicht wurde [31]. Wie ◘ Abb. 46.27 darstellt, entsprechen dabei die realen Feldzahlen erstaunlich genau der errechneten Prognose [31].

46.14 Ausblick

46.14.1 Aktuelle Entwicklungen

Mit der Serien-Einführung von FSRA werden vom Funktionsumfang die meisten Situationen im Alltagsverkehr abgedeckt. Nachdem ACC nun auch Fahrzeugklassen erreicht hat, in der in Europa vorwiegend Handschaltgetriebe eingesetzt werden, ist unklar, ob FSRA an dieser Hürde aufläuft und sich auf die bisherige Nische der Fahrzeuge mit Automatikgetriebe begnügen muss oder die Kraft hat (ggf. flankiert von Maßnahmen zur Energieeinsparung) eine Ausdehnung des Automatikgetriebeanteils zu bewirken.

Grundsätzlich sind auch Alternativen zum bisher vorherrschenden Radar-Sensorprinzip für die Zukunft denkbar. Zum einen sind das Lidarsysteme und zum anderen Kamera-Systeme, wobei letztere sicherlich nicht den heute gewohnten Funktionsumfang aufweisen werden, aber wegen der Mehrfachnutzung für andere Anwendungen konkurrenzlos günstig sein können.

46.14.2 Funktionserweiterungen

Obwohl FSRA schon eine große Entlastung erreichen kann, ist natürlich der Wunsch da, dass auch die Querführung übernommen wird. Für den Niedriggeschwindigkeitsbereich ist der Staufolgeassistent (► Kap. 52) das Nachfolgesystem, mit dem die Fahraufgabe schon vollständig automatisiert werden kann, auch wenn mit Maßnahmen wie der Hands-on-Überwachung sichergestellt wird, dass der Fahrer diese Automatisierung hinreichend überwacht. Technisch bieten sich Stereo-Kamera und Radar oder Scanning Lidar für die Realisierung an.

Im mittleren und höheren Geschwindigkeitsbereich wachsen die Spurhaltefunktion und ACC zu einem Fahrzeugführungsassistenten der dritten Generation zusammen und werden gemeinsam aktiviert bzw. deaktiviert. Eine derartige Funktionalität ist seit der Einführung in der Mercedes-Benz S-Klasse (W222) auch in anderen Modellen verfügbar. Diese Assistenz folgt der Philosophie der beiden Vorgängersysteme und beschränkt sich auf „milde", komfortorientierte Eingriffe, wobei aber parallel Schutzfunktionen (Auffahrwarnung, Automatische Notbremse, Fahrstreifenwechselabsicherung, Lane Departure Warning) diese Funktionalität „flankierend" absichern, wenn Grenzen erreicht werden, in denen die milden Eingriffe nicht ausreichen.

Danksagung

Die Autoren danken den Herren Bernd Danner und Dr. Joachim Steinle für ihre Beiträge, die sie als Ko-Autoren an diesem Kapitel für die ersten beiden Auflagen dieses Handbuch erbracht haben.

Literatur

[1] TC204/WG14, ISO. ISO 15622:2010 Transport information and control systems – Adaptive Cruise Control systems – Performance requirements and test procedures. 2010
[2] TC204/WG14, ISO. ISO 22179:2009 Intelligent transport systems – Full speed range adaptive cruise control (FSRA) systems – Performance requirements and test procedures. 2009
[3] Ackermann, F.: Abstandsregelung mit Radar. Spektrum der Wissenschaft Juni 1980, 24–34 (1980)
[4] Watanabe, T.; Kishimoto, N.; Hayafune, K.; Yamada, K.; Maede, N.: Development of an Intelligent Cruise Control System. In: Proceedings 2nd ITS World Congress in Yokohama. 1995, S. 1229–1235
[5] Furui, N., Miyakoshi, H., Noda, M., Miyauchi, K.: Development of a Scanning Laser Radar for ACC. SAE Paper No. 980615. Society of Automotive Engineers, Warrendale (1998)
[6] Winner, H.: Die lange Geschichte von ACC. Tagungsband Workshop Fahrerassistenzsysteme. Leinsweiler, 2003
[7] Prestl, W.; Sauer, T.; Steinle, J.; Tschernoster O.: The BMW Active Cruise Control ACC. SAE 2000-01-0344, SAE World Congress 2000, Detroit, Michigan, 2000
[8] Steinle, J., Toelge, T., Thissen, S., Pfeiffer, A., Brandstäter, M.: Kultivierte Dynamik – Geschwindigkeitsregelung im neuen BMW 3er. In: ATZ/MTZ extra, S. 122–131. Vieweg Verlag, Wiesbaden (2005)
[9] Pasenau, T., Sauer, T., Ebeling, J.: Aktive Geschwin- digkeitsregelung mit Stop&Go-Funktion im BMW 5er und 6er. ATZ **10**, 900–908 (2007). Wiesbaden, Vieweg Verlag, Okt. 2007
[10] Winner, H.; Olbrich, H.: Major Design Parameters of Adaptive Cruise Control. AVEC'98. Nagoya, Paper 130, 1998
[11] Meyer-Gramcko, F.: Gehörsinn, Gleichgewichtssinn und andere Sinnesleistungen im Straßenverkehr. Verkehrsunfall und Fahrzeugtechnik **3**, 73–76 (1990)
[12] Mitschke, M., Wallentowitz, H., Schwartz, E.: Vermeiden querdynamisch kritischer Fahrzustände durch Fahrzustandsüberwachung VDI Bericht, Bd. 91. VDI, Düsseldorf (1991)
[13] Winner, H., Luh, S.: Fahrversuche zur Bewertung von ACC – Eine Zwischenbilanz. In: Bruder, R., Winner, H. (Hrsg.) Darmstädter Kolloquium Mensch & Fahrzeug – Wie objektiv sind Fahrversuche?. Ergonomia, Stuttgart (2007)
[14] Luh, S.: Untersuchung des Einflusses des horizontalen Sichtbereichs eines ACC-Sensors auf die Systemperformance Fortschritt-Berichte Reihe 12. VDI, Düsseldorf (2007). Dissertation TU Darmstadt
[15] Winner, H.: Die Aufklärung des Rätsels der ACC-Tagesform und daraus abgeleitete Schlussfolgerungen für die Entwicklerpraxis. Tagungsbeitrag Fahrerassistenzworkshop. Walting, 2005
[16] Witte, S.: Simulationsuntersuchungen zum Einfluss von Fahrerverhalten und technischen Abstandsregelsystemen auf den Kolonnenverkehr. Dissertation Universität Karlsruhe. Karlsruhe, 1996. S. 23
[17] Becker, S., Sonntag, J.: Autonomous Intelligent Cruise Control – Pilotstudie der Daimler-Benz und Opel Demonstratoren. Prometheus CED 5. TÜV Rheinland, Köln (1993)
[18] Nirschl, G., Kopf, M.: Untersuchung des Zusammenwirkens zwischen dem Fahrer und einem ACC- System in Grenzsituationen. Tagung: „Der Mensch im Straßenverkehr" VDI Bericht, Bd. 1317. VDI-FVT, Düsseldorf (1997)
[19] Nirschl, G.; Blum, E.-J.; Kopf, M.: Untersuchungen zur Benutzbarkeit und Akzeptanz eines ACC-Fah- rerassistenzsystems. IITB Mitteilungen, Fraunhofer Institut für Informations- und Datenverarbeitung. 1999
[20] Fancher, P., et al.: Intelligent Cruise Control Field Operational Test. Final Report. University of Michigan Transportation Research Institute (UMTRI), Michigan (1998)
[21] Abendroth, B.: Gestaltungspotentiale für ein PKW-Abstandregelsystem unter Berücksichtigung verschiedener Fahrertypen Schriftenreihe Ergonomie. Ergonomia-Verlag, Stuttgart (2001). Dissertation TU Darmstadt
[22] Filzek, B.: Abstandsverhalten auf Autobahnen – Fahrer und ACC im Vergleich Fortschritt-Berichte Reihe 12, Bd. 536. VDI-Verlag, Düsseldorf (2002). Dissertation TU Darmstadt
[23] Weinberger, M.: Der Einfluss von Adaptive Cruise Control Systemen auf das Fahrverhalten Berichte aus der Ergonomie. Shaker-Verlag, Aachen (2001). Dissertation TU München
[24] Winner, H., et al.: Fahrversuche mit Probanden zur Funktionsbewertung von aktuellen und zukünftigen Fahrerassistenzsystemen. In: Landau, Winner, (Hrsg.) Fahrversuche mit Probanden – Nutzwert und Risiko, Darmstädter Kolloquium Mensch & Fahrzeug, 3./4. April 2003, TU Darmstadt Fortschritt-Berichte VDI Reihe 12, Bd. 557, VDI-Verlag, Düsseldorf (2003)
[25] Becker, S., Sonntag, J., Krause, R.: Zur Auswirkung eines Intelligenten Tempomaten auf die mentale Belastung eines Fahrers, seine Sicherheitsüberzeugungen und (kompensatorischen) Verhaltensweisen. Prometheus CED 5. TÜV Rheinland, Köln (1994)

[26] Weinberger, M.; Winner, H.; Bubb, H.: Adaptive cruise control field operational test – the learning phase. In: JSAE Review 22. Elsevier, 2001, S. 487
[27] Neukum, A.; Lübbeke, T.; Krüger, H.-P.; Mayser, C.; Steinle, J.: ACC-Stop&Go: Fahrerverhalten an funktionalen Systemgrenzen, 5. Workshop Fahrerassistenzsysteme, Walting, 2008
[28] Didier, M.: Ein Verfahren zur Messung des Komforts von Abstandsregelsystemen (ACC-Systemen) Schriftenreihe Ergonomie. Ergonomia-Verlag, Stuttgart (2006). Dissertation TU Darmstadt
[29] Mayser, Ch.; Steinle, J.: Keeping the Driver in the Loop while using Assistance Systems. SAE 2007-01-1318, SAE World Congress 2007. Detroit, Michigan, 2007
[30] Steinle, J.; Hohmann, S.; Kopf, M.; Brandstäter, M.; Pfeiffer, A.; Farid, N.: Keeping the Focus on the Driver: The BMW Approach to Driver Assistance and Active Safety Systems that interact with Vehicle Dynamics. FISITA F2006D185, FISITA World Automotive Congress, Yokohama, Japan, 22.–27. Okt. 2006
[31] Schittenhelm, H.: N.: Advanced Brake Assist – Real World effectiveness of current implementations and next generation enlargements by Mercedes-Benz. 23. Technical Conference Enhanced Safety of Vehicles, Proceedings, Paper-No. 13-0194; 23. ESV-Conference; Seoul, Repub. of Korea; 2013

Grundlagen von Frontkollisionsschutzsystemen

Hermann Winner

47.1 Problemstellung – 894

47.2 Unfallschutz durch präventive Assistenz – 894

47.3 Reaktionsunterstützung – 895

47.4 Notmanöver – 896

47.5 Bremsassistenz – 896

47.6 Warn- und Eingriffszeitpunkte – 898

47.7 Ausblick – 911

Literatur – 912

47.1 Problemstellung

Unfälle im Längsverkehr zählen zur größten Gruppe der Unfallarten und zur zweitgrößten der Unfälle mit Getöteten und Schwerverletzten. Daher besitzen Systeme zum Schutz gegen diese Unfallart ein sehr hohes Potenzial (s. ▶ Kap. 4). Auf welche Weise Gegenmaßnahmen abgeleitet werden, zeigt ◘ Abb. 47.1.

Zunächst besteht zwischen dem Unfallereignis kein unmittelbarer und sofortiger Zusammenhang zu einer aufgetretenen Störung. Ausgehend von einem vorher eingegangenen latenten Gefahrenniveau erhöht die Störung dieses Niveau, wobei aber zunächst noch eine beträchtliche Reserve zum tatsächlichen Unfallgeschehen besteht. Erst mit zunehmender Zeit ohne Reaktion oder mit falscher Reaktion führt diese Störung zum Unfall. Ein rechtzeitiges, richtiges Eingreifen durch den Fahrer kann dagegen diese Situation entschärfen, sodass die kritische Situation nur zu einem Beinaheunfall führt. Aus dieser Strukturierung des Ablaufs lassen sich nun drei Strategien zum Unfallschutz ableiten, die im Folgenden kurz skizziert werden und im Weiteren auf die Umsetzung für den Frontkollisionsschutz ausführlich erläutert werden.

1. **Präventive Assistenz**: Präventive Unfallvermeidung durch Herabsetzen der latenten Gefahr und damit Reduktion der Wahrscheinlichkeit, in eine kritische Situation zu geraten oder zumindest bei einer Störung einen effektiv größeren Handlungsspielraum zu haben.
2. **Reaktionsunterstützung:** Unfallvermeidung durch Assistenz in kritischen Situationen, damit der Fahrer rechtzeitig und richtig reagiert. Für die Unfallvermeidung im Längsverkehr kommen praktisch nur zwei Strategien infrage: Verzögern oder Ausweichen. Hier haben die Assistenzsysteme auf der Stabilisierungsebene wie ABS und ESP als erste Voraussetzung die „Gutmütigkeit" des Fahrzeugs auf diese Aktionen geschaffen, weil fahrdynamisch kritische Folgesituationen wie insbesondere das Schleudern schon im Ansatz vermieden werden und die Fahrer von Beginn an die Grenzen der Fahrphysik gehen können. Trotzdem zeigen die Unfallanalysen (s. ▶ Kap. 4) [2] und Probandenversuche [3], dass von dieser Möglichkeit nur unzureichend oder gar nicht Gebrauch gemacht wird.
3. **Notmanöver:** „Harte Eingriffe" im Bereich der letzten Sekunde vor dem Unfall, die den Unfall per Notmanöver vermeiden, wenn die rechtzeitige, richtige Fahrerreaktion ausgeblieben ist, oder zur Unfallschadensverminderung (Collision Mitigation) beitragen. Die wegen der vorsichtigen Interpretation der rechtlichen Rahmenbedingungen, insbesondere des für Deutschland gültigen Wiener Übereinkommens (s. ▶ Kap. 3), herrschte anfänglich noch große, rechtlich begründete Zurückhaltung bei der Markteinführung von unfallvermeidenden Systemen für die letzte Sekunde, wenn sie nicht mehr durch den Fahrer überstimmbar sind. Erfolgt der Einsatz eines aktiven Bremseingriffs erst „zu einer Zeit, zu der ein Ausweichen objektiv unmöglich ist" (s. [4]), dann werden keine rechtlichen Vorbehalte gesehen. Da mittlerweile die Akzeptanz durch Bremseingriff unfallvermeidend wirkender Systeme gestiegen ist und durch Anforderungen aus Verbrauchertests (vgl. ▶ Kap. 11) sogar gefordert werden, wurden Systeme entwickelt, die mit dem harten Bremseingriff nicht mehr warten, bis ein Unfall unvermeidbar ist.

47.2 Unfallschutz durch präventive Assistenz

Zur Verringerung der latenten Gefahr lassen sich zwei Hauptrichtungen angeben: die Erhöhung des fahrdynamisch nutzbaren Handlungsspielraums sowie die Erhöhung der Fahrerfähigkeit, eine Störungssituation zu bewältigen. Letztere ist im Wesentlichen durch die Fahrerkonstitution und die Fahrfertigkeiten gegeben. Wiederum Letzteres kann mit Fahrerassistenzsystemen kaum verbessert werden, sondern durch Training, z. B. auf dem Verkehrsübungsplatz. Die Konstitution des Fahrers kann hingegen dadurch verbessert werden, dass er von beanspruchenden Fahraufgaben entlastet wird, z. B. durch die Übernahme des Folgefahrens durch ACC. Sowohl über physiologische (weniger Anstrengung für die Augen) als auch psychologische Wirkungszweige (entspanntere Verkehrswahrneh-

47.3 · Reaktionsunterstützung

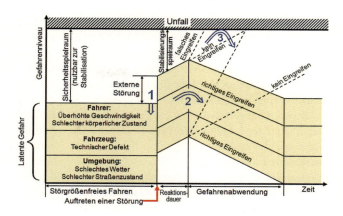

Abb. 47.1 Ablauf einer kritischen Verkehrssituation zur Ableitung von Assistenzstrategien und Handlungsabläufe bei einer kritischen Fahrsituation (nach [1]), Ziffern: Einsatzbereiche von Fahrerassistenzsystemen (s. Text)

mung) [5] kann zur Verbesserung der Konstitution beigetragen werden.

Natürlich ist ACC auch ein sehr geeignetes Mittel zur Erhöhung des objektiv zur Verfügung stehenden Handlungsspielraums. In den bekannten Untersuchungen (s. ▶ Kap. 46) wählen ACC-Nutzer höhere Zeitlücken, als wenn sie selbst den Abstand einregeln. Unklar ist hingegen, ob ein Verlassen auf ACC zu einem späteren Fahrereingriff führt oder aber durch eine schon früh einsetzende Fahrzeugverzögerung die Reaktionszeit verkürzt wird. Waren die ersten ACC-Ausführungen noch wenig geeignet, im Stadtverkehr eingesetzt zu werden, so erlauben die FullSpeedRange-ACC-Systeme auch diesen Einsatz, wobei noch keine Studien zur Nutzung und zum möglichen Sicherheitspotenzial bekannt sind.

Eine ähnlich wie ACC geeignete Lösung zur Abstandshaltung kann mit einem Aktiven Fahrpedal (auch als Force-Feedback-Pedal bezeichnet) dargestellt werden. Hier bleibt der Fahrer in der direkten Regelschleife. Hält er eine weitgehend konstante Pedalkraft aufrecht, verändert sich der Fahrpedalwinkel in der Art, dass die Zeitlücke konstant bleibt und somit eine Abstandshaltung wie mit ACC ermöglicht wird, allerdings ohne aktiven Bremseingriff.

47.3 Reaktionsunterstützung

Die Reaktionsunterstützung umfasst die Schritte Aufmerksamkeitserregung, Situationsklärung und Eingriffsunterstützung (s. a. ▶ Kap. 37). Da einer kritischen Situation im Längsverkehr zumeist eine Unaufmerksamkeit vorausgeht [6], ist die Änderung dieses Zustands notwendige Voraussetzung für eine in der Folge korrekten Aktion. Die Aufmerksamkeitserregung erfolgt üblicherweise explizit durch Warnelemente, kann jedoch auch implizit durch nicht erwartete Regelreaktionen bei ACC erfolgen. Wie bereits in ▶ Kap. 37 erläutert, unterscheiden sich die Warnstrategien hinsichtlich ihres Informationsgrades. Eine einfache auditive Warnung erreicht eine hohe Aufmerksamkeit, allerdings ist damit noch kein Hinweis auf die Situation oder die nun notwendige Reaktion verbunden. Dies kann durch eine ergänzende visuelle Information oder ein auditives Icon erreicht werden. Da sich eine ausführliche Beschreibung der Warnmöglichkeiten einschließlich der Bewertung der Verzeihlichkeit bei Fehlwarnung in ▶ Kap. 37 findet, wird hier nicht weiter auf die unterschiedlichen Möglichkeiten eingegangen.

Bei einer kritischen Situation im Längsverkehr kommen grundsätzlich zwei Unfallvermeidungsstrategien infrage: dem Hindernis ausweichen oder vor dem Hindernis anhalten. In ▶ Abschn. 47.6 werden anhand bestimmter Ausgangsparameter die für eine erfolgreiche Unfallabwendung notwendigen Eingriffszeitpunkte berechnet. In allen praktischen Situationen findet sich eine Geschwindigkeit, oberhalb derer Ausweichen als letztmögliches Manöver berechnet wird, während unterhalb dieser Geschwindigkeit Bremsen nach dem letztmöglichen Ausweichabstand noch erfolgreich den Unfall vermeiden kann. Aber in beiden Fällen wird ein optimales Manöver betrachtet. Während bisher nur in einer Fahrzeugreihe (Lexus LS, seit 2006) eine Ausweichassistenz angeboten wird, ist der Bremsassistent seit 1997 auf dem Markt und in der einfachen, bremspedalgesteuerten Basisvariante in nahezu allen Neuwagen zu finden. Diese Grundfunktion und zusätzliche Funktionserweiterungen werden in ▶ Abschn. 47.5 beschrieben. Allen gemeinsam ist, dass der Bremsassistent erst dann Wirkung erzielen kann, wenn auch wirklich das Bremspedal getreten wird. Da aber in etwa einem Drittel der untersuchten Fälle in [2] und [3] und sogar der Hälfte bei [7] keine Bremsaktion unternommen wurde, kann in diesen Fällen der Bremsassistent allein keine Wirkung entfalten. Wie in den Probandenuntersuchungen [3] und [8] belegt wurde, führt ein automatischer Bremseingriff zu einer Bremsreaktion des Fahrers. Somit kann ein automatischer Bremseingriff zur Stimulation der Fahrerentscheidung eingesetzt werden. Dafür kommt ein kurzzeitiger Bremsruck oder eine permanente Teilbremsung infrage. Wenn daraufhin der Fahrer mit einer Bremspedalaktion die Freigabe für den Bremsassistenten gibt, erfolgt eine Bremsung mit maximaler Verzögerung oder als „Zielbremsung", wenn die Umfeldsensorik eine solche Funktion erlaubt (s. ▶ Abschn. 47.5.2).

47.4 Notmanöver

Sollten alle vorher genannten Warnstufen noch nicht zu Ausweich- oder Bremsaktionen des Fahrers geführt haben, können automatische Notmanöver mit „harten" Eingriffen in der letzten Sekunde vor einem vorhergesagten Aufprall den Schaden abwenden oder verringern. Automatische Ausweichmanöver sind bei hohen Differenzgeschwindigkeiten als unfallvermeidende Manöver wirksamer als Bremsmanöver (zumindest dann, wenn durch das Ausweichen nicht ein schlimmerer Folgeunfall auftritt). Wie Ausweichmanöver realisiert werden können, wurde im Projekt PRORETA (s. ▶ Kap. 57) gezeigt, nämlich mit einem automatischen Lenkimpuls, der zum aktuellen Lenkwinkel addiert wird und so bemessen ist, dass das Hindernis umfahren werden kann. Diese Form des Ausweichmanövers kann nach den in der Studie gewonnenen Erkenntnissen als akzeptabel angesehen werden, allerdings reichen die Fähigkeiten heutiger Umfelderfassungssysteme für die Auslösung eines automatischen Notausweichens bei weitem nicht aus.

Die automatische Notbremsung ist hingegen schon eine im Markt eingeführte Technik. Diese wird aber u. a. wegen der zuvor genannten rechtlichen Randbedingungen erst dann aktiv, wenn ein Ausweichen nicht mehr erwartet werden kann. In allen bekannten Umsetzungen ist die Einleitung der automatischen Notbremsung der letzte Schritt einer Aktionskette und wird erst ausgelöst, wenn die vorherigen Warnstufen ohne Brems- oder Lenkreaktion blieben oder bei der maschinellen Erkennung der Notsituation für Fahrreaktionen keine ausreichende Zeitdauer gegeben ist.

Die Wirksamkeit der verschiedenen Auslegungen einer automatischen Notbremsung wird in ▶ Abschn. 47.6.3 sowohl theoretisch abgeleitet als auch experimentell belegt.

47.5 Bremsassistenz

47.5.1 Basisfunktion

Wie Unfallanalysen [2] und Probandenversuche im Fahrsimulator [9] oder auf dem Testgelände [10] zeigen, sind viele Bremsungen in Notsituationen nicht für einen kurzen Bremsweg optimal. Nach einer steilen Druckanstiegsphase setzt sich der Druckaufbau oft nur zögerlich fort. Daraus leitet sich die Funktion des Bremsassistenten ab: Der Bremsassistent (BAS) soll, sobald die Notbremsabsicht eindeutig erkannt ist, schnellstmöglich die maximale Verzögerung aufbauen und so lange halten, bis eine Rücknahme des Notbremswunsches erkannt wird. Das damit erreichbare Potenzial beziffert Weiße [10] für eine Notbremsung aus 100 km/h mit einer mittleren Bremswegverkürzung von 8 m, also etwa 20 %. Noch höher wird der relative Anteil bei niedrigen Geschwindigkeiten, womit auch verständlich wird, dass der Nutzen besonders ungeschützten Verkehrsteilnehmern zugute kommt [11].

Die anfängliche Bremspedalgeschwindigkeit oder der folglich ausgelöste Anstieg des Bremsdrucks eignen sich als Basiskriterien für das Vorliegen einer Notbremsung. Die Unterscheidung zwischen normaler Bremssituation und einer Notbremsung geschieht auf Basis von empirisch ermittelten Werten. Die Schaltschwellen beziehen sich auf die Pedalgeschwindigkeit und werden direkt über

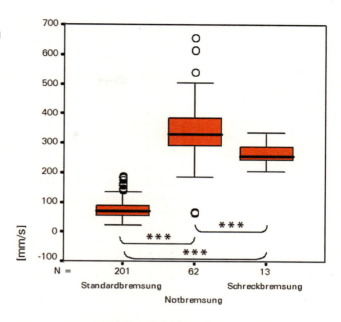

Abb. 47.2 Boxplot-Darstellung der Bremspedalgeschwindigkeiten bei Standard-, Not- und Schreckbremsungen [10]

den Membranweg des Bremskraftverstärkers oder indirekt über Drucksensoren am Hauptbremszylinder gemessen. Sie variieren in Abhängigkeit der Fahrgeschwindigkeit und des Hauptzylinderdrucks bzw. des Bremspedalwegs. Obwohl ein Entscheidungsfehler nicht ausgeschlossen werden kann, so ist dieses Kriterium allen anderen Kriterien, die aus der Fußbewegung abgeleitet werden können, weit überlegen [10]. Die im realen Straßenverkehr gemessenen Standardbremsungen reichten nicht an die Pedalgeschwindigkeiten (s. ◘ Abb. 47.2) heran, die eine Notbremsung kennzeichnen. Allerdings können etwa gleiche Pedalgeschwindigkeiten bei den von Weiße [10] so genannten Schreckbremsungen erreicht werden, ohne dass für diese Situation eine Vollbremsung notwendig war. Diese „Nebenwirkungen" können durch das Zurückziehen des Bremspedals ohne größere Probleme und Auswirkungen für den nachfolgenden Verkehr beherrscht werden und ähneln den Reaktionen, die bei Wechsel von einem Fahrzeug mit höherer Bremsbetätigungsenergie auf ein anderes Fahrzeug mit einem „knackigen" Bremspedal zu beobachten sind.

Die für die Bremsassistenzfunktion notwendigen Stellsysteme sind Teil moderner Bremssysteme und bedienen sich pneumatischer oder elektrischer Hilfsenergie, um die für die maximale Verzögerung notwendige Spannkraft der Bremssättel bereitzustellen. ▶ Kapitel 30 und ▶ Kap. 31 erläutern die für den Kraftaufbau notwendigen und heute eingesetzten Techniken. Funktional ist es von geringer Bedeutung, auf welche Weise die Zusatzspannkraft erreicht wird. Es verbleiben Unterschiede in der Aufbaudynamik.

Da das Hauptauslösekriterium die Bremspedalgeschwindigkeit ist, lässt sich die Bremsassistent-Basisfunktion auch mit mechanischer Steuerung mithilfe des Bremskraftverstärkers durchführen. Bei schneller Kolbenstangenbewegung wird eine erheblich höhere Bremskraftverstärkung ausgelöst, so dass bei gleicher Pedalstellung gegenüber einer „langsamen" Bremsbetätigung mehr Bremskraft entwickelt wird. Diese Funktion wird ergänzt durch die Möglichkeiten des Druckaufbaus per Hydraulikpumpe des ESC, vgl. ▶ Kap. 40.

47.5.2 Weiterentwicklungen

In der hier schon häufig zitierten Arbeit von Weiße [10] finden sich auch weitere Ansätze zur Bremsassistenzauslösung, insbesondere um eine frühere

Auslösung zu erreichen. Allerdings wurde kein Kriterium gefunden, dass nur annähernd die gleiche Entscheidungsqualität wie die Bremspedalgeschwindigkeit bot. Mit einer Kombination von Kriterien im Sinne einer ODER-Verknüpfung ließe sich das Potenzial von 8 auf 11 m steigern. Das Gleiche ließe sich auch durch eine abgestufte Funktion, die mit drei Stufen – der Vorkonditionierung, der Vorbremsung (mit 3 m/s²) und der Vollbremsung – arbeitet, erreichen. Allerdings muss für die Vorbremsung die Fußbewegung in Fahrzeuglängsrichtung gemessen werden, was nicht leicht zu realisieren ist. Allein die Abstufung von Vorkonditionierung bei Überschreitung einer Fahrpedalgeschwindigkeitsschwelle und von Bremspedalgeschwindigkeit getriggerter Vollbremsung bringt den vergleichsweise geringen Gewinn von 0,6 m auf insgesamt 8,6 m.

Für eine weitere Verbesserung der Bremsassistenzfunktion ist eine zeitliche Vorverlagerung des Bremsbeginns erforderlich. Dafür bieten sich zwei Strategien an:

- Verkürzung der Umsetzzeit von Fahrpedal auf Bremspedal. In vielen Untersuchungen [12, 10, 2, 13] hat sich gleichlautend eine Umsetzzeit von ca. 0,2 s ergeben. Diese Umsetzzeit ließ sich nur durch ein alternatives Betätigungskonzept erheblich verkürzen, was im Falle eines in Längsrichtung isometrischen Sidesticks von [14] auch nachgewiesen wurde.
- Absenkung der Schwellen bei Erkennung einer Notbremssituation auf Basis umfelderfassender Sensorik.

Liegt aber eine Situationserkennung schon vor, dann ist es auch nahe liegend, den Unterstützungsgrad abhängig von dem noch zur Verfügung stehenden Abstand auszulegen, also nur so viel zusätzliche Verzögerung zu erzeugen, wie zum rechtzeitigen Geschwindigkeitsabbau benötigt wird. Die benötigte Verzögerung $D_{\mathrm{req}} = v_{\mathrm{diff}}^2 / 2d$ in Abhängigkeit der Time-to-Collision $t_{\mathrm{tc}} = d/v_{\mathrm{diff}}$, die wiederum aus dem Abstand d und der Differenzgeschwindigkeit v_{diff} zwischen Egofahrzeug und Hindernis gebildet wird, ist in ◘ Abb. 47.3 für verschiedene Ausgangsdifferenzgeschwindigkeiten dargestellt. Natürlich führt die Absenkung der Verzögerung nicht zur Verkürzung des Bremswegs,

allerdings kann diese Unterstützung im Vorfeld einer kritischen Situation nützlich werden, wenn der Fahrer die Situation unkritischer einschätzt, als sie tatsächlich ist, sowie unangemessen gering bremst und somit wiederum die Reserve für den rechtzeitigen Geschwindigkeitsabbau verkleinert. So wird in dem in ◘ Abb. 47.3 dargestellten Beispiel angenommen, dass bei einer Ausgangsdifferenzgeschwindigkeit von 70 km/h und einer t_{tc} von knapp 2 s vom Fahrer nur eine Verzögerung von 3 m/s² eingeleitet wurde. Die Verzögerung wird durch den adaptiven Bremsassistenten nun auf mindestens 5 m/s² erhöht, damit bei dieser Verzögerung der noch verfügbare Abstand für eine gleichmäßige Verzögerung genutzt werden kann.

47.6 Warn- und Eingriffszeitpunkte

In den folgenden Unterabschnitten werden fahrdynamisch und fahrerverhaltensbasierte Warn- und Eingriffszeitpunkte abgeleitet, die für unterschiedliche Frontkollisionsgegenmaßnahmen geeignet sind. Grundsätzlich sind für die Auslösung einer Gegenmaßnahme zwei Betrachtungsweisen möglich:

- Zeitkriterien (Time-to-Collision, Time-Threshold-Evasion, Time-to-Stop, Time-Threshold-Brake; für Kollisionsvermeidung benötigte zeitliche Reserve)
- Beschleunigungskriterien (für Kollisionsvermeidung benötigte Längsverzögerung bzw. Querbeschleunigung)

Für die Zeitkriterien werden aktuelle Abstands-, Geschwindigkeits- und Beschleunigungswerte herangezogen und dann mit Zeitschwellwerten verglichen, die sich aus Annahmen über die maximal möglichen Verzögerungen und Querbeschleunigungen ableiten und sich bei Warnungen additiv um die angenommene Reaktionszeit vergrößern. Die Beschleunigungskriterien sind bezüglich der fahrdynamischen Betrachtungen recht einfach, da es ausreicht, diese mit den angenommenen Maximalwerten für die Beschleunigung zu vergleichen. Der Vorteil verschwindet, wenn eine Reaktionszeit, wie bei Warnstrategien benötigt, oder eine Systemtotzeit mit in die Berechnung eingeht. Da beide „Kriterienwelten" Vor- und Nachteile in der Darstellung haben, werden die relevanten Gleichungen und Schwellwerte im Folgenden für beide Betrachtungen vorgestellt, auch wenn letztlich beide Betrachtungen ineinander überführt werden können. Bei Berechnungen zum Ausweichen führt die Zeitbetrachtung zu einfacheren Termen, zum Bremsen sind die Beschleunigungskriterien einfacher darzustellen. Am Ende dieses Abschnitts werden die Ergebnisse zu den einzelnen Kriterien in einer gemeinsamen Übersicht referenziert.

47.6.1 Fahrdynamische Betrachtungen

Bei den fahrdynamischen Betrachtungen werden drei Fälle unterschieden. Der einfachste geht von einem mit konstanter Geschwindigkeit bewegten, unbeschleunigten Hindernis (inkl. Spezialfall des stehenden Hindernisses) aus. Danach erfolgt die Herleitung der Kriterien für ein Fahrzeug, das sich mit konstanter Relativbeschleunigung zum Egofahrzeug bewegt. Im dritten Spezialfall führt die Verzögerung des Hindernisfahrzeugs zum Stillstand, noch bevor das Egofahrzeug das Hindernis erreicht. In einer weiteren Betrachtung wird die Ausweichmöglichkeit bei gemischt längs- und querbeschleunigter Bewegung des Egofahrzeugs betrachtet.

47.6.1.1 Berechnungen für ein unbeschleunigtes Hindernis

Verzögerungsmanöver

Wenn sich das Hindernis mit konstanter Geschwindigkeit bewegt, so lassen sich trotzdem alle Berechnungen auf ein Relativsystem zu diesem Objekt beziehen. Somit entsprechen alle Ergebnisse dem Fall eines ruhenden Hindernisses, wobei die negative Relativgeschwindigkeit $-v_{rel}$ als Differenzgeschwindigkeit v_{diff} die Absolutgeschwindigkeit $v_{x,v}$ ersetzt und der Abstand d den Absolutweg s. So lässt sich aus dem Bremsweg in den Stand $s_B(v_{xv,0})$ aus der Ausgangsgeschwindigkeit $v_{xv,0}$ mit dem Bremsabstand $d_B(v_{diff})$ gleichsetzen, der für einen Ausgleich der gleich großen Differenzgeschwindigkeit v_{diff} benötigt wird. Die später eingeführte Time-to-Stop bezieht sich entsprechend auf die Zeit, die zum Geschwindigkeitsausgleich benötigt wird.

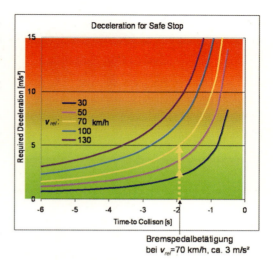

Abb. 47.3 Benötigte mittlere Verzögerung in Abhängigkeit von der Time-to-Collision für verschiedene Ausgangsdifferenzgeschwindigkeiten

Der Bremsabstand berechnet sich in für heutige Bremsanlagen guter Näherung zu

$$d_B(v_{diff}) = v_{diff} \cdot \tau_B + \frac{v_{diff}^2}{2D_{max}}. \quad (47.1)$$

Die Bremsenverlustzeit τ_B berücksichtigt den effektiven Zeitverlust beim Verzögerungsaufbau. Bei angenommenem linearem Anstieg der Verzögerung innerhalb einer Schwellzeit τ_s bis zur mittleren Vollverzögerung D_{max} kann die Verlustzeit durch die Hälfte der Schwellzeit (also $\tau_s/2$) angenähert werden, ohne dass der Fehler bei der Bremswegberechnung über einstellige Zentimeterwerte hinausgeht. Die im Bereich von 50 ms liegende Bremsenansprechzeit wird der deutlich höher liegenden Fahrerreaktionszeit τ_R zugeschlagen, die ihrerseits aus Blickzuwendungszeit, Reaktionsgrundzeit und Umsetzzeit besteht und zwischen 0,5 und 1,5 s anzusetzen ist. Für die Berechnungsbeispiele wird dieser Wert auf $\tau_R = 1$ s gesetzt, wobei dies in für den Fahrer klaren Situationen ein deutlich zu hoher Wert ist, vgl. [2] und [13].

Der Warnabstand d_{warn} für eine rechtzeitige Notbremsung fügt zur Bremsverlustzeit in Gl. (47.1) additiv die Reaktionszeit des Fahrers τ_R hinzu,

$$d_{warn}(v_{diff}) = v_{diff} \cdot (\tau_B + \tau_R) + \frac{v_{diff}^2}{2D_{max}}. \quad (47.2)$$

Bezieht man die aktuellen Abstände d auf die Differenzgeschwindigkeit v_{diff}, so erhält man die Größe Time-to-Collision (TTC)

$$t_{\text{tc}} = \frac{d}{v_{\text{diff}}}; d, v_{\text{diff}} > 0, \qquad (47.3)$$

und die Gleichungen (47.1) und (47.2) vereinfachen sich zu

$$t_{\text{tB}}(v_{\text{diff}}) = \tau_{\text{B}} + \frac{t_{\text{ts}}(v_{\text{diff}}, D_{\text{max}})}{2}, \qquad (47.4)$$

mit der Time-Threshold-Brake t_{tB} sowie der Time-To-Stop

$$t_{\text{ts}}(v_{\text{diff}}, D_{\text{max}}) = \frac{v_{\text{diff}}}{D_{\text{max}}}, \qquad (47.5)$$

und entsprechend

$$t_{\text{warn}}(v_{\text{diff}}) = \tau_{\text{R}} + t_{\text{tB}}(v_{\text{diff}}). \qquad (47.6)$$

Die Zeitdauer für den Vollbremsvorgang t_{ts} ist doppelt so groß wie die TTC bei Beginn des Bremsens. Dieser Grundsatz gilt auch für die nachfolgenden Betrachtungen, solange eine konstante und positive Relativverzögerung vorausgesetzt werden kann.

Neben der Betrachtung von Zeit- und Ortsabständen kann auch die aktuell notwendige Verzögerung D_{req} bestimmt und als Schwelle herangezogen werden. Für den einfachen Fall des mit konstanter Geschwindigkeit bewegten Hindernisses ermittelt diese sich wie folgt:

$$D_{\text{req,v}} = \frac{v_{\text{diff}}^2}{2d} \qquad (47.7)$$

Ausweichmanöver

Der Ausweichabstand d_{eva} berechnet sich aus dem Produkt der Differenzgeschwindigkeit und der für das Ausweichen benötigten Zeitdauer t_{eva}, die ihrerseits in guter Näherung aus dem für das Ausweichen notwendigen Versatz y_{eva}, der mittleren maximalen Querbeschleunigung $a_{\text{y,max}}$ und der Lenkverlustzeit τ_{S}, die wie die Bremsenverlustzeit in der Größenordnung von 0,1 s liegt, angegeben werden kann.

$$t_{\text{eva}} = \sqrt{\frac{2y_{\text{eva}}}{a_{\text{y,max}}}} + \tau_{\text{S}} \qquad (47.8)$$

$$d_{\text{eva}} = v_{\text{diff}} \cdot t_{\text{eva}} \qquad (47.9)$$

Die maximale Querbeschleunigung $a_{\text{y,max}}$ beträgt je nach Reifentyp zwischen 80 und 100 % der maximalen Verzögerung D_{max}, die ihrerseits bei trockenen Fahrbahnen etwa 10 m/s² beträgt (im Weiteren wird ein Verhältnis von $a_{\text{y,max}}/D_{\text{max}}$ = 90 % angenommen). Für den Ausweichversatz kann man bei schmalen Hindernissen 1 m annehmen, bei größeren wie Lkw 1,8 m. Damit erhält man Werte von 0,55 bis 0,7 s für t_{eva}. Im Folgenden wird ein die Fahrdynamiküberlegungen repräsentierender Wert $t_{\text{eva,phys}}$ = 0,6 s angenommen. Dieser ist natürlich zu hoch, wenn ein deutlich verringerter Ausweichversatz benötigt wird, z. B. weil das Hindernis seitlich zur Fahrtrichtung versetzt ist.

In Analogie zur benötigten Verzögerung lässt sich eine benötigte Querbeschleunigung $a_{\text{y,req}}$ berechnen, wobei nun neben Abstand und Differenzgeschwindigkeit der Ausweichversatz dieses Kriterium mitbestimmt:

$$a_{\text{y,req}} = 2y_{\text{eva}}t_{\text{tc}}^{-2} = \frac{2y_{\text{eva}}v_{\text{diff}}^2}{d^2} \qquad (47.10)$$

47.6.1.2 Berechnungen für ein konstant verzögerndes Hindernis

Verzögerungsmanöver

Für ein Hindernis, das sich mit einer konstanten Verzögerung D_{obs} bewegt, ist die TTC abhängig von der Relativverzögerung $D_{\text{rel}} = D_{\text{obs}} - D_{\text{sub}}$ zum nachfahrenden Fahrzeug.

$$t_{\text{tc}}(D_{\text{rel}}) = \frac{\sqrt{v_{\text{diff}}^2 + 2D_{\text{rel}}d} - v_{\text{diff}}}{D_{\text{rel}}}; \qquad (47.11)$$
$$v_{\text{diff}}^2 > 2D_{\text{rel}}d$$

$t_{\text{tc}}(D_{\text{rel}})$ wird auch als Enhanced Time-to-Collision (ETTC) bezeichnet. Bei verschwindender Relativverzögerung geht Gl. (47.11) in einer Grenzwertbetrachtung in Gl. (47.3) über.

Die für das rechtzeitige Bremsen hinter einem ebenfalls verzögernden Hindernis ($D_{\text{obs}} > 0$) notwendige ETTC errechnet sich aus der maximalen Relativverzögerung

$$D_{\text{max,rel}} = D_{\text{max}} - D_{\text{obs}} \qquad (47.12)$$

$$t_{tB}(v_{diff}, D_{rel}) = \tau_B + \frac{t_{ts}(v_{diff} + D_{rel} \cdot \tau_B, D_{max,rel})}{2} \quad (47.13)$$

$$t_{warn}(v_{diff}, D_{rel}) = \tau_R + t_{tB}(v_{diff}, D_{rel}) \quad (47.14)$$

$$d_B(v_{diff}, a_{rel}) = \left(v_{diff} + D_{rel}\frac{\tau_B}{2}\right) \cdot \tau_B + \quad (47.15)$$
$$\frac{(v_{diff} + D_{rel} \cdot \tau_B)^2}{2D_{max,rel}}$$

$$d_{warn}(v_{diff}, a_{rel}) = \left(v_{diff} + D_{rel}\frac{\tau_B + \tau_R}{2}\right) \cdot (\tau_B + \tau_R) + \quad (47.16)$$
$$\frac{(v_{diff} + D_{rel} \cdot (\tau_B + \tau_R))^2}{2D_{max,rel}}$$

Die Verzögerung des Hindernisses wirkt sich für den Bremsweg praktisch als Reduktion der maximalen Verzögerung des Egofahrzeugs aus. Für die Warnschwelle kann sich die Relativgeschwindigkeit innerhalb der Reaktionszeit noch um $D_{rel} \cdot \tau_R$ deutlich erhöhen.

In das Kriterium der benötigten Verzögerung geht nicht die Relativverzögerung ein, sondern zusätzlich zu Gl. (47.7) nur die absolute Hindernisverzögerung D_{obs}:

$$D_{req,D} = D_{obs} + \frac{v_{diff}^2}{2d} \quad (47.17)$$

Im Vergleich zu dem vorherigen einfachen Fall mit v_{obs} = const. muss der Bremseingriff früher, d. h. bei größeren Abständen erfolgen, wenn das Hindernisfahrzeug verzögert, da um diese Verzögerung die Relativverzögerungsfähigkeit reduziert wird, vgl. Gl. (47.12).

Ausweichmanöver

Die für das Ausweichen notwendige Zeit t_{eva} ändert sich auch bei einer Relativbeschleunigung nicht, wohl aber der notwendige Abstand, der bei einem stärker als das Egofahrzeug verzögernden Hindernisobjekt nun um $(D_{rel} \cdot t_{eva}^2/2)$ größer ausfallen muss.

$$d_{eva}(v_{diff}, D_{rel}) = v_{diff} \cdot t_{eva} + D_{rel}\frac{t_{eva}^2}{2} \quad (47.18)$$

Ebenso erhöht sich die benötigte Querbeschleunigung gegenüber dem nicht beschleunigten Fall. Allerdings ist zur Berechnung der benötigten Querbeschleunigung der Umweg über die Variable $t_{tc}(D_{rel})$ nötig, die die für eine Querbewegung verfügbare Zeitdauer beschreibt.

$$a_{y,req,D} = 2y_{eva}t_{tc}^{-2}(D_{rel}) = \frac{2y_{eva}D_{rel}^2}{\left(\sqrt{v_{diff}^2 + 2D_{rel}d} - v_{diff}\right)^2} \quad (47.19)$$

47.6.1.3 Berechnungen für ein in den Stand bremsendes Hindernis

Der hier betrachtete Fall liegt zwischen den beiden vorherigen Szenarien. Entsprechend liegen die Resultate auch zwischen deren Ergebnissen.

Verzögerungsmanöver

Kommt das Hindernisobjekt (Geschwindigkeit v_{obs}) vor dem Erreichen (also bei ETTC) zum Stillstand, wenn also $(v_{obs}/D_{obs}) < t_{tc}(D_{rel})$ ist, so erhöht sich die TTC, und die für das Anhalten und Ausweichen notwendigen Abstände verkleinern sich gegenüber den Gl. (47.11) bis (47.18):

$$t_{tc,stop} = \frac{v_{sub} - \sqrt{v_{sub}^2 - 2D_{sub} \cdot d - v_{obs}^2 \frac{D_{sub}}{D_{obs}}}}{D_{sub}}$$

$$\left(v_{sub}^2 - 2D_{sub} \cdot d - v_{obs}^2 \frac{D_{sub}}{D_{obs}}\right) > 0 \quad (47.20)$$

Somit ist ein Bremsabstand notwendig, der sich aus der Differenz der Bremswege des Egofahrzeugs und des Hindernisfahrzeugs zuzüglich des durch die Bremsverlustzeit bedingten Wegs ergibt:

$$d_{B,stop} = \frac{v_{sub}^2}{2D_{max}} - \frac{v_{obs}^2}{2D_{obs}} + v_{sub} \cdot \tau_B \quad (47.21)$$

Ein Zeitkriterium t_{tB} für diesen Fall vereinfacht die Darstellung von Gl. (47.21) nicht, wie auch schon an Gl. (47.20) zu sehen ist. Für den Warnabstand ist Gl. (47.21) um die Reaktionszeit multipliziert mit der mittleren Differenzgeschwindigkeit während des Reaktionsintervalls zu erweitern:

$$d_{warn,stop} = \frac{v_{sub}^2}{2D_{max}} - \frac{v_{obs}^2}{2D_{obs}} + v_{sub} \cdot \tau_B \quad (47.22)$$
$$+ \left(v_{diff} + D_{rel} \cdot \frac{\tau_R}{2}\right) \cdot \tau_R$$

Tab. 47.1 Auslöseschwellen mit Verweisen auf die Berechnungen des Abschnitts 47.6

	Warnungs- und Eingriffsauslöseschwellen		
	Fahrdynamische Szenarien		
	unbeschleunigtes Hindernis	mit D_{rel} relativ verzögertes Hindernis	in den Stand bremsendes Hindernis
Ausweichzeit (Time-Threshold-Evasion t_{eva})		Gl. (47.8) 0,55 … 0,7 s	
Ausweichabstand d_{eva}	Gl. (47.9) $v_{diff} \cdot t_{eva}$	Gl. (47.18) $v_{diff} \cdot t_{eva} + D_{rel} \dfrac{t_{eva}^2}{2}$	Gl. (47.25)
Benötigte Querbeschleunigung $a_{y,req}$	Gl. (47.10) $\dfrac{2y_{eva} v_{diff}^2}{d^2}$	Gl. (47.19)	Gl. (47.26)
Anhaltezeit (Time-Threshold-Brake t_{tB})	Gl. (47.4, 47.5) $\tau_B + \dfrac{v_{diff}}{2D_{max}}$	Gl. (47.13)	–
Bremsabstand d_B	Gl. (47.1) $v_{diff} \cdot \tau_B + \dfrac{v_{diff}^2}{2D_{max}}$	Gl. (47.15)	Gl. (47.21)
Warnzeit t_{warn}	Gl. (47.6)	Gl. (47.14)	Gl. (47.16)
Warnabstand d_{Warn}	Gl. (47.2) $\tau_R + t_{tB}$	Gl. (47.16)	Gl. (47.22)
Benötigte Verzögerung D_{req}	Gl. (47.7) $\dfrac{v_{diff}^2}{2d}$	Gl. (47.17) $D_{obs} + \dfrac{v_{diff}^2}{2d}$	Gl. (47.23)
	Fahrerverhalten		
	Fahrergrenze		Komfortgrenze
Ausweichzeit	1 s		1,6 s

Die benötigte Verzögerung $D_{req,stop}$ errechnet sich aus der Summe des aktuellen Abstands d und des Bremswegs $v_{obs}^2/2D_{obs}$ des vorausfahrenden Fahrzeugs

$$D_{req,stop} = \frac{v_{sub}^2}{2\left(d + \dfrac{v_{obs}^2}{2D_{obs}}\right)}. \quad (47.23)$$

Das Ergebnis liegt immer zwischen den Werten für konstante Geschwindigkeit und für konstante Verzögerung

$$D_{req,v} \leq D_{req,stop} \leq D_{req,D} \quad (47.24)$$

$D_{req,stop}$ liegt nahe an dem Wert $D_{req,v}$ für ein unbeschleunigtes Hindernis (Gl. (47.7)), wenn v_{obs}/D_{obs} klein ist, und nahe an einem dauerhaft verzögernden Hindernis (Gl. (47.17)), wenn v_{obs}/D_{obs} groß ist.

Ausweichmanöver

Auch für diesen Fall des in den Stand bremsenden Hindernisses bleibt die benötigte Ausweichzeit unverändert gemäß Gl. (47.8), allerdings ist für die

Berechnung des benötigten Ausweichwegs diese Zeit mit der mittleren Egogeschwindigkeit ($v_{\text{diff}} - D_{\text{sub}} \cdot t_{\text{eva}}/2$) zu multiplizieren. Zur Verfügung steht der aktuelle Abstand d und der Verzögerungsweg $v_{\text{obs}}^2/2D_{\text{obs}}$ des Hindernisobjekts.

$$d_{\text{eva}}(v_{\text{obs}}, D_{\text{obs}}) = \left(v_{\text{diff}} - D_{\text{sub}} \cdot \frac{\tau_{\text{eva}}}{2}\right) \cdot \tau_{\text{eva}} \quad (47.25)$$
$$- \frac{v_{\text{obs}}^2}{2D_{\text{obs}}}$$

Die benötigte Querbeschleunigung

$$a_{y,\text{req}} = 2y_{\text{eva}} t_{\text{tc}}^{-2}(v_{\text{obs}}, D_{\text{obs}}) = \quad (47.26)$$
$$\frac{2y_{\text{eva}} D_{\text{sub}}^2}{(v_{\text{sub}} - \sqrt{v_{\text{sub}}^2 - 2D_{\text{sub}} \cdot d - v_{\text{obs}}^2 \cdot \frac{D_{\text{sub}}}{D_{\text{obs}}}})^2}$$

liegt wie die benötigte Verzögerung zwischen den Werten für ein unbeschleunigtes Hindernis (Gl. (47.10)) und denen für ein konstant verzögerndes (Gl. (47.19)). Die Wurzel bleibt nur dann real, wenn auch wirklich die Kollision bei Fortsetzung der Bewegung stattfinden würde. Ansonsten bleibt das Egofahrzeug noch mit endlichem Abstand vor dem Hindernis stehen und bricht auf diese Weise den Ausweichvorgang ab, sodass keine sinnvolle Lösung zur benötigten Querbeschleunigung errechnet werden kann.

Mit Hilfe der ◘ Tab. 47.1 können für alle genannten Kriterien und für die drei hier unterschiedenen Fälle die zu einander korrespondierenden Ergebnisse gefunden werden.

Berechnungen für gleichzeitiges Bremsen und Lenken

Wenn der Reifen mit Längskräften beansprucht wird, so kann er nicht mehr die maximalen Querkräfte bereitstellen. Diese Abhängigkeit beschreibt – vereinfachend – der Kammsche Kreis, s. ◘ Abb. 47.4, der gemäß der Gleichung

$$a_{y,\text{max}}(D) = a_{y,\text{max}} \sqrt{1 - \frac{D^2}{D_{\text{max}}^2}}; 0 \leq D \leq D_{\text{max}} \quad (47.27)$$

auch für eine Ellipse mit unterschiedlichen Maximalreibwerten für Längs- und Querrichtung angesetzt werden kann. Bei einem kombinierten Brems- und Lenkmanöver wird die Ausweichzeit t_{eva}

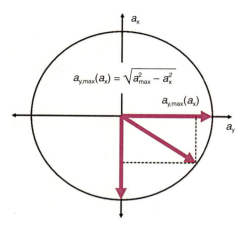

◘ Abb. 47.4 Aufteilung der Längs- und Querkräfte beim Reifen (Kammscher Kreis)

verlängert, da nun in Gl. (47.8) die reduzierte maximale Querbeschleunigung $a_{y,\text{max}}(D)$ einzusetzen ist.

Anderseits verlängert sich die Zeitdauer bis zum Erreichen des Hindernisses durch die mit dem Bremsen erreichte positive Relativbeschleunigung gemäß Gl. (47.11).

Dieser Effekt dominiert bei kleinen Verhältnissen von D/D_{max}. In einer [15] nachempfundenen Darstellung lässt sich die Wirkung der kombinierten Brems- und Lenkeingriffe über die Bewegung einer mit der Zeit größer werdenden Ellipse verdeutlichen, deren Mittelpunkt sich mit der Ausgangsgeschwindigkeit bewegt (s. ◘ Abb. 47.5).

Diese Darstellung zeigt, dass Bremsen bis zu einem von der Ausgangsbedingung abhängigen Maß eine größere ortsbezogene Ausweichfähigkeit nach sich zieht. Auf den Abstandspunkt des Ausweichbeginns bezogen beträgt der Gewinn durch ein optimales Brems-/Lenkmanöver gegenüber dem reinen Lenkmanöver zumeist nur wenige Zentimeter [15] und liegt somit im Bereich der sonstigen Ungenauigkeiten. Damit können die Gleichungen hinsichtlich der Ausweichkriterien, insbesondere die Basisgleichung für das Zeitkriterium, Gl. (47.8), weiter verwendet werden. Allerdings ist bei einem verzögernden Hindernisobjekt ($D_{\text{obs}} > 0$) noch der Abstand $\Delta d = D_{\text{obs}} t_{\text{eva}}^2/2$, bei in den Stand bremsendem Hindernisobjekt der Abstand $\Delta d = v_{\text{obs}}^2/2D_{\text{obs}}$ hinzuzuaddieren. Bezogen auf die TTC bei unbeschleunigten Ausgangsbedingungen erhöht sich somit der Zeitbedarf um $\Delta d/v_{\text{sub}}$,

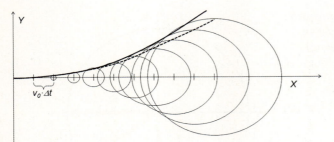

Abb. 47.5 Mögliche Aufenthaltsbereiche bei kombinierter Längs- und Querbeschleunigung. Die Ellipsen bewegen sich mit der Ausgangsgeschwindigkeit v_0 und werden mit dem Quadrat der Zeit größer. Die durchgezogene Linie entspricht dem jeweils optimalen Seitenabstand, die gestrichelte der Trajektorie bei ausschließlicher Querbeschleunigung. Darstellung nach [15]

wobei der kleinere der oben genannten Δd-Werte einzusetzen ist. Mit dem zuvor angegebenen repräsentativen Wert $t_{eva,phys} = 0{,}6$ s für Hochreibwert und mittleren Ausweichversatz ist ein zusätzlicher Abstand von 1,8 m zu berücksichtigen, was in Folge zu einer Anhebung der Zeitgrenze um maximal 0,3 s, typisch eher um 0,15 s führt.

Auch wenn die Darstellung des Aufenthaltsraums gemäß ◘ Abb. 47.5 sehr leicht zu konstruieren ist, so ist Vorsicht geboten, wenn neben der räumlichen Betrachtung auch die zeitliche erforderlich ist, vgl. ▶ Kap. 49. Für den Fall einer reinen Querbeschleunigung verläuft die Trajektorie nicht auf der in ◘ Abb. 47.5 zu sehenden Parabel, sondern, wie allgemein bekannt, auf einem Kreis. Die Hauptabweichung zwischen diesen beiden Verläufen betrifft zunächst nicht die Querrichtung, sondern die Längsrichtung, wie folgende Rechnung zeigen wird.

Die Projektion der Kreisbewegung mit konstanter Kreisgeschwindigkeit auf die ursprüngliche Längsachse weist gegenüber dem Verlauf nach ◘ Abb. 47.5 eine Abweichung von

$$\Delta x = R(\vartheta - \sin \vartheta); \quad \vartheta = v_0 t/R; \quad R = v_0^2/a_y \quad (47.28)$$

auf, wobei in Querrichtung die Strecke

$$y = R(1 - \cos \vartheta); \quad \vartheta = \arccos(1 - y/R) \quad (47.29)$$

zurückgelegt wird. Somit lässt sich der Winkel ϑ durch einen von y und R abhängigen Term ersetzen:

$$\Delta x / R = (\arccos(1 - y/R) - \sin[\arccos(1 - y/R)]) \approx (2y/a_y)^{3/2}/6 \quad (47.30)$$

Die Näherung ergibt sich durch die Reihenentwicklung der trigonometrischen Funktionen, abgeschnitten nach dem kubischen Glied. Je kleiner der Radius ist (implizit bei kleinerer Geschwindigkeit) und je größer die Ausweichbreite ist, umso stärker fällt diese Differenz ins Gewicht. Der zeitliche Unterschied hängt zum einen vom Quadrat des Verhältnisses a_y/v_0 und zum anderen von der dritten Potenz von $(2y/a_y)$ ab, der Zeit zum Querversatz y (vgl. Gl. (47.8), erster Term):

$$\Delta x / v_0 \approx (a_y/v_0)(2y/a_y)^{3/2}/6. \quad (47.31)$$

Dieser Unterschied ist erst relevant, wenn v_0 klein ist und y in der Größenordnung einer Fahrstreifenbreite liegt (Beispiel: $\Delta x/v_0 \approx 100$ ms bei $v_0 = 10\frac{m}{s}$, $a_y = 10\frac{m}{s^2} = 3{,}5$ m).

47.6.1.4 Ausweichverhalten von Fahrern

Im vorherigen Abschnitt sind allein fahrphysikalische Betrachtungen ausgeführt worden. Allerdings werden nur besonders geübte Fahrer bis an die Fahrphysikgrenzen herangehen. In einer Untersuchung von Honda [16] (◘ Abb. 47.6) wurden Ausweichmanöver in drei Gefährlichkeitsstufen bewertet. Die untere Grenze der mittleren Bewertung („feel somewhat dangerous") lässt sich sehr gut im Bereich von TTC > 1,6 s identifizieren. Die untere Grenze der als ungefährlich eingestuften Ausweichmanöver kann mit einer TTC von 2,5 s angegeben werden. Aus diesen beiden Werten kann geschlossen werden, dass ein Ausweichmanöver innerhalb von einer Sekunde TTC zwar fahrphysikalisch möglich ist, aber wegen der Einstufung selbst unter großer Risikobereitschaft nicht beabsichtigt durchgeführt wird. Diese Schwelle wird im Folgenden Driver's Limit genannt. Aber bereits früher, bei einer TTC von etwa 1,6 s, wird der Ungefährlichkeitsbereich verlassen, sodass auch hier nicht mehr

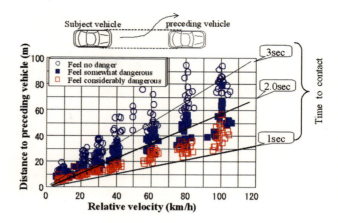

■ **Abb. 47.6** Subjektive Bewertung von Ausweichmanövern [Quelle: Honda [16]]

von einer normalen Ausweichsituation ausgegangen werden kann und eine Frontkollisionsgegenmaßnahme berechtigt erscheint. Dieser Schwellwert wird im Folgenden Comfort Limit genannt.

Zusammen mit der fahrphysikalischen Grenze ergeben sich nun drei repräsentative Schwellwerte für Frontkollisionsgegenmaßnahmen:
- Bei t_{eva} (ca. 0,6 s) ist ein Ausweichen physikalisch nicht mehr möglich.
- Bei t_{driver} (ca. 1 s) wird ein Ausweichen vom Fahrer praktisch nicht mehr geleistet.
- Bei $t_{comfort}$ (ca. 1,6 s) wird ein Ausweichen als gefährlich angesehen.

Allerdings kommen selbst bei der früheren Schwelle $t_{comfort}$ Warnungen mit der Aufforderung zum Bremsen nicht mehr rechtzeitig. Wenn von einer Reaktionszeit von 1 s (zzgl. Verlustzeit der Bremse von 0,1 s) ausgegangen wird, so lässt sich eine Differenzgeschwindigkeit von nur $2D_{max} \cdot 0{,}6\,\text{s} \approx 12\,\text{m/s}$ ausgleichen. Eine besonders wirksame Warnung mit einer Reaktionszeit von 0,5 s käme immerhin schon auf Werte von 22 m/s. In diesen Beispielen wird allerdings eine Vollbremsung unter guten Fahrbahnzustandsbedingungen angenommen. Eine Warnung, die etwa eine Sekunde früher erfolgt, lässt dem Fahrer den Spielraum für eine moderatere Reaktion und kann bei Einsatz einer Vollbremsung sogar Differenzgeschwindigkeiten von 30 bis 40 m/s ausgleichen, womit die weitaus meisten Einsatzfälle abgedeckt sind. Gemäß diesen Überlegungen wird eine weitere Schwelle,

- die Warnschwelle t_{warn} mit Werten zwischen 2,5 und 3 s,

eingeführt.

Für diese den normalen Fahreinsatz beschreibenden Einsatzschwellen können noch weitere Kriterien zu einer Veränderung der Werte führen. Eine Strategie ist die Beobachtung des Fahrers hinsichtlich der Aufmerksamkeit. In einem im Markt eingeführten Beispiel (Lexus LS, APCS-Paket) bestimmt ein auf der Lenkkonsole montierter Driver Monitor, ob der Fahrer zur Seite schaut. Wird eine längere Blickabwendungszeit ermittelt, erfolgen eine frühere Warnung und ein früherer Eingriff. Weitere Kriterien für die Änderung der Schwellwerte können der Reibwert μ und die Sichtweite sein. Ein verminderter Reibwert erhöht die fahrphysikalisch abgeleiteten Grenzwerte, und zwar die Ausweichzeiten um $1/\sqrt{\mu}$ und die Bremszeiten um $1/\mu$. Bei der Verwendung von Beschleunigungsschwellen für die Auslösung lässt sich der Reibwert, falls in irgendeiner Weise ermittelt, direkt für den Vergleich zwischen benötigter Verzögerung/Querbeschleunigung verwenden, da die maximal mögliche Verzögerung/Querbeschleunigung über $\mu \cdot g$ abgeschätzt werden kann. Allerdings sind zurzeit keine Verfahren bekannt, die schon im Vorfeld den Reibwert ermitteln können, um entsprechende Schwellwertmodifikationen zu erlauben.

Für die Sichtweite gibt es optische Verfahren über die Messung der Rückstreuung mit Lidar oder Lidar-ähnlichen Sensoren oder mit Kameras. Als weiterer Indikator sowohl für geringe Sichtweite als auch verminderten Reibwert kann ein mit hoher

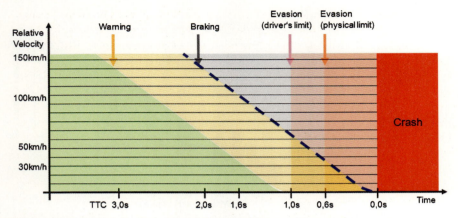

Abb. 47.7 Darstellung von Warn- und Eingriffszeitpunkten im Fall der nicht beschleunigten Bewegung von Hindernis und Egofahrzeug (TTC = Abstand/Relativgeschwindigkeit)

Geschwindigkeit betriebener Scheibenwischer sein. Auch ein angeschalteter Nebelrückscheinwerfer kann als Modifikationsgrund herangezogen werden, insbesondere bei Warnungen mit einem größeren Abstand zum Hindernis.

47.6.1.5 Zusammenfassung

In einer vereinfachten Darstellung sind in Abb. 47.7 alle in den vorherigen Abschnitten abgeleiteten Eingriffe in ein Diagramm gezeichnet. Als fahrphysikalische Grenze findet sich der repräsentative Wert t_{eva} (ca. 0,6 s) wieder, für die Grenze, die von Fahrern gemieden wird, steht der Wert t_{driver} (ca. 1 s), während die Warnschwelle wegen des mit der Geschwindigkeit quadratisch wachsenden Bremswegs linear abhängig von der Relativgeschwindigkeit ist. Eine Vollbremsung, die noch vor der gestrichelten Grenze eingeleitet wird, kann die Kollision vermeiden. Eine Kollisionsvermeidung per Ausweichmanöver ist bei den hier getroffenen Annahmen bei Differenzgeschwindigkeiten oberhalb von 10 m/s (36 km/h) immer später möglich als durch Verzögern.

Die in Abb. 47.7 gewählte Darstellung ermöglicht eine einfache und korrekte Betrachtung für den Fall mit konstant angenommenen Geschwindigkeiten für Hindernis und Egofahrzeug. Verzögert hingegen das Egofahrzeug (relativ zum Objekt), so ist die TTC-Achse nicht mit einer Zeitachse identisch. So dauert im Falle einer Vollbremsung mit Eingriffsbeginn entlang der gestrichelten Linie näherungsweise doppelt so lang wie der angegebene TTC-Wert, weil die (zeitlich) mittlere Relativgeschwindigkeit durch die Verzögerung nur etwa halb so groß ist wie die Ausgangsgeschwindigkeit.

Die hier gewählte Darstellung repräsentiert einen eher günstigen Fall. Bei niedrigeren Reibwerten oder verzögernden Hindernisobjekten verschieben sich die Schwellen zu höheren TTC-Werten, die Ausweichwerte verschieben sich weitgehend unabhängig von der Relativgeschwindigkeit zu höheren TTC-Werten, während die Bremsgrenze und damit auch die Warngrenze stärker geneigt ist, also proportional zur Relativgeschwindigkeit zu größeren TTC-Werten verschoben. Allein im Falle der Kurvenfahrt könnte bei Ausweichen zur kurvenäußeren Seite ein noch später eingeleitetes Ausweichmanöver erfolgreich möglich sein (wobei sich der Erfolg auf das auszuweichende Hindernis bezieht und nicht berücksichtigt, ob der Ausweichkorridor gefahrlos ist).

47.6.2 Frontkollisionsgegenmaßnahmen

Neben der Reaktionsassistenz können informierende und automatisch eingreifende Gegenmaßnahmen ergriffen werden. Sind die informierenden Maßnahmen darauf ausgerichtet, den Unfall zu vermeiden, so sind dagegen die eingreifenden zusätzlich darauf ausgelegt, die Unfallschwere zu lindern. Die im Folgenden diskutierten Maßnahmen können als gesamtes Bündel oder im Teilumfang umgesetzt sein, wobei eine Maßnahme, die in einer späteren Phase ausgelöst wird, prinzipiell auf einen stärkeren Bremseingriff hinweisen sollte.

Für zwei System-Familien existieren Normen. Zum einen beschreibt die seit 2002 gültige und 2013 überarbeitete Norm ISO 15623 „Road vehicles – Forward Vehicle Collision Warning System – Performance requirements and tests procedures" [17] die Mindestanforderungen an Warnsysteme zur Frontkollisionsvermeidung. Zum anderen die seit 2013 gültige Norm ISO-22839 „Intelligent Transport System – Forward Vehicle Collision Mitigation Systems – Operation, Performance, and Verification Requirements" [18], die die Anforderungen an Systeme mit Bremseingriffen zum Geschwindigkeitsabbau (speed reduction braking, SRB) und/oder zur Kollisionsfolgenlinderung (mitigation braking (MB)) beschreibt.

47.6.2.1 Warnungen (Collision Warning)

Da in ▶ Kap. 37 die Warnelemente ausführlich beschrieben sind, wird hier nur erwähnt, welche Warnelemente heute im Einsatz sind. Besonders weit verbreitet ist die auditive Warnung mit zumeist kurzen Warntönen, die von einer dazu auch meist blinkenden optischen Anzeige mit einem Warnsymbol ergänzt wird. Bei Fahrzeugen mit einem reversiblen Gurtstraffer bietet sich an, diesen auch zur Warnung heranzuziehen. Ein aktives Fahrpedal kann ebenfalls eine haptische Warnung auslösen, indem der verschiebbare Federfußpunkt ruckartig zum Fahrerfuß hin bewegt wird. Allerdings ist die für eine Wahrnehmung notwendige Voraussetzung, dass das Fahrpedal auch getreten wird, nicht in allen kritischen Situationen gegeben.

Der Einsatzbereich der Warnung liegt zwischen den beiden frühesten Werten t_{warn} und $t_{comfort}$. Abwägungen zwischen Wirksamkeit und Verzeihlichkeit können dazu führen, dass verzeihlichere Warnungen früher eingesetzt werden können, während weniger verzeihliche, aber sehr wirksame später, also bei kleineren TTC eingesetzt werden (vgl. ▶ Kap. 37).

In der Norm ISO 15623 „Road vehicles – Forward Vehicle Collision Warning System – Performance requirements and tests procedures" werden die Einsatzzeitpunkte spezifiziert, die sich aus der notwendigen Verzögerung und einer Reaktionszeit ergeben, analog zu den Betrachtungen zum ▶ Abschn. 47.6.1. Als Höchstwerte werden D_{req} = 6,67 m/s² und τ_R = 0,8 s spezifiziert.

47.6.2.2 Konditionierung auf ein Notmanöver

Gleichzeitig mit der Warnung oder etwas später können Maßnahmen ergriffen werden, die ein vom Fahrer durchgeführtes Notmanöver unterstützen. Schon fast standardmäßig wird das Pre-Fill der Bremse ausgelöst. Gemeint ist damit die Beaufschlagung der Bremse mit einer kleinen Spannkraft (bei hydraulischen Bremsen mit etwa 1–5 bar Bremsdruck). Die damit verursachte Verzögerung ist nicht merklich, führt aber dazu, dass die Bremse nun schneller anspricht. Eine weitere in den Frontkollisionsschutzpaketen beinhaltete Maßnahme ist die Absenkung der Bremsassistent-Auslöseschwelle bei drohender Frontkollision. Eine Änderung der Fahrwerkeinstellung, wenn im Fahrzeug überhaupt möglich, kann sowohl das Notbremsen als auch das Notausweichen fördern. Somit kann mit einer kurzzeitigen, zu Lasten des Komforts gehenden Verstellung das Handling verbessert werden. Sind eine Überlagerungslenkung und/oder eine elektrische Lenkunterstützung vorhanden, so lassen sich auch die Notausweichmanöver durch veränderte Charakteristika vorkonditionieren. Als Beispiele für eine umfangreiche Vorkonditionierung können PRE-SAFE von Mercedes-Benz (allerdings ohne Ausweich-Konditionierung) und das Advanced Pre-Crash Safety (A-PCS)-System von Lexus genannt werden.

47.6.2.3 Schwacher Bremseingriff

Bei der Komfortschwelle zwischen 1,5 und 2,0 s kann eine automatisch, schon fahrdynamisch wirksame Gegenmaßnahme eingesetzt werden. Es bieten sich zwei Möglichkeiten an:

1. Bremsruck (Warning Braking)
   Die Hauptwirkung des Bremsrucks besteht in der haptischen Alarmwirkung mit einer klaren Bremsaufforderung an den Fahrer. Ein beispielhafter Bremsruck mit einer typischen Verzögerungsamplitude 4 m/s², Auf- und Abbauflankendauern von 0,2 s und einer Dauer von typisch

0,3 s bewirkt einen Geschwindigkeitsabbau von etwa 2 m/s und damit bei 20 m/s Differenzgeschwindigkeit eine Reduktion der kinetischen Energie bzw. des Bremsabstands von 20 %, führt aber noch zu keiner als kritisch zu betrachtenden Änderung des Fahrzustands, sofern man von einem schon begonnenen Überholvorgang absieht.

2. Schwacher Bremseingriff (Speed Reduction Braking, SRB)
Mit einer Teilbremsung von 30–40 % der maximalen Verzögerung lässt sich eine hohe Warnwirkung mit einer deutlichen Reduktion der kinetischen Energie verbinden. So kann bei einem solchen bei einer TTC von 1,5 s beginnenden und 4 m/s² starken Verzögerungseingriff die Differenzgeschwindigkeit auf ein nicht verzögerndes Hindernis die Fahrgeschwindigkeit um etwa 12 m/s abgebaut werden. Allerdings ist bei einer solch frühzeitigen Auslösung dafür Sorge zu tragen, dass dieser durch den Fahrer übersteuert werden kann. Insbesondere wenn ein Ausweichen erkennbar ist, ist der Bremseingriff wieder zu lösen. Ebenso, wenn die Fahrpedalbetätigung einen anderen Fahrerwunsch deutlich macht. Allerdings ist vorher auszuschließen, dass die Fahrpedalbewegung nicht durch den Bremsruck selbst bedingt ist, wie dies bei Vollbremsungen dokumentiert ist [3]. Eine weitere Maßnahme zur Verminderung potenziellen Schadens eines solchen fälschlichen Eingriffs besteht in der Begrenzung der Eingriffsdauer auf das Doppelte der Eingriffs-TTC: Denn nach Auslegung dieser Grenze hätte diese Dauer entweder schon ausgereicht, um die Kollision zu vermeiden, oder sie hätte in dieser Zeitdauer schon stattfinden müssen. Ein Grund für eine weitere Verkürzung ist das aus Untersuchungen [13] im kontrollierten Fahrversuch beobachtete Fahrerverhalten, dass eine automatische Bremsung die Reaktion des Fahrers zum Bremsen beschleunigte und so nach spätestens 1,3 s angenommen werden kann, dass der Fahrer reagiert, sofern eine Gefahrensituation vorliegt.

47.6.2.4 Starker Bremseingriff (Mitigation Braking)

Ein starker Bremseingriff (hier definiert mit mindestens 50 % des maximalen Verzögerungsvermögens) kann dann erfolgen, wenn das Ausweichen ausgeschlossen werden kann. Allerdings sind für diese Entscheidung einige nicht mit hinreichender Genauigkeit zu ermittelnde Parameter wie z. B. der anzunehmende Ausweichversatz heranzuziehen. In der bisherigen Praxis für Pkw-Anwendungen wird ab 1 s TTC ein starker Bremseingriff mit einer Verzögerung von etwa 6 m/s² ausgeführt. Diese reicht dann bei ideal schneller Bremse für einen Abbau zwischen 6 und 12 m/s. Auch hierzu ist bekannt, dass maximal mit der doppelten Zeit, also 2 s, gebremst wird, sodass auch bei Falschauslösung maximal um 12 m/s verzögert würde.

Grundsätzlich würde ein noch stärkerer Bremseingriff mehr Nutzen versprechen. Allerdings zeigen Untersuchungen mit Probanden [13], dass dieser Nutzen nur dann erreicht werden kann, wenn der Anstieg sehr schnell ist. Ist die Verzögerungsaufbaurate eher gering (ca. 10…20 m/s³), dann ist bereits ein Bremseingriff mit 6 m/s² Stärke wegen der darauffolgenden Bremsbetätigungen durch den Fahrer genauso wirkungsvoll wie eine automatische Vollbremsung. Darüber hinaus kann eine starke Kollisionslinderungsbremse kontraproduktiv wirken, wenn durch die mit dem Bremsruck verbundene Körper- und Kopfvorverlagerung den Insassen außerhalb des für ihn günstigen Positionsbereichs für den Einsatz von Rückhalteelementen (Airbag, Gurtstraffung) führt. Eine vor oder gleichzeitig mit dem starken Bremseingriff einsetzende Rückhaltung durch reversible Gurtstraffer kann diese Nebenwirkung erheblich reduzieren.

47.6.3 Nutzenpotenzial für Kollisionsgegenmaßnahmen

Der Nutzen der Frontkollisionsgegenmaßnahmen besteht in der Vermeidung von Frontkollisionen und der Verringerung der Kollisionsschäden, wenn eine Kollision nicht mehr verhindert werden kann. Wie die bisherigen Rechnungen bereits gezeigt haben, hängt es stark von der Ausgangssituation ab, ob eine Kollision vermieden werden kann, und wenn

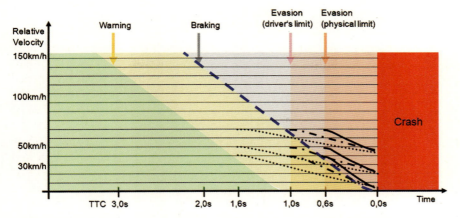

◘ Abb. 47.8 Drei Eingriffsstrategien mit gleicher Wirksamkeit (Δv_{CM} = 5 m/s) für drei verschiedene Ausgangsrelativgeschwindigkeiten (40, 50, 70 km/h)

nicht, wie stark die Reduktion der Schäden war. Um für einen Nutzenkennwert eine weitgehende Unabhängigkeit von den Ausgangsbedingungen zu erreichen, kann die durch die Gegenmaßnahme effektiv verringerte Geschwindigkeit bestimmt werden. Allerdings ist auch diese – selbst bei einem idealisierten System – noch abhängig von der Ausgangsrelativgeschwindigkeit, wie das folgende Beispiel deutlich machen soll, dem der einfachste Fall – der des stehenden Hindernisses – zugrunde liegt.

Es wird eine idealisierte Notbremsung angenommen, die bei einer Zeit t_{tB} ausgelöst und dann sofort mit D_0 verzögert wird. Bei einer Ausgangsrelativgeschwindigkeit von $v_0 = 2 t_{tB} \cdot D_0$ kann gerade noch die Kollision vermieden und somit eine Geschwindigkeit von $\Delta v = v_0 = 2 t_{tB} \cdot D_0$ abgebaut werden. Sei hingegen die Ausgangsgeschwindigkeit sehr groß ($v_1 \gg 2 t_{tB} \cdot D_0$), so wird nur halb so viel abgebaut. Um einen übertragbaren Kennwert zu erhalten, wird daher nur die Differenz zur Ausgangsgeschwindigkeit betrachtet, die innerhalb der Dauer liegt, welche der bei der Auslösung zum Zeitpunkt t_i vorliegenden TTC entspricht, also $\Delta v_{CM} = v_{sub}(t_i) - v_{sub}(t_i + t_{tB})$.

Diese Definition der Wirksamkeit erlaubt sowohl eine einfache Abschätzung idealisierter Kollisionsgegenmaßnahmen als auch eine lösungsunabhängige objektive Bewertung von Maßnahmen. Dabei ist sogar die vergleichende Bewertung von automatisch eingreifenden Systemen und fahrermitwirkenden Systemen (z. B. über Warnung oder Bremsruck) möglich, wie in ▶ Kap. 13 dokumentiert wird. ◘ Abbildung 47.8 zeigt den Verlauf von drei Strategien mit der gemeinsamen Wirksamkeit von Δv_{CM} = 5 m/s. Alle drei könnten bei einer Ausgangsgeschwindigkeit $v_0 \leq 2 \Delta v_{CM} = 10$ m/s = 36 km/h die Kollision noch vermeiden. Sie reduzieren bei 40 km/h den Schaden auf den von „Parkremplern" und verringern die kinetische Energie proportional zur Ausgangsgeschwindigkeit um $m \cdot v_{sub}(t_i) \cdot \Delta v_{CM}$, wobei die Geschwindigkeitsreduktion bei hohen Geschwindigkeiten auf Δv_{CM} = 5 m/s = 18 km/h abfällt.

Eine Wirksamkeit von Δv_{CM} = 5 m/s ist repräsentativ für Einzeleingriffe, wie sie beispielsweise bei Honda CMBS durch einen Bremseingriff mit 6 m/s² Stärke zu finden sind, ausgelöst bei t_{tc} = 1 s und mit ca. τ_B = 0,2 s Verlustzeit oder alternativ mit einer schwachen, aber frühen Teilbremsung bei 1,6 s mit 3,3 m/s² und τ_B = 0,1 s. Die erst bei sicherem Ausschluss einer Ausweichmöglichkeit, also bei t_{tc} = 0,6 s aktivierbare Notvollbremsung kann eine solche Wirksamkeit mit der Maximalverzögerung (10 m/s²) und sehr schneller Bremsaufbaudynamik (τ_B = 0,1 s) erreichen.

Durch ein mehrstufiges Vorgehen lässt sich aber ein noch größeres Potenzial erreichen. Als Beispiel wird die Auslösung einer schwachen Bremsung (Speed Reduction Braking) nach Erreichen der Komfortschwelle für das Ausweichen (t_{tc} = 1,6 s) und eine etwa eine TTC-Sekunde später folgende Vollbremsung herangezogen. Daraus ergibt sich eine Wirk-

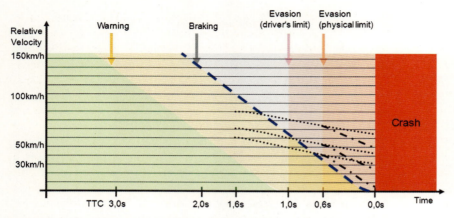

Abb. 47.9 Zweistufige Eingriffsstrategie ($t_{tc,1}$ = 1,6 s, D_1 = 4 m/s², $t_{tc,2}$ = 0,6 s, D_2 = 10 m/s², Verlustzeit jeweils 0,1 s) mit einer Wirksamkeit von Δv_{CM} = 9 m/s (= 1 s · 4 m/s² + 0,5 s · 10 m/s²)) für drei verschiedene Ausgangsrelativgeschwindigkeiten (60, 70, 90 km/h)

samkeit von Δv_{CM} = 9 m/s. Da aber die Verzögerung nicht konstant und sinnvollerweise zunächst schwächer ist, wird anders als bei den einstufigen Verfahren weniger als der doppelte Geschwindigkeitsabbau erreicht (s. ◘ Abb. 47.9). Trotzdem ist mit einer solchen Auslegung ein Geschwindigkeitsabbau von etwa 60 km/h möglich. Damit wird sogar der mit der höchsten Geschwindigkeit von 64 km/h durchgeführte Crashtest zu einem „Parkrempler" heruntergestuft, wobei allerdings nicht vergessen werden darf, dass die Betrachtungen einem günstigen Fall entsprechen und sich die Schutzwirkung längst nicht in jeder Kollisionssituation erreichen lässt. Dennoch zeigt das Beispiel, was erreichbar ist.

Statt den Funktionsnutzen nach oben zu treiben, begann Volvo 2008 auf einem „Bottom-up-Weg" mit dem City-Safety-Konzept eine hohe Marktwirkung zu entfalten. Mithilfe eines besonders kostengünstigen Lidar-Sensors mit nur geringer Reichweite lassen sich Auffahrunfälle bei niedrigen Geschwindigkeiten bis zu 30 km/h vermeiden. Dieses Konzept wurde auch von anderen Fahrzeugherstellern übernommen oder als Teilfunktion anderer Automatischer Notbremssysteme integriert.

47.6.4 Anforderungen an die Umfelderfassung

Die Anforderungen an die Umfelderfassung richten sich nach den ausgelösten Fahrzeugreaktionen.

So sind an Warnungen auslösende Hindernisdetektionen geringere Anforderungen hinsichtlich der Fehlalarmrate gestellt als an solche, die starke Bremseingriffe auslösen. Allerdings unterscheidet sich auch der Schwierigkeitsgrad entsprechend, d. h. die Warndetektionen finden bei höheren Abständen statt. Mit den Warnschwellen t_{warn} von 2,5…3,0 s ergeben sich bei unbeschleunigten Hindernissen Abstände von $v_{diff} \cdot t_{warn}$ ≈ 50 m bei Differenzgeschwindigkeiten von 60…70 km/h. Die in der überarbeiteten Norm ISO 15623 [17] für Forward Vehicle Collision Warning Systems (FVCWS) angegebene Ableitung für d_{max} als $d_{max} = v_{rel,max} \cdot \tau_{max} + v_{rel,max}^2 / 2 D_{max}$ mit $v_{rel,max}$ als obere Relativgeschwindigkeitsgrenze des Systems, Reaktionszeit τ_{max} ≥ 0,8 s und D_{max} = 6,67 m/s² führt bei Auslegung $v_{rel,max}$ = 20 m/s zu Mindestwarnabständen von d_{max} ≥ 46 m. Dieser Wert vergrößert sich bei verzögerten vorausfahrenden Fahrzeugen und natürlich für die Reserve zur Zielplausibilisierung.

Die in der Norm ISO 15623 formulierten Anforderungen hinsichtlich der Genauigkeit der Abstandsmessung mit MAX(± 2 m, ± 1 % · d) sind hingegen mit Punktzieltestreflektoren ohne Schwierigkeiten zu erreichen. Der azimutale (laterale) Erfassungsbereich ist abhängig von der Kurvenfähigkeitsklassifikation. Zu erfüllen ist die Detektion eines Punktziels, das sich in der Verlängerung der Fahrzeugseitenlinie in einem als d_2 definierten Abstand vom Fahrzeug befindet. Bei einem 1,80 m breiten Fahrzeug ist bei einem in der Mitte montierten Einzelsensor mindestens ein Azimutwinkelbereich von ± 9° (Curve Capability Class I, d_2 = 10 m) bis ± 18° (Class III, d_2 = 5 m) vorzuhalten. Der Elevationswinkelbereich (vertikaler Sichtbereich) muss hingegen groß genug sein, um bei d_2 ein in der Mitte platziertes Punktziel in 0,2 und in 1,1 m Höhe zu detektieren. Bei geeigneter Ausrichtung folgt, dass der Elevationsbereich genau halb so groß sein muss wie die Anforderung für den Azimut. Neu hinzugekommen ist die Forderung der Norm, Brücken mit einer Durchfahrthöhe von mindestens 4,5 m ohne Alarm zu durchfahren. Viele der Sensor-Anforderungen von ISO 15623 finden sich auch in der ISO 22839 wieder. Allerdings werden für die Eingriffsschwellen keine expliziten Werte angegeben. Allein der Geschwindigkeitsbereich von Subjekt- und Objektfahrzeug ist angegeben, in dem (zu einem nicht direkt definierten Abstand) eine Bremsreaktion erfolgen muss. Allerdings ist diese Reaktion wiederum über die Eingriffsstärke und -wirkung (Geschwindigkeitsabbau) spezifiziert.

Aus der Praxis werden für die hier diskutierten Funktionen Reichweiten von 60 bis 80 m gefordert [19]. Damit lässt sich gegenüber stehenden Hindernissen noch bei 100 km/h eine TTC von über 2 s realisieren, womit ein Wert erreicht wird, der ein ungefährliches Ausweichen oder bei schneller Reaktion noch eine erfolgreiche Kollisionsverhinderung durch ein Bremsmanöver noch ermöglichen würde. Gerade die für eine Kollisionslinderung erforderlichen starken Bremsungen werden erst bei TTC von etwa 1 s ausgelöst, woraus sich bei Kollisionen mit Differenzgeschwindigkeiten bis 50 km/h ein Reaktionsabstand von weniger als 15 m gefordert ist. Geht man von einer Signalplausibilisierungszeit von 0,3 s aus, vergrößert sich der erforderliche Abstand auf etwa 20 m.

Die größte Herausforderung ist nicht die Detektion von relevanten Objekten, sondern die Selektion der tatsächlich bedrohlichen. Weder Schilderbrücken noch Gullydeckel oder „verschmolzene" Objekte dürfen zu einer Auslösung führen. Das Ausfiltern solcher Falschobjekte gelingt über die längere Beobachtung [20] der Reflektionsstärke und der Konstanz der Winkelwerte in Abhängigkeit vom Abstand. Nur Objekte mit diesbezüglich plausiblem Verhalten werden für eine Auswertung hinsichtlich von Kollisionsgegenmaßnahmen herangezogen.

Um die Anforderung an die Robustheit abzuleiten, kann man die Zahl der Nutzfälle betrachten. Dazu werden für Deutschland die Unfälle mit Personenschaden (über 300 000) auf die Kilometerleistung der Pkw ($6 \cdot 10^{11}$ km) bezogen. Die Unfallrate liegt somit bei etwa einem Unfall mit Personenschaden pro 2 Mio. km. Nur ein Teil der Unfälle ist Frontkollisionen zuzuordnen, sodass von einer immer noch als optimistisch anzusehenden Nutzrate etwa 1 pro 5 Mio. km ausgegangen wird. Da nicht jede Fehlauslösung zu einem schweren Unfall führen muss, ist eine Fehlauslösungsrate in der gleichen Größenordnung auch für einen starken Eingriff als akzeptabel einzuschätzen. Das heißt aber auch, dass zwischen zwei Fehlauslösungen eine mittlere Kilometerleistung von 5 Mio. km liegen sollte, oder anders betrachtet, nur eine innerhalb von insgesamt 25 Fahrzeuggesamtnutzungsdauern.

Für die Genauigkeit der Objektdaten ist die Bestimmung der TTC und der benötigten Verzögerung heranzuziehen. Eine Ungenauigkeit von 10 % TTC und 0,5 m/s² D_{req} sollte nicht überschritten werden, wobei die Filterlaufzeiten zu insgesamt nicht mehr als 200 ms Zeitverzug führen dürfen.

Die oben diskutierte Einschränkung auf niedrige Geschwindigkeiten und damit die Eingrenzung auf den innerstädtischen Bereich reduziert die Anforderung erheblich. Bei geeigneter Sensorplatzierung z. B. hinter der Windschutzscheibe und insgesamt nur geringem Entfernungsbereich von etwa 10 m lassen sich Bodenreflektionen oder andere Fehlmessungen verursachende Konstellationen ausschließen. Somit ist ein in diesem Bereich detektiertes Objekt grundsätzlich als relevantes Hindernis zu bewerten, und folglich können geschwindigkeitsreduzierende Bremsungen ausgelöst werden, sofern eine Kollision droht. Da aber eine allein auf niedrige Geschwindigkeiten begrenzte Funktion mittlerweile nicht mehr marktgerecht ist, sind Sensorfunktionen zu erweitern oder weitere Sensorik notwendig.

47.7 Ausblick

Obwohl schon seit über 50 Jahren an Frontkollisionsschutzsystemen gearbeitet wird, haben erst die Fortschritte der Umfeldsensorentwicklung, die durch Komfortfunktionen wie ACC bzw. FSRA stimuliert wurden, zu serientauglichen Umsetzungen geführt. Damit war der technologische Weg frei, umfelderfassende Sensoren für den direkten Kollisionsschutz einzusetzen. Zum Teil aus Gründen der strategischen Marktplatzierung, zum Teil getrieben aus Wettbewerbsdruck ist das Angebot stark gewachsen, so dass ein Neuwagenkäufer aus einer Vielzahl an Modellen wählen kann, die Frontkollisionsgegenmaßnahmen enthalten. Die Aufnahme in den Katalog des EURO-NCAP reflektiert einerseits diese Entwicklung und forciert sie andererseits, so dass die serienmäßige Ausstattung in nahezu allen Klassen zu erwarten ist.

Auf der Funktionswunschliste stehen der Ausbau des Schutzes der ungeschützten Verkehrsteilnehmer, Fußgänger und Zweiradfahrer, und die Ausdehnung auf komplexere Szenarien wie der Kollisionsvermeidung und -linderung in Querverkehrskollisionssituationen, vgl. ▶ Kap. 49, ganz oben.

Literatur

[1] Braun, H., Ihme, J.: Definition kritischer Situationen im Kraftfahrzeugverkehr – Eine Pilotstudie. Automobil-Industrie 1983(3), 367–375 (1983)

[2] Kopischke, S.: Entwicklung einer Notbremsfunktion mit Rapid Prototyping Methoden. Bericht aus dem Institut für Elektrische Messtechnik und Grundlagen der Elektrotechnik der Technischen Universität Braunschweig, Band 10. Aachen, Mainz., Diss. TU-Braunschweig, 2000

[3] Bender, E.: Handlungen und Subjektivurteile von Kraftfahrzeugführern bei automatischen Brems- und Lenkeingriffen eines Unterstützungssystems zur Kollisionsvermeidung. Ergonomia-Verla, Stuttgart (2008). Dissertation TU Darmstadt

[4] Seeck, A., Gasser, T.M.: Klassifizierung und Würdigung der rechtlichen Rahmenbedingungen im Zusammenhang mit der Einführung moderner FAS. Tagung „Aktive Sicherheit durch Fahrerassistenzsysteme". Organisation der Tagung TUEV SUED und TU München, München (2006)

[5] Weinberger, M.: Der Einfluss von Adaptive Cruise Control Systemen auf das Fahrerverhalten Berichte aus der Ergonomie. Shaker, Aachen (2001). Diss. Technische Universität München

[6] LeBlanc, D. J.; Kiefer, R. J.; Deering, R. K.; Shulman, M. A.; Palmer, M. D.; Salinger, J.: Forward Collision Warning: Preliminary Requirements for Crash Alert Timing, SAE 2001–01-0462, 2001

[7] Wiacek, Ch. J.; Najm, W. G.: Driver/Vehicle Characteristics in Rear-End Precrash Scenarios Based on the General Estimates System (GES); SAE-1999-01-0817, 1999

[8] Färber, B.; Maurer, M.: Nutzer- und Nutzen-Parameter von Collision Warning und Collision Mitigation Systemen im Verkehr. Tagungsband 3. Workshop Fahrerassistenz FAS2005. Walting, 2005

[9] Kiesewetter, W., Klinkner, W., Reichelt, W., Steiner, M.: Der neue Brake-Assist von Mercedes-Benz – aktive Fahrerunterstützung in Notsituationen. ATZ Automobiltechnische Zeitschrift **99**(6), 330–339 (1997)

[10] Weiße, J.: Beitrag zur Entwicklung eines optimierten Bremsassistenten. Ergonomia Verlag, Stuttgart (2003). Dissertation TU Darmstadt

[11] Busch, S.: Entwicklung einer Bewertungsmethodik zur Prognose des Sicherheitsgewinns ausgewählter Fahrerassistenzsysteme VDI Fortschritt-Berichte Reihe 12. VDI-Verlag, Düsseldorf (2005). Dissertation TU Dresden

[12] Morrison, R.W., Swope, J.G., Halcomb, C.G.: Movement times and brake pedal placement. The Journal of the Human Factors and Ergonomics Society (HUM FACTORS) 05/1986; **28**(2), 241–246 (1986)

[13] Hoffmann; J. et al.: Das Darmstädter Verfahren (EVITA) zum Testen und Bewerten von Frontalkollisionsgegenmaßnahmen, Dissertation TU Darmstadt, noch nicht veröffentlicht.

[14] Eckstein, L.: Entwicklung und Überprüfung eines Bedienkonzepts und von Algorithmen zum Fahren eines Kraftfahrzeuges mit aktiven Sidesticks Fortschritt-Berichte VDI-Reihe 12, Bd. 471. VDI-Verlag, Düsseldorf (2001). Dissertation TU München

[15] Schmidt, C.; Oechsle, F.; Branz, W.: Untersuchungen zu letztmöglichen Ausweichmanövern für stehende und bewegte Hindernisse. 3. FAS-Workshop. Walting, 2005

[16] Kodaka, K.; Otabe, M.; Urai, Y.; Koike, H.: Rear-end Collision Velocity Reduction System, SAE paper 2003–01-0503, 2003

[17] ISO 15623 Norm: Transport information and control systems – Forward vehicle collision warning systems – Performance requirements and test procedures. 2013

[18] ISO 22839 Norm: Intelligent Transport System – Forward Vehicle Collision Mitigation Systems – Operation, Performance, and Verification Requirements, 2013.

[19] Randler, M., Schneider, K.: Realisierung von aktiven Komfort- und Sicherheitsfunktionen mit Lidarsensorik. Fachforum Sensorik für Fahrerassistenzsysteme. FH Heilbronn, Heilbronn (2006)

[20] Jordan, R.; Ahlrichs, U.; Leineweber, Th.; Lucas, B.; Knoll, P.: Hindernisklassifikation von stationären Objekten auf Basis eines nichtwinkeltrennfähigen Long-Range-Radar Sensors, 4. Workshop Fahrerassistenzsysteme, 4.–6. Oktober 2006, Löwenstein/Hößlinsülz, S. 153, 2006

Entwicklungsprozess von Kollisionsschutzsystemen für Frontkollisionen: Systeme zur Warnung, zur Unfallschwereminderung und zur Verhinderung[1]

Andreas Reschka, Jens Rieken, Markus Maurer

48.1 Einführung – 914

48.2 Maschinelle Wahrnehmung der Umgebung für Frontkollisionswarnung und -verhinderung – 915

48.3 Thematische Eingrenzung und Abgrenzung zu anderen Systemen und Kapiteln – 917

48.4 Aktuelle Systemausprägungen – 918

48.5 Abstufung am Beispiel einer aktuellen Realisierung – 923

48.6 Systemarchitektur – 924

48.7 Entwicklungsprozess – 926

48.8 Zusammenfassung – 933

Literatur – 933

---

1 Dieses Kapitel erschien erstmalig in ähnlicher Form und auf Englisch unter dem Titel „Forward Collision Warning and Avoidance" in [1].

H. Winner, S. Hakuli, F. Lotz, C. Singer (Hrsg.), *Handbuch Fahrerassistenzsysteme,* ATZ/MTZ-Fachbuch,
DOI 10.1007/978-3-658-05734-3_48, © Springer Fachmedien Wiesbaden 2015

48.1 Einführung

48.1.1 Bedeutung und frühe Forschungsansätze

Frontkollisionen (Forward vehicle collisions) machen einen signifikanten Anteil an den schweren Unfällen im Straßenverkehr aus. Entsprechend wurden Systeme zur Hindernis- und Kollisionswarnung in die Empfehlungen der eSafety Support Initiative aufgenommen (eSafety) [2]. Diese Empfehlungen enthalten eine Liste von Maßnahmen mit hohem Potenzial zur Verbesserung der Verkehrssicherheit und der Reduzierung der jährlichen Unfallopfer [3].

Detailanalysen von Unfällen haben gezeigt, dass viele Fahrer nicht oder mit zu geringer Verzögerung bremsen. In ◘ Abb. 48.1 ist aufgeführt, wie viele Fahrer in Prozent nur mit Komfortbremsungen reagieren oder gar nicht bremsen, obwohl eine Vollbremsung die angemessene Handlung gewesen wäre. Dargestellt werden die prozentualen Anteile hinsichtlich der Unfallschwere, quantitativ erfasst durch die stärkste Verletzung, die der Fahrer erlitten hat (MAIS; Maximum auf der abgekürzten Verletzungsskala).

In der Literatur wurden bereits in den 1950er Jahren prototypische Systeme beschrieben, die den Fahrer vor Frontkollisionen warnen sollten. Beispielsweise beschreibt General Motors ein prototypisches System, das die Relativgeschwindigkeit und den Abstand zu vorausfahrenden Fahrzeugen mittels eines Radarsystems erfasst und dem Fahrer im Kombiinstrument anzeigt [5]. Es dauerte allerdings 40 Jahre, bis sich Radarsysteme so industrialisieren ließen, dass sie wirtschaftlich zumindest für Kleinserien in der Fahrzeugoberklasse produziert werden konnten.

Durch die Einführung von ESC in den 1990er Jahren wurde ein elektronisch ansteuerbarer Bremsaktuator mit hoher Einbaurate verfügbar, mit dem unterstützende Bremseingriffe prinzipiell möglich waren. Diesen Aktuator nutzte der sogenannte *hydraulische Bremsassistent (HBA)*, der den Fahrerwunsch aufgrund der Betätigungsgeschwindigkeit des Bremspedals bestimmen sollte (s. ▶ Kap. 47) [6]. Es stellte sich allerdings heraus, dass sich der Fahrerwunsch allein aufgrund der Betätigungsgeschwindigkeit nur in seltenen Fällen zuverlässig bestimmen lässt. Sportliche Fahrer betätigen das Bremspedal vielfach auch bei Komfortbremsungen so dynamisch, dass sich die Betätigungssituation ähnlich darstellt wie bei durchschnittlichen Fahrern in Notsituationen. Um die Falschauslösungen zu begrenzen, werden hydraulische Bremsassistenten daher heute üblicherweise so eingestellt, dass sie nur in einem Teil der Notsituationen unterstützen können. Auch kann das System prinzipbedingt nicht auslösen, wenn der Fahrer überhaupt nicht reagiert.

Mit der Serieneinführung von Radarsystemen für adaptive Geschwindigkeitsregelanlagen (ACC, s. ▶ Kap. 46) wurde die technologische Grundlage zur maschinellen Umgebungswahrnehmung in das Fahrzeug integriert. Auf dieser Basis wurden in den 1990er Jahren Systeme vorgeschlagen, die auch die Fahrumgebung vor dem Fahrzeug mit maschineller Wahrnehmung erfassen und eine Notbremsung auslösen, sobald ein Unfall fahrphysikalisch unvermeidlich ist [7]. 2003 hat Honda als erster Hersteller ein „Collision Mitigation Brake System" (CMBS) genanntes System auf den Markt gebracht [8]. Eine Beschreibung der Grundlagen zu solchen Frontkollisionsvermeidungssystemen ist in ▶ Kap. 47 dieses Handbuchs zu finden.

48.1.2 Definitionen und Abkürzungen

Aus den ersten Funktionsideen für die Hindernis- und Kollisionswarnung mit maschineller Wahrnehmung entstand eine Vielzahl von unterschiedlichen Systemen, die den Fahrer vor entsprechenden Unfalltypen schützen sollen. Zunächst werden daher einige klassifizierende Begriffe definiert, die solche Systeme in verschiedene Kategorien einteilen. Zur besseren Lesbarkeit des weiteren Textes werden zusätzlich einige Abkürzungen eingeführt. Diese wurden – soweit verfügbar – gegenüber der ersten Version des Artikels [1] an die Normen ISO 15623 und ISO 22839 angepasst. Die Norm ISO 15623 behandelt Systeme zur Warnung vor Frontkollisionen und die Norm ISO 22839 behandelt Systeme zur Schwereminderung von Frontkollisionen [9, 10].

Aktive Sicherheit: Unter aktiver Sicherheit wird die Vermeidung von Unfällen verstanden (z. B. [11]).

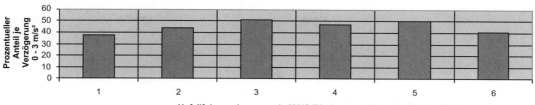

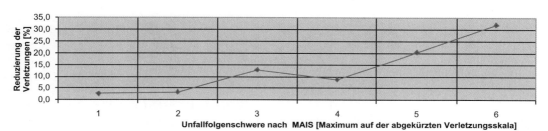

◘ **Abb. 48.1** Bremsverzögerung bei Unfällen mit unterschiedlicher Verletzungsschwere nicht assistiert [4]; MAIS – Maximum auf der abgekürzten Verletzungsskala

FVC	Frontkollision	Forward vehicle collision
FVCX	Obermenge der Frontkollisionsassistenzsysteme	
FVCC	Frontkollisionsvorbereitung	Forward vehicle collision conditioning
FVCW	Frontkollisionswarnung	Forward vehicle collision warning
FVCM	Frontkollisionsschwereminderung	Forward vehicle collision mitigation
FVCA	Frontkollisionsverhinderung	Forward vehicle collision avoidance

FVC: Kollisionen, bei denen das auszurüstende Fahrzeug frontal mit einem Verkehrsteilnehmer zusammenstößt

FVCX-Systeme: Systeme, die geeignete Maßnahmen ergreifen, um eine drohende oder bevorstehende Frontkollision im Sinne der Fahrzeuginsassen günstig zu beeinflussen

FVCC-Systeme: Systeme, die Subsysteme im Fahrzeug so vorbereiten, dass sie im Einsatzfall ihre Wirkung schneller oder für die Insassen günstiger/schonender entfalten können (z. B. hydraulischer Bremsassistent)

FVCW-Systeme: Systeme, die den Fahrer vor einer drohenden Frontkollision warnen

FVCM-Systeme: Systeme, die die Unfallschwere durch geeignete Maßnahmen bei einer Frontkollision verringern

FVCA-Systeme: Systeme, die eine Frontkollision durch aktiven Eingriff in die Fahrdynamik vermeiden

Passive Sicherheit: „Unter passiver Sicherheit wird die Minderung der Unfallfolgen verstanden." (z. B. [11]); aktive Systeme zur passiven Sicherheit dienen der Unfallschwereminderung (z. B. Airbag, Gurtstraffer, automatische Notbremsung (ANB) bei Auslegung als FVCM-System).

48.2 Maschinelle Wahrnehmung der Umgebung für Frontkollisionswarnung und -verhinderung

Die Vielzahl der heute angebotenen Systemvarianten ist auch deshalb entstanden, weil die maschinelle Wahrnehmung dem aufmerksamen Fahrer derzeit in vielen Aspekten unterlegen ist. Bereits in der Einleitung wurde deutlich, dass die Entwicklung von Systemen zur maschinellen Wahrnehmung die Schlüsseltechnologie (enabling technology) für die Fahrerassistenz darstellt.

Die besonderen Charakteristika von maschinellen Wahrnehmungssystemen werden zunächst an einfachen Systemvergleichen verdeutlicht. Fahrerassistenzsysteme mit maschineller Wahrnehmung sollen dazu kontrastiv mit konventionellen Fahrerassistenzsystemen diskutiert werden, die auf direkte Messungen oder modellbasierte Beobachtungen zurückgehen.

Konventionelle Fahrerassistenzsysteme unterstützen den Fahrer in Situationen, die einfach zu messen oder zu schätzen sind. Antiblockiersysteme greifen ein, wenn ein Rad zu blockieren droht, was sich über konventionelle Raddrehzahlsensoren bestimmen lässt. Ein elektronisches Stabilitätsprogramm bremst einzelne Räder ab, wenn der geschätzte Schwimmwinkel einen applizierten Schwellwert übersteigt. Dabei stellt das elektronische Stabilitätsprogramm bereits einen Grenzfall der Klassifikation dar, da die notwendige Reibwertschätzung eine anspruchsvolle Aufgabe der maschinellen Wahrnehmung ist – insbesondere, da diese in Echtzeit und idealerweise prädiktiv erfolgen muss, um die aktuelle Fahrgeschwindigkeit an die Straßenbedingungen anzupassen.

Eine ähnliche Unterscheidung ist in den „Code-of-Practice" für sogenannte „fortschrittliche Fahrerassistenzsysteme" (Advanced Driver Assistance Systems, ADAS) eingegangen:

„Im Gegensatz zu konventionellen Fahrerassistenzsystemen besitzen ADAS Sensoren zur Erfassung und Auswertung der Fahrzeugumgebung und je nach zu unterstützender Fahraufgabe eine komplexe Signalverarbeitung." [12]

Als „Fahrerassistenzsysteme mit maschineller Wahrnehmung" werden Systeme bezeichnet, die Unterstützung in Situationen anbieten, welche als „wahr" angenommen werden müssen. Im Falle von ACC werden Radarreflexe, die gewisse zeitliche und räumliche Kriterien erfüllen müssen, als Fahrzeuge interpretiert. Beim Fahrstreifenverlassenswarner repräsentieren Hell-Dunkel-Übergänge im Videobild, die eine spezifische Gestaltannahme erfüllen, den Fahrstreifen mit ihren Begrenzungslinien. Das Besondere an der maschinellen Wahrnehmung besteht also in der maschinellen Interpretationsleistung. Diese führt nach dem aktuellen Stand der Technik in der maschinellen Wahrnehmung zu bislang ungewohnten Möglichkeiten der Interpretation, aber auch der Fehlinterpretation.

Auf die Funktionsgrenzen der maschinellen Wahrnehmung nach dem Stand der Technik wird bei der Systementwicklung grundlegend Rücksicht genommen. Eine Strategie zur Systemauslegung kann darin bestehen, signifikante Fehlinterpretationen in Kauf zu nehmen (bei Sicherheitssystemen z. B. eine Falschauslösung auf 10.000 km Fahrleistung), die Systemreaktion aber so zu gestalten, dass der Fahrer dadurch nicht gestört und schon gar nicht gefährdet wird. Als Beispiel hierzu wird die Auslegung eines automatischen Warnrucks später im Detail diskutiert (s. ▶ Abschn. 48.4.2).

Sollen signifikante automatische Eingriffe in die Fahrdynamik aufgrund von maschineller Wahrnehmung vorgenommen werden, so sind maschinelle Fehlreaktionen grundsätzlich ganz zu vermeiden. In der Automobilindustrie gibt es derzeit keine klaren Standardwerte, wie hoch die Fehlauslöserate bei einer gegebenen Eingriffsstärke sein darf.

Um die Korrektheit im Interpretationsprozess zu erhöhen, nutzen maschinelle Wahrnehmungssysteme redundante Sensoren, deren Daten in einer Sensordatenfusion zu einer möglichst konsistenten Umgebungsrepräsentation zusammengeführt werden (s. ▶ Kap. 24 und 25). Die Eingriffssituationen werden so spezifiziert, dass Fehlinterpretationen unwahrscheinlich werden. Die Verfolgung der temporalen Entwicklung des Verkehrsgeschehens wird zusätzlich eingesetzt, um die maschinelle Interpretation zu verifizieren. Im Zweifelsfall wird die assistierende Handlung unterlassen, um Verkehrsteilnehmer gefährdende Falschreaktionen zu vermeiden. Bei der Auslegung von Sicherheitssystemen wird dies auch als konservative Systemauslegung bezeichnet.

Die Forderung nach Redundanz wird auch durch die Argumentation von Juristen unterstützt, die neue Systeme mithilfe von Analogien zu bewerten suchen. Eine mögliche Argumentation könnte lauten, dass auch bei einem ESC-System wesentliche Parameter ebenfalls (funktional) redundant erfasst werden.

Um für eine gegebene Eingriffssituation eine möglichst robuste maschinelle Wahrnehmung zur Verfügung zu stellen, ist vielfach eine spezielle Auslegung des Systems auf diese Situation zielführend. Auch wenn die Natur ebenfalls viele Beispiele entsprechender Anpassung an Lebensräume oder Beutesituationen kennt (z. B. Fledermäuse), so ist diese Spezialisierung ein großes Hemmnis, wenn bestehende Wahrnehmungssysteme auch für andere Funktionen verwendet werden sollen.

48.3 Thematische Eingrenzung und Abgrenzung zu anderen Systemen und Kapiteln

Die detaillierte Abgrenzung von anderen Systemen wird zu einer spezifischeren Definition von FVCX-Systemen führen.

Abgrenzung zu ACC

Das Komfortsystem ACC (s. ▶ Kap. 46) und FVCX-Systeme werden grundsätzlich als eigenständige Systeme diskutiert, die dennoch technologisch und auch in ihrer Wirkung auf das Unfallgeschehen verkoppelt sind. Bereits in der Einleitung wurde aufgezeigt, dass ACC durch die Einführung des Radarsensors in die Serienproduktion die technologische Grundlage für die maschinelle Wahrnehmung von FVCX-Systemen lieferte.

Immer wieder wird kontrovers die Frage diskutiert, wie sich ACC auf die Verkehrssicherheit allgemein und speziell auf die Vermeidung von Frontkollisionen auswirkt. Nutzer berichten, dass ACC durch sein maschinelles Eingreifen vor gefährlichen Situationen gewarnt oder direkt Unfälle verhindert hat. In der euroFOT Studie wurde das Verhalten von Fahrzeugen mit ACC im Hinblick auf Sicherheit und Effizienz näher untersucht. Das Ergebnis zeigt, dass die Sicherheit sowohl bei Pkws als auch bei Lkws erhöht wird [13]. Auch wird im Einzelfall die Wirkung als FVCX-System berichtet. Zusätzlich führt der Gebrauch von ACC bei vielen Nutzern dazu, dass sie im Mittel mit höheren Abständen fahren [13]. Hier ist solange eine Reduzierung von Frontkollisionen zu erwarten, wie der Fahrer aufmerksamer Überwacher des Systems bleibt. Diese Nutzererwartungen an ACC veranlassen erste Juristen, vom Fahrer die Nutzung von ACC generell zu verlangen, um größtmögliche Sicherheit zu gewährleisten [14].

Jenseits dieser skizzierten positiven Auswirkungen von ACC auf die Verkehrssicherheit haben Systementwickler von Anfang an dafür Sorge getragen, dass sich der Gebrauch des Systems nicht negativ auf die Fahrzeugsicherheit auswirkt. Wissenschaftliche Grundlagen für die Bedenken liefern Erfahrungen aus der Automatisierung in Kraftwerken und Flugzeugen [15] oder aus der psychologischen Grundlagenforschung (Yerkes-Dodson Law, [16]). Darin wird vereinfacht gesprochen die Erfahrung formuliert, dass man einen gelangweilten Fahrer tunlichst nicht weiter entlasten sollte. Solange der Fahrer für die Fahraufgabe verantwortlich ist und nicht zum Passagier wird, ist dafür Sorge zu tragen, dass er auch hinreichend in die Fahrzeugführungsaufgabe eingebunden ist.

Bezogen auf die Entwicklung des ACC zeigen Buld et al. [17] im Fahrsimulator, dass mit einem zunehmend ausgereiften ACC-System durchaus damit zu rechnen ist, dass der Fahrer in seiner Fahrzeugführungsaufgabe schlechter und nicht besser wird ([17], S. 184). Auch kann der Gebrauch von ACC zu einer schnelleren Ermüdung des Fahrers führen als wenn er ohne Assistenz fährt.

Es gehört zum Standardrepertoire im Entwicklungsprozess der Automobilhersteller, die Gebrauchssicherheit von ACC bei der Entwicklung jeder neuen Systemausprägung intensiv zu testen. Im Zweifelsfall werden die Systemausprägungen so verändert, dass sich keine negativen Auswirkungen auf die Verkehrssicherheit ergeben [18]. Die Gebrauchssicherheit auch im Langzeitbetrieb wurde erstmalig von Weinberger [19] untersucht und ausführlich dokumentiert.

Abgrenzung zu Proactive Pedestrian Protection

Formal haben „Proactive Pedestrian Protection"-Systeme (s. ▶ Kap. 23) eine große Überlappung mit FVCX-Systemen, ist doch vor allem der Frontalzusammenstoß mit Fußgängern von großer Bedeutung im Unfallgeschehen. Die Diversifizierung der Systeme ergibt sich wiederum aus den begrenzten Möglichkeiten der maschinellen Wahrnehmung und der daraus resultierenden Spezialisierung in der maschinellen Wahrnehmung (s. ▶ Abschn. 48.2).

FVCX-Systeme konzentrieren sich in erster Linie auf den Schutz der Fahrzeuginsassen. Daher ist besonders die Erkennung von anderen Fahrzeugen auch schon in der größeren Vorausschau von vorrangiger Bedeutung. Die „Proactive Pedestrian Protection"-Systeme schützen primär den Fußgänger außerhalb des Fahrzeugs, insofern ist hier eine auf Fußgänger spezialisierte Wahrnehmung speziell im Nahbereich erforderlich.

Bei Fußgängerschutzsystemen werden diese Personen explizit erkannt und in der Aktion auch besonders berücksichtigt. In diesem Sinne sind Fußgängerschutzsysteme Spezialisierungen zu FVCW-, FVCM- und FVCA-Systemen. Auch ohne die explizite Erkennung von Fußgängern können FVCW-, FVCM- und FVCA-Systeme einen Beitrag zum Fußgängerschutz leisten, nämlich dann, wenn sie die Fußgänger als relevante Objekte (aber nicht explizit als Fußgänger) erkennen und geeignet auf diese reagieren.

Abgrenzung zu integrierten Sicherheitssystemen

Integrierte Sicherheitssysteme koordinieren mehrere Sicherheitssysteme. Ein System, das FVCW-, FVCM- und FVCA-Funktionen koordiniert, ist demnach ein integriertes Sicherheitssystem. Von Kompass und Huber [20] wird diese Thematik umfassend betrachtet.

Abgrenzung zu Ausweichassistenten

Ausweichassistenten (Evasion Assist Systems) ändern bewusst die Gierrate des eigenen Fahrzeugs, um die Kollision mit einem Hindernis zu vermeiden oder günstig zu beeinflussen. Zusätzlich sind Eingriffe zur Verringerung der Geschwindigkeit möglich. Ausweichassistenten können damit auch als eine spezielle Ausprägung von FVCA-Systemen gesehen werden (s. ▶ Kap. 47).

Abgrenzung zu konventionellen Unterstützungssystemen der Längsführung

FVCX-Systeme verfügen über maschinelle Wahrnehmungssysteme zur Umgebungserfassung. Damit unterscheiden sie sich von konventionellen Unterstützungssystemen der Längsführung wie dem hydraulischen Bremsassistenten.

Zusammenfassend lässt sich feststellen, dass FVCX-Systeme im Fahrzeug meist vorhandene Sensoren für maschinelle Wahrnehmung der Umgebung nutzen – z. B. den Radarsensor des ACC-Systems – um damit Frontkollisionen ganz zu verhindern oder zumindest deren Schwere zu mindern. Fußgänger werden nach dem heutigen Stand der Technik in FVCX-Systemen nicht explizit repräsentiert und erkannt, da die Systemauslegung und die maschinelle Wahrnehmung spezialisiert für den Insassenschutz und damit für die Erkennung von anderen Fahrzeugen entwickelt werden.

48.4 Aktuelle Systemausprägungen

Da FVCX-Systeme die Wahrscheinlichkeit für das Eintreten einer FVC verringern und damit die Sicherheit der Fahrzeuginsassen erhöhen sollen, adressieren sie Situationen, in denen der Fahrer, bzw. die Insassen, potenziell gefährdet sind, in einen Unfall verwickelt zu werden. FVCX-Systeme greifen also dann ein, wenn der nicht assistierte Fahrbetrieb mit erhöhter Wahrscheinlichkeit zur Kollision führen wird.

Zentral für das adäquate Eingreifen von FVCX-Systemen ist eine zuverlässige maschinelle Situationsbewertung. Der Begriff „Situation" meint im Kontext dieses Kapitels, dass über die bloße räumliche und zeitliche Darstellung der wahrgenommenen Objekte hinaus – wie in der Szene – die Objekte hinsichtlich der eigenen Ziele bewertet werden. Zur robusten Situationserfassung benötigt das FVCX-System daher eine zuverlässige Erfassung der relevanten Objekte in der Fahrumgebung mittels maschineller Wahrnehmung und eine sichere Erkennung der Absichten der Fahrer. Dabei sind die Absichten des zu assistierenden Fahrers und die Absichten der wahrgenommenen anderen Verkehrsteilnehmer relevant.

Diese Anforderungen überfordern im allgemeinen Fall das aktuell technisch Mögliche. Jedes heute verfügbare maschinelle Wahrnehmungssystem für die Umgebungserfassung verfügt über relevante Systemgrenzen. Dies führt dazu, dass maschinelle Situationsentscheidungen auch im Serienbetrieb falsch getroffen werden könnten, falls ihr Einsatzbereich nicht situativ stark ein-

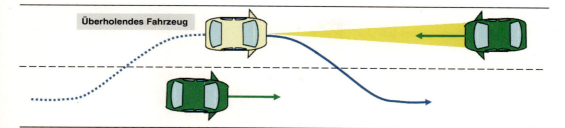

◘ **Abb. 48.2** „Pathologische Situation" eines Notbremsassistenten: Bremseingriff während eines Überholmanövers (Quelle: Sebastian Ohl)

geschränkt wird. Ebenso unerreichbar nach dem aktuellen Stand der Technik ist die sichere maschinelle Erfassung der Fahrerabsicht in allen Situationen. Auch dieser Unsicherheit wird dadurch begegnet, dass potenzielle Eingriffssituationen stark eingeschränkt werden.

Zwei Freiheitsgrade erlauben – auch mit maschineller Situationserfassung nach dem aktuellen Stand der Technik – heute schon FVCX-Systeme zur Marktreife zu bringen: die Schwere des Eingriffs und die überwiegend eingrenzende Definition der Eingriffssituationen.

48.4.1 Das CU-Kriterium

Eine besondere Bedeutung bei der Eingrenzung von FVCX-Situationen hat das sogenannte CU-Kriterium (CU: collision unavoidable, Kollision unvermeidlich). Ist ein Unfall unvermeidlich, kann er auch vom besten vorstellbaren Fahrer nicht vermieden werden. Praktisch kommt diesem Fahrer der Idealfahrer sehr nahe, der so gut fährt wie die besten zwei Prozent aller realen Fahrer. Erfolgt eine Auslösung erst, wenn der Unfall unvermeidlich ist, dann können dadurch zu frühe Reaktionen vermieden werden, die in seltenen Situationen – auch *pathologische Situationen* genannt – zu schwerwiegenden Folgen führen.

Ein kurzes Gedankenexperiment veranschaulicht die Bedeutung des CU-Kriteriums: Erfolgt die Auslösung einer Notbremsung in einer Überholsituation, bevor der Unfall unvermeidlich ist, könnte eine automatische Notbremsung einen Unfall erst verursachen, wenn der Fahrer sonst den Überholvorgang noch rechtzeitig abgeschlossen hätte. In diesem Beispiel wurde angenommen, dass das System abweichend von heutigen Seriensystemen auch auf Gegenverkehr reagieren würde (s. ◘ Abb. 48.2).

Das CU-Kriterium beeinflusst auch wesentlich die Definition vieler Funktionsausprägungen. So ist es durchaus verbreitete Praxis, automatische Notbremsungen nur dann zuzulassen, wenn ein Unfall unvermeidlich ist:

„Eine Notbremsung, d. h. Bremseingriff mit max. Verzögerung, wird dann veranlasst, wenn ein Unfall fahrphysikalisch nicht mehr zu verhindern ist. Damit wird dem Fahrer weiterhin jede Freiheit gelassen und nur dann ausgelöst, wenn er auch bei noch so guten Fahrfähigkeiten die Kollision nicht mehr verhindern könnte …" [7]

Eine genauere Analyse zeigt, dass das CU-Kriterium besondere Bedeutung für eine Notbremsung bei höheren Geschwindigkeiten hat, da in diesem Fall Ausweichen noch länger unfallvermeidend möglich ist als Abbremsen. Bei geringen Geschwindigkeitsdifferenzen kehrt sich die Situation um und Abbremsen ist länger unfallvermeidend möglich als Ausweichen.

In ◘ Abb. 48.3 ist eine Funktion dargestellt, die eine Minimaldistanz für die Auslösung eines Manövers abhängig von der Relativgeschwindigkeit zum erkannten Objekt enthält. Die Bremsdistanz abhängig von der Relativgeschwindigkeit ist als schwarze durchgezogene Linie dargestellt. Die Distanz, bei der einem 2 m breiten Objekt gerade noch ausgewichen werden kann, ist gepunktet dargestellt. Am Schnittpunkt der beiden Kurven kann eine Kollision durch einen Bremseingriff verhindert werden, selbst wenn ein Ausweichen nicht mehr möglich ist. Das CU-Kriterium kategorisiert ein FVCX-System als passives Sicherheitssystem (FVCM-System) oder als aktives Sicherheitssystem (FVCA-System).

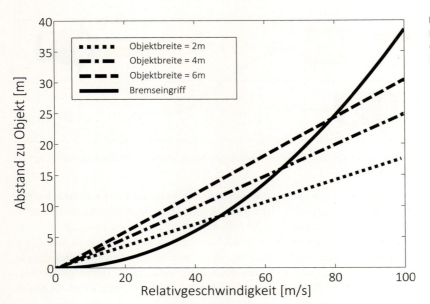

Abb. 48.3 Einfluss der Relativgeschwindigkeit auf das CU-Kriterium (Quelle: Michael Reichel)

48.4.2 Grundsätze der Fahrerwarnung

Mit Rücksicht auf die eingeschränkte Zuverlässigkeit heutiger maschineller Wahrnehmungssysteme und damit verbundener Produkthaftungsrisiken kommt warnenden FVC-Systemen eine besondere Bedeutung zu: Die Warnung soll rechtzeitig erfolgen, so dass der Fahrer das Unfallgeschehen noch abwenden kann. Gleichzeitig soll der Fahrer aber durch Fehlwarnungen nicht übermäßig belästigt werden. Die genauere Analyse zeigt, dass das Zeitfenster für sinnvolle Warnungen im allgemeinen Fall sehr klein ist, da die Fahrerabsicht nicht ohne Weiteres bekannt ist.

Ein kurzes Beispiel soll die Herausforderung aufzeigen, die sich für die maschinelle Situationsinterpretation stellt: Der zu assistierende Fahrer fährt mit hoher Relativgeschwindigkeit auf dem rechten Fahrstreifen einer mehrstreifigen Autobahn auf ein langsam fahrendes Nutzfahrzeug auf. Der Fahrstreifen links des zu assistierenden Fahrzeugs (und des Nutzfahrzeugs) ist frei; ein Fahrstreifenwechsel dorthin ist möglich und erlaubt. Eine Warnung, die so rechtzeitig erfolgt, dass der Fahrer auch noch bremsen kann, käme für einen sportlichen Fahrer eventuell viel zu früh (s. ◘ Abb. 48.4).

Da das Zeitfenster zur maschinellen Entscheidung so klein ist, ist es wichtig, den Fahrer durch schnell zu interpretierende Warnhinweise zuvor zielgerichtet auf die Gefahr hinzuweisen. Untersuchungen zeigen, dass haptische Warnungen durch Warnrucke oder Rucke am reversiblen Gurtstraffer besonders geeignet sind [22]. Beim Warnruck wird kurzzeitig Bremsdruck mit steiler Flanke auf- und sofort wieder abgebaut, so dass der Ruck für die Insassen spürbar ist, dabei aber nicht nennenswert Geschwindigkeit abgebaut wird.

Die zitierten Untersuchungen haben gezeigt, dass der Fahrer durch den Ruck veranlasst wird, den Blick aufmerksam auf die Straße voraus zu richten, aber nicht automatisch in die Fahrdynamik einzugreifen. Ähnliche Reaktionen werden in Studien über den Ruck am reversiblen Gurtstraffer berichtet.

Das skizzierte Beispiel vom schnell auf das Nutzfahrzeug auffahrenden Fahrzeug zeigt ferner, wie wichtig es ist, den Fahrerzustand zu beachten: Ist der Fahrer durch Nebentätigkeiten – wie Einstellung der Navigation, Telefonate mit Freisprecheinrichtung – abgelenkt oder ist er ermüdet? Oder erfreut er sich gerade an seinem sportlichen Fahrstil und ist jederzeit Herr der Lage? Erfahrungen mit der Parametrisierung von Warnsystemen zeigen, dass bereits relativ einfache echtzeitfähige Warnmodelle einen wichtigen Beitrag leisten, um das Warndilemma zu entschärfen [23].

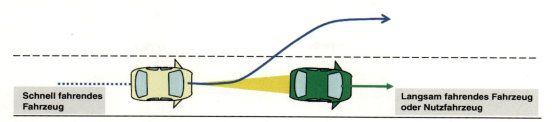

Abb. 48.4 Warndilemma: Annäherung an ein langsames Nutzfahrzeug mit einer hohen Relativgeschwindigkeit [21] (Quelle: Sebastian Ohl)

In der Literatur wird vielfach noch zwischen Latentwarnung und Vorwarnung unterschieden (z. B. ▶ Kap. 47). Eine Latentwarnung kann dann angemessen sein, wenn keine Gefahr bei stationärer Weiterentwicklung der Situation besteht, aber ein Unfall schon bei geringer Störung unausweichlich wird. Das klassische Lehrbuchbeispiel für diese latente Gefahr sind Fahrzeuge, die einen sehr geringen Abstand zum vorausfahrenden Fahrzeug bei geringer Relativgeschwindigkeit halten. Eine Vorwarnung erfolgt, wenn auf Basis der aktuellen Zustandsgrößen ein Unfall prädiziert werden kann.

48.4.3 Abgestufte Unterstützung im Gefahrenfall

Moderne Eingriffsstrategien folgen mehreren, teilweise widersprechenden Grundsätzen:
- Der Eingriff soll rechtzeitig erfolgen, so dass der Fahrer das Unfallgeschehen noch abwenden kann.
- Der Eingriff soll angemessen erfolgen in dem Sinne, dass der Fahrer zwar unterstützt, aber genauso wenig durch übertriebene Eingriffe belästigt wird wie die Insassen oder der umgebende Verkehr.
- Abhängig von der Eingriffsschwere sind Falscheingriffe so gering zu halten, dass das Verkehrsgeschehen nicht negativ beeinflusst wird.

Diese Grundsätze führten bei allen aktuellen FVCX-Systemen zu einer abgestuften Eingriffsstrategie. Ein wichtiger Parameter, welche Maßnahme ausgewählt wird, ist die Time-to-Collision (TTC), also die Zeit, die noch bis zu einer möglichen Kollision verbleibt. Psychologische Untersuchungen haben gezeigt, dass die TTC auch beim Menschen die entscheidende Größe für die Situationswahrnehmung ist [24, 25].

Im Folgenden sind exemplarisch Einzelfunktionen skizziert, auf die aktuelle Ausprägungen von FVCX-Systemen in unterschiedlichen Modellen unterschiedlicher Hersteller derzeit zurückgreifen (vgl. ▶ Kap. 47):

48.4.3.1 FVCC-Systeme:

FVCC-Systeme konditionieren das Fahrzeug so vor, dass es in der drohenden Gefahrensituation dem Fahrer möglichst gute Überlebenschancen bietet. Aktuatoren, die zur aktiven und passiven Sicherheit beitragen, können entsprechend vorkonditioniert werden.

- **Prefill**: Im Fall der FVC wird in der Bremsanlage ein leichter Druck aufgebaut – man spricht auch vom „Vorbefüllen" der Bremse. Dadurch verringert sich die Totzeit, sobald der Fahrer das Bremspedal betätigt oder ein FVCX-System Bremsdruck anfordert (z. B. Audi A8).
- **Adaptive Brake Assist**: „Wird aufgrund der Umfeldsensorik eine Gefahrensituation erkannt, so wird die Auslöseschwelle des HBA herabgesetzt." [26]
- **Dämpferverstellung**: eine Veränderung der Dämpferparameter (z. B. Audi A8).
- **Gurtlosereduzierung:** Eine erste Reduzierung der Gurtlose findet bereits nach dem Angurten statt, eine weitere Reduzierung erfolgt kurz vor dem Aufprall (z. B. Audi A8).
- **Vorkonditionieren des Airbags:** Pre-Crash-Funktionen unterstützen den Entscheidungsprozess zwischen Kollisions- und

Nicht-Kollisionssituationen bei maschinell wahrgenommenen Situationen. Diese zusätzliche Information wird zum Zeitpunkt der Kollision genutzt ([27]; z. B. Audi A8).

48.4.3.2 FVCW-Systeme

FVCW-Systeme warnen den Fahrer, so dass er die drohende Gefahr selbstständig erfassen und abwehren kann. Die Stärke der Warnung hängt davon ab, wie viel Zeit dem Fahrer noch zur Gefahrenabwehr bleibt. Um den richtigen Warnzeitpunkt zu bestimmen, analysieren viele Systeme Fahrerhandlungen – entweder durch direktes visuelles Beobachten (z. B. Lexus) oder durch Auswertung seiner Fahrweise. In ▶ Kap. 37 werden die Fahrerwarnelemente umfangreicher betrachtet.

- *Optische Warnung*: Symbolische und/oder textuelle Warnbotschaften durch Lampen oder Displays werden ausgelöst. Bei sehr geringem Abstand zu vorausfahrenden Fahrzeugen erfolgt eine optische Latentwarnung. Zusätzlich erfolgt eine optische und akustische Vorwarnung, wenn die Reaktionszeit auf das vorausfahrende Fahrzeug einen Schwellwert unterschreitet.
- *Akustische Warnung:* Verschiedene Warntöne (Gong, Summer) werden zur Erhöhung der Fahreraufmerksamkeit erzeugt.
- *Warnbremsruck:* Eine signifikante, kurzzeitige Änderung der aktuellen Beschleunigung durch Einleiten eines kurzen Druckpulses in die Bremsanlage soll den Fahrer warnen.
- *Warngurtruck:* Warnende Rucke am Sicherheitsgurt durch den Gurtstraffer dienen als Warnung.
- *Gegendruck am aktiven Gaspedal:* Während der Betätigung des Gaspedals durch den Fahrer kann ein anwachsender Gegendruck des Pedals eine notwendige Verzögerung signalisieren (z. B. bei Fahrzeugen von Infinity).

48.4.3.3 Gefahrenabwehr zum rückwärtigen Verkehr

Nicht in allen Verkehrssituationen wirken automatische Notbremsungen unfallschweremindernd oder unfallverhindernd. Speziell für den Fall, dass zwar eine Frontkollision mit einem leichten Verkehrsteilnehmer durch eine Notbremsung vermieden wird, aber dadurch das Auffahren eines viel schwereren Fahrzeugs auf das Heck des assistierten Fahrzeugs erst verursacht wird, profitiert der assistierte Fahrer nicht unbedingt vom Eingriff. Aus diesem Grund werden FVCX-Maßnahmen häufig auch durch Maßnahmen ergänzt, die das Fahrzeug nach hinten absichern:

- *Warnblinkanlage:* Weitgehend Standard ist das Einschalten einer Warnblinkanlage, wenn eine (automatische) Notbremsung ausgeführt wird.
- *Rückwärtige Sensorik:* Ausgefeilte Systeme nutzen zusätzlich rückwärtige Sensorik, mit der analysiert wird, ob eine Notbremsung – wie zuvor beschrieben – eventuell mehr schadet als nützt.

48.4.3.4 FVCM-Systeme:

FVCM-Systeme nutzen Aktuatoren im Fahrzeug, um die Unfallschwere der drohenden Kollision zu mindern.

- *Automatische kurzzeitige Bremseingriffe:* Automatisch ausgelöste kurzzeitige Bremseingriffe reduzieren die Relativgeschwindigkeit und warnen den Fahrer mit Nachdruck. Die Eingriffe erfolgen abgestuft je nach Kritikalität der Situation, solange ein Unfall vermeidbar ist (z. B. Audi A8: Stufe 1: $3\frac{m}{s^2}$, Stufe 2: $5\frac{m}{s^2}$, maximal erlaubt nach Norm ISO 22839: $6\frac{m}{s^2}$ [10]).
- *CMS-Bremsung:* CMS (Collision mitigation systems) sind 2003 in Japan eingeführt worden. Nach einer Warnung an den Fahrer wird eine Notbremsung ausgeführt, falls der Fahrer eine Kollision nicht mehr verhindern kann. Das CMS muss dabei mindestens mit $5\frac{m}{s^2}$ verzögern [10] (z. B. Honda CMBS [28, 8]).
- *Automatische Notbremsung zur Unfallfolgenreduzierung:* Eine automatische Notbremsung erfolgt, wenn eine Kollision unvermeidbar ist, um die Unfallfolgen zu reduzieren. Die Verzögerung kann dabei, je nach Reibungskoeffizient, bis zu $6\frac{m}{s^2}$ erreichen.
- *Gurtstraffer:* Kurz bevor eine unvermeidbare Kollision eintritt, werden Fahrer und Beifahrer über den Gurtstraffer in eine aufrechte Sitzposition gebracht und ein „submaring" (Untertauchen unter den Gurt) wird verhindert [27].

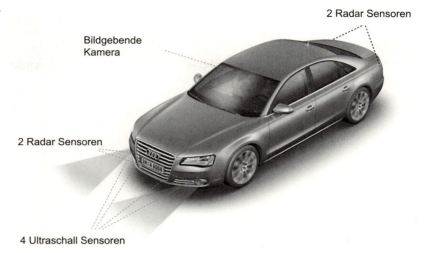

◘ Abb. 48.5 Sensoren für maschinelle Umfeldwahrnehmung im Audi A8 [30] (Quelle: Audi AG)

- **Schließen von Fenstern und Schiebedach:** Bei Erkennung von gefährlichen Situationen werden die Fenster und das Schiebedach des Fahrzeugs automatisch geschlossen. Als Teil des pre-safe genannten Systems wurde diese Funktionalität als Erstes von Daimler eingeführt (pre-safe: Erste Ausprägung, 2002, [29]).
- **Einstellen der Sitzposition:** Ebenfalls als Teil des pre-safe Systems wird die Sitzposition durch eine Verstellung des Sitzes verändert [29].

48.4.3.5 FVCA-Systeme:

FVCA-Systeme lösen geeignete Maßnahmen aus, um den Unfall zu verhindern.

- **Zielbremsung:** Eine Zielbremsung ist eine Erweiterung des hydraulischen Bremsassistenten. Die Funktion unterstützt den Fahrer in gefährlichen Situationen durch eine Verstärkung des Bremsdrucks zur Vermeidung von Kollisionen.
- **Automatische Notbremsung zur Unfallverhinderung:** Eine automatische Notbremsung erfolgt, um eine Kollision zu vermeiden. Die Verzögerung kann dabei – je nach Reibungskoeffizient – bis zu 1,0 g erreichen.
- **Weitere Systeme:** ▶ Kap. 47 und 51

48.5 Abstufung am Beispiel einer aktuellen Realisierung

Die Vielfalt von aktuellen FVCX-Systemen sei im Folgenden am Beispiel der Assistenzfunktionen illustriert, die unter den Markennamen „Braking Guard" und „PreSense" von Audi vermarktet werden. Diese Systeme markieren den aktuellen Stand der Technik. Außerdem können hier zum Entwicklungsprozess dieser Systeme Hintergrundinformationen mit freundlicher Genehmigung der Audi AG ergänzt werden, da einer der Autoren in der Forschungs- und Konzeptphase für die Systementwicklung verantwortlich war.

Für FVCX-Funktionen nutzt das Fahrzeug zwei Radarsensoren (s. ▶ Kap. 17) für den Vorausschaubereich (Bosch, ACC3, 77 GHz), eine Monovideokamera (Bosch, 2. Generation) (s. ▶ Kap. 19) und Ultraschallsensoren (s. ▶ Kap. 16). Zur Absicherung eines Bremseingriffs werden auch die rückwärtig gerichteten Radarsensoren genutzt, die in der Hauptfunktion für den Fahrstreifenwechselassistenten entwickelt wurden (Hella, 24 GHz, 2. Generation, s. ▶ Abschn. 17.8.5) (s. ◘ Abb. 48.5).

Die Auslösung der FVCX-Systeme erfolgt in mehreren Stufen: In einer ersten Stufe werden die Bremse und die Dämpfer vorkonditioniert (Prefill, HBA, Dämpfer). Anschließend erfolgen eine akustische und eine optische Warnung, bald darauf ein Warnruck. Parallel dazu reduziert der reversible Gurtstraffer für den Fahrer und den Beifahrer die

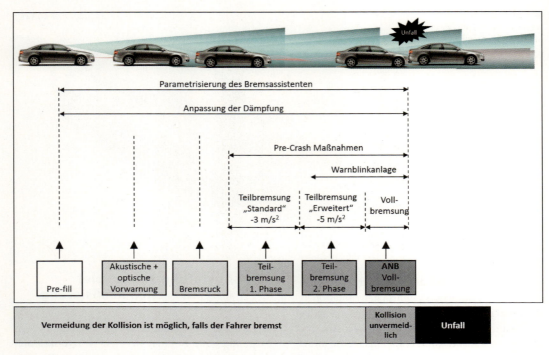

◘ **Abb. 48.6** Sequenzieller Einsatz von FVCX-Funktionen im Audi A8 [30] (Audi AG)

Gurtlose. Reagiert der Fahrer immer noch nicht angemessen, werden in schneller Abfolge eine erste Teilbremsung ($-3\,\frac{m}{s^2}$), eine stärkere Teilbremsung ($-5\,\frac{m}{s^2}$) und nach Erreichen des CU-Kriteriums eine Vollverzögerung eingeleitet. Zusätzlich werden das Schiebedach und die Fenster automatisch geschlossen und der Gurtstraffer erhöht nochmals die Zugkraft. Ab der stärkeren Teilbremsung ($-5\,\frac{m}{s^2}$) wird die Bremsung durch automatisch aktiviertes Notfallblinken unterstützt (s. ◘ Abb. 48.6).

48.6 Systemarchitektur

Die Forderung nach redundanten multimodalen Umgebungssensoren führt in heutigen Systemarchitekturen zu großen Datenströmen auf den Bussystemen des Fahrzeugs. Die notwendige Zuverlässigkeit und Systemsicherheit verlangt nach sicherer Übertragungstechnik. Zeitgesteuerte Übertragung und Architekturen auf den Steuergeräten sind hilfreich bei der Fusion von Sensordaten, aber mittelfristig auch bei der präzisen Ansteuerung von innovativen Aktuatorsystemen (z. B. Smart Airbags).

Daher kommt der Systemarchitektur und ihrer sorgfältigen Planung eine Schlüsselrolle bei der Beherrschung der Komplexität von vernetzten Sicherheitssystemen zu. Es empfiehlt sich, die Umgebungssensoren bereits in der Planungsphase der Topologie der Fahrzeugnetze zu berücksichtigen. Datenströme, wie sie bei der Fusion von Sensordaten in der Umgebungswahrnehmung auftreten können, können topologiebestimmend für Fahrzeugnetzwerke werden.

Als Beispiel zeigt ◘ Abb. 48.7 die elektronische Hardware-Architektur des aktuellen Audi A8 [31]. Ein zentrales Gateway verbindet mehrere CAN-Bussysteme, einen MOST-Bus für Multimediasysteme und ein FlexRay-Cluster für Fahrerassistenz- und FVCX-Systeme. Letzteres bindet zentrale Steuergeräte zur kamerabasierten Wahrnehmung, für ACC und zur Stoßdämpfer-Ansteuerung, ein spezielles Steuergerät zur Inertialsensorik-basierten Zustandsschätzung, das ESP und Quattro Sport an. Sämtliche Komponenten müssen für eine angemessene FVCX-Funktionalität präzise zusammenarbeiten.

Bis zum heutigen Tage wurde die Systemarchitektur auf eine sehr traditionelle Art und Weise als

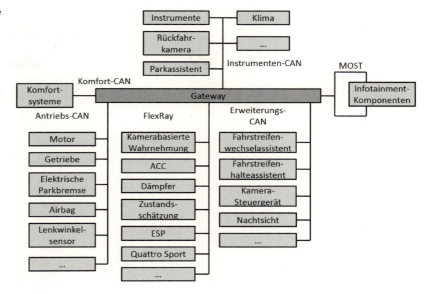

◼ **Abb. 48.7** Elektronische Hardware-Architektur des Audi A8 [31] (Quelle: Jens Kötz)

Kollektion von Steuergeräten, Fahrzeugnetzwerken und Gateways behandelt. Zukünftig ist es notwendig, dass auch andere Aspekte in die Systemarchitektur einfließen, um die steigende Komplexität moderner Fahrzeuge bewältigen zu können.

Die funktionale Systemarchitektur dekomponiert das Gesamtsystem aus Sicht der Gesamtfunktion und ihrer funktionalen Bausteine. Sie bedient sich der Darstellungsweisen aus dem Bereich der Systemdynamik und Regelungstechnik [32]. Zusätzlich sollte eine explizite Wissensrepräsentation Teil der Entwicklung sein, um an zentraler Stelle den Zustand des eigenen Fahrzeugs repräsentieren zu können. Dies kann beispielsweise durch Methoden der objektorientierten Softwareentwicklung erfolgen. Heutzutage ist dieses Wissen größtenteils versteckt im Fahrzeug vorhanden, hauptsächlich in Form von dezentralen Diagnosefunktionalitäten. Insbesondere im Kontext steigender Automatisierung der Fahrzeuge ist Kenntnis über den aktuellen Fahrzeugzustand essenziell für geeignete Reaktionen [32].

Unabhängig von ihrer technischen Realisierung sollten zunächst auch die Eigenschaften des Fahrzeugs aus Kundensicht beschrieben werden [33].

Alle drei Aspekte werden im Idealfall unabhängig von der Hardware diskutiert und bleiben bei der Migration auf andere Hardwareplattformen stabil. Die Hardware selbst und Aspekte der hardwarenahen Programmierung gehören zu den hardware-abhängigen Aspekten der Systemarchitektur. Mit der Verwendung der AUTOSAR-Spezifikation (vgl. ► Kap. 7) wird unter anderem eine Standardisierung der hardwarenahen Software angestrebt, so dass sogar diese Aspekte zunehmend unabhängig von ihrer technischen Umsetzung diskutiert werden können. Es ist davon auszugehen, dass die Bedeutung dieser Aspekte bei Fahrzeugherstellern und ihren Zulieferern stark zunehmen wird, um die Komplexität zukünftiger Fahrzeuge beherrschbar zu halten.

48.6.1 Funktionale Systemarchitektur

Die funktionale Systemarchitektur diskutiert die Systemstruktur unabhängig von der Hardware. Beobachtungen zeigen, dass die Hardwarearchitektur in den unterschiedlichen Stadien der Entwicklung (Forschung, Konzeptphase, Vorentwicklung) und mit den raschen technologischen Fortschritten ständigem Wandel unterliegt. Dagegen wird eine bewährte funktionale Systemarchitektur nur erweitert, falls funktionale Erweiterungen erforderlich werden, oder sie wird bei fundamentalen Paradigmenwechseln radikal geändert. Die funktionale Systemarchitektur erlaubt die hardwareunabhängige Schnittstellenanalyse und zeigt auf, wo güns-

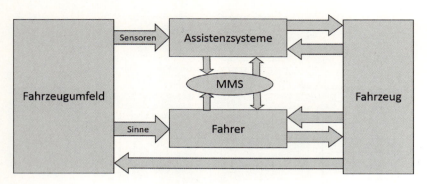

Abb. 48.8 Vereinfachtes Blockschaltbild des Systems Fahrer-Fahrzeug-Umgebung-Assistenzsystem [35] (Quelle: Matthias Kopf, angepasst)

tige Schnittstellen für die Kommunikation zwischen Modulen zu finden sind. Aus der sorgfältigen Analyse der funktionalen Systemarchitektur sollte die Ableitung der Hardware-Topologie erfolgen.

Abb. 48.8 zeigt ein einfaches Blockschaltbild des Systems Fahrer-Fahrzeug-Umgebung-Assistenzsystem. Da Fahrer und Assistenzsystem definitionsgemäß gleiche Aufgaben parallel erledigen (vgl. [34]), ergibt sich auch in der funktionalen Systemarchitektur eine Parallelstruktur. Der Fahrer und das Assistenzsystem beobachten mit den Sinnesorganen und technischen Sensoren die Umgebung und das Fahrzeug; sie beeinflussen das Fahrzeug im Sinne ihrer Ziele mit geeigneten Aktuatoren. Fahrer und Assistenzsystem kommunizieren über eine Mensch-Maschine-Schnittstelle miteinander.

48.7 Entwicklungsprozess

48.7.1 Systematische Entwicklung von Fahrerassistenzsystemen

Viele Entwicklungen und viele Entwicklungswerkzeuge haben ihren Ursprung im militärischen Bereich. In der Entwicklung von komplexen technischen Systemen hat das sogenannte V-Modell großen Einfluss.

Das V-Modell unterstützt verschiedene Grundsätze, die helfen, komplexe Systeme strukturiert zu entwickeln: Zunächst unterstützt es ein Top-down-Design von den groben Anforderungen auf Systemebene stufenweise hin zu Detailanforderungen auf Komponentenebene. Besonders wichtig ist im V-Modell, dass zu jeder Anforderung auch geeignete Testfälle spezifiziert werden müssen. Entsprechend zur Top-down-Struktur der Anforderungen ergibt sich eine Bottom-up-Struktur der Testfälle.

Die Einführung des V-Modells als Paradigma in der Entwicklung von elektronischen Fahrzeugsystemen hat zu einer deutlich strukturierteren Entwicklungsform bei Fahrzeugherstellern und Systempartnern geführt (z. B. [36]). Je detaillierter die Anforderungen spezifiziert werden, desto deutlicher wird aber auch, dass sich komplexe Assistenzsysteme nicht vollständig testen lassen. Kritisch wird in der Literatur der Einsatz des V-Modells diskutiert, „(…) wenn zu Beginn des Entwicklungsvorhabens die Informationsbasis noch nicht vollständig ist und folglich das System nicht ‚von oben nach unten' entwickelt werden kann" [37]. „Die Realität ist daher eher durch inkrementelle und iterative Verhaltensweisen gekennzeichnet, bei der Schritte des V-Modells oder das gesamte V-Modell mehrmals durchlaufen werden." [38]

Diesen Bedarf nach iterativen Entwicklungsschleifen berücksichtigt ein einfaches Entwurfsmodell, das im Rahmen des Forschungsprojekts „Automatische Notbremse" bei Audi entwickelt wurde [39]. Das Verfahren wurde bewusst einfach visualisiert:

Abb. 48.9 zeigt einen Vollkreis, der eine komplette Iterationsschleife umfasst. Nach weniger als der Hälfte des Kreises ist ein „Abkürzungspfad" definiert, der wieder zum Ausgangspunkt des Entwicklungsprozesses führt. Eine technischere Form der Notation wurde 2006 vorgestellt, bislang aber nicht weiter verfolgt [40].

Durch die beschriebene Struktur ergeben sich zwei Iterationsschleifen: Die erste, zeitlich kürzere und deutlich Ressourcen sparende Schleife erfordert

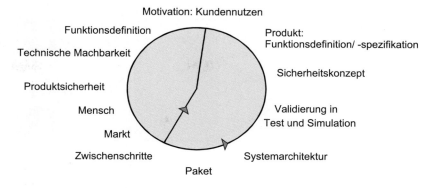

Abb. 48.9 Systematischer Entwurf von Fahrerassistenzsystemen [39]

Expertenwissen aus unterschiedlichen Bereichen. Die Arbeiten werden entweder theoretisch durchgeführt oder durch eine Reihe von aneinandergereihten X-in-the-Loop-Werkzeugen [41]; während dieser Phase werden keinerlei Prototypen hergestellt. Der Ansatz ist dann besonders wirkungsvoll, wenn die im Unternehmen verfügbaren Experten, bei Bedarf verstärkt durch externe Wissensträger, in dieser Iterationsschleife möglichst die zentralen Auslegungskonflikte identifizieren und eine fundierte Auswahl treffen zwischen den realisierbaren und den wünschenswerten, aber noch nicht realisierbaren Assistenzfunktionen.

Prototypische Systeme werden erst aufgebaut, wenn die Experten als Zwischenergebnis eine Funktionsdefinition gefunden haben, bei der alle in der theoretischen Diskussion gefundenen Auslegungskonflikte aufgelöst werden konnten, oder offene Fragen auftreten, die eine experimentelle Untersuchung erfordern.

Ausgangspunkt des Entwicklungsprozesses ist immer der Fahrer und sein Unterstützungsbedarf. Das mag trivial klingen. Dem am Automobil interessierten Leser werden jedoch sofort viele Beispiele einfallen, im Falle derer am (Unterstützungs-)Bedarf des Fahrers vorbei entwickelt wurde (beispielsweise in [42]). Für die Kaufentscheidung des Fahrers und damit den Markterfolg des Systems scheint der subjektiv empfundene Bedarf, nicht der objektiv zu erwartende Nutzen ausschlaggebend zu sein.

Aus dem identifizierten Unterstützungsbedarf werden Ideen für Funktionsausprägungen entwickelt, die den Fahrer in technisch beschreibbaren Szenarien unterstützen sollen. In der Expertenrunde werden diese Funktionsausprägungen darauf getestet, ob sie nach aktuellem Wissensstand mit der verfügbaren Technik realisierbar sind: Können die zu erwartenden Funktionslücken und Systemausfälle von jedem untrainierten Nutzer in jeder Situation beherrscht werden? Erscheint eine nutzertransparente Auslegung der Funktion und ihrer Grenzen möglich? Sind sinnvolle Mensch-Maschine-Schnittstellen denkbar? Ist die Funktion für die Kunden finanzierbar? Passt sie zum Markenimage des Herstellers? Die Vertiefung der einzelnen Schritte und die Ausgestaltung der vollen Iterationsschleife werden im folgenden Abschnitt anhand eines praktischen Beispiels diskutiert.

In methodischer Hinsicht entspricht der hier beschriebene Ansatz einer Weiterentwicklung von Verfahren, wie sie in der integrierten Produktentwicklung beschrieben werden (z. B. [43]). Im Forschungs- und Entwicklungsprozess eines Systems sollte dieses Verfahren in jeder Phase berücksichtigt werden. Bereits in der universitären Forschung sollte nicht am Bedarf des Nutzers vorbei geforscht und das öffentlich verfügbare Wissen über eine ganzheitliche Produktentwicklung genutzt werden.

In der Phase der industriellen Forschung und Vorentwicklung werden die beschriebenen Verfahren dann kommerziell bedeutender für den jeweiligen Hersteller. Die Feinjustierung erfolgt beim Einsatz innovativer Technologien gerade im Bereich der maschinellen Wahrnehmung erst in der Serienentwicklung – oftmals steht erst mit kurz vor Markteinführung verfügbaren Musterständen der Sensoren verlässlich fest, inwieweit die anfangs aufgestellte Spezifikation von den realen Sensoren wirklich erfüllt wird und welche Funktionsausprägungen damit möglich sind. Gegebenenfalls muss bei Nichterfüllung der zu Beginn festgelegten Spezifikation der Funktionsumfang entsprechend

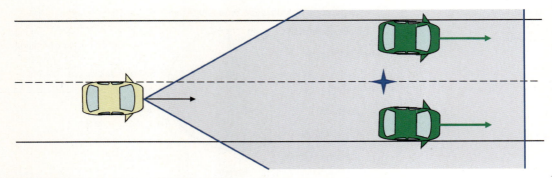

Abb. 48.10 „Geisterobjekt" – wahrgenommen von einem Radarsystem (Quelle: Sebastian Ohl)

angepasst werden. Dies erfolgt über eine weitere Iterationsschleife im Entwurfsprozess.

Selbstverständlich sollten auch freiere Forschungs- und Vorentwicklungsvorhaben durchgeführt werden, die nicht unmittelbar auf einen bestimmten Kundennutzen zielen. Wichtig ist nur, dass diese Vorhaben auch entsprechend deklariert werden und nicht spezifischen Kundennutzen suggerieren.

48.7.2 Beispiel: Systematische Entwicklung einer automatischen Notbremsfunktion

48.7.2.1 Nutzerorientierte Funktionsdefinition

Analysen der Unfallforschung zeigen, dass viele Fahrer das Verzögerungspotenzial ihrer Fahrzeuge nicht ausschöpfen. In ■ Abb. 48.1 ist die statistische Auswertung einer Unfalldatenbank gezeigt: Für jede Verletzungsklasse MAIS wird ausgewiesen, welcher prozentuale Anteil der Fahrer eine Komfortbremsung oder gar keinen Bremsvorgang durchgeführt hat, obwohl eine stärkere Verzögerung zumindest unfallschweremindernd gewirkt hätte ([44, 4], zitiert nach [45]).

Aufgrund dieses identifizierten Unterstützungsbedarfs wird eine erste Funktionsdefinition für den Start einer Konzeptentwicklungsphase festgelegt:

„Eine Notbremsung, d. h. Bremseingriff mit max. Verzögerung, wird dann veranlasst, wenn ein Unfall fahrphysikalisch nicht mehr zu verhindern ist. Damit wird dem Fahrer weiterhin jede Freiheit gelassen und nur dann ausgelöst, wenn er auch bei noch so guten Fahrfähigkeiten die Kollision nicht mehr verhindern könnte (…)" [7] (CU-Kriterium, s. ▶ Abschn. 48.4.1).

Diese Funktionsdefinition zeigt auch, dass bereits zu Beginn der Konzeptentwicklungsphase erhebliches Vorwissen vorhanden war: Man beschränkt sich von Beginn an auf ein System der Unfallschwereminderung, um Produkthaftungsansprüche von Fahrern oder ihren Angehörigen zu vermeiden, die nach Auslösen einer Notbremse argumentieren könnten, diese sei zu früh erfolgt und habe den Unfall gerade verursacht.

Die Sichtung der verfügbaren Radar-, Lidar- und Videosensorik ergibt, dass die Funktion prinzipiell einfach darstellbar ist, solange die Szenarien einfach gestaltet werden und die Witterungsverhältnisse die jeweiligen Sensorprinzipien nicht an ihre Grenzen führen. Im diskutierten Fall soll untersucht werden, ob die Funktion nicht durch einen Radarsensor eines konventionellen ACC-Systems dargestellt werden kann. Spätestens bei einer ersten Risikoanalyse wird jedoch deutlich, dass es viele mögliche Situationen im Straßenverkehr geben kann, die jedes mögliche Sensorprinzip überfordern. Nichtauslösungen einer automatischen Notbremse werden als weniger kritisch angesehen, da das ausgerüstete Fahrzeug nicht unsicherer als ein konventionelles Fahrzeug sein wird.

Kritisch wird der Fall betrachtet, wenn eine Notbremse ohne Vorliegen der zuvor beschriebenen Auslösungssituation automatisch ausgelöst wird. Da die Funktionsprinzipien der Einzelsensoriken bekannt sind, ist für die Experten offensichtlich, dass Falschauslösungen zwar selten oder sehr selten vorkommen können, aber zumindest nach dem ak-

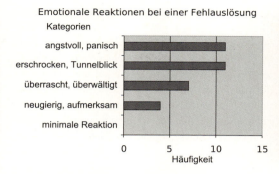

Abb. 48.11 Emotionen (aufgrund von Augen- und Gesichtsausdruck) nach einer Fehlauslösung einer automatischen Notbremse (n = 33) [22] (Quelle: Universität der Bundeswehr München, Institut für Arbeitswissenschaft)

tuellen Stand der Technik nicht ganz auszuschließen sind. Radarexperten ist die bei modernen Systemen selten auftretende Situation der „fahrenden Gasse" bekannt, bei der sich zwei Fahrzeuge mit sehr ähnlicher Geschwindigkeit bewegen, die von der Signalverarbeitung als ein in der Gasse liegendes virtuelles Objekt interpretiert werden kann (vgl. Abb. 48.10): Ein solches „Geisterobjekt" könnte eine unberechtigte automatische Notbremsung verursachen.

Folgenschwer kann auch der Einwand der Produktsicherheitsexperten sein, dass Gerichte im Schadenfall nach Analogien suchen. Hier wird als Analogie erwartet, dass Redundanz in der Wahrnehmung der entscheidenden Zustände gefordert werden könnte, da etwa bei einem ESC-System wesentliche Zustände ebenfalls redundant erfasst werden (s. ▶ Kap. 41).

Bereits in dieser frühen Phase weisen Experten darauf hin, dass die zu erwartenden Funktionsgrenzen auch kommunizierbar sein müssen. Ferner sei der Hersteller dafür verantwortlich, die richtige Kundenerwartung zu erzeugen. Dank der Response-Projekte floss dieses Expertenwissen in verschiedene Hilfsmittel ein (z. B. [46] und [12]).

Ebenfalls wird gefordert, dass das System an seinen Grenzen zumindest in der Lage sein muss, seine Degradation selbst festzustellen und den Fahrer entsprechend zu warnen. Ein Datenrekorder oder zumindest entsprechende Eintragungen in den Entwicklungsspeicher werden für den Nachweis, dass ein System fehlerfrei funktioniert hat, als sinnvoll erachtet.

Zentral ist daher die Frage, ob diese unbegründete automatische Auslösung für einen Fahrer und den folgenden Verkehr sicher zu beherrschen wäre (Controllability): Die Untersuchung dieser Fragestellung erfordert erstmalig den Aufbau von Prototypen und damit das erste vollständige Durchlaufen der äußeren Iterationsschleife. Die Ergebnisse sind eindeutig: Mehr als ein Drittel der Fahrerreaktionen werden als „angstvoll, panisch" kategorisiert, ebenfalls mehr als ein weiteres Drittel reagiert „erschrocken, [mit] Tunnelblick". Jedoch kann nicht ausgeschlossen werden, ob die „überraschten" oder „neugierigen" Reaktionen nicht damit zusammenhingen, dass die im Versuch ausgelösten Fehlreaktionen auf dem Testgelände gestellt wurden (Abb. 48.11, [22]).

Diese Untersuchungen zeigen, dass mögliche Falschauslösungen einer „automatischen Notbremse" für den Fahrer, den nachfolgenden Verkehr, den Fahrzeughersteller und den Systempartner ein nicht zu unterschätzendes Risiko darstellen. Neben den technischen, ergonomischen und juristischen Fraktionen sollte bereits in Konzeptphasen das Produktmarketing einbezogen werden. Was helfen aber aufwendige, technische Innovationen, wenn sie nicht ins Markenleitbild passen und deshalb auch nicht ausgelobt werden? Bei den Assistenzfunktionen kommt erschwerend hinzu, dass die bereits erwähnten, zu erwartenden Funktionslücken dazu führen, dass Produkte nicht allzu offensiv beworben werden können. Der Hersteller trägt die Verantwortung für die Kundenerwartung.

Nach der ersten Iterationsschleife ergibt sich folgende Bilanz: Es wurde eine Funktionsausprägung mit großem Wirkungsfeld identifiziert. Die im Entwicklungsauftrag gewünschte Sensorik beschränkt den Nutzen auf den Längsverkehr, wofür die Realisierung mit der bekannten ACC-Sensorik kostengünstig wäre. Vergleiche mit anderen Sicherheitssystemen ergeben aber, dass dort eine redundante Erfassung der funktionsbestimmenden Zustandsgrößen gefordert wird. Die ergonomischen Untersuchungen, die bereits im Frühstadium praktisch durchgeführt werden mussten, zeigen, dass Falschauslösungen einer automatischen Notbremse dieser Funktionsausprägung nicht akzeptabel sind.

Da in diesem Fall kein konsistentes Zwischenergebnis gefunden wird, muss die weitere Entwicklung grundlegend modifiziert werden. Eine langfristige Entwicklungsrichtung kann durch möglichst komplementäre Wahrnehmungsprinzipien versuchen, die Falschauslösewahrscheinlichkeit sehr klein werden zu lassen. Kurzfristig soll eine konsistente Funktionsdefinition dadurch erreicht werden, dass die Funktionsdefinition variiert wird (▶ Abschn. 48.7.1). Die Falschauslösungen haben sich im Versuch als sehr eindrucksvoll erwiesen. Könnte nicht ein schwacher Bremsruck – bei dem der Fahrer durch einen haptischen Ruck gewarnt wird – den Fahrer auf eine Gefahr hinweisen, ohne dass der rückwärtige Verkehr im Falle einer Falschauslösung durch ein plötzliches, unerwartetes Abbauen der Geschwindigkeit gefährdet wird?

Experimentelle Untersuchungen bestätigen beide Erwartungen. Der Warnruck stellt ein wirksames Warnmedium dar, bei dem mit einem geeigneten Bremssystem kaum Verzögerung aufgebaut wird. Daher wird in einer zweiten Iteration zunächst ein Warnsystem entwickelt, das den Fahrer wie beschrieben auf Gefahren hinweist. Da dieser Eingriff auch dann unkritisch ist, wenn er ungerechtfertigt erfolgt, wird als Falschauslöserate eine Falschauslösung auf 10.000 km festgelegt.

Diesmal ist das Zwischenergebnis vielversprechend: Die Warnung über den haptischen Sinneskanal ist sehr direkt und wirksam; daher wird hoher Kundennutzen prognostiziert. Bei einer Nutzung der ACC-Sensorik beschränkt sich der Nutzen wiederum auf den Längsverkehr, wofür die Funktion kostengünstig ohne weitere Sensorhardware dargestellt werden kann. Die Falschauslösungen erweisen sich als beherrschbar und akzeptabel. Eine so definierte Funktion kann nun kurzfristig in Serienfahrzeugen angeboten werden (Produktname:

Audi: „Audi Braking Guard"; VW: „Front Scan", Markteinführung: 2006).

Die Weiterentwicklung der ursprünglichen Funktionsidee einer automatischen Notbremse wird technisch aufwendigere Lösungen erfordern: Für die aus der ersten Entwicklungsschleife bekannte Funktionsdefinition können nun quantitative Prognosen für den Nutzen angegeben werden. Wichtig ist auch die Analyse, welche Parameter für den Nutzen entscheidend sind. So zeigt ◘ Abb. 48.12, wie die relative Energiereduktion und damit der Nutzen von der Systemtotzeit abhängen. Diese Darstellung kann zum einen hilfreich sein – um im Unternehmen den Nutzen eines schnelleren Bremssystems quantitativ zu belegen – zum anderen bei der Auswahl der Sensorik helfen ([4], zitiert nach [45]).

Während der ersten Iterationsschleife wurde deutlich, dass wesentliche Zustandsgrößen redundant wahrgenommen werden müssen. Die Auswahl einer geeigneten Sensorkonfiguration ist eine der herausforderndsten Aufgaben bei der Entwicklung eines innovativen Fahrerassistenzsystems. Im Allgemeinen sind Sensoren, welche die geforderten Eigenschaften – ausgehend von der Funktionsdefinition – erfüllen, am Markt nicht verfügbar. Geeignete Metriken zum Vergleich verschiedener Sensorkonfigurationen und Wahrnehmungsalgorithmen sind bisher nicht vorhanden. Die Sensorauswahl muss sich daher auf die Leistungsfähigkeit aktueller Prototypen und der von ihren Entwicklern prognostizierten Leistung stützen.

Neben dieser Unsicherheit kann die Verlässlichkeit der maschinellen Wahrnehmung durch eine geschickte Kombination diversitärer Sensorprinzipien verbessert werden: Um die geforderte Robustheit der maschinellen Wahrnehmung und die geforderte formale Redundanz zu erfüllen, wurde eine Vielzahl unterschiedlicher Sensorkombinationen berücksichtigt. Von den Entwicklern des ACC (s. ▶ Kap. 46) wird ein Langreichweiten-Radar als Sensor bevorzugt, insbesondere aufgrund seiner Leistungsfähigkeiten auch bei schlechten Wetterbedingungen. Eine Monokamera wird ein Standardsystem für die Fahrstreifenverlassenswarnung und die Verkehrszeichenerkennung. Zu diesem Zeitpunkt ist unklar, ob weitere redundante Datenquellen erforderlich sein werden. Aus diesem Grund wurden ebenfalls Stereokamerasysteme

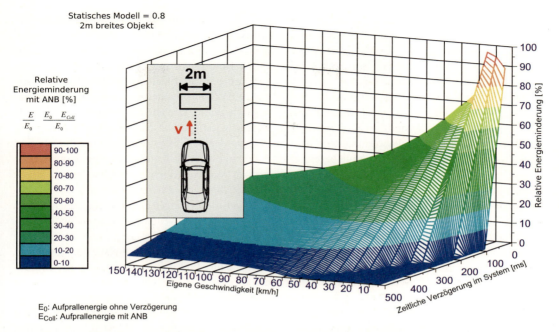

◘ **Abb. 48.12** Einfluss der Totzeit auf die relative Energiereduktion einer automatischen Notbremse [4] (Quelle: Stephan Kopischke)

(s. ▶ Kap. 20), Lasersensoren (s. ▶ Kap. 18) und PMD-Systeme (photonic mixing device) evaluiert. Schließlich wurde eine Kombination aus zwei Radarsensoren und einer Monokamera gewählt [30, 47].

Die Zuverlässigkeit dieser Sensorkombination ist bedeutend höher als bei einem einzelnen ACC-Sensor. Zusätzlich werden die Daten der rückwärtigen Radar-Sensoren verwendet, um die Wahrscheinlichkeit eines gefährlichen Eingriffs der automatischen Notbremse weiter zu reduzieren: Eine Notbremsung wird nur dann mit maximaler Bremskraft eingeleitet, wenn sich dicht hinter dem eigenen Fahrzeug kein weiteres Fahrzeug befindet.

Der Nutzen dieses Systems ist weiterhin nur auf den Längsverkehr beschränkt; die Wahrscheinlichkeit einer Falschauslösung wird minimiert. In dieser dritten Iterationsschleife werden zusätzlich weitere Aspekte aus der äußeren Schleife berücksichtigt: das Verbaukonzept der Sensorik und die funktionalen Tests des Systems. Aspekte der Systemarchitektur wurden bereits an anderer Stelle behandelt (s. ▶ Abschn. 48.6).

Die Integration von Sensorik in das Designkonzept eines Fahrzeugs wird, außerhalb der Automobilhersteller, stark unterschätzt. Bauraum für Systeme, die über den Basisbetrieb eines Fahrzeugs hinausgehen, ist kaum verfügbar, selbst wenn er bereits in frühen Entwicklungsstadien angefordert wurde. Die Integration der ACC-Sensorik im Audi A8 wurde unter diesem Aspekt geschickt gelöst: Die Radarsysteme wurden in dem vorgesehenen Bauraum für die Nebelscheinwerfer platziert, da diese direkt in die Frontscheinwerfer integriert wurden.

48.7.2.2 Funktionale Tests von Fahrerassistenzsystemen

Der Begriff des „Testens" wird heute in der Praxis der Automobilentwicklung häufig unspezifisch gebraucht: Er beschreibt so unterschiedliche Testkategorien wie funktionale Tests, Bediensicherheit für den Nutzer, Tests zur Nutzertransparenz, Tests zur Kundenakzeptanz, Tests zur elektromagnetischen Verträglichkeit, Klimatests, Tests zur Fahrzeugakustik, Tests zur aktiven und passiven Sicherheit des Fahrzeugs, elektrische und elektronische Tests, die auch Hardware-in-the-Loop mit einschließen, Tests zur Integrität der Software einschließlich Software-in-the-Loop. Die Liste ließe sich weiter fortführen. Jedes Thema für sich ist im Bereich „Fahrerassistenz" anspruchsvoll sowie komplex und jedem stünde ein eigenes Kapitel zu. Alle technischen Entwicklungs- und Qualitätssicherungsbereiche des Unternehmens sind betroffen und leisten ihren Beitrag.

In diesem Kapitel liegt der Fokus auf den funktionalen Tests der hier vorgestellten automatischen Notbremse. Zwei Fehlfunktionen verdienen besondere Beachtung, da sie besonderen Einfluss darauf haben, wie das System vom Fahrer und der Öffentlichkeit wahrgenommen wird. Es wurde bereits erwähnt, dass die Reaktion des Nutzers auf eine unberechtigte Auslösung deutlich ausgefallen ist, was zu der Forderung führte, diese zu vermeiden. Aus Sicht der experimentellen Durchführung sind der Test der berechtigten Auslösung und die Untersuchung der Nutzerreaktion aufwendiger, da es hier aufgrund der Funktionsdefinition zu einer Kollision kommt.

Entscheidend für die Akzeptanz einer automatischen Notbremse der genannten Funktionsausprägung ist die Fehlerwahrscheinlichkeit für unberechtigte Auslösungen, die erfolgen, ohne dass sie ein menschlicher Beobachter für angemessen hält. Dabei ist die Frage, welche Fehlerwahrscheinlichkeit gesellschaftlich akzeptabel ist, weiterhin offen. Dieser Standard wurde in der ISO 26262 im Speziellen für automotive Anwendungen detailliert und erweitert; dabei wurden die Ausfallraten durch grundsätzliche Entwurfsmechanismen ersetzt (s. ▶ Kap. 6).

48.7.2.3 Testfall „Berechtigte Auslösung" – Vehicle in the Loop

Im Testfall der berechtigten Auslösung für eine automatische Notbremse bestehen folgende Anforderungen an den Test:
- Es wird eine automatische Notbremsung ausgeführt.
- Es wird dabei zum Aufprall kommen.
- Der Fahrer und das Fahrzeug sollen dabei nicht gefährdet werden.
- Die Situation soll für den Fahrer realistisch erscheinen.
- Der Test soll möglichst reproduzierbar ausgeführt werden.

Einfache Testaufbauten oder Untersuchungen im Fahrsimulator erfüllen nicht alle Kriterien: Bei Untersuchungen im Fahrsimulator wären das Bedrohungsszenario und die Dynamik der Fahrzeugreaktion nicht realistisch genug wahrzunehmen. Bei realen Kollisionen mit Schaumstoffwürfel, Fahrzeugauslegern und kleinen mobilen Hindernissen wirkte das Bedrohungsszenario ebenfalls nicht realistisch genug. Der am weitesten fortgeschrittene Aufbau wird in [48] beschrieben (s. auch ▶ Kap. 14). Hier werden FVCX-Systeme mithilfe automatischer Fahrzeuge geprüft; in diesem sehr kostspieligen Aufbau werden jedoch noch keine beabsichtigten Fahrzeugkollisionen herbeigeführt.

Die Anforderungen an funktionale Auslösetests wurden von einer Neuentwicklung erfüllt, dem sogenannten Vehicle-in-the-Loop-Verfahren („Vehicle in the Loop", VIL, [49], vgl. ▶ Kap. 10). Die grundsätzliche Idee hinter diesem Verfahren ist, lediglich die anderen Verkehrsteilnehmer zu simulieren – der übrige Teil besteht aus realen Elementen: Der (reale) Fahrer bewegt ein reales Fahrzeug auf einer realen Teststrecke; die reale Umgebung wird durch See-through-Brillen erweitert, welche dem Fahrer andere Verkehrsteilnehmer simulieren. Experimente haben gezeigt, dass die Testfahrer realistisch auf die virtuellen Teilnehmer reagieren, obwohl sie auf Nachfragen zwischen simulierten und echten Elementen des Tests unterscheiden konnten.

48.7.2.4 Fehlerwahrscheinlichkeit für „unberechtigte Auslösung" – trojanische Pferde

Ebenso anspruchsvoll wie der beschriebene Test der berechtigten Auslösung ist die experimentelle Absicherung, dass die Fehlerwahrscheinlichkeit pro Zeit maximal 10^{-8} Fehler pro Stunde betragen dürfe (s. ▶ Kap. 7, [50]). Nimmt man an, dass die mittlere Kilometerleistung eines Fahrzeugs bei nur 30 Kilometern in der Stunde liegt, müssten mit jedem Softwarestand 3 Milliarden Testkilometer gefahren werden, ohne dass eine Falschauslösung auftreten dürfte. Wirtschaftlich kann das im Rahmen einer Fahrzeugentwicklung nicht geleistet werden, so dass alternative Absicherungsmethoden erforderlich sind.

Der Vorschlag eines trojanischen Pferdes [51] sieht vor, neue Funktionen im Kundenfahrzeug zu erproben: Der Kunde würde eine Komfortfunktion erwerben, die mit der gleichen Sensorkonfiguration umgesetzt wird. Das könnte zum Beispiel eine Funktionsausprägung von ACC Stop&Go sein. Die realisierte Software enthielte zusätzlich alle Funktionen einer automatischen Notbremse, der aber der Zugriff auf die Bremsaktuatorik verweigert würde. Die Notbremsfunktion bewirkt einen Eintrag in einen Entwicklungsspeicher. Wird im Kundendienst ein Entwicklungsspeichereintrag entdeckt, resultiert dieser entweder von einem Unfall, der dann bekannt sein müsste, oder er wurde durch eine Falschauslösung verursacht. Prinzipiell lägen damit alle Informationen vor, um die gesuchte Fehlerwahrscheinlichkeit einer Auslösung zu ermitteln. Den Autoren sind derzeit keine aktiven Diskussionen unter den Fahrzeugherstellern bekannt, ob dieses Verfahren in Zukunft zur Absicherung eingesetzt werden kann. Auch kann nicht ausgeschlossen werden, dass Hersteller oder Systempartner diese Methode bereits nutzen, ohne es zu kommunizieren.

48.8 Zusammenfassung

Frontkollisionen bilden einen bedeutenden Anteil der schweren Verkehrsunfälle: Aus diesem Grund tragen geeignete warnende und eingreifende Systeme wesentlich zur Verbesserung der Sicherheit im Straßenverkehr bei. Verschiedene Systemausprägungen werden unter dem Begriff der FVCX-Systeme zusammengefasst, die sich in ihrem Einfluss auf das Fahrer-Fahrzeug-Umwelt-Gesamtsystem unterscheiden. Im Wesentlichen wird zwischen vorbereitenden, warnenden, schweremindernden und unfallvermeidenden Systemen unterschieden.

Die Spezifikationen bereits im Markt befindlicher Systeme können nur dann verstanden werden, wenn man die Leistung der maschinellen Wahrnehmung berücksichtigt. Erst die Fortschritte in diesem Bereich erlauben warnende und vermeidende Systeme. Dennoch gibt es in aktuellen Ausprägungen dieser Systeme Einschränkungen gegenüber der Wahrnehmungsleistung eines aufmerksamen Fahrers, die beim Entwurf von FVCX-Systemen berücksichtigt werden müssen.

Für die Entwicklung von FVCX-Systemen ist ein systematischer Entwurfsprozess empfehlenswert: Die Motivation für FVCX-Systeme ist stets aus der Unfallforschung abzuleiten. Bereits in frühen konzeptionellen Phasen sollten Aspekte der funktionalen Sicherheit, der Rechtsprechung, der Systemergonomie und der Vermarktung berücksichtigt werden. Weitere Entwicklungen sind nur dann sinnvoll, wenn für das System eine in sich konsistente Funktionsdefinition gefunden werden kann. In diesen frühen Phasen sollten ebenfalls bereits Konzepte für den Test und die Evaluation des Systems entwickelt werden.

Literatur

1. Eskandarian, A. (Hrsg.): Handbook of Intelligent Vehicles. Springer-Verlag, London (2012)
2. eSafety: eSafetySupport. 2010, www.esafetysupport.org
3. Gelau, C., Gasser, T.M., Seeck, A.: Fahrerassistenz und Verkehrssicherheit. In: Winner, H., Hakuli, S., Wolf, G. (Hrsg.) Handbuch Fahrerassistenzsysteme, 1. Aufl., S. 26. Vieweg und Teubner, Wiesbaden (2009)
4. Kopischke, S.: Persönliche Kommunikation (2000)
5. Wiesbeck, W.: Radar system engineering. Universität Karlsruhe, Vorlesungsunterlagen, 13. Aufl. (2006). http://www2.ihe.uni-karlsruhe.de/lehre/grt/RSE_LectureScript_WS0607.pdf.
6. Kiesewetter, W., Klinkner, W., Reichelt, W., Steiner, M.: Der neue Brake Assist von Mercedes Benz – aktive Fahrerunterstützung in Notsituationen. ATZ Automobiltechnische Zeitschrift **99**(6), (1997)
7. Kopischke, S.: Entwicklung einer Notbremsfunktion mit Rapid Prototyping Methoden, Dissertation. Technische Universität, Braunschweig (2000)
8. Sugimoto, Y., Sauer, C.: Effectiveness estimation method for advanced driver assistance system and its application to collision mitigation brake system. In: Proceedings of the 19th International Technical Conference on the Enhanced Safety of Vehicles, S. 5–148. (2005)
9. ISO 15623 International Organization for Standardization (ISO): Intelligent transport systems – Forward vehicle collision warning systems – Performance requirements and test procedures. Genf (2011)
10. ISO 22839 International Organization for Standardization (ISO): ISO 22839:2013 Intelligent transport systems – Forward vehicle collision mitigation systems – Operation, performance, and verification requirements. Genf (2011)
11. Naab, K., Reichart, G.: Grundlagen der Fahrerassistenz und Anforderungen aus Nutzersicht. Seminar Fahrerassistenzsysteme und aktive Sicherheit (1998)
12. Donner, E., Winkle, T., Walz, R., Schwarz, J.: RESPONSE 3 – Code of Practice für die Entwicklung, Validierung und

Markteinführung von Fahrerassistenzsystemen. In: Technischer Kongress des VDA (2007)
13. Benmimoun, M.; Pütz, A.; Aust, M.; Faber, F.; Sánchez, D.; Metz, B.; Saint Pierre, G.; Geißler, T.; Guidotti, L.; Malta, L.: euroFOT SP6 D6.1 Final evaluation results, 2012
14. Vogt, W.: Persönliche Kommunikation (2010)
15. Bainbridge, L.: Ironies of Automation. Automatica 19, 6 (1983)
16. Yerkes, R.M., Dodson, J.D.: The relation of strength of stimulus to rapidity of habit-formation. Journal of comparative neurology and psychology 18(5), 459–482 (1908)
17. Buld, S., Tietze, H., Krüger, H.-P.: Auswirkungen von Teilautomation auf das Fahren. In: Maurer, M., Stiller, C. (Hrsg.) Fahrerassistenzsysteme mit maschineller Wahrnehmung. Springer, Berlin Heidelberg (2005)
18. Neukum, A., Lübbeke, T., Krüger, H.-P., Mayser, C., Steinle, J.: ACC Stop&Go: Fahrerverhalten an funktionalen Systemgrenzen. In: Maurer, M., Stiller, C. (Hrsg.) Workshop Fahrerassistenzsysteme. Walting (2008)
19. Weinberger, M.: Der Einfluss von Adaptive Cruise Control Systemen auf das Fahrverhalten. Dissertation. Technische Universität, München (2001)
20. Kompass, K., Huber, W.: Integrale Sicherheit – effektive Wertsteigerung in der Fahrzeugsicherheit. In: Fahrzeugsicherheit und Elektronik, Umwelt und Energie 11. Technischer Kongress des VDA. (2009)
21. Lucas, B.: Persönliche Kommunikation, (2002)
22. Färber, B., Maurer, M.: Nutzer- und Nutzenparameter von Collision Warning und Collision Mitigation Systemen. In: Maurer, M., Stiller, C. (Hrsg.) Workshop Fahrerassistenzsysteme. Walting (2005)
23. Mielich, W.: Persönliche Kommunikation, 2005
24. Gibson, J.J.: The perception of the visual world. Houghton Mifflin, Cambridge MA (1950)
25. Färber, B.: Abstandswahrnehmung und Bremsverhalten von Kraftfahrern im fließenden Verkehr. Zeitschrift für Verkehrssicherheit 32, 9–13 (1986)
26. van Zanten, A., Kost, F.: Bremsenbasierte Assistenzfunktionen. In: Winner, H., Hakuli, S., Wolf, G. (Hrsg.) Handbuch Fahrerassistenzsysteme, 1. Aufl., S. 392. Vieweg und Teubner, Wiesbaden (2009)
27. Mäkinen, T., Irion, J., Miglietta, M., Tango, F., Broggi, A., Bertozzi, M., Appenrodt, N., Hackbarth, T., Nilsson, J., Sjogren, A., Sohnke, T., Kibbel, J.: APALACI final report 50.10b. (2007)
28. Bishop, R.: Intelligent vehicles technology and trends. Artech House, Norwood, MA (2005)
29. Schmid, V., Bernzen, W., Schmitt, J., Reutter, D.: Eine neue Dimension der Aktiven und Passiven Sicherheit mit PRE-SAFE und Bremsassistent BAS PLUS in der neuen Mercedes-Benz S-Klasse. In: Elektronik im Kraftfahrzeug 2005, 12. Internationaler Kongress Electronic Systems for Vehicles. VDI-Berichte, Bd. 1907. (2005)
30. Duba, G.-P.: Persönliche Kommunikation (2010)
31. Kötz, J.: Persönliche Kommunikation (2010)
32. Maurer, M.: Flexible Automatisierung von Straßenfahrzeugen mit Rechnersehen Fortschritt-Berichte VDI, Reihe 12: Verkehrstechnik/Fahrzeugtechnik, Bd. 443. (2000)
33. Kohoutek, P., Dietz, J., Burggraf, B.: Entwicklungsziele und Konzeptauslegung des neuen Audi A4. In: ATZ/MTZ extra – Der neue Audi A4. Vieweg, Wiesbaden (2007)
34. Kraiss, K.-F.: Benutzergerechte Automatisierung – Grundlagen und Realisierungskonzepte at - Automatisierungstechnik 46, Bd. 10. Oldenbourg, München, S. 457–467 (1998)
35. Kopf, M.: Was nützt es dem Fahrer, wenn Fahrerinformationssysteme und -assistenzsysteme etwas über ihn wissen. In: Maurer, M., Stiller, C. (Hrsg.) Fahrerassistenzsysteme mit maschineller Wahrnehmung. Springer, Berlin Heidelberg (2005)
36. Breu, A., Holzmann, M., Maurer, M., Hilgers, A.: Prozess zur Komplexitätsbeherrschung bei der Entwicklung eines Stillstandsmanagements für ein hochvernetztes Fahrerassistenzsystem Tagung Stillstandsmanagement. (2007)
37. Reif, K.: Automobilelektronik – Eine Einführung für Ingenieure. ATZ/MTZ-Fachbuch, Vieweg (2006)
38. Schäuffele, J., Zurawka, T.: Automotive Software Engineering. 3. Ausgabe, ATZ/MTZ-Fachbuch. Vieweg, Wiesbaden (2006)
39. Maurer, M., Wörsdörfer, K.-F.: Unfallschwereminderung durch Fahrerassistenzsysteme mit maschineller Wahrnehmung – Potentiale und Risiken, Unterlagen zum Seminar Fahrerassistenzsysteme und aktive Sicherheit (2002)
40. Glaser, H.: Fahrwerk und Fahrerassistenz – eine ideale Kombination? In: 7. Symposium zum Thema Automatisierungs-, Assistenzsysteme und eingebettete Systeme für Transportmittel. AAET (2006)
41. Bock, T.: Bewertung von Fahrerassistenzsystemen mittels der Vehicle in the Loop-Simulation. In: Winner, H., Hakuli, S., Wolf, G. (Hrsg.) Handbuch Fahrerassistenzsysteme, 1. Aufl., S. 76. Vieweg und Teubner, Wiesbaden (2009)
42. Bloch, A.: Tech. No. 16 (2007). www.auto-motor-und-sport.de
43. Ehrlenspiel, K.: Integrierte Produktentwicklung. Hanser, München (2003)
44. Zobel, R.: Persönliche Kommunikation, 1999
45. Maurer, M.: Entwurf und Test von Fahrerassistenzsystemen. In: Winner, H., Hakuli, S., Wolf, G. (Hrsg.) Handbuch Fahrerassistenzsysteme, 1. Aufl. Vieweg und Teubner, Wiesbaden (2009)
46. Knapp, A., Neumann, M., Brockmann, M., Walz, R., Winkle, T.: RESPONSE 3 Code of Practice for the Design and Evaluation of ADAS, Preventive and Active Safety Applications, eSafety for road and air transport, European Commission Project, Brüssel (2009)
47. Lucas, B., Held, H., Duba, G.-P., Maurer, M., Klar, M., Freundt, D.: Frontsensorsystem mit Doppel Long Range Radar. In: Maurer, M., Stiller, C. (Hrsg.) 5. Workshop Fahrerassistenzsysteme Walting (2008)
48. Hurich, W., Luther, J., Schöner, H.P.: Koordiniertes Automatisiertes Fahren zum Entwickeln, Prüfen und Absichern von Assistenzsystemen. In: 10. Symposium zum Thema Automatisierungs-, Assistenzsysteme und eingebettete Systeme für Transportmittel. AAET (2009)
49. Bock, T., Maurer, M., Färber, B.: Vehicle in the Loop (VIL) – A new simulator set-up for testing Advanced Driving As-

sistance Systems. In: Driving Simulation Conference North America (2007)
50. ISO 26262: International Organization for Standardization (ISO): ISO 26262:2011 Road vehicles – Functional safety, Genf, 2011
51. Winner, H.: Einrichtung zum Bereitstellen von Signalen in einem Kraftfahrzeug. Patent DE 101 02 771 A1, Deutsches Patent- und Markenamt, Anmeldetag: 23.01.2001, Offenlegungstag: 25.07.2002

Querführungsassistenz

Arne Bartels, Michael Rohlfs, Sebastian Hamel, Falko Saust, Lars Kristian Klauske

49.1 Motivation – 938

49.2 Anforderungen – 938

49.3 Klassifikation – 939

49.4 Vorschriften, Normen und Prüfungen – 939

49.5 Systemkomponenten – 941

49.6 Beispielhafte Umsetzungen – 950

49.7 Systembewertung – 954

49.8 Erreichte Leistungsfähigkeit – 955

49.9 Ausblick – 955

Literatur – 956

H. Winner, S. Hakuli, F. Lotz, C. Singer (Hrsg.), *Handbuch Fahrerassistenzsysteme*, ATZ/MTZ-Fachbuch,
DOI 10.1007/978-3-658-05734-3_49, © Springer Fachmedien Wiesbaden 2015

49.1 Motivation

Lenken zum Halten des Fahrzeugs im aktuellen Fahrstreifen ist eine primäre Aufgabe der Fahrzeugführung, die der Fahrer kontinuierlich während der ganzen Fahrt ausführen muss. Leider wird diese Aufgabe durch den Fahrer nicht immer fehlerfrei bewältigt. Dies wird aus der Unfallstatistik in ◘ Abb. 49.1 ersichtlich: Dargestellt ist der prozentuale Anteil von Insassen, die sich bei Straßenverkehrsunfällen schwere Verletzungen zugezogen haben (MAIS 2+), aufgeteilt nach Unfallart und Straßenart. Deutlich wird, dass auf deutschen Straßen für mehr als ein Drittel aller schwerverletzten Insassen (37,9 %) ein ungewolltes Abkommen von der Fahrbahn ursächlich ist. Ein Großteil dieser Unfälle ereignet sich außerorts z. B. auf Autobahnen, Bundes- und Landstraßen (29,4 %).

Aus dieser Unfallstatistik lässt sich folgern, dass der Fahrer bei der Querführung seines Fahrzeugs Unterstützung benötigt. Ein System, das den Fahrer vor dem ungewollten Verlassen des aktuellen Fahrstreifens rechtzeitig informiert oder dies durch einen aktiven Eingriff in die Querführung zu verhindern versucht, lässt erwarten, dass es positiv auf das Unfallgeschehen einwirkt, vor allem außerorts auf Autobahnen, Bundes- und Landstraßen.

Auch das kontinuierliche Stabilisieren des Fahrzeugs in der Fahrstreifenmitte kann vom Fahrer insbesondere bei Langstreckenfahrten als anstrengend empfunden werden. Ein Assistenzsystem, das diesen Bereich der Querführung zum Teil übernimmt, könnte den Fahrer entlasten und den Fahrkomfort steigern.

49.2 Anforderungen

Systeme zur Querführungsassistenz sollen das ungewollte Abkommen vom Fahrstreifen verhindern, indem sie
- den Fahrer hierüber rechtzeitig informieren und
- das abkommende Fahrzeug möglichst in den Fahrstreifen zurücklenken oder
- den Fahrer beim Halten der Fahrstreifenmitte aktiv unterstützen.

Zum Informieren des Fahrers müssen diese Systeme die Fahrzeugposition relativ zur Grenze des Fahrstreifens bestimmen können, die meist durch eine Linie markiert ist. Mindestens diese Linie müssen Systeme mit Fahrerinformation erkennen können („Single Line Detection").

Zum Zurücklenken oder Halten des Fahrzeugs auf dem Fahrstreifen müssen diese Systeme die Fahrzeugposition relativ zur Fahrstreifenmitte, die zukünftige Bewegungsrichtung des Fahrzeugs sowie den Fahrstreifenverlauf vor dem Fahrzeug bestimmen können. Hierzu sind neben geeigneten Fahrzeugsensoren auch Umfeldsensoren mit hoher Vorausschau und Genauigkeit erforderlich. Erfolgt die Fahrstreifenerkennung anhand der linken und rechten Fahrstreifenmarkierungslinie, dann müssen folglich beide Linien vom System erkannt werden („Dual Line Detection"). Diese Liniendetektion erfolgt idealerweise auf möglichst allen Straßen in allen Ländern auch bei widrigen Umwelteinflüssen.

Fahrerinformationen oder Eingriffe sollten hingegen möglichst vermieden werden, wenn die anlassgebende Querlage und Ausrichtung des Fahrzeugs dies nicht erfordern. Ferner sind Informationen/Eingriffe zu vermeiden bei einem bewusst durchgeführten Fahrstreifenwechsel, beispielsweise bei Überholvorgängen oder in kurvigen Bereichen, in denen der Fahrer die Kurven bewusst „schneidet".

Die Fahrerinformation über das ungewollte Verlassen des Fahrstreifens soll für den Fahrer deutlich wahrnehmbar sein, ihn jedoch nicht „nerven". Hierzu ist es zweckmäßig, zwischen visueller, auditiver und haptischer Fahrerinformation abzuwägen.

Zur Rückführung oder zum Halten des Fahrzeugs im Fahrstreifen ist ein aktiver Systemeingriff in die Fahrzeugquerführung erforderlich. Dieser ist so auszulegen, dass der Fahrer immer in der Lage ist, das System zu überstimmen.

Beim Halten des Fahrzeugs im Fahrstreifen sollte die Querführungsunterstützung ein möglichst natürliches Lenkverhalten abbilden, also z. B. keine hochfrequenten ständigen Lenkbewegungen vorweisen.

Dem Fahrer ist transparent und eindeutig anzuzeigen, ob das System eingeschaltet und aktiv ist. Gleichermaßen hat das System durch den Fahrer unkompliziert ein- und ausschaltbar zu sein.

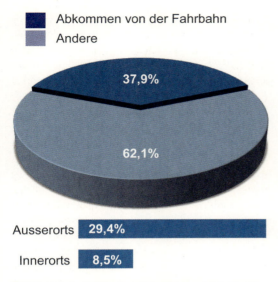

◘ **Abb. 49.1** An Unfällen beteiligte schwerverletzte Pkw-Insassen (MAIS2+): Prozentualer Anteil an allen Insassen nach Unfallart und Straßenart [1]

Das System hat den Fahrer beim Halten der Fahrstreifenmitte zu unterstützen, ohne ihn von dieser Aufgabe vollständig zu entbinden. Die Verantwortung für die Fahrzeugquerführung verbleibt beim Fahrer und er darf sich von dieser Aufgabe nicht abwenden. Dies gilt insbesondere für Systeme mit aktivem Eingriff in die Fahrzeugquerführung. Daher sollte der Fahrer an der motorischen Ausführung der Lenkung des Fahrzeugs beteiligt sein.

49.3 Klassifikation

Systeme zur Querführungsassistenz lassen sich aus technischer Sicht in zwei Gruppen unterteilen: (a) Lane-Departure-Warning (LDW)-Systeme mit Fahrerinformation und (b) Lane-Keeping-Assistance (LKA)-Systeme mit Eingriff in die Fahrzeugquerführung (◘ Tab. 49.1). LDW-Systeme informieren den Fahrer haptisch, visuell und/oder auditiv über das bevorstehende, ungewollte Verlassen des Fahrstreifens. LKA-Systeme unterstützen den Fahrer durch aktiven Eingriff in die Querführung beim Halten des Fahrstreifens. Dies kann auf zwei unterschiedliche Arten erfolgen: Typ I verhindert zunächst bestmöglich das Abkommen vom Fahrstreifen durch einen aktiven Eingriff in die Fahrzeugquerführung. Sollte trotz aktiver Lenkunterstützung das Überqueren der Markierung nicht verhindert werden können, wird eine Information im Sinne einer LDW an den Fahrer ausgegeben. Typ II unterstützt den Fahrer beim Halten des Fahrzeugs in der Fahrstreifenmitte durch einen aktiven Eingriff in die Fahrzeugquerführung und informiert den Fahrer gegebenenfalls (siehe LDW). Die Differenzierung führt zu einer Unterteilung der Funktionscharakteristik: Während Typ I einen Beitrag zur Fahrzeugsicherheit leistet, werden mittels Typ II zusätzlich Komfortaspekte angesprochen.

Eine fahrstreifenmittenzentrierte Querführung ohne Fahrerbeteiligung, wie sie beispielsweise für automatisierte Fahrfunktionen benötigt wird, lässt sich rein technisch auf den im Folgenden beschriebenen LKA-Systemkomponenten aufbauen. Sie ist jedoch nicht Bestandteil dieses Kapitels zur Querführungsassistenz, ebenso wenig wie Seriensysteme mit kombinierter Längs- und Querführungsassistenz (siehe hierzu ▶ Kap. 52 „Stauassistenz und -automation").

49.4 Vorschriften, Normen und Prüfungen

Im Folgenden werden exemplarisch einige wichtige Vorschriften und Normen mit direktem Bezug zu Querführungsassistenzsystemen genannt. Die aufgeführten Schriften definieren Anforderungen, die durch in Serie befindliche Systeme berücksichtigt werden müssen. Neben Grenzwerten werden Anforderungen zur Übersteuerbarkeit und zu HMI (Human-Machine-Interface)-Konzepten spezifiziert.

Die ISO 17361 „Lane departure warning systems. Performance requirements and test procedures" [2] bzw. ISO DIS 11270 „Lane keeping assistance systems (LKAS) – Performance requirements and test procedures" [3] spezifizieren für LDW- bzw. LKA-Systeme u. a. minimale Funktionsanforderungen, grundlegende HMI-Elemente und Testmethoden, dies jeweils für Pkws, Nutzkraftwagen (Nkw) und Busse auf Autobahnen und gleichwertigen Straßen. ISO DIS 11270 differenziert hierbei nicht zwischen Typ I- und Typ II-Systemen. Da sich die Norm zum Zeitpunkt der Manuskriptersel-

Tab. 49.1 Klassifikation der Systeme zur Querführungsassistenz

LDW	Lane Departure Warning (Fahrstreifenverlassenswarnung, umgangssprachlich oft Spurverlassenswarner genannt)		
	Informiert den Fahrer haptisch, optisch, akustisch über das ungewollte Verlassen des Fahrstreifens.		
LKA	Lane Keeping Assistance (Spurhalteassistenz)		
	Unterstützt den Fahrer durch aktiven Eingriff in die Querführung bei der Spurhaltung des Fahrzeugs.		
		Typ I	Verhindert zunächst bestmöglich das Abkommen vom Fahrstreifen durch einen korrigierenden aktiven Eingriff in die Fahrzeugquerführung und informiert den Fahrer gegebenenfalls (siehe LDW), sicherheitsgerichtete Funktion.
		Typ II	Unterstützt den Fahrer beim Spurhalten des Fahrzeugs in der Fahrstreifenmitte durch einen aktiven Eingriff in die Fahrzeugquerführung und informiert den Fahrer gegebenenfalls (siehe LDW), komfortgerichtete Funktion.

lung sich in der Entwurfsphase (Draft) befand, sind Änderungen in den Anforderungen noch möglich.

Die UN ECE R-79 beschreibt die „Bedingungen für die Genehmigung der Fahrzeuge hinsichtlich der Lenkanlage" und differenziert die Spurhalteassistenzsysteme in korrigierende und automatische Lenkfunktionen [4]. Für die korrigierende Lenkfunktion eines LKA-Systems fordert sie u. a. eine Übersteuerbarkeit durch den Fahrer sowie eine begrenzte Eingriffsdauer. Automatische Lenkfunktionen mit kontinuierlicher Steuerung sind in der aktuellen Version der UN ECE R-79 nur für Geschwindigkeiten bis maximal 12 km/h erlaubt. Zusätzlich wird eine Beschaffenheit der Lenkunterstützung gefordert, die jederzeit durch eine willentliche Handlung des Fahrzeugführers übersteuert werden kann. Weiterhin behält gemäß UN ECE-R79 der Fahrzeugführer die Hauptverantwortung für das Führen des Fahrzeugs.

Das „Ministry of Land, Infrastructure, Transport and Tourism" (MLIT) in Japan hat innerhalb einer sog. „Technical Guideline" Rahmenbedingungen für LKA-Systeme geschaffen, die neben Anforderungen an das HMI auch Grenzwerte in der Querbeschleunigung festlegen, die durch einen Lenkeingriff nicht überschritten werden dürfen. Hierbei wird differenziert zwischen Kurvenfahrt (max. $2\,m/s^2$) und einer geraden Strecke (max. $0,5\,m/s^2$) [5].

Vergleichbare Anforderungen zu Grenzwerten in der Querbewegung werden durch ISO DIS 11270 verlangt: Eine Handlung des LKA-Systems darf keine Querbeschleunigungen größer $3\,m/s^2$ bzw. einen Querruck von maximal $5\,m/s^3$ nach sich ziehen. Dem Fahrer müssen zusätzlich Mittel bereitgestellt werden, um einen Systemeingriff in die Querführung jederzeit übersteuern bzw. unterdrücken zu können. Diese Mittel zur Unterdrückung sind spezifizierte Fahreraktivitäten wie Betätigung des Fahrtrichtungsanzeigers oder Lenkeingriff des Fahrers.

Die EU-Verordnung 661/2009 verpflichtet den Verbau von LDW-Systemen für Nkw der Klassen M2, M3, N2 und N3, ab dem 01.11.2013 für alle neuen Fahrzeugtypen und ab dem 01.11.2015 für alle neuen Fahrzeuge. In separater Verordnung 351/2012 nennt die EU Typprüfvorschriften für LDW-Systeme. Für weitergehende Informationen zur Querführungsassistenz von Nutzfahrzeugen sei auf das ▶ Kap. 53 „Bahnführungsassistenz für Nutzfahrzeuge" verwiesen.

In den USA werden alle Neufahrzeuge – inklusive ihrer LDW-Systeme – durch das sogenannte „New Car Assessment Program" (NCAP) bewertet. Diesbezügliche Testverfahren werden im Dokument „Lane Departure Warning System confirmation test and Lane Keeping Support performance documentation" von der „National Highway Traffic Safety Administration" (NHTSA) ausführlich beschrieben. Ab 2014 werden LDW-Systeme ebenfalls für den europäischen Markt durch Euro NCAP bewertet. Die Testprozedur der NHTSA stellt hierzu die Grundlage dar, wurde jedoch für den europäischen Markt angeglichen.

49.5 · Systemkomponenten

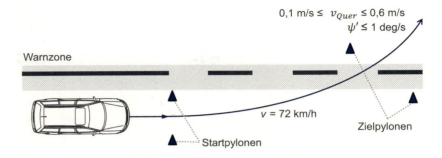

■ **Abb. 49.2** Testanforderung in Anlehnung an NHTSA

Exemplarisch ist in ■ Abb. 49.2 die Testprozedur der NHTSA für LDW-Systeme dargestellt, aus der Anforderungen an die sich in Serie befindlichen Funktionen hervorgehen. Bei einer definierten Testgeschwindigkeit von 72 km/h besteht die Kernanforderung an LDW-Systeme darin, bei einer begrenzten lateralen Geschwindigkeit ($0{,}1\,\text{m/s} \le v_{quer} \le 0{,}6\,\text{m/s}$) und Gierrate ($\dot{\psi} \le 1\,°/s$) beim Überfahren einer Markierung die Fahrerinformation in einer vorgegebenen Warnzone von 0,75 m vor der Begrenzungsmarkierung und 0,3 m hinter der Begrenzung an den Fahrer auszugeben. Eine Reproduzierbarkeit der Testdurchführung in Hinblick auf die definierten maximalen Quergeschwindigkeiten und Gierraten des Fahrzeugs wird mittels Vorgabe des Kurses erzielt, der das Fahrzeug durch Start- und Zielpylonen führt. Eine Fahrerinformation kann hierbei über auditive, haptische oder visuelle Kanäle erfolgen.

49.5 Systemkomponenten

■ Abbildung 49.3 zeigt das Blockschaltbild eines Fahrstreifenverlassenswarners (LDW) und eines Spurhalteassistenten (LKA) mit den benötigten Systemkomponenten. Die weißen Blöcke werden gleichermaßen von LDW- und LKA-Systemen benötigt. Die grauen Blöcke zeigen Komponenten, die ein LKA-System im Vergleich zu einem LDW-System zusätzlich benötigt.

Umfeldsensoren (z. B. Kameras) generieren Messdaten (z. B. Bilder), aus denen eine anschließende Signalverarbeitung bestimmte Umgebungsmerkmale extrahiert (z. B. Position von Markierungslinien). Mittels Sensordatenfusion ist es möglich, weitere Umgebungsmerkmale in die Signalverarbeitung einzubeziehen. Innerhalb des Funktionsmoduls (■ Abb. 49.4) bestimmt ein Warnalgorithmus die Notwendigkeit einer Fahrerinformation. Über die Ausgabe der Fahrerinformation entscheidet eine Zustandsmaschine in Abhängigkeit von Fahrzeugstatus und Systemstatus. Das HMI beinhaltet die Fahrerinformation ebenso wie die Ausgabe des Systemstatus; über Bedienelemente kann der Fahrer das System ein- und ausschalten sowie konfigurieren (z. B. Zeitpunkt für Fahrerinformation justieren).

LKA-Systeme benötigen zusätzlich einen Querregler. Dieser berechnet Stellgrößen (z. B. Lenkmomente) und sendet diese an einen Aktor (z. B. Lenkung) zwecks geeigneter Beeinflussung der Querführung, die idealerweise vom Fahrer als haptisches Feedback wahrgenommen werden kann. Eine Erkennung der Freihandfahrt soll eine Fahrzeugführung ohne Hände am Lenkrad unterbinden.

Im Folgenden werden die einzelnen Komponenten eines Systems zur Querführungsassistenz im Detail beschrieben.

49.5.1 Umfeldsensorik

Zur Detektion der Fahrstreifenbegrenzung sind neben Kameras auch Infrarot-Dioden und Laserscanner prinzipiell geeignet. Zumeist werden monokulare Kameras verwendet, die in Fahrtrichtung schauend hinter der Windschutzscheibe auf Höhe des Innenspiegels für den Fahrer unsichtbar verbaut sind (■ Abb. 49.7c).

Kamerabasierte Systeme zeichnen sich u. a. durch einen großen Sichtbereich mit hoher Auflösung aus. Bei Sichtfeldern von ±21° und Reichweiten bis 80 m werden beispielsweise Winkelgenauigkei-

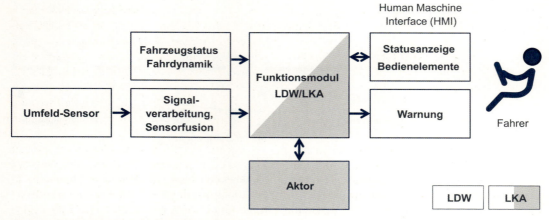

◻ **Abb. 49.3** Systemkomponenten für Querführungsassistenz

ten von ±2° erreicht [6]. Markierungslinien können so bei großer Vorausschau mit vergleichsweise hoher Genauigkeit detektiert werden, was die aktive Querführung von Spurhaltesystemen begünstigt. Weiterhin bieten kamerabasierte Systeme das Potenzial für eine Mehrfachnutzung des Sensors, beispielsweise zur Verkehrszeichenerkennung oder für die Fernlichtassistenz.

Werden Farbkameras verwendet, so bleibt das System auch in Baustellenbereichen mit gelben und weißen Markierungslinien verfügbar, deren Mehrdeutigkeiten nun aufgelöst werden können. Bei der Verwendung von Kameras mit hohem Dynamikumfang zeigt sich, dass das System robust gegenüber extremen Änderungen der Lichtverhältnisse ist, wie sie z. B. an Tunnelein- und ausfahrten oder beim Durchfahren einer Allee im Sommer auftreten können.

Erste Fahrzeughersteller benutzen mittlerweile 3D-Technologien, die eine räumliche Wahrnehmung ermöglichen, womit neben einer genaueren Objekt- und Fußgängererkennung auch eine Klassifizierung von erhabenen Strukturen wie Leitplanken oder auch Randsteinen möglich ist [7]. Neben Stereosehen (vgl. ▶ Kap. 21 und 22) kann mittels „Structure from Motion" auch in einem Mono-Kamera-Konzept eine dreidimensionale Objekterkennung ermöglicht werden [8].

Auf Infrarot-Dioden basierende Erkennung der Fahrstreifenbegrenzung (◻ Abb. 49.8a) konnte sich auf dem Markt nicht durchsetzen, vermutlich mangels Mehrfachnutzung, Vorausschau und Genauigkeit. Vor allem die mangelnde Vorausschau macht sie für LKA-Systeme ungeeignet, da Markierungslinien erst kurz vor dem Überfahren erkannt werden. Mehrdeutigkeiten in Baustellen können, wenn überhaupt, erst sehr spät aufgelöst werden. Beides verzögert die Ausgabe einer Fahrerinformation. Die Detektion von sog. „Botts' Dots", die vor allem in den USA anzutreffen sind, ist zudem nicht gewährleistet. Im Vergleich zu Kameras sind die in Bodennähe verbauten Infrarot-Dioden einer stärkeren Verschmutzung ausgesetzt, sind jedoch durch ihre senkrechte Blickrichtung gegenüber Gegenlicht und Regen im Vergleich zu Kameras unempfindlich.

Laserscanner zur Fahrstreifenerkennung sind bislang nur in Forschungsprojekten zum Einsatz gekommen [9, 10]. Auch ortungsbasierte Ansätze mittels hochgenauer, digitaler Straßenkarten werden aktuell in Serienprodukten nicht genutzt, ebenso wenig wie infrastrukturbasierte Lösungen mittels Magnetnägeln oder Leitkabeln.

Für detailliertere Informationen zur Umfeldsensorik sei an dieser Stelle auf ▶ Teil IV des Handbuchs „Sensorik für Fahrerassistenzsysteme" verwiesen.

49.5.2 Signalverarbeitung

Bildverarbeitungsalgorithmen zur Fahrstreifenerkennung bestimmen maßgeblich die Güte kamerabasierter LDW- und LKA-Systeme. Deren zentrale Aufgabe ist die Detektion von Markierungslinien. Ein Algorithmus hierzu wird beispiel-

haft in ▶ Kap. 21 „Maschinelles Sehen" vorgestellt. Allgemeine Anforderungen an die Fahrstreifenerkennung sind:
- Verfügbarkeit auf möglichst allen infrastrukturellen Gegebenheiten,
- Robustheit gegenüber widrigen Umwelteinflüssen.

Die Diversität der Straßeninfrastrukturen ist hierbei eine Herausforderung. Erkannt werden müssen weiße (Europa) und gelbe (USA, Kanada) Markierungslinien auf dunklem Asphalt oder hellem Beton ebenso wie Markierungsnägel in Baustellen oder sog. „Botts' Dots" in den USA. Linien- und Lückenlängen sowie Linienbreiten variieren dabei weltweit stark (siehe ISO 17361 Anhang A). Neben den gut gewarteten Markierungslinien auf Autobahnen sollen auch abgenutzte oder verwitterte Markierungslinien auf Nebenstraßen erkannt werden. Linienstrukturen aus Bitumenfugen, Teernähten oder Leitplanken müssen dagegen als irrelevant erkannt werden, ebenso wie Brems- und Schneespuren auf der Straße.

Widrige Umwelteinflüsse, die die Sichtbarkeit von Markierungslinien beeinträchtigen können, sind beispielsweise Linienverdeckungen durch Schmutz, Laub oder Schnee sowie überwachsenes Gras oder Büsche. Markierungslinien sind auf regennasser Fahrbahn im Dunkeln bei Gegenlicht ebenso wie am Tag bei tiefstehender Sonne auch für den Fahrer nur schwer zu erkennen. Gleiches gilt bei Starkregen, starker Gischt oder Nebel.

Idealerweise wird der eigene Fahrstreifen auch dann erkannt, wenn die Begrenzungslinien durch solch widrige Umwelteinflüsse kurzzeitig oder dauerhaft nicht sichtbar sind. Kurzzeitige Aussetzer der Linienerkennung können durch geeignete Algorithmen wie z. B. Kalman- oder Partikel-Filter überbrückt werden. Werden Markierungslinien über längere Zeit nicht erkannt, könnten auch andere Umgebungsmerkmale zur Fahrstreifenerkennung herangezogen werden (siehe ▶ Abschn. 49.9).

49.5.3 Funktionsmodul LDW/LKA

Anhand dieser Umfelddaten sowie der in aktuellen Fahrzeugen verfügbaren Informationen zu Fahrzeugstatus, Fahrdynamik und Fahreraktivität kann bereits ein LDW-System mit Fahrerinformation dargestellt werden. Stehen zusätzliche geeignete Aktoren im Fahrzeug zur Verfügung wie z. B. ein elektromechanisches Lenksystem (EPS „Electric Power Steering"), dann können darüber hinaus LKA-Systeme vom Typ I und II realisiert werden. Zentrales Element hierbei ist u. a. das sogenannte Funktionsmodul.

◘ Abbildung 49.4 zeigt beispielhaft den Aufbau einer solchen Softwarekomponente mit zentraler Zustandsmaschine und Warnalgorithmus sowie dem für die LKA-Querführung notwendigen Regler, einer Haptikberechnung und Freihanderkennung. Diese Bestandteile sind nachfolgend beschrieben. In aktuellen Fahrzeugarchitekturen ist die für Warnalgorithmus und LKA-Querführung zuständige Hardwarekomponente typischerweise das Steuergerät der Umfeldsensorik (z. B. das Auswertemodul der Kamera).

49.5.3.1 Zustandsmaschine

Die Zustandsmaschine ist ein zentraler Bestandteil von LDW- und LKA-Systemen (◘ Abb. 49.4). Sie prüft, ob alle Randbedingungen für eine Fahrerinformation bzw. einen Eingriff in die Querführung des Fahrzeugs erfüllt sind. Das jeweilige System muss eingeschaltet (→ Ein/Aus-Taster) und betriebsbereit (→ Eigendiagnose) sein; u. a. dürfen die Sensoren weder defekt noch verschmutzt sein, der Fahrtrichtungsanzeiger darf nicht gesetzt sein und die Fahrzeuggeschwindigkeit muss innerhalb der Aktivierungsgrenzen liegen (→ Fahrzeugstatus). Um ständiges Aktivieren/Deaktivieren zu vermeiden, können die Geschwindigkeitsschwellen mit einer Hysterese versehen werden. Bei einem LKA-System wird zusätzlich überprüft, ob der Fahrer aktiv mitlenkt bzw. die Hände am Lenkrad hält oder sich von dem System fahren lässt (→ Freihandfahrt-Erkennung). In der Zustandsmaschine kann eine Kopplung mit anderen Fahrerassistenzsystemen realisiert werden. Bei Kombination mit Systemen zur Fahrstreifenwechselassistenz (siehe ▶ Kap. 50) kann z. B. das LDW- bzw. LKA-System bei belegtem Nachbarfahrstreifen eine Fahrerinformation ausgeben, obwohl der Fahrer seine Fahrstreifenwechselintention durch Betätigung des Fahrtrichtungsanzeigers angekündigt hat. LDW-und LKA-Systeme

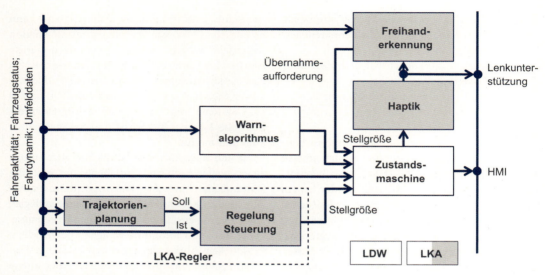

Abb. 49.4 Funktionsmodul LDW/LKA

können somit auch dazu beitragen, beim Fahrstreifenwechsel Unfälle mit Fahrzeugen auf dem Nachbarfahrstreifen zu vermeiden.

49.5.3.2 Warnalgorithmus

Die sog. „Distance-to-Line-Crossing" (DLC) d_{LC} ist das einfachste Kriterium für eine Fahrerinformation über das bevorstehende Verlassen des Fahrstreifens: Sie bezeichnet den lateralen Abstand zwischen einem bestimmten Teil des Fahrzeugs und der Fahrstreifenbegrenzung. Durch Definition einer minimalen und maximalen DLC wird eine Warnzone aufgespannt, die kurz vor der Fahrstreifenbegrenzung beginnt und kurz hinter ihr endet (Abb. 49.5 links). Dringt das Fahrzeug in diese Warnzone ein, so erfolgt eine Fahrerinformation – verlässt das Fahrzeug die Warnzone, so endet die Fahrerinformation. Die DLC kann auch mit einfachen Sensoren ohne Vorausschau wie z. B. Infrarot-Dioden bestimmt werden. Der Ansatz, über die DLC auf eine kritische Situation zu schließen, kann sich jedoch auch nachteilig auswirken: Fährt beispielsweise ein Fahrzeug sehr dicht parallel zur Fahrbahnmarkierung, so erfolgt eine Fahrerinformation, obwohl das Fahrzeug nicht im Begriff ist, den Fahrstreifen zu verlassen.

Die sog. „Time-to-Line-Crossing" (TLC) t_{LC} ist als Kriterium für eine Fahrstreifenverlassenswarnung besser geeignet, denn sie kann das Verlassen des Fahrstreifens prädizieren, wodurch unnötige Fahrerinformationen, wie zuvor bei der DLC beschrieben, unterbunden werden. Die TLC bezeichnet die Zeitspanne, nach der ein Fahrzeug die Fahrstreifenbegrenzung basierend auf der Lage und Bewegung des Fahrzeugs voraussichtlich überschreiten wird. Sie berechnet sich im einfachstem Fall zu ($t_{LC} = d_{LC}/v \cdot \sin(\Psi)$), wobei $v \cdot \sin(\Psi)$ die Annäherungsgeschwindigkeit zum Fahrstreifenrand ist mit der Fahrzeuglängsgeschwindigkeit v und der fahrstreifenbezogenen Orientierung des Fahrzeugs Ψ (Abb. 49.5 rechts). Bei einem allgemeingültigen Ansatz zur Berechnung der TLC muss die Krümmung von Fahrzeugtrajektorie und Fahrbahn mit berücksichtigt werden. Berechnungen hierzu finden sich in [11, 12]. Im einfachsten Fall erfolgt eine Fahrerinformation, sobald die TLC einen Schwellwert unterschreitet. Zur Bestimmung der TLC eignen sich Sensoren mit großer Vorausschau und hoher Genauigkeit wie z. B. Kameras.

Wünschenswert ist die Möglichkeit zur Einstellung dieses Schwellwertes durch den Fahrer, denn abhängig von Fahrstil und Fahrstrecke kann es sinnvoll sein, dass die Fahrerinformation kurz vor, während oder sogar kurz nach dem Überschreiten der Fahrstreifenbegrenzung erfolgt.

Schneidet der Fahrer auf ungerader Strecke absichtlich die Kurven, fährt er auf schmaler Straße eng am Fahrbahnrand oder setzt er bei Überhol-

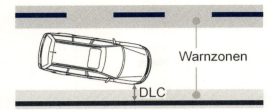
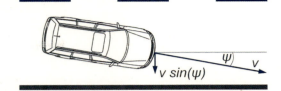

Abb. 49.5 links: DLC und Warnzonen rechts: Laterale Fahrzeuggeschwindigkeit zur Bestimmung der TLC

manövern nicht den Fahrtrichtungsanzeiger, so kann eine Fahrerinformation als unangebracht oder störend bewertet werden. Vermieden werden diese ungewünschten Fahrerinformationen mithilfe einer Fahrerintentionserkennung (siehe ▶ Kap. 39): Durch die Auswertung zusätzlicher Umgebungs- und Kontextinformationen wie z. B. Fahrzeugbeschleunigung, Gaspedalstellung, Lenkradwinkel, Gierwinkel, Fahrstreifenkrümmung sowie Fahrstreifenmarkierungstypen links und rechts können beabsichtigtes Kurvenschneiden und Überholmanöver in vielen Fällen erkannt und unnötige Fahrerinformationen unterdrückt bzw. auf schmalen Straßen der Zeitpunkt für die Fahrerinformation nach hinten verschoben werden.

Bei Verfügbarkeit einer Fahrerzustandserkennung nach ▶ Kap. 38 erscheint es sinnvoll, die Fahrerinformationszeitpunkte anhand der Fahreraktivität zu adaptieren, um beispielsweise bei abgelenkten, müden oder unaufmerksamen Fahrern früher zu warnen bzw. die Akzeptanz bei aktiven Fahrern durch spätere Informationszeitpunkte zu verbessern.

49.5.3.3 Querregelung

Für die Querregelung bei LKA-Systemen des Typs I und II kommen unterschiedliche Ansätze zum Einsatz (siehe bspw. [13, 14, 15]). Bei dem im Folgenden beispielhaft dargestellten Querregler werden das Soll- und Ist-Verhalten des Fahrzeugs in Querrichtung als Beschleunigungen ausgedrückt. Diese Betrachtung berücksichtigt die Fahrzeuggeschwindigkeit bereits in der Trajektorienplanung, wodurch eine geschwindigkeitsunabhängige Applikation des eigentlichen Reglers erleichtert wird. Zudem ist die Querbeschleunigung für die wahrgenommene Fahrzeugreaktion von zentraler Bedeutung.

Der beispielhafte Querregler gliedert sich in zwei Module: Eine vorgelagerte Trajektorienplanung berechnet das Sollverhalten des Fahrzeugs als Querbeschleunigung auf Basis der Umfelddaten, ein nachfolgender Regler bestimmt unter Zuhilfenahme von Fahrzeugdaten (Ist-Querbeschleunigung) und einem Verhaltensmodell des Fahrzeugs die notwendige Stellgröße für die Aktorik.

Die Trajektorienplanung erfolgt primär auf Basis von Fahrstreifendaten, die beispielsweise als genäherte Klothoiden von der Fahrstreifenerkennung bereitgestellt werden. Hierbei ist ein Punkt $y(x)$ auf einer Markierung in der Entfernung $x = v \cdot \tau$ (Fahrzeugkoordinaten) gegeben durch:

$$y(x) = y_0 + x \cdot \sin \Psi + \frac{1}{2} \cdot x^2 \cdot \kappa + \frac{1}{6} \cdot x^3 \cdot M$$

mit der Querabweichung y_0, dem Gierwinkel Ψ, der aktuellen Krümmung κ und der Krümmungsänderung M, wobei der Gierwinkelanteil angesichts von Messungenauigkeiten für die bei LKA-Systemen relevanten Gierwinkel linear approximiert werden kann durch $\sin \Psi = \Psi$.

Die interne Darstellung der Fahrstreifenmarkierungen als genäherte Klothoiden erscheint unter anderem deshalb naheliegend, da auch Fahrbahnverläufe in vielen Ländern näherungsweise als Klothoiden ausgelegt werden.

Zusätzlich können über Umfeldsensoren erkannte Objekte und Randbebauungen Berücksichtigung finden, beispielsweise als Ersatz für fehlende Fahrstreifenmarkierungen oder zur Einschränkung des befahrbaren Bereichs. Dieser sei hier analog zu den Fahrstreifenmarkierungen durch eine linke und rechte Begrenzung in Klothoidenform dargestellt.

Zur Umsetzung eines LKA-Systems errechnet die Trajektorienplanung in einem definierten zeitlichen Abstand τ unter Berücksichtigung der Fahr-

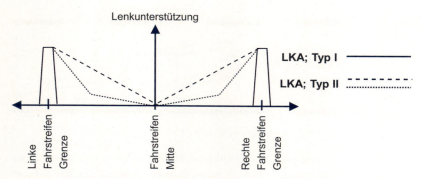

Abb. 49.6 Lenkunterstützung in Abhängigkeit von der Querablage für LKA-Typ I und -Typ II

zeugbreite eine Sollquerbeschleunigung vor dem Fahrzeug. Sollte der Informationszeitpunkt durch den Fahrer einstellbar sein, ist eine Berechnung des Sollwerts optional durch den Fahrer konfigurierbar durch Zuhilfenahme eines Sicherheitsabstands.

49.5.3.4 Haptik

Obwohl die tatsächliche Umsetzung der vom LKA-Querregler berechneten Stellgröße dem Aktor obliegt, sind Haptik und Beherrschbarkeit eines in die Fahrzeug-Querführung eingreifenden LKA wesentlicher Bestandteil dieses Systems. Sie werden daher im hier dargestellten Beispiel als Teil des LKA-Funktionsmoduls betrachtet, obwohl ihre tatsächliche Umsetzung in den Architekturen aktueller LKA-Systeme durchaus auch in anderen Komponenten erfolgen kann (z. B. als Modul im Steuergerät von EPS oder ESC bei LKA-Systemen mit kurskorrigierendem Bremseingriff).

Durch die unmittelbare und regelmäßige (LKA-Typ I) oder sogar dauerhafte (LKA-Typ II) Interaktion mit dem Fahrer über die Querführungsaktorik hat die Haptik unmittelbaren Einfluss auf die Wahrnehmung des Systems durch den Fahrer. Da Fahreranforderung und LKA-Querführung insbesondere bei LKA-Typ II-Systemen in häufiger Konkurrenz zueinander stehen (beispielsweise aktive Mittenführung gegen einen Fahrerwunsch zum Einordnen am Fahrbahnrand) bestimmt das Haptik-Modul anhand von Fahrzeugstatus, Fahreraktivität und Umfelddaten, wann und mit welcher Spürbarkeit die Anforderungen des Reglers von der Aktorik umzusetzen sind.

Für die unmittelbare Fahreraktivität existieren für die Haptik zwei maßgebliche Situationen: Beim Gegenlenken ist die Fahreraktivität der Regleranforderung entgegengesetzt, der Fahrer nimmt die Regleranforderung als Widerstand am Lenkrad wahr. Das Modul Haptik reduziert die Anforderung an den Aktor je nach gewünschter Lenkunterstützung des LKA-Systems anteilig. Hierdurch nehmen Warncharakter und Regelgüte zwar ab, gleichzeitig wirkt das System jedoch komfortabler, weniger „störend". Beim Mitlenken sind Fahreraktivität und Regleranforderung gleichgerichtet, der Fahrer nimmt die Regleranforderung daher als ungewohnt starke Fahrzeugreaktion wahr. Diese wird von vielen Fahrern als unangenehm bewertet.

Da insbesondere beim Gegenlenken Warncharakter und Regelgüte des LKA mit dem Komfort eines aktiven Fahrers konkurrieren, berücksichtigt das hier beispielhaft dargestellte Modul Haptik zusätzlich die Position des Fahrzeugs innerhalb des Fahrstreifens: Befindet sich das Fahrzeug am Rand des Fahrstreifens, stellt die Haptik beim Gegenlenken eine starke Lenkunterstützung ein. Fährt der Fahrer jedoch weiter in der Mitte, reduziert das Modul die Lenkunterstützung und nimmt die Regleranforderung somit bei aktivem Fahrer stärker zurück.

■ Abbildung 49.6 stellt diesen Zusammenhang grafisch durch zwei mögliche Kennlinien beispielhaft dar: Bei LKA-Typ I steht der Warncharakter am Fahrstreifenrand im Vordergrund, die Lenkunterstützung bleibt also stark – im Mittenbereich findet bei LKA-Typ I keine Unterstützung statt. Beim LKA-Typ II gilt es, im Randbereich ebenfalls eine deutliche Warncharakteristik umzusetzen, die Lenkunterstützung ist hier hoch. Im Mittenbereich können jedoch durch Systemapplikation oder Fahrereinstellung Bereiche mit niedrigerer Lenkunterstützung eingestellt werden, um den Komfort des Systems zu verbessern.

Die Beherrschbarkeit von aktiv eingreifenden Assistenzsystemen in die Querführung kann aus zwei Blickwinkeln betrachtet werden: Zum einen ist innerhalb der funktionalen Sicherheit nach ISO 26262 eine Risikoanalyse gefordert, die eine Beurteilung der Kontrollierbarkeit in verschiedenen Fahrsituationen zugrunde legt, um zusammen mit einer Exposition und einer Schwere der Auswirkung auf ein Risiko zu schließen, vgl. ▶ Kap. 6. Eine Evaluierung der Kontrollierbarkeit des durch das System aufgebrachten Lenkmoments wird beispielsweise in [16] erläutert. Hierbei wird vor allem darauf hingewiesen, dass neben einer maximalen Amplitude des Lenkmoments vor allem der Gradient des Lenkmoments für die Kontrollierbarkeit durch den Fahrer relevant ist.

Zum anderen liegen Anforderungen aus Richtlinien und Vorschriften vor (siehe ▶ Abschn. 49.4). Gerade LKA-Systeme unterliegen Vorschriften und Normen, die Auswirkungen auf die Implementierung der Kontrollierbarkeit und die zulässigen Grenzwerte haben. Die Einschränkungen in der Kontrollierbarkeit von LKA-Systemen durch den Fahrer müssen folglich innerhalb des Funktionsmoduls LDW/LKA sichergestellt werden, und zwar im Zusammenspiel von Haptik-Modul und Zustandsmaschine.

49.5.3.5 Freihandfahrterkennung

Zur Erfüllung gesetzlicher Vorschriften und Normen (siehe ▶ Abschn. 49.4) müssen Aufgaben der Systemüberwachung weiterhin vom Fahrer wahrgenommen werden, da aktuelle LKA-Systeme keiner automatisierten Fahrt dienen sollen, womit eine Erkennung der Freihandfahrt vorzusehen ist.

Bei inzwischen in vielen Fahrzeugen serienmäßig verbauten elektromechanischen Servolenkungen (siehe ▶ Kap. 32 „Lenkstellsysteme") werden die erforderlichen Daten zur Auswertung der Fahreraktivität bereits von den integrierten Sensoren der Lenkung bereit gestellt. Durch eine Analyse der Lenkaktivität können die Lenkradbewegungen des Fahrers von Lenkeinflüssen, hervorgerufen durch z. B. Fahrbahnunebenheiten, unterschieden werden. Dabei kann man sich beispielsweise die unterschiedliche Frequenz der verschiedenen Formen der Anregungen zu Nutze machen. Da die Unterscheidung bei sehr geringer Lenkaktivität, beispielsweise bei langer Geradeausfahrt, zunehmend schwieriger wird, kann es in diesen Fällen unter Umständen zu einer unberechtigten Freihandfahrterkennung kommen. Darüber hinaus gibt es zur Fahreraktivitätserkennung noch weitere Methoden, wie beispielsweise Fahrerbeobachtungskameras oder auch kapazitive bzw. druckempfindliche Sensoren im Lenkrad.

Falls das System keine ausreichende Lenkaktivität feststellen kann, deutet dies darauf hin, dass der Fahrer die Hände nicht mehr am Lenkrad hat – woraufhin der Fahrer in geeigneter Art und Weise (auditiv, visuell, haptisch) aufgefordert werden soll, die Lenkung wieder zu übernehmen. Sollte der Fahrer dieser Aufforderung nicht nachkommen, wird das System nach einer angemessenen Wartezeit abgeschaltet.

49.5.4 Fahrerinformation

Gemäß ISO 17361 „(…) ist eine einfach wahrnehmbare haptische und/oder akustische Warnung vorzusehen. (…) Falls die haptische und/oder akustische Warnung nicht dazu konzipiert ist, eine Richtung anzuzeigen, dann darf ein visueller Hinweis genutzt werden, um die Warnung zu ergänzen." [2]

Generelle Anforderungen an eine Fahrerinformation für LDW- und LKA-Systeme sind u. a.:
- **deutlich**, so dass sie z. B. auch für einen unaufmerksamen Fahrer gut wahrnehmbar ist,
- **intuitiv**, so dass die Art der Fahrerinformation die intendierte Fahrerreaktion begünstigt,
- **exklusiv**, so dass der Fahrer ohne langes Überlegen schnell reagieren kann,
- **seitenselektiv**, so dass der Fahrer darauf schließen kann, wohin er lenken soll,
- **nur durch Fahrer** wahrnehmbar, so dass andere Fahrzeuginsassen die Fahrerinformation nicht bemerken,
- **kostengünstig**, indem möglichst keine zusätzlichen Bauteile benötigt werden.

Eine haptische Fahrerinformation kann z. B. durch Lenkradvibration, Sitzvibration oder einen Gurtstraffer erfolgen. Die Lenkradvibration kann technisch durch im Lenkrad integrierte Vibrationsmotoren oder alternativ als Funktionalität der elektromechanischen Lenkunterstützung (EPS) erzeugt werden. Auch Eingriffe in die Fahrzeugquerführung können als haptische Fahrerinformation genutzt werden, z. B. mithilfe des EPS-Lenkaktors, der dann eine Lenkmomenten-Charakteristik ähnlich wie in ◘ Abb. 49.6 aufweisen sollte – oder alternativ durch einen deutlichen, kurskorrigierenden Bremseingriff des ESC-Systems.

Eine akustische Fahrerinformation kann durch sogenannte „Auditory Icons" erfolgen, wie z. B. einen spezifischen Informationston oder den Klang des Nagelbandratterns. Diese können beispielsweise über die Stereo-Lautsprecher des Radio-Navigationssystems ausgegeben werden. Im Falle einer Fahrerinformation müssen dann Musik- und Sprachausgabe unterdrückt werden. Alternativ kann der Fahrer über Summer oder Gong des Kombiinstruments informiert werden. Offensichtlich kann mit einer solchen Ausgabe nicht die zuvor genannte Anforderung erfüllt werden, dass nur der Fahrer die Information wahrnimmt.

Eine visuelle Fahrerinformation sollte im primären Sichtfeld des Fahrers liegen, z. B. als Bild oder Symbol im Kombiinstrument oder Head-up-Display (HUD) (siehe ◘ Abb. 49.9b, ◘ Abb. 49.10b).

Eine Bewertung dieser unterschiedlichen Möglichkeiten der Fahrerinformation für LDW- und LKA-Systeme gemäß den oben genannten Kriterien zeigt ◘ Tab. 49.2.

Deutlich wird: Eine eindeutige Wahrnehmung der Fahrerinformation ist bei nahezu allen Varianten möglich. Lediglich die Sitzvibration kann bei dicker Kleidung im Winter evtl. nicht erkannt werden. Bei einer ausschließlich visuellen Fahrerinformation kann prinzipiell nicht ausgeschlossen werden, dass ein abgelenkter Fahrer die Symbole in Kombi und HUD übersieht, weshalb sie gemäß ISO 17361 eine haptische oder auditive Fahrerinformation immer nur ergänzen, jedoch nicht ersetzen darf.

Eine intuitive, die intendierte Fahrerreaktion begünstigende Fahrerinformation kann durch Querführungseingriff und Lenkradvibration ebenso erfolgen wie durch den Klang des Nagelbandratterns. Auch eine symbolhafte oder bildliche Darstellung in HUD oder Kombi ist hierfür im Prinzip geeignet. Durch Gurtstraffer, Vibrationsinformation im Sitz, Informationston sowie Kombi-Summer oder -Gong ist dies nicht ohne weiteres möglich. Diese Arten der Fahrerinformation lassen nicht unbedingt auf die Erfordernis eines Lenkeingriffs schließen.

Allen haptischen Fahrerinformationen steht der genutzte Sinneskanal exklusiv zur Verfügung. Der Fahrer kann diese daher eindeutig und ohne langes Überlegen einem LDW- bzw. LKA-System zuordnen, was eine schnelle Fahrerreaktion begünstigt. Beim Gurtstraffer gilt dies nur dann, wenn dieser nicht durch andere Applikationen genutzt wird (dann „+"). Auch spezifische Informationstöne und der Klang des Nagelbandratterns erlaubt eine eindeutige Zuordnung ebenso wie Bilder und Symbole in Kombi und HUD – vorausgesetzt diese sind gut wahrnehmbar und einfach verständlich. Nicht eindeutig zuortbar sind dagegen Gong oder Summer des Kombiinstruments, da diese auch von vielen anderen Applikationen genutzt werden.

Eine seitenselektive Fahrerinformation kann nur durch Querführungseingriff, Sitzvibration sowie über ein geeignetes Symbol oder Bild in Kombi oder HUD erfolgen. Auch Stereo-Lautsprecher sind hierzu geeignet (+), Mono-Lautsprecher hingegen nicht (−).

Nur für den Fahrer wahrnehmbar sind Gurtruck, Lenkrad- und Sitzvibration sowie eine visuelle Fahrerinformation. Der Querführungseingriff mittels EPS-Lenkung kann moderat und für Passagiere fast unmerklich gestaltet werden, denn die Handlungsempfehlung für den Fahrer geht aus dem Hilfslenkmoment und nicht aus der Fahrzeugbewegung hervor. Ein Querführungseingriff mittels ESC muss dagegen stark ausgeprägt sein, damit der Fahrer die Fahrzeugbewegung deutlich wahrnehmen und hieraus eine Handlungsempfehlung ableiten kann. Der ESC-Eingriff wird daher ebenso wie akustische Fahrerinformationen von allen Fahrzeuginsassen deutlich wahrgenommen, was sich auf die Systemakzeptanz auswirkt. Häufig unnötige Fehlinformationen sind für diese Arten der Fahrerinformation daher besonders störend und tragen zur Minderung der Akzeptanz bei.

Kostengünstig ist die Fahrerinformation in der Regel dann, wenn die benötigten Bauteile bereits serienmäßig im Fahrzeug verbaut sind.

◘ Tabelle 49.2 mag als Entscheidungshilfe zur Auswahl einer geeigneten Fahrerinformation für Querführungsassistenzsysteme dienen. Die Gewichtung der Faktoren ist jedoch stark abhängig von Fahrzeugtyp, Fahrzeugausstattung und Fahrzeughersteller: Bei einem Pkw mit in Serie verbau-

Tab. 49.2 Bewertung der Fahrerinformation für LDW- und LKA-Systeme

Fahrerinformation			deutlich	intuitiv	exklusiv	seitenselektiv	nur Fahrer
Art	Medium	Aktor					
Haptisch	Querführungseingriff	EPS-Lenkung	+	+	+	+	0
		ESC	+	+	+	+	−
	Lenkrad-Vibration	EPS-Lenkung	+	+	+	−	+
		Vibrator	+	+	+	−	+
	Gurt-Ruck	Gurtstraffer	+	0	+[1]	−[2]	+
	Sitz-Vibration	Vibrator	0	0	+	+	+
Auditiv	„Nagelband-Rattern"	Lautsprecher	+	+	+	+[3] −[4]	−
	spez. Info-Ton		+	0	+	+[3] −[4]	−
	Gong, Summer	Kombiinstrument	+	0	−	−	−
Visuell	Bild, Symbol	Kombiinstrument	−	+	+	+	+
		Head-up-Display	−	+	+	+	+

Gurtstraffer exklusiv für LDW: [1] ja, [2] nein;   Stereolautsprecher vorhanden: [3] ja, [4] nein

ter EPS-Lenkung erscheint eine Fahrerinformation mittels Lenkeingriff besonders vorteilhaft. Ist keine EPS-Lenkung verbaut, dann bietet sich eine Fahrerinformation mittels Vibration im Lenkrad oder evtl. auch im Sitz an. Alternativ hierzu ist auch ein ESC-Eingriff sinnvoll, wenn die Rückführung in den Fahrstreifen möglichst effektvoll erzielt werden soll. Für einen in der Regel beifahrerlosen Lkw oder Transporter ohne geeigneten Lenkaktor kann hingegen ein Klang des Nagelbandratterns oder ein spezifischer Informationston priorisiert werden. Unter Kostengesichtspunkten wird diese Lösung dann auch für Pkws attraktiv. Für die Akzeptanz von Fahrerinformationen durch LKA-Systeme sind neben subjektiven Bewertungskriterien der Fahrzeugführer auch Einflüsse aus Kultur und Gesellschaft relevant: Während asiatische Fahrzeughersteller tendenziell häufig auditive Fahrerinformationen in den Vordergrund stellen, setzen europäische Fahrzeughersteller auf haptische und visuelle Informationskanäle.

49.5.5 Aktoren

Als Querführungsaktoren für LKA-Systeme werden in Pkws meist elektromechanische Lenksysteme (EPS „Electric Power Steering") genutzt, so wie sie in ▶ Kap. 32 „Lenkstellsysteme" ausführlich beschrieben werden. Deren Lenkmomentbeeinflussung kann vom Fahrer am Lenkrad als haptische Rückmeldung unmittelbar erlebt werden, wodurch informierende Lenkradvibrationen ebenso realisiert werden können wie zusätzliche Lenkmomente als Handlungsempfehlung für den Fahrer. Bei hydraulischen Servolenkungen ist dies ohne zusätzliche Aktorik ebenso wenig möglich wie bei einer Überlagerungslenkung.

Auch das gezielte Abbremsen einzelner Räder kann die Querführung des Fahrzeugs geeignet beeinflussen. Dieser Effekt wird durch das ESC-System zur Stabilisierung des Fahrzeugs im fahrdynamischen Grenzbereich genutzt (siehe ▶ Kap. 40 „Bremsenbasierte Assistenzfunktionen"). Mit Rücksicht auf Kraftstoffverbrauch und Bremsenverschleiß sollten kurskorrigierende Bremseingriffe jedoch nicht kontinuierlich sondern nur temporär erfolgen. Somit eignen sie sich hauptsächlich für LKA-Systeme vom

Typ I mit Spurrückführung und weniger für Typ II-Systeme mit Fahrstreifenmittenregelung.

49.5.6 Statusanzeige und Bedienelemente

Die Systemstatusanzeige soll den Fahrer gut wahrnehmbar, aber unaufdringlich und leicht verständlich über den aktuellen Status des LDW- bzw. LKA-Systems informieren. Diese Information erfolgt üblicherweise visuell. Im einfachsten Fall wird dem Fahrer die Einsatzbereitschaft des Systems durch eine leuchtende LED im Ein/Aus-Taster des Systems zur Anzeige gebracht (Abb. 49.7a). Eine aufwendigere Lösung zeigt Bild Abb. 49.10b: Im Display des Kombiinstruments wird ein Bild mit den erkannten Linien, dem eigenen Fahrzeug sowie der Position des eigenen Fahrzeugs relativ zu diesen Linien angezeigt. In Seriensystemen kommen weitere Lösungen zum Einsatz, die Kombinationen dieser beiden Varianten darstellen.

Der Übergang von „einsatzbereit" zu „nicht einsatzbereit" wird dem Fahrer beispielsweise durch das Erlöschen der LED im Ein/Aus-Taster oder im Bild des Kombi-Displays durch einen Farbwechsel der Linien verdeutlicht. Eine auditive Information über diesen Statuswechsel unterbleibt in der Regel.

Bedienelemente zum Ein- und Ausschalten von LDW- bzw. LKA-Systemen sind obligatorisch (Taster). Optional wird dem Fahrer eine Möglichkeit zum Konfigurieren des Systems angeboten, so dass er Schwellen zur Fahrerinformation justieren, bestimmte Fahrerinformationen zu- und abschalten sowie zwischen einem LKA-System vom Typ I und Typ II wählen kann (Menüpunkt im Kombi).

49.6 Beispielhafte Umsetzungen

LDW-Systeme hatten Ihren Ersteinsatz bei Nutzfahrzeugen im Jahr 2000 in Europa und kurz darauf auch in den USA. Für Pkws waren sie ab 2001 in Japan, ab 2004 in Nordamerika und ab 2005 in Europa verfügbar. LKA-Systeme wurden erstmals 2002 in Japan und 2006 in Europa angeboten. Mittlerweile werden Systeme zur Querführungsassistenz in den Pkws nahezu aller namhaften Fahrzeughersteller angeboten und dies durchgängig von der Luxus- bis zur Kompaktklasse. Eine weitere Demokratisierung solcher Technologien auf das Klein- und Kleinstwagensegment ist abzusehen.

Die Systeme der einzelnen Fahrzeughersteller lassen sich nach folgenden Differenzierungsmerkmalen klassifizieren:

a) LDW (Fahrerinformation) oder LKA (Fahrerinformation und Querführungseingriff),
b) Typ I (Spurrückführung) oder Typ I & II (Spurrückführung & Spurmittenunterstützung),
c) primäre Fahrerinformation akustisch oder akustisch & haptisch oder haptisch.

 Tabelle 49.3 zeigt exemplarisch eine Übersicht der in Europa erhältlichen Systeme zur Querführungsassistenz verschiedener Fahrzeughersteller aufgeteilt nach diesen drei Kriterien. OEM, die sowohl LDW- als auch LKA-Systeme anbieten, sind doppelt genannt. Falls nicht anders vermerkt, wird als Umfeldsensor eine Mono-Kamera, zur haptischen Fahrerinformation eine Lenkradvibration und als Querführungsaktor eine EPS-Lenkung genutzt.

Folgendes wird deutlich: Die meisten Hersteller bieten ihr System entweder als LDW oder als

 Tab. 49.3 Übersicht von Systemen zur Querführungsassistenz verschiedener Fahrzeughersteller

Primäre Fahrerinformation	LDW	LKA	
		Typ I	Typ I & Typ II
auditiv	Daihatsu, Mazda, Opel, Renault, Volvo		Honda, Hyundai, Lexus, Toyota
auditiv & haptisch	Hyundai[1]	Infiniti[5]	
haptisch	Audi, BMW, Citroën[2,3], Ford, Peugeot[2,3], Mercedes-Benz, VW	Mercedes-Benz[4,5], VW, Audi, Ford, Seat, Lancia	Audi, Ford, Škoda, Seat, Volvo, VW

[1]Gurtstraffer, [2]Sitz-Vibration, [3]IR-Dioden, [4]Stereo-Kamera, [5]ESC-Eingriff

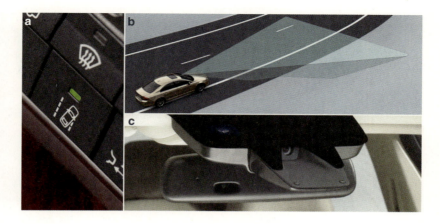

Abb. 49.7 „Lane Departure Warning" von Volvo **a** Ein/Aus-Taster mit Status-LED **b** Kamera-Sichtbereich **c** Integration der Mono-Kamera (Quelle: Volvo)

LKA mit den Typen I & II im Verbund an. Reine LKA-Systeme vom Typ II (Spurmittenunterstützung ohne Spurrückführung) sind selten (Infiniti, Mercedes-Benz). Die primäre Fahrerinformation ist entweder auditiv oder haptisch. Die auditive Fahrerinformation wird von asiatischen Fahrzeugherstellern bevorzugt (Daihatsu, Mazda, Honda, Hyundai, Lexus, Toyota), während die europäischen OEM fast ausschließlich eine haptische Fahrerinformation nutzen (Audi, BMW, Citroën, Ford, Peugeot, Mercedes-Benz, Škoda, Seat, Volvo, VW). Systeme mit kombinierter auditiver und haptischer Fahrerinformation sind die Ausnahme (Hyundai, Infiniti).

Bis auf Citroën und Renault (Infrarot-Dioden) sowie Mercedes-Benz (Stereo-Kamera) verwenden alle Fahrzeughersteller eine Mono-Kamera als Umfeldsensor. Bis auf Hyundai (Gurtstraffer) und Citroën (Sitz-Vibration) nutzen alle Fahrzeughersteller als haptische Fahrerinformation eine Lenkradvibration oder einen Lenkeingriff. Nur Infiniti und Mercedes-Benz gebrauchen zur Spurrückführung einen kurzkorrigierenden Bremseingriff mittels ESC, alle anderen OEM nutzen eine EPS-Lenkung.

Hersteller, die sowohl LDW- als auch LKA-Systeme anbieten, differenzieren deren funktionale Unterschiede über die Systemnamen. Ford differenziert zwischen „Fahrspur-Assistent" und „Fahrspurhalte-Assistent", Mercedes-Benz unterscheidet zwischen „Spurhalte-Assistent" und „Aktiver Spurhalte-Assistent". Volvo nutzt als Produktnamen „Lane Departure Warning" und „Lane Keeping Aid".

Im Folgenden werden jeweils zwei LDW- und LKA-Systeme von verschiedenen Pkw-Herstellern exemplarisch vorgestellt (siehe Unterstrich in ▶ Tab. 49.3). Hierbei werden die Unterschiede in Funktionalität, Sensorik und Fahrerinformation herausgearbeitet. Für die Querführungsassistenz von Nutzfahrzeugen sei auf das ▶ Kap. 53 „Bahnführungsassistenz für Nkw" verwiesen. Alle Angaben beziehen sich auf den Zeitpunkt der Manuskripterstellung.

49.6.1 „Lane Departure Warning" von Volvo

Volvos „Lane Departure Warning" informiert den Fahrer vor dem unbeabsichtigten Überqueren von Fahrstreifenmarkierungslinien. Das System aktiviert sich automatisch mit dem Starten des Fahrzeugs und ist ab einer Geschwindigkeit von ca. 65 km/h einsatzbereit. Eine Deaktivierung erfolgt automatisch unterhalb von 60 km/h oder durch den Fahrer per Ein/Aus-Taster. Durch eine LED in diesem Taster wird dem Fahrer die Einsatzbereitschaft des Systems angezeigt (▶ Abb. 49.7a). Eine Kamera wird zur kontinuierlichen Detektion der Markierungslinien genutzt (▶ Abb. 49.7b) und ist hinter der Windschutzscheibe im Fuß des Innenspiegels verbaut (▶ Abb. 49.7c). Wenn das Fahrzeug im Begriff ist, eine Markierungslinie zu überschreiten, ohne dass ein aktives Fahrermanöver ersichtlich ist (z. B. keine Betätigung des Fahrtrichtungsanzeigers), dann wird der Fahrer hierauf mithilfe eines Informationstons aufmerksam gemacht. Die Empfindlichkeit des Systems kann vom Fahrer wahlweise von „normal" auf „gesteigert" eingestellt

Abb. 49.8 „AFIL" von Citroën **a** Sichtbereich der IR-Dioden **b** Vibrationsalarm im Sitz (Quelle: Citroën)

werden, wodurch u. a. die Fahrerinformation über das ungewollte Verlassen des Fahrstreifens früher erfolgt.

Volvo bietet sein „Lane Departure Warning"-System in einem Ausstattungspaket namens „Driver Alert" im S60, S80, V60, V70, XC60 und XC70 an.

49.6.2 „AFIL" von Citroën

Das AFIL-System von Citroën („Alerte de Franchissement Involontaire de Ligne", sinngemäß: Alarm bei Fahrstreifenwechsel durch Infrarot-Linienerkennung) erkennt bei Geschwindigkeiten oberhalb von 80 km/h, ob eine Fahrstreifenmarkierungslinie ohne vorherige Betätigung des Fahrtrichtungsanzeigers überfahren wird. An jeder Seite registrieren drei hinter der Frontverkleidung befindliche Infrarot-Sensoren das Überschreiten der Markierungslinie (Abb. 49.8a). Der Fahrer wird auf die Überschreitung der Linie aufmerksam gemacht, indem eine Vibration in der Sitzfläche jeweils auf der Seite erfolgt, auf der die Linie überfahren wurde (Abb. 49.8b). Auf Wunsch kann der Fahrer die Funktion zum Beispiel bei Autobahnfahrten über einen Taster deaktivieren [17].

Citroën bietet das AFIL-System im DS5, C4, C4 Grand Picasso, C5 und C6 an.

49.6.3 „Aktiver Spurhalte-Assistent" von Mercedes-Benz

Der „Aktive Spurhalte-Assistent" von Mercedes-Benz [18] überwacht den Bereich vor dem Fahrzeug mit einem Kamerasystem, das oben an der Frontscheibe befestigt ist. Zusätzlich werden mithilfe von Radarsensorik verschiedene Bereiche vor, hinter und seitlich des Fahrzeugs überwacht. Wenn ein Vorderrad die als durchgezogen oder gestrichelt erkannte Fahrstreifenbegrenzungslinie befährt, so erfolgt eine Fahrerinformation durch ein Intervall-Vibrieren im Lenkrad für die Dauer von bis zu 1,5 s. Wenn der Fahrer die Information ignoriert, kann ein spurkorrigierender Bremseingriff das Fahrzeug wieder auf den ursprünglichen Fahrstreifen zurückführen. Im Multifunktionsdisplay erscheint dann eine Anzeige wie in Abb. 49.9b. Wurde zuvor der Fahrtrichtungsanzeiger betätigt oder der Lenkeinschlag deutlich ausgeführt, nimmt das System einen bewussten Fahrstreifenwechsel an und unterdrückt die Ausgabe der Fahrerinformation. Der Fahrer kann die Funktion über Menüpunkte im Multifunktionsdisplay ein- und ausschalten sowie parametrieren; die Funktion steht in einem Geschwindigkeitsbereich zwischen 60 km/h und 200 km/h zur Verfügung.

Ein spurkorrigierender Bremseingriff erfolgt nur bei funktionsfähiger Radarsensorik. Zudem muss ein Fahrstreifen mit Fahrstreifenbegrenzungslinien auf beiden Seiten erkannt worden sein. Bei einer als gestrichelt erkannten Markierungslinie kann ein spurkorrigierender Bremseingriff nur erfolgen, wenn gleichzeitig ein Fahrzeug auf dem Nachbar-

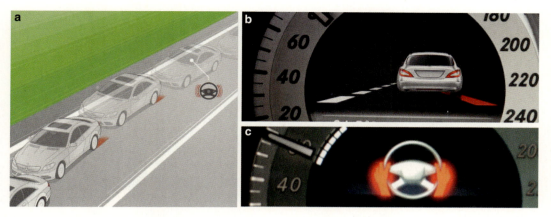

◘ **Abb. 49.9** „Aktiver Spurhalte-Assistent" von Mercedes-Benz **a** Funktionsprinzip **b** Spurverlassens-Warnung **c** Übernahmeaufforderung (Quelle: Mercedes-Benz)

fahrstreifen erkannt wurde. Fahrzeuge, die einen Einfluss auf den Bremseingriff haben können, sind Fahrzeuge des Gegenverkehrs, überholende oder parallel fahrende Fahrzeuge.

Einen eventuell unpassenden Bremseingriff kann der Fahrer jederzeit abbrechen, indem er leicht gegenlenkt, den Fahrtrichtungsanzeiger betätigt, deutlich bremst oder Gas gibt. Ein spurkorrigierender Bremseingriff wird automatisch abgebrochen, sobald ein Fahrsicherheitssystem eingreift (z. B. eine fahrdynamische Regelaktion des ESC) oder wenn keine Fahrstreifenbegrenzungslinie mehr erkannt wird.

Nimmt der Fahrer seine Hände dauerhaft vom Lenkrad, so wird er durch eine Anzeige im Multifunktionsdisplay (◘ Abb. 49.9c) in Kombination mit einem Informationston dazu aufgefordert, die Hände wieder an das Lenkrad zu legen. Wird die Übernahme des Lenkrads unterlassen, dann schaltet sich der aktive Spurhalteassistent nach ca. 5 s ab. Dem Fahrer wird dies über die System-Statusanzeige mitgeteilt.

Der „Aktive Spurhalte-Assistent" wird von Mercedes-Benz in der E-, GLK-, SL- und S-Klasse in einem Ausstattungspaket namens „Fahrerassistenz-Paket Plus" angeboten.

49.6.4 „Lane Assist" von VW

Der Spurhalteassistent „Lane Assist" von Volkswagen [19] erfasst mittels einer Kamera Fahrbahnmarkierungen – sowohl durchgezogene Linien als auch unterbrochene Markierungen – und berechnet unter Berücksichtigung von Fahrdynamikdaten die Gefahr des Fahrstreifenverlassens. Wird diese akut, warnt „Lane Assist" den Fahrer optisch und durch Lenkradvibration. Fahrzeugabhängig lenkt das System zudem korrigierend sanft gegen, um das Fahrzeug innerhalb der gegebenen Systemgrenzen in dem Fahrstreifen zu halten (◘ Abb. 49.10a). Der „Lane Assist" ist für die Nutzung auf Autobahnen und gut ausgebauten Land- und Bundesstraßen ausgelegt.

Bei der Weiterentwicklung des „Lane Assist", die mit der Golf 7-Generation eingeführt wurde, ist die Möglichkeit geschaffen worden, die Funktion zu konfigurieren. Wird die „Adaptive Spurführung" aktiviert, hilft „Lane Assist" nicht erst beim drohenden Verlassen des Fahrstreifens. Wenn der Fahrstreifen durch zwei Markierungen links und rechts des Fahrzeugs begrenzt wird, unterstützt die Funktion vielmehr dauerhaft beim Fahren durch korrigierende Lenkeingriffe und führt das Fahrzeug somit in der Mitte des Fahrstreifens. Das System adaptiert dabei die vom Fahrer bevorzugte Position innerhalb des eigenen Fahrstreifens. Möchte der Fahrer z. B. etwas versetzt außerhalb der Mitte des Fahrstreifens fahren, so lernt das System die neue Position in wenigen Sekunden, was zu einer Verschiebung der Ordinatenachse aus ◘ Abb. 49.6 führt.

Der „Lane Assist" lässt sich bei Geschwindigkeiten von über 65 km/h aktivieren, beim Unter-

Abb. 49.10 „Lane Assist" von VW **a** Lenkeingriff **b** Multifunktionsanzeige (Quelle: Volkswagen)

schreiten von 60 km/h deaktiviert sich das System. Der Assistent funktioniert auch bei Dunkelheit und schlechten Witterungsbedingungen. Der Fahrer kann „Lane Assist" jederzeit mit geringem Krafteinsatz „überstimmen" und wird nicht von seiner Verantwortung entbunden, das Auto bewusst zu fahren. Um diese Anforderung zu überwachen, analysiert das System die Lenkaktivität des Fahrers kontinuierlich, um zu registrieren, ob der Fahrer mitlenkt oder sich durch das System fahren lässt. Wird dies erkannt, erfolgt eine akustische und optische „Übernahmeaufforderung". Reagiert der Fahrer darauf nicht, schaltet sich das System ab. Ein Wechsel in den passiven Zustand erfolgt zudem, wenn der Fahrtrichtungsanzeiger betätigt wird, der Fahrer stark bremst, keine Markierungen erkannt werden oder das ESC deaktiviert ist.

In selten auftretenden Situationen wird der Fahrer per Lenkradvibration aufgefordert, die Lenkung aktiv zu übernehmen. Eine Vibration wird ausgegeben, wenn ein korrigierender Lenkeingriff nicht ausreicht, um das Fahrzeug in dem Fahrstreifen zu halten oder falls während eines starken Lenkeingriffs keine Fahrstreifenmarkierungen vom System erkannt werden.

Der „Lane Assist" wird bei Volkswagen in annähernd allen Fahrzeugmodellen angeboten.

49.7 Systembewertung

Alle Querführungsassistenzsysteme unterstützen den Fahrer beim Halten des Fahrstreifens, vermeiden in vielen Fällen das ungewollte Abkommen von der Fahrbahn und leisten hierdurch ihren eigenständigen Beitrag zur positiven Beeinflussung des Unfallgeschehens. Betrachtet man die einzelnen Systemausprägungen jedoch im Detail, so ergeben sich Unterschiede sowohl in ihrem Unfallvermeidungspotenzial als auch in ihrer Kundenakzeptanz.

Unfallvermeidungspotenzial und Fahrerunterstützung von LKA-Systemen Typ I sind eventuell höher als die von LDW-Systemen. Dies deuten Analysen des Unfallgeschehens und Fahrsimulatorstudien an [20, 21]. Der Kundennutzen von LKA-Systemen könnte zudem durch Systeme des Typs II nochmals gesteigert werden: Anders als Systeme des Typs I, die für den Fahrer nur bei einem vermeintlich kritischen Spurverlauf erlebbar sind – eine Situation, die eher selten auftritt – unterstützen Typ II-Systeme den Fahrer ständig beim Halten des Fahrzeugs in der Fahrstreifenmitte, wodurch Autofahren entspannter und komfortabler wird [22].

Die Kundenakzeptanz für unterschiedliche Ausprägungen von LDW- und LKA-Systemen wurden vom ADAC 2012 in einer Probandenstudie untersucht [23]. Aus den Rückmeldungen der Probanden wurden Anforderungen an ein ideales System abgeleitet.

Gemäß ADAC wird beim „Spurverlassenswarner" (LDW) die Lenkradvibration – da exklusiv für den Fahrer – als Warnhinweis beim Überfahren einer Linie bevorzugt. Idealerweise wird die Erkennung der Fahrstreifen im Display und, wenn vorhanden, im Head-up-Display dargestellt. Geschätzt werden die Einstellbarkeit des Warnzeitpunkts (Nähe zur Fahrbahnbegrenzung) und der Vibrationsstärke. Gut bewertet wird eine adaptive

Einstellung, damit auf kurviger Landstraße nicht zu viele unnötige Warnungen an einen aktiven Fahrer ausgegeben werden, der sich dann gestört fühlen könnte und das System abschaltet.

Gemäß ADAC werden beim Spurhalteassistenten (LKA) Lenkkorrekturen gut akzeptiert. Der Lenkeingriff sollte einstellbar sein, so dass zwischen einer Zentrierung des Autos in der Fahrstreifenmitte (Typ II) oder einem „Wegdrücken" des Autos vom Fahrbahnrand (Typ I) gewählt werden kann. Aber auch der Eingriff mittels gezielter ESC-Bremsungen einzelner Räder kam bei vielen Probanden gut an. Die Erkennung der Fahrstreifen sollte im Instrumentendisplay und im Head-up-Display (wenn verfügbar) angezeigt werden. Ein Lenkeingriff erfordert eine sichere Fahrstreifenerkennung – ist diese aufgrund schlechter Markierungen nicht möglich, sollte zumindest eine Fahrstreifenverlassenswarnung erfolgen.

Bei akustischer Fahrerinformation wurden systemspezifische Töne mit seitlicher Unterscheidbarkeit gelobt; generell wurden Informationstöne aber als wenig intuitiv und teilweise als störend empfunden. Bei einer Sitzvibration wurde die seitliche Unterscheidung positiv angemerkt. Uneinig war man sich allgemein über die Vibration im Sitz; einige fanden diese gut, weil es eine klare Systemzuordnung der Fahrerinformation ermöglicht. Andere störte und irritierte die Vibration im Sitz – auch nach längerer Fahrt. Beim ESC-Eingriff störte die damit verbundene Geschwindigkeitsreduzierung etwas. Die Fahrstreifenerkennung auf Landstraßen wurde bei nahezu allen Systemen bemängelt.

Für die Kundenakzeptanz maßgeblich ist neben der Gestaltung der Fahrerinformation auch die Systemverfügbarkeit. Dies zeigt ein Vergleichstest der Auto-Bild [24]: Bei ähnlicher Verfügbarkeit konnten sich LKA-Systeme gegenüber LDW-Systemen durchsetzen. LDW-Systeme mit guter Verfügbarkeit lagen aber gleichauf oder sogar vor LKA-Systemen mit schlechter Verfügbarkeit.

49.8 Erreichte Leistungsfähigkeit

Die Leistungsfähigkeit von Querführungsassistenzsystemen konnte in den letzten Jahren kontinuierlich gesteigert werden: Dies gelang durch den Einsatz von Farbkameras mit höherer Auflösung und Dynamik, adaptiven Warnalgorithmen mit Fahrerintentionserkennung sowie robusteren Bildverarbeitungsalgorithmen.

Trotzdem unterliegen diese Systeme weiterhin vielen Beschränkungen, was deutlich wird, wenn man in die Bordbücher der Fahrzeughersteller schaut. In diesen wird darauf hingewiesen, dass Querführungsassistenten nur Hilfsmittel sind und die Verantwortung für die Querführung beim Fahrer verbleibt. Die Funktion steht herstellerabhängig erst ab Geschwindigkeiten oberhalb von 60–70 km/h zur Verfügung, wodurch komplexe Markierungssituationen in Städten größtenteils ausgegrenzt werden und eine Querführungsunterstützung nicht angeboten wird.

Fahrstreifenbegrenzungslinien können nicht immer eindeutig erkannt werden, z. B. bei schlechter Sicht, Blendung, verdeckten oder abgenutzten Linien, verschmutzten oder beklebten Windschutzscheiben sowie in Baustellen, kurvenreichen Strecken, Alleen oder Tunnelein- und Ausfahrten. In diesen Fällen kann das System beeinträchtigt (ausbleibende bzw. unnötige Fahrerinformation) oder ohne Funktion sein. Bei einem LKA-System reicht der Lenkeingriff unter Umständen nicht dazu aus, das Fahrzeug zurück in den Fahrstreifen zu führen. Straßen- und Witterungsverhältnisse werden beim Lenkeingriff nicht berücksichtigt. Verfügbarkeit und Robustheit von Querführungsassistenten könnten aus Nutzerperspektive daher weiter verbessert werden.

49.9 Ausblick

Robustheit und Verfügbarkeit der Fahrstreifenerkennung können weiter gesteigert werden, indem zur Fahrstreifenerkennung und Querführung des Fahrzeugs nicht nur Markierungslinien, sondern auch andere Umgebungsmerkmale herangezogen werden, wie beispielsweise andere Fahrzeuge, Bordsteine, Randstreifen oder Leitplanken. Werden nur einige wenige Merkmale genutzt, dann kann ein einfacher, z. B. regelbasierter Ansatz zweckmäßig sein. Bei vielen Merkmalen erscheint jedoch ein modellbasierter Ansatz sinnvoll. Bei diesem wird eine Fahrbahnhypothese durch Umgebungsmerkmale gestützt oder verworfen. Markierungslinien können hierbei mit einem höheren Gewicht eingehen als andere Merkmale. Bereits heute können viele dieser Merkmale durch existierende Umfeldsensoren erfasst werden. Die Herausforderung besteht folglich in der anschließenden Datenverarbeitung bzw. Fahrbahnmodellierung.

Erste Ansätze einer Fahrbahnmodellierung zeigt der Mercedes-Benz Lenk-Assistent. Oberhalb von ca. 60 km/h orientiert dieser sich an vorhandenen Markierungslinien. Im Geschwindigkeitsbereich zwischen 0–60 km/h orientiert er sich am vorausfahrenden – von Radarsensoren erfassten – Fahrzeug unter Berücksichtigung von Markierungslinien, beispielsweise beim Staufolgefahren [18]. Das System dient dann nicht dazu, den Fahrer über das ungewollte Abkommen vom Fahrstreifen rechtzeitig zu informieren, sondern den Komfort in Stausituationen zu steigern. Wechselt das Führungsfahrzeug im Stau z. B. an einer Autobahnabfahrt den Fahrstreifen, so würde der Lenk-Assistent folgen – also auch den Fahrstreifen wechseln – ohne den Fahrer hierüber zu informieren. Deutlich wird aber: Eine Fahrzeugquerführung ist, wenn auch mit Einschränkungen, bei Nutzung der Positionsdaten des vorausfahrenden Fahrzeugs möglich. Dies demonstriert das Potenzial einer fahrbahnmodellbasierten Querführung, die zusätzlich zu den Markierungslinien von möglichst vielen weiteren Umgebungsmerkmalen gestützt wird.

Können Robustheit und Verfügbarkeit der Querführung weiter gesteigert werden, dann eröffnet sich die Möglichkeit für viele neue Systeme mit kombinierter Längs- und Querführung vom beispielsweise Stauassistenten (▶ Kap. 52) bis hin zum fahrerlosen Fahren (▶ Kap. 61).

Literatur

1. GIDAS, Datenbankabzug 12/2012, Pkw-Insassen mit Verletzungsschwere MAIS2+ in erster Kollision
2. ISO 17361: Intelligent transportation systems. Lane departure warning systems. Performance requirements and test procedures. British Standards Institution, (2007)
3. ISO DIS 11270: Intelligent transport systems – Lane keeping assistance systems (LKAS) – Performance requirements and test procedures. International Organization for Standardization, (2013)
4. ECE-R 79: Uniform provisions concerning the approval of vehicles with regard to steering equipment, 2005
5. MLIT – Ministry of Land, Infrastructure, Transport and Tourism: technical guidance to Lane-Keeping Assist Devices of Motor Vehicles, In: technical guidelines in Blue Book 11-6-1-3, 2013
6. TRW Homepage, Datenblatt „Skalierbare Kamera", http://www.trw.de/technology_information/electronics/driver_assist_system_electronics, Zugriff am 26.04.2014
7. Hegemann, S., Lüke, S., Nilles, C.: Randsteinerkennung als Teil der Urbanen Fahrerassistenz. ATZ-Automobiltechnische Zeitschrift **115**(11), 895–899 (2013)
8. Derendarz, W., Graf, T., Wahl, F.M.: Monokamerabasierte Umfelderkennung für komplexe Umgebungen. In: 4. VDI-Tagung Optische Technologien in der Fahrzeugtechnik VDI-Berichte, Bd. 2090, S. 141–156. (2010)
9. Montemerlo, M., et al.: Junior: The Stanford Entry in the Urban Challenge. Journal of Field Robotics **25**(9), 569–597 (2008)
10. Homm, F., Kaempchen, N., Burschka, D.: Fusion of Laserscannner and Video Based Lanemarking Detection for Robust Lateral Vehicle Control and Lane Change Maneuvers. In: IEEE Intelligent Vehicles Symposium, Bd. IV, S. 969–974. (2011)
11. van Winsum, W., Brookhuis, K.-A., de Waard, D.: A comparison of different ways to approximate time-to-line crossing (TLC) during car driving. Accid. Anal. Prev. **32**, 47–56 (2000)
12. Mammar, S., Glaser, S., Netto, M.: Time to line crossing for lane departure avoidance: a theoretical study and an experimental setting. IEEE Trans, Intell. Transport Syst. **7**(2), 226–241 (2006)
13. Gayko, J.: Lane Keeping Support. In: Handbuch Fahrerassistenzsysteme, S. 554–561. Vieweg+Teubner Verlag, Wiesbaden (2012)
14. Kölbl, C.: Darstellung und Potentialuntersuchung eines integrierten Quer- und Längsreglers zur Fahrzeugführung, Dissertation. Cuvillier Verlag, Göttingen (2011)
15. Mann, M.: Benutzerorientierte Entwicklung und fahrergerechte Auslegung eines Querführungsassistenten, Dissertation. Cuvillier Verlag, Göttingen (2008)
16. Schmidt, G.: Haptische Signale in der Lenkung: Controllability zusätzlicher Lenkmomente Berichte aus dem DLR-Institut für Verkehrssystemtechnik, Bd. 7. (2009). Dissertation
17. Renault Pressemitteilung: Peugeot 308 SW – Spurhalteassistent AFIL erhöht aktive Fahrsicherheit. www.peugeot-presse.de/download/rtf/PM_308SW_200807.rtf, Zugegriff: 26.4.2014
18. Bedienungsanleitung der Mercedes-Benz E Klasse (2013)
19. Gies, S., Brendes, C.: Der neue Golf – Fahrwerk – Modularität als Prinzip. ATZ extra, 52–63 (2012)
20. Daschner, D., Gwehenberger, J.: Wirkungspotenzial von Adaptive Cruise Control und Lane Guard System bei schweren Nutzfahrzeugen. Allianz Zentrum für Technik GmbH, München (2005). Bericht Nr. F05-912, im Auftrag von MAN für das BMBF-Projekt Safe Truck

Literatur

21. Navarro, J., Mars, F., Hoc, J.-M.: Lateral Control Assistance for Car Drivers: A Comparison of Motor Priming and Warning Systems. Human Factors **49**(5), 950–960 (2007)
22. Freyer, J., Winkler, L., Waarnecke, M., Duba, G.-P.: Eine Spur aufmerksamer – Der Audi Active Lane Assist. ATZ **112**(12), 926–930 (2010)
23. ADAC Probandenstudie: Warnsignale von Assistenzsystemen (2012). http://www.adac.de/infotestrat/tests/assistenzsysteme/assistenzsysteme_2012/, Zugegriffen: 06.10.2013
24. „On-Board-Computersysteme im Vergleich: Wer spurt am besten?", Auto-Bild, Heft 32, S. 36-46, 2011

Fahrstreifenwechselassistenz

Arne Bartels, Marc-Michael Meinecke, Simon Steinmeyer

50.1 Motivation – 960

50.2 Anforderungen – 960

50.3 Klassifikation der Systemfunktionalität – 962

50.4 Beispielhafte Umsetzungen – 963

50.5 Systembewertung – 971

50.6 Erreichte Leistungsfähigkeit – 972

50.7 Weiterentwicklungen – 973

Literatur – 973

50.1 Motivation

Fahrerassistenzsysteme dienen dazu, den Fahrer bei seiner Fahraufgabe zu unterstützen. Der zu erwartende Kundennutzen eines Fahrerassistenzsystems ist dann besonders hoch, wenn die Fahraufgabe, bei welcher der Fahrer unterstützt werden soll, mit einem hohen Fehlerpotenzial behaftet ist. Zu diesen Fahraufgaben mit hohem Fehlerpotenzial gehört u. a. der Fahrstreifenwechsel.

Dies wird ersichtlich aus einer statistischen Analyse von Unfällen mit Personenschäden, welche in einer Datenbank der Volkswagen Unfallforschung und der GIDAS (German In-Depth Accident Study) gesammelt wurden. ◻ Abbildung 50.1 zeigt für die Jahre 1985 bis 1999 den Anteil der Fahrstreifenwechselunfälle mit Pkw als Hauptverursacher für die Straßenarten Stadt, Land und Bundesautobahn (BAB). Deutlich wird, dass durchschnittlich mehr als 5 % aller Unfälle bei einem Fahrstreifenwechsel erfolgen. Ebenfalls deutlich wird, dass sich ein Großteil dieser Unfälle auf Landstraßen oder Bundesautobahnen ereignen.

Diese Überlegungen legen nahe, dem Fahrer ein System zur Verfügung zu stellen, das ihn bei einem Fahrstreifenwechsel unterstützt. Diese Unterstützung ist zunächst für Landstraßen- und Autobahnszenarien auszulegen.

50.2 Anforderungen

Bei einem Fahrstreifenwechsel muss der Fahrer eine Gefährdung anderer Verkehrsteilnehmer ausschließen können. Nach den einschlägigen Vorschriften obliegt es dem Fahrer, vor einem Fahrstreifenwechsel den hinteren und seitlichen Fahrzeugbereich zu kontrollieren. Dabei ist sowohl ein Blick in den Außen- und Innenspiegel, als auch ein Schulterblick zwingend vorgeschrieben. Wird der Schulterblick unterlassen, sind die Außenspiegel falsch eingestellt oder ist der Fahrer schlicht unaufmerksam, so können andere Verkehrsteilnehmer im Toten Winkel unter Umständen übersehen werden. Wird in einem solchen Fall ein Fahrstreifenwechsel initiiert, so kann dies zu einer Kollision mit dem Fahrzeug auf dem Nachbarfahrstreifen führen.

Eine weitere Unfallursache bei einem Fahrstreifenwechsel ist die Fehleinschätzung der Geschwindigkeit von überholenden Fahrzeugen. Insbesondere die Annäherungsgeschwindigkeit schneller und weit entfernter Fahrzeuge wird auf Autobahnen und Schnellstraßen häufig unterschätzt. In dieser Situation kann ein Fahrstreifenwechsel sowohl zur Kollision mit dem überholenden Fahrzeug führen, falls dieses nicht mehr ausreichend verzögern kann, als auch zu Auffahrunfällen mit anderen Verkehrsteilnehmern, wenn diese auf die starke Verzögerung des überholenden Fahrzeugs nicht rechtzeitig reagieren.

Auch bei einem Fahrstreifenwechsel auf der Beifahrerseite benötigt der Fahrer Unterstützung. Dieser wird in Deutschland durch das Rechtsfahrgebot erzwungen. Nach einem Überholvorgang muss der Fahrer wieder auf den rechten Fahrstreifen wechseln, sobald es die Verkehrssituation zulässt. Im Gegensatz dazu wird in vielen anderen europäischen Ländern auch das Überholen auf der Beifahrerseite praktiziert. In den USA ist es zudem alltäglich, dass auf beiden Nachbarfahrstreifen andere Verkehrsteilnehmer mit nahezu gleicher Geschwindigkeit im Toten Winkel des eigenen Fahrzeugs fahren.

Aus der obigen Analyse ergeben sich für einen Fahrstreifenwechselassistenten folgende funktionelle Anforderungen:

- Der Fahrstreifenwechselassistent soll den Fahrer über Gefahrensituationen informieren, die aus einer unzureichenden Überwachung des Umfeldes durch den Fahrer resultieren.
- Hierzu soll die Assistenzfunktion in der Lage sein, sowohl sich schnell von hinten annähernde Verkehrsteilnehmern als auch andere Verkehrsteilnehmer im Toten Winkel des eigenen Fahrzeuges wahrzunehmen.
- Die Assistenzfunktion soll gleichermaßen für die Nachbarfahrstreifen sowohl auf der Fahrer- als auch auf der Beifahrerseite arbeiten.
- Idealerweise ist die Assistenzfunktion bei allen Straßen-, Witterungs- und Verkehrsbedingungen mit annähernd gleicher Qualität verfügbar.

Eine besondere Bedeutung kommt der Mensch-Maschine-Schnittstelle (HMI) zwischen Fahrer und Fahrstreifenwechselassistenten zu. Erscheint

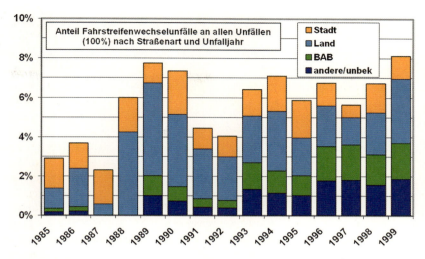

Abb. 50.1 Anteil Fahrstreifenwechselunfälle mit Hauptursache Pkw an allen Unfällen nach Straßenart und Unfalljahr [1]

der Fahrstreifenwechsel aufgrund des vom System wahrgenommenen Umfelds als potenziell problematisch, so wird der Fahrer hierüber geeignet und rechtzeitig informiert. Die Information kann prinzipiell über optische, akustische oder haptische Sinneskanäle des Menschen erfolgen. Bei der Auslegung des HMI sollte jedoch darauf geachtet werden, dass der Blick des Fahrers in den Spiegel, zu dem er auch bei aktiviertem Fahrstreifenwechselassistenten weiterhin verpflichtet ist, mit unterstützt wird. Hierfür bietet sich die Positionierung von optischen Anzeigen in bzw. in der Nähe der Außenspiegel an. Durch die räumliche Nähe von Außenspiegel und optischer Anzeige wird sichergestellt, dass der Fahrer beim Blick in den Spiegel simultan die optischen Informationen der Assistenzfunktion wahrnehmen kann. Die Helligkeit dieser optischen Anzeigen sollte hierbei so gestaltet sein, dass diese einerseits bei allen vorkommenden Umgebungsbedingungen für den Fahrer gut wahrnehmbar sind. Andererseits darf der Fahrer und auch Fahrer anderer Fahrzeuge durch die optischen Anzeigen insbesondere bei Nacht nicht irritiert oder geblendet werden.

Bei der Auslegung des HMI ist ebenfalls zu entscheiden, ob die Fahrerinformation einstufig oder zweistufig erfolgen soll. Bei einer zweistufigen Fahrerinformation wird von der Informationsstufe 1 zur Informationsstufe 2 eskaliert, sobald die Intention des Fahrers für einen Fahrstreifenwechsel erkannt wird. Bei einer einstufigen Fahrerinformation unterbleibt diese Eskalation.

In der Informationsstufe 1 wird jedes bei einem Fahrstreifenwechsel potenziell gefährliche Fahrzeug dem Fahrer zur Anzeige gebracht, auch dann, wenn der Fahrer keinen Fahrstreifenwechsel beabsichtigt. Die Anzeige in der Informationsstufe 1 sollte für den Fahrer zwar wahrnehmbar, jedoch auch bei häufiger Aktivierung nicht störend oder ablenkend wirken. Werden die optischen Anzeigen in bzw. in der Nähe der Außenspiegel positioniert, so kann dieses z. B. über eine geeignete Steuerung der Lampenhelligkeit in Abhängigkeit vom Umgebungslicht erzielt werden.

In der Informationsstufe 2 wird zusätzlich die Intention des Fahrers für einen Fahrstreifenwechsel erkannt, z. B. über die Betätigung des Fahrtrichtungsanzeigers (Blinkerhebels). Beabsichtigt der Fahrer einen Fahrstreifenwechsel duchzuführen, und wird dieser Fahrstreifenwechsel aufgrund des vom System wahrgenommenen Umfelds als potenziell gefährlich bewertet, dann sollte eine intensivere Information an den Fahrer erfolgen. Bei einer Fahrerinformation über optische Anzeigen in bzw. in der Nähe der Außenspiegel kann dies z. B. über ein sehr helles, kurzes Aufblinken der optischen Anzeigen realisiert werden. Auch haptische oder akustische Informationen können hierfür genutzt werden.

Ebenfalls wichtig für den Fahrstreifenwechselassistenten ist eine intelligente Informationsstrategie. Um eine ausreichende Kundenakzeptanz zu gewährleisten, muss der Fahrstreifenwechselassistent einerseits alle als potenziell gefährlich wahrgenommenen Verkehrssituationen zuverlässig zur Anzeige bringen. Andererseits müssen unnötige

Tab. 50.1 Klassifikation nach Zonenabdeckung [2]

Typ	Überwachung Toter Winkel linke Seite	Überwachung Toter Winkel rechte Seite	Überwachung linke Annäherungszone	Überwachung rechte Annäherungszone	Funktion
I	X	X			Warnung vor Fahrzeugen im Toten Winkel
II			X	X	Warnung vor Fahrzeugen, die sich von hinten annähern
III	X	X	X	X	Warnung vor Fahrstreifenwechsel

Fahrerinformationen vermieden werden. Unnötig ist in diesem Zusammenhang z. B. die Information über ein Fahrzeug auf dem Nachbarfahrstreifen, das von den Umfeldsensoren zwar erfasst wird, jedoch so langsam und noch so weit entfernt ist, dass ein Fahrstreifenwechsel gefahrlos möglich ist. Ebenfalls unnötig ist die Information über ein geradeaus fahrendes Fahrzeug auf dem übernächsten benachbarten Fahrstreifen. Die Informationsstrategie muss somit die Messdaten der Umfeldsensoren auswerten und anhand dieser sehr sorgfältig entscheiden, ob eine Fahrerinformation erfolgen soll oder nicht.

50.3 Klassifikation der Systemfunktionalität

In der aktuellen ISO-Norm 17387 „Lane Change Decision Aid System" werden verschiedene Ausprägungen des Fahrstreifenwechselassistenten spezifiziert und in diverse Subtypen klassifiziert. Weiterhin wird ein Systemstatusdiagramm mit den Systemstatus und Übergangsbedingungen spezifiziert. Diese werden im Folgenden kurz vorgestellt.

50.3.1 Klassifikation nach Leistung der Umfelderfassung

Nach der ISO-Norm 17387 sind drei Systemtypen zu unterscheiden. Diese differenzieren sich über die von den Umfeldsensoren überwachten Zonen. Eine Übersicht zeigt ◘ Tab. 50.1.

Die genannten Systemtypen weisen folgende Funktionen auf:

- Typ I-Systeme informieren über Fahrzeuge im Toten Winkel auf der linken und rechten Seite. Sie informieren nicht über Fahrzeuge, die sich auf der linken oder rechten Seite von hinten annähern.
- Typ II-Systeme informieren über Fahrzeuge, die sich von hinten auf der linken und rechten Seite annähern. Sie informieren nicht über Fahrzeuge im Toten Winkel auf der linken oder rechten Seite.
- Typ III-Systeme informieren sowohl über Fahrzeuge im Toten Winkel als auch über sich von hinten annähernde Fahrzeuge, beides sowohl auf der linken als auch auf der rechten Seite.

Die Systeme vom Typ II und III werden weiterhin in drei Unterklassen aufgeteilt. Diese werden in der genannten Norm durch die maximal zulässige Relativgeschwindigkeit des sich von hinten annähernden Zielfahrzeugs v_{max} sowie durch die minimal zulässigen Kurvenradien R_{min} unterschieden. Eine Übersicht zeigt ◘ Tab. 50.2.

Die maximale Relativgeschwindigkeit zwischen Ego-Fahrzeug und dem sich von hinten annähernden Fahrzeug hat bei gegebener Rechenzeit des Systems und bei einer vorgegebenen minimalen Reaktionszeit des Fahrers einen direkten Einfluss auf die benötigte Sensorreichweite. Bei v_{max} = 20 m/s, einer Rechenzeit des Systems von 300 ms und einer geforderten minimalen Reaktionszeit von 1,2 s beträgt die minimale Sensorreichweite 20 m/s × (1,2 s + 0,3 s) = 30 m. Soll auch bei größeren Annäherungsgeschwindigkeiten noch rechtzeitig informiert werden, so muss die Sensorreichweite erhöht werden. Bei v_{max} = 30 m/s ergibt sich z. B. eine minimale Sensorreichweite von 45 m.

Die Klassifizierung hinsichtlich des minimalen Kurvenradius erfolgt aus zwei Gründen. Einerseits kann die frühzeitige Detektion des Zielfahrzeugs durch den eingeschränkten Erfassungsbereich der verwendeten Umfeldsensorik erschwert werden. Bei kegelförmigem Erfassungsbereich ist beispielsweise der Öffnungswinkel des Sensors maßgeblich für eine gute Abdeckung der relevanten Fahrstreifen innerhalb von Kurven. Andererseits ist die maximale Relativgeschwindigkeit des sich von hinten annähernden Zielfahrzeugs bei gegebenem Kurvenradius und typischen Geschwindigkeiten des eigenen Fahrzeugs durch die Fahrdynamikeigenschaften des Zielfahrzeugs begrenzt.

50.3.2 Systemzustandsdiagramm

In der ISO-Norm 17387 ist für den Fahrstreifenwechselassistenten ein Systemzustandsdiagramm mit den verschiedenen Systemstatus und Übergangsbedingungen spezifiziert. Dieses wird in ◘ Abb. 50.2 gezeigt.

Ist das System inaktiv, so wird keine Information an den Fahrer ausgegeben. Zur Aktivierung des Systems müssen bestimmte Kriterien erfüllt sein. Das System kann beispielsweise über die Betätigung eines Tasters aktiviert werden, wenn das eigene Fahrzeug schneller fährt als eine vorgegebene, minimale Aktivierungsgeschwindigkeit. Das System wird deaktiviert, wenn z. B. der Fahrer die Aus-Taste betätigt oder die minimale Aktivierungsgeschwindigkeit unterschritten wird.

Ist das System aktiv, so werden nur dann Informationen an den Fahrer ausgegeben, wenn wiederum bestimmte Voraussetzungen erfüllt sind, z. B. wird ein Fahrzeug im Toten Winkel erkannt oder es nähert sich ein Fahrzeug von hinten mit hoher Geschwindigkeit an. Sind diese Voraussetzungen nicht erfüllt, so erfolgt keine Fahrerinformation.

Die Fahrerinformation kann in mehreren Stufen erfolgen. In der Informationsstufe 1 erfolgt eine „dezente" Information an den Fahrer, die weniger dringlich ist als die Fahrerinformation der Stufe 2. Sie hat eher informativen Charakter. Die Fahrerinformation der Stufe 2 erfolgt dann, wenn bestimmte Auswahlkriterien erfüllt sind, die die Intention des Fahrers für einen Fahrstreifenwechsel anzeigen. Diese Auswahlkriterien können z. B. sein
a) die Betätigung des Fahrtrichtungsanzeigers oder
b) eine Auswertung von Lenkwinkel oder Lenkmoment oder
c) die Position des eigenen Fahrzeugs innerhalb des Fahrstreifens oder
d) der laterale Abstand zu einem Fahrzeug im Nachbarfahrstreifen.

Für den Fall c) können z. B. Synergieeffekte mit einem eventuell vorhandenen System zur Erkennung der Fahrstreifenmarkierung genutzt werden. Die Fahrerinformation der Stufe 2 kann prinzipiell gestaffelt bzw. mehrstufig erfolgen. Wurde der Fahrer z. B. bei Betätigung des Fahrtrichtungsanzeigers deutlich über ein fremdes Fahrzeug im Toten Winkel informiert, und lenkt der Fahrer trotzdem sein Fahrzeug auf den benachbarten Fahrstreifen, so kann die Fahrerinformation nochmals intensiviert werden oder sogar in die Querführung des Fahrzeugs eingegriffen werden.

50.4 Beispielhafte Umsetzungen

Fahrerassistenzsysteme, die den Fahrer bei einem Fahrstreifenwechsel unterstützen, sind bei vielen Fahrzeugherstellern bereits seit mehreren Jahren zu kaufen. Diese setzten zunächst in den Oberklassefahrzeugen ein; bei Audi im A8 und Q7, bei VW im Phaeton und Touareg, bei Mercedes in der S-Klasse. Mittlerweile ist jedoch eine Demokratisierung dieses Fahrerassistenzsystems zu beobachten, viele Fahrzeuge der Mittelklasse bzw. unteren Mittelklasse sind mittlerweile mit Systemen zur Fahr-

◘ **Tab. 50.2** Klassifikation nach maximaler Relativgeschwindigkeit des sich von hinten annähernden Fahrzeugs und nach dem minimalen Kurvenradius [2]

Typ	Maximale Relativgeschwindigkeit des sich von hinten annähernden Fahrzeugs	Minimaler Kurvenradius
A	10 m/s	125 m
B	15 m/s	250 m
C	20 m/s	500 m

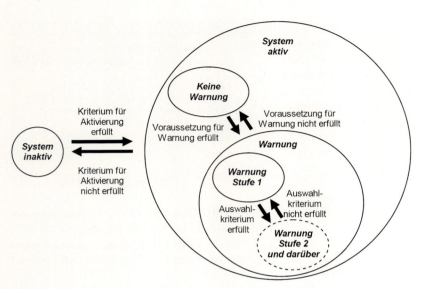

◘ Abb. 50.2 Systemzustandsdiagramm für einen Fahrstreifenwechselassistenten nach ISO 17387 [2]

streifenwechselassistenz ausgestattet, wie z. B. dem Audi A4 bzw. A3, dem 3er BMW, dem Ford Focus, der Mercedes B- bzw. A-Klasse, dem Mazda 3, dem Volvo V40 oder dem VW Passat.

Die Systeme der einzelnen Fahrzeughersteller unterscheiden sich in ihrer Ausprägung teilweise deutlich voneinander, wobei sie sich größtenteils in die unterschiedlichen Kategorien der ISO 17387 einordnen lassen, so wie sie in ▶ Abschn. 50.3 beschrieben werden. Die Unterschiede ergeben sich hauptsächlich durch

a) die unterschiedlichen Sensoren, die zur Umfeldwahrnehmung eingesetzt werden,
b) die Anzahl der Informationsstufen, sowie
c) die Klassifizierung in Typ I und Typ III Systeme.

◘ Tabelle 50.3 zeigt eine Übersicht der sich aktuell auf dem Markt befindlichen Fahrstreifenwechselassistenz-Systeme aufgeteilt nach diesen drei Kriterien. Um einen Systemvergleich zu erleichtern, wurde hierbei eine dritte Informationsstufe eingeführt. Fahrzeughersteller, die ihre Systeme wahlweise mit zweistufiger oder dreistufiger Fahrerinformation anbieten, sind doppelt genannt.

Deutlich wird, dass viele Hersteller mittlerweile Systeme vom Typ I oder Typ III für ihre Fahrzeuge anbieten. Systeme vom Typ II ohne Tote-Winkel-Information, die ausschließlich über sich von hinten annähernde Fahrzeuge informieren, werden dagegen auf dem Markt aktuell nicht angeboten. Für Systeme vom Typ I, die ausschließlich den Toten Winkel überwachen, werden Ultraschall-, Kamera- und Radarsensoren eingesetzt, jeweils mit Sensorreichweiten von 3 bis 5 m. Für Systeme vom Typ III, die sowohl über Fahrzeuge im Toten Winkel als auch über sich von hinten annähernde Fahrzeuge informieren, werden ausschließlich Radarsensoren jeweils mit einer Reichweite von 70 bis 100 m (Klasse B) eingesetzt. Aufgrund ihrer eingeschränkten Sensorreichweite scheiden Ultraschall- und Kamerasensoren für Typ-III-Systeme ebenso aus wie Radarsensoren mit geringer Reichweite (Klasse A). Deutlich wird ebenfalls, dass eine mehrstufige Fahrerinformation aktuell nur bei Radar-basierten Systemen erfolgt.

Um sich von ihren Wettbewerbern zu differenzieren, sicherlich aber auch um die herstellerspezifische Systemfunktionalität zu verdeutlichen, wurden bei den unterschiedlichen Fahrzeugherstellern jeweils unterschiedliche Produktnamen gewählt. So wird der Fahrstreifenwechselassistent bei Audi „Audi Side Assist" genannt. Das nahezu baugleiche System heißt bei VW „Side Assist". Bei BMW trägt es den Namen „Spurwechselwarnung". Das System von Citroën heißt „Toter Winkel Assistent". Ford nutzt den Namen „Blind Spot Information System". GM wählte den Namen „Side Blind Zone Alert". Mercedes-Benz nennt sein System „Totwinkel-Assistent". Mazda wiederum nutzt den Namen „Rear Vehicle Monitoring System". Nissan/Infiniti be-

Tab. 50.3 Übersicht von Fahrstreifenwechsel-Assistenz-Systemen verschiedener Fahrzeughersteller aufgeteilt nach Typ, Anzahl der Warnstufen und Umfeldsensorik

Warnung	Typ I		Typ II	
1 Stufig	Ultraschall	Citroën, Opel		
	Kamera	Volvo		
	Radar (A)	Ford, Jaguar, Jeep, Land Rover, Lexus		
2 Stufig		GM, Mercedes Benz	Radar (B)	Audi, BMW, Mazda, Porsche, Volvo, VW
3 Stufig		Mercedes Benz, Infiniti/Nissan		VW

zeichnet sein System als „Side Collision Prevention". Volvo taufte sein System auf den Namen „Blind Spot Information System".

Im Folgenden wird aus den Kategorien der ◘ Tab. 50.3 das Serien-System jeweils eines Fahrzeugherstellers exemplarisch vorgestellt (siehe Unterstrich). Hierbei werden die Unterschiede in Funktionalität, Sensorik und Fahrerinformation herausgearbeitet.

50.4.1 „Toter Winkel Assistent" von Citroën

Der „Tote Winkel Assistent" von Citroën informiert den Fahrer, sobald sich ein Auto oder ein Motorrad im Toten Winkel des eigenen Fahrzeugs befindet. In diesem Fall leuchtet eine Warn-Leuchtdiode in einem der äußeren Rückspiegel gelb auf (◘ Abb. 50.3a). Eine zweite Warnstufe, ausgelöst z.B. durch eine Betätigung des Fahrtrichtungsanzeigers, ist nicht vorgehalten. Das System ist bei Geschwindigkeiten zwischen 10 und 140 km/h über einen Taster aktivierbar. Außerhalb dieser Grenzen erfolgt keine Warnung an den Fahrer. Gemäß Herstellerangaben unterstützt das System den Fahrer in komplexen Verkehrssituationen bei niedrigen Relativgeschwindigkeiten und entlastet ihn daher hauptsächlich innerorts im Stadtverkehr und auf Stadtautobahnen sowie auf mehrspurigen Landstraßen.

Der durch das System überwachte Bereich erstreckt sich bis ungefähr 5 Meter hinter den hinteren Stoßfängern und bis 3,5 Meter seitlich neben das eigene Fahrzeug. Als Sensoren kommen vier Ultraschallsensoren zum Einsatz, die im vorderen und hinteren Stoßfänger seitlich verbaut sind. Die beiden hinteren Sensoren dienen zur Überwachung des Toten Winkels. Die beiden vorderen Sensoren werden allein für eine Plausibilitätsprüfung genutzt.

Citroën hat den „Toten Winkel Assistent" 2010 erstmals im C4 eingeführt und bietet ihn dort aktuell als Zusatzausstattung für 290,- € im Paket mit einer Reifendruckkontrolle an.

50.4.2 „Blind Spot Information System" (BLIS) von Volvo

Das BLIS von Volvo informiert den Fahrer über Fahrzeuge, die sich im Toten Winkel seines Fahrzeugs aufhalten. Insbesondere im dichten Verkehr sollen so Verkehrsunfälle bei Fahrstreifenwechseln vermieden werden. Das System basiert auf zwei in den Außenspiegeln integrierten Digitalkameras. Diese Kameras sind nach hinten ausgerichtet und überwachen den Verkehr auf den beiden Nachbarfahrspuren rechts und links vom eigenen Fahrzeug (siehe ◘ Abb. 50.4a). Wenn ein Fahrzeug in den Toten Winkel eintritt, dann leuchtet eine Lampe in der rechten oder linken A-Säule dezent auf, um den Fahrer hierüber zu informieren (siehe ◘ Abb. 50.4a). Eine Eskalation der Fahrerinformation z. B. bei Betätigung des Fahrtrichtungsanzeigers erfolgt nicht.

Der Überwachungsbereich der Kameras beschränkt sich auf einen 3 m breiten und 9,5 m langen Korridor links und rechts neben dem eigenen Fahrzeug (siehe ◘ Abb. 50.4b). BLIS erfasst dabei alle Objekte, die sich bis zu 70 km/h schneller bzw. 20 km/h langsamer als das eigene Fahrzeug bewegen.

Diese Kamera basierte Version des BLIS wurde von Volvo im Modelljahr 2005 eingeführt und an-

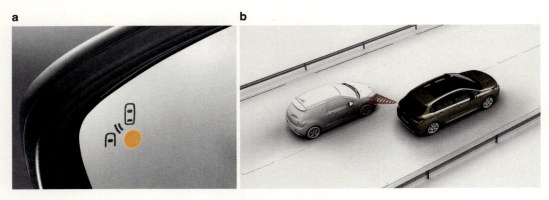

☐ **Abb. 50.3** „Toter Winkel Assistent" von Citroën [3, 4]: a) Gelbe Leuchte hinter Spiegelglas des Außenspiegels, b) Prinzipdarstellung der Funktion

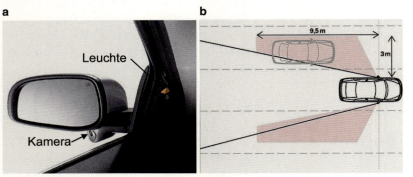

☐ **Abb. 50.4** Blind Spot Information System (BLIS) von Volvo [5]: a) Im Außenspiegel integrierte Kamera und Lampe in der A-Säule, b) Überwachungsbereich

schließend schrittweise in nahezu allen Volvo Pkw angeboten. 2012 stellte Volvo das Radar basierte Enhanced BLIS vom Typ III vor [6], das aktuell in den Modellen S60, V40, V60 und XC60 erhältlich ist. Das Kamera basierte BLIS wird aktuell in den Modellen S80, V70, XC70 und XC90 angeboten. Im V40 wir das System für 540,- € verkauft. In allen anderen Modellen beträgt der Mehrpreis jeweils 620,- €.

Volvo ist aktuell der einzige Fahrzeughersteller, der ein Kamera basiertes System zur Fahrstreifenwechselassistenz vertreibt.

50.4.3 „Blind Spot Information System" von Ford

Das „Blind Spot Information System" von Ford überwacht während der Fahrt automatisch den Toten Winkel neben dem Fahrzeug mit Hilfe von Nahbereichsradarsensoren. Sobald sich ein anderes Fahrzeug (Lkw, Pkw, Motorrad, Fahrrad, etc.) im Toten Winkel des Fahrzeuges befindet, wird der Fahrer über eine gelbe, hinter dem Spiegelglas integrierte Warnleuchte im Außenspiegel der betroffenen Seite aktiv darauf hingewiesen (☐ Abb. 50.5a). Das „Blind Spot Information System" garantiert gemäß Ford durch eine erweiterte Sicht eine Stressreduzierung für den Fahrer und somit eine erhöhte Sicherheit im Straßenverkehr. Die Aktivierungsgeschwindigkeit des Systems liegt bei 10 km/h.

Die Radarsensoren sind seitlich am hinteren Stoßfänger platziert. Sie arbeitet im Frequenzbereich bei 24 GHz. Mit mehreren ausgeprägten Antennenkeulen wird die Überwachung des Seitenbereiches vorgenommen und eine Winkelzuordnung der Objekte ermöglicht (☐ Abb. 50.5b). Auf der Fahrer- und Beifahrerseite wird ein Bereich überwacht, der ca. 3 m breit ist und von den seitlichen Rückspiegeln bis ca. 3 m hinter das Fahrzeugheck reicht.

Gegenwärtig bietet Ford seinen Kunden in Deutschland das „Blind Spot Information System"

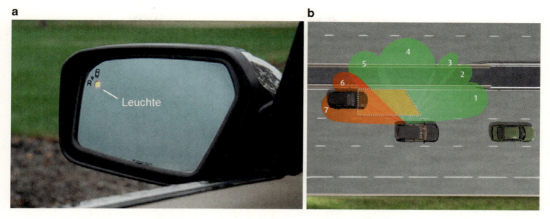

● **Abb. 50.5** „Blind Spot Information System" von Ford: a) Gelbe Leuchte hinter Spiegelglas des Außenspiegels [7], b) Sichtbereich des Radarsensors [8]

im Focus, Mondeo, C-Max, S-Max, Kuga und Galaxy als Zusatzausstattung Fahrzeug- und Variantenabhängig für einen Mehrpreis zwischen 390,- und 675,- € an.

Systeme mit ähnlicher Radarsensorik und Fahrerinformation werden aktuell von Jaguar, Jeep, Land Rover und Lexus angeboten.

50.4.4 „Aktiver Totwinkel-Assistent" von Mercedes Benz

Der „Aktive Totwinkel-Assistent" von Mercedes Benz überwacht den Toten Winkel des eigenen Fahrzeugs auf der Fahrer- und Beifahrerseite mit Hilfe von Nahbereichsradarsensoren. Diese senden breitbandig bei einer Mittenfrequenz von 24 GHz und sind von außen unsichtbar im Front- und Heckstoßfänger des Fahrzeugs integriert.

Sobald ein Fahrzeug im überwachten Bereich erkannt wird, erfolgt eine Information an den Fahrer durch ein rotes, dauerhaftes Leuchten der hinter dem Spiegelglas des Außenspiegels nahezu unsichtbar verbauten optischen Anzeigen (● Abb. 50.6a). Wird ein Fahrzeug im Totwinkel-Überwachungsbereich erkannt, und hat der Fahrer den Fahrtrichtungsanzeiger aktiviert, so erfolgt ein Hinweis auf eine drohende Kollision. Hierzu ertönt einmalig ein Doppelton und die rote Leuchte blinkt. Bleibt der Fahrtrichtungsanzeiger eingeschaltet, werden erkannte Fahrzeuge durch Blinken der roten Leuchte dauerhaft angezeigt. Eine erneute akustische Fahrerinformation erfolgt nicht.

Ignoriert der Fahrer dies und leitet einen Fahrstreifenwechsel ein, indem er sein Fahrzeug in Richtung des benachbarten, belegten Fahrstreifens lenkt, so besteht unmittelbare Kollisionsgefahr. Dies erkennt der Aktive Totwinkel-Assistent mit Hilfe einer Kamera zur Erkennung von Markierungslinien sowie von vorne und hinten verbauten Radarsensoren zur Erkennung anderer Verkehrsteilnehmer, und nimmt einen kurskorrigierenden Bremseingriff vor, der vom Fahrer aber jederzeit übersteuert werden kann. Zusätzlich wird der Fahrer durch Doppelton, dauerhaftes Blinken der roten Leuchten sowie einer Anzeige im Multifunktionsdisplay gewarnt. Der kurskorrigierende Bremseingriff des Aktiven Totwinkel-Assistent steht in einem Geschwindigkeitsbereich zwischen 30 und 200 km/h zur Verfügung. Bis zu einer Fahrzeuggeschwindigkeit von 30 km/h ist der Totwinkel-Assistent inaktiv, die Kontrollleuchten im linken und rechten Außenspiegel leuchten dann gelb.

In ● Abb. 50.6b ist der Erfassungsbereich der Sensoren dargestellt. Überwacht wird ein Bereich von ca. 3 m Breite, gemessen in einem Abstand von der Fahrzeugseite von ca. 50 cm. Die Länge des überwachten Bereiches reicht von der Schulterhöhe des Fahrers bis ca. 3 m hinter den hinteren Stoßfänger.

In bestimmten Ländern und in der Nähe von radioastronomischen Anlagen müssen die Radar-

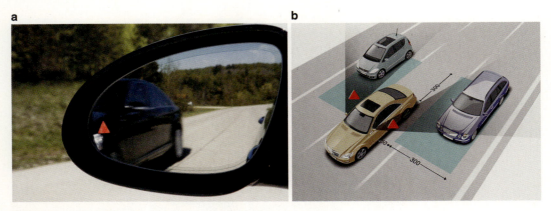

Abb. 50.6 „Totwinkel-Assistent" von Mercedes-Benz [5]: a) Integration der Leuchte im Außenspiegel, b) Erfassungsbereich

sensoren des „Totwinkel-Assistenten" ausgeschaltet werden. Dies ergibt sich aus der eingeschränkten Funkzulassung breitbandig sendender 24 GHz-Radare für Automotive Anwendungen.

Basierend auf dem 2007 in der S-Klasse eingeführten „Totwinkel-Assistent" wurde der „Aktive Totwinkel-Assistent" mit kurskorrigierendem Bremseingriff erstmalig 2010 von Mercedes Benz vorgestellt [10]. Aktuell bietet Mercedes dieses System in einem Paket zusammen mit anderen Fahrerassistenzsystemen in der C-, CL-, GL-, GLK-, M-, S- und SL-Klasse für einen Aufpreis von 2.677,50 € an. Als separates System ist der „Totwinkel-Assistent" ohne kurskorrigierenden Bremseingriff für jeweils 535,50 € in der A-, B-, C-, CLA-, CLS, E- und GLK-Klasse, für 1.082,90 € in der G-Klasse und für 650,- € im SLS AMG als Sonderausstattung zu bestellen.

50.4.5 „Audi Side Assist"/„Side Assist„von VW

Der „Audi Side Assist" informiert den Fahrer sowohl über Fahrzeuge im Toten Winkel als auch über Fahrzeuge, die sich von hinten schnell annähern. Diese Information erfolgt sowohl für die Fahrer- als auch für die Beifahrerseite.

Die Fahrerinformation erfolgt durch Leuchten, die in das Gehäuse des linken und rechten Außenspiegels integriert sind. Erscheint der Fahrstreifenwechsel aufgrund des vom System wahrgenommenen Umfelds auf einer Seite als potentiell gefährlich, dann leuchtet die jeweilige Lampe auf (Abb. 50.7a,b).

Diese Informationssstufe 1 ist unterschwellig ausgelegt, d. h. sie wird vom Fahrer nur bei direktem Blick auf den Spiegel wahrgenommen. Hierdurch ist für den Fahrer die Funktion des Systems auch außerhalb einer Gefahrensituation ständig erlebbar, ohne dass er hierbei durch die Leuchte gestört oder abgelenkt wird. Bestätigt der Fahrer den Fahrtrichtungsanzeiger, so wird die Informationsstufe 2 aktiviert. Hierbei wird der Fahrer über eine Gefährdung bei einem Fahrstreifenwechsel durch mehrmaliges, helles Blinken der Lampe informiert (Abb. 50.7c,d). Bleibt der Fahrtrichtungsanzeiger dauerhaft gesetzt, so werden erkannte Fahrzeuge durch ein dauerhaftes Leuchten der Lampe angezeigt; ein dauerhaftes Blinken erfolgt nicht. Weitere Unterlagen zum HMI des „Audi Side Assist" finden sich unter [11].

Der „Audi Side Assist" basiert auf zwei schmalbandig sendenden 24 Ghz-Radarsensoren, die von außen unsichtbar hinter der linken und rechten Ecke des Heckstoßfängers verbaut sind. Nach hinten schauend besitzen diese Radarsensoren in der neuesten Generation eine Reichweite von ca. 70 bis 100 m. Hierdurch kann der Fahrer auch über Fahrzeuge rechtzeitig informiert werden, die sich schnell von hinten annähern. Der linke und rechte Seitenbereich neben dem eigenen Fahrzeug wird jeweils durch eine ausgeprägte und gezielt „gezüchtete" Nebenkeule der Radarsensoren erfasst. Hierdurch kann über Fahrzeuge im Toten Winkel informiert werden. Die aktuellen Systeme des „Audi Side Assist" können oberhalb einer Fahrgeschwindigkeit von 30 km/h voll genutzt werden. Weitere Unterlagen zum „Audi Side Assist" finden sich unter [12].

50.4 • Beispielhafte Umsetzungen

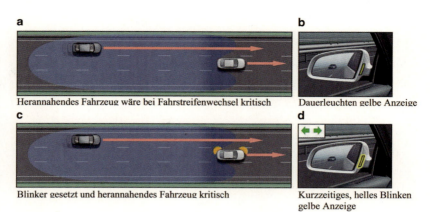

◨ Abb. 50.7 „Audi Side Assist" [13]: a) und c) Erfassungsbereich; b) und d) Integration der Leuchte im Gehäuse des Außenspiegels; a) und b) Dauerleuchten der gelben Anzeige, wenn Fahrstreifenwechsel kritisch; c) und d) kurzzeitiges, helles Blinken der gelben Anzeige, wenn Fahrtrichtungsanzeiger gesetzt und Fahrstreifenwechsel kritisch

Die Radarsensoren des „Audi Side Assist" arbeiten als sog. Schmalband-Systeme innerhalb der Vorgaben des ISM-Bandes zwischen 24,000 GHz und 24,250 GHz. Ihre Sendeleistung von maximal 20 dBm EIRP ist konform zur Europäischen Norm EN 300 440. Eine spezielle Modifikation der Funkzulassungsvorschriften ist für diese Radarsensoren nicht erforderlich. Sie unterliegen nicht den Restriktionen von breitbandig sendenden 24 GHz-Radaren und müssen in der Nähe von radioastronomischen Anlagen nicht abgeschaltet werden.

Der „Audi Side Assist" wurde erstmalig 2005 im Audi Q7 angeboten. Heute ist das System in nahezu allen Audi-Fahrzeugen erhältlich. Der Mehrpreis für das als Zusatzausstattung angebotene System beträgt aktuell 500,- € im Audi A3, A6, A7 und Q3, 550,- € im Audi A4, RS4, A5, und Q5, 600,- € im Audi Q7 bzw. 800,- € im Audi A8 im Paket mit „Audi pre sense rear".

Mit dem „Audi Side Assist" eng verwandte Systeme kommen bei Porsche und VW zum Einsatz. Ähnliche Sensoren wie bei Audi werden bei BMW, Mazda und Volvo eingesetzt.

50.4.6 „Side Assist Plus" von VW

Der „Side Assist Plus" erweitert die Funktion des „Side Assist" von VW mit Hilfe eines Kamera basierten Systems zur Querführungsassistenz (Lane Assist). Die wesentliche Neuerung des „Side Assist Plus" ist die dritte Warnstufe: Erkennt das System beispielsweise die Absicht des Fahrers, trotz rückwärtigem Verkehr den Fahrstreifen zu wechseln, so erfolgt ein Lenkeingriff ergänzt durch eine leichte Vibration des Lenkrades sowie durch das Blinken der Leuchten in den Außenspiegeln. Der Lenkeingriff kann hierbei jederzeit vom Fahrer übersteuert werden.

Der Ersteinsatz des „Side Assist Plus" erfolgte 2011 im Passat. Im Paket mit dem „Lane Assist" beträgt der Mehrpreis für das als Zusatzausstattung angebotene System bei CC und Passat 1.100,- €. Ohne aktiven Lenkeingriff wird der „Side Assist" in diesen Fahrzeugen für 550,- € offeriert. In Touareg bzw. Phaeton beträgt der Preis des „Side Assist" 605,- € bzw. 610,- €.

Diese Kombination eines Typ III Systems mit einer dreistufigen Fahrerinformation ist bislang einmalig und wird aktuell von keinem anderen Fahrzeughersteller angeboten.

50.4.7 Nutzfahrzeuge

Bei den leichten Nutzfahrzeugen haben Fahrstreifenwechsel-Assistenten bereits Einzug gehalten. VW Nutzfahrzeuge bietet z. B. den „Side Assist" in den Modellen Caravelle, Multivan, California und Transporter in einem Paket zusammen mit anderen Ausstattungen an. Die Preise liegen hierbei zwischen 952,- € und 1.154,- €. Mercedes bietet seinen „Totwinkel-Assistent" im Sprinter in einem Ausstattungspaket für 1.178,- € an.

Bei schweren Nutzfahrzeugen sind Fahrstreifenwechsel-Assistenten zurzeit kaum verbreitet, obwohl es bei diesen im Vergleich zu Pkw deutlich

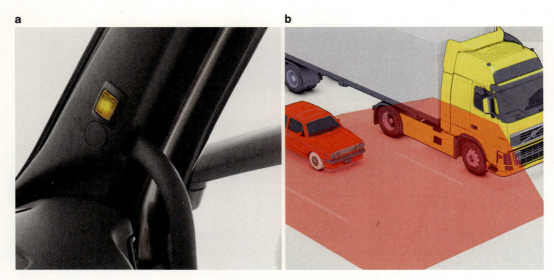

Abb. 50.8 : „Spurwechselunterstützung" von Volvo Trucks [14]: a) LED-Anzeige im Bereich der Haltestange bzw. A-Säule, b) Überwachter Bereich auf der Beifahrerseite

größere, schwer einsehbare Bereiche gibt. Ursache hierfür ist wohl die besondere Anforderung schwerer Nutzfahrzeuge, die Sensoren möglichst nur an der Zugmaschine zu verbauen, damit nach einem Wechsel des Sattelaufliegers das System weiterhin funktionsfähig bleibt. Folglich müssen die Sensoren vorzugsweise an der Zugmaschine montiert sein. Dort müssen sie eine Position einnehmen, die eine direkte Sicht auf den zu überwachenden Seitenbereich erlaubt. Ferner ist festzuhalten, dass es aktuell keine Norm für derartige Systeme im Segment der schweren Nutzfahrzeuge gibt.

Nichtsdestotrotz existieren erste Systeme, die Teile des Seitenbereichs abdecken: Unter der Bezeichnung „Spurwechselunterstützung" bietet aktuell ausschließlich Volvo ein System für Lkw an, das den Toten Winkel auf der Beifahrerseite überwacht (Abb. 50.8b). Hierzu nutzt Volvo einen 24 GHz-Radarsensor mit großem Öffnungswinkel, der über dem Radhaus und unter dem Stauraum auf der Beifahrerseite verbaut ist. Das System informiert den Fahrer über eine Leuchte in der A-Säule der Beifahrerseite (Abb. 50.8a), wenn der überwachte Bereich belegt ist, die Geschwindigkeit mehr als 35 km/h beträgt und der Fahrtrichtungsanzeiger betätigt wurde. Wahlweise kann vom Fahrer ein zusätzliches akustisches Signal ausgewählt werden.

Gegenwärtig gibt es kein Seriensystem für schwere Nutzfahrzeuge, das den gesamten Seitenbereich links und rechts neben dem Sattelzug vollständig überwacht. Die exemplarische Umsetzung eines solchen Systems ist jedoch von SCANIA im Rahmen eines Forschungsprojektes realisiert worden [15, 16]. Dort werden beide Seitenbereiche vollständig überwacht, indem jeweils auf der rechten und linken Lastzugseite neben einem Radarsensor im Seitenbereich der Kabine ein zusätzlicher Radarsensor im Außenspiegel verbaut worden ist (Abb. 50.9a). Die rückwärts gerichteten Sensoren in den Außenspiegeln weisen einen schmalen Öffnungswinkel auf, um eine hohe Reichweite bei gleicher Sendeleistung zu ermöglichen. Die seitlich schauenden Radare arbeiten hingegen mit einem sehr großen Öffnungswinkel (Abb. 50.9 Mitte).

Ein zonenbasiertes Warnkonzept unterstützt den Fahrer beim Einschätzen der Position anderer Fahrzeuge in dem auch über Zuhilfenahme der Außenspiegel nur schwer einsehbaren Seitenbereich neben dem Sattelzug. Hierzu wurden insgesamt drei Zonen definiert, die jeweils einer LED-Anzeige im Spiegel bzw. der A-Säule zugeordnet sind (Abb. 50.9). Somit ist der Fahrer immer informiert, in welcher der drei Zonen sich gerade andere Verkehrsteilnehmer aufhalten.

In dem Prototyp wurde ein dreistufiges Informationskonzept umgesetzt: Die Informationsstufe 1 erfolgt unterschwellig mit Hilfe der LED-Leuchten. Bei Betätigung des Fahrtrichtungsanzeigers trotz belegtem Seitenbereich wird die Informationsstufe 2 aktiviert. Initiert der Fahrer trotzdem ein Fahrstreifenwechselmanöver, dann wird die Intensität der LED-Leuchten weiter erhöht, und es erfolgt ein Eingriff in die Querführung mit einem so dosierten Lenkmoment, dass einerseits das Fahrzeug in den Ego-Fahrstreifen zurückgeführt wird, andererseits aber der Lenkeingriff jederzeit vom Fahrer übersteuert werden kann.

50.5 Systembewertung

Die Leistungsfähigkeit von Fahrstreifenwechselassistenzsystemen wird maßgeblich durch die Auswahl der Umfeldsensoren bestimmt. Radarsensoren der Klasse B, die den Nachbarfahrstreifen sowohl neben als auch bis zu 100 m hinter dem eigenen Fahrzeug einsehen können, ermöglichen die Erfassung fremder Fahrzeuge sowohl im Toten Winkel als auch bei schneller Annäherung von hinten (Typ-III-System). Radarsensoren der Klasse A sowie Kamera und Ultraschall basierte Systeme können hingegen nur fremde Fahrzeuge im Toten Winkel des eigenen Fahrzeugs erfassen (Typ I System). Der Kundennutzen von Typ-III-Systemen ist folglich höher als der von Typ I Systemen. Zu dieser Erkenntnis gelangt auch ein Vergleichstest der Auto-Bild [17]. Alle vorderen Plätze werden von Typ-III-Systemen belegt mit Bewertungen von 14,0 bis 17,5 von 20 möglichen Punkten. Die Bewertung der Typ-I-Systeme lag zwischen 8,0 und 10,5 Punkten.

Anzunehmen ist, dass Radar-basierte Systeme eine höhere Verfügbarkeit und Robustheit aufweisen als Kamera oder Ultraschall basierten Systeme. Bei Schlechtwetterbedingungen wie Regen, Gischt oder Nebel können andere Verkehrsteilnehmer zuverlässiger detektiert werden.

Die Aktivierungsgeschwindigkeiten von Ultraschall-, Kamera- und Radar- (Klasse A) basierten Systemen vom Typ I liegt meist bei 10 km/h. Die Radar (Klasse B) basierten Typ-III-Systeme weisen meist eine Aktivierungsgeschwindigkeit von 30 km/h auf. Dies ist ein Vorteil der Typ-I-Systeme, da

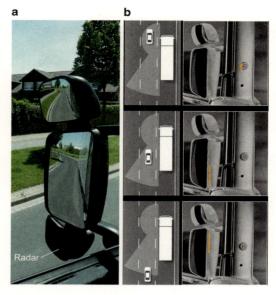

Abb. 50.9: Prototyp von Scania: a) Spiegel mit zusätzlichem Radarsensor, b) Zonenbasiertes Warnkonzept durch 3 LED-Leuchten [15]

diese auch bei sehr niedrigen Geschwindigkeiten z.B. im Stop & Go-Verkehr in der Stadt oder auf der Autobahn zur Verfügung stehen. Im Vergleichstest der Auto-Bild führte dies jedoch nicht zu einer höheren Platzierung der Typ-I-Systeme gegenüber den Typ-III-Systemen. Auch die Unfallstatistik aus Abb. 50.1 lässt vermuten, dass größere Sensorreichweiten gegenüber sehr niedrigen Aktivierungsgeschwindigkeiten zu bevorzugen sind.

Der Kundennutzen der kostengünstigen auf Ultraschall basierenden Systeme wird weiterhin dadurch eingeschränkt, dass diese lediglich bis zu einer Fahrzeug-Eigengeschwindigkeit von ca. 130 km/h zur Verfügung stehen.

Weiterhin wird der Kundennutzen maßgeblich durch die Art und Weise der Fahrerinformation bestimmt. Diese sollte unaufdringlich und eher unterschwellig ausgelegt sein, solange der Fahrer bei belegtem Nachbarfahrstreifen keinen Fahrstreifenwechsel beabsichtigt bzw. andeutet. Tut er dieses, so sollte die Fahrerinformation intensiviert werden. Dieses Kriterium kann Prinzip bedingt nur von Systemen mit zwei- oder dreistufiger Fahrerinformation erfüllt werden. Aktuelle Systeme mit einstufiger Fahrerinformation sind hingegen auf eine unterschwellige Anzeige beschränkt. Wohl auch deshalb wurde im Vergleichstest der Auto-Bild für alle Typ I Systeme die schlechte Wahrnehmbarkeit der Stufe 1 Fahrerinformation kritisiert.

Zur Fahrerinformation der Stufe 1 haben sich mittlerweile Leuchten in oder in der Nähe der Außenspiegel etabliert. Der Einbauort der Leuchten variiert fahrzeugherstellerspezifisch zwischen A-Säule (Volvo), Spiegeldreieck (Infiniti, Mazda), Spiegelgehäuse des Außenspiegels (Audi, BMW, Porsche, VW) und äußerem Rand des Spiegelglases (Citroën, Ford, GM, Jaguar, Jeep, Land Rover, Mercedes, Opel). Auch die Detailausprägung der optischen Anzeige variiert fahrzeugherstellerspezifisch zwischen roten und gelben optischen Anzeigen, die als leuchtende Punkte, Piktogramme oder Flächen ausgeführt sind. Durch Position, Größe, Helligkeit und Farbe der Leuchten versuchen die Fahrzeughersteller letztendlich die Wahrnehmbarkeit der Stufe 1 Fahrerinformation herzustellen, die sie für ihr jeweiliges System als angemessen erachten. Punktförmige Leuchten oder Piktogramme, die hinter dem Spiegelglas des Außenspiegels integrieren sind, wurden im Auto-Bild Vergleichstest als „zu schwach", „nur schwer zu erfassen" oder „eher mäßig erkennbar" kritisiert. Zudem wurde befürchtet, dass sie bei hellem Hintergrund nicht sichtbar oder durch Scheinwerfer anderer Fahrzeuge überstrahlt werden können. Lobend erwähnt wurden jeweils große Leuchten mit einer vom Fahrer einstellbaren Helligkeit.

Auch für die Fahrerinformation der Stufe 2 haben sich die Leuchten in bzw. in der Nähe der Außenspiegel etabliert. Nahezu alle Fahrzeughersteller, die ein zweistufiges System anbieten, informieren den Fahrer durch ein helles, mehrmaliges Blinken dieser Leuchten. Bei einigen Fahrzeugherstellern erfolgt zusätzlich ein Warnton (Mazda, Mercedes) oder eine Lenkradvibration (BMW). Ob es sinnvoll ist, in der zweiten Stufe neben einer optischen auch eine akustische oder haptische Fahrerinformation auszugeben, darüber lässt sich unter Experten sicherlich vortrefflich diskutieren. Der erhöhte Kundennutzen einer mehrstufigen Fahrerinformation ist dagegen offensichtlich.

Wesentliches Merkmal der Fahrerinformation in der Stufe 3 ist ein Eingriff in die Querführung des Fahrzeugs, sobald dieses beginnt, auf den Nachbarfahrstreifen zu fahren, obgleich dieser belegt ist.

Dies kann durch einen kurskorrigierenden Bremseingriff erfolgen, wobei durch das gezielte Anbremsen einzelner Räder ein Moment so aufgebracht wird, dass das Ego-Fahrzeug in die alte Fahrspur zurückgeführt wird (Mercedes, Infiniti), oder über einen Lenkeingriff mittels elektromechanischem Lenksystem (VW). Als vorteilhaft ist hier das Abwenden einer unmittelbaren Gefahrensituation zu nennen. Nachteilig ist jedoch, dass zur technischen Realisierung eines solchen Systems immer auch ein zusätzlicher Sensor zur Fahrstreifenerkennung erforderlich ist, wodurch sich die Systemkosten in der Regel mindestens verdoppeln. Dies wurde auch im Vergleichstest der Auto-Bild bemängelt.

Systeme zur Fahrstreifenwechselassistenz sind bei schweren Nutzfahrzeugen aktuell kaum verbreitet. Bei der Systemauslegung müssen sicherlich die spezifischen Anforderungen der Lkw-Branche berücksichtigt werden. Die grundsätzlichen Kriterien zur Auslegung von Sensorik und Fahrerinformation sind aber wahrscheinlich ähnlich wie bei Pkw.

50.6 Erreichte Leistungsfähigkeit

Die Leistungsfähigkeit der zuvor beschriebenen Fahrstreifenwechselassistenten ist bereits beachtlich. All diese Systeme haben aber ihre Grenzen, auf welche der Fahrer von den Fahrzeugherstellern u. a. in der Bedienungsanleitung aufmerksam gemacht wird.

Unisono weisen nahezu alle Fahrzeughersteller darauf hin, dass ihr System nur ein Hilfsmittel ist, möglicherweise nicht alle Fahrzeuge erkennt und die Aufmerksamkeit des Fahrers nicht ersetzen kann. Weiterhin weisen alle Fahrzeughersteller darauf hin, dass bei verschmutzten Sensoren oder widrigen Witterungsbedingungen wie z. B. Regen, Schnee oder starker Gischt Fahrzeuge unzureichend oder unter Umständen gar nicht erkannt werden.

Bei Fahrzeugen mit im Heckstoßfänger verbauten 24 GHz-Radaren sind die Systeme nicht nutzbar, wenn der Sichtbereich der Sensoren durch z. B. Fahrradträger, Anhänger oder Aufkleber verdeckt wird.

Beim „Audi Side Assist" und beim „Side Assist" von VW wird darauf hingewiesen, dass der Fahrer über Fahrzeuge mit sehr hoher Annäherungsgeschwindigkeit nicht rechtzeitig informiert werden kann. In engen Kurven mit Radien unterhalb von 200 m erfolgt keine Fahrerinformation.

Weiterhin kann es zu Fehlern bei der Fahrstreifenzuordnung kommen, da die Breite der benachbarten Fahrstreifen nicht gemessen sondern geschätzt wird. So wird darauf hingewiesen, dass bei sehr breiten Fahrstreifen in Kombination mit einer Fahrweise, bei der die Fahrzeuge jeweils am äußeren Rand ihres Fahrstreifens fahren, die Information über Fahrzeuge auf dem Nachbarstreifen möglicherweise unterbleibt. Bei engen Fahrstreifen in Kombination mit einer Fahrweise, bei der die Fahrzeuge jeweils am inneren Rand ihres Fahrstreifens fahren, kann es möglicherweise zu unnötigen Fahrerinformationen über Fahrzeuge auf dem übernächsten Fahrstreifen kommen.

Diese Fehler bei der Fahrstreifenzuordnung können durch eine Ergänzung mit Systemen zur Fahrstreifenerkennung teilweise vermieden werden. Aber auch die meist Kamera basierte Fahrstreifenerkennung unterliegt aktuell vielen Einschränkungen wie z.B. dem Vorhandensein von Markierungslinien sowie deren Sichtbarkeit, die durch Verschmutzung der Fahrbahn oder des Sensors sowie durch z.B. Nebel und Starkregen verschlechtert werden kann.

Somit zeigt sich, dass die oben beschriebenen Fahrstreifenwechsel-Assistenzsysteme aus reiner Nutzerperspektive weiter verbessert werden könnten.

50.7 Weiterentwicklungen

Eine Verbesserung der Systemfunktionalität von Fahrstreifenwechselassistenten kann durch eine Leistungssteigerung der Umfeldsensoren erzielt werden, indem z. B. Sensorreichweiten erhöht und der Geschwindigkeitsbereich, in welchem die Sensoren zuverlässig betrieben werden können, erweitert wird.

Wie in ▶ Abschn. 50.6 geschildert kann es aufgrund der fehlerhaften Fahrstreifenzuordnung fremder Fahrzeuge zu überflüssigen oder ausbleibenden Fahrerinformationen kommen. Dies kann vermieden werden, wenn das System neben der Position des Zielfahrzeuges auch die Position der Nachbarfahrstreifen erkennt. Zur Detektion von Fahrstreifen werden aktuell meist rein Kamera-basierte Systeme verwendet. Diese unterliegt diversen Einschränkungen, die Verfügbarkeit und Robustheit des Systems beeinträchtigen.

Wünschenswert ist daher die Erstellung eines Fahrbahnmodells, das sich zusätzlich zu den Messdaten der Kamera auch auf die Messdaten andere Sensoren abstützt. So können zur Stützung des Fahrbahnmodells neben dem Verlauf der Markierungslinien auch andere Merkmale wie z.B. der Verlauf von Leitplanken, der Verlauf des Übergangs zwischen Asphalt und Grünstreifen, die Fahrweise anderer Fahrzeuge sowie Kartendaten mit z.B. Angabe von Krümmung, Anzahl und Breite von Fahrstreifen herangezogen werden.

Momentan helfen Fahrstreifenwechselassistenten dem Fahrer nur bei der Entscheidung, ob ein Fahrstreifenwechsel möglich ist oder nicht; der Fahrstreifenwechsel selbst muss vom Fahrer allein durchgeführt werden. Mithilfe von Sensoren, welche den gesamten Nachbarfahrstreifen vor, neben und hinter dem eigenen Fahrzeug erfassen, dem oben beschriebenen Fahrbahnmodell inklusive verbesserter Odometrieschätzung in Kombination mit einer elektronisch ansteuerbaren Lenkaktorik könnte auch dieser Schritt assistiert werden; durch geeignete Lenkmomente könnte die Querführung während eines Ein- oder Ausschermanövers unterstützt [18] oder sogar automatisiert werden.

Literatur

[1] Unfalldatenbank der Volkswagen Unfallforschung und der GIDAS (German In-Depth Accident Study)
[2] ISO-Norm 17387, "Lane Change Decision Aid System"
[3] Heise Online: Der neue Citroën DS4: Bilder und Details (2010). http://www.heise.de/autos/artikel/Der-neue-Citroen-DS4-Bilder-und-Details-1069445.html, Zugegriffen: 9.9.2013
[4] Citroën Homepage: Fahrerassistenzsysteme. http://www.citroen.de/technologien/toter-winkel-assistent.html#/technologie/fahrassistenzsysteme/toter-winkel-assistent/, Zugegriffen: 9.9.2013
[5] Internet Magazin Gizmag, Volvo Launches Blind Spot Information System (BLIS), http://www.gizmag.com/go/2937/, Zugriff am 11.7.2008
[6] Volvocars homepage: The All-New Volvo V40-the most IntelliSafe Volvo ever, http://m.volvocars.com/za/mobile/Pages/News.aspx?itemId=63, Zugriff am 9.9.2013

[7] IndianCarsBikes: Blind spots? Call Ford For Help, http://www.indiancarsbikes.in/automotive-technology/ford-blind-spot-information-system-2010-uk-cars-s-max-galaxy-7751/, Zugriff am 9.9.2013

[8] prova Galerie: Jaguar Toter-Winkel-Überwachung: Das Auto blickt zurück, http://www.prova.de/archiv/2007/00-artikel/0141-jaguar-toter-winkel/index.shtml, Zugriff am 9.9.2013

[9] Heise Online, Mercedes: Neuer Totwinkel-Assistent, http://www.heise.de/autos/S-und-CL-Klasse-Neuer-Totwinkel-Assistent-fuer-mehr-Sicherheit-beim-Spurwechsel--/artikel/s/4517, Zugriff am 9.9.2013

[10] Daimler Homepage: Neue Fahrer-Assistenzsysteme – Premiere: Aktiver Totwinkel-Assistent und Aktiver Spurhalte-Assistent mit Bremseingriff, http://media.daimler.com/dcmedia/0-921-658892-49-1298797-1-0-0-0-0-1-11702-1549054-0-1-0-0-0-0-0.html, Zugriff am 9.9.2013

[11] Vukotich, A.; Popken, M.; Rosenow, A.; Lübcke, M.: Fahrerassistenzsysteme, Sonderausgabe von ATZ und MTZ, S. 170 – 173, 2, (2008)

[12] Popken, M.: Audi Side Assist. Hanser Automotive electronics + systems 7–8, 54–56 (2006)

[13] Bedienungsanleitung des Audi Q7 und VW Touareg

[14] Volvo Produktinformation zu Spurwechselunterstützung LCS, http://productinfo.vtc.volvo.se/files/pdf/hi/LCS_Ger_02_880763.pdf, Zugriff am 9.9.2013

[15] Degerman, P.; Ah-King, J.; Nyström, T.; Meinecke, M.-M.; Steinmeyer, S.: Targeting lane-change accidents for heavy vehicles, VDI/VW-Tagung Fahrerassistenz und Integrierte Sicherheit, Wolfsburg, (2012).

[16] Meinecke, M.-M.; Steinmeyer, S.; Ah-King, J.; Degerman, P.; Nyström, T.; Deeg, C.; Mende, R.: Experiences with a radar-based side assist for heavy vehicles, International Radar Symposium, Dresden, (2013).

[17] Auto-Bild, Heft 11/2013: Was taugen Totwinkelwarner? Siehe auch http://www.autobild.de/artikel/assistenzsysteme-test-3920250.html, Zugriff am 9.9.2013

[18] Habenicht, S.: Entwicklung und Evaluation eines manöverbasierten Fahrstreifenwechselassistenten, Dissertationsschrift, TU Darmstadt, (2012)

Kreuzungsassistenz

Mark Mages [1], Alexander Stoff, Felix Klanner

51.1	Unfallgeschehen an Kreuzungen	– 976
51.2	Kreuzungsassistenzsysteme	– 976
51.3	Situationsbewertung	– 984
51.4	Geeignete Warn- und Eingriffsstrategien	– 986
51.5	Herausforderungen bei der Umsetzung	– 990
	Literatur – 993	

1 Der Beitrag zu dieser Veröffentlichung wurde während der Tätigkeit als wissenschaftlicher Mitarbeiter am Fachgebiet Fahrzeugtechnik der Technischen Universität Darmstadt erarbeitet.

H. Winner, S. Hakuli, F. Lotz, C. Singer (Hrsg.), *Handbuch Fahrerassistenzsysteme*, ATZ/MTZ-Fachbuch, DOI 10.1007/978-3-658-05734-3_51, © Springer Fachmedien Wiesbaden 2015

51.1 Unfallgeschehen an Kreuzungen

Eine der Hauptunfallursachen im Straßenverkehr ist das Fehlverhalten von Verkehrsteilnehmern im Bereich von Kreuzungen und Einmündungen. So ereigneten sich im Jahr 2012 etwa 42 % aller Unfälle mit schwerem Sachschaden, 37 % aller Unfälle mit Personenschaden und 19 % aller Unfälle mit Todesfolge bei den kreuzungsrelevanten Unfalltypen Abbiegen (Unfalltyp 2 gemäß [1]) bzw. Einbiegen/Kreuzen (Unfalltyp 3) [2]. Daher stand und steht die Kreuzung aus verkehrs- und sicherheitstechnischer Sicht im Fokus der Forschung.

Auf Basis detaillierter Unfalldatenbanken – wie beispielsweise der GIDAS-Datenbank – lassen sich über gezielte Fallanalysen wesentliche Ursachen für Unfälle im Kreuzungsbereich finden. Die hauptsächlichen Fehler sind hierbei [3, 4]:
a) Fehlinterpretation, d. h. die Situation an sich wurde wahrgenommen, jedoch falsch interpretiert: Ein typisches Beispiel hierfür ist die Fehleinschätzung der Geschwindigkeiten vorfahrtsberechtigter Fahrzeuge bzw. der Verkehrsregelung.
b) Unaufmerksamkeit, d. h. Ablenkung von der eigentlichen Fahraufgabe, welche zu stark verlängerten Reaktionszeiten führt: Ein typisches Beispiel ist die Bedienung des Autoradios.
c) Mangelnde Berücksichtigung möglicher Sichtbehinderungen an einer Kreuzung: Fahrzeugbezogen wirkt häufig die A-Säule behindernd, hinter der insbesondere Zweiräder leicht verdeckt werden, während äußere Sichthindernisse typischerweise parkende Fahrzeuge oder an die Kreuzung heranreichende Bauwerke oder Bepflanzung (dauerhaft), aber auch entgegenkommende Linksabbieger (temporär) sein können.

Innerhalb der Kreuzungsunfälle gibt es unterschiedliche Verteilungen hinsichtlich der Unfallhäufigkeit bei bestimmten Verkehrsregelungen und der resultierenden Unfallschwere, wie in ◘ Abb. 51.1 dargestellt.

51.2 Kreuzungsassistenzsysteme

Bei der Annäherung an eine Kreuzung wirken viele Informationen auf den Fahrer ein. Auf Grundlage dieser Informationen fällt der Fahrer die Entscheidung einer Kreuzungsdurchfahrt. Zu einer kritischen Situation, d. h. einer Situation mit hoher Kollisionsgefahr, kommt es, wenn der Fahrer nicht mehr in der Lage ist, diese Informationen richtig aufzunehmen und auszuwerten. Um dies zu vermeiden, ist es erforderlich, den Fahrer durch vorausschauende Assistenzsysteme sowohl bei der Situationsinterpretation als auch bei der Vermeidung potenzieller Kollisionen zu unterstützen.

Eine Herausforderung für die Kreuzungsassistenz besteht in der großen Anzahl von möglichen kritischen Situationen, die zu Unfällen führen können. Diese lassen sich – wie in ◘ Abb. 51.1 dargestellt – nach Unfalltyp und vorliegender Verkehrsregelung unterteilen. Entsprechend adressieren die im Folgenden vorgestellten Assistenzsysteme diese Kategorien. Die unterschiedlichen Systeme und zugehörige, potenzielle Assistenzstrategien veranschaulicht ◘ Abb. 51.2
- oben: Stop-Schild Assistenz (gestaffelt in Information und Warnung),
- Mitte: Querverkehrsassistenz an Vorfahrt Achten (gestaffelt in Information und Warnung),
- links unten: Ampelassistenz mit Geschwindigkeitsempfehlung,
- rechts: Linksabbiegeassistenz.

51.2.1 STOP-Schild-Assistenz

Als STOP-Schild-Assistenz wird im Folgenden die Unterstützung des Fahrers bei der Annäherung an eine Kreuzung zur Vermeidung des versehentlichen Überfahrens eines STOP-Schildes (Zeichen 206 StVO – Halt! Vorfahrt gewähren!) verstanden. Nach dem vorschriftsmäßigen Anhalten an der Halte- bzw. Sichtlinie begangene Vorfahrtsmissachtungen sind keine spezifischen STOP-Schild-Situationen, sie sind vielmehr den Verkehrssituationen beim Einbiegen/Kreuzen zuzuordnen. Auf diese wird im Rahmen der Einbiegen-/Kreuzen-Systeme (▶ Abschn. 51.2.3) eingegangen. An dieser Stelle sei allerdings darauf hingewiesen, dass eine nachträg-

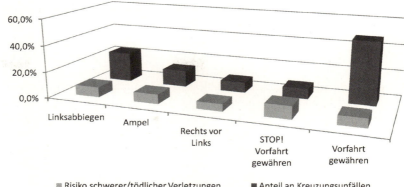

Abb. 51.1 Unfallgeschehen im Kreuzungsbereich [5]

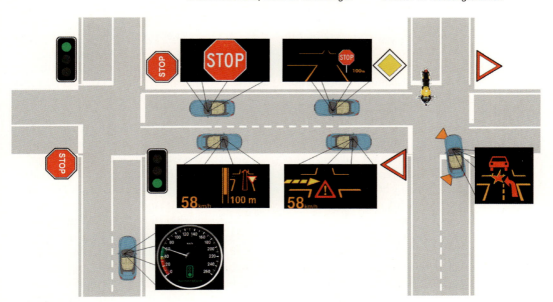

Abb. 51.2 Übersicht der Kreuzungsassistenzsysteme

liche Unterscheidung z. B. zum Zwecke der Erfassung in Unfalldatenbanken nicht immer eindeutig ist, weshalb die Zuordnung in Unfallstatistiken nur teilweise (beispielsweise aufgrund einer Unfallrekonstruktion) möglich ist.

Ein isoliertes System zur STOP-Schild-Assistenz erfordert streng genommen keine Berücksichtigung anderer Verkehrsteilnehmer, da das Haltegebot gemäß StVO ungeachtet eventueller vorfahrtsberechtigter Fahrzeuge immer Bestand hat; im Gegensatz zu Lichtsignalanlagen unterliegt dieses Gebot zudem keiner zyklischen Änderung. Zusätzlich wird im Gegensatz z. B. zum Linksabbiegen die Halteposition des Fahrzeugs durch eine obligatorische Haltelinie vorgegeben. Verglichen mit den von anderen betrachteten Assistenzansätzen adressierten Verkehrssituationen weist dieses Kreuzungsszenario daher die geringste Komplexität auf.

In [6] wird die Kombination aus Information und Warnung als Eingriffsstrategie eines STOP-Schild-Assistenten vorgeschlagen, da sie einen geeigneten Kompromiss zwischen zu erwartender Wirksamkeit und erforderlicher Erkennungssicherheit darstellt und darüber hinaus für den aufmerksamen und angemessen agierenden Fahrer keine unnötigen Systemausgaben generiert. Für die Mensch-Maschine-Schnittstelle bietet sich hier u. a. die Nutzung des Head-up-Displays (HUD) an, da dadurch der Fahrer sowohl die relevante Umgebung als auch die Assistenz ohne anstrengende Akkommodation wahrnehmen kann.

Wie bei allen warnenden Systemen ergibt sich auch für einen warnenden STOP-Schild-Assistenten die Notwendigkeit, dass der als Warndilemma bezeichnete Zielkonflikt zwischen rechtzeitiger Warnung und Quote der zu erwartenden Falschwarnungen beherrschbar ist. Wesentliche Herausforderung in der Umsetzung eines STOP-Schild-Assistenten ist demnach – abgesehen von der Sensorik – die rechtzeitige Erkennung, dass der Fahrer nicht die Absicht hat, vor Einfahren in die Kreuzung an der Haltelinie anzuhalten.

Eine zusätzliche Herausforderung ergibt sich aus dem im realen Straßenverkehr häufig anzutreffenden Fahrverhalten an STOP-Schildern. Während gemäß StVO immer ein vollständiger Fahrzeugstillstand vorgeschrieben ist, wird dieses Gebot erfahrungsgemäß von einem Teil der Fahrer in der Praxis großzügig ausgelegt. Die Geschwindigkeit wird, wenn es der Verkehr auf der vorfahrtsberechtigten Straße zulässt, nur reduziert und auf den Fahrzeugstillstand wird bewusst verzichtet: Dies würde zu einer Vielzahl verkehrsrechtlich richtiger, aber sicherheitstechnisch zunächst nicht erforderlicher Warnungen führen. Die Vermeidung dieser unnötigen und potenziell störenden Warnungen bedingt daher zusätzlich eine Unterscheidung zwischen versehentlicher und vorsätzlicher STOP-Schild-Überfahrt, andernfalls ist ein negativer Einfluss auf die Akzeptanz durch den Fahrer zu erwarten. Es ist zudem nicht davon auszugehen, dass eine Warnung oder gar eine Notbremsung zur Vermeidung einer STOP-Schild-Überfahrt ohne Kollisionsgefahr (mangels Querverkehr) von Fahrern im Nachhinein als angemessen akzeptiert wird.

51.2.2 Ampelassistenz

Als Ampelassistenz wird im Folgenden die Unterstützung des Fahrers bei der Annäherung bzw. beim Warten an einer Kreuzung mit Lichtsignalanlage (LSA) verstanden. Aus den Daten der Unfallforschung lässt sich ableiten, dass rund zwei Fünftel aller Unfälle an ampelgeregelten Kreuzungen durch einen Zusammenstoß mit einem Fahrzeug, „das einbiegt oder kreuzt" (amtliche Unfallart 5), und bis zu einem weiteren Viertel aller Unfälle durch einen Zusammenstoß mit einem Fahrzeug, „das vorausfährt oder wartet" (amtliche Unfallart 2), geschehen [5]. Während erstere Kollisionen („Querverkehrsunfall") hauptsächlich durch eine Rotlichtmissachtung verursacht werden, passieren letztere („Auffahrunfall") überwiegend durch unterschiedliche Interpretation der Fahrtmöglichkeiten bei Phasenwechseln (insbesondere von Grün auf Gelb). Es ist ein bekanntes Ziel, mittels verschiedener Maßnahmen Rotlichtmissachtungen und damit Unfälle zu vermeiden. Jedoch hat sich teilweise gezeigt, dass beispielsweise durch Rotlichtblitzer eine Verringerung der Querverkehrsunfälle mit einer Erhöhung der Auffahrunfälle erkauft wurde [7].

Sowohl aus Gründen der Verkehrssicherheit als auch des Verkehrsflusses bieten Lichtsignalanlagen Potenzial für verschiedene unterstützende Maßnahmen:

- Assistenz ohne Infrastrukturmaßnahmen:
Um die Kritikalität des plötzlichen Phasenwechsels von Grün auf Gelb zu entschärfen, wird praktisch eine zusätzliche kurze Phase in den Zyklus eingefügt. Bereits in der DDR gab es beispielsweise eine grün-gelbe, in Österreich gibt es weiterhin eine grün blinkende Zwischenphase; dem Fahrer wird dadurch mehr Zeit für das Fällen der richtigen Entscheidung – Anhalten oder Durchfahren – gegeben. Damit kann die Problematik der Auffahrunfälle adressiert werden, die der Rotlichtüberfahrt jedoch weniger. Zudem wird der Fahrzeugdurchsatz der Kreuzung je Zeiteinheit durch die Dauer der Zwischenphase verringert.
- Assistenz über externe Infrastrukturmaßnahmen:
Ebenfalls mit dem Ziel, die Kritikalität bei der Entscheidung Anhalten oder Durchfahren zu verringern, existiert beispielsweise in den USA der Ansatz, farbliche Markierungen mit definiertem Abstand zur Haltelinie der LSA auf die Fahrbahn aufzubringen [8]. Passiert der Fahrer mit Auslegungsgeschwindigkeit diesen Entscheidungsbereich bevor die Ampelphase auf Gelb wechselt, kann er sie noch bei gelb überfahren, andernfalls nicht. Diese statische Methode erfordert geringen infrastrukturellen

Aufwand, die Zuverlässigkeit sinkt allerdings bei deutlicher Abweichung von der Auslegungsgeschwindigkeit; weiterhin wird die Länge der Gelbphase fixiert.

Ein weiterer Ansatz ist der Einsatz von Sekundenanzeigen für die Restzeit einer Phase (z. B. in den USA oder Taiwan): Damit ist es dem Fahrer frühzeitig möglich, sich auf einen bevorstehenden Phasenwechsel vorzubereiten. Nachteilig ist, dass der Fahrer in einem ohnehin komplexen Umfeld eine zusätzliche Information verarbeiten muss. Das Hauptproblem der Abschätzung der Fahrtmöglichkeiten bleibt damit bestehen und kritische Manöver (Überqueren bei Rot/unnötige Verzögerungen bei Gelb) werden dadurch nicht vermieden.

- Assistenz mittels interner Infrastrukturmaßnahmen:

Für ein Assistenzsystem, das Rotlichtmissachtungen vermeiden und den Fahrer während der Annäherung unterstützen soll, ergeben sich zusätzliche Anforderungen. Zwar sind ähnlich dem STOP-Schild-Assistenten zunächst keine Informationen über andere Verkehrsteilnehmer erforderlich. Dafür ergibt sich ein zusätzlicher Informationsbedarf über Daten aus der Lichtsignalanlage: Darunter fallen neben statischen Parametern – wie der Position der Haltelinie die Kenntnis des Betriebszustands und der aktuellen Phase – auch Informationen über anstehende Phasenwechsel, die z. B. durch Verwendung von Infrastruktur-Fahrzeug-Kommunikation übermittelt werden können [9, 10].

Liegen diese vor, so ist das Vorgehen zur Vermeidung von Rotlichtüberfahrten aus der Annäherung weitestgehend vergleichbar mit der Vermeidung von ungebremsten STOP-Schild-Durchfahrten; zusätzlich ist eine Einfahrt in die Kreuzung durch den Ampelassistenten für die gesamte Dauer der Rotphase zu unterbinden. Dies umfasst demnach auch die Warnung des Fahrers zur Vermeidung von Rotlichtüberfahrten durch Anfahren aus dem Stillstand, beispielsweise zur Vermeidung des sog. Mitzieheffekts an Kreuzungen, an denen gleichgerichtete Fahrstreifen unterschiedlich signalisiert werden. Ähnlich wie bei der Diskussion des STOP-Schildassistenzsystems muss ein Ampelassistenzsystem ggf. die vorsätzliche Rotlichteinfahrt ohne unangebrachte Warnungen ermöglichen. Dies ist beispielsweise auch der Fall, wenn Platz für ein Einsatzfahrzeug mit Sondersignal geschaffen werden muss. Der Fahrer ist in einer solchen Situation bereits über Gebühr gestresst und sollte demnach nicht durch zusätzliche Systemausgaben belastet werden. Neben den genannten Warnfunktionen zur Vermeidung von Rotlichtüberfahrten lassen sich durch einen Ampelassistenten auch informierende Funktionen mit sowohl Sicherheits- als auch Komfortaspekten realisieren: So ist es bereits in einer frühen Phase der Annäherung an die Kreuzung möglich, eine Aussage über die zu erwartende Signalstellung beim Erreichen zu treffen und mittels Geschwindigkeitsempfehlungen (innerhalb der zulässigen Höchstgeschwindigkeit) bzw. Anhalteinformationen den Annäherungsvorgang hinsichtlich Sicherheit und Effizienz zu optimieren. Es ist bekannt, dass bei der ungestörten Annäherung (d. h. ohne Vorderfahrzeuge) an eine Grün zeigende Ampel je etwa ein Drittel aller Fahrer

- die Geschwindigkeit erhöht, um die Ampel noch bei Grün zu passieren,
- die Geschwindigkeit reduziert, um im Falle des Umschaltens „mehr Zeit (Weg) zum Entscheiden zu haben",
- mit konstanter Geschwindigkeit weiterfährt [4].

Ersteres ist unter sicherheitstechnischen Aspekten kritisch und auch aus Sicht des Kraftstoffverbrauches unvorteilhaft, während die Reduktion der Geschwindigkeit (Fall 2) im Hinblick auf die vielerorts bereits erreichte Kapazitätsgrenze des Verkehrsraumes ungünstig erscheint.

Die genannten Ansätze geben einen Eindruck, welche Funktionen sich mit unterschiedlichen Ausprägungen eines Ampelassistenzsystems umsetzen lassen. Hervorzuheben ist in diesem Zusammenhang, dass Assistenzfunktionen auf Basis von Infrastrukturmaßnahmen neben Sicherheits- und Komfortaspekten auch Potenzial bieten, um aktuelle Probleme des Verkehrsflusses und der Energieverbrauchs- und Emissionsproblematik positiv zu beeinflussen.

51.2.3 Einbiege-/Kreuzenassistenz

Als Einbiege-/Kreuzenassistenz oder auch Querverkehrsassistenz wird im Folgenden die Unterstützung des wartepflichtigen Fahrers beim Einbiegen in und beim Queren einer Vorfahrtsstraße verstanden. Adressiert werden Unfälle an Kreuzungen mit Vorfahrt achten (Zeichen 205 StVO – Vorfahrt gewähren!) und Rechts-vor-links-Regelung.

Wie bei anderen Systemen unterteilen sich die Unfälle beim Einbiegen und Kreuzen in Unfälle mit und ohne Fahrzeugstillstand an der Haltelinie bzw. Sichtlinie. Ein grundlegender Unterschied zur Ampel- oder STOP-Schild-Assistenz besteht darin, dass das wartepflichtige Fahrzeug nur dann anhalten muss, wenn vorfahrtsberechtigter Querverkehr vorhanden ist. Andernfalls kann die Kreuzung ohne Stopp passiert werden. Daher werden als Grundlage für die Einbiege-/Kreuzenassistenz neben Positions- und Bewegungsdaten des wartepflichtigen Fahrzeugs Informationen über eventuell vorfahrtsberechtigten Querverkehr benötigt.

Möglichkeiten der Realisierung sind:
1. Assistenz mit Intelligenz in der Infrastruktur: Um eine Unterstützung des wartepflichtigen Fahrers beim sicheren Einbiegen/Kreuzen aus dem Stillstand zu ermöglichen, wird beispielsweise der Rural Intersection Decision Support [11] eingesetzt. Grundlage dieses Systems sind Radarsensoren, die Position und Geschwindigkeit der Fahrzeuge auf der Hauptstraße erfassen: Hieraus werden die Zeitabstände zwischen den Fahrzeugen auf der Hauptstraße bestimmt; außerdem erfolgt eine Vorhersage, wann diese Fahrzeuge den Kreuzungsbereich erreichen werden. Wartepflichtige Fahrzeuge an der Haltelinie werden über ein Kamerasystem erfasst und kategorisiert. Auf Basis dieser Informationen wird entschieden, ob sicheres Einbiegen/Kreuzen möglich ist. Falls erforderlich, wird eine Warnung für das wartepflichtige Fahrzeug eingeleitet; als mögliches Schnittstellenkonzept wird ein herkömmliches STOP-Schild um eine Risikowarnung ergänzt.

2. Assistenz mit Intelligenz im Fahrzeug: Zur Unterstützung des wartepflichtigen Fahrers beim Einbiegen/Kreuzen – bereits während der Kreuzungsannäherung sowie beim Anfahren aus dem Stillstand – existieren mehrere aktuelle Forschungsansätze (vergleiche beispielsweise [12, 13, 14]), die sich unter anderem hinsichtlich der verwendeten Technologien zur Informationsgewinnung unterscheiden. Bei einigen Systemen basiert die Umfelderfassung auf fahrzeugautonomer On-Board-Sensorik: So wird in [4] eine Kombination aus Laserscanner, Videosystem und einer hochgenauen digitalen Karte verwendet. Andere Ansätze stützen sich bezüglich der erforderlichen Informationen über andere Verkehrsteilnehmer auf Fahrzeug-Fahrzeug-Kommunikation [13]. Grundlage hierzu ist neben einer geeigneten Kommunikationslösung ein System zur Generierung von Positions- und Fahrdynamikdaten in jedem Fahrzeug, wobei zur Positionsbestimmung meist auf globale Navigationssatellitensysteme (GNSS) zurückgegriffen wird. Unabhängig von der verwendeten Sensor- oder Kommunikationstechnologie erfordert ein System zur aktiven Unfallvermeidung die frühzeitige Identifikation und Bewertung potenziell bevorstehender Kollisionen. Der Entscheidungsprozess, ob ein Systemeingriff auszuführen ist, wird für den Fall des Einbiegens/Kreuzens in zwei Teilaufgaben unterteilt [14]:
   a) Die Entscheidung, ob bei Einfahrt oder Durchquerung der Kreuzung eine Kollision mit dem Querverkehr droht, falls keine intervenierenden Maßnahmen eingeleitet werden und
   b) die Erkennung ausbleibender Präventionsmaßnahmen zu einem Zeitpunkt während der Annäherung an die Kreuzung, zu dem der Eintritt des eigenen Fahrzeugs in die Konfliktzone noch vermieden werden kann.

Einige Ansätze zur Situationsbewertung sind in ▶ Abschn. 51.4 genauer beschrieben.

Sind unfallvermeidende Maßnahmen zur Unterstützung des Fahrers in der vorliegenden Gefahrensituation erforderlich, erlauben situationsadaptiv unterschiedliche Informations- und Warnstufen oder Volleingriffe die

Unfallvermeidung. Besonders bei höheren Geschwindigkeiten können potenzielle Gefahrensituationen bereits in einer frühen Phase der Annäherung an die Kreuzung erkannt werden; somit steht vergleichsweise viel Zeit für eine Fahrerreaktion zur Verfügung. In dieser Situation reicht meist ein visueller Hinweis im HUD als informierende Vor-Warnung auf die bevorstehende Situation.

Bleibt eine Reaktion des Fahrers auf die Vorwarnung aus oder wird die Gefahrensituation beispielsweise bei geringeren Fahrgeschwindigkeiten oder aufgrund veränderter Rahmenbedingungen erst später erkannt, so bietet eine Akutwarnung zusätzliches Unfallvermeidungspotenzial. Diese kann beispielsweise aus einem visuellen Hinweis im HUD sowie einer akustischen Warnung bestehen, eventuell ergänzt um eine aktive Anbremsung. Der Teileingriff in Form einer autonomen Anbremsung wird verwendet, um die dem Fahrer für eine Reaktion zur Verfügung stehende Zeitspanne zu vergrößern [14]. Dadurch kann die Akutwarnung nach hinten verschoben werden, so dass selbst sportliche Fahrer nicht unnötig gewarnt werden.

Fährt das direkt an der Kreuzung stehende Fahrzeug aus dem Stillstand an, so kann ein Einfahren in die Kreuzung durch eine Warnung nicht vermieden werden, da keine Zeit für eine Fahrerreaktion zur Verfügung steht. Für diesen Fall ist eine Kollision durch Unterbinden des Anfahrens bei Fahrpedalbetätigung vermeidbar.

Um die Quote der zu erwartenden Falschwarnungen möglichst gering zu halten, sind die jeweiligen Warnkriterien an das übliche Fahrerverhalten anzupassen (▶ Abschn. 51.4). Als zusätzliche Herausforderung ergibt sich die Unterscheidung von Einbiegen oder Kreuzen während der Annäherung an die Kreuzung, da die Fahrzeuge eventuell nicht denselben Kreuzungsbereich durchfahren – beispielsweise wenn sich das vorfahrtsberechtigte Fahrzeug von rechts annähert und das wartepflichtige Fahrzeug nach rechts abbiegt.

3. Assistenz mit Intelligenz im Fahrzeug und Sensoren in der Infrastruktur: Es existieren weitere Ansätze, die zum Teil eine Kombination bereits vorgestellter Ideen beinhalten. So bietet sich nach [15] eine kommunikationsbasierte Kombination aus infrastrukturgebunder Umfelderfassung und fahrzeuggebundenem Assistenzsystem für besonders unfallträchtige Kreuzungen an. An diesen Kreuzungen werden Sensoren zur Erfassung des Verkehrsbildes eingesetzt, deren Informationen dann über ein Kommunikationssystem an beteiligte Verkehrsteilnehmer verbreitet werden. Bedingung für die Nutzung dieser Umfeldinformationen im Fahrzeug ist, dass dieses über eine geeignete Kommunikationstechnologie verfügt. Ein großer Vorteil des Ansatzes – verglichen mit einem rein-kommunikationsbasierten Kreuzungsassistenten – besteht darin, dass auch Informationen von nicht mit Funkeinheiten ausgestatteten Fahrzeugen erfasst und verbreitet werden. Hierdurch kann bereits bei einer geringen Ausstattungsrate der Fahrzeuge ein Sicherheitsgewinn erzielt werden, dafür jedoch nur für entsprechend ausgerüstete Kreuzungen.

51.2.4 Linksabbiegeassistenz

Als Linksabbiegeassistenz wird im Folgenden die Unterstützung des Fahrers bei der Durchführung eines Abbiegemanövers, d.h. bei der Konfliktsituation mit entgegenkommenden Verkehrsteilnehmern, verstanden.

Der amtliche Unfalltyp Abbiegeunfall umfasst eine Vielzahl solcher Situationen, wohingegen der Fokus in diesem Kontext auf der Vermeidung des Zusammenstoßes eines nach links abbiegenden Fahrzeugs mit einem Fahrzeug im Gegenverkehr liegt. Als Hauptursachen von Abbiegeunfällen werden in unterschiedlichen Untersuchungen (beispielsweise [3, 16]) die Fehleinschätzung von Abstand und Geschwindigkeit des Gegenverkehrs, das Übersehen von Fahrzeugen (insbesondere fallen Zweiräder vor größeren Pkws oder Nutzfahrzeugen kaum auf) sowie Sichtbehinderung durch ebenfalls abbiegenden Gegenverkehr genannt.

Das Abbiegen stellt aufgrund der Komplexität des Fahrmanövers eine Herausforderung für den Fahrer dar: Für ein Assistenzsystem kommt erschwerend der Umstand hinzu, dass im Gegensatz zu den bisher beschriebenen Systemen kein eindeutig definierter Abbiegepunkt existiert, was zu einer Vielzahl möglicher Trajektorien führt. Demzufolge ist der Analyse des Fahrerverhaltens und der Prädiktion des Abbiegewunsches große Bedeutung beizumessen.

Insbesondere das geringe Raumbudget erschwert eine sinnvolle Assistenzstrategie, da unbedingt zu vermeiden ist, dass das Fahrzeug zu weit in den gegnerischen Fahrstreifen als potenzielle Konfliktzone hineinragt. Je flacher nun die Abbiegetrajektorie verläuft und je später demzufolge die Abbiegeabsicht sicher detektiert werden kann, desto näher ist das Fahrzeug schon an der (gedachten) Mittellinie und desto geringer sind die Hilfsmöglichkeiten eines Assistenzsystems [17].

Wie bereits für den STOP-Schild-Assistenten ist auch für das Linksabbiegen eine Unterscheidung zwischen Unfällen, die sich durch Anfahren nach einem Fahrzeugstillstand ereigneten, und solchen ohne vorigen Fahrzeugstillstand retrospektiv nicht immer möglich. Entsprechende Untersuchungen der Unfallzahlen [18, 17] zeigen, dass beide Szenarien einen relevanten Anteil am Unfallgeschehen im Kreuzungsbereich haben.

Aus Sicht eines Linksabbiegeassistenzsystems stellen sich diese Situationen wie folgt dar:

- Der Fahrer hält sein Fahrzeug in der Kreuzungsmitte an, wo er einen ausreichenden Blick für eventuelle, ausreichend große Lücken im Gegenverkehr hat. Der Vorteil dieser Situation ist aus Sicht eines Assistenzsystems, dass der Abbiegewunsch nun mit nahezu 100%iger Sicherheit erkennbar ist [19, 17]. Beim Warten auf eine Abbiegemöglichkeit wird der Fahrer rein visuell über potenziell gefährlichen Gegenverkehr informiert und bei der Wahl einer ausreichend bemessenen Lücke unterstützt. Zur Übermittlung dieser Informationen eignet sich erneut ein HUD, da der Fahrer dadurch sowohl externe als auch interne Informationen nahezu gleichzeitig erfassen kann. Nachteilig an dieser Situation ist, dass sich das Fahrzeug bereits sehr nahe an der Konfliktzone befindet und dem Fahrer somit kein ausreichendes Zeitbudget für die Reaktion auf eine Warnung zur Verfügung steht – sollte der Fahrer trotz Gegenverkehr anfahren. In diesem Fall wird in einem autonomen Eingriff in der Form eines – vom Fahrer übersteuerbaren – Festhaltens des Fahrzeugs Potenzial zur Unfallvermeidung gesehen.
- Der Fahrer nähert sich einer Kreuzung, an der er links abbiegen möchte, und erkennt eine Lücke im Gegenverkehr, um ohne anzuhalten abbiegen zu können. Das entscheidende Problem aus Assistenzsicht ist, dass für ein System das eigentliche Abbiegen erst zu erkennen ist, wenn Lenkradwinkel und -geschwindigkeit bestimmte Schwellenwerte überschreiten [17]. Daraus wird deutlich, dass für eine Information über den Gegenverkehr – wie sie für das Abbiegen aus dem Stillstand eingesetzt wird – aufgrund der Notwendigkeit eines unmittelbaren Eingriffs keine Zeitreserve mehr besteht. Auch eine Warnung ist hier häufig nicht mehr zielführend. In diesem Anwendungsfall erscheint eine – vom Fahrer übersteuerbare – Abbremsung des Fahrzeugs zur Unfallvermeidung geeignet, was aufgrund der möglichen Auswirkungen von False Positives eine hohe Zuverlässigkeit der zur Verfügung stehenden Informationen voraussetzt.

Für beide Situationen ist bei der Bewertung der Lücken im Gegenverkehr die übliche Beurteilung dieser Lücken durch den Fahrer zu berücksichtigen. Ein Vergleich verschiedener Studien zu diesem Punkt ergibt nach [1, 17], dass die Bewertung der Zeitlücken im Gegenverkehr durch den Fahrer von einer Vielzahl teils kreuzungsabhängiger Faktoren beeinflusst wird und dass die Größe akzeptierter Lücken daher einer großen Streuung (zwischen 4 s und 14 s) unterliegt.

Die erforderlichen Eingangsgrößen eines Linksabbiegeassistenten umfassen insbesondere die Fahrzustandsgrößen des Gegenverkehrs. Wird für die Prädiktion des Abbiegens ein Fahrermodell eingesetzt, das, wie in [17] beschrieben, den Einfluss der Kreuzung auf das Fahrerverhalten berücksichtigt, kommen weitere kreuzungsspezifische Informationsanforderungen hinzu.

51.2.5 Kreuzungsassistenz für vorfahrtberechtigte Verkehrsteilnehmer

Die bisher vorgestellten Assistenzansätze adressieren den wartepflichtigen Verkehrsteilnehmer mit dem Ziel, diesen vor der Einfahrt oder dem Einbiegen in eine Kreuzung in kritischen Situationen durch eine Warnung und/oder einen aktiven Bremseingriff zu bewahren. Würden alle Fahrzeuge diese Assistenzfunktionalität aufweisen, wären nahezu alle Kreuzungsunfälle zu verhindern oder zumindest in ihren Folgen maßgeblich zu lindern. Bei Berücksichtigung realer Lebenszyklen – bspw. abzuleiten anhand des momentanen Durchschnittsalters der deutschen Fahrzeugflotte von ca. 8,5 Jahren [20] – sowie einer angenommenen Marktentwicklung vergleichbarer aktiver Schutzsysteme, ist zumindest mittelfristig nicht von einem solchen Szenario auszugehen. Wird dies berücksichtigt, ist der Nutzen von Kreuzungsassistenzsystemen aus Sicht eines individuellen Kunden, zumindest in den ersten Jahren nach einer Markteinführung, stark von dessen jeweiliger Beteiligung in einer kritischen Verkehrssituation abhängig. Sofern die potenziellen Kollisionsobjekte und andere zur Unfallvermeidung notwendigen Informationen rechtzeitig erkannt werden, entfaltet eine solche Funktionalität in der Situation als wartepflichtiger Verkehrsteilnehmer, unabhängig vom kreuzenden Fahrzeug, sofort seine volle Wirksamkeit. Als vorfahrtberechtigter Verkehrsteilnehmer ist es jedoch ausschließlich davon abhängig, ob das kreuzende Fahrzeug entsprechend ausgerüstet ist; die Wahrscheinlichkeit einer Unterstützung entspricht in diesem Fall somit der aktuellen Ausstattungsrate in der Fahrzeugflotte. Aus diesem Grund ist es zur Steigerung der Verkehrssicherheit aus Sicht eines individuellen Kunden zumindest mittelfristig angeraten, diesen auch direkt in seiner Rolle als vorfahrtberechtigten Verkehrsteilnehmer aktiv durch Schutzfunktionalitäten zu adressieren.

Bei der Unterstützung des vorfahrtberechtigten Verkehrsteilnehmers in Kreuzungsszenarien ist neben den rechtlichen Rahmenbedingungen, in Bezug auf die Zulässigkeit eines aktiven Systemeingriffs, (▶ Kap. 3) besonderes Augenmerk auf die Nutzerakzeptanz zu legen. Im Fall von Kreuzungsassistenzsystemen für den wartepflichtigen Verkehrsteilnehmer ist der Nachweis bereits erbracht, dass Systemeingriffe von Warnung bis Volleingriff bei geeigneter Systemauslegung vom Fahrer – aufgrund des im Nachhinein erkannten Fehlverhaltens – als nachvollziehbar und zielführend akzeptiert werden [14]. Für den vorfahrtsberechtigten Verkehrsteilnehmer stellt sich die Situation grundlegend anders dar: Auch hier steigt das theoretische Nutzenpotenzial eines solchen Systems, je früher eine Warnung oder ein Eingriff vorgenommen wird. Da jedoch kein Fehlverhalten des Fahrers jenes ausgestatteten Fahrzeugs vorliegt, steigt das Risiko, dass ein wie auch immer gearteter Eingriff von diesem nicht akzeptiert wird und folglich die Systemfunktion deaktiviert wird. Um nur akzeptierte Eingriffe zu erzeugen, sollten subjektiv als falsch empfundene Eingriffe soweit wie möglich vermieden werden.

Die subjektiv empfundene Notwendigkeit eines Systemeingriffs in den hier betrachteten Szenarien wird erst im Resultat eines solchen Eingriffs für die Beteiligten beurteilbar und hängt primär vom Verhalten des potenziellen Kollisionspartners ab. Reagiert dieser bspw. spät, aber noch rechtzeitig, auf die vorliegende Vorfahrtsregelung und kommt das wartepflichtige Fahrzeug knapp vor der Kreuzung zum Stillstand, so wäre ein Eingriff auf Seiten des vorfahrtsberechtigten Fahrzeugs zur Vermeidung einer Kollision objektiv nicht notwendig und möglicherweise auch subjektiv nicht nachvollziehbar. Aus diesem Grund hat ein Eingriff im vorfahrtberechtigten Fahrzeug erst dann zu erfolgen, wenn das Hindernisobjekt die Kollision aus eigener Kraft nicht mehr vermeiden kann. Aus Akzeptanzgründen sollte dieser Umstand zudem für den Fahrer unstrittig sein – sprich der Eingriff muss für den Fahrer nachträglich eindeutig als zur Kollisionsvermeidung zwingend notwendig nachvollziehbar sein.

Dies im Blick kann für den vorfahrtberechtigten Verkehrsteilnehmer, neben der bereits für den wartepflichtigen Verkehrsteilnehmer als Mittel der Wahl anzusehenden Notbremsung, auch ein Notausweichmanöver eine notwendige, weil effektivere und die Kollision vermeidende Maßnahme sein. Ist das Fahrzeug mit einem entsprechenden Kreuzungsassistenten ausgestattet, so ist es in einer kritischen Situation vor dem Einfahren in die Kreuzung in den Stillstand zu bringen.

Die zielführende Handlungsstrategie für das vorfahrtberechtigte Fahrzeug ist davon abhängig, welches der beiden beteiligten Fahrzeuge letztmöglich, unabhängig vom Verhalten des jeweils anderen, die Kollision durch Bremsen noch vermeiden kann – räumliche Kollisionsvermeidung durch Vermeidung des Einfahrens in die Kreuzung. In dem Fall, dass dies auf das vorfahrtberechtigte Fahrzeug zutrifft, sollte ein entsprechender Notbremseingriff zum spätestmöglichen Zeitpunkt erfolgen. In Längsverkehrsszenarien ist bei der Initiierung einer Notbremsung zusätzlich noch ein später mögliches und durch den Fahrer ggf. gewünschtes Überholen des potenziellen Kollisionsobjekts zu berücksichtigen. Bei einer Kreuzungssituation hingegen ist ein solches Verhalten situationsbedingt auszuschließen, so dass folglich im vorliegenden Fall die Notbremsung die zielführende Maßnahme darstellt, ohne die Gefahr einer Bevormundung des Fahrers – obwohl ein Ausweichen ggf. noch später möglich wäre.

Ist es jedoch das wartepflichtige Fahrzeug, das letztmöglich die Kollision – unabhängig vom Verhalten des jeweils anderen – noch vermeiden kann, stellt sich die Situation anders dar: Das vorfahrtberechtigte Fahrzeug kann in diesem Fall durch Bremsen die Kollision nur noch, bei entsprechend kooperativem Verhalten des wartepflichtigen Verkehrsteilnehmers, zeitlich vermeiden – das vorfahrtberechtigte Fahrzeug fährt aufgrund der Verzögerung erst dann in die Kreuzung ein, wenn das potenzielle Kollisionsobjekt diese bereits wieder verlassen hat. Eine Kollisionsvermeidung, unabhängig von dem die Vorfahrt missachtenden Fahrzeug ist, wenn überhaupt, nur noch durch Ausweichen möglich. Dies wirft wiederum die Frage nach der geeigneten Ausweichrichtung auf, d. h. in oder entgegen der Bewegungsrichtung des Hindernisses. In vielen Kreuzungsszenarien stellt die zeitliche Kollisionsvermeidung durch gezieltes kurzzeitiges Abbremsen oder Ausweichen – entgegen der Bewegungsrichtung des Kollisionspartners – den physikalisch letztmöglichen Eingriff zur Kollisionsvermeidung dar. Wegen des geringen erforderlichen Zeitbudgets für einen derartigen Eingriff ergibt sich ein vergleichsweise hohes, theoretisches Unfallvermeidungspotenzial, das sich jedoch ohne ein aufeinander abgestimmtes, kooperatives Verhalten beider (aller) beteiligten Verkehrsteilnehmer nicht absichern lässt. Selbst unmittelbar vor der Kollision ist immer noch mit einer Reaktion des Kollisionspartners zu rechnen. Analysen der GIDAS-Datenbank haben gezeigt, das in fast 45 % aller betrachteten Fälle das Hindernisobjekt noch nach einem notwendigen Systemeingriff im Ego-Fahrzeug gebremst hat, wodurch der Versuch einer zeitlichen Kollisionsvermeidung – sei es durch Ausweichen entgegen der Bewegungsrichtung oder Bremsen – weiterhin zu einer Kollision geführt hätte [21].

Ist eine Kollisionsvermeidung auch durch Notausweichen nicht mehr möglich, verbleibt als letzte Alternative noch die Linderung deren Folgen durch entsprechende Eingriffe in die Fahrdynamik des Ego-Fahrzeugs.

51.3 Situationsbewertung

Für jedes der dargestellten Kreuzungsassistenzsysteme ergibt sich die Fragestellung, ob der Fahrer die Absicht hat, einen charakteristischen Punkt (Haltelinie bzw. Einfahren in Kreuzung oder Gegenverkehr) zu überfahren – oder ob er das Fahrzeug selbstständig an oder vor diesem Punkt zum Stillstand bringen wird. Diese Fragestellung kann für eine STOP-Schild-Assistenz aufgrund der fest vorgegebenen Haltelinie und des immer bestehenden Haltegebots durch eine Verknüpfung unterschiedlicher Indikatoren in einer vergleichsweise frühen Phase der Annäherung an die Kreuzung beantwortet werden [6]. Ähnliches ist für einen Ampelassistenten zu erwarten [10].

Für Einbiege-Kreuzen-Assistenz wird diese Fragestellung dadurch erschwert, dass der Fahrer die Entscheidung, ob er anhalten wird, erst in einer vergleichsweise späten Phase der Annäherung an die Kreuzung trifft – da ihm eine Beurteilung des Querverkehrs (beispielsweise aufgrund von Sichtbehinderungen) zuvor meist nicht möglich ist. Dementsprechend ist von einem Querverkehrsassistenten auch die Möglichkeit einer Umentscheidung des Fahrers zu berücksichtigen: Eine einmal getroffene Aussage über den Haltewunsch des Fahrers muss unter Umständen zu einer späteren Phase der Annäherung korrigiert werden.

Als problematisch erweisen sich dabei Szenarien, in denen der Fahrer zunächst die eigene

Geschwindigkeit verringert, um sich mehr Zeit für die Erkennung eventuell vorfahrtsberechtigter Fahrzeuge im Querverkehr zu verschaffen. Das Verringern der Geschwindigkeit als Reaktion auf eine Kreuzung mit „Vorfahrtachten" ist üblicherweise deutlich vor dem letztmöglichen Warnzeitpunkt erkennbar – ein Ausbleiben dieser Geschwindigkeitsreduktion ist im Umkehrschluss ein guter Indikator für einen Fehler des Fahrers bei der Beachtung von Kreuzung bzw. Vorfahrtsregelung. Der Abbruch dieser Fahrzeugverzögerung oder gar das erneute Beschleunigen des Fahrzeugs hingegen ist als Indikator für den Fahrerentschluss, in die Kreuzung einzufahren (und somit gegebenenfalls für einen Fehler bei der Wahrnehmung bzw. Interpretation des Querverkehrs) üblicherweise erst nach dem letztmöglichen Warnzeitpunkt erkennbar. In diesem Fall ist das für intervenierende Systemausgaben verfügbare Zeitbudget üblicherweise bereits so klein, dass sich ein Einfahren des Fahrzeugs in die Kreuzung nur noch durch einen Volleingriff vermeiden lässt [14]. Ähnliches gilt auch für die Erkennung des Fahrerwunsches beim Abbiegen, wobei hier der zusätzliche Freiheitsgrad der unbekannten Halteposition zu berücksichtigen ist.

Zusätzlich zur Fahrerabsichtserkennung erfordern Systeme zur Abbiege- und Einbiegen-/KreuzenAssistenz eine Bewertung der Verkehrssituation in Bezug auf andere Verkehrsteilnehmer. Ziel dieser Bewertung ist eine Aussage über die Gefahr einer Kollision mit anderen Fahrzeugen. Neben einer Prädiktion des künftigen Fahrerverhaltens – sowohl für das eigene Fahrzeug als auch für andere beteiligte Verkehrsteilnehmer – erfordert dies eine Abstraktion der Problematik, um die Gefahr einer Kollision zu quantifizieren. Zwei mögliche Ansätze werden im Folgenden kurz vorgestellt:

Eine Möglichkeit, Kollisionen mit anderen Verkehrsteilnehmern zu erkennen, ist die Darstellung der Situation mithilfe von 3D-Trajektorien. Dieser Ansatz findet in einem prototypischen Linksabbiegeassistenten Verwendung [17]. In einem kreuzungsfesten Koordinatensystem wird neben zwei räumlichen Größen x und y als dritte Dimension die Zeit dargestellt, die ein Fahrzeug bis zum Erreichen des durch die zugehörigen x/y-Werte definierten Punkts benötigt. Somit ergeben sich für jedes beteiligte Fahrzeug dreidimensionale Wolken: Eine

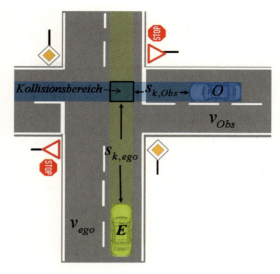

Abb. 51.3 Kollisionsbereich in der Kreuzung

Kollision ist möglich, wenn es zu einem Schnittbereich der Wolke des eigenen und der eines fremden Fahrzeugs kommt.

Eine alternative Darstellung des gleichen Zusammenhangs ermöglicht die Delta-t-Karte, wie sie im Einbiege-Kreuzen-Assistenten aus [14] eingesetzt wird. In der dritten Dimension des Koordinatensystems wird anstelle der Brutto-Zeiten für einzelne Fahrzeuge nur noch die Zeitdifferenz Delta-t zwischen eigenem Fahrzeug und einem möglichen Kollisionspartner dargestellt. Unterschreitet $|\Delta T|$ $|\Delta t|$ eine vom Fahrer gerade noch akzeptierte Zeitdifferenz (beispielsweise zwischen Ego-Fahrzeug und Querverkehr), so ist eine Warnung auszugeben.

Bei der Assistenz für den vorfahrtberechtigten Verkehrsteilnehmer stellt sich im Rahmen der Situationsanalyse neben den zuvor betrachteten Aspekten, wie in ▶ Abschn. 51.2.5 diskutiert, zusätzlich die Frage nach dem Beteiligten, welcher letztmöglich die Kollision unabhängig vom Verhalten des jeweiligen Hindernisses noch vermeiden kann, um darauf aufbauend die entsprechenden Handlungsstrategien für diesen abzuleiten. Ein mögliches Kriterium zur Situationsbewertung stellt, wie in ▢ Abb. 51.3 dargestellt, die tt_{tB} (Time-to-Brake) beider Fahrzeuge, d. h. die verbleibende Zeitspanne bis zum letztmöglichen die Kollision räumlich vermeidenden Bremseingriff. $tt_{B,ego}$ und $tt_{B,obs}$, entsprechend der nachfolgenden Gl. 51.1 bis 51.2, mit sk als dem aktuellen Abstand

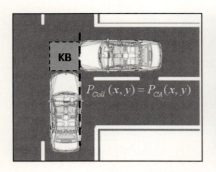 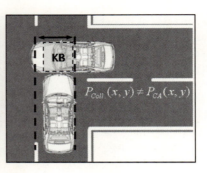

Abb. 51.4 Vergleich Kollisionskonstellation mit zur Vermeidung der Kollision relevanter Konstellation

zum Kollisionsbereich und *sb* als dem minimalen Bremsweg bei maximaler Verzögerung *Dmax*. Bei diesem Kennwert handelt es sich jeweils um die Time-to-Collision (kurz TTC, bezeichnet die Zeitdauer, die bei konstanter Geschwindigkeit des/der Fahrzeuge bis zu einer Kollision vergehen würde) für Ego- und Hindernis-Fahrzeug, erweitert um den individuellen Abstand zum prädizierten Kollisionsbereich.

$$t_{tB,obs} = \frac{s_{k,obs} - s_{b,obs}}{v_{obs}}$$

mit $\quad s_{b,obs} = \dfrac{v_{obs}^2}{2 \cdot D_{max}}$

$$t_{tB,ego} = \frac{s_{k,ego} - s_{b,ego}}{v_{ego}}$$

mit $\quad s_{b,ego} = \dfrac{v_{ego}^2}{2 \cdot D_{max}}$

Beim Fahrzeug mit der höheren *ttB* ist folglich relativ betrachtet noch zu einem späteren Zeitpunkt ein erfolgreicher Bremseingriff möglich. Eine ausschließliche Betrachtung der üblicherweise herangezogenen TTC reicht in einer solchen Kreuzungskonstellation nicht aus. Zwar lässt sich diese für beide Beteiligten eindeutig bestimmen. Es unterscheiden sich jedoch mit Ausnahme einer Kollision Fahrzeugecke auf Fahrzeugecke (◘ Abb. 51.4 links) für einen der beiden Beteiligten die zur Kollisionsvermeidung max. zulässige Position P_{CA} von der die Kollision beschreibenden Fahrzeugposition P_{Coll}, da sich dieses dann bereits im Kollisionsbereich *KB* befindet und eine Kollision nur noch durch ein paralleles rechtzeitiges Bremsmanöver in den Stillstand des jeweils anderen verhindert werden kann.

Sobald bei der Annäherung $t_{tB,obs} < 0$ gilt, ist die Kollision durch das wartepflichtige Fahrzeug nicht mehr eigenständig zu vermeiden. Spätestens zu diesem Zeitpunkt sind mögliche Handlungsalternativen des Ego-Fahrzeugs in Bezug auf ihr Vermeidungspotenzial zu überprüfen: Gilt zu diesem Zeitpunkt $t_{tB,ego} \geq 0$, so ist ein Notbremsen noch möglich bzw. andernfalls ein Notausweichen notwendig oder es sind je nach Konstellation die Folgen der Kollision nur noch zu lindern.

51.4 Geeignete Warn- und Eingriffsstrategien

Auffahrunfälle im Längsverkehr ausgenommen haben Kollisionen zwischen mehreren Fahrzeugen im Kreuzungsbereich üblicherweise Fehler bei der Beachtung der vorliegenden Vorfahrtsregelung durch einen eigentlich wartepflichtigen Verkehrsteilnehmer zur Ursache. In erster Instanz bieten sich daher zur Vermeidung von Kreuzungsunfällen Assistenzmaßnahmen für den wartepflichtigen Verkehrsteilnehmer an, die entweder die Beachtung der Vorfahrtsregelung unterstützen oder im Falle einer bereits erfolgten Vorfahrtsmissachtung die Folgen dieses Fehlers minimieren: Dies wird im Folgenden als „Assistenzmaßnahme für den wartepflichtigen Verkehrsteilnehmer" bezeichnet.

51.4.1 Assistenzmaßnahmen für den wartepflichtigen Verkehrsteilnehmer

Ordnet man die beschriebenen Systeme der Reihe nach hinsichtlich des verfügbaren Zeit- und Raum-

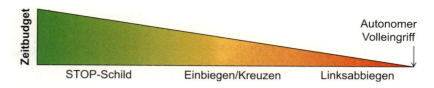

Abb. 51.5 HMI-Lösungen für Kreuzungsassistenzsysteme im HUD [12]

budgets vor der sicheren Bestimmung einer kritischen Situation an, so sinkt in gleichem Maße die Möglichkeit, mittels reiner Informationen die Situation zu entschärfen – ausgenommen das Anfahren aus dem Fahrzeugstillstand, hier ist das Raum/Zeitbudget für alle Systeme gleichermaßen klein. Dieser Zusammenhang ist in ◘ Abb. 51.5 dargestellt.

Explizite Warnungen werden notwendig bzw. das Potenzial für autonome Eingriffe steigt; in den vorangegangenen Kapiteln wurde im Zusammenhang mit Fahrerwarnungen bereits das sogenannte Warndilemma erwähnt.

Als Warndilemma wird im Bereich der Fahrerassistenz allgemein der Zielkonflikt zwischen der Wirksamkeit einer Warnung und den zu erwartenden Falschwarnungen bezeichnet. Dieser Konflikt entsteht aus der Problematik heraus, dass eine effektive Warnung aufgrund der zu erwartenden Reaktionszeit des Fahrers bereits zu einem Zeitpunkt erfolgen muss und zudem noch eine selbstständige Fahrerreaktion auf die bevorstehende Gefahrensituation möglich ist. Eine Möglichkeit zur Warnung ohne das Risiko, den Fahrer durch häufige Falschwarnungen (sogenannte False Positives) zu stören, besteht demnach nur, wenn sich bei der überwiegenden Zahl der Fahrer bereits vor dem spätestmöglichen Warnzeitpunkt Indizien auf eine selbstständige Reaktion finden lassen.

Demnach ist für die Umsetzung eines Warnsystems im Fahrzeug zunächst eine Untersuchung des „typischen" Fahrerverhaltens erforderlich, um sicherzustellen, dass das Warndilemma für das vorliegende Szenario beherrschbar ist. Häufig ist dies nur für einen Teil der betrachteten Verkehrssituationen der Fall: So ergibt sich für einen Einbiege-Kreuzen-Assistenten, dass eine Aussage, ob der Fahrer nicht mehr selbstständig anhalten wird, nur oberhalb einer gewissen Mindestgeschwindigkeit möglich ist [14]. Unterhalb dieser Geschwindigkeit nimmt die Zuverlässigkeit einer entsprechenden Aussage rapide ab, wodurch die Anzahl der zu erwartenden False Positives auf nicht mehr akzeptable Werte ansteigen würde.

Derartige Grenzen lassen sich teilweise durch die Wahl der Warnstrategie beeinflussen. Eine Möglichkeit ist, die Warnung um eine aktive Teilbremsung zu ergänzen [14]. Durch die Teilbremsung wird bereits während der Reaktionszeit des Fahrers Geschwindigkeit abgebaut; dies vergrößert die dem Fahrer effektiv zur Verfügung stehende Reaktionszeit, wodurch die Warnschwelle „sportlicher" ausgelegt werden kann.

Zu den Situationen, in denen selbst durch einen Teileingriff keine wirksame Unfallvermeidung möglich ist, gehört unabhängig von der vorherrschenden Vorfahrtsregelung das Anfahren aus dem Stillstand: So steht beim Einbiegen/Kreuzen an Kreuzungen, an denen der Fahrer aufgrund von Sichtbehinderung direkt an der Sichtlinie anhält, meist kein Weg mehr für eine Reaktion des Fahrers auf eine eventuelle Warnung zur Verfügung – da die Haltelinie bei STOP-Schildern üblicherweise nicht identisch mit der Sichtlinie ist, steht beim Anfahren an STOP-Schildern geringfügig mehr Zeit für eine Systemausgabe zur Verfügung. Für den Fall des Abbiegens gilt dies häufig sogar für das fahrende Fahrzeug (▶ Abschn. 51.2.4): Für diese Szenarien lässt sich ein Eintreten des Fahrzeugs in die Konfliktzone nur noch durch einen autonomen Eingriff vermeiden; geeignet erscheint hierzu das Unterbinden des Anfahrens bei gleichzeitiger Warnung des Fahrers. Um Systemmissbrauch bzw. unbeabsichtigtes Einfahren in die Kreuzung nach einer durch das System vermiedenen Kollision vorzubeugen, ist es zweckmäßig, das Fahrpedal erst nach vollständigem Lösen wieder freizugeben.

Die Absichtsänderung des Fahrers während der Annäherung ist beim Einbiegen/Kreuzen genauso wenig durch Warnung/Teileingriff abzudecken. Die Entscheidung, eine bereits begonnene Bremsung abzubrechen und – aufgrund falscher Wahrnehmung oder Fehlinterpretation des Querverkehrs – in die Kreuzung einzufahren, lässt sich, wie in ▶ Abschn. 51.3 beschrieben, erst dann erkennen, wenn eine Warnung nicht mehr zielführend wäre. Da beim Einbiegen/Kreuzen als Unfallursache häufig Fehler bei der Erkennung/Beurteilung des Querverkehrs vorliegen, ist das Unfallvermeidungspotenzial eines ausschließlich warnenden Systems gegenüber einem volleingreifenden System deutlich eingeschränkt [14].

Eine weitere Möglichkeit, die sich aus dem Fahrerverhalten ergebenden Grenzen zu verschieben, besteht darin, für besonders kritische Situationen eine Toleranzzone vorzusehen: Ein prototypisch umgesetzter Linksabbiegeassistent beispielsweise vermeidet das Eindringen in den Fahrstreifen des Gegenverkehrs selbst unter Verwendung einer autonomen Notbremsung nur in etwa 80 % der Fälle, jedoch kommt das Ego-Fahrzeug für 95 % der Versuchsfahrten so zum Stehen, dass die Eindringtiefe in den Gegenverkehr kleiner gleich 20 cm ist, so dass auch hier von einer Vermeidbarkeit des Unfalls ausgegangen wird [17].

Für alle genannten Teil- und Volleingriffe gilt, dass der Fahrer in der Lage sein muss, sie zu übersteuern: Eine Möglichkeit hierzu ist die Verwendung der Kick-Down-Stellung des Fahrpedals; so kann der Fahrer beispielsweise das Festhalten des Fahrzeugs ohne die Betätigung zusätzlicher Bedienelemente übersteuern.

51.4.2 Kreuzungsassistenz für vorfahrtberechtigten Verkehrsteilnehmer

Aus Akzeptanzgesichtspunkten ist für einen vorfahrtberechtigten Verkehrsteilnehmer ein Systemeingriff – einschließlich einer Warnung – erst zum letztmöglichen Zeitpunkt, d. h. insbesondere erst dann zu empfehlen, wenn die durch das Fehlverhalten des wartepflichtigen Verkehrsteilnehmers andernfalls hervorgerufene Kollision ohne Eingriff auf Seiten des Ego-Fahrzeugs unvermeidbar wäre. Dies führt zu einem signifikant geringeren Zeitbudget zur Kollisionsvermeidung. Daher ist das Potenzial einer Warnung als Vorstufe zum aktiven Systemeingriff in einem solchen Szenario zu vernachlässigen und eine entsprechende HMI-Ausprägung eher als Information des Fahrers über den Systemeingriff einzuordnen.

Wie hergeleitet (▶ Abschn. 51.2.5) gilt es je nach Situation, bspw. beschrieben durch die beiden Kennwerte $t_{tB,ego}$ und $t_{tB,obs}$, die durch den wartepflichtigen Kollisionspartner nicht mehr vermeidbare Kollision durch eine Notbremsung oder ein Notausweichmanöver des vorfahrtberechtigten Teilnehmers zu verhindern.

Der wesentliche Schritt dabei ist die Beantwortung der Frage, ob zum Zeitpunkt $t_{tB,obs} = 0$ ein Ausweichen noch möglich ist oder nicht. In Längsverkehrsszenarien wird hierzu in der Regel von einem situationsabhängig konstanten Ausweichversatz zur Vermeidung einer Kollision ausgegangen. Im Kapitel „Grundlagen von Frontkollisionsschutzsystemen" (▶ Kap. 47) wurde hergeleitet, dass die Maximierung des streckenbezogenen Querversatzes, woraus wiederum der letztmöglichen Eingriffszeitpunkt folgt, durch ein kombiniertes Brems-/Ausweichmanöver realisiert werden kann. In Kreuzungsszenarien ist der notwendige Ausweichversatz durch die sich kreuzenden Trajektorien prinzipbedingt über die Zeit betrachtet variabel. Darüber hinaus gilt: Je länger die mit einer Ausweichtrajektorie verbundene Wegstrecke und je größer die mit der Wegstrecke einhergehende Fahrzeugverzögerung ist, desto später erreicht das Ego-Fahrzeug den potenziellen Kollisionsbereich und desto größer ist folglich aufgrund der parallel stattfindenden Bewegung des Hindernisses der notwendige Versatz, um das Hindernis erfolgreich passieren zu können. Aus diesem Grund sind neben der Kenntnis der zukünftig erreichbaren Positionen auch deren zugehörige Zeitpunkte notwendig; andernfalls können die erreichbaren Positionen des Ego-Fahrzeugs nicht mit der prädizierten Hindernisposition in Bezug gesetzt werden. Die Ausweichtrajektorie sollte unter der Randbedingung, den Kollisionsbereich schnellstmöglich wieder zu verlassen – das Hindernisobjekt sollte möglichst wenig zusätzliche Wegstrecke senkrecht zum Ego-Fahrzeug zurücklegen – den Lateralversatz maximieren. Bei der Planung der für dieses Szenario „optimalen" Trajektorie sind der verfügbare Ausweichraum, potenzielle weitere Kollisionsobjekte und die Fahrdynamikgrenzen zu berücksichtigen. Eine Möglichkeit zur Planung

51.4 · Geeignete Warn- und Eingriffsstrategien

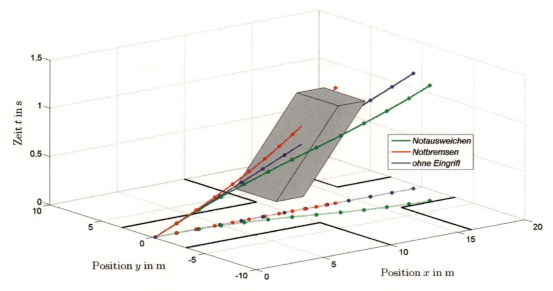

Abb. 51.6 Vergleich möglicher Handlungsalternativen mit der prädizierten Hindernistrajektorie

einer diesen Randbedingungen entsprechenden Ausweichtrajektorie ist die situationsabhängige zweifache Integration der reibwertabhängigen Sollbeschleunigung $a_{y,soll}$, wobei sich die einzelnen Zeitabschnitte – d. h. die Dauer des Ein- und Gegenlenkens – aus dem verfügbaren Ausweichraum y_{max} als maßgeblichen Einflussfaktor, gemäß den nachfolgenden Gleichungen, ergeben.

In ◘ Abb. 51.6 ist exemplarisch der Vergleich der verschiedenen Handlungsalternativen grafisch aufbereitet. Eine Maßnahme kann die Kollision nur dann vermeiden, insofern die damit einhergehende Trajektorie zu keinem Zeitpunkt die prädizierte Trajektorie des potenziellen Kollisionsobjekts berührt oder gar schneidet. Im Beispiel verbleibt somit lediglich noch ein Ausweichmanöver, um die Kollision zu vermeiden.

Ist aufgrund der jeweiligen Konstellation – bedingt durch den verfügbaren Ausweichraum oder das grundsätzliche Annäherungsverhalten der beiden Beteiligten – weder ein die Kollision vermeidendes Bremsen noch ein Ausweichen durchführbar, so verbleibt als letztmögliche Maßnahme noch die Linderung der Kollisionsfolgen.

Maßgeblich für die Folgen einer Kollision im Kreuzungsbereich ist, neben dem während der Kollision abgebauten Geschwindigkeitsvektor Δv, der Kollisionspunkt am Fahrzeug. Dies gilt insbesondere für eine Kollision auf Höhe der Fahrgastzelle, die statistisch betrachtet eine höhere Verletzungsschwere zur Folge hat. Ein in Kreuzungsszenarien die Folgen lindernder Eingriff sollte demnach – wenn eine Kollision unvermeidlich ist – die Kollisionsgeschwindigkeit minimieren und den Kollisionspunkt am Fahrzeug auf einen Punkt außerhalb der Fahrgastzelle verlagern. Eine solche Verlagerung kann durch eine gezielte Dosierung der Verzögerung [22] oder eine parallele Längs- und Querregelung der Fahrzeugbewegung [21] erreicht werden. Neben der Möglichkeit der nahezu vollständigen Ausnutzung des verfügbaren Kraftschlusspotenzials Reifen – Fahrbahn führt ein kombinierter Quer- und Längseingriff aufgrund der bereits diskutierten Ausweichrichtung – in Bewegungsrichtung des Hindernisses (vergleiche ▶ Abschn. 51.2.5) – zu einer Reduzierung des Kollisionswinkels. Dies wiederum hat die weitere Reduktion der während der Kollision abgebauten Relativgeschwindigkeit zur Folge, gleichbedeutend mit einer zusätzlichen Linderung der Kollisionsfolgen.

In [21] wird eine Möglichkeit zur Realisierung eines solchen Ausweichmanövers auf Basis der Betrachtung einer Trajektorienschar mit variierten Beschleunigungsvektoren $\vec{a}_i$ beschrieben, durch deren Betrag $\|\vec{a}_i\| = \mu \cdot g$ sowie dem zugehörigen Winkel γ_i – gemäß den nachfolgenden Gl. 51.3 bis 51.6 vorgestellt:

$$x = \int v \cdot \cos\psi_\kappa \, dt,$$

$$y = \int v \cdot \sin\psi_\kappa \, dt,$$

$$v = v_0 + \int a_{x,soll}(\gamma) \, dt,$$

$$\psi = \int \frac{a_{y,soll}(\gamma)}{v} \, dt.$$

Der Winkel γ wird dabei von $\gamma_0 = 0°$ (Vollverzögerung) bis $\gamma_{max} = 90°$ (maximaler Lenkeingriff ohne Bremsbetätigung) variiert. Abhängig von der Bewegungsrichtung des Hindernisses können die im Prädiktionszeitraum t_{pred} mit variiertem γ erreichbaren Positionen der für den Stoßpunkt relevanten vorderen Fahrzeugecke $P_{ego,\gamma,t}$, mit der jeweils prädizierten Position eines zu definierenden Soll-Kollisionspunktes $P_{obs,soll,t}$ am Hindernisobjekt verglichen werden (vgl. ◘ Abb. 51.7). Das Minimum dieser Differenzbetrachtung nach Gl. 51.7 beschreibt die minimal realisierbare euklidische Distanz zum Sollkollisionspunkt, der mit zugrunde liegender Trajektorienschar im betrachteten Prädiktionszeitraum realisiert werden kann. Insofern dieses einen zu definierenden Grenzwert Δs_{max} nicht überschreitet, bestimmt es über das korrespondierende $\gamma = \gamma_{CM}$, umgerechnet in den zugehörigen Beschleunigungsvektor, die Vorgabe an die Trajektorienregelung sowie über $t = t_{CM}$ den prädizierten Kollisionszeitpunkt:

$$Min \sum_{\gamma=\gamma_0}^{\gamma_{max}} \sum_{t=t_0}^{t_{pred}} (P_{ego,\gamma,t} - P_{obs,soll,t}) = \Delta s_{\gamma_{CM}, t_{CM}}.$$

Der aus Ausweichmanövern im Längsverkehr bekannte Ansatz der Übertragung des Kammschen Kreises in den Ortsraum ist bei vorliegender Problematik nicht zielführend. Bei einem Ausweichen ohne Zurücklenken führt dieser Ansatz, bedingt durch die Vernachlässigung der Kurswinkeländerung während des Manövers, mit zunehmender Manöverdauer zu steigenden Abweichungen zwischen Soll- und Ist-Position (siehe ▶ Kap. 47). Die Abweichungen überschreiten bei weitem die Toleranz für den Zielbereich eines die Kollisionsfolgen durch Verlagerung des Kollisionspunktes lindernden Manövers (Bereich des Hindernisfahrzeugs vor der Vorderachse), so dass eine gewünschte Kollisionskonstellation auf diese Weise nicht sichergestellt werden könnte.

51.5 Herausforderungen bei der Umsetzung

Die Unfalldatenanalyse verdeutlicht, dass im Kreuzungsbereich ein vergleichsweise hohes Potenzial zur Erhöhung der Verkehrssicherheit besteht, insbesondere, da derzeit kein Seriensystem zur umfassenden Kreuzungsassistenz verfügbar ist. Einen ersten Schritt in diese Richtung geht die im Sommer 2013 in der Mercedes-Benz S-Klasse (W222) eingeführte Ausprägung des Bremsassistenten „BAS plus", die Fußgänger und als Neuerung im Vergleich zu bereits verfügbaren Systemen (▶ Kap. 47) erstmals auch Fahrzeuge im Querverkehr erkennen kann. Auf Basis dieser Erkennung kann der Fahrer im Kreuzungsbereich vor Querverkehr gewarnt werden; zusätzlich wird die Bremsleistung einer vom Fahrer eingeleiteten Gefahrenbremsung situationsgerecht verstärkt. Der Hersteller selbst bezeichnet das System daher als Bremsassistenten mit Fußgänger- und querverkehrsspezifischer Funktionalität [23]. Da das System eine Reaktion des Fahrers auf die vorliegende Gefahrensituation voraussetzt, fällt es noch nicht in die Kategorie eines Kreuzungsassistenzsystems im Sinne dieses Kapitels.

Ein möglicher Grund dafür, dass sich die Einführung designierter Kreuzungsassistenzsysteme in Serie – trotz diverser Forschungsaktivitäten in den vergangenen Jahren – schwierig gestaltet, ist die vergleichsweise komplexe Verkehrssituation im Kreuzungsbereich, die hohe Anforderungen insbesondere an die benötigte Umfeldsensorik stellt. Abhängig von der umzusetzenden Assistenzfunktion ergeben sich Informationsanforderungen, die sich mit aktuellen Seriensensoren nicht oder nur

51.5 · Herausforderungen bei der Umsetzung

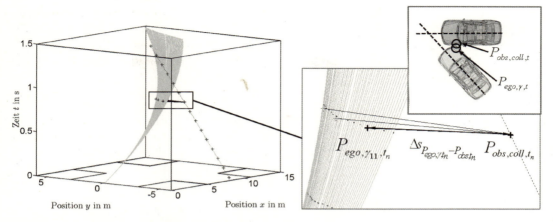

Abb. 51.7 Prädiktion – Vergleich erreichbare Positionen mit Soll-Stoßpunkt

teilweise erfüllen lassen: Entsprechend leiten sich Einschränkungen an die realisierbaren Assistenzfunktionen ab.

Während für die Umsetzung des beschriebenen STOP-Schild-Assistenten die Kenntnis über die vorliegende Verkehrsregelung und über den Abstand zur Haltelinie ausreichen, erfordern die beschriebenen Systeme zu Abbiege- oder Einbiege-Kreuzen-Assistenten zusätzliche Informationen über Position und Fahrzustandsgrößen anderer Fahrzeuge im vorfahrtsberechtigten Verkehr sowie grundlegende Daten über die Geometrie der vorliegenden Kreuzung. Geometrie, Position und Vorfahrtsregelung der Kreuzung ließen sich beispielsweise in einer digitalen Karte vermerken [24] (mit den bekannten Problemen hinsichtlich der Aktualität des Kartenmaterials).

Die Herausforderung aus Sicht der Sensorik liegt in der Bestimmung der Position des eigenen Fahrzeugs und in der Erkennung des Fremdverkehrs; letzteres erweist sich unter Verzicht auf Kommunikation insbesondere im Fall von Sichtbehinderung als große Einschränkung für Systeme zur Einbiegen-/Kreuzen- und Abbiegeassistenz. Dann nämlich ist der Nutzen autarker Umfeldsensoren (Radar, Lidar oder Video) begrenzt, da durch Objekte wie parkende Fahrzeuge je nach Unfallszenario auch der Erfassungsbereich der Sensoren eingeschränkt wird. Hier werden die Vorzüge von Kommunikationslösungen deutlich, die den Informationsaustausch zwischen Fahrzeugen – ungeachtet parkender Fahrzeuge etc. – ermöglichen.

Ein spürbarer Sicherheitsgewinn ist in diesem Fall jedoch erst zu erwarten, wenn ein relevanter Anteil der Fahrzeuge oder Kreuzungen mit entsprechenden Kommunikationssystemen ausgerüstet ist. In diesem Zusammenhang ist beispielsweise das Forschungsprojekt simTD zu nennen, in dem Kommunikationstechniken unter anderem hinsichtlich ihrer Eignung für Kreuzungsassistenzanwendungen untersucht werden [25].

Stehen alle erforderlichen Informationen zur Verfügung, so ergeben sich aus der Genauigkeit dieser Daten zusätzliche Einschränkungen für die vermeidbaren Unfalltypen. Am Beispiel der Haltewunscherkennung des vorgestellten Einbiege-Kreuzen-Assistenten ist dieser Zusammenhang in ◘ Abb. 51.8 qualitativ dargestellt [14]: Abgebildet sind das Anhalteverhalten eines eher sportlichen Fahrers, der geschwindigkeitsabhängige Bremsweg des Fahrzeugs bei als konstant angenommener Verzögerung ($a_x = -8\,\text{m/s}^2$) und der Anhalteweg des Fahrzeugs. Dieser Anhalteweg entspricht dem spätestmöglichen Warnpunkt bei Einsatz einer Teilbremsung und setzt sich vereinfacht aus dem während der Reaktionszeit des Fahrers teilverzögert zurückgelegten Weg ($TR = 1\,\text{s}; a_x = -2\,\text{m/s}^2$) und dem Bremsweg zusammen.

Die Abbildung zeigt, dass sich das Anhalteverhalten des eher sportlichen Fahrers mit abnehmendem Abstand zur Kreuzung näher an die Kurve des spätestmöglichen Warnpunktes anschmiegt und diese sogar schneidet. Dementsprechend ist das Warndilemma für diesen Fahrertyp nur ober-

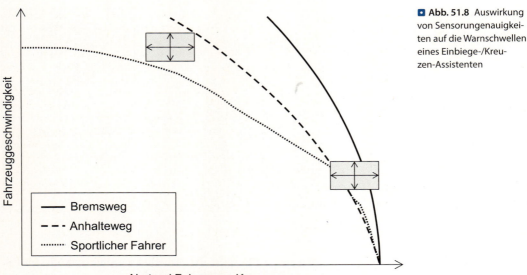

Abb. 51.8 Auswirkung von Sensorungenauigkeiten auf die Warnschwellen eines Einbiege-/Kreuzen-Assistenten

halb der durch diesen Schnittpunkt gegebenen Mindestgeschwindigkeit beherrschbar. Ergeben sich nun Ungenauigkeiten in der Bestimmung von Abstand und Geschwindigkeit (in Abb. 51.8 beispielhaft durch Rechtecke für eine fiktive Sensorik dargestellt), so ist dies bei der Auswahl eines geeigneten Warnkriteriums zu berücksichtigen. Für den in Abb. 51.8 dargestellten Fall bedeutet dies, dass die Mindestgeschwindigkeit, unterhalb derer keine rechtzeitige Aussage über die Notwendigkeit einer Warnung möglich ist, mit zunehmender Ungenauigkeit der genannten Eingangsgrößen ansteigt. Ein ähnlicher Zusammenhang zeigt sich bei der Berücksichtigung anderer Verkehrsteilnehmer. Auch hier ergeben sich mit abnehmender Fahrzeuggeschwindigkeit höhere Sensoranforderungen [14]. Somit entstehen gerade für den hinsichtlich des Unfallgeschehens besonders interessanten innerstädtischen Bereich – aufgrund der geringeren Geschwindigkeit – höhere Anforderungen bezüglich der Sensorgenauigkeit.

Zusätzliche Bedingung für eine Verringerung der Unfallzahlen an Kreuzungen ist, dass der Fahrer tatsächlich bereit ist, Systeme zur Kreuzungsassistenz zu nutzen. Daher ist bereits in einer frühen Entwicklungsphase sicherzustellen, dass der Fahrer die beschriebenen Systemfunktionen annimmt und akzeptiert. Für einen Teil der vorgestellten Funktionen erfolgte eine Evaluierung der Mensch-Maschine-Interaktion in Probandenversuchen im dynamischen Fahrsimulator der BMW Group [26]. Die im Rahmen dieser Versuche gewonnenen Daten lassen erste Abschätzungen hinsichtlich Sicherheitserhöhung, Entlastungspotenzial für den Fahrer, aber auch hinsichtlich möglicher Risikokompensation zu. Im Rahmen abgeschlossener Forschungsprojekte wie AKTIV und INTERSAFE-2 existieren zudem prototypisch umgesetzte Kreuzungsassistenzsysteme im Fahrzeug [27, 28].

Die aufgeführten Funktionalitäten adressieren jeweils nur einen Teil des Unfallgeschehens im Kreuzungsbereich. Ausblickend erscheint die Integration unterschiedlicher kreuzungsspezifischer Assistenzfunktionen in einem Kreuzungsassistenzsystem sinnvoll. Aus technischer Sicht ergeben sich einerseits Synergieeffekte hinsichtlich der erforderlichen Technologien, andererseits ist die Unterstützung des Fahrers durch ein einheitliches Human-Machine-Interface (HMI) möglich. Zudem erscheint ein sämtliche Szenarien abdeckendes Kreuzungsassistenzsystem gegenüber Insellösungen hinsichtlich der zu erwartenden Fahrerakzeptanz vorteilhaft. Als Ergebnis des EU-Projekts PReVENT sind erste Schritte in Richtung eines derartigen, umfassenden Kreuzungsassistenten erkennbar [9].

Als möglicher Treiber für die baldige Einführung von Kreuzungsassistenzsystemen – auch außerhalb des Segments der Premium- und Oberklassefahrzeuge – könnte sich die Verbraucherschutzorganisation Euro NCAP erweisen: diese hat für die kommenden Jahre eine Erweiterung der bestehenden Testverfahren zur Bewertung der Fahrzeugsicherheit angekündigt [29]. Das künftige Sterne-Rating könnte daher auch Tests von Notbremssystemen in typischen Kreuzungsszenarien beinhalten.

Danksagung

Herzlicher Dank gilt Matthias Hopstock, der als Koautor dieses Kapitels an der ersten und zweiten Auflage des Handbuchs Fahrerassistenzsysteme beteiligt war.

Literatur

1. Institut für Straßenverkehr: Unfalltypenkatalog. Gesamtverband der Deutschen Versicherungswirtschaft e.V., Köln (1998)
2. Statistisches Bundesamt: Verkehr – Verkehrsunfälle 2009 Fachserie 8/Reihe 7. Statistisches Bundesamt, Wiesbaden (2010)
3. Hoppe, M., Zobel, R., Schlag, B.: Identifikation von Einflussgrößen auf Verkehrsunfälle als Grundlage für die Beurteilung von Fahrerassistenzsystemen am Beispiel von Kreuzungsunfällen. In: Fahrer im 21st. Jahrhundert. VDI-Verlag, Braunschweig (2007)
4. D40.4 „INTERSAFE Requirements", PReVENT SP Deliverable, Brüssel, 2005
5. GIDAS – German In-Depth Accident Study – Unfalldatenbank Stand 07.2010, Dresden und Hannover, 2010
6. Meitinger, K.-H., et al.: Systematische Top-Down-Entwicklung von Kreuzungsassistenzsystemen VDI-Berichte, Bd. 1864. (2004)
7. Garber, N., Miller, J., Abel, R., et al.: The Impact of Red Light Cameras (Photo-Red Enforcement) on Crashes in Virginia, Virginia Transportation Research Council, Final Report, Charlottesville (2007)
8. Yan, X., Radwan, E., Klee, H., Guo, D.: Driver Behavior During Yellow Change Interval. In: Proceedings of DSC North America, Orlando (2005)
9. Hopstock, M., Klanner, F.: Intersection Safety – Just a Vision? BMW Activities for Active and Preventive Safety at Intersections. In: Proceedings of Car Safety, Berlin (2007)
10. Kosch, T., Ehmanns, D.: Entwicklung von Kreuzungsassistenzsystemen und Funktionalitätserweiterungen durch den Einsatz von Kommunikationstechnologien. In: Aktive Sicherheit durch Fahrerassistenzsysteme, München (2006)
11. Donath, M., et al.: Intersection Decision Support: An Overview – Final Report. University of Minnesota, September (2007)
12. Hopstock, M.: Advanced Systems for Intersection Safety within the BMW Dynamic Driving Simulator. In: Proceedings of PReVENT in Action, Versailles (2007)
13. Klanner, F.: Entwicklung eines kommunikationsbasierten Querverkehrsassistenten im Fahrzeug VDI-Berichte Reihe 12, Bd. 685. VDI-Verlag, Düsseldorf (2008)
14. Mages, M.: Top-Down-Funktionsentwicklung eines Einbiege- und Kreuzenassistenten VDI Berichte Reihe 12, Bd. 694. VDI-Verlag, Düsseldorf (2009)
15. Suzuki, T., Benmimoun, A., Chen, J.: Development of an Intersection Assistant. Technischer Bericht, Denso Automotive 12(1), 94 (2007)
16. Pierowicz, J., et al.: Intersection Collision Avoidance Using IST Countermeasures, NHTSA DOT HS 809 171, Final Report (2000)
17. Meitinger, K.-H., Heißing, B., Ehmanns, D.: Linksabbiegeassistenz – Beispiel für die Top-Down-Entwicklung eines aktiven Sicherheitssystems. In: Aktive Sicherheit durch Fahrerassistenzsysteme, München (2006)
18. Chovan, J., Tijerina, L., Everson, J., Pierowicz, J., Hendricks, D.: Examination of Intersection, Left Turn Across Path Crashes and Potential IVHS Countermeasures, Potential IVHS Countermeasures, Cambridge (1994)
19. Branz, W., Öchsle, F.: Intersection Assistance – Collision Avoidance System for Turns Across Opposing Lanes of Traffic. In: Proceedings of 5th European Congress on ITS, Hannover (2005)
20. Kraftfahrt-Bundesamt: Bestand an Kraftfahrzeugen und Kraftfahrzeuganhängern nach Fahrzeugalter, FZ 15, 2012
21. Stoff, A., Liers, H.: Ausweichfunktionalität für Kreuzungsszenarien zur Unfallfolgenlinderung durch Optimierung der Crash-Kompatibilität. In: 9. VDI-Tagung Fahrzeugsicherheit – Sicherheit 2.0, Berlin (2013)
22. Heck, P., et al.: Collision Mitigation for Crossing Traffic in Urban Scenarios. In: Proceedings of IEEE Intelligent Vehicles Symposium, Gold Coast (2013)
23. Daimler AG: Mercedes-Benz S-Klasse Werbebroschüre. Daimler AG, Stuttgart (2013)
24. Weiss, T., Dietmayer, K.: Automatic Detection of Traffic Infrastructure Objects for the Rapid Generation of Detailed Digital Maps Using Laser Scanners. In: Proceedings of IEEE Intelligent Vehicles Symposium. IEEE Intelligent Transportation Systems Society, Istanbul (2007)
25. simTD Deliverable D21.4 – Spezifikation der Kommunikationsprotokolle, Sindelfingen, 2009
26. Gradenegger, B., et al.: Untersuchung des Linksabbiegeassistenten, des Querverkehrsassistenten, des Ampelassistenten und des potentiellen Nutzens eines Workload-Management-Systems, Abschlussbericht. Würzburger Institut für Verkehrswissenschaften, Würzburg (2006)
27. AKTIV Internetseite: www.aktiv-online.org (abgerufen am 16.12.2010)
28. Meinecke, M.-M. et al.: User Needs and Operational Requirements for a Cooperative Intersecion Safety System, Intersafe2 Deliverable 3.1, 2009
29. Euro NCAP: 2020 ROADMAP, Brüssel, June 2013

Stauassistenz und -automation

Stefan Lüke, Oliver Fochler, Thomas Schaller, Uwe Regensburger

52.1 Einleitung – 996

52.2 Umfeldinformationen – 997

52.3 Ausprägungsstufen – 998

52.4 Interaktion von Fahrer und System – 1003

52.5 Schlussbemerkungen – 1007

Literatur – 1007

52.1 Einleitung

Die Stausituation, s. ◘ Abb. 52.1, wird von jedem Autofahrer als belastend und störend empfunden: Der meist unvorhergesehene zusätzliche Zeitaufwand durch einen Stau bei einer Fahrt zur Arbeit, zum Einkaufen, zu Freunden oder in den Urlaub beinhaltet ein hohes Maß an Unzufriedenheit, Stress und Aggression.

Somit stellt der Stau eine der Situationen dar, in denen ein hoher Automatisierungsgrad einen hohen Kundennutzen erwarten lässt – wenn die Situation an sich nicht vermeidbar ist. Des Weiteren können aufgrund der vergleichsweise wenig komplexen Situation schon in naher Zukunft hohe Automatisierungsgrade im Stau erwartet werden. Im Folgenden soll dazu auf die Motivation, Bedingungen und Ausprägungen der Assistenz und Automation im Stau näher eingegangen werden.

52.1.1 Motivation

Heutige Assistenzsysteme für den Stop-and-go-Verkehr übernehmen nur die Längsregelung und entlasten den Fahrer damit nur teilweise von der Fahraufgabe; durch die zusätzliche Assistenz oder Automation der Querführungsaufgabe kann der Fahrer weiter entlastet werden. Bei der Systemausprägung stehen rechtliche Rahmenbedingungen, Systemkosten, Haftungsfragen und zusätzliche Automatisierungsrisiken einem hohen Automatisierungsgrad gegenüber.

Adaptive Cruise Control (ACC)-Systeme, die – zumeist radargestützt – die Längsführung des Fahrzeugs übernehmen, haben sich auf dem Markt etabliert und werden inzwischen von nahezu allen Herstellern angeboten. In den letzten Jahren wurden vermehrt Full Speed Range Adaptive Cruise Control (FSRA)-Systeme (s. ▶ Kap. 46) eingeführt, die eine Regelung der Geschwindigkeit bis hin zum Stillstand des Fahrzeugs inklusive anschließendem Wiederanfahren bieten.

Der größere Fahrernutzen solcher Systeme lässt zudem eine verstärkte Nutzung durch die Kunden erwarten. Eine längere Nutzungszeit von Regelsystemen erhöht wiederum die damit verbundenen Vorteile einer flüssigeren Fahrweise, wie beispielsweise eine verbesserte CO_2-Effizienz.

52.1.2 Nutzerakzeptanz

Eine wachsende Zahl von Nutzern ist durch die zunehmende Verbreitung von ACC-Systemen inzwischen mit der Übernahme der Längsführung durch das Fahrzeug vertraut. Im Stau oder stockenden Verkehr müssen Fahrer bei diesen Systemen jedoch noch permanent die Querführung gewährleisten. Studien zeigen, dass die meisten Fahrer daher Systeme bevorzugen würden, die ihnen in Stop-and-go-Situationen auch die Querführung abnehmen. Aus Kundensicht stehen dabei sowohl die Entlastung von den monotonen Fahraufgaben im Stau als auch das erhöhte Sicherheitsgefühl bei möglichen Nebentätigkeiten im Vordergrund [1]. Es ist demnach davon auszugehen, dass die Erweiterung der reinen FSRA-Lösung um eine Querführungsfunktion die Attraktivität und Marktchancen dieser Systeme weiter steigern wird.

52.1.3 Begriffsdefinitionen

Zur begrifflichen und rechtlichen Einordnung verschiedener Realisierungsformen der Systeme zur Unterstützung des Fahrers in Stausituationen ist es sinnvoll, diese nicht einzeln zu betrachten, sondern sie anhand einer allgemein gefassteren Kategorisierung zu bewerten. Eine solche begriffliche Kategorisierung von Ausprägungsstufen allgemeiner Assistenz- oder Automationssysteme findet sich in einem Bericht der Bundesanstalt für Straßenwesen (BASt) [2]. Details zur rechtlichen Einordnung dieser Systeme sind in ▶ Kap. 3 dieses Buches ausgeführt. Entscheidend für die Diskussion an dieser Stelle sind die Definitionen der Ausprägungsstufen und deren Implikationen für die Verantwortlichkeit des Fahrers hinsichtlich der Fahrzeugführung in der Stausituation.

Bei assistierten Systemen übernimmt das System entweder die Längs- oder die Querführung des Fahrzeugs in gewissen Grenzen, wobei sich daraus ableitet, dass der Fahrer wegen der verbleibenden Aufgabe das System jederzeit überwacht und zur Übernahme der Fahrzeugführung bereit ist. Teilautomatisierte Systeme übernehmen nun gleichzeitig die Längs- und die Querführung in bestimmten Szenarien, der Fahrer muss das System aber auch hier dauerhaft überwachen und zur sofortigen Über-

52.2 · Umfeldinformationen

Abb. 52.1 Beispielhafte Stausituation auf deutscher Autobahn

nahme der Fahraufgabe bereit sein. Eine hierzu mögliche Maßnahme ist der Hands-on-Zwang. Eine Hands-off-Erkennung – bezogen auf das Lenkrad – und eine damit verknüpfte Deaktivierungsstrategie sollen verhindern, dass der Fahrer sich längere Zeit vom Verkehrsgeschehen abwendet. Ein entscheidender Schritt ergibt sich daher beim Übergang zu hochautomatisierten Systemen, die dem Fahrer in spezifischen Situationen eine Zeitreserve zur Übernahme der Fahrzeugführung einräumen und ihn von der Verantwortung der dauerhaften Überwachung des Systems entbinden. Die höchste Ausprägungsstufe bilden vollautomatisierte Systeme, die den Fahrer in definierten Anwendungsfällen vollständig von der Überwachung des Systems entbinden.

Ein für das praktische Erleben des Systems relevanter Aspekt ist die Frage, ob und wie lange der Fahrer die Hände vom Lenkrad nehmen, also „hands-off" fahren kann. Auch teilautomatisierte Systeme können dies dem Fahrer bereits ermöglichen, solange überraschende Situationen durch den – per definitionem jederzeit aufmerksamen – Fahrer sicher bewältigt werden können [2]. Ein deutlicher Komfortgewinn ergibt sich, wenn der Fahrer die Hände im Stop-and-go-Verkehr für längere Zeit vom Lenkrad nehmen und sich damit auch fahrfremden Tätigkeiten widmen kann.

52.2 Umfeldinformationen

Bevor auf die verschiedenen Ausprägungen und regelungstechnischen Aspekte der Stauassistenz und Stauautomation einzugehen ist, wird hier zunächst die Frage behandelt, welche Informationen über die Umgebung für die Realisation der Funktionen zur Verfügung stehen (müssen) und wie diese gesammelt werden.

Grundlage für alle Funktionen der Staunterstützung bilden zum einen Informationen über Fahrstreifenstrukturierung – z. B. Fahrstreifenmarkierungen – und zum anderen Informationen über weitere Verkehrsteilnehmer, die sich in unmittelbarer Nachbarschaft zum eigenen Fahrzeug befinden. Fahrbahnmarkierungen werden üblicherweise mit kamerabasierten Systemen (vgl. ▶ Kap. 21) detektiert, Daten über Positionen und Bewegungen umgebender Fahrzeuge sind u. a. über Radarsysteme (s. ▶ Kap. 17) und/oder Kamerasysteme mit entsprechenden Objekterkennungsalgorithmen verfügbar (s. ▶ Kap. 25).

Für eine grundlegende Basis-Funktionalität einer Stauunterstützung ist zunächst die Kenntnis über die unmittelbar vor dem eigenen Fahrzeug liegenden Fahrstreifenbegrenzungen und über Position und Bewegungszustand des Vorderfahrzeugs

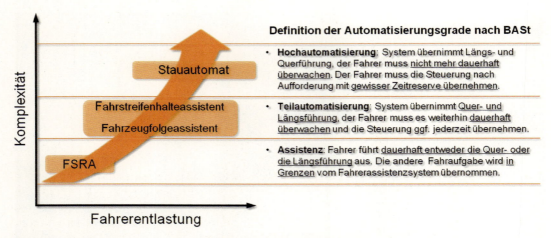

● Abb. 52.2 Illustration der Abstufungen in Komplexität und Größe der Fahrerentlastung

ausreichend. Damit sind in vielen heutigen Fahrzeugen, die mit Frontradaren für ACC-Systeme (s. ▶ Kap. 46) und Kameras für Lane Departure Warning oder Lane Keeping Support (s. ▶ Kap. 49) ausgerüstet sind, bereits die sensorischen Grundlagen verfügbar. Insbesondere in dichtem Verkehr, wo Fahrstreifenmarkierungen durch das vorausfahrende Fahrzeug ganz oder teilweise verdeckt sein können, muss die Fahrzeugquerregelung eine Mischung aus Orientierung an Fahrstreifenmarkierungen und Vorderfahrzeug vorsehen.

Für eine umfassendere, weitergehende Entlastung des Fahrers sind Informationen über den seitlichen und rückwärtigen Verkehr unerlässlich. Seitlich fahrende Fahrzeuge und seitlich liegende Fahrstreifenmarkierungen könnten hierbei durch seitlich und rückwärtig angebrachte Kameras eines sogenannten Surround-View-Systems erfasst werden. Auch Nahbereichsradare zur Verfolgung seitlich fahrender Fahrzeuge können hier zum Einsatz kommen. Aufgrund der vergleichsweise niedrigen Relativgeschwindigkeiten in den für Stausysteme relevanten Szenarien kann auf rückwärtige Fernbereichsradare verzichtet werden.

GPS-Unterstützung könnte in niedrigen Automatisierungsstufen dazu verwendet werden, um die Funktion auf sichere und daher dem vorgesehenen Nutzungsszenario entsprechende Bereiche – beispielsweise Autobahnen – einzuschränken. Kartendaten können aber auch zur Verbesserung der Systemverfügbarkeit genutzt werden: Wird die Komplexität des betrachteten Systems bis hin zu hochautomatisierten Funktionen gesteigert, so kann die Einbindung von GPS-Positionen und hochgenauen Kartendaten nötig werden, um die erforderliche Redundanz hinsichtlich der Anzahl und Krümmung der Fahrstreifen zu erlangen. Diese Informationen spielen insbesondere für eine Applikation der Funktionen auf innerstädtische Szenarien eine entscheidende Rolle. Der Abgleich mit der sensorischen Erfassung von über Fahrbahnmarkierungen hinausgehenden Landmarken, beispielsweise Brückenpfeilern oder Verkehrszeichen, ist in solchen Realisierungen naheliegend.

52.3 Ausprägungsstufen

52.3.1 Stop-and-go-Assistent mit reiner Längsregelung

FSRA kann funktional und technisch als Grundlage für die weitergehenden Ausprägungsstufen der Stauassistenz und -automation, s. ● Abb. 52.2, gesehen werden, da es die komplette Längsregelung eines Fahrzeugs abdeckt.

Neben der Assistenz bei der Längsführung muss der Fahrer bei FSRA-Systemen die Querführung permanent selbst durchführen. Das System bleibt somit technisch und rechtlich ein Assistenzsystem, bei dem der Fahrer in seiner Fahraufgabe unterstützt wird, ohne zu irgendeinem Zeitpunkt die Verantwortung abzugeben.

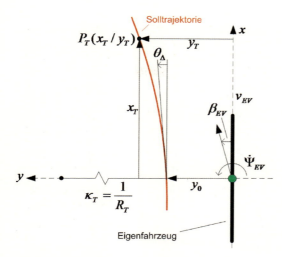

Abb. 52.3 Illustration der relevanten Größen für die Beschreibung der Trajektorienregelung

52.3.2 Stauassistent (Fahrzeugfolge- und Fahrstreifenhalteassistent)

Gegenüber einer Längsführungsassistenz durch FSRA unterstützen Assistenzsysteme für Stausituationen auch in der Querführung. Dies geschieht über das Aufbringen eines Lenkmoments, mit dem Ziel, dass das Fahrzeug einer definierten Solltrajektorie folgt.

Zur Berechnung dieser Solltrajektorie liegen dem System, wie in ▶ Abschn. 52.2 erläutert, zwei grundsätzlich diversitäre Informationen vor: zum einen die Position – und somit die Bewegung relevanter Fahrzeuge – und zum anderen die Information über Fahrstreifenmarkierungen. Damit ein entsprechender Bahnregler aufgesetzt werden kann, muss die zum Ego-Fahrzeug relative Solltrajektorie aus den Daten Abweichung y_0 (Exzentrizität im Fahrstreifen), Orientierung θ_Δ (Heading) zur Trajektorie und Trajektorienkrümmung κ_T bestehen (vgl. ◘ Abb. 52.3). Da diese die Eingangsgrößen für den Vorausschauregler in ◘ Abb. 52.4 darstellen, sollen diese Werte über ein Kalman-Filter beobachtet werden. Der Aufbau dieses Filters ist im Folgenden dargestellt.

Die Bewegung eines Fahrzeugs entlang einer Trajektorie kann unter Berücksichtigung der Fahrzeugeigenbewegung (Eigengeschwindigkeit v_{EV}, Schwimmwinkel β_{EV} und Gierrate $\dot\Psi_{EV}$) mit folgenden Bewegungsgleichungen dargestellt werden:

$$\begin{pmatrix} \dot y_0 \\ \dot\theta_\Delta \\ \dot\kappa_T \end{pmatrix} = \begin{pmatrix} 0 & v_{EV} & 0 \\ 0 & 0 & v_{EV} \\ 0 & 0 & 0 \end{pmatrix} \cdot \begin{pmatrix} y_0 \\ \theta_\Delta \\ \kappa_T \end{pmatrix}$$
$$+ \begin{pmatrix} -v_{EV} & 0 \\ 0 & -1 \\ 0 & 0 \end{pmatrix} \cdot \begin{pmatrix} \beta_{EV} \\ \dot\Psi_{EV} \end{pmatrix}. \quad (52.1)$$

Um für den Fahrzeugfolgemodus die relative Position des Vorderfahrzeugs $P_{FC}(x_{FC}/y_{FC})$ zu berücksichtigen, wird angenommen, dass sich das Vorderfahrzeug entlang der Solltrajektorie bewegt, wodurch mit $x_T = x_{FC}$ und $y_T = y_{FC}$ gilt:

$$y_{FC} = y_0 + x_{FC} \cdot \theta_\Delta + \frac{1}{2} \cdot x_{FC}^2 \cdot \kappa_T. \quad (52.2)$$

Informationen aus der Kamera-Bildverarbeitung über die relative Position von Fahrstreifenmarkierungen und somit der Abstand zur Mitte des Fahrstreifens $y_{0_{BV}}$, die Orientierung $\theta_{\Delta_{BV}}$ zu den Linien und der Krümmung der Fahrbahn $\kappa_{T_{BV}}$ können direkt dazu genutzt werden, eine Solltrajektorie zur Querführung zur Fahrstreifenmitte – Mitte zwischen zwei Fahrstreifenmarkierungen – zu errechnen. Der Index BV verdeutlicht hier die Herkunft der Fahrstreifenmarkierungsinformation aus der Bildverarbeitung.

Somit gilt für die Messgleichung:

$$\begin{pmatrix} y_{FC} \\ y_{0_{BV}} \\ \theta_{\Delta_{BV}} \\ \kappa_{T_{BV}} \end{pmatrix} = \begin{pmatrix} 1 & x_{FC} & \frac{1}{2}x_{FC}^2 \\ 1 & 0 & 0 \\ 0 & 1 & 0 \\ 0 & 0 & 1 \end{pmatrix} \cdot \begin{pmatrix} y_0 \\ \theta_\Delta \\ \kappa_T \end{pmatrix}. \quad (52.3)$$

Je nach zu erwartender Güte der für die Berechnung der Solltrajektorie relevanten Informationen kann mittels der Messwert-Kovarianzmatrix Q eine Gewichtung zwischen Vorderfahrzeug und Fahrstreifenmarkierung vorgenommen werden.

Der berechnete Zustandsvektor und somit die relative Solltrajektorie kann nun dafür verwendet werden, eine Querregelung, wie in ◘ Abb. 52.4 gezeigt, aufzusetzen. Somit wird ein Soll-Lenk-

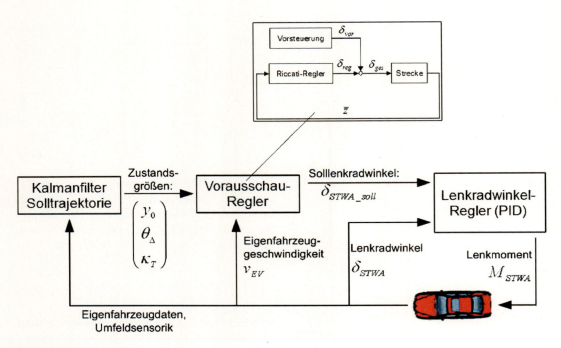

Abb. 52.4 Regelkreis für die Querregelung

moment zur Ansteuerung der Servoeinheit des Lenksystems berechnet. Durch dieses Lenkmoment erfolgt eine dauerhafte Querführung hin zur Solltrajektorie.

Stauassistenten der ersten Generation nutzen die Information über die Relativ-Position des Vorderfahrzeugs in Fällen, in denen Fahrstreifenmarkierungen nicht ausreichend erkannt werden. Die Sicht üblicher, hinter der Windschutzscheibe montierter ADAS-Kameras auf Fahrstreifenmarkierungen wird bei Staugeschwindigkeiten häufig aufgrund geringer Abstände durch andere Fahrzeuge verdeckt. Gleichzeitig stehen jedoch Informationen über das Vorderfahrzeug – vor allem in Stausituationen – wesentlich häufiger und stabiler zur Verfügung. In diesem Zustand ist der Stauassistent als Folgeassistent ausgeprägt, siehe ◘ Abb. 52.5. Dabei erhält der Fahrer ein für ihn durchgängig nachvollziehbares Systemverhalten, nämlich die Verfolgung des Vorderfahrzeugs. Bei einem Fahrstreifenwechsel des Vorderfahrzeugs muss der Fahrer die Querregelung wieder vollständig selbst übernehmen, da das System in der Ausprägung Folgeassistent dem Vorderfahrzeug auch beim Fahrstreifenwechsel folgen würde. Die Informationen aus der Detektion der Fahrstreifenmarkierungen (Exzentrizität im Fahrstreifen, Orientierung zur Trajektorie und Trajektorienkrümmung) dient – falls verfügbar – zum einen grundsätzlich der Verbesserung der Regelungsqualität durch Berücksichtigung einer globalen Orientierungs- und Krümmungsinformation. Zum anderen dient es dem Generieren einer frühzeitigen Übernahmeaufforderung und Abschaltung der Querführungsunterstützung, falls das Vorderfahrzeug die Fahrstreifenmarkierungen überschreitet und einen Fahrstreifenwechsel ausführt. Besser als ein einfaches Abschalten ist in dieser Fahrsituation ein Folgen entlang der Fahrstreifenmarkierungen (Zentrierung im Fahrstreifen), falls diese ausreichend gut und lange erkannt werden. Auf diese Weise ist es das Ziel des Assistenzsystems, das Fahrzeug bis zur Übernahme durch den Fahrer im eigenen Fahrstreifen zu halten.

Aus Sicht des Fahrers erscheint eine Querführungsunterstützung innerhalb des Fahrstreifens auf Basis der Fahrbahnmarkierung als erstrebenswert. Somit wird das Entwicklungsziel von Stauassistenten der Zukunft stärker in die Richtung Fahrstreifenhalteassistent gehen, wofür eine höhere Verfügbarkeit und stabilere Erkennung der Fahr-

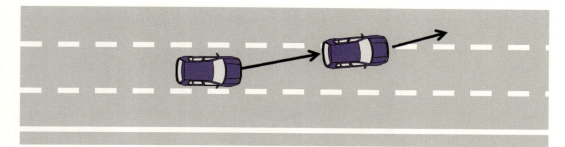

Abb. 52.5 Systemausprägung Folgeassistent

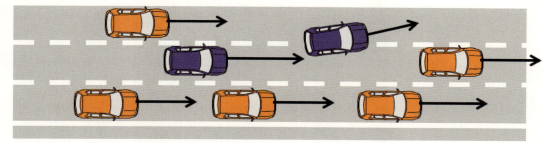

Abb. 52.6 Systemausprägung Fahrstreifenhalteassistent

streifenmarkierung nötig ist. Dies kann beispielsweise mithilfe weiterentwickelter Kamerasensoren erreicht werden, die bereits im Bereich der Einparkassistenz verwendet werden und Bildverarbeitungsalgorithmen auf Basis der Informationen von Außenspiegelkameras und Rückfahrkameras beinhalten. Außerdem kann durch erweiterte Sensorik im Seiten- und Heckbereich des Fahrzeugs die Information über umliegende Fahrzeuge dafür verwendet werden, ein „Mitschwimmen" im Stau zu ermöglichen – auch wenn kurzfristig keine Fahrstreifeninformationen zur Verfügung stehen [1].

Obwohl anzunehmen ist, dass das Systemverhalten eines Fahrstreifenhalteassistenten, siehe ◘ Abb. 52.6, der Erwartungshaltung des Fahrers entspricht, wird dieses – aufgrund von Einschränkungen der Sensorik bezüglich Falscherkennungen und Nichtverfügbarkeiten – nicht als hochautomatisiertes System nach ▶ Abschn. 52.1.3 ausgeprägt sein, sondern als Teilautomatisierung einzuordnen sein. Die Systemüberwachung durch den Fahrer ist somit ein wichtiger Bestandteil der Systemauslegung eines Fahrstreifenhalteassistenten.

52.3.3 Fahrstreifenfolgeautomat bis Grenzgeschwindigkeit

Die im vorigen Abschnitt beschriebene Ausprägung einer Stauassistenz-Funktion als Fahrstreifenhalteassistent erfüllt die Erwartungen der Nutzer an das Systemverhalten; es erfordert vom Fahrer aber noch eine dauerhafte Überwachung des Systems. Der Mehrwert dieses Assistenzsystems liegt damit primär in der Entlastung des Fahrers, die Beschäftigung mit Nebentätigkeiten ist formell nicht möglich. Ein gemäß der BASt-Einstufung (s. ▶ Abschn. 52.1.3) bis zu einer Grenzgeschwindigkeit hochautomatisiertes Fahrstreifenfolgesystem, s. ◘ Abb. 52.7, ist damit als logischer nächster Schritt anzusehen. Durch die in Maßen mögliche Durchführung von Nebentätigkeiten wird ein solcher Fahrstreifenfolgeautomat einen spürbaren Kundennutzen mit sich bringen.

Trotz vergleichbarer Funktionalität sind die Anforderungen an ein solches System deutlich höher als bei einem Fahrstreifenhalteassistenten. Da der Fahrer nicht mehr in der Pflicht ist, das System dauerhaft zu überwachen, muss sichergestellt sein, dass das System keinen unbeabsichtigten Fahrstreifenwechsel ausführt. Damit ergeben sich höhere

Abb. 52.7 Illustration einer automatisierten Staufahrt (Quelle: Continental AG)

Anforderungen an die Verfügbarkeit der Fahrstreifeninformation.

Zudem muss dem Fahrer im Vergleich zum Fahrzeugfolgeassistent und Fahrstreifenhalteassistent beim Erreichen von Systemgrenzen – im betrachteten Fall insbesondere der Grenzgeschwindigkeit des Fahrstreifenfolgeautomaten – oder in Fehlerfällen eine ausreichende Übernahmezeit zur Verfügung gestellt werden, bevor er die Fahraufgabe wieder übernehmen muss. Um den Komfortgewinn des Fahrers nicht durch zu häufige Übernahmeaufforderungen zunichte zu machen, ist zudem eine hohe Verfügbarkeit des Systems zu gewährleisten. Die Einbindung von hochgenauem Kartenmaterial in Verbindung mit einem Straßenmodell könnte hier eine Möglichkeit bilden, die Verfügbarkeit des Systems – beispielsweise bei fehlenden Fahrbahnmarkierungen – weiter zu erhöhen. Durch den Wegfall der Vorderfahrzeuginformation zur Berechnung der Solltrajektorie vereinfacht sich die in Gl. 52.3 dargestellte Messgleichung zu

$$\begin{pmatrix} y_{0_l} \\ \theta_{\Delta_l} \\ \kappa_{T_l} \end{pmatrix} = \begin{pmatrix} 1 & 0 & 0 \\ 0 & 1 & 0 \\ 0 & 0 & 1 \end{pmatrix} \begin{pmatrix} y_0 \\ \theta_{\Delta} \\ \kappa_T \end{pmatrix}. \quad (52.4)$$

Der Index l gibt hierbei an, dass die Messgrößen zur Berechnung der Solltrajektorie aus verschiedenen Quellen stammen können, z. B. Frontkamera, Parkkamera, hochgenaue digitale Karten.

Aus diesen Anforderungen ergeben sich hohe Ansprüche an Redundanzkonzepte für Umgebungserfassung, Funktion und Aktorik. Das System muss so ausgelegt und abgesichert werden, dass innerhalb der definierten Übernahmezeiten keine kritischen Situationen auftreten, die das Fahrzeug nicht selbstständig beherrschen kann.

Die Grenzgeschwindigkeit des Systems sollte – wie auch schon im Fall der Ausprägung als Assistenzsystem – so gewählt werden, dass ein „Mitschwimmen" in typischen Stop-and-go-Situationen ermöglicht wird, ohne durch eine zu hoch gewählte

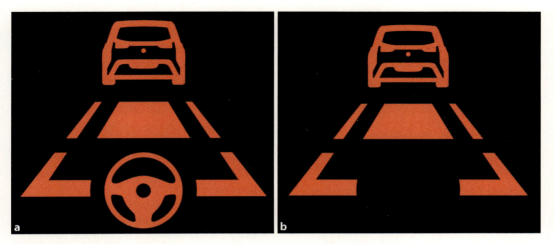

Abb. 52.8 Stauassistent a) aktiv und b) verfügbar (Quelle: Bedienungsanleitung BMW i3, 2013)

Grenze unnötige Systemanforderungen zu erzeugen. Studien über Stausituationen zeigen, dass eine obere Grenze in der Größenordnung von 50 km/h ein komfortables Erleben der Funktion durch den Nutzer ermöglichen sollte [3].

52.4 Interaktion von Fahrer und System

Ein wichtiger Aspekt bei der Realisation solcher Systeme – wie auch bei der Ausprägung als Assistenzsystem – wird die Gestaltung der Mensch-Maschine-Schnittstelle (engl. Human Machine Interface, kurz HMI) sein. Der Fahrer sollte sich über den Systemzustand jederzeit im Klaren sein, um in Übernahmesituationen intuitiv richtig reagieren können. Über eine Fahrerzustandserkennung, s. ▶ Kap. 38, ist künftig eine dynamische Interaktion zwischen Fahrzeug und Fahrer möglich, bei der sich der Zeitpunkt einer angeforderten Übernahme nach dem aktuellen Aufmerksamkeitsgrad des Fahrers richtet.

52.4.1 Mensch-Maschine-Schnittstelle (HMI)

Gegenüber einem reinen Längsführungssystem (FSRA) steigen die Anforderungen an das HMI bei zusätzlicher Querführungsunterstützung. Diese stellt einen neuen Betriebszustand (Mode) dar, der allerdings nur in bestimmten Situationen (Stau, stockender Verkehr) zur Verfügung stehen soll.

52.4.1.1 Beispiel: HMI bei BMW

Im Folgenden ist das Anzeigekonzept des Stauassistenten des BMW i3 dargestellt. Ziel des BMW-Stauassistenten ist es, dem Fahrer eine Entlastung in der Längs- und Querführung in Stausituationen zu ermöglichen. Der bei BMW seit 2013 angebotene Stauassistent benötigt zur Längs- und Querführung nur eine Monokamera, wodurch dieses System vergleichsweise kostengünstig über alle Baureihen, und somit auch im BMW i3, angeboten wird.

Die aktive Längs- und Querführungsunterstützung im Stau wird hier, wie in ◘ Abb. 52.8a dargestellt, durch das Lenkrad und den verlängerten seitlichen Balken angezeigt. Ist die Funktion aktiviert und aufgrund der Rahmenbedingungen (z. B. Autobahn verifiziert über Kartendaten) verfügbar, die Fahrzeuggeschwindigkeit jedoch außerhalb des Funktionsbereichs von 0–60 km/h, werden nur die seitlichen Balken angezeigt (◘ Abb. 52.8b). ACC ist aktiv und die Querführung ist in Bereitschaft; in diesem Zustand erfolgt bei Unterschreiten der 60 km/h-Grenze eine Aktivierung der Querführung ohne Nutzerinteraktion. Bei Überschreiten einer Systemgrenze (z. B. detektiertes Hands-off) und der damit verbundenen Deaktivierung der Querführung erfolgt eine optische (rot blinkendes Lenkrad in ◘ Abb. 52.8a) und akustische Fahrerinformation.

◘ **Abb. 52.9** Taster (2) mit LED-Kontrollleuchte (1) zum Ein- bzw. Ausschalten des Lenk-Assistenten (Quelle: Bedienungsanleitung Mercedes Benz S-Klasse (BR 223), 2013)

52.4.1.2 Beispiel: HMI bei Daimler

Mit der Einführung von DISTRONIC PLUS mit Lenk-Assistent und Stop-and-go-Pilot als Teil von „Mercedes-Benz Intelligent Drive" wird seit 2013 in der neuen S-Klasse [4] und der modellgepflegten E-Klasse erstmals ein durchgängiges längs- und querführendes Fahrerassistenzsystem für den gesamten Geschwindigkeitsbereich angeboten. Das System folgt im unteren Geschwindigkeitsbereich einem vorausfahrenden Fahrzeug und orientiert sich zusätzlich an erkannten Fahrstreifenmarkierungen (Stop-and-go-Pilot). Mit zunehmender Geschwindigkeit regelt das System nur noch auf Fahrstreifenmarkierungen, wobei aber andere Verkehrsteilnehmer und erkannte Fahrbahnbegrenzungen berücksichtigt werden. Das Querführungssystem schaltet sich also bei einer Grenzgeschwindigkeit nicht ab, sondern geht nahtlos in ein Fahrstreifenmittenführungssystem über. Die Querführungsunterstützung für den gesamten Geschwindigkeitsbereich arbeitet nur bei aktivierter Längsführung (DISTRONIC PLUS) und kann über einen Taster separat zugeschaltet werden (s. ◘ Abb. 52.9). Neben der LED-Anzeige des Tasters wird zusätzlich im Kombiinstrument ein graues Lenkradsymbol angezeigt, dessen Farbe nach grün wechselt, sobald die Querführung aktiv wird.

52.4.2 Übergabe und Kontrollierbarkeit

Generell bedarf jedes technische System zur Längs- und Querführung von Straßenfahrzeugen der Möglichkeit, im Fehlerfall oder beim Auftreten von nicht spezifikationsgemäßen Verkehrssituationen (Systemgrenzen), die Fahrzeugführung wieder an den Fahrer abzugeben. Variabel bei den verschiedenen Systemausprägungen ist die Zeit, die dem Fahrer vom System für die Fahrzeugübernahme zur Verfügung gestellt wird.

Bei Fahrerassistenzsystemen in Form von teilautomatisierten Systemen kann diese Notwendigkeit der Übernahme plötzlich auftreten. Aus diesem Grund sind derartige Systeme so konzipiert, dass der notwendigerweise anwesende Fahrer dauerhaft die Fahrzeugführung überwachen muss, um jederzeit in die Fahrzeugführung einzugreifen. Dabei ist bekannt, dass ein sehr hohes Systemvertrauen dazu führt, dass der Fahrer auf Systemgrenzen später reagiert [5]; das Systemvertrauen wiederum hängt stark von der wahrgenommenen Zuverlässigkeit des Systems ab [5]. Gleichzeitig reduzieren Nichtverfügbarkeit oder erlebte Systemfehler die Akzeptanz beim Fahrer. Mit steigendem Unterstützungsgrad wird zusätzlich vom System die fortwährende Aufmerksamkeit des Fahrers, z. B. durch die in ▶ Abschn. 52.1.3 dargestellte Hands-off-Erkennung, kontrolliert.

Hochautomatisierte Systeme entbinden den Fahrer im Rahmen eines definierten Szenarios von der dauerhaften Überwachung des Verkehrsgeschehens und ermöglichen ihm eine Hands-off-Nutzung, während der er in Maßen Nebenaufgaben erledigen kann. Die Dauer der durch den Fahrer erlebbaren Hands-off-Zeiten ergibt sich aus dem Umfang und der Güte des abgedeckten Szenarios. Bei der Übergabe der Fahrzeugführung vom System zurück an den Fahrer stellt sich die Frage, wie schnell und gut diese gelingt und welchen Einfluss die Art der Nebentätigkeit hat.

Zeeb und Schrauf [6] unterscheiden zwei Aspekte der Fahrerübernahme: 1. Die „formale" Übernahme, die den ersten Eingriff in die Fahrzeugführung beinhaltet und möglich ist, sobald die motorische Bereitschaft – beispielsweise Hände am Lenkrad und Blick auf die Straße – vorliegt. 2. Die adäquate, unfallvermeidende Übernahme, die darüber hinaus eine abgeschlossene kognitive Verarbeitung sowie die Auswahl einer adäquaten Handlung beinhaltet. Gerade die Zeitdauer für eine adäquate Übernahme hängt davon ab, ob sich der Fahrer in der Übernahmesituation kognitiv komplett neu orientieren muss oder ob er noch über ein gültiges mentales Modell der Verkehrssituation verfügt und dieses nur aktualisieren muss. Je nach Fahrertyp ergeben sich in der Studie bei einer unfallkritischen Verkehrssituation nach der Übernahmeaufforderung mittlere Zeiten von 1,6 bis 2,3 s bis zur Einleitung einer Bremsreaktion.

Generell muss bei hochautomatisiertem Fahren neben der Dauer einer Fahrerübergabe auch die Qualität der Übernahme und damit einhergehend die Kontrollierbarkeit betrachtet werden. Für hochautomatisiertes Fahren liegen bzgl. der Kontrollierbarkeit noch wenige Erkenntnisse vor. Bisherige Studien adressieren die Normalfahrt und untersuchen beispielsweise Störaufschaltungen in der elektronischen Servolenkung und deren Beherrschbarkeit [7, 8].

Damböck et al. [9] erkennen, dass bei starker manueller, visueller und kognitiver Nebentätigkeit in nicht-kritischen Verkehrssituationen im Vergleich zu einer Gruppe von Normalfahrern erst bei einer Übernahmezeit von 6 bis 8 s keine signifikanten Unterschiede in der Güte der Situationsbewältigung mehr existieren. Der Versuch adressiert Stabilisierungs-, Führungs- und Navigationsaufgaben: Das Übernahmeszenario stellt in allen drei Varianten keine kritische Verkehrssituation dar, sondern der Fahrer kann den ihm zur Verfügung stehenden, relativ langen Zeitraum vollständig ausnutzen. Der Einfluss einer Variation der Nebentätigkeit führt bei Petermann-Stock et al. [10] – unabhängig von Alter oder Geschlecht der Probanden – zu maximalen Übernahmezeiten zwischen 2,4 s und 8,8 s. Zu vergleichbaren Werten kommen Giesler und Müller [11] in acht verschiedenen Studien: Der Mittelwert dieser Übernahmezeiten liegt bei 2,7 s, das Maximum ebenfalls bei 8,8 s.

Insgesamt lässt sich sagen, dass die bisher durchgeführten Studien zum hochautomatisierten Fahren Übernahmezeiten von bis zu circa 9 s finden. So lagen bei zeitlich unkritischen Verkehrssituationen längere Übernahmezeiten vor, während in kritischen Verkehrssituationen auch sehr kleine mittlere Zeiten um 2 s gemessen wurden. Die Dringlichkeit der Übernahme hat offensichtlich großen Einfluss auf die Übernahmezeit, kann aber zu Lasten der Übernahmegüte gehen.

Interessant ist auch die Frage, wie sich ein System verhalten soll, wenn der Fahrer einer Übernahmeaufforderung nicht nachkommt: Eine Deaktivierung der Funktion ist hier sicherlich die technisch einfachste Lösung; bei teilautomatisierten Funktionen ist dies gängige Praxis. Je nach Fahrsituation kann ein graduelles Abschalten der Funktion der abrupten Deaktivierung vorgezogen werden. Ob nach abgelaufener Übernahmezeit bei hochautomatisierten Funktionen das Deaktivieren der Funktion oder ein sog. „minimal risk maneuver" vorzuziehen ist, wurde bis heute nicht geklärt und hängt sicher auch vom Szenario ab.

Untersuchungen zur Fahrerübernahme mit dem Fokus speziell auf Stausituationen sind nicht bekannt. Aufgrund der geringen Fahrzeuggeschwindigkeit ist ein „Überreagieren" eines Fahrers bei der Übergabe nicht zu vermuten. Des Weiteren ist in Stauszenarien der sichere Zustand „Anhalten" problemloser anzusteuern und somit leicht als Lösungsvariante in kritischen Verkehrssituationen zu nutzen.

Vollautomatisierte Systeme stellen den höchsten Automatisierungsgrad dar und entbinden den Fahrer für lange Zeit von der Überwachung des Verkehrsgeschehens. Welche Anforderungen sich an die Übergabeprozeduren zum Verlassen des vollautomatisierten Zustandes ergeben und wie lange eine derartige Übergabe wirklich dauert, wirft aktuell noch viele Fragen auf. Man stelle sich zur Verdeutlichung beispielsweise einen schlafenden Fahrer als Ausgangssituation der Übergabe vor.

52.4.3 Aspekte der marktfähigen Realisierbarkeit

52.4.3.1 Rechtliche Einordnung

Für Stauassistenten und insbesondere für Systeme zur Stauautomatisierung stellen sich hinsichtlich der rechtlichen Einordnung und bezüglich Haftungsfragen die gleichen Herausforderungen wie für andere Assistenzsysteme oder Automatisierungsszenarien auch. Während fremdverschuldete Unfälle weiterhin problemlos einzuordnen sein dürften, ergibt sich bei Schäden durch technische Ausfälle oder eigenverschuldete Unfälle – zum Beispiel durch Ignorieren von Übernahmeaufforderungen – ein Spannungsfeld zwischen Herstellern und Kunden.

Für die Einführung und Vermarktung von hochautomatisierten Systemen für den Stop-and-go-Verkehr werden diese Aspekte noch zu klären sein. Der Stauautomat ist als hochautomatisiertes System derzeit oberhalb von 10 km/h nicht zulassungsfähig [12]. Für eine ausführlichere Diskussion dieser Themen sei an dieser Stelle auf ▶ Kap. 3 verwiesen.

52.4.3.2 Analyse der Marktchancen

Verglichen mit der Umsetzung hochautomatisierter Funktionen bei hohen Geschwindigkeiten weist die spezifische Automatisierung von Stauszenarien mehrere Vorteile auf, die die technische und damit auch marktfähige Realisierbarkeit deutlich vereinfachen. Die Automatisierung der Längs- und Querführung bei typischen Geschwindigkeiten des Stop-and-go-Verkehrs bis etwa 50 km/h benötigt im Vergleich zur Automatisierung bei höheren Geschwindigkeiten geringere Reichweiten der verwendeten Sensorik. Das System ist auch nicht auf ein aufwendiges und kostenintensives Backend-System angewiesen und der Aufwand zur Absicherung der Funktion im Fehlerfall, z. B. bei Aktorausfall, wird wegen des kurzen Anhalteweges ebenfalls verringert. Insbesondere der Stop-and-go-Verkehr auf Autobahnen stellt ein vergleichsweise einfach zu beschreibendes und zu erfassendes Szenario dar: In diesem kreuzungsfreien Umfeld gibt es keine Lichtsignalanlagen – außer in Sondersituationen vor Tunneln – und auch mit kreuzenden Fußgängern oder Radfahren ist im Normalfall nicht zu rechnen; zudem sind die auf Autobahnen vorzufindenden Kurvenradien sehr groß. Diese Einschränkungen der Komplexität des Szenarios reduzieren die Anforderungen an die Auslegung der Fahrzeugsensorik und vor allem an die Modellierung des Umfelds erheblich. Die Regelung der Funktion kann allein anhand der Geschwindigkeiten und Positionen der das Ego-Fahrzeug umgebenden Fahrzeuge sowie der Fahrbahnmarkierungen erfolgen. Eine allgemeinere und erheblich aufwendigere Detektion des befahrbaren Raumes ist – zumindest für einfachere Ausprägungsstufen des Systems – s. ▶ Abschn. 52.3,

nicht erforderlich. Ob das technische Sicherheitskonzept je nach Ausprägung aufgrund der geringen Eigengeschwindigkeit des Fahrzeugs und den damit verbundenen Auswirkungen eines Systemfehlers mit heute im Automotive-Bereich verfügbaren Komponenten (Sensoren und Aktoren) umgesetzt werden kann, ist eine aktuell diskutierte Fragestellung.

Mikroskopisch betrachtet – also auf das Ego-Fahrzeug und die unmittelbar benachbarten Fahrzeuge beschränkt – lässt sich die Stop-and-go-Situation auf einer Autobahn allerdings kaum von Stausituationen auf Landstraßen oder stockendem Verkehr im urbanen Umfeld unterscheiden (s. ◘ Abb. 52.1). Gerade der Stadtverkehr stellt jedoch für ein automatisiertes System besondere Herausforderungen dar: Neben Kreuzungen, Abbiegefahrstreifen, Lichtsignalanlagen sind hier vor allem die sog. schwächeren Verkehrsteilnehmer zu nennen. Mit zwischen den Autos kreuzenden Fußgängern oder Fahrradfahrern ist im urbanen Umfeld auch im Stop-and-go-Verkehr jederzeit zu rechnen. Ein System, das in diesem Umfeld eine sichere Automatisierung anbieten soll, muss daher vor allem schwächere Verkehrsteilnehmer jederzeit zuverlässig erkennen können. Kreuzungsbereiche und andere komplexe Szenarien muss das System so frühzeitig erkennen, dass der Fahrer mit ausreichender Vorwarnzeit zur Übernahme an diesen Systemgrenzen aufgefordert wird. Diese Punkte erhöhen die Anforderungen an Sensorik, Umfeldmodellierung und Situationsanalyse gegenüber der Autobahnsituation maßgeblich, so dass ein auf Autobahnen ausgelegtes System zur Stauautomatisierung nicht ohne Weiteres im urbanen Umfeld angewendet werden kann. Für die zuverlässige Erkennung – ob sich das Fahrzeug im Stadtverkehr oder auf einer Autobahn befindet – reicht die Bordsensorik eines auf Autobahnen ausgelegten Systems nicht aus. Eine mögliche Lösung wäre hier, die Karteninformationen eines üblichen Navigationssystems zur Unterscheidung heranzuziehen.

In diesem Punkt kann sich ein Spannungsfeld zwischen Auslegung des Systems und der Kundenerwartung ergeben: Kunden, die eine Automatisierung der Quer- und Längsregelung in Stausituationen auf der Autobahn positiv erlebt haben, wünschen sich ein breiteres Einsatzgebiet, beispielsweise auf Landstraßen oder im urbanen Umfeld.

52.5 Schlussbemerkungen

Mit der zunehmenden Verbreitung von FSRA-Systemen auch in kleineren Fahrzeugklassen und mit dem erreichten Stand von Güte, Verfügbarkeit und Qualität der reinen Längsregelsysteme zum einen (s. ▶ Kap. 46), sowie der nun am Markt etablierten Querführungssysteme (s. ▶ Kap. 49) zum anderen, ist es nun an der Zeit, auf dieser Basis den nächsten Schritt zu gehen und die längs- und querführenden Systeme zu einem neuen, umfassenderen System zu verbinden. Dies kann klassisch als Assistenzsystem in der Kategorie Teilautomatisierung erfolgen; einen großen Schritt nach vorne in puncto Kundennutzen und -akzeptanz stellt aber erst ein hochautomatisiertes System dar, das dem Fahrer fahrfremde Nebentätigkeiten ermöglicht. Ein mögliches erstes System mit verhältnismäßig niedriger Grenzgeschwindigkeit bildet der Fahrstreifenfolgeautomat für den Stau; Nachteil eines derartigen Systems ist das Erreichen der Systemgrenze an der Grenzgeschwindigkeit – was je nach Verkehrsfluss mehr oder weniger häufig auftreten kann. Aus diesem Grund wird beim Kunden schnell der Wunsch nach einem durchgängigen System für den gesamten Geschwindigkeitsbereich aufkommen. Die Realisierung von hochautomatisierten Systemen ist bis heute aus rechtlichen und technischen Gründen noch nicht möglich. Einen ersten Schritt bei der Realisierung längs- und querführender Assistenzsysteme haben Mercedes-Benz und BMW im Jahr 2013 mit der Einführung von querführenden Funktionen bereits gemacht. Sicher ist dies erst der Anfang auf dem weiten Weg hin zum autonomen Fahren und viele Systeme werden noch am Markt folgen.

Literatur

1. Schaller, T., Schiehlen, J., Gradenegger, B.: Stauassistenz – Unterstützung des Fahrers in der Quer- und Längsführung: Systementwicklung und Kundenakzeptanz. In: 3. Tagung Aktive Sicherheit durch Fahrerassistenz (2008)
2. Gasser, T., et al.: Rechtsfolgen zunehmender Fahrzeugautomatisierung. BASt-Bericht **F 83**, 1-124 (2012)
3. Sandkühler, D.: Analyse von Stausituationen für die Entwicklung eines Stauassistenten im Rahmen von INVENT, INVENT Abschlussbericht. Forschungsgesellschaft Kraftfahrwesen mbH, Aachen (2002)
4. Daimler AG: „Die Fahrassistenzsysteme: Helfer im Hintergrund", Pressemitteilung, Stuttgart/Toronto, 02.07.2013
5. Niederée, U., Vollrath, M.: Systemausfälle bei Längsführungsassistenten – Sind bessere Systeme schlechter? In: 8. Berliner Werkstatt Mensch-Maschine-Systeme, Bd. 22. (2009)
6. Zeeb, K., Schrauf, M.: Re- vs. Neuorientierung: Situationsgerechtes Blickverhalten beim hochautomatisierten Fahren. In: AAET 2014: Automatisierungssysteme, Assistenzsysteme und eingebettete Systeme für Transportmittel. ITS Niedersachsen, Braunschweig (2014)
7. Neukum, A., et al.: Einflussfaktor Fahrzeug – Zur Übertragbarkeit von Aussagen über die Wirkung von Zusatzlenkmomenten VDI-Berichte, Bd. 2104., S. 361–374 (2010)
8. Neukum, A., et al.: Fahrer-Fahrzeug-Interaktion bei fehlerhaften Eingriffen eines EPS-Lenksystems VDI-Berichte, Bd. 2085., S. 107–124 (2009)
9. Damböck, D., Farid, M., Tönert, L., Bengler, K.: Übernahmezeiten beim hochautomatisierten Fahren. In: 5. Tagung Fahrerassistenz, München (2012)
10. Petermann-Stock, I., Hackenberg, L., Muhr, T., Mergl, C.: Wie lange braucht der Fahrer? Eine Analyse zu Übernahmezeiten aus verschiedenen Nebentätigkeiten während einer hochautomatisierten Staufahrt. In: 6. Tagung Fahrerassistenz: Der Weg zum automatischen Fahren, München (2013)
11. Giesler, B., Müller, T.: Opportunities and challenges on the route to piloted driving. In: 4th International Munich Chassis Symposium, München (2013)
12. UN/ECE Regelung Nr. 79 (ECE-R 79): „Einheitliche Bedingungen für die Genehmigung der Fahrzeuge hinsichtlich der Lenkanlage", Revision 2, 20. Januar 2006

Bahnführungsassistenz für Nutzfahrzeuge

Karlheinz Dörner, Walter Schwertberger, Eberhard Hipp

53.1 Anforderungen an die Fahrer von Nutzfahrzeugen – 1010

53.2 Wesentliche Unterschiede zwischen Lkw und Pkw – 1012

53.3 Unfallszenarien – 1014

53.4 Adaptive Cruise Control (ACC) für Nutzfahrzeuge – 1017

53.5 Spurverlassenswarner für Nutzfahrzeuge – 1020

53.6 Notbremssysteme – 1024

53.7 Vorausschauendes Fahren – 1025

53.8 Entwicklung für die Zukunft – 1026

Literatur – 1027

Ergänzend zu den vorangegangenen Kapiteln der Bahnführungsassistenz wird in diesem Abschnitt auf die speziellen Merkmale der Bahnführungsassistenz für Nutzfahrzeuge eingegangen. Mit Nutzfahrzeugen sind hier insbesondere schwere Lastkraftwagen, z. B. Sattelzugmaschinen, und Busse zur Personenbeförderung gemeint. Statistisch betrachtet zählen Reisebusse mit zu den sichersten Verkehrsmitteln im Straßenverkehr. Kommt es jedoch zu einem Unfall, so besteht im Vergleich zum durchschnittlich mit 1,2 Personen besetzten Personenkraftwagen ein erheblich höheres Unfallschadenspotenzial aufgrund der deutlich höheren Anzahl an Passagieren. Hinsichtlich der bewegten Massen besteht bei schweren Nutzfahrzeugen aufgrund der kinetischen Energie bei einem Unfall ebenfalls ein höheres Unfallschadenspotenzial im Vergleich zu Personenkraftwagen. Dies gilt insbesondere beim Transport von Gefahrgütern.

Passive Sicherheitsmaßnahmen erreichen bei schweren Nutzfahrzeugen schnell ihre physikalischen Grenzen. Im Gegensatz dazu können aktive Sicherheitssysteme speziell für Nutzfahrzeuge wesentlich zur weiteren Steigerung der Verkehrssicherheit und der Minimierung von Unfallfolgen beitragen. Dieses Kapitel gibt einen Überblick über die am Markt verfügbaren Bahnführungsassistenzsysteme und deren nutzfahrzeugspezifische Merkmale.

Fahrerassistenzsysteme leisten einen wertvollen Beitrag zur Erhöhung der Verkehrssicherheit. Zu diesem Resultat kommt z. B. die wissenschaftliche Analyse von Unfällen mit Beteiligung schwerer Nutzfahrzeuge, die gemeinsam von Allianz Zentrum für Technik und MAN Nutzfahrzeuge im Rahmen des Projekts „Safe Truck" durchgeführt wurde [1]. In diesem vom Bundesministerium für Bildung und Forschung (BMBF) geförderten Projekt wurden Technologien für aktive, vorausschauende Sicherheitssysteme entwickelt. Künftig in Nutzfahrzeugen eingesetzt, sollen sie Unfälle vermeiden bzw. deren Folgen mindern.

53.1 Anforderungen an die Fahrer von Nutzfahrzeugen

Die Fahrer der hier angesprochenen Nutzfahrzeuge sind, im Gegensatz zu Fahrern von Personenkraftwagen, Berufskraftfahrer. Das bedeutet zum einen, dass diese Fahrer am Steuer der Nutzfahrzeuge ihren Arbeitsplatz haben; daher ist auch der Begriff Fahrerarbeitsplatz geläufig. Die Fahrer gehen in der Regel pro Arbeitstag ca. neun Stunden ihrer Fahraufgabe nach. Dies verdeutlicht, wie wichtig eine ergonomische Gestaltung des Fahrerarbeitsplatzes ist und beispielsweise eine Klimaanlage in einem Lkw nicht als Luxus für den Fahrer angesehen werden kann, sondern zur Erhaltung der täglichen Fahrerkondition und somit auch zur Fahrsicherheit beiträgt.

Zum anderen ist für viele Berufsfahrer der Lkw gleichzeitig auch Wohn- und Schlafraum. Dies ist ein wesentliches Merkmal beim Wohnraumdesign von Lkw, die im Fernverkehr eingesetzt werden. Denn nur ein gut ausgeruhter Fahrer kann seine tägliche Fahraufgabe souverän und sicher bewältigen. So ist neben einem qualitativ hochwertigen Bett auch eine gute Geräuschdämmung ein wesentlicher Faktor. Häufig sind Rastplätze so angeordnet, dass die Fahrer ihren Lkw stirnseitig mit dem Fahrerhaus zur Autobahn hin abstellen müssen. Für den Fahrer ist die Kombination aus Wohn- und Arbeitsplatz entscheidend, da die Lenk- und Ruhezeiten exakt vorgegeben sind (vgl. ▶ Tab. 53.1).

Die Lenk- und Ruhezeiten von Fahrern sowie die Fahrgeschwindigkeiten werden in digitalen Fahrtenschreibern (EG-Kontrollgerät) registriert. Mithilfe dieser EG-Kontrollgeräte kann die Fahrtätigkeit der Fahrer überwacht werden (vgl. ◘ Abb. 53.1). Aufgrund enger Terminpläne, moderner Just-in-Sequence-Konzepte und stetig wachsendem Güterverkehrsaufkommen sind die Fahrer heute erheblichem Druck ausgesetzt. Da die Park- und Rastplätze für Lkw in der Vergangenheit nicht entsprechend dem gestiegenen Verkehrsaufkommen erweitert wurden, ist es für Lkw-Fahrer nicht einfach, zu einem geeigneten Zeitpunkt einen freien Parkplatz zu finden. Hinzu kommt bei gleichbleibend konstanter Fahrgeschwindigkeit die Gefahr, dass die Aufmerksamkeit nach stundenlanger Fahrt nachlässt. Kritische Situationen entstehen, wenn ermüdete Fahrer einen Parkplatz suchen und mangels Parkmöglichkeiten gezwungen sind weiterzufahren – oder von der Polizei aus dem Schlaf geweckt und zur Weiterfahrt aufgefordert werden, weil sie in der Not ihr Fahrzeug außerhalb zulässiger Parkbereiche abgestellt haben.

53.1 • Anforderungen an die Fahrer von Nutzfahrzeugen

■ **Tab. 53.1** Zusammenfassung der Verordnung (EG) Nr. 561/2006 über Lenk- und Ruhezeiten (es sei darauf hingewiesen, dass es sich hier lediglich um eine informative Zusammenstellung für dieses Handbuch handelt und dass Fahrer die kompletten Bestimmungen der jeweils gültigen Verordnung zu beachten haben)

tägliche Lenkzeit	– maximal 9 Stunden – Erhöhung auf 10 Stunden zweimal pro Woche zulässig
wöchentliche Lenkzeiten	– maximal 56 Stunden pro Woche – maximal 90 Stunden in zwei aufeinander folgenden Wochen
Lenkzeitunterbrechung	– mindestens 45 Minuten nach 4,5 Stunden Lenkzeit – Aufteilung in 1 Abschnitt von 15 Minuten gefolgt von 1 Abschnitt von 30 Minuten zulässig
tägliche Ruhezeit	– mindestens 11 Stunden – Verkürzung auf 9 Stunden zulässig (dreimal zwischen 2 wöchentlichen Ruhezeiten) – Aufteilung in 2 Abschnitte möglich, dann sind aber mindestens 12 Stunden tägliche Ruhezeit einzuhalten; zuerst sind 3, dann 9 Stunden Ruhezeit zu nehmen – bei Mehrfahrerbetrieb mindestens 9 Stunden innerhalb eines Zeitraums von 30 Stunden
wöchentliche Ruhezeit	– mindestens 45 Stunden einschließlich einer Tagesruhezeit – Verkürzung auf 24 Stunden möglich, aber innerhalb von 2 Wochen muss mindestens Folgendes eingehalten werden: a) zwei Ruhezeiten von 45 Stunden oder b) eine Ruhezeit von 45 Stunden zuzüglich einer Ruhezeit von mindestens 24 Stunden (Ausgleich innerhalb von drei Wochen erforderlich) – wöchentliche Ruhezeit ist nach sechs 24-Stunden-Zeiträumen einzulegen

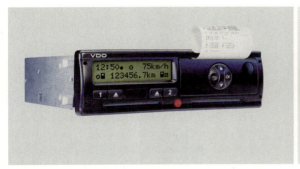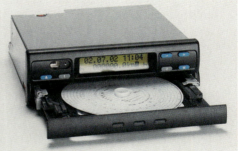

■ **Abb. 53.1** EG-Kontrollgeräte (links digital, rechts analog)

Beim Gütertransport kommt den Fahrern eine hohe Verantwortung zu. Dabei ist nicht nur die termingerechte Abholung und Anlieferung relevant (mit sehr kurzen Ladezeiten und wenigen Ruhepausen), sondern auch die ausreichende Ladungssicherung und der sichere Transport zum Zielort. Die Fahrer müssen Lkw bzw. Sattelzüge mit bis zu 40 t Gesamtgewicht bei Geschwindigkeiten bis zu 80 km/h sicher im Straßenverkehr bewegen. Es sind spezielle Kenntnisse erforderlich und anzuwenden, um die hohen Lasten auf den Ladeflächen sicher zu verzurren. Fehler können zu gefährlichen Situationen führen.

Voll beladene Lkw in Strecken mit Steigungen und Gefälle fahren zu können, erfordert vom Fahrer sowohl Erfahrung als auch technisches Fahrkönnen. Vorausschauendes Schalten ist genauso notwendig, wie der richtige Einsatz von Dauer- und Betriebsbremsen. In modernen Nutzfahrzeugen wird der Fahrer durch automatisierte Schaltgetriebe und Bremsomat-Funktionen unterstützt. Neben dem technischen Fahrkönnen fordern Fuhrunternehmer einen wirtschaftlichen Fahrstil und setzen spezielle Analysetools ein. Mit deren Hilfe wird die Wirtschaftlichkeit der Fahrweise von Fahrern bewertet.

◘ Abb. 53.2 Lkw-Unfall wegen Nichtbeachtung der Durchfahrtshöhe (Quelle: Feuerwehr Karlsfeld)

Die Ergebnisse werden teilweise verwendet, um den Fahrern einen gehaltlichen Anreiz zum wirtschaftlichen Fahren zu geben. Hierdurch stehen die Fahrer oft in direktem Konkurrenzdruck zu ihren Kollegen.

Im Vergleich zu Pkw-Fahrern sind Lkw-Fahrer weiteren Randbedingungen ausgesetzt: Eine Vielzahl von Verkehrszeichen ist nur für Nutzfahrzeuge relevant und nicht für Pkw. Dies hängt im Wesentlichen mit den größeren Abmessungen, höheren Massen, größeren Wendekreisen, Arten des Transportguts und im Vergleich zu Pkw geringeren spezifischen Leistungen zusammen. Unter spezifischer Leistung versteht man hierbei Motorleistung bezogen auf das Fahrzeug-Gesamtgewicht. All diese Verkehrszeichen muss der Lkw-Fahrer bewusst wahrnehmen. Tut er dies nicht, können hohe Sachschäden wie im Fall von Brückendurchfahrten entstehen (vgl. ◘ Abb. 53.2).

Enge Fahrbahnsituationen und innerörtliche Bereiche erfordern ebenfalls höchste Aufmerksamkeit des Fahrers. Dabei muss er berücksichtigen, dass andere Verkehrsteilnehmer ggf. nicht mit dem Fahrverhalten von Lkw vertraut sind. Fährt der Fahrer z. B. durch eine enge Rechtskurve mit mehreren Fahrstreifen, muss er die links neben ihm fahrenden Fahrzeuge beobachten. Ein Abbiegen nach rechts ist erst möglich, wenn der Fahrer auf den linken Fahrstreifen herüberziehen kann, um in die Kurve einzufahren. Auch die Sichtverhältnisse im Nahbereich eines Lkw, insbesondere auf der rechten Fahrerhausseite, weisen deutlich größere, nicht direkt einsehbare Bereiche als beim Pkw auf (vgl. ▶ Abschn. 53.2). Aus diesem Grund sind für Lkw mehrere Spiegel vorgeschrieben.

Hinzu kommen etliche Lkw-spezifische Bedienelemente, die es im Pkw nicht gibt, auf die hier aber nicht weiter eingegangen wird.

Seit Einführung des Berufskraftfahrer-Qualifikations-Gesetzes (BKrFQG) besteht für Berufskraftfahrer, die mehr als acht Personen transportieren oder Kraftfahrzeuge mit über 3,5 Tonnen bewegen, eine regelmäßige Weiterbildungspflicht. Dadurch sollen die Sicherheit im Straßenverkehr erhöht, die Umweltbelastung reduziert und ungleiche Wettbewerbsbedingungen im Transportgewerbe innerhalb der EU vermieden werden. Die Weiterbildung umfasst 35 Fortbildungsstunden und ist im Abstand von jeweils fünf Jahren zu wiederholen.

53.2 Wesentliche Unterschiede zwischen Lkw und Pkw

Personenkraftwagen und Lastkraftwagen unterscheiden sich sowohl in ihrer wirtschaftlichen Bedeutung als auch in der Fahrzeugtechnik. Letzteres gilt insbesondere für Antriebs- und Bremstechnik, Abmessungen und Massen, aber auch für die Ausstattung mit Sicherheits- und Assistenzsystemen.

Aus wirtschaftlicher Sicht stellt die Anschaffung eines Lkw im Vergleich zum Pkw immer ein Investitionsgut dar. Der Lkw muss dem Fuhrunternehmer einen betriebswirtschaftlichen Gewinn „einfahren". Deshalb sind die Life-Cycle-Costs eines Lkw entscheidend. Neben geringen Anschaffungskosten stellen niedrige Betriebskosten, hohe Laufleistung, hohe Verfügbarkeit, große Wartungsintervalle, schneller Service, Langlebigkeit und hohe Wiederverkaufswerte die entscheidenden Größen dar. Viele Lkw wechseln nach zwei bis vier Betriebsjahren erstmals den Besitzer. Bis dahin hat ein Fahrzeug rund eine Million Kilometer im Fernverkehr zurückgelegt. Das entspricht einer Laufleistung von 200.000 bis 250.000 km pro Jahr. Der nachfolgende Eigentümer nutzt den Lkw weitere zwei Millionen Kilometer.

Der Vergleich der Betriebsstunden zwischen Pkw und Lkw verdeutlicht die höhere Belastung, der ein Nutzfahrzeug standhalten muss: Läuft ein Lkw in zehn Jahren 30 000 Betriebsstunden, sind es bei einem Pkw im gleichen Zeitraum 3 000 Betriebsstunden. Hinzu kommt die deutlich längere Lebensdauer des Trailers von 20 bis 30 Jahren. Dieser Aspekt wirkt sich aufgrund der Schnittstellen zwischen Sattelzugmaschine und Auflieger zuweilen innovationshemmend aus, beispielsweise zur Ausrüstung von Sattelzügen inklusive Aufliegern mit ESP oder modernen Bremssystemen.

Ebenso wie die technische Langlebigkeit müssen sich auch die Investitionen in Assistenz- und Sicherheitssysteme für den Fuhrunternehmer rechnen und zu einem betriebswirtschaftlichen Gewinn beitragen. Dies ist gegenüber Pkw der entscheidende Unterschied für die erfolgreiche Markteinführung von Fahrerassistenzsystemen in Nutzfahrzeugen.

Zurück zur Technik: Grundlegend ist der deutliche Unterschied zwischen den Fahrzeugabmessungen und Fahrzeugmassen von Lkw und Pkw. Die maximal zulässigen Abmessungen für Zugmaschinen, Sattelauflieger und Gliederzüge sind genau vorgeschrieben und dürfen nur mit Sondergenehmigungen überschritten werden. Beispielsweise darf ein Euro-Lastzug als Gliederzug 18,75 m lang, bis zu 4,0 m hoch und ohne Außenspiegel 2,55 m breit sein. Mit dem Lkw sind 80 km/h auf der Autobahn und 60 km/h auf der Bundesstraße erlaubt. Leistungsstarke Pkw-Motoren werden erst bei 250 km/h vom Hersteller abgeregelt.

Neben der maximalen Masse von 40 t ist eine minimale Motorisierung von 6 PS pro Tonne gesetzlich festgelegt. Dies ist in der heutigen Praxis ein sehr geringer Wert, der in der Regel deutlich überschritten wird, um ein zügiges Vorwärtskommen bei Steigungen zu gewährleisten. Dennoch ist die Längsdynamik bei Lkw deutlich geringer als bei Pkw: Ein 40 t schweres und mit einem 480 PS-Motor ausgestattetes Nutzfahrzeug verfügt über 12 PS pro Tonne. Zum Vergleich: Ein mit 12 PS pro Tonne motorisierter 1,5 t schwerer Mittelklasse-Pkw hätte eine Motorleistung von nur 18 PS.

Lkw weisen gegenüber Pkw aufgrund der Vielfalt zu transportierender Güter eine Fülle an Aufbauten auf, wie Koffer- oder Kühlaufbauten. Die unterschiedlichen Beladungen eines Lkw beeinflussen dessen Masse und Schwerpunkthöhe und damit die fahrdynamischen Eigenschaften. Aus diesem Grund wurden von verschiedenen Herstellern diverse Verfahren entwickelt, um die jeweiligen Beladungen bzw. Fahrzeuggesamtmassen zu bestimmen. Diese Daten werden in fahrzeuginternen Regelsystemen verwendet (z. B. Elektronisches Stabilitätsprogramm, Tempomat, Adaptive Cruise Control), aber auch dem Fahrer direkt angezeigt. So kann er Überladungen erkennen und vermeiden sowie sich in seiner Fahrweise auch auf die Beladung einstellen. Bislang ist die Berechnung der Schwerpunkthöhe noch nicht endgültig gelöst, die fahrdynamisch jedoch von großer Bedeutung ist. Denn von der vertikalen Lage des Schwerpunkts hängt der Kipppunkt ab. Diese Größe ist entscheidend, um die maximale Geschwindigkeit zu bestimmen, mit der das Fahrzeug eine Kurve durchfahren kann. Zudem fließt sie in die Algorithmen ein, die während des Fahrens die notwendigen Rückstellkräfte für die Federung des elektronischen Dämpfungssystems entsprechend ausgestatteter Lkw berechnen. Das elektronisch geregelte Dämpfungssystem passt im Lkw die Dämpfungshärte automatisch innerhalb von Millisekunden an den jeweiligen Beladungszustand, die Fahrsituation und die Straßenbeschaffenheit an – und bewirkt eine effiziente aktive Wankstabilisierung.

Um Lkw ausreichend und sicher abbremsen zu können, stehen mehrere Bremssysteme zur Verfügung. Die Betriebsbremsen von Lkw sind heute in der Regel elektronisch gesteuerte Zweikreis-Luftdruckbremsanlagen. Bei Ausfall des Elektroniksystems wird die Pneumatik der Bremsanlage direkt mit dem Bremspedal gesteuert. Zusätzlich sind Lkw mit verschiedenen Dauerbremssystemen ausgestattet. Im Gegensatz zu Betriebsbremsen arbeiten Dauerbremsen verschleißfrei. Als Dauerbremsen existieren verschiedene Varianten von Motorbremsen und Retardern. An Retardern bietet der Markt sowohl motorseitige als auch getriebeeingangsseitige und getriebeausgangsseitige Lösungen. Bei der Auslegung von Längsregelsystemen ist zu beachten, dass die verschiedenen Arten der Dauerbremsen ein sehr unterschiedliches Brems- und Regelverhalten aufweisen (z. B. hinsichtlich Unstetigkeiten, Verzögerungszeiten, der Abhängigkeit von Getriebegang und Fahrgeschwindigkeit).

Getriebe für Lkw verfügen in der Regel über bis zu 16 Gänge beim Handschaltgetriebe und bis zu 12 Gänge beim automatisierten Schaltgetriebe. Im Gegensatz zu den Drehmomentwandlern, die bei Automatikgetrieben in Pkw üblich sind, haben Lkw mit automatisierten Getrieben keinen Drehmomentwandler, sondern eine eingangsseitige Reibkupplung, die elektronisch gesteuert wird. Die elektronische Steuerung nimmt dem Fahrer die Schalt- und Kupplungsarbeit ab.

Aus den betriebswirtschaftlichen Randbedingungen, den fahrdynamischen Eigenschaften und den technischen Daten wird deutlich, dass Sicherheit beim Lkw unter ganz anderen Rahmenbedingungen steht als beim Pkw. Für Fahrer bedeuten diese Faktoren sowohl eine hohe Belastung durch die kontinuierliche Fahrleistung im Fernverkehr als auch eine höhere Beanspruchung beim Manövrieren von bis zu 40 t schweren und 2,55 m breiten Fahrzeugen. Zur Entlastung der Fahrer stehen heute für Lastkraftwagen und Kraftomnibusse eine Reihe von elektronischen Sicherheits- und Assistenzsystemen zur Verfügung, wie das Elektronische Stabilitätsprogramm (ESP), der abstandsgeregelte Tempomat ACC (Adaptive Cruise Control), das Notbremssystem EBA (Emergency Brake Assist) oder das Warnsystem beim Verlassen des Fahrstreifens (LDW, Lane Departure Warning).

Eine weitere Belastung für Lkw-Fahrer sind die eingeschränkten Sichtverhältnisse. Zwar schreibt die Straßenverkehrsordnung für Güterkraftfahrzeuge > 7,5 t zwei große Hauptaußenrückspiegel auf beiden Fahrzeugseiten, jeweils einen Weitwinkel- und einen Anfahr-Außenspiegel sowie einen Frontspiegel vor, dennoch ist die Sicht nach hinten wie auch auf die seitlichen Flanken eingeschränkt. Um Einblick in die toten Winkel – am Sattelzug treten je nach Ausstattung mit Spiegeln und Sensoren bis zu neun tote Winkel auf – zu geben, sollen künftig unterschiedliche technische Lösungen zur Verfügung stehen: Videokameras am Heck, deren Bilder auf einen Monitor im Fahrerhaus übertragen werden, geben einen Überblick über den Raum hinter dem Auflieger. Sensoren überwachen Abstand und Relativgeschwindigkeit von Objekten seitlich des Fahrzeugs (vgl. ▶ Abschn. 53.7).

Das sichere Manövrieren des eigenen Fahrzeugs müssen Lkw-Fahrer in den nächsten Jahren bei weiter zunehmendem Verkehrsaufkommen bewerkstelligen. Bis zum Jahr 2025 prognostiziert das Berliner Institut für Mobilitätsforschung einen Anstieg der Güterverkehrsleistung in Europa um 80 % [2]. Allein für Deutschland wird bis zum Jahr 2025 eine Verdopplung des Transitaufkommens auf der Ost-West-Achse vorhergesagt. Da die Verkehrsinfrastruktur nicht in dieser Geschwindigkeit mitwachsen kann, steigen weiterhin die Anforderungen an die Fahrzeugtechnik und die Fahrer. Soll das aktuell erreichte Sicherheitsniveau beibehalten bzw. noch erhöht werden, sind Anstrengungen im Bereich der Sicherheit auf allen Ebenen – von der Infrastruktur über das Fahrzeug bis hin zum einzelnen Verkehrsteilnehmer – unerlässlich.

53.3 Unfallszenarien

Der Entwicklung von Assistenzsystemen geht in der Regel eine umfangreiche Analyse der Unfallstatistiken voraus. Hierbei werden Anzahl und Verteilung der Unfälle auf die jeweilige Unfallart sowie die Anzahl der Unfälle während der letzten 15 bis 20 Jahre geprüft. Soweit möglich, erfolgt eine detaillierte Analyse der Unfallabläufe. In der Statistik wird über den Vergleich der Unfallzahlen mit der Verkehrsleistung im Güterver-

53.3 · Unfallszenarien

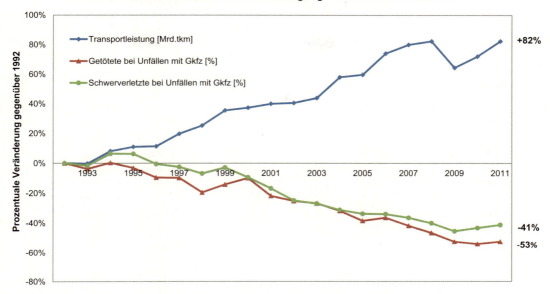

◨ **Abb. 53.3** Verkehrsleistung von Güterkraftfahrzeugen im Vergleich zu Unfalltoten und schwerverletzten Verkehrsteilnehmern in Deutschland [3]

kehr das Verkehrsaufkommen berücksichtigt (vgl. ◨ Abb. 53.3).

Die Transportleistung des Straßengüterverkehrs ist in den Jahren 1992 bis 2011 von 252,3 auf 460 Milliarden Tonnenkilometer um 82 % gestiegen [3]. Trotz steigender Fahrleistung sind im gleichen Zeitraum die Unfälle mit Beteiligung von Nutzfahrzeugen, die zu schweren Personenschäden mit getöteten oder schwerverletzten Verkehrsteilnehmern führten, deutlich zurückgegangen: Wurden im Jahr 1992 genau 1883 Unfalltote erfasst, waren es im Jahr 2011 noch 889. Dies entspricht einem Rückgang um 53 %. Mit 13.345 Unfallopfern im Jahr 1992 und 7835 im Jahr 2011 weisen die Zahlen zu schwerverletzten Verkehrsteilnehmern eine Verringerung um 41 % auf.

Um die Unfälle mit getöteten oder schwerverletzten Verkehrsteilnehmern, an denen Nutzfahrzeuge beteiligt sind, zu differenzieren, unterscheidet das Statistische Bundesamt anhand von neun Kategorien (vgl. ◨ Abb. 53.4). Häufigste Unfallart war im Jahr 2011 mit 29,5 % der Auffahrunfall auf ein vorausfahrendes Fahrzeug. Weitere 17,5 % aller Unfälle gehen auf eine Kollision mit dem Gegenverkehr zurück. Darauf folgt mit 15,9 % der Kreuzungsunfall. In 12,2 % aller Unfälle sind die Fahrzeuge rechts oder links von der Fahrbahn abgekommen. Weniger häufig (9,7 %) sind Kollisionen von Fahrzeugen, die seitlich voneinander fahren. Auch Unfälle mit einem stehenden Fahrzeug (5,0 %), mit einem Fußgänger oder Radfahrer (4,0 %) oder einem sonstigen Hindernis auf der Fahrbahn (0,8 %) sind deutlich seltener.

Bei der Analyse der Daten ist zwischen Unfallarten und den eigentlichen Unfallursachen zu unterscheiden. Auffahrunfälle gehen in der Regel auf einen zu geringen Sicherheitsabstand und eine nicht angepasste Geschwindigkeit zurück. Mit 16,8 % (Abstand) und 10,8 % (nicht angepasste Geschwindigkeit) sind dies die beiden häufigsten Gründe für Unfälle von Güterfahrzeugen [4]. Die hohe kinetische Energie von Lkw führt meist zu schweren Unfallfolgen: Fährt ein 40 t schwerer und 90 km/h schneller Lkw ungebremst auf ein stehendes Hindernis, so wirkt eine Energie von ca. 3500 Wh. Bei einem 2 t schweren Pkw wären es bei 100 km/h gerade einmal ca. 400 Wh.

Beim Abkommen von der Fahrbahn kann im Wesentlichen zwischen zwei Szenarien unterschieden werden: fahrdynamisch bedingtes Abkommen

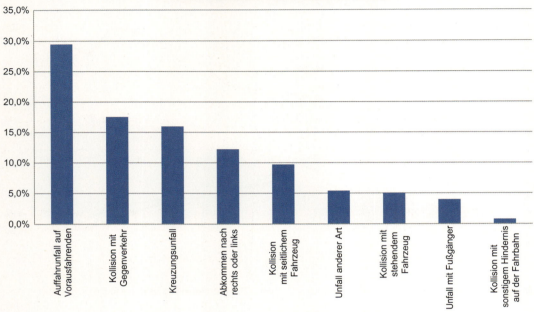

◼ **Abb. 53.4** Verteilung der Unfallarten mit getöteten oder schwerverletzten Verkehrsteilnehmern in Deutschland im Jahr 2008. Dargestellt sind nur Kollisionen, an denen Sattelschlepper und Lkw größer 12 Tonnen zulässige Gesamtmasse beteiligt waren [3]

oder langsames Abdriften. Fahrdynamisch bedingtes Abkommen von der Fahrbahn ist eine typische Folge zu schneller Kurvenfahrt, plötzlicher Ausweichmanöver oder einer rutschigen Fahrbahn. Sie beruhen oft auf einer Fehleinschätzung der Fahrsituation durch den Fahrer. Hingegen geht das langsame Abdriften von der Fahrbahn meist auf Unaufmerksamkeit oder Ermüdung des Fahrers zurück, beispielsweise infolge von Ablenkung oder langer eintöniger Fahrt auf monotonen Strecken.

Zu den häufigsten Fehlern an Kreuzungen gehören, gemäß den Auswertungen des Statistischen Bundesamtes über das Fehlverhalten der Fahrer von Güterkraftfahrzeugen, Fehler beim Abbiegen (17,4 %) und Missachtung der Vorfahrt (7,8 %) [3].

Unfälle mit stehenden Fahrzeugen wie auch mit Fußgängern und Radfahrern gehen meist auf die eingeschränkten Sichtverhältnisse vor dem Fahrerhaus und seitlich davon zurück. In einer gemeinsamen Studie der DEKRA Automobil GmbH und Bundesanstalt für Straßenwesen wurden etwa 120 Unfälle analysiert, die sich innerhalb von Ortschaften mit rechtsabbiegenden Lkw (> 3,5 t) und Fußgängern bzw. Radfahrern ereigneten [4]: Der erste Kontakt bei Unfällen zwischen Nutzfahrzeug und Fußgängern bzw. Radfahrern verläuft in 88 % der Fälle seitlich oder unmittelbar vor dem Fahrerhaus. In weiteren 7 % aller Unfälle fand der Erstkontakt zwischen Fahrerhaus und Hinterrad der Zugmaschine statt.

Fahrdynamische Regelsysteme wie das Elektronische Stabilitätsprogramm (ESP) sowie Fahrerassistenzsysteme mit Umgebungssensorik wie der abstandsgeregelte Tempomat ACC (Adaptive Cruise Control), das Notbremssystem EBA (Emergency Brake Assist) oder der Spurverlassenswarner (LDW, Lane Departure Warning) können schwere Lkw-Unfälle deutlich reduzieren. In einer Studie, die der Gesamtverband der Deutschen Versicherungswirtschaft zusammen mit der Knorr-Bremse Systeme für Nutzfahrzeuge GmbH und der TU München durchführte, wurde das Wirkungspotenzial von ESP anhand von 850 schweren Nutzfahrzeug-Unfällen geprüft [5]. Mit dem Einsatz von ESP ließen sich 9 % dieser Unfälle vermeiden. Bezogen auf fahrdynamisch bedingte Alleinunfälle von Lkw würden ca. 44 % mit ESP vermieden werden. Zu deutlichen Resultaten kommt auch eine gemeinsame Untersuchung der MAN Nutzfahrzeuge AG und der Allianz Zentrum für Technik GmbH [1], die das Wirkungspotenzial von LDW und ACC analysiert: Wäre die deutsche Lkw-Flotte mit einem heute verfügbaren abstandsgeregelten ACC ausgestattet, ließen sich 71 % der schweren Lkw-Auffahrunfälle auf Autobahnen und rund 30 % der schweren Lkw-Auffahrunfälle auf allen bundesdeutschen Straßen vermeiden (vgl. ▶ Abschn. 53.4). Würden alle Lkw ihren Fahrer mit einem Spurverlassenswarner vor dem ungewollten Abkommen vom Fahrstreifen warnen und die Fahrer korrigierend durch Gegenlenken eingreifen, könnten 49 % der Unfälle vermieden werden, bei denen Fahrzeuge rechts oder links von der Fahrbahn abkommen (vgl. ▶ Abschn. 53.5).

53.4 Adaptive Cruise Control (ACC) für Nutzfahrzeuge

Adaptive Cruise Control (ACC) ist ein Assistenzsystem, das automatisch die Fahrgeschwindigkeit an vorausfahrende Fahrzeuge anpasst und einen vom Fahrer einstellbaren Abstand einregelt. Bei freier Fahrt arbeitet das System wie ein normaler Tempomat.

Adaptive Cruise Control setzt in Lkw auf den beiden Systemen Tempomat und Bremsomat auf. Der Tempomat regelt automatisch die Geschwindigkeit des Fahrzeugs über die Kraftstoffzufuhr im Motor. So kann das Fahrzeug eine vom Fahrer vorgegebene Geschwindigkeit einhalten. Bergab kann es jedoch ggf. auch ohne Kraftstoffzufuhr durch den Hangabtrieb über die Wunschgeschwindigkeit hinaus beschleunigen. Ist dies nicht gewünscht oder nur bis zu einem gewissen Maß, besteht die Möglichkeit für den Lkw-Fahrer, eine Bremsomatfunktion zu aktivieren. Diese steuert bei Überschreitung der Wunschgeschwindigkeit oder eines einstellbaren Offsets oberhalb der Wunschgeschwindigkeit den Retarder oder die Motorbremse automatisch an, sodass eine vorgewählte Geschwindigkeit auch im Gefälle eingehalten wird. Zur Einstellung der Wunschgeschwindigkeit bergab gibt es komfortable Lösungen, die z. B. einen Sollwert aus der aktuellen Geschwindigkeit bilden, wenn der Fahrer im Gefälle nach einer Anpassbremsung von der Bremse geht.

Der abstandsgeregelte Tempomat erweitert die vorgenannte Tempomat- und Bremsomatfunktion, indem Abstand und Relativgeschwindigkeit vorausfahrender Fahrzeuge gemessen werden. Dadurch ist es möglich, automatisch die eigene Geschwindigkeit an die des Vorausfahrenden anzupassen und einen einstellbaren Wunschabstand einzuregeln. Die einstellbaren Wunschabstände sind geschwindigkeitsabhängig. Sie entsprechen also einer einstellbaren Zeitlücke, die ggf. noch durch konstante Mindestabstände ergänzt wird.

Sensorische Basis des ACC ist ein Hochfrequenz-Radar. Das Radarsystem ist in der Regel im unteren Teil der Bugschürze eingebaut und erfasst vorausfahrende Fahrzeuge, vgl. ◘ Abb. 53.5. Hierbei kommen in Lkw die gleichen Radarsensoriken zum Einsatz, wie sie in Pkw verwendet werden (vgl. ▶ Abschn. 53.4). Hinsichtlich des Trackings und spezieller Lkw-Randbedingungen sind jedoch Anpassungen der Sensorik erforderlich, z. B. bezüglich Nickverhalten des Lkw, fahrdynamischer Parameter, Kolonnenfahrt hinter Trailern mit flatternden Rückwandplanen, Lkw-typischer Vibrationen, 24-V-Spannungsversorgung usw.

Zur Abstands- und Geschwindigkeitsregelung greift der ACC-Regler in die Motorsteuerung und die Bremssysteme ein. Für Fahrzeugverzögerungen sind in Lkw im Gegensatz zu ACC-Systemen in Pkw verschiedene Bremssysteme anzusteuern. Zunächst werden immer die verschleißfreien Dauerbremsen wie Motorbremse und Retarder angesteuert. Dabei ist deren Übertragungsverhalten zu beachten, das teilweise ein stufiges Ansprechverhalten und große Ansprechverzögerungen zeigt. Zur Kompensation dieser unerwünschten Effekte gibt es Lösungen, die eine zwischenzeitliche kurzzeitige, schnelle Ansteuerung der Betriebsbremsen vorsehen, so dass sich ein stetig verlaufendes Bremsmoment mit schneller Ansprechzeit ergibt.

Reicht die Bremsleistung der Dauerbremsen nicht aus, um das Fahrzeug gemäß der Reglervorgabe zu verzögern, werden zusätzlich die Betriebsbremsen angesteuert. Diese Ansteuerung muss jedoch hinsichtlich der in Wärme umgesetzten

Abb. 53.5 Einbausituation eines ACC-Sensors am Lkw

Bremsenergie begrenzt werden, um eine Überhitzung der Betriebsbremsen zu verhindern. Insofern werden die Betriebsbremsen nur für Anpassbremsungen angesteuert, wenn also die Geschwindigkeit des Fahrzeugs schnell reduziert werden muss. Dabei liegt die mit heutigen ACC-Systemen maximal angesteuerte Fahrzeugverzögerung bei ca. $-3\,\text{m/s}^2$. Muss ein Fahrzeug bei Bergabfahrt längere Zeit gebremst werden, so darf dies nur durch die Dauerbremsen erfolgen und nicht mit den Betriebsbremsen, um deren Überhitzung zu verhindern. Dazu muss das Fahrzeug ggf. mit den Betriebsbremsen auf eine geringere Geschwindigkeit verzögert und in kleinere Gänge geschaltet werden, damit anschließend die Dauerbremsleistung ausreicht.

Je nach Voreinstellung – entweder durch den Fahrer oder den Systemhersteller – funktionieren ACC-Systeme mit oder ohne Fahrerübernahmeaufforderung. Diese kann dem Fahrer signalisieren, dass die ACC-Regelung die maximale Verzögerung von z. B. $-3\,\text{m/s}^2$ ansteuert, sie in der aktuellen Fahrsituation aber nicht ausreicht. Der Fahrer wird also aufgefordert, selbst stärker zu bremsen, als es das ACC-System kann. Zusätzlich gibt es ACC-Systeme mit Auffahrwarnungen, die teilweise auch bei ausgeschaltetem ACC aktiv sind. Diese sollen dem Fahrer die akute Gefahr eines Auffahrunfalls signalisieren und ihn zum Bremsen veranlassen.

ACC-Systeme werden durch Betätigung eines Bedienelements (z. B. Taste oder Bedienhebel) oder durch Auslenkung des Bremspedals deaktiviert. Hingegen erfolgt durch Auslenkung des Fahrpedals eine Übersteuerung der ACC-Systeme. Dies kann der Fahrer nutzen, um z. B. eine ACC-Bremsung hinter einem Lkw zu vermeiden, der am Beginn einer Steigung langsamer wird. Da heutige ACC-Systeme noch keine Streckenvorausschau leisten, kann nur der Fahrer solche Situationen erkennen, in denen eine Bremsung auf ein vorausfahrendes Fahrzeug z. B. wegen einer beginnenden Steigung unzweckmäßig ist. Die Übersteuerung dient darüber hinaus zur Abstandsverringerung vor einem Überholmanöver oder zum schnelleren Beschleunigen.

Relevant für die ACC-Regelung sind vor allem folgende Punkte:
- Auf Autobahnen gilt in Deutschland für Lkw bei einer Geschwindigkeit ab 50 km/h ein gesetzlicher Mindestabstand von 50 m. Dieser muss von mindestens einer wählbaren Abstandsstufe eingehalten werden.
- Wird der Wunschabstand unterschritten, z. B. aufgrund eines einscherenden Fahrzeugs, so sind üblicherweise Differenzgeschwindigkeiten von 2 … 4 km/h vorgesehen, um den Abstand wieder zu vergrößern. Bei überholenden Fahrzeugen ist diese Differenzgeschwindigkeit von vornherein gegeben, so dass der Lkw mit ACC konstant weiterfahren kann. Ein „Durchreichen nach hinten", wie es gelegentlich von Laien befürchtet wird, findet also nicht statt.

53.4 Adaptive Cruise Control (ACC) für Nutzfahrzeuge

- Wenn die Differenzgeschwindigkeit einscherender Fahrzeuge größer ist als der vorgenannte Wert zum Aufbau des Wunschabstands, kann es bei geregelter Folgefahrt zu einem unerwünschten „Mitzieheffekt" kommen. Der Lkw beschleunigt also hinter dem Einscherer. Da das einscherende Fahrzeug wegen des langsameren Vorausfahrenden jedoch bald seine Geschwindigkeit verringern oder den Fahrstreifen wieder verlassen muss (so genannte Durchscherer, z. B. bei Autobahn-Ein/Ausfahrten), können solche Situationen im ACC-System entsprechend berechnet und berücksichtigt werden, um ein „Mitziehen" zu vermeiden.
- Neben Abstand und Geschwindigkeit des Vorausfahrenden ist dessen Beschleunigung bei der ACC-Regelung von Bedeutung. Die Beschleunigung kann aus der Geschwindigkeit abgeleitet werden, wobei Schaltvorgänge jedoch kurzzeitige, deutliche Beschleunigungsänderungen verursachen können. Wesentlich ist die Berücksichtigung der Beschleunigung beispielsweise, wenn bei einer Autobahneinfahrt ein langsamerer Pkw vor dem Lkw einschert. Ohne Beschleunigung des Einscherers müsste der Lkw abbremsen. Bei ausreichender Beschleunigung wird die Differenzgeschwindigkeit jedoch positiv, bevor der Abstand kritisch wird. Der Lkw kann in diesem Fall also konstant weiterfahren.
- In die Strategie der Abstandsregelung können zusätzlich zum direkten Vorausfahrenden auch Fahrzeuge einbezogen werden, die vor dem Vorausfahrenden oder in den Nachbarfahrstreifen daneben fahren.
- Das Verhalten der Abstandsregelung stellt einen Kompromiss dar zwischen Einhaltung des Wunschabstands und ökonomischer Fahrweise. Eine genaue Einhaltung des Wunschabstands würde bedeuten, dass ggf. mit Einsatz der Bremssysteme unmittelbar auf Verzögerungen des Vorausfahrenden reagiert werden müsste. Dies widerspricht einer ökonomischen Fahrweise, die einen möglichst geringen Einsatz der Bremsen anstrebt.

Heutige ACC-Systeme für Nutzfahrzeuge sind für Fahrten auf Autobahnen und gut ausgebauten Bundesstraßen ausgelegt. Auf weniger ausgebauten Bundesstraßen, auf Landstraßen und im Stadtverkehr muss der Fahrer das System deaktivieren. Die Regelung von Abstand und Fahrgeschwindigkeit durch Adaptive Cruise Control erfolgt ab einer herstellerseitig vorgegebenen Mindestgeschwindigkeit. Ein typischer Wert hierfür sind 25 km/h. Wird diese Mindestgeschwindigkeit unterschritten, muss der Fahrer wieder die Längsführung übernehmen. Teilweise sind ACC-Systeme verfügbar, die bis zum Stillstand bremsen und auch im Stop&Go-Verkehr genutzt werden können. Ein automatisches Wiederanfahren im Stop&Go-Verkehr erfolgt dabei nur, wenn eine Stillstandszeit von z.B. 2 Sekunden nicht überschritten wird. Andernfalls muss der Fahrer eine Bedienung zum Anfahren vornehmen. Auf stehende Objekte – auch Fahrzeuge an einem stehenden Stauende – reagieren viele heutige ACC-Systeme noch nicht. Auch Fahrzeuge, die sehr langsam fahren, werden als stehende Objekte interpretiert und nicht als vorausfahrende Fahrzeuge erkannt. Dies sind typische Situationen, in denen der Fahrer eingreifen muss.

Adaptive Cruise Control muss in Lastkraftwagen und Reisebussen unterschiedlichen Anforderungen gerecht werden. Der Lkw bewegt sich häufig in längeren Kolonnenfahrten mit einer gleich bleibenden Geschwindigkeit von 80 km/h. Für den Lkw-Fahrer ist ACC primär eine Komfortfunktion, die ihn vor allem bei weitgehend konstantem Kolonnenverkehr entlastet. Während der meist langen Fahrzeiten bleibt die Leistungsfähigkeit des Fahrers länger erhalten. Die automatische Abstandsregelung erhöht die Verkehrssicherheit, und plötzliche Notbremssituationen aufgrund zu geringen Abstands oder Unaufmerksamkeit des Fahrers werden vermieden. Darum werden speziell Lkw für Gefahrguttransporte heute bevorzugt von den Spediteuren mit ACC geordert, nicht zuletzt aufgrund entsprechender Forderungen von Befrachtern.

Hingegen fährt ein Reisebus mit einer Durchschnittsgeschwindigkeit von 100 km/h, überholt Lkw folglich problemlos, ist aber meist langsamer als Pkw. Im Vergleich zum Lkw fährt der Reisebus meist nicht in geregelter Folgefahrt. Nähert sich der Bus jedoch einem langsameren Fahrzeug, veranlasst das ACC die Drosselung der Geschwindigkeit, sodass ein sicherer Abstand zum vorausfahrenden

Fahrzeug eingehalten wird. Für den Reisebus steht daher eher der Sicherheitsaspekt im Vordergrund.

Die Wirksamkeit von ACC-Systemen zur Unfallvermeidung wurde von der Allianz Zentrum für Technik GmbH im Rahmen des vom BMBF geförderten Projekts „Safe Truck" untersucht [1]. Von 583 analysierten Unfällen waren 127 relevant für ACC, also Auffahrunfälle im eigenen Fahrstreifen. Darin enthalten sind auch Unfälle im Stadtverkehr und auf Landstraßen sowie Unfälle mit stehenden Hindernissen. Das Wirkungspotenzial wurde darum für fünf Szenarien analysiert, die verschiedene Entwicklungsstufen von ACC-Systemen repräsentieren. Darüber hinaus wurden die Szenarien dahingehend unterschieden, ob der Fahrer eingreift oder nicht. In allen Szenarien wurde von einer Fahrzeugverzögerung durch ACC von maximal $-2\,m/s^2$ ausgegangen:

- ACC-System, das nur oberhalb einer Mindestgeschwindigkeit regelt
  - ohne Fahrereingriff (Szenario 0)
  - mit Fahrereingriff mit maximaler Verzögerung ($6\,m/s^2$) nach zwei Sekunden (Szenario 1)
- ACC-System, das bis zum Stillstand regelt und auch für Innerortsverkehr geeignet ist
  - ohne Fahrereingriff (Szenario 2)
  - mit Fahrereingriff mit maximaler Verzögerung ($6\,m/s^2$) nach zwei Sekunden (Szenario 3)
- ACC-System, das bis zum Stillstand regelt und für Innerortsverkehr geeignet ist und auch stehende Fahrzeuge erkennt (Szenario 4)

Basis der Studie bildeten 127 ACC-relevante Unfälle von Nutzfahrzeugen. Anhand von Rekonstruktionen der gut dokumentierten Unfälle wurde die Vermeidbarkeit der Unfälle in den einzelnen Szenarien analysiert und auf die einzelnen Kategorien hochgerechnet (vgl. ◘ Abb. 53.6 – Wirkungspotenzial ACC):

- Wären alle Lkw mit heute verfügbaren ACC-Systemen ausgerüstet, könnten rund 6 % aller schweren Nutzfahrzeugunfälle vermieden werden, ohne dass ein Bremseingriff durch den Fahrer notwendig ist. Führt der Fahrer einen Bremseingriff innerhalb von zwei Sekunden nach dem ACC-Eingriff mit maximal möglicher Verzögerung durch, so könnten 7 % vermieden werden.
- Wären alle Lkw mit ACC-Systemen ausgerüstet, die bis zum Stillstand regeln und auch innerorts geeignet sind, könnten 8 % aller schweren Nutfahrzeugunfälle vermieden werden, ohne dass der Fahrer bremst. Greift hier zusätzlich innerhalb von zwei Sekunden nach dem ACC-Eingriff der Fahrer mit einer Vollbremsung ein, erhöht sich die Vermeidbarkeit auf 17 %.
- Wären alle Lkw mit ACC-Systemen ausgerüstet, die mit zusätzlicher Sensorik auch auf stehende Fahrzeuge reagieren, könnten 21 % aller schweren Lkw-Unfälle vermieden werden.

Da heutige ACC-Systeme nur für den Einsatz auf Autobahnen und gut ausgebauten Bundesstraßen konzipiert sind, wurde das Unfallvermeidungspotenzial für dieses Umfeld gesondert betrachtet. In Bezug auf Auffahrunfälle von Nutzfahrzeugen auf Autobahnen ergibt sich, dass mit heute verfügbaren ACC-Systemen 71 % dieser Unfälle vermieden werden könnten, wenn alle Lkw mit ACC ausgerüstet wären. Angenommen, dass der Fahrer einen ACC-Bremseingriff als haptische Warnung erkennt und dann selbst nach 2 Sekunden eine Vollbremsung einleitet, würden sogar 86 % aller Lkw-Auffahrunfälle auf Autobahnen vermieden werden.

53.5 Spurverlassenswarner für Nutzfahrzeuge

Ein Spurverlassenswarner (LDW, Lane Departure Warning) eines Nutzfahrzeugs überwacht dessen Einhaltung des Fahrstreifens und warnt den Fahrer, wenn er unbeabsichtigt seinen markierten Fahrstreifen verlässt. Das System unterstützt den Fahrer insbesondere auf langen und monotonen Strecken, wenn dessen Aufmerksamkeit nachlässt oder wenn er abgelenkt ist. Ein unbeabsichtigter Fahrstreifenwechsel kann durch Warnung des Fahrers vermieden werden, sodass Alleinunfälle durch Abdriften von der Fahrbahn oder Kollisionen mit Fahrzeugen auf den Nachbarfahrstreifen bzw. einem Standstreifen verhindert werden. Spurverlassenswarner werden seit dem Jahr 2001 für Nutzfahrzeuge angeboten

53.5 • Spurverlassenswarner für Nutzfahrzeuge

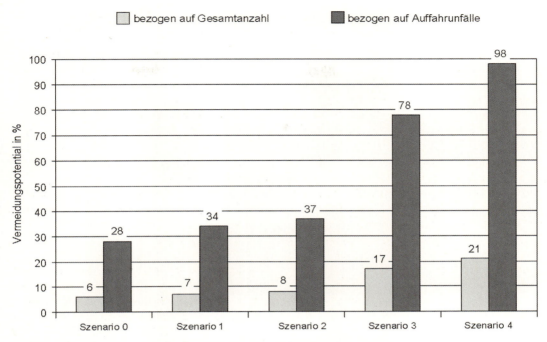

Abb. 53.6 Vermeidbarkeit von Kollisionen durch den Einsatz von Adaptive Cruise Control [1]

Abb. 53.7 Detektion der Fahrstreifenmarkierung durch Spurverlassenswarner [Quelle: MAN Truck & Bus AG]

und sind für den Einsatz auf Autobahnen und gut ausgebauten Bundesstraßen ausgelegt.

Gemäß Verordnung der EU [6] ist ab Nov. 2013 die Ausrüstung mit einem Spurverlassenswarner Voraussetzung für die Zulassung neuer LKW-Typen > 3,5 t sowie neuer Bus-Typen mit mehr als 8 Sitzplätzen. Ab Nov. 2015 sind Spurverlassenswarner für alle Neuzulassungen von LKW > 3,5 t und

◘ **Abb. 53.8** Einbausituation einer Kamera im Lkw zur Erkennung von Fahrstreifenmarkierungen [Quelle: MAN Truck & Bus AG]

Bussen mit mehr als 8 Sitzplätzen Voraussetzung. Lediglich bestimmte Fahrzeugtypen, für die eine solche Ausrüstung keinen Sinn macht, sind von dieser Regelung ausgenommen. Die heute für Lkw verfügbaren Systeme erfassen diese Fahrstreifenmarkierungen mittels einer Kamera, die im Fahrerhaus innen möglichst mittig an der Frontscheibe angebracht ist, vgl. ◘ Abb. 53.8. Außermittige Anbauorte sind denkbar, sofern eine entsprechende Parametrierung der Auswertealgorithmik erfolgt. Die Kamera sollte im Wischbereich des Scheibenwischers liegen. Im Lkw hat eine solche Kamera wegen der erhöhten Anbauposition einen günstigeren Blickwinkel auf die Straßenoberfläche als im Pkw. Andererseits ist bei der Auswertung des erfassten Bildes das Wanken und Nicken des Fahrerhauses erschwerend zu berücksichtigen.

Eine der gängigsten Methoden zur Erkennung von Fahrstreifenmarkierungen ist die Suche nach Hell-Dunkel-Übergängen auf der Straßenoberfläche. Die verwendeten Kameras sind daher Schwarz-Weiß-Kameras. Die Sensorik kann die Fahrstreifenmarkierungen nur bei ausreichenden Kontrasten exakt erfassen, wenn die Markierungen also deutlich zu erkennen und möglichst geradlinig sind. Für die Erkennung der Fahrstreifenmarkierungen bei Dunkelheit reicht das Ausleuchten mit den Scheinwerfern des Fahrzeugs.

Zwar erfasst die Kamera permanent den Verlauf der Fahrstreifen, doch die analysierenden Algorithmen überprüfen nicht das gesamte Bild. Um Rechenleistung zu sparen, werden nur die äußeren Bereiche der Straße mithilfe von Suchfenstern ausgewertet, vgl. ◘ Abb. 53.7.

Erkennt das System, dass sich das Fahrzeug der Fahrbahnmarkierung nähert oder sie sogar überfährt, ohne dass der Fahrtrichtungsanzeiger betätigt wurde, erfolgt eine Warnung. Die Warnung kann z. B. haptisch in Form einer Lenkradvibration erfolgen oder durch seitenbezogene akustische Signale (z. B. in Form eines simulierten Nagelbandratterns). In Reisebussen kommen nur Warnungen in Frage, die ausschließlich vom Fahrer wahrgenommen werden und nicht von den Fahrgästen. Für Reisebusse sind daher Systeme verfügbar, die den Fahrer mittels seitenbezogener Vibrationen im Fahrersitz warnen. Eine Verunsicherung der Fahrgäste wird so vermieden.

Die Bedingungen zur Auslösung einer Warnung können herstellerabhängig variieren, müssen aber den Anforderungen der EU-Verordnung genügen. Beispielsweise kann eine Warnung in Abhängigkeit von der Fahrgeschwindigkeit beim Überfahren der Innenseite oder beim Überfahren der Außenseite der Fahrstreifenmarkierung ausgelöst werden. Auch kann die Quergeschwindigkeit berücksichtigt wer-

53.5 · Spurverlassenswarner für Nutzfahrzeuge

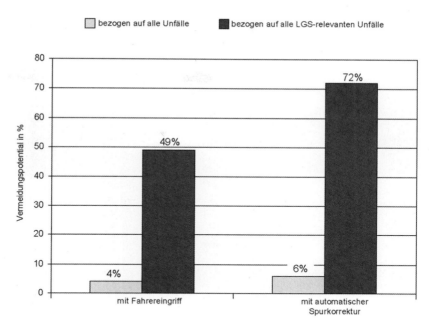

■ **Abb. 53.9** Unfallvermeidungspotenzial durch Spurverlassenswarner in Lkw [1]

den, mit der der Fahrstreifen verlassen wird. Unterhalb einer Mindestgeschwindigkeit des Fahrzeugs, z. B. 60 km/h, werden in der Regel bei heutigen Systemen keine Warnungen ausgegeben. Systeme, wie sie zur Zeit auf dem Markt verfügbar sind, greifen nicht aktiv in die Lenkung ein, sondern warnen den Fahrer ausschließlich.

Um Fehlwarnungen zu vermeiden, unterliegt die Sensorik zur Erfassung der Fahrbahnmarkierungen engen Grenzen. In folgenden Situationen wird in der Regel nicht gewarnt: bei einer stark verschmutzten Windschutzscheibe im Bereich des Sensors, einer verschneiten, verschmutzten oder ausgebesserten Fahrbahn, bei mehreren Markierungen neben- und hintereinander – wie sie vor allem an Ein- und Ausfahrten von Baustellen auftreten – und bei einer nassen Fahrbahn. Insbesondere wenn sich mit Regenwasser gefüllte Spurrillen auf der Fahrbahn befinden oder Schnee die Straße säumt, besteht die Gefahr, dass diese Strukturen als Fahrbahnmarkierung erkannt werden. Durch die starken Kontraste zwischen hellem Schnee oder reflektierender Wasseroberfläche und dunklem Asphalt lassen sich die Schwarz-Weiß Bilder der Videokamera nicht exakt auswerten. Die Forschung arbeitet derzeit an einer verbesserten Sensorik.

Während in der ersten Systemgeneration für die einwandfreie Assistenzfunktion die Fahrstreifen noch zwingend beidseitig markiert sein mussten, geht die Entwicklung nun zudem in die Richtung, dass auch bei einseitigen Fahrstreifenmarkierungen eine Funktion gegeben ist und ggf. lediglich ein ausreichender Kontrast zur Fahrstreifenbegrenzung vorhanden sein muss.

Zur Überprüfung der Wirksamkeit von Spurverlassenswarnern hat die Allianz Zentrum für Technik GmbH 583 Lkw-Unfälle aus ihrer Datenbank ausgewertet. Davon waren 44 relevant hinsichtlich unbeabsichtigtem Verlassen von Fahrstreifen. Bei der Analyse, die im Rahmen des BMBF-Projekts „Safe Truck" erfolgte, wurden zwei Systemausprägungen mit unterschiedlichem Funktionsumfang betrachtet [1]:

- Heute verfügbare Spurverlassenswarner mit einer Fahrerwarnung ab einer Fahrgeschwindigkeit von 60 km/h und einem angenommenen Lenkeingriff des Fahrers nach 1 Sekunde Reaktionszeit.
- Erweitertes System, das ebenfalls für Geschwindigkeiten ab 60 km/h ausgelegt ist, aber zusätzlich eine automatische Rückführung beim Verlassen der Fahrstreifen vornimmt.

Das Ergebnis der Studie zeigt, dass 49 % aller Nutzfahrzeugunfälle durch Abkommen vom Fahr-

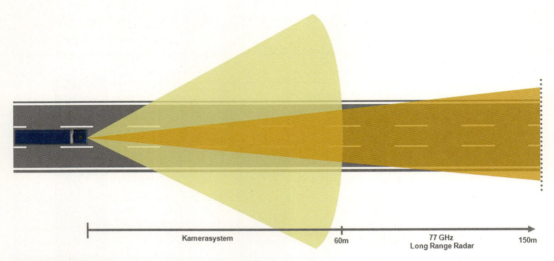

◘ **Abb. 53.10** Öffnungswinkel und Sichtweite der Kombination aus 77 GHz-Long Range Radar und Kamerasystem [Quelle: MAN Truck & Bus AG]

streifen vermieden werden könnten, wenn alle Nutzfahrzeuge mit Spurverlassenswarnern ausgestattet wären. Erfolgt zukünftig auch eine automatische Rückführung in den Fahrstreifen, könnten sogar 72 % dieser Unfälle vermieden werden, vgl. ◘ Abb. 53.9.

53.6 Notbremssysteme

Assistenzsysteme, die automatisch eine Vollbremsung einleiten, haben sich inzwischen im Nutzfahrzeugmarkt etabliert. Seit November 2013 ist gemäß EU-Verordnung [6] ein Notbremssystem Voraussetzung für neue Typzulassungen von LKW > 3,5t und von Bussen mit mehr als 8 Sitzplätzen. Ab Nov. 2015 sind Notbremssysteme Voraussetzung bei allen Neuzulassungen von LKW > 3,5t und Bussen mit mehr als 8 Sitzplätzen.

Diese Systeme warnen den Fahrer eindringlich bei akuter Gefahr eines Auffahrunfalls und leiten ggf. automatisch eine Vollbremsung ein, wenn der Auffahrunfall unvermeidlich ist. Damit können Auffahrunfälle verhindert und die Schwere von Unfällen erheblich verringert werden, wenn eine Kollision unvermeidbar ist. Dafür muss der Notbremsassistent für alle Verkehrssituationen ausgelegt sein; d. h. er darf in keiner Verkehrssituation eine unnötige Vollbremsung auslösen – schließlich kann nicht vom Fahrer erwartet werden, das System z. B. rechtzeitig vor innerstädtischem Verkehr abzuschalten, wenn es dafür nicht ausgelegt wäre und dort Fehlbremsungen einleiten würde.

Basis heutiger Notbremssysteme sind Hochfrequenz-Radarsensoren, wie sie auch bei ACC-Systemen eingesetzt werden. Sie erfassen die vorausliegende Verkehrssituation. Die Bewertung der Verkehrssituation erfolgt mit speziellen Algorithmen, die je nach Verkehrssituation einstufige oder mehrstufige Systemreaktionen generieren. Die Herausforderung ist dabei sicherzustellen, dass keine Fehlbremsungen eingeleitet werden und dass kritische Verkehrssituationen korrekt erkannt werden, vgl. ◘ Abb. 53.10.

Erfasst der Sensor ein Hindernis und erkennt zugleich, dass sich der Abstand verringert und der Fahrer die Geschwindigkeit nicht reduziert, greift das Notbremssystem in das Fahrgeschehen ein. Zunächst wird der Fahrer optisch über ein Signal im Zentraldisplay und akustisch über einen Warnton auf die Gefahr aufmerksam gemacht. Verzeichnet das Assistenzsystem noch immer keine Reaktion vom Fahrer – etwa einen Bremseingriff oder ein Lenkmanöver – erfolgt eine Teilbremsung mit einer Fahrzeugverzögerung von ca. $-2\,m/s^2$. Verschärft sich dennoch die Kollisionsgefahr, leitet das System eine Vollbremsung mit einer Fahrzeugverzögerung von ca. $-6\,m/s^2$ ein. Kommt es zu einer Bremsung, werden die Bremslichter angesteuert, um den nachfolgenden Verkehr zu warnen und Folgeunfälle zu vermeiden. Ziel dieser Funktion ist insbesondere, das ungebremste Auffahren auf langsamere Fahrzeuge und das späte Bremsen durch den Fahrer zu vermeiden.

Die Erkennung von stehenden Hindernissen, auf die eine Notbremsung erforderlich ist, ist deutlich schwieriger als die Erkennung bewegter Hindernisse. Dies wurde auch in der Durchführungsverordnung zur Einführung von Notbremssystemen berücksichtigt. Die Verordnung sieht vor, dass ausgehend von einer LKW-Geschwindigkeit von 80 km/h bei einem mit 30 km/h vorausfahrenden Fahrzeug eine unfallvermeidende Notbremsung erfolgen muss, d.h. der Geschwindigkeitsabbau des LKW muss mindestens 50 km/h betragen. Bei einem stehenden Hindernis muss die Geschwindigkeit dagegen nur um 10 km/h abgebaut werden.

Da ein aktives Notbremssystem im Gegensatz zu einem Notbremswarner direkt in die Fahrzeugführung eingreift, muss das System und der Entwicklungsprozess erhöhten Sicherheitsanforderungen entsprechen.

Die Interpretation der Daten des Statistischen Bundesamtes über Unfälle von Güterfahrzeugen im Straßenverkehr für das Jahr 2011 [3] verdeutlicht, welches Wirkungspotenzial Notbremssysteme haben: Mit nahezu 17 % aller Unfälle, die von Güterfahrzeugen verursacht wurden, war der Abstandsfehler zum vorausfahrenden Fahrzeug die häufigste Unfallursache. Zudem führt die hohe kinetische Energie bei Auffahrunfällen von Nutzfahrzeugen meist zu schweren Unfallfolgen. Aktive und warnende Notbremssysteme sind in der Lage, diese kritischen Situationen zu entschärfen.

53.7 Vorausschauendes Fahren

Ein wesentliches Kriterium beim Betrieb von Nutzfahrzeugen ist deren Kraftstoffverbrauch. Dieser lässt sich durch vorausschauendes Fahren deutlich reduzieren. Hierbei werden zwei Ansätze verfolgt.

Einerseits kann die Fahrstrategie Daten der vorausliegenden Fahrstrecke aus digitalen Karten entnehmen und in der Triebstrangsteuerung berücksichtigen. Hier sind Systeme am Markt, die das vorausliegende Steigungsprofil auswerten und geeignet in die Fahrstrategie einbinden. Ziel ist dabei, wo immer möglich und sinnvoll das Fahrzeug ohne Kraftstoffeinspritzung rollen zu lassen oder in speziellen Situationen den Triebstrang zu öffnen, um Kraftstoff zu sparen. Typische Situationen, in denen ein Ausrollen sinnvoll ist, bestehen vor einem Gefälle, in dem der Lkw bremsen muss. Während ein normaler Tempomat bis zum Beginn des Gefälles die Geschwindigkeit konstant hält und das Fahrzeug entsprechend Kraftstoff verbraucht, berücksichtigt ein vorausschauender Tempomat das vorausliegende Gefälle und nimmt rechtzeitig die Kraftstoffeinspritzung zurück, so dass das Fahrzeug auf das Gefälle zurollt und dabei vor Beginn des Gefälles etwas langsamer wird. Die Steuerung berechnet voraus, wann die Kraftstoffeinspritzung zurückgenommen werden muss, um einen herstellerseitig parametrierten oder vom Fahrer einstellbaren maximalen Geschwindigkeitsabfall vor dem Gefälle einzuhalten. Die Höhe des tolerierten Geschwindigkeitsabfalls geht proportional in die Kraftstoffeinsparung ein und bildet einen Kompromiss zwischen Effizienz und Akzeptanz. Schließlich darf der Lkw mit seinem parametrierten Geschwindigkeitsabfall vor einem Gefälle nicht zu einem Verkehrshindernis werden und das Verhalten muss auch für den Lkw-Fahrer noch akzeptabel sein, damit er das System nicht übersteuert, womit er gegen die gewünschte Effizienzsteigerung arbeiten würde. Ein Übersteuern durch den Fahrer ist natürlich jederzeit möglich. Da ein vorausschauend betriebener Lkw mit geringerer Geschwindigkeit in das Gefälle fährt, muss er im Gefälle auch später bremsen, was wiederum geringerem Verschleiß und besserem Wärmehaushalt zu Gute kommt.

Während ein normaler Tempomat bis zum Ende des Gefälles die Geschwindigkeit konstant hält und dazu den Lkw im Gefälle mit den Dauerbremsen abbremst, berücksichtigt ein vorausschauender Tempomat das nahende Ende des Gefälles und löst rechtzeitig die Dauerbremsen, so dass der Lkw etwas schneller wird und somit Schwung aufnehmen kann. Dies kommt ihm bei einer anschließenden Steigung oder auch in der anschließenden Ebene zugute, in der dann erst später wieder das Motormoment aufgebaut werden muss, um die Wunschgeschwindigkeit zu halten. Die resultierende Geschwindigkeitserhöhung am Ende des Gefälles kann von der Steuerung genau vorausberechnet werden und stellt wiederum einen Kompromiss zwischen Akzeptanz und Effizienz dar, wobei auch gesetzliche Randbedingungen hinsichtlich der zulässigen Maximalgeschwindigkeit zu beachten sind. Beim Schwungaufbau am Ende eines Gefälles wird außerdem der beim Rollen zu Beginn des Gefälles entstandene Zeitverlust kompensiert.

Neben der vorausschauenden Motoransteuerung wird die Streckenvorausschau auch in die Getriebesteuerung einbezogen. So können z.B. gezielt die Schaltungen vor und in einer Steigung gegenüber bisherigen Systemen ohne Vorausschau verbessert werden.

In modernen Nutzfahrzeugen ist nicht nur die vorausschauende automatisierte Fahrstrategie zu finden, sondern auch eine Onboard-Fahrerschulung, um dem Fahrer das im Eco-Training gemäß BKrFQG vermittelte Wissen aufrecht zu erhalten. Die Onboard-Fahrtrainer sind herstellerspezifisch unterschiedlich ausgeprägt, haben aber das gleiche Ziel: dem Lkw-Fahrer eine vorausschauende, effiziente und materialschonende Fahrweise beizubringen. Dazu analysiert das System, wie das Fahrerverhalten hinsichtlich Verbrauchsreduzierung und Verschleißminimierung verbessert werden kann und gibt ihm entsprechende Hinweise im Fahrzeugdisplay.

53.8 Entwicklung für die Zukunft

Heutige Fahrerassistenzsysteme unterstützen Fahrer in genau definierten Verkehrssituationen. Ein Spurverlassenswarner überwacht die Fahrzeugposition im Fahrstreifen, während Adaptive Cruise Control die Geschwindigkeit und den Abstand zum vorausfahrenden Fahrzeug regelt. Jeder Assistent arbeitet eigenständig als einzelnes System. Künftige Sicherheitsassistenten werden hingegen kooperativ agieren und zu ganzheitlichen Systemen verschmelzen.

Zukünftige Adaptive Cruise Control Systeme werden vermehrt über eine Stop&Go-Funktionalität verfügen. Auch die Bildverarbeitung wird in zunehmendem Maße im Nutzfahrzeug zur Anwendung kommen.

Ebenfalls werden Spurverlassenswarner zu vielseitigen Querführungssystemen weiterentwickelt. Diese können in die Querführung eingreifen, falls der Fahrer nach der Spurverlassens-Warnung nicht reagiert. Solche aktiven Eingriffe sind z. B. mit Systemen zur Momentenüberlagerung in der Lenkung oder in Form von gezielten Einzelradbremsungen denkbar.

Zukünftige Spurwechsel-Assistenten signalisieren dem Fahrer, ob ein Überhol- oder ein Ausweichmanöver gefahrlos möglich ist: Betätigt der Fahrer den Fahrtrichtungsanzeiger und das System erfasst von hinten herannahende Fahrzeuge, wird er z. B. über ein rotes Signal im Außenspiegel und eine entsprechende Anzeige im Zentraldisplay gewarnt. In Verbindung mit einer Kamera zur Erkennung von Fahrstreifen kann das System auch warnen, wenn der Fahrer ohne Betätigung des Fahrtrichtungsanzeigers den Fahrstreifen wechselt. In diesem Fall kann zusätzlich eine Spurverlassenswarnung abhängig von der seitlichen Kollisionsgefahr erfolgen oder auch eine automatische Korrektur der Querführung durchgeführt werden.

Um Fußgänger und Radfahrer im Nahbereich – unmittelbar vor und seitlich neben dem Lkw – zu schützen, befinden sich Abbiegeassistenten in der Entwicklung. Sensoren erfassen dazu das Umfeld vor und neben dem Lkw. Der Fahrer kann dann gewarnt werden, wenn eine Kollisionsgefahr mit Radfahrern oder Fußgängern besteht.

An einer kooperativen Form der Bahnführung wurde bis Ende 2009 im vom BMWi geförderten Projekt KONVOI gearbeitet. Universitäten, Speditionen und Forschungsabteilungen von Unternehmen aus der Nutzfahrzeugindustrie evaluierten das Verkehrssystem „Lkw-Konvois" auf Autobahnen im realen Verkehr unter alltäglichen Bedingungen. Technologisch baute das Projekt auf Sensorik, Aktorik, Kommunikationstechnik und Algorithmen zur Längs- und Querführung auf, die in nationalen und europäischen Vorgängerprojekten wie Prometheus, INVENT und Chauffeur erarbeitet wurden. Mithilfe von Fahrerassistenzsystemen werden Lkw elektronisch aneinander gekoppelt. Längs- und Querführungssysteme regeln den Abstand zum vorausfahrenden Fahrzeug sowie die Fahrzeugposition im Fahrstreifen. Ein Organisationsassistent vernetzt potenzielle Konvoiteilnehmer und hilft den Fahrern bei der Bildung von Konvois. In dem Projekt wurden Möglichkeiten zur Optimierung des Verkehrsablaufs und einer besseren Auslastung der bestehenden Infrastruktur untersucht. Darüber hinaus konnte gezeigt werden, dass durch die Konvoifahrt sowohl Kraftstoffeinsparungen als auch ein Sicherheitsgewinn erzielt werden kann.

Die Idee des Konvois wurde innerhalb des EU geförderten Projekts SARTRE (09/2009 bis 12/2012) weitergeführt. Hier wurde das Ziel verfolgt, einen gemischten Konvoi aus Lkws und Pkws zu realisieren.

Weitere Möglichkeiten zur Verbesserung der Verkehrssicherheit und des Verkehrsflusses eröffnen sich mit zukünftiger Fahrzeug-Fahrzeug-Kommunikation und Fahrzeug-Infrastruktur-Kommunikation. Diese Entwicklungen, aufgrund der zu erwartenden Stückzahlen zunächst vorwiegend von der Pkw-Industrie getrieben, werden auch in Nutzfahrzeugen zur Anwendung kommen. So wird ein vorausschauendes und sicheres Fahren weit über den Sichthorizont des Fahrers hinaus möglich werden.

Literatur

[1] Daschner, D.; Gwehenberger, J.: Wirkungspotenzial von Adaptive Cruise Control und Land Guard System bei schweren Nutzfahrzeugen. Allianz Zentrum für Technik GmbH, Bericht Nr. F05–912, im Auftrag von MAN für das BMBF-Projekt Safe Truck, München, 2005
[2] ifmo (Institut für Mobilitätsforschung) (Hrsg.): Zukunft der Mobilität – Szenarien für das Jahr 2025. Erste Fortschreibung. Eigenverlag, Berlin (2005)
[3] StBA, Statistisches Bundesamt: Verkehr. Unfälle von Güterkraftfahrzeugen im Straßenverkehr. Statistisches Bundesamt, Wiesbaden (2011)
[4] Niewöhner, W.; Berg, A.; Nicklisch, F.: Innerortsunfälle mit rechtsabbiegenden Lastkraftwagen und ungeschützten Verkehrsteilnehmern. DEKRA/VDI Symposium Sicherheit von Nutzfahrzeugen, Neumünster, 2004
[5] Gwehenberger, J., Langwieder, K., Heißing, B., Gebhart, C., Schramm, H.: Unfallvermeidungspotenzial durch ESP bei Lastkraftwagen. ATZ Automobiltechnische Zeitschrift **105**, 504–510 (2003)
[6] VERORDNUNG (EG) Nr. 661/2009 DES EUROPÄISCHEN PARLAMENTS UND DES RATES vom 13. Juli 2009

MIT UNSERER HILFE HAT SICH DIE NAHRUNGSMITTELPRODUKTION IN DEN LETZTEN 50 JAHREN VERDOPPELT.
JETZT BRAUCHEN WIR SIE, UM SCHRITT HALTEN ZU KÖNNEN.

Bis zum Jahr 2050 werden 2 Milliarden Menschen mehr auf der Erde leben. Sichern Sie ihnen einen Platz an der Tafel.

Denn dies ist nicht nur die größte Herausforderung, vor der die Landwirtschaft weltweit jemals gestanden hat, es ist außerdem das größte Hightech-Projekt, das Sie je in die Hände bekommen werden. Stärker als je zuvor in unserer über 175-jährigen Geschichte investieren wir in unsere Mitarbeiter und in neue Technologien. GERADE JETZT sind unsere fähigsten Talente dabei, die großen Herausforderungen unserer Zeit zu bewältigen. Denn wir alle müssen uns beeilen.

JohnDeere.com

Fahrerassistenzsysteme bei Traktoren

Marco Reinards, Georg Kormann, Udo Scheff

54.1 Fahrdynamische Assistenzsysteme – 1030

54.2 Prozess-Assistenzsysteme – 1034

54.3 Automatisierung von Lenkfunktionen – 1037

54.4 Kollaborierende Fahrzeuge – 1042

54.5 Ausblick auf vollautomatisierte Fahrzeuge in der Landwirtschaft – 1043

Literatur – 1044

Bei Straßenfahrzeugen steht der Transport von Personen und Gütern als funktionale Aufgabe der Fahrzeugbewegung im Vordergrund. Traktoren bzw. landwirtschaftliche Nutzfahrzeuge sowie Baumaschinen haben in der Regel mehrere zusätzliche Funktionen – wie zum Beispiel eine Bereitstellung und Regelung mechanischer, hydraulischer oder auch elektrischer Leistung, eine Güterumschlagsleistung und eine Traktionsleistung – gleichzeitig zu erfüllen. Diese zusätzlichen Anforderungen, die sich aus der Einbindung in den Prozess der landwirtschaftlichen Erzeugung ergeben, bestimmen damit maßgeblich auch die Gestaltung der landwirtschaftlichen Nutzfahrzeuge. Damit verbunden ist auch die Gestaltung der Mensch-Maschine-Schnittstelle, um den Fahrer bei der Fahrzeugführung und der Prozessüberwachung zu unterstützen.

Zwei Arten von Assistenzsystemen lassen sich unterscheiden:
- fahrdynamische Assistenzsysteme,
- Prozess-Assistenzsysteme.

Bei den fahrdynamischen Assistenzsystemen steht die Fahrzeugführung – ähnlich wie bei Kraftfahrzeugen – mit limitierter Einbindung in einen landwirtschaftlichen Prozess im Vordergrund. Im Unterschied dazu steht bei Prozess-Assistenzsystemen die Unterstützung des Fahrers bei der Ausführung von Aufgaben in der landwirtschaftlichen Erzeugung durch Automatisierungslösungen im Fokus.

54.1 Fahrdynamische Assistenzsysteme

In den vergangenen 50 Jahren hat sich die maximale Transportgeschwindigkeit von Traktoren etwa verdreifacht: Vergleichbar mit der Zunahme der Transportgeschwindigkeit lässt sich eine steigende Tendenz der Traktormasse und der Motorleistung beobachten, die auch einen Hinweis auf die Entwicklungstendenz in der Gesamtfahrzeuggröße gibt. Sowohl aus der Zunahme der Traktormassen als auch der Steigerung der Transport- und Arbeitsgeschwindigkeiten ergeben sich erweiterte Anforderungen an die Fahrdynamik von Traktoren, denen insbesondere durch die Entwicklung erweiterter Fahrwerkskonzepte Rechnung getragen werden kann [1].

Grundsätzlich sind Traktoren – analog zu Straßenfahrzeugen – Fahrzeuge, deren Bewegungen auf einer vorgegebenen Oberfläche bzw. Fahrbahn vom Fahrer in Längs- und Querrichtung sowie um die Hochachse innerhalb von den physikalisch vorgegebenen Grenzen frei bestimmt werden kann. In dieser allgemeinen Beschreibung der Fahrdynamik wird davon ausgegangen, dass alle äußeren Kräfte und Momente – mit Ausnahme der Schwerkraft, den aerodynamischen Kräften und Momenten über die Kontaktzone zwischen Reifen und Fahrbahn – aufgeprägt werden und damit die Bewegung des Fahrzeugs bestimmen [2].

■ Abbildung 54.1 zeigt einen Größenvergleich zwischen einem Standardtraktor der 150 PS-Klasse (110 kW) und einer Mittelklasselimousine sowie einem 18 t-Lkw. Auch wenn dieser Vergleich nur einen sehr kleinen Ausschnitt aus dem universellen Einsatzbereichs eines Traktors abbildet, werden zwei wesentliche Unterschiede in den Konstruktionsmerkmalen der Fahrzeuge deutlich:
- Beladung bzw. Ballastierung außerhalb der Achsen,
- sehr große Reifen auf kurzem Radstand.

Zusätzlich zu diesen offensichtlichen Unterschieden hat die konstruktive Ausführung des Standardtraktorfahrwerks mit einer starr mit dem Chassis verblockten Hinterachse und einer pendelnd im Chassis aufgehängten starren Vorderachse einen entscheidenden Einfluss auf die Längs-, Vertikal- als auch Querdynamik von Traktoren.

Durch die starr mit dem Chassis verblockte Hinterachse und die pendelnd aufgehängte Vorderachse findet die gesamte Wankabstützung des Fahrzeugs über die Hinterachse, genauer gesagt über die Hinterräder statt: Insbesondere beim Einsatz im Transport auf der Straße führt dies je nach Ballastierung zu einem übersteuernden oder untersteuernden querdynamischen Fahrverhalten. Neben den Verbesserungen in der Reifentechnologie, der Lenkungsabstimmung und der Einführung von gefederten Vorderachsen wurden in den letzten Jahren drei wesentliche Systeme zur Fahrerassistenz in der Querdynamik eingeführt:
- Vorderachsfederung mit schaltbarer Wankfederungskennlinie,
- umschaltbare Lenkübersetzung,

54.1 · Fahrdynamische Assistenzsysteme

Abb. 54.1 Größenvergleich zwischen Traktor und Straßenfahrzeugen

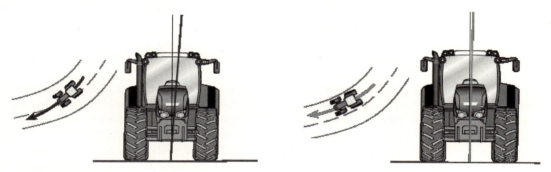

Abb. 54.2 Mit und ohne Fendt Stability Control [4]

– Steer-by-Wire-Lenkung mit Querdynamikregelung und variabler Lenkübersetzung.

Der Einsatz von Vorderachsen mit hydropneumatischen Federungen bietet verschiedene Möglichkeiten zur hydraulischen Kopplung der Federungszylinder und damit auch verschiedene Möglichkeiten zur Ausführung der Vorderachsfederung mit und ohne hydraulischer Wankstabilisierung. Die Standardausführung einer Vorderachsfederung bei Traktoren umfasst meist zwei Hydraulikzylinder; deren jeweilige Kolben- und Ringräume sind parallel verschaltet, so dass beim Pendeln der Vorderachse Ölvolumen entsprechend frei verschoben werden kann, ohne dass die Achsbewegung behindert wird. Für eine Ausführung mit hydraulischer Wankstabilisierung lassen sich verschiedene Schaltungen, wie zum Beispiel eine Kreuzverschaltung oder eine Entkopplung der Kolben- und Ringräume, umsetzen und die zusätzliche Ölvolumenverdrängung in der hydropneumatischen Federung und Dämpfung nutzen [3].

Zur Verbesserung der Fahrdynamik beim Straßentransport wurde von der Firma Fendt mit der Entwicklung des 936 Vario das Fendt Stability Control (FSC) eingeführt, welches abhängig von der Geschwindigkeit eine zusätzliche Wankstabilisierung an der Vorderachse aufschaltet (siehe ◘ Abb. 54.2). Für Traktoren mit einer bauartbedingten Höchstgeschwindigkeit von 60 km/h wird hierbei ab einer Fahrgeschwindigkeit von 20 km/h die Kopplung der Federungszylinder verändert und damit eine Wanksteifigkeit sowie eine geänderte vertikale Federsteifigkeit aufgeprägt. Durch diese Kennlinienumschaltung werden die querdynamischen Fahreigenschaften ohne Fahrereingriff verändert, um insbesondere bei höheren Fahrgeschwindigkeiten die Fahrzeugführung zu erleichtern [4].

Neben der Kennlinienumschaltung zur Variation der Wankabstützung bietet die Manipulation der Lenkübersetzung eine weitere technische Möglichkeit zur Unterstützung des Fahrers bei der Fahrzeugführung: In Traktoren bzw. landwirtschaftlichen Nutzfahrzeugen sowie Baumaschinen werden vornehmlich sogenannte Fremdkraft- bzw. Hilfskraftlenkanlagen ohne mechanische Lenkgestänge verwendet. Durch diese aufgelöste Bauart, in

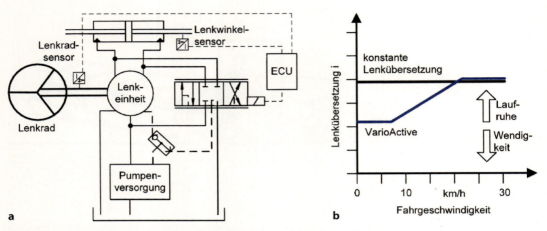

◘ **Abb. 54.3** **a** Parallelschaltung eines elektrohydraulischen Proportionalventils zu der Lenkeinheit **b** Abhängigkeit der Lenkübersetzung von der Fahrgeschwindigkeit beim Vario-Active [7]

der die mechanischen Übertragungselemente durch hydraulische oder elektrische Komponenten ersetzt werden, ergeben sich zusätzliche Optionen für einen Reglungseingriff und damit für eine Assistenz in der Fahrzeugführung [5, 6].

Neben der hydraulischen Energieversorgung und dem Lenkzylinder ist die hydrostatische Lenkeinheit – die in der Regel aus einem proportionalen, mechanischen Drehschieberventil und einer Dosiermaschine besteht – das wesentliche Element zur Umsetzung der Lenkradbewegung in eine Radbewegung. In der Standardauslegung wird bei Traktoren eine Lenkübersetzung von ungefähr 14 : 1, entsprechend vier bis fünf Lenkumdrehungen für das Lenken von Lenkanschlag zu Lenkanschlag, gewählt. Hierbei kann der maximale Lenkwinkel am Rad in Abhängigkeit der Ausstattung, Bereifung und Anwendung variieren. Die durch den Volumenstrom bestimmte Lenkübersetzung bietet eine besonders gute Möglichkeit für eine geregelte Volumenstromverstärkung in Abhängigkeit von der Lenkradbewegung durch elektrohydraulische Parallelsysteme. Die unabhängige Volumenstromverstärkung und damit von der Fahrereingabe unabhängige Lenkbewegung wird im Abschnitt Prozess-Assistenzsysteme (siehe ▶ Abschn. 54.2) ausführlicher beschrieben. ◘ Abbildung 54.3a zeigt die beispielhafte Parallelschaltung eines elektrohydraulischen Proportionalventils zu einer Lenkeinheit – auch elektrohydraulische Summierungslenkung genannt.

Durch eine parallele Anordnung der mechanischen und der elektrischen Volumenstromdosierung lassen sich grundsätzliche variable Lenkübersetzungen realisieren: In der Praxis werden Systeme wie beispielweise die Fendt VarioActive-Lenkung angeboten. ◘ Abbildung 54.3b zeigt, wie in Abhängigkeit von der Fahrgeschwindigkeit eine vorher durch den Fahrer aktivierte Halbierung der Lenkbewegung bzw. eine Verdoppelung der Lenkübersetzung ermöglicht wird. Dies ermöglicht insbesondere bei Rangier- und Umschlagsarbeiten eine Entlastung des Fahrers [7].

Eine konsequente Weiterentwicklung der elektrohydraulischen Parallelsysteme zur Volumenstromdosierung stellt die Einführung eines Steer-by-Wire-Systems mit vollständiger Integration von elektrischen Übertragungselementen in eine Fremdkraftlenkanlage dar. Mit dem Ziel, den Lenkaufwand und die Fahrzeugführung zu verbessern und damit eine Ermüdung des Fahrers zu verringern, führte John Deere ein vollständiges Steer-by-Wire-Lenksystem in einigen Traktorbaureihen ein. Durch dieses unter dem Namen Active Command Steering (ACS) eingeführte Lenksystem wurden folgende Merkmale der Querdynamikassistenz implementiert [8]:
− dynamische Lenkwinkelregelung,
− variable Lenkübersetzung,
− verhindertes Lenkspiel und Lenkungskriechen,
− variabler Lenkaufwand.

Bei der dynamischen Lenkwinkelregelung misst ein Drehratensensor Gierbewegungen des Fahrzeugs.

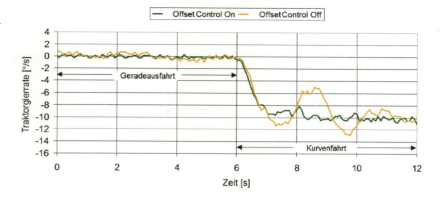

■ **Abb. 54.4** Typische Open-Loop-Gierratenantwort auf einen Lenkwinkelsprung bei 40 km/h [8]

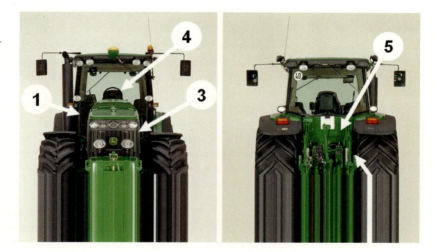

■ **Abb. 54.5** Übersicht über die einzelnen Steer-by-Wire-Komponenten des ACS-Systems [8]

Das System kann automatisch kleine Lenkanpassungen vornehmen und so eine sehr gute Spurhaltung bewirken (■ Abb. 54.4). Damit wird die Fahrzeugführung zum einen in unwegsamem Gelände verbessert, zum anderen wird bei Transportarbeiten ein Übersteuern des Traktors infolge von schnellen Lenkbewegungen vermieden.

Ähnlich wie bei den vorher beschriebenen Systemen mit kombinierter mechanischer und elektrischer Volumenstromregelung ermöglicht der Einsatz des Steer-by-Wire-Konzepts eine variable Lenkübersetzung. In dem von John Deere ausgeführten Konzept wurde eine von der Geschwindigkeit abhängige, sich kontinuierlich anpassende Lenkübersetzung konzipiert. Diese benötigt bei niedrigen Fahrgeschwindigkeiten etwa nur dreieinhalb Lenkradumdrehungen für den gesamten Lenkbereich und bei Transportgeschwindigkeiten etwa fünf Lenkradumdrehungen.

Durch den Einsatz von Lenkwinkelgebereinheiten mit geregelter Dämpfung lassen sich die klassischen Nachteile einer hydrostatischen Lenkung wie Lenkspiel und Lenkungskriechen – die sich aus dem Einsatz von klassischen Drehschieberventilen ergeben – eliminieren und gleichzeitig ein variabler Lenkaufwand realisieren und damit dem Fahrer eine der Fahrgeschwindigkeit und Fahrsituation angepasste Rückmeldung geben. ■ Abbildung 54.5 zeigt eine Übersicht über die einzelnen Komponenten des Steer-by-Wire-Konzepts.

Über einen Drehratensensor (1) wird die Gierrate des Traktors erfasst und zusammen mit den Signalen von Lenkwinkelsensoren (2) am rechten und linken Rad und der Fahrgeschwindigkeit zur Rege-

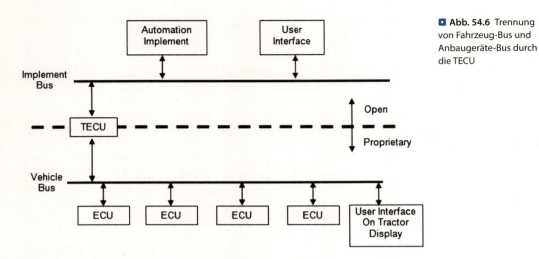

◘ **Abb. 54.6** Trennung von Fahrzeug-Bus und Anbaugeräte-Bus durch die TECU

lung des Lenkeinschlags in Abhängigkeit von der vom Fahrer am Lenkradwinkelsensor (4) aufgeprägten Lenkbewegung verwendet. Das ACS-System ist als betriebssicheres System mit zwei parallelen Regelkreisen mit jeweils unabhängigen Steuergeräten (5) und Hydraulikventilen (6) ausgeführt. Für die Hydraulikversorgung ist neben der Haupthydraulik eine elektrische Zusatzpumpe (7) als Rückfallebene installiert; durch eine Nutzung der Fahrzeugbatterie wird eine Rückfallebene für die Lichtmaschine zur Stromversorgung bereitgestellt [8].

54.2 Prozess-Assistenzsysteme

In der Landtechnik haben sich verschiedene Prozess-Assistenzsysteme und Automatisierungslösungen etabliert: Beispielsweise findet man bei selbstfahrenden Arbeitsmaschinen häufig Fahrgeschwindigkeitsregelsysteme oder auch automatische Lenksysteme, die nachweislich zur Effizienzsteigerung der Arbeitsprozesse beitragen [9]. Fahrstrategieelemente und Vorgewende-Automatisierungslösungen für Traktoren sind am Markt ebenfalls etabliert und können daher mittlerweile als Stand der Technik angesehen werden. Durch intelligente Fahrstrategien wird in Kombination mit Stufenlosgetrieben – beispielsweise die Getriebeübersetzung – permanent lastabhängig so verstellt, dass der Verbrennungsmotor im Punkt der maximalen Leistung betrieben wird. Vorgewende-Automatisierungslösungen entlasten den Bediener durch die Reduzierung der Handgriffe am Vorgewende, die notwendig sind, um die Traktor-Anbaugerätkombination zu bedienen. Anbaugerät-interne Automatisierungslösungen werden für eine Reihe an Maschinen angeboten und bieten spezielle Funktionalitäten für den jeweiligen Einsatzfall, wie beispielsweise Abladeautomatikfunktionen bei Silierwagen [10]. Im Folgenden werden verschiedene Prozess-Assistenzsysteme bei Traktoren beschrieben.

54.2.1 Traktor-Anbaugerät-Systemautomatisierung

Traktoren werden in der Regel in Kombination mit Anbaugeräten eingesetzt, um die gewünschten Arbeitsprozesse durchzuführen: Ein Traktor stellt als universelles Zugfahrzeug aus diesem Zweck diverse Schnittstellen zur Verfügung, um mit verschiedensten Anbaugeräten kombiniert werden zu können. Hierzu zählen sowohl mechanische Schnittstellen, um das Anbaugerät mit dem Traktor zu verbinden; aber auch Schnittstellen zur Leistungsübertragung – elektrisch, mechanisch, hydraulisch – werden vorgehalten. Im Vergleich dazu werden sogenannte selbstfahrende Arbeitsmaschinen angeboten, die speziell für eine einzige landwirtschaftliche Anwendung entwickelt werden, wie beispielsweise selbstfahrende Feldhäcksler zur Ernte von Mais. Diese Maschinen bieten durch ihre Spezialisierung auf eine Anwendung ein hohes Maß an Automatisierung zur Entlastung des Bedieners und Steigerung der Prozesseffizienz.

Die Traktor-Anbaugerät-Systemautomatisierung (oder auch TIM –Tractor Implement Management) verfolgt das gleiche Ziel, indem Traktor und Gerät gemeinsam als System betrachtet und optimiert werden. Dazu ist eine Erweiterung der Infrastruktur des Traktors dahingehend notwendig, dass zertifizierten Anbaugeräten der Zugriff auf Traktorfunktionen – basierend auf einer erweiterten CAN-Schnittstelle nach ISO11783 (ISOBUS) [11] – erlaubt wird. Diese bidirektionale Kommunikation ermöglicht die Entwicklung und Implementierung von automatisierten Prozessen, die sowohl Traktor als auch Anbaugerät umfassen. Durch diesen ganzheitlichen Ansatz kann die Produktivität des Gesamtsystems gesteigert werden, anstatt – wie in der Vergangenheit üblich – lediglich die Einzelkomponente Traktor bzw. Anbaugerät zu optimieren.

54.2.2 Systemarchitektur

Basierend auf dieser erweiterten CAN-Schnittstelle kann das für diese Funktionalität freigegebene Anbaugerät auf folgende Funktionen der aktuellen John Deere-Traktoren der Baureihen 6R/7R/8R zugreifen:
- Fahrgeschwindigkeitsregelung bis zum aktiven Stillstand in Kombination mit Stufenlosgetriebe,
- Veränderung der zulässigen Beschleunigungs-/Verzögerungsrate durch Verstellung der Getriebeübersetzung in Kombination mit Stufenlosgetriebe,
- elektrohydraulische Zusatzsteuergeräte (Durchflussmenge und Öffnungszeiten),
- Gangauswahl im Zapfwellengetriebe,
- Deaktivierung der Zapfwelle.

Das Anbaugerät kann dabei nicht in vollem Umfang auf das Fahrzeug-Bussystem zugreifen: Abbildung 54.6 zeigt die Trennung zwischen dem offenen Bussystem für das Anbaugerät und dem proprietären Bussystem des Fahrzeugs. Das Steuergerät „TECU" ist in dieser Architektur die Schnittstelle zwischen den beiden Systemen: Das Anbaugerät kann im Prozess Funktionsanfragen an den Traktor über die TECU kommunizieren; diese überprüft die Anfrage und übermittelt diese entsprechend auf den Fahrzeug-Bus.

Ein wichtiges Element, das zusätzlich zum standardisierten Kommunikationsprotokoll der ISO 11783 eingefügt wurde, ist eine Sicherheitsschicht, die zwei Dinge sicherstellt: Die Sicherheitsschicht regelt Zugriffsrechte, so dass nur entsprechend durch den Hersteller freigegebenen Anbaugeräten sicherer Zugriff auf Traktorfunktionen erlaubt wird. Des Weiteren regelt die Sicherheitsschicht, in welchem Umfang Funktionen beeinflusst werden dürfen: So werden beispielsweise Grenzwerte für maximal zulässige Fahrgeschwindigkeiten festgelegt, die das Anbaugerät an den Traktor kommandieren kann.

Abbildung 54.7 zeigt den initialen Handshake zwischen Traktor und Anbaugerät, wenn die Kommunikation zwischen beiden durch physisches Stecken einer Bus-Steckverbindung hergestellt wird; in dieser Phase identifiziert sich das Anbaugerät am Traktor und die entsprechende Authentifizierung findet statt.

Nach bestandener Authentifizierung kann das Anbaugerät zugelassene Funktionsanfragen an den Traktor übermitteln. Diese werden so lange umgesetzt, bis der Fahrzeugführer in die Fahrzeugsteuerung eingreift und eine automatisierte Funktion manuell beeinflusst; dies kann z. B. durch die manuelle Reduzierung der Fahrgeschwindigkeit erfolgen. In diesem Fall wird die Traktor-Anbaugerät-Automatisierung deaktiviert und das System fällt auf die manuelle Operationsebene zurück.

54.2.3 Traktor-Rundballenpresse-Automatisierung

Als eine der ersten kommerziell verfügbaren Lösungen im Bereich TIM wurde zur Landtechnikmesse Agritechnica im Jahr 2009 die automatisierte Kombination aus Traktor und Rundballenpresse vorgestellt: Mithilfe einer Rundballenpresse (siehe Abb. 54.8) verdichtet man Halmgut zum Transport und zur Lagerung in Ballen zylindrischer Form. Der Prozess des Rundballenpressens eignet sich sehr gut zur Automatisierung, da es sich um ein absetziges Verfahren handelt, das sehr viel Interaktion zwischen Mensch (Bediener) und Maschine erfordert [12].

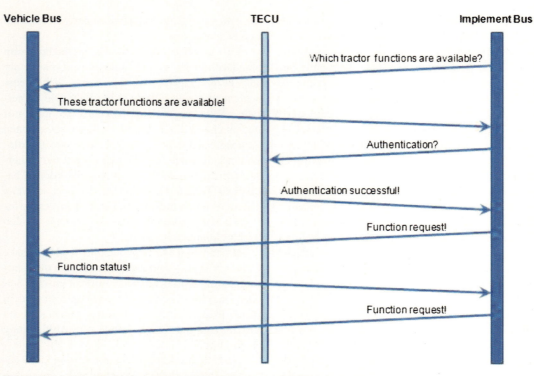

◘ **Abb. 54.7** Initialer Handshake nach Zusammenstecken der Bus-Steckverbindung

◘ **Abb. 54.8** Traktor mit Rundballenpresse beim Ballenauswurf

Durch die Automatisierung kann der Bediener deutlich entlastet werden. Automatisiert wurden für diese Kombination die folgenden Schritte (◘ Abb. 54.9):

- Abbremsen des Gespanns bis zum Stillstand, sobald der voreingestellte Ballendurchmesser erreicht wird;
- Auslösen des Ballen-Bindevorgangs, sobald das Gespann angehalten hat;
- Öffnen der Presskammer durch Betätigung eines hydraulischen Zusatzsteuergerätes am Traktor, sobald der Bindevorgang abgeschlossen ist;
- Schließen der Presskammer durch Betätigung eines hydraulischen Zusatzsteuergerätes am Traktor, sobald der Ballen ausgeworfen wurde.

Nach Ablauf der automatisierten Sequenz muss der Bediener die Fahrzeugfahrbewegung schließlich per Bedienelement initiieren, um den nächsten Presszyklus zu starten.

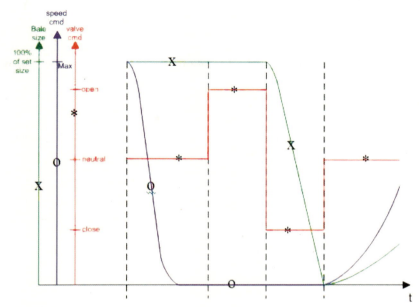

Abb. 54.9 Zustandswechsel beim automatisierten Pressen des Ballens

Abb. 54.10 Kartoffeldämme und Fahrgassen bei Controlled Traffic Farming

54.3 Automatisierung von Lenkfunktionen

Der Anbau von Nahrungs- und Futtermitteln ist dadurch geprägt, dass im Feld bestimmte Bearbeitungsmuster eingesetzt werden. Diese werden typischerweise durch definierte Fahrkonturen und teilweise auch durch synchronisierte Pflanzmuster erreicht (◘ Abb. 54.10). Um die Bodenverdichtung nur an möglichst wenigen Stellen im Feld zuzulassen, wird die Bearbeitung nach dem Prinzip des Controlled Traffic Farming vorgenommen. Der Grundgedanke dabei ist, dass alle Fahrzeuge und Anhänger nur genau auf virtuellen vorgegebenen Fahrspuren fahren dürfen [13].

Eine Effizienzsteigerung im Produktionsprozess kann hauptsächlich durch folgende Stellgrößen erreicht werden:

- hochentwickelte Pflanzenarten/Saatgut,
- maximale Nutzung des verfügbaren Wassers und der Nährstoffe,
- optimierte Pflanzenpositionierung im Feld,
- angepasste Pflanzenernährung und Pflanzenschutz,

- ausgereifte Transport- und Arbeitslogistik,
- Fahrzeugsysteme mit höherer Leistung und größeren Arbeitsbreiten bei gleichzeitig längeren Einsatzzeiten.

Die letzten vier genannten Parameter definieren die Notwendigkeit für Automatisierungslösungen in der Landwirtschaft.

Der Einsatz von Landmaschinen im Feld ist dadurch gekennzeichnet, dass der Fahrer immer wiederkehrende Aufgaben erledigt: Starke Staubentwicklung, unterschiedliche Sonnenstände und immer größere Arbeitsbreiten (bis zu 60 m) und Fahrzeuglängen erschweren diese Tätigkeiten und führen somit zu schnellerer Ermüdung. Diese Rahmenbedingungen sind prädestiniert für den Einsatz automatisierter Fahrzeugsysteme. Der Zyklus der Arbeitsabläufe sieht für eine Fahrspur folgendermaßen aus:

1. Wenden des Fahrzeuggespanns in die gewünschte Arbeitsrichtung;
2. Aktivieren der Arbeitsfunktionen (dies können mehrere Funktionen gleichzeitig sein, für Werkzeuge im Front-, Mitten- oder Heckanbau);
3. Einstellen der gewünschten Bearbeitungs-/Vorfahrtsgeschwindigkeit;
4. permanente Anpassung der gewünschten Fahrtrichtung;
5. andauernde Überwachung des Arbeits-/Materialflusses und Vermeiden von Hindernissen;
6. kontinuierliche Korrektur der Werkzeugeinstellungen;
7. Einstellen der gewünschten Wendegeschwindigkeit;
8. Deaktivieren der Arbeitsfunktionen.

Die Schritte 4 bis 6 stellen zeitlich die Hauptaufgabe während der aktiven Feldbearbeitung dar. In diesen Bereichen wird somit die größte Entlastung für den Fahrer erzielt, was sicheres und präzises Arbeiten über längere Zeiträume ermöglicht.

Damit ergeben sich folgende Anforderungen an Assistenzsysteme:

1. Automatisches Spurfahren
   Wiederholbares Befahren von Feldspuren und -konturen erfordert eine Genauigkeit von ±5 cm.
2. Hinderniserkennung
   Im Feld vorhandene Hindernisse wie beispielsweise Bäume, Gräben, Steine, Strommasten müssen erkannt werden. Die besondere Herausforderung hierbei liegt darin, dass die Hindernisse teilweise unter Pflanzenbewuchs verborgen sein können.
3. Automatische Werkzeugnachführung
   Höhenführung und Tiefenführung von Werkzeugen sowie automatische Anpassung von Überladevorrichtungen und Ausbringmengen verbessern die Qualität der Arbeit.
4. Voreingestellte Abfolgen zum Aktivieren und Deaktivieren von Werkzeugen
   Bei einem Traktor mit Front- und Heckanbaugeräten müssen diese beim Erreichen einer Schaltgrenze wie z. B. am Vorgewende exakt am gleichen Punkt ausgeschaltet und dann ausgehoben werden.
5. Automatische Wendemanöver
   Fahrzeug und Anbaugeräte müssen in kürzester Zeit auf möglichst engem Raum meist um 180° automatisch gewendet werden.

Im Folgenden werden verschiedene Assistenzsysteme vorgestellt, die diese Anforderungen erfüllen: Bei landwirtschaftlichen Nutzfahrzeugen ist es das Ziel, die zumeist am Anbaugerät verbauten Werkzeuge oder Funktionseinheiten positionsgenau einzusetzen. Somit ist eine Lenkung des Anbaugerätes gefordert, was entweder durch Lenken der Zugmaschine oder durch Lenken von Zugmaschine und Anbaugerät erfolgen kann. Zunächst sollen hier verschiedene Möglichkeiten der Fahrzeuglenkung erläutert werden, gefolgt von aktiven Lenksystemen für Anbaugeräte. Des Weiteren werden dann Automatisierungslösungen für das Gerätemanagement betrachtet.

54.3.1 Lenkassistenten für landwirtschaftliche Fahrzeuge

Bei diesen Systemen wird zwischen manuellen Lenksystemen und automatischen Lenksystemen unterschieden: Manuelle Lenksysteme bestehen aus einem GNSS (Global Navigation Satellite System)-Empfänger und einer Anzeigeeinheit, die dem Fahrer visuell und/oder akustisch mitteilen, in welche Richtung zu lenken ist, um einer vordefinierten Spur zu folgen. Automatische Lenksysteme

54.3 • Automatisierung von Lenkfunktionen

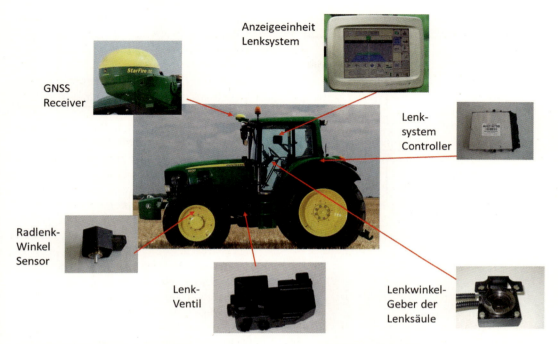

Abb. 54.11 Komponenten des integrierten automatischen Lenksystems John Deere AutoTracTM

hingegen übernehmen aktiv das Lenken für den Fahrer. Dieser definiert in diesem Fall eine Spur am Bedienelement des Fahrzeugs und aktiviert danach die automatische Lenkung. Die dafür notwendigen integrierten Komponenten sind in ◘ Abb. 54.11 aufgezeigt. Dabei bestimmt der Radlenkwinkelsensor die jeweilige Position der gelenkten Räder. Der GNSS-Receiver ermittelt die Position des Fahrzeugs im Weltkoordinatensystem, die Fahrgeschwindigkeit, die Richtung sowie mit der integrierten IMU (Inertial Measurement Unit) noch die Längs-, Querneigung und den Gierwinkel des Fahrzeugs. Um die gewünschte, jederzeit wiederholbare Genauigkeit von ±5 cm oder besser zu erreichen, werden in der Landwirtschaft i. d. R. RTK- (Real Time Kinematic) GNSS-Systeme eingesetzt. Hierbei werden die Korrektursignale entweder per Funk oder per Telefonmodem übertragen. Der Lenksystemcontroller enthält den inneren Regelkreis, der direkt auf das Lenkventil zugreifen und die Räder in die gewünschte Position bringen kann (◘ Abb. 54.13). Weiterhin überwacht dieses Steuergerät den Lenkwinkelgeber, so dass jeglicher manueller Eingriff in das System den automatischen Lenkmodus beendet. Die Anzeigeeinheit enthält die Spurdefinitionen,

den äußeren Regelkreis und die Benutzerschnittstelle.

Neben den integrierten Lenksystemen gibt es noch universell nachrüstbare Lenksysteme, bei denen ein Elektromotor kraft- oder reibschlüssig an die Lenksäule oder das Lenkrad verbaut wird. In diesem Fall gibt es keine direkte Interaktion mit der Lenkhydraulik. Beispiele dafür sind John Deere AutoTrac Universal oder Trimble EZ-Steer [14].

Automatische Lenksysteme erlauben dem Benutzer, folgende Konturen zu fahren:
- parallele Geraden, definiert durch zwei Punkte oder einem Punkt und der Himmelsrichtung;
- parallele Kurven, definiert durch einmaliges manuelles Abfahren und Speichern der Positionen;
- Kreisbahnen, definiert durch Mittelpunkt und Radius oder mehrere Punkte auf dem Kreis;
- Vorgegebene Muster, definiert durch Spurplanungssoftware oder Aufzeichnung.

Sobald das Lenksystem aktiviert wird, versucht der Regler, das Fahrzeug möglichst schnell auf die gewünschte Spur zu bringen – dazu wird kontinuierlich der seitliche Versatz zur Sollspur sowie die

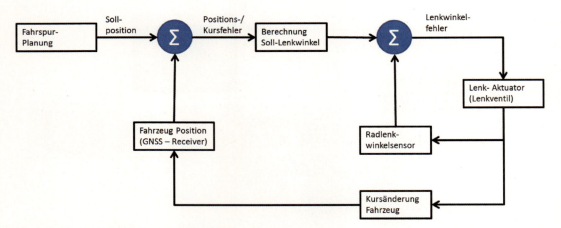

Abb. 54.12 Regelkreis eines automatischen Lenksystems

Abb. 54.13 Traktor am Seitenhang mit passiver Anbaugerätelenkung John Deere iGuide™

Richtungsabweichung berechnet. Diese beiden Werte werden einer Regelstrecke mit PI-Reglercharakteristik zugeführt; die Regelstrecke dafür ist in ◘ Abb. 54.12 dargestellt. Die Berechnung des kinematischen Fahrzeugmodells kann basierend auf einem Einspurmodell für Zugfahrzeug und Anhänger erfolgen (◘ Abb. 54.13).

54.3.2 Lenkassistenten für Anbaugeräte

Da wie eingangs erwähnt die exakte Positionierung der Werkzeuge im Vordergrund steht, stellt die Lenkung des Fahrzeugs nur dann eine zufriedenstellende Lösung dar, wenn die Werkzeuge starr mit dem Fahrzeug verbaut sind und das Fahrzeug ohne Spurfehlwinkel seiner Sollspur folgt. Diese starre Verbindung zwischen Fahrzeug und Werkzeug ist derzeit bei großen Gespannen nicht möglich. Bei gezogenen Anbaugeräten befindet sich mindestens ein Gelenk zwischen Zugmaschine und Anhängegerät: Somit werden weitere Lenkkonzepte notwendig, um die Werkzeuge mit der gewünschten Orientierung an die gewünschte Arbeitsposition zu bringen. Nachfolgend werden die beiden grundsätzlichen Möglichkeiten beschrieben.

54.3.2.1 Passive Anbaugerätelenkung

Bei der passiven Anbaugerätelenkung wird die Solltrajektorie des Traktors so weit verändert, dass ein gezogenes Anbaugerät immer auf der Sollspur bleibt: Dies bedeutet in Kurven und an Seitenhängen, dass der Traktor deutlich von der Spur des Anbaugerätes abweichen muss [15]. Diese Art der Regelung kann im Open-loop-Verfahren angewandt werden, wobei die Position des Anbaugerätes rein aus den verfügbaren Geometriedaten errechnet wird. Beim Closed-loop-Verfahren wird ein GNSS-Receiver dem Anbaugerät hinzugefügt, womit es möglich ist, die tatsächliche Position des Anbaugerätes zu erfassen und die Regelung daraufhin anzupassen (◘ Abb. 54.13). In dieser Abbildung beschreiben die weißen Linien die Solltrajektorie des Anbaugerätes und die gelbe Linie die Trajektorie, die der Traktor fahren muss, um das Anbaugerät auf die gewünschte Spur zu bringen. Daraus wird auch ersichtlich, dass ein Lenkmanöver des Traktors erst mit starker Verzögerung eine Spuränderung des Anbaugerätes bewirkt.

Die eingeschränkte Genauigkeit der passiven Anbaugerätelenkung sowie die Notwendigkeit des Verlassens der Fahrspur seitens der Zugmaschine erlauben dieses Verfahren nur für flächige Bearbeitungsverfahren. Kommen Beete, Reihen oder Controlled Traffic zum Einsatz müssen alle Achsen zwingend auf derselben Trajektorie bleiben. Weiterhin zeigt ◘ Abb. 54.13 deutlich, dass die Orientierung der Werkzeuge bei Hanglagen nicht optimal der Arbeitsrichtung entspricht.

54.3.2.2 Aktive Gerätelenkung

Besonders bei hochwertigen Erntegütern und Beetkulturen ist es wichtig, dass Beschädigungen der Frucht und der Bewässerungssysteme durch die Traktorräder ausgeschlossen werden: Dafür ist absolute Wiederholbarkeit von Traktor- und Gerätespur gefordert, die durch aktive Gerätelenkung ermöglicht wird. In diesem Fall verfügen Traktor und Anbaugerät über einen GNSS-Empfänger und beide Einheiten sind lenkbar; die Kommunikation zwischen Traktor und Anbaugerät erfolgt über CAN gemäß ISO11783 [11]. Sollen nicht nur die Spur, sondern auch die Orientierung der Werkzeuge am Anbaugerät beeinflusst werden, so sind mehrfache Lenksysteme für das Anbaugerät notwendig. Werner et al. [16] beschreiben eine Kombination von gelenkten Rädern und einer gelenkten Zugdeichsel. Das Einspurmodell in ◘ Abb. 54.14 verdeutlicht, wie das Regelsystem durch die Kombination von zwei Freiheitsgraden die Werkzeuge in ihrer seitlichen Position und in ihrem Winkel steuern kann.

Die Herausforderungen bei der Abstimmung von Anbaugeräten bestehen darin, dass beispielsweise Feldspritzen, Sämaschinen und gezogene Kartoffelroder ihr Gewicht während der Arbeit stark verändern: In diesem Fall ist eine gefüllte Maschine oft mehr als doppelt so schwer wie eine leere. Da meist hydraulische Lenkungen in Anbaugeräten verwendet werden, hängt die Reaktionsfähigkeit des gesamten Systems von Leitungslängen, Öldruck und Temperatur ab. All diese Einflussfaktoren machen ein kontinuierliches Anpassen der Feinabstimmung notwendig.

Auf dem Markt sind heute beispielsweise aktive Anbaugerätelenksysteme wie John Deere iSteer™ und Trimble True Tracker [17] verfügbar.

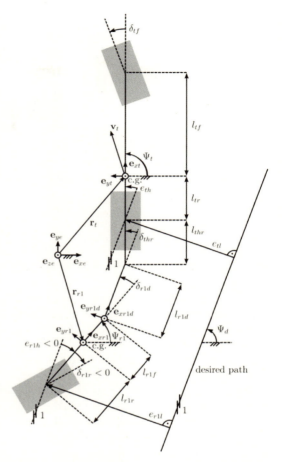

◘ **Abb. 54.14** Einspurmodell eines Traktors und lenkbares Anbaugerät mit erdbezogenen (e_{xe}, e_{ye}, e_{ze}), traktorbezogenen (e_{xt}, e_{yt}, e_{zt}), anbaugerätbezogenen (e_{xr1}, e_{yr1}, e_{zr1}), zugdeichselbezogenen (e_{xr1d}, e_{yr1d}, e_{zr1d}) Koordinatensystemen, Traktorlenkwinkel δ_{tf}, Lenkwinkel des Anbaugerätes δ_{r1}, Lenkwinkel der Zugdeichsel δ_{r1d}, Anhängewinkel δ_{thr}, Steuerkurswinkel des Traktors Ψ_t, Steuerkurswinkel des Anbaugerätes Ψ_{r1}, Orientierung der angestrebten Fahrspur Ψ_d, seitlicher Spurfehler des Traktors e_{tl}, tangentialer Spurfehlwinkel des Traktors e_{th}, seitlicher Spurfehler des Anbaugerätes e_{r1l}, tangentialer Spurfehlwinkel des Anbaugerätes e_{r1h} sowie allen notwendigen geometrischen Abmessungen [16]

54.3.3 Automatische Wendemanöver und Werkzeuganpassung

Nachdem in den letzten Kapiteln die Lösungen beschrieben wurden, die Fahrzeuge und Anbaugeräte präzise auf vorgegebenen Bahnen lenken können, ist der nächste logische Schritt für eine Automati-

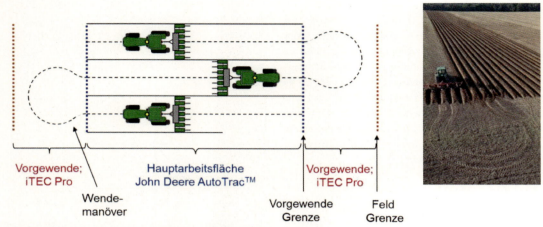

◘ **Abb. 54.15** Automatisches Vorgewendemanagement John Deere iTec Pro™

sierung der Feldbearbeitungsprozesse die Einbeziehung von Wendemanövern und die automatische Anpassung von Werkzeugpositionen. Die Funktionen, wie in ◘ Abb. 54.15 verdeutlicht, sind heute im Vorgewendemanagement John Deere iTec Pro™ verfügbar.

Zunächst ist von einem Feld die Grenzlinie notwendig; diese kann durch Umfahren erzeugt oder vom Katasteramt bezogen werden. Basierend auf dieser Information wird das sogenannte Vorgewende definiert; das ist der Bereich, in dem Fahrzeug und Anbaugerät wenden können. Die Festlegung dieser feldinternen Grenze erfolgt als Parallele zur Feldgrenze, indem ein Vielfaches der Arbeitsbreite des Anbaugerätes verwendet wird. Im nächsten Schritt werden die an der Vorgewendegrenze durchzuführenden Funktionen und deren Timing festgelegt: Für eine Sämaschine sind dies beispielsweise das Absenken der Sämaschine, das Aktivieren der Zapfwelle und das Einschalten der Saatgutzufuhr. Dabei ist zu beachten, dass der Ablagepunkt des Saatgutes die ausschlaggebende Position ist. Sollte bei diesem Arbeitsschritt noch ein Frontarbeitsgerät vor dem Traktor montiert sein, ist dieses entsprechend früher abzusenken. Beim Erreichen der nächsten Vorgewendegrenze werden nun die Werkzeuge – in umgekehrter Reihenfolge – wieder deaktiviert. Anschließend erfolgt das vordefinierte Wendemanöver. Sobald diese Einstellungen für das Feld einmal festgelegt wurden, kann das gesamte Feld ohne weitere manuelle Eingriffe des Fahrers abgearbeitet werden.

Dieses System stellt den ersten Schritt in Richtung hochautomatisierter Fahrzeugflotten beziehungsweise autonomer Fahrzeuge dar.

54.4 Kollaborierende Fahrzeuge

Auf großen landwirtschaftlichen Betrieben ist es heute üblich, dass mehrere Fahrzeuge die gleiche Arbeit verrichten, um die Flächenleistung je Stunde zu steigern. Das Karlsruher Institut für Technologie entwickelte in einem Forschungsprojekt mit AGCO Fendt eine „elektronische Deichsel" für landwirtschaftliche Arbeitsmaschinen [18]; dazu werden gleichartige Fahrzeuge mit gleichartigen Anbaugeräten verwendet. Diese Konstellation erlaubt es, dass ein Fahrer mehrere Fahrzeuge führt. Ein unbemanntes elektronisch geführtes Fahrzeug wird an ein bemanntes Fahrzeug angekoppelt. Das führende Fahrzeug überträgt seine Position bzw. Wegstrecke an folgende Fahrzeuge, die nun basierend auf der Arbeitsbreite ihrer Anbaugeräte den Versatz berechnen. Zusätzliche Informationen wie Motorauslastung und potenzielle Stellgrößen des Prozesses werden dazu verwendet, das folgende Fahrzeug dynamisch zu navigieren. Diese Lösung wurde 2011 von AGCO Fendt als GuideConnect System vorgestellt (◘ Abb. 54.16) [13]. Der Fahrer

■ **Abb. 54.16** Fendt GuideConnect [1]

des Führungsfahrzeuges übernimmt bei diesem System die Verantwortung für beide Fahrzeuge, die über eine verschlüsselte Funkverbindung miteinander kommunizieren. Bei Störungen oder Verlust der Kommunikation wird beim Folgefahrzeug der Notstopp aktiviert – das Fahrzeug wird zum Stillstand gebracht und der Motor abgeschaltet.

Kombinierte Arbeitsmaschinen mit Anbaugeräten – sowie autonome Fahrzeuge – müssen im Betrieb hohe Sicherheitsstandards einhalten. Je mehr Eigenständigkeit diese Systeme bekommen sollen, desto wichtiger ist es, dass eine komplette Umfeldüberwachung möglich ist. Vor allem beim Starten und Anfahren eines unbemannten Fahrzeugs ist es unerlässlich, dass das Umfeld frei von Hindernissen und Personen ist. ◘ Abbildung 54.17 zeigt mögliche Sensorsichtbereiche, die zum einen den Bereich um das Zugfahrzeug und zum anderen auch den Bereich zwischen Zugfahrzeug und Anbaugerät überwachen. Dabei stellen der blaue und der violette Bereich die Abdeckung durch LIDAR-Sensoren dar, die gelben und grünen Bereiche werden durch Mono- bzw. Stereokameras abgedeckt. Die verschiedenen Sensorsysteme wie Radar, LIDAR und Stereokamera sind in ▶ Kap. 17, 18 und 22 beschrieben.

Bei sehr breiten Anbaugeräten – teilweise bis zu 60 m – liegt die Herausforderung in der sicheren Erkennung der Eckpunkte des Anbaugerätes; in ◘ Abb. 54.17 werden diese durch violette Punkte dargestellt. Über kurz oder lang werden hier ähnliche Lösungen wie bei der Automobilindustrie zum

■ **Abb. 54.17** John Deere-Konzept für Umfeldsensorik einer unbemannten Arbeitsmaschine mit Anbaugerät

Einsatz kommen, die aus Long-range-, Mid-range- und Short-range-Sensorik bestehen.

54.5 Ausblick auf vollautomatisierte Fahrzeuge in der Landwirtschaft

Ein Forschungstrend in der Landtechnik sind Ansätze für autonome bzw. vollautomatisierte Fahrzeuge. Verschiedene Hersteller zeigen Konzepte bzw. bieten erste Lösungen an. In Florida arbeiten seit mehreren Jahren autonome John Deere-Traktoren in einer eingezäunten Obstplantage, wie von Moorehead et al. [18] beschrieben. Diese Fahrzeuge werden zum Mähen und zum Pflanzenschutz eingesetzt (◘ Abb. 54.18): In diesem Fall werden La-

Abb. 54.18 Autonomous Orchard Tractor [18]

serscanner und Kameras eingesetzt, um die Umfelderkennung des Fahrzeugs zu gewährleisten. Die Überwachung der Fahrzeuge erfolgt von einem zentralen Leitstand aus und der Betriebsleiter ist in der Lage, über Kameras das Umfeld der Fahrzeuge einzusehen.

Eine weitere Lösung in diesem Bereich wird von der Firma Kinze angeboten (Abb. 54.19): In diesem Fall wird ein Traktor mit entsprechender Sensorik nachgerüstet, um autonom einen Überladewagen für Getreide zwischen dem Mähdrescher im Feld und einem Lastkraftwagen am Feldrand zu bewegen. Auch in diesem System wird ein Laserscanner eingesetzt [19].

Die Entwicklungen in diesem Bereich werden durch verschiedene Standards unterstützt: ISO/CD 18497 beschreibt die Sicherheitsanforderungen, welche an hochautomatisierte Fahrzeuge gestellt werden [20]. Dieser Standard beinhaltet unter anderem Vorgaben für Systemkomponenten, Kommunikationsprotokolle, Perception-Systeme einschließlich deren Tests und die Betriebsprozeduren. Je nach Land müssen die Fahrzeuge schließlich auch noch von Berufsgenossenschaften und technischen Überwachungsorganisationen freigegeben werden.

Zusammenfassend kann festgehalten werden, dass die Landtechnik schrittweise in Richtung automatisierter bzw. autonomer Fahrzeuge geht. Die Weiterentwicklung der in diesem Kapitel beschriebenen Fahrerassistenzsysteme ist als wichtiger Meilenstein auf diesem Weg anzusehen. In den nächsten fünf Jahren werden vollautomatisierte Systeme zunächst in abgegrenzten Bereichen zu finden sein, bevor diese flächendeckend eingesetzt werden können. Eine der größten Herausforderungen bei Landmaschinen ist darin zu sehen, dass nicht nur der Betriebszustand der Fahrzeuge, sondern auch die Prozessgüte – wie beispielsweise fehlerfreie Ausbringmenge, fehlerfreie Zufuhr von Erntegut, Befüllen und Entleeren – gewährleistet sein muss.

Literatur

Verwendete Literatur

1. Moitzi, G.: Vermeidung von Bodenverdichtung beim Einsatz von schweren Landmaschinen; Ländlicher Raum. Online-Fachzeitung des Bundesministeriums für Land- und Forstwirtschaft, Umwelt und Wasserwirtschaft. http://www.bmlfuw.gv.at/land/laendl_entwicklung/Online-Fachzeitschrift-Laendlicher-Raum (2007). Wien
2. Braess, H.-H., Seifert, U.: Handbuch Kraftfahrzeugtechnik. Vieweg, Braunschweig, Wiesbaden (2000)
3. Bauer, W.: Hydropneumatische Federungssysteme. Springer, Berlin (2008)

Literatur

Abb. 54.19 Kinze Autonomer Überladewagen [19]

4. AGCO Fendt (Oktober 2007). Pressemitteilungen: Die erfolgreichen Vario-Baureihen. Verfügbar unter: http://www.fendt.at/pressebereich_pressemitteilungen_1033.asp, Abgerufen am 24.04.2014
5. Dudzinski, P.: Lenksysteme für Nutzfahrzeuge. Springer, Berlin (2005)
6. Hesse, H.: Elektronisch-hydraulische Systeme. expert-Verlag, Renningen (2008)
7. Wiedermann, A.: Auslegung von Lenksystemen in modernen Traktoren. In: Tagung Landtechnik 2012, VDI-Max-Eyth-Gesellschaft VDI-Berichte, Bd. 2173, VDI Verlag, Düsseldorf (2012)
8. Schick, T., Kearney, J.: „Steer-by-Wire" for Large Row Crop Tractors. In: Tagung Landtechnik 2010, VDI-Max-Eyth-Gesellschaft VDI-Berichte, Bd. 2111, VDI Verlag, Düsseldorf (2010)
9. Balke, S.: Kostensenkung durch Automatisierungssysteme im Mähdrusch, Diplomarbeit FH Weihenstephan, 2006
10. Anonymous: Produktinformation Pöttinger Ladewagen Jumbo/Torro, Grieskirchen, Österreich, 2008
11. ISO (International Organization for Standardization). ISO 11783: Tractors and machinery for agriculture and forestry – Serial control and communications data network. Geneva, Switzerland, 2012
12. Thielicke, R.: Automatisierung und Optimierung traktorgebundener landwirtschaftlicher Arbeiten mit zapfwellengetriebenen Geräten an ausgewählten Beispielen, Dissertation, Halle/Saale, 2005
13. AGCO Fendt: Pressemitteilungen: Fendt GuideConnect (2011). http://www.fendt.com/de/pressebereich_pressemitteilungen_7099.asp, Zugegriffen: 09.03.2014
14. Trimble Navigation Limited: Datasheet EZ-Steer System (2014). 20. Februar. http://trl.trimble.com/docushare/dsweb/Get/Document-468909/, Zugegriffen: 09.03.2014
15. Bowman, K.: Economic and environmental analysis of converting to controlled traffic farming 7th Australian Controlled Traffic Conference, Canberra, ACT., S. 61–68 (2009)
16. Werner, R., Kormann, G., Mueller, S.: Dynamic modeling and path tracking control for a farm tractor towing an implement with steerable wheels and steerable drawbar 2nd Commercial Vehicle Technology Symposium, Kaiserslautern., S. 241–250 (2012)
17. Trimble Navigation Limited: Datasheet True Tracker System (2012). 22. August. http://trl.trimble.com/docushare/dsweb/Get/Document-343005/022503-282A_TrueTracker_FS_0707_lr.pdf, Zugegriffen: 09.03.2014
18. Moorehead, S., Stephens, S., Kise, M., Reid, J.: Autonomous Tractors for Citrus Grove Operations 2nd International Conference on Machine Control and Guidance, Bonn, Germany., S. 309–313 (2010)
19. McMahon, K.: Kinze's autonomous tractor system tested in field by farmers (2012). 12.11.. http://farmindustrynews.com/precision-guidance/kinze-s-autonomous-tractor-system-tested-field-farmers, Zugegriffen: 12.03.2014
20. ISO (International Organization for Standardization). CD ISO 18497: Agricultural machinery and tractors – Safety of Highly Automated Machines. Frankfurt, Germany, 2013

Weiterführende Literatur

1. Kormann, G., Thacher, R.: Development of a Passive Implement Guidance System AgEng 2008 International Conference on Agricultural Engineering, (OP1585), Knossos Royal Village, Crete, Greece. (2008)
2. Zhang, X., Geimer, M., Noack, P., Ehrl, M.: Elektronische Deichsel für landwirtschaftliche Arbeitsmaschine 68. Internationale Tagung Landtechnik, Braunschweig., S. 407–412 (2010)

Navigation und Verkehrstelematik

Thomas Kleine-Besten, Ulrich Kersken, Werner Pöchmüller, Heiner Schepers, Torsten Mlasko, Ralph Behrens, Andreas Engelsberg

55.1	Historie	– 1048
55.2	Navigation im Fahrzeug	– 1049
55.3	Offboard-Navigation	– 1061
55.4	Hybrid-Navigation	– 1061
55.5	Assistenzfunktionen	– 1063
55.6	Elektronischer Horizont	– 1065
55.7	Verkehrstelematik	– 1066
55.8	Smartphone-Anbindung im Automobil	– 1073
55.9	Aspekte des Mobilfunks für Navigation und Telematik	– 1075
	Literatur	– 1079

55.1 Historie

Die Entwicklung von modernen Radionavigations- und Telematikgeräten beginnt mit der Einführung von Radiogeräten in das Kfz zu Beginn der 30er Jahre des 20. Jahrhunderts. Diese ersten Radiogeräte für das Kfz basierten auf der Röhrentechnologie und nahmen ein Volumen von mehr als 10 Litern ein. Erst die Erfindung der Halbleitertechnologie und die damit verbundene Miniaturisierung der Bauteile ermöglichte eine kompakte Bauform dieser Radionavigations- und Telematikgeräte und damit den massenhaften Einsatz im Kfz (siehe ▶ Abschn. 55.9.2 „Aufbau des Navigationssystems").

Navigations- und Telematiktechnologien für den Einsatz im Kfz wurden durch die zunehmende Motorisierung seit den 60er Jahren vorangetrieben. Die Zahl der Kraftfahrzeuge in den alten Ländern der Bundesrepublik hatte sich 1976 – seit den 50er Jahren – mehr als verzehnfacht und war auf 21,3 Mio. angestiegen. Die jährliche Fahrleistung betrug 1974 ca. 270 Mrd. km. Der Güterverkehr hatte sich zunehmend von der Schiene auf die Straße verlagert, so dass 1975 43 % der Transportleistung vom Güterstraßenverkehr erbracht wurde. Damit wurden Staus, insbesondere auf Autobahnen, zum Problem. Selbst der weitere Ausbau des Straßennetzes konnte nicht mehr mit dem Anstieg der Nachfrage nach Verkehrsraum Schritt halten. Weiterhin entwickelte sich, mit beeinflusst durch die erste Energiekrise, ein zunehmendes Bewusstsein für die Auswirkungen des Rohstoff- und Energieverbrauchs auf die Umwelt. Im Zusammenhang mit dem zunehmenden Straßenverkehr stieg die Anzahl der Verkehrsunfälle und damit die Zahl der Verletzten und Toten signifikant an.

Im Rahmen von Forschungsprojekten entstanden an Autobahnen die ersten Verkehrsbeeinflussungsanlagen (Warnanlage Aichelberg, Linienbeeinflussungsanlage A3 im Bereich BAB Dreiecke Dernbach – Heumar, Alternativroutensteuerung Rhein/Main) zur Erfassung von Verkehrsdaten und zur Beeinflussung der Verkehrsströme über Geschwindigkeitsbegrenzungen, Überholverbote und Ausweisung von Alternativrouten. Erste Verkehrsmeldungen im Radio wurden seit den frühen 60er Jahren gesendet: Zunächst waren dies wöchentliche Berichte und Vorhersagen, später dann tägliche Informationen zur Verkehrslage. Mit der Einführung des Autofahrer-Rundfunk-Informationssystems (ARI) am 01.06.1974 für die Abgabe von Verkehrsnachrichten im Rundfunk wurde eine erste Stufe für die Automatisierung im Verkehrsnachrichtenwesen geschaffen. Für Verkehrsnachrichten wurden mit diesem System Bereichskennungen innerhalb der alten Länder der Bundesrepublik festgelegt: Diese Bereichskennungen werden über Hinweisschilder an den Autobahnen angezeigt und können über einen Bedienschalter am entsprechend ausgestatteten Radiogerät ausgewählt werden; Verkehrsnachrichten werden nun halbstündlich ausgestrahlt und für dringende Nachrichten kann das laufende Programm unterbrochen werden (z. B. Warnmeldung vor Falschfahrern). Die Weiterentwicklung dieser Technik zur Handhabung einer großen Anzahl und von langen Verkehrsmeldungen führte zum Telematikdienst RDS-TMC (siehe ▶ Abschn. 55.7 „Verkehrstelematik").

Die ersten Ideen zur elektronischen Zielführung (Electronic-Route-Guidance-Systems) von Kraftfahrzeugen wurden 1968 in den USA von G. Salas veröffentlicht [1]. 1969 wurde diese Idee von Dr. W. Kumm am Institut für Nachrichtengeräte und Datenverarbeitung der TH Aachen aufgegriffen, als Übertragungsweg von Zielführungsdaten wurde eine induktive Übertragungsstrecke vorgeschlagen. Zum Datenaustausch sollten die bereits zur Verkehrsdatenerfassung üblichen Induktionsschleifen verwandt und die Funktion Datenerfassung und Zielführung in einem System zusammengefasst werden. Damit war die Grundidee für das Autofahrer-Leit- und Informationssystem (ALI) geboren.

ALI stellt ein individuelles, infrastrukturgestütztes Zielführungssystem für Autofahrer auf Bundesautobahnen und Fernstraßen dar: Es dient sowohl zur Erfassung von Verkehrsdaten als auch zur Übermittlung von individuellen Fahrempfehlungen. Bei gestörtem Verkehr führt es über eine weniger belastete Route zum Ziel und bewirkt dadurch die Senkung der Kfz-Betriebskosten, die Verminderung der Fahrzeitkosten und die Reduzierung der Unfallgefahr. Ein ALI-Feldversuch wurde 1980/1981 im östlichen Ruhrgebiet durchgeführt. Eine Kosten-Nutzen-Analyse kam gesamtwirtschaftlich zu einem ungünstigen Ergebnis: Für die

Abb. 55.1 Umgebung der Navigation

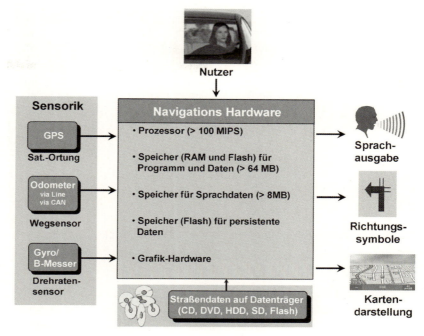

öffentliche Hand musste mit jährlichen Investitionen von 8,3 Mio. DM gerechnet werden. In der Folge wurde mit dem Projekt EVA (Elektronischer Verkehrslotse für Autofahrer) eine Idee aus dem Jahr 1978 weiterverfolgt, das als fahrzeugautonomes Zielführungssystem eine Verkehrsnavigation ermögliche. Wesentliche Elemente waren dabei fahrzeugseitig installiert und resultierten somit in einem günstigen Kosten-Nutzen-Verhältnis, das 1983 in einem Feldversuch nachgewiesen wurde. Die Weiterentwicklung dieses Systems führte 1989 zum ersten europäischen Seriennavigationsgerät im Kraftfahrzeug.

55.2 Navigation im Fahrzeug

Die Hauptaufgabe eines Navigationssystems besteht darin, den Nutzer zu einem geographischen Ziel zu führen. Als Eingangsgrößen stehen hierfür die Sensorik zur Positionsbestimmung und digitalisierte Straßendaten auf Datenträgern zur Verfügung; die Straßendaten stellen eine digitale Abbildung des real vorhandenen Straßennetzwerkes dar. Aus diesen Eingangsdaten werden nach entsprechenden Nutzer-Eingaben dem Fahrer optische und akustische Hinweise gegeben, mit denen er das Fahrzeug zum Ziel führen kann (s. Abb. 55.1).

Die Prozessorbaugruppe der Navigation besteht aus dem Hauptprozessor und angebundenen Speichern sowie der Grafik-Hardware. Wesentliche Funktionalität der Navigation wird durch Softwaremodule realisiert, die auf der Prozessorbaugruppe ablaufen (siehe Abb. 55.2). Der Fahrer wird über eine Sprachausgabe über den zu wählenden Weg informiert und erhält über Anzeigeinstrumente im Navigationsgerät (Kartendarstellung und/oder Symboldarstellung) oder im Kombiinstrument (meist Symboldarstellungen) optische Zusatzhinweise.

Auf der Prozessorbaugruppe befinden sich folgende Software-Module:

— **Ortung** zur Ortsbestimmung mit den aus der Sensorik zur Verfügung stehenden Daten,
— **Zieleingabe** zur Beschreibung des Ziels durch den Nutzer,
— **Routenberechnung** zur Bestimmung des Weges vom aktuellen Standort zum eingegebenen Ziel (Route),
— **Zielführung** zur Führung des Fahrers entlang der Route durch optische und akustische Hinweise,

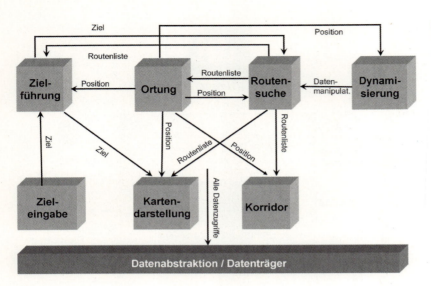

Abb. 55.2 Software-Module der Navigation

- **Kartendarstellung** zur Anzeige der geographischen Karte mit aktuellem Ort, Route und Zusatzinformationen,
- **Dynamisierung** zur Einbeziehung und Berücksichtigung von Umweltereignissen (zum Beispiel Nebel, Eisglätte) und Verkehrsinformationen (zum Beispiel Stau, Straßensperrung) in der aktuellen Route,
- **Korridor** zur Voreinlagerung von Daten aus dem Navigationsdatenträger in den Hauptspeicher der Prozessorbaugruppe. Der Korridor wird insbesondere bei CD/DVD-basierten Navigationssystemen genutzt, um ein Navigieren ohne eingelegten Datenträger zu ermöglichen und somit das Laufwerk zur gleichzeitigen Wiedergabe von Audio-CD zur Verfügung zu haben.

55.2.1 Ortung

Die Aufgabe der Ortung liegt darin, aus der aktuell zur Verfügung stehenden Sensorinformation und deren Historie die aktuelle Position sicher zu bestimmen. Dabei muss zwischen zwei Positionsangaben unterschieden werden:

a) der absoluten Position des Fahrzeugs im Raum – z. B. angegeben durch WGS 84-Koordinaten plus Bewegungsvektor – und

b) der relativen Position des Fahrzeugs bezogen auf das Straßennetz, repräsentiert durch die digitale Karte (Position nach sogenanntem „Map-Matching").

Die weitaus meisten Funktionen nutzen derzeit die Position bezogen auf das Straßennetz. Die Anforderungen an die Ortung sind dabei vielfältig: Durch neue Funktionen – insbesondere die Nutzung der Navigation für Fahrerassistenzfunktionen – steigen die Anforderungen (Ortungsgenauigkeit, Integritätsangaben, Fehlerschätzungen, Fahrbahnerkennung, Ermittlung der Position innerhalb der Fahrbahn).

Für die Navigation, die den Fahrer zu einem gewählten Ziel führen soll, ergeben sich folgende querschnittliche Anforderungen:

Die von der Ortung ermittelte absolute Position muss einer Position in der Karte zugeordnet werden; dabei entscheidet die Ortung, ob sich das Fahrzeug auf der Straße (On-road) oder neben der Straße (Off-road) befindet. Der Ortungsalgorithmus ermittelt eine präzise absolute Position und geht gleichzeitig tolerant mit Ungenauigkeiten in der digitalisierten Karte um. Für eine Zielführung hat der Positionsfehler im Straßennetz jederzeit so klein zu sein, dass Fahrempfehlungen rechtzeitig vor jeder Kreuzung ausgegeben werden können, auch bei kurz hintereinander folgenden Fahrmanövern. Alle Fahr- und

Tab. 55.1 Sensorik in Navigationssystemen

Sensor	Üblicher Verbau	Gewonnenes Signal	Fehlerquelle
Gyro (Kreiselkompass)	Direkter Verbau mikromechanischen Gyros oder Übertragung Gyro-Werte von vorhandenem Gyro (z. B. ABS-Gyro) über CAN	Winkeldifferenz	Rauschen Temperaturgang Einbauwinkel
Odometer via Draht	Rechteck-Impuls	Wegdifferenz	Reifenausdehnung
Odometer via CAN		Wegdifferenz	Reifenausdehnung
GPS-Empfänger	GPS-Empfänger direkt verbaut	absolute Position Wegdifferenz Winkeldifferenz	Empfangsstörungen wie Empfangslücken, Mehrwegeempfang
Beschleunigungssensor (ggf. mehrachsig)	Direkter Verbau	abhängig von der Anzahl der Achsen: Beschleunigungsänderung	Temperaturgang Einbauwinkel
Radimpulse	Via CAN von ABS-Sensoren	Weg und Winkeldifferenz	Reifenausdehnung
Lenkwinkelgeber	Via CAN	Winkeldifferenz	Reifenausdehnung

Wendemanöver dürfen nicht zu einem Ortungsverlust führen. Das Verlassen der Straße – Fahrt vom On-road ins Off-road (z. B. bei Einfahrt auf einen Parkplatz) – muss erkannt werden. Nach dem Verlassen des Parkplatzes an einer beliebigen Stelle und dem Befahren der nächsten Straße – Fahrt vom Off-road zum On-road – muss die Ortung automatisch auf die richtige Netzposition aufsetzen. Nach einer beliebig langen Fahrt außerhalb des Straßennetzes ist unmittelbar nach Eintritt in das digitalisierte Gebiet die richtige Position im Netz zu finden. Insbesondere für asiatische und nordamerikanische Straßennetze ist die Erkennung einer Höhenänderung für die Fahrbahnebene bei mehrgeschossigen Brücken und Fahrwegen wichtig. Zukünftig wird eine Ortung in Gebäuden erwartet beispielsweise in Parkhäusern oder für die Fußgängernavigation.

Eine Bewegung des Navigationsgerätes in ausgeschaltetem Zustand muss nach dem Wiedereinschalten zuverlässig und schnell erkannt und die aktuelle Position in der Karte bestimmt werden können. Für mobile Navigationssysteme (Personal Navigation Device – PND) oder Mobiltelefone mit Ortung ist dies eine Normalsituation; bei in das Fahrzeug integrierten Systemen tritt dieser Fall bei ausgestellter Zündung z. B. bei der Nutzung von Fähren oder Autoreisezügen ein.

Eine Forderung, die der Genauigkeit und dem Komfort dient, ist die automatische Kalibrierung des Systems, welches die Reifenabnutzung berücksichtigt und insbesondere einen Reifenwechsel erkennt und daraufhin eine Neukalibrierung startet. Die Ortung funktioniert dabei zweistufig: Zunächst wird mittels Koppel-Ortung (engl. „Dead-Reckoning") eine Position bestimmt, die dann im Folgenden per Map-Matching auf die digital vorliegende Straßengeometrie abgebildet wird. Bei der Koppel-Ortung handelt es sich um ein Verfahren, bei dem ausgehend von einer aktuellen Position mittels Wegdifferenz, Winkeländerung und vergangener Zeit eine neue absolute Position bestimmt wird. Ausgehend von einer bekannten Ausgangsposition und bekanntem Ausgangswinkel kann man durch Weg- und Winkelmessung und Addition der Wegvektoren die erreichte Position bestimmen; die Addition der Wegvektoren nennt man koppeln. Die Ortung sammelt und synchronisiert die Signale, die teilweise mit unterschiedlicher Frequenz vorliegen (siehe Tab. 55.1) und führt sie auf eine Zeitbasis zurück, um dann die Koppel-Position zu bestimmen.

In mobilen Navigationssystemen (PND) ist es üblich, nur mittels GPS zu orten. GPS (Global Positioning System) ist ein System zur Positionsbestimmung mittels Satellitenortung. Vom US-Verteidigungsministerium wurden bis zu 31 Satelliten in die Erdumlaufbahn gebracht, um Störungen und Ausfälle kompensieren zu können, die die Erde zweimal am Tag in etwa 20.000 km Höhe umkreisen. Es wird angestrebt, die Zahl der Satelliten aus Kostengründen auf 25 zu reduzieren. Diese Satelliten strahlen Funksignale auf 1575,42 MHz und 1227,60 MHz unter Angabe ihrer Position und Uhrzeit aus. Beim Empfang von mindestens vier Satelliten kann ein Empfänger aufgrund der Laufzeit der Signale, die aus der Uhrzeitdifferenz zwischen Sender und Empfänger gewonnen wird, sowie der Positionsangabe der Satelliten die eigene Position bestimmen. Das Verfahren entspricht einer Gleichung mit vier Unbekannten (Zeit und 3 Positionen) mit Schnittpunktbildung von drei Kugeln, deren Radien sich aus der Signallaufzeit ergeben. Im Jahr 2000 wurde die zuvor beaufschlagte künstliche Ungenauigkeit der Signale abgeschaltet, um eine verbesserte zivile Nutzung des GPS zu erlauben, so dass mittels GPS eine Positionsbestimmung mit 10 m bis 20 m Genauigkeit bei ungestörtem Empfang und günstiger Satellitenkonstellation möglich ist.

Kfz-Systeme verfügen in der Regel über Zusatzsensorik bzw. eine Anbindung an die im Fahrzeug vorhandene Sensorik, um auch ohne GPS-Empfang eine zuverlässige Position zu liefern. Da alle Signale in bestimmten Situationen fehlerbehaftet sind, muss die Ortung die Signale gegeneinander abgleichen und kalibrieren. Ein gängiges Verfahren stellt die Kalman-Filterung [2] dar, bei der auf Basis eines Systemmodells zunächst der Ausgangswert abgeschätzt und dann mit dem durch die Sensorik gemessenen Wert verglichen wird: Die Differenz zwischen Abschätzung und Messung dient daraufhin der Verbesserung des aktuellen Systemzustands. Somit ist es möglich, fehlerbehaftete Daten entsprechend weniger gewichtet in die Koppel-Ortung einzubeziehen (s. ▶ Kap. 26).

Ist die Position mittels Koppel-Ortung bestimmt, muss ein Abgleich (Matching) mit den digitalen Kartendaten (Map) auf dem Datenträger erfolgen, das sogenannte Map-Matching. Der Abgleich ist nötig, da neben der Koppel-Ortungsposition auch die digitalen Straßendaten fehlerbehaftet sind. Dies ist einerseits auf ungenaue/fehlerbehaftete Datenerhebung bei der Digitalisierung des Straßennetzes zurückzuführen, andererseits werden den digitalen Daten bei der Datenaufbereitung für die Datenträger Informationen entzogen (Generalisierung), damit die Datenmenge reduziert wird, um auf den Datenträger zu passen. Das verwendete Verfahren ist üblicherweise eine Trajektorienbildung aus den Sensordaten und dem Abgleich dieser Trajektorie mit den Kartendaten; daraus erfolgt die Bestimmung der wahrscheinlichsten Position in der Karte. Auch hier ist – trotz der Anforderung, die Position möglichst genau zu bestimmen – eine Fehlertoleranz wichtig, damit es im Falle einer geringfügigen Abweichung vom digitalisierten Straßennetz nicht zu Fehlverhalten der Navigation kommt. So darf eine Baustelle auf einer Autobahn mit Umleitung auf die Gegenfahrbahn nicht dazu führen, dass das Map-Matching die Fahrzeugposition auf die Gegenfahrbahn abgleicht und dem Fahrer eine Wendeempfehlung gegeben wird. Hierzu werden vom Map-Matching entsprechende in den Kartendaten hinterlegte Attribute wie Fahrtrichtungen ausgewertet.

Die Erfahrung zeigt, dass es einem Singlepath-Map-Matching trotz Einsatz ausgeklügelter Algorithmen an Zuverlässigkeit mangelt, da bei Betrachtung nur eines Pfades das Erreichen der geforderten hohen Map-Matching-Qualität wegen Sensortoleranzen, kleinen Digitalisierungsungenauigkeiten und Umwelteinflüssen nicht möglich ist. Abhilfe schafft die gleichzeitige Betrachtung mehrerer Pfade (Multipath-Map-Matching): Durch die gleichzeitige Verfolgung mehrerer Pfade erhält die Ortung die Fähigkeit, Fehler bei der Entscheidung über das „wahrscheinlichste Straßensegment" rückgängig zu machen – dem System wird quasi ein Gedächtnis aufgeprägt. Durch eine Bewertung der parallel betrachteten Pfade erhält man den Hauptpfad als den Pfad mit der höchsten Bewertung. Die Position auf dem Hauptpfad wird zur Steuerung der Fahrempfehlungen und zur Anzeige der Fahrzeugposition in der Karte verwendet: Sind die Bewertungen von Hauptpfad und einem der Parallelpfade annähernd gleich, so wird als zusätzliches Kriterium die berechnete Route zur endgültigen Bestimmung des Hauptpfades herangezogen. In diesem Sinne erfüllen die Parallelpfade eine Sicherheitsfunktion, auf die dann zurückgegriffen werden kann, wenn eine Plausibilitätsbetrachtung für einen der Parallelpfade eine größere Wahrscheinlichkeit für die Fahrzeugposition ergibt als der bisherige Hauptpfad. Neben

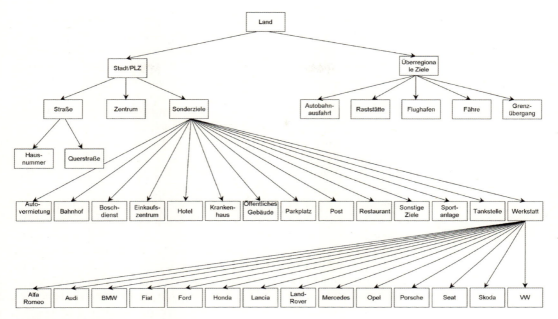

Abb. 55.3 Zieleingabe-Baumstruktur

der Generierung von Parallelpfaden ist ein Prozess zur Reduzierung der Anzahl der Parallelpfade erforderlich, da sonst im engmaschigen Straßennetz binnen kurzer Zeit unbeherrschbar viele Pfade zu betrachten wären. Ein Parallelpfad wird gelöscht, wenn seine Bewertung einen festgesetzten Grenzwert unterschreitet [3, 4]; die vom Map-Matching errechnete und auf die Straße abgebildete Position des Hauptpfades wird den anderen Navigationsmodulen geeignet bereitgestellt. Insbesondere für die genaue und ruckfreie Kartendarstellung wird ein hochfrequentes Positionssignal (> 15 Hz) benötigt, so dass die Ortung die Position ggf. extra- oder interpolieren muss.

55.2.2 Zieleingabe

Mittels der Zieleingabe – auch Index genannt – kann der Nutzer über verschiedene Eingabemöglichkeiten Ziele eingeben. Dazu sind die Straßenbezeichnungen und ortsbeschreibenden Daten üblicherweise stark komprimiert in einer Baumstruktur auf einem Datenträger abgelegt (siehe Abb. 55.3).

Die politisch hierarchische Adresseneingabe in Europa erfolgt üblicherweise über die Eingabe in der hier genannten Reihenfolge: Land, Ort oder Postleitzahl, Straße, Hausnummer. In Nordamerika wird Bundesstaat, Straße, Ort eingegeben. Dabei erfolgt eine Ausdünnung der dem Nutzer angebotenen Daten derart, dass beispielsweise in Europa nur die jeweils im Ort oder Postleitzahlbereich vorhandenen Straßen – bzw. in Nordamerika nur die Orte, in denen die bereits eingegebene Straße vorkommt – zur Auswahl angeboten werden. Weitere Unterstützungsfunktionen sind die automatische Buchstabenausdünnung (automatic spelling function – ASF), bei der die nicht mehr möglichen Buchstabenkombinationen im Nutzermenü ausgegraut werden, oder die Ähnlichkeitssuche, bei der ähnlich geschriebene Orte/Straßen zur Auswahl angeboten werden. Zudem muss im Falle von Mehrdeutigkeiten – der Ort Frankfurt existiert mehrfach in Deutschland – dem Nutzer eine Auswahl angeboten werden (Mehrdeutigkeitsauflösung).

Neben der direkten Adresseneingabe können häufig auch besonders interessante Punkte (points of interest – POI) zur Adressauswahl verwendet werden – wie beispielsweise Tankstellen, Autowerkstätten, Sehenswürdigkeiten oder Restaurants. Bei diesen Zielen ist es häufig möglich, einen Reiseführer anzuwählen, der neben dem Ort noch Zusatzinformationen zum Reiseziel wie Art des Restaurants oder Öffnungszeiten liefert.

Insbesondere bei POI ist die Funktion einer Umgebungssuche wichtig, um beispielsweise einen bestimmten Parkplatz an der Zielposition zu suchen beziehungsweise eine Tankstelle oder ein Restaurant an der aktuellen Position bzw. entlang der aktuellen Fahrtstrecke zu finden.

Bei der Zieleingabe ist die Antwortzeit im Nutzerinterface kurz zu halten, um dem Nutzer ein zügiges Eingeben des Ziels zu ermöglichen. Ist auf Festspeichern (Festplatte, SD-Card, Flash) der Zugriff performant möglich, muss auf rotierenden Medien (CDs, DVDs) – aufgrund der bautechnisch bedingten großen Zugriffszeiten (Seek-Time) ein zugriffsoptimierter Algorithmus angewandt werden, der trotz aller zuvor genannten Komfortfunktionen (z. B. Ausdünnung) mit einer geringstmöglichen Anzahl an Zugriffen auskommt.

55.2.3 Routensuche

Die Routensuche ist dafür verantwortlich, im Straßennetzwerk den bestmöglichen Weg entsprechend der eingestellten Optionen und Kriterien von der aktuellen Position zum Ziel zu finden. Hierzu werden die Daten der digitalen Straßenkarten in Knoten und Kanten abgelegt, die den Kreuzungen und den die Kreuzungen verbindenden Straßen entsprechen. Diese werden mit entsprechenden Attributen belegt, die den Widerstand – d. h. die Durchfahrtsgeschwindigkeit für den Routensuchalgorithmus – repräsentieren; wesentliche Attribute sind Straßenklasse, Länge, Fahrtrichtung oder Fahr-Beschränkungen (beispielsweise Mautpflicht). Die Straßenklasse gibt dabei an, ob es sich um Autobahnen, Bundesstraßen, Landstraßen oder Wohngebietsstraßen handelt. Mittels Algorithmen aus der Graphentheorie (beispielsweise A-Stern, Dijkstra [5]) wird durch dieses Widerstands-Netzwerk dann der Weg mit dem geringsten Widerstand entsprechend der eingestellten Optionen und Kriterien gesucht. Übliche Routenoptionen und Kriterien sind:
- schnelle Route: optimierte Route hinsichtlich möglichst kurzer Fahrzeit;
- kurze Route: optimierte Route hinsichtlich möglichst kurzer Strecke;
- optimale Route: Route mit Kompromiss zwischen kurzer Strecke und Fahrzeit;
- Dynamisierung: Route mit Berücksichtigung von Verkehrsnachrichten und entsprechend berechneten Umleitungen;
- Meide-Kriterien, mit denen bestimmte Abschnitte gemieden werden können: Autobahn, Maut, Fähren, Tunnel.

55.2.4 Algorithmen der Routensuche

Bei der Routensuche handelt es sich um eine wichtige Anwendung der mathematischen Graphentheorie: Innerhalb eines Graphen – bestehend aus K Knoten (oder Ecken), welche über N Kanten miteinander verbunden sind (jede Kante repräsentiert ein Knotenpaar) – gilt es, eine optimale Route zu bestimmen. Jeder Knoten repräsentiert dabei den Zusammenstoß mehrerer Straßensegmente – z. B. einen Kreuzungspunkt. Eine Kante hingegen repräsentiert ein endlich langes Straßensegment und dessen routenrelevante Eigenschaften – z. B. Straßenklasse, Durchschnittsgeschwindigkeit auf dem Segment oder Länge des Straßensegments. Das Straßennetzwerk wird somit durch einen sehr großen Graphen, bestehend aus Knoten und Kanten mit routenrelevanten Kanteneigenschaften, repräsentiert. Zum Durchführen einer Routensuche werden ein Start- und ein Zielknoten im Graphen benötigt, eine Kostenfunktion $f(N_{ij})$ zur Bewertung der Kosten einer Bewegung von Knoten K_i zu Knoten K_j entlang einer Kante N_{ij} sowie ein Optimierungsverfahren zur Suche der bezüglich der Kostenfunktion optimalen Route im Graphen. Als Kostenfunktion werden in der Regel Funktionen verwendet, welche auf Eigenschaften der Kanten N_{ij} beruhen, wie z. B. Länge (Finden kürzester Route), Fahrdauer (schnellste Route), Treibstoffbedarf (Eco-Route). In der Praxis angewendete Kostenfunktionen berücksichtigen oft mehrere Kriterien; so erfolgt z. B. bei der Kostenbewertung bezüglich einer treibstoffgünstigen Route zusätzlich eine Optimierung der Fahrzeit oder eine Bestrafung des Befahrens sehr niederwertiger Straßenklassen. Die Routensuche besteht nun aus dem Finden einer Sequenz von Kanten, welche miteinander verbunden sind, den Startknoten mit dem Zielknoten verbindet und bezüglich der Kostenfunktion über die Summe der Kantenabfolge ein globales Optimum (Minimum bezüglich der Kostenfunktion) darstellt. Hierzu stehen eine Vielzahl von Algorithmen zur Verfügung.

Da es sich bei Navigationssystemen jedoch um Echtzeitsysteme handelt, die eine Vielzahl von Funktionen tragen und gewissen Randbedingungen bezüglich ihrer Antwortzeiten unterliegen, kann nicht jeder Algorithmus eingesetzt werden. Es sind nur diejenigen Algorithmen verwendbar, welche bezüglich der Rechenzeit und des Speicherverbrauchs besonders effizient sind – selbst wenn dadurch nur eine bezüglich der Kostenfunktion suboptimale Route gefunden wird, die aber nahe am globalen Optimum liegen muss. ◘ Abbildung 55.4 zeigt das Grundprinzip aller Algorithmen: Ausgehend von einem Anfangspunkt werden potenzielle Strecken im Graphen ausgewählt, bezüglich ihrer Kosten bewertet und mit alternativen Strecken verglichen.

Diese Bewertung wird so lange fortgesetzt, bis eine optimale oder nahezu optimale Route durch den Graphen des Straßennetzes gefunden ist. Die verschiedenen Algorithmen unterscheiden sich im Wesentlichen darin, wie die Suche durch den Graphen erfolgt. In der Vergangenheit fand man in Navigationssystemen Verfahren, die sowohl vom Start der Zielführung in Richtung des Zieles als auch umgekehrt die Routensuche durchführten. Beide Suchrichtungen bieten spezifische Vor- und Nachteile: Bei einer „Vorwärtssuche" kann man z. B. frühe Fahrempfehlungen abgeben, obwohl die Route noch nicht vollständig „gefunden" wurde. Dies erlaubt eine schnelle erste Fahranweisung an den Fahrer nach Start einer Zielführung – mit dem Risiko, dass sich die Route im Laufe der Routensuche auch im Startgebiet noch einmal ändern kann. Bei einer „Rückwärtssuche" vom Zielgebiet zum Startgebiet können Routenalternativen, die entlang der endgültigen Route während der „Alternativensuche" gefunden wurden, gespeichert werden. Sie stellen somit schnell verfügbare „Alternativen zurück zur ursprünglichen Route" dar, falls der Fahrer von der Route abweichen muss (keine aufwendige Neusuche notwendig). Allerdings hat die „Rückwärtssuche" den Nachteil, dass der Fahrer so lange auf die erste Fahrempfehlung warten muss, bis die gesamte Route gefunden ist. In der Zukunft

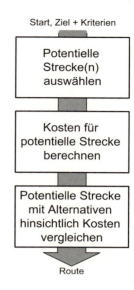

◘ **Abb. 55.4** Grundprinzip der Algorithmen zur Routensuche

werden nur noch vorwärtsgerichtete Suchverfahren eingesetzt: Der Grund liegt darin, dass Navigationskartenanbieter für Teile des Straßennetzwerkes mittlerweile uhrzeitabhängige Durchschnittsgeschwindigkeiten (sogenannte „Ganglinien") anbieten. Da zur Berechnung der Kostenfunktion bei einer „schnellsten" Route die Fahrgeschwindigkeit relevant ist, muss „vorwärts" gesucht werden, da nur so die Uhrzeit bekannt ist, zu der man im Graphen eine Kante erreichen wird. Diese Uhrzeit wird benötigt, um damit die für die Kostenermittlung richtige „Ganglinie" – Durchschnittsgeschwindigkeit auf betreffendem Straßensegment – auszuwählen.

Aufgrund der Randbedingungen, die ein Navigationssystem bezüglich Antwortzeit, Rechenleistung und verfügbarem Speicher stellt, verbieten sich bezüglich der Rechenzeit oder des Speicherbedarfs aufwendige Optimierungsverfahren, wie z. B. „Simulated Annealing" oder „genetische Algorithmen". Ein möglicher, geeigneter Algorithmus ist der sogenannte A*-Algorithmus (engl. A Star). Es handelt sich dabei um eine Erweiterung des Dijkstra-Algorithmus: Ausgehend von einem Knoten werden Nachbarknoten im Graphen „besucht" und die Alternativen bezüglich der Kostenfunktion geprüft. Um nicht jeden Knoten des vollständigen Graphen auf der Suche „besuchen" zu müssen, werden mittels einer Heuristik die vermutlichen „Restkosten" in verschiedene Richtungen geprüft und damit die Suche in ihrer Richtung beeinflusst. Eine andere

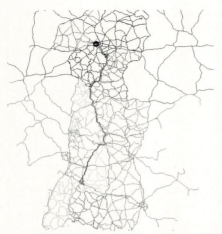 

Abb. 55.5 Suchstrategien Ford-Moore Algorithmus (links) und A*-Algorithmus (rechts)

| Elemente im Berechnungsgebiet | 37746 | Elemente im Berechnungsgebiet | 13561 |
| Optimierungsprüfungen | 157634 | Optimierungsprüfungen | 13561 |

mögliche Alternative ist der Ford-Moore-Algorithmus: Hierbei handelt es sich um eine vollständige Suche durch das Straßennetz zwischen Start und Ziel – wobei allerdings zuvor sinnvolle Einschränkungen des Suchgebiets vorgenommen werden, um den Rechenaufwand zu begrenzen. Vor dem Start der Routensuche werden dabei die Kosten für jedes Kantenelement vorberechnet, da Kantenelemente während der vollständigen Suche mehrfach „besucht" werden – um den Rechenaufwand zu begrenzen, dürfen die Kosten für eine Kante des Graphen nur einmal berechnet werden, auch wenn diese während der Suche mehrfach „besucht" wird.

◘ Abbildung 55.5 gibt einen Eindruck der Elemente des Straßennetzwerkes, die bei einer beispielhaften Routensuche durch die Algorithmen geprüft werden. Beim Ford-Moore-Algorithmus (links) erfolgt während der Optimierung eine Suche durch das gesamte Straßennetzwerk, welches auf einen sinnvollen Bereich zwischen Start und Ziel begrenzt wurde. Der A*-Algorithmus (rechts) begrenzt die Prüfung mittels seiner gerichteten Suche auf einen Bereich um die voraussichtlich optimale Route.

In der Praxis gibt es weitere Randbedingungen, wie z. B. die Datenstruktur der digitalen Karte, welche Auswirkungen auf die Wahl eines geeigneten Routensuchalgorithmus haben.

Die Routensuche in beweglichen Fahrzeugen ist dabei zumeist kein einmaliger Vorgang: Beim Abweichen von der berechneten Route oder beim Empfang von Verkehrsmeldungen muss eine neue Route berechnet werden. Eine Routenneuberechnung soll möglichst schnell erfolgen, wozu folgende Techniken angewandt werden:

- Zwischenspeichern (cachen) von Daten in schnelleren Speichern bei langsamen Datenträgern (CDs, DVDs);
- Verwendung von Datenhierarchien (siehe ◘ Abb. 55.6): Hochklassifizierte, lange Straßen (z. B. Autobahnen, Bundesstraßen) werden in einem separaten Datennetz gehalten. Die Routensuche berechnet nur an Start und Ziel auf niedriger Hierarchiestufe (d. h. in Wohn-/Stadt-/Landstraßen) und berechnet größere Distanzen auf höheren Stufen – d. h. auf Autobahnen und Bundesstraßen – um die Anzahl der Berechnungsschritte zu reduzieren. Die Datenhierarchien sind an Knoten und/oder Kanten über entsprechende Querverweise in den digitalen Kartendaten miteinander verbunden.
- Verwendung von vorberechneten Routen oder Stützpunkten: Es werden vorberechnete Teilstücke hinzugezogen, die im Bedarfsfall nicht neu berechnet werden müssen.

Die Routensuche stellt die berechnete Route anderen Navigationsmodulen zur Verfügung: der Zielführung zur Erstellung von Hinweisen für den Fahrer, der Kartendarstellung zur Anzeige und dem Nutzerinterface zur Erzeugung der Routenliste – d. h. der Abfolge des zu befahrenen Weges.

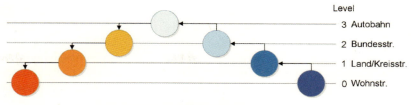

Abb. 55.6 Routenberechnung mithilfe von Datenhierarchien

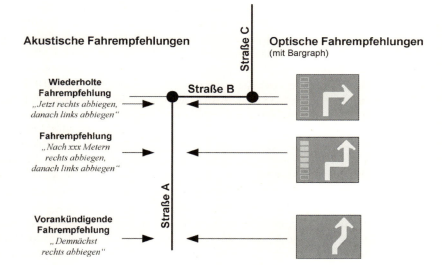

Abb. 55.7 Zielführungssituation

55.2.5 Zielführung

Aufgabe der Zielführung ist es, den Fahrer rechtzeitig, jedoch möglichst eindeutig und wenig redundant über die bevorstehenden Fahrmanöver zu informieren. Dazu erhält sie von der Ortung die aktuelle Position und von der Routensuche die zu befahrende Strecke und generiert daraus die Fahrempfehlungen wie „Rechts abbiegen" oder „Dem Straßenverlauf folgen". Die Fahrempfehlungen werden abhängig von der Straßensituation und der aktuellen Geschwindigkeit ausgegeben: So ist es auf Autobahnfahrten mit hoher Geschwindigkeit wichtig, ein Rechtsabbiegen rechtzeitig vorher anzukündigen – vorankündigende Fahrempfehlung, z. B. „Demnächst rechts abbiegen" – und dann diese in einem Abstand vom Abbiegepunkt bzw. Entscheidungspunkt zu wiederholen, der ein Reagieren des Fahrers entsprechend der aktuellen Geschwindigkeit zulässt (Beispiele hierzu: „In 300 m rechts abbiegen", „Jetzt rechts abbiegen", s. Abb. 55.7). Auf Wohnstraßen, die mit kleinen Geschwindigkeiten befahren werden, fallen diese Abstände deutlich kürzer aus. Zusätzlich werden Folgefahrempfehlungen bzw. verkettete Fahrempfehlungen (Beispiel: „Jetzt rechts abbiegen, danach links abbiegen") generiert, die dem Fahrer das richtige Einordnen auf die Fahrstreifen ermöglichen. Die Ansagen müssen möglichst eindeutig sein, damit auch ein Navigieren nur mit akustischen Ausgaben möglich ist, ohne die Aufmerksamkeit des Fahrers von der Fahrbahn abzulenken. So sollte eine Fahrempfehlung nicht gegeben bzw. verzögert werden, wenn die Straßensituation nicht klar erkennen lässt, auf welche Straße sich eine Empfehlung bezieht. Sowohl die Fahrempfehlungen, die Grammatik als auch das Regelwerk und die Parameter, welche die zeitliche Abfolge der Fahrempfehlungen festlegen, sind herstellerspezifisch (Applikations-Know-how, das über mehrjährige Erfahrung gewonnen wird). Die Empfehlungen werden akustisch – d. h. durch Sprachausgaben – und optisch durch Fahrsymbole, Pfeile und ggf. eine Kartendarstellung (siehe ▶ Abschn. 55.2.6 „Kartendarstellung") gegeben. Die Fahrsymbole werden dabei durch eine optische Entfernungsangabe (Bargraph) unterstützt. Fahrempfehlungen können durch zahlreiche Zusatzinformationen ergänzt werden, z. B. durch Empfehlungen oder Anzeige der zu verwendenden Fahrbahnen, der Name der Straße, in die eingebogen werden soll (Turn-To-Info), optische Anzeige von Aus- und Einfahrten (Highway-Entry/Exit-Empfehlungen).

55.2.6 Kartendarstellung

Neben der Zielführung dient auch die Kartendarstellung der Orientierung des Fahrers. Das Kartenmodul bekommt zur Darstellung von den anderen Modulen folgende Daten:

- vom Datenträger – oder im Cache gespeichert vom Korridor – die darzustellenden Vektor- und Bitmapdaten: Vektordaten beschreiben geometrische Formen wie Straßenzüge, Bebauungsflächen, Gewässer, welche auf dem Datenträger um Straßenklassen (zum Beispiel unterschiedliche Farbe/Breite zur Unterscheidung von Autobahn, Landstraße) und weitere Attribute (zum Beispiel erlaubte Höchstgeschwindigkeit) angereichert werden. Bei der 3D-Darstellung werden diese ergänzt von 3D-Gebäudemodellen für einzelne wichtige Gebäude (POI als-3D Landmarks) oder 3D-Modellen ganzer Regionen (derzeit einzelne Städte). Bitmap-Daten werden in Form von Satellitenkarten oder Texturen für Gebäudemodelle verwendet. Häufig wandelt die Kartenkomponente diese Daten in eine interne Repräsentation um, die dazu geeignet ist, möglichst schnell dargestellt zu werden (rendering optimiert).
- von der Ortung die Information über die Position und die Bewegung des Fahrzeugs, um an der aktuellen Position einen Positionsmarker darzustellen, der möglichst flüssig der Bewegung des Fahrzeugs folgt.
- von der Routensuche die Information über die aktuelle Route, um diese in der Karte hervorgehoben darzustellen.
- von der Zielführung die Informationen über die nächsten Fahrmanöver, um die Manöver in die Karte einzublenden oder in speziellen Ansichten dem Fahrer übersichtlich die aktuelle Situation vor Augen zu führen, wie Kreuzungszoom (die nächste Kreuzung und das entsprechende Manöver wird vergrößert dargestellt) oder Highway Entry/Exit Guidance (die Ein-/Ausfahrt wird dargestellt).
- von der Dynamisierung die Information über Verkehrsmeldungen, um diese in die Karte einzublenden.
- von der Zieleingabe die Informationen über POI, die in die Karte eingeblendet werden (beispielsweise Tankstellen, Parkplätze, Werkstätten, Restaurants).
- vom Benutzerinterface die Information über die eingestellte Ansicht, d. h. der Ausschnitt der Kartendarstellung (Positionskarte, Zielkarte, Übersichtskarte), Kartenmaßstab (meist von 25 m Detailansicht bis 500 km Übersicht) und Art der Karte (2D, gekippte Karte samt Kippwinkel, 3D).

Einen Überblick über die Arten der Kartendarstellung gibt ◘ Abb. 55.8.

Eine performante Kartendarstellung hängt wesentlich von der Leistungsfähigkeit der verwendeten Hardware ab, d. h. der Leistungsfähigkeit von Hauptprozessor und Grafikbeschleuniger. Zur flüssigen Darstellung von 2D- und gekippten, perspektivischen 2D-Karten mit mehr als 10 Bildern pro Sekunde (frames per second, fps) werden Prozessoren

Abb. 55.8 Beispielhafte Kartendarstellungen

2D Übersichtskarte mit Routen- und Staudarstellung

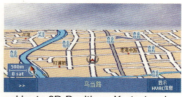

gekippte 2D Positions-Karte (auch 2,5D oder pseudo 3D genannt)

3D Karte mit Gebäudemodellen

3D Karte basierend auf Satellitenfotos und hinterlegtem Höhenmodell

größer 200 MIPS (million instructions per second) und 2D-Grafikbeschleuniger eingesetzt, die Polygone selbstständig darstellen können. Für performante 3D-Kartengrafik sind 3D-Grafikbeschleuniger notwendig, die selbstständig texturierte Flächen darstellen können und Z-Buffer (Tiefeninformation) zur perspektivischen Verdeckungsberechnung besitzen. Zur Beschleunigung der Software wird auch in der Kartendarstellung mit verschiedenen Datenhierarchien gerechnet, die beim Herauszoomen ein Ausdünnen des dargestellten Straßennetzes zur Reduzierung der darzustellenden Polygone ermöglicht. Die Darstellung einer perspektivischen Karte erfolgt unter Nutzung verschiedener „Levels of Detail" (LOD) – weiter entfernt liegende Objekte werden nicht so detailgetreu gezeichnet wie nah liegende Objekte. Zudem sind für eine gute Anmutung der Kartendarstellung eine hohe Auflösung und Anti-Aliasing zur Vermeidung von Treppeneffekten bei der Liniendarstellung wichtig, was jedoch wiederum höhere Anforderungen an die Rechenleistung des Systems stellt.

55.2.7 Dynamisierung

Die Dynamisierung hat die Aufgabe, Umwelteinflüsse in die Navigation einzubeziehen. Typischerweise sind dies Verkehrsmeldungen im TMC-Format, die über Rundfunksysteme (FM-RDS, DAB) oder Mobilfunksysteme (GSM, GPRS) empfangen werden. Neben frei empfangbaren, meist von öffentlichen Anstalten bereitgestellten TMC-Nachrichten gibt es kostenpflichtige Dienste (Pay-TMC), wie beispielsweise TMC-pro. TMC ist mit einer 37-bit-Kodierung auf schmalbandige Übertragungswege (Ursprung war FM-RDS mit Datenraten von 60 Bit/Sek) optimiert. In einer TMC-Meldung sind das Ereignis – beispielsweise Stau, Unfall, Sperrung, Falschfahrer – und die Ortsangabe (ca. 65.500 Orte, auch Locations genannt, jeweils über international standardisierte Tabellen länderspezifisch festgelegt) enthalten. Durch die im Ereignis mitgeteilten Informationen – Längenangabe, Geschwindigkeitsangabe – kann die Dynamisierung die Berechnung einer Route beeinflussen, indem nach dem Abbilden der in der Nachricht enthaltenen Location auf das digitale Straßennetz beispielsweise die Widerstände einzelner Knoten/Kanten entsprechend der Störung erhöht werden. So ergibt sich bei der Berechnung eine entsprechende Umleitungsroute: Eine solche erneute Routenberechnung wird entweder automatisch angestoßen (Routenoption „dynamische Route") oder der Nutzer wird von der geänderten Verkehrslage benachrichtigt und kann eine Routenneuberechnung auslösen (benutzerbestätigte Dynamisierung).

Neben der Berücksichtigung bei der Routenberechnung ist die Dynamisierung dafür zuständig, die codierten Verkehrsnachrichten zur Darstellung

 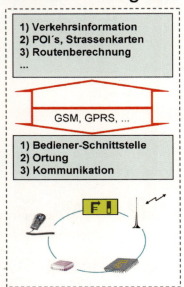

Abb. 55.9 Systemvergleich Onboard- vs. Offboard-Navigation

in lesbare Form aufzubereiten und die Ereignisse abgebildet auf das Straßennetz der Kartendarstellung zur Verfügung zu stellen. So können sich Fahrer oder Beifahrer auch optisch einen Eindruck von der Verkehrssituation verschaffen: Neben der visuellen Darstellung kann auch die Zielführung beauftragt werden, beim Erreichen der Verkehrsstörung den Fahrer akustisch zu warnen („Achtung 2 km Stau"). Für breitbandigere Übertragungswege (z. B. DAB, WLAN) sind neue Standards (TPEG) in Planung, die es erlauben, sowohl Ereignis wie auch Ortsangabe noch genauer zu spezifizieren.

55.2.8 Korridor und Datenabstraktion (Datenträger)

Die digitalisierten Straßendaten stehen der Navigation als Massendaten auf Datenträgern zur Verfügung: Für ein Land der Größe Deutschlands sind dabei mehrere 100 MB notwendig. Neben den klassischen Datenträgern CD, meist mit der Abdeckung eines einzelnen Landes, und DVD mit kontinentaler Abdeckung – beispielsweise Europa – kommen heute vermehrt elektronische Massenspeicher (Flash, SD-Card, Harddisk) zum Einsatz. Die Eigenschaften des Datenmediums beeinflussen den Funktionsumfang und die Leistungsfähigkeit einer Navigation. Wesentliche Faktoren sind:

- die Datenmenge, die neben der regionalen Abdeckung (einzelne Länder vs. Europa/Nordamerika), auch den Funktionsumfang beschränkt; für bestimmte Funktionen wie Geschwindigkeitshinweise sind Datenattribute aufzunehmen, die Speicherplatz belegen;
- die Zugriffszeit, die wesentlichen Einfluss auf die Performance hat, insbesondere wenn über das Speichermedium verteilte Daten benötigt werden – wie bei der Berechnung von Fernrouten über weite Gebiete/Entfernungen, bei der Zieleingabe (Bewegen im Indexbaum) oder beim Systemstart (viele unterschiedliche Daten sind zu lesen);
- die Datentransferrate, wenn größere Datenmengen gelesen werden – wie bei der Kartendarstellung;
- weitere Faktoren wie Abnutzung/Verschmutzung im Falle von rotierenden, optischen Medien wie CD/DVD.

Um den Zugriff auf diese zum Teil langsamen Datenträger ganz oder teilweise zu umgehen, verwenden viele Navigationsgeräte einen Korridor (siehe ▶ Abschn. 55.2.1). Er lagert benötigte Daten stra-

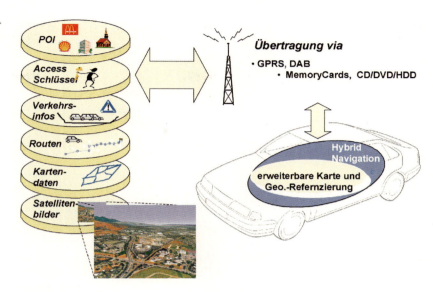

◘ **Abb. 55.10** Hybrid-Navigation – durch Nutzung fahrzeugexterner Datenquellen

tegisch vorab in elektronischen Speichern ein, um diese dann zwischengespeichert (gecached) weitergeben zu können. Dies sind insbesondere die Daten um die aktuelle Position, entlang der Route oder im Zielgebiet.

55.3 Offboard-Navigation

Wenn alle Teilaufgaben der Navigation – zum Beispiel Ortung, Routenberechnung – im Fahrzeug erbracht werden, spricht man von einer autarken oder Onboard-Navigation. Bei der Offboard-Navigation (OBN) werden Teilaufgaben z. B. die Route auf einem externen stationären Server berechnet. Die berechneten Daten und Informationen werden vom Server über eine Luftschnittstelle (siehe ▶ Abschn. 55.7 „Verkehrstelematik") in das Fahrzeuggerät übertragen. Der Verlagerung sind bei entsprechender Auslegung Luftschnittstelle (Bandbreite) sowie einer ausreichenden Serverrechnerleistung keine Grenzen gesetzt. Im Extremfall verbleiben im Fahrzeug nur die Sensoren für die Ortung und die für die Ein- und Ausgabe notwendigen Komponenten. Eine gängige Konstellation ist jedoch, dass die Zieleingabe, die Routensuche und die Dynamisierung durch den Server bereitgestellt werden. Die Prozesse mit höherer zeitlicher Dynamik – wie die Ortung, die Zielführung und auch die Kartendarstellung – verbleiben im Fahrzeug. (Siehe ◘ Abb. 55.9).

Der Vorteil einer Offboard- gegenüber einer Onboard-Navigation liegt in der Aktualität der Daten, die auf einem Server besser administriert werden können; bezüglich der Materialkosten ergeben sich keine Vorteile. Bei der OBN werden der Datenträger und das Laufwerk zum Einlesen der Daten durch die Kommunikationseinheit (zum Beispiel GSM-Modul) ersetzt, ansonsten werden die gleichen Komponenten wie bei der Onboard-Navigation benötigt. OBN hat sich als Standardapplikation im Mobilfunkbereich für Handys mit GPS-Unterstützung etabliert.

55.4 Hybrid-Navigation

Zukünftige Anforderungen an eine Navigation sind dynamische Aktualisierung von sog. „points of interest (POI)", Zugriff auf Daten oder Routen gegen Bezahlung, innerstädtische Dynamisierung, Server-basierte Navigation (Offboard-Navigation) und Kartendarstellung mittels virtueller Realität und Satellitenbildern (siehe ◘ Abb. 55.10). Ein Großteil dieser Ziele erfordert die sog. Hybrid-Navigation: Diese ist dadurch gekennzeichnet, dass bei den Navigationsfunktionen auf eine Vielzahl von Datenquellen zurückgegriffen werden muss. Die Datenquellen können weitgehend beliebig auf Fahrzeug und Infrastruktur verteilt sein; dabei kommt der aus Kostengründen effizienten Übertragung von

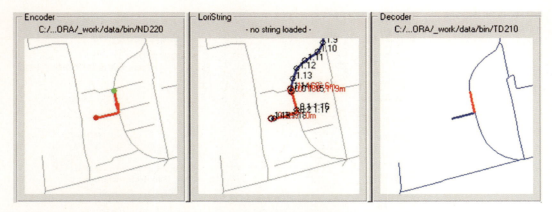

Abb. 55.11 Verdeutlichung des Georeferenzierungsverfahrens AGORA an einem Beispiel

Daten über Mobil- und Rundfunk eine große Bedeutung zu. Es ist weiterhin wichtig, Verfahren zu entwickeln, die die Abbildung (Georeferenzierung) von Daten aus verschiedenen Quellen und insbesondere auf die im Fahrzeug vorhandene digitale Karte ermöglichen. Lediglich die Übertragung der Koordinaten reicht dabei nicht aus, da das richtige Element aus der Vielzahl der Möglichkeiten herauszufinden ist.

Auf spezielle Anwendungen zugeschnittene Referenzierungsverfahren gibt es bereits, doch erfüllen sie bisher nicht die Forderungen nach Flexibilität und Unabhängigkeit von den verwendeten Karten (bzgl. der Genauigkeit und der Herstellerunabhängigkeit). Ein neues Verfahren, bekannt unter dem Namen AGORA, wurde im gleichnamigen EU-Projekt [6, 7] entwickelt und durch die ISO standardisiert.

Hierbei können mittels Korrelationsverfahren Elemente einer detaillierten Karte in eine einfachere Karte eingefügt werden. Die Standardisierung dieses Verfahrens ist abgeschlossen (siehe Abb. 55.11).

55.4.1 Kartendaten – aktuell und individuell

Jede einmal erworbene digitale Karte büßt im Laufe der Zeit an Aktualität ein: Das Altern der Karte macht sich in Abweichungen von der Realität bemerkbar – neue oder umgebaute Straßen fehlen, Beschilderungen wurden geändert. Betrachtet man die Karte als Sensor, dann liefert dieser Sensor unsystematisch, aber wiederholbar fehlerhafte Daten. Bislang entscheidet der Nutzer, wann die Fehler nicht mehr tolerierbar sind und durch einen Neukauf der Kartendaten ein „Update" durchgeführt wird. Je mehr Funktionen im Fahrzeug von den Kartendaten abhängen und insbesondere je sicherheitsrelevanter diese Funktionen sind, desto mehr wird die Entscheidung über notwendige Aktualisierung der Kartendaten vom Nutzer unabhängig sein müssen. In der Entwicklung befinden sich deshalb derzeit verschiedene Verfahren, die eine automatische Aktualisierung der Kartendaten ermöglichen (s. auch ▶ Kap. 27 und 29).

Ein kontrollierter, einheitlicher und damit qualifizierbarer Austausch von Datenteilen wird in der „Physical Storage Initiative" vorbereitet, die neben der OEM-übergreifenden Vereinheitlichung des Datenspeicherformats Mechanismen für den inkrementellen Datenaustausch festlegt. Andere Verfahren sollen die Navigation selbst dazu befähigen, Fehler in der Datenbasis zu erkennen und zu beheben. In den EU-Förderprojekten ActMAP [8, 9] und FEEDMAP [10] wurden z. B. Möglichkeiten und Techniken untersucht, um die Karte aktuell zu halten. Die Bandbreite der bereits heute angedachten möglichen Applikationen ist so vielfältig, dass es einen immensen Aufwand bedeuten würde, immer alle Informationen in einem Datenpool verfügbar zu halten. Vielmehr ist es wahrscheinlich, dass eine Basiskarte applikationsspezifisch mit Zusatzinformationen aus anderen Quellen angereichert wird. Auch das Fahrzeug selbst wird Informationen erheben und als ortsbezogene Daten in der digitalen

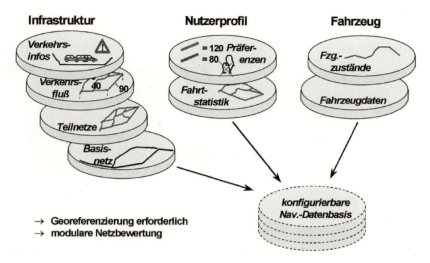

◘ Abb. 55.12 Konfigurierbare lernfähige digitale Karte

Karte ablegen, so dass sie bei nachfolgenden Fahrten genutzt werden können (siehe ◘ Abb. 55.12). Dies ist insbesondere sinnvoll für häufig befahrene Strecken (zum Beispiel der Weg zur Arbeit), bei denen sich durch eine ökonomische, verbrauchsoptimierte Fahrweise signifikante Kraftstoffeinsparungen erzielen lassen. Obwohl die Karte in ihrer Gesamtheit nur wenig lokal ergänzt wurde, werden teilweise 80 % der individuellen Fahrstrecke abgedeckt.

Eine optimale Assistenz kann nur durch Adaption an den Fahrer und seine Präferenzen geleistet werden. Hierfür ist es notwendig, dass Attribute in der Karte verändert und auch neue „individuell" ergänzt werden können. Die Mechanismen der fahrzeugautonomen Verfahren können dazu genutzt werden, die Karte, die als Standardkarte ohne individuelle Merkmale ausgeliefert wird, mit fahrer- oder fahrzeugspezifischen Merkmalen zu ergänzen. Ein anderer Anwendungsfall der lernenden Karte besteht in deren Personalisierung für bestimmte Fahrergruppen – zum Beispiel für einen älteren Fahrer – so dass Routineaufgaben auch im Alter noch gut bewältigt werden können. Die Fehlerzahl beim Lösen unbekannter Aufgaben nimmt dagegen stark zu [11, 12]. Die Schlussfolgerung daraus lautet, dass unbekannte und komplizierte Situationen zu vermeiden sind. In der digitalen Karte können bereits gefahrene Strecken und Kreuzungen gekennzeichnet und individuell bewertet werden, je nachdem, ob der Fahrer diese als „Problemkreuzung", „stressige Strecke" oder als „einfach zu fahren" einschätzt.

Die Bewertung muss dabei aus dem Fahrverhalten und unter Kenntnis der Verkehrssituation abgeleitet werden. Da jeder Fahrer die Schwierigkeiten und Belastungen individuell anders empfindet, wird zwangsläufig eine persönliche Karte entstehen. Die Routenwahl erfolgt dann vorzugsweise auf bekannten „stressreduzierten" Strecken und natürlich unter Vermeidung unfallträchtiger Fahrsituationen, wie sie auch von K. Krüger et al. [12] aufgezeigt werden.

55.5 Assistenzfunktionen

Der Begriff Assistenzfunktionen ist weit gefasst und wird nicht einheitlich verwendet: Er reicht von Funktionen mit informativem Charakter – z. T. wird schon die Navigation an sich als Assistenzfunktion angesehen – bis zu sicherheitsrelevanten Funktionen mit Eingriff in die Fahrzeugführung.

Hierbei können vier Klassen von Assistenzfunktionen unterschieden werden: Funktionen, welche die Fahrsicherheit erhöhen (z. B. ESC, Bremsassistent), Funktionen, die den Fahrkomfort erhöhen (z. B. Parkpilot, Verkehrsbotschaften), Funktionen zur Reduktion des Treibstoff-/Energiebedarfs (z. B. Gangwahlempfehlung, Ausrollassistenz) und Funktionen zum Erhöhen der Fahrleistung (z. B. Deaktivierung der Klimaanlage bei Beschleunigung). Dabei kann die Navigation entscheidenden Anteil an einer dieser Assistenzfunktionen inne haben. In den nachfolgenden Ausführungen wird zwischen

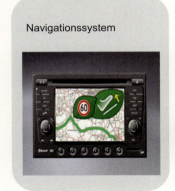
Navigationssystem

Elektronischer Horizont

Beispiel: Motorsteuergerät

◘ **Abb. 55.13** Das Navigationssystem als Sensor (Quelle: Robert Bosch GmbH)

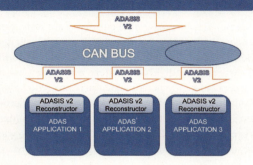

◘ **Abb. 55.14** Grundprinzip des Schnittstellenprotokolls ADASIS (Quelle: ADASIS v2 Protocol [13])

navigationsgestützten und navigationsunterstützten Assistenzfunktionen differenziert.

Navigationsgestützte Assistenzfunktionen werden von der Navigation selbst erzeugt und bereitgestellt. Beispiele für solche Assistenzfunktionen sind:
- die „Stau voraus"-Warnung, die es dem Fahrer ermöglicht, die nächste Abfahrt zu nehmen und den Stau zu umfahren oder sich zumindest dem Stauende mit einer angepassten Geschwindigkeit zu nähern;
- der Kurvenwarner, der den Fahrer bei einer für die vorausliegende Kurve zu hohen Geschwindigkeit warnt;
- der Gefahrenpunktwarner, der den Fahrer vor Gefahrenpunkten (beispielsweise Unfallschwerpunkten, Kindergärten/Schulen) warnt.

Bei den navigationsunterstützten Assistenzfunktionen fungiert die Navigation als Sensor für andere Assistenzfunktionen, die typischerweise auf anderen Steuergeräten umgesetzt sind. Die Navigation stellt die Situation an der aktuellen Position, die Route bei aktiver Zielführung und das vorausliegende Straßennetz (auch ADAS-Horizont oder elektronischer Horizont genannt) über eine standardisierte Schnittstelle (ADASIS) [13] bereit. Über den sogenannten AHP (ADAS Horizon Provider) werden die Daten auf der Senderseite in Datentelegramme zerlegt und auf dem Fahrzeugbus bereitgestellt. Auf der Empfängerseite setzt der AHR (ADAS Horizon Reconstructor) aus den Datentelegrammen den ADAS-Horizont wieder zusammen. Durch die Standardisierung sind die Assistenzfunktionen unabhängig von der eingesetzten Navigation.

Beispiele für navigationsunterstützte Assistenzfunktionen sind:
- adaptive Lichtsteuerung für bessere Ausleuchtung von Kurven und Kreuzungen,
- kraftstoffsparende Fahrweise durch eine vorausschauende Gangwahl des Automatikgetriebes entsprechend dem Streckenprofil,
- weiterführende Beispiele siehe z. B. [14].

Durch neue Assistenzfunktionen etabliert sich neue Sensorik – wie Videokameras und Radar – im Fahrzeug, von der die Navigation profitiert. Die fahrstreifengenaue Positionsbestimmung wird z. B. durch die Auswertung des Kamerabildes möglich. Aktuelle Informationen – wie z. B. Verkehrszeichenerkennung oder Auflösung von Sondersituationen wie einer Baustelle – kann die Navigation zukünftig für verbesserte Fahrempfehlungen oder Warnungen nutzen.

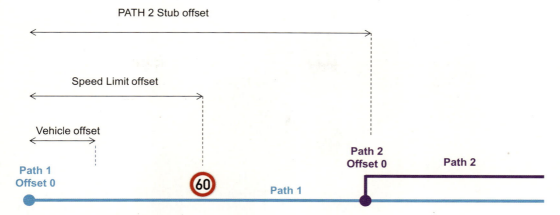

Abb. 55.15 ADASIS-Positionscodierung (Quelle: ADASIS v2 Protocol [13])

55.6 Elektronischer Horizont

Ein Navigationssystem kann auch als Sensor für andere Assistenzfunktionen dienen. Typischerweise werden in diesem Fall ortsbezogene Informationen von einem Navigationssystem an ein anderes Steuergerät im Fahrzeug übermittelt; die übermittelten ortsbezogenen Informationen werden als elektronischer Horizont bezeichnet (siehe Abb. 55.13).

Der elektronische Horizont wird mittels standardisierter Schnittstellenprotokolle ADASIS (Advanced Driver Assistance Systems Interface Specification) [13] übertragen. Durch die Standardisierung sind die Assistenzfunktionen unabhängig von dem eingesetzten Navigationssystem.

Das Grundprinzip des Schnittstellenprotokolls ADASIS besteht darin, dass der sogenannte AHP (ADAS Horizon Provider) die Daten auf der Senderseite in Datentelegramme zerlegt und auf dem Fahrzeugbus bereitstellt. Auf der Empfängerseite setzt der AHR (ADAS Horizon Reconstructor) aus den Datentelegrammen den elektronischen Horizont wieder zusammen (siehe Abb. 55.14). Typischerweise findet der CAN-Bus als Kommunikationskanal in diesem Kontext Anwendung.

Der elektronische Horizont beinhaltet Informationen zum vorausliegenden Straßennetz, wobei nur die Straßen relevant sind, die von der aktuellen Position des Fahrzeugs erreicht werden können und die mit einer gewissen Wahrscheinlichkeit auch tatsächlich befahren werden. Der Fahrweg, der mit höchster Wahrscheinlichkeit befahren wird, wird als MPP (Most Probable Path) bezeichnet. Alle Informationen und die aktuelle Position des Fahrzeugs werden mit relativen Offsets bezüglich der möglichen Pfade angegeben (siehe Abb. 55.15).

Typischerweise beträgt die Vorausschaulänge des elektronischen Horizonts etwa 500 m bis 6 km, abhängig von den Anforderungen der nutzenden Assistenzfunktionen. Aufgrund der Art der Kodierung von Informationen ist die Vorausschaulänge – bei Nutzung des typischen Längenrasters von 1 m – für die Inhalte des elektronischen Horizonts auf etwa 8 km begrenzt.

Neben typischen Informationen einer digitalen Karte, die für Navigationssysteme verwendet werden – wie z. B. Straßenklasse und Geschwindigkeitsbeschränkungen – werden im elektronischen Horizont auch spezielle Daten, insbesondere Steigungen und Krümmungen, übermittelt. Auch werden besondere Anforderungen an die Güte der Ortsgenauigkeit von Informationen im elektronischen Horizont gestellt; aus diesem Grund werden diese Daten von Kartendatenlieferanten üblicherweise als sogenannte ADAS-Daten ergänzend angeboten und in der digitalen Karte entsprechend gekennzeichnet.

Die Nutzung des elektronischen Horizonts für Assistenzfunktionen erfordert ebenfalls besondere Eigenschaften bzgl. der Genauigkeit der Ortung des Navigationssystems. Nur eine sehr gute Ortung liefert einen präzisen und stabilen elektronischen Horizont: Zum Einsatz kommen daher in diesem Kontext nur Navigationssysteme, die fest im Fahr-

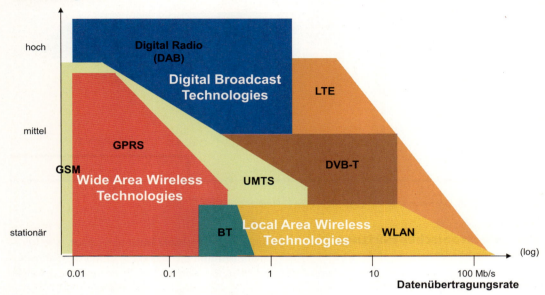

Abb. 55.16 Technologien zur Datenübertragung für Telematikdienste

zeug verbaut sind und die Fahrzeugsensorik für die Optimierung der Positionsberechnungen nutzen.

55.7 Verkehrstelematik

Bei dem Wort Telematik handelt es sich um ein Kunstwort, das sich aus den Begriffen „Telekommunikation" und „Informatik" zusammensetzt.

Der Begriff Telematik wird in verschiedenen Fachgebieten verwandt (z. B. Medizintelematik oder Gebäudetelematik) und ist daher nicht eindeutig definiert. Telematiksysteme in der Verkehrstelematik umfassen in der Regel folgende Elemente:
- einen stationären Dienste-Server mit einer Telekommunikations- oder Broadcast-Einrichtung zur Verarbeitung und Übertragung von Daten;
- ein (mobiles) Endgerät mit Telekommunikationseinrichtung zum Empfang von Daten;
- einen lokalen Rechner im Endgerät, der auf Basis der Daten des stationären Dienste-Servers dem Nutzer Funktionen anbietet oder Daten an den stationären Server überträgt, damit dieser Dienste anbieten kann.

Der stationäre Dienste-Server kann entfallen, wenn Daten direkt zwischen den mobilen Endgeräten ausgetauscht und weiterverarbeitet werden (siehe ▶ Abschn. 55.7.4 „C2C").

Die Übertragung der Daten auf der Luftschnittstelle – also dem Übertragungsweg mittels elektromagnetischer Wellen – lässt sich grob in zwei Kategorien aufteilen:
a) Rundfunk (Broadcast)-basierte Technologien: Diese Technologien ermöglichen die Übertragung von Informationen an eine Vielzahl von Empfängern, wobei die Kommunikation unidirektional, nicht individuell über große Verbreitungsgebiete erfolgt;
b) Mobilfunk-basierte Technologien: Diese Technologien ermöglichen die gezielte Übertragung von Informationen an einen einzelnen oder wenige Empfänger; die Kommunikation kann dabei bidirektional erfolgen, ist individuell und geschieht in der Regel über ein begrenztes Verbreitungsgebiet.

Neben dieser Einteilung in Kategorien und der damit verbundenen Eignung für bestimmte Telematikdienste, unterscheiden sich die Technologien weiterhin in der Übertragungsrate in Abhängigkeit

Tab. 55.2 Analoge und digitale Rundfunkübertragungstechnologien

Analog	Digital		
	Europa	USA	Korea/China
UKW (87–108 MHz)	DAB	HD-Radio	DMB
MW (530–1710 kHz)	DRM (Digital Radio Mondial)	HD-Radio	DRM
LW (148–284 kHz)	DRM		DRM
KW (3–30 MHz)	DRM		DRM
TV terrestrisch	DVB-T		
Satellit		SDARS	

der Geschwindigkeit. Telematikdienste für das Kfz benötigen geschwindigkeitsrobuste (>150 km/h) Übertragungstechnologien (siehe Abb. 55.16).

55.7.1 Rundfunk-basierte Technologien

Rundfunk-basierte Technologien lassen sich in analoge und digitale Übertragungsverfahren einteilen:

Analoge Übertragungsverfahren (z. B. FM) ermöglichen neben der Übertragung des Radioprogramms und damit der Übertragung von gesprochenen (Verkehrs-)Informationen die Übertragung von Daten in einem sehr schmalbandigen Kanal. Diese Daten enthalten zum Beispiel Radiotext zur Anzeige im HMI des Radionavigationssystems oder RDS-TMC-Daten für die dynamische Navigation (siehe ▶ Abschn. 55.2.7 Dynamisierung). Obwohl die analoge Empfangstechnologie auch bei hohen Geschwindigkeiten genutzt werden kann, ist sie störanfällig: Es kann zu Mehrwegausbreitungen durch Reflektion an Gebäuden und Bergen kommen, Abschattungen in der Ausbreitungsrichtung können den Empfang stören, der Doppler-Effekt verringert die Signalqualität. Um die Empfangssituation zu verbessern, werden Mehrfachtuner-Konzepte oder digitale Tuner-Konzepte (nicht zu verwechseln mit digitalen Übertragungsverfahren) eingesetzt. Digitale Tuner-Konzepte verfolgen als Strategie eine möglichst frühe Digitalisierung des analogen Empfangssignals (z. B. Digitalisieren des Signals nach Heruntermischen auf die Zwischenfrequenz). Mittels moderner mathematischer Verfahren der digitalen Signalverarbeitung kann so eine Richtantennencharakteristik über zwei Antennen ausgebildet werden.

Digitale Übertragungsverfahren (z. B. DAB – Digital Audio Broadcasting) wurden entwickelt, um die Störungen des Empfangs durch Umwelteinflüsse (Mehrwegausbreitungen etc.) zu minimieren, bei gleichzeitiger Erhöhung der Datenrate. Die Übertragung kann über stationäre terrestrische Sender (z. B. DAB) oder über Satelliten erfolgen (z. B. SDARS – Satellite Digital Audio Radio System).

Die signifikante Erhöhung der Datenrate auf bis zu 1,5 Mbit/s bei DAB ermöglicht damit die Übertragung und Anzeige von komplexen Daten und Bildern in einem Telematiksystem. In Tab. 55.2 ist eine Übersicht über analoge Rundfunkübertragungsverfahren und die weiterentwickelten digitalen Übertragungsverfahren dargestellt.

Die Verteilung von Informationen über Broadcast-Technologien ist im Vergleich zum Mobilfunk eine günstige Methode, um Informationen, die für viele Personen interessant sind, zu verbreiten. Neue Dienste, die über digitale Übertragungsverfahren bereitgestellt werden, werden daher die Bedeutung im Kfz weiter erhöhen, neben der steigenden Bedeutung des Mobilfunks. Diese Dienste übertragen bereits heute Daten, die für viele Kunden von Interesse sind, wie zum Beispiel Wetterdienste und Verkehrslagedienste über Satellitenrundfunk (SDARS) in Nordamerika. Digitaler Rundfunk kann jedoch nicht kundenindividuell und fahrzeugindividuell sein, dazu bedarf es der mobilfunkbasierten Dienste.

55.7.2 Mobilfunk-basierte Technologien

In Europa ist Mobilfunk nach dem GSM-Standard (Global System for Mobile Communications) verbreitet: GSM weist eine zelluläre Netzstruktur mit terrestrischen Basisstationen auf, die je nach Umgebungssituationen einen unterschiedlichen Zellradius aufweisen. Der maximale Zellradius kann dabei 35 km betragen.

Auf dem Physical Layer wird für GSM eine FDMA/TDMA-Kombination verwandt. Zwei Frequenzbänder mit 45 MHz Bandabstand sind für den GSM-Betrieb reserviert: 890 MHz-915 MHz als Uplink und 935 MHz–960 MHz als Downlink. Jedes dieser Bänder von 25 MHz Breite ist in 124 einzelne Kanäle mit 200 kHz Abständen unterteilt; die Frequenzkanäle sind eindeutig nummeriert und jeweils ein Paar gleicher Nummern aus dem Up- und Downlink bildet einen Duplexkanal mit 45 MHz Duplexabstand. Jeder dieser Kanäle (200 kHz) wird in 8 TDMA-Kanäle (8 Zeitschlitze) eingeteilt. Die Uplink-Kanäle werden mit drei Zeitschlitzen Verzögerung gegenüber dem Downlink gesendet. Eine Mobilstation verwendet im Uplink und im Downlink jeweils den Zeitschlitz mit der gleichen Nummer, so dass nicht gleichzeitig gesendet und empfangen werden muss. Es können kostengünstige Endgeräte angeboten werden, weil hierfür keine Duplex-Einheiten notwendig sind.

Im Folgenden sind einige Technologien zur Mobilfunk-basierten Datenübertragung erläutert:

Circuit Switched Data (CSD) bezeichnet das Übertragungsverfahren, bei dem eine Datenverbindung vom mobilen Endgerät zu einer Gegenstelle (z. B. Server) aufgebaut wird. Die Verbindung ist technisch vergleichbar einer Sprachverbindung; die Übertragung von Nutzdaten kann mit 9,6 kbit/s erfolgen.

High Speed Circuit Switched Data (HSCSD) ist eine Erweiterung von CSD. Zur Bereitstellung einer höheren Bandbreite werden mehrere Zeitschlitze zusammengefasst, was zu einer Nutzdatenrate von 38,6 kbit/s führt.

Sowohl bei CSD als auch bei HSCSD sind die genutzten Zeitschlitze permanent für Sprachdaten nicht nutzbar; alternativ erfolgt die Übertragung der Daten per SMS (Short Message Service). Innerhalb des GSM Standards sind mehrere logische Kanäle zur Übertragung von (Sprach-)Daten und von Signalisierungsdaten definiert. SMS werden dabei über den Signalisierungskanal übertragen und ermöglichen somit die gleichzeitige Übertragung von Sprachdaten und SMS. Dies ist für einige Telematikdienste von Bedeutung, da gleichzeitig ein Gespräch aufgebaut und Daten übertragen werden können – z. B. bei einem Notruf bei gleichzeitiger Übertragung von Positionsdaten über SMS. Eine SMS besteht dabei aus einem Header und dem Inhalt der Nachricht; dieser ist auf 1120 Bit begrenzt (160 Zeichen bei Textnachrichten). Eine Verknüpfung von bis zu 255 Kurzmitteilungen ist möglich. Die SMS wird nicht direkt von einem Endgerät zum anderen Endgerät gesandt; die Übertragung erfolgt an ein SMS-Service-Center, so dass die Nachricht auch zwischengespeichert werden kann.

SMS ermöglichen Push-Dienste für Telematikanwendungen: Damit können aktiv von außen Informationen exklusiv ohne Anforderung in ein Endgerät übertragen werden, wenn die Rufnummer bekannt ist (zum Beispiel Werbung).

General Packet Radio Service (**GPRS**) ermöglicht eine paketorientierte Datenübertragung: Die Daten werden vom Sender in einzelne Pakete zusammengefasst, übertragen und beim Empfänger wieder zusammengesetzt. Die GPRS-Technik ermöglicht in der Praxis eine Datenrate von bis zu 53,6 kBit/s. Ein Vorteil liegt darin, dass eine virtuelle Verbindung aufgebaut wird, die nur bei einer Datenübertragung belegt ist. Die Abrechnung der Daten erfolgt damit volumenabhängig und nicht zeitabhängig, wie bei zum Beispiel bei CSD.

Das **Wireless Application Protocol** (**WAP**) ist ein Protokoll, um Internetinhalte für langsame Übertragungsraten und längere Antwortzeiten im Mobilfunk verfügbar zu machen: Die Kommunikation verwendet dabei das Internet-HTTP-Protokoll. Die in ▶ Abschn. 55.3 vorgestellte Offboard-Navigation bedient sich zur Übertragung der Navigationsdaten des WAP-Protokolls; mit WAP sind Push-Dienste möglich.

Universal Mobile Telecommunications System (UMTS) bezeichnet einen Mobilfunkstandard der dritten Generation. Mit UMTS werden Datenraten von 384 kBit/s (außerorts bei 500 km/h) bis zu 2 MBit/s (innerorts bei 10 km/h) erreicht. Mit

UMTS werden Telematikdienste ermöglicht, die eine hohe Datenrate benötigen (z. B. Übertragung von Videodaten).

Durch die derzeit erfolgende Einführung des Mobilfunkstandards **„Long Term Evolution"** (LTE) der vierten Generation wird die Leistungsfähigkeit der mobilen Kommunikation weiter steigen. Dabei werden sowohl die Datenraten steigen (bis in den Bereich > 100 MBit/s im Downlink) als auch die Latenzzeiten für übertragene Informationen sinken (im Bereich 5–100 Millisekunden). Das Sinken der Latenzzeiten macht den LTE-Standard sehr attraktiv für Telematikfunktionen, die von kurzen Übertragungszeiten abhängen – z. B. bestimmte Warnfunktionen, die auf der Datenübertragung von einem Fahrzeug zu anderen Fahrzeugen basieren.

Bluetooth (BT) ist ein Industriestandard zur drahtlosen Übertragung von Daten und Sprache: Die Übertragung erfolgt im 2,4 GHz ISM-Band und verfügt über eine Reichweite von 10 m bis zu maximal 100 m. Bluetooth ist für den quasi stationären Betrieb geeignet; die Datenrate beträgt 723 kbit/s. BT-Module haben eine kleine Bauform, sind im Vergleich zu anderen Mobilfunkmodulen kostengünstig und weisen einen niedrigen Stromverbrauch auf. BT bietet eine Reihe von Profilen an, von denen einige gut in der Kfz-Umgebung genutzt werden können. Beispiele hierfür sind das Handsfree Profile (HFP) zur Nutzung einer im Radionavigationsgerät verbauten Freisprecheinrichtung über ein externes Mobiltelefon. Damit kann ein kostengünstiges BT-Modul im Navigationsgerät verwandt werden, um das kostenintensivere GSM-Modul im Mobiltelefon zu nutzen.

Ein weiteres Beispiel stellt das Phonebook Access Profile (PBAP) dar – zum Austausch von Telefonbüchern zwischen dem Radionavigationsgerät und dem Mobiltelefon.

BT bietet die Chance, CE-Geräte in das Kfz einzubringen (siehe auch ▶ Abschn. 55.9).

Eine weitere Möglichkeit, im quasi stationären Betrieb Daten auszutauschen, ist über das **Wireless Local Area Network** (WLAN) gegeben: Ähnlich BT erfolgt die Übertragung – je nach verwandtem Standard – bei 2,4 GHz oder 5,4 GHz. Bei den etablierten Standards beträgt die Übertragungsrate 54 Mbit/s; die Reichweite ist ähnlich begrenzt wie bei BT – auf 100 m bis maximal 300 m. Damit kann WLAN zum Datenaustausch an dedizierten Zugangspunkten genutzt werden; Dienste dieser Art werden im C2I (Car to Infrastructure)-Kontext genutzt (siehe ▶ Abschn. 55.7.4).

55.7.3 Telematik – Basisdienste

Neben der Einteilung von Telematikdiensten in die Art der verwandten Kommunikationstechnik kann eine Einteilung in die Art der Nutzung vorgenommen werden (siehe ◘ Abb. 55.17). Eine Unterscheidung zwischen personenbezogenen Diensten und fahrzeugbezogenen Diensten ist hierbei sinnvoll. Im Folgenden werden Beispiele für Basistelematikdienste gegeben.

Kommunikation: Über einen Voice Call, eine SMS oder über E-Mail werden Informationen mit einem Call-Center oder einem Server automatisiert ausgetauscht. Diese Informationen können kundenindividuell gestaltet werden.

Sicherheit: Ein Notruf (Emergency Call, eCall) kann manuell oder automatisch nach Auslösen z. B. der Airbags aufgesetzt werden. Dieser Notruf kann an ein Service-Center oder direkt an eine Rettungsleitstelle erfolgen. Typischerweise werden zeitgleich zum Notruf die Standortdaten – über GPS ermittelt – zum Beispiel mittels SMS übersandt, um Hilfsmaßnahmen einzuleiten. Im Rahmen einer europäischen Initiative zur Senkung der Verletzten und Toten im Straßenverkehr wird der Aufbau eines europaweiten eCall-Systems geplant. Hierzu müssen entsprechend Kommunikationseinrichtungen in allen Fahrzeugen vorgehalten, Standardisierungen eingeführt (z. B. eine in Europa einheitliche Notrufnummer) und eine Dienste-Infrastruktur (Rettungssystem) aufgebaut werden.

Ein Pannenruf (Breakdown Call) kann nach manueller Auslösung durch den Fahrer abgesetzt werden. Zusätzlich zu einer Sprachverbindung können die Standort- und Diagnosedaten des Kfz übermittelt werden. Die Diagnosedaten können automatisch – oder vom Benutzer veranlasst – über das Fahrzeugnetzwerk abgefragt werden. Im Service-Center kann mit diesen Daten eine Entscheidung getroffen werden: ob eine Reparatur des Fahrzeugs möglich ist oder ob das Fahrzeug abgeschleppt werden muss. Weiterhin können auf Basis dieser Daten bereits eine Warenbestellung von Ersatzteilen und eine Arbeitsplanung erfolgen.

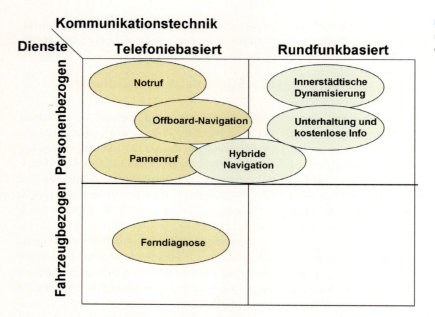

◘ Abb. 55.17 Kategorisierung von Telematikdiensten

Im Unterschied zum Pannenruf wird eine Ferndiagnose (Offboard Diagnosis) – unabhängig von einem Fehlerfall – vom Benutzer oder vom Service-Center ausgelöst. In prädiktiven Systemen kann ermittelt werden, welche Laufleistung bestimmte Bauteile aufweisen und ob ggf. Reparaturmaßnahmen einzuleiten sind.

Zielführung: Die entsprechenden Dienste Offboard-Navigation und hybride Navigation sind in ▶ Abschn. 55.3 und ▶ Abschn. 55.4 beschrieben.

Komfortfunktionen: Diese Dienste ermöglichen die Fernsteuerung von im Fahrzeug befindlichen Komponenten – wie zum Beispiel Tür Öffnen oder Standheizung Einschalten. Sie sind zum Teil sicherheitsrelevant und werden daher nur mit Einschränkungen von OEM-Herstellern angeboten. Weitere Möglichkeiten für Komfortfunktionen sind die Führung eines Fahrtenbuchs über einen externen Server: Dabei meldet der Nutzer den Beginn und das Ende einer Fahrt am Server an; zusätzlich werden weitere Daten wie zum Beispiel der Kraftstoffverbrauch dokumentiert.

Verkehrsinformationen werden in der Regel Rundfunk-basiert (Broadcast) übertragen und sind für viele Nutzer zugänglich. Über diese Informationen kann eine Dynamisierung von Navigation und Zielführung erfolgen (siehe ▶ Abschn. 55.2.7 TMC). Verkehrsinformationen können auch individuell – per Anfrage – versandt werden, was zum Beispiel in einer Ausprägung der Offboard-Navigation realisiert werden kann. Hier erfolgt in regelmäßigen Abständen eine Abfrage an den externen Navigationsserver, um zu ermitteln, ob auf der aktuellen Zielführung eine Verkehrsbehinderung vorhanden ist. Dabei wird ein Fingerprint der Route an den Server zum Abgleich versandt, um die zu übertragenden Datenmengen möglichst gering zu halten.

Allgemeine Informationen können über das Internet abgerufen werden, wobei auch der Download von Entertainment-Inhalten möglich ist – wie zum Beispiel Musikdateien. Softwaredownload von Steuergeräte-SW wird trotz vorhandener Techniken heutzutage in der Regel nicht im OEM-Geschäft angeboten, da insbesondere bei sicherheitsrelevanten Bauteilen die Risiken schwerer wiegen als die möglichen Vorteile.

55.7.4 Car-to-Car-Kommunikation, Car-to-Infrastructure-Kommunikation

Neben der Kommunikation des Fahrzeugs über Rundfunk- oder Mobilfunk-basierte Technologien ist ein steigender Bedarf an bidirektionaler Kommunikation mit anderen Fahrzeugen zu verzeichnen.

Dabei wird unterschieden zwischen der Kommunikation unter Fahrzeugen – Car to Car (C2C) – und der Kommunikation des Fahrzeugs mit Infrastruktur-Komponenten – Car to Infrastructure (C2I). Diese Szenarien ermöglichen weitere Telematikdienste [15] (s. auch ▶ Kap. 28).

Bei allen Szenarien ist eine Mischung bzw. Ergänzung von C2C und C2I möglich. An besonderen Gefahrenpunkten können lokale Daten an einzelne Fahrzeuge übertragen werden (C2I), die dann über eine Kette von Fahrzeugen (C2C) weiterkommuniziert werden. Um Dienste für C2C und C2I für den automotiven Massenmarkt zur Verfügung stellen zu können, müssen verschiedene Herausforderungen gelöst werden.

Ein verlässliches Kommunikationssystem, das möglichst kostenlos verfügbar sein sollte, ist gefordert. Dazu müssen die Anforderungen auf die einzelnen Schichten des OSI-Schichtenmodells heruntergebrochen werden:

- Für die Kommunikation vom Fahrzeug nach hinten und vorne soll die Reichweite ca. 1000 m betragen; die Reichweite zu den jeweiligen Seiten wird mit ca. 250 m veranschlagt.
- Die Anzahl der beteiligten Teilnehmer im Netz unterliegt erheblichen Schwankungen (zum Beispiel im Vergleich Landstraße/innerstädtischer Verkehr). Um Kollisionen auf einzelnen Übertragungskanälen bei maximaler Sendeleistung zu vermeiden, muss die Sendeleistung je nach Situation skaliert werden können.
- Fahrzeuge können sich mit hohen Eigengeschwindigkeiten und damit mit hohen Relativgeschwindigkeiten zueinander bewegen; der damit verbundene Dopplereffekt muss ausgeglichen werden.
- Insbesondere im innerstädtischen Verkehr sind Effekte wie Abschattung und Reflexion bzw. Mehrwegeausbreitung – durch Gebäude bedingt – zu beachten.
- Für sicherheitsrelevante Anwendungen muss sichergestellt werden, dass die Verbindung unterbrechungsfrei und störsicher ist. Weiterhin müssen sicherheitsrelevante Daten mit minimaler Verzögerungszeit (Priorisierung) gesendet werden können, so dass diese in jedem Fall Vorrang vor Daten aus Entertainmentanwendungen erhalten.
- Es müssen geeignete Routing- und Forward-Strategien implementiert werden, um Informationen zielgerichtet an die Empfänger weiterleiten zu können. Eine Stauinformation kann zum Beispiel nur für Fahrzeuge auf einer Autobahn relevant sein, während für Fahrzeuge auf der daneben verlaufenden Bundesstraße diese Information unwichtig ist.
- Ein Standard muss etabliert werden, der es erlaubt, dass Fahrzeuge verschiedener Hersteller und verschiedener Produkt- und Fahrzeuggenerationen miteinander kommunizieren können.

Ein möglicher Standard für die Fahrzeugkommunikation ist der Standard IEEE 802.11p/IEEE 1609, der zurzeit in der Entwicklung befindlich ist; dieser Substandard ist eine Weiterentwicklung des WLAN Standards IEEE 802.11. Um den Herausforderungen der C2C und C2I gerecht zu werden, arbeitet dieser in einem dedizierten Frequenzbereich und ist für die Datenkommunikation mit Geschwindigkeiten bis zu 200 km/h konzipiert.

55.7.5 Mautsysteme

Bei der Realisierung von einfachen Mautsystemen werden die Mautgebühren entweder an Zahlstellen im mautpflichtigen Bereich erhoben oder über eine Vignette abgerechnet, die eine Nutzung eines begrenzten Gebietes – in der Regel beschränkt auf ein oder mehrere Länder – für einen beschränkten Zeitraum erlaubt. Diese Umsetzungen ermöglichen keine individuelle zeit- und ortsgenaue Abrechnung. Weitere Nachteile dieser Umsetzungen sind – in Abhängigkeit der konkreten Lösung – die Unterbrechung des Verkehrsflusses und die aufwendige flächendeckende Überwachung.

Ein komplexes Mautsystem wurde mit dem ETC-System (Electronic Toll Collection) in Deutschland eingeführt: Bei diesem System wird die Höhe der Maut nach dem Verursacherprinzip auf Autobahnen für Lastkraftwagen ohne Unterbrechung des Verkehrsflusses erhoben.

Die wesentlichen Teile dieses System sind das duale Mauterhebungssystem, das Kontrollsystem und die Zentrale zur Steuerung der Prozessabläufe.

Das duale Mauterhebungssystem bietet dem Autobahnnutzer die Möglichkeit, am automatischen Erhebungssystem oder am manuellen Einbuchungssystem teilzunehmen.

Bei der automatischen Erhebung wird der Mautbetrag durch einen bordautonomen Computer (On Board Unit – OBU mit DSRC-Modul und Kombiantenne GSM/GPS) in Verbindung mit GPS ermittelt und an die zentrale Abrechnungsstelle mittels Mobilfunk weitergeleitet. Dazu werden an der OBU vom Fahrer fahrzeugspezifische Angaben erfasst (Achsen, Gewicht, …), um das Fahrzeug für das automatische System zu aktivieren. Die OBU erkennt mittels des GPS und des hinterlegten Autobahnnetzes selbstständig, welche mautpflichtigen Streckenabschnitte auf einer Autobahn zurückgelegt werden. Über diese Streckendaten sowie die vorprogrammierten Tarif- und Fahrzeugdaten wird der Betrag der zu zahlenden Maut gespeichert und über das integrierte GSM-Modul an die zentrale Mauterhebungsstelle gesendet. Das manuelle Erhebungssystem ist für gelegentliche Autobahnnutzer gedacht: Diese haben die Möglichkeit, eine Einbuchung über das Internet oder an stationären Zahlstellen an Rastplätzen und Tankstellen vorzunehmen. Um Nicht- oder Falschzahler zu erfassen, erfolgt eine Kontrolle der entrichteten Mautgebühren: Diese kann über eine automatische Kontrolle durch Kontrollbrücken, durch stationäre Kontrollen zum Beispiel an Autobahnparkplätzen oder durch mobile Kontrollfahrzeuge im Vorbeifahren erfolgen. Die automatisierten Kontrollbrücken überspannen die gesamte Fahrbahn und sind mit Erkennungstechnik für jede Fahrbahn ausgestattet. Die Annäherung von Fahrzeugen wird von den Brücken mit Laserabstandssensoren erfasst, so dass die Fahrzeuge einzelnen Fahrbahnen zugeordnet werden können. Anschließend erfassen Vermessungssensoren mit 3D-Laserabstandsscannern das Fahrzeug zur Klassifikation und ermitteln, ob eine Mautpflicht vorliegt. CCD-Kameras mit LED-Blitz erstellen ein Übersichtsbild vom Fahrzeug und erfassen das Fahrzeugkennzeichen, das automatisch erkannt und ausgewertet wird. Die ermittelten Daten werden mit ISDN/GSM-Technik an die zentrale Datenbank kommuniziert, wo ein Abgleich der zuvor über die OBU oder die stationären Mautterminals übertragenen Daten erfolgt [16].

55.7.6 Moderne Verkehrssteuerung

Moderne Verkehrsleitsysteme erfassen Verkehrsdaten flächendeckend und aktuell, um daraus für die Verkehrsteilnehmer Hinweise zu erzeugen und weiterhin Prognosen über die Entwicklung der Verkehrslage abzuleiten. Mit diesen Prognosen können Verkehrsströme gezielt beeinflusst werden.

Ein Beispiel für die gelungene Einführung einer modernen Verkehrssteuerung ist das System VICS (Vehicle Information and Communication System) in Japan. VICS wurde seit 1996 – ausgehend von den Großräumen Tokio und Osaka von der öffentlichen Hand bis 2003 flächendeckend in ganz Japan eingeführt [17]. Die Erfassung der Daten erfolgt über die Polizei und die Straßenverwaltung. Über das „Japan Road Traffic Information Center" werden diese Daten an das VICS-Center weitergegeben, das den Fahrer in Echtzeit über die aktuelle Verkehrssituation in textueller und graphischer Form informiert – sofern ein entsprechendes Navigationsgerät im Fahrzeug installiert ist. Die Aufbereitung in graphischer Form erfolgt derart, dass in Übersichts- und Detailkarten im Navigationsgerät der Verkehrsfluss auf den einzelnen Straßen farbig klassifiziert wird (rot, gelb, grün) und somit dem Fahrer eine Einschätzung der Verkehrssituation erlaubt. Es werden Informationen zu Verkehrsbehinderungen, zur voraussichtlichen Fahrzeit, über Unfälle und Baustellen, über Geschwindigkeitsbeschränkungen und gesperrte Fahrbahnen sowie über die Verfügbarkeit von Parkplätzen gesendet. Zur Verteilung der Information werden drei Kommunikationswege genutzt:

- Ausstrahlung über FM-Rundfunk flächendeckend bis zu einer Reichweite von 50 km bzgl. aller zuvor erwähnten Informationen auf überregionaler Ebene (Verkehrsgeschehen im Umgebungsradius von 100 km). Die Sendung übernehmen dabei die lokalen Radiosender.
- Nutzung von Infrarot-Baken an Hauptstraßen. Diese haben eine typische Reichweite von 3,5 m und senden Informationen über das Verkehrsgeschehen im Umgebungsradius von ca. 30 km.
- Mikrowellen-Baken mit einer Reichweite von ca. 70 m sind an autobahnähnlichen Straßen installiert. Diese verteilen Informationen über

die Verkehrssituation auf den autobahnähnlichen Straßen – vorausschauend bis zu 200 km.

55.7.7 Zukünftige Entwicklung von Telematikdiensten

Telematikdienste im Kfz zeichnen sich meist durch eine lange Wertschöpfungskette (Content Provider, Service Provider, Network Provider, Endgerätehersteller) aus, die beherrscht werden muss, um qualitativ hochwertige Dienste anbieten zu können. Weiterhin birgt die lange „Wertschöpfungskette" mit vielen Teilnehmern, die „mitverdienen wollen", die Gefahr zu hoher Endkundenpreise. Die Teilnehmer der Wertschöpfungskette kommen aus der Automotive- und der CE-Welt mit unterschiedlichen Interessen und Geschäftsmodellen, die alle integriert werden müssen. Daher ist in der Regel ein großes Engagement des Kfz-Herstellers nötig, um ein qualitativ hochwertiges „Kfz-Diensteportal" aufzubauen und anzubieten.

Im Gegensatz hierzu zeigt der Nutzer nur eine beschränkte Ausgabebereitschaft für Dienstleistungen im Kfz. Eine wesentliche Funktion, für die Ausgabebereitschaft besteht, ist die mobile Kommunikation – Telefonieren mit Freisprechanlage; diese Funktion reicht in der Regel nicht zur Kostendeckung eines Telematik-Moduls aus. Auch für Zusatzdienste mit unmittelbarem Kundennutzen wie „Notruf", „Offboard-Navigation" besteht nur geringe Ausgabebereitschaft. Dienste wie „Ferndiagnose" schaffen keinen unmittelbaren Kundennutzen, sondern indirekten Nutzen oder bieten Chancen zum „Customer Relationship Management".

Auch technische Einschränkungen führen zur Dämpfung der Einführungsgeschwindigkeit telematikbasierter Geräte und Funktionen im Kfz. Geringe Datenübertragungsgeschwindigkeit und die langen Kommunikationsaufbauzeiten bei GSM begrenzen die Gerätereaktionsgeschwindigkeit. Funkeinbrüche und Störungen in der Flächendeckung können zu Funktionseinschränkungen führen und damit zur Unzufriedenheit des Endkunden. „Fernsteuerfunktionen (Remote Control)" sind im vernetzten Kfz-Umfeld sicherheitskritisch und bis heute nicht befriedigend gelöst. Die Technologien der „CE-Welt" werden sich nicht auf die Bedürfnisse der Kfz-Technologie optimieren lassen. Somit werden sich Kfz-Hersteller weiterhin schwer tun, CE-Technologien im Kfz voll nutzbar zu machen (siehe ▶ Abschn. 55.9.2).

Standardisierte Schnittstellen werden helfen, Telematik-Funktionen in das Kfz zu integrieren, werfen aber wiederum andere Probleme auf (z. B. leichten/unkontrollierten Zugang für Wettbewerberprodukte). Dabei werden Telematik-Funktionen nicht die heutigen „Onboard-Funktionen" ersetzen, sondern diese ergänzen. Ein wesentliches Element für den OEM – in Verbindung mit der Telematik – wird das Customer Relationship Management sein. Neue Technologien (LTE, JAVA, …) werden die Umsetzung von Telematik-Funktionen erleichtern. Dienste mit hohem Kundennutzen unter Berücksichtigung von Komfort, Sicherheit und Kosten sind für den Geschäftserfolg erforderlich. Die Telematik wird sich dabei vermutlich nicht als vom Kunden bezahlter Mehrwertdienst durchsetzen, sondern durch den weiteren Ausbau von vorhandenen Verbreitungsmedien (z. B. SDARS) und erweiterter Navigationstechnik (Hybride Navigation). Für die Durchdringung neuer Techniken und Telematikdienste müssen realistische Zeitstrecken zugrunde gelegt werden.

55.8 Smartphone-Anbindung im Automobil

Unter der Smartphone-Integration im Automobil versteht man die kabelgebundene oder kabellose Anbindung eines Smartphones an das Infotainment-System eines Automobils. Dieses System ermöglicht dem Benutzer die Interaktion mit dem Smartphone z. B. durch Anzeige des Smartphone-Bildschirms auf dem Borddisplay und der Bedienung durch Steuerungstasten über beispielsweise die Head-Unit oder die Lenkradfernbedienung.

55.8.1 Motivation der Smartphone-Integration im Automobil

Die Prognose zum Absatz von Smartphones weltweit zeigt einen deutlich ansteigenden Trend: Wurden 2010 noch etwa 300 Millionen Smartphones abgesetzt, wird für das Jahr 2016 ein Absatz von rund 1,4 Milliarden Smartphones prognostiziert. Dieses

Wachstum ist mit einer stark ansteigenden Zahl von Applikationen verbunden, die auf den Smartphones zu jeder Zeit an jedem Ort ausgeführt werden können. Doch laut Paragraph 23 der deutschen Straßenverkehrsordnung darf im Auto ein Smartphone vom Fahrer während der Fahrt nicht bedient werden: In Deutschland darf ein Mobiltelefon während der Fahrt nicht verwendet werden, wenn es dafür aufgenommen oder gehalten werden muss. Eingeschränkt ist deshalb also auch die Mobiltelefonbenutzung als Navigationshilfe während der Fahrt; mögliche Alternativen sind die Verwendung einer Halterung für das Smartphone oder die Steuerung über eine Sprachbedienung.

Es sind somit Lösungen anzustreben, wie Smartphones in ein Automobil integriert werden können, damit der Benutzer während der Fahrt auf sein Smartphone zugreifen kann – ohne gegen geltende Gesetzgebung zu verstoßen bzw. die Sicherheit während der Fahrt zu mindern [18].

55.8.2 Möglichkeiten der Smartphone-Integration

55.8.2.1 Docking-basierte Integration

Die Docking-basierte Smartphone-Integration kann zu den einfachsten Möglichkeiten gezählt werden. Es werden zwei verschiedene Ansätze unterschieden [18].

55.8.3 Semi-integrierter Ansatz

Dock- und Head-Unit sind so konzipiert, dass sie unabhängig voneinander arbeiten können. Es wird auf Basisfunktionalitäten der Smartphone-Integration zurückgegriffen, die den Zugriff auf den Audio-Kanal des Smartphones ermöglichen, so dass eine Ausgabe auf den im Automobil integrierten Lautsprechern erlaubt wird.

55.8.4 Vollintegrierter Ansatz

Bei dem vollintegrierten Ansatz ist die Head-Unit für den vollen Funktionsumfang auf das Smartphone angewiesen. Über die Smartphone-App wird so die Hauptbenutzerschnittstelle bereitgestellt, um verschiedene Hardware-Komponenten steuern zu können, wie zum Beispiel ein Radio.

55.8.4.1 Marktlösungen Docking-basierter Integration

Das Konzept Docking-basierter Integration ging mit der stetig wachsenden Popularität des Apple iPhone™ einher: Die meisten derzeit verfügbaren Docking-Lösungen wurden daher nur für iPhone konzipiert. Aufgrund der wachsenden Beliebtheit von Smartphones mit dem Betriebssystem Android von Google sind die Hersteller mit neuen Herausforderungen konfrontiert, universelle Docking-Lösungen zu entwerfen, die mit Smartphones verschiedener Hersteller und Betriebssystemen kompatibel sind.

55.8.4.2 Vor- und Nachteile Docking-basierter Integration

Die Vorteile Docking-basierter Integration sind vor allem die geringen Kosten der Docks und die Möglichkeit, sich schnell an den Markt neuer Smartphones anzupassen. Außerdem ist für den Einsatz von Docking-Lösungen die Entwicklung von Apps unvermeidbar, was den optimalen Einsatz des Smartphones und deren Kompatibilität gewährleistet.

Ein großer Nachteil für Docking-Lösungen sind die gesetzlichen Bestimmungen einiger Länder, die den Einsatz teilweise einschränken oder ganz verbieten. Darüber hinaus ist der standardgemäße Einbau von Displays in immer mehr Neufahrzeuge eine Bedrohung für Docking-Lösungen, die damit auf Dauer überflüssig werden könnten. Vollintegrierte Lösungen haben vor allem den Nachteil, auf Dauer kompatibel mit immer neuen Smartphone-Generationen sein zu müssen.

55.8.4.3 Proxy-Lösungen

Der Begriff „Proxy" bezeichnet den Teil der Software der Head-Unit, der mit den Apps auf dem Smartphone kommunizieren kann, die die Informationen in einem zur Head-Unit kompatiblen Format bereitstellen. Die meisten derzeit verfügbaren Smartphone-Integrationslösungen auf dem Markt benutzen diese Proxy-Lösung, die es ermöglicht, die Smartphone-Apps direkt auf der Head-Unit ausführen und auf dem Bildschirm des Infotainment-Systems anzeigen zu können.

55.8.4.4 Herstellerspezifischer App-Ansatz

Ziel dieses Ansatzes ist die Erstellung einer Autohersteller-spezifischen Smartphone-Anwendung, die es erlaubt, mit der Head-Unit des Autoherstellers zu kommunizieren. Hintergrund dieses Ansatzes ist, dass Anwendungen von Drittherstellern keinen direkten Zugang zum Infotainment-System haben, da die Autohersteller den vollen Zugriff nur ausgewählten Vertragspartnern ermöglichen.

Es lassen sich insgesamt drei Variationen dieser herstellerspezifischen App-Implementierung unterscheiden:

a) Implementierung als „Meta App". Die Head-Unit kommuniziert mit einer auf dem Smartphone installierten „Meta App", die wiederum untergeordnete – in die Hauptapp eingebettete Apps – z. B. Internet-Radio, ansteuert.
b) Implementierung als „Gateway App". Die Head-Unit interagiert hier mit einer „Gateway App", die mit anderen kompatiblen, hierarchisch gleichgestellten und damit unabhängigen Apps kommuniziert.
c) Eine Kombination beider vorgestellter Variationen. Die Head-Unit tauscht hier Daten mit einer „Meta App" aus, die wiederum sowohl untergeordnete als auch gleichgestellte kompatible Apps ansteuern kann.

Ein Vorteil von Proxy-Methoden ist die nahtlose Implementierung, die den Datenaustausch zwischen dem Automobil und dem Smartphone ermöglicht: Beispielsweise wird auf diese Weise das Auslesen von Fahrzeugdaten ermöglicht. Dritthersteller können mithilfe der von einigen Autoherstellern angebotenen APIs selbst kompatible Multi-Apps entwerfen.

Zu den Nachteilen kann vor allem gezählt werden, dass es bisher keine generalisierte Lösung zur Integration einer App in Automobile verschiedener Autohersteller gibt. Für die nötige Kompatibilität ist daher oft eine Modifikation der App notwendig; weiterhin muss in vielen Fällen die App außerdem zur Darstellung der Benutzerschnittstelle sowohl auf dem Smartphone als auch auf der Head-Unit des Automobils installiert sein. Hinzu kommt, dass die Benutzerschnittstelle auf die festgelegte Funktionalität limitiert ist und die Erweiterung des Interfaces neuer Apps bzw. Software-Updates im Automobil bedarf. Der Wartungsaufwand ist in diesen Fällen bei geringer Flexibilität recht hoch.

Trotz der Nachteile entscheiden sich die Autohersteller momentan eher für Proxy-Lösungen als für integrierte Lösungen, da diese mit Blick auf zukünftige Entwicklungen mehr Potenziale zur Umsetzung bereithalten.

55.8.4.5 Zukunft der Smartphone-Anbindung im Automobil

Die Zukunft und die weitere Entwicklung der Smartphone-Integration hängt unter anderem davon ab, welche Technologien zur Vernetzung des Automobils mit dem Mobilfunknetz ausgebaut werden. Es können drei Technologien voneinander abgegrenzt werden [19]:

Eingebettete Lösungen: Die Verbindung zum Mobilfunknetz sowie alle bereitgestellten Funktionalitäten werden durch im Automobil integrierte Systeme realisiert.

Tethering-Lösungen: Damit mobilfunkabhängige Funktionalitäten genutzt werden können, ist die Verbindung mit einem Mobiltelefon notwendig, das als Modem genutzt wird. Als Verbindungsarten stehen Modem- und Hotspot/Access Point-Lösungen über Bluetooth und WiFi zur Verfügung.

Integrierte Lösungen: Funktionalitäten des Smartphones – vor allem Apps – werden in das Automobil integriert.

Keine dieser Lösungen ist als exklusive Lösung zu sehen. Die meisten Autohersteller entwickeln Strategien, bei denen mehrere dieser Verbindungslösungen für verschiedene Marktsegmente (z. B. eingebettete Lösungen für Modelle compact class und Tethering-Lösungen für Modelle der subcompact class) eingesetzt werden. Außerdem werden auch je nach Anwendung verschiedene Technologien eingesetzt. Für Aspekte der Sicherheit werden eingebettete Lösungen bevorzugt, während für Infotainment-Aspekte integrierte Lösungen verwendet werden. [19]

55.9 Aspekte des Mobilfunks für Navigation und Telematik

Gegenüber anderen elektronischen Steuergeräten im Kfz unterliegen Radionavigations- und Telematiksysteme ganz besonderen Randbedingungen;

diese üben maßgeblichen Einfluss auf deren Entwicklung aus. Die Randbedingungen sind folgende:

Die Funktion eines Radionavigationssystems wird dem Endkunden unmittelbar präsent: Anders als bei einem Bremsensteuergerät oder einem Motorsteuergerät, die ihre ebenfalls komplexe Funktionalität weitgehend unbemerkt vom Fahrer entfalten, besitzt ein Radionavigations- oder Telematiksystem eine komplexe Schnittstelle zum Fahrer. Über diese Schnittstelle nimmt der Fahrer die Funktionalität wahr und erlebt unmittelbar viele Geräteeigenschaften. So fällt ein träges Start-up-Verhalten oder ein träges HMI mit auch nur leicht verzögerten Rückmeldungen auf Bedienaktionen sofort negativ auf.

Hinzu kommt, dass ein Radionavigationssystem durch seine präsente Darstellung im Mittelkonsolenbereich und seine Bedienelemente ein Design-relevantes Bauteil darstellt. Nicht selten stehen die Anforderungen an das Design und an eine einfache und sichere Bedienung im Widerspruch zueinander (Beispiel: Designanforderung verchromtes, glattes, glänzendes Bedienteil; aber Funktionsanforderung griffige, sicher zu bedienende Oberfläche).

Nicht zuletzt übt die Entwicklung der Consumer-Elektronik (CE) einen großen Einfluss aus. Einerseits werden Funktionen aus Consumer-Elektronik-Geräten auch im Fahrzeug in einem Radionavigationssystem erwartet. Dies führt dazu, dass Komponenten aus der Consumer-Elektronik in das Fahrzeug übernommen werden müssen. Consumer-Elektronik-Geräte werden oft in deutlich höherer Stückzahl gefertigt als im Fahrzeug verbaute Geräte. Dies führt zu dem Druck, CE-Komponenten aus Kostengründen ohne oder mit nur geringer Modifikation zu übernehmen, obwohl diese nicht vollständig den Anforderungen im Fahrzeugumfeld genügen. Andererseits treten Consumer-Elektronik-Geräte in direkte Konkurrenz zu im Fahrzeug verbauten Geräten: Ein aktuelles Beispiel hierfür stellen portable Navigationssysteme dar. Da die Consumer-Elektronik kürzere Entwicklungszyklen und andere Vertriebswege aufweist, entsteht ein hoher Innovationszwang und somit Neuigkeitsgrad von Gerätegeneration zu Gerätegeneration – sowie ein sehr starker Kostendruck. Eine Preisreduktion von im Mittel über 10 % per anno bei steigendem Funktionsumfang ist eine übliche Anforderung.

55.9.1 Consumer-Elektronik (CE) versus Automobil-Elektronik (AE)

Insbesondere der Einsatz von Komponenten, die üblicherweise aus der Consumer-Elektronik bekannt sind, führt zu vielfältigen Herausforderungen an die Entwicklung und automobilgerechte Zertifizierung von Navigationssystemen. Der Zwang zum Einsatz solcher Komponenten rührt einerseits daher, dass Consumer-Elektronikgeräte Funktionen bieten, die der Fahrer auch im Fahrzeug erwartet. Als Beispiel sei das Abspielen von Ton- oder Datenträgern genannt, die im Heimbereich benutzt werden (Musik von CD, MP3-Dateien von CD oder SD-Karte). Andererseits stellt die Consumer-Elektronik aufgrund der dort gefertigten, riesigen Stückzahlen Komponenten in einer Preisklasse zur Verfügung, wie sie bei einer Spezialanfertigung nur für den Fahrzeugbedarf nicht erreichbar wäre (Beispiele: CD-Laufwerke für portable Geräte, Heimgeräte und PCs oder Festplatten für PCs und Videorekorder).

Die Anforderungen und daraus erwachsenden Herausforderungen sollen im Folgenden am Beispiel eines DVD-Laufwerks veranschaulicht werden (s. ◘ Tab. 55.3). Für Navigationsgeräte wurden DVD-Laufwerke aufgrund ihrer Speicherkapazität von ca. 7 GByte als Massendatenspeicher für die digitale Karte eingesetzt. Derzeit werden diese durch elektronische Medien wie SD-Karten ersetzt. Zusätzlich wird das Laufwerk in High-End-Geräten auch zum Abspielen von Video-DVDs eingesetzt. Die folgende Tabelle zeigt anhand dieser Beispielkomponente sowohl die Anforderungen der Consumer-Elektronik (= Heimbereich und PC; CE-Anforderung) als auch die Anforderungen der Fahrzeugwelt (AE-Anforderung).

55.9.2 Aufbau des Navigationssystems

Für den Aufbau eines Navigations- oder Telematiksystems ist der geplante Verbau entscheidend. So existieren Systeme, die als Funktionskomponente ohne eigene Bedienoberfläche – sozusagen als Komponente eines größeren Systemverbunds – eingesetzt werden. Hierbei handelt es sich um eine sogenannte

◻ **Tab. 55.3** Anforderungen aus dem CE- und AE-Umfeld an eine Komponente (exemplarisch am Beispiel eines DVD-Laufwerks)

Parameter	CE-Anforderung	AE-Anforderung	Praktische Kompromisslösung
Umgebungstemperatur	0 °C bis 60 °C	−40 °C bis +95 °C	Betriebstemperatur −20 °C bis +80 °C; Funktionseinschränkung außerhalb (Laufwerksabschaltung); Herausforderungen: Schmierung Laufwerk, Schwingungsdämpfungselemente, Verzug in der Kunststofflinse – diese Elemente werden für das Fahrzeug ggf. angepasst
Medientemperatur (CD, DVD)	55 °C[1]	95 °C	keine, da Medienwahl Endkunde nicht vorgegeben werden kann; ggf. Warnhinweis in Bedienungsanleitung ungeeigneter Datenträger kann im Extremfall im Gerät zerstört werden
Einbauwinkel	um die 0°	−30° bis 90°	Durch geänderte Laufwerksaufhängung und Schwingungsraum kann ein Einsatzbereich von −15° bis +45° erreicht werden; für weiteren Bereich müssen mechanisch unterschiedliche Laufwerksvarianten verbaut werden (= unterschiedliche Gerätevarianten in Fahrzeugen)
CD/DVD-Ladezeit	keine Vorgaben; in der Regel unkritisch	max. 3–6 s bis Verfügbarkeit Funktion (= Audio-Signal hörbar nach Einlegen CD)	heute nicht lösbar; übliche Zeiten sind eine Funktionsverfügbarkeit von 7–15 s nach Einlegen des Datenträgers
Full stroke seek (Zeit, die Lesekopf benötigt, um Datenträger komplett zu überfahren)	unkritisch, da Lesekopf in der Regel wenig positioniert wird, da große Datenblöcke linear hintereinander abgelegt sind; üblich: 800 ms	so klein wie möglich (möglichst < 150 ms)	zweidimensionale Navigationskartendaten benötigen vielfache Kopfpositioniervorgänge, um Navigationsdaten zu laden; Daten werden mit hohem Aufwand möglichst optimal auf linearer Datenspirale auf Datenträger abgelegt, damit Kopfpositionierungsvorgänge möglichst minimiert werden
Streaming-Geschwindigkeit	hoch, um große Datenmengen schnell zu laden	gering, da Prozessorleistung geringer als bei PCs	für Navigationssysteme ist Kopfpositionierzeit wichtiger als Streaming-Geschwindigkeit
Nachlieferzeitraum	2–3 Jahre	15 Jahre	Nachentwicklung von Geräten nach Produktionsbeginn, damit neue Laufwerksvarianten verbaut werden können
Lesekopf-Positionsregelung	langsam	sehr schnell	Herausforderung: Ausregelung Lesekopf bei starken Erschütterungen im Fahrzeug
Verschmutzung	keine besonderen Anforderungen	Betrieb unter feuchter Wärme und nach Druckbestaubung	Herausforderung: Simulation der Konvektionswärmeströmung im Gerät, um Verschmutzungsverhalten vorherzusehen; ggf. Kapselung des Laufwerks

[1] Temperaturvorgabe eines namhaften Markenherstellers zum Einsatzbereich seiner „brennbaren" Datenträgerrohlinge

„Silver-Box" mit Vernetzungsschnittstelle (z. B. elektrisches CAN-Interface oder optisches MOST-Interface): Diese Bauform ist für reine Telematikgeräte ohne Zusatzfunktionalität üblich. Eine grundsätzlich andere Bauart ist diejenige mit eigener Bedienoberfläche („Silver-Box" mit Kunststoffkappe). Letztere Bauform wird üblicherweise für Radionavigationsgeräte oder Head-Units eingesetzt, die mehrere Funktionen umfassen (Radio, Navigation, Musikwiedergabe von Ton-/Datenträgern). Ein typisches Radio-Navigationssystem im Einstiegssegment für den Fahrzeugverbau besteht aus ca. 1500 Bauelementen (mechanische und elektronische Bauelemente).

55.9.3 Entwicklungsprozess

Der Entwicklungsprozess von Navigations- oder Telematikgeräten ist von hoher Komplexität und vielfachen Anforderungen geprägt. Reine Navigations- oder Telematiksysteme in Form von Telematik- oder Navigationsmodulen, die zur Steuerung an eine Head-Unit angeschlossen werden, sind selten. Die Großzahl der Navigationssysteme im Markt sind Infotainmentsysteme, die auch einen Radio-Tuner beinhalten und Medienfunktionen wie das Abspielen von Audio-/MP3-CDs oder SD-Karten und USB-Sticks anbieten.

Durch den Einfluss der sich schnell ändernden CE-Welt sind selbst Radio-Navigationssysteme (= RNS) im Einstiegsbereich einem hohen Neuigkeitsgrad von Gerätegeneration zu Gerätegeneration unterworfen. Selbst Einstiegsgeräte weisen mittlerweile hochauflösende TFT-Farbgrafikdisplays auf und erwarten die Unterstützung dieser Display-Ressourcen durch leistungsfähige Grafikprozessoren, um z. B. flüssige Navigationskarten mit 3D-Darstellung oder grafische Animationen bei Menüwechseln zu ermöglichen. CD- und DVD-Laufwerke sind zwar für das Abspielen von klassischen Datenträgern noch in vielen Geräten vorhanden, werden aber bereits durch elektronische Medien wie SD-Karten und USB-Sticks teilweise ersetzt. Die umfangreichen Datenspeichermöglichkeiten stimulieren den Bedarf an breitbandigen Schnittstellen zum schnellen Zuführen von Daten (USB, WLAN). Bluetooth-Handys fordern den Einsatz der Bluetooth-Technologie, zumindest als Option selbst im Einstiegsbereich. Smartphone müssen über verschiedene Standards angebunden werden, um deren Bedienung im Fahrzeug zu ermöglichen und Daten und Dienste von diesen einzubinden. Neue Empfangsverfahren wie Phasen-Antennen-Diversity und Hintergrund-TMC-Tuner zum ständigen Empfang von RDS-TMC-Botschaften – unabhängig vom „Vordergrund-Tuner" für den „Hör-Empfang" – sind bereits weitestgehend zum Standard geworden (Einsatz von Mehrfach-Tuner-Systemen).

Der hohe Neuigkeitsgrad zu jeder Gerätegeneration macht die Wiederverwendung bereits entwickelter Hardware- und Software-Komponenten nur eingeschränkt möglich. Im Bereich der SW-Entwicklung geht der Trend dazu, vermehrt Open Source Software (OSS) zu nutzen, um den Aufwand der SW-Entwicklung zu begrenzen und neue Funktionen frühzeitig anbieten zu können.

Hinzu kommen vielfältige Funktionsanforderungen. Zu Entwicklungsbeginn werden in der Regel bis zu mehrere hundert Dokumente zur Last gelegt, hinter denen sich Tausende von Detailanforderungen verbergen. Eine Funktionsliste für ein Radio-Navigationssystem umfasst üblicherweise 2000 bis 4000 Elemente, wobei sich hinter jeder Einzelfunktion mehrere bis viele Detailfunktionen bzw. unterschiedliche Detailanforderungen verbergen. Die grafische Oberfläche umfasst 500 bis 2000 unterschiedliche Masken, deren Gestaltung vom Fahrzeughersteller vorgegeben wird. Die hohe Menge an Detailanforderungen, die eine konsistente, widerspruchsfreie Lastenvorgabe schwierig macht – sowie die Änderung von Funktionsvorgaben während der Entwicklung – führen zu einem hohen Änderungsumfang im Entwicklungsprozess.

Der angewendete Entwicklungsprozess muss daher folgenden Anforderungen genügen:
1. Verwaltung und Konfigurierung einer großen, sich ständig ändernden Dokumentenmenge (Lasten);
2. Identifikation von und Umgang mit widersprüchlichen Lasten;
3. Handhabung eines hohen Änderungsumfangs während der Entwicklungsphase;
4. hoher Neuigkeitsgrad der Anforderungen (nur teilweise Verfügbarkeit von Erfahrungswerten);
5. Flexibilität zur Berücksichtigung von Entwicklungsprozessvorgaben der Auftraggeber (die

OEM verfolgen verschiedene Entwicklungsmodelle und machen sehr unterschiedliche Entwicklungsvorgaben).

Diese Randbedingungen führen zu großen Herausforderungen bei der Projektplanung und Aufwandsabschätzung, insbesondere zu Projektbeginn, da das detaillierte Bearbeiten und Klären der Gerätelasten selbst einen mehrmonatigen Arbeitsprozess nach sich zieht.

Zur Handhabung werden im Entwicklungsprozess Datenbanksysteme zur Verwaltung von Kundenanforderungen eingesetzt, die den Prozess von der Lastenbewertung über die Entwicklung bis hin zum Test unterstützen. Nur so kann eine vollständige Berücksichtigung über den gesamten Entwicklungsprozess garantiert werden. Ansätze zur Hardware- und Software-Strukturierung und Normierung in der Automobil-Industrie werden sich zunehmend durchsetzen, die bei konsequenter Umsetzung die Wiederverwendbarkeit und Austauschbarkeit von Komponenten erleichtern sollen (Beispiele hierfür sind AUTOSAR [17, 20] oder die GENIVI Alliance [21]).

Literatur

Verwendete Literatur

1. Salas, G.: Highway Coding for Route Destination and Position Coding Highway Research Board, Bd. 1642. (1968)
2. Kalman, R.E.: A New Approach to Linear Filtering and Prediction Problems, Transactions of the ASME. Journal of Basic Engineering **82**(Series D), 35–45 (1960)
3. Neukirchner, E.-P.: Fahrerinformations- und Navigationssystem. Informatik-Spektrum **14**(2), 65–68 (1991)
4. Pilsak, O.: Routensuche, digitale Karte und Zielführung. In: Talk held at seminar: Kfz-Navigation Überblick über Entwicklung und Funktion (1999)
5. Dijkstra, E.W.: A note on two problems in connexion with graphs. Numerische Mathematik **1**, 269–271 (1959). Verfügbar unter: http://www-m3.ma.tum.de/foswiki/pub/MN0506/WebHome/dijkstra.pdf
6. Hendriks, T., Wevers, K., Pfeiffer, H., Hessling, M.: AGORA-C Specification (2005)
7. Weblink zum AGORA Projekt: ISO 17572-3:2008; http://www.iso.org/iso/home/store/catalogue_tc/catalogue_detail.htm?csnumber=45962
8. Weblink zum ACTMAP Projekt: http://www.transport-research.info/web/projects/project_details.cfm?id=14953
9. Otto, H.-U.: The ActMAP approach – specifications of incremental map updates for advanced in-vehicle applications. Hannover (2005) Verfügbar unter: http://www.researchgate.net/publication/229052300_THE_ACTMAP_APPROACHSPECIFICATIONS_OF_INCREMENTAL_MAP_UPDATES_FOR_ADVANCED_IN-VEHICLE_APPLICATIONS
10. Weblink zum FEEDMAP Projekt: http://www.mapchannels.com/FeedMaps.aspx
11. Förster, H.J.: Das Automobil, ein Lebenselixier für alte Menschen Mai 2001. VDI-Bericht, Bd. 1613. VDI-Verlag, Berlin (2001)
12. Krüger, K., et al.: Optimierung der Kompetenz älterer Fahrerinnen und Fahrer durch frühzeitige Navigationshinweise und Knotenpunktsinformationen Tagung Berlin, Mai 2001. VDI-Bericht, Bd. 1613. VDI-Verlag, Düsseldorf (2001)
13. Weblink zum ADASIS Forum: http://adasis.ertico.com/
14. Nöcker, G., Mezger, K., Kerner, B.: Vorausschauende Fahrerassistenzsysteme 3. Workshop Fahrerassistenzsysteme, Waltling, DE, 6.-8. Apr., 2005. Technische Informationsbibliothek/Universitätsbibliothek der Leibniz Universität Hannover, Hannover, S. 151–163 (2005)
15. Eberhardt, R.: Car to Car Communication Consortium EuCar SGA, 23.10.2003. (2003)
16. Systembeschreibung ETC Deutschland, Daimler Chrysler, 2003
17. Verfügbar unter: http://www.vics.or.jp
18. Visveswaran, A.: A status update on in-car smartphone integration. SBD (2012). Verfügbar unter: http://www.sbd.co.uk/files/sbd/pdfs/TEL_3640_Smartphone_Guide.pdf
19. GSMA-mAutomotive: Connecting Cars: The Technology Roadmap. GSMA (2012) Verfügbar unter: http://www.gsma.com/connectedliving/gsma-connecting-cars-the-technology-roadmap/
20. Zimmermann, W., Schmidgall, R.: Bussysteme in der Fahrzeugtechnik – Protokolle und Standards, 2. Aufl. Vieweg-Verlag, Wiesbaden (2007)
21. Weblink der GENIVI Alliance: https://www.genivi.org/

Weiterführende Literatur

22. Weblink von Autosar: http://www.autosar.org
23. IDC (2013): Prognose zum Absatz von Smartphones weltweit bis 2017 URL: http://de.statista.com/statistik/daten/studie/12865/umfrage/prognose-zum-absatz-von-smartphones-weltweit

# Zukunft der Fahrerassistenzsysteme

Kapitel 56   Integrationskonzepte der Zukunft – 1083
Peter E. Rieth, Thomas Raste

Kapitel 57   Antikollisionssystem PRORETA – Integrierte Lösung zur Vermeidung von Überholunfällen – 1093
Rolf Isermann, Andree Hohm, Roman Mannale, Bernt Schiele, Ken Schmitt, Hermann Winner, Christian Wojek

Kapitel 58   Kooperative Fahrzeugführung – 1103
Frank Flemisch, Hermann Winner, Ralph Bruder, Klaus Bengler

Kapitel 59   Conduct-by-Wire – 1111
Benjamin Franz, Michaela Kauer, Sebastian Geyer [1], Stephan Hakuli [1]

Kapitel 60   H-Mode 2D – 1123
Eugen Altendorf, Marcel Baltzer, Martin Kienle, Sonja Meier, Thomas Weißgerber, Matthias Heesen, Frank Flemisch

Kapitel 61   Autonomes Fahren – 1139
Richard Matthaei, Andreas Reschka, Jens Rieken, Frank Dierkes, Simon Ulbrich, Thomas Winkle, Markus Maurer

Kapitel 62   Quo vadis, FAS? – 1167
Hermann Winner

Integrationskonzepte der Zukunft

Peter E. Rieth, Thomas Raste

56.1 Einleitung – 1084

56.2 Bauliche Integration – 1084

56.3 Funktionale Integration – 1086

56.4 Domänenarchitektur – 1087

56.5 Regelung der Fahrzeugbewegung (Motion Control) – 1090

Literatur – 1092

56.1 Einleitung

Die Automobilindustrie steht derzeit wieder vor einem großen Evolutionssprung: Es kommen Funktionen in die Fahrzeuge, die ein hochautomatisiertes Fahren möglich machen. Damit verbunden ist ein zunehmender Elektrik/Elektronik- und Mechatronikanteil sowie ein überproportional wachsender Softwareanteil, was wiederum dazu führt, dass die Komplexität der E/E-Architektur insgesamt stark ansteigt. Dabei sollen möglichst die System-, Komponenten- und Entwicklungskosten nicht steigen und die Qualität permanent verbessert werden.

Das Management dieser Komplexität erfordert neue Lösungen bei den Architekturkonzepten. Die hohe Variantenvielfalt und damit verbundene Änderungen von Anforderungen sollen beherrschbar bleiben. Heutzutage sind Plattformstrategien und Modulbaukästen aktuelle Antworten auf diese Herausforderungen. Weitere Verbesserungen versprechen die Domänenansätze, [1]: Hierbei werden Funktions- und Elektronikumfänge neu gruppiert und in wenigen – vier bis fünf – Domänen zusammengefasst, so dass sich Änderungen möglichst nur innerhalb der Domäne auswirken und nicht auf andere Domänen übergreifen.

Mit der wachsenden Rechenleistung in modernen Mehrkern-Prozessoren wird erwartet, dass zunehmend Regelfunktionen innerhalb einer Domäne integriert werden und auf sog. Domänensteuergeräten laufen. Hierbei sind vielfältige neue Herausforderungen zu meistern, wie z. B. eine Ablaufplanung (engl. Scheduling) mit kurzen Latenzzeiten, um die Stabilität der Regelkreise nicht zu gefährden. Auch sind Sicherheitsmechanismen zu realisieren, so dass trotz einer hochintegrierten Hardware-Basis ein hinreichendes Maß an Isolation zwischen den Softwarekomponenten erreicht werden kann, [2].

Die Auswahl der Architektur geschieht in Abhängigkeit der funktionalen Anforderungen und der zu erwartenden Ausstattungsraten. Weitere Kostenpositionen, wie Funktionsentwicklung und absicherung, fahrzeugspezifische Anpassungen sowie die Verwaltung von Funktionen und Bauteilen sind ebenfalls zu berücksichtigen, [3]. Der Fahrzeughersteller muss sorgsam entscheiden, ob eine neue Funktion durch eine Erweiterungskomponente realisiert wird oder ob mehrere Basisfunktionen gemeinsam mit der Funktionserweiterung in eine Komponente hochintegriert werden. Zu untersuchen ist hierbei für angenommene Einbauraten, ab welchem Bauteilpreis für die Erweiterungskomponente eine Hochintegration finanziell günstiger ist – was natürlich nicht nur für Steuergeräte sondern ganz allgemein für mechatronische Systeme gilt. Ein erfolgreiches Beispiel für eine bauliche Hochintegration eines mechatronischen Bremssystems wird im nachfolgenden Kapitel vorgestellt. Anschließend werden die funktionale Integration und die wichtigsten Aspekte einer Domänenstruktur näher betrachtet.

56.2 Bauliche Integration

Die Vielzahl neuer Trends im Automobilbereich, die das Bremssystem betreffen, führen dazu, dass der bisherige Ansatz, Zusatzanforderungen mit Erweiterungsarchitekturen des herkömmlichen Basisbremssystems zu erfüllen, an seine technischen Grenzen stößt und damit Motivation für einen konsequenten Neuansatz gibt, der zunehmend auch eine kommerzielle Grundlage findet, [4]. Die heutige Architektur von Bremssystemen in Pkws (vgl. auch ▶ Kap. 30 und 40) erklärt sich historisch: Zur ursprünglichen unverstärkten Bremsbetätigung kam im Laufe der Entwicklung der unterdruckbasierte sog. Vakuumbremskraftverstärker hinzu, der daraufhin entwickelt war, seine Hilfsenergie aus dem Unterdruck im Saugtrakt des klassischen Saugmotors zu beziehen. Später kam die hydraulische Bremsdruckmodulation hinzu, mit der zunächst Bremsvorgänge besser beherrschbar gemacht wurden (Antiblockiersystem, ABS), bevor zusätzlich die Fahrstabilität durch elektronisch gesteuerte Bremseingriffe erhöht wurde (Electronic Stability Control, ESC). Inzwischen kommt zu diesen beiden Systemkomponenten häufig noch eine dritte hinzu: In vielen Pkws wird der Unterdruck für den Bremskraftverstärker neuerdings durch eine Vakuumpumpe bereitgestellt, weil moderne Motoren im Interesse der Effizienz möglichst nicht mehr gedrosselt werden. Damit besteht ein Bremssystem heute aus zwei, vielfach aus drei diskreten Komponenten [5]. Bisher galt diese Architektur als sinnvoll und bewährt. Mit dem Aufkommen von Hybrid- und

Elektrofahrzeugen einerseits, gesteigerten Dynamikanforderungen aus Notbremssystemen und gesteigerten NVH-Anforderungen aus Komfortassistenzsystemen andererseits änderte sich die Situation jedoch grundlegend, wie nachfolgend dargestellt wird.

Als Beispiel für zwei aktuell an Breitenwirkung zunehmenden Trends seien der ab 2016 bei Euro NCAP gewertete aktive Fußgängerschutz und die zunehmende Nachfrage nach der Stauassistent-Funktion genannt. Die Erfüllung beider Funktionen führt auf der Basis der heutigen ESC-Systeme zu einem Zielkonflikt: Die Notbremseigenschaften beim aktiven Fußgängerschutz werden mit einer möglichst großen Pumpen-Förderleistung der Rückförderpumpe des ESC-Systems erzielt. Um auf der anderen Seite die Follow-to-Stop-Komfort-Anforderungen des Stauassistenten zu erfüllen, ist eine möglichst geringe Pumpenpulsation erforderlich, die bei Pumpen mit großer Förderleistung nur mit erheblichem Zusatzaufwand erzielbar ist.

Bedingt dadurch, dass im Zuge der Effizienzsteigerungen bei den Ottomotoren auch die Drosselverluste im Ansaugtrakt nicht weiter akzeptiert werden können, wird, wie schon beim Dieselmotor, auch bei diesem Motortyp eine gesonderte Vakuumpumpe erforderlich. Wenn darüber hinaus zur weiteren Effizienzsteigerung der Verbrennungsmotor während der Fahrt im Schubbetrieb abgeschaltet wird (sog. Segeln) und damit auch die mechanisch vom Motor angetriebene Vakuumpumpe, so wird sehr häufig eine von einem Elektromotor angetriebene Vakuumpumpe eingesetzt. Dies erhöht nochmals Kosten, Gewicht, Platzbedarf, Komplexität und das Verfügbarkeitsrisiko.

Da die Energiedichte des Vakuums – durch den Umgebungsdruck begrenzt – ohnehin sehr gering ist und die Packagingdichte in den Fahrzeugen stetig zunimmt, liegt es nahe, alternative Energiearten in Betracht zu ziehen. Die Verfügbarkeit der elektrischen Energie nimmt in Kraftfahrzeugen zu, so dass es sich anbietet, die Bremskraftverstärkung, wie auch schon die Lenkkraftunterstützung, elektrisch darzustellen und nunmehr als Energiequelle nicht mehr Unterdruck, sondern den ohnehin vorhandenen Elektromotor der ESC-Einheit zu verwenden.

Wenn es dann noch gelingt, wie es das Grundkonzept der MK C1 (siehe auch ▶ Kap. 30) vorsieht,

◘ Abb. 56.1 Integriertes Bremssystem MK C1

die Funktionen der elektrischen Bremskraftverstärkung und die der Stabilitätsregelfunktionen in einer Baueinheit zusammenzuführen, so kann nicht nur der Montageaufwand und das Summengewicht erheblich reduziert werden, sondern auch die Qualität und Robustheit der Funktionen erhöht werden. Es entfallen nicht nur die zu montierenden Baugruppen Vakuumpumpe und ESC-System, sondern auch deren Halter und elektrische und fluidische Verbindungsleitungen und Anschlüsse.

◘ Abbildung 56.1 benennt die Funktionskomponenten der MK C1: Äußere Merkmale sind Pedalstange und Reservoir, die das auf den ersten Blick wie ein typisches Stabilitätsregelsystem anmutende Bauteil, klar als integriertes Bremsbetätigungssystem erkennen lassen. Die vom Fahrer betätigte Pedalstange ist mit einem im Ventilblock integrierten Tandemhauptbremszylinder (THz) verbunden, der im Normalbetrieb den Pedalgefühlssimulator mit Druck beaufschlagt und bei Ausfall der elektrischen Versorgung als sog. „hydraulische Rückfallebene" alle vier Radbremsen direkt, d. h. unverstärkt betätigt.

Die Normalbremsfunktion erfolgt bei diesem Brake-by-Wire-System mithilfe eines von einem elektrisch kommutierten DC-Motor angetriebenen Aktors (Plunger), der für den Druckauf- und -abbau entsprechend dem Fahrerwunsch sorgt. Die Fahrerwunscherfassung erfolgt hierbei durch eine Auswertung von Pedalstangenweg- und Drucksensorsignalen. Alle Sensoren sind im System baulich integriert und mit der ECU verbunden; sowohl die für die Normalbetätigung erforderlichen Steuerventile als auch die Regelventile der Schlupfregelfunktionen sind im Ventilblock enthalten.

Ein weiterer Vorteil dieser sehr kompakten Anordnung betrifft die sehr kurze Baulänge des Gesamtgerätes. Die äußeren Abmessungen der MK C1 werden von der Hüllkurve eines klassischen 8″/9″-Geräts nahezu vollständig umschlossen. Dies ist wichtig, um in den heutigen Bauräumen auch bei einem Mischverbau mit konventionellen Systemen keinen Packagingrestriktionen zu unterliegen. Besonders vorteilhaft könnte sich in dem einen oder anderen Fahrzeug die Tatsache erweisen, dass die MK C1 um ca. die Länge eines THz kürzer baut und damit in einem Crashfall der Abstand zu den aufschlagenden Aggregaten ausreichend groß ist, um eine Intrusion des Pedalwerks in den Fahrgastraum zu vermeiden oder abzumildern. Ebenso sind keine Besonderheiten auf der dem Fahrgastraum zugewandten Seite der MK C1 zu beachten, die das übliche Interface zum Pedalwerk beeinflussen.

56.3 Funktionale Integration

Die Forderung nach mehr Verkehrs- und Fahrsicherheit, nach mehr Fahrkomfort und gleichzeitig geringem Energieverbrauch verlangt nach innovativen Systemlösungen aus den Bereichen Chassis und Antrieb. Die bisherige Entwicklung verlief nicht immer kontinuierlich, sondern ist durch mehrere Technologiesprünge gekennzeichnet: Der erste Sprung, den der Kunde als Fortschritt erkannte und dementsprechend honorierte, war die Einführung von mechatronischen Systemen wie z. B. das ABS Ende der siebziger Jahre oder das ESC Mitte der neunziger Jahre. Da die Optimierung der mechatronischen Einzelsysteme zunehmend an Grenzen stieß, war der nächste Sprung zeitlich im ersten Jahrzehnt des 21. Jahrhunderts datiert, die funktionale Integration der Systeme, die, wie bereits geschildert, in der starken Zunahme durch Fahrerassistenz- und Verbrauchsoptimierungssysteme ihren Ursprung haben. Über leistungsfähige Bussysteme vernetzt mit Bremse, Lenkung, Antrieb und Dämpfer war nunmehr die Möglichkeit gegeben, die Zielkonflikte zwischen aktiver Sicherheit, Fahrfreude, Fahrkomfort und Effizienz besser zu beherrschen. Dabei gibt es heute im Wesentlichen zwei Ansätze für die funktionale Integration:

1. *Vollintegrierter Ansatz*: Ein zentraler Regler steuert das gewünschte Fahrverhalten und koordiniert die notwendigen Aktuatoren, z. B. [6]; dieser Ansatz hat potenziell eine sehr hohe Leistungsfähigkeit, jedoch ist der Integrationsaufwand beim Fahrzeughersteller oft sehr hoch.
2. *Kooperativer Koexistenzansatz*: Ein zentraler Koordinator aktiviert vordefinierte Betriebsmodi bzw. Parameter in den Aktuatoren, z. B. [7]; bei diesem Ansatz ist die Leistungsfähigkeit nicht maximal, aber der Integrationsaufwand ist durch weitgehende Entkopplung der Arbeiten von Fahrzeughersteller und Zulieferer überschaubar.

Die als „Global Chassis Control" (GCC) bezeichnete Entwicklung hat als maßgebliches Ziel die Funktionsintegration für die Horizontaldynamikregelung [8]. Aus historisch gewachsenen Beziehungen sowie aus einkaufsstrategischen Gründen wurden anfangs die Chassis-Subsysteme – nach Komponenten aufgeteilt – in den Entwicklungsabteilungen bei den Fahrzeugherstellern und Zulieferern als Stand-alone-Systeme behandelt. So konnten in einem Fahrzeug mit Überlagerungslenkung, aktiven Stabilisatoren, elektronischer Stabilitätsregelung ESC und elektronischem Differenzial bis zu vier eigenständige Horizontaldynamikregler mit jeweils eigener Fahrzustandsschätzung, eigener Referenzgrößenberechnung und eigenem Fahrzustandsregler verbaut sein. In dieser als „Koexistenzansatz" bezeichneten Funktionsarchitektur verfolgen die einzelnen Regler – abhängig von dem zu regelnden System – unterschiedliche Schwerpunkte der Regelstrategie (Komfort, Handling und Sicherheit) und müssen hinsichtlich ihres Aktionsbereichs so abgestimmt werden, dass sie sich nicht negativ beeinflussen können. Sie müssen quasi einen Sicherheitsabstand voneinander haben, womit kein optimales Gesamtregelergebnis erzielt werden kann. Mit ESP II wurde erstmals die als „integrierter Ansatz" dargestellte Funktionsaufteilung realisiert [8]: Bei diesem Ansatz besitzt jedes der Einzelsysteme Lenkung, Bremse, Fahrwerk und Antriebsstrang eine Grundfunktion. Bezüglich der Horizontaldynamik bleibt diese Grundfunktion auf eine reine Steuerung beschränkt, zum Beispiel geschwindigkeitsabhängige Lenkübersetzung oder querbeschleunigungsabhängige Bremskraftverteilung rechts/links. Dabei stehen die Funktionen im ständigen Austausch mit dem Gesamthorizontaldynamikregler im ESP II und melden diesem ihre momentane Stellreserve und -dynamik.

Der nächste Evolutionssprung kündigt sich durch die funktionale Integration von Umfeldsensorik an, [9]. Funktionen zur Längsführung, wie Adaptive Cruise Control (ACC) (s. ▶ Kap. 46) und Notbremsassistent (s. ▶ Kap. 47) oder zur Querführung, wie Spurhaltung oder Warnung bei Fahrstreifenwechsel oder rückwärtigem Verkehr (s. ▶ Kap. 49 und 50), sind bereits im Einsatz. Neue Funktionen, z. B. zur Assistenz in Baustellen oder beim Ausweichen in Notsituationen, sind in der Entwicklung: All diese Funktionen basieren auf Informationen aus Umfeldsensoren (Radar (s. ▶ Kap. 17), Kamera (s. ▶ Kap. 20), Lidar (s. ▶ Kap. 18), Ultraschall (s. ▶ Kap. 16)), deren Informationen zu einem Umfeldmodell (s. ▶ Kap. 25) fusioniert werden. Zukünftig verfügbare sicherheitsrelevante Informationen über Fahrzeug-zu-Fahrzeug- bzw. Fahrzeug-zu-Infrastruktur-Kommunikation (Car2X; s. ▶ Kap. 28) werden ebenfalls wie ein Sensoreingang betrachtet, wofür jedoch eine sehr genaue Positionsinformation des Fahrzeugs notwendig ist. Eine Positionierung über die digitale Karte, wie sie in Navigationssystemen durchgeführt wird, ist hier nicht möglich, da die Kartendaten fehlerhaft sein können, evtl. sind sie auch gar nicht vorhanden. Vielversprechend sind Ansätze, durch die Kopplung der Informationen der Fahrdynamiksensoren mit dem GPS-Signal im Fahrzeug eine genaue Positionierung des Fahrzeugs bei gleichzeitig höherer Verfügbarkeit zu erhalten, s. ▶ Kap. 26.

Im Bereich der passiven Sicherheit, also aller Funktionen, die die Unfallfolgen mindern, sind heute eine Vielzahl von Funktionen im Fahrzeug enthalten, die kontinuierlich optimiert und weiterentwickelt werden: Zu nennen sind hier die Crashsensierung (Front, Heck, Seite, Überschlag) und die Aktivierung der entsprechenden Rückhaltemaßnahmen (Airbags, Gurtstraffer, Kopfstützen). Zusätzlich kann ein automatischer Notruf (eCall) ausgelöst und die Bremse aktiviert werden, um die Unfallfolgen im Falle eines Sekundärcrashs zu verringern. Wichtig sind ebenso Maßnahmen zum Schutz von Fußgängern, z. B. werden durch das Aufstellen der Motorhaube im Fall des Aufpralls die Verletzungsfolgen gemindert. Die passiven Sicherheitsfunktionen, die primär auf Crashsensoren basieren, können durch die Einbindung aus dem Umfeldmodell im Sinne eines „vorausschauenden" Unfallschutzes verbessert werden, z. B. zur Crashprädiktion oder zur Fußgängererkennung.

56.4 Domänenarchitektur

Wenn das Funktionsnetzwerk feststeht, kann die Systemarchitektur ausgearbeitet werden. Eine wesentliche Herausforderung ist die Partitionierung der Funktionen auf die Steuergeräte; ein Prozess, der, obwohl z. B. in [10] schon ansatzweise mathematisch gelöst, heute noch sehr viel Erfahrung erfordert. Hierbei ist zu berücksichtigen, dass starke Wechselwirkungen unter den Komponenten des Systems auch zu starken Wechselwirkungen einerseits bei der Entwicklung und Herstellung des Systems aber auch andererseits bei Lieferantenstruktur und Zusammenarbeit führen. Änderungen an einer Komponente sind kaum möglich ohne Auswirkungen auf alle anderen Komponenten – hier setzt die Idee der Modularisierung an. Der Systementwurf und die zugehörigen Realisierungsschritte werden mithilfe von Regeln und Standards in Module zerlegt, die einer der beiden nachfolgenden Kategorien zugeordnet werden können:

1. nach außen sichtbare Module, z. B. Betriebssysteme und andere Diensteschichten (z. B. Middleware), oder Entwurfsparameter, wie z. B. Schnittstellenspezifikationen oder Integrations- und Testprozeduren;
2. nach außen unsichtbare Module, d. h. Komponenten, deren Entwurfsparameter lokal in den jeweiligen Modulen und den zugehörigen Entwicklungsabteilungen verborgen bleiben.

56.4.1 Konzepte zur Standardisierung der Architektur

Eine erfolgreiche Modularisierung basiert auf detailliertem Wissen über die gegenseitigen Abhängigkeiten und Wechselwirkungen zwischen den Entwurfsparametern. Der Systemarchitekt wird dabei die folgenden Regeln und Standards erarbeiten:

– *Architektur*, d. h. Festlegung, welche Module und Komponenten Teil des Systems sind, wel-

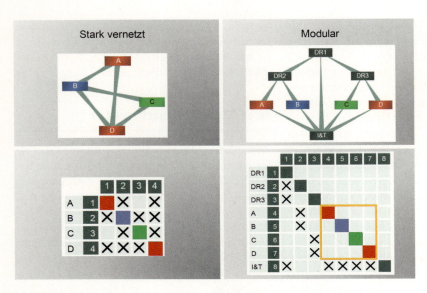

Abb. 56.2 Darstellung eines stark vernetzten (links) und modularen Systems (rechts) als gerichteter Graph und als Design Structure Matrix (DSM). A bis D: Systemkomponenten, DR: Design Rules, I&T: Integration and Test

che Rollen sie einnehmen und welche Module und Komponenten Quelle für nach außen sichtbare Standards sind;
- *Schnittstellen*, d. h. detaillierte Beschreibung, wie die Module zusammengefügt werden, kommunizieren, Energie austauschen etc., d. h. die Schnittstelle als eine Komponente des funktionalen Gesamtsystems;
- *Integration und Test*, d. h. Anweisungen für den Zusammenbau des Systems und zur Feststellung, wie gut das System arbeitet und wie gut eine Version eines Moduls relativ zu einer anderen funktioniert.

Modularisierung ist der erste Schritt hin zu einem Mehrwert für das System. Investitionen in Modularisierung lohnen sich aber nur, wenn nach der Zerlegung die verborgenen Module/Komponenten permanent weiterentwickelt und gegen bessere ausgetauscht werden. Die Zahl der hierfür notwendigen Versuche hängt näherungsweise von der Größe und vom technischen Potenzial der Module/Komponenten ab. Dabei gilt der Grundsatz, dass große Module/Komponenten weniger Entwicklungsprojekte erfordern als kleine, weil die Kosten pro Experiment hoch sind im Vergleich zu den kleinen Modulen, [11]. Die Evolution der sichtbaren Module verlangt wegen der umfangreichen Auswirkungen im System hohe Investitionen bzw. Abstimmungsaufwände und daher sind diese Module vergleichsweise beständig.

Abbildung 56.2 verdeutlicht den Vorteil des modularen Designs anhand einer fiktiven Systemarchitektur mit den vier Komponenten A, B, C, D. In den gerichteten Graphen in Abb. 56.2 oben sind die Abhängigkeiten der Komponenten durch Pfeile dargestellt. Äquivalent zum Graphen wird hier die Matrixdarstellung in Form der sog. „Design Structure Matrix" (DSM) eingesetzt, vgl. [12]. Mit einer DSM werden Beziehungen zwischen den Elementen eines Systems in einem kompakten und visuell vorteilhaften Format dargestellt: Eine DSM ist eine quadratische Matrix, in der die zu untersuchenden Elemente in der Diagonalen aufgetragen sind. Wenn zwischen zwei Elementen eine Beziehung besteht, wird diese in der Matrix mit einem „x" gekennzeichnet. Alternativ kann man Zahlenwerte verwenden, um z. B. die Stärke der Beziehung zu dokumentieren. Die Matrix wird in einer vorher festzulegenden Richtung durchlaufen, wodurch die Informationen eines gerichteten Graphen abgebildet werden; hier ist die Konvention „Eingang in Spalten/Rückwirkung unterhalb der Diagonalen" gewählt.

Im Beispiel des stark vernetzten Systems sind die Schnittstellen proprietär, d. h. es gibt keine offenen, industrieweit geltenden Regeln für die Verknüpfung der Komponenten. Die Konsequenz ist, dass sich jede Änderung an einer Komponente auf alle anderen Komponenten auswirkt. Im Gegensatz dazu sind alle Abhängigkeiten der Komponenten

56.4 • Domänenarchitektur

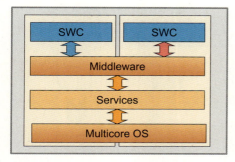

Interfaces

 Statically generated (AUTOSAR Runtime Environment)

 Dynamically generated (Data Distribution Service)

 Platform

◘ **Abb. 56.3** Steuergerätearchitektur mit Applikationssoftware (Software Components, SWC) und Plattformsoftware (Basic Software, BSW) mit heutigen statischen Schnittstellen und zukünftigen dynamischen Schnittstellen

im modularen System idealerweise durch offene, industrieweit bekannte Regeln und Standards (Design Rules, DR) sowie Integrations- und Testprozeduren (I&T) festgelegt. Die Komponenten sind dann zwar weiterhin verborgene Module, sie können jedoch völlig unabhängig voneinander weiterentwickelt werden, solange die offenen Standards eingehalten werden. In der Matrix wird dies dadurch deutlich, dass kein „x" in dem gekennzeichneten Bereich vorhanden ist. Änderungen an den verborgenen, nach außen unsichtbaren Entwurfsparametern eines Moduls haben somit keine Auswirkungen auf die anderen verborgenen Module des Systems; erst Änderungen an den sichtbaren Entwurfsparametern erzwingen auch Änderungen an den verborgenen Modulen.

56.4.2 Konzepte zur Standardisierung der Schnittstellen

Der nächste Schritt ist die Festlegung der Schnittstellen, wobei für die Domänenarchitektur die folgenden beiden Ziele im Vordergrund stehen, [13]:
- Komplexität durch möglichst wenige Informationen, die zwischen den Domänen ausgetauscht werden, reduzieren;
- Wiederverwendbarkeit durch abgestimmte und damit langfristig stabile Schnittstellen erleichtern.

Ein wichtiger Baustein der Systemarchitektur ist die sog. AUTOSAR-Basissoftware (Basic Software, BSW; s. ▶ Kap. 7), die es erlaubt, Softwareapplikationen (Software Components, SWC) unabhängig von der Hardware zu entwickeln. Bestandteil der Basissoftware ist eine Zwischenschicht (Middleware), die für eine Verbindung der Komponenten der Applikationssoftware untereinander und mit Diensten der Plattform, z. B. Kommunikation oder Systemdienste, sorgt [14].

Nach heutigem Standard werden die Zwischenschicht und die Schnittstellen zur Applikationssoftware statisch erzeugt als sog. „Runtime Environment, RTE". In zukünftigen Generationen von Steuergeräten könnte die Applikationssoftware dynamisch integriert werden, siehe ◘ Abb. 56.3. Die Motivation hierzu liegt darin, dass die Fahrzeughersteller zukünftig Software über Internetverbindungen auf die Steuergeräte aufspielen wollen, um ihren Kunden stets aktualisierte Funktionalitäten anbieten zu können [15]. Die Basissoftware muss daher eine Zwischenschicht enthalten, die Datenverteilungsdienste (Data Distribution Service, DDS) anbietet. Es existieren bereits offene Standards für Implementierungen von DDS, z. B. das Robot Operating System (ROS) [16] und das Open DDS [17]; diese Lösungen sind heute jedoch noch kein Standard in der Automobilindustrie.

56.4.3 Konzepte zur Standardisierung der Integration

Die wichtigste Neuerung in der zukünftigen Domänenarchitektur werden Domänensteuergeräte sein, die als Integrationsplattformen für Software des Fahrzeugherstellers und damit zur Differenzierung im Wettbewerb dienen. Ein effektives Variantenhandling durch Skalierungsmöglichkeiten wie

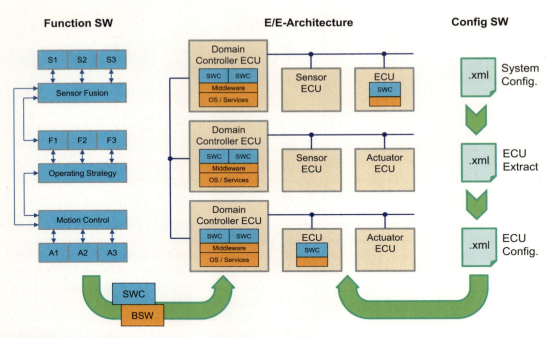

Abb. 56.4 Integrationsprozess für eine Systemarchitektur mit Domänensteuergeräten als Integrationsplattformen und Sensor-/Aktorsteuergeräten in den Subdomänen

Umpartitionierung und Hochintegration, die physikalische Kapselung der Domänen und der Schutz von Know-how sind weitere Treiber für die Domänenrechner.

Zur Integration der Basis- und Applikationssoftware hat der AUTOSAR-Standard eine neue Methodik eingeführt. Statt die Zuordnung der Software zur Hardware für jedes Steuergerät neu zu kodieren, müssen jetzt vordefinierte Module nur noch konfiguriert werden. Entsprechende Werkzeuge unterstützen die Konfiguration und liefern als Ergebnis XML-Beschreibungsdateien, die zwischen Fahrzeughersteller und Zulieferer ausgetauscht werden. Am Anfang der Entwicklung erstellt der Fahrzeughersteller die Gesamtsystembeschreibung (System Description), in der z. B. die Topologie, die Kommunikationsdetails und die Partitionierung der Applikationssoftware auf die einzelnen Steuergeräte beschrieben sind. Aus der Systembeschreibung wird für jedes Steuergerät die relevante Information extrahiert (ECU Extract) und an den Zulieferer des Steuergerätes weitergegeben. Dieser konfiguriert anschließend das Steuergerät (ECU Config) und erzeugt mithilfe von Codegeneratoren die ausführbare Software, s. ◻ Abb. 56.4.

Die Domänensteuergeräte sind bezüglich Rechenleistung (Single-, Dual-, zukünftig auch Multicore Controller), Speicherausbau und Sicherheitslevel (bis ASIL D) skalierbar, sie verfügen über eine AUTOSAR-kompatible Softwarearchitektur und bieten die Möglichkeit, Softwaremodule verschiedener Parteien zu integrieren. Durch den modularen Aufbau lassen sich Varianten mit reduzierten Funktionsumfängen darstellen.

56.5 Regelung der Fahrzeugbewegung (Motion Control)

Die Regelung der Fahrzeugbewegung ist eine eigene Domäne und erfordert aufgrund der großen Variantenvielfalt von Funktionen und Stellgliedern eine sorgfältige funktionale und bauliche Integration. Ein Ansatz zur Strukturierung wird im Folgenden beschrieben:

Die horizontale Bewegung des massebehafteten Systems „Fahrzeug" wird bestimmt durch die Reifenkräfte in der Fahrbahnebene, die ihrerseits durch die aktuell anliegenden Radlenkwinkel und Radmomente eingestellt werden. Entsprechend wird

56.5 · Regelung der Fahrzeugbewegung (Motion Control)

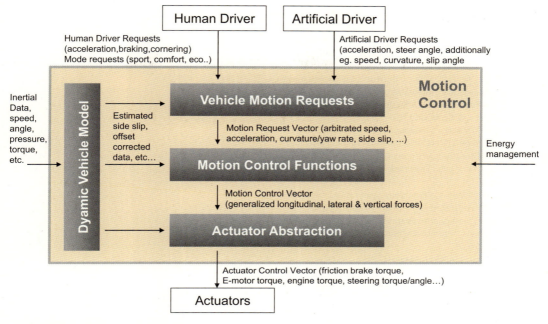

◘ Abb. 56.5 Funktionsarchitektur Motion Control

die vertikale Bewegung durch die Fahrwerkskräfte bestimmt. Das Grundprinzip von Motion Control ist die Betrachtung der umgekehrten Wirkrichtung: Ausgehend von einer gewünschten Bewegung werden die zugehörigen Reifenkräfte und daraus die Stellgrößen wie Lenkwinkel bzw. Lenkmoment sowie Antriebs- oder Bremsmomente für die Räder bestimmt. Störgrößen, wie Seitenwind oder geneigte Fahrbahn, sind durch Regelungen evtl. in Verbindung mit Störgrößenaufschaltungen zu kompensieren.

Die Bestimmung der Stellgrößen gelingt vorteilhaft durch Aufteilen des Regelungssystems in mehrere logisch separierte Ebenen mit eindeutig definierten Schnittstellen untereinander, siehe ◘ Abb. 56.5. Änderungen oder Ergänzungen des Systems sind jetzt einfacher und effektiver durchzuführen, da meist nur eine Ebene betroffen ist und nicht das gesamte Regelungssystem.

In der *Anforderungsebene* (Vehicle Motion Requests) werden die kontinuierlichen Bedienvorgaben des Fahrers aufgenommen. Zusätzlich können diskrete Signale über Bedienhebel, Taster o. Ä. eingelesen und verarbeitet werden. Die dritte Klasse von Eingangsgrößen umfasst Bewegungsvorgaben von externen Systemen, wie z. B. Fahrerassistenzsystemen. Alle Anforderungen werden in Soll-Bewegungsgrößen umgerechnet, die dann koordiniert an die nächste Ebene weitergereicht werden.

In der *Regelfunktionsebene* (Motion Control Functions) kommen die Funktionen zur Ausführung, die die Bewegung des Fahrzeugs in longitudinaler, lateraler und vertikaler Richtung steuern. Das Ziel ist die konfliktfreie Optimierung von Sicherheit, Komfort, Emotion und Effizienz. Der Ausgang der Regelfunktionsebene ist ein auf das Gesamtfahrzeug bezogener Stellvektor.

In der *Ansteuerebene* (Actuator Abstraction) werden aus dem auf das Fahrzeug bezogenen Stellvektor die Stellgrößen für die einzelnen Aktoren ermittelt. Die Koordinierung der Wirkketten steht hier im Vordergrund, wozu die Ansteuerebene den aktuellen Zustand und die Limitierungen der Stellsysteme genau kennen. Ebenso sind die maximalen Reifenkräfte im Kamm'schen Reibungskreis zu berücksichtigen.

Literatur

1. Reichart, G., Vondracek, P., Bruckmeier, R.: Systemarchitektur im Kraftfahrzeug – Status und künftige Anforderungen. Autombil Elektronik, Ludwigsburg (2007)
2. Hilbrich, R., Gerlach, M.: Virtualisierung bei Eingebetteten Multicore Systemen: Integration und Isolation sicherheitskritischer Funktionen 41. Jahrestagung der Gesellschaft für Informatik e. V., Berlin. (2011)
3. Weidner, T., Stüker, D., Wender, S., Katzwinkel, R., Vukotich, A.: Skalierbare E/E-Architekturen als Enabler innovativer Fahrerassistenzfunktionen bis zum hochautomatisierten Fahren VDI-Kongress Elektronik im Kraftfahrzeug, Baden-Baden. (2013)
4. Feigel, H.-J.: MK C1 – Eine neue Generation integrierter Bremssysteme μ-Symposium, Bad Neuenahr. (2012)
5. Feigel, H.-J.: Integriertes Bremssystem ohne funktionale Kompromisse. Automobiltechnische Zeitschrift ATZ (7-08), 612–617 (2012)
6. Smakmann, H., Köhn, P., Vieler, H., Krenn, N., Odenthal, D.: Integrated Chassis Management – ein Ansatz zur Strukturierung der Fahrdynamikregelsysteme 17. Aachener Kolloquium Fahrzeug- und Motorentechnik, Aachen. (2008)
7. Held, V.: The Chassis Control Systems of the Opel Insignia: Design Goals, Control Strategies and the System Integration. chassis.tech, München (2009)
8. Schwarz, R., Bauer, U., Tröster, S., Fritz, S., Muntu, M., Schräbler, S., Weinreuter, M., Maurischat, C.: ESP II – Fahrdynamik der nächsten Generation. Teil 1: Komponenten und Funktionen. Automobiltechnische Zeitschrift ATZ 105 (11) 1062–1069 (2003). Teil 2: Funktionsintegration und Elektronik, 105 (12), 2003, S. 1178–1182
9. Kelling, E., Raste, T.: Trends in der Systemvernetzung am Beispiel einer skalierbaren E/E-Architektur für die Domänen Vehicle Motion und Safety VDI-Kongress Elektronik im Kraftfahrzeug, Baden-Baden. (2011)
10. Lochau, M., Müller, T., Steiner, J., Goltz, U., Form, T.: Optimierung von AUTOSAR-Systemen durch automatisierte Architektur-Evaluation VDI-Kongress Elektronik im Kraftfahrzeug, Baden-Baden. (2009)
11. Baldwin, C., Clark, K.: The Power of Modularity Design Rules, Bd. 1. MIT Press, Cambridge MA (2000)
12. Eppinger, S., Browning, T.: Design Structure Matrix Methods and Applications. MIT Press, Cambridge MA (2012)
13. Eriksson, R., Alminger, H.: Volvo Cars system architecture that fulfills vehicle needs of the future VDI-Kongress Elektronik im Kraftfahrzeug, Baden-Baden. (2013)
14. Verfügbar unter: www.autosar.org, Zugriff am 18.07.2014
15. Bulwahn, L., Ochs, T., Wagner, D.: Research on an Open-Source Software Platform for Autonomous Driving Systems 19. Esslinger Forum für Kfz-Mechatronik. (2013)
16. Verfügbar unter: www.ros.org, Zugriff am 18.07.2014
17. Verfügbar unter: www.opendds.org, Zugriff am 18.07.2014

Antikollisionssystem PRORETA – Integrierte Lösung zur Vermeidung von Überholunfällen

Rolf Isermann, Andree Hohm, Roman Mannale, Bernt Schiele, Ken Schmitt, Hermann Winner, Christian Wojek

57.1	Einleitung – 1094	
57.2	Videobasierte Gesamtszenensegmentierung zur Bestimmung des Manöverraums – 1094	
57.3	Sensorfusion von Radar und Videosignalen – 1095	
57.4	Situationsanalyse für Überholvorgänge – 1097	
57.5	Realisierung von Warnungen und aktiven Eingriffen – 1098	
57.6	Ergebnisse von Fahrversuchen – 1099	
57.7	Zusammenfassung – 1099	
57.8	Schlussbemerkung – 1100	
	Literatur – 1100	

In der Forschungskooperation PRORETA zwischen der Technischen Universität Darmstadt und der Continental AG wurde zunächst ein elektronisches Fahrerassistenzsystem zur Vermeidung von Unfällen mit Hindernissen durch Notbremsen und Notausweichen entwickelt, siehe die 1. Auflage dieses Handbuches und [1]. In einem zweiten Projekt wurde ein Fahrerassistenzsystem für den Begegnungsverkehr, speziell für Überholvorgänge auf Landstraßen konzipiert und praktisch erprobt [2]. Die Ergebnisse dieses zweiten Projektes werden im Folgenden dargestellt.

57.1 Einleitung

Das Forschungsprojekt PRORETA 2 teilte sich nach den in ▸ Abb. 57.1 dargestellten Funktionen auf drei Institute der Technischen Universität Darmstadt auf. Im Folgenden werden die Grundlagen des entwickelten Fahrerassistenzsystems und Ergebnisse aus Fahrversuchen dargestellt. Erkennt das System, dass ein Überholmanöver auf Grund von herannahendem Gegenverkehr nicht sicher durchgeführt werden kann, wird der Fahrer zu einem Abbruch des Überholmanövers bewegt, siehe ▸ Abb. 57.2.

In [3] wurden die zur Realisierung einer Fahrerassistenz in Überholsituationen erforderlichen Sensorreichweiten abgeschätzt. Für eine Startgeschwindigkeit von 90 km/h und einem mit 120 km/h fahrenden Gegenfahrzeug ergibt sich selbst für einen relativ späten Zeitpunkt kurz vor der Vorbeifahrt an dem vorausfahrenden Fahrzeug eine Mindestreichweite von 375 m für die verwendete Sensorik. Da dies deutlich über der Reichweite heutiger ACC-Sensoren liegt, wurde zur Realisierung des Fahrerassistenzsystems ein modifizierter 77-GHz-Radarsensor mit einer Reichweite von 400 Metern eingesetzt.

57.2 Videobasierte Gesamtszenensegmentierung zur Bestimmung des Manöverraums

Um ein genaueres Szenenverständnis im Nahbereich (bis etwa 50 m) zu erhalten, wird eine CMOS-Farbbild-Video-Kamera (CSF200) verwendet, die unterhalb des Rückspiegels montiert ist und ein elektronisches Abbild der Situation vor dem Fahrzeug liefert. Die einzelnen Bildpunkte werden in acht Klassen wie z. B. Straße, Fahrzeug, Gras oder Bäume/Büsche segmentiert. Die dafür entwickelte Methode berücksichtigt neben lokalen Merkmalen auf der Ebene der Bildpunkte auch Informationen eines Objektdetektors und den zeitlichen Verlauf der Videobilder. Der entsprechende grobe Signalfluss ist in ▸ Abb. 57.3 dargestellt.

Die entwickelte Methode wird im Folgenden in drei Stufen erläutert. Für eine eingehendere Beschreibung sei auf [4, 5] verwiesen.

Bei der Segmentierung mit sogenannten Conditional Random Fields (CRF) werden Gruppen von 8×8 Bildpunkten zu Knoten zusammengefasst. Den einzelnen Knoten werden dann für jede Klasse (z. B. Straße, Fahrzeug) Wahrscheinlichkeitswerte zugeordnet. Dabei werden auf Basis von Filterbankantworten und anschließender Klassifikation (siehe [6]) lokale Knotenpotenziale für größere Gruppen von Bildpunkten gebildet. Zusätzlich erlauben paarweise Potentiale das Modellieren von Nachbarschaftsbeziehungen.

Methoden zur Objektdetektion (z. B. [7]) erlauben zuverlässigere Ergebnisse, da sie zur Berechnung der Merkmale im Gegensatz zu CRF einen größeren Bildbereich mit einbeziehen. Um die Merkmale aus einem Objektdetektor mit in die Szenensegmentierung zu integrieren, wird das CRF-Basismodell durch das Einfügen zusätzlicher Zufallsvariablen zum sogenannten Objekt-CRF erweitert.

Die Erweiterung zum sogenannten Dynamischen CRF berücksichtigt schließlich, dass die Bewegungsgeschwindigkeiten im Bild für Fahrzeuge und die Hintergrundklassen (z. B. Bäume) in hochdynamischen Überholsituationen höchst unterschiedlich sind. So werden Fahrzeugobjekte mit einem Kalmanfilter verfolgt und die Wahrscheinlichkeitsverteilung der Segmentierung zu einem Zeitpunkt in das nächste Eingabebild propagiert.

▸ Abb. 57.4 zeigt einige Beispielergebnisse mit dem von der Kamera aufgenommenen Eingabebild (Spalte 1) und einer von Hand durchgeführten Klassifikation (Spalte 2) als Bewertungsgrundlage für die unterschiedlichen Segmentierungsmethoden.

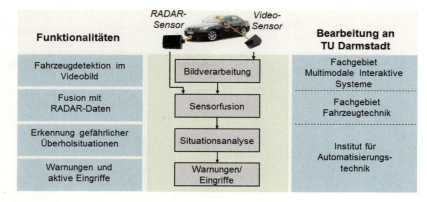

Abb. 57.1 Aufgabenverteilung und Ablaufplan der Entwicklung des Überhol-Fahrerassistenzsystems (PRORETA 2)

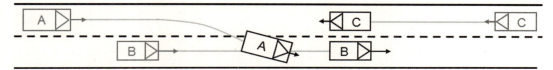

Abb. 57.2 Gefährliche Überholsituation mit Abbruchmanöver

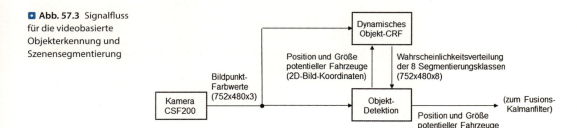

Abb. 57.3 Signalfluss für die videobasierte Objekterkennung und Szenensegmentierung

Es ist ersichtlich, dass die Verwendung eines CRF-Basismodells (Spalte 4) im Vergleich zu einer reinen filterbasierten Klassifikation (Spalte 3) ein deutlich geglättetes Ergebnis liefert. Jedoch treten Probleme bei der Klassifikation von Fahrzeugen auf, deren Bildpunkte oft fälschlicherweise zu anderen Klassen (z. B. Straße) zugeordnet werden. Durch die zusätzlich integrierten Merkmale beim Objekt-CRF (Spalte 5) wird die Segmentierungsgenauigkeit für Fahrzeuge deutlich verbessert. Das dynamische CRF-Modell (Spalte 6) kann dagegen auch Fahrzeuge, die zeitweise nicht detektiert werden können, besser segmentieren.

Zur Weiterverarbeitung in nachgeschalteten Fahrerassistenzfunktionen stehen somit die Segmentierung der Gesamtszene im Videobild sowie Objektdetektionen aus einem bildbasierten Objektdetektor zur Verfügung.

57.3 Sensorfusion von Radar und Videosignalen

Ein Fahrerassistenzsystem für Überholmanöver setzt die umfassende Kenntnis der Objekte im Fahrzeugumfeld voraus. Zentrales Element sind hierbei Fahrzeuge des Gegenverkehrs. Um eine frühe Situationserkennung und eine Detektionsreichweite von 400 m zu erreichen, sind RADAR oder LIDAR-Systeme geeignet. Im Projekt PRORETA 2 wurde der Radarsensorik der Vorzug gegeben, da diese aufgrund der spezifischen Signalverarbeitung eine weitaus geringere Dämpfung bei weit entfernten Objekten aufweist. Die geforderte Reichweite von 400 m konnte im Rahmen des Projekts durch die Modifikation eines Seriensensors erreicht werden.

Um eine möglichst exakte Schätzung und unterbrechungsfreie Detektion des Zustandsvektors

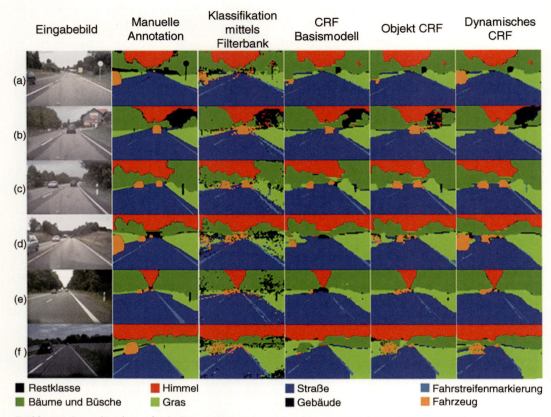

◘ **Abb. 57.4** Beispielergebnisse für die Segmentierung von Landstraßenszenen mit den vorgestellten Modellen

für Fahrzeuge zu realisieren, wird ein Objekttracking mit einem Erweiterten Kalman-Filter (EKF) eingesetzt [8, 9, 10]. Dieses Filter ermöglicht auch die Fusion mit den Daten des oben beschriebenen Objektdetektors, der im Erfassungsbereich bis 50 m bessere Werte hinsichtlich der Lateralposition beobachteter Fahrzeuge auf Landstraßen erreicht. Die sich im Entfernungsbereich bis 50 m überdeckenden Erfassungsbereiche beider Sensoren werden in einer kooperativen Fusion zusammengeführt.

Eine Besonderheit im Bezug auf die Objektverfolgung ist die Anforderung, weit entfernte Objekte während eines Fahrstreifenwechsels ohne Objektverlust verfolgen zu können. Dies ist insbesondere zu Beginn eines Überholvorgangs der Fall, ◘ Abb. 57.5. Als Ergebnis erhält man eine kontinuierliche Objektverfolgung ohne Verlust der Objektspur, weil der erwartete Querversatz durch die Gierbewegung des EGO-Fahrzeuges (A) bei der Assoziation berücksichtigt wird. Das Resultat bietet eine solide Grundlage für die zuverlässige Funktion von Algorithmen, die dem Objekttracking nachgelagert sind. ◘ Abbildung 57.6 zeigt die Ergebnisse der Detektion eines Gegenverkehrs-Fahrzeugs im Vergleich mit Ground-Truth Daten.

Die größte Lateralabweichung tritt hier im moderaten Bereich von etwa 2 m bei einer Entfernung von ca. 260 m auf, wobei diese immer noch unter einer Winkelabweichung von 0,5° liegt.

Zudem verursachen Verlagerungen des Radar-Reflexionspunktes auf dem Zielfahrzeug auch Abweichungen von etwa 1 m. Eine weitere Besonderheit im Bezug auf die Objekterkennung sind die auftretenden, hohen Relativgeschwindigkeiten. Hier konnte die korrekte Funktion der Objektverfolgung in realen Verkehrssituationen bis zu einer Relativgeschwindigkeit von −265 km/h experimentell verifiziert werden und stellt somit ausreichende Reserven für die Beobachtung entgegenkommender Fahrzeuge auf Landstraßen bereit.

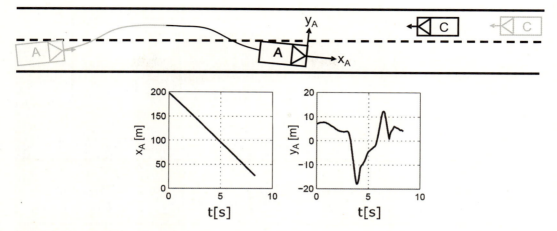

Abb. 57.5 Tracking eines entfernten Objektes im Gegenverkehr während eines Fahrstreifenwechsels und Verlauf der x- und y-Positionen in EGO-Koordinaten. Ein Trackverlust wird vermieden, jedes Objekt bleibt dabei lateral getrennt.

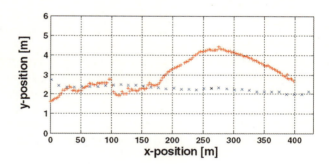

Abb. 57.6 Schätzung der Position eines entfernten Gegenverkehrsfahrzeuges (+) im Vergleich mit den Ground-Truth-Daten (x) mit einer Relativgeschwindigkeit von 140 km/h und $v_A = 0$. Die Maximale Abweichung in lateraler Richtung liegt in der Größenordnung von 2 m.

57.4 Situationsanalyse für Überholvorgänge

Damit das Assistenzsystem im Gefahrenfall reagieren kann, muss in der Situationsanalyse zum einen die Durchführung des Manövers und zum anderen das Vorliegen einer Gefahrensituation erkannt werden.

Zunächst werden die Position, Orientierung sowie Bewegung des Fahrzeugs relativ zu den Fahrstreifen bestimmt. Auch dazu wird ein Erweitertes Kalmanfilter (EKF) verwendet, in dem durch Kopplung eines Fahrzeug- und Fahrbahnmodells die Daten von Fahrzeugdynamiksensorik und einer kamerabasierten Fahrstreifenerkennung fusioniert werden. Dadurch gelingt eine fahrstreifenübergreifende Eigen-Lokalisation und es können kurzzeitige Ausfälle der Fahrstreifenerkennung odometrisch überbrückt werden. Basierend auf den geschätzten Größen der Odometrie sowie Umfelddaten bezüglich eines zu überholenden Fahrzeugs (B) werden quer- und längsdynamische Indikatorgrößen gebildet. Die Erkennung der verschiedenen Manöver erfolgt über ein Zustandsdiagramm, in dem die Übergänge zwischen den verschiedenen Manövern in Abhängigkeit der Indikatorgrößen modelliert sind. Um – falls notwendig – ein frühes Einleiten unfallvermeidender Maßnahmen zu ermöglichen, wird außerdem eine Prädiktion des Überholbeginns durchgeführt.

Der Fahrstreifenwechsel beim Beginn des Überholmanövers wird dazu anhand eines Schwellwertes auf der Time-to-Line-Crossing (TLC) und einem längsdynamischen Überholindikator I noch vor dem eigentlichen Überfahren der Mittellinie vorausgesagt, siehe ◘ Abb. 57.7. (Zur Odometrie und Manövererkennung vgl. [11, 12]).

Bei Erkennung einer Überholsituation wird fortlaufend bewertet, ob ein aus der Folgefahrtsituation

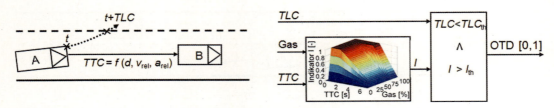

Abb. 57.7 Detektion von Überholmanövern mittels längs- und querdynamischer Indikatorgrößen

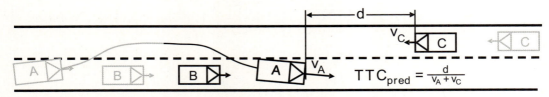

Abb. 57.8 Prädizierte Time-to-Collision (TTC_{pred}) zum Gegenverkehr als Maß für den Sicherheitsabstand d bei Überhol-Ende

gestartetes oder bereits begonnenes Überholmanöver ohne Gefahr durchgeführt bzw. beendet werden kann. Dazu wird basierend auf einem Modell des Beschleunigungsverhaltens eine Überholprädiktion vorgenommen und die Relativkinematik der beteiligten Fahrzeuge bis zum Ende des Überholmanövers vorausberechnet.

Für den Zeitpunkt des vollständigen Verlassens des linken Fahrstreifens bei Überhol-Ende wird die Time-To-Collision (TTC) zum Gegenverkehr abgeschätzt. Diese Größe spiegelt die Abstandsreserve zum Gegenverkehr (C) am Ende der Überholung wieder, siehe ■ Abb. 57.8.

Auf Basis der prädizierten TTC kann bereits vor oder während des Überholbeginns abgeschätzt werden, ob beim Abschluss der Überholung ein ausreichender Sicherheitsabstand d zum Gegenverkehr verbleiben wird.

Unterschreitet sie einen Schwellwert, ist der Gegenverkehr bereits zu nah und das Überholmanöver sollte unterlassen bzw. abgebrochen werden.

57.5 Realisierung von Warnungen und aktiven Eingriffen

Sobald das Modul „Situationsinterpretation" ein gefährliches Überholmanöver meldet, informiert das System den Fahrer durch Warnungen und beginnt mit der Planung eines unfallvermeidenden Abbruchmanövers. Je nach Entfernung und Relativgeschwindigkeit des entgegenkommenden Fahrzeugs bei Überholbeginn ist ein frühes oder spätes Abbruchmanöver erforderlich.

Wenn ein Zurückfallen hinter das Vorderfahrzeug erforderlich ist, wird mit konstanter Verzögerung unter die Geschwindigkeit des Vorderfahrzeugs herabgebremst, jedoch nur bis zu einer Mindestgeschwindigkeit, um ein dynamisches Zurücklenken zu ermöglichen.

Aus den aktuellen Abständen und Geschwindigkeiten der Fahrzeuge wird sowohl die erforderliche Zeit t_{req} als auch die verfügbare Zeit t_{avail} für ein unfallvermeidendes Abbruchmanöver berechnet.

Die erforderliche Zeit t_{req} ist die Zeit, die (voraussichtlich) vergeht, bis das Fahrzeug den linken Fahrstreifen wieder verlassen hat. Muss das überholende Fahrzeug vor dem Zurücklenken erst hinter das Vorderfahrzeug zurückfallen, verlängert sich die erforderliche Zeit entsprechend. Um diese Zeitdauer auch dann bestimmen zu können, wenn das Vorderfahrzeug bereits den Erfassungsbereich der nach vorne gerichteten Sensoren verlassen hat, wird das Fahrzeug ggf. modellbasiert weitergeführt [13, 12]. Für die Dauer des Zurücklenkens t_{steer} wird ein fester Wert angenommen, der einen komfortablen Fahrstreifenwechsel ermöglicht (z. B. 3 s).

Die verfügbare Zeit t_{avail} ist die Zeit, die voraussichtlich bis zum Eintreffen des entgegenkommenden Fahrzeugs am Heck des Vorderfahrzeugs vergeht. Beide Zeitmaße sind in ■ Abb. 57.9 veranschaulicht.

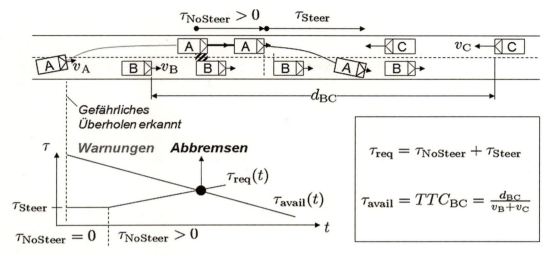

Abb. 57.9 Erforderliche und verfügbare Zeit für einen Überholabbruch

Die Differenz der erforderlichen Dauer t_{req} und der verfügbaren Zeit t_{avail} kann als Basis für die Warnintensität verwendet werden. Ist die Differenz zwischen der erforderlichen Dauer t_{req} und der verfügbaren Zeit t_{avail} gerade Null, wird das Fahrzeug automatisch abgebremst, so dass der Fahrer wieder hinter dem vorausfahrenden Fahrzeug einscheren kann.

57.6 Ergebnisse von Fahrversuchen

Anhand des in ◻ Abb. 57.10 illustrierten Fahrversuchs auf dem Testgelände der TU Darmstadt wird die Funktionsweise des Assistenzsystems beispielhaft demonstriert.

Das Fahrzeug folgt einem vorausfahrenden Fahrzeug mit der Geschwindigkeit $v_A \approx 60$ km/h. Das vorausfahrende Fahrzeug wird im Abstand von $d_{AB} \approx 30$ m detektiert.

In der Manövererkennung wird bei $t \approx 4{,}3$ s erkannt, dass das eigene Fahrzeug beschleunigt und zu einem Überholmanöver ansetzt. Kurz darauf tritt das entgegenkommende Fahrzeug aus der Verdeckung durch das vorausfahrende Fahrzeug und wird bei $t \approx 4{,}8$ s in einem Abstand von $d_{AC} \approx 185$ m detektiert. In der Situationsinterpretation wird der am Ende des Überholmanövers zu erwartende zeitliche Abstand (TTC) berechnet.

Da die vorausberechnete TTC unterhalb der hier gewählten Schwelle $TTC_{min} = 2$ s liegt, startet das Assistenzsystem akustische Warnungen, um den Fahrer zu einem Abbruch des Überholmanövers zu bewegen. Der Fahrer reagiert nicht auf die Warnung und die Manövererkennung detektiert das Eintreten in den Überholfahrstreifen, worauf das System einen geringen Bremsdruck zur Vorbereitung des Bremssystems aufbaut. Im weiteren Verlauf nähert sich die notwendige Dauer für einen Überhol-Abbruch der verfügbaren, sich durch den herannahenden Gegenverkehr verringernden Zeitdauer an. Bei $t \approx 8$ s ist der letztmögliche Zeitpunkt für einen Überholabbruch erreicht, und das System bremst automatisch bis ein Einscheren hinter dem Vorderfahrzeug möglich ist. Die akustische Warnung endet mit der Erkennung des abgeschlossenen Abbruchmanövers.

57.7 Zusammenfassung

Schwere Unfälle bei Überholvorgängen motivieren die Entwicklung eines entsprechenden Fahrerassistenzsystems. In der vorliegenden Arbeit wird die Konzeption und praktische Erprobung eines Fahrerassistenzsystems für Überholsituationen beschrieben.

Um die hierzu notwendigen sensorischen Informationen aus dem Fahrzeugumfeld zu erfassen, wurde die Fusion von Video- und Radardaten vorgestellt, die hohe Zuverlässigkeit bei der Detektion weit entfernter Objekte mit einer genauen Schätzung

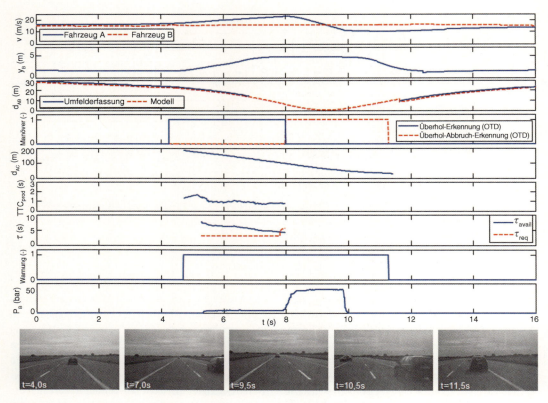

Abb. 57.10 Ergebnisse von Versuchsfahrten: Das Assistenzsystem assistiert beim Abbruch eines gefährlichen Überholmanövers

der Lateralposition und -geschwindigkeit näherer Objekte vereinigt. Für die Detektion naher Objekte wird der Einsatz eines videobasierten Fahrzeugklassifikators beschrieben. Dies ist die Basis, um eine vorliegende Gefahrensituation aus der Verbindung einer signalbasiert erkannten Überholabsicht des Fahrers sowie einer problematischen Konstellation der beteiligten Fahrzeuge zu detektieren. Wird eine solche Gefahr erkannt, erfolgen Warnungen und ein letztmöglicher Abbruch des Überholmanövers durch einen automatischen Bremseingriff, der dem Fahrer das Einscheren hinter dem vorausfahrenden Fahrzeug ermöglicht.

Die Ergebnisse des Forschungsprojekts PRORETA 2 erlauben, dem Fahrer eine Unterstützung zu bieten, um gefährliche Situationen bei Überholmanövern rechtzeitig zu erkennen und unfallvermeidende Maßnahmen einzuleiten.

57.8 Schlussbemerkung

Dieser Beitrag entstand im Rahmen der Forschungskooperation PRORETA zwischen der Technischen Universität Darmstadt und der Continental AG. Das Forschungsprojekt wurde gemeinsam von den Instituten Automatisierungstechnik, Fahrzeugtechnik und Multimodale Interaktive Systeme durchgeführt. Die beteiligten Institute danken der Continental AG für die großzügige Unterstützung und gute Zusammenarbeit.

Dieses Kapitel ist eine überarbeitete Version des Zeitschriftenartikels [14].

Literatur

[1] Bender, E., Darms, M., Schorn, M., Stählin, U., Isermann, R., Winner, H., Landau, K.: Antikollisionssystem Proreta – Auf dem Weg zum unfallvermeidenden Fahrzeug. Automobiltechnische Zeitschrift (ATZ) **109**(04), 336–341 (2007)

Literatur

[2] Isermann, R.; Schiele, B.; Winner, H.; Hohm, A.; Mannale, R.; Schmitt, K.; Wojek, C.; Lüke, S.: Elektronische Fahrerassistenz zur Vermeidung von Überholunfällen – PRORETA 2. VDI-Berichte Nr. 2075, Elektronik im Kraftfahrzeug. Düsseldorf, 2009

[3] Mannale, R.; Hohm, A.; Schmitt, K.; Isermann, R.; Winner, H.: Ansatzpunkte für ein System zur Fahrerassistenz in Überholsituationen. 3. Tagung Aktive Sicherheit durch Fahrerassistenz. Garching, 2008

[4] Wojek C.; Schiele, B: A dynamic conditional random field model for joint labeling of object and scene classes. European Conference on Computer Vision (ECCV). Marseille, 2008

[5] Wojek, C.: Monocular Visual Scene Understanding from Mobile Platforms. Darmstadt, Technische Universität, Dissertation 2010

[6] Torralba, A.; Murphy, K. P.; Freeman, W. T.: Sharing features: Efficient boosting procedures for multiclass object detection. IEEE Computer Society Conference on Computer Vision and Pattern Recognition (CVPR), 2004

[7] Dalal, N., Triggs, B.: Histograms of oriented gradients for human detection. CVPR, San Diego (2005)

[8] Winner, H., Danner, B., Steinle, J.: Adaptive Cruise Control. In: Winner, H., Hakuli, S., Wolf, G. (Hrsg.) Handbuch Fahrerassistenzsysteme. Vieweg+Teubner, Wiesbaden (2009)

[9] Darms, M.; Winner, H.: Validation of a Baseline System Architecture for Sensor Fusion of Environment Sensors. FISITA World Automotive Congress, Yokohama/Japan, 2006

[10] Hohm, A.: Umfeldklassifikation und Identifikation von Überholzielen für ein Überholassistenzsystem. Fortschritt-Berichte VDI, Reihe 12, Nr. 727, Dissertation Technische Universität Darmstadt 2010

[11] Schmitt, K.; Habenicht, S.; Isermann, R.: Odometrie und Manövererkennung für ein Fahrerassistenzsystem für Überholsituationen. 1. Automobiltechnische Kolloquium, München, 2008

[12] Schmitt, K.: Situationsanalyse für ein Fahrerassistenzsystem zur Vermeidung von Überholunfällen auf Landstraßen. Fortschritt-Berichte VDI, Reihe 12, Nr. 763, Dissertation Technische Universität 2012

[13] Schmitt, K.; Isermann, R.: Vehicle State Estimation in Curved Road Coordinates for a Driver Assistance System for Overtaking Situations. 21st International Symposium on Dynamics of Vehicles on Roads and Tracks (IAVSD), Stockholm, 2009

[14] Hohm, A., Mannale, R., Schmitt, K., Wojek, C.: Vermeidung von Überholunfällen. Automobiltechnische Zeitschrift (ATZ) **112**(10), 712–718 (2010)

Kooperative Fahrzeugführung

Frank Flemisch, Hermann Winner, Ralph Bruder, Klaus Bengler

58.1 Einführung – 1104

58.2 Kooperation und Fahrzeugführung – 1105

58.3 Kooperative Führung als Komplexbegriff bzw. Cluster-Konzept – 1106

58.4 Gestaltungsraum der kooperativen Fahrzeugführung – 1106

58.5 Parallele und serielle Aspekte der kooperativen Fahrzeugführung – 1107

58.6 Zusammenhänge von Fähigkeiten, Autorität, Autonomie, Kontrolle und Verantwortung in der kooperativen Fahrzeugführung – 1108

58.7 Ausblick: Vertikale und horizontale, zentrale und dezentrale Aspekte der kooperativen Fahrzeugführung – 1109

Literatur – 1109

58.1 Einführung

Fahrerassistenzsysteme erlebten bereits seit den Anfängen in den 70er und 80er Jahren eine faszinierende Entwicklung, die noch längst nicht abgeschlossen ist: Einerseits sind Einzelsysteme wie ACC, LKAS, Parkassistenz etc. bereits in Serie, die bestimmte Aspekte der Fahrzeugführung unterstützen, indem sie z. B. die Längs- oder Querführung assistieren. Andererseits gibt es Entwicklungen hin zu Fahrfähigkeiten mit immer höherer maschineller Autonomie, die ein vollautomatisiertes Fahren ohne Eingriffe des Fahrers möglich erscheinen lassen. Eine weitere Entwicklung geht hin zum vernetzten Fahren, bei dem autonome Fahrzeuge untereinander und mit der Infrastruktur Daten austauschen und miteinander kooperieren können.

In dieser Entwicklung hin zu einer komplexeren Assistenz und Automation stellen sich zahlreiche Fragen:
- Wie könnte bzw. wie soll diese Entwicklung weitergehen?
- Wie können verschiedene Einzelsysteme schlüssig zu integrierten Gesamtsystemen integriert werden?
- Wie können autonome Fähigkeiten genutzt werden, ohne an ihren Limitierungen und Risiken zu scheitern?
- Wie kann der Mensch, der bisher die Fahrzeugführung übernommen hat, weiterhin mit all seinen Limitierungen und Fähigkeiten sinnvoll eingebunden werden?
- Wie können Mensch und Assistenz- bzw. Automationssysteme effizient und sicher zusammenarbeiten?
- Wie kann eine Bevormundung vermieden und ausreichende Selbstbestimmtheit und Wahlmöglichkeiten des Fahrers bei gleichzeitig hoher Gebrauchstauglichkeit, Datenschutz und Freude an der Nutzung vorgesehen werden?
- Wie kann eine Migrationsfähigkeit dieser anfangs noch limitierten Technik hin zu leistungsfähigeren Verkehrssystemen bei kontrollierbaren Risiken sichergestellt werden?

Anhand einer Reihe von DFG-, EU- und Industrieprojekten entstand über Institutionsgrenzen hinweg ein konsistentes Bild ganzheitlicher Assistenz und Automation, die in diesem Artikel als integrierte, kooperative Führung assistierter, teil- und hochautomatisierter Fahrzeuge – kurz kooperative Fahrzeugführung – beschrieben wird. Assistiert, teil- und hochautomatisiert bezieht sich darauf, dass die autonomen Fähigkeiten von Assistenz- und Automationssystemen nicht nur für einen vollautomatisierten fahrerlosen Einsatz genutzt werden, sondern in integrierten, aufeinander abgestimmten Assistenz- und Automationsgraden, wie sie in [1] beschrieben werden (s. auch ▶ Kap. 3). So kann der Fahrer wahlweise – unterstützt durch Assistenzsysteme – selbst fahren oder eher die Teilautomation fahren lassen, z. B. durch Beauftragung von Manövern, wobei der Fahrer selbst ausreichend eingebunden sein und die Kontrolle behalten soll. Der Ansatz enthält auch zukünftige Migrationsstufen, in denen der Mensch sich für bestimmte Zeiträume und Strecken aus der Fahrzeugführung herauslösen und die Hochautomation fahren lassen kann.

Integriert bezieht sich hier darauf, dass die verschiedenen Einzelassistenz- und Automationssysteme mit schlüssigen Assistenz- und Automationsgraden vom Fahrer als integriertes Ganzes wahrgenommen und genutzt werden können. ◘ Abbildung 58.1 zeigt eine starke Vereinfachung des Gestaltungsraumes der Kontrolle, bei dem aus einer eindimensionalen Skala der Kontrollverteilung diskrete Assistenz- und Automationsgrade (Modi) definiert werden: Ein Beispiel dafür sind die in [1] skizzierten Assistenz- und Automationsstufen, beginnend mit einem manuellen Modus, in dem der Mensch die vollständige Kontrolle über die Fahrzeugführung und -regelung besitzt, bis hin zu einem hochautomatisierten bzw. temporär vollautomatisierten Bereich, in dem zeitlich begrenzt nur die Maschine Kontrolle ausübt.

Kooperativ bezieht sich auf die wichtigste Qualität in diesen Verkehrssystemen, nämlich dass die Automation nicht autonom, sondern überwiegend in Zusammenarbeit mit dem Menschen, hier dem Fahrer, eingesetzt wird. Die Kooperation von verschiedenen Fahrzeugen durch z. B. Fahrzeug-Fahrzeug-Kommunikation kann eingeschlossen werden, entscheidend ist aber die Einbindung von Mensch und Automation zu einer kooperativen Einheit.

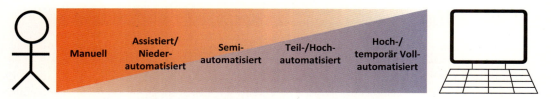

◘ **Abb. 58.1** Auf eine Dimension „Kontrollverteilung Fahrerautomation" vereinfachter Gestaltungsraum der kooperativen Fahrzeugführung (orientiert an [1, 2, 3])

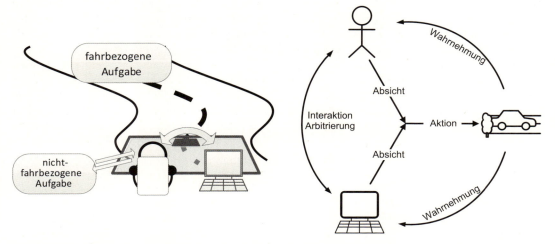

◘ **Abb. 58.2** Links: Prototypischer Wechsel zwischen Aufgabentypen als Teil einer Kooperation; rechts: Kooperative Führung von Fahrzeugen als integral ineinandergreifende Führungs- und Regelkreise nach [4]

Bevor in den zwei folgenden Beiträgen auf konkrete Instanziierungen der kooperativen Fahrzeugführung näher eingegangen wird (s. ▸ Kap. 59 und 60), skizziert dieser Übersichtsartikel Grundkonzepte und -philosophie der kooperativen Fahrzeugführung.

58.2 Kooperation und Fahrzeugführung

„Kooperation" ist abgeleitet vom lateinischen „co" (zusammen) und „operatio" (Arbeit, Arbeiten, Tun) und wird allgemein verstanden als „Zusammenarbeit" [5] oder „Aktion oder Prozess der Zusammenarbeit hin zu gemeinsamen Zielen" [6]. Kooperative Fahrzeugführung und -regelung wird hier verstanden als die Zusammenarbeit von mindestens einem Menschen und mindestens einem Computer bei der Führung eines oder mehrerer Fahrzeuge, wobei sowohl Mensch als auch Automation auf ihrer Wahrnehmung basierend Absichten bilden, die dann in kooperative Handlung umgesetzt werden (s. ◘ Abb. 58.2). Kooperative Kontrolle und Führung beinhalten den Fall, dass Mensch und Computer an der gleichen Kontrollstrecke wirken, was auch „geteilte Kontrolle/Shared Control" [7, 8] oder „geteilte Autorität" [9, 10] genannt wird. Kooperative Kontrolle beinhaltet aber auch die Möglichkeit, Aufgaben ganz oder teilweise an verschiedene Agenten delegieren zu können, wie dies z. B. [11] bereits skizziert; weiterhin kann kooperative Kontrolle Aspekte von Adaptivität und Adaptierbarkeit beinhalten, wie dies z. B. [12] als adaptive Automation beschreiben. Der Gebrauch des Wortes „Kooperation" im Kontext der Mensch-Maschine-Kooperation wurde bereits durch [11, 13] oder [14] skizziert, in einem Rahmenwerk für Mensch-Maschine Kooperation generalisiert (z. B. von [15]) und für die Fahrzeugführung angewandt z. B. durch [3, 16, 17, 18, 19] und [20]. Weitere Beispiele kooperativer und geteilter Kontrolle beschreiben auch [8].

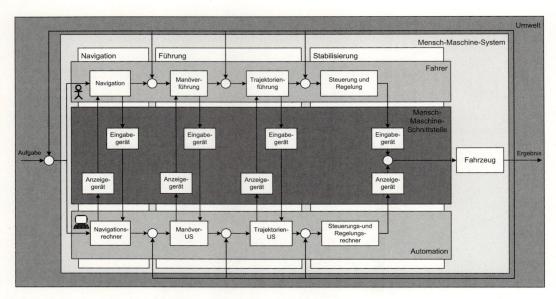

Abb. 58.3 Generisches Kontrollflussdiagramm der kooperativen Fahrzeugführung nach [21]

58.3 Kooperative Führung als Komplexbegriff bzw. Cluster-Konzept

Im Weiteren wird der Begriff „kooperative Fahrzeugführung" weniger als scharfe Definition gesehen, sondern vielmehr als Komplexbegriff (Clusterkonzept) verstanden. Das Clusterkonzept geht zurück auf die fundamentale Kritik an der klassischen Definitionstheorie von Ludwig Wittgenstein und beschreibt ein Konzept anhand einer Liste und Beschreibung von damit verbundenen Attributen (siehe z. B. [22, 23]). Daher wird kooperative Fahrzeugführung hier so verstanden, dass folgende Aspekte jeweils einzeln nicht zwingend erforderlich sind, aber zu einer Kooperativität der Fahrzeugführung beitragen:

- autonome Fähigkeiten zur Führung, sowohl auf Seite der Maschine als auch beim Menschen;
- intuitive Interaktion mit ausreichender äußerer Kompatibilität, d. h. ausreichende Passung der äußeren Schnittstellen zwischen Mensch und Maschine;
- innere Kompatibilität zwischen Mensch und Maschine, d. h. ausreichende Passung der inneren, i. d. R. kognitiven Untersysteme des Menschen und der Maschine; insbesondere:
- kompatible Repräsentation von Bewegung durch den Raum,
- nicht notwendigerweise explizite, aber kompatible Ziele- und Wertesysteme,
- gegenseitige Nachvollziehbarkeit von Fähigkeiten und Absichten,
- klare, möglicherweise dynamische Verteilung der Kontrolle,
- Vermeidung oder Arbitrierung von Konflikten,
- Adaptivität und Adaptierbarkeit der Maschine für eine gute Balance aus Stabilität und Agilität.

58.4 Gestaltungsraum der kooperativen Fahrzeugführung

Kooperative Aktivitäten können nach Ebenen unterschieden werden, z. B. die Aktions-, Planungs- und Metaebene [24, 25]: Betrachtet man zunächst die Aktions- und Planungsebene, kann die Kontrolle auf verschiedenen Ebenen der Bewegungsaufgabe erfolgen. Dazu wurde ausgehend von den drei Ebenen „Navigation, Führung und Stabilisierung" [28] und weiteren Anregungen aus [26, 27, 29], ein gemeinsames generisches Modell der Fahrzeugführung mit vier Ebenen entwickelt (◘ Abb. 58.3).

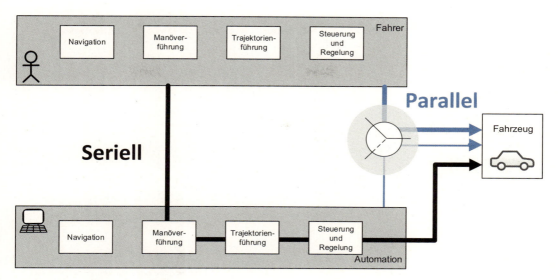

Abb. 58.4 Serielle versus parallele Fahrzeugführung

Bereits bei frühen Ansätzen der kooperativen Fahrzeugführung [30, 31] zeigte es sich von Vorteil, die Führungsebene weiter nach Manöver- und Trajektorienführung zu unterscheiden. Manöver (ausgeführte Wendung, taktische Bewegung [32]) wird hier, vergleichbar dem Oxford Dictionary [33], als ein räumlich und zeitlich zusammenhängendes Schema der Bewegung des Fahrzeugs in Relation zur Umgebung verstanden. Ein Beispiel für ein Fahrmanöver ist der Fahrstreifenwechsel. Die Anzahl der möglichen Manöver für eine Fahrmission ist üblicherweise klein im Vergleich zu den vielen Möglichkeiten, ein Manöver zu instanziieren, z. B. als Trajektorie – also als Vektor von Ort und Zeit einer potenziellen oder realen Bewegung eines ausgewählten Punktes eines sich bewegenden Objekts, z. B. des Schwerpunkts.

Ausgehend von ausreichenden Fähigkeiten von Mensch und Computer kann auf allen Ebenen der Bewegungsaufgabe Kooperation zwischen Fahrer und Automation erfolgen: Die Rollenverteilung dieser Kooperation kann statisch sein, kann sich aber auch dynamisch über die verschiedenen Ebenen ändern. Die Kontrollschleifen über die verschiedenen Ebenen beeinflussen einander, unterscheiden sich aber auch in ihrer zeitlichen Charakteristik: Üblicherweise nimmt die Handlungsfrequenz von der vergleichsweise niederfrequenten Navigation hin zur vergleichsweise hochfrequenten Regelung zu.

58.5 Parallele und serielle Aspekte der kooperativen Fahrzeugführung

Kooperative Fahrzeugführung kann über die Ebenen der Fahrzeugführung verschiedene Formen von Kontrollflüssen und Verteilungen einnehmen und kombinieren. Die für das Verständnis wichtigsten Eigenschaften sind die der Serialität versus Parallelität (siehe Abb. 58.4): So können die Kooperationspartner Mensch und Maschine seriell, d. h. nacheinander agieren, indem z. B. der Mensch der Maschine einen Auftrag gibt, den die Maschine dann abarbeitet. Ein Beispiel ist die Manöverbeauftragung über eine gesonderte Manöverschnittstelle, realisiert im Konzept Conduct-by-Wire (s. ▶ Kap. 59). Die Kooperationspartner können auch parallel agieren, z. B. indem sie beide Beiträge zu der gleichen Aufgabe liefern: Ein Beispiel ist die Kooperation auf der Steuerungsebene im H-Mode (s. ▶ Kap. 60), bei der sowohl der Fahrer als auch der Mensch gleichzeitig, aber zu unterschiedlichen Anteilen auf ein haptisches Stellteil, z. B. ein aktives Lenkrad oder einen aktiven Sidestick wirken. Serielle und parallele Aspekte können auch kombiniert werden, z. B. im H-Mode, mit dem ein Manöver durch eine Geste am Stellteil sequenziell beauftragt werden kann, die dann vom Fahrer parallel zur Aktion der Automation noch „mitgefühlt" und mitbeeinflusst werden

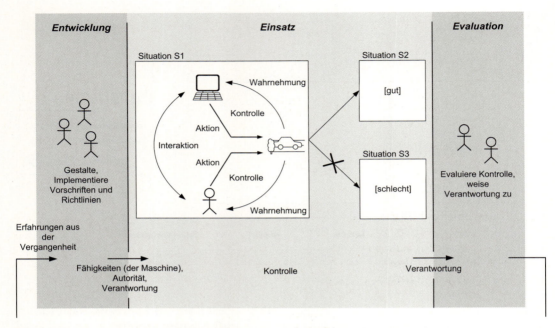

Abb. 58.5 Kooperation zu Fähigkeiten, Autorität, Autonomie, Kontrolle und Verantwortung im Lebenszyklus eines kooperativen Fahrzeugführungssystems, nach [10]

kann. Die Aspekte der Serialität und Parallelität können entscheidenden Einfluss auf die Zuverlässigkeit, Adaptierbarkeit, Adaptivität und Resilienz des Gesamtsystems, z. B. bei Ausfall von Untersystemen, haben.

58.6 Zusammenhänge von Fähigkeiten, Autorität, Autonomie, Kontrolle und Verantwortung in der kooperativen Fahrzeugführung

Die Dynamik der Kooperation wird entscheidend geprägt durch die Fähigkeiten der Partner zur Situationsbeeinflussung und zur Kooperation, der von außen während der Entwicklungsphase oder der vom anderen Partner zugestandenen Autorität und des Autonomiegrades, der Kontrolle über Sachverhalte der Situation und der im Nachhinein evaluierten und eingeforderten Verantwortung wie in ◘ Abb. 58.5 dargestellt wird.

Dabei ergeben sich Doppel- und Mehrfachbindungen zwischen Fähigkeiten, Autorität, Autonomie, Kontrolle und Verantwortung, z. B. dass die zugestandene Autorität nicht höher sein sollte als die Fähigkeiten. Weiterhin ergibt sich, dass Kontrolle nur mit ausreichenden Fähigkeiten und einem Mindestmaß an Autonomie möglich und nur mit einem Mindestmaß an Autorität sinnvoll ist und dass Fahrer oder Automation vor allem nur dann die Verantwortung übernehmen sollten, wenn ein Mindestmaß an Fähigkeiten, Autonomie und damit möglicher Kontrolle über eine Situation vorhanden ist. Diese Abhängigkeiten sind dynamisch, so kann z. B. die Kontrolle der Automation vom Fahrer autorisiert werden, sinnvollerweise nur dann, wenn die Automation in der Situation auch über die Fähigkeiten zur Kontrolle verfügt. Andererseits sollte Kontrolle dann wieder an den jeweils anderen Kooperationspartner zurückgegeben werden, wenn die Fähigkeiten zur Kontrolle zu gering werden. Entscheidend dabei ist das Situationsbewusstsein zu den Fähigkeiten des jeweiligen Partners und der Autoritäts- und Kontrollverteilung, die durch geeignete Mensch-Maschine-Interaktion entscheidend verbessert werden kann.

Eine Übersicht zu diesen Zusammenhängen geben [10], den Zusammenhang mit der rechtlichen Situation skizzieren [1].

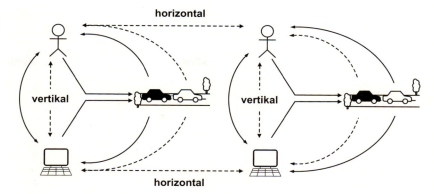

Abb. 58.6 Horizontale und vertikale Kooperation in der Fahrzeugführung

58.7 Ausblick: Vertikale und horizontale, zentrale und dezentrale Aspekte der kooperativen Fahrzeugführung

Neben der hier betrachteten Kooperation zwischen Fahrer und Fahrzeug gilt es im realen Straßenverkehr auch die Kooperation zwischen Verkehrsteilnehmern zu betrachten, ohne die die Fahrzeugführung unvollständig wäre. Zur Unterscheidung der Kooperationen wird die Fahrer-Automation-Kooperation als vertikale Kooperation verstanden und die Kooperation zwischen Verkehrsteilnehmern als horizontale Kooperation, vgl. Abb. 58.6. Lief letztere bisher ausschließlich über Mensch-zu-Mensch-Verhandlung ab, muss die Automation auch angemessen in die horizontale Kooperation integriert werden, woraus sich eine Vielzahl an neuen Fragen, aber auch neuen Lösungsmöglichkeiten ergibt. Vertikale und horizontale Kooperation kann im Sinne von sich gegenseitig ergänzenden Kooperationsnetzwerken gedacht werden, die neue Kooperationsschemata ermöglichen [34, 35]. Ein weiterer wichtiger Freiheitsgrad der Kooperationsnetzwerke ist, dass sie sowohl Aspekte dezentraler Kooperation, z. B. Kooperation zwischen den Einzelfahrzeugen, als auch zentraler bzw. zentral vermittelter Kooperation, z. B. über eine Verkehrsleitwarte, umfassen kann. Die ausschließlich zentrale Steuerung durch eine Verkehrsleitzentrale stellt im Gestaltungsraum eines ansonsten kooperativen Verkehrssystems eine extreme Ausprägung dar, die z. B. für besondere Situationen eingesetzt werden kann. Insgesamt ermöglicht das Denken in Netzwerken horizontaler und vertikaler Kooperationen die dynamische Verhandlung über die Verteilung von Kontrolle zwischen den menschlichen und maschinellen Akteuren auch dann noch klar zu durchdenken, wenn die Anzahl der Kooperationspartner in zukünftigen Verkehrssystemen zunimmt.

Literatur

1. Gasser, T., Arzt, C., Ayoubi, M., Bartels, A., Eier, J., Flemisch, F., Häcker, D., Hesse, T., Huber, W., Lotz, C., Maurer, M., Ruth-Schumacher, S., Schwarz, J., Vogt, W.: Projektgruppe „Rechtsfolgen zunehmender Fahrzeugautomatisierung" Berichte der Bundesanstalt für Straßenwesen (BASt). Wirtschaftsverlag NW, Bergisch Gladbach (2012)
2. Hoeger, R., Zeng, H., Hoess, A., Kranz, T., Boverie, S., Strauss, M., Jakobsson, E., Beutner, A., Bartels, A., To, T.-B., Stratil, H., Fürstenberg, K., Ahlers, F., Frey, E., Schieben, A., Mosebach, H., Flemisch, F., Dufaux, A., Manetti, D., Amditis, A., Mantzouranis, I., Lepke, H., Szalay, Z., Szabo, B., Luithardt, P., Gutknecht, M., Schömig, N., Kaussner, A., Nashashibi, F., Resende, P., Vanholme, B., Glaser, S., Allemann, P., Seglö, F., Nilsson, A.: Final Report, Deliverable D61.1. Highly automated vehicles for intelligent transport (HAVEit), 7th Framework programme (2011)
3. Flemisch, F., Adams, C., Conway, S., Goodrich, K., Palmer, M., Schutte, M.: The H-Metaphor as a Guideline for Vehicle Automation and Interaction. Report No Bd. NASA/TM-2003-212672. NASA Research Center, Hampton (2003)
4. Flemisch, F., Meier, S., Baltzer, M., Altendorf, E., Heesen, M., Griesche, S., Weißgerber, T., Kienle, M., Damböck, D.: Fortschrittliches Anzeige- und Interaktionskonzept für die kooperative Führung hochautomatisierter Fahrzeuge: Ausgewählte Ergebnisse mit H-Mode 2D 1.0 54. Fachausschusssitzung Anthropotechnik: Fortschrittliche Anzeigesysteme für die Fahrzeug- und Prozessführung. (2012)
5. Duden: Kooperation. Online-URL: http://www.duden.de/rechtschreibung/Kooperation. Letzter Abruf: 16.06.2014

6. Oxford Dictionaries: cooperation. Online-URL: http://www.oxforddictionaries.com/definition/english/cooperation. Letzter Abruf: 16.06.2014
7. Griffiths, P., Gillespie, R.: Shared control between human and machine: haptic display of automation during manual control of vehicle heading. In: Proceedings of the 12th International Symposium on Haptic Interfaces for Virtual Environment and Teleoperator Systems. IEEE, Chicago, IL (2004)
8. Mulder, M., Abbink, D., Boer, E.: Sharing Control With Haptics: Seamless Driver Support From Manual to Automatic Control. Human Factors **54**(5), 786–798 (2012)
9. Inagaki, T.: Smart Collaboration Between Humans and Machines Based on Mutual Understanding. Annual Reviews in Control **32**, 253–261 (2008)
10. Flemisch, F., Heesen, M., Hesse, T., Kelsch, J., Schieben, A., Beller, J.: Towards a dynamic balance between humans and automation: Authority, Ability, Responsibility and Control in Shared and Cooperative Control Situations. Int. Journal Cognition, Technology & Work **14**(1), 3–18 (2012)
11. Rasmussen, J.: Skills, Rules, and Knowledge; Signals, Signs, and Symbols, and Other Distinctions in Human Performance Models. IEEE Transactions on Systems, Man, Cybernetics **13**(3), 257–266 (1983)
12. Sheridan, T., Parasuraman, R.: Human-Automation Interaction. In: Nickerson, R.S. (Hrsg.) Reviews of Human Factors and Ergonomics, S. 89–129. Human Factors and Ergonomics Society, Santa Monica, CA (2006)
13. Hollnagel, E., Woods, D.: Cognitive Systems Engineering: New Wine in New Bottles. International Journal of Man-Machine Studies **18**, 583–600 (1983)
14. Sheridan, T.: Humans and Automation: System Design and Research Issues. Human Factors and Ergonomics Society, Santa Monica, CA (2002)
15. Hoc, J.: From Human – Machine Interaction to Human – Machine Cooperation. Ergonomics **43**(7), 833–843 (2000)
16. Hoc, J., Mars, F., Milleville-Pennel, I., Jolly, E., Netto, M., Blosseville, J.: Evaluation of Human-Machine Cooperation Modes in Car Driving for Safe Lateral Control in Bends: Function Delegation and Mutual Control Modes. Le Travail Humain **69**, 153–182 (2006)
17. Biester, L.: Cooperative Automation in Automobiles. Diss., Humboldt-Universität zu Berlin, 2008
18. Holzmann, F.: Adaptive Cooperation Between Driver and Assistant System. Springer, Berlin (2007)
19. Flemisch, F., Kelsch, J., Löper, C., Schieben, A., Schindler, J.: Automation Spectrum, Inner/Outer Compatibility and Other Potentially Useful Human Factors Concepts for Assistance and Automation. In: de Waard, D., Flemisch, F., Lorenz, B., Oberheid, H., Brookhuis, K. (Hrsg.) Human Factors for Assistance and Automation. Shaker, Maastricht (2008)
20. Hakuli, S., Bruder, R., Flemisch, F., Löper, C., Rausch, H., Schreiber, M., Winner, H.: Kooperative Automation. In: Winner, H., Hakuli, S., Wolf, G. (Hrsg.) Handbuch Fahrerassistenzsysteme. Vieweg + Teubner, Wiesbaden (2009)
21. Flemisch, F., Bengler, K., Winner, H., Bruder, R.: Towards a Cooperative Guidance and Control of Highly Automated Vehicles: H-Mode and Conduct-by-wire. Ergonomics **57**(3), 343–360 (2014)
22. Swartz, D.: Culture and Power: The Sociology of Pierre Bourdieu. The University of Chicago Press, Chicago, IL (1997)
23. Gottschalk-Mazouz, N.: Was ist Wissen? Überlegungen zu einem Komplexbegriff. In: Ammon, S., Heineke, C., Selbmann, K. (Hrsg.) Wissen in Bewegung. Weilerswist, Velbrück (2007)
24. Hoc, J.: Towards a Cognitive Approach to Human-Machine Cooperation in Dynamic Situations. International Journal of Human-Computer Studies **54**, 509–540 (2001)
25. Pacaux-Lemoine, M.-P., Debernard, S.: Common Work Space or How to Support Cooperative Activities Between Human Operators: Application to Fighter Aircraft Engineering. In: Harris, D. (Hrsg.) Engineering Psychology and Cognitive Ergonomics. Springer, Berlin (2007)
26. Bernotat, R.: Anthropotechnik in der Fahrzeugführung. Ergonomics **13**(3), 353–377 (1970)
27. Sheridan, T.: Toward a General Model of Supervisory Control. In: Sheridan, T., Johannsen, G. (Hrsg.) Monitoring Behaviour and Supervisory Control. Springer, New York (1976)
28. Donges, E.: Aspekte der Aktiven Sicherheit bei der Führung von Personenkraftwagen. Automobil-Industrie **27**(2), 183–190 (1982)
29. Parasuraman, R., Sheridan, T., Wickens, C.: A Model for Types and Levels of Human Interaction with Automation. IEEE Transactions on Systems, Man, and Cybernetics – Part A: Systems and Humans **30**(3), 286–297 (2000)
30. Winner, H., Hakuli, S.: Conduct-by-Wire – following a new paradigm for driving into the future FISITA 2006 World Automotive Congress, Yokohama, Japan. (2006)
31. Flemisch, F., Kelsch, J., Schieben, A., Schindler, J.: Stücke des Puzzles hochautomatisiertes Fahren: H-Metapher und H-Mode 4. Workshop Fahrerassistenzsysteme, Löwenstein, 4–6 Oktober 2006. (2006)
32. Duden: Manöver. Online-URL: http://www.duden.de/rechtschreibung/Manoever. Letzter Abruf: 16.06.2014
33. Oxford Dictionaries: manoeuvre. Online-URL: http://www.oxforddictionaries.com/definition/english/manoeuvre. Letzter Abruf: 16.06.2014
34. Flemisch und Lüdke: Persönliches Gespräch, 2009
35. Zimmermann, M., Bengler, K.: A Multimodal Interaction Concept for Cooperative Driving Intelligent Vehicles Symposium (IV). IEEE, Gold Coast, QLD (2013)

Conduct-by-Wire

Benjamin Franz, Michaela Kauer, Sebastian Geyer [1], Stephan Hakuli [1]

59.1 Einleitung – 1112

59.2 Aufgabenteilung zwischen Fahrer und Fahrzeug – 1112

59.3 Manöver und Fahrfunktionen – 1113

59.4 Fazit und Ausblick – 1120

Literatur – 1121

---

1   Der Beitrag zu dieser Veröffentlichung wurde während der Tätigkeit als wissenschaftlicher Mitarbeiter am Fachgebiet Fahrzeugtechnik der Technischen Universität Darmstadt erarbeitet.

H. Winner, S. Hakuli, F. Lotz, C. Singer (Hrsg.), *Handbuch Fahrerassistenzsysteme*, ATZ/MTZ-Fachbuch, DOI 10.1007/978-3-658-05734-3_59, © Springer Fachmedien Wiesbaden 2015

59.1 Einleitung

Eine mögliche Ausprägung der kooperativen Fahrzeugführung (▶ Kap. 58) stellt das Fahrzeugführungsparadigma Conduct-by-Wire [1] dar. Beim Fahren mit Conduct-by-Wire übergibt der Fahrer dem Fahrzeug Manöverbefehle – wie beispielsweise ein Fahrstreifenwechsel links – und Parameterbefehle – wie beispielsweise die Wunschgeschwindigkeit – die anschließend vom Fahrzeug überprüft und mit der Hilfe von Fahrfunktionen selbstständig ausgeführt werden [2]. Aus der Sicht des Fahrers wandelt sich hierbei die kontinuierliche Eingabe von Stellgrößen (z. B. Lenken, Bremsen) auf Stabilisierungsebene in eine diskrete Eingabe von Befehlen auf Bahnführungsebene (◘ Abb. 59.1; für eine Erklärung des Drei-Ebenen-Modells der Fahrzeugführung siehe ▶ Kap. 2 sowie [3]). Durch die Verschiebung der Interaktion auf die Bahnführungsebene mussten bei der Entwicklung von Conduct-by-Wire mehrere zentrale Themen untersucht werden. Die im Folgenden präsentierten Ergebnisse der Forschungsarbeiten stammen aus mehreren von der Deutschen Forschungsgemeinschaft geförderten Projekten. Begonnen wird hier mit der Aufgabenteilung zwischen Fahrer und Fahrzeug (▶ Abschn. 59.2), anschließend werden in ▶ Abschn. 59.3 die Manöver und deren Fahrfunktionen sowie die Manöverübergabe beschrieben. Das Kapitel schließt mit einem Fazit sowie einem Ausblick über zukünftige Forschungsthemen (▶ Abschn. 59.4).

59.2 Aufgabenteilung zwischen Fahrer und Fahrzeug

Die Aufgabenteilung zwischen Mensch und Maschine stellt ein zentrales Element bei der Automation von Funktionen dar (u. a. [6, 7]). Um den Fahrer bestmöglich zu unterstützen, wurde bei der Entwicklung von Conduct-by-Wire auf den einfachen Informationsverarbeitungsprozess des Menschen (u. a. [8]) zurückgegriffen.

Der einfache Informationsverarbeitungsprozess (◘ Abb. 59.2) ist in vier aufeinander folgende Schritte gegliedert: die Entdeckung eines Reizes (z. B. Entdecken eines Lichtreizes), das Erkennen des Reizes (z. B. bei dem Lichtreiz handelt es sich um eine rote Ampel), das Entscheiden (z. B. an der roten Ampel anhalten) und das Handeln (z. B. die Bremse betätigen). Hierbei wird davon ausgegangen, dass der Mensch zum gegenwärtigen Zeitpunkt in einigen Schritten Vorteile gegenüber einer Automation hat, wohingegen in anderen Schritten die Automation Vorteile gegenüber dem Menschen hat (vgl. [6, 10]–[14]). Bei der Entwicklung von Conduct-by-Wire wurden diese Unterschiede zwischen menschlichen und technischen Stärken verwendet, um eine Basis für die Aufgabenteilung zwischen Fahrer und Automation zu gestalten (vgl. [9]). Es wurde davon ausgegangen, dass der Mensch bei der Entdeckung eines Reizes Vorteile gegenüber einer Automation hat (z. B. hohe Empfindlichkeit für visuelle und akustische Reize), wohingegen die Automation über eine größere Bandbreite an Sensorik verfügt (z. B. Radarstrahlung) [12]. Das Entdecken von Reizen ist deshalb bei Conduct-by-Wire eine gemeinsame Aufgabe von Mensch und Fahrzeug (siehe ◘ Abb. 59.3): Sowohl bei der Erkennung von Reizen hat zum Teil der Mensch Vorteile gegenüber der Automation (z. B. sehr gute Mustererkennung bei visuellen und akustischen Reizen) als auch die Automation gegenüber dem Menschen (z. B. schnelle Reaktionszeiten) [12]. Die Erkennung von Reizen bei Conduct-by-Wire wird daher gemeinschaftlich vom Fahrer sowie dem Fahrzeug übernommen (siehe ◘ Abb. 59.3). Auch bei Entscheidungsprozessen ergeben sich Vorteile in Bezug auf den Menschen sowie die Maschine: Maschinen entscheiden im Allgemeinen schneller und fehlerrobuster als Menschen, wenn ein festgelegter Entscheidungsbaum zugrunde liegt [12]. Der Mensch hat hingegen Vorteile, wenn Entscheidungen auf Basis nicht vollständiger Informationen getroffen werden müssen [12]. Bei Conduct-by-Wire werden daher regelbasierte Entscheidungen vom Fahrzeug und alle weiteren vom Fahrer getroffen (siehe ◘ Abb. 59.3). Bei der Handlungsausführung überwiegen die Vorteile der Automation (z. B. präzise Ausregeln von Spurabweichungen) [12], so dass die Handlungsausführung bei Conduct-by-Wire auf der Seite der Automation angesiedelt ist. Für eine ausführlichere Beschreibung der Zuordnung siehe [9].

Konkretisiert für die Fahraufgabe bedeutet dies bei der Nutzung von Conduct-by-Wire (vgl. [9]), dass Fahrzeug und System gemeinsam an der

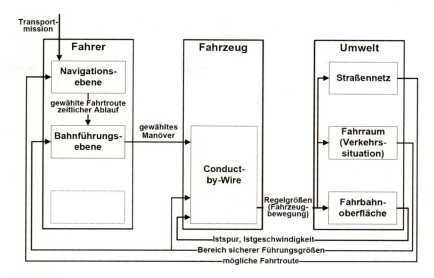

Abb. 59.1 Drei-Ebenen-Modell der Fahrzeugführung für Conduct-by-Wire (aus [4]; nach [5])

Abb. 59.2 Einfacher Informationsverarbeitungsprozess (nach [8]). Darstellung aus [9]

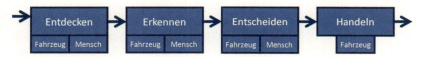

Abb. 59.3 Grundlegende Aufgabenteilung bei Conduct-by-Wire auf Basis des einfachen Informationsverarbeitungsprozesses nach [8]. Darstellung aus [9]

Entdeckung und Erkennung von Reizen aus der Umgebung beteiligt sind. Auf Basis der erkannten Reize gibt das Fahrzeug dem Menschen einen Entscheidungsraum vor, der die vom Fahrzeug in der aktuellen Verkehrssituation sicher durchführbaren Manöver beinhaltet (z. B. wird kein Fahrstreifenwechsel nach rechts angeboten, wenn kein rechter Fahrstreifen vorhanden ist). Der Fahrer wählt anschließend aus diesem Entscheidungsraum eine Option aus und übergibt diese mithilfe der Mensch-Maschine-Schnittstelle an das Fahrzeug. Das Fahrzeug übersetzt diese Entscheidung mit der Hilfe von Fahrfunktionen in Stellgrößen und führt die Handlung aus.

Die an das Fahrzeug übergebenen Manöverbefehle können zusätzlich vom Fahrer parametrisiert werden. Hierfür stehen dem Fahrer insgesamt drei Parameter zur Verfügung: die Wunschgeschwindigkeit, die Exzentrizität im Fahrstreifen und die Zeitlücke zum vorausfahrenden Fahrzeug [2]. Nach Eingabe der Parameter werden diese ebenfalls vom Fahrzeug auf Ausführbarkeit überprüft und selbstständig umgesetzt, da beispielsweise die tatsächlich gefahrene Fahrzeuggeschwindigkeit nicht immer der vom Fahrer eingestellten Wunschgeschwindigkeit entspricht, sondern sich nach der rechtlichen und physikalischen Geschwindigkeitsbegrenzung richtet.

59.3 Manöver und Fahrfunktionen

Im Konzept Conduct-by-Wire wird zwischen expliziten und impliziten Manövern unterschieden (vgl. [2, 4, 15]). Explizite Manöver stellen in sich abgeschlossene Handlungseinheiten dar, die durch eine Aktion des Fahrers initiiert und im Anschluss durch das Fahrzeug ausgeführt werden (z. B. ein

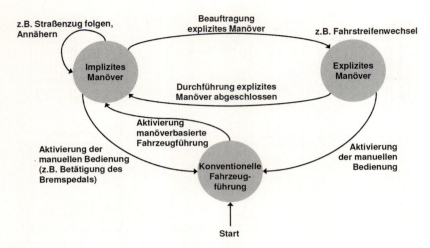

Abb. 59.4 Darstellung der Übergänge zwischen einem expliziten und einem impliziten Manöver sowie beim Übergang von der bzw. zur herkömmlichen Fahrzeugführung [4]

Tab. 59.1 Manöver und Parameter von Conduct-by-Wire (nach [9, 15])

Manöver	
dem Straßenverlauf folgen (inklusive bremsen, stehen und anfahren)	implizit
geradeaus	explizit
Fahrstreifenwechsel links/rechts	explizit
abbiegen (halb) links/rechts	explizit
Parameter	
Wunschgeschwindigkeit	
Zeitlücke zum vorausfahrenden Fahrzeug (1 s; 1,5 s; 2 s; 2,5 s)	
Exzentrizität im Fahrstreifen (20 % der Fahrstreifenbreite links, 10 % links, keine, 10 % rechts, 20 % rechts)	

Die für Conduct-by-Wire relevanten Manöver wurden auf Basis von bestehenden Arbeiten (u. a. [2]) durch Verwendung der Entscheidungspunktanalyse (vgl. [4, 15]) identifiziert und für verschiedene Nutzungskontexte (Autobahn-, Überland- und Stadtfahrt) definiert. Weiterhin wurden den einzelnen Manövern Fahrfunktionen zugeordnet, aus denen das Fahrzeug das gewünschte Manöver zusammensetzt. Eine Übersicht über alle Manöver und Parameter von Conduct-by-Wire kann Tab. 59.1 entnommen werden. Im nachfolgenden Abschnitt wird die Entwicklung und Evaluation der Fahrfunktionen beschrieben.

59.3.1 Entwicklung und Evaluation der Fahrfunktionen

Fahrstreifenwechsel rechts). Wie bereits eingangs beschrieben, wird vor der Ausführung des expliziten Manövers die aktuelle Ausführbarkeit überprüft (z. B. überprüft das Fahrzeug bei einem Fahrstreifenwechsel rechts, ob sich Fremdverkehr im Wechselbereich auf dem Zielfahrstreifen befindet). Nach Durchführung des expliziten Manövers wird vom Fahrzeug selbstständig ein implizites ausgeführt (z. B. dem Fahrstreifen folgen). Im Gegensatz zu expliziten Manövern, die über einen definierten Start- und Endzeitpunkt verfügen, sind implizite Manöver Handlungseinheiten, die nicht durch den Fahrer initiiert werden und deren Dauer unbegrenzt ist (siehe Abb. 59.4).

Die dem Fahrzeug vom Fahrer übergebenen expliziten Manöverbefehle sowie die implizit vom Fahrzeug ausgewählten Manöver werden von einer als Zustandsautomat ausgeführten Manöversteuerung interpretiert und zur Ausführung den Fahrfunktionen zugewiesen. Der Fahrfunktionskatalog besteht aus elementaren, verkettbaren und entweder longitudinal oder lateral wirkenden Funktionen, wie beispielsweise Geschwindigkeit halten, Einscheren vorbereiten, Zielbremsen, Hindernis innerhalb der Fahrstreifengrenzen ausweichen, Fahrstreifen wechseln, Abbiegen u. v. m. Zu jedem Zeitpunkt ist genau ein Paar aus einer longitudinal und einer lateral wirkenden Funktion aktiv, deren Auswahl, Ak-

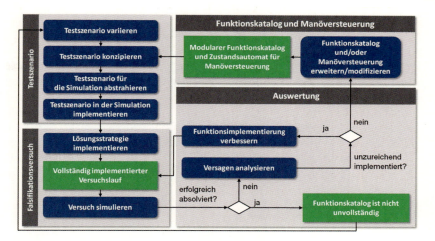

Abb. 59.5 Iterativer Falsifikationsansatz

tivierung, Deaktivierung und Parametrierung die Aufgabe der übergeordneten Manöversteuerung ist. Um seiner Aufgabe als Interpreter von Manövereingaben gerecht zu werden, hat der Fahrfunktionskatalog verschiedene Anforderungen zu erfüllen, von denen im Folgenden einige exemplarisch vorgestellt werden.

Vollständigkeit

Der Funktionskatalog hat für jede im zugelassenen Diskursbereich auftretende Situation eine Fahrfunktion bereitzustellen. Ist dies nicht möglich, so hat der kontrollierte Rückfall auf eine manuelle Form der Steuerung zu erfolgen. Da es jedoch unzulässig ist, aus einer erfolgreich absolvierten Reihe von Verkehrsszenarien den Schluss der Eignung in jedweden Szenarien zu ziehen, folgt die Funktionsentwicklung einem Falsifikationsansatz: Es gilt, die universelle Hypothese der Vollständigkeit des vorhandenen Funktionskatalogs und des zugehörigen Regelwerks zu widerlegen. Mit anderen Worten ausgedrückt: Gesucht wird die Verkehrssituation, die mit dem zur Verfügung stehenden Funktionsumfang nicht absolvierbar ist.

In Abb. 59.5 ist der zugehörige iterative Entwicklungsprozess dargestellt: Oben rechts beginnend wird der jeweils aktuelle Entwicklungsstand von Funktionskatalog und Manöversteuerung in relevanten Testszenarien geprüft, die für die Simulation auf die notwendigen Details reduziert und dann als Simulationsfall implementiert werden. Zu jedem Testfall gehört eine Lösungsstrategie in Form von simulierten ereignis- oder wegabhängigen Fahrereingaben. Die Kombination aus Testfall und Lösungsstrategie ergibt einen simulierbaren Versuchsablauf, der entweder bestanden oder nicht bestanden wird. Eine erfolgreiche Absolvierung erlaubt nicht den Schluss auf die Vollständigkeit von Funktionskatalog und Regelsatz, sie beweist lediglich nicht die Unvollständigkeit und resultiert in der Erhöhung der Szenarienkomplexität oder der Auswahl eines neuen Szenarios für den nächsten Test. Im Falle eines nicht erfolgreich absolvierten Testszenarios gilt es zu überprüfen, ob die Ursache in einer unzureichend implementierten Funktion oder im Fehlen einer Fahrfunktion oder eines Funktionsübergangs zu suchen ist.

Sicherheit

Wegen der seriellen Anordnung von Fahrer und Fahrfunktionen, in der dem Fahrer im Gegensatz zu einer parallelen Anordnung bei aktiver Conduct-by-Wire-Funktionalität der mechanische Zugriff auf die Aktoren fehlt, muss die Implementierung den an by-Wire-Systemen gestellten Anforderungen zur funktionalen Sicherheit gemäß ISO 26262 genügen.

Leistungsfähigkeit und Ausführungsqualität

Im Vergleich zu einem konventionell geführten Fahrzeug darf die Qualität der Manöverausführung nicht zu Akzeptanzproblemen führen. Während bei autonomen Fahrzeugen eine im Vergleich zum manuellen Fahren geringere Ausführungsqualität wegen des Mehrwerts aus der vollständigen Entkopplung von der Fahrzeugführungsverantwortung akzeptabel sein mag, steht die Ausführungsqualität bei der manöverbasierten Fahrzeugführung im ständigen Wettbewerb zu dem in der Beobachter- und

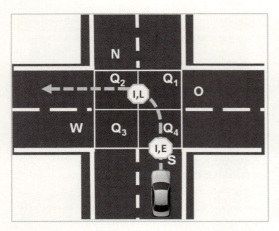

Abb. 59.6 Exemplarisches Szenario mit identifizierten Gates (Kreuzungsquadranten Qi, Gate-Positionen I,E und I,L und Himmelsrichtung der Kreuzungszufahrten) aus [17]

Entscheiderrolle befindlichen Fahrer. Maßgebliche Akzeptanzfaktoren bezüglich der Fahrfunktionen sind die Verfügbarkeit, die Vorhersehbarkeit des Verhaltens und die Beeinflussung der Ausführung durch Parametrierungsmöglichkeiten.

Alternativenevaluation

In Abgrenzung zu autonomen Fahrzeugen, die selbstständig alle fahrrelevanten Entscheidungen treffen, bleibt die Alternativevaluation bei Conduct-by-Wire in der Regel Aufgabe des Fahrers (▶ Abschn. 59.2). Fahrzeugseitig können dennoch in Abhängigkeit von der Situation oder von bekannten Fahrerpräferenzen (z. B. häufig gefahrene Routen) priorisierte Alternativen für das auszuführende Manöver vorgegeben werden (z. B. in einer Form, die nur noch der Ausführungsfreigabe bedarf).

Die vorangegangenen Betrachtungen beschreiben das grundlegende Interaktionskonzept von Conduct-by-Wire in Form der Manöverbeauftragung durch den Fahrer und der Manöverausführung durch die beschriebene Manöversteuerung und den Fahrfunktionskatalog. Neben der reinen Manöverentscheidung entsteht in Szenarien mit erhöhtem Kollisionsrisiko, in denen die Trajektorie anderer Verkehrsteilnehmer gekreuzt wird, zusätzlicher Entscheidungsbedarf bezüglich der sicheren Ausführbarkeit des Manövers. Eine alleinige Übernahme dieser Aufgabe durch die Automation stieße schnell an ihre technischen Grenzen. Der Ansatz einer kooperativen Interaktion zwischen Fahrer und Automation zur Entscheidungsfindung während der Manöverausführung bietet neue Gestaltungsmöglichkeiten in der technischen Umsetzung eines Interaktionskonzepts, das die Anforderungen des Fahrers und der Automation gleichermaßen berücksichtigt. Ein aus diesen Überlegungen abgeleitetes Interaktionskonzept ist das erstmals von [16] vorgestellte „Gate-Konzept", was in einer Segmentierung der Manöverausführung besteht. Die Gates markieren dabei die beschriebenen Entscheidungspunkte entlang der geplanten Trajektorie, an denen eine Entscheidung über die Fortsetzung der Manöverausführung spätestens zu treffen ist. Jedem Gate ist ein Informationscluster zugewiesen, das die verschiedenen, an diesem Punkt für die Entscheidungsfindung erforderlichen Informationen umfasst.

Das Gate-Konzept ist in ◘ Abb. 59.6 am Beispiel einer X-Kreuzung dargestellt, an der die Vorfahrtsregelung „rechts vor links" gilt. Hierbei nähert sich das Conduct-by-Wire-Fahrzeug der Kreuzung aus Richtung Süden und biegt links ab. Während der Manöverausführung ist eine Sequenz von zwei Gates zu passieren: Das erste Gate „Intersection entry" (I,E) ist an der Kreuzungseinfahrt positioniert. Für die Entscheidung, ob eine sichere Fortsetzung der Ausführung des Linksabbiegemanövers bis zum nächsten Gate möglich ist, sind die sich der Kreuzung nähernden vorfahrtsberechtigten Verkehrsteilnehmer aus Richtung Osten zu berücksichtigen; zudem ist der für die Manöverausführung erforderliche Freiraum zwischen den beiden Gates zu überprüfen. Um das zweite Gate „Intersection left (I,L)" zu passieren, müssen entgegenkommende Verkehrsteilnehmer aus Richtung Norden sowie die Fläche bis zur Kreuzungsausfahrt in die Entscheidungsfindung einbezogen werden. Grundlegende Betrachtungen zur Realisierbarkeit des Gate-Konzepts zeigen, dass sich dieses auf 400 repräsentative Szenarien theoretisch anwenden lässt. So sind die Position der Gates sowie der den Gates zugewiesene Informationsbedarf stets eindeutig definierbar [17].

Hinsichtlich der Gestaltung eines Interaktionskonzepts für die teilautomatisierte Fahrzeugführung lassen sich aus dem Gate-Konzept unterschiedliche Systemausprägungen mit zunehmenden Automationsgrad ableiten, die von der Anzeige des nächsten Gates durch die Automation und die Entscheidungsfindung durch den Fahrer, über einen Entscheidungsvorschlag durch die Automation, bis hin zu einer eigenständigen Entscheidungsfindung durch die Automation reichen. Unabhängig von der jeweiligen Systemausprägung ist das Gate-Konzept um ein Sicherheitskonzept zu erweitern, das das Fahrzeug im Falle einer ausbleibenden Entscheidung der beiden Interaktionspartner Fahrer oder Automation in einen sicheren Zustand, den Stillstand am Gate, überführt. Die technische Umsetzung dieses Sicherheitsmanövers bietet die Möglichkeit, den menschlichen Fahrer gemäß dem Gestaltungsgrundsatz einer kooperativen Interaktion zu integrieren, indem für die Entscheidungsfindung ausreichend Zeitpotenzial zur Verfügung gestellt wird. Eine bevorzugte Regelstrategie stellt beispielsweise die „Signalverzögerung" dar [17]: Durch eine erste, leichte Verzögerung wird dem Fahrer der Beginn des Annäherungsmanövers und somit die Entscheidungsaufforderung signalisiert, ohne die Ausführung des aktuellen Manövers zu stark zu stören. Die zweite Verzögerungsstufe entspricht der für die Zielbremsung zum Gate erforderlichen Verzögerung.

Eine Simulatorstudie mit 42 Probanden zeigt Unterschiede in der Bewertung verschiedener Systemausprägungen des Gate-Konzepts durch potenzielle Nutzer [17]: In dieser Studie konnten alle Probanden die ausgewählten repräsentativen Szenarien im Falle des niedrigsten – Anzeige des nächsten Gates durch Automation und Entscheidung durch den Fahrer – und höchsten – eigenständige Entscheidungsfindung durch die Automation – untersuchten Automationsgrades sicher absolvieren. Jedoch lässt sich der mittlere Automationsgrad, bei dem der Fahrer zusätzlich zur Anzeige des nächsten Gates einen Entscheidungsvorschlag von der Automation erhält, aufgrund der schlechteren Ergebnisse im Vergleich zu den anderen Systemausprägungen kritisch diskutieren. So führt dieser Automationsgrad im Vergleich zum niedrigsten Automationsgrad, bei dem der Fahrer die Entscheidung ohne Unterstützung der Automation trifft, zu längeren Entscheidungszeiten. Andererseits wird diese Systemausprägung von einigen Probanden nicht wirklich angenommen, wie die Betrachtung des Entscheidungszeitpunkts zeigt oder führt gar zu sicherheitskritischen Irritationen, die in wenigen Fällen zu Kollisionen mit anderen Verkehrsteilnehmern führte. Diese Ergebnisse legen den Schluss nahe, dass eine klare Aufgabenteilung zwischen Fahrer und Automation in Form der Systemausprägungen „Anzeige" und „Entscheidung" zu bevorzugen ist.

Insgesamt betrachtet bildet das Gate-Konzept die Grundlage für die Übertragung des Conduct-by-Wire-Konzepts auf Knotenpunktszenarien und somit auch auf komplexere, innerstädtische Szenarien. Die unterschiedlichen Systemausprägungen können hierbei als mögliche Entwicklungsstufen des entwickelten Interaktionskonzepts angesehen werden. Beginnend mit einem niedrigen Automatisierungsgrad könnte die Migration vom heutigen assistierten zum teilautomatisierten Fahren erfolgen. In Abhängigkeit der Systemerfahrung der Nutzer und der technischen Entwicklung, insbesondere im Bereich der maschinellen Umfeldwahrnehmung, ist eine Steigerung des Automationsgrades und somit eine Erweiterung des Funktionsumfangs der Automation denkbar. Aufbauend auf dem in diesem Abschnitt vorgestellten Gate-Konzept wird im nächsten Abschnitt die Entwicklung und Evaluation einer konkreten Manöverschnittstelle für Conduct-by-Wire vorgestellt. Hierbei basiert die Entwicklung und Evaluation auf der höchsten Automationsstufe des Gate-Konzepts – Entscheidungsfindung durch die Automation – so dass der Fahrer nur Entscheidungen bezüglich des zu fahrenden Manövers treffen muss (z. B. „links abbiegen"). Die Durchführung der Manöver erfolgt durch das Fahrzeug.

59.3.2 Entwicklung und Evaluation der Manöverschnittstelle

Vor allem in komplexen Kreuzungssituationen (z. B. Manöver rechts abbiegen ist mehrfach vorhanden) können Manöver nicht mehr oder nur aufwendig mit herkömmlichen Bedienelementen (Lenkrad und Pedale) an das Fahrzeug übergeben werden [9]. Daher wurden seit 2008 verschiedene Interaktionskonzepte für Conduct-by-Wire iterativ entwickelt und evaluiert, die eine Manövereingabe zunächst auf der Autobahn und später auch in den bereits beschriebenen komplexen Kreuzungssituationen ermöglichen (u. a. [4, 9], [18]–[20]). Ausgehend von Standards und Normen wurden zunächst Emp-

Abb. 59.7 Auf dem taktilen Touchdisplay dargestellter Inhalt (aus [21], angelehnt an [18]). In dem Beispiel sind die Manöver „Fahrstreifenwechsel links/rechts" verfügbar und das Manöver „dem Straßenverlauf folgen" ist aktiv. Die Wunschgeschwindigkeit beträgt 100 km/h, während das Fahrzeug aktuell etwa 85 km/h fährt.

fehlungen und Messgrößen für die Gestaltung und Bewertung von Interaktion im Fahrzeug gesammelt. Anschließend wurden diese Empfehlungen und Messgrößen auf Conduct-by-Wire übertragen und in Form von Anforderungen formuliert (vgl. [4, 9]). Hierbei zeigte sich, dass vor allem die Anzahl der Eingabefehler sowie das Blickverhalten zur Beurteilung der Interaktion in manöverbasierten Fahrzeugführungskonzepten geeignet sind.

Für die erste prototypische Umsetzung wurde ein taktiles Touchdisplay auf dem Lenkrad platziert ([4, 18]). Mittels vordefinierter Schaltflächen können die auf der Autobahn benötigten Manöver und Parameter an das Fahrzeug übergeben werden (s. ◘ Abb. 59.7). Mithilfe dieser Umsetzung konnte die Machbarkeit von Conduct-by-Wire aus Fahrersicht für Autobahnfahrten gezeigt werden [4]. Hinsichtlich der Anforderungen zeigte sich allerdings, dass die Anforderung nach einem identischen prozentualen Blickverhalten nicht erreicht wurde [9, 19]. Während der Fahrt mit dem taktilen Touchdisplay wurde signifikant länger und häufiger auf das Eingabegerät geschaut als bei einer vergleichbaren Fahrt mit herkömmlichen Bedienelementen.

Um das Blickverhalten zu verbessern, wurde bei der nächsten Entwicklungsstufe die Bedienung von der Anzeige getrennt [19, 21]. Alle vom Fahrer benötigten Informationen (z. B. verfügbare Manöver) werden dem Fahrer hierbei in einem (simulierten) Head-up-Display dargestellt. Über ein in der rechten Armlehne des Fahrersitzes integriertes Touchpad gibt der Fahrer die gewünschten Manöver und Parameter in Form von Gesten ein. Bei der Evaluation zeigte sich, dass das Blickverhalten im Vergleich zum taktilen Touchdisplay verbessert werden konnte, aber weiterhin schlechter als das Blickverhalten während der Fahrt mit herkömmlichen Bedienelementen einzustufen ist [9, 19]. Weiterhin stieg mit der Gestenerkennung die Anzahl der Eingabefehler unerwünscht an, da die Gesten vom Fahrer zunächst richtig ausgeführt und anschließend korrekt erkannt werden mussten. Daraufhin wurde als dritte Entwicklungsstufe das gegenwärtig aktuelle Interaktionskonzept *pieDrive* entwickelt, das die niedrige Eingabefehlerzahl des taktilen Touchdisplays mit dem verbesserten Blickverhalten der Gestenerkennung kombiniert [9, 20].

Um eine hohen Anteil der Blicke auf die Straße zu erreichen, basiert das Interaktionskonzept *pieDrive* ebenfalls auf der Trennung von Bedienung und Anzeige. Wie auch bei der Gestenerkennung erhält der Fahrer alle benötigten Informationen über eine Darstellung im Head-up-Display und gibt Manöver- sowie Parameterbefehle über ein in der rechten Armlehne des Fahrersitzes integriertes Touchpad ein. Nachfolgend werden zunächst das Head-up-Display und anschließend das Bedienkonzept beschrieben.

Im Head-up-Display werden die verfügbaren sowie das aktive Manöver in einem halbkreisförmigen Menü angeordnet (siehe ◘ Abb. 59.9). Sind mehrere Manöver verfügbar, wird der Halbkreis in Segmente unterteilt, wobei jedes Segment für ein Manöver steht (siehe ◘ Abb. 59.8). Hierbei erfolgt die Anordnung der Manöver im Halbkreis richtungskorrekt, so dass beispielsweise ein „Abbiegen rechts"-Manöver rechts und ein „Abbiegen links"-Manöver links im halbkreisförmigen Menü dargestellt wird. Weiterhin wird das Manöversegment des aktiven Manövers hellgrün hervorgehoben.

Die Darstellung der Parameter erfolgt im inneren Bereich des halbkreisförmigen Manövermenüs (siehe ◘ Abb. 59.9), wobei die vom Fahrer eingestellte Wunschgeschwindigkeit im linken, die Fahrzeuggeschwindigkeit im oberen und die Geschwindigkeitsbegrenzung im rechten Bereich angezeigt werden. Zur besseren Unterscheidung der drei Geschwindigkeiten wurde die Darstellung

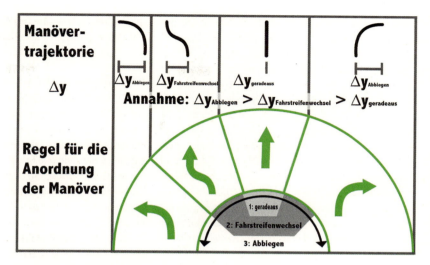

◨ **Abb. 59.8** Anordnung der Manöver im halbkreisförmigen *pieDrive* Menü (nach [20])

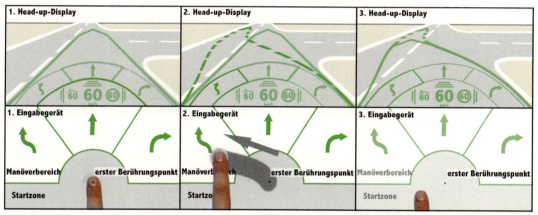

◨ **Abb. 59.9** Kontaktanaloges Head-up-Display der Gestaltungslösung *pieDrive* (nach [20]). Die auf dem Eingabegerät dargestellten Inhalte dienen der Erklärung und sind in der umgesetzten Mensch-Maschine-Schnittstelle nicht sichtbar. 1: Das Manöver „dem Straßenverlauf folgen" ist aktiv und der Fahrer beginnt eine Manövereingabe. 2: Der Fahrer hat das Manöver „Fahrstreifenwechsel links" ausgewählt. 3: Der Fahrer hat den Fahrstreifenwechsel beauftragt, der nun aktiv ist.

der Wunschgeschwindigkeit um ein Kreissegment sowie ein Dreieck ergänzt, weiterhin wird um den numerischen Wert Geschwindigkeitsbegrenzung ein Kreissymbol eingeblendet.

Zwischen den drei Geschwindigkeiten wird die *Zeitlücke zum vorausfahrenden Fahrzeug* mithilfe von maximal vier horizontalen Balken sowie einem stilisierten Fahrzeugsymbol angezeigt. Die Anzahl der Balken repräsentiert hierbei die eingestellte Zeitlücke (1 Balken: 1 s bis 4 Balken: 2,5 s). Das stilisierte Fahrzeugsymbol wird zusätzlich genutzt, um die Exzentrizität des Fahrzeugs im Fahrstreifen darzustellen. Die eingestellte Exzentrizitätsstufe wird hierbei durch vier vertikale Balken sowie durch die Position des stilisierten Fahrzeugsymbols verdeutlicht.

Zur Verdeutlichung des aktiven Manövers wird zusätzlich zu dem Highlight im Manövermenü die zukünftige Fahrzeugtrajektorie über einen auf der Straße aufliegenden Pfeil dargestellt (siehe ◨ Abb. 59.9). Hierbei erfolgt die Darstellung der Trajektorie ortskorrekt.

Um einen Manöverbefehl an das Fahrzeug zu übergeben, legt der Fahrer einen Finger auf das Touchpad (siehe ◨ Abb. 59.9 links). Im Head-up-Display wird daraufhin der innere Kreis des Manövermenüs hellgrün hervorgehoben, anschließend bewegt der Fahrer den Finger in Richtung des gewünschten Manöversegments (siehe ◘ Abb. 59.9 Mitte). Ist ein Manöversegment erreicht, wird es im Head-up-Display hellgrün hervorgehoben. Zusätzlich wird dem Fahrer im Head-up-Display über einen zweiten auf der Straße aufliegenden, gestrichelten Pfeil ortskorrekt angezeigt, welche Trajektorie das Fahrzeug bei der Beauftragung des ausgewählten Manövers fahren würde. Zur Beauftragung des gewählten Manövers wird der Finger anschließend über dem zugehörigen Manöversegment abgehoben (siehe ◘ Abb. 59.9 rechts). Alternativ kann die Auswahl durch die Wahl eines anderen Manöversegments korrigiert oder durch ein Abheben des Fingers im inneren Halbkreis (Startzone) abgebrochen werden.

Das *pieDrive*-Interaktionskonzept wurde in mehreren Fahrsimulatorstudien validiert (siehe [9]): Hierbei fand unter anderem eine Überprüfung des Konzepts in einer Studie mit vier Untersuchungstagen pro Teilnehmer statt, um Veränderungen im Fahrerverhalten über die Zeit untersuchen zu können. Es zeigte sich, dass die Probanden trotz einer ausschließlich theoretischen Einführung in das Konzept nur sehr kurze Lernzeiten benötigten, um die Bedienung des Interaktionskonzepts zu beherrschen. Dies wurde vor allem in einer signifikanten Reduktion der Anzahl der von den Probanden falsch eingegebenen Manöver deutlich, die notwendig waren, um der vorgegebenen Zielroute zu folgen (Fehler an Entscheidungspunkten). Hierbei konnte bereits in der ersten Versuchsfahrt eine signifikante Reduktion gezeigt werden. Die letzte der Versuchsfahrten erfolgte bei allen Probanden fehlerfrei; weiterhin traten mit *pieDrive* keine Eingabefehler durch eine falsche Zuordnung der Fahrereingaben auf.

Zusätzlich zeigte sich, dass es allen Fahrern möglich war, mit Conduct-by-Wire und *pieDrive* alle Streckenelemente und alle simulierten Verkehrssituationen innerhalb der Versuche zu bewältigen. Dies gilt sowohl für die Fahrt auf Autobahnen als auch auf Überlandstraßen und im Stadtverkehr.

Die Analyse der Blickbewegungen zeigte außerdem, dass die Trennung von Ausgabe- (Head-up-Display) und Eingabeelement (Touchpad) äußerst wirksam war, um die Blickabwendungszeiten von der Straße auf ein Minimum zu reduzieren. Damit behält der Fahrer auch während der Eingabe von neuen Manövern das Verkehrsgeschehen im Auge und kann gegebenenfalls darauf reagieren.

59.4 Fazit und Ausblick

Alle bisherigen Ergebnisse weisen darauf hin, dass es sich bei Conduct-by-Wire um ein vielversprechendes Konzept zur teilautomatisierten Fahrzeugführung handelt. Dabei liegt die Stärke des Konzepts in der Entlastung des Fahrers von eintönigen und wenig anspruchsvollen Aufgaben, ohne einen kompletten Rückzug aus der Fahraufgabe zu ermöglichen.

Die bisherigen Studien ermöglichen zwar ein erstes Fazit, zeigen jedoch noch weiteren Forschungsbedarf zu dem Konzept auf (vgl. [9]): So wurden bisher nur kürzere Fahreinheiten oder wenige Fahrten untersucht – ohne jedoch zu untersuchen, wie sich das Fahrerverhalten ausschließlicher Verwendung von Conduct-by-Wire über längeren Zeitraum verändert. Hier ist durchaus denkbar, dass Fahrer Strategien entwickeln, um über möglichst lange Strecken nicht an der Fahraufgabe beteiligt zu sein. Dies würde jedoch in einem Rückzug aus der Fahraufgabe resultieren und die Gesamtsicherheit des Systems senken, da der Fahrer nicht mehr als Kontrollinstanz zur Verfügung stünde.

Weiterhin basieren alle dargestellten Ergebnisse auf Fahrsimulatorstudien, so dass noch keine Aussagen über die Funktionalität des Conduct-by-Wire-Systems im Realverkehr getroffen werden können. Dies gilt sowohl für die erreichbare Zuverlässigkeit eines solchen Systems, als auch für die notwendige Flexibilität in Handlungsausführung bei abweichenden Verkehrsbedingungen.

Auch wenn bisher versucht wurde, reale Verkehrssituationen möglichst breit abzubilden, lag bisher der Fokus der Entwicklung auf der Fahrer-Fahrzeug-Interaktion sowie den Fahrfunktionen für den Standardfall. Besondere Szenen (z. B. Kreisverkehr mit mehreren Fahrstreifen) oder kritische Situationen (z. B. Vorfahrt wird durch ein anderes Fahrzeug genommen) wurden bisher nur am Rand betrachtet. Der Umgang mit Nicht-Standardsituationen trägt jedoch einen wesentlichen Teil zu der Brauchbarkeit des Systems im realen Straßenverkehr bei.

Zusammenfassend lässt sich sagen, dass Conduct-by-Wire ein vielversprechendes Fahrzeugführungskonzept ist, das in der aktuellsten Umsetzung einige Probleme der Interaktion mit bisherigen Assistenzsystemen löst (z. B. keine Priorisierung von Systemrückmeldungen mehr nötig, keine Blickabwendungszeiten wegen uneinheitlichen Bedienkonzepts). Zeitgleich weisen die bisherigen Forschungsergebnisse darauf hin, dass Conduct-by-Wire als Migrationsschritt zum vollautomatisierten Fahren geeignet sein könnte.

Literatur

1. Winner, H., Heuss, O.: X-by-Wire Betätigungselemente – Überblick und Ausblick. In: Darmstädter Kolloquium Mensch und Fahrzeug. Cockpits für Straßenfahrzeuge der Zukunft, S. 79–115. (2005)
2. Schreiber, M., Kauer, M., Bruder, R.: Conduct by Wire – Maneuver Catalog for Semi-Autonomous Vehicle Guidance. In: Intelligent Vehicles Symposium, 2009 IEEE, S. 1279–1284. IEEE, Xi'an, China (2009)
3. Donges, E.: Aspekte der aktiven Sicherheit bei der Führung von Personenkraftwagen. Automobilindustrie **27**(2), 183–190 (1982)
4. Schreiber, M.: Konzeptionierung und Evaluierung eines Ansatzes zu einer manöverbasierten Fahrzeugführung im Nutzungskontext Autobahnfahrten. Dissertation, Institut für Arbeitswissenschaft, TU Darmstadt, 2012
5. Winner, H., Hakuli, S., Bruder, R., Konigorski, U., Schiele, B.: Conduct-by-Wire – ein neues Paradigma für die Weiterentwicklung der Fahrerassistenz. In: 4. Workshop Fahrerassistenzsysteme, S. 112–125. Freundeskreis Mess- und Regelungstechnik Karlsruhe e.V., Karlsruhe (2006)
6. Chapanis, A.: On the allocation of functions between men and machines. Occupational Psychology **39**, 1–11 (1965)
7. Parasuraman, R., Sheridan, T., Wickens, C.: A model for types and levels of human interaction with automation. Systems, Man and Cybernetics, Part A: Systems and Humans, IEEE Transactions on **30**(3), 286–297 (2000)
8. Luczak, H.: Untersuchungen informatorischer Belastung und Beanspruchung des Menschen. VDI-Verlag, Düsseldorf (1975)
9. Franz, B.: Entwicklung und Evaluation eines Interaktionskonzepts zur manöverbasierten Führung von Fahrzeugen. Dissertation, Institut für Arbeitswissenschaft, Technische Universität Darmstadt, Darmstadt, 2014
10. Edwards, E., Lees, F.P.: Man and computer in process control. Institution of Chemical Engineers, London (1973)
11. Fitts, P.M.: Human engineering for an effective air-navigation and traffic-control system (1951)
12. Kraiss, K., Schmidtke, H.: Funktionsteilung Mensch-Maschine. In: Bundesamt für Wehrtechnik und Beschaffung (Hrsg.) Handbuch der Ergonomie: Erg.-Lfg. 7. Carl Hanser, München (2002)
13. Price, H.E.: The Allocation of Functions in Systems. Human Factors: The Journal of the Human Factors and Ergonomics Society **27**(1), 33–45 (1985)
14. Sheridan, T.B.: Supervisory Control. In: Handbook of Human Factors and Ergonomics, S. 1025–1052. John Wiley & Sons Inc, Hoboken, New Jersey (2006)
15. Schreiber, M., Kauer, M., Schlesinger, D., Hakuli, S., Bruder, R.: Verification of a Maneuver Catalog for a Maneuver-Based Vehicle Guidance System. In: Systems Man and Cybernetics (SMC), S. 3683–3689. IEEE International Conference, Istanbul (2010)
16. Geyer, S., Hakuli, S., Winner, H., Franz, B., Kauer, M.: Development of a cooperative system behavior for a highly automated vehicle guidance concept based on the Conduct-by-Wire principle. In: 2011 IEEE Intelligent Vehicles Symposium (IV), S. 411–416. IEEE, New York (2011)
17. Geyer, S.: Entwicklung und Evaluierung eines kooperativen Interaktionskonzepts an Entscheidungspunkten für die teilautomatisierte, manöverbasierte Fahrzeugführung. VDI-Verlag, Düsseldorf (2013)
18. Kauer, M., Schreiber, M., Bruder, R.: How to conduct a car? A design example for maneuver based driver-vehicle interaction. In: 2010 IEEE Intelligent Vehicles Symposium (IV), S. 1214–1221. IEEE, San Diego, CA (2010)
19. Franz, B., Kauer, M., Blanke, A., Schreiber, M., Bruder, R., Geyer, S.: Comparison of Two Human-Machine-Interfaces for Cooperative Maneuver-Based Driving. Work: A Journal of Prevention, Assessment and Rehabilitation **41**(1), 4192–4199 (2012)
20. Franz, B., Kauer, M., Bruder, R., Geyer, S.: pieDrive – a New Driver-Vehicle Interaction Concept for Maneuver-Based Driving. In: Proceedings of the 2012 International IEEE Intelligent Vehicles Symposium Workshops. IEEE, Alcalá de Henares, Spanien (2012)
21. Franz, B., Kauer, M., Schreiber, M., Blanke, A., Distler, S., Bruder, R., Geyer, S.: Maneuver-Based Driving Today and in the Future – Development of a New Human-Machine Interface for Conduct-by-Wire. In: Fahrer, Fahrerunterstützung und Bedienbarkeit VDI-Bericht, Bd. 2134, VDI Velag GmbH, Braunschweig (2011)

H-Mode 2D

Eine haptisch-multimodale Bedienweise für die kooperative Führung teil- und hochautomatisierter Fahrzeuge

Eugen Altendorf, Marcel Baltzer, Martin Kienle, Sonja Meier, Thomas Weißgerber, Matthias Heesen, Frank Flemisch

60.1 Einleitung – 1124

60.2 Von der H-Metapher zum H-Mode – 1124

60.3 Kooperative Fahrzeugführung mit dem H-Mode – 1125

60.4 Systemarchitektur und Funktionsweise – 1129

60.5 Fallbeispiele und Untersuchungsergebnisse – 1134

60.6 Fazit und Ausblick – 1136

Literatur – 1136

60.1 Einleitung

Vor dem Hintergrund wachsender technischer Möglichkeiten im Bereich der Assistenz und Automation entstehen vielfältige Herausforderungen, Risiken und Chancen in der Gestaltung des assistierten, teil- und hochautomatisierten Fahrens. Eine der größten Herausforderungen besteht darin, eine Vielzahl von komplexen technischen Funktionen so zu integrieren und dem Menschen anzubieten, dass sie intuitiv als ein zusammenhängendes, mit dem Fahrer kooperierendes System verstanden und jederzeit zuverlässig, sicher und angenehm bedient werden können. Dabei verschwimmen die Grenzen zwischen Assistenz und Automation zunehmend und es wird notwendig, einander ergänzende Assistenz- und Automationsgrade zu definieren [1]. Somit ist es sinnvoll, einen stärkeren Fokus auf die Einbeziehung des Menschen im Sinne einer kognitiven Kompatibilität und im Hinblick auf das Vertrauen zwischen Mensch und Automation bzw. Assistenz (vgl. [2, 3] und ▶ Kap. 58) sowie auch dem Menschen im Entwicklungsprozess zu legen [4].

Die kooperative Fahrzeugführung adressiert diese Fragestellungen und beschreibt als generisches Konzept die generellen Freiheitsgrade des Zusammenwirkens von Mensch und Automation z. B. auf den verschiedenen Ebenen der Fahrzeugführung (vgl. ◘ Abb. 60.11). Der im vorliegenden Kapitel beschriebene H-Mode ist eine konkrete Umsetzung einer kooperativen Fahrzeugführung.

Ausgangsbasis für den H-Mode ist die H-Metapher – eine Designmetapher vergleichbar der Desktop-Metapher im PC-Bereich – welche das Gesamtsystemverhalten und die Interaktion zwischen einem kooperativen bzw. teil- und hochautomatisierten Fortbewegungsmittel und dem Menschen skizziert. Die H-Metapher als Grundlage für den H-Mode ist durch das biologische Vorbild Reiter – Pferd bzw. Fahrer – Kutschpferd inspiriert.

Ein Schwerpunkt des H-Modes liegt in der haptisch-multimodalen Interaktion zwischen Fahrer und Fahrzeug bzw. der Automation und dem Menschen. Aus der heutigen Perspektive der Assistenzsysteme betrachtet integriert H-Mode ein Abstandshaltesystem (vergleichbar einem ACC+), eine aktive Fahrstreifenhalteassistenz (LKAS), ein Fahrstreifenverlassenswarn- und Eingriffssystem (Lane Departure Mitigation/Prevention System), ein Collision Mitigation System und einen Stau- und Autobahnassistenten, und ermöglicht den Übergang zum autonomen Fahren. H-Mode berücksichtigt sowohl die mögliche dynamische Kontrollverteilung zwischen Mensch und Technik als auch die Fragestellung nach situationsangemessenen Übernahme- und Reaktionszeiten.

60.2 Von der H-Metapher zum H-Mode

In der kooperativen Fahrzeugführung [5] kann die Fahraufgabe von beiden Beteiligten – dem menschlichen Fahrer und einer kognitiven Automation – gemeinsam ausgeführt werden; ebenso besteht die Möglichkeit, dass verschiedene Aspekte der Fahraufgabe verteilt werden. Zentraler Bestandteil einer kooperativen Fahrzeugführung ist eine Automation, die in der Lage ist, kooperativ mit dem Menschen zusammenzuarbeiten. ▶ Kap. 58 zeigt in ◘ Abb. 58.1 eine Assistenz- und Automationsskala als stark vereinfachtes Modell der Kontrollverteilung zwischen Mensch und Maschine. Entscheidend dabei ist, dass es neben den Extremen manuelles Fahren und vollautomatisiertes Fahren Mischstufen wie Teil- und Hochautomation geben kann, in denen sowohl der Mensch als auch die Automation auf die Fahrzeugführung einwirken.

Ein derartiges technisches System sollte, um den Menschen sinnvoll in der Fahraufgabe unterstützen und entlasten zu können, für diesen verständlich und nachvollziehbar agieren. Die Anforderungen in einem solchen komplexen Mensch-Maschine-System bestehen nicht nur im Hinblick auf technische Assistenz bzw. Automation, sondern insbesondere auch in Bezug auf die Interaktion zwischen Mensch und technischem System. Um die intuitive Verständlichkeit der kooperativen Automation seitens des Menschen zu unterstützen, bietet sich die Nutzung einer passenden Design-Metapher – vergleichbar mit der Desktop-Metapher für den PC – an. Auch wenn die hochautomatisierte Bewegungsführung auf Basis maschineller Automation vergleichsweise neu ist, gibt es doch bekannte und etablierte historische Beispiele für eine kooperative, gemeinsame Bewegungsführung zweier kognitiv fähiger Partner.

Vorbild des H-Modes ist die Beziehung zwischen Mensch und Reit- oder Kutschpferd: Ein Pferd verfügt über eine leistungsfähige Sensorik, Kognition und Aktorik, um sich autonom bewegen zu können; ein Reiter bzw. Kutscher kann in variablen Autonomiegraden über Zügel auf die Bewegung des Pferdes Einfluss nehmen, wobei das Pferd selbstständig auftretende Hindernisse vermeiden, den vorgegebenen Weg verfolgen oder direkter den Vorgaben des Reiters folgen wird. Dieser Vergleich wurde im Laufe der Jahre und mehrerer Forschungskooperationen zu einer Designmetapher ausgebaut – und beschrieben als H(orse)-Metapher die grundlegenden Rollen und Interaktionsformen für teil- und hochautomatisierte, kooperativ kontrollierte Fahrzeuge und deren Anwender [6].

Auf Grundlage der H-Metapher entstand das Konzept des H-Modes, der die haptisch-multimodale Interaktion und Durchführung der Fahraufgabe durch den Menschen und ein hochautomatisiertes Fahrzeug beschreibt. Während die H-Metapher eine eher übergeordnete, metaphorische Beschreibung einer kooperativen Fahrzeugführung darstellt, ist der H-Mode eine konkrete Umsetzung der kooperativen Fahrzeugführung als haptisch-multimodale Interaktionssprache für teil- und hochautomatisierte Fahrzeuge.

60.3 Kooperative Fahrzeugführung mit dem H-Mode

Ein Aspekt der H-Metapher und damit des H-Modes ist die Beschreibung unterschiedlicher Automationsgrade und die Verteilung der Autorität zwischen Fahrer und Automation. Am Beispiel des Zusammenarbeitens von Pferd und Reiter lässt sich veranschaulichen, dass je nach Situation der Einfluss auf die Bewegung unterschiedlich verteilt sein kann; dieser Gedanke kann auf die automatisierte Fahrzeugführung übertragen werden.

Im H-Mode kommen je nach Umsetzungsgrad zwei bis drei verschiedene Assistenz- und Automationsstufen zum Einsatz: In der Stufe „Tight Rein" („fester Zügel") steuert der Mensch das Fahrzeug weitgehend alleine und erhält von der Automation Handlungsempfehlungen, bspw. in Bezug auf Geschwindigkeitsänderungen oder Positionierung im Fahrstreifen. In diesem assistierten Modus übernimmt der Fahrer ein hohes Maß an direkter Kontrolle, d. h. seine lateralen und longitudinalen Stellaktionen werden sehr direkt auf das Fahrzeug übertragen. Die Aufgabe der Automation ist in diesem Modus, den Menschen durch haptische Hinweise in entsprechende Richtungen zu unterstützen – dies können z. B. Fahrstreifen-zentrierende Kräfte bzw. Momente auf das Lenkrad sein.

Im teilautomatisierten „Loose Rein" („lockerer Zügel") wird sowohl die Längs- als auch die Querführung auf Trajektorien- sowie Stabilisierungsebene weitgehend von der Automation übernommen. Hierbei bleibt der Mensch jedoch sinnvoll eingebunden, z. B. indem er das zu fahrende Manöver und die Randbedingungen – wie die Geschwindigkeit – beeinflusst. Unter anderem kommen dabei Systeme zum Einsatz, die mit einem aktiven Spurhalteassistenten (LKAS) und einer Abstandsregelung (ACC) vergleichbar sind, aber, wie nachfolgend beschrieben, deutlich darüber hinausgehen können. Im „Loose Rein" werden die entsprechenden Stellaktionen durch die Automation sehr direkt auf das Fahrzeug übertragen, sind jedoch in der Regel auf einem haptischen Stellteil, z. B. einem aktiven Lenkrad, Gaspedal und/oder Sidestick, spürbar.

„Secured Rein" („gesicherter Zügel") beschreibt das hoch- bzw. temporär-vollautomatisierte Fahren – vergleichbar dem von Kutschfahrern auf sicheren Strecken manchmal praktizierten Ablegen des Zügels – auf Fahrzeuge übertragen. Hier kann der Mensch für eine definierte Zeit aus dem Führungskreis aussteigen, während das Fahrzeug sonstige Aspekte der Fahraufgabe autonom übernimmt. Damit ein solcher Modus genutzt werden kann, muss bereits eine ausreichende Kommunikation zwischen Fahrzeug, Automation und Umwelt vorherrschen, da es einige Zeit dauern kann, bis der Mensch bei unvorhergesehenen Situationen wieder aufmerksam in die Ausführung der Fahraufgabe integriert werden kann. Eine Möglichkeit, eine zuverlässige temporär vollautomatisierte Fahrt zu gewährleisten, könnte auf einer speziell zertifizierten Straße, einer sogenannten „Secured Lane", realisiert werden. Ein entsprechendes Konzept wurde bspw. mit der „eLane" im Projekt CityMobil vorgestellt [7].

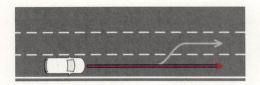

Abb. 60.1 Assistenz- und Automationsspektrum mit H-Mode-Automationsmodi

Abb. 60.2 Fahren im Tight Rein/niederautomatisiert

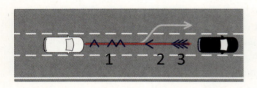

Abb. 60.3 Annähern an ein anderes Fahrzeug in „Tight Rein"

Zwischen den Stufen kann fließend und/oder auf Knopfdruck gewechselt werden: Abb. 60.1 zeigt die Automationsmodi des H-Modes im Assistenz- und Automationsspektrum. Im Folgenden werden die unterschiedlichen Modi „Tight Rein", „Loose Rein" und „Secured Rein" anhand prototypischer Fahrsituationen beispielhaft erläutert. Wichtig dabei ist, im Hinterkopf zu behalten, dass H-Mode im direkten Zusammenspiel mit Fahrern entwickelt wurde. Ziel war hierbei eine hohe Intuitivität, die in einer Reihe von Tests nachgewiesen wurde. H-Mode schlägt erfolgreich eine Brücke zwischen in Software implementierbarer Logik und vom Fahrer empfundener Intuitivität, wobei Logik und Intuitivität in diesem Zusammenhang als unterschiedliche Konzepte betrachtet werden. Vieles von dem, was hier in Worten sperrig beschrieben und vom Leser im Kopf rekonstruiert werden muss, ist beim Erfahren des H-Modes natürlich und einfach.

60.3.1 Exemplarische Anwendungsfälle für den H-Mode

In „Tight Rein" (assistiert/niederautomatisiert) übernimmt der Fahrer die Fahrzeugführung und wird dabei von der Automation unterstützt (Abb. 60.2). Bei dieser Unterstützung handelt es sich um eine Kombination einer schwachen Fahrstreifenzentrierung (vergleichbar mit einem mittenzentrierenden LKAS – Lane Keeping Assistant System) sowie einer schwachen Geschwindigkeits- und Abstandsregelung (bzgl. des Verhaltens vergleichbar einem ACC bzw. ACC+, aber schwächer). „Schwach" bedeutet hierbei, dass der Fahrer weiterhin beschleunigt, bremst und lenkt und die Automation über das Lenkrad oder das Gaspedal schwache Momente bzw. Kräfte beisteuert.

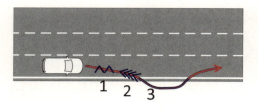

◘ Abb. 60.4 Virtuellles Kiesbett/Lane Departure Prevention/Mitigation System in „Tight Rein"/niederautomatisiert

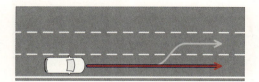

◘ Abb. 60.5 Transition „Tight Rein" nach „Loose Rein"

Eine alltägliche Situation im Straßenverkehr ist das Annähern an ein vorausfahrendes Fahrzeug (◘ Abb. 60.3). Das eigene Fahrzeug fährt bspw. mit einer höheren Geschwindigkeit als das vorausfahrende Fahrzeug; in dieser Situation ist eine Anpassung des Fahrverhaltens in Bezug auf die Geschwindigkeit bzw. die Wahl des Fahrstreifens nötig.

Wenn der linke Fahrstreifen frei und ein Fahrstreifenwechsel erlaubt ist, schlägt die Automation dem Fahrer in „Tight Rein" vor, den Fahrstreifen zu wechseln, z. B. mit einem schwachen Impuls im Lenkrad („Tick") sowie der Anzeige von Fahrstreifenwechseltrajektoren (◘ Abb. 60.3, Phase 1). Wechselt der Fahrer nicht rechtzeitig den Fahrstreifen, beginnt die Automation die Geschwindigkeit herunterzusetzen, z. B. mit zunehmender Gegenkraft auf dem Gaspedal (◘ Abb. 60.3, Phase 2). Wenn der Fahrer immer noch nicht reagiert und eine Kollision droht, greift die Automation mit einer Bremsung und einem Warnhinweis ein, vergleichbar mit einer automatischen Notbremse (◘ Abb. 60.3, Phase 3).

Eine weitere kritische Situation ist das unbeabsichtigte Abkommen von der Fahrbahn (◘ Abb. 60.4). Wenn die Gefahr besteht, dass das Fahrzeug mit seinem aktuellen Kurs von der Fahrbahn abkommen kann, so wird die Automation den Fahrer z. B. durch einen schwachen Impuls im Lenkrad „Tick" darauf hinweisen, den Kurs zu korrigieren (◘ Abb. 60.4, Phase 1). Bleibt der Fahrer weiterhin auf dem gleichen Kurs und steht das Fahrzeug kurz vor dem Abkommen von der Fahrbahn, so wird die Automation versuchen zu bremsen (◘ Abb. 60.4, Phase 2). Bevor oder wenn das Fahrzeug von der Fahrbahn abkommt, greift die Automation ein und lenkt das Fahrzeug wieder zurück auf die Fahrbahn (◘ Abb. 60.4, Phase 3); dies kann auch mit kurzzeitigem Entkoppeln des Fahrers verbunden sein. Ist die Situation gelöst, wird dem Fahrer die Kontrolle zurückgegeben.

Der Fahrer kann von „Tight Rein" zum teil- bzw. hochautomatisierten „Loose Rein" wechseln, indem er entweder den „Loose Rein" Knopf am Automationsdisplay drückt oder einfach den Griff um das Lenkrad lockert und die Aktionen am Lenkrad reduziert – bzw. in Richtung der Automationsaktionen harmonisiert (◘ Abb. 60.5). Die Automation erkennt dieses Sich-Zurückziehen des Fahrers und übernimmt fließend die Kontrolle, wobei der Fahrer diese Kontrolltransition jederzeit unterbrechen kann. Es ist noch eine offene Forschungsfrage, ob diese fluide Transitionsmöglichkeit vorher, z. B. bei Fahrbeginn, vom Fahrer explizit autorisiert wird (z. B. durch Drücken eines Fluid-Knopfes, wie in ◘ Abb. 60.5 dargestellt) oder von Anfang an eingestellt ist und vom Fahrer abgeschaltet werden kann.

In „Loose Rein" fährt vor allem die Automation, während der Fahrer in die Fahrzeugführung eingebunden bleibt. In diesem Automationsmodus bringt der Fahrer allenfalls leichte Zusatzmomente

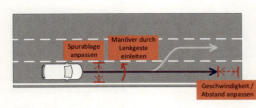

Abb. 60.6 Fahren in „Loose Rein"

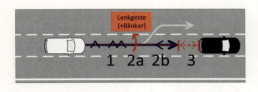

Abb. 60.7 Annähern an ein Fahrzeug in „Loose Rein"

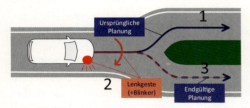

Abb. 60.8 Durchfahren einer Gabelung in „Loose Rein"

am Lenkrad auf, kann Geschwindigkeit, Abstand und Ablage von der Fahrstreifenmitte durch leichte Eingaben am Lenkrad und Gaspedal anpassen oder Manöver – wie einen Fahrstreifenwechsel – durch gestenhaft angedeutete Bewegung der Stellteile initiieren (Abb. 60.6).

Am Beispiel des Annäherns an ein Fahrzeug auf der Autobahn erhält der Fahrer in „Loose Rein", wenn der linke Fahrstreifen frei und ein Fahrstreifenwechsel erlaubt ist, den Vorschlag, das vorausfahrende Fahrzeug zu überholen – z. B. durch Anzeige einer Fahrstreifenwechseltrajektorie und durch einen unaufdringlichen schwachen Impuls am Lenkrad (Abb. 60.7, Phase 1.). Deutet der Fahrer eine Lenkbewegung in die entsprechende Richtung an (Manövergeste, Abb. 60.7, Phase 2a), wird das entsprechende Überholmanöver durch die Automation durchgeführt. Dies kann je nach Ausführung durch ein notwendiges Betätigen des Fahrtrichtungsanzeigers weiter abgesichert werden. Initiiert der Fahrer keinen Fahrstreifenwechsel, verringert die Automation die Geschwindigkeit des eigenen Fahrzeugs (Abb. 60.7, Phase 2b) und versucht dem vorausfahrenden Fahrzeug in einem sicheren, vom Fahrer anpassbaren Abstand zu folgen (Abb. 60.7, Phase 3) – vergleichbar einem Abstandsassistenten (ACC) mit starkem LKAS.

Eine Gabelung stellt einen weiteren Anwendungsfall für die kooperative Fahrzeugführung dar. Die Automation plant auf Basis von Navigationsdaten eine Route und davon ausgehend die Trajektorie (Abb. 60.8, Phase 1). In diesem Beispiel entspricht das dem linken Weg und dieser würde, falls der Fahrer keine alternative Lösung präferiert, von der Automation abgefahren. Interagiert nun der Fahrer mit dem Fahrzeug, indem er das Lenken nach rechts andeutet (Lenkgeste) oder eine andere Fahrtrichtung anzeigt („blinkt"; Abb. 60.8, Phase 2), erkennt die Automation seine Intention und plant auf den rechten Weg um (Abb. 60.8, Phase 3).

In dafür geeigneten Situationen bietet die Automation „Secured Rein" an, den der Fahrer aus

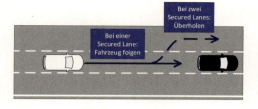

Abb. 60.9 Fahren in „Secured Rein"

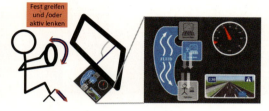

Abb. 60.10 Transitionen; links: „Secured Rein" nach „Loose Rein", rechts: „Loose Rein" nach „Tight Rein"

„Loose Rein" heraus dadurch aktiviert, indem er die Hände komplett vom Lenkrad wegnimmt (Abb. 60.9). In „Secured Rein" fährt die Automation komplett eigenständig, der Fahrer kann andere Dinge tun. Die Idee dahinter ist, dass in Fahrumgebungen mit besonderer technischer Ausstattung und -härtung eine temporäre Vollautomation auf einer sogenannten „Secured Lane" (in anderen Projekten eLane bzw. iLane genannt) sichergestellt werden kann. In diesem Falle übernimmt die Fahrzeugautomation alle Fahrzeugführungsaufgaben – von der automatisierten Auswahl von Fahrmanövern bis hin zur Steuerung und Regelung.

Nähert sich das Fahrzeug einem anderen Fahrzeug an (Abb. 60.9), so wird die eigene Geschwindigkeit auf die Geschwindigkeit des vorausfahrenden Fahrzeugs angepasst. Wenn eine zweite, parallele „Secured Lane" zur Verfügung steht, kann die Automation auch selbstständig den Fahrstreifen wechseln.

Der Fahrer kann im „Secured Rein" zum teil- bzw. hochautomatisierten „Loose Rein" wechseln, indem er entweder den „Loose Rein" Knopf am Automationsdisplay drückt (vgl. Abb. 60.2 bis Abb. 60.10) oder mit mindestens einer Hand das Lenkrad ergreift (Abb. 60.10, links). Die Automation erkennt dieses aktive Zugreifen und übergibt fließend wieder mehr Kontrolle, wobei der Fahrer diese Kontrolltransition jederzeit unterbrechen kann, indem er die Hände vom Lenkrad nimmt. Anschließend kann der Fahrer vom „Loose Rein" in den „Tight Rein" wechseln: Ergreift der Fahrer stärker oder mit beiden Händen das Lenkrad und erhöht seine Aktionen am Lenkrad, so erkennt dies die Automation und übergibt wieder fließend die Kontrolle an den Fahrer (Abb. 60.10, rechts).

60.4 Systemarchitektur und Funktionsweise

Als Umsetzung einer kooperativen Fahrzeugführung basiert der H-Mode auf den grundlegenden Erkenntnissen, Prinzipien und Wirkmechanismen zur gemeinsamen bzw. kooperativen Führung von Bewegung, wie im Kapitel „Kooperative Fahrzeugführung" ▶ Kap. 58 erläutert. Um den H-Mode in Grundzügen umsetzen zu können, ist eine Kombination von automatischer Abstandsregulierung (ACC) und Spurhalteassistenz (LKAS) bereits ein guter Startpunkt: Auf diese Art und Weise lässt sich bereits eine integrierte longitudinale und laterale Automation implementieren, welche um ein geeignetes Interaktionskonzept erweitert eine erste Stufe des H-Modes ergeben würde. Durch eine kooperative Systemarchitektur kann das Potenzial des hier vorgestellten Konzepts deutlich leistungsfähiger ausgeschöpft und realisiert werden. Wie im Kapitel

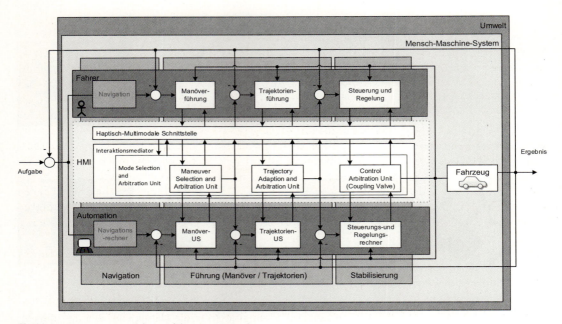

Abb. 60.11 Kooperative Fahrzeugführung im H-Mode

zur kooperativen Fahrzeugführung vorgestellt, beruht eine solche Architektur auf den zwei Partnern Fahrer und Automation, welche nach definierten Regeln und Abfolgen in den Gesamtregelkreis der Fahrzeugführung eingebunden sind. Im vorherigen Abschnitt wurden exemplarisch Nutzungsfälle dieser gemeinsamen Steuerung aufgezeigt und damit verbundene Aspekte der Mensch-Maschine-Interaktion vorgestellt. Im Folgenden werden die Bausteine der H-Mode-Interaktion und -Automation ausführlicher erläutert. ◘ Abbildung 60.11 zeigt auf Basis des generischen kooperativen Regelkreises aus ▶ Kap. 58 die kooperative Fahrzeugführung im H-Mode als schematisches Systemschaubild.

60.4.1 Kognitive Automation im H-Mode

Das metaphorische Beispiel des Zusammenwirkens von Pferd und Reiter verdeutlicht, dass es sich bei den beteiligten Partnern in der kooperativen Bewegungsführung um zunächst selbstständige Entitäten handelt: Sowohl der Mensch als auch sein Kooperationspartner verfügen über eine eigene Perzeption, Kognition und eigene Möglichkeiten zur Realisierung der Bewegungsaufgabe. Trotzdem bewegen sich beide gemeinsam und ergänzen sich durch ihre jeweiligen Fähigkeiten. Eine leistungsfähige Automation ist Voraussetzung, um die kooperative Fahrzeugführung im H-Mode umzusetzen.

Im H-Mode ist die Automation zur kooperativen Fahrzeugführung kognitiv, d. h. vergleichbar und kompatibel zur biologischen Kognition, aufgebaut. Dadurch wird erreicht, dass sie sowohl innerlich als auch äußerlich kompatibel sowie kooperationsfähig zum menschlichen Fahrer gestaltet ist [2, 8]. Eine detailliertere Darstellung der inneren und äußeren Kompatibilität findet sich in Kapitel „Kooperative Fahrzeugführung" ▶ Kap. 58 sowie in [4, 8, 9].

Die kognitive Automation im H-Mode ist auf Basis von Modellen der menschlichen Kognition in der Fahrzeugführung [10] konzipiert [2]: Dies kann mit einem mehrschichtigen Ansatz erreicht werden, der die verschiedenen Planungs- und Ausführungshorizonte bei der Fahrzeugführung berücksichtigt. Zu diesem Zweck kann auf etablierte Ansätze der menschlichen Kognition im Zusammenhang mit automatisierten technischen Systemen (z. B. [11, 12]) zurückgegriffen werden. Im H-Mode wird dabei von einem vierschichtigen Modell der Fahrzeugführung mit Ebenen zur Navigation, Manöverplanung und -durchführung, Trajektorienplanung und Regelung ausgegangen. Hierbei wird das dreischichtige Modell von Donges [10] in der Form erweitert, dass die Bahnführungsebene in zwei Schichten aufgegliedert wird – nämlich eine Manöver- und eine Trajektorienebene [2]. Manöver beschreiben als Begriffe mit hohem semantischen Gehalt den Zusammenhang zeitlich und räumlich verbundener Vorgänge; ein typisches Beispiel für ein Manöver im H-Mode ist „Fahrstreifenwechsel nach links". Trajektorien (z. B. ◘ Abb. 60.6), als geplante räumlich und zeitlich definierte Bahnen, stellen die konkrete Umsetzung von entsprechenden Manövern, also angepasst an die Umgebung, dar [13]. Dieses vierschichtige Modell der Fahrzeugführung dient als Grundlage für die im H-Mode eingesetzte kognitive Automation (vgl. ◘ Abb. 60.11).

60.4.2 Interaktionsmediation und Arbitrierung

In der kooperativen Kontrolle von Bewegung werden, wie das Beispiel von Pferd und Reiter anschaulich beschreibt, Autorität, Verantwortlichkeit und Kontrolle zwischen den Partnern aufgeteilt: Um diese Anforderungen zu erfüllen, muss eine effektive und kompatible Interaktion zwischen Mensch und Automation gewährleistet sein, wozu im H-Mode ein Interaktionsmediator eingesetzt wird. Der Interaktionsmediator gestaltet und vermittelt situationsangepasst die Interaktion zwischen Mensch und Automation.

Zentrale Bestandteile der Interaktionsmediation sind die Arbitrierung von Verhandlungskonflikten sowie durchgängige und eindeutige Kommunikation von Absichten und Zuständen: Eine Interaktionsmediation beinhaltet ein Modul zur Arbitrierung und Auswahl des aktuellen Automationsgrades, in dem die Verteilung von Verantwortlichkeit und Kontrolle abhängig von zur Verfügung stehender Autorität und zur Verfügung stehenden Fähigkeiten verhandelt wird. Aufbauend auf dem ermittelten Automationsgrad wird die Interaktion zur Verbesserung der inneren Kompatibilität zwischen Automation und Mensch auf jede Planungsebene der Fahrzeugführung speziell zugeschnitten und dort individuell gestaltet [14].

60.4.2.1 Arbitrierung von Verhandlungskonflikten

Auf dieselbe Art und Weise, wie bei der Interaktion von zwei oder mehr Menschen oder – wie die H-Metapher bereits andeutet, zwischen Mensch und Tier – Konflikte entstehen können, sind diese auch bei der gemeinsamen Bewältigung der Fahraufgabe bei der kooperativen Fahrzeugführung zwischen Mensch und Automation zu erwarten. Diese Konflikte entstehen dabei nicht nur bei der Ausführung der gemeinsamen Handlung, sondern bereits in der Planungsphase auf verschiedenen Ebenen der Fahrzeugführung. Um Handlungsunfähigkeit zu vermeiden, gilt es, Konflikte früh zu arbitrieren. Arbitrierung ist die strukturierte Verhandlung zwischen Mensch und Automation mit dem Ziel, eine gemeinsame, eindeutige Handlungsentscheidung innerhalb eines begrenzten Zeitraums zu fällen [14, 15]. Während der Arbitrierung sind Mensch und Automation in der Regel durchgehend miteinander – sowie mit dem Fahrzeug haptisch-multimodal – gekoppelt. In klar definierten Ausnahmefällen, wie einer mit hoher Sicherheit erkannten Kollisionsgefahr (◘ Abb. 60.3), kann auch eine Entkopplung des Menschen, bei vom Menschen klar erkanntem Fehlverhalten der Automation, auch eine Entkopplung der Automation sinnvoll sein.

Um Konflikte schnell und effektiv verhandeln zu können, kommt bei der Arbitrierung das Konzept handlungshemmender und handlungsfördernder Interaktionsanteile zum Einsatz: Grundlage des Konzepts der handlungshemmenden und handlungsfördernden Interaktion sind Spannungsfelder, die in [16] zum Konzept der Handlungsspannung (action tension) konkretisiert wurden; bei der Handlungsspannung handelt es sich um eine zu einer bestimmten Handlung gerichteten Motivation [16].

Die Verhandlungen der verschiedenen Handlungsabsichten von Mensch und Automation werden in der aktuellen Umsetzung des H-Modes 2D innerhalb des Interaktionsmediators durchgeführt (◘ Abb. 60.12). Diese Verhandlungen verlaufen multimodal sowohl für die dynamische Kontrollverteilung zwischen Mensch und Automation als auch für die Durchführung der Fahraufgabe in den verschiedenen Planungsebenen der Fahrzeugführung. Der Interaktionsmediator ist dazu in verschiedene Module untergliedert: So findet auf oberster Ebene der Interaktionsmediation die Verhandlung der Kontrollverteilung in der „Mode Selection and Arbitration Unit" (Erweiterung der MSU nach [17]) statt. In einer nachgelagerten Ebene der Interaktionsmediation hingegen werden in jeweils eigenständigen Arbitration Units für jede einzelne Planungsebene der Fahrzeugführung die geplanten Aktivitäten und Absichten arbitriert: Das durchzuführende Manöver in der „Manœuvre Selection and Arbitration Unit", die Anpassung der verfügbaren Fahrtrajektorien in der „Trajectory Adaption and Arbitration Unit" und die Kontrollausübung in der „Control Arbitration Unit (Coupling Valve)" [14].

60.4.2.2 Kommunikation von Absichten und Zuständen

Neben der Arbitrierung von Verhandlungskonflikten ist es Aufgabe des Interaktionsmediators, Absichten und Zustände eindeutig und durchgängig zwischen Mensch und Automation zu kommunizieren: So muss sichergestellt sein, dass sich Fahrer und Automation stets bewusst sind, welche Instanz welche Aufgabe übernimmt, ob ausreichend Ressourcen zur Bewältigung dieser Aufgaben zur Verfügung stehen und ob und mit welchem Zeithorizont Kontrolle auch wirklich ausgeübt wird, um Kontrolldefizite bzw. einen Kontrollüberschuss zu vermeiden.

Weiterhin soll sowohl dem Menschen als auch der Maschine bekannt sein, welche Absichten der jeweils andere Partner gerade verfolgt und welche Aktion zeitnah ausgeführt wird, z. B. welcher Trajektorie bei einer Gabelung gefolgt werden soll (◘ Abb. 60.8) bzw. ob ein Interaktionsmuster aufgrund einer speziellen kritischen Situation aktiv wird, wie bspw. das Verhindern des Abkommens von der Fahrbahn (virtuelles Kiesbett, ◘ Abb. 60.4) oder eine Kollisionsvermeidung (◘ Abb. 60.7).

Ein wichtiges Mittel zur Interaktion ist hierfür die haptische Interaktionsressource, die im H-Mode hauptsächlich durch die Interaktion zwischen Fahrer und Automation über aktive Stellteile realisiert wird. Dabei kann es aus ergonomischen Gesichtspunkten heraus sinnvoll sein, die zweidimensionale Fahraufgabe durch ein Bedienkonzept mit zwei Freiheitsgraden, z. B. einem Sidestick, umzusetzen. Andererseits kann der H-Mode auch sinnvoll auf ein aktives Lenkrad und ein aktives Gaspedal übertragen werden [18]. Ob Stick oder Lenkrad/Gaspedal, über den haptischen Kanal kann eine durchgängige und gerichtete Interaktion stattfinden, die eine Arbitrierung zwischen Fahrer und Automation vereinfacht. Die haptische Kopplung führt zu einer Verkürzung der Reaktionszeit [19, 20] und kann das Situationsbewusstsein erhöhen [6, 21]: Eine weitere wichtige Komponente der Zustandskommunikation ist die visuelle Darstellung von Trajektorien. Dargestellte Trajektorien ermöglichen dem Menschen, die nächsten Fahraktivitäten der Automation zu erkennen und ggf. zu beeinflussen, da eine direkte und dauerhafte Rückmeldung über eingeleitete Adaptierungen übermittelt werden sowie eingeleitete Aktivitäten in die Zukunft übertragen werden können [14].

60.4.2.3 Transitionen zwischen Automationsgraden

Ein weiterer Schwerpunkt der zum H-Mode durchgeführten Arbeiten bezieht sich auf den dynamisch-balancierten Wechsel der Kontrollverteilung zwischen Fahrer und Fahrzeugautomation – sogenannte Transitionen (vgl. ◘ Abb. 60.12). Der H-Mode umfasst zwei bis drei Automationsgrade, zwischen denen während der Fahrt dynamisch gewechselt werden kann (s. ◘ Abb. 60.1). Eine Variante eines dynamisch-balancierten Wechsels stellt die zuvor beschriebene sogenannte fluide Transition dar; hierbei findet der Wechsel zwischen den Automationsgraden nicht durch die explizite Anwahl des Automationsgrades, sondern implizit über die Aktivität bzw. Involvierung des Fahrers in die Fahraufgabe statt, z. B. durch Lockerlassen oder Festergreifen des Stellteils. Der Übergang zwischen den beiden Kontrollverteilungen ist dabei nicht abrupt, sondern fließend: Nimmt der Mensch die Hände vollständig vom haptischen Kontrollgerät, wird in der fluiden Bedienform eine Transition zum „Secured Rein" eingeleitet. Fasst der Mensch das Kontrollgerät leicht an, wird z. B. über eine Detektion auf der Basis kapazitiver Sensorik eine Transition in den „Loose Rein" initiiert und bei einem deutlichen Zugreifen – Detektion über kraftempfindliche Widerstände – eine Transition in den „Tight Rein". Aufgrund des Konflikts, dass gerade im „Tight Rein" eine sehr genaue Lenkung des Menschen erforder-

60.4 Systemarchitektur und Funktionsweise

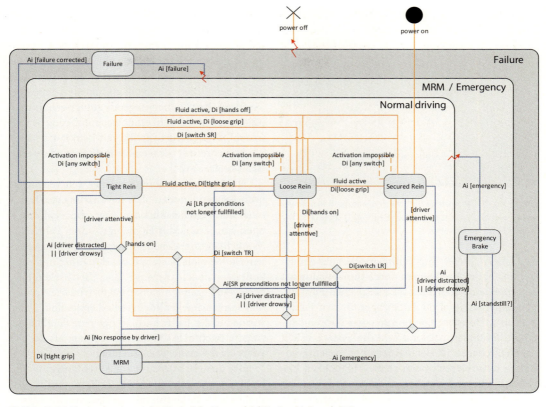

◼ **Abb. 60.12** Zustandsautomat der Mode Selection and Arbitration Unit nach [14]

lich wird und dafür die Aufwendung der höchsten Greifkräfte notwendig ist, wurden die für eine Transition erforderlichen Greifkräfte als Hysterese definiert, so dass der Griff nach einer Transition, z. B. nach dem „Tight Rein", auf einen angenehmeren Wert gelockert werden kann. Neben diesen normalen Transitionsmöglichkeiten sind im aktuellen Prototyp sogenannte „Not-Transitionen" implementiert: Übt der Mensch bspw. sehr starke Kräfte auf die haptischen Kontrollgeräte aus, wird dies dahingehend interpretiert, dass der Mensch die Kontrolle – sowohl in der Bedienform per Knopfdruck als auch der fluiden Bedienform – zurückerhalten möchte. Diese Transition geschieht sofort, um möglichen, von der Sensorik der Automation nicht detektierten Gefahren ohne Zeitverlust begegnen zu können.

60.4.3 Zusammenwirken der Interaktionsmodalitäten

Ein wichtiger Bestandteil im Interaktionskonzept automatisierter Systeme stellt die Rückmeldung an den Fahrer dar: Sie sollte bevorzugt innerhalb 200 ms erfolgen und multimodal ausgestaltet sein [9, 22]. Dabei ist für eine sichere und schnelle Bedienung entscheidend, dass sich die Information der einzelnen Kanäle nicht widerspricht und damit den Fahrer nicht verwirrt, sondern sich gegenseitig ergänzt. So sollte dem Fahrer auf dem haptischen Kanal vermittelt werden, welche Handlung präferiert ist, und auf dem visuellen Kanal, warum diese Einschätzung vorliegt. Es besteht die starke Vermutung, dass sich diese Kombination positiv auf die Akzeptanz und das Systemverständnis auswirkt [23]: Während die haptische Rückmeldung insbesondere eine schnelle Reaktion des Fahrers fördern soll [24], kann Information über den visuellen Ka-

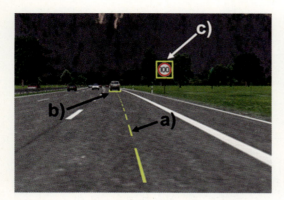

◘ **Abb. 60.13** Die Anzeigesymbole **a** Trajektorie, **b** Klammer und **c** Rahmen im kontaktanalogen Head-up-Display (kHuD) aus der Sicht des Fahrers [27]

nal zielgerichteter und umfangreicher eingesetzt werden; außerdem können durch die Vielfältigkeit der visuellen Darstellung die zahlreichen Funktionen einer Automation eindeutiger für den Fahrer abgebildet werden. Damit kann der Fahrer dauerhaft den Systemzustand und die Systemabsicht abrufen; ebenso ist der Fahrer über Systemgrenzen zu informieren, damit er die Möglichkeit hat, Fehlfunktionen frühzeitig zu erkennen (vgl. auch [25]). ◘ Abbildung 60.13 zeigt eine entsprechende Gestaltung: Das vorausfahrende Fahrzeug im eigenen Fahrstreifen ist mit einer Klammer markiert, der erkannte Fahrstreifen wird durch eine mittig platzierte Trajektorie gekennzeichnet, erkannte Verkehrszeichen werden kontaktanalog umrahmt. Jedes Anzeigesymbol visualisiert den Zustand eines Teilsystems der Gesamtautomation. Anhand dieser Anzeigen kann der Fahrer früher erkennen, wann eine Falsch- oder Fehlerkennung vorliegt und rechtzeitig Gegenmaßnahmen eingeleitet werden müssen.

60.5 Fallbeispiele und Untersuchungsergebnisse

Der H-Mode wurde in Simulatorstudien insgesamt gut akzeptiert: So bewerteten die Teilnehmer einer Versuchsreihe (n=20), die 2013 stattfand, den H-Mode auf einer siebenstufigen Skala in der zweithöchsten Stufe als „ziemlich gut". Ebenfalls wurden Nützlichkeit, empfundene Kooperation zwischen Fahrer und Automation, Erleichterung des Fahrens sowie gefühlte Sicherheit positiv aufgefasst. Besonders das Fahren im teil-/hochautomatisierten Bereich „Loose Rein" wurde von den Nutzern als „ziemlich angenehm" empfunden. Ebenso wurde der hoch-/temporär vollautomatisierte Modus „Secured Rein" überwiegend gut angenommen (◘ Abb. 60.14) [26]. In einer weiteren Studie wurde sowohl die H-Mode-Version mit Lenkrad als auch die Variante mit aktivem Sidestick gut bewertet (◘ Abb. 60.15) [27].

Darüber hinaus konnte in einer weiteren Studie nachgewiesen werden, dass die Paarung von haptischer und visueller Rückmeldung – bei Fehlfunktionen automatisierter Fahrzeuge – dem Fahrer die Möglichkeit zur schnellen Korrektur gibt. So konnten die Versuchspersonen bei der Fahrt mit einer kontaktanalogen Anzeige die Falscherkennung des nebenliegenden Fahrstreifens früher erkennen und somit schneller korrigierend eingreifen. Dabei wurde bei der Fahrt mit Anzeige eine deutlich geringere maximale Querablage erzeugt als bei der Fahrt ohne visuelle Rückmeldung.

Bei der Betrachtung der Teilkonzepte des H-Modes wurden sowohl „Tight Rein" und „Loose Rein" als auch die Interaktion für spezielle Manöver untersucht: Ein Schwerpunkt lag auf der Evaluierung der Auswirkungen variierender Fahrerinvolvierung bei „Tight Rein", „Loose Rein" und Vollautomation, auf die Kontrollierbarkeit bei Automationsausfall und Automationsfehlverhalten sowie die Auswirkung auf die Verteilung visueller Aufmerksamkeitsressourcen. Ein wesentliches Ergebnis war z. B. für einen gut eingestellten, d. h. nicht zu stark automatisierten „Loose Rein", dass dies einerseits zu einer Entlastung des Fahrers mit einer Freisetzung visueller Ressourcen für die Bearbeitung von Nebenaufgaben führte, bei gleichzeitig akzeptabler Kontrollierbarkeit eines Automationsausfalls. Dies stellt einen wesentlichen Vorteil gegenüber einer Vollautomation ohne Fahrerinvolvierung dar [28, 29]. Ebenso konnten von der H-Metapher abgeleitete Interaktionskonzepte für Transitionen an Systemgrenzen zur Verbesserung der Kontrollierbarkeit beitragen [30, 31]. Ein nächster Schwerpunkt lag auf der Untersuchung der Verhandlung zwischen Fahrer und Automation (Arbitrierung) [32, 33]: Untersucht wurde

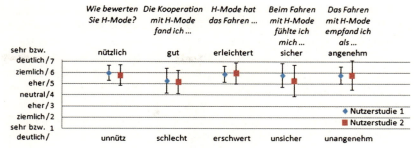

Abb. 60.14 Bewertung des H-Modes, Usability-Untersuchung 2013 [26]

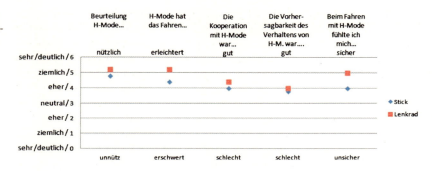

Abb. 60.15 Bewertung des H-Modes, Usability-Untersuchung 2011 [27]

dieser Aspekt insbesondere an Weggabelungen, bei denen Automation und Fahrer unterschiedliche Wege ausgewählt hatten. In den untersuchten Konfigurationen war sowohl in „Tight Rein" als auch in „Loose Rein" eine Durchsetzung des Fahrerwunsches ohne Weiteres möglich, die Nachvollziehbarkeit der Automationsintention war hoch. Weitere Arbeiten fanden zu dem Bereich der haptisch-multimodalen Interaktion für das Annähern an Vorderfahrzeuge, den Fahrstreifenwechsel, das Notbremsen und Ausweichen vor Hindernissen statt. So wurde erfolgreich die Wirksamkeit von haptischen Fahrstreifenwechselempfehlungen, haptischen Hinweisen auf einem aktiven Gaspedal und die teilweise, kurzzeitig vollständige, Entkopplung [34] des Fahrers von der longitudinalen und/oder lateralen Kontrolle in Notfall-, Ausweich- und Bremsmanövern untersucht und belegt [35, 36].

In einer umfassenden Usability-Untersuchung wurde die fluide Transition sowohl in einer Umsetzung für ein aktives Lenkrad als auch für einen aktiven Sidestick in vielen verschiedenen Fahrsituationen untersucht: Ziel war es herauszufinden, wie gut Versuchspersonen mit einer fluiden Transition zwischen zwei Automationsgraden fahren können, ob das Fahren leicht zu erlernen ist und ob die implizit durchgeführten Transitionen störend oder hilfreich für die Ausführung der Fahraufgabe sind. Die Versuchspersonen befuhren dafür in einem Bewegt-Simulator einen Rundkurs, der sich aus unterschiedlichen Fahrsituationen zusammensetzte. Abgebildet wurden verschiedene Situationen auf einer Autobahn – bestehend aus der Fahrt auf geraden Strecken, Kurvenfahrt in variierenden Kurvenradien, Fahrstreifenwechsel- und Bremssituationen. Des Weiteren befuhren die Versuchspersonen ein Stadtszenario mit Abbiegesituationen, Weggabelungen und engen Kurven. Um Trainings- und Lerneffekte zu erfassen, wurde zunächst ein sogenannter „Naive-Run" durchgeführt, eine Fahrt ohne jegliches Vorwissen über das H-Mode-System. Diesem folgte der sogenannte „Hot Run", eine zweite Fahrt mit entsprechender Systemerfahrung. Unter anderem zeigte sich, dass das Fahren im H-Mode mit fluider Transition, unabhängig von der Art des Stellteils, meist schon im „Naive Run", spätestens jedoch im „Hot Run" von den Fahrern als leicht zu erlernen und die Kooperation zwischen Fahrer und Automation als hoch empfunden wurde.

60.6 Fazit und Ausblick

Der H-Mode – als eine mögliche Umsetzung der kooperativen Fahrzeugführung – ist inspiriert durch das Vorbild Reiter/Kutschfahrer – Pferd und bietet eine integrierte haptisch-multimodale Bedienweise für teil- und hochautomatisierte Fortbewegungsmittel aller Art. Der hier vorgestellte H-Mode 2D wurde speziell für Bodenfahrzeuge entwickelt und integriert eine Reihe von Sicherheits- und Komfort-Systemen in drei Assistenz- und Automationsgrade, zwischen denen fließend gewechselt werden kann.

Ein vierter Automationsgrad „stark assistiert" bzw. „semiautomatisiert"/ACC+ kann integriert werden, wenn man ihn aus Gründen der schlüssigen Migration anbieten möchte (vgl. ◘ Abb. 60.1). H-Mode kann auch bereits eingesetzt werden, wenn das temporär-vollautomatisierte Fahren („Secured Rein") z. B. aus Sicherheitsgründen noch nicht angeboten werden kann oder wenn das gesamte Verkehrssystem so sicher gestaltet („gehärtet") ist, dass teilautomatisiert/„Loose Rein" nur noch ein Durchgangsmodus zur höheren Automationsstufe darstellt. Ebenso ist denkbar, dass sich der gesellschaftliche Konsens dahingehend entwickelt, dass das manuelle/niederautomatisierte Fahren aus Sicherheitsgründen, z. B. in bestimmten Gebieten oder bei bestimmten Umweltbedingungen, gar nicht mehr angeboten wird. Dies mag aus heutiger Perspektive noch futuristisch klingen, ist aber in der Luftfahrt bereits Realität, in der z. B. bei schlechter Sicht auf dafür ausgerüsteten Flughäfen nur noch hochautomatisiert mit einem ILS (Instrumented Landing System) gelandet werden darf.

Eine vorteilhafte Kombination von H-Mode mit einer Erfassung der Fahreraufmerksamkeit (attention monitor), wie im HAVEIt-Projekt gezeigt, ist ebenfalls möglich, um z. B. einen eventuellen Missbrauch im teil-/hochautomatisierten Modus („Loose Rein") einzuschränken [37]. H-Mode kann, wie hier dargestellt, auf einem normalen Lenkrad und einem aktiven Gaspedal, aber auch mit einem aktiven Sidestick, kleineren Fingersticks oder Lenkrädern mit kombiniertem Gaspedal dargestellt werden, was bereits erfolgreich untersucht wurde (z. B. [27]).

Die Erkenntnisse aus H-Mode und den kooperativen Automationen in der Fahrzeugführung können auch auf andere Domänen übertragen werden, in denen maschinelle und menschliche kognitive Fähigkeiten kooperativ zusammenwirken: So wurde der H-Mode auf dreidimensionale Bewegungsvorgänge zu einem H-Mode 3D erweitert, der eine Anwendung im Bereich der Luftfahrt ermöglicht [38].

Mit zunehmender Vernetzung von Menschen, Fahrzeugen und Infrastruktur erschließen sich vielfältige Herausforderungen und Chancen für den Einsatz kognitiver und kooperativer Mensch-Maschine-Systeme. Die kooperative Fahrzeugführung eines einzelnen Fahrzeugs bietet eine Basis für die systemische Erweiterung auf größere Kooperationsnetzwerke.

Literatur

1 Gasser, T.M., Arzt, C., Ayoubi, M., Bartels, A., Bürkle, L., Eier, J., Flemisch, F., Häcker, D., Hesse, T., Huber, W., Lotz, C., Maurer, M., Ruth-Schumacher, S., Schwarz, J., Vogt, W.: Rechtsfolgen zunehmender Fahrzeugautomatisierung – Gemeinsamer Schlussbericht der Projektgruppe Bundesanstalt für Straßenwesen (BASt) (2012)
2 Löper, C., Kelsch, J., Flemisch, F.O.: Kooperative, manöverbasierte Automation und Arbitrierung als Bausteine für hochautomatisiertes Fahren. In: Gesamtzentrum für Verkehr Braunschweig (Hrsg.) Automatisierungs-, Assistenzsysteme und eingebettete Systeme für Transportmittel, S. 215–237. GZVB, Braunschweig (2008)
3 Vanholme, B.: Highly Automated Driving on Highways based on Legal Safety. Diss., University of Evry-Val-d'Essonne, 2012
4 Flemisch, F.O., Kelsch, J., Löper, C., Schieben, A., Schindler, J.: Automation spectrum, inner/outer compatibility and other potentially useful human factors concepts for assistance and automation. In: de Waard, D., Flemisch, F.O., Lorenz, B., Oberheid, H., Brookhuis, K.A. (Hrsg.) Human Factors for assistance and automation, S. 1–16. Shaker, Maastricht (2008)
5 Flemisch, F.O., Bengler, K., Winner, H., Bruder, R.: Towards a cooperative guidance and control of highly automated vehicles: H-mode and conduct-bywire. Ergonomics, Journal-Publikation. Taylor & Francis (2014)
6 Flemisch, F.O., Adams, C.A., Conway, S.R., Goodrich, K.H., Palmer, M.T., Schutte, M.C.: The H-Metaphor as a Guideline for Vehicle Automation and Interaction Report No. NASA/TM-2003-212672. NASA Langley, Langley (2003)
7 Toffetti, A., Wilschut, E.S., Martens, M.H., Schieben, A., Rambaldini, A., Flemisch, F.: CityMobil: Human factor issues regarding highly automated vehicles on eLane. Transportation Research Record Journal of the Transportation Re-

search Board, Bd. 2110. Transportation Research Board of the National Academies, Washington, D.C., S. 1–8 (2009)
8. Flemisch, F., Meier, S., Neuhofer, J., Baltzer, M., Altendorf, E., Ozyurt, E.: Kognitive und kooperative Systeme in der Fahrzeugführung: Selektiver Rückblick über die letzten Dekaden und Spekulation über die Zukunft. Workshop Kognitive Systeme 2. Interdisziplinärer Workshop Kognitive Systeme: Mensch, Teams, Systeme und Automaten. (2012)
9. Bubb, H.: Systemergonomische Gestaltung. In: Schmidtke, H. (Hrsg.) Ergonomie. Carl Hanser, München (1993)
10. Donges, E.: Aspekte der Aktiven Sicherheit bei der Führung von Personenkraftwagen. Automobil-Industrie **27**, 183–190 (1982)
11. Rasmussen, J.: Skills, Rules and Knowledge; Signals, Signs, and Symbols, and Other Distinctions in Human Performance Models. IEEE Transactions on Systems, Man, and Cybernetics **3**, 257–266 (1983)
12. Parasuraman, R., Sheridan, T.B., Wickens, C.D.: A Model for Types and Levels of Human Interaction with Automation. IEEE Transactions on Systems, Man, and Cybernetics – Part A: Systems and Humans **30**, 286–297 (2000)
13. Altendorf, E., Flemisch, F.: Prediction of driving behavior in cooperative guidance and control: a first game-theoretic approach. CogSys, Madgeburg (2014)
14. Baltzer, M., Flemisch, F., Altendorf, E., Meier, S.: Mediating the Interaction between Human and Automation during the Arbitration Processes in Cooperative Guidance and Control of Highly Automated Vehicles. In: Ahram, T., Karwowski, W., Marek, T. (Hrsg.) Proceedings of the 5th International Conference on Applied Human Factors and Ergonomics AHFE 2014 Kraków, Poland, 19-23 July 2014. (2014)
15. Kelsch, J., Flemisch, F.O., Löper, C., Schieben, A., Schindler, J.M.: Links oder rechts, schneller oder langsamer? Grundlegende Fragestellungen beim Cognitive Systems Engineering von hochautomatisierter Fahrzeugführung. In: Grandt, M., Bauch, A. (Hrsg.) Cognitive Systems Engineering in der Fahrzeug- und Prozessführung, S. 227–240. Deutsche Gesellschaft für Luft- und Raumfahrt, Bonn (2006)
16. Kelsch, J., Heesen, M., Hesse, T., Baumann, M.: Using human-compatible reference values in design of cooperative dynamic human-machine systems. Contribution to 30th European Annual Conference on Human Decision-Making and Manual Control (EAM 2012). Deutsches Zentrum für Luft- und Raumfahrt (DLR), Institut of Transportation Systems, Braunschweig (2012)
17. Hoeger, R., Zeng, H., Hoess, A., Kranz, T., Boverie, S., Strauss, M., Jakobsson, E., Beutner, A., Bartels, A., To, T.-B., Stratil, H., Fürstenberg, K., Ahlers, F., Frey, E., Schieben, A., Mosebach, H., Flemisch, F.O., Dufaux, A., Manetti, D., Amditis, A., Mantzouranis, I., Lepke Szalay, H.Z., Szabo, B., Luithardt, P., Gutknecht, M., Schömig, N., Kaussner, A., Nashashibi, F., Resende, P., Vanholme, B., Glaser, S., Allemann, P., Seglö, F., Nilsson, A.: Deliverable D61.1Final Report. HAVEit: Highly automated vehicles for intelligent transport (2011)
18. Kienle, M., Damböck, D., Bubb, H., Bengler, K.: The ergonomic value of a bidirectional haptic interface when driving a highly automated vehicle. Cognition, technology & work **15**(4), 475–482 (2013)
19. Brandt, T., Sattel, T., Böhm, M.: Combining haptic human-machine interaction with predictive path planning for lane-keeping and collision avoidance systems. In: Proceedings of IEEE Intelligent Vehicles Symposium, S. 582–587. Institute of Electrical and Electronics Engineers (IEEE), Istanbul (2007)
20. Suzukia, K., Jansson, H.: An analysis of driver's steering behaviour during auditory or haptic warnings for the designing of lane departure warning system. JSAE Review **24**(1), 65–70 (2003)
21. Abbink, D.A., Boer, E.R., Mulder, M.: Motivation for continuous haptic gas pedal feedback to support car following. In: Intelligent Vehicles Symposium, S. 283–290. Institute of Electrical and Electronics Engineers (IEEE), Eindhoven (2008)
22. Bengler, K., Zimmermann, M., Bortot, D., Kienle, M., Damböck, D.: Interaction Principles for Cooperative Human-Machine Systems. Information Technology **54**(4), 157–163 (2012)
23. Lange, C.: Wirkung von Fahrerassistenz auf der Führungsebene in Abhängigkeit der Modalität und des Automatisierungsgrades (Dissertation). Technische Universität München, Garching (2008)
24. Schieben, A., Damböck, D., Kelsch, J., Rausch, H., Flemisch, F.: Haptisches Feedback im Spektrum von Fahrerassistenz und Automation 3. Tagung „Aktive Sicherheit durch Fahrerassistenz", Garching. (2008)
25. Vicente, K.J., Rasmussen, J.: Ecological Interface Design: Theoretical Foundations. IEEE Transactions on Systems, Man, and Cybernetics **22**(4), 589–606 (1992)
26. Meier, S., Altendorf, E., Baltzer, M., Flemisch, F.: Partizipative Interaktions- und Automationsgestaltung teil- bis hochautomatisierter Fahrzeuge: Ausgewählte Ergebnisse explorativer Nutzerstudien zu H-Mode 1.1. In: Brandenburg, E., Doria, L., Gross, A., Günzler, T., Smieszek, H. (Hrsg.) Proceedings of the 10. Berliner Werkstatt Mensch-Maschine-Systeme: Grundlagen und Anwendungen der Mensch-Maschine-Interaktion, S. 461–468. Zentrum Mensch-Maschine-Systeme, Berlin (2013)
27. Flemisch, F., Meier, S., Baltzer, M., Altendorf, E., Heesen, M., Griesche, S., Weißgerber, T., Kienle, M., Damböck, D.: Fortschrittliches Anzeige- und Interaktionskonzept für die kooperative Führung hochautomatisierter Fahrzeuge: Ausgewählte Ergebnisse mit H-Mode 2D 1.0. 54 Fachausschusssitzung Anthropotechnik: Fortschrittliche Anzeigesysteme für die Fahrzeug- und Prozessführung. DGLR, Koblenz (2012)
28. Flemisch, F., Kelsch, J., Löper, C., Schieben, A., Schindler, J., Heesen, M.: Cooperative Control and Active Interfaces for Vehicle Assitsance and Automation FISITA World Automotive Congress, München. (2008)
29. Heesen, M., Schieben, A., Flemisch, F.: Unterschiedliche Automatisierungsgrade im Kraftfahrzeug: Auswirkungen auf die visuelle Aufmerksamkeit und die Kontrollübernahme-

fähigkeit Tagung experimentell arbeitender Psychologen, Jena, 29. Mär.–1. Apr.2009

30. Heesen, M., Beller, J., Griesche, S., Flemisch, F.: Shake it! Intuitive haptische Interaktion zur Übergabe der Kontrolle von einer Automation zum Fahrer. In: Beiträge zur 53. Tagung experimentell arbeitender Psychologen Tagung experimentell arbeitender Psychologen, Halle, Deutschland. S. 67. Pabst, Halle (2011)

31. Schwarzmaier, M.: Unterschiede haptischer und visueller Hinweisreize an Systemgrenzen. Bachelorarbeit, TU Braunschweig, 2011

32. Griesche, S., Kelsch, J., Heesen, M., Martirosjan, A.: Adaptive Automation als ein Mittel der Arbitrierung zwischen Fahrer und Fahrzeugautomation AAET – Automatisierungssysteme, Assistenzsysteme und eingebettete Systeme für Transportmittel, Braunschweig, Deutschland, 8.–9. Feb. 2012. (2012)

33. Kelsch, J., Temme, G., Schindler, J.: Arbitration based framework for design of holistic multimodal human-machine interaction. In: AAET 2013 (proceedings), 6.–7. Feb. 2013. S. 326–346. (2013)

34. Flemisch, F., Heesen, M., Kelsch, J., Schindler, J., Preusche, C., Dittrich, J.: Shared and cooperative movement control of intelligent technical systems: Sketch of the design space of haptic-multimodal coupling between operator, co-automation, base system and environment. In: Proceedings of 11th IFAC/IFIP/IFORS/IEA Symposium on Analysis, Design, and Evaluation of Human-Machine Systems, Valenciennes, France (2010)

35. Heesen, M., Kelsch, J., Löper, C., Flemisch, F.: Haptisch-multimodale Interaktion für hochautomatisierte, kooperative Fahrzeugführung bei Fahrstreifenwechsel-, Brems- und Ausweichmanövern 11. Braunschweiger Symposium Automatisierungs-, Assistenzsysteme und eingebettete Systeme für Transportmittel (AAET), Braunschweig, 10.–11. Feb. 2010. (2010)

36. Kelsch, J., Heesen, M., Löper, C., Flemisch, F.: Balancierte Gestaltung kooperativer multimodaler Bedienkonzepte für Fahrerassistenz und Automation: H-Mode beim Annähern, Notbremsen, Ausweichen 8. Berliner Werkstatt MMS, Berlin, 7.–9. Okt. 2009. (2009)

37. Flemisch, F., Nashashibi, F., Glaser, S., Rauch, N., Temme, T., Resende, P., Vanholme, B., Schieben, A., Löper, C., Thomaidis, G., Kaussner, A.: Towards a Highly Automated Driving Intermediate report on the HAVEIt-Joint System. Transport Research Arena, Brussels (2010)

38. Goodrich, K., Flemisch, F., Schutte, P., Williams, R.: A Design and Interaction Concept for Aircraft with Variable Autonomy: Application of the H-Mode Digital Avionics Systems Conference, USA. (2006)

Autonomes Fahren

Richard Matthaei, Andreas Reschka, Jens Rieken, Frank Dierkes, Simon Ulbrich, Thomas Winkle, Markus Maurer

61.1 Einleitung – 1140

61.2 Stand der Forschung – 1145

61.3 Ausblick und Herausforderungen – 1159

61.4 Anhang – Fragebogen zum Thema „Automatische Fahrzeuge" – 1160

Literatur – 1162

61.1 Einleitung

61.1.1 Motivation

Die Vision vom „autonomen Fahren" ist heutzutage in aller Munde: Medien berichten über Erfolge aus der Forschung mit zahlreichen Versprechen naheliegender Markteinführungen, Automobilkonzerne starten ein Wettrüsten der Technologien und Softwareunternehmen treten in Konkurrenz zu Fahrzeugherstellern. Dadurch keimt in der Gesellschaft die Hoffnung eines unfallfreien Straßenverkehrs auf. Man könnte sich endlich selbst während der Fahrt entspannt zurücklehnen, die Reise genießen, uneingeschränkt telefonieren, im Internet surfen oder anstehende Vorbereitungen treffen – anstatt sich über den Stau zu ärgern. Alten und kranken Menschen soll langfristig eine erhöhte, individuelle Mobilität ermöglicht werden. Auch zur effizienteren Nutzung der Rohstoffe sollen autonome Fahrzeuge einen Beitrag leisten: So wäre es denkbar, im Rahmen von Car-Sharing-Angeboten die Fahrzeuge autonom zu den Kunden fahren (vgl. [1]) beziehungsweise sich eigenständig mit Energie versorgen zu lassen. Auch die Fahrt an sich könnte unter Berücksichtigung des Verkehrsflusses und des gesamten Streckenverlaufs aus energetischer Sicht optimiert werden.

Diesbezüglich stehen einige Fragen im Raum: Ist dies alles noch eine Vision, die in ferner Zukunft liegt? Wird es „autonome Straßenfahrzeuge" jemals geben oder stehen sie schon kurz vor der Markteinführung? Was heißt „autonomes Fahren" grundsätzlich und welche technischen Herausforderungen sind hierbei zu lösen?

Die Einschätzungen bezüglich einer Markteinführung sind uneinheitlich: Es werden alle Optionen mit Voraussagen von 10 bis 20 Jahren bis hin zu niemals genannt. Das liegt nicht zuletzt auch daran, dass das Verständnis über den Funktionsumfang eines „autonomen" Fahrzeugs auseinandergeht. Im Rahmen dieses Kapitels werden die weitreichenden Fragen nicht beantwortet werden können. Jedoch soll der Versuch unternommen werden, über eine kurze historische Einführung und eine Funktionsdefinition den Begriff des „autonomen Fahrens" zu schärfen. Darauf aufbauend werden Ergebnisse einer intensiven Recherche zu Forschergruppen eingeordnet, die sich mit autonomem Fahren im weiteren Sinne beschäftigen. Dabei beschränkt sich die Betrachtung auf die technischen Aspekte, die nur einen kleinen Anteil daran haben, ob autonome Fahrzeuge zukünftig am öffentlichen Straßenverkehr teilhaben werden. Offene Fragen zu rechtlichen Unklarheiten („Unter welchen Bedingungen kann eine Zulassung erfolgen?", „Wer haftet im Schadensfall?"), zu gesellschaftlicher Akzeptanz („Werden die Menschen Maschinen vertrauen, die das Potenzial haben, ihnen tödliche Verletzungen beizufügen?"), zur Absicherung („Wie können wir sicherstellen, dass das autonome Fahrzeug alle erdenklichen Situationen sicher beherrscht, das heißt wahrnimmt und bewertet?") [2] oder zur Wartung im alltäglichen Betrieb („Wer überprüft zukünftig regelmäßig die Verkehrs- und Betriebssicherheit, wenn heute schon kaum jemand vor Fahrtantritt eine Sichtprüfung sicherheitsrelevanter Bauteile an seinem Fahrzeug durchführt?") werden in diesem Kapitel nicht vertieft.

61.1.2 Historie

Die Anfänge zur Automatisierung von Fahrzeugen liegen laut [3] in den 1950er Jahren. Im General Motors Research Lab entwickelte man dazu Ideen, wie sich zunächst das Fahren auf Highways automatisieren ließe. Da die damaligen Computer und Bildverarbeitungsgeräte noch nicht leistungsfähig genug waren, galt eine Kombination aus Fahrzeugtechnologie und Infrastrukturmaßnahmen als vielversprechend; beispielsweise wurden Magnete in die Fahrbahn eingesetzt und mit einem Sensor im Fahrzeug erkannt [3].

Vor allem japanische Gruppen erforschten in den 1970er und 1980er Jahren die Erkennung von Fahrstreifen und Objekten mit bildgebenden Kameras; basierend auf den gewonnenen Daten wurde die Fahrzeugführung automatisiert [4, 5]. Die damals gezeigten Resultate entsprechen nach heutigen Maßstäben einer adaptiven Geschwindigkeitsregelanlage und einem Spurhalteassistenten bei sehr geringen Geschwindigkeiten. Auch die Fahrzeugautomatisierung mit Anpassungen der Infrastruktur wurde weiterhin untersucht, um die Komplexität des Problems durch ein Zusammenwirken von Fahrzeug und Fahrbahn zu verringern [6, 7].

61.1 Einleitung

In den USA wurden sowohl in Projekten der „California Partners for Advanced Transit and Highways" (PATH) [8] als auch an der Carnegie Mellon University [9] automatisierte Fahrzeuge entwickelt und deren Fähigkeiten präsentiert. Ein Höhepunkt ist in den 1990er Jahren in der Demonstration „No Hands Across America" von 1995 zu sehen, bei der die USA mit dem Versuchsträger NavLab 5 durchquert wurden: Das eingesetzte assistierende System übernahm die Querführung bei 4500 von 4587 gefahrenen Kilometern auf amerikanischen Highways [10].

Im Rahmen des von der Europäischen Union geförderten Projekts PROMETHEUS (PROgraMme for a European Traffic of Highest Efficiency and Unprecedented Safety, 1987–1994) wurden ähnliche Systeme entwickelt, die zu sehr leistungsfähigen Fahrzeugen führten. Die Universität der Bundeswehr in München zeigte auf Erprobungsfahrten mit den Versuchsträgern VaMoRs und VaMoRs-P (VaMP) [11, 2, 12] automatisiertes Fahren; auch die Daimler-Benz AG zeigte mit den vergleichbaren Versuchsträgern VITA und VITA II ähnliche Resultate [13, 14]. Eine besondere Aufmerksamkeit erhielt die automatische Langstreckenfahrt von München nach Odense mit dem Versuchsträger VaMoRs-P im Jahr 1995. Von den insgesamt 1758 gefahrenen Kilometern wurden 1678 automatisch zurückgelegt; mit einer Automatisierung sowohl der Längs- als auch der Querführung konnten Geschwindigkeiten bis 180 km/h erreicht werden. Zusätzlich wurden Fahrstreifenwechsel vom Sicherheitsfahrer ausgelöst und dann automatisiert ausgeführt [15]. Mit dem Versuchsträger ARGO des VisLab-Instituts der Università degli Studi di Parma erfolgten ebenfalls Langstreckenfahrten im Jahr 1998 [16]: Bei den mehrtägigen Versuchsfahrten wurden etwa 1860 km automatisch zurückgelegt, wobei die Automatisierung neben der Längs- und Querführung auch Fahrstreifenwechsel abdeckte, die vom Sicherheitsfahrer ausgelöst wurden [16].

In all diesen Projekten erfolgte die Überwachung der Fahrzeuge durch menschliche Fahrer, der Einsatzbereich beschränkte sich vorrangig auf Autobahnen und autobahnähnlichen Straßen. Nach dem heutigen Verständnis von Automatisierungsgraden nach [17] erfüllte keiner der Versuchsträger die notwendigen Anforderungen an die Hoch- oder Vollautomatisierung.

Die Defense Advanced Research Projects Agency (DARPA) der USA hatte sich zu Beginn der 2000er Jahre das Ziel gesetzt, fahrerlose, automatisierte Fahrzeuge für den militärischen Gebrauch zu entwickeln. Zu diesem Zweck wurde 2004 die erste DARPA Grand Challenge veranstaltet, in der fahrerlose Fahrzeuge eine Strecke in der Wüste Nevadas absolvieren mussten. Die Vorbereitungszeit der Teams war offensichtlich zu kurz und so waren die Ergebnisse nicht zufriedenstellend: Keines der Fahrzeuge erreichte das Ziel [18]. Im darauffolgenden Jahr 2005 erhöhte die DARPA das Preisgeld und die Teams bekamen erneut die Gelegenheit zur Demonstration: Dieses Mal erreichten mehrere Teams das Ziel der 229 km langen Strecke durch die Wüste und der Wettbewerb wurde als Erfolg gewertet. Als Sieger ging das Stanford Racing Team hervor, dessen Versuchsträger Stanley die Strecke in knapp sieben Stunden absolvierte [18]. Die Fahrzeuge waren hier ohne Sicherheitsfahrer unterwegs, konnten aber durch eine Fernsteuerung gestoppt werden. Die einzelnen Ansätze der verschiedenen Teams wurden in [19] veröffentlicht.

Da sich das Wettbewerbskonzept als erfolgreich erwies, richtete die DARPA 2007 die DARPA Urban Challenge aus: Anstatt durch eine Wüste wurden die Fahrmissionen in einer vorstadtähnlichen Umgebung mit weiteren Verkehrsteilnehmern absolviert und die weiteren Verkehrsteilnehmer wurden durch Stuntfahrer bewegt. Die Anforderungen an die Teilnehmer waren dementsprechend höher und auch der zivile Nutzen erschien hier größer zu sein, da es sich hauptsächlich um Pkws handelte, die sich in einer Stadt mit den gültigen Verkehrsregeln bewegen mussten. Auch dieser Wettbewerb wurde als Erfolg gewertet, da einige Teams die gestellten Aufgaben lösten. Die gesamte Forschungsgemeinde erhielt einen Schub, der in vielen Projekten zur Fahrzeugautomatisierung mündete. Das Team Tartan Racing der Carnegie Mellon University gewann den Wettbewerb, den zweiten Platz belegte das Stanford Racing Team und den dritten das Team Victor Tango. Aufgrund der zahlreichen Teilnehmer und der beeindruckenden Resultate wurden die Erkenntnisse in [20, 21, 22] ausführlich publiziert. Wie auch in den Grand Challenges waren die Fahrzeuge ohne

Sicherheitsfahrer unterwegs, konnten aber ebenfalls durch eine Funkverbindung gestoppt werden, wie auch im Projekt CarOLO der Technischen Universität Braunschweig [23]. Der in diesem Projekt eingesetzte Versuchsträger *Caroline* nahm als bestes europäisches Fahrzeug am Finalevent teil. Im Finale wurden Caroline und andere Fahrzeuge mit zahlreichen unvorhergesehenen Situationen konfrontiert, in denen ein menschlicher Eingriff notwendig war. Dadurch zeigte sich, dass nicht nur Caroline, sondern auch die anderen Fahrzeuge noch nicht für den öffentlichen Straßenverkehr tauglich waren [23].

Im Anschluss an die DARPA Challenges präsentierten viele der Teams Versuchsträger im öffentlichen Straßenverkehr. Neben den Forschungsprojekten an Universitäten stieg auch die Zahl der Projekte bei Fahrzeugherstellern, Zulieferern und anderen Unternehmen; einige dieser Projekte werden in diesem Artikel genauer untersucht. Einen umfangreichen Überblick über weitere Aktivitäten auf dem Gebiet der intelligenten Fahrzeuge bietet [24].

61.1.3 Anforderungen an autonomes Fahren im öffentlichen Straßenverkehr

Unter dem Begriff des autonomen Fahrens wird hier (ähnlich der Vorstellung in [25]) die Fortbewegung mithilfe eines nicht an eine dezidierte Infrastruktur gebundenen Straßenfahrzeugs verstanden (also eines Personen- oder Lastkraftwagens ohne Schienenführungssysteme), das ausschließlich durch die Eingabe oder Adaption einer Mission vom Menschen bedient wird oder sich sogar eigenständig eine Mission zuweist (z. B. Fahrt zu einer Ladestation nach erfolgreicher Transportmission): Die Mission besteht dabei immer aus einer Transportaufgabe von einem Standort A zu einem Standort B mit Transport von Gütern, Personen oder nur dem Fahrzeug selbst. Die Mission muss vom Menschen angepasst werden können – z. B. durch die Auslösung eines Nothalts, der den Fahrgästen einen sicheren Ausstieg ermöglicht (wie in [25] beschrieben) oder durch die Wahl eines den aktuellen Bedürfnissen der Fahrgäste angepassten Zwischenziels – wie das nächstgelegene WC, ein Krankenhaus oder ein Restaurant der Wahl. Diese Definition des autonomen Fahrens geht damit über die Umfänge des vollautomatischen Fahrens im Sinne der BASt [17] hinaus.

Die besondere Beschaffenheit des nicht-infrastrukturgebundenen Straßenfahrzeugs erhöht die verfügbaren Freiheitsgrade, wodurch das Fahrzeug flexibler nutzbar ist und einen größeren Umfang an Missionen erfüllen kann. Gleichzeitig steigen jedoch auch die Anforderungen an das Fahrzeug. Außerdem limitiert der infrastrukturunabhängige Betrieb die verfügbare Energie zur Umsetzung der Mission sowie die Auswahl technischer Lösungsansätze – bedingt durch den Bauraum und die bordeigene Energieversorgung. Ein Gegenbeispiel: Eine Straßenbahn ist lediglich für die longitudinale Führung verantwortlich, ist permanent mit Strom versorgt und kann nur eine signifikant geringere Menge an Orten erreichen.

Der Betrieb im öffentlichen Straßenverkehr bedingt, dass sich das Fahrzeug den Verkehrsraum mit anderen durch Menschen gefahrenen Fahrzeugen, anderen automatisierten Fahrzeugen, ungeschützten Verkehrsteilnehmern, wie Radfahrern und Fußgängern, sowie Tieren (Hunde, Katzen, Wild, …) teilt. Der Einsatz im öffentlichen Straßenverkehr erfordert zudem die Wahrnehmung der Szenerie, also des statischen Umfeldes nach [26], sowie der dynamischen Elemente – wie etwa andere Verkehrsteilnehmer, Zustände der Lichtsignalanlagen oder Witterungsbedingungen (nach [25]). Die Szene, als Ergänzung der Szenerie um die dynamischen Elemente, ist vor dem Hintergrund der eigenen Absichten zu interpretieren. Auf Basis dieses Interpretationsergebnisses ist dann eine Handlungsentscheidung – z. B. einer angepassten Fahrweise – zu treffen. Die Beschränkung auf den Straßenverkehr grenzt die zu erwartenden Szenen ein: Es ist beispielsweise nicht damit zu rechnen, dass ein autonomes Straßenfahrzeug einen geeigneten Weg durch einen sumpfigen Acker finden muss, ohne stecken zu bleiben oder die Pflanzen zu beschädigen.

Die autonome Fahrt im öffentlichen Straßenverkehr erfordert auch die Einhaltung des lokal gültigen Regelwerks (siehe auch S. 6 in [25]): Zumindest die Straßenverkehrsordnung (StVO) definiert somit den geforderten Umfang der Wahrnehmungs- und Interpretationsleistung eines autonomen Straßenfahrzeugs bezüglich der Bedeutung von Verkehrszeichen und Fahrbahnmarkierungen. Die Öffentlichkeit des Verkehrsraumes führt dazu, dass ein autonomes Fahrzeug schon allein durch seine Anwesenheit mit dem Umfeld interagiert; für einen reibungslosen Ablauf im Straßenverkehr ist jedoch darüber hinaus eine explizite Kooperation mit den anderen Verkehrsteilnehmern (automatisierten wie herkömmlichen Fahrzeugen) erforderlich. Dazu werden hier ein eindeutiges Fahrverhalten, eine frühzeitige Kommunikation der Fahrentscheidung (z. B. Fahrstreifenwechsel ankündigen über Fahrtrichtungsanzeiger oder C2X) sowie die Rücksichtnahme auf Wünsche anderer Verkehrsteilnehmer (z. B. Reaktion des autonomen Fahrzeugs auf gesetzten Fahrtrichtungsanzeiger durch Öffnen der Lücke zum Vorderfahrzeug) gezählt. Für eine unfallfreie Fahrt sind außerdem eine absolute Zuverlässigkeit der Umgebungswahrnehmung sowie der relativen Lokalisierung zur Umgebung erforderlich.

Die gemeinsame Nutzung des Verkehrsraumes mit dem Menschen erfordert zudem, dass sich die autonomen Fahrzeuge an denselben optischen Merkmalen orientieren, an denen sich die Menschen orientieren. Die Einführung anderer Technologien würde neben den immensen Kosten immer das Risiko in sich tragen, dass die optische Realität für den Menschen inkonsistent zu der Realität für das autonome Fahrzeug ist (vgl. auch [27] nach [28]). Diese Diskrepanz wird derzeit schon beim Einsatz von leider schnell veraltenden Kartendaten für das automatische Fahren sichtbar, da sich die Informationen in der Karte im Falle veralteter Daten von der aktuell wahrgenommenen Szenerie unterscheiden können. Die Anwesenheit des Menschen – und gegebenenfalls der Tierwelt – im Verkehrsraum schränkt außerdem die Menge der umsetzbaren technischen Lösungsansätze ein: So können beispielsweise nur Lasersensoren verbaut werden, die auch augensicher und somit gesundheitlich unbedenklich sind.

Ein autonomes Straßenfahrzeug muss im Sinne eines verantwortungsvollen Verhaltens gegenüber der Umwelt, sich selbst und den Fahrgästen eine genaue Kenntnis der eigenen Fähigkeiten und Fertigkeiten besitzen. Dazu gehört auch die Kenntnis über den eigenen Systemzustand, sowohl dem Zustand der Wahrnehmungskomponenten als auch dem Zustand der Aktorik (Stichwort: Onboard-Diagnose); ferner muss das Fahrzeug beim Einsatz im öffentlichen Straßenverkehr robust gegenüber Manipulationen und Missbrauch sein.

In der Euphorie der zunehmenden Automatisierung der Fahrzeuge sollte aber der eigentliche Nutzen nicht aus den Augen verloren werden: Im Mittelpunkt stehen noch immer der Mensch und sein persönliches Bedürfnis nach individueller Mobilität. Ein autonomes Fahrzeug, das zwar unfallfrei und gegebenenfalls auch regelkonform im Sinne der StVO fährt, aber dessen Insassen kein Vertrauen zur eingesetzten Technologie aufbauen und keinen besonderen Fahrkomfort genießen können, wird vermutlich nicht akzeptiert werden.

61.1.4 Einordnung relevanter Forschungsprojekte

Der Fokus dieses Kapitels liegt auf zivilen, vollautomatisierten Straßenfahrzeugen, zu denen hinreichend detaillierte Informationen veröffentlicht oder durch die Forscherteams den Autoren zugänglich gemacht wurden. Es wurden primär zivile Systeme untersucht, da aufgrund unterschiedlicher Anforderungen (im Militärischen z. B. auch Robustheit gegen feindliche Angriffe, unwegsames Gelände usw.) sich technisch unterschiedliche Systeme für die militärische und zivile Nutzung ergeben. Ferner wurden nur Projekte untersucht, die das Ziel einer prototypischen Umsetzung des hoch- oder vollautomatisierten Fahrens gemäß der Definition der Bundesanstalt für Straßenwesen (vgl. [17]) anstreben oder bereits umgesetzt haben. So wurde im Rahmen dieses Buchkapitels bewusst darauf verzichtet, Projekte aus dem Bereich des assistierten oder teilautomatisierten Fahrens, bei denen in der Zielsetzung des Projekts der Fahrer stets zu jeder Zeit eine Systemüberwachungsaufgabe übernehmen muss, zu berücksichtigen. Gleichwohl erreichen genau genommen auch die derzeitigen Prototypen zum hoch- bzw. vollautomatisierten Fahren nach unserer Einschätzung im öffentlichen Straßenverkehr lediglich die Stufe der Teilautomation (siehe dazu ▶ Abschn. 61.2.6). Darüber hinaus werden nur Projekte, die explizit Straßenfahrzeuge – also Personenkraftwagen, Lastkraftwagen, Busse oder Motorräder – einsetzen, im Rahmen dieses Kapitels betrachtet. Von der Betrachtung ausgeschlossen wurden damit eine Vielzahl von mobilen Robotikplattformen, humanoiden Robotern oder unbemannten Luftfahrzeugen. Projekte, über die bisher nur Absichtserklärungen oder allgemein gehaltene Presseerklärungen veröffentlicht wurden, können mangels verfügbarer wissenschaftlicher Informationen nicht diskutiert und mit anderen Projekten verglichen werden. Um den Teams eine gleichberechtigte Möglichkeit zu bieten, ihre Ergebnisse im Rahmen dieses Artikels einzubinden, wurde von den Autoren ein Fragebogen (siehe ▶ Abschn. 61.4) entworfen, der vielen über Presse und Tagungen bekannten Forschungseinrichtungen, Fahrzeugherstellern und weiteren Unternehmen zugesandt wurde. An dieser Stelle möchten sich die Autoren herzlich für die Rückmeldungen bedanken.

Anhand der zuvor genannten Kriterien sowie der Rückmeldungen aus den Fragebögen ergibt sich folgende Liste an Projekten, die in diese Untersuchungen einbezogen wurden:

- Sonderforschungsbereich 28 der Deutschen Forschungsgemeinschaft,
    - Karlsruher Institut für Technologie – Versuchsträger Annieway,
    - Universität der Bundeswehr – Versuchsträger MuCAR 3,
    - Technische Universität München – Versuchsträger MUCCI,
- BMW AG – Projekt Connected Drive,
- VisLab Institut der Università degli Studi di Parma – Versuchsträger BRAiVE,
- Carnegie Mellon University – Versuchsträger BOSS,
- Stanford University – Versuchsträger Junior 3,
- Daimler AG – Automatische Fahrt auf der Bertha-Benz-Route („Bertha-Benz-Fahrt"),
- Technische Universität Braunschweig – Projekt Stadtpilot mit Versuchsträger Leonie.

61.1.5 Schwerpunkt der Untersuchungen

Auf Basis unserer Anforderungsdefinition an ein „autonomes Straßenfahrzeug" in ▶ Abschn. 61.1.3 wurden die folgenden zentralen Aspekte identifiziert (siehe ◘ Abb. 61.1), die ein autonomes Fahrzeug beherrschen muss bzw. die ein relevantes Unterscheidungsmerkmal zwischen den Projekten darstellen:

1. Bordautonome Umfeld- und Selbstwahrnehmung: Das autonome Fahrzeug muss das lokale Umfeld in der erforderlichen Vollständigkeit erfassen und interpretieren bzw. zuordnen können. Dazu gehören: Fahrbahnmarkierungen inkl. ihrer fahrzeugrelativen Position und der Auswertung ihrer Symbolik, Verkehrszeichen, andere Fahrstreifenbegrenzungen wie Bordsteine etc., erhabene Hindernisse, Lichtsignalanlagen, andere Verkehrsteilnehmer (Personen, Radfahrer, Motorradfahrer, Lkws/Busse, Straßenbahnen, Rettungsfahrzeuge, Tiere), Witterung sowie der eigene Zustand (Tankfüllung, Reifendruck, Raddrehzahl etc.).
2. Missionsumsetzung: Die Missionsumsetzung muss von einer groben Routenplanung bis hin zur Fahrzeugansteuerung alle Aufgaben umsetzen können. Die Situationsbewertung wird in diesem Kapitel ebenfalls der Missionsumsetzung zugeordnet.
3. Lokalisierung: Das Fahrzeug muss wissen, wo es sich global oder in einer Karte befindet.
4. Nutzung von Kartendaten: Ohne Kartendaten ist eine vollständige Routenplanung schwierig. Der Einsatz von Kartendaten gibt aber auch indirekt Aufschluss über die Leistungsfähigkeit der Umfeldwahrnehmung und Lokalisierung. Derzeit wird häufig alles, was nicht wahrgenommen oder interpretiert werden kann, mittels Kartendaten dem Fahrzeug zugänglich gemacht. Der Nachteil: Die Daten veralten zu schnell. Daher ist es interessant zu kennzeichnen, wie sehr die Systeme auf Kartendaten angewiesen sind.
5. Kooperation: Das Fahrzeug muss sich in das Gesamtverkehrsgeschehen integrieren und kooperativ mit anderen Verkehrsteilnehmern interagieren können; andernfalls wird es ein Fremdkörper im gemischten Verkehr sein.
6. Funktionale Sicherheit: Ohne den Menschen als Rückfallebene muss sichergestellt sein, dass ein autonomes Fahrzeug keinen Schaden anrichtet.

Im Folgenden werden unterschiedliche Lösungsansätze in diesen Schwerpunkten vorgestellt. Es wird dabei bewusst auf die vielzähligen Veröffentlichungen im Bereich der Fahrerassistenz verzichtet, die nicht

◼ **Abb. 61.1** Aspekte eines autonomen Fahrzeugs. Die Abbildung zeigt das Forschungsfahrzeug Leonie aus dem Projekt Stadtpilot der TU Braunschweig.

im Kontext der Integration in ein Gesamtfahrzeugkonzept veröffentlicht wurden. Zum einen würde deren Berücksichtigung den Rahmen dieses Beitrags sprengen, zum anderen aber auch den tatsächlichen Stand auf diesem Forschungsgebiet verfälschen. Die Herausforderung des autonomen Fahrens liegt unter anderem in der Beherrschung des Gesamtsystems. Während Fahrerassistenzsysteme in der Regel nur kleine Teilfunktionen übernehmen, muss ein autonomes Fahrzeug den kompletten Funktionsumfang abdecken. Das hat nachvollziehbarerweise direkten Einfluss auf die Gesamtkomplexität des Systems: Unter anderem können zum Beispiel bei der Integration vieler Einzellösungen in das Gesamtfahrzeugkonzept unvorhergesehene Inkompatibilitäten zwischen den einzelnen Modulen auftreten oder es werden schlichtweg die verfügbaren (Rechen-) Kapazitäten überschritten, die für ein Einzelsystem noch ausreichend waren. Dies kann auch zum Ausschluss einzelner Lösungen des Gesamtsystems führen, weil sich diese nicht in das Gesamtsystem integrieren lassen.

Der im Folgenden zusammengetragene Stand der Forschung basiert ausschließlich auf den Selbstauskünften der verschiedenen Forschergruppen in Form von wissenschaftlichen Veröffentlichungen bzw. Antworten auf den Fragebogen aus ▶ Abschn. 61.4. Dabei ist es mangels verfügbarer Metriken schwer, die Leistungsfähigkeit eines Systems, z. B. zur maschinellen Umfeldwahrnehmung, zu bewerten.

61.2 Stand der Forschung

61.2.1 Wahrnehmung

Offenbar scheinen derzeit in der maschinellen Umfeldwahrnehmung die größten Herausforderungen zu liegen (vgl. [27]), was auch indirekt die Strategien bestätigen, die beispielsweise in [29] oder [23] verfolgt wurden, um überhaupt in die Nähe einer Fahrt ohne menschliches Eingreifen zu gelangen. Primär wahrnehmungsgetrieben arbeiten die Aktivitäten der Universität der Bundeswehr München bzw. die Ansätze in [30]; auch in der DARPA Urban Challenge gab es erste Ansätze, die weitestgehend wahrnehmungsgetrieben fuhren (z. B. [31]). Jedoch haben sich die meisten Ansätze damals zumindest für das stationäre Umfeld sehr auf Kartendaten gestützt (vgl. [27]).

61.2.1.1 Wahrnehmung des stationären Umfelds

Zu den stationären Umfeldbestandteilen werden hier in erster Linie der Verlauf aller Fahrstreifen und Fahrbahnen in direkter Fahrzeugumgebung – z. B. an innerstädtischen Kreuzungen – sowie die statischen Hindernisse gezählt. Aber auch die Position und Bedeutung von Verkehrszeichen, die Typen der Fahrbahnmarkierungen, die Positionen von Lichtsignalanlagen, Bordsteinen, Tunneleinfahrten, Brücken etc. zählen dazu. Bereits bei dieser sicher unvollständigen Auflistung wird deutlich, wie vielfältig die zu erwartende Umgebung ist.

Aus den Projekten der Universität der Bundeswehr München stammen Ansätze in der Detektion von Straßenverläufen auch ohne Vorwissen aus Kartendaten (z. B. [32] und [33]). In [32] werden Ansätze vorgestellt, die auch Kreuzungen und Weggabelungen erkennen und modellieren können. Der Fokus dieser Aktivitäten liegt jedoch eher im Bereich unbefestigter Straßen; auch ein Abbild des Höhenprofils der Umgebung wird erzeugt (vgl. [34]). Eine weitere Besonderheit ist die Auslegung der Wahrnehmungsalgorithmen auf widrige Bedingungen wie Teilverdeckung oder schlechte Sicht durch Schnee und Regen [32]. Lichtsignalanlagen und Verkehrszeichen können jedoch nach eigenen Angaben in der Antwort auf dem Fragebogen beispielsweise nicht detektiert werden.

Im Rahmen des Projekts BRAiVE sind ebenfalls umfassende Systeme zur Umfelderkennung integriert: Den Ausführungen in [30] ist zu entnehmen, dass das Fahrzeug in der Lage ist, sämtliche italienische Verkehrszeichen innerhalb von 100 ms zu detektieren und zu klassifizieren; Fahrstreifen können sowohl mit einem Mono- als auch mit einem Stereokamerasystem detektiert werden. Das System ist dabei in der Lage, zwischen weißen und gelben sowie durchgezogenen und gestrichelten Linien zu unterscheiden. Ähnlich der Ansätze der Universität der Bundeswehr München kann ein Höhenprofil der Umgebung für Offroad-Navigation erzeugt werden: Ein Alleinstellungsmerkmal ist die Einordnung der aktuellen Domäne (Autobahn, Landstraße, Stadt) anhand der detektierten Merkmale. Die Ansätze sind wohl auch in der Lage, Tunnel zu detektieren; ferner wurde für spezielle Szenarien eine Parklückendetektion entwickelt [30].

In [35] wurde ein Verfahren vorgestellt, dass auf einer Teststrecke um München durch Fusion von Laser- und Kameradaten eine korrekte Detektion der Fahrbahnmarkierungen auf 100 % der Strecke ermöglicht. Lediglich die Anzahl der Fahrstreifen wurde aus gewöhnlichen Navigationskarten zur Stützung herangezogen [35].

In [36] und [37] werden Ansätze vorgestellt, die sowohl die Position von Lichtsignalanlagen als auch von Verkehrszeichen anhand von Laserdaten ermitteln. Im Projekt Stadtpilot spielt die Wahrnehmung des stationären Umfelds derzeit keine Rolle. Alle stationären Informationen – insbesondere die Begrenzungen der Fahrstreifen – werden über Kartendaten in das System integriert. Eine Anpassung dieser Begrenzungen an zusätzliche statische Hindernisse (z. B. parkende Lieferwagen) ist vorgesehen (vgl. [23]), bislang aber nicht auf öffentlichen Straßen im Einsatz.

Auch bei der teilautomatisierten Fahrt eines Mercedes-Benz S500 Intelligent Drive auf der Bertha-Benz-Route wurde die Wahrnehmung der Fahrbahnmarkierungen maßgeblich über Kartendaten gestützt (vgl. [29]); das stationäre Umfeld wurde mittels Stereokameras erfasst. Inwieweit Verkehrszeichen beispielsweise erfasst werden, ist den vorliegenden Unterlagen nicht zu entnehmen.

61.2.1.2 Wahrnehmung des dynamischen Umfelds

Weiter fortgeschritten ist insgesamt die Wahrnehmung des dynamischen Umfelds: Neben allen anderen Verkehrsteilnehmern – wie Straßenbahnen, Busse, Lkws, Pkws, Zweiräder, Krankenfahrstühle, Kinderwagen, Fußgänger etc. – zählen vor allem auch der Status von Lichtsignalanlagen sowie Wechselverkehrszeichen dazu. Genau genommen ist sowohl für innerstädtische Szenarien als auch Überlandstraßen die rechtzeitige Detektion von Tieren ebenfalls erforderlich.

Über Bildverarbeitung ist das Versuchsfahrzeug BRAiVE in der Lage, vorausfahrende Fahrzeuge zu detektieren und zu klassifizieren. Als Merkmal kommen dabei Symmetriebetrachtungen und die gezielte Detektion von Rücklichtern zum Einsatz; mittels Lasersensoren kann der genaue Abstand bestimmt werden. Die Verfolgung ist auch in engen Kurven möglich und bei Nachtfahrten werden die Scheinwerfer von entgegenkommenden Fahrzeugen via Bildverarbeitung detektiert. Auch die Überwachung der Blind-Spots erfolgt kamerabasiert; mittels Fusion von Laser und Kamera ist das Fahrzeug in der Lage, Personen in Gefahrenbereichen zu detektieren [30].

Mit den Arbeiten in [32] und [38] wurde gezeigt, wie Fahrzeuge auch bei schlechten Witterungsbedingungen per Bildverarbeitung anhand signifikanter Konturmerkmale (Räder, Fensterscheiben, Fahrzeugsilhouette, Beleuchtungselemente) im Bild gefunden und verfolgt werden können. Den Angaben zufolge sind die Ansätze auch in der Lage, Querverkehr zu verfolgen; außerdem können Personen und Fahrzeuge als solche identifiziert werden [39].

Für die Detektion und Verfolgung von anderen Fahrzeugen auf der Autobahn konnten in [40] Ergebnisse präsentiert werden: Der Versuchsträger verfügt über eine lidar- und radarbasierte 360°-Rundumsicht und kann mit einer hohen Reichweite nach vorne die anderen Verkehrsteilnehmer detektieren [41].

Das Team AnnieWay hat sich im vergangenen Wettbewerb der Cooperative Driving Challenge primär auf Autobahnszenarien beschränkt und Radartechnologie zur Objektverfolgung verwendet [42]. Im Stadtpiloten kommen bisher hauptsächlich Laserscanner zur Wahrnehmung von anderen Verkehrsteilnehmern zum Einsatz [43].

61.2.1.3 Selbstrepräsentation

Zur Wahrnehmung werden im Rahmen des Systemverständnisses, das diesem Kapitel zugrunde liegt, auch die Ermittlung des eigenen Fahrzeugzustandes und somit auch eine Repräsentation der eigenen Leistungsfähigkeit gezählt: In vielen Projekten ist bereits eine Form der Eigenbewegungsschätzung integriert, die in die zeitliche Fusion der Umfelddaten sowie die Stützung einer globalen Lokalisierung einfließt. Die hier gemeinte Selbstwahrnehmung geht jedoch weit darüber hinaus und berücksichtigt die Funktionsfähigkeit von allen Sensoren, Aktoren, Hardware- und Softwarekomponenten sowie des Fahrzeugs insgesamt, wie es beispielsweise in [15, 44] oder [45] in Grundzügen diskutiert wird. Zusätzlich zur grundsätzlichen Funktionsfähigkeit werden auch die Qualität der Informationen und deren Korrektheit betrachtet: Die gewonnenen Informationen sind notwendig, um die eigenen Handlungsalternativen hinsichtlich ihrer sicheren Ausführbarkeit zu bewerten und gegebenenfalls einzuschränken. Im Projekt Stadtpilot der Technischen Universität Braunschweig wurden beispielsweise Sensorwerte genutzt, um die Witterungsbedingungen und somit auch die Straßenbedingungen zu schätzen und in der Fahrzeugregelung zu berücksichtigen [46]. Inwieweit dieser Punkt in den anderen Projekten eine – eventuell sogar selbstverständliche – Rolle spielt, kann aufgrund der vorliegenden Literatur allein nicht angegeben werden.

61.2.1.4 Kontextmodellierung

Basierend auf den einzelnen, zuvor genannten Grundmodulen einer Umfeldwahrnehmung ist es notwendig, die Resultate aus den Modulen miteinander zu verknüpfen, um eine Modellierung des lokalen Kontextes um das automatisierte Fahrzeug herum zu erreichen. In [47] wird der Kontext definiert als „a combination of elements of the user's environment which the computer knows about". Für das automatisierte Fahren ist der Begriff des Nutzers mit dem automatisierten Fahrzeug selbst zu ersetzen. Es wurde eine Vielzahl an Ansätzen zur Kontextmodellierung präsentiert: In [48, 49] und [50] finden sich ausführlichere Diskussionen solcher Ansätze. In vielen Projekten erfolgt beispielsweise eine Zuordnung der Verkehrsteilnehmer auf einen Fahrstreifen (vgl. [23, 42, 29]), auch wenn dieser Schritt nicht überall als Teil der Wahrnehmung begriffen wird.

Im Stadtpilot-Projekt werden in dieser zentralen Kontextmodellierung auch beispielsweise die Lichtsignalzustände abgebildet [23]. Im Rahmen der Aktivitäten der Universität der Bundeswehr München werden – laut der Antwort auf den Fragebogen – erkannte Fahrstreifenverläufe, Kreuzungen und dynamische Objekte in einem Szenenbaum abgelegt, statische Hindernisse sind nur im metrischen Hindernisgitter (verbreitet auch „occupancy grid" genannt) repräsentiert.

61.2.1.5 Fazit

Wie in [27] und [29] angedeutet, ist die maschinelle Umfeldwahrnehmung noch weit entfernt von einer vollständigen Umgebungserfassung. In ▶ Abschn. 61.2.6 werden Dilemmasituationen angesprochen, die möglicherweise zu rechtlichen oder ethischen Entscheidungskonflikten führen können. Allerdings sind die derzeitigen Systeme im allgemeinen Fall nicht in der Lage, diese Dilemmasituationen wahrzunehmen: Die für eine derart umfassende Wahrnehmung erforderlichen physikalischen Größen werden von den Sensoren entweder nicht erfasst (z. B. misst ein Lasersensor lediglich Abstand und Reflektivität, nicht aber Elastizität oder Masse) oder die erforderlichen Algorithmen zur Informationsextraktion sind noch nicht entworfen bzw. nicht echtzeitfähig (z. B. in der Bildverarbeitung). Die Fahrzeuge wissen nicht, wie viele Menschen an Bord sind, und ob das Hindernis auf der Straße ein Kind, ein Tier oder eine Mülltonne ist. Auch ist die Verfügbarkeit vieler vorgestellter Lösungen bisher nicht ausreichend für eine autonome Fahrt auf Basis einer maschinellen Umfeldwahrnehmung. Um überhaupt fahren zu können, behelfen sich daher viele Forschergruppen mit Kartendaten, die sie manuell erstellen und so dem System die erforderliche Interpretationsarbeit abnehmen (siehe ▶ Abschn. 61.2.2).

Die Ansätze aus dem Projekt BRAiVE (vgl. [30]) und die Ansätze der Universität der Bundeswehr München (vgl. z. B. [32]) arbeiten primär wahrnehmungsbasiert und versuchen, online das Umfeld des Fahrzeugs zu verstehen und heben sich damit von anderen Projekten ab.

61.2.2 Einsatz von Kartendaten

61.2.2.1 Begriffsdefinition

Im Folgenden wird unter dem Begriff der „Karte" ein Abbild von stationären Umgebungsmerkmalen verstanden, das außerhalb des eigenen Fahrzeugs erstellt wurde. Mit dieser Einschränkung wird deutlich, dass eine unmittelbare Kontrolle oder eine Einschätzung der Güte der Daten schwer ist, da sie von einem fremden System zu einem früheren Zeitpunkt aufgenommen wurden: So kann mangels lückenloser Beobachtung nicht sichergestellt werden, dass seit der Aufnahme keine Veränderungen am stationären Umfeld aufgetreten sind. Damit ist es vergleichsweise unerheblich, ob die Kartendaten eine Stunde, eine Woche oder ein Jahr alt sind. Ein autonomes System kann sich nach dem Verständnis der Autoren aus Gründen der Absicherung zumindest auf der Ebene der Fahrzeugstabilisierung, also insbesondere der Kollisionsvermeidung bzw. Querführung in einem Fahrstreifen, nicht auf Kartendaten verlassen. Das vermeintlich stationäre Umfeld ist für die in absehbarer Zeit verfügbare Aktualisierungsrate von Kartendaten zu dynamisch. Für die Navigationsaufgabe sind Kartenfehler zwar ärgerlich, weil sie eventuell einen Umweg zur Folge haben oder nicht ans richtige Ziel führen, aber nicht unmittelbar sicherheitsrelevant.

Bereits heute sind Kartendaten flächendeckend als Navigationshilfe und teilweise bereits zur Stützung der Umfeldwahrnehmung (z. B. Verkehrszeichenerkennung) im Fahrzeug vorhanden. Somit ist es nicht verwunderlich, dass auch alle Ansätze der von uns untersuchten Forschungsprojekte auf Kartendaten angewiesen sind. Der Einsatz der Kartendaten geht allerdings häufig über die reine Navigationsaufgabe hinaus und lässt sich im Wesentlichen drei Zwecken zuordnen:

1. Erweiterung des Sichtbereichs/Horizonts (z. B. für Navigationsaufgaben),
2. Stützen der Umfeldwahrnehmung/Kompensieren von Schwächen der Sensorik (z. B. durch Verwendung der in den Kartendaten hinterlegten Positionen und Typen der Fahrbahnmarkierungen, Verkehrszeichen etc.),
3. Stützen der Lokalisierung/Kompensation von Schwächen der satellitenbasierten Lokalisierung (z. B. map-aided localization).

Die Kartendaten unterscheiden sich dabei unter anderem in der Art der abgelegten Merkmale (siehe auch unterschiedliche Klassen der Landmarken nach [51] und [52]) sowie deren geometrischer, semantischer und topologischer Richtigkeit und Vollständigkeit. Die Geometrie beschreibt die Position der Merkmale, die Semantik beschreibt die Bedeutung oder Klasse der Merkmale (Laternenpfosten, Baumstamm, Haus etc.) und die Topologie beschreibt die Verknüpfung der Elemente untereinander, also z. B. das Straßennetz.

61.2.2.2 Kartendaten im derzeitigen Kontext autonomen Fahrens

Im Rahmen der DARPA Urban Challenge wurde das „Route Network Definition File" (RNDF, vgl. [53]) eingeführt: Das RNDF ist eine Kombination aus einer fahrstreifengenauen Karte für die Abschnitte, in denen eine Straße zu finden ist und einer Beschreibung von sogenannten Zonen, die die Grenzen von unstrukturierten Bereichen sowie die Positionen von Parktaschen repräsentieren. Die Straßenbeschreibung beinhaltet alle Informationstypen – geometrisch, topologisch, semantisch: Verlauf und Breite der Fahrstreifen (geometrisch), Verknüpfung der Fahrbahnen und Fahrstreifen (topologisch) sowie die Typen der Fahrbahnmarkierungen (semantisch). Insbesondere die geometrische Information ist jedoch mit vereinzelten und global unpräzisen Stützstellen sehr rudimentär gehalten, so dass einige Teams die Karten manuell editiert haben (z. B. [54, 55]).

Bei Team AnnieWay kamen im Rahmen der Cooperative Driving Challenge 2011 manuell erstellte, hochgenaue Karten mit Fahrstreifenverläufen zum Einsatz: Der rechte Fahrstreifen wurde möglichst mittig abgefahren und die entsprechenden GPS-Stützpunkte aufgezeichnet; die Berücksichtigung der benachbarten Fahrstreifen für das Szenario erfolgte durch eine modellbasierte Ergänzung. Eingesetzt wurde die Karte für die Zuordnung von detektierten Fahrzeugen, also zur Stützung der Umfeldwahrnehmung [42].

Im Projekt Stadtpilot kommen noch detailliertere und genauere Karten zum Einsatz (vgl. S. 97 in [23]): Sie beinhalten ähnlich dem RNDF die topologischen Informationen in Form von Verknüpfungen zwischen den Fahrstreifen [56]; die geometrische Information wurde manuell aus hochgenauen Luftbildern entnommen. Die abgelegten geometrischen Merkmale stellen Verläufe der Fahrbahnbegrenzungen dar. Die Karte wird sowohl zur Stützung der Umfeldwahrnehmung (vgl. S. 105 in [23]) als auch zur Stützung der Lokalisierung (vgl. S. 97 u. 101 in [23]) genutzt.

Die Bertha-Benz-Fahrt erfolgte ebenfalls mit hochgenauen Kartendaten, die „von größter Wichtigkeit" waren [29]. Laut der Darstellung in [29] wurden drei unterschiedliche Kartentypen eingesetzt: Karten mit 3D-Punktlandmarken, Karten mit einem exakten Abbild der Fahrbahnmarkierungen (Seitenmarkierungen, Haltelinien und Bordsteine) und Tramschienen sowie Karten mit etwas abstrahierter Information auf Fahrstreifenebene. Die Karten wurden für alle drei der oben genannten Zwecke (Lokalisierung und Stützung der Wahrnehmung innerhalb und außerhalb des Erfassungsbereichs) eingesetzt. Der Kartierungsprozess der 3D-Punktlandmarkenkarte erfolgt offline, aber vollautomatisch mit einem Stereokamerasystem. Die Projektion des 3D-Fahrzeugumfelds aus den Stereokameras auf die Fahrbahnebene ist Grundlage für die Erstellung der Karte mit Fahrbahnmarkierungen sowie der fahrstreifengenauen Karte. Die fahrstreifengenaue Karte wurde durch manuelles Editieren der Karte mit Fahrbahnmarkierungen generiert und wird im Dateiformat von OpenStreetMaps abgespeichert. Sie beinhaltet neben dem Verlauf der Fahrstreifenbegrenzungen die Fahrstreifentopologie, Vorfahrtsregeln und Lichtsignalanlagen [29].

Auch die Fahrt auf der Autobahn der BMW Group Forschung und Technik basierte auf Kartendaten mit zentimetergenauen Fahrbahninformationen [57]. Der genaue Einsatzzweck wird nicht näher erläutert; anscheinend dienen die Kartendaten aber sowohl zur Stützung der Lokalisierung als auch zur Stützung der Wahrnehmung (vgl. Abb. 3 in [57]).

Während die Fahrten der VisLab Intercontinental Autonomous Challenge (VIAC) mangels verfügbaren Kartenmaterials noch ohne Kartendaten erfolgten, kommen in den nachfolgenden Forschungsaktivitäten um Broggi nun auch Kartendaten zum Einsatz: So wurde die Navigationsebene (Broggi: long-term planning) eingeführt, die das Fahrzeug nach der hier gewählten Definition erst zu einem autonomen Fahrzeug werden lässt. Dazu wurden OpenStreetMap-Karten mit weiteren Informationen wie Anzahl Fahrstreifen, Fahrstreifenbreite, Lichtsignalanlagen angereichert (vgl. S. 1412 in [30]). Eine Stützung der Lokalisierung bzw. der Wahrnehmung innerhalb des Sensorsichtbereichs ist den Veröffentlichungen nicht zu entnehmen.

Im Rahmen der Aktivitäten der Universität der Bundeswehr München kommen den Angaben zufolge lediglich ungenaue Straßenkartendaten (Genauigkeit von ca. 10 m) zum Einsatz; sie dienen der Routenplanung und gegebenenfalls der Generierung von initialen Kreuzungshypothesen. Die Daten werden beispielsweise aus OpenStreetMap ohne eine weitere Attributierung mit Details der Fahrzeugumgebung verwendet (siehe hierzu auch [33]).

61.2.2.3 Fazit

Kartendaten spielen derzeit für das autonome Fahren eine zentrale Rolle. Ihre Einsatzzwecke sind vielfältig: Von reiner Unterstützung bei der Routenplanung (z. B. [30] oder [33]) bis hin zur vollständigen Unterstützung der Wahrnehmung von Fahrbahnmarkierungen (z. B. [23]) bzw. dem Ersatz einer satellitengestützten Lokalisierung (z. B. [29] oder [36]) sind alle Formen der Integration von Kartendaten zu finden. Dabei werden keine Strategien zum Umgang mit kurzfristig veränderten Fahrbahnverläuft vorgestellt; die Frage zur Sicherstellung der Aktualität von Kartendaten bleibt unbeantwortet. Immerhin sind die Kartendaten – zumindest im Falle einer Fahrzeugregelung auf deren Basis – eine sicherheitsrelevante Eingangsquelle.

Unter dem Gesichtspunkt der Anforderungen an eine Karte sind aus Sicht der Autoren die Projekte weiter entwickelt, die bereits mit unpräzisen Karten umgehen können. Eigene Erfahrungen im Rahmen der Aktivitäten im Projekt „Stadtpilot" zeigen immer wieder, wie anfällig ein kartenbasierter Ansatz zur Fahrzeugführung gegenüber kleinsten Veränderungen ist: Schnell sind Haltelinien an Lichtsignalanlagen ein paar Meter vorgezogen, Markierungen durchgezogen oder entfernt, Fahrtrichtungen von Fahrstreifen an Kreuzungen geändert, ein Tempo-30-Schild aufgestellt oder eine Baustelle eingerichtet. Das sind alles kleine Eingriffe, ohne die Infrastruktur auf makroskopischer Ebene zu verändern. Diese Eingriffe führen aber durchaus dazu, dass sich ein Fahrzeug, das auf veralteten Kartendaten fährt, regelwidrig und sogar gefährdend verhalten würde.

Seit langem gibt es Ideen, die Aktualisierung von Kartendaten zu beschleunigen: So wurden bereits vor mehreren Jahren im Projekt ActMap [58] Online-Kartenaktualisierungen von einem zentralen Server in das Fahrzeug übertragen. Im darauffolgenden Projekt FeedMap [59] wurde ergänzend zu den Ansätzen aus ActMap versucht, auch online Daten von verschiedenen Fahrzeugen an einen Server zu senden und so eine signifikant höhere Aktualität und vor allem Abdeckung zu erreichen. Diese Idee wurde in [29] ebenfalls angesprochen.

In einer weiter fortgeschrittenen Ausbaustufe wäre es denkbar, dass die autonomen Fahrzeuge selbst aktuelle Umgebungsmerkmale an einen Server schicken und so die Karten eigenständig aktuell halten – ein klassisches Beispiel für Kooperation. Allerdings setzt dies voraus, dass die Fahrzeuge prinzipiell in der Lage sein müssen, ihr Umfeld vollständig zu erfassen und zu interpretieren sowie ihre Position zu bestimmen. Jedes der teilnehmenden Fahrzeuge könnte als erstes an eine unbekannte oder veränderte Stelle gelangen und müsste sofort korrekt reagieren. Basierend auf dieser Argumentation ist es fraglich, ob Ansätze mit hohem Vertrauen auf Kartendaten tatsächlich wegweisend für das „autonome" Fahren sind.

61.2.3 Kooperation

61.2.3.1 Begriffsdefinition

Der Begriff „Kooperation" beschreibt eine Form der gesellschaftlichen Zusammenarbeit zwischen mindestens zwei Parteien. Ziel dieser Zusammenarbeit ist es, sowohl für die eigene als auch die übrigen Parteien eine Verbesserung gegenüber einer egoistischen Vorgehensweise zu erreichen [60].

Technisch ausgedrückt ist der Grundgedanke einer Kooperation, in Anlehnung an diese Definition und die Aussagen in [61], durch eine Zusammenarbeit eine bessere Lösung für ein gegebenes Problem im Sinne eines zu definierenden Gütekriteriums zu erhalten. Dieses Gütekriterium kann verschiedene Ausprägungen annehmen: Ein wesentlicher Aspekt der Kooperation ist die Vereinbarung dieser Kriterien. Sie können dabei sowohl a priori bekannt sein – beispielsweise das Kriterium, Kollisionen mit anderen Verkehrsteilnehmern zu vermeiden – als auch dynamisch zwischen den beteiligten Partnern verhandelt werden. Die Vereinbarung von Zielen und ihre gemeinsame Verfolgung erfordert ein hohes Maß an Abstimmung zwischen den Parteien und bildet einen Kernpunkt bei der Betrachtung kooperativer Mechanismen im Straßenverkehr. Insbesondere bei sich widersprechenden Zielen einzelner Teilnehmer ist die Absprache einer für alle Parteien tragbaren Lösung erforderlich.

Die Grundvoraussetzung für eine Kooperation ist daher eine Kommunikation zwischen den beteiligten Parteien, die auf verschiedenen Wegen erfolgen kann. Technologische Ansätze sind beispielsweise der Einsatz von C2X-Technologien (siehe auch ▶ Kap. 28). Der Grundgedanke der Kommunikation zwischen Fahrzeugen ist nicht neu. Die StVO schreibt verschiedene Signaleinrichtungen an Fahrzeugen und Infrastruktur vor, die der Kommunikation zwischen den Verkehrsteilnehmern dienen – Beispiele hierfür sind die Fahrtrichtungsanzeiger und Bremsleuchten oder auch das Signalhorn. Im Straßenverkehr sind weitere wesentliche Formen der Kommunikation die Gestik und das Verhalten der Teilnehmer: Menschliche Fahrer signalisieren beispielsweise über Handzeichen ihre Absichten. Über das Verhalten können Menschen sowohl die eigenen Intentionen mitteilen als auch über das Verhalten anderer Rückschlüsse auf deren Absichten ziehen.

61.2 • Stand der Forschung

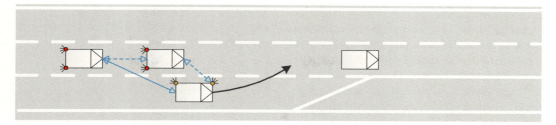

◁———▷ Abstimmung über explizite Kommunikation   ◁---▷ Abstimmung über Verhalten (aktueller Stand)

Abb. 61.2 Die derzeitigen optischen Kommunikationsmechanismen erlauben beispielsweise bei der Auffahrt auf die Autobahn nur eine indirekte Kommunikation. Car-to-Car-Kommunikation würde eine direkte Übermittlung der Fahrerabsicht erlauben.

Eine klassische Situation, die Kommunikation und Kooperation erfordert, ist die Einfädelsiuation in fließenden Verkehr z. B. an Autobahnauffahrten, wie sie beispielhaft in ◘ Abb. 61.2 skizziert ist.

Auch wenn der Begriff der Kooperation in der Wissenschaft und im Bereich der Fahrerassistenz weit verbreitet ist, so ist er im Bereich des autonomen Fahrens nicht eindeutig definiert. Fasst man den Kooperationsbegriff weiter, lassen sich zwei Ausprägungsstufen erkennen: Die erste Stufe umfasst die Einhaltung der gesetzlichen Rahmenbedingungen, die für eine Fahrt im öffentlichen Straßenverkehr erforderlich sind. Dies sind im Wesentlichen die Vorgaben durch die StVO und umfassen kollisionsvermeidende Strategien und grundlegende Ansätze zur Verkehrsflusssteuerung, z. B. das Rechts-vor-links-Gebot oder das Reißverschlussverfahren. Die Kommunikation der eigenen Absichten erfolgt dabei über die Signaleinrichtungen des Fahrzeugs oder das jeweilige Verhalten der Verkehrsteilnehmer und dient als Kooperationsanforderung gegenüber anderen Teilnehmern. Als zweite Stufe lassen sich Ansätze zur weitergehenden Optimierung des Verkehrsverhaltens identifizieren, beispielsweise das bewusste Öffnen einer Lücke für Fahrzeuge, die den Fahrstreifen wechseln möchten. Beide Stufen sind nicht an die explizite Verwendung von C2X – oder anderen Kommunikationsmechanismen gekoppelt, sondern können prinzipiell ebenfalls durch bordeigene Sensorik realisiert werden.

61.2.3.2 Kooperation im derzeitigen Kontext autonomen Fahrens

Bisher sind kooperative Aspekte der zweiten Stufe im Bereich des autonomen Fahrens nur schwach ausgeprägt. Erste Ansätze wurden im Forschungsprojekt „Kooperative und optimierte Lichtsignalsteuerung in städtischen Netzen" (KOLINE) auf dem Braunschweiger Stadtring gezeigt. Im Fokus stand die Optimierung des Verkehrsflusses hinsichtlich Lärmentwicklung und Ressourcenverbrauch im innerstädtischen Bereich – erreicht wurde dies mit der Minimierung von Lärm- und Umweltbelastungen durch kooperative Verkehrsflussoptimierung [62]. Durch infrastrukturbasierte Sensorik und die Telemetrie des Versuchsträgers wurden das Verkehrsaufkommen und die durchschnittliche Fließgeschwindigkeit bestimmt und eine optimale Anfahrstrategie bzgl. obiger Kriterien berechnet. Parallel wurde die Anpassung der Lichtsignalphasen untersucht: Es konnte gezeigt werden, dass sich die Anzahl notwendiger Haltevorgänge um ca. 20 % reduzieren lässt; erreichte Kraftstoffeinsparungen lagen im mittleren einstelligen Prozentbereich [63].

Weitere Veröffentlichungen von Untersuchungen erfolgten im Rahmen der Grand Cooperative Driving Challenge (GCDC) im Jahr 2011. Auch hier lag der Fokus auf der Optimierung des Verkehrsaufkommens durch automatische Pulkbildung auf Autobahnen (sog. Platooning) [64]. Die Kommunikation wurde auf Basis einer Car2X-Plattform realisiert. An dem Projekt waren insgesamt neun Teams beteiligt, die jeweils ihre Ansätze für dieses Szenario unter Beweis stellen mussten. Das Team AnnieWay ging als Sieger aus dem Wettbewerb hervor [42]; mit dem Wettbewerb wurde gezeigt, dass dieses Szenario technisch beherrschbar ist.

61.2.3.3 Fazit und Ausblick

Auch wenn die Verwendung expliziter Kommunikationswege wie Car2X-Technologien zur Realisierung kooperativer Mechanismen grundsätzlich vielversprechende Möglichkeiten bietet, ist dieser Ansatz mit Herausforderungen verbunden: Beim Einsatz im öffentlichen Straßenverkehr muss immer mit Verkehrsteilnehmern gerechnet werden, die nicht über diese Kommunikationskanäle verfügen. Diese Teilnehmer sind bei der Ausarbeitung der Kooperationsstrategien ebenso zu berücksichtigen wie direkt involvierte Verkehrsteilnehmer.

Gleichzeitig werden der Aspekt der Datenintegrität und die Vermeidung von wissentlichem oder unwissentlichem Missbrauch relevant, ebenso wie Fragen der Datensicherheit. Die Verwendung dieser Technologien kann also nur eine Ergänzung zu bordeigener Sensorik bilden. So ist eine zentrale Erfahrung in [42], dass die endgültige Plausibilisierung der Kommunikationsdaten stets durch bordeigene Sensorik erfolgen muss. Bei der GCDC wurde ein bordeigener Radarsensor zur Plausibilisierung der empfangenen Car2X-Nachrichten verwendet, um fehlerhafte Daten anderer Verkehrsteilnehmer erkennen zu können (vgl. S. 8 in [42]).

Die Umsetzung kooperativer Mechanismen konzentriert sich bisher primär auf diejenigen Bereiche, die sich aus den Regeln des öffentlichen Straßenverkehrs ergeben. Auch wenn der Einsatz weiterführender kooperativer Mechanismen prinzipiell Potenzial für eine ganzheitlichere Optimierung des öffentlichen Straßenverkehrs bietet und bereits in einigen Forschungsprojekten untersucht wurde, sind Fragen wie die effektive Umsetzung im Zusammenspiel mit nicht-technisierten Verkehrsteilnehmern und Aspekte der Datensicherheit und -integrität nach wie vor ungelöst. Auch die Berücksichtigung und die Kompensation von Fahrfehlern einzelner Verkehrsteilnehmer werden bisher nicht betrachtet.

Als einer der nächsten Schritte im Bereich der Kooperation scheint sich die Fusion von Sensordaten anderer Verkehrsteilnehmer und der Infrastruktur mit bordeigener Sensorik abzuzeichnen, zusammengefasst im Begriff der kooperativen Perzeption. Erste Ansätze wurden beispielsweise in der Forschungsinitiative „Kooperative Sensorik und kooperative Perzeption für die präventive Sicherheit im Straßenverkehr" (KoFAS) im Jahre 2013 untersucht [65, 66], jedoch nach aktuellem Kenntnisstand bisher noch nicht für autonome Fahrzeuge im Sinne dieses Artikels eingesetzt. Eine weitere denkbare Ausprägung wäre die gemeinsame Aktualisierung von Kartendaten, wie in ▶ Abschn. 61.2.2 angesprochen.

61.2.4 Lokalisierung

Auch der Lokalisierung kommt eine Schlüsselrolle zu: Ohne eine Lokalisierung des Fahrzeugs ist die Nutzung von Kartendaten unmöglich und ohne die Kenntnis der relativen Bewegung des eigenen Fahrzeugs zwischen zwei Zeitpunkten ist die Wahrnehmung des Umfelds zumindest signifikant erschwert. Auch die häufig im Kontext der Kooperation diskutierte Kommunikation zwischen den Fahrzeugen erfordert größtenteils einen Austausch der Positionen, um eine Zuordnung der Nachrichten zu ermöglichen.

61.2.4.1 Erkenntnisse aus der DARPA Urban Challenge

Aus der DARPA Urban Challenge folgt zum Thema Lokalisierung die wesentliche Erkenntnis, die relative Eigenbewegung von der absoluten Lokalisierung strikt zu trennen [67]. Diese beiden Lösungen unterscheiden sich in ihrem Optimierungsziel: Die relative Eigenbewegung (in [67] „local frame" genannt) beschreibt einen sprungfreien Positionsverlauf von einem beliebigen Startpunkt aus mit dem Ziel, zwischen zwei Zeitschritten möglichst exakt zu sein. Die langfristige Position kann jedoch driftbehaftet sein.

Die absolute Lokalisierung (in [67] „global frame" genannt) hat hingegen zum Ziel, in einem ortsfesten Koordinatensystem die beste Positionslösung zum aktuellen Zeitpunkt zu finden und langfristig keine Drift aufzuweisen – dafür können kurzfristige Sprünge in der Position auftreten. Diese absolute, globale Lokalisierung ist in diesem Abschnitt Schwerpunkt der Vergleiche zwischen den Projekten. Dabei geht es in den betrachteten Projekten primär um die Lokalisierung in einer (globalen) Karte.

61.2.4.2 Lokalisierung im derzeitigen Kontext autonomen Fahrens

Als jüngste Veröffentlichung ist hier die Bertha-Benz-Fahrt zu nennen. Die Lokalisierung erfolgt durch einen Abgleich der Merkmale mit einer rückwärtsgerichteten Mono-Kamera (siehe z. B. [68, 69]). Durch einen Abgleich der im Online-Bild gefundenen Markierungen mit den in der Karte hinterlegten Markierungen wird die exakte Position des Fahrzeugs ermittelt. Dabei werden die Suchbereiche für die Markierungen im Online-Bild gezielt aus den Kartendaten vorgesteuert. Die Detektion der Fahrbahnmarkierungen erfolgt also mit detailliertem Vorwissen (siehe auch ▶ Abschn. 61.2.1 sowie [29]). Ergänzend zu diesem Ansatz werden einzelne Bildmerkmale aus einem Mono-Bild mit einer 3D-Punktlandmarkenkarte abgeglichen (siehe z. B. [68]); nach eigenen Angaben kommt dieser Ansatz ohne GPS aus [29]. Hier stellt sich jedoch die Frage, wie ohne GPS- oder alternative satellitenbasierte Lokalisierung Kartendaten von oder mit anderen Verkehrsteilnehmern genutzt werden soll.

In [36] werden prinzipiell zwei unterschiedliche Herangehensweisen vorgestellt: Zum einen wurde eine Lokalisierung mithilfe einer hochgenauen INS-DGPS-Plattform in den RNDF-Karten während der DARPA Urban Challenge durchgeführt. Fehler in den Karten sowie Fehler in der globalen Ortung wurden mithilfe eines Abgleichs von Reflektanzen der Fahrbahnmarkierungen und Bordsteinen aus Laserscannerdaten abgeglichen. Zum anderen dient eine vorab aufgezeichnete, vollständige gitterbasierte Umgebung der Fahrbahnoberfläche mit Reflektanzwerten eines Laserscanners – die offline in ihrer Position korrigiert wurde – bei erneuter Überfahrt als Einpassungsreferenz zur Ermittlung der korrekten Pose (= Position + Ausrichtung). Dies geschieht ebenfalls durch einen Abgleich mit den Reflektanzwerten des Laserscanners.

Rein DGPS-getrieben hingegen fährt momentan das Fahrzeug Leonie im Projekt Stadtpilot: Dort wurden Ansätze zum Abgleich von Kartendaten und Umgebungsdaten (Fahrbahnmarkierungen) skizziert und auf dem Testgelände erprobt [70, 23], jedoch bisher nicht im autonomen Betrieb auf dem Stadtring eingesetzt.

Der Ansatz der Universität der Bundeswehr München ist grundsätzlich anders: Mit der Erkenntnis „Never Trust GPS" (vgl. [71]) wurde in der Tradition von [51] ein System entwickelt, das sich nahezu vollständig auf die Wahrnehmung stützt und Kartendaten sowie GPS nur als ersten Hinweis sowie zur Routenplanung einsetzt. Hier reichen dem Ansatz nach eigenen Angaben Genauigkeiten von ca. 10 m bis 20 m in der GPS-Lokalisierung; eine Stützung der Pose in der Karte erfolgt ebenfalls durch einen Abgleich mit Umgebungsdaten – allerdings auf einem sehr hohen Abstraktionslevel [33].

61.2.4.3 Fazit

Eine globale Position des Fahrzeugs ist in den meisten Projekten erforderlich, um externe Daten in das System zu integrieren. Zu diesen externen Daten gehören Kartendaten und C2X-Daten. Offenbar reichen jedoch – zumindest in innerstädtischer Umgebung – die Genauigkeiten selbst der hochgenauen Ortungssysteme nicht aus, um eine Fahrzeugstabilisierung zuverlässig durchführen zu können [36]. Daher werden Kartendaten in einer hohen Genauigkeit und mit einem hohen Detailgrad eingesetzt, um die Fahrzeugpose über Umfeldmerkmale stützen zu können. In einigen Ansätzen ist auch gar keine absolute globale Position erforderlich, sondern eine kartenrelative globale Position (z. B. [33]).

Einige Projekte verfolgen das Ziel, das System unabhängiger von einer hochgenauen, satelliten-basierten Lokalisierungslösung zu gestalten, indem sie entweder mehr auf Kartendaten oder mehr auf die Umfeldwahrnehmung setzen.

61.2.5 Missionsumsetzung

Planung von Verhalten und eine unterlagerte Regelung sind Kernaspekte der Fahraufgabe, die ein autonomes Fahrzeug per definitionem selbst beherrschen muss. In [72] bzw. in ▶ Kap. 2 wird die Fahraufgabe in drei Ebenen unterteilt: Navigation, Führung und Stabilisierung. Eine ähnliche Hierarchie findet sich bei vielen Projekten im Bereich des autonomen Fahrens [30, 73, 74, 75]. Da sich so eine klare hierarchische Gliederung der Aufgaben im Bereich der Missionsumsetzung ergibt, orientiert sich die folgende Diskussion ebenfalls an diesem Drei-Ebenen-Modell: Die Begriffe Navigation, Führung und Stabilisierung werden entsprechend verwendet.

Die obere Ebene hat planenden Charakter: Der Planungshorizont der Navigation umfasst die gesamte Mission, so dass sie auch als strategische Ebene bezeichnet wird. In der Führungsebene werden Fahrentscheidungen getroffen, bspw. durch

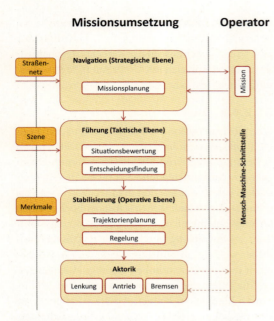

◘ **Abb. 61.3** Aufteilung der Fahraufgabe in Anlehnung an Donges [72] mit der Ergänzung um eine Mensch-Maschine-Schnittstelle nach [99].

die Auswahl eines Fahrmanövers; sie bewertet die vorausliegende Verkehrssituation und gibt die Führungsgrößen für die Stabilisierungsebene vor. Wegen des lokalen Horizonts wird sie auch als taktische Ebene bezeichnet. Module der Stabilisierungsebene übernehmen das Ausregeln der Steuervorgaben der beiden übergeordneten Ebenen. ◘ Abbildung 61.3 illustriert diese verschiedenen Hierarchieebenen und zeigt zusätzlich in Anlehnung an [99] eine Mensch-Maschine-Schnittstelle zu einem Fahrgast oder Systemoperator. Diese Schnittstelle bietet unter anderem die Möglichkeit, Missionsziele vorzugeben oder zu verändern (vgl. ▶ Abschn. 61.1.3).

Alle in den folgenden Unterkapiteln betrachteten Gruppen gehen vom Planen und Regeln in zum Entwurfszeitpunkt bekannten und bedachten Situationen aus. Das Handhaben von unbekannten oder nicht bedachten Situationen ist für das autonome Fahren in der Endausbaustufe vermutlich notwendig, liegt jedoch für die meisten Teams noch außerhalb der aktuell adressierten Herausforderungen.

61.2.5.1 Navigation

Für das autonome Fahren kommen auf Navigationsebene gegenüber Assistenzsystemen (vgl.

▶ Kap. 55) neue Aspekte zum Tragen: Sie betreffen das Zusammenspiel mit anderen Modulen des autonomen Systems und den Wegfall des Menschen als Rückfallebene. Auf dieser Ebene findet die eigentliche Kommunikation mit dem Fahrgast statt: Es können hier die Zielorte oder spontane Zwischenhaltepunkte dem Fahrzeug übermittelt werden.

Üblicherweise werden auf dieser Ebene die Kartendaten als gerichteter Graph repräsentiert, so dass sich eine Mission mit Algorithmen zur Graphensuche planen lässt. Das Ergebnis ist eine hinsichtlich bestimmter Kriterien optimale Route.

Der von Team AnnieWay [75] in der Urban Challenge verwendete Algorithmus erstellt unter Verwendung der gegebenen, fahrstreifengenauen Karte (RNDF, vgl. ▶ Abschn. 61.2.2) eine – maßgeblich in Bezug auf die Fahrzeit – optimale, fahrstreifengenaue Route, die bereits die zu fahrende Bahn als zusammengesetzte Spline-Kurve zur Zielposition beschreibt. Eine reaktive Schicht ermöglicht allerdings weiterhin das Abweichen von dieser Bahn (vgl. ▶ Abschn. 61.2.5.3). Bei Boss [73] und Junior [74] wurde ein anderer Ansatz verfolgt: Anstatt genau eine Route zu planen, werden für jede Kante des Graphen die erwarteten Kosten berechnet; maßgebend ist hier ebenfalls die erwartete Fahrzeit bis zur Zielposition. Die Entscheidung über die zu fahrende Route wird auf die Führungsebene verlagert, wo die auf Navigationsebene berechneten Kosten mit den sich aus der Verkehrssituation ergebenden Kosten kombiniert werden. Wird eine Straße als dauerhaft blockiert erkannt, wird die interne Repräsentation der Topologie des Straßennetzes entsprechend angepasst und eine Neuberechnung der Kosten [73, 74] bzw. eine Neuplanung der Route [75] ausgelöst.

61.2.5.2 Führung

Zur Führungsaufgabe bzw. Verhaltensplanung auf taktischer Ebene zählen die Interpretation von Verkehrssituationen unter Berücksichtigung der eigenen Ziele sowie der Ziele anderer Verkehrsteilnehmer, die Generierung von Handlungsalternativen, deren Bewertung und die Entscheidung für eine Handlung.

In der DARPA Urban Challenge und in Folgeprojekten wird auf übergeordneter Ebene fast immer ein Zustandsautomat eingesetzt [73, 74],

[76]. Eine solcher Zustandsautomat hat übergeordnete Systemzustände wie das Durchführen von Fahrstreifenwechseln und Überholvorgängen, das Anfahren von Haltepunkten in Kreuzungen, das Entscheiden eines Überfahrens einer Lichtsignalanlage beim Farbwechsel von Grün auf Gelb oder das Durchführen von kooperativen Manövern – z. B. dem gezielten Öffnen einer Einscherlücke für das Einfädeln eines Fremdfahrzeugs vor einem automatisierten Straßenfahrzeug an Autobahnauffahrten. Das Team Carolo der TU Braunschweig [76] verwendete einen hybriden Ansatz aus einem traditionellen, regelbasierten Zustandsautomaten zur Handhabung von abstrakten Manövern wie Parken, Wenden oder für Kreuzungen und aus einem verhaltensbasierten DAMN-Arbitrationsmodell (vgl. [77]) zum regulären Fahren entlang von Straßen und zur Hindernis- Kollisionsvermeidung.

Der bei BMW im Rahmen des ConnectedDrive-Projekts zum hochautomatisierten Fahren auf Autobahnen in [41] und [57] gewählte Ansatz weicht von dem zuvor genannten Ansatz dahingehend ab, dass Längs- und Querführung voneinander entkoppelt betrachtet werden. Es wird ein hybrider, deterministischer Zustandsautomat zur Definition des übergeordneten Fahrverhaltens eingesetzt und ein Entscheidungsbaum als hierarchischer Entscheidungsfindungsprozess durchlaufen. In diesem Entscheidungsbaum wird aus einer Situationsinterpretation heraus ein Fahrwunsch ermittelt, dessen Durchführbarkeit überprüft wird; nach erfolgreicher Prüfung wird in den Zustand gewechselt, der das entsprechende Fahrmanöver ausführt.

Ähnlich zum zuvor besprochenen Ansatz wird in [78] an der TU München ein Zustandsautomat kombiniert mit einer Fuzzy-Logik zur Situationsbewertung eingesetzt. An der Universität der Bundeswehr wird auf taktischer Ebene ein einfacher hierarchischer Zustandsautomat mit Metazuständen wie *Konvoi-Fahren*, *Tentakel-Navigation* (vgl. ▶ Abschn. 61.2.5.3) oder *Wenden* genutzt [79].

Besonders herausfordernd für autonome Straßenfahrzeuge ist das regelkonforme Verhalten in Kreuzungssituationen. Im Rahmen der Urban Challenge nutzte das Team Junior der Stanford Universität in einer Karte hinterlegte kritische Zonen („critical zones"), um zu überprüfen, ob vorfahrtberechtigten Fahrzeugen vor einem Überqueren einer Kreuzung ohne Lichtsignalanlage die Vorfahrt gewährt werden muss [74]. In [73] beschreibt das Team der Carnegie Mellon University seine Herangehensweise an das Problem. Das zentrale Element ist ein Schätzer. Dieser ermittelt zum einen durch Beobachtung der Ankunftsreihenfolge und Berücksichtigung der Verkehrsregeln die Vorfahrtsreihenfolge und identifiziert zum anderen durch Beobachtung des fließenden Verkehrs an Kreuzungen Lücken, die das Passieren der Kreuzung oder das Einfädeln in den fließenden Verkehr erlauben [73].

Die Verhaltensplanung zum Passieren von Kreuzungen mit Lichtsignalanlagen wird in [62] und [80] berücksichtigt: Per C2X-Kommunikation werden verbleibende Signalzeiten der Ampeln übertragen und eine energieoptimale Anfahrstrategie unter Berücksichtigung möglicher Rückstaulängen errechnet und als Fahrstrategie ausgeführt.

Aus Sicht der Autoren ist das Handhaben von Perzeptions- und Situationsprädiktionsunsicherheiten eine der zentralen Herausforderungen auf der Führungsebene. An der Carnegie Mellon Universität [81] wird ein analytisches Prädiktionsmodell bei der Bewertung von taktischen Fahrmanövern eingesetzt. Die Trennung von Prädiktions- und Kostenmodell vereinfacht hier die Modellierung. Die Evaluation beschränkt sich auf simulierte Daten und Messunsicherheiten werden noch nicht berücksichtigt. In [82] zeigt das gleiche Team die Berücksichtigung von Unsicherheiten bei der Planung des Längs-Fahrverhaltens innerhalb eines Fahrstreifens mittels eines Markov-Entscheidungsprozesses.

An der TU Braunschweig wurde die Berücksichtigung von Perzeptions- und Prädiktionsunsicherheiten mittels partiell beobachtbarer Markov-Entscheidungsprozesse in einer ersten Implementierung für Fahrstreifenwechsel im Innenstadtverkehr gezeigt [43].

61.2.5.3 Stabilisierung

Die Stabilisierungsebene umfasst die Trajektorienberechnung und die Regelung der Stellgrößen für die Fahrzeugaktorik (Lenkung, Antrieb, Bremse). Die Verfahren zur Trajektorienberechnung lassen sich in zwei Gruppen einteilen: Verfahren zur Berechnung in strukturierten Umgebungen, z. B. entlang von Straßen, und Verfahren zur Berechnung in unstrukturierten Umgebungen. Letztere wurden zum Beispiel in der Urban Challenge zum Fahren auf Parkplätzen oder zum Umfahren von Blockaden genutzt [73, 74, 75]. Auf die Berechnung in strukturierten Umgebungen wird im Folgenden näher eingegangen.

Wie bei den meisten Teams der Urban Challenge wurde auch vom Team AnnieWay ein bahnbasiertes Konzept zur Bewegungsplanung verfolgt [75]: Bei AnnieWay wird von der Führungsebene eine Sollbahn vorgegeben, die einem Fahrstreifenverlauf folgt, aber auch einen Fahrstreifenwechsel beinhalten oder über eine Kreuzung führen kann. Um der Bahn zu folgen, wird ein geschwindigkeitsunabhängiger Querregler verwendet. Die Trajektorie ergibt sich erst aus der Längsregelung, die den freien Vorausbereich der Bahn und somit die Bewegungen der anderen Fahrzeuge im Umfeld berücksichtigt. Eine zusätzliche reaktive Schicht überprüft die Bahn unter Verwendung einer gitterbasierten Belegungskarte auf Kollisionen mit Hindernissen und wählt gegebenenfalls die günstigste der vorberechneten Alternativbahnen – in Anlehnung an die Fühler von Insekten auch als „*tentacles*" [83] bezeichnet – aus. Dieser reaktive Ansatz wird ebenfalls beim Versuchsträger MuCAR-3 [84] eingesetzt. Dort wird allerdings keiner zuvor geplanten Bahn gefolgt, stattdessen fließt die Abweichung von einer vorgegebenen Route – bestehend aus globalen Wegpunkten – in die Berechnung der Kosten für die *tentacles* ein [79]. In [30] wird ein ähnliches reaktives Verfahren vorgestellt.

Bei einer höheren Verkehrsdichte, zum Beispiel im Stadtverkehr, ist eine trajektorienbasierte Bewegungsplanung notwendig [85]. Ähnlich den *tentacles* werden bei der Trajektorienberechnung nach [85] zunächst Trajektorien mit minimalem Ruck in Quer- und Längsrichtung generiert, die in ihren Endzeitpunkten und Endpositionen variieren. Die Endpositionen variieren in Längs- und Querrichtung zu einer vorgegebenen Referenzbahn, typischerweise wieder einem Fahrstreifenverlauf. In einem zweiten Schritt wird die günstigste Trajektorie unter Berücksichtigung von prädizierten Bewegungen der anderen Verkehrsteilnehmer ausgewählt. Ist die Prädiktion der Verkehrssituation korrekt und die Umfeldrepräsentation über die Zeit konstant, entspricht dieses Verfahren einer optimalen Steuerung und die berechnete Trajektorie ist über die Zeit konsistent. Da die Modellannahmen über die zeitliche Veränderung des Umfeldes fehlerbehaftet sind, ist eine Rückführung über die Umfeldwahrnehmung erforderlich. Dadurch entspricht die Grundcharakteristik dieses Ansatzes nach Auffassung der Autoren nach wie vor einer Regelung. Das Verfahren wurde im Versuchsträger AnnieWay erprobt und kam ebenfalls bei Junior 3 zum Einsatz [37].

An der TU Braunschweig präsentierte Wille [23] eine a priori ausgeführte Bahnplanung zur Berechnung einer optimalen Bahn. Die Stanford University demonstrierte zusammen mit dem Electronic Research Lab von Volkswagen [86] das GPS-basierte Abfahren und Ausregeln einer Trajektorie an der Haftgrenze beim Pikes Peak Hill Climb.

61.2.5.4 Fazit

Im Bereich der Missionsumsetzung ergab sich bei vielen Teams eine Dreiteilung. Aus Sicht der Autoren liegt ein Schwerpunkt der Forschungsaktivitäten im Feld der taktischen Verhaltensplanung und bei der Trajektorienberechnung. Auf taktischer Ebene werden von vielen Teams Ansätze zur Bewältigung von abstrakteren Manövern wie Fahrstreifenwechsel oder kooperative Fahrmanöver untersucht und verbessert. Großer Forschungsbedarf liegt noch im Bereich der Situationsprädiktion, der Situationsbewertung und generell im Umgang mit unsicherheitsbehafteten Informationen, insbesondere wenn Absichten von anderen Verkehrsteilnehmern geschätzt werden müssen. Auf Stabilisierungsebene fokussiert sich die Forschung oft auf Aspekte der Trajektorienberechnung. Viele Teams nutzen vorausplanende Ansätze, die Trajektorienbündel (wie z. B. die *tentacles*) in die Zukunft berechnen.

61.2.6 Funktionale Sicherheit

61.2.6.1 Anforderungen

Die funktionale Sicherheit von autonomen Fahrzeugen im öffentlichen Straßenverkehr wird aus Sicht der Autoren einer der wesentlichen Herausforderungen bei der Einführung der Technologie sein. Es muss ein gesellschaftlicher Konsens gefunden, wann ein autonomes Fahrzeug als sicher gilt – beziehungsweise muss ein Niveau definiert werden, innerhalb dessen der Betrieb als sicher angesehen werden kann und sich das Fahrzeug in einem sicheren Zustand befindet. Bisher ist dies nicht der Fall, wird aber beispielsweise im Projekt Villa Ladenburg der Daimler und Benz Stiftung erforscht [2].

Der Betrieb eines autonomen Fahrzeugs muss sowohl während des Normalbetriebs als auch in unvorhergesehenen Situationen und bei Auftreten von technischen Fehlern, Fehlverhalten anderer Verkehrsteilnehmer und schlechten Umweltbedingungen möglichst sicher sein. Die Einhaltung eines sicheren Zustands und die Überführung des Fahrzeugs in einen sicheren Zustand zu jedem Zeitpunkt einer Fahrt sind notwendig, damit keine Gefahr vom Fahrzeug für Passagiere und andere Verkehrsteilnehmer ausgeht. Ein möglicher sicherer Zustand nach [87] ist beispielsweise der Stillstand eines Fahrzeugs an einem sicheren Abstellort, an dem das Fahrzeug keine Gefährdung für den Verkehr darstellt – dies kann beispielsweise ein Seitenstreifen der Autobahn, ein ausreichend breiter Straßenrand auf Landstraßen oder ein Parkplatz sein. Im städtischen Straßenverkehr mit niedrigen Relativgeschwindigkeiten ist ein Halt auch auf einem normalen Fahrstreifen denkbar, jedoch nur dann, wenn keine Rettungswege blockiert werden.

Die Erlangung eines sicheren Zustands ohne die Übergabe an den menschlichen Fahrer ist technisch anspruchsvoll und einer der Hauptgründe, warum der Fahrer in heutigen Fahrerassistenzsystemen eine überwachende Aufgabe einnehmen muss. Ein menschlicher Fahrer steht in einem autonomen Fahrzeug nicht unbedingt zur Verfügung, da der Betrieb sowohl mit als auch ohne Passagiere an Bord möglich ist. Der Einsatz von redundanten und dadurch hochverfügbaren Systemen erscheint notwendig; beispielsweise erfordern ein Fahrstreifenwechsel und das Anhalten auf dem Seitenstreifen der Autobahn eine funktionierende Umfeldwahrnehmung, eine Bewertung von Handlungsalternativen hinsichtlich des auftretenden Risikos und eine zuverlässige Umsetzung der Fahrentscheidungen. Diese Anforderung eines Anhaltens an einer sicheren Stelle im Fehlerfall ist auch ein Bestandteil der Zulassung von autonomen Fahrzeugen in Nevada, USA [88].

Bei einer drohenden oder akuten Gefährdung durch externe Ereignisse oder interne technische Fehler müssen Aktionen ausgeführt werden, die vorrangig die Gesundheit von Passagieren und anderen Verkehrsteilnehmern schützen. Sachschäden sind zwar ebenfalls zu vermeiden, jedoch mit geringerer Priorität: Hierbei kann es zu Situationen kommen, in denen gegen die Straßenverkehrsordnung verstoßen werden muss, um einen Personenschaden zu vermeiden – beispielsweise durch Überfahren einer durchgezogenen Linie zur Verhinderung eines Unfalls. Es können sich auch Situationen ergeben, in denen zwischen mehreren Handlungsalternativen mit möglichen Personenschäden entschieden werden muss. Die Bewältigung dieser sogenannten Dilemmasituationen erfordert eine schnelle rechtlich wie auch ethisch korrekte Verhaltensweise. Den Autoren ist keine Literatur bekannt, in der Ansätze genannt werden, die solche Situationen erkennen und berücksichtigen.

Es treten hier noch ungelöste Fragen auf, die einen starken Bezug zur gesellschaftlichen Akzeptanz der Technologie haben: Hat die Sicherheit der Passagiere in einem autonomen Fahrzeug eine andere Priorität als die Sicherheit weiterer Verkehrsteilnehmer? Wie soll sich ein Fahrzeug entscheiden, wenn ein Personenschaden unausweichlich erscheint? – Neben dem Stillstand sind weitere Aktionen zur Erlangung eines sicheren Zustands denkbar. Dazu gehören eine Reduzierung der aktuellen Geschwindigkeit, eine Erhöhung von Sicherheitsabständen, Änderungen bei der Planung von Fahrmanövern – wie zum Beispiel eine verringerte Geschwindigkeit oder erhöhte Kurvenradien – und Änderungen bei der Auswahl von Fahrmanövern, einschließlich der Verhinderung von Fahrmanövern. Für Fahrerassistenzsysteme werden daher Aktionspläne zur Erlangung eines sicheren Zustands von [89, 90] vorgeschlagen. Diese werden zwar in Fahrerassistenzsystemen genutzt, jedoch auch dann, wenn der menschliche Fahrer nicht auf eine Übernahmeaufforderung reagiert.

Zusätzlich sind im Fehlerfall Aktionen zur Selbstheilung sinnvoll, die die aktuelle Leistungsfähigkeit des Fahrzeugs wieder erhöhen können (vgl. dazu [91]). Die Erkennung von Dilemmasituationen, die Auswahl von Aktionen zur Verhinderung von gefährlichen Situationen und die Reduzierung von Unfallfolgen erfordern die Kenntnis der eigenen Leistungsfähigkeit eines autonomen Fahrzeugs.

Zusammen mit der aktuellen Szene und deren möglichen Entwicklungen können Handlungsalternativen identifiziert und die beste davon ausgewählt und umgesetzt werden, was unter anderem von [2, 92] und [93] gefordert wird.

61.2.6.2 Funktionale Sicherheit im derzeitigen Kontext autonomen Fahrens

Im Folgenden werden die Versuchsträger der hier betrachteten Projekte hinsichtlich ihrer Sicherheitskonzepte untersucht. Für alle gilt bisher, dass aufgrund der zuvor skizzierten, noch ungelösten technischen und ethischen Fragestellungen ein Sicherheitsfahrer im öffentlichen Straßenverkehr notwendig ist, der in gefährlichen Situationen eingreifen kann und muss. Daraus folgt, dass bisher demonstriertes autonomes Fahren im öffentlichen Straßenverkehr nach [17] als teilautomatisiert einzustufen wäre.

Im Projekt Stadtpilot der Technischen Universität Braunschweig kann der Sicherheitsfahrer im öffentlichen Straßenverkehr zu jedem Zeitpunkt der Fahrt die Kontrolle über das Fahrzeug durch einen Eingriff in die Aktorik erlangen, wodurch er sofort das technische System überstimmt. Bei Systemfehlern erhält der Sicherheitsfahrer die Kontrolle über das Fahrzeug und muss daher ständig dem Verkehrsgeschehen aufmerksam folgen. Auf abgesperrtem Gelände sind auch Funktionen zur Degradation der Leistungsfähigkeit implementiert, die beispielsweise abhängig von der Qualität der ermittelten Position in der Welt eine Reduzierung der Maximalgeschwindigkeit erzwingen. Auch die Straßen- und Umweltbedingungen werden bereits berücksichtigt und führen zu einer vorsichtigeren Fahrweise des Versuchsträgers [93, 46, 23].

Der Versuchsträger MuCAR-3 der Universität der Bundeswehr in München ist in der Lage, sich selbst zu überwachen und seine Leistungsfähigkeit zu reduzieren, was bis hin zu Notbremsmanövern erfolgt. Der vorhandene Sicherheitsfahrer kann auch hier zu jedem Zeitpunkt eingreifen. Durch die Überwachung von Lebenszeichen und die Plausibilisierung von Messwerten und Berechnungsergebnissen von Hard- und Softwaremodulen werden Neustarts oder eine Rekonfiguration fehlerhafter Systemteile ausgelöst, womit ein gewisser Grad an Selbstheilung realisiert ist. Falls die Selbstheilung nicht möglich bzw. erfolgreich ist, erfolgt ein Notbremsmanöver [78].

Wie bereits erwähnt, zeigte das Fahrzeug BRAiVE automatisiertes Fahren im öffentlichen Straßenverkehr 2012 bei einer Demonstration [30]: Auf Teilen der Strecke war kein Fahrer am Fahrerplatz, jedoch konnte der Beifahrer durch eine Betätigung des Gangwählhebels ein Notbremsmanöver erzwingen. Dies lässt darauf schließen, dass das Fahrzeug noch nicht über ein umfassendes Sicherheitssystem verfügt, was im Fehlerfall oder bei externen Ereignissen einen sicheren Zustand erreicht. Außerdem verfügt das Fahrzeug über eine Fernsteuerung, genannt *e-stop*, die das Fahrzeug ebenfalls zum Anhalten zwingen kann [94].

Das Fahrzeug BOSS der Carnegie Mellon University wurde nach der DARPA Urban Challenge weiter entwickelt. Insbesondere das mit SAFER (safety for real-time systems) betitelte Konzept zur Redundanz von Softwarekomponenten erscheint geeignet, um Fehler in Softwarekomponenten durch Umschaltung auf redundante Komponenten zu kompensieren [95]. Die Umschaltung zwischen Komponenten erfolgt hierbei in Echtzeit. Da der SAFER-Ansatz keine Hardware-Redundanz oder Sensor-Redundanz vorsieht, ist er als Erweiterung für weitere Sicherheitsmaßnahmen zu sehen [95].

Als Nachfolger des Fahrzeugs Junior aus der DARPA Urban Challenge entwickelten die Stanford University und das Volkswagen Electronic Research Lab den Versuchsträger Junior 3: Das Fahrzeug verfügt über sogenannte „silver switches", die eine Aktivierung des Fahrzeugführungssystems steuern; sind diese „silver switches" aktiviert, werden die Steuerbefehle des Fahrzeugführungssystems an das Fahrzeug durchgereicht. Bei einem Fahrereingriff oder einer Deaktivierung wird die Kontrolle an den Sicherheitsfahrer übergeben. In der „fail-safe"-Stellung der „silver switches" werden die Steuerbefehle nicht weitergegeben und die Kontrolle obliegt dem Sicherheitsfahrer, wodurch ein teilautomatisierter Betrieb im Straßenverkehr möglich ist. Zur Überwachung der Software wird ein Health-Monitor eingesetzt, der Fehlfunktionen von Softwarekomponenten überwacht. Anders als beim SAFER-Ansatz wird hier keine Redundanz verwendet, sondern es werden Selbstheilungsfunktionen, wie zum Beispiel Komponenten-Neustarts ausgelöst. Als Besonderheit verfügt das Fahrzeug über eine Valet-Parking-Funktion, die auch fahrerlos auf einem Parkplatz demonstriert wurde. Über eine Fernsteuerung kann das Fahrzeug angehalten werden [96, 37].

61.2.6.3 Fazit

Aufgrund der hohen Sicherheitsanforderungen – speziell an einen fahrerlosen Betrieb – ist ein Sicherheitssystem notwendig, welches das Fahrzeug in einen sicheren Zustand überführen kann. Der Stand der Forschung zeigt, dass dies bisher in keinem der Versuchsträger so zuverlässig realisiert wurde, dass ein Sicherheitsfahrer entbehrlich wurde. Daher sind die gezeigten Resultate als teilautomatisiert einzustufen, da entweder ein Mensch am Steuer, ein Beifahrer oder eine Fernsteuerung notwendig sind. Lediglich in der DARPA Urban Challenge 2007 wurden Versuchsträger gezeigt, die auch ohne menschlichen Fahrer auskamen – jedoch kompensierten die dort eingeschränkte Umgebung und die geschulten Stuntfahrer dieses Risiko. Zudem wurden die Fahrzeuge von den Veranstaltern überwacht, so dass im Notfall die Möglichkeit genutzt wurde, über Funk in die Fahrzeugführung einzugreifen.

Der Stand der Forschung liefert dennoch hilfreiche Ergebnisse zur Bewältigung der Herausforderung. In den betrachteten Versuchsträgern werden unterschiedliche Sicherheitssysteme und -funktionen eingesetzt: Eine Kombination all dieser unterschiedlichen Sicherheitssysteme und -funktionen stellt einen möglichen Schritt in Richtung einer umfassenden funktionalen Sicherheit für autonome Straßenfahrzeuge dar.

61.3 Ausblick und Herausforderungen

Zweifelsohne ist autonomes Fahren ein spannendes Thema, nicht zuletzt auch deshalb, weil es jeden von uns – ob Autofahrer oder Fußgänger – direkt betrifft. Die Vision, als Endausbaustufe aller Fahrerassistenz ein Fahrzeug sich selbst zu überlassen, weckt jedoch ambivalente Gefühle in der Gesellschaft – zwischen Neugier gepaart mit Forscherdrang und Skepsis, eventuell sogar ängstliche Vorbehalte gegenüber der Technik.

Bis vor kurzem wurden autonome Fahrzeuge vorwiegend in technischen Fachkreisen diskutiert und lediglich in Kinofilmen erreichten Zukunftsvisionen vom fahrerlosen Fahren die Öffentlichkeit. Seit einiger Zeit hingegen wird die allgemeine Aufmerksamkeit und Erwartung durch regelmäßige Erfolgsmeldungen und kurzfristige Markteinführungsversprechen in den Medien geschürt: In Zukunft werden Fahrzeuge erwartet, die vollautomatisiert Missionen ressourceneffizienter und sicherer absolvieren als heute.

Der Stand der heutigen Fahrerassistenz, in Serie oder im Forschungsstadium, lässt zunächst hoffen. Viele neue Funktionen wurden in den letzten Jahren gezeigt und sind auch Teil dieses Buches. Basierend auf unseren Recherchen scheint jedoch der Weg zum autonomen Fahren weiter zu sein, als derzeit teilweise kommuniziert wird. Möglicherweise liegt die Ursache darin, dass die Leistungsfähigkeit des Menschen insbesondere mit der Unterstützung sorgfältig entwickelter Fahrerassistenzsysteme [68] häufig unterschätzt wird. Im Gegensatz zu Fahrerassistenzsystemen, die primär das Ziel verfolgen, auf Basis von Unfallanalysen identifizierte Lücken der menschlichen Fähigkeiten zu kompensieren [97, 98] oder Routinefahrsituationen unter der Überwachung des Menschen zu automatisieren, müssen für autonome Systeme Fähigkeiten des aufmerksamen menschlichen Fahrers erreicht werden. Erst dann können autonome Systeme über die Fähigkeiten des Menschen hinausgehen und zu einer weiteren Reduktion der Unfallzahlen führen [100].

Ein nicht zu unterschätzender Schritt besteht darin, ein aktuelles Assistenzsystem so abzusichern, dass es zukünftig in einem autonomen Fahrzeug ohne Beaufsichtigung durch den Fahrer – das heißt unter anderem fehlerfrei in allen Verkehrssituationen – erwartungsgemäß funktioniert. Dabei ist die Wahrscheinlichkeit hoch, unvorhersehbare Konstellationen nicht berücksichtigt zu haben, die gegebenenfalls zu ausbleibenden oder inadäquaten Systemreaktionen führen.

Die Abhängigkeit von automatisierten Kartenaktualisierungen durch die autonomen Fahrzeuge selbst hat weitere Konsequenzen zur Folge: Das autonome Fahrzeug ist nicht mehr die oberste Instanz in einer Umgebung, sondern Teil eines übergeordneten Systems, was wiederum Auswirkungen auf das Konzept der Fahrzeuge hat. Die Autoren konnten Forschungsaktivitäten im Kontext des autonomen Fahrens in dieser Richtung bisher nicht identifizieren.

Zudem sind die eingangs skizzierten Fragestellungen ebenfalls noch völlig ungeklärt: Es gibt bisher beispielsweise keine Strategie, die Wahrnehmungs- bzw. Interpretationsleistung eines Systems auf semantischer Ebene zu bewerten. Das Thema Redundanz ist häufig noch nicht akut, da beispielsweise in städtischer Umgebung selbst bei Bemühung aller zur Verfügung stehenden Mittel nicht einmal eine nicht-redundante Lösung umsetzbar ist. Im Gegensatz zur Stabilisierungsebene kann hier aber vermutlich nicht auf Redundanzkonzepte aus anderen Disziplinen – wie z. B. der Luft- und Raumfahrttechnik oder Kraftwerkstechnik – zurückgegriffen werden.

Anpassungen in der Infrastruktur sind umstritten, weil sie äußerst kostenintensiv und bei technischen Erweiterungen sogar wartungsintensiv sind. Die Gesetzeslage wird derzeit teilweise für einen Probebetrieb adaptiert, allerdings bisher nie ohne Sicherheitsfahrer. Somit sind per definitionem sämtliche öffentliche Demonstrationen nach [17] teilautomatisiert, auch wenn die gesteckten Ziele in den Projekten hoch-, vollautomatisiertes oder sogar autonomes Fahren vorgeben.

Das spricht einen wesentlichen Punkt in der derzeitigen öffentlichen Diskussion an: Es besteht, wie eingangs erwähnt, derzeit kein Konsens über den Funktionsumfang des autonomen Fahrens. Ferner scheinen Angaben zur Einführung des autonomen Fahrens in vielen Fällen sehr optimistisch zu sein – wohingegen die Einführung von teilautomatisierten Systemen bereits angelaufen ist.

Das Forschungsprojekt „Villa Ladenburg" der Daimler und Benz Stiftung hat die fachübergreifende gesellschaftliche Diskussion für eine interdisziplinäre Betrachtung zur ganzheitlichen Entwicklung und Risikoakzeptanz angestoßen. In diesem Projekt wurden zahlreiche Fragen und Aspekte im Forschungs- bzw. Entwicklungsprozess identifiziert [101]. Langfristig könnte sich dann über einen erfolgreichen Nachweis der überlegenen Verkehrssicherheit bei Vollautomatisierung die gänzlich neue Frage stellen, ob der fehlerbehaftete Mensch weiterhin selbstständig ein Fahrzeug lenken darf [2].

61.4 Anhang – Fragebogen zum Thema „Automatische Fahrzeuge"

61.4.1 Organisation und Zielsetzung des Projekts

In diesem Kapitel möchten wir allgemeine und organisatorische Informationen zu Ihrem Projekt erfahren.
1. Wie lautet der Name des Projekts?
2. Mit welchen universitären und/oder industriellen Partnern wird das Projekt realisiert?
3. Wann wurde das Projekt gestartet bzw. wie lange arbeiten Sie bereits an diesem Projekt?
4. Was ist das Ziel des Projekts?
5. Welche Randbedingungen und besonderen Anforderungen gelten für Ihr Projekt?
6. Welche Fahrten hat Ihr Demonstrationsfahrzeug wann im öffentlichen Straßenverkehr absolviert? In welchen Domänen (Autobahn, Landstraße, urbane Umgebung) wurde Ihr System öffentlich demonstriert?

61.4.2 Umfeldwahrnehmung und -repräsentation, Lokalisierung

Im folgenden Abschnitt möchten wir erfahren, auf welche Weise Ihr Fahrzeug sein Umfeld erfassen und verarbeiten kann.
1. Erläutern Sie kurz das allgemeine Wahrnehmungskonzept Ihres Systems.
2. Welche Sensortechnologien und -systeme werden in Ihrem System eingesetzt?
3. Wie und welche dynamischen Objekte kann Ihr System wahrnehmen? Wie werden diese repräsentiert?
4. Wie werden statische Objekte und Randbebauung erkannt und repräsentiert?
5. Ist Ihr System in der Lage, den Status von Lichtsignalanlagen wahrzunehmen? Wie wurde dies realisiert?
6. Welche Arten von Verkehrszeichen werden maschinell erkannt?
7. Unter welchen Bedingungen werden Fußgänger und Radfahrer von der Umfeldwahrnehmung in Ihrem Demonstratorfahrzeug erfasst? Wel-

che Sensorik und welche Algorithmen werden hierfür verwendet?
8. Auf welche Weise werden Fahrstreifen wahrgenommen? Welche Bedingungen müssen die Fahrstreifen erfüllen, um als solche wahrgenommen werden?
9. Welche Anforderungen gibt es an querfahrenden Verkehr an Kreuzungen, damit er sicher maschinell wahrgenommen werden kann? Werden Vorfahrtsregeln erkannt?
10. Ist Ihr System in der Lage, aus wahrgenommenen Daten die Topologie von Kreuzungen zu bestimmen? Wie wurde dies umgesetzt?
11. Welche Intentionen anderer Verkehrsteilnehmer kann Ihr System maschinell erkennen? Welche Voraussetzungen müssen dafür erfüllt sein?
12. Wie werden die eigenen Fähigkeiten und die Leistungsfähigkeit des Systems repräsentiert und überwacht? Wie beeinflussen die aktuellen Fähigkeiten das Verhalten des Systems?
13. Wie erkennt Ihr Fahrzeug die Relativlage bezogen auf den eigenen Fahrstreifen? Welche Voraussetzungen (Markierungen, geometrische Annahmen) müssen dafür erfüllt sein?
14. Werden Informationen aus digitalen Karten verwendet? Welchen Detaillierungsgrad haben diese Karten?
15. Basiert die Lokalisierung in den digitalen Karten lediglich auf satellitengestützten Systemen oder wird auch andere Sensorik verwendet? Falls ja, welche Systeme und Algorithmen werden zusätzlich zur Lagebestimmung eingesetzt?
16. Über welche Möglichkeiten der Kommunikation mit anderen Verkehrsteilnehmern oder der Infrastruktur verfügt Ihr System?
17. Werden die wahrgenommenen Merkmale (Objekte, Straßenverläufe, Randbebauung etc.) in einem einheitlichen Umfeldmodell zusammengeführt/abstrahiert? Wie ist dieses aufgebaut?

61.4.3 Funktionsumsetzung und Aktionsausführung

In diesem Abschnitt werden Informationen über umgesetzte Fähigkeiten und durchführbare Manöver Ihres Versuchsträgers adressiert.

1. Ist Ihr System in der Lage, autonom (ohne Bediener, Unterstützung/Überwachung) Fahrstreifenwechselmanöver auszuführen? Wie wird dieses Manöver umgesetzt? In welchen Domänen kann es ausgeführt werden (Autobahn, Landstraße, Stadt)?
2. Wie reagiert Ihr System auf Zustände von Lichtsignalanlagen auf der relevanten Strecke?
3. Welche Abbiegemanöver wurden umgesetzt? Ist ein Abbiegen in den fließenden Verkehr realisiert?
4. Wie behandelt Ihr System Kreuzungen ohne Lichtsignalanlagen? Wie verhält sich Ihr System bei einem Kreisverkehr?
5. Sind autonome Ein- und Ausfädelvorgänge auf Autobahnen/Bundesstraßen Teil der umgesetzten Fähigkeiten? Wie wurde dies realisiert?
6. Welche Notmanöver sind in Ihrem System vorgesehen (z. B. Notbremse des Vorderfahrzeugs, Fußgänger betreten die Fahrbahn)? Wie wird in diesen Situationen reagiert?
7. Welche Konzepte zum Spurhalten/Folgen des Fahrstreifenverlaufs wurden umgesetzt?
8. Sind Mechanismen zur impliziten und/oder expliziten Kooperation mit anderen Verkehrsteilnehmern umgesetzt?
9. Wie ist die Missionsplanung umgesetzt? Wird die Planung während des Betriebs durchgeführt oder wird auf vorberechnete Datensätze bzw. vorgefertigte Missionen zurückgegriffen?
10. Wie wird auf Eingriffe seitens des/der menschlichen Fahrer reagiert?
11. Sind weitere Fähigkeiten oder Manöver umgesetzt, die hier bisher nicht angesprochen wurden?
12. Ist Ihr System in der Lage, Domänenübergänge zu absolvieren (z. B. Abfahrt von der Autobahn in den urbanen Bereich)? Welche Bereiche sind hier abgedeckt?

61.4.4 Sicherheitskonzepte

1. Auf welche Basis stützt sich Ihr Sicherheitskonzept für die Benutzung im öffentlichen Straßenverkehr?
2. Auf welche Weise wurden die oben beschriebenen Fähigkeiten auf ihre korrekte Funktion getestet? Wie sieht der Testablauf aus?

3. Wie verhält sich Ihr System bei Ausfall einer oder mehrerer Komponenten oder Fähigkeiten? Wie ist Ihr Degradationskonzept umgesetzt?

61.4.5 Systemarchitekturen

Beschreiben Sie die in Ihrem Projekt umgesetzte Systemarchitektur (funktional, Hardware, Software). Nennen Sie zentrale Designkriterien, die die Architektur Ihres Systems beschreiben.

61.4.6 Besonderheiten

Sind in ihrem Projekt weitere Besonderheiten umgesetzt, die bisher hier nicht adressiert wurden? Falls ja, erläutern Sie diese kurz.

Literatur

1. Laurgeau, C.: Intelligent Vehicle Potential and Benefits. In: Eskandarian, A. (Hrsg.) Handbook of Intelligent Vehicles, S. 1537–1551. Springer, London (2012)
2. Maurer, M.: Autonome Automobile – Wer steuert das Fahrzeug der Zukunft? Daimler und Benz Stiftung, Vortrag Forschungsprojekt „Villa Ladenburg", Untertürkheim (2013). https://www.daimler-benz-stiftung.de/cms/images/dbs-bilder/foerderprojekte/villa-ladenburg/Dialog_im_Museum_Vortrag_Prof_Maurer.pdf
3. Fenton, R.: Automatic vehicle guidance and control – A state of the art survey. In: Vehicular Technology IEEE Transactions on 19, Bd. 1, S. 153–161. (1970)
4. Tsugawa, S.: Vision-based vehicles in Japan: the machine vision systems and driving control systems. In: Industrial Electronics, 1993. Conference Proceedings, ISIE'93 – Budapest., IEEE International Symposium on, S. 278–285. (1993)
5. Tsugawa, S.: Vision-based vehicles in Japan: machine vision systems and driving control systems. In: Industrial Electronics IEEE Transactions on 41, Bd. 32, S. 398–405. (1994)
6. Hitchcock, A.: Intelligent vehicle/highway system safety: multiple collisions in automated highway systems. Forschungsbericht. University of California, Berkeley (1995)
7. Zhang, W.-B., Parsons, R., West, T.: An Intelligent Roadway Reference System for Vehicle Lateral Guidance/Control. In: American Control Conference, S. 281–286. (1990)
8. Shladover, S.: PATH at 20 – History and Major Milestones. In: Intelligent Transportation Systems IEEE Transactions on 8. S. 584–592. (2007)
9. Thorpe, C., Jochem, T., Pomerleau, D.: The 1997 automated highway free agent demonstration. In: Intelligent Transportation System Conference IEEE. S. 496–501. (1997)
10. Pomerleau, D., Jochem, T.: Rapidly adapting machine vision for automated vehicle steering. IEEE Expert **11**(2), 19–27 (1996)
11. Dickmanns, E., Behringer, R., Hildebrandt, T., Maurer, M., Thomanek, F., Schiehlen, J.: The seeing passenger car 'VaMoRs-P'. In: Intelligent Vehicles Symposium, S. 68–73. IEEE, Paris (1994)
12. Zapp, A. : Automatische Straßenfahrzeugführung durch Rechnersehen. Dissertation, Universität der Bundeswehr München, 1988
13. Ulmer, B.: VITA-an autonomous road vehicle (ARV) for collision avoidance in traffic. In: Intelligent Vehicles Symposium, S. 36–41. IEEE, Detroit (1992)
14. Ulmer, B.: VITA II-active collision avoidance in real traffic. In: Intelligent Vehicles Symposium, S. 1–6. IEEE, Paris (1994)
15. Maurer, M.: Flexible Automatisierung von Straßenfahrzeugen mit Rechnersehen. Nummer 443 in Verkehrstechnik/Fahrzeugtechnik Reihe 12. VDI–Verlag, Düsseldorf (2000)
16. Broggi, A., Bertozzi, M., Fascioli, A.: ARGO and the MilleMiglia in Automatico Tour. IEEE **14**(1), 55–64 (1999). Intelligent Systems and their Applications
17. Gasser, T., Arzt, C., Ayoubi, M., Bartels, A., Bürkle, L., Eier, J., Flemisch, F., Häcker, D., Hesse, T., Huber, W., Lotz, C., Maurer, M., Ruth-Schumacher, S., Schwarz, J., Vogt, W.: Rechtsfolgen zunehmender Fahrzeugautomatisierung Berichte der Bundesanstalt für Straßenwesen, Bd. F83. Wirtschaftsverlag NW, Bergisch Gladbach (2012)
18. Thrun, S., Montemerlo, M., Dahlkamp, H., Stavens, D., Aron, A., Diebel, J., Fong, P., Gale, J., Halpenny, M., Hoffmann, G., Lau, K., Oakley, C., Palatucci, M., Pratt, V., Stang, P., Strohband, S., Dupont, C., Jendrossek, L.-E., Koelen, C., Markey, C., Rummel, C., van Niekerk, J., Jensen, E., Alessandrini, P., Bradski, G., Davies, B., Ettinger, S., Kaehler, A., Nefian, A., Mahoney, P.: The robot that won the DARPA Grand Challenge. Journal of Field Robotics **23**(9), 661–692 (2006)
19. Special Issue on the DARPA Grand Challenge, Part I. Journal of Field Robotics, **23**, (8), 461–652. Special Issue on the DARPA Grand Challenge, Part II. Journal of Field Robotics, **23**, (9), 655–835 (2006)
20. Special Issue on the 2007 DARPA Urban Challenge, Part I. Journal of Field Robotics, **25**, (8), 423–566 (2008)
21. Special Issue on the 2007 DARPA Urban Challenge, Part II. Journal of Field Robotics, **25**, (9), 567–724 (2008)
22. Special Issue on the 2007 DARPA Urban Challenge, Part III. Journal of Field Robotics, **25**, (10), 725–860 (2008)
23. Wille, J.: Manöverübergreifende autonome Fahrzeugführung in innerstädtischen Szenarien am Beispiel des Stadtpilotprojekts. Dissertation, Technische Universität Braunschweig, 2012
24. Eskandarian, A. (Hrsg.):): Handbook of Intelligent Vehicles. Springer, London (2012)
25. Wachenfeld, W., Winner, H.: Use Cases des Autonomen Fahrens, Daimler und Benz Stiftung, Forschungsprojekt Villa Ladenburg „Autonomes Fahren", 2013 (Release 1) – Forschungsbericht (2013). https://www.daimler-benz-stiftung.de/cms/images/dbs-bilder/foerderprojekte/villa-ladenburg/Villa_Ladenburg_Use_Cases.pdf

26. Geyer, S., Baltzer, M., Franz, B., Hakuli, S., Kauer, M., Kienle, M., Meier, S., Weißgerber, T., Bengler, K., Bruder, R., Flemisch, F., Winner, H.: Concept and development of a unified ontology for generating test and use-case catalogues for assisted and automated vehicle guidance. In: IET Intelligent Transport Systems Digital Library (2013)
27. Bar Hillel, A., Lerner, R., Levi, D., Raz, G.: Recent progress in road and lane detection: a survey. Machine Vision and Applications **25**(3), 727–745 (2012)
28. Huang, A., Moore, D., Antone, M., Olson, E., Teller, S.: Finding multiple lanes in urban road networks with vision and lidar. Autonomous Robots **26**(2-3), 103–122 (2009)
29. Ziegler, J., Bender, P., Lategahn, H., Schreiber, M., Strauß, T., Stiller, C.: Kartengestütztes automatisiertes Fahren auf der Bertha-Benz-Route von Mannheim nach Pforzheim. Workshop Fahrerassistenzsysteme Walting (2014)
30. Broggi, A., Buzzoni, M., Debattisti, S., Grisleri, P., Laghi, M., Medici, P., Versari, P.: Extensive Tests of Autonomous Driving Technologies. IEEE Transactions on Intelligent Transportation Systems **14**(3), 1403–1415 (2013)
31. Leonard, J., How, J., Teller, S., Berger, M., Campbell, S., Fiore, G., Fletcher, L., Frazzoli, E., Huang, A., Karaman, S.: A perception-driven autonomous urban vehicle. Journal of Field Robotics **25**(10), 727–774 (2008)
32. Manz, M.: Modellbasierte visuelle Wahrnehmung zur autonomen Fahrzeugführung. Dissertation, Universität der Bundeswehr München, 2013
33. Müller, A., Himmelsbach, M., Lüttel, T., von Hundelshausen, F., Wünsche, H.-J.: GIS-based topological robot localization through LIDAR crossroad detection. In: Intelligent Transportation Systems Conference, S. 2001–2008. IEEE, Washington (2011)
34. Manz, M., Himmelsbach, M., Luettel, T., Wuensche, H.-J.: Detection and tracking of road networks in rural terrain by fusing vision and LIDAR. In: Intelligent Robots and Systems, S. 4562–4568. IEEE/RSJ, San Francisco (2011)
35. Homm, F., Kaempchen, N., Burschka, D.: Fusion of laserscannner and video based lanemarking detection for robust lateral vehicle control and lane change maneuvers. In: Intelligent Vehicles Symposium, S. 969–974. IEEE, Baden-Baden (2011)
36. Levinson, J.: Automatic Laser Calibration, Mapping, and Localization for Autonomous Vehicles, Dissertation, Stanford University, 2011
37. Levinson, J., Askeland, J., Becker, J., Dolson, J., Held, D., Kammel, S., Kolter, J., Langer, D., Pink, O., Pratt, V., Sokolsky, M., Stanek, G., Stavens, D., Teichman, A., Werling, M., Thrun, S.: Towards fully autonomous driving: Systems and algorithms. In: IEEE Intelligent Vehicles Symposium, S. 163–168. IEEE, Baden-Baden (2011)
38. Fries, C., Luettel, T., Wuensche, H.-J.: Combining model-and template-based vehicle tracking for autonomous convoy driving. In: Intelligent Vehicles Symposium, S. 1022–1027. IEEE, Gold Coast City (2013)
39. Himmelsbach, M., Wuensche, H.-J.: Tracking and classification of arbitrary objects with bottom-up/top-down detection. In: Intelligent Vehicles Symposium, S. 577–582. IEEE, Alcalá de Henares (2012)
40. Aeberhard, M., Paul, S., Kaempchen, N., Bertram, T.: Object existence probability fusion using dempster-shafer theory in a high-level sensor data fusion architecture. In: Intelligent Vehicles Symposium, S. 770–775. IEEE, Baden-Baden (2011)
41. Ardelt, M., Coester, C., Kaempchen, N.: Highly automated driving on freeways in real traffic using a probabilistic framework. IEEE Transactions on Intelligent Transportation Systems **13**(4), 1576–1585 (2012)
42. Geiger, A., Lauer, M., Moosmann, F., Ranft, B., Rapp, H., Stiller, C., Ziegler, J.: Team AnnieWAY's entry to the Grand Cooperative Driving Challenge 2011. IEEE Transactions on Intelligent Transportation Systems **13**(3), 1008–1017 (2012)
43. Ulbrich, S., Maurer, M.: Probabilistic online POMDP decision making for lane changes in fully automated driving. In: Intelligent Transportation Systems Conference, S. 2063–2067. IEEE, Den Haag (2013)
44. Siedersberger, K.-H.: Komponenten zur automatischen Fahrzeugführung in sehenden (semi-)autonomen Fahrzeugen, Dissertation, Universität der Bundeswehr München, 2003
45. Pellkofer, M.: Verhaltensentscheidung für autonome Fahrzeuge mit Blickrichtungssteuerung, Dissertation, Universität der Bundeswehr München, 2003
46. Reschka, A., Böhmer, J., Saust, F., Lichte, B., Maurer, M.: Safe, Dynamic and Comfortable Longitudinal Control for an Autonomous Vehicle. In: Intelligent Vehicles Symposium, S. 346–351. IEEE, Alcalá de Henares (2012)
47. Brown, P.: The Stick-e Document: a Framework for Creating Context-aware Applications. Electronic Publishing Chichester **8**, 259–272 (1996)
48. Chatila, R., Laumond, J.: Position referencing and consistent world modeling for mobile robots. In: Proceedings of IEEE International Conference on Robotics and Automation, Bd. 2, S. 138–145. (1985)
49. Becker, C., Dürr, F.: On location models for ubiquitous computing, Personal and Ubiquitous Computing, Bd. 9. Springer-Verlag, London, S. 20–31 (2005)
50. Strang, T., Linnhoff-Popien, C.: A Context Modeling Survey. In: Workshop on Advanced Context Modeling, Reasoning and Management, 6th International Conference on Ubiquitous Computing, S. 1–8. (2004)
51. Hock, C.: Wissensbasierte Fahrzeugführung mit Landmarken für autonome Roboter. Dissertation, Universität der Bundeswehr, 1994
52. Gregor, R.: Fähigkeiten zur Missionsdurchführung und Landmarkennavigation. Dissertation, Universität der Bundeswehr, 2002
53. Defense Advanced Research Projects Agency: Urban Challenge – Route Network Definition File (RNDF) and Mission Data File (MDF) Formats (2007). http://archive.darpa.mil/grandchallenge/docs/RNDF_MDF_Formats_031407.pdf
54. Bacha, A., Bauman, C., Faruque, R., Fleming, M., Terwelp, C., Reinholtz, C., Hong, D., Wicks, A., Alberi, T., Anderson, D.:

Team VictorTango's entry in the DARPA Urban Challenge. Journal of Field Robotics 25(8), 467–492 (2008)

55. Miller, I., Campbell, M., Huttenlocher, D., Kline, F.-R., Nathan, A., Lupashin, S., Catlin, J., Schimpf, B., Moran, P., Zych, N., Garcia, E., Kurdziel, M., Fujishima, H.: Team Cornell's Skynet: Robust perception and planning in an urban environment. Journal of Field Robotics 25(8), 493–527 (2008)

56. Nothdurft, T., Hecker, P., Frankiewicz, T., Gaćnik, J., Köster, F.: Reliable Information Aggregation and Exchange for Autonomous Vehicles. In: Vehicular Technology Conference, S. 1–5. IEEE, San Francisco (2011)

57. Ardelt, M., Waldmann, P.: Hybrides Steuerungs- und Regelungskonzept für das hochautomatisierte Fahren auf Autobahnen. at-Automatisierungstechnik 59(12), 738–750 (2011)

58. Flament, M., Otto, H.-U., Alksic, M., Guarise, A., Löwenau, J., Beuk, L., Meier, J., Sabel, H.: ActMAP Final Report/Ertico. Forschungsbericht (2005). D1.2

59. Visintainer, F., Darin, M.: Final requirements and strategies for map feedback/Ertico. Forschungsbericht (2008). D2.2.

60. Spieß, E.: Kooperation. In: Wirtz, M.A. (Hrsg.) Dorsch – Lexikon der Psychologie (2014). abgerufen am 12.05.2014 von https://portal.hogrefe.com/dorsch/kooperation/

61. Stiller, C., Burgard, W., Deml, B., Eckstein, L., Flemisch, F., Köster, F., Maurer, M., Wanielik, G.: Kooperativ interagierende Automobile. Schwerpunktprogramm der Deutschen Forschungsgemeinschaft (2013)

62. Saust, F., Bley, O., Kutzner, R., Wille, J., Friedrich, B., Maurer, M.: Exploitability of vehicle related sensor data in cooperative systems. In: Intelligent Transportation Systems Conference, S. 1724–1729. IEEE, Funchal (2010)

63. Bley, O., Kutzner, R., Friedrich, B., Saust, F., Wille, J., Maurer, M., Wolf, F., Naumann, S., Junge, M., Langenberg, J., Niebel, W., Schüler, T., Bogenberger, K.: Kooperative Optimierung von Lichtsignalsteuerung und Fahrzeugführung. In: Automatisierungssysteme, Assistenzsysteme und eingebettete Systeme für Transportmittel, S. 57–77. Braunschweig (2011)

64. van Nunen, E., Kwakkernaat, R., Ploeg, J., Netten, B.: Cooperative Competition for Future Mobility. Intelligent Transportation Systems, IEEE Transactions on 13(3), 1018–1025 (2012)

65. Goldhammer, M., Strigel, E., Meissner, D., Brunsmann, U., Doll, K., Dietmayer, K.: Cooperative multi sensor network for traffic safety applications at intersections. In: Intelligent Transportation Systems Conference, S. 1178–1183. IEEE, Anchorage (2012)

66. Rauch, A., Maier, S., Klanner, F., Dietmayer, K.: Inter-vehicle object association for cooperative perception systems. In: Intelligent Transportation Systems Conference, S. 893–898. IEEE, Den Haag (2013)

67. Moore, D., Huang, A., Walter, M., Olson, E., Fletcher, L., Leonard, J., Teller, S.: Simultaneous local and global state estimation for robotic navigation. In: International Conference on Robotics and Automation, S. 3794–3799. IEEE, Kobe (2009)

68. Knapp, A., Neumann, M., Brockmann, M., Walz, R., Winkle, T.: Code of Practice for the Design and Evaluation of ADAS, Preventive and Active Safety Applications, eSafety for road and air transport, European Commission Integrated Project Response, Bd. 3. (2009)

69. Lategahn, H., Stiller, C.: Experimente zur hochpräzisen landmarkenbasierten Eigenlokalisierung in unsicherheitsbehafteten digitalen Karten. In: Workshop Fahrerassistenzsysteme Walting (2012)

70. Nothdurft, T., Hecker, P., Ohl, S., Saust, F., Maurer, M., Reschka, A., Böhmer, J.: Stadtpilot: First fully autonomous test drives in urban traffic. In: Intelligent Transportation Systems Conference, S. 919–924. IEEE, Washington (2011)

71. Luettel, T., Himmelsbach, M., Hundelshausen, F., Manz, M., Mueller, A., Wuensche, H.: Autonomous offroad navigation under poor GPS conditions. In: Planning, Perception and Navigation for Intelligent Vehicles, S. 56. (2009)

72. Donges, E.: A conceptual framework for active safety in road traffic. Vehicle System Dynamics 32(2-3), 113–128 (1999)

73. Urmson, C., Anhalt, J., Bagnell, D., Baker, C., Bittner, R., Clark, M., Dolan, J., Duggins, D., Galatali, T., Geyer, C., Gittleman, M., Harbaugh, S., Hebert, M., Howard, T., Kolski, S., Kelly, A., Likhachev, M., McNaughton, M., Miller, N., Peterson, K., Pilnick, B., Rajkumar, R., Rybski, P., Salesky, B., Seo, Y.-W., Singh, S., Snider, J., Stentz, A., Whittaker, W., Wolkowicki, Z., Ziglar, J., Bae, H., Brown, T., Demitrish, D., Litkouhi, B., Nickolaou, J., Sadekar, V., Zhang, W., Struble, J., Taylor, M., Darms, M., Ferguson, D.: Autonomous driving in urban environments: Boss and the Urban Challenge. Journal of Field Robotics 25(8), 425–466 (2008)

74. Montemerlo, M., Becker, J., Bhat, S., Dahlkamp, H., Dolgov, D., Ettinger, S., Haehnel, D., Hilden, T., Hoffmann, G., Huhnke, B., Johnston, D., Klumpp, S., Langer, D., Levandowski, A., Levinson, J., Marcil, J., Orenstein, D., Paefgen, J., Penny, I., Petrovskaya, A., Pflueger, M., Stanek, G., Stavens, D., Vogt, A., Thrun, S.: The Stanford entry in the Urban Challenge. Journal of Field Robotics 25(9), 569–597 (2008)

75. Kammel, S., Ziegler, J., Pitzer, B., Werling, M., Gindele, T., Jagzent, D., Schröder, J., Thuy, M., Goebl, M., von Hundelshausen, F., Pink, O., Frese, C., Stiller, C.: Team AnnieWAY's autonomous system for the 2007 DARPA Urban Challenge. Journal of Field Robotics 25(9), 615–639 (2008)

76. Rauskolb, F., Berger, K., Lipski, C., Magnor, M., Cornelsen, K., Effertz, J., Form, T., Graefe, F., Ohl, S., Schumacher, W., Wille, J.-M., Hecker, P., Nothdurft, T., Doering, M., Homeier, K., Morgenroth, J., Wolf, L., Basarke, C., Berger, C., Gülke, T., Klose, F., Rumpe, B.: Caroline: An autonomously driving vehicle for urban environments. Journal of Field Robotics 25(9), 674–724 (2008)

77. Rosenblatt, J.: DAMN: A Distributed Architecture for Mobile Navigation. Robotics Institute, Carnegie Mellon University, Diss., 1997

78. Goebl, M., Althoff, M., Buss, M., Faerber, G., Hecker, F., Heißing, B., Kraus, S., Nagel, R., León, F., Rattei, F., Russ, M., Schweitzer, M., Thuy, M., Wang, C., Wuensche, H.-J.: Design and capabilities of the Munich cognitive automobile. In:

Intelligent Vehicles Symposium, S. 1101–1107. IEEE, Eindhoven (2008)
79. Luettel, T., Himmelsbach, M., Manz, M., Mueller, A., Hundelshausen, F., Wuensche, H.: Combining multiple robot behaviors for complex off-road missions. In: Intelligent Transportation Systems Conference, S. 674–680. IEEE, Washington (2011)
80. Saust, F., Wille, J., Maurer, M.: Energy-optimized driving with an autonomous vehicle in urban environments. In: Vehicular Technology Conference, S. 1–5. IEEE, Yokohama (2012)
81. Wei, J., Dolan, J., Litkouhi, B.: A prediction- and cost function-based algorithm for robust autonomous freeway driving. In: 2010 IEEE Intelligent Vehicles Symposium, S. 512–517. IEEE, San Diego (2010)
82. Wei, J., Dolan, J., Snider, J., Litkouhi, B.: A point-based MDP for robust single-lane autonomous driving behavior under uncertainties. In: International Conference on Robotics and Automation, S. 2586–2592. IEEE, Shanghai (2011)
83. von Hundelshausen, F., Himmelsbach, M., Hecker, F., Müller, A., Wünsche, H.-J.: Driving with Tentacles – Integral Structures for Sensing and Motion Springer Tracts in Advanced Robotics, Bd. 56. (2009)
84. Luettel, T., Himmelsbach, M., Wuensche, H.-J.: Autonomous Ground Vehicles' Concepts and a Path to the Future. Proceedings of the IEEE **100**(13), 1831–1839 (2012)
85. Werling, M., Ziegler, J., Kammel, S., Thrun, S.: Optimal trajectory generation for dynamic street scenarios in a frenèt frame. In: International Conference on Robotics and Automation, S. 987–993. IEEE, Anchorage (2010)
86. Funke, J., Theodosis, P., Hindiyeh, R., Stanek, G., Kritatakirana, K., Gerdes, C., Langer, D., Hernandez, M., Muller-Bessler, B., Huhnke, B.: Up to the limits: Autonomous Audi TTS. In: Intelligent Vehicles Symposium, S. 541–547. IEEE, Alcalá de Henares (2012)
87. Isermann, R., Schwarz, R., Stölzl, S.: Fault-tolerant drive-by-wire systems. IEEE Control Systems **22**(5), 64–81 (2002)
88. Nevada Department of Motor Vehicles (NDMV): Adopted Regulation of the Department of Motor Vehicles LCB File No. R084-11, 2012
89. Hörwick, M., Siedersberger, K.-H.: Aktionspläne zur Erlangung eines sicheren Zustandes bei einem autonomen Stauassistenten. In: 4. Tagung Sicherheit durch Fahrerassistenz, München (2010)
90. Hörwick, M., Siedersberger, K.-H.: Strategy and architecture of a safety concept for fully automatic and autonomous driving assistance systems. In: Intelligent Vehicles Symposium, S. 955–960. IEEE, San Diego (2010)
91. Ghosh, D., Sharman, R., Raghav Rao, H., Upadhyaya, S.: Self-healing systems – survey and synthesis. Decision Support Systems in Emerging Economies **42**(4), 2164–2185 (2007)
92. Isermann, R.: Fault-Diagnosis Systems: An Introduction from Fault Detection to Fault Tolerance. Springer-Verlag, Berlin, Heidelberg (2006)
93. Reschka, A., Böhmer, J., Nothdurft, T., Hecker, P., Lichte, B., Maurer, M.: A Surveillance and Safety System based on Performance Criteria and Functional Degradation for an Autonomous Vehicle. In: Intelligent Transportation Systems Conference, S. 237–242. IEEE, Anchorage (2012)
94. Bertozzi, M., Broggi, A., Coati, A., Fedriga, R.: A 13,000 km Intercontinental Trip with Driverless Vehicles: The VIAC Experiment. Intelligent Transportation Systems Magazine **5**(1), 28–41 (2013)
95. Kim, J., Rajkumar, R., Jochim, M.: Towards Dependable Autonomous Driving Vehicles: A System-level Approach. SIGBED **10**, 29–32 (2013)
96. Stanek, G., Langer, D., Müller-Bessler, B., Huhnke, B.: Junior 3: A test platform for Advanced Driver Assistance Systems. In: Intelligent Vehicles Symposium, S. 143–149. IEEE, San Diego (2010)
97. Chiellino, U., Winkle, T., Graab, B., Ernstberger, A., Donner, E., Nerlich, M.: Was können Fahrerassistenzsysteme im Unfallgeschehen leisten? Zeitschrift für Verkehrssicherheit **3**, 131–137 (2010). TÜV Media GmbH, Köln
98. Buschardt, B., Donner, E., Graab, B., Hörauf, U., Winkle, T.: Analyse von Verkehrsunfällen mit FAS Potenzialeinschätzung am Beispiel des FAS Lane Departure Warning. In: Tagung Aktive Sicherheit 2006, Technische Universität München. Lehrstuhl für Fahrzeugtechnik, München (2006)
99. Matthaei, R., Maurer, M.: Autonomous Driving – A Top-Down Approach. In: at-Automatisierungstechnik, 63(4),(2015), DOI 10.1515/auto-2014-1136
100. Winkle, T.: Erkenntnisse aus der Unfallforschung zum Sicherheitspotenzial automatisierter Fahrzeuge. In: Autonomes Fahren – Technische, rechtliche und gesellschaftliche Aspekte. Springer-Verlag, Berlin, Heidelberg (2015)
101. Winkle, T.: Berücksichtigung technischer, rechtlicher und ökonomischer Risiken beim Entwicklungs- und Freigabeprozess automatisierter Fahrzeuge. In: Autonomes Fahren - Technische, rechtliche und gesellschaftliche Aspekte. Springer - Verlag, Berlin, Heidelberg (2015)

Quo vadis, FAS?

Hermann Winner

62.1 Stimuli der zukünftigen Entwicklung – 1168

62.2 Herausforderungen und Auswirkungen – 1171

62.3 Problemfeld Absicherung des autonomen Fahrens – 1173

62.4 Evolution zum autonomen Fahren – 1180

62.5 Zukünftige Forschungsschwerpunkte – 1182

Literatur – 1185

Bei Erscheinen der ersten Auflage dieses Handbuchs Fahrerassistenzsysteme im Jahr 2009 war bereits der größte Teil der beschriebenen Fahrerassistenzsysteme in Serie. Allerdings war die tatsächliche Verbreitung im Markt bis auf wenige Ausnahmen wie Bremsassistent, Einparkhilfe und Navigation noch sehr gering. Durch die technologischen und fertigungstechnischen Fortschritte konnten in den letzten Jahren die Herstellungskosten erheblich gesenkt werden, so dass heute erhältliche Assistenzpakete mit vier oder fünf Hauptfunktionen für den Fahrzeugkäufer oftmals nicht mehr Kosten verursachen als frühere Einzelfunktionen. Zudem sind, wie in ▶ Kap. 3 beschrieben, bedingt durch Verbrauchertests wie das NCAP-Rating und durch regulative Bestimmungen für schwere Nutzfahrzeuge Fahrzeuge bereits in der Serienausstattung mit Assistenzfunktionen ausgerüstet. Es ist also nicht schwer, mit Kenntnis dieser Entwicklung vorherzusagen, dass Fahrerassistenzsysteme als Selbstverständlichkeit in Neufahrzeugen zu finden sein werden und neben den Maßnahmen zur Antriebseffizienz den größten Wertzuwachs im Straßenfahrzeug bereiten werden. Bezogen auf die Ambitionen der Entwickler der ersten Stunde könnte man konstatieren: Die Mission ist vollbracht. Aber natürlich ist die Entwicklung nicht abgeschlossen und es fehlt, wie im Folgenden gezeigt wird, nicht nur der letzte Schritt zum autonomen Fahren: Zum einen lassen sich bei der Betrachtung der heutigen Ausführungen noch viele inkrementelle Verbesserungsmöglichkeiten identifizieren, worauf hier nicht im Detail eingegangen werden soll. Zum anderen steht die Entwicklung von Fahrerassistenzsystemen unter dem Einfluss anderer technologischer Entwicklungen und, mindestens genauso wichtig, in Wechselwirkung mit den Entwicklungen der Gesellschaft. Diese Stimuli auf die Entwicklung wurden 2012 von den Mitgliedern der Uni-DAS e. V. Vereinigung analysiert und in einem Positionspapier beschrieben [1] (s. auch ein daraus entstandener Übersichtsartikel [2]). Die nächsten beiden Abschnitte bedienen sich inhaltlich vollständig und zu einem großen Teil auch wörtlich dieses Ursprungswerks. Dass Testmethoden einen größeren Stellenwert erhalten, kann zum einen schon dieser Handbuchausgabe angesehen werden. Sie bilden einen Schwerpunkt für die neu hinzugekommenen Kapitel. Da aber für das autonome Fahren noch erheblich mehr getan werden muss, worauf schon in den vergangenen Ausgaben an dieser Stelle hingewiesen wurde, wird diesem Aspekt ein ausführlicher Abschnitt gewidmet, der nun auch die verwendeten statistischen Grundlagen für die Bemessung von Absicherungsstrecken darlegt. Ebenso wird wieder ein Ausblick auf die Evolution der Fahrerassistenzsysteme gegeben, wenn auch in einer neuen Darstellung als Dreieck des autonomen Fahrens. Abschließend werden, wiederum dem Positionspapier entnommen, sehr konkrete Empfehlungen für die zukünftige Forschung gegeben, die mehr als deutlich machen, dass dieses Themengebiet auch für die Zukunft noch viel Potenzial bietet, aber auch noch reichlich Forschungsarbeit nach sich zieht.

62.1 Stimuli der zukünftigen Entwicklung

62.1.1 Datenkommunikation

Das in den 90er Jahren begonnene Internet-Zeitalter hat das Fahrzeug bisher nur in einem geringen Maße erreicht. Schon heute lässt sich absehen, dass Datenverbindungen zu immer mehr Funktionalitäten herangezogen werden, wobei der Schwerpunkt aktuell eher im Infotainment-Bereich liegt und als direkte Fahrunterstützung der Navigationsebene vorbehalten ist. Trotzdem können die Anwendungen des Infotainment-Bereichs wiederum zu neuen Wünschen an die Fahrerassistenz führen, die letztlich die durch Nutzung der Infotainment-Technik verlorengehende Aufmerksamkeit durch maschinelle Aufmerksamkeit kompensiert. Das „fahrende Büro" besitzt für Geschäftsleute und Manager sicherlich einen hohen Reiz und für die Volkswirtschaft ein nicht vernachlässigbares Produktivitätspotenzial, weshalb davon ausgegangen werden kann, dass ein Paket Mobil-Büro mit automatisiertem Fahren (zumindest in Teilbereichen mit hohem Zeitanteil) im Bereich der Geschäftswagen eine hohe Nachfrage erfahren würde.

Aber auch ohne „Kompensationsassistenz" lässt sich durch Datenkommunikation verkehrsrelevanter Nutzen schaffen, z. B. eine Parkplatz-Allokation noch vor Erreichen der Parkfläche oder die verbesserte intermodale Anbindung an andere Verkehrsträger wie Bahn oder Flugzeug.

Während die Basistechnik für ein mobiles Büro durch Aktivitäten wie Cloud-Computing, IEEE 802.11p oder LTE ohne weitere Unterstützung in das Fahrzeug Einzug halten wird, ist eine kommunikationsbasierte Fahrerassistenz auf den Ebenen der Bahnführung und Stabilisierung auf ein eigenständiges Netzkonzept angewiesen. In Feldversuchen wie SIM-TD [3] und weiteren Projekten wie Ko-FAS [4] und Koline [5] werden die Grundlagen für eine flächendeckende Einführung gelegt. Grundsätzlich ist die Einführung dieser Technik, wie allgemein bekannt, immer vom Henne-Ei-Problem bedroht. Gelingt es jedoch, diese Hürde zu überwinden, wird ein neues Fenster der Fahrerassistenz geöffnet, da die Informationsqualität über die Verkehrsumgebung, Teilnehmer aller Art eingeschlossen, erheblich steigt und damit auch die Unterstützungsmöglichkeiten. Sollte es gelingen, alle Verkehrsteilnehmer in bestimmten Bereichen in ein Netzwerk einzubinden, könnte die Verkehrsinfrastruktur erheblich verändert werden.

So könnte eine Lichtsignalanlage durch einen Funk-Access-Point ersetzt werden, der die Fahrzeuge möglichst optimal durch den Knotenpunkt routen würde. Natürlich wäre dies mit automatisierten Fahrzeugen noch effizienter und effektiver möglich als bei der Fahrzeugführung durch den Menschen. Das Konzept sollte aber nicht davon abhängen.

Mit genügend Bandbreite für hohe Datenraten und hinreichender Integrität der Datenquellen und des Kommunikationssystems lassen sich die Informationsquellen der Fahrzeuge und, wenn vorhanden, von der Infrastruktur zu einer sehr detaillierten dynamischen Karte fusionieren. Ähnlich zum IT-Cloud-Konzept könnte man hier von Cloud-Sensorik sprechen. Natürlich lassen sich auch Informationsquellen aus „der großen Cloud" einbinden, wie schon an den vielfältigen Aktivitäten von Google&Co. abzulesen ist. Bei einem Cloud-Sensorik-Konzept könnten die Anforderungen an die lokale Umfeld-Sensorik zurückgenommen werden, z. B. bei der Reichweite, so dass vermutlich die volkswirtschaftlichen Gesamtkosten trotz der Investition in die Cloud-Technik eher sinken werden. Aber die notwendige Voraussetzung für ein solches Konzept ist ein verlässliches Netzwerk mit Service- und Integritätsgarantie, für das noch nicht einmal ein Konzept bekannt ist.

Angesichts des hohen Fortschrittpotenzials für die Fahrsicherheit sowie die Effizienz in Bezug auf Energie, Verkehrsinfrastruktur und Zeit ist zu hoffen, dass Netzwerke mit diesen Eigenschaften Wirklichkeit werden und von allen Verkehrsteilnehmern genutzt werden.

62.1.2 Elektromobilität

Auch die Elektromobilität stellt neue Anforderungen an die Fahrerassistenz. So ist die frühzeitige Sicherung eines kombinierten Abstell- und Ladeplatzes von hoher Bedeutung. Die Garantie der für die beabsichtigte Fahrt benötigten Energie bleibt vermutlich noch Jahrzehnte eine Herausforderung für die Elektromobilität, so dass die Art und Weise der Nutzung sich von der heutigen unterscheiden wird. Dies betrifft den möglichst effizienten Umgang mit dem „Gas"-Pedal in der mikroskopischen Betrachtung ebenso wie die makroskopische Sicht, für welche Transportaufgabe welches Verkehrsmittel oder welches Geschäftsmodell genutzt wird. Entsprechend werden sich die Assistenzfunktionen diesen veränderten Nutzungsformen anpassen und demzufolge Zusatzfunktionen für die Reichweitensicherung bereitstellen sowie intermodale Mobilitätsassistenzdienste anbieten.

Auch oft im Zusammenhang mit der E-Mobilität diskutiert, aber auch für herkömmlich angetriebene Fahrzeuge relevant, ist das Ringen um ein geringes Fahrzeuggewicht zur Minderung der Fahrwiderstände. Ein wesentlicher Gewichtsanteil wird dem hohen Standard der passiven, unfallfolgenmindernden Sicherheit zugeschrieben. Eine verbesserte aktive, unfallvermeidende oder integrale, den Unfallablauf beeinflussende Sicherheit eröffnet die Möglichkeit, bei den gewichtstreibenden passiven Maßnahmen wieder zurückzurüsten.

62.1.3 Gesellschaftliche Einflüsse und Marktentwicklungen

Technik verändert die Gesellschaft, wie das bekannte Beispiel der industriellen Revolution im

19. Jahrhundert deutlich gemacht hat. Aber Technik kann auch als Abbild der Gesellschaft verstanden werden: Sie spiegelt den Bedarf wider, der, wenn die Technik dies zu akzeptierbaren Kosten abbilden kann, auch gedeckt wird. Dabei ist dieser Bedarf gerade in Wohlstandsgesellschaften keineswegs auf die elementaren Bedürfnisse ausgerichtet. Mehr oder weniger bewusst reflektiert die genutzte Technik den individuellen „Way of Life". Ändert sich dieser über die Generationen, ändern sich mit ihnen auch die Produkte, oft parallel zum technischen Fortschritt: Zwei naheliegende Trends sind die Veränderung der Demografie und die Neudefinition von Statussymbolen.

Die Welt der Älteren ändert sich zurzeit sehr stark. Früher oft durch Entbehrungen und schwierige Arbeitsbedingungen gesundheitlich geschwächt, blieben sie mehrheitlich in einer familiären Umgebung mit nach außen weniger sichtbaren Aktivitäten. Heute entfällt die familiäre Umgebung immer stärker, sei es durch höhere Wohnmobilität, zunehmende Entfremdung oder Kinderlosigkeit. Dafür erhöht sich der Anteil der „mobilen Alten" bzw. „aktiven Alten" immer mehr. Diese Generation hat die Individualmobilität fast ihr ganzes Leben genutzt und wird diese nicht nur solange wie möglich erhalten wollen, sondern aufgrund steigender Lebensarbeitszeit erhalten müssen. Auch wenn heute noch schwer vorstellbar, werden zukünftige Generationen für sich die Cloud-Möglichkeiten nutzen und daher intelligente Fahrzeuge erwarten, die den jeweiligen Fahrfähigkeiten angemessene Unterstützung anbieten.

Die junge Generation ist mit der Erfahrung groß geworden, dass die Verfügbarkeit von Individualmobilität selbstverständlich ist: Dieser Grund, aber auch andere Gründe wie die zunehmende Urbanisierung können dazu führen, dass der Autobesitz einen geringeren symbolischen Wert für den eigenen Status besitzt. So erfüllen nun oft Reisen, Gruppenzugehörigkeit, Immobilien, Designikonen und Mobilgeräte dieses Darstellungsbedürfnis, welches früher mit dem Auto verbunden wurde. Die Auswirkungen eines solchen Trends sind nicht eindeutig: Zum einen könnte die Folge eine rationalere Wahl des Verkehrsmittels sein, bei dem der Besitz des eigenen Autos in den Hintergrund tritt. Aber es könnte auch zu Veränderungen dahingehend kommen, dass Autos mit besonderen Designmerkmalen attraktiv werden, die in Analogie als „iCar" vermarktet werden könnten. Bei allen derartigen Produktwellen waren radikal geänderte Bedienkonzepte Schlüsselerfolgsfaktoren. Diese neuen Bedienparadigmen prägten dann in schneller Folge die Wettbewerbsprodukte, so dass sich oftmals in weniger als drei Produktgenerationen eine Produktgruppe so veränderte, dass alles Vorherige nicht mehr marktfähig war. Ein radikal geändertes Bedienkonzept kann die über 110 Jahre evolutionierte Bedienung durch Lenkrad und Pedale hinter sich lassen und mit neuen Elementen über Assistenzfunktionen und (Teil-)Automatisierung die Fahrzeugführung neu erfinden. Fahrerassistenzsysteme bilden dann keine Zusatzausstattung mehr, sondern sind essenzieller Bestandteil des iCars. Gleicher Erfolg wie bei den heutigen Vorbildern vorausgesetzt, wären dann herkömmliche Fahrzeuge schlagartig nicht „klassisch", sondern „alt".

Eine andere gesellschaftliche Veränderung kommt aus der Veränderung der Wertschöpfungskette: Heute erwirtschaften Unternehmen große Gewinne durch Vermittlung von Produktlieferungen, wie z. B. der Appstore, bei der als eigene Investition eine Vermittlungsplattform bereitgestellt wird, aber das Kunden-Lieferanten-Risiko anders als bei einem Händler nicht übernommen wird. Ebenso sind Milliarden von Euro durch das Routing von Werbung zu verdienen. Diese Plattform-Geschäftsmodelle führen zu monopolartigen Großunternehmen mit einer Marktmacht, die die anderen Zweige der Handelskette zu „Friss-oder-stirb-Verhalten" nötigen. Bisher gibt es nur wenige erfolgreiche Plattformen zur Mobilität, wie z. B. Mitfahrzentralen oder Gebrauchtwagenportale. Smartphone-basierte Ansätze wie mytaxi [6] oder Uber [7] zeigen die Richtung, wie sich ein Produkt „Mobilität" zu einer „Brokerware" verändern kann. Damit können Plattformen auch die Ausstattung bestimmen, was die individuelle Auswahlmöglichkeit erheblich einschränken wird. Dies kann sich für die Fahrerassistenzentwicklung sowohl als Hindernis als auch als Push auswirken. Bei einem auf Kostenreduzierung optimierten Verkehrsmittel wird alles versucht werden, die gegebenen Anforderungen möglichst kostengünstig zu realisieren, so dass kein Budget für Innovationen vorhanden sein wird. Zum anderen können aber zum Geschäftsmodell bestimmte Automatisierungen die technische Basis bilden: sei es die fahrerlose Fahrt zu einem Abstellplatz oder zum nächsten Kunden, sei es das „mobile Bestellbüro", bei dem ein Versandhaus die Fahrt sponsert [8, 9].

62.1.4 Kulturelle und mediale Einflüsse

Gesellschaftliche Veränderungen können auch durch Übernahme von Traditionen oder neuen Entwicklungen anderer Kulturen bewirkt werden. Durch die fortgeschrittene Globalisierung erhöht sich die Geschwindigkeit des Transfers. Der Fahrerassistenzsektor ist bezüglich Markt und Technologie bisher sehr stark deutsch und japanisch geprägt, weil sich hier die Kombination von Bereitschaft und finanzieller Möglichkeit in Automobiltechnik zu investieren sowohl auf der Kundenseite als auch bei der Automobilindustrie findet. Da aber die gesättigten Märkte von den aufstrebenden überholt werden, kann von einer Änderung der Verhältnisse ausgegangen werden. Die Kundenbedürfnisse und die Nutzungsrandbedingungen sind andere, die finanziellen Möglichkeiten und Zahlungsbereitschaften sowie die regulativen Eingriffe nur schwer abzuschätzen. Stauassistenz und mobiles Büro sind für Megacitys in den aufstrebenden Ländern sicherlich von hohem Marktinteresse der begüterten Bevölkerungsschicht.

Schlussendlich sollte die Rolle der Medien nicht unterschätzt werden: So führte die Präsentation von „Google's self-driving car" in den Medien sowohl zu einer offensichtlichen Veränderung in der Einstellung der öffentlichen Wahrnehmung des autonomen Fahrens als auch zu einem Aufrütteln der etablierten automotiven Unternehmen, mehr in diese Richtung zu investieren.

62.2 Herausforderungen und Auswirkungen

Beschränkt man sich auf die technischen Aspekte, lassen sich vergleichsweise einfache Roadmaps ableiten, die die verschiedenen Schritte der Entwicklung aufzeigen. Üblicherweise enden diese Roadmaps mit dem vernetzten autonomen Fahrzeug, das fahrerlos in beliebiger Umgebung fährt. Aber schon dieser Weg ist als sehr dornenreich anzusehen, da viele Fragen aus dem zulassungs- und haftungsrechtlichen Bereich mit diesem verbunden sind. Die heute üblichen Freigabe- und Testmethoden reichen bei weitem nicht aus, „denkende" Maschinen frei zu testen. Neuartige Metriken für die Messung der Leistungsfähigkeit von Fahrrobotern im Vergleich zu der des Menschen sind vonnöten. Da diese Herausforderung in den Augen vieler Experten noch größer als die Entwicklung der Fähigkeit von maschineller Intelligenz für die autonome Fahrt ist und als kritischer Pfad zum autonomen Fahrzeug gewertet wird, werden diese Überlegungen in ▶ Abschn. 62.3 weiter ausgeführt.

Die Wirtschaftlichkeit bildet den anderen zu beachtenden Aspekt: Die weitere Entwicklung der Technik erfordert hohe Investitionen über Jahrzehnte, die nur durch eine kontinuierliche Refinanzierung über den laufenden Markt realistisch sind. Auch wenn Innovationen nicht über das Produkt Automobil stimuliert werden, wie die Computer- oder Kommunikationstechnik zeigen, so sind doch automobil-spezifische Technologien zu entwickeln, damit die Technik aus dem Labor oder Spezialanwendungen Eingang in das Volumenprodukt Automobil findet, wie die Beispiele ESC und ACC-Radar aus der jüngsten Vergangenheit gezeigt haben. Werden die entwickelten Produkte nicht im Markt angenommen, sind auch die Weiterentwicklungen immer schwerer zu finanzieren.

Der Weg zum Käufer läuft über verschiedene Stationen mit ihren jeweils eigenen Gesetzen: Sogenannte Fachmagazine bejubeln eher den Sound und die Kraftentfaltung eines Verbrennungsmotors, als sich mit der neuen Technik fachgerecht auseinanderzusetzen; aber auch die Handelskette bis hin zum Autoverkäufer steht diesen Entwicklungen eher hilflos gegenüber und kompensiert die Schwäche durch gewohntes Verkäufergerede (z. B. „ESP braucht der nicht, der ist auch ohne schon sicher"). Daher ist auch bei zukünftigen Produkten immer mit diesem Gegenwind zu rechnen, womit das Entwicklungsrisiko nochmals steigt. Allerdings sollte auch darauf hingewiesen werden, dass die Entwicklung nicht immer nutzerorientiert erfolgte und die Benutzung nicht optimal vorbereitet wurde, vgl. ▶ Kap. 48. Dies wird bei einer Zunahme der Assistenzfunktionalität die Entwicklung integrierter, kooperativer Bedien- und Anzeigekonzepte hin zu innovativen Fahrzeugführungskonzepten erfordern, um ein stimmiges Gesamtpaket anzubieten.

Wie in ▶ Abschn. 62.1.3 diskutiert, wird die Entwicklung nicht in einer statischen Gesellschaft vorangetrieben, sondern in einer sich ändernden, die wiederum andere Mobilitätsprodukte erwartet. Die Marktreaktion auf die geänderten Randbedingungen kann sich in der Verschiebung der Angebotspalette ausdrücken, aber auch in völlig neuen Geschäftsmodellen, wodurch neue Marktformen entstehen und sie die alten verdrängen. Assistenzsysteme können dabei eine Schlüsselrolle spielen, wenn sie zum richtigen Zeitpunkt mit dem passenden Geschäftsmodell die Individualmobilität revolutionieren. Gerade die gut etablierten Bereiche der deutschen Automobilindustrie wären dann im höchsten Maße herausgefordert. Beispiele wie die Umwälzungen im IT-Bereich (von der früheren Dominanz von IBM/DEC/Nixdorf über Microsoft/Intel/Nokia zu Google/Apple/Facebook) zeigen, dass jahrzehntelanger Erfolg durch Veränderung der Rahmenbedingungen und Geschäftsmodelle schnell vergänglich werden kann.

Solange das Automobil wie heute genutzt wird, ist nicht damit zu rechnen, dass sich die Gewichte im Markt wesentlich verschieben. Da aber die Entwicklung der Fahrerassistenz, speziell die zu autonomen Fahrzeugen, andere Nutzungsmöglichkeiten bietet, so kann eine die heute dominierende Autowelt bedrohende Veränderung ausgelöst werden. Natürlich lässt sich der Fortschritt nicht aufhalten, so dass Treiber aus anderen Bereichen schon für die Umwälzungen sorgen werden, wie sich allein schon aus den Aktivitäten von Google ablesen lässt. Damit ergibt sich automatisch die Schlussfolgerung, dass nur eine proaktive, die Zukunft mitgestaltende Entwicklung Schutz vor diesem Effekt bietet. Sie darf sich nicht zu stark verzetteln, sie benötigt gute wissenschaftliche Grundlagen, um Fehlentwicklungen vorbeugen zu können, gute Randbedingungen für eine Einführung, ein positives Technikklima sowie eine aufgeschlossene Marktbetrachtung.

Die zukünftigen Assistenzsysteme werden sicherlich stark zur Verkehrssicherheit und in einem integrierten Verkehrssystem zur Effizienz des Straßenverkehrs beitragen. Aber sie werden auch Auswirkungen auf die Verkehrsteilnehmer und sogar darüber hinaus haben. Je nach Geschwindigkeit der Einführung kann es zu einer Entmischung zwischen modernen Hightech-Fahrzeugen auf der einen Seite und den immer noch fahrbereiten alten Modellen auf der anderen Seite kommen, weil der Unterschied zwischen alt und neu erheblich größer ist als das heute der Fall ist. Diese Situation kann über empfundene Privilegien als Kaufanreiz wirken, aber auch zu belastenden Diskriminierungen und Neiddebatten führen. Mit jeder Veränderung, aber vor allem bei Marktveränderungen wird es Gewinner und Verlierer geben. Hier sollte mit hoher Sensibilität über eine Folgenabschätzung, die deutlich über heutige Technikfolgenabschätzung hinausgeht, der Weg rechtzeitig so gestaltet werden, dass einerseits der technische Fortschritt nicht behindert wird, andererseits möglichst viele Gewinner der technischen Entwicklung erkennbar sind.

Die Auswirkungen vernetzter autonomer Automobile sind aufgrund der langfristigeren Perspektive noch schwer abzuschätzen: Durch ihre signifikante Erhöhung des Verkehrsflusses und der Fahrzeugsicherheit könnten „alte" Fahrzeuge als Verkehrshindernis und -risiko angesehen werden, so dass eine zügige gesetzliche Verpflichtung zu „neuer" Technologie diskutabel würde. Gleichzeitig entfiele die Notwendigkeit eines fußgängigen Parkplatzes, da die Fahrzeuge selbst an entlegenere Parkplätze fahren und wiederkehren könnten, so dass der Flächenverbrauch in Städten durch Parkplätze reduziert würde. Verkehrsraum würde zu einer temporär buchbaren Ressource werden, die dynamisch im Netz gemakelt wird, so dass vollkommen neue Geschäftsmodelle sowohl für die Industrie als auch für die öffentliche Hand entstehen werden.

Die neue Qualität der durch autonome Automobile im wahrsten Sinne des Wortes gewonnenen neuen Bewegungsfreiheit kann durchaus mit der Einführung des Mobilfunks verglichen werden. Die zunächst nur für wenige Nutzer verfügbare Technik ist nun allgegenwärtig und hat dabei die gesamte Kommunikation und dabei auch das gesellschaftliche Leben verändert.

62.3 Problemfeld Absicherung des autonomen Fahrens

Unter autonomem Fahren wird die Übergabe der Fahrzeugführungsfunktion und -autorität an eine Maschine, im Weiteren auch Fahrroboter genannt, verstanden. Die Übertragung der Führungsfunktion kann örtlich oder zeitlich begrenzt sein und eventuell durch den Fahrer unterbrochen werden. Grundsätzlich ist das autonome Fahrzeug in der Lage, ohne Mitwirken eines Menschen die Entscheidung über den Weg, die Bahn und die Fahrdynamikeingriffe zu fällen (in der in ▶ Kap. 3 vorgestellten Definition entspricht es dem vollautomatisierten Fahren). An eine solche Funktion werden sowohl technisch als auch gesellschaftlich bestimmte Anforderungen gestellt. Nach den heute und voraussichtlich auch in Zukunft gültigen Rechtsgrundsätzen darf von einem autonomen Fahrzeug keine größere Gefahr ausgehen als von einem von Menschen gesteuerten Fahrzeug. Dies gilt für alle am Straßenverkehr beteiligten Gruppen und für alle Einsatzbereiche, in denen heute die Fahrzeuge von Menschen geführt werden.

Die bekannten Konzepte zum autonomen Fahren werden in ▶ Kap. 61 beschrieben. Von bisher keinem Konzept ist eine Strategie zur Absicherung bekannt, außer dass immer wieder darauf verwiesen wird, welche Strecken oder welche Streckenlänge autonom gefahren wurde. Das mag zunächst sogar imponieren, allerdings sind diese Strecken hinsichtlich einer allgemeinen Nutzung im Straßenverkehr nahezu ohne Aussage, wie die im Folgenden angestellten Überlegungen zeigen werden.

62.3.1 Anforderungen an die Absicherung von autonomem Fahren im breiten Einsatz

Soll das autonome Fahren tatsächlich die Straßenverkehrssicherheit durch den breiten Einsatz von Fahrzeugen mit solchen Fähigkeiten verbessern, so muss das Sicherheitsziel sich am Status Quo der Straßenverkehrssicherheit messen. Da Sachschäden gegenüber dem Nutzen (z. B. Arbeitszeit, Ausruhen, Unterhaltung) angerechnet werden können, sind diese aus Sicht des Autors nahezu irrelevant für die Sicherheitsbetrachtung. Daher bleiben die Unfälle mit Personenschaden maßgebend, so dass die Hypothese:

„Durch den breiten Einsatz des autonomen Fahrens wird der Schaden, verursacht durch die Anzahl von Verletzten und Getöteten, nicht größer sein als ohne diese Fähigkeit."

abzusichern ist. Mit „breit" ist gemeint, dass die Nutzung des autonomen Fahren in der gleichen Größenordnung liegt wie das menschengeführte Fahren, zur Unterscheidung von Probephase (3 bis 4 Größenordnungen niedriger) oder Einführungsphase (1 bis 2 Größenordnungen niedriger). Für die beiden anderen Kategorien sind unter Umständen andere Maßstäbe anzulegen, wenn z. B. wegen des höheren Nutzens des autonomen Fahrens der Nutzer ein höheres Eigenrisiko akzeptieren würde. Ein Beispiel dafür ist im Bereich der motorisierten Zweiräder zu finden, die einem um mindestens eine Größenordnung höheren Verletzungs- und Todesrisiko pro zurückgelegtem Weg ausgesetzt sind; sie akzeptieren dies mit der Nutzung, sei es aus dem Mangel an Alternativen oder aus Spaß am Motorradfahren. Ähnlich könnte es für bisher vom Fahren ausgeschlossene Personen vertretbar sein, mit einem gegenüber der nichteingeschränkten Vergleichsgruppe unsicheren Fahrzeug mobil zu sein. Solange aber die Gruppe mit unsicheren Fahrzeugen einen unbedeutenden Anteil an der Exposition für andere Verkehrsteilnehmer belegt, kann die Zusatzgefährdung für andere Verkehrsteilnehmer als unerheblich gewertet werden. Allerdings gibt es zwei Aspekte, die eine Maßstabfestlegung erschweren: Im heutigen Individualverkehr kann der Fahrer das Risiko beeinflussen. Bei autonomem Fahren sind er und die Mitinsassen passiv dem „Fremdrisiko" Fahrroboter ausgesetzt, wie bei der Fahrt im öffentlichen Verkehr. In diesem Bereich liegt allerdings das Personenschadensrisiko pro Strecke noch einmal eine Größenordnung niedriger, was natürlich auch noch zu neuen Diskussionen über das Akzeptanzniveau des Risikos führen kann.

Im Folgenden wird nur der Ansatz betrachtet, wie er für den breiten Einsatz gilt und für den als Referenz die allgemeine aktuelle Straßenverkehrssicherheit noch ohne breiten Einsatz autonomen Fahrens herangezogen wird.

Statistische Betrachtung

Als Eingangswerte dieser Berechnung wird die mittlere Zahl von Unfällen der jeweiligen Kategorie i (z. B. mit Personenschaden oder detaillierter, mit Leicht- oder Schwerverletzten oder Getöteten) pro Strecke s_i des Referenzsystems $a_{i,\text{ref}} = k_{i,\text{ref}}/s_{i,\text{ref}}$ und des autonomen Fahrzeugs $a_{i,\text{aut}} = k_{i,\text{aut}}/s_{i,\text{aut}}$ herangezogen. Somit ergibt sich bei einer Strecke s ein Erwartungswert von $\langle k \rangle_{i,j}(s) = s \cdot a_{i,j}$. Als erstes Ergebnis der Betrachtung wird die Aussage angestrebt, welche Strecke im Verhältnis zum Referenzniveau bei einer gegebenen Zahl von registrierten Unfällen ausreichen würde, um bei einer akzeptierten Irrtumswahrscheinlichkeit den Nachweis zu erbringen, dass das Unfallrisiko des autonomen Fahrens nicht größer als im Referenzfall ist.

Für die statistischen Berechnungen wird die Poisson-Verteilung $P_\lambda(k) = \lambda^k e^{-\lambda}/k!$ herangezogen, die sich für eine nicht erschöpfende Gesamtheit, also als Grenzwert der Binominalverteilung für unendliche Elemente, ergibt. Damit kann die Wahrscheinlichkeit berechnet werden, mit der k Ereignisse bei einem Erwartungswert $\lambda = \langle k \rangle$ auftreten.

Wie ◘ Abb. 62.1 zeigt, sind deutlich vom Erwartungswert abweichende Auftretenszahlen gar nicht so selten: So tritt beim Erwartungswert von drei Ereignissen (Unfälle) zu etwa 5 % Wahrscheinlichkeit überhaupt kein Ereignis (Unfall) auf. Oder im Falle eines Erwartungswerts von 6,3 sind 0 bis 2 Ereignisse (Unfälle) zusammengenommen mit einer Wahrscheinlichkeit von 5 % vertreten.

Werden 5 % als akzeptierte Irrtumswahrscheinlichkeit ε_{acc} angelegt, wie in der empirischen Wissenschaft oft gemacht, so lässt sich schlussfolgern, dass wenn auf der dreifachen Referenzstrecke kein Ereignis auftritt oder auf der 6,3-fachen Strecke höchstens 2 auftreten, dann wäre zu 95 % Wahrscheinlichkeit der Erwartungswert des Systems pro Referenzstrecke ≤ 1. Dieses lässt sich auch für weitere Ereigniszahlen berechnen, indem die Gleichung $\sum_{k=0}^{k_0} P_\lambda(k) = \varepsilon_{\text{acc}}$ numerisch nach λ gelöst wird. Das Ergebnis zeigt ◘ Abb. 62.2 für Ereigniszahlen k_0 von 0 bis 5.

Sollte aber das autonome Fahren das gleiche Risiko wie die Referenz besitzen, also die Erwartungswerte $\lambda_{i,\text{ref}} = \lambda_{i,\text{aut}}$ übereinstimmen, dann wäre der Fall $k_0 = 0$ ebenso unwahrscheinlich wie die angenommene Irrtumswahrscheinlichkeit, also hier nur 5 %; d. h. man müsste bei einem gleich guten System mindestens so viel „Glück" haben wie die Irrtumswahrscheinlichkeit. Um eine realistische Chance (z. B. 50 %) für den Nachweis zu haben, muss das autonome Fahren einen deutlich kleineren Erwartungswert für einen Unfall haben, doch um wie viel? Damit wird der Erwartungswertfaktor $\alpha_{50\%}$ gesucht, mit dem zu 50 % Wahrscheinlichkeit nicht mehr als k_0 Ereignisse auftreten. Entsprechend ist nun $\sum_{k=0}^{k_0} P_\lambda(k) = 50\%$ nach λ zu lösen. Das Ergebnis zeigt ◘ Abb. 62.3.

Liegt der Erwartungswertfaktor bei etwa einem Viertel, so kann der Fall mit 0 Ereignissen auf der dreifachen Referenzstrecke tatsächlich zu 50 % auftreten. Bei einem „nur" halb so guten System wie die Referenz treten hingegen 4 Ereignisse auf, die gemäß ◘ Abb. 62.2 eine mehr als neunfache Referenzstrecke nach sich zieht. Auf genau dieselbe Weise lassen sich andere Kombinationen bilden, wie in ◘ Abb. 62.4 für Ereigniszahlen bis 5 gezeigt wird. Aus der halblogarithmischen Darstellung wird deutlich, dass der Streckenfaktor in diesem Bereich überexponentiell wächst, so dass allein daraus das Ziel abzuleiten ist, dass ein System, dass nach diesen Maßstäben qualifiziert werden soll, einen Erwartungswertfaktor $\leq 0{,}5$ haben sollte, also mindestens doppelt so gut wie die Referenz sein sollte.

Für diese Bedingung (Erwartungswertfaktor von $\leq 0{,}5$) lässt sich für den ersten Test überschlägig ein Streckenfaktor von 10 annehmen. Zwar wäre bei einem Erwartungswertfaktor $\alpha_{50\%} \leq 0{,}23$ die dreifache Strecke für eine 50 % Wahrscheinlichkeit ausreichend, allerdings kann von einem ersten Bestehen mit der dreifachen Strecke nicht davon ausgegangen werden, dass im Wiederholungsfall die gleiche Strecke reichen würde, denn auch bei $\alpha_{50\%} = 0{,}5$ kann mit 22 % Wahrscheinlichkeit das Ergebnis von 0 Ereignissen pro dreifacher Referenzstrecke erreicht werden. Erst eine etwa 10 bis 20-fache Referenzstrecke lässt hier Sicherheit aufkommen, dass von einer so guten Grundannahme für den Erwartungswertfaktor ausgegangen werden kann, dass bei Folgetests tatsächlich ein geringerer Streckenfaktor ausreichen würde.

Referenzstrecke

Nachdem der Streckenfaktor allgemein hergeleitet ist, existiert nun die Möglichkeit, die Referenzstre-

62.3 • Problemfeld Absicherung des autonomen Fahrens

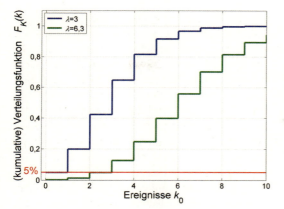

Abb. 62.1 Häufigkeit für das Auftreten einer bestimmten Ereigniszahl k_0 für zwei verschiedene Erwartungswerte λ

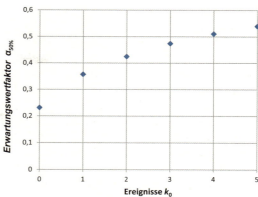

Abb. 62.3 Erwartungswertfaktor $\alpha_{50\%}$ in Abhängigkeit der vorgegebenen Ereignismaximalzahl k_0

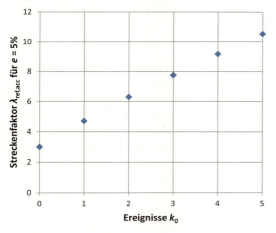

Abb. 62.2 Streckenfaktor $\lambda_{\text{ref, acc}}$, um den die Referenzstrecke multipliziert werden muss, um mit einer Irrtumswahrscheinlichkeit von 5% und auftretenden Ereigniszahlen k_0 nachzuweisen, dass der Erwartungswert für Unfälle kleiner ist 1/Referenzstrecke ist

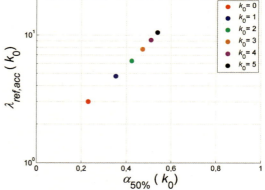

Abb. 62.4 Streckenfaktor $\lambda_{\text{ref, acc}}$ für Nachweis mit 5% Irrtumswahrscheinlichkeit als Funktion des Erwartungswertfaktors $\alpha_{50\%}$

cke für die Freigabe des autonomen Fahrens zu definieren.

Diese theoretisch notwendige Anzahl von Kilometern für die Freigabe variiert, wie gezeigt wurde, mit der Vergleichsgruppe und weiteren Faktoren. Diese in folgende Kategorien aufgeteilten Faktoren werden nun beschrieben:

Unfallfolgentyp (nur Sachschaden, Personenschaden: alle Verletzungstypen, nur Schwerverletzte, nur Getötete) Die weitaus häufiger auftretenden Unfälle mit Sachschaden ohne Personenschaden können – zumindest für die Einführungsphase – nicht herangezogen werden. Denn es ist nicht bekannt, ob das Verhältnis von Unfällen mit Personenschäden zu Unfällen mit nur Sachschäden auch mit Einführung des autonomen Fahrens unverändert bleibt, so dass damit noch keine Hochrechnung auf Unfälle mit Personenschäden erfolgen kann. Ansonsten können die Sachschäden bei autonomem Fahren, wie zuvor erwähnt, mit dem Nutzen aufgerechnet werden, so dass dies eher eine Diskussion der Wirtschaftlichkeit als der Sicherheit darstellt.

Unfälle mit Personenschäden sind zum überwiegenden Teil Unfälle mit Leichtverletzten. Somit lohnt eine Unterscheidung zwischen der Gesamtzahl der Unfälle mit Personenschäden und der

◨ **Tab. 62.1** Referenzstrecken in Abhängigkeit vom Einsatzbereich und den Unfallfolgen (Quelle: [10, 11] (gerundet)). Bei Angaben zu Schwerverletzten und Getöteten beziehen sich die Zahlen auf Strecke/Person, da aber mehr als eine Person pro Unfall in der Kategorie betroffen sind, ist dieser Wert eine untere Abschätzung

	gesamt	außerorts (ohne Autobahnen)	innerorts	Autobahnen
Fahrleistung/Mrd. km	724	110*		225
Unfälle gesamt/Mio	2,42	0,49	1,77	0,15
mit Personenschaden/1000	291	73/23,5*	200	18,4
Strecke zwischen zwei Unfällen/Mio. km				
gesamt	0,34			1,67
mit Personenschaden	2,5	4,6*		12
mit Schwerverletzten	>11			>40
mit Getöteten	>200	>140*		>500

*: nur außerörtliche Bundesstraßen

mit Leichtverletzten nicht. Natürlich besitzen die Unfälle mit Schwerverletzten und Getöteten die höhere Relevanz. Sie sind in der Zahl um fast eine (Schwerverletzte) oder zwei (Getötete) Größenordnungen seltener, wodurch Referenzstrecken, die sich auf die Klasse beziehen, entsprechend stark steigen.

Einsatzbereich (gesamt, nur außerorts (ohne Autobahnen), nur innerorts, nur Autobahnen) Gerade zu Beginn des automatisierten Fahrens ist mit einem begrenzten Einsatzbereich zu rechnen, z. B. nur ein Autobahnautomat. Daher sind die Referenzwerte dieser Einsatzbereiche zu verwenden. In ◨ Tab. 62.1 finden sich die Referenzwerte für Pkws im Bezugsraum Deutschland des Jahres 2013: Sie ergeben sich über die Zahl der im Einsatzbereich zurückgelegten Fahrleistung dividiert durch die Zahl der Unfälle der jeweiligen Unfallklasse. Wenn nicht für alle Felder die Daten passend vorliegen, wurden sie gemäß in der Tabellenlegende angegebener Weise geschätzt.

Anhand der in ◨ Tab. 62.1 dargestellten Zahlen sieht man zwei statistische Dilemmata:

Je schwerer und damit relevanter der Unfalltyp ist, desto größer ist die Referenzstrecke.

Je einfacher die Funktion erscheint, z. B. für Autobahnen, desto länger ist für den Sicherheitsnachweis zu fahren.

Unfallverursachung (keine Unterscheidung, nur Hauptverursacher) Im Mittel ist ein Fahrzeugführer zu ca. 60 % der Hauptverursacher, wenn er in einem Unfall verwickelt ist, wobei die mittlere Altersgruppe mit einem niedrigeren Anteil (ca. 50 %) als Hauptverursacher auftritt als die Gruppen der jungen und alten Fahrer, vgl. [10]. Würden nur jene Unfälle für eine Absicherung herangezogen, bei denen Fahrer als Hauptverursacher auftreten, würde sich zunächst der Testaufwand entsprechend der verlängerten Strecke zwischen zwei „verursachten" Unfällen um 5/3 erhöhen, wobei hier zu vermerken ist, dass diese Strecke zumeist weit höher liegt als ein Mensch in seinem Leben fahren kann.

Aber wie sieht es aus, wenn man trotzdem bei der Gesamtzahl der Unfälle bleiben will, da für die Sicherheit die Verursacheraufteilung irrelevant ist? Zunächst wird angenommen, dass die Zahl der nichtverursachten Unfälle sich nur wenig ändere, da zumeist noch vom Menschen geführte Fahrzeuge diese verursachen. Somit kann selbst bei einem unfallverursachungsfreien autonomen Fahrzeug bestenfalls einen Erwartungswertfaktor von 0,4 erreicht werden. Für den zuvor geforderten Erwartungswertfaktor von 0,5 darf das autonome Fahrzeug somit nur noch ein Sechstel so häufig Unfälle verursachen ($\alpha_{50\%} = 0,5 = 40\% + 60\%/6$). Alternativ bleibt bei einem bezogen auf die Unfallverursachung doppelt so gutem Fahrzeug nur ein Erwartungswertfaktor von ($\alpha_{50\%} = 0{,}7 = 40\% + 60\%/2$), was zu einem etwa dreifach höheren Streckenfaktor $\lambda_{\text{ref, acc}} \approx 27$ führen würde.

Als Argument gegen die alleinige Wahl der verursachten Unfälle ist die Ungewissheit der zuvor genannten Annahme, dass die Zahl der nicht verursachten Unfälle nicht beeinflusst wird. Es ist noch offen, ob das Verhalten der autonomen Fahrzeuge Fehler anderer Verkehrsteilnehmer mehr oder weniger kompensiert als bisher die menschlichen Fahrer. So ist denkbar, dass trotz deutlich weniger verursachter Unfälle die Zahl der Gesamtunfälle, in denen autonome Fahrzeuge involviert sind, steigt, weshalb aus diesem Grund wiederum die Gesamtzahl zu betrachten wäre.

Vergleichsfahrzeug (jeweils aktueller Fahrzeugbestand, nur fortschrittliche Fahrzeuge) Auch die Unterscheidung nach dem Vergleichsfahrzeug fällt nicht leicht. Das Referenzgeschehen bezieht sich auf die Unfallhäufung aller Fahrzeuge einer Klasse (z. B. alle Pkws). Wie die Vergangenheit gezeigt hat, führte der automobile Fortschritt zu einem höheren Sicherheitsniveau und damit zur Senkung der Zahl der Unfälle mit Personenschaden. Gerade das erst seit kurzem begonnene Ausrollen der unfallvermeidenden und kollisionslindernden Sicherheitssysteme in die Breite des Marktes lässt eine erhebliche Senkung der Unfälle mit Personenschäden erwarten. Aus diesem Grund müsste eine deutlich höhere Referenzstrecke (1,2- bis 2-fach) als die durch das aktuelle Unfallgeschehen herangezogene verwendet werden.

Beispielberechnung

Trotz der vielen Möglichkeiten, die die Betrachtungen zur Statistik und Referenz aufweisen, soll an einem Beispiel die Größenordnung der Nachweisstrecke berechnet werden, wobei dies beileibe kein Worst-Case-Szenario ist:

Dazu wird ein Autobahnautomat gewählt. Somit beträgt die aktuelle Referenzstrecke für Unfälle mit Personenschäden 12 Mio. km. Nimmt man nun die für die Statistik eher günstige Hauptverursacherunfallzahl an und einen sehr konservativen Verbesserungswert moderner Vergleichsfahrzeuge von 1,2, so erhält man eine Referenzstrecke von 24 Mio. km ($= 12 \cdot 1{,}2/0{,}6$). Ferner wird für das Objekt unter Test von einer nur halb so hohen Zahl verursachter Unfälle mit Personenschaden ausgegangen (d. h. Erwartungswertfaktor $\alpha_{50\%} = 0{,}5$ und somit Streckenfaktor $\lambda_{\text{ref, acc}} \approx 10$). Somit multipliziert sich die Nachweisstrecke auf 240 Mio. km. Hier ist zu betonen, dass dieser Wert nur einer von vielen anderen Werten ist; aber er ist stellvertretend für die Größenordnung, in die man sich begeben müsste, wenn der Sicherheitsnachweis „über Strecke" erfolgen sollte und das Ziel bestehen würde, das Risiko gegenüber der Vergleichsgruppe zu senken.

Schlussfolgerungen

Nachweisstrecken in der zuvor skizzierten Größenordnung übersteigen die technischen, personellen und wirtschaftlichen Möglichkeiten heutiger Unternehmen. Selbst wenn dieser Aufwand für ein erstes System unter Umständen gewagt würde, so ist doch zu bedenken, dass dieser Test mit mindestens einem Drittel des Anfangsaufwands nach jeder Systemmodifikation erneut durchlaufen werden müsste, was offensichtlich ökonomisch nicht vertretbar ist. Selbst mit einem deutlich besseren System mit Erwartungswertfaktor $\alpha_{50\%} \leq 0{,}23$ bleibt mindestens noch ein Drittel des Aufwands, s. Unterabschnitt zur Statistik am Anfang von ▶ Abschn. 62.3.1.

Diese Argumente lassen den Schluss zu, dass mit den bekannten Testverfahren zur Risikomessung über Dauerlaufstrecke keine ökonomisch vertretbare Entwicklung bzw. Zulassung von autonomen Fahrzeugen möglich ist. Dieser Aspekt hat durchaus das Potenzial für einen „Showstopper" und wird auch als „Freigabefalle des autonomen Fahrens" bezeichnet.

Als besondere Ironie dieses Dilemmas ist herauszustellen, dass die Nachweisstrecke besonders lang wird, wenn Situationen automatisiert werden, die scheinbar einfach sind, weil dort auch nur wenige Unfälle pro Strecke passieren. Im Umkehrschluss leitet sich die Empfehlung aus Testbarkeitsgründen ab, doch mit Einsatzbereichen besonderer Unfallträchtigkeit zu starten. Dies wird aber auch schon vor der Validierungsphase deutlich werden, nämlich in der Entwicklungsphase. Mit jeder Verbesserungsstufe wird eine immer größere Strecke benötigt, um die Sicherheit zu bessern. Daher sind Aussagen über 100.000 km oder 1 Mio. km ohne

Unfall mit Personenschaden aus technischer Sicht höchst beeindruckend, aber kaum relevant im Vergleich zu den zwei bis drei Größenordnungen höheren Sicherheitszielen.

62.3.2 Ausweg aus dem Testdilemma

Dieses Testdilemma kann nur überwunden werden, indem eine drastische Kürzung der erforderlichen Strecke erreicht wird. Bei Komponentenhaltbarkeitstests ist es üblich, zum einen aus dem Betriebsbelastungskollektiv diejenigen Teile zu selektieren, die die Komponente relevant beanspruchen, und durch das Weglassen der irrelevanten Anteile eine erhebliche Verkürzung zu ermöglichen. Zum anderen wird auf Beschleunigungsmethoden zurückgegriffen, d. h. höhere Lasten oder stärker beanspruchende Umgebungsbedingungen zur Belastung des Bauteils angewendet. Eine Adaption dieser Strategien auf den Sicherheitsnachweis für das autonome Fahren scheint allerdings schwierig, da die Ausfallmechanismen nicht auf einem Ausfall der Funktion beruhen, sondern auf falschen Entscheidungen, die zu Unfällen führen. Natürlich ist eine Systemsimulation, sei es als Software-in-the-Loop (SIL) oder als Hardware-in-the-Loop (HIL) zur Absicherung der Funktion denkbar und für die Entwicklung unverzichtbar. Es wird jedoch nicht annähernd möglich sein, die Vielfalt der im Straßenverkehr möglichen Varianten darzustellen, die einer Fahrstrecke von mehreren Millionen Kilometern entspricht und für alle Nutzergruppen repräsentativ ist. Diese letzte Überlegung zum Testdilemma ist es aber, die einen Ausweg aufzeigt: Selbst wenn man alle relevanten Zustände für ein Testprogramm darstellen könnte, so wäre in manchen Situationen nicht mehr entscheidbar, welche Systemreaktion richtig oder falsch ist, da diese Frage nicht vom Ego-System allein beantwortet werden kann. Insbesondere wenn die Aktionen und Reaktionen anderer Verkehrsteilnehmer antizipiert werden sollen, kann eine hundertprozentig richtige Annahme nicht erwartet werden, da über die Reaktionsmodelle der einzelnen Verkehrspartner keine individuelle und momentane Korrektheit erreicht werden kann. Die Systemreaktionen nehmen somit probabilistischen Charakter an, und die Bewertung, in welchem Maße die aktuelle Entscheidung korrekt sein mag, ist zeitabhängig und wird vermutlich nur in einfachen Situationen bestimmbar sein. Alle anderen in dieser bestimmten Situation möglichen Aktionen und Reaktionen werden sich in dieser Weise nirgendwo und niemals wiederholen, und selbst die Schlussfolgerung, ob die Reaktion richtig war, lässt sich nicht aus dem Ergebnis der Situation ableiten. Selbst wenn im Anschluss an eine Reaktion ein Unfall passiert, so kann die Reaktion dennoch im Sinne einer Schadensminderung richtig gewesen sein. Genauso ist es möglich, dass eine falsche Entscheidung als solche nicht negativ auffällt und nicht zum Unfall führt, da die Umgebungskonstellationen günstig sind. Damit stellt sich jedoch die Frage, was dem bisherigen Denken von „richtig oder falsch" entgegengesetzt werden kann. Die Antwort ist so einfach im Prinzip, wie sie schwierig in der Umsetzung ist: Der Fahrroboter muss die Fahraufgabe sicherer ausführen als die menschliche Vergleichsgruppe, beispielsweise erfahrene und sich auf der Höhe ihrer Gesundheit befindliche Vielfahrer. Dazu muss die Gesamtleistungsfähigkeit des Fahrroboters bestehend aus Perzeptions-, Kognitions- und Aktionsleistung mindestens so hoch sein wie die der Vergleichsgruppe. Kann man diese Leistungsfähigkeit messen, so lässt sich der Fahrroboter freigeben; auch auf andere Felder der Robotik kann diese Aussage übertragen werden, wie z. B. humanoide Haushaltsroboter.

Eine allgemeine Metrik zum Ausdrücken der Perzeptions-, Kognitions- und Aktionsleistungsfähigkeit von Robotern und Menschen ist bisher nicht bekannt: Ein Beispiel findet man jedoch bei den Spielen Schach und Go, einem Bereich, in dem der Computer die Leistungsfähigkeit des Menschen erreicht und zum Teil schon übertroffen hat. Zwar ist das Schachspiel grundsätzlich nicht probabilistisch, aber durch die schiere Zahl der möglichen Zugkombinationen nicht in endlicher Zeit berechenbar, wodurch der Schachcomputer nach heuristischen Algorithmen Entscheidungen treffen muss, die zum Zeitpunkt der Entscheidung nicht als richtig oder falsch bewertet werden können. Wenn er etwas „richtiger" entscheidet, kann aber erwartet werden, dass er mehr Partien gewinnen wird als ein menschlicher Spieler. Diese erwartete Spielstärke eines Go- oder Schachspielers wird anhand seiner Elo-Zahl (offiziell: „FIDE rating") ausgedrückt: Sie beschreibt die erwarteten Punktezahlen einer Partie und ist Teil eines von Arpad E. Elo entwickelten objektiven Wertungssystems [12]. Einschränkend für dieses Beispiel ist zu nennen, dass zwar sowohl Computer als auch menschliche Spieler eine Elo-Zahl erhalten, diese aber jeweils nur aus Partien zwischen gleichen Kategorien ermittelt werden (Mensch vs. Mensch bzw. Computer vs. Computer). Trotzdem lässt sich festhalten, dass für einen kleinen Bereich damit zwei der Voraussetzungen erfüllt sind, die an eine Metrik zur Freigabe von Roboterfunktionen gestellt werden: Zum einen ist mit der Elo-Skala ein (zumindest theoretischer) Vergleich menschlicher Leistungsfähigkeit mit der des Roboters möglich, zum anderen ist mit dieser Metrik eine absolute Klassifizierung möglich, da mit der Elo-Zahl beispielsweise zugeordnet werden kann, ob jemand Amateur oder Großmeister ist. Gäbe es eine solche Metrik auch für Fahrroboter, so könnte in Übereinstimmung mit der ISO 26262 für bestimmte Automatisierungsgrade eine definierte Fähigkeitsklasse festgelegt werden.

Allerdings kann dieser Ansatz aus dem Schachbereich nicht direkt auf den Fahrroboter übertragen werden, da der Elo-Wert über den direkten Vergleich, sprich über die Gewinn-/Verlustbilanz von Gegnern einer gegebenen Stärke, ermittelt wird. Weiterhin wird nur die kognitive Leistung gemessen; die der Perzeption erfolgt idealisiert, denn dem Schachcomputer wird die Stellung der Schachfiguren korrekt und vollständig übermittelt, während im Straßenverkehr weder dem Fahrer noch dem Fahrroboter alle Informationen in dieser Weise zur Verfügung stehen werden. Eine solche Fülle an Informationen, wenn sie denn vorläge, wäre darüber hinaus in der Praxis nicht mehr zu filtern und zu verarbeiten. Für ein technisches System wie einen Fahrroboter wäre daher die Gesamtaufgabe in drei Domänen aufzuteilen und mit jeweils einer gesonderten Metrik zu belegen.

Wie die Kapitel über die Aktorsysteme zeigen, reichen die maschinell möglichen Ausführungsfähigkeiten schon sehr nahe an die menschlichen Fähigkeiten heran: In Teilbereichen gehen sie bereits darüber hinaus, wie z. B. die Einzelradregelungen oder die Hinterachsverstellung. Zwar hat auch die maschinelle Perzeption schon eine bemerkenswerte Leistungsfähigkeit erreicht, wobei die Wahrnehmung sehr komplexer Situationen, z. B. dem Verkehr um den Triumphbogen in Paris, noch nicht gelingt. Fahrer, die nicht in Paris heimisch sind, fühlen sich allerdings in dieser Situation möglicherweise ebenfalls überfordert und an der Grenze ihrer Leistungsfähigkeit. Gleichwohl zeigt die verhältnismäßig geringe Anzahl an Unfällen, die geschehen – harmlose Blechschäden ausgenommen – dass der Mensch auch solchen Situationen gewachsen ist. Vergleichsweise gering ist momentan noch die maschinelle Kognitionsleistung, insbesondere was die Entscheidungsflexibilität angeht. Vor allem erscheint es noch sehr schwierig, den Lernprozess des Menschen nachzubilden. Diesen Lernprozess erlebt jeder Autofahrer nach seiner Fahrausbildung, und ohne diese Erweiterung der Fahrfertigkeiten wären wir sicherlich einem höheren Straßenverkehrsrisiko ausgesetzt. Die Aufteilung in die drei Domänen könnte vorteilhaft für eine Entkopplung der Bewertung genutzt werden: Eine Änderung im Sensorbereich kann allein auf der Perzeptionsmetrik zertifiziert werden, ohne dass es erforderlich wäre, die anderen zwingend mit zu zertifizieren. Aus gleichem Grunde kommt es zu einer entsprechenden Modularisierung bei der Entwicklung der autonomen Fahrzeuge, vgl. ▶ Kap. 61 oder [13, 14].

Zurückkehrend zu den vorigen Überlegungen, dass nur Fahrroboter, die den Menschen in der Fahrzeugführung ersetzen, diesen hinsichtlich der Sicherheit überlegen sein müssen, damit eine Chance auf Zulassung besteht, lassen sich zwei Schlussfolgerungen ableiten: Die Fahrroboter haben noch ein großes Stück der Entwicklung vor sich, doch unter der Voraussetzung einer anerkannten Metrik für die Fahrleistungsfähigkeit können sie dem Menschen überlegen werden. Diese Metrik, die durchaus sehr spezifisch für bestimmte Einsatzbereiche sein kann, ist unabdingbare Voraussetzung für eine zielgerichtete Entwicklung der autonomen Funktionen, und ihre Entwicklung stellt aus Autorensicht den kritischen Pfad der Entwicklung des autonomen Fahrzeugs dar:

Solange keine Metrik in allgemein akzeptierter Form existiert, wird ein breiter Einsatz autonomer Fahrzeuge im öffentlichen Straßenverkehr nicht erreicht werden.

62.3.3 Möglicher Weg zu einer Metrik

Die Anforderungen an eine solche Metrik lauten:

Die Metrik ist valide für den jeweiligen Einsatzbereich. Diese Anforderung lässt sich im Grunde nicht erreichen, denn erst mit dem Einsatz der Metrik werden die benötigten Fähigkeiten vollständig klar. Allerdings trifft dies auf heutige Entwicklungen ebenso zu. Hier hilft man sich mit Übertragungen aus ähnlichen Bereichen, doch dieser Lösungsweg bedeutet gleichzeitig, dass viele Zwischenstufen auf dem Weg zum autonomen Fahren eingeführt werden müssen. Nur wenn genügend Erfahrungen mit ähnlichen Systemen vorliegen, lässt sich die Metrik eichen und mit vertretbarem Restrisiko auf die nächste Erweiterung übertragen: Die Validierungsstrategie bestimmt daher die Migrations- und Einführungsstrategie und nicht die Entwicklung der technisch möglichen Funktionen.

Die Metrik erlaubt einen Vergleich der Fahrfähigkeiten zwischen Mensch und Roboter. Dies ist vielleicht die am schwierigsten umzusetzende Anforderung, denn sie setzt voraus, dass menschliche Fähigkeiten gemessen und in einer der Fahraufgabe angemessenen Weise gewichtet werden. Eine Aufteilung auf die drei Domänen wird zwar in arbeitswissenschaftlichen Modellen durchgeführt, allerdings lässt sich die Perzeptionsleistung nicht von der Kognitionsleistung trennen. Bei der Ausführungsleistung ist es dagegen möglich, auch wenn durch Rückwirkungen eine Überkopplung auftreten kann. Aus diesen Gründen bleibt zumindest bis zur Etablierung der Metriken nichts anderes übrig, als die kombinierte Leistung von Perzeption und Kognition von Mensch und Maschine zu vergleichen. Sind die relevanten Niveaus für eine Einstufung erst einmal etabliert, so lässt sich die Aufteilung von Perzeptions- und Kognitionsleistung bei Maschinen separat betrachten.

Die Metrik lässt eindeutige Klassenstufen zu. Diese Anforderung wird für eine Zertifizierung benötigt, damit analog zu Automotive Safety Integrity Levels der ISO 26262 eine Einstufung erfolgen kann. Hierfür sind geeignete Grenzwerte und Gewichtungen einzelner Merkmale zu erarbeiten.

Die Metrik verwendet ökonomisch durchführbare Testverfahren zur Einstufung. Gerade die Unbezahlbarkeit war, wie bereits zuvor geschildert, der Grund für die Abkehr von der etablierten Freigabemethodik. Das neue Verfahren muss daher deutlich kostengünstiger sein. Reale und virtuelle Testparcours mit hohem Schwierigkeitsgrad mögen hier einen Ausweg bieten, wobei die Schwierigkeiten repräsentativ für den Einsatzbereich sein müssen.

Die Metrik darf selbst keine Handlungsmuster favorisieren, sondern gerade die Fähigkeit ermitteln, in unbekannten Zuständen angemessen zu agieren. Hiermit ist gemeint, dass kein Training auf die Testmuster erfolgen darf, weil dies zu einer Minderung der Handlungsflexibilität führen würde. Dies ist auf jeden Fall zu verhindern, da gerade diese Flexibilität überhaupt die Extrapolation von einem Testparcours auf den gesamten Einsatzbereich erlaubt.

Alle genannten Anforderungen sind sehr anspruchsvoll. Da aus Autorensicht aber nur mit einer solchen Metrik die Einführung von autonomen Fahrzeugen in den öffentlichen Straßenverkehr möglich ist, wird ihre Entwicklung Zeitpunkt und Strategie der Einführung bestimmen. Die noch zu leistenden Vorarbeiten haben durchaus die Größenordnung des Genom-Projekts und werden viele hundert Personenjahre an Forschung beanspruchen. Dafür erscheint eine Neuausrichtung der Computer-Intelligenz-Forschung erforderlich zu sein, da die aktuellen Forschungsaktivitäten diese Thematik der Absicherung noch zu gering priorisieren.

62.4 Evolution zum autonomen Fahren

Abweichend zu den Darstellungen in den ersten beiden Auflagen, in denen eine Evolutions-Roadmap mit zeitlichen und funktionalen Abhängigkeiten dargestellt wurde, wird hier ein Ansatz vorgestellt, der von drei Evolutionsstartpunkten ausgeht. Wie ein Farbdreieck kann das autonome Fahren als Komposition von drei Grundformen betrachtet werden (s. ◘ Abb. 62.5):

62.4 · Evolution zum autonomen Fahren

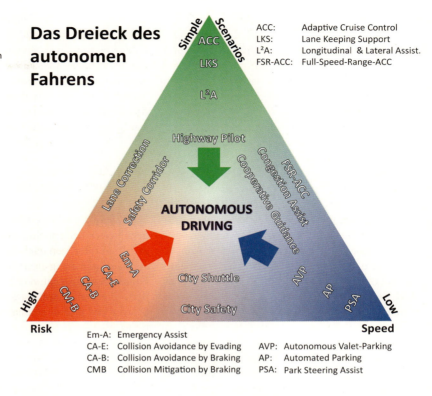

Abb. 62.5 Evolution zum autonomen Fahren, ausgehend von den drei Startpunkten in den Ecken zur Mitte des autonomen Fahrens

Einfache Szenarien: Ausgangspunkt dieser Richtung bilden die beiden Systeme Adaptive Cruise Control (ACC, s. ▶ Kap. 46) und Lane Keeping Assist (LKAS, s. ▶ Kap. 49), deren Funktion sich auf die Frei- und Folgefahrt innerhalb eines Fahrstreifens bei höheren Geschwindigkeiten konzentriert. Die Limitierung der Eingriffsstärke hinsichtlich Beschleunigung (ACC) und Lenkradmoment (LKAS) erlaubt die Automatisierung im Komfortbereich, nicht aber für Situationen mit höherer Eingriffsdynamik; das gilt auch für die kombinierten Längs- und Querführungssysteme. Die Grundauslegung der Systeme stützt sich auf die Übernahmefähigkeit des Fahrers.

Niedrige Geschwindigkeit: Ausgehend von der schon länger verfügbaren Parkunterstützung durch aktive Querführung wird sich dieser Strang über die Vollautomatisierung des gesamten Einparkvorgangs bis hin zum automatischen Valet-Parking entwickeln. Der große Vorteil der Automatisierung des Fahrens bei niedrigen Geschwindigkeiten liegt in der einfachen Fail-Safe-Strategie. Innerhalb einer kurzen Distanz kann in den Stillstand verzögert werden. Sobald nicht sichergestellt ist, dass der Fahrraum über diese Distanz frei ist, kann über einen solchen Stillstand nicht nur eine sichere Situation geschaffen werden, sondern eine Übergabe an einen Fahrer oder, per Fernbedienung, an einen Operator erfolgen, die dann die Verantwortung für die Fahrtfortsetzung übernehmen.

Hochrisiko-Situationen: Wie in ▶ Kap. 47 und ▶ Kap. 48 dargelegt wurde, können automatische Eingriffe das Unfallrisiko erheblich senken, wenn die Fahrsituation derart kritisch einzustufen ist, dass das Risiko ohne Eingriff höher erscheint als mit Eingriff. Die ersten Systeme dieses Evolutionsstrangs waren die kollisionsfolgenlindernden Notbremssysteme. Die Funktionalität wurde in Folgesystemen auch für kollisionsvermeidende Bremsungen erweitert und auch Ansätze zum Notausweichen in definierten Situationen sind absehbar. Ein Nothalteassistent bei erkannter Fahrunfähigkeit des Fahrers aufgrund gesundheitlicher Probleme setzt diese Ausrichtung fort, verlangt aber ein deutlich größeres Reaktionsrepertoire.

Kombinationen: Schon jetzt fassen Fahrerassistenz(-pakete) Funktionalitäten aus den genannten Startrichtungen zusammen. Beispiele sind Full Speed Range-ACC (s. ▶ Kap. 46) und der Stauassistent (s. ▶ Kap. 52). Auch der spurkorrigierende Bremseingriff, der erst bei Erkennung von Gegenverkehr ein Fahrstreifenverlassen (s. ▶ Kap. 49) verhindert, kann als Kombination angesehen werden. Eine als Safety-Corridor bezeichnete Funktionalität im Projekt PRORETA 3 [15] setzt dies fort, in dem eine permanente Überwachung des Sicherheitsspielraums erfolgt und bei Annäherung an die Spielraumgrenzen informierend und ggf. eingreifend die Sicherheitsreserve zurückgewonnen wird. Mit Cooperative Guidance sind Konzepte der manöverbasierten kooperativen Automation, s. ▶ Kap. 58, speziell des Conduct-by-Wire, s. ▶ Kap. 59, gemeint. Aufgrund der anders konzipierten Arbitrierung des H-Mode-Konzepts, s. ▶ Kap. 60, sind die Grenzen zwischen einer Safety-Corridor-Funktion und einer automatisierten Längs- und Querführung fließend, ohne aber der Vollautomation näherzukommen, nur ist die Fahrereinbindung umfangreicher gestaltet.

Die Kombination von Risikobewertung und Niedriggeschwindigkeitsautomation könnte zu einer erweiterten Anwendung eines City-Shuttles (z. B. [16]) führen, wie sie in Modellversuchen in Singapur und Stanford [17] bereits erprobt wird. Hierbei ist der Vorteil, dass solche Fahrzeuge nicht bisherige Fahrer-Fahrzeug-Einheiten automatisieren, sondern damit neue Mobilitätsdienste geschaffen werden, die von vornherein fahrerlos ausgelegt sind. Sie müssen sich weder in Hinblick auf die Fahrleistung noch hinsichtlich der Fahrsicherheit mit herkömmlich gefahrenen Automobilen messen, da sie ein anderes Fahrprofil bedienen, für das keine Referenzwerte existieren und dank der niedrigen Geschwindigkeit grundsätzlich ein geringeres latentes Grundrisiko unterstellt werden kann. Die technische Weiterentwicklung kann dann sukzessive die Fahrgeschwindigkeit nach oben ausbauen und auch die Einsatzbereiche vergrößern.

Synthese Jede der zuvor genannten Richtungen liefert marktfähige Basisanwendungen und damit die Grundlage für eine technologische Weiterentwicklung und zunehmender Funktionsreife. Aber alle stoßen in Hinblick auf autonomes Fahren (unabhängig davon, ob ein Fahrer verfügbar wäre oder nicht) auf konzeptionelle Grenzen, die nicht ohne „Import" aus den anderen Ecken überschritten werden können. Trotzdem bleiben noch viele Fragen der Technik, der rechtlichen Aspekte und der Nutzerakzeptanz offen, die auch eine solche Evolutionsbetrachtung auf das Niveau eines, wenn auch geschulten, Blicks in die Glaskugel verweist.

62.5 Zukünftige Forschungsschwerpunkte

Nach dem Überblick über zukünftige Einflüsse, detaillierter Beleuchtung der Absicherungsproblematik und der Vorstellung des Evolutionsdreiecks zum autonomen Fahren werden abschließend die Forschungsschwerpunkte für die Zukunft formuliert. Diese als Handlungsempfehlung gedachten Schwerpunkte sind ebenfalls dem Uni-DAS-Positionspapier [1] entnommen.

62.5.1 Individualisierung

Noch ist die Fahrerassistenz zurzeit weder auf alle Verkehrsteilnehmergruppen ausgerichtet, noch ist sie an individuellen Bedürfnissen oder Präferenzen orientiert. Für bestehende Funktionalitäten kann vermutlich in den meisten Fällen über geeignete Mensch-Maschine-Interaktionskonzepte dieses Defizit ausgeräumt und einem größeren Nutzerkreis zur Verfügung gestellt werden. Aber es fehlt nicht nur an adäquater Funktionsauslegung, sondern auch an Funktionen, die spezifisch die Notwendigkeiten einzelner Nutzergruppen adressieren. Besonders offensichtlich ist dieser Mangel im Bereich der älteren Autofahrer, für die Fahrerassistenzsysteme der Schlüssel zu einer möglichst langen individuellen Mobilität sind. Aber auch jüngere Autofahrer werden mit den bisherigen Ansätzen nicht erreicht, obwohl sie im Unfallgeschehen eine weit überproportionale Rolle spielen. Fahrerassistenzsysteme für Motorradfahrer müssen sowohl für die Fahrzeugart als auch die Nutzergruppe individualisierbar sein. Ebenfalls sehr spezifisch ist die Gruppe der Lkw- und Busfahrer, die wegen der hohen Fahrleistung und den schweren Fahrzeugen zu besonders tragischen Unfallereignissen beitragen. Nach der Einführung von Notbrems- und Spurhalteassistenzsystemen in den nächsten Jahren sollte das Unfallgeschehen neu analysiert und der Bedarf für weitere Unterstützung extrahiert werden.

Insgesamt ist die Funktionsentwicklung mehr auf diesen Aspekt einer den Individuen gerecht werdenden Nutzung auszurichten. Bei zukünftigen Assistenzfunktionen, insbesondere mit höherem Automatisierungsgrad, ist auf ein optimales Zusammenspiel von Mensch und Maschine zu achten. Neue Schnittstellentechniken für Anzeige und Bedienung sollten ein „Eintauchen" des Fahrers in ein integriertes Fahrer/Fahrzeug-System ermöglichen, das – im übertragenen Sinne – von der Absicht des Fahrzeugführers gesteuert wird. Dies betrifft aber nicht nur die Schnittstellenelemente, sondern die gesamte Funktionalität für eine intuitive Aufgabenteilung ohne Gefahr der Konfusion, auch wenn ein höherer Automatisierungsgrad genutzt werden kann. Alle Zwischenstufen vom vollautomatischen, dann fahrerlos agierenden Fahrzeug benötigen Konzepte zur Interaktion, sei es zur Beauftragung und Rücknahme der Fahrfunktion als auch zur expliziten oder impliziten Steuerung. Da die Fortschritte nur über einen Markterfolg zu erreichen sind, werden diese Systeme eine hohe hedonische Qualität besitzen müssen, eine Herausforderung nicht nur für das „Look-and-Feel" des System-Designs. Spätestens beim Überdenken dieses Punktes wird die ortsbezogene Ausprägung der Assistenzfunktionen als neue Herausforderung auftauchen. Sowohl für den Markterfolg als auch für eine weiter erhöhte Verkehrssicherheit sind lokal angepasste oder sogar lokal unterschiedliche Konzepte notwendig. Diese Arbeiten müssen international angegangen werden, um den verschiedenen Gesellschaften, Wirtschaftsräumen und Rechtssystemen gerecht zu werden.

Zukünftige Schwerpunktaufgaben:
- Assistenzfunktionen, die die spezifischen Anforderungen spezieller Nutzergruppen adressieren, vordringlich ältere und jüngere Autofahrer sowie Motorradfahrer;
- Analyse des Unfallgeschehens Nkw nach Einführung von Notbrems- und Spurhalteassistenzsystemen;
- Neue Mensch-Maschine-Schnittstellen zum Eintauchen in ein integriertes Fahrer/Fahrzeug-System;
- Fahrerintentionserkennung;
- Konzepte für die Kooperation von Fahrer und Fahrzeug bei hoher Automatisierung;
- Erzielen von hedonischer Qualität für Akzeptanz und Markterfolg;
- internationaler Fahrerassistenzsystem-Ansatz zur länder- und kulturübergreifenden Akzeptanz.

62.5.2 Maschinelle Perzeption und Kognition

Heutige Sensoren erfassen zwar die Fahrzeugumgebung bis zur Rundumsicht, von einem Situationsverstehen ist die Entwicklung jedoch noch weit entfernt. Um dies zu erreichen, ist es notwendig, die Objektklassifikation zur Unterscheidung der großen Vielfalt an verkehrsrelevanten Objekten, auch unter dynamischen Bedingungen, deutlich zu verbessern, die Abhängigkeiten der Objekte untereinander und der Einbettung in die Infrastruktur zu erkennen sowie die Verlässlichkeit der Umfeldinformation und Situationsinterpretation zu beschreiben. Nur so lassen sich situationsgerechte Fahrfunktionen oder Korrektureingriffe auch in komplexeren Umgebungen realisieren. Für die Informationsgewinnung werden deutlich mehr Quellen benötigt als in heutigen Fahrzeugen bisher gezeigt. Eine besondere Rolle werden hochgenaue digitale 3D-Karten sowie hochgenaue Eigenlokalisierungssysteme spielen. Vor allem über neue Auswertekonzepte (sowohl Hardware als auch Algorithmen) der bekannten Sensorprinzipien sollte sich die Leistungsfähigkeit bei gleichzeitig fallenden Kosten steigern lassen. Die bildverarbeitende Kameratechnik sowie auf Mikrowellen- und Licht basierende aktive Sensoren bieten noch viel Potenzial für die Generierung eines hochauflösenden und verlässlichen Umfeldmodells, das die Basis für das Situationsverstehen bildet. Methoden zur Beschreibung des Umfelds einschließlich der Informationsqualität sind weiterzuentwickeln, damit sich daran ein „Verständnis" der Situation anschließen kann, was sich ebenfalls als ein zukünftiges Forschungsschwerpunktsthema erweisen wird.

Eine große Rolle wird dabei die Verhaltensvorhersage des eigenen Fahrzeugs sowie der anderen Verkehrsteilnehmer spielen, die nur über Absichts- und Verhaltensmodellierung eine hinreichende Qualität erreichen kann.

Zukünftige Schwerpunktaufgaben:
- Weiterentwicklung der Algorithmen zur Fahrumgebungserfassung für komplexere Szenarien, insbesondere in der Innenstadt;
- Weiterentwicklung von Sensorhard- und -software für eine höhere Informationsdichte und -qualität;
- Methoden und Algorithmen zum Situationsverstehen mit sicherheitsrelevanter Qualität;
- Generierung, Bereitstellung und Nutzung lokaler dynamischer Karten;
- Absichts- und Verhaltensmodelle zur Verhaltensprädiktion des Fahrers und anderer Verkehrsteilnehmer.

62.5.3 Bewertungsmethoden

Konzentrierte sich die Fahrerassistenzforschung in der Vergangenheit fast allein auf technologische Durchbrüche, so verschiebt sich nun der Schwerpunkt: Bewertungsmethoden erhalten ein deutlich höheres Gewicht. Ohne geeignete und allgemein akzeptierte Bewertungsmethoden können Funktionen mit einem Schadenspotenzial im Falle eines Funktionsfehlers nicht in den Markt eingeführt werden. Herkömmliche Testmethoden und -maßstäbe reichen bei weitem nicht aus, um zukünftig immer komplexer werdende Assistenzfunktionen mit maschineller Wahrnehmung abzusichern. Daher finden sich heute nur „harmlose" Assistenzfunktionen oder Funktionen mit sehr gut überschaubarem Funktionsumfang wie die automatische Notbremsung im Markt. Das abzusehende Funktionswachstum und die Ausdehnung der Einsatzbereiche werden ohne eine entsprechende Weiterentwicklung der Test- und Bewertungskonzepte auflaufen. Angefangen vom Test der maschinellen Perzeption über den Test des gewünschten wie auch des fehlerhaften Funktionsverhaltens bis hin zur Akzeptanzbewertung fehlen Konzepte, die eine wirtschaftlich vertretbare Durchführung erlauben.

Erst recht problematisch wird die Situation, wie in ▶ Abschn. 62.3 ausführlich dargelegt, wenn Funktionen vom Menschen zur Maschine übertragen werden, bei denen auch auf nicht vorhergesehene Situationen reagiert werden muss. Hier wird dann vor einer Markteinführung der Nachweis erbracht werden müssen, dass diese Aufgabe mit höchstens dem gleichen Risiko übernommen wird wie zuvor vom Fahrer. Dies wirft gleich zwei Probleme auf: die Messung der maschinellen und die der menschlichen Leistungsfähigkeit. Für beides fehlt eine valide Methodik, für eine beides vergleichend bewertende sowieso, ebenso für die Kombination von Fahrer und Assistenzsystem. Da von einer kurzfristigen Lösung dieses Problems nicht ausgegangen werden kann, entsteht ein kritischer Pfad, der die technische Entwicklung der Fahrerassistenzsysteme auf Jahrzehnte ausbremsen könnte.

Zukünftige Schwerpunktaufgaben:
- Test- und Bewertungsmethoden für die maschinelle Wahrnehmung und für (teil-)automatische Assistenzfunktionen;
- Konzepte für die Bewertung der Leistungsfähigkeit von menschlichem und maschinellem Fahren.

62.5.4 Vernetzung

Anders als die drei ersten Schwerpunkte konzentriert sich der vierte Bereich nicht auf die Assistenz im Fahrzeug, sondern auf die Einbindung in das gesamte Verkehrsnetzwerk. Mit vorhandenen Informationsnetzen, vor allem aber zukünftigen Vehicle-to-X-Netzen, eröffnen sich viele neue Möglichkeiten zur Gesamtoptimierung. Daher sollten die bestehenden Ansätze zu einer Einführungsreife weiterentwickelt werden, um schnellstmöglich über den Austausch von Information, die Sicherheit der einzelnen Teilnehmer zu erhöhen.

Daran sollten sich bald neue Zukunftskonzepte anschließen, die ausgehend von einer hohen Durchdringungsrate von Fahrerassistenzsystemen ein optimales Verkehrssystem mit minimalem Ressourceneinsatz und möglichst hoher Sicherheit ermöglichen. Diese Konzepte sollten nicht nur einzelne Fahrten von A nach B betrachten, sondern auch die Schnittstellen zum ruhenden Verkehr und zu anderen Verkehrsträgern für eine verbesserte Intermodalität einschließen. Aber auch die Assistenzsysteme müssen dafür geändert, insbesondere kooperationsfähig werden, damit sie auch kollektiv verbessert agieren können. Eine besonders reizvolle Vision ist die des „deterministischen" Verkehrs, bei dem in einem hohen Maße die Fahrt wie geplant verläuft und der Verkehrsteilnehmer sich in einem imaginären Raum-Zeit-Slot bewegt.

Zukünftige Schwerpunktaufgaben:
- Einbindung der Vehicle-to-X-Netzwerke für mehr Sicherheit,
- kollektive Bereitstellung verlässlicher lokaler Verkehrsinformation,
- kollektive Verkehrsführung auf Basis kooperativ agierender Einzelsysteme,
- durchgängige Missionsplanung mit hoher Vorhersagesicherheit,
- Nutzungsoptimierung über Konzepte deterministischer Verkehrssysteme.

62.5.5 Gesellschaftliche Forschungsaspekte

Die vorhergehenden Schwerpunkte zeigen die aus technischer Sicht erforderlichen Forschungsfelder auf, die auf der Expertise der Autoren in diesen Technikbereichen gründen. Allerdings sind damit nicht alle relevanten Themen angestoßen. Die Fahrerassistenzsysteme reflektieren nicht allein den technologischen Fortschritt, sondern werden für Menschen entwickelt, die es kaufen und nutzen sollen. Sie verändern die individuelle und auch kollektive Sicherheit, sie verändern die Mobilität der einzelnen ebenso wie von Gruppen. Die Entwicklung der Assistenzsysteme wird stimuliert durch die Marktakzeptanz oder auch zurückgeworfen, wenn gesellschaftliche Vorbehalte [18, 19] vorliegen. Andererseits können Assistenzsysteme insbesondere mit hohem Automatisierungsgrad selbst eine Veränderung des Verkehrsverhaltens induzieren und mit neuen Geschäftsmodellen die Mobilitätslandschaft erheblich verändern. Eine frühzeitige proaktiv betriebene Technikfolgenabschätzung kann Konfliktpotenziale schon im Ansatz aufzeigen und für einen gesellschaftlichen und ggf. auch politischen Diskurs sorgen, ohne dass größere schon getätigte Investitionen damit gefährdet werden [20]. Auch hinsichtlich der gesellschaftlichen Aspekte, beispielsweise der gesellschaftlichen Auswirkung und Wegbereitung des hochautomatisierten oder autonomen Fahrens, wird zukünftig interdisziplinärer Forschungsbedarf gesehen.

Danksagung

Für die Übernahmemöglichkeit der ▶ Abschn. 62.1, 62.2 und 62.5 aus dem Uni-DAS-Positionspapier wird den Kollegen der Uni-DAS e. V. herzlich gedankt.

Den Koautoren der ersten, Frau Dr. Gabriele Wolf, und der zweiten Auflage, Herrn Dr. Weitzel, wird für die früheren Beiträge, die dieses Kapitel bisher stark mitgeprägt haben, ebenfalls herzlich gedankt.

Literatur

1. Bengler, K., Dietmayer, K., Färber, B., Maurer, M., Stiller, C., Winner, H.: Die Zukunft der Fahrerassistenz – Ein Strategiepapier der Uni-DAS. Uni-DAS e. V., Darmstadt (2014). http://www.uni-das.de/documents/Strategiepapier_Uni-DAS.pdf
2. Blumenthal, F.: Vernetzt und autonom. ATZ Agenda, 20–23 (2013)
3. simTD-Konsortium: Sichere Intelligente Mobilität – Testfeld Deutschland; Projekt-Homepage http://www.simtd.de, Zugriff Nov. 2014 (2014)
4. Ko-FAS: Kooperative Sensorik und kooperative Perzeption für die präventive Sicherheit im Straßenverkehr http://www.kofas.de/, Zugriff Nov. 2014 (2014)
5. Saust, F., Wille, J., Maurer, M.: Energy-optimized driving with an autonomous vehicle in urban environments IEEE Vehicular Technology Conference (VTC Spring), Yokohama, Japan. (2012)
6. Intelligent Apps GmbH: Firmenhomepage https://www.mytaxi.com, Zugriff Nov. 2014 (2014)
7. Uber Technologies, Inc.: Firmenhomepage https://www.uber.com, Zugriff Nov. 2014 (2014)
8. Bläser, D., Arch, M., Schmidt, A.: Mobilität findet Stadt. Zukunft der Mobilität für urbane Metropolräume. In: Proff, H., Schönharting, J., Schramm, D., Ziegler, J. (Hrsg.) Zukünftige Entwicklungen in der Mobilität. Betriebswirtschaftliche und technische Aspekte, S. 501–515. Springer Gabler, Wiesbaden (2012)
9. Terporten, M., Bialdyga, D., Planing, P.: Veränderte Kundenwünsche als Chance zur Differenzierung. Herausforderun-

gen für das Marketing am Beispiel neuer Mobilitätskonzepte. In: Proff, H., Schönharting, J., Schramm, D., Ziegler, J. (Hrsg.) Zukünftige Entwicklungen in der Mobilität. Betriebswirtschaftliche und technische Aspekte. S. 367–382. Springer Gabler, Wiesbaden (2012)
10. Statistisches Bundesamt: Verkehrsunfälle Zeitreihen 2013; Zugriff über
11. Lerner, M., Schepers, A., Pöppel-Decker, M., Leipnitz, C., Fitschen, A.: Voraussichtliche Entwicklung von Unfallanzahlen und Jahresfahrleistungen in Deutschland - Ergebnisse. Bundesanstalt für Straßenwesen, (2013)
12. Elo, A.: The Rating of Chess Players, Past and Present. Arco Pub, New York (1978)
13. Langer, D., Switkes, J., Stoschek, A., Hunhnke, B.: Enviroment Perception in the 2007 Urban Challenge: Utility for Future Driver Assistance Systems 5. Workshop Fahrerassistenzsysteme, Walting. (2008)
14. Darms, M., Baker, C., Rybksi, P., Urmson, C.: Vehicle Detection and Tracking for the Urban Challenge 5. Workshop Fahrerassistenzsysteme, Walting. (2008)
15. Cieler, S., Konigorski, U., Lüke, S., Winner, H.: Umfassende Fahrerassistenz durch Sicherheitskorridor und kooperative Automation. ATZ (10)20 (2014)
16. INDUCT: Navia – A self-driving shuttle at the service of urban mobility; Zugriff: Juli 2014
17. Beiker, S.: Implementation of a Self-Driving Transportation System. In: Maurer, M., Gerdes, C., Lenz, B., Winner, H. (Hrsg.) Autonomes Fahren. Springer, Heidelberg (2015)
18. Karmasin, H.: Motivation zum Kauf von Fahrerassistenzsystemen 24. VDI/VW-Gemeinschaftstagung Integrierte Sicherheit und Fahrerassistenzsysteme, Wolfsburg. VDI-Berichte, Bd. 2048. (2008)
19. Krüger, H.-P.: Hedonomie – die emotionale Dimension der Fahrerassistenz 3. Tagung Aktive Sicherheit durch Fahrerassistenz, Garching. (2008)
20. Homann, K.: Wirtschaft und gesellschaftliche Akzeptanz: Fahrerassistenzsysteme auf dem Prüfstand. In: Maurer, M., Stiller, C. (Hrsg.) Fahrerassistenzsysteme mit maschineller Wahrnehmung, S. 239–244. Springer, Berlin (2005)

Serviceteil

Glossar – 1188

Stichwortverzeichnis – 1201

H. Winner, S. Hakuli, F. Lotz, C. Singer (Hrsg.), *Handbuch Fahrerassistenzsysteme,* ATZ/MTZ-Fachbuch,
DOI 10.1007/978-3-658-05734-3, © Springer Fachmedien Wiesbaden 2015

Glossar

Abkürzung / Begriff	Langfassung	Beschreibung
ABS	DE: Antiblockiersystem EN: Anti-Lock Brake System	Verhindert durch radindividuellen Bremskraftabbau zu hohen Bremsschlupf und ermöglicht höhere Fahrstabilität und Lenkbarkeit beim Bremsen.
ABV		Automatische Blockierverhinderung (Basisfunktion des → ABS)
ACC	Adaptive Cruise Control, Active Cruise Control	Adaptive Fahrgeschwindigkeitsregelung. In der Norm ISO 15622 von der ISO/TC204/WG14 definierte Erweiterung der Cruise Control durch automatisches Anpassen an die Geschwindigkeit eines von einem oder mehreren Sensoren erkannten voraus fahrenden Fahrzeugs durch Eingriffe in Motorsteuerung und Bremse. Oft auch Automatische Distanzregelung genannt.
ADAS	Advanced Driver Assistance Systems	Fahrerassistenzsysteme mit Umfelderfassung und eigenständiger Informationsverarbeitung, die zu Empfehlungen, Warnung und/oder Eingriffen führt.
ADAS Horizon		Künstlicher Horizont für ADAS-Anwendungen; basierend auf einer digitalen Karte und einem Ortungssystem wird der Verlauf der Fahrbahn mit Attributen zur Beschilderung oder Topologie und Verzweigungen für den vorausliegenden angenommenen (most probable path) oder aus der vorliegenden Route bestimmten Streckenabschnitt vorhergesagt.
ADASIS	Advanced Driver Assistance Systems Interface Specification	Schnittstellenprotokoll, um Kartendaten Fahrerassistenzsystemen zur Verfügung zu stellen, insbesondere für die ADAS-Horizon-Funktionalität
ADR		Automatische Distanzregelung: Alternative, von Volkswagen verwendete Bezeichnung von Adaptive Cruise Control
AEB	Automatic Emergency Brake	→ Automatische Notbremse (ANB)
AHP	ADAS Horizon Provider	Daten bereitstellende Instanz für ADAS Horizon; zerlegt Daten auf der Senderseite in Datentelegramme
AHR	ADAS Horizon Reconstructor	Daten empfangende und zusammensetzende Instanz für ADAS Horizon
AKSE	Automatische Kindersitzerkennung	
ALWR	Automatische Leuchtweitenregulierung	
AMR	Anisotrop Magneto Resistive	Anisotrop magnetoresistiv (Sensorprinzip)
ANB	Automatische Notbremse	Löst eine Vollbremsung aus, wenn aus den Daten der Umfeldsensorik ein Ausweichen ausgeschlossen wird. Im PKW-Bereich kann meistens die Kollision nicht mehr verhindert, aber der Kollisionsschaden gelindert werden. Bei Bussen und Lkw kann die Kollision meist vermieden werden.
Anbaugerät		Gerät, das in Verbindung mit einem Traktor (für Landwirtschaft) eingesetzt wird.
ARIB	Association of Radio Industries and Businesses	Japanische Rundfunk-Standardisierungsorganisation
ART	Abstandsregeltempomat	Alternative Bezeichnung des Adaptive Cruise Control
ASC	Anti-Slipping-Control	Antriebsschlupfregelung

Glossar

Abkürzung / Begriff	Langfassung	Beschreibung
ASIL	Automotive Safety Integrity Level	Sicherheitsintegritätsstufe zur Bewertung des Risikopotenzials von E/E Systemen, definiert in ISO 26262.
ASR	TCS (Traction Control System)	Antriebsschlupfregelung: Verhindert durch radselektiven Bremseingriff und Motoreingriff zu hohen Antriebsschlupf. Ermöglicht höhere Fahrstabilität und Lenkbarkeit beim (forcierten) Gas geben und eignet sich als Traktionshilfe, die in dieser Funktion dem elektronischen Sperrdifferenzial (ESD) entspricht, wenn von der Reduktion der Antriebsleistung abgesehen wird.
Autonomes Einparken		Vollständig autonome Ausführung einer Einparkaufgabe
AUTOSAR	AUTomotive Open System ARchitecture	Internationaler Verbund, der einen offenen Standard für Software-Architekturen für Elektrik-/Elektronik-Komponenten im Kraftfahrzeug herausgibt.
BA	Bremsassistent	Siehe → Bremsassistent
Ballastierung		Zusatzgewichte, die am Traktor angebaut werden, um die Traktion zu erhöhen.
BAS	Brake Assist	Bremsassistent-System
BbW	Brake-by-Wire	Fremdkraftbremse ohne energetische Kopplung zwischen Bremspedal und Radbremsen
BCI	Brain Computer Interface	Eine Mensch-Maschine-Schnittstelle, die ohne Aktivierung des peripheren Nervensystems, wie z. B. die Nutzung der Extremitäten, eine Verbindung zwischen dem Gehirn und einem Computer ermöglicht. [Wikipedia]
BDW	Brake Disc Wiping	Bremsscheibenwischen
BLIS	Blind Spot Information System	System zur Erkennung des toten Winkels, Volvo-Bezeichnung eines Systems zur Fahrstreifenwechselentscheidungsunterstützung, geht in Funktionalität etwas über eine reine Totwinkelerkennung hinaus. Eine Variante des LCDAS
BLMV	Bremslenkmomentverhinderer; EN: Brake Steer Torque Avoidance Mechanism (BSTAM)	Mechatronisches System zur Verhinderung des bremslenkmomentbedingten Aufstellverhaltens von Einspurfahrzeugen in Kurvenfahrt. Durch seitliche Verschiebung der masselosen kinematischen Lenkachse aus der Symmetrieebene wird in Schräglage der reifenkonturbedintgte Lenkrollradius derart vermindert, dass am Vorderrad angreifende Bremskräfte kein störendes Bremslenkmoment mehr hervorrufen.
Bluetooth		Standard für kurzreichweitige, drahtlose Kommunikation zwischen Endgeräten im Frequenzbereich von 2,4 GHz
Bremsassistent		Hebt bei Panikbremsungen automatisch das Bremsdruck-Niveau an, bis die ABS-Regelung einsetzt. Auslösung bei Überschreiten einer Pedalgeschwindigkeitsschwelle.
BSW	Basic Software	Im Kontext von AUTOSAR: Basissoftware, die die infrastukturellen Funktionalitäten einer ECU bereitstellt.
C2C	Car-to-Car	Fahrzeug zu Fahrzeug (hauptsächlich in Deutschland gebräuchliche Kurzform)
C2C-CC	Car-to-Car Communication Consortium	Initiative der Fahrzeughersteller und Zulieferer zur Verbesserung der Sicherheit und Effizienz im Straßenverkehr durch den Einsatz von Fahrzeug-zu-Fahrzeug Kommunikation
C2I	Car-to-Infrastructure	Fahrzeug zu Infrastruktur (hauptsächlich in Deutschland gebräuchliche Kurzform)

Abkürzung / Begriff	Langfassung	Beschreibung
C2X	Car-to-X	Fahrzeug zu X; verallgemeinerte Bezeichnung, wobei X den jeweiligen Kommunikationspartner kennzeichnet (Car oder Infrastructure) (hauptsächlich in Deutschland gebräuchliche Kurzform)
C2XC	Car-to X Communication	Fahrzeug zu X Kommunikation (hauptsächlich in Deutschland gebräuchliche Kurzform)
CAHR	Crash Active Head Rest	Crash-aktive Kopfstütze
CAM	Cooperative Awareness Message	Nachrichtentyp bei C2X-Systemen für die kontinuierliche Beobachtung der in der Nähe befindlichen Fahrzeuge. Dazu werden jeweils Informationen zum Bewegungszustand des Fahrzeugs (Position, Fahrtrichtung, Geschwindigkeit, etc.) mit einer Frequenz von bis zu 10 Hz versendet.
CAN	Controller Area Network	Serieller Datenbus für den digitalen Datenaustausch zwischen Steuergeräten im Fahrzeug bis ca. 500 kBit/s
CBS	Combined Brake System (auch deutsch als Kombibremse bekannt)	Bremssystem, das bei Einspurfahrzeugen eine gekoppelte Betätigung beider Bremsen mit nur einem Bedienelement erlaubt.
CBW	Conduct-by-Wire	Konzept zur kooperativen manöverbasierten Führung von Fahrzeugen
CC	Cruise Control	Regelt die Fahrgeschwindigkeit über Eingriff in die Motorsteuerung auf den vom Fahrer gesetzten Wert.
CCD	Charge Coupled Device	Bildsensoren, basierend auf Ladungsverschiebungselementen ähnlich einer Eimerkettenleitung; bisher dominierende elektronische Bildsensortechnik.
CCH	Control Channel	Kontroll-Kanal im Kontext von ITS-G5
CDD	Controlled Deceleration for Driver Assistance Systems	Verzögerungsregelung für (komfortorientierte) Fahrerassistenzfunktionen
CDP	Controlled Deceleration for Parking Brake	Verzögerungsregelung für Parkbremse
CEN	European Committee for Standardization	Europäisches Standardisierungsgremium (zusammen mit CENELEC und ETSI)
CENELEC	European Committee for Electrotechnical Standardization	Europäisches Standardisierungsgremium im Bereich der Elektrotechnik
C-ITS	Cooperative Intelligent Transport Systems	Kooperative intelligente Transportsysteme
CMOS	Complementary Metal Oxid Semiconductor	Heute dominierende Halbleitertechnik für Speicher. Kann auch für Bildsensoren verwendet werden.
CMS	Collision Mitigation System	System zur Minderung der Kollisionsschwere
Collision Avoidance		Vermeidet durch Notbremsung und/oder Ausweichen eine Kollision
Controlled Traffic		Methode der Flächenbewirtschaftung, bei der alle Fahrzeuge nur auf virtuell festgelegten Spuren fahren, die aufgrund der hohen Bodenverdichtung keinen Ertrag bringen, während die übrigen Bereiche optimales Pflanzenwachstum ermöglichen.
CSW	Curve Speed Warning	Warnsystem bei zu hoher Geschwindigkeit vor Kurven
DAB	Digital Audio Broadcast	Digitales Rundfunksystem
DENM	Decentralized Environmental Notification Message	Nachrichtentyp bei C2X-Systemen für die Versendung von ereignisgesteuerten Warnungen vor lokalen Gefahren

Glossar

Abkürzung / Begriff	Langfassung	Beschreibung
Digitale Karte	EN: Digital Map	Maßgebundenes und strukturiertes Modell räumlicher Bezüge. Die digitale Karte ist ein digitales Modell der Realität. Digitale Karten für die Fahrzeugnavigation beinhalten Informationen für Ortung, Routensuche und Zielführung sowie Verweise zum Zugriff auf die Daten.
Disparität		Kontext Bildverarbeitung: Versatz korrespondierender Bildmerkmale (zwischen zwei Bildern)
Distronic		Alternative, von Mercedes verwendete Bezeichnung von Adaptive Cruise Control
Dopplereffekt		Veränderung der Frequenz durch Relativgeschwindigkeit zwischen Objekt und Beobachter. Bekannt auch als Tonhöhenverschiebung bei Vorbeifahrt eines Fahrzeugs.
DRM	Digital Radio Mondial	Digitale Rundfunktechnologie mit großer Reichweite
DRS	Drehrate(n)sensor	Sensor zur Erfassung der Drehrate (gemessen in Winkel/Zeit) im Kraftfahrzeug zur Messung der Drehung um die Hochachse und die Wankachse.
DSC	Dynamic Stability Control	Alternative Bezeichnung von ESC, z. B. durch BMW verwendet
DSP	Digital Signal Processor	Prozessor mit einer für Signalverarbeitung optimierten Hardware-Architektur
DSRC	Dedicated Short Range Communication	Bezeichnung für kurzreichweitige Kommunikationsnetze
DTM	Digital Terrain Model	Digitales Höhenmodell
DWS	Drehwinkelsensor	
Dynamische Zielführung		Zielführung auf Basis aktueller Verkehrslageinformationen
E/E Komponenten	Elektrische/Elektronische Komponenten	Komponenten, die mit elektrischen und elektronischen Prinzipien arbeiten, einschließlich Software.
EBS	Electronic Brake System	Elektronisches Bremssystem, elektropneumatisches Brake-by-Wire im Nutzfahrzeugbereich
EBV		Elektronische Bremskraftverteilung
ECDSA	Elliptic Curve Digital Signature Algorithm	Algorithmus zur Erzeugung einer Signatur unter Verwendung der Elliptische-Kurven-Kryptographie
ECIES	Elliptic Curve Integrated Encryption Scheme	Hybrides Verschlüsselungsverfahren, dem elliptische Kurven zugrunde liegen
ECU	Electronic Control Unit	Steuergerät
E-Gas		Elektronisches Gas-Pedal: Besitzt keine mechanische Verbindung zwischen Gaspedal und Drosselklappe.
EHB	Elektrohydraulische Bremse	Elektrohydraulisches Brake-by-Wire mit hydraulischem Notlaufkonzept, vorübergehend als Sensotronic Brake Control in Mercedes SL und E-Klasse verbaut, jetzt noch in Hybridfahrzeugen (z.B. Toyota Prius, Ford Escape) und Lexus LS verbaut
EHCB	Elektrisch-hydraulisches Combi-Bremssystem (Electric-Hydraulic Combined Brake)	Hybridbremssystem
EHM	Elektrohydraulisches Modul	
E-Horizon		Elektonischer Horizont; Synonym zu → ADAS Horizon
Eindeutigkeitsbereich		Wertebereich, in dem gemessene Werte (z. B. einer Entfernung) jeweils einem eindeutigen Wert zugeordnet werden können. Siehe auch → Modulationsfrequenz.

Abkürzung / Begriff	Langfassung	Beschreibung
EMB	Elektromechanische Bremse	Rein elektromechanisches Brake-by-Wire mit je einem elektromotorischen Steller am Rad. Benötigt fehlertolerante Steuerung und Energieversorgung. Schon für mittelschwere Fahrzeuge ist zudem ein 42-V-Bordnetz erforderlich.
EMV	EMC Elektromagnetic Compatibility	Elektromagnetische Verträglichkeit
EPB	Electric Parking Brake	Elektrische Parkbremse
EPH	Einparkhilfe	Parkpilot, Parktronic
Ephemeridendaten		Von einem → GNSS ausgesendete Daten zur Berechnung der Satellitenpositionen und –bahnen (Orbits)
EPS	Electric Power Steering	Elektromechanisches Lenksystem
ESC	Electronic Stability Control	Elektronisches Stabilitätsregelung, herstellerübergreifende Bezeichnung, Vereinigung von ABS, ASR und einer Giermomentenregelung. Versucht innerhalb der physikalischen Grenzen durch radindividuelle Bremseingriffe das Fahrzeug in die Richtung zu „zwingen", die der Fahrer mit dem Lenkrad vorgibt. Greift dazu auch in den Antrieb ein.
ESP	Electronic Stability Programm	Elektronisches Stabilitätsprogramm, s. ESC, Bezeichnung u.a. von Mercedes-Benz
Ethernet		In der Datentechnik seit langem übliches Datenbussystem mit hoher Datenrate, im Kfz lange Zeit nicht verwendet
ETSI	European Telecommunications Standards Institute	Europäisches Standardisierungsgremium für Informations- und Kommunikationstechnologien
Fahrstreifen		Fachterminus für die Aufteilung der Fahrbahn, durch Fahrstreifenmarkierungen angezeigt. Umgangssprachlich oft als Fahrspur bezeichnet.
Fahrstreifenverlassenswarnung		Warnt vor unbeabsichtigtem Überqueren von Fahrstreifenmarkierungen mit akustischen oder haptischen Mitteln. Oft auch Spurverlassenswarnung genannt, auch wenn Spur hier falsch verwendet wird
FAS	Fahrerassistenzsystem(e)	Kurzform für Fahrerassistenzsystem
FVCC	Forward Vehicle Collision Conditioning	Frontkollisionsschutzsystem mit Vorbereitung auf eine drohende Kollision (Bremse, Airbag, Gurtstraffer)
FCC	Federal Communications Commission	US-amerikanische Behörde zur Regulierung der Frequenznutzung
FCD	Floating Car Data	Von Fahrzeugen gewonnene Umgebungsinformationen
FDR	Fahrdynamikregelung	Allg. Bezeichnung von Regelfunktion zur Beeinflussung der Fahrdynamik mit Schwerpunkt auf Querdynamik
FF	Füllfaktor	Verhältnis der lichtempfindlichen aktiven Fläche zur gesamten aktiven Fläche
FFS	Fahrzeugführungssystem	Ein technisches System bestehend aus Hardware und Software integriert in einem Kraftfahrzeug, das die Fahrzeugführung vollständig übernehmen kann.
FGR	Fahrgeschwindigkeitsregler	Tempomat
FIR	Far Infrared	Langwellige Infrarot-Strahlung mit einer Wellenlänge von ca. 5 µm bis 100 µm für Wärmebildaufnahme
FlexRay		Serielles deterministisches und fehlertolerantes Feldbus-System, vornehmlich für sicherheitskritische Fahrzeuganwendungen mit hoher möglicher Datenrate
FLI	First Letter Input	Eingabemodus der Navigation für den Asiatischen Markt
FMCW	Frequency Modulated Continuous Wave	Frequenzmodulierte kontinuierliche Welle (Radarmessprinzip)

Glossar

Abkürzung / Begriff	Langfassung	Beschreibung
FOV	Field of View	Blickfeld
FPGA	Field programmable gate array	Programmierbarer integrierter Schaltkreis
Frequenzmodulation		Kennzeichnungs-, (Kodierungs-) und Auswerteverfahren zur Messung von Abständen und Relativgeschwindigkeiten, bei denen die Momentanfrequenz des Sendesignals zeitlich variiert wird.
Frontkollision		Kollision der eigenen Fahrzeugfront bei der Vorwärtsfahrt mit einem Verkehrsteilnehmer oder einem Objekt. Dies schließt auch Auffahrunfälle auf sich mitbewegende, stehende und entgegenkommende Fahrzeuge mit ein.
Frontkollisionswarnung		Warnt vor drohender Frontkollision; auditiv, haptisch oder kinästhetisch.
FSRA	Full Speed Range Adaptive Cruise Control	In der Norm ISO 22179 von der ISO/TC204/WG14 definierte, über den ganzen Geschwindigkeitsbereich mögliche ACC-Funktion, die auch eine einfache Stop&Go-Funktion ermöglicht. Berücksichtigt i.a. nur Standziele, die vorher als Fahrzeuge klassifiziert wurden.
G&R	Gefährdungsanalyse und Risikobewertung	Bestimmung der potenziellen Gefährdungen durch eine situationsabhängige Analyse der betrachteten Fehlfunktionen des untersuchten Systems. Anschließend Klassifikation der Gefährdungen mit einer Sicherheitsintegritätsstufe (QM, ASIL A – ASIL D). In der Norm ISO 26262 muss die G&R vor Start der Entwicklung im Rahmen der Konzeptionsphase durchgeführt werden.
Galileo		Unabhängiges, ziviles, europäisches globales Satellitennavigations- und Zeitgebungssystem, im Aufbau begriffen
GATS	Global Automotive Telematics Standard	Standard für Verkehrstelematik
GCC	Global Chassis Control	Vernetzung mehrerer Fahrdynamikregelsysteme (z. B. → ABS und → SAF) zu einem Gesamtverbund, der durch Informationsaustausch und koordinierte Regelung eine Leistungsverbesserung (z. B. Bremswegverkürzung) gegenüber der unabhängigen Funktion der gleichen Einzelsysteme ermöglicht.
GDF	Geographic Data Files	Standardisiertes internationales Austauschformat der digitalen Karte
GFS	Google File System	
GIDAS	German In-Depth Accident Study	Wird als Gemeinschaftsprojekt der Bundesanstalt für Straßenwesen (BASt) und der Forschungsvereinigung Automobiltechnik e.V. (FAT) mit dem Ziel einer umfassenden Dokumentation von Verkehrsunfällen mit Personenschäden in zwei Erhebungsgebieten in Deutschland betrieben.
GIS	Geographic Information System	Geografisches Informationssystem
GLONASS	Globalnaja nawigazionnaja sputnikowaja sistema (Globales Satellitennavigationssystem)	Von Russland betriebenes globales satellitengestützes Navigationssystem
GMR	Giant magnetoresistance	Riesenmagnetowiderstand (Sensormessprinzip)
GNSS	Global Navigation Satellite System	Globales satellitengestützes Navigationssystem (GPS, GLONASS, Galileo), System zur Positionserfassung basierend auf der Messung von Laufzeitunterschieden von Satellitensignalen

Abkürzung / Begriff	Langfassung	Beschreibung
GPS	Global Positioning System	Von den USA betriebenes → GNSS; oft auch als Navstar GPS bezeichnet
GSM	Global System for Mobile Communications (früher Groupe Spécial Mobile)	Erster weltweit verbreiteter Standard für digitale Mobiltelefonie,
GRA	Geschwindigkeitsregelanlage	
GPRS	General Packet Radio Service	Paketorientierter Dienst zur Datenübertragung in GSM-Netzen; Basistechnik zur Datenübertragung mit im Vergleich zu UMTS und LTE geringer Datenrate
HBA	Hydraulic Brake Assist	Hydraulischer Bremsassistent, Druckerhöhung erfolgt mit der Pumpe des ESP- oder ASR-Hydroaggregats.
HDC	Hill Descent Control	Bergab-Kriechregelung
HDFS	Hadoop Distributed File System	
HECU	Hydraulic-Electronic Control Unit	Bremshydraulik steuerndes Steuergerät
HFC	Hydraulic Fading Compensation	Hydraulische Fading-Kompensation
HHC	Hill Hold Control	Berganfahrassistent
Hil	Hardware-in-the-Loop	Simulations- und Testkonzept, bei dem Hardware (z. B. Steuergerät(e)) in eine Simulationsumgebung eingebunden ist.
Hintergrundlichtunterdrückung	Suppression of Background Illumination	Aktive oder passive Unterdrückung der Gleichanteile des empfangenen Lichtsignals, eingesetzt bei Time-of-Flight Cameras
HMI	Human Machine Interface	Mensch-Maschine-Schnittstelle
HRB	Hydraulic Rear Wheel Boost	Hydraulische Hinterachsen-Bremsdruckverstärkung
HUD	Head-up-Display	Anzeige für Präsentation von Information im oberen Sichtbereich. Neben einfachen hochgesetzten konventionellen Anzeigen sind vor allem Projektionssysteme gemeint, die die Bildebene deutlich vor Windschutzscheibe präsentieren, um so den Akkomodationsbedarf für den Fahrer gering zu halten.
ICM	Integrated Chassis Management	Siehe → GCC
IEEE	Institute of Electrical and Electronics Engineers	Weltgrößte Vereinigung von Elektroingenieuren
IEEE 802.11p		802.11 ist eine Normenfamilie für Wireless Local Area Networks (WLAN). 802.11p ist eine Erweiterung für den Einsatz in Fahrzeug-zu-Fahrzeug-Netzen,
IMU	Inertial Measurement Unit	Inertialmesseinheit (Trägheits-Messsystem), Sensorsatz zur Erfassung von Beschleunigungen und Drehraten. Eine IMU zur dreidimensionalen Erfassung dieser Größen besteht üblicherweise aus jeweils drei senkrecht zueinander angeordneten Beschleunigungs- und Drehratensensoren.
ISO	International Standardisation Organisation	
ITS	Intelligente Transportsysteme	
ITS-G5A		Bezeichnung des Frequenzbands für kooperative ITS-Dienste in Europa (30 MHz Bandbreite zwischen 5,875 und 5,905 GHz). Eine zukünftige Erweiterung des Frequenzbereichs ist als Option vorgesehen.

Glossar

Abkürzung / Begriff	Langfassung	Beschreibung
Kartenstützung		Unterstützung der Ortung durch Vergleich von möglichen Aufenthaltsorten (z. B. Straßen auf einer digitalen Karte) und der aktuell aufgrund der Koppelortung ermittelten Position. Dadurch wird die Korrektur von Offsetfehlern möglich.
KB	Kollisionsbereich	
Konvoi	Convoy	Dicht aufeinander folgende Fahrzeugkolonnen, die elektronisch geregelt seien können
Koppelortung		Stückweise Integration von aufeinander folgenden Wegabschnitten gekennzeichnet durch die Länge und den absoluten Kurswinkel (beim Kfz meistens Gierwinkel). Benötigt Odometer und Winkelsensor, beim heutigen Kfz werden dafür Raddrehzahlsensoren und ein die Gierrate messender Drehratensensor verwendet.
KQA	Kreuzungs-/Querverkehrsassistent	C2X-Funktion zur Warnung vor möglichen Kollisionen mit Abbiege- oder Querverkehr an Kreuzungen und Einmündungen
Kreuzecho		Verfahren, bei denen die Laufzeit gemessen wird, die zwischen dem Senden eines Signals von einem Sensor und dem Empfang an einem anderen Sensor vergeht. Ermöglicht zusammen mit den Laufzeiten der Einzelsensoren eine zuverlässigere Triangulation, insbesondere bei breiten Hindernissen.
LCDAS	Lane Change Decision Aid System	Fahrstreifenwechselentscheidungsunterstützung
LDW	Lane Departure Warning	Fahrstreifenverlassungswarnung
LED	Light Emitting Diode	Licht emittierendes Halbleiterbauelement
LIDAR	Light detection and ranging	Lichtstrahltechnik zur Objekterkennung und Abstandsmessung, basierend auf Laufzeitmessung
LKA	Lane Keeping Assistance	Unterstützung beim Halten des Fahrzeugs innerhalb des Fahrstreifens durch Lenkmomentenüberlagerung bei Annäherung an die Fahrstreifenmarkierung.
LRR	Long-Range-Radar	Radar für Fernbereich
LSA	Lichtsignalanlage	
LSF	Low Speed Following	(Japanischer) Ansatz einer einfachen Staufahrunterstützung; folgt nur vom Fahrer ausgewählten Zielfahrzeugen im Nahbereich.
LTE	Long Term Evolution	UMTS-Nachfolge System für mobilen Datenfunk mit hoher Datenrate
LWS		Lenkradwinkelsensor
MCAK	Microcontroller Abstraction Layer	Softwareschicht mit einer definierten API welche die Treiber für die, auf dem Microcontroller integrierten sowie die extern angebundenen Peripheriegeräte enthält.
MEMS	Micro-Electro-Mechanical System	Kombination aus mikromechanischen und mikroelektronischen Elementen, üblicherweise auf einem Silizium-Chip. Im automobilen Umfeld eingesetzte Beschleunigungs- und Drehratensensoren werden häufig mit dieser Technologie gefertigt.
Mikrowellen		Funkwellen mit Wellenlängen von etwa 1 cm bis 10 cm (= 3 bis 30 GHz)
MM		Mikromechanik
mm-Wellen		Funkwellen mit Wellenlängen von etwa 1 mm bis 10 mm (= 30 bis 300 GHz)

Abkürzung / Begriff	Langfassung	Beschreibung
Modulationsfrequenz		Frequenz, mit der Strahlung (inkl. Licht) moduliert wird, um eine Laufzeitmessung über die Phasenauswertung zu ermöglichen. Wird bei Time-of-Flight-Cameras verwendet.
monokular		Einäugig(es Kamerasystem)
MOST-Bus	Media Oriented Systems Transport	Netzwerk für die Übertagung von Multimediadaten im Fahrzeug
MPP	Most Probable Path	Fahrweg, der mit höchster Wahrscheinlichkeit befahren wird
MSA	Motor-Start-Stopp-Automatik	
MSR	Motorschleppmomentregelung	
Nachtsichtsysteme		Informationssystem, das dem Fahrer auf einem Display (inkl. Headup-Display) die Infrarot-Spektral-Ansicht ermöglicht. Der Infrarotanteil wird entweder mit einem Infrarot-Fernlicht erzeugt (NIR) oder resultiert aus der Wärmestrahlung (FIR).
Navigation		Ursprünglich: Schiff führen (lat.: navigare), die Gesamtheit der Funktionen Ortung, Routensuche und Zielführung
NCAP	New Car Assessment Program	Verbrauchertestprogramm zur Sicherheits-Bewertung für Neufahrzeuge, für verschiedene Märkte jeweils unterschiedlich ausgeführt (US-NCAP, Euro-NCAP, …)
NDS	Navigation Data Standard	Standard für Kartendaten der Navigation
NHTSA	National Highway Transportation Safety Administration	Bundesbehörde in den USA zur Aufsicht des Straßenverkehrs
Night Vision	Nachtsicht	Sichtunterstützung mittels Präsentation von Bildern aus Wellenlängenbereichen, die dem menschlichen Auge nicht zugänglich sind, z. B. NIR oder FIR
NIR	Near Infrared	Infrarotstrahlung im Bereich von 700-2400 nm Wellenlänge
OC	Occupant Classification	Insassenklassifizierung/-erkennung
Odometer		Wegmesser (griech.: hodos = Weg)
OEM	Original Equipment Manufacturer	Erstausrüster = Fahrzeughersteller
OFDM	Orthogonal Frequency Division Multiplex(ing)	Digitales Modulationsverfahren, bei dem der Datenstrom innerhalb des verfügbaren Frequenzbereichs auf eine Vielzahl von schmalbandigen Frequenzträgern aufgeteilt wird.
OpenStreetMap		Offener Standard für Kartendaten der Navigation
Optischer Fluss		Verfahren der Bildverarbeitung, das die Verschiebung von zu einander korrespondierenden Bildpunkten in einer Bildfolge auswertet.
Ortung		Bestimmung der momentanen Position, Teilfunktion der Navigation
OSI	Open System Interconnection	Offenes System für Kommunikationsverbindungen. Das OSI-Schichtenmodell wurde von der ISO als Grundlage für die Bildung von Kommunikationsstandards entworfen und ist ein Referenzmodell für herstellerunabhängige Kommunikationssysteme
PAS	Peripheral Acceleration Sensor	Beschleunigungssensor (außerhalb des Steuergerätes)
PBA	Predictive Brake Assist	Bremsassistent mit Umfelderkennung
PBA	Pneumatischer Bremsassistent	Druckerhöhung durch pneumatikventilgesteuerten Bremskraftverstärker
PCW	Predictive Collision Warning	Prädiktive Kollisionswarnung
PDA	Personal Digital Assistant	Persönlicher digitaler Assistent (kompakter, tragbarer Computer)

Glossar

Abkürzung / Begriff	Langfassung	Beschreibung
PDC	Park Distance Control	Einparkhilfe, Parkpilot, Parktronic
PEB	Predictive Emergency Brake	Automatische Notbremse
Photonic Mixer Device		PhotoMischDetektor, alternative Bezeichnung von Time-of-Flight Cameras
PKI	Public Key Infrastructure	System, das digitale Zertifikate ausstellen, verteilen und prüfen kann. Die innerhalb einer PKI ausgestellten Zertifikate werden zur Absicherung rechnergestützter Kommunikation verwendet.
Pkw	Personenkraftwagen	
Platooning		→ Konvoi
PMD	Photonic Mixer Device	PhotoMischDetektor (Time-Of-Flight Cameras)
POI	Point of Interest	Markante Punkte/Ziele für Navigation
PPS	Peripheral Pressure Sensor	Drucksensor (außerhalb des Steuergerätes)
PROMETHEUS	Programme for European Traffic with Highest Efficiency and Unprecedented Safety	Von 1987 bis 1994 betriebenes vorwettbewerbliches europäisches Forschungsprogramm zur Erforschung von Verkehrstelematiktechniken
Protector		Forschungssystem der Daimler AG mit elektronischer Knautschzone ähnlich einer automatischen Notbremse für Nutzfahrzeuge
Pseudorange		Aus Signal-Laufzeitmessung bestimmter Abstand zwischen einer GNSS-Empfängerantenne und einer Satellitenantenne
PSS	Prädiktives Sicherheitssystem	
Pulsmodulation		Kennzeichnungs-(Kodierungs-) und Auswerteverfahren, wird bei aktiven umfelderfassenden Sensoren zur Messung von Abständen verwendet. Dazu wird ein kurzer Puls ausgesendet.
Radar	Radio Detection and Ranging	Auf Funkwellen (Mikrowellen und mm-Wellen) basierendes Messprinzip zur Ermittlung von Objekten und deren Position und Relativgeschwindigkeit
RAMSIS	Rechnergestütztes Anthropologisches Mathematisches System zur InsassenSimulation	3D-Menschmodell in Form einer Computersoftware zur ergonomischen Analyse von CAD-Konstruktionen
RDS-TMC	Radio Data System – Traffic Message	Digitale Verkehrslageinformation über Radio
Reflektivität		Verhältnis von reflektierter Leistung eines Körpers zur bestrahlten Leistung
Routensuche		Ein Routensuchsystem bestimmt aus der IST-Position und der Ziel-Position den günstigsten Weg zum Ziel durch Zugriff auf eine digitale Karte. Dieser günstigste Weg wird durch eine Folge von Straßen oder Straßenstücken beschrieben. Ergebnis der Routensuche ist also eine Optimalroute (im Sinne eines Optimierungskriteriums).
RSU	Roadside Unit	Häufig verwendete Bezeichnung für die Infrastrukturkomponente bei C2X-Systemen
RTE	Runtime Environment	Middleware von AUTOSAR
RTK	Real Time Kinematik	Hochgenaues GNSS Ortungssystem, welches Korrektursignale geostationärer Referenzstationen verwendet, um die Genauigkeit der Positionsbestimmung zu erhöhen
SAE	Society of Automotive Engineers	US-amerikanisches Standardisierungsinstitut der Verkehrstechnologie

Abkürzung / Begriff	Langfassung	Beschreibung
SAF	Semi-Aktives Fahrwerk	Fahrwerkregelsystem, das die Charakteristik der Fahrwerksdämpfer kontinuierlich an den sensorisch erfassten Fahrzustand anpasst.
SBC	Sensotronic Brake Control	Elektrohydraulische Bremse
SBE	Sitzbelegungserkennung	
SBI	Suppression of Background Illumination	Unterdrückung der Gleichanteile des empfangenen Lichtsignals, verwendet bei Time-of-Flight Cameras
SbW	Steer-by-Wire	Elektromechanische oder elektrohydraulische Ausführung der Lenkung ohne energetische Kopplung von Lenkbetätigung (Lenkrad) und Radverstellung. Benötigt für schwerere Fahrzeuge mindestens 42 V Spannung. Besitzt die höchsten Sicherheitsanforderungen und erfordert daher ein hohes Maß an Redundanz für eine fehlertolerante Auslegung.
SCH	Service Channel	Service Kanal (ITS-G5)
SCW	Side Crash Warning	Warnsystem vor Seitenaufprall
SDARS	Satellite Digital Audio Radio System	Broadcasting Technologie, satellitengestützt für Nordamerika
SD-Karte	Secure Digital Memory Card	Digitales Speichermedium, das nach dem Prinzip der Flash-Speicherung arbeitet
Semi-Autonomes Einparken		Einparktrajektorie wird durch umfelderfassendes System vorgegeben. Die Umsetzung wird durch Information und ggf. durch Eingriffe in Lenkung oder Bremse unterstützt. Fahrer behält die Verantwortung über die Ausführung der Einparkaufgabe.
SiL	Software-in-the-Loop	
Silierwagen		Erntemaschine zur Bergung von Halmgut
sim^{TD}	Sichere intelligente Mobilität – Testfeld Deutschland	Öffentlich gefördertes Projekt (2007-2013) zum Nachweis der Praxistauglichkeit von Car-2-X-Systemen im Rahmen eines großmaßstäblichen Feldtests unter realen Verkehrsbedingungen
SoC	State of Charge	Batterie-Ladezustand
SOC	System on chip	Hochintegrierte Halbleiterrecheneinheit
SoF	State of Function	Batterie-Funktionszustand (SoC + SoH = SoF)
SoH	State of Health	Batterie-Alterungszustand
Spur		1: Abstand der Radaufstandspunkte einer Achse (Fahrwerk), auch Spurbreite genannt, 2: Abdruck der Räder (z. B. Spurrinne, Spurrille) 3: Fährte, Bahn, Kurs, Bewegungsbahn von bewegten Objekten, nicht aber: Fahrstreifen
Spurplanungssoftware		Softwarepaket, das die Planung von Fahrspuren im Feld ermöglicht. Die Fahrspuren werden anschließend ans Fahrzeug übergeben und können abgefahren werden.
SQLite		Programmbibliothek, die ein relationales Datenbanksystem enthält
SRL	Short Range Lidar	Lidar für Nahbereich
SRR	Short Range Radar	Radar für Nahbereich
Stereo		Kontext Kamera: Empfang mit zwei Kameras und Auswertung der Verschiebung (Disparität) von korrespondierenden Mustern
Stop&Go		Sammelbegriff für verschiedene Formen der Staufahrtunterstützung, Low Speed Following, Full Speed Range Adaptive Cruise Control

Glossar

Abkürzung / Begriff	Langfassung	Beschreibung
Strapdown-Algorithmus		Rechenvorschrift zur Fortschreibung einer Navigationslösung (z. B. Position, Ausrichtung, Geschwindigkeit) aufgrund von Messungen von Beschleunigungen und Drehraten
StVO	Straßenverkehrsordnung	
TCS	Traction Control System	Antriebsschlupfregelung (→ ASR)
TCU	Telematics Control Unit	
TFT-Display	Thin Film Transistor-Display	Spezielle Technologie für Flüssigkristall-Displays; die Technologie erlaubt hohe Bildwiederholraten im Gegensatz zur STN- oder DSTNTechnologie
TI	Traffic Information	Verkehrsinformationen
TLC	Time-to-Line-Crossing	Zeitdauer bis zum Überfahren der Fahrstreifenmarkierung = seitlicher Abstand / Quergeschwindigkeit relativ zur Fahrstreifenmarkierung
ToF	Time-of-Flight	Laufzeit (zwischen Aussendezeitpunkt und Empfang); wird bei Umfeldsensoren zur Abstandsbestimmung verwendet.
TPEG	Transport Protocol Expert Group	Standard für Verkehrsinformationen
Trajektorie		Raumzeitlicher Verlauf einer Bewegung, legt Bahn (Spur) und Geschwindigkeit fest
Traktionsleistung		Leistung, die Fahrzeug über die Räder übertragen wird
Triangulation/ Trilateration/		Verfahren zur Bestimmung der Lage eines Objekts unter Verwendung entweder zweier Abstände (Schnittpunkt von zwei Kreisen) oder zweier Winkel (Schnittpunkt der Winkelgeraden)
TTB	Time-to-Brake	Verbleibende Zeitspanne bis zum letztmöglichen die Kollision (räumlich) vermeidenden Bremseingriff
TTC	Time-to-Collision	Zeit bis zum Aufprall; bei unbeschleunigter Bewegung = Abstand/Relativgeschwindigkeit
TT-CAN	Time Triggered CAN	Übertragungsprotokoll für den CAN-Bus für fehlertolerante, zeitgesteuerte Kommunikation zwischen elektronischen Komponenten. Typischer Einsatz bei der Regelung von Systemen mit harten Echtzeitanforderungen
TTP	Time Triggered Protocol	Übertragungsprotokoll für Feldbusse für fehlertolerante, zeitgesteuerte Kommunikation zwischen elektronischen Komponenten. Typischer Einsatz bei der Regelung von Systemen mit harten Echtzeitanforderungen
TWD	Totwinkeldetektion	
TWE	Totwinkelerkennung EN: Blind Spot Detection	Totwinkelerkennung: Einfachste Form der Fahrstreifenwechselentscheidungsunterstützung. Detektiert Fahrzeuge im Totwinkelbereich neben dem Egofahrzeug.
Überlagerungslenkung		Überlagert zum vom Fahrer eingestellten Lenkwinkel einen elektronisch steuerbaren Lenkwinkel. Auf diese Weise kann eine variable Lenkübersetzung erreicht und eine fahrdynamische Korrektur eingestellt werden.
Ultraschall		Schallwellen oberhalb des vom Menschen hörbaren Spektrums (also > 16 kHz)
UMTS	Universal Mobile Telecommunication System	Mobilfunkstandard der 3. Generation; erlaubt Bruttodatenrate bis 2 Mbit/s
UTM	Universal Transverse Mercator	Globales, kartesisches Koordinatensystem
V2V	Vehicle-to-Vehicle	Fahrzeug zu Fahrzeug (international gebräuchliche Kurzform)

Abkürzung / Begriff	Langfassung	Beschreibung
V2I	Vehicle-to-Infrastructure	Fahrzeug zu Infrastruktur (international gebräuchliche Kurzform)
V2X	Vehicle-to-X	Fahrzeug zu X; verallgemeinerte Bezeichnung, wobei X den jeweiligen Kommunikationspartner kennzeichnet (Vehicle oder Infrastructure) (international gebräuchliche Kurzform)
V2XC	Vehicle–to-X Communication	Fahrzeug-zu-X-Kommunikation (international gebräuchliche Kurzform)
VDC	Vehicle Dynamic Control	Fahrdynamikregelung, allg. Bezeichnung von Regelfunktion zur Beeinflussung der Fahrdynamik mit Schwerpunkt auf Querdynamik
VFB	Virtual Functional Bus	Der virtuelle Funktionsbus stellt eine Abstraktion der Kommunikation zwischen den atomaren Software-Komponenten und den AUTOSAR Services dar.
ViL	Vehicle-in-the-Loop	Simulations- und Testmethodik, bei der das Fahrzeug eingebunden ist, die Umwelt aber durch (zusätzliche) virtuelle oder artifizielle Objekte simuliert wird.
Vorgewende		Fläche im Feld, die genutzt wird, um Wendemanöver durchzuführen
VSA	Vehicle Stability Assist	Elektronisches Stabilitätsregelung, → ESC
VSC	Vehicle Stability Control	Elektronisches Stabilitätsregelung, → ESC
WAVE	Wireless Access in Vehicular Environments	US-amerikanischer Satz von Standards für die Fahrzeug-zu-Fahrzeug-Kommunikation
WGS84	World Geodetic System	Globales Koordinatesystem, gebräuchlich bei GPS
Wheel-Ticks		Einzelne Drehwinkel-Impulse der Raddrehwinkel-Sensoren, die beispielsweise bei ABS oder ESC eingesetzt werden
WiFi	Wireless Fidelity	Wird quasi als Markenname für WLAN-Produkte verwendet; die eingesetzte Technologie ist identisch wie bei WLAN.
WLAN	Wireless Local Area Network	Drahtloser Verbindungsstandard nach der Standard-Reihe IEEE 802.11, wird laufend für höhere Datenraten weiterentwickelt
X-by-Wire		Fremdkraftsysteme mit energetischer Entkopplung der Betätigung (Bedienung) und der Ausführung. Beispiele: Brake-by-Wire, EHB, EMB, Steer-by-Wire, E-Gas
Zapfwelle		Frei zugängliche Abtriebswelle am Traktor zur Leistungsübertragung an Anbaugeräte
Zielführung		Kursvorgabe für das Erreichen des Ziels gemäß der durch die Routensuche bestimmten Weges bei der durch die Ortung ermittelten Position.

Stichwortverzeichnis

6D-Vision 407
77-GHz-Radarsensor 1094

A

Abbiegeassistent 68, 69
Abbiegeassistenten mit Radfahrer- und Fußgängererkennung 68
Abbiegeassistent für Fußgänger 68, 69
Abbiegeassistent für Radfahrer 68, 69
Abbiegen 976
Abbiegeunfall 62
Abbildungsfehler 357
Abblendlicht 825
Abbremsungen automatisch 1099
Abbruchmanöver 1098
Abhängige Stichproben 186
Ablenkungen 150
ABS 562, 727, 798
Absicherung 1173
Absicherung der Fahrzeugkommunikation 531
Absicherungsmethode 156, 162
Abstandsinformation 336
Abstandsregelung 1019
Abstraktionsschicht 109, 114, 115
ABS-Ventil 802
ACC-Sensoren 1094
ACC-Zustandsmanagement 857
ACEA 66
Active Front Steering 760
Active Rear Axle Kinematics 760
Adaptationsfähigkeit 21, 22
adaptive Bremsunterstützung 190
Adaptive Cruise Control 852, 1017
adaptive Lichtverteilung 824
ADAS 628
A-Double Kombination 809
Advanced Driving Assistence Systems 516
AFIL 952
agile Softwareentwicklung 121
Ähnlichkeitsmaß 399
Akquisitionsgeschwindigkeit 441
Aktionszeiten 200
Aktive Lenksysteme 756
aktive Nachtsichtsysteme 834
Aktiver Spurhalte-Assistent 952
Aktive Totwinkel-Assistent 967
Aktivlenkung 603
Aktoren 949
Aktorregelung 606
Aktuator 604, 605, 607, 610, 614
Aktuatordynamik 604

Aktuatorgehäuse 605
Aktuatorregelung 605
Aktuators 605
Aktuatorversion 604
Aktuatorwinkel 610
Akzeptanz 147, 885
Alleinunfälle 63
Alphanumerische Displays 662
Alter 8
Altersgruppen 57
Altersrisikogruppen 58
Ampelassistenz 976
Anbaugerätelenksysteme 1041
Anbaugerätelenkung 1040
Anbaugeräten 1034
Anfahrassistent 749
Anforderungen an die Umfeldsensorik 861
Anforderungen aus der Fahrzeugführungsaufgabe 11
Anhalteregelung 878
Anhalteweg 573
Anhängerbetrieb 797
Anhängersysteme 804
Annäherungsstrategie 876
Anonymität 530
Anpassbremsungen 1018
Anti-Blockiersystem 798
Antiblockiersystem (ABS) 768, 771, 773, 775
Anti-Blockier System, ABS 1084
Antikollisionssystem 197
Antizipationszeit 22, 23, 25
antizipatorische Steuerung (open loop control) 19, 21, 22
Antriebskreis 236
Antriebs-Schlupfregelung 800
Antriebsschlupf-Regelung (ASR) 782
Antriebssteuerung 856
Anwendungskomponente 111, 112, 114
Anwendungspartition 118
Anwendungsschnittstellen 111, 121
Anwendungssoftware 110, 112, 117, 119
Anzeige 637
Anzeigeelemente 660, 860
Anzeigen 659
APS 358
Arbitration 735
Arbitrierung 1131
Architektur 442, 1084
Architektur einer ITS Station 528
Architekturmuster 446
arc-Tangensfunktion 239
Artefakte 442
ASIL 90
ASR 562, 728, 800
ASSESS 176

Assistenzsysteme 1038
Assistenz- und Automationsgrad 1104
Assoziation 327
Audi Side Assist 964, 968
auditive Information 6
Auditory Icon 683
Auditory Icons 948
Aufbau- und Verbindungstechnik 356
Auffahrunfälle 1015
Auflösung 353, 359
Aufmerksamkeit 4, 689
Auge 693
– Messgrößen 693
Augmented Reality 159
Ausblick 889
ausgelernter Zustand 18, 20
Ausgleichbehälter 556
Ausstattungsrate 538
Austauschformat 122
Ausweichen 69
Ausweichverhalten von Fahrern 904
Authentifizierung 1035
Authentizität 530
Automation 1104, 1124
automatische Abstandsregelung 237
Automatische Bremsung 190
Automatische Notbremse 928
Automatisiertes Fahren 1001, 1140
Automatisierung 1035
Automatisierungsgrade 30
Automotive Safety Integrity Level 90
autonome Fahrfunktionen 218
autonome Fahrzeuge 1104
autonomes Fahren 1173
Autonomes Fahren 1140
Autonomiegrad 1108
autonomous fusion 447
Autonomous Integrity Monitoring by Extrapolation (AIME) 496, 503, 505
AUTOSAR Associate-Partner 106
AUTOSAR Attendee 106
AUTOSAR-Betriebssystem 115
AUTOSAR Core Partner 106
AUTOSAR Development-Partner 106
AUTOSAR Executive Board 106
AUTOSAR Premium-Partner 106
AUTOSAR Project Leader Team 106
AUTOSAR Steering Committee 106
AUTOSAR Support Functions 106
AUTOSAR Work Package 106
Avalanchedioden 322

B

Ballastierung 1030
Balloon-Car 215
Baseline 203
Basic Software 109, 110, 114
Basis 379
BASt 56
Bauliche Integration 1084
Bayes-Filter 383, 458
Bayesian-Occupancy-Filter 475
Bayessches Belegtheitsfilter 475
Bayes'sches Netz 710
B-Double Kombination 809
Beanspruchung 72
bearings-only Ambiguität 378
Bedieneinheit 665
Bedienelement 635, 648
Bedienelemente 858
Bedienkonzept 146
Bedienrichtung 653
Bedienungsanleitung 972
Befragung 147
Beherrschbarkeit 140, 146, 156, 184
beladen/leer-Verhältnis 797
Belegungskarte 468
Belegungswahrscheinlichkeit 470
Belichtungssteuerung 362
beobachtbar 738
Beobachter 732
Bertha-Benz Fahrt 389
Berufskraftfahrerqualifizierungsgesetzes 1012
Berufskraftfahrer 1010
Beschleunigungskriterien 898
Beschleunigungsregelung 727
Beschleunigungssensor 730
Beschleunigungssensoren 228
Betätigungszeit 203
Beurteilungsgröße 201
Beurteilungsleistungen 12
Beurteilungszeitraum 202
Bewegungsmodell 458
Bewegungsmodelle 705
Bewegungsraum 140, 141, 145
Bewegungsstereotypen 653
Bewegungstrajektorie 377
Bewertungsmethoden 1184
Bewertungsparameter 186
Bewertungsverfahren 630
Bildmerkmalen 425
Bildschirm 661
Bildsensor 358
Binary-Bayes-Filter 471
Binomialfilter 373
Blattfederung 796
Blend-by-Wire 614
Blending 559
Blendung 820
Blickabwendung 201, 661
Blickfeld 353
Blickverhalten 630

Stichwortverzeichnis

Blickzuwendungszeit 203
Blind Spot Information System 964, 966
BLIS 965
Block-Matching 377
Blutalkoholkonzentration 60
Brain Computer Interface 656
Bremsassistent 558, 679, 745, 896, 914
Bremsbetätigung 556
Bremsdrucksensoren 228
Bremsendiagnose 803
Bremsflüssigkeit 560
Bremskraftverstärker 556, 1084
Bremskraftverteilung 556
Bremsleitungen/-schläuche 556
Bremslenkmoment (BLM) 771
Bremslenkmoment-Verhinderer (BLMV) 786
Bremsnickausgleich 773
Bremsomat 1011
Bremspedalwegsensoren 229
Bremsregelung 856
Bremsrekuperation 580
Bremssattel 563
Bremsstabilität von Motorrädern 771
Bremssystem 556, 1084
Bremsüberschlag 772
Brenngrenze 784
BRIEF 376
Building-Block 515
Bussystem 562, 1035
By-Wire-Modus 568

C

C2X-basierte Fahrerassistenzsysteme 526
CAM 533
Canny-Kantendetektor 374
Car-to-Car-Kommunikation 1070
CCD 358
Census-Transformation 400
Central ITS Station 528
central-level fusion, centralized fusion 447
charakteristische Geschwindigkeit 725
Circularspline 607
C-ITS System 528
C-ITS Systemverbund 538
Client 542
Cloud-Sensorik 1169
Clusterkonzept 1106
CMOS 358
CMOS-Bildsensoren 354
CMOS-Farbbild-Video-Kamera 1094
Code of Practice 87
Codeof Practice 87
Collision Mitigation 894
Combined Brake System (CBS) 774
Combiner 664

Conditional Random Field 709
Conditional Random Fields 1094
Conduct-by-Wire 1107, 1112
Controllability 184
Controlled Traffic Farming 1037
Cooperative Awareness Message 533
Cooperative Intelligent Transportation Systems 526
Corioliskraft 234
CPHD-Filter 466
Crash-Target 214
CRF 416
CU-Kriterium 919
CVH 232

D

Daimler 143
Daimler-Benz 140
DAISY 376
DataScript 521
Datenassoziation 443, 461
Datenassoziationsgewicht 462
Datenaustauschformat 110
Datenbank 543
Datenfilterung 445
Datenfusion 440, 481, 485, 499
– Sensor- 485
Datenkommunikation 1168
Datensicherheit 529
Datenübertragung 547
Dauerbremse 798
Dauerbremsen 1014
Dauermessungen 189
dead reckoning 468
Decade for Action on Road Safety 60
Decentralized Environmental Notification Message 533
Deep Integration 487
Defensives Verhalten 117, 120
Degradierung der Systemfunktionalität 609
Dekalibrierung 405
Delta-t-Karte 985
Demokratisierung 963
Demonstrationsmode 625
Dempster-Shafer-Evidenztheorie 472
DENM 533
Dense6D 410
Desdemona 141
Design Standard 629
Design Structure Matrix 1088
Deskriptor 376
Detektion 387, 441
Detektionskreis 236
Detektionsleistung 433
Detektions- und Falschalarmwahrscheinlichkeit 462
Dezentral 446
dezentrale Architektur 447

Differential-GPS   210
Differenzialsperrenmanagement   803
Differenzielle Nicht-Linearität   236
digitale Karte   466
Digitalinstrumente   660
Digital Signal Processor   363
DIRD   376
Disparitätsschätzung   397, 398
Distanzsensor   318
distributed fusion   447
diversitär   607
Dolly   809
Domänenarchitektur   1087, 1089
Domänensteuergeräte   1089
Door-Brake   804
Dopplereffekt   144
Drehratensensor   730, 1033
Drehratensignal   228
Drehschemelanhänger   797
Drehschieberventil   1032
Drehzahlfühler   230
Drei-Ebenen-Hierarchie   19, 23
Drei-Ebenen-Modell   18, 25
Drei-Ebenen-Sicherheitskonzept   609
Driver Steering Recommendation   761
Drucksensor   730
Drucksteuerventil   802
Dual-Steller   615
Dummy   176
Dummy Target   198
DuoServo   586
Durchschnittsgeschwindigkeit   60
Dynamic-Programming-Stereo   401
Dynamik   359
Dynamikumfang   354
Dynamisches Bayes-Netz   712
dynamisches Zurücklenken   1098
Dynamisierung   1059

E

EBD   803
EBV   562, 729
Echtzeitfähigkeit   396
Echtzeitsystem   116
Eco-Training   1026
EG-Kontrollgerät   1010
Eigenbewegung   1152
Eigenbewegungsschätzung   468
Eigenlenkverhalten   725
Eigen-Lokalisation   1097
Eigenlokalisierung   466
Einbauanforderungen   225
Einbiege-/Kreuzenassistenz   980
Einbiegen   976
Einbiegen/Kreuzen-Unfall   57, 62

Einführungsszenarien   537, 538
Einknicken   805
Einparkassistenzsysteme   842
Einpressverbindung   237
einscheren   1099
Einspurfahrzeug   768
Einspurmodell   456, 725, 806
Einzelbildmerkmale   374, 376
Einzelradlenkung   614
Electric Power Steering   943, 949
Electronic Rolling Shutter   361
Electronic Stability Control   756
Electronic Stability Control, ESC   1084
elektrische Parkbremse   580
elektromagnetische Sperre   605
elektromechanischen Parkbremse   588
elektromechanische Parkbremse   585
Elektromechanische Parkbremssysteme   582
Elektromobilität   1169
elektronische Bremskraftverteilung   803
elektronische Differenzialsperre   801
Empfangszweig   321
Ende-zu-Ende Sicherheit   539
End- zu Endpunkt Kommunikationsabsicherung   117, 118, 119
Entfernungsmessung   252
Entscheidungsbaum   709
Entscheidungsebene   448
Entscheidungs- und Denkprozesse   12
Entwicklungsprozess   128, 446, 913, 926
Entwicklungswerkzeug   161
Entwurfsmethodik   110, 112, 117, 121
Epipol   379
Epipolarbedingung   367, 379, 382
Epipolargeometrie   380
EPS   943
Ereignis   448
ereignisbasiert   126
Erfahrungshorizont   24, 25
Erfassungsbereich   963
erforderliche Zeit   1098
Ermüdung   691
Erprobungsdauerlauf   189
Erweiterte Realität   156
Erweitertes Kalmanfilter   1097
ESC   562
ESP   730
ESP-Teilsollwinkel   609
Essentielle Matrix   379
Eurokombi   809
Euro NCAP   48, 385, 940
Euro NCAP Vehicle Target   174
– EVT   174
European Statement of Principles (ESoP)   33
European Statements of Principles on HMI" (ESoP)   628
Evaluation   162
EVITA   197

Evolution 1180
Existenzwahrscheinlichkeit 457
Expertenversuche 185
Extrinsische Kamerakalibrierung 366
extrinsischen Kalibriermatrix 371
Eyetracker 655

F

Fahraufgabe 18, 19, 20, 21, 22, 24, 648
– primäre 648
– Sekundäre 648
– Tertiäre 648
Fahrbahnmodell 973
Fahrbahnmodellierung 956
Fahrbahnzustandserkennung 351
Fahrdynamikmodell 456
Fahrdynamikregelsysteme 725
Fahrdynamikregelung 805
Fahrdynamikregelung für Motorräder 768
Fahrdynamikregler 731
Fahrdynamiksensor 809
Fahrdynamiksystem 764
Fahrdynamiksysteme 764
Fahrdynamische Assistenzsysteme 1030
fahrdynamische Regelgröße 730
Fahrerabsichtserkennung 701
Fahrerassistenz 1086
Fahrerassistenzsysteme 65, 156, 162
Fahrerassistenzsystemen 56, 65, 66, 67
Fahrerfahrung 10
Fahrer-Fahrzeug-Umgebung 5
Fahrerinformation 947, 961
Fahrerlebnis 161
Fahrerlenkempfehlung 761
Fahrerlenkwunsch 612
Fahrermodell 711
Fahrertotzeit 22, 23
Fahrertyp 10
Fahrerübernahme 1004
Fahrerüberwachung 348
Fahrerverhalten 146, 156, 159, 160, 161, 162
Fahrerverhalten /-zustand 329
Fahrerwarnelement 675
Fahrerwarnung 920
Fahrerwunsches 233
Fahrerzustand 688
Fahrfunktionen 1114
Fahrgeräusche 144
Fahrgeschwindigkeitsregelung 852
Fahrschlauch 869
Fahrsicherheit 1086
Fahrsimulation 156, 161, 162
Fahrsimulator 156, 631
Fahrsimulatoren 140
Fahrsimulatorversuche 187
Fahrspur 1038
Fahrspuren 1037
Fahrstabilität von Motorrädern 768
Fahrstil 10
Fahrstreifenerkennung 351
Fahrstreifenfolgeautomat 1001
Fahrstreifenhalteassistent 999
Fahrstreifenverlassenswarner 68, 69
Fahrstreifenverlassenswarnung 940
Fahrstreifenwechsel 962, 1096
Fahrstreifenzuordnung 973
Fahrtenschreiber 1010
Fahrumgebungsrepräsentation 454
Fahrunfall 57, 62
Fahrverhalten 724
Fahrverhaltenskollektiv 24, 25
Fahrversuch 1099
Fahrversuche 631
Fahrzeugbedienung 12
Fahrzeugdynamiksensorik 1097
fahrzeugfest 604
Fahrzeugfolgeassistent 999
Fahrzeugfreiheitsgrad 805
Fahrzeugführung 1154
Fahrzeugführungssystem 1158
Fahrzeugreferenzgeschwindigkeit 799
Fahrzeugstabilisierung 603
Fahrzeug-Typgenehmigung 47
Fahrzeugumfeld 475
Fahrzeugumfeldmodell 454
Fahrzeug-zu-X-Kommunikation 526
Fail-Operational-Modus 612
Fail-Silent-Modus 612
Falschalarmquelle 464
Falschalarmwahrscheinlichkeit 464
Falschdetektionen 432
false negatives 186
false positives 186
Farbempfindlichkeit 354
Farbwiedergabe 360
FAS 56, 67, 68, 69, 70, 622
FAT 56
Faustsattel 564
Fehlinterpretation 442
Feldabsicherung 188, 193
Feldversuch 535
Fensterklassifikator 425
Ferninfrarot-System 835
Fernlichtassistent 350
fertigkeitsbasiertes Verhalten (skill-based behaviour) 18, 20, 23, 24
Festsattel 564
Feststellbremse 580, 582, 586, 588
Filterverfahren 455
FIS 622
Fixpunktarithmetik 385
Flächenleistung 1042

Flankenjitter   230
Flattern, Lenkerflattern   770
flat world assumption   473
Flexspline   607
Flottendaten   550
FMEA   737
FMI   128
– FMU   128
FMU   128
Folgeassistent   1000
Folgeregelung   872
Foreground Fattening   399
Formcodierung   654
Forschungsschwerpunkte   1182
FOT   67
Freihandfahrterkennung   947
Freiheitsgraden   1041
Freiraum   470
freirollende Radgeschwindigkeit   736
Fremdkraftbremse   796
Fremdkraftbremssystem   568
Fremdkraft- bzw. Hilfskraft-Lenkanlagen   1031
Frequenzallokation für ITS-Dienste   527
Frontalkollision   679
Frontkollision   914
Frontkollisionsgegenmaßnahmen   906
Frontkollisionsverhinderung   915
Frontkollisionswarnung   915
FSRA   996
FTA   737
Führungsebene der Fahraufgabe   19, 20, 21, 23
FullSpeed Range-ACC   855
Full Speed Range Adaptive Cruise Control   996
Funktion   940
Funktionale Degradation   1158
Funktionale Integration   1086
funktionalen Unzulänglichkeiten   184
Funktionaler Test   931
funktionale Sicherheit   117
Funktionale Sicherheit   85, 1156
funktionale Sicherheitskonzept   92
Funktionale Systemarchitektur   925
funktionale Unzulänglichkeit   101
Funktionsabsicherung   120
Funktionsanforderungen   854
Funktionsmodul   943
Funkzulassung   968
Fusionsfilter   488, 499
Fußgänger   422
Fußgängerdetektion   421
Fußgängererkennung   416
Fußgängerschutz   1085

G

Gate-Konzept   1116
Gatingverfahren   464
Gauß-Prozess   711
Gauß-Verteilung   459
Gedächtnis   7
Gefährdungsanalyse und Risikobewertung (G&R)   88
Gefahrensituation   1097
gefährliches Verhalten   153
Gefilterte Daten   450
Geländeerkennung   744
Genauigkeit   497, 505
– Genauigkeitsmaß   505
Genauigkeit, lateral   209, 213
Genauigkeit, longitudinal   209, 213
Generatorbremswirkung   566
Geo-Datenbank   543
Geoinformationssystem   543
geometrischen Operatoren.   373
Geschäftsmodelle   1170
Geschlecht   8
Geschwindigkeit   57
Geschwindigkeitsermittlung   329
Gesellschaft   1169, 1185
Gesten   654
Getötetenverteilung   57
GIDAS   56, 622
GIDAS-Analyse   61
GIDAS-Unfalldatenbank   537
Giergeschwindigkeit   725
Gierinstabilität   791
Giermoment   759
Giermomentenregelung   761
Gierrate   1033
Gierratenregler   805
Gierwinkelfehler   22
Glattheitsterm   401
Gliederzüge   808, 1013
Global Chassis Control   572, 763, 1086
Globale Operatoren   373
Globale Stereoverfahren   401
Global Shutter   361
GMR   232
GNSS-Receiver   1040
GPS   1051
Gradientenverfahren   377
Grafikmodule   660
GraphCut   401
Gravitations-Constraint   415
Greifart   649
Grenzspaltgeschwindigkeit   802
grid maps   467
Ground-Truth-Daten   333
Güterverkehrsleistung   1014

Stichwortverzeichnis

H

Habituationseffekte 887
Hadoop 546
Haftgrenze 615
Haftungsrecht 32
Halogenglühlampen 822
Haltestellenbremse 804
Hamming-Distanz 400
Handlungshinweise 660
Handshake 1035
Hands-off-Erkennung 1004
Hands-off-Zeiten 1004
Haptik 946
haptische Information 6, 613
Hardkey 651
Hardwareabstraktion 115
Hardware-in-the-Loop 131
– HiL 131
Harris-Eckendetektor 375
Hauptbremszylinder 556
Hauptbremszylinderdruck 237
Hauptverursacher 57, 59, 63, 65
HDR 359
Head Mounted Display 157
Headtracker 158, 159, 160
Headtracking 160
Head-up-Display 1118
Head-Up-Display 836
HECU 561
Herzschlagfrequenz 692, 694, 695
Hexapod 140, 141, 143
Hidden Markov Model 711
Hierarchische Fahrzeugumfelderfassung 477
hierarchische Reglerstruktur 731
Highsider-Unfall 782, 785, 791
HiL 131
Hinderniserkennung 1038
Hinderniswarnung 534
Histogramm 425
HMD 157, 158, 159, 160, 161, 162
H-Metapher 1124
H-Mode 1107, 1125
Hochautomatisierte 1044
hochautomatisierten Fahrens 70
Hochautomatisiertes Fahren 1005
Hohlwelle 607
horizontale Kooperation 1109
Hubschrauberdrohne 212
Human Engineering Team 623
Hybrid 446
Hybrid-Bremssystem 580
Hybride Kommunikation 539
hybriden Architektur 447
Hybridfahrzeug 564
Hybrid-Navigation 1061
Hypothesenauswahl 444

Hypothesenevaluierung 444
Hypothesengenerierung 444
Hypothesentest 496

I

Implementierung 135
In-DEPTH"-Analysen 56
Individualisierung 1182
induktive Drehzahlfühler 801
inertiales Navigationssystem 210
Inertialsensorplattform 157
Informationsbedarf 660
Informationsdefizit 702
Informationsfusion 454
Informationsquellen, Sinnes- und Wahrnehmungsprozesse 12
Informationsstrategie 961
Informationsverarbeitung 7
Informationsverarbeitungsprozess 1112
Infotainment 116
Infrarot-Laser 833
Infrarot-LEDs (IREDs) 833
Infrastructure-Kommunikation 1070
Initialisierungsphase 609
Innere Kompatibilität 1130
inneres Modell 625
Innovation 327
Innovationsschritt 384, 385
Insassenschutz 680
Integralbremsanlage 776
Integration 120, 122, 1084
Integrationsplattform 138
Integrationsplattformen 1089
Integrationsstufen 127
Integrationstest 136
Integrationsumgebung 138
Integrität 494, 495, 503, 530
– Integritätsmaß 503
Intelligent Drive 217
intelligente Vernetzung 616
Intelligenz 9
Interaktionskanäle 623
Interaktionsmöglichkeit 660
intrinsische Kalibriermatrix 371
Intrinsische Kamerakalibrierung 366
inverse perspective mapping 474
inverses Sensormodell 470
Inverses Sensormodell 470
ISO 17361 939
ISO 26262 85, 191
ISO26262 191
ISOBUS 1035
ISO DIS 11270 939
Isolationswiderstandsmessung 231
ISO-Norm 17387 „Lane Change Decision Aid System" 962
ITS Station 528

J

Joint Integrated Probabilistic Data Association 462
Joint-Probabilistic-Data-Association- (JPDA-)Verfahren 462

K

Kabelzieher 583
kalibrierten Kamera 370
Kalibrierung 365, 399
Kalman-Filter 327, 384, 409, 459, 488, 499, 706, 736
Kamera 348, 966
Kameraarchitektur 352
Kameramodul 355
Kameraobjektiv 357
Kamerasysteme 348
Kammschen Reibungskreis 1091
Kamm'sche Reibungskreis 759
Kammscher Kreis 903
Kardangeschwindigkeit 733
Karte 1148
Kartendarstellung 1058
Kartendaten 1148
Kartierung 472
Kategorisierung von Fahrerassistenzsystemen 28
Kinderrückhaltesysteme 60
Kinematische Instabilität 772
Kinetose 146, 153
Kippen, Kippeigenform 769
Kippstabilisierung 807, 810, 811
Klassifikation 431, 446
Klassifikator 387
Klassifizierung 441
KLT-Tracker 377
knappe Vorbeifahrt 216
Kollisionserkennung 705
Kollisionsfreiheit 212
Kollisionswarnsysteme 678
Kollisionswarnung 190, 914
Kombiinstrument 660
Kombisattel 586
Komfortbeurteilung 888
Kommunikationsreichweite 527
Kompensationsverhalten 886
kompensatorische Regelung (closed loop control) 21, 22
Komplementarität 441
Komponentenanforderung 798
Komponenten-Design 134
Komponententests 135
Konfigurationsbeschreibung 114
Kontaktanaloges Head-up-Display 672
Kontaktanaloges Head-Up-Display 837
Kontextmodellierung 1147
kontinuierliche Integration 121
Kontinuitätsgleichung des optischen Flusses 377
Kontrast 820

Kontrollgruppe 151
Kontrollierbarkeit 628
Kontrollverteilung 1104
Kooperation 121, 1105, 1150
Kooperative Fahrzeugführung 1103, 1124
kooperative ITS-Dienste 527
Koordinatensystem 456, 483, 484
– erdfestes 483
– fahrzeugfestes 484
– Inertial- 483
– Navigations- 484
– radbezogenes 484
Koordination 212
Koordination Aktorik 878
Koordination, zeitlich 209
Koordination, zeitlich und räumlich 208
Koppelnavigation 468
Koppelortung 468
Koppel-Ortung 1051
korrektes Ausführen 609
Korrelationskoeffizient 378
Korrespondenzmerkmale 376
Kosten 441
Kreiselwirkung 769
Kreuzen 976
Kreuzkorrelationsfunktion 399
Kreuzung 976
Kreuzungsassistenz 975
Kreuzungserkennung 388
Kreuzungs-/Querverkehrsassistent 534
Kreuzungsverkehr 217
kritischen Situation 66
kritischer Pfad 609
kritische Situation 147
Kritische Situation 147
Krümmungsdifferenz 22
kryptografische Schlüssel 530
Kugelumlauflenkung 796
Kundenakzeptanz 961
Kundenanforderung 132
Kundennahen Fahrerprobung 189
Künstliches Neuronales Netz 708
Kursprädiktion 856, 868
Kurvenerkennung 853
Kurvenlicht 826
Kurvenradius 963
Kurvenregelung 875
Kurzschlusserkennung 238

L

Labeled-Multi-Bernoulli-(LMB-)Filter 466
Lageregelung 609
Lambert-Reflektor 324
Landstraßenszenen 1096
Lane Assist 953

Lane Departure Warning 940
Lane departure warning systems 939
– ISO 17361 939
Lane Keeping Assistance 940
Lane keeping assistance systems 939
– ISO DIS 11270 939
Längsparklücken 849
Längsregelung 878
Längsverkehr 57, 62
Laserprojektion 672
Laserscanner 1044
Laserschutz 328
Lastenheften 224
Latentwarnung 921
Laufleistung 1013
LCD-Bildschirm 661
lebensbedrohlich Verletzten 58
LED 822
Leistungsfähigkeit 955
Leiterrahmenkonstruktion 796
Leitstand 211
Lenkassistenzfunktionen 604
Lenkbefehl 612
Lenkbremse 804
Lenkeingriff 603
Lenkerschlagen (Kick-Back) 770
Lenkgefühl 605
Lenkradaktuator 612
Lenkradmotor 612
Lenkradvibration 947
Lenkradwinkel 228, 730
Lenk-Roboter 210
Lenksäule 607
Lenksäulenaktuator 610
Lenksysteme 1038
Lenk- und Ruhezeiten 1010
Lenkungsparameter 614
Lenkunterstützung 946
lenkwellenfeste Ausführung 610
Lenkwiderstand 613
Lenkwinkeleingriff 760
Lenkwinkelgebereinheiten 1033
Lenkwinkelgeschwindigkeit 232
Lernverfahren 428
Leuchtdichte 820
Leuchtdichteverteilung 820
Lidar 471
LIDAR 318
LIDAR Sensoren 1043
Lidschluss 693
Liefervereinbarungen 228
Linienbus 69
Linksabbiegeassistenz 976, 981
Lkw-Aufbauart 68
Lkw-Unfallszenarien 63
Lochkamera 370
Lochkameramodell 473

logische Architektur 133
log-odds 472
Lokale Korrelationsverfahren 398
Lokale Operatoren 373
Lokalisierung 1152
– kartenrelative 1152
Loosely Coupling 486
Low-Speed-Regelung 878
Luftfederung 796
Lüftspiel 559

M

MAIS 58
Manöver 1113
Manöverführung 1107
Manöverkatalog 212
Manöver, koordiniert 211
Manöver, risikoreich 208
Manöverschnittstelle 1117
manöverschrittbasierte 126
Manöver, sicherheitskritisch 208
Manöversteuerung 1114
Map-Matching 1052
MapReduce 546
Markierungslicht 830
Markov-Kette 462
Maschinelle Perzeption und Kognition 1183
Mautsysteme 1071
medizinischer Notfall 694
Mehrlenkerachse 614
Mehrstrahlprinzip 330
Mehrwertfunktionen 740
Mehrzielfähigkeit 867
menschliche Leistungsfähigkeit 13
Menschlicher Informationsverarbeitungsprozess 4
Mensch-Maschine-Interaktion 1131
Mensch-Maschine-Schnittstelle 70, 556, 633, 857, 1113
Mensch-Maschine-Schnittstelle (HMI) 960
Mentale Modelle 76
Mental Workload 153
Merkmalsebene 448
Merkmalsextraktion 374, 442
Merkmalshypothesen 442
Messen 442
Messmodell 458
Messprinzipien 482
– heterogene 482
Metrik 1180
MID (Molded Interconnect Device) 238
Mikroscan 333
µ-split 800
MiL 129
Miniaturisierung 235
Missionsumsetzung 1153
Misuse-Erprobung 216

Mittelkonsole 660
Mobil-Büro 1168
Mobilitätsdaten 538
Model-in-the-Loop 129
– MiL 129
Modellgestützte Überwachung 739
modulares Regelkonzept 734
Modularisierung 1087
Modulationstransferfunktion 357
Momentenüberlagerung 756
Motion Control 1091
Motion-Stereo 381
Motorcycle Stability Control (MSC) 780
Motorrad 767
Motorrad-Bremsanlage 774
Motorradhelm 60
Motor-Schleppmomentenregelung 801
MSR 729, 801
Müdigkeit 691
Müdigkeitserkennung 193
Mulitplexverfahren 330
Multibeam 326, 330
Multi-Instanzen-Kalman-Filter 460
Multi-Objekt-Bayes-Filter 465
Multi-Objekt Tracking 458
Multi-Objekt-Tracking 460
Multi-Objekt-Trackingalgorithmus 462
Multiplexverfahren 572
Multi-Target-Tracking 327
Munkres-Algorithmus 445

N

Nächste-Nachbar-(NN)-Verfahren 461
Nächster-Nachbar-Verfahren 445
Nachtsichtsystem 665, 832
Nah-Infrarot-Systemen (NIR) 665
Navigation 1047, 1154
Navigation Data Standard 513
Navigationsebene der Fahraufgabe 19, 22
Navigationssystem 514
NCAP 172, 940
Nebenaufgabe 201
Niederdruckspeicher 562
Non Use Cases 186
Normen 629
Notausweichen 1094
Notbremsassistent 67, 68, 69
Notbremse 573, 588
Notbremsen 1094
Notbremssystem 1024
Notbremssystemen 69
Nothalte-Assistenzsysteme 42
– Rechtliche Bewertung 42
Notsituation 203
Nullabgleich 234

Nutzen-Kosten-Verhältnis 538
Nutzenpotenzial 908
Nutzertypen 627
Nutzfahrzeuge 969, 1010
Nutzung 886
Nutzungs- und Sicherheitsphilosophie 883
Nutzungsverhalten 147

O

Oberflächenmikromechanik 234
Objektausdehnung /-erkennung 329
Objektdetektion 1094
Objektdetektionen 1095
Objekt-Diskriminierung 441
Objekterkennung 351
Objektexistenz 457
Objekthypothese 442, 461
Objektiv 356
Objektive Bewertungsgrößen 187
objektiven Wirksamkeit 201
Objektive Wirksamkeit 203
Objektklassifikation 416
Objektmodell 456
Objekt-Tracking 458
Objektverfolgung 458
occupancy grid maps 468
Odometrie 489, 1097
OECF 366
Offboard Navigation 1061
Off-Road ABS 804
Ökonomische Bewertung 537
Onboard-Fahrerschulung 1026
Online-Kalibrierung 397
Open Drive 145
OpenStreetMap 514
Optik 356
optische Achse 370
optischen Fluss 377
optisches Zentrum 370
Ordering-Constraint 415
Originaldaten 450
Ortslage 57
Ortung 1050

P

Parallel 450
Parallel-Gating 322
Parameterraum 208
Parameter-Tuning 385
Parkbremse 581, 582, 588
Parkfunktionen 849
Parklücken 844
Partikelfilter 384, 706
Partnerschaft 106

Stichwortverzeichnis

Pedalgefühlssimulator 1085
Pedal-Roboter 210
Pendeln, Pendeleigenform 770
Performance Standard 629
Persistenzwahrscheinlichkeit 463
Personalisierung 626
Personal ITS Station 528
Persönlichkeitsmerkmale 8
Perzentil 24
PHD-Filter 466
PID-Regler 22
pieDrive 1118
Piezoelektrischer Effekt 244
PIN-Dioden 322
Pixel 358
Pixel-Locking-Effekt 405
Pkw-Unfallszenarien 62
Planetengetriebe 605
Plausibilisierung 491, 499
Plunger 1085
PMD 336
polytraumatisierten 58
polytraumatisierten Personen 58
Port 112, 113
Pose 468
Posenschätzung 422
post-individual sensor processing fusion 447
Prädiktion 326
Prädiktionsschritt 384, 385
Prädizierte Daten 450
Präventive Unfallvermeidung 894
Praxistauglichkeit der C2X-Technologie 535
Präzision 208
pre-individual sensor processing fusion 447
primäre Blickfeld 663
probabilistischen Datenassoziation (PDA) 461
Probanden 198
Probandenkollektiv 147, 151, 203
Probandenverhalten 631
Probandenversuche 185
Produkthaftung 39
– für kontinuierlich automatisierende Systeme 39
Prognosen 58
Projektion 370
Projektionsmatrix 371
PRORETA 1094
PRORETA 2 1094
Prozess-Assistenzsysteme 1030
1-Prozessorkonzept 607
Prüfmethodik 208
Prüfszenarien 186
Prüfverfahren 197
Pseudonymität 530
Pseudonymzertifikate 530
Public-Key-Infrastruktur 530
Pulsationsdämpfer 562
Punktoperatoren 373

Q

Quenching 322
Querabweichung 21, 22
Querbeschleunigung 216
Querdynamikassistenz 1032
querdynamischen Grenzbereich 730
Querempfindlichkeit 236
Querführungsassistenz 937
Querregler 941
Querreglung 945
Querverkehrsassistenz 976, 980

R

Radaktor 613
Radaktuator 612, 613
Radar 471
Radarsensoren 966
Radblockierdruck 575
Raddifferenzgeschwindigkeit 733
Raddrehzahl 228
Raddrehzahlsensor 801
Radschlupfregelung 798
Radstand 1030
Random Finite Set 465
Random Forest 709
rasterbasiertes Verfahren 467
Rasterkarte 467
Rasterkarten 455
Raum/Zeitbudget 987
Rauschen 358
Reaktion auf stehende Ziele 877
Reaktionsunterstützung 894
Reaktionszeit 14, 22, 23, 147, 153, 576
Realitätsnähe 180
Receiver Autonomous Integrity Monitoring (RAIM) 495, 496
Receiver Autonomous Integrity Monitoring (RAIM)- 505
Rechnerkoordinaten 370
rechtliche Rahmenbedingungen 31
Rechtsfolgen zunehmender Fahrzeugautomatisierung 28
Rechts-Links-Check 400
redundante Systemstruktur 613
Redundanz 441, 482, 495
Referenzgeschwindigkeit 728
Referenzgiergeschwindigkeit 738
Referenzgierrate 805
Referenzpunkte 213
Referenzstrecke 1174
Referenzsystem 501
– bewegtes 501
regelbasiertes Verhalten (rule-based behaviour) 18, 24
Registrierung 443
Reibwert 905
Reibwertsprung 790
Reifendrucküberwachung mit Resonanzverfahren 231

Reisebus 69
Reisebusse 1019
Rektifikation 380
rekuperativ 565
Relational Data Script 522
Relevance Vector Machine 709
Reproduzierbarkeit 126, 208, 213
RESPONSE 627
Response Code of Practice 184
RESPONSE Code of Practice (CoP) 627
Restfehlerraten 101
Restlichtverstärker 833
Retarder 798, 1014
Richtungsabweichung 1040
Risikobewertung 701
Risikowahrnehmung 7
Roadside ITS Station 528
Road-Train 809
Roboter-Arm 141
Robustheit 396
Rohdatenebene 448
Rollinstabilität 791
Rollstabilisierung 792
Rollwinkel 768
ROM 740
RTA 738
Rückfahrkamera 845
Rückfahrkameras 351
Rückfahrkamerasysteme 844
Rückschlusswahrscheinlichkeit 464
Rückverfolgbarkeit 100
Rückwärtseinparken 849
Rundballenpresse 1035
Runtime Environment 109, 110, 112, 114, 115, 116, 120

S

SAD-Abstandsmaß 378
Safety-Controller 210
sanften Stabilisierung 617
Sattelauflieger 797, 1013
Scanline-Optimization 401
Scannen 332
Scene Flow 412
Scene Labeling 417
Scene-Labeling 417
Schärfentiefe 357
Scheibenbremse 563
Scheinwerfersysteme 822
Schielwinkelfehler 406
Schlechtweg-Erprobung 216
Schleudern 724
Schlupfregelung 728
Schnittstelle 634
Schnittstellen 1089
Schräglage 768

Schutz der Privatsphäre 529
Schwerverletzte 58
Schwimmgeschwindigkeit 790
Schwimmwinkel 724
Segmentierung 416, 1096
selbstfahrenden Arbeitsmaschinen 1034
Selbstheilung 1157
selbsthemmender Schneckengetrieb 604
Selbstwahrnehmung 1147
Select-Low 760
Semi-Aktives Fahrwerk (SAF) 785
Semi-Global-Matching 402
Sendezweig 320
Sensor 482
– virtueller 482
Sensorbox 783
Sensorcluster 782
Sensordatenfusion 440
Sensoreinbauort 226
Sensorfehler 484
sensor-level fusion 447
Separationstheorem 445
Sequenziell 450
Server 542
SGM 403
Sicherer Zustand 1157
Sicherheit 737
Sicherheitsabstand 62, 1098
Sicherheitsanforderung 92
Sicherheitsanforderungen 92
Sicherheitsfunktion 606
Sicherheitskonzept 211, 884
Sicherheitsnorm 227
Sicherheitspotenzial 65, 67, 68, 69
Sicherheitsprobleme 529
Sicherheitsschicht 1035
Sicherheitsstandards 1043
Sicherheitsvalidierung 98
Sicherheitsziele 89
Sicherheitszielen 89
Sichtbehinderung 976
Sichtverbesserung 822
Sichtverbesserungssystem 815
Sichtweitenmessung 329
Side Assist 964
Side Assist Plus 969
Side Blind Zone Alert 964
SIFT 376
signalbasierten Testens 126
Signalplausibilisierung 609
Signalverarbeitung 442
Signal-zu-Rausch-Verhältnis 358
Signaturen 530
SiL 130
SimCity 175
Simulationsumgebung 138
Simulator 566

Simulatorkrankheit 159, 160
Simultaneous-Localization-and-Mapping-and-Moving-Object-Tracking (SLAMMOT) 476
Singlebeam 330
Single Point of Truth 386
Sinnesorgane 5
Situationsanalyse 446, 1097
Situationsbewertung 984
Situationsbewusstsein 74
Situationsbewusstseins 704
Skalierung 145, 146
SLAM-Verfahren 469
Sliding-Window-Ansätze 424
Smartphone-Integration 1073
Sobeloperator 374
Softkey 651
Softwarearchitektur 108, 109, 110, 112
Software-in-the-Loop 130
– SiL 130
Softwarekomponente 109, 110, 112, 113, 117, 118, 119, 120
Softwarekomponentenbeschreibung 110, 113, 114
Software Requirements Specifications 108
Software Specifications 108
Sollkrümmung 22
Sollschlupf 733
Sollwertbestimmung 735
Speicherpartitionierung 117, 118
Spiralkabel 610
µ-Split 759
Spracherkennung 656
Sprachsteuerung 656
Spurfahren 1038
Spurhalteassistenz 940
Spurhaltung 153
Spurstabilisierung 805
Spurtreue 213
Spurverlassenswarner 940, 1017, 1020
Spurwechselmanöver 141
Spurwechselwarnung 964
Stabilisierungsebene der Fahraufgabe 19, 20, 21, 23
Stabilitätsregelsystem 1085
Stabilitätsregelung 756
Standardisierung von C-ITS 528
Statusanzeige 950
Stauassistent 571, 999
Stauautomat 1001
Steer-by-Wire 612
Steer-by-wire-Lenkung 1031
Steigungsprofil 1025
Steilkurvenlogik 739
Stellteil 648
Stereoanalyse 398
Stereobildverarbeitung 396
Stereokamera 364, 378
Stereokamerasystem 364
Stereosehen 395
Stereoskopie 378

Steuergerät 605
Stewart-Plattform 140
Stichprobenauswahl 185
Stichprobenumfang 185
Stillstandsmanagement 581
Stixel 412
Stixel-Welt 412
Stixmentation 416
Stop-and-go-Assistent 998
Stop-and-go-Verkehr 996
Stop-Schild Assistenz 976
Störungsmaß 203
Strahlbündeln 332
Streulichtblende 363
Strukturtensor 375
Subjektive Bewertung 187
Subjektive Verzeihlichkeit 203
subjektive Wirksamkeit 201
Subjektive Wirksamkeit 203
Subpixelgenaue Schätzung 404
Subpixelschätzung 405
Summierungslenkung 1032
Superpixel 417
Superpixeln 398
Support Vector Machine 708
SURF 376
Surroundview 352
SWEEP 326
Sweepen 332
Symbolgestaltung 654
Synchronisiert 448
Systemanforderungen 225, 226, 227
Systemarchitektur 475, 924
Systembeschreibung 110, 115, 116, 117
Systembewertung 954, 971
System-Design 134
Systemeigenschaften 67
Systemfehler 186
Systemgrenzen 184, 186, 884
Systemkonfiguration 110, 115, 116, 117
Systemnutzen 146
System on Chip 362
Systemtests 136
Systemzustandsdiagramm 963
Szenenmodell 386

T

Tachometer 661
Tag/Nacht Erkennung 329
technische Architektur 133
Technische Sicherheitskonzept 92
Teilaufgaben der Fahrzeugführung 11
Teilautomation 1104
Teilintegralbremsanlage 777
Testdilemma 1178

Testgelände 188
Testmanöver 727
Testverfahren 168
Tiefenschätzung 365
Tightly Coupling 486
Tightly-Coupling 499
Tilt Coordination 145
Time-of-Flight 335
Time of Flight Messung 318
Time-To-Collision 200, 1098
Time-to-Line-Crossing 1097
Toter Winkel Assistent 964
Tote Winkel Assistent 965
Totwinkel-Assistent 964
Totwinkelwarner 68, 69
Touchpad 655
Touchscreen 651
Traceability 94
Tracking 325, 441, 458
Track-Schätzung 441
Traction Control System (TCS) 782
Trägerplattform 501
Trajektorie 211, 212
Trajektorienberechnung 1155
Trajektorienführung 1107
Trajektorienprädiktion 706
Traktionshilfe 729
Traktor-Anbaugerät-Systemautomatisierung 1035
Transportleistung 1015
Trifokaltensor 382
Trigger-Bedingung 217
Triggermessungen 189
Trilateration 252
Trommelbremse 564
TTC 200
TV-L1 412

U

Überfahrbarer Target-Träger 215
Überforderung 626
Überholunterstützung 877
Überholvorgänge 1094
Überlagerungsgetriebe 605
Überlagerungslenkung 603
Übernahmeproblematik 80
Übernahmesituationen 888
Übernahmezeiten 1005
Übersteuern 760, 806
Überwachung 737
Überwachung des Programmablaufs 119
UDB 56, 61, 63
Ultraschallsensoren 843
Ultraschallsensorik 243
Ultraschallwandler 246
Ultraschallwandlung 244

Ultra-Tightly Coupling 487
Umfeld 1145, 1146
– dynamisches 1146
– stationäres 1145
Umfelderfassung 910
Umfeldrepräsentation 126
Umfeldsensorik 941, 965
Umfeldwahrnehmung 158, 1145
Umgebungserfassung 455
Umgebungsverkehr 145, 153
Umkippen 805
Umsetzzeit 200, 203
Umweltanforderungen 227
umweltgerechtes Design 227
unabhängige Stichproben 186
Unaufmerksamkeit 150, 689
unbemanntes 1042
UN ECE R-79 940
Unfallablauf 66
Unfallarten 61
Unfalldatenerhebungen 56
Unfälle mit Personenschäden 56
Unfallforschung 56, 960
Unfallgeschehen 56, 57, 60, 61, 67
Unfallgeschehen von Motorrädern 773
Unfallstatistik 938
Unfallstatistiken 56
Unfallursache 688
– Fahrerzustand 688
Unfallursachen 62, 63
Unfallverursacher 58
ungeschützten Verkehrsteilnehmer 60
Uni-DAS 1168
UN R-Vorschriften 172
Unsynchronisiert 448
Unterforderung 626
Untersteuern 806
Untersteuersituation 763
Untersuchungsdesigns 631
Unvermeidbarkeit 66
Ursachen 61
Use Cases 186

V

Validierung 98
Validität 127, 152, 153
Value Added Functions 803
variable Lenkübersetzung 604
Variantenvielfalt 796
Vehicle in the Loop 155, 156
Vehicle-in-the-Loop 131
– ViL 131
Vehicle ITS Station 528
Velodyne 333
Verantwortung des Fahrers 626

Stichwortverzeichnis

Verbraucherschutztests 171
verfügbare Zeit 1098
Verfügbarkeit 490, 499
– verzögerte 490, 499
Vergleichsbasis 152
Vergleichs-Basis 147
Verhaltensadaptation 77
Verhaltensbeobachtung 67
Verhaltensrecht 32
Verifikation , 97, 97
Verkehrseffizienz 526
Verkehrskompetenz 24, 25
Verkehrsleitzentrale 542
Verkehrsregelung 976
Verkehrssicherheit 56, 57, 58, 60, 70, 526, 528, 536, 537
Verkehrssimulation 157, 158, 159, 160, 161
Verkehrssteuerung 1072
Verkehrsteilnahme 57
Verkehrstelematik 1047
Verkehrstote 57
Verkehrsunfallstatistik 56, 61
Verkehrszeichenerkennung 351
Vernetzung 1184
Vernetzung von Fahrzeugen 526
Verschmutzungserkennung 329
Versuche auf Testgeländen 188
Versuche im realen Straßenverkehr 188
Versuchsabbruch 211, 212
Versuchsdesign 184
Versuchshypothese 147
Versuchsleitereffekt 152
Versuchsumgebung 187
Versuchsvorbereitung 149
verteilte Entwicklung 121
vertikale Kooperation 1109
Vertraulichkeit 530
Verzeihlichkeit 676
vestibuläre Wahrnehmung 6
Vestibularorgan 143, 145
Vestibulär-Organ 146
Video-See-Through 161
Vienna Convention on Road Traffic 622
ViL 131
ViL 156, 157, 158, 159, 160, 161, 162
Virtual Reality 159, 160, 161, 162
virtuell 156
virtuelle Absicherung 120, 121
virtuelle Integration 126
virtuelle Leitplanken 213
virtuellen Entwicklung 156
virtuellen Fahrversuchs 126
virtuellen Fahrzeugprototypen 127
virtuellen Integration 126
virtuelle Radstandsverkürzung 615
virtueller Fahrversuch 126
virtueller Fahrzeugprototyp 126
Virtueller Funktionsbus 112, 114, 115

6D-Vision 407
Visualierungsmedium 157
Visualisierung 157
visuelle Information 5
V-Modell 127, 128, 926
vollautomatisch 849
Vollautomatische Einparksysteme 842
vollautomatisierte 1043
Vollintegralbremsanlage 776
Volumenstromdosierung 1032
Vorbereitungssimulator 146
Vorbereitungs-Simulator 149
Vorderradblockade 772
Vorhersehbarer Fehlgebrauch 186

W

Wahrnehmen 442
Wahrnehmungsschwellen 13, 145
Wankabstützung 1030
Wankfederungskennlinie 1030
Wanksteifigkeit 1031
Warnalgorithmus 944
Warnelement 201
Warnelemente 202, 678
Warnschwelle 202
Warnstufe 680
Warnstufen 965
Warn- und Eingriffsstrategien 986
Warn- und Eingriffszeitpunkte 898
Wash-Out-Filter 146
Watchdog Manager 119
Watchdog-Signal 211
Wellen-Generator 607
Wellgetriebe 605
Wendemanöver 1038
Wendemanövern 1042
Werkzeugnachführung 1038
Wheeled Mobile Driving Simulator 143
WHO 60
Wiederholbarkeit 1041
Winkelüberlagerung 756
Wirkfeldanalyse 537
Wirkgradanalyse 537
Wirksamkeit 201
Wirksamkeitsanalysen 889
Wirkung und Nutzen der C2X-Funktionen 537
wissensbasiertes Verhalten (knowledge-based behaviour) 18, 19, 20, 23, 24

X

Xenonentladungslampen 822

Z

Zahnstangen-Hydrolenkung   605
Zeitkriterien   898
zeitlicher Bezug   467
Zeitreferenzsignal   210
Zelle   471
Zentral   446
Zentralachsanhänger   797
zentrale Architektur   447
Zentralsteller   615
Zertifikats- und Schlüsselmanagement   530
Zielbremsung   213
Zielführung   1057
zielgerichteten sensumotorischen Tätigkeiten   18
zielgerichtete Tätigkeiten   18
Zielobjekte   170
Zielobjekterkennung   861
Zielschlupf   733
Zielverluststrategie   875
Zugfahrzeug   198
Zuordnung der im Bild sichtbaren Objekte zur Realität   833
Zuordnungshypothese   464
Zuordnungshypothesen   443
Zurückfallen   1098
Zurücklenken   1098
Zusammenarbeit   138
Zusatzrollwinkel   769
Zustandschätzung   489
– Error-State-Space   489
Zustandsinnovation   461
Zustandsmaschine   943
Zustandsraum   383
Zustandsschätzung   457, 487, 499
– Error-State-Space   499
– volle Größen   487
Zustandsunsicherheit   457
Zweikreis-Luftdruckbremsanlagen   1014

OnGuard™

FORTSCHRITTLICHE FAHRERASSISTENZSYSTEME ZUR AUTONOMEN NOTBREMSUNG

OnGuard™ Vorausschauendes Notbremssystem (AEBS)

OnGuard von WABCO hilft, das Risiko von Auffahrunfällen auf fahrende oder abbremsende Fahrzeuge, die zum Stehen kommen, zu reduzieren. Das System reagiert außerdem auf stehende Fahrzeuge, z. B. am Stauende.

Drohende Kollision mit stehenden Fahrzeugen (z. B. am Stauende):
- Das System warnt den Fahrer **akustisch** und **optisch** und unterstützt ihn mit dem **erweiterten Bremsassistenten**
- Das System löst eine **Teilbremsung** aus, um die Folgen einer unvermeidbaren Kollision zu mindern

Erfassungsbereich des Radarsensors

Drohende Kollision mit fahrenden oder abbremsenden Fahrzeugen, die zum Stehen kommen:
- Das System warnt den Fahrer **akustisch**, und **optisch**
- Das System **bremst selbsttätig** mit der maximal möglichen Verzögerung, um eine für den Fahrer unvermeidbare Kollision noch zu verhindern

Marktführender OE-unabhängiger Notbremsassistent für Nutzfahrzeuge

- Trägt zur Vermeidung drohender Auffahrunfälle und damit zur Verbesserung der Verkehrssicherheit bei
- Unterstützt den Fahrer durch Kollisionswarnung und autonome Bremsbetätigung
- Kompakte Lösung für ein großes Spektrum an Fahrzeugkonfigurationen homologiert für die Europäische AEBS-Gesetzgebung (Schritt 2)

WABCO

www.wabco-auto.com

AURIX™ – Built for Safety
The innovative automotive multicore microcontroller family

The AURIX™ architecture increases development productivity by up to 30% for faster time-to-market. Innovative encapsulation techniques reduce system complexity by allowing the integration of software with various safety levels (QM to ASIL-D) from different sources. This means multiple operating systems and diverse applications – such as steering, braking, airbag and advanced driver assistance – can be hosted on a unified platform. This dual-core, ISO 26262-compliant platform uses TriCore™ Diverse Lockstep Core technology combined with cutting-edge safety technology such as safe internal communication buses and a distributed memory protection system.

The AURIX™ family includes devices dedicated to the Advanced Driver Assistance System (ADAS) segment. These include radar, camera and sensor fusion applications plus automatic functions such as emergency braking. Leveraging system partitioning for greater system integration, reduced complexity and smaller footprints, ADAD devices take TriCore™ performance to the next level with high-speed interfaces, integrated hardware accelerators and enhanced ECU validation and instrumentation tools.

www.infineon.com/aurix

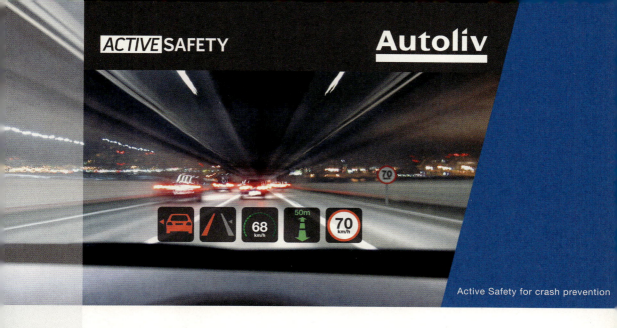

Active Safety for crash prevention

Beste Arbeitgeber sollte man kennen. Oder kennenlernen.

Autoliv ist weltweit führender Anbieter von Sicherheitssystemen für Fahrzeuge. Unsere Produkte schützen den Menschen und dessen Leben. Wir haben Radar- und Kameratechnologien entwickelt, um mithilfe der Überwachung der Fahrzeugumgebung ein angenehmeres, sichereres und einfacheres Fahren zu ermöglichen und hierdurch unsere aktiven Sicherheitssysteme in die Lage zu versetzen, Motorleistung, Steuerung und Bremsabläufe anzupassen, um Unfälle zu vermeiden.

Autoliv reicht es nicht, Menschen zu helfen, einen Unfall zu überleben – wir wollen mehr: wir möchten aktive Lösungen anbieten, damit es erst gar nicht zum Unfall kommt. Dies bedeutet zu handeln, bevor sich Unfälle ereignen. Die Fahrsicherheitssysteme der Zukunft müssen imstande sein, potenzielle Gefahrensituationen zu erkennen und schnell und intelligent darauf zu reagieren.

Um uns und unsere Entwicklungen weiter zu verbessern, suchen wir Professionals und Hochschulabsolventen/-innen mit einem Faible für Elektrotechnik und bieten interessante Perspektiven als

SOFTWARE ENTWICKLER (M/W)

Sie begeistern sich für innovative Technologien und insbesondere für Automobile? Dann sind Sie bei uns richtig.

www.autoliv.com/career

AUTOLIV B.V. & CO. KG
Human Resources | Jörg Kudella | jorg.kudella@autoliv.com
Tel. +49 8131 295-1774 | Theodor-Heuss-Str. 2 | D-85221 Dachau

Mit über 1.800 Mitarbeitern und mehr als 240 Mio. EUR Umsatz ist die ETO GRUPPE international führend im Bereich innovativer elektromagnetischer Aktoren und Sensoren für die Fahrzeugtechnik. Dort ermöglichen die ETO-Komponenten hochdynamische Schalt- und Regelvorgänge mit höchster Zuverlässigkeit. Deshalb werden sie vorrangig zur Steuerung und Regelung von Motoren, Automatikgetrieben, Bremssystemen der Fahrdynamik und zur Leistungsregelung bei Hilfsaggregaten eingesetzt.

Aktoren und Sensoren für aktive und passive Fahrerassistenzsysteme

Mit Standorten in Deutschland, Polen, China, Indien und den USA bietet ETO seinen Kunden ein weltweites Entwicklungs- und Produktionsnetzwerk, das hilft, die regionalen Einkaufs- und Produktstrategien mit innovativen ETO-Produkten auch „local for local" umzusetzen.

ETO legt besonderen Wert auf Nachhaltigkeit. Die kundenspezifisch entwickelten Aktoren und Sensoren werden bei maßgeblichen Herstellern von aktiven und passiven Fahrerassistenzsystemen für die Nutzfahrzeugindustrie eingesetzt und leisten einen wichtigen Beitrag zur Steigerung der Sicherheit im Straßenverkehr, bewirken eine Effizienzsteigerung sowie eine messbare Reduzierung von Kraftstoffverbrauchswerten, und führen nicht zuletzt auch zu einer deutlich wahrnehmbaren Komfortsteigerung für den Fahrzeugführer. Optimierte Fertigungstechnologien, höchste Ansprüche an Qualität und Wettbewerbsfähigkeit, und der Anspruch Innovationsführer zu sein, begeistern Kunden um die ganze Welt.
So werden z.B. Aktoren und Sensoren in pneumatischen Systemen zur Automatisierung von Schaltgetrieben (AMT) und der Kupplungskraftunterstützung, im gesetzlich vorgeschriebenen elektronischen Antiblockiersystem und dem umfassenden EBS-System, bestehend aus Antiblockiersystem (ABS), Anti-Schlupfregelung (ASR), Elektronischem Stabilitätsprogramm (ESP),
Adaptive Geschwindigkeitsregelung (ACC) und zur Koppelkraftregelung (CFC) eingesetzt. Weitere Anwendungen sind in der Luftaufbereitung der systemseitig benötigten Druckluft, in Modulen und Systemen zur elektronischen Steuerung der Luftfederung der Niveauregulierung und Niveauverstellung von Kabine, Truck-/Trailerachse, sowie Lift-Achse von Nutzfahrzeugen, zu finden.

Die Zukunft formen:
Mit ihren einzigartigen MAGNETOSHAPE® Werkstoffen beschreitet ETO technologisches Neuland. Diese einkristallinen magnetischen Formgedächtnismaterialien können in Aktoren und mechatronischen Systemen konventionelle Ankersysteme ersetzen. Und das trotz sehr hoher Dynamik mit deutlich geringerer Energieaufnahme und höherer Lebensdauer als heutige Antriebe. Durch diese Eigenschaften ist der Einsatz dieses innovativen Materials auch in Anwendungen denkbar, die weit über das heutige Anwendungsspektrum hinausgehen. Insbesondere für die Bereiche der Medizintechnik sowie die Luft- und Raumfahrtindustrie versprechen Aktoren auf Basis der MAGNETOSHAPE® Technologie neue Anwendungsmöglichkeiten.

Haben wir Ihr Interesse geweckt?
Dann besuchen Sie uns unter: www.etogroup.com oder www.etogroup.com/magnetoshape

ETO MAGNETIC GmbH • Hardtring 8 • 78333 Stockach
Telefon +49 7771 809-0 • E-Mail info@etogroup.com
Internet www.etogroup.com

CARMEQ.

Neue Wege wagen – starten Sie jetzt!

Carmeq ist ein Unternehmen im Volkswagen-Konzern und arbeitet für die internationale Automobil- und Zulieferindustrie. Wegweisende Lösungen für attraktive und sichere Mobilität sind unser Kerngeschäft. Als Entwickler, Berater und Projektmanager erschließen wir aktuelle Trends und begleiten unsere Kunden durch alle Umsetzungsphasen – getreu unserem Unternehmensmotto „Aus Ideen Erfolge machen".

Möchten auch Sie Teil unseres Experten-Teams werden und die Mobilität von morgen mitgestalten? Insbesondere an unseren Standorten Wolfsburg und Berlin suchen wir Verstärkung – zum Beispiel im Bereich Fahrerassistenzsysteme. Bewerben Sie sich jetzt!

Lernen Sie uns kennen und besuchen Sie unsere Homepage:
www.carmeq.com/karriere

Aus Ideen Erfolge machen.

springer-vieweg.de

Handbuch Verbrennungsmotor

R. van Basshuysen, Fr. Schäfer (Hrsg.)
Handbuch Verbrennungsmotor
7., vollst. überarb. u. erw.
Aufl. 2014, 1232 S.
€ (D) 119,99 | € (A) 123,35 | *sFr 149.50
ISBN 978-3-658-04677-4

- Aktuelle Motorkonzepte detailliert beschrieben

Das Handbuch Verbrennungsmotor enthält auf über 1000 Seiten umfassende Informationen über Otto- und Dieselmotoren. In wissenschaftlich anschaulicher und gleichzeitig praxisrelevanter Form sind die Grundlagen, Komponenten, Systeme und Perspektiven dargestellt. Über 130 Autoren aus Theorie und Praxis haben dieses Wissen erarbeitet. Damit haben sowohl Theoretiker als auch Praktiker die Möglichkeit, sich in kompakter Form ausführlich über den neuesten Stand der Motorentechnik zu informieren. Neue Entwicklungen zur Hybridtechnik und alternativen Antrieben wurden aktualisiert. Ein Beitrag zu zukünftigen Energien für die Antriebstechnologie nach 2020 ergänzt den umfassenden Überblick. Außerdem wurde erstmals das Thema kleinvolumige Motoren für handgeführte Arbeitsgeräte aufgenommen. Das Literaturverzeichnis wurde auf über 1400 Stellen erweitert.

Dr.-Ing. E. h. Richard van Basshuysen war bei Audi Entwicklungsleiter der Fahrzeug-Komfortklasse und der Motor- und Getriebeentwicklung, Herausgeber der ATZ und MTZ und ist Autor und Herausgeber technisch-wissenschaftlicher Fachbücher. Ihm wurden die Benz-Daimler-Maybach-Ehrenmedaille 2001 des VDI für die Serieneinführung des Pkw-Dieselmotors mit Direkteinspritzung verliehen sowie der hochdotierte Ernst-Blickle-Preis 2000.

Prof. Dr.-Ing. Fred Schäfer, früher Leiter Motorenkonstruktion bei Audi, lehrt heute an der FH Südwestfalen das Fachgebiet Kraft- und Arbeitsmaschinen

€ (D) sind gebundene Ladenpreise in Deutschland und enthalten 7% MwSt. € (A) sind gebundene Ladenpreise in Österreich und enthalten 10% MwSt. Die mit * gekennzeichneten Preise sind unverbindliche Preisempfehlungen und enthalten die landesübliche MwSt. Preisänderungen und Irrtümer vorbehalten.

Jetzt bestellen: springer-vieweg.de

Von Fahrerassistenz bis Fahrzeugintegration

Wir entwickeln, was bewegt.

Mit aktiver Sicherheit und intelligenter Assistenz einen Schritt voraus. Bereits seit zwei Jahrzehnten treiben wir die Vision vom hochautomatisierten Fahren voran und entwickeln vernetzte Funktionen und Gesamtsysteme vom Konzept bis zur Serie. Als einer der führenden Entwicklungspartner der Automobilindustrie bietet IAV mehr als 30 Jahre Erfahrung und ein unübertroffenes Leistungsspektrum. Mit Leidenschaft und der Kompetenz für das ganze Fahrzeug realisieren wir Lösungen in technischer Perfektion. Hersteller und Zulieferer unterstützen wir weltweit mit mehr als 6.000 Mitarbeitern und einer erstklassigen Ausstattung bei der Realisierung ihrer Projekte – von Umfeldsensorik und Algorithmik bis Simulation und Fahrzeugintegration: Ihre Ziele sind unser Auftrag.

Mehr dazu und zu unserer einzigartigen Kompetenzbreite erfahren Sie auf www.iav.com

Weil Unfallvermeidung der beste Unfallschutz ist: sicher unterwegs mit vorausschauenden Fahrerassistenzsystemen.

Vorausschauende Fahrerassistenzsysteme von Bosch sind immer wachsam und reagieren schneller als der Fahrer. Die Systeme helfen, Unfälle zu verhindern und bei unvermeidlichen Kollisionen die Unfallfolgen zu reduzieren. Umfeldsensoren wie zum Beispiel die Stereo-Videokamera erfassen in Sekundenbruchteilen sogar bewegte Hindernisse. Das System warnt den Fahrer, unterstützt ihn beim Bremsen oder greift selbsttätig ein, wenn der Fahrer nicht reagiert. So helfen intelligent vernetzte Assistenzsysteme, die Vision vom unfallfreien Fahren zu realisieren. www.bosch-mobility-solutions.de